DICTIONNAIRE

DE CHIMIE

PURE ET APPLIQUÉE

DICTIONNAIRE
DE CHIMIE
PURE ET APPLIQUÉE

COMPRENANT

LA CHIMIE ORGANIQUE ET INORGANIQUE
LA CHIMIE APPLIQUÉE A L'INDUSTRIE, A L'AGRICULTURE ET AUX ARTS
LA CHIMIE ANALYTIQUE, LA CHIMIE PHYSIQUE ET LA MINÉRALOGIE

PAR AD. WURTZ

Membre de l'Institut (Académie des sciences)

AVEC LA COLLABORATION DE MM.

P.-T. Cleve — É. Demarçay — A. Étard — Ad. Fauconnier — Ch. Friedel
A. Gautier — Ch. Girard — E. Grimaux — M. Hanriot
A. Henninger — A. Kopp — J.-A. Lebel — W. Œchsner de Coninck — G. Salet
P. Schützenberger — J. Tcherniac — M. Wassermann et Ed. Willm

---

SUPPLÉMENT

DEUXIÈME PARTIE

G — Z

PARIS

LIBRAIRIE HACHETTE ET Cie

79, BOULEVARD SAINT-GERMAIN, 79

DICTIONNAIRE

DE CHIMIE

PURE ET APPLIQUÉE

SUPPLÉMENT

G

GAIACOL (*Métylpyrocatéchine*),

$$C^7H^8O^2 = C^6H^4(OCH^3)_{(1)}(OH)_{(2)}.$$

— Voyez t. I, p. 1510, et Suppl., Créosote, p. 536. — Le gaïacol a été obtenu par la distillation sèche de l'acide vanillique en présence de chaux éteinte [Tiemann, *Deutsch. chem. Gesellsch.*, 1875, p. 1123]. On a aussi signalé sa formation dans la distillation sèche de l'acide méthylnorhémipinique; il se forme tout d'abord de l'acide méthylprotocatéchique, qui, par l'action prolongée de la chaleur, se convertit en gaïacol avec perte de CO^2 [Wright et Beckett, *Deutsch. chem. Gesellsch.*, 1876, p. 72].

Propriétés. — Le gaïacol est un liquide incolore, fortement réfringent, bouillant à 200°.

Avec le chlorure ferrique, il donne une coloration verte qui passe au rouge violacé par l'addition d'ammoniaque et de carbonate de sodium [Tiemann et Koppe, *Deutsch. chem. Gesellsch.*, 1881, p. 2016].

Le brome donne avec le gaïacol un dérivé tribromé; purifié par cristallisation dans l'eau bouillante, ce corps se présente en aiguilles blanches, soyeuses, fusibles à 102° (Tiemann et Koppe).

Chauffé à 195-200° dans un courant de gaz iodhydrique sec, le gaïacol est rapidement dédoublé en iodure de méthyle et pyrocatéchine [Baeyer, *Deutsch. chem. Gesellsch.*, 1875, p. 154].

Traité par l'acide chlorhydrique et le chlorate de potassium, le gaïacol pur ne fournit pas trace de corps cristallisés, d'où l'on doit conclure que la tétrachlorogaïacone obtenue par Gorup-Besanez par l'action de ce réactif sur la créosote devait sa formation au crésol contenu dans ce produit [Marasse, *Ann. Chem. Pharm.*, t. CLII, p. 81].

Lorsqu'on chauffe au réfrigérant ascendant parties équivalentes de perchlorure de phosphore et de gaïacol, et qu'on distille le produit dans un courant de vapeur d'eau, on obtient une petite quantité d'un liquide huileux, que l'acide nitrique fumant transforme en nitroorthochloranisol, $C^6H^3(AzO^2)Cl, OCH^3$. Ce corps cristallise en aiguilles fusibles à 93-94°; il est peu soluble dans l'alcool froid [Fischli, *Deutsch. chem. Gesellsch.*, 1878, p. 1463].

Chauffé à 140° avec de l'acide phtalique et de l'acide sulfurique, le gaïacol fournit un produit brun insoluble dans l'eau, peu soluble dans l'alcool qui, par sublimation, donne de l'alizarine [Baeyer et Caro, *Deutsch. chem. Gesellsch.*, 1874, p. 973].

Traité par le chloroforme et la potasse, il se transforme en vanilline [Reimer et Tiemann, *Deutsch. chem. Gesellsch.*, 1876, p. 424].

Le gaïacol fournit, par l'action de la potasse alcoolique ou du potassium métallique à 90°, des combinaisons cristallisées ayant pour formule

$$C^7H^7O^2K + C^7H^8O^2 + H^2O$$

et

$$C^7H^7O^2K + 2H^2O$$

[Gorup-Besanez, *Ann. Chem. Pharm.*, t. CXLIII, p. 149].

Méthylgaïacol (diméthylpyrocatéchine, vératrol). — Ce corps se forme par l'action de l'iodure de méthyle sur le gaïacol potassique en tubes scellés (Marasse) ou sur le gaïacol en solution méthylique en présence de potasse. Il prend aussi naissance dans la distillation sèche de l'acide vératrique (diméthylprotocatéchique) avec de la baryte [Merck, *Ann. Chem. Pharm.*, t. CVIII, p. 60; — Koelle, *ibid.*, t. CLIX, p. 243]. C'est un liquide très réfringent, bouillant à 205°.

Dibromométhylgaïacol, $C^6H^2Br^2(OCH^3)^2$. — On l'obtient en ajoutant de l'eau de brome à une solution alcoolique de méthylgaïacol. Il cristallise dans l'éther en prismes incolores, fusibles à 92-93°, solubles dans l'alcool, l'éther, la benzine, la ligroïne [Tiemann et Koppe, *loc. cit.*]; Matscuoto [*Deutsch. chem. Gesellsch.*, 1872, p. 137] a obtenu par l'action du brome sur l'acide vératrique un corps présentant la même composition et fusible à 82-83°.

Éthylgaïacol, $C^6H^4(OCH^3)_{(1)}(OC^2H^5)_{(2)}$. — Liquide réfringent, bouillant à 213°.

Propylgaïacol, $C^6H^4(OCH^3)_{(1)}(OC^3H^7)_{(2)}$. — Liquide huileux bouillant à 240-245°, obtenu par la distillation sèche de l'acide méthylpropylprotocatéchique [Cahours, *Compt. rend.*, t. LXXXIV, p. 1195].

Acétylgaïacol, $C^6H^4(OCH^3)(OC^2H^3O)$. — On chauffe pendant quelques heures du gaïacol avec un excès d'anhydride acétique; on reprend par l'eau et on soumet à la distillation fractionnée l'huile qui se dépose. Ce corps est un liquide limpide, bouillant à 235-240° [Tiemann et Koppe, *loc. cit.*].

Gaiacol-sulfate de potassium,

$C^6H^4(OCH^3)(OSO^3K)$.

—On agite le gaïacol potassique en solution aqueuse avec de la potasse et du pyrosulfate de potassium, à une douce chaleur. On reprend la bouillie cristalline par l'alcool, et on ajoute à cette solution alcoolique 4 à 5 fois son volume d'éther : on précipite ainsi ce sel en fines aiguilles blanches, d'ailleurs très instables (Tiemann et Koppe).

Gaiacol-sulfonate de potassium,

$C^6H^3.OCH^3.OH\text{-}SO^3K$.

— On chauffe le gaïacol avec de l'acide sulfurique concentré, jusqu'à ce que le mélange soit entièrement soluble dans l'eau; on neutralise alors par le carbonate de baryum et l'on décompose le sel barytique par le sulfate de potassium. La solution filtrée laisse par évaporation un acide sirupeux, qui abandonne à l'alcool fort et bouillant un sel incristallisable, mais que l'on peut faire cristalliser dans l'alcool faible en prismes transparents. En solution aqueuse, ce corps est coloré en bleu par le chlorure ferrique; cette coloration passe au rouge sale par l'addition d'ammoniaque.

Ad. Fauconnier.

GAÏAGÈNE. — On donne ce nom à un carbure d'hydrogène ayant pour composition $C^{12}H^{12}$, qui se forme dans la distillation de la pyrogaïacine avec de la poudre de zinc. Ce corps est cristallisé en lamelles fusibles à 100-101°, et présente une belle fluorescence bleue. Lorsqu'on l'oxyde par l'acide chromique en solution acétique, il se transforme en *gaïogénoquinone* $C^{12}H^{10}O^2$, cristallisée en aiguilles de couleur citron, fusibles à 121-122° [H. Wiesner, *Deutsch. chem. Gesellsch.*, 1880, p. 2234].

GALACTINE. — Voyez GOMMES.

GALACTONIQUE (ACIDE) [Syn. *lactonique (acide)*]. — Voyez GALACTOSE.

GALACTOSE (appelée improprement *lactose* par certains chimistes allemands). Voyez t. Ier, p. 1511. — Le sucre de lait, en s'hydratant, se dédouble en un mélange de glucose et de galactose. Ce dernier sucre se forme aussi dans l'oxydation de la gomme arabique par l'acide nitrique [Kiliani, *Deutsch. chem. Gesellsch.*, 1880, p. 2304].

Préparation. On fait bouillir du sucre de lait avec de l'acide sulfurique au 1/15 pendant environ une heure; après refroidissement, on sature par le carbonate de baryum, on filtre et on concentre. On obtient ainsi un liquide sirupeux qui, par l'addition d'alcool à 95 %, laisse immédiatement déposer des cristaux de galactose [Fudakowsky, *Deutsch. chem. Gesellsch.*, 1876, p. 1602].

Propriétés. — La galactose cristallise en prismes orthorhombiques fusibles à 142-144° et qui ont pour composition $C^6H^{12}O^6$. Elle est assez soluble dans l'eau bouillante, peu soluble dans l'eau froide, insoluble dans l'alcool absolu et dans l'éther. Elle se dissout à 20° dans 167 parties d'alcool à 85 % [Fudakowsky, *Deutsch. chem. Gesellsch.*, 1878, p. 1069].

Son pouvoir rotatoire est donné par la formule $[\alpha]_D = 83°,883 + 0,0785\ P - 0,209\ t$, dans laquelle P est le poids pour cent de galactose contenu dans la solution (entre 4,89 et 35,86 %), et t la température à laquelle on fait l'observation (entre 10° et 30°) [Meissl, *Journ. prakt. Chem.* (2), t. XXII, p. 46].

Le pouvoir réducteur de la galactose n'est pas constant; il augmente avec la concentration des solutions employées, ainsi qu'avec l'excès de la solution cuivrique sur laquelle on opère. En solution à 1 %, 1 mol. de galactose réduit 9,8 at. de cuivre d'une solution normale de Fehling et 9,4 at. de cuivre d'une solution de Fehling étendue de 4 vol. d'eau [Soxhlet, *Journ. prakt. Chem.* (2), t. XXI, p. 227].

Action des réactifs. — Oxydée par l'acide nitrique, la galactose fournit de l'acide mucique (Fudakowsky); chauffée au bain-marie avec de l'oxyde d'argent, elle se transforme en acide carbonique, acide oxalique, acide glycolique et acide galactonique [Kiliani, *Deutsch. chem. Gesellsch.*, 1880, p. 2307].

Par l'action réductrice de l'amalgame de sodium, la galactose donne de la dulcite [G. Bouchardat, *Ann. Chim. Phys.* (4), t. XXVII, p. 79].

La galactose présente avec les sels d'argent et de bismuth les propriétés générales des glucoses. L'acétate de plomb ammoniacal la précipite incomplètement de ses solutions; au contraire, la potasse alcoolique la précipite complètement d'une solution dans l'alcool à 95 % bouillant (Fudakowsky).

Une solution de galactose dans l'alcool méthylique étendu, additionnée d'une solution méthylique de baryte, fournit un précipité ayant pour composition $(C^6H^{11}O^6)^4Ba^2.BaO$.

Chauffée en tubes scellés à 160° pendant vingt-quatre heures avec six ou huit fois son poids d'anhydride acétique, la galactose donne un dérivé pentacétylé $C^6H^7O^6(C^2H^3O)^5$, masse jaune gommeuse, fusible à 66-67°.

ACIDE GALACTONIQUE [Syn. *Lactonique*], $C^6H^{10}O^6$. — Le premier terme de l'oxydation de la galactose n'est autre que l'acide décrit autrefois par Barth et Hlasiwetz sous le nom d'acide *isodiglycol-éthylénique*, t. II, p. 140, et dénommé depuis acide lactonique ou galactonique. On le prépare aisément par le procédé suivant : une solution de 1 partie de sucre de lait dans 7-8 parties d'eau est additionnée de 2 parties de brome; au bout de vingt-quatre heures, on sature par l'oxyde d'argent l'acide bromhydrique formé, on filtre, et, après élimination de l'argent dissous par l'hydrogène sulfuré, on fait bouillir avec du carbonate de cadmium; le liquide filtré se prend par refroidissement en une masse cristallisée de galactonate de cadmium.

L'acide galactonique se présente en gros cristaux clinorhombiques fusibles à 100°, déliquescents; il est soluble dans l'alcool, d'où l'addition d'éther le précipite. Il présente un faible pouvoir rotatoire lévogyre.

L'acide nitrique le transforme en acide mucique; par la fusion avec la potasse, il donne de l'acide oxalique et de l'acide acétique. Il fonctionne comme acide diatomique et monobasique. Ses sels sont décrits t. II, p. 141 [Kiliani, *Deutsch. chem. Gesellsch.*, 1880, p. 2307, et 1881, p. 651].

Ad. Fauconnier.

GALLÉINE. — Voy. PHTALÉINE, t. II, p. 1009.

GALLIQUE (ACIDE). — L'acide gallique, qui sous l'influence de l'acide sulfurique donne un dérivé quinonique, l'acide ruffigallique, lorsqu'il est traité par l'acide sulfurique après avoir été mélangé avec de l'acide benzoïque, donne un produit mixte de condensation, l'*anthragallol* (Voir ce mot).

Les solutions concentrées froides d'acide gallique traitées par leur poids de permanganate de potassium et la quantité correspondante d'acide sulfurique donnent une solution jaune, d'où l'éther extrait un corps renfermant $C^{14}H^{10}O^8$ après dessiccation à 160°. Oser et Flœgl proposent d'appeler ce corps acide hydrorufigallique. Il se présente en aiguilles microscopiques réunies en faisceaux, à peine solubles dans l'eau froide, très solubles dans l'alcool et l'éther [*Deutsch. chem. Gesellsch.*, 1876, p. 135].]

L'acide gallique est soluble dans l'éther et l'alcool; 100 p. d'éther dissolvent 2 p. 56 de cet acide, 100 p. d'alcool absolu en prennent 38 p. 79.

En présence des déshydratants, l'aldéhyde formique s'unit à l'acide gallique et donne le corps $C^{16}H^{12}O^{10}$, cristallisant en petites aiguilles (Baeyer). En changeant les conditions de l'expérience, on a obtenu un corps renfermant $C^{8}H^{14}O^{11}$, c'est-à-dire $H^{2}O$ en plus [*Deutsch. chem. Gesellsch.*, 1872, p. 1096].

Gallate d'amyle, $C^{6}H^{2}(OH)^{3}\text{-}CO^{2}C^{5}H^{11}$. — On l'obtient comme le gallate d'éthyle. Il est en fines aiguilles anhydres et fusibles à 139°. Peu soluble dans l'eau froide, très soluble à chaud; la solution possède une réaction acide [Ernst et Zwenger, *Ann. Chem. Pharm.*, t. CLIX, p. 27].

Gallate d'éthyle. — En agitant cet éther avec du bicarbonate de sodium en excès, on obtient des cristaux de la combinaison

$$C^{7}H^{4}(C^{2}H^{5})NaO^{5} + C^{7}H^{5}(C^{2}H^{5})O^{5},$$

à peine solubles dans l'eau froide, très solubles à chaud. La solution donne avec les sels des métaux lourds des précipités de composition variable. Lorsqu'on chauffe l'éther avec un excès de carbonate de sodium, on obtient de l'ellagate acide de sodium $C^{14}H^{5}O^{8}Na + H^{2}O$, précipité soyeux, jaune citron, insoluble dans l'eau froide. Avec du carbonate de potassium, il se forme directement de l'ellagate sans que l'on ait observé la production d'un sel intermédiaire [Ernst et Zwenger, *loc. cit.*].

En faisant agir du pyrosulfate de potassium sur une solution alcoolique alcaline d'acide gallique, on obtient le sel de potassium d'un éther sulfurique acide $C^{6}H^{2}(OH)^{2}(CO^{2}K)(SO^{4}K)$. Ce sel cristallise en fines aiguilles, très solubles dans l'eau, insolubles dans l'alcool (Baumann).

GALLIUM, Ga = 69,9. — Ce métal a été découvert en 1875 par M. Lecoq de Boisbaudran dans la blende de Pierrefitte (Hautes-Pyrénées); il n'existe pas en quantité appréciable dans toutes les blendes, mais seulement dans un grand nombre d'entre elles.

Les zincs métalliques du commerce sont généralement extrêmement pauvres en gallium; plusieurs n'en contiennent pas la moindre trace. En dehors des blendes, la présence du gallium n'a été constatée que dans un échantillon de peroxyde de manganèse de provenance inconnue. La richesse des minerais varie beaucoup; la blende qui a donné le meilleur rendement est celle de Bensberg (Rhin), mine Lüdrich, galerie Franzisca; MM. Lecoq de Boisbaudran et Jungfleisch ont retiré de 4300 kilogrammes 62 grammes environ de gallium impur, représentant au moins 55 grammes de métal pur; mais ils pensent qu'en évitant certaines pertes inséparables d'une première opération en grand, on arriverait à un rendement d'à peu près 2 centigrammes par kilogramme de blende crue.

Le gallium a été ainsi nommé en l'honneur de la France ou Gaule (Gallia).

Les auteurs qui se sont occupés du nouveau métal sont : Lecoq de Boisbaudran [*Comptes rendus*, 1875, 2e sem., p. 493 et 1100; 1876, 1er sem., p. 168, 1030 et 1098; 2e sem., p. 611, 636, 663, 824 et 1044; 1878, 1er sem., p. 756, 941 et 1240; 1881, 2e sem., p. 294, 329 et 815; 1882, 1er sem., p. 695, 1154 et 1227; *Annales de Chimie et de Physique*, 5e série, t. X, 1877]; Lecoq de Boisbaudran et Jungfleisch [*Comptes rendus*, 1878, 1er sem., p. 475 et 577]; Jungfleisch [*Bull. Soc. chim.*, 1879, t. I, p. 50]; Dupré [*Comptes rendus*, 1878, 1er sem., p. 720]; Berthelot [*Comptes rendus*, 1878, 1er sem., p. 786]; Mendeléeff [*Nouvelle chimie* (en russe), t. II, p. 926; *Comptes rendus*, 1875, 2e sem., p. 969]; Nilson et Petersson [*Comptes rendus*, 1880, 2e sem., p. 232].

Extraction. — 1° La blende est attaquée à chaud par l'eau régale, de telle façon qu'à la fin de chaque opération il reste un petit excès de blende, ce qui assure l'absence de l'acide nitrique dans la liqueur; on filtre et on réduit par le zinc. Dès que les métaux, tels que plomb, cuivre, cadmium, etc., se sont en majeure partie déposés, le liquide est de nouveau filtré; il faut néanmoins que le dégagement d'hydrogène soit alors encore notable, même à froid, car autrement l'oxyde de gallium aurait déjà commencé à se précipiter. La liqueur est ensuite bouillie en présence de zinc, jusqu'à formation d'un trouble blanchâtre assez abondant : le dépôt contient tout le gallium mêlé à l'alumine, à l'oxyde de chrome et à beaucoup de sous-sels de zinc; la présence de ces derniers est d'ailleurs nécessaire pour la conduite ultérieure de l'opération. On fait passer du gaz sulfhydrique dans la solution chlorhydrique acide du dépôt blanc; on filtre, puis on ajoute de l'acétate d'ammonium (ou de sodium) contenant un excès d'acide acétique; on fait de nouveau passer l'hydrogène sulfuré. Le sulfure de zinc entraîne le gallium, tandis que l'alumine et le chrome sont retenus dans la liqueur acétique. Il est bon de fractionner la précipitation du sulfure de zinc de façon à fixer, par des examens spectraux, l'instant où il ne reste plus de gallium dans la solution. Si le dernier sulfure de zinc donnait encore la principale raie du gallium, il faudrait ajouter un sel de zinc et continuer l'opération.

Les sulfures de zinc gallifères, bien lavés, sont repris par l'acide chlorhydrique; on chasse l'hydrogène sulfuré par l'ébullition et on traite par le zinc métallique, de la même façon qu'il est dit plus haut, en s'abstenant cependant de provoquer la formation d'une aussi forte proportion de sous-sels de zinc.

On peut aussi séparer le gallium de la masse considérable du zinc en fractionnant au moyen d'ammoniaque (ou de carbonate de sodium) la solution chlorhydrique du sulfure de zinc gallifère, après avoir chassé l'hydrogène sulfuré par l'ébullition. Les produits sont classés au spectroscope, les premiers dépôts étant les plus riches.

Enfin, les carbonates de baryum et de calcium peuvent être utilisés pour précipiter le gallium en laissant la majeure partie du zinc dans la solution.

L'oxyde brut ainsi obtenu est repris par l'acide chlorhydrique (lorsqu'on s'est servi de $BaCO^{3}$, on sépare la baryte par l'acide sulfurique); la liqueur, additionnée d'un peu de sulfite de sodium, est maintenue pendant quelques minutes à l'ébullition; on ajoute alors un petit excès de carbonate de calcium et l'on filtre rapidement, en évitant autant que possible le trop libre accès de l'air. La majeure partie du zinc et du fer reste en solution, et le gallium est précipité. Ce traitement se répète deux ou trois fois. L'oxyde de gallium, mêlé de carbonate de calcium, est dissous dans l'acide chlorhydrique; on sursature par un léger excès d'ammoniaque et on fait bouillir jusqu'à ce qu'un papier de tournesol, placé d'avance dans le liquide, ait acquis une teinte bien nettement rouge. Il faut remplacer l'eau à mesure qu'elle s'évapore. Le dépôt est repris par de l'acide sulfurique et les sulfates sont évaporés jusqu'à l'apparition des vapeurs blanches. Les dernières traces de chlore se trouvent ainsi éliminées, ce qui est essentiel, afin d'éviter l'attaque des électrodes de platine lors de l'électrolyse. Les sulfates sont sursaturés *à chaud* par un excès assez notable de potasse caustique exempte de chlorure. On filtre pour séparer les oxydes de fer et d'indium; ce dernier se précipiterait très mal à froid.

Enfin, la solution potassique, aussi concentrée que possible, est électrolysée. Pour de petites quantités (quelques centigrammes de gallium), deux ou trois éléments Bunsen moyen modèle suffisent, mais l'opération est toujours longue et il reste du gallium dans la liqueur potassique; on l'en retire en sursaturant d'abord par l'acide sulfurique, puis par l'ammoniaque et faisant longuement bouillir. Les électrodes, en platine, ne doivent pas présenter de surfaces égales; il est nécessaire, pour une bonne réussite, que la positive soit la plus grande (6 à 10 fois plus large que la négative). Le gallium se détache de la lame de platine lorsqu'on presse celle-ci entre les doigts sous l'eau tiède.

Une modification économique et assez avantageuse de ce procédé d'extraction consiste à opérer la réduction de la liqueur provenant de l'attaque des blendes, non plus par le zinc, mais par le fer; il se dépose alors extrêmement peu de métaux ultérieurement attaquables par l'acide chlorhydrique, tels que plomb, cadmium, etc.; on n'a donc pas besoin d'opérer une première filtration; on fait bouillir immédiatement et longtemps (la réaction du fer est moins rapide que celle du zinc), jusqu'à ce qu'un léger trouble blanchâtre se manifeste. On ajoute alors un petit excès de carbonate calcique et on filtre rapidement. La liqueur est suffisamment basique lorsqu'elle devient promptement ocreuse à la surface, par suite de la peroxydation du protosel de fer au contact de l'air. Il est avantageux de répéter une seconde fois cette opération sur la solution chlorhydrique du mélange de Ga^2O^3 et $CaCO^3$, en obtenant toutefois la réduction du persel de fer au moyen de sulfite de sodium et non plus par le fer métallique. On se débarrasse ensuite de la chaux par dissolution dans l'acide chlorhydrique, sursaturation ammoniacale et longue ébullition. La séparation des oxydes de chrome et d'aluminium ne se fait plus au moyen du sulfure de zinc; on l'obtient de deux façons, savoir : 1° la solution chlorhydrique est sursaturée par l'ammoniaque, après addition d'acide tartrique et d'un sel de manganèse; ce mélange, étant traité par le sulfure d'ammonium, donne du sulfure de manganèse qui entraine le gallium en laissant l'alumine et l'oxyde de chrome dans la liqueur. Ce traitement est renouvelé jusqu'à complète séparation du gallium. Le sulfure de manganèse, *bien lavé*, est repris par l'acide chlorhydrique; on laisse digérer à froid avec du carbonate de calcium en excès et on suit dès lors la marche indiquée ci-dessus à partir de la séparation de Ga^2O^3 et $CaCO^3$. 2° La solution chlorhydrique *très acide* (contenant 1/4 à 1/3 de son volume d'acide chlorhydrique concentré) est additionnée de ferrocyanure de potassium. On laisse le précipité se rassembler, on filtre et on lave avec de l'eau contenant 1/4 à 1/3 d'acide chlorhydrique concentré. Le cyanoferrure insoluble, bien sec, est calciné. Les oxydes de fer et de gallium sont fondus avec du bisulfate de potassium et la masse est reprise par l'eau; on sursature cette liqueur par l'ammoniaque et on fait longuement bouillir. Le fer est ensuite séparé du gallium : d'abord, et en majeure partie, en traitant par le sulfite de sodium et le carbonate de calcium; puis le reste, au moyen de la potasse bouillante.

La séparation de l'oxyde de gallium d'avec l'alumine et l'oxyde de chrome peut encore s'effectuer en additionnant la liqueur d'acétate acide d'ammonium (ou de sodium) et d'acide arsénieux. Un courant d'hydrogène sulfuré précipite du sulfure d'arsenic gallifère. Ce sulfure est attaqué par de l'eau régale contenant un excès d'acide chlorhydrique; on concentre à chaud pour détruire l'acide nitrique et on traite le liquide *très acide* par l'hydrogène sulfuré, après avoir réduit l'acide arsénique au moyen de l'acide sulfureux. Dans ces conditions, le sulfure d'arsenic n'entraîne plus de gallium; celui-ci se retrouve par simple évaporation de la liqueur.

Au lieu d'attaquer la blende par l'eau régale, on peut la griller sur les tablettes d'un four à combustion de pyrites; le produit de la calcination, étant lessivé, abandonne beaucoup de sulfate de zinc et laisse un résidu basique qui contient tout le gallium; on le dissout dans un acide et on traite ensuite par les procédés indiqués ci-dessus.

Recherche rapide du gallium dans les blendes. — Pour essayer une blende, il suffit de l'attaquer par de l'eau régale, de chasser l'acide nitrique par l'ébullition et de traiter à froid par du zinc métallique exempt de gallium. On filtre alors que le dégagement d'hydrogène est encore notable. La liqueur est ensuite bouillie avec du zinc jusqu'à faible trouble blanchâtre. Ce précipité est lavé et dissous dans l'acide chlorhydrique. La solution, aussi concentrée que possible, est examinée au spectroscope. Au besoin, on répète la même opération sur le premier dépôt blanc obtenu. Pour une blende moyennement riche, 10 grammes de minerai permettent d'obtenir très nettement la principale raie du gallium.

Purification du gallium. — Le métal, obtenu ainsi qu'il vient d'être dit, contient souvent encore des traces de corps étrangers; ordinairement, zinc, chrome, indium. On diminue notablement la proportion de ces impuretés en maintenant le gallium pendant plusieurs heures à 50 ou 60°, d'abord sous une couche d'eau acidulée par HCl, puis dans de la potasse étendue. Cependant il peut être parfois utile de redissoudre le métal et de faire subir à la solution un ou plusieurs des traitements ci-dessus indiqués.

Propriétés physiques du gallium métallique. — Le gallium est assez dur, cristallin et cassant; il s'aplatit cependant sous le marteau et possède une certaine flexibilité, surtout en feuilles minces. On l'obtient sous cette dernière forme en le coulant entre des lames de verre parallèles chaudes et refroidissant par l'eau glacée. La couleur du métal solide est le gris avec reflets bleu-verdâtre, devenant très marqués quand la lumière s'est réfléchie plusieurs fois entre deux plaques inclinées. En fondant, le gallium perd sa teinte grise et ses reflets bleu-vert pour acquérir une belle couleur blanc d'argent, avec reflets rosés moins prononcés que les reflets bleu-vert de l'état solide.

Peu de métaux cristallisent aussi facilement que le gallium. Quand les cristaux se forment rapidement (en quelques secondes), ils offrent l'aspect d'octaèdres un peu allongés, à peine ou point modifiés par les facettes de la base *p*. Si la solidification est lente, les faces *p* se développent au point de produire de larges tables sur le bord desquelles on voit les faces de l'octaèdre réduites à de très petites dimensions. M. de Boisbaudran avait cru trouver dans ces cristaux une légère obliquité; M. des Cloizeaux, sans être absolument affirmatif, pense néanmoins qu'ils sont droits et se rapportent au système quadratique : leurs faces, étant toujours légèrement courbes, se prêtent d'ailleurs assez mal à des mesures précises.

Le gallium fond à 30°,15 et se maintient en

surfusion avec une facilité extrême. Certains échantillons, placés en tubes clos, ont conservé l'état liquide pendant plusieurs années, bien qu'exposés aux froids de l'hiver et fréquemment agités. La surfusion du gallium cesse immédiatement au contact d'une trace de ce métal solide, mais n'est pas affectée par la présence d'aucun des autres métaux qui ont été essayés.

Le métal ne paraît pas se volatiliser sensiblement à la température du rouge blanc.

La densité du gallium à l'état solide est 5,96 à la température de 24°,5 et relativement à l'eau à 24°,5. On a trouvé pour le gallium liquide (en surfusion) D = 6,07 à la température de 24°,7, toujours relativement à l'eau à 24°,7. Les cristaux de gallium flottent à la surface du métal fondu.

Bien que relativement assez dur, le gallium donne par frottement sur le papier des traces d'un gris bleuâtre.

La chaleur spécifique du gallium est 0,0802 à l'état liquide (chaleur spécifique atomique, 5,59) et 0,079 à l'état solide (chaleur spécifique atomique, 5,52). La chaleur de fusion a été trouvée égale à $19^{cal},11$, ce qui, rapporté au poids atomique 69,9, devient $1^{cal},33$.

Propriétés chimiques du gallium métallique. — Fondu à 40° en présence de l'air, le métal se recouvre aussitôt d'une mince pellicule qui n'augmente pas sensiblement d'épaisseur, même au bout d'un temps fort long; chauffé au rouge blanc, il s'oxyde un peu plus, mais toujours très lentement, protégé qu'il se trouve par la couche d'oxyde déjà formée. L'oxygène pur et sec n'exerce pas d'action sensible à 260°. Au rouge naissant, le métal commence à perdre son brillant et se recouvre d'une très mince pellicule gris-bleuâtre; au rouge vif, la couche d'oxyde devient plus distincte, mais alors elle empêche l'action ultérieure de l'oxygène.

Le gallium a paru rester plus longtemps brillant dans l'eau bouillie placée en tube scellé que sous l'eau aérée; mais, dans les deux cas, il a fini par donner lieu à la formation de flocons blancs d'oxyde, et au bout de quatre ans et demi l'attaque, bien que toujours très faible, était même sensiblement plus appréciable dans le tube scellé. Il faut toutefois observer que cette expérience a été faite sur un métal qui contenait encore de faibles traces de corps étrangers, de zinc en particulier.

Le chlore attaque très facilement le gallium à froid; le métal s'échauffe beaucoup et brûle avec une flamme livide très pâle. Le brome et l'iode se combinent aisément aussi avec le gallium, mais moins énergiquement que le chlore. Dans le cas de l'iode, il faut même chauffer légèrement pour provoquer la réaction, qui se continue d'elle-même avec faible explosion, si la masse est un peu notable.

Quand il est pur et en fusion, le gallium n'est que lentement attaqué par les acides; il faut des heures pour dissoudre un mince globule dans l'acide chlorhydrique; mais l'attaque est énergique, avec vif dégagement d'hydrogène, si le globule touche un fil de platine. Le gallium solide est beaucoup plus rapidement attaqué par l'acide chlorhydrique que le métal fondu. L'acide azotique a peu de prise à froid sur le métal; à chaud, la dissolution s'opère avec dégagement de vapeurs rutilantes. L'eau régale est le plus énergique dissolvant du gallium : encore son action n'est-elle pas très rapide. La potasse aqueuse dissout lentement le métal en mettant de l'hydrogène en liberté.

Quand on porte au rouge une lame de platine recouverte d'une couche de gallium, les deux métaux s'allient, car le gallium n'est plus enlevé par l'acide chlorhydrique, mais l'eau régale le dissout en même temps qu'un peu de platine.

Le gallium s'allie très aisément à l'aluminium, qu'il dissout au-dessus de 30°,15 et même plus bas, s'il est en surfusion. L'alliage ainsi obtenu est liquide à la température ordinaire. Si l'on veut introduire une plus forte proportion d'aluminium, il devient nécessaire de chauffer; on prépare ainsi des alliages solides, cassants et peu résistants.

Tous ces alliages de Ga et Al sont peu oxydables à l'air, même à chaud, mais ils décomposent vivement l'eau avec un dégagement d'hydrogène qui, pour les alliages liquides, approche parfois de la violence de celui qui résulte de l'action du sodium sur l'eau; en même temps, il se forme d'abondants flocons bruns qui blanchissent à l'air. Presque tout le gallium se retrouve à l'état métallique et exempt d'aluminium. La décomposition des alliages solides Ga-Al en présence de l'eau est activée par le contact d'un globule d'alliage liquide. On voit quelquefois une gouttelette d'alliage liquide rester inerte au fond de l'eau, mais elle s'attaque vivement dès qu'un globule du même alliage déjà en voie de décomposition vient à la frôler en passant. Il se forme évidemment ici des couples électriques dans lesquels l'aluminium joue le rôle du métal oxydable. Au contact d'une trace de gallium solide, l'alliage Ga-Al liquide laisse déposer des cristaux de gallium possédant les formes ordinaires et ne décomposant plus l'eau. L'activité de l'alliage restant est diminuée.

Si, lors de la préparation du gallium par électrolyse d'une solution potassique de Ga^2O^3, la température est maintenue au-dessous de 30°, le métal réduit (qui affecte fréquemment la forme de longues aiguilles) possède ordinairement la propriété de décrépiter et de dégager des gaz quand on le fond sous l'eau; il se résout alors en une masse butyreuse qui reprend sa fluidité après malaxation sous l'eau tiède. Il est possible qu'une petite quantité de métal alcalin soit réduite en même temps que le gallium et forme un alliage avec lui.

Lorsque la solution potassique électrolysée contient de l'oxyde de chrome, celui-ci paraît se réduire et le chrome s'allier au gallium.

Poids atomique. — Il a été trouvé égal à 69,865, moyenne des deux expériences suivantes :

1° On a dissous du gallium dans l'eau régale, évaporé plusieurs fois en présence d'un excès d'acide nitrique et calciné le sel au rouge blanc. Poids atomique obtenu, 69,698.

2° De l'alun de gallium et d'ammonium a été fortement calciné, ce qui a conduit à la valeur 70,032.

Les analyses des chlorures anhydres ont confirmé le poids atomique 69,9, lequel toutefois ne doit être considéré que comme une première approximation, paraissant seulement être peu éloignée de la vérité.

La valence du gallium est comparable à celles de l'aluminium et du fer, ainsi qu'il ressort de l'existence d'un alun gallo-ammoniacal et de la densité de vapeur du perchlorure (voir plus loin). L'oxyde ordinaire doit s'écrire Ga^2O^3 et le perchlorure Ga^2Cl^6.

Il existe un protoxyde non analysé et un protochlorure de la formule brute $GaCl^2$, dont la densité de vapeur n'a pas encore été mesurée.

Spectre. — Les composés de gallium, le chlorure en particulier, donnent au spectroscope deux raies très caractéristiques, dont l'une surtout est assez brillante pour révéler la présence de faibles traces du nouveau métal. Le chlorure hydraté ne produit dans la flamme du gaz d'éclairage qu'un spectre très faible et fugitif.

Pour obtenir une réaction sensible, il est donc nécessaire d'avoir recours à l'étincelle d'induction qu'on tire à la surface de la solution. On ne doit pas se servir d'une étincelle trop courte, mais d'une distance interpolaire d'environ $1^{mm},5$ à 2 millimètres de longueur.

Positions sur le micromètre de M. de Boisbaudran.	λ	Observations.
129.75 environ commencement. Vers 133.00 maximum de lumière. Vers 136.50 fin.	509.0	Bande nébuleuse, à bords vagues, ayant son maximum d'intensité placé vers le centre. Intensité modérée. Ne se voit qu'avec une solution de Ga^2Cl^6 assez concentrée. Cette bande porte plusieurs raies généralement peu distinctes. Cette bande est un peu trop marquée sur le dessin.
α 193.72..........	417.0	Raie étroite *Forte.*
β 208.90..........	403.1	Raie étroite. Bien marquée, mais beaucoup moins que α 193.72.

COMPOSÉS DU GALLIUM

Oxydes. — Ils sont au nombre de deux, un protoxyde et un sesquioxyde.

Protoxyde. — Cet oxyde prend naissance lors de la réduction ménagée du Ga^2O^3 par l'hydrogène au rouge; il se forme aussi quand on traite par l'eau le protochlorure (voir plus loin); il n'a pas été analysé.

Sesquioxyde, Ga^2O^3. — Il est blanc, fixe et infusible, du moins au rouge blanc. A l'état hydraté, il est très notablement soluble dans l'ammoniaque et dans le carbonate d'ammonium; aussi, ces réactifs en excès ne le précipitent pas d'une solution étendue; il est extrêmement soluble dans la potasse. L'acide tartrique empêche la précipitation de Ga^2O^3 par l'ammoniaque. Le sesquioxyde de gallium est précipité par les carbonates ou bicarbonates alcalins dont un excès en redissout une notable proportion; il est très complètement séparé par le zinc métallique, ainsi que par l'hydrate cuivrique à chaud ou à froid. Quand il a été très fortement calciné, il ne se dissout plus dans l'acide chlorhydrique non plus que dans l'acide sulfurique ou la potasse aqueuse, mais il est aisément attaqué par la fusion avec le bisulfate de potassium ou avec la potasse caustique.

Chauffé au rouge dans un courant d'hydrogène, le sesquioxyde de gallium paraît se sublimer un peu avec réduction partielle manifestée par l'augmentation de poids d'un tube à ponce sulfurique. Au rouge cerise, l'hydrogène donne une matière frittée d'un gris bleuâtre, semblable à la pellicule qui se forme par l'oxydation du métal. Cet oxyde bleuâtre ne paraît pas contenir de métal libre; avec l'acide nitrique, il ne donne pas de vapeurs nitreuses et il se dissout dans l'acide sulfurique étendu sans dégagement gazeux; la solution sulfurique réduit le permanganate de potassium. Au rouge très vif, l'hydrogène réduit le Ga^2O^3 en partie à l'état métallique.

La chaleur spécifique du Ga^2O^3 anhydre a été trouvée égale à 0.1062 ce qui donne 19.54 pour la chaleur spécifique moléculaire.

Sulfure. — L'hydrogène sulfuré ne précipite ni les solutions acétiques ni les solutions potassiques (ou ammoniacales) de gallium; cependant l'existence du sulfure de gallium est rendue probable par l'entraînement considérable de gallium par les sulfures métalliques qui prennent naissance au sein de liqueurs acétiques ou alcalino-tartriques, conditions dans lesquelles l'alumi-

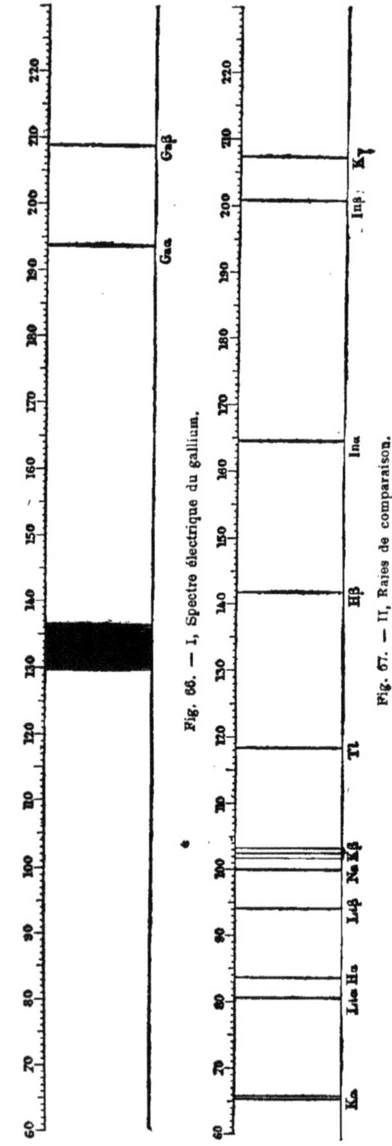

Fig. 66. — I, Spectre électrique du gallium.

Fig. 67. — II, Raies de comparaison.

nium et le chrome ne sont pas précipités. Le gallium est plus abondant dans les premiers sulfures de zinc, formés par précipitation fractionnée, quand la liqueur est acide; il se concentre, au contraire dans les derniers sulfures lorsqu'on opère en milieu ammoniacal.

En présence de beaucoup d'ammoniaque, les premiers sulfures de zinc ne contiennent pas du tout de gallium, et à la fin de l'opération il reste dans la liqueur notablement de zinc et de gallium. Dans une solution chlorhydrique fortement acide, l'entraînement du gallium par les sulfures métalliques n'a plus lieu, mais lorsque du sulfure de zinc se sépare d'une liqueur chlorhydrique légèrement acide, le gallium est contenu dans le précipité. M. de Boisbaudran a cependant obtenu une substance qui paraît consister en sulfure de gallium, par le traitement sulfhydrique d'une solution concentrée de chlorure de gallium dans l'ammoniaque en excès additionnée de tartrate d'ammonium; il se forme un précipité floconneux blanc. Cette réaction réclame de nouvelles études.

CHLORURES. — Le gallium possède deux degrés de chloruration $GaCl^2$ et Ga^2Cl^6, qu'on obtient à l'état anhydre en attaquant le métal par le chlore dont un excès est employé quand on désire avoir le perchlorure; il suffit de distiller ce composé une ou deux fois dans l'azote pour l'obtenir pur. Le protochlorure se prépare aisément en chauffant le produit brut de l'attaque du gallium par le chlore, pendant quelques heures, en présence d'un excès de métal. Le perchlorure hydraté se forme quand on dissout du gallium dans l'eau régale ou dans l'acide chlorhydrique à l'air.

PROTOCHLORURE. — L'analyse de ce composé conduit à la formule $GaCl^2$. Le sel offre l'aspect de cristaux blancs fusibles à environ 164°; il bout vers 535°. Le $GaCl^2$ se maintient en surfusion avec une facilité extrême; à l'intérieur de tubes scellés, on voit souvent des gouttelettes rester liquides pendant des années entières. Le protochlorure de gallium se colore parfois en gris et prend un aspect demi-opaque tirant sur celui de la plombagine. Ce chlorure gris fond en un liquide incolore et limpide, lequel se remplit d'abord de cristaux blancs par le refroidissement; la masse n'acquiert la teinte grise qu'un peu après la solidification et par une sorte de recuit, car en refroidissant rapidement le sel fondu, on l'obtient tout à fait incolore.

Placé avec ménagement au contact de l'eau, le protochlorure de gallium se dissout en un épais sirop d'où se dégagent lentement des bulles de gaz. L'addition d'une plus grande quantité d'eau rend le dégagement de gaz tumultueux; en même temps il se dépose un corps brun ou gris (évidemment un oxyde inférieur), lequel, abandonné sous l'eau, dégage lentement du gaz à froid et se dissout dans les acides chlorhydrique, nitrique et sulfurique étendus, en produisant une vive effervescence. La solution récente dans l'acide chlorhydrique réduit énergiquement le permanganate potassique, comme le fait le précipité gris lui-même, mais non l'eau qui le baigne. L'oxyde gris ou brun n'a pas été analysé. Exposé à l'air en présence de son eau mère, le précipité gris (ou brun), après avoir blanchi, se redissout presque totalement à froid, complètement à 100°; cette liqueur n'est pas troublée par un excès d'eau à chaud ni à froid; l'ammoniaque y produit un abondant précipité blanc paraissant être du sesquioxyde. Il semble donc qu'il existe une modification soluble de l'oxychlorure de gallium se comportant tout différemment que les oxychlorures insolubles, dont la formation est si facile au sein des solutions neutres ou peu acides du sesquichlorure ordinaire (voir plus loin).

Le gaz dégagé par l'action de l'eau sur le $GaCl^2$ possède une forte odeur voisine de celle de l'hydrogène sulfuré, mais tirant cependant aussi sur celle de l'hydrogène préparé au moyen du zinc ordinaire. Ce gaz brunit un peu les papiers d'argent, de plomb et de cuivre, mais la liqueur d'où il provient n'a pas cette propriété; il ne contient donc pas d'hydrogène sulfuré. Une faible partie de l'hydrogène ainsi dégagé paraît être combinée au gallium. Avec l'acide azotique un peu fort, le $GaCl^2$ ne brunit presque pas et ne met en liberté que peu ou point de gaz; il y a seulement production de quelques vapeurs nitreuses.

PERCHLORURE. — Ce corps, à l'état anhydre, a pour formule Ga^2Cl^6; il cristallise admirablement, tant par fusion que par sublimation; il fond à peu de chose près à 75°,5 et bout vers 215-220°, c'est-à-dire dans un bain porté de 215 à 220°; mais la vapeur dégagée est sans doute un peu moins chaude. Il se produit aisément des retards d'ébullition allant jusqu'au delà de 240°. Le Ga^2Cl^6 présente le phénomène de la surfusion, bien qu'à un degré moins prononcé que le protochlorure; sa densité à l'état liquide est environ 2,36 à la température de 80° et relativement à l'eau considérée également à 80°.

La densité de vapeur du perchlorure de gallium, prise à une soixantaine de degrés au-dessus du point d'ébullition (à 273°), a été trouvée égale à 11,9. Théorie pour 2 volumes, $Ga^2Cl^6 = 12,2$. A des températures supérieures, les effets de dissociation s'accentuent rapidement; ainsi, à 357°, on a obtenu $D = 10,00$, et à 447° $D = 7,8$. Observée à faible distance du point d'ébullition, la densité de vapeur s'est montrée notablement supérieure à la densité théorique. A 247°, on a trouvé $D = 13,4$. Toutes ces densités ont été recherchées par la méthode Dumas; avec l'appareil Meyer, on arrive à des nombres beaucoup plus faibles. Liquéfié par la chaleur, le Ga^2Cl^6 absorbe abondamment et très rapidement les gaz, les mettant en liberté au moment de la cristallisation. L'azote est de cette façon abondamment absorbé, mais le chlore l'est encore davantage; avec ce dernier gaz, le perchlorure fondu devient d'un jaune d'or foncé et abandonne beaucoup de chlore gazeux pendant sa solidification. Cette faculté d'absorber les gaz n'existe pas chez le protochlorure, fait qui peut expliquer comment le gallium, chauffé avec du Ga^2Cl^6, dégage continuellement des bulles de gaz pendant son attaque, en même temps que s'opère la transformation de Ga^2Cl^6 en $GaCl^2$.

Lors de la préparation du perchlorure de gallium, le mélange gazeux (azote et chlore) qui traverse l'appareil, bien que ne laissant plus rien se déposer sur les tubes de verre, donne à l'air d'épaisses fumées qui ne perdent qu'une faible partie de leur intensité si les gaz ont traversé de l'eau ou de l'acide chlorhydrique étendu; mais, après leur passage au travers d'une solution de potasse diluée, les gaz ne fument plus à l'air. On retrouve des quantités notables de gallium dans la liqueur potassique.

Mis en présence de l'eau, le Ga^2Cl^6 dégage beaucoup de chaleur et se dissout sans coloration; exposé à l'air libre, il tombe en déliquescence; la liqueur, évaporée à une douce chaleur, se dessèche en une masse amorphe absorbant de l'eau à l'air et se transformant alors en une gelée qui ressemble à la silice précipitée d'un silicate alcalin par un acide. Cette gelée ne se liquéfie pas à l'air, mais elle est entièrement soluble dans l'eau froide; la solution, abandonnée à l'air, perd son excès d'eau et reprend la forme de gelée. Placé en vase mal fermé, le perchlorure anhydre attire lentement l'humidité et se prend directement en gelée sans liquéfaction ni dessiccation préalables. Au début de ses recherches sur le gallium, M. de Boisbaudran avait obtenu, par évaporation lente d'une solution acide de Ga^2Cl^6, des aiguilles exerçant une action sur la lumière polarisée; il lui a été impossible de réussir de nouveau cette préparation.

Des évaporations réitérées avec un excès d'acide chlorhydrique ou d'eau régale ne paraissent occasionner aucune perte sensible de gallium par volatilisation de chlorure.

Il s'est produit quelquefois, dans des conditions encore mal définies, une modification très volatile du perchlorure de gallium, laquelle se déplace assez rapidement d'un point à un autre du récipient à la simple chaleur de la main; l'aspect des nouveaux cristaux est tout différent de celui des cristaux ordinaires, ces derniers étant beaucoup plus allongés. Le point de fusion de cette modification paraît être le même que celui du chlorure ordinaire; mais, si l'on chauffe brusquement une portion du tube, on voit se former, même à distance du point chauffé, quelques cristaux de forme ordinaire qui envahissent et détruisent rapidement les autres. Il ne se manifeste ni vide ni pression sensibles lors de ces changements isomériques.

OXYCHLORURES. — Les solutions neutres ou très légèrement acides de sesquichlorure de gallium se troublent spontanément au bout de quelque temps en abandonnant un sel blanc qui paraît bien être de l'oxychlorure. Les mêmes solutions se troublent fortement par l'ébullition, mais s'éclaircissent après le refroidissement, sauf à se troubler ensuite lentement d'elles-mêmes à froid.

Quand on évapore à chaud une solution de perchlorure de gallium, il arrive un instant où le sel devient basique; si alors on étend d'eau, il se dépose un sous-sel blanc, lequel, préparé dans de certaines conditions, ne se dissout qu'assez difficilement dans l'acide chlorhydrique. Le seul oxychlorure bien défini qui ait été analysé s'était formé spontanément, au bout de plusieurs années, dans un tube scellé renfermant du perchlorure hydraté gélatineux; ce sel s'était transformé en un amas de très petits cristaux isolés baignés d'un liquide très acide. Les cristaux affectent la forme d'octaèdres modifiés par des facettes cubiques; ils n'agissent pas sur la lumière polarisée; ils sont insolubles dans l'eau et dans l'acide nitrique étendu, assez lentement solubles dans l'acide chlorhydrique concentré et rapidement dans la potasse; leur analyse conduit à la formule brute $Ga^6O^6Cl^6 + 14H^2O$, qu'on pourrait écrire $(Ga^2Cl^6, 12H^2O) + 2(Ga^2O^3, H^2O)$.

On a vu plus haut que le protochlorure de gallium, traité par l'eau en présence de l'air, donne naissance à une liqueur paraissant contenir un oxychlorure soluble.

BROMURES. — Le gallium donne deux bromures anhydres qui se préparent, exactement comme les chlorures, en remplaçant le chlore par la vapeur de brome; ils sont incolores et cristallisent aisément; leur étude est peu avancée, mais on peut dire qu'ils se rapprochent beaucoup des chlorures par l'ensemble de leurs propriétés; ils sont un peu moins fusibles et moins volatils que les chlorures, et, de même que ces derniers composés, se maintiennent aisément en surfusion; ils n'ont pas été analysés.

IODURES. — Il existe deux iodures anhydres de gallium; on les obtient en chauffant ensemble le métal et l'iode. La combinaison s'effectue avec déflagration, mais les vases ne se brisent pas quand on opère sur quelques centigrammes de matière. Les iodures de gallium sont moins fusibles et moins volatils que les bromures; on les a peu étudiés. Le protoiodure, qui n'a encore été obtenu qu'à l'état impur, paraît former une masse cristalline jaunâtre, donnant par la fusion un liquide rouge extrêmement peu volatil. Le periodure offre l'aspect de cristaux transparents incolores ou d'un jaune citron pâle; sa couleur se fonce notablement par la fusion, mais il n'est pas démontré que cet effet ne soit pas dû à des substances étrangères; il est peu volatil, tout en se sublimant néanmoins facilement dans un tube de verre. Il paraît dissoudre la vapeur d'iode lorsqu'il est fondu et devient alors d'un rouge très foncé. Ces iodures se maintiennent assez facilement en surfusion; ils n'ont pas été analysés.

FERROCYANURE. — Ce composé, peu soluble dans l'eau, insoluble dans l'acide chlorhydrique, se précipite quand on ajoute du prussiate jaune de potasse à une solution chlorhydrique acide de Ga^2Cl^6; à l'état de pureté il est blanc, mais un peu de bleu de Prusse se forme ordinairement en même temps que lui et le teinte; par la calcination, il laisse un mélange d'oxydes de gallium et de fer.

OXYSELS DE GALLIUM

SULFATES. — En attaquant le sous-oxyde de gallium par l'acide sulfurique, on obtient un sel incolore qui réduit le permanganate de potassium et ne fournit pas d'alun en présence du sulfate ammonique; il paraît donc constituer un sulfate de protoxyde

Le sulfate de sesquioxyde de gallium est incolore, limpide, très soluble dans l'eau, hygrométrique même, mais cristallise très aisément en lamelles douces au toucher; sa forme n'a pas été déterminée. La solution neutre (ou légèrement acide) et étendue se trouble abondamment par l'ébullition pour s'éclaircir après le refroidissement. Cette propriété a été quelquefois mise à profit dans la purification du gallium. La solubilité du sous-sulfate à la température de l'ébullition n'est cependant pas négligeable. La présence d'une quantité considérable d'acide acétique libre empêche la décomposition du sulfate de gallium par l'eau bouillante. Les solutions un peu étendues de sulfate de gallium se troublent spontanément à froid, au bout d'un certain temps, avec formation d'un dépôt blanc pulvérulent. Le sulfate neutre ou acide se dissout dans l'alcool à 60 °/₀. En chauffant le sulfate acide presque jusqu'à disparition des vapeurs sulfuriques, on obtient un sel blanc qui paraît être anhydre et se dissout néanmoins dans une petite quantité d'eau; chauffé davantage, le sulfate perd de l'acide, et au rouge vif se transforme en oxyde.

La chaleur spécifique du sulfate anhydre a été trouvée égale à 0,1460; ce qui donne 61,90 pour la chaleur spécifique moléculaire.

ALUN. $(SO^4)^3Ga^2 + SO^4(AzH^4)^2 + 24H^2O$. — Ce composé s'obtient aisément en mélangeant les sulfates de gallium et d'ammonium; en solution, il possède les propriétés du sulfate simple et laisse de l'oxyde par calcination. Son aspect, sa solubilité dans l'eau, etc., le rapprochent tout à fait de l'alun alumino-ammoniacal, avec lequel il cristallise isomorphiquement.

AZOTATE. — Il se présente sous la forme d'une masse cristalline blanche, très déliquescente. Chauffé à 200° dans un courant d'air sec, ce sel perd 63,8 °/₀ de son poids; il se résout en oxyde anhydre par la calcination.

ACÉTATE. — Une solution acide et étendue de Ga^2Cl^6 n'est pas précipitée à froid par l'acétate d'ammoniaque un peu acide. En liqueur concentrée, une partie du sesquioxyde Ga^2O^3 se sépare même à basse température. Les solutions étendues d'acétate acide de gallium, modérément riches en acétate acide d'ammoniaque, se troublent à chaud, abandonnant la plus grande partie de l'oxyde, dont il reste cependant toujours des traces sensibles dans la liqueur. Celle-ci, légèrement sursaturée par l'ammoniaque et longuement bouillie, ne laisse déposer que la majeure partie du Ga^2O^3 qu'elle avait retenu lors de l'ébullition en présence de l'acétate acide d'ammonium. S'il existe dans une liqueur peu de gallium et un grand excès d'acétate acide d'ammonium ou de sodium, l'ébullition ne provoque pas le dépôt de Ga^2O^3, ou n'en sépare qu'une faible portion, même après dilution de la liqueur.

RÉACTIONS DES SELS DE GALLIUM. — L'*hydrogène sulfuré* ne précipite pas les solutions chlorhydriques, sulfuriques, acétiques, ammoniacales ou potassiques du gallium. On a cependant vu plus haut qu'une solution alcaline concentrée peut donner lieu à un précipité blanc, même en présence de tartrate d'ammonium; mais cet effet se produit dans des conditions exceptionnelles qu'on ne rencontre guère en pratique. En présence d'autres sels métalliques, les composés de gallium se comportent tout différemment. Quand la liqueur contient une proportion notable d'acides minéraux puissants, les sulfures étrangers n'entraînent pas de gallium; c'est le contraire qui arrive lorsque l'acidité, même très forte, est due à l'acide acétique, ou lorsque la liqueur est alcaline; on obtient alors des sulfures de zinc, argent, cuivre, manganèse, fer, arsenic, etc., chargés de gallium. Cette réaction, très sensible, est précieuse pour l'extraction et pour la séparation du gallium. Il faut observer que dans une liqueur chlorhydrique ou sulfurique faiblement acide le sulfure de zinc qui se forme entraîne le gallium.

Le *sulfhydrate d'ammonium* ne précipite pas les solutions alcalines de gallium moyennement riches; mais en présence d'autres métaux il se dépose des sulfures qui entraînent le gallium. Les tartrates alcalins n'entravent pas la réaction.

La *potasse caustique* précipite Ga^2O^3, que le moindre excès du réactif redissout avec une facilité extrême. Quand la liqueur contient des sels de calcium, de fer, d'indium, etc., les oxydes de ces métaux retiennent, malgré l'excès de potasse, des quantités sensibles de gallium, qu'on retire en reprenant les précipités par l'acide chlorhydrique et répétant plusieurs fois l'opération.

L'*ammoniaque libre ou carbonatée* précipite les solutions de gallium. Un excès de réactif redissout une forte quantité de Ga^2O^3.

Les *carbonates et bicarbonates de sodium et de potassium* précipitent Ga^2O^3, mais un excès de réactif en redissout des quantités notables.

Les *carbonates de baryum et de calcium* séparent l'oxyde de gallium à froid et à chaud. Il reste néanmoins en solution de faibles traces de gallium.

Le *ferrocyanure de potassium* précipite les sels de gallium, *surtout en solution chlorhydrique très acide*, telle, par exemple, que la liqueur contienne 1/4 à 1/3 de son volume d'acide HCl concentré. Cette réaction est très sensible. $\frac{1}{2000000}$ de gallium est facilement reconnu et avec quelque précaution on peut aller plus loin encore. Pour de très faibles quantités de gallium, le précipité n'apparaît qu'au bout de quelque temps; il est souvent coloré par du bleu de Prusse.

Le *ferricyanure de potassium* n'a pas d'action sur les solutions gallifères.

Le *zinc métallique* ne précipite pas le sesquioxyde Ga^2O^3, tant que la liqueur est légèrement acide, mais dès qu'elle devient basique, tout l'oxyde de gallium se sépare sous forme de flocons n'adhérant pas aux lames de zinc. Cette réaction est de la plus grande sensibilité. Les métaux qui sont réduits par le zinc au sein d'une liqueur acide riche en gallium entraînent, mécaniquement ou autrement, des traces de gallium qu'on retrouve en reprenant ces métaux par un acide et le reprécipitant par le zinc.

Le *fer métallique* sépare à la longue le sesquioxyde de gallium, mais les protosels de fer devenant difficilement basiques, il faut une ébullition très prolongée pour obtenir une séparation complète du Ga^2O^3.

Le *cadmium métallique pur* ne précipite que lentement Ga^2O^3. Même après une ébullition prolongée, il reste des traces assez notables de gallium dans la liqueur.

ANALYSE QUANTITATIVE DU GALLIUM. — On a vu plus haut, à l'occasion de l'extraction du métal, comment on peut le séparer des impuretés qui l'accompagnent dans la blende. Les procédés quantitatifs sont encore à l'étude et incomplets; voici cependant l'indication des réactions qui paraissent être les meilleures.

1° *Zinc métallique*. — L'action ménagée de ce réactif permet d'abord d'éliminer plusieurs métaux qui sont réduits alors que la liqueur est encore au moins un peu acide, savoir : Cu, Pb, Cd, Ag, Bi, Au, Se, Hg, In en partie, Sb, As, Sn, Pt, Pd, Tl en partie, etc. On filtre, puis la liqueur est bouillie avec du zinc jusqu'à trouble blanchâtre; à cet instant, l'oxyde de gallium est précipité en même temps que l'alumine, l'oxyde de chrome, le reste de l'oxyde d'indium, une certaine quantité de sous-sels de zinc et d'autres impuretés. En répétant l'opération, on arrive à ne laisser avec l'oxyde de gallium que fort peu de corps étrangers en dehors du zinc, de l'aluminium, du chrome et de l'indium. $\frac{1}{4}$ de milligramme de gallium se retrouve aisément et rapidement dans un litre de liquide contenant des masses considérables d'autres substances.

2° *Ebullition en présence d'ammoniaque*. — La solution chlorhydrique ou sulfurique est sursaturée par un léger excès d'ammoniaque et l'on fait bouillir jusqu'à ce qu'un papier de tournesol, placé d'avance dans la liqueur, ait acquis une teinte franchement rouge. Il est essentiel de ne pas laisser le liquide se concentrer et de remplacer l'eau à mesure qu'elle s'évapore. Ce procédé peut notamment servir à la séparation d'avec les alcalis et les alcalino-terreux; sa sensibilité est assez grande, quoique inférieure à celle de la précipitation par le zinc métallique; la perte paraît s'élever de 1 milligramme à 1^mgr^,5 par litre de liquide soumis à l'ébullition.

3° *Carbonates de baryum et de calcium*. — Ces carbonates précipitent fort bien l'oxyde de gallium à froid, après contact de 24 à 48 heures, et beaucoup plus rapidement à chaud. Le carbonate de baryum offre cet avantage que la baryte s'élimine par l'acide sulfurique, mais l'entraînement de certains autres oxydes (celui de ZnO en particulier) est quelquefois plus considérable que par le carbonate calcique; quand on emploie ce dernier réactif, on reprend l'excès de carbonate, mêlé de Ga^2O^3, par l'acide chlorhydrique; on sursature par l'ammoniaque et on fait bouillir en suivant le procédé n° 2 (voir ci-dessus). La perte pour le traitement par $CaCO^3$, puis ébullition ammoniacale sur un petit volume, s'élève à environ 1^mgr^, par litre de liquide primitif soumis à l'action du $CaCO^3$.

4° *Réduction par les sulfites et précipitation par* $CaCO^3$ *à chaud*. — La liqueur chlorhydrique un peu acide est additionnée de sulfite de sodium (ou traitée par un courant d'acide sulfureux) et maintenue pendant quelques minutes à l'ébullition; on ajoute alors un petit excès de carbonate de calcium et au bout de quelques instants on filtre rapidement, autant que possible à l'abri de l'air. Cette opération, répétée deux ou trois fois, permet de se débarrasser de quantités considérables de fer. Le zinc se sépare en même temps et très rapidement. Le mélange de $CaCO^3$ et de Ga^2O^3 est traité comme dans le procédé n° 3. Les dernières traces de fer sont enlevées par la potasse (procédé n° 6) (voir page 858). La perte s'élève à environ 1^mgr^,5 par litre de liquide primitif traité par $SO^2 + CaCO^3$.

5° *Ferrocyanure de potassium*. — La précipitation des sels de gallium par ce réactif offre l'avantage de s'effectuer en liqueur *très acide*, ce qui élimine plusieurs substances, mais elle a l'inconvénient d'introduire du fer, dont la séparation ultérieure devient nécessaire.

Les ferrocyanures de zinc et d'indium étant insolubles dans l'acide chlorhydrique, la présente réaction ne peut pas servir à la séparation de Ga d'avec Zn ou In; en revanche, elle est précieuse pour doser très exactement le Ga^2O^3 mélangé de beaucoup de sels de chrome, aluminium, glucinium, cérium, didyme, lanthane, samarium, yttrium, erbium, holmium, thulium, thorium, etc., etc.

Le ferrocyanure de gallium, presque toujours souillé d'un peu de bleu de Prusse, est séché et calciné; il faut éviter la présence des chlorures, qui produiraient pendant la calcination une perte par sublimation de chlorure de gallium. Les oxydes sont fondus avec du bisulfate de potassium; on reprend par l'eau et la solution est traitée par le procédé n° 2; on obtient de cette façon un mélange de Ga^2O^3 et Fe^2O^3 attaquable par H Cl. Ainsi qu'il a déjà été dit, la réaction du cyanoferrure est très sensible.

6° *Potasse caustique*. — Ce réactif bouillant sépare le gallium d'avec plusieurs métaux tels que Fe, In, Cr en grande partie, Ce, Di, La, Sm, Yt, Er, Ho, Tu, Th, etc.; il faut néanmoins répéter plusieurs fois le traitement, car les oxydes de ces divers métaux entraînent des quantités sensibles de Ga^2O^3 qui vont en décroissant à chaque nouvelle opération. Quand il y a beaucoup de fer, on commence par en éliminer la majeure partie au moyen des procédés n° 4 ou n° 10. L'oxyde de gallium dissous par la potasse retient un peu d'oxyde d'indium, tandis que le In^2O^3, précipité plusieurs fois, ne retient pas sensiblement de Ga^2O^3. On sursature donc la solution potassique gallifère par l'acide chlorhydrique, puis par l'acétate acide d'ammonium, et on fait passer de l'hydrogène sulfuré; il se forme un peu de sulfure d'indium qui entraîne une certaine proportion de gallium; ce mélange, repris par H Cl, est de nouveau traité par la potasse bouillante. En renouvelant ces opérations, on arrive à une séparation assez satisfaisante.

7° *Sulfures métalliques précipités d'une solution acétique acide*. — L'entraînement par ces sulfures est un excellent moyen de recueillir, dans un état de pureté déjà avancé, des traces de gallium mêlées de masses considérables d'autres substances. On commence par traiter la liqueur chlorhydrique acide par l'hydrogène sulfuré; on filtre, puis on ajoute de l'acétate acide d'ammonium et un sel métallique; enfin, on fait de nouveau passer l'hydrogène sulfuré. Ce traitement est renouvelé jusqu'à ce que les précipités soient bien exempts de gallium. Le *sulfure d'arsenic* gallifère est simplement repris par l'eau régale; l'acide azotique se détruit pendant l'ébullition et la liqueur très acide (dans laquelle l'acide arsénique a préalablement été réduit par SO^2) est traitée par l'hydrogène sulfuré, qui cette fois précipite du sulfure d'arsenic exempt de gallium. On n'a plus qu'à évaporer le liquide filtré. Le *sulfure d'argent* est attaqué par l'eau régale et le chlorure d'argent séparé par le filtre.

Quand on emploie le *sulfure de zinc*, on le reprend par l'acide chlorhydrique; on chasse l'hydrogène sulfuré; on fait deux ou trois petites précipitations successives par l'ammoniaque (ou un autre alcali), ne s'arrêtant qu'après certitude acquise d'avoir précipité tout le gallium. La masse principale du zinc reste en solution. La petite quantité d'oxydes ainsi obtenue est reprise par l'acide chlorhydrique et traitée, suivant les cas, par les procédés n° 2, n° 3, n° 4 ou n° 10. La réaction des sulfures étrangers, dans une solution acétique, est fort sensible; le mieux est d'employer le sulfure d'arsenic. L'alumine et les oxydes de chrome, glucinium, didyme, cérium, lanthane, samarium, yttrium, erbium, holmium, thulium, thorium, etc. sont ainsi nettement séparés; mais il faut laver très complètement les sulfures. Il est quelquefois nécessaire de renouveler le traitement, pour se débarrasser des dernières traces d'oxydes étrangers retenus dans les précipités par défaut de lavage.

8° *Sulfures métalliques précipités d'une solution alcaline*. — On ajoute de l'acide tartrique à la liqueur potassique ou ammoniacale gallifère; on sursature par un excès de sulfure d'ammonium. Ici les lavages *très complets* sont de rigueur, car la moindre trace de tartrates suffirait à entraver les réactions ultérieures nécessaires pour la séparation du Ga^2O^3; il faut donc malaxer avec soin les sulfures deux ou trois fois dans l'eau bouillante et laver à l'eau chaude chargée d'un peu de sulfhydrate. La réaction des sulfures métalliques dans une solution alcaline est très sensible, car 1/6 de milligramme de gallium se reconnaît facilement dans un litre de liquide, mais celle du sulfure d'arsenic est encore un peu préférable.

Parmi les sulfures précipitables en solution alcaline, celui de manganèse est particulièrement à recommander; il est repris par H Cl et on traite la dissolution par les procédés n° 2 ou n° 3. Si l'on emploie le procédé n° 2 et afin d'éviter la précipitation de beaucoup d'oxydes supérieurs de manganèse, on doit faire bouillir pendant quelques minutes la solution chlorhydrique acide et ajouter l'excès d'ammoniaque à la liqueur bouillante; il ne se dépose ainsi, avec le Ga^2O^3, que de faibles quantités d'oxyde brun de manganèse, qu'on élimine en répétant une fois l'opération.

9° *Hydrate cuivrique à chaud*. — Ce réactif précipite très complètement l'oxyde de gallium à la température de l'ébullition. 1/6 de milligramme de gallium se retrouve sans perte appréciable dans un litre d'une liqueur chargée de beaucoup de matières étrangères; encore n'est-ce point évidemment là que s'arrête la sensibilité de la réaction. Le mélange d'oxydes est repris par un excès notable d'acide chlorhydrique et on fait passer de l'hydrogène sulfuré dans la solution. Le gallium se retrouve par évaporation du liquide filtré. Ce procédé est excellent pour séparer le gallium d'avec le zinc, les alcalis, les alcalino-terreux, etc.

10° *Cuivre et protoxyde de cuivre à chaud*. — La solution, seulement un peu acide, est bouillie avec du cuivre divisé pur; quand la réduction du persel de fer est achevée, on ajoute un léger excès de protoxyde de cuivre et au bout de peu de minutes on filtre rapidement.

Le précipité est repris par l'acide chlorhydrique. Au besoin, on dissout le protochlorure de cuivre resté sur le filtre par l'eau régale, dont on détruit ensuite l'acide nitrique en concentrant la liqueur. L'opération se répète trois ou quatre fois. La dernière solution chlorhydrique très acide est traitée par l'hydrogène sulfuré, qui enlève le cuivre et laisse le gallium dissous. Il ne reste plus alors que des traces de fer, qu'on enlève par la potasse (procédé n° 6). Dans le cas actuel, le zinc se sépare aussi complètement que par l'hydrate cuivrique. 1/6 de milligramme s'extrait ainsi en presque totalité de un litre d'une liqueur très riche en zinc et en fer. Le protoxyde de cuivre préparé au moyen du glucose et du tartrate cupropotassique convient très bien, mais il est indispensable qu'il soit *complètement lavé*, afin d'éliminer les dernières traces de matière organique.

Considérations théoriques. — Le gallium a cela de particulier qu'il paraît bien représenter un des éléments hypothétiques dont l'existence semble être nécessaire pour compléter les séries naturelles dans lesquelles viennent se ranger les corps simples déjà connus. On conçoit que la place occupée dans une série par un élément hypothétique permette de prévoir les propriétés principales de ce corps et d'assigner d'avance à son équivalent une valeur approchée. Plusieurs chimistes se sont occupés des classifications au point de vue de ces sortes de prévisions. En ce qui concerne le gallium, nous devons rappeler les recherches de M. Lecoq de Boisbaudran et de M. Mendeléeff. M. de Boisbaudran commençait, il y a maintenant plus de vingt ans, des études théoriques destinées à révéler l'existence des éléments inconnus et à définir leurs propriétés; en même temps, il examinait expérimentalement un certain nombre de minéraux et de produits d'usines, en prenant pour base de ses analyses les réactions présumées des corps hypothétiques.

Ces travaux ne donnèrent d'abord aucun résultat.

Les idées théoriques de M. de Boisbaudran n'ont pas été publiées, mais seulement confidentiellement exposées devant quelques chimistes éminents, tels que MM. Dumas et Friedel. Plus tard (en 1869), M. Mendeléeff a fait paraître une nouvelle classification des corps simples d'où ressortait l'indication de l'existence probable de plusieurs éléments encore inconnus, parmi lesquels quelques-uns coïncidaient assez exactement avec ceux dont M. de Boisbaudran s'était occupé. L'incertitude qui régnait alors sur la valeur réelle de ces essais de classification a peut-être empêché qu'on n'accordât aux conceptions de M. Mendeléeff toute l'attention qu'elles méritaient. Mais lorsque en 1875 le gallium fut découvert par M. de Boisbaudran et quand, bientôt après, son poids atomique et sa fonction chimique furent clairement établis, l'importance des prévisions de M. Mendeléeff frappa tous les esprits. Par l'ensemble de ses propriétés, le gallium correspond au métal placé par M. Mendeléeff (sous le nom d'Eka-aluminium) entre l'aluminium et l'indium. Chose remarquable, la densité du nouveau corps est rigoureusement celle annoncée par M. Mendeléeff, et le poids atomique rigoureusement aussi celui calculé par M. de Boisbaudran.

Cependant plusieurs des qualités chimiques et physiques, bien que voisines de celles que faisait prévoir la théorie, en diffèrent suffisamment pour montrer combien nos connaissances sont encore incomplètes dans cette grande question de la classification naturelle des éléments, et surtout pour nous mettre en garde contre les plans de recherches expérimentales uniquement fondés sur les propriétés supposées du corps cherché, déduites de celles des éléments voisins dans la série.

En effet, sauf la densité et le poids atomique (ainsi que la position des raies spectrales qui paraissent correspondre aux raies de l'aluminium et de l'indium), les propriétés du gallium ne semblent point être intermédiaires entre celles de Al et In. L'aluminium fond au rouge, l'indium à environ 176°; tandis que le gallium se liquéfie déjà à 30°,15. L'aluminium est très ductile, l'indium excessivement mou; le gallium, au contraire, est dur, cristallin et cassant.

Dans les précipitations fractionnées, Ga^2O^3 ne se place pas régulièrement entre Al^2O^3 et In^2O^3, car il se dépose avant ces deux oxydes. D'après les prévisions de M. Mendeléeff, conformes d'ailleurs à l'analogie des métaux voisins, le sulfure devait se former directement par l'action de l'hydrogène sulfuré et être insoluble dans le sulfure d'ammonium; en réalité, les sels purs de gallium ne possèdent pas ces propriétés, du moins en solution moyennement concentrée. L'alumine est très peu soluble dans l'ammoniaque en présence des sels ammoniacaux; l'oxyde d'indium y est insoluble, tandis que le Ga^2O^3 s'y dissout en quantité très notable. En face de ces divergences, doit-on supposer que le gallium appartient, non à la série Al, (?), In, mais à une série parallèle, ou plutôt ne doit-on pas reconnaître l'insuffisance de nos connaissances qui avait frappé M. de Boisbaudran lorsque après de longues recherches expérimentales, conduites d'après les indications de la théorie, il n'était arrivé qu'à des résultats négatifs? Aussi, le gallium n'a-t-il été trouvé qu'en appliquant une méthode analytique indépendante des idées préconçues et agencée de façon à annuler les erreurs commises, non-seulement sur les propriétés présumées des corps cherchés, mais encore sur les réactions des substances connues. Quoi qu'il en soit, la possibilité de prévoir l'existence des éléments et d'esquisser d'avance quelques-uns de leurs traits principaux est un intéressant résultat et un puissant encouragement à cultiver un champ qui promet d'être si fécond.

Le poids atomique du gallium a été calculé, antérieurement à toute mesure expérimentale, de deux façons :

1° D'après les lois d'accroissement des poids atomiques dans les séries naturelles. De cette manière, M. Mendeléeff était arrivé au nombre 68 et M. de Boisbaudran au nombre 69,82 (moyenne entre les valeurs maxima 69,97 et minima 69,66).

2° Par la comparaison des spectres des trois métaux Al, Ga, In avec ceux d'une série déjà étudiée, telle que K, Rb, Cs. Ainsi, à une époque où l'on possédait à peine quelques milligrammes de sels de gallium très impurs, M. de Boisbaudran a calculé le poids atomique en considérant les deux raies du gallium comme correspondant : d'une part, aux deux raies violettes de l'aluminium et aux deux raies de l'indium; d'autre part, aux deux premières raies des groupes quadruples du potassium (jaune), du rubidium (orangé), et du césium (rouge), toutes ces raies étant supposées appartenir à un même harmonique d'ordre 3 n.

Poids atomiques.	Différences.		Longueurs d'onde des raies.		Différences.	Différences.
Al 27,50	86,00		Al 396,3 / 394,4	395,3		
Ga ?					14,7	
In 113,50			Ga 417,0 / 403,1	410,0		5,9
					20,6	
			In 451,1 / 410,1	430,6		
			K 583,1 / 581,2	582,1		
K 39,10					42,9	
	46,26					
Rb 85,36		1,38	Rb 629,7 / 620,3	625,0		17,0
	47,64				59,9	
Cs 133,00			Cs 697,5 / 672,3	684,9		

Dans la série K, Rb, Cs, l'accroissement du poids atomique de Rb à Cs est égal à l'accroissement de K à Rb, plus $\frac{1,38}{46,26} = \frac{2.983}{100}$. L'augmentation de la longueur d'onde de Rb à Cs est égale à l'augmentation de K à Rb, plus $\frac{17,0}{42,9} = \frac{39,63}{100}$. Dans la série Al, Ga. In, l'accroissement du poids atomique de Al à In est 86,00. L'augmentation de la longueur d'onde de Ga à In est égale à l'augmentation de Al à Ga, plus $\frac{5,9}{14,7} = \frac{40,14}{100}$.

Posant la proportion

K-Cs λ		K-Cs Poids at.		Al-In λ.		Al-In Poids at.
$\frac{39,63}{100}$	:	$\frac{2,983}{100}$	: :	$\frac{40,14}{100}$	:	x,

on trouve $x = \frac{3.0214}{100}$.

Appelant A l'accroissement de poids atomique de Al à Ga, on a pour l'accroissement B de Ga à In : A × 1,030214.

De A × 2,030214 = 86, on tire A = 42,36 et B = 43,64, ce qui attribue au gallium le poids atomique 69,86.

	Différences.
Al 27,50	
	42,36 (A)
Ga 69,86	
	43,64 (B)
In 113,50	
	86,00

En résumé, on a :

Poids atomique calculé par la classification (Mendeléeff)	68
Poids atomique calculé par la classification (de Boisbaudran)	69,82
Poids atomique calculé par les spectres (de Boisbaudran)	69,86

L'expérience a donné plus tard 69,87.

Lecoq de Boisbaudran.

GANOMALITE [Min.]. — Nordenskiöld. Silicate de plomb, de manganèse et de chaux disséminé en grains blancs sans clivage dans un mélange de téphroïte, jacobsite et diopside brun, à Longbak (Suède).

Éclat gras, translucide. Densité, 4,98. Au chalumeau, fond en une perle claire qui noircit au feu d'oxydation. Sur le charbon avec la soude, production d'un globule de plomb. Soluble en gelée dans l'acide azotique.

GARDÉNINE. — On obtient la gardénine en dissolvant dans l'alcool bouillant la résine du *Gardenia lucida*; les aiguilles qui se déposent par refroidissement sont lavées à l'alcool froid, pour chasser une matière résineuse, puis au pétrole pour éliminer une matière cireuse incolore; on les fait finalement recristalliser dans la benzine, d'où la gardénine pure se dépose en aiguilles d'un jaune foncé, fusibles à 163-164° et renfermant $(C^5H^5O^2)^n$.

La solution froide de gardénine dans l'acide acétique cristallisable, traitée par de l'acide azotique d'une densité de 1,45, donne un précipité d'aiguilles cramoisies peu solubles dans l'alcool, fusibles à 236° et exemptes d'azote, que Stenhouse et Groves appellent *acide gardénique* [Stenhouse et Groves, *Chem. Soc.*, 1877, t. Ier, p. 551].

GÉDANITE [Min.]. — Résine fossile semblable à l'ambre, mais ne donnant pas d'acide succinique. Densité, 1,058 à 1,068, couleur jaune clair. Dureté, 1,5 à 2. Fragile. Cassure conchoïdale. Fond à 140 ou 180° en un liquide clair, sans odeur piquante. — Bords de la Baltique.

GEISSOSPERMINE, $C^{19}H^{24}Az^2O^2$. — Dans un travail sur l'action physiologique de la péreirine (t. II, p. 779) retirée de l'écorce de Pereiro (*Geissospermum læve*, Baillon, ou *G. Vellosii*, Peckolt), Bochefontaine et Freistas avaient proposé de substituer le nom de *geissospermine* à celui de péreirine [*Compt. rend.*, t. LXXXV, p. 412]. Mais Hesse ayant découvert, peu de temps après, que le Pao-Pereiro contient deux alcaloïdes, l'un cristallisable et l'autre amorphe, proposa de conserver à ce dernier le nom de péreirine, et de désigner le premier par le terme de geissospermine.

Il est aisé de retirer ce nouvel alcaloïde de la péreirine brute, à cause de sa faible solubilité dans l'éther, qui dissout en abondance la péreirine incristallisable.

La geissospermine est en petits prismes blancs terminés par des dômes, très solubles dans l'alcool, à peine solubles dans l'eau et dans l'éther.

Les alcalis en excès ou l'ammoniaque la précipitent de ses solutions dans les acides; le précipité, d'abord amorphe, ne tarde pas à devenir cristallin. Les cristaux renferment 1 molécule d'eau qui se dégage à 100°; vers 160°, l'alcaloïde fond en un liquide brun. Il est lévogyre; [α] D rapporté à la base hydratée en solution alcoolique à 1,5 % = — 93°,37.

L'acide azotique concentré dissout l'alcaloïde en se colorant en pourpre; l'acide sulfurique *pur* donne au premier moment une solution incolore qui se teinte bientôt en bleu, pour redevenir incolore à la longue. L'acide molybdique en solution sulfurique donne de suite une coloration bleu foncé, persistante. Chauffée avec de la chaux sodée, la geissospermine donne un sublimé léger et jaunâtre.

Le *chloroplatinate*, précipité amorphe, de couleur jaune pâle, renferme

$$(C^{19}H^{24}Az^2O^2, HCl)^2, PtCl^4$$

lorsqu'il a été séché à 130°.

Péreirine. — C'est l'alcaloïde le plus abondant de l'écorce; il est très soluble dans l'éther et ne cristallise pas. Il colore l'acide sulfurique pur en un violet rouge [O. Hesse, *Deutsch. chem. Gesellsch.*, 1877, p. 2162]. A. Henninger.

GÉLATINE (*Glutine* des chimistes allemands). — Voyez t. Ier, p. 1552.

La matière collagène, que l'eau bouillante transforme en gélatine, est très répandue dans le règne animal et se présente sous des aspects morphologiques très divers, mais peu caractéristiques. La matière organique des os et du tissu préosseux de la corne des ruminants, le tissu conjonctif de la peau, des muscles, des glandes, les tendons et ligaments sont chimiquement identiques, étant formés de matière collagène, mais au point de vue de l'aspect, de la solidité et de la double réfraction, on constate entre eux des différences très grandes, comparables aux divers états de condensation de la cellulose.

Tous les vertébrés, à l'exception de l'*Amphioxus lanceolatus* (Hoppe-Seyler), renferment ainsi de la matière collagène; il en est de même des Céphalopodes (Hoppe-Seyler), tandis que les autres avertébrés (insectes, cnoques, limaçons) ne fournissent pas de gélatine par la coction, mais de la mucine.

La substance propre de la cornée fournit avec l'eau bouillante une solution qui offre les réactions de la chondrine; mais lorsqu'on a soin de faire digérer, au préalable, la cornée dans de l'eau de chaux ou de baryte, elle ne fournit ensuite que de la gélatine pure (Léo Morochowetz).

Le sang des leucocythémiques renferme une substance qui présente les réactions de la gélatine, mais qui n'agit pas sur la lumière polarisée [Gorup-Besanez, *Jahresb. Thierch.*, 1874, p. 126].

Propriétés. — La gélatine est fortement lévogyre; son pouvoir rotatoire diminue si la température s'élève; [α]j = — 130° à 25° et — 123° à 30°. L'addition d'un alcali ou d'un acide abaisse également le pouvoir rotatoire.

A froid, la glycérine dissout une petite proportion de gélatine; la solubilité augmente avec la chaleur et les solutions se prennent en gelée par le refroidissement (Maisch).

Indépendamment des réactions indiquées t. Ier, p. 1553, la gélatine donne des précipités ou des colorations avec un grand nombre de réactifs. Les acides phosphotungstique et phosphomolybdique, les sels biliaires en solution faiblement acide, l'iodomercurate de potassium, l'iodure ioduré de potassium, l'acide picrique précipitent abondamment la gélatine; les précipités sont solubles dans un excès de gélatine.

Le sulfate de cuivre et un alcali fournissent des colorations variant du bleu violet au rose, suivant la proportion plus ou moins grande de sulfate cuivrique (réaction du biuret).

En un mot, la gélatine offre toutes les réactions des peptones, dont elle ne se distingue que par sa composition, son pouvoir rotatoire et la propriété qu'elle possède de gélatiniser.

Plusieurs sels (NaCl, AzH^4Cl, AzO^3K) ou des acides étendus (AzO^3H, $C^2H^4O^2$) ajoutés à une solution tiède de gélatine lui font perdre la propriété de se prendre en gelée par le refroidissement sans l'altérer chimiquement (colle forte liquide).

En présence de potasse, la gélatine réduit le chlorure mercurique, rapidement à chaud, plus lentement à froid : il se précipite du mercure.

Parmi les produits de dédoublement de la gélatine sous l'influence des acides, Nencki a trouvé, indépendamment du glycocolle qui forme le corps principal, 1 à 2 °/₀ de leucine; Gaehtgens une petite quantité d'acide glutamique. En décomposant la gélatine à l'ébullition par le chlorure stanneux et l'acide chlorhydrique, d'après la méthode de Hlasiwetz, Horbaczewski a obtenu, outre les produits habituels, CO^2, H^2S, AzH^3, du glycocolle, de la leucine et 15 à 18 °/₀ de chlorhydrate d'acide glutamique [*Wien. Akad. Ber.*, t. LXXX, 2e part.].

En appliquant à la gélatine sa belle méthode de dédoublement des albuminoïdes par la baryte (Suppl., p. 68), Schützenberger, en commun avec Bourgeois, a obtenu :

Azote de AzH^3 mise en liberté...	2,8 °/₀
Carbonate de baryum............	12,2
Oxalate de baryum..............	8,9
Acide acétique.................	1,44

et en outre 20 à 25 °/₀ de glycocolle, de l'alanine, de l'acide amidobutyrique, des traces d'acide glutamique et une grande quantité de corps non saturés, $C^nH^{2n-1}AzO^2$ ($n = 4, 5, 6$) [Schützenberger et Bourgeois, *Compt. rend.*, t. LXXXII, p. 262].

La distillation sèche de la gélatine a été l'objet de recherches récentes de Weidel et Ciamician, instituées pour élucider la formation de l'huile d'os (huile de Dippel).

Dans la distillation, il se dégage d'abord de l'ammoniaque, puis il passe un liquide aqueux renfermant de la méthylamine et de la butylamine; à une température plus élevée, il distille un liquide oléagineux, contenant les bases de l'huile de Dippel, une petite quantité d'alcalis aromatiques, du pyrrol, de l'homopyrrol, du diméthylpyrrol. Dans cette phase, il se dégage, en outre, des gaz combustibles, de l'ammoniaque et du cyanure d'ammonium. Enfin, en dernier lieu, on voit apparaître, dans le tube de l'appareil distillatoire, une masse jaune épaisse, formée de carbonate et de cyanure ammonique et de petites lamelles brillantes de *pyrocolle* $C^{10}H^6Az^2O^2$, qui constitue un produit de condensation interne de l'acide pyrrolcarbonique $C^5H^5AzO^2$ (voyez ce mot) [H. Weidel et G.-L. Ciamician, *Monatshefte Chem.*, t. Ier, p. 279; *Bull. Soc. chim.*, t. XXXV p. 2].

Putréfaction de la gélatine. — Les produits de cette décomposition sont très semblables à ceux des albuminoïdes; ils varient avec la durée de la putréfaction. La gélatine, mise en fermentation avec du pancréas de bœuf, est rapidement transformée en peptone, puis au bout de 24 ou 36 heures apparaissent l'ammoniaque, le gaz carbonique, du glycocolle, de la leucine, des acides gras volatils, en un mot les produits de l'hydratation avancée de la gélatine.

Plus tard, la proportion des acides gras s'accroît beaucoup et l'on trouve un mélange d'acides acétique, butyrique et valérique, une base volatile dont le chloroplatinate cristallise en prismes clinorhombiques et paraît renfermer

$$(C^8H^9Az, HCl)^2PtCl^4,$$

et un autre corps basique, liquide et volatil, qui attire l'acide carbonique de l'air en se changeant en une masse cristalline feuilletée; l'analyse du chloroplatinate conduit pour cette base à la formule $C^8H^{11}Az$, qui est celle d'une collidine; par ses propriétés, elle se distingue de la collidine d'Anderson. Ce corps serait-il identique avec la ptomaïne retirée récemment par Gautier et Étard des produits de la putréfaction des albuminoïdes, base volatile à laquelle ces savants avaient attribué la formule $C^8H^{13}Az$, d'une dihydrocollidine? Nencki le pense dans une note qu'il vient de publier. Il ne se forme pas d'indol dans la putréfaction de la gélatine [M. Nencki, *Jahresb. Thierch.*, 1876, p. 31; — Jeanneret, *Journ. prakt. Chem.* (2), t. XV, p. 353; — Nencki, *ibid.*, t. XXVI, p. 47].

Th. Weyl a vainement cherché l'indol et le scatol parmi les produits de cette putréfaction [*Zeitschr. physiol. Chem.*, t. Ier, p. 339] et Fitz n'y a pas trouvé d'alcool.

Composition de la gélatine. — Elle peut être représentée assez exactement par la formule empirique $C^{76}H^{124}Az^{24}O^{29}$ (Schützenberger et Bourgeois). L'osséine ou matière collagène possède à très peu près la même composition, et de fait on n'a pu constater qu'une augmentation de poids insignifiante dans la transformation de la matière collagène en gélatine. Néanmoins, il est permis de considérer cette dernière comme le produit d'hydratation incomplète de la matière collagène. Hofmeister a, en effet, fait l'observation intéressante que la gélatine, exposée pendant quelque temps à une chaleur de 130°, résiste ensuite aux dissolvants et ne se transforme de nouveau en gélatine qu'au bout d'une longue ébullition avec l'eau.

On rappelle que c'est dans les mêmes conditions que Henninger avait régénéré un corps albuminoïde aux dépens des peptones, qui constituent certainement des produits d'hydratation incomplète des albuminoïdes [Fr. Hofmeister, *Zeitschr. physiol. Chem.*, t. II, p. 299].

Gélatine-peptone. — La peptonisation de la gélatine est chose facile : non seulement les ferments digestifs et les diastases sécrétées par les microbes de la putréfaction, mais l'ébullition prolongée avec de l'eau pure, ou mieux encore avec de l'eau légèrement alcalisée ou acidulée, font perdre à la gélatine la propriété de se prendre en gelée et la solution renferme une *gélatine-peptone*. Ce caractère négatif est du reste le seul qui distingue la gélatine de sa peptone. La composition de celle-ci serait par contre toute autre, si l'on peut regarder comme définitifs les chiffres obtenus par Nencki avec une gélatine-peptone pancréatique, ce qui nous paraît très peu probable : C = 40,2 ; H = 7,3 ; Az = 14,5.

La gélatine, bouillie avec de l'eau pendant

30 heures, est peptonisée et le liquide renferme, d'après Hofmeister, deux produits incristallisables distincts, qu'il désigne sous le nom d'*hémicolline* et de *sémiglutine* (*loc. cit.*). Ils offrent les réactions des peptones et se distinguent entre eux en ce que le dernier est le moins soluble dans l'alcool et est précipité par le chlorure de platine, qui ne trouble pas la solution d'hémicolline.

Valeur nutritive de la gélatine. — D'après les recherches importantes de C. Voit, la gélatine constituerait une substance nutritive (*nährend*), mais non pas nourrissante (*nahrhaft*); c'est-à-dire qu'elle ne pourrait subvenir aux dépenses de l'organisme, ni être assimilée; elle agirait en diminuant la combustion des matières albuminoïdes proprement dites [C. Voit, *Zeitchr. Biolog.*, t. VIII, p. 297].

Cette opinion a été confirmée depuis par plusieurs expérimentateurs et peut être adoptée.

A. Henninger.

GELSÉMINE, $C^{11}H^{19}AzO^{2}$. — Cet alcaloïde est le principe actif de la racine du jasmin sauvage (*Gelsemium sempervirens*).

On épuise la plante par l'alcool éthéré et on reprend l'extrait par l'eau, qui laisse déposer une résine. La solution aqueuse, traitée par le sous-acétate de plomb, fournit un précipité plombique, formé, selon Wormley, par un acide gelsémique; mais celui-ci est identique avec l'*esculine*. Les eaux plombiques, traitées par $H^{2}S$ pour éliminer le plomb et agitées avec de l'éther pour enlever les dernières traces d'esculine, sont concentrées et précipitées par la potasse. On purifie la base par dissolution dans l'éther.

La gelsémine est une poudre rosée, amorphe, amère, à réaction alcaline, peu soluble dans l'eau et l'alcool, très soluble dans l'éther et le chloroforme.

Les sels de gelsémine n'ont été obtenus qu'à l'état amorphe.

Le *chlorhydrate* renferme $C^{11}H^{19}AzO^{2}, HCl$.

Le *chloroplatinate*, $(C^{11}H^{19}AzO^{2}, HCl)^{2}PtCl^{4}$, est amorphe, jaune et floconneux.

L'acide azotique et l'acide sulfurique dissolvent la gelsémine en jaune verdâtre; l'addition d'un cristal de dichromate de potassium dans la solution sulfurique concentrée produit une coloration rouge cerise passant au vert bleu.

La gelsémine, à la dose de 0gr,012, tue un pigeon avec des symptômes spasmodiques [C. Robbins, *Deutsch. chem. Gesellsch.*, 1876, p. 1182].

A. Étard.

GELSÉMIQUE (ACIDE). — Voyez Esculine.

GENTIANOSE, $C^{36}H^{66}O^{31}$. — Matière cristallisable, d'une saveur à peine sucrée, que Meyer vient d'isoler de la racine de *Gentiana lutea*.

La racine fraiche est exprimée, le jus additionné de 2/3 de son volume d'alcool, filtré et précipité ensuite par des additions successives d'éther. Le dépôt cède à l'alcool bouillant la gentianose, qui cristallise au bout de quelques mois dans l'extrait alcoolique. On la purifie par cristallisation dans l'alcool.

La gentianose se présente en tables incolores, très solubles dans l'eau, beaucoup moins solubles dans l'alcool, fusibles à 210°.

Elle est fortement dextrogyre. Elle ne réduit pas la liqueur de Fehling, mais entre en fermentation par l'action de la levûre de bière. Les acides étendus et bouillants l'intervertissent en la transformant en un sucre réducteur lévogyre

$$[\alpha]_D = -20^{\circ},2,$$

qui est peut-être formé d'un mélange de lévulose et de glucose. La formule de la gentianose donnée plus haut demande à être confirmée [A. Meyer, *Zeitschr. phys. Chem.*, t. VI, p. 135].

GENTISINE, $C^{14}H^{10}O^{5}$. — La formule de ce corps a déjà été donnée par Baumert. H. Hlasiwetz et J. Habermann [*Liebig's Ann. Chem.* t. CLXXV, p. 62] ont repris l'étude de ce corps.

On dissout la gentianine brute dans de l'alcool bouillant additionné d'un peu de potasse, la dissolution filtrée et neutralisée par l'acide acétique laisse déposer une bouillie cristalline qu'on sèche à 120° et qui offre la composition indiquée.

La gentisine est une substance acide, soluble dans les alcalis et donnant des sels définis. Le *sel potassique* renferme $C^{14}H^{9}KO^{5} + H^{2}O$; il cristallise en aiguilles jaune d'or ne perdant pas leur eau avant 180°.

Le *sel sodique*, $C^{14}H^{9}NaO^{5} + 2H^{2}O$, présente le même aspect.

Acétyl-gentisine, $C^{14}H^{8}O^{5}(C^{2}H^{3}O)^{2}$. — La gentisine se dissout dans le chlorure d'acétyle; il se forme une masse cristalline qu'on dissout dans l'alcool bouillant après avoir chassé le chlorure acétylique.

Le dérivé acétylé cristallise en fines aiguilles fusibles à 196° et solidifiables à 193°.

La potasse fondante dédouble la gentisine conformément à l'équation suivante :

$$\begin{aligned} & 2C^{14}H^{10}O^{5} + O^{2} + 4H^{2}O \\ = \; & \underset{\text{Phloroglucine.}}{2C^{6}H^{6}O^{3}} + \underset{\text{Acide gentisique.}}{2C^{7}H^{6}O^{4}} + C^{2}H^{4}O^{2}. \end{aligned}$$

Le résultat de la fusion potassique est repris par l'eau et immédiatement saturé par l'acide sulfurique et agité avec de l'éther. Celui-ci s'empare de l'acide gentisique, de la phloroglucine et de l'acide acétique; on sépare ce dernier par distillation avec la vapeur d'eau. Le résidu, saturé par du carbonate de baryum qui se combine à l'acide gentisique, et agité avec de l'éther, cède à celui-ci la phloroglucine, tandis que le gentisate de baryum reste dissous et fournit l'acide gentisique par déplacement.

L'*acide gentisique*, $C^{7}H^{6}O^{4}$, cristallise en longues aiguilles incolores fusibles à 197°; c'est de l'acide oxysalicylique (voyez ce mot).

L'acide gentisique ou oxysalicylique se dédouble par l'action de la chaleur en acide carbonique et hydroquinone :

$$C^{7}H^{6}O^{4} = CO^{2} + C^{6}H^{6}O^{2}.$$

A. Étard.

GENTISIQUE (ACIDE). — Voyez Gentisine.

GLAUCOHYDROELLAGIQUE (ACIDE). — Voyez Ellagique (acide), Suppl., p. 677.

GLAUCOMÉLANIQUE (ACIDE).— Voyez t. Ier, p. 587.

GLUCINIUM. — *Extraction.* — L.-F. Nilson et O. Petterson attaquent l'émeraude par le carbonate de potassium, reprennent la masse fondue par l'acide chlorhydrique, et, après avoir isolé la silice, séparent la plus grande partie de l'alumine de la glucine à l'état d'alun et achèvent la séparation par le carbonate d'ammonium, en répétant ce traitement à plusieurs reprises.

Le chlorure de glucinium, obtenu en traitant la glucine par le chlore et le charbon, n'est pas réductible par électrolyse, comme étant trop mauvais conducteur. Nilson et Petterson l'ont réduit par le sodium en opérant dans un cylindre de fer pouvant être fermé par un boulon à vis. Lorsque la réduction a lieu au rouge sombre, le glucinium réduit se trouve dans la partie supérieure du chlorure de sodium fondu sous l'apparence d'un lacis de cristaux microscopiques. Si l'on atteint le rouge blanc, le fer est attaqué et l'on trouve au fond du cylindre une masse cristalline qui constitue un alliage de fer et de glucinium.

Le glucinium obtenu par Nilson et Petterson

est un métal blanchâtre, ayant la couleur de l'étain. Il se présente en paillettes dendritiques ou quelquefois en cristaux prismatiques distincts; d'autres fois en globules fondus. Sa densité est égale à 1,9101. Il est dur et cassant, fusible seulement à une température élevée, inaltérable au rouge dans l'oxygène et dans le sulfure de carbone, ainsi que dans la vapeur d'eau. Les acides le dissolvent avec dégagement d'hydrogène. Le chlore s'y combine avec incandescence.

En traitant ainsi leur métal par le chlore, Nilson et Petterson ont reconnu qu'il renfermait 2 % de fer, 10 % de glucine et 1 % de silice. En tenant compte de ces impuretés, on trouve, par le calcul, pour la densité du glucinium pur, le nombre 1,64, bien inférieur à celui indiqué par les autres auteurs, soit 2,1. La chaleur spécifique du glucinium, toutes corrections faites, est égale à 0,4084 [*Ann. Chim. Phys.*, (5), t. XIV, p. 426].

E. Reynolds est arrivé à des chiffres différents. La densité, d'après lui, est un peu plus forte que 2, et la chaleur spécifique est égale à 0,669 [*Chem. News.*, t. XXXV, p. 124, et t. XLII, p. 273]. Reynolds attribue cette divergence à ce qu'il opérait sur le métal fondu, tandis que Nilson et Petterson avaient fait leurs déterminations avec le métal cristallin.

Nilson et Petterson, d'autre part, pensent que le métal de Reynolds renfermait beaucoup d'oxyde, ainsi que du platine.

Poids atomique et classification. — Les recherches de Nilson et Petterson tendent à ranger, comme l'avait fait autrefois Berzélius, le glucinium dans la famille de l'aluminium. Son poids atomique serait alors le triple de son équivalent et la glucine serait représentée par la formule Gl^2O^3. La chaleur spécifique du glucinium, 0,4084, exige, pour obéir à la loi de Dulong et Petit, le poids atomique $3 \times 4,6 = 13,8$; on a alors pour la chaleur atomique le nombre 5,64.

Cette chaleur spécifique augmente rapidement avec la température; à 100°, elle est égale à 0,4246 et à 300°, à 0,5060 (chaleur atomique = 6,90).

De nouvelles déterminations de l'équivalent, fondées sur l'analyse du sulfate de glucinium cristallisé, ont montré que l'équivalent est très voisin de celui que l'on avait trouvé antérieurement; Nilson et Petterson sont arrivés au nombre 4,55, ce qui donne pour le poids atomique, 13,65, soit la moitié de celui de l'aluminium.

Le volume atomique du métal, avec le poids atomique 9,2 et la densité 1,64, est exprimé par le nombre 5,73, tandis qu'avec le poids atomique 13,8, il devient 8,41, comparable aux volumes atomiques du fer (7,20) et de l'aluminium (10,3). Le volume moléculaire des oxydes conduit au même rapprochement, celui de la glucine est égal à 25,20, celui de l'alumine à 25,75.

De même, la chaleur moléculaire de la glucine = 18,61 est la même que celle de l'alumine (18,73); dans les deux cas, la chaleur atomique de l'oxygène combiné est la même, soit 2,34 et 2,35. Les sulfates ont également même chaleur moléculaire.

Les conclusions de Nilson et Petterson ont été vivement combattues par L. Meyer [*Deutsch. chem. Gesellsch.*, 1878, p. 576, et 1880, p. 1780], et par Brauner [*Ibid*, 1880, p. 53], dont les objections ont été relevées par les premiers auteurs [*Ibid.*, 1878, p. 906, et 1880, p. 1451 et 2035].

Ces objections se fondent surtout sur l'impossibilité de faire rentrer le glucinium, avec le poids atomique, 13,8, dans le système périodique de Mendeléeff. Sans mettre précisément en doute les déterminations de Nilson et Petterson, leurs contradicteurs pensent que le glucinium, ainsi que le bore et le carbone, n'obéissent à la loi de Dulong et Petit qu'à une température suffisamment élevée.

Par la nature de ses combinaisons, le glucinium se sépare sur certains points de l'aluminium, mais il se range à côté des métaux de la gadolinite et de la cérite, dont les oxydes renferment également M^2O^3, comme l'ont établi récemment Cleve et d'autres savants. Les sulfates doubles de ces métaux sont exprimés par la formule $(SO^4)^3M^2.3SO^4K^2$.

Leurs chlorures hydratés, y compris celui de l'aluminium, renferment tous $M^2Cl^6 + 12H^2O$.

Il y a de même identité de composition pour les platonitrites, les iodoplatonitrites, les séléniтes, les fluorures doubles, etc.

La volatilité du chlorure de glucinium, sa dissociation en solution aqueuse, l'insolubilité dans les acides de l'oxyde calciné, la tendance à former des sels basiques, etc., sont autant d'arguments que Nilson et Petterson font valoir en faveur de leurs conclusions.

Enfin, d'après J. Thomsen, la chaleur de neutralisation de la glucine est voisine de celle de l'alumine.

En admettant pour le glucinium le point atomique 13,8, les formules indiquées pour les combinaisons de ce métal deviennent analogues aux formules des combinaisons de l'aluminium. Dans la description des combinaisons nouvelles, nous donnerons les deux notations.

CHLORURE. — Il forme avec le chlorure platinique et les chlorures de palladium des combinaisons doubles.

Chloroplatinate, $PtCl^4.GlCl^2 + 8H^2O$,

soit $(PtCl^4)^3Gl^2Cl^6 + 24H^2O$.

— Poudre cristalline, lorsqu'il se dépose rapidement, ou prismes orangés, à 4 ou à 6 pans avec des angles de 90 et de 135°. Ce sel est déliquescent. Il perd la moitié de son eau à 120°, et le reste seulement après 200° [J. Thomsen, *Deutsch. chem. Gesellsch.*, 1870, p. 827; — A. Welkow, *ibid.*, 1873, p. 1288].

Chloropalladite de glucinium,

$GlCl^2.PdCl^2 + 6H^2O$

ou $Gl^2Cl^6.3PdCl^2 + 18H^2O$.

— Tables d'un brun foncé, très hygroscopiques, se déposant par évaporation sur l'acide sulfurique. Ce sel est aussi soluble dans l'alcool et dans l'éther.

Chloropalladate de glucinium,

$GlCl^2.PdCl^4 + 8H^2O$,

ou $Gl^2Cl^6.3PdCl^4 + 24H^2O$.

— Tables quadratiques d'un rouge brun, très hygroscopiques, paraissant isomorphes avec le chloroplatinate. Sa solution concentrée perd du chlore par la chaleur et renferme alors le chloropalladite [A. Welkow, *Deutsch. chem. Gesellsch.*, 1874, p. 38 et 803].

Chloromercurate,

$2GlCl^2.3HgCl^2 + 6H^2O$,

soit $2Gl^2Cl^6.9HgCl^2 + 18H^2O$.

— Grandes tables hygroscopiques (Atterberg).

IODURE DE GLUCINIUM. — Il se combine avec les iodures de bismuth et d'antimoine : les iodures doubles cristallisent en prismes très hygroscopiques.

L'iodure d'aluminium donne dans les mêmes conditions des cristaux tabulaires (A. Welkow).

FLUORURE. — Le *fluorure double de glucinium et de potassium*, $GlFl^2.2KFl$ ou $Gl^2Fl^6.6KFl$, moins soluble que ses composants, se dépose en croûtes mamelonnées hérissées de pointements cristallins. Il cristallise aussi en lamelles hexagonales dont la base *p* est bordée par les facettes du prisme *m* et des octaèdres, *b* et b^2 avec troncature latérale $e^{1/2}$. Angles $pb^2 = 143°22'$; $pb^1 = 123°50'$; $pm = 90°$. Ce sel se dissout dans 19 parties d'eau à 100° et dans 50 parties à 20°. Il fond au rouge.

En présence d'un grand excès de fluorure de glucinium, on obtient le sel double

$$GlFl^2.KFl,$$

soit $$Gl^2Fl^6.3KFl,$$

sous la forme d'une croûte dure à surface cristalline. Il donne le sel précédent lorsqu'on le soumet à une nouvelle cristallisation.

Fluorure de glucinium et de sodium,

$$GlFl^2.2NaFl$$

ou $$Gl^2Fl^6.6NaFl.$$

— Cristaux grenus durs, appartenant au type orthorhombique. Angles $mm = 101°$; $mg^1 = 129°30'$; $g^1a^1 = 90°$; $ma^1 = 108°$. Il est dimorphe et se présente aussi, soit isolément, soit avec les cristaux précédents, en prismes clinorhombiques allongés, *m*, d^1 et b^1 avec la base *p*. Angles $mm = 111°16$; $pm = 97°42'$; $ma^1 = 152°30'$; $mb^1 = 31°28'$.

Il est soluble dans 34 parties d'eau à 100° et dans 68 parties d'eau à 18°.

Le *sel double ammoniacal* forme des cristaux prismatiques éclatants, isomorphes avec le sel de potassium [Marignac. *Arch. Bibl. univ.*, mars 1873; *Bull. Soc. chim.*, t. XX, p. 81].

Hydrate de glucinium. — Précipité de la solution du chlorure par l'ammoniaque et séché à 100°, il renferme $Gl(OH)^2$, soit $Gl^2(OH)^6$. L'hydrate qui se dépose par l'ébullition de sa solution dans la potasse renferme

$$3Gl(OH)^2 + H^2O,$$

soit $$Gl^2(OH)^6, H^2O$$

[A. Atterberg, *Bull. Soc. chim.*, t. XIX, p. 497].

La glucine décompose les sels ammoniacaux, mais non après avoir été calcinée, ce qui permet de la séparer de la magnésie [F. Toczynski, *Zeitschr. analyt. Chem.*, 1871, p. 275; *Bull. Soc. chim.*, t. XVI, p. 251].

Pour obtenir l'hydrate glucique pur, Toczynski ajoute d'abord une petite quantité d'ammoniaque à sa solution dans le carbonate ammonique; les oxydes étrangers (alumine, oxyde de fer) sont entraînés dans la première précipitation.

SELS DE GLUCINIUM.

Sulfate de glucinium,

$$SO^4Gl + 4H^2O, \quad \text{ou} \quad (SO^4)^3Gl^2 + 12H^2O.$$

— Ce sel, tout à fait inaltérable à l'air, perd la moitié de son eau à 100-110°, le troisième quart à 150° et le reste à 250°. Au rouge blanc, il perd tout son acide sulfurique et laisse un résidu d'oxyde de glucinium pur. Anhydre, ce sel est hygroscopique (A. Atterberg, Nilson et Petterson).

Ce sel ne cristallise pas avec les sulfates de la série magnésienne (Marignac, Atterberg).

Sulfates basiques :

$$1° \ SO^4Gl, Gl(OH)^2 + 2H^2O,$$

soit $$(SO^4)^3Gl^2.Gl^2(OH)^6 + 6H^2O.$$

— Masse amorphe transparente, obtenue par dissolution de la glucine dans le sulfate neutre. Il ne perd son eau ($2H^2O$, soit $6H^2O$) qu'à 200°.

2° $SO^4Gl.5Gl(OH)^2 + 2H^2O$. — Précipité amorphe qui fond quand on le fait bouillir dans son eau mère (Atterberg).

Sulfate double de glucinium et de potassium,

$$(SO^4)^2GlK^2 + 2H^2O,$$

soit $$(SO^4)^6Gl^2K^6 + 6H^2O.$$

— Poudre cristalline peu soluble dans l'eau froide.

On obtient un *sel double acide,*

$$(SO^4)^2GlK^2 + 2SO^4KH + 4H^2O,$$

soit $$(SO^4)^{12}Gl^2K^{12}H^6 + 12H^2O,$$

par addition d'acide sulfurique à la solution concentrée des deux sulfates, ou par l'évaporation lente de la même solution diluée. Il cristallise en aiguilles groupées en sphères. Il perd son eau à 100°.

Sulfate sodico-glucique,

$$3(SO^4)Gl.2SO^4Na^2 + 12H^2O,$$

soit $$(SO^4)^5Gl^2Na^4 + 12H^2O.$$

— Aiguilles groupées en étoiles, perdant $7H^2O$ à 100°.

Le *sel d'ammonium* présente la composition du sel de potassium et perd son eau à 110° (Atterberg).

Hyposulfate. — Sa solution se décompose par la concentration, en dégageant de l'acide sulfureux.

Sulfite de glucinium. — Lorsqu'on évapore la solution de glucine dans l'acide sulfureux, il reste un sel basique gommeux, renfermant sans doute $SO^3Gl.Gl(OH)^2 + 2H^2O$,

soit $$(SO^3)^3Gl^2.Gl^2(OH)^6 + 6H^2O.$$

Séléniate de glucinium,

$$SeO^4Gl + 4H^2O, \text{ ou } (SeO^4)^3Gl^2 + 12H^2O.$$

— Sel très soluble, perdant la moitié de son eau à 100°.

Sélénite de glucinium. — La solution de glucine dans l'acide sélénieux ne cristallise pas. Traitée par l'ammoniaque, elle fournit des flocons blancs du sel basique

$$2(SeO^3)^3Gl^2.Gl^2(OH)^6 + 15H^2O,$$

perdant $9H^2O$ à 100° (Atterberg).

Perchlorate de glucinium. — Très déliquescent, cristallise difficilement (Marignac).

Chlorate de glucinium. — Sa solution se décompose par la concentration.

Iodate de glucinium. — Masse gommeuse.

Glucinium. *Analyse.* — Les sels de glucinium, rendus acides par l'acide acétique, laissent déposer la glucine par l'ébullition. L'acide tartrique empêche cette précipitation (Toczynski).

Lorsqu'on verse du phosphate ammonique dans une solution de sel de glucine, qu'on redissout le précipité dans l'acide chlorhydrique qu'on neutralise ensuite exactement cette solution par l'ammoniaque, et que l'on fait bouillir, il se produit un précipité cristallin dense de phosphate double. L'acide citrique n'empêche pas cette précipitation, circonstance qui permet d'utiliser cette réaction pour séparer la glucine de l'alumine. S'il y a beaucoup d'alumine en présence, il est bon d'en éliminer d'abord la majeure partie sous forme d'alun, en chauffant la solution à 180° en tubes scellés avec du sulfate de potassium [C. Rœssler, *Zeitsch. analyt. Chem.*, 1878, p. 148].

Alex. Claessen a recours à l'électrolyse pour séparer la glucine du fer et de l'alumine. Les oxydes sont amenés à l'état d'oxalates ammoniques doubles, dont la solution est ensuite soumise à l'action d'un courant faible. Le fer et l'alumine se déposent, non la glucine. Il faut éviter l'élévation de température, et, par suite, l'emploi d'un courant trop énergique, qui déterminerait en même temps un dépôt de glucine [*Deutsch. chem. Gesellsch.*, 1881, p. 2782]. Ed. Willm.

GLUCONIQUE (ACIDE),

$$C^6H^{12}O^7 = CH^2.OH\text{-}(CH.OH)^4\text{-}CO^2H.$$

— Ce corps se forme dans l'action du chlore ou du brome en présence de l'eau sur le sucre de canne, la glucose ou le sucre interverti [Hlasiwetz et Habermann, *Ann. Chem. Pharm.*, t. CLV, p. 121; — Kiliani. *Liebig's Ann. Chem.*, t. CCV, p. 182]. Il se produit également dans l'oxydation de la glucose sous l'influence du *Mycoderma aceti* [L. Boutroux, *Compt. rend.*, t. LXXXVI, p. 605, et t. XCI, p. 236].

Enfin, le dextronate de baryum, qui est incristallisable, se transforme en gluconate cristallisé par une série de dissolutions dans l'eau et d'évaporations (Habermann).

Préparation. — On traite par un courant de chlore une solution étendue de sucre de canne, de glucose ou de sucre interverti, tant que ce gaz est absorbé; on élimine l'excès de chlore en solution en faisant passer un courant d'air dans le liquide, puis on chauffe le produit avec de l'oxyde d'argent jusqu'à réaction neutre. On filtre, on traite par l'acide sulfhydrique et on concentre au bain-marie [Hlasiwetz et Habermann, *Deutsch. chem. Gesellsch.*, 1870, p. 488].

Propriétés. — L'acide gluconique cristallise difficilement; on l'obtient d'ordinaire sous la forme d'un liquide sirupeux insoluble dans l'alcool absolu. Il est dextrogyre. Il fonctionne comme acide monobasique.

Le *sel de calcium* renferme

$$(C^6H^{11}O^7)^2Ca + 2H^2O.$$

Celui de *baryum*, $(C^6H^{11}O^7)^2Ba + 3H^2O$, est en cristaux prismatiques.

Le *sel de plomb*, $C^6H^8O^7Pb^2$, est amorphe; il en est de même du *sel de cadmium*, $(C^6H^{11}O^7)^2Cd$, et des sels alcalins.

L'éther éthylique est cristallisé; on l'obtient en traitant par un courant de gaz chlorhydrique le sel de calcium en suspension dans l'alcool absolu (Hlasiwetz et Habermann).

Traité à froid par l'acide nitrique concentré, l'acide gluconique se transforme en un isomère, l'acide *paragluconique*. On opère de la manière suivante : La solution d'acide gluconique dans l'acide nitrique d'une densité de 1,3 est neutralisée par l'ammoniaque et évaporée au bain-marie. Il se dépose par refroidissement des cristaux clinorhombiques de paragluconate d'ammonium, qu'on lave avec de l'alcool pour les séparer du nitrate d'ammonium, après quoi on les purifie par cristallisation dans l'alcool. Pour isoler l'acide, on transforme le sel ammoniacal en sel plombique; on décompose ce dernier par l'acide sulfhydrique et on évapore la solution dans le vide.

L'acide paragluconique se présente sous la forme d'un sirop incolore, très acide, insoluble dans l'alcool. Les sels métalliques ne précipitent pas sa solution. Ce qui le distingue surtout de l'acide gluconique, c'est que ses sels alcalins sont cristallisables [Hönig, *Monatsh. für Chem.*, 1880, p. 48]. Ad. Fauconnier.

GLUCOSAMINE,

$$C^6H^{13}AzO^5 = CHO\text{-}(CH.OH)^4\text{-}CH^2.AzH^2$$

[G. Ledderhose, *Deutsch. chem. Gesellsch.*, 1876, p. 1200, et 1880, p. 821]. — Ce corps prend naissance dans l'action de l'acide chlorhydrique concentré sur la chitine. La chitine, débarrassée par les procédés ordinaires de ses impuretés, sels, matières colorantes, graisses, etc., est maintenue à l'ébullition, au bain de sable, pendant une demi-heure, avec de l'acide chlorhydrique concentré; elle se dissout en donnant un liquide coloré en brun qui laisse déposer par évaporation des cristaux brillants mélangés de matières amorphes brunes; on purifie par dissolution dans l'alcool, qui laisse à l'état insoluble les matières amorphes, et l'on obtient des cristaux parfaitement blancs qui constituent le chlorhydrate de glucosamine $C^6H^{13}AzO^5, HCl$.

Le chlorhydrate de glucosamine se présente en cristaux brillants, incolores, très solubles dans l'eau, peu solubles dans l'alcool; il possède une saveur sucrée, avec un arrière-goût amer. Chauffé avec un alcali, il se décompose à une température peu élevée, en donnant des matières amorphes brunes et en perdant tout son azote à l'état d'ammoniaque.

Chauffée en tubes scellés avec de la soude au-dessus de 100°, la glucosamine fournit de la pyrocatéchine et de l'acide lactique. Elle se comporte comme les glucoses envers les solutions alcalines de cuivre, d'argent, de bismuth et d'indigo; son pouvoir réducteur, rapporté à la molécule, est égal à celui de la glucose.

La glucosamine est dextrogyre; son pouvoir rotatoire est indépendant de la température, mais il varie avec la concentration des solutions; avec des solutions à 10-16 %, on a $[\alpha]_D = +69°,54$.

La glucosamine fournit un sulfate, un acétate, un nitrate bien cristallisés; de même que le chlorhydrate, ces sels sont acides au papier. Elle forme avec le chlorure de plomb une combinaison instable; l'iodomercurate de potassium la précipite de ses solutions. Traitée par la soude et le sulfate de cuivre, elle fournit une belle coloration bleue.

Maintenue pendant trois mois en contact avec de la fibrine en putréfaction, elle donne de l'acide acétique et de l'acide butyrique.

Ad. Fauconnier.

GLUCOSE, voyez t. Ier, p. 1570. — *Préparation.* — Dans la préparation industrielle de la glucose par l'action de l'eau aiguisée d'acide sulfurique sur l'amidon sous pression, la saccharification est toujours incomplète; les glucoses commerciaux ne renferment que 60 à 70 % de glucose réel. Allihn [*Journ. prakt. Chem.* (2), t. XXII, p. 46] a étudié avec soin les conditions dans lesquelles il convient de se placer pour obtenir les meilleurs rendements. Suivant cet auteur, la saccharification est d'autant plus complète que l'acide est plus concentré, le temps d'action plus prolongé et la température plus élevée; la quantité de glucose formée est proportionnelle au temps jusqu'à ce que le produit en renferme 50 %, après quoi la vitesse de saccharification se ralentit sans cesse, et la transformation ne peut être complète qu'après un temps très long. Néanmoins on arrive à transformer en glucose jusqu'à 90 % de l'amidon en chauffant ce dernier en vase clos avec de l'acide sulfurique à 1 % pendant quatre heures à 108°, ou pendant trois heures à 114°.

Pour obtenir dans les laboratoires de la glucose pure, il suffit, d'après Schwarz [*Deutsch. chem. Gesellsch.*, 1872, p. 802], de dissoudre du sucre de canne dans de l'alcool à 80 %, légèrement acidulé par l'acide chlorhydrique : le sucre se dissout lentement, puis, au bout de quelque temps, la solution laisse déposer de la glucose pure.

Soxhlet [*Journ. prakt. Chem.*, (2), t. XXI, p. 227] indique le mode opératoire suivant. A un mélange de 500 centimètres cubes d'alcool à 90 % et de 20 centimètres cubes d'acide chlorhydrique fumant maintenu à 45°, on ajoute par petites portions 160 grammes de sucre de canne, en ayant soin d'agiter chaque fois jusqu'à dissolution complète; au bout de quelques jours, il se dépose environ 10 grammes de glucose anhydre;

on répète alors la préparation avec 12 litres d'alcool à 90°, 480 centimètres cubes d'acide chlorhydrique, 4 kilogr. de sucre de canne pulvérisé, et lorsque la solution est refroidie, on détermine la cristallisation en ajoutant les 10 grammes précédemment préparés; on essore le produit au bout de trente-six heures, on le lave à l'alcool et on le fait recristalliser dans l'alcool méthylique.

Propriétés. — Le pouvoir rotatoire de la glucose varie peu avec le dissolvant et avec la température; il dépend, au contraire, de la concentration des solutions. La glucose hydratée $C^6H^{12}O^6 + H^2O$ offre, en solution à p °/₀, un pouvoir rotatoire donné par la formule

$$[\alpha]_D = 47°,92541 + 0,015534p + 0,0003883p^2$$

[Tollens, *Deutsch. chem. Gesellsch*, 1876, p. 487 et 1531].

La glucose anhydre a, en solution à 18,6211 °/₀, un pouvoir rotatoire égal à $[\alpha]_D = 52°,85$ [Soxhlet, *Journ. prakt. Chem.* (2), t. XXI, p. 253].

Action des réactifs. — La glucose en solution aqueuse n'est pas sensiblement altérée par l'ozone; mais, en présence de potasse, de soude ou de carbonate de sodium, elle est entièrement transformée, par ce réactif, en acides acétique et formique [Gorup-Besanez, *Ann. Chem. Pharm.*, t. CXXV, p. 211].

L'électrolyse d'une solution de glucose dans l'acide sulfurique dilué fournit de l'acide formique, de l'acide saccharique et du trioxyméthylène [Renard, *Ann. Chim. Phys.* (5), t. XVII, p. 321].

Par l'action successive du chlore ou du brome et de l'oxyde d'argent, la glucose est transformée en acide gluconique (voyez ce mot) [Hlasiwetz et Habermann, *Ann. Chem. Pharm.*, t. CLV, p. 121].

L'action de l'amalgame de sodium à 3 °/₀ sur une solution aqueuse de glucose à 10 °/₀ fournit, indépendamment de la mannite, les alcools éthylique, isopropylique, hexylique, et de l'acide lactique [Bouchardat, *Compt. rend.*, t. LXXIII, p. 1008].

L'acide sulfurique concentré transforme la glucose en dextrine. On dissout dans de l'acide sulfurique concentré de la glucose préalablement fondue dans son eau de cristallisation et refroidie, puis on ajoute de l'alcool à 95 °/₀, on filtre et on abandonne en lieu frais dans un vase bien bouché. Du jour au lendemain, il se fait un léger précipité qui va sans cesse en augmentant. Au bout de trois semaines, on décante le liquide surnageant : il reste alors dans le flacon une matière gommeuse qu'on débarrasse par des lavages à l'alcool à 95 °/₀ de l'acide sulfurique qu'elle renferme encore, après quoi on la dissout dans l'eau et on évapore à sec. On obtient ainsi une matière amorphe, friable, presque incolore, sans aucun goût sucré, très soluble dans l'eau, insoluble dans l'alcool à 95 °/₀, qui la précipite de ses solutions aqueuses. Ce corps ne réduit pas la liqueur cupropotassique; il n'est saccharifié que très faiblement par la diastase; il n'est pas coloré par l'iode. L'ébullition avec l'acide sulfurique dilué le ramène à l'état de glucose.

Son pouvoir rotatoire est à peu près double de celui de la glucose [Musculus, *Bull. Soc. chim.*, t. XVIII, p. 66].

Par une ébullition prolongée avec l'acide sulfurique dilué, la glucose pure fournirait des traces d'acide lévulique [Von Grote et Tollens, *Deutsch. chem. Gesellsch.*, 1877, p. 1444].

Si l'on chauffe à 96° du glucose (500 grammes) avec de la soude caustique (1/2 litre d'une lessive de densité 1,34, et 1/2 litre d'eau, il se fait une réaction très vive. La température s'élève au delà de 116°, le liquide entre en ébullition sans qu'il se dégage de gaz; on sature par l'acide sulfurique dilué, on concentre et on épuise par l'éther; celui-ci dissout de l'acide éthylidénolactique, de la pyrocatéchine et des résines [Hoppe-Seyler, *Deutsch. chem. Gesellsch.*, 1871, p. 346].

Chauffée à 240° en vase clos avec de l'hydrate de baryum, la glucose se transforme en un mélange d'acides acétique, formique et oxalique; il se forme en même temps de la pyrocatéchine, de l'acide protocatéchique et un acide sirupeux dont le sel de zinc est cristallisable et qui paraît différer de l'acide lactique [Gautier, *Bull. Soc. chim.*, t. XXXI, p. 530].

La glucose se dissout à chaud dans son poids d'aniline; la solution laisse déposer par refroidissement une matière vitreuse, jaune, que l'on purifie par lavage à la benzine. Ce corps a pour formule $C^{12}H^{17}AzO^5$; c'est une glucosanilide

$$CH^2.OH\text{-}(CH.OH)^4\text{-}CHAzC^6H^5.$$

Il est soluble dans l'alcool absolu; l'eau et les acides le décomposent lentement à froid, rapidement à chaud [H. Schiff, *Deutsch. chem. Gesellsch.*, 1871, p. 908].

COMBINAISONS. — *Glucosate de sodium*,

$$C^6H^{11}O^6Na.$$

— En traitant une solution de glucose dans l'alcool absolu par l'éthylate de sodium, on obtient un précipité extrêmement hygroscopique qui présente cette composition. Ce corps se décompose vers 100° en perdant de l'eau et en laissant un résidu brun amorphe répondant à la formule $C^6H^7O^4Na$ [Hönig et Rosenfeld, *Deutsch. chem. Gesellsch.*, 1877, p. 871].

Glucosate de cuivre, $C^6H^6O^6Cu^3, 2H^2O$. — On dissout dans l'eau 2 parties de glucose et 6 parties de potasse, et on ajoute une solution concentrée d'acétate de cuivre, en agitant continuellement et en évitant toute élévation de température, jusqu'à dissolution complète du précipité qui se forme tout d'abord. On filtre et on verse la solution dans 200 centimètres cubes d'alcool fort; il se fait un précipité bleu qui, séché dans le vide à la température ordinaire, présente la composition ci-dessus. Récemment préparé, ce corps est soluble dans l'eau, mais il perd à la longue la propriété de se dissoudre. Sa solution aqueuse soumise à l'action de la chaleur laisse déposer des flocons verdâtres [Fileti, *Deutsch. chem. Gesellsch.*, 1875, p. 441].

ÉTHERS. — *Nitroglucose*. — On fait un mélange de parties égales d'acide sulfurique fumant de Nordhausen, d'acide sulfurique concentré ordinaire et d'acide nitrique d'une densité de 1,5; on laisse refroidir, puis on ajoute du sucre en poudre en agitant. La nitroglucose se sépare en masses tenaces et ductiles qu'on enlève avec une spatule au fur et à mesure qu'elles se forment et qu'on jette dans de l'eau froide. La nitroglucose doit être débarrassée le plus vite possible des acides qui l'imprègnent pour éviter qu'elle ne se décompose. A cet effet, on la dissout dans un mélange d'alcool et d'éther et on verse la solution ainsi obtenue dans une grande quantité d'eau froide, en agitant très fortement. La nitroglucose bien préparée est un corps blanc, brillant, tantôt pâteux et amorphe, tantôt cristallin. Elle paraît être tout à fait insoluble dans l'eau. Ses propriétés explosives sont faibles. Bien desséchée et touchée avec un charbon rouge, elle déflagre avec un petit bruit [Carey Lea, *Bull. Soc. chim.*, t. X, p. 415].

Acide chlorhydroglucose-tétrasulfurique. — Les hydrates de carbone, glucose, dextrine, amidon, cellulose, se dissolvent avec plus ou moins de facilité dans la chlorhydrine sulfurique; il se dégage du gaz chlorhydrique et il se produit un seul et même composé, l'acide chlorhydroglucose-tétrasulfurique $CHO\text{-}CHCl\text{-}C^4H^6(SO^4H)^4$. La préparation doit être faite avec précaution: si on laisse la température s'élever, une décomposition complète a lieu en un point et se propage presque aussitôt à travers toute la masse, en donnant lieu à un dégagement considérable de chaleur et de gaz sulfureux, et à la formation de produits charbonnés. Lorsqu'on parvient à éviter cet écueil, la solution un peu foncée laisse déposer au bout d'un temps variable de beaux prismes transparents ou des masses cristallines confuses, qui constituent l'acide chlorhydroglucose-tétrasulfurique. Cet acide est déliquescent; en solution, il se décompose rapidement. Il est dextrogyre; son pouvoir rotatoire est

$$[\alpha]_D = +\ 71°\ 30'\ \text{à}\ 73°\ 06'$$

[Claesson, *Journ. prakt. Chem.* (2), t. XX, p. 1].

Acide glucose-tétrasulfurique,

$$C^6H^8O^2\,(SO^4H)^4.$$

— Lorsqu'on neutralise par les carbonates l'acide précédent, on obtient des sels exempts de chlore, dont la composition correspond sensiblement aux glucose-tétrasulfates; ils sont peu stables, amorphes, très solubles dans l'eau, insolubles dans l'alcool concentré. L'acide possède un pouvoir rotatoire de + 51°.

Acide glucose-trisulfurique, $C^6H^9O^3\,(SO^4H)^3$. — Cet acide se forme lorsqu'on abandonne pendant 24 heures une solution aqueuse d'un des deux acides précédents. Son pouvoir rotatoire est $[\alpha]_D = 43°\ 12'$. Le sel de baryum est amorphe.

Acide glucose-phosphorique, $C^6H^{12}O^6.PO^3H$ (?). — Ce corps prend naissance dans l'action de l'oxychlorure de phosphore sur l'hélicine [Amato, *Deutsch. chem. Gesellsch*, 1871, p. 413].

Glucoses acétiques [Schützenberger et Naudin, *Compt. rend.*, t. LXVIII, p. 814]. — On fait bouillir une partie de glucose avec 2 p. 1/2 d'anhydride acétique : il se fait une vive réaction qui est terminée en quelques instants. Le produit obtenu est solide, incolore, très soluble dans l'eau, l'alcool, l'éther, l'acide acétique; il possède une saveur très amère et fond au-dessous de 100°. Sa formule est $C^6H^{10}O^6(C^2H^3O)^2$.

Chauffé à 140° avec deux fois son poids d'anhydride acétique, le corps précédent fournit une glucose triacétique, qui s'en distingue par son peu de solubilité dans l'eau pure; elle est soluble dans l'eau chargée d'acide acétique, dans l'alcool et dans l'éther.

La glucose triacétique, maintenue pendant 24 heures à 160° avec un grand excès d'anhydride acétique, se transforme en glucose quadriacétique, corps assez semblable aux précédents, et en différant principalement par son insolubilité dans l'eau chargée d'acide acétique.

Acétochlorhydrose, $C^6H^7O^5Cl\,(C^2H^3O)^4$ [Colley, *Compt. rend.*, t. LXX, p. 401]. — Le chlorure d'acétyle réagit sur la glucose à la température ordinaire avec dégagement de chaleur et production d'acide chlorhydrique. On reprend le produit de la réaction par le chloroforme; on agite la solution avec du carbonate de sodium, puis on la sèche sur le chlorure de calcium, et on évapore le chloroforme.

Il reste une masse demi-liquide, incolore, transparente, inodore, douée d'une saveur amère; cette matière est insoluble dans l'eau, très soluble dans l'alcool, l'éther et le chloroforme, peu soluble dans le sulfure de carbone et dans la benzine; elle dévie à droite le plan de polarisation : $[\alpha]_D = +147°$. Dans certaines conditions non déterminées, ce corps peut cristalliser.

La solution alcoolique d'acétochlorhydrose est précipitée par le nitrate d'argent, qui lui enlève tout son chlore. Ce corps réduit le tartrate cupropotassique. Chauffé avec de l'eau en vase ouvert, il régénère la glucose. Soumise à la distillation dans le vide, l'acétochlorhydrose fournit un liquide passant entre 150 et 240°, qui présente un pouvoir rotatoire $[\alpha]_D = +71°$. Par l'action du perchlorure de phosphore, l'acétochlorhydrose donne un corps cristallisé, bouillant sans décomposition, qui est dextrogyre et qui renferme environ 20 % de chlore.

Acétonitrose, $C^6H^7O^5\,(C^2H^3O)^4AzO^3$ [Colley, *Compt. rend.*, t. LXXVI, p. 436]. — Ce corps se produit par l'action de l'acide nitrique fumant sur l'acétochlorhydrose maintenue à 0°; il se présente en prismes obliques, insolubles dans l'eau, solubles dans l'alcool et dans l'éther, fusibles sans décomposition à 145°. Densité, 1,3487 à 18°; pouvoir rotatoire, $[\alpha]_j = +159°$.

Dosage de la glucose. — On utilise habituellement pour le dosage de la glucose l'action réductrice qu'exerce ce corps sur les solutions alcalines de cuivre ou de mercure.

Solutions alcalines de cuivre. — Le pouvoir réducteur de la glucose n'est pas constant; il varie avec la concentration des solutions employées, ainsi qu'avec l'excès de la solution cuivrique en présence de laquelle elle se trouve [Soxhlet, *Journ. prakt. Chem.* (2), t. XXI, p. 227; — Allihn, *ibid.*, t. XXII, p. 46]. En solution à 1 % et avec une solution normale de Fehling, une molécule de glucose chimiquement pur réduit 10,12 atomes de cuivre; avec une solution de Fehling étendue de 4 volumes d'eau, une molécule de glucose réduit 9,70 atomes de cuivre (Soxhlet). Pour obtenir des résultats comparables entre eux, il convient donc de se placer dans des conditions aussi identiques que possible.

Soxhlet recommande d'opérer comme il suit : On emploie un réactif cuivrique composé de 500^{cc} d'une solution de sulfate de cuivre renfermant 8^{gr},811 de cuivre pur préparé par réduction de l'oxyde cuivreux, et de 400^{cc} d'une solution aqueuse de 173 gr. de sel de Seignette et de 100^{cc} d'une lessive de soude à 516 gr NaOH par litre. Cette liqueur possède exactement la concentration de celle de Fehling. On fait bouillir pendant 2 minutes la glucose en solution à 1 % avec ce réactif ajouté en une seule fois, après quoi on filtre rapidement, on acidule le liquide filtré par l'acide acétique et on y recherche le cuivre par le ferrocyanure de potassium; on recommence l'essai en augmentant progressivement la quantité de réactif cuivrique, jusqu'à ce que le liquide filtré renferme un excès de cuivre aussi petit que possible.

D'après Allihn (*loc. cit.*), si l'on appelle y la quantité de cuivre réduite par un poids x de glucose, il existe la relation

$$y = a + bx + cx^2$$

avec

$$a = -2{,}5647;\ b = +2{,}0522;\ c = -0{,}0007576.$$

On emploie un réactif contenant par litre 34,6 p. de sulfate de cuivre, 173 gr. de sel de Seignette, et 125 gr. de potasse caustique.

On étend 60^{cc} de cette solution de 60^{cc} d'eau, on ajoute 25^{cc} de la solution de glucose (renfermant au plus 1 %) et on fait bouillir. On recueille sur un filtre d'asbeste l'oxydule de cuivre formé, on le réduit par l'hydrogène, et on pèse le cuivre métallique; au moyen de la relation donnée plus haut, on calcule aisément le poids exact de la glucose contenue dans la solution.

Solutions alcalines de mercure. — Knapp [*Ann. Chem. Pharm.*, t. CLIV, p. 252] a proposé de doser la glucose au moyen d'une solution sodique de cyanure de mercure; une partie de glucose anhydre réduit à l'état métallique 4 parties de mercure.

Sacchse [*Zeitschr. analyt. Chem.*, t. XVI, p. 121] recommande l'emploi d'une solution contenant par litre 18 gr. d'iodure mercurique, 25 gr. d'iodure de potassium et 80 gr. de potasse caustique; 40^{cc} de cette solution sont réduits par 0^{gr},1342 de glucose.

Soxhlet (*loc. cit.*) a reconnu que le pouvoir réducteur de la glucose varie pour chacun de ces réactifs dans les mêmes circonstances que lorsqu'on emploie la solution de Fehling; suivant cet auteur, le réactif cuivrique est préférable aux réactifs mercuriques. Ad. Fauconnier.

GLUTAMINE. — Voyez Glutamique (Acide).

GLUTAMIQUE (ACIDE), $C^5H^9AzO^4$. — Cet homologue de l'acide aspartique existe dans le suc des germes de vesces (Gorup-Besanez), dans les mélasses de betteraves, probablement à l'état de composé amidé (voir plus loin *Glutamine*). Il se forme dans l'hydratation des diverses matières albuminoïdes végétales au moyen de l'acide sulfurique dilué [Ritthausen et Kreusler, *Journ. prakt. Chem.* (2), t. III, p. 314] :

		Acide glutamique.
100 p. de mucédine	ont donné	25 p.
— fibrine du maïs	—	10
— caséine du gluten	—	5,3
— conglutine du lupin	—	3,5
— légumine	—	1,5

Les matières albuminoïdes d'origine animale traitées de même par l'acide sulfurique dilué ne fournissent pas d'acide glutamique (Ritthausen); elles en donnent, au contraire, lorsque l'on les hydrate par l'eau de baryte [Schützenberger, *Bull. Soc. chim.*, t. XXIII, p. 385].

Le procédé de préparation de l'acide glutamique a été décrit (voir t. Ier, p. 1576); mais l'acide ainsi obtenu est habituellement mélangé d'acide aspartique; ainsi l'acide légumique qu'avait signalé Ritthausen dans ses premières expériences n'est autre qu'un mélange d'acides aspartique et glutamique. Pour purifier l'acide glutamique, on le traite par l'alcool à 50 °/₀ bouillant. L'alcool décanté est distillé et le résidu est porté à l'ébullition en présence de carbonate de cuivre. Le liquide filtré et décomposé par l'hydrogène sulfuré fournit de l'acide glutamique pur [Ritthausen, *Journ. prakt. Chem.*, t. CVII, p. 218].

L'acide glutamique cristallise en tétraèdres rhombiques brillants. Rapport des axes $a : b : c = 0,80115 : 1 : 1,17881$. Il est hémiédrique. On a observé le tétraèdre droit b^1, le tétraèdre gauche, modifié par les faces g^1. Aussi possède-t-il un pouvoir rotatoire de + 34°,7.

L'acide glutamique forme des sels avec un ou deux atomes de métal; les sels bimétalliques sont peu stables.

Glutamates d'ammonium. — Le sel diammonique, $C^5H^7AzO^4(AzH^4)^2$, cristallise en lames groupées brillantes par l'évaporation dans le vide de la solution ammoniacale d'acide glutamique. Vers 110-115°, il perd la moitié de son ammoniaque et donne le sel monammonique.

Glutamate d'argent. — On obtient le glutamate monargentique en saturant une solution de l'acide libre par le carbonate d'argent; avec le glutamate diammonique et le nitrate d'argent, on obtient un précipité amorphe de sel diargentique $C^5H^7AzO^4Ag^2$.

Glutamate de baryum, $C^5H^7AzO^4Ba + 6H^2O$. — On sature l'acide glutamique par l'hydrate de baryum, on ajoute une quantité de cet hydrate égale à celle déjà employée et l'on concentre la liqueur dans le vide. Il se dépose le sel barytique en aiguilles brillantes groupées en mamelons. Il fond à 125°.

Glutamate de calcium, $(C^5H^8AzO^4)^2Ca$. — Il se présente en fines aiguilles renfermant de l'eau de cristallisation qu'elles perdent à 120°.

Glutamate d'éthyle, $C^5H^8AzO^4.C^2H^5$. — On l'obtient en traitant le sel calcique par l'acide chlorhydrique en présence de l'alcool. Le résidu de l'évaporation, débarrassé de l'acide chlorhydrique par l'oxyde d'argent, laisse déposer des écailles incolores, soyeuses, d'acide éthylglutamique. Il fond à 164-165°, est peu soluble dans l'alcool absolu, soluble dans l'alcool dilué et dans l'eau. Ses solutions sont acides.

Glutamates de sodium. — Le sel monosodique s'obtient en saturant une solution d'acide glutamique par le carbonate de sodium; il cristallise difficilement. Le sel disodique est incristallisable [Habermann, *Liebig's Ann. Chem.*, t. CLXXIX, p. 248].

Glutamate de cuivre, $2C^5H^7AzO^4Cu, 5H^2O$. — Se dépose en cristaux prismatiques bleu foncé par l'évaporation d'une solution d'acide glutamique saturée par le carbonate de cuivre. Il devient anhydre à 140°.

Glutimide, $C^5H^8Az^2O^2$. — Elle se produit lorsque l'on chauffe le glutamate d'ammonium à 190° pendant 4 à 5 heures :

$$C^5H^8AzO^4AzH^4 = C^5H^8Az^2O^2 + 2H^2O.$$

La masse, reprise par l'eau et purifiée par le noir animal, abandonne de belles aiguilles de glutimide.

Elle se produit aussi lorsque l'on chauffe à 150° l'éther glutamique avec une solution alcoolique d'ammoniaque et lorsqu'on fond l'acide glutamique avec de l'urée.

La glutimide cristallise en longs prismes clinorhombiques insolubles dans l'éther, solubles dans 10 fois son poids d'eau (Habermann).

Anhydride glutamique, $C^5H^7AzO^3$. — Ce corps a été retiré par Schützenberger des produits d'hydratation des matières albuminoïdes par l'eau de baryte. Il cristallise en prismes volumineux, très brillants, fusibles à 180°; il est soluble dans l'eau chaude, peu soluble dans l'eau froide.

C'est encore un acide monobasique. Ce dernier caractère tendrait à le faire considérer plutôt comme une imide, $CO^2H - C^4H^5O = AzH$, que comme un anhydride [Schützenberger, *Bull. Soc. chim.*, t. XXIII, p. 433].

Glutamine, $C^5H^8AzO^3.AzH^2$. — La présence de ce corps, qui serait l'homologue de l'asparagine, a été admise dans le suc de betteraves plutôt que démontrée par Schulze et Urich [*Deutsch. chem. Gesellsch.*, 1877, p. 85].

Acide glutanique, $C^5H^8O^5$. — On a vu dans le tome Ier que l'acide glutamique, traité par l'acide azoteux, donne un acide homologue de l'acide malique désigné sous le nom d'acide glutanique.

Voici le mode opératoire qui donne les meilleurs résultats : On arrose 15 grammes d'acide glutamique cristallisé de 20 centimètres cubes d'acide azotique (D = 1,2) étendu de 10 centimètres cubes d'eau. Le mélange refroidi est saturé d'acide azoteux et abandonné 24 heures; on le sature de nouveau d'acide azoteux, et ainsi pendant plusieurs jours. Au bout de ce temps, le liquide étendu d'eau est neutralisé par le marbre, puis par un lait de chaux. La solution, concentrée, est précipitée par l'alcool; le glutanate de calcium peut alors être purifié par cristallisation.

Pour préparer l'acide libre, on peut décomposer le sel de calcium par l'acide oxalique, ou mieux, le sel de plomb par l'hydrogène sulfuré [Dittmar, *Journ. prakt. Chem.* (2), t. V, p. 338].

L'acide glutanique possède un pouvoir rotatoire de — 9°,15.

Acide désoxyglutanique ou *glutarique*, $C^5H^8O^4$. — Cet acide, que l'on obtient en faisant chauffer pendant huit heures à 120° de l'acide glutamique avec de l'acide iodhydrique concentré, est identique avec l'acide pyrotartrique normal (Markownikoff). M. Hanriot.

GLUTANIQUE (ACIDE). — Voyez GLUTAMIQUE (ACIDE).

GLUTARIQUE (ACIDE). — Voyez GLUTAMIQUE (ACIDE).

GLUTEN. — Voyez Suppl., p. 67.

GLUTIMIDE. — Voyez GLUTAMIQUE (ACIDE).

GLUTINE. — Non donné par les chimistes allemands à la gélatine.

GLYCÉRINE (voy. t. Ier, p. 1590). — *Synthèse.* — La synthèse totale de la glycérine a été réalisée par Friedel et Silva, en partant de l'acétone. On convertit l'acétone en alcool isopropylique au moyen de l'hydrogène naissant développé par l'amalgame de sodium; l'alcool isopropylique, traité par le chlorure de zinc fondu, fournit du propylène, qui, sous l'action du trichlorure d'iode en solution aqueuse, se transforme en chloroiodure de propylène :

$$CH^3\text{-}CHCl\text{-}CH^2I.$$

Traité par un courant de chlore en présence d'eau, celui-ci passe à l'état de chlorure de propylène $CH^3\text{-}CHCl\text{-}CH^2Cl$, qui, soumis à l'action du protochlorure d'iode à 140°, fournit, entre autres produits, la trichlorhydrine glycérique $CH^2Cl\text{-}CHCl\text{-}CH^2Cl$. Il reste, en dernier lieu, à saponifier par l'eau la trichlorhydrine pour obtenir la glycérine [*Compt. rend.*, t. LXXVI, p. 1594].

Propriétés. — La glycérine cristallise en prismes orthorhombiques; on rencontre le plus ordinairement les faces e^1, g^1, $b^{1/2}$, a^1; les faces $b^{1/2}$ présentent souvent l'hémiédrie tétraédrique. Angles : $e^1\,g^1 = 123°$; $b^{1/2}\,a^1 = 154°24'$; $b^{1/2}\,e^1 = 142°$. Rapport des axes : $a : b : c = 1 : 0{,}70 : 0{,}66$. Le plan des axes optiques est parallèle à p, et la bissectrice des axes à l'arête pg^1. [V. de Lang, *Bull. Soc. chim.*, t. XXIII, p. 463].

A l'état solide, la glycérine possède une densité de 1,36 à 15°,5 [Armstrong, *Deutsch. chem. Gesellsch.*, 1876, p. 280].

Elle fond à 17-18° et distille sans altération à 179-180° sous une pression de 15 à 20^{mm} [A. Henninger, *Bull. Soc. chim.*, t. XXIII, p. 434]. Lorsqu'elle est pure, on peut également la distiller à la pression ordinaire ; elle bout à 290°,4 sous 756^{mm},5 de pression [Oppenheim et Salzmann, *Deutsch. chem. Gesellsch.*, 1874, p. 1622]; elle se décompose, au contraire, lorsqu'elle est impure, par la distillation à la pression ordinaire.

Chauffée à 150°, la glycérine brûle avec une flamme bleue [Godeffroy, *Deutsch. chem. Gesellsch.*, 1874, p. 1566.]

Les mélanges de glycérine et d'eau présentent les densités et les indices de réfraction indiqués dans le tableau suivant :

Glycérine 0/0.	Densité.	Indice de réfraction.	Glycérine 0/0.	Densité.	Indice de réfraction.
100..	1.2691	1.4758	45..	1.1183	1.3935
95..	1.2557	1.4686	40..	1.1045	1.3860
90..	1.2425	1.4613	35..	1.0907	1.3785
85..	1.2292	1.4540	30..	1.0771	1.3719
80 .	1.2159	1.4467	25..	1.0635	1.3652
75..	1.2016	1.4395	20..	1.0498	1.3593
70..	1.1889	1.4321	15..	1.0374	1.3520
65..	1.1733	1.4231	10..	1.0245	1.3454
60..	1.1582	1.4140	5..	1.0123	1.3392
55..	1.1455	1.4079	1..	1.0025	1.3342
50..	1.1320	1.4007			

[Lenz, *Zeitsch. analyt. Chem.*, t. XIX, p. 302].

Piesse [*Deutsch. chem. Gesellsch.*, 1874, p. 599] a déterminé la solubilité du chlorure de plomb dans la glycérine. La glycérine pure, anhydre, dissout 1,995 °/₀ de chlorure de plomb; la glycérine étendue de son poids d'eau en dissout 1,32 °/₀; la glycérine étendue de trois fois son poids d'eau 1,036 °/₀; enfin, l'eau renfermant 87,5 °/₀ de glycérine, en dissout 0,91 °/₀.

Suivant Asseline [*Compt. rend.*, t. LXXVI, p. 884], 100 parties de glycérine dissolvent 0^{gr},71 de savon de fer; 0^{gr},94 de savon de magnésie; 1^{gr},18 de savon de chaux et 0^{gr},957 de sulfate de calcium.

Action des réactifs. — Lorsqu'on soumet à l'électrolyse de la glycérine étendue de deux tiers de son volume d'eau acidulée d'un vingtième d'acide sulfurique, on obtient de l'acide formique, de l'acide acétique, de l'acide glycérique, un glucose (?) non fermentescible au contact de la levûre, enfin un produit sirupeux qui paraît avoir pour formule $C^3H^4O^4$ et fonctionner comme acide monobasique; il se forme en outre un corps de la formule $C^3H^6O^3$, que Renard envisage comme de l'aldéhyde glycérique, mais qui possède les propriétés de son isomère, le trioxyméthylène [Renard, *Compt. rend.*, t. LXXXI, p. 188 et t. LXXXII, p. 562].

L'action de l'acide azotique fumant sur la glycérine étendue d'un peu plus de son volume d'eau fournit, comme produit principal, de l'acide glycérique et, comme produits secondaires, de l'acide formique, de l'acide glycolique, de l'acide glyoxylique, de l'acide oxalique, de l'acide racémique [Heintz, *Liebig's Ann. Chem.*, t. CLII, p. 325], de l'acide tartronique [Sadtler, *Deutsch. chem. Gesellsch.*, 1875, p. 1456], de l'acide mésotartrique, de l'acide cyanhydrique, et enfin, un acide sirupeux, qui pourrait être l'acide saccharique ou peut-être l'acide mannitique [Przybytek, *Deutsch. chem. Gesellsch.*, 1881, p. 2071].

Fondue avec de la potasse, la glycérine fournit, outre les acides acétique et formique, un acide volatil qui, d'après son odeur, paraît être de l'acide butyrique, et de l'acide lactique de fermentation [E. Herter, *Deutsch. chem. Gesellsch.*, 1878, p. 1167.]

Par distillation avec de la soude caustique, elle donne du propylglycol [Belohoubek, *Deutsch. chem. Gesellsch.* 1879, p. 1872], et, en outre, de l'alcool méthylique, de l'alcool éthylique, et de l'alcool propylique normal [Fernbach, *Bull. Soc. chim.*, t. XXXIV, p. 146].

L'action du chlore sur la glycérine étendue fournit de l'acide chlorhydrique, de l'acide glycérique, et un corps chloré, non distillable, soluble dans l'éther [Hlasiwetz et Habermann, *Liebig's Ann. Chem.*, t. CLV, p. 131].

Le chlorure de soufre la transforme en dichlorhydrine à la température du bain-marie [Carius, *Liebig's Ann. Chem.*, t. CXXII, p. 72].

Lorsqu'on distille un mélange de glycérine sirupeuse et d'hydrate de chloral, on recueille de l'acide chlorhydrique, de l'acide formique, du formiate d'allyle et du chloroforme [Byasson, *Compt. rend.*, t. LXXV, p. 1628].

Distillée sur du chlorure de calcium, la glycérine fournit du phénol et de l'éther glycérique $C^6H^{10}O^3$ (page 874) [Zotta, *Liebig's Ann.* Supplementb. VIII, p. 254].

Distillée avec de la poudre de zinc, elle donne de l'hydrogène et du propylène [Claus et Kerstein, *Deutsch. chem. Gesellsch.*, 1876, p. 696].

Chauffée en présence d'acide sulfurique avec de l'aniline, ou mieux avec un mélange d'aniline et de nitrobenzine, elle fournit de la quinoléine (Skraup, Königs).

Chauffée avec un mélange d'orthonitrophénol et d'orthoamidophénol, en présence de l'acide sulfurique, elle donne des oxyquinoléines (Skraup).

Distillée avec du chlorure d'ammonium, dans un courant d'ammoniaque, elle donne une base ayant pour formule $C^6H^{10}Az^2$ [Étard, *Compt. rend.*, t. XCII, p. 795].

Recherche de la glycérine. — On ajoute au liquide à examiner de la soude jusqu'à réaction faiblement alcaline; on y plonge ensuite une perle de borax, et après un contact de quelques instants, on chauffe au chalumeau : on verrait apparaître une coloration verte, si le liquide renfermait de la glycérine. Ce procédé permettrait de déceler 1/100 de glycérine dans l'eau, la bière, le vin, le lait, etc. [Semer et Löwe, *Jahresb. für rein. Chem.*, 1878, p. 165].

Dosage de la glycérine. — 1° *Dans l'eau.* — Suivant Lenz [*Zeitschr. analyt. Chem.*, t. XIX, p. 302], on peut doser la glycérine dans l'eau d'après la densité et l'indice de réfraction de la solution, au moyen de la table donnée plus haut.

D'après Morawski [*Journ. prakt. Chem.* (2), t. XXII, p. 416], le procédé suivant donne de bons résultats : On verse dans une capsule tarée 2-3 grammes de la glycérine à examiner, avec 50-60 grammes d'oxyde de plomb préalablement desséché à 130-150°; on porte ensuite le tout à 100° pendant une heure, puis à 120-130° pendant deux heures, après quoi on pèse la capsule : l'augmentation du poids, multipliée par 1,3429, est le poids de la glycérine réelle introduite dans la capsule.

2° *Dans le vin* (voy. t. III, p. 704). — Voici quelques procédés recommandés récemment. On fait digérer quelque temps un litre du vin à examiner avec de l'hydrate de plomb fraîchement préparé, puis on évapore à sec au bain-marie; on reprend par l'alcool absolu, on traite la solution alcoolique par un courant de gaz carbonique, on filtre pour séparer le carbonate de plomb, et on évapore : le résidu est la glycérine presque pure [Macagno, *Deutsch. chem. Gesellsch.*, 1875, p. 257].

Lorsqu'on a affaire à du vin plâtré, on doit employer le procédé suivant : On évapore le vin à 1/5 de son volume; puis on précipite les alcalis par l'addition d'acide hydrofluosilicique et d'alcool; on ajoute ensuite un léger excès d'hydrate de baryum et on évapore dans le vide. On reprend enfin par un mélange d'alcool et d'éther, on filtre, et on abandonne 24 heures dans le vide sur de l'anhydride phosphorique [H. Raynaud, *Compt. rend.*, t. XC, p. 1077]. On peut encore et plus simplement maintenir quelque temps à 180° dans le vide le résidu sec du vin : la perte de poids due à cette opération est égale au poids de la glycérine [Raynaud, *Ibid.*].

3° *Dans la bière.* — On évapore à 75° 100 centimètres cubes de bière avec 5 grammes de magnésie; on triture le résidu avec 100 centimètres cubes d'alcool absolu et on filtre. La solution alcoolique est additionnée de 3 fois et demie son poids d'éther, pour précipiter la maltose, filtrée et évaporée; le résidu, séché 24 heures dans le vide, est repris par 20 centimètres cubes d'alcool absolu : on n'a plus finalement qu'à évaporer l'alcool et à peser le résidu [Griessmayer, *Jahresb. für rein. Chem.*, 1880, p. 149].

Clausnitzer [*Zeitschr. analyt. Chem.*, t. XX, p. 80, et *Deutsch. chem. Gesellsch.*, 1881, p. 548] recommande le procédé suivant : On chauffe au bain-marie 50 centimètres cubes de bière dans une capsule tarée; lorsque l'acide carbonique s'est dégagé, on ajoute 3 grammes de chaux éteinte, on évapore à consistance sirupeuse, on ajoute 10 grammes de marbre pulvérisé, et on achève la dessiccation. Une partie aliquote du résidu est pulvérisée finement, et épuisée par 20 centimètres cubes d'alcool à 90°; enfin, la solution alcoolique est étendue de 25 centimètres cubes d'éther absolu, filtrée, et évaporée à 110° pendant 6 heures.

Usages. — Vohl a proposé d'utiliser la solubilité des sels de plomb dans la glycérine pour la recherche du soufre dans les composés organiques : on mélange un volume d'eau et deux volumes de glycérine pure, on porte à l'ébullition, on sature de chaux, puis on ajoute de l'hydrate de plomb, et on prolonge l'ébullition pendant quelque temps, après quoi on laisse refroidir à l'abri de l'air : mise au contact d'une matière organique contenant du soufre, cette solution noircit immédiatement, pourvu toutefois que le soufre soit dans le composé à l'état de sulfure [*Deutsch. chem. Gesellsch.*, 1876, p. 876].

Suivant Bögel [*Deutsch. chem. Gesellsch.*, 1879, p. 1766], on pourrait utiliser la glycérine anhydre pour purifier le sucrate de chaux : la glycérine dissout les impuretés et laisse le sucrate insoluble.

Glycérylates. — On désigne sous ce nom des corps qui dérivent de la glycérine par la substitution d'un ou de plusieurs atomes de métal à un ou plusieurs des atomes d'hydrogène alcooliques : ces corps sont entièrement analogues par leurs formules et par leurs propriétés aux alcoolates alcalins.

Glycérylate monosodique, $C^3H^5(OH)^2ONa$. — On traite la glycérine par une solution alcoolique d'éthylate de sodium : il se dépose des cristaux blancs hygroscopiques ayant pour composition $C^3H^5(OH)^2ONa + C^2H^5.OH$: ils perdent à 100° leur molécule d'alcool de cristallisation. L'eau décompose ce corps en glycérine et en soude; la chaleur le décompose également : il se détruit sans fondre à 245°, avec formation d'acroléine [E. Letts, *Deutsch. chem. Gesellsch.*, 1872, p. 159]. Chauffé à 180-190° dans un courant d'oxyde de carbone, le glycérylate monosodique fournit du propylglycol, de l'alcool méthylique, de l'acide formique, de l'acide butyrique et de la glycérine [Loebisch et Looss, *Monatschefte Chem.*, t. II, p. 782].

Glycérylate disodique. — On chauffe quelques heures au réfrigérant ascendant, dans un courant d'hydrogène, du glycérylate monosodique avec une solution alcoolique d'éthylate de sodium; puis on distille jusqu'à 180° : le résidu est du glycérylate disodique $C^3H^5(OH)(ONa)^2$, poudre cristalline, hygroscopique, fusible à 220°, se décomposant à 270° [Loebisch et Looss, *Monatsch. f. Chem.*, t. II, p. 842].

Glycérylates plombiques. — En traitant la glycérine par le sous-acétate de plomb en présence de potasse, on obtient des corps amorphes, ayant pour formules $(C^3H^5O^3)^2Pb^3$ et

$$C^{12}H^{24}O^{12}Pb^5 = 4(C^3H^6O^3Pb) + PbO$$

[Morawski, *Journ. prakt. Chem.*, (2), t. XXII, p. 406].

Glycérylate de baryum, $C^3H^6O^3Ba$. — On chauffe au bain de sable 67 p. de glycérine sèche et 100 p. de baryte anhydre, en ayant soin de remuer continuellement le mélange; lorsque la température a atteint environ 70°, il se fait une réaction très vive avec un dégagement de chaleur considérable : la masse se solidifie brusquement et se réduit en une poudre grenue en augmentant notablement de volume. Le glycérylate de baryum est déliquescent; il est décomposé lentement par l'eau froide, rapidement par l'eau bouillante, en glycérine et hydrate de baryum. La décomposition par la chaleur du glycérylate de baryum ne fournit guère que des produits gazeux, du propylène, du méthane, de l'hydrogène, et de l'acide carbonique [A. Destrem, *Thèse de la faculté des sciences de Paris*, 1882, n° 480].

Glycérylate de calcium, $C^3H^6O^3Ca$. — Ce corps se prépare comme le précédent : la réaction s'accomplit vers 100°. C'est une poudre cristalline, blanche, que l'humidité décompose lentement. La décomposition par la chaleur fournit du méthane, de l'hydrogène, de l'acide carbonique, de l'aldéhyde, de l'acétone, de la propione, de la butyrone, de l'oxyde de mésityle, de la phorone, de l'alcool méthylique, de l'alcool éthylique, enfin un alcool non saturé, bouillant à 137°, et ayant pour formule $C^8H^{12}O$: ce dernier est un liquide très mobile, incolore, d'odeur vive et pénétrante, de saveur brûlante ; il est soluble dans 15 p. d'eau, soluble en toutes proportions dans l'alcool et dans l'éther ; sa densité est 0,891 à 10°. Il fixe deux atomes de chlore ou de brome pour donner des composés bien définis, et forme toute une série d'éthers ; par oxydation, il donne un acide $C^6H^{10}O^2$ [A. Destrem, *Ibid.*].

ÉTHERS DE LA GLYCÉRINE

La glycérine, deux fois alcool primaire et une fois alcool secondaire, peut être envisagée comme contenant un radical glycéryle trivalent

$$CH^2\text{-}CH\text{-}CH^2,$$

qui peut s'unir à trois radicaux univalents pour former des composés ayant pour formules générales $C^3H^5X^3$, $C^3H^5X^2Y$, C^3H^5XYZ. Les composés de la forme $C^3H^5X^3$, qu'ils soient alcools, éthers simples ou éthers composés, ne pourront exister que sous une modification ; les dérivés de la forme $C^3H^5X^2Y$ existeront sous deux modifications isomériques, suivant que le radical Y sera fixé sur le groupe CH ou sur un des groupes CH^2 ; enfin, les dérivés de la forme C^3H^5XYZ pourront exister sous trois modifications, suivant que l'un ou l'autre de ces radicaux sera fixé au groupe CH.

BROMHYDRINES. — *Monobromhydrine.* — On ne connaît encore qu'une des deux modifications isomériques prévues par la théorie, l'α-monobromhydrine, $CH^2.OH\text{-}CH.OH\text{-}CH^2Br$ (voy. t. Ier, p. 1579).

Dibromhydrines. — *α-Dibromhydrine,*

$$CH^2Br\text{-}CH.OH\text{-}CH^2Br.$$

— C'est celle qui a été décrite t. Ier, p. 1580. Elle se forme aussi par l'action du brome sur la glycérine [Barth, *Liebig's Ann. Chem.*, t. CXXIV, p. 349], ou sur l'éther glycérique [Zotta, *Liebig's Ann. Chem.*, t. CLXXIV, p. 76].

β-Dibromhydrine, $CH^2Br\text{-}CHBr\text{-}CH^2OH$. — Elle se forme par la fixation du brome sur l'alcool allylique [Kekulé, *Liebig's Ann.* Supplementb. I, p. 138 ; — Tollens et Münder, *Liebig's Ann. Chem.*, t. CLXVII, p. 224]. C'est un liquide incolore, bouillant à 212-214°. Oxydée par l'acide nitrique, elle fournit de l'acide β-dibromopropionique, de l'acide oxalique et de la tribromhydrine.

Tribromhydrine. — Henry [*Deutsch. chem. Gesellsch.*, 1870, p. 298] a constaté que la tribromhydrine, préparée par l'action du perbromure de phosphore sur la dibromhydrine, cristallise dans un mélange réfrigérant en longs prismes fusibles à 16-17°, qu'elle bout à 219-221° et que, chauffée à 140-150° avec de la potasse caustique, elle fournit un mélange d'épibromhydrine bouillant à 138-140° et d'épidibromhydrine bouillant à 150-151°. Ces faits démontrent que la tribromhydrine de la glycérine est bien réellement identique et non isomère avec le tribromure d'allyle, comme on l'avait admis pendant longtemps.

CHLORHYDRINES. — MONOCHLORHYDRINES. — Le procédé de préparation indiqué t. Ier, p. 1580, fournit un mélange des deux isomères α et β. On peut arriver à les séparer en fractionnant dans le vide le produit de la réaction [Hanriot, *Compt. rend.*, t. LXXXVI, p. 1139].

α-Monochlorhydrine, $CH^2.OH\text{-}CH.OH\text{-}CH^2Cl$. — Elle se produit par l'action de l'eau sur l'épichlorhydrine. On la prépare en saturant d'acide chlorhydrique gazeux la glycérine légèrement chauffée et maintenant la dissolution à 100° en vases clos pendant cent heures ; on distille ensuite le produit dans le vide (20mm) au bain-marie tant que le liquide passe acide, et alors seulement à feu nu. Les portions recueillies de 130 à 170° sont de nouveau rectifiées dans le vide. Il faut éviter dans cette préparation de distiller à feu nu avant que tout l'acide chlorhydrique en excès soit éliminé, sans quoi il se forme des composés polyglycériques (Hanriot). L'α-monochlorhydrine bout à 213° à la pression ordinaire, à 139° sous 18 millimètres. Sa densité est de 1,338 à 0° ; elle est miscible en toutes proportions à l'eau, l'alcool et l'éther.

β-Monochlorhydrine, $CH^2.OH\text{-}CHCl\text{-}CH^2.OH$. — Elle se forme par l'action de l'acide hypochloreux sur l'alcool allylique [Henry, *Deutsch. chem. Gesellsch.*, 1870, p. 347]. Elle prend aussi naissance en petite quantité, indépendamment de l'α-monochlorhydrine dans l'action de l'acide chlorhydrique gazeux sur la glycérine à 100°, et peut en être séparée par distillation dans le vide ; elle bout à 146° sous 18 millimètres de pression ; sa densité est 1,328 à 0° [Hanriot, *Ann. Chim. Phys.* (5), t. XVII, p. 73].

DICHLORHYDRINES. — *α-Dichlorhydrine,*

$$CH^2Cl\text{-}CH.OH\text{-}CH^2Cl.$$

— Elle se produit par l'action de l'acide chlorhydrique sur la glycérine ou sur l'épichlorhydrine. On peut la préparer par l'action de l'acide chlorhydrique sur un mélange d'acide acétique et de glycérine ; mais le procédé de préparation le plus rapide et le plus avantageux consiste à traiter la glycérine par le chlorure de soufre [Carius, *Liebig's Ann.*, t. CXXII, p. 72 ; — Claus, *Liebig's Ann.*, t. CLXVIII, p. 43], voyez t. Ier, p. 1581. L'α-dichlorhydrine est un liquide huileux neutre, ayant pour densité 1,383 à 19° ; elle bout à 171-171°,5 et se dissout dans 9 vol. d'eau à 19° [Markownikoff, *Deutsch. chem. Gesellsch.*, 1873, p. 1210]. Traitée par l'amalgame de sodium, elle se transforme en alcool isopropylique. Oxydée par un mélange de dichromate de potassium et d'acide sulfurique, elle fournit de la dichloracétone symétrique [Markownikoff, *Deutsch. chem. Gesellsch.*, 1871, p. 562], et de l'acide monochloroacétique [*Deutsch. chem. Gesellsch.*, 1872, p. 354]. Par l'action du brome, elle fournit la dibromodichloroacétone,

$$CBr^2Cl\text{-}CO\text{-}CH^2Cl,$$

bouillant à 140-141° sous une pression de 2 centimètres. Ce corps se transforme à l'air humide en un hydrate cristallisé,

$$C^3H^2Br^2Cl^2O + 4\,H^2O,$$

fusible à 55-56° [Carius, *Liebig's Ann.*, t. CLV, p. 35 ; — Grimaux et Adam, *Bull. Soc. chim.*, t. XXXII, p. 13].

Traitée par l'aniline ou par l'ammoniaque, l'α-dichlorhydrine donne différentes bases qui seront étudiées plus loin.

β-dichlorhydrine, $CH^2Cl\text{-}CHCl\text{-}CH^2.OH$. — Ce corps se forme par fixation du chlore sur l'alcool allylique [Tollens, *Liebig's Ann.*, t. CLVI, p. 164 ; — Hübner et Müller, *Liebig's Ann.*, t. CLIX, p. 171], ou de l'acide hypochloreux sur le chlorure d'allyle [Von Gegerfelt, *Liebig's Ann.*, t. CLIV, p. 247 ; — Henry, *Deutsch. chem. Gesellsch.*, 1870, p. 347, et 1874, p. 409]. Elle bout à 175-180° (Henry), à 180-183° (Gegerfelt) ; sa densité est 1,3699 à 9° (Henry), 1,355 à 17°,5 (Gegerfelt). Par l'action de l'amalgame de sodium, la β-dichlorhydrine fournit de l'alcool isopropylique

(Gegerfelt); oxydée par l'acide nitrique, elle donne de l'acide dichloropropionique (Henry); par la potasse caustique, elle se transforme en épichlorhydrine [Münder et Tollens, *Zeitschr. Chem.*, 1871, p. 252].

TRICHLORHYDRINE, voyez t. Ier, p. 1581.

BROMOCHLORHYDRINES. — Les trois bromochlorhydrines $C^3H^5BrClOH$ sont aujourd'hui connues.

1° $CH^2Br\text{-}CHCl\text{-}CH^2OH$. — Ce corps se forme par la fixation de l'acide hypochloreux sur le bromure d'allyle. Point d'ébullition, 197°; densité, 1,7641 à 9°. Elle donne par oxydation de l'acide bromochloropropionique,

$$CH^2Br\text{-}CHCl\text{-}CO.OH$$

[Henry, *Deutsch. chem. Gesellsch.*, 1870, p. 347; 1874, p. 409 et 758].

2° $CH^2Cl\text{-}CHBr\text{-}CH^2.OH$. — Cette bromochlorhydrine se forme par l'union de l'acide hypobromeux et du chlorure d'allyle. Elle bout à 197° et a pour densité 1,759 à 11°. Elle donne par l'acide nitrique d'abord une chlorobromonitrine, puis de l'acide chlorobromopropionique

$$CH^2Cl\text{-}CHBr\text{-}COOH$$

[Henry, *Deutsch. chem. Gesellsch.*, 1874, p. 757].

3° $CH^2Br\text{-}CH.OH\text{-}CH^2Cl$. — Cette bromochlorhydrine se forme par l'action de l'épichlorhydrine sur l'acide bromhydrique ou de l'épibromhydrine sur l'acide chlorhydrique. Elle bout à 197° et a pour densité 1,740 à 12°. Elle fournit par oxydation de la chlorobromoacétone

$$CH^2Cl\text{-}CO\text{-}CH^2Br$$

[Henry, *Deutsch. chem. Gesellsch.*, 1874, p. 758].

Il est à remarquer que ces trois bromochlorhydrines isomériques possèdent les mêmes constantes physiques. Cette particularité s'étend aux deux bromodichlorhydrines

$$CH^2Cl\text{-}CHBr\text{-}CH^2Cl$$

et

$$CH^2Cl\text{-}CHCl\text{-}CH^2Br,$$

qu'on obtient par l'action du perchlorure de phosphore sur les deux bromomonochlorhydrines correspondantes [Henry, *Deutsch. chem. Gesellsch.*, 1870, p. 702].

IODHYDRINES. — Outre l'iodhydrine $C^6H^{11}IO^3$, décrite t. Ier, p. 1581, on connaît aujourd'hui la monoiodhydrine $C^3H^7IO^2$, et la diiodhydrine

$$C^3H^6I^2O.$$

La monoiodhydrine s'obtient par l'action de l'iodure de potassium sur la chlorhydrine. Sa densité est 2,03 à 13°.

Pour préparer la diiodhydrine, on chauffe à 110° en tubes scellés pendant douze à quatorze heures la dichlorhydrine avec une solution aqueuse concentrée d'iodure de potassium. On obtient ainsi un liquide épais, jaunâtre, insoluble dans l'eau, non distillable, ayant pour densité 2,4 à 15°; ce corps cristallise à — 20° [Claus et Nahmacher, *Deutsch. chem. Gesellsch.*, 1872, p. 353].

CHLOROIODHYDRINES. — La chloroïodhydrine décrite t. Ier, p. 1581 s'obtient par l'union directe du protochlorure d'iode et de l'alcool allylique à froid; sa formule est donc

$$CH^2Cl\text{-}CHI\text{-}CH^2.OH$$

[Henry, *Deutsch. chem. Gesellsch.*, 1870, p. 351].

On connaît une dichloromonoïodhydrine,

$$CH^2Cl\text{-}CHI\text{-}CH^2Cl.$$

Elle se forme par l'union du chlorure d'iode et du chlorure d'allyle, ou encore par l'action du perchlorure de phosphore sur la chloroiodhydrine [Henry, *Deutsch. chem. Gesellsch.*, 1870, p. 351, et 1871, p. 702]. C'est un liquide incolore, insoluble dans l'eau, bouillant vers 205°; sa densité est 2,0476 à 9°.

CHLOROBROMOIODHYDRINES. — On ne connaît qu'un des trois isomères prévus par la théorie; il a pour formule $CH^2Cl\text{-}CHI\text{-}CH^2Br$. On le prépare par l'union directe du bromure d'allyle avec le protochlorure d'iode ou par l'action du perbromure de phosphore sur la chloroïodhydrine, ou par le perchlorure de phosphore et la bromoiodhydrine. C'est un liquide incolore, insoluble dans l'eau, non distillable. Sa densité est 2,325 à 9° [Henry, *Deutsch. chem. Gesellsch.*, 1870, p. 351, et 1871, p. 702].

GLYCÉRIDES RENFERMANT DES RADICAUX ALCOOLIQUES.

Monoallyline, $C^3H^7(C^3H^5)O^3$. — Ce corps se forme en même temps que l'alcool allylique lorsqu'on chauffe de la glycérine avec de l'acide oxalique, en présence d'acide chlorhydrique; la présence de l'acide chlorhydrique est indispensable à sa formation. C'est un liquide incolore, de saveur brûlante, soluble dans l'éther et dans 2-3 vol. d'eau. Elle bout avec décomposition partielle à 240°; sa densité est 1,1160 à 0° et 1,1013 à 25°. Elle s'unit directement au brome [Tollens, *Liebig's Ann.*, t. CLVI, p. 149].

Éthylchlorhydrine, $C^3H^5(OC^2H^5)Cl.OH$. — Outre le mode de formation indiqué t. Ier, p. 1588, ce corps se produit encore par la fixation de l'acide hypochloreux sur l'éther éthylallylique,

$$C^2H^5\text{-}OC^3H^5.$$

C'est un liquide incolore, épais, d'odeur éthérée, de saveur poivrée, très soluble dans l'eau. Elle bout à 183-185° sous 758 millimètres de pression. Avec l'acide nitrique fumant, elle donne une éthylchloronitroglycérine; par les alcalis caustiques, elle se transforme en éthylglycide [Henry, *Deutsch. chem. Gesellsch.*, 1872, p. 449].

Diéthylbromhydrine, $C^3H^5Br(OC^2H^5)^2$. — On l'obtient par l'action du perbromure de phosphore sur la diéthyline. C'est un liquide jaunâtre à odeur piquante, insoluble dans l'eau, bouillant vers 200°. Densité, 1,258 à 8° [Henry, *Deutsch. chem. Gesellsch.*, 1871, p. 704].

Méthyldibromhydrine, $C^3H^5Br^2(OCH^3)$. — Ce corps se forme par la fixation du brome sur l'éther méthylallylique $C^3H^5.OCH^3$; il bout à 185°. Distillé sur de la soude caustique, il perd HBr et donne l'éther méthylbromallylique,

$$C^3H^4Br(OCH^3)$$

[Henry, *Deutsch. chem. Gesellsch.*, 1872, p. 455].

Ethyldibromhydrine, $C^3H^5Br^2(OC^2H^5)$. — On l'obtient par l'union du brome et de l'éther éthylallylique; elle bout à 193-195°. Traitée par l'amalgame de sodium, elle régénère l'éther éthylallylique [Markownikoff, *Zeitschr. Chem.*, 1865, p. 554].

Méthylchloroïodhydrine, $C^3H^5ClI(OCH^3)$. — Ce corps bout à 195-196°; il se forme par la fixation du protochlorure d'iode sur l'éther méthylallylique [Silva, *Deutsch. chem. Gesellsch.*, 1875, p. 1469].

GLYCÉRIDES RENFERMANT DES RADICAUX D'ACIDES ORGANIQUES.

Diacétines. — L'α-diacétine,

$$CH^2.OC^2H^3O\text{-}CH.OH\text{-}CH^2.OC^2H^3O,$$

a été décrite t. Ier, p. 1582. La β-diacétine,

$$CH^2.OH\text{-}CH.OC^2H^3O\text{-}CH^2.OC^2H^3O,$$

a été obtenue par Laufer dans l'action de l'acétate d'argent sur l'épichlorhydrine. C'est un liquide huileux, peu soluble dans l'eau, très soluble dans l'alcool et l'éther, doué d'une saveur amère. Point d'ébullition, 250-253°. Densité, 1,148 à 23° [*Jahresb. rein. Chem.*, 1876, p. 149].

Triacétine.— Ce corps a été décrit t. Ier, p. 1582. Suivant H. Schmidt [*Liebig's Ann.*, t. CC, p. 100], on l'obtient aisément en chauffant pendant quarante heures au réfrigérant ascendant la glycérine sèche avec deux fois son poids d'acide acétique cristallisable; on purifie par une distillation suivie d'une dissolution dans l'eau et d'un épuisement par l'éther. Elle bout à 267-268°.

Diformine, $C^3H^5OH(CHO^2)^2$ [Van Romburgh, *Compt. rend.*, t. XCIII, p. 847]. — Le résidu de la préparation de l'acide formique au moyen de la glycérine et de l'acide oxalique contient de la diformine de la glycérine. Pour l'isoler, on épuise ce résidu par l'éther absolu et on distille la solution éthérée d'abord au bain-marie, puis à feu nu dans le vide. On recueille sous une pression de 20 à 30 millimètres un liquide passant à 163-166° et qui est en partie composé de diformine.

La diformine glycérique est un liquide incolore, neutre, d'un goût d'abord amer, puis acide; elle est soluble dans l'alcool, l'éther et le chloroforme, insoluble dans le sulfure de carbone. L'eau la décompose en glycérine et acide formique. Sa densité est de 1,304 à 15°.

Chauffée à la pression ordinaire, la diformine se décompose en donnant comme produits principaux de l'acide carbonique, de l'eau et du formiate d'allyle d'après la réaction de Tollens et Henninger.

Pyruvine, $C^3H^5(OH)^2OC^3H^3O^2$. — Ce corps se forme lorsqu'on chauffe de la glycérine avec de l'acide tartrique. Il se présente en lamelles brillantes fusibles à 78°, solubles dans l'alcool, l'éther, le sulfure de carbone, la benzine, le chloroforme; il distille à 242° en se décomposant [Schlagdenhauffen, *Compt. rend.*, t. LXXIV, p. 672].

Salicyline, $C^3H^5(OH)^2O.CO\text{-}C^6H^4.OH$. — On dissout de l'acide salicylique dans de la glycérine sèche maintenue à 100°, et on fait passer un courant d'acide chlorhydrique gazeux. Lorsque l'action a été suffisamment prolongée, on voit se déposer au fond du ballon une couche huileuse : on la lave à l'eau et on la distille dans le vide; on obtient ainsi un liquide incolore, soluble dans l'alcool, l'éther et le sulfure de carbone, ayant pour densité 1,13655 [C. Göttig, *Deutsch. chem. Gesellsch.*, 1877, p. 1817].

Acétomonochlorhydrine, $C^5H^9ClO^3$.— Ce corps se forme par l'union directe de l'acide hypochloreux et de l'acétate d'allyle; c'est un liquide incolore, épais, de saveur amère, bouillant à 230°. Densité 1,27 à 9° [Henry, *Jahresb. rein. Chem.*, 1874, p. 171].

Ce corps est probablement isomère avec l'acétochlorhydrine décrite t. Ier, p. 1587. Sa constitution est $CH^2.OC^2H^3O\text{-}CHCl\text{-}CH^2.OH$.

Acétobromhydrine.— On l'obtient par l'action du bromure d'acétyle sur la glycérine sèche; la réaction se fait d'elle-même, et il suffit de distiller dans le vide pour obtenir l'acétobromhydrine qui passe à 170-180° sous une pression de 100mm. La réduction de ce corps par le couple zinc-cuivre fournit du propylglycol [Hanriot, *Compt. rend.*, t. LXXXVI, p. 1139].

Chlorodimargarine, $C^3H^5.Cl.(OC^{16}H^{31}O)^2$. — On la prépare en chauffant le chlorure de margaryle $C^{16}H^{31}OCl$ avec de la glycérine sèche et en soumettant le produit à des cristallisations fractionnées dans l'éther. Masse cassante, fusible à 44° [A. Villiers, *Compt. rend.*, t. LXXXIII, p. 902].

NITROGLYCÉRINES.

Mononitroglycérine, $C^3H^7O^2.AzO^3$.— On verse le glycide dans de l'acide nitrique étendu de 10 fois son poids d'eau; on sature ensuite par le carbonate de sodium, et on épuise par l'alcool éthéré.

On obtient par évaporation la mononitroglycérine sous forme d'un liquide jaunâtre, épais, soluble dans l'eau et dans l'alcool, peu soluble dans l'éther; ce corps n'est pas distillable; il ne détone pas par le choc [Hanriot, *Compt. rend.*, t. LXXXVIII, p. 387].

Trinitroglycérine. — Ce corps a été décrit t. Ier, p. 1584. Boutmy et Faucher proposent de le préparer par le procédé suivant : On dissout 100 p. de glycérine dans 300 p. d'acide sulfurique à 66° B.; d'un autre côté, on mélange 280 p. d'acide nitrique à 48° B. avec 300 p. d'acide sulfurique à 66° B.; quand ces produits, qui se forment tous deux avec un dégagement de chaleur considérable, sont refroidis, on les mélange : l'élévation de température n'est que de 10 à 15° et la réaction est complète au bout de 24 heures. Ce procédé augmente le rendement et diminue les chances d'accident [*Bull. Soc. chim.*, t. XXVII, p. 383].

Chlorodinitroglycérine,

$$CH^2.AzO^3\text{-}CH.AzO^3\text{-}CH^2Cl.$$

— Dans un mélange à parties égales d'acide nitrique fumant et d'acide sulfurique concentré, on verse par petites portions de la monochlorhydrine; puis on agite vivement : les deux liquides se mélangent, et au bout de quelque temps la chlorodinitroglycérine vient surnager. Ce corps se forme également par l'action de l'acide nitrique fumant sur l'épichlorhydrine à 0°. C'est un liquide épais, incolore, non distillable. Densité, 1,5112 à 9° [Henry, *Deutsch. chem. Gesellsch.*, 1870, p. 347].

Dichloromononitroglycérines. — On connaît les deux isomères prévus par la théorie.

1°. $CH^2Cl\text{-}CH.AzO^3\text{-}CH^2Cl$. — Ce corps se prépare comme la chlorodinitroglycérine, en substituant la dichlorhydrine à la monochlorhydrine. C'est un liquide incolore, huileux, de saveur sucrée, insoluble dans l'eau, soluble dans l'alcool et dans l'éther, qui bout à 180-190° avec décomposition partielle. Densité, 1,465 à 10°. La potasse alcoolique le transforme en épichlorhydrine.

2°. $CH^2Cl\text{-}CHCl\text{-}CH^2.AzO^3$. — On l'obtient par l'action de l'acide nitrique sur le chlorure d'alcool allylique (β-dichlorhydrine). Elle bout sans décomposition à 180°. Densité, 1,3 à 7°.

Chlorobromonitroglycérine,

$$CH^2Cl\text{-}CHBr\text{-}CH^2.AzO^3.$$

— On l'obtient par l'action d'un mélange d'acides nitrique et sulfurique sur la bromochlorhydrine, $CH^2Cl\text{-}CHBr\text{-}CH^2.OH$. C'est un liquide épais, incolore, insoluble dans l'eau, d'odeur piquante et de saveur amère. Densité, 1,7904 à 9° [Henry, *Deutsch. chem. Gesellsch.*, 1871, p. 703].

Ethylchloronitroglycérine,

$$C^3H^5(OC^2H^5)Cl.AzO^3.$$

— Ce corps se produit par l'action de l'acide nitrique fumant sur l'éthylchlorhydrine [Henry, *Deutsch. chem. Gesellsch.*, 1872, p. 450].

GLYCÉRIDES ACIDES.

Acide glycéromonosulfurique. — Ce corps a été décrit t. Ier, p. 1580. Sa constitution est

$$CH^2.OH\text{-}CH.OH\text{-}CH^2.SO^4H.$$

Acide glycérodisulfurique, $C^3H^5.OH(SO^4H)^2$.

— Ce corps se forme par l'action de l'eau sur l'acide glycérotrisulfurique (Claesson).

Acide glycérotrisulfurique, $C^3H^5(SO^4H)^3$. — On introduit par petites portions de la glycérine sèche dans de la chlorhydrine sulfurique : il se dépose des prismes brillants, hygroscopiques, qui constituent l'acide glycérotrisulfurique. Ses sels sont amorphes [Claesson, *Journ. prakt. Chem.* (2), t. XX, p. 1 et *Bull. Soc. chim.*, t. XXXIV, p. 503].

Acide glycérochlorosulfurique,

$$CH^2.OH\text{-}CH.SO^4H\text{-}CH^2Cl.$$

— Liquide huileux, obtenu par l'action de l'acide sulfurique sur l'épichlorhydrine [Oppenheim, *Deutsch. chem. Gesellsch.*, 1870, p. 735].

Acide glycérochloronitrosulfurique,

$$C^3H^5.Cl.AzO^3.SO^4H.$$

— Liquide épais, non distillable, insoluble dans l'eau, obtenu par l'action de l'épichlorhydrine sur un mélange d'acides nitrique et sulfurique [Henry, *Deutsch. chem. Gesellsch.*, 1871, p. 703].

Acide glycérochlorosulfureux,

$$CH^2Cl\text{-}CH.OH\text{-}CH^2.SO^3H.$$

— On l'obtient à l'état de sel de sodium en chauffant à 100° de l'épichlorhydrine avec du bisulfite de sodium : ce sel, purifié par cristallisation dans l'alcool, est transformé en sel de plomb et décomposé par l'acide sulfhydrique. On obtient ainsi un sirop très acide, hygroscopique, qui forme des sels bien cristallisés [Darmstaedter, *Liebig's. Ann. Chem.*, t. CXLVIII, p. 125].

Acide pyroglycérotrisulfureux, $C^6H^{12}S^3O^{10}$. — Gomme déliquescente obtenue dans l'oxydation de la dithioglycérine par l'acide nitrique dilué [Carius, *Liebig's. Ann. Chem.*, t. CXXIV, p. 234].

GLYCIDE.

Le glycide

$$C^3H^6O^2 = CH^2.OH\text{-}CH\text{-}CH^2 \quad (\text{CH et } CH^2 \text{ reliés par } O)$$

a été découvert par von Gegerfelt [*Bull. Soc. chim.*, t. XXIII, p. 160]. En traitant l'épichlorhydrine par l'acétate de potassium, on obtient l'acétate de glycide $C^5H^8O^3$ (voyez plus loin); chauffé avec de la soude, ce corps donne de l'acétate de sodium et du glycide. Hanriot a préparé le glycide par l'action des bases sur la monochlorhydrine en solution éthérée; les meilleurs résultats ont été obtenus avec la baryte [*Compt. rend.*, t. LXXXVIII, p. 387]. On dissout 40 gr. de monochlorhydrine dans 50 grammes d'éther absolu, et on ajoute peu à peu 28 gr. de baryte caustique finement pulvérisée : une réaction très vive s'établit, et la majeure partie de l'éther distille ; on épuise alors la masse par 200 gr. d'éther absolu qui abandonne le glycide à la distillation.

Le glycide est un liquide incolore, inodore, d'une saveur légèrement sucrée, soluble dans l'alcool et dans l'éther. Densité, 1,165 à 0°.

Il bout à 157° (Hanriot) 168-169° (Gegerfelt) à la pression ordinaire.

Lorsqu'il est pur, il ne s'altère pas à la distillation, mais lorsqu'il contient une petite quantité de glycérine, il se polymérise rapidement.

Il se combine facilement avec l'eau en régénérant la glycérine, et avec les acides en donnant les éthers monoacides de la glycérine.

ÉTHERS DU GLYCIDE. — *Épichlorhydrine*. — Ce corps a été décrit t. Ier, p. 1597. L'épichlorhydrine se combine avec le trichlorure de phosphore et fournit un liquide bouillant à 138-140° sous 100mm, ayant pour formule $C^3H^5ClO.PCl^3$. Celui-ci est lentement décomposé par l'eau, en épichlorhydrine et acide phosphoreux.

Traitée par le sodium à chaud, l'épichlorhydrine donne un corps jaune insoluble dans tous les réactifs, ayant pour formule

$$C^6H^{10}O^2 + 2\,NaCl.$$

Si l'on opère à froid, on obtient un liquide huileux, de saveur sucrée, ayant pour composition $C^6H^{10}O^2$ [Hanriot, *Bull. Soc. chim.*, t. XXXII, p. 551].

L'épichlorhydrine réagit sur le cyanate de potassium en présence d'eau, et fournit un corps cristallisé en prismes fusibles à 106°, solubles dans l'alcool et dans l'eau chaude, ayant pour formule $C^3H^5ClO + CAzOH$ [Thomsen, *Deutsch. chem. Gesellsch.*, 1878, p. 2136].

Soumise à 0° à l'action du gaz iodhydrique, l'épichlorhydrine se transforme en chlorure de propyle normal [Silva, *Compt. rend.*, t. XCIII, p. 420].

Épicyanhydrine. — On verse 20 gr. d'épichlorhydrine dans une solution de 15 gr. de cyanure de potassium pur dans 60 gr. d'eau, en chauffant doucement; et une fois la réaction commencée, on refroidit, en plongeant le vase dans l'eau. On obtient ainsi l'épicyanhydrine,

$$C^4H^5OAz = CH^2\text{-}CAz\text{-}CH\text{-}CH^2 \quad (\text{CH et } CH^2 \text{ reliés par } O)$$

en prismes aplatis, fusibles à 162-163°, solubles dans l'eau et dans l'alcool. Traitée par l'acide chlorhydrique bouillant, l'épicyanhydrine se transforme en acide épihydrine-carbonique [Pazschke, *Journ. prakt. Chem.*, (2) t. 1er, p. 82; — Hartenstein, *Journ. prakt. Chem.* (2), t. VII, p. 295].

Éthylglycide. — Ce corps, décrit t. Ier, p. 1600, se forme par l'action des alcalis caustiques sur l'éthylchlorhydrine glycérique. On opère exactement comme pour la préparation de l'épichlorhydrine, au moyen de la dichlorhydrine. Sa densité est 0,94 à 12° [Henry, *Deutsch. chem. Gesellsch.*, 1872, p. 449].

Acétate de glycide, $C^3H^5O^2.C^2H^3O$. — De l'acétate de potassium finement pulvérisé et parfaitement sec est arrosé de la quantité équivalente d'épichlorhydrine, et chauffé à 110-115° dans un ballon muni d'un réfrigérant ascendant; peu à peu à mesure que la réaction s'accomplit on élève la température jusqu'à 150° et l'on cesse le feu au bout de 20 heures. Le produit pâteux, repris par l'éther absolu, fournit l'acétate de glycide, sous forme d'un liquide mobile, incolore, soluble dans l'alcool et l'éther en toutes proportions, soluble dans son volume d'eau, bouillant à 168-169°. Densité, 1,129 à 20°. Ce corps s'unit à l'acide chlorhydrique avec élévation de température. La soude caustique le transforme en glycide [Von Gegerfelt, *Bull. Soc. chim.*, t. XXIII, p. 160]. Dans cette préparation, il se forme en même temps un polymère bouillant à 258-261° et ayant pour densité 1,204 à 20° [Breslauer, *Journ. prakt. Chem.* (2), t. XX, p. 191].

ÉTHER GLYCÉRIQUE

(Glycéryline)

$$C^6H^{10}O^3 = \begin{array}{l} CH^2\text{-}O\text{-}CH^2 \\ CH\text{-}O\text{-}CH \\ CH^2\text{-}O\text{-}CH^2 \end{array}$$

ou peut-être

$$\begin{array}{ll} CH^2\text{-}O\text{-}CH^2 & \\ CH \quad\quad\;\; CH & \\ CH^2 > O \;\; CH^2 > O & \end{array}$$

— Obtenu par Berthelot (t. Ier, p. 1588), par l'action de la potasse sur l'iodhydrine, $C^6H^{11}IO^3$, ce corps a été retrouvé comme produit secondaire dans la préparation de l'alcool allylique [Gegerfelt, *Deutsch. chem. Gesellsch.*, 1871, p. 919; — Tollens, *Deutsch. chem. Gesellsch.*, 1872, p. 68] et comme produit de distillation de la glycérine avec du chlorure de calcium [Zotta, *Liebig's Ann.* Supplementb. VIII, p. 254]. C'est un liquide incolore, épais, ayant pour formule $C^6H^{10}O^3$. Sa densité est 1,16 à 16° (Zotta) 1,0907 à 18° (Gegerfelt). Point d'ébullition : 171-173° (Zotta) 170-172° (Gegerfelt). Ce corps est miscible en toutes proportions à l'eau, l'alcool et l'éther. L'amalgame de sodium est sans action sur lui. Soumis à l'action prolongée de l'acide iodhydrique gazeux à froid, il donne de la glycérine et de l'iodure d'isopropyle [Silva, *Compt. rend.*, t. XCIII, p. 420].

Il réagit vivement sur le brome pour donner de la dibromhydrine. Oxydé par le dichromate de potassium et l'acide sulfurique, il fournit de l'acide acétique et de l'acide formique (Zotta).

BASES DÉRIVÉES DE LA GLYCÉRINE

Diamidohydrine,

$$CH^2.AzH^2-CH.OH-CH^2.AzH^2,$$

et *Glycidamine,*

$$CH^2.AzH^2-\overset{\frown O \frown}{CH-CH^2}.$$

— Ces deux bases s'obtiennent à l'état de chlorhydrates par l'action de l'ammoniaque alcoolique faible sur la dichlorhydrine. On peut les séparer par précipitation fractionnée au moyen de l'éther, qui précipite d'abord du chlorure d'ammonium, puis du chlorhydrate de diamidohydrine, enfin du chlorhydrate de glycidamine. Ces deux sels se présentent en belles aiguilles réfringentes, et forment avec le chlorure de platine des sels doubles bien cristallisés [Claus, *Liebig's Ann. Chem.*, t. CLXVIII, p. 36 et *Jahresb. rein. Chem.*, 1873, p. 185].

Chlorhydrine-imide, $C^{12}H^{17}Az^3Cl^2O^4$ [Claus, *ibid.*]. — Cette base se forme par l'action de l'ammoniaque alcoolique concentrée sur la dichlorhydrine.

C'est un corps insoluble dans l'eau, l'alcool et l'éther, très difficile à priver complètement du chlorure d'ammonium qui se forme en même temps que lui. Il prend naissance suivant l'équation

$$4\,C^3H^6Cl^2O + 9\,AzH^3 = 6\,AzH^4Cl + C^{12}H^{27}Az^3Cl^2O^4.$$

Par distillation sèche, la chlorhydrine-imide fournit un liquide huileux à odeur de nicotine, qui, traité par l'acide chlorhydrique et le chlorure de platine, fournit des sels cristallisés ayant pour composition $C^{18}H^{26}Az^3.2\,HCl.PtCl^4$ et $C^{20}H^{28}Az^4.2HCl.PtCl^4$ [Claus et Dörrenberg, *Deutsch. chem. Gesellsch.*, 1875, p. 244].

Base $C^6H^{12}AzClO^2$. — Dans l'action de l'épichlorhydrine sur l'ammoniaque aqueuse concentrée, Darmstædter [*Liebig's Ann. Chem.*, t. CXLVIII, p. 124] a obtenu une base ayant cette composition. C'est un corps solide, amorphe, soluble dans l'alcool et dans l'acide chlorhydrique. Son chloroplatinate est amorphe et a pour formule $(C^6H^{12}AzClO^2.HCl)^2PtCl^4$.

Diphénylamidohydrine, $C^3H^6O(C^6H^6Az)^2$. — En chauffant 4 molécules d'aniline avec 1 molécule de dichlorhydrine pendant 20 heures à 120-130°, [Claus et Dörrenberg, *Deutsch. chem. Gesellsch.*, 1875, p. 242] ont obtenu une base cristallisée ayant cette composition. Ce corps forme un chlorhydrate et un chloroplatinate également bien cristallisés. Les acides décomposent à chaud la diphénylamidohydrine avec formation du sel d'aniline correspondant.

Triméthylglycéramine. — On chauffe au bain-marie en tubes scellés de la triméthylamine et de la monochlorhydrine : les deux corps se fixent l'un sur l'autre en donnant le chlorhydrate de triméthylglycérammonium, corps cristallisé en aiguilles blanches déliquescentes. Ce sel est décomposé par l'eau de baryte à l'ébullition avec formation de triméthylamine. Le chloraurate est en cristaux orangés, fusibles vers 190°, ayant pour composition

$$C^3H^5(OH)^2Cl.Az(CH^3)^3AuCl^3$$

[V. Meyer, *Deutsch. chem. Gesellsch.*, 1869, p. 186]. Le chloroplatinate cristallise dans le système orthorhombique; il a pour formule

$$[C^3H^5(OH)^2Cl.Az(CH^3)^3]^2PtCl^4$$

[Hanriot, *Compt. rend.*, t. LXXXVI, p. 1335].

Ad. Fauconnier.

GLYCÉRIQUE (ACIDE). — Mulder a modifié le procédé de Debus pour la préparation de l'acide glycérique. On introduit dans une haute éprouvette 50 grammes de glycérine étendue de son poids d'eau, et on y fait couler à l'aide d'un tube à entonnoir 50 grammes d'acide azotique fumant. Quand les deux couches sont mélangées, ce qui exige trois à quatre jours, on concentre aux 3/5 au bain-marie. Le produit de 18 opérations semblables, étendu de 11 litres d'eau, est additionné de 2 kil. 400 de carbonate de plomb. Au bout de 24 heures, on chauffe à 65°, on décante, et par refroidissement on obtient des cristaux de glycérate de plomb. Le résidu, épuisé de nouveau par les eaux mères, abandonne une nouvelle quantité de sel plombique. En opérant ainsi, 1 kilogramme de glycérine donne environ 500 grammes de glycérate de plomb.

Pour obtenir l'acide libre, on décompose par portions de 25 grammes le sel de plomb par l'hydrogène sulfuré [E. Mulder, *Deutsch. chem. Gesellsch.*, 1870, p. 1902].

Frank a réalisé la synthèse de l'acide glycérique en partant de l'aldéhyde monochloré, qui se transforme en acide β chlorolactique,

$$CH^2Cl-CH.OH-CO^2H,$$

par l'action de l'acide cyanhydrique en présence d'acide chlorhydrique. L'acide chlorolactique, traité ensuite par l'oxyde d'argent et l'eau, donne de l'acide glycérique [Frank, *Liebig's Ann. Chem.*, t. CCVI, p. 340].

Glycérate de magnésium, $(C^3H^5O^4)^2Mg, 3H^2O$. — On l'obtient en saturant l'acide libre par l'hydrate de magnésium. Il se dépose de sa solution concentrée en petits cristaux étoilés, efflorescents, solubles dans l'eau froide et dans l'alcool.

Glycérate de cuivre, $(C^3H^5O^4)^2Cu$. — On le prépare en traitant une solution bouillante de glycérate de plomb par la quantité équivalente de sulfate de cuivre.

Il forme de petits cristaux bleu foncé, peu solubles dans l'eau froide, insolubles dans l'alcool. Par l'ébullition, la solution aqueuse laisse déposer de l'oxyde cuivreux. La potasse le précipite incomplètement.

Glycérate de manganèse, $(C^3H^5O^4)^2Mn, H^2O$. — Se prépare comme le précédent et se présente en cristaux groupés, durs et brillants. Il fond à 120° en se décomposant.

Glycérate de strontium, $(C^3H^5O^4)^2Sr$. — Il s'obtient par saturation directe et se dépose de sa solution alcoolique en cristaux groupés peu solubles dans l'eau froide [Garzarolli-Thurnlak, *Liebig's Ann. Chem.*, t. CLXXXII, p. 190].

Glycérate d'éthyle, $C^3H^5O^4.C^2H^5$. — On le prépare en chauffant à 170-190° un mélange d'acide glycérique et d'alcool absolu. On isole l'éther par des rectifications.

C'est un liquide épais, de saveur amère; il bout à 230-240°; sa densité est 1,193 à 6°. Il est soluble dans l'eau, qui le décompose partiellement. L'acide nitrique le transforme en une huile dense, insoluble dans l'eau, qui est le dérivé dinitrique, $C^3H^3(AzO^3)^2O^2.C^2H^5$.

Le perchlorure de phosphore l'attaque et donne de l'éther chloropropionique [L. Henry, *Deutsch. chem. Gesellsch.*. 1871, p. 701].

Le brome réagit en tubes scellés sur l'acide glycérique; mais la molécule de ce composé est détruite; il se dégage de l'acide carbonique [Wichelhaus, *Ann. Chem. Pharm.*, t. CXLIII, p. 1].

Action du perchlorure de phosphore sur l'acide glycérique. — On a vu (t. Ier, p. 1595) que Wichelhaus, en traitant l'acide glycérique par le perchlorure de phosphore, puis le produit formé par l'alcool, avait annoncé la formation du monochloropropionate d'éthyle. Werigo et Okulitsch ont repris cette étude. L'action de trois molécules de perchlorure de phosphore sur une d'acide glycérique donne naissance à un chlorure difficilement isolable. Exposé à l'air humide, il en attire l'humidité et se transforme en acide bichloropropionique. Traité, au contraire, par une grande quantité d'eau, il donne de l'acide chlorolactique et de l'acide glycérique [Werigo et Okulitsch, *Ann. Chem. Pharm.*, t. CLXVIII, p. 49].

L'alcool donne, avec le produit brut de l'action du perchlorure de phosphore sur l'acide glycérique, une réaction moins nette; on obtient un certain nombre de dérivés peu étudiés, parmi lesquels on peut citer le composé $C^3H^2(C^2H^5)Cl^3O^2$ de l'éther bichloropropionique, qui se forme en majeure quantité quand on a soin de chasser préalablement l'oxychlorure de phosphore, mais pas d'éther monochloropropionique, ainsi que l'avait annoncé Wichelhaus [Werigo et Werner, *Liebig's Ann. Chem.*, t. CLXX, p. 163].

Traité par une solution alcoolique de potasse, le chlorure donne du chloracrylate de potassium [Werigo et Mélikoff, *Deutsch. chem. Gesellsch.*, 1877, p. 1499].

Anhydrides glycériques. — L'acide glycérique peut présenter plusieurs anhydrides. L'un d'eux se dépose en cristaux lorsque l'on conserve longtemps de l'acide glycérique.

Il est insoluble dans l'alcool et l'éther, peu soluble dans l'eau bouillante, d'où il cristallise en longues aiguilles. Chauffé à 250°, il se décompose en répandant l'odeur des vapeurs d'acide tartrique. L'eau bouillante ou l'eau de chaux le transforment en acide glycérique [Sokoloff, *Bull. Soc. chim.*, t. XXIX, p. 376].

Un autre anhydride de l'acide glycérique est l'acide glycidique, $C^3H^4O^3$ (voyez ce mot).

M. Hanriot.

GLYCÉRIQUE (ALDÉHYDE). — Claus avait envisagé comme étant la première aldéhyde glycérique le composé que Carius avait décrit sous le nom de propylphycite (voy. t. II, p. 1215). Dans un mémoire plus récent, Claus et Lindhorst ont montré que les dérivés de la prétendue propylphycite sont des dérivés substitués de l'acétone [Claus et Lindhorst, *Deutsch. chem. Gesellsch.*, 1880, p. 1209].

Renard, en électrolysant une solution de glycérine dans de l'eau aiguisée d'acide sulfurique, a obtenu une petite quantité d'une substance qu'il a considérée comme l'aldéhyde glycérique, mais qui ne paraît être autre que du trioxyméthylène isomérique avec la véritable aldéhyde glycérique CHO-CH.OH-CH² OH [Renard, *Compt. rend.*, t. LXXXI, p. 188; t. LXXXIII, p. 562].

M. Hanriot.

GLYCÉRYLINE. — Syn. d'*Éther glycérique*. Voyez p. 874.

GLYCIDIQUE (ACIDE),

$$C^3H^4O^3 = \begin{matrix} CH^2 \\ | \\ CH \\ | \\ CO^2H \end{matrix} \!\!> O$$

[Melikoff, *Deutsch. chem. Gesellsch.*, 1880, p. 271; — Erlenmeyer, *Deutsch. chem. Gesellsch.*, 1880, p. 457]. — Ce corps se forme par l'action de la potasse sur l'un quelconque des deux acides chlorolactiques

CH².OH-CHCl-CO.OH

et

CH²Cl-CH.OH-CO.OH.

On agite une solution alcoolique étendue d'acide chlorolactique avec de la potasse alcoolique; on obtient ainsi un sel potassique que l'on purifie par cristallisation dans l'alcool chaud; ce sel est ensuite dissous dans la plus petite quantité d'eau possible, et la solution additionnée de la quantité équivalente d'acide sulfurique, après quoi l'on épuise par l'éther: on obtient par l'évaporation de ce dernier l'acide glycidique sous la forme d'un liquide non distillable, assez mobile, fortement acide, soluble en toutes proportions dans l'eau, l'alcool et l'éther.

Par l'action de la chaleur, l'acide glycidique se décompose en émettant des vapeurs qui irritent fortement les yeux; chauffé avec de l'eau, il fournit de l'acide glycérique et des traces d'aldéhyde acétique; traité par l'acide chlorhydrique fumant, il se convertit en acide β-chlorolactique, CH²Cl-CH.OH-COOH.

Les sels de sodium et de potassium cristallisent avec une demi-molécule d'eau; le sel d'argent détone par la chaleur; le sel de calcium est très soluble dans l'eau, d'où le précipite l'addition d'alcool : chauffé avec de l'eau au bain-marie, il se transforme en glycérate de calcium.

Ad. Fauconnier.

GLYCOCOLLE, $C^2H^5AzO^2 = CH^2AzH^2\text{-}CO^2H$ (voyez t. Ier, p. 1601). — Le glycocolle prend naissance dans l'action de l'acide iodhydrique sur le cyanogène : de l'acide iodhydrique saturé à froid est chauffé à l'ébullition au réfrigérant ascendant; on fait en même temps passer dans l'appareil un courant lent de cyanogène; au bout de quelques heures on évapore, on reprend par l'eau, on fait digérer le produit avec de l'hydrate de plomb pour éliminer l'iode, on filtre, on traite par l'hydrogène sulfuré et l'on évapore. On obtient ainsi du glycocolle, d'après l'équation

$$(CAz)^2 + 5\,HI + 2\,H^2O$$
$$= CH^2.AzH^2\text{-}CO^2H + AzH^4I + 2\,I^2$$

[Emmerling, *Deutsch. chem. Gesellsch.*, 1873, p. 1351].

Le glycocolle se forme aussi par l'action de l'eau de baryte sur l'acide tricyanhydrique [O. Lange, *Deutsch. chem. Gesellsch.*, 1873, p. 100; — R. Wippermann, *ibid.*, 1874, p. 770]; par la décomposition de l'acide cuminurique au moyen de l'acide chlorhydrique concentré, à la température de 120-125° [Jacobsen, *Deutsch. chem. Gesellsch.*, 1879, p. 1516]; par la réduction au moyen du zinc et de l'acide chlorhydrique du cyanocarbonate d'éthyle [G. Angelbis, *Deutsch. chem. Gesellsch.*, 1875, p. 309] et du nitracétate d'éthyle [D. Forcrand, *Compt. rend.*, t. LXXXVIII, p. 974].

Il a été aussi rencontré parmi les produits de la putréfaction de la gélatine [Nencki, *Deutsch. chem. Gesellsch.*, 1874, p. 1598] et de l'élastine [Wälchli, *ibid.*, 1878, p. 509] sous l'influence du pancréas de bœuf.

Propriétés. — On avait avancé que par l'ébullition avec la potasse ou la baryte le glycocolle développe une coloration rouge de sang. Engel [*Compt. rend.*, t. LXXX, p. 1168] a reconnu que ce fait est inexact; d'après cet auteur, l'ensemble des quatre réactions suivantes est caractéristique pour le glycocolle : 1° Traité par le sulfate de cuivre et la potasse, le glycocolle empêche la précipitation du cuivre. 2° Il réduit à froid et mieux à chaud le nitrate mercureux. 3° Il donne par le chlorure ferrique une coloration rouge intense, qui disparaît par l'addition d'un acide, pour apparaître de nouveau quand on neutralise par l'ammoniaque. 4° Traité par le phénol et un excès d'hypochlorite de sodium, il donne une belle coloration bleue.

Action des réactifs. — Le permanganate de potassium transforme le glycocolle en acides carbonique, oxalique et oxamique [Engel, *Compt. rend.*, t. LXXIX, p. 808].

L'oxydation par le peroxyde de manganèse et l'acide sulfurique le convertit en eau, acide carbonique et acide cyanhydrique [*Ann. Chem. Pharm.*, t. XX, p. 313].

Par l'ébullition avec une solution ammoniacale d'oxyde de cuivre au contact de l'air, il donne de l'acide carbonique et de l'acide oxalique [Löw, *Deutsch. chem. Gesellsch.*, 1878, p. 2284].

En chauffant le glycocolle avec de l'urée et de l'eau de baryte, on obtient de l'acide hydantoïque, suivant l'équation

$$C^2H^5AzO^2 + CH^4Az^2O = AzH^3 + C^3H^6Az^2O^3$$

[P. Griess, *Deutsch. chem. Gesellsch.*, 1869, p. 106; — Baumann et Hoppe-Seyler, *ibid.*, 1874, p. 37].

Le glycocolle se combine avec le carbonate de guanidine en formant de grandes tables rhombiques, transparentes, ayant pour formule

$$C^2H^5AzO^2 + (CAz^3H^6)^2CO^3 + H^2O;$$

chauffée à 140°, cette combinaison se transforme en carbonate d'ammonium et glycocyamine [M. Nencki et Sieber, *Journ. prakt. Chem.* (2), t. XVII, p. 477].

Suivant F. Berger [*Deutsch. chem. Gesellsch.*, 1880, p. 992], le glycocolle s'unit à froid à la phénylcyanamide et donne une phénylglycocyamine amorphe, brunissant vers 240° et fusible vers 263°.

Combinaisons du glycocolle avec les acides, les bases et les sels. — Voyez, t. Ier, p. 1603.

DÉRIVÉS DU GLYCOCOLLE.

ÉTHER ÉTHYLIQUE (*amido-acétate d'éthyle*). — Ce corps prend naissance par l'action de l'iodure d'éthyle sur le glycocolle en présence d'alcool absolu. En outre, c'est encore lui qui se forme, et non pas le glycocolle diméthylique (voyez t. Ier, p. 1604), par l'action de l'iodure de méthyle sur le glycocolle en présence d'alcool éthylique [Kraut, *Liebig's Ann. Chem.*, t, CLXXVII, p. 267]. Il y a d'abord, dans ces conditions, double décomposition entre l'iodure de méthyle et l'alcool éthylique,

$$CH^3I + C^2H^5OH = CH^3OH + C^2H^5I,$$

et c'est l'iodure d'éthyle formé qui réagit sur le glycocolle. Le produit de la réaction est l'iodhydrate $H^3I.AzH^2.CH^2\text{-}CO.OC^2H^5$, cristallisé en prismes orthorhombiques, très solubles dans l'eau, l'alcool et l'éther; en faisant digérer ce sel avec du chlorure d'argent, on le transforme en chlorhydrate, aiguilles blanches fusibles à 137°. Ce dernier, traité par l'oxyde d'argent, fournit l'éther éthylique du glycocolle : ce corps se présente en petits cristaux très instables et se décompose par l'évaporation de ses solutions en glycocolle et alcool.

AMIDE DU GLYCOCOLLE (*amide amido-acétique*),

$$AzH^2\text{-}CH^2\text{-}CO.AzH^2$$

[Heintz, *Ann. Chem. Pharm.*, t. CXLVIII, p. 177, et CL, p. 67]. — On l'obtient en petite quantité par l'action de l'ammoniaque alcoolique sur le glycocolle à 155-165°. On le prépare en faisant réagir l'ammoniaque alcoolique sur le chloracétate d'éthyle. Un volume d'éther monochloracétique est mélangé avec 8 vol. d'ammoniaque alcoolique saturée à froid; le mélange est abandonné quelques jours à lui-même, puis chauffé pendant 24 heures à 60-70°. On filtre pour séparer le chlorure d'ammonium formé, on évapore à froid sur l'acide sulfurique, on reprend par peu d'eau on acidule légèrement par l'acide chlorhydrique; puis on ajoute du chlorure de platine et on précipite par l'éther. Le précipité platinique, repris par l'eau tiède, lui abandonne le chloroplatinate de la nouvelle amide $(C^2H^7Az^2OCl)^2PtCl^4$. Ce sel étant dissous dans l'eau et traité par le chlorure d'ammonium, tout le platine est précipité à l'état de chloroplatinate d'ammonium, et l'on obtient par évaporation du liquide filtré le chlorhydrate en aiguilles clinorhombiques, très solubles dans l'eau, peu solubles dans l'alcool, insolubles dans l'éther. La décomposition du chlorhydrate par l'oxyde d'argent fournit l'amide, corps solide amorphe, très soluble dans l'eau et très instable : l'évaporation de ses solutions, même à froid, suffit pour le décomposer en ammoniaque et glycocolle.

MÉTHYLGLYCOCOLLE. — Voyez SARCOSINE, t. II, p. 1443.

DIMÉTHYLGLYCOCOLLE. — Voyez t. Ier, p. 1605; le chlorométhylate de ce corps représente le chlorhydrate de *betaïne* (Suppl., p. 347).

ÉTHYLGLYCOCOLLE et DIÉTHYLGLYCOCOLLE. — Voyez t. Ier, p. 1605.

Diéthylglycocolate d'éthyle,

$$(C^2H^5)^2Az.CH^2\text{-}CO.OC^2H^5$$

[Kraut, *Liebig's Ann. Chem.*, t. CLXXXII, p. 177]. On le prépare en abandonnant à lui-même pendant quelques jours du glycocollate d'argent additionné d'un excès d'iodure d'éthyle, puis en distillant. C'est un liquide incolore, à réaction alcaline: densité, 0,919 à 15°; point d'ébullition, 174° (corrigé. 177°). Ce corps forme un chloroplatinate cristallisé en prismes clinorhombiques.

ACÉTYLGLYCOCOLLE. — Voyez ACÉTURIQUE (ACIDE). Supplément, p. 28.

PHÉNYLGLYCOCOLLE, $CH^2(AzHC^6H^5)\text{-}CO.OH$ [Michaelson et Lippmann, *Compt. rend.*, t. LXI, p. 739; — Schultzen et Nencki, *Deutsch. chem. Gesellsch.*, 1869, p. 566; — P.-J. Meyer, *ibid.*, 1875, p. 1156; — Schwebel, *ibid.*, 1877, p. 2046]. On l'obtient par l'action de l'aniline sur l'acide monochloracétique ou sur l'acide monobromacétique; si l'on opère en solution éthérée, il se forme d'abord du monochloracétate d'aniline, qui se transforme, par l'ébullition avec de l'aniline et de l'eau, en phénylglycocolle. Ce corps se présente en cristaux mal définis, fusibles à 126-127°, assez solubles dans l'eau, moins solubles dans l'éther. Un excès d'aniline le transforme à chaud en phénylglycocollanilide; chauffé à 150-160° avec de l'urée, il donne de la phénylhydantoïne.

Phénylglycocollate de méthyle,

$$CH^2(AzH.C^6H^5)\text{-}CO.OCH^3$$

[P.-J. Meyer, *Deutsch. chem. Gesellsch.*, 1875, p. 1157]. — On chauffe au bain-marie une molécule de monochloracétate de méthyle avec 2 molécules d'aniline; il se sépare du chlorhydrate d'aniline; les eaux mères fournissent, par distillation dans un courant de vapeur d'eau, des prismes fusibles à 48°, presque insolubles dans l'eau, très solubles dans l'alcool, l'éther et l'acide chlorhydrique, ayant la composition ci-dessus.

Phénylglycocollate d'éthyle,

$CH^2(AzH.C^6H^5)-CO.OC^2H^5$

[P.-J. Meyer, *loc. cit.*]. — On chauffe 1 molécule de monochloracétate d'éthyle avec 2 molécules d'aniline, et une fois la réaction commencée on éloigne le feu : le tout se prend par le refroidissement en une masse cristalline. On fait bouillir avec de l'eau pour séparer le chlorhydrate d'aniline, on dissout le résidu dans l'alcool et on précipite la solution alcoolique par l'addition d'eau. On obtient ainsi des lamelles incolores, à éclat nacré, fusibles à 57-58°, très peu solubles dans l'eau bouillante, assez solubles dans l'alcool, l'éther et l'acide chlorhydrique.

Phénylglycocollamide,

$CH^2(AzH.C^6H^5)-CO.AzH^2$

[P.-J. Meyer, *loc. cit.*]. — On chauffe 1 molécule d'aniline avec 1 molécule de monochloracétamide jusqu'à ce que cette dernière soit fondue, et on maintient la température tant qu'il se dégage de l'acide chlorhydrique. On laisse refroidir et on reprend par l'eau chaude; on obtient par refroidissement des cristaux fusibles à 133°, très solubles dans l'alcool, l'éther et l'eau chaude.

Phénylglycocollanilide,

$CH^2(AzH.C^6H^5)-CO(AzH.C^6H^5)$

[P.-J. Meyer, *loc. cit.*]. — Belles aiguilles blanches fusibles à 110-111°, obtenues par l'action prolongée d'un excès d'aniline à chaud sur le monochloracétate d'éthyle, le chlorure de monochloracétyle, la monochloracétanilide, ou la monochloracétamide.

Ce corps est peu soluble dans l'eau froide, assez soluble dans l'eau chaude, l'alcool et l'éther; il forme avec l'acide chlorhydrique une combinaison bien cristallisée.

Phénylglycocolltoluide,

$CH^2(AzH.C^6H^5)-CO(AzH.C^7H^7)$.

— On la prépare en traitant par l'aniline la monochloracétotoluide. Belles aiguilles soyeuses, fusibles à 172°, solubles dans l'alcool, l'éther et les acides [P.-J. Meyer, *loc. cit.*].

Crésylglycocolle, $CH^2(AzH.C^7H^7)-CO.OH$ [P.-J. Meyer, *loc. cit.*; — Schwebel, *ibid.*, p. 2047]. — On mélange des solutions éthérées de paratoluidine (2 molécules) et d'acide monochloracétique (1 molécule) : il se forme un magma cristallin qu'on fait bouillir quelques heures avec de l'eau, après quoi on évapore la solution. On obtient ainsi de longues aiguilles légèrement jaunâtres, fusibles à 106-108° avec décomposition.

Crésylglycocollate d'éthyle,

$CH^2(AzH.C^7H^7)-CO.OC^2H^5$

[P.-J. Meyer, *loc. cit.*]. — On l'obtient par l'action de 2 molécules de toluidine sur 1 molécule de monochloracétate d'éthyle : le mélange se prend subitement en une masse cristalline quand on le chauffe. On dissout le produit dans l'alcool et on ajoute de l'eau à la solution; il se précipite une huile qui ne tarde pas à se concréter en lamelles nacrées blanches, fusibles à 48-49°, très peu solubles dans l'eau bouillante.

Crésylglycocollamide,

$CH^2(AzH.C^7H^7)-CO.AzH^2$

[P.-J. Meyer, *ibid.*]. — On chauffe au bain-marie 1 molécule de toluidine avec 1 molécule de monochloracétamide jusqu'à ce que le mélange soit fondu; puis on écarte le feu, et on laisse refroidir en remuant; on dissout ensuite la masse dans l'acide chlorhydrique étendu et bouillant : il se dépose par le refroidissement des prismes fusibles à 162-163°, avec décomposition partielle.

Crésylglycocollanilide,

$CH^2(AzH.C^7H^7)-CO(AzH.C^6H^5)$

[P.-J. Meyer, *ibid.*]. — Ce corps se forme par l'action de 2 molécules de toluidine sur 1 molécule de chloracétanilide, et cristallise dans l'eau bouillante en fines aiguilles blanches, fusibles à 82-83°, presque insolubles dans l'eau froide, très solubles dans l'alcool et dans l'éther.

Crésylglycocolltoluide,

$CH^2(AzH.C^7H^7)-CO(AzH.C^7H^7)$

[P.-J. Meyer, *ibid.*]. — Elle se forme par l'action de 2 molécules de toluidine sur 1 molécule de monochloracétamide, ou par l'action de la toluidine en excès sur le chlorure de monochloracétyle ou sur la chloracétotoluide; on la purifie par cristallisation dans l'alcool bouillant. Mais le mieux est de faire agir la toluidine (3 molécules) sur l'acide monochloracétique (1 molécule); on chauffe à feu nu jusqu'à ce que la réaction s'établisse, puis on éloigne le feu : le produit se solidifie par le refroidissement; on le lave à l'eau pour enlever le chlorhydrate de toluidine, puis on le fait cristalliser dans l'alcool. On obtient ainsi des lamelles d'un blanc d'argent, peu solubles dans l'eau bouillante et dans l'alcool froid, très solubles dans l'alcool bouillant et dans l'éther, fusibles à 136°. Le chlorhydrate de ce corps se forme par l'action de l'acide chlorhydrique sec à 100°, et est décomposé par l'eau bouillante.

Acide diglycolamidique. — Voyez t. Ier, p. 1167.

Amide diglycolamidique,

$AzH(CH^2-CO.AzH^2)^2$

[Heintz, *Ann. Chem. Pharm.*, t. CXLVIII, p. 177]. — Ce corps prend naissance, en même temps que la glycocollamide et l'amide triglycolamidique, dans l'action du monochloracétate d'éthyle sur l'ammoniaque alcoolique. On chauffe pendant 6 heures à 60-70° du monochloracétate d'éthyle avec une solution d'ammoniaque dans l'alcool absolu; on élimine l'excès d'ammoniaque par l'évaporation à froid sur l'acide sulfurique, puis on précipite par l'éther; on redissout le précipité dans l'eau; on concentre dans le vide pour séparer un peu de chlorure d'ammonium; puis on précipite par l'alcool absolu un mélange de chlorhydrates d'amide diglycolamidique et d'amide triglycolamidique. Ces chlorhydrates sont redissous dans l'eau et décomposés par l'oxyde d'argent; la solution, traitée par l'hydrogène sulfuré, est évaporée dans le vide, et le résidu épuisé par l'alcool absolu, qui dissout l'amide diglycolamidique.

L'amide diglycolamidique est assez peu soluble dans l'eau, d'où elle cristallise en tables rhomboïdales; l'alcool bouillant la laisse déposer en lamelles brillantes ou en aiguilles aplaties; sa saveur est fraîche, sa réaction fortement alcaline. Chauffée doucement, elle fond en un liquide cristallisable, puis elle perd de l'eau et du carbonate d'ammonium, en laissant un charbon très poreux. Elle forme un chlorhydrate, un chloroplatinate et un chloraurate bien cristallisés.

Diglycolamidodianilide,

$AzH(CH^2-CO.AzHC^6H^5)^2$

[P.-J. Meyer, *Deutsch. chem. Gesellsch.*, 1875, p. 1152]. — Lorsqu'on fait digérer pendant plusieurs heures au bain-marie la chloracétanilide avec de l'ammoniaque alcoolique, puis qu'on évapore jusqu'à disparition de l'odeur d'ammoniaque, on obtient par l'addition d'eau un précipité cristallin que l'eau bouillante dissout presque totalement : par le refroidissement de la solution aqueuse, il se dépose de longues aiguilles fusibles à 140°,5, solubles dans l'alcool et dans l'éther, ayant la formule ci-dessus. Le chlorhydrate cristallise en aiguilles blanches fusibles à 172°.

Diglycolamidoditoluide,

$$AzH\,(CH^2\text{-}CO.AzHC^7H^7)^2$$

[P.-J. Meyer, *ibid.*]. — On l'obtient comme le corps précédent, en substituant la chloracétotoluidide à la chloracétanilide. Il cristallise dans l'eau bouillante en aiguilles étoilées, fusibles à 149°, solubles dans l'alcool et dans l'éther.

Acide éthyldiglycolamidique. — Voyez t. Ier, p. 1168.

Acide nitrosodiglycolamidique,

$$AzO.Az\,(CH^2\text{-}CO.OH)^2$$

[Heintz, *Ann. Chem. Pharm.*, t. CXXXVIII, p. 300]. — Lorsqu'on fait dissoudre l'acide diglycolamidique dans l'acide azotique concentré et qu'on ajoute ensuite de l'azotite de calcium jusqu'à ce que le liquide prenne une coloration verte persistante, il se forme de l'acide nitrosodiglycolamidique. On étend d'eau, on chauffe modérément pendant quelque temps et on sature par la chaux; on évapore au bain-marie, et on épuise le résidu par l'alcool, qui ne dissout que l'azotate de calcium. On obtient le sel de calcium pur en reprenant le résidu par l'eau et en évaporant. L'acide lui-même constitue de petites tables rectangulaires ou hexagonales qui paraissent appartenir au système orthorhombique; il est soluble dans l'eau, dans l'alcool et dans l'éther. Ses sels de calcium, de baryum et d'argent sont bien cristallisés.

ACIDE TRIGLYCOLAMIDIQUE. — Voyez, t. III, p. 509.

Ad. Fauconnier.

GLYCOCYAMINE, $C^3H^7Az^3O^2$. — Voyez t. Ier, p. 1605. — M. Nencki et Sieber [*Journ. prakt. Chem.*, (2), t. XVII, p. 477] ont décrit un nouveau mode de formation de la glycocyamine par l'action du glycocolle sur le carbonate de guanidine. On dissout dans une petite quantité d'eau chaude 15 p. de glycocolle et 18 p. de carbonate de guanidine, et on évapore au bain de sable; il s'établit une vive réaction et la température s'élève à 140°; on arrête le feu, et on reprend la masse refroidie par l'eau, qui laisse une poudre peu soluble, qu'on purifie par cristallisation dans l'eau bouillante, et qui n'est autre que la glycocyamine. L'équation suivante rend compte de sa formation :

$$2C^2H^5AzO^2 + (CAz^3H^6)^2CO^3 = 2C^3H^7Az^3O^2 + (AzH^4)^2CO^3.$$

D'après Strecker, la glycocyamine se dissout à 14°,5 dans 126 p. d'eau; d'après Nencki et Sieber, elle exige pour se dissoudre à cette température 227 p. d'eau.

Dérivés métalliques. — La glycocyamine argentique, $C^3H^5Az^3O^2Ag^2$, et la glycocyamine mercurique, $C^3H^5Az^3O^2Hg$, se forment lorsqu'on ajoute à une solution de glycocyamine du nitrate d'argent ou de mercure et de la potasse : ce sont des précipités gélatineux, très consistants. Ces corps sont très instables [Engel, *Bull. Soc. chim.*, t. XXIV, p. 278].

Ad. Fauconnier.

GLYCODYSLYSINE. — Voyez BILE, Suppl., p. 352.

GLYCOGÈNE (voy. t. Ier, p. 1606). — La formation du glycogène dans le foie dépend de la nature de l'alimentation.

L'ingestion de glucose, de saccharose, de lactose, de sucre interverti, d'inuline, de lichénine, de glycérine, d'arbutine, de gélatine, de matières albuminoïdes, occasionne la formation du glycogène; au contraire, l'inosite, la mannite, la quercite et les graisses n'en déterminent pas la production [De Mering, *Plüger's Archiv*, t. XIV, p. 274].

Brücke [*Zeitschr. analyt. Chem.*, t. X, p. 500] a montré que l'on peut facilement et complètement séparer, par l'iodomercurate de potassium, les matières azotées qui accompagnent le glycogène.

Pour retirer le glycogène du foie, ou pour le doser, on introduit pendant quelque temps l'organe frais dans de l'eau bouillante; on l'en retire ensuite, pour l'y introduire de nouveau après l'avoir trituré à l'état de bouillie; on porte à l'ébullition, on filtre et on refroidit rapidement avec de la glace. On ajoute alternativement à la liqueur de l'acide chlorhydrique et de l'iodomercurate de potassium, aussi longtemps qu'il se produit un précipité; on filtre, et l'on précipite le liquide filtré par l'alcool. Le glycogène qui se dépose est lavé d'abord à l'alcool faible, puis à l'alcool fort, ou bien avec un mélange d'alcool et d'acide acétique cristallisable, et on l'obtient ainsi parfaitement exempt d'azote et de matières minérales.

Bien purifié, le glycogène se colore par l'iode en rouge et non en brun.

Le glycogène donne comme l'amidon, sous l'influence de la salive et de la diastase, de la maltose, de la glucose et des dextrines réductrices; les dextrines du glycogène diffèrent de celles de l'amidon en ce qu'elles sont moins hygroscopiques et que leur pouvoir réducteur est moindre.

De plus, la diastase agit moins énergiquement sur le glycogène que sur l'amidon [Musculus et De Mering, *Bull. Soc. chim.*, t. XXXI, p. 115].

L'action successive du brome et de l'oxyde d'argent transforme le glycogène en acide glycogénique (voyez ce mot).

L'acide nitrique fumant convertit le glycogène en dinitroglycogène $C^6H^8(AzO^2)^2O^5$ [Lustgarten, *Monatshefte Chem.*, t. II, p. 626]. Le glycogène, refroidi dans de la glace, est trituré avec de l'acide nitrique fumant; on ajoute ensuite successivement de l'acide sulfurique (10 p. ½) et de l'acide nitrique fumant (4 p. ½) en broyant le mélange, puis on verse dans l'eau. Il se sépare une poudre blanche, insoluble dans l'eau, l'éther, l'alcool, l'acide chlorhydrique, l'acide sulfurique, l'acide acétique, l'ammoniaque et la potasse, qui possède la composition ci-dessus. Ce corps se décompose à la lumière solaire avec dégagement de gaz nitreux; il détone à 80-90°, mais pas par le choc.

Ad. Fauconnier.

GLYCOGÉNIQUE (ACIDE), $C^6H^{12}O^7$ [Chittenden, *Liebig's. Ann. Chem.*, t. CLXXXII, p. 201]. — Une solution aqueuse de 1 p. de glycogène est chauffé en tubes scellés avec 3 p. de brome jusqu'à décoloration ; la solution est concentrée, traitée par l'oxyde d'argent pour éliminer le brome, puis par l'acide sulfhydrique pour précipiter l'argent dissous. L'acide glycogénique ainsi obtenu est sirupeux.

Le *sel de baryum*, $(C^6H^{11}O^7)^2Ba + 3H^2O$, cristallise en prismes volumineux et brillants, solubles dans l'eau, insolubles dans l'alcool.

Les *sels de cadmium* et *de cobalt* sont gommeux.

Le *sel de manganèse*, $(C^6H^{11}O^7)^2Mn$, cristallise en aiguilles microscopiques insolubles dans l'alcool, solubles dans l'eau.

Le *sel de plomb* est un précipité gélatineux ayant pour composition $C^6H^8O^7Pb^2$.

Ad. Fauconnier.

GLYCOL. — *Préparation.* — Le procédé de préparation du glycol a été modifié par Demole, qui chauffe au réfrigérant ascendant pendant 16 heures 195 gr. de bromure d'éthylène, 102 gr. d'acétate de potassium, 200 gr. d'alcool à 91°.

L'acétate de potassium doit être employé parfaitement desséché; dans ces conditions, on retrouve 40 °/₀ du bromure d'éthylène non attaqué et 11 °/₀ de glycol [Demole, *Bull. Soc. chim.*, t. XXII, p. 286 et 493; t. XXIII, p. 13].

Zeller et Huefner recommandent de chauffer pendant dix heures au réfrigérant ascendant 1 molécule de bromure d'éthylène avec 1 molécule de carbonate de potassium en solution aqueuse. Par distillation, à l'aide d'un appareil Henninger-Le Bel, on obtient du glycol parfaitement pur [Zeller et Huefner, *Journ. prakt. Chem.*, (2), t. X, p. 270].

Les meilleures proportions à employer sont 5 p. de bromure d'éthylène, 4 p. de carbonate de potassium, 16 p. d'eau.

La majeure partie du bromure d'éthylène est transformée en glycol; cependant une partie est décomposée en éthylène bromé; cette dernière est d'autant plus forte que l'on emploie le carbonate en solution plus concentrée [H. Grosheintz, *Bull. Soc. chim.*, t. XXVIII, p. 57].

Le glycol peut encore se produire par l'action de l'oxyde d'argent ou simplement de l'eau sur le chloroïodure d'éthylène [M. Simpson, *Philosoph. Mag.*, 1868, p. 282].

Il prend aussi naissance en quantité notable par l'action de l'eau sur le bromure d'éthylène [G. Niederist, *Liebig's Ann. Chem.*, t. CLXXXVI, p. 388].

Propriétés. — Une solution acide de glycol, soumise à l'électrolyse, ne donne ni glyoxal, ni acide oxalique, mais de l'acide formique et de l'acide glycolique ainsi que du trioxyméthylène [A. Renard, *Compt. rend.*, t. LXXXIV, p. 352].

Le glycol chauffé avec de l'eau à 200-210° donne de l'aldéhyde.

Lorsque l'on fait tomber goutte à goutte 1 mol. de glycol sur 2 mol. de chlorure de sulfuryle, on obtient un composé ayant pour formule

$$C^2H^5SO^4Cl,$$

$$C^2H^4 <^{OH}_{OH} + SO^2Cl^2 = C^2H^4 <^{OSO^2Cl}_{OH} + HCl$$

Le chlorure du glycol monosulfurique est une huile incolore, non susceptible d'être distillée. Elle est soluble dans l'éther sans décomposition. Traitée par l'eau, elle se dédouble lentement en glycol, acide sulfurique et acide chlorhydrique. Traitée par le carbonate de potassium, elle donne du glycolsulfate de potassium,

$$C^2H^4 <^{SO^4K}_{OH}$$

[Reinhard, *Journ. prakt. Chem.*, (2), t. XVII, p. 321].

ÉTHERS DU GLYCOL. — *Iodhydrine*,

$$C^2H^4 <^{OH}_{I}.$$

— On l'obtient en chauffant pendant 24 heures au bain-marie la monochlorhydrine du glycol avec de l'iodure de potassium en poudre. Le produit de la réaction lavé à l'eau, puis à la soude, est distillé dans le vide.

L'iodhydrine constitue un liquide huileux, soluble dans l'eau, insoluble dans la potasse. Elle ne peut être distillée sous la pression ordinaire [Boutlerow et Ossokine, *Zeitschr. Chem.*, 1867, p. 369].

Ethers nitriques. — La dinitrine, $C^2H^4(AzO^3)^2$, se prépare le plus facilement en introduisant peu à peu du glycol dans un mélange refroidi d'acides nitrique et sulfurique. C'est une huile incolore, épaisse, d'une densité 1,48, insoluble dans l'eau, très soluble dans l'alcool et l'éther détonant par le choc. Elle s'enflamme avant d'entrer en ébullition.

Sa saveur est douceâtre et désagréable. Elle est très vénéneuse [L. Henry, *Deutsch. chem. Gesellsch.*, 1871, p. 704; — Champion, *Compt. rend.*, t. LXXIII, p. 573].

On obtient une *chloronitrine* ou une *acétonitrine* en faisant agir l'acide nitrique fumant sur la chlorhydrine ou la monacétine. Leurs propriétés sont comparables à celles de la dinitrine (L. Henry).

Diformine, $C^2H^4(CHO^2)^2$. — La diformine se produit lorsque l'on chauffe du glycol avec de l'acide formique (Henninger), ou avec de l'acide oxalique (Lorin). Dans ce dernier cas, il paraît se produire également une quantité notable de monoformine.

On peut encore préparer la diformine par l'action du formiate de potassium sur le bromure d'éthylène.

C'est un liquide incolore, bouillant sans décomposition à 174°.

Elle se dédouble, vers 240° et en vase clos, en éthylène, acide carbonique, oxyde de carbone et eau, d'après l'équation :

$$C^2H^4(CHO^2)^2 = C^2H^4 + CO^2 + CO + H^2O$$

[A. Henninger, *Bull. Soc. chim.*, t. XXI, p. 242 et 410; — Lorin, *Bull. Soc. chim.*, t. XXI, p. 409 et t. XXII, p. 105].

M. Hanriot.

GLYCOLAMIDE. — Voyez t. Iᵉʳ, p. 1612.

GLYCOLPHÉNYLAMIDE, $CH^2.OH-COAzH.C^6H^5$ [Norton et Tcherniak, *Compt. rend.*, t. LXXXVI, p. 1334]. — La glycolide se dissout facilement dans l'aniline vers 180°. Le produit de la réaction est une masse brune épaisse, qui se solidifie au bout de quelque temps. On le dissout dans l'eau bouillante : la solution abandonne par le refroidissement de beaux cristaux blancs.

La glycolphénylamide cristallise par le refroidissement de ses solutions aqueuses en longues aiguilles prismatiques groupées en faisceaux; par l'évaporation spontanée de ses solutions, on l'obtient en prismes assez volumineux, souvent entrecroisés, appartenant au système clinorhombique. Les aiguilles fondent à 108°, les prismes à 92°.

La glycolphénylamide se dissout dans son poids d'eau à 100°, et dans 17p,5 d'eau à 20°; elle est très soluble dans l'alcool, l'éther, le chloroforme; elle dissout l'oxyde d'argent.

Ad. Fauconnier.

GLYCOLIDE (voyez t. Iᵉʳ, p. 1613). — La glycolide prend naissance dans la décomposition par la chaleur du monochloracétate d'argent : il suffit de porter ce sel bien desséché à la température de 60-70°; la décomposition est instantanée : il se dégage un peu d'acide carbonique et d'oxyde de carbone, et il se forme comme produit principal de la glycolide. La réaction est exprimée par l'équation

$$\begin{matrix} CH^2Cl \\ | \\ COOAg \end{matrix} = AgCl + \begin{matrix} CH^2 \\ | \\ CO \end{matrix} > O$$

[Beckurts et Otto, *Deutsch. chem. Gesellsch.*, 1881, p. 577].

Norton et Tcherniak [*Compt. rend.*, t. LXXXVI, p. 1332] recommandent pour la préparation de la glycolide le procédé suivant. On dissout du sodium dans 15 fois son poids d'alcool absolu et on ajoute une solution alcoolique concentrée d'acide chloracétique : après quelques heures de repos, il s'est séparé un précipité blanc; on le recueille sur un entonnoir, on le filtre à la trompe, on le presse et on le sèche : c'est du chloracétate de sodium parfaitement pur et anhydre. Pour transformer ce sel en glycolide, on le dessèche d'abord à 100° dans une étuve, puis on élève graduellement la température jusqu'à 150°. Il est bon d'étaler le sel en couches minces sur de larges surfaces planes et de le remuer de temps en temps; le produit est alors beaucoup plus pur. Après l'avoir chauffé pendant assez longtemps (2 jours suffisent généralement pour compléter la transformation), on le retire de l'étuve, on le pulvérise, et on l'épuise par de l'eau bouillante; on jette sur un filtre, et on lave à l'eau tant que les eaux de lavage précipitent par le nitrate d'argent. Le résidu séché à 200° est de la glycolide parfaitement pure; les rendements sont en moyenne 80 °/₀ de la théorie.

La glycolide est une poudre légère, d'une blancheur parfaite; elle est insipide et ne rougit pas sensiblement le tournesol. Elle fond à 220°. La nitrobenzine en dissout une petite quantité à chaud et l'abandonne par le refroidissement.

L'eau la transforme en acide glycolique après une ébullition prolongée; l'ammoniaque en glycolamide; l'éthylamine en glycoléthylamide; l'aniline en glycolphénylamide. Distillée avec de l'anhydride phosphorique, elle se scinde en eau, charbon et oxyde de carbone. Ad. Fauconnier.

GLYCOLIQUE (ACIDE). — Voyez t. Ier, p. 1614. — L'acide glycolique prend naissance dans un grand nombre de circonstances : par l'action de l'amalgame de sodium sur l'oxalate de sodium en présence de l'eau [Church, *Ann. Chem. Pharm.*, t. CXXX, p. 48], ou sur l'oxalate d'éthyle en solution alcoolique [Debus, *Ann. Chem. Pharm.*, t. CLXVI, p. 109]; dans la réduction de l'acide oxalique au moyen du zinc et de l'acide sulfurique [Claus, *Ann. Chem. Pharm.*, t. CXLV, p. 254] ou au moyen du zinc seul [Crommydis, *Bull. Soc. chim.*, t. XXVII, p. 3]; dans l'oxydation par l'acide nitrique de la glycérine [Heintz, *Ann. Chem Pharm.*, t. CLII, p. 325] ou de l'aniline [Kiliani, *Liebig's Ann. Chem.*, t. CCV, p. 163]; par l'action successive du perchlorure de phosphore et de l'oxyde d'argent sur l'éther dichloré [Abeljanz, *Ann. Chem. Pharm.*, t. CLXIV, p. 207]; par l'action de l'alcool ou de l'hydrate de baryum à 160° sur la dichlorodibromacétone

$$C^3H^2Cl^2Br^2O$$

[Carius, *Deutsch. chem. Gesellsch.*, 1870, p. 395]; par l'ébullition du monochloracétonitrile avec de la potasse ou un lait de chaux [Beckurts et Otto, *Deutsch. chem. Gesellsch.*, 1876, p. 1591].

L'acétate de cuivre chauffé pendant une heure à 200° avec 2 fois et demie son poids d'eau fournit de l'acide glycolique suivant l'équation

$$2(C^2H^3O^2)^2Cu + 2H^2O$$
$$= C^2H^4O^3 + Cu^2O + 3C^2H^4O^2$$

[Cazeneuve, *Compt. rend.*, t. LXXXIX, p. 525].

Une ébullition prolongée transforme en acide glycolique et chlorure d'argent une solution de monochloracétate d'argent [Beckurts et Otto, *Deutsch. chem. Gesellsch.*, 1881, p. 577].

Suivant Fittig et Thomson [*Deutsch. chem. Gesellsch.*, 1876, p. 1197], il suffit de faire bouillir pendant quelques heures au réfrigérant ascendant une solution moyennement concentrée d'acide monochloracétique pour le transformer presque intégralement en acides chlorhydrique et glycolique; il ne se forme pas de produits secondaires dans la réaction, et on n'a plus qu'à concentrer au bain-marie jusqu'à consistance sirupeuse et à abandonner ensuite dans l'air sec pour obtenir l'acide cristallisé.

Propriétés. — L'acide glycolique se présente en beaux cristaux transparents appartenant au système clinorhombique

$$a : b : c = 1{,}77 : 1 : 1{,}34$$

[Groth, *Liebig's Ann. Chem.*, t. CC, p. 77]. Fahlberg a démontré [*Journ. prakt. Chem.*, (2), t. VII, p. 329] que ce qui le rend quelquefois déliquescent ou même incristallisable, est la présence d'un peu d'anhydride glycolique ou de glycolate d'éthyle.

Glycolates métalliques.

Glycolate de magnésium, $(C^2H^3O^3)^2Mg + 2H^2O$. — Petites aiguilles microscopiques, solubles dans 12p,6 d'eau à 18°, beaucoup moins solubles dans l'eau bouillante [Schreiber, *Journ. prakt. Chem.*, (2), t. XIII, p. 437].

Glycolate de strontium, $(C^2H^3O^3)^2Sr + 5H^2O$. — Fines aiguilles microscopiques, solubles dans 29p,9 d'eau à 19°, insolubles dans l'alcool absolu (Schreiber).

Glycolate de mercure. — Lorsqu'on fait bouillir de l'acide monochloracétique avec de l'oxyde de mercure, on obtient un sel double ayant pour composition $(C^2H^3O^3)^2Hg + HgCl^2$. Ce corps se présente en cristaux prismatiques, d'un blanc jaunâtre, peu solubles dans l'eau froide, solubles dans l'eau chaude et dans l'alcool faible : il se décompose par l'ébullition de ses solutions aqueuses (Schreiber).

Éthers glycoliques.

Glycolate d'éthyle, $CH^2OH\text{-}COOC^2H^5$. — Voyez t. I, p. 1617. — Norton et Tcherniak [*Bull. Soc. chim.*, t. XXX, p. 109] recommandent, pour le préparer, de faire réagir la glycolide sur l'alcool absolu à 200°. Suivant Schreiner [*Liebig's Ann. Chem.*, t. CXCVII, p. 5], il est plus facile de l'obtenir en chauffant pendant un jour à 160° du glycolate de sodium bien sec avec la quantité presque équivalente de monochloracétate d'éthyle et un excès d'alcool absolu. C'est un liquide incolore, d'odeur agréable, bouillant à 160°. Densité, 1,1078.

L'eau le décompose immédiatement en alcool et acide glycolique.

Glycolate de méthyle, $CH^2.OH\text{-}CO.OCH^3$. — On le prépare, comme le corps précédent, par l'action du glycolate de sodium sur un mélange de monochloracétate de méthyle et d'alcool méthylique. C'est un liquide incolore, d'odeur agréable, bouillant à 151°,2. Densité, 1,1868.

Glycolate de propyle, $CH^2.OH\text{-}CO.OC^3H^7$. — Liquide incolore obtenu en chauffant du glycolate de sodium avec un mélange d'alcool propylique et de monochloracétate de propyle. Point d'ébullition, 170°,5; densité, 1,0640 [Schreiner, *Ibid.*].

Anhydride glycolique $(CH^2.OH\text{-}CO)^2O$ [Fahlberg, *Journ. prakt. Chem.*, (2), t. VII, p. 329]. — On l'obtient en exposant l'acide glycolique aux vapeurs d'anhydride sulfurique. Il se forme une poudre blanche, insoluble dans l'eau froide, dans l'alcool et dans l'éther. Bouilli avec de l'eau, il régénère l'acide, mais celui-ci est alors incristallisable, et c'est probablement là la cause de la non-cristallisation de l'acide dans certains cas. L'anhydride glycolique fond à 128-130°; mais ce point s'élève après plusieurs fusions, sans doute par suite de la formation de glycolide qui fond à 180°.

Acide méthylglycolique. — Voyez t. Ier, p. 1617.

Méthylglycolate de méthyle,

$$CH^2.OCH^3\text{-}CO.OCH^3.$$

— On fait tomber goutte à goutte du monochloracétate de méthyle dans une solution de méthylate de sodium dans l'alcool méthylique; on sépare le chlorure de sodium au bout de quelques heures, et on distille le liquide. Le méthylglycolate de méthyle bout à 134°,5 sous une pression de 760 millimètres. Sa densité est 1,0890 à 0° [Schreiner, *loc. cit.*].

Méthylglycolate d'éthyle,

$$CH^2.OCH^3\text{-}CO.OC^2H^5.$$

— On l'obtient, comme le précédent, par l'action du monochloracétate d'éthyle sur le méthylate de sodium. C'est un liquide incolore, bouillant à 138°,6. Densité, 1,0740 [Schreiner, *Ibid.*].

Méthylglycolate de propyle,

$$CH^2.OCH^3\text{-}CO.OC^3H^7.$$

— Liquide incolore, bouillant à 147°, préparé au moyen du monochloracétate de propyle et du méthylate de sodium. Densité, 1,0552 (Schreiner).

Acide éthylglycolique. — Voyez t. Ier, p. 1616.

Éthylglycolate de méthyle,

$$CH^2.OC^2H^5\text{-}CO.OCH^3.$$

— On le prépare en faisant réagir à froid l'éthylate de sodium sur le monochloracétate de méthyle. C'est un liquide incolore, bouillant à 142°. Densité, 1,0145 [Schreiner, *loc. cit.*].

Éthylglycolate d'éthyle,

$$CH^2.OC^2H^5\text{-}CO.OC^2H^5.$$

— Voyez t. Ier, p. 1617. — Outre le mode de formation indiqué par Heintz, on peut aussi employer pour le préparer le procédé général qui fournit les autres éthers analogues, l'action de l'éthylate de sodium sur le monochloracétate d'éthyle [Henry, *Deutsch. chem. Gesellsch.*, 1871, p. 707; — Schreiner, *loc. cit.*]. Ce corps bout à 158°,4; sa densité est de 0,9996.

Éthylglycolate de propyle,

$$CH^2.OC^2H^5\text{-}CO.OC^3H^7$$

[Schreiner, *Ibid.*]. — Liquide incolore, bouillant à 166°; obtenu au moyen du monochloracétate de propyle et de l'éthylate de sodium. Densité, 0,9944.

Chlorure d'éthylglycolyle, $CH^2.OC^2H^5\text{-}COCl$ [Henry, *Deutsch. chem. Gesellsch.*, 1869, p. 276]. — On l'obtient en chauffant doucement un mélange d'acide éthylglycolique et de trichlorure de phosphore, et en soumettant ensuite le produit de la réaction à la distillation fractionnée. C'est un liquide incolore, mobile, d'odeur très pénétrante, dont les vapeurs provoquent le larmoiement. Il bout à 127-128°. Sa densité à + 1° est 1,145. Il réagit violemment sur l'ammoniaque, l'alcool, l'eau, etc., à la manière des chlorures d'acides.

Éthylglycolamide,

$$CH^2.OC^2H^5\text{-}COAzH^2$$

[Heintz, *Ann. Chem. Pharm.*, t. CXXIX, p. 42; — Norton et Tcherniak, *Bull. Soc. chim.*, t. XXX, p. 108]. — On l'obtient en mélangeant à froid l'éthylglycolate d'éthyle avec de l'ammoniaque aqueuse et un peu d'alcool : il suffit de laisser évaporer la solution sur de l'acide sulfurique pour obtenir l'éthylglycolamide, en gros cristaux prismatiques très solubles dans l'eau, dans l'alcool et dans l'éther. Ce corps fond au-dessous de 108° et bout sans décomposition à 225° sous une pression de 758 millimètres.

L'acide chlorhydrique le décompose, avec formation de chlorure d'ammonium et d'acide éthylglycolique; l'eau de baryte agit à froid de la même façon.

Acide propylglycolique, $CH^2.OC^3H^7\text{-}CO.OH$. — L'acide lui-même n'est pas connu, mais Schreiner en a décrit plusieurs éthers [*Liebig's Ann. Chem.*, t. CXCVII, p. 8].

Propylglycolate de méthyle,

$$CH^2.OC^3H^7\text{-}CO.OCH^3.$$

— Liquide incolore, bouillant à 178°,5; densité, 0,9850. On le prépare en faisant réagir le monochloracétate de méthyle sur le propylalcoolate de sodium.

Propylglycolate d'éthyle,

$$CH^2.OC^3H^7\text{-}CO.OC^2H^5.$$

— Liquide incolore, bouillant à 184°,5; densité, 0,9760. On l'obtient, comme le précédent, par l'action du propylalcoolate de sodium sur le monochloracétate d'éthyle.

Propylglycolate de propyle,

$$CH^2.OC^3H^7\text{-}CO.OC^3H^7.$$

— Ce corps bout à 192°; sa densité est 0,9778. On le prépare comme les deux précédents.

Butyroglycolate d'éthyle,

$$CH^2(C^4H^7O^2)\text{-}CO.OC^2H^5$$

[Gal, *Compt. rend.*, t. LXIII, p. 1089]. — Liquide insoluble dans l'eau, bouillant à 205-207°, obtenu par l'action du monobromacétate d'éthyle sur le butyrate de potassium à 100°.

La distillation sur la potasse caustique le décompose en butyrate d'éthyle et glycolate de potassium.

Ad. Fauconnier.

GLYCOLIQUE (ALDÉHYDE) [Abeljanz, *Ann. Chem. Pharm.*, t. CLXIV, p. 197]. — Ce corps n'a pas encore été isolé à l'état de pureté. Il prend naissance dans la décomposition par l'eau de l'éther dichloré, ainsi que dans l'action de l'acide sulfurique concentré sur le β-hydroxychloréther, $CH^2.OH\text{-}CH.Cl.OC^2H^5$; il se forme en outre de l'acide sulfovinique et du gaz chlorhydrique. Pour isoler l'aldéhyde glycolique, on épuise par l'éther le produit de la réaction, on lave la solution éthérée avec de la soude, et on l'évapore au bain-marie.

On obtient pour résidu un corps sirupeux, à odeur piquante, qui se transforme lentement à l'air en acide glycolique. Cette transformation se fait immédiatement par l'ébullition avec de l'oxyde d'argent.

Acétal glycolique, $CH^2.OH\text{-}CH(OC^2H^5)^2$ [Pinner, *Deutsch. chem. Gesellsch.*, 1872, p. 150]. — On l'obtient en chauffant en tubes scellés du bromacétal et de la potasse alcoolique à 160-180° pendant 12 heures.

C'est un liquide incolore, à odeur agréable, bouillant à 167° sans décomposition. Il est décomposé par l'acide sulfurique concentré et l'acide chlorhydrique gazeux.

Ad. Fauconnier.

GLYCURONIQUE (ACIDE), $C^6H^{10}O^7$. — Cet acide extrêmement intéressant forme un élément constant de toute une série de substances conjuguées, lévogyres, qui apparaissent dans l'urine de l'homme et du chien à la suite d'ingestion d'un grand nombre de composés organiques.

Tels sont : le camphre (Schmiedeberg et Meyer); les hydrates de chloral et de butylchloral (Musculus et de Mering, Külz); le nitrotoluène (Jaffé); la benzine monochlorée ou monobromée, le phénol (Baumann et Preusse, Jaffé); le phénétol (Kossel), la dichlorobenzine, le xylène, le cumène (Külz). L'urine, dans tous ces cas, présente une déviation à gauche plus ou moins forte et possède la propriété de réduire la liqueur de Fehling. Les corps conjugués qu'elle renferme (acides camphoglycuronique, urochloralique, etc.) se dédoublent par l'ébullition avec les acides étendus et mettent l'acide glycuronique en liberté :

$$C^{16}H^{24}O^{9} + H^{2}O = C^{6}H^{10}O^{7} + C^{10}H^{16}O^{2},$$

Acides camphoglycuroniques. — Acide glycuronique. — Camphérol.

$$C^{8}H^{11}Cl^{3}O^{7} + H^{2}O = C^{6}H^{10}O^{7} + C^{2}H^{3}Cl^{3}O.$$

Acide urochloralique. — Acide glycuronique. — Alcool trichloré.

On ne sait pas si, dans tous les cas, on obtient le même acide glycuronique, ou s'il existe plusieurs corps analogues. Mais dans les deux exemples que nous venons de formuler, et auxquels on pourrait ajouter l'acide urobutylchloralique, on obtient le même corps.

L'extraction de l'acide glycuronique présente des difficultés, à cause de la faible stabilité de cet acide. Voici comment il faut opérer, d'après Schmiedeberg et Meyer, qui ont découvert l'acide glycuronique : On fait bouillir au réfrigérant ascendant une solution contenant de 5 à 8 % d'acide camphoglycuronique et 5 % d'acide chlorhydrique; le dédoublement s'opère assez lentement et il est bon d'enlever toutes les 2 heures, à l'aide de l'éther, le camphérol formé (voyez Suppl., p. 392). Le liquide brunit peu à peu, il se dégage du gaz carbonique et l'acide glycuronique se décompose en partie. On neutralise alors le produit par du carbonate de plomb, on le concentre dans le vide et on précipite le sel de plomb par l'alcool.

Le précipité redissous dans l'eau et soumis à l'évaporation lente fournit du glycuronate de plomb, qui quelquefois cristallise en petits prismes incolores; d'autres fois il reste à l'état de masse sirupeuse.

En décomposant le sel plombique par l'hydrogène sulfuré et abandonnant la solution à l'évaporation sur l'acide sulfurique, on obtient, dans quelques cas, des aiguilles qui constituent probablement l'acide glycuronique; le plus souvent, le résidu sirupeux laisse déposer de grands cristaux brillants, de la formule d'un *anhydride* glycuronique $C^{6}H^{8}O^{6}$. Ce composé est en cristaux clinorhombiques qui, à l'air humide, tombent en déliquescence.

Il est très soluble dans l'eau, insoluble dans l'alcool ; sa solution est dextrogyre et réduit à chaud l'oxyde cuivrique.

Les sels dérivent probablement de l'acide glycuronique $C^{6}H^{10}O^{7}$. A part le sel de *plomb*, dont il a été question et qui retient, du reste, une forte proportion de chlorure, ils sont amorphes. Le sel de *baryum*, séché à 100° dans le vide, renferme $(C^{6}H^{9}O^{7})^{2}Ba$.

La constitution de l'acide glycuronique n'est pas connue; il semble se rattacher à la glucose et serait alors probablement un acide aldéhydique [O. Schmiedeberg et H. Meyer, *Zeitschr. physiol. Chem.*, t. III, p. 422; *Bull. Soc. chim.*, t. XXXV, p. 82; — de Mering, *Zeitschr. physiol. Chem.*, t. VI, p. 489]. A. Henninger.

GLYCYRRHIZINE. — On a d'abord attribué à la glycyrrhizine la constitution d'un glucoside $C^{24}H^{36}O^{9}$; mais depuis, Lade et Roussin ont montré qu'elle constitue un acide existant dans la racine de réglisse sous la forme de sel ammoniacal et qui renfermerait $C^{18}H^{22}O^{6} + H^{2}O$.

Récemment Habermann [*Liebig's Ann. Chem.*, t. CXCVII, p. 105 et *Deutsch. chem. Gesellsch.*, 1877, p. 870] a repris l'étude de ce corps. La glycyrrhizine commerciale, dite « glycyrrhizine ammoniacale », est purifiée par une série de cristallisations dans l'acide acétique cristallisable et dans l'alcool ; on l'obtient ainsi en lamelles peu colorées renfermant $C^{44}H^{62}AzO^{18}(AzH^{4})$ et constituant un sel ammoniacal acide.

Glycyrrhizate d'ammonium neutre,

$$C^{44}H^{60}AzO^{18}(AzH^{4})^{3}.$$

— On sature la solution alcoolique du sel acide par de l'ammoniaque et on évapore sur de l'acide sulfurique. Ce sel, très soluble dans l'eau et l'alcool, est insoluble dans l'éther.

Sel de potassium neutre, $C^{44}H^{60}AzO^{18}K^{3}$. — Il se produit quand on traite le sel acide d'ammonium par une solution alcoolique concentrée de potasse et qu'on précipite par l'alcool absolu. Ce sel est résineux.

Sel acide, $C^{44}H^{62}AzO^{18}K$. — Cristaux grenus obtenus en faisant cristalliser le sel précédent dans l'acide acétique bouillant. Selon Habermann, la saveur de ce sel est plus sucrée que le sucre lui-même. Il se dissout dans l'eau bouillante et par le refroidissement la solution se prend en une gelée compacte.

Sel de plomb, $(C^{44}H^{60}AzO^{18})^{2}Pb^{3}$. — Masse gommeuse jaune, friable peu soluble dans l'eau.

Acide glycyrrhirique, $C^{44}H^{63}AzO^{18}$. — Il s'obtient par l'action de l'hydrogène sulfuré sur le sel de plomb. C'est une matière amorphe, qui se gonfle dans l'eau et dont la solution dans l'eau bouillante est visqueuse. Cet acide décompose les carbonates et réduit la liqueur de Fehling.

La glycyrrhizine, traitée par l'acide sulfurique étendu, donne un corps résineux qu'on a pris pour de la glycyrrhétine alors qu'on croyait voir un glucoside dans la glycyrrhizine.

Cette résine, qui paraît être l'acide glycyrrhizique fondu avec de la potasse, a donné à P. Weselsky et Benedikt de l'acide paroxybenzoïque [*Deutsch. chem. Gesellsch.*, 1876, p. 1158]. A. Étard.

GLYCYRRHIZIQUE (ACIDE). — Voy. GLYCYRRHIZINE.

GLYOXAL. — *Préparation.* — Pour obtenir le glyoxal, on remplace avantageusement l'alcool par l'*aldéhyde* ou, encore mieux, par la *paraldéhyde*. On introduit dans des éprouvettes à pied 100 centimètres cubes d'aldéhyde, puis, à l'aide d'un entonnoir plongeant jusqu'au fond du vase, 20 centimètres cubes d'eau, 64 centimètres cubes d'acide azotique d'une densité de 1,36, enfin 2 à 3 centimètres cubes d'acide fumant chargé de vapeurs nitreuses. La diffusion se fait peu à peu et les couches se trouvent mélangées après quatre heures; mais il continue pendant plusieurs jours à se dégager des bulles gazeuses. Pendant ce temps les éprouvettes restent plongées dans de l'eau froide. La réaction terminée, on évapore le liquide à consistance sirupeuse ; le résidu est principalement formé de glyoxal qu'on isole par le procédé ordinaire. On obtient, par ce moyen, 75 à 100 parties de glyoxal-sulfite de sodium avec 100 parties d'aldéhyde. Cette dernière paraît se transformer d'abord en paraldéhyde [Lioubavine, *Deutsch. chem. Gesellsch.*, 1875, p. 768, et 1881, p. 2685].

Réactions. — *Action de l'urée.* — Le glyoxal dissout facilement à 100° le double de son poids d'urée, en se colorant en jaune. La majeure partie de l'urée cristallise par le refroidissement. Si l'on ajoute une petite quantité d'eau, on dissout le glyoxal et l'urée non combinés, et il reste une poudre cristalline jaune peu soluble, formée de petits prismes durs.

Une solution de 1 p. de glyoxal et de 2 p. d'urée dans 3 p. d'eau ne fournit des cristaux que si l'on y ajoute quelques gouttes d'acide chlorhydrique. Il y a alors élévation de température et il se dépose peu à peu des aiguilles blanches qui ont la même composition que les cristaux jaunes ci-dessus et qui sont un peu plus solubles. Ces différences ne suffisent pas pour établir s'il y a identité ou isomérie entre ces deux espèces de cristaux.

La composition de ce produit de condensation est celle de l'*acétylène-urée*, $C^4H^6Az^4O^2$, qui a sans doute pour constitution

$$CO<\begin{matrix}AzH\\AzH\end{matrix}>CH-CH<\begin{matrix}AzH\\AzH\end{matrix}>CO$$

ou

$$CO<\begin{matrix}AzH-CH-AzH\\AzH-CH-AzH\end{matrix}>CO.$$

Ce produit résulte de l'union de 1 molécule de glyoxal et de 2 molécules d'urée, avec élimination de $2H^2O$. C'est un isomère du glycolurile qui se produit par l'action de l'amalgame de sodium sur l'allantoïne [H. Schiff, *Liebig's Ann. Chem.*, t. CLXXXIX, p. 157].

C. Bœttinger est arrivé aux mêmes résultats. D'après lui, l'acétylène-urée est soluble à chaud dans les acides minéraux et s'en dépose de nouveau par le refroidissement. Les alcalis la dissolvent à chaud avec une coloration rouge, en dégageant de l'ammoniaque. La combinaison jaune paraît être un mélange d'acétylène-urée et d'un autre corps non encore isolé [*Deutsch. chem. Gesellsch.*, 1877, p. 1923; 1878, p. 1784; *Bull. Soc. chim.*, t. XXX, p. 514].

La sulfo-urée donne également avec le glyoxal une combinaison, en cristaux jaunes (H. Schiff). Le glyoxal s'unit aussi à l'acétamide et à la benzamide.

Action de l'aniline. — Le mélange des solutions alcooliques de glyoxal et d'aniline fournit une masse poisseuse qui, lavée à l'acide acétique faible, devient cristalline. Ce produit a pour composition, d'après l'analyse du chloroplatinate,

$$C^{14}H^{12}Az^2 = C^2H^2(AzC^6H^5)^2.$$

H. Schiff double cette formule. La fusion convertit ce produit en un isomère rouge. L'acide nitrique le transforme en produits dinitrés et tétranitrés.

La *métacrésylène-diamine* donne de même une masse cristalline brune, produite d'après les rapports $2C^7H^{10}Az^2 + 2C^2H^2O^2 - 3H^2O$.

Avec la *benzidine*, on obtient une masse cristalline jaune, très peu soluble dans l'alcool et les autres dissolvants neutres, soluble dans l'acide sulfurique concentré avec une couleur indigo.

Cette combinaison, produite sans élimination d'eau, paraît renfermer

$$\begin{matrix}C^6H^4-AzH-CH.OH\\C^6H^4-AzH-CH.OH\end{matrix}$$

Elle perd H^2O à 100° en devenant jaune citron [H. Schiff, *Deutsch. chem. Gesellsch.*, 1878, p. 830].

W. Staedel confirme l'identité avec l'*acide racémique* de l'acide dérivé de la dicyanhydrine du glyoxal [*Deutsch. chem. Gesellsch.*, 1878, p. 1752].

Lorsqu'on traite par l'acide sulfurique étendu et bouillant un mélange de glyoxal et de cyanure d'ammonium, on obtient un acide cristallisable, dont le sel de cuivre renferme

$$C^4H^4Az^2O^6Cu + H^2O.$$

C'est un acide diamidosuccinique, qui est différent de celui que Claus et Helpenstein ont obtenu à l'aide de l'acide de bromosuccinique [Lioubavine, *Deutsch. chem. Gesellsch.*, 1881, p. 1713].

Produit de condensation, $C^{12}H^{14}O^{13}$. — Lorsqu'on abandonne pendant quelques jours dans un endroit chaud une solution acétique de glyoxal, qu'on a traitée par un courant de gaz chlorhydrique, il se dépose un produit qui, desséché, offre l'aspect d'une poudre d'un blanc éclatant, ressemblant à l'amidon, à peu près insoluble dans tous les dissolvants habituels. Ce produit, très stable, résulte de la condensation de 6 molécules de glyoxal et de 1 molécule d'eau. Il fournit un dérivé monacétique et un dérivé monobenzoïque. C'est donc un dérivé monohydroxylé [H. Schiff, *Liebig's Ann. Chem.*, t. CLXXII, p. 1; *Bull. Soc. chim.*, t. XXII, p. 362].

Ed. Willm.

GLYOXALINE, $C^3H^4Az^2$, t. I, p. 1626. — La composition de ce corps, décrit par Debus, et les circonstances qui accompagnent sa production ont été confirmées par Lioubavine [*Deutsch. chem. Gesellsch.*, 1875, p. 768] et par G. Wyss, [*Deutsch. chem. Gesellsch.*, 1876, p. 1543 ; *Bull. Soc. chim.*, t. XXVIII, p. 9].

La solution aqueuse de glyoxaline, préparée d'après le procédé de Debus, laisse par l'évaporation un résidu sirupeux qui fournit par la distillation fractionnée une masse cristalline blanche, constituant la glyoxaline. Cette base fond à 88-89° et distille à 255°. Elle est très soluble dans l'eau, dans l'alcool et dans l'éther, mais elle n'est pas déliquescente. Sa vapeur n'est pas décomposée à la température d'ébullition du soufre. Aussi G. Wyss a-t-il pu prendre sa densité de vapeur, qu'il a trouvée égale à 32,63, ce qui confirme la formule $C^3H^4Az^2$, qu'on peut écrire d'après Wyss

$$Az\begin{matrix}\nearrow CH\\ \searrow CH-CH=AzH\end{matrix}$$

ou

$$HAz=C<\begin{matrix}CH^2\\CH\end{matrix}\begin{matrix}\searrow\\ \nearrow\end{matrix}Az$$

d'après O. Wallach.

Les indications de Wyss ont été pleinement confirmées par H. Goldschmidt [*Deutsch. chem. Gesellsch.*, 1881, p. 1844; *Bull. Soc. chim.*, t. XXXVII, p. 353].

La *glycosine* se décomposant à une haute température, sa densité de vapeur n'a pu être prise.

L'acide chromique est sans action sur la glyoxaline. Le permanganate la décompose avec production d'acide carbonique et d'acide formique.

Le chlorure d'acétyle, l'anhydride acétique, le chlorure de benzoyle sont sans action sur la glyoxaline, qu'on retrouve intacte. Cette base doit donc constituer une amine tertiaire. Néanmoins l'action des chlorures alcooliques rend probable l'existence d'un groupe AzH, ainsi que l'indiquent du reste les formules de structure ci-dessus.

Action de l'azotate d'argent. — Ce sel donne dans la solution de glyoxaline un précipité volumineux blanc, qui renferme $C^3H^3AgAz^2$.

Action du bromure d'éthyle. — Elle donne naissance au *brométhylate d'éthylglyoxaline*,

$$C^3H^3Az^2<\begin{matrix}C^2H^5Br\\C^2H^5\end{matrix}.$$

L'hydrate correspondant, obtenu par l'action de l'oxyde d'argent, est une base énergique, qui attire l'acide carbonique de l'air et qui cristallise dans le vide sec, pour redevenir fluide à l'air (G. Wyss).

Le chlorure de benzyle donne un dérivé correspondant.

Action de l'iodure de méthyle. — Elle donne de même l'*iodométhylate*,

$$C^3H^3Az^2<\begin{matrix}CH^3I\\CH^3\end{matrix}$$

que l'oxyde d'argent transforme en méthylhydrate. Le chlorure correspondant, obtenu en traitant l'iodométhylate par le chlorure d'argent, fournit un *chloroplatinate*,

$$[C^3H^3(CH^3)Az^2.CH^3Cl]^2PtCl^4,$$

cristallisable en lamelles orangées peu solubles.

Lorsqu'on soumet le méthylhydrate de méthylglyoxaline à la distillation sèche, il se dégage un gaz à odeur de triméthylamine et il distille une huile qui, rectifiée après dessiccation, distille à 195°.

Ce corps, qui a pour densité 1,0359, est très alcalin, soluble dans l'eau, l'alcool et l'éther. Il présente la composition de la *méthylglyoxaline* $C^3H^3(CH^3)Az^2$ et les propriétés de l'*oxalométhyline* de O. Wallach, avec laquelle elle est identique, comme cela ressort des dernières recherches de Wallach [*Deutsch. chem. Gesellsch.*, 1882, p. 644].

Cette méthylglyoxaline bout environ à 60° plus bas que la glyoxaline elle-même [Goldschmidt, *loc. cit.*].

Action du brome. — Elle donne naissance à la *tribromoglyoxaline*, $C^3HBr^3Az^2$, qui cristallise en aiguilles. La tribromoglyoxaline est soluble dans les alcalis et précipitable par les acides; elle fonctionne donc comme acide. Son sel d'argent renferme $C^3AgBr^3Az^2$.

Traitée par les iodures de méthyle et d'éthyle, elle donne les combinaisons $C^3Br^3Az^2.CH^3$ et $C^3Br^3Az^2.C^2H^5$ (G. Wyss).

Propylglyoxaline, $C^6H^{10}Az^2$. — On l'obtient en traitant la glyoxaline par le bromure de propyle, distillant l'excès de ce dernier, traitant le résidu par la potasse et distillant l'huile qui se sépare. C'est un liquide soluble dans l'eau, distillant à 219-223°, d'une densité égale à 0,967. Elle est isomérique et non identique avec l'oxaléthyline.

Amylglyoxaline, $C^8H^{14}Az^2$. — Liquide insoluble dans l'eau, soluble dans l'alcool faible. Sa densité = 0,94. Elle bout à 240-245°. Son chlorhydrate est très soluble. Elle est différente de l'oxalopropyline [O. Wallach, *loc. cit.*].

Ed. Willm.

GLYOXYLINE. — Nom donné à une matière explosive formée de nitroglycérine, de salpêtre et de fulmi coton. — Voyez Poudres, t. II, p. 1179.

GLYOXYLIQUE (ACIDE). — La constitution de cet acide a provoqué de nouvelles recherches de la part de Perkin, qui, s'appuyant sur la composition des glyoxylates et de divers dérivés, lui assigne la formule $C^2H^4O^4$, tandis que la plupart des autres chimistes admettent avec Debus la formule $C^2H^2O^3$.

La composition du glyoxylate d'ammonium s'accordant avec cette dernière formule, Perkin pense pouvoir l'envisager comme une amide ou comme un acide amidique, opinion qui n'est pas soutenable, ce composé se comportant en tout comme un sel d'ammonium [*Chem. News*, t. XXXI, p. 65; *Bull. Soc. chim.*, t, XXIV, p. 180; *Journ. chem. Soc.*, 1877, t. II, p. 90].

La structure des formules en question se représente par

$$\begin{array}{l}CH(OH)^2\\ |\\ CO.OH\end{array}$$

et

$$\begin{array}{l}CHO\\ |\\ CO.OH\end{array}$$

La première représente l'acide dioxacétique; la seconde un acide aldéhydique. Comme argument en faveur de la première manière de voir, Perkin, ainsi que Schreiber, invoquent l'existence de l'acide diéthylglyoxylique

$$\begin{array}{l}CH(OC^2H^5)^2\\ |\\ CO.OH\end{array}$$

Cet argument n'est pas concluant, le composé éthylique devant être plus stable que le dérivé hydroxylé, qui tend à donner par déshydratation spontanée l'anhydride aldéhydique.

Perkin a obtenu, il est vrai, par la décomposition du dibromacétate d'argent, l'acide glyoxylique en prismes clinorhombiques ayant pour composition $C^2H^4O^4$; mais cette formule peut aussi exprimer l'acide $C^2H^2O^3$ avec 1 molécule d'eau de cristallisation. Ce qui paraît mettre hors de doute la seconde formule, c'est le caractère aldéhydique de l'acide glyoxylique.

La décomposition du dibromacétate d'argent par l'ébullition a lieu d'après l'équation

$$2C^2HBr^2AgO^2 + H^2O = C^2H^2Br^2O^2 + C^2H^2O^3 + 2AgBr.$$

La décomposition de ce sel en solution alcoolique produit de l'acide et de l'éther dibromacétique et du diéthylglyoxylate d'éthyle. Enfin, en présence de l'éther, il se produit un corps huileux que l'eau dédouble en acide dibromacétique et acide glyoxylique. Ce produit serait sans doute, d'après Perkin, $C^4H^2Br^2O^4$, c'est-à-dire l'anhydride mixte

$$\begin{array}{lcl}CHO & & CHBr^2\\ | & & |\\ CO & -O- & CO\end{array}$$

R. Otto et Beckurtz ont cherché à obtenir un semblable anhydride en traitant le glyoxylate de potassium par le chlorure de dichloracétyle, mais ils ont obtenu immédiatement ses produits d'hydratation, soit l'acide dichloracétique et l'acide glyoxylique. Ce fait tend à établir que le glyoxylate de potassium renferme bien

$$\begin{array}{l}CHO\\ |\\ CO^2K\end{array} + H^2O$$

et non

$$\begin{array}{l}CH(OH)^2\\ |\\ CO^2K\end{array}$$

[*Deutsch. chem. Gesellsch.*, 1881, p. 1616].

Beckurtz et Otto préparent l'acide glyoxylique en décomposant le dichloracétate d'argent par une quantité d'eau insuffisante pour le dissoudre; il se forme un mélange d'acide dichloracétique et d'acide glyoxylique, on les sépare en les transformant en sels de potassium qu'on traite par l'alcool. Le glyoxylate est insoluble, tandis que le dichloracétate se dissout [*Deutsch. chem. Gesellsch.*, 1881, p. 576; *Bull. Soc. chim.*, t. XXXVI, p. 444].

L'acide glyoxylique paraît se rencontrer parmi les produits d'oxydation du sucre par le permanganate de potassium. Au moins Maumené a-t-il obtenu un acide de cette composition, qu'il a nommé *acide diéhique* et dont le sel de potassium cristallise en prismes volumineux très nets [*Bull. Soc. chim.*, t. XXX, p. 99].

Sel de calcium. — Lorsqu'on ajoute de l'alcool à la solution aqueuse de ce sel, on obtient un précipité gélatineux qui devient cristallin par la dessiccation et qui renferme

$$(C^2HO^3)^2Ca + 4H^2O$$

ou

$$(C^2H^3O^4)^2Ca + 2H^2O.$$

Action de la potasse. — La potasse transforme l'acide glyoxylique en acides oxalique et glycolique, sans produire d'acide acétique. La baryte et la chaux agissent de même [Bœttinger, *Deutsch. chem. Gesellsch.*, 1880, p. 1931].

Action de l'ammoniaque. — L'ammoniaque en solution alcoolique produit, dans une solution alcoolique d'acide glyoxylique, un précipité blanc d'amidoglycolate d'ammonium

$$\begin{array}{l}CH(OH)AzH^2\\ |\\ CO^2AzH^4\end{array}$$

soluble dans l'eau et incristallisable [Bœttinger, *loc. cit.*, 1879, p. 244].

Action de l'aniline. — L'aniline réagit énergiquement sur l'acide glyoxylique sirupeux. On obtient un produit sirupeux qui se concrète lorsqu'on le traite par l'eau. En ajoutant goutte à goutte de l'aniline à une solution d'acide glyoxylique, on obtient un précipité cristallin jaune qui constitue l'*aniloglyoxylate d'aniline*,

$$\begin{array}{l} CH.AzC^6H^5 \\ | \\ CO^2AzH^3(C^6H^5). \end{array}$$

Ce sel est décomposé par l'eau bouillante. L'ammoniaque en sépare de l'aniline (Bœttinger).

Action de l'urée.— Grimaux a réalisé par cette réaction la synthèse de l'*allantoïne* (voir Suppl., p. 103).

Action de l'hydrogène sulfuré.— Elle ne donne que des produits complexes, mal définis. En présence de l'oxyde d'argent, il y a production d'acide thioglycolique et d'acide thiodiglycolique [Bœttinger, *Deutsch. chem. Gesellsch.*, 1877, p. 1243, et 1878, p. 1899; *Bull. Soc. chim.*, t. XXX, p. 190, et t. XXXII, p. 190].

Action de l'acide cyanhydrique. — Lorsqu'on traite l'acide glyoxylique par l'acide cyanhydrique, en présence de l'acide chlorhydrique, il se forme du sel ammoniac, de l'acide oxalique et de l'acide glycolique [C. Bœttinger, *Deutsch. chem. Gesellsch.*, 1877, p. 1084].

Si l'on ajoute l'acide glyoxylique à du cyanure de potassium pur, en poudre, on obtient un produit insoluble dans l'alcool, sans doute le sel de potassium de la cyanhydrine

$$\begin{array}{l} CH\begin{cases} OH \\ CAz \end{cases} \\ | \\ COOH \end{array}$$

et dont la solution aqueuse, traitée à 100° par la baryte, donne un précipité de carbonate de baryum et de tartronate de baryum; en même temps, il se dégage de l'ammoniaque. L'*acide tartronique*,

$$\begin{array}{l} CO.OH \\ | \\ CH.OH \\ | \\ CO.OH \end{array}$$

séparé de ce précipité, cristallise en prismes incolores, fusibles à 183°; il est identique avec l'acide tartronique ordinaire [Bœttinger, *loc. cit.*, 1881, p. 729].

Action de la benzine. — Cette action donne naissance à un produit de condensation, fusible à 145°, offrant la composition et les caractères de l'acide diphénylacétique. Elle fait ressortir le caractère aldéhydique de l'acide glyoxylique [Bœttinger, *loc. cit.*, 1881, p. 1240].

Lorsqu'on abandonne le glyoxylate de calcium à la putréfaction avec de la fibrine, il se transforme en glycolate. Le *glyoxal* est également converti, dans ces conditions, en acide glycolique [Hoppe-Seyler, *Zeitschr. physiol. Chem.*, 1878, p. 1].

ACIDE DIÉTHYLGLYOXYLIQUE.

$$C^6H^{12}O^4 = CH(OC^2H^5)^2\text{-}CO^2H.$$

— Pour obtenir ce dérivé, Schreiber fait tomber goutte à goutte 18 p. d'acide dichloracétique dans de l'éthylate de sodium préparé avec 10 gr. de sodium et 90 gr. d'alcool absolu. Après une heure d'ébullition, on distille dans un courant d'hydrogène, on reprend le résidu par l'eau, on évapore la solution filtrée avec du carbonate de sodium et on épuise le résidu sec par l'alcool bouillant, qui dissout le diéthylglyoxylate de sodium. En chauffant ce sel à 130° avec de l'iodure d'éthyle, on le convertit en *diéthylglyoxylate d'éthyle*, liquide réfringent, à saveur brûlante et à odeur de fruits, distillant à 195°,2. Cet éther est peu soluble dans l'eau, soluble dans l'éther ordinaire et dans l'alcool. Densité à 15° = 0,994 [*Jen. Zeitsch.*, t. V, p. 371; *Bull. Soc. chim.*, t. XIII, p. 519].

Cet éther prend aussi naissance, d'après Perkin, lorsqu'on traite l'acide glyoxylique par l'alcool absolu à 120°.

Pinner et Klein ont signalé sa présence parmi les produits de l'action du gaz chlorhydrique sec sur une solution d'acide cyanhydrique dans l'alcool absolu, réaction déjà étudiée par Gautier. Ces produits renferment, en outre, après quelques jours de réaction, l'amide diéthylglyoxylique [*Deutsch. chem. Gesellsch.*, 1878, p. 1475; *Bull. Soc. chim.*, t. XXXII, p. 194].

L'*amide*,

$$\begin{array}{l} CH(OC^2H^5)^2 \\ | \\ COAzH^2 \end{array},$$

préparée par l'action de l'ammoniaque alcoolique sur l'éther, cristallise en grandes tables incolores et transparentes, grasses au toucher, d'apparence orthorhombique. Elle fond, suivant Schreiber, à 76°,5 et se sublime à 100° en aiguilles. Pinner et Klein indiquent 81-82° pour son point de fusion.

Le *diéthylglyoxylate de potassium* est déliquescent. Le *sel d'argent*, $C^6H^{11}AgO^4$, décomposable par l'eau bouillante, cristallise dans l'eau chaude en fines aiguilles (Pinner et Klein).

Ed. Willm.

GOMMES. — Voyez t. Ier, p. 1629.

GOMME ARABIQUE (*arabine, acide arabique*). — La gomme arabique est principalement formée d'acide arabique $C^{12}H^{22}O^{11}$, uni à un peu de chaux, de potasse et de magnésie. Pour en extraire l'acide arabique pur, on acidule légèrement par l'acide chlorhydrique une solution aqueuse concentrée de gomme, et on précipite par l'alcool; on redissout le précipité dans l'eau acidulée par l'acide chlorhydrique et on précipite de nouveau par l'alcool : après plusieurs traitements semblables, l'acide arabique peut être considéré comme pur.

On peut également extraire l'acide arabique de la betterave : la pulpe est épuisée par de l'alcool à 86-90 °/₀ et exprimée soigneusement après chaque traitement à l'alcool; on l'introduit ensuite dans de l'eau bouillante; on fait bouillir quelque temps, puis on ajoute un lait de chaux jusqu'à réaction alcaline, et on chauffe au bain-marie. On filtre, on précipite la chaux par un courant d'acide carbonique après une nouvelle filtration; on filtre, on concentre, on acidule par l'acide acétique, et on précipite par l'alcool en grand excès. Il ne reste plus qu'à purifier le produit par dissolution dans l'eau et précipitation par l'alcool [Scheibler, *Deutsch. chem. Gesellsch.*, 1873, p. 612].

L'arabine est une matière amorphe, d'un blanc laiteux lorsqu'elle est humide, d'aspect vitreux à l'état sec. A l'état humide, elle se dissout aisément dans l'eau froide, mais une fois desséchée elle s'y gonfle sans se dissoudre, si ce n'est en présence d'une base. Ses solutions aqueuses ne sont précipitées par l'addition d'alcool qu'en présence d'un acide ou d'un sel [Neubauer, *Journ. prakt. Chem.*, t. LXII, p. 193].

L'arabine est lévogyre, mais son pouvoir rotatoire varie d'un échantillon à l'autre; il en est même de dextrogyres, ce qui tient à ce que les gommes arabiques du commerce sont des mélanges de produits similaires. Toutes les gommes arabiques contiendraient au moins deux gommes différentes, l'une lévogyre, l'autre dextrogyre; la première fournirait, par l'action des acides dilués, de l'arabinose (voyez ce mot, Suppl., p. 195), tandis que l'autre donnerait un sucre sirupeux et incristallisable [Scheibler, *loc. cit.*].

Lorsqu'on chauffe en tubes scellés de la gomme arabique avec du brome et de l'eau, et qu'on traite ensuite par l'oxyde d'argent le produit de la réaction, on obtient de l'acide lactonique [Barth et Hlasiwetz, *Ann. Chem. Pharm.*, t. CXXII, p. 110].

Par l'action de l'iodure d'azote, on obtient un produit de substitution, $C^{12}H^{20}I^2O^{11}$, et de l'ammoniaque [Husson, *Deutsch. chem. Gesellsch.*, 1872, p. 830].

Par l'ébullition avec l'acide sulfurique étendu, la gomme arabique fournit de l'arabinose (Scheibler), et en outre de la galactose [Kiliani. *Deutsch. chem. Gesellsch.*, 1881, p. 2304, et 1882, p. 34].

Béchamp [*Compt. rend.*, t. LI, p. 255] a étudié l'action de l'acide nitrique concentré sur la gomme arabique : traitée par 3 p. d'acide fumant, elle se convertit en arabine dinitrique; traitée par un mélange de 5 p. d'acide nitrique fumant et de 3 p. d'acide sulfurique concentré, elle fournit de l'arabine tétranitrique. Ces deux corps sont amorphes.

Chauffée avec environ 2 p. d'anhydride acétique pendant quelques heures à 150°, la gomme arabique se gonfle sans se dissoudre; la masse, lavée à l'eau bouillante, puis à l'alcool, laisse une poudre amorphe blanche, insoluble dans l'eau bouillante, et saponifiable par les alcalis avec régénération d'arabine soluble : ce corps représente l'arabine tétracétique.

En employant un excès d'anhydride et en chauffant pendant 5-6 heures à 180°, on obtient un dérivé hexacétique, semblable au précédent par ses propriétés : c'est le terme de substitution le plus élevé [Schützenberger et Naudin, *Compt. rend.*, t. LXVIII, p. 816].

On a signalé dernièrement une réaction colorée qui paraît caractéristique de l'arabine : lorsqu'on fait bouillir la gomme arabique pendant quelque temps avec de l'orcine et de l'acide chlorhydrique concentré, il se produit une coloration, d'abord rouge, ensuite violette, et à la fin il se sépare une matière colorante bleue. Celle-ci se dissout en bleu verdâtre dans l'alcool; les alcalis la font virer au violet et donnent à la solution une fluorescence verte. La bassorine et la gomme du cerisier se comportent comme la gomme arabique, tandis que les autres hydrates de carbone donnent des colorations jaune-brun [Reiche, *Zeitschr. analyt. Chem.*, t. XIX, p. 357, et *Bull. Soc. chim.*, t. XXXVI, p. 268].

Galactine, $C^{12}H^{20}O^{10}$. — Cette gomme a été extraite par Müntz de la graine de luzerne. On traite la graine de luzerne pulvérisée par de l'eau contenant un peu d'acétate neutre de plomb, on ajoute au liquide un léger excès d'acide oxalique, on filtre, et l'on additionne le liquide clair de 1 volume ½ d'alcool à 92 %. On obtient ainsi une masse blanche, qu'on purifie par dissolution dans l'eau et reprécipitation par l'alcool.

La galactine se présente en rognons blancs, translucides, contenant de petites quantités de matières minérales. Elle se gonfle dans l'eau et s'y dissout lentement à la manière de la gomme arabique, en donnant des solutions visqueuses, mais limpides, qui ne précipitent pas par l'acétate neutre de plomb, mais bien par le sous-acétate. Elle est dextrogyre : $[\alpha]_D = +84°,6$.

Attaquée par l'acide nitrique, elle fournit de grandes quantités d'acide mucique.

Traitée à 100° par les acides minéraux très étendus, elle se transforme lentement en matières sucrées, qui, amenées à l'état de sirop, laissent déposer des cristaux de galactose [Müntz, *Compt. rend.*, t. XCIV, p. 453].

Ad. Fauconnier.

GOUDRONS. — Depuis quelques années on a complété l'étude de deux goudrons qu'on peut se procurer d'une façon courante dans l'industrie : le goudron de hêtre et le goudron animal. L'étude du goudron de houille, très complète depuis des années, n'a pas donné de résultats nouveaux bien intéressants.

Goudron de houille. — Les huiles légères de goudron qui passent à la distillation avant la benzine contiennent du cyanure de méthyle.

Dans les produits moyens de la distillation de la houille on a trouvé, à côté du pseudocumène, du mésitylène, son isomère.

Les produits lourds ont fourni du phénanthrène, du fluoranthrène et de petites quantités de méthylanthracène.

Les portions du goudron de houille passant entre 170 et 200° soumises au fractionnement se résolvent en produits inférieurs et produits supérieurs (naptaline, anthracène); rien ne passe entre ces limites de température [Fittig; E. Buchner, *Deutsch. chem. Gesellsch.*, 1875, p. 22].

Parmi les produits passant entre 220 et 270° se trouve le diphényle; on l'isole des produits dont le fractionnement a été resserré entre 240° et 260°.

Goudrons de lignite. — On a séparé des portions élevées de ce goudron de petites quantités d'un hydrocarbure $C^{18}H^{12}$, dont la solution est fluorescente et qui se convertit par oxydation en un produit quinonique brun [O. Bury, *Deutsch. chem. Gesellsch.*, 1876, p. 1207].

Goudrons de bois. — Les produits légers du goudron de bois ont déjà été décrits (t. Ier, p. 1637).

Sous le nom de goudron de bois on doit surtout entendre aujourd'hui les produits appelés créosote et goudron de hêtre (voy. Suppl., p. 535).

Les goudrons de bois varient en composition suivant les essences qui leur ont donné naissance : aussi ce sujet est très complexe. Selon Tiemann et Mendelsohn, les éthers phénoliques qu'on trouve dans le goudron de hêtre préexistent dans ces bois à l'état plus ou moins combiné.

Le goudron de hêtre, soumis à la distillation, donne très peu de produits avant 200°.

Entre cette température et 230° on recueille du phénol et du crésol en petite quantité et des huiles insolubles dans les lessives alcalines étendues. Ces huiles sont formées de *gaïacol* (méthylpyrocatéchine), de *phlorol* (diméthylphénol), de créosol (méthylpyrocatéchine méthylée) et de méthylcréosol. On les sépare par des méthodes de fractionnement basées à la fois sur leur différence de point d'ébullition et de basicité.

La présence des dérivés éthérés des phénols dans les goudrons de bois est une des caractéristiques de ces goudrons.

Les produits liquides du goudron de hêtre passant au-dessus de 230° ont surtout été examinés par A. W. Hofmann; ils renferment des phénols trivalents.

L'un de ces produits, séparé par des cristallisations fractionnées d'un mélange de dérivés benzoyliques, renferme $C^8H^{10}O^3$, et représente l'éther diméthylique du pyrogallol donnant par oxydation une combinaison quinonine, le cédiret.

L'autre produit élevé du goudron, qui renferme $C^{11}H^{16}O^3$, est l'éther diméthylique d'un phénol trivalent, qui paraît être le propylpyrogallol [A. W. Hofmann, *Deutsch. chem. Gesellsch.*, 1878, p. 329].

Les goudrons de hêtre, soumis à une distillation pyrogénée plus avancée, se convertissent en benzine, toluène, phénol, etc.

Goudron animal. — L'huile animale de Dippel ou goudron d'os résulte de la calcination de ceux-ci en vase clos, en vue de la fabrication du noir animal. Anderson et Greville Williams ont montré que ces goudrons renfermaient une riche série de bases — les bases pyridiques et quinoléiques — et que ces goudrons étaient une source d'alcaloïdes homologues, au même titre que le goudron de houille est une source pratique d'hydrocarbures.

Un goudron quelconque est toujours le résultat de synthèses multiples; c'est une sorte de mine de produits chimiques qu'il importe d'étudier. H. Weidel [*Deutsch. chem. Gesellsch.*, 1879, p. 1989] a fait une analyse complète du goudron animal provenant des os. Peu de substances ont dû échapper à son examen, car 1400 kilogrammes de goudron ont été employés à cette analyse.

Le goudron animal brut, soumis à la distillation, fournit d'abord des quantités considérables d'ammoniaque, puis dans le cours de la distillation du carbonate et du cyanhydrate d'ammoniaque qui obstrue les réfrigérents. Cette première distillation donne une huile colorée passant entre 80 et 250° qu'on divise par le fractionnement en trois parties distillant de 80 à 120°, de 120 à 200° et de 200 à 250°.

Chacune de ces fractions est agitée avec de l'acide sulfurique à 4 °/₀ pour dissoudre les bases et éliminer l'acide carbonique, l'acide cyanhydrique et l'hydrogène sulfuré tenus en dissolution ou en combinaison.

Pour 1400 kilogrammes d'huiles on régénère des solutions acides 18 litres d'alcaloïdes passant entre 95 et 250°.

Par ce traitement, on a séparé les goudrons en produits basiques d'une part, et produits acides ou neutres d'autre part.

Les produits basiques sont soumis au fractionnement rigoureux de cinq en cinq degrés, après résinification du pyrrol par une ébullition prolongée avec l'acide chlorhydrique et dessiccation sur la potasse.

On sépare ainsi: la *pyridine* à 114°; la *picoline* à 130-145° à l'état de deux isomères; la *lutidine*, la *quinoléine*.

Les produits non basiques constituent de beaucoup la partie la plus abondante du goudron animal; par le fractionnement, on les divise en trois parts :

I. De 95 à 150°,
II. De 150 à 220°,
III. De 220 à 360°,

qui sont ensuite soumises à un traitement spécial.

Fraction I. — On distille cette fraction avec de la potasse, qui décompose les nitriles gras contenus dans ces huiles en dégageant des torrents d'ammoniaque; il se forme ainsi des sels d'acides gras qu'on reprend par l'eau. La solution alcaline aqueuse renferme les acides *propionique*, *butyrique normal*, *valérianique normal* et *isocaproïque*, en même temps que de la *valéramide* en petite quantité.

L'huile, insoluble dans la lessive alcaline, est formée de *toluène*, d'*éthylbenzine* et de *pyrrol* très abondant, qu'on sépare à l'état de dérivé potassique par l'action du potassium; le pyrrol bout à 132°. Les parties supérieures de l'huile ci-dessus renferment du *métadihydroéthyltoluène* C^9H^{14} bouillant à 153°, homologue du cantharène C^8H^{12}, et un carbure inactif $C^{10}H^{16}$ passant à 165°. A 172° on recueille un autre hydrocarbure $C^{10}H^{16}$. Cette fraction, qui représente 15 °/₀ du goudron brut, renferme 60 °/₀ de pyrrol et 20 °/₀ de nitriles.

Fraction II. — Cette fraction, traitée comme la précédente, donne de l'acide *caproïque normal*, du *phénol*, du *diméthylpyrrol*, de l'*homopyrrol* et de la *naphtaline*.

Fraction III. — Les soixante-dix centièmes environ du goudron animal bouillent au delà de 250° et renferment presque exclusivement les acides *palmitique*, *caprique* et *stéarique* à l'état de nitriles.

En résumé, voici la liste des substances séparées du goudron animal :

Pyridine, picoline, lutidines, quinoléine, pyrrol, homopyrrol, diméthylpyrrol, carbures

$$C^9H^{14},\quad C^{10}H^{16},\quad C^{11}H^{18},$$

toluène, éthylbenzine, naptaline, phénol, valéramide; cyanures de butyle, d'amyle, d'hexyle, d'isohexyle, caprique, palmitique et stéarique.

Les nitriles ou cyanures, formés en abondance dans la distillation des os, résultent de l'action de l'ammoniaque fournie par la gélatine sur les acides gras de la graisse; comme produits intermédiaires il se forme des amides.

La gélatine des os, en se décomposant, produit des pyrrols et de l'ammoniaque, et c'est la réaction de cette dernière sur la glycérine des graisses qui paraît donner naissance aux bases pyridiques.

A. Étard.

GRAPHITIQUE (ACIDE ET OXYDE). — Voyez t. Ier, p. 1640, et Suppl., p. 410.

GROENHARTINE. — Matière colorée découverte par de Vrij dans le bois de Groenhart (ou Greenhart), originaire de Surinam, et étudiée par Stein, qui est tenté de la considérer comme identique avec l'acide taiguique d'Arnaudon (t. III, p. 185), malgré de grandes divergences dans les chiffres trouvés à l'analyse.

L'acide taiguique a donné à l'analyse :

$$C = 70{,}9,\quad H = 5{,}9,\quad O = 23{,}2,$$

chiffres que l'on peut traduire par la formule

$$C^{60}H^{58}O^{15};$$

le groenhartine, par contre, renferme :

$$C = 74{,}6,\quad H = 5{,}5,\quad O = 19{,}9,$$

et correspondrait à la formule $C^{60}H^{52}O^{12}$, qui diffère de la précédente par $3\,H^2O$ en moins. Ces formules manquent de contrôle.

La groenhartine cristallise en lames d'un jaune d'or ressemblant à l'iodure de plomb, ou en prismes obliques. Elle est très peu soluble dans l'eau (1^p,2, dans 10.000 p. d'eau); l'alcool absolu, l'éther, le chloroforme et le sulfure de carbone la dissolvent aisément. Elle est fusible et peut être sublimée en partie.

Les alcalis la dissolvent en se colorant en rouge foncé; les solutions concentrées laissent déposer de fines aiguilles d'une combinaison peu soluble dans un excès d'alcali, mais soluble dans l'eau et dans l'alcool. Le chlorure ferrique colore la solution de groenhartine en rouge sang, l'acétate d'alumine en rouge pourpre; les acétates de plomb et de cuivre produisent des précipités rouges.

Le groenhartine ne réduit pas la liqueur de Fehling, pas même après une ébullition prolongée avec l'acide chlorhydrique. L'eau de baryte bouillante la décompose; il se développe d'abord une odeur aromatique, puis il passe de l'aldéhyde et il se forme du carbonate et du formiate de baryum.

L'eau de brome transforme la groenhartine en un dérivé octobromé $C^{60}H^{44}Br^8O^{12} + 6\,H^2O$, à peine soluble dans l'eau, mais soluble dans l'alcool; ce corps se décompose déjà à 100° [W. Stein, *Journ. prakt. Chem.*, t. XCIX, p. 1; *Bull. Soc. chim.*, t. VII, p. 435].

A. Henninger.

GUANAJUATITE. — Voyez FRENZÉLITE.

GUANAMIDE, $C^4H^5Az^3O^2$ [Nencki, *Deutsch. chem. Gesellsch.*, 1876, p. 232; *Bull. Soc. chim.*, t. XXVI, p. 349]. — La guanamide se forme par l'action de l'acide sulfurique concentré, à 150°, sur l'acétoguanamine. Après refroidissement, on ajoute de l'alcool absolu, on recueille le précipité, on le sèche, on le redissout dans l'eau et l'on enlève l'acide sulfurique par l'acétate de plomb, enfin on précipite l'excès de plomb par l'hydrogène sulfuré, on filtre et on évapore à sec. Le résidu traité par l'acide chlorhydrique concentré fournit un chlorhydrate que l'on fait cristalliser.

La guanamide diffère de l'acétoguanamine par fixation d'eau et enlèvement d'ammoniaque :

$$C^4H^7Az^5 + 2\,H^2O = C^4H^5Az^3O^2 + 2\,AzH^3.$$

Acétoguanamine. Guanamide.

Elle est soluble dans l'eau, les acides et les alcalis, peu soluble dans l'alcool, d'où elle cristallise par refroidissement en petites aiguilles rhombiques. L'acide azotique la transforme en acide carbonique et en acide cyanurique.

Le chlore la convertit en *dichloroguanamidine*, $C^4H^5Cl^2Az^3O^3$, qu'on peut faire cristalliser dans l'eau chaude, mais qui est insoluble dans l'eau froide. Ce corps est décomposé par une ébullition prolongée avec l'eau et plus rapidement par les alcalis, en donnant de l'acide cyanurique et un corps de l'odeur du chloroforme. Suivant l'auteur, l'équation suivante rend compte de ce dédoublement :

$$C^4H^5Cl^2Az^3O^3 = C^3H^3Az^3O^3 + CH^2Cl^2.$$

La guanamide fournit avec le brome un dérivé cristallisé, insoluble dans l'eau et l'alcool, renfermant probablement $C^4H^4Br^3Az^3O^3$, et constituant la *tribromoguanamidine*. Ce corps, très instable, se dédouble sous l'influence de l'eau chaude en acide cyanurique et bromoforme.

Le *chlorhydrate de guanamide* est en aiguilles blanches. — Le *chloroplatinate*,

$$(C^4H^5Az^3O^2,HCl)^2,PtCl^4 + 4\,H^2O,$$

est en aiguilles groupées concentriquement et perdant leur eau à 110°. E. Grimaux.

GUANAMINES. — Nencki, en distillant l'acétate de guanidine, avait obtenu une base qu'il avait appelée *guanamine*. Ayant reconnu que les sels formés par les homologues de l'acide acétique fournissent des bases homologues de la guanamine, il leur a donné le nom générique de guanamines. La base produite par la distillation de l'acétate de guanidine constitue alors l'acétoguanamine ou méthylène-guanamine ; celle que donne le formiate de guanidine est appelée formo-guanamine, etc.

FORMOGUANAMINE, $C^3H^5Az^5$. — Le formiate de guanidine obtenu par l'action de l'acide formique sur le carbonate est évaporé à consistance d'extrait, puis chauffé au bain de sable ; la température est maintenue à 200° jusqu'à ce que le liquide se trouble et commence à déposer des cristaux. La masse refroidie est traitée par l'eau froide, qui dissout le formiate non attaqué et laisse un résidu de formoguanidine, qu'on purifie en la dissolvant dans l'eau chaude et la précipitant par l'acide oxalique, qui la transforme en un oxalate insoluble à froid. L'oxalate décomposé par un alcali fournit la base libre.

La formoguanamine se produit suivant l'équation

$$3\,CH^5Az^3,CH^2O^2$$
$$= C^3H^5Az^5 + 4\,AzH^3 + CO^2 + 2\,CO + 2H^2O.$$

Le rendement total est de 50 % du rendement théorique.

La formoguanamine cristallise en aiguilles rhombiques blanches, solubles dans l'eau bouillante, peu solubles dans l'alcool. Elle peut être sublimée, mais ne fond pas encore à 360°. Elle est faiblement alcaline et donne des sels solubles et cristallisables. Par l'action de l'acide sulfurique ou de la potasse elle ne donne que de l'acide carbonique et de l'ammoniaque.

L'*azotate*, $C^3H^5Az^5,AzO^3H$, cristallise en aiguilles rhombiques ou en prismes. Le *chlorhydrate*, $C^3H^5Az^5,HCl$, est en lamelles rhombiques anhydres.

Le *chloroplatinate*, $(C^3H^5Az^5)^2 2HCl,PtCl^4$ (*sic*), est en aiguilles rhombiques réunies en mamelons.

L'*oxalate*, $C^3H^5Az^5,C^2H^2O^4$, est un précipité cristallin, anhydre, peu soluble dans l'eau bouillante, insoluble dans l'eau froide.

ACÉTOGUANAMINE (*Methylenoguanamine*),

$$C^4H^7Az^5.$$

— Cette base, appelée d'abord *guanamine*, se forme par l'action de la chaleur sur l'acétate de guanidine bien desséché. Quand la masse en ébullition a atteint 228-230°, on laisse refroidir, et on épuise le résidu par l'eau bouillante. La solution renferme l'acétate d'acétoguanamine; on met la base en liberté par un alcali. Le rendement est de 20 %. Il se forme en même temps un produit amorphe, insoluble dans l'eau.

L'acétoguanamine cristallise de sa solution aqueuse bouillante en lamelles nacrées, ou, par refroidissement lent, en aiguilles orthorhombiques renfermant de l'eau de cristallisation qu'elle perd à l'air. Elle est peu soluble dans l'eau froide, très soluble dans l'eau bouillante et dans l'alcool.

Elle est inodore, insipide, et n'est pas toxique. Par l'action de la chaleur, elle se sublime en partie sans altération.

Les alcalis concentrés la décomposent à l'ébullition, en dégageant de l'ammoniaque et donnant le *guanide*, $C^4H^6Az^4O$ (voyez ce mot),

$$C^4H^7Az^5 + H^2O = C^4H^6Az^4O + AzH^3.$$

A 150°, l'acide sulfurique concentré produit une décomposition plus profonde et convertit l'acétoguanamine en *guanamide*, $C^4H^5Az^3O^2$ (voyez ce mot),

$$C^4H^7Az^5 + 2\,H^2O = C^4H^5Az^3O^2 + 2\,AzH^3.$$

L'acétoguanamine fournit des sels bien cristallisés.

L'*azotate*, $C^4H^7Az^5,AzO^3H$, cristallise en prismes clinorhombiques, volumineux, très solubles et anhydres. L'*acétate* renferme $(C^4H^7Az^5)^2,C^2H^4O^2$. Le *chlorhydrate*, $C^4H^7Az^5,HCl + 2\,H^2O$, est en prismes rhombiques, très solubles à chaud dans l'eau. Le *chloroplatinate*,

$$(C^4H^7Az^5)^2\ 2\,HCl,PtCl^4,$$

forme un précipité cristallin jaune, soluble dans l'eau.

Le chlore, dirigé à travers de l'acétoguanamine délayé dans l'eau, donne un précipité grenu, $C^4H^5Az^5Cl^2$, insoluble dans l'eau, soluble dans les alcalis. Chauffé avec de l'acide chlorhydrique, il dégage du chlore et se dissout ; les alcalis précipitent de la solution un corps présentant la même composition $C^4H^5Az^5Cl^2$, mais possédant les propriétés d'une base : c'est la *dichloro-acétoguanamine*, qui cristallise dans l'acide acétique chaud en belles aiguilles rhombiques. Elle forme un chloroplatinate, $C^4H^5Az^5Cl^2$, 2 HCl, $PtCl^4$; dissoute dans une solution chaude d'azotate d'argent, elle fournit par le refroidissement des cristaux d'*argento-azotate de dichloracétoguanamine* $C^4H^5Az^5Cl^2,AzO^3Ag$.

PROPYLÈNE-GUANAMINE, $C^6H^{11}Az^5$. — Elle s'obtient par l'action d'une température de 230° sur le butyrate de guanidine. Le produit fondu est repris par l'eau bouillante, et la solution est précipitée par la soude. La propylène-guanamine, lavée à l'eau froide et séchée, est transformée en chlorhydrate qu'on fait cristalliser dans l'alcool. La base, mise de nouveau en liberté, est mise à cristalliser dans l'eau bouillante.

Par évaporation de la solution aqueuse au bain-marie, la propylène-guanamine cristallise en tables rectangulaires anhydres; elle est soluble dans 53p,7 d'eau à 14°,5, et dans 7 p. d'eau bouillante. Elle est soluble à chaud dans l'alcool. Elle fond à 210° et se sublime à 250°.

Le *chlorhydrate*, $C^6H^{11}Az^5,HCl$, forme des prismes brillants ou des lamelles rhomboïdales renfermant ½ H^2O, qui se dégage à 110°.

L'*argento-azotate*, $C^6H^{11}Az^5,AzO^3Ag$, cristallise par le refroidissement d'une solution chaude de la base, additionnée d'azotate d'argent.

ISOPROPYLÈNE-GUANAMINE, $C^6H^{11}Az^5$. — On l'obtient avec l'isobutyrate de guanidine. Elle se dépose de sa solution aqueuse en tables rhombiques, solubles dans l'eau et dans l'alcool. L'ammoniaque la précipite de ses sels.

L'*azotate*, $C^6H^{11}Az^5,AzO^3H$, cristallise en aiguilles groupées sphériquement. — L'*argento-azotate*, $C^6H^{11}Az^5,AzO^3Ag$, se dépose par l'évaporation lente en cristaux prismatiques [Nencki, *Deutsch. chem. Gesellsch.*, 1874, p. 775, p 1584; 1876, p. 228, p. 232; *Bull. Soc. chim.*, t. XXII, p. 507; t. XXIII, p. 547; t, XXVI, p. 347 et 349].

BUTYLÈNE-GUANAMINE, $C^7H^{13}Az^5$. — [Brandowski, *Deutsch. chem. Gesellsch.*, 1876, p. 240; *Bull. Soc. chim.*, t. XXVI, p. 352]

Elle s'obtient par l'action de la chaleur sur le valérate de guanidine, préparé avec l'acide valérique provenant de l'alcool amylique de fermentation. Le rendement est très faible. Elle cristallise en aiguilles orthorhombiques blanches et brillantes, peu solubles dans l'eau froide, solubles dans l'eau bouillante, l'alcool et l'éther. Elle fond à 172-173° et se sublime déjà à 100°. La butylène-guanamine est une base faible. L'*acétate* perd peu à peu son acide acétique à l'air. Le *chlorhydrate*, $C^7H^{13}Az^5,HCl$, cristallise de sa solution concentrée en aiguilles radiées, brillantes, très solubles dans l'eau. Le *sulfate*, $(C^7H^{13}Az^5)^2,SO^4H^2$, est en lamelles brillantes, anhydres, très solubles. L'*argento-azotate*, $C^7H^{13}Az^5,AzO^3Ag$, cristallise on aiguilles déliées, anhydres, peu solubles.

L'acide sulfurique transforme la butylène-guanamine en *butylène-guanamide*, $C^7H^{11}Az^3O^2$, homologue de la guanamide.

AMYLÈNE-GUANAMINE, $C^8H^{15}Az^5$ (Brandowski). — Elle est préparée au moyen du caproate de guanidine. Elle cristallise dans l'eau bouillante en petites pyramides quadratiques, microscopiques, peu solubles dans l'eau, solubles dans l'alcool, fusibles à 177-178°.

Le *chlorhydrate* est en belles aiguilles aplaties, très solubles dans l'eau. E. Grimaux.

GUANIDE, $C^4H^6Az^4O$ [Nencki, *Deutsch. chem. Gesellsch.*, 1876, p. 232; *Bull. Soc. chim.*, t. XXVI, p. 349]. — Ce corps se produit par l'action des alcalis sur l'acétoguanamine,

$$C^4H^7Az^5 + H^2O = C^4H^6Az^4O + AzH^3.$$

On fait bouillir pendant une heure 1 p. d'acétoguanamine avec 2 p. de potasse dissoutes dans 4 p. d'eau. Par refroidissement, la guanide se dépose à l'état de combinaison potassique qu'on étend d'eau et qu'on décompose par l'acide acétique.

La guanide est un précipité cristallin, d'aspect crayeux, insoluble dans l'eau, l'alcool, l'acide acétique étendu et l'ammoniaque; elle donne avec les acides minéraux des sels cristallisables. Elle se dissout aussi dans les alcalis en formant des combinaisons solubles dans l'alcool.

Le *chlorhydrate*, $C^4H^6Az^4O,HCl$, est en aiguilles rhombiques. La *combinaison potassique* est cristalline et renferme

$$(C^4H^6Az^4O,KOH)^2 + 1\,½\,H^2O.$$

La *combinaison sodique* renferme

$$C^4H^6Az^4O, NaOH + H^2O.$$

La solution azotique de guanide additionnée d'azotate d'argent fournit un précipité cristallin $C^4H^6Az^4O, AzO^3Ag$ (1). E. Grimaux.

GUANIDINE, CH^5Az^3. — La guanidine se forme dans diverses réactions :

1° Dans l'action de la chloropicrine ou de l'éther orthocarbonique sur l'ammoniaque. On peut se procurer de notables quantités de guanidine en chauffant pendant plusieurs heures, à 100°, dans un autoclave, de la chloropicrine avec une solution concentrée d'ammoniaque; on épuise la masse saline par l'alcool absolu, qui dissout le chlorhydrate de guanidine [Hofmann, *Deutsch. chem. Gesellsch.*, 1868, p. 145; *Bull. Soc. chim.*, t. XI, p. 152].

2° L'iodure de cyanogène, chauffé avec de l'alcool ammoniacal à 10 °/o pendant trois heures, à la température du bain-marie, se transforme en iodhydrate de guanidine [Bannow, *Deutsch. chem. Gesellsch.*, 1871, p. 161; *Bull. Soc. chim.*, t. XV, p. 205; — Ossikovsky, *Bull. Soc. chim.*, t. XVIII, p. 161].

3° On obtient facilement du sulfocyanate de guanidine par l'action d'une température de 220° sur le sulfocyanate d'ammonium. Cette transformation a été observée par Delitsch [*Journ. prakt. Chem.* (2), t. VIII, p. 240; t. IX, p. 1; *Bull. Soc. chim.*, t. XXI, p. 310]. — Volhardt recommande d'opérer de la façon suivante : On introduit le sulfocyanate d'ammonium bien sec dans une cornue munie d'un thermomètre et l'on chauffe pendant 20 heures à 180-190°. Le résidu est verdâtre, mais traversé par de grandes lames presque incolores; il se dissout dans moins de son poids d'eau froide en laissant fort peu de matières insolubles. On obtient le sulfocyanate de guanidine pur par des cristallisations dans l'eau en présence de noir animal, et par des cristallisations dans l'alcool.

Suivant Volhardt, la décomposition a lieu d'après l'équation suivante :

$$5\,CAzS, AzH^4 = 2(CAzS.CAz^3H^6) + CS^3Az^2H^8$$

Sulfocyanate d'ammonium. — Sulfocyanate de guanidine. — Sulfocarbonate d'ammonium.

(1) On peut essayer, avec Nencki, de déduire la constitution des guanamines de leur mode de formation. 3 molécules de guanidine perdent 4 molécules d'ammoniaque, dont 3 se forment aux dépens des six groupes AzH^2, qui sont ainsi convertis en trois groupes AzH; la quatrième molécule d'ammoniaque doit se former aux dépens d'un groupe AzH de 1 molécule de guanidine, 2 atomes d'hydrogène étant fournis par l'acide du sel de guanidine. Ainsi. dans le cas du formiate, 1 molécule d'acide formique CH^2O^2 fournit H^2 et CO^2 se dégage, les deux autres molécules d'acide formique se dédoublent en $2CO + 2H^2O$. D'après cela, la formule de la formo-guanamine devient

```
AzH - C = AzH
 |     |
 |     C = AzH
 |     |
AzH - C = AzH
```

De cette formule il est facile de déduire celle de l'acétoguanamine et de ses homologues, ainsi que celle de la guanide :

```
AzH - C = AzH        O  —  C = AzH
 |     |             |     |
CH²   C = AzH       CH²   C = AzH
 |     |             |     |
AzH - C = AzH       AzH - C = AzH
Acétoguanamine        Guanide.
```

Pour obtenir les autres sels de guanidine au moyen du sulfocyanate, Volhardt prescrit de traiter celui-ci par une quantité équivalente de carbonate de potassium dissous dans une très petite quantité d'eau, d'évaporer à sec et de reprendre le résidu par l'alcool bouillant, qui laisse le carbonate de guanidine sous la forme d'une poudre blanche.

Delitsch traite le sulfocyanate de guanidine par le sulfate de cuivre, filtre la liqueur et décompose le sulfate de guanidine dissous par l'eau de baryte.

Jousselin prépare le carbonate de guanidine en délayant le sulfocyanate dans l'acide sulfurique étendu, portant à l'ébullition et laissant refroidir; la liqueur est séparée par filtration des cristaux d'acide persulfocyanique, traitée par le carbonate de baryum et filtrée; par évaporation, on obtient le carbonate.

On obtient la guanidine libre en dissolvant le carbonate dans une quantité mesurée d'acide sulfurique et ajoutant de l'eau de baryte titrée en quantité convenable pour précipiter tout l'acide sulfurique.

Pour préparer l'azotate, on délaye le sulfocyanate bien desséché dans l'acide azotique étendu d'un dixième d'eau, de manière à former une pâte épaisse; on broie jusqu'à ce que le sulfocyanate soit presque dissous : presque aussitôt, la masse devient pâteuse par suite de la formation d'azotate. On le filtre à la trompe, on le lave avec un peu d'eau, puis avec un peu d'alcool; le résidu est de l'azotate de guanidine assez pur [Jousselin, *Compt. rend.*, t. LXXXVIII, p. 1086; *Bull. Soc. chim.*, t. XXXIV, p. 497].

Sels de guanidine. — Le *carbonate* est très soluble dans l'eau; il cristallise dans le système cubique. L'alcool le précipite de sa solution aqueuse.

L'*azotate* est en lamelles déliées blanches, et est le moins soluble des sels de guanidine.

Le *chlorhydrate* cristallise dans le système régulier.

Le *chromate* cristallise en beaux prismes d'un jaune orange.

Le *sulfate* est en prismes volumineux.

Le *sulfocyanate* cristallise en lamelles flexibles très solubles.

Le *chloraurate*, $CH^5Az^3,HCl,AuCl^3$, est en longues aiguilles d'un jaune foncé.

L'*azotate de guanidine argentique*,

$$CH^5Az^3,AzO^3Ag,$$

forme un précipité cristallisable en aiguilles.

Réactions. — Le carbonate de guanidine, chauffé à 160° avec 2 à 2p ½ d'*urée* sèche, se transforme en dicyanodiamidine, $C^2H^6Az^4O$,

$$C(AzH)(AzH^2)^2 + AzH^2\text{-}CO\text{-}AzH^2$$
$$= AzH^3 + C(AzH)(AzH^2)(AzH\text{-}CO\text{-}AzH^2)$$

[Baumann, *Deutsch. chem. Gesellsch.*, 1874, p. 446 et 1766; *Bull. Soc. chim.*, t. XXII, p. 165. et t. XXIV, p. 71].

L'*action du brome, du chlore et de l'iode* sur la guanidine a été étudiée par Ivan Kamenski. Par l'addition de 3 molécules de brome à 1 molécule de carbonate de guanidine en solution dans l'eau, il se forme des prismes volumineux rouges qui perdent du brome par lavage à l'éther, en laissant de la guanidine monobromée. Ce corps paraît être un dibromure de guanidine monobromée, CAz^3H^4Br, Br^2. En employant seulement 1 molécule de brome, on obtient le dérivé monobromé, CAz^3H^4Br, en petits cristaux jaunes, peu solubles dans l'eau froide, insolubles dans l'éther, solubles dans l'alcool et dans la benzine chaude, d'où le corps se sépare en petites aiguilles feutrées. L'azotate d'argent lui enlève du brome à l'ébullition. Il détone à 100°.

Le composé monochloré correspondant s'obtient par l'action du chlorure de chaux en solution aqueuse sur l'acétate de guanidine. Il est en aiguilles jaunes, soluble dans la benzine, détonant à 150°.

Par l'action de l'acide iodhydrique chargé d'iode sur le carbonate de guanidine, il se forme un produit d'addition en cristaux prismatiques de la couleur de l'iode, et renfermant

$$CAz^3H^5I^2,HI,$$

iodhydrate d'iodure de guanidine [*Deutsch. chem. Gesellsch.*, 1878, p. 619 et 1600; *Bull. Soc. chim.*, t. XXXI, p. 25. et t. XXXII, p. 197].

L'*anhydride benzoïque*, en agissant sur la guanidine, donne naissance à de la dibenzoylurée, $COAz^2H^2(C^7H^5O)^2$ (Mac Creath).

Nitrosoguanidine, $CAz^3H^4(AzO)$. — Elle se prépare par l'action de l'acide azotique chargé d'acide azoteux sur la guanidine; on chauffe doucement pendant quelques instants, on abandonne le produit pendant 24 heures, puis on le verse dans l'eau froide: on lave le précipité et on le fait recristalliser dans l'eau bouillante.

On prépare plus avantageusement la nitrosoguanidine en délayant dans de l'acide azotique fumant de l'azotate de guanidine pulvérisé et desséché et y dirigeant un courant d'acide azoteux. Le sel se dissout et au bout d'une demi-heure on précipite par l'eau. Le précipité est exprimé, lavé à l'eau froide et recristallisé dans l'eau bouillante.

On l'obtient aussi en broyant l'azotate de guanidine avec de l'acide sulfurique concentré; la masse s'échauffe en dégageant des vapeurs nitreuses; on la dessèche sur une brique poreuse et on la fait recristalliser dans l'eau bouillante.

La nitrosoguanidine est en aiguilles feutrées, solubles dans l'eau et l'alcool à chaud, peu solubles à froid; elle est insoluble dans l'éther et le chloroforme.

Elle donne un azotate et un chlorhydrate bien cristallisés. Les alcalis concentrés la décomposent à froid avec dégagement d'ammoniaque.

Dissoute dans un peu d'eau et additionnée de quelques gouttes de potasse très étendue, elle donne avec le sulfate ferreux une magnifique couleur pourpre, qui disparaît par l'action des acides ou par une réduction plus avancée [Jousselin, *Compt. rend.*, t. LXXXV, p. 548, et t. LXXXVIII, p. 814 et 1086; *Bull. Soc. chim.*, t. XXX, p. 186, et t. XXXIV, p. 496 et 497].

L'action de la chaleur sur les sels de guanidine à acides organiques a été étudiée par Nencki : il se forme des bases nouvelles, auxquelles l'auteur a donné le nom générique de *guanamines* (voy. ce mot).

Avec le chloracétate de guanidine on n'observe pas de réaction analogue; le sel se décompose à 70° en se charbonnant, et le résidu n'a fourni aucun produit défini que du chlorhydrate de guanidine.

L'oxalate et le carbonate de guanidine, soumis à l'action de la chaleur, donnent des produits de condensation amorphes, peu solubles dans l'eau froide.

L'éther chloroxycarbonique, suivant Nencki, agit si vivement sur la guanidine, qu'il faut refroidir le mélange; par le refroidissement, il se sépare de petites aiguilles blanches constituées par l'*éther guanadino-carbonique ;* il se forme en même temps du chlorhydrate de guanidine.

L'*éther guanidino-carbonique* ou *diéthylcarboguanidine*,

$$C(AzH)\begin{cases}AzH\text{-}CO^2.C^2H^5\\AzH\text{-}CO^2.C^2H^5,\end{cases}$$

cristallise facilement dans l'alcool faible; il est

insoluble dans l'eau, soluble dans l'éther, et fond à 162°. Traité à 100° par une solution alcoolique d'ammoniaque, il donne un corps très alcalin, que l'auteur avait d'abord représenté par la formule $C^8H^{18}Az^6O^4$ et appelé *guanoline*, mais qu'il a reconnu depuis correspondre à la formule $C^4H^9Az^3O^2$, et être de l'*éthylcarboguanidine*,

$$C(AzH)\begin{cases}AzH^2\\AzH\text{-}CO^2.C^2H^5\end{cases}$$

En même temps que ce corps, il se forme de l'uréthane (carbamate d'éthyle).

L'éthylcarboguanidine renferme de l'eau de cristallisation qu'elle perd en fondant à 100°; anhydre, elle fond à 114-115°. Elle cristallise en lamelles rhombiques, d'une réaction très alcaline. Elle forme un sulfate, $(C^4H^9Az^3O^2)^2SO^4H^2$, en cristaux rhomboédriques; un *azotate* en petits prismes rhombiques moins solubles que le sulfate [Nencki, *Journ. prakt. Chem.*, (2), t. XVII, p. 237, et *Deutsch. chem. Gesellsch.*, 1874, p. 1586; *Bull. Soc. chim.*, t. XXIV, p. 548, t. XXXI, p. 408].

Le carbonate de guanidine, chauffé au bain-marie avec un peu d'eau et son poids de phénol, dégage de l'acide carbonique; si l'on continue à chauffer après que le dégagement gazeux a cessé, la température monte à 140°, il se dégage de l'ammoniaque et la guanidine se transforme en mélamine. Pour l'isoler, on maintient la température pendant quelques instants à 160°, on reprend par l'eau bouillante, on filtre et la solution dépose par le refroidissement des cristaux de mélamine, $C^3Az^6H^6$ [Nencki, *Journ. prakt. Chem.*, (2), t. XVII, p. 235; *Bull. Soc. chim.*, t. XXXI, p. 407].

GUANIDINES SUBSTITUÉES.

Erlenmeyer, ayant montré que la guanidine se forme par l'action du chlorhydrate d'ammoniaque sur la cyanamide, a obtenu les guanidines substituées en remplaçant le chlorhydrate d'ammoniaque par les chlorhydrates d'ammoniaque substituées; ainsi le sel de méthylamine lui a fourni la méthylguanidine; le chlorhydrate d'aniline donne de la phénylguanidine [*Deutsch. chem. Gesellsch.*, 1870, p. 897; *Bull. Soc. chim.*, t. XV, p. 91].

Méthylguanidine, $CAz^3H^4(CH^3)$. — Ce corps a été décrit ailleurs sous le nom de *méthyluramine* [t. II, p. 428].

Il se produit, comme l'a montré Erlenmeyer, dans l'action de la cyanamide sur le chlorhydrate de méthylamine, ou par l'action de la méthylcyanamide sur le sel ammoniac [Tawildarow, *Deutsch. chem. Gesellsch.*, 1872, p. 477; *Bull. Soc. chim.*, t. XVIII, p. 231].

Le chloracétate de méthylguanidine, chauffé en solution aqueuse, pendant 12 heures, à 120°, se décompose; le produit de la réaction, traité par l'hydrate de plomb, puis débarrassé de l'excès de plomb par l'hydrogène sulfuré, fournit une base, $C^4H^{11}Az^3O^3$, qui paraît être la glycolyle-méthylguanidine et que l'auteur représente par la formule

$$C(AzH^2)^2 = Az\begin{cases}OH\\CH^3\\CH^2\text{-}CO^2H.\end{cases}$$

Ce corps est en tables rhombiques incolores, solubles dans l'eau, sans action sur le papier de tournesol. Le *chlorhydrate* est incristallisable. Le *chloroplatinate*, $C^4H^{11}Az^3O^3, 2HCl, PtCl^4$, cristallise en prismes orangés.

Par l'action de l'acide chlorhydrique sec, 2 molécules de la base paraissent se souder en perdant 1 molécule d'eau [Huppert, *Deutsch. chem. Gesellsch.*, 1871, p. 879; *Bull. Soc. chim.*, t. XVII, p. 52].

La formule donnée par l'auteur nous paraît douteuse, car l'existence du groupe OH et du groupe $CH^2\text{-}CO^2H$, fixés à un même atome d'azote, est peu probable; dans les bétaïnes, en effet, auxquelles ce corps est comparable, il y a élimination d'eau aux dépens du groupe OH et du groupe CO^2H.

Dibenzylguanidine,

$$C^{15}H^{17}Az^3 = AzH = C(AzH\,C^7H^7)^2.$$

— Elle se produit par l'ébullition des solutions alcooliques de benzylcyanamide et de benzylamine, et par l'action du chlorure de cyanogène sur la benzylamine.

Le produit de la réaction, dissous dans l'acide chlorhydrique étendu, donne un chlorhydrate cristallisé en grandes lames, d'où la soude sépare la dibenzylguanidine sous la forme d'une huile se concrétant peu à peu.

Cette base cristallise dans l'alcool en lames incolores, fusibles à 100°. Elle est soluble dans l'alcool et dans l'éther [Strakosch, *Deutsch. chem. Gesellsch.*, 1872, p. 692; *Bull. Soc. chim.*, t. XVIII, p. 332].

Pour les naphtylguanidines et les phénylguanidines, voyez, t. II, p. 527 et p. 898, et au Supplément. E. Grimaux.

GUANIDOPROPIONIQUE (ACIDE β-) [Mulder, *Deutsch. chem. Gesellsch.*, 1875, p. 1262, t. IX, p. 1902; *Bull. Soc. chim.*, t. XXV, p. 560; t. XXVIII, p. 267]. — Ce corps se produit par l'action de la cyanamide sur l'acide β-amidopropionique, $AzH^2\text{-}CH^2\text{-}CH^2\text{-}CO^2H$. Les deux corps sont dissous dans un peu d'eau, et la solution, rendue alcaline par l'ammoniaque, est abandonnée à l'air sec. L'acide β-guanidopropionique,

$$C^4H^9Az^3O^2 = AzH\text{-}C\begin{cases}AzH^2\\AzH\text{-}CH^2\text{-}CH^2\text{-}CO^2H,\end{cases}$$

se sépare en cristaux brillants. Il est très stable et se décompose entre 205 et 210°, en paraissant donner de la cyanamide et de l'acide acrylique. Son chlorhydrate, très déliquescent, cristallise dans l'alcool en aiguilles renfermant une molécule d'eau qu'il perd entre 130 et 140°. E. Grimaux.

GUANOLINE. — Nencki avait donné ce nom à une base qu'il avait représentée par la formule $C^8H^{18}Az^6O^4$, et qu'il a considérée depuis comme identique avec l'éthylcarboguanidine,

$$C^4H^9Az^3O^3 = C(AzH)(AzH^2)(AzH\text{-}CO^2.C^2H^5$$

(voyez GUANIDINE).

GUÉJARITE [Min.]. — Cimenge-Friedel. Plaques cristallines d'un gris d'acier fort brillant, renfermant $2Sb^2S^3, Cu^2S$, trouvées dans la Sierra Nevada (Andalousie). Densité, 5,03. Dureté, 3,5. Au chalumeau, fumées d'antimoine et production d'un globule de cuivre (avec la soude). Prismes orthorhombiques très aplatis, selon g^1, $mm = 101°9'$, $g^1h^3 = 112°21'$. Clivage g^1.

H

HALLITE (Min.). — Silicate hydraté d'alumine, de sesquioxyde de fer et de magnésie.

Rapports d'oxygène dans

$$RO, R^2O^3, SiO^2, H^2O = 2 : 1 : 3 : 2.$$

Minéral en gros prismes mal définis, à six pans, avec un clivage très facile, analogue à celui du mica, vert ou jaune-verdâtre, trouvé à East-Nottingham (Massachusets).

Renferme un minéral interposé entre les lames, mais en trop petites quantités pour affecter l'analyse.

Densité, 2,4.

Caractères. — Décomposable par l'acide chlorhydrique après ignition. S'exfolie légèrement quand on le chauffe.

HALOGÈNES. — Berzelius a compris sous le nom d'éléments *halogènes* (formateurs de sels) les corps simples de la famille du fluor (Fl, Cl, Br, I), par la raison qu'en se combinant avec les métaux ils engendrent directement des sels. Ceux-ci ont été dénommés *sels haloïdes* (t. Ier, p. 1469).

HALOXYLINE. — Voyez POUDRES, t. II, p. 1173.

HÉBRONITE (Min.). — Nom proposé pour l'amblygonite d'Hébron (Maine), qui paraît différer de l'amblygonite normale en ce qu'elle contient moins de fluor et de sodium et plus de 4 °/₀ d'eau.

HÉLÉNINE. — Le camphre d'aunée ou hélénine brute, décrit jusqu'à ce jour et fusible à 72° est, d'après J. Kallen [*Deutsch. chem. Gesellsch.*, 1873, p. 1506; 1876, p. 154], un mélange de trois corps : l'hélénine proprement dite, l'alantol, isomère du camphre des laurinées, et l'anhydride alantique. Les deux derniers composés sont décrits au Suppl., p. 53.

Hélénine, $n(C^6H^8O^2)$. — L'hélénine proprement dite est un composé indifférent, inodore, d'une saveur fade, presque insoluble dans l'eau, soluble dans l'alcool. Elle cristallise en longues aiguilles. Ses dérivés chlorés ou bromés paraissent incristallisables.

Récemment, l'hélénine brute a été signalée comme un spécifique contre le microbe auquel certains auteurs attribuent la tuberculose.

A. Étard.

HÉLICINE, $C^{13}H^{16}O^7$. — L'hélicine préparée par oxydation de la salicine fond à 174°, quand elle est bien pure; chauffée au delà de ce point, elle brunit et finit par se décomposer vers 240°.

L'hélicine retenant environ 1 pour 100 d'acide azotique se transforme par la dessiccation à 100-110° en hélicine amorphe, qui ne fond plus à 174° et commence à se détruire vers 250° sans avoir fondu. Cette hélicine amorphe présente un certain nombre d'autres propriétés différentes de l'hélicine normale [H. Schiff, *Deutsch. chem. Gesellsch.*, 1881, p. 304, 318, 2560].

L'hélicine amorphe, dissoute dans l'acide chlorhydrique très étendu, se dédouble en partie en glucose et aldéhyde salicylique; mais si la réaction ne dure pas longtemps, la partie non transformée se dépose à l'état d'hélicine cristallisable (Schiff).

La synthèse de l'hélicine a été réalisée récemment par A. Michael [*Compt. rend.*, t. LXXXIX, p. 355]; elle montre que cette substance est l'orthoformylphénol-glucoside, mais cependant elle ne lève pas tous les doutes qu'on peut avoir sur la constitution de l'hélicine, celle-ci renfermant une molécule de glucose dont la constitution n'est pas rigoureusement établie; si cette dernière possède, comme on le suppose, des groupes OH et COH, l'hélicine peut être formée aux dépens de l'un ou l'autre de ces groupes.

A. Michael prépare l'hélicine en mettant en contact, pendant environ trois jours, molécules égales d'acétochlorhydrose et de salicylite de potassium dissous dans l'alcool absolu; il se forme, indépendamment de l'hélicine, de l'éther acétique et du chlorure de potassium :

$$\underset{\text{Acétochlorhydrose.}}{C^6H^6Cl(OC^2H^3O)^4CHO} + C^7H^5KO^2 + 4C^2H^6O$$
$$= KCl + 4(C^2H^3O^2.C^2H^5)$$
$$+ \underset{\text{Hélicine.}}{C^6H^6(OC^6H^4.COH)(OH)^4CHO}.$$

On sépare le chlorure de potassium par filtration, puis on évapore la solution alcoolique, qui abandonne un sirop se prenant bientôt en une masse d'aiguilles déliées qu'on purifie par dissolution dans l'eau chaude, en présence du noir animal.

L'hélicine artificielle fond à 175-176° et se dédouble sous l'influence des acides étendus ou de l'émulsine en glucose et aldéhyde salicylique. Elle est complètement identique avec l'hélicine dérivée par oxydation de la salicine naturelle et on peut la transformer inversement en salicine par hydrogénation.

L'hélicine peut s'unir directement à divers acides amidés, quand on fait réagir les chlorhydrates de ceux-ci sur l'hélicine en solution alcaline [H. Schiff, *Deutsch. chem. Gesellsch.*, 1879, p. 2032], ou simplement lorsqu'on fait cristalliser les deux corps ensemble en solution aqueuse. On a ainsi obtenu les combinaisons :

$$C^{13}H^{16}O^7, C^7H^7AzO^2$$

avec l'acide métamidobenzoïque,

$$C^{13}H^{16}O^7, C^{10}H^{13}AzO^2$$

avec l'acide amidocuminique, et

$$C^{13}H^{16}O^7, C^7H^7AzO^3$$

avec l'acide amidosalicylique.

Chauffés avec de l'anhydride acétique, ces corps donnent les dérivés acétylés de leurs composants.

A. Etard.

HÉMATÉINE, $(C^{16}H^{10}O^6)^8Az$. — Reim, Hesse et Erdmann avaient attribué à cette substance la formule $C^{16}H^{12}O^6$; mais, selon Benedikt, elle renferme constamment 1,5 °/₀ d'azote et répond à la formule ci-dessus. L'hématéine est comparable à la phloréine, $C^{18}H^{11}AzO^7$, que l'auteur a obtenue en faisant réagir l'acide azoteux sur la phloroglucine.

L'hématéine peut se préparer par l'action de l'acide azoteux sur l'hématoxyline ou par l'action simultanée de l'air et de AzH^3 sur cette même substance. L'hydrogène naissant convertit l'hématéine en hématoxyline [Benedikt, *Ann. Chem. Pharm.*, t. CLXXVIII, p. 92].

HÉMATINE. — Voyez Hémoglobine.

HÉMATOÏDINE. (Voyez t. II, p. 9). — Les cristaux microscopiques que l'on trouve dans d'anciens foyers hémorrhagiques et que Virchow a désignés sous le nom d'*hématoïdine*, ne paraissent pas toujours formés de la même substance. La plupart des savants, et avec eux Hoppe-Seyler, nient même l'existence de l'hématoïdine en tant que principe immédiat particulier. Pour eux, les cristaux hématoïdiques seraient le plus souvent constitués par la bilirubine; dans d'autres cas, il faudrait les rapprocher de la lutéine (voyez ce mot).

Cette dernière opinion nous paraît probable, mais nous ne voyons pas ce qui autorise à identifier certains cristaux avec la bilirubine, identité que Robin a combattue énergiquement.

HÉMATOÏNE. — Preyer (1871) avait décrit sous ce nom un produit de dédoublement de l'hémoglobine, obtenu en agitant la solution avec de l'éther acétique ou de l'éther ordinaire acidulé; le produit se dissout dans la couche supérieure et la colore en brun. Cette matière serait différente de l'hématine, mais Jäderholm (1876) n'a pu constater aucune différence entre elles. L'hématoïne était probablement un mélange d'hématine et d'hématoporphyrine.

HÉMATOLINE. — Voyez Hémoglobine.

HÉMATOPORPHYRINE. — Voyez Hémoglobine.

HÉMIMELLIQUE (ACIDE). — Voyez t. II, p. 332.

HÉMIPINIQUE (ACIDE), $C^{10}H^{10}O^{6}$. — Voyez t. II, p. 10.

Constitution de l'acide hémipinique. — Dans l'article Opianique (Acide), où il a défini la constitution de cet acide et de ses dérivés, Henninger a attribué à l'acide hémipinique la formlue suivante :

$$C^{6}H^{2}\left\{\begin{array}{l}(OCH^{3})^{2}\\ CO^{2}H\\ CO^{2}H\end{array}\right.$$

(voyez t. II, p. 617). Dans un mémoire plus récent, Becket et Whright [*Deutsch. chem. Gesellsch.*, 1876, p. 70] ont adopté cette formule, en assignant en outre des places déterminées dans le noyau benzique aux groupements substitués. Les trois réactions suivantes permettent, en effet, de le faire.

1° Chauffé à 240° avec de la potasse, l'acide hémipinique se transforme en acide protocatéchique, $C^{6}H^{3}(OH)^{2}CO^{2}H$ (1.3.4).

2° Chauffé avec de la chaux sodée, il perd $2CO^{2}$ et se transforme en diméthylpyrocatéchine $C^{6}H^{4}(OCH^{3})^{2}$ (1.2).

3° Maintenu pendant une heure à 180°, il fournit de l'anhydride hémipinique, $C^{10}H^{8}O^{5}$.

Les deux premières de ces réactions démontrent que l'acide hémipinique est un acide *carboxyl-diméthyl-protocatéchique;* de plus, la formation d'anhydride par l'action de la chaleur rend très probable que les deux carboxyles sont entre eux dans la position ortho. Il résulte donc de là que l'acide hémipinique doit être représenté par l'un des deux schémas :

CO²H — CO²H — OCH³ — OCH³   ou   CO²H — HO²C — OCH³ — OCH³

DÉRIVÉS DE L'ACIDE HÉMIPINIQUE.

Anhydride hémipinique, $C^{10}H^{8}O^{5}$. — Ce corps se produit lorsqu'on maintient l'acide hémipinique à 180° pendant une heure [Becket et Whright, *Deutsch. chem. Gesellsch.*, 1876, p. 70], ou lorsqu'on le fait réagir sur 2 molécules de perchlorure de phosphore [Prinz, *Journ. prakt. Chem.*, (2), t. XXIV, p. 353]. Il cristallise dans l'alcool en aiguilles brillantes, fusibles à 167°.

Acide nitro-hémipinique,

$$C^{10}H^{9}AzO^{8} = C^{6}H(AzO^{2})(OCH^{3})^{2}(CO^{2}H)^{2}.$$

[Prinz, *loc. cit.*]. — L'acide azotique concentré dissout l'acide *opianique* en donnant un liquide rouge qui, par une chaleur modérée, passe au vert-olive; puis, au bout d'une heure, le tout se prend en une masse cristalline jaune. On lave avec un peu d'eau froide, puis on dissout dans l'eau bouillante : il se dépose par le refroidissement de l'acide *nitro-opianique,* tandis que l'acide nitro-hémipinique reste dans les eaux mères. On concentre ces eaux mères au sixième de leur volume, on sursature par l'ammoniaque, puis on ajoute du chlorure de baryum : il se sépare du nitro-hémipinate de baryum, qu'on décompose par l'acide sulfurique. On obtient finalement l'acide nitro-hémipinique en prismes brillants, jaunes, qui paraissent appartenir au système clinorhombique. Ce corps renferme 1 molécule d'eau de cristallisation; il en perd la moitié à 105° et fond à 155°. Il fournit des sels bien cristallisés.

Le sel de *baryum,* $C^{10}H^{7}AzO^{8}Ba + 2H^{2}O$, est en fines aiguilles jaunes.

Acide amidohémipinique,

$$C^{10}H^{11}AzO^{6} = C^{6}H(AzH^{2})(OCH^{3})^{2}(CO^{2}H)^{2}$$

[Prinz, *loc. cit.*]. — Il se produit à l'état de sel de baryum, lorsqu'on fait bouillir avec un excès d'eau de baryte l'*azo-opianate de baryum.* Le sel de baryum ainsi obtenu, $C^{10}H^{9}AzO^{6}Ba$, est en aiguilles d'un jaune d'or, insolubles dans l'eau, solubles dans les acides dilués. L'acide lui-même paraît fort instable et n'a pas été isolé.

Acide méthylnorhémipinique, $C^{9}H^{8}O^{6}$. — Ce corps prend naissance dans l'action de l'acide iodhydrique sur l'acide hémipinique. La réaction est la suivante

$$C^{6}H^{2}\left\{\begin{array}{l}OCH^{3}\\ OCH^{3}\\ COOH\\ COOH\end{array}\right. + HI$$

$$= CH^{3}I + C^{6}H^{2}\left\{\begin{array}{l}OCH^{3}\\ OH\\ COOH\\ COOH\end{array}\right.$$

D'après Becket et Whright, les acides *opinique* et *isopinique,* décrits par Liechti comme produits de cette réaction, seraient : l'acide isopinique, l'acide méthylnorhémipinique lui-même, et l'acide opinique, un anhydride de cet acide ayant pour formule

$$C^{6}H^{2}\left\{\begin{array}{l}OCH^{3}\\ O >\\ CO\\ COOH\end{array}\right.$$

Quant à l'acide *hypogallique* de Matthiessen et Foster, c'est simplement l'acide protocatéchique, formé par la décomposition de l'acide méthylnorhémipinique sous l'action de la chaleur.

Pour les propriétés de l'acide méthylnorhémipinique et de son anhydride, voyez t. II, p. 617, Acide opinique.

ACIDE ISOHÉMIPINIQUE, voyez t. III, p. 648.

Ad. Fauconnier.

HÉMOCHROMOGÈNE. — Voyez Hémoglobine.

HÉMOCYANINE. — Le sang de certains céphalopodes, gastéropodes, crustacés, offre la propriété de prendre, au contact de l'air ou de l'oxygène, une coloration bleue souvent intense. Traité ensuite par un courant de gaz carbonique ou d'hydrogène sulfuré, il se décolore, mais reprend la teinte bleue lorsqu'on l'agite avec de l'air. Ces changements seraient dus à la présence dans le sang d'une matière analogue à l'hémoglobine chargée de porter l'oxygène dans toutes les parties de l'économie. Cette matière, qui a reçu de Frédéricq le nom d'*hémocyanine*, serait de nature albuminoïde et constituerait même l'unique albuminoïde existant dans le sang de ces invertébrés. Le sang étendu d'eau, puis salé à 10 °/ₒ, donne vers 68-69° un coagulum bleu, et le liquide ne contient plus d'albuminoïde se coagulant par la chaleur.

D'après Frédéricq, l'hémocyanine peut être obtenue à l'état de pureté par simple dialyse du sang et évaporation du contenu du dialyseur à basse température. C'est une masse amorphe, brillante, bleu-noir. Sa solution n'offre pas de bandes d'absorption nettes. Ses cendres contiennent une assez forte proportion de cuivre. Les acides azotique et chlorhydrique en précipitent un albuminoïde exempt de cuivre, le métal restant en dissolution. Il nous paraît prématuré de conclure de là, comme on l'a fait, que le cuivre joue dans l'hémocyanine un rôle analogue à celui du fer dans l'hémoglobine [L. Frédéricq, *Bull. Acad. roy. Belgique* (2), t. XLVI, n° 11 ; *Jahresb. Thierch.*, 1878, p. 296 ; — W. Krukenberg, *ibid.*, 1880, p. 373]. A. Henninger.

HÉMOGLOBINE. — Voyez t. II, p. 11 et p. 1417. — La matière colorante du sang n'est pas la même pour tous les animaux à sang rouge ; on en connaît plusieurs variétés. D'autre part, la matière colorante, telle qu'elle existe dans le globule, ne se confond probablement pas avec l'hémoglobine que l'on en retire à l'état cristallisé. Ces matières possèdent, il est vrai, tout un ensemble de propriétés communes : leur spectre d'absorption, leur teneur en oxygène faiblement combiné, l'élimination de ce gaz par le vide, les changements de coloration et de réaction spectrale qui accompagnent le départ de l'oxygène, la combinaison de l'hémoglobine avec d'autres gaz (CO, AzO), tous ces caractères sont qualitativement et quantitativement les mêmes pour les deux matières. Mais voici des différences :

Tout d'abord, les globules peuvent être lavés avec certaines solutions salines neutres (NaCl, Na^2SO^4, $MgSO^4$, etc.), sans perdre leur matière colorante, tandis que l'oxyhémoglobine est soluble dans ces mêmes véhicules.

D'autre part, les globules perdent beaucoup plus rapidement leur oxygène dans le vide que les solutions d'oxyhémoglobine.

Ensuite le globule rouge ou l'oxyhémoglobine récemment extravasée par addition d'eau ont la propriété de décomposer très énergiquement l'eau oxygénée *parfaitement neutre*, à la manière du noir de platine, c'est-à-dire sans paraître prendre part à la réaction et sans s'altérer. Par contre, l'oxyhémoglobine cristallisée, puis dissoute, tout en dégageant aussi l'oxygène de l'eau oxygénée, le fait plus lentement et en se décomposant elle-même (voir p. 902) ; sous ce rapport, elle se comporte comme l'hématine.

Cette dernière observation, due à Alex. Schmidt, est très intéressante et nous paraît exacte ; du moins, nous avons eu l'occasion de la vérifier avec le sang du cobaye et l'hémoglobine cristallisée préparée avec le même sang [A. Henninger, *Soc. biolog.*, séance du 18 nov. 1882].

Enfin, l'hémoglobine amenée à l'état de cristaux et redissoute est douée du pouvoir osmotique au travers des membranes animales et végétales, tandis que la matière colorante simplement extravasée ne traverse pas ces septums, à moins que l'expérience ne soit prolongée ; alors, par l'action de l'air, de l'eau et de la température, la matière primitive subit sans doute le même changement que par la cristallisation [Alex. Schmidt, *Jahresb. Thierch.*, 1872, p. 74].

Il serait important de répéter ces expériences avec l'oxyhémoglobine d'un sang qui cristallise par l'addition de l'eau : par exemple, avec le sang de carpe ; dans la préparation des oxyhémoglobines employées jusqu'à présent, l'éther et l'alcool étaient intervenus.

Quoi qu'il en soit, ces faits révèlent des différences entre les deux oxyhémoglobines, et peuvent s'expliquer dans l'hypothèse que l'oxyhémoglobine n'existe pas à l'état de simple dissolution dans le globule, mais qu'elle y est combinée avec une autre substance. Avant d'admettre comme définitive une conclusion de cette importance, il faudra l'étayer sur des preuves nouvelles. Remarquons cependant que l'on peut rapprocher ces faits des résultats de même ordre observés par Loew et Bokorny, relatifs aux propriétés des albuminoïdes dans le protoplasme végétal avant et après la mort.

Après ces remarques, étudions en détail les diverses variétés hémoglobines et oxyhémoglobines, ainsi que leurs nombreux dérivés, méthémoglobine, hématine réduite, hématine, etc.

État naturel de l'hémoglobine. — Cette matière colorante ne se trouve pas seulement chez tous les vertébrés (dans le sang et en petite quantité dans le muscle), mais encore chez un grand nombre d'invertébrés ; ceux-ci en contiennent, tantôt dans des cellules comparables au globule sanguin des animaux supérieurs, tantôt libre dans les liquides interstitiels, dans le tissu musculaire ou nerveux. Lankester l'a rencontrée :

1° *Dans des globules propres* du liquide périvasculaire des vers (*Glycera, Capitella, Phoronis*), du sang du ver *Drepanophorus* (d'après Hubrecht) et du mollusque *Solen legumen*.

2° *Libre dans les liquides*, chez les *Chaetopodes*, certaines *Hirudinées*, quelques *Turbelariées*, le gastéropode *Planorbis*, les crustacés *Daphnia* et *Cheirocephalus*, une larve d'insecte (*Cheironomus*).

3° *Dans les muscles* du pharynx de certains gastéropodes (*Lymnæa*, *Paludina*, *Littorina*, *Patella, Chiton, Aplysia*) et de l'*Aphrodite aculeata*.

4° *Libre dans le tissu nerveux* de la chaîne ganglionnaire de l'*Aphrodite aculeata* et dans les ganglions cervicaux de certains nemertins (*Meckelia*) [E. Ray Lankester *Jahresb. Thierch.*, 1871, p. 56 ; 1872, p. 50 ; — Hubrecht, *ibid.*, 1876, p. 92].

L'oxyhémoglobine peut apparaître dans l'urine de l'homme ou des animaux sans que le microscope puisse déceler la présence des globules sanguins. Cette *hémoglobinurie* constitue une affection fébrile paroxystique rare ; on peut la produire expérimentalement en injectant dans les veines de l'hémoglobine en solution ou des substances pouvant faire extravaser l'hémoglobine du globule normal.

Ainsi, on l'a observée après des injections d'eau, en forte proportion, après des injections sous-cutanées de grandes quantités de glycérine étendue d'une fois et demie son volume d'eau et dans l'empoisonnement aigu par le phénol.

Le globule rouge du sang contient en hémoglobine à peu près neuf dixièmes du poids de ses matériaux fixes. Chez l'homme sain, il existe un rapport constant entre le nombre de globules rouges et la teneur du sang en hémoglobine (120 à 140 grammes par 1000 grammes de sang). Dans certains états pathologiques, l'anémie surtout, ce rapport varie, la proportion d'hémoglobine tombant plus rapidement que le nombre de globules dans l'unité de volume.

HÉMOGLOBINES.

A chaque variété d'oxyhémoglobine (voir p. 898) doit correspondre une hémoglobine (ou ***hémoglobine réduite***, comme l'on dit aussi). Mais, comme on ne connaît que très imparfaitement leurs propriétés, on n'a pas signalé jusqu'ici d'autres différences entre les diverses variétés d'hémoglobine.

L'hémoglobine existe dans le globule du sang veineux, où elle est cependant accompagnée d'oxyhémoglobine en proportion variable suivant les veines, comme le prouvent les analyses des gaz du sang (voir Sang, t. II, p. 1424). On l'obtient aux dépens de l'oxyhémoglobine cristallisée par l'action du vide, des agents réducteurs ou de la putréfaction.

Pour la préparer, on délaye dans l'eau de l'oxyhémoglobine cristallisée et l'on expose le liquide à une basse température dans le vide de la machine à mercure; de temps en temps il faut remplacer l'eau évaporée et continuer l'action du vide jusqu'à ce que les cristaux soient entièrement dissous et que le spectroscope ne montre plus les bandes de l'oxyhémoglobine. C'est une opération très longue. Après évaporation de l'eau, il reste une masse amorphe, beaucoup plus soluble que l'oxyhémoglobine employée.

Dans certains cas, il est avantageux de substituer au vide un courant d'hydrogène parfaitement pur, que l'on dirige dans un appareil à boules contenant la solution d'oxyhémoglobine.

On obtient très rapidement une solution d'hémoglobine en traitant une solution de sang ou d'oxyhémoglobine par certains agents réducteurs à froid ou à une température très peu élevée. Ce sont : le sulfure d'ammonium, les tartrates stannoso et ferroso-sodique, l'amalgame de sodium, la limaille de fer ou de zinc (par un contact prolongé celle-ci décompose totalement l'hémoglobine), l'hydrosulfite de sodium saturé par un lait de chaux ou par le carbonate sodique : l'hydrosulfite est le réactif le plus commode; il est neutre et d'une action instantanée.

Après la mort, les tissus très avides d'oxygène exercent la même action sur le sang; de sorte que, au bout de quelques heures déjà, le sang devenu noir ne contient plus d'oxyhémoglobine.

La putréfaction prive très rapidement l'oxyhémoglobine de son oxygène et là s'arrête son action, du moins à l'abri de l'air (Hoppe-Seyler). Il suffit d'abandonner du sang en nature ou étendu d'eau, ou des cristaux d'oxyhémoglobine délayés dans l'eau, dans un tube scellé à la lampe, pour voir disparaître la réaction spectrale primitive; vers 30-40° la réduction est complète au bout de 30 à 48 heures.

L'oxygène est ici consommé par les bactéries et non pas par une sorte d'autocombustion de la matière colorante, comme on l'avait admis autrefois. D'un côté, on peut reconnaître la présence de bactéries à l'aide du microscope, et d'autre part les matières qui entravent leur développement (sulfate de quinine, strychnine, atropine, morphine, acide arsénieux), ou les dispositifs qui mettent un obstacle à leur pénétration dans le milieu (sang pris directement dans la veine jugulaire et diluée d'eau bouillie), empêchent aussi la réduction de l'oxyhémoglobine [E. Hofmann, *Jahresb. Thierch.*, 1874, p. 101]. A l'abri des bactéries, on peut conserver du sang artériel pendant des mois.

Propriétés. — L'hémoglobine, longtemps regardée comme incristallisable, a été obtenue récemment sous forme de cristaux, du moins celle de l'homme. Voici dans quelles conditions : Hüfner ayant abandonné en vase clos du sang humain pur ou étendu d'un peu d'eau, à la température de l'été pendant 1 à 2 mois, a observé la formation de beaux cristaux sur les parois des tubes qui n'étaient pas recouverts par le liquide, et dans les pointes des tubes.

Ces cristaux, dont la longueur atteignait un millimètre, se présentaient sous forme de rectangles ou de rhombes, souvent accolés ou groupés en amas. Par transmission, ils offraient la bande d'absorption de l'hémoglobine (p. 901, n° II) [G. Hüfner, *Zeitschr. physiol. Chem.*, t. IV, p. 382].

En vase clos, l'hémoglobine résiste pendant des années à la putréfaction, à l'action du ferment pancréatique et même à l'action de la lumière solaire. Elle est très avide d'oxygène et constitue peut-être le meilleur réactif de ce gaz. A l'aide d'un appareil spécial, qui permettait d'opérer complètement à l'abri de l'air et d'observer le spectre d'absorption de la solution dans l'appareil même, Hoppe-Seyler a pu reconnaître très nettement dans des mélanges gazeux 1/500e d'oxygène (pression partielle de $O = 1^{mm},5$); la limite est peut-être située encore un peu plus bas [F. Hoppe-Seyler, *Zeitschr. physiol. Chem.*, t. I, p. 121].

L'hémoglobine fixe plus énergiquement encore l'oxyde de carbone et constitue par conséquent aussi un très bon réactif de ce gaz (Vogel). Elle ne se combine pas avec l'hydrogène sulfuré, le gaz dissous par le liquide peut en être très facilement chassé par un courant d'hydrogène.

Toutes les réactions de l'hémoglobine doivent être faites à l'abri complet de l'air : on opère en tubes scellés contenant l'hémoglobine produite par la putréfaction, et le réactif qui doit agir plus tard, enfermé dans une petite ampoule.

Ni l'éther ni le chloroforme n'altèrent l'hémoglobine; l'alcool la précipite en la décomposant. A 100°, la solution neutre se teinte en un beau rouge et donne un précipité albumineux également rouge coloré par l'*hématine réduite* (hémochromogène de Hoppe-Seyler). Le chlorure mercurique précipite l'hémoglobine en un gris rouge sale; le nitrate d'argent donne une liqueur brune qui laisse déposer peu à peu de l'argent, même dans l'obscurité. Les acides la dédoublent immédiatement en matière albuminoïde et hématine réduite; cette dernière est très instable et se dédouble très rapidement, à son tour, en sel ferreux et ***hématoporphyrine***, si l'on a employé les acides minéraux énergiques ou l'acide oxalique; en présence des acides tartrique et phosphorique, l'hématine réduite est un peu plus stable (Hoppe-Seyler).

Les alcalis donnent de même avec l'hémoglobine, de l'hématine réduite et un albuminate alcalin.

OXYHÉMOGLOBINES.

Préparation. — Toutes les fois que l'on a fait extravaser la matière colorante du globule par un traitement convenable, la solution peut être amenée à cristallisation. Avec certains sangs (cobaye, souris, rat, écureuil, carpe, gardon, barbeau, perche, etc.), la solution cristallise spontanément au bout de quelque temps; avec d'autres sangs (chien, chat, cheval), il est nécessaire de la refroidir vers 0° ou d'ajouter peu à peu le quart de son volume d'alcool refroidi ; avec d'autres sangs encore (homme, singe), il faut ajouter de l'alcool et refroidir fortement; avec d'autres enfin (bœuf, porc), la cristallisation ne se fait qu'avec une extrême difficulté. Les procédés de Lehmann (extravasation par l'eau), de Rollet (par congélation), de Kühne et Thiry (par la bile cristallisée de Plattner), de Hoppe-Seyler (par l'éther) sont fondés sur la facilité de cristallisation de l'oxyhémoglobine extravasée. On peut opérer avec le sang en nature, mais il est préférable d'en séparer d'abord la plus grande quantité de sérum, soit par la coagulation spontanée, soit par le dépôt des globules (sang de cheval), soit en ajoutant au sang de 5 à 10 volumes d'une solution de sel marin à 3 °/₀ et laissant déposer.

La cristallisation s'opère en général d'autant plus vite que le liquor a été plus complètement séparé et qu'il s'est écoulé un laps de temps plus considérable entre la prise du sang et le moment de l'opération. Ainsi le sang, conservé en vase clos à la température ordinaire, voire même vers 30° et qui a subi un commencement de putréfaction, cristallise aisément, après avoir été aéré; l'hémoglobine résiste, en effet, énergiquement à cet acte destructeur, et il semblerait que certaines matières qui retardent la cristallisation soient, au contraire, décomposées [Hoppe-Seyler ; — Gscheiden, *Pflüger's Arch.*, t. XVI, p. 421].

D'après Wedl, on peut rapidement obtenir des cristaux d'oxyhémoglobine, en ajoutant du pyrogallol cristallisé à la solution aqueuse du sang (homme, lapin, cerf, porc, lièvre, mouton); au bout de 24 heures, la cristallisation est achevée [*Virchow's Arch.*, t. LXXX, p. 172].

Béchamp a décrit un procédé de préparation de l'oxyhémoglobine fondé sur la précipitation de ce corps en liqueur alcoolique faible, par l'acétate de plomb ammoniacal [*Compt. rend.*, t. LXXVIII, p. 850].

De tous les procédés de préparation de l'oxyhémoglobine, celui de Hoppe-Seyler est le meilleur; il est décrit t. II, p. 12, et, depuis lors, ce savant n'y a apporté que des modifications légères. Ce procédé ne donne de bons résultats qu'à la condition que l'on effectue toutes les opérations, qui exigent plusieurs jours, à une basse température, en hiver ou dans une glacière. Preyer lui en a substitué un autre qui nous paraît avantageux, surtout pour la préparation de grandes quantités d'oxyhémoglobine.

Le voici avec quelques détails : Le sang, au sortir du vaisseau, est reçu dans une capsule et, après coagulation, abandonné pendant 24 heures dans un endroit frais. Au bout de ce temps, le sérum est décanté, le cruor lavé à l'eau distillée *froide*, puis coupé en très petits morceaux qui sont lavés à leur tour. On achève alors la division du cruor, soit en le hachant ou en le broyant, soit en le faisant congeler et le cassant en menus morceaux. Ceux-ci sont jetés sur des filtres en papier et lavés à l'eau distillée froide, tant que le liquide filtré précipite abondamment par le chlorure mercurique. Toutes ces opérations concourent vers ce but de débarrasser le cruor du sérum interposé.

La masse est ensuite arrosée d'eau à 30 ou 40° et le liquide filtré est reçu dans un grand cylindre refroidi dans la glace. La solution d'hémoglobine est additionnée peu à peu d'une quantité d'alcool refroidi, un peu inférieure à celle qui donnerait lieu à la formation d'un précipité (on détermine cette quantité sur une partie de la liqueur), puis on place le cylindre dans un bon mélange réfrigérant. Au bout de quelques heures, on obtient une très abondante cristallisation d'oxyhémoglobine, facile à recueillir sur un filtre et à laver à l'eau glacée, à laquelle on a ajouté au commencement un peu d'alcool.

Les eaux de lavage sont peu colorées, et si l'on a continué les lavages par décantation jusqu'à ce que les eaux ne précipitent plus ni par le chlorure mercurique, ni par le sous-acétate de plomb, ni par le nitrate d'argent, l'oxyhémoglobine est généralement pure et ses cendres, formées d'oxyde ferrique, ne contiennent plus d'acide phosphorique. Si ce résultat n'était pas atteint, il faudrait la redissoudre dans l'eau à 25 ou 30°, mélanger la solution refroidie avec un quart de son volume d'alcool très froid et abandonner le tout pendant 24 heures vers 10-20° au-dessous de zéro. L'oxyhémoglobine qui se dépose est jetée sur un filtre, lavée avec un peu d'eau glacée et exprimée; elle peut être séchée dans le vide sur l'acide sulfurique à une température inférieure à 0° [Preyer, *Die Blutkrystalle*, Jena, 1871; *Jahresb. Thierch.*, 1871, p. 57].

Les eaux mères de l'oxyhémoglobine contiennent toujours de la méthémoglobine en quantité d'autant plus forte que l'on a employé plus d'alcool et que la température était moins basse.

De toutes les espèces de sang, celui de cheval se prête le mieux à la préparation en grand de la matière colorante; on le défibrine, on le laisse déposer dans un cylindre et l'on sépare les globules rouges à l'aide d'une pipette; ces globules sont traités comme le cruor d'après la méthode que l'on vient de décrire.

Composition de l'oxyhémoglobine. — Séchée vers 0° dans le vide sur l'acide sulfurique, l'oxyhémoglobine retient de l'eau de cristallisation qui se dégage vers 100-115° dans un courant d'hydrogène, sans que la matière s'altère ; la proportion d'eau, dont la détermination exacte présente du reste des difficultés, est variable avec l'espèce de sang qui a fourni la matière colorante. L'oxyhémoglobine de cheval, dont on trouvera ci-dessous l'analyse élémentaire (Kossel, 1878), ne renferme pas d'eau lorsqu'elle a été séchée dans le vide. Cette dernière analyse indique environ 1 °/₀ d'azote de plus que les anciennes ; mais celles-ci avaient été faites à l'aide de la chaux sodée, tandis que Kossel a suivi la méthode de Dumas, la seule qui donne des résultats rigoureux avec les corps albuminoïdes. Le chiffre 17,31 °/₀ d'azote se rapproche donc probablement davantage de la vérité. Nous ajoutons enfin l'analyse toute récente de l'oxyhémoglobine de porc séchée à 115° (perte 5,9 °/₀ H^2O) ; l'azote a été dosé avec de la chaux sodée [J. Otto, *Zeitschr. physiol. Chem.*, t. VII, p 57].

			Calculé d'après la formule de	
	Cheval.	Porc.	Hufner.	Preyer.
C........	54,87	54,17	54,02	54,01
H........	6,97	7,38	7,25	7,20
Az........	17,31	16,23	16,25	16,17
O........	19,73	21,36	21,40	21,18
S........	0,65	0,66	0,68	0,72
Fe........	0,47	0,43	0,40	0,42

Divers auteurs ont signalé dans le sang une trace de manganèse, mais on ne sait pas si ce métal appartient à l'oxyhémoglobine ou à quelque autre principe.

On a cherché à déterminer la quantité d'oxygène faiblement combiné que renferme l'oxyhémoglobine; mais ici se présentent des difficultés très grandes. Les cristaux humides émettent dans le vide une partie de leur oxygène, on recueille en outre de l'acide carbonique et une partie de l'oxyhémoglobine se transforme en méthémoglobine (probablement un produit d'oxydation de l'hémoglobine. Voyez p. 902). Les solutions d'oxyhémoglobine se prêtent un peu mieux à ce genre de recherches, mais les résultats obtenus par Hoppe-Seyler et par Strassburg varient, entre des limites très distantes, de 79 à 168 centimètres cubes pour 100 grammes d'oxyhémoglobine). Les méthodes fondées sur le déplacement de l'oxygène par l'oxyde de carbone ont donné des résultats plus constants; Dybkowski, en 1866, avait trouvé 156^{cc},6 pour 100 grammes, et, plus récemment, Hüfner est arrivé au chiffre 159^{cc},2 d'oxygène mesuré à 0° et sous la pression de 760 millimètres [*Zeitschr. physiol. Chem.*, t. Ier, p. 388, 1878]. Ces résultats sont probablement un peu bas, pour la raison sus indiquée.

En suivant une méthode inverse, c'est-à-dire en déterminant au moyen d'un appareil approprié le volume d'oxygène que peut dissoudre un volume connu d'une solution titrée d'hémoglobine réduite, et en défalquant la proportion d'oxygène simplement dissous dans l'eau, on a obtenu des chiffres du même ordre. Preyer a trouvé de 161^{cc},8 à 180^{cc},3, en moyenne 171 centimètres cubes d'oxygène, et Hüfner de 124 à 221 centimètres cubes, en moyenne 156^{cc},6. 100 grammes d'hémoglobine ont fixé de même 159^{cc},2 d'oxyde de carbone pris à 0° et 760 millimètres [G. Hüfner, *Journ. prakt. Chem.* (2), t. XXII, p. 362].

Si l'on suppose que l'oxyhémoglobine contient au moins 1 molécule d'oxygène, et l'hémoglobine oxycarbonique 1 molécule d'oxyde de carbone, et si l'on admet que la moyenne de toutes les expériences de Hüfner relatives à l'absorption de l'oxygène et de l'oxyde de carbone, moyenne qui est de 158^{cc},2, représente exactement le volume gazeux fixé dans 100 grammes d'oxyhémoglobine, on trouve le chiffre 14129 pour le poids moléculaire de l'hémoglobine. La formule

$$C^{636}H^{1025}Az^{164}O^{189}S^{3}Fe$$

correspond à ce poids moléculaire et elle répond bien aux chiffres analytiques, comme on l'a vu plus haut; elle indique 0^{gr},2264 = 158^{cc},2 d'oxygène faiblement combiné et 0,40 % de fer. Ce dernier chiffre est un peu faible: la moyenne des dosages de fer très concordants est de 0,42 à 0,43 %. En prenant ce chiffre 0,42 comme base du calcul et admettant que l'oxyhémoglobine contienne un atome de fer, Preyer était arrivé antérieurement pour le poids moléculaire au chiffre 13332. La formule $C^{600}H^{960}Az^{154}O^{179}S^{3}Fe$ correspond à une molécule de cette grandeur et confirme aussi bien les résultats de l'analyse. D'après cette formule, 100 grammes d'oxyhémoglobine devraient renfermer 0^{gr},24 = 167^{cc},4 d'oxygène à 0° et sous la pression de 760^{mm}, valeur qui nous semble plus rapprochée de la vérité que le chiffre 158^{cc}.

Ces formules n'offrent ni l'une ni l'autre une valeur absolue, mais elles sont du même ordre de grandeur; le dosage de l'oxygène faiblement combiné et celui du fer se prêtent une confirmation réciproque; il paraît établi que leur rapport atomique est de O^2 : Fe.

PROPRIÉTÉS DE L'OXYHÉMOGLOBINE. — Pure et sèche, elle constitue une poudre cristalline d'un rouge clair; une teinte foncée indiquerait la présence d'une certaine quantité de méthémoglobine provenant d'une altération. En cristallisant, la matière colorante du sang affecte des formes très diverses, mais qui, en général, sont constantes et caractéristiques pour chaque espèce de sang. Le tableau ci-contre (page 899), que nous empruntons à l'ouvrage de Preyer (*Die Blutkrystalle*) en le complétant en quelques points, résume nos connaissances sur les cristaux du sang.

Ajoutons aux indications de ce tableau que tous les cristaux d'oxyhémoglobine sont biréfringents.

Un grand nombre des données consignées dans ce tableau sont déduites d'observations microscopiques et remontent à la découverte des cristaux du sang (années 1849 à 1852); il est donc possible qu'elles ne soient pas définitivement acquises et qu'elles puissent être modifiées par des recherches faites sur une plus grande quantité de matière.

On le voit, malgré leur aspect variable, presque toutes les formes cristallines peuvent être ramenées au type orthorhombique, mais on ne sait pas si elles dérivent d'une forme primitive unique. Les oxyhémoglobines de l'écureuil, et peut-être celles du hamster et de la souris, font seules exception; leurs cristaux appartiennent au système hexagonal. Ce fait est démontré pour l'oxyhémoglobine de l'écureuil, car l'axe optique des cristaux est normal au plan des tables hexagonales.

L'oxyhémoglobine de cheval a été obtenue sous deux aspects différents : souvent elle se dépose en prismes longs de 5 millimètres, larges de 1 millimètre, seuls ou mêlés de cristaux plus clairs, ténus, microscopiques; il suffit du reste d'arroser les premiers d'un mélange de 4 volumes d'eau et de 1 volume d'alcool pour les voir se transformer à 0° et au-dessous en un amas de cristaux ténus. Il s'agit peut-être ici d'un cas de dimorphisme ou d'un changement dans la teneur en eau de cristallisation [F. Hoppe-Seyler, *Zeitschr. physiol. Chem.*, t. II, p. 149].

L'aspect des cristaux, leur solubilité et leur teneur en eau de cristallisation sont, à notre avis, des caractères suffisants pour admettre actuellement plusieurs variétés d'oxyhémoglobine et d'hémoglobine, autant peut-être qu'il existe d'espèces de sang. Mais il faut reconnaître que ces diverses variétés se comportent absolument de la même manière dans leur action sur la lumière et surtout dans leurs nombreux modes de décomposition; enfin elles fixent les mêmes quantités de gaz (O, CO).

Spectre de l'oxyhémoglobine. — Aux deux bandes d'absorption connues (t. II, p. 13) (voyez fig. 72, N° I, p. 901), Soret en ajoute une troisième, située dans le violet vers *h*. Ces trois bandes s'observent avec des liquides de même concentration. L'observation se fait avec la lumière solaire directe et en employant un oculaire fluorescent ou en plaçant devant la fente un verre bleu. La région ultraviolette ne renferme pas de bande [Soret, *Compt. rend.*, t. LXXXVI, p. 708].

Branly a récemment photographié les spectres d'absorption de l'oxyhémoglobine en employant l'arc voltaïque comme source de lumière; ces photographies indiquent, indépendamment des bandes entre D et E, une plage d'absorption s'étendant de la limite du vert et du bleu jusqu'au violet; la presque totalité du violet transmise par l'eau pure l'est aussi par les solutions d'oxyhémoglobine [Branly, *Thèse de la Faculté de Médecine de Paris*, 1882].

Les longueurs d'onde correspondant aux parties moyennes des bandes α et β ont été déterminées par plusieurs observateurs; mais les valeurs obtenues ne sont pas très concordantes, ce qui s'explique par la variation de la position des bandes avec la concentration. Jäderholm (1875) a trouvé par la bande α, $\lambda = 577,5$, et pour β, $\lambda = 539,5$, millioniémes de millimètre.

C. Vierordt a déterminé, avec son spectrophotomètre à fentes variables, l'intensité lumineuse des différentes régions des spectres d'absorption de l'oxyhémoglobine [*Die quantitative Spectralanalyse*. Tubingue, 1876].

FORME CRISTALLINE ET PROPRIÉTÉS DES DIVERSES VARIÉTÉS D'OXYHÉMOGLOBINE.

ESPÈCE ANIMALE.	FORME CRISTALLINE.	SYSTÈME CRISTALLIN.	SOLUBILITÉ dans l'eau froide.	FACILITÉ de cristallisation.
Homme........	Rectangles allongés, rhombes (angle 54° 6′), prismes à 4 pans.	Orthorhombique (Funke, von Lang).	Très soluble (Bojanowski).	Cristallise difficilement.
Singe (*Cynocephalus babuin*).	Petites tables rhombiques.	—	Très soluble (Preyer).	Cristallise difficilement.
Chauve-souris...	Petites tables minces, très aiguës.	—	—	—
Hérisson (*Erinaceus europ.*)...	Prismes rectangulaires allongés.	Probablement orthorhombique.	Extrêmement soluble (Bojanowski).	Cristallise aisément du sang de l'animal chloroformé.
Chat...........	Prismes à 4 pans, terminés par 1 ou 2 faces obliques.	Orthorhombique (Rollet).	Assez peu soluble (Bojanowski).	Cristallise aisément.
Lion (*Felis leo et marmorata*)...	Prismes à 4 pans, terminés par 2 faces obliques.	Orthorhombique (Preyer).	—	—
Couguar (*Felis puma*)........	Comme pour le lion.	Orthorhombique (Preyer).	—	—
Chien..........	Prismes à 4 pans, basés ou portant quelquefois 4 faces pyramidales.	Orthorhombique.	Peu soluble	Cristallise facilement.
Cobaye.........	Tétraèdres dont les angles diffèrent peu de 60°.	Orthorhombique (von Lang).	Très peu soluble.	Cristallise très facilement.
Écureuil........	Tables ou prismes hexagonaux, groupés souvent en rosettes.	Hexagonal (von Lang, Rollet, Kunde).	Très peu soluble.	Cristallise facilement.
Souris..........	Tables hexagonales (Bojanowski), fines aiguilles (Kunde).	Hexagonal?	Très soluble (Bojanowski), très peu soluble (Lehmann).	Cristallise aisément.
Rat............	Tétraèdres et octaèdres.	—	Très peu soluble (Lehmann).	Cristallise très facilement.
Lapin..........	Rectangles, rhombes allongés, prismes.	Orthorhombique (von Lang).	Extrêmement soluble.	Cristallise assez difficilement.
Hamster (*Cricetus vulgaris*)...	Rhomboèdres ou tables hexagon. (angle 120°).	Hexagonal (Lehmann)	—	—
Marmotte.......	Prismes (Valentin).	—	—	Ne cristallise pas facilement.
Cheval.........	Tables rhombiques, prismes fins ou quelquefois très grands prismes (5mm), terminés par *p*.	Orthorhombique (Funke).	Très soluble.	Cristallise facilement.
Mouton.........	Prismes.	—	—	Cristallise difficilement.
Bœuf...........	Prismes portant un biseau.	Très probabl. orthorhombique (Preyer)	Très soluble.	Cristallise avec une extrême difficulté.
Porc...........	Prismes (Preyer), petites aiguilles (Otto).	—	Très soluble.	Cristallise assez difficilement.
Effraie.........	Tables quadrilatères (Preyer).	Très probablement orthorhombique.	—	Cristallise facilement.
Corbeau.......	Sphénoïdes.	Très probablement orthorhombique.	Très peu soluble (Bojanowski).	Cristallise difficilement.
Corneille.......	Tables rhombiques ou prismes disposés en éventails.	Très probabl. orthorhombique (Preyer)	—	Cristallise aisément.
Alouette huppée. Moineau........	Aiguilles se terminant en pointe très fine.	—	Peu soluble (Bojanowski).	—
Pigeon.........	Sphénoïdes.	—	—	Cristallise très difficilement (Funke).
Oie............	Tables rhombiques ou hexagonales minces.	Orthorhombique?	Très soluble.	—

FORME CRISTALLINE ET PROPRIÉTÉS DES DIVERSES VARIÉTÉS D'OXYHÉMOGLOBINE (*suite*).

ESPÈCE ANIMALE.	FORME CRISTALLINE.	SYSTÈME CRISTALLIN.	SOLUBILITÉ dans l'eau froide.	FACILITÉ de cristallisation.
Tortue.........	Aiguilles et tables.	(Kunde).	—	—
Python Schneiderii.........	Prismes et tables.	(Berlin).	—	—
Grenouille	Prismes.	(Preyer).	—	Cristallise très difficilement.
Leuciscus dobula	Prismes.	(Funke).	—	Cristallise très facilement.
Carpe...........	Écailles.	(Funke).	—	Cristallise très facilement par add. d'eau.
Gardon	Prismes.	—	Extrêmement soluble (Remak).	Cristallise très facilement (Funke).
Barbeau.........	En forme de navette ou d'aiguilles.	(Kölliker).	—	—
Abramis blicca..	Prismes.	(Funke).	—	Cristallise très facilement.
Tanche	Petites tables minces.	(Remak).	Très soluble.	Cristallise très facilement.
Perche de rivière	Aiguilles.	(Remak).	Extrêmement soluble.	Cristallise très facilement.
Hareng.........	Tables, prismes (Bojanowski).	Très probablement orthorhombique.	Très soluble.	Cristallise avec une extrême difficulté.
Brochet....	Prismes à 4 pans.	Probablement orthorhombique (Bojanowski).	—	—
Belone (*Belona rostrata*)......	Prismes à 4 pans.	Probablement orthorhombique.	Très soluble.	Cristallise facilement.
Lombric terrestre	Aiguilles très ténues.	(Preyer).	—	—
Sangsue de cheval (*Nephelis*).	Lamelles ou prismes.	(Leydig).	Très soluble.	—

Propriétés chimiques.— On trouvera dans le tableau précédent des indications sur la solubilité des oxyhémoglobines dans l'eau. Les solutions très étendues d'alcalis, d'ammoniaque ou de carbonate alcalins dissolvent très aisément l'oxyhémoglobine, mais la décomposent à la longue, même à 0°. Du carbonate potassique introduit jusqu'à saturation dans la solution du même carbonate, en sépare complètement l'oxyhémoglobine inaltérée, pourvu que l'on opère à 0°. L'alcool ajouté à la solution aqueuse précipite, au premier moment, la matière colorante inaltérée, mais bientôt la teinte du précipité devient brunâtre, et l'oxyhémoglobine se décompose en perdant sa solubilité dans l'eau. L'éther, le chloroforme, le sulfure de carbone, l'alcool amylique, la benzine, les essences et les huiles ne dissolvent pas l'oxyhémoglobine.

L'oxyhémoglobine séchée dans le vide et au-dessous de 0° peut ensuite être chauffée vers 100° et même un peu plus haut sans s'altérer et sans perdre de l'oxygène. Chauffée sur la lame de platine, elle se boursoufle, répand l'odeur de la corne brûlée, s'enflamme et laisse un résidu d'oxyde ferrique rouge-brun.

En présence de l'eau, elle subit un commencement d'altération à la température ordinaire et prend une teinte de plus en plus brune; ce phénomène s'accomplit d'autant plus vite que la température est plus élevée et la liqueur plus concentrée. Des solutions très étendues peuvent être chauffées vers 70-80° sans se coaguler au premier moment; au bout de quelques instants, le liquide se trouble et fournit un coagulum formé d'une matière albuminoïde (globuline?) colorée en brun par de l'hématine.

L'alcool rend à la longue les cristaux d'oxyhémoglobine insolubles sans leur faire perdre leur forme. Lorsqu'on les traite alors par l'alcool étendu contenant un peu d'ammoniaque, on parvient à les décolorer presque complètement, et cependant ils ne sont pas déformés. L'eau de chlore agit d'une manière semblable sur les cristaux. L'acide acétique concentré leur enlève également la couleur, mais les gonfle en même temps. Struve, auquel on doit ces observations, croit pouvoir en conclure que les cristaux d'oxyhémoglobine sont constitués par une matière albuminoïde cristallisée (globuline) et pénétrée mécaniquement par la véritable matière colorante du sang. Cette opinion nous paraît peu fondée, car on peut, avec autant de raison, considérer les cristaux décolorés comme des pseudomorphoses [H. Struve, *Deutsch. chem. Gesellsch.*, 1881, p. 930].

L'acétate de plomb ou le sous-acétate ne précipitent pas la solution d'oxyhémoglobine; le nitrate d'argent ne donne pas de précipité au premier moment; mais peu à peu la matière colorante se décompose, et alors le liquide se trouble. La plupart des sels des autres métaux lourds, surtout ceux que l'eau dissocie en acide et sel basique, précipitent l'oxyhémoglobine en la décomposant. Le cyanure de potassium pur ou le cyanure mercurique n'altèrent pas l'hémoglobine; il se forme peut-être la combinaison cyanhydrique très instable décrite t. II, p. 14; les faits avancés par Preyer dans son livre cité plus haut n'ont pas été confirmés par Hoppe-Seyler.

Les acides minéraux donnent dans les solutions d'oxyhémoglobine des précipités de matière albuminoïde colorés en brun par de l'hématine, ces substances étant produites toutes deux par la décomposition de la matière colorante. La formation de ces corps est précédée de celle de la méthémoglobine (voyez plus loin). Les acides acétique, oxalique, tartrique et orthophosphorique ne donnent aucun précipité, mais amènent le même dédoublement, quoique moins rapidement. Comme nous l'avons déjà dit, les alcalis altèrent l'oxyhémoglobine beaucoup plus lentement. Avec le concours d'une douce chaleur ou du temps, ils la scindent aussi en matière albuminoïde, qui,

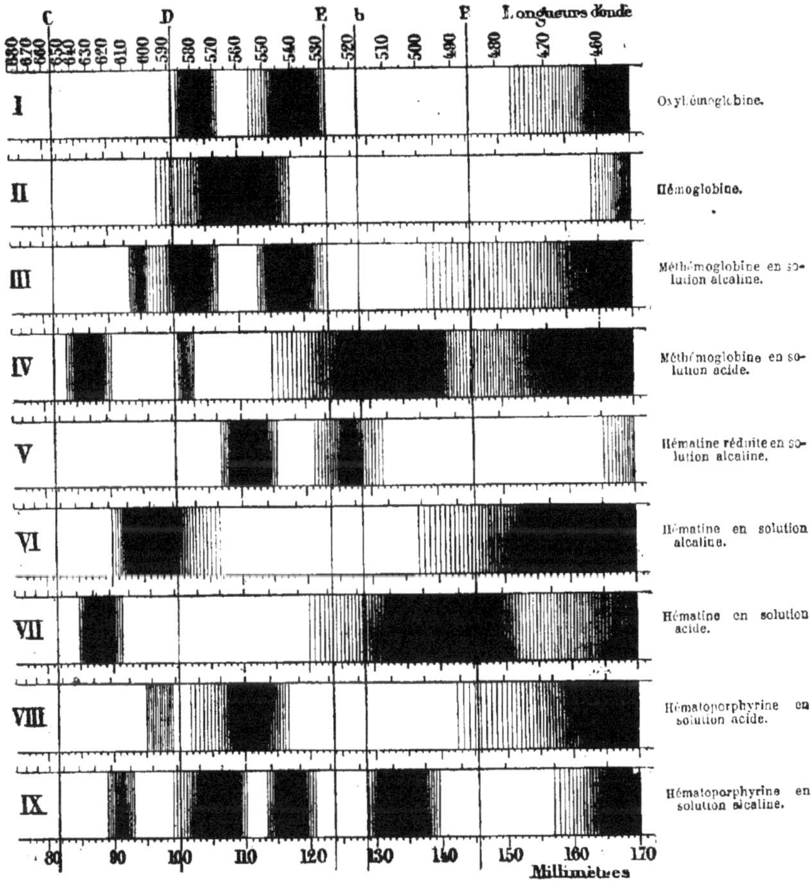

Fig. 73. — Spectres d'absorption de l'hémoglobine et de ses dérivés.

dans ce cas, demeure dissoute, et en hématine, laquelle, restant combinée avec l'alcali, colore la liqueur en un rouge brun très foncé; il se forme pareillement de la méthémoglobine comme produit intermédiaire (Hoppe-Seyler).

Tous les réactifs agissant comme réducteurs en solution neutre ou faiblement alcaline enlèvent à l'oxyhémoglobine l'oxygène faiblement combiné, et il se forme de l'hémoglobine réduite. L'ébullition des solutions d'oxyhémoglobine dans le vide ou l'action d'un courant de gaz inerte (hydrogène) barbotant dans le liquide produit le même effet. L'oxyhémoglobine est en effet une combinaison dissociable. G. Hüfner a récemment déterminé la tension de dissociation de l'oxyhémoglobine dissoute dans l'eau à une température de 35° et il l'a fixée à 25^{mm} de mercure environ. Lorsque la tension de l'oxygène dans le milieu tombe au-dessous de ce chiffre, l'oxyhémoglobine perd graduellement son gaz [*Zeitschr. physiolog. Chem.*, t. VI, p. 94].

Worms Müller avait trouvé en 1870 une tension de 20 millimètres à 12°.

A basse température, le départ de l'oxygène s'opère très lentement dans le vide; une élévation de température vers 37-40° l'accélère, mais alors il y a altération partielle de l'hémoglobine. Loin de céder la totalité de l'oxygène, la matière colorante en fixe une certaine quantité et devient méthémoglobine. Cette quantité est d'autant plus petite que l'extraction de l'oxygène s'accomplit plus rapidement, c'est-à-dire que l'on opère avec des machines à mercure d'une capacité plus grande (Pflüger).

L'eau chaude (Hermann), les acides minéraux ou organiques (Loth. Meyer, Pflüger et Zuntz, Strassburg) augmentent ce déficit en oxygène libre, qui atteint son maximum si la quantité d'acide suffit pour dédoubler entièrement l'oxyhémoglobine en hématine et albuminoïde. Ces faits viennent corroborer l'opinion de Hoppe-Seyler que dans la formation de la méthémoglobine et de l'hématine une portion de l'oxygène entre en combinaison stable avec la molécule hématique.

Les oxydants neutres produisent avec l'oxyhémoglobine de la méthémoglobine en lui donnant une teinte brune; employés en excès, ils la détruisent.

Tandis que les sulfures réduisent l'oxyhémoglobine, l'hydrogène sulfuré libre la transforme en un corps sulfuré analogue à la méthémoglobine, peut-être une thiométhémoglobine soluble dans l'eau avec une couleur rouge sale (HoppeSeyler).

Le globule sanguin ou l'oxyhémoglobine peut fonctionner comme agent de transport de l'oxygène actif; ainsi, dans un mélange d'essence de térébenthine vieille et de teinture de gaïac, il détermine le bleuissement de la résine (Schönbein); cette action est entravée ou ralentie par la présence de petites quantités de sulfate de quinine [Binz, *Jahresb. Thierch.*, 1871, p. 76]. On serait tenté de chercher la cause des propriétés fébrifuges du médicament dans cette réaction.

On sait depuis Schönbein que le globule rouge ou une solution de sang dans l'eau décompose très énergiquement l'eau oxygénée. Si celle-ci est *neutre*, la décomposition s'opère comme sous l'influence du platine ou du peroxyde de manganèse, et l'on retrouve l'oxyhémoglobine inaltérée (A. Schmidt).

L'oxyhémoglobine, une fois cristallisée, ne partage plus cette propriété de la matière colorante primitive; elle dégage plus lentement de l'oxygène avec l'eau oxygénée neutre et se détruit assez rapidement; le liquide se décolore et il se forme des précipités d'albuminoïdes. Cette oxyhémoglobine se comporte, sous ce rapport, comme l'hématine [Alex. Schmidt, *Jahresb. Thierch.*, 1872, p. 72]. Ni dans l'un ni dans l'autre cas il ne se forme de la méthémoglobine (Henninger).

La décomposition de l'eau oxygénée par l'hémoglobine ou par l'hématine est totale, mais on constate toujours une perte dans le volume de l'oxygène dégagé. Une portion de cet oxygène s'est donc fixée sur la matière organique [A. Bechamp, *Compt. rend.*, t. XCIV, p. 1720].

Lorsqu'on agite avec du zinc une solution aqueuse de sang, elle se trouble et laisse déposer un précipité rouge-brun sans qu'il se dégage aucun gaz. Au bout de quelque temps, le liquide se décolore peu à peu et ne renferme plus alors ni hématine ni albuminoïde, mais il contient les sels du sang, un peu de gélatine et une trace d'eau oxygénée. Cette réaction n'est pas encore expliquée; elle est d'autant plus singulière qu'une solution d'albumine de l'œuf agitée avec du zinc n'est pas précipitée; il se forme simplement un peu d'eau oxygénée [H. Struve, *Journ. prakt. Chem.* (2), t. VII, p. 346]. Comment se comporterait le sérum sanguin dans ces conditions?

HÉMOGLOBINE OXYCARBONÉE.

100 grammes d'hémoglobine fixent 159^{cc},2 d'oxyde de carbone à 0° et sous une pression de 760^{mm} (Hüfner). Les milieux des deux bandes de l'hémoglobine oxycarbonée correspondent aux longueurs d'ondes : $\alpha = 572$ et $\beta = 532$ millionièmes de millimètre (Jäderholm).

Malgré la grande affinité de l'hémoglobine pour l'oxyde de carbone, la combinaison est dissociable, d'après les expériences concordantes de Donders, Zuntz et Podolinski [*Pflüger's Arch.*, 1872, t. V, p. 20 et p. 584; t. VI, p. 553]; toutefois elle résiste mieux que l'oxyhémoglobine. Par le vide, on en retire vers 40° la majeure partie de l'oxyde de carbone combiné, mais il faut un grand nombre d'heures pour atteindre ce résultat; à 60° le départ de ce gaz est plus rapide.

Par un courant de gaz (hydrogène et surtout oxygène) qui agite énergiquement le sang saturé d'oxyde de carbone, on peut en chasser assez rapidement la totalité du gaz combiné; il reste de l'hémoglobine réduite ou de l'oxyhémoglobine. C'est bien à l'état d'oxyde de carbone que le gaz est mis en liberté (Donders, Zuntz, Podolinski, Gréhant); l'opinion de Cheneau et Pokrowski, d'après laquelle l'oxyde de carbone serait brûlé dans le sang et transformé en gaz carbonique, est contredite par les faits.

Les oxydants neutres donnent avec l'hémoglobine oxycarbonée une matière toute semblable à la méthémoglobine; seulement la réaction est moins instantanée, l'oxyde de carbone reste en dissolution dans le liquide ou en combinaison avec la substance; en effet, par la réduction, l'hémoglobine oxycarbonée est régénérée. En vase clos, l'hémoglobine oxycarbonée résiste complètement aux bactéries de la putréfaction; on la retrouve au bout de plusieurs années, tandis que l'oxyhémoglobine est réduite au bout de quarante-huit heures. Ce caractère différentiel est important au point de vue toxicologique; la réaction, n'exigeant l'intervention d'aucun réactif chimique, paraît plus démonstrative aux yeux du profane.

La combinaison d'hémoglobine et d'oxyde azotique est dissociée dans le vide.

MÉTHÉMOGLOBINE.

Ce dérivé de l'oxyhémoglobine, découvert par Hoppe-Seyler, est encore très imparfaitement connu. La réaction spectrale et les autres propriétés de sa solution sont cependant assez tranchées pour le caractériser comme un principe particulier. Il résulte de la fixation de l'oxygène sur l'hémoglobine, et cet oxygène est entré en combinaison stable, car les agents physiques ne parviennent plus à l'éliminer. Mais les réactifs de réduction s'en emparent très aisément en régénérant de l'hémoglobine, qui peut ensuite fixer l'oxygène de l'air et donner de l'oxyhémoglobine ou être transformé de nouveau en méthémoglobine par les oxydants. En opérant avec précaution, on peut faire parcourir à la matière ce cycle un grand nombre de fois. Ces propriétés distinguent nettement la méthémoglobine de l'hématine, malgré une certaine ressemblance de leurs spectres d'absorption [Hoppe-Seyler, *Centralbl. medic. Wissensch.*, 1864, n° 13; *Medic. chem. Untersuch.*, p. 378].

La nature chimique de la méthémoglobine n'est pas encore parfaitement élucidée. Tout semble indiquer que ce corps renferme une moindre proportion d'oxygène que l'oxyhémoglobine; on trouvera plus loin les raisons qui plaident en faveur de cette opinion. Peut-être le fer, qui, dans l'hémoglobine et ses combinaisons avec les gaz, est à l'état de minimum, a-t-il passé à l'état de maximum dans la méthémoglobine; de sorte que les deux corps renfermeraient un même groupement atomique très complexe uni au ferrosum dans le premier cas et au ferricum dans le second? Quoi qu'il en soit, leur facile transformation réciproque montre que la molécule de l'hémoglobine n'est pas profondément modifiée au moment où elle devient méthémoglobine.

Modes de formation de la méthémoglobine. — Toutes les substances oxydantes agissant en solution neutre ou très faiblement alcaline transforment en quelques instants l'hémoglobine ou l'oxyhémoglobine en méthémoglobine; la solution prend une teinte jaunâtre ou brune. On peut employer : l'ozone, le permanganate, le chlorate, l'hypochlorite, le nitrite de potassium, le nitrite d'amyle (Gamgee), le nitrate d'argent, l'acide perosmique, l'iode dissous dans l'iodure de potassium (F. Marchand), le ferricyanure de potassium.

Si l'on emploie l'hémoglobine réduite pour ces réactions, la formation de la méthémoglobine est directe; dans aucun cas, on ne peut observer la production intermédiaire, même passagèrement, de l'oxyhémoglobine.

Mais la méthémoglobine se forme encore dans bien d'autres circonstances, parmi lesquelles nous avons déjà mentionné plus haut (p. 900 et 901) l'action de la chaleur sur des solutions étendues d'oxyhémoglobine, ou l'action de petites quantités d'acide ou de base, enfin la putréfaction qui donne de la méthémoglobine comme terme de passage. Les solutions d'oxyhémoglobine dans l'alcool faible étant abandonnées à elles-mêmes, renferment au bout de quelque temps de la méthémoglobine, ce qui explique la présence de ce corps dans les eaux mères de la préparation de l'oxyhémoglobine. Ajoutons que le contact de la solution étendue avec une lame de palladium fortement chargé d'hydrogène donne naissance pareillement à la méthémoglobine (Hoppe-Seyler).

Dans ce dernier cas, l'oxydation se fait aux dépens de l'oxygène de l'oxyhémoglobine, dont une partie est rendue active au moment de la combinaison d'une autre partie avec l'hydrogène. On sait, en effet, que l'hydrogène occlus par le palladium peut, en présence d'oxygène libre, provoquer des oxydations très énergiques, qu'il transforme, par exemple, la benzine en phénol.

La pyrocatéchine, l'hydroquinone en solution à 1 °/₀₀ ou le pyrogallol en solution deux fois plus faible, agissent sur l'oxyhémoglobine comme l'hydrogénium, et il se produit de la méthémoglobine. La résorcine, au même degré de concentration, ne donne rien de semblable [Th. Weyl et B. von Anrep, *Jahresb. Thierch.*, 1880, p. 165].

L'hémoglobine oxycarbonée donne avec les oxydants un composé offrant toutes les réactions de la méthémoglobine, mais il faut employer une plus grande proportion de réactif. Les réducteurs régénèrent l'hémoglobine oxycarbonée.

La méthémoglobine, enfin, a été trouvée dans certains liquides de kystes, dans d'anciens foyers produits par l'extravasation du sang dans le tissu cellulaire, dans le globule rouge du sang après des inhalations de nitrite d'amyle (Jolyet), dans l'urine hématurique et hémoglobinurique, dans le sang après intoxication par le chlorate de potassium, etc.

La méthémoglobine vient d'être obtenue à l'état cristallisé. En dissolvant l'oxyhémoglobine de porc dans l'eau, ajoutant un quart de volume d'alcool et plaçant le liquide dans un mélange réfrigérant, Hüfner et Otto ont plusieurs fois obtenu, au bout de quelques jours, à la place des cristaux rouge clair d'oxyhémoglobine, une masse brune composée de très fines aiguilles qui offraient tous les caractères de la méthémoglobine [*Zeitschr. physiol. Chem.*, t. VII, p. 65].

Ces cristaux renferment 12 °/₀ d'eau qui se dégagent à 115°; séchés à cette température, ils ont donné à l'analyse les chiffres suivants :

$$C = 53{,}99,\ H = 7{,}13,\ Az = 16{,}19,$$
$$O = 21{,}58,\ S = 0{,}66,\ Fe = 0{,}45,$$

chiffres très voisins de ceux de l'oxyhémoglobine de porc et qui ne permettent pas d'en déduire une conclusion sur la nature chimique de a méthémoglobine.

La méthémoglobine est soluble dans l'eau (5 P 851 dans 100 p. d'eau à 0°); elle est insoluble dans l'alcool et l'éther. Ses solutions sont brunes, légèrement acides au papier et caractérisées par leur spectre d'absorption. En solution aqueuse, c'est-à-dire légèrement acide au papier, on observe une bande très nette dans le rouge, entre C et D, un peu plus près de C; à partir de D tout le spectre est sombre, mais par la dilution on voit apparaître une bande très peu foncée entre D et E, tout près de D; puis un peu avant E l'intensité lumineuse commence de nouveau à décroître et atteint avant F un minimum limitant une large bande très foncée qui se détache assez bien sur le fond sombre du spectre; vers la raie F, enfin, on observe une faible éclaircie bleue, les radiations indigo et violettes étant totalement absorbées (voir fig. 72, n° IV).

Jäderholm avait observé, dans ce spectre, deux bandes assez nettes entre D et E, qui simulent les bandes de l'oxyhémoglobine, mais qu'il considère comme appartenant à la méthémoglobine [*Jahresb. Thierch.*, 1876, p. 87]. Hoppe-Seyler attribue avec raison cette réaction spectrale à un reste d'oxyhémoglobine non transformée en méthémoglobine. Nous avons, en effet, constaté que l'intensité des deux bandes entre D et E va d'autant plus en diminuant que la transformation de l'oxyhémoglobine devient plus complète; d'autre part, si l'on prépare la méthémoglobine par oxydation de l'hémoglobine réduite, on ne les observe à aucun moment [Henninger, *Soc. Biolog.*, séance du 18 nov. 1882].

Le spectre figuré plus haut sous le n° IV est obtenu dans ces conditions; la solution d'oxyhémoglobine originaire qui a été successivement transformée en hémoglobine réduite, puis en méthémoglobine, laissait passer sous une épaisseur de 6 millimètres une trace de lumière verte entre les deux bandes α et β. On le voit, le spectre de la méthémoglobine présente une certaine ressemblance avec celui de l'hématine, tous deux étant en solution acide, mais en liqueur alcaline toute analogie disparaît.

Les solutions de méthémoglobine rendues alcalines par une goutte de potasse présentent un spectre bien différent, qui est figuré sous le n° III. La bande dans le rouge a disparu et à sa place on observe trois bandes, une pâle avant D et deux entre D et E qui pourraient être confondues avec les bandes α et β de l'oxyhémoglobine.

Le gaz carbonique, les acides acétique ou chlorhydrique, employés avec précaution, ramènent le spectre primitif; un excès du dernier acide produit de l'hématine et la bande du rouge se trouve rapprochée de C.

Le sous-acétate de plomb, le chlorure mercurique, le nitrate d'argent précipitent la méthémoglobine.

Le caractère le plus saillant de la méthémoglobine est sa facile transformation en hémoglobine réduite, sous l'influence des réducteurs; le sulfure d'ammonium et surtout l'hydrosulfite de sodium neutralisé opèrent immédiatement cette métamorphose; il en est de même de la putréfaction. Il est important de remarquer que le passage de la méthémoglobine en hémoglobine est direct, comme la réaction inverse, et qu'il ne se forme pas d'oxyhémoglobine, à la condition, bien entendu, d'opérer à l'abri de l'oxygène (Hoppe-Seyler, Henninger).

Ces faits, joints au mode de formation de la méthémoglobine par l'action d'une lame de palladium chargée d'hydrogène ou par l'action de la putréfaction sur l'oxyhémoglobine nous autorisent à rejeter l'opinion de Sorby et Jäderholm, d'après laquelle la méthémoglobine serait un *peroxyde* d'hémoglobine; cette opinion est fondée sur des expériences défectueuses que Hoppe-Seyler a critiquées avec raison. Avec ce dernier savant, auquel se sont rattachés Marchand, Weyl et Anrep, nous considérons, au contraire, la méthémoglobine comme un corps renfermant très probablement une moindre proportion d'oxygène que l'oxyhémoglobine, mais contenant cet oxygène à l'état de combinaison stable [Sorby, *Quart. micr. Journ.*, 1870, p. 400; — Jäderholm, *Jahresb. Thierch.*, 1876, p. 86; 1879, p. 99; — Hoppe-Seyler, *Zeitschr. physiol. Chem.*, t. II, p. 150; t. VI, p. 166; — Félix Marchand, *Virchow's Arch.*, t. LXXVII, p. 488; *Jahresb. Thierch.*, 1879. p. 95].

Il existe peut-être une autre combinaison stable d'hémoglobine et d'oxygène, supérieure à la méthémoglobine. En effet, si à une solution de celle-ci on ajoute de l'iode, la bande dans le rouge disparaît et il se forme un précipité; après la séparation de celui-ci, la solution offrirait deux bandes situées approximativement aux places des bandes α et β de l'oxyhémoglobine, mais sans coïncider absolument avec elles. Par les réducteurs il serait possible de régénérer l'hémoglobine (Félix Marchand).

HÉMATINE RÉDUITE.

Stokes a découvert ce corps en faisant agir les réducteurs alcalins sur l'hématine. Hoppe-Seyler a reconnu plus tard que le dédoublement de l'hémoglobine réduite, effectué à l'abri complet de l'oxygène par les alcalis, les acides, l'alcool ou la chaleur, fournit une matière douée des propriétés optiques de l'hématine réduite et il l'a désignée sous le nom d'*hémochromogène*. A l'air, ces deux matières s'oxydent et fournissent de l'hématine ordinaire. Leur identité est donc très probable [Stokes, *Proced. Roy. Soc. London*, 1864, t. XIII, p. 355; — Hoppe-Seyler, *Deutsch. chem. Gesellsch.*, 1870, p. 229; *Med. chem. Untersuch.*, p. 540; — Voir aussi, Jäderholm, *Jahresb. Thierch.*, 1874, p. 104; 1876, p. 86; — P. Cazeneuve, *Bull. Soc. chim.*, t. XXVII, p. 258].

Pour réduire l'hématine en liqueur alcaline, on emploie le sulfure d'ammonium, les tartrates stannoso- ou ferroso-potassiques et surtout l'hydrosulfite de sodium neutralisé.

A cause de sa grande affinité pour l'oxygène, l'hématine réduite (nous préférons ce nom) n'a pas encore été isolée : on ne connaît que les caractères spectraux et les réactions de ses solutions.

Celles-ci sont d'un rouge pourpre; rendues alcalines, elles offrent un spectre tout à fait caractéristique (fig. 72, n° V). Jusqu'à D elles absorbent fort peu de lumière; au delà elles offrent deux bandes d'absorption entre D et *b*, dont la première, située au milieu entre D et E, est remarquable par son intensité, car elle ne disparaît que par une très forte dilution. Cette réaction spectrale, beaucoup plus nette que celle de l'hématine, peut servir dans les recherches médico-légales. Les solutions acides d'hématine réduite absorbent une notable portion des radiations de D à E, mais ne montrent pas de bandes d'absorption proprement dites.

Les solutions alcalines ou acides absorbent l'oxygène de l'air, deviennent brunes et contiennent alors de l'hématine ordinaire la transformation est très rapide avec les solutions alcalines; elle s'annonce par un changement de teinte et l'apparition du dichroïsme verdâtre qui caractérisent l'hématine, en liqueur alcaline.

En présence des acides, l'hématine réduite perd aisément son fer, à l'état de sel ferreux, et se convertit en hématoporphyrine.

HÉMATINE.

L'hématine (anciennement hématosine), décrite t. II, p. 8, n'est pas le produit primitif du dédoublement de l'hémoglobine; il faut l'intervention de l'oxygène pour qu'elle se forme.

Elle résulte, en effet, de l'oxydation à l'air de l'hémochromogène ou hématine réduite; pour cette raison, il vaudrait peut-être mieux substituer le nom d'*oxyhématine* à celui d'hématine. L'oxyhémoglobine et la méthémoglobine, dédoublées par les acides ou les alcalis, fournissent directement, et à l'abri de l'oxygène, de l'hématine. Les différentes variétés d'oxyhémoglobine fournissent la même hématine.

Jusqu'ici on n'est pas encore parvenu à combiner l'hématine ou l'hématine réduite avec la matière albuminoïde, de façon à reconstituer la molécule de l'hémoglobine.

Préparation. — Hoppe-Seyler et Cazeneuve ont décrit des procédés de préparation avantageux, qui permettent d'obtenir de grandes quantités d'hématine pure.

1° *Procédé de Hoppe-Seyler.* — Le sang défibriné est coagulé par l'addition de 3 à 4 volumes d'alcool; le coagulum est recueilli, pressé, broyé et tamisé. On le met alors à digérer au bain-marie avec de l'alcool faiblement acidulé par l'acide sulfurique, on filtre et l'on traite une seconde fois le résidu par l'alcool acidulé. Les liqueurs, réunies et chauffées au bain-marie, sont additionnées de 1/6 à 1/10 de leur volume d'eau et d'une quantité de sel marin à peine suffisante pour changer l'acide sulfurique en sulfate sodique; au bout d'une heure au moins de séjour au bain-marie bouillant, la liqueur est abandonnée au refroidissement, puis les cristaux de chlorhydrate d'hématine qui se sont déposés sont lavés un grand nombre de fois à l'eau, puis à l'alcool et à l'éther. Finalement, ils sont dissous dans la potasse très faible, l'hématine est précipitée par l'acide sulfurique faible et lavée à l'eau [Hoppe-Seyler, *Méd. chem. Untersuch.*, p. 523; *Jahresb. Thierch.*, 1871, p. 76].

2° *Procédé de Cazeneuve.* — Le sang (ou mieux les globules privés de la majeure partie de sérum par un lavage avec une solution de sel marin au dixième) est coagulé par deux fois son volume d'éther alcoolique (25 à 30 °/ₒ d'alcool); au bout de 24 heures, la masse est recueillie sur un filtre, où on la laisse égoutter sans expression, pour la triturer ensuite avec de l'éther alcoolique renfermant 20 grammes d'acide oxalique par litre. Au bout de quelques minutes, on décante sur un filtre, on triture le magma une deuxième fois avec l'éther acidulé et on le lave finalement avec un peu d'éther. Il se trouve sensiblement décoloré, tandis que la teinture éthérée renferme l'hématine qui la colore en brun. Il suffit alors d'ajouter goutte à goutte une solution éthérée d'ammoniaque pour en précipiter l'hématine, tandis que le liquide se décolore.

Au bout de 24 heures, on décante l'éther, on lave le précipité successivement à l'éther, à l'eau contenant un peu d'acide acétique, à l'eau bouillante et finalement à l'alcool [P. Cazeneuve, *Thèse Fac. Méd. Paris*, 1876; *Bull. Soc. chim.*, t. XXVII. p. 485].

Récemment, Cazeneuve a rendu ce procédé plus pratique en coagulant le sang par la chaleur après l'avoir additionné de son poids de sulfate de sodium en cristaux (procédé de Claude Bernard); dès que la coagulation est achevée, on jette le magma sur une toile, on l'exprime modérément et on le triture avec de l'alcool contenant un peu d'acide oxalique. L'épuisement se fait très rapidement et la teinture alcoolique tient en dissolution l'hématine, que l'on précipite par l'ammoniaque comme plus haut (*Expér. inédites*).

Composition. — L'hématine a donné en moyenne à l'analyse :

	Hoppe-Seyler.	Cazeneuve.
C.	64,30	64,18
H.	5,50	5,67
Az.	9,20	9,03
Fe.	8,83	8,74

chiffres que Hoppe-Seyler représente par la formule $C^{68}H^{70}Az^{8}Fe^{2}O^{10}$, qui s'accorde fort bien aussi avec l'analyse du chlorhydrate

$$C^{68}H^{70}Az^{8}Fe^{2}O^{10}, 2HCl.$$

On connait les spectres d'absorption de l'hématine en solution alcaline et acide (voir fig. 72, n°s VI et VII); la large bande de la solution alcaline ne possède pas une position tout à fait invariable; d'après Jäderholm, elle se déplace un peu vers le vert à mesure que l'alcalinité augmente.

Avec Popoff, Jäderholm admet l'existence d'une hématine oxycarbonée, présentant un spectre d'absorption analogue à celui de l'hémoglobine oxycarbonée; seulement les deux bandes sont beaucoup plus faibles et à peu près d'égale intensité. L'air en chasse peu à peu l'oxyde de carbone.

Combinaisons de l'hématine avec les bases et les acides. — L'hématine se dissout aisément dans la potasse étendue et dans l'ammoniaque en donnant des combinaisons amorphes; le composé potassique est insoluble dans un excès d'alcali et se redissout lorsqu'on étend le liquide avec de l'eau. Le composé ammoniacal perd par l'évaporation la majeure partie de l'ammoniaque, dont il retient pourtant une quantité appréciable.

La solution ammoniacale d'hématine donne avec l'eau de chaux ou de baryte des précipités verdâtres; la combinaison barytique renferme probablement $C^{68}H^{68}Az^{8}Fe^{2}O^{10}.Ba$ (Cazeneuve).

Avec les hydrates de plomb, de zinc et d'aluminium, elle donne des laques verdâtres.

Chlorhydrate d'hématine,

$$C^{68}H^{70}Az^{8}Fe^{2}O^{10}, 2HCl.$$

— Ce sel, appelé autrefois *hémine*, se prépare d'après un des procédés connus, ou en dissolvant l'hématine à une douce chaleur dans l'alcool contenant une petite quantité d'acide chlorhydrique, filtrant pour séparer l'hématine non dissoute et laissant refroidir. Le chlorhydrate se dépose sous forme de très petits fers de lance, groupés en faisceaux d'un noir foncé (Cazeneuve).

Les cristaux appartiennent au système clinorhombique ou triclinique ($mm = 120°$), et les sangs d'homme, de bœuf, de porc, de mouton, de chien, de chat, de lapin, de cobaye, de souris, de putois, de poule, de pigeon, d'oie, de canard, de chouette fournissent le chlorhydrate d'hématine sous la même forme cristalline [Hogyes, *Centralbl. med. Wissensch.* 1880, N° 16].

Bromhydrate. — Préparé comme le chlorhydrate, il est en petits cristaux presque carrés, à arêtes souvent émoussées, de manière à simuler des formes losangiques ou complètement rondes.

Cazeneuve a aussi préparé un *iodhydrate* d'hématine, mais il n'a pu former des sels avec tous les acides; les acides oxalique, cyanhydrique, tartrique, citrique, lactique n'ont fourni aucun produit cristallisé, et il considère comme inexactes les indications contraires de Husson [*Compt. rend.*, t. LXXXI, p. 477].

Action des réactifs sur l'hématine. — 1° Par la distillation sèche, l'hématine fournit, entre autres produits de l'acide cyanhydrique et de notables quantités de pyrrol.

2° Les *réducteurs alcalins* transforment l'hématine en hématine réduite.

3° Chauffée au bain-marie avec de l'*étain* et de l'acide chlorhydrique, l'hématine perd d'abord son fer et donne de l'hématoporphyrine (voir plus loin), facile à reconnaître à la coloration pourpre de sa solution et à son spectre d'absorption. L'hématoporphyrine elle-même se réduit par une action plus prolongée du réactif; le liquide devient jaune-brunâtre, montre au spectroscope une bande située immédiatement avant F et contient une substance probablement identique avec l'hydrobilirubine (urobiline) [Hoppe-Seyler, *loc. cit.*, et *Deutsch. chem. Gesellsch.*, 1874, p. 1065].

4° L'action de la poudre de *zinc* sur une solution d'hématine dans la soude n'a pas donné de résultats nets; la substance perd son fer, fixe de l'hydrogène et de l'eau et fournit une matière rouge brunâtre, soluble dans l'alcool, dans l'éther, dans les alcalis, et qui est un mélange (Hoppe-Seyler).

5° L'hématine résiste fort bien aux *alcalis*; il faut employer la potasse fondante pour en dégager de l'ammoniaque (Cazeneuve).

6° L'acide *sulfurique* concentré dissout l'hématine lentement à froid, rapidement à une douce chaleur; il ne se dégage aucun gaz et la solution pourpre, qui présente un spectre d'absorption caractéristique, renferme du sulfate ferreux et une substance (hématine sans fer de Mulder) à laquelle Hoppe-Seyler a donné le nom d'*hématoporphyrine*. La liqueur est précipitée par l'eau, neutralisée à peu près par la potasse et le précipité est recueilli sur un filtre. On le lave à l'eau jusqu'à ce qu'il commence à se redissoudre (faute de sulfate de potassium); on le dissout dans la potasse étendue, on le reprécipite par l'acide sulfurique ou chlorhydrique et on le lave à l'eau.

Dans ces conditions, il est difficile d'obtenir l'hématoporphyrine pure, car elle s'altère un peu au contact des alcalis; il est préférable de la préparer par l'action de l'étain et de l'acide chlorhydrique sur l'hématine; mais ici encore il est difficile de l'isoler exempte de toute impureté, puisqu'elle subit l'action ultérieure du réducteur.

L'hématoporphyrine est une poudre très foncée, d'un bel éclat violet, présentant en couches minces une teinte verdâtre. Elle est peu soluble dans l'eau, plus facilement dans les acides étendus et très aisément dans les alcalis. Sa composition est représentée par la formule $C^{68}H^{74}Az^{8}O^{12}$ et sa formation peut être exprimée par l'équation (Hoppe-Seyler) :

$$C^{68}H^{70}Az^{8}O^{10}Fe^{2} + 4SO^{4}H^{2} + O^{2}$$
$$= C^{68}H^{70}Az^{8}O^{10}(SO^{4}H^{2})^{2} + 2FeSO^{4} + 2H^{2}O.$$

Elle ne se produit, en effet, qu'en présence de l'oxygène. Si l'on opère le dédoublement de l'hématine par l'acide sulfurique en vase clos, elle ne se dissout pas et il ne se forme pas d'hématoporphyrine; on obtient une masse noire, très peu soluble dans l'acide, insoluble aussi dans la potasse et qui a donné à l'analyse des chiffres correspondant à la formule

$$C^{68}H^{78}Az^{8}O^{7}.$$

Hoppe-Seyler a désigné ce corps sous le nom d'*hématoline*.

La solution sulfurique d'hématoporphyrine, même très étendue, offre deux bandes d'absorption, l'une avant D, l'autre plus forte au milieu entre D et E. Avec la solution potassique, qui est également pourpre, on observe quatre bandes, deux faibles entre C et D et avant E, et deux fortes et plus larges, la première vers D, moins développée vers C que vers E ; l'autre commençant un peu avant *b* et occupant plus de la moitié de l'espace entre *b* et F (voir fig. 72, n° VIII et IX, p. 901).

7° L'acide *chlorhydrique* à 100° ou mieux à 150°, en vase clos, dédouble rapidement l'hématine en lui enlevant le fer et donnant probablement de l'hématoporphyrine et de l'hématoline (Cazeneuve).

8° Chauffée à 140° avec du trichlorure de phosphore contenant un peu de phosphore, l'hématine donne un produit noir bleuâtre que l'eau dédouble en hématoporphyrine et sel ferreux, tous deux solubles, et en une matière insoluble. Celle-ci, lavée à l'eau et au sulfure de carbone, puis dissoute dans un alcali faible et précipitée par l'acide chlorhydrique, est exempte de fer et donne à l'analyse des chiffres conduisant à la formule $C^{68}H^{70}Az^{8}O^{10}(PO^{4}H^{3})^{4}$ (Hoppe-Seyler).

RECHERCHE ET DOSAGE DE L'HÉMOGLOBINE.

RECHERCHE. — La recherche du sang frais dans un liquide ou sur des taches se fait le mieux à l'aide du spectroscope; celle du sang ancien par la méthode de Teichmann (t. II, p. 10); toutes les fois qu'on le peut, il est utile de réunir les deux méthodes.

L'hémoglobine et surtout l'hématine résistent longtemps à la destruction. A l'aide de la réaction de Teichmann, Vitali (1879) a pu reconnaître nettement une tache de sang qui avait séjourné dans un tombeau pendant 260 ans ; et H. Schiff a caractérisé du sang conservé depuis 100 ans dans une collection de Florence. Selmi (1879) donne à la réaction de Teichmann une très grande sensibilité en faisant macérer le sang desséché avec de l'ammoniaque, filtrant et précipitant par le tungstate de sodium et l'acide acétique; le précipité lavé, qui contient toute l'hématine, est traité par 1 volume d'ammoniaque et 8 volumes d'alcool absolu et la solution filtrée est soumise à l'évaporation lente. Le résidu est alors éminemment propre à donner la réaction de Teichmann avec l'acide acétique cristallisable et une trace de sel marin.

Lorsqu'il s'agit de rechercher du sang dans un liquide qui en renferme une trace seulement (eau, urine, liquides pathologiques), on rassemble d'abord la matière colorante dans un précipité zincique ou tannique que l'on produit en ajoutant à la liqueur de l'acétate de zinc (Gunning) ou une solution de tannin (Struve); ce précipité est ensuite séché et traité par l'acide acétique et le sel marin.

D'après les expériences comparatives de Berg, la précipitation par le tannin donne de meilleurs resultats et est plus sensible que le procédé de Gunning; 1 goutte de sang dans 1500 centimètres cubes d'eau, dans 450 centimètres cubes d'urine ou dans 300 centimètres cubes d'urine albumineuse a pu être reconnue nettement à l'aide du tannin [J.-W. Gunning, *Zeitsch. analyt. Chem.*. 1871, p. 508; — H. Struve, *ibid.*, 1872, p. 29; — J.-W. Berg, *Jahresb. Thierch.*, 1873, p. 79].

Récemment, plusieurs chimistes italiens sont revenus à l'ancien procédé de Schönbein, fondé sur la réaction du sang avec la teinture de gaïac et l'essence de térébenthine; ils en ont vanté la grande sensibilité, mais n'ont pas réussi à dissiper nos doutes sur l'insuffisance de ce procédé, ni assez précis, ni assez démonstratif pour pouvoir être admis dans les expertises légales [Voir entre autres Diosc. Vitali, *Gazz. chim. ital.*, 1880, t. X, p. 213 et 261].

DOSAGE DE L'HÉMOGLOBINE. — C'est un des problèmes les plus importants de l'hématologie. Un grand nombre de procédés ont été proposés pour doser la matière colorante du sang. Elle est trop altérable pour que l'on puisse l'isoler en nature et il faut avoir recours à la détermination d'un de ses éléments, ou à la mesure du volume de gaz oxygène ou oxyde de carbone qu'elle peut absorber, ou encore à la colorimétrie de ses solutions, ou enfin à la photométrie de son spectre d'absorption. De là deux sortes de méthodes de dosage : les procédés chimiques et les procédés optiques. Ces derniers sont peut-être les plus exacts, mais dans tous les cas les plus expéditifs et les seuls pratiques pour les besoins de la clinique; ils n'exigent, en effet, qu'une très petite quantité de sang.

MÉTHODES CHIMIQUES. — 1° *Par le dosage du fer.* — Le sang est incinéré, les cendres sont dissoutes dans l'acide chlorhydrique, la solution est réduite par le zinc et titrée par une solution faible de permanganate.

Le chiffre trouvé pour le fer, multiplié par le facteur 100/0,42 = 238,1, donne la quantité d'hémoglobine contenue dans le poids du sang employé. Ce procédé est long et peu précis; d'un côté les erreurs se trouvent multipliées par un facteur énorme, et d'autre part le fer n'est pas engagé entièrement dans la matière colorante; les autres matériaux du sang en contiennent une très petite proportion.

2° *Dosage à l'état d'hématine.* — On ajoute au sang, suffisamment étendu d'eau, de l'éther, puis quelques gouttes d'acide chlorhydrique et l'on agite fortement; au bout de quelque temps de repos, le liquide se partage en deux couches, mais pour rendre la séparation complète il faut ajouter goutte à goutte de l'alcool. La couche supérieure contient du chlorhydrate d'hématine qui la colore en rouge brun : il est facile de la décanter exactement du sérum à peine coloré. On l'agite ensuite avec de l'eau ammoniacale jusqu'à ce que celle-ci se soit emparée de la totalité de l'hématine qu'elle laisse après évaporation. L'hématine ainsi obtenue serait pure et pourrait être pesée directement [W. Brozeit, *Jahresb. Thierch.*, 1871, p. 83].

Ce procédé est compliqué, et d'ailleurs on ne réussit pas toujours à enlever toute l'hématine avec l'éther. Brozeit n'a, du reste, pas démontré que l'hématine obtenue est tout à fait pure.

3° *Par le dosage de l'oxygène ou de l'oxyde de carbone absorbé.* — Le volume de ces gaz qu'absorbe un poids déterminé d'hémoglobine réduite est sensiblement constant et correspond à $1^{cc},59$ par gramme d'hémoglobine. Il faut y ajouter le volume d'oxygène simplement dissous par le liquide, soit environ $0^{cc},03$ par centimètre cube du liquide.

On débarrasse d'oxygène un volume connu de sang en le faisant traverser à froid par un courant d'hydrogène pur entretenu pendant 2 à 3 heures; il contient alors exclusivement de l'hémoglobine, et il suffit de l'agiter dans un appareil approprié avec un volume mesuré d'oxygène ou d'oxyde de carbone pour le saturer très rapidement de ce gaz. La mesure du volume gazeux qui a disparu permet de calculer la richesse en hémoglobine [Gréhant, *Compt. rend.*, t. LXXV, p. 497].

4° *Par le dosage de l'oxygène faiblement combiné.* — On a essayé d'abord de déterminer le volume de ce gaz en faisant bouillir le sang dans le vide de la machine pneumatique à mercure, mais cette méthode ne donne pas de bons résultats; en effet, nous avons vu plus haut que l'oxyhémoglobine ne cède jamais complètement son oxygène dans ces conditions et que le volume du gaz peut varier entre des limites assez éloignées. Il vaut mieux avoir recours au dosage volumétrique de l'oxygène par l'hydrosulfite, d'après le procédé de Schützenberger et Risler qui est décrit t. II, p. 1430 et qui a été modifié récemment par Quinquaud. Ce dernier savant a vérifié par l'expérience la relation de proportionnalité entre la quantité d'oxygène faiblement combiné du sang et la richesse en hémoglobine [Quinquaud, *Compt. rend.*, t. LXXVI, p. 1489; t. LXXXVIII, p. 1210].

Méthodes optiques. — Elles sont fondées sur ce fait que volumes égaux de deux solutions de même coloration contiennent la même quantité d'oxyhémoglobine, ou, en d'autres termes, que des solutions de même concentration [1] exercent sur la lumière le même pouvoir absorbant.

L'expérience a démontré qu'il en est ainsi, non seulement pour l'impression lumineuse mixte résultant de la superposition des radiations, mais aussi pour chaque radiation élémentaire. Aussi a-t-on abordé le problème du dosage optique de l'oxyhémoglobine par deux voies différentes, par la colorimétrie et par la spectrophotométrie. Mais, avant d'exposer ces méthodes, rappelons le procédé de Preyer qui est fondé sur un principe un peu différent.

Méthode de Preyer. — Une solution d'hémoglobine un peu concentrée ne laisse passer que les rayons rouges. Lorsqu'on l'étend peu à peu avec de l'eau, les radiations vertes sont les premières à se montrer, et ce phénomène correspond à une concentration tout à fait déterminée du liquide, pourvu que l'on opère toujours avec le même spectroscope, la même largeur de fente, une source lumineuse constante et une couche liquide de la même épaisseur. Il suffira donc, une fois pour toutes, de fixer la concentration de la solution qui laisse passer les premiers rayons verts, pour pouvoir très facilement doser la richesse en oxyhémoglobine d'une solution quelconque. Au lieu de diminuer la concentration par addition d'eau, il est plus simple, comme Rajewsky l'a proposé, de placer le liquide dans deux prismes creux de même angle que l'on peut faire glisser l'un sur l'autre, de manière à constituer une auge à faces parallèles, mais d'épaisseur variable. On détermine comparativement la concentration de la solution qui correspond à chaque position des prismes.

Ce procédé de dosage est moins sensible que les méthodes colorimétriques ordinaires, et présente en outre cet inconvénient de donner des résultats inconstants, l'œil d'un même observateur ne jouissant pas toujours de la même sensibilité [W. Preyer, *Ann. Chem. Pharm.*, t. CXL, p. 187; — Arcadius Rajewsky, *Pflüger's Arch.*, t. XII, p. 70].

Méthodes colorimétriques. — Dans ce cas spécial, le dosage colorimétrique n'est pas susceptible d'une très grande exactitude. L'œil est, en effet, peu sensible aux variations d'intensité de la lumière rouge.

Le procédé primitif indiqué par Hoppe-Seyler consistait à comparer, dans deux auges en verre à faces parallèles et de même épaisseur, une solution titrée d'oxyhémoglobine et une autre de sang dissous dans un volume connu d'eau; ce mélange était ensuite étendu d'eau peu à peu, de manière à ramener les deux liquides à la même intensité de coloration. La connaissance de cette quantité d'eau permet de calculer très simplement la proportion d'hémoglobine contenue dans la solution primitive. On avait aussi proposé de produire l'égalité de couleur en faisant varier, à l'aide d'un colorimètre approprié (le modèle de Laurent, par exemple), l'épaisseur de la couche de sang étendu d'eau. Ce procédé donne des résultats assez satisfaisants, surtout lorsque l'appareil employé permet d'observer à la fois les deux solutions; le champ visuel est alors partagé en deux moitiés, dont il est facile d'apprécier la moindre différence de coloration. Mais il offre l'inconvénient grave, qui lui ôte à peu près toute valeur pratique, d'exiger l'emploi d'une solution titrée d'hémoglobine qu'il est extrêmement difficile de se procurer, surtout en été, et qui au surplus ne se conserve pas du tout.

Pour que la méthode colorimétrique devînt pratique, il fallait un autre terme de comparaison : tel est celui que Rajewsky (*loc. cit.*) a trouvé dans les solutions de picrocarminate et Hayem dans un papier peint à l'aquarelle. En mélangeant des solutions de carmin et d'acide picrique, on peut obtenir un liquide qui imite exactement la couleur des solutions d'oxyhémoglobine, et qui offre aussi une image spectrale à peu près identique (Malassez).

D'autre part, on a perfectionné les procédés de dilution du sang en les rendant applicables à de très petites quantités de ce liquide. L'appareil dont on se sert est des plus simples. C'est une petite pipette ayant au plus 2 centimètres cubes de capacité et dont le tube inférieur capillaire porte trois traits qui limitent, à partir de la pointe, trois volumes égaux à 1/200, 1/100 et 1/50e de la capacité totale de la pipette. L'appareil porte donc quatre traits, un au-dessus du réservoir marqué du chiffre 100 et trois au-dessous marqués ½, 1 et 2. Le jaugeage doit être fait très soigneusement avec du mercure et à la balance.

S'agit-il maintenant de doser l'hémoglobine dans le sang d'un malade, on fait une piqûre à l'extrémité d'un doigt, de manière à faire sortir une grosse goutte de sang, et on l'aspire immédiatement dans la pipette jusqu'au trait voulu, généralement le trait 1; on achève ensuite de le remplir jusqu'au trait 100 avec de l'eau distillée et pour rendre le mélange homogène, on le vide dans un petit vase, on aspire de nouveau le liquide pour l'expulser une seconde fois. Par ces opérations, l'oxyhémoglobine s'est extravasée et le liquide est prêt à servir aux expériences colorimétriques ou spectrophotométriques.

Procédé de Hayem. — L'appareil se compose de deux petites cuvettes circulaires formées par deux anneaux de verre blanc collés sur une lame de verre blanc. L'une des cuvettes reçoit le sang convenablement étendu d'eau (en général, de 250 volumes) et est placée sur du papier blanc. D'autre part, on a préparé une série de rondelles de papier d'un diamètre égal à celui de la cuvette, sur lesquelles on a imité à l'aquarelle la couleur des solutions d'oxyhémoglobine et dont la teinte va en décroissant.

On glisse ces rondelles successivement sous la seconde cuvette, après l'avoir remplie d'eau distillée et l'on s'arrête lorsque l'on constate l'identité de coloration du liquide dans les deux

1. Nous entendons par concentration c la quantité de substance, exprimée en grammes, dissoute dans 1 centimètre cube de solution. Si le volume v contient p grammes de substance,

$$c = \frac{p}{v}.$$

cuvettes vues d'en haut par réflexion. Il faut avoir soin de faire cet examen devant une fenêtre tournée vers le nord et, dans tous les cas, il faut éviter les rayons directs du soleil.

Si l'on a déterminé au préalable la concentration des solutions d'oxyhémoglobine qui correspond à chaque rondelle colorée, une simple proportion donnera la quantité d'oxyhémoglobine contenue dans le sang à examiner.

Lors de la graduation de son appareil, Hayem n'a pas exprimé les résultats en grammes d'oxyhémoglobine, mais il les a rapportés à une unité correspondant au nombre de globules contenus dans 1 millimètre cube. Le n° 1 de son échelle correspond à la plus forte coloration que puisse donner le sang du doigt chez l'adulte, c'est-à-dire à 6 000 000 de globules, le n° 7 à 3 000 000 seulement; les numéros intermédiaires viennent s'étager de 500 000 en 500 000 globules entre ces deux extrêmes. Ce procédé très rapide suffit amplement pour les besoins de la clinique [Hayem, *Arch. Physiol. norm. et pathol.* (2), t. IV, p. 1].

Procédé de Quincke. — Ce savant emploie comme échelle de comparaison 20 tubes en verre longs de 8 centimètres, d'un diamètre de 5 millimètres et remplis de solution de picrocarminate de concentration croissante. La comparaison se fait directement sur un fond blanc [H. Quincke, *Jahresb. Thierch.*, 1878, p. 111].

Procédé de Malassez. — Nous allons exposer ce procédé d'après les dernières publications de ce savant, en renvoyant pour la méthode primitive aux mémoires originaux. Le terme de comparaison, l'*étalon*, est une solution de picrocarminate contenue dans une petite cellule de verre, formée d'un cylindre haut de 5 millimètres et fermé par deux lames parallèles; celles-ci sont maintenues par pression. Sa coloration correspond à celle d'un sang à 50 grammes d'oxyhémoglobine par litre et étendu de 100 volumes d'eau, la coloration étant observée sous une couche de 5 millimètres d'épaisseur.

La solution de picrocarminate doit être préparée d'une manière toute spéciale, que Malassez décrit en détail dans son mémoire. Elle est faite dans la glycérine étendue de 1/4 d'eau et légèrement phéniquée, et ne contient aucun excès d'ammoniaque. C'est à ces circonstances qu'elle doit sa propriété capitale, de se conserver, sans changement de coloration, pendant des années; la lumière elle-même ne semble pas hâter son altération.

L'appareil colorimétrique se compose d'une plaque rectangulaire, montée sur pied et pouvant s'incliner plus ou moins sur celui-ci. Cette plaque est percée de deux trous circulaires, de 5 millimètres de diamètre et placés tout près l'un de l'autre, sur une même ligne horizontale. Derrière l'un des trous, on fixe l'étalon de picrocarminate; derrière l'autre se meut, à l'aide d'un pignon et d'une crémaillère, une cuve prismatique de verre ayant un angle d'ouverture de 10° et une longueur de 75 millimètres, que l'on a remplie de la solution sanguine à examiner. En déplaçant le prisme on fait passer devant l'œil des colorations graduellement changeantes, et il est facile de trouver la position dans laquelle il y a identité de coloration entre l'étalon et le liquide sanguin. Une graduation tracée sur la face latérale du prisme indique alors directement, pour chaque position, la quantité d'oxyhémoglobine contenue dans le sang.

L'appareil doit être éclairé avec la lumière diffuse du ciel, tamisée au travers d'une glace dépolie, ou mieux, réfléchie par une glace recouverte d'un verre dépoli.

Le procédé de Malassez est très commode et rapide; les dispositions de l'appareil sont fort bien étudiées; le tout peut être renfermé dans un étui de la grandeur d'une trousse ordinaire. Il n'a pas la prétention de rivaliser avec les méthodes spectrophotométriques, ces erreurs étant environ de + 2 °/₀ de la quantité d'hémoglobine, mais ces légers écarts ont peu d'importance pour le praticien [L. Malassez, *Arch. de Physiol. norm. et pathol.* (2), t. IV, p. 1; t. X, p. 277].

Méthodes spectro-photométriques. — 1° *Procédé de Vierordt.* — C'est une application de la méthode générale de spectro-photométrie de Vierordt à la détermination de l'oxyhémoglobine. Elle exige l'emploi d'un spectroscope particulier (*spectrophotomètre*) :

1° La partie mobile de la fente se compose de deux parties égales, indépendantes, et dont chacune est gouvernée par une vis micrométrique qui indique en millimètres et fractions de millimètre la largeur de la portion correspondante de la fente. Cette disposition permet donc de produire deux spectres directement superposés, mais d'intensité différente.

2° La lunette oculaire porte deux coulisses qui permettent de masquer tout le spectre, à l'exception de la bande spectrale plus ou moins large que l'on veut examiner.

Avec un tel spectroscope il est très facile de mesurer le pouvoir absorbant d'un liquide coloré, dans les différentes régions spectrales. En effet, il suffit de placer le liquide dans une petite cuve en verre à parois parallèles distantes de 11 millimètres, dont la moitié inférieure est remplie par un bloc de verre de 10 millimètres d'épaisseur, de telle sorte que dans cette partie le liquide n'a qu'une épaisseur de 1 millimètre. Si l'on examine au spectroscope la lumière qui a traversé cette cuve, les deux moitiés de la fente ayant la même largeur, on observe deux spectres, l'un sombre, l'autre plus lumineux. Il suffit alors de diminuer la largeur de la fente inférieure jusqu'à égalité d'intensité des spectres pour trouver le pouvoir absorbant de la solution. Supposons, en effet, que l'on ait réduit à 1/5 la moitié inférieure de la fente, le rapport des intensités de la lumière émergente des deux moitiés de la cuve sera également de 1/5, et ce rapport représentera l'intensité de la lumière qui reste non absorbée après le passage à travers une couche de 10 millimètres. De fait, si I représente l'intensité de la lumière incidente, n le coefficient d'absorption du milieu, on a pour la moitié supérieure de la cuve,

$$I' = I\,n^{11}$$

et pour la moitié inférieure

$$I'' = I\,n^{1}.$$

De là $$\frac{I'}{I''} = \frac{I\,n^{11}}{I\,n^{1}} = n^{10} = \frac{1}{5}.$$

Or $I\,n^{10}$ représente l'intensité de la lumière émergente après le passage au travers d'une couche de 10 millimètres.

Le logarithme négatif de cette valeur a été appelé par Bunsen *coefficient d'extinction* ε; au point de vue physique, ce n'est autre chose que la valeur réciproque de l'épaisseur du milieu qui réduit la lumière à 1/10 de son intensité primitive. On est convenu d'exprimer le coefficient d'extinction en centimètres.

Or il est facile de montrer par le calcul, et l'expérience a confirmé, que le rapport de la concentration c à ce coefficient est constant pour une même région spectrale, quelle que soit la concentration :

$$A = \frac{c}{\varepsilon} = \frac{c'}{\varepsilon'} = \frac{c''}{\varepsilon''}.$$

Cette valeur A a reçu le nom de *rapport d'absorption.*

Si l'on connaît donc, une fois pour toutes, le rapport d'absorption pour l'oxyhémoglobine ou l'hémoglobine, il suffira de déterminer le coefficient d'extinction pour avoir la concentration de la solution, c'est-à-dire le poids de la matière colorante du sang, exprimé en grammes, contenu dans 1 centimètre cube de la solution $c = A. \varepsilon$.

Le choix de la région spectrale n'est pas indifférent; il convient de prendre les régions de forte absorption : dans le cas spécial, les bandes d'absorption α et β. L'intensité de la lumière diminue beaucoup plus vite dans ces régions, et d'autre part l'œil est beaucoup plus sensible pour de faibles intensités lumineuses [C. Vierordt, *Die Anwendung des Spectralapparates zur Photometrie der Absorptionsspectren*, *Tübingen* 1873, et *Die quantitative Spectralanalyse in ihrer Anwendung auf Physiologie etc.* Tübingen 1876].

La valeur du rapport d'absorption A a été déterminée par Hüfner et ses élèves; ce genre de recherche, exigeant d'abord la préparation d'oxyhémoglobine cristallisée et pure, puis la préparation d'une solution titrée de cette matière colorante, présente des difficultés très grandes et n'a été étendu jusqu'ici qu'à un petit nombre d'espèces d'oxyhémoglobine. Les chiffres obtenus sont très concordants; ils se rapportent aux régions spectrales

D 32 E — D 53 E

et

D 63 E — D 84 E

(notation de Vierordt); la dernière correspond à la bande d'absorption β de l'oxyhémoglobine et la première à la portion du spectre intermédiaire entre les deux bandes, par conséquent à la bande de l'hémoglobine réduite. On a choisi la bande β par la raison que son milieu est plus sombre que celui de α, d'après les mesures de Vierordt; on rappelle qu'à première vue la bande α paraît plus sombre, ce qui s'explique par ses limites plus tranchées.

Rapports d'absorption de l'oxyhémoglobine.

	Ao D 32 E-D 53 E	Ao' D 63E-D 84 E.
Chien.......	0.001321	0.001000
Rat.........	0.001491	0.001105
Cobaye.....	0.001395	0 001027
Porc......	0.001345	0.001014
Hibou.... ..	0.001311	—
Chat........	0.001326	—
Homme	0.001320	—

Dans le calcul de ces chiffres, la concentration *c* est rapportée à un centimètre cube de solution. Les trois derniers résultats n'ont pas été déterminés directement, on les a calculés avec des solutions de sang, en admettant pour Ao' le chiffre de l'oxyhémoglobine de chien 0.001 qui est le mieux établi. De ces chiffres on déduit en moyenne le rapport

$$\frac{Ao}{A} = 1.330.$$

Pour l'hémoglobine réduite de chien, Hüfner a trouvé, dans les régions spectrales indiquées, les rapports d'absorption suivants :

$$Ar = 0.001091,$$
$$Ar' = 0.001351.$$

La connaissance de ces rapports d'absorption est très importante, car elle permet de doser l'oxyhémoglobine et l'hémoglobine réduite coexistant dans un liquide; Hüfner a appliqué cette méthode avec succès à la détermination des deux matières colorantes dans le sang artériel et surtout dans le sang veineux [G. Hüfner, *Zeitschr. physiol. Chem.*, t. Ier, p. 317; t. III, p. 1; — C. von Noorden, *ibid.*, t. IV, p. 9; — J. Otto, *ibid.*, t. VII, p. 62].

2° *Autres procédés.* — Tout en conservant le principe de la méthode de Vierordt, on a modifié et amélioré la photométrie des spectres en mettant à profit les lois de la polarisation de la lumière et polarisant à angle droit les faisceaux venant de la partie inférieure et supérieure de la fente.

Au lieu de diminuer la largeur de l'une de ces parties, pour affaiblir le spectre le plus lumineux, on laisse à la fente la même largeur, on polarise par un prisme biréfringent (Wollaston) les deux faisceaux et on les ramène à égalité d'éclat par la rotation d'un nicol; ce système photométrique est placé entre la lentille du collimateur et le prisme du spectroscope. Pour atteindre cette égalité, on peut, à l'exemple de Glan, juxtaposer les deux faisceaux polarisés à angle droit et comparer directement leur intensité lumineuse. Mais il est préférable, d'après les recherches récentes de Trannin, Violle et Branly, de les superposer en partie et d'examiner la portion commune avec un polariscope de Savart, comme l'a fait Wild dans son saccharimètre. Aussi longtemps que les faisceaux sont d'inégale intensité, on aperçoit les franges de Savart, qui disparaissent dès que, par la rotation du nicol, l'égalité d'éclat est atteinte.

De toutes les méthodes décrites, celle de Branly semble être la plus précise, et elle présente le plus de garanties, par la raison que le résultat véritable est compris nécessairement entre deux limites assez rapprochées et faciles à observer; mais cette méthode exige de profonds changements à apporter au spectroscope ordinaire [Branly, *Thèse Fac. Méd. Paris.*, 1882, n° 207]. A. Henninger.

HÉMOLUTÉINE. — [Syn. de *Lutéine*].

HENRYITE (Min.). — Paraît être une altaïte mélangée de pyrite (Genth).

HEPTANES [Syn. *Hydrures d'heptyle*]. C^7H^{16}. — La théorie prévoit l'existence de 9 heptanes isomériques; 4 seulement sont connus avec certitude. Ce sont :

1° L'*heptane normal*,

$$CH^3\text{-}CH^2\text{-}CH^2\text{-}CH^2\text{-}CH^2\text{-}CH^2\text{-}CH^3.$$

— Ce composé constitue l'essence de *Pinus Sabiniana* [Thorpe, *Deutsch. chem. Gesellsch.*, 1879, p. 850 et 2175]. Il se produit aisément. On l'obtient dans la décomposition de la paraffine par la chaleur [Thorpe et Young, *Deutsch. chem. Gesellsch.*, 1872, p. 558], dans la distillation des acides gras élevés sous l'influence de la vapeur d'eau (Cahours et Demarçay).

Il existe dans les pétroles américains, où il paraît être mélangé à un heptylène particulier. On peut l'en isoler en le traitant en tubes scellés par l'acide azotique ($d = 1{,}38$), qui n'attaque pas l'heptane [Beilstein et Kurbatoff, *Deutsch. chem. Gesellsch.*, 1880, p. 208].

L'heptane normal bout à 98,5-99°,5. Sa densité à 19° est de 0,6967.

Celui qui provient du *Pinus Sabiniana* distillerait un peu plus bas (98°,4) et aurait à 0° la densité 0,70057. Son indice de réfraction est 1,3879 pour la raie D. Son pouvoir rotatoire est + 6°,9 pour une colonne de 2 décimètres. Il possède une odeur qui rappelle l'essence d'orange.

2° *Diméthylbutylméthane* [Syn. *Éthyle-amine*],

$$CH^3\text{-}CH^2\text{-}CH^2\text{-}CH^2\text{-}CH <^{CH^3}_{CH^3}$$

déjà obtenu par Wurtz (voir t. Ier, p. 1314), a été préparé par Grimshaw au moyen de l'action du sodium sur un mélange d'iodure d'éthyle et d'amyle. Il bout à 90°. Sa densité à 18°,4 est 0,6833 [Grimshaw, *Ann. Chem. Pharm.*, t. CLXVI, p. 163].

Purdie a obtenu synthétiquement un carbure qui doit être identique avec l'éthyle-amyle, en réduisant successivement à l'état d'alcool, puis de carbure, l'acétone extraite de l'éther isobutylacétique. Ce carbure bouillait à 89°,5.

Schorlemmer a trouvé, en outre, dans un pétrole de Pennsylvanie un heptane bouillant à 90° et qui paraît être identique avec l'éthyle-amyle. Il s'y trouve mélangé avec l'heptane normal [Schorlemmer, *Ann. Chem. Pharm.*, t. CLXVI, p. 172].

3° Le *triéthylméthane*,

$$C^2H^5\text{-}CH <^{C^2H^5}_{C^2H^5}$$

a été obtenu par Ladenburg par l'action du sodium et du zinc-éthyle sur l'éther orthoformique $CH(OC^2H^5)^3$. On chauffe doucement 100 grammes d'éther, 40 de zinc-éthyle et on y ajoute peu à peu 30 grammes de sodium. On rectifie et on traite de même l'éther non attaqué. Ce carbure bout à 96°. Sa densité à 27° est 0,689. Il possède une odeur de pétrole [Ladenburg, *Deutsch. chem. Gesellsch.*, 1872, p. 753].

4° Enfin le *diéthyldiméthylméthane*,

$$\begin{matrix}CH^3\\CH^3\end{matrix}>C<\begin{matrix}C^2H^5\\C^2H^5\end{matrix}$$

a été décrit par Friedel et Ladenburg [Voir t. II, p. 15].

M. Hanriot.

HEPTYLACÉTIQUE (ACIDE), $C^9H^{10}O^2$. — L'acide heptylmalonique, chauffé au bain d'huile à 160°, se décompose en perdant de l'acide carbonique et en laissant pour résidu de l'acide heptylacétique. Celui-ci peut être purifié par distillation : c'est un liquide incolore, bouillant à 232°, insoluble dans l'eau, très soluble dans l'alcool et dans l'éther.

Le sel d'*argent* est cristallin : il est légèrement soluble dans l'alcool et dans l'eau. Le sel de *baryum* est amorphe (Venable).

HEPTYLÈNE, C^7H^{14}. — Les composés répondant à la formule C^7H^{14} peuvent exister sous un très grand nombre de modifications isomériques. Plusieurs d'entre elles sont connues. On ne saurait cependant leur assigner de formules de constitution ; aussi nous contenterons-nous de les énumérer.

1° L'heptane normal retiré du pétrole de Pennsylvanie donne par l'action du chlore, puis de la potasse alcoolique, un hexylène bouillant à 98-99° [Schorlemmer, *Deutsch. chem. Gesellsch.*, 1878, p. 74].

2° L'éthyle-amyle chloré, traité par l'acétate de potassium, fournit de même un heptylène bouillant à 91° [Grimshaw, *Deutsch. chem. Gesellch.*, 1873, p. 74].

3° On obtient un heptylène bouillant à 81-83° en chauffant à 180° de l'acide oxyisocaproïque avec de l'acide sulfurique très étendu. Sa densité à 14° est 0,6935. Il se combine à l'acide iodhydrique en formant l'iodure de diméthylisobutylcarbinol [Markownikoff, *Bull. Soc. chim.*, t. XVII, p. 122].

4° Le triéthylcarbinol, traité par l'acide sulfurique et le dichromate de potassium, donne entre autres produits un heptylène se combinant au brome, mais qui n'a pas été suffisamment étudié [Prianitschnikow et Nachapetian, *Deutsch. chem. Gesellsch.*, 1871, p. 560].

5° Parmi les produits de décomposition pyrogénée de la paraffine, on trouve un heptylène dont le bromure bout en se décomposant partiellement à 185°. Sa densité est 1,5146 [Thorpe et Young, *Deutsch. chem. Gesellsch.*, 1872, p. 558].

6° L'iodure de diméthylisobutylcarbinol, traité par la potasse, donne un heptylène bouillant à 83-84°, ayant pour densité 0,714 à 0°. Traité par l'acide iodhydrique, il régénère l'iodure primitif [Pauwlow, *Deutsch. chem. Gesellsch.*, 1874, p. 730].

Traité de même, le méthyléthylpropylcarbinol fournit un heptylène bouillant à 90-95° ; le méthyléthylisopropylcarbinol en donne un qui bout à 75-80° [Pauwlow, *Deutsch. chem. Gesellsch.*, 1876, p. 1311].

7° En chauffant avec la potasse alcoolique l'anhydride du pentaméthyléthol, Boutlerow a obtenu un heptylène bouillant à 78-80°, d'odeur camphrée, qui s'unit facilement aux hydracides et donne avec le brome un produit d'addition, $C^7H^{14}Br^2$, très fusible [Boutlerow, *Deutsch. chem. Gesellsch.*, 1875, p. 166].

M. Hanriot.

HEPTYLIQUE (ACIDE) [Syn. d'*Œnanthylique (acide)*].

HEPTYLIQUES (ALCOOLS), C^7H^{15},OH. — La théorie prévoit l'existence de 38 alcools heptyliques isomériques ; 8 seulement sont connus avec certitude.

1° *Alcool heptylique normal*,

$$CH^3\text{-}CH^2\text{-}CH^2\text{-}CH^2\text{-}CH^2\text{-}CH^2\text{-}CH^2.OH.$$

— C'est celui qui a été le mieux étudié. Il se forme dans l'hydrogénation de l'œnanthol par le zinc et l'acide acétique ou par l'amalgame de sodium [Schorlemmer, *Bull. Soc. chim.*, t. Ier, p. 188 ; — Grimshaw et Schorlemmer, *Deutsch. chem. Gesellsch.*, 1873, p. 596].

On l'obtient également en traitant l'hydrure d'heptyle normal par le chlore. Il se forme un chlorure primaire qui, traité par l'acétate de potassium, puis par la potasse caustique, fournit l'alcool normal mélangé à l'isomère (2) [Schorlemmer, *Deutsch. chem. Gesellsch*, 1872, p. 298].

Il est probablement identique avec l'alcool heptylique extrait de l'huile de marc de raisin [Faget, *Bull. Soc. chim.*, 1862, p. 59], ainsi qu'avec celui extrait de l'huile de ricin ; cependant Neison n'a pu réussir à le préparer de cette façon [*Deutsch. chem. Gesellsch.*, 1874, p. 1025].

L'alcool heptylique normal bout à 170-172° (Schorlemmer), à 175°,5 (Cross). Sa densité à 16° est de 0,830.

Par oxydation, il donne l'acide œnanthylique normal bouillant à 219-222°. Traité par le chlorure de zinc et l'acide chlorhydrique, il donne l'heptane normal, de l'heptylène et un mélange de chlorure normal et de chlorure secondaire [Schorlemmer, *Deutsch. chem. Gesellsch.*, 1874, p. 1792].

Il donne des éthers ; voici les constantes de quelques-uns :

	Point d'ébullition.	Pression.	Densité à 16°.
Chlorure	159°,2	754mm	0,881
Bromure	178,5	750,6	1,133
Iodure	201,0	754,8	1,346
Acétate	191,5	758,5	0,874
Œnanthylate	270-272	760	0,870
Éther éthylique	165	748,3	0,790

[Cross, *Deutsch. chem. Gesellsch.*, 1877, p. 1601].

L'iodure, traité par le nitrite d'argent, donne un dérivé nitré, reconnaissable à la formation d'un acide éthylnitrolique (Gutknecht).

2° *Pentylméthylcarbinol*,

$$CH^3\text{-}CH^2\text{-}CH^2\text{-}CH^2\text{-}CH^2>^{CH^3}CH.OH.$$

— Lorsqu'on traite l'hydrure d'heptyle normal par le chlore, on obtient, entre autres produits, un chlorure secondaire qui, traité par l'acétate de potassium, puis par la potasse, fournit l'alcool secondaire. C'est un liquide incolore bouillant à 160-162°. Par oxydation, il donne une acétone qui se dédouble elle-même en acide acétique et acide valérianique [Schorlemmer, *Deutsch. chem. Gesellsch.*, 1872, p. 298].

3° *Isoamylméthylcarbinol*,

$$\frac{CH^3}{CH^3}>CH\text{-}CH^2\text{-}\frac{CH^2}{CH^3}>CH.OH.$$

— On le prépare en traitant par l'hydrogène naissant l'isoamylméthylacétone. C'est un liquide incolore, bouillant à 148-150°; sa densité à 17°,5 = 0,8185. Traité par les oxydants, il régénère l'isoamylacétone.

Son chlorure bout à 135-137°; son iodure bout à 165-175°; son acétate bout à 166-168° et possède la densité de 0,8595 à 23° [Rohn, *Deutsch. chem. Gesellsch.*, 1878, p. 252].

4° *Dipropylcarbinol*,

$$CH^3\text{-}CH^2\text{-}CH^2\text{-}CH(OH)\text{-}CH^2\text{-}CH^2\text{-}CH^3.$$

— On l'obtient par l'action de l'hydrogène naissant sur la butyrone

$$CH^3\text{-}CH^2\text{-}CH^2\text{-}CO\text{-}CH^2\text{-}CH^2\text{-}CH^3.$$

C'est un liquide incolore, peu fluide, d'odeur piquante, peu soluble dans l'eau, soluble dans l'alcool. Il bout à 149-150°. Sa densité à 25° est 0,814. Par oxydation, il régénère la butyrone. Son iodure bout à 180° en se décomposant partiellement. Sa densité est = 1,20 [Kurtz, *Ann. Chem. Pharm.*, t. CLXI, p. 205].

5° *Diisopropylcarbinol*,

$$\frac{CH^3}{CH^3}>CH\text{-}CH.OH\text{-}CH<\frac{CH^3}{CH^3}.$$

— Par le même traitement, l'isobutyrone fournit le diisopropylcarbinol. C'est un liquide incolore, bouillant à 131-132°. Sa densité à 17° est 0,8323. Il est peu soluble dans l'eau et possède une odeur éthérée agréable rappelant la menthe poivrée. Traité par l'acide chromique, il régénère l'isobutyrone [Reinh. Münde, *Deutsch. chem. Gesellsch.*, 1874, p. 1370].

6° *Triéthylcarbinol*,

$$\frac{C^2H^5}{C^2H^5}>C<\frac{C^2H^5}{OH}.$$

— On l'obtient par l'action du zinc-éthyle sur le chlorure de propionyle [Prianitschnikoff et Nachapetian, *Deutsch. chem. Gesellsch.*, 1871, p. 479].

On l'obtient encore en traitant par l'acide chlorhydrique l'heptylène dérivé de l'heptane normal et saponifiant le chlorure ainsi obtenu. Cependant la constitution de ce dernier n'est pas suffisamment établie et son mode de formation s'accorde mal avec sa formule [Morgan, *Deutsch. chem. Gesellsch.*, 1874, p. 1393].

C'est un liquide incolore devenant très épais à — 20°, bouillant à 140-142°. Soumis à l'oxydation au moyen du dichromate et de l'acide sulfurique, il donne un heptylène, de l'acide acétique et de l'acide propionique.

7° *Diméthylisobutylcarbinol*,

$$\frac{CH^3}{CH^3}>C<\frac{CH^2\text{-}CH<\frac{CH^3}{CH^3}}{OH}.$$

— On l'obtient par l'action du chlorure de valéryle sur le zinc-méthyle. Il faut avoir soin de refroidir fortement les deux corps avant de les mélanger, et de laisser la réaction se produire à froid. Elle demande environ un mois [Pawlow, *Deutsch. chem. Gesellsch.*, 1874, p. 729].

L'action du zinc-méthyle sur le bromure d'isobutyryle monobromé fournit le même alcool.

L'heptylène dérivé de l'acide isocaproïque donne avec les acides iodhydrique et bromhydrique des éthers qui, saponifiés par l'oxyde d'argent, abandonnent le même alcool heptylique [Markownikoff, *Deutsch. chem. Gesellsch.*, 1871, p. 462].

C'est un liquide incolore, peu soluble dans l'eau, bouillant à 120-130°, et ne se solidifiant pas à — 20°. Par l'oxydation, il donne de l'acide acétique et de l'acide isobutyrique.

8° *Triméthyléthyléthol*,

$$\frac{CH^3}{CH^3}>CH\text{-}\overset{CH^3}{\underset{C^2H^5}{C}}OH$$

— Il se forme lorsque l'on fait réagir le zinc-méthyle sur le bromure de butyryle monobromé. C'est un liquide incolore, bouillant à 138-140° et ne cristallisant pas à — 30°. Les oxydants le dédoublent en acide acétique et méthyléthylacétone. Son chlorure bout à 135-138° et son iodure à 145-147° [Kaschirsky, *Deutsch. chem. Gesellsch.*, 1878, p. 985].

9° *Pentaméthyléthol*,

$$CH^3\text{-}\overset{CH^3}{\underset{CH^3}{C}}-\overset{CH^3}{\underset{CH^3}{C}}\text{-}OH$$

— On le prépare au moyen du chlorure de triméthylacétyle et du zinc-méthyle. On obtient ainsi des cristaux d'odeur camphrée, un peu solubles dans l'eau, de l'hydrate $2C^7H^{16}O + H^2O$, fusibles à 83°. A 100°, ils se décomposent déjà partiellement en alcool et en eau. On obtient l'alcool pur en les chauffant avec de la baryte.

Il fond à 17° et bout à 131-132°. Traité par le brome, il donne une huile jaune. Oxydé par le dichromate et l'acide sulfurique, il fournit un produit blanc solide, puis se dédouble en acides.

Traité par le perchlorure de phosphore, il donne un chlorure $C^7H^{15}Cl$ sous forme d'une masse blanche rappelant le camphre et fusible à 136°. L'iodure, qui lui ressemble, fond à 140-142° [Boutlerow, *Deutsch. chem. Gesellsch.*, 1875, p. 165].

On obtient encore le même alcool en mettant l'heptylène dérivé du pentaméthyléthane avec de l'alcool étendu et de l'acide azotique, mode de préparation qui rappelle celui des hydrates de la série térébénique, dont cet alcool se rapproche par bien des côtés [Boutlerow, *Deutsch. chem. Gesellsch.*, 1875, p. 1683].

9° Enfin, Grimshaw a obtenu les alcools dérivés de l'éthyle-amyle par la chloruration, puis saponification; ces alcools doivent être différents de ceux qui précèdent, mais ils n'ont point été suffisamment étudiés pour que nous nous en occupions [Grimshaw, *Deutsch. chem. Gesellsch.*, 1873, p. 74].

M. Hanriot.

HEPTYLMALONIQUE (ACIDE), $C^{10}H^{18}O^4$. — On traite par la potasse alcoolique l'heptylmalonate d'éthyle; le produit de la réaction est acidulé par l'acide chlorhydrique et épuisé par l'éther : l'évaporation de ce dernier fournit un liquide huileux, qui, abandonné dans l'air sec, se prend à la longue en une masse solide jaunâtre. Pour purifier l'acide heptylmalonique, on le lave à l'éther de pétrole, qui dissout les impuretés, et on l'obtient finalement sous la forme d'une masse cristalline blanche, fusible à 97-98°, peu soluble dans l'eau, très soluble dans l'alcool, le chloroforme et l'éther.

Les sels d'*argent* et de *baryum* sont des précipités blancs, insolubles dans l'eau et dans l'alcool.

Heptylmalonate d'éthyle. — On le prépare en faisant réagir l'éther malonique sur le bromure d'heptyle, en présence de sodium dissous dans l'alcool absolu : c'est un liquide incolore, bouillant à 263-265° [Venable, *Deutsch. chem. Gesellsch.*, 1880, p. 1651].

HÉRACLINE. - Poudre de mine composée d'acide picrique, des nitrates de potassium et de sodium, de soufre et de sciure de bois.

HESPÉRÉSIQUE (ACIDE), $C^{20}H^{26}O^{17}.2H^2O$ [Whright, *Deutsch. chem. Gesellsch.*, 1873, p. 149]. — Ce corps prend naissance dans l'action de l'acide nitrique sur l'hespéridène. Il perd $2H^2O$ à 100°. Il ne paraît pas avoir été étudié.

HESPÉRÉTINE, $C^{16}H^{14}O^6$ [Ed. Hoffmann, *Deutsch. chem. Gesellsch.*, 1876, p. 26 et 685; — Tiemann et Will, *ibid.*, 1881, p. 946].

L'hespérétine prend naissance dans le dédoublement de l'hespéridine sous l'action des acides dilués et bouillants. On chauffe pendant 3 heures à 115-120° 40 p. d'hespéridine avec 200-250 p. d'une solution à 2 % d'acide sulfurique dans l'alcool étendu de son volume d'eau : on obtient ainsi un liquide jaune, d'où l'addition d'eau précipite l'hespérétine.

L'hespérétine se présente en beaux cristaux blancs, fusibles à 223° (Hoffmann), à 226° (Tiemann et Will), solubles dans l'alcool et dans l'éther, à peu près insolubles dans l'eau froide, peu solubles dans le chloroforme et dans la benzine, solubles en jaune dans l'acide sulfurique. Sa saveur est très sucrée.

Elle présente des propriétés phénoliques : elle se dissout dans les alcalis et est précipitée de ces solutions par l'acide carbonique; elle se dissout dans l'ammoniaque sans s'y combiner; elle peut être chauffée avec de l'eau et des carbonates métalliques sans fournir de combinaisons.

Elle donne avec le chlorure ferrique une coloration rouge-brun.

Chauffée quelques instants avec de l'eau et de l'amalgame de sodium, elle donne une solution orangée d'où l'addition d'acide chlorhydrique précipite un corps soluble dans l'alcool en rouge violacé. Par fusion avec la potasse, elle fournit de l'acide protocatéchique.

Chauffée à l'ébullition pendant 3 heures avec 10 p. d'eau et 3 p. de potasse, elle est presque intégralement dédoublée en phloroglucine et acide hespérétique, suivant l'équation

$$C^{16}H^{14}O^6 + H^2O = C^6H^6O^3 + C^{10}H^{10}O^4.$$

Si l'on admet pour l'acide hespérétique (voyez ce mot) la constitution

$$C^6H^3(CH = CH\text{-}CO^2H)_{(1)}(OH)_{(3)}(OCH^3)_{(4)},$$

on en déduit pour l'hespérétine la formule

$$C^6H^3(OH)_{(3)}(OCH^3)_{(4)}(CH = CH\text{-}CO)_{(1)} \atop (OH)_{(5)}(OH)_{(3)}C^6H^3_{(1)} > O.$$

Ad. Fauconnier.

HESPÉRÉTIQUE (ACIDE), $C^{10}H^{10}O^4$. [Ed. Hoffmann, *Deutsch. chem. Gesellsch.*, 1876, p. 686; — Tiemann et Will, *Ibid.*, 1881, p. 955]. — Cet acide se produit par l'action de la potasse sur l'hespérétine : un mélange de 1 p. d'hespérétine, 3 p. de potasse et 10 p. d'eau, est maintenue à l'ébullition pendant 3 heures :

$$C^{16}H^{14}O^6 + H^2O = C^6H^6O^3 + C^{10}H^{10}O^4;$$

on étend d'eau et on ajoute de l'acide chlorhydrique : il se fait un précipité cristallin d'un jaune rougeâtre, tandis que le liquide renferme en solution la phloroglucine.

On purifie l'acide hespérétique en le transformant en sel de calcium, qu'on décompose ensuite par l'acide chlorhydrique. Il se présente en aiguilles blanches brillantes, insolubles dans la ligroïne, peu solubles dans le chloroforme, la benzine, l'eau froide, très solubles dans l'alcool et dans l'éther; il fond à 225° (Hoffmann) à 228° (Tiemann et Will) et se décompose un peu au-dessus de cette température.

C'est un acide monobasique. Ses sels de *calcium* et de *baryum* cristallisent en prismes orthorhombiques courts; les sels d'*argent* et de *plomb* sont des précipités amorphes; le sel de *zinc* est en aiguilles blanches, le sel de *cuivre* en arborescences vertes.

L'acide hespérétique ne donne pas de coloration avec le chlorure ferrique (Hoffmann).

Fondu avec 10 fois son poids de potasse caustique, il fournit de l'acide acétique et de l'acide protocatéchique.

Il est identique avec l'acide isoférulique (Suppl. p. 829) et sa constitution doit être représentée par le schéma

$$C^6H^3(CH = CH - CO^2H)_{(1)}(OH)_{(3)}(OCH^3)_{(4)}.$$

Hespérétate de méthyle,

$$C^6H^3(CH = CH\text{-}COOCH^3)_{(1)}(OH)_{(3)}(OCH^3)$$

— On l'obtient en traitant par un courant de gaz chlorhydrique l'acide hespérétique en suspension dans l'alcool méthylique, jusqu'à dissolution complète de l'acide, précipitant ensuite par l'eau et faisant recristalliser dans l'alcool bouillant. Il se présente en aiguilles brillantes, incolores, fusibles à 79°, presque insolubles dans l'eau, très solubles dans l'alcool et dans l'éther (Tiemann et Will).

Acide méthylhespérétique (Tiemann et Will),

$$C^6H^3(CH = CH\text{-}CO^2H)_{(1)}(OCH^3)_{(3)}(OCH^3)_{(4)}.$$

— On chauffe pendant 4 heures au réfrigérant ascendant un mélange d'acide hespérétique, de potasse et d'iodure de méthyle; on verse ensuite le produit dans l'eau et on épuise par l'éther; la solution éthérée est traitée par la potasse faible et évaporée.

On obtient ainsi des prismes obliques, fusibles à 64°, de *méthylhespérétate de méthyle* $C^{12}H^{14}O^4$. Saponifié par la potasse, cet éther fournit l'*acide méthylhespérétique* $C^{11}H^{12}O^4$, cristallisé en aiguilles brillantes fusibles à 180°. Cet acide fonctionne comme monobasique. Ses sels alcalins et alcalino-terreux sont très solubles dans l'eau. Ses sels de *plomb*, d'*argent* et de *cuivre* sont amorphes.

Oxydé par le permanganate de potassium en solution alcaline, l'acide méthylhespérétique se transforme en acide *vératrique*,

$$C^6H^3(CO^2H)_{(1)}(OCH^3)_{(3)}(OCH^3)_{(4)}.$$

Acide acétylhespérétique (Tiemann et Will),

$$C^6H^3(CH=CH\text{-}CO^2H)_{(1)}(OC^2H^3O)_{(3)}(OCH^3)_{(4)}.$$

— On maintient pendant 3 heures à l'ébullition une solution d'acide hespérétique dans l'anhydride acétique, puis on verse dans l'eau : il se sépare des lamelles incolores, brillantes, fusibles à 199°, insolubles dans l'eau, solubles dans l'alcool et dans l'éther.

Oxydé par le permanganate de potassium en solution acétique, l'acide *acétylhespérétique* fournit de l'acide isovanillique

$$C^6H^3(CO^2H)_{(1)}(OH)_{(3)}(OCH^3)_{(4)}.$$

Acide hydrohespérétique

$$C^6H^3(CH^2\text{-}CH^2\text{-}CO^2H)_{(1)}(OH)_{(3)}(OCH^3)_{(4)}.$$

— On l'obtient en faisant bouillir l'acide hespérélique avec de l'eau et de l'amalgame de sodium : il est identique avec l'acide *hydroisoférulique*.

Ad. Fauconnier.

HESPÉRÉTOL, $C^9H^{10}O^2$ [Tiemann et Will, *Deutsch. chem. Gesellsch.*, 1881, p. 967]. — Ce corps prend naissance dans la distillation sèche de l'hespérétate de calcium : le produit brut de la réaction est un liquide huileux d'un jaune clair, qui se prend par le refroidissement en une masse cristalline radiée. Après purification, l'hespérétol fond à 57°.

Il est très soluble dans l'alcool et dans l'éther, moins soluble dans l'eau.

Il se dissout dans les alcalis, et est précipité de ces solutions par les acides : il se comporte en cela comme un phénol.

Il se dissout dans l'acide sulfurique concentré avec une coloration rouge carmin.

D'après son mode d'obtention, l'hespérétol dérive de l'acide hespérétique par perte de CO^2. On doit donc lui donner la formule

$$C^6H^3(CH{=}CH^2)_{(1)}(OH)_{(3)}(OCH^3)_{(4)}.$$

HESPÉRIDÈNE, $C^{10}H^{16}$ [Wright, *Chem. News*, t. XXVII, p. 82; *Deutsch. chem Gesellsch.*, 1873, p. 147; et *Bull. Soc. chim.*, t. XIX, p. 514; — Tilden, *Deutsch. chem. Gesellsch.*, 1879, p. 1131]. — L'essence d'orange, soumise à la distillation fractionnée, fournit un hydrocarbure bouillant à 178°, qui a reçu le nom d'*hespéridène* : ce corps appartient au groupe des terpènes. Oxydé par le dichromate de potassium et l'acide sulfurique, l'hespéridène donne de l'acide carbonique et de l'acide acétique; il se forme en même temps une petite quantité d'un liquide bouillant à 210° et ayant la composition du camphre. Traité par l'acide nitrique, l'hespéridène est transformé en acide hespérisique,

$$C^{20}H^{26}O^{17}.2H^2O;$$

il ne se forme pas d'acide téréphtalique dans cette réaction. L'hespéridine ne donne pas de cymène par l'action de l'acide sulfurique.

Il se combine avec l'acide iodhydrique gazeux pour former un liquide instable, $C^{10}H^{16}$,HI. Il fixe directement 2 atomes de brome et donne un liquide d'un brun jaune, ayant pour formule $C^{10}H^{16}Br^2$, qui se décompose par la chaleur en cymène et acide bromhydrique.

Soumis en solution éthérée à l'action de l'acide chlorhydrique gazeux, il fournit des cristaux ayant pour composition $C^{10}H^{16}$, 2 HCl. Le corps ainsi obtenu fond à 48°; il est sans action sur la lumière polarisée; la chaleur le décompose en acide chlorhydrique et terpénylène, $C^{10}H^{16}$; l'ébullition avec dix fois son poids d'eau le transforme en un mélange de terpénylène et de terpinol, $C^{10}H^{18}O$.

Ad. Fauconnier.

HESPÉRIDINE, $C^{22}H^{26}O^{12}$ (voyez t. II, p. 19). — On extrait l'hespéridine des oranges non mûres et sèches, qui en renferment de 5 à 8 %. On épuise d'abord le fruit concassé par de l'eau froide jusqu'à ce que la solution ne précipite plus par l'acétate de plomb; le marc est alors mis en digestion avec un mélange à volumes égaux d'eau et d'alcool renfermant 1 à 2 % de potasse ou de soude, tant que le liquide se colore ; l'hespéridine entre en solution; on la précipite, en sursaturant par l'acide chlorhydrique, sous forme d'amas cristallins sphéroïdaux et jaunâtres [Ed. Hoffmann, *Deutsch. chem. Gesellsch.*, 1876, p. 26 et 685; — Tiemann et Will, *ibid.*, 1881, p. 946].

Pour purifier l'hespéridine, on la dissout dans une lessive de potasse à 5 %; on ajoute ensuite à la solution une grande quantité d'alcool, qui précipite une matière résineuse brune, après quoi le liquide limpide et peu coloré fournit l'hespéridine presque pure par addition d'acide chlorhydrique (Hoffmann).

On peut aussi la purifier par lavage à l'alcool, dissolution dans la soude alcolique faible, et précipitation par l'acide carbonique (Tiemann et Will), ou simplement par cristallisation dans l'acide acétique bouillant : les impuretés se déposent par le refroidissement et la liqueur filtrée fournit, après plusieurs jours de repos, un précipité cristallin blanc d'hespéridine, dont le dépôt n'est complet qu'après plusieurs mois [Paterno et Briosi, *Deutsch. chem. Gesellsch.*, 1876, p. 250].

Propriétés. — L'hespéridine cristallise dans l'eau, l'alcool, les acides étendus en aiguilles microscopiques, blanches, inodores et insipides, insolubles dans l'éther, la benzine, les huiles grasses et essentielles, presque insolubles dans l'eau froide, peu solubles dans l'alcool, assez solubles dans l'acide acétique chaud. Elle fond à 251° en se décomposant; une température de 200° ne l'altère pas.

L'hespéridine se dissout dans les alcalis en donnant une solution d'abord incolore, mais qui jaunit à la longue : il se forme dans ces conditions une combinaison instable qu'on peut précipiter par l'addition d'alcool. Si l'on chauffe l'hespéridine avec de la potasse concentrée jusqu'à commencement de fusion, on obtient, après neutralisation, une coloration verte par le chlorure ferrique en solution étendue (Hoffmann).

Si l'on évapore à sec une solution d'hespéridine dans la potasse faible, le résidu donne à chaud avec l'acide sulfurique étendu des colorations rouge et violette (Hoffmann).

L'hespéridine se dissout en jaune dans l'acide sulfurique. Chauffée pendant quelques instants avec de l'eau et de l'amalgame de sodium, elle donne une solution orangée, d'où l'acide chlorhydrique précipite un corps soluble dans l'alcool en rouge violacé (Tiemann et Will).

Par ébullition avec les acides dilués, l'hespéridine se dédouble en glucose et hespérétine suivant l'équation

$$C^{22}H^{26}O^{12} = C^6H^{12}O^6 + C^{16}H^{14}O^6.$$

Ce dédoublement est remarquable en ce qu'il a lieu sans fixation d'eau, contrairement à ce qui se passe pour la plupart des glucosides, dont le dédoublement ne s'effectue que par un phénomène d'hydratation.

Ad. Fauconnier.

HÉTÉROGÉNITE (Min.). — Masses amorphes, réniformes et globulaires, noires ou brun rougeâtre, formées essentiellement d'oxydes de cobalt hydratés.

Caractères : Solubles dans l'acide chlorhydrique avec dégagement de chlore.

Dureté, 3; densité, 3,44.

HEXACROLIQUE (ACIDE). — Voyez Acroléine, Suppl., p. 48.

HEXAMÉTHYLBENZINE, $C^{12}H^{18} = C^6(CH^3)^6$. — Ce carbure prend naissance dans l'action de la chaleur sur l'iodure de triméthylphénylammonium [A.-W. Hofmann, *Deutsch. chem. Gesellsch.*, 1872, p. 721]; dans l'action du chlorure de zinc fondu sur l'alcool méthylique [Le Bel et Greene, *Compt. rend.*, t. LXXXVII, p. 260], ou sur l'acétone à température élevée [Greene, *Compt. rend.*, t. LXXXVII, p. 931]; dans l'action du chlorure de méthyle sur la benzine, en présence du chlorure d'aluminium [Friedel et Crafts, *Bull. Soc. chim.*, t. XXVIII, p. 147; — Ador et Rilliet, *Deutsch. chem. Gesellsch*, 1879, p. 332]; dans l'action prolongée de la chaleur sur un mélange de chlorhydrate de xylidine et d'alcool méthylique [Hofmann, *Deutsch. chem. Gesellsch.*, 1880, p. 1730].

L'hexaméthylbenzine se présente en lamelles qui, d'après leurs propriétés optiques, paraissent orthorhombiques (Friedel et Crafts); il est peu soluble dans l'alcool froid, insoluble dans l'acide sulfurique; il fond vers 150° (Le Bel et Greene, Friedel et Crafts, Ador et Rilliet), à 163° (Hofmann), et bout à 253°.

Chauffé pendant quelques heures à 100° avec un excès de brome, l'hexaméthylbenzine donne un dérivé cristallisé, fusible à 227°, qui paraît avoir pour formule $C^{12}H^{18}Br^{6}$. Ce corps est presque insoluble dans l'alcool bouillant, soluble dans le toluène (Hofmann).

Oxydée par le permanganate de potassium à froid, l'hexaméthylbenzine fournit de l'acide mellique [Friedel et Crafts, *Bull. Soc. chim.*, t. XXXIV, p. 626].

Ad. Fauconnier.

HEXAMÉTHYLÈNE-AMINE. — Voyez Méthylène, t. II, p. 416.

HEXANE, $C^{6}H^{14}$. — L'hydrure d'hexyle ou hexane peut exister sous cinq modifications isomériques. Quatre sont connues.

1° *Hexane normal,*

$$CH^{3}\text{-}CH^{2}\text{-}CH^{2}\text{-}CH^{2}\text{-}CH^{2}\text{-}CH^{3}.$$

— C'est celui qui a été décrit sous les noms de dipropyle ou α-hydrure d'hexyle (voyez t. II, p. 20 et p. 1204). Il se forme en outre dans de nombreuses circonstances :

On le rencontre dans le pétrole de Pennsylvanie [Schorlemmer, *Deutsch. chem. Gesellsch.*, 1872, p. 598] et parmi les produits de décomposition de la paraffine en vases clos [Thorpe et Yung, *Deutsch. chem. Gesellsch.*, 1872, p. 558].

Il existe dans les produits de distillation des huiles de Pechelbronn, mélangé à deux hexylènes [Lebel, *Bull. Soc. chim.*, t. XVII, p. 3]; on les trouve aussi parmi les produits de la distillation des acides gras en présence de la vapeur d'eau surchauffée [Cahours et Demarçay, *Compt. rend.*, 1875]. Enfin il se forme dans la distillation sèche de l'acide subérique et de l'acide œnanthylique [Schorlemmer et Dale, *Deutsch. chem. Gesellsch.*, 1874, p. 807].

L'hexane normal se produit encore dans l'action de l'acide iodhydrique sur la benzine [Berthelot, *Bull. Soc. chim.*, t. IX, p. 17] et sur la mannite [Wanklyn et Erlenmeyer, *Rép. Chim. pure*, t. IV, p. 362].

C'est un liquide incolore, bouillant à 71°,5. Sa densité à 17° est 0,663.

Traité par le chlore à froid, il donne un mélange des deux chlorures

$$CH^{3}\text{-}CH^{2}\text{-}CH^{2}\text{-}CH^{2}\text{-}CH^{2}\text{-}CH^{2}Cl$$

et

$$CH^{3}\text{-}CH^{2}\text{-}CH^{2}\text{-}CH^{2}\text{-}CHCl\text{-}CH^{3},$$

bouillant le premier à 125-126° et le deuxième vers 135° [Schorlemmer, *Deutsch. chem. Gesellsch.*, 1870, p. 615].

2° *Éthyle-isobutyle,*

$$CH^{3}\text{-}CH^{2}\text{-}CH^{2}\text{-}CH<\begin{matrix}CH^{3}\\CH^{3}\end{matrix}.$$

Il s'obtient par l'action du sodium sur un mélange d'iodure d'éthyle et d'iodure d'isobutyle. Il bout à 62°. Sa densité à 0° est 0,7011.

3° *Diisopropyle,*

$$\begin{matrix}CH^{3}\\CH^{3}\end{matrix}>CH\text{-}CH<\begin{matrix}CH^{3}\\CH^{3}\end{matrix}$$

(voyez t. II, p. 155). Il s'obtient par l'action du sodium, de l'argent ou de l'amalgame de sodium sur l'iodure d'isopropyle. L'attaque a lieu vers 120-130°. Si l'on emploie le sodium et l'éther, il est utile d'ajouter une petite quantité d'eau. Il se dégage en même temps du propylène et de l'hydrure de propyle [Silva, *Bull. Soc. chim.*, t. XVIII, p. 530].

L'action de l'acide iodhydrique à 270° sur le propylène iodé et sur le diallyle donne un hexane identique avec le diisopropyle [Bouchardat, *Bull. Soc. chim.*, t. XVII, p. 198].

Le diisopropyle bout à 58°. Sa densité à 17° est 0,67. Traité par le chlore, il donne du chlorure d'hexyle $C^{6}H^{13}Cl$ et du chlorure d'hexylène liquide $C^{6}H^{12}Cl^{2}$, bouillant à 160°. En présence de l'iode, il donne par l'action d'un courant de chlore deux chlorures d'hexylène, l'un liquide, identique avec le précédent, l'autre solide et cristallisé.

Par l'action du brome, on obtient le bromure $C^{6}H^{12}Br^{2}$ [Silva, *Bull. Soc. chim.*, t. XIX, p. 98].

4° *Triméthyléthylméthane,*

$$\begin{matrix}CH^{3}\\C^{2}H^{5}\end{matrix}>C<\begin{matrix}CH^{3}\\CH^{3}\end{matrix}.$$

— On l'obtient en faisant réagir le zinc-éthyle sur l'iodure de butyle tertiaire. Il bout à 43-48° [Garainow, *Deutsch. chem. Gesellsch.*, 1872, p. 478].

5° Le *diéthylméthylméthane,*

$$\begin{matrix}C^{2}H^{5}\\C^{2}H^{5}\end{matrix}>C<\begin{matrix}CH^{3}\\H\end{matrix},$$

n'a pas encore été isolé; il se formerait probablement par l'action du zinc-éthyle sur le chlorure d'éthylidène.

M. Hanriot.

HEXÉRIQUE (ACIDE). — Voyez Éthylcrotonique (acide), Suppl., p. 696.

HEXIQUE (ACIDE). — Voyez Suppl., Tétrique (acide).

HEXYLÈNES, $C^{6}H^{12}$. — Un grand nombre de carbures répondant à cette formule ont été décrits par divers observateurs; généralement, leur constitution n'a pas été éclaircie; aussi n'en connaît-on avec certitude que cinq sur les onze que la théorie permet de prévoir.

1° *Butyléthylène,*

$$\begin{matrix}CH\text{-}C^{4}H^{7}\\ \| \\ CH^{2}\end{matrix} = CH^{3}\text{-}CH^{2}\text{-}CH^{2}\text{-}CH^{2}\text{-}CH=CH^{2}.$$

— On le prépare en décomposant par la potasse, soit le chlorure d'hexyle normal et primaire, soit le chlorure secondaire obtenu par l'action du chlore sur l'hexane du pétrole.

C'est un liquide incolore, bouillant vers 69°, ne se combinant pas à froid avec l'acide chlorhydrique [Schorlemmer, *Ann. Chem. Pharm.*, t. CXCIX, p. 139].

2° *Méthylpropyléthylène,*

$$\begin{matrix}CH\text{-}C^{3}H^{7}\\ \| \\ CH\text{-}CH^{3}\end{matrix} = CH^{3}\text{-}CH^{2}\text{-}CH^{2}\text{-}CH=CH\text{-}CH^{3}.$$

— C'est celui que Wanklyn et Erlenmeyer ont dérivé de la mannite, et qui a été décrit sous le nom de β-hexylène (voir t. II, p. 21).

Il ne se combine pas avec l'acide sulfurique étendu; par contre, saturé à froid d'acide chlorhydrique, il donne l'hexane monochloré, bouillant à 123°. Il se combine également avec l'acide hypochloreux en donnant une chlorhydrine de l'hexylglycol.

Oxydé par le dichromate de potassium et l'acide sulfurique, il donne de l'acide butyrique et de l'acide acétique [O. Hecht, *Deutsch. chem. Gesellsch.*, 1878, p. 1152; — Domac, *Monatsch. Chem.*, t. II, p. 309].

3° *Diméthyléthyléthylène,*

$$CH^{3}\text{-}CH=C<\begin{matrix}CH^{3}\\C^{2}H^{5}\end{matrix}.$$

— On l'obtient en traitant par la potasse l'iodure de diéthylméthylcarbinol. C'est un liquide incolore bouillant à 69-71°. L'acide sulfurique dilué le transforme en un produit de condensation bouillant à 196-199° [Jawein, *Bull. Soc. chim.*, t. XXX, p. 26; — Tschaikoursky, *Deutsch. chem. Gesellsch.*, 1873, p. 330].

4° *Éthyldiméthyléthylène,*

$$C^{2}H^{5}\text{-}CH=C<\begin{matrix}CH^{3}\\CH^{3}\end{matrix}.$$

— On l'obtient, de même, en traitant par la potasse alcoolique l'iodure de diméthylpropylcarbinol. C'est un liquide incolore, bouillant vers 65-67°. L'acide sulfurique dilué le convertit en un produit de condensation bouillant à 103° [Jawein, *Bull. Soc. chim.*, t. XXX, p. 26].

5° *Tétraméthyléthylène*,

$$\frac{CH^3}{CH^3}\!>C=C<\!\frac{CH^3}{CH^3}.$$

— On le prépare en traitant l'iodure de diméthylisopropylcarbinol par la potasse alcoolique. C'est un liquide bouillant à 73°. Il s'unit facilement au brome et aux acides haloïdiques.

Oxydé par une solution d'acide chromique, il donne comme seul produit de l'acétone.

L'acide sulfurique dilué le transforme à 100° en un produit de condensation possédant l'odeur du pétrole [Pawlow, *Bull. Soc. chim.*, t. XXIX, p. 375].

Outre ces cinq hexylènes, on a signalé la production de divers hexylènes dans les circonstances suivantes :

Les portions des pétroles de Pechelbronn qui distillent entre 60 et 70° renferment un mélange de deux hexylènes, dont l'un se combine à froid avec l'acide chlorhydrique en donnant un chlorhydrate bouillant à 112-115°, et l'autre à chaud; son chlorhydrate bout à 121-123° [Le Bel, *Bull. Soc. chim.*, t. XVII, p. 3].

L'action du cyanure de potassium sur le mélange des chlorures d'hexyle normaux fournit également deux hexylènes, se combinant l'un à froid, l'autre à chaud avec l'acide chlorhydrique. Ce dernier chlorure correspond au méthylbutylcarbinol, ce qui donne lieu de croire que l'hexylène correspondant est identique avec celui dérivé de la mannite [Morgan, *Deutsch. chem. Gesellsch.*, 1874, p. 1793].

L'iodure de l'alcool pinacolique,

$$(CH^3)^3\equiv C\text{-}CHI\text{-}CH^3,$$

se dédouble à 100° en présence de l'eau en acide iodhydrique et en un hexylène bouillant à 70° qui doit avoir pour formule $(CH^3)^3\equiv C\text{-}CH=CH^2$, si l'on admet celle que nous avons adoptée (voy. p. 916) pour l'alcool pinacolique [Friedel et Silva, *Compt. rend.*, t. LXXVI, p. 216].

L'hexylène se forme dans les produits de décomposition par la chaleur de la paraffine [Thorpe et Young, *Deutsch. chem. Gesellsch.*, 1872, p. 556].

Enfin, lorsque l'on chauffe à 210-215° l'amylène et l'iodure de méthyle avec l'oxyde de plomb, on obtient un hexylène bouillant entre 70 et 83°. Il fixe le brome en donnant un produit fusible à 139-140° [Eltekoff, *Bull. Soc. chim.*, t. XXIX, p. 369]. M. Hanriot.

HEXYLÉNIQUE (ACIDE). — Cet acide, mentionné à l'article CAPROÏQUE (ACIDE) de ce Supplément, renferme $C^6H^{10}O^2$ (et non $C^6H^8O^2$). Il est isomérique avec les acides hydrosorbique et pyrotérébique; peut-être se confond-il avec l'acide éthylcrotonique.

HEXYLIQUES (ALCOOLS), $C^6H^{13}.OH$. — La théorie permet de prévoir dix-sept alcools correspondant à la formule $C^6H^{13}.OH$. Huit d'entre eux sont connus avec certitude, et l'on en a décrit deux autres dont la constitution n'est pas élucidée.

1° *Alcool hexylique normal*,

$$CH^3\text{-}CH^2\text{-}CH^2\text{-}CH^2\text{-}CH^2\text{-}CH^2.OH.$$

— L'hexane normal traité par le chlore à froid donne un chlorure bouillant de 126 à 135° qui, traité par l'acétate de potassium, puis saponifié par la potasse, fournit l'alcool hexylique normal. Il se forme également lorsque l'on traite l'iodure de propyle en solution éthérée par le sodium et l'eau [Schorlemmer, *Deutsch. chem. Gesellsch.*, 1870, p. 615, et 1872, p. 298]. On l'obtient aussi en saponifiant par la potasse caustique le butyrate d'hexyle contenu dans l'essence d'*Heracleum giganteum* [Franchimont et Zincke, *Deutsch. chem. Gesellsch.*, 1871, p. 823];

L'alcool hexylique normal est un liquide incolore, peu soluble dans l'eau, d'odeur agréable et aromatique. Il bout à 157-158°. Sa densité à 23° est 0,819. Soumis à l'oxydation, il donne l'acide caproïque bouillant à 201-204°.

Son *chlorure*, $C^6H^{13}Cl$, se forme en même temps que le chlorure secondaire par l'action du chlore sur l'hexane normal du pétrole. Il bout à 135° [Schorlemmer, *loc. cit.*].

L'*iodure* se prépare en faisant réagir l'iode et le phosphore rouge sur l'alcool hexylique. C'est un liquide incolore, rougissant à la lumière, insoluble dans l'eau, soluble dans l'alcool et bouillant à 179°,5. Sa densité à 17°,5 est 1,4115 (Franchimont et Zincke).

L'*acétate* s'obtient en faisant réagir soit l'acétate de potassium sur le chlorure, soit l'anhydride acétique sur l'alcool. C'est un liquide huileux, ayant une odeur de fruits, bouillant à 168°,7. Sa densité à 17°,5 est 0,889.

Le *butyrate* existe dans l'essence de l'*Heracleum giganteum* mélangé à de l'acétate d'octyle. Il bout à 201-206°.

Le *caproate* se forme pendant l'oxydation de l'alcool hexylique au moyen du dichromate de potassium, par la combinaison de l'acide caproïque formé avec un excès d'alcool hexylique. Il bout à 245°,6. Sa densité à 17° est 0,865 (Franchimont et Zincke).

2° *Méthylbutylcarbinol*,

$$CH^3\text{-}CH^2\text{-}CH^2\text{-}CH^2\text{-}CH<\!\frac{CH^3}{OH}.$$

C'est celui qui a été décrit sous le nom d'alcool β-hexylique (voyez t. II, p. 23).

L'hexane normal du pétrole, traité par le chlore, donne, outre le chlorure primaire, un chlorure secondaire qui, saponifié par l'acétate de potassium, puis la potasse caustique, fournit le métylbutylcarbinol [Schorlemmer, *Deutsch. chem. Gesellsch.*, 1870, p. 615].

Il se forme également dans l'hydrogénation du glucose par l'amalgame de sodium [G. Bouchardat, *Bull. Soc. chim.*, t. XVI, p. 40].

C'est un liquide incolore, bouillant à 137°. Sa densité à 0° est 0,8227. A l'oxydation, il donne d'abord de la méthylbutylacétone, puis un mélange d'acides acétique et butyrique. Son chlorure se forme par l'action du chlore à froid sur l'hexane normal du pétrole. Il bout à 125-126°.

L'iodure se prépare en traitant l'alcool par l'iode et le phosphore rouge. En présence d'un excès de brome, il donne de l'hexane hexabromé et de l'hexane octobromé (Merz et Weith).

L'*acétate*, que l'on obtient en faisant réagir l'acétate de potassium sur le chlorure d'hexyle, bout à 158-162° (Schorlemmer).

3° *Éthylpropylcarbinol*,

$$CH^3\text{-}CH^2\text{-}CH^2\text{-}CH<\!\frac{OH}{CH^2\text{-}CH^3}.$$

— Il se forme par l'action de l'hydrogène naissant sur l'éthylpropylacétone. C'est un liquide incolore, soluble dans 200 fois son poids d'eau, bouillant à 134-135°. Sa densité à 0° est 0,83433.

Son *iodure* bout à 164-166°.

L'*acétate* bout à 149-151° [W. Oechsner de Coninck, *Bull. Soc. chim.*, t. XXV, p. 9].

4° *Alcool pinacolique*,

$$(CH^3)^3\equiv C\text{-}CH<\!\frac{OH}{CH^3}.$$

On a décrit ce corps (t. II, p. 1024) en lui assignant la formule d'un alcool tertiaire, mais l'étude de ses produits d'oxydation conduit à la formule, précédente qui est celle d'un alcool secondaire.

5° *Diméthylpropylcarbinol*,

$$\begin{matrix} CH^3 \\ CH^3 \end{matrix} > C < \begin{matrix} OH \\ CH^2\text{-}CH^2\text{-}CH^3. \end{matrix}$$

— On le prépare en faisant réagir le zinc-méthyle sur le chlorure de butyryle. C'est un liquide incolore, d'odeur alcoolique et camphrée, bouillant à 114-117°. A l'oxydation, il donne les acides carbonique et propionique. Son *chlorure* bout à 155° [Boutlerow, *Bull. Soc. chim.*, t. V, p. 22].

6° *Diméthylisopropylcarbinol*,

$$\begin{matrix} CH^3 \\ CH^3 \end{matrix} > C(OH) - CH < \begin{matrix} CH^3 \\ CH^3 \end{matrix}.$$

— On le prépare en faisant réagir le zinc-méthyle sur le chlorure d'isobutyryle [Prianitschnikow et Nachepetian, *Deutsch. chem. Gesellsch.*, 1871, p. 478].

On l'obtient également en faisant réagir le zinc-méthyle sur le chlorure de propionyle monobromé, ce dernier se transformant d'abord en chlorure d'isobutyryle [Kaschirsky, *Bull. Soc. chim.*, t. XXIX, p. 539].

Il bout à 118-119° et se prend dans un mélange réfrigérant en une masse cristalline fusible à — 25°.

7° *Diéthylméthylcarbinol*,

$$\begin{matrix} C^2H^5 \\ C^2H^5 \end{matrix} > C < \begin{matrix} CH^3 \\ OH. \end{matrix}$$

— On l'obtient en faisant réagir le zinc-éthyle sur le chlorure d'acétyle. C'est un liquide incolore, bouillant à 119-121°. Par oxydation il donne de l'acide acétique.

Son chlorure bout à 110° [Boutlerow, *Bull. Soc. chim.*, t. V, p. 22].

Son iodure, traité par la potasse, donne un hexylène bouillant à 68-72° et qui se combine avec l'acide iodhydrique en régénérant l'iodure primitif [Tschaikowsky, *Deutsch. chem. Gesellsch.*, 1872, p. 330].

8° L'action du chlore sur le diisopropyle donne, entre autres produits, un chlorure $C^6H^{13}Cl$. Celui-ci, traité par l'acétate d'argent, donne un acétate bouillant à 155-160° qui, par saponification, donne un alcool bouillant vers 150°. D'après son mode de formation, cet alcool n'étant pas identique avec le diméthylisopropylcarbinol, doit être représenté par la formule

$$\begin{matrix} CH^3 \\ CH^3 \end{matrix} > CH\text{-}CH < \begin{matrix} CH^2.OH \\ CH^3 \end{matrix}.$$

Cependant l'étude de ses produits d'oxydation serait nécessaire pour l'adopter définitivement [Silva, *Bull. Soc. chim.*, t. XIX, p. 194].

9° Le Bel, en traitant les hexylènes des huiles de Pechelbronn par l'acide sulfurique concentré, puis par l'eau, a obtenu un alcool hexylique assez soluble dans l'eau, bouillant à 135-140°, qu'il a désigné sous le nom d'alcool isohexylique [Lebel, *Bull. Soc. chim.*, t. XVIII, p. 167].

10° L'hexylène obtenu par l'action du cyanure de potassium sur le chlorure d'hexyle se combine à froid avec l'acide chlorhydrique, et le chlorure donne par saponification un alcool bouillant à 125-129°, d'odeur poivrée [Morgan, *Deutsch. chem. Gesellsch.*, 1874, p. 1793]. M. Hanriot.

HIPPURIQUE (ACIDE). — Voyez t. II, p. 25. — Curtius [*Journ. prakt. Chem.*, (2), t. XXVI, p. 147] propose le procédé suivant pour purifier l'acide hippurique des herbivores. Le produit brut obtenu en précipitant par l'acide chlorhydrique l'urine préalablement concentrée est dissous dans l'eau bouillante et soumis à l'action d'un courant de chlore jusqu'à ce que le liquide présente nettement l'odeur de ce réactif; si l'on refroidit alors brusquement, l'acide hippurique se dépose et n'a plus besoin que d'une cristallisation dans l'eau avec addition de noir animal, pour être parfaitement pur.

Acide paranitrohippurique [Jaffe, *Deutsch. chem. Gesellsch.*, 1874, p. 1673]. — Ce corps se trouve dans l'urine après ingestion de paranitrotoluène. L'urine évaporée fournit un résidu sirupeux où se déposent bientôt des cristaux; ceux-ci sont essorés et dissous dans l'alcool chaud : l'alcool abandonne par concentration du paranitrohippurate d'urée, $C^9H^8Az^2O^5.COAz^2H^4$.

On décompose ce corps par le carbonate de baryum, et on reprend par l'alcool, qui dissout du paranitrohippurate de baryum; enfin, ce sel est décomposé par l'acide sulfurique.

L'acide paranitrohippurique $C^9H^8Az^2O^5$ est en grands prismes orangés peu solubles dans l'eau froide, très solubles dans l'eau chaude, l'alcool et l'éther. Il fond à 129°.

Le sel de *baryum*, $(C^9H^7Az^2O^5)^2Ba + 4H^2O$, se présente en cristaux jaunes, assez solubles dans l'eau chaude; il perd à 100° son eau.

Le sel d'*argent*, $C^9H^7Az^2O^5Ag$, cristallise dans l'eau chaude en aiguilles brillantes incolores.

Le *paranitrohippurate d'urée*,

$$C^9H^8Az^2O^5.COAz^2H^4,$$

constitue des lamelles nacrées, fusibles avec décomposition à 180°, très solubles dans l'eau et dans l'alcool, presque insolubles dans l'éther. L'acide chlorhydrique bouillant le décompose avec formation d'acide paranitrobenzoïque.

Acide hippurylamidoacétique, $C^{11}H^{12}Az^2O^4$. [Curtius, *Journ. prakt. Chem.*, (2), t. XXVI, p. 171]. — Ce corps se produit en même temps que l'acide hippurique et un autre acide de formule $C^{10}H^{12}Az^3O^4$ par l'action du chlorure de benzoyle sur le glycocolle. Le produit brut de la réaction est repris par l'alcool absolu, qui dissout les acides hippurique et hippurylamidoacétique; ces deux derniers sont ensuite séparés par l'action du chloroforme chaud, dans lequel l'acide hippurique seul est soluble.

L'acide hippurylamidoacétique se présente en lamelles orthorhombiques, fusibles à 206°,5, solubles dans l'alcool bouillant, insolubles dans l'éther, le chloroforme, la benzine, le sulfure de carbone.

Le sel d'*argent*, $C^{11}H^{11}Az^2O^4Ag$, cristallise dans l'eau bouillante; lorsqu'il est sec, il peut être porté sans altération à 105°.

Le sel de *thallium*, $C^{11}H^{11}Az^2O^4Tl$, cristallise par évaporation dans le vide en lamelles clinorhombiques, solubles dans l'ammoniaque et dans l'alcool chaud.

Le sel de *baryum*, $(C^{11}H^{11}Az^2O^4)^2Ba + 5H^2O$, est en lamelles très solubles dans l'alcool et dans l'eau.

Le sel de *cuivre*, $(C^{11}H^{11}Az^2O^4)^2Cu + 3\frac{1}{2}H^2O$, cristallise dans l'eau chaude en prismes orthorhombiques bleus, solubles dans l'ammoniaque; il perd à 110° son eau en devenant vert.

Le sel de *zinc*, $(C^{11}H^{11}Az^2O^4)^2Zn + 1\frac{1}{2}H^2O$, cristallise par évaporation dans le vide en aiguilles ou en lamelles.

L'*éther*, $C^{11}H^{11}Az^2O^4.C^2H^5$, est en lamelles brillantes, fusibles à 117°, peu solubles dans l'éther, assez solubles dans le chloroforme, très-solubles dans l'alcool.

L'*amide*, $C^{11}H^{11}Az^2O^3.AzH^2$, est en cristaux tricliniques, fusibles à 202°, insolubles dans le chloroforme et dans la benzine, peu solubles dans l'éther. Elle forme un chlorhydrate cristallisé, mais très instable.

La constitution de cet acide peut se déduire

de l'action qu'exercent sur lui les acides et les alcalis à chaud : ces réactifs le dédoublent en donnant comme produits finaux du glycocolle et de l'acide benzoïque; mais si l'on opère avec ménagement, on parvient à isoler, comme termes intermédiaires, du glycocolle et de l'acide hippurique. Ce corps est donc à l'acide hippurique ce que l'acide hippurique lui-même est au glycocolle. C'est ce qu'exprime l'équation suivante, qui donne la formule de constitution hippurylamidoacétique :

$$\begin{matrix} CH^2.AzH^2 \\ CO.OH \end{matrix} + CO.OH\text{-}CH^2\text{-}AzH\text{-}CO\text{-}C^6H^5$$

Glycocolle (acide amidoacétique). Acide hippurique

$$= H^2O + \begin{matrix} CH^2 - AzH \\ CO.OH\,CO\text{-}CH^2\text{-}AzH.CO\text{-}C^6H^5. \end{matrix}$$

Acide hippurylamidoacétique.

Ad. Fauconnier.

HOMATROPINE, $C^{16}H^{21}AzO^3$. — On sait (Suppl., p. 253) que Ladenburg a fait la synthèse partielle de l'atropine en unissant la tropine à l'acide tropique, qui est un acide phényllactique d'une constitution parfaitement connue et qui a été obtenu par synthèse.

De même, en combinant la tropine extraite, soit de l'atropine, soit de l'hyoscyamine ou de la duboisine avec d'autres oxyacides, on obtient des alcaloïdes comparables à l'atropine : ce sont les tropéines.

L'homatropine est l'oxytoluyltropéine; elle se prépare en traitant, à 100°, molécules égales de tropine et d'acide oxytoluique par l'acide chlorhydrique étendu ; les deux corps s'unissent avec élimination d'eau :

$$C^8H^8O^3 + C^8H^{15}AzO = H^2O + C^{16}H^{21}AzO^3.$$

On isole l'homatropine formée en la précipitant par du carbonate de potassium et en extrayant par l'éther ou le chloroforme.

L'homatropine est une base cristallisant en beaux prismes incolores, fusibles à 95,5-98°,5 et tombant à l'air humide en déliquescence, malgré leur faible solubilité dans l'eau; aussi faut-il opérer sur d'assez grandes quantités pour l'obtenir cristallisée par évaporation de sa solution dans l'éther sec.

L'homatropine est un homologue inférieur de l'atropine, dont elle diffère par CH^2 en moins. Malgré la constitution différente de l'acide qui la forme, il est à remarquer qu'elle conserve des propriétés physiologiques de même nature et au moins aussi énergiques; elle dilate la pupille et peut être employée à la place de l'atropine pour les usages de la clinique ophtalmologique.

On peut donc obtenir une base remplaçant l'atropine avec de l'acide oxytoluique et des tropines d'une provenance quelconque.

Les solutions de tannin ne troublent pas les sels homatropiques acides; le bichlorure de mercure donne un précipité huileux incolore; l'iodomercurate un précipité caséeux blanc; l'iodure ioduré de potassium précipite une huile brune et des cristaux jaunes.

Chloroplatinate d'homatropine. — Précipité amorphe peu soluble dans l'eau.

Chloraurate d'homatropine,

$$C^{16}H^{21}AzO^3, HCl, AuCl^3.$$

— Le chlorure d'or forme un précipité huileux dans les sels d'homatropine. Ce précipité finit par se solidifier; il est soluble dans l'eau bouillante, d'où le sel d'or se précipite en petits prismes peu solubles à froid.

Picrate d'homatropine,

$$C^{16}H^{21}AzO^3, C^6H^2(AzO^3)^3OH,$$

précipité jaune résineux, soluble dans l'eau bouillante qui le laisse déposer à l'état cristallisé [Ladenburg, *Deutsch. chem. Gesellsch.*, 1880, p. 104].

A. Etard

α-HOMOCAFÉIQUE (ACIDE). — Cet acide est inconnu, mais on a préparé son dérivé méthylénique en traitant d'après le procédé de Perkin le pipéronal (aldéhyde méthyléno-protocatéchique) par un mélange d'acétate sodique et d'anhydride propionique ; on opère comme pour la synthèse de l'acide méthylénocaféique (Suppl. p. 388).

Cet acide méthyléno-α-homocaféique

$$C^{11}H^{10}O^4 = C^6H^3\left(<\begin{matrix}O\\O\end{matrix}>CH^2\right)\left(CH = C<\begin{matrix}CH^3\\CO^2H\end{matrix}\right)$$

est insoluble dans l'eau, soluble dans l'alcool et l'éther. Il forme avec l'acide sulfurique une solution brune, trouble.

Il se présente en petits prismes incolores, fusibles à 192-194°. Il est monobasique ; les sels de *cuivre*, de *plomb*, d'*argent* et de *zinc* constituent des précipités amorphes; le dernier seul se dissout dans l'eau bouillante. Le chlorure de *baryum* ne précipite pas la solution du sel ammoniacal, le chlorure *calcique* y produit un précipité blanc cristallin.

Acide méthyléno-α-homohydrocaféique,

$$C^{11}H^{12}O^4.$$

— C'est le produit d'hydrogénation de l'acide précédent; on emploie l'eau et l'amalgame de sodium à 3 %. Il est plus soluble dans l'eau que l'acide non saturé, et cristallise en prismes épais jaunâtres, fusibles à 77° que l'acide sulfurique dissout incomplètement en se colorant en rouge cerise.

Le sel ammoniacal est précipité par les sels de *cuivre*, de *plomb*, de *zinc* et d'*argent*, les chlorures de *baryum* et de *calcium* ne donnent lieu à aucun dépôt. Le précipité argentique ne s'altère pas à 100°; le sel de zinc se dissout aisément, celui de cuivre difficilement dans l'eau bouillante [C. Lorenz, *Deutsch. chem. Gesellsch.*, 1880, p. 759].

A. Henninger.

HOMOCINCHONIDINE. — Cette base ne diffère pas de la cinchonidine, avec laquelle elle est identique. Les chlorhydrate et chloroplatinate d'homocinchonidine ont la même forme cristalline que les sels correspondants de cinchonidine. La cinchonidine et la prétendue homocinchonidine possèdent la même solubilité dans l'eau, l'alcool et l'éther, le même pouvoir rotatoire et forment deux produits d'addition iodométhyliques qui sont identiques [Zd. H. Skraup, *Wien. Acad.*, 1879].

HOMOCOUMARINE. — Schotten a cherché à l'obtenir en chauffant l'aldéhyde parahomosalicylique avec son poids d'acétate de sodium et un excès d'anhydride acétique. Le produit huileux, qui se sépare ensuite par l'addition d'eau, dissous dans l'éther et débarrassé successivement de l'aldéhyde non transformée par le bisulfite de sodium, et de l'acide homocoumarique par le carbonate de sodium, fournit des cristaux d'un corps ayant l'odeur de la coumarine, mais qui est un mélange. Il fond entre 60 et 88°.

On n'a pas pu en isoler l'homocoumarine

$$C^6H^3(CH^3)<\begin{matrix}O - CO\\CH = CH\end{matrix}$$

[*Deutsch. chem. Gesellsch.*, 1878, p. 787].

HOMOCRÉATINE, $C^5H^{11}Az^3O^2$ [Lindenberg, *Journ. prakt. Chem.*, (2), t. XII, p. 244; *Bull. Soc. chim.*, t. XXVI, p. 75]. — Elle s'obtient au moyen de la méthylalanine,

$$CH^3\text{-}CH(AzH.CH^3)\text{-}CO^2H,$$

préparée par l'action de la méthylamine sur

l'éther α-chloropropionique. On mélange des solutions aqueuses et concentrées de quantités équivalentes de cyanamide et de méthylalanine, on ajoute quelques gouttes d'ammoniaque, et l'on abandonne le tout dans une capsule. Au bout de quelques jours, on lave les cristaux formés avec de l'éther, puis avec de l'alcool, et on les fait cristalliser à plusieurs reprises dans l'eau ammoniacale.

L'homocréatine est en cristaux clinorhombiques, incolores, anhydres, presque insolubles dans l'alcool, peu solubles dans l'eau froide, facilement solubles dans l'eau bouillante, d'une saveur très amère. Elle s'altère à 150-160°.

Traitée par l'acide chlorhydrique concentré, elle donne de fines aiguilles de chlorhydrate d'homocréatinine, $C^5H^9Az^3O.HCl$, très solubles dans l'eau et dans l'alcool. Ce sel fournit un chloroplatinate cristallisant en octaèdres.

L'homocréatine est représentée par la formule de constitution

$$\begin{array}{l} CH^3 \\ CH-Az(CH^3)-C(AzH)-AzH^2. \\ CO^2H \end{array}$$

E. Grimaux.

HOMOFLUORESCEINE, $C^{23}H^{18}O^5$. — Tiemann et Helkenberg ont observé que l'orcine chauffée avec un alcali et du chloroforme donne une coloration rouge. Plus tard, H. Schwarz [*Deutsch. chem. Gesellsch.*, 1880, p. 543] a préparé à l'état de pureté la matière colorante formée dans ces conditions et a étudié ses dérivés.

On prépare l'homofluorescéine en dissolvant 10 p. d'orcine dans 20 p. d'une solution saturée de chlorure de sodium, on ajoute 80 p. de lessive de soude au dixième et 6 ou 8 centimètres cubes de chloroforme; le tout étant soumis à l'ébullition au réfrigérant ascendant, il se forme au bout de quelques minutes un précipité d'aiguilles cristallines qu'on purifie par cristallisation dans l'eau bouillante et qui constituent le sel de sodium de l'homofluorescéine, formé selon l'équation

$$3C^7H^8O^2 + 2CHCl^3 + 6NaOH = C^{23}H^{18}O^5 + 6NaCl + 7H^2O.$$

Cette matière est évidemment, d'après son origine, la triméthylfluorescéine, $C^{20}H^9(CH^3)^3O^5$.

On isole l'homofluorescéine de son sel sodique en faisant cristalliser celui-ci dans un grand excès d'acide acétique bouillant ; on obtient par refroidissement la phtaléine libre sous forme d'aiguilles présentant l'aspect de la murrexide. Ces aiguilles sont insolubles dans l'éther et le chloroforme, peu solubles dans l'eau, l'alcool et l'acide acétique froids.

Dérivés métalliques. — Les sels alcalins et alcalino-terreux d'homofluorescéine sont solubles dans l'eau et cristallisables; les sels de plomb, de fer, de zinc, de cuivre, etc., sont insolubles et amorphes.

Le *sel de sodium* cristallisé dans l'eau renferme $C^{23}H^{17}NaO^5$, $C^{23}H^{16}Na^2O^5 + 6H^2O$; c'est un sel acide, dont la solution, toujours trouble, ne s'éclaircit que par l'addition d'une quantité de soude conduisant à la formule $C^{23}H^{16}Na^2O^5$.

Sel de baryum, $C^{23}H^{16}BaO^5 + 3H^2O$. — Ce sel est bien cristallisé.

Sel d'argent, $C^{23}H^{16}Ag^2O^5$. — Précipité floconneux rouge foncé.

Dérivés halogénés. — *Tétrabromo-homofluorescéine* (syn. *homoéosine*), $C^{23}H^{14}Br^4O^5$. — On obtient ce dérivé en ajoutant une quantité calculée de brome à une solution acétique de la phtaléine; il se dépose en lamelles d'un rouge brun. L'homoéosine forme un dérivé sodique renfermant $C^{23}H^{13}NaBr^4O^5 + 4H^2O$, peu soluble dans les solutions de soude ou de chlorure de sodium.

Hexabromohomofluorescéine, $C^{23}H^{12}Br^6O^5$. — Ce corps se prépare, comme le précédent, en prenant une quantité correspondante de brome; il cristallise en petites aiguilles pulvérulentes d'un rouge vif.

Triiodohomofluorescéine, $C^{23}H^{15}I^3O^5$. — Précipité cristallin résultant de l'action de l'iodure ioduré de potassium sur les solutions aqueuses d'homofluorescéine sodique. On connaît la combinaison sodique, $C^{23}H^{14}NaI^3O^5$, soluble dans l'eau en rouge cerise.

Dérivés amidés et nitrés. — *Hexanitrohomofluorescéine.* — L'homofluorescéine sodique, traitée par 8 ou 10 fois son poids d'acide nitrique, donne une matière jaune qui est une simple combinaison. Si l'on chauffe, cette matière se dissout et le liquide clair laisse bientôt déposer une poudre rouge cristalline qui est l'azotate du dérivé nitré, $C^{23}H^{12}(AzO^2)^6O^6.AzO^3H$. Ce corps est doué d'une saveur amère et détone à 180° sans fondre; il est insoluble dans la benzine, peu soluble dans l'éther, soluble dans l'alcool. L'eau décompose l'azotate ci-dessus en déplaçant l'acide azotique et en formant un hydrate, $C^{23}H^{12}(AzO^2)^6O^6.H^2O$, qui cristallise en lamelles rouges brillantes dans les solutions nitriques faibles. On a décrit une combinaison sodique, $C^{23}H^{11}Na(AzO^2)^6O^6$, cristallisant en lamelles rouges brillantes; cette dernière, traitée en solution bouillante par le nitrate d'argent, donne la combinaison argentique correspondante également cristallisée.

D'après l'auteur, le sixième atome d'oxygène qui figure dans les formules précédentes serait contenu, dans les dérivés nitrogénés, à l'état d'oxhydryle, formé par oxydation directe de l'homofluorescéine.

Action de l'ammoniaque sur le dérivé nitré. — L'ammoniaque concentrée réagit vivement sur le dérivé nitré au point de charbonner la masse en solution étendue et à chaud; il se forme des produits bruns et goudronneux d'où l'on peut extraire par dissolution des corps cristallisables, variant avec les circonstances de la préparation ; l'un de ces produits renferme $C^{23}H^{20}Az^{10}O^{16}$, et l'auteur le regarde comme un dérivé pentanitrodiazoamidé. Ce corps donne des dérivés métalliques, tels que $C^{23}H^{11}K^3Az^8O^{16}$ et

$$C^{23}H^{13}AgAz^8O^{16},$$

dont la nature n'est pas nettement établie.

Hexaamidohomofluorescéine. — On connaît ce corps sous la forme de chlorhydrate,

$$C^{23}H^{12}(AzH^2)^6O^6, 6HCl + H^2O.$$

Il se prépare par réduction du dérivé nitré au moyen de l'étain et de l'acide chlorhydrique. En solution alcaline, il donne une coloration pourpre.

Acide hexanitrohomofluorescéine-cyanique,

$$C^{35}H^{11}Az^8O^{17} + H^2O.$$

— Ce corps, analogue à l'acide picrocyanique, se prépare en dissolvant à chaud le dérivé nitré dans l'homofluorescéine dans une solution étendue de cyanure de potassium. Par le refroidissement, il se dépose un amas de fines aiguilles jaunes, soyeuses, constituant un sel de potassium de la formule $C^{25}H^{11}K^3Az^8O^{17}$. Ce sel, décomposé en solution aqueuse par l'acide chlorhydrique, fournit l'acide ci-dessus sous la forme d'une poudre saumon confusément cristalline.

Tétracétylhomofluorescéine. — On obtient ce corps par l'action directe de l'anhydride acétique; il renferme $C^{23}H^{14}(C^2H^3O)^4O^5$ et ne cristallise pas.

Parmi les composés de l'homofluorescéine, les dérivés nitrés seuls possèdent des qualités tinctoriales.

A. Étard.

HOMOGAÏACOL. — Syn. de CRÉOSOL.

HOMOPROTOCATÉCHIQUE (ACIDE α-),

$$C^8H^8O^4.$$

Voyez t. III, p. 647.

HOMOPYROCATÉCHINE, $C^6H^3(CH^3)(OH)^2$. — On obtient cet isomère de l'orcine par la distillation sèche du sel de calcium de l'acide α-homoprotocatéchique, l'acide lui-même ne se dédoublant pas par la distillation. L'homopyrocatéchine est incristallisable ; elle réduit à froid le tartrate cupropotassique et l'azotate d'argent et donne avec le chlorure ferrique les mêmes colorations que la pyrocatéchine [Tiemann et Nagaï, *Deutsch. chem. Gesellsch.*, 1877, p. 210].

Le second diphénol du toluène qui se forme indépendamment de la lutorcine, lorsqu'on décompose par la potasse le bromoparacrésol, est probablement identique avec l'homopyrocatéchine (Henninger et Vogt).

HOMOPYRROL $C^5H^7Az = C^4H^3(CH^3) = AzH$. — Huile bouillant à 145°,5, retirée par Weidel et Ciamician du goudron animal.

Il est plus altérable à l'air que le pyrrol, mais se résinifie plus difficilement par l'acide sulfurique. Il se combine avec le chlorure mercurique. Il diffère du méthylpyrrol $C^4H^4.AzCH^3$, que Ch. Bell a obtenu en distillant le mucate de méthylamine et qui bout à 112-113°. Ce méthylpyrrol résulte de la substitution de CH^3 dans le groupe AzH du pyrrol, tandis que dans l'homopyrrol ce groupe est intact; on peut en effet y introduire de l'acétyle.

L'*acétylhomopyrrol*, $C^5H^6 = Az.C^2H^3O$, est un liquide qui se concrète au-dessous de 0° en une masse cristalline, qui fond entre 4 et 6° [*Deutsch. chem. Gesellsch.*, 1880, p. 77].

Le potassium agit sur l'homopyrrol en produisant la combinaison $C^4H^3(CH^3)AzK$. La potasse en fusion transforme cette combinaison en donnant deux *acides carbopyrroliques*, $C^5H^5AzO^2$, l'un fusible à 191°, l'autre à 161°. Celui-ci est identique avec l'acide que Ciamician a obtenu en traitant le pyrrol potassique par l'acide carbonique. L'existence de ces deux isomères rend probable aussi l'existence de deux homopyrrols isomériques, différant par la position relative du groupe CH^3 par rapport à AzH.

Lorsqu'on soumet l'homopyrrol potassique à l'action du gaz carbonique sec, à 180-200°, il fond d'abord, abandonne ensuite de l'homopyrrol en redevenant solide et se transforme en une masse fragile, déliquescente.

Il se forme dans cette opération deux *acides homocarbopyrroliques* isomériques α et β, qu'on sépare en passant par leurs sels de plomb. Leur production a lieu d'après l'équation

$$2\,C^4H^3(CH^3)AzK + CO^2$$
$$= C^4H^2(CH^3)CO^2K.AzK + C^4H^3(CH^3)AzH.$$

L'acide β fond à 142°,4 et donne un sel de plomb peu soluble, tandis que l'acide α dont le sel de plomb est aisément soluble ne fond qu'à 169°,5.

La distillation des sels de calcium de ces deux acides fournit les deux homopyrrols isomériques correspondants.

L'*α-homopyrrol* bout à 147-148°; le *β-homopyrrol* à 142-143° [Ciamician, *Deutsch. chem. Gesellsch.*, 1881, p. 1053].

Le chloroforme agit à froid sur l'homopyrrol potassique; pour terminer la réaction, il faut chauffer le mélange à 180° avec de l'acide chlorhydrique. On obtient ainsi un liquide dense, distillant entre 160 à 170°, à réaction très alcaline, ayant la composition de la *chloropicoline* $C^6H^3(CH^3)ClAz$, et formé sans doute de deux isomères [G.-L. Ciamician et Dennstedt, *Deutsch. chem. Gesellsch.*, 1881, p. 1162]. E. WILLM.

HOMOQUININE, $C^{19}H^{22}Az^2O^2$. — Cette base a été découverte simultanément par plusieurs savants anglais dans le *Quina cuprea*; Hesse en a fait l'étude. Elle cristallise dans l'éther aqueux en prismes aplatis contenant $2\,H^2O$, ou en lamelles avec $1\,H^2O$. Fusible à 177°, soluble dans l'alcool et le chloroforme, peu soluble dans l'éther. Sa solution sulfurique est fluorescente et donne avec le chlore et l'ammoniaque la réaction verte de la quinine. Le *chloroplatinate*,

$$C^{19}H^{22}Az^2O^2,\ 2\,HCl,\ PtCl^4 + H^2O,$$

est un précipité cristallisé jaune. Le *sulfate*,

$$(C^{19}H^{22}Az^2O^2)^2SO^4H^2 + 6\,H^2O,$$

cristallise en prismes courts, très peu solubles dans l'eau et efflorescents. Le *tartrate neutre* se présente en aiguilles peu solubles dans l'eau froide [O. Hesse, *Deutsch. chem. Gesellsch.*, 1882, p. 857].

HOMOSALICYLIQUES (ACIDES ET ALDÉHYDES). — Voyez ACIDES et ALDÉHYDES CRÉOSOTIQUES. Suppl. p. 541 et 543.

HOMOTARTRIQUE (ACIDE). — Voyez, t. II, p. 1504.

HOMOTÉRÉPHTALIQUE (ACIDE).

$$C^6H^4 \begin{cases} CH^2\text{-}CO^2H \\ CO^2H. \end{cases}$$

— Il se produit, en même temps que l'acide propylbenzoïque, par l'oxydation de la propylisopropylbenzine. C'est une poudre jaunâtre, insoluble dans la plupart des dissolvants, infusible et sublimable [Paterno et Spica, *Bull. Soc. chim.*, t. XXX, p. 308].

α-HOMOVANILLIQUE (ACIDE), $C^9H^{10}O^4$. — Voyez t. III, p. 647.

α-HOMOVÉRATRIQUE (ACIDE) [syn. *Acide homodiméthylprotocatéchique*],

$$C^{10}H^{12}O^4 = C^6H^3(OCH^3)^2CH^2\text{-}CO^2H.$$

— On obtient son éther méthylique en chauffant à 150° l'acide homovanillique avec de l'iodure de méthyle, de la potasse et de l'alcool méthylique. L'acide libre cristallise en fines aiguilles blanches, efflorescentes, fusible à 98-99° solubles dans l'eau, dans l'alcool et dans l'éther [F. Tiemann et Kaeta Ukimori Matsmoto, *Deutsch. chem. Gesellsch.*, 1878, p. 143; *Bull. Soc. chim.*, t. XXX, p. 379].

HORBACHITE (Min.). — Sulfure de fer et de nickel, $4Fe^2S^3,Ni^2S^3$; les nombres de l'analyse sont variables. Masses cristallines offrant un clivage imparfait, couleur de la pyrrhotine, mais plus sombre, gris d'acier à brun tombac. Trouvé avec la chalcopyrite dans le grès serpentineux de Horbach (Forêt-Noire.)

HORTONOLITE (Min.). — Variété de péridot jaune ou vert-jaunâtre renfermant environ 45 % de protoxyde de fer. Trouvé à O'Niel (New-York) avec magnétite et calcite. Densité, 3,91; dureté, 6,5.

HUANTAJAÏTE (Min.). — Chlorure double de sodium et d'argent, 20 NaCl + AgCl, des mines de San-Luccion et de Descubridora, près Huantajaya, en croûtes minces ou en agrégations fibreuses, parfois aussi en petits cubes ressemblant au sel marin. Décomposable par l'eau en laissant du chlorure d'argent.

HYDANTOÏNE. — Voyez t. II, p. 54.

PHÉNYLHYDANTOÏNE,

$$C^9H^8Az^2O^2 = CO \begin{cases} Az.C^6H^5.CH^2 \\ AzH - CO \end{cases}$$

[Schwebel, *Deutsch. chem. Gesellsch.*, 1877, p. 2048]. — On chauffe dans une cornue au bain de paraffine un mélange de phénylglycocolle et d'urée en proportions moléculaires; on élève lentement la température jusqu'à 150-160° : il se dégage beaucoup d'ammoniaque et il distille de l'aniline. Lorsque le dégagement d'ammoniaque a cessé, on laisse refroidir; puis on reprend la masse fondue par l'eau bouillante, et on filtre chaud : le liquide filtré laisse déposer par refroidissement la phénylhydantoïne en aiguilles microscopiques, fusibles à 191-192°. Ce corps est soluble dans l'eau et dans l'alcool chauds, très peu soluble dans l'eau froide, un peu plus soluble dans l'alcool froid; il se dissout sans altération dans l'ammoniaque et dans les alcalis, et est reprécipité de ces solutions par les acides. En solution ammoniacale, la phénylhydantoïne donne des précipités blancs pulvérulents avec le nitrate d'argent et le chlorure de baryum.

CRÉSYLHYDANTOÏNE,

$$C^{10}H^{10}Az^2O^2 = CO\begin{cases} Az.C^7H^7.CH^2 \\ AzH - CO \end{cases}$$

[Schwebel, *Deutsch. chem. Gesellsch.*, 1878, p. 1128]. — Lorsqu'on soumet à l'action de la chaleur un mélange de paracrésylglycocolle et d'urée, il se dégage vers 150° de l'ammoniaque, de l'eau et de la toluidine. Le résidu abandonne à l'alcool bouillant un mélange de crésylhydantoïne et d'acide crésylhydantoïque.

La crésylhydantoïne se sépare par le refroidissement, on la purifie en la lavant à l'ammoniaque, dans laquelle elle est insoluble, et en la faisant recristalliser.

Ainsi préparée, la crésylhydantoïne se présente en fines aiguilles blanches, insolubles dans l'eau froide, solubles dans l'eau et dans l'alcool chauds, fusibles à 210°.

SULFHYDANTOÏNE, $C^3H^4Az^2SO$. — Voyez t. III, p. 135 [P.-J. Meyer, *Deutsch. chem. Gesellsch.*, 1877, p. 1965; — Andreasch, *Deutsch. chem. Gesellsch.*, 1879, p. 1385; — Liebermann et Lange, *ibid.*, 1879, p. 1588].

On obtient la sulfhydantoïne à l'état de chlorhydrate lorsqu'on chauffe un mélange de sulfo-urée et d'acide monochloracétique, soit secs, soit en solution aqueuse ou alcoolique, ou plus simplement lorsqu'on abandonne pendant quelque temps à la température ordinaire une solution alcoolique de ces deux corps; elle se forme aussi dans l'action de la sulfo-urée sur l'éther monochloracétique ou sur la monochloracétamide. Il reste à précipiter la base par un alcali ou un carbonate alcalin, et à la faire recristalliser dans l'eau chaude.

La sulfhydantoïne se présente en longues aiguilles brillantes, solubles dans l'eau chaude, peu solubles dans l'eau froide, presque insolubles dans l'alcool et dans l'éther, qui se décomposent avant de fondre.

Par l'ébullition avec les acides dilués, la sulfhydantoïne se décompose en acide sénévolacétique (glycolylsulfocarbimide),

$$\begin{array}{l} CH^2.Az.CS \\ | \\ CO^2H \end{array}$$

(t. III, p. 92), et ammoniaque. Par l'ébullition avec l'eau de baryte, elle se dédouble en *dicyanodiamide* et acide thioglycolique.

D'après ces réactions, la constitution de la sulfhydantoïne n'est pas analogue à celle de l'hydantoïne

$$CO\begin{cases} AzH - CH^2 \\ AzH - CO \end{cases};$$

elle doit plutôt être représentée par la formule

$$C \begin{cases} /\!\!/ AzH \\ - S - CH^2 \\ \backslash AzH-CO \end{cases}.$$

PHÉNYLSULFHYDANTOÏNE, $C^9H^8Az^2SO$. — Ce corps se produit lorsqu'on chauffe au bain-marie de la sulfo-urée avec une solution alcoolique de chloracétanilide ou d'éther monochloracétique; il se dépose en partie par le refroidissement du liquide, et le reste peut en être précipité par addition d'eau. Après cristallisation dans l'alcool, la phénylsulfhydantoïne se présente en petits prismes brillants, à peine jaunâtres, fusibles à 178°, presque insolubles dans l'eau, peu solubles dans l'alcool froid, très solubles dans l'alcool chaud, l'éther et les acides [P.-J. Meyer, *Deutsch. chem. Gesellsch.*, 1877, p. 1965].

Les acides dédoublent la phénylsulfhydantoïne en phénylurée et acide thioglycolique; on déduit de là la constitution

$$C \begin{cases} /\!\!/ AzH \\ - S - CH^2 \\ \backslash Az.C^6H^5-CO \end{cases}$$

[Liebermann et Lange, *Deutsch. chem. Gesellsch.*, 1879, p. 1591].

CRÉSYLSULFHYDANTOÏNE, $C^{10}H^{10}Az^2SO$ [P.-J. Meyer, *ibid.*]. — On l'obtient par le même procédé que la phénylsulfhydantoïne, en substituant la chloracétotoluide à la chloracétanilide. Elle se présente en petits prismes brillants, fusibles à 183°.

DIPHÉNYLSULFHYDANTOÏNE, $C^{15}H^{12}Az^2SO$ [Lange, *Deutsch. chem. Gesellsch.*, 1879, p. 595; — Liebermann et Lange, *ibid.*, 1879, p. 1588].

Lorsqu'on chauffe une solution alcoolique de diphénylsulfo-urée avec de l'acide monochloracétique, il se sépare au bout de quelque temps des lamelles irisées qui, purifiées par cristallisation dans l'alcool chaud, présentent la composition de la diphénylsulfhydantoïne.

Ce corps fond à 176°; il est insoluble dans l'eau, peu soluble dans l'éther, très soluble dans l'alcool chaud; l'eau le précipite de ses solutions alcooliques sous forme d'un liquide huileux qui ne tarde pas à se concréter.

La diphénylsulfhydantoïne se dissout dans les acides minéraux et dans l'acide acétique, sans s'y combiner. En solution chlorhydrique, elle fournit par l'addition de chlorure de platine un sel instable, ayant pour formule

$$(C^{15}H^{12}Az^2SO.HCl)^2PtCl^4 + 3H^2O,$$

qui cristallise en belles aiguilles jaunes : l'eau froide décompose ce sel en régénérant la diphénylsulfhydantoïne.

Sous l'action de l'acide chlorhydrique bouillant, la diphénylsulfhydantoïne fournit du chlorhydrate d'aniline, et un corps doué de propriétés acides et ayant pour composition $C^9H^7AzSO^2$; ce corps se présente en cristaux fusibles à 148°.

La potasse alcoolique à l'ébullition dédouble la diphénylsulfhydantoïne en diphénylurée et acide thioglycolique; l'ammoniaque alcoolique la transforme à 150° en aniline, acide carbonique et acide thioglycolique.

D'après ces réactions, on doit exprimer la constitution de la diphénylsulfhydantoïne par la formule

$$C \begin{cases} /\!\!/ Az.C^6H^5 \\ - S - CH^2 \\ \backslash Az.C^6H^5-CO \end{cases}.$$

Ad. Fauconnier.

HYDANTOÏQUE (ACIDE). — Voyez t. II, p. 55. — Chauffé à 160°-170° pendant vingt heures avec de l'acide iodhydrique, il donne de l'acide carbonique, de l'iodure d'ammonium et du glycocolle [Mentchoutkine, *Bull. Soc. chim.*, t. XIII, p. 532].

Acide méthylhydantoïque,

$$CO\begin{cases} Az(CH^3).CH^2-COOH \\ AzH^2 \end{cases}$$

— Voyez t. III, p. 576.

L'acide cristallisé peut être porté à 100° sans s'altérer ; mais à la longue il perd de l'eau et se transforme en méthylhydantoïne. En solution aqueuse et concentrée, l'acide est moins stable et se déshydrate rapidement à 100°.

Acide crésylhydantoïque,

$$C^{10}H^{12}Az^2O^3 = CO \begin{cases} Az.C^7H^7.CH^2\text{-}COOH \\ Az H^2 \end{cases}$$

[Schwebel, *Deutsch. chem. Gesellsch.*, 1878, p. 1128]. — On chauffe à 150° un mélange de crésylglycocolle et d'urée; il se dégage de l'ammoniaque, de l'eau et de la toluidine; et le résidu abandonne à l'alcool bouillant un mélange de crésylhydantoïne et d'acide crésylhydantoïque. La crésylhydantoïne se dépose en majeure partie par le refroidissement; en concentrant les eaux mères au bain-marie, on obtient l'acide crésylhydantoïque encore souillé de crésylhydantoïne. On le purifie en le dissolvant dans l'ammoniaque, d'où on le reprécipite par l'acide chlorhydrique, après quoi on le fait recristalliser dans l'alcool bouillant. Ainsi préparé, l'acide crésylhydantoïque est en fines aiguilles, insolubles à froid dans l'eau et dans l'alcool, à peine solubles dans l'eau chaude, assez solubles dans l'alcool chaud. Il se décompose sans fondre vers 200°.

En solution ammoniacale, il donne par le nitrate d'argent un précipité blanc, soluble dans un excès d'ammoniaque, et qui se réduit à l'ébullition avec formation d'un miroir.

ACIDE SULFHYDANTOÏQUE, $C^3H^6Az^2SO^2$ [Maly, *Deutsch. chem. Gesellsch.*, 1877, p. 1849]. — On mélange des solutions de sulfo-urée et d'acide monochloracétique en proportions moléculaires, on chauffe doucement, puis on ajoute de l'ammoniaque et on porte à l'ébullition. L'acide sulfhydantoïque se dépose sous la forme d'une poudre cristalline, qu'on purifie par cristallisation dans une grande quantité d'eau bouillante. On obtient ainsi des tables hexagonales, insolubles dans l'eau froide, solubles dans les acides et dans les alcalis. L'acide sulfhydantoïque est peu stable : il suffit de l'abandonner pendant quelque temps en solution alcaline, pour qu'il se transforme spontanément en sulfhydantoïne.

L'acide sulfhydantoïque donne par le nitrate d'argent ammoniacal un précipité jaune amorphe.

Sa constitution doit, suivant Liebermann et Lange [*Deutsch. chem. Gesellsch.*, 1879, p. 1588], être représentée par la formule

$$C \begin{cases} /\!\!/ AzH \\ S\text{-}CH^2\text{-}COOH. \\ \backslash AzH^2 \end{cases}$$

ACIDE PHÉNYLSULFHYDANTOÏQUE, $C^9H^{10}Az^2SO^2$ [Jäger, *Journ. prakt. Chem.*, (2), t. XVI, p. 17]. — On chauffe au bain-marie un mélange d'aniline, de sulfocyanate d'ammonium et d'acide monochloracétique en solution alcoolique. Il se dépose par le refroidissement une bouillie de cristaux, qu'on lave à l'eau pour éliminer le chlorure d'ammonium, et qu'on fait ensuite recristalliser dans l'alcool bouillant. On obtient finalement la phénylsulfhydantoïne en petits prismes aplatis, fusibles à 148-152°, très peu solubles dans l'eau froide et dans l'éther, solubles dans l'alcool et l'acide acétique bouillants.

Soumise à une ébullition prolongée avec de l'acide sulfurique à 20 %, la phénylsulfhydantoïne se dédouble en phénylurée et acide thioglycolique. On déduit de là pour sa constitution la formule

$$C \begin{cases} /\!\!/ AzH \\ S\text{-}CH^2\text{-}COOH. \\ \backslash AzH.C^6H^5 \end{cases}$$

Acide crésylsulfhydantoïque, $C^{10}H^{12}Az^2SO^2$ [Jäger, *loc. cit.*]. — On le prépare exactement comme l'acide phénylsulfhydantoïque, en substituant la paratoluidine à l'aniline. Il fond à 176-182° et ressemble en tout point au dérivé phénylique; il est pareillement dédoublé par l'acide sulfurique en crésylurée et acide thioglycolique.

Acide diphénylsulfhydantoïque, $C^{15}H^{14}Az^2SO^2$ [Lange, *Deutsch. chem. Gesellsch.*, 1879, p. 597]. — Cet acide se produit en même temps que la diphénylsulfhydantoïne dans l'action du monochloracétate de potassium sur la diphénylsulfo-urée; il reste dans les eaux mères et ne se dépose qu'au bout d'un temps assez long. Il cristallise en octaèdres jaunâtres, paraissant appartenir au système quadratique. Suivant Liebermann et Lange [*loc. cit.*], on doit donner à l'acide diphénylsulfhydantoïque la constitution

$$C \begin{cases} /\!\!/ Az.C^6H^5 \\ S\text{-}CH^2\text{-}COOH. \\ \backslash AzH.C^6H^5 \end{cases}$$

Ad. Fauconnier.

HYDRACRYLIQUE (ACIDE). — Voyez SARCOLACTIQUE (ACIDE), t. II, p. 1441.

HYDRAZINES. — On donne le nom d'*hydrazines* à une classe de composés qui dérivent théoriquement du diamidogène $H^2Az\text{-}AzH^2$ par la substitution de radicaux gras ou aromatiques, alcooliques, phénoliques ou acides, à un ou plusieurs atomes d'hydrogène.

D'après cette définition, il peut exister des hydrazines primaires, secondaires, tertiaires ou quaternaires, suivant que la substitution porte sur un, deux, trois ou sur les quatre atomes d'hydrogène de la molécule $H^2Az\text{-}AzH^2$.

Les hydrazines primaires ne peuvent pas présenter de cas d'isomérie : elles se rapportent toutes au type $RHAz\text{-}AzH^2$.

Les hydrazines secondaires peuvent être symétriques ou dissymétriques, et se rattacher au type $RHAz\text{-}AzHR$ ou au type $R^2Az\text{-}AzH^2$; chacun des corps de ce groupe pourra donc se présenter sous deux formes isomériques. Il suffira de citer comme exemple l'hydrazobenzol

$$C^6H^5.HAz\text{-}AzH.C^6H^5$$

et la diphénylhydrazine $(C^6H^5)^2Az\text{-}AzH^2$.

Les hydrazines tertiaires et quaternaires sont inconnues jusqu'à ce jour. On pourrait peut-être cependant envisager comme hydrazines tertiaires les dérivés que fournissent les hydrazines primaires en s'unissant aux aldéhydes avec élimination d'eau. Exemple : Benzylidène-phénylhydrazine $C^6H^5.HAz\text{-}Az(CH\text{-}C^6H^5)''$.

Enfin, de même que les ammoniaques composées engendrent des produits d'addition du type ammonium, l'atome d'azote devenant quinquévalent, on conçoit que les hydrazines puissent aussi fixer une ou deux molécules d'un iodure alcoolique ou d'un acide et donner des dérivés se rattachant aux types.

$$\begin{matrix} H^2Az \begin{cases} R \\ X \end{cases} \\ | \\ H^2Az \end{matrix} \quad \text{et} \quad \begin{matrix} H^2Az \begin{cases} R \\ X \end{cases} \\ | \\ H^2Az \begin{cases} R \\ X \end{cases} \end{matrix}$$

Les représentants de la première de ces deux classes de corps sont nombreux; ce sont les sels d'hydrazonium (ou simplement d'azonium).

Quant à la seconde classe, elle n'est représentée que par un seul terme, le dichlorhydrate d'éthylhydrazine

$$\begin{matrix} C^2H^5.HAz.HCl \\ | \\ H^2Az.HCl \end{matrix}$$

On voit par ce qui précède que les hydrazines présentent dans leur constitution une grande analogie avec les ammoniaques composées. Cette analogie s'étend à la plupart de leurs réactions générales :

1° Elles donnent avec les chlorures d'acides de véritables amides, par la substitution du radical acide à un atome d'hydrogène.

2° Elles peuvent entrer dans la constitution des urées composées.

3° Elles forment avec l'anhydride carbonique et le sulfure de carbone des acides carbaziques et sulfocarbaziques.

4° Elles fournissent des nitrosohydrazines analogues aux nitrosamines.

5° Elles peuvent s'unir aux composés diazoïques pour donner des dérivés analogues aux corps diazoamidés.

6° Elles donnent par une oxydation ménagée des *tétrazones*, corps dont la formation est tout à fait comparable à celle des corps azoïques au moyen des amines. Ex :

$C^6H^5.AzH^2$, Aniline. $C^6H^5.Az=Az.C^6H^5$, Azobenzol.

$(C^2H^5)^2.Az-AzH^2$, Diéthylhydrazine. $(C^2H^5)^2.Az-Az=Az-Az.(C^2H^5)^2$. Tétréthyl-tétrazone.

Nous étudierons successivement les hydrazines primaires, puis les hydrazines secondaires.

Hydrazines primaires.

On les prépare, dans la série grasse, par la réduction des nitrosamines au moyen de l'hydrogène naissant développé par le zinc et l'acide acétique; dans la série aromatique, par la réduction des corps diazoïques au moyen de l'acide sulfureux, ou par l'hydrogénation des corps diazoamidés au moyen du zinc et de l'acide acétique.

Leurs propriétés caractéristiques sont les suivantes : elles réduisent *à froid* la liqueur de Fehling; l'oxyde de mercure les décompose à froid avec dégagement d'azote; l'acide azoteux décompose les bases de la série grasse et fournit avec les bases aromatiques des dérivés nitrosés.

Éthylhydrazine, $C^2H^8Az^2 = C^2H^5.HAz-AzH^2$ [E. Fischer, *Liebig's Ann. Chem.*, t. CXCIX, p. 283]. — On l'obtient au moyen de la diéthylurée ou de l'éthylphénylurée; l'un ou l'autre de ces corps est transformé par l'acide nitreux en un dérivé nitrosé, qui, réduit par le zinc et l'acide acétique, fournit une hydrazine-urée; cette dernière est enfin décomposée, par les acides, en acide carbonique, éthylamine ou aniline, et éthylhydrazine. La diéthylurée fournit de meilleurs rendements que l'éthylphénylurée. On opère comme il suit :

A une solution bien refroidie de 50 p. de diéthylurée dans un mélange de 200 p. d'eau et 35 p. d'acide sulfurique, on ajoute par petites portions la quantité équivalente de nitrite de sodium; il suffit d'épuiser ensuite par l'éther pour obtenir la nitrosodiéthylurée sous la forme d'un liquide jaune-rougeâtre, qui peut être employé tel quel pour la suite de l'opération.

On dissout 30 gr. de nitrosodiéthylurée dans 180 grammes d'alcool, on ajoute 120-140 grammes de poudre de zinc, puis 60-70 grammes d'acide acétique cristallisable, par petites portions, et en ayant soin que la température ne s'élève pas au delà de 20°. Lorsque la réduction est terminée, on décante le liquide clair, et on le traite par un excès d'une lessive concentrée de soude caustique, exempte de carbonate, en ayant soin d'empêcher toute élévation de température. On épuise alors par l'éther, on évapore celui-ci au bain-marie, et on fait bouillir le résidu pendant 12-15 heures avec 3-4 volumes d'acide chlorhydrique fumant; au bout de ce temps, on refroidit le produit dans la glace, et on le sature de gaz chlorhydrique : l'éthylhydrazine se dépose à l'état de chlorhydrate. Il ne reste plus qu'à purifier ce sel par dissolution dans l'eau et reprécipitation par l'acide chlorhydrique, puis à le décomposer par la potasse, et enfin à rectifier la base sur de la baryte.

L'éthylhydrazine est un liquide incolore et mobile, doué d'une odeur éthérée et faiblement ammoniacale, bouillant à 99°,5 sous une pression de 709 millimètres. Elle est hygroscopique et se dissout dans l'eau et dans l'alcool avec élévation de température; l'éther, la benzine, le chloroforme la dissolvent aussi fort bien.

En solution alcaline, elle réduit à froid les sels de cuivre, de mercure et d'argent. Elle précipite les sels de plomb, de nickel, de cobalt et de fer. L'eau de brome la décompose avec dégagement d'azote. En solution chlorhydrique, elle est instantanément décomposée par le nitrite de sodium, avec dégagement d'azote et d'un gaz carboné dont la composition n'a pas été établie.

Traitée en solution aqueuse par un sel de diazobenzol, elle laisse déposer un liquide huileux renfermant une petite quantité de diazobenzolimide et formé en majeure partie de diazobenzoléthylazide.

Le *chlorhydrate acide*, $C^2H^5.HAz-AzH^2(HCl)^2$, s'obtient en sursaturant la base par l'acide chlorhydrique gazeux, sous la forme de fines aiguilles blanches, très solubles dans l'eau et dans l'alcool. Lorsqu'on évapore des solutions de ce sel, ou qu'on le porte à l'état sec à 110°, on le transforme en *chlorhydrate neutre*, $C^2H^5.HAz-AzH^2(HCl)$, masse blanche, amorphe, déliquescente, qui par l'action du gaz chlorhydrique repasse à l'état de chlorhydrate acide.

Le *sulfate* cristallise dans l'alcool en fines lamelles brillantes, très solubles dans l'eau.

L'*oxalate* est très peu soluble dans l'alcool; il cristallise en aiguilles brillantes.

Oxalyldiéthylhydrazine (oxéthylhydrazide),

$$(C^2H^5.Az^2H^2)^2(C^2O^2).$$

— Ce corps s'obtient par l'action d'une solution concentrée d'éthylhydrazine sur l'oxalate d'éthyle; il cristallise dans l'alcool chaud en fines aiguilles fusibles à 204°, solubles sans altération dans les acides et dans les alcalis.

Oxalyldiéthylnitrosohydrazine (oxéthylnitrosohydrazide) $(C^2H^5.Az^2H.AzO)^2(C^2O^2)$. — On l'obtient en traitant par le nitrite de sodium une solution sulfurique du corps précédent. Il se présente en cristaux blancs, fusibles à 144-145°, solubles dans l'eau chaude, l'alcool et les alcalis, insolubles dans les acides dilués. Sa formule est probablement

$$\begin{array}{l} CO-AzH-Az<^{AzO}_{C^2H^5} \\ | \\ CO-AzH-Az<^{C^2H^5}_{AzO} \end{array}$$

Éthylpicrazide, $C^2H^5.Az^2H^2.C^6H^2(AzO^2)^3$. — Petits cristaux d'un jaune rougeâtre obtenus en traitant par l'éthylhydrazine une solution alcoolique de chlorure de picryle. Ce corps fond à 200° avec décomposition; il se dissout sans altération dans les acides chlorhydrique et sulfurique; la potasse aqueuse le décompose avec formation d'éthylamine.

Acide éthylhydrazine-sulfonique,

$$C^2H^5.Az^2H^2.SO^3H.$$

— Cet acide n'est pas connu à l'état de liberté; on prépare son sel de potassium par le procédé suivant : 6 grammes de pyrosulfate de potassium récemment préparé sont additionnés de 1 gramme d'éthylhydrazine anhydre, et le tout est chauffé pendant une demi-heure à 80-100°; après refroidissement, la masse pulvérisée est reprise par 15 p. d'eau et 15 p. de bicarbonate de potassium; on chauffe quelque temps à l'ébullition, puis, lorsque le dégagement d'acide carbonique a cessé, on évapore presque à sec à une température de 60-70°; le résidu est enfin épuisé par l'alcool bouillant, qui abandonne par le refroidissement l'éthylhydrazine-sulfonate de potassium en fines aiguilles brillantes, très solubles dans l'eau, peu solubles dans l'alcool, presque insolubles dans l'éther. Ce sel est décomposé par l'ébullition avec les acides en éthylhydrazine et acide sulfurique. Traité à froid et en solution aqueuse concentrée par l'oxyde jaune de mercure, il se transforme en *diazoéthanesulfonate de potassium*, $C^2H^5.Az=Az.SO^3K$, sel bien cristallisé que les réducteurs ramènent à l'état de diéthylhydrazine sulfonate.

Diazobenzoléthylazide (diazo-éthylhydrazidobenzol), $C^6H^5.Az=Az-Az^2H^2.C^2H^5$. — Ce corps se dépose sous la forme d'un liquide huileux lorsqu'on traite une solution aqueuse d'éthylhydrazine par un sel de diazobenzol. Il est très difficile à purifier et forme des sels très instables. Ses réactions participent à la fois de celles du diazobenzol et de l'éthyldrazine : les acides dilués le décomposent à chaud en azote, phénol et éthylhydrazine; le brome en solution éthérée le transforme en perbromure de diazobenzol; l'oxyde jaune de mercure le décompose entièrement avec dégagement d'azote; le zinc et l'acide acétique, en solution alcoolique, le transforment intégralement en un mélange d'éthyl- et de phénylhydrazine, suivant l'équation

$$C^6H^5-Az=Az-Az^2H^2.C^2H^5+2H^2$$
$$=C^6H^5.Az^2H^3+C^2H^5.Az^2H^3.$$

Phénylhydrazine, $C^6H^8Az^2=C^6H^5.HAz-AzH^2$ [E. Fischer, *Liebig's Ann. Chem.*, t. CXC, p. 71]. — On peut obtenir ce corps en réduisant par le zinc et l'acide acétique le diazoamidobenzol ou la diazobenzoldiéthylamide en solution alcoolique; mais il vaut mieux partir du diazobenzolsulfonate de potassium $C^6H^5.Az^2.SO^3K$. Lorsqu'on traite ce sel par l'acide chlorhydrique concentré, il est partiellement décomposé avec dégagement d'azote et d'acide sulfureux, et l'acide sulfureux mis en liberté réduit le reste à l'état de phénylhydrazine-sulfonate de potassium; ce dernier est ensuite transformé par l'acide chlorhydrique en chlorhydrate de phénylhydrazine, suivant l'équation

$$C^6H^5.Az^2H^2.SO^3K+H^2O+HCl$$
$$=SO^4KH+C^6H^5.Az^2H^3.HCl.$$

On opère de la manière suivante : On dissout 20 p. d'aniline dans un mélange de 50 p. d'acide chlorhydrique (D=1,19) et de 80 p. d'eau, puis on ajoute du nitrite de sodium, de manière à transformer l'aniline en chlorure de diazobenzol; le produit est alors versé dans une solution bien refroidie de sulfite de sodium (2 mol. SO^3Na^2 pour 1 molécule d'aniline). Le liquide se colore en jaune rougeâtre et laisse déposer le diazobenzolsulfonate de sodium; ce sel est recueilli, dissous dans l'eau à la température du bain-marie et décomposé par l'acide chlorhydrique; l'acide sulfureux qui se dégage pendant cette opération suffit pour accomplir la réduction; le liquide, filtré à chaud, laisse déposer par refroidissement l'hydrazine-sulfonate de sodium. Une solution très concentrée de ce sel se prend, par l'action de l'acide chlorhydrique fumant, en une masse de chlorhydrate de phénylhydrazine; il ne reste plus qu'à décomposer ce chlorhydrate par la soude et à distiller la base.

Récemment distillée, la phénylhydrazine est un liquide incolore, doué d'une odeur aromatique faible, bouillant à 233-234° sous une pression de 750 millimètres. Elle se prend dans un mélange réfrigérant en lamelles brillantes, fusibles à 23°; sa densité est de 1,091 à 21°. Elle est peu soluble dans l'eau et dans les alcalis, soluble en toutes proportions dans l'alcool, l'éther, l'acétone, le chloroforme, la benzine.

Elle réduit à froid la liqueur de Fehling, avec dégagement d'azote et formation d'aniline et de benzine. L'oxyde jaune de mercure la décompose, en donnant de l'azote, de la benzine, de l'aniline et du mercure-diphényle. Par l'action des oxydants en solution acide, elle fournit des sels de diazobenzol ou leurs produits de décomposition. L'acide nitreux la décompose à froid, avec formation de diazobenzolimide et de phénylnitrosohydrazine.

Traitée en solution chlorhydrique par le nitrate ou le sulfate de diazobenzol, elle est transformée en diazobenzolimide et aniline.

Avec le bromure d'éthyle, elle fournit, entre autres produits d'addition, le bromure de phényldiéthylazonium, $C^6H^5.(C^2H^5)^2.Br-Az-AzH^2$.

Elle s'unit à la plupart des aldéhydes avec élimination d'eau pour fournir des corps bien cristallisés, qu'on peut envisager comme des hydrazines tertiaires de formule générale

$$R'HAz-AzR''.$$

Elle fixe directement et à froid deux molécules de cyanogène pour donner la dicyanophénylhydrazine $C^6H^5.Az^2H^3.(CAz)^2$.

Traitée par le chlore ou par le brome, elle donne lieu à une réaction très violente, dont les produits n'ont pu être isolés; par l'action de l'iode en présence de l'eau, elle se décompose en fournissant de l'aniline et de la diazobenzolimide.

Chauffée à 80-130° avec de la fleur de soufre, elle donne de l'azote, de l'ammoniaque, de l'hydrogène sulfuré, de la benzine, de l'aniline, du sulfure et du disulfure de phényle et du thiophénol $C^6H^5.SH$.

Le *chlorhydrate*, $C^6H^5.Az^2H^3.HCl$, est en grandes lamelles incolores, très solubles dans l'eau chaude, presque insolubles dans l'acide chlorhydrique fumant. Ses solutions aqueuses réduisent à froid les sels d'or, de platine, de mercure et d'argent.

Le *sulfate*, $(C^6H^5.Az^2H^3)^2SO^4H^2$, se présente en lamelles blanches, très solubles dans l'eau chaude, moins solubles dans l'alcool, insolubles dans l'éther.

Le *nitrate* cristallise en feuillets blancs.

Le *picrate*, $C^6H^5.Az^2H^3.C^6H^2.OH(AzO^2)^3$, est en fines aiguilles jaunes, très solubles dans l'alcool, peu solubles dans l'eau; il se décompose à 100°.

L'*oxalate*, $(C^6H^5.Az^2H^3)^2C^2O^4H^2$, cristallise dans l'eau en lamelles incolores, presque insolubles dans l'alcool et dans l'éther.

Phénylnitrosohydrazine,

$$C^6H^5.AzO.Az-AzH^2.$$

— Une solution bien refroidie de chlorhydrate de phénylhydrazine dans dix fois son poids d'eau est additionnée d'un excès de nitrite de sodium : le liquide se trouble et laisse bientôt déposer des flocons cristallins d'un jaune brun, qu'on purifie en les dissolvant dans l'éther et en les précipitant par la ligroïne.

Ce corps est instable; il se décompose assez rapidement à la température ordinaire, même en vase fermé; par le zinc et l'acide acétique, il donne de l'aniline; les alcalis dilués le transforment en diazobenzolimide.

Acide phénylhydrazinesulfonique,

$$C^6H^5.Az^2H^2.SO^3H.$$

— Cet acide, inconnu à l'état de liberté, se produit à l'état de sel de potassium lorsqu'on chauffe à 80° une molécule de phénylhydrazine avec une molécule de pyrosulfate de potassium: la masse fondue est reprise par l'eau chaude, en élimine l'excès d'acide sulfurique par le carbonate de baryum, on filtre à chaud et on précipite par la potasse concentrée; on obtient ainsi des cristaux de la formule $C^6H^5.Az^2H^2 SO^3K + H^2O$ (Fischer). Ce sel de potassium se produit aussi par l'action du bisulfite de potassium sur le nitrate de diazobenzol [Strecker et Römer, *Deutsch. chem. Gesellsch.*, 1871, p. 784] Traité par l'oxyde jaune de mercure, il est transformé en diazobenzolsulfonate de potassium. Le sel de baryum est en cristaux blancs, anhydres.

Éthylphénylsemicarbazide (phénylhydrazine-éthyl-urée),

$$CO < \begin{matrix} AzH\text{-}AzH.C^6H^5 \\ AzH.C^2H^5 \end{matrix}$$

[E. Fischer, *Liebig's Ann. Chem.*, t. CXC, p. 100]. — On mélange des solutions éthérées de phénylhydrazine et d'isocyanate d'éthyle : il se dépose des prismes clinorhombiques, fusibles à 151°, peu solubles dans l'eau et dans l'éther, solubles dans l'alcool chaud, ayant la composition ci-dessus. Ce corps se dissout dans l'acide chlorhydrique concentré, avec lequel il forme un sel instable. Chauffé longtemps en tube scellé à 100° avec de l'acide chlorhydrique fumant, il est décomposé en acide carbonique, éthylamine et phénylhydrazine. La potasse alcoolique lui fait subir le même dédoublement par une ébullition prolongée.

Ethylphénylnitrososemicarbazide,

$$CO < \begin{matrix} AzH\text{-}Az(AzO)C^6H^5 \\ AzH.C^2H^5 \end{matrix}$$

— Fines aiguilles jaunes, obtenues par l'action du nitrite de sodium et de l'acide chlorhydrique sur une solution alcoolique du composé précédent. Ce corps fond avec décomposition à 86°,5 ; il est très soluble dans l'acétone, moins dans l'alcool, presque insoluble dans l'eau, le chloroforme, la benzine, la ligroïne. Les alcalis dilués le dissolvent sans altération à froid et le décomposent à l'ébullition en acide carbonique, éthylamine et diazobenzolimide.

Phénylsemicarbazide (phénylhydrazine-urée),

$$CO < \begin{matrix} AzH\text{-}AzH.C^6H^5 \\ AzH^2 \end{matrix}$$

— On traite à une douce chaleur un sel de phénylhydrazine par le cyanate de potassium : l'urée se dépose en cristaux fusibles à 170°, très solubles dans l'eau chaude, l'alcool, l'acétone, l'alcool méthylique, peu solubles dans l'eau froide, l'éther, la benzine, la ligroïne. Elle réduit à chaud la liqueur de Fehling. L'acide chlorhydrique fumant la décompose en acide carbonique, ammoniaque et phénylhydrazine.

Elle fournit par le nitrite de sodium un dérivé nitrosé, cristallisé, que l'ébullition avec les alcalis décompose en acide carbonique, ammoniaque et diazobenzolimide.

Acide phénylthiosulfocarbazique,

$$CS < \begin{matrix} AzH\text{-}AzH.C^6H^5 \\ SH \end{matrix}$$

— Le sulfure de carbone s'unit à froid à la phénylhydrazine pour former le phénylthiosulfocarbazate de phénylhydrazine $(C^6H^5.Az^2H^3)^2CS^2$, prismes hexagonaux, peu solubles dans le chloroforme, le sulfure de carbone, l'éther, la ligroïne, très solubles dans l'acétone chaude, fusibles avec décomposition à 96-97°.

Il suffit de dissoudre ce corps dans la potasse diluée et d'ajouter ensuite de l'acide sulfurique, pour précipiter l'acide phénylthiosulfocarbazique, en lamelles incolores, brillantes, très solubles dans l'éther, l'acétone, l'alcool, l'acide acétique cristallisable. Ce corps est instable : il se décompose rapidement en dissolution, lentement à l'état sec, en sulfure de carbone et diphénylsulfocarbazide : ce dédoublement est instantané à 40°.

Diphénylsulfocarbazide (diphénylhydrazine-sulfo-urée), $CS(AzH\text{-}AzH.C^6H^5)^2$. — Prismes triangulaires incolores, assez solubles dans l'alcool chaud, l'acétone, le chloroforme, la benzine, l'acide acétique, peu solubles dans l'alcool froid. Il se colore en vert à 130° et fond à 150° en un liquide foncé. Par l'action de la chaleur ou des alcalis, ce corps se transforme en une matière colorante rouge, qui paraît isomérique avec lui.

Diphénylsulfosemicarbazide (phénylhydrazine-phényl sulfo-urée),

$$CS < \begin{matrix} AzH\text{-}AzH.C^6H^5 \\ AzH.C^6H^5 \end{matrix}$$

— On l'obtient en mélangeant des solutions alcooliques de phénylhydrazine et de sulfocyanate de phényle, en prismes incolores, fusibles à 177° insolubles dans l'eau, peu solubles dans l'éther, le sulfure de carbone, la ligroïne, assez solubles dans l'acétone, l'alcool chaud, l'acide acétique cristallisable.

Phénylcarbazate de phénylhydrazine

$$CO^2(Az^2H^3.C^6H^5)^2.$$

— Cristaux obtenus en traitant par l'acide carbonique la phénylhydrazine sèche ou en suspension dans l'eau. L'eau chaude et les acides le décomposent.

Monobenzoylphénylhydrazine,

$$C^6H^5.Az^2H^2.CO\text{-}C^6H^5.$$

— On traite 2 molécules de phénylhydrazine en solution dans 5 volumes d'éther par 1 molécule de chlorure de benzoyle : on obtient un dépôt de petits prismes blancs, fusibles à 168°, peu solubles dans l'eau chaude et dans l'éther, assez solubles dans l'alcool chaud, l'acétone, le chloroforme, solubles sans altération dans les alcalis.

Chauffé longtemps à 100° en tube scellé avec de l'acide chlorhydrique fumant, ce corps est décomposé en acide benzoïque et phénylhydrazine. Traité en solution chloroformique par l'oxyde jaune de mercure, il donne un liquide incristallisable qui paraît être le benzoyldiazobenzol.

Dibenzoylphénylhydrazine,

$$C^6H^5.Az^2H(CO\text{-}C^6H^5)^2.$$

— On fait réagir un excès de chlorure de benzoyle sur le corps précédent ou sur le phénylhydrazine-sulfonate de potassium à la température du bain-marie. On obtient ainsi des prismes blancs, fusibles à 177-178°, très peu solubles dans l'eau, assez solubles dans l'alcool chaud. Ce corps réduit le nitrate d'argent ammoniacal. L'acide chlorhydrique fumant le décompose à 100° (en tubes scellés) en acide benzoïque et phénylhydrazine.

Monoacétylphénylhydrazine,

$$C^6H^5.Az^2H^2.CO\text{-}CH^3.$$

— On mélange 1 molécule d'anhydride acétique avec 2 molécules de phénylhydrazine : la masse s'échauffe fortement et laisse déposer par le refroidissement des cristaux feuilletés, fusibles à 128°,5, peu solubles dans l'eau froide et dans l'éther, très solubles dans l'eau chaude, l'alcool le chloroforme, la benzine. Ce corps réduit à chaud la liqueur de Fehling.

L'ébullition avec l'acide chlorhydrique le dédouble en acide acétique et phénylhydrazine. Il donne par l'acide nitreux un dérivé nitrosé, et par l'oxyde jaune de mercure un corps sirupeux qui est sans doute l'acétyldiazobenzol.

Oxalyldiphénylhydrazine,

$$(C^6H^5.Az^2H^2)^2C^2O^2.$$

— On chauffe à 110° une molécule d'oxalate

d'éthyle et 2 molécules de phénylhydrazine : il se dépose par refroidissement des cristaux fusibles à 277-278°, très peu solubles dans la plupart des dissolvants ordinaires.

Phénylbenzolsulfazide,

$$SO^2 < \begin{matrix} AzH-AzH.C^6H^5 \\ C^6H^5 \end{matrix}$$

— Aiguilles blanches, fusibles avec décomposition à 146°, obtenues par l'action de la phénylhydrazine sur le chlorure benzolsulfonique (Fischer). Ce corps se produit également par l'action de l'acide sulfureux sur une solution acide de sulfate de diazobenzol [Königs, *Deutsch. chem. Gesellsch.*, 1877, p. 1531]. Traité par l'oxyde de mercure, il fournit du phénylsulfinate de diazobenzol $C^6H^5.Az=Az.SO^2C^6H^5$. (Königs).

Trinitrohydrazobenzol (picrylphénylhydrazide), $C^6H^5.HAz-AzH.C^6H^2(AzO^2)^3$. — Lamelles rouges brillantes, fusibles à 181°, obtenues par l'action du chlorure de picryle sur la phénylhydrazine. Ce corps est peu soluble dans l'alcool chaud, le chloroforme, la benzine, très soluble dans l'acétone et l'acide acétique cristallisable. Les oxydants le transforment en trinitroazobenzol.

Benzylidène-phénylhydrazine,

$$C^6H^5.HAz-Az.CH-C^6H^5$$

[E. Fischer, *Liebig's Ann. Chem.*, t. CXC, p. 134]. — On mélange la phénylhydrazine avec de l'aldéhyde benzoïque, et l'on obtient des prismes clinorhombiques, fusibles à 152°,5, très solubles dans l'alcool chaud, l'acétone, la benzine, peu solubles dans l'éther, distillables sans décomposition. Ce corps ne réduit pas la liqueur de Fehling. L'ébullition avec l'acide chlorhydrique le dédouble en ses générateurs.

Éthylidène-phénylhydrazine,

$$C^6H^5.HAz-Az.CH-CH^3.$$

— Cristaux incolores obtenus par l'action de l'aldéhyde sur la phénylhydrazine ; ce corps est très soluble dans l'éther et dans l'alcool ; il tombe à l'air en déliquescence.

Phénylfurfurazide, $C^6H^5.HAz-AzC^5H^4O$. — Cristaux fusibles à 96°, très solubles dans l'alcool et dans l'éther, peu solubles dans la ligroïne ; on les obtient en mélangeant molécule à molécule la phénylhydrazine avec le furfurol.

Bromure de diéthylphénylazonium,

$$C^6H^5.(C^2H^5)^2.BrAz-AzH^2$$

[E. Fischer, *Liebig's Ann. Chem.*, t. CXC, p. 102]. — On mélange la phénylhydrazine avec un léger excès de bromure d'éthyle : en refroidissant, le tout se prend en une masse cristalline, qui, traitée par la soude concentrée, laisse pour résidu des aiguilles blanches orthorhombiques, ayant la composition ci-dessus. Ce corps est très soluble dans l'eau, insoluble dans l'éther, presque insoluble dans les alcalis. Il se décompose vers 180°. Traité par l'oxyde d'argent, il fournit l'hydrate correspondant. Par le chlorure d'argent, en présence de l'eau, il se transforme en un chlorure qui forme avec le chlorure de platine un sel double ayant pour formule $[C^6H^5.(C^2H^5)^2Az^2H^2Cl]^2PtCl^4$.

Paracrésylhydrazine, $CH^3-C^6H^4.AzH-AzH^2$. [E. Fischer, *Deutsch. chem. Gesellsch.*, 1876, p. 890]. — Ce corps se prépare au moyen de la paratoluidine, comme la phénylhydrazine au moyen de l'aniline ; il se présente en lamelles fusibles à 61°, très solubles dans l'alcool, l'éther, la benzine ; il bout avec décomposition partielle à 240-244°.

Acides hydrazine-benzoïques,

$$H^2Az-AzH.C^6H^4-CO^2H.$$

— On en connaît deux : l'acide méta et l'acide ortho. L'acide *méta* a été décrit sous le nom d'acide hydrométadiazobenzoïque, Suppl. p. 329.

Acide ortho [Fischer. *Deutsch. chem. Gesellsch.*, 1880, p. 679]. On dissout 1 p. de chlorhydrate d'acide anthranilique, $C^6H^4.AzH^2.CO^2H$, dans un mélange de 3 p. d'eau et 1 p. d'acide chlorhydrique (D = 1,14), puis on ajoute du nitrite de sodium en quantité convenable pour obtenir le dérivé diazoïque ; on introduit le liquide ainsi obtenu dans une solution légèrement alcaline de sulfite de sodium, on acidule par l'acide acétique, et on traite à une douce chaleur par la poudre de zinc jusqu'à décoloration. Pour isoler l'acide hydrazinique, on sature la solution de gaz chlorhydrique : on précipite ainsi le chlorhydrate, qui décomposé par l'acétate de sodium, fournit l'acide en fines aiguilles, solubles dans l'alcool, l'éther et l'eau. Cet acide réduit à chaud les sels d'argent, de cuivre et de mercure.

Le *chlorhydrate*,

$$C^6H^4 < \begin{matrix} AzH-AzH^2.HCl \\ CO^2H \end{matrix}$$

est en fines aiguilles blanches, solubles dans l'eau chaude, peu solubles dans l'alcool, insolubles dans l'éther et l'acide chlorhydrique concentré.

L'*anhydride*,

$$C^6H^4 < \begin{matrix} AzH \\ CO \end{matrix} > AzH,$$

s'obtient en chauffant l'acide à 220° dans une atmosphère d'acide carbonique. Il forme des cristaux compacts, peu solubles dans l'eau, l'alcool et l'éther, qui peuvent être sublimés sans altération. Il ne réduit pas la liqueur de Fehling, mais réduit le nitrate d'argent ammoniacal.

Acide ortho-hydrazine-cinnamique,

$$H^2Az-AzH.C^6H^4-CH=CH-CO^2H$$

[E. Fischer, *Deutsch. chem. Gesellsch.*, 1881, p. 478]. — Le nitrate diazocinnamique,

$$C^9H^6Az^2O^2.AzO^3H,$$

se dissout à froid dans les sulfites alcalins en donnant des diazosulfonates. Le diazocinnamosulfonate de sodium, étant additionné d'acide acétique et de poudre de zinc, se transforme rapidement en hydrazine-cinnamosulfonate de sodium : ce sel est presque insoluble dans une solution saturée de chlorure de sodium ; on l'isole donc, par l'addition de ce réactif, sous la forme de fines aiguilles jaunes. L'acide chlorhydrique chaud décompose ce dernier sel en acide sulfurique et acide hydrazine-cinnamique, qui se transforme spontanément en anhydride.

L'*anhydride* hydrazine cinnamique,

$$C^6H^4 < \begin{matrix} CH=CH-CO \\ \text{———} Az-AzH^2, \end{matrix}$$

fond à 127° et se volatilise sans décomposition ; il cristallise dans l'eau bouillante en fines aiguilles blanches. Il ne réduit pas les solutions alcalines de cuivre ou d'argent. Il forme un chlorhydrate bien cristallisé. Ce dernier est énergiquement attaqué à chaud par le nitrite de sodium, avec formation de carbostyrile, ce qui prouve l'exactitude de la formule indiquée pour l'anhydride.

HYDRAZINES SECONDAIRES SYMÉTRIQUES.

Les hydrazines de ce groupe ne sont autres que les corps *hydrazoïques*. Nous renvoyons, pour les propriétés générales du groupe, à l'article Diazoïques, et pour la description de chaque corps en particulier au carbure dont il dérive.

Nous nous bornerons à mentionner ici l'hydrazophényléthyle, dont l'étude n'a pas été faite à l'article BENZINE.

Hydrazophényléthyle, $C^6H^5.HAz-AzH.C^2H^5$ [E. Fischer, *Liebig's Ann. Chem.*, t. CXCIX, p. 325]. — Ce corps se produit en même temps que plusieurs autres bases par l'action du bromure d'éthyle sur la phénylhydrazine. On utilise, pour l'isoler, l'action différente qu'exerce l'oxyde de mercure sur les hydrazines : les bases primaires sont entièrement décomposées par ce réactif avec dégagement d'azote; les bases tertiaires ne sont pas altérées; les secondaires dissymétriques sont transformées en tétrazones; enfin, les secondaires symétriques fournissent le dérivé azoïque correspondant, que sa volatilité et son indifférence aux acides permettent d'isoler, et qu'il est facile de retransformer ensuite en hydrazine.

On opère donc de la manière suivante : Le produit brut de la réaction du bromure d'éthyle sur la phénylhydrazine est traité par la soude et épuisé par l'éther; la solution éthérée est évaporée et le résidu additionné d'acide chlorhydrique concentré; on sépare ainsi à l'état de chlorhydrate insoluble la phénylhydrazine en excès. Le liquide filtré est rendu alcalin par la soude et épuisé par l'éther, et la solution éthérée est directement traitée par l'oxyde jaune de mercure. On filtre, on ajoute de l'acide chlorhydrique dilué pour retenir les bases et l'on distille. Le liquide distillé laisse déposer la tétrazone formée, et, après séparation de ce corps, abandonne à l'éther l'azophényléthyle, $C^6H^5.Az=Az.C^2H^5$. L'azophényléthyle est traité par l'amalgame de sodium en solution alcoolique, et il ne reste plus qu'à étendre d'eau et à épuiser par l'éther pour obtenir enfin l'hydrazophényléthyle.

C'est un liquide incolore, très soluble dans l'alcool, l'éther, la benzine, peu soluble dans l'eau. Par l'action de la liqueur de Fehling ou de l'oxyde jaune de mercure, il se retransforme en azophényléthyle; l'acide nitreux exerce sur lui la même action. L'hydrogène naissant (zinc et acide acétique) le dédouble en aniline et éthylamine.

HYDRAZINES SECONDAIRES DISSYMÉTRIQUES.

On les obtient par la réduction des nitrosamines au moyen du zinc et de l'acide acétique.

Leurs propriétés générales sont les suivantes : elles ne réduisent qu'à chaud la liqueur de Fehling; l'oxyde de mercure les transforme en tétrazones; par l'action de l'acide nitreux, celles de la série grasse donnent à la fois une tétrazone, du protoxyde d'azote et une amine secondaire, tandis que celles de la série aromatique fournissent un dérivé nitrosé.

DIMÉTHYLHYDRAZINE, $(CH^3)^2Az-AzH^2$ [E. Fischer, *Deutsch. chem. Gesellsch.*, 1875, p. 1587]. — On l'obtient en chauffant au réfrigérant ascendant une solution aqueuse de nitrosodiméthylamine avec du zinc et de l'acide acétique; la réduction terminée, on distille en recueillant dans de l'acide chlorhydrique; on obtient ainsi un chlorhydrate cristallin déliquescent, qui, additionné de chlorure de platine, fournit un sel d'un jaune clair ayant pour formule

$$[(CH^3)^2Az-AzH^2.HCl]^2PtCl^4,$$

sel très soluble dans l'eau, peu soluble dans l'alcool, insoluble dans l'éther et que les alcalis décomposent à chaud avec formation de platine métallique et dégagement de gaz.

La base elle-même est un liquide mobile, très soluble dans l'eau, l'alcool et l'éther; son odeur est ammoniacale. Elle forme des sels haloïdes, volatils sans décomposition.

DIÉTHYLHYDRAZINE, $(C^2H^5)^2Az-AzH^2$ [E. Fischer, *Liebig's Ann. Chem.*, t. CXCIX, p. 308]. — On dissout 30 grammes de diéthylnitrosamine dans 300 grammes d'eau, on ajoute 150 grammes de poudre de zinc, puis 150 grammes d'acide acétique à 50 °/₀ et on abandonne le tout à une température de 20-30°. Lorsque la réduction est terminée, on sursature par la soude concentrée et on distille : il passe un mélange d'eau, d'ammoniaque, de diéthylamine et de diéthylhydrazine, formées suivant les équations

$$(C^2H^5)^2Az.AzO+2H^2=(C^2H^5)^2Az.AzH^2+H^2O,$$
$$(C^2H^5)^2Az-AzO+3H^2$$
$$=(C^2H^5)^2AzH+AzH^3+H^2O.$$

On neutralise par l'acide chlorhydrique et on évapore au bain-marie à consistance sirupeuse; par le refroidissement, le chlorure d'ammonium se dépose. On filtre et on ajoute de la potasse solide, qui sépare un mélange de diéthylamine et de diéthylhydrazine sous forme d'un liquide huileux. Ce mélange est traité par l'acide cyanique; on obtient ainsi de la diéthylurée et de la diéthylhydrazine-urée; cette dernière, étant peu soluble dans l'eau froide, se dépose la première. On la recueille et on la chauffe avec de l'acide chlorhydrique, qui la décompose en acide carbonique, ammoniaque et diéthylhydrazine, corps dont la séparation n'offre aucune difficulté.

Distillée sur de la baryte, la diéthylhydrazine est un liquide incolore, mobile, doué d'une odeur éthérée et faiblement ammoniacale; elle bout à 98-99° et est très soluble dans l'eau, l'alcool, l'éther, la benzine, le chloroforme. Elle forme avec les acides chlorhydrique, sulfurique et nitrique des sels très solubles dans l'eau et dans l'alcool et cristallisant difficilement.

Le *chloroplatinate*,

$$[(C^2H^5)^2Az-AzH^2.HCl]^2PtCl^4,$$

est en fines aiguilles jaunes, très solubles dans l'eau, peu solubles dans l'alcool.

La diéthylhydrazine s'unit à l'iodure d'éthyle pour former l'iodure de triéthylazonium.

L'acide nitreux la décompose avec dégagement de protoxyde d'azote et formation simultanée de diéthylamine et de tétréthyltétrazone. Par les agents d'oxydation, elle fournit, suivant les conditions, de la diéthylamine et de l'azote ou bien de la tétréthyltétrazone.

Diéthylsemicarbazide (diéthylhydrazine-urée),

$$CO\begin{cases}AzH-Az(C^2H^5)^2\\AzH^2\end{cases}$$

— On l'obtient en chauffant à l'ébullition, avec un excès de cyanate de potassium, le mélange brut des chlorhydrates de diéthylamine et de diéthylhydrazine obtenu dans la préparation de cette base; elle cristallise par refroidissement en longs prismes fusibles à 149°. Elle donne avec le chlorure de platine un sel double

$$[(C^2H^5)^2Az-AzH.CO.AzH^2]^2PtCl^4,$$

cristallisé en fines aiguilles jaunes très solubles dans l'eau, peu solubles dans l'alcool. Par l'action du nitrite de sodium et de l'acide sulfurique, elle fournit un dérivé nitrosé,

$$CO\begin{cases}Az(AzO)-Az(C^2H^5)^2\\AzH^2\end{cases}$$

que les alcalis décomposent à chaud en protoxyde d'azote, acide carbonique, ammoniaque et diéthylamine.

Iodure de triéthylazonium,

$$C^2H^5I.(C^2H^5)^2Az-AzH^2.$$

— On chauffe au réfrigérant ascendant un mélange de 10 grammes de diéthylhydrazine et 15 grammes d'iodure d'éthyle; il se dépose par le refroidissement des aiguilles blanches très solubles dans l'eau et dans l'alcool chaud, insolubles dans l'éther et dans les alcalis, ayant la composition ci-dessus.

Ce corps est transformé par l'oxyde d'argent en un hydrate que la chaleur décompose en eau, éthylène et diéthylhydrazine. Par le chlorure d'argent, il fournit un chlorure qui donne avec le chlorure de platine un sel double peu soluble.

L'hydrogène naissant (zinc et acide acétique) le décompose en acide iodhydrique, ammoniaque et triéthylamine, ce qui conduit à la formule $(C^2H^5)^3I.Az\text{-}AzH^2$.

Tétréthyltétrazone,

$$(C^2H^5)^2Az\text{-}Az = Az\text{-}Az(C^2H^5)^2.$$

— Liquide huileux, incolore, distillable avec la vapeur d'eau, obtenu par l'action de l'oxyde jaune de mercure sur une solution aqueuse de diéthylhydrazine. Ce corps se décompose à 135-140° avec dégagement de gaz. Chauffé à 70-80° avec de l'acide chlorhydrique dilué, il donne de l'azote, de l'aldéhyde, de la mono- et de la diéthylamine,

$$(C^2H^5)^4Az^4 + H^2O$$
$$= Az^2 + C^2H^4O + C^2H^5.AzH^2 + (C^2H^5)^2AzH.$$

Le *chloroplatinate*,

$$[(C^2H^5)^4Az^4.HCl]^2PtCl^4,$$

est en prismes d'un jaune d'or, solubles dans l'eau; l'eau bouillante le décompose en donnant de l'azote, de l'aldéhyde et de la diéthylamine.

Le *chloromercurate*, $(C^2H^5)^4Az^4.HgCl^2$, est un précipité blanc cristallin qui se forme quand on traite la base en solution acétique par le chlorure mercurique.

MÉTHYLPHÉNYLHYDRAZINE, $CH^3.C^6H^5.Az\text{-}AzH^2$ [E. Fischer, *Liebig's Ann. Chem.*, t. CXC, p. 150]. — On dissout dans de l'alcool un mélange de 30 grammes de nitrosométhylaniline et de 120 grammes d'acide acétique à 50 °/₀ et on verse cette solution dans 200 grammes d'alcool tenant en suspension 100-150 grammes de poudre de zinc; on chauffe le tout, et lorsque la réaction est terminée on filtre chaud; on sursature ensuite par la soude et on distille dans un courant de vapeur d'eau. Il passe un mélange de méthylaniline et de méthylphénylhydrazine; on sépare ces deux corps en les transformant en sulfates; le sulfate de méthylphénylhydrazine est peu soluble dans l'alcool froid et se dépose le premier par addition d'alcool au mélange. Il ne reste plus qu'à le décomposer par un alcali et à distiller.

La méthylphénylhydrazine est un liquide incolore, bouillant à 222-224° sous une pression de 715 millimètres; son odeur est aromatique; elle est peu soluble dans l'eau froide, miscible en toutes proportions à l'alcool, l'éther, le chloroforme, le sulfure de carbone, la benzine. Elle ne réduit la liqueur de Fehling qu'à chaud, en donnant de l'azote et de la méthylaniline.

Elle se combine au bromure et à l'iodure d'éthyle pour fournir des composés bien cristallisés. Sous l'action de l'acide nitreux, elle régénère la nitrosométhylphénylamine, avec dégagement de protoxyde d'azote :

$$C^6H^5\text{-}CH^3.Az^2H^2 + 2AzO^2H$$
$$= Az^2O + 2H^2O + C^6H^5.CH^3.Az.AzO.$$

Avec le nitrate de diazobenzol, elle donne de la méthylaniline et de la diazobenzolimide.

Le *sulfate*, $(C^6H^5.CH^3.Az\text{-}AzH^2)^2SO^4H^2$, est en grandes lames brillantes très solubles dans l'alcool froid. Les autres sels sont très solubles et difficilement cristallisables.

Méthylphénylsemicarbazide (méthylphénylhydrazine-urée),

$$CO\begin{cases}AzH\text{-}Az\begin{cases}CH^3\\C^6H^5\end{cases}\\AzH^2\end{cases}$$

— Cristaux fusibles à 133°, obtenus par l'action du cyanate de potassium sur une solution chlorhydrique de la base. Chauffé à 100° en tube scellé avec de l'acide chlorhydrique fumant, ce corps est décomposé en acide carbonique, ammoniaque et méthylphénylhydrazine. Il ne réduit pas la liqueur de Fehling, mais réduit le nitrate d'argent ammoniacal. Avec l'acide nitreux, il fournit un dérivé nitrosé,

$$AzH^2.CO(AzO)Az\text{-}Az\begin{cases}CH^3\\C^6H^5\end{cases}$$

lamelles d'un jaune d'or, fusibles avec décomposition à 77°.

Méthyldiphénylsulfosemicarbazide (méthylphénylhydrazine-méthylsulfo-urée),

$$CS\begin{cases}AzH\text{-}Az\begin{cases}CH^3\\C^6H^5\end{cases}\\AzH.C^6H^5\end{cases}$$

— On l'obtient en mélangeant la méthylphénylhydrazine avec du sulfocyanate de phényle; cristaux fusibles à 154°, très solubles dans l'alcool chaud, le chloroforme, la benzine, peu solubles dans l'éther.

Diméthyldiphényltétrazone,

$$\begin{matrix}C^6H^5\\CH^3\end{matrix}>Az\text{-}Az = Az\text{-}Az<\begin{matrix}C^6H^5\\CH^3\end{matrix}$$

— On traite une solution chloroformique de la méthylphénylhydrazine par l'oxyde jaune de mercure, on filtre et on évapore. On obtient ainsi des cristaux fusibles à 133°, très solubles dans le chloroforme et le sulfure de carbone, peu solubles dans l'éther et dans l'alcool.

Ce corps est décomposé par les acides chlorhydrique et sulfurique avec dégagement d'azote et formation de méthylaniline.

Traité par l'iode en solution chloroformique, il fournit un iodure, $C^{14}H^{16}Az^4I^4$, cristallisé, mais très instable. Ce corps se décompose spontanément et avec explosion lorsqu'il est sec. On doit le rapprocher de l'iodure d'azote.

ÉTHYLPHÉNYLHYDRAZINE,

$$\begin{matrix}C^6H^5\\C^2H^5\end{matrix}>Az\text{-}AzH^2$$

[E. Fischer, *Deutsch. chem. Gesellsch.*, 1875, p. 1641]. — On l'obtient en réduisant par la poudre de zinc et l'acide acétique la nitrosoéthylaniline en solution alcoolique. C'est un liquide incolore, distillable sans décomposition.

Le *chlorhydrate*,

$$\begin{matrix}C^6H^5\\C^2H^5\end{matrix}>Az\text{-}AzH^2.HCl,$$

est en lamelles brillantes blanches.

Avec le bromure d'éthyle, l'éthylphénylhydrazine fournit, entre autres produits, du bromure de diéthylphénylazonium.

Diéthyldiphényltétrazone,

$$\begin{matrix}C^6H^5\\C^2H^5\end{matrix}>Az\text{-}Az = Az\text{-}Az<\begin{matrix}C^6H^5\\C^2H^5\end{matrix}$$

[E. Fischer, *Liebig's Ann. Chem.*, t. CXCIX, p. 327]. — Cristaux clinorhombiques obtenus en traitant à froid par l'oxyde jaune de mercure le bromure de diéthylphénylazonium en solution éthérée; ce corps fond à 108° avec décomposition.

DIPHÉNYLHYDRAZINE, $(C^6H^5)^2Az\text{-}AzH^2$ [E. Fischer, *Liebig's Ann. Chem.*, t. CXC, p. 174]. —

On l'obtient en réduisant la nitrosodiphénylamine par le zinc et l'acide acétique; c'est un liquide jaunâtre, épais, très soluble dans l'éther, la benzine, l'alcool, le chloroforme, peu soluble dans l'eau. Par distillation à la pression ordinaire, elle se décompose en fournissant de l'ammoniaque, de la diphénylamine et des produits résineux.

Par l'action des oxydants (oxydes d'argent et de mercure, chlorure ferrique, etc.), elle donne : à froid, de la tétraphényltétrazone, à chaud, de l'azote et de la diphénylamine.

Le *chlorhydrate* et le *sulfate* cristallisent en fines aiguilles blanches.

Monobenzoyldiphénylhydrazine,

$$(C^6H^5)^2Az\text{-}AzH.CO\text{-}C^6H^5.$$

— On l'obtient par l'action du chlorure de benzoyle sur la base en solution éthérée. Cristaux fusibles à 192°, très solubles dans l'acétone et le chloroforme, peu solubles dans l'alcool et dans l'éther.

Benzylidène-diphénylhydrazine,

$$(C^6H^5)^2Az\text{-}Az.CH\text{-}C^6H^5.$$

— Lorsqu'on mélange la diphénylhydrazine avec de l'aldéhyde benzoïque, le tout s'échauffe et laisse déposer par le refroidissement de petits cristaux jaunes, fusibles à 122°, très solubles dans l'éther, le chloroforme, la benzine, peu solubles dans l'eau.

Tétraphényltétrazone, $(C^6H^5)^4Az^4$. — En agitant la diphénylhydrazine avec une solution étendue et neutre de chlorure ferrique, on obtient des cristaux fusibles à 123° avec décomposition, assez solubles dans le sulfure de carbone chaud, peu solubles dans l'alcool, l'éther, le chloroforme.

PARADICRÉSYLHYDRAZINE, $(C^7H^7)^2Az\text{-}AzH^2$ [Lehne, *Deutsch. chem. Gesellsch.*, 1880, p. 1546]. — On l'obtient en réduisant la nitrosodicrésylamine par le zinc et l'acide acétique : elle se présente en lamelles fusibles à 171-172°, très solubles dans l'alcool et dans la benzine, peu solubles dans l'éther. C'est une base faible, qui ne se dissout dans les acides minéraux qu'à l'ébullition. Le chlorure ferrique et l'oxyde de mercure la transforment en dicrésylamine. Par l'acide nitreux, elle donne du protoxyde d'azote et de la nitrosodicrésylamine. Elle fournit avec le brome de la tétrabromodicrésylamine.

Le chlorhydrate est en fines aiguilles très solubles dans l'eau.

Le dérivé benzoylé fond à 186°,5.

PIPÉRYLHYDRAZINE, $C^5H^{10}Az\text{-}AzH^2$ [Knorr, *Deutsch. chem. Gesellsch.*, 1882, p. 859]. — Ce corps s'obtient par la réduction de la nitrosopipéridine au moyen du zinc et de l'acide acétique; c'est un liquide incolore, bouillant vers 145°, qui réduit à chaud la liqueur de Fehling. Il fonctionne comme hydrazine secondaire.

Le *chlorhydrate*, $C^5H^{10}Az\text{-}AzH^2.HCl$, est en aiguilles incolores, fusibles à 152°, solubles dans l'eau et dans l'alcool chaud.

Dipipéryltétrazone, $C^5H^{10}Az\text{-}Az=Az\text{-}AzC^5H^{10}$. — Cristaux incolores, fusibles à 145°, insolubles dans l'eau, obtenus par l'action de l'oxyde de mercure sur une solution éthérée de la pipérylhydrazine; les acides décomposent ce corps à l'ébullition avec dégagement d'azote. Ad. Fauconnier.

HYDRAZULMINE, $C^4Az^6H^6$. — Le cyanogène et le gaz ammoniac s'unissent à volumes égaux pour former un produit brun amorphe possédant la composition indiquée ci-dessus,

$$2C^2Az^2 + 2AzH^3 = C^4Az^6H^6.$$

Par l'action de la chaleur, cette matière donne des gaz et du paracyanogène [O. Jacobsen et A. Emmerling, *Deutsch. chem. Gesellsch.*, 1871, p. 947].

HYDRAZULMOXINE, C^4H^5AzO [Syn. *Acide azulmique*]. — L'eau réagissant sur l'hydrazulmine la décompose selon l'équation

$$C^4Az^6H^6 + H^2O = C^4H^5Az^5O + AzH^3.$$

L'hydrazulmoxine formée est identique avec l'acide azulmique préparé par l'action du cyanogène sur l'ammoniaque aqueuse concentrée.

L'hydrazoxulmine traitée par l'eau bouillante se dissout en partie et laisse déposer un corps brun qui, repris par l'eau, donne un résidu moins foncé. En traitant de la même façon les résidus successifs, on finit par avoir un produit d'un jaune de soufre qui se dépose sans altération de ses nouvelles solutions dans l'eau bouillante Ce corps, soluble dans les acides et les alcalis, est identique avec l'acide mycomélique obtenu par Liebig et Wœhler dans l'action de l'ammoniaque sur l'alloxane; il renferme après dessiccation à 120° $2(C^4H^4Az^4O^2) + H^2O$ [O. Jacobsen et Emmerling, *loc. cit.*]. A. Étard.

HYDRISALIZARINE. — C'est une des substances que Rochleder a retirées de la garance, où elle n'existe qu'en très petite quantité. Elle est à peine connue et renfermerait $C^{28}H^{18}O^8$. Le chlorure ferrique bouillant la dissout en se colorant en brun foncé; par le refroidissement, une partie de la substance se sépare en flocons sans avoir subi d'altération; le reste est précipité par quelques gouttes d'acide chlorhydrique.

L'hydrisalizarine serait accompagnée dans la garance d'un homologue $C^{29}H^{20}O^9$ qui, à 120°, perdrait très lentement une molécule d'eau, en prenant une teinte plus foncée [Rochleder, *Deutsch. chem. Gesellsch.*, 1870, p. 294].

HYDRO. — Pour les mots qui ne se trouvent pas ici à leur rang alphabétique, voyez le mot qui suit ce préfixe.

HYDROBILIRUBINE. — Elle est identique avec l'urochrome ou urobiline (voyez t. III, p. 586, et Suppl., p. 355).

HYDROBIOTITE (Min.). — Biotite de Krenize renfermant un peu plus de 7 °/₀ d'eau (Schrauf).

HYDROCAFÉIQUE (ACIDE) [Syn. *Acide dioxyphénylpropionique* (1. 2. 4)],

$$C^9H^{10}O^4$$
$$= C^6H^3(OH)_{(1)}(OH)_{(2)}(CH^2\text{-}CH^2\text{-}CO^2H)_{(4)}.$$

— Voyez t. II, p. 63. — On a obtenu le dérivé méthylénique de cet acide, l'acide *méthyléno-hydrocaféique*, $C^{10}H^{10}O^4$, en traitant l'acide méthylénocaféique (Suppl., p. 388) par l'amalgame de sodium à 3 °/₀ et d'eau. La réaction a lieu à froid; vers la fin, on la facilite en chauffant doucement le mélange. La liqueur aqueuse est acidulée par l'acide sulfurique, ce qui la rend à peine trouble, et épuisée par l'éther. L'acide méthyléno-hydrocaféique cristallise par l'évaporation de ce solvant; il est en longues aiguilles incolores, fusibles à 84°, et se dissout dans l'acide sulfurique concentré en le colorant en rouge cerise.

Le sel d'*argent* est un précipité blanc caséeux soluble dans l'eau bouillante et s'en déposant en paillettes brillantes.

Le sel de *plomb* cristallise en longues aiguilles, celui de *zinc* se dépose en fines aiguilles feutrées; celui de *cuivre* cristallise difficilement; tous sont peu solubles dans l'eau [C. Lorenz, *Deutsch. chem. Gesellsch.*, 1880, p. 758].

Acide diméthylhydrocaféique, $C^{11}H^{14}O^4$. — C'est le produit d'hydrogénation de l'acide diméthylcaféique. Il cristallise dans l'eau en fines aiguilles hydratées. Séché, il fond à 96-97° et se concrète vers 60°. Ses sels alcalins et alcalino-terreux sont solubles. Le sel d'argent cristallise dans l'eau bouillante sans s'altérer [F. Tiemann et Nagajosi Nagai, *Deutsch. chem. Gesellsch.*, 1878, p. 653].

HYDROCAMPHORIQUE (ACIDE), $C^{10}H^{18}O^4$ [Wreden, *Deutsch. chem. Gesellsch.*, 1870, p. 427]. — Ce corps se produit lorsqu'on chauffe l'acide camphorique à 160° avec de l'acide iodhydrique d'une densité de 1,55. Il se présente en mamelons fusibles sous l'eau chaude, dans laquelle il se dissout notablement. A l'état sec, il fond à 105°. Soumis à l'action de la chaleur, il donne un sublimé d'anhydride camphorique.

Le *sel de calcium* est très soluble dans l'eau; il s'en dépose par évaporation à l'état amorphe et retient de l'eau.

Le *sel de cuivre* est amorphe et insoluble; on l'obtient en précipitant par un sel de cuivre une solution ammoniacale de l'acide.

HYDROCARPOL. — Voyez PODOCARPINE, t. II, p. 1110.

HYDROCELLULOSE. — Voyez CELLULOSE, Suppl., p. 437.

HYDROCINCHONINE. — Voyez t. II, p. 70. Cette base, découverte par Caventou et Willm, a depuis été dénommée *cinchotine* par Skraup (Suppl., p. 500).

HYDROCITRIQUE (ACIDE). — D'après les recherches de Claus et Roennefahrt [*Deutsch. chem. Gesellsch.*, 1875, p. 155; *Bull. Soc. chim.*, t. XXV, p. 80], l'acide citrique ne fixe pas d'hydrogène, et l'acide hydrocitrique décrit par Kæmmerer serait un citrate acide de plomb.

Kæmmerer, n'ayant pu reproduire l'acide hydrocitrique, n'ose pas en maintenir l'existence; il suppose que l'acide qu'il a décrit autrefois sous ce nom pourrait être l'acide carballylique renfermant une molécule d'eau de cristallisation.

HYDROCOTARNINE, $C^{12}H^{15}AzO^3 + \frac{1}{2} H^2O$. — L'hydrocotarnine est une des bases retirées par O. Hesse des eaux mères de la morphine. Elle cristallise en prismes volumineux incolores, fusibles à 50°; soumise à l'action de la chaleur, elle se volatilise lentement à partir de 100°, mais en se décomposant partiellement; l'action brusque de la chaleur la décompose complètement. Cette base est soluble dans l'alcool et l'éther.

D'après Mathiessen et Wright, la narcotine ne se dédoublerait pas par hydratation en méconine et cotarnine, comme on l'admet en général; le dédoublement serait exprimé par l'équation

$$\underset{\text{Narcotine.}}{C^{22}H^{23}AzO^7} + H^2O = \underset{\text{Méconine.}}{C^{10}H^{10}O^5} + \underset{\text{Hydrocotarnine.}}{C^{12}H^{15}AzO^3}$$

On trouve l'hydrocotarnine dans les résidus de la préparation de la cotarnine par oxydation de la narcotine; la cotarnine obtenue dans ces conditions ne serait, selon les auteurs, que le résultat de l'oxydation de l'hydrocotarnine formée primitivement par le dédoublement de la narcotine.

La cotarnine traitée par du zinc et de l'acide chlorhydrique fixe de l'hydrogène et se convertit en hydrocotarnine; cette dernière est identique avec l'hydrocotarnine de O. Hesse. Par une réaction inverse, l'hydrocotarnine oxydée repasse à l'état de cotarnine [G. Beckett et A. Wright, *Deutsch. chem. Gesellsch.*, 1875, p. 550].

L'hydrocotarnine paraît plus toxique que la cotarnine.

L'iodure d'éthyle se fixe sur l'hydrocotarnine pour donner l'iodoéthylate, $C^{12}H^{15}AzO^3, C^2H^5I$, qui fournit un hydrate quaternaire par l'action de l'oxyde d'argent.

Les sels d'hydrocotarnine ont été décrits par O. Hesse [*Ann. Chem. Pharm.* Supplementb. VIII, p. 261].

Chlorhydrate d'hydrocotarnine,

$$C^{12}H^{15}AzO^3, HCl + 1\tfrac{1}{2} H^2O.$$

— Sel très difficilement cristallisable, soluble dans l'eau et dans l'alcool.

Le *chloroplatinate d'hydrocotarnine*,

$$(C^{12}H^{15}AzO^3, HCl)^2PtCl^4,$$

est un sel jaune amorphe devenant lentement cristallin; il se précipite à l'état anhydre.

Le *chloraurate* forme des lamelles rhomboïdales peu solubles.

Le *picrate* est cristallin, peu soluble.

A. Étard.

HYDROCUPRITE (Min.). — Hydrate d'oxyde cuivreux Cu^2O, H^2O, en enduits minces, d'un jaune orange sur la magnétite de Cornwall, Lebanon C° (Pennsylvanie).

HYDROCYANITE (Min.). — Sulfate de cuivre anhydre trouvé dans les produits de l'éruption du Vésuve de 1868. Petites croûtes vert pâle ou bleu de ciel. S'altère à l'air en absorbant de l'eau.

Forme des cristaux : orthorhombique, $mm = 121°4'$, $e^1g^1 = 128°33'$; $g^1 b\frac{1}{2} = 114°25'$.

HYDROCYANOROSANILINE. — Voyez CORALLINE, Suppl., p. 525.

HYDROETHYLCROTONIQUE (ACIDE),

$$C^6H^{12}O^2$$

[A.-B. Howe, *Liebig's Ann. Chem.*, t. CC, p. 24]. — C'est un des acides caproïques. Il se forme par l'action de l'hydrogène naissant sur l'acide hydrobrométhylcrotonique $C^6H^{11}BrO^2$, produit par l'addition de HBr a $C^6H^{10}O^2$ (voyez Suppl., p. 695). L'acide hydrobrométhylcrotonique dissous dans 10-15 parties d'eau est additionné par petites portions d'un grand excès d'amalgame de sodium; on doit ajouter de temps à autre de l'acide sulfurique, de manière à maintenir constamment le liquide à peine alcalin; la réaction terminée, on acidule nettement et on distille. On neutralise par le carbonate de calcium le liquide distillé, et on décompose enfin par l'acide chlorhydrique le sel de calcium ainsi obtenu.

L'acide hydroéthylcrotonique est un liquide incolore, huileux, d'odeur agréable, plus léger que l'eau et assez soluble dans ce liquide; il bout à 194-195° et ne se solidifie pas à — 15°.

Le *sel de calcium*, $(C^6H^{11}O^2)^2Ca + H^2O$, forme des lamelles brillantes, plus solubles à froid qu'à chaud, qui s'effleurissent dans l'air sec. 100 p. d'eau en dissolvent 16 p. à 20°,5.

Le *sel de baryum*, $(C^6H^{11}O^2)^2Ba + 2H^2O$, est en cristaux transparents très solubles dans l'eau.

Éther éthylique, $C^6H^{11}O^2.C^2H^5$. — Liquide incolore, mobile, bouillant à 151°,5.

L'acide hydroéthylcrotonique est probablement identique avec l'acide diéthylacétique (Suppl., p. 401), $CH(C^2H^5)^2$-CO^2H. Ad. Fauconnier.

HYDROFÉRULIQUE. — Voyez FÉRULIQUE.

HYDROFURONIQUE (ACIDE). — Voyez FURONIQUE (ACIDE), Suppl., p. 848

HYDROGARDÉNIQUE (ACIDE), $C^{14}H^{14}O^2$. — Cet acide résulte de l'action du bisulfite de sodium sur l'acide gardénique. Il cristallise en aiguilles brillantes, fusibles à 190°, solubles dans la benzine, l'acide acétique et l'alcool bouillants. Sa solution dans la soude étendue à chaud est pourpre. Par oxydation, il régénère l'acide gardénique [J. Stenhouse et E. Groves, *Liebig's Ann. Chem.*, t. CC, p. 301].

HYDROGÈNE. — La préparation industrielle de l'hydrogène, destiné à l'éclairage et au chauffage, a donné lieu à un grand nombre de procédés qui, pour la plupart, consistent à décomposer l'eau par le charbon au rouge. Giffard, notamment, en a décrit un qui consiste à faire passer un courant de vapeur d'eau à travers du coke incandescent; les gaz produits sont dirigés dans un épurateur chargé de chaux et propre à retenir le gaz carbonique. L'hydrogène reste mélangé d'oxyde de carbone [*Annal. Gén. civil*, 1867, p. 547].

Heurtebise a fait connaître le principe d'un procédé consistant à faire agir la vapeur d'eau au rouge sur l'oxyde de carbone produit par l'action du charbon sur le gaz acide carbonique. Il se produit ainsi de l'hydrogène et de l'acide carbonique, qu'il ne reste plus qu'à absorber [*Mondes*, 1867].

On obtient de l'hydrogène pur, d'après Merz et Weith, en dirigeant sur de la chaux sodée portée à une température élevée un courant d'oxyde de carbone humide :

$$CO + H^2O + CaO = CO^3Ca + H^2$$

[*Deutsch. chem. Gesellsch.*, 1880, p. 719].

Tessié du Motay et Maréchal ont proposé de produire le mélange d'hydrogène et de gaz carbonique en chauffant au rouge un mélange d'hydrates alcalins ou alcalino-terreux et de charbon (charbon de bois, coke, anthracite, etc.). Le mélange gazeux est dirigé sur des carbonates susceptibles de retenir l'acide carbonique pour produire un bicarbonate; et l'hydrogène relativement pur peut ensuite être recueilli.

Suivant les mêmes chimistes, on obtient de l'hydrogène pur en dirigeant des carbures d'hydrogène (gaz d'éclairage) sur de la chaux portée au rouge cerise; il se produit, outre du charbon libre, du carbonate de calcium et de l'hydrogène [*Brevets*, n°s 77,726 et 77,932; — *Bull. Soc. chim.*, t. IX, p. 334].

Lackersteen a pris un brevet (n° 100,089) reposant sur l'action de la vapeur d'eau surchauffée sur les oxydes inférieurs de manganèse.

Purification de l'hydrogène. — A. Lionet retient les impuretés qui accompagnent l'hydrogène, préparé par le procédé ordinaire, par le zinc et l'acide sulfurique, en faisant passer le gaz sur de l'oxyde de cuivre précipité et séché à 100° [*Compt. rend.*, t. LXXXIX, p. 440].

Cette purification s'effectue avec une grande netteté par un barbotage à travers une solution concentrée de permanganate de potassium (Eug. Schobig) ou de dichromate de potassium (Eug. Varenne et Em. Hebré). Dans ce dernier cas, on emploie une solution contenant pour 1000 p. d'eau, 100 p. de dichromate et 50 p. d'acide sulfurique. Les hydrogènes arsénié, stibié, phosphoré, sulfuré sont brûlés, ainsi que les carbures d'hydrogène. On retient par de la soude l'acide carbonique provenant de l'oxydation de ces derniers, et on sèche finalement le gaz par l'acide sulfurique [*Bull. Soc. chim.*, t. XXVIII, p. 354 et 523].

Propriétés physiques. — L'hydrogène, qui passait pour le gaz permanent par excellence, n'a pas résisté aux efforts qu'ont tentés, à peu près à la même époque, Cailletet et Raoul Pictet pour le condenser à l'aide d'appareils dont la description trouvera place ailleurs. Dans les expériences de Cailletet, l'hydrogène, après avoir subi dans un tube capillaire une pression de 280 atmosphères, s'est converti en un brouillard extrêmement subtil au moment de la détente [*Compt. rend.*, t. LXXXV, p. 1270, 31 décembre 1877].

L'expérience de Raoul Pictet, plus difficile à répéter, a conduit à des résultats beaucoup plus frappants. Voici en quels termes s'exprimait l'auteur dans un télégramme adressé à M. Dumas, secrétaire perpétuel de l'Académie des sciences [*Compt. rend.*, t. LXXXVI, p. 106].

« Hydrogène liquéfié hier (10 janvier 1878), 650 atmosphères et 140° de froid, solidifié par évaporation; jet coulant bleu d'acier, intermittent, projection violente de grenaille sur le sol avec bruit strident très caractéristique; hydrogène solide conservé plusieurs minutes dans le tube. »

L. Cailletet et P. Hautefeuille, en tenant compte de la modification que fait éprouver au coefficient de dilatation de l'anhydride carbonique et du protoxyde d'azote liquides la présence de l'hydrogène liquéfié, ont calculé par ce dernier les densités suivantes :

			Densités.
A 0°	sous une pression de	275 atm.	0,025
—	—	300 —	0,026
A — 23°	—	275 —	0,032
—	—	300 —	0,033

[*Compt rend.*, t. XCII, p. 1086]. Ces résultats sont très éloignés de la densité (0,625) de l'hydrogène (solide) occlus dans le palladium. Il est à remarquer que les densités de l'hydrogène liquide indiquées ici se rapportent à des conditions qui sont à peu près celles de l'*état critique*, c'est-à-dire du point où l'hydrogène liquide tend à reprendre l'état gazeux.

Diffusibilité. — La diffusion de l'hydrogène à travers la porcelaine se produit à la température de 1350° [Crafts, *Compt. rend.*, t. XC, p. 309].

D'après Stefan, la diffusibilité de l'hydrogène à travers l'eau est supérieure à celle de tous les autres gaz [*Wien. Akad. Ber.*, t. LXXVII, p. 371].

Spectre. — H. Vogel, en examinant le spectre de l'hydrogène contenu dans des tubes Geissler, a observé quatre nouvelles raies de cet élément dans le violet et l'ultraviolet. Les longueurs d'onde de ces raies sont 3968, 3887, 3834 et 3795. Ces mêmes raies ont été observées par Huggins dans le spectre des étoiles fixes [*Deutsch. chem. Gesellsch.*, 1880, p. 274].

Affinités de l'hydrogène. — J. Thomson a énoncé la proposition suivante, comme conclusion des déterminations thermiques effectuées par lui-même et par d'autres savants (Berthelot, Hautefeuille et autres).

L'affinité de l'hydrogène dans les combinaisons saturées est positive pour les métalloïdes placés en tête des quatre groupes naturels. Elle diminue dans ces groupes à mesure que le poids atomique s'élève et devient négative pour les termes les plus élevés de la série. C'est ainsi que l'affinité de l'hydrogène pour l'iode est négative, ainsi que celle de l'hydrogène pour le sélénium (Hautefeuille) et probablement aussi de l'hydrogène par l'antimoine.

L'action de l'hydrogène libre sur les solutions métalliques a fourni aux divers auteurs des résultats contradictoires. Ainsi l'hydrogène pur réduit l'azotate d'argent en donnant un dépôt pulvérulent ou un miroir métallique, suivant la concentration (Schobig). D'après Russell [*Chem. News*, t. XXVIII, p. 277], l'hydrogène ramène l'azotate d'argent à l'état d'azotite qui, lui, est irréductible; il agirait de même sur l'azotate de cuivre. Enfin, suivant H. Pellet, l'hydrogène pur ne réduit pas l'azotate d'argent en solution neutre ou légèrement acide, mais seulement lorsque la solution est faite avec le sel fondu et, par suite, légèrement alcaline [*Compt. rend.*, t. LXXVIII, p. 1132]. D'après le même auteur [*Compt. rend.*, t. LXXVII, p. 112], le platine n'est pas précipité de ses solutions par l'hydrogène pur; tandis que Russell indique une réduction complète des sels de platine ainsi que des sels d'or.

L'hydrogène pur agit faiblement sur le permanganate de potassium [Schobig, *loc. cit.*].

La température produite par la combustion de l'hydrogène dans l'oxygène est estimée par Valérius à 1789°; celle de l'hydrogène brûlant dans l'air, à 1254° [*Bull. Acad. Belg.* (2), t. XXXVIII, n° 12].

C.-R.-A. Wright et A.-P. Luff ont déterminé les températures auxquelles sont réduits différents oxydes métalliques par l'hydrogène, l'oxyde de carbone ou le charbon. Voici quelques chiffres relatifs à l'hydrogène :

CuO du nitrate.	CuO par grillage.	Cu^2O
175°	172°	155°

Fe^2O^3 de SO^4Fe	Fe^2O^3 par calcin. de $Fe^2(OH)^6$	Fe^3O^4	MnO^2	Mn^3O^4
260°	245°	290°	145 à 190°	255°

PbO	Minium.	PbO^2	CoO	NiO
190°	230°	140°	165°	220°

[*Journ. Chem. Soc.*, t. XXXIII, p. 1 et 504].

Les propriétés de l'hydrogène sont activées sous l'influence de l'effluve. Il se combine alors directement avec le gaz azote. Il réduit le protoxyde d'azote humide et paraît se combiner avec l'argent [Chabrier, *Compt. rend.*, t. LXXV, p. 484]. Il s'unit dans les mêmes circonstances à la benzine, à l'essence de térébenthine, à l'acétylène; dans ce dernier cas, on obtient de l'éthylène, de l'hydrure d'éthyle, en même temps qu'une partie de l'acétylène se polymérise [Berthelot, *Bull. Soc. chim.* (2), t. XXVI, p. 98].

Nous indiquons plus loin les propriétés actives de l'hydrogène occlus par les métaux.

Tommasi a constaté certaines différences dans le mode d'action de l'hydrogène naissant, suivant les réactions observées. Ainsi les chlorure, bromure et iodure d'argent, qui sont réduits par l'hydrogène électrolytique, ne sont pas modifiés par l'action de l'amalgame de sodium en présence de l'eau, dans l'obscurité.

Le chlorate de potassium est réduit par l'hydrogène dégagé par le zinc et l'acide sulfurique, mais non par l'amalgame de sodium, que celui-ci agisse en solution neutre, acide ou alcaline. Le perchlorate n'est réduit dans aucune circonstance, si ce n'est par l'hydrosulfite de sodium. Tommasi attribue ces différences à la quantité de chaleur mise en liberté dans la réaction qui produit l'hydrogène [*Bull. Soc. chim.*, t. XXXVIII, p. 148].

HYDROGÈNE ET MÉTAUX. — *Métaux alcalins.* — Le *potassium* fondu absorbe faiblement l'hydrogène à 200°. Cette absorption a surtout lieu à 350°. Le potassium condense ainsi 126 fois son volume d'hydrogène.

L'hydrure produit correspond à la formule K^2H. Il est cristallin, fusible dans le vide ou dans l'hydrogène, inflammable au contact de l'air. Il peut absorber, en outre, à 300°, 40 volumes d'hydrogène. Sa tension de dissociation à 330° est de 45 millimètres; elle est de 760 millimètres à 411° [Troost et Hautefeuille, *Compt. rend.*, t. LXXVIII, p. 807]. La chaleur produite par la combinaison du potassium et de l'hydrogène est de 9300 calories [J. Moutier, *Compt. rend.*, t. LXXIX, p. 1242].

Le *sodium* condense l'hydrogène vers 300°; l'absorption cesse à 421°; l'hydrure renferme Na^2H (Troost et Hautefeuille). La chaleur de combinaison est de 13000 calories (J. Moutier).

Le *lithium* absorbe 17 volumes d'hydrogène à 500°; le *thallium*, seulement 3 volumes (Troost et Hautefeuille).

Palladium. — L. Smith met en évidence l'absorption de l'hydrogène par le palladium en introduisant une lame de ce métal dans la partie médiane d'une flamme : la lame se recourbe en absorbant l'hydrogène non brûlé [*Amer. Chem.*, t. V, p. 213].

La chaleur de combinaison du palladium avec l'hydrogène augmente entre 20 et 170°; à 20°, elle est égale à 4147 calories (J. Moutier). D'après A. Favre, la quantité de chaleur produite par l'absorption est à peu près constante pour un même volume d'hydrogène au début et à la fin de l'absorption. C'est ce qui n'a pas lieu avec le platine, pour lequel la chaleur dégagée va en diminuant à mesure que le métal se sature d'hydrogène. A. Favre conclut de là qu'il y a *combinaison* entre l'hydrogène et le palladium, mais non entre l'hydrogène et le platine [*Bull. Soc. chim.*, t. XXI, p. 486].

En étudiant la dissociation de l'hydrure de palladium obtenu par électrolyse, Troost et Hautefeuille ont reconnu que l'hydrogène absorbé au delà de 600 fois le volume du métal obéit à la loi des dissolutions. Ces 600 volumes d'hydrogène correspondent à une combinaison définie exprimée par la formule Pd^2H ou Pd^4H^2. La tension de dissociation, faible à la température ordinaire, croît lentement pour devenir égale à la pression atmosphérique à la température de 130 à 140° [*Compt. rend.*, t. LXXVIII, p. 686].

D'après un dosage de l'hydrogène dans l'hydrure de palladium électrolytique, Lisenko y a reconnu 856 volumes d'hydrogène. Il effectue ce dosage en déterminant par le permanganate de potassium la quantité de sulfate ferreux produit par la réduction du sulfate ferrique par l'hydrure de palladium [*Deutsch. chem. Gesellsch.*, 1872, p. 29].

Hempel a proposé de doser l'hydrogène dans un mélange gazeux en se fondant sur son absorption par le palladium. On calcine au rouge, à l'air, de l'éponge ou du noir de palladium, de manière à le recouvrir d'une légère couche d'oxyde, puis on l'introduit dans le mélange gazeux; la température produite par l'action de l'hydrogène sur l'oxyde est suffisante pour entraîner l'occlusion du reste de l'hydrogène [*Deutsch. chem. Gesellsch.*, 1879, p. 636].

Cuivre. — Le cuivre précipité de ses solutions par le zinc peut absorber l'hydrogène naissant. Il réduit alors les nitrates en produisant de l'ammoniaque; d'après la quantité d'ammoniaque produite, Gladstone et Tribe évaluent à 19mgr,3 la quantité d'hydrogène absorbée par 100 grammes de cuivre [*Deutsch. chem. Gesellsch.*, 1878, p. 717].

Nickel. — Le nickel en cubes, employé comme électrode, absorbe en 12 heures 165 volumes d'hydrogène. Ce gaz se dégage de nouveau sous l'eau au bout de quelques jours. Après plusieurs expériences, le métal devient friable. Le nickel compact n'absorbe pas l'hydrogène [Raoult, *Compt. rend.*, t. LXIX, p. 826].

Mercure. — O. Loew a décrit un amalgame d'hydrogène qu'il prépare en agitant de l'amalgame de zinc, à 1 ou 2 °/₀ de zinc, avec une solution à 10 °/₀ de chlorure platinique. On obtient ainsi une masse spongieuse qui se décompose très rapidement en dégageant de l'hydrogène; elle est plus stable lorsqu'on la lave rapidement à l'acide chlorhydrique. Le produit présente alors l'aspect métallique et une consistance butyreuse. Chauffé avec de l'eau, il produit environ 150 fois son volume d'hydrogène. Cet hydrure possède les propriétés réductrices de l'hydrure de palladium [*Journ. prakt. Chem.*, (2), t. Ier, p. 307; *Bull. Soc. chim.*, (2), t. XIV, p. 187].

Propriétés de l'hydrogène occlus combiné aux métaux. — La densité de l'*hydrogénium* (hydrogène solide), calculée d'après les propriétés de l'hydrure de palladium, est égale à 0,62; d'après celle de l'hydrure de potassium, elle est égale à 0,63 [Troost et Hautefeuille, *Compt. rend.*, t. LXXVIII, p. 968]. La chaleur atomique de l'hydrogène dans l'hydrure de palladium est, d'après Beketoff, égale à 5,9 [*Bull. Soc. chim.*, t. XXXI, p. 197].

L'hydrogène condensé dans le palladium est fortement diamagnétique. Cette indication de Graham avait été mise par Wiedemann sur le compte d'une impureté du palladium (fer). Les expériences de Blondlot tendent à confirmer ce diamagnétisme [*Compt. rend.*, t. LXXXV, p. 68].

Relativement aux propriétés réductrices de l'hydrogène occlus, Gladstone et Tribe ont comparé les propriétés de l'hydrogène condensé dans le palladium, le platine, le cuivre; leurs observations sont résumées dans le tableau suivant [*Chem. News*, t. XXXVII, p. 245].

	H et Pd	H et Pt	H et Cu
Chlorate de potassium	KCl	KCl	KCl
Azotate de potassium	AzO^2K et AzH^3	AzO^2K et AzH^3	AzO^2K et AzH^3
Ferricyanure	Ferrocyanure	Ferrocyanure	—
Nitrobenzine	Aniline	Azobenzide	—
Indigo	Indigo blanc	—	—
Acide sulfureux	H^2S	S (?)	—
Acide arsénieux	As	As	—

L'hydrogène en présence du palladium transforme le chlorure de benzoyle en hydrure de benzoyle et acide chlorhydrique; la nitrobenzine en aniline. Ces réductions n'ont pas lieu en présence du platine [H. Kolbe, *Journ. prakt. Chem.* (2), t. IV, p. 418].

L'hydrure de palladium peut activer le pouvoir oxydant de l'oxygène, sa propre oxydation entraînant la production d'ozone. En agitant à l'air de la benzine avec de l'hydrure de palladium, on obtient une petite quantité de phénol; le toluène fournit de même de l'acide benzoïque. L'azote et l'oxygène, en présence de l'eau et de l'hydrure de palladium, paraissent donner de l'azotite d'ammonium [Hoppe-Seyler, *Deutsch. chem. Gesellsch.*, 1879, p. 1551]. Ed. Willm.

HYDROÏSOFÉRULIQUE (ACIDE). — Voyez Férulique.

HYDROMUCONIQUE (ACIDE), $C^6H^8O^4$ [Bode, *Ann. Chem. Pharm.*, t. CXXXII, p. 98; — Limpricht, *ibid.*, t. CLXV, p. 263]. — Cet acide se produit par l'action de l'amalgame de sodium sur l'acide dichloromuconique (t. II, p. 475). Il se présente en longs prismes fusibles à 195°, très solubles dans l'eau chaude et dans l'alcool, peu solubles dans l'éther; il se dissout à 16° dans 110 p. d'eau.

Ses sels sont pour la plupart amorphes et solubles dans l'eau.

Action du brome. — Chauffé avec de l'eau et 1 molécule de brome, l'acide hydromuconique fournit de l'acide dibromadipique, $C^6H^8Br^2O^4$, et de l'acide bromohydromuconique, $C^6H^7BrO^4$. Par l'action d'un excès de brome, il donne, suivant les conditions de température, de l'acide tribromadipique ou de l'acide tétrabromadipique. Enfin, chauffé en solution acétique avec 1 molécule de brome, il se transforme en acide isodibromadipique.

L'acide bromohydromuconique se présente en prismes fusibles à 183°, peu solubles dans l'eau froide, assez solubles dans l'eau chaude.

Traité par l'oxyde d'argent, il donne de l'acide oxyhydromuconique, $C^6H^8O^5$.

Ad. Fauconnier.

HYDROPIPÉROÏNE. — Voyez t. II, p. 1032.

HYDROUVITIQUE (ACIDE), $C^9H^{10}O^4$ [Böttinger, *Deutsch. chem. Gesellsch.*, 1873, p. 895]. — On l'obtient en chauffant en tubes scellés à 130° pendant six heures de l'acide pyruvique (10 gr.) avec de l'hydrate de baryum (6 gr.) Il se dégage une grande quantité d'acide carbonique, et l'on obtient des cristaux qu'on purifie par cristallisation dans l'eau.

Le corps ainsi obtenu se présente en cristaux brillants, peu solubles dans l'eau; il fond à 133° et se concrète à 126°. Chauffé sur la lame de platine, il se volatilise presque sans résidu.

L'équation qui lui a donné naissance est la suivante :

$$4C^3H^4O^3 = C^9H^{10}O^4 + C^2H^2O^4 + CO^2 + 2H^2O.$$

HYDROXANTHIQUE (ACIDE), Syn. de Persulfocyanique (acide). — Voyez t. II, p. 779.

HYDROXYCAMPHORONIQUE (ACIDE). $C^9H^{14}O^6$ [Kachler, *Deutsch. chem. Gesellsch.*. 1874, p. 1728; 1878, p. 676; 1880, p. 487; *Liebig's Ann. Chem.*, t. CXCI, p. 143]. — Cet acide se produit en même temps que l'acide camphoronique lorsqu'on oxyde le camphre par l'acide nitrique ou par l'acide chromique. On l'isole de la manière suivante : Les eaux mères de l'acide camphorique, sursaturées par l'ammoniaque et additionnées à chaud de chlorure de baryum, fournissent un précipité de camphoronate de baryum, tandis que l'acide hydroxycamphoronique reste en solution. On acidule par l'acide sulfurique, on épuise le liquide par l'éther pour lui enlever les dernières traces d'acide camphorique et on concentre au bain-marie; il se dépose de notables quantités de chlorure et de sulfate d'ammonium, et il reste finalement un liquide brun dans lequel l'acétate de cuivre produit un précipité gélatineux vert-bleuâtre; ce précipité est bien lavé et décomposé par l'hydrogène sulfuré.

L'acide hydroxycamphoronique est en grands prismes tricliniques, assez solubles dans l'eau froide, très solubles dans l'eau chaude, fusibles à 164°,5. Il présente la double réfraction.

Ses solutions sont très acides au papier; elles décomposent facilement les carbonates.

L'acide hydroxycamphoronique ne précipite ni par le chlorure de baryum ni par le chlorure de calcium, même à chaud, et après neutralisation par l'ammoniaque; par l'acétate de cuivre, il ne précipite que dans ces dernières conditions. Avec l'acétate de plomb, il donne un précipité blanc soluble dans un excès de réactif.

Il fonctionne comme acide tribasique.

Le *sel acide d'ammonium*, $C^9H^{13}O^6.AzH^4$, s'obtient en évaporant lentement une solution de l'acide dont on a au préalable neutralisé un tiers par l'ammoniaque; il est en longues aiguilles incolores, fusibles à 178°.

Les *sels neutres d'ammonium* et *de potassium* sont cristallisables, mais tombent à l'air en déliquescence; ils n'ont pas été analysés.

Le *sel acide de calcium*, $C^9H^{12}O^6Ca + 2H^2O$, est en longues aiguilles brillantes, assez solubles dans l'eau.

Le *sel neutre de calcium*, $(C^9H^{11}O^6)^2Ca^3$, s'obtient en saturant à chaud l'acide par le carbonate de calcium et évaporant la solution; c'est une masse gommeuse incolore.

Le *sel acide de baryum* est incristallisable.

Le *sel neutre de baryum* se présente en croûtes

cristallines, très solubles dans l'eau, ayant pour formule $(C^9H^{11}O^6)^2Ba^3$.

Le *sel neutre de cuivre*, $(C^9H^{11}O^6)^2Cu^3$, est un précipité cristallin d'un bleu vert qu'on obtient en traitant à chaud l'acide par l'acétate de cuivre.

Sel neutre d'argent, $C^9H^{11}O^6Ag^3$. — Précipité blanc, lourd, soluble dans l'eau chaude.

Action du brome. — Lorsqu'on chauffe en tubes scellés à 120-125° l'acide hydroxycamphoronique avec une molécule de brome, il se dégage de l'acide bromhydrique et il se forme un nouvel acide cristallisable, fusible à 220°, qui a pour formule $C^9H^{12}O^6$ et qui est isomère de l'acide oxycamphoronique. Ad. Fauconnier.

HYDROXYLAMINE, AzH^3O. — Voyez, t. Ier, p. 229, et t. II, p. 80.

Modes de formation. — L'hydroxylamine se produit :

1° Dans la réduction des azotates, des azotites, de l'acide azoteux, au moyen de l'hydrogène naissant, de l'acide sulfureux, de l'hydrogène sulfuré, etc. [Frémy, *Compt. rend.*, t. LXX, p. 66 et 120; — Maumené, *ibid.*, p. 147].

2° Dans la réduction, par l'étain et l'acide chlorhydrique, de l'acide dinitro-heptylique [J. Kachler, *Liebig's Ann. Chem.*, t. CXCI, p. 165], du nitroforme, de l'acide éthylnitrolique, du dinitropropane [V. Meyer et J. Locher, *Deutsch. chem. Gesellsch.*, 1875, p. 215], du dinitrobutane dérivé du butyl-pseudonitrol, et, d'une manière générale, de tous les corps dinitrés de la série grasse dans lesquels les deux groupes AzO^2 sont fixés sur le même atome de carbone [V. Meyer, *Deutsch. chem. Gesellsch.*, 1876, p. 701].

3° Dans l'action des acides sur le nitrométhane, le nitréthane, le nitropropane normal, et en général sur les dérivés nitrés des hydrocarbures primaires de la série grasse, qui se dédoublent en donnant de l'hydroxylamine et l'acide correspondant

$$C^2H^5AzO^2 + H^2O = AzH^3O + C^2H^4O^2$$

[V. Meyer et J. Locher, *Deutsch. chem. Gellsch.*, 1875, p. 219].

4° Dans l'électrolyse des azotites et des azotates alcalins, lorsqu'on prend du mercure comme électrode négative [Zorn, *Deutsch. chem. Gesellsch.*, 1879, p. 1509].

Préparation. — Maumené (*loc. cit.*) propose le procédé de préparation suivant : A 200 grammes de nitrate d'ammonium on ajoute 2170 grammes d'acide chlorhydrique d'une densité de 1,12, puis 552 grammes d'étain par petites portions et en ayant soin d'empêcher toute élévation de température. On précipite ensuite l'étain par l'acide sulfhydrique et l'on achève comme dans le procédé de Lossen (t. Ier, p. 230).

Action des réactifs. — Les oxydants décomposent l'hydroxylamine en fournissant en général du protoxyde d'azote et de l'eau. Telle est l'action des solutions alcalines de cuivre [Donath, *Jahresb. rein. Chem.*, 1877, p. 24], des solutions d'iode, des sels ferriques [Meyeringh, *Deutsch. chem. Gesellsch.*, 1877, p. 1940]. L'acide chromique ou le dichromate de potassium fournissent en réagissant sur l'hydroxylamine un mélange de protoxyde et de bioxyde d'azote [Meyeringh, *Jahresb. rein. Chem.*, 1877, p. 24].

L'hydroxylamine n'est pas altérée par l'action du gaz hydrogène; mais si l'on mélange la solution de chlorhydrate d'hydroxylamine avec du tétrachlorure de platine, il se dépose, par l'action de l'hydrogène, du platine métallique, en même temps que l'hydroxylamine est ramenée à l'état d'ammoniaque. Cette réduction est incomplète à froid, mais totale à 100° [V. Meyer et J. Locher, *Deutsch. chem. Gesellsch.*, 1875, p. 219].

L'hydroxylamine se combine à froid avec l'acétone pour fournir l'*acétoxime* C^3H^7AzO ; il suffit d'épuiser par l'éther au bout de vingt-quatre heures pour isoler ce dernier, qui se présente en prismes fusibles à 59-60° et qui bout à 134°,8 sous la pression de 0^m,728 [V. Meyer et A. Janny, *Deutsch. chem. Gesellsch.*, 1882, p. 1324].

Procédés de dosage. — Suivant Meyeringh, l'hydroxylamine peut être dosée volumétriquement par oxydation au moyen des réactifs suivants :

1° *Solution d'iode.* — La réaction est exprimée par l'équation

$$2AzH^3O + 2I^2 = Az^2O + H^2O + 4HI.$$

Pour obtenir des résultats constants, il importe de saturer l'acide iodhydrique qui prend naissance au fur et à mesure de sa formation. A cet effet, on ajoute à la solution de chlorhydrate d'hydroxylamine une quantité suffisante de phosphate de sodium, ou mieux de magnésie, pour éviter toute réaction acide de la liqueur, puis la solution d'iode en excès, et on détermine ensuite au moyen d'une solution titrée d'hyposulfite de sodium l'excès d'iode employé.

2° *Sulfate ferrique.* — La réaction est la suivante :

$$2Fe^2(SO^4)^3 + 2AzH^3O$$
$$= 4FeSO^4 + 2SO^4H^2 + Az^2O + H^2O.$$

L'oxydation n'est complète qu'à la température de 80-90°. On emploie un excès de sulfate ferrique et on détermine au moyen d'une solution titrée de permanganate de potassium la quantité de sel ferreux qui a pris naissance.

3° *Liqueur de Fehling.* — L'action de l'oxyde cuivrique en solution alcaline sur l'hydroxylamine est exprimée par l'équation

$$2AzH^3O + 4CuO = Az^2O + 2Cu^2O + 3H^2O.$$

On fait bouillir la liqueur de Fehling et on y ajoute goutte à goutte la solution d'hydroxylamine jusqu'à décoloration.

SELS D'HYDROXYLAMINE.

Chlorhydrates [W. Lossen, *Ann. Chem. Pharm.*, t. CLX, p. 242]. — Indépendamment du chlorhydrate neutre $AzH^3O.HCl$, décrit t. Ier, p. 230, l'hydroxylamine forme un hémichlorhydrate $2AzH^3O, HCl$ et un sesquichlorhydrate

$$3AzH^3O.2HCl.$$

Le premier se sépare en larges lamelles lorsqu'on ajoute une solution alcoolique d'hydroxylamine à une solution aqueuse concentrée du chlorhydrate neutre; il cristallise en longs prismes orthorhombiques lorsqu'on évapore sur de l'acide sulfurique sa solution dans une très petite quantité d'eau tiède. Sa solution perd déjà de l'hydroxylamine à la température ordinaire; aussi les eaux mères des premiers cristaux fournissent-elles du sesquichlorhydrate.

L'hémichlorhydrate est déliquescent à l'air humide et très soluble dans l'eau, peu soluble dans l'alcool, insoluble dans l'éther; il fond à 85° avec décomposition et dégagement de gaz.

Le sesquichlorhydrate s'obtient en dissolvant dans une très petite quantité d'eau tiède une molécule de chlorhydrate neutre et une molécule d'hémichlorhydrate. Il cristallise en prismes orthorhombiques volumineux, très solubles dans l'eau, peu solubles dans l'alcool, insolubles dans l'éther. Il fond à 95° avec décomposition.

Les solutions de ces deux sels, chauffées avec du chlorure platinique, le décolorent; il se dégage des gaz et il se dépose par refroidissement, si la concentration est suffisante, des aiguilles incolores ayant pour composition $4AzH^3O.PtCl^2$.

Cyanhydrate. — L'hydroxylamine s'unit directement à l'acide cyanhydrique, mais la combinaison ainsi formée n'est pas un cyanhydrate d'hydroxylamine; c'est une base isomérique avec l'urée, l'*isurétine* (voyez ce mot) [W. Lossen et P. Schifferdecker, *Zeitschr. Chem.*, 1871, p. 594.]

Le *nitrite* d'hydroxylamine ne paraît pas pouvoir exister; en effet, le sulfate d'hydroxylamine réagit sur le nitrite de sodium suivant l'équation $AzH^3O + AzO^2H = 2H^2O + Az^2O$ [V. Meyer, *Liebig's Ann. Chem.*, t. CLXXV, p. 141].

Aluns [Meyeringh, *Deutsch. chem. Gesellsch.*, 1877, p. 1940]. — Lorsqu'on mélange des solutions de sulfate d'hydroxylamine et des sulfates métalliques appropriés, on obtient les aluns correspondants :

$$AzH^3O.H^2SO^4, Al^2(SO^4)^3 + 24H^2O,$$
$$AzH^3O.H^2SO^4, Cr^2(SO^4)^3 + 24H^2O,$$
$$AzH^3O.H^2SO^4, Fe^2(SO^4)^3 + 24H^2O.$$

Ces sels appartiennent tous au système cubique et cristallisent en octaèdres ou en cubo-octaèdres.

Il existe aussi un sulfate double de magnésium et d'hydroxylamine ayant pour formule

$$MgSO^4, AzH^3O.SO^4H^2 + 6H^2O.$$

Constitution et dérivés de l'hydroxylamine. — L'hydroxylamine ne peut être représentée que par la formule $AzH^2.OH$. Cette formule indique bien qu'un atome d'hydrogène, celui qui est lié à l'azote par l'intermédiaire de l'oxygène, a une valeur de substitution différente de celle des deux autres; mais il est un point qu'elle ne met pas en lumière : c'est que les deux atomes d'hydrogène directement unis à l'azote présentent eux-mêmes une valeur de substitution différente.

Quant à la fonction des dérivés de substitution de l'hydroxylamine, elle est assez aisée à concevoir. L'hydroxylamine est une base, et les corps qui en dérivent par la substitution de radicaux alcooliques à un ou plusieurs atomes d'hydrogène conservent eux-mêmes la fonction basique. Il n'en est plus de même lorsque la substitution a lieu par un radical acide; l'introduction d'un tel radical dans la molécule détermine dans les dérivés mono- et disubstitués l'acidité de l'oxhydryle, et les corps ainsi formés fonctionnent comme acides; aussi leur a-t-on donné le nom d'acides hydroxamiques. Les dérivés trisubstitués, au contraire, fonctionnent comme corps neutres, et ce fait résulte nécessairement de ce qu'ils ne renferment plus d'hydrogène typique.

Il nous reste à signaler un fait encore inexplicable dans les théories actuelles : c'est l'isomérie que peut présenter un même dérivé trisubstitué. Outre les isomères *chimiques* que peut fournir un même dérivé $AzRR'R''O$ par la permutation des radicaux entre eux, isomères dont la formation peut jusqu'à un certain point s'expliquer en admettant que les trois atomes d'hydrogène de l'hydroxylamine présentent des valeurs de substitution différentes, il peut encore fournir des isomères *physiques* dans lesquels les mêmes radicaux occupent les mêmes positions.

PRODUITS DE SUBSTITUTION DE L'HYDROXYLAMINE

Ces dérivés devant leurs allures chimiques à la présence des radicaux acides qu'ils renferment, nous les rangerons en hydroxylamines primaires, secondaires ou tertiaires, suivant qu'ils contiennent un, deux ou trois radicaux d'acides.

Hydroxylamines primaires.

Méthylhydroxylamine, $AzH^2O.CH^3$ [Lossen et Zanni, *Liebig's Ann. Chem.*, t. CLXXXII, p. 220]. — Cette base s'obtient à l'état de chlorhydrate dans la décomposition par l'acide chlorhydrique de l'éthylbenzhydroxamate de méthyle. Le chlorhydrate cristallise en prismes aplatis. Le chloroplatinate, $(AzH^2O.CH^3.HCl)^2PtCl^4$, se présente en aiguilles, en prismes ou en tables de couleur orangée, solubles dans l'eau et dans l'alcool, insolubles dans l'éther.

Éthylhydroxylamine, $AzH^2O.C^2H^5$ [Lossen et Zanni, *ibid.*;—Gürke, *Liebig's Ann. Chem.*, t. CCV, p. 273]. — Elle se forme à l'état de chlorhydrate lorsqu'on chauffe l'éthylbenzhydroxamate d'éthyle avec de l'éther saturé de gaz chlorhydrique. La base libre est un liquide mobile, limpide, combustible, doué d'une odeur forte non ammoniacale; elle est soluble en toutes proportions dans l'eau, l'alcool, l'éther, et se volatilise avec la vapeur d'eau. Densité : 0,8827 à 7°,5; point d'ébullition : 68°.

Le sodium décompose l'éthylhydroxylamine avec dégagement d'ammoniaque, en se transformant en une masse pulvérulente qui renferme du carbone, de l'hydrogène et de l'azote.

L'éthylhydroxylamine donne, avec le nitrate d'argent, un précipité blanc; avec le sulfate de cuivre un précipité bleuâtre soluble en bleu dans un excès de sel cuivrique; elle ne réduit ni le chlorure mercurique ni les sels de cuivre; elle réduit à chaud le nitrate d'argent.

Le *chlorhydrate*, $AzH^2O.C^2H^5.HCl$, fond à 128°. Il est très soluble dans l'eau et dans l'alcool, insoluble dans l'éther. Chauffé à 150° avec de l'acide chlorhydrique, il fournit du chlorure d'éthyle et du chlorhydrate d'hydroxylamine.

Le *chloroplatinate*, $[AzH^2O.C^2H^5.HCl]^2PtCl^4$, se présente en beaux prismes orangés très solubles dans l'alcool et dans l'eau, insolubles dans l'éther.

Le *sulfate acide*, $AzH^2O.C^2H^5.SO^4H^2$, se forme lorsqu'on traite le chlorhydrate par le sulfate d'argent et que l'on concentre la solution; il est très soluble dans l'eau et dans l'alcool.

L'*oxalate acide* s'obtient par le même procédé que le sulfate; il est insoluble dans l'éther.

Acide benzhydroxamique, $AzH^2O.C^7H^5O$ [Lossen, *Ann. Chem. Pharm.*, t. CLXI, p. 347; t. CLXXV, p. 313]. — Le chlorure de benzoyle transforme l'hydroxylamine en un mélange d'acides benzhydroxamique et dibenzhydroxamique :

$$AzH^3O + C^7H^5OCl = AzH^2O.C^7H^5O + HCl.$$
$$AzH^3O + 2C^7H^5OCl = AzHO(C^7H^5O)^2 + 2HCl.$$

On dissout une partie de chlorhydrate d'hydroxylamine dans 8-10 parties d'eau, on ajoute un excès de soude, puis 3 parties de chlorure de benzoyle par petites portions. L'acide dibenzhydroxamique, qui est à peu près insoluble, se dépose immédiatement, tandis que l'acide benzhydroxamique reste en solution et peut être précipité par addition d'eau de baryte; il ne reste plus qu'à purifier le sel de baryum ainsi obtenu par cristallisation dans l'alcool et à le décomposer par l'acide sulfurique.

L'acide benzhydroxamique cristallise en lamelles ou en tables orthorhombiques présentant les faces m, g^1 e^1, quelquefois a^1. Rapport des axes : 0,325563 : 1 : 0,321707. Angles : $mm = 143°56'$; $e^1e^1 = 144°20'$.

Il se dissout dans 44p,5 d'eau à 6°, est très soluble dans l'alcool, peu soluble dans l'éther, insoluble dans la benzine. Il fond à 125° et se décompose ensuite brusquement. Soumis à la distillation sèche, il donne de l'acide carbonique et de l'aniline. Chauffé avec les acides chlorhydrique ou sulfurique étendus, il se dédouble en acide benzoïque et hydroxylamine.

C'est un acide monobasique, mais donnant de préférence des sels acides.

Le *sel acide de potassium*,

$$AzH(C^7H^5O)OK + AzH^2O.C^7H^5O,$$

cristallise en prismes aplatis ou en lamelles orthorhombiques, peu solubles dans l'alcool, solubles dans l'eau.

Le *sel acide de sodium* cristallise avec trois molécules d'eau en grandes tables allongées, efflorescentes, peu solubles dans l'alcool, très solubles dans l'eau.

Le *sel neutre de baryum*, $[AzH(C^7H^5O)O]^2Ba$, s'obtient en aiguilles microscopiques par l'addition de chlorure de baryum à une solution ammoniacale du sel acide de potassium. Soumis à la distillation sèche, il donne de l'aniline.

Le *sel acide de baryum*,

$$[AzH(C^7H^5O)O]^2Ba + 2AzH^2O(C^7H^5O),$$

s'obtient en petits prismes par la décomposition incomplète du sel neutre.

Le *sel calcique neutre* est un précipité amorphe, ressemblant à l'alumine.

Le *sel de zinc*, $[AzH(C^7H^5O)O]^2Zn$, est en prismes microscopiques.

Lorsqu'on ajoute du benzhydroxamate acide de potassium à une solution concentrée d'acétate de plomb, on obtient un précipité blanc volumineux ayant pour composition

$$Pb\begin{cases}C^2H^3O^2\\OAz(C^7H^5O)H\end{cases} + Pb[OAz(C^7H^5O)H]^2$$

[Hodges, *Liebig's Ann. Chem.*, t. CLXXXII, p. 214].

Les autres sels sont des précipités amorphes, dont quelques-uns deviennent peu à peu cristallins. Le sel d'argent noircit immédiatement.

Le chlorure ferrique donne avec l'acide libre et avec ses sels solubles un précipité rouge, soluble en rouge cerise foncé dans un excès de chlorure ferrique; cette réaction est caractéristique.

Benzhydroxamate d'éthyle,

$$AzH(C^7H^5O)OC^2H^5$$

[Waldstein, *Liebig's Ann. Chem.*, t. CLXXXI, p. 384]. — On l'obtient, par l'action de l'iodure d'éthyle sur le benzhydroxamate de potassium en présence de potasse alcoolique, à l'état de combinaison potassique. On laisse le mélange en contact pendant 24 heures en agitant fréquemment; on sépare l'iodure de potassium, et on évapore à sec la solution alcoolique; on reprend par l'eau et on traite la solution par un courant de gaz carbonique qui décompose la combinaison potassique. Si la solution aqueuse n'est pas trop étendue, l'éther se sépare sous forme huileuse; dans le cas contraire, on l'extrait par agitation avec de l'éther ordinaire.

Le benzhydroxamate d'éthyle cristallise en tables orthorhombiques, fusibles à 64-65°, solubles dans l'alcool et dans l'éther. C'est un acide faible, soluble dans les alcalis, avec lesquels il forme des combinaisons décomposables par l'acide carbonique. L'acide chlorhydrique concentré le dédouble à chaud en éthylhydroxylamine et acide benzoïque.

La chaleur le décompose (au delà de 212°) en fournissant de l'alcool et du cyanate de phényle.

L'azotate d'argent produit dans la solution potassique de benzhydroxamate d'éthyle un précipité blanc de la formule $Az.C^7H^5O.C^2H^5OAg$.

Acide éthylbenzhydroxamique,

$$Az(C^2H^5)(C^7H^5O)OH$$

[Eiseler, *Ann. Chem. Pharm.*, t. CLXXV, p. 326; — Lossen et Zanni, *Liebig's Ann. Chem.*, t. CLXXXII, p. 220; — Gürke, *ibid.*, t. CCV, p. 279]. — Ce corps existe sous deux formes isomères.

La modification α s'obtient en dédoublant par la potasse l'α-dibenzhydroxamate d'éthyle; le produit brut, traité par un courant de gaz carbonique, laisse déposer l'acide en gouttes huileuses qu'on peut faire cristalliser en les dissolvant dans l'éther et en ajoutant ensuite de la benzine. On obtient ainsi des tables ou des prismes clinorhombiques, fusibles à 53,5-54°,5, solubles dans 74 parties d'éther de pétrole. Densité, 1,207. Rapport des axes : 1,4902 : 1 : 1,5302.

Il se décompose à 180° en produisant du benzonitrile, du benzoate d'éthyle, de l'alcool, de l'eau, de l'azote, de la benzamide, du bioxyde d'azote et de l'acide carbonique. L'acide chlorhydrique le dédouble en benzoate d'éthyle et hydroxylamine.

La modification β se produit par l'action de la potasse sur le β-dibenzhydroxamate d'éthyle. Point de fusion 67,5-68°. Densité, 1,1867. Soluble dans 45 parties d'éther de pétrole. Forme cristalline, clinorhombique; rapport des axes : 1,2367 : 1 : 1,3965. L'action de la chaleur et de l'acide chlorhydrique est la même que sur la modification α.

Éthylbenzhydroxamate d'éthyle,

$$Az(C^2H^5)(C^7H^5O)OC^2H^5$$

[Lossen et Zanni, *Liebig's Ann. Chem.*, t. CLXXXII, p. 220; — Gürke, *ibid.*, t. CCV, p. 273]. — On ajoute de l'iodure d'éthyle à une solution d'acide α-éthylbenzhydroxamique dans la potasse alcoolique; la réaction s'effectue lentement à froid; quand elle est terminée, on ajoute de l'eau, et on épuise par l'éther; celui-ci abandonne par évaporation l'éthylbenzhydroxamate d'éthyle sous la forme d'un liquide très réfringent, bouillant à 244° sous une pression de 755 millimètres, insoluble dans l'eau, soluble dans l'alcool et dans l'éther. Chauffé en tube scellé, ce corps se décompose à 270°. L'acide chlorhydrique le dédouble en benzoate d'éthyle et chlorhydrate d'éthylhydroxylamine.

Éthylbenzhydroxamate de méthyle,

$$Az(C^2H^5)(C^7H^5O)OCH^3$$

[Lossen et Zanni, *loc. cit.*]. — Il ressemble à l'éther éthylique et s'obtient d'une manière analogue. L'acide chlorhydrique le dédouble en benzoate d'éthyle et chlorhydrate de méthylhydroxylamine.

Acide méthylbenzhydroxamique,

$$Az(CH^3)(C^7H^5O)OH$$

[Lossen et Zanni, *ibid.*]. — On le prépare comme l'acide éthylbenzhydroxamique, en partant du dibenzhydroxamate de méthyle. Tables rectangulaires, souvent tronquées sur les sommets, fusibles à 64-65°.

Méthylbenzhydroxamate d'éthyle,

$$Az(CH^3)(C^7H^5O)OC^2H^5$$

[Lossen et Zanni, *ibid.*]. — Il se prépare comme l'éthylhydroxamate de méthyle; c'est un liquide assez fluide, doué d'une odeur aromatique agréable. L'acide chlorhydrique le dédouble en benzoate de méthyle et chlorhydrate d'éthylhydroxylamine.

Acide anishydroxamique, $AzH^2O(C^8H^7O^2)$ [Lossen, *Ann. Chem. Pharm.*, t. CLXXV, p. 271]. — L'action du chlorure d'anisyle sur l'hydroxylamine fournit un mélange d'acides anishydroxamique et dianishydroxamique. On opère comme il suit. Une solution de chlorhydrate d'hydroxylamine est additionnée de la quantité de soude nécessaire pour mettre la base en liberté; on ajoute ensuite le chlorure d'anisyle par petites portions, en ayant soin de maintenir la liqueur constamment neutre par l'addition de soude. Le produit brut est un mélange d'acides anisique, anishydroxamique et dianishydroxamique; il abandonne à l'eau bouillante l'acide anishydroxamique, souillé d'un peu d'acide anisique :

on peut éliminer ce dernier, soit en traitant l'acide anishydroxamique impur par l'éther, qui ne dissout que l'acide anisique, soit en le transformant en sel de baryum, insoluble dans l'eau, tandis que l'anisate de baryum est soluble. Quant à l'acide dianishydroxamique, on le purifie en le traitant par une solution froide de carbonate de sodium, dans laquelle il est insoluble.

L'acide anishydroxamique cristallise en lamelles incolores, fusibles à 156-157°, solubles dans l'alcool et dans l'eau bouillante, peu solubles dans l'eau froide et dans l'éther, insolubles dans la benzine. Sa solution est colorée en violet par le chlorure ferrique.

Le *sel acide de potassium*,

$$AzH(C^8H^7O^2)OK + AzH(C^8H^7O^2)OH,$$

est en longues aiguilles aplaties, peu solubles.

Lorsqu'on ajoute de l'anishydroxamate acide de potassium à une solution concentrée d'acétate de plomb, on obtient un précipité dense et blanc ayant pour composition

$$Pb \begin{cases} C^2H^3O^2 \\ O(C^8H^7O^2)AzH. \end{cases}$$

Ce sel paraît fournir de l'amidoanisol par la distillation sèche [Hodges, *Liebig's Ann. Chem.*, t. CLXXXII, p. 214].

Soumis à la distillation sèche, l'acide anishydroxamique donne une petite quantité d'amidoanisol.

Acide éthylanishydroxamique,

$$Az(C^2H^5)(C^8H^7O^2)OH$$

[Eiseler, *Ann Chem. Pharm.*, t. CLXXV, p. 326]. — Il se produit par l'action de la potasse sur l'anisobenzhydroxamate d'éthyle. Il fond à 32° et est très soluble dans l'alcool et dans l'éther. L'acide chlorhydrique le décompose en produisant de l'acide anisique et du chlorhydrate d'hydroxylamine.

Acide cinnamohydroxamique, $AzH(C^9H^7O)OH$ [Rostocki, *Ann. Chem. Pharm.*, t. CLXXVIII, p. 213]. — Le chlorure de cinnamyle réagit sur l'hydroxylamine en donnant les acides cinnamohydroxamique et dicinnamohydroxamique. On conduit l'opération comme pour l'acide anishydroxamique. Le produit brut de la réaction renferme, outre les deux acides précédents, de l'acide cinnamique. On le traite par l'éther, qui dissout les acides cinnamique et cinnamohydroxamique; on sépare ensuite ces deux acides l'un de l'autre par l'eau bouillante qui ne dissout que l'acide cinnamique.

L'acide cinnamohydroxamique est en cristaux rougeâtres, fusibles à 110°, solubles dans l'eau bouillante, l'alcool et l'éther, insolubles dans la benzine. Le chlorure ferrique le colore en violet.

Le *sel acide de potassium* est un précipité cristallin jaune, obtenu en mélangeant dans les proportions nécessaires des solutions alcooliques de potasse et d'acide.

Le *sel acide de sodium* est en lamelles jaunes. Le *sel barytique neutre* est une poudre cristalline jaune. Le *sel de plomb* est un précipité jaune amorphe.

Hydroxylamines secondaires.

Diéthylhydroxylamine. — Voyez t. II, p. 81.

Acide oxalhydroxamique. — Voyez t. II, p. 669.

Acide dibenzhydroxamique, $Az(C^7H^5O)^2OH$ [Heintz, *Zeitschr. Chem.*, 1869, p. 733; — Lossen, *Ann. Chem. Pharm.*, t. CLXI, p. 347; — Klein, *ibid.*, t. CLXVI, p. 179]. — Ce corps se produit en même temps que l'acide benzhydroxamique par l'action du chlorure de benzoyle sur l'hydroxylamine.

Il cristallise en prismes orthorhombiques présentant les faces p, g^1, h^1, m, e^1, $e\frac{1}{2}$, a^1, $a\frac{1}{2}$: clivage suivant m. Rapport des axes : 0,671972 : 1 : 0,319461. Plan des axes optiques h^1; bissectrice normale à g^1.

Il est presque insoluble dans l'eau, peu soluble dans l'alcool froid et dans l'éther, assez soluble dans l'alcool bouillant. Il fond à 145°. Soumis à la distillation sèche, il donne de la benzanilide, de l'acide benzoïque, du cyanate et du cyanurate de phényle [Pieschel, *Ann. Chem. Pharm.*, t. CLXXV p. 305].

Les acides le dédoublent en hydroxylamine et acide benzoïque; l'eau de baryte en acides benzoïque et benzhydroxamique.

Sel de potassium, $Az(C^7H^5O)^2OK$. — Lamelles nacrées, que l'eau décompose en acide carbonique, benzoate de potassium et phénylcarbamidol $Az^2C^{13}H^{12}O$.

Sel de sodium. — Cristaux durs formés de prismes microscopiques souvent groupés en croix.

Les sels d'*argent*, $Az(C^7H^5O)^2OAg$, et de *plomb*, $[Az(C^7H^5O)^2O]^2Pb$, sont des précipités blancs. Les sels alcalino-terreux sont solubles; ceux des autres métaux sont des précipités insolubles ; le sel ferrique est jaune-rougeâtre.

Dibenzhydroxamate d'éthyle,

$$Az(C^7H^5O)^2OC^2H^5$$

[Eiseler, *Ann. Chem. Pharm.*, t. CLXXV, p. 326; — Gürke, *Liebig's Ann. Chem.*, t. CCV, p. 279]. — Ce corps se présente sous deux formes isomériques, qui toutes deux se produisent dans l'action de l'iodure d'éthyle à froid sur le dibenzhydroxamate d'argent en suspension dans l'éther. La solution éthérée, filtrée au bout de trois jours, laisse déposer par évaporation, d'abord la modification α, puis la modification β.

Modification α. Cristaux orthorhombiques, fusibles à 58°. Rapport des axes : 0,69697 : 1 : 0,59112. Faces observées : g^1, h^1, h^3, $b\frac{1}{2}$. Densité : 1,2433. Ce corps se décompose à 185° et la température s'élève alors spontanément à 260°. Les produits de décomposition sont : l'acide benzoïque, le benzonitrile et l'aldéhyde.

Modification β. Elle se produit aussi par l'introduction d'un groupe benzoyle dans un quelconque des acides éthylbenzhydroxamiques. Cristaux anorthiques fusibles à 63°.

Rapport des axes : 0,5562 : 1 : 0,71368. Densité : 1,2395. Ce corps ne se décompose qu'à 225° en fournissant les mêmes produits que la modification α.

Dibenzhydroxamate de méthyle,

$$Az(C^7H^5O)^2OCH^3$$

[Eiseler, *loc. cit.*]. — On l'obtient par l'action de l'iodure de méthyle sur le dibenzhydroxamate d'argent. C'est un liquide visqueux, très soluble dans l'alcool et dans l'éther, que la potasse décompose en acides benzoïque et méthylbenzhydroxamique.

Dibenzhydroxamate d'éthylène,

$$[Az(C^7H^5O)^2O]^2C^2H^4$$

[Eiseler, *ibid.*]. — On fait réagir une molécule de bromure d'éthylène sur une molécule de dibenzhydroxamate d'argent en présence d'éther; il faut faire bouillir au réfrigérant ascendant. Le liquide filtré laisse déposer des cristaux prismatiques peu solubles dans l'alcool froid et dans l'éther, fusibles à 148°.

Acide benzanishydroxamique,

$$Az(C^7H^5O)(C^8H^7O^2)OH$$

[Lossen, *Ann. Chem. Pharm.*, t. CLXXV, p. 271]. — Il se forme par l'action du chlorure d'anisyle sur l'acide benzhydroxamique; on le lave à la benzine et à l'eau bouillante, puis on le fait cristalliser dans l'alcool, d'où il se dépose en prismes ou en aiguilles fusibles à 131-132°.

Les alcalis le dédoublent en acides anisique et benzhydroxamique; l'acide chlorhydrique bouillant en hydroxylamine et acides anisique et benzoïque. Par la distillation sèche, il fournit de l'anisanilide, de l'acide carbonique, de l'acide anisique et du cyanate de phényle [Pieschel, *Ann. Chem. Pharm.*, t. CLXXV, p. 305].

Benzanishydroxamate d'éthyle,

$$Az\,(C^7H^5O)\,(C^8H^7O^2)\,O\,C^2H^5$$

[Eiseler, *Ann. Chem. Pharm.*, t. CLXXV, p. 326].—Tables orthorhombiques fusibles à 60°, solubles dans l'alcool et l'éther. La potasse le dédouble en acides anisique et éthylbenzhydroxamique.

ACIDE ANISOBENZHYDROXAMIQUE,

$$Az\,(C^8H^7O^2)\,(C^7H^5O)\,OH$$

[Lossen, *Ann. Chem. Pharm.*, t. CLXXV, p. 271]. — Il s'obtient par l'action du chlorure de benzoyle sur l'acide anishydroxamique. Il cristallise en aiguilles fusibles à 147-148°.

Le baryte en excès le dédouble en acides benzoïque et anishydroxamique; l'acide chlorhydrique concentré le décompose à 200° en acide carbonique, chlorure de méthyle et chlorhydrate d'amidophénol. Son sel de potassium est détruit par l'eau bouillante avec formation d'acide benzoïque et de dianisylurée.

Par la distillation sèche, il fournit de la benzoylanisidine, de l'acide carbonique, de l'acide anisique et du cyanate de méthoxyl-phényle [Pieschel, *loc. cit*].

Anisobenzhydroxamate d'éthyle,

$$Az\,(C^8H^7O^2)\,(C^7H^5O)\,O\,C^2H^5$$

[Eiseler, *loc. cit*]. Prismes quadrilatères, fusibles à 79°, que la potasse décompose en acides benzoïque et éthylanishydroxamique.

ACIDE DIANISHYDROXAMIQUE, $Az\,(C^8H^7O^2)^2\,OH$ [Lossen, *Ann. Chem. Pharm.*, t. CLXXV, p. 271]. — Il se produit en même temps que l'acide anishydroxamique par l'action du chlorure d'anisyle sur l'hydroxylamine. Aiguilles fusibles à 142-143°, peu solubles dans l'alcool et dans l'éther, insolubles dans la benzine.

La baryte en excès le décompose en acides anisique et anishydroxamique.

ACIDE DICINNAMOHYDROXAMIQUE, $Az\,(C^9H^7O)^2\,OH$ [Rostocki, *Ann. Chem. Pharm.*, t. CLXXXVIII, p. 213]. — Il se forme en même temps que l'acide cinnamohydroxamique par l'action du chlorure de cinnamyle sur l'hydroxylamine; on le purifie par cristallisation dans l'alcool. Prismes ou lamelles incolores, fusibles à 152°, insolubles dans l'eau.

Le *sel de potassium*, $Az\,(C^9H^7O)^2\,OK$, est une poudre jaune confusément cristalline; il en est de même du sel de *sodium*; le *sel de plomb*, $[Az\,(C^9H^7O)^2O]^2Pb$ est un précipité amorphe jaunâtre; le *sel d'argent* est un précipité blanc.

ACIDE PHTALYLHYDROXAMIQUE,

$$Az\,(C^8H^4O^2)\,OH$$

[L. Cohn, *Liebig's Ann. Chem.*, t. CCV, p. 295]. — On ajoute par petites portions et alternativement du carbonate de sodium et du chlorure de phtalyle à une solution saturée de chlorhydrate d'hydroxylamine, en ayant soin de maintenir toujours le mélange alcalin, tant qu'on peut encore constater la présence de l'hydroxylamine dans une prise d'essai. On filtre, et on sature par l'acide chlorhydrique, qui sépare l'acide phtalylhydroxamique sous la forme d'un précipité blanc.

Ce corps est peu soluble dans l'eau, soluble dans l'alcool bouillant, qui l'abandonne par refroidissement en aiguilles ou en lamelles, insolubles dans l'éther, la benzine, le sulfure de carbone. Il fond à 230° en se décomposant : les produits de cette décomposition sont de l'anhydride phtalique, de l'azote, de l'ammoniaque et un peu d'acide cyanhydrique.

Le *sel de potassium*, $Az\,(C^8H^4O^2)\,OK$, est une poudre rouge que l'eau bouillante décompose. Il en est de même du *sel de sodium*. Le *sel d'argent*, $Az\,(C^8H^4O^2)\,OAg$, est un précipité volumineux rouge foncé. Le *sel de plomb* est un précipité orangé, de composition variable; le *sel de baryum* renferme $4\,Ba\,(C^8H^4AzO^3)^2 + BaCl^2$.

Lorsqu'on fait bouillir l'acide phtalylhydroxamique avec une molécule de potasse alcoolique, on obtient une solution jaune qui laisse déposer par le refroidissement de l'acide anthranilique. Si l'on emploie deux molécules de potasse alcoolique, on obtient une solution qui se prend par le refroidissement en une masse cristalline ayant pour composition $AzC^8H^6O^4K$: le sel ainsi obtenu est l'*hydroxylphtalamate de potassium;* l'acide correspondant n'a pas été isolé.

Phtalylhydroxamate d'éthyle,

$$Az\,(C^8H^4O^2)\,O\,C^2H^5.$$

— On l'obtient par l'action de l'iodure d'éthyle, à froid et dans l'obscurité, sur le sel d'argent en présence d'éther. Cristaux incolores, fusibles à 103-104°, bouillant à 270° avec faible décomposition.

Hydroxylamines tertiaires.

TRIBENZHYDROXYLAMINE, $Az\,(C^7H^5O)^3O$ [Lossen, *Ann. Chem. Pharm.*, t. CLXI, p. 347 et t. CLXXV, p. 271; — Steiner, *ibid.*, t. CLXXVIII, p. 225]. — Ce corps prend naissance dans l'action du chlorure de benzoyle sur le chlorhydrate d'hydroxylamine ou sur l'acide dibenzhydroxamique; il se produit à la fois sous trois modifications isomériques, que l'on peut séparer par cristallisation fractionnée dans l'éther ou dans l'alcool, et qui présentent d'ailleurs, au point de vue chimique, les mêmes réactions.

Par l'action de la chaleur, la tribenzhydroxylamine fournit du gaz carbonique, de l'anhydride benzoïque et du cyanate de phényle. L'acide chlorhydrique la dédouble à 150° en acide benzoïque et hydroxylamine, avec un peu d'acide dibenzhydroxamique.

La potasse alcoolique la décompose en acides benzoïque, benzhydroxamique et dibenzhydroxamique.

La modification α cristallise dans l'éther en prismes clinorhombiques fusibles à 100°. Rapport des axes : 1,853639 : 1 : 1,141804.

La modification β cristallise dans l'alcool en prismes clinorhombiques, fusibles à 141-142°. Rapport des axes : 0,896994 : 1 : 0,300404.

La modification γ se présente en prismes clinorhombiques fusibles à 112°. Rapport des axes : 0,9257 : 1 : 2.

BENZANISOBENZHYDROXYLAMINE,

$$Az\,(C^7H^5O)\,(C^8H^7O^2)\,(C^7H^5O)\,O$$

[Lossen, *Liebig's Ann. Chem.*, t. CLXXXVI, p. 1]. — On obtient ce corps par l'action du chlorure de benzoyle sur le benzanishydroxamate d'argent en présence de benzine : le produit brut est épuisé par l'alcool bouillant qui abandonne par refroidissement la benzanisobenzhydroxylamine. En soumettant ce corps à des cristallisations répétées dans l'éther, on parvient à le séparer en trois modifications isomériques.

La modification α est en prismes tricliniques courts, fusibles à 113-114°; la modification β en prismes allongés orthorhombiques, fusibles à 124-125°; la modification γ en prismes clinorhombiques fusibles vers 110°.

L'action de la chaleur n'a été étudiée que sur la modification α; elle fournit du cyanate de phényle, de l'anhydride benzoïque et de l'anhydride anisique.

Sous l'action de la potasse, les deux modifications α et β fournissent principalement de l'acide benzoïque et de l'acide benzanishydroxamique.

L'acide chlorhydrique suffisamment concentré donne, comme produits finals de son action sur les trois modifications, du chlorhydrate d'hydroxylamine et des acides benzoïque et anisique.

Dibenzanishydroxylamine,

$$Az\,(C^7H^5O)\,(C^7H^5O)\,(C^8H^7O^2)\,O$$

[Lossen, *ibid.*]. — Ce corps est connu sous deux formes isomériques; elles se produisent toutes deux dans l'action du chlorure d'anisyle sur le dibenzhydroxamate d'argent en présence de benzine.

La modification α est en longues aiguilles brillantes, fusibles à 110-110°,5, appartenant au système clinorhombique. La modification β se présente en agrégations sphéroïdales, opaques, de forme indistincte, fusibles à 109-110°.

La chaleur seule agit sur les deux modifications comme sur la benzanisobenzhydroxylamine; l'acide chlorhydrique d'une densité de 1,05 les dédouble en acides anisique et dibenzhydroxamique; la potasse décompose la modification α en fournissant les acides benzoïque et benzanishydroxamique.

Anisodibenzhydroxylamine,

$$Az\,(C^8H^7O^2)\,(C^7H^5O)\,(C^7H^5O)\,O$$

[Lossen, *ibid.*]. — On l'obtient sous deux formes isomériques par l'action du chlorure de benzoyle sur l'anisobenzhydroxamate d'argent en présence de benzine. La modification α est en tables clinorhombiques brillantes, fusibles à 137-137°,5; la modification β en petits cristaux groupés en rosettes, fusibles à 110°,5.

L'acide chlorhydrique et la potasse dédoublent ce dérivé en acides benzoïque et anisobenzhydroxamique. La chaleur seule le décompose comme la benzanisobenzhydroxylamine.

Anisobenzanishydroxylamine,

$$Az\,(C^8H^7O^2)\,(C^7H^5O)\,(C^8H^7O^2)\,O$$

[Lossen, *ibid.*]. — On en connaît deux formes isomériques, qui se produisent toutes deux par l'action du chlorure d'anisyle sur l'anisobenzhydroxamate d'argent en présence de benzine.

La modification α est en petites tables minces clinorhombiques, fusibles à 152-153°; la modification β, en cristaux généralement troubles, fusibles à 148-149°. L'acide chlorhydrique la dédouble en acides anisique et anisobenzhydroxamique; la potasse, en acides benzoïque et dianisohydroxamique.

Dianisobenzhydroxylamine,

$$Az\,(C^8H^7O^2)\,(C^8H^7O^2)\,(C^7H^5O)\,O$$

[Lossen, *ibid.*]. — Ce dérivé se produit par l'action du chlorure de benzoyle sur le dianishydroxamate d'argent. On n'en a observé qu'une seule modification, en cristaux clinorhombiques, fusibles à 147°,5. L'acide chlorhydrique le dédouble en acides benzoïque et dianishydroxamique; la potasse produit le même dédoublement.

Benzdianishydroxylamine,

$$Az\,(C^7H^5O)\,(C^8H^7O^2)\,(C^8H^7O^2)\,O$$

[Lossen, *ibid.*]. — On l'obtient par l'action du chlorure d'anisyle sur le benzanishydroxamate d'argent.

On l'a décrite sous deux modifications, cristallisées toutes deux dans le système anorthique, et présentant le même point de fusion 137°,5-138°. L'acide chlorhydrique et la potasse le dédoublent en acides anisique et benzanishydroxamique. Ad. Fauconnier.

HYDROXYPENTIQUE et **HYDROXYTÉTRIQUE (ACIDES).** — Voyez Suppl., Tétrique (acide).

HYDRUVIQUE (ACIDE), $C^6H^{10}O^7$ [Böttinger, *Deutsch. chem. Gesellsch.*, 1872, p. 958]. — Lorsqu'on ajoute de l'eau de baryte à une solution d'acide pyruvique, il se précipite un sel basique qui, traité par un courant de gaz carbonique, fournit un sel soluble ayant pour composition $C^6H^8O^7Ba$. Ce dernier sel peut aussi être obtenu en décomposant le sel basique par l'acide acétique et précipitant ensuite par l'alcool.

L'acide hydruvique lui-même n'a pas été isolé.

HYDURILIQUE (ACIDE), $C^8H^6Az^4O^6$. — Ce corps constitue la diuréide malonyle-tartronique; il peut être considéré, d'après les dédoublements, comme provenant de l'union d'une molécule de malonylurée (acide barbiturique),

$$C^3H^2O^2\,(CO\,Az^2H^2),$$

et de tartonylurée (acide dialurique),

$$C^3H^2O^3\,(CO\,Az^2H^2),$$

avec élimination d'une molécule d'eau.

On l'obtient facilement en chauffant à 170° en tubes scellés de l'alloxantine séchée à l'air; il se forme de l'hydurilate d'ammonium, de l'oxalate d'ammonium, de l'oxyde de carbone et du gaz carbonique. On isole l'acide hydurilique en reprenant le contenu des tubes par l'eau, acidulant avec de l'acide chlorhydrique, et faisant cristalliser. Les premières cristallisations sont formées d'acide hydurilique retenant encore de l'ammoniaque, dont on le débarrasse en le traitant par un excès d'acide chlorhydrique. Le rendement est de 40 %. La décomposition de l'alloxantine se fait suivant l'équation

$$2C^8H^4Az^4O^7 + 6H^2O$$
$$= C^8H^6Az^4O^6 + 4AzH^3 + C^2H^2O^4 + 2CO + 4CO^2.$$

L'eau qui intervient est l'eau de cristallisation de l'alloxantine. Si l'on chauffe en vase ouvert à 170° l'alloxantine, l'acide hydurilique libre reste comme seul produit solide de la réaction.

L'alloxane, cristallisée dans l'eau, chauffée à 170° en vase clos, donne également de l'acide hydurilique. Ce corps prend aussi naissance en même temps que l'acide dialurique dans l'action prolongée de l'hydrogène sulfuré sur l'alloxantine [Murdoch et Dœbner, *Deutsch. chem. Gesellsch.*, 1876, p. 1102; *Bull. Soc. chim.*, t. XXVII, p. 216].

L'acide urique, chauffé à 110° avec deux fois son poids d'acide sulfurique, fournit, outre la *pseudoxanthine* $C^5H^4Az^4O^2$, de l'acide hydurilique et du glycocolle [*Deutsch. chem. Gesellsch.*, 1868, p. 150; *Bull. Soc. chim.*, t. XI, p. 496].

É. Grimaux.

HYGROPHILITE (Min). — Silicate d'alumine, de fer et de potasse hydraté appartenant au groupe de la pinite; rapports d'oxygène approximatifs pour $RO^2, R^2O^3, SiO^2, H^2O = 1:5:9:3$. Se trouve en grandes masses irrégulières disséminées dans un grès siliceux des environs de

Halle an der Saale. Écailles cristallines biréfringentes, gris-vert ou gris-jaunâtre. Dans l'eau se délite. Soluble dans l'acide chlorhydrique. Fond facilement en un émail blanc.

HYOSCINE, $C^{17}H^{23}AzO^3$. — Cette base porte à trois le nombre des corps possédant la composition de l'atropine; on la trouve dans les eaux mères de la préparation de l'hyoscyamine avec la jusquiame. C'est l'hyoscyamine amorphe du commerce [Ladenburg, *Deutsch. chem. Gesellsch.*, 1880, p. 910, 1549; *ibid.*, 1881, p. 1870].

Pour obtenir ce corps à l'état de pureté, on opère sur les eaux mères qui ne laissent plus déposer de cristaux d'hyoscyamine après un long repos : on transforme en chloraurates les bases qu'elles renferment. Ces sels, soumis à la cristallisation dans l'eau chaude, donnent des prismes jaunes brillants de chloraurate d'hyoscine fusible à 196-198° et peu soluble, tandis que les eaux mères fournissent ensuite du chloraurate d'hyoscyamine plus soluble et fusible à 159°.

Chauffée à 100° avec de l'eau de baryte, l'hyoscine se dédouble en acide tropique et en une base bouillant à 241-243°, solidifiable par refroidissement et isomérique avec la tropine; c'est la *pseudotropine*.

Bromhydrate, $C^{17}H^{23}AzO^3, HBr + 3\frac{1}{2}H^2O$. — Sel très soluble dans l'eau ; il conserve ½ molécule d'eau après dessiccation dans le vide.

Iodhydrate, $C^{17}H^{23}AzO^3$, HI + ½ H^2O. — Cette composition se rapporte au sel séché à 100°. Cet iodure est très soluble.

Chloraurate, $C^{17}H^{23}AzO^3$, HCl, $AuCl^3$. — Prismes jaunes, peu solubles, fusibles à 196-198° en se décomposant.

Picrate, $C^{17}H^{23}AzO^3$, $C^6H^2(AzO^2)^3OH$. — Précipité huileux qui finit par cristalliser ; il se dissout dans l'eau chaude et laisse déposer de beaux prismes jaunes.

A. Étard.

HYOSCYAMINE, $C^{17}H^{23}AzO^3$. — Depuis les travaux de Höhn et de Reichardt, qui avaient donné à cette base la formule $C^{15}H^{23}AzO^3$, Ladenburg a montré que cet alcaloïde, tiré de l'extrait de jusquiame noire (*Hyoscyamus niger*), est isomérique avec l'atropine et identique avec la daturine et la duboisine [Ladenburg, *Deutsch. chem. Gesells.*, 1880, p. 109, 254, 607, 909 et 1551].

L'hyoscyamine brute, quelquefois appelée dans le commerce atropine légère ou daturine, s'extrait non seulement de la jusquiame, mais encore de la belladone, dans laquelle elle accompagne l'atropine véritable ou l'atropine lourde. La méthode générale d'extraction de cette base est celle de l'atropine (voyez ce mot.) Mais, pour obtenir l'hyoscyamine pure en partant des produits commerciaux ou des eaux mères de l'atropine, il faut transformer ces matières en chloraurates et séparer ces derniers par voie de cristallisation jusqu'à ce qu'on obtienne du chloraurate d'hyoscyamine fusible à 159°. Celui-ci, décomposé par l'hydrogène sulfuré et précipité par un alcali, donne la base pure. L'hyoscyamine cristallise moins facilement que l'atropine et constitue toujours une poudre cristalline légère. Elle fond à 108°,5 et non à 113°,5 comme l'atropine. Les deux bases isomères se distinguent surtout sous la forme de chloraurates, tandis que l'atropine forme un sel aurique en cristaux ternes, d'un aspect mat, fusibles à 135° et se transformant dans l'eau bouillante en une sorte d'huile liquide et dense, les cristaux de chloraurate d'hyoscyamine sont très brillants, fondent à 159° et ne se liquéfient pas dans l'eau bouillante.

Traitée par la baryte en vase clos, selon la méthode de Kraut, l'hyoscyamine se décompose en tropine et en un acide hyoscique identique avec l'acide tropique. Quand on chauffe ensemble un mélange équimoléculaire de ces deux produits de dédoublement avec de l'acide chlorhydrique étendu, ce n'est pas de l'hyoscyamine qu'on obtient, mais de l'atropine. Quand on combine la tropine fournie par l'hyoscyamine avec l'acide tropique de l'atropine ou *vice versâ*, la tropine provenant de l'atropine avec l'acide hyoscique, c'est toujours de l'atropine qu'on obtient.

Ces faits démontrent que l'atropine et l'hyoscyamine, fournissant des produits de dédoublement identiques, doivent leur isomérie, qui n'est pas douteuse, à la position réciproque de leurs groupements.

Chloraurate d'hyoscyamine,

$$C^{17}H^{23}AzO^3, HCl, AuCl^3.$$

— Précipité huileux se solidifiant lentement et recristallisant par dissolution dans l'eau en belles lamelles jaunes brillantes fusibles à 159°.

L'hyoscyamine possède à peu près les mêmes propriétés physiologiques et mydriatiques que l'atropine.

A. Étard.

HYPARGYRITE (Min.) — Voyez Miargyrite.

HYPOGALLIQUE (ACIDE), $C^7H^6O^4$ (voyez t. II, p. 85). — Cet acide doit être envisagé comme identique avec l'acide protocatéchique. Lorsqu'on chauffe l'acide hémipinique avec de l'acide iodhydrique ou de l'acide chlorhydrique, il se forme d'abord de l'acide méthylnorhémipinique [Beckett et Wright, *Deutsch. chem. Gesellsch.*, 1876, p. 70], et c'est ce dernier qui donne ensuite par l'action de la chaleur soit de l'acide protocatéchique (hypogallique), soit de l'acide méthylprotocatéchique (métylhypogallique), suivant les conditions de l'expérience. Ces réactions sont d'ailleurs faciles à comprendre si l'on se reporte aux formules de constitution des corps dont il s'agit (voyez Hémipinique (acide)).

Ad. Fauconnier.

HYPOGÉIQUE (ACIDE). — Voyez t. II, p. 85. En fondant l'acide stéarolique avec de la potasse, à une température aussi basse que possible, Marasse a obtenu un acide de la formule de l'acide hypogéique, identique ou isomérique avec lui (voyez t. II, p. 1666).

HYPOQUÉBRACHINE. — Voyez Québrachine.

HYPOXANTHINE. — Syn. de Sarcine, t. II, p. 1348.

I

ICACINE. [Stenhouse et Groves, *Ann. Chem. Pharm.*, t. CLXXX, p. 253]. — L'encens distillé avec la vapeur d'eau abandonne une huile essentielle, le conimène. Le résidu de cette distillation cède à l'alcool bouillant l'*icacine*, corps cristallisé en aiguilles soyeuses, fusibles à 175°. Ce corps est insoluble dans la potasse et dans l'eau, soluble dans l'alcool bouillant, le pétrole, l'éther, le sulfure de carbone, la benzine bouillante. L'acide nitrique l'attaque énergiquement en donnant un produit amorphe.

Suivant Hesse [*Liebig's Ann. Chem.*, t. CXCII, p. 179], l'icacine aurait pour formule $C^{47}H^{48}O$.

IDRIALINE, $C^{40}H^{28}O$. Voyez t. II, p. 87 [G. Goldschmiedt, *Deutsch. chem. Gesellsch.*, 1878, p. 1578, et 1880, p. 929]. — On extrait l'idrialine de l'idrialite, soit en soumettant ce minéral à la distillation dans un courant d'hydrogène ou de gaz carbonique, soit en l'épuisant par divers dissolvants, alcool amylique, essence de térébenthine, xylène; on la purifie par cristallisation dans le xylène bouillant.

L'idrialine se présente en cristaux blancs à fluorescence bleue, insolubles dans l'eau, peu solubles dans l'alcool, l'acide acétique, assez solubles dans l'acétone, le sulfure de carbone, l'essence de térébenthine, l'alcool amylique, très solubles dans le xylène bouillant. Elle fond à 250-300°, en se décomposant presque totalement; on peut la distiller sans perte notable dans un courant d'un gaz inerte; son point d'ébullition est plus élevé que celui du soufre. Sa densité de vapeur n'a pas encore pu être déterminée.

Par l'action du brome, l'idrialine fournit les deux dérivés $C^{40}H^{22}Br^{6}O$ et $C^{40}H^{19}Br^{9}O$. Le premier se forme lorsqu'on traite la solution acétique bouillante d'idrialine par le brome; le second se produit par l'action du brome en présence de l'eau.

Lorsqu'on traite l'idrialine dissoute dans l'acide acétique cristallisable bouillant par l'acide chromique, on obtient, outre un produit résineux très oxygéné, soluble dans l'alcool, une combinaison rouge confusément cristalline, renfermant $C^{40}H^{20}O^{5}$, et régénérant l'idrialine par distillation sur de la poudre de zinc; elle est caractérisée par la belle couleur violette que présente sa solution dans l'acide sulfurique.

Distillée dans un courant d'hydrogène, la combinaison $C^{40}H^{20}O^{5}$ fournit vers 280° une huile qui cristallise dans le col de la cornue, et qui paraît être de l'acide stéarique.

Le chlore décompose l'idrialine en donnant un produit soluble en rouge dans l'acide sulfurique concentré. Par l'action de l'acide nitrique à chaud, l'idrialine se transforme en un dérivé hexanitrique, $C^{40}H^{22}(AzO^{2})^{6}O$, corps rouge, insoluble dans l'eau et dans l'éther, à peine soluble dans l'alcool. L'acide sulfurique concentré la dissout en donnant un liquide bleu qui renferme un acide sulfoconjugué dont les sels de plomb et de baryum sont solubles dans l'eau.

Ad. Fauconnier.

IDRYLE, $C^{15}H^{10}$. — Bœdecker [*Ann. Chem. Pharm.*, t. LII, p. 100] avait donné ce nom à un produit contenu dans le « stupp » d'Idria, auquel il avait assigné la formule $C^{21}H^{14}$. Goldschmiedt [*Deutsch. chem. Gesellsch.*, 1877, p. 2028] a montré que le corps de Bœdecker est un mélange de plusieurs hydrocarbures, chrysène, anthracène, pyrène, etc., et a réservé le nom d'idryle à l'un d'eux.

L'idryle parait être identique avec le fluoranthène de Fittig et Gebhard (Suppl., p. 830).

Idryle trichloré, $C^{15}H^{7}Cl^{3}$ [Goldschmiedt, *Monatsh. Chem.*, t. Ier, p. 221]. — On l'obtient en traitant par un courant de chlore une solution chloroformique d'idryle; il se présente en aiguilles blanches, insolubles dans l'éther, peu solubles dans l'alcool, assez solubles dans le sulfure de carbone, la benzine et le xylène. Il ne fond pas encore à 300°.

Idryle tribromé, $C^{15}H^{7}Br^{3}$ [Goldschmiedt, *ibid.*]. — Un précipité jaune se dépose dans une solution acétique d'idryle, lorsqu'on y a ajouté assez de brome pour que la couleur rouge de celui-ci ne disparaisse plus par la chaleur. Ce précipité abandonne à l'alcool bouillant l'idryle tribromé, en aiguilles jaunes qui ne fondent pas encore à 345°.

Les eaux mères de ce corps renferment de l'idryle dibromé, identique avec le dibromofluoranthène de Fittig et Gebhard.

Dihydro-idryle, $C^{15}H^{12}$ [Goldschmiedt, *ibid.*]. — Ce corps prend naissance dans l'action de l'amalgame de sodium sur une solution alcoolique d'idryle; il se forme aussi quand on chauffe à 180° l'idryle avec de l'acide iodhydrique et du phosphore amorphe. Il cristallise en aiguilles fusibles à 76°. Sa combinaison picrique est en aiguilles rouges fusibles à 186°.

Octohydro-idryle, $C^{15}H^{18}$ [Goldschmiedt, *ibid.*]. — Liquide huileux bouillant à 309-311°, obtenu par l'action de l'acide iodhydrique sur l'idryle en présence du phosphore rouge à 240-250°.

Acide idryldisulfonique, $C^{15}H^{8}(SO^{3}H)^{2}$ [Goldschmiedt, *ibid.*]. — Masse sirupeuse obtenue par l'action de l'acide sulfurique concentré sur l'idryle à la température du bain-marie; cet acide se décompose à 100° en émettant des vapeurs aromatiques.

Le *sel de baryum*, $C^{15}H^{8}(SO^{3})^{2}Ba + 2\frac{1}{2}H^{2}O$, est en croûtes cristallines, peu solubles dans l'alcool, qui perdent leur eau à 250°.

Le *sel de cadmium*, $C^{15}H^{8}(SO^{3})^{2}Cd + 2\frac{1}{2}H^{2}O$, perd son eau de cristallisation à 180°.

Le *sel de calcium* cristallise avec 4 molécules d'eau qu'il perd à 230°.

Le *sel de potassium*, $C^{15}H^{8}(SO^{3}K)^{2} + H^{2}O$, est soluble dans l'alcool; il perd son eau à 100°. Fondu avec son poids de cyanure de potassium, il fournit, comme produits accessoires, des aiguilles jaunes, fusibles à 220°, renfermant de l'azote, et un corps cristallin non azoté, produits qui n'ont pas été analysés; et comme produit principal une huile que la fusion avec de la potasse transforme en acide *idryle-monocarbonique*.

L'acide idryle-monocarbonique, $C^{16}H^{10}O^{2}$, est

une poudre granuleuse fusible à 165°. Son *sel d'argent* est un précipité blanc presque inaltérable à la lumière. Par distillation avec de la chaux, l'acide idryle-monocarbonique fournit de l'idryle et du carbonate de calcium.

Ad. Fauconnier.

IGASURINE. Voyez t. II, p. 87. — En soumettant à une nouvelle étude la noix vomique et les alcaloïdes qu'on en peut extraire, Stenstone [*Chem. Soc.*, 1881, t. Ier, p. 453, et *Deutsch. chem. Gesellsch.*, 1881, p. 2283] est arrivé à cette conclusion que l'igasurine n'est autre chose que de la brucine impure.

INDIGO, $C^{16}H^{10}Az^2O^2$. — L'indigo a été dans ces dernières années l'objet de nombreuses recherches qui ont amené à en faire la synthèse et à en découvrir la constitution.

Jusqu'à présent cependant, les essais tentés par l'industrie pour obtenir cette belle matière colorante dans des conditions suffisamment avantageuses pour lutter avec le produit naturel n'ont pas abouti; la question est encore à l'étude, et, comme on le verra plus loin, de nouvelles tentatives en font espérer une prompte solution.

Modes de formation. — 1° Le chlorure d'isatine

$$C^6H^4 < \begin{matrix} CO\text{-}CCl \\ Az \end{matrix}$$

traité par la poudre de zinc en présence d'acide acétique, donne une liqueur incolore qui, exposée à l'air, devient verte, puis violette, et laisse déposer de beaux cristaux d'indigo, tandis que la liqueur retient de l'indigo-purpurine. L'acide iodhydrique et le phosphore jaune agissent de même.

Le sulfhydrate d'ammonium en solution alcoolique agit encore plus rapidement : la liqueur bleuit par l'ébullition et l'addition d'eau précipite un mélange d'indigo et de soufre [A. Baeyer et Emmerling, *Deutsch. chem. Gesellsch.*, 1870, p. 514; — A. Baeyer, *Deutsch. chem. Gesellsch.*, 1878, p. 1296, et 1879, p. 456].

2° Lorsque l'on chauffe l'indoxyle-sulfate de potassium, il se sublime de l'indigo. Il s'en produit également, et en rendement théorique, lorsqu'on le traite par un oxydant faible, tel que le chlorure ferrique en présence d'acide chlorhydrique. Cette transformation, en partant de l'indoxyle, est représentée par l'équation

$$2C^8H^6Az(OH) + O^2 = C^{16}H^{10}Az^2O^2 + 2H^2O$$

[Baumann et Tiemann, *Deutsch. chem. Gesellsch.*, 1879, p. 1192].

3° Traité par l'ozone, l'indol se transforme en indigo [Nencki, *Deutsch. chem. Gesellsch.*, 1875, p. 722].

4° L'acide indoxylique se convertit en indigo quand on le traite par les oxydants acides, ou que l'on agite avec de l'air sa solution alcaline. La solution d'indoxyle ou d'acide indoxylique dans le carbonate de sodium fournit à chaud un précipité d'indigo lorsqu'on y ajoute de l'acide nitrophénylpropionique [Baeyer, *Deutsch. chem. Gesellsch.*, 1881, p. 1742].

5° Le diisatogène (voyez Isatogène) donne de l'indigo bleu sans intermédiaire d'indoxyle ou d'indigo blanc, sous l'influence des réducteurs suivants : poudre de zinc, sulfures alcalins, glucose en solution alcaline chaude. La réaction est représentée par l'équation

$$C^{16}H^8Az^2O^4 + 6H = 2H^2O + C^{16}H^{10}Az^2O^2$$

[Baeyer, *Deutsch. chem. Gesellsch.*, 1882, p. 50].

6° Récemment, Baeyer a indiqué un nouveau mode de préparation de l'indigo, qui sera peut-être susceptible d'applications industrielles.

L'aldéhyde orthonitrobenzoïque, dissoute dans l'acétone, s'y combine lorsqu'on y ajoute de la lessive de soude d'après l'équation

$$C^6H^4 < \begin{matrix} CHO \\ AzO^2 \end{matrix} + CH^3\text{-}CO\text{-}CH^3$$
$$= C^6H^4 < \begin{matrix} CH(OH)\text{-}CH^2\text{-}CO\text{-}CH^3 \\ AzO^2 \end{matrix}$$

et ce composé perd une molécule d'eau en donnant la *orthonitrocinnamyl-méthylacétone*,

$$C^6H^4 < \begin{matrix} CH.OH\text{-}CH^2\text{-}CO\text{-}CH^3 \\ AzO^2 \end{matrix}$$
$$= C^6H^4 < \begin{matrix} CH = CH\text{-}CO\text{-}CH^3 \\ AzO^2 \end{matrix} + H^2O$$

réactions comparables à celle qui donne l'aldéhyde crotonique en partant de 2 molécules d'aldéhyde avec intermédiaire d'aldol, et cette acétone se dédouble par un excès de soude en acide acétique et indigo :

$$2\ C^{10}H^9AzO^3 = C^{16}H^{10}Az^2O^2 + 2\ C^2H^4O^2.$$

Ces diverses réactions s'opèrent simultanément lorsque l'on fait bouillir avec de la soude une solution d'aldéhyde orthonitrobenzoïque dans de l'acétone [Baeyer, *Deutsch. chem. Gesellsch.*, 1882, p. 2860]

L'indigo a été rencontré en petite quantité dans le tournesol, où il est peut-être introduit en fraude (Wartha), dans la pourpre fournie par le *Murex trecunculus* (Negri), dans la matière colorante des vêtements de saint Antoine de Padoue (IXe siècle).

Propriétés. — La densité de vapeur de l'indigo, déterminée par le procédé de Dumas, modifié par Habermann, a donné 9,45, la formule $C^{16}H^{10}Az^2O^2$, conduisant au nombre 9,06 [De Sommaruga, *Deutsch. chem. Gesellsch.*, 1876, p. 1355].

Aguiar et Baeyer ont montré que l'indigo était soluble dans l'aniline.

Il se dissout également en bleu dans la stéarine et dans l'essence de térébenthine chaude. Par refroidissement, on obtient des cristaux tabulaires rouges cuivrés, très brillants, que l'on purifie par des lavages à l'alcool et à l'éther.

On obtient des solutions cramoisies en dissolvant l'indigo dans le pétrole ou dans la paraffine. Il s'en dépose des cristaux prismatiques. Cette dernière solution présente le même spectre d'absorption que la vapeur d'indigo [Wartha, *Deutsch. chem. Gesellsch.*, 1871, p. 334].

L'ozone décolore l'indigo : la réaction se passe en deux phases. Dans la première, les deux tiers de l'indigo sont détruits, en même temps qu'il se forme de l'eau oxygénée, qui réagit ensuite sur le dernier tiers de l'indigo pour le décolorer [Houzeau ; P. et A Thenard].

Une quantité très faible (un millième) de quinine, de cinchonine ou de morphine ralentit considérablement l'oxydation de l'indigo par le sang et l'essence de térébenthine. En solution neutre ou acide, la même action n'a plus lieu [Binz, *Deutsch. chem. Gesellsch.*, 1875, p. 32, et Schaer, *Deutsch. chem. Gesellsch.*, 1875. p. 140].

L'indigo finement pulvérisé étant additionné d'étain et d'acide chlorhydrique se décolore, en même temps que la liqueur devient jaune. Le précipité, distillé avec un excès de poudre de zinc, donne un mélange d'aniline, d'indol et de scatol [Baeyer, *Deutsch. chem. Gesellsch.*, 1880, p. 2339].

La décoloration de l'indigo par l'hydrosulfite paraît résulter d'une combinaison de ces deux corps; voilà pourquoi des substances réductrices, telles que l'hydrogène sulfuré, ramènent la couleur bleue.

Il en est de même de l'action du persulfure d'hydrogène : l'indigo décoloré par ce composé reprend sa couleur primitive lorsqu'on le traite par l'acide sulfureux [Schaer, *Deutsch. chem. Gesellsch.*, 1876, p. 340].

Chauffé avec de la baryte caustique ou avec un mélange de soude et d'hydrosulfite de sodium, l'indigo fournit un composé, $C^{32}H^{22}Az^4O^4$, peut-être identique avec la flavindine de Laurent. Ce composé est soluble dans l'alcool; par évaporation de la solution, il se forme un corps rouge foncé, presque noir, soluble dans les alcalis en vert, puis en jaune. Les acides en précipitent une poudre jaune, $C^{32}H^{22}Az^4O^4 + H^2O$.

Traitée par la poudre de zinc, elle donne de l'indoline [Schützenberger, *Compt. rend.*, t. LXXXV, p. 147, et Giraud, *Compt. rend.*, t. LXXXIX, p. 104].

Traité par le brome, l'indigo fournit du tribromophénol et de la tribromaniline [Baumann et Tiemann, *Deutsch. chem. Gesellsch.*, 1879, p. 1098].

Dérivés de substitution de l'indigo. — On sait que ces dérivés de substitution ne se forment pas directement par l'action des réactifs sur l'indigo, mais qu'on les a obtenus, par synthèse, en partant des dérivés de substitution de l'isatine.

Dibromindigo, $C^{16}H^8Br^2Az^2O^2$. — La bromisatine, $C^8H^4BrAzO^2$, est soumise à l'ébullition avec du perchlorure de phosphore et 8 à 10 fois son poids d'oxychlorure. Après refroidissement, on verse la liqueur dans une solution à 5 °/₀ d'acide iodhydrique dans l'acide acétique cristallisable, puis on y ajoute une solution aqueuse d'acide sulfureux; l'indigo bromé se précipite : il est formé par réduction de l'isatine bromée.

Il se présente en flocons bleus insolubles dans l'alcool, l'éther, le chloroforme, l'acide acétique, solubles dans l'acide sulfurique froid, avec une coloration verte devenant d'un bleu pur lorsque l'on chauffe, par suite de la formation d'un acide sulfoné. Il cristallise en aiguilles noires, en partie sublimables.

Dinitro-indigo, $C^{16}H^8(AzO^2)^2Az^2O^2$ — On le prépare, en partant de la nitroïsatine, à l'aide d'un procédé semblable à celui qui fournit le bromindigo.

C'est une poudre rouge cerise foncé, insoluble dans l'alcool et l'acide acétique, soluble dans la nitrobenzine et le phénol, détonant par la chaleur. Le spectre de la solution dans la nitrobenzine présente une large bande jaune, nettement limitée vers le rouge, dégradée du côté du vert. La solution sulfurique froide est violette; elle présente une raie rouge et une jaune, l'une et l'autre peu nettes.

Traité par les réducteurs, le dinitro-indigo donne du diamido-indigo.

Diamido-indigo, $C^{16}H^8(AzH^2)^2Az^2O^2$. — On l'obtient en ajoutant de la poudre de zinc à de l'indigo nitré délayé dans de l'acide acétique. Il se forme de l'amido-indigo blanc qui se colore en bleu au contact de l'air; on le précipite par la soude. Pour le purifier, on le dissout dans l'acide chlorhydrique, et on le précipite en ajoutant de l'azotate de sodium.

Le diamido-indigo forme des flocons bleu foncé, presque insolubles dans l'alcool, l'éther, le chloroforme, solubles dans l'acide acétique concentré. Son spectre d'absorption est semblable à celui du dinitro-indigo. Les acides étendus le dissolvent; l'acide chlorhydrique concentré le précipite de ses solutions.

L'azotite de sodium le colore en rouge [Baeyer, *Deutsch. chem. Gesellsch.*, 1879, p. 1309].

Indigopurpurine. — L'indigopurpurine est une substance isomère de l'indigotine et qui l'accompagne dans l'indigo naturel.

Modes de formation. — 1° Elle se produit, en même temps que l'indigotine, lorsqu'on dédouble l'indican dans le vide en présence de l'acide chlorhydrique et d'un oxydant tel que le chlorure ferrique [Schunck et Rœmer, *Deutsch. chem. Gesellsch.*, 1879, p. 2311].

2° Elle est peut-être identique avec la matière colorante rouge de l'urine désignée sous le nom d'urrhodine (voyez ce mot).

3° Elle se forme en même temps que l'indigotine lorsque l'on traite l'isatine par le trichlorure de phosphore contenant un excès de phosphore et que l'on expose à l'air le produit de la réaction [Baeyer et Emmerling, *Deutsch. chem. Gesellsch.*, 1870, p. 514].

4° La poudre de zinc réagit sur le chlorure d'isatine en donnant le même composé [Baeyer, *Deutsch. chem. Gesellsch.*, 1879, p. 457].

5° L'indoxyle se combine avec l'isatine lorsque l'on ajoute du carbonate de sodium à la solution alcoolique des deux corps : il se forme uniquement, dans ce cas, de l'indigopurpurine :

$$C^8H^6Az(OH) + C^8H^5AzO^2 = H^2O + C^{16}H^{10}Az^2O^2$$

[Baeyer, *Deutsch. chem. Gesellsch.*, 1881, p. 1741].

Propriétés. — L'indigopurpurine se présente en aiguilles brunes à éclat métallique. Elle se sublime plus facilement que l'indigotine, en petites aiguilles cotonneuses. Elle est insoluble dans l'eau, soluble dans l'alcool avec une coloration rouge foncé, soluble dans l'éther, la benzine et le chloroforme. Elle est également très soluble dans les acides sulfurique et acétique. Cette dernière solution précipite par l'eau. Son spectre d'absorption, absolument différent de celui de l'indigo, est caractéristique.

L'indigopurpurine est moins oxydable que l'indigotine.

Indigopurpurine bromée. — Cette substance, isomère de l'indigo bromé (voyez plus haut), se produit en même temps que lui par l'action du perchlorure de phosphore sur la bromisatine, et l'action des réducteurs sur le produit formé [Baeyer, *Deutsch. chem. Gesellsch.*, 1879, p. 1316]. On l'obtient encore en traitant la bromisatine par l'indoxyle [Baeyer, *Deutsch. chem. Gesellsch.*, 1881, p. 1741].

Elle se dépose de sa solution alcoolique ou éthérée en longues aiguilles rouges, qui présentent les mêmes phénomènes optiques et chimiques que l'indigopurpurine, dont elles ne diffèrent que par la composition.

Indigo blanc.— Schützenberger et de Lalande ont proposé l'emploi de l'hydrosulfite de sodium en liqueur alcaline pour transformer l'indigo en indigo blanc pour la teinture et l'impression. Le principal avantage de ce procédé est que la réduction se fait immédiatement et à froid [Schützenberger et de Lalande, *Bull. Soc. chim.*, t. XVI, p. 182, et t. XX, p. 11].

Indigosulfate blanc, $C^{16}H^{10}Az^2(O.SO^2OK)^2$. — Pour préparer ce composé, on dissout 25 gr. d'indigo blanc humide dans son poids de lessive concentrée de potasse, en opérant dans un courant d'hydrogène; on ajoute 12 grammes de pyrosulfate de potassium, et on agite pendant une heure. On laisse alors s'oxyder à l'air l'indigo blanc inaltéré, on épuise par l'éther, puis on précipite le sulfate de potassium par l'alcool; l'indigo sulfate blanc reste en solution.

L'indigo sulfate blanc ne s'oxyde pas par l'action directe de l'oxygène; il laisse déposer de l'indigo blanc lorsqu'on y ajoute, à l'abri de l'air, de l'acide chlorhydrique [Baeyer, *Deutsch. chem. Gesellsch.*, 1879, p. 1600; — Baumann et Tiemann, *Deutsch. chem. Gesellsch.*, 1880, p. 408].

Constitution de l'indigo. — Malgré les nombreuses recherches qu'a suscitées la constitution de l'indigo, celle-ci n'est pas entièrement élucidée, et la formule que Baeyer a proposée pour ce corps n'est probablement point définitive. Ceci tient à ce que, dans le procédé synthétique de Baeyer, il se produit dans la réaction une transposition moléculaire que l'on peut interpréter de diverses manières. Nous allons rappeler ici les différentes phases de cette synthèse.

Le point de départ est l'orthonitrodiphényldiacétylène,

$$C^6H^4 \langle {C \equiv C \atop AzO^2} - {C \equiv C \atop AzO^2} \rangle C^6H^4,$$

que l'on obtient en oxydant par le ferricyanure de potassium la combinaison cuivreuse de l'orthophénylacétylène de Glaser

$$C^6H^4 \langle {C \equiv CH \atop AzO^2}.$$

L'acide sulfurique fumant, ajouté goutte à goutte au composé dinitré, le convertit en un isomère, le diisatogène, pour lequel Baeyer avait d'abord adopté la formule

```
          O-O     O-O
          | |     | |
          C-C  —  C-C
C6H4 <    \ /     \ /    > C6H4.
          Az      Az
```

Le diisatogène étant converti intégralement et à froid en indigo par les réducteurs, on est conduit à assigner à l'indigo bleu la formule

```
          O ———————————— O
          |              |
          C-CH  —  CH-C
C6H4 <    \ /       \ /    > C6H4
          Az        Az
```

et l'indigo blanc, ne différant de ce dernier que par deux atomes d'hydrogène, serait

```
          OH          OH
          |           |
          C-CH — CH-C
C6H4 <    \ /      \ /    > C6H4
          Az       Az
```

[Baeyer, *Deutsch. chem. Gesellsch.*, 1881, p. 50].

Depuis, Baeyer a modifié la formule qu'il avait adoptée pour l'éther isatogénique, et, par suite, pour le diisatogène, qui deviendrait

```
       / CO-C  —  C-CO \
C6H4 <      /\    /\     > C6H4.
       \   Az-O  O-Az  /
```

La formule de l'indigo doit donc de nouveau être modifiée [Baeyer, *Deutsch. chem. Gesellsch.*, 1882, p. 775].

M. Hanriot.

INDIUM. — *Extraction.* — L'insolubilité du sulfite basique d'indium est utilisée par C.-J. Bayer pour le traitement du zinc en vue d'isoler l'indium qui y est contenu. On dissout le zinc dans une quantité insuffisante d'acide chlorhydrique et on laisse pendant 36 heures la solution avec l'excès de zinc. Le dépôt spongieux d'indium impur est dissous dans l'acide azotique et la solution évaporée avec de l'acide sulfurique. Le résidu dissous dans l'eau, qui laisse le plomb sous forme de sulfate, est précipité par un excès d'ammoniaque, de manière à redissoudre les oxydes de cuivre, de zinc et de cadmium. Le précipité, formé d'oxydes d'indium et de fer, est redissous dans la plus petite quantité possible d'acide chlorhydrique et la solution est bouillie avec du bisulfite de sodium, aussi longtemps qu'il se dégage de l'acide sulfureux. L'indium est précipité à l'état de sulfite basique, qu'on obtient complètement exempt de fer par une nouvelle précipitation de sa solution chlorhydrique par le bisulfite de sodium [*Ann. Chem. Pharm.*, t. CLVIII, p. 372; — *Bull. Soc. chim.* (2), t. XVI, p. 88].

Pour retirer directement l'indium des blendes qui en renferment, Stolba les pulvérise, les mélange avec 10 °/₀ de gypse et de l'eau, de manière à faire des briquettes qu'il soumet après dessiccation, au grillage. La matière est alors pulvérisée et dissoute dans un acide, puis la solution est précipitée par le zinc; l'indium est purifié d'après les méthodes indiquées [*Dingl. polyt. Journ.*, t. CXCVIII, p. 223].

Poids atomique. — D'après la chaleur spécifique de l'indium, égale à 0,0565-0,0574 (Bunsen), le poids atomique de l'indium devient 113,4 (chaleur atomique = 6,4) et l'on a, pour l'oxyde, le chlorure, etc., les formules In^2O^3, In^2Cl^6, etc. [*Poggend. Annal.*, t. CXLI, p. 1]. Cette conclusion, d'accord avec le système de classification de Mendeléeff, est confirmée en outre par l'existence d'un alun ammoniacal (Roessler).

Chlorure d'indium. — Il forme un *chloroplatinate*, $In^2Cl^6, 5PtCl^4 + 36H^2O$, qui se présente en prismes clinorhombiques jaunes, très déliquescents et perd la moitié de son eau à 100° [Nilson, *Deutsch. chem. Gesellsch.*, 1876, p. 1142].

Oxyde d'indium. — Sa production, par dissolution de 1 p. de métal dans l'acide sulfurique, dégage 1044 cal [Ditte, *Compt. rend.*, t. LXXII, p. 762].

L'hydrate d'indium est insoluble dans une solution bouillante de sel ammoniac (Stolba).

Sulfure d'indium. — Il forme des sulfosels avec les sulfures alcalins [R. Schneider, *Journ. prakt. Chem.* (2), t. IX, p. 209; *Bull. Soc. chim.*, t. XXII, p. 158].

Sulfure d'indium et de potassium, $In^2S^3.K^2S$. — Lamelles quadratiques brillantes, d'un rouge hyacinthe, groupées en fougères ou en rosettes, tout à fait insolubles dans l'eau. On l'obtient en fondant 1 p. d'oxyde d'indium avec 1 p. de potasse et 6 p. de soufre, et reprenant la masse fondue par l'eau. Il est irréductible par l'hydrogène au rouge.

Sulfure d'indium et de sodium, $In^2S^3.Na^2S$. — En reprenant par l'eau le produit de la fusion de l'oxyde d'indium avec de la soude et du soufre, on obtient une solution brune qui laisse déposer un précipité volumineux d'un blanc sale, constituant l'*hydrate* $In^2S^3.Na^2S + 2H^2O$; la masse fondue renferme évidemment la même combinaison anhydre. Les acides décomposent ce sulfure hydraté en mettant du sulfure d'indium en liberté. Déshydraté par la chaleur, le sulfure double forme des fragments brunâtres.

Sulfure d'indium et d'argent, $In^2S^3.Ag^2S$. — Le sulfure double potassique, arrosé d'azotate d'argent, devient peu à peu brun, puis noir, sans changer de forme et sans perdre son éclat. Il se convertit ainsi dans la combinaison argentique correspondante.

Sulfite d'indium. — On obtient un *sulfite basique*, $(SO^3)^3In^2.In^2O^3 + 8H^2O$, lorsqu'on fait bouillir la solution d'un sel d'indium avec du bisulfite de sodium. C'est un précipité cristallin, insoluble dans l'eau, soluble dans l'acide sulfureux. Ce sel perd 3 H^2O à 100° et le reste à 260°. Il se décompose à 280° en laissant un résidu d'oxyde d'indium. Ce sel peut servir au dosage de l'indium [C.-J. Baeyer, *loc. cit.*].

Sulfate d'indium. — Il forme avec les sulfates alcalins des sels doubles. Le sel double ammoniacal présente la constitution des *aluns* [C. Roessler, *Journ. prakt. Chem.* (2), t. VII, p. 14; *Bull. Soc. chim.*, t. XX, p. 170].

Sulfate double d'indium et d'ammonium,

$$(SO^4)^4(In^2)(AzH^4)^2 + 24H^2O.$$

— Octaèdres limpides, solubles dans la moitié de leur poids d'eau à 16° et dans le quart d'eau à 30°. Densité = 1,26. Ce sel fond déjà à 36°. Lorsqu'on le pulvérise, il se réduit en une bouillie cristalline, par suite de la chaleur développée.

Les cristaux qui se forment à 36° ne renferment que 8 H^2O. Ils sont insolubles dans l'alcool. Sa solution aqueuse se trouble par l'ébullition.

Les *sulfates doubles sodique* et *potassique* forment des cristaux mamelonnés contenant 8 H^2O; leur solution fournit par l'ébullition un précipité de sel basique, par exemple,

$$SO^4K^2.(SO^4)^3In^2.In^2O^3 + 6\ H^2O.$$

Ed. Willm.

INDOÏNE, $C^{32}H^{20}Az^4O^5$. — Lorsqu'on traite la solution sulfurique de l'acide propiolique par un réducteur tel que le sulfate ferreux, elle se colore en bleu, en même temps qu'il se dégage de l'anhydride carbonique. L'eau en précipite des flocons bleus d'indoïne, $C^{32}H^{20}Az^4O^5$.

La solution d'indoxyle ou d'acide indoxylique donne de l'indoïne lorsqu'on la traite à froid par l'acide nitrophénylpropionique.

A la différence de l'indigo, l'indoïne se dissout à froid dans l'acide sulfurique concentré, mais sans donner d'acide sulfonique. Elle se dissout à froid dans l'aniline, qui prend une couleur bleue, et dans l'acide sulfureux aqueux, avec lequel elle se combine.

Traitée par les réducteurs alcalins, elle constitue, comme l'indigo, une cuve de teinture [Baeyer, *Deutsch. chem. Gesellsch.*, 1881, p. 1742].

INDOL,

$$C^8H^7Az = C^6H^4 <\begin{matrix} CH \\ AzH \end{matrix}> CH.$$

— L'indol a été obtenu par Baeyer et Knop par la réduction de l'indigo.

Baeyer et Emmerling en ont fait la synthèse en réduisant l'acide nitrocinnamique par la potasse en présence de limaille de fer [voir *Dict.*, t. II, p. 111]. Depuis, on a montré que l'indol se produisait dans une foule de réactions :

1° Lorsque l'on fait passer des vapeurs d'éthylaniline dans un tube de porcelaine chauffé au rouge [Baeyer et Caro, *Deutsch. chem. Gesellsch.*, 1877, p. 642].

2° En décomposant par la poudre de zinc l'éthylène-phénylamine et ses polymères [M. Prudhomme, *Bull. Soc. chim.*, t. XXVIII, p. 559].

3° Le pyrrol, la binitronaphtaline fournissent de l'indol lorsqu'on les traite par la potasse fondante et la limaille de fer [Baeyer et Emmerling, *Deutsch. chem. Gesellsch.*, 1870, p. 516].

4° L'acide métanitrocinnamique, traité de même, fournit une petite quantité d'indol, tandis que l'acide para- n'en fournit pas [Beilstein et Kuhlberg, *Deutsch. chem. Gesellsch.*, 1872, p. 330].

5° L'acide leucolique, additionné de glycérine, donne de l'indol à la distillation,

$$C^9H^9AzO^3 = C^8H^7Az + H^2O + CO^2$$

[Dewar, *Compt. rend.*, t. LXXXIV, p. 611].

6° L'acide acridique, distillé avec de la chaux, fournit de l'indol comme produit accessoire à la fin de l'opération [Graebe et Caro, *Deutsch. chem. Gesellsch.*, 1880, p. 100].

7° Il se forme également lorsque l'on distille l'acide nitrophénylbenzoïque avec un grand excès de chaux

$$C^{10}H^9AzO^4 + CaO$$
$$= C^8H^7Az + CaCO^3 + H^2O + CO$$

[Osc. Widman, *Deutsch. chem. Gesellsch.*, 1882, p. 2552].

8° L'indol se forme lorsqu'on traite par la potasse fondante les diverses matières albuminoïdes. Il se forme en même temps une certaine proportion de scatol qui cristallise avec l'indol. L'albumine d'œuf en fournit environ 2 millièmes 1/2. La caséine et le gluten n'en fournissent qu'un millième [Engler et Janecke, *Deutsch. chem. Gesellsch.*, 1876, p. 1412; — Kühne, *Deutsch. chem. Gesellsch.*, 1875, p. 206].

9° La digestion pancréatique de diverses matières albuminoïdes fournit de petites quantités d'indol. L'albumine, qui en fournit le plus, donne environ 5 millièmes (Engler et Janecke); la fibrine, la caséine en donnent de petites quantités; la gélatine et la mucine fort peu; l'élastine pas du tout [Nencki, *Deutsch. chem Gesellsch.*, 1874, p. 1593; — Waelchli, *Journ. prakt. Chem.* (2), t. XVII, p. 71].

D'après Kühne, l'indol ne se formerait dans la fermentation pancréatique qu'autant qu'il s'y développerait des bactéries; ce ne serait donc pas un produit de cette fermentation, mais de la putréfaction [Kühne, *Deutsch. chem. Gesellsch.*, 1875, p. 206].

Du reste, la prop rtion d'indol que l'on obtient varie suivant la température et la durée de la fermentation; en effet, l'indol disparaît à son tour en même temps qu'il se produit du phénol [Odermatt, *Deutsch. chem. Gesellsch.*, 1878, p. 2142].

10° Enfin l'indol existe en petite quantité dans les excréments humains et même, en quantité plus faible, dans ceux des herbivores. Voici la marche à suivre pour l'en retirer :

Les excréments sont délayés dans une fois 1/3 leur poids d'eau, et additionnés de 1/20e d'acide acétique, puis distillés. Le liquide distillé, neutralisé par la soude, est épuisé par l'éther qui enlève le scatol, l'indol et le phénol. L'éther est évaporé, et le résidu, dissous dans un peu d'eau et additionné d'acide picrique, laisse déposer des cristaux de picrates d'indol et de scatol, que l'on sépare par cristallisation fractionnée [Brieger, *Journ. prakt. Chem.* (2), t. XVII, p. 124].

Préparation. — Pour préparer de notables quantités d'indol, on peut utiliser la décomposition par la chaleur de la diéthylorthotoluidine ou la putréfaction de l'albumine :

1° Si l'on fait passer des vapeurs de diéthylorthotoluidine dans un tube de porcelaine chauffé au rouge, on obtient une huile brune.

Celle-ci est additionnée de potasse, puis distillée jusqu'à ce que le liquide qui passe ne précipite plus par le nitrite de potassium, après avoir été acidulé. On l'épuise alors par l'éther, qui dissout l'indol accompagné d'orthotoluidine, d'un nitrile, d'acide orthotoluique et d'une matière résineuse.

Pour le purifier, on peut distiller l'indol brut avec de l'acide chlorhydrique, qui retient l'éthylorthotoluidine et la substance résineuse. Le liquide distillé est repris par l'éther, la solution éthérée est distillée, et le résidu est chauffé à l'ébullition avec de la potasse qui retient les acides et saponifie le nitrile, puis épuisé par la ligroïne qui l'abandonne en cristaux.

On peut encore dissoudre l'indol brut dans la benzine et y ajouter une solution benzénique d'acide picrique. Des cristaux rouges de picrate d'indol se déposent, on les purifie par cristallisation dans la benzine et on les décompose par l'ammoniaque, qui régénère l'indol [Baeyer et Caro, *Deutsch. chem. Gesellsch.*, 1877, p. 1262].

2° On arrose 300 grammes d'albumine d'œuf de 4 kil. 500 d'eau, et on y ajoute un pancréas haché. On maintient le tout entre 40 et 45° pendant 60 à 70 heures. Le liquide filtré et acidulé par l'acide acétique est distillé jusqu'à ce qu'il ne précipite plus par le nitrite de potassium. On le sature alors par la chaux et on l'épuise par l'éther, qui abandonne l'indol à l'état de pureté [Nencki et Frankiewicz, *Deutsch. chem. Gesellsch.*, 1875, p. 337].

Propriétés. — L'indol pur cristallise en lames fusibles à 52° ; il bout, non sans décomposition, à 245-246°. Sa densité de vapeur (prise dans la vapeur de naphtaline à 218° dans le vide) est 4,05.

L'indol traité par l'ozone donne de l'indigo. Les autres oxydants convertissent l'indol en résines et matières colorantes rouges [Nencki, *Deutsch. chem. Gesellsch.*, 1875, p. 722].

Le chlorure ferrique donne avec l'indol une poudre verte, non volatile, soluble en brun dans l'aniline [Ladenburg, *Deutsch. chem. Gesellsch.*, 1877, p. 1131].

L'indol injecté dans le sang apparaît pour 1/3 dans l'urine, sous forme d'indigo (Nencki).

Traité par l'anhydride acétique à 200°, il donne l'*acétylindol*, $C^8H^6Az.C^2H^3O$, qui se précipite lorsque l'on ajoute de la benzine à sa solution.

Il cristallise dans l'eau en aiguilles fusibles à 182-183°, se sublimant en pyramides quadrangulaires [Baeyer, *Deutsch. chem. Gesellsch.*, 1879, p. 1314].

La solution d'indol, traitée par l'acide nitrique chargé de vapeurs nitreuses, se colore en rouge de sang. Par refroidissement, il se sépare des cristaux rouges, que l'on purifie en les dissolvant dans l'alcool et les précipitant par l'éther. C'est le *nitrate de nitroso-indol*,

$$C^{16}H^{13}(AzO)Az^2, AzO^3H.$$

Il se dissout dans l'alcool en rouge foncé et est peu soluble dans l'eau et dans l'éther. Il est très altérable, détone par la chaleur, et se décompose par l'ébullition de sa solution. Il est soluble dans les alcalis.

L'acide chlorhydrique en précipite le chlorhydrate, $C^{16}H^{13}(AzO)Az^2, HCl$, en flocons rouges, amorphes, très instables. L'acide acétique précipite de cette même solution alcaline non pas l'acétate, mais des flocons jaunes qui deviennent rouges et qui paraissent être le nitro-indol formé par oxydation.

La solution alcaline est décolorée par les agents réducteurs. Le sulfhydrate d'ammonium en solution alcoolique en précipite l'*hydrazo-indol*, $C^{16}H^{13}Az^3$, en aiguilles jaunes, brillantes, insolubles dans l'eau, peu solubles dans l'alcool, solubles dans l'éther et le chloroforme.

Ce corps fond vers 140° en un liquide bleu, et se décompose en perdant de l'ammoniaque. L'acide sulfurique le dissout, en donnant une liqueur jaune à froid, rouge à chaud.

Il se dissout en bleu dans la potasse alcoolique. La solution devient pourpre par l'action de l'acide chlorhydrique et précipite par l'eau des cristaux d'*azo-indol*. Ceux-ci ne sont pas sublimables ; ils sont peu solubles dans l'eau bouillante, solubles en rouge dans l'alcool et dans l'éther, en pourpre dans les acides, en bleu dans l'ammoniaque alcoolique. La composition du nitroso-indol et de ses dérivés suggère à Nencki l'idée de doubler la formule de l'indol. Baeyer ne se rallie pas à cette conclusion [Nencki, *Deutsch. chem. Gesellsch.*, 1875, p. 722].

Les composés chlorés de l'indol ne prennent pas naissance par substitution directe, mais se forment par l'action du perchlorure de phosphore sur l'oxindol et le dioxindol (voir plus loin.)

Iso-indol. — Ce composé, isomère de l'indol, s'obtient en traitant l'acétate de benzoyle-carbinol par l'ammoniaque alcoolique. On obtient de meilleurs rendements en traitant la chlor- ou la bromacétophénone par l'ammoniaque alcoolique. Par refroidissement, il se sépare des cristaux rouges, que l'on traite par l'éther pour enlever une impureté et que l'on fait cristalliser dans l'alcool bouillant.

L'iso-indol cristallise en lamelles incolores, dentelées, à éclat soyeux ; il fond à 194-195° et se sublime. Il est insoluble dans l'eau, soluble dans l'alcool, l'éther, la benzine, l'acide acétique. Sa densité de vapeur a été trouvée de 6,1, intermédiaire entre les formules C^8H^7Az et $C^{16}H^{14}Az^2$.

Cependant les auteurs penchent pour la première et le représentent par la formule

$$\begin{matrix} C^6H^5-C \\ \| \\ Az \end{matrix} > CH^2$$

[Staedel et Rugheimer, *Deutsch. chem. Gesellsch.*, 1876, p. 563, et Staedel et Kleinschmidt, *Deutsch. chem. Gesellsch.*, 1880, p. 836].

Pseudo-indol. — Engler et Janecke ont décrit sous ce nom l'indol provenant de l'action de la potasse fondante sur les matières albuminoïdes ; mais Nencki a montré que le pseudo-indol était un mélange d'indol et de scatol [Nencki, *Journ. prakt. Chem.* (2), t. XVII, p. 97].

Indoline, $C^{16}H^{14}Az^2$. — Ce composé, polymère de l'indol, prend naissance dans les conditions suivantes : l'indigotine, chauffée 48 heures à 180° avec de l'eau de baryte et de la poudre de zinc, laisse déposer une poudre insoluble que l'on a chauffée dans un creuset avec un excès de zinc en poudre. Il se sublime de longues aiguilles jaune clair, fusibles vers 245°, insolubles dans l'eau, solubles dans l'alcool et l'éther.

L'indoline se dissout à chaud dans l'acide chlorhydrique étendu ; cette solution donne avec le chlorure platinique un précipité jaune cristallin. L'acide sulfurique donne du sulfate d'indoline.

L'acide picrique en solution alcoolique donne avec l'indoline de belles aiguilles de picrate,

$$C^{16}H^{14}Az^2, C^6H^3(AzO^2)^3O$$

[Schützenberger, *Compt. rend.*, t. LXXXV, p. 147].

Oxindol, C^8H^7AzO. — L'oxindol se forme lorsque l'on traite l'acide orthonitrophénylacétique par l'étain et l'acide chlorhydrique. L'étain est précipité par l'hydrogène sulfuré. La liqueur, filtrée et concentrée, est portée à l'ébullition avec du carbonate de baryum, puis épuisée par l'éther, qui abandonne l'oxindol par évaporation. Ce mode de formation caractérise l'oxindol comme l'anhydride orthoamidophénylacétique,

$$C^6H^4 \begin{matrix} < CH^2 \\ < AzH \end{matrix} > CO$$

[Baeyer, *Deutsch. chem. Gesellsch.*, 1878, p. 582].

L'oxindol se forme encore lorsque l'on réduit l'acide acétylhydrindique par l'amalgame de sodium ou l'iode et le phosphore [Suida, *Deutsch. chem. Gesellsch.*, 1878, p. 586].

Acétyl-oxindol, $C^8H^6(C^2H^3O)AzO$. — On le prépare en chauffant l'oxindol avec de l'anhydride acétique. Il fond à 130° et se sublime dès 100° en belles aiguilles.

Il cristallise dans l'eau bouillante en longues aiguilles peu solubles dans l'eau froide et la ligroïne, solubles dans l'alcool. La soude le saponifie à chaud. L'acide chlorhydrique agit de même. Si on le dissout dans la soude froide et étendue, et que l'on sature par l'acide sulfurique, il se forme un précipité qui, purifié par cristallisation dans l'éther, constitue l'acide acétylorthoamidophénylacétique, fusible à 142° [Suida, *Deutsch. chem. Gesellsch.*, 1879, p. 1327].

Nitroxindol, $C^8H^6(AzO^2)AzO$. — Pour le préparer, on dissout l'oxindol dans 10 fois son poids d'acide sulfurique froid et concentré, et on y ajoute la quantité calculée de nitrate de potassium. Après quelque temps, on verse le liquide sur de la glace. Il se précipite des grains cristallins que l'on purifie par cristallisation dans l'alcool, et qui constituent le nitroxindol.

Il cristallise dans l'eau en aiguilles jaunes, se décomposant à 175° en donnant un sublimé incolore. Il est soluble dans l'alcool bouillant et se dissout en rouge dans les alcalis [Baeyer, *Deutsch. chem. Gesellsch.*, 1879, p. 1314].

DIOXINDOL, $C^8H^7AzO^2$.

Acétyle-dioxindol, $C^8H^5Az(C^2H^3O^2)^2$. — On l'obtient en chauffant le dioxindol avec de l'anhydride acétique. On évapore le produit de la réaction après l'avoir additionné d'alcool. Le résidu, dissous dans l'eau et décoloré par le noir animal, laisse déposer des cristaux d'acétyle-dioxindol. Ce sont des prismes courts, incolores, solubles dans l'alcool, l'éther et la benzine, insolubles dans la ligroïne. Ils fondent à 127°. Avec le perchlorure de phosphore, ils donnent la même réaction que le dioxindol.

Si on le dissout à froid dans de l'eau de baryte et que l'on précipite par l'acide sulfurique, puis que l'on épuise par l'éther, on obtient l'acide acétylhydrindique [Suida, *Deutsch. chem. Gesellsch.*, 1879, p. 1327].

Chlorure de chloroxindol,

$$C^6H^4 \begin{smallmatrix} < CCl \searrow \\ < AzH \nearrow \end{smallmatrix} CCl.$$

— On l'obtient en traitant l'oxindol par 2 fois son poids de perchlorure de phosphore dissous dans de l'oxychlorure. Le produit de la réaction, traité par l'éther, est versé dans de l'eau tenant de la craie en suspension. Après l'évaporation de l'éther, le liquide est distillé dans un courant de vapeur d'eau.

Le chlorure de chloroxindol distille sous forme de gouttelettes huileuses, qui se séparent bientôt en cristaux. Ceux-ci possèdent une odeur d'indol, fondent à 103-104°, plus bas quand elles contiennent de l'eau. Le chlorure de chloroxindol est très soluble dans l'alcool, l'éther et la benzine. Il se dissout dans la potasse et ne se combine pas avec l'acide picrique.

Traité par le zinc et la potasse fondante, il fournit de l'indol. L'acide iodhydrique le transforme en rétinindol [A. Baeyer, *Deutsch. chem. Gesellsch.*, 1879, p. 457, et 1882, p. 787].

Méthyldichlorindol,

$$C^6H^4 \begin{smallmatrix} < CCl \searrow \\ < AzCH^3 \nearrow \end{smallmatrix} CCl.$$

— Le chlorure de chloroxindol en solution alcoolique étant chauffé à 100° avec de l'iodure de méthyle et de la soude, il se sépare de l'iodure de sodium, et l'on obtient, en distillant la liqueur dans un courant de vapeur, une huile cristallisable, qui constitue le méthyldichlorindol.

Il fond à 58-59°, est insoluble dans l'eau, soluble dans l'alcool, qui l'abandonne en longues aiguilles nacrées [Baeyer, *Deutsch. chem. Gesellsch.*, 1882, p. 786].

M. Hanriot.

INDOLINE. — Voyez INDOL.

INDOPHANE. — Voyez NAPHTYLPURPURIQUE (ACIDE), t. II, p. 529.

INDOPHÉNINE, $C^{20}H^{15}AzO$. — L'isatine s'unit à la benzine en présence d'acide sulfurique concentré, en produisant une matière colorante bleue désignée sous le nom d'*indophénine*.

Pour la préparer, on dissout l'isatine dans trois fois son poids d'acide sulfurique concentré, et l'on agite la solution avec de la benzine. On verse le tout dans l'eau, on filtre et on lave le précipité successivement avec de la soude faible, de l'acide acétique, de l'alcool et de l'éther.

L'indophénine est une poudre bleu indigo, prenant un éclat bronzé par le frottement. Lorsque l'on la chauffe, elle charbonne sans se sublimer. Elle est insoluble dans l'eau et les hydrocarbures, très peu soluble dans l'alcool, l'éther et le chloroforme, un peu soluble dans l'acide acétique cristallisable. Elle se dissout dans les acides sulfurique et azotique froids et dans le phénol; l'alcool la précipite cristallisée de cette dernière solution. Les réducteurs la décolorent; le contact de l'air ramène la coloration primitive.

Bromo-indophénine, $C^{20}H^{14}BrAzO$. — La bromisatine et la benzine donnent naissance à une substance bleue qui possède les mêmes caractères que l'indophénine, mais qui en diffère par la présence d'un atome de brome [Baeyer, *Deutsch. chem. Gesellsch.*, 1879, p. 1310].

INDOPHÉNOLS. — La nitrosodiméthylaniline (dérivé para), en agissant sur les phénols, donne des matières colorantes violettes ou bleues, auxquelles Horace Kœchlin et O. Witt ont donné le nom générique d'*indophénols*. Ces matières, qui appartiennent peut-être au groupe des *indulines*, se produisent plus aisément par l'oxydation d'un mélange d'un phénate alcalin et d'une paradiamine, spécialement de la paraphénylènediamine diméthylée (amidodiméthylaniline).

L'indophénol correspondant à l'α-naphtol a été appliqué avec succès en teinture et en impression par Horace Kœchlin. Pour le préparer, on dissout l'α-naphtol (1 molécule) dans un excès de soude, on ajoute une grande quantité d'eau et de chlorhydrate de paramidodiméthylaniline. La solution, incolore d'abord, se colore à l'air et laisse déposer à la longue de l'indophénol; on hâte cette oxydation à l'aide de l'hypochlorite ou du dichromate de potassium.

Cet indophénol constitue une substance bleue, presque noire, insoluble dans l'eau, soluble dans l'alcool, l'éther, etc.; ses solutions sont d'un bleu magnifique. Les acides concentrés le décomposent. Les réducteurs (chlorure stanneux, etc.) le transforment en un leuco-dérivé qui, en milieu acide, est stable à l'air; en présence d'une trace d'alcali, il s'oxyde et régénère l'indophénol. Les cuves d'indophénol réduit teignent très bien la laine. On peut aussi appliquer la matière colorante sur coton, mais, comme elle est décomposée par le vaporisage, il faut la fixer à l'état réduit et développer ensuite la couleur dans un bain de dichromate. Celle-ci est d'un bleu foncé, plus stable que l'indigo à la lumière et au savon, mais elle est détruite par les acides.

Les indophénols correspondant au tannin, à l'acide gallique ou aux catéchines possèdent une couleur violette et sont employés sous le nom de *violet solide* [Horace Kœchlin et O.-N. Witt, *Bull. Soc. chim.*, t. XXXVIII, p. 160].

INDOXYLE, $C^8H^6Az(OH)$. — L'indoxyle représente un dérivé hydroxylé de l'indol; cependant aucune réaction simple ne permet de passer de l'un de ces composés à l'autre. L'indoxyle est isomérique avec l'oxindol; et la formule de constitution qui paraît résulter pour ce composé de son mode de formation et de ses réactions est

$$C^6H^4 \begin{smallmatrix} < C(OH) = \\ < AzH \text{ — } \end{smallmatrix} CH.$$

L'indoxyle s'obtient en décomposant par la chaleur la solution d'acide indoxyle-sulfurique (indican animal) ou de son sel de potassium. L'indoxyle se sépare en gouttelettes huileuses qui se polymérisent en un corps solide soluble en rouge dans l'alcool, l'éther, le chloroforme [Baumann et Tiemann, *Deutsch. chem. Gesellsch.*, 1879, p. 1099].

On peut encore préparer l'indoxyle en fondant l'acide indoxylique, ou simplement par l'ébullition de la solution aqueuse de cet acide [Baeyer, *Deutsch. chem. Gesellsch.*, 1880, p. 1742].

L'acide isatogène-sulfureux se transforme en indoxyle lorsqu'on le traite par le zinc et l'ammoniaque [Baeyer, *Deutsch. chem. Gesellsch.*, 1882, p. 50].

L'indoxyle est un corps très instable, ayant à la fois un caractère faiblement acide et faiblement basique. Ses solutions alcalines laissent déposer rapidement, au contact de l'air, de l'indigo.

Dissous dans l'acide sulfurique ou l'acide chlorhydrique étendu, il donne un corps amorphe rouge, en même temps qu'il se développe une odeur désagréable.

Le brome réagit sur l'indoxyle en donnant de la tribromaniline. En présence du perchlorure de fer, l'indoxyle donne un composé blanc amorphe, que l'acide chlorhydrique convertit en indigo.

La solution d'indoxyle dans l'acide sulfurique concentré donne de l'indoïne lorsque l'on y ajoute de l'acide nitrophénylpropiolique. Il se forme au contraire de l'indigo, si l'indoxyle est en solution alcaline.

L'indoxyle s'unit à l'isatine et à la bromisatine lorsque l'on ajoute du carbonate de sodium à la solution alcoolique des deux corps; il se forme de l'indirubine, $C^{16}H^{10}Az^2O^2$, ou de l'indirubine bromée, $C^{16}H^9BrAz^2O^2$ (A. Baeyer).

Acide indoxylsulfurique, $C^8H^6AzO\,SO^3H$. — L'acide indoxylsulfurique libre est très instable; son sel de potassium présente une stabilité beaucoup plus grande. On le rencontre normalement dans l'urine humaine; c'est lui que l'on avait confondu avec l'indican [voir t. II, p. 89].

Il se produit surtout en grande quantité après l'ingestion d'indol. On l'obtient également en traitant l'indoxyle dissous dans la potasse concentrée par le pyrosulfate de potassium [Baeyer, *Deutsch. chem. Gesellsch.*, 1880, p. 1742].

L'indoxyle-sulfate de potassium cristallise dans l'alcool en lamelles d'un blanc éclatant qui ont pour composition $C^8H^6Az\,SO^4K$. Il est très soluble dans l'eau, et cette solution, qui est neutre, se décompose à 120°. Lorsqu'on le chauffe au contact de l'air, il dégage des vapeurs pourpres et il se sublime de l'indigo. Les oxydants faibles, tels que l'acide chlorhydrique et le chlorure ferrique, le transforment intégralement en indigo. Le permanganate de potassium donne de l'acide anthranilique. La baryte le dédouble en fournissant de l'aniline [Baumann et Tiemann, *Deutsch. chem. Gesellsch.*, 1879, p. 1000 et 1192, et 1880, p. 408].

Nitroso-indoxyle,

$$C^6H^4 <{C(OH) \atop AzH}> C(AzO).$$

— Ce composé se produit lorsque l'on fait réagir l'acide azoteux sur l'acide éthylindoxylique. Il cristallise dans l'alcool en aiguilles jaune d'or, se décomposant vers 200°.

C'est un acide bibasique faible. L'acide carbonique le déplace de ses solutions alcalines. Sa solution ammoniacale neutre donne avec le nitrate d'argent un précipité brun qui devient violet par addition d'un excès d'ammoniaque.

Il ne présente pas les réactions des nitrosamines et par réduction donne un *amido-indoxyle* que l'acide azoteux ou le perchlorure de fer transforment en isatine.

Il peut fournir un éther acide que l'on obtient en le dissolvant dans la potasse alcoolique et faisant bouillir avec un excès d'iodure d'éthyle. Le produit de la réaction est versé dans l'eau et le précipité est purifié par plusieurs cristallisations.

Le *nitroso indoxyle éthylé*,

$$C^6H^4 <{C(OC^2H^5) \atop AzH}> C(AzO),$$

se présente en lamelles jaune-brun fusibles à 135°, solubles en violet dans la soude faible. Cette solution donne avec le nitrate d'argent un précipité violet [A. Baeyer, *Deutsch. chem. Gesellsch.*, 1882, p. 775].

Éthylindoxyle,

$$C^6H^4 <{C(OC^2H^5) \atop AzH}> CH.$$

— Ce corps se produit avec dégagement d'acide carbonique, par la fusion de l'acide éthylindoxylique. C'est une huile incolore, volatile avec la vapeur d'eau, douée de l'odeur de l'indol. Il donne une combinaison picrique, cristallisable en aiguilles brunes.

En solution acide, il donne de l'indigo par oxydation, tandis qu'il n'en fournit pas en solution alcaline [Baeyer, *Deutsch. chem. Gesellsch.*, 1879, p. 1742].

Nous venons de décrire son dérivé nitrosé.

Ce composé présente un isomère dans la nitrosamine de l'éthylindoxyle,

$$C^6H^4 <{C(OC^2H^5) \atop Az\,(AzO)}> CH.$$

On obtient ce composé en ajoutant de l'azotite de sodium à de l'éthylindoxyle dissous dans de l'alcool additionné d'un peu d'acide acétique, puis on verse la solution dans l'eau. La nitrosamine se précipite. On la recueille et on la purifie par dissolution dans l'éther.

Elle se présente en prismes jaunes, fusibles à 84-85°, insolubles dans l'eau et les alcalis, solubles dans l'alcool et dans l'éther. Par l'action des réducteurs, elle régénère l'éthylindoxyle. Traitée par l'acide chlorhydrique, elle donne de l'indigo; en même temps il se dégage un gaz [Baeyer, *Deutsch. chem. Gesellsch.*, 1880, p. 775].

H. Hanriot.

INDOXYLIQUE (ACIDE),

$$C^6H^4 <{C(OH) \atop AzH}> C\text{-}CO^2H.$$

— L'acide indoxylique s'obtient en saponifiant son éther à 180° par la soude en fusion. Les acides le séparent de sa solution alcaline sous forme d'un précipité cristallin blanc. Il fond à 122-123° en dégageant du gaz carbonique et se convertissant en indoxyle. Il est peu soluble dans l'eau, et cette solution subit le même dédoublement par l'ébullition.

Il se convertit en indigo lorsque l'on le traite par les oxydants acides, ou que l'on agite avec l'air ses solutions alcalines étendues.

Dissous dans le carbonate de sodium, il donne de l'indoïne lorsque l'on y ajoute de l'acide nitrophénylpropiolique [Baeyer, *Deutsch. chem. Gesellsch.*, 1881, p. 1742].

Acide éthylindoxylique,

$$C^6H^4 <{C(OC^2H^5) \atop AzH}> C\text{-}CO^2H.$$

— On l'obtient en faisant bouillir avec de la baryte alcoolique l'éther diéthylique de l'acide indoxylique. Il se sépare, lorsqu'on ajoute un acide, en flocons cristallins blancs qui cristallisent dans l'alcool en lamelles brillantes, fusibles à 160°. Sa solution alcaline ne donne pas d'indigo par oxydation, tandis que l'on en obtient par l'acide chlorhydrique et le chlorure ferrique, qui commencent par séparer le groupe éthylique.

Éther indoxylique,

$$C^6H^4 <{C(OH) \atop AzH}> C\text{-}CO^2.C^2H^5.$$

— Ce composé, qui est le point de départ de toute la série de l'indoxyle, prend naissance quand on traite par un réducteur, tel que le sulfure ammonique l'éther indoxanthique, l'éther isatogénique ou l'éther nitrophénylpropiolique, ce dernier se transformant d'abord en éther isatogénique.

La réaction en partant de ce dernier paraît se passer en deux phases, sous l'influence du réducteur; il se forme d'abord un produit d'hydrogénation qui perd de l'eau pour donner l'éther indoxylique :

$$C^6H^4 \Big< \begin{matrix} CO\text{-}C\text{-}CO^2.C^2H^5 + H^4 \\ \diagup\!\diagdown \\ Az\text{-}O \end{matrix}$$

$$= C^6H^4 \Big< \begin{matrix} CH.OH \\ AzH \end{matrix} \Big> C.OH\text{-}CO^2.C^2H^5,$$

$$C^6H^4 \Big< \begin{matrix} CH.OH \\ AzH \end{matrix} \Big> C.OH\text{-}CO^2.C^2H^5$$

$$= H^2O + C^6H^4 \Big< \begin{matrix} C.OH \\ AzH \end{matrix} \Big> C\text{-}CO^2.C^2H^5.$$

Il cristallise en prismes volumineux incolores, fusibles à 120-121°, et renferme encore un oxhydrile alcoolique; aussi est-il soluble dans la soude; cette solution est décomposée par l'anhydride carbonique.

Traité par l'anhydride acétique, il donne un dérivé acétylé, $C^{11}H^{10}AzO^2.OC^2H^3O$, cristallisable en aiguilles blanches fusibles à 138°.

Les agents oxydants le convertissent en un produit de condensation, $C^{22}H^{20}Az^2O^6$. Chauffé brusquement, il fournit un peu d'indigo et, traité par l'acide sulfurique à 100°, il se convertit intégralement en acide indigo-sulfonique [Baeyer, *loc. cit.*]. Traité par l'acide azoteux, l'éther indoxylique fournit un composé cristallin peu soluble, fusible à 173°, qui paraît être la dinitrosamine de l'acide indoxanthydique.

Lorsque l'on soumet l'éther indoxylique à l'action d'oxydants ménagés, tels que l'oxyde d'argent et le ferricyanure de potassium, on obtient de l'éther *indoxanthique*, $C^{11}H^{11}AzO^4$, et un composé que Baeyer désigne sous le nom d'éther *indoxanthydique*, $C^{22}H^{20}Az^2O^8$, et qu'il n'a point encore complètement étudié. Si l'on pousse plus loin l'oxydation, surtout si l'on emploie l'acide chromique, on obtient de l'éther éthyloxalylanthranilique,

$$C^6H^4 \Big< \begin{matrix} CO^2H \\ AzH\text{-}CO\text{-}CO^2.C^2H^5. \end{matrix}$$

Éther indoxanthique,

$$C^6H^4 \Big< \begin{matrix} CO \\ AzH \end{matrix} \Big> C(OH)\text{-}CO^2.C^2H^5.$$

— Pour le préparer, on dissout 1 p. d'éther indoxylique dans 4 p. d'acétone; on y ajoute l'hydrate ferrique précipité de 2 p. de perchlorure de fer; on chauffe à 60°, et on ajoute 4 p. de chlorure ferrique cristallisé, dissous dans 4 p. d'acétone. Le mélange devient vert foncé; on y ajoute une petite quantité d'eau à 60°, on filtre et on agite avec de l'éther. L'évaporation de celui-ci fournit une masse poisseuse qui devient cristalline lorsque l'on additionne d'un excès d'éther. On la fait alors cristalliser dans ce dissolvant, qui l'abandonne par refroidissement en aiguilles jaune paille clinorhombiques.

L'éther indoxanthique fond à 107°, il est soluble dans l'eau avec une couleur jaune non fluorescente; l'ébullition de cette solution l'altère; par évaporation lente, il se dépose en grands prismes concentriques. La solution éthérée présente une fluorescence verte. Les alcalis décolorent à chaud sa solution en produisant de l'acide anthranilique; les acides précipitent de la solution froide des flocons bleu indigo.

L'acide chlorhydrique, ajouté à sa solution aqueuse, en sépare un précipité jaune, amorphe, $C^{22}H^{20}Az^2O^7$, soluble dans les alcalis.

La poudre de zinc et l'acide acétique le transforment en un produit de réduction,

$$C^6H^4 \Big< \begin{matrix} CH.OH \\ AzH \end{matrix} \Big> C(OH)\text{-}CO^2.C^2H^5,$$

qui perd rapidement une molécule d'eau pour donner l'éther indoxylique.

Lorsque l'on ajoute à une solution aqueuse d'éther indoxylique de l'azotite de sodium, puis de l'acide sulfurique, il se sépare des aiguilles incolores d'éther nitroso-indoxanthique,

$$C^6H^4 \Big< \begin{matrix} CO \\ Az(AzO) \end{matrix} \Big> C(OH)\text{-}CO^2.C^2H^5.$$

Ce corps fond avec effervescence à 113°; il est peu soluble dans l'eau, soluble dans l'alcool, l'éther, l'acide acétique. Il donne avec le phénol et l'acide sulfurique la réaction des nitrosamines. Par l'action des réducteurs, il régénère l'éther indoxanthique [A. Baeyer, *Deutsch. chem. Gesellsch.*, 1882, p. 775].

Acide éthyloxalylanthranilique,

$$C^6H^4 \Big< \begin{matrix} CO^2H \\ AzH\text{-}CO\text{-}CO^2C^2H^5. \end{matrix}$$

— Il se produit par l'action de l'acide chromique sur l'éther indoxylique, avec formation intermédiaire d'éther indoxantique. On dissout 1 p. d'éther indoxylique dans 30 p. de soude très étendue, on verse cette solution dans 20 p. d'eau portée à 85° et tenant en dissolution 2 p. ½ de dichromate de potassium et un excès d'acide sulfurique. L'acide éthyloxalylanthranilique se dépose en aiguilles incolores que l'on fait recristalliser dans l'alcool et qui fondent à 180-181°. L'acide chlorhydrique bouillant le dédouble en acides oxalique et anthranilique [A. Baeyer, *Deutsch. chem. Gesellsch.*, 1882, p. 775].

Éther éthylindoxylique,

$$C^6H^4 \Big< \begin{matrix} C(OC^2H^5) \\ AzH \end{matrix} \Big> CO^2.C^2H^5.$$

— On l'obtient en faisant réagir un excès d'iodure d'éthyle sur la combinaison sodique de l'éther indoxylique. Il se présente en grands cristaux tabulaires, fusibles à 98°.

Lorsqu'on ajoute de l'azotite de sodium à sa solution dans l'alcool additionné d'acide acétique et que l'on précipite la liqueur par l'eau, il se sépare un produit qui cristallise dans l'éther en gros prismes jaunâtres fusibles à 121°, et donnant par la poudre de zinc de l'éther indoxylique et de l'éther indoxanthique [Baeyer, *loc. cit.*].

M. Hanriot.

INDULINES. — En chauffant du chlorhydrate d'aniline avec des nitrites ou avec le jaune d'aniline de Nicholson (amidazobenzol), Dale et Caro ont obtenu une matière colorante bleue qui a reçu le nom d'*induline*. En 1865, Martius et Griess ont mentionné la même matière colorante; A.-W. Hofmann et Geyger enfin l'ont étudié en 1872 et décrit sous le nom de *bleu d'azodiphényle* [Dale et Caro, Brevet anglais, 1860, n° 1307; 1863, n° 3307; — A.-W. Hofmann et Geyger, *Deutsch. chem. Gesellsch.*, 1872, p. 472].

L'équation suivante représente la formation de l'induline :

$$C^6H^7Az + C^{12}H^9(AzH^2)Az^2 = AzH^3 + C^{18}H^{15}Az^3.$$

Elle est analogue à celle qui représente la formation du rose de naphtylamine, $C^{30}H^{21}Az^3$.

Coupier a obtenu la même matière colorante en faisant agir le fer et l'acide chlorhydrique sur un mélange de nitrobenzine pure et d'aniline pure. A l'article Aniline du Supplément, p. 161, elle est mentionnée sous le nom de *bleu Coupier*.

D'après les recherches de Wichelhaus et von Dechend, le fer n'est pas indispensable dans cette réaction; vers 210°, la nitrobenzine agit directement sur le chlorhydrate d'aniline, selon l'équation :

$$2C^6H^7Az + C^6H^5AzO^2 = 2H^2O + C^{18}H^{15}Az^3.$$

L'azoxybenzol chauffé à 230° en vase clos

avec du chlorhydrate d'aniline donne la même induline,

$$C^6H^7Az + C^{12}H^{10}Az^2O = H^2O + C^{18}H^{15}Az^3.$$

L'induline peut perdre de l'ammoniaque et se convertir en triphénylène-diamine, $C^{18}H^{12}Az^2$; il suffit, par exemple, de chauffer son chlorhydrate vers 215° dans un ballon pour observer la formation rapide de sel ammoniac. Aussi, dans les réactions indiquées, le produit contient souvent cette triphénylène-diamine, toutes les fois que la chaleur appliquée a été trop forte [Wichelhaus et von Dechend, *Deutsch. chem. Gesellsch.*, 1875, p. 1609].

En définitive, l'induline constitue un produit de condensation d'aniline et d'un dérivé azoïque de la benzine. Sa constitution est inconnue, mais la grande stabilité de la substance rend très probable que la réunion des résidus phényliques ne se fait pas par l'intermédiaire de l'azote.

Dans tous les cas, l'induline est isomérique avec le phénylamidoazobenzol qui est une matière colorante jaune; on ne connaît pas ses rapports avec la violaniline.

Plus tard, on a rapproché, sous le même mot d'induline, toutes les matières qui résultent de l'action des corps azoïques sur les sels d'aniline à une température élevée, ou encore de l'action de la nitrobenzine sur les bases aromatiques. Par exemple, la substance bleue que Städeler a obtenue en chauffant graduellement jusqu'à 230° l'azobenzol avec de l'aniline pure a été comprise parmi les indulines.

Toutes ces matières colorantes bleues ou violettes présentent des caractères assez voisins. Les bases libres sont insolubles dans l'eau, mais solubles dans l'alcool et l'éther.

Elles forment avec les acides des sels facilement décomposables par l'eau, peu solubles dans ce véhicule, et solubles dans l'alcool. Les réducteurs les transforment en leucobases incolores qui s'oxydent spontanément à l'air. Les indulines sont très stables; elles résistent aux réactifs chimiques, ainsi qu'à l'action de l'air et de la lumière.

L'acide sulfurique les convertit en acides sulfonés dont les sels alcalins sont insolubles ou solubles dans l'eau, suivant le nombre de groupes SO^3H entrés dans la molécule. Les sels solubles forment des solutions bleues ou violettes qu'un excès d'alcali ne décolore pas.

Les indulines sont aujourd'hui très employées; elles servent à la teinture de la soie, de la laine et du coton, à la teinture du cuir et du bois, à la fabrication de vernis, de laques et d'excellentes encres.

La soie se teint directement avec des indulines solubles à l'alcool; le coton doit être mordancé au préalable avec du tannin, de la gélatine ou des sels métalliques. Les indulines solubles à l'eau (sels des indulines sulfonés) servent à la teinture de la laine. Toutes ces teintes, grises, bleues ou noires, sont très solides. A. Henninger.

INÉINE [Hardy et Gallois, *Bull. Soc. chim.*, t. XXVII, p. 247]. — Alcaloïde contenu dans les aigrettes qui surmontent les semences d'inée (*Strophantus hispidus*). Ce corps n'a pas été analysé.

INOSIQUE (ACIDE). — Cet acide, fort mal connu, se trouve dans la chair musculaire et reste dans les eaux mères de la créatine lorsqu'on prépare celle-ci d'après le procédé Liebig. L'alcool ajouté à ces eaux mères en précipite, avec le reste de la créatine et d'autres matières, des cristaux d'inosate de potassium seul ou mélangé d'inosate de baryum. On dissout ces cristaux dans l'eau chaude, on y ajoute du chlorure de baryum et on laisse refroidir; il se dépose de l'inosate barytique que l'on purifie par de nouvelles cristallisations.

L'acide inosique n'existe qu'en petite quantité dans le muscle, et la réussite de la préparation dépend de plusieurs circonstances, parmi lesquelles il faut surtout citer la chaleur; il est essentiel de ne pas dépasser 50 ou 60° pendant l'évaporation des liqueurs. Schlossberger n'a pas trouvé d'acide inosique dans la chair de l'homme, et Gregory l'a vainement cherché dans le muscle cardiaque du bœuf, dans la chair de pigeon, de la raie et du cabillaud. Dans la chair de poulet, au contraire, il a trouvé 4 grammes d'inosate de baryum pur pour 7 livres de chair.

D'après Creite, l'acide inosique se rencontrerait chez plusieurs animaux, mais en très petite proportion. La chair de poulet a donné 0,005 %; le canard, 0,026 %; l'oie, 0,0216 %; le pigeon 0,016 %; le lapin, 0,014 %; le chat, 0,0093 % d'inosate de baryum.

L'acide inosique, isolé du sel de baryum, est une masse amorphe, très soluble dans l'eau, à peine soluble dans l'alcool et insoluble dans l'éther. Il s'altère par l'ébullition prolongée de sa solution aqueuse. Il n'a pas été analysé; d'après la composition du sel barytique, il renfermerait $C^{10}H^{14}Az^4O^{11}$.

Inosate de potassium, $C^{10}H^{12}Az^4O^{11}.K^2$. — Prismes allongés à quatre pans, très solubles. Le sel perd à 100° 22,02 % d'eau. Le *sel de sodium* est en aiguilles soyeuses.

Sel de baryum, $C^{10}H^{12}Az^4O^{11}.Ba + 7H^2O$. — Paillettes quadrangulaires allongées et nacrées. A 16°, le sel se dissout dans 400 p. d'eau; vers 70°, il se présente un maximum de solubilité. Les cristaux s'effleurissent dans l'air sec et deviennent anhydres à 100°.

Les sels de *cuivre* et d'*argent* sont insolubles dans l'eau [J. Liebig, *Ann. Chem. Pharm.*, t. LXII, p. 317].

Limpricht a retiré de la chair de certains poissons des acides dont les sels de baryum ressemblaient à l'inosate de Liebig, mais qui offraient une composition différente; la chair de hareng a fourni le sel $C^{13}H^{17}Az^5O^{14}.Ba$; celle d'orphie, le composé $C^{10}H^{14}Az^4O^{11}.Ba$ [*Ann. Chem. Pharm.*, t. CXXXIII, p. 301].

A. Henninger.

INOSITE, $C^6H^{12}O^6$. — Voyez t. II, p. 113.

Préparation. — Hilger [*Ann. Chem. Pharm.*, t. CLX, p. 333] propose d'extraire l'inosite du moût de raisin par le procédé suivant. Le moût de raisin, concentré à moitié de son volume, est neutralisé par l'hydrate de baryum; on filtre et on précipite par l'acétate neutre de plomb; le liquide filtré est traité par l'acide sulfhydrique, puis évaporé à sec au bain-marie. Le résidu est lavé à l'alcool chaud et repris par l'eau bouillante; la solution aqueuse est précipitée par le sous-acétate de plomb et le précipité plombique en suspension dans l'eau décomposé par l'acide sulfhydrique; la solution aqueuse est additionnée d'un mélange d'alcool (10 vol.) et d'éther (1 vol.) et abandonnée en lieu frais; l'inosite se dépose au bout de 5 à 6 jours.

Suivant Tanret et Villiers [*Compt. rend.*, t. LXXXIV, p. 398], on peut préparer l'inosite au moyen des feuilles de noyer, qui en contiennent environ 3 p. 1000. On épuise à l'eau froide les feuilles de noyer, préalablement humectées de 2/3 de leur poids d'un lait de chaux pendant quelques heures; on ajoute à la solution un excès d'acétate de plomb cristallisé et on précipite la liqueur filtrée par l'ammoniaque. Le précipité est décomposé par l'acide sulfurique étendu; on évapore le liquide au bain-marie à consistance sirupeuse et on verse le résidu dans 12 à 15 fois son poids d'alcool à 95 %. Il se forme un précipité visqueux qu'on reprend par l'eau; cette dernière solution, abandonnée dans un lieu frais après concentration, laisse déposer l'inosite au bout de quelques jours. On purifie par cristallisation dans l'alcool à 50 °/₀ avec addition de noir animal.

Propriétés. — L'inosite cristallise avec 2 molécules d'eau dans le système clinorhombique. Faces observées : $p, m, g^1, a^1, b^1, b^{1/3}, h^{1/4}$. Angles : $mm = 89°$; $mg^1 = 135° 30$; $pm = 105°$; $a^1p = 109° 57'$; $a^1m = 121° 34'$. Rapport des axes : $a : b : c = 1{,}0950 : 1 : 1{,}5500$.

Les cristaux s'effleurissent dans l'air sec et perdent à 100° leurs deux molécules d'eau. L'inosite brunit à 195° et fond à 208°. Sa densité est de 1,524.

Elle se dissout à 10° dans dix fois son poids d'eau et est insoluble dans l'alcool absolu, l'éther et le chloroforme [Tanret et Villiers, *Compt. rend.*, t. LXXXIV, p. 393, et t. LXXXVI, p. 486].

Chauffée avec de l'acide oxalique, l'inosite fournit, comme les autres alcools polyatomiques, de l'acide carbonique mélangé d'oxyde de carbone et de l'acide formique [Lorin, *Compt. rend.*, t. LXXXIV, p. 1136].

Abandonnée en contact avec de la craie et du fromage en putréfaction, elle subit d'abord la fermentation lactique, puis la fermentation butyrique. Suivant Hilger (*loc. cit.*), l'acide lactique produit serait de l'acide paralactique; suivant Vohl, au contraire [*Deutsch. chem. Gesellsch.*, 1876, p. 984], c'est de l'acide lactique ordinaire qui se forme.

Nitro-inosite. — Les eaux mères de l'inosite hexanitrique (t. II, p. 114) fournissent par évaporation de la *trinitro-inosite*, $C^6H^9(AzO^2)^3O^6$, cristallisée en aiguilles blanches groupées concentriquement [Vohl, *Deutsch. chem. Gesellsch.*, 1874, p. 106].

Ad. Fauconnier.

INULINE. — Voyez t. II, p. 114.

Préparation. — Pour extraire l'inuline des racines de dahlia ou d'*Inula helenium*, Kiliani [*Liebig's Ann. Chem.*, t. CCV, p. 145] recommande le procédé suivant. On fait bouillir les racines avec de l'eau et un peu de craie, on filtre, on concentre et on abandonne le liquide dans un mélange réfrigérant. Il se fait un précipité d'inuline impure : on le redissout dans l'eau bouillante et on soumet de nouveau la solution à l'action du froid. Après plusieurs traitements semblables, on épuise par de l'alcool faible, puis par de l'alcool à 93 °/₀ : le résidu est de l'inuline à peu près pure.

Propriétés. — L'inuline a pour densité 1,3491. Son pouvoir rotatoire est $[\alpha]_D = -36° 40'$ pour l'inuline d'aunée et $-37° 9'$ pour l'inuline de dahlia (Kiliani). Suivant Lescœur et Morelle [*Compt. rend.*, t. LXXXVII, p. 216], il est $[\alpha]_D = -36° 57'$ quelle que soit la provenance de l'inuline.

Suivant Kiliani, la formule de l'inuline serait $6(C^6H^{10}O^5) + H^2O$.

Oxydée par l'acide nitrique, l'inuline donne un mélange d'acides formique, oxalique, paratartrique et glycolique; il ne se forme dans cette réaction ni acide acétique, ni acide malique, ni acide saccharique (Kiliani).

L'amalgame de sodium est sans action sur l'inuline. L'acide iodhydrique la transforme à chaud, en présence de phosphore rouge, en une huile iodée qui n'a pu être purifiée.

Chauffée en tubes scellés pendant 30 heures à 150° avec 3 p. d'hydrate de baryum et 6 p. d'eau, l'inuline fournit une notable quantité d'acide lactique de fermentation.

Traitée par le brome et l'oxyde d'argent, elle fournit de l'acide oxalique, de l'acide glycolique et du bromoforme.

Ad. Fauconnier.

INULOÏDE (inuline soluble), $C^6H^{10}O^5$ [Popp, *Ann. Chem. Pharm.*, t. CLVI, p. 190]. — Ce corps est contenu dans les tubercules de dahlia, avant la maturité de la plante.

Pour l'isoler, on broie les tubercules et on les exprime; le suc est précipité par le sous-acétate de plomb pour éliminer les matières albuminoïdes, puis traité par l'hydrogène sulfuré et évaporé à sec au bain-marie. Le résidu est ensuite épuisé par l'alcool; la portion restée insoluble dans l'alcool est l'inuloïde.

L'inuloïde est une poudre blanche amorphe, ayant pour composition $C^6H^{10}O^5, H^2O$. Elle perd une molécule d'eau à 105° et fond entre 130 et 135°. Elle dévie à gauche le plan de polarisation $[\alpha]_D = -30° 30$.

Elle se dissout dans l'eau bouillante, qui la transforme à la longue en lévulose : cette transformation est rapide en présence des acides.

Elle est soluble dans le réactif de Schweizer, dans l'ammoniaque, dans les alcalis, dans le chlorure de zinc. Elle ne réduit pas le tartrate cupro-potassique, mais bien le nitrate d'argent ammoniacal.

L'acide nitrique la transforme en acide oxalique; l'acide sulfurique concentré en un acide *inuloïde-sulfurique* instable, que l'eau dédouble en ses composants.

Soumise à l'ébullition avec une solution de sulfate de cuivre, l'inuloïde fournit un précipité bleu-verdâtre de la formule $C^6H^{10}O^5.CuO$.

Par l'eau de baryte en présence d'alcool, l'inuloïde donne un précipité blanc dont la formule est $C^6H^{10}O^5.BaO$.

Ad. Fauconnier.

INVERSIF (FERMENT). — Ce nom a été donné par Claude Bernard à la diastase du foie, qui a pour fonction de saccharifier la matière glycogène. Jusqu'ici elle n'a pas encore été obtenue exempte d'hydrates de carbone.

INVERTINE. — On a donné ce nom à la substance sécrétée par la levûre et qui a pour effet d'hydrater et d'intervertir la saccharose avant toute fermentation alcoolique (Berthelot) (t. Ier, p. 1442). Cette diastase a été étudiée par plusieurs savants, qui ont décrit des modes de préparation différents, mais aucun d'eux n'a eu entre les mains un produit pur. L'invertine a été toujours précipitée en dernier lieu par l'alcool et contenait une forte proportion de gomme ou de dextrine.

En la faisant bouillir avec de l'acide sulfurique à 5 °/₀, Kiliani a obtenu une forte proportion de glucose, aussi la teneur en azote constatée par l'analyse (6 °/₀) est-elle trop faible; on a dit à l'article Fermentations (Suppl., p. 827) que les diastases possèdent toutes très probablement la composition des peptones.

L'invertine dédouble très rapidement et à froid la saccharose, mais elle n'agit ni sur la lactose, ni sur la maltose, ni sur l'inuline, la gomme ou l'amidon. En présence d'alcool absolu, elle perdrait ses propriétés diastasiques complètement au bout de 48 heures. L'étude de ses réactions est à reprendre, lorsqu'on aura obtenu l'invertine à l'état de pureté; mentionnons seulement que ses solutions ne se coagulent ni par la chaleur ni par l'acide acétique et le chlorure de sodium [Donath, *Deutsch. chem. Gesellsch.*, 1875, p. 795; — M. Barth, *Ibid.*, 1878, p. 474; — Kiliani, *Ueber Inulin*, Thèse Munich].

IODE. — On a déjà signalé la diminution de densité de la vapeur d'iode à mesure que l'observation a lieu à une température plus élevée (voyez Suppl., p. 245 et 619). Nous rappellerons seulement que, tandis que la densité de vapeur observée à 445° est normale, celle prise à la température de 1,390° est environ des deux tiers, soit 5,33 (ou 76,87 par rapport à H = 1).

La vapeur d'iode, observée en couches minces, est violette et laisse passer les rayons rouges et bleus, tandis qu'elle absorbe les rayons verts. Si la vapeur est suffisamment dense, elle absorbe aussi les rayons rouges et paraît bleue [Andrews, *Chem. News*, t. XXIII, p. 75]. La vapeur d'iode devient incandescente à une température élevée et offre alors un spectre continu (Salet).

Salet a pu, en employant un *tube à gaines*, obtenir à volonté le spectre de l'iode observé par Plücker et son spectre primaire. Ce spectre comprend des bandes diffuses dans le commencement du bleu et l'extrémité de l'indigo, tandis que la partie moins réfrangible reproduit, en épreuve négative, le spectre d'absorption décrit par Thalèn. Pour obtenir ce nouveau spectre, il faut employer une source électrique de peu de tension. Si la tension augmente, les bandes paraissent plus lumineuses et on voit apparaître les lignes du spectre secondaire [*Compt. rend.*, t. LXXV, p. 76].

L'iode se dissout dans un grand nombre d'acides, notamment les acides sulfurique, chlorhydrique, phosphorique, acétique, tartrique. Il se dissout dans 150 parties d'acide sulfurique concentré et chaud, avec une couleur pelure d'oignon; par le refroidissement, l'iode cristallise [C. Kraus, *Neu. Repert. Pharm.*, t. XXI, p. 385].

L'acide sulfurique fumant dissout l'iode, et ce dernier se combine avec l'anhydride sulfurique en s'oxydant en partie. Il donne ainsi une bouillie de cristaux feuilletés ayant pour composition SO^3I^2 [Schultz-Sellack, *Deutsch. chem. Gesellsch.*, 1871, p. 109].

Extraction. — Les procédés d'extraction de l'iode des varechs, récemment décrits, ont eu principalement pour objet des perfectionnements dans l'incinération des varechs, les dispositions des fours, etc. Quant au traitement des lessives, on a proposé de les soumettre à l'action du bioxyde d'azote en présence de l'air. Le peroxyde d'azote formé décompose les iodures et est ramené à l'état de bioxyde qui agit en présence de l'air sur de nouvelles quantités de lessive [Pellieux et Mazé-Launay, *Brevet* n° 92868; *Bull. Soc. chim.*, t. XVIII, p. 44]. Un procédé analogue a été breveté en Angleterre par Morris.

Avant l'incinération des varechs, on les laisse généralement entrer en fermentation. Ils abandonnent ainsi un jus plus ou moins chargé d'iode. La concentration et l'incinération ne permettent guère d'en retirer que deux à trois dixièmes d'iode. J. Pellieux et E. Allary utilisent l'osmose pour le traitement de ces jus.

Les varechs sont mis en fermentation sur des dallages cimentés et drainés. Les jus qui s'écoulent sont introduits dans un four Porion à palettes, où ils se concentrent au contact des gaz chauds du foyer. Lorsqu'ils marquent 32 à 40° Baumé, on les introduit dans l'osmomètre de Dubrunfaut. L'osmose doit avoir lieu à chaud. Un mètre cube de jus qui, par incinération, produit par exemple $1^{kgr},318$ d'iode, en fournit par la dialyse $9^{kgr},320$, sans compter $1^{kgr},109$ qui reste sur le dialyseur avec la matière organique [*Bull. Soc. chim.*, t. XXXIV, p. 197].

On doit aux mêmes auteurs des renseignements sur la proportion d'iode contenue dans les différentes algues [*loc. cit.*, t. XXXV, p. 11]. Voici quelques-uns de leurs résultats, rapportés à 1000 kilogrammes de varechs :

Digitalus stenolobus.	Nouvelles feuilles .	$1^k,224$
	Pied................	1,089
	Anciennes feuilles.	0,578
	Plante entière.....	0,606
Digitalus stenophyllus	....	0,996
Saccharinus	....	0,418
Goemons noirs (moyenne de diverses espèces)	....	0,121
Bulbosa	....	0,077

P. Kuhlmann a signalé la présence de l'iode dans certaines phosphorites, notamment dans celles du Lot et du Lot-et-Garonne [*Compt. rend.*, t. LXXV, p. 1678]. Pour retirer cet iode, il suffit de traiter les phosphorites par l'acide sulfurique brut à 56° B., et d'entraîner les vapeurs d'iode par un courant d'air qui les condense dans une lessive alcaline ou dans une solution de sulfite [Thiercelin, *Bull. Soc. chim.*, t. XXII, p. 435; — Thibault, *ibid.*, p. 419].

ACIDE IODHYDRIQUE. — Le procédé suivant est recommandé par Bruylants pour la préparation de l'acide iodhydrique. Dans une cornue de 500^{cc} munie d'un appareil à reflux, on introduit 60 gr. d'essence de copahu. On chauffe légèrement et on y introduit de l'iode par portions de 20 gr. jusqu'à addition totale de 150 gr., en laissant refroidir avant chaque nouvelle addition. L'acide iodhydrique se dégage régulièrement en entraînant un peu de vapeurs d'iode qu'il est aisé de retenir [*Bull. Soc. chim.*, t. XXXIV, p. 468].

La formation de l'acide iodhydrique, en partant des éléments, a lieu avec absorption de chaleur (soit — 0,037 cal. [Thomsen, *Deutsch. chem. Gesellsch.*, 1872, p. 769]. Sa dissolution dans l'eau (700 molécules H^2O) dégage 19570 cal. (Berthelot); 19210 cal. (Thomsen).

La dissolution de HI dans trois molécules H^2O dégage 1560^{cc}; cette solution ne cristallise pas à — 30° (Berthelot).

G. Lemoine a étudié la dissociation de l'acide iodhydrique en présence d'un excès d'hydrogène. Les expériences ont été faites avec 1 équivalent d'hydrogène et 1, 3/4, 1/2, 1/4 d'équivalent d'iode à une température de 440° et sous des pressions variant de 2,3 à 0,5 atmosphères. L'équilibre s'établissait en quelques heures. Dans le cas des pressions fortes, il a trouvé :

Rapport du nombre d'équivalents d'iode et d'hydrogène.	Rapport de HI dissocié à HI possible.	Rapport de HI persistant à HI possible.
1,000	0,24	0,76
0,781	0,17	0,83
0,527	0,14	0,86
0,258	0,12	0,88

Pour les pressions faibles, l'équilibre est assez lent à s'établir, mais la grandeur de la limite ne change que très peu [*Compt. rend.*, t. LXXXV, p. 34].

L'hydrogène et l'iode ne se combinent pas sensiblement à froid sous l'influence de la lumière. Par contre, l'acide iodhydrique sec et pur, qui se conserve très bien dans l'obscurité, est décomposé en partie par la lumière. Après dix jours d'insolation, les 24 centièmes de l'acide iodhydrique étaient décomposés; après trente-deux jours, les 80 centièmes. La solution aqueuse, concentrée ou étendue, ne se décompose pas au soleil, pourvu qu'elle soit à l'abri de l'oxygène [Lemoine, *Compt. rend.*, t. LXXXV, p. 144].

CHLORURES D'IODE. — *Protochlorure*, ICl. — On obtient ce chlorure en traitant l'iode par le chlore jusqu'à liquéfaction complète, puis rectifiant le produit sur l'iode. Il prend aussi naissance lorsqu'on chauffe un mélange de chlorate de potassium et d'iode [J.-B. Hannay, *Journ. chem. Soc.* (2), t. II, p. 815; *Bull. Soc. chim.*, t. XX, p. 496].

Le protochlorure d'iode ne se concrète qu'après quelque temps à — 6°. Il fond à 24°,7 et bout à 100,5-106°,5. Sa densité à 16° est égale à 3,222. Sa densité de vapeur observée à 512° a conduit aux nombres 80,3-83,2 (théorie pour ICl = 81,2). Ces indications de Hannay sont en opposition avec les faits observés par Bornemann [*Liebig's*

Ann. Chem., t. CLXXXIX, p. 183]. D'après cet auteur, et conformément à ce qu'a annoncé Schützenberger, le chlorure d'iode reste liquide dans des tubes scellés et ne se solidifie que lorsqu'on ouvre le tube ou lorsqu'il renferme du trichlorure d'iode. Distillé, il se dédouble en partie en trichlorure d'iode et iode libre. L'exposition à l'air entraîne une modification analogue.

Le spectre du chlorure d'iode en vapeurs est formé d'une série de raies fines, allant en diminuant d'intensité depuis l'extrême rouge jusqu'à la raie D; il offre deux raies plus larges dans le jaune [Gernez, *Compt. rend.*, t. LXXIV, p. 465].

L'eau décompose, comme on sait, le chlorure d'iode avec mise en liberté d'iode et formation d'acide iodique. Dans cette décomposition, il se produit en outre un composé volatil jaune, à odeur forte, facile à isoler par l'éther et qui constitue la combinaison stable $ICl.HCl$; c'est ce qui explique pourquoi, ainsi que l'a observé Bornemann, l'acide chlorhydrique empêche la décomposition du chlorure d'iode par l'eau.

Cette combinaison joue aussi un rôle important dans la décomposition des autres chlorures d'iode par l'eau. C'est ce qu'a montré Schützenberger, qui a étudié l'action de l'eau sur une série de systèmes variant de ICl^5 à ICl. Tous ces systèmes peuvent se rapporter à un mélange de ICl^5 avec ICl. La partie ICl^5 se décompose intégralement en donnant de l'acide iodique. Si la proportion d'acide chlorhydrique mise en liberté dans la réaction est suffisante pour donner la combinaison $ICl.HCl$, la partie ICl ne sera pas décomposée; sinon, elle le sera comme si le protochlorure d'iode était seul. On a ainsi :

$$ICl^5 + 3H^2O = IO^3H + 5HCl,$$
$$10ICl + 3H^2O = IO^3H + 5(ICl.HCl) + 2I^2,$$
$$4ICl^2 = ICl^5 + 3ICl,$$
$$ICl^5 + 3ICl + 3H^2O$$
$$= IO^3H + 3(ICl.HCl) + 2HCl,$$
$$2ICl^3 = ICl^5 + ICl,$$
$$ICl^5 + ICl + 3H^2O = IO^3H + ICl.HCl + 4HCl.$$

Le système $ICl^5 + 5ICl$ est le plus riche en iode parmi ceux qui ne donnent pas d'iode libre sous l'influence de l'eau [*Compt. rend.*, t. LXXXIV, p. 389].

Le chlorure d'iode agit sur les acides oxygénés du chlore en donnant de l'acide iodique et du chlore libre. La réaction est énergique à froid avec les hypochlorites et l'acide hypochloreux; elle est plus lente avec l'acide chlorique et les chlorates. Inversement, il réagit sur les iodures en mettant de l'iode en liberté. On met ainsi facilement en évidence les affinités inverses du chlore et de l'iode [L. Henry, *Deutsch. chem. Gesellsch.*, 1870, p. 892].

Trichlorure d'iode, ICl^3. — O. Brenken prépare le trichlorure d'iode en faisant volatiliser l'iode dans le chlore en excès. Le chlorure se dépose sur les parois froides sous la forme d'un sublimé cristallin d'un jaune citron, ou en croûtes compactes [*Deutsch. chem. Gesellsch.*, 1875, p. 489]. Christomanos l'obtient en faisant arriver ensemble, dans un grand flacon, du gaz iodhydrique et du chlore en excès [*Deutsch. chem. Gesellsch.*, 1877, p. 434; *Bull. Soc. chim.*, t. XXVIII, p. 357].

D'après Brenken, le trichlorure d'iode fond à 25°, par suite d'une dissociation, qui donne naissance à du protochlorure d'iode; la fusion n'a pas lieu en effet dans une atmosphère de chlore, si ce n'est à une température d'autant plus élevée que la pression est plus forte. En tubes scellés, remplis de chlore, la dissociation n'a pas lieu à 86°. Même en présence d'un excès de chlore, la décomposition est complète vers 77°, suivant P. Melikoff [*Deutsch. chem. Gesellsch.*, 1875, p. 490].

Enfin, Christomanos indique 33-34° comme point de fusion et 32° comme point de solidification. Le trichlorure d'iode se réduit, suivant lui, en vapeurs à 47°,5. Chauffé brusquement à 100°, il donne du protochlorure d'iode qui entre en ébullition et du chlore qui se dégage. Cette décomposition se produit déjà à 67°. Le point de fusion en tubes scellés est situé à 80°. La densité de chlorure solide est égale à 3,1107.

L'acide sulfurique dissout le trichlorure d'iode avec une couleur jaune; il produit dans sa solution aqueuse un précipité jaune. L'acide azotique en précipite l'iode et met le chlore en liberté. La benzine dissout le trichlorure d'iode.

Le sulfure de carbone le liquéfie et donne une solution qui laisse par l'évaporation de l'iodure de soufre et de l'iode (Christomanos). La réaction sur le sulfure de carbone a lieu, suivant J.-B. Hannay [*Chem. News*, t. XXXVII, p. 224], d'après l'équation

$$4CS^2 + 6ICl^3 = 2CCl^4 + CSCl^2 + 3S^2Cl^2 + 3I^2.$$

Le phosphore s'enflamme au contact des chlorures d'iode. L'hydrogène ne réagit qu'à chaud, mais énergiquement, en donnant de l'acide chlorhydrique, de l'acide iodhydrique et de l'iode libre (Christomanos).

Tétrachlorure et pentachlorure d'iode, ICl^4 et ICl^5. — Le tétrachlorure signalé par Kaemmerer n'existe pas, suivant Hannay. Le trichlorure d'iode se transforme sous pression, en contact avec un excès de chlore, en un liquide rougeâtre qui se dissocie de nouveau en ICl^3 et chlore libre dès que la pression diminue. Hannay regarde ce liquide comme constituant le pentachlorure [*Journ. chem. Soc. London.*, t. XXXV, p. 169].

Bromure d'iode, BrI. — Il est cristallin et ressemble à l'iode. Il se décompose en partie par la distillation, et fournit un sublimé en feuilles de fougères. Sa dissolution dans l'eau a lieu avec séparation d'iode [Bornemann, *Liebigs' Ann. Chem.*, t. CLXXXIX, p. 183].

La vapeur de bromure d'iode, qui est d'un rouge groseille, donne un spectre d'absorption avec des raies très fines dans le rouge, le jaune et l'orangé (Gernez).

Fluorure d'iode, IFl^5. — Liquide incolore et volatil, obtenu en traitant le fluorure d'argent par l'iode. Il attaque le verre à 15° et le silicium en rouge, mais non le mercure et le platine. Il décompose l'eau avec violence; il dissout l'iode. Il s'unit au fluorure et à l'iodure d'argent, qui le perdent au rouge. Ses vapeurs noircissent le bois [Gore, *Chem. News*, t. XXIV, p. 291; *Bull. Soc. chim.*, t. XVII, p. 33].

COMPOSÉS OXYGÉNÉS DE L'IODE. — En soumettant la vapeur d'iode à l'action de l'oxygène sous l'influence de l'effluve ou à l'action de l'ozone produit dans ces circonstances, on peut observer la formation de tous les degrés d'oxydation de l'iode. Dans la partie inférieure de l'appareil, où l'iode se trouve en excès, on trouve de l'acide iodeux et un anneau jaune-citron qui est sans doute l'acide hypoiodeux de Millon. A la partie supérieure, où l'oxygène est en excès, on observe un dépôt blanc, brillant, d'acide periodique. Certains indices tendent à montrer qu'il existe encore un degré supérieur d'oxydation de l'iode [Ogier, *Compt. rend.*, t. LXXXV, p. 957, et t. LXXXVI, p. 722].

ACIDE OU ANHYDRIDE IODEUX, I^2O^3. — Il se forme dans certaines circonstances lorsqu'on soumet l'iode à l'action de l'ozone. C'est une poudre légère, d'un jaune clair, qui tombe en déliquescence à l'air, puis se décompose par un excès d'eau avec mise en liberté d'iode, en vertu de l'équation suivante, qui a permis d'établir sa composition :

$$5I^2O^3 = 3I^2O^5 + 2I^2.$$

Chauffée à 125°, l'anhydride iodeux se détruit brusquement en donnant de l'iode, de l'oxygène et un peu d'anhydride iodique [Ogier, *loc. cit.*].

Acide iodique. — Si l'on veut préparer l'acide iodique par l'action du chlore sur l'iode, en présence de l'eau, d'après l'équation

$$I^2 + 5Cl^2 + 6H^2O = 2IO^3H + 10HCl,$$

il faut employer au moins 20 p. d'eau pour 1 p. d'iode. En prenant la quantité théorique ci-dessus, il se produit à peine des traces d'acide iodique [G. Sodini, *Gaz. chim. ital.*, 1876, p. 321].

Bornemann, qui a aussi étudié cette réaction, arrive à une conclusion analogue et indique 10 p. d'eau comme nécessaires pour former l'acide iodique. Si l'on fait passer un courant de chlore en excès dans les solutions concentrées, il se sépare un mélange d'acide iodique et de trichlorure d'iode; l'eau mère fournit un sublimé de ce chlorure dans le vide [*Deutsch. chem. Gesellsch.*, 1877, p. 21].

L. Henry (*loc. cit.*) prépare l'acide iodique par l'action du protochlorure d'iode sur le chlorate de potassium. A cet effet, on fait passer du chlore dans de l'eau tenant en suspension une quantité donnée d'iode jusqu'à dissolution, puis on ajoute du chlorate de potassium dans le rapport indiqué par l'équation

$$ClO^3K + ClI = IO^3K + Cl^2.$$

E. Reichardt prépare l'acide iodique en décomposant, par l'acide sulfurique, l'iodate de calcium, qu'il obtient en traitant le chlorure de chaux par un iodure alcalin [*Arch. Pharm.* (3), t. V, p. 109].

Suivant Thomsen, la chaleur de formation de l'acide iodique $I^2 + O^5 + H^2O$ est égale à 18 716 cal.; d'après Ditte, elle est égale à 26 018 cal. La chaleur de dissolution est — 2 100 et la chaleur de neutralisation par 1 molécule de potasse est représentée par 13 808 cal.; une seconde molécule de potasse ne dégage que fort peu de chaleur, d'où il suit que l'acide iodique doit être envisagé comme monobasique [J. Thomsen, *Deutsch. chem. Gesellsch.*, 1873, p. 429]. Néanmoins, J. Thomsen, se fondant sur la tendance de l'acide iodique à produire des sels acides, l'a envisagé un peu plus tard comme bibasique, en lui assignant la formule $I^2O^6H^2$ ou $I.IO^6H^2$, comparable à celle qu'il attribue à l'acide periodique $H^3.IO^6H^2$ [*loc. cit.*, 1874, p. 112].

1 partie d'eau à 13° dissout 1p,874 d'anhydride iodique, soit $10H^2O$ pour I^2O^5; la solution, qui renferme par conséquent $2IO^3H + 9H^2O$, est sirupeuse et se concrète à — 17° en tables hexagonales, fusibles à — 15°. Densité à 13° = 2,1269 [Kaemmerer, *Poggend. Ann.*, t. CXXXVIII, p. 390].

Le phosphore réduit l'acide iodique et les iodates, même en solution très étendue. Il y a formation d'acide phosphorique et réduction d'une partie de l'iodate. La solution devenant acide, le reste de l'iodate réagit sur l'iodure produit pour mettre de l'iode en liberté. La solution primitive ne doit pas être alcaline. Le phosphore rouge réagit mieux que le phosphore ordinaire [Pollacci, *Gazz. chim. ital.*, 1873, p. 474].

Le chlore agit sur l'iodate d'argent à chaud. Il se forme du trichlorure d'iode, du chlorure d'argent et de l'oxygène libre [J. Krutwig, *Deutsch. chem. Gesellsch.*, 1881, p. 305].

E. Sonstadt a rencontré l'iodate de calcium dans l'eau de la mer, soit 1 p. de ce sel dans 250000 p. d'eau [*Chem. News*, t. XXV, p. 196].

D'après A. Guyard, le nitre du Pérou renferme de l'iodate de potassium et non de sodium, et du periodate de sodium.

Acide periodique. — La chaleur de formation de l'acide hydraté est de 11 843 cal., soit plus faible que celle de l'acide iodique. La chaleur de neutralisation pour 1 molécule de potasse est maximum avec 1/2 molécule d'acide periodique (J. Thomsen). Thomsen représente les sels normaux de cet acide par la formule $H^3IO^6M^2$, manière de voir aussi émise par Basarow, qui regarde l'acide iodique comme quintivalent et bibasique, soit $IO^4H^3(OH)^2$ [*Deutsch. chem. Gesellsch.*, 1873, p. 92].

Séparation des acides iodique et periodique. — Elle s'effectue aisément, suivant Kaemmerer, par les sels de baryum. L'iodate de baryum est soluble dans le carbonate ammonique; le periodate y est insoluble [*Zeitschr. analyt. Chem.*, t. XII, p. 375].

Ed. Willm.

IODE (ANALYSE). — *Procédé iodométrique de J. Pellieux et E. Allary.* — Ce procédé repose sur la substitution du brome à l'iode dans les iodures, à l'aide d'un mélange acide de bromate et de bromure alcalins d'après les équations :

$$5KBr + BrO^3K + 6HCl = 6KCl + 3H^2O + Br^6,$$

$$Br^6 + 6KI = I^6 + 6KBr,$$

puis sur la transformation, en présence d'amidon, de l'iode déplacé en bromure d'iode par le même réactif. Pour préparer ce dernier, on dissout dans 1 litre d'eau le mélange salin obtenu en saturant la soude pure par le brome, évaporant à sec et séchant le résidu sans le calciner.

On prépare, d'autre part, une solution titrée d'iode à 1 gr. d'iode par litre, soit 1gr,308 d'iodure de potassium. Il faut, en outre, de l'acide chlorhydrique exempt de chlore et une solution d'amidon.

Pour titrer exactement le bromate, on prend 10 centimètres cubes de solution iodurée titrée, qu'on additionne d'acide chlorhydrique et d'amidon, puis on ajoute la solution de bromate bromuré, à l'aide d'une burette, divisée en vingtièmes de centimètre cube. Il se produit d'abord une coloration bleue, qui passe par un maximum et qui est peu à peu remplacée par une couleur lie de vin, gris rougeâtre et jaune. Pour bien saisir le moment de la coloration bleue maximum, on revient avec la liqueur titrée d'iode, puis avec la liqueur bromée.

On procède ensuite d'une manière analogue avec la liqueur titrée de bromate pour le dosage de l'iode dans une cendre, par exemple. Mais il faut préalablement calciner celle-ci au rouge sombre avec trois ou quatre fois son poids de chaux sodée [*Bull. Soc. chim.*, t. XXXII, p. 273, et XXXV, p. 10].

Dosage de l'iode à côté du chlore. — Pour mettre à profit l'insolubilité de l'iodure cuivreux dans cette séparation, on précipite la liqueur par une solution de chlorure cuivreux dans le sel ammoniac. On pèse le précipité d'iodure Cu^2I^2 sur un filtre taré [F. Mohr, *Zeitschr. analyt. Chem.*, t. XII, p. 366].

Pour isoler l'iode sous forme d'iodure de thallium, TlI, Huebner recommande de précipiter la solution par l'azotate de thallium jusqu'à ce que le précipité paraisse blanc. On lave d'abord à l'eau, pour dissoudre le chlorure de thallium, et on recueille le précipité jaune d'iodure sur un filtre taré [*Zeitschr. analyt. Chem.*, t. XI, p. 397]. Il nous semble préférable de précipiter l'iode des iodures à l'aide d'une solution de protochlorure de thallium.

Donath dose l'iode à côté du chlore, moins bien à côté du brome, en oxydant les iodures, etc.

par l'acide chromique, chassant l'iode par distillation et le titrant par l'hyposulfite de sodium [*Zeitschr. analyt. Chem.*, t. XIX, p. 19].

E. Sonstadt oxyde l'iodure par le permanganate de potassium en présence d'un excès d'alcali; il précipite ensuite l'iodate de potassium par le chlorure de baryum et fait digérer le précipité avec du sulfate de potassium. On évapore alors la solution d'iodate de potassium pur, on calcine le résidu, on le reprend par l'alcool pour dissoudre l'iodure de potassium qu'on pèse après dessiccation [*Chem. News*, t. XXVI, p. 173]. Ed. Willm.

IRIDIUM. — Pour purifier l'iridium des métaux qui l'accompagnent après le traitement de l'osmiure d'iridium par le procédé Woehler (voyez t. II, p. 127), W. de Schneider utilise l'action de l'hydrogène sur la solution des chlorures de ces métaux. Les petites quantités de platine, de palladium, de rhodium, de ruthénium se séparent sous forme métallique; l'iridium, au contraire, n'est que difficilement réduit, ainsi que l'a montré Bunsen; la réduction ne va que jusqu'au sesquichlorure. Pour opérer la séparation, on précipite les chlorures par le chlorure de potassium, puis l'on dissout le précipité de chlorures doubles dans l'eau bouillante, on maintient la solution, qui ne doit rien déposer par le refroidissement, à la température de 40 à 60° et on la soumet à l'action d'un courant d'hydrogène, dans un ballon spacieux, exposé, si c'est possible, aux rayons solaires. La réduction du platine et autres métaux commence après quelques heures et exige plusieurs jours pour être complète. On arrête l'opération lorsque la liqueur, devenue vert olive, se décolore par l'addition de potasse, pour ne se recolorer ou se précipiter qu'après un certain temps. On filtre alors la solution et on recommence à faire agir l'hydrogène, qui, à la longue, précipite l'iridium lui-même en lamelles de plusieurs centimètres ou en amas dendritiques. La rentrée de l'air dans le ballon rempli d'hydrogène peut occasionner des explosions par suite de la présence, sur les parois, de mousse de platine ou d'autres métaux; il faut donc, avant d'ouvrir le ballon, y remplacer l'hydrogène par du gaz carbonique [W. de Schneider, *Ann. Chem. Pharm.*, Supplementb. V, p. 261; *Bull. Soc. chim.*, t. X, p. 21].

Le poids atomique de l'iridium, déduit de l'analyse du chloriridate d'ammonium, a été trouvé égal à 192,74 (ou, avec les poids atomiques de Stas, 193,220) [Seubert, *Deutsch. chem. Gesellsch.*, 1878, p. 176].

La densité de l'iridium pur est égale à 22,421 (Deville et Debray).

Oxyde d'iridium. — L'iridium s'oxyde par la calcination à l'air, mais à une température inférieure à 1000°, car à une température plus élevée l'oxyde se dissocie de nouveau. Voici quelles sont les tensions de l'oxygène fourni par la dissociation de l'oxyde d'iridium pour diverses températures :

Températures.	Tension
823°,8	5mm
1003°,3	203,3
1112°,0	710,7
1139°,0	745,0

Au delà de 1139°, la tension de l'oxygène dépassant la pression atmosphérique, ce gaz peut être recueilli sur le mercure. Il reste finalement de l'iridium réduit. Les parties froides de l'appareil sont en outre revêtues d'un enduit blanc d'oxyde, qui témoigne d'une certaine volatilité [Deville et Debray, *Compt. rend.*, t. LXXXVII, p. 441].

Le grillage de l'iridium dans un courant d'air à la température d'un brûleur Bunsen a lieu avec une augmentation de poids de 4,55 °/₀, ce qui correspond à la production d'un oxyde, $Ir^2O.IrO$. L'hydrogène réduit l'oxyde d'iridium avec incandescence [Th. Wilm, *Journ. Soc. chim. russe*, 1882, p. 240].

Bromures d'iridium. — L'iridium ne s'unit pas directement au brome.

Le *tétrabromure d'iridium*, $IrBr^4$, tel qu'on l'obtient en dissolvant l'hydrate bleu d'iridium dans l'acide bromhydrique, est très instable. Sa solution est d'un bleu violacé, mais l'évaporation dans le vide sec suffit pour lui faire perdre du brome; elle devient alors d'un brun verdâtre et laisse déposer des cristaux de sesquibromure d'iridium. L'addition d'acide azotique à la solution bleue lui donne plus de stabilité. On obtient alors par évaporation une masse cristalline très déliquescente qui constitue sans doute le tétrabromure.

Bromiridate de potassium, $IrBr^6K^2$. — On verse une solution de tétrachlorure d'iridium dans une solution de bromure de potassium; si l'on chauffe, le mélange devient bleu, puis laisse déposer par le refroidissement le bromure double en octaèdres réguliers bleus, brillants et opaques. Ce sel, insoluble dans l'alcool et dans l'éther, est plus soluble dans l'eau que le chloriridate.

Le *bromiridate d'ammonium*, $IrBr^6(AzH^4)^2$, ressemble au sel de potassium.

Le *bromiridate de sodium*,

$$IrBr^6Na^2 + xH^2O,$$

forme des cristaux d'un bleu foncé, qui perdent leur eau à 100°, puis se décomposent.

Sesquibromure d'iridium, $Ir^2Br^6 + 8H^2O$. — Cristaux d'un vert olive, se déposant de la solution de tétrabromure évaporée dans le vide. Ils perdent leur eau à 100° en devenant bruns; calcinés, ils laissent un résidu d'iridium. Ils sont solubles dans l'eau, insolubles dans l'alcool et dans l'éther. Leur solution aqueuse est colorée en bleu par l'acide azotique ou le chlore, par suite de la formation de tétrabromure.

Les eaux mères de ces cristaux, obtenues dans la décomposition du tétrabromure, laissent déposer des aiguilles bleu d'acier, d'un rouge brun par réflexion, qui constituent le *sesquibromure acide*

$$Ir^2Br^6.6HBr + 12H^2O,$$

soit

$$IrH^3Br^6 + 6H^2O.$$

Ces cristaux sont déliquescents, solubles dans l'alcool et dans l'éther.

A ce bromhydrate de bromure correspondent des bromures doubles. La *combinaison potassique* $Ir^2Br^{12}K^6 + 12H^2O$ cristallise en aiguilles efflorescentes d'un vert foncé. Le *sel ammoniacal*, qui renferme 1 molécule H^2O, est peu soluble. Le *sel de sodium*, $Ir^2Br^{12}Na^6 + 24H^2O$, cristallise en rhomboèdres d'un vert foncé, efflorescents, fusibles à 100° et se déshydratant à 150° [Birnbaum, *Ann. Chem. Pharm.*, t. CXXXIII, p. 161; *Bull. Soc. chim.* (2), t. IV, p. 112].

Chlorure d'iridium. — Le tétrachlorure d'iridium forme avec les chlorures alcalins et l'éthylène des combinaisons analogues au composé platinique de Zeise. On obtient la combinaison potassique $IrCl^4(C^2H^4)^3(KCl)^2 + xH^2O$ en traitant le tétrachlorure d'iridium par l'alcool absolu, puis ajoutant du chlorure de potassium. Cette combinaison, qui se dépose après des cristaux de chloriridate de potassium, se présente en cristaux clinorhombiques bruns. On obtient de même les combinaisons ammoniacales

$$IrCl^4(C^2H^4)AzH^4Cl + H^2O$$

et

$$IrCl^4(C^2H^4)(AzH^4Cl)^2$$

[S.-P. Sadtler, *Sillim. Amer. Journ.* (3), t. II, p. 338].

PHOSPHURE D'IRIDIUM. — En ajoutant du phosphore à l'iridium porté au rouge blanc, on obtient un métal fondu qui renferme 7,5 à 7,7 de phosphore, ayant la dureté du rubis, inattaquable par les acides [W. L. Dudley, *Chem. News*, t. XLV, p. 168].

AZOTITES D'IRIDIUM. — Les chlorures doubles d'iridium, traités par l'azotite de potassium, se colorent en vert olive, surtout à chaud. Avec un excès d'azotite, la liqueur devient jaune et laisse déposer une poudre blanche, très dense, presque insoluble dans l'eau bouillante, inattaquable par l'acide chlorhydrique.

C'est sans doute le sel aussi décrit par Lang, auquel Wolcott Gibbs a assigné plus tard la formule $Ir^2Cl^{12}K^6 + 3Ir^2(AzO^2)^{12}K^6$.

W. Gibbs a décrit, en outre, d'autres azotites doubles, dont la constitution rappelle celle des azotites de cobalt. Voici ces sels :

1. $Ir^2(AzO^2)^{12}K^6 + 2H^2O$.
2. $Ir^2(AzO^2)^{12}Na^6 + 2H^2O$.
3. $Ir^2(AzO^2)^8Cl^2Na^4 + 2H^2O$.
4. $Ir^2(AzO^2)^{12}Co^2(AzH^3)^{12}$.
5. $Ir^2(AzO^2)^{12}Co^2(AzH^3)^{10}$.
6. $Ir^2(AzO^2)^{12}Hg^3$.
7. $Ir^2(AzO^2)^{12}H^6$.

Les sels 1 et 2 sont bien cristallisés, d'un jaune verdâtre pâle, assez solubles dans l'eau. Le sel 3 est une poudre blanche, ressemblant à la magnésie calcinée, peu soluble dans l'eau. Les sels 4 et 5 sont cristallisés et insolubles. Le sel 6 est une poudre jaune pâle, se fonçant par la chaleur, insoluble dans l'eau. L'azotite acide n° 7, enfin, forme des aiguilles solubles d'un jaune pâle [W. Gibbs, *Sillim. Amer. Journ.*, t. XXXIV, p. 341; *Bull. Soc. chim.* (2), t. II, p. 39, et XVI, p. 82].

SULFITES D'IRIDIUM. — Claus avait déjà signalé l'existence de composés sulfureux de l'iridium. On doit à Birnbaum et à Seubert, sur ce sujet, de nouvelles recherches qui montrent qu'il existe des sulfites de divers degrés d'oxydation de l'iridium.

Sulfites irideux. — Lorsqu'on traite le tétrachlorure d'iridium par le bisulfite de sodium, on obtient, suivant les circonstances, des écailles nacrées d'un jaune clair, faciles à isoler par lévigation d'un précipité amorphe qui les accompagne, ou bien de larges aiguilles blanches, ou de fines aiguilles étoilées qui ne se déposent que lentement.

Tous ces sels sont à peu près insolubles dans l'eau froide et décomposés par l'eau bouillante; ils possèdent une réaction acide. Ils se dissolvent dans les acides avec une coloration jaune et un dégagement de gaz sulfureux. La solution acide jaune est colorée en vert, puis en bleu, par les agents oxydants. La solution jaune donne, avec les alcalis et les chlorures alcalins, des précipités blancs qui bleuissent à l'air.

Les lamelles nacrées jaune clair constituent le *sulfite irideux sodique*,

$$SO^3Ir.3SO^3Na^2 + 10H^2O.$$

Les larges aiguilles blanches sont du *sulfite acide double*, $(SO^3)^2IrH^2.3SO^3Na^2 + 4H^2O$. Enfin, les aiguilles étoilées constituent le même sel acide avec $10H^2O$.

Si l'on traite le chloriridate d'ammonium par l'acide sulfureux aqueux, vers 70°, on obtient une solution rouge-brun qui, par la concentration, laisse déposer des cristaux de chloriridite d'ammonium et deviennent d'un rouge plus clair. En refroidissant fortement les eaux mères, on obtient des cristaux brillants, d'un rouge orangé, très solubles, ayant pour composition

$$IrCl^2.SO^3H^2.4AzH^4Cl.$$

A ce composé acide correspondent les sels triples, faciles à obtenir par neutralisation, savoir :

$IrCl^2.SO^3(AzH^4)^2.2AzH^4Cl + 4H^2O$, tables rhombiques;

$IrCl^2.SO^3K^2.2AzH^4Cl + 4H^2O$, mamelons cristallins rouges [Seubert, *Deutsch. chem. Gesellsch.*, 1878, p. 1761; *Bull. Soc. chim.*, t. XXXII, p. 403].

Sulfites sesqui-iridiques. — Lorsqu'on traite l'hydrate iridique bleu, en suspension dans l'eau par un courant de gaz sulfureux, une partie se dissout, tandis que le reste se convertit en une masse verdâtre de sulfite iridique, $SO^2.IrO^2$. La solution, qui est d'un vert olive, laisse déposer, à mesure que la solution perd l'excès d'acide sulfureux, un précipité cristallin jaune, qui constitue le sulfite sesqui-iridique, $(SO^3)^3Ir^2 + 6H^2O$ (soit $3SO^2.Ir^2O^3$). En concentrant la solution, elle abandonne une masse gommeuse (sulfate sesqui-iridique), accompagnant le même précipité cristallin. Le sulfate doit son origine à la formation d'acide sulfurique, d'après l'équation

$$2(IrO^2.H^2O) + 4SO^3H^2 = SO^4H^2 + (SO^3)^3Ir^2 + 5H^2O.$$

Le sulfite sesqui-iridique s'unit aux sulfites alcalins. Le *sel de sodium*,

$$(SO^3)^6Ir^2Na^6 + 8H^2O,$$

obtenu en saturant par la soude la solution sulfureuse vert olive, forme une poudre grenue jaune. Les sels d'ammonium et de potassium renferment $6H^2O$ [Birnbaum, *Ann. Chem. Pharm.*, t. CXXXVI, p. 177; *Bull. Soc. chim.* (2), t. V, p. 354].

Si l'on évapore avec de l'acide chlorhydrique le sulfite double sodique, puis qu'on sature la solution rouge par l'ammoniaque, on obtient un précipité cristallin jaunâtre, parsemé de points rouges. Ce précipité est soluble dans l'eau et cristallise par évaporation en rhomboèdres incolores et brillants, efflorescents sur l'acide sulfurique. C'est le sel ammonié complexe

$$Ir^2(AzH^3)^6(SO^3)^3.3SO^3(AzH^4)Na + 10H^2O$$

[Birnbaum, *Deutsch. chem. Gesellsch.*, 1879, p. 1544].

Sulfite iridique. — Ce sel, dont on a mentionné plus haut la formation, forme, après dessiccation, une masse noire et amorphe, perdant de l'eau, de de l'acide sulfureux et de l'acide sulfurique par la calcination, et laissant un résidu de sesquioxyde d'iridium. L'acide sulfurique le dissout avec une couleur verte (Birnbaum).

Ed. Willm.

IRIDOLINE. — Voyez LÉPIDINES, Suppl.

ISALIZARINE, $C^{14}H^8O^4$. — Rochleder a décrit sous ce nom le plus abondant parmi les principes accessoires de la garance, isomérique avec l'alizarine, mais il ne l'a pas étudié. Peut-être l'isalizarine n'est-elle autre que la purpuroxanthine.

Ce corps se dissout dans les alcalis avec une coloration rouge sang; l'alizarine fournit une liqueur d'un beau violet. La solution dans l'eau de baryte est rouge. Il ne teint pas le coton mordancé à l'alumine ou à l'oxyde de fer [Rochleder, *Deutsch. chem. Gesellsch.*, 1870, p. 294].

ISATANE. — Voy. ISATHYDE, p. 956.

ISATHYDE, $C^{16}H^{12}Az^2O^4$. — L'isathyde prend naissance par l'action des réducteurs sur l'isatine. Le meilleur procédé de préparation est le suivant : On introduit dans un ballon de l'isatine pulvérisée, de l'eau acidulée d'acide sulfurique, une lame de zinc, et l'on chauffe le tout. A mesure que l'isatine se dissout, elle s'empare de l'hydrogène naissant qui la convertit en isathyde. L'opération terminée, on lave le dépôt à plusieurs reprises, puis on le fait bouillir avec l'alcool qui enlève l'isatine non attaquée.

L'isathyde est une poudre blanche, légèrement grisâtre, sans odeur ni saveur; elle ne paraît pas soluble dans l'eau. L'alcool et l'éther en dissolvent à l'ébullition une petite quantité qui se dépose en paillettes microscopiques composées de prismes orthorhombiques.

Lorsqu'on la chauffe, elle se ramollit, puis devient brun-violet, et enfin se décompose entièrement. La potasse la transforme en un mélange d'isatate de potassium et d'indine potassée :

$$2C^{16}H^{12}Az^2O^4 + 3KHO$$
$$= 2C^8H^6KAzO^3 + C^{16}H^9Az^2KO^2 + 3H^2O.$$

Chlorisathyde, $C^{16}H^{10}Cl^2Az^2O^4$. — On la prépare en traitant la chlorisatine par le sulfhydrate d'ammonium. C'est un précipité blanc pulvérulent insoluble dans l'eau froide, peu soluble dans l'eau chaude. L'alcool bouillant la laisse déposer par refroidissement en croûtes cristallines. Chauffée à 200°, elle dégage de l'eau et se dédouble en chlorisatine et chlorindine,

$$2C^{16}H^{10}Cl^2Az^2O^4$$
$$= \underset{\text{Chlorindine.}}{C^{16}H^8Cl^2Az^2O^2} + \underset{\text{Chlorisatine.}}{2C^8H^4ClAzO^2} + 2H^2O.$$

Elle se dissout à chaud dans la potasse caustique avec une teinte jaune. Par refroidissement, il se dépose des cristaux de chlorisatate de potassium, tandis que les eaux mères contiennent de la chlorindine et un acide particulier (Erdmann). Le sulfure de potassium dissout bien la chlorisathyde, qui se dépose par refroidissement.

Dichlorisathyde, $C^{16}H^8Cl^4Az^2O^4$. — On la prépare en traitant la dichlorisatine par le sulfhydrate d'ammonium. Elle ressemble à la chlorisathyde.

Soumise à l'action de la chaleur, elle se dédouble en dichlorisatine et dichlorindine. La potasse agit de même; seulement il se produit en plus un acide particulier (acide dichlorisathydique, $C^{16}H^{10}Cl^4O^4$ (?), dont le sel potassique se dépose en paillettes brillantes jaunes par le refroidissement de la liqueur.

Sulfisathyde, $C^{16}H^{12}Az^2O^3S$. — On l'obtient en versant goutte à goutte une solution de potasse caustique dans une solution alcoolique de disulfisathyde. La liqueur jaune passe immédiatement au rouge, et laisse déposer un précipité blanc cristallin de sulfisathyde. On le lave à l'alcool bouillant et on le sèche.

La sulfisathyde est blanche, cristalline, inodore, insipide, insoluble dans l'eau. Lorsqu'on la chauffe, elle fond, devient rouge, et se décompose en perdant de l'hydrogène sulfuré.

L'alcool et l'éther bouillants n'en dissolvent que des traces. L'acide sulfurique la dissout en se colorant en rouge brun.

Disulfisathyde, $C^{16}H^{12}Az^2O^2S^2$. — Cette substance se produit lorsque l'on fait passer un courant d'hydrogène sulfuré dans une solution alcoolique bouillante et saturée d'isatine. La réaction s'accomplit en deux temps. Il se produit d'abord de l'isathyde, qui se transforme en disulfisathyde par un excès d'hydrogène sulfuré,

$$2C^8H^5AzO^2 + H^2S = C^{16}H^{12}Az^2O^4 + S,$$
$$C^{16}H^{12}Az^2O^4 + 2H^2S = C^{16}H^{12}Az^2O^2S^2 + 2H^2O.$$

On abandonne quelque temps la liqueur à elle-même, on y ajoute un peu d'eau, on filtre, et on précipite la liqueur par un excès d'eau.

La disulfisathyde est une poudre amorphe, gris-jaunâtre, inodore, insipide, insoluble dans l'eau bouillante qui la ramollit, soluble dans l'alcool et l'éther chauds. La chaleur la décompose en dégageant de l'hydrogène sulfuré. La potasse la transforme d'abord en sulfisathyde, puis en isatine.

Acide sulfisataneux, $C^{16}H^{22}Az^2O^8S^2$. — Lorsque l'on dissout la disulfisathyde dans l'alcool et que l'on y verse du sulfhydrate d'ammonium, il se fait un dépôt grisâtre. La solution filtrée et concentrée laisse déposer des cristaux de sulfisatanite d'ammonium,

$$C^{16}H^{20}(AzH^4)^2O^8S^2, 2H^2O.$$

Ce sel se présente en larges tables orthorhombiques jaunâtres, très solubles dans l'eau, solubles dans l'alcool. La plupart des sels métalliques ne précipitent pas sa solution.

En décomposant le sel de platine par l'hydrogène sulfuré, on obtient l'acide sulfisataneux en petites aiguilles lamelleuses.

La poudre grise qui se dépose pendant l'ébullition de la solution de disulfisathyde avec le sulfhydrate est de l'*isatane*, $C^{16}H^{12}Az^2O^3$.

C'est une substance cristalline, très peu soluble dans l'alcool.

Lorsqu'on la chauffe, elle devient rouge-brun, et si on la traite alors par l'eau, celle-ci dissout de l'isatine et laisse de l'*indine*, qui ne diffère de l'isatane que par les élements de l'eau,

$$C^{16}H^{12}Az^2O^3 = C^{16}H^{10}Az^2O^2 + H^2O.$$

La potasse alcoolique décompose également l'isatane, en donnant de l'isatine et des matières résineuses [Erdmann, *Journ. prakt. Chem.*, t. XXIV, p. 15; — Laurent, *Ann. Chim. Phys.* (3), t. III, p. 392 et 469]. M. Hanriot.

ISATINE. — *Modes de formation.* — 1° L'isatogénate d'éthyle (voy. plus loin, p. 960), traité par une solution de carbonate de sodium, se transforme en isatine [Baeyer, *Deutsch. chem. Gesellsch.*, 1882, p. 50].

2° L'amidooxindol,

$$C^6H^4 \begin{matrix} \diagup CH(AzH^2) \diagdown \\ \diagdown - AzH - \diagup \end{matrix} CO,$$

se transforme en isatine lorsqu'on le fait bouillir avec un oxydant faible, tel que le chlorure ferrique ou le chlorure cuivrique. L'acide azoteux donne la même réaction [Baeyer, *Deutsch. chem. Gesellsch.*, 1878, p. 1228].

3° L'amido-indoxyle (voy. Indoxyle), en présence d'un oxydant, se transforme intégralement en isatine [Baeyer, *Deutsch. chem. Gesellsch.*, 1882, p. 775].

4° Le cyanure d'orthonitrobenzoyle, bouilli avec l'acide chlorhydrique, donne l'orthonitrophénylglyoxamide :

$$C^6H^4 \begin{matrix} \diagup CO\text{-}CO.AzH^2 \\ \diagdown AzO^2, \end{matrix}$$

qui, additionnée de sulfate ferreux, puis de potasse, est réduite, avec formation d'un précipité d'hydrate ferrique. La liqueur filtrée et concentrée donne de l'isatine par l'addition d'un acide [Claisen et Shadwell, *Deutsch. chem. Gesellsch.*, 1879, p. 350].

5° L'acide orthonitrophénylpropiolique, chauffé avec un alcali ou une terre alcaline, se transforme en isatine,

$$C^6H^4 \begin{matrix} \diagup C \equiv C\text{-}CO^2H \\ \diagdown AzO^2 \end{matrix} = C^6H^4 \begin{matrix} \diagup CO \diagdown \\ \diagdown AzH \diagup \end{matrix} CO + CO^2$$

[Baeyer, *Deutsch. chem. Gesellsch.*, 1880, p. 2259].

6° D'après de Sommaruga, le meilleur procédé pour préparer l'isatine serait le suivant : On délaye 50 grammes d'indigo finement pulvérisé dans un peu d'eau; on fait bouillir et l'on ajoute 30 grammes d'acide chromique en solution concentrée. La liqueur filtrée laisse déposer de l'isatine. Pour obtenir celle qui reste mélangée à l'hydrate de chrome, on épuise le précipité par l'eau bouillante, et ce liquide, réuni aux eaux mères précédentes, épuisé par l'éther, lui abandonne l'isatine. Pour la purifier, on la dissout dans la potasse étendue et froide, et on la précipite par l'acide chlorhydrique, puis on la fait cristalliser dans l'alcool [de Sommaruga, *Liebig's Ann. Chem.*, t. CXC, p. 367].

Constitution. — Les différentes synthèses citées plus haut, ainsi que sa transformation facile en acide isatique, avaient fait adopter pour l'isatine la formule

$$C^6H^4 \begin{matrix} < CO \\ < AzH \end{matrix} > CO.$$

Cependant, dans un travail récent, Baeyer, se fondant sur sa solubilité dans la potasse et sur les propriétés de l'éthylisatine, a proposé la formule suivante :

$$C^6H^4 \begin{matrix} < CO \searrow \\ < Az \nearrow \end{matrix} C(OH).$$

Toutefois certains dérivés, tels que l'acétylisatine de Suida, seraient représentés d'après Baeyer par la formule

$$C^6H^4 \begin{matrix} < -CO- \\ < Az(C^2H^3O) \end{matrix} > CO.$$

Or ce composé dérive directement de l'isatine par l'action de l'anhydride acétique. D'autre part, la transformation de l'isatine en acide isatique, qui s'effectue comme on sait par simple dissolution dans la potasse, devrait passer par les phases suivantes :

$$C^6H^4 \begin{matrix} < CO \searrow \\ < Az \nearrow \end{matrix} C.OH + H^2O$$

$$= C^6H^4 \begin{matrix} < CO \\ < AzH \end{matrix} > C(OH)^2,$$

ce composé pouvant, par perte d'une molécule d'eau, se transformer en un isomère auquel correspondrait l'acétylisatine de Suida, ou se transformer en acide isatique par simple transposition moléculaire

$$C^6H^4 \begin{matrix} < CO \\ < AzH \end{matrix} > C(OH)^2$$

$$= C^6H^4 \begin{matrix} < CO \\ < AzH \end{matrix} > CO + H^2O,$$

$$C^6H^4 \begin{matrix} < CO \\ < AzH \end{matrix} > C(OH)^2 = C^6H^4 \begin{matrix} < CO\text{-}CO^2H. \\ < AzH^2 \end{matrix}$$

Les raisons sur lesquelles Baeyer s'appuie ne nous paraissent pas suffisantes pour motiver cette nouvelle formule de l'isatine [Baeyer, *Deutsch. chem. Gesellsch.*, 1882, p. 2100].

Propriétés. — L'isatine se dissout dans la potasse, et cette dissolution donne avec le nitrate d'argent un précipité rouge qui, lavé à l'eau et à l'alcool, et rapidement séché dans le vide sec, présente la composition de l'argent-isatine

$$C^8H^4AgAzO^2$$

[Baeyer, *Deutsch. chem. Gesellsch.*, 1882, p. 2093].

Lorsque l'on fait réagir le perchlorure de phosphore sur l'isatine en solution dans la benzine (5 grammes d'isatine, 7 grammes de perchlorure, 10 grammes de benzine), on obtient des aiguilles brunes que l'on lave avec la ligroïne et que l'on sèche dans le vide. C'est le chlorure d'imide-isatine,

$$C^6H^4 \begin{matrix} < CO \searrow \\ < Az \nearrow \end{matrix} CCl.$$

Il se dissout en bleu dans l'éther, l'alcool et l'acide acétique, est peu soluble dans la benzine et la ligroïne. Il fond à 180° et se décompose à l'air humide. La potasse en régénère l'isatine.

Par réduction, il donne de l'indigo et de l'indigo-purpurine [Baeyer, *Deutsch. chem. Gesellsch.*, 1878, p. 1296, et 1879, p. 456].

L'isatine réagit sur l'indoxyle en donnant de l'indirubine; la bromisatine réagit de même en donnant l'indirubine bromée (p. 947) [Baeyer, *Deutsch. chem. Gesellsch.*, 1881, p. 1742].

L'isatine en solution acétique, ou en solution alcoolique additionnée d'acide chlorhydrique, est décolorée par la poudre de zinc. A froid, il paraît se former de l'hydroisatine,

$$C^6H^4 \begin{matrix} < C(OH) \searrow \\ < AzH \nearrow \end{matrix} C.OH.$$

A l'ébullition, il se forme du dioxindol.

L'isatine et le phénol se combinent lorsque l'on les chauffe en présence de l'acide chlorhydrique; l'eau sépare du mélange une substance blanche qui paraît être un phénol complexe et que le cyanure rouge colore en violet.

L'isatine s'unit également aux hydrocarbures en présence d'acide sulfurique concentré. Avec la benzine, elle donne de l'indophénine.

NITRO-ISATINE, $C^8H^4(AzO^2)AzO^2$. — On l'obtient en ajoutant la quantité calculée de nitrate de potassium à de l'isatine dissoute dans un excès d'acide sulfurique concentré et froid. Le mélange est versé sur de la glace; il se forme un précipité que l'on purifie par cristallisation dans l'alcool, et qui se présente alors sous forme d'aiguilles étoilées, fusibles à 226-230°, peu solubles dans l'eau, solubles dans l'alcool. La potasse la dissout avec une couleur orangée, en donnant un sel potassique qui cristallise par le repos [Baeyer, *Deutsch. chem. Gesellsch.*, 1879, p. 1309].

ACTION DE L'AMMONIAQUE SUR L'ISATINE. — L'action de l'ammoniaque est extrêmement complexe. Lorsque l'on chauffe à 100° de l'isatine avec de l'alcool ammoniacal, les parois du tube sont recouvertes de cristaux baignés par une solution pourpre. Les cristaux eux-mêmes renferment deux substances séparables par l'alcool bouillant. La partie insoluble est la *diamido-isatine*, qui se forme d'après l'équation

$$2C^8H^5AzO^4 + 2AzH^3 = 2H^2O + \underset{\text{Diamido-isatine.}}{C^{16}H^{12}Az^4O^2}.$$

La partie soluble renferme l'*oxydiimido-diamido-isatine*; un troisième corps, la *desoxyimido-isatine*, reste en solution dans l'eau mère pourpre. Ces dérivés prennent naissance en vertu de la réaction suivante :

$$8\ C^8H^5AzO^4 + 7\ AzH^3$$
$$= 7\ H^2O + \underset{\text{Oxydiimidodiamido-isatine.}}{C^{16}H^{14}Az^6O^3} + 3\ \underset{\text{Désoxyimido-isatine.}}{C^{16}H^{11}Az^3O^2}$$

Nous allons décrire ces produits.

Diamido-isatine. — Elle cristallise en aiguilles feutrées jaune pâle, fusibles au delà de 300° en se décomposant.

Le chlorhydrate est une poudre cristalline jaune ayant pour formule $C^{16}H^{12}Az^4O^2, HCl$, peu soluble dans l'eau bouillante.

Le sulfate, $C^{16}H^{12}Az^4O^2, SO^4H^2$, cristallise par refroidissement de la solution bouillante en amas sphéroïdaux.

Le chromate, $C^{16}H^{12}Az^4O^2, CrO^4H^2$, est en prismes quadratiques pyramidés.

Cette base se réduit à chaud sous l'influence de l'amalgame de sodium, avec dégagement d'ammoniaque. Par refroidissement, il se dépose de longues aiguilles incolores d'une combinaison sodique dont l'acide sulfurique précipite la *dihydramido-isatine*, $C^{16}H^{13}Az^3O^4$, en fines aiguilles incolores, étoilées, insolubles dans l'eau et fusibles à 213°.

Monoamido-isatine, $C^{16}H^{11}Az^3O^3$. — On la prépare en chauffant la diamido-isatine avec de la potasse caustique. Par addition d'un acide, il se forme un précipité que l'on lave à l'eau et que l'on fait cristalliser dans l'alcool. Il se présente en aiguilles fusibles à 250-252°, peu solubles dans l'eau, solubles dans les alcalis avec lesquels il forme des composés définis.

Il se forme selon l'équation suivante :

$$C^{16}H^{12}Az^4O^2 + H^2O = AzH^3 + C^{16}H^{11}Az^3O^3.$$

Le dérivé ammoniacal, $C^{16}H^{10}(AzH^4)Az^3O^3$, s'obtient par évaporation de la solution ammoniacale. On obtient de même le dérivé potassique, $C^{16}H^{10}KAz^3O^3 + 1\frac{1}{2}H^2O$, qui, soumis à l'action de l'amalgame de sodium, fournit de la dihydramido-isatine. Celle-ci régénère la monamide lorsqu'on l'oxyde par le chlorure ferrique ou l'oxyde mercurique [de Sommaruga, *Monatshefte Chem.*, t. Ier, p. 575].

Nous avons vu que les cristaux que l'on obtient par l'action de l'ammoniaque alcoolique sur l'isatine renferment, outre la diamide, une partie soluble dans l'alcool et l'eau bouillante, et qui s'en dépose en rhomboèdres aigus. C'est l'*oxydiimidodiamido-isatine*, $C^{16}H^{14}Az^6O^3$; ce corps se forme en même temps que la désoxyimido-isatine $C^{16}H^{11}Az^3O^2$, qui reste en solution dans l'eau mère des cristaux primitifs.

L'*oxydiimidodiamido-isatine* cristallise en rhomboèdres fusibles à 295-300°, brunissant dès 260°. Elle ne se combine pas aux alcalis, se dissout dans les acides, mais n'en est pas précipitée par l'ammoniaque. Sa saveur est d'abord sucrée, puis amère.

L'*azotate*, $C^{16}H^{14}Az^6O^3, AzO^3$, cristallise par refroidissement en un amas grenu d'aiguilles microscopiques peu solubles dans l'eau froide. Les solutions étendues offrent une fluorescence bleue comparable à celle de la quinine.

Le *sulfate*, $C^{16}H^{14}Az^6O^3, SO^4H^2$, cristallise en prismes incolores basés, très peu solubles. Ces sels ne renferment, comme ceux de la diamido-isatine, qu'une molécule d'acide, quelle que soit d'ailleurs la basicité de cet acide.

L'azotite de potassium agit sur le sulfate d'oxydiimidodiamido-isatine en donnant le dérivé nitrosé qui se dépose en grandes aiguilles étoilées jaune-orange.

L'amalgame de sodium agit sur l'oxydiimidodiamido-isatine en dégageant deux molécules d'ammoniaque, d'après l'équation

$$C^{16}H^{14}Az^6O^3 + 5H^2 = H^2O + 2AzH^3 + C^{16}H^{16}Az^4O^2.$$

Le produit se dépose par refroidissement de la liqueur filtrée en grumeaux cristallins fusibles à 215-217°.

L'oxydation de ce composé par l'acide chromique le transforme en un acide, $C^{16}H^{12}Az^4O^4$, peu soluble dans l'eau, cristallisable en aiguilles brillantes et incolores.

Désoxyimido-isatine, $C^{16}H^{11}Az^3O^2$. — C'est le troisième produit de la réaction de l'ammoniaque, sous pression sur l'isatine. Elle se présente sous la forme d'une masse amorphe, ressemblant au tannin, d'une saveur astringente, soluble dans l'alcool et l'eau bouillante, fusible à 209-210° Elle est attaquée à l'ébullition par l'amalgame de sodium et transformée sans dégagement d'ammoniaque et par simple fixation d'eau en un composé, $C^{16}H^{13}Az^3O^3$, isomérique avec la monamidodihydro-isatine. Ce même composé se forme lorsque l'on chauffe sous pression la désoxyimido-isatine avec de l'eau ou de la potasse étendue [de Sommaruga, *Liebig's Ann. Chem.*, t. CXC, p. 367, et t. CXCIV, p. 85].

ACÉTYLISATINE,

$$C^6H^4 < \begin{matrix} -CO- \\ Az.C^2H^3O \end{matrix} > CO.$$

— On obtient ce composé en faisant bouillir l'isatine avec 2 parties d'anhydride acétique. On exprime la masse cristalline qui se forme et on la fait recristalliser dans la benzine.

L'acétylisatine cristallise en aiguilles prismatiques jaunes, peu solubles dans l'eau froide, solubles dans l'alcool, fusibles à 141°. L'eau froide et l'acide chlorhydrique la dédoublent en acide acétique et isatine. Elle se dissout dans la soude froide et étendue. Les acides en précipitent l'acide acétylisatique [Suida, *Deutsch. chem. Gesellsch.*, 1878, p. 584].

ACÉTYLBROMISATINE,

$$H^3Br < \begin{matrix} -CO- \\ Az.C^2H^3O \end{matrix} > CO.$$

— On l'obtient en faisant bouillir pendant trois heures 5 parties de bromisatine avec 8 parties d'anhydride acétique. On obtient ainsi de grands cristaux jaune paille que l'on purifie en les faisant recristalliser dans la benzine. Les alcalis étendus la dissolvent à froid en jaune vif. Les acides en précipitent de l'acide acétylbromisatique.

Traitée à froid par la potasse, l'acétylbromisatine ne perd pas son groupe acétyle. Au contraire, sous l'influence de l'acide sulfurique, elle le perd, car elle donne en présence de benzine la réaction de l'indophénine.

DIBROMISATINE,

$$C^6H^2Br^2 < \begin{matrix} CO \\ AzH \end{matrix} > CO.$$

— La dibromisatine peut s'obtenir par l'action du brome au soleil sur la bromisatine ; mais la réaction est fort longue. Il est préférable de chauffer à 100° pendant quinze à vingt heures une solution acétique saturée d'isatine avec un excès de brome. Par refroidissement, la dibromisatine se sépare en aiguilles orangées, que l'on purifie en les transformant en dibromisatate de potassium, qui est peu soluble.

La dibromisatine fond à 250°. De la comparaison des points de fusion de l'isatine (200°), de la bromisatine (255°) et de la dibromisatine (250°), Baeyer conclut que le premier atome de brome est dans la position para, relativement au groupe AzH, et le second dans la position ortho.

La combinaison potassique de la dibromisatine est bleu violet, et la combinaison argentique, préparée comme celle de l'isatine, est violette [Baeyer et Œconomidès, *Deutsch. chem. Gesellsch.*, 1882, p. 2098].

MÉTHYLISATINE,

$$C^9H^7AzO^2 = C^6H^4 < \begin{matrix} CO \\ Az(CH^3) \end{matrix} > CO.$$

— L'isatine étant dissoute dans la potasse, puis transformée en argent-isatine, est mise à digérer pendant quarante-huit heures avec de l'iodure de *méthyle* en quantité théorique et de l'éther absolu. La masse est épuisée par de petites quantités de benzine, et les liqueurs filtrées, additionnées de ligroïne, sont évaporées au bain-marie. Il se dépose de gros prismes rhombiques rouge de sang de méthylisatine, fusibles à 101-102°, en un liquide limpide et rouge. La méthylisatine est soluble dans la benzine, le sulfure de carbone, l'éther et l'acétone, très peu soluble dans la ligroïne. Elle se dissout difficilement dans les alcalis étendus. Les acides en précipitent de l'isatine.

La méthylisatine se transforme facilement en un dérivé plus condensé, la *méthylisatoïde*,

$$C^{17}H^{12}Az^2O^4,$$

qui se forme par l'union d'une molécule d'isatine et d'une molécule de méthylisatine,

$$C^8H^5AzO^2 + C^9H^7AzO^2 = C^{17}H^{12}Az^2O^4.$$

Ce composé se produit dans la préparation de la méthylisatine lorsque l'on n'opère pas assez rapidement; du reste, les cristaux rouges de méthylisatine se délitent au bout de quelques jours en une poudre jaune de méthylisatoïde.

C'est une substance très peu soluble dans tous les dissolvants et qui se dépose de sa solution alcoolique en aiguilles jaunes étoilées, fusibles à 119°. Elle se dissout en jaune dans la soude étendue. Les acides en précipitent de l'isatine.

La *méthylbromisatine*, $C^8H^3Br(CH^3)AzO^2$, s'obtient en partant de la bromisatine comme la méthylisatine. Elle cristallise en aiguilles rouges fusibles à 147°. Elle est moins soluble que la méthylisatine et se transforme de même en *méthylbromisatoïde* fusible à 230-231°.

ÉTHYLISATINE. — On ne connaît que ses dérivés bromés.

Éthylbromisatine, $C^8H^3Br(C^2H^5)AzO^2$. — On la prépare par l'action du bromure d'éthyle sur le dérivé argentique de la bromisatine. Elle est moins soluble que le dérivé méthylique correspondant, cristallise en prismes rouges fusibles à 107-109°. En présence d'une faible quantité de potasse alcoolique, elle se colore en rouge violet. Un excès d'alcali ramène la couleur au jaune, en produisant du bromisatate de potassium.

L'éthylbromisatine se transforme de même, mais moins facilement que le composé méthylé, en *éthylbromisatoïde*, $C^{18}H^{12}Br^2Az^2O^4$. La transformation exige environ quatre semaines. Elle est beaucoup plus rapide si l'on dissout l'éthylbromisatine dans de l'anhydride acétique à froid. Au bout de deux jours, on obtient de beaux cristaux orangés d'éthylbromisatoïde que l'on lave à l'alcool et à l'éther.

Elle est un peu soluble dans l'alcool et l'acétone chauds, d'où elle se dépose en fines aiguilles fusibles à 244-245° avec décomposition. La potasse la colore d'abord en rouge, puis en jaune, avec formation de bromisatate de potassium. Au contraire, l'acide sulfurique ne la transforme pas en bromisatine, car en présence de benzine elle ne donne pas la réaction de l'indophénine.

Éthyldibromisatine, $C^8H^2Br^2(C^2H^5)AzO^2$. — Ce composé s'obtient par l'action de l'iodure d'éthyle sur le dérivé argentique de la dibromisatine. Le produit de la réaction est épuisé par la benzine et le résidu de l'évaporation est mis à cristalliser dans l'alcool. On obtient des cristaux rouges, renfermant de l'alcool de cristallisation, fusibles à 87-89°, très solubles dans la plupart des dissolvants.

La potasse à 5 °/₀ la transforme à froid en une poudre bleu-violet qui est le dérivé potassique. Un excès de potasse la dédouble en dibromisatate de potassium. Les acides en séparent la dibromisatine.

L'*isobutylbromisatine* cristallise mal. Si on l'additionne d'anhydride acétique, elle se transforme en *isobutylbromisatoïde*,

$$C^{20}H^{16}Br^2Az^2O^4,$$

fusible vers 210° [A. Baeyer et Œconomidès, *Deutsch. chem. Gesellsch.*, 1882, p. 2097].

M. Hanriot.

ISATIQUE (ACIDE). — Cet acide n'est autre que l'acide orthoamidophénylglyoxylique,

$$C^8H^7AzO^3 = C^6H^4 \begin{cases} CO\text{-}COOH \\ AzH^2 \end{cases}$$

Il prend naissance, comme on sait, lorsque l'on dissout l'isatine dans les solutions alcalines; mais lorsqu'on cherche à le mettre en liberté, il perd une molécule d'eau et se transforme de nouveau en isatine. Ses dérivés de substitution sont plus stables et ont pu être isolés.

Acide acétylisatique,

$$C^6H^4 \begin{cases} CO\text{-}CO^2H \\ AzH.C^2H^3O \end{cases}$$

— On l'obtient en dissolvant l'acétylisatine dans la soude froide et étendue, et en neutralisant la liqueur par l'acide sulfurique. Il se forme ainsi des aiguilles incolores, peu solubles dans l'eau froide, solubles dans l'alcool, l'éther et la benzine. La solution alcaline s'altère rapidement.

Acide acétylhydrindique,

$$C^6H^4 \begin{cases} CH.OH\text{-}CO^2H \\ AzH.C^2H^3O \end{cases}$$

— Ce composé se produit par l'hydrogénation au moyen de l'amalgame de sodium de l'acide acétylisatique. La solution concentrée est précipitée par l'acétate de plomb et le sel plombique est décomposé par l'hydrogène sulfuré.

On l'obtient encore en dissolvant l'acétyledioxindol dans l'eau de baryte et précipitant la solution par l'acide sulfurique.

L'acide acétylhydrindique se présente en aiguilles incolores, étoilées, solubles dans l'eau, l'alcool, le chloroforme et l'acide acétique, peu solubles dans l'éther, fusibles à 142°.

Traité par l'acide chlorhydrique, il ne régénère plus l'anhydride correspondant à l'isatine [Suida, *Deutsch. chem. Gesellsch.*, 1878, p. 584, et 1879, p. 1326].

Acide acétylbromisatique,

$$C^6H^3Br \begin{cases} CO\text{-}CO^2H \\ AzH.C^2H^3O \end{cases}$$

— L'acide acétylbromisatique se produit lorsque l'on dissout à froid dans les alcalis étendus l'acétylbromisatine. La solution jaune précipite par l'addition d'un acide des aiguilles incolores, groupées en étoiles, fusibles à 178-180° en se décomposant partiellement.

Les alcalis étendus ne lui enlèvent pas le groupe acétyle, qu'il perd par l'action de l'acide sulfurique [A. Baeyer, *Deutsch. chem. Gesellsch.*, 1882, p. 2095].

Acide méta-isatique ou *métamidophénylglyoxylique*,

$$C^6H^4 \begin{cases} CO\text{-}CO^2H \\ AzH^2 \end{cases}$$

— Ce composé, isomère avec l'acide isatique, s'obtient en réduisant par le sulfate ferreux l'acide métanitrophénylglyoxylique. Il est soluble dans l'eau bouillante, et s'en sépare en prismes incolores et brillants; il est insoluble dans l'alcool, l'éther, la benzine et le chloroforme. Il jaunit vers 160° et fond à 270-280° en se décomposant.

Le *sel de baryum* est assez soluble dans l'eau froide, très soluble dans l'eau bouillante.

Le *sel d'argent*, $C^8H^6AzO^3Ag$, se précipite sous forme caillebottée et se convertit peu à peu en une poudre cristalline.

Le *chlorhydrate*, $C^6H^4(AzH^2)C^2O^3H.HCl$, est soluble dans l'eau et cristallise en prismes aplatis concentriques.

Le *chloroplatinate* cristallise en mamelons jaune-brun.

En présence d'acide sulfurique et de benzine, il donne une combinaison bleue [J. Claisen et M. Thompson, *Deutsch. chem. Gesellsch.*, 1879, p. 1942].

M. Hanriot.

ISATOGÈNE (ou *diisatogène*), $C^{16}H^8Az^2O^4$. — Ce composé, isomère du dinitrodiphénylacétylène, s'obtient par transposition moléculaire de celui-ci. On ajoute, goutte à goutte et en refroidissant, de l'acide sulfurique fumant au dinitrodiphénylacétylène humecté d'acide sulfurique ordinaire. La solution, filtrée sur du verre, est mélangée d'alcool refroidi. Il se dépose de petites aiguilles rouges de diisatogène. Il est insoluble dans l'alcool et dans l'éther, peu soluble dans le chloroforme, soluble dans la benzine bouillante, qui l'abandonne en aiguilles rouges.

Traité par les agents réducteurs (sulfures alcalins, poudre de zinc, ou glucose en solution alcaline), il donne à froid de l'indigo en quantité théorique,

$$C^{16}H^8Az^2O^4 + 6H = 2H^2O + C^{16}H^{10}Az^2O^2.$$

L'acide sulfurique concentré et le sulfate ferreux le transforment en indoïne. Traité par l'eau de baryte ou le carbonate de sodium, il donne un peu d'indigo et de l'acide orthoazobenzoïque. Il se dissout avec une couleur jaune dans une solution bouillante d'un bisulfite alcalin, en donnant une combinaison sulfonique qui produit de l'indigo sous l'influence de la poudre de zinc.

Baeyer attribue à ce composé la constitution

$$C^6H^4\begin{cases}CO\text{-}C\text{—}C\text{-}CO\\ Az\text{-}O\ \ O\text{-}Az\end{cases}C^6H^4$$

[A. Baeyer, *Deutsch. chem. Gesellsch.*, 1882, p. 50].

M. Hanriot.

ISATOGÉNIQUE (ÉTHER), $C^{11}H^9AzO^4$. — Baeyer a donné ce nom au produit de transformation de l'éther orthonitrophénylpropiolique sous l'influence de l'acide sulfurique :

$$C^6H^4<^{C\equiv C\text{-}CO^2.C^2H^5}_{AzO^2}$$

$$= C^6H^4\begin{cases}CO\text{-}C\text{-}CO^2.C^2H^5\\ Az\text{-}O\end{cases}$$

Cette réaction, qui est donc une simple transposition moléculaire, se passe à froid. L'éther isatogénique cristallise en aiguilles jaunes, solubles dans l'alcool, fusibles à 115°.

Lorsque l'on chauffe l'éther isatogénique en présence d'un réducteur autre que le sulfate ferreux, il se produit de l'éther indoxylique. En présence d'un sel ferreux, il se transforme en éther indoxanthique.

Lorsqu'on arrose l'éther isatogénique avec de l'eau de baryte, il se dissout, puis il se sépare du carbonate de baryum. La solution acidulée cède à l'éther un composé huileux qui est un dérivé azoïque de l'acide phénylglyoxylique. Si l'on abandonne plus longtemps à elle-même la solution barytique, on obtient de l'acide azobenzoïque. L'éther isatogénique se dissout en jaune dans les bisulfites alcalins. Il se produit de l'acide *isatogène-sulfureux*, qui est une masse sirupeuse jaune que l'acide sulfurique convertit en indoïne.

L'acide isatogénique libre n'a pu être isolé, vu son instabilité [A. Baeyer, *Deutsch. chem. Gesellsch.*, 1882, p. 50, 775, 1741].

M. Hanriot.

ISATOÏDES. — Voyez Isatine.

ISATRONIQUE (ACIDE). — Voyez Isatropique (acide), p. 961.

ISATROPIQUE (ACIDE), $C^{18}H^{16}O^4$. — L'acide isatropique, découvert par Lossen dans les produits d'hydratation de l'atropine (voyez t. II, p. 135), a été considéré jusque dans ces derniers temps comme un isomère des acides atropique et cinnamique. D'après les recherches de Fittig [*Liebig's Ann. Chem.*, t. CCVI, p. 34], il faudrait doubler la formule de cet acide et écrire $C^{18}H^{16}O^4$ au lieu de $C^9H^8O^2$.

Préparation. — Au lieu de retirer cet acide des produits de l'action de la baryte ou de l'acide chlorhydrique sur l'atropine ou l'acide tropique, on peut agir sur l'acide atropique. Celui-ci est soumis à une ébullition prolongée avec de l'eau, ou bien chauffé à sec entre 140 et 160°. Dans les deux cas il se forme un mélange de deux acides isatropiques différents : l'acide α-isatropique, qui est le plus abondant, et l'acide β-isatropique. On traite le produit de la réaction par de l'acide acétique étendu de son volume d'eau et, par cristallisation fractionnée, on sépare l'acide α, qui est le moins soluble.

Acide α-isatropique. — Il se dépose de ses solutions acétiques en très petits cristaux, réunis en croûtes peu solubles dans l'eau bouillante et l'alcool. Point de fusion : 237°.

Sel de calcium, $C^{18}H^{14}CaO^4 + 2H^2O$. — Précipité cristallin obtenu par double échange.

Sel de baryum, $C^{18}H^{14}BaO^4 + 2\frac{1}{2}H^2O$. — Croûtes cristallines peu solubles.

Ether α-isatropique, $C^{18}H^{14}(C^2H^5)^2O^4$. — On le prépare en faisant agir l'acide chlorhydrique sur une solution alcoolique de l'acide. Cristaux incolores, fusibles à 180-181°.

Acide β-isatropique. — On retire cet acide des eaux mères du précédent. Il forme de gros cristaux transparents, octaédriques ou bien tabulaires. Les cristaux octaédriques renferment une molécule d'acide acétique de cristallisation. L'eau pure dissout cet acide et le dépose par refroidissement en petites tables quadratiques brillantes. L'acide β est anhydre, fond à 206°; vers 220° il se colore, fond et bientôt se concrète; il est alors transformé en acide α-isatropique fusible à 237°.

Sel de calcium, $C^{18}H^{14}CaO^4 + 3H^2O$. — Il se prépare par double décomposition et cristallise en prismes groupés en étoiles.

Oxydation. — Les acides α et β-isatropique, indifféremment, traités par l'acide chromique en solution acétique, fournissent une petite quantité d'anthraquinone et de l'acide orthobenzoyle-benzoïque, identique avec celui de Zincke, en plus grande abondance. La formation de ces produits montre qu'on ne peut conserver à l'acide isatropique la formule $C^9H^8O^2$.

Distillation sèche de l'acide α-isatropique. — Cette réaction se fait avec un fort dégagement gazeux ; il ne reste presque pas de résidu dans l'appareil. Les produits condensés renferment de l'eau, les acides α et β-isatropique, un nouvel acide monobasique, l'*acide atronique*, et un carbure, l'*atronol*. Pour séparer ces corps, on sature le mélange par de la soude, puis on agite avec de l'éther, qui enlève l'atronol. On remet les acides en liberté par l'acide chlorhydrique, on lave le précipité, puis on le dissout dans 40 fois son poids d'eau ammoniacale; si l'on ajoute du chlorure de calcium à ce mélange, il se dépose de l'atronate de calcium à froid; en chauffant les eaux mères, le β-isatropate de calcium se précipite à son tour et l'α-isatropate reste dans les dernières eaux.

Atronol, $C^{16}H^{14}$. — Cet hydrocarbure bout entre 325 et 326° et ne se solidifie pas à — 18°. L'acide sulfurique fournit un dérivé sulfoconjugué, qui cristallise en aiguilles fusibles à 130° et dont le sel barytique, l'atronolsulfonate de baryum, renferme $(C^{16}H^{13}SO^3)^2Ba$.

Par oxydation, l'atronol se change en acide orthobenzoyle-benzoïque.

Acide atronique, $C^{17}H^{14}O^2$. — Prismes limpides lorsqu'ils se déposent d'une solution acétique; poudre blanche lorsqu'on le prépare par cristallisation. Ce corps fond à 164°.

Atronate de calcium, $(C^{17}H^{13}O^2)^2Ca + 6H^2O$. — Précipité floconneux, devenant cristallin. Peu soluble dans l'eau.

Atronate de baryum, $(C^{17}H^{13}O^2)^2Ba + 4H^2O$. — Semblable au précédent, mais plus soluble dans l'eau.

Action de l'acide sulfurique sur les acides isatropiques. — Ces acides, traités par un excès d'acide sulfurique à la température de 50°, laissent dégager de l'oxyde de carbone; la masse reprise par l'eau et évaporée laisse déposer des croûtes cristallines d'un acide peu soluble représenté par la formule $C^{17}H^{14}O^2$, l'acide isatronique, dérivé des acides isatropiques $C^{18}H^{16}O^4$, par perte d'eau et d'oxyde carbonique.

Acide isatronique. — Cet acide est soluble dans l'éther, l'alcool et l'acide acétique; il cristallise en lamelles fusibles à 156-157°.

Le *sel de calcium*, anhydre, est très peu soluble dans l'eau.

Le *sel de baryum*, $(C^{17}H^{13}O^2)^2Ba + 6H^2O$, cristallise dans l'eau bouillante en petits prismes incolores.

Lorsque dans l'action de l'acide sulfurique sur les acides isatropiques on atteint la température de 90°, il se dégage en même temps de l'acide sulfureux et de l'oxyde de carbone; la décomposition de l'acide est alors plus profonde. Le produit de la réaction étendu d'eau donne un abondant précipité blanc, qu'on transforme en sel sodique et qu'on reprécipite immédiatement. Ce précipité se dissout dans l'acide acétique étendu, bouillant, et cristallise par refroidissement en prismes brillants renfermant $C^{16}H^{11}SO^3H$. Ce corps sulfoné a reçu le nom d'*acide atronylène-sulfonique*. Il fond à 258°; ses solutions alcalines sont très altérables, surtout à la lumière; elles déposent un corps insoluble renfermant, après cristallisation dans l'alcool, $C^{16}H^{10}SO^2$, et fondant à 193° : c'est l'atronine-sulfone. A. Étard.

ISÉTHIONIQUE (ACIDE), $C^2H^6SO^4$ (voyez t. II, p. 136). — L'acide iséthionique se produit par l'action du chlorure d'éthyle à froid sur l'anhydride sulfurique, en même temps que le chlorosulfate d'éthyle [Müller, *Deutsch. chem. Gesellsch.*, 1873, p. 229] et que l'acide chloréthylsulfureux [von Purgold, *ibid.*, p. 502].

Introduit dans l'économie, soit par les voies digestives, soit en injections sous-cutanées, l'acide iséthionique accroît notablement la quantité d'acide sulfurique de l'urine, en même temps il fait apparaître dans ce liquide l'acide hyposulfureux [Salkowski, *Deutsch. chem. Gesellsch.*, 1876, p. 140].

Oxydé en solution aqueuse par l'acide chromique à la température du bain-marie, l'acide iséthionique se transforme en acide sulfacétique [Carl, *Deutsch. chem. Gesellsch.*, 1881, p. 63].

L'*iséthionate d'éthyle*, $C^2H^4.OH\text{-}SO^3C^2H^5$, se produit lorsqu'on fait passer des vapeurs d'anhydride sulfurique dans de l'alcool absolu ou dans de l'éther anhydre. C'est un liquide oléagineux, légèrement jaunâtre, insoluble dans l'eau, qui le décompose lentement à froid et rapidement à chaud. Sa densité est 1,12.

Chauffé avec précaution, il distille en partie sans altération à 120°; mais bientôt le thermomètre monte à 130-140° et il se dégage de l'acide sulfureux et de l'alcool.

Chauffé avec du sulfhydrate de potassium, l'iséthionate d'éthyle fournit du mercaptan [Marja-Mazurowska, *Journ. prakt. Chem.* (2), t. XIII, p. 158].

L'*iséthionate d'ammonium* fond à 130° et se décompose à 210° en perdant de l'eau et de l'ammoniaque; le résidu, purifié par cristallisation dans l'alcool à 93 °/₀, se présente en lamelles nacrées, fusibles à 196-198°, solubles dans l'eau, qui constituent le *di-iséthionate d'ammonium*,

$$O < \begin{matrix} CH^2\text{-}CH^2\text{-}SO^3AzH^4 \\ CH^2\text{-}CH^2\text{-}SO^3AzH^4 \end{matrix}$$

Les eaux mères de ce corps renferment un autre sel de la formule $C^4H^{13}AzS^2O^7$, dont la constitution est peut-être

$$SO^3 < \begin{matrix} CH^2\text{-}CH^2\text{-}SO^3AzH^4 \\ CH^2\text{-}CH^2.OH \end{matrix}$$

[Carl, *Deutsch. chem. Gesellsch.*, 1879, p. 1604].

L'*iséthionate de baryum*, maintenu pendant trente-six heures à 190-210°, se décompose en laissant pour résidu du carbonate de baryum, du sulfate de baryum, du sulfacétate de baryum et un sel soluble dans l'eau, le *di-iséthionate de baryum*, sel qui se présente en agglomérations sphériques. L'acide correspondant est un sirop brunâtre incristallisable [Carl, *Deutsch. chem. Gesellsch.*, 1881, p. 63]. Ad. Fauconnier.

ISO. — Pour les mots qui ne se trouvent pas à leur rang alphabétique, voyez le mot qui suit ce préfixe.

ISOANGÉLIQUE (ACIDE). — Nom donné par Duvillier à un acide dérivé de l'acide α-bromo-isovalérique et qui est identique avec l'acide diméthacrylique (Suppl. p. 646).

ISOANTHRAFLAVIQUE (ACIDE). — Voyez Suppl. p. 182.

ISOBUTANE. — Syn. de Triméthylméthane, t. III, p. 513.

ISOBUTYRIQUE (ACIDE),

$$C^4H^8O^2 = \begin{matrix} CH^3 \\ CH^3 \end{matrix} > CH\text{-}CO^2H$$

[voyez t. II, p. 138 et Suppl. p. 383]. — L'acide isobutyrique se trouve dans l'huile de croton avec quelques autres acides gras (Berendes); dans l'essence de camomille romaine à l'état d'éther isobutylique ou isoamylique (Fittig et Kopp); dans l'essence d'arnica (Spiegel); dans les excréments humains (Brieger); dans les acides des fruits du caroubier, acides qui en sont formés pour la majeure partie (Grünzweig); dans les produits de distillation de la colophane (Kelbe). Il se forme en outre par hydrogénation de l'acide méthacrylique (Fittig et Paul), dans l'oxydation du triméthylcarbinol (Boutlerow), par fusion de l'acide pyrotérébique avec la potasse (Williams); il se forme encore dans une circonstance bien remarquable et qui mériterait d'être étudiée avec soin : Erlenmeyer a en effet observé que du butyrate de calcium en solution concentrée et qui était chauffé à 100° dans un tube de temps en temps pour montrer la précipitation à chaud du sel de calcium, s'était au bout de dix ans transformé en isobutyrate. Cette réaction est tout à fait inexpliquée.

Suivant Is. Pierre et Puchot, il bout à 155°,5 ($p = 760^{mm}$). A 0°, D = 0,9697 ; à 52°,6, D = 0,916; à 99°,8, D = 0,8665; à 130°,8, D = 0,822. Brühl a trouvé que cet acide et ses dérivés avaient sensiblement même pouvoir réfractif moléculaire que l'acide butyrique et ses dérivés correspondants.

L'acide isobutyrique soumis à l'oxydation fournit de l'eau, de l'acide carbonique, de l'acide acétique, de l'acétone quand on emploie le mélange chromique (Erlenmeyer et Grünzweig, Popoff, Schmidt); de l'acide oxyisobutyrique avec le permanganate en solution alcaline (R. Meyer). Avec l'acide azotique fumant ou étendu, on n'obtient rien de spécial, suivant Lauterbach et Bredt ; suivant Bredt, 10 grammes d'acide isobutyrique fournissent après 10 jours d'ébullition avec l'acide azotique 3 grammes de dinitroisopropane.

Traité par le chlore et le chlorure d'iode, il donne du perchloropropane (Krafft).

Isobutyrate de potassium. — Ce sel dégage en se formant + 14,3 calories (Louguinine).

Sel de baryum, $(C^4H^7O^2)^2 Ba + \frac{1}{2} H^2O$. — Ce sel perd son eau avant 150° et cristallise dans le système clinorhombique : $a : b : c = 2,2871 : 1 : 3,8542$, $\beta = 52°51'$. D'après Fitz, il forme avec l'acétate de baryum le sel double

$$\begin{matrix} C^4H^7O^2 \\ C^2H^3O^2 \end{matrix} > Ba + \tfrac{1}{2} H^2O.$$

Isobutyrate d'éthyle. — Cet éther bout à 113° (p = 760mm). Il dissout aisément le sodium, mais les produits de la réaction n'ont pas été étudiés (Oppenheim et Hellon).

Isobutyrate d'isobutyle. — Ce corps bout à 147°,5 et s'obtient par oxydation de l'alcool isobutylique au moyen de l'acide sulfurique et de l'acide chromique (Schmidt). Il est attaqué à froid par le brome, quoique lentement; la rapidité de la réaction croît très vite avec la température (Urech).

Chlorure d'isobutyryle. — Il bout à 92°. Décomposé par l'eau, il dégage 13,08 calories (Louguinine).

Bromure d'isobutyryle. — Ce corps, traité par la potasse, dégage une quantité de chaleur qui, rapportée à l'équation

$$C^4H^7OBr \text{ (liquide)} + H^2O \text{ (gaz)}$$
$$= C^4H^8O^2 \text{ (liquide)} + HBr \text{ (gaz)},$$

est égale à 13,013 (Louguinine).

L'*anhydride isobutyrique* bout à 180°.

L'*isobutyramide*, préparée par l'action de l'ammoniaque sur l'isobutyrate d'isobutyle (Münde), ou de l'acide isobutyrique sur le sulfocyanate d'ammonium, fond à 124° (Münde), à 100-102° (Letts), se sublime aisément et bout à 216-220°. Ce sont de petites lamelles brillantes, très solubles dans l'eau et l'alcool.

L'*isobutyronitrile*, obtenu par Letts en même temps que l'isobutyramide, bout à 107-108°.

Acide chloroisobutyrique. — Si l'on fait absorber à l'acide isobutyrique une molécule de chlore à 90-95°, on peut extraire du produit éthérifié par l'alcool le chloroisobutyrate d'éthyle bouillant à 148,5-149°,5 (p = 749mm). Sa densité à 0° est 1,062 et sa constitution est représentée par la formule $(CH^3)^2 = CCl\text{-}CO^2C^2H^5$, car il donne avec la potasse de l'acide méthacrylique, de l'acide acétonique et un troisième acide qui paraît être un anhydride de ce dernier (Balbiano).

L'*acide amidoisobutyrique* se produit dans l'action de l'acide chlorhydrique à 160° sur l'acétonylurée. Ce sont des lamelles hexagonales se sublimant sans fondre.

Son chlorhydrate contient 2 molécules d'eau qu'il ne perd pas en entier à 100° (Urech).

[Berendes, *Bull. Soc. chim.*, t. XXIX, p. 157, et *Deutsch. chem. Gesellsch.*, 1877 p. 837; — Fittig et Kopp, *Bull. Soc. chim.*, t. XXX, p. 41 et *Deutsch. chem. Gesellsch.*, 1877, p. 513; — Fittig et Paul, *Bull. Soc. chim*, t. XXVI, p. 504 et *Deutsch. chem. Gesellsch.*, 1876, p. 122; — Brieger, *Bull. Soc. chim.*, t. XXIX, p. 471 et *Deutsch. chem. Gesellsch.*, 1877, p. 1029; — Boutlerow, *Deutsch. chem. Gesellsch.*, 1870, p. 932; — Pierre et Puchot, *Compt. rend.*, t. LXX, p. 434; — Letts, *Bull. Soc. chim.*, t. XVIII, p. 319; — Erlenmeyer et Grünzweig, *Deutsch. chem. Gesellsch.*, 1869, p. 898; — Erlenmeyer, *Liebig's Ann. Chem.*, t CLXXXI, p. 126 et *Bull. Soc. chim.*, t. XXVII, p. 22; — Grünzweig, *Bull. Soc. chim.*, t. XVIII, p. 127; — Schmidt, *Deutsch. chem. Gesellsch.*, 1874, p. 1364; — Popoff, *Deutsch. chem. Gesellsch.*, 1869, p. 988; et *Bull. Soc. chim.*, t. XV, p. 233, — Williams, *Bull. Soc. chim.*, t. XXI, p. 28; — Krafft, *Deutsch. chem. Gesellsch.*, 1876, p. 1088; — Hellon et Oppenheim, *Deutsch. chem. Gesellsch.*, 1877, p. 699 et *Bull. Soc. chim.*, t. XXVIII, p. 372; — Conrad et Hodgkinson, *Deutsch. chem. Gesellsch.*, 1877, p. 255 et *Bull. Soc. chim.*, t. XXVIII, p. 399; — Louguinine, *Deutsch. chem. Gesellsch.*, 1875, p. 343; 1880, p. 13; 1874, p. 438; — R. Meyer, *Deutsch. chem. Gesellsch.*, 1878, p. 1788; — Balbiano, *Deutsch, chem. Gesellsch.* 1878, p. 1693 et *Bull. Soc. chim.*, t. XXX, p. 356; — Schmidt et Sachtleben, *Deutsch. chem. Gesellsch.*, 1878, p. 729 et *Bull. Soc. chim.*, t. XXXII, p. 152; — Lauterbach, *Deutsch. chem. Gesellsch.*, 1879, p. 677 et *Bull. Soc. chim.*, t. XXXI, p. 412; — Perkin, *Deutsch. chem. Gesellsch.*, 1879, p. 298; — Kelbe, *Deutsch. chem. Gesellsch.*, 1880, p. 1157 et *Bull. Soc. chim.*, t, XXXIII, p. 26; — Fitz, *Deutsch. chem. Gesellsch.*, 1880, p. 1316 et *Bull. Soc. chim.*, t. XXXIII, p. 18?; — Urech, *Deutsch. chem. Gesellsch.*, 1880, p. 1693 ; — Barbaglia et Gucci, *Deutsch. chem. Gesellsch.*, 1880, p. 1572; — Siegel, *Bull. Soc. chim.*, t. XXI, p. 512 ; — Urech, *Bull. Soc. chim.*, t. XIX. p. 29 et *Ann. Chem. Pharm.*, t. CLXIV p. 255 ; — Géromont, *Bull. Soc. chim.*, t. XVIII, p. 241].

E. Demarçay.

ISOBUTYRIQUE (ALDÉHYDE). C^4H^8O. — Cette aldéhyde s'obtient, mélangée d'acétone, par l'action du mélange des acides sulfurique et chromique sur l'alcool isobutylique. Le produit est traité par du carbonate de potassium qui polymérise l'aldéhyde; l'acétone est ensuite chassée par la distillation, et le résidu visqueux est soumis à la distillation sèche, qui fournit de l'aldéhyde et des produits de condensation bouillant à une haute température (Urech).

L'aldéhyde prend aussi naissance dans la distillation sèche de l'isobutyrate de calcium; par l'action de l'acide sulfurique étendu sur l'oxyde d'isocrotyle et d'éthyle ou de méthyle (Eltékoff); lorsqu'on chauffe vers 200° le butylglycol primaire tertiaire (Nevolé); enfin dans la distillation de la colophane.

Ce corps bout à 62° ; sa densité à 20° rapportée à celle de l'eau à la même température est égale à 0,79?0, à 0° elle est de 0,8226 (Urech, Lipp).

Traité par l'acide sulfhydrique, il donne une huile d'odeur désagréable qu'on n'a pas pu purifier (Pfeiffer).

Acétal isobutyrique, $C^4H^8(OC^2H^5)^2$. — Ce composé s'obtient par l'action de l'acide chlorhydrique sur un mélange d'alcool absolu et d'aldéhyde. C'est un liquide bouillant à 134-136°, d'une densité de 0,9957 à 12°,4 Si l'on fait réagir l'éthylate de sodium sur la solution aldéhydo-alcoolique saturée de gaz chlorhydrique, on obtient un produit bouillant à 223° répondant à la formule $C^{10}H^{10}O^2$, auquel on peut attribuer la constitution suivante

$$(CH^3)^2 = CH - CH \begin{matrix} < OC^2H^5 \\ < O \cdot CH = C = (CH^3)^2 \end{matrix}$$

(Oeconomides).

Produits de condensation. — Les acides concentrés transforment l'aldéhyde isobutyrique en *paraisobutylaldéhyde* $(C^4H^8O)^3$, corps bien cristallisé, fusible à 60°, bouillant à 164° sans altération, et dont la densité de vapeur répond à la formule ci-dessus. Il est très résistant à l'action des réactifs (Urech).

Le carbonate de potassium à froid et une solution concentrée d'acétate de sodium transforment l'aldéhyde en polymères et produits de condensation dont quelques-uns peuvent être isolés par distillation dans le vide.

L'un d'eux bout à 50-70° dans le vide, à 150-160° sous la pression ordinaire et possède la formule $C^8H^{14}O$. Un second bout à 136-138° (p = 18 mm) et répond à la formule $C^8H^{16}O^2$. Enfin un troisième corps bouillant à 230-240° (pression ordinaire) aurait la composition

$$C^{12}H^{22}O^2$$

(Urech, Fossek).

Oeconomides, en étudiant l'action de l'acide chlorhydrique, a obtenu un corps bouillant à 230-231° et répondant à la formule $C^8H^{14}O$. Sa densité à 0° est égale à 0,9578. Il se forme d'abord de la paraldéhyde isobutyrique.

Tous ces corps sont doués de propriétés aldéhydiques. Les composés $C^8H^{14}O$ et $C^8H^{16}O^2$ sont les correspondants, dans la série butylique, de l'aldéhyde crotonique et de l'aldol dans la série éthylique.

Dérivés ammoniacaux. — L'ammoniaque réagit sur la solution éthérée de l'aldéhyde isobutylique. Il se sépare de l'eau et par évaporation de l'éther on obtient un produit cristallisé dans le système hexagonal formé d'après l'équation

$$7\,C^4H^8O + 6\,AzH^3 = 6\,H^2O + (C^4H^8)^7OAz^6H^6.$$

Ce composé fond à 31-32°, à 90° il perd de l'ammoniaque et à 100° il distille en se décomposant complètement. On obtient, outre divers composés, une base d'odeur ammoniacale forte, bouillant de 145 à 147° et répondant à la formule $C^8H^{15}Az$. Par l'action de l'acide cyanhydrique sur le composé aldéhydo-ammoniacal on obtient trois corps : l'*amidoisovaléronitrile*

$$C^3H^7\text{-}CH.AzH^2\text{-}CAz,$$

l'*imidoisovaléronitrile*

$$(C^3H^7\text{-}CH\text{-}CAz)^2 = AzH$$

et l'*hydroxyisovaléronitrile*

$$C^3H^7\text{-}CH.OH\text{-}CAz.$$

Ce dernier s'obtient aussi directement par l'action de l'acide cyanhydrique sur l'aldéhyde isobutyrique. C'est un liquide huileux, incolore, très soluble dans l'alcool et l'éther, peu soluble dans l'eau et que la chaleur décompose en aldéhyde et acide cyanhydrique.

L'*amidoisovaléronitrile* se sépare du produit brut par l'acide chlorhydrique qui le dissout et le laisse se précipiter par l'ammoniaque. C'est une huile alcaline jaunâtre qui se décompose en perdant de l'ammoniaque. Son chlorhydrate est stable ainsi que son chloroplatinate.

L'*imidoisovaleronitrile* se forme aux dépens du précédent par perte d'ammoniaque. Il reste mêlé à l'hydroxynitrile quand on traite le produit brut par l'acide chlorhydrique aqueux. Si dans ce mélange on fait passer du gaz chlorhydrique, il se précipite du chlorhydrate d'imidonitrile qu'on obtient pur après lavage à l'éther et cristallisation dans l'alcool absolu. L'eau le décompose; l'ammoniaque en sépare une huile qui se prend en cristaux d'imidonitrile, fusibles à 51°. Il reste une huile possédant la même composition, mais qui ne cristallise pas même à la longue (A. Lipp).

Thioisobutyraldine, $C^{12}H^{25}AzS^2$. — C'est un corps cristallisant mal, qui a été obtenu par l'action de l'hydrogène sulfuré sur l'isobutylealdéhydammoniaque.

Carbothiosobutyraldine, $C^{12}H^{18}Az^2S^2$. Prismes insolubles dans l'eau, fusibles à 91°, obtenus par l'action du sulfure de carbone et de l'ammoniaque sur l'aldéhyde isobutyrique (Pfeiffer).

[Pfeiffer, *Bull. Soc. chim.*, t. XVIII, p. 317 et *Deutsch. chem. Gesellsch.*, 1871, p. 699; — Popoff, *Bull. Soc. chim.*, t. XV, p. 233 et *Deutsch. chem. Gesellsch.*, 1872, p. 1255; — Barbaglia, *Bull. Soc. chim.*, t. XX, p. 276, 542, t. XIX, p. 223 et *Deutsch. chem. Gesellsch.*, 1872, p. 910; 1871, p. 1052; 1880, p. 15; — Eltekoff, *Bull. Soc. chim.*, t. XXVIII, p. 105 et 560 et *Deutsch. chem. Gesellsch.*, 1877, p. 705; — Nevolé, *Compt. rend.*, t. LXXXIII, p. 228; — Demtschenko, *Bull. Soc. chim.*, t. XXI, p. 217 et *Deutsch. chem. Gesellsch.*, 1872, p. 1176; — Liebermann et Goldschmidt, *Deutsch. chem. Gesellsch.*, 1877, p. 2181; — Urech, *Deutsch. chem. Gesellsch.*, 1879, p. 191, 1744; 1880, p. 483 et 590; *Bull. Soc. chim.*, t. XXXIII, p. 17, t. XXXIV, p. 360 et 573; — Lipp, *Deutsch. chem. Gesellsch.*, 1880, p. 905 et *Bull. Soc. chim.*, t. XXXIV, p. 573; — Tilden, *Deutsch. chem. Gesellsch.*, 1880, p. 1614; — Fossek, *Deutsch. chem. Gesellsch.*, 1881, p. 2271; — Oeconomides, *Bull. Soc. chim.*, t. XXXVI, p. 210].

E. Demarçay.

ISOCAPRIQUE (ACIDE, ALCOOL ET ALDÉHYDE). — Voyez, Suppl., p. 400.

ISOCAPROÏQUE (ACIDE). — [Syn. *Méthylisopropyl-acétique*],

$$C^6H^{12}O^2 = \begin{matrix} CH^3 \\ CH^3 \end{matrix}\!>\!CH\!\begin{matrix} CH^3 \\ \; \end{matrix}\!>\!CH\text{-}CO^2H$$

[Markownikoff, *Zeitschr. Chem.*, 1866, p. 502; — Köbig, *Liebig's Ann. Chem.*, t. CXCV, p. 102]. — Cet acide se produit par la saponification du cyanure d'amyle correspondant au méthyl-isopropyl-carbinol; il se forme aussi par l'oxydation de l'alcool hexylique correspondant. C'est un liquide huileux, dont l'odeur rappelle celle de l'acide isobutyrique.

Le sel d'*argent*, $C^6H^{11}O^2Ag$, cristallise dans l'eau chaude en aiguilles microscopiques.

Le sel de *calcium* se présente en houppes moins solubles à chaud qu'à froid.

Isocaprolactone, $C^6H^{10}O^2$ [J. Bredt, *Deutsch. chem. Gesellsch.*, 1880, p. 748; 1881, p. 1740; *Liebig's Ann. Chem.*, t. CCVIII, p. 55]. — Elle se forme dans l'oxydation ménagée de l'acide isocaproïque au moyen du permanganate de potassium. Traitée en solution alcoolique ou éthérée par le sodium, elle fournit une combinaison sodique $C^6H^9O^2Na$, très avide d'eau et se décomposant au contact de ce liquide.

La baryte et les alcalis transforment aisément l'isocaprolactone en acide oxyisocaproïque; l'oxydation par l'acide nitrique la convertit en anhydride méthyloxyglutarique.

Acide oxyisocaproïque, $C^6H^{12}O^3$ [J. Bredt, *ibid*]. — Cet acide ne peut exister à l'état de liberté qu'à basse température. On l'obtient en décomposant par l'acide chlorhydrique le sel de baryum maintenu dans un mélange réfrigérant, et en épuisant ensuite par l'éther qui l'abandonne en cristaux incolores : il ne tarde pas à se décomposer en eau et en lactone.

Ad. Fauconnier.

ISOCINCHOMÉRONIQUE (ACIDE),

$$C^7H^5AzO^4.1\tfrac{1}{2}H^2O = C^5H^3Az(CO^2H)^2.1\tfrac{1}{2}H^2O.$$

— Cet acide, isomère de l'acide cinchoméronique (voyez Cinchonine, Suppl., p. 498 et 499), appartient à la catégorie des *acides dicarbo-pyridiques*. Il a été découvert par Weidel et Herzig, qui l'ont obtenu en oxydant au moyen du permanganate de potassium le mélange des lutidines contenues dans les fractions 150-160° et 160-170° de l'huile de Dippel [*Monatsh. Chem.*, 1880, t. Ier, p. 1].

Dans ces conditions, il se forme un autre acide dicarbo-pyridique, l'*acide lutidique*, que l'on sépare facilement au moyen de l'eau bouillante; celle-ci dissout l'acide lutidique, l'acide isocinchoméronique reste insoluble.

Pour obtenir l'acide isocinchoméronique bien pur, il faut le faire cristalliser dans l'acide chlorhydrique très étendu et bouillant, additionné de noir animal. Il se présente alors sous la forme de petites aiguilles blanches, fusibles à 236° en se décomposant; il est insoluble dans l'eau, l'alcool, l'éther, la benzine, soluble dans les acides minéraux très étendus. A 100° il perd son eau de cristallisation. Il précipite les solutions de sous-acétate de plomb, d'azotate d'argent et d'acétate de cuivre. Il est bibasique.

Sel neutre de potassium, $C^7H^3K^2AzO^4 + H^2O$. — Cristaux mamelonnés, très solubles, perdant leur eau à 120°.

Sel acide, $2(C^7H^4KAzO^4) + H^2O$. — Aiguilles réunies en faisceaux, perdant leur eau de cristallisation à 120°.

Sel neutre d'ammonium. — Il est en aiguilles prismatiques, anhydres; à 100° il perd une molécule d'ammoniaque pour se transformer en *sel acide*, $C^7H^4(AzH^4)AzO^4 + H^2O$, qui cristallise au sein de l'eau en beaux prismes appartenant au système triclinique.

Sel neutre de calcium, $C^7H^3CaAzO^4 + 2H^2O$. — Perd son eau de cristallisation à 205-210°.

Sel acide, $(C^7H^4AzO^4)^2Ca + 1\frac{1}{2}H^2O$. — Perd son eau de cristallisation à 160°.

Sel neutre de magnésium. — Cristallise avec 5 molécules d'eau.

Sel de cuivre. — Contient 1 molécule d'eau.

Distillé avec un excès de chaux à haute température, l'acide isocinchoméronique se dédouble en gaz carbonique et en pyridine. Chauffé à 245° dans un courant d'hydrogène, il subit une décomposition plus intéressante : outre le gaz carbonique et la pyridine, il se forme un acide monocarbopyridique, l'acide nicotianique, fusible à 228-229° et identique avec celui que Huber a obtenu le premier dans l'oxydation directe de la nicotine :

$$2(C^7H^5AzO^4) = 3CO^2 + C^5H^5Az + C^6H^5AzO^2.$$

Œchsner de Coninck.

ISOCYANURES ou **ISONITRILES**. — Ce nom a été donné aux carbylamines de Gautier.

ISODIBUTYLÈNE et **ISOTRIBUTYLÈNE**.— Voyez Suppl., p. 375.

ISODIPHÉNIQUE (ACIDE). — Voyez Fluoranthène, Suppl., p. 832.

ISODULCITE, $C^6H^{14}O^6$. Voyez t. II, p. 141 [Liebermann et Hörmann, *Liebig's Ann. Chem.*, t. CXCVI, p. 323; — Berend, *ibid.*, p. 328].

L'isodulcite cristallise en prismes clinorhombiques anhydres, assez solubles dans l'alcool, très solubles dans l'eau, qui se ramollissent à 89° et fondent à 93°. Elle présente à un haut degré la propriété de former des solutions sursaturées.

Elle est dextrogyre; son pouvoir rotatoire est $[\alpha]_D = + 8°,07$. Elle réduit lentement à froid, rapidement à chaud, la liqueur de Fehling; son pouvoir réducteur est sensiblement égal à celui de la glucose. Elle réduit également les solutions alcalines de mercure. L'isodulcite ne fermente pas au contact de la levûre de bière.

Chauffée quelque temps à 100°, l'isodulcite perd une molécule d'eau et se transforme en un anhydride amorphe, l'*isodulcitane*. Ce corps fixe directement à froid une molécule d'eau pour régénérer l'isodulcite, mais il suffit de le maintenir pendant quelque temps à une température un peu supérieure à 100° pour qu'il perde cette propriété.

Isodulcite disodique, $C^6H^{12}O^6Na^2$ [Liebermann et Hamburger, *Deutsch. chem. Gesellsch.*, 1879, p. 1186]. — Poudre blanche cristalline, obtenue en précipitant par l'éthylate de sodium une solution saturée à froid d'isodulcite dans l'alcool absolu.

Ad. Fauconnier.

ISODUROL, $C^{10}H^{14} = C^6H^2(CH^3)^4$ (1)(3)(4)(5). — Ce corps a été obtenu par Jannasch [*Deutsch. chem. Gesellsch.*, 1875, p. 355] par l'action de l'iodure de méthyle sur le monobromomésitylène en présence de sodium : on doit chauffer le mélange, au bain de paraffine, sous une pression de quelques centimètres de mercure, vers 150-180°.

Ador et Rilliet [*Bull. Soc. chim.*, t. XXXI, p. 249] ont reconnu sa présence parmi les produits de l'action du chlorure de méthyle sur le toluène en présence de chlorure d'aluminium.

Enfin Jacobsen [*Deutsch. chem. Gesellsch.*, 1881, p. 2624] indique comme procédé facile de préparation de ce carbure l'action du chlorure de méthyle sur le mésitylène en présence de chlorure d'aluminium.

L'isodurol est un liquide bouillant à 190-192° (Jannasch), 195-197° [Bielefeldt, *Liebig's Ann. Chem.*, t. CXCVIII, p. 381]; il ne se solidifie pas dans un mélange réfrigérant.

Le brome l'attaque énergiquement en donnant un produit de substitution $C^{10}H^{12}Br^2$, qui cristallise en aiguilles brillantes, fusibles à 199°, solubles dans l'alcool chaud, peu solubles dans l'alcool froid (Jannasch).

L'acide nitrique fumant le transforme à froid en un dérivé nitré, qui cristallise dans l'alcool en courtes aiguilles prismatiques fusibles à 165°; chauffé à une température élevée, ce corps se sublime partiellement, puis se décompose tout à coup (Ador et Rilliet).

L'acide nitrique étendu le transforme par une ébullition prolongée en un mélange de deux acides isomères $C^{10}H^{12}O^2$ (Bielefeldt).

Sous l'action du chlorure de méthyle en présence de chlorure d'aluminium, l'isodurol se convertit aisément en pentaméthylbenzine puis en hexaméthylbenzine (Jacobsen).

Acide isodurolsulfonique, $C^6H(CH^3)^4SO^3H$ [Bielefeldt, *loc. cit.*]. — On agite l'isodurol avec deux fois son volume d'acide sulfurique fumant, en chauffant de temps à autre au bain-marie. L'acide, régénéré de son sel de plomb par l'hydrogène sulfuré, cristallise en lames ou en tables déliquescentes, fusibles vers 100° dans leur eau de cristallisation.

Le *sel de plomb*, $[C^6H(CH^3)^4SO^3]^2Pb, 3H^2O$, cristallise en larges aiguilles nacrées.

Le *sel de cuivre* se présente en aiguilles anhydres d'un bleu verdâtre pâle.

Le *sel d'argent* forme de petites lamelles orthorhombiques dures et transparentes; sa solution se colore par l'évaporation en laissant déposer de l'argent réduit.

Le *sel de baryum*, $[C^6H(CH^3)^4SO^3]^2Ba$, cristallise en aiguilles agglomérées.

Le *sel de strontium* est en lamelles nacrées contenant $9H^2O$. Le *sel de calcium* se présente en aiguilles agglomérées et renferme $3H^2O$. Le *sel de potassium*, $C^6H(CH^3)^4SO^3K, H^2O$, cristallise en lamelles nacrées. Le *sel de sodium* est en tables brillantes orthorhombiques avec $\frac{1}{2}H^2O$. Le *sel de cobalt* forme des lamelles quadrangulaires, d'un rouge clair, contenant $7\frac{1}{2}H^2O$.

Ad. Fauconnier.

ISODURYLIQUES (ACIDES), $C^{10}H^{12}O^2$ [Bielefeldt, *Liebig's Ann. Chem.*, t. CXCVIII, p. 384]. — Lorsqu'on fait bouillir pendant deux jours l'isodurol avec de l'acide nitrique étendu de quatre fois son poids d'eau, on obtient, entre autres produits, un mélange en quantités à peu près égales de deux acides triméthylbenzoïques :

on les purifie et on les sépare l'un de l'autre en les transformant en sels de calcium; l'α-isodurylate de calcium cristallise le premier, tandis que le sel β reste dans les eaux mères.

L'acide α-ISODURYLIQUE fond à 215° et peut être sublimé. Il est à peu près insoluble dans l'eau froide, très peu soluble dans l'eau chaude et dans la benzine froide, assez soluble dans l'alcool, très soluble dans l'éther, qui l'abandonne par évaporation en grands prismes clinorhombiques.

Le *sel de calcium*, $[C^{10}H^{11}O^2]^2Ca, 5H^2O$, est en fines aiguilles brillantes, groupées concentriquement. Le sel de *baryum* forme de petites aiguilles qui renferment $4H^2O$. Le sel de *strontium* cristallise en longues aiguilles soyeuses contenant $5H^2O$.

L'acide β-ISODURYLIQUE cristallise en longues aiguilles fusibles à 120-123°; il est assez soluble dans l'eau froide, très soluble dans l'eau chaude, l'éther, le chloroforme, la benzine, l'alcool, l'éther de pétrole.

Le *sel de calcium*, $[C^{10}H^{11}O^2]^2Ca.2H^2O$, est en aiguilles brillantes. Ad. Fauconnier.

ISOFÉRULIQUE (ACIDE). — Voyez FÉRULIQUE.

ISOHÉMIPINIQUE (ACIDE). — Voyez VANILLINE, t. III, p. 648.

ISOHEPTYLIQUE (ACIDE), $C^7H^{14}O^2$ [O. Hecht et J. Munier, *Deutsch. chem. Gesellsch.*, 1878, p. 1781; — O. Hecht, *Liebig's Ann. Chem.*, t. CCIX, p. 309]. — Cet acide a été obtenu en transformant en cyanure l'iodure d'hexyle de la mannite et en saponifiant le cyanure obtenu. C'est un liquide huileux, peu soluble dans l'eau, bouillant à 211-213° sous une pression de 745 millimètres.

Oxydé par le dichromate de potassium et l'acide sulfurique, cet acide est décomposé en acides carbonique, acétique et butyrique, ce qui conduit pour sa constitution à la formule

$$CH^3\text{-}CH^2\text{-}CH^2\text{-}CH^2\text{-}CH \lt \begin{matrix} CH^3 \\ CO^2H \end{matrix}$$

Le *sel de potassium*, $C^7H^{13}O^2K$, est une masse amorphe, soluble dans l'alcool et déliquescente. Le *sel de sodium* est moins déliquescent. Le *sel de lithium* est anhydre, cristallin, non déliquescent; il est soluble dans l'eau. Le *sel d'ammonium* est cristallisable, mais instable. Le *sel d'argent* est un précipité blanc, un peu soluble dans l'eau, qui l'abandonne en aiguilles microscopiques.

Le *sel de baryum*, $(C^7H^{13}O^2)^2Ba + 1\frac{1}{2}H^2O$, est soluble dans 3p,3 d'eau froide. Le *sel de strontium* cristallise en longues aiguilles renfermant $2H^2O$; il se dissout dans 5 p. d'eau. Le *sel de calcium* se dépose par évaporation de ses solutions en petits prismes clinorhombiques contenant $1\frac{1}{2}H^2O$; il est plus soluble à froid qu'à chaud; 100 p. d'eau en dissolvent 13p,86 à — 2°.

L'*isoheptylate de méthyle*, $C^7H^{13}O^2.CH^3$, est un liquide mobile, d'une odeur forte, bouillant à 156-157°. Sa densité est 0,879 à 15°.

L'*isoheptylate d'éthyle* bout à 172-173°. Densité, 0,8685 à 15°.

L'*isoheptylate de propyle* distille à 191-192°. Densité, 0,8635 à 19°.

L'*isoheptylate d'isopropyle* bout à 177°. Densité, 0,850 à 19°. Ad. Fauconnier.

ISOHEXIQUE (ACIDE). — Voyez Suppl., TÉTRIQUE (ACIDE).

ISOHYDROMELLIQUE (ACIDE). — Voyez t. II, p. 334.

ISOLÉPIDINES [Syn. *Toluquinoléines*]. — Voyez Suppl., LÉPIDINES.

ISOLINE. — C'est un des termes supérieurs dans la série des bases quinoléiques dérivées de la cinchonine. Elle n'a pas été isolée. D'après l'analyse de son chloroplatinate, elle renfermerait $C^{14}H^{17}Az$ [C. G. Williams *Jahresb. Chem.*, 1867, p. 511].

ISOMALIQUE (ACIDE),

$$C^4H^6O^5 = CH^3\text{-}C.OH \lt \begin{matrix} CO^2H \\ CO^2H \end{matrix}$$

[Schmöger, *Journ. prakt. Chem.* (2), t. XIV, p. 77, et t. XIX, p. 168]. — Cet acide a été obtenu par l'action de l'oxyde d'argent sur l'acide monobromisosuccinique à une douce chaleur. L'argent dissous est précipité par l'acide sulfhydrique, et la liqueur, débarrassée par la chaleur de l'excès de ce réactif, est traitée par l'acétate de plomb; le sel plombique est décomposé par l'hydrogène sulfuré et la solution concentrée par évaporation.

L'acide isomalique cristallise dans le système clinorhombique; il est très soluble dans l'eau, l'alcool et l'éther; il commence à fondre vers 100° et s'altère déjà à cette température; à 160°, la décomposition est rapide, et l'acide se dédouble en gaz carbonique et acide lactique ordinaire.

L'*isomalate acide de calcium* forme une masse vitreuse. Le *sel neutre de plomb*, $C^4H^4O^5Pb$, est un précipité amorphe. L'*isomalate d'argent*, $C^4H^4O^5Ag$, est un précipité amorphe blanc, peu soluble dans l'eau; il se colore à l'air et se transforme à 60° en aiguilles jaunâtres, sans subir de décomposition. Ad. Fauconnier.

ISOMÉTHYLNOROPIANIQUE (ACIDE). — Voyez VANILLINE, t. III, p. 648.

ISONICOTINIQUE (ACIDE), $C^6H^5AzO^2$. — Cet acide, qui est un des trois acides monocarbopyridiques prévus par la théorie, se forme dans les circonstances suivantes :

1° Par la décomposition pyrogénée de l'acide tricarbopyridique (acide oxycinchoméronique de Weidel), obtenu en oxydant au moyen du permanganate de potassium l'acide cinchoninique (voyez Suppl., article CINCHONINE) :

$$C^8H^5AzO^6 = 2CO^2 + C^6H^5AzO^2$$

[Skraup, *Deutsch. chem. Gesellsch.*, 1879, p. 2331];

2° Par la décomposition pyrogénée de l'acide lutidique (voyez ce mot) :

$$C^7H^5AzO^4 = CO^2 + C^6H^5AzO^2$$

[Weidel et Herzig, *Monatsh. Chem.*, t. Ier, p. 1].

3° Par l'oxydation, au moyen du permanganate potassique, du mélange des lutidines contenues dans l'huile de Dippel [Weidel et Herzig, *loc. cit.*].

L'acide isonicotinique cristallise du sein de l'eau chaude en aiguilles réunies en faisceaux, fusibles à 305° (Skraup), à 309°,5 (Weidel et Herzig); il est peu soluble dans l'eau froide et dans l'alcool bouillant. Il précipite les solutions de nitrate d'argent et d'acétate de cuivre. Il est isomérique avec les acides nicotianique et picolique; il est monobasique. La chaux le décompose à haute température en gaz carbonique et pyridine.

Sel d'ammonium. — Aiguilles ne contenant pas d'eau de cristallisation.

Sel de calcium, $(C^6H^4AzO^2)^2Ca + 2H^2O$. — Aiguilles douées d'éclat soyeux qui perdent leur eau de cristallisation à 170°.

Comme l'acide nicotianique, l'acide isonicotinique se combine avec les hydracides.

Le *chlorhydrate*, $C^6H^5AzO^2.HCl$, est en prismes clinorhombiques.

Le *chloroplatinate*,

$$(C^6H^5AzO^2.HCl)^2 + PtCl^4 + H^2O,$$

constitue de beaux cristaux.

Œchsner de Coninck.

ISONOROPIANIQUE (ACIDE). — Voyez VANILLINE, t. III, p. 647.

ISOOCTYLIQUE (ACIDE), $C^8H^{16}O^2$ [Carleton Williams, *Journ. chem. Soc.*, t. XXXV, p. 125]. — Cet acide se produit dans l'oxydation de l'alcool primaire diisobutylique au moyen du mélange chromique.

C'est un liquide huileux, d'une densité de 0,926 à 0°, soluble dans l'alcool et dans l'éther, presque insoluble dans l'eau : il bout à 218-220°.

Les *sels de sodium* et *de potassium* se présentent en masses gommeuses déliquescentes, qui finissent par cristalliser dans le vide.

Le *sel d'argent*, $C^8H^{15}O^2Ag$, est un précipité blanc, qui cristallise dans l'eau bouillante.

Les *sels de plomb*, *de manganèse*, *de magnésium* sont des précipités amorphes. Le *sel de zinc* est une masse blanche à éclat nacré. Les *sels de cuivre* et *de strontium* sont des précipités amorphes solubles dans l'alcool; le premier est vert, l'autre blanc.

L'*éther éthylique* bout à 175°.

L'*éther diisobutylique*, $C^8H^{15}O^2.C^8H^{17}$, se forme en petite quantité en même temps que l'acide lui-même : il bout à 278-281°.

ISOPHTALIQUE (ACIDE) [Syn. *Acide métaphtalique*],

$$C^8H^6O^4 = C^6H^4\begin{matrix} <CO^2H_{(1)} \\ <CO^2H_{(3)} \end{matrix}.$$

— Cet acide se produit dans l'oxydation, au moyen du mélange chromique de l'isoxylène (métaxylène) [Fittig et Velguth, *Ann. Chem. Pharm.*, t. CXLVIII, p. 11], ou de l'acide métatoluique [Weith et Landolt, *Deutsch. chem. Gesellsch.*, 1875, p. 715]. On le purifie par cristallisation dans l'eau bouillante. V. Meyer l'a obtenu en fondant le métasulfobenzoate de sodium avec du formiate de sodium.

Il cristallise en aiguilles incolores, longues et fines, fusibles au-dessus de 300° et sublimables sans décomposition. Il se dissout dans 460 p. d'eau bouillante et dans 7800 p. d'eau à 25° [Storrs et Fittig, *Ann. Chem. Pharm.*, t. CLIII, p. 284]. Il est assez soluble dans l'alcool.

Le *sel de baryum*, $C^8H^4O^4Ba + 3H^2O$, cristallise en aiguilles incolores, très solubles dans l'eau.

Le *sel de calcium*, $C^8H^4O^4Ca + 2\frac{1}{2}H^2O$, est en aiguilles incolores, moins solubles dans l'eau chaude que dans l'eau froide.

Le *sel de potassium*, $C^8H^4O^4K^2$, est en aiguilles agglomérées, moins solubles dans l'alcool que dans l'eau.

Le *sel d'argent*, $C^8H^4O^4Ag^2$, est un précipité blanc amorphe, insoluble dans l'eau, même à l'ébullition [Fittig et Velguth, *loc. cit.*].

L'*éther méthylique*, $C^8H^4O^4(CH^3)^2$, a été préparé par l'action de l'iodure de méthyle sur le sel d'argent. Il cristallise dans l'alcool faible en fines aiguilles fusibles à 64-65°, et distille sans décomposition [Baeyer, *Ann. Chem. Pharm.*, t. CLXVI, p. 340].

L'*étheréthylique*, $C^8H^4O^4(C^2H^5)^2$, est un liquide incolore,, plus lourd que l'eau, bouillant à 285°; il se prend à 0° en une masse cristalline.

L'*éther phénylique*, $C^8H^4O^4(C^6H^5)^2$, s'obtient en faisant bouillir le chlorure d'isophtalyle avec du phénol tant qu'il se dégage de l'acide chlorhydrique et en faisant cristalliser le produit dans l'alcool chaud. Il se présente en longues aiguilles déliées, fusibles à 120° [J. Schreder *Deutsch. chem. Gesellsch.*, 1874, p. 704].

Le *chlorure d'isophtalyle*, $C^8H^4O^2Cl^2$, se produit par l'action du perchlorure de phosphore sur l'acide isophtalique; il distille à 276° sous la forme d'une huile incolore qui cristallise rapidement. Il est presque inodore, et fond, après purification, à 41° [J. Schreder, *ibid.*].

Traité par la benzine en présence de chlorure d'aluminium, il donne de l'isophtalophénone (voyez ce mot).

L'*isophtalylamide* est une poudre blanche fusible à 265°, très peu soluble dans l'alcool bouillant [Bruno Beyer, *Journ. prakt. Chem.* (2), t. XXII, p. 351].

ACIDE NITROISOPHTALIQUE, $C^6H^3(AzO^2)(CO^2H)^2$ [Storrs et Fittig, *loc. cit.*]. — On l'obtient en faisant bouillir l'acide isophtalique avec de l'acide nitrique fumant jusqu'à ce qu'une prise d'essai ne précipite plus par l'eau ; on le purifie par cristallisation dans l'eau.

Il se présente en grandes lamelles incolores, très solubles dans l'alcool et dans l'eau bouillante, fusibles à 248-249°.

En même temps que cet acide, il se forme, suivant B. Beyer, (*loc. cit.*) une petite quantité d'un isomère fusible à 260°.

Le *sel de calcium*,

$$C^8H^3(AzO^2)O^4Ca + 3\frac{1}{2}H^2O,$$

cristallise en mamelons assez solubles dans l'eau chaude, peu solubles dans l'eau froide, qui se colorent en rouge à la lumière.

Le *sel de baryum* contient $2\frac{1}{2}H^2O$; il est en belles aiguilles brillantes, solubles dans l'eau bouillante, qui se colorent en rose encore plus rapidement que le sel de calcium.

L'*éther éthylique*, $C^8H^3(AzO^2)O^4(C^2H^5)^2$, se présente en prismes ou en aiguilles incolores, fusibles à 83°,5, très solubles dans l'alcool chaud, peu solubles dans l'alcool froid et dans l'eau. Ce corps a une grande tendance à former des solutions sursaturées.

ACIDE AMIDO-ISOPHTALIQUE, $C^6H^3(AzH^2)(CO^2H)^2$ [Storrs et Fittig, *loc. cit.*]. — On l'obtient en réduisant l'acide nitro-isophtalique par l'étain et l'acide chlorhydrique. Il cristallise en grandes lames incolores fusibles au-dessus de 300°, peu solubles dans l'eau et dans l'alcool froids, assez solubles dans l'alcool bouillant et dans l'acide acétique cristallisable. La chaleur le décompose en aniline et acide carbonique.

Le *sel de cuivre*, $[C^8H^4(AzH^2)O^4]^2Cu$, est un précipité vert, amorphe, insoluble dans l'eau.

Le *chlorhydrate d'acide amido-isophtalique*, $C^8H^5(AzH^2)O^4.HCl + H^2O$, forme de longs prismes très solubles dans l'eau, presque insolubles dans l'acide chlorhydrique.

Le *sulfate* $[C^8H^5(AzH^2)O^4]^2SO^4H^2 + H^2O$, est en prismes groupés concentriquement, très solubles dans l'eau.

ACIDES SULFO-ISOPHTALIQUES,

$$C^8H^6SO^7 = C^6H^3(SO^3H)(CO^2H)^2.$$

Acide α-sulfo-isophtalique,

$$C^6H^3(CO^2H)_{(1)}(CO^2H)_{(3)}(SO^3H)_{(4)} + 2H^2O$$

[Jacobsen et Lönnies, *Deutsch. chem. Gesellsch.*, 1880, p. 1556]. — Cet acide s'obtient en oxydant par le permanganate de potassium l'acide α-méta-xylène-sulfonique (1.3.4), (t. III, p. 738). Il cristallise en aiguilles incolores et aplaties, déliquescentes, fusibles à 235-240°. La fusion avec la potasse le transforme en acide α-oxy-isophtalique.

Le *sel acide de potassium*,

$$C^6H^3(CO^2H)^2SO^3K + 2H^2O,$$

cristallise en belles aiguilles brillantes, incolores et fragiles.

Le *sel de baryum*, $C^8H^4SO^7Ba + 3H^2O$, est en petites aiguilles peu solubles dans l'eau.

Le *sel de plomb* est un précipité cristallin, presque insoluble.

Acide γ-sulfo-isophtalique,

$$C^6H^3(CO^2H)_{(1)}(CO^2H)_{(3)}(SO^3H)_{(5)} + 2H^2O$$

[Heine, *Deutsch. chem. Gesellsch.*, 1880, p. 491; — Lönnies, *ibid.*, p. 703]. — On dissout de l'acide isophtalique dans 4 fois son poids d'acide sulfurique fumant, et on chauffe à 200° pendant 6 heures. Le mélange, additionné de 2 fois son volume d'eau, laisse déposer l'acide isophtalique non attaqué; en ajoutant ensuite de l'acide sulfurique au liquide filtré, on précipite l'acide sulfoné. Cet acide se présente en aiguilles ou en prismes orthorhombiques fusibles à 257-258°.

Le *sel monopotassique*, $C^8H^5SO^7K + 3H^2O$, cristallise en longues aiguilles insolubles dans l'alcool et dans l'éther.

Le *sel dipotassique* cristallise en longs prismes; par fusion avec du formiate de potassium, il donne de l'acide trimésique.

Le *sel tripotassique* est en fines aiguilles, très solubles dans l'eau.

Le *sel de baryum*, $(C^8H^4SO^7)^2Ba + 8H^2O$, est très soluble et cristallise en aiguilles brillantes. Les *sels de cuivre* et de *plomb* sont des précipités cristallins.

ACIDE SULFAMIDO-ISOPHTALIQUE,

$$C^8H^7AzSO^6 = C^6H^3(SO^2AzH^2)(CO^2H)^2$$

[Hes et Remsen, *Deutsch. chem. Gesellsch.*, 1878, p. 464; — Coale et Remsen, *ibid.*, 1879, p. 1436; — Jacobsen, *ibid.*, 1878, p. 900; — Jacobsen et Lönnies, *ibid.*, 1880, p. 1557]. — Cet acide se produit à l'état de sel de potassium lorsqu'on oxyde l'α-méta-xylène-sulfamide par le permanganate de potassium.

Il n'est pas connu à l'état libre; lorsqu'on décompose ses sels, il perd de l'eau, et se convertit en un anhydride $C^8H^5AzSO^5$, auquel correspond du reste aussi une série de sels. Ce dernier cristallise en aiguilles fusibles à 289°, assez solubles dans l'eau; la fusion avec la potasse le transforme en acide α-oxyisophtalique.

Le *sel monopotassique*, $C^8H^4AzSO^5K + 2H^2O$, est en prismes rectangulaires; 100 p. d'eau à 26°,3 en dissolvent 2p,3.

Le *sel dipotassique*, $C^8H^5AzSO^6K^2 + 4H^2O$, est en longues aiguilles très solubles dans l'eau.

Les *sels calciques*, $(C^8H^4AzSO^5)^2Ca + 4H^2O$ et $C^8H^5AzSO^6Ca + 6H^2O$, sont en grands cristaux clinorhombiques.

Les *sels de baryum* correspondants renferment tous deux $4H^2O$ et cristallisent dans le système clinorhombique.

Le *sel d'argent*, $C^8H^4AzSO^6Ag^3$, est un précipité cristallin presque insoluble dans l'eau froide.

ACIDE THIO-ISOPHTALIQUE $C^6H^4(COSH)^2$ [J. Schreder, *Deutsch. chem. Gesellsch.*, 1874, p. 704]. — Cet acide se produit à l'état de sel de potassium par l'action du sulfhydrate de potassium sur l'isophtalate de phényle; l'acide libre n'est pas connu à l'état de pureté; le sel de potassium cristallise en aiguilles jaunâtres, insolubles dans l'éther. Ad. Fauconnier.

ISOPHTALOPHÉNONE, $C^{20}H^{14}O^2$ [Ador, *bull. Soc. chim.*, t. XXXIII, p. 56]. — Ce corps se produit par l'action du chlorure d'isophtalyle sur la benzine en présence de chlorure d'aluminium. Il cristallise en petites lames fusibles à 99,5-100° et bout au-dessus de 260°. La soude et la potasse alcooliques le résinifient; par fusion avec la potasse, il donne de l'acide benzoïque et des matières résineuses. Réduit par le phosphore et l'acide iodhydrique à 200°, l'isophtalophénone fournit un carbure liquide bouillant au-dessus de 360°.

Dinitro-isophtalophénones. — Lorsqu'on traite l'isophtalophénone par l'acide nitrique fumant à la température du bain-marie, on obtient un mélange de deux dérivés dinitrés isomériques; l'un, l'α, est presque insoluble dans l'alcool bouillant, et cristallise dans l'acide acétique glacial : il fond vers 260°; l'autre, le β, est plus soluble dans l'alcool et l'acide acétique que son isomère : il est amorphe et fond vers 100°.

Diamido-isophtalophénones. — On les obtient en réduisant par l'étain et l'acide acétique les dinitro-isophtalophénones. Le dérivé β est un corps amorphe, jaunâtre, fusible vers 100°; traité par le nitrite de potassium en solution chlorhydrique, il paraît fournir une isophtaléine. Le dérivé α se comporte de la même manière.

ISOPIANIQUE (ACIDE). — Voyez VANILLINE, t. III, p. 648.

ISOPINIQUE (ACIDE).— Ce corps n'est autre que l'acide méthylnorhémipinique (Suppl., p. 894).

ISOPRÈNE, C^5H^8. — Voyez t. II, p. 155 [G. Bouchardat, *Compt. rend.*, t. LXXX, p. 1446, et t. LXXXIX, p. 1117]. Chauffé en tubes scellés à 280-290° dans une atmosphère de gaz carbonique, l'isoprène se polymérise en donnant, entre autres produits de condensation, un carbure de formule $C^{10}H^{16}$ qui paraît identique avec le terpilène. Ce corps bout à 176-181°; sa densité à 0° est 0,866; il se combine directement avec l'acide chlorhydrique gazeux pour fournir un monochlorhydrate liquide, bouillant à 145° sous une pression de 100mm, et un dichlorhydrate solide, fusible à 49°,5, isomorphe et probablement identique avec le dichlorhydrate qu'on obtient par l'action de l'acide chlorhydrique sur l'essence de térébenthine.

L'acide chlorhydrique gazeux transforme à 0° l'isoprène en un monochlorhydrate $C^5H^8.HCl$, liquide bouillant à 86-91°. Ce corps a pour densité 0,885 à 0°; l'oxyde d'argent humide le transforme en un alcool $C^5H^{10}O$, bouillant à 120-130°. Ce monochlorhydrate fixe à froid deux atomes de brome pour fournir un liquide non distillable.

L'acide chlorhydrique en solution saturée à 0° transforme lentement à froid l'isoprène en un mélange du monochlorhydrate précédent et d'un dichlorhydrate $C^5H^8.2HCl$, bouillant à 145-150°. Il se produit en même temps un corps solide, amorphe, non distillable, qui présente toutes les propriétés et entre autres l'élasticité du caoutchouc; ce dernier corps a pour composition $n(C^5H^8)$.

L'acide bromhydrique en solution saturée agit sur l'isoprène comme l'acide chlorhydrique; il donne le polymère élastique nC^5H^8 et deux composés bromés volatils. Le premier, $C^5H^8.HBr$, a pour densité 1,192 à 0°; il fixe à froid deux atomes de brome et est transformé par l'oxyde d'argent humide en alcool $C^5H^{10}O$; l'autre a pour formule $C^5H^8.2HBr$; sa densité à 0° est 1,623; la potasse lui enlève la moitié de son brome et le transforme en un liquide volatil vers 110°.

L'acide iodhydrique fumant transforme à froid l'isoprène en un liquide lourd qui paraît renfermer le polymère nC^5H^8 et un mélange d'un mono et d'un di-iodhydrate. Ad. Fauconnier.

ISOPROPYLACÉTYLÈNE. — C'est un des valérylènes.

ISOPROPYLIQUE (ALCOOL). — Flavitzky propose de préparer ce corps en décomposant l'iodure d'isopropyle par l'eau en présence de l'oxyde de plomb. On peut opérer plus simplement encore en chauffant l'iodure avec 15 fois son poids d'eau pendant sept heures à 100° (Niederist).

Il se forme, indépendamment de divers autres alcools, par hydrogénation de la glucose (Bouchardat). On l'obtient encore, mêlé à l'alcool propylique, quand on traite la propylamine par l'acide azoteux (Linnemann, V. Meyer et Forster).

Berthelot a trouvé que le propylène gazeux,

en s'unissant à l'eau pour former l'alcool isopropylique, dégage + 16,5 calories.

Traité par l'iode et la potasse, l'alcool isopropylique donne de l'acétone (Tollens).

Bromure d'isopropyle. — Le composé prend naissance par l'action du bromure d'aluminium sur le cymène dissous dans un excès de brome (Gustavson). Il se forme aussi quand on chauffe du bromure de propyle au réfrigérant ascendant avec du bromure d'aluminium. La transformation est complète (Kekulé et H. Schrötter). On peut l'effectuer encore, mais incomplètement, par une chauffe de vingt heures à 280° (Aronstein).

Chlorure d'isopropyle. — Traité par le chlore, il donne du diméthylchloracétol et ne donne de trichlorhydrine que si le chlorure est mêlé de chlorure allylique (Friedel et Silva).

Iodure d'isopropyle. — Il prend naissance dans l'action de l'acide iodhydrique sur l'acétone, sur le chlorure d'isopropyle (Silva). Mis en contact avec le couple zinc-cuivre, il donne aisément, surtout en présence d'alcool, un mélange de propylène et d'hydrure de propyle (Gladstone et Tribe). Si l'on opère en l'absence d'alcool, il reste dans le vase un liquide qui paraît être du *zinc-isopropyle.* L'iodure d'isopropyle décomposé par le sodium fournit du diisopropyle en même temps que du propylène, du propane et du propylène-diisopropyle (Silva).

Isonitropropane, $CH^3-CH.AzO^2-CH^3$. — Ce composé se prépare, comme tous ses analogues, par l'action de l'iodure d'isopropyle sur l'azotite d'argent mêlé de son poids de sable. Il se forme en même temps que l'azotite d'isopropyle. L'isonitropropane est un liquide incolore, bouillant à 112-117°, un peu plus lourd que l'eau. Il fournit une combinaison sodique, $C^3H^6NaAzO^2$, qui donne avec les sels d'argent un précipité blanc noircissant rapidement. Avec le perchlorure de fer, on obtient une coloration rouge sang, avec le sulfate de cuivre une coloration verte, avec l'acétate tribasique de plomb on n'observe pas de précipité.

Isopropylpseudonitrol. — L'isonitropropane, étant traité, en solution potassique, par l'acide sulfurique étendu, donne l'isopropylpseudonitrol,

$$CH^3-C(AzO^2)(AzO)-CH^3.$$

Purifié par lavage avec une solution alcaline, c'est une poudre cristalline, sablonneuse, blanche, qui est insoluble dans les acides et les alcalis, soluble dans l'alcool chaud, le chloroforme, légèrement soluble dans l'éther avec une magnifique coloration bleue. Cette combinaison se dépose de ces solvants en beaux cristaux incolores. Elle se volatilise assez aisément, et ses vapeurs qui irritent les yeux possèdent une odeur piquante.

Elle fond à 76° en un liquide bleu et cristallise par le refroidissement. Une chauffe prolongée la décompose. L'isopropylpseudonitrol, traité par l'amalgame de sodium, fournit de l'azotite de sodium et de l'isopropylamine; l'acide sulfurique concentré le décompose en dégageant du bioxyde d'azote. Les alcalis le détruisent pareillement à chaud avec formation de *dinitroisopropane.* On obtient ce corps, $CH^3-C(AzO^2)^2-CH^3$, plus aisément en oxydant l'isopropylpseudonitrol par l'acide chromique dissous dans l'acide acétique glacial. C'est un corps incolore, bien cristallisé, à peine soluble dans l'eau. Il fond à 53°, se volatilise très aisément dès la température ordinaire et bout à 185°,5. Son odeur est camphrée. Il est insoluble dans les alcalis. Réduit par l'étain et l'acide chlorhydrique, il donne de l'acétone et de l'hydroxylamine.

Le *bromisonitropropane*, probablement

$$CH^3-CBr(AzO^2)-CH^3.$$

— Liquide incolore, très réfringent, d'odeur de chloropicrine, bouillant à 148-150°, insoluble dans les solutions alcalines. Se prépare par l'action du brome sur la solution potassique du nitroisopropane [V. Meyer, *Ann. Chem. Pharm.*, t. CLXXI, p. 39].

Sulfhydrate d'isopropyle, C^3H^8S. — Ce composé bout à 45° et possède les propriétés générales des mercaptans (Henry). Étant oxydé par l'acide chromique, il donne naissance à un composé $(C^3H^6S)^n$ qui bout à 186-190° (Claus et Kühtze), et n'est peut-être que du bisulfure d'isopropyle.

Sulfure d'isopropyle. — Ce composé s'obtient par l'action de l'iodure d'isopropyle sur le sulfure de potassium en solution alcoolique. Il bout à 116-120°. L'acide azotique le transforme en acide *isopropylsulfonique,* $(CH^3)^2CH-SO^3H$.

Ce composé, qu'on obtient aussi par oxydation du mercaptan isopropylique par l'acide azotique, forme une masse cristalline très déliquescente, fusible au-dessous de 100° et dont les sels cristallisent bien. On l'obtient encore par l'action de l'iodure d'isopropyle sur le sulfite de sodium.

Borate d'isopropyle. — Liquide analogue au borate d'éthyle, bouillant à 140°. On le prépare en faisant digérer à 110-120° de l'anhydride borique et de l'alcool isopropylique (Councler).

Le *formiate d'isopropyle* est un liquide bouillant à 65-67° ($p = 749^{mm}$). Le *lactate monoisopropylique* est pareillement liquide. Il est soluble dans l'eau, bout à 166-168° et se prépare par l'action de l'acide lactique sur l'alcool. Le *lactate diisopropylique* obtenu par l'action de l'iodure d'isopropyle sur l'éther monoisopropylique sodé est liquide, insoluble dans l'eau et bout un peu plus haut que l'éther éthylique.

Stannisopropyle.— L'iodure de *stannodiisopropyle* se prépare par l'action de l'iodure d'isopropyle sur l'étain en feuilles. Il bout à 265-268° en se décomposant un peu. Le chlorure correspondant est obtenu par l'action de l'acide chlorhydrique sur l'oxyde séparé en traitant l'iodure par l'ammoniaque; il fond à 56,5-57°,5. L'iodure de *stannotriisopropyle* est liquide, bout à 256-258° et se prépare par l'action de l'iodure d'isopropyle sur l'alliage d'étain et de sodium pulvérisé (Cahours et Demarçay).

[Flavitzky, *Deutsch. chem. Gesellsch.*, 1874, p. 1650, et *Bull. Soc. chim.*, t. XXII, p. 546; — V. Meyer et Forster, *Deutsch. chem. Gesellsch.*, 1876, p. 535, et *Bull. Soc. chim.*, t. XXVI, p. 500; — Linnemann, *Deutsch. chem. Gesellsch.*, 1877, p. 1111, et *Bull. Soc. chim.*, t. XVII, p. 217; — Gustavson, *Deutsch. chem. Gesellsch.*, 1877, p. 1102, et *Bull. Soc. chim.*, t. XXVIII, p. 347; — Friedel et Silva, *Bull. Soc. chim.*, t. XVI, p. 3; — Silva, *Bull. Soc. chim.*, t. XVIII, p. 529; — Brown, *Deutsch. chem. Gesellsch.*, 1877, p. 1605; — Gladstone et Tribe, *Journ. chem. Society*, t. XI, p. 961, et *Bull. Soc. chim.*, t. XXI, p. 130; — Meyer et Chojnacki, *Deutsch. chem. Gesellsch.*, 1872, p. 1035; — V. Meyer et Locher, *Bull. Soc. chim.*, t. XXIV, p. 551, et *Deutsch. chem. Gesellsch.*, 1874, p. 787; — Henry, *Deutsch. chem. Gesellsch.*, 1869, p. 497, et *Bull. Soc. chim.*, t. XIII, p. 147; — Gerlich, *Deutsch. chem. Gesellsch.*, 1875, p. 651; — Claus et Kühtze, *Deutsch. chem. Gesellsch.*, 1875, p. 532, et *Bull. Soc. chim.*, t. XXV, p. 267; — Claus et Kurl, *Deutsch. chem. Gesellsch.*, 1872, p. 660, et *Bull. Soc. chim.*, t. XVIII, p. 320; — Councler, *Deutsch. chem. Gesellsch.*, 1878, p. 1107; — Kekulé et Schrötter, *Deutsch. chem. Gesellsch.*, 1879, p. 2279, et *Bull. Soc. chim.*, t. XXXIV, p. 485; — Tollens, *Deutsch. chem. Gesellsch.*, 1881, p. 1950; — Aronstein, *Deutsch. chem. Gesellsch.*, 1881, p. 607; — Tiemann et

Friedländer, *Deutsch. chem. Gesellsch.*, 1881, p. 1972; — Niederist, *Liebig's Ann.*, t. CLXXXVI, p. 388, et *Bull. Soc. chim.*, t. XXIX, p. 226; — Cahours et Demarçay, *Compt. rend.*, t. LXXXVIII, p. 1112, et *Bull. Soc. chim.*, t. XXXIV, p. 476].

E. Demarçay.

ISOPURPURINE [Syn. d'*Anthrapurpurine*]. — Voyez PURPURINE, Suppl.

ISORCINE, $C^6H^3(CH^3)(OH)^2$. — On désigne sous ce nom deux phénols bivalents dérivés du toluène qui constituent peut-être des isomères de l'orcine, mais dont l'étude est très imparfaite.

α-ISORCINE. — Obtenue par Blomstrand par fusion de l'α-toluène-disulfonate de potassium (t. III, p. 452) avec de la potasse. Elle cristallise dans l'eau en aiguilles enchevêtrées, fusibles à 95° et contenant de l'eau de cristallisation. A l'état anhydre, elle bout vers 270° et fond à 87-88°. Le perchlorure de fer la colore en un bleu violet fugace, le chlorure de chaux en jaune. L'ammoniaque la colore à l'air en bleu virant au rouge par l'acide acétique. Elle réduit à froid et au bout de quelque temps le nitrate d'argent ammoniacal [C. W. Blomstrand, *Deutsch. chem. Gesellsch.*, 1872, p. 1084; *Bull. Soc. chim.*, t. XIX, p. 261].

γ-ISORCINE. — Senhofer l'a obtenue en fondant avec la potasse le γ-toluène-disulfonate de potassium (t. III, p. 453). Elle cristallise dans l'eau et retient alors une molécule d'eau; anhydre, elle fond à 87° et bout vers 260°. Avec le chlorure ferrique, elle prend une coloration brun-verdâtre, et avec le chlorure de chaux une teinte rouge qui passe peu à peu au jaune. A l'air humide, l'ammoniaque la colore en brun. Le nitrate d'argent ammoniacal enfin est réduit à froid [C. Senhofer, *Ann. Chem. Pharm.*, t. CLXIV, p. 126; *Bull. Soc. chim.*, t. XVIII, p. 460]. Les propriétés de cette γ-isorcine se rapprochent singulièrement de celles de l'orcine ordinaire.

A. Henninger.

ISOSUCCINIQUE (ACIDE). — Voyez t. III, p. 15. Zublin [*Deutsch. chem. Gesellsch.*, 1879, p. 1112] a fait la synthèse de l'acide isosuccinique en traitant le malonate d'éthyle par le sodium et en faisant réagir l'iodure de méthyle sur le produit obtenu. Il se forme de l'éther isosuccinique d'après l'équation

$$CHNa \begin{cases} CO^2C^2H^5 \\ CO^2C^2H^5 \end{cases} + CH^3I$$
$$= NaI + CH^3\text{-}CH \begin{cases} CO^2C^2H^5 \\ CO^2C^2H^5 \end{cases}$$

ISOTRICHLOROGLYCÉRIQUE (ACIDE). — Schreder a donné ce nom impropre à un acide de la formule $C^3H^3Cl^3O^4$, qui se forme en même temps que d'autres produits, lorsqu'on oxyde l'acide gallique par le chlorate de potassium et l'acide chlorhydrique. On ajoute peu à peu 14 p. d'acide chlorhydrique ordinaire à 3 p. de chlorate et 1 p. d'acide gallique dissous dans 70 p. d'eau à 90°; la solution se colore en rouge foncé, puis se décolore avec un vif dégagement de gaz carbonique. Agitée avec de l'éther, elle lui cède 60 °/₀ d'un produit sirupeux qui, évaporé jusqu'à production de vapeurs irritantes, se prend au bout de vingt-quatre heures en un magma d'aiguilles. Ces cristaux, purifiés par cristallisation dans l'eau, dans laquelle ils sont extrêmement solubles, constituent le nouvel acide. Il fond à 100-102° et peut être sublimé dans le vide. L'éther, l'alcool, le sulfure de carbone, la benzine, le dissolvent très facilement. Les alcalis et les terres alcalines le dédoublent aisément en chloroforme et acide oxalique

$$C^3H^3Cl^3O^4 = CHCl^3 + C^2H^2O^4.$$

L'acide réduit le nitrate d'argent en solution alcaline. Saturée par le carbonate de baryum ou de calcium, il fournit des aiguilles anhydres, en faisceaux, peu solubles dans l'eau froide et décomposables à chaud. L'auteur considère ces sels comme anhydres et les représente par les formules $(C^3H^2Cl^3O^4)^2Ba$ et $(C^3H^2Cl^3O^4)^2Ca$.

L'hydrogène naissant (Sn + HCl) transforme cet acide en acide éthylidénolactique.

Les réactions de l'acide isotrichloroglycérique permettent de lui attribuer la formule

$$\begin{array}{c} CCl^3 \\ | \\ C(OH)^2 \\ | \\ CO^2H \end{array}$$

qui est celle d'un *hydrate d'acide trichloropyruvique*. La stabilité de cet hydrate n'offre rien d'étonnant, vu le caractère fortement électronégatif de la molécule. Aussi ce nom nous paraîtrait-il préférable à celui adopté par Schreder. Les eaux mères de cet acide renferment encore d'autres produits, parmi lesquels Schreder a isolé un acide $C^5H^4Cl^2O^4$ et de l'acide carballylique [Jos. Schreder, *Ann. Chem. Pharm.*, t. CLXXVII, p. 282; *Bull. Soc. chim.*, t. XXIV, p. 553].

A. Henninger.

ISO-URIQUE (ACIDE), $C^5H^4Az^4O^3$ — Cet isomère de l'acide urique se produit lorsqu'on fait bouillir une solution aqueuse de 2 p. d'alloxantine avec 1 p. de cyanamide; il ne tarde pas à se précipiter une poudre lourde ressemblant à l'acide urique, et qu'il suffit de séparer par le filtre du liquide bouillant et de laver pour l'obtenir pur. Les eaux mères renferment de l'alloxane formée d'après l'équation

$$C^8H^4Az^4O^7 + CH^2Az^2 = C^5H^4Az^4O^3 + C^4H^2Az^2O^4.$$

L'acide iso-urique, à peine soluble dans l'eau, se dissout dans la potasse et en est précipité à l'état gélatineux par l'acide chlorhydrique, mais ce dépôt ne semble pas devenir cristallin par la chaleur.

En solution alcaline, il est précipité en noir par le nitrate d'argent.

L'acide iso-urique est oxydé beaucoup plus facilement que l'acide urique par l'iode ou l'oxygène atmosphérique agissant sur la solution potassique; il ne se forme pas d'acide uroxanique dans cette dernière oxydation.

La constitution de l'acide iso-urique peut être représentée par la formule

$$\begin{array}{ccl} & AzH\text{-}CO & \\ / & & | \\ CO & & CH\text{-}AzH\text{-}CAz \\ \backslash & & | \\ & AzH\text{-}CO & \end{array}$$

si l'on admet pour la cyanamide le schéma

$$AzH^2\text{-}CAz$$

[E. Mulder, *Deutsch. chem. Gesellsch.*, 1873, p. 1236; 1874, p. 1633].

A. Henninger.

ISOXYLIDIQUE (ACIDE). — Voyez t. III, p. 744.

ISURÉTINE, CH^4Az^2O [Lossen et Schifferdecker, *Zeitschr. Chem.*, 1871, p. 594, et *Bull. Soc. chim.*, t. XVII, p. 345]. — Ce corps, isomérique avec l'urée, se produit par l'union directe de l'acide cyanhydrique avec l'hydroxylamine.

Préparation. — On décompose une solution alcoolique de nitrate d'hydroxylamine par la quantité équivalente de potasse dissoute dans l'alcool; on filtre pour séparer le nitrate de potassium formé, on ajoute la quantité nécessaire d'acide cyanhydrique concentré et on abandonne le mélange pendant quarante-huit heures. Le liquide évaporé à 40-50° fournit de grands cristaux d'isurétine qu'on purifie par cristallisation dans l'alcool tiède.

Propriétés. — L'isurétine cristallise en prismes fusibles avec décomposition vers 104-105°, très solubles dans l'eau, peu solubles dans l'alcool froid et dans l'éther, assez solubles dans l'alcool tiède, insolubles dans la benzine.

Ses solutions présentent une forte réaction alcaline. Elles donnent, avec le sulfate de cuivre, un précipité vert sale, avec le nitrate de plomb un précipité blanc, avec le chlorure ferrique une coloration d'un rouge brun foncé qui disparaît par l'addition d'acide chlorhydrique. Elles ne précipitent pas le nitrate d'argent, mais le réduisent à chaud.

Chauffée au-dessus de son point de fusion, l'isurétine se décompose très vivement; il se dégage peu de gaz, mais il se sublime beaucoup de carbonate d'ammonium, et le résidu renferme de l'ammélide.

Lorsqu'on évapore la solution d'isurétine au bain-marie, elle dégage de l'azote, de l'acide carbonique et de l'ammoniaque, et le résidu renferme, entre autres substances, de l'urée et du biuret.

Les sels d'isurétine se décomposent plus ou moins vivement à une température peu élevée; il faut donc éviter dans leur préparation toute élévation de température. La base se dissout dans l'acide nitrique concentré, et la solution ne tarde pas à dégager des vapeurs nitreuses.

Le *chlorhydrate d'isurétine*, $CH^4Az^2O.HCl$, est en tables orthorhombiques déliquescentes, fusibles vers 60°, solubles dans l'alcool absolu, insolubles dans l'éther.

Le *sulfate*, $(CH^4Az^2O)^2SO^4H^2$, se présente en aiguilles très solubles dans l'eau, peu solubles dans l'alcool.

L'*oxalate acide*, $CH^4Az^2O.C^2H^2O^4$, cristallise en prismes aplatis et tronqués, très peu solubles dans l'alcool.

Le *picrate*, $CH^4Az^2O.C^6H^3(AzO^2)^3O$, est en prismes jaunes, solubles dans l'eau et dans l'alcool.

Ad. Fauconnier.

ITACONIQUE (ACIDE), $C^5H^6O^4$. — Suivant Claus et Lischke, cet acide prend naissance par l'hydratation du cyanure formé dans l'action du cyanure de potassium sur l'acide chlorisocrotonique. Il est isomorphe avec l'acide succinique (Thomsen).

Soumis à l'électrolyse, il donne de l'acide carbonique, de l'allylène, un peu d'acide acrylique et de l'acide mésaconique (Aarland et Carstanjen).

Chauffé à 140-150° avec de l'acide cyanhydrique anhydre, il ne s'y additionne pas et se transforme simplement, et en partie seulement, en acides mésaconique et citraconique (Barbaglia).

Mis en contact avec de l'acide bromhydrique saturé à 0°, il s'y combine peu à peu et donne de gros cristaux d'acide *itabromopyrotartrique*, fusibles à 137° et que l'ébullition avec l'eau décompose.

Anhydride, $C^5H^4O^3$. — Chauffé légèrement avec du chlorure d'acétyle, l'acide itaconique dégage de l'acide chlorhydrique et l'anhydride itaconique prend naissance. Ce composé forme des prismes transparents et compacts qui, cristallisés dans le chloroforme où ils sont très solubles, deviennent mats à l'air. Il fond à 68° et bout à 139-140° sans décomposition, sous une pression de 30 millimètres. Sous la pression ordinaire, il se transforme en anhydride citraconique (Anschütz et Petri). Pour préparer cet anhydride, pon eut encore remplacer l'acide par le sel d'argent (Markownikoff). Les cristaux sont rhombiques $a : b : c = 0{,}61681 : 1 : 0{,}45447$.

L'anhydride itaconique en solution chloroformique fixe aisément le brome et forme des cristaux incolores, fusibles à 50°, d'anhydride *dibromitapyrotartrique*. Cristallisé dans le sulfure de carbone, ce corps se présente en petits cristaux du système orthorhombique que la distillation décompose en acide bromhydrique et anhydride bromitaconique (Petri).

Traité par le perchlorure de phosphore, l'anhydride itaconique se transforme en *chlorure d'itaconyle*, liquide incolore, d'odeur irritante, qui bout sans décomposition à 89° sous la pression de 17 millimètres de mercure.

L'*itaconate de baryum* a pour formule

$$C^5H^4O^4Ba + H^2O.$$

L'*itaconate d'éthyle*, $C^5H^4O^4(C^2H^5)^2$, est un liquide bouillant à 228-229°.

L'*itaconate de méthyle*, $C^5H^4O^4(CH^3)^2$, bout à 210-212°,5; à 14°,7 sa densité est égale à 1,1399.

Ces éthers, préparés soit par l'action de l'acide chlorhydrique sur la solution alcoolique de l'acide, soit par l'action des iodures alcooliques sur le sel d'argent, se polymérisent lentement en se transformant en masses vitreuses ressemblant à s'y méprendre à du verre. La distillation décompose complètement ces produits (Petri, Anschütz).

Acide *itasulfopyrotartrique*, $C^5H^7O^4(SO^3H)$. — Ce composé prend naissance quand on fait bouillir, pendant quelques heures, molécules égales de sulfite de potassium et d'acide itaconique en solution assez concentrée. L'alcool sépare alors une masse gommeuse qui, redissoute dans l'eau, fournit avec les sels de baryum et de plomb des précipités gélatineux. Le sel de calcium,

$$(C^5H^5O^7S)^2Ca^3 + 7H^2O,$$

est cristallin; il perd $5H^2O$ à 110°, H^2O à 160° et le dernier à 180°. Le sel se décompose à 190°. Les sels acides de potassium et d'ammonium constituent des masses mamelonnées, insolubles dans l'alcool fort. Ceux de Fe, Cu, Hg, Zn sont également solubles dans l'eau. L'acide préparé par le sel de calcium n'a pas été obtenu pur; il est cristallin et très soluble dans l'eau [Wieland, *Ann. Chem. Pharm.* t. CLVII, p. 34, et *Bull. Soc. chim.*, t. XV, p. 89].

[Thomsen, *Deutsch. chem. Gesellsch.*, 1874, p. 112; — Böttinger, *Deutsch. chem. Gesellsch.*, 1876, p. 1822, et *Bull. Soc. chim.*, t. XXVIII, p. 471; — Fittig et Landolt, *Deutsch. chem. Gesellsch.*, 1876, p. 1192, et *Bull. Soc. chim.*, t. XXVIII, p. 84; — Fittig, *Deutsch. chem. Gesellsch.*, 1877, p. 518; — Barbaglia, *Deutsch. chem. Gesellsch.*, 1874, p. 466, et *Bull. Soc. chim.*, t. XXII, p. 294; — Anschütz, *Deutsch. chem. Gesellsch.*, 1880, p. 1539; — Markownikoff, *Deutsch. chem. Gesellsch.*, 1880, p. 1844; — Anschütz, *Deutsch. chem. Gesellsch.*, 1881, p. 2786; — Petri, *Deutsch. chem. Gesellsch.*, 1881, p. 1634 et 1337; — Claus et Lischke, *Deutsch. chem. Gesellsch.*, 1881, p. 1092; — Aarland et Carstanjen, *Journ. prakt. Chem.*, (2), t. IV, p. 37, et *Bull. Soc. chim.*, t. XVII, p. 221; — Aarland, *Journ. prakt. Chem.*, (2) t. XIX, p. 258.]

E. Demarçay.

IVAÏNE. — Matière amère de consistance visqueuse, insoluble dans l'eau que l'alcool extrait de l'iva (*Achillea moschata*); elle renfermerait $C^{24}H^{42}O^3$, mais cette formule ne présente aucune garantie (Planta Reichenau).

IVAOL. — C'est la partie de l'essence d'iva, passant de 180 à 190° (Suppl., p. 685).

J

JABORANDINE, $C^{10}H^{12}Az^2O^3$.— Cet alcaloïde a été signalé pour la première fois par Parodi, qui l'obtint en traitant les feuilles du faux jaborandi (*Piper jaborandi villosa*). Depuis il a été obtenu par Chastaing [*Comp. rend.*, 1881, 2e semestre, p. 969] au moyen de la pilocarpine pure.

Pour préparer la jaborandine, on traite 1 p. de pilocarpine par un grand excès d'acide azotique fumant, 300 p. environ, et l'on évapore le mélange: le résidu se trouve principalement formé par de l'azotate de jaborandine. En évaporant à l'air une solution chlorhydrique de pilocarpine, on obtient le même alcaloïde. Dans les deux cas, il se forme en même temps de la jaborine. La jaborandine est un produit d'oxydation de la pilocarpine.

JABORINE, $C^{11}H^{16}AzO^2$. — La jaborine est une base isomère de la pilocarpine extraite comme elle de la feuille du *jaborandi*. Harnack et Meyer [*Ann. Chem.*, t. CCIV, p. 67] l'ont obtenue en soumettant la pilocarpine commerciale en solution alcoolique à l'action du chlorure de platine, qui précipite d'abord la pilocarpine et laisse le chloroplatinate de jaborine, incristallisable, dans les eaux mères.

On trouve aussi une certaine quantité de jaborine dans les eaux mères de la pilocarpine.

Cette base se forme toujours par simple modification isomérique, quand on évapore des solutions acides de pilocarpine; aussi ne sait-on pas si elle préexiste dans le jaborandi.

La pilocarpine se dédoublant sous l'influence de la potasse fondante en méthylamine et acide butyrique, selon Chastaing [*Compt. rend.*, 1881 (2e semestre), p. 223 et 969], et en triméthylamine et une base très analogue à la conicine, selon Poehl, il est probable que ces mêmes réactions appartiennent à la jaborine.

Les propriétés de la jaborine sont mal définies, ses sels n'ayant pas été obtenus à l'état cristallisé. Au point de vue physiologique, elle agit comme l'atropine.

JALAPINE, $C^{34}H^{56}O^{16}$. — La jalapine constitue avec la convolvuline la presque totalité de la résine de jalap. On sépare ces deux résines en dissolvant dans l'éther, qui laisse la convolvuline.

La jalapine est un corps résineux soluble dans les alcalis et les acides étendus, ainsi que dans l'éther, le pétrole, la benzine et le chloroforme [A.-F. Stevenson, *Chem. Soc.*, 1880, t. II, p. 717].

JAPACONITINE, $C^{66}H^{88}Az^2O^{21}$. — La racine de l'aconit du Japon contient environ trois fois plus d'alcaloïdes que l'*Aconitum Napellus*. Cet alcaloïde, selon Kingrett, serait identique avec la pseudo-aconitine $C^{29}H^{43}AzO^9$; mais selon Wright [*Deutsch. chem. Gesellsch.*, 1879, p. 1214] il offrirait la composition ci-dessus.

La japaconitine est une substance bien cristallisée que la potasse alcoolique saponifie en donnant de l'acide benzoïque et un alcaloïde renfermant $C^{26}H^{41}AzO^{10}$; c'est la japaconine qui correspond à l'aconitine.

La japaconine, chauffée avec de l'anhydride benzoïque, donne directement un dérivé à quatre molécules de benzoyle.

JERVINE, $C^{26}H^{37}AzO^3$. — La jervine se trouve dans le *Veratrum album*, où elle accompagne la vératralbine. On extrait ce principe en épuisant la plante par de l'alcool renfermant de l'acide tartrique; l'extrait, évaporé à sec, est repris par l'eau, qui ne dissout pas les résines; cette eau renfermant les alcaloïdes est additionnée de potasse et agitée avec de l'éther, qui enlève tous les alcaloïdes autres que la pseudojervine. La solution éthérée laisse déposer par évaporation lente des cristaux de jervine, puis d'autres alcaloïdes, tels que la rubijervine, la vératralbine, la vératrine et la céradine. Le vératre blanc renferme environ 1,3 °/o de jervine et 2,2 °/o de vératralbine.

La jervine se dissout dans l'acide sulfurique concentré avec une coloration jaune passant bientôt au vert.

JUGLON. — Voyez NUCINE, t. II, p. 576. — D'après les recherches de Reischauer [*Deutsch. chem. Gesellsch.*, 1877, p. 1542], le juglon ou nucine aurait pour formule $C^{18}H^{12}O^5$. Traité par l'acétate de cuivre en solution alcoolique, ce corps fournit une combinaison cristallisée, de couleur bronzée, dont la composition est $C^{18}H^{12}O^5.CuO$.

K

KAWAÏNE. — Voyez MÉTHYSTICINE, t. II, p. 429.

KELLINE. — Glucoside retiré par Ibr.-Mustapha des graines d'*Ammi Visnaga* (kell des Arabes) [*Compt. rend.*, t. LXXXIX, p. 442]. Les graines pulvérisées sont mélangées avec leur poids de chaux éteinte et épuisées par l'alcool chaud; l'extrait alcoolique amené à siccité est repris par l'éther, qui dissout la kelline; enfin on la purifie par cristallisation dans l'acide acétique, puis dans l'eau. C'est une substance cristallisée en aiguilles soyeuses, incolores, très amères. Elle est peu soluble dans l'eau froide, assez soluble dans l'eau chaude et dans l'alcool ou le chloroforme, très soluble dans l'éther. La kelline agit sur l'économie comme vomitif et narcotique.

KERMÈS MINÉRAL. — Voyez t. Ier, p. 349.

KÉTINE-DICARBONIQUE (ACIDE),

$$C^8H^8Az^2O^4 = \begin{matrix} & Az & \\ & / \quad \backslash\backslash & \\ CH^3\text{-}C & - & C\text{-}CO^2H \\ | & & \\ CH^3\text{-}C & - & C\text{-}CO^2H \\ & \backslash \quad // & \\ & Az & \end{matrix}$$

[Wleügel, *Deutsch. chem. Gesellsch.*, 1882, p. 1050]. — Cet acide se forme lorsqu'on réduit par l'étain et l'acide chlorhydrique l'éther nitrosoacétylacétique, $CH^3\text{-}CO\text{-}CH(AzO)\text{-}CO^2.C^2H^5$; la réaction est tout à fait analogue à celle qui donne naissance aux kétines par la réduction des nitrosoacétones (voir plus bas).

On précipite le liquide par l'acide sulfhydrique, on filtre, on sature par la soude, et on évapore à sec au bain-marie : on reprend le résidu par l'éther de pétrole, qui abandonne par évaporation le *kétine-dicarbonate d'éthyle*, $C^{12}H^{13}Az^2O^4$: il ne reste plus qu'à saponifier par la potasse pour obtenir l'acide lui-même.

L'acide kétine-dicarbonique se présente en cristaux cubiques brillants qui renferment 2 molécules d'eau ; il fond avec décomposition à 200-201° ; il est très soluble dans l'alcool et dans l'acétone, moins soluble dans l'eau bouillante, le toluène, le chloroforme, presque insoluble dans l'éther, la benzine, la ligroïne. Maintenu quelque temps en fusion, il se décompose en perdant de l'acide carbonique et en laissant pour résidu un liquide basique qui paraît être de la kétine.

Le sel de *baryum* est en beaux cristaux ayant pour formule $C^8H^6Az^2O^4Ba + 3H^2O$; le sel d'*argent*, $C^8H^6Az^2O^4Ag^2$, est un précipité jaunâtre ; les sels de *potassium*, d'*ammonium*, de *plomb*, de *cobalt* sont cristallisés ; les sels *cuivrique* et *ferrique* sont amorphes.

L'*éther éthylique*, $C^{12}H^{16}Az^2O^4$, cristallise en aiguilles fusibles à 85°,5, solubles dans l'alcool et dans l'éther ; il bout sans décomposition à 315-317°. Par l'action de l'acide chlorhydrique sec, il fournit une combinaison cristalline instable, qui paraît renfermer $C^{12}H^{16}Az^2O^4.2HCl$.

Ad. Fauconnier.

KÉTINES. — On donne le nom de *kétines* à une série de bases homologues, ayant pour formule générale $C^nH^{2n-4}Az^2$, qui prennent naissance par la réduction de la nitrosoacétone et de ses homologues au moyen de l'amalgame de sodium ou de l'étain et de l'acide chlorhydrique.

D'après V. Meyer [*Deutsch. chem. Gesellsch.*, 1882, p. 1047], le mécanisme de la réaction est celui-ci : la nitrosoacétone, $CH^3\text{-}CO\text{-}CH^2(AzO)$, fixe d'abord de l'hydrogène sur les groupements nitrosyle et carbonyle à la fois, en doublant sa molécule, de manière à fournir une sorte de pinacone :

$$\begin{matrix} CH^3\text{-}C(OH)\text{-}CH^2(AzH.OH) \\ | \\ CH^3\text{-}C(OH)\text{-}CH^2(AzH.OH). \end{matrix}$$

Ce produit instable perd ensuite quatre molécules d'eau et se transforme en kétine :

$$C^6H^8Az^2 = \begin{matrix} & Az & \\ & / \quad \backslash\backslash & \\ CH^3\text{-}C & - & CH \\ | & & \\ CH^3\text{-}C & - & CH \\ & \backslash \quad // & \\ & Az & \end{matrix}$$

Le nitrosométhylacétone fournit, par un procédé analogue, la diméthylkétine, la nitrosoéthylacétone la diéthylkétine. etc

Kétine, $C^6H^8Az^2$ [Treadwel et Steiger, *Deutsch. chem. Gesellsch.*, 1882, p. 1059]. — On réduit la nitrosoacétone, en solution très étendue et par petites portions, au moyen de l'étain et de l'acide chlorhydrique : la réaction est énergique et on doit la modérer en refroidissant le vase où elle s'accomplit. On élimine l'étain par l'acide sulfhydrique, puis on concentre le liquide au bain-marie jusqu'à ce qu'il commence à brunir. A ce moment, on ajoute de la soude jusqu'à réaction fortement alcaline, en refroidissant, et on épuise par l'éther : celui-ci abandonne par évaporation un résidu huileux, qui, traité par l'acide chlorhydrique et le chlorure de platine, laisse déposer le *chloroplatinate de kétine*,

$$C^6H^8Az^2.2HCl + PtCl^4$$

en lamelles d'un jaune d'or, solubles dans l'eau chaude, très peu solubles dans l'eau froide. La base libre n'a pas été obtenue parfaitement pure ; elle se décompose, en effet, partiellement par la distillation : c'est un liquide huileux, bouillant vers 170-180°.

Diméthylkétine,

$$C^8H^{12}Az^2 = \begin{matrix} & Az & \\ & / \quad \backslash\backslash & \\ CH^3\text{-}C & - & C\text{-}CH^3 \\ | & & \\ CH^3\text{-}C & - & C\text{-}CH^3 \\ & \backslash \quad // & \\ & Az & \end{matrix}$$

[Treadwell, *Deutsch. chem. Gesellsch.*, 1881, p. 1469]. — On l'obtient par la réduction de la nitrosométhylacétone au moyen de l'étain et de l'acide chlorhydrique : le produit privé d'étain par l'acide sulfhydrique est concentré, puis additionné de soude jusqu'à réaction alcaline, et enfin soumis à la distillation dans un courant de vapeur d'eau : on n'a plus qu'à épuiser le liquide distillé par l'éther, et qu'à abandonner celui-ci dans l'air sec pour obtenir la diméthylkétine en cristaux incolores, fusibles à 87°. Cette base forme avec l'eau un hydrate cristallisé en aiguilles soyeuses, peu solubles. Le *chloroplatinate* a pour formule $C^8H^{12}Az^2,2HCl + PtCl^4$.

Diéthylkétine, $C^{10}H^{16}Az^2$ [Treadwell, *Deutsch. chem. Gesellsch.*, 1881, p. 1461 et 2158]. — La nitrosoéthylacétone est réduite par l'étain et l'acide chlorhydrique ; on traite la solution par l'acide sulfhydrique, on filtre, on évapore, on sursature le résidu par la soude et on épuise par l'éther ; la solution éthérée est ensuite distillée au thermomètre.

La diéthylkétine est un liquide huileux, incolore et réfringent, bouillant à 215-217°. Elle forme avec l'eau un hydrate cristallisé, peu soluble, fusible à 42°,5 et distillable dans un courant de vapeur d'eau.

Le *chlorhydrate* et le *chloroplatinate*,

$$C^{10}H^{16}Az^2.2HCl + PtCl^4,$$

sont bien cristallisés.

La diéthylkétine n'est pas attaquée par l'acide iodhydrique en présence de phosphore ; les iodures alcooliques et l'anhydride acétique sont également sans action. Traitée par le brome en solution acétique, elle donne un produit d'addition, $C^{10}H^{16}Az^2Br^2$, cristallisé, mais très instable.

Enfin, elle s'unit au nitrate d'argent pour former le corps cristallisé $C^{10}H^{16}Az^2.AzO^3Ag$. La diéthylkétine forme avec le chlorure mercurique une combinaison analogue, mais plus instable.

Dipropylkétine, $C^{12}H^{20}Az^2$ [Treadwell, *Deutsch. chem. Gesellsch.*, 1881, p. 2158]. — On prépare cette base au moyen de la nitrosopropylacétone, en opérant exactement comme pour la diéthylkétine. C'est un liquide huileux, bouillant à 235-240°, qui brunit rapidement au contact de l'air. Cette base est peu soluble dans l'eau et ne forme pas d'hydrate cristallisé. Le *chloroplatinate* a pour formule $(C^{12}H^{20}Az^2.HCl)^2PtCl^4$.

La dipropylkétine forme avec le nitrate d'argent une combinaison cristallisée,

$$C^{12}H^{20}Az^2.AzO^3Ag + H^2O,$$

qui brunit à l'air et se décompose par l'ébullition avec l'eau.

Elle donne avec le brome en solution acétique un produit d'addition, jaune, cristallisé, extrêmement instable.

Ad. Fauconnier.

KETONES. — Nom générique donné par les chimistes allemands et anglais aux acétones (voyez, Suppl., p. 25).

KIESELGUHR. — Silice d'infusoires provenant d'Oberlohe (Hanovre), qui forme la substance absorbante de la dynamite Nobel.

L

LACTIDE, $C^6H^8O^4$. — On a pu prendre dans ces dernières années la densité de vapeur de la lactide : cette densité est de 4,81 à 185°; la formule ci-dessus exige 4,96 et la formule simple, $C^3H^4O^2$, demande 2,48. La lactide est donc un composé dilactique; cette idée, qui a été émise par Grimaux [*Chim. org. élém.*, 1872, p. 186], a été démontrée par L. Henry [*Deutsch. chem. Gesellsch.*, 1874, p. 762].

D'après cet auteur, la formule développée de la lactide serait :

$$\begin{array}{l} CH^3 \\ CH\text{-}O\text{-}CO \\ CO\text{-}O\text{-}CH \\ \quad\quad\quad CH^3, \end{array}$$

qui fait de ce corps un éther mixte prenant naissance par l'union de deux molécules d'acide lactique s'éthérifiant réciproquement en raison de leur double fonction acide et alcool. La lactide traitée par l'ammoniaque donne, conformément à cette théorie, de la lactamide ordinaire, les deux molécules lactiques se séparant de nouveau.

La lactide fond à 121° et bout à 255°.

LACTIQUE (ACIDE), $C^3H^6O^3$. — On connaît avec certitude trois isomères de l'acide lactique : l'acide lactique ordinaire, de fermentation, et les acides paralactique et éthylénolactique formant l'ancien acide sarcolactique. Pour ces deux acides, voyez SARCOLACTIQUE.

L'acide lactique ordinaire se produit dans la fermentation de l'inosite avec du fromage en même temps que l'acide butyrique. Il ne se forme pas d'acide paralactique dans cette réaction [H. Vohl, *Deutsch. chem. Gesellsch.*, 1876, p. 984].

Dans la fermentation du sucre, produite au contact de la muqueuse gastrique, c'est-à-dire des microbes qui accompagnent celle-ci, il ne se forme pas toujours de l'acide lactique de fermentation pur; souvent ce dernier est mélangé d'acide paralactique et quelquefois cet acide se produit exclusivement [Maly, *Deutsch. chem. Gesellsch.* 1874, 1567].

Les alcalis à haute température transforment le sucre en acide lactique (Hoppe-Seyler). Lorsqu'on chauffe de la saccharose avec trois fois son poids de baryte hydratée à 150-160° pendant deux jours, le rendement en acide lactique peut dépasser 60 °/₀ [Schützenberger, *Bull. Soc. chim.*, t. XXV, p. 289].

Acide tribromolactique, $C^3H^3Br^3O^3$. — On prépare cet acide en chauffant au bain-marie pendant deux jours un mélange de 1 p. d'hydrate de bromal, de 2 p. d'acide cyanhydrique concentré et de 1 p. d'acide chlorhydrique d'une densité de 1,2. Le mélange doit être agité fréquemment et débarrassé de temps à autre du chlorhydrate d'ammoniaque qui se forme et appauvrit le liquide en acide chlorhydrique; il faut donc ajouter deux ou trois fois de nouvelles quantités de cet acide dans le cours de la réaction. Finalement, on évapore à sec et on reprend par l'éther, qui enlève l'acide tribromé, puis on fait cristalliser cet acide dans le chloroforme.

L'acide tribromolactique est un corps solide et cristallin. Il est peu stable à l'état pur; il fond à 141-143° et n'a pas d'odeur irritante; ses solutions s'altèrent facilement. Il s'unit au chloral, au bromal et aux corps analogues pour donner des corps appartenant au type de fonction des *chloralides*.

L'éther tribromolactique, $C^3H^2Br^3O^3.C^2H^5$, cristallise en prismes fusibles à 44° [Wallach, *Liebig's Ann. Chem.*, t. CXCIII, p. 1].

Le brome réagit sur l'acide lactique en donnant une combinaison de lactide et de bromal selon Klimenko [*Deutsch. chem. Gesellsch.*, 1876, p. 967]. Grimaux [*Bull. Soc. chim.*, t. XXV, p. 337] pense qu'il se fait là du tribromopyruvate d'éthyle possédant la même composition.

Les acides lactiques simples ou substitués s'unissent facilement aux corps de la nature du chloral pour donner des corps complexes à radicaux lactiques, les chloralides (voyez ce mot).

A. Étard.

LACTONES. — Les lactones constituent une fonction en chimie organique : elles sont à la série grasse ce que les coumarines sont à la série aromatique. De même que ces dernières, elles dérivent d'un oxyacide gras par élimination d'une molécule d'eau, à condition que le groupe (OH) de l'acide à fonction mixte (acide-alcool) occupe la troisième place à partir du groupe CO^2H, de sorte qu'il reste entre ces deux points deux atomes de carbone. Voici le type de formule des lactones :

$$X^2C \begin{array}{l} \diagup CH^2\text{-}CH^2 \\ \diagdown O \;-\; CO \end{array}$$

formé par déshydratation de

$$X^2C.OH\text{-}CH^2\text{-}CH^2\text{-}COOH$$

dans lequel X représente un groupe substituant quelconque.

Les lactones se forment, comme nous venons de le dire, par la déshydratation d'un γ-oxyacide. Celui-ci se prépare, le plus souvent, en traitant par la potasse le dérivé bromé qui résulte de l'action de l'acide bromhydrique sur un acide de la série acrylique offrant une lacune dans la position requise, c'est-à-dire entre le deuxième et le troisième carbone à partir du carboxyle. Le brome se fixe alors sur le troisième carbone. Quelle que soit la façon dont on ait préparé le dérivé γ-bromé, celui-ci, saponifié par la potasse, donne le sel d'un oxyacide; mais lorsqu'on essaye de mettre cet oxyacide en liberté, il perd H^2O et donne une lactone.

Inversement, les lactones traitées par les alcalis caustiques concentrés et bouillants finissent par donner des sels d'oxyacides.

Si, au lieu de traiter par la potasse un acide γ-bromé, ce qui donne une lactone, on traite un acide β-bromé, on n'obtient que du bromure de potassium, du carbonate de potassium et un carbure non saturé.

Les lactones ont été surtout étudiées par Fittig et ses collaborateurs [R. Fittig, *Liebig's Ann. Chem.*, t. CC, p. 21; *Deutsch. chem. Gesellsch.*, 1880, p. 955] et par J. Bred [*Deutsch. chem. Gesellsch.*, 1880, p. 748].

Ce sont des corps généralement liquides et peu odorants, bouillant à température fixe et sans altération, très stables, solubles dans l'eau d'où le carbonate de potassium les sépare à la façon des alcools. Les solutions de lactones sont neutres et n'attaquent pas les carbonates. On connaît déjà un certain nombre de lactones, entre autres la lactone valérique normale et les lactones caproïque et isocaproïque. A. Étard.

LACTONIQUE (ACIDE). — Syn. *Acide galactonique*. — Voyez GALACTOSE, Suppl., p. 850.

LACTOPROTÉINE. — La substance que l'on retire du lait d'après le procédé de Millon et Commaille, décrit t. II, p. 188, ne constitue pas un principe immédiat. Suivant la quantité d'acide acétique employé pour la précipitation de la caséine, elle contient plus ou moins de caséine et d'albumine; en outre, on y trouve des quantités variables de propeptones, voire même de peptones, ces dernières étant peut être formées pendant les manipulations [voir J. Biel, *Jahresb. Thierch.*, 1874, p. 170; — O. Hammarsten, *ibid.*, 1876, p. 13].

LACTOSE, $C^{12}H^{22}O^{11},H^2O$. — La lactose ou sucre de lait a été rencontrée dans le suc du sapotilier [Bouchardat, *Bull. Soc. chim.*, t. XVI, p. 36].

Demole a pu reproduire artificiellement le sucre de lait en partant du mélange de galactose et de lactoglucose que l'on obtient par le dédoublement de la lactose. On fait agir sur ce mélange un excès d'anhydride acétique à 150°, jusqu'à ce que la masse ait été dissoute. Après départ de l'excès d'anhydride, la masse dissoute dans l'alcool est saponifiée par la baryte. La liqueur, neutralisée par la baryte, laisse déposer des cristaux de sucre de lait. La galactose et la lactoglycose n'ayant pas été séparées à l'état de pureté, on peut craindre qu'une petite quantité de lactose n'ait échappé à la décomposition première [Demole, *Bull. Soc. chim.*, t. XXXII, p. 489].

Propriétés. — La lactose présente un pouvoir rotatoire qui varie suivant que la solution est récente ou effectuée depuis un certain temps. Ceci tient à la formation de la lactose anhydre $C^{12}H^{22}O^{11}$, laquelle, en solution dans l'eau, ne se transforme que lentement en sucre de lait ordinaire. Ce composé s'obtient en évaporant rapidement une solution de lactose. Il est environ deux fois plus soluble dans l'eau que la lactose et possède un pouvoir rotatoire plus faible (5/8). Ce pouvoir rotatoire va du reste en augmentant, par suite de l'hydratation graduelle de ce composé [Schmœger, *Deutsch. chem. Gesellsch.*, 1880, p. 1915, 2130; — O. Erdmann, *ibid.*, 1880, p. 2180].

Traitée, en solution, par l'amalgame de sodium, la lactose fournit, outre la dulcite, de l'alcool ordinaire et des alcools isopropylique et isohexylique. Il ne se forme pas de glycérine [G. Bouchardat, *Bull. Soc. chim.*, t. XVI, p. 38].

L'acide sulfurique étendu la transforme à la longue en acide lévulique [Rodewald et Tollens, *Ann. Chem. Pharm.*, t. CCVI, p. 250]. Traitée par le permanganate, elle donne du gaz carbonique, de l'acide acétique et un acide sirupeux analogue à l'acide galactique [Laubenheimer, *Ann. Chem. Pharm.*, t. CLXIV, p. 283].

La lactose se dissout à chaud dans l'aniline. La liqueur, additionnée d'alcool absolu et filtrée, laisse déposer une masse cristalline dont on peut séparer par plusieurs cristallisations fractionnées deux substances répondant aux formules

$$2C^{12}H^{22}O^{11} + C^6H^7Az - H^2O,$$
$$C^{12}H^{22}O^{11} + C^6H^7Az - H^2O$$

[Sachse, *Deutsch. chem. Gesellsch.*, 1871, p. 834].

M. Hanriot.

LACTUCONE (t. II, p. 190). — Ce principe cristallisé du lactucarium, purifié par cristallisation dans l'alcool bouillant avec addition de charbon animal, est en aiguilles microscopiques fusibles à 296°. Insoluble dans l'eau, peu soluble dans l'alcool, très soluble dans le pétrole. L'analyse conduit exactement à la formule $C^{14}H^{24}O$ et ne s'accorde nullement avec les chiffres trouvés par Lenoir et par Ludwig.

La lactucone n'est pas attaquée par l'anhydride acétique, même pas à 200°. Distillée avec le tiers de son poids de pentasulfure de phosphore, dans un courant de gaz carbonique, elle fournit des hydrocarbures, parmi lesquels le principal bouillant entre 247 et 252° renferme $C^{14}H^{22}$ [N. Franchimont et Wigman, *Deutsch. chem. Gesellsch.*, 1879, p. 10].

LANTHANE. — *État naturel.* — Cossa [*Acad. dei Lincei*, 1878; *Bull. Soc. chim.*, t. XXXII, p. 295] a trouvé le lanthane accompagnant le didyme et le cérium dans la schéelite de Meymac, dans la staffelite de Nassau, dans le marbre saccharoïde de Carrare, dans le calcaire d'Avellino et dans les os. D'après Young [*Sill. Am. Journ.* (3), t. IV, p. 356], il paraît probable que le lanthane se trouve dans l'atmosphère du soleil.

Classification. — Cleve a proposé la formule La^2O^3 au lieu de la formule LaO, généralement admise. La composition d'un grand nombre de combinaisons de lanthane et l'isomorphisme du lanthane avec le cérium ont conduit à la formule La^2O^3, qui a été vérifiée par la détermination de la chaleur spécifique du métal compact. Hillebrand et Norton ont trouvé le nombre 0,04637, qui s'accorde parfaitement avec le poids atomique dérivé de la formule La^2O^3 [*Poggend. Ann.*, t. CLVI, p. 473]. Quant à la question de savoir si les deux atomes de lanthane sont unis l'un à l'autre ou non, c'est-à-dire si le lanthane est un métal tétratomique ou triatomique, Nilson s'est prononcé [*Bull. Soc. chim.*, t. XXVII, p. 206] en faveur de la première hypothèse. D'après lui, tous les métaux à oxydes terreux R^2O^3 sont tétratomiques. Cependant cette question paraît être sans importance scientifique dans l'état actuel de nos connaissances. La détermination de la densité de vapeur des chlorures correspondants aux oxydes R^2O^3 a conduit tantôt à la formule RCl^3, tantôt à la formule R^2Cl^6, comme les chlorures correspondants aux oxydes RO renferment tantôt RCl^2, tantôt R^2Cl^4 [voyez Brauner, *Monatsh. Chem.*, t. III, p. 47]. Néanmoins, nous ferons usage dans cet article de la formule La^2Cl^6, etc., qui est en harmonie avec la manière de formuler Al^2Cl^6, Fe^2Cl^6, etc., adoptée dans cet ouvrage.

Poids atomique. — Marignac [*Arch. Sciences*

physiques et naturelles, t. XLVI, p. 215] a déterminé en 1873 le poids atomique du lanthane par l'analyse du sulfate, soit par la calcination, soit par la précipitation avec de l'acide oxalique. Il a ainsi obtenu des nombres compris entre 138,54 et 138,81. Cleve a déterminé [*Bihang. till K. Sv. Vet. Acad. Handl.*, t. II, n° 7] le poids atomique par la synthèse du sulfate. Il a trouvé ainsi le nombre 139,15 (max. 139,48, min. 138,95). En 1882, Brauner [*Monatsh. Chem.*, t. III, p. 493] trouve par la même méthode le nombre 138,28 (max. 138,45, min. 138,06). Plus tard, Cleve [*Rech. inéd.*] a obtenu comme moyenne de 12 déterminations le nombre 138,22 (SO^3 = 80). Avec les nombres O = 15,9633 (± 0,0035) et S = 31,984 (± 0,012) on obtient comme moyenne La = 138,0195 (± 0,0246).

Nature simple du lanthane. — Par la présence d'une raie bleue (λ = 433,35) dans le spectre d'étincelle des fractions intermédiaires entre le lanthane et le didyme, Cleve [*Compt. rend.*, t. XCIV, p. 1528] a été conduit à la supposition d'un métal intermédiaire Di-β. Plus tard [*Compt. rend.*, t. XCV, p. 33], il a trouvé que cette raie appartenait au lanthane. Brauner a constaté plusieurs faits qui ont rendu probale l'existence de Di-β. Plus tard encore, Cleve [*Rech. inéd.*] a trouvé que le lanthane n'est pas susceptible de se scinder, soit par le fractionnement de son azotate avec de l'ammoniaque, soit par des cristallisations répétées de son sulfate. Au surplus, on ne trouve aucun oxyde étranger dans les fractions intermédiaires entre le lanthane et le didyme, si l'on soumet les azotates mixtes à un fractionnement avec de l'ammoniaque. D'un autre côté, le didyme paraît toujours être accompagné d'un oxyde à poids moléculaire plus élevé (R = environ 150), base plus faible que l'oxyde de didyme et ayant le caractère de Y-β de Marignac ou de l'oxyde en samarium. Le didyme pur possède, d'après les déterminations récentes de Cleve, le poids atomique 142 en nombre rond. Le nombre 147 qu'il a trouvé antérieurement se rapporte à un mélange de didyme et de samarium, élément inconnu au temps de ces recherches.

Isomorphisme. — D'après les recherches de Marignac et celles de Topsoë, les sels de lanthane sont isomorphes avec les sels correspondants du cérium et, dans quelques cas, avec ceux du didyme, qui s'approchent d'ailleurs plus des métaux du groupe de l'yttrium.

Lanthane métallique. — Il a été obtenu à l'état compact par Hillebrand et Norton, à l'aide de la méthode qui leur a fourni le cérium (Suppl., p. 440). Le métal est un peu plus dur que le cérium, malléable, d'une densité de 6,049-6,163. Il fond à peu près à la même température que le cérium. Il se ternit vite à l'air. De petits fragments jetés dans une flamme brûlent avec beaucoup d'éclat. Il se comporte avec les acides comme le cérium.

Sesquioxyde de lanthane, La^2O^3. — Poudre blanche, diamagnétique (K. Angström), du poids spécifique 5,94 (Hermann), 6,53 (Cleve), 6,48 (Nilson et Pettersson). Chaleur spécifique, 0,0749 (Nilson et Pettersson). L'oxyde de lanthane est la plus forte base de toutes les terres rares, comme le prouvent les recherches thermochimiques de J. Thomsen [*Thermochem. Unters.*, t. Ier, 1882, p. 372]. La chaleur de neutralisation de l'hydrate est de 27 470 cal. gr. pour 1 molécule H^2SO^4, et 25 020 cal. gr. pour 2 molécules HCl. L'oxyde de lanthane est donc une base plus forte que le protoxyde de manganèse (26 480 cal. pour H^2SO^4), mais moins forte que les alcalis et les terres alcalines (31 300 cal pour H^2SO^4).

L'oxyde cristallisé a été préparé par Nordenskiöld [*Poggend. Ann.*, t. CIV, p. 618], qui a calciné pendant plusieurs jours, dans un four à porcelaine, un mélange d'oxyde et de borax. Les cristaux, qui ressemblent aux cristaux de quartz, appartiennent au système orthorhombique. Leur densité est égale à 5,296.

Hydrate de lanthane. — L'hydrate, qui se forme directement par l'union de l'oxyde avec de l'eau, a pour composition $La^2O^6H^6$ (Cleve).

Chlorure de lanthane, $La^2Cl^6 + 15H^2O$. — Grands cristaux tricliniques (Marignac). Avec le cyanure mercurique, il donne un sel double cristallisable, $La^2Cl^6 + 6Hg(CAz)^2 + 16H^2O$ [Ahlén, *Bull. Soc. chim.*, t. XXVII, p. 365].

Oxychlorure de lanthane, $La^2Cl^2O^2$. — Il se forme par l'action du chlore sur l'oxyde chauffé. Poudre blanche, qui ne subit aucun changement par l'action de l'eau [Frerichs et Smith, *Liebig's Ann. Chem.*, t. CXCI, p. 331]. La composition a été vérifiée par Cleve [*Bull. Soc. chim.*, t. XXIX, p. 493].

Chloroplatinate de lanthane,

$$La^2Cl^6 + 2PtCl^4 + 27H^2O.$$

— Il cristallise en grandes tables tétragonales et déliquescentes, isomorphes avec le sel de cérium correspondant (Marignac, Cleve). D'après Frerichs et Smith, la formule est $La^2Cl^6 + 3PtCl^4 + 24H^2O$, certainement inexacte.

Chloroplatinite de lanthane,

$$La^2Cl^6 + 3PtCl^2 + 18 \text{ et } 27H^2O.$$

— Prismes déliquescents (Nilson).

Chlorostannate de lanthane,

$$2La^2Cl^6 + 5SnCl^4 + 45H^2O.$$

— Grands prismes aplatis et fort déliquescents, dont la composition compliquée correspond à celle du chloroplatinate d'yttrium (Cleve).

Chloraurate de lanthane,

$$La^2Cl^6 + 2AuCl^3 + 20H^2O.$$

— Grands cristaux déliquescents (Cleve). D'après Frerichs et Smith, la formule serait

$$La^2Cl^6 + 3AuCl^3 + 21H^2O.$$

Chloromercurate de lanthane (t. II, Ire partie, p. 205). — Composition probable (Cleve) :

$$La^2Cl^6 + 10HgCl^2 + 20H^2O.$$

Bromure de lanthane, $La^2Br^6 + 14H^2O$. — Grands cristaux bien formés (Cleve). Il se combine avec les bromures de zinc et de nickel. Ces sels doubles, étudiés par Frerichs et Smith, ont pour composition

$$La^2Br^6 + 3ZnBr^2 + 39H^2O,$$
$$La^2Br^6 + 3NiBr^2 + 18H^2O.$$

Bromaurate de lanthane,

$$La^2Br^6 + 2AuBr^3 + 18H^2O.$$

— Grands cristaux d'un brun foncé (Cleve).

Iodure de lanthane. — Forme avec l'iodure de zinc (Frerichs et Smith) le sel double

$$La^2I^6 + 3ZnI^2 + 27H^2O.$$

Fluorure de lanthane, $La^2Fl^6 + H^2O$. — Précipité gélatineux, presque insoluble, que l'acide fluorhydrique donne avec les sels de lanthane (Cleve). D'après Frerichs et Smith, c'est un sel acide, $La^2Fl^6 + 3HFl$; mais les recherches de Cleve [*Bull. Soc. chim.*, t. XXIX, p. 492] ont prouvé que cette formule est inexacte.

Fluosilicate de lanthane. — Ne paraît pas exister [Marignac, *Ann. Mines* (5), t. XV, p. 274].

Cyanure de lanthane. — Le précipité qu'on obtient avec le cyanure de potassium et le sulfate de lanthane est, d'après Frerichs et Smith, le cyanure $La^2(CAz)^6$; mais, d'après les recherches de Cleve, il n'est autre que l'hydrate ne contenant aucune trace de cyanogène.

Platocyanure de lanthane,

$$La^2(CAz)^6 + 3Pt(CAz)^2 + 18H^2O.$$

— Prismes jaunes et dans certaines directions verts (Crudnowicz, Cleve), d'après les déterminations de Topsoë, clinorhombiques et isomorphes avec le sel correspondant de cérium. Densité, 2,626.

Ferrocyanure de potassium et de lanthane,

$$La^2K^2(CAz)^{12}Fe^2 + 8H^2O.$$

— Précipité cristallin et lourd, qu'on obtient avec le ferrocyanure potassique et l'acétate de lanthane (Cleve).

Sulfocyanate de lanthane.— Voyez t. III, p. 101.

Sulfure de lanthane, La^2S^3. — Par la calcination de l'oxyde dans un courant d'acide carbonique saturé de sulfure de carbone, Frerichs et Smith ont obtenu une poudre brun-grisâtre que l'eau décompose avec formation d'hydrogène sulfuré et d'hydrate.

OXYSELS DE LANTHANE.

Azotate de lanthane, $La^2(AzO^3)^6 + 12H^2O$.— Grands cristaux tricliniques. Il donne avec l'azotate d'ammonium le sel double

$$La^2(AzO^3)^6 + 4AzH^4AzO^3 + 8H^2O$$

isomorphe avec le sel correspondant de didyme [Marignac, *Arch. Sc. phys. nat.*, t. XLVI, p. 207].

Avec les azotates de zinc et de nickel il donne, d'après Frerichs et Smith, les sels doubles

$$La^2(AzO^3)^6 + 3Zn(AzO^3)^2 + 69H^2O,$$
$$La^2(AzO^3)^6 + 3Ni(AzO^3)^2 + 36H^2O.$$

Perchlorate de lanthane,

$$La^2(ClO^4)^6 + 18H^2O.$$

— Aiguilles très déliquescentes (Cleve).

Chlorate de lanthane.— Aiguilles fort déliquescentes et décomposables (Cleve).

Hypochlorite de lanthane. — Frerichs et Smith prétendent avoir obtenu l'hypochlorite cristallisé. Bien que leurs analyses s'accordent avec la formule LaO^6Cl^6, cette formule n'est pas admissible, aucun sel de l'acide hypochloreux n'ayant encore été obtenu à l'état de pureté [Cleve, *Bull. Soc. chim.*, t. XXIX, p. 493].

Periodate de lanthane, $La^2(IO^6)^2 + 4H^2O$. — L'azotate de lanthane n'est pas précipité par l'acide periodique libre, mais bien l'acétate, qui donne un précipité ayant la composition indiquée (Cleve).

Platonitrite de lanthane,

$$La^2(Pt.4AzO^2)^3 + 18H^2O.$$

— Hexaèdres volumineux jaunâtres [Nilson, *Bull. Soc. chim.*, t. XXVII, p. 246].

Iodoplatonitrite de lanthane,

$$La^2(PtAz^2O^4I^2)^3 + 24H^2O.$$

— Masse cristalline jaune-verdâtre (Nilson).

Sulfate de lanthane, $La^2(SO^4)^3$. — Le sel anhydre a la densité 3,60 (Pettersson) et la chaleur spécifique 0,1182 (Nilson et Pettersson). Le sel cristallisé avec $9H^2O$ est isomorphe avec le sel de cérium (Marignac, Topsoë). Densité, 2,827 (Topsoë), 2,856 (Pettersson); chaleur spécifique, 0,2083 (Nilson et Pettersson). Un sel à $6H^2O$ a été décrit par Frerichs et Smith, qui l'ont obtenu par l'évaporation au bain-marie de la solution du sulfate mélangée avec son poids d'acide sulfurique. Ce sel perd son eau de cristallisation à 150°. Le sel basique, qui se précipite par l'ammoniaque à l'état gélatineux, est, d'après Frerichs et Smith, $2La^2O^3, 3SO^3 + 3H^2O$.

D'après Cleve [*Bull. Soc. chim.*, t. XXIX, p. 493], il contient $3La^2O^3, SO^3$.

Le sulfate de lanthane donne avec les sulfates alcalins les sels doubles suivants, tous analysés par Cleve :

$La^2(SO^4)^3 + Na^2SO^4 + 3H^2O$, poudre peu soluble, non cristalline ;

$La^2(SO^4)^3 + (AzH^4)^2SO^4 + 8H^2O$, prismes aplatis, solubles ;

$$La^2(SO^4)^3 + 3K^2SO^4,$$
$$La^2(SO^4)^3 + 4K^2SO^4\ (?),$$
$$2La^2(SO^4)^3 + 9K^2SO^4,$$

précipités peu solubles.

Le sulfate de lanthane se combine aussi avec le sulfate lutéocobaltique [Wing, *Bull. Soc. chim.*, t. XIV, p. 202].

Hyposulfate de lanthane, $La^2(S^2O^6)^3$. — Forme tantôt des prismes radiés à $16H^2O$, tantôt des cristaux volumineux hexagonaux à $24H^2O$, probablement isomorphes avec le sel de didyme (1) (Cleve).

Sulfite de lanthane, $La^2(SO^3)^3 + 4H^2O$ (?). — Poudre blanche et volumineuse (Cleve).

Séléniate de lanthane, $La^2(SeO^4)^3 + 6H^2O$. — Il cristallise par l'évaporation à une chaleur douce en petites aiguilles, radiées, aisément solubles dans l'eau (Cleve). Densité 3,48 (Pettersson). Il contient $12H^2O$, d'après Frerichs et Smith. Par l'évaporation à la température ordinaire, il se dépose en aiguilles très minces qui contiennent probablement $10H^2O$ (Cleve).

Cleve a examiné les sels doubles suivants, tous très solubles :

$$La^2(SeO^4)^3 + K^2SeO^4 + 9H^2O,$$
$$La^2(SeO^4)^3 + (AzH^4)^2SeO^4 + 9H^2O,$$
$$La^2(SeO^4)^3 + Na^2SeO^4 + 4H^2O.$$

Sélénites de lanthane.

a. $3La^2O^3.8SeO^2 + 28H^2O$. — Précipité obtenu par le sulfate et un excès de sélénite de sodium (Nilson). C'est probablement le sel neutre impur.

b. $La^2O^3.3SeO^2 + 12H^2O$.— Sel neutre (Nilson). Frerichs et Smith ont décrit un sel neutre avec $9H^2O$, qu'ils ont obtenu par l'addition d'alcool à un mélange d'acide sélénieux et de sulfate de lanthane.

c. $La^2O^3.5SeO^2 + 6H^2O$. — Il se forme par l'action de l'acide sélénieux sur le sel neutre (Nilson).

d. $La^2O^3.6SeO^2 + 5H^2O$. — Cristaux microscopiques (Cleve, Nilson).

Borate de lanthane. — M. Nordenskiöld a obtenu, en même temps que l'oxyde cristallisé (p. 975), des prismes striés qui ont peut-être la composition $2La^2O^3, Bo^2O^3$. Le précipité que le borax donne avec le sulfate de lanthane est, d'après Frerichs et Smith, $La^2(Bo^4O^7)^3$, mais d'après Cleve il est composé en majeure partie de

$$La^2 \begin{cases} O^3Bo \\ O^3(BoO)^3 \end{cases}$$

[*Bull. Soc. chim.*, t. XXIX, p. 498].

Carbonate de lanthane, $La^2(CO^3)^3 + 3H^2O$. — L'hydrate, en suspension dans l'eau, s'unit à l'acide carbonique pour former des tables hexagonales du carbonate. Le carbonate ne paraît pas donner de sels doubles avec les carbonates alcalins (Cleve).

Fluocarbonate de lanthane,

$$La^2 \begin{cases} Fl^2 \\ (CO^3)^2. \end{cases}$$

Il constitue, d'après Nordenskiöld, avec le sel isomorphe de cérium le minéral hamartite.

Phosphate de lanthane. — L'orthophosphate trisodique donne avec le sulfate de lanthane un précipité blanc, $La^2(PO^4)^2$; le phosphate disodique fournit le sel acide $La^2H^3(PO^4)^3$ (Frerichs et Smith).

(1) Suppl., p. 643. Par une erreur d'impression, ce sel est indiqué comme contenant 27 au lieu de $24H^2O$.

Pyrophosphate de lanthane,

$La^2H^2(P^2O^7)^2 + 6H^2O$.

— Par l'addition de pyrophosphate sodique à la solution, légèrement acidulée, du chlorure de lanthane, on obtient un précipité qui se dissout bientôt. Après quelque temps, il se dépose de la solution des masses globulaires, composées d'aiguilles (Cleve). Frerichs et Smith pensent que le précipité, formé par le pyrophosphate sodique dans le sulfate de lanthane, a pour composition $La^2H^6(P^2O^7)^3$. D'un autre côté, Cleve a trouvé que le précipité qu'on obtient avec un excès du sel lanthanique consiste en majeure partie en sel neutre $La^4(P^2O^7)^3 + 8H^2O$, mais qu'on obtient avec un excès de pyrophosphate un précipité, d'abord amorphe, qui se change bientôt en cristaux microscopiques du sel double

$La^2Na^2(P^2O^7)^2 + 12H^2O$

[*Bull. Soc. chim.*, t. XXX, p. 495].

Métaphosphate de lanthane, $La^2(PO^3)^6$. — Obtenu par le métaphosphate (quelle modification?) de sodium avec un sel de lanthane (Frerichs et Smith).

Phosphite de lanthane. — Par double décomposition entre le phosphite de sodium et un sel de lanthane, on obtient un précipité incolore qui, d'après Frerichs et Smith, offre la composition $La^2(PHO^3)^3$.

Arséniate de lanthane. — L'arséniate disodique et le sulfate de lanthane donnent un précipité auquel Frerichs et Smith assignent la formule $La^2(HO^4As)^3$.

Arsénite de lanthane. — D'après Frerichs et Smith, on peut obtenir par l'ébullition de l'hydrate avec un excès d'acide arsénieux un sel cristallin ayant la composition $La^2(AsHO^3)^3$.

Cleve n'a pu obtenir ni ce composé ni aucun arsénite d'une composition constante. En répétant l'expérience décrite par Frerichs et Smith, il a obtenu un produit amorphe formé en majeure partie du sel *basique*, $La^2O^3H^3As$ [*Bull. Soc. chim.*, t. XXX, p. 495].

Chromate de lanthane. — Le sulfate de lanthane donne avec le chromate de potassium un précipité jaune et cristallin un peu soluble dans l'eau froide, plus soluble dans l'eau chaude, de la composition $La^2(CrO^4)^3$ (Frerichs et Smith). D'après Cleve [*Bull. Soc. chim.*, t. XXX, p. 497], le précipité que le chromate potassique donne avec l'azotate est composé de petits prismes de la formule $La^2(CrO^4)^3 + 8H^2O$.

Avec un excès de sel de potassium, on obtient une poudre non cristalline d'un sel double, probablement $La^2K^2(CrO^4)^4$, que l'eau décompose. Une fois, on a obtenu le sel $La^2K^8(CrO^4)^7$.

Manganate de lanthane. — Par la calcination de l'azotate avec du bioxyde de manganèse, Frerichs et Smith ont obtenu une poudre noire qui se dissout dans l'acide sulfurique avec une couleur rouge. Ils assignent, d'après leur analyse, à ce produit la formule $La^2(MnO^4)^3$. Cleve, en répétant leur procédé, n'a pu obtenir qu'un mélange de peroxyde de manganèse et d'oxyde de lanthane, duquel on a pu extraire l'oxyde de lanthane avec de l'acide azotique, sans qu'il s'établit aucune coloration indiquant la présence d'un manganate.

Permanganate de lanthane. — Frerichs et Smith ont obtenu, en mélangeant des solutions de sulfate de lanthane et de permanganate de potassium, un dépôt brunâtre, sans doute un mélange de peroxyde hydraté et d'hydrate de lanthane. Néanmoins, ils ont publié des analyses qui s'accordent avec la formule $La^2(MnO^4)^3 + 21H^2O$.

Molybdate de lanthane. — Le précipité, qu'on obtient par voie de double décomposition entre le molybdate ammoniacal et un sel de lanthane possède la composition $La^2H^6(MoO^4)^6$ (Frerichs et Smith).

Tungstate de lanthane, $La^2(TuO^4)^3$. — Précipité gélatineux, obtenu avec le tungstate de sodium et un sel de lanthane (Frerichs et Smith).

Oxysels de lanthane à acides organiques.

Formiate de lanthane, $La^2(CHO^2)^6$. — Poudre blanche, cristalline, très peu soluble, exigeant environ 421 p. d'eau pour sa dissolution (Cleve).

Acétate de lanthane, $La^2(C^2H^3O^2)^6 + 3H^2O$. — Petites aiguilles blanches (Cleve).

Propionate de lanthane, $La^2(C^3H^5O^2)^6 + 6H^2O$. — Il cristallise en prismes brillants, inaltérables à l'air [Cleve, *Rech. inéd.*].

Picrate de lanthane,

$La^2[C^6H^2(AzO^2)^3O]^6 + 18H^2O$.

— Grands cristaux jaunes ressemblant au sel de cérium [Cleve, *Rech. inéd.*].

Ethylsulfate de lanthane,

$La^2[(C^2H^5)SO^4]^6 + 18H^2O$.

— Prismes isomorphes avec le sel de cérium [Alén, Topsoë, *Öfvers. af. K. Sv. Vet. Akad. Forh.*, 1880, n° 8, p. 45].

Oxalate de lanthane, $La^2(C^2O^4)^3 + 9H^2O$. — Il se dissout dans 232 p. d'eau contenant 3,65 °/o HCl (Cleve).

Tartrate de lanthane, $La^2(C^4H^4O^6)^3 + 3H^2O$. — L'acide tartrique donne avec l'acétate de lanthane un précipité qui bientôt devient cristallin. Il se dissout aisément dans l'acide tartrique et dans le tartrate d'ammonium. La solution dans le tartrate d'ammonium n'est pas précipitée par les alcalis (Cleve). P. T. Cleve.

LANTHOPINE. — Voyez Opium, t. II, p. 621.

LAPACHOÏQUE (ACIDE). — Acide de la formule $C^{15}H^{14}O^3$ retiré du *lapacho*, bois tinctorial fourni par une bignoniacée de l'Amérique du Sud. Il fournit un dérivé mono et diacétylé. L'acide azotique le transforme en acide phtalique, et la poudre de zinc en naphtaline et isobutylène [*Deutsch. chem. Gesellsch.*, 1879, p. 2369].

LAUDANINE. — Voyez Opium, t. II, p. 620.

LAUDANOSINE. — Voyez Opium, t. II, p. 622.

LAURIQUE (ACIDE), $C^{12}H^{24}O^2$ — (voyez t. II, p. 208). — D'après Krafft [*Deutsch. chem. Gesellsch.*, 1879, p. 1664], le procédé de préparation le plus avantageux consiste à saponifier l'huile extraite des baies de laurier, en la soumettant à une ébullition prolongée avec une lessive de potasse très concentrée. On décompose le savon alcalin par un excès d'acide chlorhydrique, en ayant soin d'opérer à chaud. Le mélange des acides mis en liberté est soumis à la distillation sous pression très réduite. Les premières portions condensées dans le récipient renferment la plus grande partie de l'acide laurique, et, après plusieurs rectifications semblables, on obtient un produit très pur. Le rendement est d'environ 10 °/o du poids de l'huile employée.

L'acide laurique pur bout à 220°,5 sous la pression de 100 millimètres (Krafft.) Lorsqu'on soumet à la distillation sèche, sous pression réduite, un mélange d'acétate et de laurate de baryum, on obtient une acétone, $C^{13}H^{26}O$, fusible à 28° et bouillant à 263° sous 760 millimètres. Oxydée par le mélange chromique, cette acétone est convertie en acides acétique et undécylique.

LAURIQUE (ALDÉHYDE), $C^{12}H^{24}O$ (voyez t. II, p. 210). — Il se prépare facilement par la distillation sèche d'un mélange de formiate et de laurate de baryum ; il faut opérer sous une pression de 10 à 20 millimètres, et avoir soin d'élever

la température lentement. Le produit distillé cristallise; on le purifie en exprimant les cristaux sur des briques poreuses; on distille de nouveau et on fait cristalliser dans l'éther.

L'aldéhyde laurique se présente tantôt sous la forme d'une masse cristalline blanche et friable, tantôt en paillettes brillantes. Elle fond à 44°,5 et bout à 142-143° sous une pression de 22 millimètres, et à 184-185° sous une pression de 100 millimètres.

LAUROCÉRASINE. — Voyez Amygdaline, Suppl., p. 129.

LAUROL. — Syn. de Laurène, t. II, p. 208.

LÉPIDÈNE. — Voyez Oxylépidinène, t. II, p. 713 et Suppl.

LÉPIDINES, $C^{10}H^9Az$ (Voyez t. II, p. 214). — Selon Hoogewerf et van Dorp [*Deutsch. chem. Gesellsch.*, 1880, p. 1639], la lépidine dérivée de la cinchonine bout à 256-258° (non corrigé). Les mêmes auteurs ont décrit quelques sels nouveaux de cette base.

Le *sulfate acide*, $(C^{10}H^9Az)^2SO^4H^2$, cristallise en aiguilles.

Le *pyrochromate*, $(C^{10}H^9Az)^2H^2Cr^2O^7$, est en belles aiguilles d'un jaune d'or brunissant à la lumière et commençant à se décomposer entre 100 et 110°.

Le *chloroplatinate* constitue de belles aiguilles d'un rouge orangé. Il contient $2H^2O$.

La lépidine forme avec l'*azotate d'argent* une combinaison, $(C^{10}H^9Az)^2,AzO^3Ag$, qui cristallise en aiguilles blanches et fond lorsqu'on la chauffe au bain-marie.

Gréville Williams a réalisé la transformation polymérique de la lépidine (dérivée de la cinchonine et bouillant à 266-272°) en traitant cette base par le sodium, comme l'avait fait Anderson pour les bases pyridiques [*Chem. News*, t. XXXVII, p. 85].

La polymérisation de la lépidine paraît s'effectuer le plus facilement lorsqu'on chauffe cette base, non plus avec le sodium, mais avec l'amalgame de sodium à 10 %.

La *dilépidine*, $C^{20}H^{18}Az^2 = (C^{10}H^9Az)^2$, constitue une masse solide cristalline. L'*azotate*, $C^{20}H^{18}Az^2.AzO^3H$, se présente sous forme de cristaux rouges.

La formule assignée par G. Williams à la *dilépidine* devra sans doute être modifiée, depuis que Weidel a montré que la diquinoléine est $C^{18}H^{12}Az^2$ et non $C^{18}H^{14}Az^2$; il est permis de penser que la polymérisation de la lépidine se fait de la même manière, et que la base condensée avec perte d'hydrogène a pour formule

$$C^{20}H^{16}Az^2.$$

En traitant la lépidine par un mélange d'acide sulfurique et d'acide nitrique fumant, Kœnigs a obtenu une *mononitrolépidine*. Mais ce composé n'était pas pur et contenait une petite quantité de nitroquinoléine.

La réduction de la nitrolépidine par l'étain et l'acide chlorhydrique fournit l'*amidolépidine* $C^{10}H^{10}Az^2$. Cette base est cristallisée, elle fond à 71-74° et distille avec la vapeur d'eau. Elle est soluble dans l'eau; la soude trouble cette solution. Le dichromate potassique colore en rouge sa solution dans l'acide sulfurique [Kœnigs, *Deutsch. chem. Gesellsch.*, 1879, p. 448].

Isomérie des lépidines. — En étudiant les fractions supérieures de la quinoléine brute provenant de la cinchonine et de celle dérivée de la brucine, Œchsner de Coninck a montré qu'après une série de dix fractionnements, on isole trois portions, 255-260°, 260-266°, 266-272°, dont les poids demeurent constants à partir de la sixième série de fractionnements. La fraction 255-260° présente un point d'arrêt marqué entre 257 et 259°; elle est maxima dans la quinoléine brute provenant de la brucine, minima dans celle provenant de la cinchonine; elle renferme une base possédant la composition d'une lépidine. Plongée dans un mélange de glace et de sel, elle ne se solidifie pas même au bout d'une heure et demie. La fraction 266-272° présente un point d'arrêt vers 269-270°; maxima dans la quinoléine brute provenant de la cinchonine, elle est minima dans celle dérivée de la brucine. Elle contient également une base de même composition que la lépidine. Le froid produit par un mélange de glace et de sel la solidifie instantanément.

Il se pourrait donc qu'il y eût deux lépidines isomériques dans les bases dérivées de la cinchonine et de la brucine; et peut-être la base contenue dans la fraction 255-260° est-elle identique avec l'iridoline du goudron de houille, qui bout à 253-258° selon Gréville Williams [*Soc. chim.*, séance du 10 novembre 1882].

Indépendammemt de cette isomérie il en existe d'autres, qui sont indiquées plus loin.

Synthèse des lépidines. — La synthèse d'une lépidine a été exécutée par Dœbner et de Miller :

1° En chauffant un mélange composé de 30 p. de glycol, 14 p. d'aniline, 14 p. de nitrobenzine, 38 p. d'acide sulfurique concentré. Voici la réaction qui se passe, d'après ces auteurs :

$$C^6H^7Az + 2C^2H^6O^2 + O = 5H^2O + C^{10}H^9Az.$$

2° En chauffant un mélange composé de 80 p. de paraldéhyde, 40 p. d'aniline, 45 p. de nitrobenzine, 100 p. d'acide sulfurique concentré :

$$C^6H^7Az + 2C^2H^4O + O = 3H^2O + C^{10}H^9Az.$$

L'oxygène dégagé dans ces deux réactions proviendrait de la nitrobenzine. La lépidine de Dœbner et de Miller bout à 238-239° (non corrigé); son odeur rappelle celle de la quinoléine; ses sels sont en général très solubles et bien cristallisés. Sa constitution est exprimée par l'une ou l'autre des deux formules suivantes :

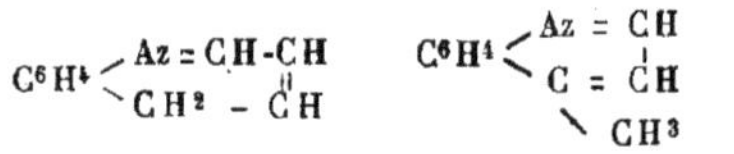

$$C^6H^4 \begin{cases} Az = CH - CH \\ CH^2 - CH \end{cases} \qquad C^6H^4 \begin{cases} Az = CH \\ C = CH \\ \quad CH^3 \end{cases}$$

[*Deutsch. chem. Gesellsch.*, 1881, p. 2812].

Toluquinoléine. — Skraup [*Monatsh. Chem.*, t. II, p. 139, et t. III, p. 381] a réalisé la synthèse de trois bases isomériques avec les lépidines, en chauffant différents mélanges de glycérine, d'acide sulfurique, des trois toluidines et des trois nitrotoluènes.

Il a donné à ces bases le nom de *toluquinoléines*, parce qu'il les considère comme renfermant un groupe méthyle dans le noyau benzénique; dans les lépidines, ce même groupe (CH^3) serait fixé au noyau pyridique :

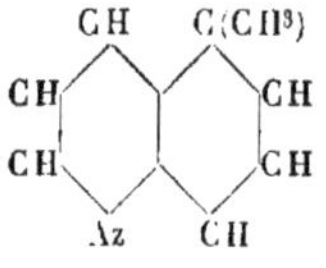

CH C(CH³) / CH CH / CH CH / Az CH — Toluquinoléine.

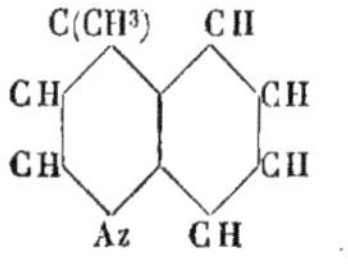

C(CH³) CH / CH CH / CH CH / Az CH — Lépidine.

Orthotoluquinoléine. — Se prépare en chauffant un mélange de glycérine, d'acide sulfurique, d'orthonitrotoluène et d'orthotoluidine; constitue un liquide jaunâtre, plus dense que l'eau, peu soluble dans l'alcool et dans l'éther, ne cristallisant pas dans un mélange d'acide carbonique solide et d'éther. $D = 1,0852$ à 0°. Point d'ébullition, 247,3-248°,3 sous la pression de $751^{mm},3$.

Les sels sont bien cristallisés en général.

Chlorhydrate, $C^{10}H^9Az.HCl + 2\frac{1}{2}H^2O$.

Chloroplatinate, $(C^{10}H^9Az.HCl)^2,PtCl^4+2H^2O$.
Sulfate, $C^{10}H^9Az.SO^4H^2$.
Picrate, $C^{10}H^9Az.C^6H^2(AzO^2)^3OH$.

Chauffée au bain-marie pendant quelques heures, en tubes scellés, avec de l'iodure de méthyle, elle fournit une combinaison bien cristallisée, $C^{10}H^9Az.CH^3I$. Lorsqu'on l'oxyde au moyen du permanganate de potassium, on obtient le même *acide dicarbopyridique* qu'avec la quinoléine.

PARATOLUQUINOLÉINE. — S'obtient en partant du paranitrotoluène et de la paratoluidine. Liquide jaunâtre, réfringent, non cristallisable. D = 1,0815 à 0°. Point d'ébullition, 257,4-258°,6 sous une pression de 745 millimètres; donne des sels et un iodométhylate bien cristallisés. Oxydée par le permanganate de potassium, elle fournit le même *acide dicarbopyridique* que la quinoléine.

MÉTATOLUQUINOLÉINE. — Skraup l'a obtenue en chauffant un mélange de 42 p. de métatoluidine, 27 p. de métanitrotoluène, 100 p. de glycérine et 90 p. d'acide sulfurique.

Le dérivé *méta* est un liquide mobile, légèrement coloré en jaune; D = 1,839 à 0°; bout à 259°,7 (corrigé) sous une pression de 747 millimètres. La solution sulfurique étendue possède une fluorescence bleue.

Chloroplatinate. $(C^{10}H^9Az.HCl)^2+PtCl^4$. — Prismes orangés brillants, peu solubles dans l'eau froide ou bouillante, très solubles dans l'acide chlorhydrique étendu bouillant.

Chlorhydrate, $C^{10}H^9Az.HCl$. — Aiguilles incolores hygroscopiques, se colorant en rose à l'air.

Sulfate neutre. — Prismes blancs insolubles dans l'alcool absolu, solubles dans l'alcool à 60 % chaud. *Sulfate acide*, $(C^{10}H^9Az)^2(SO^4H^2)^3$, assez soluble dans l'alcool faible à froid.

Picrate. — Prismes microscopiques jaunes, fusibles à 206-207° (non corrigé), très peu solubles dans l'alcool et dans la benzine.

Iodométhylate. — Longues aiguilles jaunes, assez solubles dans l'eau, peu solubles dans l'alcool, insolubles dans l'éther.

PRODUITS D'OXYDATION. — Hoogewerf et van Dorp [*Deutsch. chem. Gesellsch.*, 1880, p. 1639] ont oxydé la lépidine dérivée de la cinchonine, au moyen du permanganate de potassium. Ils ont obtenu un acide *méthyldicarbopyridique* cristallisé en prismes fondant à 180-185° en se décomposant. Cet acide, distillé sur la chaux, se dédouble en gaz carbonique et méthylpyridine ou *picoline* :

$$C^6H^2Az \begin{cases} CH^3 \\ COOH \\ COOH \end{cases} = 2CO^2 + C^5H^4(CH^3)Az.$$

Hoogewerf et van Dorp considèrent, d'après cela, la lépidine de la cinchonine comme une méthylquinoléine.

Oxydé à son tour par le permanganate, l'acide méthyldicarbopyridique est converti en acide *tricarbopyridique* identique avec celui qui se forme dans l'oxydation des alcaloïdes du quinquina (Hoogewerf et van Dorp), et décomposable en gaz carbonique et *pyridine*.

Kœnigs a obtenu le même *acide méthyldicarbopyridique* en oxydant la même base. Il a fait connaître quelques-unes de ses propriétés, que nous résumons ici brièvement. Cet acide est peu soluble dans l'eau froide, assez soluble dans l'eau chaude. Par l'évaporation lente de sa solution aqueuse, il cristallise en belles tables orthorhombiques. Chauffé doucement, il se sublime. Le sulfate ferreux donne dans sa solution aqueuse une coloration jaune qui disparaît après addition d'acide sulfurique.

L'acétate de cuivre fournit un précipité bleu clair presque insoluble dans l'eau bouillante.

Le nitrate d'argent donne, dans la solution du sel barytique, un précipité floconneux. Le sel de baryum est très peu soluble dans l'eau [*Deutsch. chem. Gesellsch.*, 1881, p. 98].

Nous avons vu plus haut que les toluquinoléines synthétiques de Skraup fournissent à l'oxydation le même acide dicarbopyridique que la quinoléine. Ce fait établit nettement l'isomérie entre les toluquinoléines et les lépidines proprement dites.

ŒCHSNER DE CONINCK.

LEUCÉINES. — Schützenberger désigne sous ce nom des matières azotées de la formule générale $C^nH^{2n-1}AzO^2$ qui accompagnent les *leucines* $C^nH^{2n+1}AzO^2$, parmi les produits de l'hydratation complète des albuminoïdes sous l'influence de l'eau de baryte. D'après les réactions de ces corps, il faut probablement doubler cette formule générale et écrire

$$C^{2n}H^{2n-2}Az^2O^4$$

(voyez Suppl., p. 74).

Bleunard, qui a étendu depuis la méthode de Schützenberger aux congénères des albuminoïdes, a donné le même nom de *leucéine* à une substance amorphe sirupeuse qui se trouve en abondance parmi les produits de dédoublement de la corne et de l'ichtyocolle.

Ce corps renferme $C^8H^{16}Az^2O^5$, formule qui diffère par H^2O en plus de celle des leucéines de Schützenberger : il perd en effet entre 100 et 150° une molécule d'eau.

L'eau de brome transforme cette leucéine en *oxyleucéine*. 44 grammes de leucéine ont absorbé 64 grammes de brome, ce qui correspond à l'équation

$$C^8H^{16}Az^2O^5 + 2H^2O + Br^4 = 4BrH + C^8H^{16}Az^2O^7.$$

OXYLEUCÉINE. — Pour la retirer de la solution, on enlève l'acide bromhydrique par le carbonate d'argent, on dirige, après filtration, un courant de gaz sulfhydrique dans le liquide et l'on évapore à siccité d'abord au bain-marie, puis dans le vide.

Le résidu amorphe, dur et cassant constitue l'oxyleucéine. Cette matière se ramollit par la chaleur et fond vers 100°; au-dessus de 130°, elle se décompose. Elle attire très avidement l'humidité, et se dissout avec facilité dans l'eau et dans l'alcool aqueux. Ses solutions sont fortement acides. L'oxyleucéine se combine avec plusieurs oxydes métalliques. Bleunard a analysé un sel de *cuivre* bleu, $C^8H^{14}Az^2O^7.Cu$ (séché à 100°), qui est soluble dans l'alcool, et un sel *basique* gris bleuâtre, $C^8H^{14}Az^2O^7.Cu + CuO$.

L'anhydride nitreux, dirigé dans une solution aqueuse d'oxyleucéine, donne un dérivé *nitrosé*, $C^8H^{15}(AzO)Az^2O^7$, se présentant à l'état d'une masse amorphe jaunâtre.

D'après Bleunard, la leucéine, $C^8H^{16}Az^2O^5$, constitue un élément constant des glucoprotéines, qui résulteraient de l'union de 2 molécules d'une leucine et de 1 molécule de leucéine avec perte de 1 molécule d'eau :

$$\underset{\text{Glucoprotéine.}}{C^{12}H^{24}Az^4O^8} = \underset{\text{Glycocolle.}}{2C^2H^5AzO^2} + \underset{\text{Leucéine.}}{C^8H^{16}Az^2O^5} - H^2O,$$

$$\underset{\text{Glucoprotéine.}}{C^{14}H^{28}Az^4O^8} = \underset{\text{Alanine.}}{2C^3H^7AzO^3} + \underset{\text{Leucéine.}}{C^8H^{16}Az^2O^5} - H^2O,$$

etc., etc. Les formules des glucoprotéines sont ici doubles de celles de Schützenberger (Suppl., p. 74), et de fait, toutes les glucoprotéines se dédoublent par l'eau de brome en une leucine et en oxyleucéine. Bleunard exprime cette idée que la leucine est peut-être aux matières protéiques ce qu'est la glycérine aux corps gras [Bleunard, *Thèse Fac. Sciences de Paris*, 1881, n° 468, p. 62]. Cette hypothèse séduisante nous semble prématurée. Ni la leucéine ni le dérivé qui en résulte par oxydation ne cristallisent et ne présentent par conséquent de caractères indiscutables de pureté. A. Henninger.

LEUCINE. — En fixant directement le cyanure d'ammonium sur l'aldéhyde valérique et saponifiant par un acide fort le nitrile formé, Ljoubavine a obtenu un corps présentant la composition de la leucine [*Soc. chim. russe*, t. XII, p. 410].

La leucine, préparée synthétiquement par Hüfner, en partant de l'acide caproïque de fermentation (normal), (t. II, p. 216), ne serait pas identique avec la leucine naturelle; du moins, les acides leuciques qui dérivent des deux corps présentent des différences (Elissafow).

LEUCINIMIDE. — Voyez t. II, p. 217.

LEUCIQUE (ACIDE). [Syn. *Oxycaproïque acide*]. — L'acide que l'on obtient en faisant passer du gaz nitreux dans une solution bouillante de leucine synthétique (procédé Hüfner) est en aiguilles soyeuses, groupées radialement, fusibles à 60-62°. Les sels de potassium et de sodium sont amorphes; ceux d'ammonium, de baryum, d'argent, de cuivre, de magnésium et de zinc cristallisent. Tous les sels sont anhydres, à l'exception des deux derniers, qui renferment $2H^2O$. L'éther éthylique est plus léger que l'eau; l'ammoniaque le transforme en *amide* leucique fusible à 140-142°.

Cet acide diffère donc de l'acide leucique provenant de la leucine naturelle; il ne se confond pas davantage avec les autres acides oxycaproïques [G. Elissafow, *Soc. chim. russe*, t. XII, p. 367].

LEUCO-DÉRIVÉS. — Nom donné aux produits d'hydrogénation des matières colorantes du groupe de la rosaniline. Exemples : *Leucorosaniline*, *leucaurine*, etc. Ces corps sont décrits avec les matières colorantes.

LEUCOLINE [voyez t. II, p. 219]. — Gréville Williams a cru devoir considérer la leucoline du goudron de houille comme isomérique avec la quinoléine dérivée de la cinchonine. Gerhardt [*Traité de chimie org.*, t. IV, p. 148 et suiv.] admettait l'identité de ces deux bases, et on remarquera qu'il appelle indifféremment *quinoléine* ou *leucol* l'alcaloïde découvert par lui parmi les produits de décomposition de la cinchonine, de la quinine et de la strychnine. A. W. Hofmann [*Ann. Chem. Pharm.*, t. XLVII, p. 78], après s'être rangé à l'avis de Gr. Williams, finit par admettre également l'identité des deux bases [*loc. cit.*, t. LIII, p. 427].

La question vient d'être tranchée définitivement en faveur de l'opinion de Gerhardt par Hoogewerf et van Dorp [*Recueil des travaux chimiques des Pays-Bas*, t. Ier, p. 1, et p. 107; *Bull. Soc. chim.*, t. XXXVIII, p. 348]. Ces savants ont préparé une grande quantité de quinoléine et de leucoline pures, ils ont comparé leurs propriétés physiques et chimiques, leurs principaux sels, et ont surtout montré que l'oxydation des deux bases fournit *un seul et même acide azoté*, l'acide *quinoléique*, qui appartient à la catégorie des acides dicarbopyridiques. Ce dernier résultat ne peut laisser subsister aucun doute sur l'identité de la quinoléine et de la leucoline.

Œchsner de Coninck.

LEUCOTINE. — Voyez COTOÏNE, Suppl., p. 529.

LÉVULANE, $(C^6H^{10}O^5)^n$. — Hydrate de carbone trouvé accidentellement dans une eau mère provenant du traitement des mélasses de betterave d'après le procédé de Steffen. Cette eau mère avait été exposée pendant plusieurs jours à une température très basse et avait laissé déposer la nouvelle substance fort impure sous forme d'une couche gélatineuse très consistante.

Purifiée, la lévulane se présente sous la forme d'une poudre blanche qui, suivant son mode de préparation, se dissout avec plus ou moins de facilité dans l'eau. La solution dans l'eau de chaux, étant neutralisée par un acide et précipitée par l'alcool, fournit une lévulane hydratée qui se dissout dans l'eau à froid ou à chaud et produit une liqueur incolore visqueuse, neutre et insipide. La lévulane anhydre, telle qu'on l'obtient par l'action de l'alcool absolu sur la précédente, ne se dissout que dans l'eau bouillante et la liqueur se prend par le refroidissement en une gelée d'autant plus consistante que l'ébullition avec l'eau a duré moins longtemps. Les solutions de lévulane offrent sensiblement les mêmes densités que les solutions de saccharose de même concentration. Leur pouvoir rotatoire est $[\alpha]_D = -221°$, invariable pour des concentrations comprises entre 5 et 30 °/₀.

La lévulane fond en se décomposant vers 250°. L'acétate de plomb ne la précipite pas, mais seulement le sous-acétate en solution très concentrée. Elle ne réduit pas la liqueur de Fehling. L'acide sulfurique étendu la transforme à 120° quantitativement en lévulose pure. Avec l'acide nitrique, on obtient de l'acide mucique.

La lévulane est analogue à la dextrane découverte par Scheibler dans la mélasse, et qui est identique avec la gomme de fermentation visqueuse; le pouvoir rotatoire de celle-ci est de + 223 [E. O. von Lippmann, *Deutsch. chem. Gesellsch.*, 1881, p. 1509]. A. Henninger.

LÉVULINE, $(C^6H^{10}O^5)^n$ (t. II, p. 220). — D'après un travail récent de Dieck et Tollens, la lévuline de G. Ville et Joulie et la synanthrose de Popp ne constituent qu'une seule et même matière qui possède la formule des dextrines et non celle des saccharoses; la formule $C^{12}H^{22}O^{11}$, indiquée t. III, p. 169, est inexacte et le nom synanthrose, dont la terminologie indique une matière sucrée, doit donc être rejeté.

Dieck et Tollens ont préparé la lévuline d'après le procédé employé par Popp pour l'extraction de la synanthrose, et ils confirment toutes les indications contenues dans le mémoire de ce savant, sauf la formule. Toute la description donnée t. III, p. 170 pour la synanthrose s'applique donc à la lévuline. Le pouvoir rotatoire du produit d'hydratation de la lévuline a été trouvé $[\alpha]_D = -52°,7$; les auteurs ne se prononcent pas sur la nature de ce sucre réducteur. Par l'ébullition prolongée avec de l'acide sulfurique étendu, la lévuline fournit de l'acide lévulique. La fermentation de la lévuline sous l'action de la levûre de bière (qui est précédée d'une saccharification par la diastase de la levûre) est très énergique; le jus de topinambour fournit ainsi un alcool d'assez bon goût.

Indépendamment de la lévuline qui forme la majeure partie des hydrates de carbone des tubercules de topinambour, Dieck et Tollens y ont trouvé une matière sucrée et des quantités variables d'inuline; les tubercules arrachés au mois de décembre de la terre gelée ne contenaient que des traces de cette dernière matière [E. Dieck et B. Tollens, *Liebig's Ann. Chem.*, t. CXCVIII, p. 228].

La lévuline existe aussi dans la jeune graine de seigle et disparaît, pour la majeure partie, pendant la maturation. Les jeunes graines de froment, d'avoine, d'orge et de maïs n'en contiennent pas [A. Müntz, *Compt. rend.*, t. LXXXVII, p. 679]. Etti a trouvé de la lévuline dans l'écorce de chêne [*Deutsch. chem. Gesellsch.*, 1881, p. 1826].

A. Henninger.

LÉVULIQUE (ACIDE), $C^5H^8O^3$. — Cet acide se produit dans le dédoublement du sucre de canne sous l'influence de l'acide sulfurique étendu. Il se forme d'abord un mélange de glucose et de lévulose, qui se dédoublent ultérieurement en acide lévulique et en acide formique,

$$C^6H^{12}O^6 = C^5H^8O^3 + H^2O + CH^2O^2.$$

La lévulose fournit cet acide beaucoup plus facilement que la dextrose; cependant celle-ci subit à son tour la même transformation. L'inuline, se transformant en lévulose par l'acide sulfurique étendu, donne de l'acide lévulique lorsqu'on prolonge l'action. Le papier, le bois de sapin, la mousse Caragheen en fournissent également, ainsi que la gomme arabique lévogyre et le sucre de lait [De Grote et Tollens, *Deutsch. chem. Gesellsch.* 1874, p. 1375; — Bente, *Deutsch. chem. Gesellsch.*, 1875, p. 416 et 1876, p. 1157].

Conrad a montré que l'acide lévulique est identique avec l'acide β-acétylpropionique,

$$CH^3\text{-}CO\text{-}CH^2\text{-}CH^2\text{-}CO^2H$$

[Conrad, *Deutsch. chem. Gesellsch.*, 1878, p. 2177]. (Voyez Suppl., p. 36.)

Préparation. — Pour préparer cet acide, on fait bouillir pendant quatre jours 1500 grammes de sucre de canne dissous dans un litre et demi d'eau et additionnés de 100 grammes d'acide sulfurique. La liqueur se colore fortement, il se forme un dépôt de matières ulmiques que l'on sépare; on neutralise au moyen de la craie, et on concentre jusqu'à ce que la liqueur soit réduite à un litre et demi. On y ajoute alors 50 grammes d'acide sulfurique, et on épuise par l'éther qui dissout l'acide lévulique. On chasse l'éther et on fractionne le résidu [De Grote, Kehrer et Tollens, *Ann. Chem. Pharm.*, t. CCVI, p. 207].

Conrad substitue l'acide chlorhydrique à l'acide sulfurique. Le rendement est un peu plus élevé (71gr,3 par kilogramme de sucre, au lieu de 63 grammes), mais le produit est beaucoup plus coloré.

Propriétés. — L'acide lévulique cristallise en lames incolores, fusibles à 31°, bouillant à 239°. Il est soluble dans l'eau, l'alcool et l'éther. La densité à 15° est 1,135. L'indice de réfraction à 17°,5 pour la raie D est de 1,4452, et le pouvoir dispersif, $\delta = 0,0064$. Il n'agit pas sur la lumière polarisée et ne réduit pas la liqueur de Fehling.

Les acides étendus et le brome sont sans action sur lui. L'acide iodhydrique le transforme en acide valérianique normal; on obtient en outre une petite quantité de carbures provenant d'une réduction plus avancée [Kehrer et Tollens, *Ann. Chem. Pharm.*, t. CCVI, p. 223]. L'oxydation au moyen de l'acide nitrique étendu fournit les acides succinique, acétique, oxalique, carbonique et cyanhydrique, l'azote de ce dernier provenant de l'acide nitrique employé [Tollens, *Deutsch. chem. Gesellsch.*, 1879, p. 334].

Lévulates alcalins. — $C^5H^7O^3K$, se présente en aiguilles mamelonnées déliquescentes; le sel d'ammonium est en petites aiguilles. Le sel de sodium présente l'aspect du sel potassique.

Lévulate d'argent. — Il se présente en lames incolores. Angle $\alpha = 99°$, b et $c = 131°,5$. Sa solubilité à 20° est 0,87 °/₀.

Lévulate de calcium, $(C^5H^7O^3)^2Ca + 2H^2O$. — Longues aiguilles soyeuses, fusibles à 100°, très solubles dans l'eau, ne se déshydratant qu'à 140°. Le sel de baryum est gommeux.

Lévulate de zinc, $(C^5H^7O^3)^2Zn$. — Il se présente en lamelles argentées, solubles dans l'eau, peu solubles dans l'alcool absolu.

Lévulate de méthyle, $C^5H^7O^3.CH^3$. — On l'obtient par l'action de l'iodure de méthyle sur le lévulate d'argent. C'est un liquide incolore, bouillant à 191-192°, d'une saveur brûlante, et d'odeur de fruits. Sa densité est 1,0684 à 0° et 1,0519 à 20°.

Le *lévulate d'éthyle*, $C^5H^7O^3.C^2H^5$, est obtenu par l'action de l'acide chlorhydrique sur une solution alcoolique de l'acide, bout à 205°. Sa densité à 0° est 1,0325 et à 20° 1,0156.

Le *lévulate de propyle* est préparé au moyen du sel d'argent, et distille à 215-216°; il possède une odeur de melon. Sa densité à 0° est 1,0103 et à 20° 0,9937.

M. Hanriot.

LÉVULOSE. — *Préparation.* — Ch. Girard a recommandé le procédé suivant pour la préparation de la lévulose pure. Une solution de saccharose à 10 °/₀, additionnée de 2 millièmes d'acide chlorhydrique, est abandonnée à 60°. Dans ces conditions, l'interversion est longue (700 grammes de sucre demandent 17 heures), mais la liqueur ne se colore pas. Le liquide refroidi à — 5° est additionné de 6 grammes de chaux éteinte, finement tamisée par 10 grammes de sucre employé, puis on agite. La masse se prend rapidement en une masse solide de lévulosate que l'on presse, ou mieux que l'on essore. Le lévulosate est décomposé par une solution d'acide oxalique très étendue. Pour extraire la lévulose de cette solution, on la refroidit à — 10° en agitant jusqu'à ce que le tiers de la solution soit pris en glace. Les cristaux sont alors exprimés, et la solution est soumise de nouveau à la congélation. En répétant plusieurs fois cette opération, on obtient un sirop de lévulose très concentré que l'on évapore dans le vide [Ch. Girard, *Bull. Soc. chim.*, t. XXXIII, p. 155].

On rencontre quelquefois dans l'urine un sucre réducteur déviant à gauche la lumière polarisée, et qui est peut-être identique avec la lévulose [Cotton, *Bull. Soc. chim.*, t. XXXIII, p. 546].

Enfin la lévulose se produit par l'action de l'eau à 100° sur l'inuline; seulement, dans ces conditions, le dédoublement est fort long [Kiliani, *Ann. Chem. Pharm.*, t. CCV, p. 145].

Propriétés. — Le lévulose est susceptible de cristalliser en cristaux soyeux et rayonnés. On les obtient plus facilement en préparant la lévulose avec l'inuline [Jungfleisch et Lefranc, *Bull. Soc. chim.*, t. XXXIV, p. 675].

Le chlore transforme la lévulose en acide glycolique [Hlasiwetz et Habermann, *Deutsch. chem. Gesellsch.*, 1870, p. 486]. Le brome donne des acides glycolique et oxalique et du bromoforme [Kiliani, *loc. cit.*].

M. Hanriot.

LIGNOCÉRIQUE (ACIDE), $C^{24}H^{48}O^2$. — Acide gras, découvert dans la *paraffine brute* du bois de hêtre, qui se condense, lors de la distillation de ce bois, dans le premier récipient. Cette paraffine brune, ayant subi une purification préalable par compression entre des plaques chaudes, commence à fondre vers 45°, mais ne devient complètement fluide que vers 55°; elle renferme environ 10 °/₀ d'acide lignocérique et en outre une petite quantité d'un alcool très élevé dans la série.

On isole l'acide en faisant cristalliser la matière brute dans l'alcool bouillant qui, au bout de quelques épuisements, s'empare de tout l'acide et laisse insoluble la majeure partie de la paraffine. Par le refroidissement, l'acide se sépare sous forme d'une masse volumineuse que l'on fait cristalliser une deuxième fois dans l'alcool et ensuite dans l'éther de pétrole qui, au contraire, dissout plus aisément la paraffine. Il est donc facile d'éliminer celle-ci, mais l'acide lignocérique conserve une coloration brun foncé dont on le débarrasse en le transformant en éther méthylique (alcool et acide chlorhydrique), en distillant celui-ci, le mieux sous pression réduite, et le saponifiant par la soude.

L'acide lignocérique cristallise dans l'alcool en petites aiguilles enchevêtrées, dans l'éther de pétrole en cristaux grenus. Il fond à 80° et se solidifie en une masse lamelleuse brillante.

Le sel de *sodium*, $C^{24}H^{47}O^2.Na$, se dépose dans l'alcool bouillant sous forme de masse gélatineuse; le sel de *potassium* lui ressemble; ces sels ne fondent pas encore à 190° et s'altèrent à une température supérieure. Le sel d'*argent* est un précipité blanc, peu altérable à la lumière, qui fond vers 155° en brunissant. Le sel de *cuivre* constitue un précipité vert, celui de *plomb* un précipité blanc fusible à 117°. Ces trois derniers sels sont peu solubles dans l'alcool bouillant, mais ils se dissolvent à chaud dans la benzine.

Le *chlorure lignocérique*, $C^{24}H^{47}O.Cl$, préparé par le perchlorure de phosphore, est une masse lamelleuse, fusible à 48-50°, très soluble dans l'éther.

L'éther *méthylique*, $C^{24}H^{47}O^2.CH^3$, est en cristaux bastiformes d'un éclat gras, fusibles à 56,5-57°, très solubles à froid dans le chloroforme et le sulfure de carbone, assez peu solubles dans l'alcool. Il bout sans décomposition sous la pression atmosphérique.

Ether éthylique, $C^{24}H^{47}O^2.C^2H^5$. — Ressemble au précédent et fond à 55°. Par la distillation sous la pression ordinaire, il se décompose en partie en donnant principalement de l'éthylène et l'acide libre, et en plus petite quantité du gaz carbonique, une acétone et une paraffine fusible à 44° comme la paraffine du bois [C. Hell, *Deutsch. chem. Gesellsch.*, 1880, p. 1709; — C. Hell et O. Hermanns, *ibid.*, 1880, p. 1713].

A. Henninger.

LIGROÏNE. — Nom donné quelquefois à l'éther de pétrole.

LIMONINE (t. II, p. 224). — Principe amer des pépins d'oranges et de citrons. Elle fond à 275°, d'après Paterno et Oglialoro, et n'est donc pas identique avec la *colombine*, comme Schmidt l'avait soupçonné; celle-ci fond en effet à 182°. La baryte forme avec la limonine une combinaison que l'acide carbonique ne décompose pas, mais dont les acides plus puissants séparent la matière non altérée [*Deutsch. chem. Gesellsch.*, 1879, p. 685].

LITHIUM. — Le lithium a été rencontré dans les eaux de la mer (Dieulafait). Parmi les eaux minérales les plus riches en lithium, nous citerons les eaux de Bourbonne-les-Bains, qui renferment, par litre, 0gr,088 de chlorure de lithium, celles de la Bourboule, qui en renferment 0gr,024, de Vichy, qui contiennent 0gr,030 à 0gr,040 de bicarbonate de lithium, de Royat, 0gr,050, etc. (Ed. Willm).

Extraction. — La méthode suivante est usitée dans la fabrique Schering, à Berlin, pour le traitement des lépidolithes. Le minéral pulvérisé est délayé dans de l'acide sulfurique concentré contenu dans une cuve en maçonnerie qui est disposée au-dessus d'un four à reverbère. Quand le mélange, convenablement brassé, se réunit en grumeaux épais, on l'introduit dans le four à réverbère où on le calcine. On épuise ensuite la masse par l'eau bouillante, qui laisse de la silice presque pure. La solution est additionnée d'une quantité suffisante de sulfate de potassium pour transformer le sulfate d'aluminium en alun. On fait cristalliser celui-ci par ébullition et on sépare les eaux mères à la turbine. Après avoir précipité l'alumine restante par la chaux, on traite la solution par le chlorure de baryum en quantité calculée d'après le dosage d'acide sulfurique pour transformer les sulfates en chlorures. Ces derniers, après dessiccation, sont épuisés par l'alcool, qui dissout le chlorure de lithium, avec du chlorure de calcium; on précipite ce dernier par l'oxalate ammonique, et les métaux, s'il y en a, par le sulfure ammonique. On précipite finalement le lithium sous forme de carbonate [Filsinger, *Arch. Pharm.* (3), t. VIII, p. 198; *Bull. Soc. chim.*, t. XXVI, p. 324].

Le lithium métallique absorbe dix-sept fois son volume d'*hydrogène* à la température de 500° (Troost et Hautefeuille).

Il se dissout dans l'ammoniac liquéfié [Seely, *Chem. News*, t. XXIII, p. 169].

Combinaisons du lithium. — Les combinaisons lithiques exerceraient sur l'économie une action analogue à celle des combinaisons potassiques [Husemann, *Arch. Pharm.* (3), t. VII, p. 228].

Outre les raies rouge et orangée ($\lambda = 670,6$ et 610,2) que présentent les spectres des sels de lithium dans la flamme du gaz, on observe dans celui de l'étincelle éclatant à la surface de leurs solutions les raies plus réfrangibles $\lambda = 497,0$ et 460,4. Enfin, avec le carbonate de lithium et une étincelle un peu forte, on obtient une raie 413,0 (Lecoq de Boisbaudran).

Hydrate de lithium. — La solution de lithine abandonne, par évaporation dans le vide, des cristaux peu hygroscopiques ayant pour composition $LiHO + H^2O$ [Muratow, *Deutsch. chem. Gesellsch.*, 1872, p. 494].

Chlorure de lithium. — La solution de chlorure de lithium dans l'alcool absolu bouillant laisse déposer par le refroidissement des cristaux ayant pour composition $LiCl + 4C^2H^6O$. Ce sont des agrégations de cristaux prismatiques incolores et transparents, se dissolvant dans l'eau avec un mouvement giratoire énergique. La combinaison $LiCl + 3CH^4O$ ne se dépose qu'à — 15° en cristaux très déliquescents [S.-E. Simon, *Journ. prakt. Chem.* (2), t. XX, p. 371].

Sulfure de lithium. — La formation du sulfure hydraté (Li^2, S, Aq) a lieu avec un dégagement de 115.220 calories; celle du sulfhydrate (Li, S, H, Aq) avec 66 080 calories (Thomsen).

Chlorure de lithine. — L'hydrate de lithium, fondu et pulvérisé, absorbe lentement le chlore sec, environ 1 °/₀ après quatre à cinq heures. L'absorption est plus rapide si l'hydrate est humide; elle est alors de 65 à 71 °/₀ du poids de l'hydrate. Le produit renferme alors 31 °/₀ de chlore actif. L'acide carbonique agit sur ce chlorure comme sur le chlorure de chaux [W. Kraut, *Liebig's Ann. Chem.*, t. CCXIV, p. 354].

Azotate de lithium. — Sa dissolution dans 100 H^2O dégage + 300 calories (Thomsen).

Sulfate de lithium, SO^4Li^2. — Examiné au microscope polarisant, ce sel se présente en aiguilles à croix bleue, qui devient noire par une rotation de 90° du nicol [H. Reinsch, *Deutsch. chem. Gesellsch.*, 1881, p. 2329].

Il se dissout dans 200 molécules d'eau en dégageant 6050 calories. Il en dégage 2640 en produisant le sulfate hydraté $SO^4Li^2 + H^2O$ (Thomsen).

Bisulfate de lithium, SO^4LiH. — Ce sel se dépose en cristaux prismatiques d'une solution chaude de sulfate neutre dans l'acide sulfurique concentré. Il fond à 160°. Avec un acide moins concentré, on obtient des cristaux de sulfate neutre. Si la dissolution a lieu dans 4 parties d'acide concentré, on obtient des lamelles fusibles à 110° et renfermant $SO^4LiH.SO^4H^2$ [C. Schultz, *Poggend. Annal.*, t. CXXXIII, p. 137]. D'après Lescœur, qui a aussi obtenu le bisulfate de lithium, ce sel acide fond à 120° [*Bull. Soc. chim.*, t. XXIV, p. 516].

Hypophosphites de lithium, $PO^2H^2Li + H^2O$. — Cristaux clinorhombiques [Rammelsberg, *Deutsch. chem. Gesellsch.*, 1872, p. 494].

Phosphates de lithium. — *Phosphate*, PO^4Li^3. — Ce sel se dépose sous forme cristalline lorsqu'on soumet à l'évaporation une solution d'acétate de lithium (2 molécules) et d'acide phosphorique (1 molécule) dans l'acide acétique. Il renferme environ 1/4 de molécule d'eau.

Phosphate monolithique, PO^4LiH^2. — Il reste dissous, après séparation du phosphate trilithique, lorsqu'on dissout le carbonate de lithium dans l'acide phosphorique en excès. On l'obtient aussi en évaporant une solution d'acétate de lithium dans l'acide phosphorique ou de phosphate basique dans l'acide chlorhydrique. Il est soluble dans l'eau.

Chauffé, il se transforme à 250° en pyrophosphate acide, qui fond ensuite pour se convertir en métaphosphate.

Les sels précédents, dissous dans un excès d'acide phosphorique, fournissent par évaporation à consistance sirupeuse des cristaux transparents et déliquescents qui renferment $(PO^4)^2H^5Li + Aq$.

Rammelsberg, qui a décrit ces sels, n'a pas pu obtenir le phosphate dilithique PO^4HLi^2 [*Poggend. Ann.* (2), t. XVI, p. 69].

PYROPHOSPHATE DE LITHIUM. — Lorsqu'on ajoute du pyrophosphate de sodium à une solution de chlorure de lithium, on obtient déjà à froid un précipité, si ce dernier sel est en excès. Sinon, le précipité ne se produit qu'à chaud, et d'autant plus lentement que le pyrophosphate domine. La composition du précipité varie avec les proportions des sels mélangés.

1	molécule	LiCl	et 2	molécules	$P^2O^7Na^4$	fournissent	$(P^2O^7)^5Li^8Na^{12}$
1	—	LiCl	1	—	$P^2O^7Na^4$	—	$P^2O^7Li^2Na^2$
2	—	LiCl	1	—	$P^2O^7Na^4$	—	$P^2O^7Li^3Na$
5	—	LiCl	1	—	$P^2O^7Na^4$	—	$(P^2O^7)^3Li^{10}Na^2$
1	—	LiCl	1	—	$P^2O^7K^4$	—	$P^2O^7Li^3K$
5	—	LiCl	1	—	$P^2O^7K^4$	—	$P^2O^7Li^4$

Les précipités obtenus avec le pyrophosphate de potassium sont plus difficiles à obtenir [M. Nahnsen et E. Cuno, *Liebig's Ann. Chem.*, t. CLXXXII, p. 165; *Bull. Soc. chim.*, t. XXVII, p. 29].

BORATES DE LITHIUM. — En dissolvant du carbonate de lithium en excès dans l'eau bouillante avec de l'acide borique, on obtient, non le métaborate, mais le *tétraborate*, $Bo^4O^7Li^2 + 5H^2O$, correspondant au borax. Ce sel ne perd que $2H^2O$ à 200°. Si c'est l'acide borique qui est en excès, on obtient l'*hexaborate* $Bo^6O^{10}Li^2 + 6H^2O$. Ces sels restent par l'évaporation sous la forme d'une masse gommeuse, qui se transforme en une poudre grenue lorsqu'on la traite par l'alcool.

En décomposant l'acétate de lithium à l'ébullition par l'acide borique et évaporant, on obtient un résidu sirupeux d'où se sépare à la longue sur l'acide sulfurique, une croûte cristalline dure et blanche qui renferme

$$Bo^8O^{13}Li^2 + 10H^2O.$$

Tous ces borates sont très solubles dans l'eau, insolubles dans l'alcool [Filsinger, *Arch. Pharm.* (3), t. VIII, p. 211]. Ed. Willm.

LITHOBILIQUE (ACIDE). — Il accompagne l'acide lithofellique dans les bezoards orientaux et s'en distingue par l'insolubilité de son sel de baryum dans l'eau; ce caractère permet de le séparer. Le sel barytique

$$C^{60}H^{114}O^{12}.Ba + 6H^2O$$

est en cristaux microscopiques, peu solubles dans l'alcool bouillant. L'acide libre fond à 199°. Comme l'acide lithofellique, il donne avec le sucre et l'acide sulfurique la réaction de Pettenkofer, et se colore en un violet-rouge intense par l'acide chlorhydrique chaud [G. Roster, *Deutsch. chem. Gesellsch.*, 1879, p. 1925].

LITHOFELLIQUE (ACIDE). — Un travail récent de Roster confirme la formule $C^{20}H^{36}O^4$ établie par Wœhler, ainsi que les points de fusion indiqués t. II, p. 231. L'acide cristallisé dans l'alcool à 32 °/₀ renferme une molécule d'eau. Le *lithofellate* de baryum contient

$$(C^{20}H^{35}O^4)^2Ba + 10H^2O,$$

et perd la presque totalité de son eau à l'air sec; le reste ne se dégage qu'à 150°. Voici les pouvoirs rotatoires de l'acide et de quelques-uns de ses sels en solution alcoolique : $[\alpha]_D = + 13°,76$ pour l'acide, + 18°,16 pour le sel sodique et + 19°,68 pour le sel de baryum [G. Roster, *Deutsch. chem. Gesellsch.*, 1879, p. 1925].

LITHOFRACTEUR. — Voyez POUDRES, t. II, p. 1178.

LITHURIQUE (ACIDE). — Acide découvert par G. Roster dans des calculs vésicaux de bœufs de Pietra-Santa (Italie) qui avaient été nourris de jeunes tiges de maïs. Les calculs étaient formés presque entièrement de lithurate de magnésium soluble dans l'eau bouillante. L'acide libre est en fines aiguilles, fusibles à 204,5-205°, assez solubles dans l'eau et dans l'alcool bouillants, insolubles dans l'éther. Le sel de *magnésium* renferme $C^{30}H^{36}Az^2O^{18}.Mg$ ou $C^{29}H^{36}Az^2O^{17}.Mg$ [*Compt. rend.*, 9 sept. 1872].

LOKAÏNE. — Voyez LOKAO.

LOKAO [Syn. *vert de Chine*]. — Cette matière colorante existe à l'état de matière colorable dans différentes espèces de nerpruns. En Chine, on utilise surtout le pabilozo peau blanche (*Rhamnus chlorophorus*, Decaisne) et le bombiloza peau rouge (*Rhamnus utilis*, Decaisne). Pour en extraire la matière colorante, on la fixe à l'état de laque calcaire sur des toiles : on passe celles-ci dans une infusion de l'écorce additionnée de chaux, on les expose ensuite au soleil, ce qui développe la teinte verte, on les repasse dans le bain, on les expose de nouveau à la lumière, et ainsi de suite jusqu'à ce que, au bout de 15 à 20 immersions, elles soient suffisamment chargées de laque calcaire. On agite alors les toiles dans l'eau froide pour détacher l'excès de matière colorante; les eaux de lavage sont réunies dans une chaudière et portées à l'ébullition après qu'on a étendu à leur surface un lit de fils de coton qui sont destinés à réunir mécaniquement les particules de lokao tenues en suspension par les eaux. En frottant ensuite les fils sous l'eau, on en détache la matière colorante que l'on réunit et que l'on sèche sur des feuilles de papier.

Le lokao, tel qu'il nous vient de Chine, est en petites lames irrégulières, minces, légères, dures, d'une couleur bleue avec reflets violacés et parfois verdâtres. Il était employé autrefois pour la teinture de la laine et surtout de la soie, sur laquelle il produit une couleur verte, belle et éclatante, surtout à la lumière artificielle. Il se fixe aussi sur coton. Aujourd'hui il est à peu près abandonné; le prix du lokao est, en effet, beaucoup trop élevé pour qu'il puisse lutter avec les vert-lumière tirés du goudron.

Persoz a trouvé dans le lokao :

Eau	9,30
Matière colorante	61,90
Cendres	28,80

Les cendres contiennent surtout de l'argile et de la chaux avec des quantités plus faibles de phosphate de calcium, de fer, de potasse et de soude.

Au contact de l'eau, le **lokao** se gonfle généralement et se délaye à la longue dans 25 à 30 fois son poids de ce liquide, sans jamais s'y dissoudre complètement. Il reste toujours au moins 30 °/₀ de matière à l'état insoluble.

Le sulfure d'ammonium réduit et dissout le lokao en donnant une solution violacée; à l'air, celle-ci s'oxyde et la matière colorante se reproduit. Des fibres de coton imprégnées de cette solution et exposées à l'air se trouvent teintes [voir pour les autres propriétés du lokao et ses applications un mémoire de E. Kopp dans le *Rép. de chim. appliquée*, 1859, p. 75].

Cloëz et Guignet ont retiré le principe coloré, la *lokaïne*, de la combinaison calcaire qui constitue le lokao. A cet effet, on dissout dans 4 litres d'eau 100 grammes de carbonate d'ammonium et 100 grammes de lokao et, au bout de quatre jours de contact, on évapore au bain-marie la solution bleue.

Le résidu, un composé ammonique de la lokaïne, retient encore 1 °/₀ de cendres environ; on l'obtient plus pur en ajoutant de l'alcool à la solution du lokao dans le carbonate d'ammonium; le précipité bleu foncé étant séché à 100° donne à l'analyse des chiffres conduisant exactement à la formule $C^{28}H^{33}O^{17}.AzH^4$. Les divers sels métalliques donnent des précipités avec la solution de la lokaïne ammoniacale.

L'eau, ou mieux l'acide sulfurique étendu d'eau (à 5 °/₀), dédoublent à l'ébullition la lokaïne en un glucose cristallisable et fermentescible et en *lokaétine*, $C^9H^8O^5$, (séchée à 100°). La lokaétine se gonfle dans l'eau froide à la manière de la gomme adragante, mais ne se dissout qu'en minime quantité. Les alcalis, même des traces, la font virer au violet. Le sulfure ammonique la réduit comme la lokaïne elle-même; les flocons rouges qui se forment redeviennent violets au contact de l'air. L'acide nitrique étendu et bouillant donne avec la lokaétine de grandes quantités d'acide oxalique et une matière d'un jaune très intense qui n'est pas de l'acide picrique. L'acide sulfurique concentré dissout la lokaétine et se colore en pourpre; l'eau précipite de la solution une matière brune qui renferme $C^9H^6O^4$, c'est-à-dire 1 molécule d'eau en moins que la lokaétine [S. Cloëz et Guignet, *Bull. Soc. chim.*, t. XVII, p. 247].

A. Henninger.

LOPHINE, $C^{21}H^{16}Az^2$ (t. II, p. 232). — La lophine diffère de l'amarine par H^2 qu'elle renferme en moins. Elle se produit non seulement par la distillation sèche de celle-ci, mais aussi par l'oxydation directe. Lorsqu'on ajoute de l'acide chromique à une solution faiblement acétique d'amarine, il se forme un précipité jaune épais de dichromate d'amarine $(C^{21}H^{18}Az^2)^2H^2Cr^2O^7$; dissous dans l'acide acétique cristallisable et chauffé à l'ébullition, ce précipité fournit abondamment de la lophine (Fischer et Troschke). Celle-ci se produit aussi si l'on décompose la nitrosoamarine à une température de 150° (Borodine), ou bien lorsqu'on fond l'hydrobenzamide avec la potasse; les matières obtenues autrefois par Rochleder dans cette dernière réaction et décrites sous les noms de *benzolone* et de *benzostilbine* n'étaient que de la lophine impure [H. Rau, *Deutsch. chem. Gesellsch.*, 1881, p. 443].

La lophine se forme aussi lorsqu'on distille la cyaphénine avec la poudre de zinc ou avec un mélange de potasse et de limaille de fer; il se dégage en même temps de l'ammoniaque,

$$C^{24}H^{15}Az^3 + H^4 = C^{21}H^{16}Az^2 + AzH^3.$$

La même réaction s'accomplit à la température du bain-marie lorsqu'on fait agir la poudre de zinc sur une solution acétique de cyaphénine; le produit, filtré et précipité par l'eau, fournit la quantité théorique de lophine [Br. Radziszewski, *Deutsch. chem. Gesellsch.*, 1882, p. 1493].

L'oxylophine (voyez plus loin) distillée avec de la poudre de zinc donne aussi de la lophine (Japp et Robinson).

Enfin le benzyle traité par l'ammoniaque fournit de petites quantités de lophine. Le rendement se trouve très notablement accru si l'on fait intervenir en même temps de l'aldéhyde benzoïque. A cet effet, on dissout le benzile et l'aldéhyde dans l'alcool et l'on sature complètement la solution d'ammoniaque à une température de 40 à 50°; par le refroidissement, elle laisse alors déposer de magnifiques aiguilles de lophine pure,

$$C^{14}H^{10}O^2 + C^7H^6O + 2AzH^3$$
$$= C^{21}H^{16}Az^2 + 3H^2O$$

[Br. Radziszewski, *loc. cit.*].

La lophine est très stable; sa densité de vapeur a pu être prise dans un bain de plomb et a fourni le chiffre 9,8 correspondant à la formule admise. La lophine distille sans décomposition sur de la chaux sodée chauffée, et n'est pas attaquée à 220° par l'acide iodhydrique et le phosphore.

En présence de potasse alcoolique, la lophine est lentement oxydée par l'oxygène de l'air; cette réaction s'accompagne de la production d'une phosphorescence blanche qui atteint son maximum vers 65°, et est alors très belle. Les produits engendrés sont l'acide benzoïque et l'ammoniaque [Br. Radziszewski, *Deutsch. chem. Gesellsch.*, 1877, p. 70].

L'acide chromique en solution acétique oxyde rapidement vers 100° la lophine et fournit de la benzamide et de la dibenzamide fusible à 148°,

$$C^{21}H^{16}Az^2 + H^2O + O^2$$
$$= C^7H^5O.AzH^2 + (C^7H^5O)^2.AzH.$$

Le bromhydrate de lophine se dissout dans le brome sans notable dégagement de gaz bromhydrique; après évaporation rapide de l'excès de réactif, la ligroïne sépare du résidu une huile épaisse qui ne tarde pas à se prendre en une masse cristalline rouge foncé. Ce corps paraît constituer un hexabromure de bromhydrate,

$$C^{21}H^{16}Az^2, Br^6, HBr;$$

il est très instable et perd à froid la presque totalité de son brome. L'alcool chaud le décompose et donne un corps bromé incolore cristallisant en aiguilles.

Acide lophine-disulfonique. — On chauffe à 160-170° un mélange de 1 p. de lophine et de 5 p. d'acide sulfurique ordinaire, jusqu'à ce qu'une prise d'essai se dissolve complètement dans une grande quantité d'alcool. L'eau précipite alors l'acide disulfonique, que l'on purifie en le transformant en sel sodique acide. Ce sel, $C^{21}H^{14}Az^2S^2O^6HNa + 2H^2O$, cristallise en fines aiguilles blanches, très peu solubles dans l'eau et dans l'alcool, très solubles, dans la potasse ou l'ammoniaque.

L'acide libre, qui est également peu soluble, se distingue par sa grande stabilité en présence de l'acide chlorhydrique (il n'est pas détruit à 200°) et par son instabilité avec l'amalgame de sodium qui, en liqueur alcaline, régénère rapidement la lophine. C'est là une réaction tout à fait insolite parmi les acides sulfonés aromatiques, à moins que l'acide lophine-disulfonique n'appartienne pas à cette classe de corps [E. Fischer et H. Troschke, *Deutsch. chem. Gesellsch.*, 1880, p. 706].

OXYLOPHINE, $C^{21}H^{16}Az^2O$. — Elle se forme lorsqu'on chauffe en vase clos un mélange de quantités équimoléculaires de benzile et d'aldéhyde paroxybenzoïque avec un excès d'ammoniaque aqueuse concentrée; le rendement est presque théorique. L'oxylophine se dépose dans l'alcool en aiguilles groupées en faisceaux fusibles à 254-255° et, après une première fusion, à 258-259°. Elle se dissout aisément dans la soude étendue et chaude, et par le refroidissement on obtient un composé *sodique* en fines aiguilles feutrées. Le dérivé *acétylé*, $C^{21}H^{15}(C^2H^3O)Az^2O$, ressemble à l'oxylophine, mais fond déjà à 229° [Fr. R. Japp et H. Robinson, *Deutsch. chem. Gesellsch.*, 1882, p. 1268].

Constitution de la lophine. — La formule de structure de la lophine n'est pas connue avec certitude, pas plus que celle de l'amarine, qui en diffère par H^2 en plus. Japp et Robinson ont proposé pour ces corps les formules suivantes :

$$\begin{array}{l} C^6H^5\text{-}C\text{-}AzH \searrow \\ C^6H^5\text{-}\overset{\|}{C}\text{-}Az \longrightarrow \end{array} C\text{-}C^6H^5$$

Lophine.

et

$$\begin{array}{l} C^6H^5\text{-}C\text{-}AzH \\ C^6H^5\text{-}\overset{\|}{C}\text{-}AzH \end{array} > CH\text{-}C^6H^5.$$

Amarine.

Radziszewski, au contraire, les représente par les schémas

$$\begin{array}{l} C^6H^5\text{-}C = Az \\ C^6H^5\text{-}\overset{|}{C} = Az \end{array} > CH\text{-}C^6H^5$$

et

$$\begin{array}{l} C^6H^5\text{-}CH\text{-}AzH \\ C^6H^5\text{-}\overset{|}{C} = Az \end{array} > CH\text{-}C^6H^5.$$

La première formule de la lophine contient le radical benzényle de l'acide benzoïque et rapproche la lophine des anhydrobases de Hübner. La deuxième contient le radical benzylène de l'aldéhyde benzoïque.

La lophine, chauffée à 300° avec un mélange d'acides iodhydrique et chlorhydrique fumants, fournit de l'acide benzoïque, mais la réaction est incomplète, et la majeure partie de la lophine se retrouve inaltérée. Ce fait paraît plaider en faveur de la première formule, tandis que la formation de la lophine, en partant du benzile

$$\begin{array}{l} C^6H^5\text{-}CO \\ C^6H^5\text{-}\overset{|}{C}O, \end{array}$$

s'explique plus simplement si l'on admet la seconde. De nouvelles recherches sont nécessaires pour élucider définitivement la question et nous ne rapporterons pas tous les arguments que Japp a produits en faveur de sa formule [*Deutsch. chem. Gesellsch.*, 1882, p. 2410]. Ajoutons que la lophine doit être rapprochée de la glyoxaline.

A. Henninger.

LOTURIDINE. — C'est le troisième alcaloïde de l'écorce de lotur (Suppl., p. 517); il y existe à la proportion de 0,06 °/₀. Il est amorphe et il en est de même de ses sels. Ceux-ci, en solution étendue, présentent une fluorescence d'un bleu violet, comme la loturine (O. Hesse).

LOTURINE. — On a indiqué (Suppl., p. 517) la préparation de cet alcaloïde, contenu dans l'écorce de lotur à la dose de 0,24 °/₀. Il cristallise en prismes brillants, souvent très longs, qui s'effleurissent rapidement à l'air. L'alcool, l'éther et l'acétone le dissolvent aisément. Il fond à 234° et se sublime en prismes incolores. La loturine sature les acides et forme des sels dont les solutions présentent une très belle fluorescence bleu violet, plus intense que celle de la quinine. Ces sels, dont Hesse a préparé un grand nombre, cristallisent aisément; ils n'ont pas été analysés [O. Hesse, *Deutsch. chem. Gesellsch.*, 1878, p. 1542].

LOXOPTÉRYGINE. — Alcaloïde contenu dans l'écorce du Quebracho colorado (*Loxopterygium Lorentzii*); il a été découvert par O. Hesse [*Liebig's Ann. Chem.*, t. CCXI, p. 249].

La loxoptérygine est accompagnée, dans l'écorce en question, d'un autre alcaloïde; on les extrait par le procédé suivant : L'écorce est épuisée par l'alcool bouillant; on sursature l'extrait alcoolique par la soude et on l'épuise par l'éther ou par le chloroforme. On évapore les solutions ainsi obtenues et l'on reprend le résidu brun par l'acide sulfurique étendu. On filtre la solution acide et on précipite par la soude. Pour séparer les deux alcaloïdes précipités ensemble, on reprend par un dissolvant (l'alcool ou l'éther) et on traite par le sulfocyanate de potassium. La *loxoptérygine* reste dissoute, tandis que l'autre base est précipitée. Finalement, on filtre et l'on additionne la liqueur filtrée d'ammoniaque, qui précipite la *loxoptérygine* en flocons blancs amorphes.

Cette base est assez stable; peu soluble dans l'eau froide, elle se dissout facilement dans les autres solvants habituels. Sa saveur est très amère, sa réaction nettement alcaline. Elle se dissout dans l'acide nitrique concentré avec une belle coloration rouge; dans l'acide sulfurique, avec une coloration jaune qui passe au violet d'abord, puis au bleu par l'acide molybdique, au violet, enfin, par le dichromate de potassium. Elle fond à 81° et se décompose à une température plus élevée en fournissant une base qui paraît être la quinoléine. O. Hesse lui attribue la formule $C^{13}H^{17}AzO$, qui manque de contrôle.

LUPIGÉNINE. — Voyez LUPININE (Glucoside).

LUPININE (Alcaloïde). — Base extraite des graines de *lupin*. Cassola [*Ann. Chem. Pharm.*, t. XIII, p. 308, et *Journal de Chimie médicale*, novembre 1834] traite les graines de *lupin* par l'alcool à 40° bouillant, puis évapore à siccité. La masse grisâtre est reprise par l'eau distillée; la liqueur est décolorée au moyen du noir animal, et concentrée jusqu'à consistance sirupeuse; des cristaux blancs mamelonnés ne tardent pas à se déposer.

La *lupinine* paraît avoir été étudiée depuis par quelques auteurs, notamment par Liebscher; cette étude a été reprise tout récemment par G. Baumert [*Deutsch. chem. Gesellsch.*, 1881, p. 1150, 1321, 1880; et 1882, p. 631 et 634], qui a montré que toutes les formules attribuées jusqu'ici à la lupinine sont fausses. A l'état de pureté, la *lupinine* possède une composition exprimée par la formule $C^{21}H^{40}Az^2O^2$; elle constitue une masse cristalline blanche, douée d'une odeur de fruit très agréable, d'un goût très amer. Elle cristallise dans le système orthorhombique. Elle fond à 67-68° et bout à 255-257° dans un courant d'hydrogène sans subir aucune décomposition.

Le *chlorhydrate*, $C^{21}H^{40}Az^2O^2,2HCl$, est en beaux cristaux orthorhombiques affectés d'hémiédrie. Ces cristaux sont transparents et très solubles dans l'alcool et dans l'eau.

Le *chloroplatinate*,

$$(C^{21}H^{40}Az^2O^2,2HCl) + PtCl^4 + H^2O,$$

se dissout dans l'eau et dans l'alcool étendu; les cristaux ressemblent à ceux du gypse et sont d'aspect clinorhombique.

Le *chloraurate*, $(C^{21}H^{40}Az^2O^2,2HCl),AuCl^3$, cristallise en aiguilles accolées les unes aux autres; il est peu soluble dans l'eau, très soluble dans l'alcool.

Le *sulfate neutre*, $C^{21}H^{40}Az^2O^2,SO^4H^2$ est

en prismes blancs déliquescents; les cristaux sont à un axe optique.

L'*azotate*, $C^{21}H^{40}Az^2O^2,2AzO^3H$, est en cristaux orthorhombiques ressemblant beaucoup à ceux de l'apophyllite; ils se dissolvent très facilement dans l'alcool et dans l'eau.

Le *picrate* est en belles aiguilles solubles dans l'alcool, très peu solubles dans l'eau.

La lupinine est, comme on le voit, une *base diacide*. Elle chasse l'ammoniaque de ses combinaisons et s'oxyde très facilement à une température élevée.

A 110°, l'iodure d'éthyle s'unit à la lupinine pour former l'*iodure d'éthyl-lupinine-ammonium*, $C^{20}H^{40}Az^2O^2.2C^2H^5I$. Ce composé cristallise en paillettes blanches, appartenant au système rhomboédrique, très solubles dans l'eau, presque insolubles dans l'alcool absolu. Cette réaction montre que la lupinine est une ammoniaque tertiaire. Traité par une lessive de potasse, le nouveau composé ne fournit pas de base; l'oxyde d'argent humide le transforme en un hydrate doué des propriétés des hydrates d'ammoniums quaternaires.

Le *chlorhydrate* de cette nouvelle base constitue des paillettes blanches, nacrées, arborescentes, d'aspect orthorhombique.

Le *chloroplatinate*,

$$C^{21}H^{40}Az^2O^2.(C^2H^5)^2PtCl^6 + H^2O,$$

se présente sous la forme de belles aiguilles orangées douées d'un vif éclat.

Le *chloraurate*, $C^{21}H^{40}Az^2O^2.2(C^2H^5.AuCl^4)$, est un précipité jaune clair, très lourd; il est assez soluble dans l'eau et peut cristalliser en une masse stalactiforme. Il fond à 70°. Lorsqu'on chauffe sa solution, on voit bientôt se séparer de fines paillettes d'or métallique.

En chauffant la lupinine à 200° avec l'acide chlorhydrique fumant, ou à 190° avec l'anhydride phosphorique, Baumert a obtenu l'*anhydrolupinine*, $C^{21}H^{38}Az^2O$, différant de la lupinine par une molécule d'eau en moins. Cette base se présente sous la forme d'une huile jaunâtre, à réaction alcaline, ne distillant pas sans décomposition, se prenant par le refroidissement en une masse tantôt cristalline, tantôt amorphe. Elle possède une odeur spéciale rappelant celle de la cicutine. Son *chloroplatinate* cristallise en belles tables rouges quadratiques, solubles dans l'eau et dans l'alcool étendu.

Lorsqu'on fait réagir le sodium sur la lupinine fondue ou dissoute dans l'éther, il se dégage de l'hydrogène et il se forme un composé amorphe, solide, $C^{21}H^{39}Az^2O^2.K$, analogue à l'éthylate de sodium, et se dédoublant par l'action de l'eau en lupinine et en hydrate de sodium.

Œchsner de Coninck.

LUPININE (Glucoside), $C^{29}H^{32}O^{16}$. — Ce nom avait déjà été donné à un alcaloïde retiré de la graine de lupin; néanmoins Schulze et Barbieri l'ont appliqué à un glucoside qu'ils ont découvert dans le lupin (*Lupinus luteus*) : toutes les parties de la plante en renferment, à tout âge; de jeunes plantes de cinq à six semaines se sont montrées les plus riches.

Le végétal sec est épuisé par l'alcool à 50 °/₀ et la teinture est précipitée par le sous-acétate de plomb; le dépôt volumineux délayé dans une grande masse d'eau chaude est décomposé par l'hydrogène sulfuré; la lupinine se dépose par le refroidissement du liquide filtré. Par évaporation lente de sa solution dans l'alcool étendu et faiblement ammoniacal, elle se dépose en longues et fines aiguilles, légères, blanc-jaunâtre; elle est à peine soluble dans l'eau froide, peu soluble dans l'eau chaude et dans l'alcool, très soluble dans les alcalis et dans l'ammoniaque, qu'elle colore en jaune intense; les acides la précipitent de ses solutions alcalines.

L'analyse élémentaire fournit des chiffres qui s'accordent avec la formule $C^{29}H^{32}O^{16}$ ou avec une formule plus riche d'un ou deux atomes d'hydrogène. Le glucoside cristallisé renferme 7 molécules d'eau qui se dégagent à 100°.

Les acides étendus décomposent la lupinine en *lupigénine* (47,5 °/₀) et en un sucre dextrogyre et réducteur (53,5 °/₀). Le dédoublement s'accomplit d'après l'équation :

$$C^{29}H^{32}O^{16} + 2H^2O = C^{17}H^{12}O^6 + 2C^6H^{12}O^6,$$

qui exige 49,1 °/₀ de lupigénine et 56,6 °/₀ de glucose.

La lupigénine est une poudre jaune, insoluble dans l'eau, peu soluble dans l'alcool. Elle renferme $C^{17}H^{12}O^6$. L'ammoniaque la dissout aisément, en se colorant en jaune brun et donnant un sel ammoniacal cristallisé en aiguilles microscopiques fines, très solubles dans l'ammoniaque, peu solubles dans l'eau. Ce sel contient $C^{17}H^{11}O^6,AzH^4 + H^2O$ et perd son eau à 100° [E. Schulze et J. Barbieri, *Deutsch. chem. Gesellsch.*, 1878, p. 2200].

A. Henninger.

LUTÉINE. — C'est la matière colorante du jaune d'œuf qui, d'après Thudichum, serait très répandue dans l'économie. La coloration du beurre, du tissu adipeux, du sérum sanguin chez certains animaux, des corpuscules jaunes et rouges de l'ovaire de vache, serait due à la même matière colorante. On rappelle que le pigment des corps jaunes a été considérée par Holm et Staedeler comme identique avec l'hématoïdine (t. II, p. 9), cependant sans preuves suffisantes. On rencontrerait même la lutéine dans le maïs, la carotte, le pollen. Toutes ces indications sont loin d'être démontrées, car, à part celui des corps jaunes, aucun de ces pigments n'a été isolé à l'état de pureté, et l'on s'est contenté d'établir une similitude plus ou moins grande des spectres d'absorption [Thudichum, *Proc. Roy. Soc. London*, t. XVII, p. 253; *Bull. Soc. chim.*, t. XII, p. 488].

Capranica a observé une grande ressemblance entre les propriétés de la lutéine et celles de la matière colorante des gouttelettes graisseuses de la rétine, qui est peut-être la substance mère du pourpre rétinien [S. Capranica, *Jahresb. Thierch.*, 1877, p. 317].

Ajoutons enfin que W. Ebstein, dans un cas de pyonéphrose chez une femme, a constaté l'apparition de cristaux hématoïdiques dans le sédiment urinaire, qui offraient les formes des cristaux de l'hématoïdine de Virchow et les réactions de la lutéine [*Jahresb. Thierch.*, 1878, p. 228].

Les propriétés de la lutéine des corps jaunes ont été décrites à l'article Hématoïdine, t. II, p. 9. G. Piccolo et A. Lieben ont confirmé ces indications, et ils ajoutent ce caractère important que les solutions de lutéine se décolorent rapidement sous l'influence des radiations solaires [*Zeitschr. Chem.*, 1868, p. 645].

D'après Thudichum, cette lutéine, de même que celle du jaune d'œuf, offrirait trois bandes d'absorption spectrales, dans le bleu, dans l'indigo et le violet; d'autres observateurs n'en ont décrit que deux, l'une couvrant la raie F et s'étendant plus vers G que vers *b*; l'autre occupant le milieu entre F et G.

Les autres lutéines n'ont pas encore été isolées; quoi qu'il en soit de leur identité entre elles ou avec le pigment ovarique, nous allons indiquer les principaux caractères qui leur sont communs. Solubilité dans le chloroforme, le sulfure de carbone, l'éther, l'alcool, les matières grasses; la solubilité dans l'alcool, qui n'a pas été observée pour la lutéine pure des corps jaunes, est peut-être due à la présence de graisses. Coloration jaune d'or de la solution éthéro-alcoolique; coloration rouge de la solution dans le sulfure de carbone. La lumière solaire décolore ces solutions. Elles absorbent les radiations des deux extrémités du spectre, la plus réfrangible surtout; à mesure qu'on les étend, le spectre s'illumine, mais il reste deux bandes d'absorption vers F et au milieu entre F et G.

Agitées en solution chloroformique avec une lessive alcaline faible, elles n'abandonnent pas le chloroforme, tandis que la bilirubine, dans les mêmes conditions, entre en solution aqueuse.

L'acide azotique les colore momentanément en bleu, puis en jaune pâle. Les autres acides puissants leur donnent aussi une teinte verte ou bleue. A. Henninger.

LUTIDINES. — Bases de la série pyridique, dont la composition répond à la formule C^7H^9Az. On connait plusieurs bases de cette formule; deux seulement ont été bien étudiées, ce sont l'α et la β-*lutidine*.

L'α-*lutidine* a été découverte en 1851 par Anderson dans l'huile animale de Dippel [*Ann. Chem. Pharm.*, t. LXXX, p. 57].

Une base possédant la composition d'une lutidine existe, selon Thénius, dans le goudron de houille. Cette base bout à 154-155° et sa densité à 22° = 0,945 (Thénius) [*Répert. Chimie appl.*, 1862, p. 181].

La β-*lutidine* est contenue, selon Gr. Williams, dans la fraction 160-166° de la quinoléine brute provenant de la cinchonine [*Trans. Roy. Soc. Edinburgh*, t. XXI, part. IV, et *Ann. Chim. Phys.* (3), t. XLV, p. 488]. Œchsner de Coninck a montré récemment qu'il y a dans la quinoléine brute dérivée de la cinchonine une petite quantité d'une autre lutidine probablement identique avec l'α-lutidine, et que la fraction 160-166°, indiquée par Williams, renferme le mélange de cette base et de la β-*lutidine* (*Thèse inaugurale*, p. 27). Scichilone et Magnanimi [*Gazz. chim. ital.*, 1882, t. XII, p. 444] ont isolé une base sans doute identique avec la β-lutidine des produits de la distillation de la strychnine avec le zinc en poudre. La β-*lutidine* existe dans la quinoléine brute provenant de la brucine [Œchsner de Coninck, *loc. cit.*, p. 77].

Church et Owen [*Phil. Mag.* (4), t. XX, p. 110] ont examiné les produits de la distillation de la tourbe d'Islande, et G. Williams ceux provenant des schistes bitumeux du Dorsetshire [*Journ. chem. Soc. London*, t. VII, p. 97]; ces savants ont isolé ainsi de nombreuses bases pyridiques, mais ces bases, et notamment les lutidines contenues dans ces produits complexes, ne paraissent pas avoir été étudiées.

Suivant Vohl, Eulenburg [*Jahresb. Chem.*, 1871, p. 822] et Lebon, les produits condensables de la fumée de tabac renferment, indépendamment d'autres bases pyridiques, une faible proportion de lutidine.

Cahours et Étard [*Bull. Soc. chim.*, t. XXXIV, p. 456] ont montré que la distillation sèche de la nicotine fournit également de la lutidine en petite quantité.

PROPRIÉTÉS ET PRINCIPAUX DÉRIVÉS DE L'α-LUTIDINE. — L'α-*lutidine* bout à 154° (Anderson); sa densité à 0° = 0,9467 (Anderson). Elle est peu soluble dans l'eau, qui en dissout plus à froid qu'à chaud. Son odeur est forte et particulière. Ses sels sont en général très solubles, à part le chloromercurate et le picrate.

Le *chloroplatinate*, $(C^7H^9Az.HCl)^2 + PtCl^4$, est en tables rectangulaires, quelquefois enchevêtrées, fort solubles dans l'eau froide, plus solubles encore dans l'eau bouillante et dans un excès d'acide chlorhydrique. Sa solution aqueuse est précipitée par l'alcool et l'éther. Il n'est modifié qu'au bout de plusieurs heures par l'eau bouillante (Anderson). Greville Williams, se ralliant aux idées d'Anderson, assigne au sel modifié la constitution suivante :

$$Az^2 < {(C^7H^7)^2 \atop Pt} > 4HCl.$$

L'α-*lutidine* donne avec le chlorure platineux le composé $(C^7H^9Az)^2 + PtCl^2$.

Chloropalladite, $(C^7H^9Az.HCl)^2 + PdCl^2$. — Il se forme lorsqu'on additionne de chlorure palladeux la solution du chlorhydrate d'α-*lutidine*. Ce sel est modifié par l'action prolongée d'une température de 100°. Dans ces conditions, il se forme d'abord un sel double en

$$(C^7H^9Az.HCl)^2, PdCl^2 + (C^7H^9Az)^2, PdCl^2.$$

Le *sel modifié* se prépare en traitant la base libre par le chlorure palladeux.

Chloraurate, $C^7H^9Az, HCl, AuCl^3$. — Précipité se formant aussitôt qu'on mélange des solutions de chlorhydrate et de chlorure d'or. Ce sel est beaucoup plus soluble dans l'eau que le chloraurate de β-lutidine.

Chloromercurate, $C^7H^9Az + HgCl^2$. — Précipité blanc volumineux, prenant naissance lorsqu'on mélange des solutions alcooliques moyennement concentrées d'α-*lutidine* et de chlorure mercurique. En solutions étendues, il se dépose peu à peu sous la forme de cristaux radiés; il se dissout dans l'eau bouillante en se décomposant partiellement; il est plus soluble dans l'alcool bouillant et s'y dépose sans altération par le refroidissement.

Le *picrate* constitue de longues aiguilles jaunes, en général assez peu solubles.

PROPRIÉTÉS ET PRINCIPAUX SELS DE LA β LUTIDINE. — La β-*lutidine* constitue un liquide parfaitement incolore, mobile, très réfringent, très hygroscopique, d'une odeur spéciale forte et repoussante, d'une saveur brûlante. Elle se colore rapidement en jaune au contact de l'air et à la lumière. Elle bout d'une manière constante à 165-166° (non corrigé) sous une pression de 0m,763 (Œchsner de Coninck); à 166° (non corrigé) (Boutlerow et Wischnegradsky); à 167-168° (corrigé), sous une pression de 0m,769 (Œchsner de Coninck). On remarquera que la température d'ébullition (160-166°) indiquée par G. Williams était située notablement plus bas, ce qui tenait à la présence de l'isomère inférieur. La densité à 0° de la β-*lutidine* est égale à 0,95935 (Œchsner de Coninck).

La β-*lutidine* distille sans décomposition, mais on observe qu'il reste dans le ballon, à la fin de la distillation, un produit basique foncé, assez épais, résultant sans doute d'une polymérisation partielle de la base.

La β-*lutidine* se polymérise, comme la pyridine et la picoline, lorsqu'on la chauffe avec le sodium. La β-*dilutidine* n'a pas encore été obtenue à l'état de pureté. Elle paraît aussi insoluble à froid qu'à chaud dans l'eau; elle est soluble dans l'alcool, très soluble dans l'éther.

Le *chlorhydrate de lutidine*, $C^7H^9Az.HCl$, se présente sous la forme de petits cristaux blancs lamelleux, très déliquescents.

Le *bromhydrate*, $C^7H^9Az.HBr$, est en cristaux blancs assez petits; il est déliquescent; un peu moins cependant que le chlorhydrate, qui se liquéfie presque instantanément à l'air.

Le *chloroplatinate*, $(C^7H^9Az.HCl)^2 + PtCl^4$, cristallise en belles paillettes d'un rouge orangé. Ce sel est beaucoup plus vite modifi par l'eau bouillante que le chloroplatinate d'α-lutidine.

Le *sel modifié*, qui se forme dans ces conditions, constitue de petites paillettes d'un jaune clair, $PtCl^2(C^7H^9AzCl)^2$.

La β-*lutidine* se combine avec le chlorure platinique sec pour donner naissance à une poudre amorphe d'un brun pâle, $(C^7H^9Az)^2 + PtCl^4$.

On obtient la même combinaison ou une combinaison isomérique si l'on traite par le chlore le composé qui résulte de l'union de la β-lutidine avec le chlorure platineux.

Chloropalladite. — Se forme comme le sel correspondant d'α-lutidine et subit les mêmes modifications que lui. Le *sel modifié* s'obtient également en traitant la base libre par le chlorure palladeux,

Chloraurate, $C^7H^9Az, HCl, AuCl^3$. — Il est beaucoup moins soluble dans l'eau que le chloraurate d'α-lutidine; il cristallise en belles paillettes d'un jaune vif. Ce sel subit des modifications analogues à celles des chloroplatinates des bases pyridiques, lorsqu'on le soumet à l'action de l'eau bouillante. Œchsner de Coninck a montré dans quelles conditions ces modifications se produisent (*Thèse inaugurale*, p. 34-35).

Il se forme d'abord un *sel double*,

$$C^7H^9Az, HCl, AuCl^3 + (C^7H^9Az)^2, AuCl^3,$$

cristallisé en petites paillettes rouges à reflets dorés, puis un *sel modifié*, $(C^7H^9Az)^2AuCl^3$, qui constitue une poudre cristalline d'un rouge foncé.

La β-*lutidine* se combine avec le sulfate de cuivre. Si l'on ajoute la base à une solution de ce sel, on voit se former un précipité vert pâle abondant, $(C^7H^9Az)^2 + SO^4Cu^2 + 4H^2O$.

Ce précipité se dissout dans un excès de la base pour former un liquide d'un bleu intense. A 100°, il perd $2H^2O$; à 200°, il devient anhydre.

La β-*lutidine* se combine avec le nitrate d'argent et forme le composé $(C^7H^9Az)^3, AzO^3Ag$.

Le *picrate de β-lutidine* est en aiguilles jaunes.

Le *chlorhydrate de β-lutidine* et le chlorure d'uranyle forment un sel double,

$$2(C^7H^9Az, HCl) + Ur^2O^2Cl^2.$$

Le *sulfate de β-lutidine* et le sulfate d'uranyle se combinent également,

$$2(C^7H^9Az.SO^4H^2) + Ur^2O^2(SO^4).$$

L'α et la β-*lutidine* ne s'unissent pas avec une égale énergie à l'iodure d'éthyle; l'*iodure de β-éthyllutidine* se forme beaucoup plus facilement.

Le *chloroplatinate de β-éthyllutidine*,

$$(C^9H^{13}Az.HCl)^2 + PtCl^4,$$

constitue de beaux cristaux orangés; il est totalement décomposé par l'eau bouillante avec formation de platine réduit.

L'*iodure de β-méthyllutidine* cristallise en fines et petites aiguilles blanches paraissant assez altérables à l'air et à la lumière. Sa composition répond à la formule $C^7H^9Az.CH^3I$.

Action physiologique de la β-lutidine. — La β-*lutidine* est un poison très violent qui paraît se rapprocher de la cicutine par son action toxique [Marcus et Œchsner de Coninck, *Bull. Soc. chim.*, t XXXVII, p. 529].

Produits d'hydrogénation. — L'α-*lutidine* n'a pas été hydrogénée. Quelques essais ont été tentés, dans ces dernières années, pour fixer l'hydrogène sur la β-*lutidine*. Wischnegradsky, en soumettant cette base à l'action d'un mélange d'alcool et de sodium, dit avoir obtenu une hexahydrolutidine présentant les propriétés d'une base secondaire [*Bull. Soc. chim.*, t. XXXIV, p. 340].

A.-W. Hofmann [*Deutsch. chem. Gesellsch.*, t. XIV, p. 1497] a distillé, avec la potasse caustique et une petite quantité d'eau, la combinaison de la pyridine et de l'iodure d'éthyle; il admet qu'il y a dégagement d'oxygène et que la réaction se passe dans le sens que voici :

$$C^5H^5Az.C^2H^5I + KHO$$
$$= O + KI + C^5H^5Az.C^2H^5.H.$$

La base ainsi obtenue possède la composition et les propriétés d'une *dihydrolutidine*, $C^7H^{11}Az$. Elle bout à 148° et est douée d'une odeur très piquante.

On a soumis dernièrement la β-*lutidine* pure à l'action : 1° d'un excès de phosphore et d'acide iodhydrique; 2° d'un grand excès d'acide iodhydrique fumant, en chauffant pendant longtemps sous pression à 100°, puis à 130-140°. L'action d'un mélange fortement refroidi d'acide iodhydrique très concentré et de tournure de cuivre a également été essayée; les expériences ont été prolongées pendant plusieurs jours; mais dans aucun cas on n'a pu réussir à hydrogéner la β-*lutidine* [Œchsner de Coninck, *Thèse inaugurale*, p. 69].

Produits d'oxydation. — Boutlerow et Wischnegradsky [*Bull. Soc. chim.*, t. XXXIII, p. 533] ont soumis la β-lutidine à une oxydation brusque, au moyen d'une solution bouillante d'acide chromique; ils ont obtenu un acide monocarboné, $C^6H^5AzO^2$, identique avec l'acide nicotianique. Œchsner de Coninck [*loc. cit.*, p. 57] a soumis la β-*lutidine* à une oxydation ménagée au moyen d'une solution froide et étendue de permanganate de potassium, dans l'espoir d'isoler un acide dicarboné isomérique ou identique avec l'un des acides dicarbopyridiques déjà connus. Mais il n'a obtenu, dans ces conditions, que de l'acide nicotianique accompagné d'une petite quantité d'acide formique. La réaction d'après laquelle se forment ces acides est donc

$$C^7H^9Az + O^5 = C^6H^5AzO^2 + CH^2O^2 + H^2O.$$

Weidel et Herzig [*Monatsh. Chem.*, t. Ier, p. 1] ont oxydé par le permanganate potassique le mélange des lutidines contenues dans les fractions 150-160° et 160-170° de l'huile de Dippel. Ils ont isolé 5 produits distincts, dont deux acides dicarbopyridiques, les acides isocinchoméronique et lutidique et trois acides monocarbonés, l'acide nicotianique, l'acide isonicotianique (voyez ces mots) et une petite quantité d'un acide, en $C^7H^7AzO^3$, fusible à 269°.

Constitution des bases possédant la composition de la lutidine. — D'après la théorie de Körner, il peut exister 9 lutidines isomériques, savoir, six *diméthylpyridines* et trois *éthylpyridines*. La formation des deux acides dicarbopyridiques décrits par Weidel et Herzig permet de supposer qu'il y a deux lutidines isomériques dans l'huile de Dippel, et que ces deux lutidines sont des *diméthylpyridines*. La β-*lutidine* dérivée de la cinchonine fournit le même acide monocarboné lorsqu'on l'oxyde dans les conditions les plus différentes. De ce fait, on peut conclure que cette base constitue une *éthylpyridine*; dans ce cas, le groupe (CH^2-CH^3) ne fournit à l'oxydation qu'un seul carboxyle et l'oxydation serait analogue à celle de l'éthylbenzine :

$$C^6H^5-C^2H^5 + O^6 = C^6H^5-CO^2H + CO^2 + 2H^2O.$$

Une autre hypothèse tout aussi plausible consiste à admettre que la β-*lutidine* est bien l'une des *diméthylpyridines* prévues par la théorie, mais que les deux groupes (CH^3) y sont placés dans la position *ortho*. Dans ce cas, l'un de ces groupes s'oxyde plus facilement que l'autre et se sépare à l'état d'acide formique. De fait, on a toujours constaté la présence de ce dernier acide dans l'oxydation de la β-*lutidine*.

La lutidine découverte par Thénius dans le goudron de houille n'a pas été oxydée. On ne sait donc pas quelle est sa constitution. Il en est de même des lutidines extraites de la tourbe d'Islande et des schistes bitumeux du Dorsetshire.

ŒEchsner de Coninck.

LUTIDIQUE (ACIDE).— C'est l'un des acides dicarbopyridiques. Isomère des acides cinchoméronique et isocinchoméronique, il se forme en même temps que ce dernier, lorsqu'on oxyde au moyen du permanganate de potassium le mélange des lutidines de l'huile de Dippel. On le sépare de l'acide isocinchoméronique (voyez ce mot) par l'eau bouillante, dans laquelle il est très soluble [Weidel et Herzig, *Monatsh. Chem.*, 1880, t. Ier, p. 1].

L'*acide lutidique*, $C^7H^5AzO^4 + H^2O$, est en aiguilles blanches fusibles à 219°,3; il est soluble dans l'eau et dans l'alcool, insoluble dans l'éther, le sulfure de carbone, la benzine; sa solution est colorée en rouge par les sels ferreux; elle précipite l'azotate d'argent, l'acétate de cuivre, le sous-acétate et l'acétate de plomb. Il cristallise avec une molécule d'eau de cristallisation, qu'il perd lorqu'on le chauffe au bain-marie. Il est bibasique.

Le *lutidate neutre de potassium* est un sel très hygroscopique.

Le *lutidate acide de potassium* cristallise avec une demi-molécule d'eau qui se volatilise à 120°.

Le *lutidate neutre d'ammonium* est anhydre.

Le *lutidate acide d'ammonium* renferme une molécule d'eau qu'il perd à 100°.

Le *sel neutre de calcium*,

$$C^7H^3CaAzO^4 + 3H^2O,$$

devient anhydre à 210°. Il ne contient qu'une molécule d'eau de cristallisation lorsqu'il se dépose au sein d'une solution aqueuse chaude.

Le *lutidate acide de calcium* cristallise avec une molécule d'eau qu'il perd à 140°.

Le *lutidate neutre de magnésium* renferme 5 molécules d'eau de cristallisation.

Le *sel neutre de cuivre* est bien cristallisé.

Comme l'acide isocinchoméronique, l'acide lutidique, distillé sur la chaux, est décomposé en acide carbonique et pyridine. Chauffé, dans un courant d'hydrogène, au-dessus de son point de fusion, il se dédouble en pyridine, gaz carbonique et *acide isonicotinique*. (Voyez ce mot.)

ŒEchsner de Coninck.

LYCOCTONINE. — D'après Hübschmann, cet alcaloïde accompagne l'acolyctine dans l'extrait alcoolique d'*Aconitum lycoctonum* (Suppl., p. 42). Elle cristalliserait en mamelons très solubles dans l'alcool, peu solubles dans l'eau et dans l'éther; réaction alcaline, saveur amère. L'acide sulfurique concentré la colore en jaune.

Flückiger a obtenu la lycoctonine en prismes incolores, légers, fusibles vers 100-104°; 1 p. se dissout à 17° dans 800 p. d'eau; l'alcool, l'éther, le chloroforme, la dissolvent aisément. L'eau de brome donne dans les solutions, même étendues, un précipité jaune qui se transforme bientôt en aiguilles microscopiques; l'iodomercurate de potassium se comporte d'une manière analogue [A. Flückiger, *Arch. Pharm.* (2), t. CXLI, p. 196].

LYCOPODINE. — Alcaloïde du *Lycopodium complanatum*. La plante sèche est traitée par l'alcool bouillant à 90 %, l'extrait alcoolique est débarrassé complètement d'alcool par l'évaporation, puis épuisé à l'eau froide tant que celle-ci dissout encore un principe amer. La liqueur aqueuse précipitée par le sous-acétate de plomb, privée de plomb par l'hydrogène sulfuré, est évaporée, rendue fortement alcaline par la soude et agitée avec de l'éther. La lycopodine entre en dissolution; on la transforme en chlorhydrate que l'on purifie par cristallisation. Pour isoler la base, on décompose le chlorhydrate par la soude concentrée et l'on introduit dans le liquide des morceaux de potasse solide; la base se précipite sous forme de masse visqueuse, mais se transforme à la longue en grands prismes clinorhombiques.

La lycopodine, $C^{32}H^{52}Az^2O^3$, fond à 114-115°; elle est très soluble dans l'alcool, l'alcool amylique, le chloroforme, la benzine; l'eau et l'éther en dissolvent une notable proportion. Saveur amère franche.

Le *chlorhydrate*, $C^{32}H^{52}Az^2O^3, 2HCl + H^2O$, est en cristaux clinorhombiques qui deviennent anhydres à 100°.

Le *chloraurate*,

$$C^{32}H^{52}Az^2O^3, 2HCl, 2AuCl^3 + H^2O,$$

forme un précipité jaune clair composé d'aiguilles [K. Bödeker, *Liebig's Ann. Chem.*, t. CCVIII, p. 363].

M

MACLURINE (voyez t. II, p. 455). — J. Loewe admet l'existence de trois principes distincts dans le bois jaune : le morin, la maclurine et l'acide morintannique [*Zeitschr. analyt. Chem.*, t. XIV, p. 117]. Voici par quel procédé il les sépare : La décoction du bois jaune fortement concentrée laisse déposer peu à peu une combinaison cristalline de morin et de chaux, qu'on sépare en filtrant à travers un filtre de flanelle. La solution, d'une teinte brun-jaunâtre, est agitée à plusieurs reprises avec de l'éther acétique, jusqu'à ce que celui-ci ne prenne plus qu'une faible teinte jaune. L'éther acétique s'empare de la maclurine et de l'acide morintannique. On distille l'éther acétique, on dissout le résidu dans un excès d'eau froide et on ajoute du chlorure de sodium pur jusqu'à saturation, en ayant soin d'agiter la solution; on passe rapidement celle-ci sur un filtre en flanelle, pour séparer un dépôt amorphe formé d'acide morintannique, et l'on abandonne le liquide filtré. La maclurine se dépose en flocons cristallins d'un jaune clair. Le dépôt amorphe produit par le sel marin est redissous dans l'eau et précipité une seconde fois par le chlorure de sodium, et le même traitement est répété trois ou quatre fois. Les solutions salines réunies donnent encore une certaine quantité de maclurine. Finalement, on dissout la matière amorphe dans une petite quantité d'eau, on évapore à l'air sec et on reprend le résidu contenant encore de la maclurine par une solution de chlorure de sodium saturée à moitié, laquelle laisse la maclurine à l'état insoluble et ne dissout que l'acide morintannique. Ce dernier est enlevé à la solution par agitation avec l'éther. On purifie la maclurine par des cristallisations répétées dans l'eau bouillante. A l'état de pureté, la maclurine se présente sous la forme de beaux cristaux jaunes; sa composition répond à la formule $C^{15}H^{10}O^7 + H^2O$; elle perd à 100° cette molécule d'eau. Le sel de plomb constitue une poudre d'un jaune d'œuf qui, séchée à 100°, renferme $3\,PbO, C^{15}H^{10}O^7$.

La solution aqueuse de maclurine donne des précipités avec les alcaloïdes, l'albumine, la gélatine; la précipitation est difficile en solutions étendues ou en présence de l'acide acétique.

Selon R. Benedikt, la maclurine exige pour se dissoudre 190 parties d'eau à 14°. Le même auteur confirme la formule $C^{13}H^{10}O^6 + H^2O$ donnée par Hlasiwetz pour la maclurine; cette formule peut s'écrire

$$C^6H^3 \begin{cases} (OH)^2 \\ O \end{cases}$$
$$C^6H^3 \begin{cases} / \\ -OH \\ CO^2H. \end{cases}$$

Elle rend bien compte de son caractère acide et phénolique, ainsi que de son dédoublement, en phloroglucine et acide protocatéchique.

Benedikt a obtenu une *bromomaclurine*,

$$C^{13}H^7Br^3O^6 + H^2O,$$

en traitant la maclurine placée sous l'eau par 3 molécules de brome; on fait bouillir le produit avec l'eau, on le dissout dans l'alcool, on le précipite par l'eau et on le fait cristalliser dans l'alcool bouillant faible. La bromomaclurine cristallise en aiguilles microscopiques. La potasse fondante, les acides sulfurique et chlorhydrique étendus dédoublent très nettement à 120° la maclurine en phloroglucine et acide protocatéchique [*Liebig's Ann. Chem.*, t. CLXXXV, p. 114].

Oechsner de Coninck.

MACROCARPINE. — On désigne sous ce nom la matière colorante jaune que l'on trouve dans les racines du *Thalictrum macrocarpum*. Pour la préparer, on pulvérise ces racines desséchées à l'étuve, et on les épuise par l'alcool froid additionné d'une petite quantité d'acide chlorhydrique. La solution alcoolique est distillée dans le vide jusqu'à consistance sirupeuse, puis additionnée d'une petite quantité d'eau froide. La macrocarpine cristallise. On la purifie par cristallisations dans l'eau et dans l'alcool, après l'avoir traitée par l'éther, qui enlève une matière résineuse.

La macrocarpine renferme $C^{20}H^{22}O^9$. Elle cristallise en aiguilles jaune clair, groupées. Lorsqu'on la sèche dans le vide ou qu'on la soumet à la température de 80°, elle devient jaune orangé. Une température plus élevée la détruit. Elle est soluble dans 200 fois son poids d'eau à 7°; l'eau bouillante et l'alcool amylique à 90° sont ses meilleurs dissolvants. Les acides minéraux la précipitent de ses solutions aqueuses. Elle se dissout dans l'ammoniaque sans altération. La potasse et la soude la résinifient. Le nitrate d'argent et l'iode la précipitent, sans former de combinaison avec elle. Le chlore donne, avec une solution de macrocarpine, une coloration rouge qui s'affaiblit rapidement, puis disparaît [M. Hanriot et E. Doassans, *Bull. Soc. chim.*, t. XXXII, p. 610 et t. XXXIV, p. 83].

M. Hanriot.

MAGNÉSIUM. — Le magnésium métallique, chauffé au rouge blanc dans le vide, abandonne une fois et demie son volume de gaz, composés pour les 3/4 d'hydrogène et pour 1/4 d'oxyde de carbone. Le magnésium se volatilise en même temps et se condense en cristaux brillants, d'un blanc d'argent, formés, d'après les déterminations de Descloizeaux, de prismes hexagonaux [Dumas, *Compt. rend.*, t. XC, p. 1027 et 1101].

La combinaison du magnésium avec l'oxygène et les halogènes dégage le nombre suivant de calories :

Oxygène.	Chlore.	Brome.	Iode.
74 900	75 500	70 000	54 000

[Berthelot, *Compt. rend.*, t. LXXXVI, p. 628].

La combustion du magnésium dans une quantité insuffisante d'air donne, outre la magnésie, un dépôt jaune verdâtre d'azoture de magnésium [Mallet, *Chem. News*, t. XXXVIII, p. 39].

S. Kern a étudié l'action du magnésium sur les solutions métalliques [*Chem. News*, t. XXXII, p. 309, et t. XXXIV, p. 112 et 236]. Ce métal, agit notamment sur le chlorure de cobalt, suivant l'équation

$$CoCl^2 + H^2O + Mg = CoO + MgCl^2 + H^2.$$

L'azotate de plomb fournit un dépôt de plomb métallique et d'hydrate de plomb; l'azotate de strontium et le chlorure de zinc, un dépôt d'hydrate correspondant; le chlorure de platine, un mélange de platine et d'oxyde platinique; le chlorure mercurique, de l'oxyde de mercure. Le dichromate de potassium est converti en dichromate de magnésium avec mise en liberté de potasse. Le magnésium, enfin, se dissout dans le chlorure d'ammonium avec dégagement d'hydrogène.

Chlorure de magnésium. — La chaleur de dissolution du chlorure anhydre est représentée par + 35 900 calories; celle du chlorure hydraté, $MgCl^2 + 6H^2O$, par + 2 950 calories. Il y a donc, en moyenne, pour une molécule d'eau absorbée par le chlorure de magnésium, un dégagement de 5 495 calories [J. Thomsen, *Journ. prakt. Chem.* (2), t. XVIII, p. 1].

V. Meyer et Züblin ont cherché à prendre la densité de vapeur du chlorure de magnésium; mais ce corps perd du chlore à une température élevée.

Le chlorure de magnésium forme avec l'alcool ordinaire et l'alcool méthylique les combinaisons $MgCl^2 + 6C^2H^5.OH$ et $MgCl^2 + 6CH^3.OH$. Ces combinaisons se déposent en écailles cristallines lorsqu'on refroidit fortement les solutions concentrées de chlorure de magnésium dans les alcools absolus correspondants [S.-E. Simon, *Journ. prakt. Chem.* (2), t. XX, p. 371].

Oxychlorure de magnésium. — L'oxychlorure qui se forme lorsqu'on agite 50 grammes de magnésie avec une solution de 1500 grammes de chlorure de magnésium, et qu'on chauffe au bain-marie, se présente en aiguilles microscopiques qui, séchées sur la soude, renferment $MgCl^2 + 10MgO + 18H^2O$; elles retiennent $14H^2O$ après dessiccation à 110°. Cet oxychlorure n'est pas attaqué par l'acide carbonique lorsqu'il est sec, mais bien quand il est humide [O. Krause, *Ann. Chem. Pharm.*, t. CLXV, p. 38].

Fluorure de magnésium. — Obtenu par évaporation de la magnésie dissoute dans un excès d'acide fluorhydrique, il est toujours amorphe. Fondu à une température élevée (fusion de la fonte), il se concrète en une masse cristalline composée de petits prismes. On l'obtient en cristaux plus volumineux lorsqu'on le fond avec un mélange de chlorures de sodium et de potassium. Il forme alors des cristaux quadratiques biréfringents, offrant les faces *m* et h^1 de la sellaïte. Densité = 2,857. Dureté = 6. Il fond à une température très élevée. Il n'est attaqué que par l'acide sulfurique concentré [Cossa, *Zeitschr. Krystallogr.* (2), t. I, p. 207].

Hydrate de magnésium. — La magnésie provenant de la dissociation de l'hydrate à basse température est susceptible de se recombiner à l'eau. La décomposition de cet hydrate à haute température fournit, au contraire, une magnésie qui ne possède plus cette propriété [Debray, *Compt. rend.*, t. LXXXVI, p. 517].

Sulfure de magnésium. — Le sulfure obtenu par l'union du soufre et du magnésium à une température élevée est d'un jaune brunâtre sale. Préparé par l'action du sulfure de carbone sur la magnésie, il est couleur de chair. Il est complètement infusible à la température d'un fourneau à vent. Calciné à l'air, il se transforme en magnésie et gaz sulfureux. L'eau le décompose en magnésie et sulfhydrate $Mg(SH)^2$.

La polysulfure de magnésium est soluble dans l'eau : sa solution est décomposée à l'ébullition, avec dégagement d'hydrogène sulfuré et précipitation de soufre et de magnésie.

On obtient un oxysulfure MgO.MgS lorsqu'on fait agir le sulfure de carbone sur la magnésie en présence de gaz carbonique [F.-G. Reichel, *Journ. prakt. Chem.* (2), t. XII, p. 55 ; *Bull. Soc. chim.*, t. XXV, p. 556].

Phosphure de magnésium. — Chauffé avec le phosphore, le magnésium donne une masse non fondue, d'un gris de plomb, très instable, s'oxydant à l'air avec formation de phosphate de magnésium, décomposable par l'eau ou par l'air humide, avec production d'hydrogène phosphoré [Emmerling, *Deutsch. chem. Gesellsch.*, 1879, p. 15[illegible]].

Azotate de magnésium. — Évaporé avec de l'acide azotique concentré, il laisse un liquide sirupeux se concrétant par le refroidissement en une masse cristalline qui renferme

$$(AzO^3)^2Mg + 2H^2O.$$

Chauffé au rouge sombre, puis dissous à saturation dans l'acide azotique fumant et bouillant, il se dépose par le refroidissement en cristaux limpides contenant une molécule d'eau [Ditte, *Ann. Chim. Phys.* (5), t. XVIII, p. 320].

Iodate de magnésium, $(IO^3)^2Mg + 4H^2O$. — Densité = 3,266 - 3,300 à 13°,5.

Carbonate de magnésium. — On le prépare industriellement à l'usine Washington à Newcastle, en traitant la dolomie par l'acide carbonique et l'eau. Le carbonate de magnésium se dissout plus facilement que celui de calcium. Si l'on chauffe la solution, le carbonate neutre de magnésium se précipite et l'acide carbonique dégagé est utilisé dans une nouvelle opération [G. Lemoine, *Bull. Soc. Encour.*, 1873, p. 362].

Le carbonate de magnésium réagit sur le sulfate de calcium par double décomposition. La réaction est favorisée par la présence du chlorure de sodium [E. Fleischer, *Pharm. Journ. Transact.* (3), t. II, p. 844].

P. Engel et J. Ville ont déterminé la solubilité du carbonate neutre de magnésium dans l'eau chargée d'acide carbonique sous diverses pressions. Voici les résultats qu'ils ont obtenus :

Pression.	Température.	CO^3Mg dissous par litre.
1,0 atm.	19°,5	25gr,8
2,1 —	19°,5	33 ,1
3,2 —	19°,7	37 ,3
4,7 —	19°	43 ,5
5,6 —	19°,2	46 ,2
6,2 —	19°,2	48 ,5
7,5 —	19°,5	51 ,2
9,0 —	18°,7	56 ,0

La température exerce une grande influence sur cette solubilité. Sous la pression ordinaire, l'eau chargée d'acide carbonique dissout 28gr,45 de carbonate neutre par litre, à la température de 13°,4. A 90°, elle n'en dissout que 2gr,4 [*Compt. rend.*, t. XCIII, p. 340].

Sulfocarbonate de magnésium. — Lorsqu'on plonge une tige de platine entourée de magnésium, moitié dans l'eau, moitié dans le sulfure de carbone, il se dégage un mélange d'oxyde de carbone et d'hydrogène et l'on obtient une solution d'un jaune d'or renfermant du sulfocarbonate de magnésium [J. Taylor, *Chem. News*, t. XLV, p. 125].

Sulfate de magnésium. — Le sulfate anhydre se dissout dans l'eau en dégageant + 20 280 calories. Le sulfate avec $6H^2O$ produit une absorption de — 100 calories et le sel à $7H^2O$, une absorption de — 3 800 calories. La fixation de chaque molécule d'eau produit, en moyenne, + 3 583 calories [J. Thomsen, *Journ. prakt. Chem.* (2), t. XVIII, p. 1].

Lorsqu'on traite le sulfate $SO^4Mg + 7H^2O$ par le gaz chlorhydrique, ce sel se liquéfie et se transforme en une bouillie cristalline du sel à $6H^2O$ [C. Hensgen, *Deutsch. chem. Gesellsch.*, 1877, p. 259].

Sulfate ammoniaco-magnésien. — Ce sel a été signalé dans les fumaroles de Toscane (Popp).

Sulfate de magnésium et de potassium. — Le sel anhydre se dissout en dégageant 10.600 calories. Le sel à $6H^2O$ en absorbe 10.024 (Thomsen).

Hyposulfate de magnésium, $S^2O^6Mg + 6H^2O$. — Cristaux tricliniques. Rapport des axes : 0,6898 : 0,9858 : 1. Faces : *a*, *t*, g^1, *p*. Densité = 1,666 (Topsoe).

Sulfite de magnésium, $SO^3Mg + 6H^2O$. — Tétraèdres solubles dans 20 p. d'eau froide, devenant mats à l'air par suite de leur transformation en sulfate [Archbold, *Pharm. Journ. Transact.* (3), t. II, p. 844 ; — H. Davis, *ibid.*, p. 965].

La magnésie n'absorbe le gaz sulfureux que vers 326°, mais avec une extrême lenteur. La température de combinaison est évidemment voisine de celle de la décomposition [C. Birnbaum et Wittich, *Deutsch. chem. Gesellsch.*, 1880, p. 651].

Sélénite de magnésium, $SeO^3Mg + 7H^2O$. — Poudre cristalline qui se dépose lorsqu'on ajoute du chlorure de magnésium et de l'ammoniaque à une solution d'acide sélénieux [A. Hilger, *Neu. Repert. Pharm.*, t. XXIV, p. 151].

Phosphate de magnésium. — E. Luck a décrit une combinaison de ce sel avec le peroxyde d'azote. Il obtient cette combinaison,

$$2(PO^4MgH).AzO^2,$$

sous la forme d'une poudre cristalline, jaunâtre à froid, couleur de rouille à chaud, en traitant le pyrophosphate de magnésium par l'acide azotique, évaporant à sec et chauffant le résidu [*Zeitschr. analyt. Chem.*, 1874, p. 255].

Phosphate ammoniaco-magnésien. — Ce sel ne cristallise sous une forme distincte que dans un milieu neutre ou légèrement acide. Ce sont alors des prismes orthorhombiques de 63°42' et 116°18', portant des troncatures sur les arêtes. On obtient les mêmes cristaux en liqueur ammoniacale en présence du citrate ammonique (non du tartrate). Avec une forte proportion de ce réactif, les cristaux présentent l'aspect de trapèzes ou sont formés d'octaèdres du même système. Séchés sur l'acide sulfurique, ces cristaux renferment $PO^4MgAzH^4 + 6H^2O$. Ils perdent toute leur eau à 100° en même temps que leur forme.

Lorsqu'on fait bouillir une solution renfermant

du sulfate de magnésium et du phosphate ammonique, on obtient du phosphate ammoniaco-magnésien cristallisé en cubes ou en tables carrées et renfermant $PO^4Mg.AzH^4 + H^2O$. Ces cristaux ne sont pas modifiés à 100°. Ils sont complètement insolubles dans l'eau pure.

Les cristaux prismatiques sont un peu solubles, soit 40 milligrammes par litre d'eau, insolubles dans le citrate ammonique, qui dissout au contraire une quantité notable du phosphate cubique [Millot et Maquenne, *Bull. Soc. chim.*, t. XXIII, p. 238].

HYPOPHOSPHITE DE MAGNÉSIUM. — Rammelsberg l'a obtenu en beaux cristaux réguliers, contenant $6H^2O$.

BORATES DE MAGNÉSIUM. — A. Ditte a obtenu les sels $(BoO^3)^2Mg$ et $Bo^4O^9Mg^3$ cristallisés, par fusion dans un chlorure alcalin des borates amorphes. On obtient de même les tétraborates doubles $Bo^4O^9Mg^3 + Bo^4O^9Ca^3$ ou $Bo^4O^9Sr^3$ [*Compt. rend.*, t. LXXVII, p. 892].

ANALYSE. — Au lieu de calciner le phosphate ammoniaco-magnésien et de peser le pyrophosphate, E. Stolba propose de le délayer dans l'eau, après un lavage convenable à l'eau ammoniacale et à l'alcool, puis de le titrer par de l'acide sulfurique normal [*Jahresb. Chem.*, 1875, p. 985].

Brookmann redissout le précipité ammoniaco-magnésien dans l'acide azotique et calcine ce qui reste après l'évaporation de la solution; il évite ainsi l'incinération du filtre [*Zeitschr. analyt. Chem.*, t. XXI, p. 551].

Séparation du calcium. — L'iodate de calcium est insoluble dans un excès d'iodate de potassium, tandis que la magnésie n'est pas précipitée par ce sel. Sonstadt se fonde sur ce fait pour séparer le calcium du magnésium et regarde ce procédé comme plus exact que celui qui repose sur l'emploi de l'oxalate ammonique [*Chem. News*, t. XXIX, p. 209].

Magnésium et alcalis. — A. Classen ajoute au liquide une solution bouillante saturée d'oxalate d'ammonium, et fait bouillir après addition d'un volume d'acide acétique égal à celui de la solution. Après quelques instants d'ébullition, on laisse reposer vers 50° pendant 6 heures. On lave le précipité d'oxalate de magnésium et on le calcine pour peser la magnésie [*Zeitschr. analyt. Chem.*, t. XVII, p. 373]. Ed. Willm.

MAIROGALLOL. — Voyez PYROGALLOL.

MALÉIQUE (ACIDE). — Anschütz recommande, pour l'obtenir pur, de le transformer d'abord en anhydride.

L'acide maléique se forme par distillation du succinate d'argent par la chaleur,

$$C^4H^4O^4Ag^2 = Ag^2 + C^4H^4O^4$$

(Bourgoin); par l'action du cyanure de potassium sur l'α-dibromopropionate de potassium en présence d'un excès de potasse; il se forme en outre de l'acide malique (Tanatar), quand on fait réagir l'argent en poudre ou le sodium sur l'éther dichloracétique. Si l'on emploie le sodium, on doit opérer en solutions éthérées (Tanatar).

L'acide maléique est transformé en acide fumarique par le brome, l'iode, l'acide bromhydrique, l'acide iodhydrique (Fittig et Dorn). La moitié environ de l'acide est transformée, dans le cas de l'acide bromhydrique, en acide fumarique, l'autre moitié en acide bromosuccinique qui se retrouve par évaporation de la liqueur.

Ether diéthylique, $C^4H^2O^4(C^2H^5)^2$. — Liquide incolore bouillant à 225°. Des *traces* d'iode et de brome suffisent à le transformer en éther fumarique.

Ether diméthylique, $C^4H^2O^4(CH^3)^2$. — Liquide incolore, bouillant à 205°. A 14°, D = 1,1529. Même observation que pour le précédent. Ces éthers fixent du brome après transformation en éthers fumariques et donnent les éthers dibromosucciniques (Anschütz, Ossipof).

L'anhydride maléique, suivant Anschütz, fond à 53° et bout à 202°. Le brome le transforme en anhydride isodibromosuccinique, de même que l'acide fournit de l'acide dibromosuccinique, par suite de sa transformation partielle sous l'influence du brome (A. Pictet). L'anhydride prend naissance quand on traite le chlorure de fumaryle par l'oxyde d'argent ou le fumarate d'argent; quand on déshydrate à 100° l'acide fumarique par une solution de chlorure d'acétyle dans l'acide acétique (Perkin). Enfin, on le prépare commodément, suivant Perkin, en traitant l'acide malique par le chlorure d'acétyle. C'est encore cet anhydride qui se forme, outre divers produits d'oxydation, quand on traite le maléate d'argent par l'iode (Birnbaum et Gaier).

Il résulte de là que l'anhydride fumarique ne semble pas exister, puisque c'est l'anhydride maléique que l'on obtient constamment, même dans les circonstances où l'acide maléique et les éthers maléiques se transforment en acide fumarique et en fumarates. Ces transpositions moléculaires remarquables s'opèrent de même pour les acides bromofumarique (isobromomaléique) et bromomaléique.

Acide bromomaléique, $C^4H^3BrO^4$. — Traité par l'acide bromhydrique l'anhydride bromomaléique donne naissance aux deux acides isodibromosuccinique et dibromosuccinique.

L'acide bromofumarique (isobromomaléique) étant chauffé se transforme en anhydride bromomaléique. Cet anhydride bout à 215° et se produit aussi par l'action de l'anhydride acétique à 120° sur l'acide dibromosuccinique (Anschütz).

L'éther diéthylique, $C^4HBrO^4(C^2H^5)^2$, est un liquide incolore qui bout à 143° (sous la pression de 30 à 40 millimètres), et à 256° sous la pression ordinaire. A 17°,5, D = 1,4005.

L'ether diméthylique bout à 126-129° ($p = 30$ à 40 millimètres), à 237-238° (pression ordinaire). L'iode transforme ces composés en éthers bromofumariques. Ils attaquent la peau et donnent lieu à la formation d'ampoules.

Le *bromomaléate d'argent* est un précipité cristallin.

[Bourgoin, *Bull. Soc. chim.*, t. XX, p. 70; — Hübner et Schreiber, *Zeitsch. Chem.* (2), 1871, p. 712. et *Bull. Soc. chim.*, t. XVIII, p. 337; — Fittig et Dorn, *Deutsch. chem. Gesellsch.*, 1876, p. 122 et 1191, et *Bull. Soc. chim.*, t. XXVI, p. 505 et t. XXVIII, p. 83; — Fittig et Landolt, *Deutsch. chem. Gesellsch.*, 1877, p. 516; — Anschütz, *Deutsch. chem. Gesellsch.*, 1878, p. 1644; 1879, p. 2280; 1877, p. 1886, et *Bull. Soc. chim.*, t. XXX, p. 541; t. XXXIII, p. 363, et t. XXXIV, p. 488; — S. Tanatar, *Deutsch. chem. Gesellsch.*, 1879, p. 1563; 1880, p. 159, et *Bull. Soc. chim.*, t. XXXIV, p. 252 et 491; — Ossipof, *Deutsch. chem. Gesellsch.*, 1879, p. 2095, et *Bull. Soc. chim.*, t. XXXIV, p. 346; — A. Pictet, *Deutsch. chem. Gesellsch.*, 1880, p. 1670; — Birnbaum et Gaier, *Deutsch. chem. Gesellsch.*, 1880, p. 1271; — A. Pictet, *Deutsch. chem. Gesellsch.*, 1881, p. 2648; — Perkin, *Deutsch. chem. Gesellsch.*, 1881, p. 2545; — Hübner, *Deutsch. chem. Gesellsch.*, 1881, p. 210]. E. Demarçay.

MALIQUE (ACIDE). Voyez t. II, p. 283. — *Préparation.* — Reinsch [*Neues Jahrb. Pharm.*, t. XXV, p. 81] extrait l'acide malique du sumac par le procédé suivant : On fait digérer les fruits du sumac pendant quatre jours avec de l'eau froide en remuant fréquemment; puis on précipite la liqueur par l'acétate de plomb, et on la fait bouillir. Il se sépare peu à peu du malate de plomb très blanc. On peut aussi traiter la liqueur bouillante par le carbonate de calcium, filtrer et évaporer; le résidu est formé par du malate calcique pur.

Propriétés. — L'acide malique, additionné d'une petite quantité d'eau et chauffé à 180° en tubes scellés, se transforme en acide fumarique. Une très petite proportion d'acide malique résiste si l'action de la température a été suffisamment prolongée. Cette réaction est très nette et permet de préparer facilement l'acide fumarique pur [Jungfleisch, *Bull. Soc. chim.*, t. XXX, p. 147].

Si l'on fait bouillir une solution d'acide malique dans l'acide sulfurique, l'acide malique est décomposé avec formation de gaz carbonique, d'oxyde de carbone et d'aldéhyde :

$$CO^2H\text{-}CH.OH\text{-}CH^2\text{-}CO^2H$$
$$= CO^2 + CO + H^2O + CH^3\text{-}CHO.$$

Comme cette décomposition correspond à celle de l'acide éthylidéno-lactique, il est possible que l'acide malique se transforme d'abord en acide lactique en perdant 1 molécule de CO^2 [Weith, *Deutsch. chem. Gesellsch.*, 1877, p. 1744].

Birnbaum et Gaier [*Deutsch. chem. Gesellsch.*, 1880, p. 1270] ont étudié l'action de l'iode sur le malate d'argent en opérant par voie sèche et à une chaleur modérée dépassant rarement 200°. Il se forme dans ces conditions de l'iodure d'argent; l'acide se scinde en anhydride et oxygène, lequel brûle une partie de l'anhydride en donnant du gaz carbonique, de l'oxyde de carbone et de l'eau. Cette eau se combine avec le reste de l'anhydride pour régénérer l'acide.

On doit à Lebel une importante étude sur la relation qui existe entre la formule de constitution de l'acide malique et son pouvoir rotatoire. Lebel [*Bull. Soc. chim.*, t. XXII, p. 337] a posé ce principe général, que si un corps dérive d'un type primitif MA^4 par la substitution à A de 3 atomes ou radicaux distincts, sa molécule sera dissymétrique et il aura le pouvoir rotatoire. Dans le type primitif MA^4, M est un radical simple ou complexe combiné à quatre atomes univalents A susceptibles d'être remplacés par substitution. Si l'on remplace trois d'entre eux par des radicaux univalents simples ou complexes, différents entre eux et non identiques à M, le corps obtenu sera dissymétrique. La formule de constitution,

$$CO.OH\text{-}CH^2\text{-}\underset{\displaystyle OH}{\overset{\displaystyle H}{\underset{|}{\overset{|}{C}}}}\text{-}CO.OH,$$

qui est de cet ordre, montre que l'acide malique doit posséder le pouvoir rotatoire.

D'après Bremer [*Bull. Soc. chim.*, t. XXV, p. 6], l'acide malique dérivé de l'acide tartrique droit dévie également à droite le plan de polarisation de la lumière; son pouvoir rotatoire a été trouvé égal à + 3°,157.

L'acide malique du sorbier est lévogyre; il possède un pouvoir rotatoire égal à — 3°,209, de même grandeur que le pouvoir rotatoire de l'acide malique droit, mais de signe contraire. Ce résultat est pleinement confirmé par l'inactivité de l'acide malique préparé par la réduction de l'acide racémique.

Le malate gauche acide d'ammonium préparé directement possède un pouvoir rotatoire égal à — 6°,218. Le même sel, préparé en neutralisant par l'ammoniaque le sel acide de calcium et en précipitant le calcium par l'acide oxalique, possède un pouvoir rotatoire égal à — 6°,206. Dans une autre expérience, Bremer a trouvé — 6°,20. Le même sel, obtenu en évaporant la solution aqueuse dans le vide sec, a fourni les nombres — 6°,369 et — 6°,31.

G.-H. Schneider [*Deutsch. chem. Gesellsch.*, 1880, p. 620] a montré que le pouvoir rotatoire de l'acide malique ordinaire subit une inversion par le simple changement de la concentration. L'acide malique des fruits est lévogyre en solution aqueuse étendue; la déviation diminue à mesure que la concentration augmente; elle se rapproche de zéro lorsque la solution contient 34 °/₀ d'acide, et passe à droite pour les liqueurs très concentrées.

La formule $[\alpha]_D = 5°,891 - 0°,08959q$ donne le pouvoir rotatoire des solutions contenant de 8 à 70 °/₀ d'acide (q représentant les quantités centésimales d'eau). D'après cette formule, l'inversion du pouvoir rotatoire s'effectue à 34,24 °/₀; une solution possédant ce degré de concentration est inactive. Le malate neutre de sodium présente des particularités du même genre. La formule

$$[\alpha]_D = 15°,202 - 0°,3322q + 0°,0008184q^2$$

s'applique à des solutions renfermant 5 à 65,5 °/₀ de malate de sodium. Elle montre que les solutions étendues sont lévogyres, que pour une proportion de 47,43 °/₀ de sel environ la rotation devient égale à zéro et que les solutions plus concentrées sont dextrogyres.

Dosage de l'acide malique (voir Tabac, t. III, p. 176).

Caractères de l'acide malique. — Barfoed [*Zeitschr. analyt. Chem.*, t. VII, p. 403] recommande les réactions suivantes pour reconnaître l'acide malique :

1° On évapore à sec la solution de l'acide libre, on sèche à 100°, puis on chauffe au bain de sable à 160-170°, jusqu'à ce que le sublimé qui se forme n'augmente plus; l'acide maléique ou fumarique ainsi obtenu est facile à caractériser.

2° Le malate de calcium, qui se précipite lorsqu'on ajoute de l'alcool à une solution d'acide malique additionnée de chlorure de calcium, se rassemble lorsqu'on chauffe la liqueur, et, après le refroidissement, se réduit facilement en poudre. Afin d'éviter les soubresauts qui se produisent lorsqu'on chauffe, on décante l'alcool, on redissout le précipité dans l'eau, on fait bouillir, puis on ajoute une nouvelle quantité d'alcool. Le malate de calcium se sépare immédiatement et cristallise par le refroidissement.

3° On neutralise la solution par la magnésie, on filtre et on précipite par l'alcool; ce précipité se comporte comme le malate de calcium sous l'influence de la chaleur.

On sépare l'acide malique des acides oxalique, tartrique et citrique, en chauffant à 50-70° la liqueur renfermant le mélange des sels de plomb, préalablement additionnée d'acide acétique étendu [Hartsen, *Zeitsch. analyt. Chem.*, t. XIV, p. 373]; le malate de plomb seul se dissout.

Barfoed (*loc. cit.*) conseille d'ajouter à la solution concentrée des sels ammoniacaux de ces mêmes acides 7 à 8 volumes d'alcool à 97 °/₀. Le malate d'ammonium seul reste dissous.

On peut séparer l'acide tannique de l'acide malique en ajoutant à la solution légèrement ammoniacale du chlorure de calcium, qui précipite du tannate de calcium.

L'acide gallique se sépare également au moyen du chlorure de calcium ajouté à la solution rendue ammoniacale, mais il faut avoir soin d'agiter la liqueur avec de l'air qu'on renouvelle souvent. La liqueur est séparée par filtration du précipité noir qui se forme, puis acidulée au moyen de l'acide chlorhydrique. On décompose l'excès d'acide gallique par l'eau de chlore, et on précipite l'acide malique comme dans les autres cas. Lorsqu'une solution renferme de l'acide succinique et de l'acide malique libre, on peut immédiatement précipiter ce dernier par l'acétate de plomb. Si ces acides existent à l'état de sels solubles, ils sont précipités ensemble. On dissout alors les sels de plomb dans l'acétate d'ammonium, et l'on ajoute à la solution le double de son volume d'alcool qui ne précipite que le malate de plomb; on lave ce dernier avec un mélange de 2 volumes d'alcool et de 1 volume d'eau, et il est facile de le caractériser.

Les acides benzoïque, acétique et formique restent en solution lorsqu'on précipite l'acide malique par le chlorure de calcium et l'alcool. Mais il ne faut pas ajouter plus de 1 à 2 vol. d'alcool, autrement l'acide formique se précipite en même temps que l'acide malique [Barfoed, *loc. cit.*].

ACIDE ISOMALIQUE (voir t. II, p. 288). — Schmœger a obtenu cet acide en traitant l'acide monobromo-isosuccinique par l'oxyde d'argent [*Journ. prakt. Chem.* (2), t. XIV, p. 77].

Tanatar a transformé l'acide α-dibromopropionique $CH^3\text{-}CBr^2\text{-}CO^2H$ en acide isomalique par le procédé suivant : 40 à 50 grammes d'acide α-dibromopropionique pur ont été traités par un excès de lessive de potasse; on a ajouté à ce mélange une solution de cyanure de potassium, puis on a chauffé au réfrigérant ascendant pendant 8 heures. En même temps que l'acide isomalique, il se forme une certaine quantité d'acide maléique [*Deutsch. chem. Gesellsch.*, 1880, p. 159].

L'acide isomalique commence à fondre à 100°, et s'altère à cette température. A 160°, la décomposition s'accomplit rapidement, et l'acide se dédouble en gaz carbonique et acide lactique ordinaire (Schmœger) :

$$\begin{matrix} CH^3 \\ | \\ C(OH)\text{-}CO^2H \\ | \\ CO^2H \end{matrix} = CO^2 + \begin{matrix} CH^3 \\ | \\ CH.OH \\ | \\ CO^2H \end{matrix}$$

Le perchlorure de phosphore transforme l'acide isomalique en chlorure d'isofumaryle.

ACIDE MALIQUE INACTIF (voyez t. II, p. 285). — Cet acide prend naissance :

1° Lorsqu'on traite l'éther β-dichloropropionique $CH^2Cl\text{-}CHCl\text{-}CO^2C^2H^5$ par 2 molécules de cyanure de potassium et que l'on fait bouillir le mélange avec de la potasse [Werigo et Tanatar, *Ann. Chem. Pharm.*, t. CLXXIV, p. 367];

2° Lorsqu'on chauffe au bain-marie pendant 100 heures 1 p. d'acide fumarique avec 4 p. de soude caustique et 40 p. d'eau [Loydl, *Liebig's Ann. Chem.*, t. CXCII, p. 80];

3° Par l'action à 150° d'un excès d'eau sur l'acide fumarique [Jungfleisch, *Bull. Soc. chim.*, t. XXX, p. 147];

4° Par la réduction de l'acide racémique au moyen de l'acide iodhydrique [Bremer, *Bull. Soc. chim.*, t. XXV, p. 6].

L'acide malique inactif dérivé de l'acide fumarique se dédouble nettement à 200° en eau et acide fumarique; il n'y a pas trace d'acide maléique formé.

SELS. — *Sel de calcium*, $C^4H^4CaO^5$. Il cristallise quelquefois avec une molécule d'eau et est très soluble dans l'eau froide et dans l'eau chaude.

Sel acide, $C^4H^4CaO^5 + C^4H^6O^5 + H^2O$. — Se forme lorsqu'on traite par un excès d'acide le sel précédent.

Sel de plomb, $C^4H^4PbO^5 + 1\frac{1}{2}H^2O$. — Précipité pulvérulent et amorphe, à peine soluble dans l'eau.

Sel d'argent, $C^4H^4Ag^2O^5 + 2/3\,H^2O$. — Précipité amorphe, très peu soluble dans l'eau chaude.

Le *sel de cinchonine* de l'acide malique inactif a été préparé par Bremer [*Deutsch. chem. Gesellsch.*, 1880, p. 352]. En faisant cristalliser une solution concentrée de ce sel, il a réussi à dédoubler l'acide inactif en un acide malique dextrogyre et un acide malique lévogyre. En effet, si dans cette solution concentrée on laisse tomber un cristal du malate lévogyre de cinchonine, il se dépose du malate de l'acide dextrogyre (*sic*). Les eaux mères renferment le malate lévogyre mêlé d'une certaine quantité de sel inactif. Bremer a transformé en sels d'ammonium les deux sels de cinchonine. Pour le malate acide d'ammonium droit, il a trouvé le pouvoir rotatoire spécifique $[\alpha]_D = +6°,316$, et pour le malate acide d'ammonium gauche retiré des eaux mères $[\alpha]_D = -2°,596$. Œchsner de Coninck.

MALOBIURIQUE (ACIDE). — Voyez Suppl., p. 264, et t. II, p. 291.

MALONIQUE (ACIDE). — Cet acide se forme par oxydation de l'acide éthylénolactique au moyen de l'acide chromique (Wislicenus). Il se produit aussi par la décomposition de l'acide chloracrylique par la baryte en solution bouillante (Pinner), par oxydation de l'hexabromométhyléthylacétone (Demole), par l'action de la baryte bouillante en excès sur l'acide mucobromique (Hill et Jackson). Il se trouve aussi dans les dépôts calcaires qui se forment pendant l'évaporation des sucs de la betterave (O. von Lippmann).

Pour préparer l'acide malonique, il est inutile d'employer l'éther chloracétique. On dissout l'acide chloracétique (100 p.) dans de l'eau (200 p.), on neutralise avec du bicarbonate de sodium et on ajoute du cyanure de potassium (75 p.). La solution est chauffée au bain d'eau, ce qui détermine une vive réaction. Cette dernière terminée, on décompose l'acide cyanacétique formé, soit par la potasse, soit par l'acide chlorhydrique. Dans ce dernier cas, on ajoute à la liqueur de l'acide chlorhydrique (2 vol.) et on la sature ensuite par le gaz chlorhydrique. En tout cas, la solution acidulée de manière à mettre l'acide malonique en liberté est évaporée à sec et le résidu épuisé par l'éther. On obtient ainsi environ 60 % du rendement théorique (Franchimont, Van 'tHoff, Grimaux et Tcherniac, Bourgoin, Conrad, von Miller).

Soumis à l'électrolyse, l'acide malonique se comporte comme un acide minéral et ne dégage que des traces d'acide carbonique. Par contre, avec le malonate de sodium on obtient un mélange d'acide carbonique et d'oxyde de carbone [Bourgoin, *Compt. rend.*, t. XC, p. 608].

Malonate de méthyle. — Ce composé bout à 175-180°. C'est un liquide mobile, d'odeur éthérée, encore liquide à — 14° et dont la densité à 22° est égale à 1,135.

Malonate d'éthyle. — Conrad le prépare au moyen du sel de calcium brut précipité directement de la liqueur où prend naissance l'acide malonique. Ce sel de calcium, séché à 150°, est additionné de quatre fois la quantité théorique d'alcool absolu et de la quantité d'acide sulfurique nécessaire pour décomposer le sel de calcium. Ce mélange est chauffé 24 heures au réfrigérant ascendant; on exprime alors le sulfate de calcium et on chasse au bain d'eau la majeure partie de l'alcool en excès. Le résidu, additionné d'eau, laisse se séparer une couche d'éther qui représente 40 à 50 % du rendement théorique.

Traité par l'eau à 150°, cet éther se décompose en éther acétique, acide carbonique et alcool (Hjelt).

L'éther malonique est attaqué par le sodium avec dégagement d'hydrogène et production d'un dérivé sodé, $CHNa(CO^2C^2H^5)^2$.

Ce dérivé s'obtient plus commodément en traitant par l'éther malonique la solution dans l'alcool de la quantité théorique de sodium. L'éther malonique en présence de l'éthylate de sodium donne de l'alcool et le dérivé sodé se dépose en cristaux par le refroidissement. En traitant ce dérivé sodé par différents composés halogénés, il se produit les sels haloïdes correspondants de sodium et un dérivé de l'éther malonique. Avec l'iodure de méthyle, par exemple, on obtient de l'iodure de sodium et de l'isosuccinate ou méthylmalonate d'éthyle,

$$NaCH{=}(CO^2C^2H^5)^2 + CH^3I$$
$$= NaI + CH^3\text{-}CH{=}(CO^2C^2H^5)^2.$$

Cette méthode fournit, comme on le voit sans peine, de nombreux dérivés. On a ainsi obtenu avec l'éther chlorocarbonique l'éther formyltricarbonique, $CH(CO^2C^2H^5)^3$, liquide bouillant à 254-260°. L'acide correspondant, peu stable, n'a pas été isolé. Avec l'éther chloracétique, il s'est formé l'éther éthényltricarbonique,

$$CH^2 \begin{cases} CO^2C^2H^5 \\ CH{=}(CO^2C^2H^5)^2, \end{cases}$$

liquide bouillant à 275-280°. L'acide correspondant fond à 159°.

On peut encore préparer d'autres dérivés. Les précédents, traités en effet par l'éthylate de sodium, échangent un second atome d'hydrogène contre un atome de sodium et donnent l'éther sodé correspondant. Ainsi avec l'éther méthylmalonique on a le composé

$$CH^3\text{-}CNa{=}(CO^2C^2H^5)^2,$$

de sorte que l'on peut ainsi remplacer successivement dans l'éther malonique chacun des deux atomes d'hydrogène contenus dans le radical acide par un radical. X et Y étant deux radicaux identiques ou différents monatomiques, on pourra donc préparer au moyen de l'éther malonique tous les composés compris dans la formule $CXY(CO^2C^2H^5)^2$.

On peut encore obtenir à l'aide de l'éther malonique deux séries de composés nitrosés et chlorés. L'*éther nitrosomalonique*,

$$CH(AzO){=}(CO^2C^2H^5)^2,$$

se prépare en faisant agir l'acide nitreux sur l'éther malonique sodé. Ce corps est un liquide faiblement coloré en jaune qui ne bout pas sans décomposition et dont la densité, rapportée à celle d'eau à la même température, est, à 15°, égale à 1,149. Traité par l'éthylate de sodium, cet éther nitrosé forme un dérivé sodé,

$$CNa(AzO){=}(CO^2C^2H^5)^2,$$

qui est l'origine d'une série de combinaisons.

De même l'éther malonique, traité par le chlore, fournit l'*éther monochloromalonique*

$$CHCl{=}(CO^2C^2H^5)^2,$$

liquide incolore bouillant à 221-222°, dont le poids spécifique à 20°, rapporté à celui de l'eau à 15°, est égal à 1,185.

Traité par la potasse caustique, il donne de l'acide tartronique. Cet éther, mis en présence d'éthylate de sodium, donne naissance au composé $CNaCl{=}(CO^2C^2H^5)^2$, qui, traité par un composé, XCl, XBr ou XI, fournit le dérivé,

$$CXCl{=}(CO^2C^2H^5)^2.$$

L'éther malonique est ainsi la matière première d'où l'on peut tirer les acides tartroniques substitués. Si l'on considère que ces derniers, de même que les acides maloniques substitués, perdent aisément de l'acide carbonique en donnant un acide de basicité inférieure d'une unité, on verra que l'éther malonique est à peine inférieur à l'éther acétylacétique comme moyen de synthèse.

L'éther malonique se prête encore à d'autres synthèses. Mêlé à de l'aldéhyde benzoïque et saturé d'acide chlorhydrique, il fournit l'éther *benzylidène-malonique*, liquide bouillant à 190-193° sous la pression de 17 millimètres (Claisen),

$$C^6H^5\text{-}CHO + CH^2{=}(CO^2C^2H^5)$$
$$= H^2O + C^6H^5\text{-}CH{=}C{=}(CO^2C^2H^5)^2.$$

Traité par le perchlorure de phosphore, l'acide malonique fournit un produit liquide d'où il n'a pas été possible d'isoler le *chlorure de malonyle* vraisemblablement formé (Mulder).

Amide malonique. $C^3H^2O^2(AzH^2)^2$. — Ce produit s'obtient par l'action de l'ammoniaque aqueuse sur l'éther. Il est soluble dans l'eau, insoluble dans l'alcool absolu et l'éther on l'obtient en aiguilles brillantes. Une longue ébullition avec de l'eau ammoniacale le transforme en malonate d'ammonium (Osterland, Mulder).

Acide dibromomalonique. — L'acide malonique, traité en présence de l'eau par le brome donne de l'acide carbonique, de l'acide tribromacétique et du bromoforme. Si, au contraire, on fait réagir le brome en solution chloroformique sur l'acide sec, il se forme de l'acide malonique dibromé, qu'on purifie par des cristallisations dans le chloroforme. Ce sont des cristaux aiguillés transparents, qui sont très solubles dans l'alcool, l'éther, déliquescents à l'air humide. Ils fondent à 126-128° et se décomposent un peu plus haut.

Le *sel d'argent* cristallise en lamelles brillantes; le *sel ammoniacal* en longues aiguilles transparentes; le *sel de baryum* soluble étant bouilli avec un excès de baryte se transforme en mésoxalate (Petrieff).

[Wislicenus, *Deutsch. chem. Gesellsch.*, 1873, p. 1396; — Franchimont, *Deutsch. chem. Gesellsch.*, 1873, p. 216 et 263, et *Bull. Soc. chim.*, t. XXI, p. 255; — Van 'tHoff, *Deutsch. chem. Gesellsch.*, 1874, p. 1383, et *Bull. Soc. chim.*, t. XXII, p. 487; — Pinner, *Deutsch. chem. Gesellsch.*, 1875, p. 965, et *Bull. Soc. chim.*, t. XXV, p. 116; — Petrieff, *Deutsch. chem. Gesellsch.*, 1874, p. 401, et *Bull. Soc. chim.*, t. XXII, p. 293; — Tcherniak, *Deutsch. chem. Gesellsch.*, 1875, p. 611; — Osterland, *Deutsch. chem. Gesellsch.*, 1874, p. 1287, et *Bull. Soc. chim.*, t. XXIII, p. 463; — Demole, *Bull. Soc. chim.*, t. XXX, p. 486; — Jackson et Hill, *Deutsch. chem. Gesellsch.*, 1878, p. 289 et 1673, et *Bull. Soc. chim.*, t. XXX, p. 557; — Hill, *Deutsch. chem. Gesellsch.*, 1879, p. 658; — Conrad, *Deutsch. chem. Gesellsch.*, 1879, p. 749 et 1236, et *Bull. Soc. chim.*, t. XXXIII, p. 70; — Grimaux et Tcherniak, *Bull. Soc. chim.*, t. XXXI, p. 338; — Von Miller, *Deutsch. chem. Gesellsch.*, 1879, p. 1470, et *Bull. Soc. chim.*, t. XXXIV, p. 101; — Mulder. *Deutsch. chem. Gesellsch.*, 1879, p. 467; — Bourgoin, *Bull. Soc. chim.*, t. XXXIII, p. 417 et t. XXXIV, p. 215; — Conrad et Bischoff, *Deutsch. chem. Gesellsch.*, 1880, p. 595 et 2079, et *Liebig's Ann. Chem.*, t. CCIV, p. 121; — Birnbaum et Gaier, *Deutsch. chem. Gesellsch.*, 1880, p. 1271; — O. von Lippmann, *Deutsch. chem. Gesellsch.*, 1881, p. 1183; — L. Claisen, *Deutsch. chem. Gesellsch.*, 1881, p. 348; — Hjelt, *Deutsch. chem. Gesellsch.*, 1880, p. 1949.]

E. Demarçay.

MALTOSE, $C^{12}H^{22}O^{11} + H^2O$. — Dubrunfaut avait annoncé dès 1847 que le sucre qui se produit par l'action de la diastase sur l'amidon n'est pas identique avec la glucose, mais il n'avait pas isolé le produit dans un état de pureté suffisant [Dubrunfaut, *Ann. Chim. Phys.*, (3) t. XXI, p. 178]. Ces travaux ont été repris depuis par divers auteurs qui ont confirmé et étendu les résultats de Dubrunfaut.

Préparation. — 300 grammes de fécule sont délayés dans 2 litres d'eau. On y ajoute de la diastase et on chauffe à 60°. Le lendemain, on ajoute 4 litres d'alcool, qui précipite la dextrine formée en même temps que la maltose; deux jours après, la liqueur est filtrée et additionnée d'éther, qui précipite la maltose [Schulze, *Deutsch. chem. Gesellsch.*, 1874, p. 1858].

Pour la faire cristalliser, on la dissout à chaud dans de l'alcool à 80 °/₀, et on n'évapore la solution que le lendemain; de cette façon, on l'obtient sous forme anhydre facilement cristallisable, tandis que, par évaporation immédiate, on obtient un hydrate déliquescent [Herzfeld, *Deutsch. chem. Gesellsch.*, 1879, p. 2120].

La transformation de l'amidon en maltose ne s'effectue pas intégralement; il se produit toujours une certaine quantité de dextrine, variable suivant la température. On peut représenter le dédoublement de l'amidon par les équations :

Température.	Maltose.	Dextrine.	
63°	67,83	32,15	$C^{18}H^{30}O^{15} + H^2O = C^{12}H^{22}O^{11} + C^6H^{10}O^5$
64-68	34,54	65,46	$2\ C^{18}H^{30}O^{15} + H^2O = C^{12}H^{22}O^{11} + 4\ C^6H^{10}O^5$
68-70	17,4	82,6	$4\ C^{18}H^{30}O^{15} + H^2O = C^{12}H^{22}O^{11} + 10\ C^6H^{10}O^5$

On voit donc que la température la plus favorable à la production de la maltose est vers 60°. D'autre part, la diastase ne réagit pas à froid sur l'amidon, mais seulement sur l'empois [Sullivan, *Chem. News*, t. XXXIII, p. 218, et *Bull. Soc. chim.*, t. XXVII, p. 181].

Le glycogène, traité par la diastase, fournit de même de la maltose [Külz, *Deutsch. chem. Gesellsch.*, 1881, p. 365].

Propriétés. — La maltose est isomérique avec la lactose; comme cette dernière, elle se transforme facilement en deux molécules de glucose, mais qui, dans ce cas, sont toutes deux de la dextrose. Cette transformation s'effectue facilement par l'action des acides étendus.

La maltose cristallise en rhomboïdes solubles dans l'eau; elle est moins soluble dans l'alcool que la glucose, insoluble dans l'éther. Elle peut cristalliser soit sous forme anhydre, soit avec une molécule d'eau. Son pouvoir rotatoire est $[\alpha]_D = +150°$, environ 3 fois plus grand que celui de la glucose. Elle est directement fermentescible et inattaquable par la diastase [Musculus et Grüber, *Bull. Soc. chim.*, t. XXX, p. 68].

Traitée en solution aqueuse par le chlore, elle fournit de l'acide gluconique, tandis que par l'acide azotique on obtient de l'acide saccharique [Yoshida, *Deutsch. chem. Gesellsch.*, 1881, p. 365].

Lorsque l'on fait bouillir la maltose avec de l'anhydride acétique dissous dans l'acide acétique, on obtient la *monacétylmaltose*, que l'on purifie en la précipitant par l'éther de sa solution alcoolique [Yoshida, *loc. cit.*].

La maltose est le sucre le moins réducteur. Son pouvoir réducteur varie du reste avec la concentration de la liqueur. Ainsi, celui de la glucose étant 10, celui de la maltose est 6,09 pour la liqueur de Fehling, et 6,41 pour la même solution étendue de 4 volumes d'eau [Soxhlet, *Journ. prakt. Chem.*, (2), t. XXI, p. 227]. Du reste, la maltose ne réduit pas la solution faiblement acide d'acétate de cuivre, propriété que l'on peut utiliser pour la purifier [Märker, *Deutsch. chem. Gesellsch.*, 1877, p. 2235]. M. Hanriot.

MALYLURÉIQUE (ACIDE).— Voy. t. III, p. 577.

MANCONINE. — L'érythrophléine (Suppl., p. 683), traitée par les acides ou les alcalis bouillants, se dédouble en un acide non azoté, l'acide *érythrophléique*, et une base volatile, la *manconine* [Harnack et Zabrocki, *Arch. für experiment. Path. und Pharm.*, t. XV, p. 403].

MANGANÈSE. — Pour obtenir le manganèse métallique, H. Tamm fond dans des creusets, brasqués avec un mélange de graphite et d'argile, un mélange de 1000 p. de peroxyde de manganèse, 91 p. de noir de fumée et 635 p. de flux *vert*, le tout malaxé avec de l'huile. Le flux *vert* constitue la scorie d'une opération précédente faite en fondant 60 p. de pyrolusite avec 40 p. de flux blanc, composé de 63 °/₀ de verre porphyrisé, 18,5 °/₀ de chaux vive et 18,5 °/₀ de spath fluor. Cette première opération fournit une fonte de manganèse et une scorie d'un vert clair.

La fusion avec le flux vert s'effectue au fourneau à vent. Pour protéger le mélange contre l'oxydation, on le recouvre d'un disque de bois. La scorie sert de fondant pour de nouvelles opérations. Quant au métal, on l'affine par fusion avec du carbonate de manganèse. Après affinage, il renferme 99,1 °/₀ de manganèse [*Bull. Soc. chim.*, t. XVIII, p. 552].

La chaleur de combinaison du manganèse avec son équivalent d'oxygène et des halogènes est exprimée par les nombres suivants de calories (Berthelot) :

Oxygène.	Chlore.	Brome.	Iode.
47.400	56.000	50.000	34.000

Alliages de manganèse. — Terreil a obtenu quelques alliages en chauffant le chlorure de manganèse avec les métaux correspondants. L'aluminium fournit un alliage Mn^3Al, rayant le verre; sa cassure rappelle celle de l'étain amalgamé. Le fer donne un alliage moins dur. Le zinc agit avec explosion sur le chlorure de manganèse [*Bull. Soc. chim.*, t. XXI, p. 289].

L'amalgame de manganèse, obtenu par l'action de l'amalgame de sodium sur le chlorure de manganèse, est butyreux. En soumettant à l'électrolyse le chlorure de manganèse et employant du mercure comme électrode négative, Moissan a obtenu un amalgame cristallisé en aiguilles. Cet amalgame abandonne tout son mercure à 440° [*Compt. rend.*, t. LXXXVIII, p. 4].

Chlorure de manganèse. — Il forme avec le chlorure de rubidium un sel double de la formule $MnCl^2.2RbCl + 2H^2O$, soluble dans l'eau, insoluble dans l'alcool et se présentant en gros cristaux rouge pâle (Godeffroy).

Bromure. — L'oxygène sec en déplace le brome au rouge sombre.

Iodure. — Chauffé dans l'oxygène, il prend feu et brûle comme de l'amadou en répandant des vapeurs d'iode (Berthelot).

Oxydes de manganèse. — Les divers oxydes de manganèse sont réduits à des températures fort différentes par l'hydrogène, l'oxyde de carbone, le carbone. C. R. A. Wright et P. A. Luff [*Chem. News*, t. XXXIII, p. 504] sont arrivés à cet égard aux conclusions suivantes :

	Mn^7O^{13} (amorphe).	$Mn^{15}O^{28}$ (cristallin).	Mn^5O^7 (amorphe).	Mn^3O^4 (amorphe).	MnO (amorphe).
Oxyde de carbone........	150	87°	97°	240°	pas à 600°
Hydrogène.	145	190	240	265	—
Charbon.................	260	390	410	430	—
Chaleur seule...........	260	390	r. blanc.	pas au r. bl.	—

Peroxyde de manganèse. — Gorgeu a obtenu cet oxyde cristallisé, avec les caractères de la *polianite*, en chauffant l'azotate de manganèse à 155-162° [*Compt. rend.*, t. LXXXVIII, p. 796].

Gorgeu a déjà fait voir que le peroxyde de manganèse, qu'on avait regardé comme un oxyde indifférent, peut fonctionner comme oxyde acide et former des *manganites*. Il paraît aussi pouvoir fonctionner comme oxyde basique, seulement les sels qu'il est susceptible de former avec les acides présentent une grande instabilité.

Lorsqu'on dissout le permanganate de potassium dans un mélange de 5 p. d'acide sulfurique et de 1p,5 d'eau, l'acide permanganique mis en liberté se décompose peu à peu avec dégagement d'oxygène et il reste une solution jaune foncé d'où l'eau précipite tout le manganèse sous forme d'hydrate de peroxyde, $MnO^2.2H^2O$.

Exposée à l'air, ou additionnée d'une solution concentrée de sulfate de potassium, cette solution abandonne un sulfate basique de peroxyde,

$$SO^3MnO^2 \text{ [ou } SO^4(MnO)\text{]}.$$

Le sulfate de peroxyde forme des sels doubles dans lesquels se rencontre le sulfate $(SO^4)^2Mn^{IV}$. On obtient le sulfate double

$$SO^4{}^2Mn^{IV}.SO^4Mn'' + 9H^2O$$

en tables hexagonales lorsqu'on ajoute du sulfate manganeux en solution concentrée à la solution du sulfate de peroxyde additionnée d'un excès d'acide sulfurique. Ce sel double se dissout avec une couleur rose dans l'acide sulfurique un peu étendu. Ce même sel se produit lorsqu'on dissout le peroxyde de manganèse dans l'acide sulfurique [Fremy, *Compt. rend.*, t. LXXXII, p. 475].

Le peroxyde de manganèse se dissout dans l'acide chlorhydrique concentré et froid en donnant une solution brune qui dégage facilement du chlore et d'où l'eau précipite le peroxyde hydraté. L'addition de chlorures alcalins à la solution lui donne de la stabilité [W. Fischer, *Journ. chem. Soc. London*, t. XXIII, p. 400].

D'après Pickering, le précipité produit par l'eau dans cette solution ne possède pas une composition constante et n'est jamais du peroxyde de manganèse pur [*Ibid.*, t. XXXV, p. 654].

Van Bemmelen distingue les hydrates de peroxyde de manganèse en hydrate rouge et hydrate noir. L'hydrate rouge est notamment l'hydrate que l'on précipite de la solution sulfurique de peroxyde (Fremy). Mais cet hydrate renferme du protoxyde dans le rapport $MnO : 10MnO^2$. Cet hydrate rouge, séché à l'air, renferme $2H^2O$. Il se dissout plus facilement dans l'acide sulfurique que l'hydrate noir. Ces hydrates fixent facilement les alcalis; ils les enlèvent même à leurs sels en mettant de l'acide en liberté [*Deutsch. chem. Gesellsch.*, 1880, p. 1466; *Journ. prakt. Chem.* (2), t. XXIII, p. 379].

Manganites. — D'après Gorgeu (t. II, p. 298), les manganites renferment $5MnO^2.MO$. J. Risler a obtenu un certain nombre de manganites de ce type en calcinant un mélange de permanganate de potassium avec le chlorure métallique correspondant [*Bull. Soc. chim.*, t. XXX, p. 110].

Le *manganite de calcium*, $Mn^5O^{11}Ca$, obtenu ainsi est un produit cristallin noir. Le *sel de baryum* est en paillettes d'un vert olive foncé, ainsi que le *sel de strontium*. Le manganite de zinc, $Mn^5O^{11}Zn$, est une masse cristalline brun rouge. Le *sel de plomb*, une poudre cristalline noire, inattaquable par les acides.

Certains manganites, d'après Weldon, renferment $2MnO^2.MO$; c'est ainsi qu'il a décrit le sel de calcium Mn^2O^5Ca et le sel acide $Mn^2O^6CaH^2$ (voyez Régénération du manganèse, Suppl., p. 462). Au surplus, les combinaisons des manganites sont des combinaisons extrêmement variées. Le manganite $Mn^5O^{11}K^2$, lavé avec de la potasse très étendue, se transforme successivement en $Mn^4O^9K^2$ et $Mn^3O^7K^2$ [Gorgeu, *Compt. rend.*, t. LXXXIV, p. 177].

Lorsqu'on fait bouillir le peroxyde de manganèse avec de la potasse, on obtient un manganite voisin de $Mn^7O^{15}K^2$, soit $21MnO^2.4K^2O + 19H^2O$ [Ald. Wright et Mencke, *Journ. chem. Soc. London*, 1880, t. I, p. 6].

L'oxyde de manganèse qui résulte de l'action du permanganate de potassium sur les matières organiques est, suivant Morawski et Stingler, un manganite acide de potassium $Mn^4O^{10}KH^3$ [*Journ. prakt. Chem.*, t. XVIII, p. 78].

Les expériences de J. Post [*Deutsch. chem. Gesellsch.*, 1879, p. 1454, et 1880, p. 53] ne s'accordent ni avec les résultats obtenus par Gorgeu ni avec ceux de Weldon, et il met en doute le caractère acide du peroxyde de manganèse.

Manganites de manganèse. — Le précipité que forment les alcalis dans un excès d'un sel manganeux, exposé à l'air, a pour composition constante, lorsque sa couleur brun amadou ne change plus, Mn^3O^4 ou $MnO^2.2MnO$ (Gorgeu). Celui qu'on obtient en traitant par le chlore une solution d'acétate de manganèse renferme

$$5MnO^2.MnO + 2Aq.$$

Cet oxyde commence à absorber l'oxygène de l'air à 140° et devient $11MnO^2.MnO.H^2O$. Dans l'oxygène pur, l'absorption commence déjà à 100° et produit $23MnO^2.MnO.2H^2O$. Il ne se produit jamais de peroxyde pur [V.-H. Velay, *Journ. chem. Soc. London*, 1880, t. I, p. 581].

Il semble résulter de tous ces faits que la plupart des manganites de manganèse et autres constituent des mélanges dont le nombre peut être infini.

Manganate de baryum. — On obtient ce sel avec une belle couleur verte lorsqu'on calcine dans une bassine de métal le précipité violet obtenu par le permanganate de potassium et le chlorure de baryum [Boettger, *Neues Repert. Pharm.*, t. XXV, p. 115].

Permanganate de potassium. — Calciné au rouge, ce sel perd 3 atomes d'oxygène. Le résidu $Mn^2O^5K^2$ est une poudre noire que l'eau décompose en potasse et manganite, $Mn^5O^{11}K^2$ [Rammelsberg, *Deutsch. chem. Gesellsch.*, 1875, p. 232].

Le mélange de permanganate et d'acide sulfurique fait explosion au contact d'une foule de corps (huiles de thym, de térébenthine, de citron, etc.); il en enflamme d'autres sans produire d'explosion (essence de cumin, alcool, éther, etc). Il peut enflammer le gaz d'éclairage. Un mélange de permanganate et d'acide gallique peut s'enflammer par friction [Boettger, *Neues Repert. Pharm.*, t. XXIII, p. 177].

Sulfure de manganèse. — P. de Clermont et H. Guyot ont étudié les caractères particuliers des deux modifications du sulfure de manganèse, le sulfure *rose* et le sulfure *vert* [*Bull. Soc. chim.*, t. XXVII, p. 353; *Ann. Chim. Phys.* (5), t. XII, p. 111].

Chauffé à 300° avec beaucoup d'eau, le sulfure rose n'éprouve aucune modification. Avec une petite quantité d'eau, au contraire, il est converti en sulfure vert, ce qui doit être attribué à l'action de l'eau en vapeur. Sec, le sulfure rose ne change pas à 250°. La potasse aqueuse ou alcoolique ne le transforme pas en sulfure vert; il y a seulement oxydation. L'ammoniaque aqueuse bouillante ne transforme pas le sulfure rose en sulfure vert, mais provoque cette transformation à 250° en tubes scellés. Par contre, le gaz ammoniaque sec produit à chaud la transformation inverse.

Le sulfure rose est converti en sulfure vert, contrairement à l'assertion de Muck, par l'action d'une solution d'hydrogène sulfuré à 220°. Les monosulfures alcalins, à moins qu'ils ne renferment des traces de sulfhydrate, sont sans action sur le sulfure rose. P. de Clermont et Guyot n'ont jamais observé la transformation du sulfure rose par congélation. L'oxalate d'ammonium en excès transforme le sulfate rose en sulfure vert.

Lorsqu'on fait bouillir le sulfure de manganèse avec du sel ammoniac en vase ouvert, il y a dégagement de sulfhydrate d'ammonium et formation du sel double $16 AzH^4Cl.MnCl^2 + H^2O$. Il n'y a pas d'action à l'abri de l'air. La solution de sulfure dans l'oxalate ammonique donne du sulfure rose par un excès de sulfhydrate ammonique; si l'on fait bouillir, le sulfure devient vert.

Le carbonate de manganèse précipité donne du sulfure vert lorsqu'on le chauffe avec du sulfure ammonique. Le sulfure rose se dissout beaucoup plus facilement dans le sel ammoniac que le sulfure vert. Enfin, le sulfure rose est toujours plus hydraté que le sulfure vert.

Sulfosels. — En fondant 1 p. de sulfate de manganèse avec 6 p. de carbonate de sodium et 6 p. de soufre, et lavant le produit à l'eau, on obtient de petits cristaux aciculaires brillants, couleur de chair, insolubles dans l'eau, assez oxydables, qui renferment $Na^2S.2MnS$.

En remplaçant le carbonate de sodium par celui de potassium, on obtient une poudre cristalline d'un vert vif, mélangée de lamelles rougeâtres. Le produit vert est du sulfure de manganèse; les lamelles rouges constituent sans doute le sulfosel potassique [R. Schneider, *Poggend. Annal.*, t. CLI, p. 437]. Berthier avait déjà fait connaître des sulfures doubles de manganèse, ainsi que Voelker (et non Woehler, comme on l'a indiqué par erreur, t. II. p. 303).

Borure de manganèse, $MnBo^2$. — On l'obtient en chauffant le carbure de manganèse avec de l'anhydride borique. Il forme de petits cristaux d'un gris violacé, solubles dans les acides, avec dégagement d'hydrogène. L'acide chlorhydrique gazeux ne l'attaque qu'au rouge sombre; l'eau à 100°; les alcalis déjà à froid.

Le chlorure mercurique humide attaque rapidement le borure de manganèse en produisant du chlorure de manganèse, de l'acide borique, du mercure et de l'acide chlorhydrique. D'après la chaleur dégagée dans cette réaction, Troost et Hautefeuille concluent que le borure de manganèse est formé en dégageant + 2487 calories [*Ann. Chim. Phys.* (5), t. IV, p. 60].

Le *carbure* et le *séléniure de manganèse* sont formés avec production de beaucoup de chaleur (Troost et Hautefeuille).

Azotate de manganèse. — Évaporé avec de l'acide azotique, il laisse une masse radiée renfermant $(AzO^3)^2Mn + 2H^2O$. Dissous après dessiccation complète dans l'acide azotique fumant et bouillant, il se dépose en cristaux limpides, renfermant $(AzO^3)^2Mn + H^2O$ [A. Ditte, *Ann. Chim. Phys.* (5), t. XVIII, p. 320].

A. Gorgeu a décrit un *azotate basique*,

$$(AzO^3)^2Mn.MnO + 3H^2O,$$

en fines aiguilles décomposables par l'eau. Il l'obtient par l'addition de soude étendue (à 3 %) à une solution bouillante d'azotate neutre [*Compt. rend.*, t. XCIV, p. 26].

Carbonate de manganèse. — Il commence déjà à perdre de l'acide carbonique à 70°. Jusqu'à 200°, cette décomposition offre les caractères d'une dissociation, c'est-à-dire que la tension atteint une certaine limite (215mm à 150°), et que cette tension disparaît de nouveau par le refroidissement. La tension limite paraît décroître avec la température : elle est plus faible à 200° qu'à 90°. De 250 à 300°, la tension atteint peu à peu 2 atmosphères; il y a alors décomposition. La tension limite s'abaisse peu à peu lorsqu'on porte plusieurs fois le carbonate à 200° et qu'on le laisse refroidir. Elle atteint alors 139mm au lieu de 315 à 100°. C'est évidemment le résultat d'une transformation moléculaire [Joulin, *Bull. Soc. chim.*, t. XIX, p. 346].

Sulfates de manganèse. — Le sulfate neutre se dissout dans 20 p. d'acide sulfurique bouillant. Par le refroidissement, il se dépose un sel acide $(SO^4)^2MnH^2$, en prismes asbestoïdes infusibles, accompagnés de lamelles fusibles constituant le sel $(SO^4)^3MnH^4$. En employant de l'acide de 1,6 de densité, on obtient des lamelles nacrées de sel acide hydraté $(SO^4)^2MnH^2 + H^2O$ [C. Schultz, *Poggend. Ann.*, t. CXXXIII, p. 137].

Le sulfate de manganèse anhydre se dissout dans 400 molécules d'eau, en produisant + 13790 calories. Le sulfate à $5H^2O$ ne produit que + 40 calories.

Le *sulfate anhydre de manganèse et de potassium* produit + 6381 calories; le même sel, avec $4H^2O$, absorbe 6435 calories (Thomsen).

Sulfate basique, $2SO^4Mn.MnO + 3H^2O$. — Cristaux rosés denses, orthorhombiques, se déposant par une ébullition prolongée d'une solution de sulfate neutre en excès, additionnée d'une lessive étendue de potasse à 3 ou 5 %. Si la précipitation a lieu en présence d'un sulfate alcalin, en quantité équivalente, on obtient par le refroidissement de la solution filtrée des cristaux de sels doubles. Ces cristaux sont roses et nacrés, microscopiques, décomposables par l'eau. Le *sel potassique* renferme

$$2SO^4Mn.MnO.SO^4K^2 + 3H^2O$$

[A. Gorgeu, *Compt. rend.*, t. XCIV, p. 1425, et t. XCV, p. 82].

Sulfate manganique. — Étard a fait connaître plusieurs sulfates doubles de sesquioxyde, notamment les sulfates manganico-aluminique, manganico-chromique et manganico-ferrique. Ces deux derniers ont déjà été décrits dans le supplément. Le premier, $(SO^4)^9 2Al^2Mn^2$, s'obtient en oxydant par l'acide azotique un mélange de sulfate d'aluminium et de sulfate manganeux en présence de l'acide sulfurique. Il se dépose de la solution violette sous la forme d'un précipité bleu insoluble dans l'eau [*Compt. rend.*, t. LXXXVI, p. 1399, et LXXXVII, p. 602].

Étard a également décrit un sulfate manganico-ferrique et un sulfate manganico-chromique (voy. Fer et Chrome).

Hyposulfate de manganèse, $S^2O^6Mn + 6H^2O$. — Cristaux anorthiques : rapport des axes, 0,6734 : 0,9704 : 1. Densité = 1,757 (Topsoë).

Sulfite de manganèse. — Ce sel s'unit facilement aux sulfites alcalins pour former des sels doubles bien cristallisés, peu solubles dans l'eau :

1° $(SO^3)^2MnK^2$. — Plaques hexagonales, rosées.

2° $(SO^3)^3Mn^2K^2$. — Longues aiguilles à 4 pans, se déposant des eaux mères du précédent.

3° $(SO^3)^2Mn(AzH^4)^2$. — Plaques hexagonales, mélangées de prismes à 6 pans, à éclat nacré.

4° $(SO^3)^2MnNa^2 + H^2O$. — Prismes clinorhombiques, décomposables par l'eau froide, à peine altérables par l'eau bouillante. Ne perd son eau qu'à 150°.

5° $(SO^3)^5Mn^4Na^2$. — Cristaux anhydres.

On obtient ces sels en dissolvant les sulfites simples dans l'eau, saturant par l'acide sulfureux et laissant dégager ce dernier [A. Gorgeu, *Compt. rend.*, t. XCVI, p. 376].

PHOSPHATES DE MANGANÈSE. — *Phosphate unimétallique*, $(PO^4H^2)^2Mn + 2H^2O$. — Erlenmeyer et C. Heinrich ont obtenu ce sel en dissolvant le sulfure de manganèse dans l'acide phosphorique. Il se dépose par l'évaporation spontanée en croûtes mamelonnées composées de prismes à quatre pans. Il se décompose à 100°. Il est déliquescent et se transforme à l'air humide en sel dimétallique, $PO^4HMn + 3H^2O$, et acide phosphorique libre. L'eau agit d'une manière analogue, ainsi que l'alcool bouillant.

Phosphate di-trimanganeux,

$$(PO^4)^2(PO^4H)^2Mn^5 + 4H^2O.$$

— Il résulte de l'action de l'eau sur le sel unimétallique et se dépose par une ébullition prolongée en prismes clinorhombiques roses, se déshydratant à 150°. Dans ces cristaux, le rapport des axes est 1,9927 : 1 : 1,7122; l'inclinaison de l'axe oblique est de 82° 26′.

Le *phosphate dimétallique* $PO^4HMn'' + 3H^2O$, signalé plus haut, est en cristaux orthorhombiques perdant les 5/6 de leur eau à 100°. L'eau froide le décompose en acide phosphorique libre et sel tribasique qui forme un amas feutré de petites aiguilles [*Liebig's Ann. Chem.*, t. CXC, p. 189; *Bull. Soc. chim.*, t. XXXI, p. 276].

PHOSPHATES MANGANIQUES. — Le peroxyde de manganèse se dissout dans l'acide phosphorique concentré en donnant un liquide sirupeux, d'un violet améthyste foncé, soluble dans l'eau avec une couleur rouge rubis. Cette solution se décolore à la longue quand on la chauffe et laisse déposer une poudre cristalline gris-verdâtre, insoluble dans l'eau, soluble dans l'acide chlorhydrique avec dégagement de chlore.

Cette poudre se dissout à 100° dans l'acide phosphorique. La solution saturée à chaud, de couleur améthyste, fournit des cristaux de même couleur à chaud et d'un rouge rubis à froid. Ce sont des rhomboèdres ou des dodécaèdres rhomboïdaux. Ils constituent peut-être le métaphosphate manganique de Gmelin.

On obtient un autre phosphate, d'un jaune de miel, très soluble, en évaporant la solution améthyste et chauffant le résidu au rouge sombre. En chauffant longtemps au blanc, on obtient des aiguilles grises, brillantes, infusibles. H. Laspeyre, qui a fait connaître ces faits, n'indique pas la composition des sels décrits [*Journ. prakt. Chem.* (2), t. XV, p. 320].

Ed. Willm.

MANGANÈSE (ANALYSE). — On a proposé divers procédés pour séparer de ses solutions le manganèse sous la forme de peroxyde. C'est ainsi que Rosenthal a observé que le manganèse est précipité de ses solutions par le peroxyde d'hydrogène. On opère à chaud, en faisant intervenir au besoin l'ammoniaque [*Chem. News*, t. XXXVI, p. 147].

Le manganèse est précipité totalement à l'état de peroxyde lorsqu'on ajoute à la solution de chlorure manganeux, chauffée à 60-70°, du brome ou de l'hypochlorite de calcium. La présence d'un peu de sel ferrique ou de zinc favorise la précipitation [C. Pattinson, *Deutsch. chem. Gesellsch.*, 1879, p. 1025].

J.-B. Hanray [*Chem. News*, t. XXXVI, p. 212] a fait la remarque que tout le manganèse est précipité sous forme de peroxyde par l'addition de chlorate de potassium à un sel manganeux dissous dans l'acide azotique bouillant. Beilstein et Jawein mettent à profit la même observation, pour effectuer le dosage du manganèse et pour le séparer des autres métaux, notamment du fer. Ces métaux, après leur précipitation à l'état d'oxyde, ou sous une autre forme, sont dissous dans l'acide azotique d'une densité de 1,35. La soldtion est portée à l'ébullition et additionnée peu à peu de chlorate de potassium. La précipitation du peroxyde de manganèse commence après quelques minutes et ne tarde pas à être complète. En présence de beaucoup de fer, le peroxyde de manganèse peut entraîner un peu de ce métal. On recommence l'opération sur le peroxyde de manganèse ou bien on en effectue le titrage. On calcine le peroxyde et on pèse l'oxyde Mn^3O^4 produit par cette calcination [*Deutsch. chem. Gesellsch.*, 1879, p. 1528; *Bull. Soc. chim.*, t. XXXII, p. 604].

D'après les mêmes auteurs, on obtient un précipité de peroxyde de manganèse lorsqu'on ajoute de l'iode à la solution d'un sel manganeux additionnée d'un excès de cyanure de potassium,

$$MnCy^6K^4 + 14I + 2H^2O$$
$$= MnO^2 + 4KI + 4HI + 6CyI.$$

Cette méthode permet de doser le manganèse en présence du fer. A cet effet, on verse la solution dans un grand excès de cyanure de potassium et on ajoute peu à peu la solution *froide* de l'iode en poudre jusqu'à ce que la solution présente une coloration brune. On enlève l'excès d'iode par un alcali; on recueille le peroxyde de manganèse sur un filtre, on le redissout dans l'acide chlorhydrique et on le précipite de nouveau sous forme de sulfure.

La solution d'un sel manganeux, additionnée d'oxalate de potassium, puis d'alcool ou d'acide acétique, laisse déposer tout le manganèse sous forme d'oxalate manganeux, qui renferme des traces de potassium. La précipitation est entravée par la présence d'un excès d'acide chlorhydrique, de chlorure d'ammonium ou de chlorure de potassium [A. Claessen, *Zeitschr. analyt. Chem.*, 1877, p. 315].

Le procédé volumétrique de A. Guyard (t. II, p. 308) a été [illegible] avec beaucoup de détails par Volhard [*Liebig's Ann. Chem.*, t. CXCVIII, p. 316; *Bull. Soc. chim.*, t. XXXIV, p. 714].

D'après lui, pour que le procédé donne de bons résultats, le sel manganeux doit être accompagné des chlorures de calcium, de magnésium ou de zinc; le précipité de peroxyde produit par le permanganate dans la solution renferme alors les oxydes de ces métaux. Volhard opère le titrage du permanganate par le sulfate manganeux pur.

Morawski et Stingl ont également cherché à appliquer le même procédé. D'après ces auteurs, la réaction du permanganate sur le chlorure manganeux a lieu d'après l'équation

$$12MnO^4K + 18MnCl^2 + 32H^2O$$
$$= 12KCl + 24HCl + 10Mn^3O^8H^4.$$

L'acide chlorhydrique mis en liberté par la réaction est sans action, en solution étendue, sur le précipité de peroxyde hydraté. D'après cette réaction, pour 2 atomes de manganèse employé comme permanganate, on a dosé 3 atomes de manganèse. S'il y a beaucoup de fer en présence, il faut d'abord le précipiter par le carbonate barytique [*Journ. prakt. Chem.* (2), t. XVIII, p. 96; *Bull. Soc. chim.*, t. XXXII, p. 603].

Volhard effectue cette séparation préalable de l'oxyde ferrique par l'oxyde de zinc.

Éd. Donath se fonde, pour le même dosage, sur l'action du permanganate, rendu alcalin par le carbonate de sodium, sur le chlorure manganeux. On ajoute ce dernier à la solution de permanganate jusqu'à décoloration complète. Le point final est facile à saisir et le résultat n'est pas entravé par la présence de l'alumine ou de l'oxyde ferrique [*Deutsch. chem. Gesellsch.*, 1881, p. 982].

Pour séparer le manganèse de l'aluminium et du fer, Volhard propose l'emploi de l'oxyde de-

mercure, qui précipite à froid l'alumine et l'hydrate ferrique de la solution des chlorures, tandis que le chlorure manganeux n'est précipité qu'à chaud sous forme d'oxyde Mn^3O^4 accompagné de mercure métallique. A cet effet, on sépare par le filtre les hydrates d'alumine et de fer, on ajoute de l'oxyde mercurique à la liqueur, on l'évapore et l'on calcine la masse; le résidu de Mn^3O^4 est pesé directement.

DOSAGE ÉLECTROLYTIQUE. — L'électrolyse d'une solution de manganèse fournit au pôle positif un dépôt de peroxyde facile à recueillir. Le dépôt s'effectue dans une capsule de platine servant d'électrode positive, tandis que l'électrode négative est une spirale de platine plongeant dans la solution. Le dépôt de manganèse n'est pas entravé par la présence du cuivre, du cobalt, du nickel, du zinc, de l'alumine, de la magnésie et des alcalis. Le fer doit être préalablement éliminé [*Compt. rend.*, t. LXXXV, p. 222].

On obtient un précipité avec une solution ne renfermant que 0mgr,1 à 0mgr,2 de manganèse. Avec un millionnième de gramme, la présence du manganèse est accusée par la couleur rose que prend la solution pendant le passage du courant. Riche a pu rechercher par ce procédé le manganèse dans le sang, le lait, l'urine.

A. Claessen applique au dosage électrolytique du manganèse la solution de ce métal sous la forme d'oxalate potassique double. La précipitation du manganèse est intégrale : ce qui n'a pas lieu avec le sel ammoniacal double. La séparation du fer, qui se dépose au pôle négatif, du manganèse dont l'oxyde se dépose au pôle positif, ne se fait pas avec netteté. Il faut s'arranger de telle sorte que la majeure partie du fer soit déposée avant que ne commence le dépôt du peroxyde de manganèse. Claessen y arrive en employant d'abord un courant faible, obtenu à l'aide de deux grands éléments Bunsen, puis doublant l'intensité du courant après le dépôt du fer [*Deutsch. chem. Gesellsch.*, 1881, p. 1622, 2771; *Bull. Soc. chim.*, t. XXXVII, p. 183 et 525]. Ed. Willm.

MANNITE, $C^6H^{14}O^6$. Voyez t. II, p. 311. — La présence de la mannite a été signalée dans un grand nombre de produits végétaux, dans l'huile d'olives non mûres [De Luca, *Deutsch. chem. Gesellsch.*, 1871, p. 756], dans le jus de betterave ayant subi la fermentation visqueuse [Scheibler, *Deutsch. chem. Gesellsch.*, 1873, p. 612], dans certains champignons (Müntz), tels que l'*Agaricus integer*, qui en renferme jusqu'à 20 °/₀ de son poids [Thörner, *Deutsch. chem. Gesellsch.*, 1879, p. 1635].

Linnemann avait obtenu la mannite par l'hydrogénation du sucre interverti. Depuis, Bouchardat [*Bull. Soc. chim.*, t. XVI, p. 38] l'a reproduite en traitant la glucose par l'amalgame de sodium. Krusemann [*Deutsch. chem. Gesellsch.*, 1876, p. 1465] a constaté, de son côté, qu'elle prend également naissance par l'action de ce réactif sur la lévulose.

Thörner (*loc. cit.*) a proposé d'extraire la mannite de l'*Agaricus integer* : il suffit d'épuiser par l'alcool bouillant ce champignon préalablement desséché, pour obtenir des quantités notables de mannite parfaitement pure.

Propriétés. — La densité de la mannite est 1,521 [Prunier, *Bull. Soc. chim.*, t. XXVIII, p. 556], 1,486 [Schröder, *Deutsch. chem. Gesellsch.*, 1879, p. 561].

On avait admis pendant longtemps que la mannite est dénuée de pouvoir rotatoire. Il résulte de recherches plus récentes qu'elle est lévogyre. Examinée en solution aqueuse sous une épaisseur de trois mètres, elle a fourni une déviation conduisant au pouvoir rotatoire $[\alpha]j = -0°15'$ [Bouchardat, *Compt. rend.*, t. LXXX, p. 120].

Action des réactifs. — Oxydée par le permanganate de potassium en solution alcaline, la mannite est transformée intégralement en un mélange d'acides formique, oxalique et tartrique [Hecht et Iwig, *Deutsch. chem. Gesellsch.*, 1881, p. 1760].

Soumise à l'action réductrice de l'acide formique, elle fournit, entre autres produits de réduction, un liquide incolore, bouillant dans le vide vers 150° et ayant pour formule $C^6H^{10}O^3$ [Henninger, *Bull. Soc. chim.*, t. XXI, p. 242].

Traitée par le perchlorure de phosphore, elle fournit la *mannitotétrachlorhexine* [Bell, *Deutsch. chem. Gesellsch.*, 1879, p. 1273]. La mannite finement pulvérisée est intimement mélangée avec un grand excès (6 molécules) de perchlorure de phosphore; on ajoute ensuite un peu d'oxychlorure et on chauffe le tout au bain d'huile et au réfrigérant ascendant à 140°. La réaction terminée, on verse le produit dans l'eau et on distille dans un courant de vapeur d'eau : il passe un liquide huileux, non distillable à la pression ordinaire, et ayant pour formule $C^6H^6Cl^4$. Ce corps est réduit par l'acide iodhydrique à l'ébullition, en donnant un produit qui n'a pas été étudié.

Sous l'action de la chlorhydrine sulfurique, la mannite se transforme en acide mannite-hexasulfurique [Claessen, *Deutsch. chem. Gesellsch.*, 1879, p. 2017].

Par la distillation sèche en présence de chlorure d'ammonium, la mannite fournit de la mannitine, $C^6H^8Az^2$ (page 1002) [Scichilone et Denaro, *Gazz. chim. ital.*, 1882, p. 416].

La mannite fermente par l'action de plusieurs schizomycètes : les produits de ces fermentations sont : l'alcool éthylique, l'alcool butylique, l'acide lactique ordinaire, l'acide succinique, et les acides acétique, butyrique et caproïque [Fitz, *Deutsch. chem. Gesellsch.*, 1877, p. 280, et 1878, p. 42]. Voy. FERMENTATIONS, Suppl., p. 824.

ÉTHERS DE LA MANNITE.

Mannite dichlorhydrique, $C^6H^{12}O^4Cl^2$ [Bouchardat, *Ann. Chim. Phys.* (5), t. VI, p. 114]. — On prépare ce corps en chauffant en vase scellé, pendant 10 à 15 heures, à 100°, une partie de mannite et 15 parties d'acide chlorhydrique saturé à 0°. On évapore le produit de la réaction dans une cloche, au-dessus de chaux et d'acide sulfurique; au bout d'un à deux mois, il se dépose de longues paillettes, qu'on purifie par cristallisation dans l'eau tiède, en présence de noir animal. La mannite dichlorhydrique cristallise dans le système clinorhombique; faces observées, *m, p, b* ½, *g*¹; clivage suivant *p*. Elle est peu soluble dans l'eau froide, insoluble dans l'alcool et dans l'éther, assez soluble dans l'eau bouillante. Elle fond à 174° en se décomposant, et se volatilise sans résidu à une température plus élevée. Elle est lévogyre $[\alpha]_D = -3°,75$.

L'eau bouillante décompose assez rapidement la mannite dichlorhydrique en acide chlorhydrique et mannitane monochlorhydrique; cette décomposition est favorisée par la présence de sels métalliques.

Mannite dibromhydrique, $C^6H^{12}O^4Br^2$ [Bouchardat, *ibid.*, p. 120]. — Ce corps se prépare comme le dérivé dichlorhydrique. Il se présente en petits cristaux incolores, fusibles avec décomposition vers 178°, insipides, inodores, insolubles dans l'alcool, l'éther, l'eau froide, solubles dans l'acide bromhydrique concentré et dans l'eau chaude. La mannite dibromhydrique est rapidement décomposée par l'eau bouillante en acide bromhydrique et mannitane monobromhydrique; chauffée à 100° avec de l'acide chlorhydrique saturée à 0°, elle se transforme en mannite dichlorhydrique.

Mannite hexanitrique, $C^6H^8(AzO^3)^6$. — Ce corps a été décrit t. II. p. 314. Son pouvoir rotatoire est $[\alpha]_D = +42°,2$ [Bouchardat, *ibid.*, p. 12.].

Mannite chloronitrique, $C^6H^8(AzO^3)^4Cl^2$ [Bouchardat, *ibid.*, p. 126]. — On traite la mannite dichlorhydrique par 10 fois son poids d'acide nitrosulfurique. Le produit précipité par l'eau est dissous dans l'alcool bouillant; il cristallise par le refroidissement, sous forme de très fines aiguilles non déterminables. Cette substance est insoluble dans l'eau, presque insoluble dans l'alcool froid, peu soluble dans l'acide acétique cristallisable. Elle fond à 145°, puis s'enflamme et fuse en laissant un résidu de charbon volumineux. Ses solutions acétiques sont dextrogyres.

Mannite bromonitrique, $C^6H^8(AzO^3)^4Br^2$ [Bouchardat, *ibid.*, p. 127]. — Ce composé se prépare comme le précédent et possède les mêmes propriétés; il fond à 148°, et ses solutions sont dextrogyres.

Mannite hexacétique. Voyez t. II, p. 315. — D'après Franchimont [*Deutsch. chem. Gesellsch.*, 1879, p. 2059], ce corps peut s'obtenir en quelques minutes par l'action de l'anhydride acétique sur la mannite, en présence du chlorure de zinc. Il cristallise dans le système orthorhombique. Faces observées, *m, p, a^2, $e^{1/2}$*. Pouvoir rotatoire : $[\alpha]_D = +18°$. Il fond à 119°. Saponifié par les alcalis, il régénère la mannite [Bouchardat, *loc. cit.*, p. 107].

Acides sulfomannitiques. Voyez t. II, p. 315. — Outre les acides mannitodisulfurique et mannitotrisulfurique précédemment décrits, on connaît aujourd'hui l'acide mannithexasulfurique et l'acide mannitotétrasulfurique.

L'acide *mannithexasulfurique*, $C^6H^8(SO^4H)^6$, s'obtient en dissolvant la mannite dans de la chlorhydrine sulfurique bien refroidie. Cet acide est liquide; il est fortement dextrogyre; l'eau le décompose partiellement à froid. La plupart de ses sels sont amorphes et très solubles dans l'eau, d'où l'addition d'alcool les précipite. Le sel de baryum, $C^6H^8(SO^4)^6Ba + 5H^2O$, est cristallisable; il se décompose à 100° [Claessen, *Journ. prakt. Chem.* (2), t. XX, p. 10].

L'acide *mannitotétrasulfurique*,

$$C^6H^8(OH)^2(SO^4H)^4,$$

s'obtient en abandonnant à elle-même pendant 48 heures une solution aqueuse d'acide mannitohexasulfurique. Il est dextrogyre. Ses sels sont amorphes; celui de baryum, $C^6H^{10}S^4O^{18}Ba^2$, s'obtient sous la forme d'une poudre amorphe en précipitant par l'alcool sa solution aqueuse [Claessen, *ibid.*].

Acide mannitoborique, $C^6H^{14}O^6.Bo^2O^3$ [Klein, *Bull. Soc. chim.*, t. XXIX, p. 363]. — On chauffe pendant 7 à 8 heures à 140-150° un mélange de 4 parties de mannite et de 3 parties d'acide borique; le produit, repris par l'eau et saturé par le carbonate de baryum, laisse déposer par concentration du borate de baryum; si l'on filtre à ce moment et qu'on ajoute au liquide de l'alcool à 90°, on précipite une poudre dense ayant pour formule $(C^6H^{12}O^5.Bo^2O^3)Ba$. Décomposé par la quantité équivalente d'acide sulfurique, ce sel fournit des cristaux aciculaires dont la formule n'a pas été établie. Traité en solution aqueuse par la mannite en excès et le carbonate de calcium, il fournit un liquide où l'addition d'alcool produit un précipité ayant pour composition

$$\left[\begin{matrix}C^6H^{12}O^5\\C^6H^{14}O^6\end{matrix} > Bo^2O^3\right]^2(BaO, CaO).$$

ANHYDRIDES DE LA MANNITE.

On connaît trois anhydrides de la mannite : le premier, décrit sous le nom d'*éther proprement dit de la mannite*, $(C^6H^{13}O^5)^2O$, résulte de la condensation de 2 molécules de mannite avec élimination de 1 molécule d'eau. Le second, la *mannitane*, $C^6H^{12}O^5$, est la mannite moins 1 molécule d'eau : c'est réellement le premier anhydride mannitique. Enfin, le troisième, le *mannide*, $C^6H^{10}O^4$, est la mannite moins 2 molécules d'eau : c'est le second anhydride mannitique.

Éther proprement dit de la mannite.

On obtient ce corps en chauffant pendant trois heures à 180° en tubes scellés la mannite en poudre avec un quart de son poids d'eau. Au bout de ce temps, on reprend le produit par l'eau, on filtre, on évapore à siccité; on reprend le résidu par l'alcool absolu, on filtre, et on évapore de nouveau. On obtient ainsi un sirop visqueux qui, abandonné à lui-même pendant un mois, laisse déposer des cristaux de mannitane. On sépare ceux-ci par l'alcool absolu dans lequel la mannitane est insoluble à froid; on évapore la solution alcoolique, et on lave le résidu à l'éther.

On obtient finalement un corps résineux jaune, ayant pour formule $(C^6H^{13}O^5)^2O$. Ce composé possède une saveur sucrée et amère; il est très soluble dans l'alcool et dans l'eau, insoluble dans l'éther. Il est lévogyre : $[\alpha]_D = -5°,59$. Il ne réduit pas la liqueur de Bareswil et ne fermente pas au contact de la levûre de bière.

Chauffé avec de l'eau pendant deux heures à 295°, ce corps se transforme en mannitane [Vignon, *Ann. Chim. Phys.* (5), t. II, p. 468].

Mannitane.

On connaît la mannitane sous deux modifications : la mannitane amorphe et la mannitane cristallisée. Les deux modifications se comportent d'ailleurs de la même manière vis-à-vis des réactifs.

Mannitane amorphe [Bouchardat, *Ann. Chim. Phys.* (5), t. VI, p. 102; — Vignon, *ibid.*, t. II, p. 459]. — On peut obtenir ce corps par l'action de la chaleur ou de l'acide chlorhydrique bouillant sur la mannite (voyez t. II, p. 313). On peut aussi chauffer la mannite pendant deux heures à 120-125° avec la moitié de son poids d'acide sulfurique concentré : on sature le produit encore chaud par le carbonate de baryum, et après refroidissement on épuise par l'alcool (Vignon). Enfin, on prépare encore plus simplement la mannitane amorphe en chauffant la mannite avec le quart de son poids d'eau pendant une heure et demie à 295° (Vignon).

Quel que soit le procédé employé, la mannitane obtenue présente sensiblement les mêmes propriétés. Le pouvoir rotatoire seul varie avec le mode de préparation. La mannitane provenant de l'action de la chaleur seule sur la mannite a pour pouvoir rotatoire $[\alpha]_D = +6°,80$; celle qui provient de l'action de l'acide chlorhydrique dévie plus fortement à droite : $[\alpha]_j = +10°,2$ (Bouchardat).

Enfin, en préparant la mannitane par l'acide sulfurique, on trouve $[\alpha]_j = +36°,5$, tandis que la mannitane obtenue par l'action de l'eau sur la mannite donne $[\alpha]_j = +37°,18$ (Vignon).

Peut-être ces différences tiennent-elles à quelques impuretés, dont il est fort difficile de priver complètement la mannitane.

Les propriétés de la mannitane amorphe ont été décrites t. II, p. 313.

Mannitane cristallisée. — Lorsqu'on abandonne pendant quelques mois dans l'air sec la mannitane amorphe préparée par l'action de l'acide chlorhydrique sur la mannite, la masse finit par se remplir de cristaux, très peu solubles dans l'alcool froid, qui constituent la mannitane cristallisée. Ce corps se présente en tables hexagonales appartenant au système clinorhombique. Faces observées : *m, p, a*.

Ces cristaux sont très solubles dans l'eau froide; ils fondent à 137° ; leur pouvoir rotatoire est $[\alpha]_D = -23°,8$ (Bouchardat).

La mannitane cristallisée se produit aussi par l'action de l'eau sur la mannite à 180°, en même temps que l'éther proprement dit de la mannite (voyez ce mot). Son pouvoir rotatoire a été trouvé $[\alpha]_j = -25°$ (Vignon).

ÉTHERS DE LA MANNITANE. — *Mannitane monochlorhydrique*, $C^6H^{11}O^4Cl$ [Bouchardat, *Ann. Chim. Phys.* (5), t. VI, p. 118]. — On la prépare en faisant bouillir pendant deux heures la mannite dichlorhydrique avec 100 fois son poids d'eau; on neutralise exactement par le carbonate de potassium, on évapore à sec, et on reprend par l'éther qui ne dissout que la mannitane monochlorhydrique. A l'état de pureté, ce corps se concrète entièrement; mais il suffit de la présence d'une trace de matière étrangère pour en retarder indéfiniment la solidification; il est soluble en toutes proportions dans l'eau, l'alcool et l'éther froids; il est dextrogyre $[\alpha]_D = +18°,7$. L'eau bouillante décompose la mannitane monochlorhydrique en acide chlorhydrique et mannitane.

Mannitane monobromhydrique, $C^6H^{11}O^4Br$ [Bouchardat, *ibid.*, p. 122]. — On l'obtient en faisant bouillir avec de l'eau la mannite dibromhydrique, neutralisant exactement, évaporant à sec, et reprenant par l'éther. Elle se présente sous forme d'une masse cristalline, fusible au-dessous de 100°, soluble en toutes proportions dans l'eau, l'alcool et l'éther froids, de saveur légèrement amère. Elle est dextrogyre : $[\alpha]_D = +22°$.

Nitromannitane, $C^6H^8O(AzO^3)^4$ [Vignon, *loc. cit.*, p. 463]. — On dissout peu à peu 1 partie de mannitane dans un mélange de 10 p. d'acide sulfurique et de 4p,5 d'acide nitrique fumant, en ayant soin d'empêcher toute élévation de température. Au bout d'un quart d'heure, on verse le mélange dans une grande quantité d'eau : il se dépose une matière jaune-brunâtre qu'on lave à l'eau. Le corps ainsi obtenu détone violemment sous le marteau; il est insoluble dans l'eau, soluble dans l'alcool et dans l'éther. Son pouvoir rotatoire est $[\alpha]_j = +53°,26$. Traitée par le sulfhydrate d'ammonium, la nitromannitane régénère la mannitane.

Mannitane tétracétique, $C^6H^8O(C^2H^3O^2)^4$ [Bouchardat, *loc. cit.*, p. 110]. — Ce corps se produit en même temps que la mannite hexacétique par l'action de l'anhydride acétique sur la mannite. On évapore les eaux mères de la mannite hexacétique, et on reprend le résidu par l'éther. La solution éthérée est lavée avec du carbonate de potassium, puis évaporée à sec; on lave ensuite le résidu à l'eau chaude, et on le purifie par un nouveau traitement à l'éther. La mannitane tétracétique abandonnée longtemps à elle-même finit par cristalliser. Elle est insoluble dans l'eau froide, soluble en toutes proportions dans l'alcool, l'éther et l'acide acétique cristallisable. Elle est dextrogyre : $[\alpha]_D = +23°$. L'eau bouillante et les alcalis la décomposent en régénérant la mannitane. L'anhydride acétique la transforme partiellement à la longue en mannite hexacétique.

Mannide.

Comme la mannitane, le mannide paraît exister sous deux modifications isomériques, le mannide amorphe et le mannide cristallisé. Le mannide amorphe a été décrit t. II, p. 313.

Mannide cristallisé, $C^6H^{10}O^4$ [Fauconnier, *Compt. rend.*, t. XCV, p. 991]. — Ce corps se produit lorsqu'on soumet à la distillation sèche dans le vide la mannite ou la mannitane. Il se présente en beaux cristaux incolores, fusibles à 87°, très solubles dans l'eau et dans l'alcool, insolubles dans l'éther; il bout sans altération à 176° sous une pression de 3 centimètres et avec décomposition partielle à 274° à la pression ordinaire. Il possède la propriété de rester en surfusion et de former des solutions sursaturées.

Le mannide ne fixe directement d'eau ni à chaud ni à froid. Le brome l'attaque à chaud en donnant des matières résineuses noires.

Mannide diacétique, $C^6H^8O^2(C^2H^3O^2)^2$. — Liquide visqueux, presque incolore, bouillant à 197-198° sous une pression de 28 millimètres. On l'obtient en chauffant le mannide à l'ébullition avec trois fois son poids d'anhydride acétique pendant 8 heures.

Mannide dichlorhydrique, $C^6H^8O^2Cl^2$. — On l'obtient par l'action du perchlorure de phosphore sur le mannide : le produit brut de la réaction est soumis à la distillation dans un courant de vapeur d'eau : il passe des gouttelettes huileuses qui cristallisent dans le récipient en lamelles d'apparence hexagonale. Ce corps est très soluble dans l'éther, où il cristallise par évaporation en beaux prismes, assez solubles dans l'alcool et dans la benzine, insolubles dans l'eau. Il fond à 49° et bout à 119° sous une pression de 17 millimètres. L'amalgame de sodium et la potasse aqueuse à 150° sont sans action sur lui.

Mannide monoéthylique, $C^6H^9O^3(OC^2H^5)$. — Liquide incolore, assez mobile, soluble dans l'eau, l'alcool et l'éther, bouillant à 145° sous une pression de 17 millimètres. On le prépare en chauffant pendant quatre heures à 120° en tubes scellés un mélange de mannide, d'iodure d'éthyle et de potasse concentrée. Ad. Fauconnier.

MANNITINE, $C^6H^8Az^2$ [Scichilone et Denaro, *Gazz. chim. ital.*, 1882, p. 416 et *Bull. Soc. chim.*, t. XXXVIII, p. 656].

On distille un mélange intime de 1 molécule de mannite et 2 molécules de chlorure d'ammonium; on obtient un liquide huileux d'un rouge brun, auquel on ajoute de la potasse; après quoi on l'épuise par l'éther. La solution éthérée soumise à la distillation fournit la mannitine sous la forme d'un liquide incolore, bouillant à 170°, soluble dans l'eau, l'alcool et l'éther. Les rendements sont de 7,5 %.

La mannitine est douée d'une saveur très amère. C'est un poison énergique, qui agit sur le système nerveux et sur les poumons et produit un abaissement considérable de la température.

MARGARIQUE (ACIDE), $C^{17}H^{34}O^2$. — On sait, d'après Heintz, que l'acide margarique ne se trouve pas dans les matières grasses naturelles, mais qu'il a été obtenu par synthèse en saponifiant le cyanure de cétyle (t. II, p. 318). Krafft vient de préparer un acide jouissant des mêmes propriétés en enlevant, par une voie indirecte, un atome de carbone à l'acide stéarique. A cet effet, on distille sous pression réduite un mélange de stéarate et d'acétate de calcium et l'on oxyde l'acétone obtenue. Celle-ci,

$$C^{19}H^{38}O = C^{17}H^{35}\text{-}CO\text{-}CH^3,$$

fond à 55°,5 et bout à 266°,5 sous une pression de 110 millimètres. On l'oxyde par un mélange de 3 p. de dichromate potassique et de 9 p. d'acide sulfurique étendu de son volume d'eau, qui le dédouble aisément en acides acétique et margarique. Cet acide fond à 59°,8, comme celui de Heintz et bout vers 277° sous 110 millimètres de mercure [Krafft, *Deutsch. chem. Gesellsch.*, 1879, p. 1671].

MARGAROLIQUE (ACIDE). — Voyez ÉLÆOCOCCA. Suppl., p. 676.

MÉCONINE. — Voyez t. II, p. 321, et pour la constitution OPIANIQUE (ACIDE), t. II, p. 617.

MÉCONIQUE (ACIDE), $C^7H^4O^7$. — Voyez, t. II, p. 322. Il semble résulter de recherches récentes sur ce corps, qu'on doit l'envisager comme un acide triatomique et bibasique, et lui donner la formule $C^5HO^2(OH)(CO^2H)^2$.

ÉTHERS MÉCONIQUES. — *Méconate monéthylique,*

$$C^9H^8O^7 = C^5HO^2(OH)(CO^2H)(CO^2C^2H^5)$$

[Mennel, *Journ. prakt. Chem.*, (2), t. XXVI, p. 449]. — L'acide méconique séché à 120° est chauffé au bain-marie avec le double de son poids d'alcool absolu dans un courant de gaz chlorhydrique : il se dépose bientôt un précipité cristallin, qu'on purifie par lavage à l'alcool froid et cristallisation dans l'alcool absolu, et qui constitue le méconate monéthylique. A l'état de pureté, ce corps se présente en grandes aiguilles incolores, fusibles à 179°.

Traité par le nitrate d'argent, le méconate monéthylique donne un précipité cristallin ayant pour formule $C^9H^7O^7Ag + H^2O$.

Méconate diéthylique, $C^5HO^2(OH)(CO^2C^2H^5)^2$ [Mennel, *ibid.*]. — On opère comme pour le méconate monéthylique, mais on continue l'action du gaz chlorhydrique jusqu'à ce que le méconate monéthylique qui se dépose d'abord se soit redissous : on verse alors le produit dans une petite quantité d'eau froide. Le méconate diéthylique se dépose en lamelles blanches, fusibles à 111°,5.

Méconate triéthylique,

$$C^5HO^2(OC^2H^5)(CO^2C^2H^5)^2$$

[Mennel, *ibid*]. Une solution de méconate diéthylique dans l'eau bouillante est additionnée de nitrate d'argent; on neutralise ensuite *exactement* par l'ammoniaque : il se fait un volumineux précipité amorphe, jaune, qui est un sel argentique du méconate diéthylique. Ce sel est recueilli, séché et chauffé pendant 4 heures au réfrigérant ascendant avec un excès d'iodure d'éthyle. La réaction terminée, on chasse par évaporation l'excès d'iodure d'éthyle, puis on reprend par l'alcool absolu : celui-ci laisse déposer par concentration le méconate triéthylique en longs prismes incolores, fusibles à 61°, très solubles dans l'alcool, l'éther, le chloroforme, insolubles dans l'eau.

Acide éthylméconique,

$$C^5HO^2(OC^2H^5)(CO^2H)^2$$

[Mennel, *ibid.*]. On chauffe le méconate triéthylique avec de l'eau, au réfrigérant ascendant pendant 2 jours, puis on évapore. On obtient ainsi des prismes blancs, très solubles dans l'eau et dans l'alcool, peu solubles dans l'éther, fusibles avec décomposition vers 200°.

L'éthylméconate de plomb,

$$C^5HO^2(OC^2H^5)(CO^2)^2Pb + \tfrac{1}{2}\,H^2O,$$

se présente en aiguilles soyeuses, qui perdent leur eau de cristallisation à 100°.

DÉRIVÉS DE L'ACIDE MÉCONIQUE. — *Acide méconamique,*

$$C^5HO^2(OH)(CO^2H)(COAzH^2) + H^2O$$

[Mennel. *loc. cit.*]. — Une solution de méconate monéthylique dans l'eau chaude fournit, par l'addition d'ammoniaque en excès, un précipité cristallin jaune ayant pour formule

$$C^5HO^2(OAzH^4)(CO^2AzH^4)(COAzH^2).$$

Dissous dans l'eau chaude et traité par l'acide chlorhydrique, ce corps fournit l'acide méconamique, qui cristallise en aiguilles blanches. La potasse décompose à chaud cet acide en régénérant l'acide méconique. Ad. Fauconnier.

MÉLANTHINE, $C^{40}H^{66}O^{14}$. — Glucoside retiré des graines de *Nigella sativa*. Il est en prismes microscopiques, fusibles à 205°, peu solubles dans l'alcool, l'eau, la benzine, le sulfure de carbone, etc., très solubles dans les alcalis. Le perchlorure de fer colore la solution alcoolique en un vert jaune. L'acide sulfurique dissout la mélanthine, en se colorant en rouge; la coloration passe au rouge violet. L'acide chlorhydrique bouillant dédouble la mélanthine en glucose et *mélanthigénine*, matière cristalline offrant les mêmes réactions colorées que la mélanthine [H.-E. Greenish, *Journ. chem. Soc. London*, 1882, t. II, p. 718].

MÉLANURIQUE (ACIDE). — Cet acide, décrit t. II, p. 325 sous le nom d'acide mélanurénique, a été étudié depuis par Gabriel et Jaeger, qui ont confirmé la formule $C^3H^4Az^4O^2$ et lui ont donné le nom d'*ammélide*. En effet, ils n'ont pas réussi à préparer un corps de la formule de l'ammélide de Liebig (voyez Suppl., p. 123).

MÉLÉZITOSE, $C^{12}H^{22}O^{11} + H^2O$. — Villiers a rencontré ce sucre dans une manne récoltée à Lahore sur l'*Alhagi Maurorum*, arbrisseau épineux de la famille des Légumineuses. Cette manne est employée en Perse comme purgatif, et même comme aliment, sous le nom de *turanjbin*. Indépendamment de la mélézitose, ce produit renferme de la saccharose et des matières dextrogyres non étudiées.

La mélézitose est en prismes clinorhombiques; $mm = 86°\,30'$; $mp = 92°\,40'$; $pg^1 = 89°\,36'$. Les cristaux s'effleurissent à l'air et fondent un peu au-dessus de 140°. Pouvoir rotatoire

$$[\alpha]_D = +\,88°51'.$$

La mélézitose ne réduit la liqueur cupropotassique qu'après hydratation par les acides étendus et bouillants. Le sucre provenant de cette hydratation paraît identique avec la glucose, du moins il en possède le pouvoir rotatoire [A. Villiers, *Bull. Soc. chim.*, t. XXVII, p. 98].

MÉLISSIQUE (ACIDE), $C^{30}H^{60}O^2$ (voyez t. II, p. 328). — Cet acide, ainsi que l'alcool myricique dont il dérive par oxydation, est encore peu connu; on ne sait même pas si les acides préparés avec la cire des abeilles et la cire de *Carnaüba* (Suppl., p. 435) sont identiques et constituent des principes immédiats. Quoi qu'il en soit, ce qui suit se rapporte à l'acide mélissique obtenu par oxydation de l'alcool myricique de la cire de Carnaüba.

L'alcool, mélangé intimement de chaux potassée ou de chaux sodée, est chauffé dans des tubes de verre; lorsqu'on a employé la chaux potassée, une température de 220° suffit pour achever la réaction; dans le cas de la soude, l'oxydation ne s'accomplit que vers 260°. Quand il ne se dégage plus d'hydrogène, on fait bouillir la masse avec de l'acide chlorhydrique, on lave l'acide avec de l'eau, on le dissout dans l'alcool et on le précipite par l'acétate de plomb. Le sel de plomb, décomposé par l'alcool chargé de gaz chlorhydrique, fournit une solution d'acide mélissique qui abandonne de belles écailles soyeuses ou de fines aiguilles rayonnées [L. von Pieverling, *Liebig's Ann. Chem.*, t. CLXXXIII, p. 344; *Bull. Soc. chim.*, t. XXVIII, p. 177].

L'acide mélissique fond à 88°,5 (Pierverling), à 91° (Story-Maskelyne); il est très peu soluble dans l'éther, soluble dans l'alcool bouillant, auquel il communique une faible réaction acides La benzine, les pétroles légers, le chloroforme le dissolvent aussi à l'ébullition. On obtient les sels des métaux lourds en précipitant la solution alcoolique chaude par les acétates également en solution alcoolique.

Mélissate de potassium. — Fines aiguilles brillantes, solubles dans 20 p. d'eau bouillante ; la solution forme gelée après refroidissement. Un excès d'eau le décompose.

Sel d'argent, $C^{30}H^{59}O^2.Ag$. — Précipité pulvérulent, amorphe, très altérable à la lumière, fusible vers 95° ; se dissout dans le chloroforme et dans le toluène bouillants; cette dernière solution se réduit rapidement.

Sel de plomb, $(C^{30}H^{59}O^2)^2Pb$. — Précipité amorphe, jaunâtre, cristallisant dans le toluène bouillant en aiguilles jaunâtres.

Sel de cuivre. — Précipité vert clair.

Mélissate d'éthyle, $C^{30}H^{59}O^2.C^2H^5$. — Obtenu par l'action de l'iodure d'éthyle sur le sel argentique, il forme une masse blanche légère, fusible à 73° et soluble dans l'alcool bouillant.

Mélissate d'amyle, $C^{30}H^{59}O^2.C^5H^{11}$. — Il cristallise dans l'alcool en aiguilles brillantes, fusibles à 69° [Pieverling, *loc. cit.*]. A. Henninger.

MELLIQUE (ACIDE) $C^6(CO^2H)^6$. — L'acide mellique se produit, en même temps que l'acide oxalique, lorsque l'on oxyde par le permanganate le charbon de bois ou même le graphite. C'est probablement à une action de ce genre qu'est due la présence de cet acide dans les gîtes houillers [Schulze, *Deutsch. chem. Gesellsch.*, 1871, p. 202].

Friedel et Crafts ont obtenu l'acide mellique en oxydant l'hexaméthylbenzine [*Compt. rend.*, t. XCI, p. 257].

Pour préparer l'acide mellique, Claus et Pope recommandent le procédé suivant : On fait digérer la mellite à une douce chaleur avec de l'ammoniaque concentrée pendant 12 heures, puis on fait bouillir, on filtre, on évapore et on chauffe le résidu à 120-130°. Ce résidu, repris par l'eau bouillante, fournit une solution presque incolore de mellate d'ammonium. Pour le purifier, on le transforme en sel de plomb que l'on décompose par l'hydrogène sulfuré.

Soumis à l'électrolyse, l'acide mellique se décompose en hydrogène, oxygène et gaz carbonique, sans oxyde de carbone [Bourgouin, *Bull. Soc. chim.*, t. XXXV, p. 56].

Les mellates neutres, évaporés avec un excès d'acide chlorhydrique, perdent une partie de leur base et donnent des sels acides solubles dans l'alcool. Les mêmes composés se produisent lorsque l'on chauffe un chlorure avec l'acide mellique libre. Cet acide donne avec les solutions ammoniacales de magnésie un précipité cristallin dense de mellate ammoniaco-magnésien, $C^{12}O^{12}(AzH^4)^2Mg^2 + 15\ H^2O$, peu soluble dans l'eau bouillante et cristallisable en prismes brillants et vitreux.

Par l'action du perchlorure de phosphore sur l'acide mellique, on obtient une petite quantité d'hexachlorure, $C^{12}O^6Cl^6$, mélangée à d'autres produits, parmi lesquels l'oxychlorure $C^{12}O^8Cl^2$. L'hexachlorure cristallise en prismes durs et brillants, fusibles à 190° et sublimables vers 240° [Claus et Pope, *Deutsch. chem. Gesellsch.*, 1877, p. 559].

Les acides mellique et pyromellique se combinent avec le phénol en donnant des composés analogues à ceux que donne l'acide phtalique avec le naphtol [J. Grabowski, *Deutsch. chem. Gesellsch.*, 1873, p. 1065]. M. Hanriot.

MELLOPHANIQUE (ACIDE). — Voyez t. II, p. 332.

MENTHÈNE, $C^{10}H^{18}$. — Voyez, t. II, p. 337.

Le menthène, obtenu par l'action du chlorure de zinc sur le menthol, s'unit au brome pour fournir un liquide épais, ayant pour composition $C^{10}H^{18}Br^4$, que la chaleur décompose en acide bromhydrique et paracymène [Beckett et Wright, *Deutsch. chem. Gesellsch.*, 1875, p. 1465].

Traité par un grand excès d'acide nitrique, le menthène donne un produit d'oxydation fusible à 97° et ayant pour composition $(C^5H^8O^4)^2H^2O$ [Moriya, *Chem. Soc. London*, 1881, t. Ier, p. 77, et *Deutsch. chem. Gesellsch.*, 1881, p. 1110].

DIMENTHÈNE $(C^{10}H^{18})^2$ [De Montgolfier, *Bull. Soc. chim.*, t. XXXI, p. 530]. — Ce corps se produit dans l'action de l'acide sulfurique sur le camphre de menthe; c'est un liquide visqueux, sans action sur la lumière polarisée, bouillant à 320°. Sa densité est 0,894. Il se dissout dans l'acide sulfurique fumant en donnant un acide sulfoconjugué.

MENTHOL, $C^{10}H^{20}O$. — Voyez, t. II, p. 363.

Un mélange de dichromate de potassium et d'acide sulfurique réagit en tubes scellés sur le menthol à 120° et lui enlève 2 atomes d'hydrogène : le produit de la réaction, $C^{10}H^{18}O$, est un liquide visqueux bouillant à 204-205°.

Chauffé pendant quelques instants avec cinq volumes d'acide nitrique fumant, le menthol fournit une huile explosive qui donne par réduction un corps présentant la composition

$$C^{10}H^{19}AzH^2$$

et bouillant à 190°.

Chauffé longtemps avec vingt volumes d'acide nitrique fumant, le menthol se transforme en un produit fusible à 97° et ayant pour composition $(C^5H^8O^4)^2H^2O$.

Le brome réagit sur le menthol en solution acétique ou chloroformique pour fournir un liquide huileux non distillable, dont la formule est $C^{10}H^{19}Br$ [Moriya, *Chem. Soc. London*, 1881, t. Ier, p. 77 et *Deutsch. chem. Gesellsch.*, 1881, p. 1110].

L'action de l'acide sulfurique sur le menthol donne, entre autres produits, la dimenthène [De Montgolfier, *Bull. Soc. chim.*, t. XXXI, p. 530].

MERCURE. — *Propriétés physiques.* — La densité du mercure à 0°, toutes corrections faites, est, d'après P. Volkmann, égale à 13,5953 [*Poggend. Ann.*, 1881, p. 209]. La densité du mercure solide, rapportée à l'eau à 0°, est égale à 14,1932. Le mercure solide fond à 38°,85 [J.-W. Mallet, *Proceed. Roy. Soc.*, t. XXVI, p. 71]. La chaleur spécifique du mercure est égale à 0,03312 entre 50 et 20° et à 0,03278 entre 142° et 25° [Winkelmann, *Poggend. Ann.*, t. CLIX, p. 152].

Purification. — Lothar Meyer fait couler le mercure en filet mince à travers une solution de chlorure ferrique étendue, contenue dans un cylindre de quelques centimètres de diamètre et de 1 mètre à 1m,5 de hauteur [*Deutsch. chem. Gesellsch.*, 1879, p. 438]. Brühl agite le mercure avec une solution chromique contenant 5 grammes de dichromate de potassium et quelques centimètres cubes d'acide sulfurique par litre, jusqu'à disparition du chromate de mercure d'abord produit et coloration verte de la solution; on répète plusieurs fois l'opération [*ibid.*, 1879, p. 204 et 576].

Propriétés chimiques. — D'après les expériences de Berthelot, le mercure s'oxyde superficiellement en se recouvrant d'une couche d'oxydule qui protège la surface métallique; si l'on enlève cette pellicule, elle se reproduit. Le dépôt ainsi recueilli fournit du calomel lorsqu'on le traite par l'acide chlorhydrique. Les expériences ont été faites sur du mercure *pur* offrant à l'air une surface de 500 centimètres carrés, mise à l'abri des poussières. La même oxydation superficielle se produit dans un flacon bouché [*Compt. rend.*, t. XCI, p. 871; *Bull. Soc.*

chim., t. XXXV, p. 487]. Suivant Amagat, l'oxygène *sec* est sans action à froid sur le mercure [*Compt. rend.*, t. XCIII, p. 308].

Agité avec une solution de permanganate de potassium, le mercure est oxydé; à froid, il se forme de l'oxyde mercureux; à chaud, de l'oxyde mercurique [Kirchmann, *Arch. Pharm.*, (2), t. CL, p. 203].

Le mercure en vapeurs, à la température ordinaire, est absorbé par le soufre avec formation de sulfure noir (voir SULFURE); aussi le soufre a-t-il été recommandé comme préservatif contre les vapeurs mercurielles (B. von Schrœtter). A cet égard, on a aussi recommandé l'emploi du chlore ou du chlorure de chaux [Merget, *Ann. Chim. Phys.*, (4), t. XXV, p. 121], ainsi que l'ammoniaque; ce dernier corps atténue en outre les accidents produits antérieurement par la respiration des vapeurs mercurielles [J. Meyer, *Compt. rend.*, t. LXXVI, p. 648].

Les composés du mercure, notamment le bichlorure et surtout l'oxyde sont, d'après A. Petit, les composés les plus antifermentescibles. 0,5 % d'oxyde de mercure arrêtant instantanément une fermentation en pleine activité [*Bull. Soc. chim.*, t. XVIII, p. 436].

Thermochimie. — Nous extrayons les données suivantes des recherches très étendues de Berthelot sur les affinités du mercure, sur les doubles décompositions de ses sels haloïdes et autres; sur le déplacement réciproque des acides combinés avec l'oxyde de mercure, etc. [*Ann. Chim. Phys.*, (5), t. XV, p. 185; *Compt. rend.*, t. LXXVIII, p. 1175; t. XCIV, p. 482, 549, 678, 760, 1672; *Bull. Soc. chim.*, t. XXXVIII, p. 369, 481; t. XXXIX, p. 17 et 104].

Les chaleurs dégagées par 1 équivalent de mercure (100) ou 2 équivalents (mercurosum) en se combinant à 1 équivalent d'oxygène (8), de chlore, de brome, d'iode

	O (= 8)	Cl	Br	I
1/2 Hg	15 500 cal.	31 400	30 400	22 400
1/2 (Hg^2)	21 100	40 900	39 200	29 200.

La formation du sulfure de mercure par l'oxyde et l'hydrogène sulfuré en solution aqueuse,

$$(HgO.H^2S),$$

dégage 48 700 calories. Thomson a trouvé le nombre 45 300 et le nombre 4 510 calories pour l'union directe de soufre et de mercure (Hg + S) [*Journ. prakt. Chem.*, (2) t. XIX, p. 1].

Le déplacement réciproque des acides dans les combinaisons haloïdes a fourni à Berthelot, entre autres, les données suivantes :

1/2 Hg Cl^2 + H Cy dégage (Déplacement total).	.... + 5 360	calories.
La réaction inverse	— .... + 0 040	—
1/2 Hg Cl^2 + K Cy (Déplacement total).	— .... + 17 000	—
1/2 Hg Br^2 + H Cy	— .... + 1 750	—
1/2 Hg Cy^2 + H I (Déplacement total).	— .... + 8 000	—
1/2 Hg Cl^2 + H Br (Presque total)	.... + 4 470	—
1/2 Hg Br^2 + H I (Presque total).	.... + 9 000	—
1/2 Hg Cl^2 + H I (Déplacement total).	.... + 13 600	—

Dans ces réactions, c'est toujours l'acide qui dégage le plus de chaleur par son union avec l'oxyde de mercure qui s'y combine de préférence et déplace les autres, sans que les conditions de solubilité des produits interviennent dans la réaction. Les sels alcalins agissent comme les hydracides correspondants. Il en est de même pour le déplacement réciproque dans les sels oxygénés de mercure.

AMALGAMES. — La formation des amalgames des métaux alcalins a lieu avec un dégagement de chaleur qui atteint son maximum lorsque le potassium est combiné à 24 équivalents environ de mercure, soit $Hg^{12}K$, ce qui correspond à la composition de l'amalgame cristallisé. La chaleur maximum est de + 34 200 calories, (soit 27 500 si l'on envisage le mercure sous forme solide). Pour l'amalgame de sodium, le maximum de chaleur dégagée est produit par l'amalgame Hg^6Na, qui produit + 21 600 calories (ou + 18 200 pour Hg solide). Ces amalgames solides se dissolvent dans un excès de mercure en produisant un abaissement de température correspondant à la chaleur de fusion du mercure solide [Berthelot, *Ann. Chim. Phys.*, (5) t. XVIII, p. 442].

H. Masson a préparé les amalgames de chrome, de manganèse, de fer, de cobalt par l'action de l'amalgame de sodium pâteux et les sels de ces métaux. Ils sont butyreux [*Bull. Soc. chim.*, t. XXXI, p. 149].

Les amalgames de plomb, d'étain, de zinc, de bismuth retiennent encore du mercure à la température de 360°, mais non à 440° (ébullition du soufre). Les amalgames de sodium et de potassium maintenus à 440° sont cristallins et ont pour composition Na^3Hg et K^2Hg. A la même température, la composition de l'amalgame d'or devient Au^9Hg, celui d'argent, $Ag^{13}Hg$; celui de cuivre $Cu^{16}Hg$ [E. de Souza, *Deutsch. chem. Gesellsch.*, 1876, p. 1050].

Amalgame de cuivre. — En mélangeant 20 à 30 parties de cuivre réduit par l'hydrogène et 79 p. de mercure avec de l'acide sulfurique, on obtient une masse solide qui, lavée à l'eau bouillante, laisse un amalgame assez solide, ayant l'éclat et le poli de l'or, et devenant plastique à chaud [*Monit. scientif.*, (3) t. VII, p. 312].

BROMURE MERCURIQUE, $HgBr^2$. — En traitant le mercure par une solution alcoolique de brome et évaporant la solution, on obtient ce bromure en pyramides rhombiques, clivables suivant *p*. Rapport des axes = 0,6817 : 1 : 0,9975. Angle des arêtes au sommet = 67°50' environ [Hjortdahl, *Zeitschr. Krystall.*, t. III, p. 302].

La densité de $HgBr^2$ à 18° est égale à 5,7481, celle du bromomercurate de potassium = 4,412 [F.-W. Clarke, *Silliman amer. Journ.*, (3) t. XVI, p. 401].

CHLORURE MERCUREUX, Hg^2Cl^2. — La vapeur de calomel contient du mercure libre; l'expérience d'Erlenmeyer, confirmée par les recherches de Le Bel, le prouve. Mais Debray admet que cette dissociation est très incomplète. En effet, si l'on plonge dans cette vapeur à 440° un tube en U en argent doré, maintenu froid par un courant d'eau froide, il se recouvre d'un dépôt de calomel rendu gris par du mercure métallique [*Compt. rend.*, t. LXXXIII, p. 330].

Dans un mélange de vapeurs de calomel et de chlorure mercurique, il ne se condense pas de mercure libre sur l'appareil précédent. Fileti admet que dans ce cas il n'y a pas dissociation et pourtant la densité de vapeur trouvée à l'aide de l'appareil de V. Meyer (8,01 à 8,30) correspond à la formule Hg Cl (2 volumes) [*Gazz. chim. ital.*, 1881, p. 341]. Ces expériences sont insuffisantes pour trancher la question de la décomposition complète ou partielle du calomel au moment de sa vaporisation.

Le calomel obtenu en réduisant le chlorure mercurique par l'acide oxalique au soleil et à chaud est cristallin. Il se présente en tables quadratiques microscopiques [J.-M. Eder, *Deutsch. chem. Gesellsch.*, 1880, p. 166].

F. Ruyssen et Eug. Varenne ont étudié la solubilité du chlorure mercureux dans l'acide chlorhydrique concentré. Ils ont reconnu que cette solubilité décroît avec la quantité de chlorure en présence; elle s'accroît avec le temps.

Ainsi les quantités suivantes d'azotate mercureux ont exigé pour se dissoudre (0gr0136 par centimètre cube) :

1cc	exige 262cc	d'acide	chlorhydrique	(115gr gaz	H Cl)
3	— 1146	—	—	(502gr	H Cl)
8	— 6000	—	—	(2630gr	H Cl)

25 centimètres cubes d'acide chlorhydrique ont dissous en outre, après quelques jours, autant que 250 centimètres cubes instantanément. La présence de chlorure d'argent augmente cette solubilité [*Compt. rend.*, t. CXII, p. 1161].

Le chlorure mercureux est soluble dans l'azotate mercurique : 25 grammes de calomel, par exemple, se dissolvent dans une solution chaude de 50 grammes d'azotate mercurique dans 500 centimètres cubes d'eau. Par le refroidissement il se dépose sous forme cristalline. L'azotate mercureux dissout aussi à chaud des quantités notables de calomel [H. Debray, *Compt. rend.*, t. LXX, p. 995]. Drechsel attribue la solubilité du calomel dans l'azotate mercurique à la production de bichlorure et d'azotate mercureux. On n'obtient pas de précipité de calomel lorsqu'on ajoute du bichlorure de mercure à une solution d'azotate mercureux contenant de l'azotate mercurique [*Journ. prakt. Chem.* (2), t. XXIV, p. 44].

Chlorure mercurique. — Le chlorure mercurique cristallisé produit, en se dissolvant dans l'eau, une absorption de chaleur représentée par — 1 500 calories (pour l'équivalent ½ $HgCl^2$). Le chlorure fondu produit une absorption plus considérable, ce qui permet d'admettre qu'il existe pour le chlorure une modification allotropique comme pour l'iodure (Berthelot).

La réduction du chlorure mercurique par l'acide sulfureux, qui est lente à froid et très rapide vers 100°, n'a plus lieu en présence d'une quantité notable de chlorure de sodium (au moins 20 p. NaCl pour 1 p. $HgCl^2$); dans ces conditions, on n'obtient aucun précipité de calomel quelle que soit la durée de l'ébullition. C'est seulement à 120° en tubes scellés qu'on obtient un dépôt cristallin de calomel.

Dans les mêmes conditions, la potasse ne produit qu'au bout d'un certain temps un précipité d'oxyde, précipité qui est alors cristallin [Debray, *Compt. rend.*, t. XCII, p. 1222].

L'acide oxalique réduit le bichlorure sous l'influence de la lumière, en produisant du calomel. La réduction est limitée à cause de la mise en liberté d'acide chlorhydrique. Les tétroxalates alcalins et surtout l'oxalate ammonique neutre sont beaucoup plus actifs que l'acide oxalique libre. Un mélange de ce sel avec du bichlorure de mercure se conserve dans l'obscurité, et à chaud, mais l'action s'établit à la lumière. La réduction est d'autant plus active que la solution est plus concentrée. Quand tout le bichlorure est réduit, le calomel déposé est lui-même reduit en partie à l'état métallique. A 100° la réduction sous l'influence de la lumière est 20 fois plus active qu'à froid. Le calomel déposé à chaud est cristallin [J.-M. Eder, *Deutsch. chem. Gesellsch.*, 1880, p. 166].

A. Ditte a fait connaître quelques combinaisons de chlorure mercurique avec l'acide chlorhydrique :

1° $HgCl^2.2HCl + 7H^2O$. Se forme au-dessus de — 10° en saturant à cette température la solution de bichlorure par le gaz chlorhydrique. Cristaux fusibles à — 2°.

2° $3HgCl^2.4HCl + 14H^2O$. — Cristaux se déposant à 0°, très fusibles, altérables à l'air.

3° $2HgCl^2.HCl + 6H^2O$. — Grands prismes transparents ou petites aiguilles fusibles à une douce chaleur.

4° $2HgCl^2.HCl + 9H^2O$. — Se dépose en fines aiguilles entre 15 et 40°.

5° $3HgCl^2.HCl + 5H^2O$. — Aiguilles soyeuses se produisant à 60° [*Compt. rend.*, t. XCII, p. 353].

Iodure mercureux, Hg^2I^2. — On l'obtient bien cristallisé en chauffant à 250° en matras scellés le mercure et l'iode dans les proportions voulues. Les cristaux présentent l'apparence de grandes paillettes, sont d'un beau rouge à chaud et deviennent jaunes par le refroidissement, inversement de ce qui a lieu pour le biiodure.

Ces cristaux appartiennent au type quadratique et sont isomorphes avec le chlorure mercureux. Ils offrent les faces h^1, p, b ½ ; clivage suivant p. Rapport des axes = 1 : 1,6726. Angles pb ½ = 67° 5'; b ½ b ½ = 81° 16'.

L'iodure mercureux jaune devient rouge à 70°, rouge grenat vers 220°. Il fond à 290° et distille à 310°, mais se sublime déjà à 190°. Chauffé brusquement à l'air, il se décompose en donnant un oxyiodure cristallin jaune clair, paraissant renfermer $6HgO.7HgI^2$ [P. Yvon, *Compt. rend.*, t. LXXVI, p. 1607; — Des Cloizeaux, *Ibid.*, t. LXXXIV, p. 1418].

Iodure mercurique, HgI^2. — L'iodure mercurique fond, d'après H. Kœhler, non à 238°, mais à 253-254°. Fondu, il est d'un rouge de sang. La couleur jaune qu'il contracte à 150° devient orangée vers 230°, puis rouge. Suivant G.-F. Rodwell et H.-M. Elder, l'iodure rouge devient jaune à 126° pour redevenir rouge-brun au moment de fondre; refroidi, il redevient jaune, puis rouge; ce dernier passage a lieu en produisant des crépitations qui témoignent d'un travail moléculaire; en même temps on constate une élévation de température.

Jusqu'à 126°, il subit une dilatation régulière; en passant du rouge au jaune, il éprouve une dilatation subite, après quoi la dilatation est de nouveau régulière. Voici les densités observées :

A 0°	6,297
126° modif. rouge.	6,276
126° modif. jaune.	6,225
Point de fusion { solide..	6,179
{ liquide.	5,286

[*Proceed. of. Roy. Soc.*, t. XXVIII, p. 284].

L'iodure jaune dégage 1 500 calories en se transformant en iodure rouge (Berthelot).

Le meilleur dissolvant pour obtenir l'iodure mercurique cristallisé est l'acide chlorhydrique concentré et bouillant, qui l'abandonne par le refroidissement en cristaux volumineux rouges à éclat métallique; ce sont des prismes quadratiques pyramidés [H. Kœhler, *Deutsch. chem. Gesellsch.*, 1879, p. 608].

L'iodure mercurique se dissout dans l'acide iodhydrique avec dégagement de chaleur. 1 équivalent, soit ½ HgI^2, se dissout dans 2 HI en produisant + 2 800 calories. Avec l'iodure de potassium, la chaleur dégagée est sensiblement la même [Berthelot, *Bull. Soc. chim.*, t. XXXVIII, p. 369].

Il forme avec le chlorure d'argent une combinaison jaune, sans doute $HgI^2.(AgCl)^2$ [C. Lea, *Silliman's amer. Journ.*, (3), t. VII, p. 34].

Hexa-iodure de mercure, HgI^6. — Jœrgensen prépare ce periodure en ajoutant du chlorure mercurique à une solution alcoolique de triiodure de potassium chauffée à 50°. L'addition d'eau précipite le periodure en tables rhombiques brunes de 69 et 113° environ. Des lavages prolongés à l'eau le décomposent, ainsi que l'alcool et l'iodure de potassium [*Journ. prakt. Chem.*, (2), t. II, p. 347].

Chloro-iodure de mercure, HgICl. — H. Kœhler confirme les indications de Boullay. Il prépare ce corps en chauffant sous pression, à 150°, du chlorure et de l'iodure mercuriques avec un peu d'eau. On obtient une poudre cristalline jaune qui devient rouge après 24 heures, en changeant de forme. On peut préparer ce même composé en chauffant avec un peu d'eau 4gr,5 de calomel et 2gr,5 d'iode.

Le chloro-iodure jaune est en cristaux orthorhombiques; devenus rouges, ils appartiennent au type quadratique (faces *p* et a^1). Le produit rouge devient jaune à 125°; il fond à 153° en un liquide jaune qui se concrète à 140°. Il distille à 315°, mais se sublime déjà avant. Il est très peu soluble dans l'eau bouillante, qui paraît l'altérer. Il est soluble dans l'acide chlorhydrique étendu; la solution donne avec l'hydrogène sulfuré un précipité jaune serin, altérable à la lumière, qui a pour composition

$$S<^{HgCl}_{HgI}$$

[*Deutsch. chem. Gesellsch.*, 1879, p. 1187].

Oxyde mercurique, HgO. — L'oxyde cristallin obtenu par oxydation du mercure à l'air se présente en lamelles hexagonales ou octogonales, clinorhombiques, transparentes, qui agissent activement sur la lumière polarisée [Des Cloizeaux, *Ann. Chim. Phys.*, (4) t. XX, p. 201].

Lorsqu'on ajoute de la potasse à une solution de chlorure mercurique contenant un grand excès de chlorure de sodium (20 fois au moins le poids de $HgCl^2$), on n'obtient pas un précipité immédiat. L'oxyde mercurique mis en liberté ne se sépare qu'au bout de quelque temps et sous forme cristalline. Il est en lamelles jaunes s'il est déposé à froid; rouges s'il s'est déposé vers 100°. Il est plus dense que l'oxyde amorphe et les cristaux rouges sont inattaquables par le chlore sec [H. Debray, *Compt. rend.*, t. XCIV, p. 1222].

La *dissociation* de l'oxyde mercurique sous l'influence de la chaleur a été étudiée par J. Meyer. La dissociation ne commence qu'à 240° et la tension de l'oxygène atteint 2 millimètres après 1 heure. Jusque vers 300° la tension n'augmente guère, à 350° elle atteint 8 millimètres; à 400°, 16 millimètres après 5 heures; à 500° enfin la tension de l'oxygène atteint 343 millimètres et va peu à peu en augmentant avec le temps. Il ne se manifeste pas de diminution dans la tension par le refroidissement. Passé une certaine température, environ 400°, il n'y a donc pas de tension maximum et le degré de décomposition est fonction du temps [*Deutsch. chem. Gesellsch.*, 1873, p. 11].

Ces conclusions ne sont pas admises par Debray, qui objecte que dans les conditions de l'opération le mercure résultant de la dissociation se dépose sur les parois froides, ce qui empêche sa recombinaison avec l'oxygène par le refroidissement, en même temps qu'il ne peut s'établir une tension maximum [*Compt. rend.*, t. LXXVII, p. 123].

Le sodium réagit partiellement à chaud sur l'oxyde de mercure. Le résidu est une combinaison stable à chaud, représentant un oxyde double, $HgNa^2O^2$. L'eau le décompose en soude et oxyde de mercure [Beketoff, *Deutsch. chem. Gesellsch.*, 1880, p. 2392].

L'oxyde de mercure se dissout dans une solution d'iodure de potassium d'après l'équation :

$$HgO + 3\,KI + H^2O = 2KHO + HgI^2KI$$

(C. Jehn).

Sulfure de mercure. — Le soufre devient noir dans une atmosphère de mercure. Dans le vide barométrique, les vapeurs sont rapidement absorbées par le soufre, mais comme elles se reproduisent la formation du sulfure continue; il se forme d'abord du sulfure noir, mais bientôt, surtout sous l'influence de la lumière, c'est un dépôt de cinabre qui se forme sur les parois du tube [B. von Schrœtter, *Wien. Akad. Ber.*, t. LXVI, p. 79].

Hausamann prépare le vermillon en dissolvant le précipité blanc de chloramidure de mercure dans l'hyposulfite de sodium et portant la solution à 70 ou 80° [*Deutsch. chem. Gesellsch.*, 1874, p. 1746].

Le sulfure de mercure, insoluble dans la soude et dans le sulfure de sodium, se dissout dans un mélange de ces deux réactifs (2 p. de sulfure de sodium cristallisé et 2 p. de lessive de soude d'une densité de 1,33 pour 1 p. de sulfure de mercure). La solution est orangée; l'addition d'eau en précipite du sulfure noir. Il en est de même des acides et de l'hydrogène sulfuré. Exposée à l'air, la solution absorbe l'acide carbonique; elle abandonne d'abord du carbonate de sodium mélangé de sulfure noir, puis des prismes ou tables hexagonales de cinabre, d'un rouge hyacinthe (Méhu).

Le cinabre est impressionné par la lumière, surtout celui qui est obtenu par voie humide; exposé au soleil sur une couche de potasse ou d'ammoniaque, ce dernier noircit après quelques secondes. Heumann attribue cette altération à une transformation allotropique, qui est aussi provoquée par l'acide azotique et même lentement par l'eau pure [*Deutsch. chem. Gesellsch.*, 1874, p. 750].

Le cinabre est facilement réduit par le cuivre. Cette désulfuration est surtout rapide à chaud, avec le cuivre réduit par l'hydrogène. Il se forme du sulfure de cuivre, du mercure métallique et une poudre foncée (oxysulfure) que l'acide azotique bouillant transforme en un corps blanc qui est l'azotate sulfuré, $2\,HgS.(AzO^3)^2Hg$ de Barfoed. La poudre de zinc agit encore plus vivement que le cuivre. L'hydrogène naissant (poudre de zinc et acide chlorhydrique) attaque le cinabre avec dégagement d'hydrogène sulfuré [Heumann, *loc. cit.*, p. 1388 et 1486; *Bull. Soc. chim.*, t. XXII, p. 497 et XXIII, p. 501].

Sels de mercure sulfurés. — Ces sels se produisent, en général, par la digestion du sulfure de mercure, noir ou rouge, avec les sels de mercure (Heumann).

Azotate sulfuré, $2\,HgS.(AzO^3)^2Hg$. — Il se produit par l'action de l'acide azotique sur le résultat de la désulfuration partielle du cinabre par le cuivre. Les alcalis en séparent un mélange noir ou une combinaison d'oxyde et de sulfure mercuriques, que l'acide azotique convertit de nouveau en sel sulfuré.

Gramp a décrit un autre azotate sulfuré plus basique, $2\,(AzO^3)^2Hg.HgO.6\,HgS + 12\,H^2O$, qui se forme, d'après lui, lorsqu'on chauffe à 120° sous pression le sulfure de mercure avec l'acide azotique d'une densité de 1,2. Ce sel est insoluble dans l'eau et dans l'acide azotique de cette concentration. Chauffé, il jaunit, puis fond en se décomposant. La potasse le brunit, puis le noircit. Le chlorure de sodium bouillant le décompose en produisant du sulfure et du chlorure mercuriques, de l'azotate de sodium et de la soude caustique [*Journ. prakt. Chem.*, (2), t. XIV, p. 299].

Sulfate mercurique sulfuré, $SO^4Hg.2\,HgS$. — F. Kessler l'a obtenu par la distillation de l'azotate correspondant : il se dégage des vapeurs de nitre et de mercure, le résidu est blanc et partiellement sublimable. C'est le sulfate sulfuré déjà connu [*Poggend. Ann.*, (2), t. VI, p. 315].

Sulfate trithiobasique de Spring, $SO^4Hg.3\,HgS$. — L'acide tétrathionique produit dans une solution d'azotate mercureux un précipité amorphe (Wackenroder). En opérant en sens inverse, et maintenant l'acide tétrathionique en excès, on obtient un précipité jaune, facile à laver, auquel le sulfure de carbone enlève du soufre libre, laissant le composé $S^4O^4Hg^4$ ou $SO^4Hg.3\ HgS$. Ce corps se produit d'après l'équation

$$2\ S^4O^6(Hg^2) + 3\ H^2O$$
$$= S^4O^4Hg^4 + S + SO^3H^2 + 2\ SO^4H^2.$$

Le sulfate trisulfuré, débarrassé de l'excès d'acide tétrathionique, est inaltérable à 120°. Il est soluble dans l'eau régale et dans l'acide tétrathionique concentré. L'acide azotique le convertit à 100° en $3\ SO^4Hg.HgS$.

L'azotate de baryum le décompose en précipitant du sulfate de baryum et du sulfure de mercure, ce qui démontre sa constitution. L'eau bouillante met l'acide sulfurique en liberté et précipite $HgO + 3\ HgS$.

L'acide chlorhydrique l'attaque avec dégagement d'hydrogène sulfuré. W. Spring représente la constitution de ce sel par la formule

$$S{<}^{Hg\text{-}S\text{-}Hg}_{Hg\text{-}S\text{-}Hg}{>}SO^4.$$

Tous les sels sulfurés de mercure et les sels basiques peuvent être représentés par une formule analogue; par exemple, le turbith minéral et le sulfate sulfuré correspondant :

$$\begin{matrix} Hg\text{-}SO^4\text{-}Hg \\ O - Hg - O \end{matrix} \qquad \begin{matrix} Hg\text{-}SO^4\text{-}Hg \\ S - Hg - S \end{matrix}$$

[*Ann. Chem. Pharm.*, t. CXCIX, p. 116; *Bull. Soc. chim.*, t. XXXIV, p. 68].

SELS DE MERCURE. — *Bromate mercurique basique*, $(BrO^3)^2Hg.HgO + H^2O$. — Cristaux orthorhombiques de 5,15 de densité. Rapport des axes = 1 : 0,7974 : 0,6495. Faces, h^1, m, g^1, a^1, b ½, p (H. Topsoe).

CHLORATE BASIQUE, $(ClO^3)^2Hg.HgO + H^2O$. — Même forme. Rapport des axes = 1 : 0,7997 : 0,6278. Densité = 5,815.

IODATE MERCURIQUE, $(IO^3)^2Hg$. — Poudre blanche insoluble dans l'eau, obtenue en ajoutant de l'acide iodique à un sel de mercure, cyanure, azotate ou acétate, mais non le bichlorure. Il est inattaquable pour l'acide azotique. Les acides chlorhydrique, bromhydrique et iodhydrique le réduisent [C.-A. Cameron, *Chem. News*, t. XXX, p. 253].

SULFATE MERCUREUX ACIDE, $SO^4(Hg^2).SO^4H^2$. — Il se forme par l'action de l'acide sulfurique contenant un peu d'acide azotique sur le mercure. Il cristallise en prismes rhombiques transparents, altérables à l'air [Ph. Braham, *Chem. News*, t. XLII, p. 163].

SULFATE MERCURIQUE. — Le gaz chlorhydrique sec transforme le sulfate mercurique en une combinaison fusible et volatile, sublimable en aiguilles blanches qui renferment $SO^4Hg.2HCl$, ou plus probablement $HgCl^2.SO^4H^2$. On l'obtient aussi en évaporant du sulfate mercurique avec de l'acide chlorhydrique concentré, ou en chauffant le bichlorure de mercure avec de l'acide sulfurique. Il est soluble dans l'eau.

L'acide bromhydrique produit une combinaison analogue sublimable en lamelles brillantes, mais non l'acide iodhydrique [A. Ditte, *Compt. rend.*, t. LXXXVII, p. 791].

COMBINAISONS AMMONIO-MERCURIQUES. — *Chlorure de mercurammonium* (chloramidure de mercure). — Lorsqu'on projette le chloramidure de mercure dans un flacon de chlore, il s'échauffe et produit un dégagement d'azote qui met la poudre en effervescence; à un moment donné, il y a explosion ou production de flammes vertes.

Le brome agit d'une manière analogue. Chauffé avec de l'iode, il réagit sans violence. Mais si l'on arrose le mélange avec de l'alcool, il se produit une violente explosion, qui projette des parcelles d'iodure d'azote et qui brise les vases. L'explosion se produit après 10 minutes à la lumière et 35 minutes à l'ombre (on prend 5 grammes d'iode par 2 grammes de chloramidure et 60 grammes d'alcool). Avec les autres dissolvants de l'iode, il n'y a pas d'explosion, si ce n'est quelquefois une explosion très limitée [V. Schwarzenbach, *Deutsch. chem. Gesellsch.*, 1875, p. 1231].

Suivant Flückiger, un mélange de 3 molécules de chloramidure avec 4 atomes d'iode sec détone au bout d'un certain temps. Si l'on arrose le mélange avec de l'eau, il fait entendre des crépitations. La réaction a lieu d'après l'équation

$$9\ AzHgH^2Cl + 12\ I$$
$$= 4\ Az + 3\ AzH^4Cl + 2\ AzH^3 + 3\ HgCl^2$$
$$+ 6\ HgI^2.$$

Les hypobromites agissent moins énergiquement que l'iode [*Deutsch. chem. Gesellsch.*, 1875, p. 1619].

D'après C. Rice, le précipité blanc fournit de l'iodure d'azote par l'action de l'iode alcoolique : le phénol empêche cette production, mais il se forme alors de l'iodoforme [*Pharm. J. Transact.*, (3), t. VI, p. 765].

Le précipité blanc fusible (*chlorure de mercure-diammonium*), traité par l'iode, fournit, d'après Flückiger, la réaction

$$3\ Hg(AzH^3)^2Cl^2 + I^2$$
$$= Az + 3\ AzH^4Cl + 2\ AzH^3 + HgCl^2$$
$$+ HgI^2 + HgCl.$$

Hydrate de dimercurammonium (base de Millon). — Séchée sur l'acide sulfurique, cette base renferme, d'après Gerresheim,

$$Hg^4O^3Az^2H^4 + 2\ H^2O\ (3\ H^2O\ \text{d'après Millon}).$$

Cet hydrate est soluble dans 13 000 p. d'eau à 17° et dans 1 700 p. à 86°; il se dépose en cristaux microscopiques par le refroidissement. La chaleur le dédouble en azoture de mercure, qui régénère en partie la base de Millon en présence de l'eau. Cette décomposition, attribuée par Schneider à l'action de la potasse, est représentée par l'équation

$$3\ Hg^4O^3Az^2H^4$$
$$= 2\ AzH^3 + 6HgO + 2\ Az^2Hg^3 + 3\ H^2O,$$
$$2\ Az^2Hg^3 + 2\ HgO + 4\ H^2O$$
$$= 2\ Hg^4O^3Az^2H^4.$$

L'acide azotique transforme l'hydrate en un sel blanc, insoluble dans un excès d'acide. L'acide acétique donne un acétate soluble dans un excès. La solution acétique donne des précipités avec les acides azotique, sulfurique, chlorhydrique. Les sels ainsi précipités sont cristallisables dans l'acide acétique. L'azotate est en petites aiguilles brillantes.

La base de Millon, employée en excès, décompose tous les sels solubles, en s'emparant de l'acide et mettant la base en liberté. Si les sels sont en excès, elle se dissout pour former des sels doubles (avec les sels ammoniacaux notamment), ou bien elle donne des sels insolubles, qui se précipitent; ainsi le chlorure de potassium, le chlorure de baryum donnent le chlorure correspondant précipitable par l'alcool, tandis que l'alcali mis en liberté reste dissous. Il y a même réaction sur le sulfate de baryum. L'iodure, le cyanure, le sulfure de potassium décomposent la base.

La base de Millon décompose aussi les sels de tétréthylammonium. Traitée par l'iodure d'éthyle, elle fournit l'*iodomercurate de tétréthylammonium*, $[(C^2H^5)^4AzI]^2\ 3HgI^2$, fusible à 153-154°. On obtient de même le *bromomercurate*, fusible à 147-150° [Gerreshein, *Ann. Chem. Pharm.*, t. CXCV, p. 379; *Bull. Soc. chim.*, t. XXXII, p. 179].

ANALYSE. — *Dosage volumétrique.* — J.-B. Hannay propose de doser le mercure en ajoutant une solution titrée de cyanure de potassium à la solution de mercure, convertie en chlorure mercurique et additionnée d'ammoniaque, jusqu'à disparition du précipité blanc [*Journ. chem. Soc.*, (2), t. XI, p. 565].

Pour utiliser ce procédé et le rendre applicable à tous les sels de mercure, Tuson et Neison ajoutent du carbonate de potassium et du chlorure d'ammonium à la solution mercurique [*Ibid.*, 1877, t. II, p. 679].

Volhard a fondé un procédé de titrage du mercure sur l'action décolorante qu'exercent les sels de ce métal sur la solution rouge de sulfocyanate ferrique [*Ann. Chem. Pharm.*, t. CXC, p. 57].

Dosage électrolytique. — Clarke effectue la séparation électrolytique du mercure dans une capsule de platine servant d'électrode négative, tandis qu'une feuille de platine, reliée au pôle positif de la pile, plonge dans la solution. Le mercure déposé dans la capsule est lavé par décantation, d'abord avec de l'eau, puis avec de l'alcool et de l'éther, séché sur l'acide sulfurique et pesé. Si l'on emploie du bichlorure de mercure, il se dépose d'abord du calomel; la disparition totale de ce dernier indique la fin de l'opération [*Deutsch. chem. Gesellsch.*, 1878, p. 1409].

Suivant J.-B. Hannay, la séparation électrolytique réussit le mieux avec le sulfate, moins bien avec l'azotate et le chlorure; cependant l'addition de cyanure de potassium permet une réduction complète. Ed. Willm.

MERCURIALINE (t. II, p. 369). — D'après les recherches de E Schmidt, cette base n'est autre que la méthylamine [*Liebig's Ann. Chem.*, t. CXCIII].

MÉSACONIQUE (ACIDE), $C^5H^6O^4$. — Voy. t. II, p. 369. L'acide mésaconique prend naissance dans l'électrolyse de l'acide itaconique et dans celle du citraconate de potassium [G. Aarland, *Journ. prakt. Chem.* (2), t. VI, p. 256].

Barbaglia [*Deutsch. chem. Gesellsch.*, 1874, p. 465] a réussi à transformer l'acide itaconique en acides citraconique et mésaconique, par le procédé suivant: Parties égales d'acide itaconique et d'acide cyanhydrique anhydre sont chauffées pendant quinze heures à 150°. Le liquide brun obtenu est exposé à l'air jusqu'à disparition de l'excès d'acide cyanhydrique, puis distillé. Entre 200 et 220°, il passe un liquide se concrétant en une masse cristalline qui constitue l'acide citraconique. Par une ébullition prolongée avec la potasse, la masse sirupeuse primitive se transforme en mésaconate de potassium.

Lorsqu'on dirige un courant de chlore dans une solution de mésaconate de sodium, il se sépare une huile chlorée et il se forme de l'acide monochlorocitramalique, $C^5H^7ClO^5$, identique avec celui préparé en partant de l'acide citraconique. L'huile chlorée, distillable avec la vapeur d'eau, est une trichloracétone, $(CH^3\text{-}CO\text{-}CCl^3)$, identique avec celle que l'on obtient en traitant de la même manière l'acide citraconique [Morawski, *Journ. prakt. Chem.* (2), t. XII, p. 392].

Soumis à une ébullition prolongée pendant plusieurs heures avec l'eau, l'acide citrabromopyrotartrique se dédouble en gaz carbonique et en acides bromhydrique, méthacrylique et mésaconique. Ce dernier se forme en très petite quantité. Si l'on sursature l'acide citrabromopyrotartrique avec du carbonate de sodium, le dédoublement précité s'effectue très rapidement. L'acide mésaconique n'est pas attaqué par l'acide bromhydrique à froid; si l'on porte la température à 140°, il fournit l'acide citrabromopyrotartrique [Fittig et Landolt, *Deutsch. chem. Gesellsch*, 1876, p. 1191].

Kekulé a montré que les acides itaconique, citraconique et mésaconique sont convertis par l'amalgame de sodium en un seul et même acide pyrotartrique, l'acide pyrotartrique ordinaire. D'après Boettinger [*Deutsch. chem. Gesellsch.*, 1876, p. 1821], la poudre de zinc, en présence d'une petite quantité d'acide chlorhydrique, transforme à froid l'acide mésaconique en acide pyrotartrique ordinaire. Les acides itaconique et citraconique subissent la même transformation, mais avec des vitesses différentes. En traitant l'acide pyruvique par l'acide chlorhydrique concentré, Boettinger a obtenu également de l'acide mésaconique.

Propriétés. — L'acide mésaconique est peu coloré par le perchlorure de fer; par l'ébullition il se produit un précipité gélatineux jaune-brun soluble après refroidissement, insoluble dans un excès de perchlorure. Le sel d'ammonium neutre donne immédiatement, avec le même réactif, un précipité floconneux brun, insoluble dans un excès de perchlorure, ne se dissolvant ni à chaud ni à froid. Le mésaconate potassique fournit par l'électrolyse un allylène absorbable par une solution de nitrate d'argent, du gaz carbonique et de petites quantités d'acides acrylique et itaconique. L'allylène ainsi produit est différent de ceux qui se forment dans l'électrolyse des acides citraconique et itaconique [Gr. Aarland, *loc. cit.*, t. VII, p. 142].

Selon Morawski, qui paraît avoir obtenu l'acide mésaconique très pur, cet acide fond à 202° exactement [*Journ. prakt. Chem.* (2), t. XI, p. 209]. Par l'action du brome, les acides citraconique et mésaconique fournissent deux produits d'addition qui diffèrent par leurs solubilités et par leurs points de fusion. En effet, l'acide citradibromopyrotartrique fond à 150° et se décompose à 165°. L'acide mésadibromopyrotartrique fond à 170° sans décomposition. L'eau bouillante détruit peu à peu ce dernier acide avec formation d'acides bromométhacrylique, bromhydrique et carbonique [Landolt et Fittig, *Deutsch. chem. Gesellsch.*, 1877, p. 516]. Les mêmes auteurs assignent à l'acide mésaconique la constitution suivante :

$$\begin{array}{l} CH^3 \\ | \\ C\text{-}CO.OH \\ \| \\ CH\text{-}CO.OH. \end{array}$$

CHLORURE DE MÉSACONYLE, $C^5H^4O^2.Cl^2$. — Se prépare par l'action du perchlorure de phosphore sur l'acide mésaconique. Liquide incolore, bouillant à 80° sous la pression de 17 millimètres.

ÉTHERS MÉSACONIQUES. — On obtient ces éthers en traitant l'acide en solution alcoolique par l'acide chlorhydrique.

Le mésaconate *d'éthyle*, $C^5H^4(C^2H^5)^2O^4$, constitue un liquide incolore, d'une odeur agréable, bouillant sans décomposition à 229° [Petri, *Deutsch. chem. Gesellsch.*, 1881, p. 1634]; sa densité à 15° est égale à 1,051; à 30° elle est de 1,039.

Le mésaconate de *méthyle* bout à 205°; il se dissout dans 122 fois son poids d'eau. A 15°, sa densité est de 1,1254, et de 1,1138 à 30° [W.-H. Perkin, *Deutsch. chem. Gesellsch.*, 1881, p. 2540]

Amide mésaconique, $C^5H^4O^2(AzH^2)^2$. — Se prépare en faisant réagir l'ammoniaque aqueuse saturée à 0° sur le mésaconate de méthyle ou d'éthyle. Elle cristallise dans l'eau en lames transparentes, fusibles à 176°,2; l'eau bouillante la décompose lentement; la chaleur en sépare l'ammoniaque à 200°.

Anilide mésaconique, $C^5H^4O^2(AzHC^6H^5)^2$. — On fait tomber goutte à goutte une solution éthérée de chlorure de mésaconyle dans une solution éthérée d'aniline. Il se fait un précipité d'anilide et de chlorhydrate d'aniline qu'on sépare au moyen de l'eau.

L'anilide mésaconique cristallise en aiguilles soyeuses, fusibles à 185°,7, très solubles dans l'alcool et dans l'éther, peu solubles dans l'eau bouillante [O. Strecker, *Deutsch. chem. Gesellsch.*, t. XV, p. 1639].

Oechsner de Coninck.

MÉSADIBROMOPYROTARTRIQUE (ACIDE), t. II, p. 370. — Voy. Suppl., p. 1009.

MÉSAMALIQUE (ACIDE). — Voy. Mésamonochloropyrotartrique, t. II, p. 370.

MÉSIDINE. — Voyez Mésitylène.

MÉSITOL, $C^9H^{12}O = C^6H^2(CH^3)^3(OH)$. — Le mésitol ou oxymésitylène s'obtient lorsque l'on fond avec de la potasse le mésitylène-sulfonate de potassium. La liqueur, acidulée par de l'acide sulfurique, est distillée avec la vapeur d'eau. Le mésitol se sépare par le refroidissement [Biedermann et Ledoux, *Deutsch. chem. Gesellsch.*, 1875, p. 250]. On l'obtient aussi en traitant l'azotate de mésidine par l'acide azoteux.

Le mésitol fond à 68-69° et bout à 215-220°; il distille avec la vapeur d'eau. Il est soluble dans l'alcool, l'éther et la benzine. Il se dissout dans les alcalis et en est précipité par les acides.

Traité par le brome, il donne un dérivé monobromé, $C^9H^{10}Br.OH$, fusible à 80°. Son éther méthylique, d'odeur piquante, bout à 200-203° [Biedermann et Ledoux, *Deutsch. chem. Gesellsch.*, 1875, p. 57]. Fondu avec de la potasse, il donne de l'acide ortho-oxymésitylénique [O. Jacobsen, *Deutsch. chem. Gesellsch.*, 1881, p. 43].

MÉSITONIQUE (ACIDE), $C^7H^{12}O^3$. — Cet acide se produit en même temps que d'autres composés lorsque l'on fait bouillir avec du cyanure de potassium l'huile brune qui résulte de l'action de l'acide chlorhydrique sur l'acétone. Le mélange des cyanures, acidulé par l'acide chlorhydrique, laisse déposer des cristaux, et l'eau mère cède à l'éther l'acide mésitonique.

Ce dernier se présente en grandes lames transparentes, solubles dans l'eau, l'alcool et l'éther. Il cristallise dans l'eau en petits prismes fusibles à 90°. Tous ses sels sont très solubles. Pinner lui attribue l'une des deux formules :

$$(CH^3)^2{=}C\text{-}CH^2\text{-}CO\text{-}CH^3 \quad (CO^2H \text{ sur } C)$$

ou

$$(CH^3)^2{=}CH\text{-}CH\text{-}CO\text{-}CH^3 \quad (CO^2H \text{ sur } CH)$$

[Pinner, *Deutsch. chem. Gesellsch.*, 1881, p. 1070].

MÉSITYLE (OXYDE DE),

$$C^6H^{10}O = CH^3\text{-}CO\text{-}CH{=}C{<}^{CH^3}_{CH^3}$$

— L'oxyde de mésityle se produit par l'action de la potasse sur l'alcool allylique [Tollens, *Deutsch. chem. Gesellsch.*, 1871, p. 632].

La diacétonamine se décompose en partie par l'ébullition en donnant de l'ammoniaque et de l'oxyde de mésityle [Heintz, *Ann. Chem. Pharm.*, t. CLXXIV, p. 133].

D'après Sokoloff et Latschinoff, lorsque l'on distille un sel de diacétonamine avec de l'acide azoteux ou avec un excès d'ammoniaque, il se produirait de l'oxyde de mésityle, et la diacétonamine décrite par Heintz ne serait que de l'oxyde de mésityle [Sokoloff et Latschinoff, *Bull. Soc. chim.*, t. XXIII, p. 280].

La phorone se dédouble sous l'influence de l'acide sulfurique étendu et bouillant en acétone et oxyde de mésityle [Claisen, *Deutsch. chem. Gesellsch.*, 1874, p. 1169].

Enfin l'oxyde de mésityle se produit par l'action du zinc-éthyle et du zinc-méthyle sur l'acétone d'après l'équation

$$2C^3H^6O + Zn(CH^3)^2 = C^6H^{10}O + 2CH^4 + ZnO$$

[Pawlow, *Bull. Soc. chim.*, t. XXVII, p. 263].

Propriétés. — L'oxyde de mésityle, oxydé par l'acide nitrique étendu, donne un mélange d'acide acétique et d'acide oxalique. L'hydrogène naissant fournit un liquide bouillant à 213-217° et répondant à la formule $C^{12}H^{20}O$ et à une petite quantité d'un corps, $C^{12}H^{22}O$.

Le brome, ajouté goutte à goutte à une solution chloroformique d'oxyde de mésityle, donne une huile dense renfermant $C^6H^{10}Br^2O$, distillable avec la vapeur d'eau, s'altérant rapidement. L'acide sulfurique transforme l'oxyde de mésityle en acétone [Claisen, *Deutsch. chem. Gesellsch.*, 1875, p. 1256]. L'oxyde de mésityle s'unit à l'ammoniaque en reproduisant la diacétonamine [Sokoloff et Latschinoff, *loc. cit.*].

L'acétone, saturée de chlore à froid, donne de l'oxyde de trichloromésityle, $C^6H^7Cl^3O$, liquide incolore, d'une densité de 1,326, bouillant à 206-208°. La potasse le résinifie [Grabowsky, *Deutsch. chem. Gesellsch.*, 1875, p. 1438].

M. Hanriot.

MÉSITYLÈNE, C^9H^{12} (voyez t. II, p. 371) [Syn. *triméthylbenzine* (1.3.5)].

Préparation. — Le mésitylène se produit par l'action du chlorure de méthyle sur le toluène en présence de chlorure d'aluminium. Il se forme en même temps beaucoup d'autres hydrocarbures [Ador et Rillet, *Bull. Soc. chim.*, t. XXXI, p. 249].

Le térébenthène, chauffé à 230-250° avec la moitié de son poids d'iode, donne également du mésitylène [Preis et Raymann, *Deutsch. chem. Gesellsch.*, 1879, p. 219].

L'allylène est absorbé par l'acide sulfurique. La solution abandonnée à elle-même, puis étendue d'eau, donne du mésitylène à la distillation [Schrohe et Fittig, *Deutsch. chem. Gesellsch.*, 1875, p. 17].

Jacobsen a proposé le procédé suivant pour séparer le mésitylène du pseudocumène avec lequel il est mélangé dans le goudron de houille. Les hydrocarbures sont traités par l'acide sulfurique qui les convertit en dérivés monosulfonés; l'action du perchlorure de phosphore sur le sel de sodium des acides sulfonés, puis celle de l'ammoniaque sur les chlorures formés, donne la mésitylène-sulfamide, très soluble dans l'alcool, tandis que le dérivé correspondant du pseudo-cumène y est insoluble [Jacobsen, *Deutsch. chem. Gesellsch.*, 1876, p. 256].

On peut aussi les séparer en utilisant l'inégale facilité de décomposition des acides sulfonés. Le mélange de ces acides est chauffé une heure à 100° avec son volume d'acide chlorhydrique ordinaire. L'acide mésitylène-sulfonique est détruit dans ces conditions, tandis que l'acide pseudocumène-sulfonique résiste. La distillation avec la vapeur d'eau fournit le mésitylène pur [Armstrong, *Deutsch. chem. Gesellsch.*, 1878, p. 1697].

Propriétés. — Le mésitylène se combine avec l'acide picrique. La combinaison qui répond à la formule $C^9H^{12}, C^6H^3(AzO^2)^3O$ se présente en belles lames jaunes, se dissociant à 100° et décomposables par l'ammoniaque.

L'iodure de phosphonium réduit le mésitylène en hexahydromésitylène C^9H^{18} [Baeyer, *Deutsch. chem. Gesellsch.*, 1863, p. 21]. Le mésitylène, traité par le chlorure de chromyle CrO^2Cl^2, donne de l'acide mésitylénique [Carstanjen, *Deutsch. chem. Gesellsch.*, 1869, p. 635].

L'aldéhyde formique se combine après 24 heures avec le mésitylène en formant de grands cristaux incolores de *dimésitylméthane*, $CH^2(C^9H^{11})^2$, fusibles à 130° et cristallisant à 62°. Cette réaction peut servir à caractériser le mésitylène [Baeyer, *Deutsch. chem. Gesellsch.*, 1872, p. 1094].

La chloraldéhyde se combine avec le mésitylène en présence d'acide sulfurique, en donnant l'hexaméthylisostilbène $CH^2 = C[C^6H^2(CH^3)^3]^2$ [Hepp, *Deutsch. chem. Gesellsch.*, 1874, p. 1418].

Le mésitylène réagit également sur l'alcool allylique dissous dans l'acide acétique, en donnant 2 hydrocarbures bouillant vers 350° et cristallisant dans l'acétone [Baeyer, *Deutsch. chem. Gesellsch.*, 1873, p. 220].

Le mésitylène passe dans les urines à l'état d'acide mésitylénique; celui-ci se combine en partie à du glycocolle pour former un composé comparable à l'acide hippurique [Nencki, *Medizinisches Centralblatt*, 1874, p. 144].

Dérivés chlorés et bromés. — Les dérivés qui ont été décrits précédemment sont des produits de substitution dans le noyau aromatique; les suivants renferment, au contraire, l'élément halogène dans la chaîne latérale.

Mésitylène monochloré, $C^6H^3(CH^3)^2CH^2Cl$. — On l'obtient en faisant passer un courant de chlore sec dans la vapeur de mésitylène. C'est un liquide incolore, bouillant de 215 à 220°, ne se solidifiant pas à — 17°. Il se décompose lorsqu'on le distille en présence d'une petite quantité d'eau.

Mésitylène dichloré, $C^6H^3(CH^3)(CH^2Cl)^2$. — Il se produit en même temps que le précédent, dont on le sépare en le faisant cristalliser et le filtrant à la trompe; il bout entre 260 et 265° et cristallise en lames transparentes fusibles à 41°,5.

Mésitylène dibromé, $C^6H^3(CH^3)(CH^2Br)^2$. — On l'obtient en traitant par le brome les vapeurs de mésitylène. Le produit est rectifié dans le vide, et la portion qui distille de 178 à 190° est purifiée par cristallisation. Ce sont de fines aiguilles solubles dans l'éther, peu solubles dans l'alcool, fusibles à 66°,3 [Robinet, *Compt. rend.*, t. XCVI, p. 500].

Dérivés nitrés et amidés. — Le nitromésitylène s'obtient le mieux en faisant bouillir une solution de mésitylène dans l'acide acétique, avec de l'acide nitrique également étendu d'acide acétique. Le mélange est versé dans l'eau et la couche qui se sépare est rectifiée. On obtient ainsi des rendements de 30 %. Il fond à 44° [Biedermann et Ledoux, *Deutsch. chem. Gesellsch.*, 1875, p. 57].

Le chlorure d'acétyle donne avec la mésidine de l'*acétomésidine*, $C^6H^2(CH^3)^3AzH.C^2H^3O$, qui cristallise en prismes minces et larges, fusibles à 213-214°, sublimables. Elle est soluble dans l'acide nitrique étendu; l'eau la précipite de cette solution. L'acide nitrique fumant la dissout en donnant l'*acétonitromésidine*,

$$C^6H(CH^3)^3(AzO^2)AzH.C^2H^3O.$$

La même substance se forme par l'action du chlorure d'acétyle sur la nitromésidine. Elle cristallise en aiguilles soyeuses, jaunâtres, fusibles à 188°, distillables à une température plus élevée, solubles dans l'alcool tiède.

Le mélange d'acide sulfurique et d'acide nitrique fumant la transforme en *acétodinitromésidine*, $C^6(CH^3)^3(AzO^2)^2AzH.C^2H^3O$, qui cristallise en aiguilles blanches fusibles à 275°, peu solubles dans l'alcool chaud [Ladenburg, *Deutsch. chem. Gesellsch.*, 1874, p. 1133].

La mésitylène-diamine, traitée par l'acide acétique ou le chlorure d'acétyle, donne la *diacétomésitylène-diamine*, $C^9H^{10}(AzH.C^2H^3O)^2$, en aiguilles blanches insolubles dans l'eau, peu solubles dans l'alcool. Elles ne fondent pas à 300°, et se subliment au delà. Elle ne forme pas de sels [Ladenburg, *Deutsch. chem. Gesellsch.*, 1875, p. 677].

La mésitylène-diamine, traitée par les oxydants faibles, se transforme avec perte de gaz carbonique en quinone oxyxylique,

$$C^6H(CH^3)^2(OH)O^2,$$

fusible à 101° [Fittig, *Deutsch. chem. Gesellsch.*, 1873, p. 1399, et 1875, p. 16].

Dérivés sulfonés. — L'acide *mésitylène-sulfonique*, $C^6H^2(CH^3)^3SO^3H$, s'obtient en dissolvant le mésitylène dans l'acide sulfurique. Il fond à 77° et renferme 2 molécules d'eau.

Son *sel de magnésium*, $(C^9H^{11}SO^3)^2Mg, 6H^2O$, cristallise en tables transparentes.

Lorsqu'on fait réagir le brome sur cet acide, on obtient surtout des dérivés bromés du mésitylène et une petite quantité d'acide *bromosulfomésitylénique*. Celui-ci est soluble dans l'eau, l'alcool et l'éther et se présente en fines aiguilles, brillantes et déliquescentes. Ses sels sont peu solubles et perdent à 130° leur eau de cristallisation. On obtient le même acide en dissolvant le monobromomésitylène dans l'acide sulfurique.

Le *sel de baryum*, $(C^9H^{10}BrSO^3)^2Ba + H^2O$, cristallise en lamelles ou en aiguilles peu solubles dans l'éther.

Le *sel de plomb* est en cristaux concentriques, insolubles dans l'éther contenant $1\frac{1}{2}H^2O$.

Le *sel de calcium* se présente en aiguilles soyeuses avec $4H^2O$.

L'acide mésitylène-sulfonique se dissout dans l'acide nitrique. La solution étant versée dans l'eau, il se sépare du dinitromésitylène. La liqueur filtrée et évaporée laisse déposer des cristaux d'acide *nitromésitylène-sulfonique*,

$$C^6H(CH^3)^3(AzO^2)SO^3H + 1\frac{1}{2}H^2O,$$

en prismes limpides, solubles dans l'eau, fusibles à 130°, perdant leur eau dans le vide.

Le *sel de baryum* anhydre est en cristaux étoilés peu solubles.

Le *sel de cuivre*, $(C^9H^{10}.AzO^2.SO^3)^2Cu + 3H^2O$, est en lamelles nacrées, verdâtres.

Le sulfure d'ammonium le réduit en donnant l'acide *amidomésitylène-sulfonique*,

$$C^6H(CH^3)^3(AzH^2)SO^3H + H^2O,$$

en prismes qui perdent leur eau dans le vide. Ils se décomposent à 200° sans fondre.

Le *sel de magnésium*,

$$(C^9H^{10}.AzH^2.SO^3)^2Mg + 3H^2O,$$

est en prismes jaunâtres et durs [Rose, *Zeitsch. Chem.*, 1870, p. 341, et 1871, p. 74].

On obtient la *mésitylène-sulfamide*,

$$C^6H^2(CH^3)^3SO^2AzH^2,$$

en faisant réagir le perchlorure de phosphore sur le sel de sodium de l'acide sulfoné, et en décomposant par l'ammoniaque le chlorure formé. C'est une masse cristalline soyeuse, ressemblant à de l'asbeste, soluble dans l'eau bouillante, peu soluble dans l'eau froide, très soluble dans l'alcool. Elle fond à 141° [O. Jacobsen, *Deutsch. chem. Gesellsch.*, 1876, p. 256].

La mésitylène-sulfamide, oxydée par le dichromate de potassium, fournit de l'acide *ortho-*

mésitylénosulfamique, tandis que le permanganate donne un mélange d'acide ortho et d'acide para [Ira Remsen, *Deutsch. chem. Gesellsch.*, 1877, p. 1041, et O. Jacobsen, *ibid.*, 1879, p. 604].

On obtient l'acide *mésitylène-disulfonique*,

$$C^6H(CH^3)^3(SO^3H)^2,$$

en dissolvant 1 p. de mésitylène dans 10 p. d'acide sulfurique fumant, et maintenant le mélange à 30-40° en y ajoutant peu à peu 10 p. d'anhydride phosphorique. Le mélange est versé dans l'eau, porté à l'ébullition pour chasser l'acide sulfureux, saturé par le carbonate de plomb, filtré et évaporé. On obtient un mélange de mono et de disulfonates de plomb. On l'épuise par l'alcool, qui dissout le monosulfonate, et on décompose le résidu par l'hydrogène sulfuré. L'acide mésitylène-disulfonique se présente en cristaux déliquescents.

Le *sel de baryum*,

$$C^6H(CH^3)^3(SO^3)^2Ba + 3H^2O,$$

est en aiguilles qui perdent leur eau à 115°.

Le *sel de sodium* renferme 1 ½ H^2O, celui de potassium 2 H^2O.

Ce dernier, fondu avec de la potasse, donne l'acide oxymésitylénique,

$$C^6H^2(CH^3)^2(OH)\text{-}CO^2H.$$

Par la distillation sèche, l'acide mésitylène-disulfonique reproduit le mésitylène. Le brome le transforme en mésitylène dibromé [Barth et Herzig, *Monatshefte*, t. Ier, p. 807].

Constitution. — Le mésitylène est de la triméthylbenzine: cela résulte de la formation d'un acide tricarboné de la benzine, l'acide trimésique, par oxydation de ce carbure. De plus, c'est la triméthylbenzine symétrique

CH^3 CH^3 CH^3

Ce fait dérive d'abord de la formation au moyen de 3 molécules d'acétone.

Ladenburg en a du reste donné la démonstration directe que nous allons rappeler. Appelons *a*, *b*, *c* les trois places non occupées par les trois groupes méthyle. Le dinitromésitylène (*a* et *b*) est transformé en nitromésidine (*ab*) et celle-ci en dinitromésidine. Le groupe AzO^2 prendra dans cette dernière la seule place vacante, c'est-à-dire la place *c*; par l'action de l'alcool et de l'acide azoteux, le groupe AzH^2 est enlevé et on obtient un dinitromésitylène où les groupes AzO^2 occupent les places *a* et *c* et qui s'est montré identique avec celui d'où l'on était parti (*a* et *b*), ce qui prouve l'identité des places *b* et *c* par rapport à *a*.

En second lieu, la nitromésidine ($AzO^2 = a$, $AzH^2 = b$), traitée par l'acide azoteux et l'alcool, fournit un nitromésitylène (*a*) qui est transformé en mésidine (*a*). Celle-ci, transformée en nitromésidine ($AzO^2 = b$ ou c, $AzH^2 = a$), s'est montrée identique avec celle qui avait servi de point de départ. La place *a* est donc identique avec *b* ou *c*; par conséquent le mésitylène est la triméthylbenzine symétrique. M. Hanriot.

MÉSITYLÈNE-DIAMINE. — Voyez Mésitylène, Suppl., p. 1011.

MÉSITYLÉNIQUE (ACIDE), $C^9H^{10}O^2$ — *Préparation*: — L'acide mésitylénique se produit par l'action du chlorure de chromyle sur le mésitylène [Carstanjen, *Deutsch. chem. Gesellsch.*, 1869, p. 635]. L'éthyldiméthylbenzine bouillant à 185°, la diméthylpropylbenzine bouillant à 200° fournissent de l'acide mésitylénique par oxydation [Wroblewski, *Deutsch. chem. Gesellsch.*, 1876, p. 495, et O. Jacobsen, *ibid.*, 1875, p. 1258].

Propriétés. — L'acide mésitylénique est attaqué par l'acide nitrique; il se forme deux acides nitromésityléniques isomères, que l'on peut séparer, grâce à l'inégale solubilité de leurs sels de baryum.

L'acide *orthonitromésitylénique* (α) fond à 210-212°. Son point de fusion s'abaisse fortement lorsqu'on le fait cristalliser dans l'alcool, pour remonter de nouveau par des fusions successives. Il cristallise en fines aiguilles, peu solubles dans l'eau froide.

Le *sel de baryum*, $(C^9H^8AzO^4)^2Ba + 4H^2O$, cristallise en fines aiguilles, assez solubles dans l'eau froide, solubles en toutes proportions dans l'eau chaude. Le *sel de calcium* et le *sel de sodium* cristallisent en aiguilles solubles en toutes proportions dans l'eau.

L'éther éthylique cristallise en tables fusibles à 64-65°, insolubles dans l'eau, facilement solubles dans l'alcool.

L'acide *paranitromésitylénique* (β) est difficilement soluble dans l'eau, même bouillante, très soluble dans l'alcool chaud, d'où il se dépose en cristaux clinorhombiques, qui présentent dans leur fusion les mêmes phénomènes que l'acide isomère.

Le *sel de baryum*, $(C^9H^8AzO^4)^2Ba + 4H^2O$, forme des écailles insolubles dans l'eau froide, plus solubles dans l'eau chaude.

Le *sel de calcium*, très peu soluble dans l'eau chaude, cristallise avec $6H^2O$ en fines aiguilles.

Par réduction, on en dérive les acides amidomésityléniques. L'acide α-*amidomésitylénique* cristallise en prismes fusibles à 186-187°, tandis que l'acide β-*amidomésitylénique* fond à 255°. Les acides amidés distillés avec de la chaux ont fourni deux xylidines qui ont permis d'établir la constitution de ces dérivés.

Ces acides amidés ont pu être transformés en dérivés diazoïques et de là en dérivés bromés. Ces composés se sont montrés identiques avec ceux que l'on obtient par la bromuration directe de l'acide mésitylénique. Il se forme ainsi deux acides monobromomésityléniques, que l'on peut séparer en profitant de l'inégale solubilité de leurs sels de baryum.

L'acide *orthobromomésitylénique* fond à 146-147° et se solidifie à 131°; il cristallise en prismes rhombiques. Son sel de baryum, très soluble dans l'eau, renferme $4H^2O$. Le sel de calcium est également soluble et cristallise avec $2H^2O$.

L'acide *parabromomésitylénique*, qui se produit en plus faible quantité, cristallise en prismes clinorhombiques, est peu soluble dans l'eau chaude, et fond à 214-215°. Le sel de baryum est anhydre et peu soluble dans l'eau froide [Hub. Schmitz, *Deutsch. chem. Gesellsch.*, 1878, p. 1828].

La mésitylène-sulfamide, oxydée par l'acide chromique, donne de l'acide orthomésitylénosulfamique, tandis que le permanganate de potassium donne un mélange d'acides ortho et para [Hall et Remsen, *Deutsch. chem. Gesellsch.*, 1877, p. 1041].

Pour les préparer, Jacobsen propose le procédé suivant : On dissout 100 grammes de mésitylène-sulfamide dans 2 litres d'eau à l'aide de 50 grammes de potasse, on ajoute peu à peu une solution chaude de 200 grammes de permanganate de potassium dans 3 litres d'eau, et l'on abandonne le mélange pendant 12 heures à 50-60°. On neutralise incomplètement par l'acide chlorhydrique, on filtre pour séparer la sulfamide inaltérée et on sursature par l'acide chlorhydrique pour précipiter les acides amidés, puis on les convertit en sels de calcium. Le sel para cristallise, tandis que l'acide ortho reste dans les eaux mères sirupeuses. On fait cristalliser les acides libres dans l'eau bouillante.

L'acide *orthosulfamidomésitylénique*,

$$C^6H^2(SO^2.AzH^2)(CH^3)^2CO^2H,$$

fond à 259°; il est peu soluble dans l'eau, très soluble dans l'alcool et l'éther, peu soluble dans le chloroforme; il cristallise en prismes brillants et anhydres. Fondu avec la potasse, il se transforme en acide mésitylénique, tandis qu'avec la soude la décomposition se fait à une température plus élevée, et il se produit de l'acide amidomésitylène-sulfonique fusible à 137°.

Le *sel de baryum* se présente en aiguilles soyeuses renfermant $3H^2O$.

Le *sel de calcium*,

$$[C^6H^2(CH^3)^2SO^2.AzH^2-CO^2]Ca + 5H^2O,$$

se dépose de sa solution sirupeuse en prismes brillants, efflorescents. Le sel de *cuivre* hydraté renferme $3H^2O$ et forme des aiguilles soyeuses bleu clair; anhydre, il forme des cristaux vert foncé, solubles en bleu dans la potasse. Le sel de *sodium* est très soluble et se prend en une masse cristalline formée d'aiguilles aplaties.

L'acide *parasulfamidomésitylénique* est très peu soluble dans l'eau froide, soluble dans l'eau bouillante, d'où il se dépose en longues aiguilles anhydres fusibles à 276°, très solubles dans l'alcool et dans l'éther, peu solubles dans le chloroforme.

Le *sel de baryum* cristallise en longues aiguilles renfermant $2H^2O$, solubles dans l'eau chaude. Le *sel de calcium* est peu soluble à froid; il cristallise en prismes durs et brillants renfermant $2H^2O$. Le sel de *sodium* est en longues aiguilles. Le sel de *cuivre* renferme une molécule d'eau; il est peu soluble dans l'eau bouillante; la potasse le décompose.

Chauffé avec l'acide chlorhydrique concentré, l'acide paramidomésitylénosulfamique fournit de l'acide mésitylénique, tandis qu'il donne l'acide paroxymésitylénique par fusion avec la potasse [O. Jacobsen, *Liebig's Ann. Chem.* t. CCVI, p. 167].

Acides oxymésityléniques,

$$C^6H^2(OH)(CH^3)^2CO^2H.$$

— On connaît deux acides oxymésityléniques, l'acide ortho et l'acide para, les deux seuls possibles.

L'acide *orthoxymésitylénique* s'obtient en fondant avec la potasse le mésitol ou le mésitylène-sulfonate de potassium. Le xylénol liquide fixe l'acide carbonique en présence du sodium et donne aussi l'acide orthoxymésitylénique. Ce serait même le procédé de préparation le plus avantageux de cet acide [O. Jacobsen, *Deutsch. chem. Gesellsch.*, 1881, p. 43]. On l'obtient enfin en traitant l'acide orthoamidomésitylénique par l'acide sulfurique et l'azotite de potassium.

L'acide orthoxymésitylénique fond à 179°. Il colore en bleu le perchlorure de fer. L'acide chlorhydrique concentré le convertit à 200° en xylénol liquide [O. Jacobsen, *Deutsch. chem. Gesellsch.*, 1878, p. 2052].

L'acide *paroxymésitylénique* se prépare en fondant doucement avec la potasse l'acide paramésitylène-sulfamique. Pour le purifier, on le transforme en éther méthylique ou éthylique que l'on distille avec la vapeur d'eau et que l'on saponifie par la baryte.

On obtient aussi l'acide paroxymésitylénique en traitant l'acide paramidomésitylénique dissous dans l'acide sulfurique très étendu par une petite quantité de nitrite de potassium [O. Jacobsen, *Deutsch. chem. Gesellsch.*, 1879, p. 604].

L'acide paroxymésitylénique se dissout facilement dans l'alcool et dans l'éther; il est soluble dans l'eau froide ou chaude et dans le chloroforme. Le perchlorure de fer ne donne pas de coloration dans ses solutions. Il cristallise en aiguilles anhydres, fusibles à 223°. Il se sublime lorsqu'on le chauffe avec précaution sous forme de fines aiguilles. A 200°, l'acide chlorhydrique le dédouble en gaz carbonique et xylénol solide.

Le sel de baryum cristallise en prismes fins et brillants; il est anhydre, se dissout difficilement dans l'eau froide, facilement dans l'eau bouillante. Il ne se décompose pas à 150°, ce qui le distingue du sel de l'acide ortho. L'azotate d'argent et celui de plomb donnent des précipités blancs floconneux se redissolvant à chaud et cristallisant par le refroidissement en petites aiguilles.

L'éther méthylique cristallise en longues aiguilles flexibles, fusibles à 130°, et l'éther éthylique en prismes très durs, fondant à 113°.

M. Hanriot.

MÉSOCAMPHORIQUE (ACIDE). — Nom donné par Wreden à l'acide camphorique inactif non dédoublable.

MÉSOXALIQUE (ACIDE),

$$C^3H^4O^6 = \begin{matrix} CO^2H \\ C(OH)^2. \\ CO^2H \end{matrix}$$

— On a fait remarquer (t. II, p. 377) que l'acide mésoxalique et tous ses sels, à l'exception du sel ammoniacal, retiennent 1 molécule d'eau que l'on ne peut éliminer sans détruire complètement la matière. Cette eau est donc probablement de l'eau de constitution, et la composition de l'acide mésoxalique doit être exprimée par la formule ci-dessus; il vient se grouper avec l'acide glyoxylique, l'hydrate de chloral et quelques autres hydrates d'aldéhydes ou d'acétones chlorées et bromées. Dans ces composés, le caractère fortement acide de la molécule donne une certaine stabilité au groupement d'atomes $C(OH)^2$ qui d'ordinaire se déshydrate aisément et se transforme en CO, groupe fonctionnel des acétones et des aldéhydes. Pétrieff a apporté à l'appui de cette manière de voir toute une série d'arguments, dont le principal est fourni par l'existence d'un éther et d'un acide *diacétylmésoxalique*.

Dans cette hypothèse, le mésoxalate d'ammonium décrit par Deichsel serait la *monamide* mésoxalique [Pétrieff, *Deutsch. chem. Gesellsch.*, 1878, p. 414; *Bull Soc. chim.*, t. XXIX, p. 368].

L'acide mésoxalique se forme dans le dédoublement de l'acide cafurique par l'acétate basique de plomb; la méthylamine et la méthylurée sont les autres produits de cette réaction :

$$C^6H^9Az^3O^4 + 3H^2O$$
$$= C^3H^4O^6 + CH^5Az + C^2H^6Az^2O$$

[E. Fischer, *Deutsch. chem. Gesellsch.*, 1881, p. 1911].

Le même acide se produit lorsqu'on fait bouillir l'acide dibromomalonique avec de la baryte; il se forme un précipité de dioxymalonate de baryum, qui n'est autre que du mésoxalate [W. Pétrieff, *Deutsch. chem. Gesellsch.*, 1874, p. 402].

L'acide mésoxalique peut former des cristaux bien développés, fusibles à 119-120° (E. Fischer).

Le *sel d'argent* cristallise en très fines aiguilles, brunissant rapidement à la lumière. En dehors du sel ammoniacal anhydre décrit par Deichsel et qui est probablement une amide, Pétrieff a obtenu le sel normal $C^3H^3O^6.AzH^4$ en saturant l'acide en solution aqueuse par du carbonate d'ammonium (Deichsel avait employé une solution alcoolique d'acide), et évaporant dans le vide. La masse visqueuse qui reste se transforme avec le temps en aiguilles incolores, *inaltérables* à l'air.

L'éther mésoxalique (1 molécule) chauffé au réfrigérant ascendant avec du chlorure d'acétyle (2 molécules) fournit l'*éther diacétylmésoxalique*,

$$CO^2.C^2H^5\text{-}C(OC^2H^3O)^2\text{-}CO^2C^2H^5,$$

en longues aiguilles incolores, fusibles à 145° avec décomposition partielle. Une solution alcoolique faible de potasse le saponifie immédiatement, et il se forme le sel potassique de l'acide diacétylmésoxalique, très soluble dans l'eau et cristallisable. L'acide libre est en aiguilles fusibles vers 130° (Pétrieff).

Par réduction au moyen de l'amalgame de sodium agissant vers 85°, l'acide mésoxalique fournit de l'acide tartronique, comme Deichsel l'avait annoncé.

L'acide mésoxalique agit aisément sur le toluène en présence des agents déshydratants (Böttinger).

Lorsqu'on dirige un courant d'hydrogène sulfuré dans une solution aqueuse et étendue d'acide mésoxalique, on obtient principalement les acides thioglycolique et thiodiglycolique, en même temps qu'une petite quantité d'acide oxalique. La réaction est facile à interpréter : l'acide mésoxalique est d'abord dédoublé en gaz carbonique et acide glyoxylique, qui subit ensuite l'action réductrice et sulfurante de l'hydrogène sulfuré [C. Böttinger, *Deutsch. chem. Gesellsch.*, 1879, p. 1056].

A. Henninger.

MÉTA. — Ce préfixe, employé d'abord dans le sens de la préposition grecque μετά, qui signifie transformation (exemples métaphosphorique, métapectique, etc.), sert aujourd'hui à désigner l'une des trois séries d'isomères des produits bisubstitués de la benzine (dérivés 1,3). Dans ce cas, son emploi n'est plus en harmonie avec sa valeur étymologique.

Pour les mots, avec le préfixe *mét* ou *méta*, qui ne se trouvent pas ici à leur ordre alphabétique, voyez le mot qui suit ou le mot générique.

MÉTALBUMINE. — Cette substance, mal définie, découverte par Scherer dans les exsudations hydropiques et dans le liquide de certains kystes de l'ovaire (t. Ier, p. 93), vient d'être étudiée à nouveau par Hammarsten. Sur 40 liquides de kystes de l'ovaire, ce savant en a trouvé 3 contenant de la métalbumine. Celle-ci en a été isolée par précipitation à l'aide de l'alcool, dissolution dans l'eau, filtration et nouvelle précipitation par l'alcool. Séchée à 110°, elle a donné à l'analyse :

$$C = 49{,}74;\ H = 6{,}92;\ Az = 10{,}27;\ S = 1{,}25;$$

elle contenait en outre 1,25 °/₀ de cendres. Cette substance n'appartient donc pas au groupe des albuminoïdes, mais se rapproche de la mucine, dont elle se distingue cependant par ses réactions. Hammarsten propose de la dénommer *pseudomucine*. La solution aqueuse de métalbumine est opalescente et visqueuse. La chaleur la coagule très incomplètement; l'acide acétique ne donne pas de précipité. L'alcool concentré la précipite à l'état de flocons fibreux qui conservent leur solubilité dans l'eau, même au bout d'un contact prolongé. Bouillie avec de l'acide sulfurique étendu, la métalbumine fournit en abondance une substance réduisant la liqueur de Fehling [O. Hammarsten, *Jahresb. Thierch.*, 1881, p. 11].

MÉTALDÉHYDE. — La métaldéhyde se transforme en aldéhyde par l'action de la chaleur; mais cette dissociation n'est pas complète lorsque l'on n'enlève pas l'aldéhyde formée. La transformation inverse d'aldéhyde en métaldéhyde n'ayant pas lieu rapidement, on peut déterminer la densité de vapeur de la métaldéhyde dans le mélange de vapeurs d'aldéhyde et de métaldéhyde par la proportion de métaldéhyde inaltérée. Cette mesure, effectuée par divers procédés, a conduit à la condensation $(C^2H^4O)^3$, identique avec celle de la paraldéhyde.

La métaldéhyde, qui ne se dissocie pas à froid, se dissocie au contraire facilement en solution. Ainsi, une solution de métaldéhyde dans le chloroforme bouillant laisse déposer par refroidissement des cristaux qui disparaissent rapidement, et le liquide évaporé dans le vide ne fournit plus de métaldéhyde.

La métaldéhyde est une substance très stable, résistant à la plupart des réactifs. Ainsi, le réactif cupropotassique n'est pas réduit, même à l'ébullition. Si on prolonge l'action de la chaleur, la réduction a lieu par la transformation de la métaldéhyde en aldéhyde. La potasse ne brunit pas dans les mêmes conditions. Lorsque l'on traite une solution chloroformique de métaldéhyde par le chlore, il se forme directement du chloral. Enfin elle ne se combine pas au gaz ammoniac, même à l'état de vapeur [M. Hanriot et Œconomidès, *Ann. Chim. Phys.*, t. XXV].

M. Hanriot.

MÉTANITRILES. — Ce nom a été donné par Wallach à des composés qui renferment le groupement fonctionnel

$$\begin{matrix} C \\ CH^2 \end{matrix} \Big\rangle Az,$$

et dont l'isoïndol de Staedel est le premier représentant [O. Wallach, *Liebig's Ann. Chem.*, t. CLXXXIV, p. 120]. Ce nom nous paraît peu heureux; un tel composé, il est vrai, possède la formule brute d'un véritable nitrile, mais ne se rattache pas à une amide; il dérive d'une acétone amidée.

MÉTHACRYLIQUE (ACIDE), voy. t. II, p. 401,

$$C^4H^6O^2 = CH^2 = C<\begin{matrix} CH^3 \\ CO.OH. \end{matrix}$$

Préparation. — L'anhydride citraconique est mélangé avec 1 ½ à 2 vol. d'acide bromhydrique saturé à 0°; au bout de quelques jours, il se sépare des cristaux d'acide citrabromopyrotartrique; on les fait bouillir avec un excès de carbonate de sodium, puis on distille après avoir acidulé par l'acide chlorhydrique; le liquide distillé est saturé par le carbonate de calcium, décomposé par l'acide chlorhydrique étendu de son volume d'eau; l'acide méthacrylique surnage sous la forme d'un liquide huileux [C. Kolbe, *Journ. prakt. Chem.* (2), t. XXV, p. 369].

Propriétés. — L'acide méthacrylique cristallise en longs prismes incolores, fusibles à 16°. Il bout à 160°,5. Il est très soluble dans l'eau. L'hydrogène naissant le transforme rapidement, à la température ordinaire, en acide isobutyrique [Fittig et Paul, *Deutsch. chem. Gesellsch.*, 1876, p. 119].

L'acide méthacrylique se polymérise facilement sous diverses influences, et passe de l'état liquide à l'état solide. A chaque distillation, la polymérisation est partielle; lorsqu'on chauffe l'acide à 130° en tubes scellés, elle est complète. On obtient une masse dure, d'un aspect porcelané, possédant un caractère acide, mais très faible. Placée dans l'eau froide, elle se gonfle d'abord et paraît, après plusieurs jours, entièrement dissoute; lorsqu'on filtre, il reste une matière gélatineuse transparente qui, séchée dans le vide, se présente sous la forme d'une masse blanche et cassante. Dans cet état, l'acide méthacrylique offre une résistance très grande à la plupart des réactifs [Fittig, *Deutsch. chem. Gesellsch.*, 1879, p. 1739].

La polymérisation de l'acide méthacrylique se fait à la température ordinaire, surtout en présence de l'acide chlorhydrique. Engelhorn a trouvé au produit de polymérisation ainsi obtenu les mêmes caractères généraux que Fittig. Soumis à l'action de la chaleur, ce produit ne fond pas; il se décompose au-dessus de 300° en donnant une huile brune exempte d'acide méthacrylique; il se dissout lentement dans les alcalis et en est précipité par les acides. Le chlorure de baryum donne dans la solution ammoniacale un précipité gommeux; les sels alcalins sont aussi gommeux. L'analyse des sels de baryum et de calcium a conduit à peu près aux formules

$$(C^4H^5O^2)^2Ba \quad \text{et} \quad (C^4H^5O^2)^2Ca + 1/2 H^2O,$$

mais il est certain que le poids moléculaire du produit polymérisé est plus élevé que ne l'indiquent ces formules.

L'acide méthacrylique se dissout à 0° dans l'acide bromhydrique, et, au bout d'un certain temps, la liqueur laisse déposer un produit d'addition cristallisé, qui est identique avec l'acide bromo-isobutyrique. Dans les mêmes conditions, l'acide iodhydrique s'unit à l'acide méthacrylique pour former l'acide iodo-isobutyrique (Fittig et Paul). Faisons remarquer que les acides monobromo et dibromocrotonique décrits t. Ier, p. 1004, se rattachent à l'acide méthacrylique; par réduction, ils fournissent en effet de l'acide isobutyrique et non de l'acide butyrique.

L'acide méthacrylique se polymérise par l'action de l'acide bromhydrique à 0° (Fittig et Paul); d'après Engelhorn [*Liebig's Ann. Chem.*, t. CC, p. 65], on peut éviter cette polymérisation en maintenant à 0° l'acide méthacrylique pur avec un grand excès d'acide bromhydrique en solution concentrée. Dans ces conditions, il se forme un acide fusible à 22°, qu'Engelhorn désigne sous le nom d'acide β-*bromo-isobutyrique* et auquel il assigne la constitution

$$\begin{matrix} CH^2Br \\ CH^3 \end{matrix} > CH\text{-}CO^2H.$$

La baryte dédouble cet acide en acides bromhydrique et méthacrylique.

Acide bromo-méthacrylique, $C^4H^5BrO^2$. — Le brome transforme l'acide méthacrylique en acide dibromo-isobutyrique, que l'eau bouillante ou la soude décomposent en acides bromhydrique et *bromométhacrylique*,

$$C^3H^5Br^2\text{-}COOH = HBr + C^3H^4Br\text{-}COOH.$$

Le brome s'unit également à l'acide crotonique pour former un acide dibromobutyrique. L'eau bouillante en excès décompose ce dernier acide avec formation d'un acide monobromocrotonique identique avec l'acide bromométhacrylique que nous venons de mentionner [C. Kolbe, *loc. cit.*].

L'acide bromométhacrylique se forme aussi par l'ébullition de l'acide citradibromopyrotartrique avec les alcalis aqueux [Krusemann, *Bull. Soc. chim.*, t. XXXVI, p. 368].

L'eau bouillante décompose les acides citradibromopyrotartrique et mésadibromopyrotartrique en acides carbonique, bromhydrique et bromométhacrylique [Landolt et Fittig, *Deutsch. chem. Gesellsch.*, 1877, p. 516].

L'acide bromométhacrylique cristallise en longues aiguilles peu solubles dans l'eau froide, fusibles à 63°, bouillant à 228-230°. Il se combine directement au brome pour donner de l'acide tribromo-isobutyrique et se transforme, lorsqu'on le traite par l'amalgame de sodium et eau, en acide isobutyrique.

L'acide chlorométhacrylique, $C^4H^5ClO^2$, s'obtient : 1° en faisant bouillir l'acide citradichloropyrotartrique avec une solution alcaline; 2° en dirigeant un courant de chlore à travers une solution aqueuse de citraconate de baryum; 3° lorsqu'on traite par la poudre de zinc et l'acide chlorhydrique l'acide trichloro-isobutyrique qui se forme dans la même réaction. L'acide chlorométhacrylique cristallise en longues aiguilles brillantes et incolores. Il fond à 59-60°, il distille avec la vapeur d'eau; il s'unit directement au chlore pour former l'acide trichloro-isobutyrique.

L'acide dichlorométhacrylique, $C^4H^4Cl^2O^2$, prend naissance lorsqu'on fait bouillir en présence des alcalis une solution aqueuse d'acide trichloro-isobutyrique. Il cristallise en longues aiguilles prismatiques, fines et brillantes, fusibles à 64°, bouillant à 215°,5; il est très peu soluble dans l'eau froide. Oechsner de Coninck.

MÉTHANE [Syn. *Formène, hydrure de méthyle*]. — Ce gaz prend naissance quand on chauffe au rouge sombre l'aldéhyde en présence d'hydrogène. Il se produit en même temps de l'oxyde de carbone (Berthelot). Le méthane se forme aussi lorsque l'on fait passer un mélange d'oxyde de carbone et d'hydrogène dans un tube autour duquel circule un courant électrique (Brodie). Il se forme aussi, avec d'autres produits, quand on chauffe à 120-140° de l'iodure de phosphonium et du sulfure de carbone (H. Jahn). Il prend également naissance, bien que lentement, par l'action de l'iodure de méthylehumide sur le couple zinc-cuivre et en abondance quand on soumet à l'action de ce même couple une solution alcoolique de chloroforme ou bromoforme. Il se forme en même temps un peu d'acétylène (Gladstone et Tribe).

D'après Böhm, le dégagement du méthane dans les marais tient à une fermentation particulière des débris végétaux, fermentation pendant laquelle il se forme beaucoup d'ammoniaque.

Thomsen a trouvé, comme moyenne de neuf expériences assez concordantes, que la chaleur de combustion du gaz des marais était égale à 213,530 calories.

Soumis à l'influence de la décharge obscure, le méthane se décompose et donne de petites quantités d'acétylène, de l'hydrogène et des produits résineux; en présence d'acide carbonique, il se forme une trace d'acide butyrique et un corps brunâtre (Thénard, Berthelot); en présence d'azote, il donne de même un corps brun et de l'ammoniaque (Berthelot).

En oxydant le méthane mêlé d'air au moyen d'une spirale de platine rendue incandescente par un courant électrique, Coquillion a obtenu de l'acide formique. D'après le même auteur, une spirale de palladium incandescente possède la propriété de brûler sans explosion un mélange détonant de gaz des marais et d'oxygène, propriété qu'on peut utiliser pour l'analyse des gaz.

Suivant Maumené, il se formerait de l'alcool méthylique dans la combustion incomplète du méthane.

A la température ordinaire, le méthane n'est pas attaqué par l'ozone (Houzeau et Renard).

Perbromméthane, CBr^4. — Ce composé s'obtient sans difficulté quand on chauffe de l'iodure de méthyle avec un excès de brome d'abord à 20°, puis à 80°, puis à 180°, en ayant soin de laisser dégager de temps en temps l'acide bromhydrique formé. Ce corps fond à 90° et bout à 186°,5 ($p = 722$ millimètres).

On obtient un meilleur rendement en remplaçant l'iodure de méthyle par le bromoforme. Dans le premier cas, le gaz bromhydrique entraîne en effet une grande quantité de produits gazeux, ce qui abaisse notablement le rendement (Merz et Weith).

[Berthelot, *Compt. rend.*, t. LXXIX, p. 1100; — Brodie, *Chem. News*, t. XXVII, p. 187, et *Bull. Soc. chim.*, t. XXI, p. 74; — H. Jahn, *Deutsch. chem. Gesellsch.*, 1880, p. 127 et 614; — Gladstone et Tribe, *Bull. Soc. chim.*, t. XX, p. 355; — Böhm, *Deutsch. chem. Gesellsch.*, 1875, p. 634; — Thomsen, *Deutsch. chem. Gesellsch.*, 1880, p. 1322; — Thénard, *Compt. rend.*, t. LXXVIII, p. 219; — Berthelot, *Compt. rend.*, t. LXXXII, p. 1360; — Coquillion, *Compt. rend.*, t. LXXXIV, p. 1503; — Houzeau et Renard, *Bull. Soc. chim.*, t. XIX, p. 408; — Merz et Weith, *Bull. Soc. chim.*, t. XXXII, p. 635, et *Deutsch. chem. Gesellsch.*, 1878, p. 2235.]

E. Demarçay.

MÉTHANTHRÈNE, MÉTHANTHROL. — Voyez t. II, p. 1109 et 1110.

MÉTAZONIQUE (ACIDE). — Voyez Nitrométhane.

MÉTHÉMOGLOBINE. — Voyez Hémoglobine, Suppl., p. 902.

MÉTHYLAMINES. — Monométhylamine. — La méthylamine se forme : dans la distillation du bois et se trouve, par conséquent, en quantité plus ou moins forte dans les différents produits bruts que l'on extrait des goudrons formés (Vincent, Lorin); quand on distille la morphine avec les alcalis (Mayer et Wright); dans l'action de l'ammoniaque maintenue en excès sur le sulfate de méthyle, on obtient du méthylsulfate de méthylamine (Claesson et Lundwall); d'une manière analogue, la méthylamine mêlée de di et de triméthylamine prend naissance par la distillation d'un mélange de carbonate d'ammonium et de méthylsulfate de potassium, ou même d'ammoniaque aqueuse et du même sel. La proportion de base obtenue paraît varier beaucoup avec la température et les quantités mises en expérience (Schmidt et Sachtleben).

La mercurialine de Reichardt est identique avec la méthylamine (Schmidt). D'après Schiffer, on la trouve aussi dans l'urine des carnivores. Elle s'y produirait par destruction de la créatine. Chez les herbivores, au contraire, on ne trouverait que de la méthylurée.

Enfin Hofmann a donné un mode de préparation qui la fournit mêlée seulement d'un peu d'ammoniaque et complètement exempte de di et de triméthylamine. Cette préparation repose sur l'action réciproque du brome et de l'acétamide en présence des alcalis fixes. Le brome et l'acétamide (molécules égales), en présence de potasse ou de soude en solution aqueuse (une molécule), fournissent de la bromacétamide qui cristallise par refroidissement. Cette bromacétamide, traitée par la soude en excès moyennement concentrée, fournit une solution qui, chauffée lentement jusqu'à 60 à 70°, se décompose avec formation d'acide carbonique, bromure de sodium et méthylamine. Il se forme à un moment de l'isocyanate de méthyle, reconnaissable à son odeur, et qui est ensuite décomposé par l'alcali. Il va sans dire que pour préparer la méthylamine, il est inutile d'isoler la bromacétamide et que toutes les réactions se passent dans la même solution. Il faut éviter à la fin de chauffer brusquement, la réaction pouvant alors devenir dangereuse.

Méthylamine dichlorée, CH^3AzCl^2. — Ce composé se forme par le procédé analogue à celui qui a fourni à Tcherniac l'éthylamine bichlorée. C'est un liquide jaune d'or, d'odeur très vive, qui excite les larmes. Il bout à 59-60°. Il est inattaquable par l'eau et à peu près insoluble dans ce liquide, auquel il communique pourtant son odeur. Abandonné à lui-même, il dépose un corps cristallisé que l'eau décompose en régénérant la dichlorométhylamine. L'hydrogène sulfuré détruit ce dernier avec séparation de soufre (H. Köhler).

Diméthylamine. — La diméthylamine peut être préparée sans difficulté et dans un grand état de pureté en faisant bouillir la nitrosodiméthylaniline avec de la soude étendue (90 p. d'eau pour 10 p. de lessive de densité égale à 1,25). On introduit le chlorhydrate de la base par petites portions, en ayant soin d'attendre que la coloration verdâtre de la nitrosodiméthylaniline ait fait place à la couleur jaune-rougeâtre du nitrosophénol. La diméthylamine est recueillie dans l'acide chlorhydrique. La solution évaporée fournit le chlorhydrate pur (Baeyer et Caro). Cette base se produit encore quand on décompose par la potasse la dinitrodiméthylaniline (Mertens), quand on chauffe avec du chlorhydrate d'ammoniaque l'alcool méthylique (Weith). Dans ce dernier cas, la base est mêlée aux autres méthylamines.

La diméthylamine constitue environ 50 % de la triméthylamine commerciale qui contient en outre 5 à 10 % de triméthylamine, le reste étant constitué par un mélange de monométhylamine, isobutylamine, propylamine (Duvillier).

Traité par le chlorure de sulfuryle au réfrigérant ascendant, le chlorhydrate de diméthylamine fournit le *chlorure diméthylamidosulfonique*, $Az(CH^3)^2SO^2Cl$, liquide qui bout de 183 à 187° en se décomposant un peu, plus lourd que l'eau, insoluble dans ce liquide, dans les acides et les alcalis, et peu attaquable par ces derniers. En réagissant sur la diméthylamine, il donne la *tétraméthylsulfamide*,

$$SO^2[Az(CH^3)^2]^2,$$

qu'on obtient aussi par action directe du chlorure de sulfuryle sur cette base. Ce sont des tables fusibles à 73°, sublimables sans décomposition, peu solubles dans l'eau, solubles dans l'alcool et l'éther (Paul Behrend).

La solution aqueuse de diméthylamine précipite en blanc les sels de magnésium, glucinium, zirconium, fer, cadmium, protosels d'étain, antimoine, bismuth, plomb et persels de mercure, en vert ceux de chrome, de nickel, en blanc brunissant à l'air ceux de manganèse, en gris-bleu ceux de cobalt, en jaune ceux d'uranium. Tous ces précipités sont insolubles dans un excès de base. Les persels d'étain, les sels d'argent, zinc, aluminium donnent des précipités blancs solubles dans un excès de base. Les sels d'or, de palladium et de platine donnent des précipités jaunes et bruns solubles également dans un excès de réactif (Vincent).

Victor Meyer et Lecco ont étudié l'action de l'iodure d'éthyle sur la diméthylamine en excès et de l'iodure de méthyle sur la diéthylamine en excès. Ils ont trouvé que les bases ainsi formées étaient identiques entre elles. Il se produit de l'iodure de diméthyldiéthylammonium et de l'iodhydrate de diméthyl ou diéthylamine suivant le cas.

Nitrosodiméthylamine, $(CH^3)^2Az\text{-}AzO$. — Ce composé forme une huile faiblement colorée en jaune, d'odeur piquante spéciale. La poudre de zinc et l'acide acétique la réduisent à l'état de *diméthylhydrazine*, qui est un liquide d'odeur ammoniacale, très volatil, facilement soluble dans l'eau, l'alcool et l'éther, et dont les sels halogénés se volatilisent sans décomposition. Comme les autres hydrazines, elle réduit la liqueur de Fehling et se distingue pourtant de la phénylhydrazine par sa plus grande stabilité envers les oxydants et les alcalis (Émile Fischer).

Triméthylamine. — Cette base se forme en

abondance pendant la putréfaction du cerveau. Elle doit sans doute son origine à la névrine qui s'y trouve à l'état frais (Selmi).

La triméthylamine commerciale, qui ne contient comme il a été indiqué plus haut que 6 à 10 °/₀ de triméthylamine (voir plus haut), provient de la distillation sèche des vinasses.

Chauffé pendant 6 heures à 100° avec une solution aqueuse de triméthylamine, le bromure de triméthylène donne un bromure de diammonium, $(CH^3)^6C^3H^6Az^2Br^2 + H^2O$, très soluble dans l'eau, peu soluble dans l'alcool froid et dont le chloroplatinate est peu soluble dans l'eau (Roth).

En présence du dibromure d'acétylène, elle donne à chaud du bromure de tétraméthylammonium et du bromhydrate de diméthylamine (Plimpton).

Dirigée à travers un tube chauffé au rouge, la triméthylamine fournit du gaz des marais, de l'ammoniaque, de l'acide cyanhydrique, divers carbures et une base $(CH^2)^2(CH^3)^2Az^2$, la méthylène-diméthyldiamine, corps cristallisé dont la densité de vapeur a été trouvée égale à 83,05 (Romeny).

Soumise à l'action du permanganate de potassium, la triméthylamine se décompose en acide formique et ammoniaque.

Chloroplatinate, $[(CH^3)^3Az, HCl]^2PtCl^4$. — Suivant Eisenberg, ce sel cristallise en cubo-octaèdres; il est peu soluble dans l'alcool absolu, contrairement à l'assertion de Hofmann, qui l'a décrit comme plus soluble que les chloroplatinates de mono et de diméthylamine.

COMBINAISONS DE TÉTRAMÉTHYLAMMONIUM. — *Iodure*. — Suivant Hofmann, ce corps supporte sans altération la température de fusion du plomb. Ce sel serait, suivant Rabuteau, un poison violent du système nerveux dont l'action se rapprocherait de celle de la curarine.

Tribromure. — Ce composé peu stable cristallise néanmoins dans une solution de bromure de potassium en aiguilles groupées en barbe de plume. Il perd Br^2 à l'air et se décompose par cristallisation dans l'alcool (Marquardt).

Ferrocyanure, $FeCy^6[Az(CH^3)^4]^4, 13H^2O$. — Ce sel s'obtient en neutralisant l'acide ferrocyanhydrique par l'hydrate de tétraméthylammonium. C'est une masse cristalline feuilletée, jaune, très soluble dans l'eau. Séché sur le chlorure de calcium, il retient $5H^2O$, sur l'acide sulfurique 4 ½, au bain d'eau 3, à 140° $2H^2O$. Mais à cette dernière température il y a commencement de décomposition. On a aussi obtenu ce sel avec $10 H^2O$ (Barth).

Nitrate. — Gros cristaux non déliquescents, peu solubles dans l'alcool, qui se forment en abondance quand on chauffe à 100° une solution dans l'alcool méthylique de mono ou de diméthylamine avec du nitrate de méthyle. Si l'on employait de l'ammoniaque, on n'aurait guère que le sel de méthylamine (Duvillier et Buisine).

Le *nitroprussiate*,

$$[Az(CH^3)^4]^2FeCy^5AzO.½H^2O,$$

s'obtient en gros cristaux rouge rubis quand on ajoute à du nitroprussiate d'argent fraîchement précipité de l'iodure de tétraméthylammonium. Ce sel, très soluble dans l'eau, s'effleurit à l'air en se recouvrant d'une croûte blanc grisâtre (Bernheimer).

[Vincent, *Bull. Soc. chim.*, t. XIX, p. 14; — Lorin, *Bull. Soc. chim.*, t. XIX, p. 16, et *Compt. rend.*, t. LXXIII, p. 573; — Mayer et Wright, *Deutsch. chem. Gesellsch.*, t. VI, p. 826; — Claesson et Lundwall, *Deutsch. chem. Gesellsch.*, 1880, p. 1700; — Schmidt et Sachtleben, *Deutsch. chem. Gesellsch.*, 1878, p. 732; — Schmidt, *Deutsch. chem. Gesellsch.*, 1877, p. 2226; — Hofmann, *Deutsch. chem. Gesellsch.*, 1882, p. 407 et *Bull. Soc. chim.*, t. XXXVIII, p. 193; — Köhler, *Deutsch. chem. Gesellsch.*, 1879, p. 770; — A. Bæyer et Caro, *Deutsch. chem. Gesellsch.*, 1874, p. 809 et 963, et *Bull. Soc. chim.*, t. XXII, p. 558 et t. XXIII, p. 82; — Weith, *Bull. Soc. chim.*, t. XXIV, p. 375, et *Deutsch. chem. Gesellsch.*, 1875, p. 458; — Duvillier et Buisine, *Compt. rend.*, t. LXXXIX, p. 48 et 709, t. XC, p. 872 et 1426; — P. Behrend, *Deutsch. chem. Gesellsch.*, 1881, p. 722 et 1810; — Vincent, *Bull. Soc. chim.*, t. XXVII, p. 150 et 194; *Compt. rend.*, t. LXXXIV, p. 1139 et t. LXXXV, p. 667; — Victor Meyer et Lecco, *Deutsch. chem. Gesellsch.*, 1875, p. 937; — Selmi, *Deutsch. chem. Gesellsch.*, 1876, p. 1127; — Roth, *Deutsch. chem. Gesellsch.*, 1881, p. 1351; — Plimpton, *Deutsch. chem. Gesellsch.*, 1881, p. 1812; — Romeny, *Deutsch. chem. Gesellsch.*, 1878, p. 835; — Eisenberg, *Deutsch. chem. Gesellsch.*, 1880, p. 1667; — Marquardt, *Deutsch. chem. Gesellsch.*, 1870, p. 286; — Barth, *Deutsch. chem. Gesellsch.*, 1875, p. 1484; — Bernheimer, *Deutsch. chem. Gesellsch.*, 1880, p. 926; — E. Fischer, *Liebig's Ann. Chem.*, t. CXC, p. 186; *Bull. Soc. chim.*, t. XXVI, p. 288, et *Deutsch. chem. Gesellsch.*, 1875, p. 1587].

E. Demarçay.

MÉTHYLANTHRACÈNE. — Voyez Suppl., p. 179.

MÉTHYLCROTONIQUE (ACIDE),

$$C^5H^8O^2 = CH^3\text{-}CH = C\begin{matrix}<CH^3\\<CO.OH,\end{matrix}$$

l'un des isomères de l'acide angélique. Berendes [*Deutsch. chem. Gesellsch.*, 1877, p. 835], en étudiant les propriétés de l'acide méthylcrotonique de Frankland et Duppa (voyez t. II, p. 405) et celles de l'acide tiglique contenu dans l'huile de croton, a démontré l'identité de ces deux acides. W. von Miller [*Deutsch. chem. Gesellsch.*, 1877, p. 2036] a obtenu l'acide méthylcrotonique en oxydant l'acide valérianique au moyen du permanganate de potassium. Demarçay a observé que l'acide angélique se transforme en acide méthylcrotonique sous l'influence de la chaleur [*Compt. rend.*, t. LXXIII, p. 906]; cette transformation est complète par une ébullition de 10 heures au réfrigérant ascendant ou par l'action d'une température de 300° pendant 2 heures en tubes scellés. L'acide sulfurique concentré opère la même transformation isomérique à 100°. Schmidt a obtenu l'acide méthylcrotonique en réduisant, par l'amalgame de sodium ou par le zinc et l'acide sulfurique étendu, l'acide dibromovalérique, $C^5H^8Br^2O^2$, préparé par l'action du brome sur l'acide angélique [*Deutsch. chem. Gesellsch.*, 1879, p. 252].

Si l'on verse une solution neutre de nitrate d'argent sur la combinaison de l'acide angélique avec l'acide iodhydrique, $C^5H^9IO^2$, on observe un dégagement de gaz carbonique; en même temps, tout l'iode est éliminé à l'état d'iodure d'argent. En séparant celui-ci par filtration et en agitant la liqueur avec de l'éther, on obtient une notable quantité d'acide méthylcrotonique. La formation de cet acide résulte donc d'une transposition moléculaire qui s'accomplit sans élévation de température. L'acide angélique se transforme aussi spontanément à la longue en acide méthylcrotonique [Schmidt, *loc. cit.*, et *Liebig's Ann. Chem.*, t. CCVIII, p. 249].

L'acide α-méthyl-β-oxybutyrique se transforme en acide méthylcrotonique lorsqu'on le chauffe avec l'acide iodhydrique à 110° [A. Rucker, *Deutsch. chem. Gesellsch.*, 1877, p. 1954].

L'acide méthylcrotonique fond à 64° (Schmidt), à 62° (Fittig), à 62°,5 (A. Rucker). Il bout à

196-197° (Berendes). Il cristallise dans le système triclinique (Demarçay).

Le méthylcrotonate de calcium cristallise avec 3 molécules, le méthylcrotonate de baryum avec 4 molécules d'eau (Berendes). L'éther éthylique bout à 154-156° (Berendes).

Par l'action du brome l'acide méthylcrotonique fournit, comme l'acide angélique, l'acide dibromovalérique (dibromométhyléthylacétique) (Berendes). L'acide iodhydrique le transforme en un acide iodovalérique $C^5H^9IO^2$ fusible à 86°,5. Dans les mêmes conditions, l'acide angélique donne un acide iodovalérique fusible à 46°. Réduits au moyen du zinc et de l'acide sulfurique, ces deux acides substitués fournissent un seul et même acide valérique, l'acide méthyléthylacétique (Schmidt, Berendes).

Si l'on fait agir l'acide iodhydrique en présence de l'eau sur l'acide angélique, on obtient, outre l'acide iodo-valérique fusible à 46°, l'acide isomérique qui fond à 86°,5 [Schmidt, *Deutsch. chem. Gesellsch.*, 1879, p. 252].

ACIDE CHLOROMÉTHYLCROTONIQUE, $C^5H^7ClO^2$. — Demarçay a préparé un acide méthylcrotonique chloré en faisant réagir le perchlorure de phosphore sur l'éther méthyl-acétyl-acétique, et en saponifiant le produit formé par la potasse alcoolique [*Compt. rend.*, t. LXXXIV, p. 1087]. A. Rucker a obtenu le même acide par un procédé semblable [*loc. cit.*].

Selon Demarçay, l'acide méthylcrotonique chloré fond à 67° et bout, presque sans altération, à 209-210°; il est soluble dans l'eau bouillante et cristallise par le refroidissement en longues lames étroites. L'éther éthylique bout à 179-180°. Traité par l'acide sulfurique, l'acide libre est décomposé avec formation d'acide chlorhydrique, en même temps, il se produit un acide sulfoconjugué dont le sel de baryum est décomposé par l'ébullition avec dégagement de gaz carbonique et dépôt de carbonate de baryum. L'acide méthylcrotonique chloré est attaqué vers 65° par le brome avec formation d'acide bromhydrique. Chauffé à 140° avec un excès d'alcali, il se dédouble nettement en gaz carbonique et en butylène monochloré.

D'après Rucker, l'acide méthylchlorocrotonique fond à 69°,5 et se sublime à une température un peu plus élevée en émettant des vapeurs très irritantes; il distille avec la vapeur d'eau. Le sel de baryum cristallise difficilement et tombe en déliquescence à l'air; le sel de sodium présente les mêmes caractères; le sel d'argent est très peu altérable à la lumière, et très peu soluble dans l'eau. L'éther éthylique bout à 174-175°.

Friedrich [*Deutsch. chem. Gesellsch.*, 1882, p. 218] a observé que l'acide α-méthyl-chlorocrotonique est décomposé par la potasse aqueuse concentrée, à 140°, en gaz carbonique et méthyl-éthyl-acétone. Œchsner de Coninck.

MÉTHYLE (DÉRIVÉS MÉTALLIQUES). — STANMÉTHYLE. — En opérant comme l'a fait Cahours pour la préparation de ces composés, c'est-à-dire en reprenant par l'éther le produit de l'action de l'iodure de méthyle sur le stannure de sodium et distillant la solution éthérée, Ladenburg n'a obtenu qu'un résidu insignifiant, tandis que l'éther distillé renfermait un dérivé stannique. En opérant directement la distillation du produit brut, il a obtenu principalement le *stannotétraméthyle* et un peu d'*iodure de stannotriméthyle* $Sn(CH^3)^3I$. Ce dernier composé distille à 170°; sa densité à 0° = 2,1432; à 18° = 2,1096. Le sodium le transforme en stannotétraméthyle,

$$4\,Sn(CH^3)^3I + 4\,Na = 4\,NaI + Sn + 3\,Sn(CH^3)^4.$$

L'iodure de stannotriéthyle fournit dans les mêmes conditions le stannotriéthyle $Sn^2(C^2H^5)^6$. Traité par l'éthylate de sodium sec, l'iodure de stanno-triméthyle fournit le dérivé tétraméthylé mélangé d'un peu d'*éthylate de stannotriméthyle*, $Sn(CH^3)^3OC^2H^5$.

Le *stannotétraméthyle* $Sn(CH^3)^4$ est un liquide éthéré, insoluble dans l'eau. Il distille à 78°. Densité à 0° = 1,3138; il brûle avec une flamme éclairante, avec mise en liberté d'étain. Il réduit le nitrate d'argent en solution alcoolique. L'iode le convertit en iodure de stannotriméthyle [Ladenburg, *Deutsch. chem. Gesellsch.*, 1870, p. 353].

ZINC-MÉTHYLE. — Pour le préparer, Ladenburg fait bouillir dans un appareil à reflux, sous une pression de 40 centimètres de mercure, l'iodure de méthyle avec de la limaille de zinc, de l'amalgame de sodium à 1 % et de l'éther acétique. Après 36 heures on distille le produit au bain d'huile et on le rectifie. Il se forme en même temps des cristaux d'éthylate $ZnCH^3.OC^2H^5$ [*Deutsch. chem. Gesellsch.*, 1873, p. 1029].

On peut préparer aisément le zinc-méthyle par la méthode qui a servi à Gladstone et Tribe pour obtenir le zinc-éthyle (voir *Suppl.*, p. 697).

Éd. Willm.

MÉTHYLE (SÉLÉNIURE). — Le composé décrit sous ce nom par Wöhler et Dean est le diséléniure. Le séléniure $Se(CH^3)^2$ s'obtient en distillant un mélange de méthylsulfate de potassium, de pentaséléniure de phosphore et de potasse caustique. On sépare le séléniure du diséléniure formé en même temps par distillation fractionnée. C'est un liquide incolore, très réfringent, d'odeur très désagréable, qui bout à 58°,2. Il est plus lourd que l'eau et serait décomposable par elle (en présence de l'air?) avec séparation de sélénium surtout à chaud. Il se combine avec le chlorure de platine. La combinaison $[(CH^3)^2Se]^2PtCl^4$, cristallisée dans l'alcool, forme des lamelles composées d'aiguilles groupées en barbes de plume. Par la chaleur, il noircit en abandonnant du séléniure de méthyle.

Nitrate d'oxyséléniure de méthyle,

$$(CH^3)^2Se(OH)AzO^3\ (?).$$

— Prismes incolores, volumineux, fusibles à 90°,5, volatils au-dessous de 100°, obtenus par dissolution du séléniure de méthyle dans l'acide azotique concentré, très solubles dans l'eau et l'alcool, insolubles dans l'éther.

Chlorure de séléniure de méthyle, $(CH^3)^2SeCl^2$. — Traité par l'acide chlorhydrique, le nitrate précédent fournit un précipité d'aiguilles fines de chlorure, solubles dans un excès d'acide. Cristallisé dans l'alcool, il forme des houppes brillantes, d'odeur désagréable, fusibles à 59°,5, décomposables vers 70°, peu solubles dans l'eau, facilement dans l'alcool, moins dans l'éther.

Bromure, $(CH^3)^2SeBr^2$. — Corps semblable au précédent et s'obtenant de même par union directe des deux composants. Il fond à 82° en se décomposant.

Iodure, $(CH^3)^2SeI^2$. — Obtenu comme le chlorure; c'est un précipité rouge cinabre qui perd de l'iode, même dans le vide.

Le sulfate obtenu par double décomposition forme des aiguilles brillantes. On n'a pu préparer l'oxyde. Le cyanure paraît très instable [C. Loring-Jackson, *Deutsch. chem Gesellsch.*, 1878, p. 109, et *Bull. Soc. chim.*, t. XXIV, p. 179].

E. Demarçay.

MÉTHYLE (SULFURE DE). — Les sels de triméthylsulfine se forment avec une grande facilité dans une foule de circonstances.

Quand on traite le sulfure de méthyle par le bromure de benzyle, on a la réaction

$$C^7H^7Br + 2S(CH^3)^2 = (CH^3)^3SBr + CH^3.S\,C^7H^7.$$

Si l'on ajoute de l'alcool méthylique au mélange, on obtient de l'oxyde de méthyle et de benzyle au lieu des sulfures des mêmes radicaux. De même, avec le sulfure de benzyle et l'iodure de méthyle, on a

$$S(C^7H^7)^2 + 3CH^3I = (CH^3)^3SI + 2C^7H^7I.$$

L'iodure de méthylène et le sulfure de méthyle donnent semblablement

$$CH^2I^2 + 3(CH^3)^2S = 2(CH^3)^3SI + CH^2S.$$

Avec l'éthylène bromé et le sulfure de méthyle, on obtient aussi de l'iodure de triméthylsulfine et une combinaison dont le chloroplatinate est peu soluble (Cahours).

Le sulfure de méthyle et le bromure d'acétyle donnent à 100° le bromure de triméthylsulfine et le thioacétate de méthyle. L'iodure d'acétyle agit de même. Avec le bromure de cyanogène, il se forme le même bromure et du sulfocyanate de méthyle. Ce dernier corps est lui-même attaqué rapidement à 100° par l'iodure de méthyle, avec formation d'iode, d'iodure de triméthylsulfine et d'autres composés non déterminés (Cahours).

L'iodure de triméthylsulfine se forme encore quand on chauffe le soufre avec de l'iodure de méthyle à 160-190° pendant dix heures. L'iodure formé est difficile à séparer de l'iodure de soufre qui prend naissance en même temps (Klinger).

Le mercaptan méthylique s'oxyde à l'air très facilement. Dans cette oxydation, il se produit de l'*hyposulfite de triméthylsulfine*, qui cristallise avec une molécule d'eau en longs prismes transparents à quatre pans. Ce sel, déliquescent à l'air humide, abandonne son eau dans le vide sec et fond à 135° en se décomposant suivant l'équation

$$[(CH^3)^3S]^2S^2O^3$$
$$= (CH^3)^2S + (CH^3)^3S\text{-}O\text{-}SO^2.SCH^3.$$

Sulfite de triméthylsulfine. — Sel bien cristallisé, très alcalin, décomposé par la chaleur en sulfure de méthyle et méthylsulfonate de triméthylsulfine.

Oxalate. — Tables très solubles dans l'eau, que la chaleur dédouble à 146° en sulfure et oxalate de méthyle.

Dithionate. — Cubes qui contiennent une molécule d'eau, non déliquescents, décomposables à 220° degrés en eau, acide sulfureux, sulfure de méthyle et sulfate de triméthylsulfine.

Carbonate. — Cristaux déliquescents, hydratés, décomposables par la chaleur en eau, anhydride carbonique, sulfure de méthyle et alcool méthylique.

Les acétate, benzoate, sulfure de triméthylsulfine ne peuvent être obtenus à l'état solide. Leurs solutions se décomposent en sulfure de méthyle et acétate, benzoate et sulfure de méthyle respectivement, quand on les concentre au delà d'un certain point (A. Crum-Brown et A. Blaikie).

Méthyléthine. — Crum-Brown et Letts ont donné ce nom au corps analogue à la bétaïne, que l'on obtient en traitant le sulfure de méthyle par l'acide bromacétique

$$(CH^3)^2S + CH^2Br\text{-}CO^2H$$
$$= (CH^3)^2Br.S.CH^2\text{-}CO^2H.$$

Ce composé forme des bromhydrate, chlorhydrate, chloroplatinate, chloraurate et chloromercurate bien définis et des sels doubles obtenus par l'action du bromhydrate sur les oxydes métalliques.

L'éther iodacétique ne donne pas l'iodhydrate correspondant; il se forme de l'iodure de triméthylsulfine (Crum-Brown et Letts).

Cahours, *Compt. rend.* t. LXXX, p. 1317, t. LXXXI, p. 1163; — Klinger, *Bull. Soc. chim.*, t. XXX, p. 538, et *Deutsch. chem. Gesellsch.*, 1877, p. 1880: — Crum-Brown, *Deutsch. chem. Gesellsch.*, 1873, p. 1384, — Crum-Brown et Letts, *Deutsch. chem. Gesellsch.*, 1774, p. 696; — Crum-Brown et Blaikie, *Deutsch chem. Gesellsch.*, 1881, p. 1400.] E. Demarçay.

MÉTHYLÈNE. — Voyez t. II, p. 415.

Chlorure de méthylène, CH^2Cl^2 [Greene, *Compt. rend.*, t. LXXXIX, p. 1077]. — On prépare ce corps en réduisant le chloroforme étendu de 3 volumes d'alcool par le zinc et l'acide chlorhydrique. On adapte au ballon un long réfrigérant ascendant et on arrête l'opération dès que la plus grande portion de l'alcool a été entraînée. Par distillation fractionnée, on obtient 20 % du chloroforme employé en chlorure de méthylène bouillant à 40-41°.

Bromure de méthylène, CH^2Br^2 — Steiner obtient ce composé en faisant réagir le brome à 250° en tubes scellés sur le bromure de méthyle. Il se forme surtout du bromoforme. Le bromure de méthylène bout à 80-82°. A 15°, son poids spécifique est égal à 2,0844 [*Deutsch. chem. Gesellsch.*, 1874, p 507, et *Bull. Soc. chim.*, t. XXII, p. 281].

Ce bromure, chauffé avec de l'oxyde de plomb et 15 à 20 fois son volume d'eau à 140-150°, fournirait du glycol *éthylénique* [Jeltekoff, *Deutsch. chem. Gesellsch.*, 1873, p. 558, et *Bull. Soc. chim.*, t. XX, p 353].

Iodure de méthylène, CH^2I^2. — Baeyer [*Deutsch. chem. Gesellsch.*, 1872, p. 1095, et *Bull. Soc. chim.*, t. XIX, p. 265] prépare ce composé par l'action du phosphore et de l'acide iodhydrique bouillant sur l'iodoforme. 200 gr. d'acide bouillant à 127° et 50 gr. d'iodoforme sont introduits dans un ballon d'un litre surmonté d'un condensateur à reflux muni à son extrémité supérieure d'un tube en T dont une des branches sert au dégagement de l'acide iodhydrique gazeux, l'autre à l'introduction du phosphore. On chauffe à l'ébullition, puis on ajoute le phosphore par très petits morceaux jusqu'à ce que l'ébullition ne fasse plus brunir le liquide. On peut alors ajouter d'autre iodoforme, puis du phosphore. La réaction marche d'autant plus régulièrement qu'il y a plus d'iodure de méthylène de formé.

Ce composé réagit sur le zinc-éthyle avec production d'éthylène et de butane [Lwow, *Deutsch. chem. Gesellsch.*, 1871, p. 479].

Julie Lermontoff a étudié son action sur quelques bases [*Deutsch. chem. Gesellsch.*, 1874, p. 1252, et *Bull. Soc. chim.*, t. XXIII, p. 510].— Avec l'éthylamine, il s'est formé l'iodhydrate d'une base huileuse à sels amorphes. Le chloroplatinate répond à peu près à la formule

$$(C^2H^{5.4}C^{.}H^{2})^4Az^4(HCl)^2PtCl^4.$$

Avec la triéthylamine, il se sépare à 100°, en prismes quadratiques, de l'iodure d'iodométhyltriéthylammonium, $(CH^2I)(C^2H^5)^3AzI$. On prépare à l'aide de ce sel un chloroplatinate en beaux octaèdres,

$$[(CH^2I)(C^2H^5)^3Az]^2PtCl^6.$$

L'aniline réagit très vivement à une douce chaleur, non à froid, de sorte qu'il faut ajouter l'iodure goutte à goutte à l'aniline chauffée. On obtient l'iodure d'une base visqueuse dont les sels sont amorphes. En changeant le mode opératoire, on obtient d'autres produits qui ne sont pas mieux définis.

Mêlé au sulfure de méthyle, l'iodure de méthylène donne à 100° du sulfure de méthylène et de l'iodure de triméthylsulfine [Cahours, *Compt. rend.*, t. LXXX, p. 1317].

Abandonné en tubes scellés pendant plusieurs

jours avec du mercure, l'iodure de méthylène fournit un corps insoluble, peut-être $CH^2(HgI)^2$, et un composé soluble dans l'alcool chaud et dans l'iodure de méthylène. Ce produit cristallise en aiguilles blanches fusibles à 108-109° et répond à la formule $CH^2I.HgI$. L'iode détruit ce corps avec formation d'iodure de mercure et d'iodure de méthylène [Sakural, *Journ. chem. Soc. London*, 1880, t. I, p 658].

Chloroiodure de méthylène, CH^2ClI. — Silva l'a obtenu en faisant réagir l'acide iodhydrique sur le chlorométhylate de méthylène de Friedel. Il bout à 120° [*Bull. Soc. chim.*, t. XXIV, p. 482].

Oxyde de méthylène (aldéhyde formique), CH^2O. — Michaël prépare cette aldéhyde par l'action de l'eau à 100° sur l'acétochlorhydrine de méthylène $CH^2Cl(C^2H^3O^2)$ [*Americ. Chem. Soc.*, t. II, p. 221]. Elle se forme, en outre, quand on chauffe le méthylal avec l'acide sulfurique (Baeyer), quand on soumet le formiate de calcium à la distillation sèche (Lieben et Rossi).

Renard paraît aussi avoir obtenu et décrit sous le nom d'aldéhyde glycérique, ainsi que l'a fait remarquer Henninger, le trioxyméthylène dans l'oxydation par l'oxygène électrolytique de la glycérine et du glycol [*Compt. rend.*, t. LXXIV, et t. LXXII].

Le trioxyméthylène ne paraît pas réagir sur les sulfites [Müller, *Deutsch. chem. Gesellsch.*, 1873, p. 1444]. En solution alcaline, il s'oxyde à l'air, de même que l'aldéhyde formique en devenant phosphorescent [Radziszewski, *Deutsch. chem. Gesellsch.*, 1877, p. 321].

Wurtz présume que l'aldéhyde formique pourrait jouer dans les plantes un rôle important en donnant naissance aux hydrates de carbone, étant formée elle-même par réduction de l'acide carbonique sous l'influence de la lumière [*Compt. rend.*, t. LXXIV].

Sulfure de méthylène, CH^2S. — Traité à 170° par un mélange de chaux éteinte et de borate ou sulfate d'argent, il fournit du trioxyméthylène (A. Girard).

Séléniocyanure de méthylène, $CH^2(CAzSe)^2$. — Ce composé, obtenu par digestion de l'iodure de méthylène avec le séléniocyanure de potassium en solution alcoolique, forme des rhomboèdres de quelques millimètres qui se colorent en jaune, puis en rouge en abandonnant du sélénium. Il est insoluble dans l'eau, soluble dans l'alcool et fond à 132°.

Il se dissout dans l'acide azotique chaud et s'en sépare par refroidissement. Par une digestion prolongée, il fournit un acide dont les sels de baryum, de plomb et d'argent sont insolubles [Proskauer, *Deutsch. chem. Gesellsch.*, 1874, p. 1281].

Diméthylate de méthylène (méthylal). — Baeyer a employé ce composé à la place de l'aldéhyde méthylique, pour effectuer des soudures entre des noyaux aromatiques et le radical méthylène. La réaction s'effectue en présence d'acide sulfurique concentré.

Le méthylal se forme, outre divers produits, dans l'oxydation de l'alcool méthylique par l'oxygène électrolytique [Renard, *Compt. rend.*, t. LXXX, p. 236].

Diéthylate de méthylène, $CH^2(OC^2H^5)^2$ [Greene, *loc. cit.*]. — Cet éther, liquide bouillant à 89°, d'odeur pénétrante analogue à celle de l'éther de Kay, d'un poids spécifique de 0,851 à 0°, peu soluble dans l'eau, très soluble dans l'alcool et s'en séparant par addition de chlorure de calcium, s'obtient en ajoutant peu à peu du sodium à du chlorure de méthylène dissous dans 8 molécules d'alcool et chauffé dans un ballon muni d'un réfrigérant ascendant. La portion du liquide obtenu, qui bout au-dessus de 78°, additionnée de chlorure de calcium, laisse l'éther se séparer.

Disulféthylate de methylène, $CH^2(SC^2H^5)^2$. — Niederist l'a obtenu par l'action de l'iodure de méthylène sur le mercaptide de sodium. C'est une huile fétide qui bout à 184° ; son poids spécifique à 20° est égal à 0,987 [*Liebig's Ann.*, t. CLXXXVI, p. 391].

Chlorométhylate de méthylène, $CH^2Cl.OCH^3$ [Friedel, *Compt. rend.*, t. LXXXIV, p. 248]. — Ce produit se forme par l'action du chlore à la lumière diffuse sur l'oxyde de méthyle en excès passant dans un tube de 2 centimètres de diamètre. C'est un liquide d'odeur de chlorure d'acétyle, très mobile, qui bout à 59°,7 ($p = 759$ millimètres), soluble dans l'eau en s'y décomposant avec formation d'aldéhyde méthylique. Il réagit vivement sur l'ammoniaque avec production d'hexaméthylène-amine, ainsi que sur les sels alcalins (acétate, etc.).

Acétate de méthylène, $CH^2O^2(C^2H^3O)^2$. — Ce composé, mis en présence d'un carbure aromatique et d'acide sulfurique concentré, réagit suivant l'équation

$$CH^2O^2(C^2H^3O)^2 + 2XH = CH^2X^2 + 2C^2H^4O^2.$$

Il est généralement plus avantageux d'employer le méthylal [Baeyer, *Deutsch. chem. Gesellsch.*, 1872, p. 1095, et *Bull. Soc. chim.*, t. XIX, p. 2 5].

Acétochlorhydrine de méthylène,

$$CH^2Cl(OC^2H^3O)$$

[Henry, *Deutsch. chem. Gesellsch.*, 1873, p. 740, et *Bull. Soc. chim.*, t. XX, p. 448]. — On la prépare avec facilité en faisant absorber *à froid* par de l'acétate de méthyle du chlore jusqu'à ce qu'il se dégage de l'acide chlorhydrique en abondance. Par rectification, on obtient presque exclusivement, si l'on a eu soin de maintenir la température basse, un produit bouillant de 100 à 120° qui, séché sur le carbonate de potassium et rectifié, passe à 115° sous la pression de 757 millimètres. Ce composé est un liquide incolore, mobile, d'odeur pénétrante et suffocante, de saveur brûlante. A 14°,2, sa densité est égale à 1,1953. Il est insoluble dans l'eau qui le décompose rapidement. Sa densité de vapeur a été trouvée égale à 3,70. Ce corps fume à l'air, possède une réaction acide et agit très vivement sur les combinaisons métalliques et hydrogénées. Avec l'acétate de potassium, on obtient ainsi le diacétate de méthylène; avec le sulfocyanate de potassium, l'ammoniaque, l'acide sulfurique, il entre également en réaction énergique.

Formochlorhydrine de méthylène,

$$CH^2Cl(OCHO).$$

— Ce composé, obtenu par Henry d'une manière analogue à l'acétochlorhydrine, est un liquide qui bout vers 100°. La réaction qui lui donne naissance est moins nette que dans le cas précité.

Acétométhylate de méthylène,

$$CH^2(OCH^3)(OC^2H^3O).$$

— Ce composé préparé par Friedel (voyez plus haut) en faisant réagir le chlorométhylate sur l'acétate de potassium, est un liquide qui bout à 117-118° et se décompose par l'eau et les alcalis avec formation de trioxyméthylène; avec l'ammoniaque, on obtient de l'hexaméthylène-amine.

Acide méthylène-disulfonique, $CH^2(SO^3H)^2$. — Ce composé, indépendamment de sa formation par le sulfocyanate de méthylène, se produit aux dépens de l'acide acétique dans l'attaque de l'acétanilide à 140-150° par l'acide sulfurique [Smyth, *Deutsch. chem. Gesellsch.*, 1874, p. 901].

Acide hydroxyméthylène-sulfonique,

$CH^2(OH)SO^3H$.

— Cet acide, homologue inférieur de l'acide isethionique, a été décrit sous le nom impropre d'acide *méthylisethionique*. Il prend naissance quand on introduit peu à peu 2 molécules d'anhydride sulfurique dans 1 molécule d'alcool méthylique dissous dans une grande quantité d'acide sulfurique bien refroidi. Si l'on dirigeait l'anhydride dans l'alcool méthylique pur, on obtiendrait l'acide oxyméthane-disulfonique ou plutôt son éther sulfurique acide. Le liquide étendu d'eau, bouilli pendant longtemps pour détruire une certaine quantité d'éther sulfurique acide de l'acide hydroxysulfonique, et neutralisé par le carbonate de plomb, est filtré, puis traité par l'hydrogène sulfuré pour séparer le plomb. On obtient les sels par neutralisation du liquide au moyen des oxydes ou des carbonates des métaux correspondants.

Sel de potassium. — Très gros cristaux, assez solubles dans l'eau, insolubles dans l'alcool.

Sel de baryum. — Petites tables transparentes.

Sel d'ammonium. — Petites aiguilles facilement solubles dans l'eau. Les sels et l'acide lui-même sont fort stables.

Acide oxyméthane disulfonique,

$CH(OH)(SO^3H)^2$.

— Si l'on étend d'eau l'alcool méthylique saturé à froid d'anhydride sulfurique, qu'on neutralise par le carbonate de plomb, puis qu'on chasse le plomb par l'hydrogène sulfuré, on obtient une solution qui, bouillie pendant longtemps, donne de l'acide sulfurique et de l'acide oxyméthane-disulfonique. Ceci tient à la décomposition par l'eau d'un acide analogue à l'acide éthionique,

$$CH(SO^3H)^2OSO^3H + H^2O$$
$$= CH(SO^3H)^2OH + SO^4H^2.$$

L'acide oxyméthane-disulfonique, neutralisé par la potasse, fournit un sel qu'on purifie par l'alcool, qui dissout une impureté brune et qui laisse intact le sel de *potassium*, $CH(SO^3K)^2OH$, cristallisé en aiguilles groupées concentriquement.

Le *sel de baryum*, peu soluble, s'obtient en aiguilles bien formées quand on précipite le chlorure de baryum en solution étendue (1/80) par le sel de potassium.

Ces sels et l'acide correspondant sont fort stables [Schwartz, *Deutsch. chem. Gesellsch.*, 1870, p 692, et *Bull. Soc. chim.*, t. XIV, p. 389; — Müller, *Deutsch. chem. Gesellsch.*, 1873, p. 1032].

E. Demarçay.

MÉTHYLIQUE (ALCOOL). — L'alcool méthylique brut contient, outre l'acétone, de l'acétate de méthyle, de l'oxyde de mésityle, de la phorone, de l'alcool allylique, de l'ammoniaque, de la méthylamine, du méthylacétal, de l'alcool éthylique (?) (G. Kræmer et M. Grodski, Krell, Aronheim, Lorin, Hemilian).

La purification de l'alcool méthylique peut être opérée, comme on sait, en le transformant en oxalate de méthyle; il paraît cependant retenir fréquemment une petite quantité d'ammoniaque. On arrive au même résultat en employant le benzoate de méthyle; cet éther a pourtant l'inconvénient d'être difficile à saponifier. On peut, au contraire, se servir avec grand avantage du formiate de méthyle, composé très facile à purifier et que la soude caustique décompose instantanément. On procède comme il suit : Le formiate de sodium, séché à 130°, est traité par une quantité équivalente d'acide chlorhydrique aqueux et d'alcool méthylique. On adapte au ballon qui contient le mélange un réfrigérant ascendant dont on ne renouvelle pas l'eau, et à la suite un second réfrigérant, descendant cette fois, qui sert à condenser les vapeurs que le premier n'a pas liquéfiées. Quand la température du premier réfrigérant est montée à 45°, on arrête la distillation. Le formiate distillé est agité avec un peu de soude caustique et rectifié une ou deux fois au bain-marie. Ce formiate bout à 32°. On le saponifie en y ajoutant par petites portions de la soude caustique et agitant le mélange quelques instants. La chaleur dégagée est assez forte pour qu'il soit nécessaire de relier le ballon où se passe l'opération à un réfrigérant ascendant, qui fait refluer le formiate volatilisé. On obtient alors, en distillant, le mélange de l'alcool méthylique, qui ne contient d'autre impureté qu'une certaine quantité d'eau (Kræmer et Grodski, Bardy et Bordet). Cette eau est enlevée par les procédés ordinaires, en terminant pour enlever les dernières traces par l'addition d'une petite quantité d'anhydride phosphorique (Friedel).

L'alcool méthylique prend naissance dans la distillation sèche du formiate de calcium (Lieben et Rossi, Friedel et Silva); suivant Maumené, il se forme aussi dans la combustion incomplète du méthane. On en obtient enfin une certaine quantité dans la distillation des vinasses (Vincent).

Il se combine aux chlorures de lithium, de magnésium et d'antimoine, avec formation des composés déliquescents, bien cristallisés,

$$LiCl^4, CH^4O \quad MgCl^2, 6CH^4O \quad SbCl^5, CH^4O;$$

ce dernier forme des tables jaune pâle, fusibles à 81°.

L'alcool méthylique tombant goutte à goutte sur du chlorure de zinc fondu dans une bouteille en fer et porté au rouge naissant fournit une série de carbures dont l'un, bien cristallisé, est identique avec l'hexaméthylbenzine (Lebel et Greene).

Dirigé en vapeur sur de la poudre de zinc chauffée au-dessous du rouge sombre, il se décompose nettement en oxyde de carbone et hydrogène (H. Jahn).

Purifié par une distillation avec de l'azotate d'argent ammoniacal, l'alcool méthylique donne avec la solution de fuchsine dans l'acide sulfureux une légère coloration violette (J. Schmidt).

Analyse. — L'alcool méthylique étant contenu dans les méthylènes commerciaux en proportions très variables, et étant exposé à cause de sa valeur relativement considérable à être fraudé, on a dû chercher à le doser dans ces méthylènes et à mettre en évidence le produit qui peut le mieux y être ajouté pour le frauder, c'est-à-dire l'alcool ordinaire. Pour découvrir des traces d'alcool éthylique, Lauth conseille de traiter le mélange suspect par l'acide sulfurique, comme pour préparer de l'éthylène. S'il y a de l'alcool éthylique, le mélange des gaz dégagés est absorbable en partie par le brome, ce qui n'a pas lieu si le méthylène est pur [voyez aussi Berthelot, *Compt. rend.*, t. LXXX, p. 1039].

Gautier propose, pour reconnaître inversement des traces d'alcool méthylique dans l'alcool éthylique, fraude qui se présente également, de faire réagir l'iodure extrait de l'alcool suspect sur le cyanure d'argent à 100°. L'iodure de méthyle agit seul dans ces conditions. Riche et Bardy ont donné des méthodes qui s'appliquent mieux à ces fins. Comme elles sont d'une exécution délicate, nous renvoyons pour les détails aux mémoires originaux [*Compt. rend.*, t. LXXX, p. 1039]. Voici, en résumé, en quoi elles consistent. Pour reconnaître des traces d'alcool méthylique, on transforme les alcools (10 centimètres cubes) en iodures. On les traite par l'aniline (6 centimètres cubes), et le produit formé est oxydé, suivant la méthode de Lauth, par l'azotate de cuivre, le chlorure de sodium et le sable à 90° pendant dix heures. On extrait par l'alcool et on évapore (100 centimètres cubes). La proportion d'alcool méthylique est estimée par un essai colorimétrique comparatif, d'après la teinte violette. Pour reconnaître des traces d'alcool éthylique, on oxyde le mélange, préalablement purifié par l'acide sulfurique concentré, au moyen du permanganate de potassium et de l'acide sulfurique étendu. On ajoute ensuite de l'hyposulfite de sodium et une solution de fuchsine dans l'acide sulfureux. L'aldéhyde éthylique formée colore en violet la solution.

Krell a donné, pour doser l'alcool méthylique dans les méthylènes, une méthode qui suppose qu'il n'y a point d'autres alcools ou corps susceptibles de donner des iodures volatils par l'action de l'acide iodhydrique. Cette condition n'est jamais remplie, puisque les méthylènes renferment normalement un peu d'alcool allylique; néanmoins la proportion en est assez faible pour qu'on puisse la négliger. La méthode a été perfectionnée par Kræmer et Grodski, puis par Bardy et Bordet, dont voici le mode opératoire :

On renferme dans un ballon relié à un réfrigérant de Liebig 15 grammes d'iodure de phosphore (PI^2), puis goutte à goutte, par un tube à robinet, 5 centimètres cubes de l'alcool à essayer, puis enfin 5 centimètres cubes d'acide iodhydrique (densité = 1,7) dans lequel on a dissous son poids d'iode. On chauffe à 80-90°, puis on distille et on recueille ce qui passe dans un tube gradué, on ajoute de l'eau et on mesure la couche d'iodure de méthyle; la couche aqueuse contient 8/1000 d'iodure dissous. Dans le ballon et le réfrigérant il reste un peu de vapeur d'iodure qu'on évalue une fois pour toutes en répétant l'opération avec un poids connu d'iodure. Si l'alcool renfermait de l'acétone, l'iodure en renferme également. On l'éloigne par un lavage à l'eau et on ajoute à la quantité finale une certaine quantité déterminée par les auteurs et donnée dans une table [*Compt. rend.*, t. LXXXVIII, p. 237].

Kræmer a aussi proposé de doser l'acétone, qui est la principale impureté, en se basant sur sa transformation en iodoforme. D'après ses résultats, la somme de l'acétone et de l'alcool trouvés est toujours inférieure à la somme réelle, quelquefois de plusieurs unités, en sorte que le dosage de l'acétone ne dispense pas de celui de l'alcool; cela tient en partie à ce qu'il se trouve dans les méthylènes des acétones supérieures qui fournissent aussi de l'iodoforme.

[Kræmer et Grodski, *Deutsch. chem. Gesellsch.*, 1874, p. 1495; 1876, p. 1928, et *Bull. Soc. chim.*, t. XXIV, p. 32; — Kræmer, *Deutsch. chem. Gesellsch.*, 1880, p. 1000; — Krell, *Deutsch. chem. Gesellsch.*, 1871, p. 1310, et *Bull. Soc. chim.*, t. XXI, p. 90; — Bardy et Bordet, *Bull. Soc. chim.*, t. XXXI, p. 531, et t. XXXII, p. 4; — Simon, *Deutsch. chem. Gesellsch.*, 1879, p. 2181; — Lebel et Greene, *Bull. Soc. chim.*, t. XXX, p. 50; — H. Jahn, *Deutsch. chem. Gesellsch.*, 1880, p. 983; — Schmidt, *Deutsch. chem. Gesellsch*, 1881, p. 1850; — Williams, *Deutsch. chem. Gesellsch.*, 1876, p. 1135; — Riche et Bardy, *Compt. rend.*, t. LXXX, p. 1076; — Maumené, *Bull. Soc. chim.*, t. XIX, p. 243; — Lieben et Rossi, *Ann. Chem. Pharm.*, t. CLVIII, p. 107, et *Bull. Soc. chim.*, t. XV, p. 206; — Friedel et Silva, *Bull. Soc. chim.*, t. XIX, p. 481; — Lieben et Rossi, *Ann. Chem. Pharm.*, t. CLXVII, p. 293, et *Bull. Soc. chim.*, t. XXI, p. 12; — Renard, *Compt. rend.*, t. LXXX, p. 105 et 206; — Hemilian, *Deutsch. chem. Gesellsch.*, 1875, p. 661; — Lauth, *Bull. Soc. chim.*, t. XI p. 274 et 354.]

E. Demarçay.

MÉTHYLIQUES (ÉTHERS). — Voyez t. II, p. 421.

Bromure de méthyle. — Suivant Merril, il bout à 4°,55,5 et possède à 0° un poids spécifique égal à 1,732. Il forme avec l'eau un hydrate, $CH^3Br, 20H^2O$ environ, qui se décompose à + 5° [*Journ. prakt. Chem.*, (2), t. XVIII, p. 293, et *Bull. Soc. chim.*, t. XXXIII, p. 124].

Le bromure de méthyle est attaqué par le brome vers 250° et fournit alors du bromoforme et du bromure de méthylène. Il donne surtout le premier de ces deux corps, même quand on fait réagir molécules égales de brome et de bromure [Steiner, *Deutsch. chem. Gesellsch.*, 1874, p. 507].

Chlorure de méthyle. — Ce composé se prépare industriellement par distillation des méthylamines dans un courant de gaz chlorhydrique (voyez Vinasses). A 0°, sa densité est égale à 0,95231; à 13°, 0,92830; à 17°, 0,91969 [Vincent et Delachanal, *Bull. Soc. chim.*, t. XXXI].

Iodure de méthyle. — Ce corps est attaqué par l'ammoniaque beaucoup plus rapidement que les iodures des autres alcools de la série grasse. On peut utiliser cette propriété pour isoler l'iodure d'éthyle dans un mélange des deux combinaisons [Tiemann et Haarmann, *Deutsch. chem. Gesellsch.*, 1874, p. 622].

Oxyde de méthyle. — Pour le préparer, Erlenmeyer et Kriechbaumer recommandent la méthode suivante, qui fournit de 57 à 70 °/₀ de l'alcool méthylique employé en éther. On chauffe graduellement jusqu'à 140° un mélange de 1p,3 d'alcool méthylique et de 2 parties d'acide sulfurique au réfrigérant ascendant, en surveillant la température au moyen d'un thermomètre. Le gaz qui se dégage est lavé à la soude caustique; on peut le recueillir dans l'acide sulfurique concentré, qui en dissout 600 volumes et en restitue 92 °/₀ quand on le verse en filet mince dans son poids d'eau. D'autre part, Tellier recommande de ne pas chauffer plus haut que 125 ou 128°, d'employer de l'alcool méthylique aussi pur que possible et d'en mettre un peu plus qu'on n'indique en général. Suivant lui, le mélange doit marquer à froid 34° au pèse-acide.

Friedel a découvert une combinaison remarquable d'oxyde de méthyle et d'acide chlorhydrique qui prend naissance quand on dirige dans un tube bien refroidi volumes égaux des deux gaz. C'est un liquide mobile qui bout à + 1°. La formule de cette combinaison paraît être $(CH^3)^2O, HCl$. Elle subsiste en partie à l'état gazeux, ainsi que l'indiquent sa densité de vapeur et la contraction que l'on observe quand on mélange les deux gaz. Cette contraction est minimum quand les volumes sont égaux et croît rapidement lorsque l'un des deux est en excès ou quand on augmente la pression. Un gaz étranger ou une diminution de pression agissent en sens inverse. Ces différentes données s'accordent à assigner à cette combinaison la formule indiquée plus haut. L'existence à l'état gazeux de cette combinaison est très importante, en ce qu'elle montre que, contrairement à ce que quelques chimistes supposaient, les combinaisons dites moléculaires peuvent exister à l'état de vapeur et qu'il n'existe au fond aucune différence essentielle entre celles-ci et les autres [*Compt. rend.*, t. LXXXI, p. 152 et 236].

Soumis à l'action du chlore, l'éther méthylique donne l'éther méthylique monochloré et la combinaison précédente (Friedel). Cet éther chloré, traité par l'acide iodhydrique, se décompose en iodure de méthyle, chloroïodure de méthylène et eau (Silva).

L'*oxyde de méthyle et d'éthyle* est transformé par l'acide iodhydrique en iodure de méthyle et alcool éthylique.

Oxyde de méthyle et d'allyle, $CH^3.O.C^3H^5$. — Ce composé, formé par l'action de l'iodure d'allyle sur le méthylate de sodium, bout à 115-116° et possède à 11° une densité égale à 0,77. Son dibromure, $CH^3.O.C^3H^5Br^2$, bout à 185°; distillé sur de la soude solide, il donne l'oxyde de méthyle et d'allyle monobromé, $CH^3.O.C^3H^4Br$, liquide bouillant à 115-116°, possédant à 10° un poids spécifique égal à 1,35 (Henry).

Avec le chlorure d'iode, il donne le chloroïodure $CH^3.O.C^3H^5ICl$, qui bout à 195-196° (Silva). Traité par l'acide iodhydrique, il fournit de l'iodure de méthyle et de l'iodure d'allyle.

[Erlenmeyer et Kriechbaumer, *Deutsch. chem. Gesellsch.*, 1874, p. 699; — Tellier, *Bull. Soc. chim.*, t. XXII, p. 226; — Friedel, *Compt. rend.*, t. LXXXIV, p. 247; — Silva, *Bull. Soc. chim.*, t. XXV, p. 529, et t. XXIV, p. 482; — Henry, *Deutsch. chem. Gesellsch.*, 1872, p. 455.]

SULFATES DE MÉTHYLE. — Lorsqu'on laisse tomber goutte à goutte de l'alcool méthylique sur du chlorure de sulfuryle, il se déclare une très violente réaction, avec dégagement d'acide chlorhydrique et formation de chlorure méthylsulfurique $CH^3.OSO^2Cl$. Ce composé, purifié par lavage à l'eau glacée et dessiccation sur l'anhydride phosphorique, est un liquide mobile, incolore, d'odeur très vive, excitant le larmoiement. Il réagit sur l'alcool ordinaire avec formation de sulfate méthyléthylique,

$$SO^2(OCH^3)(OC^2H^5),$$

corps huileux, neutre, ne bouillant pas sans décomposition sous la pression ordinaire et que l'eau décompose en alcool méthylique et acide sulfovinique (P. Behrend).

Quand on fait réagir la chlorhydrine sulfurique $ClSO^3H$ sur l'alcool méthylique, il se dégage de l'acide chlorhydrique et il se forme de l'acide méthylsulfurique. Ce dernier, distillé dans le vide, à 130-140° se transforme presque quantitativement en sulfate de méthyle et acide sulfurique. L'acide méthylsulfurique est soluble dans l'éther sec; avec l'éther humide, il donne deux couches, l'une d'éther, l'autre d'acide aqueux (Claesson, Orlowsky, Mazurowska).

Le sulfate de méthyle, traité par l'ammoniaque de façon que celle ci soit constamment en excès, fournit du méthylsulfate de méthylamine Si l'éther se trouve en excès, il se forme du méthylsulfate d'ammonium et de tétraméthylammonium (Claesson et Lundwall) [P. Behrend, *Bull. Soc. chim.*, t. XXVII, p. 508, et *Deutsch. chem. Gesellsch.*, 1876, p. 1334; — Mazurowska, *Bull. Soc. chim.*, t. XXVII, p. 60, et *Journ. prakt. Chem.* (2), t. XIII, p. 158; — Claesson, *Bull. Soc, chim.*, t. XXXIV, p. 50; — Claesson et Lundwall, *Deutsch. chem. Gesellsch.*, 1880, p. 1701; 1879, p. 1204; — Orlowsky, *Deutsch. chem. Gesellsch.*, 1875, p. 333].

E. Demarçay.

MÉTHYLISÉTHIONIQUE (ACIDE). — Voyez MÉTHYLÈNE, p. 1021.

MÉTHYLNITROLIQUE (ACIDE). — Voyez NITROLIQUE (ACIDE).

MOLYBDÈNE. — Loth Meyer et C. Rammelsberg ont confirmé le poids atomique du molybdène = 96, établi par Dumas et par Debray [*Liebig's Ann. Chem.*, t. CLXIX, p. 360; — *Deutsch. chem. Gesellsch.*, 1877, p. 1776].

Pour obtenir le molybdène métallique, P. Liechti et Bernh. Kempe suivent la marche indiquée par Debray (t. II, p. 438). Mais comme le métal ainsi obtenu est rarement tout à fait exempt d'oxygène, ils le chauffent dans un courant de gaz chlorhydrique sec de manière à convertir le composé oxygéné en chlorhydrine molybdique volatile comme l'a montré Debray [*Liebig's Ann. Chem.*, t. CLXX, p. 344; *Bull. Soc. chim.*, t. XXI, p. 66].

CHLORURES DE MOLYBDÈNE. — ***Pentachlorure***, $MoCl^5$. — Liechti et Kempe confirment les indications de Debray relatives à ce chlorure. Chauffé à l'air, il se décompose en produisant l'oxychlorure MoO^2Cl^2. Chauffé à 250° dans un courant d'hydrogène, il produit le ***trichlorure*** $MoCl^3$ ou Mo^2Cl^6. Le pentachlorure de molybdène peut être employé comme chlorurant; ainsi il transforme le sulfure de carbone en CCl^4 et S^2Cl^2 (Aronheim).

Lorsqu'on traite l'anhydride molybdique par le pentachlorure de phosphore, à 170°, en tubes scellés, on obtient des cristaux d'un vert noir, altérables à l'air et renfermant $MoCl^5.POCl^3$. Ces cristaux fondent à 125-127° et se décomposent vers 170° en oxychlorure de phosphore et pentachlorure de molybdène qui se sublime. Leur formation a lieu d'après l'équation

$$MoO^3 + 3PCl^5$$
$$= 2POCl^3 + MoCl^5.POCl^3 + Cl$$

[Piutti, *Gazz. chim. ital.*, t. IX, p. 588].

Le ***trichlorure de molybdène*** ressemble au phosphore rouge. Il est inaltérable à l'air à froid, insoluble dans l'eau froide, décomposable par l'eau bouillante. L'acide sulfurique le dissout avec une belle couleur bleue. Si l'on ajoute de l'eau à la solution, sans mélanger les couches, il se forme une zone brune et l'acide se colore en vert. L'acide chlorhydrique est sans action.

Tétrachlorure, $MoCl^4$. — Ce chlorure, dont l'existence était encore douteuse, se produit lorsqu'on chauffe au rouge sombre le trichlorure de molybdène dans un courant de gaz carbonique sec. Le tétrachlorure se sublime, tandis qu'il reste du dichlorure $MoCl^2$.

Le tétrachlorure forme une vapeur jaune qui se sublime très loin de la partie chauffée, sous la forme d'une poudre brune, confusément cristalline. Il est très altérable à l'air humide et donne, lorsqu'on le chauffe après exposition à l'air, un sublimé de chlorhydrine $MoO^3.2HCl$ et des paillettes d'oxychlorure MoO^2Cl^2, en même temps qu'il se dégage du chlore et de l'acide chlorhydrique. Il se dissout incomplètement dans l'eau avec une couleur brune. L'acide sulfurique le dissout avec une couleur bleu-vert et en dégageant de l'acide chlorhydrique. Quoique produit sous l'influence de la chaleur, il se décompose même dans un courant d'acide carbonique, lorsqu'on cherche à le sublimer. Il paraît se dédoubler alors en pentachlorure et trichlorure. Ce dernier, à son tour, se dédouble de nouveau en tétrachlorure et dichlorure.

Dichlorure, $MoCl^2$. — C'est une poudre amorphe jaune, inaltérable à l'air, insoluble dans l'acide azotique, qui le débarrasse des autres chlorures pouvant l'accompagner. Calciné à l'air, il donne un sublimé blanc et un résidu d'oxyde noir. L'hydrogène le réduit à l'état métallique au rouge. Il est soluble dans l'alcool et dans l'éther. L'acide sulfurique le dissout avec une couleur jaune. L'acide chlorhydrique le dissout à chaud et abandonne par le refroidissement des cristaux d'un hydrate, $MoCl^2.2H^2O$, d'après Blomstrand, $2MoCl^2.3H^2O$, d'après Liechti et Kempe. Cet hydrate est décomposé par l'eau, qui dissout de l'acide chlorhydrique et laisse un résidu brun.

OXYCHLORURES DE MOLYBDÈNE. — Blomstrand en a décrit quatre, auxquels il assigne les formules suivantes:

Oxychlorure vert.......	$Mo^8O^8Cl^{32}$	(avec Mo = 96).
— brun......	$Mo^4O^5Cl^6$	—
— violet.....	$Mo^2O^3Cl^6$	—
— jaune clair.	MoO^2Cl^2	—

W. Puttbach a soumis ces composés à une

nouvelle étude [*Liebig's Ann. Chem.*, t. CCI, p. 123]. L'*oxychorure* vert renferme $MoOCl^4$ et non $Mo^9O^8Cl^{32}$. Pour l'obtenir, on fait passer un courant de chlore sec à travers un tube contenant d'abord une nacelle avec du molybdène métallique, puis une seconde nacelle avec une quantité correspondante de bioxyde de molybdène. Le molybdène est converti en pentachlorure et l'oxyde en oxychlorure MoO^2Cl^2, qui réagissent l'un sur l'autre en présence d'un excès de chlore : $2MoCl^5 + 2MoO^2Cl^2 + Cl^2 = 4MoOCl^4$.

Par une réaction secondaire de l'oxychlorure vert ainsi formé sur l'oxychlorure MoO^2Cl^2, on obtient en outre un sublimé brun, très volatil : c'est l'oxychlorure brun, qui renferme $Mo^2O^3Cl^4$.

Oxychlorure violet, $Mo^2O^3Cl^6$. — Cristaux prismatiques fixes, inaltérables à l'air sec, déliquescents à l'air humide, solubles dans l'eau et dans les acides en donnant une solution incolore. C'est un des produits de la décomposition de l'oxychlorure vert sous l'influence de la chaleur, dans un courant de gaz carbonique :

$$3MoOCl^4 = Mo^2O^3Cl^6 + MoCl^4 + Cl^2.$$

Chauffé au contact de l'air, il absorbe l'oxygène, perd du chlore et se convertit en MoO^2Cl^2. Chauffé dans un courant de gaz carbonique sec à une température supérieure à celle à laquelle il s'est formé, il se dédouble à son tour en oxychlorure $MoOCl^4$ et en un *oxychlorure rouge* $Mo^3O^5Cl^8$:

$$3Mo^2O^3Cl^6 = Mo^3O^5Cl^8 + 2MoOCl^4 + MoO^2Cl^2.$$

Enfin Puttbach signale un dernier oxychlorure rouge-brun, renfermant $Mo^3O^3Cl^7$ et cristallisé en aiguilles; il se forme par l'action de l'hydrogène sur le composé $MoOCl^4$ à une température modérée.

L'*oxychlorure brun* MoO^2Cl^2 prend naissance en outre lorsqu'on traite l'acide molybdique par le trichlorure de phosphore. Le mélange se colore d'abord en bleu, puis à 160° en brun. La réaction a lieu d'après les équations :

$$MoO^3 + PCl^3 = MoO^2 + POCl^3,$$
$$3MoO^3 + 2POCl^3 = 3MoO^2Cl^2 + P^2O^5$$

[Michaelis, *Journ. prakt. Chem.*, (2), t. IV, p. 449].

Bromures de molybdène. — Le bromure Mo^3Br^6 ou $3MoBr^2$ se comporte, ainsi que l'a déjà indiqué Blomstrand, comme le ferait un bromure de radical bromé, le *bromure de bromomolybdène*,

$$Mo^3Br^4.Br^2.$$

On obtient ce composé sous la forme d'une masse rougeâtre lorsqu'on chauffe le molybdène réduit dans la vapeur de brome.

On doit à A. Atterberg l'étude de quelques dérivés de ce bromure [*Bull. Soc. chim.*, t. XVIII, p. 21].

Hydrate de bromomolybdène,

$$Mo^3Br^4(OH)^2 + 8H^2O.$$

— Il est précipité de la solution alcaline du bromure $Mo^3Br^4.Br^2$ par l'acide acétique, l'acide carbonique, le sel ammoniac. Il se présente en petits cristaux d'un jaune d'or, perdant $9H^2O$ lorsqu'on le chauffe dans un courant d'acide carbonique. Dissous dans les acides, il forme les sels correspondants :

Chlorure, $Mo^3Br^4.Cl^2 + 3H^2O$. — Poudre pesante jaune. Il en de même du *fluorure*,

$$Mo^3Br^4.Fl^2 + 3H^2O.$$

Sulfate, $Mo^3Br^4.SO^4 + 3H^2O$. — Précipité jaune, insoluble.

Azotate. — Poudre jaune, perdant tout l'acide azotique à 100°.

Phosphate, $Mo^3Br^4(PO^4H^2)^2$. — Poudre jaune.

Chromate, $Mo^3Br^4.CrO^4 + 2H^2O$. — Précipité volumineux pourpre.

Molybdate, $Mo^3Br^4.MoO^4 + 2H^2O$. — Poudre rouge qu'on obtient en ajoutant de l'acide acétique aux solutions mélangées de molybdate d'ammonium et d'hydrate de bromomolybdène.

L'*oxalate* est un précipité jaune foncé, renfermant $4H^2O$.

Cyanure. — La solution de l'hydrate de bromomolybdène dans le cyanure de potassium est orangée et devient brunâtre par l'ébullition. Parmi les combinaisons qui se produisent dans ce cas, il en est une qui cristallise en tables rectangulaires jaunes, paraissant avoir pour composition $Mo^3Br^2Cy^4 + 8KCy$.

Fluorure de molybdène. — Lorsqu'on dissout le pentachlorure de molybdène dans une solution concentrée de fluorhydrate de fluorure de potassium, on obtient un composé qui se dépose lentement en lamelles nacrées, d'un bleu verdâtre, appartenant au type orthorhombique, soluble dans les acides. C'est le composé

$$MoOFl^3.2KFl + H^2O,$$

correspondant au fluoxyniobate. Il se dissout dans l'eau avec une couleur brune, mais en se décomposant, car la solution renferme du bioxyde de molybdène, précipitable par l'ammoniaque, et de l'acide molybdique.

On obtient le même oxyfluorure double lorsqu'on dissout l'hydrate de bioxyde de molybdène dans une solution bouillante de fluorhydrate de potassium. Dans ce cas, il se dépose par le refroidissement; et l'eau mère, de couleur pourpre, fournit, en outre, par la concentration, un composé correspondant au sesquioxyde.

Si l'on dissout le bioxyde de molybdène dans une solution chaude et *étendue* de fluorhydrate de potassium, on obtient une solution brune, laissant déposer une poudre rouge-brun ou des cristaux de même couleur. Ce composé paraît correspondre au bioxyde de molybdène. En employant le fluorhydrate d'ammonium, on obtient de même de beaux cristaux rouge brun, très brillants [F. Mauro et R. Panebianco, *Deutsch. chem. Gesellsch.*, 1882, p. 2509].

Oxydes de molybdène. — Bioxyde. — F. Mauro et Panebianco ont obtenu cet oxyde sous forme de cristaux prismatiques, en fondant au four Perrot l'acide molybdique avec du carbonate de potassium et du borax. Ce sont des prismes à section quadratique, à faces brillantes, et dont la couleur varie du gris bleu au rouge de cuivre [*Gazz. chim. ital.*, t. XI, p. 501].

Acide molybdique. — Ullik a obtenu accidentellement l'hydrate molybdique normal MoO^4H^2 en décomposant le molybdate de magnésium

$$MoO^4Mg + 7H^2O$$

par une quantité correspondante d'acide azotique. Il forme des croûtes cristallines jaunes, composées de petites aiguilles; il est presque insoluble dans l'eau. L'acide soluble amorphe renferme à 100°, $Mo^2O^7H^2$; après dessiccation à 120°,

$$Mo^4O^{13}H^2;$$

à 160°, enfin, $Mo^8O^{25}H^2$. Il devient anhydre vers 250° [*Liebig's Ann. Chem.*, t. CLIII, p. 368].

Anhydride sulfomolybdique,

$$SO^4(MoO^2)$$

ou

$$SO^2{<}^{O}_{O}{>}MoO^2.$$

— Cristaux incolores et brillants, déliquescents, qui se déposent d'une solution d'acide molybdique dans l'acide sulfurique concentré [Schultz-Sellack, *Deutsch. chem. Gesellsch.*, 1871, p. 13].

MOLYBDATES. — *Molybdates d'ammonium.* — Parmi les nombreuses indications fournies pour préparer la solution de ce sel, qui sert à la recherche de l'acide phosphorique, nous citerons celle de Champion et Pellet [*Bull. Soc. chim.*, t. XXVII, p. 6]. On dissout 100 grammes de molybdate ammonique cristallisé dans 150 centimètres cubes d'ammoniaque étendue de 80 centimètres cubes d'eau, puis on verse la solution dans un mélange de 500 centimètres cubes d'acide azotique et de 300 centimètres cubes d'eau. Dans une étude minutieuse sur ce sujet, Kupferschlaeger montre qu'il faut, si l'on veut conserver longtemps le réactif, éviter de le préparer en solution concentrée. Il est, du reste, parfaitement indifférent de verser l'acide dans la solution du molybdate ou de procéder en sens inverse [*Bull. Soc. chim.*, t. XXXVI, p. 644].

Les solutions trop concentrées du réactif laissent déposer à la longue un produit cristallin jaune, ressemblant beaucoup au phosphomolybdate ammonique. L'examen de ce dépôt, fait par divers auteurs, montre qu'il est formé d'acide molybdique [Junck, *Zeitschr. analyt. Chem.*, 1876, p. 290; — Fresenius, Kupferschlaeger]. Les cristaux jaunes déposés renferment, d'après Parmentier, $MoO^4H^2 + H^2O$ [*Compt. rend.*, t. XCV, p. 839].

Molybdates de sodium. — L'octomolybdate,

$$Mo^8O^{25}Na^2 + 17H^2O,$$

se présente en cristaux clinorhombiques offrant les faces p et m. Inclinaison = 83° 59'. Angles : mm = 54° 2'; pm = 92° 36' [Zepharowich, *Wien. Akad. Ber.*, t. LVIII, p. 111].

Le décimolybdate, $Mo^{10}O^{31}Na^2 + 21H^2O$, qui a été décrit par Ullick, présente la même forme, avec des angles très voisins.

Trimolybdate sodico-ammonique,

$$Mo^3O^{10}NaAzH^4 + H^2O.$$

— P. Mauro l'a obtenu en traitant une solution bouillante de borax par l'heptamolybdate d'ammonium. C'est un précipité caillebotté blanc, soluble dans l'eau bouillante et se déposant par le refroidissement en aiguilles microscopiques [*Deutsch. chem. Gesellsch.*, 1881, p. 1379].

Octomolybdate de magnésium. — Il cristallise en pyramides quadrangulaires, sans doute du type anorthique (Zepharowich).

Molybdate ammoniaco-magnésien,

$$(MoO^4)^2Mg(AzH^4)^2 + 2H^2O.$$

— Petits cristaux translucides, à éclat vitreux, du type orthorhombique (?). Rapport des axes = 1,1748 : 1 : 0,5119. Faces : b ½, h^3, g^1, h^1. Angles : b ½ b ½ = 37° 52' et 129° 43'; b ½ g^1 = 111 °16' (Zepharowich).

Molybdate acide de didyme, $(MoO^4H)^6Di^2$. — Précipité gélatineux rouge pâle. C'est aussi la forme du *sel de lanthane* correspondant (Frerichs et Smith).

Molybdate d'argent. — Il n'est pas attaqué par le chlore (Krutwig).

Molybdate d'argent-diamine, $MoO^4(AgAz^2H^6)^2$. — Cristaux volumineux, isomorphes avec le tungstate, obtenus en évaporant sur la chaux une dissolution de molybdate d'argent dans l'ammoniaque concentrée. On l'obtient aussi par voie sèche. Il perd toute son ammoniaque à 65° [O. Widman, *Bull. Soc. chim.*, t. XX, p. 64].

ACIDE PHOSPHOMOLYBDIQUE. — Suivant R. Finkener, l'acide phosphomolybdique, préparé comme l'indique Debray, renferme

$$24MoO^3.P^2O^5 + 61H^2O.$$

Wolcott Gibbs est arrivé au même résultat et décrit cet acide comme se présentant en grands cristaux octaédriques jaunes et brillants. Il perd 58 molécules d'eau à 140°; les 3 autres molécules qui constituent l'eau de constitution ne se dégagent que lentement à une température plus élevée [Finkener, *Deutsch. chem. Gesellsch.*, 1878, p. 1638; *Bull. Soc. chim.*, t. XXXII, p. 606].

Lorsqu'on ajoute de l'acide azotique à la solution concentrée d'acide phosphomolybdique, ce dernier se dépose en cristaux biréfringents contenant $32H^2O$ (Finkener).

Les phosphomolybdates, dans lesquels Debray admet les rapports $P^2O^5.20MoO^3$, paraissent, suivant les recherches de Finkener, Rammelsberg [*Deutsch. chem. Gesellsch.*, 1877, p. 1776; *Bull. Soc. chim.*, t. XXX, p. 241], W. Gibbs [*Journ. Amer. Chem.*, t. III, p. 317], présenter des compositions assez variées. Rammelsberg y admet 3 molécules de base pour 1 molécule d'anhydride phosphorique et 22 molécules d'anhydride molybdique. Finkener admet toujours la présence de $24MoO^3$, néanmoins il a obtenu des sels de sodium avec $18MoO^3$. Enfin, W. Gibbs a obtenu des sels renfermant, suivant des circonstances difficiles à préciser, 20, 22 ou $24MoO^3$, notamment :

$$[24MoO^3.P^2O^5]^2.5(AzH^4)^2O.H^2O + 16H^2O,$$
$$24MoO^3.P^2O^5.2K^2O.H^2O + 3H^2O,$$
$$22MoO^3.P^2O^5.3(AzH^4)^2O + 9H^2O,$$
$$[20MoO^3.P^2O^5]^3.8(AzH^4)^2O.H^2O + 11H^2O.$$

Il a obtenu en outre un sel d'ammonium peu soluble, décomposable par l'eau bouillante et renfermant $16MoO^3.P^2O^5.3(AzH^4)^2O + 14H^2O$.

Phosphomolybdate crocéocobaltique,

$$24MoO^3.P^2O^5[Co^2(AzH^3)^8(AzO^2)^4O].2H^2O + 21H^2O.$$

— Précipité cristallin jaune, peu soluble dans l'eau froide, plus soluble dans l'eau bouillante (W. Gibbs).

L'acide molybdique s'unit aussi aux *acides phosphoreux* et *hypophosphoreux*. Gibbs signale notamment l'existence des sels ammoniacaux

$$12MoO^3.(PO^3H)^2(AzH^4)^3H + 9\ 1/2H^2O$$

et

$$12MoO^3.(PO^2H^2)^3(AzH^4)^3 + Aq.$$

Enfin, il mentionne plusieurs *vanadomolybdates* bien cristallisés [*Journ. amer. Chem.*, t. IV, p. 377].

ACIDES ARSÉNIOMOLYBDIQUES. — H. Rose avait déjà reconnu que l'acide arsénique se comporte comme l'acide phosphorique à l'égard du molybdate ammonique en solution nitrique. Le précipité jaune qui se forme lorsqu'on ajoute de l'acide arsénique au molybdate d'ammonium renferme

$$20MoO^3.As^2O^5.3(AzH^4)^2O,$$

soit

$$AsO^4(AzH^4)^3.10MoO^3.$$

Lorsqu'on décompose ce sel par l'eau régale, de manière à détruire l'ammoniaque, on obtient des acides arséno-molybdiques, l'un jaune, l'autre incolore, l'un et l'autre très solubles dans l'eau et se déposant, par la concentration à consistance sirupeuse, en cristaux assez volumineux pour pouvoir être séparés mécaniquement. Les cristaux jaunes renferment

$$AsO^4H^3.10MoO^3 + 12H^2O;$$

ce sont des prismes doublement obliques. Lorsqu'on les fait cristalliser dans l'eau pure, on obtient des octaèdres réguliers d'un autre hydrate. Cet acide donne, dans les solutions acides des sels de potassium, un précipité cristallin jaune,

$$AsO^4K^3\ 10MoO^3.$$

L'acide arséniomolybdique blanc renferme

$$(AsO^4H^3 . 3\,MoO^3)^2 + 13H^2O,$$

et cristallise en prismes orthorhombiques. Neutralisé par les alcalis, il donne des sels gélatineux basiques. Les précipités obtenus avec les sels métalliques sont également gélatineux. Les sels gélatineux sont solubles dans les acides et fournissent des sels acides cristallisables.

Le *sel acide d'ammonium*,

$$AsO^4H^2(AzH^4).3MoO^3 + H^2O,$$

cristallise à 50-60° en octaèdres orthorhombiques volumineux et brillants. Cristallisé à basse température, il est plus hydraté et efflorescent.

Le *sel de sodium*, $AsO^4H^2Na.3MoO^3 + 5H^2O$, s'obtient facilement lorsqu'on fait bouillir avec de l'eau, dans les rapports indiqués par la formule, un mélange d'acide arsénique, d'acide molybdique et de carbonate de sodium. Après évaporation à consistance sirupeuse, le sel se dépose en prismes orthorhombiques [H. Debray, *Compt. rend.*, t. LXXVIII, p. 1408; *Bull. Soc. chim.*, t. XXII, p. 268].

En faisant bouillir l'acide molybdique avec de l'acide arsénique et un sel d'ammonium, Seyberth a obtenu un précipité cristallin auquel il assigne la formule

$$7MoO^3.2(AsO^4H^2AzH^4) + 4H^2O.$$

C'est un précipité cristallin blanc, soluble dans l'eau bouillante. Sa solution donne, avec l'azotate d'argent, un précipité jaune clair renfermant

$$7MoO^3.2AsO^4Ag^3.$$

Le *sel de baryum*, $7MoO^3(AsO^4)^2Ba^3$, et le *sel de plomb* sont des précipités blancs.

L'acide correspondant à ces sels a pour composition $7MoO^3.2AsO^4H^3 + 11H^2O$ [*Deutsch. chem. Gesellsch.*, 1874, p. 391; *Bull. Soc. chim.*, t. XXII, p. 159].

ACIDE SILICOMOLYBDIQUE. — Cet acide, analogue à l'acide silicotungstique de Marignac, a été préparé par F. Parmentier [*Compt. rend.*, t. XCII, p. 1234, et t. XCIX, p. 213].

Lorsqu'on traite par l'acide azotique un mélange de silicate et de molybdate ammoniques, on obtient un dépôt cristallin jaune, formé de petits octaèdres. Ce corps est soluble dans l'eau, mais il est précipité par les sels ammoniacaux. Dans ce sel ammoniacal et les sels alcalins correspondants, la base, la silice et l'acide molybdique sont dans les rapports $2R^2O.SiO^2.10MoO^3 + nAq$.

L'acide silicomolybdique libre, préparé en décomposant le sel mercureux par l'acide chlorhydrique, cristallise par la concentration en cubooctaèdres jaunes, volumineux et très brillants, qui renferment $SiO^2.12MoO^3 + 26H^2O$. Les cristaux fondent à 45° et se décomposent déjà au-dessus de 100°. Ils sont très solubles dans l'eau et dans les acides étendus. L'acide silicomolybdique est beaucoup moins stable que l'acide phosphomolybdique, et sa préparation offre certaines difficultés.

Les silicomolybdates sont cristallisables. L'acide libre précipite les sels de thallium et les sels mercureux. Le premier précipité est jaune et cristallin. Les sels d'argent ne sont précipités qu'en solution concentrée. Les sels de potassium ne sont pas précipités, mais bien les sels de césium et de rubidium; cette réaction paraît même être la plus sensible que l'on connaisse pour précipiter ces métaux et les séparer du potassium.

Les sels de sodium et de lithium sont solubles. L'ammoniaque n'est précipitée qu'en solution concentrée.

L'acide silicomolybdique précipite les amines et les alcaloïdes naturels.

DOSAGE DU MOLYBDÈNE. — Chatard dose le molybdène dans les molybdates solubles en précipitant l'acide molybdique par l'acétate de plomb. Le précipité devient grenu par l'ébullition. On le lave à l'eau pure, puis avec une solution étendue d'azotate d'ammonium. Après dessiccation, on le détache du filtre et on le calcine [*Deutsch. chem. Gesellsch.*, 1871, p. 280].

Dosage électrolytique. — Une solution chaude de molybdate d'ammonium fournit par l'électrolyse un dépôt miroitant, devenant peu à peu noir et compact. Le dépôt est lent, mais complet. C'est de l'hydrate sesquimolybdique; on le pèse après calcination. Le résultat est bon [Edg. Smith, *Deutsch. chem. Gesellsch.*, 1880, p. 753].

Dosage volumétrique. — 1° *Par le permanganate.* — Cette méthode a été proposée en premier lieu par Pisani [*Compt. rend.*, t. LIX, p. 301]. Elle a été étudiée plus récemment par Werncke [*Zeitschr. analyt. Chem.*, t. XIV, p. 1; *Bull. Soc. chim.*, t. XXIV, p. 279] et par O. von der Pfordten [*Deutsch. chem. Gesellsch.*, 1882, p. 1925; *Bull. Soc. chim.*, t. XXXIX, p. 250].

D'après Werncke, la réduction de l'acide molybdique, par le zinc et l'acide sulfurique étendu, en sesquioxyde de molybdène n'est jamais complète, et la quantité de permanganate nécessaire pour réoxyder ensuite le précipité correspond pour ce dernier à la formule empirique $Mo^{12}O^{19}$. Werncke opère la réduction à chaud, dans un ballon fermé par un tube effilé, par le zinc associé à un fil de platine et l'acide sulfurique étendu. La solution se colore successivement en vert, jaune, rouge brun, et finalement en vert olive.

Suivant von der Pfordten, la réduction de l'acide molybdique va même au delà du sesquioxyde, mais au contact de l'air le produit est ramené à ce dernier état. Si l'on verse la solution réduite dans un excès de permanganate titré dont on achève ensuite la décoloration par un sel ferreux, on trouve en effet que la solution réduite renferme l'oxyde Mo^5O^7 ou $2Mo^2O^3, MoO$. Pour opérer le dosage, ce chimiste réduit le molybdate par le zinc et l'acide chlorhydrique jusqu'à coloration jaune finale. Il verse la solution dans une capsule et procède au titrage au contact de l'air, de manière à ramener le sous-oxyde à l'état de sesquioxyde. Pour empêcher l'action perturbatrice de l'acide chlorhydrique, il fait intervenir le sulfate manganeux, suivant la recommandation de Zimmermann.

2° *Par la méthode iodométrique.* — L'acide iodhydrique agit sur l'acide molybdique suivant l'équation

$$MoO^3 + 2HI = I + MoO^2I + H^2O.$$

F. Mauro et L. Danesi utilisent cette réaction pour doser le molybdène. A cet effet, on dissout 0gr,2 à 0gr,5 du molybdate à analyser dans 2cc,5 d'acide chlorhydrique concentré. Après avoir déplacé l'air du tube dans lequel on opère par l'acide carbonique, on y introduit 1 gramme d'iodure de potassium, on ferme le tube et on chauffe le tout à 100°. Après refroidissement, on étend le liquide d'eau et on titre l'iode libre par l'hyposulfite de sodium. 1 atome d'iode correspond à 1 molécule d'acide molybdique. Les résultats sont exacts [*Gazz. chim. ital.*, 1881, p. 286]. Ed. Willm.

MORIN (t. II, p. 453). — Lorsqu'on soumet le morin à la distillation sèche, on obtient un nouvel isomère, que Benedikt désigne sous le nom de *paramorin* [*Deutsch. chem. Gesellsch.*, 1875, p. 605]. Pour le préparer, cet auteur recommande de chauffer le morin par petites portions mélangées à du sable fin; il passe à la distillation une huile cristallisable (le rendement est d'environ 25 °/o du morin employé). Ce produit est repris par l'eau bouillante, qui laisse déposer après refroidissement de longues aiguilles feutrées faciles à décolorer par le noir animal. Les eaux mères renferment des quantités notables de résorcine.

Le *paramorin*, cristallisé et séché à 100°, possède, comme le morin, une composition exprimée par la formule $C^{12}H^{8}O^{5}$. Il cristallise en aiguilles jaunâtres, volatiles en partie, sans altération. Il réduit les solutions alcalines de cuivre; il est à peine coloré par le chlorure ferrique, et se dissout sans coloration dans l'acide sulfurique. Ses solutions alcalines sont d'un jaune foncé. Il est soluble dans l'eau bouillante et dans l'éther, ce qui n'a pas lieu pour le morin. Ses cristaux sont anhydres; sa solution alcoolique donne, avec l'acétate de plomb alcoolique, un faible précipité cristallin; le morin fournit dans les mêmes conditions un abondant précipité jaune. Traité en solution éthérée par le réactif de Weselsky (acide azotique chargé d'acide azoteux), le paramorin donne un dérivé nitré jaune cristallisable. L'amalgame de sodium transforme le paramorin en résorcine, lorsqu'on opère en solution alcaline. Le produit principal de la distillation sèche du morin est la résorcine; le rendement est de 70 °/₀ environ.

Lœwe [*Zeitschr. analyt. Chem.*, t. XIV, p. 117] recommande de préparer le morin par le procédé suivant : La décoction du bois jaune fortement concentrée laisse déposer peu à peu une combinaison cristalline de morin et de chaux qu'on sépare du liquide par filtration à travers un filtre en flanelle. La combinaison calcique ainsi obtenue est traitée par l'alcool renfermant de l'acide sulfurique; la solution alcoolique est séparée par filtration du sulfate de calcium et additionnée d'eau bouillante; dans ces conditions, le morin est précipité. On le purifie par deux nouvelles dissolutions dans l'alcool et précipitations par l'eau. Finalement, on le dissout dans un excès d'eau bouillante, on filtre rapidement et on laisse cristalliser.

Les cristaux qui se déposent sont jaunes, brillants et semblables à ceux du quercitrin. Lœwe attribue au morin séché dans l'air sec la formule $C^{15}H^{14}O^{9}$; à 100°, le morin perd deux molécules d'eau de cristallisation, en sorte que cette formule doit s'écrire :

$$C^{15}H^{10}O^{7} + 2H^{2}O.$$

Lorsqu'on transforme le morin dans sa combinaison potassique qui est peu soluble dans l'alcool et qu'on précipite la solution aqueuse et bouillante de celle-ci par l'acide chlorhydrique, on obtient des cristaux beaucoup moins brillants que ceux du morin cristallisé seulement dans l'eau; ce corps, séché sur l'acide sulfurique, renferme $C^{15}H^{10}O^{7} + H^{2}O$; l'eau se dégage à 100°.

La combinaison plombique du morin constitue un précipité rouge orangé qui, séché à 100°, renferme $C^{15}H^{10}O^{7},2PbO$. On prépare cette combinaison en versant une solution alcoolique de morin dans une solution alcoolique bouillante d'acétate de plomb en excès. Il existe un autre sel de plomb du morin, $C^{15}H^{12}O^{8},PbO$; on l'obtient en effectuant la précipitation *à froid* et en ayant soin de verser l'acétate de plomb dans la solution alcoolique de morin, de telle sorte que ce dernier reste en excès. Le nouveau sel se présente sous la forme d'une poudre jaune clair; il est toujours mélangé d'une certaine quantité du sel rouge orangé.

Œchsner de Coninck.

MORINTANNIQUE (ACIDE), voy. t. II, p. 455. — On a décrit à l'article Maclurine, p. 989, le procédé par lequel J. Loewe sépare l'acide morintannique de la maclurine et du morin. La solution aqueuse d'acide morintannique, desséchée sur l'acide sulfurique, laisse déposer une masse amorphe brune, brillante, qui fournit une poudre d'un rouge brun très soluble dans l'eau. Cette solution précipite l'émétique, l'albumine, la gélatine, les alcaloïdes; avec l'acétate de plomb, elle fournit un précipité blanc-rougeâtre; avec l'acétate de fer, un précipité noir-brunâtre. Au-dessus de 100°, l'acide morintannique se ramollit et redevient cassant par le refroidissement; sa solution, chauffée en vase clos à 110°, laisse déposer un corps brun, amorphe insoluble dans l'eau.

J. Loewe assigne à l'acide morintannique les formules $C^{15}H^{12}O^{7}$ ou $C^{15}H^{10}O^{7}$. Le sel de plomb contient $(C^{15}H^{12}O^{7})^{2},5PbO$, si l'on adopte la première [*Zeitschr. analyt. Chem.*, t. XIV, p. 117].

Oechsner de Coninck.

MORPHINE, $C^{17}H^{19}AzO^{3}$. — *Réactions*. — Par addition d'eau de chlore et d'ammoniaque à une solution contenant 1 °/₀ de morphine, il se produit une coloration rouge, qui passe bientôt au brun [Flückiger, *Arch. Pharm*, (3), t. Ier, p. 117].

Lorsqu'on ajoute à 1 p. d'acide sulfurique un mélange intime de morphine et de 6 à 8 p. de sucre, on observe une coloration pourpre, qui, après une demi-heure, passe au violet, puis au bleu-vert et finalement au jaune par absorption d'humidité; l'addition d'eau amène de suite ces changements de couleur. La codéine présente les mêmes réactions [Schneider, *Poggend. Ann.*, t. CXLVII, p. 128; *Bull. Soc. chim.*, t. XVIII, p. 469].

Quand on traite la morphine ou un de ses sels par l'acide sulfurique, en présence de méthylal ou d'acétochlorhydrine méthylénique, il se développe immédiatement une couleur d'un violet foncé, ressemblant à celle des solutions de permanganate. Cette coloration disparaît par l'addition de l'eau. Cette réaction se fait aussi avec la codéine, la codéthyline et les dérivés analogues de la morphine. En remplaçant le méthylal par l'aldéhyde benzoïque, on obtient une coloration jaune (E. Grimaux).

Une solution aqueuse de sel de morphine, additionnée d'iodure de potassium ioduré, donne un précipité de tétraïodure ou plutôt d'iodhydrate, de triiodure de morphine,

$$C^{17}H^{19}AzO^{3},HI,I^{3},$$

qu'on peut faire cristalliser dans une solution d'iodure de potassium; ce corps ne cristallise pas dans l'alcool [Jörgensen, *Deutsch. chem. Gesellsch.*, 1869, p. 460; *Bull. Soc. chim.*, t. XIII, p. 178].

Le chlorure de chaux transforme la morphine en un corps soluble dans l'éther, et qui, redissous dans l'alcool bouillant, se sépare sous la forme d'une huile se concrétant après quelque temps en une masse cristalline; ce corps renferme $C^{17}H^{16}Cl^{3}AzO^{10}$ [E.-L. Mayer, *Deutsch. chem. Gesellsch.*, 1871, p. 121; *Bull. Soc. chim.*, t. XV, p. 291].

L'oxyde de cuivre ammoniacal transforme la morphine en une base amorphe soluble dans la potasse en excès et qui n'a pas été analysée [Nadler, *Bull. Soc. chim.*, t. XXI, p. 326].

Par l'action de l'acide chlorhydrique, de l'acide sulfurique, du chlorure de zinc, de l'acide phosphorique, de l'acide iodhydrique, on obtient des dérivés chlorés et des produits de condensation très divers de la morphine, qui ont été décrits par Matthiessen et Wright et par Wright. L'un de ces corps est l'apomorphine, représentée d'abord par la formule $C^{17}H^{17}AzO^{2}$, que Wright a depuis quadruplée ou doublée, $C^{68}H^{68}Az^{4}O^{8}$, ou $C^{34}H^{34}Az^{2}O^{4}$ (voir plus loin, *Polymères de la morphine*).

Avec l'acide acétique cristallisable ou l'acide anhydre, il se forme des dérivés acétylés; avec le chlorure de benzoyle, un dérivé benzoylé.

L'acide azoteux donne un dérivé nitrosé, ou l'oxydimorphine.

La morphine, dissoute dans une solution alcoolique de soude et chauffée avec des iodures alcooliques, donne des éthers analogues aux éthers du phénol; l'éther méthylique est identique avec la codéine (Grimaux).

Distillée avec de la poudre de zinc, la morphine donne du phénanthrène et de très petites quantités d'une base, $C^{17}H^{11}Az$, la phénanthrène-quinoline [E. von Gerichten et Schrœtter *Liebig's Ann. Chem.*, t. CCX, p. 396].

Nous décrirons successivement les dérivés de la morphine dans l'ordre suivant :

I Produits de condensation.

II. Produits de l'action de l'acide azoteux (nitrosomorphine et oxymorphine).

III. Dérivés acétylés et dérivés benzoylés.

IV. Dérivés alcooliques (codéines).

I. *Produits de condensation de la morphine.*

Wright qui a étudié, soit seul, soit avec Matthiessen, ces dérivés, représente la morphine par une formule double de celle que l'on adopte généralement : d'après l'existence d'un dérivé acétylé, il considère la morphine comme renfermant $C^{34}H^{38}Az^2O^6$; néanmoins cette formule ne nous semble pas assez prouvée pour que nous l'adoptions; la morphine et la plupart de ses produits de condensation seraient donc représentés par des formules moitié de celles que leur assigne Wright.

L'acide chlorhydrique, suivant les conditions de l'expérience, donne avec la morphine trois bases chlorées :

Base P. $C^{34}H^{39}ClAz^2O^6$.
Base Q. $C^{34}H^{37}ClAz^2O^5$,
Base R. $C^{34}H^{36}Cl^2Az^2O^4$,

A 140-150°, il se forme de l'*apomorphine*, qui, représentée d'abord par la formule $C^{17}H^{17}AzO^2$, serait, suivant Wright, $C^{68}H^{68}Az^4O^8$, et constituerait la *tétrapodimorphine;* puisque la base R se forme dans une action moins prolongée de l'acide chlorhydrique, l'apomorphine paraît en dériver par perte de 2 HCl, et alors, à cause de la production de la base P en C^{34}, il y aurait lieu d'admettre que l'apomorphine renferme

$$C^{34}H^{34}Az^2O^4.$$

C'est la formule que nous adopterons.

Avec l'acide sulfurique, il se forme, outre l'apomorphine, de la trimorphine, $C^{51}H^{57}Az^3O^9$, et de la tétramorphine, $C^{68}H^{76}Az^4O^{12}$. Le corps appelé sulfomorphine par Laurent et Gerardt serait du sulfate de tétramorphine.

Par l'action de l'acide phosphorique, on obtient de l'apomorphine et de la *diapotétramorphine,* $C^{68}H^{74}Az^4O^{11}$, que l'acide chlorhydrique transforme à chaud en *chlorhydrate de chlorotétramorphine,*

$$C^{68}H^{73}ClAz^4O^{10},\ 4HCl,$$

et qui, avec l'acide iodhydrique, donne

$$C^{68}H^{73}IAz^4O^{10}, 4HI.$$

Le chlorure de zinc, chauffé avec le chlorhydrate de morphine, donne, suivant les conditions, de l'apomorphine, une base chlorée,

$$C^{34}H^{37}ClAz^2O^5,$$

de l'*octapotétramorphine* polymère de l'apomorphine et une base chlorée,

$$C^{136}H^{145}ClAz^4O^{20}.$$

Enfin l'acide iodhydrique donne des polymères iodés.

Wright range toutes ces bases en diverses séries de la façon suivante :

Noms.	Modes de formation.	Formules.	Formules de Wright.
	Monosérie.		
Morphine..........	....	$C^{17}H^{19}AzO^3$	$C^{34}H^{38}Az^2O^6$
Base P.............	Action de l'acide chlorhydrique.......	$C^{34}H^{39}ClAz^2O^6$	$C^{34}H^{39}ClAz^2O^6$
Base Q.............	Action de l'acide chlorhydrique ou du chlorure de zinc..................	$C^{34}H^{37}ClAz^2O^5$	$C^{34}H^{37}ClAz^2O^5$
Base R.............	Action de l'acide chlorhydrique.......	$C^{34}H^{36}Cl^2Az^2O^4$	$C^{34}H^{36}Cl^2Az^2O^4$
	Disérie.		
Apomorphine. ...... (Tétrapodimorphine).	Action de $HCl, SO^4H^2, PO^4H^3, ZnCl^2$ sur la morphine..................	$C^{34}H^{34}Az^2O^4$	$C^{68}H^{68}Az^4O^8$
	Trisérie.		
Trimorphine.........	Action de SO^4H^2 sur la morphine....	$C^{51}H^{57}Az^3O^9$	$C^{102}H^{114}Az^6O^{18}$
Base innommée.....	Action de HCl sur la trimorphine....	$C^{51}H^{56}ClAz^3O^8$	$C^{102}H^{112}Cl^2Az^6O^{16}$
	Tétrasérie.		
Tétramorphine......	Action de SO^4H^2....................	$C^{68}H^{76}Az^4O^{12}$	$C^{136}H^{152}Az^8O^{24}$
Base innommée.....	Action de HCl sur la tétramorphine..	$C^{68}H^{77}ClAz^4O^{12}$	$C^{136}H^{154}Cl^2Az^8O^{24}$
Diapotétramorphine .	Action de l'acide phosphorique sur la morphine..........................	$C^{68}H^{74}Az^4O^{11}$	$C^{136}H^{148}Az^8O^{22}$
Base innommée.....	Action du chlorure de zinc sur la morphine...........................	$C^{136}H^{145}ClAz^8O^{20}$	$C^{136}H^{145}ClAz^8O^{20}$
Octapotétramorphine.	Action du chlorure de zinc sur la morphine..........................	$C^{68}H^{68}Az^4O^8$	$C^{136}H^{136}Az^8O^{16}$
Base innommée.....	Action de HCl sur la diapotétramorphine..........................	$C^{68}H^{73}ClAz^4O^{10}$	$C^{136}H^{146}Cl^2Az^8O^{20}$
Base innommée.....	Action de HI sur la diapotétramorphine..........................	$C^{68}H^{73}IAz^4O^{10}$	$C^{136}H^{146}I^2Az^8O^{20}$
	Tétrahydrosérie.		
Base innommée.....	Action de HI en présence de phosphore sur la morphine............	$C^{68}H^{82}I^2Az^4O^{10}$	$C^{136}H^{164}I^4Az^8O^{20}$
Base innommée.....	Action de l'eau sur la précédente.....	$C^{68}H^{81}IAz^4O^{10}$	$C^{136}H^{162}I^2Az^8O^{20}$
Base innommée.....	Action plus avancée de l'eau sur la précédente.......................	$C^{136}H^{161}IAz^4O^{20}$	$C^{136}H^{161}IAz^8O^{20}$

L'apomorphine a été décrite à l'article MORPHINE, t. II, p. 458.

Dans chaque série, les dérivés se comportent de la même façon, quand on les distille avec de la potasse caustique; ceux de la monosérie donnent de la pyridine avec une petite quantité de méthylamine; ceux de la tétrasérie ne donnent que de la méthylamine sans pyridine, et ceux de la disérie ne fournissent aucune base volatile.

Les dérivés de la disérie, comme l'apomorphine et la diapodimorphine, s'oxydent à l'air en présence des alcalis, en donnant une matière bleue, insoluble dans l'eau et dans les acides, soluble dans les alcalis; la matière obtenue avec l'apomorphine donne à l'analyse des chiffres qui conduisent aux rapports $C^{40}H^{34}Az^2O^7$ [Matthiessen et Wright, *Proceed. Roy. Society*, t. XVII, p. 455; — Wright, *Chem. Soc. Journ.*, (2), t. X, p. 652, t. XI, p. 220; — Mayer et Wright, même recueil, t. XI, p. 211, 1082, 1085].

II. *Action de l'acide azoteux sur la morphine.*

Suivant Schützenberger, la morphine donnerait l'oxymorphine $C^{17}H^{19}AzO^4$ (t. II, p. 459), qui serait peut-être identique avec la pseudomorphine découverte par Pelletier et étudiée par Hesse (t. II, p. 1220). D'après Polstorff, en oxydant la morphine en solution alcaline par le ferricyanure de potassium, on obtiendrait une base $C^{34}H^{36}Az^2O^6 + 3H^2O$, l'*oxydimorphine*, résultant de la soudure de 2 molécules de morphine avec perte de 2 atomes d'hydrogène, et cette base, suivant Broockmann et Polstorff, serait identique avec l'oxymorphine de Schützenberger.

Cette oxydimorphine prendrait aussi naissance par l'action prolongée de l'air sur une solution ammoniacale de morphine. Si la pseudomorphine est identique avec l'oxydimorphine, elle ne doit pas préexister dans l'opium, mais prendrait naissance par l'oxydation de la morphine.

L'oxydimorphine de Polstorff est une farine cristalline dense, composée de tables microscopiques; elle perd son eau de cristallisation à 150°; elle présente les mêmes caractères de solubilité que la base de Schützenberger.

Le *sulfate* cristallise avec $8H^2O$ en petites aiguilles incolores, perdant leur eau à 125°; il est peu soluble dans l'eau froide.

Le *chlorhydrate* est une poudre cristalline brillante, assez soluble dans l'eau.

L'oxydimorphine ne se combine pas avec l'iodure de méthyle, mais on obtient indirectement cette combinaison en traitant l'iodure de méthylmorphine par le ferricyanure de potassium, en présence de potasse; il se forme un iodure basique cristallisé en tables incolores : il renferme

$$\begin{matrix} C^{17}H^{18}AzO^3, CH^3I \\ C^{17}H^{18}AzO^3, CH^3.OH \end{matrix} + 5H^2O.$$

Dissous dans l'acide iodhydrique étendu et bouillant, il fournit l'iodure neutre

$$C^{34}H^{36}Az^2O^6(CH^3I)^2,$$

cristallisé en petits prismes quadrangulaires.

En dissolvant l'iodure basique dans l'acide sulfurique et ajoutant du sulfate d'argent, on obtient des lamelles jaunâtres du sulfate qui renferme $4H^2O$; décomposé par la baryte, le sulfate donne l'hydrate de *méthyloxydimorphine*,

$$C^{34}H^{36}Az^2O^6(CH^3, OH)^2 + 7H^2O,$$

poudre cristalline, dense, insoluble dans l'alcool, peu soluble dans l'eau [Polstorff, *Deutsch. chem. Gesellsch.*, 1880, p. 86 et 93; — Polstorff et Broockmann, 1880, p. 88, 91 et 92; *Bull. Soc. chim.*, t. XXXIV, p. 708 et 710].

Nitrosomorphine, $C^{17}H^{18}(AzO)AzO^3, H^2O$ [Mayer, *Deutsch. chem. Gesellsch.*, 1871, p. 121; *Bull. Soc. chim.*, t. XV, p. 290]. — La morphine, mise en suspension dans l'eau et traitée par un courant d'acide azoteux, donne des cristaux jaunes, $C^{17}H^{18}(AzO)AzO^3, H^2O$, qui perdent H^2O à 125° et colorent le chlorure ferrique en noir. Chauffés avec de l'eau, ils dégagent de l'azote; une partie se dissout, mais une notable proportion reste insoluble; ce résidu est insoluble dans l'éther et dans l'alcool et présente la composition de l'oxymorphine de Schützenberger, $C^{17}H^{19}AzO^4$, mais paraît en différer.

III. *Dérivés acides.*

Les acétylmorphines se forment par l'action de l'acide acétique cristallisable ou de l'anhydride acétique [Wright, *Chem. Soc. Journ.*, (2), t. XII, p. 1033]. Lorsqu'on chauffe la morphine à 100° pendant une heure avec une quantité insuffisante d'anhydride acétique et qu'on précipite la solution par le carbonate de sodium, on obtient un dérivé non cristallisé, soluble dans l'éther, qui renferme $C^{34}H^{37}(C^2H^3O)Az^2O^6$, et dériverait du remplacement d'un seul atome d'hydrogène par un groupe acétyle, C^2H^3O, dans deux molécules de morphine. Wright fait remarquer que ce corps étant soluble dans l'éther ne peut être un mélange de morphine et d'acétylmorphine,

$$C^{17}H^{18}(C^2H^3O)AzO^3;$$

la formation de ce dérivé acétylé lui fait adopter la formule $C^{34}H^{38}Az^2O^6$ pour la morphine; cependant ce composé n'étant pas cristallisé, on ne peut être absolument sûr que ce soit une espèce chimique.

Acétylmorphine, $C^{17}H^{18}(C^2H^3O)AzO^3$. — Ce corps existe sous deux modifications isomères; la morphine renfermant un oxhydryle alcoolique et un oxhydryle phénolique, les deux isomères correspondent à la substitution de C^2H^3O dans l'hydrogène du premier ou l'hydrogène du second.

L'*α-acétylmorphine*. — La base est floconneuse, amorphe, soluble dans l'éther, soluble dans l'ammoniaque, le carbonate de sodium, la potasse; son chlorhydrate est cristallisé, et renferme $6H^2O$. Elle ne colore pas le chlorure ferrique. On l'obtient en même temps que la modification β en faisant bouillir pendant quelques heures la morphine avec de l'acide acétique cristallisable.

En chauffant à 100° la morphine pendant une heure avec de l'anhydride acétique, Wright a obtenu un dérivé incristallisable, peu soluble dans l'éther, dont le chlorhydrate est gommeux, et qu'il avait appelé β-acétylmorphine. Il a reconnu depuis que c'est un mélange d'un dérivé non cristallisé, auquel il conserve le nom de β-acétylmorphine, et d'un composé cristallisé, la γ-acétylmorphine [Wright et Beckett, *Journ. chem. Soc.*, 1875, p. 322].

Wright appelle ces corps des diacétylmorphines et les représente par une formule double de celle que nous avons donnée.

Diacétylmorphine (*Tétracétylmorphine* de Wright), $C^{17}H^{17}(C^2H^3O)^2AzO^3$. — On l'obtient en traitant la morphine par un excès d'anhydride acétique. Elle se dépose en cristaux anhydres de ses solutions dans l'éther où elle est très soluble, dans l'alcool, la benzine ou le chloroforme. Une ébullition prolongée avec l'alcool la détruit. L'action de l'eau bouillante la transforme d'abord en acétate d'α-acétylmorphine, puis en acétate de morphine. Le chlorure ferrique ne la colore pas. Elle est un peu soluble dans l'ammoniaque et le carbonate de sodium, mais se dissout immédiatement dans la potasse caustique.

Wright et Beckett ont obtenu avec l'acide butyrique, l'acide benzoïque, des butyrylmorphines, des benzoylmorphines, des acétobutyrylmorphines et des acétobenzoylmorphines. L'acide succinique et l'acide camphorique se combinent aussi avec la morphine en donnant des éthers.

Polstorff [*Deutsch. chem. Gesellsch.*, 1880, p. 98], en traitant la morphine par le chlorure de benzoyle, a obtenu un corps cristallisé, neutre, fusible à 186°, qu'il a considéré comme une tribenzoyl-morphine, $C^{17}H^{16}AzO^3(C^7H^5O)^3O$. Mais Wright et Rennie ont reconnu l'identité de ce corps avec la dibenzoylmorphine

$$C^{17}H^{17}AzO^3(C^7H^5O)^2,$$

qu'ils avaient préparée en chauffant la morphine avec de l'anhydride benzoïque. En reprenant l'expérience de Polstorff et chauffant la morphine avec un excès de chlorure de benzoyle à 105°, soit pendant 6 heures, soit pendant 20 heures, ils ont obtenu le même dérivé fusible à 188-190°,5 et qui, par la saponification, a donné une quantité d'acide benzoïque correspondant à un dérivé dibenzoylé.

Les analyses d'après lesquelles Polstorff avait considéré ce corps comme un dérivé tribenzoylé sont insuffisantes, car leur composition centésimale est très voisine :

	Dibenzoyl-morphine.	Tribenzoyl-morphine.
C =	75,46	76,38
H =	5,47	5,19
Az =	2,84	2,35

[Wright et Rennie, *Journ. chem. Soc.*, 1880, p. 609].

IV. *Dérivés alcooliques (codéines).*

La morphine présente des réactions qui la rapprochent des phénols. Wright et Matthiessen ayant montré que la codéine donne, comme la morphine, de l'apomorphine et de plus du chlorure de méthyle, Grimaux a pensé que la codéine présentait avec la morphine les mêmes relations que le phénate de méthyle avec le phénol. En dissolvant la morphine dans de l'alcool sodé et faisant bouillir quelques instants avec de l'iodure de méthyle, on obtient, suivant les proportions, de la codéine ou de l'iodure de méthylcodéine. La codéine est donc un éther de la morphine considérée comme phénol.

Le rendement en codéine est faible, parce que l'iodure de méthyle se fixe facilement sur la morphine et sur la codéine pour donner des iodures d'ammonium quaternaires.

En remplaçant l'iodure de méthyle par d'autres iodures alcooliques, on obtient des dérivés analogues, auxquels l'auteur a donné le nom générique de *codéines;* ce terme s'applique aux éthers de la morphine considérée comme phénol.

On a décrit la *codéthyline*, $C^{17}H^{18}AzO^3, C^2H^5$, homologue de la codéine ordinaire ou *codométhyline*, $C^{17}H^{18}AzO^3, CH^3$; l'*éthylène-codéine*, $(C^{17}H^{18}AzO^3)^2C^2H^4$, etc. [E. Grimaux, *Ann. Chim. Phys.*, 1882].

Constitution de la morphine. — La morphine est un dérivé du phénanthrène. E. de Gerichten et Schrœtter, en distillant la morphine avec de la poudre de zinc, ont obtenu du phénanthrène, de la phénanthrène-quinoline, avec un peu de triméthylamine et de pyridine.

D'autres réactions rattachent encore la morphine au phénanthrène et ont permis un dédoublement net des dérivés de la morphine en produits de la série phénanthrénique non azotés.

Grimaux avait montré que l'iodométhylate et l'iodéthylate de codéine et de codéthyline, forment des hydrates d'ammonium quaternaires qui perdent H^2O à 100°, pour se transformer en ammoniaques tertiaires. Ainsi l'iodométhylate de codéine donne un hydrate,

$$C^{17}H^{18}AzO^2(OCH^3), CH^3.OH,$$

qui, en perdant de l'eau, donne une base tertiaire, la méthocodéine $C^{18}H^{20}AzO^2(OCH^3)$.

Avec l'iodéthylate de codéine,

$$C^{17}H^{18}AzO^2(OCH^3)C^2H^5I,$$

on peut obtenir pareillement un hydrate,

$$C^{17}H^{18}AzO^2(OCH^3)C^2H^5.OH,$$

lequel, en perdant de l'eau, se convertit en *éthocodéine*,

$$C^{17}H^{18}AzO^2(OCH^3)C^2H^5.OH.$$

Éthylhydrate.

$$= C^{17}H^{17}(C^2H^5)AzO^2(OCH^3) + H^2O,$$

Éthocodéine.

L'éthocodéine, $C^{19}H^{22}AzO^2(OCH^3)$, est une base tertiaire qui, à son tour, peut fixer l'iodure de méthyle pour former une iodure quaternaire, auquel correspond un hydrate. Or MM. von Gerichten et Schroetter ont constaté que ce dernier se dédouble entièrement à 100°, avec perte de deux molécules d'eau, en donnant une amine à trois radicaux alcooliques de la série grasse et un dérivé du phénanthrène, $C^{15}H^{10}O^2$:

$$C^{18}H^{20}AzO^2(OCH^3)CH^3.OH$$

Méthylhydrate d'éthocodéine.

$$= 2H^2O + Az\begin{cases} CH^3 \\ C^2H^5 \\ C^3H^7 \end{cases} + C^{14}H^7O.OCH^3.$$

Base tertiaire. Dérivé du phénanthrène.

Le composé $C^{14}H^7O, OCH^3$ donne du phénanthrène par la distillation avec le zinc. En employant la méthocodéthyline,

$$C^{18}H^{20}AzO^2(OC^2H^5),$$

la traitant par l'iodure d'éthyle et déshydratant l'hydrate d'ammonium quaternaire, on a un dédoublement tout semblable; il se forme de l'éthylméthylpropylamine et un dérivé du phénanthrène, $C^{14}H^7O, OC^2H^5$.

Le groupe OH phénolique de la morphine se trouve donc dans le phénanthrène; les deux dérivés obtenus dans ces dédoublements paraissent être

$$\begin{matrix} C^6H^4 \\ | \\ C^6H^3(OCH^3) \end{matrix} > C^2O$$

et

$$\begin{matrix} C^6H^4 \\ | \\ C^6H^3(OC^2H^5) \end{matrix} > C^2O.$$

Avec la bromocodéine, on obtient le dérivé bromé correspondant [E. von Gerichten et Schrœtter, *Deutsch. chem. Gesellsch.*, 1882, p. 829, 1484; et p. 2179].

E. Grimaux.

MUCIQUE (ACIDE), $C^6H^{10}O^8$. — L'acide mucique, qui se produit dans l'oxydation de la lactose, s'obtient encore dans l'oxydation de la galactose qui en dérive [Fudakowski, *Deutsch. chem. Gesellsch.*, 1876, p. 42].

Soumis à la distillation sèche, il fournit, outre l'acide pyromucique, une substance isomère, l'*acide isopyromucique*, qui sera décrit plus loin [Limpricht, *Ann. Chem. Pharm.*, t. CLXV, p. 253].

ACIDE DÉHYDROMUCIQUE. — Lorsqu'on soumet l'acide mucique à une température plus modérée (280°), il perd de l'eau et se transforme en *acide déhydromucique*,

$$C^4H^4(OH)^4(CO^2H)^2 = 3H^2O + C^4H^2O(CO^2H)^2.$$

Cet acide (voyez Suppl., p. 613) s'obtient encore lorsque l'on chauffe l'acide mucique à 150°, avec son poids d'un mélange à parties égales d'acides chlorhydrique et bromhydrique concentrés. Le contenu des tubes, soumis à une longue ébullition avec l'eau, est dissous dans l'acide chlorhydrique, puis précipité par l'ammoniaque.

Soumis à la distillation sèche, il fournit de l'acide pyromucique,

$$C^4H^2O(CO^2H)^2 = CO^2 + C^4H^3O.CO^2H.$$

Traité par le chlorure de fer en l'absence d'un excès d'acide, il se prend en une gelée transparente; cette réaction est caractéristique.

Chauffée avec deux molécules de perchlorure

de phosphore, il se transforme en un liquide bouillant vers 245°, qui est le *chlorure de déhydromucyle*, $C^4H^2O(COCl)^2$. Il fond à 80° et commence à se sublimer à 100°. Il est soluble dans l'alcool, l'éther, le chloroforme. Ce chlorure, traité par l'éther ammoniacal, fournit une amide en aiguilles solubles dans l'eau chaude, insolubles dans l'eau froide, l'alcool et l'éther.

L'acide déhydromucique, traité par l'eau de brome, fournit de l'acide fumarique. Par un mélange d'acides sulfurique et nitrique, il donne de l'acide nitropyromucique, $C^4H^2O(AzO^2)CO^2H$ [Klinkhardt, *Journ. prakt. Chem.* (2), t. XXV, p. 41].

AMIDES, ANILIDES MUCIQUES.— Le mucate d'ammonium donne à la distillation sèche de la *carbopyrrolamide* et une faible quantité de pyrrol,

$$C^6H^8O^8(AzH^4)^2$$
$$= C^4H^4Az.CO\,AzH^2 + CO^2 + 5H^2O.$$

L'éthylamine, en solution aqueuse, dissout facilement l'acide mucique. Par la concentration, il se dépose des prismes clinorhombiques de *mucate d'éthylamine*, $C^6H^{10}O^8(AzH^2C^2H^5)^2$, très solubles dans l'eau et l'ammoniaque. Ce sel peut se combiner avec un excès d'éthylamine libre d'après l'équation :

$$C^6H^{10}O^8(AzH^2C^2H^5)^2 + AzH^2.C^2H^5$$
$$= 6H^2O + C^4H^2Az(C^2H^5)(CO\,AzH\,C^2H^5)^2.$$

A la distillation sèche, le mucate d'éthylamine fournit d'abord l'*éthylcarbopyrrolamide*,

$$C^4H^3Az.C^2H^5(CO.\,AzH\,C^2H^5),$$

puis de l'éthylpyrrol [Chichester, A. Bell, *Deutsch. chem. Gesellsch.*, 1876, p. 935; — Bell et Lapper, *ibid.*, 1877, p. 1961].

L'acide mucique se combine directement avec l'aniline en formant des cristaux blancs, peu solubles dans l'eau froide, solubles dans l'eau bouillante, insolubles dans l'alcool et l'éther; c'est le *mucate d'aniline*. Il se produit en même temps un peu de mucanilide. Bouilli avec de l'eau, ce sel perd une partie de son aniline.

A 115 ou 120°, il se transforme en *mucanilide*. Cette substance s'obtient aussi lorsqu'on traite l'éther mucique par l'aniline. Elle se présente en feuillets minces, complètement insolubles dans l'eau. La potasse la décompose. Elle noircit à 183-185° et se décompose en anhydride carbonique, aniline et phénylpyrrol [Kœttnitz, *Journ. prakt. Chem.* (2), t. VI, p. 136].

ACIDE HYDROMUCONIQUE, $C^6H^8O^4$.— Trois corps ont été désignés sous le nom d'acide muconique : 1° l'acide dérivé de l'acide mucobromique; 2° l'acide $C^6H^8O^4$, que nous désignons ici sous le nom d'acide hydromuconique que lui a attribué Limpricht; 3° enfin un acide $C^6H^6O^4$, que nous décrirons plus loin.

On prépare l'acide hydromuconique en hydrogénant par l'amalgame de sodium l'acide dichloromuconique. Une hydrogénation plus avancée fournit de l'acide adipique.

Lorsque l'on traite l'acide hydromuconique par le brome, on obtient un acide monobromé, $C^6H^7BrO^4$, H^2O, en aiguilles brillantes, fusibles à 183°. L'oxyde d'argent humide le transforme en acide oxyhydromuconique, $C^6H^8O^5$, masse gommeuse, soluble dans l'eau et l'alcool; son sel de baryum, $C^6H^6O^5Ba, 2H^2O$, est insoluble dans l'alcool [Marquardt, *Deutsch. chem. Gesellsch.*, 1870, p. 671].

Sous l'influence d'un excès de brome et d'une légère élévation de température, l'acide hydromuconique se convertit en acide dibromadipique, $C^6H^8Br^2O^4$.

MUCONIQUE (ACIDE). — L'oxyde d'argent humide convertit ce dernier acide en *acide muconique*, $C^6H^6O^4$, qui se présente en grands cristaux clinorhombiques, incolores, très solubles dans l'eau, l'alcool et l'éther, fusibles au-dessus de 100°.

L'acide muconique est monobasique. Son sel de *baryum* renferme $(C^6H^5O^4)^2Ba$ et cristallise en mamelons [Limpricht, *Ann. Chem. Pharm.*, t. CLXV, p. 253].

L'acide dichloromuconique, $C^6H^4Cl^2O^4$, se forme par l'action du perchlorure de phosphore, non seulement sur l'acide mucique, mais aussi sur l'acide saccharique. Il renferme deux molécules d'eau de cristallisation [C. Bell, *Deutsch. chem. Gesellsch.*, 1879, p. 1271; — De la Motte, *ibid.*, 1879, p. 1571].

M. Hanriot.

MUCOBROMIQUE (ACIDE), $C^4H^2Br^2O^3$. — Pour le préparer, on ajoute peu à peu du brome à de l'acide pyromucique sans refroidir; lorsque le tout est décoloré, on fait bouillir un quart d'heure et on évapore. L'acide mucobromique cristallise.

Lorsque l'on chauffe à 60° une solution d'acide mucobromique avec du carbonate de baryum, il se dépose par refroidissement du mucobromate de *baryum*, $(C^4HBr^2O^3)^2Ba$, en tables rhombiques incolores. A une température plus élevée, la solution brunit et laisse déposer un précipité floconneux.

On obtient le sel *d'argent* par double décomposition, au moyen du précédent. Il se présente en aiguilles feutrées, un peu solubles dans l'eau froide, se décomposant par la chaleur et la lumière en laissant déposer du bromure d'argent.

L'éther mucobromique, $C^4HBr^2O^3.C^2H^5$, s'obtient en traitant par le gaz chlorhydrique une solution alcoolique d'acide mucobromique. Il cristallise en prismes rhombiques fusibles à 50-51°.

D'après Schmelz et Beilstein, l'acide mucobromique se dédouble, lorsqu'on le fait bouillir avec de la baryte, en acétylène bromé et en un acide, $C^4H^2O^3$, qu'ils appellent muconique, d'après l'équation

$$2C^4H^2Br^2O^3 + H^2O$$
$$= C^4H^2O^3 + C^2HBr + 2CO^2 + 3HBr.$$

Jakson et Hill n'ont pu obtenir cet acide muconique. Lorsque l'on introduit de l'acide mucobromique dans de la baryte bouillante, on obtient du dibromacrylate de baryum, $(C^3HBr^2O^2)^2Ba$; il se forme en même temps une petite quantité de bromopropiolate de baryum. Le dibromacrylate de baryum, chauffé avec un excès de baryte, se dédouble à son tour en anhydride carbonique, bromacétylène et acide malonique. On peut représenter le dédoublement final de l'acide mucobromique par l'équation

$$C^4H^2Br^2O^3 + 3H^2O$$
$$= C^3H^4O^4 + CH^2O^2 + 2HBr$$

[Jakson et Hill, *Deutsch. chem. Gesellsch.*, 1878, p. 289 et 1671].

Traité par l'oxyde d'argent, l'acide mucobromique donne de l'acide dibromomaléique.

Le brome, à 140°, réagit sur l'acide mucobromique; il se forme de l'acide bromhydrique, du gaz carbonique et de l'anhydride dibromomaléique [Hill, *Deutsch. chem. Gesellsch.*, 1880, p. 734].

Le perbromure de phosphore réagit à 110-115° sur l'acide mucobromique; il se forme une huile rougeâtre, soluble dans l'alcool, qui laisse cristalliser de longues aiguilles rayonnées fusibles à 53-54° d'acide bromomucobromique, $C^4HBr^3O^2$.

La solution alcoolique d'acide mucobromique traitée par la baryte passe par les colorations bleu indigo, vert, puis jaune-rougeâtre. Traité par le chlorure d'acétyle, l'acide mucobromique fournit un éther, $C^4HBr^2O^2.OC^2H^3O$ [Hill et Jakson, *Deutsch. chem. Gesellsch.*, 1878, p. 1671].

Lorsque l'on verse une solution alcoolique de nitrite de potassium dans une solution alcoolique d'acide mucobromique, le liquide se colore en jaune intense, il se dégage du gaz carbonique et il se précipite des cristaux jaune-rougeâtre du sel potassique, $C^3HAz^3O^7K^2$ d'un acide nitré. Ce sel est peu soluble dans l'eau et peut servir à préparer par double décomposition les autres sels. Le brome réagit sur lui en donnant un composé, $C^3HBr^3Az^2O^5$, c'est-à-dire en remplaçant un groupe AzO^2 par un atome de brome.

Le sel potassique en solution aqueuse se décompose à 40-60° en perdant de l'acide cyanhydrique, du gaz carbonique et de l'acide nitreux, et en se décolorant il se forme un nouveau sel, $C^3H^2AzO^4K$.

Lorsque l'on fait agir sur l'acide mucobromique les nitrites autres que celui de potassium, on obtient des sels correspondant à ce dernier composé; ainsi, avec le nitrite de sodium, on obtient le sel $C^3H^2AzO^4Na, H^2O$; par double décomposition on peut préparer les autres sels [Hill et Sanger, *Deutsch. chem. Gesellsch.*, 1882, p. 1907].

Constitution. — D'après Hill, l'acide mucobromique serait l'aldéhyde dibromomaléique

$$\begin{matrix} CBr^2-COH \\ =C-CO^2H. \end{matrix}$$

Il s'appuie sur ce fait que l'oxyde d'argent ou le brome en présence de l'eau transforment l'acide mucobromique en acide dibromomaléique [Hill, *Deutsch. chem. Gesellsch.*, 1880, p. 734, et 1881, p. 2274].

Pour P. Tœnnies, au contraire, l'acide mucobromique serait l'aldéhyde fumarique dibromée

$$\begin{matrix} CBr-COH \\ \| \\ CBr-CO^2H. \end{matrix}$$

Il s'appuie sur ce fait que l'acide dibromopyromucique fournit de l'acide mucobromique par l'ébullition avec l'eau de brome, de même que l'acide pyromucique fournit de l'aldéhyde fumarique [P. Tœnnies, *Deutsch. chem. Gesellsch.*, 1879, p. 1202]. De nouvelles recherches sont donc nécessaires. M. Hanriot.

MUCOBROMIQUE (ALDÉHYDE), $C^4H^2Br^2O^2$. — Ce composé se produit lorsque l'on fait réagir à froid l'eau de brome sur une solution d'acide dibromopyromucique, d'après l'équation

$$C^5H^2Br^2O^3 + Br^2 + H^2O = C^4H^2Br^2O^2 + CO^2 + 2HBr.$$

L'aldéhyde mucobromique est très soluble dans l'eau, l'éther et le chloroforme; elle cristallise en aiguilles étoilées, faisant entre elles un angle de 60°. Elles fondent à 88°.

Traitée par l'acide chromique ou par l'eau de brome à l'ébullition, elle se transforme en acide mucobromique [P Tœnnies, *Deutsch. chem. Gesellsch*, 1879, p. 1202].

MUCOCHLORIQUE (ACIDE), $C^4H^2Cl^2O^3$. — Pour le préparer, on sature à 0° l'acide pyromucique de chlore, puis on le porte à l'ébullition; on le refroidit de nouveau à 0° pour le saturer de chlore, et ainsi de suite; finalement on le distille.

L'acide mucochlorique se dédouble sous l'influence des alcalis en acides formique et dichloracrylique,

$$C^4H^2Cl^2O^3 + H^2O = CH^2O^2 + C^3H^2Cl^2O^2.$$

Ce dédoublement a lieu déjà à la température ordinaire et donne 90 % de la quantité théorique. L'acide obtenu est différent de l'acide dichloracrylique de Wallach (Suppl., p. 50). Il fond à 85-86°, est très soluble dans l'eau, l'alcool, l'éther et le chloroforme; il ne se combine pas avec le brome à sec. Son *sel de baryum*, $(C^3HCl^2O^2)^2Ba, H^2O$, cristallise en lamelles rhombiques, solubles dans 16 parties d'eau, perdant leur eau à 80°.

Le *sel de calcium*, $(C^3HCl^2O^2)^2Ca, 3H^2O$, cristallise en aiguilles disposées concentriquement [Bennet et Hill, *Deutsch. chem. Gesellsch.*, 1879, p. 655]. M. Hanriot.

MUNJISTINE [Syn. *Orange de garance, acide purpuroxanthine-carbonique*],

$$C^{15}H^8O^6 = C^{14}H^5O^2(OH)^2-CO^2H.$$

Cette matière, découverte par Stenhouse dans le munjeet (t. II, p. 476), peut aussi être retirée de la garance ordinaire. Dès 1828, Kuhlmann avait signalé la présence d'une matière colorante orangée, de la *xanthine*, dans la garance; en 1835, Runge avait fait connaître ses propriétés comme matière colorante; Rosenstiehl l'a trouvée parmi les produits de la destruction de la pseudopurpurine et a reconnu sa parenté avec les autres matières colorantes de la garance; enfin, Schunck et Roemer l'ont préparée à l'état de pureté et établi sa formule et son identité avec la munjistine [Kuhlmann, *Bull. Soc. indust. Mulhouse*, t. I, p. 157; — Runge, *Journ. prakt. Chem.*, t. V, p. 362; — A. Rosenstiehl, *Compt. rend.*, t. LXXXIII, p. 827, *Bull. Soc. indust. Mulhouse*, 1879, p. 441; — Schunck et Roemer, *Deutsch. chem. Gesellsch.*, 1877, p. 172 et 790].

La munjistine constitue l'acide purpuroxanthine-carbonique, et renferme par conséquent un atome d'oxygène en moins que la pseudopurpurine; on n'est pas encore parvenu à transformer cette dernière en munjistine par les réducteurs. Celle-ci n'existe probablement pas toute formée dans la garance, mais paraît être un produit de destruction de la pseudopurpurine; en effet, après la décomposition de ce corps aussi pur que possible par l'eau bouillante, la liqueur renferme toujours de la munjistine (Rosenstiehl).

Préparation. — 1° La purpurine commerciale (pseudopurpurine brute) est épuisée par l'alcool à 90 et à 50 %; le résidu constitue de la pseudopurpurine suffisamment pure pour la préparation de la munjistine. 100 grammes de ce produit sont soumis à l'ébullition pendant 3 heures avec 3 litres d'eau distillée; au bout de ce temps, on filtre et on lave le résidu à l'eau chaude, puis à l'eau alcoolisée. Les liqueurs sont évaporées à sec, le résidu est lavé avec un peu d'eau, puis dissous dans l'eau alcoolisée. Cette solution contient environ 3gr,7 d'un mélange de purpurine hydratée, de purpuroxanthine et de munjistine; on élimine la première en ajoutant peu à peu de l'hydrate ferrique en pâte, puis on précipite la munjistine en mettant la liqueur en digestion avec du sulfate basique d'aluminium et saturant l'acide sulfurique libre par des additions successives d'acétate de sodium. La laque aluminique, décomposée par l'acide sulfurique, fournit la munjistine, que l'on lave pour la faire cristalliser dans le chloroforme; on en obtient environ 1 gramme (Rosenstiehl).

2° Schunck et Roemer la retirent de la purpurine précipitée à l'état de laque aluminique; ils traitent celle-ci par l'acide sulfurique et font cristalliser la purpurine dans l'alcool; la munjistine demeure dans les eaux mères mélangée d'alizarine, de purpurine et de purpuroxanthine, dont on la débarrasse partiellement en épuisant le mélange par l'eau bouillante, qui dissout surtout la munjistine. Finalement, on fait bouillir le produit à plusieurs reprises avec de l'eau de baryte bouillante, on décompose par un acide le sel barytique insoluble de la munjistine et l'on fait cristalliser deux ou trois fois la munjistine dans l'acide acétique glacial.

3° Pour isoler la munjistine de la purpurine déposée du sein de l'alcool fort, qui en retient toujours, Rosenstiehl détruit la purpurine par le permanganate de potassium en solution alcaline, et transforme la partie non oxydée en laque d'alumine, comme il est dit plus haut.

4° Plath recommande de mettre la purpurine en suspension dans l'acide acétique concentré, d'ajouter quelques gouttes d'acide azotique fumant et de chauffer à l'ébullition; le tout entre en dissolution et la liqueur refroidie et versée dans l'eau laisse déposer la munjistine [*Deutsch. chem. Gesellsch.*, 1877, p. 616].

5° Rosenstiehl a observé la formation d'une petite quantité de munjistine en oxydant la pseudopurpurine par le permanganate, ou en exposant à l'air pendant plusieurs mois la solution alcaline de ce corps.

Propriétés. — Aiguilles légères d'un jaune orangé, fusibles à 231° et se dédoublant nettement vers 232-233° en gaz carbonique et purpuroxanthine, $C^{15}H^{8}O^{6} = CO^{2} + C^{14}H^{8}O^{4}$.

La munjistine est plus soluble dans l'eau que les autres matières colorantes de la garance; l'acide acétique, la benzine, le chloroforme, l'alcool la dissolvent aisément; si ce dernier dissolvant est aqueux, la solution chaude laisse déposer des lamelles d'un jaune d'or qui, lentement à froid, rapidement à 50°, deviennent ternes en perdant de l'eau. Par cristallisation très lente dans l'acide acétique, on peut obtenir des tétraèdres transparents, qui deviennent opaques par la dessiccation. Ses solutions sont jaunes; la solution acétique présente une fluorescence verte. Les alcalis dissolvent la munjistine en prenant une coloration intermédiaire entre celles de la purpurine et de la purpuroxanthine. Les sels barytique et calcique sont de couleur cramoisie. A l'ébullition, l'eau alunée dissout la munjistine et se colore en un jaune orangé intense; la liqueur n'offre pas de bandes d'absorption marquées; par le refroidissement, elle abandonne la majeure partie de la matière colorante.

La munjistine teint les mordants dans l'eau distillée: le mordant d'alumine se colore en orangé, celui de fer en un brun faible; ces couleurs sont peu stables et disparaissent par le savonnage.

Lorsqu'on ajoute du brome en excès à une solution acétique de munjistine, il se dégage du gaz carbonique et il se forme de la dibromopurpuroxanthine. L'acide nitrique fournit un dérivé nitré cristallisé en aiguilles orangées, fusibles à 251° et solubles dans l'eau bouillante; ce composé ressemble beaucoup à la dinitropurpuroxanthine, mais paraît moins soluble dans l'acétate ammonique que celle-ci (Schunck et Roemer). A. Henninger.

MUSCARINE, $C^{5}H^{15}AzO^{3}$. — Cet alcaloïde a été retiré de la fausse oronge (*Agaricus muscarius*) par Schmiedeberg et R. Koppe [*Deutsch. chem. Gesellsch.*, 1870, p 281].

Le jus de la plante est d'abord évaporé et le résidu repris par l'alcool. L'extrait alcoolique étant additionné d'eau, on précipite la liqueur par le sous-acétate de plomb et l'ammoniaque. On filtre et l'on évapore à siccité. Le résidu est dissous de nouveau dans l'eau, et la solution est précipitée à nouveau par le sous-acétate de plomb et l'ammoniaque. On filtre, on concentre jusqu'à consistance sirupeuse, l'on ajoute à la liqueur un excès d'oxyde de plomb, puis on évapore, afin de chasser l'ammoniaque. Le résidu étant repris par l'alcool absolu, on filtre et on évapore la liqueur filtrée, après quoi le résidu est dissous dans l'eau. La solution aqueuse est traitée par l'acide sulfurique, puis épuisée par l'éther pour enlever l'acide acétique; on évapore l'éther, on ajoute de l'hydrate de baryum, de manière que la solution conserve une réaction légèrement acide; finalement, on précipite la muscarine par l'iodure double de potassium et de mercure ou par l'iodure double de potassium et de bismuth. Lorsqu'on emploie le premier de ces réactifs, on lave le précipité sur le filtre avec de l'eau aiguisée d'acide sulfurique, puis on le laisse en suspension dans l'eau, on ajoute de l'hydrate de baryum (dont la quantité doit être égale en volume à celle du précipité), on fait passer un courant d'hydrogène sulfuré, et, après filtration, on traite la liqueur par le sulfate d'argent. On filtre de nouveau, et la liqueur filtrée ne contient plus que la muscarine et une petite quantité de sulfate d'argent qu'il est facile de séparer. Il vaut mieux précipiter par l'iodure double de mercure et de potassium que par l'iodure de potassium et de bismuth; le rendement est, en général meilleur, et l'alcaloïde obtenu est plus pur : 1 kilogr. d'extrait concentré fournit environ 8 décigrammes de sulfate de muscarine [Rückert, *Neu. Repert. Pharm.*, t. XXI, p. 194].

La muscarine libre se présente sous la forme de cristaux irréguliers, très déliquescents; elle forme avec l'acide carbonique un sel à réaction alcaline; avec les autres acides, elle donne des sels neutres qui sont tous déliquescents. La formule de la muscarine, $C^{5}H^{15}AzO^{3} = C^{5}H^{14}AzO^{2}.OH$, a été établie par E. Harnack [*Chem. Centralbl.*, t. VII, p. 760], qui a analysé le chloraurate auquel il a assigné la composition : $C^{5}H^{14}AzO^{2}Cl + AuCl^{3}$.

La synthèse de la muscarine a été réalisée par Schmiedeberg et Harnack [*Chem. Centralbl.*, t. VII, p. 554], qui ont obtenu cet alcaloïde en oxydant la choline au moyen de l'acide nitrique. Voici comment ces auteurs conseillent d'opérer :

On dessèche aussi bien que possible le chlorhydrate déliquescent de choline, on ajoute de l'acide nitrique concentré et l'on chauffe au bain-marie; lorsque la réaction est calmée, on ajoute une nouvelle quantité d'acide, et l'on chauffe à feu nu. On dissout le tout dans l'alcool, on le précipite par le chlorure de platine et l'on purifie le chloroplatinate de muscarine par cristallisation dans l'eau bouillante. On peut aussi oxyder directement le chloroplatinate de choline. Si l'on emploie de l'acide nitrique étendu, il se forme une notable proportion de produits secondaires. La synthèse de Schmiedeberg et Harnack montre que la muscarine doit être considérée comme une *oxynévrine*.

La muscarine est soluble en toutes proportions dans l'eau et dans l'alcool, insoluble dans l'éther, à peine soluble dans le chloroforme. Elle possède une réaction alcaline énergique et précipite les sels de fer et de cuivre. Sa solution, additionnée d'eau de brome, fournit un précipité jaune qui se redissout bientôt; la liqueur devient jaune, puis incolore (Schmiedeberg et Harnack).

Le *chloroplatinate* de muscarine,

$$[C^{5}H^{14}AzO^{2}Cl]^{2} + PtCl^{4} + 2H^{2}O,$$

cristallise en octaèdres bien définis.

Le *chlorhydrate* est en cristaux incolores et brillants, souvent volumineux, mais mal définis; il cristallise quelquefois en aiguilles prismatiques pointées. Il est très déliquescent.

L'*hydrate* de muscarine, $C^{5}H^{14}AzO^{2}.OH$, préparé par l'action de l'oxyde d'argent sur le chlorhydrate, se prend dans le vide sec en une masse cristalline déliquescente, à réaction très alcaline.

La muscarine est un poison énergique; il suffit de 1/30 ou 1/40 de milligramme de cette base pour arrêter les battements du cœur d'une grenouille; toutefois, elle est sans action sur les animaux atropinisés.

L'ensemble des propriétés de la muscarine synthétique démontre son identité avec la muscarine naturelle. Oechsner de Coninck.

MYCOMÉLIQUE (ACIDE), $C^{4}H^{4}Az^{4}O^{2}$. — Cet acide représente de l'alloxane, dont 2 atomes d'oxygène ont été remplacés par 2 groupes AzH; il prend naissance par l'action de l'ammoniaque sur l'alloxane; dans des conditions non précisées, Claus n'a obtenu que des traces d'acide mycomélique dans cette réaction, et toujours la majeure partie du produit de la réaction a été, d'après lui, un corps très soluble dans l'eau [*Deutsch. chem. Gesellsch.*, 1874, p. 232].

Jacobsen et Emmerling ont réalisé la synthèse de l'acide mycomélique en chauffant l'hydrazulmoxine (Suppl., p. 928) avec une grande quantité d'eau au bain-marie pendant quelques heures; le liquide filtré laisse déposer de l'acide mycomélique et le résidu insoluble chauffé avec une nouvelle quantité d'eau en fournit encore :

$$C^4H^5Az^5O + H^2O = C^4H^4Az^4O^2 + AzH^3.$$

L'acide mycomélique cristallisé dans l'eau bouillante retient ½ H^2O, même à 120°. La solution aqueuse, qui est jaune, offre une fluorescence vert-bleuâtre que présente, du reste, aussi l'acide mycomélique préparé avec l'alloxane [*Deutsch. chem. Gesellsch.*, 1871, p. 951]. Oxydé par l'acide nitrique, l'acide mycomélique fournit un composé cristallisable qui n'est ni l'alloxane ni l'acide parabanique (E. Mulder). A. Henninger.

MYCOPROTÉINE. — Voyez FERMENTATIONS, Suppl., p. 819.

MYCOSE (t. II, p. 482). — Müntz la considère comme identique avec la tréhalose [*Compt. rend.*, t. LXXVI, p. 649].

MYRICIQUE (ALCOOL) [Syn. *Mélissique (alcool)*], $C^{30}H^{62}O$. — Au t. II, p. 483, on a indiqué par erreur la formule $C^{16}H^{32}O$. Story Maskelyne a retiré de la cire de *Carnaüba* une substance possédant les propriétés de l'alcool myricique découvert par Brodie dans la cire des abeilles. Pieverling a plus tard étudié le même corps et confirmé les recherches de Story Maskelyne; il lui a en outre assigné la formule $C^{30}H^{62}O$ de l'alcool de Brodie. Néanmoins, l'identité des deux matières est loin d'être prouvée [Story Maskelyne, *Journ. chem. Soc. London* (2), t. VII, p. 87; *Bull. Soc. chim.*, t. XII, p. 382; — L. von Pieverling, *Liebig's Ann. Chem.*, t. CLXXXIII, p. 344; *Bull. Soc. chim.*, t. XXVIII, p. 177].

Voici quelques détails sur l'alcool myricique de la cire de carnaüba.

On ne sait pas sous quelle forme cet alcool existe dans la cire; Maskelyne admet qu'il se trouve à l'état libre, Pieverling a émis l'opinion contraire. Toujours est-il que ces deux observateurs recommandent de saponifier la cire (épuisée préalablement à 20 et 25° par de l'alcool fort), par la potasse alcoolique concentrée. Après la distillation de l'alcool, le savon est introduit dans une solution bouillante d'acétate de plomb, le précipité est lavé et séché, puis épuisé par de l'éther absolu bouillant, qui dissout l'alcool myricique et laisse insolubles les savons de plomb. On peut aussi décomposer par l'acide chlorhydrique la masse saponifiée, dissoudre le mélange d'alcool myricique et d'acide gras dans l'alcool bouillant, ajouter de l'ammoniaque et précipiter par le chlorure de baryum, qui élimine les acides gras. L'alcool myricique, préparé d'après l'une ou l'autre méthode, est purifié par de nombreuses cristallisations dans l'éther bouillant. La cire de carnaüba en fournit 11 % environ.

L'alcool myricique cristallise dans l'éther en aiguilles soyeuses, à peine solubles à froid dans l'alcool, l'éther, la benzine, le chloroforme, la ligroïne. Il fond à 85° (Pieverling), 88° (Maskelyne).

Chlorure de myricyle, $C^{30}H^{61}Cl$. — Il se forme lorsqu'on chauffe à 100° un mélange équimoléculaire d'alcool et de pentachlorure de phosphore. Masse cireuse, fusible à 64°,5, un peu plus soluble que l'alcool myricique; n'a pu être obtenu à l'état cristallisé.

Iodure, $C^{30}H^{61}I$. — On fait agir à 120° l'iode et le phosphore sur l'alcool, on détruit par l'eau l'iodure de phosphore en excès et l'on fait cristalliser le produit dans la ligroïne.

Lamelles incolores et brillantes, fusibles à 69°,5.

Sulfhydrate, $C^{30}H^{61}.SH$. — L'action d'une solution alcoolique bouillante de sulfure de potassium sur le chlorure produit le sulfhydrate de myricyle et non le sulfure. Poudre amorphe, jaunâtre, inodore, fusible à 94°,5, très peu soluble dans l'alcool, l'éther, la ligroïne, soluble dans la benzine bouillante.

Myricylamines. — En dirigeant pendant vingt-quatre heures un courant d'ammoniaque sèche dans l'iodure de myricyle chauffé à 220°, on obtient un mélange de bases fusibles vers 78° qui n'a pas été étudié (Pieverling). A. Henninger.

MYRISTICÈNE, $C^{10}H^{16}$. — Nom donné par Gladstone à un terpène bouillant à 164° (corr.) qui forme la majeure partie de l'essence de muscade (t. Ier, p. 1280; Suppl., p. 685). Par oxydation au moyen du mélange de dichromate et d'acide sulfurique, ce terpène fournit du gaz carbonique, un acide gras (formique?), une trace d'un oxymyristicène liquide, ($C^{10}H^{16}O$?), et une petite quantité seulement d'acide téréphtalique, provenant peut-être d'un peu de cymène contenu dans le myristicène. L'acide nitrique le transforme en un acide, $C^{20}H^{26}O^{16}, 2H^2O$ (séché sur l'acide sulfurique), auquel Wright a donné le nom d'*acide myristisique* en le rapprochant de l'acide camphrésique de Schwanert : il se forme en outre de l'acide oxalique, un peu d'acide phtalique et téréphtalique, mais point d'acide isophtalique [C.-R.-A. Wright, *Journ. chem. Soc. London* (2), t. XI, p. 549].

MYRISTICINE. — On a désigné sous ce nom le stéaroptène de l'essence de muscade, qui se sépare à l'état de cristaux lors de la préparation de cette essence. D'après les travaux de Flückiger, cette myristicine n'est autre que l'acide myristique [*Neu. Repert. Pharm.*, t. XXIV, p. 213].

MYRISTICOL, $C^{10}H^{16}O$. — Il forme la portion de l'essence de muscade qui bout de 212 à 218°. La chaleur le polymérise, le chlorure de zinc donne du cymène et un composé $C^{20}H^{30}O$, le perchlorure de phosphore fournit d'abord le chlorure liquide, $C^{10}H^{15}Cl$, qu'une ébullition prolongée dédouble en gaz chlorhydrique et cymène (Wright).

MYRISTIQUE (ACIDE), $C^{14}H^{28}O^2$ (t. II, p. 484). — Au lieu de retirer la *myristine* (trimyristate de glycérine) du beurre de muscade commercial, qui est trop fréquemment falsifié, il vaut mieux le préparer directement avec les noix de muscade pulvérisées. L'éther bouillant se prête fort bien à cette extraction, et la myricine cristallise directement dans le liquide éthéré; après une nouvelle cristallisation dans le même véhicule, on l'obtient en lamelles d'un blanc éclatant, fusibles à 55° et non à 31° comme Playfair l'avait indiqué (t. Ier, p. 1584). La ligroïne et la benzine se prêtent moins avantageusement à cette extraction. Par saponification de cet éther, on obtient directement l'acide myristique pur, fusible à 53-54° [Fr. Masino, *Liebig's Ann. Chem.*, t. CCII, p. 172].

L'acide myristique bout à 248° sous une pression de 100 millimètres de mercure, et cette facile volatilité peut servir avec avantage à la séparation de cet acide de ses homologues (F. Krafft). Par la combustion, il dégage 9510 cal. par gramme de matière (von Rechenberg).

Amide myristique, $C^{14}H^{27}O.AzH^2$. — La myristine est chauffée à 100° pendant plusieurs jours avec de l'ammoniaque alcoolique. L'amide cristallise en écailles blanches, fusibles à 102°, très solubles dans l'alcool, l'éther, le chloroforme (Masino).

Krafft la prépare en mélangeant l'acide myristique avec la quantité calculée de perchlorure de phosphore, achevant la réaction au bain-marie et faisant tomber le produit goutte à goutte dans un excès d'ammoniaque. Il indique le point de fusion 104-105°. Distillée avec l'anhydride phosphorique sous pression réduite, l'amide se transforme en *myristonitrile*, $C^{14}H^{27}Az$, fusible à 19° et bouillant à 226°,5 sous 100 millimètres de mercure D = 0,8281 à 19° et 0,7724 à 99° [F. Krafft, *Deutsch. chem. Gesellsch.*, 1882, p. 1730].

Anilide myristique. — Obtenue par l'action de l'aniline bouillante sur l'acide myristique, elle est en aiguilles incolores, soyeuses, qui fondent à 84° et se dissolvent très aisément dans l'alcool, l'éther, le chloroforme, la benzine (Masino).

ACIDE MYRISTOLIQUE. — Le brome agit à peine sur l'acide myristique, même à 120°. L'action du chlore est plus énergique, et si l'on opère à 100° et à la lumière solaire directe, il se dégage abondamment du gaz chlorhydrique. Le premier produit de substitution est huileux; n'ayant pu l'obtenir pur, Masino s'est contenté de séparer par l'expression l'acide myristique non transformé et de traiter ensuite le produit à 160-180° par la potasse alcoolique pendant huit jours. Les acides formés ont été soumis à des précipitations fractionnées par le chlorure de baryum; l'acide myristique se précipite d'abord; les dépôts moyens contiennent un nouvel acide fusible à 12° et qui paraît constituer l'acide myristolique, $C^{14}H^{24}O^2$, du moins il fixe facilement 4 atomes de brome. Le produit d'addition est instable et perd déjà 2 HBr par l'évaporation lente de sa solution éthérée. L'acide myristolique donne, avec le sucre et l'acide sulfurique, la réaction rouge de Pettenkofer (Masino).

ACÉTONE TRIDÉCYLMÉTHYLIQUE,

$$C^{15}H^{30}O = CH^3\text{-}CO\text{-}C^{13}H^{27}.$$

Un mélange intime de parties égales de myristate et d'acétate de baryum est soumis à la distillation dans un appareil dans lequel on maintient une faible pression à l'aide de la trompe. L'acétone brute est rectifiée sous pression réduite, comprimée entre des doubles de papier et soumise à des cristallisations dans l'alcool faible, qui n'en dissout qu'une petite proportion. Elle fond à 39° et bout à 223°,5 sous une pression de 110 millimètres et à 294° sous 760 millimètres. Oxydée par le mélange chromique, elle fournit les acides acétique et tridécylique $C^{13}H^{26}O^2$ [F. Krafft, *Deutsch. chem. Gesellsch.*, 1879, p. 1668].

MYRISTONE (*Acétone ditridécylique*),

$$C^{27}H^{54}O = C^{13}H^{27}\text{-}CO\text{-}C^{13}H^{27}$$

(t. II, p. 485). — Un mélange de myristate de baryum et de chaux caustique en poudre étant soumis à la distillation par petites portions et dans le vide, on obtient un produit dont il est facile d'extraire de la myristone pure. Elle cristallise dans l'alcool en lamelles argentées, fusibles à 76°.3; à cette température, sa densité est de 0,9013, et à 90°,9 de 0,7922. Réduite à 210-240° par l'acide iodhydrique et le phosphore, elle fournit l'hydrocarbure $C^{27}H^{56}$ (*heptacosane*), fusible à 59°,5 [T. Krafft, *Deutsch. chem. Gesellsch.*, 1882, p. 1713].

A. Henninger.

MYRISTIQUE (ALDÉHYDE), $C^{14}H^{28}O$. — Un mélange intime de 2 parties de myristate de calcium ou de baryum, de 3 parties de formiate et d'une petite quantité de carbonate calcique est distillé par petites portions dans le vide. Le produit brut, purifié par rectification, compression et cristallisation dans l'éther, fournit 35 à 40 % d'aldéhyde myristique. C'est une masse blanche cristallisée, fusible à 52°,5 et bouillant à 168-169° sous 22 millimètres et à 214-215° sous 10 millimètres. Cette aldéhyde ne s'oxyde pas à l'air [F. Krafft, *Deutsch. chem. Gesellsch.*, 1880, p. 1415].

MYRISTOLIQUE (ACIDE). — Voyez MYRISTIQUE.

N

NAPELLINE (t. II, p. 487). — D'après Wright et Luff, elle n'est peut-être que de l'*aconine* impure (Suppl., p. 43).

NAPHTALINE. — *Préparation industrielle.* — Par suite de l'extension considérable qu'a prise dans ces dernières années la fabrication des couleurs azoïques et des éosines, la naphtaline est devenue une matière première très importante pour les fabriques de couleurs. On ne se contente plus du produit brut qu'on obtient par le procédé décrit t. II, p. 502; on demande de la naphtaline sublimée ou distillée ne se colorant plus à l'air, cette coloration provenant de traces de phénols et de bases, telles que toluidines, xylidines, etc. La naphtaline, qui se sépare des huiles lourdes, doit être purifiée par des traitements à l'acide sulfurique et à la soude. On en retire encore une notable proportion des huiles d'où l'on a déjà séparé les phénols avec de la soude : à cet effet, ces huiles sont soumises à la distillation dans des cornues en tôle, chauffées à feu nu, surmontées d'une colonne à distillation de quelques plateaux.

Les appareils de condensation présentent des dispositions particulières, pour empêcher qu'ils ne s'obstruent par la naphtaline solidifiée.

Le produit est recueilli dans des tonneaux et soutiré après quinze jours environ, les huiles s'étant rassemblées au fond. Les cristaux qui restent sont turbinés ou exprimés dans des filtre-presses et ensuite à la presse hydraulique. On redistille ou on traite la naphtaline fondue avec 5 à 10 % d'acide sulfurique à 60° B., dans des tonneaux doublés de plomb et chauffés à la vapeur. On lave avec de l'eau et à la fin avec de la soude faible.

D'après M. Lunge [*Chem. News*, t. XLIV, p. 65; *Deutsch. chem. Gesellsch.*, 1881, p. 1755] on fond la naphtaline avec 5 % d'acide sulfurique à 66° et on ajoute envion 5 % de son poids de bioxyde de manganèse finement pulvérisé ou de bioxyde régénéré; on chauffe pendant quinze à vingt minutes et on lave la naphtaline.

La naphtaline est sublimée à une basse température; à cet effet, elle est chauffée, au moyen d'un tuyau de vapeur à 100-110°, dans de grands réservoirs plats en bois, doublés de plomb, et communiquant avec des chambres murées, contenant des cloisons en bois contre lesquelles viennent se former les cristaux.

Au lieu de sublimer la naphtaline, on se contente souvent aujourd'hui de la purifier par distillation en recueillant ce qui passe vers 220-230°.

Autres modes de préparation de la naphtaline. — Letny [*Deutsch. chem. Gesellsch.*, 1878, p. 1210] a obtenu de la naphtaline en faisant passer les résidus provenant de la distillation du pétrole de Bakou et bouillant vers 270°, à travers des cornues remplies de charbon et chauffées au rouge. Le rendement serait de 35 °/₀, tandis que le goudron de houille n'en renferme que de 5 à 10 °/₀.

Atterberg [*Chem. Indust.*, 1878, p. 233], en distillant d'une façon analogue le goudron de bois provenant de la fabrication de l'acide pyroligneux en Suède, a également obtenu de la naphtaline.

Ce même corps a aussi été trouvé parmi les produits de décomposition de l'essence de térébenthine à haute température [Schultz, *Deutsch. chem. Gesellsch.*, 1877, p. 116]; mais il fait défaut dans les huiles minérales provenant des schistes bitumineux [Joffre, *Bull. Soc. chim.*, 1873].

Par *voie synthétique*, Aronheim a obtenu la naphtaline en faisant passer le bromure de phénylbutylène sur de la chaux chauffée au rouge,

$$C^6H^5\text{-}C^4H^7Br^2 + CaO$$
$$= CaBr^2 + H^2O + H^2 + C^{10}H^8$$

[*Deutsch. chem. Gesellsch.*, 1873, p. 67].

Le bromure de phénylbutylène normal, préparé par Radziszewski [*Deutsch. chem. Gesellsch.*, 1876, p. 260] et qui est isomérique avec celui d'Aronheim, se décompose d'une façon identique.

Wreden et Znatovicz [*Deutsch. chem. Gesellsch.*, 1876, p. 1606] ont obtenu de la naphtaline en faisant passer des vapeurs d'isobutylbenzine, bouillant à 167°, sur de l'oxyde de plomb chauffé au rouge clair.

En faisant agir du brome sur la diméthylaniline à 110-120°, on obtient de la naphtaline; elle se forme aussi, mais en très faible proportion, lorsqu'on chauffe à 180° la diméthylaniline monobromée et l'acide bromhydrique [Brunner et Brandenburg, *Deutsch. chem. Gesellsch.*, 1878, p. 697].

Battershall [*Zeitschr. Chem.*, 1871, p. 673] l'a obtenue par distillation des acides naphtoïques et isonaphtoïques avec du formiate de calcium.

Purification de la naphtaline. — Pour obtenir de la naphtaline chimiquement pure, on dissout le produit du commerce dans l'alcool, on agite cette solution avec de la soude et on précipite par l'eau. Le précipité est lavé, fondu pour le priver d'eau et redissous dans de l'alcool; on agite cette solution avec de l'acide sulfurique dilué et on distille avec de la vapeur d'eau.

Il est du reste plus simple de purifier le produit commercial par deux cristallisations dans l'alcool dilué auquel on a ajouté la première fois de la soude, la seconde de l'acide sulfurique; on lave chaque fois les cristaux avec de l'eau (Schultz).

Essais de la naphtaline. — Pour reconnaître si la naphtaline du commerce contient des phénols, on fait bouillir 1 à 2 grammes du produit avec 30 centimètres cubes de soude diluée. On laisse refroidir, on filtre et l'on ajoute à la liqueur filtrée de l'acide chlorhydrique et de l'eau bromée. Si la naphtaline renfermait des phénols, il se formerait un précipité de phénols bromés.

Pour s'assurer que la naphtaline ne se colorera pas à l'air et à la lumière, on la dissout à chaud dans de l'acide sulfurique concentré; la solution ne doit être colorée que faiblement en violet ou en rose. Enfin la naphtaline, exposée pendant une heure au-dessus de l'acide azotique concentré ne renfermant pas de vapeurs nitreuses, ne doit pas s'être colorée en rose au bout de ce temps.

Propriétés physiques. — La naphtaline fond à 78°,2 et bout à 218° [Naumann, *Liebig's Ann. Chem.*, t. CL, p. 334]. Sa densité est de 1,1517 à 15°. 100 p. d'alcool absolu en dissolvent 5p,29 à 15°, 100 p. de toluène en dissolvent 31p,94 à 16°,5 [De Becchi, *Deutsch. chem. Gesellsch.*, 1879, p. 1978]. D'après Tieftruck, elle se volatiliserait plus facilement dans une atmosphère d'ammoniaque que dans l'air, l'hydrogène, etc. [*Deutsch. chem. Gesellsch.*, 1878, p. 1466].

Propriétés chimiques. — Oxydée avec de l'acide azotique dilué (1,15), la naphtaline donne de l'acide phtalique; avec de l'acide chromique en solution acétique, on obtient de l'α-naphtoquinone et de l'acide phtalique; avec le chlorure de chromyle, il se forme de la dichlornaphtoquinone; avec le bioxyde de manganèse et l'acide sulfurique, on obtient du dinaphtyle et de l'acide phtalique.

La naphtaline forme des combinaisons moléculaires avec un assez grand nombre de dérivés nitrés. Ces composés cristallisent facilement en aiguilles :

		Points de fusion.
Avec la paradinitrobenzine, on obtient...........	$C^{10}H^8.C^6H^4(AzO^2)^2$	115°
— la dinitrochlorobenzine, —	$C^{10}H^8.C^6H^3Cl(AzO^2)^2$	78°
— le dinitrophénol, —	$C^{10}H^8.C^6H^3(OH)(AzO^2)^2$	
— la trinitrobenzine, —	$C^{10}H^8.C^6H^3(AzO^2)^3$	152°
— le trinitrochlorobenzine, —	$C^{10}H^8.C^6H^2Cl(AzO^2)^3$	96°
— la trinitroaniline, —	$C^{10}H^8.C^6H^2(AzH^2)(AzO^2)^3$	169°
— l'acide picrique, —	$C^{10}H^8.C^6H^2(OH)(AzO^2)^3$	149°

En fondant un mélange de naphtaline et de trichlorure d'antimoine, on obtient par le refroidissement des cristaux clinorhombiques que l'on peut faire cristalliser sans décomposition dans l'essence de pétrole [Smith, *Deutsch. chem. Gesellsch.*, 1879, p. 675].

En faisant passer un mélange de vapeur de naphtaline et de tétrachlorure de carbone à travers un tube chauffé au rouge, on obtient de l'α et du β-dinaphtyle; ce dernier se forme de même avec la naphtaline et le chloroforme, ou avec un mélange de bromonaphtaline et de naphtaline dirigé sur de la chaux sodée.

Marchetti [*Gazz. chim. ital.*, 1881, p. 265; *Deutsch. chem. Gesellsch.*, 1881, p. 2241] a étudié l'action du chlorure d'éthyle sur la naphtaline, en présence du chlorure d'aluminium. Il se forme une huile bouillant entre 114-116°, mélange d'éthyle et de diéthylnaphtaline.

Ador et Crafts [*Compt. rend.*, t. LXXXVIII, p. 1355] ont préparé l'acide naphtoylorthobenzoïque, $C^{10}H^7\text{-}CO\text{-}C^6H^4\text{-}COOH$, par l'action de l'anhydride phtalique sur la naphtaline en présence du chlorure d'aluminium.

Le méthylal agissant sur la naphtaline, en présence de l'acide sulfurique, donne du dinaphtylméthane. Le chloral, dans les mêmes conditions, forme du β-dinaphtyltrichloréthane

[Grabowski, *Deutsch. chem. Gesellsch.*, 1874, p. 1605; 1878, p. 298].

Par l'action de l'aldéhyde monochlorée sur la naphtaline, il se forme du dinaphtylmonochloréthane [Hepp, *Deutsch. chem. Gesellsch.*, 1874, p. 1419]. Froté a obtenu le naphtylphénylméthane par l'action de la poudre de zinc sur un mélange de naphtaline et de chlorure de benzyle [*Compt. rend.*, 1873, mars].

La naphtaline, chauffée avec de l'acide benzoïque et de l'anhydride phosphorique, donne la naphtylphénylacétone, fusible à 75° [Merz et Kollaritz, *Deutsch. chem. Gesellsch.*, 1872, p. 645]. Il se forme un mélange d'α- et de β-naphtylphénylacétone lorsqu'on distille un mélange de chlorure de benzoyle, de naphtaline et de zinc; le dérivé β fond à 82°. En chauffant le chorure α ou β-naphtoïque avec un excès de naphtaline, on obtient de l'α- ou de la β-dinaphtylacétone [Merz et Grucarevic, *Deutsch. chem. Gesellsch.*, 1873, p. 1238].

Lehne [*Deutsch. chem. Gesellsch.*, 1880, p. 358] a préparé du naphtyldiphénylméthane en chauffant à 140° du benzhydrol, de l'anhydride phosphorique et de la naphtaline.

Hemilian [*Deutsch. chem. Gesellsch.*, 1880, p. 678] a obtenu le même corps en remplaçant l'anhydride phosphorique par l'acide sulfurique.

D'après Michael et Adair [*Deutsch. chem. Gesellsch.*, 1877, p. 585], il se forme simultanément de l'α- et de la β-naphtylphénylsulfone par l'action de l'anhydride phosphorique sur un mélange de naphtaline et d'acide phénylsulfonique à 170-190°.

En se servant de la méthode de Zincke, Chrustschoff [*Deutsch. chem. Gesellsch.*, 1874, p. 1167] a préparé des sulfones mixtes. Ce chimiste a obtenu un corps possédant la formule $C^6H^5\text{-}SO^2\text{-}C^{10}H^7$, cristallisé et fusible à 121°, en chauffant du chlorure phénylsulfureux,

$$C^6H^5\text{-}SO^2\text{-}Cl,$$

et de la naphtaline avec de la poudre de zinc.

En chauffant la naphtaline avec le cyanure de mercure, sous pression, on produit de l'acide cyanhydrique et, par saponification du nitrile formé, de l'acide naphtoïque en petite quantité [Merz et Weith, *Deutsch. chem. Gesellsch.*, 1877, p. 753]. Par l'action du cyanogène sur la naphtaline, on obtient du cyanure de naphtaline. Le bromure de cyanogène et la naphtaline donnent naissance à de l'acide cyanhydrique et à de la naphtaline bromée [Merz et Schelnberger, *ibid.*].

D'après Leeds [*Chem. Soc. London*, 1880, p. 277], en faisant passer un courant lent de bioxyde d'azote sur la naphtaline refroidie, on obtient de la nitronaphtaline, l'α et la β-dinitronaphtaline, la tétraxynaphtaline et la naphtodiquinone.

Friedel et Crafts [*Ann. Industr.*, 1878, p. 411] ont trouvé que le chlorure d'aluminium transformait la naphtaline à haute température en benzine, en toluène et autres corps plus riches en carbone.

En faisant passer un mélange de naphtaline et de chlorure d'étain ou de chlorure d'antimoine à travers un tube chauffé au rouge, Smith [*Journ. chem. Soc.*, 1876, p. 30; *Deutsch. chem. Gesellsch.*, 1876, p. 467] a obtenu de l'isodinaphtyle, $(C^{10}H^7)^2$, en lamelles fusibles à 186-187°.

Wreden et Znatovicz [*Bull. Soc. chim.*, t. XXVI, p. 449; t. XXVIII, p. 111], en traitant la naphtaline par l'acide iodhydrique, ont obtenu l'hexahydrocymène $C^{10}H^{20}$ bouillant à 155°, dont la densité de vapeur a été trouvée de 4,42. Ce corps n'est pas attaqué par l'acide sulfurique ou l'acide azotique fumant; le brome le décompose, il se dégage de l'acide bromhydrique sans que l'on ait pu isoler le dérivé bromé. Indépendamment de l'hexahydrocymène, il se forme de la décahydronaphtaline $C^{10}H^{18}$ bouillant vers 177°. Berthelot avait déjà préparé ces corps et décrit le second comme benzine diéthylée.

En traitant la naphtaline par l'acide iodhydrique en présence du phosphore rouge, les mêmes auteurs ont obtenu l'hexa et l'octohydronaphtaline, liquides incolores et très réfringents, d'odeur rappelant le pétrole, et absorbant l'oxygène de l'air. Ils donnent la série suivante des carbures hydronaphtaliques en ajoutant la dihydronaphtaline de Berthelot :

	Densité.	Point d'ébullition.
$C^{10}H^{10}$		205°
$C^{10}H^{12}$	0,995 (à 0°)	201°
$C^{10}H^{14}$	0,952	197°
$C^{10}H^{16}$	0,910	187°
$C^{10}H^{18}$	0,857	177°
$C^{10}H^{20}$	0,802	155°

Usages de la naphtaline. — Comme nous l'avons dit, la naphtaline a trouvé un emploi très étendu dans la fabrication des matières colorantes artificielles : elle sert principalement à la préparation des naphtols, de la naphtylamine et de l'acide phtalique. On l'a employée pour carburer le gaz d'éclairage. Une lampe, connue sous le nom d'*albo-carbon-gas-light*, commence beaucoup à se répandre. Dans cette lampe on a obtenu avec 83 litres de gaz et 5 grammes de naphtaline le même effet qu'avec 183 litres de gaz. La naphtaline se trouve dans un réservoir en cuivre traversé par le gaz; le réservoir est chauffé au moyen d'une tringle métallique par la chaleur même de la flamme.

En ajoutant 2-3 °/₀ de naphtaline à la nitroglycérine, on empêcherait la formation des vapeurs nitreuses qui se produisent toujours lors de l'explosion. Enfin la naphtaline est un antiseptique aussi énergique sinon plus que le phénol.

Constitution de la naphtaline. — Des faits nouveaux sont venus confirmer la formule de constitution de la naphtaline donnée par Erlenmeyer (t. II, p. 489).

Elle est formée par deux noyaux benzéniques symétriques (1.2) reliés par 2 atomes de carbone communs,

```
        HC       CH
       /  \  C  /  \
   HC /    \/ \/    \ CH
     |  1   |   2   |
   HC \    /\ /\    / CH
       \  /  C  \  /
        CH       CH.
```

Lorsqu'elle se forme synthétiquement par l'action de la chaux sur le bromure de phénylbutylène, $C^6H^5\text{-}C^4H^7Br^2$ (page 1036), la soustraction de 4 atomes d'hydrogène porte : 1° sur le phényle C^6H^5, qui perd H et fournit le premier noyau benzénique; 2° sur le groupe $C^4H^7Br^2$, qui perd $H^3 + Br^2$ et fournit le deuxième noyau benzénique. En effet, dans le résidu C^6H^4 du premier noyau, 2 atomes de carbone sont privés d'hydrogène : ils complètent leur saturation en se soudant au résidu C^4H^4 du groupe $C^4H^7Br^2$, résidu qui va former le deuxième noyau, les deux noyaux étant liés par 2 atomes de carbone communs, ainsi que le montre le schéma ci-dessus et la formule

$$C^4H^4 = C = C = C^4H^4 \quad \text{ou} \quad C^4H^4.C^2.C^4H^4.$$

Lorsque la naphtaline ou ses dérivés substitués sont soumis à l'oxydation, il se forme de l'acide phtalique ou des acides phtaliques substitués : l'un des deux noyaux est détruit et les 2 atomes de carbone communs restant rivés l'un à l'autre, annexent chacun un groupe carboxyle, ces derniers se trouvant par cela même dans la position ortho. De fait, dans ces oxydations, la molécule naphtalique se coupe, comme l'indique la barre qui traverse les schémas suivants :

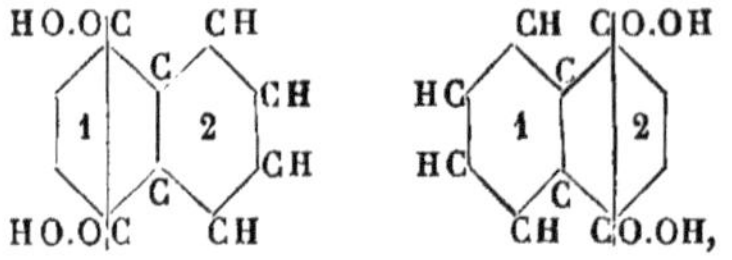

tout ce qui est en dehors des 8 atomes de carbone qui restent étant emporté et remplacé par deux groupes, CO.OH.

Dans ces oxydations, c'est tantôt l'un, tantôt l'autre noyau qui est attaqué et qui disparaît avec tous les éléments ou groupes qui y étaient entrés par substitution, l'autre demeurant intact avec les éléments ou groupes qui s'étaient substitués à l'hydrogène, les 2 atomes de carbone communs étant maintenant unis à des carboxyles. Les faits suivants, que nous relevons entre beaucoup d'autres, sont démonstratifs à cet égard.

L'oxydation du dérivé α-nitré de la naphtaline fournit de l'acide nitrophtalique (Beilstein et Kurbatow). Le produit de réduction de la nitronaphtaline, la naphtylamine, oxydée par le permanganate de potasse, donne de l'acide phtalique (Graebe). Le dinitronaphtol, préparé avec la naphtylamine, donne encore par oxydation le même acide (Liebermann et Dittler). Le tétrachlorure de naphtaline $C^6H^4(C^4H^4Cl^4)$ oxydé se transforme en acide phtalique (Laurent); le même corps, par la distillation sèche, donne l'α- et la β-dichloronaphtaline, et cette dernière, par oxydation, se convertit en acide β-dichlorophtalique (Atterberg). Le tétrachlorure de monochlornaphtaline $C^6H^4(C^4H^3Cl)Cl^4$ donne, par oxydation, de l'acide phtalique (Depouilly, Widmann); saponifié par la potasse alcoolique, il se change en α-trichloronaphtaline, $C^6H^4(C^4HCl^3)$, fusible à 81° et cette dernière donne par oxydation de l'acide trichloronitrophtalique, $C^6(AzO^2)Cl^3(COOH)^2$. Enfin, la monochlornaphtaline $C^6H^4(C^4H^3Cl)$ se change en acide chloronitrophtalique (Atterberg). (Widmann).

Aucune des autres formules proposées pour la naphtaline (Wreden, Berthelot, Ballo, etc.) ne rend compte de toutes ces réactions.

On comprend aussi que ces dernières fournissent un moyen de déterminer la constitution des dérivés substitués de la napthaline. Ceci résulte des exemples cités plus haut, auxquels nous pouvons joindre les suivants : L'oxydation de la dichloronaphtoquinone, $C^{10}H^4Cl^2(O^2)$, fournit de l'acide phtalique : les atomes de chlore et les 2 atomes d'oxygène étaient donc contenus dans le noyau benzénique (2) qui a été attaqué, et la constitution de la dichloronaphtoquinone est exprimée par la formule suivante :

$$C^4H^4.C^2.C^4Cl^2O^2.$$

Lorsqu'on la traite par le perchlorure de phosphore, cette dernière est convertie en pentachloronaphtaline, $C^4H^3Cl.C^2.C^4Cl^4$, qui fournit par l'oxydation de l'acide tétrachlorophtalique,

$$C^4Cl^4.C^2.(CO^2H)^2,$$

le noyau 1 étant emporté dans cette nouvelle réaction : on en conclut que la pentachloronaphtaline renferme 1 atome de chlore dans le noyau 1 et 4 atomes dans le noyau 2.

Constitution des produits de substitution de la naphtaline. — Les dérivés monosubstitués de la naphtaline peuvent exister sous deux formes isomériques. En effet, prenons la formule de constitution de la naphtaline

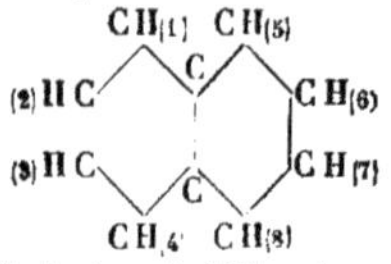

on verra qu'il n'est pas indifférent que la substitution porte sur les atomes d'hydrogène qui se trouvent à proximité de la soudure des noyaux, ou sur ceux qui en sont éloignés; d'un autre côté, il est évident que ces deux espèces d'atomes d'hydrogène se valent entre eux.

Ainsi, selon que l'hydrogène, rattaché au carbone de (1) ou de (2), sera remplacé, on aura deux produits isomériques.

Pour les produits bisubstitués, il peut exister dix isomères lorsque les deux groupes substitués sont égaux; mais, s'ils sont différents, il peut s'en former douze.

1° Lorsque la substitution a lieu dans un seul noyau, on pourra avoir les isomères suivants : 1.2, 1.3, 1.4, 2.3.

2° Lorsque la substitution a lieu dans les deux noyaux, on aura les isomères suivants :

1.5, 1.6, 1.7, 1.8, 2.5, 2.6, 2.7, 2.8.

Pour distinguer les deux espèces d'atomes d'hydrogène de valeur différente, dans la formule de la naphtaline, Merz les a désignés par les lettres α et β.

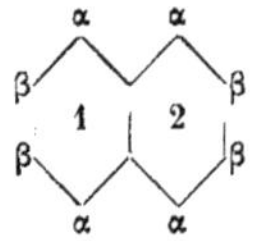

Reverdin et Nœlting [*Deutsch. chem. Gesellsch.*, 1880, p. 36] prouvent que les dérivés α sont bien distincts des autres; en effet, l'α-nitronaphtaline se transforme par oxydation, d'après Beilstein et Kurbatow [*Deutsch. chem. Gesellsch.*, 1879, p. 688], en acide α-nitrophtalique, fusible à 212°, et isomérique avec l'acide β-nitrophtalique, que O. Müller a préparé en nitrant l'acide phtalique avec le mélange nitro-sulfurique [*Ibid.*, 1878, p. 393 et p. 1191] :

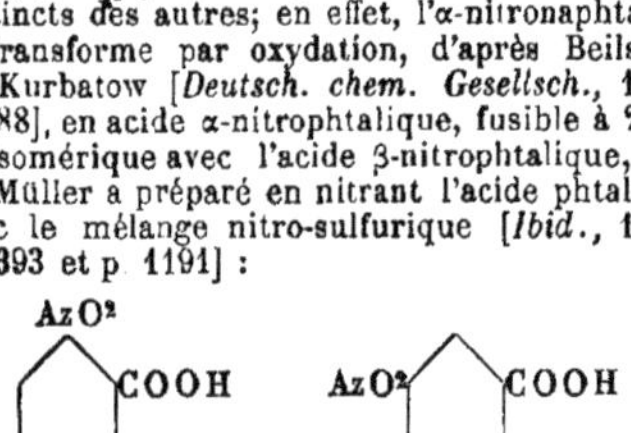

Acide α-nitronaphtalique fusible à 212°.

Acide β-nitronapthalique.

Cette dernière formule renferme bien le groupe AzO^2 dans la position β, car elle peut être transformée en acide oxyphtalique possédant la constitution :

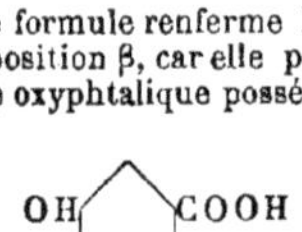

Pour les dérivés polysubstitués, le nombre des isomères possibles s'accroît rapidement avec le degré de substitution pour décroître ensuite

Ainsi les dérivés trisubstitués	comportent.....	14	isomères possibles.
—	tétrasubstitués.....	22	—
—	pentasubstitués....	14	—
—	hexasubstitués.....	10	—
—	heptasubstitués....	2	—
—	octosubstitués.....	1	—

Par conséquent, il pourrait exister 75 naphtalines chlorées dont on ne connaît cependant que 24. Pour faciliter la nomenclature de ces composés, nous désignerons, d'après l'exemple de Nœlting et Reverdin, les positions équivalentes, entre elles, dans chaque noyau par les lettres α_1, α_2, β_1, β_2 :

α_1 α_1 β_1 β_1 β_2 β_2 α_2 α_2

Lorsque les groupes substitués sont répartis dans le même noyau, on reliera les lettres α et β (d'après Jolin) par un trait : $\alpha_1 - \beta_1$; $\alpha_1 - \beta_2$, etc. ; mais, lorsque ces groupes se trouvent dans les deux noyaux, on les reliera par un double trait : $\alpha_2 = \beta_2$, $\alpha_1 = \beta_2$, etc.

PRODUITS DE SUBSTITUTION.

1° *Naphtalines bromées.*

Naphtalines monobromées, $C^{10}H^7Br$. — *Dérivé* α. — Ce corps se forme par l'action du brome sur la naphtaline (t. II, p. 492), ou sur le mercure-naphtyle [Otto et Mœris, *Liebig's Ann., Chem.*, t. CXLVII, p. 164] ; par l'action du bromure de cyanogène à 250° sur la naphtaline [Merz, Weith et Schelnberger, *Deutsch. chem. Gesellsch.*, 1877, p. 756] ; lorsqu'on fait bouillir avec de l'alcool le dérivé diazoïque de la naphtylamine bromée fusible à 94° [Rother, *Deutsch. chem. Gesellsch.*, 1871, p. 850].

Dérivé β. — Ce corps a été obtenu par Liebermann et Palm [*Liebig's Ann. Chem.*, t. CLXXXIII, p. 267 ; *Deutsch. chem. Gesellsch.*, 1876, p. 499]. Le dérivé diazoïque de la β-naphtylamine est traité par l'eau de brome, et le perbromure qui s'est précipité sous forme de petites aiguilles oranges, est décomposé par l'ébullition avec l'alcool. Le produit brut est distillé avec de la vapeur d'eau ; l'huile qui passe se solidifie. La masse cristallise dans l'alcool en lamelles incolores, fusibles à 68°, facilement solubles dans l'alcool, l'éther, le chloroforme, la benzine, insolubles dans l'eau froide et les alcalis.

Naphtalines dibromées. — On connaît aujourd'hui 7 dérivés dibromés isomériques dont l'étude est due principalement à Jolin. La constitution de deux de ces isomères est connue, elle est inconnue ou problématique pour les autres.

Dérivé β ($\alpha_1 - \alpha_2$). — Ce corps, fusible à 81°, est décrit t. II, p. 492. Il a été obtenu depuis par Guareschi [*Gazz. chim. italian.*, 1877, p. 24 ; *Deutsch. chem. Gesellsch*, 1877, p. 294], en faisant agir un excès de brome sur la nitronaphtaline ; par Jolin [*Bull. Soc. chim.*, t. XXVIII, p. 514], en traitant l'α-monobromonaphtaline par l'acide azotique d'une densité de 1.4, et décomposant le composé mononitré fusible à 85° ainsi obtenu par le perbromure de phosphore ; enfin en faisant agir l'acide bromhydrique sur le dérivé diazoïque de l'acide naphtylamine-sulfonique et en distillant le produit de la réaction avec du perbromure de phosphore.

Dérivé γ ($\alpha_1 = \alpha_2$). — Fusible à 126-127°. Il a été préparé par Jolin par l'action du perbromure de phosphore sur l'α-dinitronaphtaline fusible à 217°, ou en traitant par le perbromure de phosphore l'acide α-monobromonaphtaline-sulfonique. Cristallisé dans l'acide acétique, il forme des lamelles brillantes, fusibles à 129° (Jolin).

Darmstaedter et Wichelhaus [*Liebig's Ann. Chem.*, t. CLII, p. 298] l'ont obtenu en faisant agir le brome sur l'acide α-naphtaline-sulfonique ; il cristallise en aiguilles microscopiques peu solubles dans l'alcool et fusibles à 126-127°.

Dérivé α (β — ?). — Fusible à 60,5-61° (Jolin), 71° (Guareschi), 76° (Glaser). Il cristallise des eaux mères, d'où s'est séparé son isomère β. Il forme de petites aiguilles blanches plus solubles que son isomère. Magatti [*Gazz. chim. ital.*, 1881, p. 357], pour vérifier le point de fusion de ce corps, a fait agir le brome sur la naphtaline en suivant les indications de Jolin ; la masse cristalline résultante fondait entre 67 et 76°, mais n'a pu être résolue en ses composants.

Dérivé δ (? = ?). — Fusible à 140°,5. Il s'obtient, d'après Jolin, par l'action du perbromure de phosphore sur l'α-naphtaline-disulfonate de potassium.

Dérivé ε (β = ?α). — Fusible à 159°,5. Il se forme en faisant agir le perbromure de phosphore sur l'acide α-bromo β-naphtaline-sulfonique (Jolin). Il correspond probablement à l'ε-dichlornaphtaline de Cleve.

Dérivé η (β?α). — Fusible à 76-77°. Il a été obtenu par Darmstaedter et Wichelhaus [*loc. cit.*] par l'action du brome sur l'acide α-naphtaline-sulfonique. Aiguilles brillantes, incolores, solubles dans l'alcool chaud et se séparant des eaux mères du dérivé γ. Il distille sans décomposition. D'après son point de fusion, Jolin le considère comme le correspondant de l'η-dichlornaphtaline.

Dérivé θ ($\beta_1 - \alpha_2$)?. — Fusible à 64°. Meldola [*Deutsch. chem. Gesellsch.*, 1879, p. 196] l'a préparé en traitant l'α-dibromonaphtylamine par l'acide azoteux et en décomposant le dérivé diazoïque par l'alcool. Le produit brut, cristallisé dans l'alcool, forme des aiguilles blanches.

Naphtalines tribromées, $C^{10}H^5Br^3$. — On connaît trois naphtalines tribromées qui ont été préparées par Jolin.

β-*Tribromonaphtaline* ($\alpha_1\alpha_1 - \alpha_2$). — Ce corps s'obtient en faisant agir le perbromure de phosphore sur la nitrodibromonaphtaline fusible à 116°,5. Il cristallise en longues aiguilles, très solubles dans l'alcool, fusibles à 85°.

γ-*Tribromonaphtaline*. — Sa constitution n'est pas connue ; elle se prépare par l'action du perbromure de phosphore sur l'acide α-naphtaline-disulfonique. Elle cristallise en lamelles minces, fusibles à 86°,5.

Hexabromonaphtaline, $C^{10}H^2Br^6$. — Ce corps se forme, d'après Gessner [*Deutsch. chem. Gesellsch.*, 1876, p. 1505], en traitant d'abord la naphtaline par du brome auquel on ajoute de l'iode, et en chauffant le produit ainsi obtenu en tubes scellés graduellement de 5 en 5° jusqu'à 350-400°. L'hexabromonaphtaline est insoluble dans l'alcool et dans l'éther, assez facilement soluble dans la benzine, le toluène, le chloroforme, l'aniline à chaud. Elle cristallise et se sublime en fines aiguilles, fusibles à 245-246°, distillant sans décomposition.

2° *Naphtalines chlorées.*

Monochloronaphtalines. — *Dérivé* α. — Ce corps, décrit t. II, p. 492, se forme aussi lorsqu'on chauffe la nitronaphtaline avec du perchlorure de phosphore [de Koninck et Marquardt, *Deutsch. chem. Gesellsch.*, 1872, p. 11],

$$C^{10}H^7.AzO^2 + PCl^5$$
$$= C^{10}H^7Cl + POCl^3 + AzOCl.$$

Le produit brut est lavé à l'eau et distillé ; il bout à 251-253° ; sa densité à 15° est 1,2025. Probablement le même corps a été obtenu par Schaeffer [*Deutsch. chem. Gesellsch.*, 1869, p. 90] par l'action du perchlorure de phosphore sur l'α-naphtol.

Dérivé β. — Cet isomère a été préparé par Cleve [*Bull. Soc. chim.*, t. XXV, p. 256], par l'action du perchlorure de phosphore sur la naphtaline-sulfone. Cleve et Juhlin-Dannfelt [*Bull. Soc. chim.*, t. XXV, p. 258], et Rimarenko [*Deutsch. chem. Gesellsch.*, 1876, p. 663] l'ont obtenu en distillant le β-naphtol avec du perchlorure de phosphore. Le produit obtenu est décomposé par l'eau, redistillé, et la fraction passant entre 260-290° est soumise à des cristallisations dans l'alcool. Il se forme aussi en distillant le β-naphtaline-sulfonate de sodium avec deux équivalents de perchlorure de phosphore.

La β-chloronaphtaline forme de grandes lamelles nacrées, fusibles à 56° (53°, Cleve), bouillant à 256-258° ; sa densité est de 1,265 à 16°; elle est facilement soluble dans les dissolvants.

Liebermann et Palm [*Liebig's Ann. Chem.*, t. CLXXXII, p. 267] l'obtiennent en faisant bouillir avec de l'acide chlorhydrique fumant le sulfate de β-diazonaphtaline. Il se précipite une huile rouge, qui ne se solidifie que lentement, et que l'on purifie par cristallisation dans l'alcool dilué. D'après ces auteurs, le point de fusion serait de 61°.

Naphtalines dichlorées. — On connaît huit naphtalines dichlorées, mais la constitution n'a établie que pour trois d'entre elles.

Dérivé β ($\alpha_1 - \alpha_2$). — Ce corps fond à 67-68° et bout à 281-283 [Faust et Saame, *Liebig's Ann. Chem.*, t. CLX, p. 65], à 286-287° [F. Krafft et Becker, *Deutsch. chem. Gesellsch.* 1876, p. 1088]. On l'obtient en faisant bouillir au réfrigérant ascendant le tétrachlorure de naphtaline, et en même temps que son isomère α, en chauffant l'α-tétrachlorure de naphtaline jusqu'à ce qu'il ne se dégage plus d'acide chlorhydrique.

Atterberg [*Deutsch. chem. Gesellsch.*, 1876, p. 1187] le prépare en faisant agir le perchlorure de phosphore sur la nitrochloronaphtaline fusible à 85°; Hermann [*Liebig's Ann. Chem*, t. CLI, p. 63], par l'action du chlorate de potassium sur la naphtaline dissoute dans l'acide sulfurique; Cleve [*Bull. Soc. chim.*, t. XXVI, p. 241], en faisant agir le perchlorure de phosphore sur l'acide diazonaphtylamine-sulfonique; Widmann [*Ibid.*, t. XXVIII, p. 505], par l'action du chlore sur la monochloronaphtaline dissoute dans le chloroforme; Jolin enfin [*Ibid.*, t. XXVIII, p. 514], en faisant agir le perchlorure de phosphore sur l'acide bromonaphtaline-sulfonique fusible à 139°.

Dérivé γ ($\alpha_1 = \alpha_2$). — Point de fusion, 107°. Ce corps a été obtenu par Atterberg [*Deutsch. chem. Gesellsch.*, 1876, p. 316], en même temps que des produits mono, tri et tétrachlorés, par l'action du chlore sur la nitronaphtaline fondue. Purifié par des cristallisations dans l'alcool, il forme des lamelles incolores, brillantes.

Il se forme aussi par l'action du perchlorure de phosphore sur l'α-dinitronaphtaline fusible à 217° ou en traitant par le même réactif le dérivé diazoïque de l'acide α-naphtylamine-sulfonique correspondant à l'acide α-nitronaphtaline-sulfonique (Cleve).

Dérivé ζ ($\alpha_1 = \alpha_1$). — Fond à 83°. D'après Atterberg [*Deutsch. chem. Gesellsch.*, 1876, p. 1732], il se forme, en même temps que la naphtaline trichlorée, lorsqu'on traite la β-dinitronaphtaline (point de fusion, 170°) par le perchlorure de phosphore. Grands rhomboèdres solubles dans l'alcool. Le même chimiste [*loc. cit.*, 1877, p. 547] l'a aussi obtenu en décomposant le dérivé diazoïque de l'amidochloronaphtaline, $C^{10}H^6ClAzH^2$ fusible à 94°, qui a été préparée elle-même par réduction de la nitro-γ-dichloronaphtaline fusible à 85°.

Dérivé α. Constitution inconnue (β—?). — Faust et Saame ont obtenu ce dérivé par l'action de la potasse alcoolique sur le tétrachlorure de naphtaline; Krafft et Becker [*Deutsch. chem. Gesellsch.*, 1876, p. 1089], en faisant bouillir le même corps jusqu'à ce qu'il ne se dégage plus d'acide chlorhydrique.

L'α-dichloronaphtaline forme des aiguilles soyeuses fusibles à 35-36°, bouillant à 282-284°.

Dérivé δ. — Fusible à 114°. Cleve [*Bull. Soc. chim.*, t. XXVI, p. 244] le prépare par l'action du perchlorure de phosphore sur l'acide α-naphtaline-disulfonique (de Ebert et Merz). Ce corps cristallise en lamelles brillantes, facilement solubles dans l'alcool. Chauffé avec de l'acide azotique (densité, 1,21) à 140° en tubes scellés, il se transforme en acide monochlorophtalique. En laissant la δ-dichloronaphtaline en contact pendant une semaine avec de l'acide azotique concentré, on obtient deux dérivés nitrés, l'un fusible à 142°, l'autre vers 95°. Lorsqu'on la chauffe en solution acétique pendant quelques minutes avec de l'acide nitrique fumant, il se forme un dérivé dinitré, $C^{10}H^4Cl^2(AzO^2)^2$, en prismes jaunâtres, se colorant en vert à l'air. Enfin, en la chauffant avec de l'acide azotique fumant, on obtient un dérivé trinitré, $C^{10}H^3Cl^2(AzO^2)^3$, aiguilles jaunes aplaties, fusibles à 200-201° [Alén, *Bull. Soc. chim.*, t. XXXVI, p. 433].

Dérivé ε (β=α?). — Fusible à 135°. Se forme à l'aide du chlorure β-naphtaline-disulfonique. Il cristallise en aiguilles brillantes et est moins soluble que ses isomères. Chauffé à 150° avec de l'acide azotique (densité 1,2), il se transforme en acide monochlorophtalique, mélangé d'un dérivé nitré. Avec de l'acide moins concentré et à plus basse température, on obtient deux mononitrodichloronaphtalines, en aiguilles brunes se colorant en violet brun à l'air, fusibles à 113°,5. En faisant agir l'acide azotique fumant sur la dichloronaphtaline, en solution acétique, on obtient un dérivé dinitré, $C^{10}H^4Cl^2(AzO^2)^2$, cristallisant en aiguilles brunes, se colorant en rouge à la lumière, fusibles à 252-253°. Enfin, par l'action de l'acide azotique fumant et bouillant, il se forme un dérivé trinitré; aiguilles aplaties brunes, fusibles à 159°,5 [Alén, *loc. cit.*].

Dérivé η (β—? α). — Fusible à 48°. Obtenu par Cleve [*Bull. Soc. chim.*, t. XVI, p. 444] en chauffant le chlorure β-nitronaphtaline-sulfonique avec du perchlorure de phosphore. En décomposant le produit de la réaction par de l'eau, il se précipite une huile qui se solidifie. Cristallisée dans l'alcool, elle forme des aiguilles. A 150°, l'acide azotique la transforme en acides phtaliques monochloré et mononitré. Dissoute dans l'acide acétique glacial, elle donne, par l'action de l'acide azotique fumant, l'η-dichloromononitronaphtaline. Aiguilles jaune d'or, fusibles à 119°, facilement solubles dans l'acide acétique glacial et dans l'alcool bouillant.

Dérivé θ. — Fusible à 61°,5. Ce corps a été préparé par Cleve [*Bull. Soc. chim.*, t. XXIX, p. 414], par l'action du perchlorure de phosphore sur le chlorure δ-dinitronaphtaline-sulfonique. Petites aiguilles blanches, très solubles dans l'alcool.

Naphtalines trichlorées. — *Dérivé* α ($\alpha_1 - \beta_1 \beta_2$). — Fusible à 81°. Faust et Saame l'ont préparé à l'aide du tétrachlorure de chloronaphtaline. Cristallisé dans un mélange d'alcool et d'éther, il forme des prismes cassants. Par oxydation, il se transforme en acide trichloronitrophtalique.

Dérivé β (α—??). — Fusible à 90°. Il a été obtenu par Atterberg [*Deutsch. chem. Gesellsch.*, 1876, p. 926], par l'action du chlore sur la nitronaphtaline. Il forme la majeure partie du produit de la réaction. Longues aiguilles brillantes, incolores, très solubles dans l'alcool chaud. Il est isomorphe avec la naphtaline tétrachlorée, fusible à 194°.

Dérivé γ. — Fusible à 103°. Se forme par l'action du chlore sur la nitronaphtaline. Il est contenu dans la fraction du produit de la réaction bouillant vers 300°. Il cristallise en prismes brillants [Atterberg, *loc. cit.*, p. 317]. Widmann [*Deutsch. chem. Gesellsch.*, 1878, p. 2230] l'a obtenu en distillant le chlorure dichloronaphtaline-α-sulfonique $C^{10}H^5Cl^2.SO^2Cl$ avec du perchlorure de phosphore. Chauffé pendant plusieurs jours avec de l'acide azotique d'une densité de 1,2, il se transforme en acide dinitrophtalique chloré.

Dérivé δ ($\alpha_1 \alpha_2 - \alpha_1$).—Fusible à 131°. Ce corps a été préparé par l'action du perchlorure de phosphore sur la nitro-γ-dichloronaphtaline, sur l'α-dinitrochloronaphtaline fusible à 106°, sur la β-dinitronaphtaline, sur la β-dinitrochloronaphtaline [Atterberg, *Deutsch. chem. Gesellsch.*, 1876, p. 1186 et 1730], ou enfin en faisant réagir le même corps sur la mononitro-β-dichloronaphtaline (Widmann). Il est difficile à purifier. Il cristallise en longues aiguilles aplaties, très solubles à chaud dans l'alcool et l'acide acétique et distillant avec la vapeur d'eau. Avec l'acide azotique, il se forme un produit huileux.

Dérivé ε (β — ??). — Fusible à 65°. Obtenu par Cleve [*Bull. Soc. chim.*, t. XXIX, p. 499], en faisant agir le perchlorure de phosphore sur la mononitro-γ-dichloronaphtaline. Il cristallise en aiguilles incolores, très solubles dans l'alcool.

Dérivé ζ (β ? = β). — Fusible à 56°. Widmann [*Deutsch. chem. Gesellsch.*, 1879, p. 959] le prépare en chauffant le chlorure dichloronaphtaline-β-sulfonique avec du perchlorure de phosphore. Fines aiguilles blanches, très solubles dans la benzine, peu solubles dans l'alcool bouillant. Chauffé à 150° avec de l'acide azotique (densité 1,2), il se transforme en acide dichlornitrophtalique.

NAPHTALINES TÉTRACHLORÉES. — *Dérivé* α ($\alpha_1 \alpha_2 = \alpha_1 \alpha_2$). Fusible à 130°. — Ce corps a été obtenu par Faust et Saame (t. II, p. 494) par l'action de la potasse alcoolique sur le tétrachlorure de dichloronaphtaline. Widmann [*Bull. Soc. chim.*, t. XXVIII, p. 512] le prépare en faisant agir la potasse alcoolique sur le tétrachlorure d'α et de β-dichloronaphtaline et sur le dichlorure de β-trichloronaphtaline. Il cristallise en longues aiguilles. Oxydé par de l'acide azotique, il donne de l'acide dichlorophtalique.

Dérivé β, fusible à 194°. — Se forme en même temps que la β-trichloronaphtaline lorsqu'on fait agir le chlore sur la nitronaphtaline. On l'isole du produit brut par des cristallisations fractionnées dans l'alcool : on obtient ainsi des aiguilles feutrées (Atterberg).

Dérivé γ, fusible à 176°. — Obtenu par Widmann par l'action de la potasse alcoolique sur le tétrachlorure d'α-dichlornaphtaline. Il forme des aiguilles nacrées, peu solubles dans l'alcool et l'acide acétique, plus solubles dans la benzine.

Dérivé δ ($\alpha_1 \beta_1 \beta_2 = \alpha_2$), fusible à 141°. — Pour le préparer, Widmann et Atterberg [*Deutsch. chem. Gesellsch.*, 1877, p. 547] traitent par la potasse alcoolique le dichlorure d'α-trichloronaphtaline, $C^{10}H^5Cl^3Cl^2$, fusible à 152°, ou bien soumettent à la distillation sèche ce même corps ou le tétrachlorure de γ-dichloronaphtaline fusible à 85°. Le même corps s'obtient aussi comme produit secondaire de la préparation du tétrachlorure de γ-dichloronaphtaline. Traité par l'acide azotique fumant, il donne une mononitro-δ-tétrachloronaphtaline, $C^{10}H^3Cl^4.AzO^2$, qui cristallise d'un mélange d'alcool et de toluène en lamelles jaunes, peu solubles dans l'alcool, fusibles à 154-155°, et qui se transforme à son tour par l'action de l'acide azotique concentré en acide trichlorophtalique.

Dérivé ε, fusible à 180°. — Pour l'obtenir, on traite par le perchlorure de phosphore la dinitro-γ-dichloronaphtaline (Atterberg et Widmann). Ce corps cristallise d'un mélange d'alcool et de toluène en aiguilles blanches peu solubles dans l'alcool.

NAPHTALINES PENTACHLORÉES. — On connaît deux isomères.

Dérivé α. — On a décrit (t. II. p. 494) les méthodes de préparation de ce corps. Schwarzer l'obtient en faisant arriver un excès de chlore dans une solution chloroformique de naphtaline. Il lui attribue le point de fusion 182°.

Dérivé β, fusible à 177°. — Widmann et Atterberg l'ont préparé en faisant agir le perchlorure de phosphore sur la mononitro-δ-tétrachloronaphtaline. Il cristallise en lamelles blanches très solubles dans l'alcool.

PRODUITS D'ADDITION CHLORÉS. — *Tétrachlorure d'α-monochloronaphtaline*, $C^{10}H^7Cl.Cl^4$. — Ce corps fond à 136°,5 (Faust et Saame indiquent comme point de fusion 132°). Il se forme par l'action du chlore sur l'α-monochlornaphtaline [Widmann, *Bull. Soc. chim.*, t. XXVIII, p. 505].

Tétrachlorure de β-monochloronaphtaline. — On le prépare comme le corps précédent en faisant agir le chlore sur la β-monochloronaphtaline. C'est un liquide épais oléagineux, à odeur de térébenthine, très soluble dans l'essence de pétrole, peu soluble dans l'alcool. Il est transformé par la potasse alcoolique en naphtaline trichlorée, fusible à 180° (Widmann).

Tétrachlorure d'α-dichloronaphtaline,

$C^{10}H^6Cl^2.Cl^4$.

— Ce corps a été obtenu par l'action du chlore sur l'α-dichloronaphtaline, fusible à 172°. Par la potasse alcoolique, il donne l'α-tétrachloronaphtaline. Il est insoluble dans l'alcool et dans l'essence de pétrole.

Dans cette réaction, il se forme aussi un isomère soluble dans ces dissolvants. C'est une huile lourde qui, par l'action de la potasse alcoolique, se transforme en γ tétrachloronaphtaline.

Tétrachlorure de β-dichloronaphtaline. — Se prépare en faisant agir le chlore sur la β-dichloronaphtaline dissoute dans le chloroforme. Cristaux fusibles à 172°.

Dichlorure d'α-trichloronaphtaline,

$C^{10}H^5Cl^3.Cl^2$.

— Ce corps se forme par l'action du chlore sur la γ-dichloronaphtaline dissoute dans le chloroforme. Prismes brillants, fusibles à 93°, se dissolvant dans l'alcool, l'éther et le chloroforme. Avec la potasse alcoolique, il donne de la δ-tétrachlornaphtaline fusible à 141°.

Dichlorure de β-trichloronaphtaline. — On fait agir le chlore sur l'α-monochloronaphtaline, dissoute dans l'acide acétique ; la masse cristalline obtenue est purifiée par cristallisation dans un mélange de benzine et d'alcool.

On sépare ainsi deux corps, dont l'un fond à 195°, l'autre à 152°. Ce dernier, qui forme des prismes peu solubles dans l'alcool, très solubles dans le chloroforme par la potasse alcoolique, est transformé en α-tétrachloronaphtaline. Le corps, qui fond à 195°, cristallise dans un mélange de toluène et d'alcool en prismes obliques. Il est peu soluble dans l'alcool et dans l'acide acétique ; avec la potasse alcoolique, il ne donne pas de dérivé chloré bien défini.

3° *Naphtaline chlorobromée.*

$C^{10}H^6ClBr$ ($\alpha_1 = \alpha_2$), fusible à 115°. — Cleve [*Bull. Soc. chim.*, t. XXVI, p. 540] a préparé ce corps en traitant l'acide α-amido-naphtaline-sulfonique successivement par l'acide azoteux et l'acide bromhydrique. Le bromure obtenu est ensuite décomposé par le perchlorure de phosphore. Aiguilles incolores.

4° *Naphtalines iodées.*

Outre le dérivé α, décrit t. II, p. 495, et préparé par Otto et Mœris, on connaît un isomère obtenu par Jacobsen [*Deutsch. chem. Gesellsch.*, 1879, p. 804] et qui se forme en traitant le sulfate de β-diazonaphtaline par de l'acide iodhydrique. Le sulfate de β-naphtylamine est trituré avec de l'eau et la quantité théorique d'acide sulfurique; on ajoute lentement une molécule de nitrite de sodium. La solution est mélangée d'acide iodhydrique d'une densité de 1,7 (pour 1 molécule de sulfate 2 molécules d'acide). Il se précipite un corps rouge; on chauffe pour terminer la réaction; le précipité fond et par refroidissement se prend en une masse cristalline. Il est lavé, dissous dans l'alcool et, par dilution de cette solution, il se sépare des cristaux brun-rougeâtres que l'on peut sublimer.

La β-iodonaphtaline forme des lamelles incolores, très solubles dans l'éther, l'alcool, l'acide acétique et fusibles à 54°,5.

5° *Naphtaline nitrosée.*

Nitrosonaphtaline, $C^{10}H^7.AzO$. — Baeyer [*Deutsch. chem. Gesellsch.*, 1874, p. 1638] a préparé ce corps en dissolvant le mercure-naphtyle dans 50 p. de sulfure de carbone à chaud, et, après refroidissement, ajoutant un mélange de brome et de sulfure de carbone, saturé à — 20° d'acide azoteux; il se forme d'après l'équation suivante :

$$Hg(C^{10}H^7)^2 + AzOBr$$
$$= HgBrC^{10}H^7 + C^{10}H^7AzO.$$

Par distillation du sulfure de carbone, il se sépare des cristaux, probablement $C^{10}H^7HgBr$; les eaux mères laissent déposer une masse cristalline jaune se colorant rapidement en brun à l'air; on la lave à l'éther, on la fait cristalliser dans l'alcool, on la reprend par la benzine et on précipite avec l'essence de pétrole, pour isoler les composés mercuriques. Par évaporation de la solution filtrée, on obtient des cristaux jaunes, brunissant à l'air, fusibles à 84°, se décomposant vers 134° avec dégagement gazeux et pouvant être distillés avec la vapeur d'eau. Ce corps se combine avec l'aniline, en donnant un produit rouge qui se dissout dans l'acide sulfurique avec une coloration rouge cerise.

6° *Azonaphtaline.*

$(C^{10}H^7)^2Az^2$. — Doer [*Deutsch. chem. Gesellsch.*, 1870, p. 291; *Bull. Soc. chim.*, t. XIV, p. 322] prépare ce corps en chauffant la nitronaphtaline avec vingt fois son poids de poudre de zinc. Schichuzky [*Deutsch. chem. Gesellsch.*, 1874, p. 1454] l'obtient en chauffant la naphtylamine avec de l'oxyde de plomb, mais les rendements sont excessivement faibles. Alexejeff [*Ibid.*, 1870, p. 868 et 1877, p. 873] a montré que ce corps est identique avec la *naphtase* de Laurent. D'après Klobukowsky, on obtient les meilleurs rendements en chauffant dans des vases plats recouverts de verres de montre 30 p. de nitronaphtaline et 600 p. de poudre de zinc. L'azonaphtaline se sublime et l'on en obtient 3 à 5 %. Purifiée par lavage à l'alcool et à l'éther, elle fond à 275°. Elle est presque insoluble dans la plupart des dissolvants; on peut la faire cristalliser dans l'acide acétique glacial auquel on a ajouté un peu d'acide azotique fumant. Elle se dissout dans l'acide azotique avec une couleur violet-bleu et de même dans l'acide sulfurique. Chauffée avec ces acides, elles est transformée en substances rouges amorphes. La soude caustique ne l'attaque pas; il en est de même d'un mélange de chlorate de potassium et d'acide chlorhydrique. Avec le brome, on obtient un composé jaune, insoluble dans la plupart des dissolvants, mais cristallisant dans la nitrobenzine, le nitrotoluène ou l'aniline en petites aiguilles microscopiques, fusibles à 275°. Le brome, en présence d'iode, transforme l'azonaphtaline, avec dégagement d'acide bromhydrique, en pentabromazonaphtaline, $C^{20}H^9Br^5Az^2$, corps très peu soluble, cristallisant dans le sulfure de carbone en petites aiguilles microscopiques qui se subliment et fondent à 320°. Il se dissout dans l'acide sulfurique avec une coloration rouge sans se décomposer. Il se forme aussi lorsqu'on chauffe l'azonaphtaline avec du brome à 260°.

Les essais tentés pour préparer l'azonaphtaline au moyen de la nitronaphtaline et de la potasse alcoolique ou en traitant la naphtylamine par du permanganate de potassium sont restés sans résultats.

7° *Naphtalines nitrées.*

Mononitronaphtaline. — On a décrit (t. II, p. 496) quelques procédés de préparation de ce corps; en voici d'autres : D'Aguiar [*Deutsch. chem. Gesellsch.*, 1872, p. 370 et p. 837] recommande de dissoudre la naphtaline dans l'acide acétique glacial, d'ajouter de l'acide azotique concentré et de terminer la réaction en faisant bouillir une demi-heure. La masse cristalline qui se sépare par le refroidissement est soumise à des cristallisations dans l'alcool. Il ne se forme qu'un seul dérivé mononitré. Beilstein et Kuhlberg [*Liebig's Ann. Chem.*, t. CLXIX, p. 81], en réduisant l'α-dinitronaphtaline par le sulfhydrate d'ammonium, ont obtenu l'α-amidonitronaphtaline fusible à 118-119°, qui a été transformée en dérivé diazoïque par les méthodes connues; ce dernier, décomposé par l'alcool bouillant, fournit la même nitronaphtaline.

L'α-nitronaphtylamine de Liebermann et Dittler [*Liebig's Ann. Chem.*, t. CLXXXIII. p. 231], traitée de même, la donne également.

Industriellement, on prépare la nitronaphtaline en ajoutant dans des vases en grès, munis d'agitateurs en bois et pouvant être refroidis extérieurement, 100 p. de naphtaline à 400 p. d'acide azotique à 36° B. L'appareil est muni d'un couvercle en bois dans lequel débouche un conduit en grès conduisant les vapeurs nitreuses dans une colonne à coke. On modère la réaction en empêchant la température de dépasser 50 à 60°. Après douze heures on soutire l'acide faible; la nitronaphtaline, qui s'est solidifiée, est lavée deux fois avec de l'eau chaude, fondue avec de la vapeur et coulée dans des formes. L'acide dilué est mélangé avec de l'acide sulfurique à 66°, et ce mélange sert de nouveau à nitrer la naphtaline. Dans certaines fabriques on nitre la naphtaline avec un mélange d'acide azotique concentré et d'acide sulfurique.

La nitronaphtaline possède une densité de 1,341; 100 p. d'alcool à 87 % en dissolvent à 15° 2p,81. Elle fond à 58°. Beilstein et Kurbatow [*Deutsch. chem. Gesellsch.*, 1879, p. 688] l'ont transformée en acide nitrophtalique, fusible à 208-210°, et celui-ci en aldéhyde phtalique, fusible à 135°.

Dinitronaphtalines, $C^{10}H^6(AzO^2)^2$. — On en connaît trois isomères.

Dérivé α ($\alpha_1 = \alpha_2$), fusible à 217°. — En ajoutant 500 grammes d'acide azotique à 150 grammes de naphtaline et en faisant bouillir pendant quelques heures après que la première réaction est achevée, on obtient deux dinitronaphtalines, qu'on sépare en lavant la masse cristalline à l'eau, en la séchant et l'épuisant à l'ébullition par l'acide acétique glacial. Après un court repos, on décante la solution de la partie insoluble, qui est principalement formée d'α-dinitronaphtaline (d'Aguiar).

Beilstein et Kuhlberg [*Liebig's Ann. Chem.*, t. CLXIX, p. 81; *Deutsch. chem. Gesellsch.*, 1873, p. 647] ajoutent de la naphtaline à de l'acide azotique fumant; lorsqu'il n'y a plus réaction, ils font bouillir pendant 3 à 4 heures. Le liquide est alors précipité par l'eau, et le précipité lavé est épuisé par l'alcool bouillant jusqu'à ce que la partie insoluble fonde à 211°. Une cristallisation dans l'acide acétique glacial achève la purification du dérivé α.

Enfin, Beilstein et Kurbatow [*Deutsch. chem. Gesellsch.*, 1880, p. 353; *Bull. Soc. chim.* t. XXXIV, p. 327] séparent les deux isomères en épuisant le mélange avec du sulfure de carbone bouillant et en agitant le résidu avec de l'acétone froide; le dérivé β se dissout. L'α-dinitronaphtaline est purifiée par des cristallisations dans le xylène bouillant.

Elle est peu soluble dans la plupart des dissolvants, presque insoluble dans l'acide azotique et le sulfure de carbone, plus soluble dans l'acide azotique bouillant, d'où elle cristallise en larges aiguilles brillantes. Par oxydation à 150° avec de l'acide azotique d'une densité de 1,15, on obtient de l'acide nitrobenzoïque et en outre de l'acide picrique et de l'acide mononitrophtalique, fusible à 212° (Beilstein et Kurbatow).

Dérivé β ($\alpha_1 = \alpha_1$), fusible à 176°. — Comme nous l'avons vu, on sépare ce corps de son isomère en épuisant le mélange avec de l'acétone; la partie insoluble est soumise à plusieurs cristallisations dans la benzine. Par oxydation, cette dinitronaphtaline donne de l'acide dinitrophtalique fusible à 226°, de l'acide picrique et de l'acide dinitrobenzoïque ordinaire.

Dérivé γ. Constitution incertaine peut-être ($\beta_1 - \alpha_2$), fusible à 144°. Il a été obtenu par Liebermann et Hammerschlag [*Deutsch. chem. Gesellsch.*, 1876, p. 333; *Liebig's Ann. Chem.*, t. CLXXXIII, p. 172] à l'aide de l'acétonaphtalide dinitrée fusible à 247°. Cette dernière se prépare en traitant l'acétonaphtalide, dissoute dans l'acide acétique glacial, par son poids d'acide azotique pendant douze heures au bain-marie. L'ammoniaque à 140° saponifie ensuite ce corps, et la dinitronaphtylamine fusible à 235° qui en résulte est traitée successivement par l'acide azoteux et par l'alcool. Le produit brut qui se forme est traité par de la soude et dissous dans l'alcool. Cette dinitronaphtaline cristallise en aiguilles jaunes fusibles à 144°.

TRINITRONAPHTALINES, $C^{10}H^5(AzO^2)^3$. — On en connait trois, peut-être quatre isomères, mais leur constitution n'est pas établie définitivement.

Dérivé α ($\alpha_1 = \alpha_2$?), fusible à 122°. — Obtenu déjà par d'Aguiar et décrit t. II, p. 497, il a été préparé par Beilstein et Kuhlberg [*Liebig's Ann. Chem.*, t. CLXIX, p. 94] en faisant bouillir pendant huit heures 15 grammes d'α-dinitronaphtaline fusible à 211° avec 200-250 grammes d'acide azotique fumant. Après refroidissement, on décante le liquide de la masse cristalline qui s'est séparée et on le précipite par de l'eau. Le précipité est formé d'α-trinitronaphtaline, d'une petite quantité d'α-tétranitronaphtaline fusible à 259°, et d'une petite proportion d'acide nitrophtalique. Les cristaux et le précipité sont réunis, et soumis à des cristallisations dans l'acide acétique, puis dans l'alcool, qui laisse déposer l'α-trinitronaphtaline. Le résidu, insoluble dans l'alcool, est mis en digestion avec du chloroforme, puis épuisé à deux reprises par de petites quantités d'alcool absolu; le résidu est enfin dissous dans l'acide acétique. L'α-trinitronaphtaline forme des lamelles très solubles dans l'acide acétique glacial, le chloroforme et l'alcool.

Dérivé β ($\alpha_1 = \alpha_1$?), fusible à 214°. — Ce corps, déjà préparé par Laurent, d'Aguiar et Lautemann, s'obtient, d'après Beilstein et Kuhlberg, par nitration de la β-dinitronaphtaline. On fait bouillir pendant cinq minutes 1 p. de cette dernière avec un mélange de 5 p. d'acide azotique fumant et 5 p. d'acide sulfurique concentré. On précipite avec de la glace, on traite le précipité par de l'éther et on le fait cristalliser dans l'acide azotique. On obtient ainsi de grands cristaux brillants.

Dérivé γ ($\alpha_1 = \alpha_2$?), fusible à 147°. — On traite l'α-dinitronaphtaline par un mélange d'acide azotique fumant et d'acide sulfurique; le produit de la réaction est purifié par plusieurs cristallisations dans l'acide azotique. On obtient des lamelles brillantes, d'un jaune clair. Dans l'alcool, il se dépose en aiguilles ressemblant au chlorure d'ammonium. 1 p. se dissout dans 95 p. de benzine, dans 155 p. de chloroforme, dans 260 p. d'éther et dans 394 p. d'alcool.

Dérivé δ, fusible à 101-103°. — Ce corps pourrait bien être un mélange des deux corps précédents. En préparant les dinitronaphtalines, on obtient une petite quantité de trinitronaphtaline qu'on isole en lavant la partie la plus soluble dans l'alcool avec de la benzine. Cette trinitronaphtaline doit être la nitronaphtalase de Laurent. On la purifie par cristallisation dans l'acide azotique et dans l'alcool.

Aiguilles jaunes microscopiques, insolubles dans le sulfure de carbone et le pétrole, solubles dans l'alcool, très solubles à froid dans la benzine, le chloroforme et l'acide acétique.

TÉTRANITRONAPHTALINES, $C^{10}H^4(AzO^2)^4$. — On en connait deux isomères.

Dérivé α ($\alpha_1\ \alpha_2 = \alpha_1\ \alpha_2$), fusible à 259°. — Beilstein et Kuhlberg l'ont obtenu en faisant bouillir pendant plusieurs heures 1 p. d'α-dinitronaphtaline avec un mélange de 10 p. d'acide azotique et de 10 p. d'acide sulfurique fumant. On précipite par l'eau et on fait cristalliser dans l'acide acétique glacial. Dans le chloroforme, ce corps se dépose en octaèdres jaunes, presque insolubles dans l'alcool.

Dérivé β. — Fusible à 200° (Lautemann et d'Aguiar). On chauffe à 100° en tubes scellés la β-nitronaphtaline fusible à 214° avec de l'acide azotique fumant. Cristallisé dans l'alcool, il forme de très longues et fines aiguilles.

8° *Naphtalines bromonitrées.*

NITROBROMONAPHTALINES, $C^{10}H^6Br(AzO^2)$. — On en connait deux :

Dérivé α ($Br\alpha_1 - AzO^2\alpha_2$). — Fusible à 85°. Jolin [*Bull. Soc. chim.*, t. XXVIII, p. 514] a préparé ce corps en traitant par l'acide azotique d'une densité de 1,4 l'α-monobromonaphtaline. Il se forme une huile qui se solidifie après quelques jours. Par des cristallisations répétées dans l'alcool, on obtient des aiguilles jaunes. Le perbromure de phosphore le transforme en β-dibromonaphtaline fusible à 81°.

Dérivé β ($AzO^2\beta_1 - Br\alpha_2$). — Fusible à 131-132°. Liebermann et Scheiding [*Liebig's Ann. Chem.*, t. CLXXXIII, p. 262] l'ont obtenu en traitant la bromonitronaphtylamine par l'acide azoteux. Le dérivé diazoïque est décomposé par l'alcool bouillant. Aiguilles jaunes, sublimables, solubles dans l'alcool et dans l'éther.

D'après Guareschi [*Deutsch. chem. Gesellsch.*, 1877, p. 294], en faisant agir du brome sur la nitronaphtaline, on obtiendrait deux α-bromonitronaphtalines isomériques, l'une fusible à 100°, l'autre à 122°.

Dibromonitronaphtalines, $C^{10}H^5Br^2(AzO^2)$

$(Br\alpha_1 Br\alpha_2 = AzO^2\alpha_1)$

— Fusible à 116°,5. Jolin a préparé ce corps en traitant par de l'acide azotique froid la β-dibromonaphtaline fusible à 80,5. Aiguilles jaunes. Par l'action du perchlorure de phosphore, il est transformé en β-tribromonaphtaline.

Merz et Weith [*Deutsch. chem. Gesellsch.*, 1881, p. 2708] ont réussi à isoler deux modifications isomériques de ce dérivé dibromonitré. Ils font couler la dibromonaphtaline dans quatre fois son volume d'acide azotique concentré et refroidi. Après douze heures, il se sépare une masse cristalline qui est lavée à l'eau, à laquelle on ajoute à la fin du carbonate sodique. Par cristallisation dans l'alcool bouillant, on obtient de fines aiguilles blanches qui, après une seconde cristallisation, fondent à 170°,5. De nouvelles masses cristallines se déposent par le repos; dissoutes dans l'acétone et séparées par évaporation lente de ce dissolvant, elles se présentent en lamelles fusibles à 143°. C'est le dérivé β.

Le *dérivé* α, fusible à 170°,5, cristallise en longues aiguilles brillantes, devenant opaques après quelque temps dans le dissolvant même; il est très soluble, surtout à chaud, dans l'alcool, la benzine, l'acide acétique glacial.

Le *dérivé* β cristallise dans la benzine en lamelles jaunes, dans l'alcool en longues aiguilles presque incolores; il fond à 143° et est soluble dans les mêmes dissolvants que son isomère. Ni l'un ni l'autre n'est attaqué par la soude ou le carbonate de sodium, même à 130°.

Tétranitrobromonaphtalines, $C^{10}H^3(AzO^2)^4Br$. — Merz et Weith dissolvent l'α-bromodinitronaphtaline brute dans seize fois son poids d'un mélange de parties égales d'acide azotique fumant et d'acide sulfurique concentré. Ils chauffent pendant 3 à 4 heures à 80-90° ; ils précipitent ensuite par l'eau et font digérer le produit lavé avec de l'acide acétique glacial. Après une dernière cristallisation dans la benzine, ils obtiennent des aiguilles fusibles à 189-189°,5. 1 partie de ce corps est soluble à 18° dans 27 parties de benzine. Il se dissout déjà à froid dans la soude en formant un liquide brun, d'où les acides précipitent du tétranitronaphtol.

9° *Naphtalines chloronitrées.*

Mononitrochloronaphtaline, $(Cl\alpha_1 - AzO^2\alpha_2)$. — Fusible à 85°. Atterberg [*Deutsch. chem. Gesellsch.*, 1876, p. 926] a obtenu ce corps en traitant l'α-monochloronaphtaline à froid par de l'acide azotique de 1.4. Après quelques jours, il s'est formé une masse rouge, qui cristallise dans l'alcool en fines aiguilles jaunes. Par réduction, au moyen de l'étain et de l'acide chlorhydrique, on obtient de l'α-naphtylamine.

Dinitrochloronaphtalines,

$C^{10}H^5Cl(AzO^2)^2$

— *Dérivé* α $(Cl\alpha_1, AzO^2\alpha_2 = AzO^2\alpha_1)$ — Fusible à 106°. Se forme, à côté du corps précédent, lorsqu'on laisse s'élever la température, ou à côté du dérivé β lorsqu'on emploie l'acide azotique fumant. Les deux corps peuvent être séparés par cristallisations répétées dans l'alcool. Longues aiguilles jaunes, assez solubles.

Dérivé β $(Cl\alpha_1, AzO^2\alpha_2 = AzO^2\alpha_2)$. — Fusible à 180°. Se forme en même temps que le dérivé α, mais en majeure partie lorsqu'on traite la naphtaline chlorée par de l'acide azotique fumant et qu'on laisse s'échauffer le mélange. Il est facile à purifier, car il est peu soluble, même dans l'alcool bouillant. Dans l'acide acétique glacial, il se dépose en courtes aiguilles d'un jaune pâle.

Dichloronitronaphtalines, $C^{10}H^5Cl^2(AzO^2)$. — *Dérivé* α $(Cl\alpha_1, Cl\alpha_2 = AzO^2\alpha_1)$. — Fusible à 92°. Widmann [*Bull. Soc. chim.*, t. XXVIII, p. 509] prépare ce corps en traitant par l'acide azotique de 1.45 la β-dichloronaphtaline, et ne modérant pas la réaction. Traité par le perchlorure de phosphore, ce corps est transformé en δ-trichloronaphtaline, fusible à 131°. Réduit par l'étain et l'acide chlorhydrique, il donne une naphtylamine dichlorée.

Dérivé β $(Cl\alpha_1, Cl\alpha_2 = AzO^2\alpha_2)$. — Fusible à 142°. On fait agir l'acide azotique (densité, 1,48) sur la dichloronaphtaline dissoute dans l'acide acétique (Widmann), ou, d'après Atterberg, on traite la γ-dichloronaphtaline par l'acide azotique. Prismes jaunes, peu solubles dans l'alcool; le perchlorure de phosphore le transforme en δ-trichloronaphtaline.

Dérivé η. — Fusible à 119°. Pour l'obtenir, Cleve [*Bull. Soc. chim.*, t. XXIX, p. 499] fait agir l'acide azotique fumant sur l'ε-dichloronaphtaline dissoute dans l'acide acétique glacial. Aiguilles jaunes, très solubles dans l'alcool bouillant et dans l'acide acétique.

Dichlorodinitronaphtaline, $C^{10}H^4Cl^2(AzO^2)^2$. $(Cl\alpha_1, AzO^2\alpha_2 = Cl\alpha_1, AzO^2\alpha_2)$. — Fusible à 246°. Atterberg a obtenu ce corps en traitant la nitro-γ-dichloronaphtaline fusible à 142° par un mélange d'acide azotique et d'acide sulfurique. Il cristallise en aiguilles jaunes, peu solubles dans l'acide acétique. Le perchlorure de phosphore le transforme en α-tétrachlornaphtaline.

Dichlorotrinitronaphtaline,

$C^{10}H^3Cl^2(AzO^2)^3$.

— On fait agir un mélange d'acide sulfurique concentré et d'acide azotique (densité, 1.48) sur l'α-dichloronaphtaline. Elle cristallise dans l'acide acétique glacial chaud en prismes jaunes, fusibles à 178°, très solubles dans le chloroforme, moins dans l'alcool.

10° *Acides naphtaline-sulfoniques.*

Acides naphtaline-monosulfoniques. — Nous n'avons que peu à ajouter à ce qui a été écrit sur ces acides t. II, p. 497 et suivantes. L'acide β-naphtaline-sulfonique est préparé en grandes quantités dans l'industrie des matières colorantes; il sert comme matière première à la fabrication du β-naphtol. En employant de l'acide sulfurique très concentré (mélange d'acide sulfurique à 66° et d'acide fumant ou d'anhydride), on parvient à ne former que le dérivé β.

Beilstein et Kurbatow [*Liebig's Ann. Chem.*, t. CCII, p. 213; *Bull. Soc. chim.*, t. XXXIV, p. 327], en oxydant l'acide α-naphtaline-sulfonique au moyen du permanganate de potassium en solution acide, ont obtenu de l'acide phtalique, tandis que le dérivé β est détruit dans les mêmes conditions. Par contre, lorsqu'on oxyde ce dernier en solution alcaline, il se forme le même acide.

En faisant agir l'éthylamine, l'aniline et la naphtylamine sur les chlorures des acides α et β-naphtaline-sulfoniques, Carleson [*Bull. Soc. chim.*, t. XXVII, p. 360] a obtenu les amines suivantes : $C^{10}H^7.SO^2.AzHC^2H^5$.

Dérivé α. — Masse sirupeuse.

Dérivé β. — Lamelles incolores, fusibles à 82°,5.

$C^{10}H^7.SO^2.AzHC^6H^5$.

Dérivé α. — Aiguilles fusibles à 112°.

Dérivé β. — Longues lamelles fusibles à 132°.

$C^{10}H^7.SO^2.AzH(C^{10}H^7\alpha)$.

Dérivé α. — Petites aiguilles fusibles à 82°.

Dérivé β. — Longues aiguilles fusibles à 177°,5.

Tétrachlorure du chlorure naphtaline-α-sulfonique, $C^{10}H^7SO^2Cl.Cl^4$. — On fait agir le chlore sec sur une solution de chlorure naphtaline-α-sulfonique dans la benzine ou le chloroforme; après évaporation, le chlorure reste sous la forme d'une masse visqueuse. La potasse alcoolique le transforme en un acide dichloronaphtaline-α-sulfonique (voyez p. 1046) [Widmann, *Deutsch. chem. Gesellsch.*, 1879, p. 2228].

Tétrachlorure du chlorure naphtaline-β-sulfonique, $C^{10}H^7SO^2Cl.Cl^4$. — Préparé comme son isomère, il est facile à purifier par expression et par des cristallisations dans l'acide acétique et dans le chloroforme. Il est en cubes incolores, brillants, fusibles à 131°, très solubles dans le sulfure de carbone, le chloroforme, l'acide acétique. Avec la potasse, il fournit un acide dichloronaphtaline-β-sulfonique (voyez p. 1046) [O. Widmann, *Deutsch. chem. Gesellsch.*, 1879, p. 959].

ACIDES NAPHTALINE-DISULFONIQUES. — Lorsqu'on chauffe à 160° 1 p. de naphtaline avec 5 p. d'acide sulfurique concentré pendant quatre heures, il se forme, d'après Ebert et Merz [*Deutsch. chem. Gesellsch.*, 1876, p. 592], deux acides disulfoniques isomériques. Les deux dérivés α et β prennent naissance à peu près en proportions égales. En chauffant, par contre, pendant vingt-quatre heures à 180°, le dérivé β se forme presque exclusivement.

En faisant réagir à 160° l'acide sur la naphtaline, Armstrong et Graham [*Chem. Soc. London*, 1881, p. 133; *Deutsch. chem. Gesellsch.*, 1881, p. 1286; 1882, p. 204] ont retiré en outre, des dernières eaux mères, un troisième isomère, le dérivé γ; enfin un quatrième, δ, a été obtenu par Graham [*Deutsch. chem. Gesellsch.*, 1882, p. 205] par l'action de la chlorhydrine sulfurique SO^3HCl sur la naphtaline.

Les trois acides α, β, γ peuvent être séparés au moyen de leurs sels de calcium. Le sel du dérivé γ est le plus soluble dans l'eau. Le sel α possède une solubilité moyenne. Ou bien on transforme les sels calciques en sels de potassium, on les distille avec du perchlorure de phosphore pour les convertir en chlorures. Les sulfochlorures des dérivés α et β possèdent une solubilité très différente dans la benzine : celui correspondant à l'acide α se dissout à 14° dans 7 parties de benzine, tandis que son isomère ne se dissout que dans 220 parties. On régénère les acides correspondants en chauffant les chlorures pendant trois à quatre heures avec de l'eau à 150°.

ACIDE α-NAPHTALINE-DISULFONIQUE. — Longues aiguilles blanches, brillantes; l'acide est déliquescent. Les sels du dérivé α sont plus solubles et cristallisent plus facilement que les sels de son isomère β. Le sel de potassium, traité par le perbromure de phosphore, donne la naphtaline dibromée fusible à 140°,5 (Jolin).

Sel de potassium, $C^{10}H^6(SO^3K)^2 + 2H^2O$. — Cristallise d'une solution aqueuse, saturée à chaud, en aiguilles incolores. Il se dissout dans 1p,4 d'eau.

Sel de sodium. — Aiguilles argentées, contenant $6H^2O$, dont la moitié se dégage sur l'acide sulfurique. Soluble dans 2p,2 d'eau à 18°.

Sel de calcium, $C^{10}H^6(SO^3)^2Ca + 6H^2O$. — Aiguilles brillantes, incolores, se dissolvant dans 6p,2 d'eau à 18°.

Sel de baryum. — Larges aiguilles ressemblant au sel de calcium; solubles dans 82 parties d'eau à 19°. Contient $2H^2O$.

Sel de plomb. — Il cristallise le mieux de tous ces sels. Aiguilles brillantes, très solubles dans l'eau, contenant $2H^2O$.

Chlorure, $C^{10}H^6(SO^2Cl)^2$. — Cristallise dans la benzine à chaud en lamelles transparentes à 4 ou 6 faces; l'éther fournit des aiguilles. Ces cristaux déposés dans la benzine deviennent bientôt opaques, ce qui n'est pas le cas pour ceux qui se sont formés au sein de l'acide acétique ou de l'éther. Ils fondent à 157-158°; chauffés avec de l'eau à 200°, ils donnent de la naphtaline.

Amide, $C^{10}H^6(SO^2AzH^2)^2$. — S'obtient en traitant le précédent chlorure par l'ammoniaque. Aiguilles assez solubles dans l'eau chaude et dans l'alcool, fusibles à 242-243°.

ACIDE β-NAPHTALINE-DISULFONIQUE. — Cet acide forme de petites lamelles brillantes, très solubles.

Sel de potassium, $C^{10}H^6(SO^3K)^2$. — Aiguilles blanches, groupées en faisceaux, solubles dans 19p,2 d'eau.

Sel de sodium. — Croûtes cristallines formées de prismes microscopiques, solubles dans 8p,4 d'eau à 19°; contient 1 molécule d'eau.

Sel de calcium, $C^{10}H^6(SO^3)^2Ca$. — Les solutions de ce sel ne cristallisent que difficilement; en ajoutant de l'alcool à la solution, on obtient une poudre blanche cristalline. Une fois desséché, ce sel ne se dissout plus que très difficilement.

Sel de baryum. — Croûtes cristallines, renfermant 1 molécule H^2O.

Sel de plomb. — Il ressemble au sel de baryum et renferme comme lui $1H^2O$. Il est beaucoup moins soluble que son isomère α.

Chlorure. — Petites aiguilles blanches. Cristallisé dans le toluène, il forme de grandes lamelles très minces, fusibles à 226°.

Amide. — Se forme comme son isomère α. Aiguilles fusibles à 305°. Elle cristallise le mieux dans l'alcool amylique. Peu soluble dans l'eau, elle est presque insoluble dans l'éther, la benzine, le toluène.

ACIDE γ-NAPHTALINE-DISULFONIQUE. — Cristallisé dans la benzine, son chlorure forme des prismes fusibles à 125°. Par l'action du perchlorure de phosphore, on obtient la γ-dichloronaphtaline, fusible à 107°. Par la fusion avec la potasse, il se forme une dihydroxynaphtaline, $C^{10}H^6(OH)^2$, fusible à 158°. Le sel de baryum de cet acide est très soluble.

ACIDE δ-NAPHTALINE-DISULFONIQUE. — Le sulfochlorure cristallise dans la benzine en beaux petits prismes fusibles à 183°. Chauffé avec le perchlorure de phosphore, il donne de la γ-dichloronaphtaline fusible à 107°.

ACIDE NAPHTALINE-TÉTRASULFONIQUE. — Senhofer [*Deutsch. chem. Gesellsch.*, 1875, p. 1486] a obtenu ce corps en chauffant la naphtaline durant trois à quatre heures à 260° avec de l'acide sulfurique et de l'anhydride phosphorique. Le sel de baryum, $C^{10}H^4(SO^3)^4Ba^2$ cristallise en prismes; le sel de potassium forme des aiguilles microscopiques. En chauffant avec de la potasse le sel de potassium, on obtient du sulfite et un corps cristallin soluble dans l'éther.

ACIDE CHLORONAPHTALINE-SULFONIQUE,

$$C^{10}H^6.Cl.SO^3H\ (Cl\alpha_1 - SO^3H\beta_2).$$

— Ce corps, probablement identique avec l'acide de Zinine (voy. t. II, p. 500), a été obtenu par Cleve [*Bull. Soc. chim.*, t. XXVI, p. 241] en faisant agir sur l'acide γ-amidonaphtaline-sulfonique successivement l'acide azoteux et l'acide chlorhydrique. Le sel de potassium de cet acide donne avec le perchlorure de phosphore un chlorure, $C^{10}H^6ClSO^2Cl$, et, par l'action d'un excès de perchlorure, la β-dichloronaphtaline de Faust et Saame, fusible à 67°,5.

ACIDES BROMONAPHTALINE-SULFONIQUES,

$C^{10}H^6.Br.SO^3H.$

— L'acide décrit t. II, p. 499 a été séparé par Jolin en deux modifications isomériques α et β [*Bull. Soc. chim.*, t. XXVIII, p. 514].

Dérivé α ($Br\alpha_1 - SO^3H\alpha_2$). — Fusible à 62°. Se forme en bromant l'acide α-naphtaline-sulfonique ou en faisant agir l'acide sulfurique fumant sur l'α-monobromonaphtaline (Jolin).

Masse cristalline, facilement soluble dans l'eau et dans l'alcool, et même dans l'éther.

Le *sel de potassium* forme de petites lamelles jaunâtres. Le *chlorure*, $C^{10}H^6.Br.SO^2Cl$, cristallise dans la benzine et forme des prismes fusibles à 86-87°. L'*amide* forme une masse blanche devenant liquide à 190°, soluble dans l'alcool, insoluble dans l'eau froide, assez peu soluble à chaud. En traitant le sel de potassium par du perbromure de phosphore, on obtient le bromure $C^{10}H^6.Br.SO^2Br$, cristallisant d'un mélange d'éther et de benzine en tables rhombiques, fusibles à 114°,5. Par l'action du perbromure de phosphore, cet acide se transforme en β-dibromonaphtaline.

Dérivé β ($Br\alpha_1 = SO^3H\alpha_2$). — Fusible à 104°. S'obtient en faisant agir le brome sur l'acide α-naphtaline-sulfonique. On le purifie par cristallisation de son sel de potassium. L'acide β est très soluble dans l'eau et dans l'alcool, presque insoluble dans l'éther. Le *sel de potassium* est très soluble dans l'eau et dans l'alcool; il forme des aiguilles groupées concentriquement et faiblement colorées en jaune. Les *sels de plomb* et de *baryum* sont peu solubles.

Le *chlorure*, $C^{10}H^6.Br.SO^2Cl$, cristallise dans un mélange d'éther et de benzine en beaux prismes incolores, fusibles à 90°. L'*amide* forme des aiguilles fusibles à 205°.

En traitant le mélange des sels de potassium des deux acides bromonaphtaline-sulfoniques par le perchlorure de phosphore, Gessner a obtenu, à la place du chlorure $C^{10}H^6Br.SO^2Cl$, le bromure isomérique $C^{10}H^6.Cl.SO^2Br$, cristallisé en belles aiguilles blanches, fusibles à 115-116° [*Deutsch. chem. Gesellsch.*, 1876, p. 1504].

L'acide β-naphtaline-sulfonique, traité par 1 molécule de brome, donne principalement un acide dibromé dont le *chlorure*,

$$C^{10}H^5.Br^2.SO^2Cl,$$

cristallise en aiguilles fusibles à 108-109°. L'*amide*, $C^{10}H^5.Br^2.SO^2AzH^2$, forme des croûtes cristallines composées d'aiguilles microscopiques fusibles à 237-238° (Jolin).

ACIDES DICHLORONAPHTALINE-SULFONIQUES,

$C^{10}H^5.Cl^2.SO^3H.$

— On en connaît deux modifications α et β, que l'on obtient en chauffant les chlorures correspondants avec de l'eau à 140°.

DÉRIVÉ α. — Il cristallise en aiguilles aplaties, brillantes. Il est assez peu soluble et il en est de même de ses sels [O. Widmann, *Deutsch. chem. Gesellsch.*, 1879, p. 2231].

Sel de potassium, $C^{10}H^5.Cl^2.SO^3K + 2H^2O$. — Fines aiguilles soyeuses, solubles dans 5 p. d'eau à 15° et devenant anhydres à 150°.

Sel de sodium. — Prismes aplatis brillants, contenant $3H^2O$, dont un tiers se volatilise sur l'acide sulfurique, les deux autres à 195°.

Sel d'argent. — Aiguilles soyeuses, peu solubles dans l'eau froide et perdant à 100-110° 1 molécule d'eau sur 2 que le sel renferme.

Sel de baryum. — Aiguilles fines, se dissolvant dans 1650 p. d'eau.

Sel de calcium, $(C^{10}H^5.Cl^2.SO^3)^2Ca + 4H^2O$. — Lamelles solubles dans 1270 p. d'eau à 14°, dans 145 p. à 100° et devenant anhydres à 190°.

Sel de plomb. — Petites aiguilles solubles dans 700 p. d'eau à 14°.

Sel de zinc. — Lamelles nacrées contenant $7H^2O$, dont 2,5 se dégagent sur l'acide sulfurique et le reste à 180°.

Chlorure de dichloronaphtaline-α-sulfonique, $C^{10}H^5.Cl^2.SO^2Cl$. — Pour le préparer, on fait bouillir le tétrachlorure du chlorure naphtaline-α-sulfonique (voy. p. 1045), avec de la potasse alcoolique; le sel de potassium qui se forme est séché et retransformé en chlorure par le perchlorure de phosphore. Le chlorure cristallise dans l'acide acétique glacial en lamelles brillantes ou en aiguilles, dans la benzine en tables rhombiques. Par l'action d'un excès de perchlorure de phosphore, il se change en γ-trichloronaphtaline.

L'*amide* forme des cristaux pennés, fusibles avec décomposition à 250°, peu solubles dans l'eau, très solubles dans l'alcool.

DÉRIVÉ β. [O. Widmann, *Deutsch. chem. Gesellsch.*, 1879, p. 963]. — Il est peu soluble dans l'eau froide; il en est de même de ses sels.

Sel de potassium, $C^{10}H^5.Cl^2.SO^3K + 5H^2O$. — Aiguilles très fines, perdant $4,5\ H^2O$ sur l'acide sulfurique, et le reste à 140°. A 14° il se dissout dans 40 p. d'eau. Par le refroidissement de la solution concentrée et bouillante, il se dépose de petits prismes ne contenant que $2\frac{1}{2}\ H^2O$. Par évaporation de la solution au bain-marie, on obtient des masses blanches cristallines qui ne renferment que $1\frac{1}{2}\ H^2O$.

Sel ammoniacal. — Cristallise en fines aiguilles feutrées; lorsqu'on évapore une solution de ce sel à 60-70°, on obtient des tables hexagonales microscopiques.

Sel d'argent, $+ H^2O$. — Il est très peu soluble et perd son eau à 120°.

Sel de baryum, $(C^{10}H^5.Cl^2.SO^3)^2Ba + 4H^2O$. — Peu soluble, il forme de fines aiguilles perdant $2\frac{1}{2}\ H^2O$ sur l'acide sulfurique, le reste à 150°.

Sel de calcium, $+ 2H^2O$. — Cristallise en aiguilles blanches, qui perdent leur eau à 200°. 1 p. du sel est dissous par 760 p. d'eau.

Sel de plomb, $+ 4H^2O$. — Aiguilles très peu solubles; 1 p. de sel se dissout dans 450 p. d'alcool.

Sel de manganèse, $+ 7H^2O$. — Lamelles brunes, brillantes, très peu solubles.

Sel de zinc, $+ 13H^2O$. — Aiguilles microscopiques, perdant $7H^2O$ à 190°. Peu soluble dans l'eau froide, il est très soluble à chaud.

Chlorure dichloronaphtaline-β-sulfonique,

$C^{10}H^5.Cl^2.SO^2Cl.$

— On traite le tétrachlorure du chlorure naphtaline-β-sulfonique (p. 1045) par une solution bouillante de potasse alcoolique; on fait cristalliser dans l'eau le dichlornaphtaline-sulfonate de potassium qui se forme, on le traite par le perchlorure de phosphore et l'on purifie le produit par cristallisation dans la benzine. Le chlorure forme de fines aiguilles blanches fusibles à 133°, très solubles dans la benzine et le sulfure de carbone [Widmann, *Deutsch. chem. Gesellsch.*, 1879, p. 950].

L'*amide* forme des aiguilles soyeuses, fusibles à 245° avec décomposition; elle est presque insoluble dans l'eau.

ACIDES NITRONAPHTALINE-SULFONIQUES. — Cleve [*Bull. Soc. chim.*, t. XXIV, p. 506; t. XXVI, p. 444; t. XXIX, p. 414] a préparé trois acides isomériques. Le dérivé α est obtenu par l'action de l'acide sulfurique sur la nitronaphtaline ou en nitrant l'acide α-naphtaline-sulfonique. Le dérivé β s'obtient par nitration de l'acide β-naphtaline-sulfonique.

DÉRIVÉ α,

$C^{10}H^6(AzO^2)SO^3H + 4H^2O$; ($AzO^2 \alpha_1 = SO^3H\alpha_2$)

— La nitronaphtaline se dissout facilement dans l'acide sulfurique; on chauffe pendant un jour au bain-marie et on dilue avec son volume d'eau ; il se sépare d'abord la nitronaphtaline non attaquée, ensuite le dérivé sulfoconjugué qu'on purifie dans l'eau bouillante. L'acide se présente en longues aiguilles plates, solubles dans l'alcool, l'eau chaude et froide, mais peu solubles dans l'acide sulfurique dilué et dans l'éther. Il perd $2H^2O$ sur l'acide sulfurique; à 110° il abandonne le reste. Les sels sont plus ou moins solubles dans l'eau et très stables ; ils sont colorés en jaune, mais un certain nombre brunissent à l'air.

Sel de potassium, $C^{10}H^6(AzO^2)SO^3K + H^2O$. — Lamelles assez solubles dans l'eau chaude, peu solubles à froid (dans 47 p. à 15°).

Sel d'ammonium, + 1 ½ H^2O. — Aiguilles flexibles, très solubles dans l'eau chaude, perdant leur eau de cristallisation sur l'acide sulfurique.

Sel de sodium, + ½ H^2O. — Lamelles brillantes, très solubles.

Sel d'argent. — Cristaux jaunes, anhydres, peu solubles dans l'eau froide, ne s'altérant pas à la lumière.

Sel de baryum, $[C^{10}H^6(AzO^2)SO^3]^2Ba + 3H^2O$. — Aiguilles minces, aplaties, peu solubles dans l'eau froide.

Sel de calcium, + $2H^2O$. — Aiguilles nacrées, peu solubles dans l'eau froide, très solubles à chaud.

Sel de magnésium, + $3H^2O$. — Lamelles nacrées très solubles, perdant la moitié de leur eau à 150°, le reste à 200°.

Éther éthylique, $C^{10}H^6(AzO^2)SO^3C^2H^5$. — A été obtenu par l'action de l'iodure d'éthyle sur le sel d'argent. Il forme des aiguilles jaunes, fusibles à 101°, très solubles dans l'eau et dans l'alcool bouillant, peu solubles dans l'alcool froid et dans l'éther.

Chlorure, $C^{10}H^6(AzO^2)SO^2Cl$. — Cristallise dans l'éther en aiguilles jaunes brillantes, fusibles à 113°.

Amide, $C^{10}H^6(AzO^2)SO^2AzH^2$. — Elle cristallise dans l'alcool en prismes plats jaunes, fusibles vers 225°, insolubles dans l'eau, peu solubles dans l'alcool froid et dans l'éther.

DÉRIVÉ β. — En évaporant au bain-marie le sel de plomb de l'acide β-naphtaline-sulfonique avec de l'acide azotique, en séparant l'azotate de plomb qui se précipite et en neutralisant les eaux mères avec de la baryte, on obtient le sel de baryum de l'isomère β mélangé avec les sels de deux ou trois acides isomériques qu'on peut en séparer en épuisant le précipité avec de l'eau bouillante. Parmi ces acides, Cleve en a isolé un à l'état de pureté et l'a distingué par la lettre δ.

L'acide β-nitronaphtaline-sulfonique est très soluble et cristallise en aiguilles jaunes ; il se dissout dans l'alcool et possède un goût très amer. Les sels sont jaunes, cristallisent et sont pour la plupart solubles.

Sel de potassium, $C^{10}H^6(AzO^2)SO^3K$. — Lamelles minces, brillantes, assez peu solubles dans l'eau.

Sel d'ammonium. — Ressemble au sel précédent ; il est anhydre.

Sel de sodium, $3H^2O$. — Croûtes jaunes, perdant leur eau sur l'acide sulfurique.

Sel de calcium, $[C^{10}H^6(AzO^2)SO^3]^2Ca + H^2O$. — Lamelles assez solubles, perdant leur eau à 100°.

Sel de baryum, H^2O. — Lamelles minces, jaunes, se dissolvant à 22° dans 782 p. d'eau et également peu solubles dans l'eau bouillante.

Sel de magnésium, $7H^2O$. — Tables très solubles dans l'eau chaude, peu solubles à froid, ne perdant pas d'eau sur l'acide sulfurique, mais 5 ½ H^2O à 100°.

Sel de zinc, $6H^2O$. — Petites aiguilles peu solubles dans l'eau froide, très solubles dans l'eau bouillante.

Éther éthylique. — Aiguilles jaunes, fusibles à 114°.

Chlorure. — Il cristallise dans la benzine en prismes brillants, fusibles à 125°,5. Lorsqu'on le chauffe à une température assez élevée avec un excès de perchlorure de phosphore, il donne de la naphtaline dichlorée fusible à 48°.

Amide. — Forme une poudre jaune, composée d'aiguilles microscopiques, fusibles à 180°, à 176° (Michler et Salathé).

DÉRIVÉ δ. — On l'a isolé en transformant le mélange d'acides (voyez plus haut) en chlorure par le perchlorure de phosphore, et reprenant le produit par le sulfure de carbone. Le chlorure de l'acide δ reste insoluble. L'acide correspondant forme des cristaux bruns très solubles.

Sel de potassium. — Aiguilles brunes, facilement solubles.

Sel d'ammonium. — Grandes tables brunes.

Sel d'argent. — Aiguilles brunes anhydres, assez solubles dans l'eau chaude.

Sels de baryum, $(C^{10}H^6AzO^2SO^3)^2Ba + H^2O$. — Aiguilles flexibles. Le *sel de plomb* renferme aussi 1 molécule H^2O.

Éther éthylique. — Tables brunes fusibles à 103°. *Amide*, prismes bruns fusibles à 216°.

11° *Acides naphtaline-sulfiniques*, $C^{10}H^7SO^2H$.

Gessner [*Deutsch. chem. Gesellsch.*, 1876, p. 1500] a étudié les deux isomères de l'acide naphtaline-sulfinique. On les obtient par l'action de l'amalgame de sodium sur une solution éthérée des chlorures naphtaline-sulfoniques α et β. Avec le dérivé β, la réaction a déjà lieu à froid; pour le dérivé α, il faut l'achever par une ébullition prolongée pendant dix à douze heures; on distille l'éther et l'on sépare l'acide sulfinique en décomposant le résidu par l'acide chlorhydrique.

ACIDE α-NAPHTALINE-SULFINIQUE, $C^{10}H^7SO^2H$. — On le transforme à plusieurs reprises en sel de baryum qu'on décompose de nouveau par l'acide sulfurique. Il est en belles lamelles blanches brillantes, fusibles à haute température, solubles dans l'eau, peu solubles dans l'eau aiguisée d'acide chlorhydrique et dans l'alcool et très peu solubles dans l'éther. Chauffé avec de l'acide chlorhydrique dilué à 180°, cet acide se décompose en naphtaline et en acide sulfureux. Sa solution aqueuse absorbe du brome. Les sels sont pour la plupart très solubles dans l'eau et dans l'alcool.

Sel de potassium, $C^{10}H^7SO^2K$ + ½ H^2O. — Lamelles blanches, soyeuses.

Sel de baryum, $(C^{10}H^7SO^2)^2Ba$ + 1 ½ H^2O. — Petites aiguilles soyeuses, solubles dans 201 p. d'eau à froid et dans 50 p. à l'ébullition.

Sel de plomb, H^2O. — Cristallise de solutions concentrées en longues aiguilles soyeuses qui perdent leur eau à 200°.

Le *sel d'argent* forme des lamelles blanches, solubles dans l'eau et dans l'alcool.

ACIDE β-NAPHTALINE-SULFINIQUE. — Poudre cristalline blanche, assez soluble dans l'eau, l'alcool et l'éther, presque insoluble dans l'acide chlorhydrique dilué. Cet acide fond à 105°. A 150° l'acide chlorhydrique dilué le décompose.

Sel de potassium, $C^{10}H^7.SO^2K$ + ½ H^2O. — Lamelles blanches, très solubles dans l'eau et dans l'alcool.

Sel de baryum, $(C^{10}H^7SO^2)^2Ba$. — Aiguilles

blanches, soyeuses, solubles à 15° dans 22 p. d'eau, à 100° dans 16 p.

Sel de calcium, $3H^2O$. — Poudre cristalline très soluble dans l'eau et dans l'alcool.

Sel de magnésium, $6H^2O$. — Lamelles onctueuses, plus solubles dans l'alcool que dans l'eau.

La solution aqueuse de l'acide β-naphtalinesulfinique absorbe du brome ; il se sépare une poudre blanche. Le sel de baryum de l'acide bromé, $(C^{10}H^6Br.SO^2)^2Ba$, forme également une poudre blanche, peu soluble dans l'eau, insoluble dans l'alcool.

Par l'action de l'amalgame de sodium sur la solution éthérée du bromure chloronaphtaline-sulfonique, on obtient l'*acide chloronaphtaline-sulfinique*, $C^{10}H^6Cl.SO^2H$, cristallisant dans l'alcool en fines aiguilles. Le *sel de baryum* forme des lamelles $(C^{10}H^6ClSO^2)^2Ba + 1\frac{1}{2}H^2O$, presque insolubles dans l'alcool (Gessner).

12° *Naphtaline-sulfones*, $(C^{10}H^7)^2SO^2$.

Berzelius avait déjà obtenu un corps de cette formule (t. II, p. 502), mais en réalité il se forme deux isomères dans la réaction de l'acide sulfurique sur la naphtaline. Ces deux naphtalines-sulfones se trouvent dans la partie insoluble qu'on obtient lors de la préparation de l'acide β-naphtaline-sulfonique. Pour les préparer en plus grande quantité, Stenhouse et Groves [*Deutsch. chem. Gesellsch.*, 1876, p. 682] chauffent à 180° un mélange de 8 p. de naphtaline très pure et de 3 p. d'acide sulfurique dans une cornue spacieuse jusqu'à ce qu'il ne se dégage plus d'eau. Après le refroidissement de la masse, on ajoute 4 p. d'eau bouillante. Le produit obtenu se sépare en deux couches : l'inférieure, de couleur verte et d'aspect cristallin, est formée d'acide β-naphtalinesulfonique; la partie supérieure, d'un brun jaune, est un mélange des nouveaux corps avec de la naphtaline. On la traite par de la vapeur d'eau, on sèche le résidu et on l'épuise avec le sulfure de carbone; la solution filtrée laisse déposer des prismes d'α-naphtaline-sulfone mélangée de son isomère. On les sépare en les faisant cristalliser alternativement dans l'alcool et dans le sulfure de carbone.

Dérivé α. — Masse cristalline incolore, fusible à 123°, très soluble dans la benzine et dans l'acide acétique à chaud, moins soluble dans le sulfure de carbone, l'alcool et l'éther bouillants. Ce corps se dissout sans coloration dans l'acide sulfurique à chaud; l'acide azotique le transforme en dérivé nitré et l'acide chromique l'oxyde en acide acétique.

Dérivé β. — La partie insoluble dans le sulfure de carbone est presque exclusivement formée de ce corps; on le purifie par des cristallisations dans l'alcool. Il forme des aiguilles soyeuses incolores, fusibles à 177°; il est peu soluble dans l'alcool, le sulfure de carbone, l'essence de pétrole et la benzine à froid, plus soluble à chaud et dans l'acide acétique glacial. Avec l'acide sulfurique, l'acide azotique et l'acide chromique, il se comporte comme son isomère.

Cleve [*Bull. Soc. chim.*, t. XXV, p. 256] a trouvé simultanément avec les deux chimistes dont nous venons d'exposer les résultats, dans les résidus de la préparation de l'acide naphtaline-sulfonique, une naphtaline-sulfone, probablement le dérivé β, mais il lui attribue le point de fusion 175°,5. Traitée par le perchlorure de phosphore, cette sulfone donne la β-monochloronaphtaline et le chlorure β-naphtaline-sulfonique.

Ad. Kopp.

NAPHTALINE (COULEURS DE). — Le nombre et l'importance des matières colorantes dérivées de la naphtaline se sont considérablement augmentés depuis la rédaction de l'article du *Dictionnaire* (t. II, p. 502); en effet, celles qui y sont décrites, le rouge de magdala, le jaune de naphtol et les différents violets, ne sont plus employés aujourd'hui; par contre, la découverte des couleurs azoïques a ouvert un large débouché à la naphtaline, dont l'emploi était autrefois très restreint.

Les corps diazoïques obtenus par l'action de l'acide azoteux sur les amines possèdent la propriété de s'unir avec les phénols et les amines ou leurs dérivés (nitrés, chlorés, sulfoconjugués, etc., etc.): de là un nombre infini de corps qui forment presque tous des matières colorantes jaunes, orangées ou rouges. Toutes ces couleurs azoïques renferment le groupe $-Az=Az-$. Si elles dérivent de l'union d'un corps diazoïque avec une amine primaire, on obtient un dérivé amidoazoïque :

$$C^6H^5.AzH^2 + NaAzO^2 + 2HCl$$
$$= NaCl + 2H^2O + C^6H^5.Az=Az.Cl$$

Chlorure de diazobenzol.

$$C^6H^5.Az=Az.Cl + C^{10}H^7.AzH^2$$

Naphtylamine.

$$C^6H^5.Az=Az.C^{10}H^6.AzH^2,HCl$$

Chlorhydrate de benzolazonaphtylamine.

Lorsqu'on fait agir le dérivé diazoïque sur des phénols en présence d'alcalis, il se forme des dérivés oxyazoïques :

$$C^6H^5.Az=Az.AzO^3 + C^{10}H^7.ONa$$

Nitrate de diazobenzol.

$$= NaAzO^3 + C^6H^5.Az=Az.C^{10}H^6.OH$$

Naphtolazobenzol.

Enfin les diazophénols se combinent avec les phénols ou leurs dérivés.

Nous n'aurons à examiner, comme ayant reçu des applications industrielles, que les dérivés oxyazoïques, et principalement les composés préparés avec les dérivés sulfoconjugués des naphtols. On a remarqué que la nuance de ces matières colorantes devenait plus intense et passait du jaune au rouge au fur et à mesure que le poids moléculaire des corps diazoïques est plus élevé ; la solubilité et la stabilité des matières colorantes augmentent lorsqu'on emploie à la place des phénols leurs dérivés sulfoconjugués; enfin les dérivés chlorés, nitrés, jaunissent les nuances.

Kekulé et Hidegh [*Deutsch. chem. Gesellsch.*, 1870, p. 235] ont découvert la réaction qui, étendue à des corps analogues, devait être plus tard si féconde en résultats pratiques. En faisant agir le phénate de sodium sur l'azotate de diazobenzol, ils ont obtenu l'oxyazobenzol, corps que Griess avait préparé dès 1866 en traitant l'azotate de diazobenzol par le carbonate de baryum. Les beaux travaux de Griess sur les corps azoïques attirèrent l'attention des chimistes sur cette classe de corps, et, en 1876, différentes fabriques livrèrent au marché presque simultanément des matières colorantes très brillantes. Les chimistes auxquels appartient le mérite d'avoir ouvert cette voie nouvelle sont Griess, Roussin, Witt, Caro. Quelques années plus tard, en 1879, apparurent les plus belles de ces matières colorantes, les ponceaux, qui remplacèrent en grande partie la cochenille; le mérite de cette découverte appartient à Baum, chimiste chez Meister, Lucius et Brüning; enfin, en 1881, les maisons Bayer à Elberfeld, et Kalle à Biebrich, apportèrent sur le marché des couleurs écarlates destinées à faire une concurrence sérieuse aux ponceaux. Ces corps se distinguent des précédents par une composition plus complexe : en effet, leur molécule renferme deux fois le groupe -Az=Az- : ce sont des composés tétrazoïques.

Nous étudierons les couleurs azoïques dérivées des naphtols et de la naphtylamine en suivant l'ordre historique des brevets, ensuite nous passerons aux matières colorantes n'appartenant pas aux corps azoïques, comme les jaunes et les indophénols de H. Kœchlin et Witt.

Griess (*patente anglaise*, 4 octobre 1877, *brevet allemand* du 12 mars 1878) a employé d'abord les naphtols et leurs dérivés sulfoconjugués pour en préparer des matières colorantes; il les fait agir, en solution alcaline, sur les dérivés diazoïques de l'amidophénol ou de l'amidocrésol ou leurs dérivés nitrés, chlorés, chloro ou bromonitrés, sulfoconjugués, ou encore sur les dérivés diazoïques de l'acide amidosalicylique.

Cependant aucun de ces produits n'a véritablement été préparé industriellement; mais peu de temps après apparurent les tropéolines de la maison Williams, Thomas et Dower, les orangés de Poirrier, qui furent également préparés par la Badische Anilin und Sodafabrik.

Parmi ces matières colorantes, nous citerons:

1° *Orangé* n° 1 ou *tropéoline* 000; c'est l'α-naphtolazobenzolsulfonate de potassium ou de sodium,

$$C^6H^4\Big\langle\begin{matrix}SO^3K\\ Az=Az.C^{10}H^6(OH).\end{matrix}$$

Cette matière colorante se forme par l'action de l'acide paradiazobenzolsulfonique sur une solution diluée d'α-naphtol dans de la soude. Nous donnons comme type de la préparation de toute cette classe de corps celle de cet orangé. On dissout 40 grammes d'acide sulfanilique et 12 grammes de carbonate de sodium dans trois litres d'eau, on refroidit avec de la glace, on ajoute une solution de 20 grammes de nitrite de sodium dans 800 grammes d'eau et ensuite lentement 24 grammes d'acide sulfurique dilué dans 200 grammes d'eau. Ce premier mélange est ajouté à une solution de 33 grammes d'α-naphtol dans 20 grammes de soude et 2 litres 1/2 d'eau. Par addition de sel, la matière colorante se précipite, on filtre et l'on fait cristalliser dans très peu d'eau bouillante; le sel cristallise sous forme de longues aiguilles rouges :

$$C^6H^4\Big\langle\begin{matrix}AzH^2\\ SO^3Na\end{matrix} + NaAzO^2 + 2H^2SO^4$$
$$= C^6H^4\Big\langle\begin{matrix}Az=Az.SO^4H\\ SO^3H\end{matrix} + Na^2SO^4 + 2H^2O;$$
$$C^6H^4\Big\langle\begin{matrix}Az=Az.SO^4H\\ SO^3H\end{matrix} + C^{10}H^7ONa + 2NaOH$$
$$= C^6H^4\Big\langle\begin{matrix}Az=Az.C^{10}H^7O\\ SO^3Na.\end{matrix} + Na^2SO^4 + 2H^2O$$

2° *Orangé n° 2* (*tropéoline 00* ou *mandarine*). — Obtenu comme le corps précédent, mais en remplaçant l'α-naphtol par le dérivé β, il forme une matière colorante orangée très employée. Le sel de sodium est une poudre cristalline rouge très soluble dans l'eau; l'acide libre cristallise sous forme de fines aiguilles rouges.

3° La Badische Anilin und Sodafabrik fit breveter (12 mars 1878) les matières colorantes obtenues en faisant réagir les dérivés diazoïques de la naphtylamine ou de l'acide naphtylamine-sulfonique sur l'α ou le β-naphtol ou leurs acides sulfoconjugués.

Sous le nom de *rouge solide*, cette maison vend une belle matière colorante rouge foncé très solide; la fabrique Poirrier a préparé en même temps, sinon plus tôt, les mêmes corps, sous la dénomination de *roccelline, orseilline*, etc. C'est le sel de sodium de l'acide β-naphtolazo-α-naphtaline-sulfonique,

$$C^{10}H^6\Big\langle\begin{matrix}SO^3H\\ Az=Az-C^{10}H^6.OH.\end{matrix}$$

Pour le préparer, on combine le dérivé diazoïque de l'acide naphthionique de Piria avec le β-naphtol. L'acide libre est peu soluble dans l'eau froide, très soluble à chaud; cristallisé dans l'alcool, il forme de fines aiguilles rouge-brun; l'acide sulfurique concentré le dissout avec coloration violette.

La roccelline manque de brillant; mélangée avec l'orangé n° 2, elle a été vendue sous le nom de *rouge français*.

4° De toute cette classe de matières colorantes, les plus importantes et celles qui se fabriquent en plus grande quantité sont les ponceaux brevetés par la maison Meister, Lucius et Brüning (24 avril 1878), et fabriquées presque simultanément chez M. Poirrier. Ce brevet renferme deux innovations importantes : l'emploi des xylidines, leur séparation ainsi que la séparation des deux acides β-naphtoldisulfoniques. Jusqu'à cette époque, la xylidine n'avait pas été préparée industriellement. Nous avons décrit à l'article NAPHTOLS (p. 1061) la manière d'obtenir les deux acides disulfoniques du β-naphtol; le sel de sodium de l'acide β-naphtol-β-disulfonique, insoluble dans l'alcool à 80 %, a été appelé sel R : il produit les nuances rouges; l'autre acide β-naphtol-α-disulfonique, soluble dans l'alcool, mais qui se forme en moindre quantité, est le sel G : il donne des matières colorantes plus jaunes.

Ponceau R. — Forme le sel ammoniacal de l'acide xylolazo-β-naphtol-β-disulfonique,

$$C^6H^3(CH^3)^2Az.=AzC^{10}H^4\Big\langle\begin{matrix}OH\\ (SO^3H)^2.\end{matrix}$$

Le *ponceau* 2 R se forme avec la métaxylidine; il possède une nuance plus rouge que le corps précédent.

Enfin le *ponceau* 3 R, qui remplace complètement la cochenille, est le sel ammoniacal de l'acide cymol-azo-β-naphtol-R-disulfonique,

$$C^6H^2\Bigg\langle\begin{matrix}(C^2H^5)\\ (CH^3)^2\\ Az=Az-C^{10}H^4\Big\langle\begin{matrix}OH\\ (SO^3H)^2.\end{matrix}\end{matrix}$$

La cymidine est obtenue, d'après la réaction de Hofmann, par migration du radical éthylique de l'éthylxylidine préparée en chauffant le chlorhydrate de métaxylidine avec de l'alcool à 20-25 atmosphères dans des autoclaves.

Avec le sel G, on obtient des ponceaux beaucoup plus jaunes.

Sous le nom de *Bordeaux* R et G, la même maison prépare des matières colorantes dont la nuance tire sur le violet. Ce sont les sels de l'acide α-naphtaline-azo-β-naphtol R ou G-disulfoniques,

$$C^{10}H^7.Az=Az.C^{10}H^4\Big\langle\begin{matrix}OH\\ (SO^3H)^2,\end{matrix}$$

obtenus en faisant agir le nitrite de sodium en solution acide sur la naphtylamine et ensuite l'un des deux β-naphtoldisulfonates de sodium.

Vers la fin de la même année (3 décembre 1878), Meister, Lucius et Brüning firent breveter des matières colorantes obtenues par l'action des dérivés diazoïques des amidophénols et de leurs éthers sur les sels R et G. Ces matières colorantes sont caractérisées par des nuances très pures et très rouges. Sous le nom de *coccinine*, on vend le sel de l'acide anisol-azo-β-naphtoldisulfonique,

$$C^6H^4\Big\langle\begin{matrix}OCH^3\\ Az=Az.C^{10}H^4\Big\langle\begin{matrix}OH\\ (SO^3H)^2.\end{matrix}\end{matrix}$$

On prépare l'anisidine en traitant le phénol par de l'acide azotique; l'orthonitrophénol est éthérifié par le chlorure de méthyle et le dérivé nitré est réduit.

Une matière colorante analogue a été brevetée (3 janvier 1879) par la Badische Anilin und Sodafabrik et vendue sous le nom de *rouge d'anisol* ou *ponceau 3 g*. C'est le sel de sodium de l'acide anisol-azo-β-naphtolsulfonique,

$$C^6H^3 \begin{cases} SO^3H \\ OCH^3 \\ Az = Az\text{-}C^{10}H^6.OH. \end{cases}$$

D'après le brevet, on prépare le dérivé sulfoconjugué de l'anisol en traitant au bain-marie 1 kil. d'anisol par 4 kil. d'acide sulfurique (densité 1,8), on nitre l'anisolsulfonate de sodium avec de l'acide azotique à 1,48 et l'on réduit.

Citons pour mémoire quelques autres brevets qui ont été pris et qui ont pour objet la fabrication des matières colorantes se rattachant aux orangés ou aux ponceaux.

Roussin et Poirrier (*patente anglaise*, 6 novembre 1878) font agir les dérivés diazoïques des acides ortho ou paratoluidine-sulfoniques sur l'α ou le β-naphtol, etc.

Les mêmes (*brevet allemand*, 19 novembre 1878) font agir les dérivés diazoïques de la nitraniline et de ses homologues sur l'acide naphtylamine-sulfonique, l'α et le β-naphtol ou leurs dérivés sulfoconjugués, etc.

Griess (*patente anglaise*, 20 novembre 1878) combine les dérivés diazoïques de l'amidoanisol ou des éthers de l'amido-β-naphtol avec les phénols et ses dérivés sulfoconjugués.

Lewinstein (*Ibid.*, 15 février 1879) fait réagir les dérivés diazoïques de l'aniline et de ses homologues sur les dérivés sulfoconjugués de l'α ou du β-naphtol.

Meldola (*Ibid.*, 1879) fait agir les dérivés diazoïques de l'acide sulfanilique ou de l'acide naphtionique sur les acides disulfoniques des phénols.

Meister, Lucius et Brüning (*brevet allemand*, 22 janvier 1881) étendent ces réactions aux amides des acides aromatiques, principalement aux éthers des acides amidobenzoïques, cinnamiques ou des deux acides naphtioniques.

Harmsen (*ibid.*, 8 septembre 1882) combine les dérivés diazoïques des amines avec les acides oxycarboniques (métaoxybenzoïques, oxytoluiques, etc.) et un acide β-oxysulfonaphtoïque. L'acide β-oxynaphtoïque est obtenu par l'action de l'acide carbonique sur le β-naphtolate de sodium à une température élevée.

La société par actions de Berlin (*ibid.*, 17 février 1881) emploie l'acide amidométhylnaphtaline-sulfonique préparé au moyen de la méthylnaphtaline retirée du goudron de houille, distillant à 225-230°.

Broenner a pris un brevet (4 juillet 1882) pour la transformation de l'acide β naphtolmonosulfonique de Schaefer en deux acides β-naphtylamine-sulfoniques, en le chauffant sous pression avec du chlorure d'ammonium et de la chaux.

Enfin Meister, Lucius et Bruning (25 mai 1882) ont fait breveter l'emploi des acides trisulfoconjugués du β-naphtol.

5° Écarlate de Biebrich ou écarlate 3 B, ou ponceau 3 B extra. C'est un composé tétrazoïque dérivant de l'amidoazobenzol

$$C^6H^5.Az = Az.C^6H^4.AzH^2.$$

Cette belle matière colorante et ses congénères font une concurrence sérieuse aux ponceaux de la xylidine; elles sont très solides et teignent sur coton. Le type de ces corps est le sel de sodium de l'acide β-naphtolazobenzolazobenzol λ-disulfonique,

$$C^6H^4 < \begin{matrix} SO^3H \\ Az = Az\text{-}C^6H^3 \end{matrix} < \begin{matrix} SO^3H \\ Az = Az\text{-}C^{10}H^6.OH \end{matrix}$$

[Nietzki, *Deutsch. chem. Gesellsch.*, 1880, p. 800].

Un corps analogue a été obtenu par Komann et Vignon de Lyon (pli cacheté, août 1878), qui ont traité l'amidoazobenzol par l'acide azoteux et fait réagir le composé diazoïque ainsi obtenu sur le naphtoldisulfonate de sodium. La matière colorante a été vendue dès le mois de février 1879 par la maison Kalle et Cie. Enfin Bayer et Cie, à Elberfeld, l'ont découverte six mois plus tard. Grassler (16 février 1880) prit un brevet pour l'Allemagne pour les combinaisons formées par la réaction des dérivés diazoïques d'un mélange d'acide mono et disulfonique de l'amidoazobenzol sur le β-naphtol. Kerügener (*brevet allemand*, 14 novembre 1879) emploie un mélange d'acides di et trisulfoniques.

Vu l'importance de ces matières colorantes, nous donnons leur mode de préparation d'après les brevets.

Grässler dissout une molécule d'amidoazobenzolsulfonate de sodium (obtenu d'après un brevet antérieur par l'action de 4 à 5 parties d'acide sulfurique fumant sur l'amidoazobenzol) dans 40 à 50 fois son poids d'eau, ajoute 2 molécules d'acide chlorhydrique, 1 molécule de nitrite de sodium et combine le dérivé diazoïque avec une solution alcaline d'une molécule de β-naphtol. On précipite par du sel marin et on purifie la matière colorante par cristallisation.

Krügener ajoute lentement, en refroidissant, 50 kilogrammes de sulfate ou 47 kilogrammes de chlorhydrate d'amidoazobenzol à 230 kilogrammes d'acide sulfurique à 14 °/₀ d'anhydride, et chauffe au bain-marie à 40-50°, jusqu'à ce qu'une prise d'essai se dissolve dans l'eau; on prépare le sel de sodium de cet acide sulfoconjugué et on le traite, en solution étendue, par 50 kilogrammes d'acide chlorhydrique, 14 kilogrammes de nitrite de sodium, puis on ajoute 29 kilogrammes de β-naphtol dissous dans une solution étendue de 16 kilogrammes de soude caustique.

Meister, Lucius et Brüning (*brevet allemand*, 1er septembre 1882) obtiennent des couleurs bordeaux par l'action du chlorhydrate de diazoazoxylène sur les disulfonaphtols R et G.

D'autres ponceaux très beaux, appartenant à la classe des composés tétrazoïques, ont été brevetés par Bayer et Cie (18 mars 1881) sous le nom de *croceïnes*. Ils s'obtiennent en faisant réagir le dérivé diazoïque de l'acide amidoazobenzolsulfonique sur un dérivé monosulfonique du β-naphtol. Ce dernier se prépare en introduisant rapidement 100 kilogrammes de β-naphtol pulvérisé et bien sec dans 200 kilogrammes d'acide sulfurique à 66° B.; le mélange s'échauffe de lui-même; la température ne doit pas dépasser 50-60°. Après dix à quinze minutes, on dissout dans de l'eau froide, on transforme en sel de sodium et l'on épuise par l'alcool; l'acide naphtolsulfonique de Schaeffer reste insoluble, tandis que l'acide, donnant l'écarlate, se dissout. 50 kilogrammes d'acide amidoazobenzolsulfonique sont alors dissous dans 500 litres d'eau et la quantité d'ammoniaque nécessaire, on refroidit à 5° et on décompose par 13 kilogrammes d'azotite de sodium et 80 kilogrammes d'acide chlorhydrique; après quelque temps, on ajoute ce mélange à une solution de 75 kilogrammes d'acide β-naphtolmonosulfonique dans 500 litres d'eau et 140 kilogrammes d'ammoniaque.

D'autres écarlates, mais moins beaux, ont été obtenus par l'action du dérivé diazoïque de l'amidoazobenzol sur les différents acides sulfoconjugués de l'α ou du β-naphtol.

Nietzki a trouvé une réaction intéressante pouvant servir à caractériser ces corps. Toutes les matières colorantes obtenues par l'action des corps diazoazoïques (tétrazoïques) sur le β-naphtol se dissolvent dans l'acide sulfurique concentré avec une coloration verte, lorsqu'elles renferment le groupe SO^3H dans l'azobenzol; lorsque au contraire ce groupe se trouve dans le naphtol, l'acide sulfurique dissout la matière colorante avec une coloration violette; enfin si le groupe SO^3H se trouve simultanément et dans le naphtol et dans l'azobenzol, la coloration est bleue.

6° Les autres matières colorantes dérivées de la naphtaline sont des couleurs jaunes et bleues.

Acide dinitro-α-naphtolsulfonique,

$$C^{10}H^4(AzO^2)^2(OH)(SO^3H).$$

— Le sel de potassium de cet acide forme une très belle matière colorante jaune très solide, le *jaune de naphtol* S de la Badische Anilin und Sodafabrik (*brevet*, 20 décembre 1879). Pour le préparer, on chauffe à 40-50° 10 kilogrammes d'α-naphtol avec 20 kilogrammes d'acide sulfurique fumant à 25 °/₀ d'anhydride, on ajoute ensuite 18 kilogrammes d'acide à 70 °/₀ d'anhydride jusqu'à ce qu'une tâte, traitée par l'acide azotique, ne donne plus de dinitronaphtol. On dilue avec de l'eau de façon à faire 100 litres et on ajoute lentement 25 kilogrammes d'acide azotique à 1.38. L'acide dinitronaphtolmonosulfonique cristallise par refroidissement, tandis que les autres acides nitrosulfoniques restent en solution. Il est transformé en sel de potassium; celui-ci forme des croûtes cristallines très peu solubles dans l'eau froide.

L'acide cristallisé dans l'acide chlorhydrique dilué est en longues aiguilles jaunes [Lauterbach, *Deutsch. chem. Gesellsch.*, 1881, p. 2028].

Acide nitroso-α-naphtoldisulfonique,

$$C^{10}H^4(AzO)(OH)(SO^3H)^2.$$

— Il forme également une matière colorante jaune. Seltzer a breveté (*brevet allemand*, 19 janvier 1882) le mode de préparation suivant : 1 partie d'α-naphtol est dissoute dans 2 parties d'un mélange de 3 parties d'acide sulfurique à 45 °/₀ d'anhydride et 2 parties d'acide à 66° B., à une température ne dépassant pas 50°; le mélange est versé dans trois fois son volume d'eau glacée, traité par une solution concentrée d'azotite de sodium, puis neutralisé par la chaux.

Sous le nom de *jaune de crocéine*, Bayer (*brevet*, 18 mars 1881) livre au commerce le sel de sodium de l'acide nitro-β-naphtol-α-sulfonique. 10 kilogrammes d'acide naphtolsulfonique obtenu, ainsi que nous l'avons vu, par l'action modérée de l'acide sulfurique à 66° B. sur le β-naphtol et séparation par l'alcool des sels de sodium, sont dissous dans 20 kilogrammes d'eau et traités par 15 kilogrammes d'acide azotique à 50 °/₀, en ne laissant pas la température monter au-dessus de 40-50°. Au bout d'un contact de plusieurs jours, on neutralise par du carbonate de potassium; le sel de potassium se précipite sous forme d'une poudre cristalline.

L'*héliochrysine*, sel de sodium du tétranitro-α-naphtol, est une matière colorante jaune qui a été préparée par Meister, Lucius et Brüning (*brevet allemand*, 17 décembre 1880) et par Bindschedler, mais qui ne résiste pas à la lumière. En traitant l'α-naphtol ou son dérivé monosulfoconjugué par l'acide azotique, on n'obtient que du dinitro-α-naphtol : aussi n'arrive-t-on aux dérivés nitrés supérieurs que par voie détournée. On nitre 3 parties de monobromonaphtaline avec 12 parties d'acide azotique fumant; les dérivés dinitrés isomériques, ainsi obtenus, sont séparés par des lavages à l'alcool et à l'essence de pétrole, le résidu est ajouté à un mélange de parties égales d'acide azotique fumant et d'acide sulfurique : il se forme plusieurs tétranitrobromonaphtalines isomériques, dont l'une peut être séparée grâce à sa solubilité plus grande dans l'acide acétique, la benzine, etc. En faisant bouillir ce corps avec une solution de carbonate de sodium, on remplace le brome par l'hydroxyle et on obtient le tétranitronaphtol.

La même maison a breveté la préparation de l'*acide dinitronaphtolmonosulfonique* (*brevet*, 1er septembre 1882). On prépare d'abord l'acide α-naphtylamine-trisulfonique en dissolvant 1 partie d'acide naphtylamine-sulfonique dans 3 à 4 parties d'acide sulfurique à 40 °/₀ d'anhydride et chauffant à 120°. On dissout ensuite dans 30 litres d'eau 10 kilogrammes de naphtylamine-trisulfonate calcique, 3-4 kilogrammes de nitrite de sodium, 6 kilogrammes de salpêtre et on y verse un mélange bouillant de 8 kilogrammes d'acide sulfurique et 8 kilogrammes d'eau. On neutralise par du carbonate de potassium : il se précipite une bouillie épaisse jaune-brun du sel de potassium de l'acide dinitronaphtolmonosulfonique.

Bleus de naphtol. — H. Kœchlin et Witt [*Monit. scientifique*, 1881, p. 840] ont découvert une classe de matières colorantes dont les nuances varient du bleu au violet et qui se distinguent par leur solidité à la lumière et par leur prix relativement bas. On les obtient par deux procédés différents : ou bien en faisant agir les dérivés nitrosés d'amines aromatiques tertiaires ou de phénol, ou encore de chloroquinones-imides, sur des phénols en solution alcoolique. La formation de la matière colorante est beaucoup accélérée lorsqu'on ajoute au mélange un agent réducteur tel que la poudre de zinc. Le second procédé consiste à oxyder, en solution neutre ou faiblement acide, un mélange d'une paradiamine et d'un phénol.

Dans les deux cas on peut employer le phénol, la résorcine, l'orcine, les deux naphtols, ainsi que leurs homologues et leurs produits de substitution. Enfin H. Kœchlin a étendu la réaction aux tannins et à l'acide gallique.

Parmi les paradiamines on a compris les produits de substitution amidés des amines aromatiques primaires, secondaires et tertiaires, dans lesquels le second groupe AzH^2 se trouve dans la position para (1.4) par rapport au premier. Exemple : la paraphénylène-diamine, la paramidodiphénylamine, la paramidodiméthylaniline, etc.

Les dérivés des naphtols nous intéressent particulièrement : ils ont reçu le nom d'*indophénols* (Suppl., p. 946). On peut ou bien préparer la matière colorante en nature ou bien l'appliquer directement sur le tissu.

Dans le premier cas, on dissout 10 kilogrammes de chlorhydrate de nitrosodiméthylaniline dans 1000 litres d'eau et on réduit avec 10 kilogrammes de poudre de zinc, en chauffant à 45-50°; on filtre la solution renfermant la paramidodiméthylaniline et on mélange une solution de 12 kilogrammes d'α-naphtol, 12 kilogrammes de soude (densité, 1.29) et 10 kilogrammes de dichromate de potassium dans 200 litres d'eau. Si l'on ajoute lentement de l'acide acétique, la matière colorante se précipite. On la vend sous forme de pâte.

On peut aussi dissoudre 10 kilogrammes de nitrosodiméthylaniline dans 35 kilogrammes d'alcool et chauffer la solution au bain-marie avec 10 kilogrammes d'α-naphtol; lorsque la matière colorante s'est développée, on ajoute 5k,5 de soude, on distille l'alcool et l'on sèche le bleu. Pour appliquer les indophénols sur les tissus, on imprègne ceux-ci avec la solution de naphtolate de sodium et l'on imprime après dessiccation une solution épaissie de nitrosodiméthylaniline avec de l'oxyde stanneux ou de la glucose. La couleur se développe au vaporisage. Ou bien on plaque l'étoffe avec la matière colorante et on imprime un mélange épaissi de chlorhydrate de nitrosodiméthylaniline et de naphtolate de sodium. Ad. Kopp.

NAPHTALIQUE (ACIDE). — Ce nom a été donné à deux composés différents, à une oxynaphtoquinone et à un acide naptylène-dicarbonique (voyez dans ce Suppl. ce dernier mot et NAPHTOQUINONE).

NAPHTAMIDE. — Voyez NAPHTOÏQUE (ACIDE).

NAPHTANTHRAQUINONE,

$$C^{22}H^{12}O^{2} = CO \langle {C^{10}H^{6} \atop C^{10}H^{6}} \rangle CO$$

[Syn. *Dicarbonyldinaphtylène*]. — Sous ce nom, Hönig [*Wien. Acad. Ber.*, t. LXXXI, p. 479] a décrit le produit de l'action de l'acide oxalique sur l'α-naphtol en présence d'acide sulfurique. 50 grammes d'α-naphtol sont chauffés au bain-marie avec 25 grammes d'acide sulfurique; on ajoute 25 grammes d'acide oxalique anhydre et on porte la température à 125-130° pendant trois à quatre heures. On fait bouillir le produit avec de l'eau et l'on épuise le résidu avec de l'alcool. La partie insoluble est reprise par le chloroforme. On obtient ainsi des lamelles faiblement colorées en rose, presque insolubles dans l'alcool, l'éther, le pétrole, peu solubles dans l'acide acétique et le chloroforme.

Le chlore agit sur la quinone en solution chloroformique et donne le composé $C^{22}H^{10}Cl^{2}O^{2}$, cristallisé en lamelles incolores; l'acide azotique l'attaque à chaud et produit un mélange de dérivés mono et dinitrés.

NAPHTASE (t. II, p. 511). — D'après Alexejeff, elle est identique avec l'azonaphtaline (voyez Suppl., p. 1042).

NAPHTIMIDE (ETHERS DE LA). — Voyez NAPHTOÏQUE, Suppl., p. 1054.

NAPHTOÏQUES (ACIDES),

$$C^{11}H^{8}O^{2} = C^{10}H^{7}\text{-}CO^{2}H.$$

— La meilleure méthode de préparation de ces acides est celle de Merz [voyez t. II, p. 514], méthode qui a été légèrement modifiée par Witt [*Deutsch. chem. Gesellsch.*, 1873, p. 448]. On remplace le cyanure de potassium par le ferrocyanure de potassium bien sec; on distille parties égales de ce corps avec les acides α ou β-naphtaline-sulfoniques dans une cornue plate en fonte ou en tôle, en évitant d'opérer sur de trop grandes quantités à la fois. Il se forme, indépendamment des nitriles naphtoïques, du carbonate d'ammonium, du cyanure d'ammonium, de l'eau, et vers la fin de la distillation de l'oxyde de carbone et de l'hydrogène sulfuré. On peut obtenir un rendement de 60-70 % du poids des acides naphtaline-sulfoniques employés. La décomposition des nitriles est effectuée soit avec de la potasse alcoolique sous pression, ou, d'après Hausamann, avec une solution de potasse dans l'alcool amylique, qui permet d'opérer la transformation en acides au réfrigérant ascendant. On peut également chauffer les cyanures avec de l'acide chlorhydrique, ou mieux de l'acide sulfurique dilué. Lorsqu'on a employé un mélange des acides naphtaline-sulfoniques, on sépare les acides naphtoïques à l'aide de leurs sels de calcium, dont la solubilité est très différente. Celui du dérivé β ne se dissout que dans 1800 parties d'eau, tandis que son isomère α est soluble dans 93 parties.

I. ACIDE α-NAPHTOÏQUE

ACIDE α-NAPHTOÏQUE BROMÉ, $C^{10}H^{6}Br\text{-}CO^{2}H$. — Hausamann [*Deutsch. chem. Gesellsch.*, 1876, p. 1517] a préparé ce corps en chauffant à 140-150° le nitrile α-naphtoïque bromé avec de la potasse alcoolique. La décomposition étant complète, on précipite par un acide et on fait cristalliser dans l'alcool ou dans l'acide acétique. On obtient des cristaux se sublimant en aiguilles et fusibles à 242°. Peu soluble dans l'alcool, l'acide acétique à froid, l'acide α-naphtoïque bromé se dissout facilement à chaud. On peut l'obtenir aussi en exposant le naphtoate d'argent à des vapeurs de brome, d'après la méthode de Peligot, ou en bromant l'acide naphtoïque en solution acétique.

Sel de potassium, $C^{11}H^{6}BrO^{2}K + 1/2\,H^{2}O$. — Masse amorphe blanche, très soluble dans l'eau, insoluble dans l'alcool et dans l'éther.

Sel de calcium, $(C^{11}H^{6}BrO^{2})^{2}Ca + 1\tfrac{1}{2}\,H^{2}O$. — Cristallise en petits grains blancs, solubles dans 66 parties d'eau à 20°.

Sel de baryum, $3H^{2}O$. — Aiguilles blanches. 1 p. de ce sel se dissout dans 59 p. d'eau à 21°.

ACIDE α-NAPHTOÏQUE TÉTRABROMÉ,

$$C^{10}H^{3}Br^{4}\text{-}CO^{2}H.$$

— On chauffe graduellement jusqu'à 350° l'acide naphtoïque avec 4-5 molécules de brome en ouvrant souvent le tube pour laisser s'échapper l'acide bromhydrique. Aiguilles fusibles à 239°, assez solubles dans l'alcool et dans l'éther à chaud, presque insolubles dans la benzine à froid.

DÉRIVÉS NITRÉS. — Ekstrand [*Deutsch. chem. Gesellsch.*, 1879, p. 1393] a nitré les acides naphtoïques, en solution acétique, avec de l'acide azotique fumant. La première réaction terminée, on chauffe encore pendant une heure au bain-marie. Par le refroidissement, il se sépare une masse cristalline; les eaux mères en fournissent une autre portion par addition d'eau. Chacune des portions est soumise à des cristallisations dans l'alcool. Les cristaux provenant du précipité des eaux mères sont souvent souillés par une huile qu'il faut éliminer par des lavages à l'éther.

Acide nitro-α-naphtoïque I, $C^{10}H^{6}.AzO^{2}\text{-}CO^{2}H$. — Prismes durs, fusibles à 195-196°, très solubles dans l'alcool. Ce corps se trouve principalement dans les eaux mères obtenues lors de la nitration.

Sel de calcium. — Aiguilles ou prismes solubles dans 47 parties d'eau.

Éther éthylique, $C^{10}H^{6}.AzO^{2}.CO^{2}C^{2}H^{5}$. — Obtenu en chauffant à 110° le sel d'argent avec de l'iodure d'éthyle. Cristaux incolores, fusibles vers 63°, très solubles dans l'alcool et dans l'éther.

Acide mononitro-α-naphtoïque II. — On fait cristalliser à plusieurs reprises la masse solide qui se sépare lors de la nitration. Petites aiguilles fines très solubles dans l'alcool, l'éther, l'acide acétique, la benzine; fusibles à 233°.

Sel de calcium. — Prismes solubles dans 160 parties d'eau.

Éther éthylique. — Longues aiguilles feutrées, fusibles à 92°.

Pour préparer l'acide mononitronaphtoïque, Graeff [*Deutsch. chem. Gesellsch.*, 1881, p. 1061] saponifie le nitrile α-naphtoïque par un mélange d'acide azotique ordinaire et d'acide azotique fumant, au réfrigérant ascendant. Il se forme des nitronaphtonitriles et un acide mononitronaphtoïque. Ce dernier, cristallisé dans la benzine et sublimé, forme de petites aiguilles jaunes, fusibles un peu au-dessus de 200°. En chauffant à 120-130° avec de l'acide chlorhydrique le nitronaphtonitrile fusible à 205°, on obtient l'acide mononitro-α-naphtoïque II d'Ekstrand; cristaux blancs, fusibles à 233° et se dissolvant avec une coloration jaune dans les alcalis.

ACIDES SULFO-α-NAPHTOÏQUES,

$$C^{11}H^{8}SO^{5} = C^{10}H^{6} \langle {CO^{2}H \atop SO^{3}H.}$$

— Ces corps ont été étudiés par Battershall [*Liebig's Ann. Chem.*, t. CLXVIII, p. 119] et par Stumpf [*Liebig's Ann. Chem.*, t. CLXXXVIII, p. 1]. Il se forme trois acides sulfonaphtoïques lorsqu'on dissout l'acide α-naphtoïque dans de l'acide sulfurique faiblement fumant et qu'on chauffe à 60-70° jusqu'à ce qu'une prise d'essai se dissolve entièrement dans l'eau. Ces trois isomères peuvent être séparés, grâce à la différence de solubilité de leurs sels de baryum. Le dérivé β cristallise d'abord, ensuite le dérivé α, tandis que le dérivé γ reste dans les eaux mères. On partage ces dernières en deux parties égales : on précipite l'une par de l'acide sulfurique et on ajoute l'autre; comme le sel de baryum acide du dérivé γ est difficilement soluble, il se précipite.

Acide α-sulfo-α-naphtoïque. — Prismes incolores, fusibles à 235° avec décomposition (Stumpf).

Sel de baryum neutre, $C^{11}H^6SO^5Ba + 4H^2O$. — Grands cristaux.

Sel de baryum acide, $(C^{11}H^7SO^5)^2Ba + 2H^2O$. — Il est beaucoup plus soluble que le sel neutre et cristallise sous forme de prismes incolores brillants.

Sel de calcium neutre, $3H^2O$. — Lamelles minces, assez solubles dans l'eau et perdant leur eau à 180°.

Sel de cuivre. — Précipité verdâtre, anhydre, cristallisant dans l'eau bouillante.

Sel de potassium, $C^{11}H^6SO^5K^2 + 2H^2O$. — Lamelles minces, très solubles dans l'eau.

Acide β-sulfo-α-naphtoïque. — Il est plus soluble dans l'eau que son isomère α. Masse cristalline fusible avec décomposition partielle à 218-222°.

Sel de baryum neutre, $C^{11}H^6SO^5Ba + 3\frac{1}{2}H^2O$. — Aiguilles incolores brillantes, assez peu solubles dans l'eau, moins que son isomère α.

Sel de baryum acide, $(C^{11}H^7SO^5)^2Ba + 4H^2O$. — Il est plus soluble que le sel neutre. Masse cristalline assez molle.

Sel de potassium, $C^{11}H^6SO^5K^2$. — Masse cristalline déliquescente.

Acide γ-sulfo-α-naphtoïque. — Il cristallise en petites aiguilles feutrées, très solubles. Il fond à 182-185° et se décompose déjà vers 187°.

Sel de baryum neutre, $C^{11}H^6SO^5Ba + 1\frac{1}{2}H^2O$. — Assez soluble; on l'obtient difficilement en grands cristaux.

Sel de baryum acide, $(C^{11}H^7SO^5)^2Ba + H^2O$. — Précipité blanc cristallin, presque insoluble dans l'eau froide, très peu soluble dans l'eau chaude.

Sel de potassium neutre, $C^{11}H^6SO^5K^2$. — Il cristallise dans l'alcool absolu chaud en aiguilles déliquescentes.

NITRILE α-NAPHTOÏQUE. — Schelnberger, Merz et Weith [*Deutsch. chem. Gesellsch.*, 1877, p. 748] ont essayé différentes méthodes de préparation de ce corps : ainsi, on l'obtient en plus ou moins grande proportion en faisant passer des vapeurs de naphtaline bromée sur du ferrocyanure de potassium chauffé vers 400°, ou en chauffant du cyanure d'argent avec de la naphtaline iodée à 350°, ou encore en faisant passer un courant lent de cyanogène et de naphtaline à travers un tube chauffé au rouge faible, soit enfin en chauffant du bromure de cyanogène et de la naphtaline à 250°; mais le seul procédé donnant un bon rendement consiste à distiller le naphtaline-sulfonate de sodium avec du ferrocyanure de potassium desséché.

Dérivé bromé, $C^{10}H^6Br\text{-}CAz$. — On dissout l'α-cyanure de naphtyle dans le sulfure de carbone, on ajoute la quantité calculée de brome et on chauffe au réfrigérant ascendant. Le sulfure de carbone est distillé, le résidu lavé à l'alcool froid et soumis à des cristallisations dans l'éther ou dans le chloroforme. On obtient des aiguilles colorées en jaune, devenant incolores par sublimation, fusibles à 147°. Ce corps est très soluble à chaud dans l'alcool, l'éther, l'acide acétique bouillant, mais beaucoup moins à froid [Hausamann, *loc. cit.*].

Dérivés nitrés. — Graeff en traitant, ainsi que nous l'avons vu, le nitrile naphtoïque par l'acide azotique, obtient, outre l'acide naphtoïque nitré, des corps insolubles dans les alcalis, mélange de nitriles nitrés. En les soumettant à des cristallisations fractionnées, on parvient à isoler trois dérivés nitrés, l'un fusible à 205°, l'autre à 148-149°, enfin le troisième à 100°. Le corps fusible à 205°, qui forme la majeure partie, est le moins soluble des trois dans l'éther et cristallise en fines aiguilles blanches, peu solubles dans le sulfure de carbone et le pétrole, plus solubles dans l'alcool et l'acide acétique, très solubles dans le chloroforme et la benzine. Il est sublimable et on l'obtient ainsi en assez grands cristaux jaunes.

Cyanure α-naphtoïque, $C^{10}H^7\text{-}CO\text{-}CAz$. — A. W. Hofmann, en traitant l'acide α-naphtoïque par le perchlorure de phosphore, obtint le chlorure α-naphtoïque. En faisant digérer au bain-marie ce corps avec un peu plus de la quantité équivalente de cyanure de mercure pendant dix heures, Boessneck [*Deutsch. chem. Gesellsch.*, 1882, p 3064] a obtenu le cyanure α-naphtoïque.

Pour l'isoler, on traite le produit de la réaction par de l'eau et de l'éther, qui dissout le cyanure. Après cristallisation dans l'éther, il forme de belles aiguilles jaunes fusibles à 101°. Chauffé avec de l'eau ou avec de la potasse, il se transforme en acide naphtoïque et en acide cyanhydrique. Avec l'ammoniaque ou l'aniline, il se change en α-naphtamide ou en naphtanilide.

En faisant digérer le cyanure α-naphtoïque avec plusieurs fois son volume d'acide acétique glacial saturé d'acide chlorhydrique, on le voit se dissoudre lentement, et au bout d'un à deux jours il se sépare des aiguilles blanches. On précipite les eaux mères par l'eau et l'on fait cristalliser le tout dans l'alcool.

L'*α-naphtylglyoxylamide,*

$$C^{10}H^7\text{-}CO\text{-}CO.AzH^2,$$

ainsi obtenue, forme de belles et longues aiguilles fusibles à 151°. En la faisant bouillir avec de la potasse alcoolique au réfrigérant ascendant, il se dégage de l'ammoniaque et on obtient de l'*acide naphtylglyoxylique*, $C^{10}H^7\text{-}CO\text{-}CO^2H$. Lamelles incolores, solubles dans l'éther.

II. ACIDE β-NAPHTOÏQUE.

Depuis la rédaction de l'article du *Dictionnaire*, un certain nombre de sels de l'acide β-naphtoïque ont été préparés par Vieth [*Liebig's Ann. Chem.*, t. CLXXX, p 311].

Sel de potassium, $C^{11}H^7O^2K + 1/2H^2O$. — Grandes lamelles jaunâtres, grasses au toucher, très solubles dans l'eau et dans l'alcool et cristallisant dans ce dissolvant en aiguilles.

Sel de sodium, $1/2H^2O$. — Petites lamelles très solubles dans l'eau et dans l'alcool.

Sel d'argent. — Flocons blancs, peu solubles dans l'eau chaude, insolubles à froid et dans l'alcool.

Sel de magnésium, $(C^{11}H^7O^2)^2Mg + 5H^2O$. — Masse blanche cristalline; ce sel est assez peu soluble dans l'eau froide, beaucoup plus à chaud, très peu dans l'alcool.

β-Naphtoate de méthyle. — On dissout le chlorure β-naphtoïque dans l'alcool méthylique anhydre et l'on chauffe légèrement. Lamelles blanches brillantes, fusibles à 77° et distillant à 290°, très solubles dans l'alcool, l'éther, le chloroforme et la benzine. Il possède une odeur agréable, rappelant les fraises.

β-Naphtoate d'éthyle. — Huile incolore, d'odeur assez faible, soluble dans l'alcool, l'éther, le chloroforme; par le refroidissement, il se forme des cristaux dans la solution.

Anhydride β-naphtoïque, $(C^{11}H^7O)^2O$. — On

chauffe à 150-160° parties équivalentes de chlorure β-naphtoïque et de β-naphtoate de potassium desséché à 120°. Le produit de la réaction est lavé à l'eau, cristallisé dans la benzine, enfin dans l'éther. Il forme alors de belles lamelles soyeuses, fusibles à 133-134°; il est très soluble dans la benzine à chaud et dans l'éther bouillant. L'eau bouillante le transforme en acide α-naphtoïque, l'alcool en son éther éthylique [Hausamann, *Deutsch. chem. Gesellsch.*, 1876, p. 1515].

Anhydride α-β-naphtoïque,

$$\begin{matrix}\alpha\ C^{11}H^7O \\ \beta\ C^{11}H^7O\end{matrix} > O.$$

— Ce corps a été obtenu par Hausamann en chauffant du chlorure α-naphtoïque avec du β-naphtoate de potassium. Il cristallise en fines aiguilles fusibles à 126°.

ACIDE β-NAPHTOÏQUE BROMÉ, $C^{10}H^6Br-CO^2H$. — On chauffe sous pression à 140-150° le nitrile β-naphtoïque bromé avec de la soude alcoolique, ou bien on fait agir le brome, en solution acétique, sur l'acide β-naphtoïque. Il se dépose de l'alcool ou de l'acide acétique en petits cristaux incolores et se sublime en fines aiguilles blanches fusibles à 256°. Il est peu soluble dans l'eau bouillante, dans l'alcool, l'éther et l'acide acétique à froid, très soluble à chaud.

Sel de potassium, $C^{11}H^6BrO^2K + 2\frac{1}{2}H^2O$. — Corps amorphe, soluble dans l'eau.

Sel de calcium, $(C^{11}H^6BrO^2)^2Ca + 3H^2O$. — Croûtes cristallines, solubles dans 2000 p. d'eau à 20°.

Sel de baryum, $3H^2O$. — Belles aiguilles ne se dissolvant que dans 4300 p. d'eau à 20°.

β-ACIDE TRIBROMONAPHTOÏQUE, $C^{10}H^4Br^3-CO^2H$. — On chauffe l'acide β-naphtoïque avec trois molécules de brome, renfermant un peu d'iode, en tubes scellés jusqu'à 350°. Le produit de la réaction, formant une masse brune, est épuisé par l'ammoniaque diluée; la solution est précipitée par de l'acide chlorhydrique.

Ce corps fond à 269-270°; il se sublime en fines aiguilles blanches; il se dissout peu dans l'alcool, l'éther et l'acide acétique à froid, mais facilement à chaud; il est presque insoluble dans l'eau. Les sels d'ammonium, de potassium et de sodium forment des aiguilles ou des lamelles presque insolubles dans l'eau froide, peu solubles à chaud.

ACIDE TÉTRABROMO-β-NAPHTOÏQUE,

$$C^{10}H^3Br^4-CO^2H.$$

— Ce corps s'obtient, comme le dérivé tribromé, en faisant agir un excès de brome. Petits cristaux fusibles à 259-260° et se sublimant en fines aiguilles, avec décomposition partielle. Il se dissout assez facilement à chaud dans l'acide acétique glacial, l'alcool et l'éther. Le sel de baryum forme une poudre amorphe blanche, insoluble dans l'eau [Hausamann, *loc. cit.*].

DÉRIVÉS NITRÉS. — *Acide mononitro-β-naphtoïque*. — Küchenmeister [*Deutsch. chem. Gesellsch.*, 1870, p. 739] avait obtenu cet acide en ajoutant un mélange de salpêtre et d'acide naphtoïque à de l'acide sulfurique. Rakowski [*Ibid.*, 1872, p. 1020] fait bouillir l'acide naphtoïque avec 4 à 5 p. d'acide azotique jusqu'à ce qu'il ne se dégage plus de vapeurs nitreuses. Par le refroidissement, il se sépare de petites aiguilles jaunes.

Par réduction au moyen d'étain et d'acide chlorhydrique, ce chimiste n'a pas obtenu le dérivé amidé correspondant, mais un corps de la composition $C^{22}H^{16}Az^2O^2$ ne se combinant ni avec les acides ni avec les bases. Presque insoluble dans l'eau froide, il se dissout facilement à chaud, il est très soluble dans l'alcool et dans l'éther. Il cristallise dans l'eau en fines aiguilles, dans l'alcool en prismes fusibles à 174° et se sublimant déjà à 175°.

Ce corps se formerait d'après l'équation

$$2C^{10}H^6(AzO^2)-COOH - 6O + 2H$$
$$= C^{10}H^6 \begin{matrix} < CO - CO > \\ AzH^2\ AzH^2 \end{matrix} C^{10}H^6.$$

Eckstrand (*loc. cit.*), en nitrant l'acide β-naphtoïque, en solution acétique, avec de l'acide azotique fumant, a obtenu, comme avec l'acide α, deux dérivés nitrés isomériques.

Acide mononitro-β-naphtoïque I. — La séparation de cet acide de son isomère a été effectuée, grâce à sa plus grande solubilité dans l'alcool et dans l'éther. Il cristallise dans l'alcool à chaud en flocons composés d'aiguilles microscopiques, solubles dans 388 p. d'eau froide, beaucoup plus solubles à chaud. L'*éther éthylique* cristallise dans l'alcool en petites aiguilles fusibles à 92°.

Acide mononitro-β-naphtoïque II. — Petites aiguilles groupées concentriquement. Peu solubles dans l'alcool chaud et dans l'acide acétique, fusibles à 280°. *Sel de calcium*. — Petites lamelles, solubles dans 930 p. d'eau. *Éther éthylique*. — Longues aiguilles soyeuses, fusibles à 107°.

DÉRIVÉS SULFONIQUES. — L'acide β-naphtoïque se dissout plus facilement dans l'acide sulfurique que son isomère α et donne, comme lui, un acide sulfoné, masse cristalline très soluble, fusible avec décomposition partielle à 229-230°.

Sel de baryum acide, $(C^{11}H^7SO^5)^2Ba + 7H^2O$. — Gros cristaux, presque insolubles dans l'eau froide, très solubles à chaud.

Sel de baryum neutre, $C^{11}H^6SO^5Ba + H^2O$. — Prismes très solubles dans l'eau (Battershall).

Sel de potassium neutre, $C^{11}H^6SO^5K^2$. — Il cristallise dans l'eau en petites aiguilles, dans l'alcool en petits prismes soyeux (Stumpf).

ALDÉHYDE β-NAPHTOÏQUE, $C^{10}H^7-COH$. — En distillant un mélange de β-naphtoate et de formiate de calcium, on obtient un mélange de naphtaline et d'aldéhyde β-naphtoïque. On purifie cette dernière en la combinant avec du bisulfite de sodium et décomposant la combinaison avec une solution diluée de carbonate de sodium; l'aldéhyde distille avec les vapeurs d'eau. Elle forme des lamelles brillantes, fusibles à 59°,5, insolubles dans l'eau froide, un peu solubles à chaud, très solubles dans l'alcool et dans l'éther. Le permanganate de potassium la transforme en acide β-naphtoïque. L'acide azotique concentré la dissout et donne un dérivé nitré cristallin [Battershall, *Liebig's Ann. Chem.*, t. CLXVIII, p. 221].

HYDRO-β-NAPHTAMIDE, $(C^{10}H^7-CH)^3Az^2$. — On met en contact l'aldéhyde β-naphtoïque avec de l'ammoniaque alcoolique pendant quelques jours. Cette amide est insoluble dans l'eau, l'alcool à froid et l'éther, fusible à 146-150° avec décomposition. L'acide chlorhydrique dilué la dédouble (Battershall).

NITRILE β-NAPHTOÏQUE. — *Dérivé bromé*,

$$C^{10}H^6Br-CAz.$$

— Ce corps se prépare de la même manière que son isomère α. Il fond à 148-149° et se sublime en belles aiguilles blanches; il se dissout facilement dans le chloroforme et la benzine, moins dans l'éther, l'alcool et l'acide acétique à froid. (Hausamann.)

ÉTHER β-NAPHTIMIDE-ÉTHYLIQUE,

$$C^{10}H^7-C \begin{matrix} \nearrow AzH \\ \searrow OC^2H^5. \end{matrix}$$

— Le chlorhydrate de ce corps s'obtient en faisant arriver de l'acide chlorhydrique gazeux dans une solution de 2 p. de nitrile β-naphtoïque dans 1 p. d'alcool. Chauffé à 192°, il se décompose en chlorure d'éthyle et en amide β-naphtoïque. L'éther naphtimide-éthylique forme une huile qui ne se solidifie qu'au bout d'un temps très long: il est insoluble dans l'eau, soluble dans l'alcool, l'éther, la benzine. Le chlorhydrate, traité par l'ammoniaque à 50-60°, se transforme en chlorhydrate d'une amidine, la *naphtimide-amide*, $C^{10}H^7\text{-}C(AzH)AzH^2.HCl$, cristallisant en aiguilles, solubles dans l'eau et dans l'alcool, fusibles à 224-226°.

CHLORHYDRATE β-NAPHTIMIDE-ISOBUTYLIQUE,

$$C^{10}H^7\text{-}C \begin{matrix} /\!\!/ AzH.HCl \\ \diagdown OC^4H^9 \end{matrix}$$

— Longues aiguilles incolores, fusibles à 38°, qu'on prépare de la même manière que le dérivé éthylique. Il se décompose à 140-160° en chlorure d'isobutyle et en amide β-naphtoïque.

Par l'action de l'anhydride acétique, il se convertit en *acétyle* *β-naphtimide*,

$$C^{10}H^7\text{-}C \begin{matrix} /\!\!/ AzH \\ \diagdown OC^2H^3O, \end{matrix}$$

qui cristallise dans l'alcool en longues aiguilles soyeuses, fusibles à 150-152° [Lohmann, *Deutsch. chem. Gesellsch.*, 1878, p. 1485; *Bull. Soc. chim.*, 1879, p. 342].

CHLORURE β-NAPHTOÏQUE. — On traite par le perchlorure de phosphore l'acide β-naphtoïque. Masse cristalline blanche, fusible à 43° et distillant à 304-306°. Elle est soluble dans l'éther, le chloroforme et la benzine [Vieth, *loc. cit.*; — Grucarevic et Merz, *Deutsch. chem. Gesellsch.*, 1873, p. 1242].

β-NAPHTAMIDE. — On chauffe au bain-marie le chlorure β-naphtoïque avec du carbonate d'ammonium. La masse cristalline est épuisée par de l'alcool chaud et la solution est précipitée par de l'eau. La β-naphtamide cristallise dans l'alcool bouillant en lamelles incolores, solubles dans l'alcool, l'éther, le chloroforme et la benzine, surtout à chaud, fusibles à 192° et distillant à une température plus élevée.

ACIDES OXYNAPHTOÏQUES.

Battershall [*Liebig's Ann. Chem.*, t. CLXVII, p. 114] décrit deux acides différant de l'acide carbonaphtylique fusible à 185 186° (t. II, p. 515). Ce chimiste les prépare en faisant fondre les acides sulfonaphtoïques avec la potasse. Stumpf [*Ibid.*, t. CLXXXVIII, p. 1] a confirmé ces résultats, mais il décrit encore un troisième isomère γ obtenu par fusion de son acide γ-sulfonaphtoïque.

ACIDE α-OXY-α-NAPHTOÏQUE,

$$C^{10}H^6 \begin{matrix} \diagup OH \\ \diagdown CO^2H. \end{matrix}$$

— On ajoute lentement du sulfonaphtoate de potassium à de la potasse caustique fondue : la décomposition s'accomplit sans produits secondaires. Le produit de la réaction est dissous dans l'eau et précipité par l'acide chlorhydrique.

L'acide α-oxy-α-naphtoïque se dépose dans l'eau bouillante en longues aiguilles feutrées, fusibles à 234-237°, sublimables; il est assez soluble dans l'eau à chaud, peu à froid, très soluble dans l'alcool. Les solutions de l'acide saturées de carbonate de baryum ou de calcium se colorent par évaporation et laissent comme résidu des masses amorphes qui ne sont plus entièrement solubles. Le perchlorure de fer forme un précipité violet sale.

ACIDE β-OXY-α-NAPHTOÏQUE. — Se forme par la fusion de l'acide β-sulfo-α-naphtoïque. Il est purifié par des cristallisations dans l'eau. Fines aiguilles fusibles à 245-247°, très solubles dans l'eau bouillante, peu solubles dans l'eau froide. A froid, le perchlorure de fer ne le colore pas.

ACIDE γ-OXY-α-NAPHTOÏQUE. — Cet acide ressemble beaucoup à ses isomères. Il est très soluble dans l'alcool, moins dans l'eau chaude, peu à froid. Dans l'eau, il se dépose sous forme de fines aiguilles fusibles à 186-187°. Le perchlorure de fer le précipite en brun.

Ce corps possède presque le même point de fusion que l'acide carbonaphtylique de Schaeffer et Eller, mais les deux corps ne sont point identiques; en effet, l'acide carbonaphtylique est coloré en bleu par le perchlorure de fer; avec la potasse, il donne un sel très peu soluble, tandis que le γ-oxy-α-naphtoate de potassium est très soluble; enfin, ce dernier acide distillé avec de la chaux donne du β-naphtol.

ACIDE β-OXY-β-NAPHTOÏQUE. (Syn. *Oxyisonaphtoïque*). — S'obtient par la fusion avec de la potasse de l'acide β-sulfo-β-naphtoïque. L'acide cristallise dans l'eau bouillante en longues aiguilles incolores, fusibles à 212-213°, d'après Stumpf à 210-211°. Les sels se décomposent à l'air.

Kauffmann [*Deutsch. chem. Gesellsch.*, 1882, p. 804] en faisant fondre avec de la potasse l'aldéhyde *oxynaphtoïque* préparée par l'action du chloroforme et de la soude sur le β-naphtol, a obtenu, outre le dinaphtol et le β-naphtol, un acide oxynaphtoïque. Cet acide cristallise dans l'alcool en fines aiguilles feutrées, fusibles à 150° avec décomposition. La solution alcoolique est colorée en bleu par le perchlorure de fer. L'ébullition avec l'eau suffit pour le décomposer en gaz carbonique et en β-naphtol. Les sels de potassium et d'ammonium se déposent après évaporation des solutions, mais ils brunissent à l'air.

Ad. KOPP.

NAPHTOÏQUES (ALDÉHYDES, AMIDES, CHLORURES, CYANURES, NITRILES, etc.). — Voyez NAPHTOÏQUE (ACIDE).

NAPHTOLS, $C^{10}H^7.OH$. (t. II, p. 515). — Comme tous les dérivés monosubstitués de la naphtaline, les naphtols existent sous deux modifications isomériques, ainsi qu'on l'a expliqué page 1038.

α-NAPHTOL.

Une synthèse très élégante de l'α-naphtol vient d'être effectuée par Fittig et Erdmann [*Deutsch. chem. Gesellsch.*, 1883, p. 43]. Ce phénol se forme par la décomposition de l'acide phényliso-crotonique, soit par distillation sèche ou lorsqu'on chauffe cet acide pendant quelque temps à l'ébullition. Le schema suivant rend compte de la réaction :

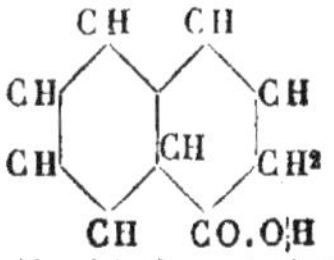

```
        CH    CH
   CH              CH
   CH      CH      CH²
        CH    CO.OH
```

Acide phénylisocrotonique.

```
              CH    CH
         CH              CH
= H²O +
         CH              CH
              CH    C.OH
```

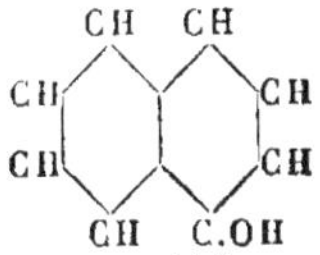

α-naphtol.

Grimaux [*Bull. Soc. chim.*, t. XVIII, p. 205], en chauffant longtemps le tétrachlorure de naphtaline avec de l'eau, a obtenu un glycol naphthydrénique dichloré, $C^{10}H^8Cl^2(OH)^2$, formant de grands prismes fusibles à 155-156°. En distillant la solution aqueuse de ce corps avec de la poudre de zinc il obtint de l'α-naphtol,

$$C^{10}H^8Cl^2(OH)^2 + H^2$$
$$= C^{10}H^7.OH + 2HCl + H^2O.$$

Propriétés de l'α-naphtol. — Il possède à 4°

une densité de 1,224. Le perchlorure de fer forme dans sa solution aqueuse un trouble opalescent, se transformant bientôt en un précipité rouge violet formé d'α-dinaphtol, $C^{20}H^{12}(OH)^2$ (Dianin) (Suppl., p. 647). L'éther chlorocarbonique donne avec l'α-naphtol l'*éther naphtyléthylcarbonique* $C^{10}H^7.O.CO^2C^2H^5$, qui est en lamelles blanches fusibles à 31°, très solubles dans l'alcool.

Kölle [*Deutsch. chem. Gesellsch.*, 1880, p. 1953] a préparé avec l'α-naphtol et le bromure d'éthylène l'éther α-dinaphtyléthylénique

$$C^2H^4.O^2(C^{10}H^7)^2,$$

fusible à 125-126° et cristallisant en lamelles blanches. Avec l'acide oxalique, le naphtol donne la *napthanthraquinone* (Suppl., p. 1052).

L'aldéhyde benzoïque, en présence d'acide sulfurique, se combine avec le naphtol d'après l'équation

$$2C^7H^6O + 2C^{10}H^8O = C^{34}H^{26}O^3 + H^2O$$

[Baeyer, *Deutsch. chem. Gesellsch.*, 1872, p. 25 et 280].

Une molécule de trichlorure de benzyle donne avec 2 molécules d'α-naphtol une matière colorante verte [Dœbner, *Deutsch. chem. Gesellsch.*, 1880, p. 613].

Grabowski, en faisant agir l'acide pyromellique sur l'α-naphtol, a préparé une série de cinq acides [*Deutsch. chem. Gesellsch.*, 1873, p. 1065].

L'α ou le β-naphtol, chauffés sous pression avec du chlorure de zinc ammoniacal ou avec de l'acétate de sodium et du chlorhydrate d'ammoniaque, se transforment en α ou en β-naphtylamine [Calm, *Deutsch. chem. Gesellsch.*, 1882, p. 609]. Avec l'acétamide, il se forme de l'acéto-α-naphtalide.

Par la distillation de l'α-naphtol avec 3 parties d'oxyde de plomb, on obtient de l'oxyde de dinaphtylène (voyez Suppl., p. 649).

L'α-naphtol, chauffé avec de l'acide sulfurique dilué ou traité par un courant de gaz chlorhydrique, donne l'éther dinaphtylique $(C^{10}H^7)^2O$.

Éthers du naphtol. — *Éther éthylique.* — Ce corps, décrit t. II, p. 516, peut être obtenu, d'après Liebermann et Hagen [*Deutsch. chem. Gesellsch.*, 1882, p. 1427], en chauffant pendant sept heures à 150° 1 partie de naphtol, 3 parties d'alcool et 1 partie d'acide chlorhydrique. On obtient un rendement de 45 % du poids du naphtol.

Éther méthylique, $C^{10}H^7.OCH^3$. — Se prépare comme l'éther éthylique. Liquide incolore, bouillant à 265-266°, très soluble dans l'éther, le sulfure de carbone, le chloroforme, moins soluble dans les alcools, insoluble dans l'eau. Le brome donne le dérivé bromé $C^{10}H^6Br.OCH^3$ en grands prismes fusibles à 48°, solubles dans l'éther et le chloroforme.

Éther acétique. — Se forme, d'après Tassarini [*Gazz. chim. ital.*, t. X, p. 591], lorsqu'on chauffe un mélange d'α-naphtol, d'anhydride acétique et d'acétate de sodium. Grands cristaux fusibles à 49°, très solubles dans l'alcool et dans l'éther.

Éther naphtyléthylcarbonique,

$$C^{10}H^7O.CO^2.C^2H^5.$$

— Il se forme par l'action de l'éther chlorocarbonique sur l'α-naphtol. Il cristallise en tables rhombiques fusibles à 31°, très solubles dans l'alcool. Lorsqu'on le chauffe, il se décompose en alcool, acide carbonique, α-naphtol et en un corps de la composition $C^{21}H^{12}O^2$ formant des aiguilles jaunes, fusibles à 240°.

Le β-naphtol, par contre, forme, par l'action de l'éther chlorocarbonique, l'éther dinaphtyldiéthylorthocarbonique,

$$(C^{10}H^7O)^2{=}C{=}(OC^2H^5)^2,$$

corps de consistance grasse bouillant à 298-301°, très soluble dans tous les dissolvants, sauf dans l'eau. L'acide chlorhydrique le décompose à 250° en β-naphtol, acide carbonique et en chlorure d'éthyle [Bender, *Deutsch. chem. Gesellsch.*, 1880, p. 696].

Dérivés chlorés de l'α-naphtol. — Grimaux, en distillant du glycol dichlornaphthydrénique avec de l'acide chlorhydrique, a obtenu du monochloronaphtol. Longues aiguilles fines, fusibles à 109°, volatiles avec la vapeur d'eau, peu solubles dans l'eau froide, plus solubles à chaud.

Claus et Oehler [*Deutsch. chem. Gesellsch.*, 1882, p. 312] décrivent un autre dérivé chloré qu'ils obtiennent en chauffant à 120° pendant vingt-quatre heures 1 molécule de naphtolsulfonate de potassium avec 2 molécules de perchlorure de phosphore. Il se forme du naphtol chloré et une naphtaline dichlorée.

Le produit de la réaction est dissous dans l'eau, la solution épuisée par de l'éther, et le résidu de la distillation de l'éther est soumis à l'action de la vapeur d'eau; le naphtol chloré distille d'abord. Il est très soluble dans l'alcool, le chloroforme, et cristallise en petites aiguilles feutrées, fusibles à 57°. Par oxydation avec l'acide chromique ou avec le permanganate de potassium, il fournit de l'acide phtalique. L'acide azotique le transforme en naphtoquinone.

Dibromo-α-naphtol. — Lorsqu'on ajoute à une solution d'α-naphtol dans trois fois son poids d'acide acétique, du brome également en solution, il se précipite le dérivé dibromé. Cristallisé dans l'alcool, il forme des aiguilles incolores, brillantes, fusibles à 111°, insolubles dans l'eau, très solubles dans l'alcool, l'éther, l'acide acétique. Traité par de la potasse alcoolique, il donne du dioxynaphtol. En ajoutant de l'acide azotique à une solution acétique de dibromonaphtol, on obtient un corps résineux d'où l'on peut isoler un corps nitré, fusible à 120-125° [Biedermann, *Deutsch. chem. Gesellsch.*, 1873, p. 1119].

Nitrosonaphtol, $C^{10}H^6(AzO)OH$. — Il se forme deux isomères de ce corps lorsqu'on fait agir l'acide azoteux sur l'α-naphtol. Pour les préparer, Fuchs [*Deutsch. chem. Gesellsch.*, 1875, p. 626] dissout 60 grammes de naphtol dans une solution de potasse renfermant 40 grammes de potasse dans 18 litres d'eau. La liqueur étant refroidie à — 5°, on ajoute une solution de 75 gr. de nitrite de potassium, enfin on verse par petites portions 85 grammes d'acide sulfurique dilué d'un litre d'eau. Après vingt-quatre heures, on filtre le précipité brun qui s'est formé, on lave et on fait cristalliser dans l'eau. Les deux isomères se séparent par cristallisation dans la benzine.

α-*Nitroso-α-naphtol* ($\alpha_1 - \alpha_2$). — Aiguilles blanches, fusibles à 175-185° avec décomposition; dans la benzine, on obtient des aiguilles brunes. Il se dissout facilement dans l'acétone, l'éther, l'alcool, difficilement dans le sulfure de carbone, le chloroforme et la benzine.

β-*Nitroso-α-naphtol* ($OH\alpha_1 - AzO\beta_1$). — Aiguilles jaunes, fusibles à 145-150° avec décomposition. Il forme la majeure partie du produit de la réaction. Il est très soluble dans l'acétone, l'alcool, l'acide acétique, moins dans la benzine, le sulfure de carbone, etc. Il est presque insoluble dans l'eau froide, mais se dissout à chaud.

β-*Nitrosonaphtolate de potassium.* — On dissout le nitrosonaphtol dans la potasse, on sature l'excès d'alcali par de l'acide carbonique, on évapore à sec et on épuise par de l'alcool. Le sel cristallise en lamelles vertes mordorées, assez solubles dans l'eau, peu solubles dans l'alcool.

β-*Nitrosonaphtolate de baryum*,

$$[C^{10}H^6(AzO)O]^2Ba + 2H^2O.$$

— La solution de nitrosonaphtol dans l'ammoniaque est précipitée par le chlorure de baryum. Petites lamelles bronzées, brillantes, insolubles dans l'alcool.

Éther méthylique, $C^{10}H^6(AzO)OCH^3$. — Le sel d'argent du nitrosonaphtol est traité, en solution alcoolique, par de l'iodure de méthyle. L'éther forme des aiguilles jaune-verdâtre fusibles à 95°, très solubles dans l'alcool.

Ether éthylique, $C^{10}H^6(AzO)OC^2H^5$. — Aiguilles aplaties, brillantes, de couleur verdâtre. Il est insoluble dans l'eau, très soluble dans l'alcool et fond à 101° (Fuchs).

Éther benzoïque, $C^{10}H^6(AzO)OC^7H^5O$. — Lorsqu'on ajoute à du nitrosonaphtolate de sodium son poids de chlorure de benzoyle, le mélange s'échauffe. Le produit est épuisé par une solution de carbonate de sodium qui dissout l'acide benzoïque. Le résidu, cristallisé dans l'acide acétique ou dans un mélange de chloroforme et d'acétone, se présente en petits cristaux jaunes, fusibles à 162°, très solubles dans l'acide acétique glacial, peu solubles dans l'alcool, l'essence de pétrole et l'eau. Par réduction, au moyen d'étain et d'acide chlorhydrique, on obtient du benzényle-β-amido-α-naphtol,

$$C^{10}H^6 \lessdot {O \atop Az} \gtrdot C\text{-}C^6H^5,$$

cristallisant en aiguilles incolores, sublimables, fusibles à 122°, très solubles dans l'alcool froid et l'acide acétique, peu solubles dans l'eau [Worms, *Deutsch. chem. Gesellsch.*, 1882, p. 1815].

Nitro-α-naphtols. — En traitant les nitrosonaphtols par de l'acide azotique concentré et froid, on obtient le dinitronaphtol fusible à 137°; par contre, lorsqu'on les oxyde avec du ferricyanure de potassium, il se forme deux mononitronaphtols isomériques. On dissout 2 grammes de nitrosonaphtol dans 3/4 de litre de soude diluée et on ajoute à la solution chaude 50 grammes de ferricyanure de potassium. On chauffe au bain-marie pendant une heure. Après refroidissement, on filtre, on précipite par l'acide sulfurique, on lave le précipité et on le fait cristalliser dans l'alcool (Fuchs).

Ils s'obtiennent aussi en faisant bouillir avec de la soude la nitr acétonaphtalide [Liebermann et Dittler, *Liebig's Ann. Chem.*, t. CLXXXIII, p. 246; *Deusch. chem. Gesellsch.*, 1874, p. 244]. La séparation des deux nitronaphtols est basée sur leur solubilité différente dans l'alcool et dans l'eau.

α-Nitro-α-naphtol, $C^{10}H^6(AzO^2)(OH)(\alpha_1-\alpha_2)$. — Ce corps, décrit t. II, p. 517, et dont on vient d'indiquer la préparation, se forme aussi, suivant Hübner et Ebell [*Liebig's Ann. Chem.*, t. CCVIII, p. 325], lorsqu'on décompose par la potasse la paramononitrobenzoyle-α-naphtalide (préparée en traitant par de l'acide azotique fumant la benzoylnaphtalide $C^{10}H^7AzH(CO\text{-}C^6H^5)$.

L'α-nitro-α-naphtol forme des aiguilles jaune d'or, fusibles à 164°, très solubles dans l'alcool et l'acide acétique.

Sel de potassium, $C^{10}H^6(AzO^2)OK$. — Cristallise dans l'alcool en petits cristaux rouge-orangé, très solubles dans l'eau, assez solubles dans l'alcool et dans l'éther. — *Sel de sodium*. Cristallise avec $2H^2O$ en fines aiguilles rouges. Chauffé à 110°, il perd son eau et se colore en violet. Il est très soluble dans l'eau et dans l'alcool. — *Sel d'ammonium*. Très soluble dans l'eau, il forme des cristaux jaunâtres groupés en étoile. — *Sel de baryum*, $[C^{10}H^6(AzO^2)O]^2Ba + 3H^2O$. Prismes rouges dichroïques.

Sel de calcium. — Fines aiguilles feutrées rouges, peu solubles dans l'alcool, très solubles dans l'eau, renfermant $3H^2O$.

Sel de plomb. — Poudre écarlate anhydre, peu soluble dans l'eau. — *Sel d'argent*. Poudre carminée, se décomposant à l'air. — *Sel mercureux*. Précipité orangé.

Le sel de sodium a formé pendant un certain temps une matière colorante connue sous le nom de *jaune de Campobello* ou jaune français.

β-Nitro-α-naphtol $(\alpha_1-\beta_1)$. — Se forme par oxydation du β-nitroso-α-naphtol; par décomposition de la nitroacétonaphtalide, on l'obtient en petite quantité; étant moins soluble dans l'eau, il reste dans le résidu qu'on fait cristalliser dans l'alcool. Worms a aussi obtenu ce corps en faisant bouillir avec de la potasse l'orthonitrobenzoyl-α-naphtalide.

Le β-nitro-α-naphtol forme des lamelles minces verdâtres, volatiles avec la vapeur d'eau, fusibles à 128°, peu solubles dans l'eau et dans l'alcool.

Les sels qu'il forme sont colorés en rouge; celui d'*ammonium* cristallise d'une solution aqueuse chaude en aiguilles rouge orangé. Le *sel de baryum*, $[C^{10}H^6(AzO^2)O]^2Ba + 3H^2O$, est en aiguilles rouges brillantes.

Dinitro-α-naphtol, $C^{10}H^5(AzO^2)^2OH$. — On a indiqué, t. II, p. 517, quelques modes de formation de ce corps; il se forme aussi par l'action de l'acide azotique sur les deux nitrosonaphtols (Fuchs), sur les deux nitronaphtols (Liebermann et Dittler), sur l'α-naphtylamine (Ballo), sur l'acide α-naphtolsulfonique [Darmstädter et Wichelhaus, *Liebig's Ann. Chem.*, t. CLII, p. 299], ou lorsqu'on fait bouillir la dinitroacétonaphtalide ou la dinitrobenzoylnaphtalide avec de la potasse [Hübner, *Liebig's Ann. Chem.*, t. CCVIII, p. 332].

Trinitro-α-naphtol. — Eckstrand [*Deutsch. chem. Gesellsch.*, 1878, p. 161] obtient ce corps en faisant agir sur le dinitronaphtol quatre fois son poids d'un mélange à parties égales d'acide azotique ordinaire et d'acide fumant; on chauffe à 40-50°, on verse le produit dans l'eau; il se précipite ainsi un mélange de dinitro et de trinitronaphtols. La masse est épuisée par de l'alcool bouillant, ensuite par de l'acide acétique, enfin purifiée par cristallisation dans l'acide acétique glacial. Diehl et Merz [*Deutsch. chem. Gesellsch.*, 1878, p. 1661] l'obtiennent en introduisant 1 p. de dinitronaphtol dans 10-15 p. d'acide sulfurique et ajoutant 1 p. 1/2 d'acide azotique fumant pareillement dilué d'acide sulfurique. Après un contact de dix jours, ils versent le tout dans de l'eau glacée.

Le trinitro-α-naphtol fond à 176°; il se dissout à froid dans 364 parties d'acide acétique glacial; il est peu soluble dans l'alcool, la benzine et dans l'eau bouillante; cette dernière solution le laisse déposer en petites aiguilles jaunes.

Sel de potassium, $C^{10}H^4(AzO^2)^3OK + H^2O$. — Ce sel, cristallisé en liqueur étendue, forme des lamelles rouges. Les solutions concentrées le déposent sous forme d'aiguilles. Il est soluble dans 397 p. d'eau. — *Sel de sodium*. Prismes rouges, solubles dans 35 parties d'eau et contenant 1 molécule d'eau. — *Sel d'ammonium*. Longues aiguilles orangées, solubles dans 633 p. d'eau froide.

Sel de baryum,

$$[C^{10}H^4(AzO^2)^3O]^2Ba + 2\tfrac{1}{2}H^2O.$$

— Aiguilles jaunes, devenant rouges lorsqu'on les chauffe, solubles dans 1106 parties d'eau froide.

Sel de calcium. — Aiguilles jaunes, solubles dans 265 parties d'eau et renfermant $3H^2O$.

Tétranitro-α-naphtol, $C^{10}H^3(AzO^2)^4OH$. — Merz et Weith [*Deutsch. chem. Gesellsch.*, 1882, p. 2714] traitent la bromotétranitro-naphtaline par une solution de carbonate de sodium au bain-marie; au bout de quelques heures, le dérivé nitré est entièrement dissous, et par le refroidissement il se dépose un sel de sodium que l'on décompose par un acide. Cristallisé dans l'acide acétique, le tétranitronaphtol forme de petites aiguilles brillantes jaunes, fusibles à 180°. A 18° il se dissout dans 220 p. de benzine.

Sel de sodium, $C^{10}H^3(AzO^2)^4ONa + 2H^2O$. — Ce sel, très soluble dans l'eau chaude, cristallise en lamelles mordorées jaune-rougeâtre; il se dissout à 19° dans 94 parties d'eau. — *Sel de potassium*. On chauffe l'α-tétranitronaphtaline bromée avec une solution de carbonate de potassium, il se forme un précipité cristallin presque noir. Cristallisé plusieurs fois, ce sel forme de beaux prismes d'un rouge foncé, mordorés, contenant 1 1/2 H^2O. A 19°, 1 p. du sel se dissout dans 340 p. d'eau.

Sel de baryum, $[C^{10}H^3(AzO^2)^4O]^2Ba + 3H^2O$. — Flocons cristallins jaunâtres, ne se dissolvant que très peu dans l'eau bouillante, plus facilement dans l'alcool dilué, d'où ils cristallisent en aiguilles rouges. — *Sel de calcium*. Il est beaucoup plus soluble que le sel de baryum et renferme $2H^2O$. Cristallisé dans l'eau, il forme des aiguilles jaunes; il se dissout plus facilement dans l'alcool que dans l'eau. — *Sel d'argent*. Précipité jaune rougeâtre, formé de fines aiguilles et contenant $3H^2O$. Il se dissout peu dans l'eau froide, plus facilement à chaud, très facilement dans l'alcool.

L'α-tétranitronaphtol, oxydé au bain-marie par de l'acide azotique dilué, donne de l'acide dinitrophtalique fusible à 227°.

AMIDO-α-NAPHTOLS, $C^{10}H^6(AzH^2)OH$. — *α-Amido-α-naphtol*. — Il a été obtenu par réduction de l'α-nitro-α-naphtol par l'étain et l'acide chlorhydrique (Liebermann et Dittler) ou par réduction de l'orange de naphtol (Liebermann et Jacobson). Le chlorhydrate forme des aiguilles blanches; par oxydation il se transforme en α-naphtoquinone. L'eau de brome produit dans la solution diluée du chlorhydrate un précipité blanc formé d'aiguilles. Par l'ébullition, ce corps se transforme en naphtoquinone.

β-Amido-α-naphtol. — Se prépare par réduction du β-nitroso-α-naphtol ou du β-nitro-α-naphtol. — Le chlorhydrate cristallise en larges lamelles incolores. Sa solution aqueuse, agitée avec un alcali à l'air, se colore en vert; il se sépare à la surface des pellicules vertes, se dissolvant dans l'alcool avec une coloration violette. Ce corps serait, d'après Liebermann et Jacobson, une imidooxynaphtaline,

$$C^{10}H^6 \begin{matrix} < O \\ < AzH. \end{matrix}$$

L'eau de brome ou le perchlorure de fer produisent dans les solutions du β-amido-α-naphtol un précipité vert-jaunâtre, mais il ne se forme pas de naphtoquinone. L'acide picrique précipite une poudre jaune cristalline.

Oximidonaphtol. — Liebermann avait proposé pour ce corps la formule

$$C^{10}H^5 \left\{ \begin{matrix} O^2 \\ AzH^2, \end{matrix} \right.$$

différente de celle qui a été donnée t. II, p. 518; mais depuis Zincke a repris la première [Liebermann, *Deutsch. chem. Gesellsch.*, 1876, p. 1779; — Zincke, *Ibid.*, 1882, p. 482].

Diimido-α-naphtol. — Goes [*Ibid.*, 1880, p. 123] en faisant agir l'aniline ou les toluidines sur le diimidonaphtol, obtient des corps très stables qu'il décrit sous les noms de diphényl, dicrésyl-diimidonaphtols. Les mêmes corps se forment, d'après Zincke, lorsqu'on fait agir ces bases sur la β-naphtoquinone. Nous les étudierons à l'article naphtoquinones.

Triamidonaphtol. — Eckstrand réduit le trinitronaphtol avec l'étain et l'acide chlorhydrique. Le sel double d'étain,

$$C^{10}H^4(OH)(AzH^2)^3.HCl + SnCl^2 + H^2O,$$

cristallise dans l'eau sous forme de prismes incolores. Une grande quantité d'eau le décompose et la solution se colore en rouge intense.

Le *sulfate*, $C^{10}H^4(OH)(AzH^2)^3.H^2SO^4 + H^2O$, est en masses cristallines jaunes. Le chlorhydrate de triamidonaphtol cristallise; le perchlorure de fer colore sa solution en rouge de sang et il se forme un dépôt de lamelles foncées mordorées qui constituent le :

Chlorhydrate d'amidodiimidonaphtol,

$$C^{10}H^4 \left\{ \begin{matrix} OH \\ Az^2H^2.HCl \\ AzH^2. \end{matrix} \right.$$

Ce sel n'est pas très soluble dans l'eau et dans l'alcool, encore moins dans l'éther et l'acide chlorhydrique concentré. Par une ébullition prolongée, il se décompose. En ajoutant du dichromate de potassium à une solution de chlorhydrate, on voit se précipiter une poudre brune de chromate d'amidodiimidonaphtol,

$$C^{10}H^9Az^3O, H^2CrO^4,$$

très peu soluble dans l'eau [Diehl et Merz, *Deutsch. chem. Gesellsch.*, 1878, p. 1661].

Le *chloroplatinate*, $(C^{10}H^9Az^3O, HCl)^2PtCl^4$, forme des flocons bruns presque insolubles.

Amidodiimidonaphtol. — Lorsqu'on décompose les sels de cette base par l'ammoniaque, il se précipite des flocons bruns qui cristallisent dans l'alcool chaud, en aiguilles brun foncé. La base est peu soluble dans l'eau, dans la benzine à froid, dans l'éther, mais assez soluble dans l'alcool chaud.

ACIDES NAPHTOLSULFONIQUES. — *Acide α-naphtol-monosulfonique*. — 1 partie d'α-naphtol est chauffée avec 2 parties d'acide sulfurique concentré au bain-marie, jusqu'à ce que tout se dissolve dans l'eau; on sature par le carbonate de plomb, on purifie le sel par des cristallisations et on le décompose par l'hydrogène sulfuré. L'acide cristallise dans le vide sur l'acide sulfurique. Il forme de longues aiguilles blanches déliquescentes, fusibles à 101°, très solubles dans l'eau et l'alcool. L'acide azotique le transforme en dinitro-α-naphtol. Claus et Oehler [*Deutsch. chem. Gesellsch.*, 1882, p. 312], en chauffant un peu au-dessus de 100° l'acide α-naphtolsulfonique avec du perchlorure de phosphore, ont obtenu presque exclusivement le chlorure correspondant; masse sirupeuse, non distillable.

L'α-naphtolsulfamide est un précipité cristallin.

Acide dinitro-α-naphtolsulfonique. — Sous le nom de *jaune de naphtol*, la Badische Anilin und Sodafabrik a breveté un produit (*brevet allemand*, 1879) qu'elle prépare en chauffant à 40-50° 10 kilogr. d'α-naphtol avec 20 kilogr. d'acide sulfurique fumant, jusqu'à ce qu'une tâte se dissolve dans l'eau; on ajoute alors 18 kilogr. d'acide sulfurique à 70 °/₀ d'anhydride et on continue à chauffer aussi longtemps qu'en traitant le produit par de l'acide azotique et en diluant avec de l'eau; il se précipite encore du dinitronaphtol. Lorsque cela n'est plus le cas, on dilue de façon à former 100 litres, et l'on ajoute lentement 25 kilogr. d'acide azotique à 1,38.

On prépare le sel de sodium ou d'ammonium de l'acide dinitro-α-naphtolsulfonique. Dans les eaux mères se trouvent dissous d'autres acides nitrosulfoniques.

L'acide dinitro-α-naphtolsulfonique cristallise facilement dans l'acide chlorhydrique froid et forme alors de longues aiguilles jaunes. Par oxydation, il ne donne pas d'acide phtalique.

Sel de potassium neutre,

$$C^{10}H^4(AzO^2)^2OK, SO^3K.$$

— Il est très peu soluble dans l'eau froide, plus soluble à chaud et forme des croûtes cristallines. L'acide sulfurique le transforme en sel acide plus soluble [Lauterbach, *Deutsch. chem. Gesellsch.*, 1881, p. 2028].

Acide nitroso-α-naphtoldisulfonique,

$$C^{10}H^4(AzO)(OH)(SO^3H)^2$$

[Seltzer, *Brevet allemand*, janvier 1882]. On dissout 1 p. d'α-naphtol dans 2 p. d'un mélange de 3 p. d'acide sulfurique à 45 °/₀ d'anhydride et 2 p. d'acide à 50 °/₀. Le produit de la réaction est versé dans de l'eau glacée et additionné d'une molécule de nitrite de sodium. L'acide est neutralisé par la chaux et la solution filtrée est évaporée. Les sels de ce corps teignent, en solutions acides, la laine et la soie en jaune.

Acide nitroamidonaphtolsulfonique,

$$C^{10}H^4(AzO^2)(AzH^2)(OH)SO^3H.$$

— Ce corps se forme, d'après Lauterbach, par réduction du jaune de naphtol avec du chlorure stanneux et de l'acide chlorhydrique. Il se sépare des lamelles jaune d'or, insolubles dans l'eau froide, assez peu solubles dans l'eau chaude, et se dissolvant dans les alcalis avec une coloration rouge intense.

Acide diamidonaphtolsulfonique. — En réduisant le jaune de naphtol avec de l'étain et de l'acide chlorhydrique, on obtient une combinaison de la formule

$$[C^{10}H^4(AzH^2)^2(OH)SO^3]^2Sn + 2HCl + 4SnCl^2.$$

Ce sel double cristallise en lamelles. La solution d'où l'on a séparé l'étain par l'hydrogène sulfuré se décompose par évaporation, mais en l'additionnant de perchlorure de fer, on obtient l'*acide diimidonaphtolsulfonique,*

$$C^{10}H^4(AzH^2)(SO^3H)<\begin{matrix}O\\ \vert\\ AzH\end{matrix}$$

Ce corps se précipite sous forme de petites aiguilles brunes microscopiques. Insoluble à froid, il se dissout dans l'eau chaude et dans les alcalis avec une coloration jaune.

Acide α-naphtoltrisulfonique,

$$C^{10}H^4(OH)(SO^3H)^3.$$

— Ce corps s'obtient par l'action d'acide sulfurique fumant sur l'α-naphtol; il cristallise en fines aiguilles. Traité par de l'acide azotique, il se transforme déjà à 50° en acide dinitro-α-naphtolsulfonique.

Le *sel de potassium,* $C^{10}H^4(OH)(SO^3K)^3$, est très soluble dans l'eau.

β-NAPHTOL.

Liebermann et Palm [*Liebig's Ann. Chem.*, t. CLXXXIII, p. 267] ont obtenu ce corps en faisant bouillir avec de l'eau le sulfate de β-diazonaphtaline préparé à l'aide de la β-naphtylamine.

Industriellement, on prépare de grandes quantités de β-naphtol par fusion du β-naphtalinesulfonate de sodium avec de la soude caustique.

Le β-naphtol est peu soluble dans l'eau chaude, très soluble dans l'éther, l'alcool, le chloroforme, la benzine. Il cristallise en lamelles brillantes, fusibles à 123°, distillant à 285-286° et possédant à 4° une densité de 1,217.

Propriétés générales. — L'éther chlorocarbonique donne avec le β-naphtol le corps

$$(C^{10}H^7O)^2 = C = (OC^2H^5)^2,$$

masse blanche, qui distille à 298-301°, soluble dans les dissolvants ordinaires, mais insoluble dans l'eau [Bender, *Deutsch. chem. Gesellsch.*, 1880, p. 696].

Döbner [*Deutsch. chem. Gesellsch.*, 1880, p. 610], en faisant agir le trichlorure de benzényle sur le β-naphtol, a obtenu une matière colorante jaune.

Le β-naphtol, chauffé avec la triméthylamine, donne, indépendamment de la β-naphtylamine, principalement de la diméthyl-β-naphtylamine [Hantsch, *Deutsch. chem. Gesellsch*, 1880, p. 2053]. Lorsqu'on traite au bain-marie le β-naphtol, dissous dans de la soude, par de l'iodure de méthylène dilué d'alcool, il se sépare par le refroidissement de l'éther β-dinaphtylméthylénique, $CH^2(OC^{10}H^7)^2$, en longues aiguilles fines, fusibles à 133-134°.

Le naphtolate de sodium, chauffé avec du bromure d'éthylène, se transforme en un mélange d'éther β-dinaphtyléthylénique, $C^2H^4(OC^{10}H^7)^2$, et d'éther mononaphtyléthylénique bromé,

$$C^2H^4Br.OC^{10}H^7.$$

On sépare les deux corps par cristallisation dans l'alcool. L'éther β-dinaphtyléthylénique, presque insoluble, forme des lamelles blanches brillantes, fusibles à 217°. L'éther bromonaphtyléthylénique cristallise dans l'alcool en lamelles fusibles à 96°; chauffé avec de l'ammoniaque alcoolique, il forme l'éther amidomononaphtyléthylénique,

$$AzH^2.C^2H^4.OC^{10}H^7,$$

dont le chloroplatinate cristallise en longues aiguilles jaunes [Kölle, *Deutsch. chem. Gesellsch.*, 1880, p. 1953].

Graebe [*Deutsch. chem. Gesellsch.*, 1880, p. 1848] en chauffant le β-naphtol avec du chlorhydrate d'aniline, a obtenu la phényl-β-naphtylamine. Le gaz ammoniac sec et le β-naphtol fortement chauffés (même sans la présence d'agents déshydratants) donnent de la β-naphtylamine (Caro et Heldmann).

En chauffant à 200°, pendant 5-6 heures, le chlorhydrate de métaphénylène-diamine avec du β-naphtol, on obtient un corps de la formule

$$C^6H^4<\begin{matrix}(1)\ AzH\ (\beta)\ C^{10}H^7\\ (3)\ AzH\ (\beta)\ C^{10}H^7\end{matrix}$$

qui cristallise dans l'alcool en aiguilles violettes, fusibles à 120° [Ruhlmann, *Deutsch. chem. Gesellsch.*, 1881, p. 2654].

Kauffmann [*Deutsch. chem. Gesellsch.*, 1882, p. 804], en traitant le β-naphtol, en solution alcaline, d'après la méthode de Reimer, par le chloroforme, a obtenu l'aldéhyde $C^{10}H^6(OH)$-CHO en prismes incolores fusibles à 144°.

Le β-naphtol, chauffé à 200°, avec de l'acide sulfurique dilué, se transforme en éther β-naphtylique, $C^{10}H^7.O.C^{10}H^7$. Ce corps est peu soluble dans l'eau froide, très soluble dans l'alcool chaud, la benzine et l'éther; il forme des lamelles blanches, fusibles à 105° et sublimables. En traitant le β-naphtol par 1 ½ à 2 p. d'acide sulfurique, ou bien une solution de β-naphtol dans le sulfure de carbone, par une molécule de chlorhydrine sulfurique SO^3HCl, il se forme l'acide naphtylsulfurique $C^{10}H^7.SO^4H$ (voir plus loin).

L'acide sulfurique ordinaire transforme le β-naphtol, à la chaleur du bain-marie, en un mélange de deux acides isomériques; un excès d'acide, ou mieux l'acide sulfurique fumant, le convertit à 100-110° en un mélange de deux acides β-naphtoldisulfoniques.

Dérivés bromés. — En faisant agir le brome sur le β-naphtol dissous dans l'acide acétique, on obtient un dérivé mono ou tétrabromé, suivant la quantité de brome employée.

Le dérivé *monobromé* cristallise dans l'acide acétique en aiguilles fusibles à 84°. Le permanganate de potassium l'oxyde en acide phtalique.

Tétrabromo-β-naphtol, $C^{10}H^3Br^4.OH$. — Ce corps est plus difficilement soluble dans l'acide acétique que le dérivé monobromé. Il fond à 156° et est soluble dans la benzine, le sulfure de carbone et les alcalis [Smith, *Chem. News*, t. XL, p. 87; *Deutsch. chem. Gesellsch.*, 1879, p. 680].

Chloro-β-naphtol, $C^{10}H^6Cl.OH$. — Claus et Zimmermann [*Deutsch. chem. Gesellsch.*, 1881, p. 1484] l'ont obtenu, indépendamment de la dichlornaphtaline, en chauffant à 165°, pendant cinq heures au bain d'huile, une molécule de β-naphtolsulfonate de potassium avec trois molécules de perchlorure de phosphore. Le produit de la réaction est distillé avec la vapeur d'eau. Le naphtol chloré est peu volatil; il se dépose en cristaux du résidu de la distillation.

Aiguilles fines, blanches, très solubles dans l'alcool et dans l'éther; il se sublime sous forme de prismes incolores brillants, fusibles à 115°. Par oxydation avec de l'acide azotique, il donne de l'acide monochlorphtalique fusible à 148°.

Nitroso-β-naphtol, $C^{10}H^6(AzO)OH$. — Stenhouse et Groves [*Liebig's Ann. Chem.*, t. CLXXXIII, p. 153] ont préparé ce corps en dissolvant 1 p. de naphtol dans 10 p. d'eau bouillante et 1 p. de soude d'une densité de 1,322; on dilue avec 100 p. d'eau et on ajoute une solution dans 200 p. d'eau de 2 p. de sulfate de nitrosyle à 15 °/₀ (obtenu en faisant arriver des gaz nitreux dans de l'acide sulfurique concentré). Après 12 à 20 heures, on filtre et on lave le nitrosonaphtol avec de l'eau froide; le produit desséché est épuisé par de l'essence de pétrole, la solution filtrée est additionnée d'ammoniaque alcoolique; le nitrosonaphtolate d'ammonium se précipite. Pour le purifier, on le dissout dans l'eau, on précipite par le chlorure de baryum et l'on décompose le sel de baryum par l'acide chlorhydrique.

La nitroso-β-naphtol forme des lamelles fines ou des prismes vert orangés, fusibles à 109°,5; il est peu soluble dans l'eau, même bouillante, et se dépose par refroidissement de la solution sous forme de longues aiguilles jaunes. Il est très soluble dans le sulfure de carbone, la benzine, l'éther, l'acide acétique et l'alcool. L'acide sulfurique concentré le dissout avec une coloration rouge claire, l'eau le précipite de nouveau non altéré. Avec les alcalis, on obtient des sels cristallisés.

Nitro-β-naphtol, $C^{10}H^6(AzO^2)OH$. — L'acide azotique dilué transforme le nitroso-β-naphtol en un dérivé mononitré (Stenhouse et Groves). Liebermann et Jacobson (*loc. cit.*) l'ont obtenu en faisant bouillir la nitro-β-acétnaphtalide avec de la soude diluée.

Il cristallise dans l'alcool sous forme d'aiguilles jaunes ou de prismes bruns, fusibles à 103°; avec les alcalis, il forme des sels cristallins orangés.

Amido-β-naphtol, $C^{10}H^6(AzH^2)OH$. — Le nitroso-β-naphtol est transformé en sel de baryum et traité par l'ammoniaque et l'hydrogène sulfuré (Stenhouse et Groves); ou bien on fait bouillir 1 p. de nitroso-β-naphtol avec 4 p. de chlorure d'étain et 10 p. d'acide chlorhydrique concentré; par le refroidissement, le sel double d'étain cristallise en belles aiguilles (Liebermann et Jacobson). Le même corps s'obtient avantageusement par réduction des couleurs azoïques du β-naphtol.

L'amido-β-naphtol forme des lamelles brillantes incolores, assez peu solubles dans l'eau bouillante; l'ammoniaque le dissout avec une coloration jaune; la solution, agitée à l'air, se colore en brun; oxydé par le dichromate de potassium et l'acide sulfurique, il donne la β-naphtoquinone.

Dérivés sulfuriques. — *Acide β-naphtylsulfurique*, $C^{10}H^7.SO^4H$. — Nietzki [*Deutsch. chem. Gesellsch.*, 1882, p. 305] obtient ce composé analogue à l'acide sulfovinique en mélangeant à froid 1 p. de β-naphtol avec 1 ½-2 p. d'acide sulfurique. Le naphtol se dissout d'abord; au bout de quelque temps, le mélange s'échauffe et se prend en masse cristalline; en la dissolvant dans l'eau et en neutralisant par la soude, on obtient des lamelles. Armstrong [*Deutsch. chem. Gesellsch.*, 1882, p. 200] l'a préparé également en faisant agir parties équivalentes de chlorhydrine sulfurique sur une solution de β-naphtol dans le sulfure de carbone.

L'acide libre n'a pas été isolé à l'état de pureté; les sels de potassium ou de sodium forment des lamelles incolores très solubles dans l'eau, peu solubles dans l'alcool. Lorsqu'on chauffe les solutions de ces sels avec des acides, il se précipite du β-naphtol. Le sel de sodium, chauffé avec de l'éthylsulfate de sodium, forme de l'éthylnaphtol en quantité presque théorique. A 180-200°, avec un excès de naphtol, il se forme de l'éther dinaphtylique. L'acide naphtylsulfurique ne se combine pas avec les corps diazoïques. Par l'action de la chaleur, il se transforme en acide β-naphtol-β-sulfonique.

Armstrong, en mélangeant deux molécules de chlorhydrine sulfurique avec une molécule de β-naphtol, a obtenu un corps de la formule

$$C^{10}H^6(SO^3H)(OSO^3H)$$

isomérique avec les deux acides naphtoldisulfoniques de Griess. Le sel de baryum forme de très grands prismes, très peu solubles dans l'eau; le sel de potassium cristallise bien; avec le brome, il se forme du bromo-β-naphtolsulfonate de potassium, avec l'acide azotique un dérivé nitré très peu soluble. Les sels ne sont pas décomposés par l'acide chlorhydrique à l'ébullition.

Dérivés sulfoniques. — *Acide β-naphtol-α-sulfonique*,

$$C^{10}H^6 \begin{cases} \alpha\,SO^3H \\ \beta\,OH \end{cases}$$

— Se forme à côté de l'acide naphtylsulfurique par l'action de l'acide sulfurique à 66°, à une température modérée sur le β-naphtol. Pour les séparer, on les transforme en sels de sodium que l'on traite par l'alcool. Le β-naphtol-α-sulfonate de sodium est facilement soluble dans l'alcool (Armstrong). Ce corps a trouvé un emploi dans la fabrication de matières colorantes rouges, les *crocéines*, et sa préparation se fait d'après le brevet de Baeyer [*Brevet allemand*, mars 1881] en incorporant très vite 100 kilogrammes de β-naphtol finement pulvérisé à 200 kilogrammes d'acide sulfurique à 66° B. Le mélange s'échauffe, on laisse monter la température à 50-60°, on dissout dans l'eau et l'on prépare le sel de sodium que l'on dissout dans l'alcool.

Acide β-naphtol-β-sulfonique. — Il a été préparé par Schäffer et décrit t. II, p. 516. Il a aussi été obtenu par Ebert et Merz [*Deutsch. chem. Gesellsch.*, 1876, p. 609] par fusion de l'acide β-naphtaline-disulfonique avec la potasse. Pour le préparer, on chauffe au bain-marie 1 p. de β-naphtol avec 2 p. d'acide sulfurique concentré. Cet acide cristallise en petites lamelles fusibles à 125°, très solubles dans l'eau et dans l'alcool. Le perchlorure de fer colore sa solution en brun.

Sel de potassium. — Aiguilles solubles dans l'eau chaude, insolubles dans l'alcool.

Sel de calcium, $(C^{10}H^6.OH.SO^3)^2Ca + 5H^2O$. — Lamelles soyeuses, très solubles dans l'eau et dans l'alcool.

Acide nitroso-β-naphtolsulfonique. — Meldola [*Chem. News*, t. XLII, p. 175] a obtenu le sel de baryum $[C^{10}H^5(AzO)OH.SO^3]Ba + H^2O$, en ajoutant à une solution de β-naphtolsulfonate de sodium successivement, du nitrite de sodium, de l'acide chlorhydrique dilué, de l'ammoniaque et du chlorure de baryum. Ce sel cristallise en aiguilles jaunes aplaties; en se combinant avec les phénols et les amines, il donne des matières colorantes jaunes ou violettes.

Acides β-naphtoldisulfoniques. — Le β-naphtol, chauffé à 100-110° avec 2-3 p. d'acide sulfurique concentré, se transforme en un mélange d'un acide monosulfonique et de deux acides disulfoniques. La solution aqueuse bouillante du mélange est saturée avec du carbonate de baryum; par le refroidissement, la solution filtrée laisse déposer des lamelles brillantes de mononaphtolsulfonate de baryum. La solution est évaporée jusqu'à ce que le tout se prenne en une masse gélatineuse et l'on reprend par une petite quantité d'eau froide; le β-naphtol-α-disulfonate de baryum reste insoluble, tandis que son isomère β se dissout [Griess, *Deutsch. chem. Gesellsch.*, 1880, p. 1956]. La maison Meister, Lucius et Brüning à Hoechst-sur-Mein a breveté la séparation de ces acides par l'alcool et leur emploi pour fabriquer des ponceaux. D'après leur brevet (24 avril 1878), on chauffe 10 p. de β-naphtol avec 30 p. d'acide sulfurique concentré à 100-110°, on transforme les dérivés sulfoconjugués en sels de calcium, ceux-ci sont décomposés par le carbonate de sodium et les sels de sodium obtenus mis à digérer avec 3-4 p. d'alcool à 90°.

Acide β-naphtol-α-disulfonique. — Il forme des aiguilles blanches brillantes, déliquescentes, très solubles dans l'alcool, insolubles dans l'éther.

Sel de baryum,

$$C^{10}H^{5}(OH)(SO^{3})^{2}.Ba + 6H^{2}O.$$

— Aiguilles peu solubles dans l'eau froide et dans l'alcool, très solubles dans l'eau chaude.

Sel de sodium. — Mamelons verdâtres, solubles dans l'eau et dans l'alcool.

Acide β-naphtol-β-disulfonique. — Cet acide ressemble à son isomère; il est encore plus déliquescent.

Sel de baryum, $C^{10}H^{5}(OH)(SO^{3})^{2}Ba + 8H^{2}O$. — Petit prismes blancs très solubles dans l'eau, mais très peu solubles dans l'alcool.

Sel de sodium. — Lamelles très solubles dans l'alcool et dans l'eau.

Acide β-naphtoltrisulfonique. — D'après un brevet *der Farbwerke* de Hœchst (mai 1882), on ajoute 4-5 p. d'acide sulfurique à 20 °/₀ d'anhydride à 1 p. de naphtol, on laisse la température s'élever à 140-160°; lorsqu'un essai ne se dissout plus dans l'ammoniaque avec une fluorescence verte et que le dérivé azoïque de la xylidine ne produit plus de coloration immédiate, on transforme le mélange en sel de sodium. Ad. Kopp.

α-NAPHTOQUINOLÉINE, $C^{13}H^{9}Az$. — Skraup [*Monatsh. Chem.* t. Ier, p. 139] prépare ce corps en chauffant pendant cinq à six heures au réfrigérent ascendant 14 grammes de nitronaphtaline, 30 grammes de sulfate de naphtylamine, 80 gr. de glycérine et 30 grammes d'acide sulfurique. Le produit est versé dans l'eau, la solution filtrée, sursaturée par de la soude et agitée avec de l'éther. La base forme des prismes blancs, fusibles à 50°, elle est très soluble dans l'alcool, la benzine et bout à 351°.

Chloroplatinate, $(C^{13}H^{9}Az,HCl)^{2}PtCl^{4} + 2H^{2}O$. — Précipité jaune.

Sulfate acide, $C^{13}H^{9}AzH^{2}.H^{2}SO^{4}$. — Prismes faiblement colorés en jaune, très solubles dans l'eau, très peu solubles dans l'alcool.

Chlorhydrate. — Petites aiguilles jaunâtres très solubles dans l'eau et dans l'alcool dilué.

Picrate, $C^{13}H^{9}Az\text{-}C^{6}H^{2}(AzO^{2})^{3}OH$. — Prismes microscopiques

NAPHTOQUINONES, $C^{10}H^{6}O^{2}$, (t. II, p. 519). — On connaît deux corps possédant cette formule: l'un, le dérivé α, déjà décrit t. II, p. 520, ressemble à la quinone ordinaire; l'autre, le dérivé β, préparé par Stenhouse et Groves [*Liebig's Ann. Chem.*, t. CLXXXIX, p. 153], par oxydation de l'α-amido-β-naphtol, ressemble plutôt par ses propriétés à la phénanthrène-quinone. Les deux isomères se transforment par oxydation en acide phtalique, par suite, les deux atomes d'oxygène sont contenus dans le même noyau benzénique, seulement ils occupent dans l'α-naphtoquinone la position para, et dans le dérivé β la position ortho, comme le démontrent les deux schémas suivants :

CO CO CO CO

Dérivé α. Dérivé β.

Les deux groupes CO de l'α-naphtoquinone occupent bien la position α; en effet, par nitration de l'acétonaphtalide, on obtient deux dérivés nitrés dont l'un, fusible à 191°, donne par réduction une naphtylène-diamine; celle-ci, oxydée, se transforme en α-naphtoquinone. Or, dans cette nitronaphtylamine, les deux groupes AzO^{2} et AzH^{2} occupent la position α. Le groupe AzH^{2}, puisque c'est un dérivé nitré de l'α-naphtylamine, le groupe AzO^{2} parce qu'en remplaçant AzH^{2} par H on obtient l'α-nitronaphtaline. De plus, par réduction du nitroso-α-naphtol ou du nitro-α-naphtol, on obtient de l'amido-α-naphtol qui par oxydation se transforme en α-naphtoquinone.

Dans la β-naphtoquinone, l'un des groupes CO possède la position β, car ce corps se prépare par oxydation de l'amido-β-naphtol. Quant à l'autre groupe CO, il occupe la position α. En effet, si l'on fait bouillir avec de la potasse alcoolique la nitracéto-β-naphtalide, fusible à 123°,5 (corps qui peut être transformé en β-naphtoquinone), il se forme de la nitro-β-naphtylamine, fusible à 127° : or, en remplaçant AzH^{2} par H, d'après les réactions connues, on obtient l'α-nitronaphtaline.

La formation d'une anhydrobase,

$$C^{10}H^{6}\begin{matrix}<Az\searrow \\ <Az\swarrow\end{matrix}C\text{-}CH^{3},$$

par la réduction de la nitracéto-β-naphtalide au moyen du chlorure stanneux, conduit à la même conclusion.

α-NAPHTOQUINONE. — Ce corps a été obtenu par oxydation d'un assez grand nombre de dérivés de la naphtaline. Groves l'a préparé le premier par oxydation de la naphtaline au moyen du mélange chromique, Liebermann et Dittler [*Liebig's Ann. Chem.*, t. CLXXXIII, p. 242], en faisant bouillir l'α-naphtylène-diamine avec une solution diluée d'acide chromique; Reverdin et Noelting [*Deutsch. chem. Gesellsch.*, 1879, p. 2305] l'ont obtenu par oxydation de l'α-naphtylamine. O. Müllor [*Ibid.*, 1881, p. 1602], par oxydation de l'α-naphtol. Claus en Oehler [*Ibid.*, 1882, p. 314], par celle de l'α-naphtol chloré, fusible à 57°. La méthode de préparation la plus facile consiste, d'après Liebermann et Jacobson [*Liebig's Ann. Chem.*, t. CCXI, p. 61], à réduire l'orange d'α-naphtol obtenu par l'action du naphtol sur le dérivé diazoïque de l'acide sulfanilique, et à oxyder l'amidonaphtol formé. On réduit 50 grammes de la matière colorante avec 120 grammes de sel d'étain et 100 grammes d'acide chlorhydrique,

L'amidonaphtol ou son sel double d'étain (2 parties) est oxydé avec 3 parties de dichromate de potassium et 6 parties d'acide sulfurique dilué.

L'α-naphtoquinone cristallise sous forme de lamelles jaunes ou d'aiguilles fusibles à 125°, volatiles avec la vapeur d'eau. Elle est soluble dans l'eau, plus soluble dans l'alcool, l'éther ou l'acide acétique. Par oxydation avec l'acide azotique, elle se transforme en acide phtalique ; par réduction au moyen de l'acide iodhydrique et du phosphore, elle donne de la dioxynaphtaline, fusible à 176°, qui forme de longues aiguilles très solubles dans l'eau bouillante, l'alcool, l'éther et l'acide acétique, moins solubles dans la benzine, même à chaud, dans le sulfure de carbone et le pétrole. En faisant bouillir une molécule d'hydronaphtoquinone en solution aqueuse avec une molécule de naphtoquinone, on obtient la naphtoquinhydrone [Groves, *Liebig's Ann. Chem.*, t. CLXVIII, p. 359].

α-Naphthoquinone-anilide, $C^{10}H^5(AzHC^6H^5)O^2$. — Zincke et Plimpton [*Deutsch. chem. Gesellsch.*, 1879, p. 1645] la préparent en chauffant une solution alcoolique d'α-naphtoquinone avec de l'aniline; il se forme en outre de la naphtoquinhydrone. On précipite par de l'eau acidulée d'acide acétique. Par cristallisation dans l'alcool, on obtient des aiguilles rouges brillantes, fusibles à 190-191°, sublimables, très solubles dans l'alcool, la benzine et l'éther à chaud, moins solubles à froid. L'acide sulfurique concentré la dissout avec coloration rouge.

Liebermann et Jacobsen ont obtenu le même corps en chauffant de l'oxynaphtoquinone avec de l'acétate d'aniline et de l'acide acétique. Le dérivé correspondant de la *paratoluidine* forme de belles aiguilles rouges fusibles à 200°, le dérivé *méthylique* des aiguilles rouges, fusibles à 225°.

Dichloro-α-naphtoquinone $C^{10}H^4Cl^2O^2$. — Darmstädter et Wichelhaus [*Ibid.*, t. CLII, p. 301] ont obtenu facilement ce corps en traitant l'α-naphtol par le chlorate de potassium et l'acide chlorhydrique. Le perchlorure de phosphore transforme la dichlornaphtoquinone en pentachlornaphtaline fusible à 108°,5 (Graebe).

Monochloronaphtoquinone-anilide,

$$C^{10}H^4ClO^2(AzH.C^6H^5).$$

— On fait agir l'aniline sur la dichloronaphtoquinone dissoute dans de l'alcool chaud ou dans de l'acide acétique. Aiguilles brillantes rouges, fusibles à 207-208°, peu solubles dans l'alcool, très solubles dans l'acide acétique et dans les alcalis. En faisant bouillir ce corps avec du chlorure stanneux, on obtient une masse amorphe blanche d'hydroquinone; cristallisée dans la benzine, elle forme des cristaux fusibles à 170-171°, solubles dans les alcalis.

L'acétylmonochlorhydronaphtoquinone-anilide s'obtient en faisant bouillir le corps précédent avec de l'anhydride acétique. Petits cristaux incolores, solubles dans l'alcool bouillant, fusibles à 168-169° [Schultz et Knapp, *Liebig's Ann. Chem.*, t. CCX, p. 189].

Chloronaphtoquinone-paranitranilide,

$$C^{10}H^4ClO^2(AzH.C^6H^4AzO^2).$$

— Ce corps se forme en chauffant en solution acétique, la paranitraniline avec la dichloronaphtoquinone ou en faisant arriver un courant d'acide nitreux dans la chloronaphtoquinone-anilide en suspension dans de l'alcool. Aiguilles rouges brique, fusibles à 282°, peu solubles dans l'alcool et dans l'acide acétique.

Le dérivé obtenu par la métanitraniline fond à 245° et forme des aiguilles rouge-jaunâtre.

Chloronaphtoquinone-paratoluide,

$$C^{10}H^4ClO^2(AzHC^7H^7).$$

— A été obtenu par l'action de la paratoluidine sur la dichloronaphtoquinone. Prismes rouges brillants, fusibles à 196°, peu solubles dans l'alcool, très solubles dans l'acide acétique, solubles dans la soude avec coloration violette. Par l'action de l'acide azotique et du nitrite de sodium en solution acide, sur ce corps on obtient la *chloronaphtoquinone-nitroparatoluide*. Petites aiguilles rouges, fusibles à 236-240°, peu solubles dans l'alcool et dans l'acide acétique.

Chloronaphtoquinone-bromoparatoluide,

$$C^{10}H^4ClO^2(AzH.C^6H^3Br\text{-}CH^3).$$

— S'obtient par l'action du brome sur la chloronaphtoquinone-paratoluide dissoute dans le sulfure de carbone. Petites aiguilles rouges fusibles à 185°, peu solubles dans l'alcool, plus solubles dans l'acide acétique. On a également préparé les dérivés correspondants avec l'orthotoluidine [Plagemann, *Deutsch. chem. Gesellsch.*, 1882, p. 484].

Dibromo-α-naphtoquinone, $C^{10}H^4Br^2O^2$. — Diehl et Merz [*Deutsch. chem. Gesellsch.*, 1878, p. 1065] ajoutent 7 parties de brome à un mélange de 1 partie d'α-naphtol, de 2 parties d'iode dans une assez grande quantité d'eau et chauffent le tout au réfrigérant ascendant. Le produit de la réaction est épuisé par l'alcool et l'acide acétique bouillants. La dibromonaphtoquinone cristallise par le refroidissement sous forme de fines aiguilles fusibles à 151°,5, se sublimant avec décomposition partielle. Elle est presque insoluble à froid dans l'eau, la benzine, l'éther, l'acide acétique, l'alcool, peu soluble dans ces deux derniers dissolvants à chaud. La soude caustique ou même le carbonate de sodium la dissolvent à l'ébullition avec une coloration rouge et la transforment en bromoxynaphtoquinone.

OXY-α-NAPHTOQUINONE OU ACIDE NAPHTALIQUE. — Ce corps se forme par l'action des acides sur le diimido-α-naphtol

$$C^{10}H^5(OH)<\begin{matrix}AzH\\ |\\ AzH\end{matrix} + 2H^2O$$

$$= 2AzH^3 + C^{10}H^5(OH)<\begin{matrix}O\\ |\\ O\end{matrix}$$

On en obtient 75-80 °/o de la quantité théorique en ajoutant du chlorhydrate de diimido-α-naphtol à une solution diluée et bouillante de carbonate de sodium, et en précipitant la solution par l'acide chlorhydrique [Diehl et Merz, *Deutsch. chem. Gesellsch.*, 1878, p. 1314]. Liebermann et Jacobson [*Liebig's Ann. Chem.*, t. CCXI, p. 80] l'ont obtenu en chauffant l'α ou la β-naphtoquinone-anilide avec de l'acide chlorhydrique à 130°.

L'acide naphtalique fond à 191°.

Bromoxy-α-naphtoquinone, $C^{10}H^4(OH)BrO^2$. — On fait bouillir la dibromo-α-naphtoquinone avec de la soude, ou on dissout une partie d'oxynaphtoquinone dans de l'acide acétique et on chauffe cette solution au réfrigérant ascendant pendant cinq à six heures avec 1 p. 1/2 de brome. Belles lamelles jaunes, fusibles à 196°,5, sublimables, peu solubles dans l'eau, la benzine et l'éther, très solubles dans l'alcool chaud.

Sel de potassium, $C^{10}H^4BrO^3K + 4H^2O$. — Petites aiguilles rouge foncé, très solubles dans l'eau.

Sel de baryum, $(C^{10}H^4BrO^3)^2Ba$. — Très fines aiguilles rouge-orangé, solubles dans 1464 parties (Diehl et Merz).

Nitroxynaphtoquinone, $C^{10}H^4(AzO^2)(OH)O^2$. On dissout 1 partie d'oxynaphtoquinone dans 10 p. d'acide sulfurique et on ajoute lentement de l'acide azotique fumant, on laisse reposer pendant quarante-huit heures et on verse dans de l'eau glacée.

Le dérivé nitré, cristallisé dans l'alcool ou dans le chloroforme, forme des lamelles jaune clair, fusibles avec décomposition à 157°; il est peu soluble dans le chloroforme, la benzine, le pétrole, très soluble dans l'alcool, l'éther, l'eau chaude. Ses sels cristallisent bien, ils sont colorés en jaune et sont solubles.

Sel de potassium, $C^{10}H^4(AzO^2)O^3K + H^2O$. — Longues aiguilles brillantes d'un jaune d'or, peu solubles dans l'eau froide, très solubles dans l'eau chaude et dans l'alcool.

Sel de baryum, $[C^{10}H^4(AzO^2)O^3]^2Ba$. — Lamelles orangées, peu solubles dans l'eau froide.

Sel de plomb. — Ce sel cristallise de ses solutions chaudes en prismes rouges et courts contenant une molécule d'eau. A une température plus basse, il se sépare un sel renfermant 4 1/2 H^2O et formant de longues aiguilles jaunes, solubles dans l'eau et dans l'alcool (Diehl et Merz).

Amidooxy-α-naphtoquinone,

$$C^{10}H^4(OH)(AzH^2)O^2.$$

— Ce corps se forme par réduction de la nitro-oxynaphtoquinone au moyen de l'étain et de l'acide chlorhydrique ou encore du sulfhydrate d'ammonium. Il cristallise dans l'alcool ou l'acide acétique en longues aiguilles brunes qui se subliment avec décomposition partielle. Il est peu soluble dans l'eau, plus soluble dans l'alcool et dans l'acide acétique à chaud; il se dissout dans les alcalis avec une coloration bleue.

Sel de baryum, $[C^{10}H^4(AzH^2)O^3]^2Ba$. — Précipité violet-bleu, se dissolvant un peu dans l'eau. *Sel d'argent*, précipité gris.

L'amide est transformée par réduction au moyen de l'étain et de l'acide chlorhydrique en amidotrioxynaphtaline, $C^{10}H^4(OH)^3AzH^2$; l'acide azotique dilué la convertit en acide phtalique.

DIOXY-α-NAPHTOQUINONE, $C^{10}H^4(OH)^2O^2$. — Elle a été obtenue par Diehl et Merz en chauffant à 170-180° l'amidoxynaphtoquinone avec de l'acide chlorhydrique dilué.

Elle forme de fines aiguilles rouge brun lorsqu'on la fait cristalliser dans l'alcool; dans l'acide acétique elle se dépose en lamelles rouges. Elle est sublimable et presque insoluble dans l'eau froide, soluble dans beaucoup d'eau bouillante, l'éther, la benzine, l'alcool et l'acide acétique à froid. Les solutions alcalines sont violettes.

Chauffée à 160° avec de l'anhydride acétique, elle donne un dérivé diacétylé, $C^{10}H^4(C^2H^3O^2)^2O^2$, cristallisant dans l'alcool faible en lamelles brunes. L'acide azotique dilué la transforme en acide phtalique.

Sel de baryum, $C^{10}H^4O^4Ba$. — Précipité violet-bleu. *Sel de plomb*, précipité bleu foncé. La dioxynaphtoquinone colore facilement en violet avec les mordants d'alumine, en bleu foncé les mordants de fer.

β-NAPHTOQUINONE, $C^{10}H^6O^2$. — Stenhouse et Groves (*Liebig's Ann. Chem.*, t. CLXXXIX, p. 153, et t. CXCII, p. 153) ont préparé ce corps par oxydation de l'amido-β-naphtol. Ils transforment 2 p. de nitroso-β-naphtol en sel de baryum (en précipitant la solution du corps nitrosé par du chlorure de baryum) ajoutent 6 p. d'ammoniaque et réduisent par un courant d'hydrogène sulfuré; la réduction terminée, ils ajoutent 6 p. d'acide sulfurique dilué, 6 p. d'une solution d'acide sulfureux et filtrent. Le sulfate d'amido-β-naphtol est oxydé par 3 p. de dichromate de potassium.

La β-naphtoquinone se décompose sans fondre lorsqu'on la chauffe à 115°. Par cristallisation dans l'éther ou dans la benzine, elle forme des lamelles orangées, se dissolvant dans les alcalis avec une coloration jaune. Lorsqu'on la chauffe modérément avec de l'acide sulfurique dilué, il se forme un corps violet foncé, la dinaphtylquinhydrone, soluble dans l'acide acétique. L'acide sulfureux transforme ce dernier corps en dinaphtyldihydroquinone, aiguilles blanches, fusibles à 174°.

L'acide sulfureux ou l'acide iodhydrique convertissent la β-naphtoquinone en β-naphtohydroquinone fusible à 60°, lamelles brillantes se dissolvant dans les alcalis avec une coloration jaune qui passe au vert à l'air.

Nitro-β-naphtoquinone, $C^{10}H^5(AzO^2)O^2$. — La β-naphtoquinone se dissout facilement dans de l'acide azotique dilué (D = 1.2); il se sépare des cristaux rouges, fusibles à 158°, insolubles dans l'essence de pétrole, très peu solubles dans le sulfure de carbone, l'éther, plus solubles dans la benzine et l'alcool bouillant, très solubles dans l'acide acétique chaud (Stenhouse et Groves).

β-*Naphtoquinone-anilide*,

$$C^{10}H^5(OH)(O)AzC^6H^5.$$

— On ajoute à 1 partie de β-naphtoquinone dissoute dans de l'alcool 1 p. ½ d'aniline; il se sépare bientôt des aiguilles rouges mordorées, fusibles avec décomposition partielle à 245-250°, et pouvant être sublimées (1):

$$C^{10}H^6O^2 \quad C^6H^5.AzH^2$$
$$= C^{10}H^5O(OH).(C^6H^5AzH) + H^2 ...$$

Ce corps est insoluble dans l'eau et l'alcool chaud, très soluble dans l'alcool bouillant ou l'acide acétique; il est très stable, l'acide sulfurique le dissout avec une coloration brune, l'eau le précipite de nouveau. Avec l'acide chlorhydrique il forme un sel jaune qui est décomposé par l'eau; il se dissout dans les alcalis avec une couleur orange. En le faisant bouillir pendant un certain temps avec de l'acide chlorhydrique, on le décompose en aniline et oxynaphtoquinone (Liebermann et Jacobson).

Cette anilide fonctionne comme un acide faible, ce que ne fait pas le dérivé correspondant de l'α-naphtol; de là les formules différentes que Liebermann attribue à ces deux corps.

Pour préparer les éthers de cette anilide, on la dissout avec de la soude dans de l'alcool et on chauffe avec le bromure alcoolique au réfrigérant ascendant.

L'éther méthylique forme des aiguilles jaunes, très solubles dans l'alcool et dans l'éther, fusibles à 150-151°. — *Éther éthylique*. Grands prismes rouges brillants, fusibles à 104°, très solubles dans l'alcool chaud, l'éther, le chloroforme.

L'acide acétique dissout ces éthers, par l'ébullition, la solution se colore en violet et il se forme de la dianilide [Zincke, *Deutsch. chem. Gesellsch.*, 1882, p. 282].

β-*Naphtoquinone-dianilide*,

$$C^{10}H^5\begin{cases}O\\AzC^6H^5\\AzHC^6H^5.\end{cases}$$

— Zincke [*loc. cit.*, p. 481] la prépare en ajoutant un excès d'aniline en solution alcoolique à la β-naphtoquinone. Le produit de la réaction est chauffé avec de la soude diluée, celle-ci dissout de la monanilide; la dianilide restée insoluble est purifiée par cristallisation dans l'alcool ou la benzine. On peut aussi chauffer la monoanilide en solution acétique avec de l'aniline, ou enfin faire bouillir les éthers de la naphtoquinone monoanilide avec de l'acide acétique ou de l'aniline.

Ce corps forme de longues aiguilles rouge foncées, fusibles à 179-180°, peu solubles dans l'alcool froid, plus solubles à chaud dans la benzine et le toluène, solubles dans l'acide acétique avec coloration violette. C'est une base faible, dont

(1) L'excès d'hydrogène forme sans doute de la naphtoquinhydrone avec une seconde molécule de naphtoquinone (p. 1052).

les sels possèdent une couleur mordorée ou violette; ils sont solubles dans l'alcool, l'eau les décompose.

Chlorhydrate. — On dissout la dianilide dans l'acide chlorhydrique et on précipite par de l'eau. Cristaux brillants, mordorés, se dissolvant avec une coloration violette dans l'alcool, donnant des sels doubles avec les chlorures.

β-*Naphtoquinone-paratoluide,*

$$C^{10}H^5(OH) < {O \atop AzC^6H^4(CH^3)}.$$

— On fait bouillir pendant très peu de temps une solution alcoolique concentrée de 1 partie de β-naphtoquinone et de 2 parties de paratoluidine. Aiguilles rouges mordorées fusibles à 245°, peu solubles dans l'alcool froid et dans l'éther, très solubles dans l'alcool chaud et dans l'acide acétique. En chauffant ce corps pendant deux heures avec de l'acide acétique à 150°, on obtient de l'α-naphtoquinone-paratoluide. Cette transformation s'explique par les faits suivants : la β-naphtoquinone-paratoluide se décompose d'abord en oxynaphtoquinone et en paratoluidine, or, ces deux corps se combinent ensemble et donnent de l'α-naphtoquinone-paratoluide d'après les réactions suivantes :

$$C^{10}H^5 \begin{cases} OH(\beta) \\ O(\alpha) \\ AzC^7H^7(\alpha) \end{cases} + H^2O + HCl$$

$$C^{10}H^5 \begin{cases} OH(\beta) \\ O(\alpha) \\ O(\alpha) \end{cases} + C^7H^7AzH^2, HCl$$

$$C^{10}H^5 \begin{cases} (OH)(\beta) \\ O(\alpha) \\ O(\alpha) \end{cases} + C^7H^7AzH^2$$

$$= C^{10}H^5 \begin{cases} AzHC^7H^7\ (\beta) \\ O(\alpha) \\ O(\alpha) \end{cases} + H^2O$$

β-*Naphtoquinone-orthotoluide.* — Se forme comme le corps précédent. Fines aiguilles rouges fusibles au-dessus de 240° et se dissolvant dans les alcalis avec une couleur jaune.

β-*Naphtoquinone-éthylanilide.* — Lorsqu'on ajoute de l'éthylaniline à la β-naphtoquinone, tenue en suspension dans peu d'alcool, il se sépare des aiguilles fusibles à 65°. Ad. Kopp.

NAPHTOYLORTHOBENZOÏQUE (ACIDE), $C^{10}H^7\text{-}CO\text{-}C^6H^4\text{-}CO^2H$. — Ador et Crafts [*Compt. rend.*, juin 1879] chauffent 500 grammes de naphtaline, 200 grammes d'anhydride phtalique à 100° et ajoutent 250 grammes de chlorure d'aluminium. Le produit de la réaction est épuisé par de l'eau bouillante et le résidu traité par de la soude diluée. L'acide fond à 173°,5 et forme des prismes blancs. Le sel de *baryum* cristallise dans l'alcool en aiguilles microscopiques.

NAPHTYLACRYLIQUE (ACIDE),

$$C^{10}H^7\text{-}CH = CH\text{-}CO^2H.$$

— Lugli [*Gazz. chim. ital.*, 1881, p. 393], appliquant la réaction de Perkin, chauffe au réfrigérant ascendant de l'aldéhyde naphtoïque avec de l'acétate de sodium et de l'anhydride acétique. L'acide naphtylacrylique ainsi obtenu cristallise en aiguilles fusibles à 205-207°, peu solubles dans l'eau froide, plus solubles à chaud, très solubles dans l'alcool et dans l'éther.

NAPHTYLAMINES (t. II, p. 523). — On connaît aujourd'hui les naphtylamines α et β, correspondant aux naphtols α et β.

I. — α-NAPHTYLAMINE.

Préparation. — La naphtylamine est préparée industriellement dans des appareils tout à fait semblables à ceux qui servent à la réduction de la nitrobenzine, seulement ils ne sont pas munis de l'appareil de condensation, la naphtylamine étant difficilement volatile avec la vapeur d'eau. On chauffe 1 partie de nitronaphtaline à 80-90° avec la moitié de son poids d'eau, on ajoute par portions successives 1 partie de limaille de fer et 1/2 partie d'acide chlorhydrique. La réduction terminée, on introduit la quantité de chaux nécessaire pour neutraliser la masse; le produit brut est étendu sur des plaques de tôle qu'on introduit dans des fours spéciaux, où la distillation est facilitée par un courant de vapeur d'eau surchauffée.

Lorsqu'on chauffe l'α-naphtol avec de l'acétamide, il se forme une petite quantité d'α-naphtylamine indépendamment de beaucoup d'acétonaphtalide. La nitronaphtaline ou l'acide nitro-α-naphtaline-sulfonique, traités par la potasse alcoolique ou par l'amalgame de sodium, se transforment également en naphtylamine [Klobukowski, *Deutsch. chem. Gesellsch.*, 1877, p. 571; — Claus et Graeff, *Deutsch. chem. Gesellsch.*, 1877, p. 1303].

Platinocyanure. — En traitant le sulfate de naphtylamine par du cyanure de platine et du cyanure de baryum, Scholz [*Monatsh. Chem.*, t. Ier, p. 900] a obtenu le platinocyanure d'α-naphtylamine, $PtCy^2, (AzH^3(C^{10}H^7)Cy)^2$. Cristaux rhombiques de couleur grise, peu solubles dans l'eau.

Bisulfite d'α-naphtylamine. — Papasogli [*Gazz. chim. ital.*, t. III, p. 395] a préparé ce sel, qui cristallise en lamelles nacrées, perdant de l'acide sulfureux à l'air. En ajoutant une solution de ce corps à de l'aldéhyde benzoïque, on voit se former des cristaux présentant la composition $C^{10}H^9AzH^2SO^3, C^7H^6O$, et se décomposant à 100°.

Hantzsch [*Ibid.*, 1880, p. 1347], en chauffant à 180-200° en tubes scellés un mélange de 3 p. de naphtylamine, 3 p. d'alcool méthylique et 4 p. de chlorure de zinc, a obtenu du méthylnaphtol,

$$C^{10}H^7AzH^2 + CH^3OH = AzH^3 + C^{10}H^7OCH^3.$$

Dérivés substitués de l'α-naphtylamine.

MÉTHYLNAPHTYLAMINE, $C^{10}H^7.AzH.CH^3$. — Landshoff [*Deutsch. chem. Gesellsch.*, 1878, p. 638] prépare ce corps en faisant passer un courant de chlorure de méthyle dans de la naphtylamine chauffée à 150-180°. Le produit de la réaction est épuisé par de l'éther et la solution éthérée agitée avec de l'acide sulfurique dilué; ce dernier dissout la naphtylamine non altérée et la méthylnaphtylamine. La solution éthérée renferme de la dinaphtylamine.

La monométhylnaphtylamine forme une huile rougeâtre, bouillant à 293°, se colorant à l'air, soluble dans la plupart des dissolvants.

Le *chloroplatinate,*

$$(C^{10}H^7.CH^3AzH.HCl)^2, PtCl^4 + 2H^2O,$$

forme des cristaux vert-jaunâtres.

L'*acétylmonométhylnaphtylamine* est en petits prismes incolores, fusibles à 90-91°, se colorant à l'air, très solubles dans l'éther et dans l'alcool, peu solubles dans l'eau.

DIMÉTHYLNAPHTYLAMINE, $C^{10}H^7(CH^3)^2Az$. — Ce corps a été obtenu par Landshoff en faisant agir de l'iodure de méthyle sur l'α-naphtylamine, en solution dans l'alcool méthylique, et par Hantzsch [*Ibid.*, 1880, p. 1348] en chauffant du chlorhydrate de naphtylamine avec de l'alcool méthylique à 180°.

Liquide jaune très réfringent, possédant une forte fluorescence verte, bouillant à 267° et doué d'une odeur de pétrole. Le perchlorure de fer colore sa solution alcoolique en rouge passant au violet.

Chloroplatinate, $[C^{10}H^7(CH^3)^2Az.HCl]^2PtCl^4$, forme des aiguilles jaunes.

IODURE DE TRIMÉTHYLNAPHTYLAMMONIUM,

$$C^{10}H^7(CH^3)^3AzI.$$

— On chauffe pendant plusieurs jours à 100° une molécule de diméthylnaphtylamine avec un peu plus d'une molécule d'iodure de méthyle.

L'iodure cristallise en longues aiguilles aplaties vert-jaunâtre, solubles dans l'eau avec une coloration verte. Chauffé à 164°, il se décompose en iodure de méthyle et en diméthylnaphtylamine. L'iodure agité avec du chlorure d'argent donne le chlorure $C^{10}H^7(CH^3)^3AzCl$, cristallisant aisément. L'hydrate est une masse cristalline déliquescente (Landshoff).

MONOÉTHYLÈNE-DINAPHTHYLDIAMINE. — En chauffant à l'ébullition 100 grammes de naphtylamine avec 30 grammes de bromure d'éthylène et 60 grammes de benzine, on obtient du bromhydrate de naphtylamine et la *monoéthylène-dinaphtyldiamine*, d'après l'équation

$$4C^{10}H^7AzH^2 + C^2H^4Br^2$$
$$= 2(C^{10}H^7.AzH^2, HBr) + C^2H^4 <^{AzH\,C^{10}H^7}_{AzH\,C^{10}H^7}.$$

Cette base est insoluble dans l'eau, peu soluble dans l'alcool, très soluble dans l'éther; elle fond à 127°. le sulfate forme de petits cristaux peu solubles dans l'eau [Reuter, *Deutsch. chem. Gesellsch.*, 1875, p. 23].

TRINAPHTYLÈNE-DIAMINE. — $(C^{10}H^6)^3Az^2$. Molécules égales de naphtylamine, de chlorhydrate de naphtylamine et de nitronaphtaline chauffées à 190-220° donnent de la *trinaphtylène-diamine;* ce corps se sépare d'une solution alcoolique sous forme d'une poudre bleu-noirâtre, insoluble dans l'eau et dans l'éther, soluble à chaud avec coloration rouge dans l'alcool, le chloroforme et la benzine. Le chlorhydrate qu'on obtient en faisant passer un courant d'acide chlorhydrique dans la solution chloroformique constitue une poudre amorphe violette [Salzmann et Wichelhaus, *Deutsch. chem. Gesellsch.*, 1876, p. 1107].

BENZÉNYLNAPHTYLAMIDINE. — D'après Bernsthen et Trompetter [*Ibid.*, 1878, p. 1757], il se forme de la benzénylnaphtylamidine,

$$C^6H^5\text{-}C \ll^{AzH}_{AzH\,C^{10}H^7},$$

lorsqu'on chauffe le benzonitrile avec le chlorhydrate de naphtylamine. La base cristallise dans l'alcool en lamelles brillantes fusibles à 141°, sublimables. Le chlorhydrate forme des prismes incolores, le chloroplatinate de petites aiguilles jaunes.

L'*éthénylnaphtylamidine*,

$$CH^3\text{-}C \ll^{AzH}_{AzH\,C^{10}H^7},$$

s'obtient en faisant réagir à 160-170° l'acétonitrile sur le chlorhydrate de naphtylamine. Corps amorphe, soluble dans tous les dissolvants; le chlorhydrate forme des prismes brillants.

Schichutzky [*Ibid.*, 1874, p. 1454], en traitant la naphtylamine par de l'oxyde de plomb, a obtenu une petite quantité d'azonaphtaline. Le mélange chromique transforme la naphtylamine en α-naphtoquinone (Reverdin et Nœlting).

ACÉTO-α-NAPHTALIDE, $C^{10}H^7.AzH(C^2H^3O)$. — On chauffe pendant plusieurs jours parties égales de naphtylamine et d'acide acétique glacial au réfrigérant ascendant. L'acéto-α-naphtalide est insoluble dans l'eau froide, soluble dans l'eau bouillante et dans l'alcool. Elle forme de belles aiguilles, fusibles à 159°, sublimables [Rother, *Ibid.*, 1871, p. 850]. L'acide chlorhydrique ne la décompose même pas à l'ébullition, tandis qu'elle est saponifiée par la potasse à chaud.

Monobromacétonaphtalide,

$$C^{10}H^6Br.AzH(C^2H^3O).$$

— On ajoute, par parties équivalentes, du brome à de l'acétonaphtalide tenue en suspension dans du sulfure de carbone ou dissoute dans de l'acide acétique. Elle cristallise dans l'alcool sous forme de belles aiguilles groupées concentriquement, fusibles à 193°, insolubles dans l'eau, très solubles dans l'alcool à chaud. Il faut une ébullition prolongée avec une solution de potasse alcoolique concentrée pour la transformer en monobromonaphtylamine (Rother).

Dibromacétonaphtalide,

$$C^{10}H^5Br^2.AzH(C^2H^3O).$$

— Meldola [*Deutsch. chem. Gesellsch.*, 1878, p. 1904] a obtenu ce corps en faisant agir le brome en présence d'iode sur l'acétonaphtalide. Aiguilles blanches soyeuses fusibles à 225°, très solubles dans l'acide acétique, l'alcool, le chloroforme, moins solubles dans la benzine et dans l'éther, peu solubles dans le sulfure de carbone et le pétrole.

Iodacétonaphtalide, $C^{10}H^6I.AzH(C^2H^3O)$. — Se forme, d'après Meldola, lorsqu'on laisse en contact pendant plusieurs jours, à la température ordinaire, une solution d'iode dans le sulfure de carbone avec de l'acétonaphtalide. Elle forme des lamelles blanches.

Dérivé chloracétylé, $C^{10}H^7.AzH(C^2H^2ClO)$. — Tommasi [*Bull. Soc. chim.*, t. XX, p. 19] fait agir sur la naphtylamine le chlorure d'acétyle chloré. Aiguilles soyeuses, fusibles à 161°, sublimables, insolubles dans l'eau, solubles dans l'alcool et l'acide acétique.

Mononitroacétonaphtalide,

$$C^{10}H^6(AzO^2)AzH(C^2H^3O).$$

— Biedermann et Andreoni [*Deutsch. chem. Gesellsch.*, 1873, p. 342] la préparent en ajoutant de l'acide azotique fumant à une solution d'acétonaphtalide dans l'acide acétique. D'après Liebermann et Dittler [*Ibid.*, 1874, p. 240], cette réaction fournit trois dérivés nitrés isomériques: deux, α et β, cristallisent de la liqueur; le troisième, γ, reste en solution.

L'α et la β-nitroacétonaphtalide ne peuvent pas être séparées par des cristallisations répétées; pour les isoler, il faut les soumettre à la lévigation et à un triage mécanique. L'α-nitroacétonaphtalide forme des aiguilles jaune clair, un peu plus solubles dans l'alcool et dans l'acide acétique glacial que son isomère β, qui forme des prismes durs, de couleur jaune citron. Les deux corps présentent le même point de fusion, 171°. Traités par la potasse alcoolique à l'ébullition, ils donnent deux nitronaphtylamines; par l'action prolongée d'une lessive bouillante de soude, ils fournissent deux nitronaphtols.

La γ-nitroacétonaphtalide fond à 189° et cristallise en longues aiguilles.

Dinitroacétonaphtalide,

$$C^{10}H^5(AzO^2)^2AzH(C^2H^3O).$$

— L'acétonaphtalide en solution dans l'acide acétique est chauffée au bain-marie avec de l'acide azotique fumant pendant cinq minutes, puis le tout est abandonné pendant douze heures. La masse solide qui se sépare est cristallisée dans l'alcool. Longues aiguilles jaunes, fusibles à 247° [Rother, *loc. cit.*; — Liebermann, *Liebig's Ann. Chem.*, t. CLXXXIII, p. 273].

Amidoacétonaphtalide. — Obtenue par réduction de la nitroacétonaphtalide au moyen d'étain et d'acide chlorhydrique. Le chlorure double est décomposé par l'hydrogène sulfuré, et le dérivé amidé est extrait du sulfure d'étain par de l'eau bouillante. Par le refroidissement, le *chlorhydrate* d'amidoacétonaphtalide,

$$C^{10}H^6 \begin{cases} AzH(C^2H^3O) \\ AzH^2.HCl, \end{cases}$$

cristallise en longues aiguilles blanches. Le *chromate* se précipite en aiguilles orangées par le mélange des solutions de chlorhydrate et de dichromate de potassium. Le *picrate* est en belles aiguilles jaunes, peu solubles.

BENZYL-α-NAPHTYLAMINE, $C^{10}H^7.AzH(CH^2\text{-}C^6H^5)$. — Froté et Tommasi ont obtenu ce corps [*Bull. Soc. chim.*, t. XX, p. 67] en chauffant la naphtylamine avec le chlorure de benzyle. Il fond à 66-67°, il est très soluble dans l'alcool et dans l'éther et n'est pas décomposé par l'acide chlorhydrique concentré.

BENZOYL-α-NAPHTYLAMIDE, $C^{10}H^7.AzH(C^7H^5O)$. — Préparée d'abord par Church [*Chem. News*, t. V, p. 324], qui a chauffé parties équivalentes de naphtylamine et de chlorure de benzoyle, elle a été étudiée par Hübner et Ebell [*Liebig's Ann. Chem.*, t. CCVIII, p. 324]. Elle cristallise en aiguilles brillantes, fusibles à 156°, très solubles dans l'alcool, presque insolubles dans l'eau.

Dérivés nitrés. On ajoute lentement une solution concentrée de benzoylnaphtylamide (1 molécule) dans l'acide acétique à une autre solution d'acide azotique fumant (1 molécule) dans 10 p. d'acide acétique. Le produit, versé dans trois à quatre fois son volume d'eau glacée, fournit un mélange de deux dérivés nitrés qu'on sépare par des cristallisations dans l'alcool.

Paranitrobenzoyl-α-naphtylamide,

$$C^{10}H^6(AzO^2)AzH(C^7H^5O).$$

— Elle est peu soluble dans l'alcool, cristallise en prismes fusibles à 224°, insolubles dans l'eau, peu solubles dans le chloroforme.

Paramidobenzoylnaphtylamide,

$$C^{10}H^6(AzH^2)AzH(C^7H^5O).$$

— Se forme en faisant bouillir une solution alcoolique du dérivé nitré avec de l'étain et de l'acide chlorhydrique. La base cristallise en aiguilles incolores, fusibles à 186°, peu solubles dans l'eau bouillante, très solubles dans l'alcool. Le *chlorhydrate* forme de longues aiguilles incolores, peu solubles dans l'alcool; le *sulfate* de fines aiguilles, peu solubles dans l'eau et dans l'alcool.

Orthomononitrobenzoyl-α-naphtylamide.—Les eaux mères alcooliques du dérivé paranitré évaporées laissent déposer le dérivé ortho qui forme des prismes fusibles à 174°,5, plus solubles dans l'alcool, le chloroforme et l'acide acétique que leur isomère.

Anhydrobenzoyldiamidonaphtaline,

$$C^{10}H^6 \begin{cases} Az \\ AzH \end{cases} C\text{-}C^6H^5.$$

— En faisant bouillir pendant douze heures une solution alcoolique du corps précédent avec de l'étain et de l'acide chlorhydrique, on obtient le chlorhydrate de cette nouvelle base. On décompose le sel par du carbonate de sodium et l'on fait cristalliser le précipité dans l'alcool. Cristaux jaunes, fusibles à 210°, non distillables, très solubles dans l'eau, peu solubles dans l'alcool. Le *chlorhydrate* est en aiguilles microscopiques, peu solubles dans l'alcool et dans l'eau. Le *sulfate* cristallise en aiguilles plus solubles dans l'eau que le chlorhydrate.

Dinitrobenzoylnaphtylamide,

$$C^{10}H^5(AzO^2)^2.AzH(C^7H^5O).$$

— On ajoute de la benzoylnaphtylamide à un mélange de 1 p. d'acide sulfurique fumant et 3 p. d'acide azotique ordinaire, jusqu'à ce qu'il n'y ait plus dissolution; on laisse en contact pendant trois quarts d'heure et on verse dans 4 à 6 fois le volume d'eau.

Petites aiguilles jaunes, fusibles à 252°, peu solubles dans l'alcool, le chloroforme et l'éther. En la faisant cristalliser à plusieurs reprises dans l'acide acétique, on la transforme en acétodinitronaphtalide.

Diamidobenzoylnaphtylamide,

$$C^{10}H^5(AzH^2)^2.AzH(C^7H^5O).$$

— S'obtient par réduction du corps précédent au moyen de l'étain et de l'acide chlorhydrique. Le sel double d'étain est décomposé par de l'hydrogène sulfuré et la solution évaporée est saturée par du carbonate de sodium. Le précipité blanc qui se forme se colore en bleu à l'air. Le sulfate et le chlorhydrate cristallisent en aiguilles. Ce dernier est peu soluble dans l'eau.

PHÉNYLNAPHTYLAMINE, $C^{10}H^7.C^6H^5AzH$. — Ce corps, décrit t. II, p. 864, a été étudié récemment par J. Streiff [*Deutsch. chem. Gesellsch.*, 1880, p. 558]. D'après cet observateur, il fond à 42° et non à 58° comme on l'a indiqué. Le *picrate* cristallise en mamelons très altérables.

Dérivé acétylé. — Cristaux fusibles à 115°, très solubles dans l'alcool, la benzine, le chloroforme, peu solubles dans l'éther.

Dérivé benzoylé. — Il fond à 152°, se dissout facilement dans l'alcool, l'éther, la benzine.

Tribromophénylnaphtylamine, $C^{16}H^9Br^3AzH$. — On ajoute un excès de brome à de la naphtylphénylamine dissoute dans de l'acide acétique. Cristallisée dans l'alcool, elle forme des prismes incolores, fusibles à 137°, très solubles dans la benzine, l'alcool, le chloroforme, moins dans l'éther et très peu dans l'acide acétique à froid.

Dinitrophénylnaphtylamine,

$$C^{10}H^5(AzO^2)^2.AzHC^6H^5.$$

— Ce corps s'obtient en dissolvant la phénylnaphtylamine dans l'acide acétique et en ajoutant lentement de l'acide azotique à 40° B. Poudre cristalline rouge, fusible à 77°, peu soluble dans l'alcool, la benzine, le chloroforme et l'éther, plus soluble dans l'acide acétique. Les alcalis la dissolvent avec une coloration rouge jaunâtre communiquant cette teinte à la laine (Streiff).

Tétranitro-α-phénylnaphtylamine. — Merz et Weith [*Deutsch. chem. Gesellsch.*, 1882, p. 2717] ont préparé ce corps en ajoutant à une solution benzénique d'α-bromotétranitronaphtaline la quantité théorique d'aniline. La solution se colore en rouge, et il se précipite du bromhydrate d'aniline, tandis que la liqueur laisse déposer des aiguilles jaune-orangé, fusibles à 105°; les cristaux renferment de la benzine; en les faisant cristalliser dans l'alcool, on obtient des aiguilles rouges fusibles à 162°,5, assez peu solubles, même à chaud, dans l'alcool et dans l'éther, plus solubles dans la benzine.

PARACRÉSYLNAPHTALINE Syn. [*Naphtylparatoluidine*]. — Voyez t. III, p. 483.

CHOLESTÉRYL-α-NAPHTYLAMINE,

$$C^{10}H^7(C^{26}H^{43})AzH.$$

— Walitzky [*Bull. Soc. chim.*, t. XXX, p. 535] a préparé ce corps en faisant agir le chlorure de cholestéryle sur la naphtylamine. Il fond à 202° et est assez peu soluble dans le sulfure de carbone.

α-DINAPHTYLAMINE, $(C^{10}H^7)^2AzH$. — Girard et Vogt l'ont obtenue en chauffant de la naphtylamine avec du chlorhydrate de naphtylamine (t. II, p. 525). Landshoff l'a trouvée parmi les produits de l'action du chlorure de méthyle sur la naphtylamine. Benz [*Deutsch. chem. Gesellsch.*, 1883, p. 8], en chauffant de l'α-naphtol avec du chlorure de zinc ammoniacal à 270-280°, a obtenu 65 % d'α-dinaphtylamine.

L'α-dinaphtylamine forme des lamelles blanches, fusibles à 111°, distillables; elle est insoluble dans l'eau, très soluble dans l'alcool, la benzine, le chloroforme, l'acide acétique. Le perchlorure de fer produit dans sa solution alcoolique un précipité verdâtre. En ajoutant une solution éthérée d'α-dinaphtylamine à une autre d'acide picrique, on voit se former de petites aiguilles de picrate, brillantes, fusibles à 168-169°.

Acétyl-α-dinaphtylamine. — Petites aiguilles jaunâtres, fusibles à 47°.

Nitroso-α-dinaphtylamine, $(C^{10}H^7)^2(AzO)Az$. — On traite la dinaphtylamine, dissoute dans de l'acide acétique, par du nitrite de potassium; il se forme un précipité d'abord huileux, se solidifiant avec le temps. En le dissolvant dans la benzine et précipitant par l'alcool, on obtient une poudre cristalline jaune, fusible avec décomposition à 260-262°.

MONOCHLORO-α-NAPHTYLAMINE.—Seidler [*Deutsch. chem. Gesellsch.*, 1878, p. 1201], en réduisant la nitronaphtaline par l'étain et l'acide chlorhydrique, a obtenu, à côté de la naphtylamine, son dérivé chloré; les deux corps peuvent être séparés par des cristallisations fractionnées dans la benzine. La chloronaphtylamine est peu soluble dans ce dernier dissolvant, très soluble, au contraire, dans l'alcool et dans l'éther. Elle cristallise en aiguilles fusibles à 98°.

MONOBROMO-α-NAPHTYLAMINE. — Rother a obtenu ce corps en traitant à l'ébullition la monobromoacétonaphtalide par la potasse (2 p. d'eau, 3 p. de potasse). Cristallisé dans l'alcool, il forme de grandes aiguilles brunes, d'odeur repoussante, fusibles à 91° et se combinant avec les acides pour donner des sels très bien cristallisés.

MONONITRO-α-NAPHTYLAMINE. — Beilstein et Kuhlberg [*Zeitschr. Chem.*, 1871, p. 211] traitent par l'hydrogène sulfuré une solution alcoolique de dinitronaphtaline, fusible à 212°. Le produit étant précipité par de l'eau, on épuise par l'acide chlorhydrique le dépôt et l'on traite la solution par l'ammoniaque. La base précipitée est transformée, par l'acide sulfurique dilué et chaud, en sulfate qui cristallise aisément avec $2H^2O$. Ce sulfate forme de longues aiguilles brillantes, incolores, peu solubles dans l'eau froide. La base libre, cristallisée dans l'eau bouillante, forme de petits cristaux rouges fusibles à 118-119°.

Liebermann et Dittler [*Deutsch. chem. Gesellsch.*, 1873, p. 947], en faisant bouillir le mélange des nitroacétonaphtalides α et β avec de la potasse alcoolique, ont obtenu deux nitronaphtylamines isomériques, différentes du corps précédent, et formant des aiguilles jaune-orangé. Le dérivé α, que l'on obtient en plus grande quantité, fond à 191° et est moins soluble que le dérivé β. Ses sels colorent la laine en jaune foncé. Le dérivé β n'a pu être obtenu à l'état de pureté; il ressemble beaucoup à son isomère.

DINITRO-α-NAPHTYLAMINE. — Ebell a obtenu ce corps [*Deutsch. chem. Gesellsch.*, 1875, p. 564] en saponifiant à 160° la dinitrobenzoylnaphtylamide avec de l'ammoniaque alcoolique; Liebermann et Hammerschlag [*Liebig's Ann. Chem.*, t. CLXXXIII p. 273] en traitant la dinitroacétonaphtalide par l'ammoniaque alcoolique. Longues aiguilles jaunes, fusibles à 235°.

Tétranitro-α-naphtylamine. — Se forme en faisant agir, en solution benzénique, de l'ammoniaque sur l'α bromotétranitronaphtaline [Merz et Weith, *Deutsch. chem. Gesellsch.*, 1882, p. 2717]. Aiguilles jaunes brillantes, fusibles à 194°, peu solubles dans l'alcool et dans la benzine.

DÉRIVÉS SULFONIQUES. ACIDE α-NAPHTYLAMINE-α-SULFONIQUE, $C^{10}H^6(AzH^2).SO^3H$. ($\alpha_1 - \alpha_2$). — Cet acide, identique avec l'acide naphtionique de Piria (t. II, p. 500), se prépare en traitant à 70-80° 1 p. d'α-naphtylamine avec 3 p. d'acide sulfurique fumant, renfermant 80 % d'anhydride; le produit de la réaction est versé dans vingt parties d'eau [Schmidt et Schaal, *Deutsch. chem. Gesellsch.*, 1874, p. 1367]. L'acide étant peu soluble dans l'eau est facile à séparer.

Neville et Winther [*Deutsch. chem. Gesellsch.*, 1880, p. 1949] le préparent en chauffant à 180-200° molécules égales d'α-naphtylamine et d'acide sulfurique concentré.

Cristallisé dans l'eau, il forme de petites aiguilles brillantes, renfermant ½ H^2O; la potasse caustique ne l'attaque pas même à l'ébullition, l'eau à 150-160° le décompose. Les agents oxydants le transforment en α-naphtoquinone. L'acide ainsi que ses sels présentent une fluorescence verte très caractéristique. Les sels de *baryum* et de *plomb* renferment $8H^2O$.

Dans les eaux mères de l'acide α-naphtylamine-α-sulfonique se trouve un acide isomérique, caractérisé par une plus grande solubilité et dont les sels ne cristallisent pas.

Acide α-diazonaphtaline-α-sulfonique. — On fait arriver un courant d'acide nitreux dans l'acide tenu en suspension dans de l'eau. Poudre jaune très peu soluble; par l'ébullition avec de l'acide sulfurique dilué, il donne de l'α-naphtol.

ACIDE α-NAPHTYLAMINE-β-SULFONIQUE ($\alpha_1 = \alpha_2$). — Cleve [*Bull. Soc. chim.*, t. XXIV, p. 506; t. XXIX, p 414], en réduisant les trois acides nitro-naphtaline-sulfoniques, a obtenu trois acides amidés différents.

1° Le dérivé β se prépare en traitant par le sulfhydrate d'ammonium l'acide α-nitronaphtaline-sulfonique. Poudre fine blanche, formée de fines aiguilles microscopiques, se colorant en rouge à l'air humide. Les sels cristallisent bien et sont très solubles.

Sel de potassium, $C^{10}H^6(AzH^2)SO^3K + H^2O$. — Aiguilles très solubles.

Sel de sodium. — Lamelles nacrées, très solubles, contenant $1H^2O$, qui se dégage à 110°.

Sel de baryum,

$$[C^{10}H^6(AzH^2)SO^3]^2Ba + 6H^2O.$$

— Petits prismes perdant leur eau sur l'acide sulfurique.

Sel de calcium. — Tables contenant $9H^2O$.

Sel de magnésium. — Aiguilles très solubles contenant $8H^2O$.

Sel de plomb. — Lamelles nacrées avec $4H^2O$.

Acide α-diazonaphtaline-β-sulfonique,

$$C^{10}H^6 \begin{matrix} < Az = Az \\ < SO^3 \diagup \end{matrix}.$$

On fait agir l'acide azoteux sur l'acide sulfoné tenu en suspension dans de l'alcool dilué. Poudre cristalline jaune, peu soluble. Par l'ébullition avec de l'eau, elle se décompose; la solution rouge résultante, fondue avec de la potasse, donne de l'α-dioxynaphtaline.

2° *Acide α-naphtylamine-γ-sulfonique.* — Se forme par réduction de l'acide β nitronaphtaline-sulfonique. Il cristallise, ou bien anhydre, sous forme de tables minces rhombiques, ou bien en aiguilles flexibles avec $2H^2O$. A l'air, surtout humide, cet acide se colore en rouge violet; il est peu soluble dans l'eau froide, plus soluble à chaud. Il décompose les carbonates; les sels sont colorés en jaune, solubles et pour la plupart bien cristallisés; leurs solutions se colorent à l'air.

Sel de potassium, $C^{10}H^6(AzH^2)SO^3K + H^2O$.

— Aiguilles jaunes, très solubles, perdant leur eau à l'air.

Sel de sodium. — Lamelles minces rhombiques, très solubles, contenant $4H^2O$ qui se dégagent dans l'air sec.

Sel de calcium,

$$[C^{10}H^6(AzH^2)SO^3]^2Ca + 7H^2O.$$

— Rhomboèdres.

Sel de baryum. — Aiguilles aplaties, assez peu solubles, contenant 1 molécule d'eau.

Sel de magnésium. — Rhomboèdres brillants, avec $10H^2O$.

3° *Acide α-naphthylamine-δ-sulfonique.* — Obtenu par réduction de l'acide δ-nitronaphtaline-sulfonique. Lamelles argentées, assez solubles dans l'eau bouillante.

ACIDE α-NAPHTYLAMINE-DISULFONIQUE,

$$C^{10}H^5(AzH^2)(SO^3H)^2.$$

— D'après un brevet allemand du 20 août 1880, cet acide s'obtient, ou bien par réduction de l'acide nitronaphtaline-disulfonique, ou par l'action du chlorure de sulfuryle sur l'α-naphtylamine.

ACIDE α-NAPHTHYLAMINE-TRISULFONIQUE. — D'après le brevet n° 1467 des *Farbewerke*, cet acide se prépare en dissolvant à froid 1 p. d'acide naphtylamine-sulfonique dans 3-4 p. d'acide sulfurique fumant à 40 °/₀ d'anhydride; on élève lentement la température à 120° et on la maintient pendant 6 à 10 heures à ce degré; le produit est versé dans l'eau froide, neutralisé avec un lait de chaux, filtré et évaporé à sec.

II. — β-NAPHTYLAMINE.

La β-naphtylamine a été découverte par Liebermann et Scheiding [*Liebig's Ann. Chem.*, t. CLXXXIII, p. 264], qui l'ont préparée en réduisant par l'étain et l'acide chlorhydrique l'α-bromo-β-nitronaphtaline, fusible à 132°.

La Badische Anilin und Sodafabrik [*Brevet allemand*, 22 février 1881] a breveté la fabrication de ce corps au moyen du β-naphtol et de l'ammoniaque; enfin, d'après un brevet de Œhler (1880), on chauffe à 200° pendant 24 heures du β-naphtolate de sodium (10 p.) avec 4 p. de chlorure ammonique. On l'obtient aussi en chauffant le β-naphtol avec du chlorure de zinc ammoniacal [Merz et Weith, *Deutsch. chem. Gesellsch.*, 1880, p. 1300; 1881, p. 2343]. Enfin, d'après Benz [*Ibid.*, 1883, p. 8], on obtient les meilleurs rendements en mélangeant au β-naphtol quatre fois son poids de chlorure de calcium ammoniacal [1], et chauffant 2 heures à 230-250°, ensuite 6 heures à 270-280°; on obtient en naphtylamine 80 °/₀ du poids du naphtol, indépendamment de 14 °/₀ de dinaphtylamine. Le produit brut est traité par l'eau acidulée bouillante, qui dissout la naphtylamine et le naphtol; on précipite par de la soude, on chauffe et l'on fait cristalliser, dans de la benzine bouillante, la partie insoluble.

La β-naphtylamine se forme en petite quantité par réduction de la nitronaphtaline; elle se trouve dans les eaux mères du chlorhydrate de naphtylamine préparé industriellement et communique à ces eaux leur fluorescence bleue.

La β-naphtylamine forme des lamelles blanches brillantes, fusibles à 112°, bouillant à 294°. Ses solutions possèdent une fluorescence bleue caractéristique. Le perchlorure de fer, l'acide chromique, le chlorure de chaux ou l'alcool renfermant de l'acide nitreux, ne produisent pas les réactions si caractéristiques de l'α-naphtylamine.

Chlorhydrate. — Lamelles incolores, très solubles dans l'eau et dans l'alcool, peu solubles dans l'acide chlorhydrique dilué.

Sulfate. — Lamelles incolores, assez peu solubles dans l'eau froide.

Azotate. — Lamelles incolores, pas très solubles dans l'eau froide.

Picrate. — Longues aiguilles jaunes, fusibles à 159° avec décomposition, très solubles dans l'alcool.

ACÉTO-β-NAPHTALIDE. — On chauffe la β-naphtylamine avec 1 1/4 à 1 1/2 fois de son poids d'acide acétique glacial; il se forme comme produit secondaire de la β-dinaphtylamine. Lamelles brillantes, fusibles à 132°.

Bromacéto-β-naphtalide. — On ajoute du brome à la solution acétique du corps précédent. Petites aiguilles, fusibles à 134-135°.

Nitroacéto-β-naphtalide. — L'acéto-β-naphtalide, en solution acétique bien refroidie, traitée par de l'acide azotique fumant, donne un dérivé nitré. Longues aiguilles jaunes, fusibles à 123°,5, solubles dans l'alcool, l'acide acétique, la benzine. Chauffée avec de la soude, elle se transforme en α-nitro-β-naphtol.

FORMYL-β-NAPHTALIDE, $C^{10}H^7.AzH(CHO)$. — On fait bouillir 2 p. de β-naphtylamine avec 1p,5 d'acide formique d'une densité de 1,2. Le produit brut est soumis à des cristallisations dans un mélange de benzine et de pétrole. Lamelles brillantes, fusibles à 129°.

BENZOYL-β-NAPHTALIDE. — On fait digérer le chlorure de benzoyle avec la β-naphtylamine. Petits grains jaunâtres fusibles à 141-143°, très solubles dans l'éther, le chloroforme, la benzine et l'alcool chaud, moins solubles à froid.

Glycolyl-β-naphtalide,

$$\begin{array}{l} CH^2.AzHC^{10}H^7 \\ | \\ CO.AzHC^{10}H^7 \end{array}$$

— On fait fondre un mélange de 1 molécule d'acide chloracétique et de 3 molécules de β-naphtylamine, et l'on fait bouillir le produit de la réaction avec de l'acide chlorhydrique très dilué; le résidu cristallisé dans l'alcool forme des lamelles jaunes brillantes, fusibles à 170°.

PHÉNYL-β-NAPHTYLAMINE, $C^{10}H^7.AzH.C^6H^5$. — Merz et Weith [*Deutsch. chem. Gesellsch.*, 1880, p. 1299] ont obtenu ce corps en chauffant molécules égales d'aniline et de β-naphtol avec du chlorure de zinc à 180-200°. D'après la Badische Anilin und Sodafabrik, on chauffe 11 p. de β-naphtol avec 10 p. de chlorhydrate d'aniline à 180° pendant douze heures. On reprend par de l'eau et ensuite par de la soude diluée pour éliminer le β-naphtol.

Elle forme des aiguilles aplaties, fusibles à 108°, distillant à 395°, se dissolvant dans l'alcool, l'éther, la benzine; ses solutions possèdent une fluorescence bleue. Le gaz chlorhydrique précipite de sa solution benzénique une poudre cristalline blanche de *chlorhydrate*, décomposable par l'eau froide. Le *picrate* se forme en ajoutant à une solution chloroformique de la base une solution chloroformique d'acide picrique. Aiguilles brunes, se décomposant assez facilement.

Acétylphényl-β-naphtylamide. — On chauffe à 130° la base avec de l'anhydride acétique. Cristaux incolores, fusibles à 93°, très solubles dans l'alcool, l'éther, la benzine, l'acide acétique.

Benzoyl-phényl-β-naphtylamide. — En chauffant la base avec du chlorure de benzoyle, au réfrigérant ascendant jusqu'à 180°, il se forme une masse noire qu'on épuise par de l'alcool; on ob-

1. Le chlorure de calcium ammoniacal se prépare en faisant passer du gaz ammoniac sur du chlorure de calcium sec. Il forme une poudre blanche, renfermant 47 °/₀ d'ammoniaque.

tient des cristaux incolores, fusibles à 136°, très solubles dans l'alcool, l'éther, la benzine.

Dibromo-phényl-β-naphtylamine. — Ce corps se précipite en ajoutant lentement du brome à une solution acétique de phényl-β-naphtylamine. Il cristallise dans la benzine en aiguilles blanches, fusibles à 140°, très solubles dans la benzine, l'éther, l'alcool, très peu dans l'acide acétique froid.

Tétrabromo-phényl-β-naphtylamine. — Lorsqu'on ajoute un excès de brome à la solution acétique de la base, le précipité, d'abord blanc, devient jaune. Dans le sulfure de carbone, il cristallise sous forme d'aiguilles fusibles à 198°, peu solubles dans la benzine, l'alcool et l'éther, plus solubles dans l'aniline, le chloroforme, le sulfure de carbone.

Nitroso-phényl-β-naphtylamine,

$C^{10}H^7.C^6H^5.Az(AzO)$.

— On dissout 3 grammes de la base dans 10 grammes de benzine et on ajoute 5 grammes de nitrite d'amyle. La solution se colore en rouge et, après dix heures, il se forme un précipité cristallin qui, dans la benzine, se dépose en prismes jaunes presque insolubles dans l'alcool froid, peu solubles à chaud, mais très solubles dans la benzine et dans l'acide acétique.

Nitro-phényl-β-naphtylamines. — L'acide azotique ordinaire, ajouté à une solution acétique de phényl-β-naphtylamine, produit un dérivé mono et dinitré. Ce dernier, cristallisé dans l'acide acétique, forme des cristaux bruns, fusibles à 129-195°. Le dérivé mononitré reste en solution et est précipité par l'eau. Par dissolution dans l'alcool dilué, on obtient un corps cristallin, fusible à 85°.

Il se forme un *acide trisulfonique* si l'on chauffe au bain-marie la phényl-β-naphtylamine avec six fois son poids d'acide sulfurique; le sel de baryum est assez soluble dans l'eau [Streiff, *Liebig's Ann. Chem.*, t. CCIX, p. 151].

β-Dinaphtylamine, $C^{10}H^7.AzH.C^{10}H^7$. — Merz et Weith [*Deutsch. chem. Gesellsch.*, 1880, p. 1300] préparent ce corps en chauffant à 200-210° du β-naphtol avec deux fois son poids de chlorure de zinc ammoniacal. Liebermann et Jacobson [*Liebig's Ann. Chem.*, t. CCXI, p. 43] l'ont obtenu, à côté de l'acéto-β-naphtalide, en faisant bouillir la β-naphtylamine avec de l'acide acétique glacial. Enfin, d'après Benz [*Deutsch. chem. Gesellsch.*, 1883, p. 8], il s'en formerait 80 °/₀ du poids du β-naphtol, à côté de β-naphtylamine, en chauffant 1 p. de β-naphtol avec 4 p. de chlorure de zinc ammoniacal. Lamelles argentées, fusibles à 170°,5, peu solubles dans l'alcool, très solubles dans l'acide acétique bouillant et la benzine. Les solutions possèdent une fluorescence bleue intense.

L'acide chlorhydrique gazeux forme dans la solution benzénique de la base un précipité cristallin; l'acide picrique donne un précipité brun rougeâtre volumineux, formé de petites aiguilles fines, fusibles à 164-165°.

Acétyl-β-dinaphtylamide, $(C^{10}H^7)^2Az(C^2H^3O)$. — On fait agir le chlorure d'acétyle sur la β-dinaphtylamine. La solution du produit brut dans la benzine ou le pétrole laisse cristalliser de petites aiguilles incolores, fusibles à 114-115°.

α-β-Dinaphtylamine,

$$\begin{matrix}\beta\, C^{10}H^7 \\ \alpha\, C^{10}H^7\end{matrix} > AzH.$$

— Ce corps s'obtient en chauffant du β-naphtol avec de l'α naphtylamine et 2 p. de chlorure de zinc ou de chlorure de calcium pendant 8 heures à 280°. Le produit de la réaction, traité par de l'eau aiguisée d'acide chlorhydrique, laisse séparer une huile épaisse, tandis que la naphtylamine et le naphtol qui ont échappé à la réaction se dissolvent. L'huile, par distillation, donne une masse sirupeuse, faiblement colorée en jaune; dissoute dans de l'éther, mélangé de peu d'alcool, elle laisse déposer de grands prismes, solubles dans la benzine, l'éther, l'alcool à chaud, moins solubles dans l'essence de pétrole; fusibles à 110-111°. Le *picrate* forme un corps cristallin brun-rougeâtre fusible à 172-173°.

Dérivé acétylé. — L'α-β-dinaphtylamine et le chlorure d'acétyle réagissent déjà à froid. Par cristallisation du produit, lavé à l'eau bouillante, on obtient des aiguilles incolores fusibles à 124-125° [Benz, *loc. cit.*].

Diméthyl-β-naphtylamine, $C^{10}H^7Az(CH^3)^2$. — Hantzsch [*Deutsch. chem. Gesellsch.*, 1880, p. 2053], en chauffant du β-naphtol avec de la triméthylamine, a obtenu principalement ce corps. Il fond à 46°, bout à 305°. Ses sels sont très solubles; le chloroplatinate est peu soluble dans l'alcool bouillant.

Iodure de triméthyl-β-naphtylammonium,

$C^{10}H^7Az(CH^3)^3I$.

— On chauffe le corps précédent avec de l'iodure de méthyle. Lamelles brillantes, peu solubles à froid dans l'eau et dans l'alcool.

Bromo-β-naphtylamine, $C^{10}H^6Br.AzH^2$. — Cosiner [*Ibid.*, 1880, p. 50] saponifie par une ébullition prolongée avec de la potasse la bromacéto-β-naphtalide. Le produit brut est distillé avec les vapeurs d'eau. Petites aiguilles blanches, fusibles à 63°.

Nitro-β-naphtylamine, $C^{10}H^6(AzO^2)\alpha(AzH^2)\beta$. — On fait bouillir une solution alcoolique de 4 p. de nitro-β-acétonaphtalide avec 1 p. de potasse alcoolique. Par dilution avec de l'eau, il se précipite de longues aiguilles orangées, fusibles à 126-127°.

Acides β-naphtylamine-sulfoniques. — D'après un brevet allemand de Brœnner à Francfort, on chauffe, sous pression pendant 24 heures à 180°, un mélange de 20 kilogrammes d'acide β-naphtol-monosulfonique (acide de Schaeffer), 60 kilogrammes de chlorhydrate d'ammoniaque et 12 kilogrammes de chaux. Le produit est dissous dans 50 litres d'eau bouillante, la solution filtrée et acidulée laisse précipiter deux acides sulfoniques. En redissolvant dans de l'ammoniaque ou dans de la soude et en précipitant une seconde fois par un acide, on obtient l'un presque pur. Il se dissout difficilement dans l'eau bouillante, possède un magnifique reflet argentin; les sels sont peu solubles et cristallisent très facilement. Dans les eaux mères se trouve un isomère très soluble. Pour l'isoler, il faut neutraliser la solution filtrée par un alcali, évaporer à sec et épuiser par de l'alcool. Les couleurs azoïques qu'on prépare avec lui sont plus rouges et plus solubles que celles que fournit son isomère.

Ad. Kopp.

NAPHTYLARSINIQUE (ACIDE),

$AsO(C^{10}H^7)(OH)^2$.

— Le chlorure d'arsenic agit facilement sur le mercure-dinaphtyle; pour terminer la réaction, on chauffe au réfrigérent ascendant. Le produit brut est dilué avec de la benzine et distillé. On traite l'huile, ainsi obtenue, par du chlore et on décompose par de l'eau. L'acide cristallise sous forme de belles aiguilles incolores, fusibles à 197° [Kelbe, *Deutsch. chem. Gesellsch.*, 1878, p. 1499].

NAPHTYLDIMÉTHYLAMIDOPHÉNYLSULFONES, $C^{10}H^7.SO^2.C^6H^4.Az(CH^3)^2$. — *Dérivé α.* — On ajoute à 2 molécules de diméthylaniline 1 molécule de chlorure d'α-naphtaline-sulfonique. On traite le produit de la réaction par un alcali et l'on distille avec la vapeur d'eau. Le résidu de la distillation est épuisé par de l'acide chlorhydrique qui dissout du tétraméthyldiamidodiphénylméthane, tandis que la sulfone reste insoluble. Cristallisée dans l'alcool, elle forme des cristaux fusibles à 91°, insolubles dans l'eau, très solubles dans l'alcool et dans l'éther. Par l'action de l'acide azotique, il se forme de la pentanitrodiméthylaniline et de l'acide β-nitronaphtalinesulfonique.

Dérivé β. — Se forme comme son isomère. Il est très soluble dans l'alcool et dans l'éther [Michler et Salathé, *Deutsch. chem. Gesellsch.*, 1879, p. 1789].

NAPHTYLDIPHÉNYLMÉTHANE,

$$C^{23}H^{18} = CH(C^{10}H^{7})(C^{6}H^{5})^{2}.$$

— Ce carbure se prépare en chauffant pendant quatre ou cinq heures, à 140-145°, 10 p. de benzhydrol, 15 parties de naphtaline et 15 parties d'anhydride phosphorique. Le produit de la réaction est épuisé avec de l'eau bouillante, le résidu est fractionné. Par cristallisation dans l'éther ou l'acide acétique, on obtient une masse blanche, fusible à 134 ou 149° selon la proportion du dissolvant employé. Par cristallisation ou par fusion, on peut transformer une modification dans l'autre. Le carbure peut être sublimé ; il est peu soluble dans l'alcool, le pétrole, plus soluble dans l'éther et l'acide acétique, très soluble dans la benzine. [Lehne, *Deutsch. chem. Gesellsch.*, 1880, p. 358; Hemilian, *Ibid.*, p. 678].

NAPHTYLÈNE (DICYANURES DE). — On connaît cinq corps de la formule $C^{10}H^{6}(CAz)^{2}$, qui ont été mentionnés t. II, p. 511. L'étude des deux nitriles préparés par Baltzer et Merz a été reprise par Ebert et Merz [*Deutsch. chem. Gesellsch.*, 1876, p. 604]. Ces observateurs les préparent par la distillation des deux naphtalinedisulfonates de potassium avec du cyanure de potassium ; ils les distinguent par les lettres α et β.

Dérivé α. — Longues aiguilles blanches brillantes, sublimables, fusibles à 267-268°. Ce corps est assez peu soluble dans la plupart des dissolvants, il se dissout dans l'alcool bouillant et dans l'acide acétique.

Dérivé β. — Il ressemble beaucoup au corps précédent ; il fond à 296-297° ; il est moins soluble que le dérivé α, presque insoluble dans l'éther, l'alcool, la benzine ; il cristallise dans l'acide acétique bouillant.

NAPHTYLÈNE-DIAMINES, $C^{10}H^{6}(AzH^{2})^{2}$. — Il existe trois naphtylène-diamines de constitution connue :

α-*Diamidonaphtaline* ($\alpha_1 - \alpha_2$)(1). — La base n'a pas été étudiée. Elle se précipite lorsqu'on fait bouillir le chlorhydrate d'amidoacétonaphtalide avec de la soude, ou par réduction de l'α-nitronaphtylamine. Le chlorhydrate forme de petites lamelles blanches, insolubles dans l'acide concentré. Les agents oxydants produisent dans les solutions de cette diamine une coloration ou un précipité vert; lorsqu'on chauffe, il se forme de l'α-naphtoquinone qui distille avec les vapeurs d'eau [Liebermann et Dittler, *Liebig's Ann. Chem.*, t. CLXXXIII, p. 228].

β-*Diamidonaphtaline* ($\alpha_1 = \alpha_2$). — C'est le corps décrit sous le nom de naphtène-diamine (t. II, p. 512) et obtenu par réduction de l'α-dinitronaphtaline. La base libre forme des aiguilles incolores, fusibles à 189°,5; elle est volatile, peu soluble dans l'eau froide, très soluble à chaud dans l'alcool et le chloroforme. Le perchlorure de fer produit dans la solution de la base un précipité bleu violet.

γ-*Diamidonaphtaline* ($\alpha_1 = \alpha_1$). — C'est la β-naphtène-diamine d'Aguiar. Elle forme des aiguilles blanches fusibles à 66°,5 et qui sont volatiles. Cette base est plus soluble dans l'eau que l'isomère β, mais moins soluble dans le chloroforme ; elle est très soluble dans l'alcool. Le perchlorure de fer forme un précipité brun dans ses solutions. En ajoutant une solution de nitrite de sodium au sulfate de γ-naphtylène-diamine, on obtient un précipité rouge volumineux qui se dépose dans la benzine en aiguilles rouges brillantes.

La *diazoamidonaphtaline* se combine avec les acides et les bases, mais donne des produits très instables [D'Aguiar, *Deutsch. chem. Gesellsch.*, 1874, p. 307]. Ad. Kopp.

1. Voyez, pour cette notation, l'article NAPHTALINE, Suppl., p. 1039.

NAPHTYLÈNE-DICARBONIQUES (ACIDES) [Syn. *Naphtène-dicarbonique*]. — Quatre acides de la formule $C^{10}H^{6}(CO.OH)^{2}$ ont été étudiés.

I. ACIDE DE DARMSTAEDTER et WICHELHAUS,

$$C^{10}H^{6}(CO^{2}H)^{2}\ (\alpha_1 - \alpha_2).$$

— Voyez t. II, p. 512.

II. ACIDE α-NAPHTALINE-DICARBONIQUE. — Obtenu par Ebert et Merz en saponifiant le dicyanure, fusible à 267-268° (voyez p. 1070). Longues aiguilles transparentes, fusibles bien au-dessus de 300°, se sublimant avec décomposition partielle, peu solubles dans la benzine, l'acide acétique, plus solubles dans l'alcool bouillant et dans l'acide sulfurique à chaud.

Sel de potassium, $C^{10}H^{6}(CO^{2}K)^{2}$. — Sel incristallisable que l'alcool précipite sous forme gélatineuse.

Sel de calcium, $C^{10}H^{6}(CO^{2})^{2}Ca + 4H^{2}O$. — Aiguilles microscopiques, peu solubles dans l'eau ; l'alcool le précipite sous forme gélatineuse.

III. ACIDE β-NAPHTALINE-DICARBONIQUE. — Petites aiguilles courtes, incolores. Il est encore beaucoup moins soluble que l'isomère α.

Sel de potassium,

$$C^{10}H^{6}(CO^{2}K)^{2} + 1/2H^{2}O.$$

— Grandes et belles aiguilles, très solubles dans l'eau.

Sel de calcium, $C^{10}H^{6}(CO^{2})^{2}Ca + 3\tfrac{1}{2}H^{2}O$. — Précipité blanc, formé d'aiguilles microscopiques, presque insolubles dans l'eau. Il ne perd toute son eau qu'au-dessus de 300°.

IV. ACIDE NAPHTALIQUE. — Ce quatrième acide naphtène-dicarbonique a été obtenu par Behr et van Dorp [*Deutsch. chem. Gesellsch.*, 1873, p. 753] par oxydation de l'acénaphtène et de l'acénaphtylène (Suppl., p. 1), au moyen du dichromate de potassium et de l'acide sulfurique dilué.

Il forme des aiguilles blanches ; par sublimation ou lorsqu'on le chauffe, il se transforme en anhydride fusible à 266°, il est peu soluble dans l'alcool.

Sel de potassium, $C^{12}H^{6}O^{4}K^{2} + 2\tfrac{1}{2}H^{2}O$. — Lamelles nacrées.

Sel de baryum, $C^{12}H^{6}O^{4}Ba + H^{2}O$. — Lamelles brillantes. Par distillation du sel de calcium, il se forme de la naphtaline.

Acide monobromonaphtalique. — Blumenthal [*Ibid.* 1874, p. 1095] a préparé ce corps par oxydation de l'acénaphtène bromé. Cet acide, cristallisé dans la benzine, forme de belles aiguilles blanches, fusibles à 210°. En le faisant bouillir avec de l'ammoniaque, on obtient l'imide

$$C^{10}H^{5}Br <\begin{matrix}CO\\CO\end{matrix}> AzH.$$

Prismes jaunes fusibles à 265°, sublimables. Ad. Kopp.

NAPHTHYLGLYOXYLIQUE (ACIDE). — Voyez NAPHTOÏQUE, Suppl., p. 1053.

NAPHTYLPHÉNYLACÉTONES,

$$C^{17}H^{12}O = C^{10}H^{7}\text{-}CO\text{-}C^{6}H^{5}$$

— Grucarevic et Merz [*Deutsch. chem. Gesellsch.*, 1873, p. 541 et 1238] ont obtenu deux isomères de ce corps en chauffant à 200-220° pendant dix heures de l'acide benzoïque, de la naphtaline et de l'anhydride phosphorique, ou mieux, en chauffant à 170-180° du chlorure de benzoyle avec de la naphtaline et très peu de zinc. Le dérivé α se forme en majeure partie. Le produit brut est distillé et l'huile ainsi obtenue soumise à des cristallisations dans un mélange d'alcool et d'éther.

α-Naphtylphénylacétone. — Prismes incolores, fusibles à 75°,5, volatils. Elle se dissout à 12° dans 41 parties d'alcool; elle est très soluble dans l'éther et dans la benzine.

β-Naphtylphénylacétone. — Longues aiguilles blanches, fusibles à 82°. Ce corps se trouve dans les eaux mères du dérivé α. Il se forme aussi lorsqu'on chauffe à 200-220° 20 grammes d'acide β-naphtoïque, 25 grammes d'anhydride phosphorique et un excès de benzine. Il se dissout dans 49 parties d'alcool. Ad. Kopp.

α-NAPHTYLPHÉNYLCARBINOL,

$$C^{17}H^{14}O = C^{10}H^{7}\text{-}CH(OH)\text{-}C^{6}H^{5}.$$

— On traite par l'amalgame de sodium l'α-naphtylphénylacétone dissoute dans l'alcool. La réaction terminée, on chasse l'alcool par distillation, on lave le résidu à l'eau et on le fractionne. Le carbinol distille au-dessus de 360°; c'est une huile jaune, se solidifiant avec le temps. Il est très soluble dans l'alcool, l'éther, la benzine, peu soluble dans le pétrole; il cristallise sous forme de mamelons blancs fusibles à 86°,5. Avec l'acide sulfurique ou l'anhydride phosphorique, il donne des produits de condensation violets ou bleus [Lenne, *Deutsch. chem. Gesellsch.*, 1880, p. 359].

NAPHTYLPHOSPHINIQUE (ACIDE). — Voy. PHOSPHINES (Suppl.).

NARCÉINE. — La narcéine est altérée par les solutions bouillantes de potasse; il se dégage de la triméthylamine et il se forme une petite quantité d'un acide renfermant $C^{23}H^{23}AzO^{9}$. A une température plus élevée, la potasse solide détruit la narcéine avec formation d'acide protocatéchique. La narcéine est décomposée à 140° par l'eau; il se forme une matière goudronneuse et des traces de triméthylamine [A.-R. Wright et G.-H. Becket, *Chem. News*, t. XXXIII, p. 38].

La narcéine, traitée par de l'eau de chlore et un alcali, prend une couleur rouge de sang, qui disparaît par la chaleur ou par une addition d'ammoniaque [A. Vogel, *Deutsch. chem. Gesellsch.*, 1874, p. 906].

NARCOTINE, $C^{22}H^{23}AzO^{7}$. Voyez t. II, p. 531. — *Propriétés.* — La narcotine fond à 176° et non à 170° [Hesse, *Deutsch. chem. Gesellsch.*, 1871, p. 693]. Sa densité est de 1.39 [Schröder, *Deutsch. chem. Gesellsch.*, 1880, p. 1075].

Les solutions de narcotine donnent avec l'eau de brome un précipité jaune soluble dans l'acide chlorhydrique, insoluble dans la potasse et dans l'ammoniaque [Landolt, *Deutsch. chem. Gesellsch.*, 1871, p. 770].

Lorsqu'on dissout dans l'eau chaude le chlorhydrate de narcotine, il se dépose par le refroidissement des cristaux ayant pour composition $(C^{22}H^{23}AzO^{7})^{5}HCl$. Par des cristallisations répétées dans l'eau chaude, ils perdent sans cesse de l'acide chlorhydrique jusqu'à ce que leur composition réponde à la formule $(C^{22}H^{23}AzO^{7})^{8}HCl$ [Beckett et Wright, *Deutsch. chem. Gesellsch.*, 1875, p. 1598].

Réactions. — La narcotine fixe directement une seule molécule d'iodure d'éthyle: c'est donc une base tertiaire.

Traitée par l'anhydride acétique, elle ne fournit pas de dérivé acétylé; elle ne renferme donc pas d'oxhydryle [Beckett et Wright, *ibid.*].

Oxydée au moyen du peroxyde de manganèse et de l'acide sulfurique, la narcotine fournit de la cotarnine et de l'acide opianique [Beckett et Wright, *Deutsch. chem. Gesellsch.*, 1875, p. 550].

Par l'action des agents d'hydratation (eau à 100° en vase clos, eau de baryte, acides dilués), elle se dédouble en acide opianique et hydrocotarnine. Cette réaction permet de lui attribuer la formule

$$C^{6}H^{2}\left\{\begin{array}{l}(OCH^{3})^{2}\\ CHO\\ CO - C^{11}H^{11}(CH^{3})O^{3} \equiv Az\end{array}\right.$$

[Beckett et Wright, *ibid.*]. Ad. Fauconnier.

NARINGINE. — E. Hoffmann a proposé récemment ce nom pour désigner l'aurantiine (Suppl., p. 254), c'est-à-dire l'ancienne hespéridine de Vry. Il a déterminé le pouvoir rotatoire de ce corps $[\alpha]j = -64°,57$. Nous ne voyons pas de raison sérieuse d'introduire ce nouveau nom [*Arch. Pharm.*, (3), t. XIV, p. 139].

NARTIQUE (acide), $C^{20}H^{16}Az^{2}O^{6}$. — Acide amidé, obtenu par de Geritchen, en chauffant à 120-130° la bromotarconine avec une petite quantité d'acide chlorhydrique concentré (voyez Suppl., TARCONINE).

NATALOÏNE (t. II, p. 533). — Oxydé par le dichromate de potassium et l'acide sulfurique, elle ne fournit que de l'acide acétique et du gaz carbonique [W. A. Tilden, *Journ. chem. Soc.*, London, 1877, t. II, p. 264].

NÉVRINE [Syn. *Choline*], t. II, p. 534. — O. Schmiedeberg et E. Harnack ont soumis à une étude comparée les névrines de diverses origines (substance cérébrale, jaune d'œuf, laitance de saumon) avec la névrine synthétique, et ont constaté l'identité de ces produits. L'amanitine qui accompagne la muscarine dans la fausse oronge, se confond aussi avec la névrine et n'en constitue pas un isomère comme on l'a dit par erreur (Suppl., p. 113) [*Chem. Centralbl.*, 1876, p. 554 et 550].

La phosphorescence que présentent un grand nombre de substances lorsqu'on les expose à l'air en présence des alcalis et à une température convenable, se manifeste aussi lorsqu'on substitue la névrine aux alcalis [Br. Radziszewski, *Ann. Chem. Pharm.*, t. CCIII, p. 305].

L'acide azotique concentré transforme, par oxydation, le chlorhydrate de névrine en muscarine (Suppl., p. 1033).

$$C^{5}H^{14}AzO.OH + O = C^{5}H^{14}AzO^{2}.OH.$$

Avec l'acide nitrique étendu, on obtient un produit nitré dont le chloroplatinate efflorescent renferme $(C^{4}H^{10}Az^{2}O^{3}Cl)^{2}PtCl^{4} + 2H^{2}O$. L'acide chromique ou le permanganate de potassium donnent quelquefois de la muscarine, dans des conditions non encore précisées (Schmiedeberg et Harnack).

La névrine, ajoutée à du sang en putréfaction, se décompose et produit de la triméthylamine. En solution purement aqueuse à 1,4 %, elle résiste au contraire à l'action des bactéries; ajoutée à la bile, la base en empêche même la putréfaction; il est pourtant probable que la triméthylamine, que l'on trouve dans la bile pourrie, provient d'une décomposition de la névrine contenue naturellement dans cette sécrétion (Mauthner).

Une solution de névrine à 1 ou 2 % gonfle la fibrine et la dissout complètement à l'ébullition. La coagulation de l'albumine par la chaleur est empêchée par la névrine, bien plus, cette base dissout l'albumine coagulée. Ces solutions ne contiennent pas de sulfure et offrent les propriétés des albuminates alcalins. L'action de la névrine sur les albuminoïdes est donc analogue à celle des alcalis caustiques [Mauthner, *Ann. Chem. Pharm.*, t. CLXVI, p. 202 et t. CLXXV, p. 278]. A. Henninger.

NÉVROKÉRATINE. — La substance nerveuse grise et les fibres nerveuses à myéline renferment une matière albuminoïde réfractaire à l'action de la plupart des dissolvants et même des sucs digestifs, à laquelle Ewald et Kühne ont donné, pour cette raison, le nom de *névrokératine*. Au point de vue histologique, cette matière offre une structure toute particulière, sur laquelle nous insisterons d'autant moins que l'interprétation des observations microscopiques des deux savants n'a pas été admise par tous les histologistes. Mais, au point de vue chimique, l'existence de la névrokératine n'est pas douteuse.

Pour la préparer, la pulpe cérébrale privée des membranes est broyée et lavée successivement à l'eau, l'alcool et l'éther, puis séchée à l'air, épuisée par l'alcool bouillant et lavée à l'eau. Elle est alors soumise à l'action de la pepsine en solution chlorhydrique; ensuite on la soumet à une digestion pancréatique, en présence d'une petite quantité d'acide salicylique, d'abord à la température ordinaire pendant vingt-quatre heures, puis à 40° pendant six heures. Le résidu non digéré est mis successivement en contact avec une solution de carbonate sodique, à froid d'abord, ensuite à chaud, puis avec une lessive de soude à ½ %, d'acide acétique faible, et finalement d'alcool et avec de l'éther.

La névrokératine, qui a résisté à l'action de tous ces dissolvants, et qui forme environ 15 à 20 % de la substance cérébrale épuisée par l'alcool et séchée, ressemble à la kératine, mais se montre encore plus réfractaire à l'attaque par les divers réactifs. Elle retient 1,6 % de cendres et renferme 2,93 % de soufre. Elle n'est pas digestible. Ni la potasse concentrée ni l'acide sulfurique ne le dissolvent à froid; l'acide acétique, à 150°, ne l'altère que faiblement. Une ébullition de cinq heures avec de l'acide sulfurique étendu ne parvient qu'à en dissoudre les 4/5, et produit de la tyrosine et de la leucine, comme la corne, qui cependant se dissout en totalité au bout de ce temps. L'acide chlorhydrique concentré ne produit pas de corps réducteur comme avec la chitine [A. Ewald et W. Kühne, *Jahresb. Thierch.*, 1877, p. 302].

A. Henninger.

NICKEL. — R.-H. Lee est arrivé pour le poids atomique du nickel aux nombres 57,8 à 58, par l'analyse des nickelocyanures de strychnine et de brucine [*Bull. Soc. chim.*, t. XVI, p. 253].

On obtient un squelette de nickel métallique lorsqu'on introduit un cristal de sulfate ou de chlorure de nickel dans une solution de sulfhydrate de potassium [Myers, *Deutsch. chem. Gesellsch.*, 1873, p. 440]. Le sulfure ammonique agirait différemment, car le nickel se dissout lentement dans ce réactif, en donnant une solution d'un brun noir foncé (Privoznik).

Purification des sels de nickel. — Pour retirer le nickel de ses minerais arsénicaux, Wœhler dissout ceux-ci dans l'eau régale et précipite la solution à l'ébullition par le carbonate de sodium; l'acide arsénique reste en dissolution. Le précipité, bien lavé, est ensuite traité par une solution concentrée d'acide oxalique. Les oxalates de cobalt et de nickel, ainsi séparés du fer qui entre en dissolution, sont ensuite séparés l'un de l'autre par le procédé Laugier, en les dissolvant dans l'ammoniaque (t. II, p. 545) [*Deutsch. chem. Gesellsch.*, 1877, p. 546].

Terreil dissout le nickel du commerce dans l'eau régale, évapore à sec et reprend le résidu par l'eau. La solution filtrée est traitée par le fer pour précipiter le cuivre, puis on sépare le fer par le carbonate de baryum, après suroxydation et transformation des chlorures en sulfates; le peroxyde de fer entraîne, en se précipitant, les dernières traces d'arsenic. Le sulfate de nickel reste seul en dissolution [*Bull. Soc. chim.*, t. XXIII, p. 6].

Afin de débarrasser le nickel du cobalt qui l'accompagne, Delffs se base sur ce fait que le cobalt est précipité avant le nickel, lorsqu'on fait agir l'hydrogène sulfuré sur la solution de ces métaux en presence d'acide acétique. Suivant la durée de l'action de l'hydrogène sulfuré, on obtient un précipité exempt de nickel ou une solution privée de cobalt [*Deutsch. chem. Gesellsch.*, 1879, p. 2182].

Alliages de nickel. — Voyez Nickel, Métallurgie.

Nickélisation. — La nickélisation a pris dans ces derniers temps une importance considérable, justifiée par les qualités d'inaltérabilité du dépôt, la facilité avec laquelle celui-ci s'effectue, et la grande production du nickel depuis l'exploitation des gisements néo-calédoniens.

Les premières indications relatives au nickelage sont dues à Becquerel, Boettger, Jacobi. Déjà en 1841 de Ruolz avait breveté un procédé qui avait reçu un commencement d'exécution dans l'usine Christofle et Cie. Ce n'est réellement qu'à partir de 1869 que le nickelage a pris une certaine extension, d'abord aux États-Unis, grâce aux procédés de I. Adams, qui ont été introduits en France, à la même époque, par Gaiffe. Le sel de nickel employé pour les bains galvaniques est le sulfate double de nickel et d'ammonium parfaitement neutre. Cette neutralité, qui est indispensable pour obtenir un dépôt homogène, est maintenue par la présence d'une plaque de nickel comme anode.

Les sels doubles à base d'alcali fixe fournissent de mauvais résultats, le bain devenant acide par suite d'un dépôt d'oxyde de nickel.

Le sulfate double de nickel et d'ammonium est employé en solution concentrée; la température doit rester constante pendant tout le temps qu'exige le dépôt, car si elle baissait, il se produirait une cristallisation sur la plaque de nickel placée au pôle positif.

Le nickelage du fer doit être précédé d'un dépôt de cuivre.

L'addition d'acide citrique au bain a été recommandée par plusieurs auteurs. Plazanet recommande le bain suivant :

Sulfate de nickel.............	87gr,5
Sulfate d'ammonium..........	20
Acide citrique...............	17 ,5
Eau..........................	2 litres.

Keith ajoute à 20 litres d'une solution de sulfate double ammoniacal marquant 7° B. 1 litre d'une solution aqueuse de tartrate ammonique [*Deutsch. Indust. Zeit.*, 1872, p. 58].

Martin et Delamotte (brevet n° 94,858) dissolvent à saturation du carbonate ou de l'oxyde de nickel dans une solution chaude renfermant 1k,250 d'acide citrique, 0k,500 de chlorure ou sulfate ammonique et 0k,500 d'azotate ammonique, pour 15 litres d'eau. On ajoute ensuite 2k,500 d'ammoniaque et on étend à 25 litres. Le bain refroidi marque 10° B. et renferme 50 grammes environ de nickel par litre; on y ajoute encore à froid 500 grammes de carbonate d'ammonium. Le dépôt galvanique se fait à la température de 50°. Dans ces conditions, la potasse et la soude sont plutôt utiles que nuisibles.

Dépôt d'alliage de nickel et de fer. — Fearn réalise ce dépôt en plaçant au pôle positif une plaque de fer associée à une plaque de nickel; on proportionne les surfaces respectives des plaques aux proportions de fer et de nickel qui doivent former le dépôt (Brevet n° 92,825).

On obtient un dépôt de nickel sur le fer, sans recourir à la pile, en plongeant les objets bien décapés dans un bain renfermant 5 à 10 % de chlorure de zinc auquel on ajoute du sulfate de nickel jusqu'à forte coloration verte. Après une heure environ d'ébullition, le fer est recouvert d'une couche mince, mais adhérente, de nickel [E. Stolba, *Dingler polyt. Journ.*, t. CCXXII, p. 396].

Chlorure de nickel. — En solution alcoolique, le chlorure de nickel donne avec l'aniline un précipité vert renfermant

$$NiCl^2.2AzH^2C^6H^5 + 2C^2H^6O;$$

après dessiccation, le sel est d'un jaune vert. La toluidine se comporte comme l'aniline [E. Lippmann et G. Vortmann, *Wien. Akad. Ber.*, t. LXXVIII, p. 596].

Fluorure de nickel. — Les cristaux grenus qui se déposent par l'évaporation d'une solution d'hydrate de nickel dans l'acide fluorhydrique ont pour composition $NiFl^2 + 3H^2O$. Leur densité est de 2,014; la densité du fluorure anhydre est égale à 2,855. F.-W. Clarke a obtenu un fluorure double, hydraté de nickel et d'argent, cristallisé en aiguilles vertes, mélangées de rhomboèdres microscopiques [*Silliman's Amer. Journ.*, (3), t. XII, p. 291].

Oxydes de nickel. — On obtient un oxyde Ni^3O^4, correspondant à l'oxyde magnétique de fer, en chauffant le chlorure de nickel vers 350-440° dans un courant d'oxygène sec ou plutôt d'oxygène humide; dans ce dernier cas, il se dégage de l'acide chlorhydrique en même temps que du chlore. C'est un produit gris, d'un aspect métallique, non magnétique. Il offre sous le microscope la forme cristalline du spinelle. L'acide chlorhydrique le dissout avec dégagement de chlore. Chauffé à une températuure élevée, il perd 6,6 % d'oxygène en laissant du protoxyde, incapable de reprendre de l'oxygène à une plus basse température [Baubigny, *Compt. rend.*, t. LXXXVII, p. 1082].

Peroxyde, Ni^2O^3. — Il se dépose au pôle positif à l'état d'hydrate, avec $2H^2O$, lorsqu'on soumet à l'électrolyse une solution tartrique alcaline de nickel [Wernicke, *Poggend. Ann.*, t. CXLI, p. 109].

L'oxyde précipité par les hypochlorites renferme Ni^3O^5, d'après Th. Bayley; il est déjà décomposé par un lavage à l'eau froide [*Chem. News*, t. XXXIX, p. 81].

Sulfure de nickel. — On doit à Baubigny des recherches très minutieuses sur l'action qu'exerce l'hydrogène sulfuré sur les sels de nickel [*Compt. rend.*, t. XCIV, p. 961, 1183, 1251, 1417, 1473, 1595, 1715, et t. XCV, p. 34; *Bull. Soc. chim.*, t. XXXVIII, p. 502].

L'acétate de nickel est complètement précipité par l'hydrogène sulfuré en présence d'acide acétique libre, pourvu que ce dernier ne soit pas en trop grand excès. Si la solution renferme 20 fois plus d'acide libre que d'acide combiné, la précipitation est complète après 24 heures. Elle n'apparaît qu'après plusieurs jours lorsque cet excès représente 60 fois la quantité d'acide combiné.

Avec le sulfate neutre de nickel, la précipitation est fonction du temps. Après 24 heures, les neuf dixièmes du nickel sont précipités par l'hydrogène sulfuré, ce dernier se trouvant en excès dans la solution enfermée dans un matras scellé. Après 21 jours, sur 1gr,1 de sulfate employé il y en a 1gr,079 de décomposé; après 32 jours, la quantité décomposée est de 1gr,092, c'est-à-dire que la précipitation est à peu près complète. Si la solution renferme de l'acide sulfurique libre (un quart du poids de l'acide, par exemple), la précipitation est nulle, même lorsqu'on l'étend d'eau. Le zinc, dans ces conditions, est précipité, et cela d'autant plus que la solution est plus diluée.

Le fait de la non-précipitation en présence d'acide libre est en contradiction avec celui de la précipitation complète de la solution neutre, qui prend de l'acidité à mesure que le sulfure de nickel se précipite. Si, dans ce cas, on sépare par le filtre le sulfure de nickel déposé au commencement de la réaction, on retombe dans le cas de la solution acidulée artificiellement et la précipitation n'a plus lieu; elle continue, au contraire, si l'on introduit de nouveau dans la solution le sulfure d'abord précipité. Baubigny explique ce fait en admettant qu'il se forme un *sulfhydrate de nickel*. Ce composé, par suite de sa stabilité variable avec les conditions du milieu, agit par sa décomposition et sa régénération successives en déterminant des réactions que l'hydrogène sulfuré est incapable de produire. Ce sulfhydrate ne peut être isolé; il se décompose sur le filtre en sulfure de nickel et hydrogène sulfuré.

Le chlorure de nickel se comporte comme le sulfate, mais il est décomposé plus lentement.

La température influe beaucoup sur ces réactions. A 100°, la décomposition du sulfate est très rapide. La précipitation est en outre d'autant plus complète que la solution est plus étendue; elle peut être considérée comme totale pour une solution renfermant 1 gramme de sulfate par litre.

Arséniure de nickel, As^2Ni^3. — Masse métallique obtenue en fondant l'oxyde de nickel avec de l'arsenic et du cyanure de potassium [Descamps, *Compt. rend.*, t. LXXXVI, p. 1022].

Phosphure de nickel. — Lorsqu'on ajoute du chlorure de nickel, additionné d'acide tartrique, à de la potasse bouillante contenant du phosphore, on obtient un précipité noir renfermant P^2Ni^5. Ce phosphure devient gris et dur lorsqu'on le calcine dans un courant d'hydrogène. Il se dissout lentement dans l'acide chlorhydrique faible [R. Schenk, *Chem. News*, t. XXVIII, p. 323; *Bull. Soc. chim.*, t. XXI, p. 266].

Iodate de nickel. — Il se dépose par l'évaporation lente de sa solution en petits cristaux verts, de la formule $(IO^3)^2Ni + 6H^2O$. Densité = 3,695 [F.-W. Clarke, *Silliman's amer. Journ.*, (3), t. XIV, p. 280].

Sulfocarbonate de nickel. — Il se précipite par double décomposition, mais se redissout dans un excès de sulfocarbonate de potassium. La solution, évaporée dans le vide sec, laisse déposer des cristaux brillants, bien définis, de sulfocarbonate double [Mermet, *Bull. Soc. chim.*, t. XXIV, p. 435].

Les sels de nickel, en solution ammoniacale, donnent avec les sulfocarbonates une coloration rouge-groseille très caractéristique [Braun, *Bull. Soc. chim.*, t. XII, p. 252; — Mermet, *ibid.*, t. XXIV, p. 433].

Sulfite double de nickel et d'ammonium,

$$(SO^3)^4Ni^3(AzH^4)^2 + 18H^2O.$$

— Aiguilles vertes [Berglund, *Bull. Soc. chim.*, t. XXI, p. 213].

Séléniosulfate de nickel et de potassium,

$$(SeO^4)(SO^4)NiK^2 + 6H^2O.$$

— Cristaux clinorhombiques d'un beau vert, ne perdant toute leur eau qu'à 140°. Densité = 2,38 (Topsoë). Angles : $m\ m$ = 106° 32'; pm = 78° 3'; pe^1 154° 26'; angle des axes = 75° 7'.

Hypophosphite de nickel. — Il laisse par la calcination un résidu de métaphosphate et de phosphure de nickel (Rammelsberg). Ed. Willm.

NICKEL (ANALYSE). — *Recherche du nickel.* — Une solution d'un sel de nickel dans le cyanure de potassium donne une coloration rouge par l'action d'une lame de zinc ou par l'électrolyse; la coloration se produit alors au pôle négatif. Le cobalt ne donne rien de semblable et n'empêche pas la réaction du nickel [G. Papasogli, *Gazz. chim. ital.*, janvier 1880].

Les sels de nickel *purs* donnent une coloration groseille avec les sulfocarbonates, en présence d'ammoniaque (Braun.)

Dosage du nickel. — Le nickel peut être précipité de ses solutions neutres par l'oxalate de potassium en présence d'acide acétique concentré, dans lequel l'oxalate de nickel est insoluble. On lave ce sel à l'acide acétique, on le calcine et on pèse l'oxyde de nickel [Classen, *Deutsch. chem. Gesellsch.*, 1877, p. 1315].

Dosage électrolytique. — Le nickel (ainsi que le cobalt) ne se dépose pas par l'électrolyse d'une solution renfermant un acide minéral libre, mais bien d'une solution neutre ou plutôt d'une solution ammoniacale ou d'une solution additionnée de cyanure de potassium; enfin des solutions renfermant des acides organiques libres, tels que les acides acétique, citrique, tartrique, oxalique (Gips et Luckas, Riche, Chevey et Richards, Classen). La présence de sulfate ammonique ou de phosphate sodique favorise le dépôt; le chlorure et l'azotate d'ammonium l'entravent. Le dépôt s'effectue le mieux à l'aide d'un courant susceptible de fournir 300 centimètres cubes de gaz tonant à l'heure (2 ou 3 éléments Bunsen), avec un écartement de 3 à 5 millimètres des électrodes; la solution doit renfermer environ 0gr,1 à 0gr,15 de nickel à l'état de sulfate, pour 200 centimètres cubes; on ajoute à la solution 3 à 4 grammes d'ammoniaque et 6 à 9 grammes de sulfate d'ammonium. Un fort excès d'ammoniaque ne nuit pas, mais retarde seulement le dépôt. Il se dépose environ, dans ces conditions, 0gr,02 de nickel par heure [H. Fresenius et F. Bergmann, *Zeitschr. analyt. Chem.*, t. XIX, p. 314].

Riche opère sur une solution sulfurique *légèrement acide* à une température de 70° environ; le dépôt est de 0gr,05 de métal par heure.

Classen soumet à l'électrolyse les oxalates doubles de nickel. A cet effet, il ajoute à la solution de nickel un excès d'oxalate de potassium ou plutôt d'oxalate d'ammonium. Dans le premier cas, la production de carbonate potassique provoque la précipitation du carbonate de nickel qu'il fait redissoudre par l'addition d'acide oxalique ou sulfurique étendu. Cet inconvénient ne se produit pas avec l'oxalate ammonique. Le dépôt se fait rapidement sur l'électrode négative (creuset de platine profond). On le lave à l'eau, à l'alcool, à l'éther, on sèche à 100° et on pèse [Alex. Classen et A.-V. Reis, *Deutsch. chem. Gesellsch.*, 1881, p. 1624].

Séparation du nickel. — *Nickel et cobalt.* — D'après Klaye et Deus, le nickel est entièrement précipité à l'état de sesquioxyde, tandis que le cobalt reste dissous lorsqu'on traite les sels de ces métaux par le chlore en présence du cyanure de potassium. S'il y a en même temps du zinc en présence, ce métal est en partie entraîné dans le précipité d'oxyde de nickel [*Zeitschr. analyt. Chem.*, 1871, p. 201].

Le brome précipite à la fois le cobalt et le nickel en présence de la potasse. L'addition ultérieure d'ammoniaque détruit le sesquioxyde de nickel précipité. Si l'on partage l'essai en deux moitiés, qu'on pèse le poids des sesquioxydes donnés par l'une d'elles, puis le poids de sesquioxyde de cobalt fourni par l'autre, après avoir détruit le sesquioxyde de nickel, on a pour différence le poids de ce dernier [Fleischer, *Journ. prakt. Chem.*, (2), t. II, p. 48; *Bull. Soc. chim.*, t. XV, p. 61].

Donath procède d'une manière analogue. Il précipite la moitié de la solution par le brome et la potasse; l'autre par l'iode et la potasse; ce dernier réactif ne précipite que le cobalt [*Deutsch. chem. Gesellsch.*, 187?, p. 1868].

Procédé Deville. — On ajoute du sel de phosphore (30 grammes dans 250 centimètres cubes d'eau) et du bicarbonate d'ammonium (30 grammes de carbonate du commerce dissous dans 30 centimètres cubes d'eau et saturé d'acide carbonique). Il se forme un précipité bleu qui disparaît en partie lorsqu'on ajoute de l'ammoniaque après avoir chauffé. En chauffant à 100°, il se produit un nouveau précipité violet qui perd de l'ammoniaque à 110° et qui laisse un résidu de *pyrophosphate de cobalt* par la calcination. Le nickel n'est pas précipité; on le sépare ultérieurement par l'hydrogène sulfuré [*Compt. rend.*, 24 novembre 1879].

Procédé A. Guyard. — Il est fondé sur la solubilité du sulfure de nickel récemment précipité et l'insolubilité du sulfure de cobalt dans une solution de cyanure de potassium. Aux sulfures précipités par le sulfure ammonique on ajoute une solution faible de cyanure de potassium, dont on évite d'employer un excès. Après avoir séparé le sulfure de cobalt insoluble, on traite la solution filtrée par l'acide chlorhydrique, qui précipite tout le nickel sous forme de cyanure qu'on transforme en oxyde par la calcination [*Bull. Soc. chim.*, t. XXV, p. 509].

Procédé Delvaux. — On dissout les oxydes ou sulfures dans l'acide chlorhydrique ou l'eau régale, on étend d'eau, on sature par l'ammoniaque et on ajoute du permanganate de potassium jusqu'à coloration rose. En ajoutant ensuite de la potasse, on précipite l'oxyde nickélique avec l'oxyde manganique, tandis que le cobalt reste dissous et peut être séparé par l'hydrogène sulfuré. Quant au précipité, on le dissout dans l'acide chlorhydrique et on y ajoute de l'ammoniaque; le manganèse est peu à peu précipité au contact de l'air, tandis que le nickel reste dissous [*Compt. rend.*, t. XCII, p. 723].

Éd. Willm.

NICKEL (MÉTALLURGIE). — Le traitement des minerais de nickel arséniés et sulfurés a été indiqué, t. II, p. 516. Nous n'avons pas à y revenir, mais nous devons faire connaître les méthodes suivies, ou proposées, pour extraire le nickel du minerai silicaté de la Nouvelle-Calédonie. Le gisement de ce minerai, dont l'extraction a pris un grand développement, est aujourd'hui en pleine exploitation.

Le minerai de la Nouvelle-Calédonie, *nouméite* ou *garniérite*, est un hydrosilicate de nickel et de magnésium de composition assez variable, ainsi que le montrent les analyses effectuées par divers auteurs :

	Liversidge.	Garnier.	Typke.	
Silice (et gangue).....	47,28	38,0	55,90	66,97
Magnésie...........	21,59	15,0	0,18	traces
Oxyde de nickel.......	23,96	18,0	35,56	indéterm.
Alumine et oxyde de fer.	1,55	7,0	0,83	0,18
Eau................	5,21	22,0	7,51	»
Chaux..............	traces	—	traces	
	99,59	100,0	99,98	

Le fer qu'on trouve dans ces minerais n'y est pas combiné et ne paraît s'y rencontrer qu'à l'état adventif, par veines et nodules isolés.

Le minerai peut être classé en plusieurs catégories : la variété vert-émeraude, compacte et dure, avec 18 à 20 % de nickel; la variété jaunâtre, plus friable, avec 12 à 15 % de nickel; enfin, la variété bleuâtre, très friable, qui contient de 6 à 8 % de nickel. Le minerai est remarquable par l'absence de soufre, d'arsenic et de cobalt ; ce dernier métal s'y rencontre néanmoins quelquefois, mais en rognons isolés.

Meissonnier a signalé un minerai de nickel tout à fait semblable, sans arsenic ni cobalt, renfermant 8,96 % de nickel, trouvé dans la province de Malaga (Espagne).

Les méthodes suivies pour le traitement des minerais de la Nouvelle-Calédonie sont fondées sur la voie sèche ou sur la voie humide. Les premiers brevets relatifs à l'extraction du nickel ont été pris par Garnier (n° 111,532, 15 février 1876) et par Christofle et Bouilhet (n° 111,591, 22 février 1876 ; n° 112,182, 1er avril 1876, et n° 112,379, 11 avril et 10 mai 1876).

Procédé Garnier par voie sèche. — La réduction directe du minerai silicaté de nickel dans le four à manche fournit un métal qui ne se réunit pas en lingot et qui reste en partie disséminé dans le laitier. De là la nécessité de produire d'abord une *fonte* de nickel. A cet effet, Garnier mélange le minerai pulvérisé avec un fondant (spath fluor, manganèse, etc.) et du poussier de charbon ; le mélange est aggloméré par du goudron et façonné en briquettes qu'on traite au haut fourneau. On n'obtient ainsi qu'une fonte grenaillée qu'on sépare à l'aide de l'aimant ou par lévigation, et qu'on soumet ensuite à la refonte dans un creuset brasqué. La grande difficulté, dans l'obtention de la fonte de nickel réside dans la présence du fer, ce métal entravant par son affinité pour le charbon la carburation du nickel. L'opération doit donc être conduite de telle sorte que l'oxyde de fer ne soit pas réduit. La présence du soufre, des sulfures ou des sulfates produirait un effet analogue, par suite de la formation du sulfure de carbone.

La décarburation de la fonte de nickel est produite comme celle de la fonte de fer :

1° Par cémentation dans de l'oxyde de fer en poudre.

2° Par puddlage.

3° Par grillage en four à réverbère.

Procédés Christofle et Bouilhet. — Ces procédés consistent à traiter d'abord le minerai par voie humide, dans le but d'éliminer le fer, opération indispensable pour obtenir du nickel pur. En effet, dans la réduction immédiate du minerai par voie sèche, tout le fer reste associé au nickel réduit et il est très difficile de l'en séparer ensuite, soit par puddlage, soit par scorification, sans entraîner en même temps une perte considérable de nickel.

Le traitement du minerai par voie humide comprend plusieurs opérations. Le minerai concassé est soumis à une lévigation qui donne des boues ferrugineuses, très pauvres en nickel. On trie alors mécaniquement les fragments de minerai de nickel riches, faciles à distinguer, et on les traite par l'acide chlorhydrique qui attaque d'abord le silicate et l'oxyde de fer. Lorsque le silicate de nickel et de magnésium apparaît avec la teinte verte qui lui est propre, on l'isole de l'acide, on le lave à l'eau et on le sèche. Quant aux eaux mères, qui ont entraîné un peu de nickel, on les porte sur les boues ferrugineuses nickélifères et on en isole ultérieurement le nickel par voie humide.

Le minerai de nickel purifié est alors fondu avec du charbon de bois et un fondant dans un creuset ou dans un four à réverbère ; ce qui reste de fer passe dans les scories. Le meilleur fondant à employer est composé de :

Silice	68 parties.
Chaux	15 —
Soude	12 —
Magnésie	3 —
Oxyde ferrique	2 —

Pour l'extraction du nickel des solutions chlorhydriques du minerai, on commence par suroxyder le fer, soit par l'acide azotique, soit par le chlorure de chaux, qui ne précipite pas le nickel en présence d'acide chlorhydrique libre. On concentre ensuite la solution de manière à l'amener à contenir 20 % de nickel et on y ajoute 50 à 60 grammes d'acide oxalique par litre ; le nickel se précipite à l'ébullition sous forme d'oxalate. Ce dernier sel, soumis à la fusion avec de la chaux dans un creuset brasqué, laisse le nickel pur. On peut le décarburer en le fondant avec de l'oxyde de nickel ou de l'oxyde de zinc ; dans ce dernier cas, le zinc réduit se volatilise.

On peut aussi précipiter l'oxyde ferrique et l'alumine par la craie, l'acide sulfurique, s'il y en a, par le chlorure de baryum, puis le nickel à l'état de sesquioxyde par le chlorure de chaux avec un excès de chaux.

Autres procédés. — Rousseau (brevet n° 112,735) précipite l'oxyde de nickel, après élimination du fer de la solution chlorhydrique, par la magnésie. Le chlorure de magnésium produit régénère par la calcination la magnésie et l'acide chlorhydrique nécessaires à une nouvelle opération.

Kamienski (brevet n° 113,903) précipite le nickel par le carbonate de sodium et calcine le précipité dans un creuset ; il obtient ainsi une éponge de nickel. La précipitation ayant lieu par fractionnement, le nickel se précipite d'abord ; après sa séparation, on achève la précipitation de manière à obtenir le carbonate de magnésium (avec un peu de nickel) qui sert ensuite à précipiter l'oxyde ferrique d'une nouvelle opération.

L'affinité que possède le nickel pour le soufre et pour l'arsenic a suggéré l'idée de soumettre le minerai silicaté à des agents pouvant fournir l'un ou l'autre de ces éléments au nickel. On a proposé notamment l'emploi du soufre natif, des sulfures alcalins ou alcalino-terreux, des charrées de soude, de la pyrite ou du mispickel, enfin l'adjonction des minerais de nickel européens.

Mason et Parkes (brevet français, n° 112,661) fondent le minerai avec du soufre ou un mélange de sulfate calcique et de charbon ; le sulfure de nickel est ensuite grillé et le produit du grillage est traité par voie sèche ou par voie humide.

Hessel calcine le minerai silicaté avec de la charrée de soude et obtient une matte qu'il grille au four à réverbère avec addition de quartz, de manière à l'enrichir. On grille alors pour sulfate la matte enrichie avec addition de chlorure de sodium à la fin du grillage. En reprenant par l'eau, on dissout le chlorure de nickel ; la partie insoluble, matte non grillée, est ensuite soumise à un nouveau grillage.

Voici, d'après les analyses de Riche communiquées par Christofle et Bouilhet, la composition du nickel obtenu par leurs procédés (I, nickel par voie humide et fondu ; II, nickel par voie mixte et fondu) :

I		II	
Nickel	97,75	Nickel	98,00
Silicium	0,54	Cuivre	0,50
Charbon	1,25	Silicium	0,13
Manganèse	0,36	Fer	1,60
	99,90		100,23

[*Compt. rend.*, t. LXXXIII, p. 29].

Fonte de nickel. — La fonte de nickel est tenace, malléable, susceptible d'être polie. Elle est homogène et ne présente pas d'ampoules à sa surface. Elle présente la même ductilité et la même douceur que le nickel lui-même. Contrairement à la fonte de fer, elle ne durcit pas par la trempe (Garnier, Boussingault). En fondant du nickel en grenaille entre des couches de charbon, on obtient un métal très magnétique, assez malléable, d'une densité de 8,04 et renfermant ?,10 °/₀ de carbone presque entièrement à l'état de graphite, plus des traces de silicium.

La réduction de l'oxyde de nickel en présence de silice fournit une fonte homogène, blanche, non magnétique, d'une densité de 7,73 et qui renferme 9,0 à 9,5 de carbone et 6,0 à 6,2 de silicium [W.-E. Gard, *Silliman's amer. Journal* (3), t. XIV, p. 274].

La coulée du nickel présente certaines difficultés inhérentes au peu de fusibilité du métal et à la facilité avec laquelle il absorbe les gaz pour les abandonner pendant la solidification, ce qui provoque un phénomène de rochage. Les conditions nécessaires pour la réussite de l'opération sont une température assez élevée, l'emploi de creusets réfractaires, l'absence de carbone et de silicium, la coulée à l'abri de l'oxygène de l'air. Winkler opère cette fusion de la manière suivante :

On commence par réduire l'oxyde de nickel par la fécule intimement mélangée ; on obtient ainsi un métal pulvérulent noir, plus ou moins carburé, qu'on introduit ensuite avec de l'oxyde de nickel, pour affiner le métal, dans le creuset à fusion, en opérant à la fois sur 5 à 6 kilogr. de métal. Pour empêcher le contact de l'oxygène durant la coulée, qui s'effectue dans un moule de sable sec ou d'argile calcinée, on place à la sortie du creuset une forte mèche imprégnée de pétrole qui, en s'enflammant, protège le métal contre l'action de l'air.

Le creuset de fusion est en porcelaine ; il est introduit dans un creuset de Hesse et l'espace vide est rempli par de la magnésie ; le creuset de Hesse lui-même est contenu dans un creuset de plombagine brasqué avec de l'argile réfractaire. Le tout est placé dans un fourneau en terre réfractaire, alimenté par une soufflerie fournissant 7 à 9 mètres cubes d'air par minute [*Dingl. polyt. Journ.*, t. CCXXII, p. 175; *Bull. Soc. chim.*, t. XXVII, p. 186].

L'addition de 1/2 °/₀ de phosphore facilite la fusion du nickel et sa coulée.

La coulée en grandes masses est une opération à laquelle il n'est pas nécessaire d'avoir recours, l'industrie n'exigeant que des plaques de nickel de dimensions modérées, destinées à servir d'anode pour la nickélisation galvanique.

Le nickel est fréquemment poreux, cristallin et fragile, ce qui doit être attribué à la présence de gaz oxyde de carbone et acide carbonique dans le métal en fusion, gaz qui se dégagent durant la solidification. Profitant de la propriété que possède le magnésium de décomposer ces gaz, Fleitmann a employé ce métal à la dose de 1/8 °/₀ du nickel pour parer à ces défauts. L'adjonction de magnésium au nickel rend en effet ce métal malléable, même à froid, et lui communique la ténacité de l'acier. Cette addition de magnésium au nickel se fait durant sa fusion sous une couche de charbon de bois ; elle peut provoquer de fortes explosions, et il faut introduire le magnésium dans le creuset par une ouverture pratiquée à cet effet [*Deutsch. chem. Gesellsch.*, 1879, p. 454; *Bull. Soc. chim.*, t. XXXII, p. 667]. Suivant Wiggin (patente anglaise du 11 mars 1880), l'addition de 2 à 5 °/₀ de manganèse et de ferro-manganèse donne aussi plus de malléabilité au nickel.

ALLIAGES DE NICKEL. — Les alliages usuels renfermant du nickel sont ceux de cuivre, nickel et zinc ou de cuivre et nickel. L'alliage des monnaies de billon, par exemple, renferme 74 °/₀ de cuivre pour 25 de nickel avec 1 °/₀ de métaux divers. Les diverses variétés de maillechort, packfong, etc., renferment des quantités très variables de nickel, de cuivre et de zinc (voyez t. Ier, p. 1009).

Pour obtenir ces divers alliages, on peut faire usage des premiers alliages obtenus directement par la réduction du minerai de nickel en présence d'oxyde de cuivre. A cet effet, on fond le minerai oxydé, celui de la Nouvelle-Calédonie, par exemple, avec du cuivre ou de l'oxyde de cuivre, du charbon et un fondant, spath, manganèse, cryolithe, etc. (Garnier, Mason et Parkes, Christofle et Bouilhet). L'alliage de 50 °/₀ de nickel et 50 de cuivre est surtout recommandable à cause de la facilité qu'il offre à la refonte et à son introduction dans d'autres métaux pour l'obtention d'alliages de maillechort. Christofle et Bouilhet préparent ainsi un maillechort à 15 °/₀ de nickel remarquable par sa malléabilité, son homogénéité et sa blancheur. On a pu le laminer en feuilles de 1/20 de millimètre d'épaisseur et l'étirer en fils.

Nickel et fer. — Garnier utilise les minerais pauvres de nickel en les réduisant avec des minerais de fer riches, de manière à obtenir une fonte de fer nickelifère. D'après lui, le fer entraîne le nickel comme le plomb entraîne l'argent. L'alliage de fer et de nickel résultant de l'affinage de cette fonte est plus dur et plus tenace que le fer, et en même temps moins oxydable.

Cette résistance à l'oxydation attribuée au fer allié au nickel est en contradiction par les expériences de Boussingault [*Compt. rend.*, t. LXXXIV, p. 181], qui a reconnu, comme l'avaient déjà trouvé Faraday et Stodart, que le fer, associé à 5, 10 ou 15 °/₀ de nickel, se rouille beaucoup plus facilement que le fer lui-même. Néanmoins, en forçant la proportion de nickel jusqu'à 38 °/₀, on obtient un alliage inaltérable. Cette teneur est à peu près celle d'un fer météorique trouvé à Santa-Catharina (Brésil). Ce fer météorique renferme 36 °/₀ de nickel et 64 °/₀ de fer, soit Fe^2Ni, d'après les analyses de E. Guignet et G. Ozorio d'Almeida [*Compt. rend.*, t. LXXXIII, p. 917]. Ed. Willm.

NICOTIANIQUE (ACIDE) [Syn. *Acide nicotinique*]. — Acide monocarbopyridique que Huber a découvert en oxydant la nicotine au moyen d'un mélange d'acides sulfurique et chromique [*Bull. Soc. chim.*, t. VIII, p. 448]. L'ayant distillé avec un excès de chaux et ayant obtenu une base possédant la composition de la pyridine, il le considéra très justement comme un acide *pyridinecarbonique*. Ce fait a été pleinement confirmé depuis par Weidel et Laiblin.

Weidel obtint de l'acide nicotianique en oxydant la nicotine par l'acide nitrique, mais il lui assigna la formule $C^{10}H^8Az^2O^3$, qui était inexacte [*Bull. Soc. chim.*, t. XIX, p. 322]. Huber avait trouvé la véritable formule,

$$C^6H^5AzO^2 = C^5H^4Az\text{-}CO^2H.$$

Laiblin [*Liebig's Ann. Chem.*, t. CXCVI, p. 129] reprit l'étude des produits d'oxydation de la nicotine, justifia la formule de Huber et fit connaître les principales propriétés de cet acide.

En 1871, Dewar oxyda une base pyridique, la picoline, et obtint un acide monocarboné, fusible au-dessus de 220°, auquel il assigna la formule $C^6H^7AzO^2$ [*Chem. News*, t. XXIII, p. 38]. Cette formule indiquait une teneur trop forte en hydrogène ; mais il paraît certain que Dewar a obtenu le premier l'acide nicotianique dérivé d'une base pyridique. En répétant l'expérience de Dewar sur le mélange des picolines du goudron animal, Weidel isola deux acides carbo-pyridiques, dont l'un était l'acide nicotianique

[*Deutsch. chem. Gesellsch.*, 1879, p. 1989]. L'oxydation à chaud par le mélange chromique de la β-lutidine a fourni à Boutlerow et Wischnegradsky un acide monocarboné qu'ils identifièrent avec l'acide nicotianique [*Bull. Soc. chim.*, t. XXXIII, p. 513]. Oechsner de Coninck [*Thèse inaug.*, p. 58] a obtenu le même acide en soumettant la β-lutidine à une oxydation ménagée dans une solution étendue et froide de permanganate de potassium. Cahours et Étard [*Bull. Soc. chim.*, t. XXXIV, p. 455] ont montré qu'il se forme de l'acide nicotianique dans l'oxydation de la thiotétrapyridine et de la collidine dérivée de la nicotine par voie pyrogénée. Enfin, l'oxydation à chaud de la β-collidine a fourni à Oechsner de Coninck le même acide [*Thèse inaug.*, p. 68].

Préparation de l'acide nicotianique [Laiblin, *loc. cit.* et *Bull. Soc. chim.*, t. XXXII, p. 361]. — On dissout 10 grammes de nicotine pure dans 500cc d'eau, et à cette liqueur on ajoute par petites portions une solution de 60 grammes de permanganate potassique dans 2 litres d'eau. La décoloration se fait d'abord très rapidement; à la fin il faut chauffer pour qu'elle soit complète. On filtre pour séparer les oxydes de manganèse, on évapore à feu nu d'abord, puis au bain-marie. Le résidu de l'évaporation constitue une masse jaunâtre qu'on dessèche soigneusement à 100°. On reprend par l'alcool absolu, qui dissout le sel organique et laisse le carbonate de potassium. La solution alcoolique est évaporée dans le vide : elle fournit une cristallisation abondante d'un sel de potassium que l'on purifie en le faisant cristalliser à plusieurs reprises dans l'alcool bouillant. On dissout ensuite dans une petite quantité d'eau, on précipite par le nitrate d'argent; finalement le sel d'argent insoluble est décomposé par l'hydrogène sulfuré.

Au lieu d'employer le nitrate d'argent, on peut précipiter par une solution concentrée d'acétate de cuivre. Dans ces conditions, il se forme un sel basique de cuivre insoluble, facilement décomposable par l'hydrogène sulfuré. Ce sel a pour formule $C^6H^4AzO^2.CuOH$ [Oechsner de Coninck, *Bull. Soc. chim.*, t. XXXV, p. 302]. On le délaye dans l'alcool absolu avant de faire passer le courant d'hydrogène sulfuré. On concentre la solution alcoolique, et si les cristaux qui se déposent sont jaunâtres, on les décolore facilement au moyen du noir animal. Laiblin conseille de traiter dans tous les cas par le charbon animal. La méthode des sels de cuivre, qui vient d'être décrite, a été généralement employée par les auteurs qui ont préparé l'acide nicotianique en partant de bases pyridiques.

L'acide nicotianique pur se présente sous la forme d'aiguilles ou de petits prismes déliés, suivant que la cristallisation s'est effectuée au sein de l'alcool ou de l'eau.

Il est très soluble dans l'eau chaude et dans l'alcool tiède, très peu soluble dans ces solvants froids. Il fond à 230° et commence à se sublimer à 150° : le sublimé est en petites paillettes nacrées d'un très joli aspect.

Distillé avec un excès de chaux, l'acide nicotianique se décompose en gaz carbonique et pyridine.

Nicotianate de potasssium, $C^6H^4AzO^2K$. — Cristallise en lamelles grasses, incolores, peu solubles dans l'alcool.

Sel de calcium, $(C^6H^4AzO^2)^2Ca + 5H^2O$. — Se présente sous la forme de cristaux volumineux ne se décomposant pas à 200°.

Sel d'argent, $C^6H^4AgAzO^2$. — Cristallise du sein de l'eau bouillante en fines et petites aiguilles blanches, très altérables à la lumière.

Chlorhydrate, $C^6H^5AzO^2.HCl$. — Constitue de beaux cristaux tabulaires.

Bromhydrate, $C^6H^5AzO^2.HBr$. — Est en tables groupées en rosettes.

Ces deux combinaisons haloïdes se préparent en dissolvant l'acide organique dans les acides concentrés et en évaporant dans le vide sec.

Chloroplatinate,

$$(C^6H^5AzO^2, HCl)^2, PtCl^4 + 2H^2O.$$

— On additionne de chlorure platinique concentré une solution chlorhydrique concentrée d'acide nicotianique. De grands cristaux se déposent au bout de quelques jours.

Chloraurate, $(C^6H^5AzO^2.HCl)^2, AuCl^3$. — Ce sel se précipite dès que l'on traite par le chlorure d'or une solution chlorhydrique concentrée d'acide nicotianique.

L'éther nicotianique, $C^5H^4Az\text{-}CO^2C^2H^5$, ne se produit pas lorsqu'on traite le nicotianate d'argent par l'iodure d'éthyle. Selon Laiblin, il se formerait par l'action de l'alcool sur le chlorure d'acide nicotianique.

Le *chlorure nicotianique* paraît se former lorsqu'on fait réagir 1 molécule de $PhCl^5$ sur 1 molécule de nicotianate potassique. Ce composé est très altérable; il se présente ordinairement sous forme d'aiguilles blanches. Il est insoluble dans l'éther, la benzine, le pétrole, le chloroforme. Traité par l'eau, il fournit l'acide nicotianique. Il paraît se combiner avec l'acide chlorhydrique, $C^5H^4Az\text{-}COCl + HCl$.

Acide homonicotianique, $C^7H^7AzO^2$. — A l'acide nicotianique se rattache un acide obtenu par Oechsner de Coninck dans l'oxydation ménagée de la β-collidine au moyen d'une solution froide et étendue de permanganate de potassium [*Thèse inaug.*, p. 59 et suiv.]. Cet acide est, par sa composition, l'homologue supérieur de l'acide nicotianique ; il a été appelé *acide homonicotianique* pour tenir compte de ce fait et de l'analogie entre ses dérivés et ceux de l'acide nicotianique. Il ne renferme pas d'eau de cristallisation, sa solution alcoolique possède une réaction acide très énergique. Il cristallise tantôt en cristaux mamelonnés, tantôt en fines aiguilles accolées les unes aux autres, et, sous cette dernière forme, il ressemble à l'acide nicotianique. Il est peu soluble dans l'eau froide, plus soluble dans l'eau chaude, très peu soluble dans l'alcool froid, très soluble dans l'alcool bouillant, dans les hydracides et dans les alcalis. Il fond à 211-212° et brunit déjà vers 200°.

Le *chlorhydrate d'acide homonicotianique*, $C^7H^7AzO^2.HCl$, est en petits prismes aplatis blancs, brillants et portant des stries d'un aspect particulier.

Bromhydrate, $C^7H^7AzO^2.HBr$. — Ressemble au bromhydrate d'acide nicotianique; petits cristaux tabulaires également blancs et brillants. Ces deux composés se préparent comme le chlorhydrate et le bromhydrate d'acide nicotianique.

Chloroplatinate, $(C^7H^7AzO^2, HCl)^2 PtCl^4$. — Prismes rouge-orangé d'apparence clinorhombique ; se prépare comme le chloroplatinate d'acide nicotianique.

Chloraurate, $(C^7H^7AzO^2, HCl)^2.AuCl^3$. — Prend naissance lorsqu'on traite par le chlorure d'or une solution même étendue du chlorhydrate. Précipité jaune qui cristallise dans l'eau chaude sous la forme d'aiguilles microscopiques d'un jaune éclatant.

Homonicotianate de potassium, $C^7H^6AzO^2K$. — Petits cristaux blancs en forme de paillettes, ressemblant au nicotianate de potassium.

Homonicotianate d'argent, $C^7H^6AzO^2Ag$. — Précipité blanc gommeux, insoluble dans l'eau froide, soluble dans l'eau chaude, d'où il se dépose par le refroidissement en fines paillettes nacrées très altérables à la lumière.

L'*homonicotianate basique de cuivre* est un précipité amorphe, semblable au sel correspondant de l'acide nicotianique.

Distillé avec un excès de chaux, l'*acide homonicotianique* se dédouble en gaz carbonique et picoline : $C^7H^7AzO^2 = CO^2 + C^6H^7Az$. Cette réaction montre que l'*acide homonicotianique* doit être rangé parmi les acides *méthylcarbopyridiques* ou *picoline-monocarbonés*,

$$C^5H^3Az < \begin{matrix} CH^3 \\ CO^2H, \end{matrix}$$

c'est-à-dire qu'il est analogue à l'acide toluique $C^6H^4(CH^3)\text{-}CO^2H$. Oechsner de Coninck.

NICOTINE, $C^{10}H^{14}Az^2$ (t. II, p. 547). — La découverte de la nicotine paraît remonter à une époque assez reculée, car, dans un livre paru à Florence en 1752, on parle de l'*oleum tabaci* qui tue les animaux dans un huitième d'heure, soit environ huit minutes. L'auteur de ce livre, Dominique Brogiani, médecin, tire lui-même ses informations sur l'*oleum tabaci* d'un ouvrage publié à Florence en 1686.

Dans la *Chymie de Lémery* de 1696, on décrit la distillation sèche du tabac avec production d'une huile toxique en injection sous-cutanée.

Il est bien établi, d'après un grand nombre de travaux analytiques, que la nicotine renferme $C^{10}H^{14}Az^2$. Cette base était représentée au temps de Gerhardt et Laurent par la formule C^5H^7Az et considérée, d'après cela, comme un corps très voisin de l'aniline.

Préparation. — Selon Laiblin, pour obtenir avantageusement la nicotine, on fait macérer du tabac dans de l'eau pendant une nuit, ensuite on porte à l'ébullition et on concentre la liqueur pour la distiller finalement avec de la chaux dans un courant de vapeur d'eau. Cette méthode serait très avantageuse au point de vue du prix de revient; elle a d'ailleurs été proposée depuis longtemps.

Dans les manufactures de tabac (voyez TABAC), on fait macérer les feuilles dans des eaux qui se chargent de plus en plus de nicotine tenue en solution surtout à l'état de malate. Ces eaux, qui arrivent à contenir jusqu'à 20 grammes de nicotine par litre, sont perdues ou vendues à bas prix aux jardiniers pour détruire les pucerons.

Schlœsing, pour extraire la nicotine de ces eaux de fabrication, commence par les saturer complètement de sel marin, afin d'amoindrir la solubilité de la nicotine, qu'on précipite ensuite par un excès de soude et qu'on enlève par dissolution dans l'éther.

Pour empêcher l'éther de s'émulsionner dans la grande masse de liquide visqueux que l'on traite, on doit renoncer à agiter; on place le mélange de jus salés et alcalisés, avec de l'éther dans de vastes bouteilles à moitié remplies, disposées horizontalement sur un chariot auquel on imprime pendant une heure environ un mouvement de rotation très lent. De cette façon l'éther, sans être divisé, passe sans cesse sur les parois de la bouteille, enduites d'une mince couche du liquide nicotique visqueux qui ne tarde pas à être épuisé. Il ne reste plus qu'à distiller l'éther décanté pour avoir de la nicotine sensiblement pure (Schlœsing).

On peut aussi obtenir des kilogrammes de nicotine en ajoutant un excès de soude caustique aux jus d'usine saturés de sel, et en les soumettant à la distillation dans un courant de vapeur d'eau, tant qu'il passe de l'alcaloïde.

Les eaux nicotiques, saturées par l'acide chlorhydrique et évaporées, laissent déposer des matières ressemblant au rouge de pyrrol. Quand elles sont évaporées à petit volume, on ajoute de la soude et on obtient ainsi de la nicotine brute.

Pour purifier cette nicotine brute, on la dissout dans l'acide sulfurique et on lave cette solution avec de l'éther, qui s'empare de divers principes odorants du tabac faciles à obtenir sous forme d'huile essentielle en évaporant le dissolvant.

Les solutions sulfuriques de nicotine, évaporées et filtrées ensuite, donnent par saturation au moyen des alcalis une base pure, qu'on n'a plus qu'à rectifier après dessiccation en recueillant ce qui passe à 243-245°. La rectification de la nicotine peut se faire sur la potasse sèche, et sans l'intervention d'un courant d'hydrogène, sans que la base subisse la moindre altération. On obtient ainsi un alcaloïde incolore qui ne tarde pas toutefois à prendre une légère teinte au contact de l'air et laisse un faible résidu résineux à chaque nouvelle rectification.

En distillant de la nicotine brute, on constate toujours une légère élévation de température vers la fin de l'expérience, ce qui semble indiquer la présence d'un autre alcaloïde dans le tabac.

Propriétés. — La nicotine bout à 243-245° (non corrigé) à la pression normale. Elle ne se solidifie pas à — 30°, à moins qu'elle ne contienne une notable proportion d'eau; dans ce cas, on voit apparaître de larges cristaux paraissant constituer un hydrate.

La densité de la nicotine est 1,0110 (Landolt). Son pouvoir rotatoire est de $[\alpha]_D = -161°,55$ (Landolt), — 161°,71 (Schwebel). Ce pouvoir rotatoire est conservé après le passage à travers un tube chauffé au rouge sombre (Cahours et Étard).

Tandis que la nicotine libre dévie à gauche le plan de polarisation, ses sels le dévient à droite (Biot). Voici quelques mesures récentes :

Chlorhydrate........	+ 102°,23
Acétate............	+ 110°,29
Sulfate............	+ 83°,43

pour les pouvoirs rotatoires spécifiques [Schwebel, *Deutsch. chem. Gesellsch.*, 1882, p. 2850].

Le pouvoir rotatoire de la nicotine diminue par le fait de la dissolution, soit dans l'eau, soit dans l'alcool; ce pouvoir, observé sur un mélange de nicotine et d'eau renfermant 10 °/o d'eau, conduit au nombre 113°,85; quand la solution renferme 90 °/o d'eau, on trouve le nombre 75°,53 [Landolt, *Deutsch. chem. Gesellsch.*, 1876, p. 901].

La vapeur de nicotine est très irritante. On peut cependant distiller un kilogramme de nicotine dans une pièce sans être incommodé. A la température ordinaire, la nicotine possède une odeur très faible, analogue à celle de la conicine.

Distillation sèche de la nicotine. — La nicotine en vapeur traversant un tube de fer chauffé au rouge et contenant des fragments de porcelaine échappe en assez forte proportion à la destruction. Cette stabilité remarquable explique comment dans la combustion des cigares une grande quantité de nicotine passe dans la fumée et est absorbée; cette fumée contient cependant une certaine quantité de bases pyridiques (H. Vohl et H. Eulenburg, 1871).

Au rouge cerise, un peu plus de la moitié de la nicotine qu'on emploie se transforme. Il se dégage des gaz formés surtout d'éthylène et d'hydrogène, et des vapeurs condensables formant un goudron basique qui, traité par les acides, donne un mélange de sels; ceux-ci, décomposés par la potasse, fournissent des alcaloïdes qu'on sépare par fractionnement.

Outre la nicotine récupérée, et qui n'a pas perdu son pouvoir rotatoire, on obtient surtout de la collidine bouillant à 170°, transformable par oxydation en acide nicotianique.

A l'état de produits accessoires, on obtient de petites quantités de pyridine, de picoline et probablement de lutidine, ainsi que des produits à point d'ébullition dépassant 360°. Il se forme aussi de l'acide cyanhydrique et de l'ammoniaque [A. Cahours et A. Etard, *Compt. rend.*, t. XC, p. 280].

La nicotine, à l'état liquide, chauffée en tubes scellés à 260-280° pendant plusieurs heures, subit une décomposition identique à celle que lui fait éprouver la distillation sèche, quant à la nature des produits formés (A. Etard).

Distillation sèche du chlorozincate de nicotine. — Ce sel, desséché et distillé avec de la chaux vive, donne naissance à de l'hydrogène, de l'ammoniaque, de la méthylamine, de la nicotine, du pyrrol, des bases pyridiques et un alcaloïde en très faible quantité renfermant, d'après l'analyse de son chloroplatinate, $C^{10}H^{11}Az$, c'est-à-dire AzH^3 en moins que la nicotine. Cet alcaloïde constitue une huile jaunâtre d'une odeur fétide, plus dense que l'eau et insoluble dans ce liquide; il passe entre 245 et 270°; son chloroplatinate est de couleur carmin et contient

$$(C^{10}H^{11}Az.HCl)^2PtCl^4$$

[R. Laiblin, *loc. cit.*].

L'azotate neutre de nicotine se décompose avec explosion par la distillation sèche (A. Etard).

Action des acides. — La nicotine, traitée par le gaz chlorhydrique ou chauffée en tubes scellés à 150-160° avec des acides chlorhydrique ou iodhydrique fumants, n'est pas altérée et il ne se dégage pas de chlorure ou d'iodure alcoolique à l'ouverture des tubes, ce qui exclut la présence de ces groupes liés à l'azote (Andréoni).

A une température plus élevée, 260-280°, l'acide iodhydrique en présence du phosphore rouge fixe simplement de l'hydrogène sur la nicotine; il se forme ainsi une dihydronicotine bouillant à 265° (A. Etard).

L'anhydride acétique réagit en vase clos sur la nicotine pure, la matière brunit légèrement. Le contenu des tubes dissous dans l'acide chlorhydrique étendu et traité par le chlorure de platine fournit un chloroplatinate amorphe et insoluble, dans des conditions de concentration où la nicotine n'est pas précipitée. Ce sel répond à la formule $[C^{10}H^{13}(C^2H^3O)Az^2,HCl]^2PtCl^4$ d'un chloroplatinate d'acétylnicotine. Décomposé par l'hydrogène sulfuré, ce sel laisse en solution une base que les alcalis précipitent sous la forme d'une matière blanche solide amorphe et résineuse (A. Etard).

Action de l'aldéhyde benzoïque sur la nicotine. — L'aldéhyde benzoïque et la nicotine sèche, chauffées en vase clos à 240-250° pendant plusieurs heures, réagissent avec élimination d'eau. Il se forme, dans ces conditions, une masse liquide visqueuse ayant les propriétés générales des produits résultant de l'action des aldéhydes sur les amines primaires. Ce fait et le précédent tendent à mettre en doute la fonction bitertiaire des deux azotes de la nicotine (A. Etard).

Oxydation de la nicotine. — La nicotine est le premier alcaloïde dont l'oxydation ait conduit à des résultats d'une netteté parfaite, permettant de rattacher les alcaloïdes naturels à la série des bases pyridiques.

Sous l'influence oxydante du mélange chromique, de l'acide azotique ou du permanganate de potassium, elle fournit en effet de l'acide *nicotianique*, un des acides pyridine-carboxyliques (Suppl., p. 1076).

Oxydation de la nicotine par le ferricyanure de potassium. — La nicotine en solution aqueuse étendue et alcaline, traitée vers 50-60° par une solution étendue de ferricyanure de potassium versée en plusieurs fois, est oxydée moins profondément que dans le cas précédent; elle perd seulement H^4.

Les liquides d'oxydation sont concentrés par distillation et les eaux distillées alcalines sont saturées par un acide et évaporées; on met ensuite les bases en liberté par un alcali minéral et on les extrait par l'éther; le résidu de la distillation doit être complètement privé de bases volatiles par un courant de vapeur d'eau. Le mélange d'alcaloïdes ainsi obtenu est séché sur la potasse et soumis à la distillation fractionnée, qui permet de les diviser en nicotine inattaquée bouillant à 243° et en isodipyridine $C^{10}H^{10}Az^2$ bouillant à 275° [A. Cahours et A. Etard, *Compt. rend.*, t. XC, p. 275].

Oxydation de la nicotine par HgO. — Quand dans de la nicotine maintenue en ébullition on projette de l'oxyde rouge de mercure finement pulvérisé par très petites quantités à la fois (1 gramme environ), la base brunit et il se forme du mercure métallique.

La masse refroidie est reprise par l'acide chlorhydrique et la solution traitée par l'hydrogène sulfuré pour enlever le mercure; on évapore ensuite la solution, puis on précipite par la potasse étendue, sans excès : la nicotine, très soluble dans l'eau, reste en solution, tandis qu'un corps brun, amorphe, ayant l'aspect des acides humiques, demeure insoluble. Ce corps se dissout avec une couleur brune dans l'acide chlorhydrique et est précipitable par le chlorure de platine. C'est une base possédant une saveur astringente et renfermant

$$C^{30}H^{27}Az^6O^2 = (C^{10}H^9Az^2)^3O^2.$$

Cette formule présente une certaine similitude avec celle de la thiotétrapyridine décrite plus loin [A. Etard, *Expér. inéd.*].

Action du soufre. — L'action du soufre sur la nicotine peut être assimilée à une oxydation. Lorsqu'on chauffe entre 150 et 170° un mélange formé de 1 p. de soufre et 5 p. de nicotine, une vive réaction se manifeste : le liquide bouillonne et dégage une grande quantité d'hydrogène sulfuré; vers la fin de la réaction le dégagement gazeux cesse et le liqueur prend une belle teinte verte; il convient de laisser refroidir à ce moment les divers ballons dans lesquels on fait l'opération, et au bout de quelques jours il se fait une abondante cristallisation au sein d'un liquide vert et visqueux. On additionne ce mélange de deux ou trois volumes d'éther, qui ne dissout que les corps incristallisables, on filtre à la trompe, on lave à l'éther et on achève la purification en dissolvant les cristaux dans l'alcool.

Les éthers de lavage soumis à la distillation laissent un résidu composé surtout de nicotine inaltérée qui peut servir à une nouvelle préparation.

Le produit solide, cristallisé dans l'alcool, constitue des prismes d'un jaune paille, insolubles dans l'eau, d'apparence hexagonale et portant une mâcle sur chacune de leurs bases. Ces cristaux fondent à 155° et répondent à la formule

$$C^{20}H^{18}Az^4S = (C^{10}H^9Az^2)^2S,$$

d'une *thiotétrapyridine;* ils dérivent par déshydrogénation et sulfuration de deux molécules de nicotine.

La thiotétrapyridine présente tous les caractères d'un alcaloïde, ses solutions dans les acides possèdent un goût astringent comme le tannin.

Chlorhydrate de thiotétrapyridine,

$$C^{20}H^{18}Az^4S,2HCl.$$

— Les solutions chlorhydriques de la base sont très difficilement cristallisables; dans le vide, elles finissent par donner une masse compacte de

cristaux en filaments soyeux. Ce sel est très peu toxique (Vulpian).

Chloroplatinate, $C^{20}H^{18}Az^4S, 2HCl, PtCl^4$. — Précipité jaune-brun.

Le *chloromercurate* renferme

$$C^{20}H^{18}Az^4S, HCl, 2HgCl^2.$$

Oxydation. — La thiotétrapyridine, traitée par un excès d'acide azotique étendu de son volume d'eau au réfrigérant ascendant, est décomposée en acides sulfurique, carbonique et nicotianique fusible à 128°. Ce dernier acide se forme en abondance et cristallise par concentration de la liqueur à l'état d'azotate [A. Cahours et A. Etard, *Compt. rend.*, t. LXXXVIII, p. 999, et t. XC, p. 275].

Isodipyridine, $C^{10}H^{10}Az^2$. — La thiotétrapyridine sèche, chauffée avec du fer, de l'argent, du mercure, et mieux avec du cuivre réduit, est désulfurée, et, tandis qu'une partie de la matière se carbonise, on obtient par distillation un rendement assez fort d'une huile incolore, l'isodipyridine.

L'isodipyridine est un liquide huileux ayant la consistance de la nicotine, très réfringent et doué d'une odeur de champignons. Sa densité à 13° est 1,1245; elle bout à 274-275° et ne se congèle pas à — 20°; pouvoir rotatoire nul. La base libre est monacide, un peu soluble dans l'eau, surtout à chaud; ses solutions aqueuses précipitent en blanc l'azotate d'argent et le chlorure mercurique, en jaune l'acide picrique.

Le *chlorhydrate* d'isodipyridine est déliquescent, jaune pâle. Avec l'eau de brome, il donne un précipité jaune; avec l'eau iodée un précipité brun; chauffé avec une solution de perchlorure de fer, il développe une riche teinte orangée.

Chloroplatinate d'isodipyridine,

$$(C^{10}H^{10}Az^2, HCl)^2PtCl^4 + 2H^2O.$$

— Précipité orangé-rouge soluble dans l'eau chaude et se déposant en larges lames rouges. Ce sel, soumis à l'ébullition avec de l'eau, est décomposé : il se forme une poudre rouge insoluble.

Chloromercurate d'isodipyridine,

$$(C^{10}H^{10}Az^2, HCl)^2HgCl^2.$$

— Précipité blanc soluble dans l'eau bouillante et se déposant en petites tables jaunâtres.

Ferricyanure, $(C^{10}H^{10}Az^2)^4H^6Fe^2Cy^{12} + 5H^2O$. — Longues aiguilles d'un vert olive se déposant à la longue des solutions de chlorhydrate additionnées de ferricyanure [A. Cahours et A. Etard, *Compt rend.*, t. XC, p. 275].

Action du sélénium. — La nicotine dissout vers son point d'ébullition une certaine quantité de sélénium qui se dépose par refroidissement. En prolongeant la réaction pendant longtemps au réfrigérant ascendant, à 242°, il se dégage de l'acide sélenhydrique et de l'ammoniaque, et des sélenhydrates d'ammonium cristallisés obstruent le tube du réfrigérant. Quand il ne se dégage plus de sélenhydrates, on arrête l'opération, on ajoute un excès de soude caustique et on distille dans la vapeur d'eau; les produits condensés soumis au fractionnement fournissent entre autres substances un alcaloïde bouillant à 205° et ayant la composition d'une *hydrocollidine*, $C^8H^{13}Az$.

L'hydrocollidine est un liquide incolore insoluble dans l'eau, d'une odeur aromatique très pénétrante, moins dense que l'eau.

Chloraurate d'hydrocollidine,

$$C^8H^{13}Az, HCl + AuCl^3.$$

— Précipité jaune, fusible dans l'eau chaude et soluble dans ce liquide bouillant, d'où il se dépose en feuilles cristallines.

Chloroplatinate, $(C^8H^{13}Az, HCl)^2PtCl^4$. — Précipité cristallin jaune-orangé, soluble dans l'eau bouillante [A. Cahours et A. Etard, *Compt. rend.*, t. XCII, p. 1081].

Constitution de la nicotine. — Depuis qu'on étudie la série pyridique, on a proposé deux formules pour la nicotine :

$$C^5H^4Az\text{-}C^3H^6\text{-}Az < \begin{matrix} CH^2 \\ CH^2 \end{matrix}$$

(Andréoni),

et $$C^3H^5\text{-}C^6H^4Az = Az\text{-}C^2H^5$$

(Krakau).

D'après les recherches de Cahours et Etard, cette base doit être regardée comme une dipyridine unie à 4 atomes d'hydrogène [*Compt. rend.*, t. LXXXVIII, p. 999]. On peut considérer la nicotine comme une base formée par l'union d'une molécule de pyridine et d'une molécule de pipéridine avec élimination de H^2, selon la formule : $C^5H^4(C^5H^{10}Az)Az$. Mais la formule qui représente le plus exactement l'ensemble des réactions de la nicotine, connues jusqu'à ce jour, semble être la suivante :

```
      H     H
      C     C - C²H⁵
    //  \  / \
  HC     C    CH²
   |     ||    |
  Az     C    CH²
    \\  /  \ /
      C     Az
      H     H
```

qui rend compte de la formation d'un acide monocarbopyridique ou d'une dipyridine par oxydation, ainsi que d'une propylpyridine par distillation sèche. A. Etard.

NICOTINIQUE (ACIDE). — Voyez Nicotianique (acide).

NIGROSINE. — Matière colorante noire, obtenue par Wolff par l'action de certains oxydants sur l'aniline; elle formerait une partie du noir d'aniline de Lightfoot. Sa composition serait exprimée par les rapports $C^{36}H^{27}Az^3$. Elle appartient peut-être à la classe des indulines [J. Wolff, *Chem. News*, t. XXXIX, p. 271 et t. XL, p. 3].

NIIQUE (acide). — Acide d'une odeur piquante, retiré de la matière grasse fournie par un insecte, la niine de Yucatan. Cette matière grasse fond à 48°,9 [A. Schott, *Chem. News*, t. XXII, p. 110].

NIOBIUM. — Roscoe a obtenu le niobium métallique en faisant passer dans un tube de verre chauffé au rouge des vapeurs de pentachlorure de niobium mélangées d'hydrogène, en ayant soin d'exclure toute trace d'air et d'humidité. Le métal se dépose sous forme d'une croûte brillante, fragile, d'un gris d'acier. Il renferme encore des traces de chlore, dont on le prive en le chauffant de nouveau dans un courant d'hydrogène sec. Il ne retient que peu d'hydrogène (0,27 %).

Le niobium brûle lorsqu'on le calcine à l'air et se transforme en anhydride niobique, après avoir d'abord donné un oxyde inférieur bleu. Il est insoluble dans l'acide chlorhydrique et l'eau régale, soluble dans l'acide sulfurique concentré. Il ne brûle dans le chlore qu'avec l'aide de la chaleur. Sa densité est égale à 7,06 [*Chem. News*, t. XXXVII, p. 25; *Bull. Soc. chim.*, t. XXXI, p. 315].

Trichlorure de niobium, $NbCl^3$. — Il se produit lorsqu'on fait passer le pentachlorure à travers un tube chauffé et se dépose sous forme d'une croûte cristalline noire, ressemblant à l'iode. Il est fixe, non déliquescent, indécomposable par l'eau et par l'ammoniaque. L'acide azotique le convertit en acide niobique. Il décompose l'anhydride carbonique au rouge en donnant de l'oxyde de carbone et de l'oxychlorure de niobium (Roscoe).

FLUORURE DE NIOBIUM. — Les fluorures doubles qui suivent, et qui n'ont pas été indiqués dans l'article relatif aux fluosels, ont été obtenus en dissolvant les carbonates métalliques et l'acide niobique dans l'acide fluorhydrique et concentrant la solution. Ces fluorures, décrits par Santesson, appartiennent principalement à deux types de combinaisons :

$$3NbFl^5.5HFl.5MFl^2 + 28H^2O,$$
$$2NbFl^5.4HFl.3MFl^2 + 19H^2O.$$

Fluoniobate de cadmium,

$$3NbFl^5.5HFl.5CdFl^2 + 28H^2O.$$

— Prismes allongés transparents, devenant opaques à l'air et perdant de l'acide fluorhydrique.

Fluoniobate de zinc. — Même formule. Prismes allongés à 6 pans, insolubles dans l'eau froide, décomposables par l'eau bouillante. Le sel correspondant de *manganèse* présente la même forme ; il est rose.

Fluoniobate de cobalt. — Cristaux prismatiques d'un rouge sombre.

Fluoniobates de nickel. — La solution fluorhydrique fournit d'abord des aiguilles minces, verdâtres, insolubles dans l'eau froide, décomposables par l'eau bouillante, du sel

$$2NbFl^5.4HFl.3NiFl^2 + 19H^2O;$$

puis des prismes courts et aplatis d'un vert foncé, du sel $3NbFl^5.5HFl.5NiFl^2 + 28H^2O$.

Le *sel de fer*, $2NbFl^5.4HFl.3FeFl^2 + 19H^2O$. cristallise en prismes minces, d'un jaune verdâtre.

Les *sels de cuivre* et *de mercure* n'appartiennent pas aux deux séries ci-dessus. Le premier renferme $NbFl^5.HFl.2CuFl^2 + 9H^2O$, et forme des cristaux aplatis, d'un bleu foncé. Le second, $NbFl^5.3HgFl^2 + 8H^2O$, est en cristaux prismatiques, décomposables par l'eau froide [*Bull. Soc. chim.*, t. XXIV, p. 53].

ACIDE NIOBIQUE. — D'après Santesson, l'hydrate obtenu en fondant l'acide niobique avec du bisulfate de potassium, reprenant la masse par l'acide chlorhydrique et précipitant par l'ammoniaque, a pour composition $3Nb^2O^5.4H^2O$. Celui qui se précipite lorsqu'on traite le niobate de sodium par l'acide sulfurique étendu renferme $3Nb^2O^5.7H^2O$.

Niobates de potassium.

1° $$2Nb^2O^5.K^2O + 5\tfrac{1}{2}H^2O.$$

— Sel insoluble dans l'eau, obtenu en fondant l'acide niobique avec son équivalent de carbonate potassique et reprenant par l'eau.

2° $$Nb^2O^5.2K^2O + 11H^2O,$$

ou

$$Nb^2O^7K^4 + 11H^2O.$$

— Il se produit lorsqu'on fond le précédent avec un excès de carbonate potassique; il est également insoluble (Santesson).

Niobates de sodium, $3Nb^2O^5.2Na^2O + 9H^2O$. — Sel insoluble, obtenu en fondant l'acide niobique avec son équivalent de soude. En faisant bouillir l'acide niobique avec de la soude, décantant la solution alcaline et traitant le résidu par l'eau, on obtient une solution qui laisse déposer après quelque temps de petits cristaux du sel

$$NbO^3Na + 3H^2O$$

(ou $Nb^2O^5.Na^2O + 6H^2O$) (Santesson).

Dans un travail sur les niobates, A. Joly a décrit quatre séries de sels renfermant de 1 à 4 molécules de base pour 1 molécule d'anhydride niobique [*Compt. rend.*, t. LXXX, p. 267].

Niobate de magnésium, $Nb^2O^5.4MgO$. — Larges lames hexagonales transparentes, obtenues en fondant au rouge vif l'anhydride niobique avec un grand excès de chlorure de magnésium. Densité = 4,3.

Niobate de calcium, $Nb^2O^5.2CaO$. — Obtenu de même, il se présente en prismes orthorhombiques souvent maclés et parfois réduits à une lame mince par suite du développement de la face g^1.

La fusion d'un mélange de 7 p. d'acide niobique avec 2 p. de fluorure de calcium et un grand excès de chlorure de potassium donne de longues aiguilles minces de niobate, $Nb^2O^5.CaO$, ou $(NbO^3)^2Ca$.

En présence d'un grand excès de fluorure de calcium, on obtient le *niobate dicalcique* et un oxyfluorure de niobium.

Niobate de manganèse. — Cristaux orthorhombiques, roses et transparents, d'une densité de 4,94, obtenus par la réaction du fluorure de manganèse sur l'acide niobique.

Niobate ferreux. — Gros prismes fibreux.

Niobate d'yttrium, $Nb^2O^5.Y^2O^3$, ou $(NbO^4)^2Y^2$. — Poudre cristalline pesante formée d'octaèdres microscopiques biréfringents (A. Joly).

AZOTURE DE NIOBIUM. — Le niobium possède, comme le titane, une affinité spéciale pour l'azote à une température élevée; et lorsqu'on chauffe dans un creuset de charbon un mélange d'acide niobique et d'un carbonate alcalin, on obtient des produits cristallins renfermant toujours du carbone et de l'azote (fourni par l'air diffusé à travers les parois du creuset). Au rouge blanc, il se produit une masse cristalline de couleur olive, faiblement agglomérée. A la température de fusion du nickel, on obtient des aiguilles brillantes d'un gris violacé.

Le produit obtenu à la température de fusion de l'acier a pour composition 3NbC.2NbAz, ou 5NbC.4NbAz. Celui obtenu à la température de fusion du manganèse renferme 5NbC.NbAz [A. Joly, *Bull. Soc. chim.*, t. XXV, p. 506].

MINÉRAUX NIOBIFÈRES. — A. Knop a reconnu que la *perowskite* du Kaiserstuhl, qu'il désigne sous le nom de *dysanalyte*, est un titano-niobate de calcium, intermédiaire entre la perowskite proprement dite ou titanate calcique et la koppite, qui est le niobate de calcium [*Jahresb. Miner.*, 1872, p. 534 ; 1875, p. 67, et 1877, p. 647]. La dysanalyte renferme 40,57 °/₀ d'acide titanique et 22,73 °/₀ d'acide niobique. Pour séparer ces acides, Knop soumet le minéral bien pulvérisé et mélangé de charbon de fécule à l'action du chlore sec. Il se sublime du chlorure de titane et du chlorure de niobium. Le premier, de beaucoup le plus volatil, peut ensuite être chassé du tube; on le recueille dans un tube en U renfermant de l'alcool qu'on verse ensuite dans l'eau froide; l'addition d'ammoniaque à la solution précipite l'acide titanique. Quant à l'acide niobique resté dans le tube, on le dissout dans l'acide chlorhydrique et on le précipite de même par l'ammoniaque.

J.-W. Mallet [*Silliman's amer. Journ.* (3), t. XIV, p. 397] a fait connaître un nouveau niobate naturel, la *sipylite*, trouvé dans une ramification des monts Little-Friar (Virginie). C'est un niobate des terres de la cérite renfermant 48,66 °/₀ Nb^2O^5, 27,94 °/₀ Er^2O^3, 3,92 °/₀ La^3N^3, 3,47 °/₀ d'urane, 2 °/₀ de zircone, etc. Ed. Willm.

NITRANILE, NITRANILIQUE (ACIDE). — Voyez au Suppl. QUINONE.

NITRÉS (COMPOSÉS). — On a décrit, t.

p. 561, les propriétés générales des dérivés nitrés de la série aromatique : nous ne nous occuperons donc ici que des dérivés de la série grasse.

Mode de formation. — D'une manière générale, les dérivés nitrés de la série grasse prennent naissance par l'action du nitrite d'argent sur les iodures alcooliques; il se forme toujours en même temps une certaine quantité de l'éther nitreux isomérique avec le dérivé nitré que l'on cherche à obtenir.

Propriétés. — 1° Les corps nitrés de la série grasse sont des liquides assez stables, bouillant sans décomposition à la pression ordinaire.

2° L'hydrogène naissant les transforme en amines :

$$CH^3.AzO^2 + 3H^2 = 2H^2O + CH^3.AzH^2.$$

3° L'acide chlorhydrique concentré résinifie les corps nitrés dérivés d'un iodure alcoolique secondaire; il dédouble à 140° les dérivés primaires en hydroxylamine et acide correspondant :

$$CH^3\text{-}CH^2.AzO^2 + H^2O$$
$$= AzH^2.OH + CH^3\text{-}CO^2H.$$

4° Les corps nitrés qui dérivent d'un iodure tertiaire sont des corps neutres; au contraire, ceux qui correspondent à un iodure primaire ou à un iodure secondaire renferment deux ou un atome d'hydrogène situés dans le voisinage immédiat du groupe azotyle, et peuvent, par conséquent, fonctionner comme acides : il suffit de les traiter par la soude alcoolique pour obtenir un sel alcalin cristallisé :

$$CH^3.AzO^2 + NaOH = H^2O + CH^2.Na.AzO^2.$$

Il est à remarquer que la substitution par un métal alcalin ne porte jamais que sur un seul atome d'hydrogène à la fois.

Lorsqu'on traite par le chlore ou le brome le sel ainsi formé, on remplace l'atome de métal par un atome du métalloïde employé, et l'on obtient les dérivés chloronitrés ou bromonitrés. Exemple : bromonitréthane, $C^2H^4.Br.AzO^2$.

Ces derniers peuvent à leur tour, en réagissant par double décomposition sur le nitrite de potassium, se transformer en dérivés dinitrés. Exemple : dinitréthane, $C^2H^4(AzO^2)^2$.

Les dérivés disubstitués (chloronitrés, bromonitrés ou dinitrés) d'un iodure secondaire ne renferment plus d'atome d'hydrogène dans le voisinage immédiat d'un groupe azotyle : ce sont des corps neutres. Au contraire, les dérivés d'un iodure primaire possèdent encore un tel atome d'hydrogène : ils peuvent fonctionner comme acides et fournir un sel alcalin, qui peut à son tour être transformé en dérivé dibromonitré [$C^2H^3Br^2AzO^2$], bromodinitré [$C^2H^3Br(AzO^2)^2$], ou trinitré [$CH(AzO^2)^3$].

5° L'acide nitreux est sans action sur les corps nitrés tertiaires, et cela se conçoit aisément, puisqu'ils ne possèdent plus d'hydrogène remplaçable, c'est-à-dire placé dans le voisinage immédiat de AzO^2.

Il transforme, au contraire, les dérivés secondaires en *nitrols :* ces derniers résultent simplement de la substitution du groupe nitrosyle à l'unique atome d'hydrogène remplaçable, et fonctionnent comme corps neutres. Exemple : propylpseudonitrol, $(CH^3)^2 = C(AzO)(AzO^2)$.

L'action de l'acide nitreux sur les composés nitrés primaires est toute différente : ces derniers échangent en effet leurs deux atomes d'hydrogène remplaçable contre le groupement bivalent =Az-OH, qui renferme un oxhydryle doué de propriétés acides, et se transforment ainsi en *acides nitroliques.*

Nous rappellerons en terminant que les nitrols possèdent, à l'état liquide, une coloration bleue, et que les acides nitroliques se dissolvent en rouge dans les alcalis : ces colorations ont été mises à profit pour la diagnose des alcools primaires, secondaires et tertiaires (voyez, Suppl., p. 78).

Ad. Fauconnier.

NITRÉTHANE, $C^2H^5.AzO^2$. Voyez t. II, p. 562. — On a signalé dernièrement un nouveau mode de formation de ce corps : la distillation sèche d'un mélange d'éthylsulfate de potassium et d'azotite de sodium [Lauterbach, *Deutsch. chem. Gesellsch.*, 1878, p. 1225].

Action des réactifs. — L'acide sulfurique fumant décompose le nitréthane avec dégagement de gaz et formation d'acide éthylène-disulfureux [V. Meyer et C. Wurster, *Deutsch. chem. Gesellsch.*, 1873, p. 1168]. Les acides aqueux le dédoublent d'une manière générale en acide acétique et hydroxylamine : tels sont les acides sulfurique, phosphoreux et chlorhydrique [V. Meyer et J. Locher, *Deutsch. chem. Gesellsch.*, 1875, p. 219].

Le sodium-nitréthane réagit sur le sulfate de diazobenzol en solution aqueuse, en donnant de l'azonitréthylphényle (Suppl., p. 303).

Bromonitréthane, $C^2H^4Br.AzO^2$ [V. Meyer et A. Rilliet, *Deutsch. chem. Gesellsch.*, 1872, p. 1029; — Tscherniak, *ibid.*, 1874, p. 916]. — Ce corps prend naissance par l'action du brome sur une solution potassique de nitréthane; on modère la réaction en ajoutant de temps à autre des morceaux de glace. On lave l'huile obtenue à la soude, puis à l'eau, et on la sèche sur du chlorure de calcium. Le bromonitréthane est une huile dense, limpide et incolore, ayant l'odeur de la chloropicrine et bouillant à 146-147°. Au contact de la potasse, il s'échauffe beaucoup et se transforme en cristaux qui paraissent avoir pour formule $C^2H^4(AzO^2)OK$; ce corps est explosif.

Dibromonitréthane, $C^2H^3Br^2.AzO^2$ [V. Meyer et C. Wurster, *Deutsch. chem. Gesellsch.*, 1873, p. 94; — V. Meyer, *ibid.*, 1874, p. 1313]. — Le brome, en réagissant sur le sodium-nitréthane, donne un mélange de bromonitréthane et de dibromonitréthane, qu'on ne peut séparer par distillation; mais si l'on agite ce mélange avec de la potasse, le dérivé monobromé se dissout, tandis que le dérivé dibromé se sépare sous la forme d'une huile dense. On peut encore mélanger le nitréthane avec deux molécules de brome, puis ajouter de l'eau et de la potasse jusqu'à décoloration : le dérivé dibromé reste au fond de la solution, sous forme d'une huile lourde. Lavé à l'eau et desséché, le dibromonitréthane est un liquide bouillant à 162-164°.

Dinitréthane, $C^2H^4(AzO^2)^2$ [Ter Meer, *Deutsch. chem. Gesellsch.*, 1875, p. 832 et 1078]. — On ajoute peu à peu et en refroidissant 45 grammes de potasse alcoolique (au 1/5) à un mélange de 21 grammes de bromonitréthane dissous dans deux fois son poids d'alcool et de 12 grammes de nitrite de potassium dissous dans son poids d'eau : il se dépose des cristaux jaunes qui constituent le potassium-dinitréthane,

$$C^2H^3(AzO^2)^2K.$$

Le dinitréthane, mis en liberté par un acide, est une huile incolore, très réfrangible, insoluble dans l'eau, à saveur douceâtre; il bout à 185-186° (corr.) et ne se solidifie pas à — 13°. Densité à 23°,5 = 1,3503. C'est un acide assez énergique.

Le sel de *potassium* est en prismes clinorhombiques d'un jaune d'or : faces m, g^1, p, e. Rapport des axes : $a : b : c = 0,5812 : 1 : 0,9902$ Il est soluble dans l'eau bouillante, insoluble dans l'alcool et dans l'éther. Il détone violemment au plus faible choc ou au contact d'un corps chaud. Le sel de *sodium* ressemble au sel de potassium, mais il est plus soluble dans l'eau et dans l'alcool. Le sel de *baryum* se dépose en aiguilles jaunes ou en petites tables par l'addition d'alcool et d'éther à un mélange d'eau de baryte et de dinitréthane. Le sel d'*argent*, $C^2H^3(AzO^2)^2Ag$, cristallise en petites lamelles jaunes à éclat métallique, par le refroidissement d'un mélange fait à chaud de dinitréthane et de nitrate d'argent.

Réactions du dinitréthane. — Par l'action réductrice de l'étain et de l'acide chlorhydrique, le dinitréthane fournit de l'hydroxylamine, de l'aldéhyde, de l'acide acétique et de l'ammoniaque.

Chauffé à 130-150° avec de l'acide azotique fumant, le dinitréthane se convertit en petits cristaux blancs qui paraissent être du trinitréthane.

Chlorodinitréthane [Lauterbach, *Deutsch. chem. Gesellsch.*, 1879, p. 677]. — Liquide incolore, lourd, extrêmement irritant, obtenu par l'action de l'acide nitrique en excès sur le chlorure d'éthylidène à 100° en tubes scellés. Ce corps se décompose par la distillation. La potasse alcoolique le transforme en potassium-dinitréthane.

Bromodinitréthane, $C^2H^3Br(AzO^2)^2$ [Ter Meer, *loc. cit.*]. — On l'obtient sous forme d'une huile incolore, dense et insoluble dans l'eau, en agitant une solution aqueuse de dinitréthane avec une quantité convenable d'eau de brome. Ce produit ne se solidifie pas à — 17°; la distillation le décompose; la potasse alcoolique le convertit en potassium-dinitréthane.

Ad. Fauconnier.

NITRIFICATION. — La transformation de l'ammoniaque en acide nitrique dans les eaux, la terre arable, les nitrières, etc., est l'œuvre d'un microbe, un micrococcus punctiforme (voyez Suppl., p. 827).

NITROAMYLÈNE, $C^5H^9.AzO^2$ [L. Haitinger, *Monatsh. Chem.*, t. II, p. 286]. — On l'obtient par l'action de l'acide nitrique fumant sur le diméthyléthylcarbinol.

Ce corps distille à 166-170°. C'est une huile jaunâtre, douée d'une odeur pénétrante, insoluble dans l'eau, soluble dans l'alcool et dans l'éther en toutes proportions. Il s'unit directement au brome pour fournir un dibromure cristallisé. Par réduction, il donne de l'hydroxylamine mélangée d'un corps qui paraît être une carbylamine. Chauffé à 100° avec 20 volumes d'eau, il se décompose en donnant de l'ammoniaque, de l'éthylamine, et une acétone qui n'a pas été étudiée. Par l'action de l'acide chlorhydrique concentré, il se dédouble en fournissant de l'hydroxylamine et de l'acide acétique.

NITROBUTANES, $C^4H^9.AzO^2$.

NITROBUTANE NORMAL,

$$CH^3\text{-}CH^2\text{-}CH^2\text{-}CH^2.AzO^2$$

[J. Züblin, *Deutsch. chem. Gesellsch.*, 1877, p. 2083]. — On ajoute peu à peu du nitrite d'argent à de l'iodure de butyle normal, en évitant toute élévation de température; on reprend ensuite par l'éther, et on évapore ce dernier. On obtient ainsi le nitrobutane sous forme d'un liquide incolore plus léger que l'eau, bouillant sans altération à 151-152° (corr.).

L'acide chlorhydrique le dédouble en acide butyrique et hydroxylamine. Par l'étain et l'acide chlorhydrique, il fournit la butylamine normale.

Bromonitrobutane,

$$CH^3\text{-}CH^2\text{-}CH^2\text{-}CHBr.AzO^2.$$

— Huile jaunâtre, dense, volatile avec la vapeur d'eau, et bouillant à 180-181°, obtenue par l'action du brome sur une solution potassique de nitrobutane.

Dibromonitrobutane,

$$CH^3\text{-}CH^2\text{-}CH^2\text{-}CBr^2.AzO^2.$$

— Huile dense, à odeur pénétrante, insoluble dans la potasse et bouillant à 203-204° : ce corps se produit comme le précédent par l'action du brome sur une solution potassique de nitrobutane.

Dinitrobutane normal,

$$CH^3\text{-}CH^2\text{-}CH^2\text{-}CH(AzO^2)^2.$$

— On l'obtient par l'action du nitrite de potassium sur le bromonitrobutane dissous dans la potasse en excès. La réaction terminée, on sursature par l'acide sulfurique étendu et on agite avec l'éther. Le dinitrobutane reste, par évaporation de sa solution éthérée, sous forme d'une huile jaunâtre, distillant avec décomposition à 190°. Ses sels ne sont pas détonants.

Le sel de *potassium*,

$$CH^3\text{-}CH^2\text{-}CH^2\text{-}CK(AzO^2)^2,$$

cristallise en tables rectangulaires jaunes et transparentes; le sel d'*argent* est en grandes lames jaune foncé, avec dichroïsme bleu violet.

Bromodinitrobutane,

$$CH^3\text{-}CH^2\text{-}CH^2\text{-}CBr(AzO^2)^2.$$

— Huile jaunâtre, à odeur piquante, non volatile sans décomposition : on l'obtient par l'action de l'eau de brome sur le potassium-dinitrobutane.

ISONITROBUTANE, $(CH^3)^2 = CH\text{-}CH^2(AzO^2)$. — Voyez Suppl., p. 380.

Isobromonitrobutane, $(CH^3)^2{=}CH\text{-}CHBr.AzO^2$ [Züblin, *Deutsch. chem. Gesellsch.*, 1877, p. 2087] — On le prépare comme le dérivé normal : c'est une huile dense bouillant à 173-175°.

Isodinitrobutane, $(CH^3)^2 = CH\text{-}CH(AzO^2)^2$ [Züblin, *ibid.*]. — Huile jaunâtre, non volatile sans décomposition. Il brûle sans détoner. Sa combinaison potassique est en aiguilles jaunes, solubles dans l'eau; sa combinaison argentique cristallise dans l'eau bouillante en aiguilles jaunes, brillantes, très altérables à la lumière.

Isobromodinitrobutane,

$$(CH^3)^2{=}CH\text{-}CBr(AzO^2)^2$$

[Züblin, *ibid.*]. — Masse camphrée, incolore et brillante, fusible à 38°. Les alcalis le décomposent facilement en régénérant le dinitrobutane.

Toutes ces combinaisons ont été préparées comme les combinaisons normales.

Isonitrobutylazophényle,

$$C^6H^5.Az{=}Az\text{-}CH(AzO^2)\text{-}CH(CH^3)^2$$

[Züblin, *ibid.*]. — Huile jaune incristallisable, obtenue en mélangeant des solutions d'isonitrobutane potassique et d'azotate de diazobenzol.

NITROBUTANE SECONDAIRE,

$$CH^3\text{-}CH.(AzO^2)\text{-}C^2H^5.$$

Voyez Suppl., p. 382.

Dinitrobutane secondaire, $CH^3\text{-}C(AzO^2)^2\text{-}C^2H^5$. [V. Meyer, *Deutsch. chem. Gesellsch.*, 1876, p. 701]. — On l'obtient par l'action de la chaleur sur le butylpseudonitrol, ou par l'oxydation de ce dernier au moyen de l'acide chromique. C'est un liquide huileux bouillant à 199° (corr.). Réduit par l'étain et l'acide chlorhydrique, il donne de l'hydroxylamine et de la méthyléthylacétone C^4H^8O.

NITROBUTANE TERTIAIRE, $(CH^3)^3\text{-}C.AzO^2$. — Voyez Suppl., p. 382.

Ad. Fauconnier.

NITRO-ISOBUTYLÈNE. — Voyez Suppl., p. 375.

NITROLIQUES (ACIDES), $C^nH^{2n}Az^2O^3$. — Ces corps se produisent lorsqu'on soumet à l'action de l'acide azoteux naissant les dérivés mononitrés primaires des carbures de la série grasse $R\text{-}CH^2.AzO^2$.

Ils se forment également par la réaction de l'hydroxylamine sur les dérivés dibromomononitrés des mêmes carbures.

D'après ces deux modes de formation, il semble naturel de leur attribuer la constitution

$$R\text{-}C(Az.OH).AzO^2.$$

On voit qu'ils ont pris naissance par l'échange de leurs deux atomes d'hydrogène primaires contre le groupe bivalent $=Az.OH$, suivant l'une ou l'autre des équations

$$R\text{-}CH^2.AzO^2 + O{=}Az.OH$$
$$= H^2O + R\text{-}C(Az.OH).AzO^2,$$
$$R\text{-}CBr^2.AzO^2 + {H \atop H}{>}Az.OH$$
$$= 2HBr + R\text{-}C(Az.OH)AzO^2.$$

Le groupement Az.OH renfermant un oxhydryle, les acides nitroliques jouissent de propriétés acides.

Ces corps sont généralement solides et se dissolvent dans les alcalis avec une coloration rouge caractéristique. L'acide sulfurique les dédouble en protoxyde d'azote et acide gras, suivant l'équation

$$C^nH^{2n}Az^2O^3 = Az^2O + C^nH^{2n}O^2.$$

Acide méthylnitrolique, $CH(Az.OH)AzO^2$ [Tscherniak, *Deutsch. chem. Gesellsch.*, 1875, p. 114]. — On dissout 5 gr. de nitrométhane dans le moins d'eau possible, on ajoute 8 grammes de nitrite de potassium en solution moyennement concentrée, et on refroidit le tout à 0°; puis on verse dans ce mélange de l'acide sulfurique étendu et également refroidi à 0°. On ajoute ensuite de la potasse jusqu'à coloration rouge persistante, puis on neutralise de nouveau exactement par l'acide sulfurique étendu, et on épuise par l'éther : celui-ci abandonne par évaporation l'acide méthylnitrolique en beaux prismes fusibles, avec décomposition à 64°. Ce corps est soluble dans l'eau, l'alcool et l'éther. Par l'action de la chaleur, il se détruit avec formation de vapeurs nitreuses et d'acide formique. Il est d'ailleurs instable et se décompose spontanément au bout de quelques jours. L'acide sulfurique le dédouble nettement en protoxyde d'azote et acide formique.

Acide éthylnitrolique, $CH^3\text{-}C(Az.OH)AzO^2$ [V. Meyer, *Deutsch. chem. Gesellsch.*, 1874, p. 425; — Meyer et Locher, *ibid.*, p. 1137]. — On peut l'obtenir soit par l'action de l'hydroxylamine sur le dibromonitréthane, soit par l'action de l'acide azoteux sur le nitréthane. A une dissolution de nitréthane dans la quantité équivalente de potasse on ajoute une solution aqueuse de nitrite de potassium, puis de l'acide sulfurique étendu, et l'on épuise par l'éther : celui-ci abandonne, par évaporation à la température ordinaire, l'acide éthylnitrolique en cristaux brillants, d'un jaune pâle, appartenant au système orthorhombique. Ce corps fond à 81-82° en se détruisant d'après l'équation

$$2C^2H^4Az^2O^3 = AzO^2 + Az^3 + 2C^2H^4O^2.$$

L'ébullition avec les alcalis produit le même dédoublement. L'hydrogène naissant, développé au moyen de l'amalgame de sodium, le détruit selon la réaction :

$$C^2H^4Az^2O^3 + H^2O + H^2$$
$$= AzH^3 + AzO^2H + C^2H^4O^2.$$

L'acide sulfurique le dédouble nettement en protoxyde d'azote et acide acétique.

Ses sels sont solubles dans l'alcool et difficiles à purifier; ils sont d'ailleurs instables.

Acide propylnitrolique,

$$CH^3\text{-}CH^2\text{-}C(AzOH)AzO^2$$

[V. Meyer et J. Locher, *Deutsch. chem. Gesellsch.*, 1874, p. 670; — V. Meyer et M. Lecco, *ibid.*, 1876, p. 395]. — On le prépare exactement comme l'acide éthylnitrolique, soit au moyen de l'hydroxylamine et du dibromonitropropane, soit au moyen de l'acide nitreux et du nitropropane. Il ressemble à l'acide éthylnitrolique; sa saveur est sucrée; sa réaction est très acide, et les alcalis le colorent en rouge foncé. Il fond à 60° et se décompose presque aussitôt avec formation de vapeurs nitreuses et d'acide propionique. L'hydrogène naissant et l'acide sulfurique l'attaquent exactement comme l'acide éthylnitrolique.

Acide butylnitrolique,

$$CH^3\text{-}CH^2\text{-}CH^2\text{-}C(AzOH)AzO^2$$

[Züblin, *Deutsch. chem. Gesellsch.*, 1877, p. 2083]. — On l'obtient comme les autres acides nitroliques. Il forme une huile jaunâtre qui se dissout dans les alcalis avec une coloration rouge intense.

Acide isobutylnitrolique,

$$(CH^3)^2 = CH\text{-}C(AzOH)AzO^2$$

[Demole, *Liebig's Ann. Chem.*, t. CLXXV, p. 142]. — Liquide sirupeux, dont les propriétés sont identiques avec celles du précédent.

Acide octylnitrolique, $C^8H^{16}Az^2O^3$ [Eichler, *Deutsch. chem. Gesellsch.*, 1879, p. 1885]. — Liquide sirupeux. L'acide sulfurique le dédouble en protoxyde d'azote et acide caprylique.

Ad. Fauconnier.

NITROLS (PSEUDO-), $C^nH^{2n}Az^2O^3$. — Ces corps, isomères avec les acides nitroliques, se produisent par l'action de l'acide nitreux à l'état naissant sur les dérivés nitrés secondaires des hydrocarbures de la série grasse $R^2 = CH.AzO^2$. Ils prennent naissance par la substitution du groupe nitrosyle univalent à leur atome d'hydrogène secondaire; leur constitution doit donc être représentée par la formule générale

$$R^2 = C(AzO)AzO^2.$$

Ils ne renferment plus d'hydrogène en rapport immédiat avec le groupe azotyle : aussi ne présentent-ils pas de propriétés acides.

Les pseudonitrols sont généralement solides. Ils sont insolubles dans les alcalis. Par l'action de la chaleur, ils fondent en un liquide bleu : cette coloration est caractéristique et peut servir à la diagnose des alcools secondaires (Suppl., p. 78).

Propylpseudonitrol, $(CH^3)^2 = C(AzO)AzO^2$ [V. Meyer et J. Locher, *Deutsch. chem. Gesellsch.*, 1874, p. 670 et 786]. — On dissout l'isonitropropane dans la potasse concentrée, on ajoute ensuite un peu plus d'une molécule d'azotite de potassium en solution aqueuse, puis, peu à peu et en refroidissant, de l'acide sulfurique étendu. Le propylpseudonitrol se sépare du liquide bleu foncé sous forme d'une masse demi-solide colorée en bleu : on ajoute de l'eau et on agite vivement, ce qui a pour effet de diviser le produit en flocons bleuâtres que la potasse décolore complètement.

Purifié par cristallisation, le propylpseudonitrol se présente en beaux cristaux blancs et brillants, insolubles dans l'eau et dans les alcalis, solubles en bleu dans l'alcool chaud et dans le chloroforme, presque insolubles dans l'éther.

Chauffé dans un tube capillaire, il bleuit à 73° et fond à 76° en un liquide bleu foncé.

L'amalgame de sodium est sans action sur le propylpseudonitrol. L'acide sulfurique concentré et chaud et les alcalis bouillants le décomposent.

BUTYLPSEUDONITROL,

$$\genfrac{}{}{0pt}{}{C^2H^5}{CH^3}>C(AzO)AzO^2$$

[V. Meyer et J. Locher, *Deutsch. chem. Gesellsch.*, 1874, p. 1506]. — Le pseudonitrobutane est dissous dans la potasse et additionné successivement d'azotite de potassium et d'acide sulfurique étendu. Le liquide devient bleu et laisse déposer le butylpseudonitrol sous la forme d'une masse bleuâtre, qu'on purifie par lavage à la potasse et à l'eau et par cristallisation.

Le butylpseudonitrol cristallise en prismes transparents et incolores, insolubles dans l'eau, les acides et les alcalis, peu solubles à froid dans l'alcool et dans l'éther, très solubles dans le chloroforme froid, l'alcool et l'éther chauds, en donnant des solutions d'un beau bleu. Il fond à 58° en un liquide bleu. Ad. Fauconnier.

NITROMÉTHANE, $CH^3.AzO^2$. — Voyez t. II, p. 569. — *Action des réactifs* [Preibisch, *Journ. prakt. Chem.*, (2), t. VIII, p. 309]. — L'hydrogène naissant, développé au moyen du fer et de l'acide acétique, transforme le nitrométhane en méthylamine. Le chlore et le brome sont sans action sur ce corps. Un mélange d'acides nitrique et sulfurique concentrés fournit un produit qui détone violemment par la distillation.

L'anhydride phosphorique est sans action sur le nitrométhane, même à chaud; il en est de même de l'acide sulfurique ordinaire, mais l'acide sulfurique fumant et l'anhydride sulfurique déterminent une réaction énergique : avec l'anhydride, la réaction est tellement vive qu'on ne peut la modérer; avec l'acide fumant, on obtient à une douce chaleur du sulfate d'hydroxylamine, suivant l'équation

$$2CH^3.AzO^2 + SO^4H^2 = 2CO + SO^4(AzH^4O)^2.$$

La soude alcoolique produit dans une solution alcoolique de nitrométhane un précipité cristallin de *sodium-nitrométhane*, $CH^2Na.AzO^2$: ce corps colore la teinture de curcuma en rouge foncé; il réagit violemment sur les chlorures d'acétyle et de benzoyle en fournissant des produits complexes qui n'ont pu être isolés.

ACIDE MÉTHAZONIQUE, $C^2H^4Az^2O^3$ [Lecco, *Deutsch. chem. Gesellsch.*, 1876, p. 705]. — Cet acide se produit par l'union de deux molécules de nitrométhane avec élimination d'une molécule d'eau. On l'obtient à l'état de sel de sodium par l'action de la soude alcoolique sur le nitrométhane à chaud : ce sel est ensuite décomposé par l'acide sulfurique dilué et la solution épuisée par l'éther; l'évaporation de ce dissolvant dans le vide sec fournit l'acide en longues aiguilles fusibles à 58-60°, solubles dans l'eau, l'alcool et l'éther, moins solubles dans la benzine, insolubles dans la ligroïne. Ce corps est très instable et on ne peut le conserver que quelques jours. Chauffé brusquement, il détone avec production de lumière. Son sel de sodium cristallise facilement et donne des précipités avec la plupart des solutions métalliques.

CHLORONITROMÉTHANE, $CH^2Cl.AzO^2$ [Tscherniak, *Deutsch. chem. Gesellsch.*, 1875, p. 608]. — On l'obtient en traitant le sodium-nitrométhane par un grand excès d'eau de chlore saturée et en soumettant le produit à la distillation fractionnée. Le chloronitrométhane est une huile incolore, bouillant à 122-123°, possédant à 15° une densité de 1,466; il se dissout dans une grande quantité d'eau et présente une odeur analogue à celle de la chloropicrine. La potasse concentrée le décompose. Il donne, comme tous les dérivés nitrés primaires, la réaction des acides nitroliques.

BROMONITROMÉTHANE, $CH^2Br.AzO^2$ [Tscherniak, *Deutsch. chem. Gesellsch.*, 1874, p. 919]. — Le sodium-nitrométhane parfaitement desséché est ajouté par petites portions à du brome; on doit refroidir de temps à autre par l'addition de petits morceaux de glace. La réaction terminée, on agite avec du mercure le liquide huileux ainsi obtenu, pour éliminer le brome en excès, puis on distille. Le bromonitrométhane constitue un liquide limpide, réfringent, à odeur très irritante rappelant celle de la chloropicrine : il bout à 143-144°.

DIBROMONITROMÉTHANE, $CHBr^2.AzO^2$ [Tscherniak, *ibid.*]. — La préparation de ce corps présente quelques difficultés. On doit opérer comme il suit. On pèse des quantités équivalentes de brome, de bromonitrométhane et de potasse; on refroidit séparément ces corps avec de la glace, puis on mélange rapidement le bromonitrométhane avec la potasse et l'on verse peu à peu la solution ainsi obtenue dans le brome bien refroidi. L'huile formée est privée de l'excès de brome par quelques globules de mercure, puis séchée et distillée : ce qui passe entre 155 et 160° est redistillé dans un courant de vapeur d'eau, et constitue alors le dibromonitrométhane pur. C'est un liquide incolore, très dense, à odeur très irritante; il se décompose un peu par la distillation.

CHLOROPICRINE. — Voyez Suppl., p. 478.

CHLORODIBROMONITROMÉTHANE, $CClBr^2.AzO^2$ [Tscherniak, *Deutsch. chem. Gesellsch.*, 1875, p. 608]. — On mélange du chloronitrométhane avec un grand excès de brome, puis on ajoute, en refroidissant, de la potasse étendue jusqu'à décoloration : le liquide huileux ainsi obtenu est lavé à la potasse concentrée, distillé dans un courant de vapeur d'eau et séché sur du chlorure de calcium. On obtient finalement un liquide huileux, insoluble dans l'eau et dans la potasse, dont l'odeur rappelle celle de la chloropicrine. Sa densité à 15° est 2,421. La chaleur le décompose.

BROMOPICRINE. — Voyez Suppl., p. 372.

TRINITROMÉTHANE. — Voyez NITROFORME, t. II, p. 569. Ad. Fauconnier.

NITRO-OCTANE [E. Eichler, *Deutsch. chem. Gesellsch.*, 1874, p. 1883]. — La réaction de l'iodure d'octyle sur l'azotite d'argent fournit un mélange de nitrite d'octyle et de nitro-octane qu'on peut séparer par distillation fractionnée. Le nitro-octane est un liquide bouillant avec décomposition partielle à 205-212°. La potasse et la soude aqueuses sont sans action sur lui.

NITROPENTANE, $C^5H^{11}AzO^2$ [Meyer et O. Stüber, *Deutsch. chem. Gesellsch.*, 1872, p. 203]. — Obtenu par l'action du nitrite d'argent sur l'iodure d'amyle, ce corps constitue un liquide léger, bouillant à 150-160°. Réduit par le fer et l'acide acétique, il fournit de l'amylamine.

NITROPROPANES, $C^3H^7.AzO^2$.

NITROPROPANE NORMAL, $CH^3-CH^2-CH^2.AzO^2$. — Voyez t. II, p. 1193.

Bromonitropropane, $CH^3-CH^2-CHBr.AzO^2$ [V. Meyer et J. Tscherniak, *Deutsch. chem. Gesellsch.*, 1874, p. 712]. — Lorsqu'on fait réagir le brome goutte à goutte sur du nitropropane dissous dans la quantité exactement équivalente de potasse, il se sépare une huile dense, d'où l'on peut extraire par distillation fractionnée du bromonitropropane et du dibromonitropropane.

Le bromonitropropane bout vers 155-160° avec décomposition partielle; son caractère acide est très prononcé.

Dibromonitropropane, CH^3-CH^2-CBr^2.AzO^2. — Il bout à 184-186° ; on le débarrasse du dérivé monobromé par l'action de la potasse, qui ne dissout que ce dernier.

Dinitropropane, CH^3-CH^2-$CH(AzO^2)^2$ [Ter Meer, *Deutsch. chem. Gesellsch.*, 1875, p. 1080]. — Le bromonitropropane en solution alcoolique, traité par le nitrite de potassium, puis par la potasse, fournit des cristaux jaunes qui constituent le potassium-dinitropropane

$$CH^3\text{-}CH^2\text{-}C(AzO^2)^2K.$$

Le dinitropropane, obtenu en décomposant ce sel par l'acide sulfurique étendu, est une huile incolore, douée d'une faible odeur alcoolique. Densité à 22°,5 = 1,258. Point d'ébullition, 189° (corr.) Il ne se solidifie pas à — 17°. Il fonctionne comme acide. Le *sel de baryum* forme de belles aiguilles jaunes; le *sel d'argent* est en lamelles jaune vert, à éclat métallique.

Isonitropropane, CH^3-CH.AzO^2-CH^3. — (Syn. *Pseudonitropropane*,. Voyez t. II, p. 1193.

Bromoisonitropropane, $(CH^3)^2 = CBr.AzO^2$ [V. Meyer et J. Tscherniak, *Deutsch. chem. Gesellsch.*, 1874, p. 712]. — Lorsqu'on fait réagir le brome goutte à goutte sur de l'isonitropropane dissous dans la quantité strictement équivalente de potasse, on obtient une huile dense à odeur très irritante qui constitue le bromoisonitropropane. Ce corps bout à 148-150° et est insoluble dans la potasse. Il ne se forme pas d'autre produit dans la réaction.

Isodinitropropane, $(CH^3)^2 = C(AzO^2)^2$ [V. Meyer et J. Locher, *Deutsch. chem. Gesellsch.*, 1874, p. 1616]. — C'est le produit de l'oxydation du propylpseudonitrol au moyen de l'acide chromique en solution acétique. Il forme des cristaux translucides, se sublimant très facilement à basse température, à la manière du camphre. Il est très soluble dans l'alcool, l'éther, l'acide acétique, très peu soluble dans l'eau, insoluble dans les alcalis. Il fond à 53° et bout sans décomposition à 185°,5 (corr.). Ce corps ne fonctionne pas comme acide, par la raison qu'il ne renferme plus d'hydrogène remplaçable par un métal, c'est-à-dire placé dans le voisinage immédiat des groupements AzO^2. Ad. Fauconnier.

NITROSYLE. — On a donné ce nom au radical AzO de l'acide nitreux.

NOCTILUCINE. — Phipson admet qu'une seule et même matière est la cause de la phosphorescence des vers luisants et de tous les animaux émettant de la lumière dans l'obscurité, et aussi de la chair de poisson en putréfaction, de certains champignons etc., et il a donné à cette matière le nom de *noctilucine*. Il la décrit à l'état d'un liquide visqueux, insoluble dans l'eau, l'alcool et l'éther, miscible à la glycérine étendue. Ce liquide absorbe de l'oxygène et émet du gaz carbonique. Cette prétendue noctilucine n'est évidemment pas un principe défini; c'est un mélange très complexe qui contient peut-être des aldéhydes ou leurs dérivés, dont l'oxydation lente en liqueur alcaline produit de beaux phénomènes de phosphorescence, comme Radziszewski l'a montré [T. L. Phipson, *Compt. rend*, t. LXXV, p. 547; *Chem. News*, t. XXXII, p. 220; *Compt. rend.*, t. LXXXIV, p. 539; — Br. Radziszewski, *ibid.*, t. LXXXIV, p. 305].

NONADÉCANE, $C^{19}H^{40}$. — L'acétone $C^{19}H^{38}O$ (préparée par la distillation dans le vide d'un mélange d'acétate et de stéarate de baryum), étant traitée successivement par le perchlorure de phosphore, puis par l'acide iodhydrique et le phosphore, fournit aisément le nonadécane normal. Cet hydrocarbure fond à 32° et bout à 330° sous 760 millimètres (toute la colonne dans la vapeur); sous 11 millimètres de pression, le point d'ébullition se trouve abaissé à 185°. D_{32}, = 0.7774; D_{40} = 0.7720; $D_{99,3}$ = 0.7323 [F. Krafft, *Deutsch. chem. Gesellsch.*, 1882, p. 1704].

NONANE, C^9H^{20}. — La paraffine se décompose lorsque l'on la chauffe en vase clos à une température de 225°. Parmi les produits de sa décomposition se trouve le nonane, bouillant à 147-148° Sa densité à 13° est 0,7279 [Thorpe et Yung, *Deutsch. chem. Gesellsch.*, 1872, p. 556].

Lorsque l'on distille les acides gras avec de la vapeur d'eau surchauffée, il se forme également une petite quantité de nonane bouillant à 138-140° [Cahours et Demarçay, *Compt. rend.*, t. LXXX, p. 1568].

Le nonane normal, obtenu par réduction totale de l'acide nonylique, bout à 149°,5, sous 760mm et à 39°,5 sous 11mm; il fond à — 51°. D_0 = 0.7330; D_{15} = 0.7217; $D_{99,1}$ = 0.6441 [F. Krafft, *Deutsch. chem. Gesellsch.*, 1882, p. 1692].

En faisant agir sur l'iodure d'isopropyle du sodium, de l'argent ou de l'amalgame de sodium, on obtient, entre autres composés, comme produit secondaire, un hydrocarbure C^9H^{20}, bouillant à 130°. D'après son mode de formation, il aurait pour constitution

$$\begin{array}{l} CH^2 - CH\lt{}^{CH^3}_{CH^3} \\ \;\;| \\ CH^3\text{-}CH - CH\lt{}^{CH^3}_{CH^3} \end{array}$$

[Silva, *Bull. Soc. chim.*, t. XVIII, p. 529].

NONOXYLIQUE (ACIDE). — A. W. Hofmann propose de donner ce nom à l'acide nonylique. On évitera ainsi la confusion entre les radicaux C^9H^{19} et $C^9H^{17}O$ de l'alcool nonylique et de l'acide correspondant, qu'un même mot, nonyle, désignait jusqu'à présent.

NONYLACÉTYLÈNE, $C^{11}H^{20} = C^9H^{19}$-$C \equiv CH$. — Cet hydrocarbure, dont le mode de formation a été indiqué t. II, p. 1377, a été préparé à nouveau par G. Bruylants, en traitant la nonyl-méthylacétone successivement par le perchlorure de phosphore et la potasse. Il se présente sous forme d'un liquide oléagineux, bouillant de 215 à 220°, et donnant, avec le nitrate d'argent ammoniacal, un précipité blanc $C^{11}H^{19}Ag$, et avec le chlorure cuivreux, un précipité jaune brunâtre [G. Bruylants, *Deutsch. chem. Gesellsch.*, 1875, p. 412].

NONYLAMINE, $C^9H^{19}.AzH^2$. — On ajoute à 1 molécule d'amide caprique (décoxylique) 1 molécule de brome, puis de la potasse à 10 °/₀ et l'on fait bouillir; il se forme du capronitrile et une certaine quantité de nonylamine bouillant à 192° [A. W. Hofmann, *Deutsch. chem. Gesellsch.*, 1882, p. 773]

NONYLIQUES (ACIDES), $C^9H^{18}O^2$. — L'acide nonylique normal s'obtient en traitant l'iodure d'heptyle primaire et normal par l'éther acétylacétique en présence d'éthylate de sodium. On obtient ainsi l'*heptylacétylacétate* d'éthyle,

$$CH^3\text{-}CO\text{-}CH\lt{}^{C^7H^{15}}_{COOC^2H^5},$$

bouillant à 273°. Sa densité à 18° est 0,9324. Cet éther, versé peu à peu sur le double de son poids de potasse, est chauffé à 100°. La solution aqueuse, décomposée par l'acide sulfurique, fournit l'acide nonylique normal [Jourdan, *Liebig's Ann. Chem.*, t. CC, p. 100].

On obtient le même composé en transformant l'alcool octylique normal retiré de l'essence d'*Heracleum* en cyanure, et saponifiant celui-ci par la potasse.

L'acide nonylique est un liquide oléagineux, d'odeur faible, fondant à 12°, et bouillant à 253° sous une pression de 758 millimètres. Sa densité à 17°,5 est 0,9065. L'acide heptylacétique décrit par Venable bouillirait à 232° (Suppl., p. 910).

Les nonylates alcalins cristallisent en lamelles nacrées. Le sel de potassium est décomposé par l'alcool.

Le *nonylate de baryum*, $(C^9H^{17}O^2)^2Ba$, cristallise en lamelles minces, peu solubles dans l'eau et l'alcool. Le *nonylate de calcium* cristallise en lamelles nacrées; il forme facilement des sels basiques. Le *sel de cuivre* cristallise mal, il fond vers 260°. Celui de *cadmium* fond à 96°; celui de *zinc* à 131-132°; celui *de plomb* à 91-92°.

Distillé avec l'acétate de baryum, le nonylate de baryum fournit l'acétone $C^{10}H^{20}O$, bouillant à 211°.

L'éther *méthylique*, $C^9H^{17}O^2.CH^3$, bout à 213-214°. Densité à 17°,5 = 0,8765. L'éther *éthylique* bout à 227-228°. Densité à 17°,5 = 0,8655 [Franchimont et Zincke, *Deutsch. chem. Gesellsch.*, 1872, p. 19].

Nonylamide. — Masse cristalline nacrée, fusible à 99°, presque insoluble dans l'eau froide. Traitée par 1 molécule de brome et de la potasse aqueuse, elle donne la *monobromononylamide* $C^9H^{17}O.AzHBr$, qui, traitée par 1 molécule de nonylamide, fournit l'*octylnonylurée*, fusible à 97°,

$$CO \begin{cases} AzH.C^8H^{17} \\ AzH.C^9H^{17}O \end{cases}$$

[A. W. Hofmann, *Deutsch.chem. Gesellsch.*, 1882, p. 7 0 et 981].

On trouve dans l'huile de ricin un acide undécylénique, $C^{11}H^{20}O^2$, que l'on peut en séparer par distillation dans le vide. Fondu avec la potasse, cet acide se dédouble en acide acétique et acide nonylique fusible à 12°,5 [F. Krafft, *Deutsch chem. Gesellsch.*, 1877, p. 2034, 1882, p. 1692; et Becker, *ibid.*, 1878, p. 1412].

Le pétrole de Valachie renferme aussi un composé, $C^{11}H^{20}O^{11}$, que l'oxydation au moyen de l'acide chromique ou de l'acide nitrique fumant transforme en acide nonylique [Hell et Medinger, *Deutsch. chem. Gesellsch.*, 1877, p. 451].

M. Hanriot.

NUCINE. — Voyez Juglon (Suppl., p. 971).

NUCITE. — Ce nom a été donné par Tanret et Villiers à un sucre retiré des feuilles de noyer, dont ils ont reconnu depuis l'identité avec l'inosite (Suppl., p. 949) [Tanret et Villiers, *Compt. rend.*, t. LXXXIV, p. 393; t. LXXXVI, p. 486].

NUCLÉINE. — On comprend sous ce nom une matière phosphorée qui constituerait la substance du noyau des cellules animales et végétales, et qui est remarquable par son insolubilité dans les acides et même dans le suc gastrique.

Une matière douée de propriétés semblables a été trouvée dans le lait et dans la levûre de bière, qui cependant sont dépourvus de tout noyau cellulaire.

La nucléine ou plutôt le groupe des nucléines est assez mal défini encore; et il faut avouer qu'aucune des substances examinées ne présente des caractères suffisants d'homogénéité. D'autre part, les résultats analytiques, notamment en ce qui concerne la teneur en phosphore, divergent beaucoup, non seulement pour les nucléines d'origine diverse, mais aussi d'une préparation à l'autre. On verra, en effet, que les nucléines sont très altérables et perdent facilement leur phosphore à l'état d'acide phosphorique. Worms Müller a émis l'opinion que les nucléines ne constituent que des mélanges [*Jahresb. Thierch.*, 1873, p. 32]. Néanmoins, les propriétés particulières et le mode de dédoublement des nucléines semblent démontrer l'existence d'un ou de plusieurs principes immédiats nouveaux.

La nucléine a été découverte par Miescher dans les leucocythes du pus [*Medic. chem. Untersuch.*, von Hoppe-Seyler, p. 441]; le même savant l'a rencontrée depuis dans le jaune d'œuf et dans le sperme de plusieurs animaux (saumon, carpe, grenouille, taureau), où, associée à une base, le protamine (voyez ce mot), elle formerait l'enveloppe de la tête des spermatozoïdes [F. Miescher, *ibid.*, p. 502; *Verhandl. der naturforschend. Gesellsch.*, Basel, t. VI, p. 138; en extrait, *Jahresb. Thierchem.*, 1874, p. 337].

Plosz l'a trouvée dans la cellule hépatique et dans les globules elliptiques nucléés des oiseaux et des serpents, tandis que le globule discoïde rouge des mammifères est à la fois dépourvu de noyau et de nucléine [*Medic. chem. Untersuch.*, p. 461].

La substance cérébrale en contient également [Hoppe-Seyler, *ibid.*, p. 489; — R. von Jaksch, *Arch. f. Physiol.*, t. XIII, p. 469]; Geoghegan en a fixé la proportion, dans la pulpe cérébrale de l'homme, à 1p,4 pour 1000 p. (moyenne de 4 analyses) [*Zeitschr. physiol. Chem.*, t. Ier, p. 330].

La caséine du lait [Lubavine, *Medic. chem. Untersuch.*, p. 463], la levûre de bière [Hoppe-Seyler, *ibid.*, p. 500] renferment une matière analogue à la nucléine, sinon identique avec elle.

Un grand nombre de graines oléagineuses (pavot, arachide, colza, cotonnier, etc.) et les moisissures renferment une certaine quantité d'une matière azotée et phosphorée qui résiste à l'action du suc gastrique et qui est peut-être formée de nucléine. On trouvera dans les mémoires de Stutzer et de Klinkenberg la description de la méthode employée pour déterminer la proportion de cette matière non digestible et un grand nombre de résultats analytiques [A. Stutzer, *Jahresb. Thierch.*, 1880, p. 317; *Zeitschr. physiol. Chem.*, t. VI, p. 572; — W. Klinkenberg, *ibid.*, t. VI, p. 155 et p. 566].

D'après Zacharias, il est très facile de montrer sous le microscope que les noyaux des cellules animales et végétales sont insolubles dans le suc gastrique, qu'ils se dissolvent par contre dans l'acide chlorhydrique concentré, dans le carbonate et le phosphate sodique, qu'ils se gonflent dans le sel marin, en un mot qu'ils présentent les réactions de la nucléine [*Jahresb. Thierchem.*, 1881, p. 99].

Nous allons décrire quelques-unes des variétés de nucléine.

I. NUCLÉINE DU PUS. — Le pus, mélangé d'une solution de sulfate de sodium saturée au dixième (9 vol. d'eau et 1 vol. d'une solution saturée de sel de Glauber) et abandonné au repos, ne tarde pas à laisser déposer les leucocythes, dont il est facile d'achever la séparation d'avec le sérum par deux autres lavages avec la même solution saline. Le dépôt des globules est plus rapide vers la fin, et les derniers lavages n'exigent qu'une journée. A défaut de pus en nature, on peut employer les linges de pansement imbibés de ce liquide, et en détacher les globules par un lavage avec la solution indiquée de sulfate de sodium.

On ne peut employer, dans ce cas, le chlorure de sodium, qui gonfle les globules de pus.

Les globules isolés sont lavés avec de l'alcool, puis avec de l'éther, soumis pendant 18 heures à une énergique digestion pepsique à 40°, puis la partie non attaquée est broyée avec une solution faible de carbonate de sodium, qui dissout la nucléine et la laisse précipiter par l'addition d'acide chlorhydrique faible. Finalement on lave le précipité avec de l'eau, de l'alcool et de l'éther.

Cette préparation est difficile, et, pour qu'elle réussisse, il faut mener rapidement toutes les opérations et en effectuer quelques-unes à basse température, surtout les lavages et le traitement avec le carbonate sodique [Miescher, *loc. cit.*].

Kossel a supprimé plus tard, dans cette préparation, la digestion pepsique [A. Kossel, *Zeitschr. physiol. Chem.*, t. V, p. 152].

La nucléine ainsi préparée a donné à l'analyse :

	Miescher.	Kossel.
Az.....	14 à 14,6	—
P......	2,5 à 2,6	3,2
S......	1,8 à 2,0	1,6

On remarque que cette nucléine et celle du jaune d'œuf contiennent du soufre, ce qui n'est pas le cas pour les autres. Ses propriétés sont les mêmes que celles de la nucléine du sperme, qui est décrite un peu plus loin. Chauffée à l'ébullition avec de l'eau, elle perd à peu près totalement son phosphore à l'état d'acide phosphorique, qui entre en dissolution en même temps qu'il se forme de l'hypoxantine (1 %) et une matière douée des propriétés des albuminoïdes (Kossel).

Dans le tube digestif, la nucléine est à peine altérée par les différentes zymases qu'elle rencontre; la majeure partie semble traverser l'organisme sans être absorbée [A. Bókay, *Zeitschr. physiol. Chem.*, t. I, p. 157].

La nucléine retirée des globules elliptiques des oiseaux et des serpents peut être rapprochée de celle des leucocythes. Plosz n'y avait trouvé que 2,4 % de phosphore, mais des échantillons préparés par Kossel avec le sang d'oie ont donné de 6,5 à 7,1 % P. Sous l'influence de l'eau bouillante, cette nucléine cède également de l'acide phosphorique et fournit 2,5 % d'hypoxantine (Kossel).

II. NUCLÉINE DU SPERME. — La laitance de poisson, épuisée complètement par l'alcool bouillant, est traitée aussi rapidement que possible par l'acide chlorhydrique à 1 %, jusqu'au moment où le liquide filtré n'est plus troublé par le ferrocyanure de potassium. Le résidu insoluble est broyé finement avec de l'acide chlorhydrique à 0,5 %, lévigé, puis traité à froid par la soude en excès modéré. Au bout de quelques minutes, on filtre à travers un papier épais à filtration rapide, et l'on précipite le liquide à peine jaunâtre, à mesure qu'il traverse le filtre, par un léger excès d'acide chlorhydrique et ½ volume d'alcool. Le précipité tout à fait blanc se sépare en flocons, ce qui n'aurait pas lieu sans l'emploi d'alcool ou de sel marin. On le laisse ensuite au contact de l'alcool absolu pendant plusieurs jours, ce qui le rend insoluble dans l'eau pure. Finalement, on le lave à l'eau, l'alcool et l'éther. La nucléine ainsi préparée est complètement exempte d'albuminoïdes.

Le résidu insoluble dans la soude froide, et qui est resté à l'état gélatineux sur le filtre, retient encore un peu de nucléine, mais est surtout formé d'albuminoïdes [Miescher, *Jahresb. Thierch.*, 1874, p. 344].

La nucléine de la laitance de saumon a donné à l'analyse :

C = 36,1; H = 5,1; Az = 13,1; P = 9,6.

Elle est exempte de soufre.

La nucléine fraîchement précipitée est amorphe, blanche, un peu soluble dans l'eau pure; la solution est troublée par les acides. Très soluble dans le carbonate sodique, le phosphate disodique, l'ammoniaque, elle sature ces bases; sa réaction est, en effet, franchement acide, et la solution dans la soude ou l'ammoniaque mise en présence d'un excès de nucléine précipitée prend une réaction acide. L'acide chlorhydrique concentré dissout facilement la nucléine, mais en l'altérant avec rapidité; étendue aussitôt avec une grande quantité d'eau, elle se trouble et laisse précipiter de la nucléine; mais au bout de quelques minutes de contact cette réaction n'a plus lieu. L'acide azotique concentré dissout la nucléine sans se colorer en jaune. La nucléine traverse lentement les septums poreux.

Combinaisons de la nucléine avec les bases. — La solution ammoniacale de nucléine n'est troublée que par une grande quantité d'alcool dépassant de beaucoup 50 %. En solution alcoolique à 40°, elle précipite les chlorures de *baryum*, de *calcium* et de *magnésium;* les précipités sont blancs et insolubles dans l'ammoniaque. Le sulfate de *cuivre*, le chlorure de *zinc* et le nitrate d'*argent* donnent également des précipités, même sans qu'il y ait de l'alcool en présence, et ces précipités se dissolvent dans l'ammoniaque.

La solution neutre de nucléine-ammonique produit avec les sels de protamine un précipité lourd et pulvérulent, insoluble dans l'eau et dans l'ammoniaque, et dont la composition varie suivant les quantités relatives des deux corps mis en présence. La nucléine et la protamine existent dans le sperme sous la forme de cette combinaison.

La nucléine récemment précipitée est très altérable et perd notamment avec une grande facilité de l'acide phosphorique; l'eau bouillante agit plus vite encore. Les produits de ces réactions n'ont pas encore été étudiés. Ces propriétés rendent la préparation de la nucléine très délicate et expliquent les différences notables accusées par l'analyse dans la teneur en phosphore [Miescher, *loc. cit.*].

III. NUCLÉINE DU JAUNE D'ŒUF. — Préparée comme la précédente, elle a donné à l'analyse pour 100 parties :

Az = 13,5; P = 6,7 à 7,1; S = 1,0

(Miescher).

IV. NUCLÉINE DE LA SUBSTANCE CÉRÉBRALE. — Le cerveau, débarrassé de ses membranes et lavé à l'eau, est broyé et mis à digérer pendant plusieurs jours avec une grande quantité d'alcool assez concentré. La masse est alors lavée à l'éther, exprimée, épuisée à nouveau par de grandes quantités d'alcool bouillant, et mise en digestion à 40° pendant 48 heures avec du suc gastrique artificiel. Le résidu insoluble est repris par la soude étendue et la nucléine qui entre en dissolution est précipitée par l'acide chlorhydrique. On la lave à l'eau acidulée, puis à l'alcool, et on la dessèche sur l'acide sulfurique. Cette nucléine a donné à l'analyse :

C = 50,5; H = 7,8; Az = 13,2; P = 2,1.

La faible quantité de phosphore semble indiquer que la substance analysée était partiellement altérée, le contact avec le suc gastrique ayant été de trop longue durée. Cette nucléine offrait faiblement la réaction violette du biuret avec le sulfate de cuivre et la potasse, mais elle ne se colorait pas avec le réactif de Millon [R. von Jaksch, *loc. cit.*].

V. NUCLÉINE DU LAIT. — On l'extrait de la caséine du lait par un procédé semblable au précédent. Le fromage blanc du commerce est débarrassé de matière grasse par l'éther, puis soumis à la digestion pepsique artificielle pendant 24 à 48 heures; le résidu insoluble (dyspeptone de Meissner) est lavé à l'eau chaude, puis à l'eau froide, dissous dans une solution de carbonate sodique à 1 % et précipité, après filtration, par l'acide chlorhydrique faible. La nucléine qui se sépare est lavée à l'eau, l'alcool et l'éther. La caséine fournit ainsi 0,17 % de nucléine [Lubavine, *loc. cit.; Deutsch. chem. Ge-*

sellsch., 1877, p. 2237]. La nucléine du lait renferme :

$$C = 48,5 ; H = 7,1 ; Az = 13,3 ; P = 4,6.$$

D'après un travail plus récent de Lubavine [*Bull. Soc. chim.*, t. XXXIV, p. 44], le produit ainsi obtenu serait un mélange d'au moins deux substances, l'une phosphorée, l'autre exempte de phosphore. Cette dernière se précipiterait d'abord lorsqu'on ajoute peu à peu de l'acide chlorhydrique dilué à une solution de nucléine dans le carbonate sodique à 1 %.

La nucléine desséchée à la température ordinaire peut être chauffée à 110° sans perdre sa solubilité dans les liqueurs alcalines étendues; dans les mêmes conditions, la nucléine humide devient partiellement insoluble. Par une ébullition prolongée avec l'eau, la nucléine perd une partie de son phosphore à l'état d'acide phosphorique, en même temps qu'il y a formation de deux substances, dont l'une soluble, l'autre insoluble : la première possède les propriétés des matières albuminoïdes. D'après Loew, il ne se formerait pas d'hypoxanthine dans ce dédoublement.

NUCLÉINE DE LA LEVURE. — Comme nous l'avons vu, elle y a été découverte par Hoppe-Seyler. Naegeli et Loew, dans leur travail sur la composition de la levûre, avaient contesté ce fait, mais, après une nouvelle affirmation de Hoppe-Seyler, Loew a reconnu son erreur et a même étudié les produits de dédoublement de la nucléine de la levûre sous l'influence de l'eau bouillante [Naegeli et Loew, *Journ. prakt. Chem.* (2), t. XVII, p. 403; — Hoppe-Seyler, *Zeitschr. physiol. Chem.*, t. II, p. 427; — O. Loew, *Pflüger's Arch.*, t XXII, p. 62].

La levûre fraîche est délayée dans l'eau, et au bout de quelques heures l'eau est décantée et la boue de levûre lavée une deuxième fois avec de l'eau. On introduit alors la levûre dans de la soude très étendue, et l'on filtre aussitôt en laissant tomber le liquide dans de l'acide chlorhydrique faible. Le précipité qui se forme ne tarde pas à tomber au fond, de telle sorte que le liquide surnageant peut être décanté. Le précipité est alors jeté sur un filtre, lavé soigneusement avec de l'acide chlorhydrique étendu, puis avec de l'alcool. Finalement, on épuise le produit deux ou trois fois par de l'alcool bouillant et on le sèche dans le vide [A. Kossel, *Zeitschr. physiol. Chem.*, t. III, p. 284].

La nucléine de la levûre renferme :

	Hoppe-Seyler.	Kossel.
C......	43,0	40,8
H......	6,1	5,4
Az......	15,3	16,0
P......	2,6	6,2
S......	—	0,38

Elle ne contient pas de cendres.

Il est exceptionnel d'obtenir une nucléine avec 6,2 % de phosphore; le plus habituellement, cette teneur est comprise entre 3 et 4 %.

Le produit, séché dans le vide, perd 3,54 % de son poids à 120° et 7,38 % à 140°. Vers 140-160°, il commence à brunir. La nucléine offre une réaction acide; en solution alcaline, elle ne présente qu'une faible coloration violette avec le sulfate de cuivre.

La nucléine *récemment* précipitée se dissout entièrement dans l'eau bouillante; la liqueur contient de l'acide phosphorique et un albuminoïde qui offre les réactions de l'acide-albumine. Si la nucléine a subi au préalable le contact de l'alcool, elle n'entre pas entièrement en dissolution, mais laisse un résidu qui ne se dissout pas dans l'acide chlorhydrique, même si celui-ci est concentré et bouillant; il résiste de même assez énergiquement à la digestion pepsique, mais se dissout dans la soude bouillante. La composition de ce corps est sensiblement celle des albuminoïdes; elle contient cependant un peu plus de carbone. La solution acide résultant de l'action de l'eau bouillante sur la nucléine renferme de l'acide phosphorique, des corps peptoniques, de la xanthine et surtout de l'hypoxanthine; cette dernière variant suivant les échantillons entre 1 et 2 % du poids de la nucléine. [A. Kossel, *Zeitschr. physiol. Chem.*, t. III, p. 284; t. IV, p. 290]. Loew aurait obtenu une quantité d'hypoxanthine beaucoup plus grande, 5,6 % du poids de la nucléine.

D'après ces faits, il est très probable que les corps azotés et cristallisés (xanthine, sarcine, guanine) que Schützenberger a trouvés parmi les produits engendrés par l'autophagie de la levûre, doivent leur origine à une décomposition de la nucléine. Faut-il rattacher à une même origine ces mêmes produits que l'on trouve dans le foie, dans la rate, etc., et non pas les considérer comme des produits de la désassimilation incomplète des albuminoïdes, comme on l'a fait jusqu'ici? Cela est probable, mais non établi jusqu'à présent. A. Henninger.

O

OCTADECANE, $C^{18}H^{38}$. — Hydrocarbure saturé normal que Krafft a obtenu en réduisant l'acide stéarique vers 210-240° par l'acide iodhydrique et le phosphore rouge. Il fond à 28° et bout à 174°,5 sous une pression de 11mm; à 181°,5 sous 15mm; à 214°,5 sous 50mm, et à 317° sous 760mm.

$D_{28} = 0,7768$; $D_{40} = 0,7685$; $D_{99} = 0,7288$ [F. Krafft, *Deutsch. chem. Gesellsch.*, 1882, p. 1703].

OCTADÉCYLIQUE (ALCOOL), $C^{18}H^{38}O$. — Alcool normal et primaire que Krafft a préparé en réduisant l'aldéhyde stéarique, dissoute dans l'acide acétique cristallisable, par la poudre de zinc; la réaction s'accomplit lentement et exige une ébullition modérée pendant une quinzaine de jours, pendant lesquels on ajoute deux à trois fois de la nouvelle poudre de zinc.

Le produit de la réaction, l'acétate octadécylique, $C^{18}H^{37}.C^2H^3O^2$, fond à 31° et bout à 222-223° sous 15mm de mercure. Il est saponifié aisément par la potasse alcoolique. L'alcool octadécylique est en grandes lamelles argentées, fusibles à 59°

et bouillant à 210°,5 sous 15mm. D_{59} = 0,8124; $D_{99,1}$ = 0,7849 [F. Krafft, *Deutsch. chem. Gesellsch.*, 1883, p. 1722].

OCTANE, C^8H^{18}. — *Dibutyle,*

$$C^2H^5\text{-}CH^2\text{-}CH^2\text{-}CH^2\text{-}CH^2\text{-}C^2H^5.$$

— Le dibutyle bout à 123-125°. Sa densité à 17° est 0,7032. Il est identique avec l'hydrocarbure dérivé du méthyle-hexylcarbinol et celui que Zincke a dérivé de l'alcool octylique primaire. On le prépare synthétiquement par l'action du sodium sur l'iodure de butyle [Schorlemmer, *Deutsch. chem. Gesellsch.*, 1871, p. 395, et 1872, p. 299].

Nitrooctane, $C^8H^{17}.AzO^2$. — Suppl., p. 1085

Diisobutyle,

$$\frac{CH^3}{CH^3}{>}CH\text{-}CH^2\text{-}CH^2\text{-}CH{<}\frac{CH^3}{CH^3}.$$

— On le prépare en faisant réagir le brome sur l'iodure d'isobutyle. On l'obtient encore dans l'électrolyse du valérate de sodium. C'est un liquide incolore, bouillant à 109°. Sa densité à 0° est 0,7135 [Carleton Williams, *Deutsch. chem. Gesellsch.*, 1877, p. 908]. M. Hanriot.

OCTÈNE. — Nom donné par Renard à un hydrocarbure de la formule C^8H^{14}, retiré des produits de la distillation de la colophane. Ce corps bout vers 129-132° et possède à 20° une densité de 0,8158. Il absorbe assez rapidement l'oxygène de l'air et ne précipite pas les solutions ammoniacales de chlorure cuivreux ou d'argent. Avec le brome il réagit très énergiquement et produit le bromure, $C^8H^{11}Br^3$, fusible à 246°; si l'on opère en solution éthérée, on obtient le dibromure $C^8H^{14}Br^2$, qui est instable. L'acide azotique le transforme en acides oxalique et succinique. Le gaz chlorhydrique fournit une masse brune [A. Renard, *Compt. rend.*, t. XCV, p. 141].

OCTYLACÉTIQUE (ACIDE),

$$C^{10}H^{20}O^2 = CH^2(C^8H^{17})\text{-}CO^2H.$$

— En faisant agir l'iodure d'octyle normal sur un mélange d'éther acétylacétique et d'éthylate de sodium, on obtient l'éther octylacétylacétique sous la forme d'un liquide incolore bouillant à 280-282° (non corrigé), d'une densité de 0,9354 à 18°,5 (eau à 17°,5 = 1). Décomposé par une solution alcoolique de potasse modérément concentrée, cet éther fournit une acétone fusible à 15°, bouillant à 224-225°, qui s'est montrée identique avec la méthylnonylacétone de l'essence de rue. La potasse aqueuse très concentrée (4 p. de potasse et 1 p. d'eau), en réagissant sur l'éther, donne principalement l'acide octylacétique fusible à 29,5-30°, bouillant à 265-267° (non corrigé) et identique avec l'acide caprique [Guthzeit, *Liebig's Ann. Chem.*, t. CCIV, p. 1].

OCTYLÈNES, C^8H^{16}. — 1° *Diisobutylène,*

$$\frac{CH^3}{CH^3}{>}C{=}CH\text{-}C{\equiv}(CH^3)^3.$$

— Voyez Suppl., p. 375.

2° Lorsque l'on fait réagir l'iode et le phosphore rouge sur l'alcool octylique primaire et normal, on obtient comme produit principal un octylène bouillant à 122-123°. Sa densité à 17° = 0,7217 [Mœslinger, *Deutsch. chem. Gesellsch.*, 1876, p. 1050].

3° L'ammoniaque réagit sur l'iodure d'octyle secondaire dérivé de l'huile de ricin, en donnant, entre autres produits, un octylène bouillant à 120° [Jahn, *Deutsch. chem. Gesellsch.*, 1875, p. 803]. M. Hanriot.

OCTYLIQUES (ALCOOLS), C^8H^{17},OH.

Alcool primaire normal. — On a vu que cet alcool existe dans l'essence d'*Heracleum spondylium* à l'état d'éthers des acides acétique, caproïque, caprique et laurique. Cette essence s'obtient plus abondamment lorsque l'on récolte les fruits parfaitement mûrs et qu'on les conserve longtemps avant de les distiller.

Iodure d'octyle, $C^8H^{17}I$. — Lorsque l'on fait réagir l'iode et le phosphore amorphe sur l'alcool octylique, on obtient peu d'iodure d'octyle; il se forme principalement de l'octylène et de l'éther octylique. On a de meilleurs rendements en saturant l'alcool d'acide iodhydrique et chauffant le mélange en tubes scellés (Moeslinger).

Octylate de sodium. — Lorsqu'on fait agir le sodium sur l'alcool octylique dissous dans la benzine, on obtient un magma d'aiguilles feutrées, absorbant facilement l'acide carbonique de l'air.

Éther octylique, $(C^8H^{17})^2O$. — On obtient par l'action de l'iodure d'octyle sur l'octylate de sodium; il se produit également par l'action de l'iode et du phosphore rouge sur l'alcool octylique. Liquide oléagineux, limpide, peu soluble dans l'alcool froid. D = 0,805 à 17°.

Éther éthyloctylique, $C^2H^5.O.C^8H^{17}$. — Il s'obtient par l'action de l'iodure d'éthyle sur l'octylate de sodium. Liquide mobile, insoluble dans l'eau, bouillant à 182-184°. Densité à 17° = 0,794 (Moeslinger).

Sulfure d'octyle, $(C^8H^{17})^2S$. — On l'a préparé par l'action du sulfure de potassium sur le chlorure d'octyle. C'est une huile insoluble dans l'eau, soluble dans l'alcool, surtout à chaud, bouillant avec décomposition au delà de 310°. D = 0,8419 à 17°. L'acide azotique fumant réagit sur le sulfure d'octyle en donnant la sulfone octylique $(C^8H^{17})^2SO^2$.

Le sulfure d'octyle, ajouté à une solution alcoolique de bichlorure de mercure, s'y combine en formant des aiguilles qui répondent à la formule $(C^8H^{17})^2S, HgCl^2$.

Acide octylsulfurique. — On abandonne pendant 24 heures un mélange d'alcool octylique et d'acide sulfurique concentré, on étend d'eau et on neutralise par le carbonate de baryum. Le sel de baryum est anhydre; il est soluble dans l'eau et se sépare de la solution en lamelles minces et nacrées. Il se décompose à 100°. Le sel de potassium forme une masse savonneuse blanche, facilement soluble dans l'eau (Moeslinger).

Azotite d'octyle, $C^8H^{17}.O.AzO$. — On l'obtient en chauffant en vase clos de l'alcool octylique saturé d'acide azoteux. C'est un liquide insoluble dans l'eau, soluble dans l'alcool et dans l'éther, bouillant à 175-177°. Sa densité à 17° est 0,862.

Cyanure d'octyle, $C^8H^{17}\text{-}CAz$. — Il se prépare en chauffant au réfrigérant ascendant l'iodure d'octyle et le cyanure de potassium. Il est insoluble dans l'eau, soluble dans l'alcool et l'éther. Il bout à 214-216° Sa densité à 16° est 0,786.

Octylamine, $C^8H^{17}.AzH^2$. — On l'obtient par la réduction du nitrooctane au moyen du fer et de l'acide acétique. Le produit est distillé dans un courant de vapeur d'eau, puis rectifié. Il bout à 185-187°.

D'après Van Renesse, l'octylamine serait capable de fournir un hydrate cristallisé lorsqu'on l'abandonne au contact de l'air humide. Eichler a montré que c'était un carbonate qui prenait ainsi naissance.

Octylphosphine, $C^8H^{17}.PH^2$. — On la prépare en chauffant à 180° en tubes scellés de l'alcool octylique avec de l'iodure de phosphonium et de l'oxyde de zinc. Après 12 ou 14 heures, le mélange se prend en une masse cristalline. Pour isoler la phosphine formée, on traite le tout par l'acide iodhydrique concentré, et l'on exprime la masse d'iodhydrate d'octylphosphine que l'on décompose ensuite par l'eau.

L'octylphosphine est un liquide incolore, insoluble dans l'eau, soluble dans l'alcool, bouillant à 184-187°. Sa densité est 0,8209 à 17°. Elle se combine avec l'acide iodhydrique, mais non avec les autres acides. L'oxygène de l'air, et mieux l'acide nitrique fumant, l'attaquent en donnant naissance à l'acide octylphosphinique qui cristallise dans l'acide acétique.

Dioctylphosphine. — Masse blanche, ressemblant à la paraffine que l'on obtient par l'action de la potasse sur le produit d'addition de l'iodure d'octyle et de l'octylphosphine [Mœslinger, *Deutsch. chem. Gesellsch.*, 1876, p. 998].

Mercure-dioctyle, $Hg(C^8H^{17})^2$. — On le prépare en faisant réagir l'amalgame de sodium sur l'iodure d'octyle dilué dans l'éther acétique. C'est une huile limpide que la distillation décompose en mercure et dioctyle. Densité à 17° = 1,342. Insoluble dans l'eau, il se dissout dans l'alcool, l'éther, la benzine.

Iodure de mercure-octyle, $C^8H^{17}HgI$. — Précipité blanc et brillant que l'on obtient en traitant le mercure-dioctyle par l'iode et l'alcool.

Le *chlorure de mercure-octyle,* $C^8H^{17}HgCl$, se précipite lorsque l'on traite le mercure-dioctyle par le chlorure mercurique. Ce chlorure, chauffé en solution alcoolique avec de l'oxyde d'argent pendant 5 heures, se transforme en *hydrate de mercure-octyle,* $C^8H^{17}Hg.OH$, qui cristallise en paillettes jaunes, fusibles à 75°, insolubles dans l'eau froide, très solubles dans l'alcool. Sa solution possède des propriétés alcalines et précipite de leur solution les sels de fer, d'alumine, de zinc, de cuivre [Eichler, *Deutsch. chem. Gesellsch.*, 1879, p. 1879].

Alcool octylique secondaire; Méthyle-hexylecarbinol,

$$CH^3\text{-}CH.OH\text{-}CH^2\text{-}CH^2\text{-}CH^2\text{-}CH^2\text{-}C^2H^5.$$

— Cet alcool est celui que l'on trouve dans l'huile de ricin; il donne par oxydation l'acide caproïque normal bouillant à 204-205°, ce qui a permis de fixer ainsi sa constitution (voyez t. II, p. 599). Il bout à 177-178°. D'après Neison, il bouillirait à 182-183°, et ce serait une trace d'acétone qui abaisserait son point d'ébullition [Schorlemmer, *Chem. News*, t. XXX, p. 224].

Octylamine, $C^8H^{17}.AzH^2$. — Lorsque l'on fait réagir l'ammoniaque alcoolique sur l'iodure d'octyle secondaire, il se produit, outre la mono, la di et la trioctylamine, une certaine quantité d'octylène. L'octylamine pure, obtenue par l'action de l'acide sulfurique sur la sulfocarbimide, bout à 165°. Son chloroplatinate cristallise en lamelles jaune d'or.

Sulfocarbimide octylique, $C^8H^{17}.Az.CS$. — Voyez t. III, p. 117.

Sulfocyanate d'octyle, $C^8H^{17}.S.CAz$. — Voyez t. III, p. 115.

Isodibutol,

$$\begin{matrix}CH^3\\CH^2.OH\end{matrix}>CH\text{-}CH^2\text{-}C{\equiv}(CH^3)^3.$$

— On le prépare en faisant réagir l'oxyde d'argent humide sur le chorhydrate de diisodibutylène.

Il possède une odeur caractéristique de camphre et de moisi. Il bout à 146,5-147°,5 [Boutlerow, *Bull. Soc. chim.*, t. XXVII, p. 371, et *Deutsch. chem. Gesellsch.*, 1876, p. 1687].

Triéthyléthol, $(C^2H^5)^2{=}CH\text{-}CH.OH\text{-}C^2H^5$. — — Ce corps se produit lorsque l'on fait réagir le zinc-méthyle sur le bromure d'acétyle monobromé. Il bout à 165-166° [Winogradoff, *Deutsch. chem. Gesellsch.*, 1877, p. 409]. M. Hanriot.

ŒNANTHOL, $C^7H^{14}O$. — Voyez t. II, p. 604. — *Préparation.* — Erlenmeyer et Sigel [*Liebig's Ann. Chem.*, t. CLXXVI, p. 341.] proposent le procédé suivant : On distille à feu nu l'huile de ricin jusqu'à ce qu'elle commence à mousser fortement; le liquide recueilli est distillé de nouveau au thermomètre et la fraction 80-190° traitée par le bisulfite de sodium; enfin la combinaison bisulfitique est décomposée par le carbonate de sodium, et le produit rectifié une dernière fois. On obtient ainsi en œnanthol pur, passant à 149-150°, 10 % de l'huile de ricin employée.

Suivant Krafft [*Deutsch. chem. Gesellsch*, 1877, p. 2035], il suffit de soumettre l'huile de ricin à la distillation fractionnée dans le vide pour obtenir de l'œnanthol parfaitement pur. Les rendements les meilleurs (12 % de l'huile) sont obtenus par ce dernier procédé.

Propriétés. — La chaleur de combustion de l'œnanthol est 1062cal,6 par gramme [Louguinine, *Bull. Soc. chim.*, t. XXXV, p. 167].

L'œnanthol se combine avec la sulfo-urée ; la solution alcoolique de ces deux corps s'échauffe par l'addition d'une goutte d'acide chlorhydrique; il se dépose du sel ammoniac et il reste en solution la *sulfocarbimide œnanthylidénique,*

$$C^7H^{14}(Az = CS)^2.$$

Ce dernier corps est une huile épaisse douée d'une odeur repoussante; par l'action de l'ammoniaque alcoolique il se transforme en une disulfo-urée, $C^7H^{14}(AzH.CS.AzH^2)^2$.

Œnanthol polymérisé. — Lorsqu'on abandonne de l'œnanthol pur sur du carbonate de potassium pulvérisé, il se prend au bout de quelques jours en une masse solide qui, après lavage à l'eau et dessiccation, présente la même composition centésimale que l'œnanthol : le polymère ainsi obtenu fond à 51-52° [G. Bruylants, *Deutsch. chem. Gesellsch.*, 1875, p. 415].

Produits de condensation de l'œnanthol [W.-H. Perkin, *Deutsch. chem. Gesellsch.*, 1882, p. 2802, et 1883, p. 210]. — La potasse alcoolique, en réagissant à froid sur l'œnanthol, le transforme en un mélange de plusieurs produits qu'on peut isoler par la distillation fractionnée. Les corps ainsi obtenus sont : l'acide œnanthylique, un acide $C^{14}H^{26}O^2$, et deux aldéhydes $C^{14}H^{26}O$ et $C^{28}H^{50}O$.

Le chlorure de zinc en présence de l'eau donne également avec l'œnanthol une réaction violente dont les produits principaux sont les deux aldéhydes $C^{14}H^{26}O$ et $C^{28}H^{50}O$.

L'hydrogène naissant, développé par l'amalgame de sodium en solution acétique, transforme l'œnanthol en alcool heptylique, aldéhyde $C^{14}H^{26}O$, et en un alcool $C^{14}H^{28}O$.

Aldéhyde, $C^{14}H^{26}O$. — C'est une huile incolore bouillant à 277-279°. Oxydée par l'acide chromique en solution acétique, elle fournit un mélange d'acides caproïque et œnanthylique suivant l'équation

$$C^{14}H^{26}O + O^6 = CO^2 + C^6H^{12}O^2 + C^7H^{14}O^2.$$

La potasse alcoolique, en réagissant lentement à froid sur l'aldéhyde $C^{14}H^{26}O$, donne de l'acide œnanthylique, l'acide $C^{14}H^{26}O^2$, de l'alcool heptylique, l'alcool $C^{14}H^{28}O$, et l'aldéhyde $C^{28}H^{50}O$.

Il est probable que l'aldéhyde $C^{14}H^{26}O$ a pour constitution

$$CH^3\text{-}(CH^2)^5\text{-}CH = C< \begin{matrix}(CH^2)^4\text{-}CH^3\\CHO.\end{matrix}$$

Aldéhyde, $C^{28}H^{50}O$. — C'est une huile jaune pâle, bouillant à 335-340°, qui possède une saveur brûlante. On doit probablement l'envisager comme formée par l'union de 2 molécules de l'aldéhyde $C^{14}H^{26}O$ avec élimination d'une molécule d'eau.

Acide, $C^{14}H^{26}O^2$. — Il bout entre 275-280° : sa constitution est analogue à celle de l'aldéhyde $C^{14}H^{26}O$.

Alcool, $C^{14}H^{28}O$. — Il bout à 270-275°; il correspond également comme constitution à l'aldéhyde $C^{14}H^{26}O$. Ad. Fauconnier.

ŒNANTHYLIDÈNE. — C'est le reste bivalent C^7H^{14} de l'œnanthol. Improprement, on a employé le même mot pour désigner l'*amylacétylène*,

$$C^7H^{12} = CH^3\text{-}CH^2\text{-}CH^2\text{-}CH^2\text{-}CH^2\text{-}C{\equiv}CH.$$

— Voyez t. II, p. 16. Ce dernier corps donne avec le nitrate d'argent ammoniacal un précipité blanc, et avec le chlorure cuivreux ammoniacal un précipité jaune [G. Bruylants, *Deutsch. chem. Gesellsch.*, 1875, p. 409].

ŒNANTHYLIQUE (ACIDE), $C^7H^{14}O^2$. — Cet acide, identique avec l'acide heptylique normal (voyez t. II, p. 603), s'obtient soit par oxydation de l'alcool heptylique normal [Schorlemmer, *Liebig's Ann. Chem.*, t. CLXI. p. 279], soit par saponification du cyanure d'hexyle [Franchimont, *Deutsch. chem. Gesellsch.*, 1872, p. 786; — Lieben et Janecek, *Liebig's Ann. Chem.*, t. CLXXXVII, p. 139], soit enfin par l'oxydation de l'œnanthol contenu dans l'huile de ricin [Grimshaw et Schorlemmer, *Liebig's Ann. Chem.*, t. CLXX, p. 141].

Propriétés. — L'acide œnanthylique est un liquide incolore, huileux, doué d'une odeur faible d'acide gras et d'une saveur très acide. Il cristallise dans un mélange de glace et de sel et fond à — 10°,5 (Grimshaw et Schorlemmer), — 10° (Lieben et Janecek), — 8° (Franchimont), — 5°,5 [Mehlis, *Liebig's Ann. Chem.*, t. CLXXXV, p. 360].

Il bout sans décomposition à 222°,4 sous une pression de 743mm,4 (Lieben et Janecek), et à 223-224° sous 762mm,7 (Franchimont).

Sa densité est : 0,935 à 0°; 0,9278 à 8°,5; 0,9208 à 16°; 0,9198 à 20°; 0,9110 à 29°; 0,9084 à 40° (Lieben et Janecek; Grimshaw et Schorlemmer).

Oxydé par un mélange de dichromate de potassium et d'acide sulfurique, l'acide œnanthylique fournit de l'acide succinique et de l'acide propionique [Erlenmeyer, *Deutsch. chem. Gesellsch.*, 1877, p. 637].

ŒNANTHYLATES. — Ils ont surtout été étudiés par Franchimont et par Grimshaw et Schorlemmer.

L'*œnanthylate de potassium* s'obtient en saturant à chaud par le carbonate de potassium une solution alcoolique de l'acide; il se dépose par le refroidissement sous forme d'une masse confusément cristalline, à éclat soyeux, ayant pour composition $C^7H^{13}O^2K$ [Mehlis, *loc. cit.*].

Le *sel de sodium* cristallise dans l'eau en fines aiguilles groupées en étoiles. Il n'a pas été analysé.

L'*œnanthylate de baryum*, $(C^7H^{13}O^2)^2Ba$, obtenu en saturant à chaud l'acide par l'eau de baryte ou le carbonate de baryum, cristallise en lamelles ou en aiguilles brillantes, fusibles à 240°, peu solubles dans l'alcool; 100 centimètres cubes d'eau en dissolvent 1gr,7 à 12°.

L'*œnanthylate de calcium*,

$$(C^7H^{13}O^2)^2Ca + H^2O,$$

obtenu en précipitant le sel de sodium par le chlorure de calcium et faisant recristalliser dans l'eau chaude, se présente en aiguilles brillantes, assez solubles dans l'alcool absolu bouillant; 100 centimètres cubes d'eau en dissolvent 0gr,9593 à 8°,5. L'ébullition prolongée avec l'eau paraît le décomposer avec formation d'un sel basique.

L'*œnanthylate de zinc* s'obtient en précipitant par le sulfate de zinc une solution ammoniacale de l'acide, et faisant recristalliser dans l'alcool chaud. Il est en aiguilles brillantes, fusibles à 132°. Suivant Grimshaw et Schorlemmer, il serait anhydre, $(C^7H^{13}O^2)^2Zn$; d'après Franchimont, il cristallise dans l'eau avec 1/2 molécule d'eau, et dans l'alcool avec 2 molécules d'alcool; en outre, l'ébullition prolongée avec l'eau ou l'alcool le décomposerait avec formation d'un sel basique insoluble.

L'*œnanthylate de cadmium*,

$$(C^7H^{13}O^2)^2Cd + 1/2\,H^2O,$$

se prépare comme le sel de zinc; il est peu soluble dans l'eau bouillante, très soluble dans l'alcool froid, qui l'abandonne par évaporation en belles aiguilles fusibles à 90°; il n'est pas altéré par une ébullition prolongée avec l'eau ou l'alcool (Franchimont).

L'*œnanthylate de plomb*, $(C^7H^{13}O^2)^2Pb$, obtenu en précipitant le sel de sodium par l'acétate neutre de plomb, cristallise dans l'eau chaude en longues aiguilles brillantes, fusibles à 70-80° (Franchimont), vers 90° (Grimshaw et Schorlemmer).

L'*œnanthylate de cuivre*, $(C^7H^{13}O^2)^2Cu$, s'obtient par double décomposition sous forme d'un précipité vert parfaitement insoluble dans l'eau; il cristallise dans l'alcool en aiguilles soyeuses ou en petits prismes.

L'*œnanthylate d'argent*, $C^7H^{13}O^2Ag$, s'obtient par double décomposition sous forme d'un précipité blanc, qui cristallise dans l'eau bouillante en aiguilles ou en prismes.

ÉTHERS. — *OEnanthylate d'éthyle*,

$$C^7H^{13}O^2.C^2H^5$$

[Franchimont; Grimshaw et Schorlemmer; Lieben et Janecek; Mehlis, *loc. cit.*]. On peut l'obtenir en traitant par l'acide sulfurique concentré un mélange de l'acide et d'alcool absolu; la réaction commence à froid et est achevée après quelques heures de chauffe au bain-marie. On peut aussi le préparer par l'action de l'iodure d'éthyle sur l'œnanthylate d'argent. C'est un liquide incolore, doué d'une odeur agréable de fruits, qui ne se solidifie pas à — 17°. Point d'ébullition : 187-188° sous 761mm,13 (Franchimont), 187-190° sous 763mm (Grimshaw et Schorlemmer), 189°,3 sous 747mm,6 (Lieben et Janecek). Densité : 0,8879 à 0°; 0,8735 à 16°; 0,8716 à 20°; 0,8589 à 40°.

OEnanthylate d'heptyle [Cross, *Deutsch. chem. Gesellsch.*, 1877, p. 1602]. — Ce corps a pour densité 0,870 à 16°; il bout à 270-272° sous 760 millimètres.

ANHYDRIDE ŒNANTHYLIQUE, $(C^7H^{13}O)^2O$. — Liquide épais, bouillant à 268-271°; densité à 21° = 0,932 (Mehlis).

ACIDE AMIDO-ŒNANTHYLIQUE, $C^7H^{15}AzO^2$ [Helms, *Deutsch. chem. Gesellsch.*, 1875, p. 1167]. — On l'obtient en chauffant pendant 3 à 4 heures au bain-marie de l'acide monobromœnanthylique avec de l'ammoniaque alcoolique. Il se présente en lames hexagonales incolores, peu solubles dans l'eau froide, assez solubles dans l'eau chaude et dans l'alcool faible, insolubles dans l'alcool absolu et dans l'éther.

Le *sel de cuivre*, $(C^7H^{14}AzO^2)^2Cu$, est amorphe.

L'acide amido-œnanthylique fournit un *chlorhydrate*, $C^7H^{15}AzO^2.HCl$, cristallisé en prismes incolores, et un chloroplatinate soluble dans l'eau, l'alcool et l'éther.

ŒNANTHYLAMIDE, $C^7H^{15}AzO$ [Mehlis, *Liebig's Ann. Chem.*, t. CLXXXV, p. 369]. — On chauffe au réfrigérant ascendant pendant deux heures un mélange d'acide œnanthylique et de sulfocyanate de potassium : il se dégage de l'acide carbonique, de l'oxysulfure de carbone et du sulfure de carbone. Le produit de l'opération est soumis ensuite à la distillation fractionnée. Il passe vers 250° un liquide huileux, qui cristallise dans le récipient, et qui n'est autre que l'œnanthylamide.

Ce corps est très soluble dans l'eau, l'alcool et l'éther, et cristallise par évaporation de ces dissolvants en lamelles irisées, qui paraissent appartenir au système clinorhombique. Il fond à 94-95°.

Par l'action simultanée du brome et de la potasse à froid, l'œnanthylamide se transforme en *hexylœnanthylurée*,

$$CO \begin{cases} AzH.C^6H^{13} \\ AzH.C^8H^{17}O; \end{cases}$$

il suffit d'épuiser par l'éther le produit de la réaction pour obtenir ce dernier corps en lamelles nacrées, fusibles à 97°, insolubles dans l'eau et solubles dans l'alcool [A. W. Hofmann, *Deutsch. chem. Gesellsch.*, 1882, p. 759].

Si l'on verse peu à peu, dans de la potasse alcoolique à 10 °/₀, maintenu à 60°, un mélange en proportions moléculaires de brome et d'œnanthylamide, on transforme ce corps en hexylamine bouillant à 128-130° [A. W. Hofmann, *ibid.*, p. 771].

Ad. Fauconnier.

ŒNANTHYLIQUE (ALCOOL). — Voyez Heptylique, t. II, p. 16 et Suppl., p. 910.

ŒNOLIQUES (ACIDES). — Ce nom a été donné par l'auteur de cet article à une série de matières colorantes rouges, roses ou mauves que l'on retire des vins rouges fournis par les divers cépages européens, substances très analogues de propriétés et qui avaient été jusque-là confondues entre elles sous le nom d'*œnocyanine*, *œnoline*, etc. (Voir ce mot, t. II, p. 608, et t. III, p. 691).

Quoique appartenant à des familles chimiques naturelles très rapprochées, les diverses matières colorantes des vins rouges diffèrent, pour chaque cépage, par leurs propriétés physiques et chimiques. Mais toutes ces substances colorantes sont des acides faibles déplaçant l'acide carbonique et l'acide acetique de leurs sels de plomb et de zinc; toutes appartiennent à la famille des tannins par les propriétés caractéristiques suivantes: elles précipitent l'émétique, les alcaloïdes organiques, la gélatine; elles sont astringentes au goût; elles donnent des précipités fortement colorés avec les sels ferreux; elles s'oxydent avec une grande facilité dès qu'elles sont exposées à l'air en solution alcaline. Les acides œnoliques sont donc des tannins colorés. On devra sans doute rapprocher un jour de ces acides un grand nombre de matières colorantes végétales qui dérivent, à la façon de celles dont nous parlons, de l'oxydation de substances neutres solubles analogues aux catéchines, à la quercétine et aux phlobaphènes de Rochleder.

Préparation. — Les acides œnoliques se préparent tous d'une façon analogue. La méthode donnée par A. Glénard pour obtenir l'*œnoline* a été exposée sommairement dans ce livre, t. III, p. 691. L'auteur de cet article l'a modifiée de la façon suivante :

Le vin rouge est additionné de sous-acétate de plomb, tant que le précipité qui se forme est peu coloré. La liqueur filtrée est précipitée par un petit excès de sous-acétate; le dépôt de couleur bleu, vert foncé ou presque noir, est lavé et séché à 85°. La poudre sèche, mêlée de 3 fois son poids de verre pilé, est traitée par de l'éther anhydre chargé d'un peu de gaz chlorhydrique. Celui-ci extrait du précipité plombique, du tannin, une catéchine, des acides succinique et tartrique, des matières grasses, cireuses, chlorophylliennes, etc., et met en liberté la matière colorante qui reste insoluble dans l'éther. Pour l'extraire de la masse du sel plombique, après avoir chassé l'éther chargé de gaz chlorhydrique par de l'éther pur et sec et celui-ci par un courant d'acide carbonique sec et chaud, on épuise par de l'alcool à 80° centésimaux. Ce dissolvant se colore d'une magnifique teinte pourpre ou cramoisie; on le concentre aux 4/5 dans le vide et on précipite enfin la matière colorante par l'eau. Le précipité floconneux, généralement rose-brun, est ensuite séché dans le vide et enfin lavé à l'éther ordinaire.

Ainsi préparé, l'acide œnolique principal correspondant à chaque cépage représente généralement une seule espèce chimique. Il constitue une poudre rouge-brique, lie de vin ou violacée, amorphe, mais qu'on peut faire cristalliser en aiguilles ou en lames microscopiques par quelques artifices. Il est généralement peu soluble ou insoluble dans l'eau, soluble dans l'alcool faible, insoluble dans l'éther, la benzine, le chloroforme. Dans presque tous les cas il est exempt d'azote ou n'en contient qu'une trace (0,5 °/₀).

On trouve le plus souvent, à côté de cette matière colorante insoluble ou peu soluble, une petite quantité d'une matière colorante secondaire plus soluble dans l'eau et moins abondante que la matière insoluble principale, sauf dans quelques cépages tels que le Petit-Bouschet et surtout le Teinturier, où la matière colorante soluble prédomine. Comme la matière principale, cette matière colorante est dans presque tous les cas exempte d'azote. Enfin, il existe dans ces mêmes vins, en même temps que les acides œnoliques non azotés, une petite quantité de matières colorantes azotées. On sépare ces matières azotées des précédentes grâce à la propriété qu'elles ont de former avec la gélatine des combinaisons beaucoup plus insolubles. Elles se concentrent donc dans les lies de collage, d'où l'on peut les retirer. Mais la place à consacrer à cet article ne nous permet pas de donner sur la préparation de ces matières secondaires de plus amples renseignements.

Si l'on prépare la matière colorante principale fournie par l'un des cépages ou variétés de la *Vitis vinifera europæa*, le cépage de *Carignan*, par exemple, l'analyse conduit exactement à la formule $C^{21}H^{20}O^{10}$ pour la composition de cet acide; elle donne, pour la composition de la couleur de *grenache*, la formule $C^{23}H^{22}O^{10}$. Mais si l'on prépare les sels de plomb, de zinc, de cadmium de ces deux acides, on reconnaît que leur composition répond à une formule à 20 atomes d'oxygène pour un atome de métal, tels que $C^{42}H^{38}PbO^{20}$, pour le *Carignan*, $C^{43}H^{42}PbO^{20}$, pour le *Grenache*, ou $C^{46}H^{32}CdO^{20}$, pour l'*aramon*.

De même, et suivant les conditions, on peut obtenir pour ce même *aramon* les sels de zinc $C^{46}H^{32}ZnO^{20}$ et $C^{43}H^{30}Zn^2O^{20}$. Toutes ces analyses ainsi que l'étude des composés bromés et azotés démontrent : 1° qu'il faut porter à 20 le nombre d'atomes d'oxygène contenus dans les acides œnoliques; 2° que ces acides sont tétratomiques.

En tenant compte de ces considérations et d'après mes analyses, voici les formules des divers acides œnoliques connus jusqu'à ce jour :

Acides œnoliques.	Composition.	Matières séchées à 120°.
—	—	—
de Carignan.....	$C^{42}H^{40}O^{20}$	(abondant)
—	$C^{43}H^{48}O^{20}$	(faible quantité.
—	$C^{47}H^{41}AzO^{20}$	(dans les lies).
Grenache	$C^{43}H^{44}O^{20}$	(principale).
Aramon	$C^{46}H^{34}O^{20}$	(principale).
Teinturier....	$C^{44}H^{38}O^{20}$	(peu soluble).
Petit-Bouschet.	$C^{45}H^{36}O^{20}$	(peu soluble).
—	$C^{47}H^{38}O^{20}$	(peu soluble).
Gamay.......	$C^{40}H^{40}O^{20}$	(anal. de A. Glénard).

On voit que toutes ces substances (sauf la matière azotée des lies de Carignan et celles qu'on rencontre dans les lies des autres vins) sont exemptes d'azote, qu'elles renferment toutes 20 atomes d'oxygène, qu'elles appartiennent toutes à des séries homologues ou isologues.

J'ai dit plus haut comment elles se présentent quand on les a précipitées par l'eau de leur solution alcoolique. Elles constituent alors des hydrates difficilement cristallisables et qui ne perdent leur dernière molécule d'eau qu'à une température de 115 à 120° prolongée dans le vide. Elles sont à peu près insolubles dans l'eau, sauf celles du *Teinturier* et du *Petit-Bouschet*. Toutes sont solubles dans l'alcool fort ou affaibli. Toutes se comportent comme des tannins, ainsi qu'il a été dit; toutes contractent comme eux des combinaisons passagères avec l'acide sulfurique, combinaisons que l'eau décompose.

Ces substances forment des sels insolubles ou peu solubles avec les oxydes de calcium, baryum, magnésium, fer, zinc, étain, plomb, mercure, argent, ainsi qu'avec les alcaloïdes naturels. Ces précipités sont, suivant chaque substance, diversement colorés. On obtient ces sels en versant dans la solution alcoolique de ces acides les acétates des bases que l'on veut salifier. Voici la couleur de quelques-unes de ces combinaisons :

Œnolates de calcium....	Précipités bleu, vert foncé ou marron suivant le cépage.
— de baryum....	Précipités vert foncé, brun ou chocolat.
— de magnésium.	Précipités vert bouteille ou brun.
— de fer.........	Précipités violet, violet-pourpre ou vert foncé. — Ces précipités sont noir-verdâtre, noir-violacé, ou noir-marron avec les sels ferriques étendus.
— de cuivre......	Précipités marrons.
— de zinc........	Précipités violet plus ou moins foncé ou brun.
— de plomb......	Précipités bleu-indigo, bleu-vert, vert-noirâtre, violet ou marron-verdâtre.
— de mercure....	Précipités brun-violacé, violacé ou marron.
— d'argent.......	Brun-rouge ou brun-ocre.
— d'étain (maximum ou min.)	Précipités violet-pourpre, pourpre, marron.

L'émétique les précipite abondamment en violet ou en pourpre. Les sels de quinine et de cinchonine donnent, avec les acides œnoliques, des précipités violets, marrons ou pourpres. La gélatine donne des flocons un peu solubles dans l'eau, roses, violets, pourpres ou brun pourprés.

En présence des alcalis très étendus ou de leurs carbonates, les acides œnoliques virent au bleu pur ou au bleu verdâtre; mais cette couleur ne tarde pas à passer au vert brunâtre dichroïque et au brun, par suite d'une rapide absorption d'oxygène.

Les acides minéraux ne paraissent pas attaquer les acides œnoliques : seul, l'acide sulfurique concentré les dissout lentement, en contractant avec eux une combinaison partielle que l'eau détruit. En même temps ces matières colorantes se polymérisent en partie. L'acide azotique, même étendu, donne avec les acides œnoliques des flocons jaune-orange insolubles qui constituent des dérivés nitrés.

Les agents réducteurs n'agissent que peu ou point sur les acides œnoliques. L'acide iodhydrique, l'acide sulfureux, les hypophosphites, les sulfhydrates ne décolorent pas leurs solutions. Seul, l'hydrosulfite de sodium neutre ou acide, ou un mélange de zinc et d'acide sulfureux, réduisent la couleur, qui de rouge devient rosée. La couleur vive reparaît par l'action simultanée des acides minéraux et de l'agitation à l'air.

Les réducteurs plus énergiques encore, tels que les mélanges d'acide iodhydrique fort et de phosphore employés à la température de 200 à 300°, dédoublent la molécule à la façon des alcalis en fusion, puis en réduisent partiellement les noyaux.

L'action de la potasse fondante sur les matières colorantes des vins permet de se rendre assez bien compte de la constitution de ces molécules complexes.

Pour étudier les dédoublements caractéristiques de ces substances, on traite l'un des acides œnoliques, celui du Carignan, par exemple, $C^{42}H^{40}O^{20}$, par quatre à cinq fois son poids de potasse fondante à 240°. Au bout d'une demi-heure et dès qu'il commence à se dégager un peu d'hydrogène, on reprend la masse refroidie avec de l'eau glacée, on sursature légèrement par de l'acide sulfurique étendu et l'on distille. Le produit distillé contient un peu d'acide acétique. La liqueur qui n'est pas passée à la distillation est agitée avec de l'éther; l'éther étant évaporé, le résidu éthéré, repris par l'eau chaude, est précipité par de l'acétate de plomb; ce sel de plomb est décomposé par l'hydrogène sulfuré; la liqueur, évaporée dans le vide, donne généralement une petite quantité d'un acide assez soluble dans l'eau qui, lorsqu'on l'étend après l'avoir exactement saturé, colore les sels ferriques en vert foncé passant au rose et au rouge par l'eau de chaux. Ces caractères correspondent à l'acide caféique, mais l'analyse de cet acide n'a pu être faite.

La liqueur provenant de l'extrait éthéré précipité par l'acétate plombique est traitée par le sous-acétate de plomb. Il se fait ainsi un précipité plus abondant que le précédent, qu'on décompose aussi par l'hydrogène sulfuré. La solution filtrée contient deux acides que l'on peut séparer en traitant avec précaution par l'eau froide et additionnant la solution par de l'acétate de cuivre. Ce sel précipite en vert brunâtre un acide répondant à la composition $C^7H^8O^4$. C'est un *acide hydroprotocatéchique*. Il est accompagné d'un autre acide moins soluble dans l'eau que lui, que l'acétate cuivrique ne précipite pas, et qui n'est autre que l'acide protocatéchique lui-même.

La solution du résidu éthéré, d'où l'on a précipité par les acétates plombiques les trois acides précédents, étant privée du plomb en excès par l'hydrogène sulfuré et évaporé dans le vide, laisse cristalliser de la phloroglucine.

En résumé, le dédoublement par la potasse de l'acide œnolique donne les acides : acétique, caféique, hydroprotocatéchique, protocatéchique et un corps neutre, la phloroglucine.

Ce dédoublement peut se représenter par les équations suivantes :

$$C^{21}H^{20}O^{10} = C^9H^8O^4 + 2C^6H^6O^3,$$

Acide œnolique. — Acide caféique. — Phloroglucine.

$$C^{21}H^{20}O^{10} + 2H^2O.$$
$$= C^7H^6O^4 + C^2H^4O^2 + 2C^6H^6O^3 + H^2.$$

Acide protocatéchique. — Acide acétique. — Phloroglucine.

$$C^{21}H^{20}O^{10} + 2H^2O$$
$$= C^7H^8O^4 + C^2H^4O^2 + 2C^6H^6O^3.$$

Acide hydroprotocatéchique. — Acide acétique. — Phloroglucine.

Chose digne de remarque, ces dédoublements rapprochent ce corps coloré du tannin du griotier auquel Rochleder attribue la même formule $C^{21}H^{20}O^{10}$, tannin, qui, sous l'influence de la potasse fondante, donne de l'isophloroglucine, de l'acide isocaféique et de l'acide protocatéchique.

Si, au lieu de prendre l'acide œnolique du Carignan, $C^{42}H^{40}O^{20}$, on prend l'acide œnolique du

Grenache, $C^{43}H^{44}O^{20}$, un dédoublement analogue aux précédents se produit; seulement il se forme sans doute, à la place d'acide acétique, un mélange de cet acide et d'acide propionique,

$$\underset{\text{Acide œnolique de Grenache.}}{C^{43}H^{44}O^{20}} + 4H^2O = \underset{\text{Acide protocatéchique.}}{2C^7H^6O^4} + \underset{\text{Phloroglucine.}}{4C^6H^6O^3}$$

$$+ \underset{\text{Acide propionique.}}{C^3H^6O^2} + \underset{\text{Acide acétique.}}{C^2H^4O^2} + H^6,$$

et ainsi des autres. Les acides œnoliques, très analogues entre eux d'ailleurs, ne diffèrent donc que par les radicaux d'acides gras qui entrent dans la composition de leurs molécules.

De ces dédoublements des matières colorantes des vins on peut rapprocher ceux des catéchines qui se dédoublent, comme je l'ai montré, d'une façon presque identique en acides protocatéchique, phloroglucine et acides gras. Ces substances ne diffèrent des acides œnoliques que par 2 atomes d'oxygène; elles semblent donc représenter des termes d'une constitution très analogue, qui précèdent dans les végétaux la formation de ces matières colorantes. En fait, il existe dans les pellicules du raisin, dans les feuilles de vignes et dans le vin lui-même, des substances ayant la composition et les propriétés des catéchines, substances qu'on extrait du suc des pellicules en précipitant leur infusion par le sous-acétate de plomb, filtrant et ajoutant à la liqueur de l'ammoniaque. Le précipité plombique qui se produit dans ces conditions donne, lorsqu'il est convenablement traité, des substances répondant à la composition et aux propriétés des catéchines des cachous et des gambirs et jouissant, comme je l'ai montré, de la propriété de s'oxyder à l'air en reproduisant les matières colorantes des vins (voyez *Bull. Soc. Chim.*, t. XXVII, p. 496).

Arm. Gautier.

OLÉANDRINE (t. II, p. 608). — Ce principe actif du laurier-rose a été étudié par C. Betelli [*Deutsch. chem. Gesellsch.*, 1875, p. 1197]; l'oléandrine se présente sous la forme d'une substance jaune clair, semi-cristalline, soluble dans l'eau, l'alcool, l'éther, le chloroforme, l'alcool amylique, l'huile d'olives; elle se ramollit à 56°, et fond entre 70 et 75° en une huile verdâtre qui brunit vers 170°. Chauffée à 240°, elle perd sa solubilité dans l'eau et son pouvoir toxique, mais la solution alcoolique présente encore les réactions de l'alcaloïde.

Betelli a préparé le chlorhydrate d'oléandrine; ce sel est bien cristallisé; sa composition n'a pas été établie. Betelli regarde la pseudocurarine, qui accompagne l'oléandrine dans le laurier-rose, comme un mélange contenant une certaine proportion d'oléandrine.

OLÉIQUE (ACIDE). — L'acide oléique se forme en petite quantité dans la putréfaction de la viande, et résulte sans doute de la destruction des graisses qu'elle renfermait [E. et H. Salkowski, *Deutsch. chem. Gesellsch.*, 1878, p. 648. L'acide que l'on extrait de l'huile de Ben et qui avait été désigné sous le nom d'acide *moringique*, est de l'acide oléique impur [Zalewski, *Deutsch. chem. Gesellsch.*, 1874, p. 1014].

L'acide oléique absorbe une grande quantité d'oxygène et présente alors le phénomène de la phosphorescence dû à une combustion lente (Radziszewski); il transforme une partie de l'oxygène en ozone [Kral, *Deutsch. chem. Gesellsch.*, 1874, p. 1535].

David a proposé [*Compt. rend.*, 1878, p. 1416] un procédé pour doser l'acide oléique.

OMBELLIFÉRONE [Syn. *Umbelliférone, oxycoumarine*],

$$C^9H^6O^3 = C^6H^3 \begin{cases} {}^{(1)}O \text{———————} \\ {}^{(2)}CH{=}CH{\cdot}CO \\ {}^{(5)}OH. \end{cases} \!\!>$$

— Ce corps représente l'anhydride interne de l'acide ombelliféronique. Il a été signalé pour la première fois par Zwenger qui l'obtint en soumettant à la distillation sèche l'extrait alcoolique de l'écorce de *Daphne Mezereum*; dans cette réaction, il se forme aux dépens d'un principe acide de l'écorce, différent de la daphnine, qui, elle, fournit de la daphnétine par la distillation [Zwenger, *Ann. Chem. Pharm.*, t. XC, p. 63, t. CXV, p. 15].

Sommer a obtenu le même corps en distillant les gommes-résines d'ombellifères (galbanum, asa-fœtida, sagapenum, opoponax, mais non la gomme ammoniac), ainsi que l'extrait alcoolique des racines d'autres ombellifères: *Radix levistici, R. angelicæ, R. meu, R. imperatoriæ* [Sommer, *Jahresb. Chem.*, 1859, p. 573]. En faisant bouillir ces gommes résines avec une solution alcoolique d'acide chlorhydrique, on obtient aussi de l'ombelliférone [P. Mössmer, *Ann. Chem. Pharm.*, t. CXIX, p. 257].

Sommer avait représenté l'ombelliférone par la formule $C^6H^4O^2$, que Hlasiwetz et Grabowski ont changée en $C^9H^6O^3$. La synthèse de l'ombelliférone a été réalisée par Tiemann en collaboration avec Lewy et Reimer. En chauffant à l'ébullition un mélange de parties égales de β-résorcylaldéhyde et d'acétate de sodium et de 3 à 5 parties d'anhydride acétique, on obtient un composé fusible à 140° qui est identique avec l'acétombelliférone et qui, chauffé à 50° pendant 5 à 10 minutes avec de la potasse étendue, fournit de l'ombelliférone que l'on précipite de la solution par l'acide chlorhydrique. Voici l'équation de la réaction :

$$C^6H^3 \begin{cases} {}^{(1)}OH \\ {}^{(2)}CHO \\ {}^{(5)}OH \end{cases} + 2(CH^3\text{-}CO^2H)$$

$$= C^6H^3 \begin{cases} {}^{(1)}O \text{———————} \\ {}^{(2)}CH{=}CH\text{-}CO \\ {}^{(5)}OC^2H^3O \end{cases} \!\!> + 3H^2O$$

[H. Hlasiwetz et A. Grabowski, *Ann. Chem. Pharm.*, t. CXXXIX, p. 99; — F. Tiemann et Leo Lewy, *Deutsch. chem. Gesellsch.*, 1877, p. 2216; — F. Tiemann et C. Reimer, *ibid.*, 1879, p. 993].

Préparation. — L'extrait alcoolique de la gomme-résine de galbanum est soumis à la distillation sèche, à une température aussi élevée que possible. On recueille une huile bleu verdâtre qui, au bout de peu de temps, laisse déposer des cristaux d'ombelliférone. On les isole à la trompe, ou bien on fait bouillir l'huile avec de l'eau qui dissout l'ombelliférone et la laisse déposer en se refroidissant. Une nouvelle cristallisation suffit pour achever la purification (Hlasiwetz et Grabowski, Tiemann et Reimer).

Propriétés. — Fines aiguilles incolores, fusibles à 223-224° et sublimables. A peine soluble dans l'eau froide, soluble dans 100 p. d'eau bouillante, peu soluble dans l'éther, très soluble dans l'alcool. La solution aqueuse présente une belle fluorescence bleue. Elle est neutre et ne précipite que par le sous-acétate de plomb; le chlorure ferrique la colore en rouge brun. L'acide sulfurique concentré la dissout sans altération et donne un liquide très fluorescent; même à 100° il ne l'attaque pas, et l'eau précipite la substance primitive. La potasse dissout l'ombelliférone sans l'altérer à froid; vers 60-70° elle la transforme en acide *ombelliféronique*,

$$C^9H^6O^3 + H^2O = C^9H^8O^4.$$

Elle réduit à chaud les sels d'or et d'argent, mais non la liqueur de Fehling. L'acide nitrique bouillant la convertit en acide oxalique. La potasse fondante donne, à une température relativement peu élevée, d'abord un acide dioxybenzoïque (β-résorcylique qui fond à 204-206° en se décomposant), puis de la résorcine. L'amalgame de sodium agissant à chaud sur une solution alcaline d'ombelliférone la transforme en acide ombellique (Hlasiwetz et Grabowski) :

$$C^9H^6O^3 + H^2O + H^2 = C^9H^{10}O^4.$$

Éther méthylique de l'ombelliférone,

$$C^9H^5O^2.OCH^3.$$

— L'ombelliférone contenant un oxhydryle phénolique, il est aisé de la transformer en éther méthylique en suivant la méthode générale. A cet effet, on fait bouillir pendant deux heures une solution de 4 p. d'ombelliférone, de 1p,4 de potasse et de 10 p. d'iodure de méthyle dans 100 p. d'alcool méthylique. Le nouveau composé se sépare par addition d'eau au produit de la réaction, et est purifié par cristallisation dans l'alcool méthylique. Il est en lamelles brillantes fusibles à 114°, insolubles dans l'eau bouillante. Il offre, à chaud, une odeur de coumarine plus prononcée encore que l'ombelliférone. La potasse le dissout mais ne l'hydrate pas, même à chaud. L'acide sulfurique le dissout sans altération et donne un liquide fluorescent bleu [Tiemann et Reimer, *loc. cit.*].

Acétylombelliférone, $C^9H^5O^2.OC^2H^3O$. — On l'obtient aisément en chauffant l'ombelliférone avec du chlorure ou de l'anhydride acétique [H. Hlasiwetz, *Deutsch. chem. Gesellsch.*, 1871, p. 550; — Tiemann et Reimer, *loc. cit.*]

On a indiqué plus haut son mode de formation synthétique. Elle cristallise dans l'eau bouillante ou dans l'alcool faible en grands prismes fusibles à 140°. Peu soluble dans l'eau, très soluble dans l'alcool et l'éther.

La solution aqueuse est fluorescente; elle ne se colore pas par le chlorure ferrique. A froid, les alcalis ne l'attaquent pas; à chaud, la potasse étendue la dédouble en acétate et ombelliférone; la potasse concentrée donne dans les mêmes conditions un peu d'acide ombelliféronique et surtout des résines [E. Posen, *Deutsch. chem. Gesellsch.*, 1881, p. 2744].

Ombelliférone tribromée, $C^9H^3Br^3O^3$. — On ajoute de l'eau de brome à une solution aqueuse et chaude d'ombelliférone : le dérivé tribromé se précipite. Lorsqu'il s'est déposé dans l'alcool faible, il se présente en petits cristaux incolores, fusibles à 194°, insolubles dans l'eau, solubles dans l'alcool, l'éther, la benzine; la solution alcoolique est fluorescente en jaune vert. Les alcalis le décomposent déjà à froid [Mössmer, *loc. cit.*; — E. Posen, *loc. cit.*].

Ombelliférone trinitrée, $C^9H^3(AzO^2)^3O^3$. — On introduit, par très petites portions, l'ombelliférone dans un mélange refroidi de 22 p. d'acide sulfurique fumant et de 15 p. d'acide azotique concentré; la réaction est très violente au début, puis elle se calme et il se sépare des cristaux jaunes. Le tout est alors versé dans l'eau et la partie insoluble est soumise à une cristallisation dans la benzine. La trinitroombelliférone est en aiguilles jaunes, groupées en rosaces et retenant 1 molécule de benzine de cristallisation. Elle fond à 216°. L'eau chaude et l'alcool la dissolvent, les alcalis la décomposent (E. Posen). A. Henninger.

OMBELLIFÉRONIQUE (ACIDE), $C^9H^8O^4$. [Syn. *Oxycoumarique*]. — Cet acide, isomérique avec l'acide caféique, se forme lorsqu'on chauffe l'ombelliférone avec de la potasse (Tiemann et Reimer). Voici comment il faut opérer pour obtenir un bon rendement : 3 p. d'ombelliférone et 5 p. de lessive de potasse sont dissoutes dans 100 p. d'eau et chauffées pendant un quart d'heure à 70°; on acidule alors par l'acide chlorhydrique, on sépare au bout de quelques heures un peu d'ombelliférone non attaquée et l'on concentre à moitié la liqueur filtrée. L'acide ombelliféronique se dépose sous la forme d'une poudre jaunâtre, soluble dans l'alcool et dans l'eau chaude, insoluble dans l'éther et la benzine. Il brunit vers 240° et se décompose à 260° sans fondre. Par l'évaporation de sa solution aqueuse il subit déjà un commencement d'altération. Il réduit le nitrate d'argent ammoniacal avec formation d'un miroir; le chlorure ferrique y produit un précipité brun sale, l'eau de brome un précipité jaune. Les sels alcalins et alcalino-terreux sont solubles, ceux d'argent et de cuivre insolubles [E. Posen, *Deutsch. chem. Gesellsch.*, 1881, p. 2746].

OMBELLIQUE (ACIDE) [Syn. *Oxyhydrocoumarique*],

$$C^9H^{10}O^4 = C^6H^3 \begin{cases} (^1)OH \\ (^2)CH^2\text{-}CH^2\text{-}CO^2H \\ (^4)OH. \end{cases}$$

— Cet acide, isomérique avec l'acide hydrocaféique, se forme par la réduction de l'ombelliférone. On chauffe une solution assez concentrée d'ombelliférone dans la soude avec de l'amalgame de sodium, jusqu'au moment où une portion du liquide ne précipite plus par l'acide chlorhydrique. On sursature alors par l'acide sulfurique et l'on extrait par l'éther l'acide ombellique. Il forme des cristaux grenus, incolores, fusibles au-dessus de 100° avec décomposition. Peu soluble dans l'eau froide, soluble dans l'alcool et l'éther. Le chlorure ferrique le colore en vert, l'eau de brome donne un précipité floconneux. Il réduit le nitrate d'argent ammoniacal à froid et la liqueur de Fehling à chaud. Fondu avec de la potasse, il fournit de la résorcine. Le *sel de baryum*,

$$(C^9H^9O^4)^2Ba$$

(desséché à 105°), et celui de *calcium* sont des masses amorphes, brillantes, solubles dans l'eau [H. Hlasiwetz et A. Grabowski, *Ann. Chem. Pharm.*, t. CXXXIX, p. 99].

OMBELLOL. — L'essence retirée des feuilles du *Laurus californica* est principalement formée de deux principes : l'un, $C^{20}H^{32}.H^2O$, bouillant à 167-168°; l'autre, l'*ombellol*, $C^8H^{12}O$, bouillant à 215-216° (densité de vapeur 4,39). Ce dernier est un liquide incolore, mobile, insoluble dans l'eau, d'une odeur agréable d'abord, mais excitant ensuite le larmoiement. Le sodium et l'acide nitrique l'attaquent violemment; l'acide sulfurique le dissout en prenant une coloration rouge de sang qui passe rapidement au noir [J. M. Stillman, *Deutsch. chem. Gesellsch.*, 1880, p. 629].

OPIANIQUE (ACIDE), $C^{10}H^{10}O^5$. — Voyez t. II, p. 614.

Acide chloropianique,

$$C^{10}H^9ClO^5 = C^6HCl(OCH^3)^2(CHO)(CO^2H)$$

[Prinz, *Journ. prakt. Chem.* (2), t. XXIV, p. 353]. — Ce corps se dépose en aiguilles blanches fusibles à 210-211°, lorsqu'on ajoute peu à peu du chlorate de potassium à une solution chlorhydrique chaude d'acide opianique.

Acide bromopianique, $C^{10}H^9BrO^5$ [Prinz, *ibid.*]. — On l'obtient par l'action du brome sur l'acide opianique; il cristallise en aiguilles blanches fusibles à 192°.

Acide nitro-opianique,

$$C^6H(AzO^2)(OCH^3)^2(CHO)CO^2H$$

[Prinz, *loc. cit.*]. — L'acide nitrique concentré dissout l'acide opianique en donnant un liquide rouge qui, par une chaleur modérée, passe au vert-olive, puis se prend au bout d'une heure en une masse cristalline jaune. Purifié par cristallisation dans l'eau bouillante, l'acide nitro-opianique se présente en prismes jaunes fusibles à 166°.

Le nitro-opianate d'éthyle,

$$C^6H(AzO^2)(OCH^3)^2(CHO)CO^2.C^2H^5,$$

cristallise en aiguilles fusibles à 90°, solubles dans l'éther, le sulfure de carbone et la benzine chaude; on l'obtient par l'action du gaz chlorhydrique sur une solution alcoolique de l'acide.

Acide azo-opianique,

$$C^{20}H^{18}Az^2O^{10} = CO^2H(CHO)(OCH^3)^2C^6HAz = AzC^6H(OCH^3)^2(CHO)(CO^2H).$$

— Ce corps prend naissance lorsqu'on réduit l'acide nitro-opianique par le chlorure d'étain et l'acide chlorhydrique, ou bien par le sulfure d'ammonium. Il se sépare en fines aiguilles blanches qui se décomposent sans fondre vers 184°. Il est soluble dans les alcalis et dans l'acide chlorhydrique fumant, avec lequel il forme un chlorhydrate très instable. L'acide sulfurique le dissout en donnant à chaud une coloration rouge de sang.

L'azo-opianate de baryum,

$$C^{20}H^{16}Az^2O^{10}Ba + 6H^2O,$$

cristallise en fines aiguilles blanches; l'ébullition avec un excès d'eau de baryte le transforme en *amidohémipinate de baryum,* $C^{10}H^9AzO^6Ba$.

ACIDE IROPIANIQUE (*méthylaldéhydovanillique*),

$$C^6H^2 \left\{ \begin{array}{l} (OCH^3)^2 \\ CHO \\ CO^2H \end{array} \right.$$

[Tiemann et Mendelsohn, *Deutsch. chem. Gesellsch.*, 1877, p. 393]. — On fait digérer à 100° un mélange de 1 molécule d'acide isométhylnoropianique (voyez plus bas) avec 2 molécules de potasse en solution méthylique et un excès d'iodure de méthyle. Après quelques heures, on sépare l'iodure de potassium, on chasse l'excès d'iodure de méthyle et d'alcool méthylique, on reprend le résidu par l'eau et on épuise le tout par l'éther, qui dissout les produits formés. Ces produits sont l'isométhylnoropianate de méthyle et l'isopianate de méthyle; le premier de ces corps, soluble dans les alcalis, est enlevé à la solution éthérée par agitation de cette dernière avec une solution étendue de potasse; le second reste dissous dans l'éther. Il ne reste plus qu'à saponifier l'isopianate de méthyle par la potasse.

On obtient finalement l'acide isopianique en fines aiguilles blanches fusibles à 210-211°, solubles dans l'alcool et dans l'éther.

Les sels alcalins sont solubles; ils ne précipitent pas par les chlorures de baryum ou de calcium. Le sel de cuivre est un précipité vert soluble en bleu dans l'ammoniaque. Le sel de plomb est un précipité cristallin. Le sel d'argent est soluble dans l'eau bouillante sans altération.

L'isopianate de méthyle,

$$C^6H^2 \left\{ \begin{array}{l} (OCH^3)^2 \\ CHO \\ CO^2CH^3, \end{array} \right.$$

cristallise en fines aiguilles fusibles à 98-99°. Il est peu soluble dans l'eau bouillante.

ACIDE MÉTHYLNOROPIANIQUE,

$$C^9H^8O^5 = C^6H^2 \left\{ \begin{array}{l} OH \\ OCH^3 \\ CHO \\ CO^2H. \end{array} \right.$$

Voyez t. II, p. 616. — Prinz [*loc. cit.*] prépare ce corps en chauffant l'acide opianique dissous dans 12 fois son poids d'acide chlorhydrique fort au réfrigérant ascendant pendant deux jours, dans un courant de gaz chlorhydrique. On évapore ensuite le liquide au dixième de son volume; il se dépose de l'acide méthylnoropianique qu'on purifie en le transformant en sel ammoniacal, puis en sel barytique, et enfin en décomposant ce dernier par l'acide sulfurique. A l'état de pureté, l'acide méthylnoropianique se présente en prismes fusibles à 154°.

Acide chlorométhylnoropianique,

$$C^6HCl \left\{ \begin{array}{l} OH \\ OCH^3 \\ CHO \\ CO^2H \end{array} \right.$$

[Prinz *loc. cit*]. — On traite par le chlorate de potassium une solution chlorhydrique froide d'acide méthylnoropianique; il se dépose de longues aiguilles jaunes fusibles à 206°.

ACIDE ISOMÉTHYLNOROPIANIQUE (*aldéhydo-vanillique*),

$$C^6H^2 \left\{ \begin{array}{l} OCH^3 \\ OH \\ CHO \\ CO^2H \end{array} \right.$$

[Tiemann et Mendelsohn, *Deutsch. chem. Gesellsch.*, 1876, p. 1278, et 1877, p. 393]. — On chauffe pendant cinq à six heures au réfrigérant ascendant 1 molécule d'acide vanillique avec 1 molécule de chloroforme et 2 molécules de soude en solution aqueuse concentrée; la réaction terminée, on ajoute de l'eau et on acidule par l'acide chlorhydrique; il se dépose un mélange d'acide vanillique non altéré et d'acide isométhylnoropianique. On les sépare en traitant ce mélange en solution éthérée par le bisulfite de sodium, qui s'empare de l'acide isométhylnoropianique; on régénère ensuite cet acide de sa combinaison bisulfitique par l'action de l'acide sulfurique étendu et agitation avec de l'éther.

L'acide isométhylnoropianique cristallise en aiguilles soyeuses jaunâtres, fusibles à 221-222°, solubles dans l'alcool et dans l'éther, peu solubles dans l'eau froide. Il réduit à chaud la liqueur de Fehling.

Les sels alcalins sont solubles; ils donnent avec les chlorures de baryum et de calcium des précipités qui sont des sels basiques. Le sel de cuivre est un précipité vert soluble en vert dans l'ammoniaque. Le sel de plomb est cristallin; celui d'argent est un précipité jaune qui se réduit par l'ébullition avec l'eau.

L'isométhylnoropianate de méthyle se produit en même temps que l'isopianate de méthyle par l'action de l'iodure de méthyle sur l'acide isométhylnoropianique (voyez ISOPIANIQUE). Il cristallise dans l'eau bouillante en aiguilles jaunes fusibles à 134-135°.

ACIDE NOROPIANIQUE,

$$C^8H^6O^5 = C^6H^2 \left\{ \begin{array}{l} (OH)^2 \\ CHO \\ CO^2H \end{array} \right.$$

Voyez t. II, p. 616 [Wright, *Jahresb. rein. Chem.*, 1877, p. 528]. — On l'obtient en chauffant l'acide opianique avec de l'acide iodhydrique. Il se produit d'abord de l'acide méthylnoropianique qui, par perte du groupe méthyle, se transforme à son tour en acide noropianique. Ce corps cristallise avec 1 1/2 molécule d'eau et fond à 171°.

Il réduit le nitrate d'argent à l'ébullition et le nitrate d'argent ammoniacal à froid. Il donne avec le chlorure ferrique une coloration bleu verdâtre qui passe au brun rouge par l'addition d'ammoniaque ou de carbonate de sodium.

Il fournit avec l'acétate de plomb un précipité amorphe et volumineux d'un jaune serin.

ACIDE ISONOROPIANIQUE (*aldéhydoprotocatéchique*) [Tiemann et Mendelsohn, *loc. cit.*]. — On chauffe en tubes scellés à 170-180° de l'acide isométhylnoropianique avec de l'acide chlorhydrique fumant étendu d'une fois et demie son volume d'eau; la solution filtrée est épuisée par l'éther, l'éther évaporé, et le résidu repris par la benzine bouillante, qui abandonne par le refroidissement l'acide isonoropianique en aiguilles jaunâtres, fusibles avec décomposition vers 240°. Ce corps est soluble dans l'eau bouillante, l'alcool et l'éther.

Il donne avec le chlorure ferrique une coloration vert foncé qui passe au rouge violet par l'addition de carbonate de sodium. Il ne réduit le nitrate d'argent qu'en solution ammoniacale et à l'ébullition; il réduit la liqueur de Fehling.

Ad. Fauconnier.

OPINIQUE (ACIDE). Voyez t. II, p. 617. — Suivant Beckett et Wright [*Deutsch. chem. Gesellsch.*, 1876, p. 70], l'acide opinique de Liechti serait simplement un anhydride de l'acide méthylnorhémipinique, ayant pour formule

$$C^6H^2\left\{\begin{array}{l}OCH^3\\ O\ \rangle\\ CO\ \rangle\\ CO^2H.\end{array}\right.$$

OR. — Sonstadt a signalé l'or dans l'eau de la mer et en évalue la teneur à 0gr,05 par tonne [*Proceed. Roy. Soc. London*, 1872]. L'or existe en petite quantité dans certaines pyrites cuivreuses, en même temps que l'argent et le plomb. Pour retirer ces métaux, on soumet le minerai grillé à un nouveau grillage avec du chlorure de sodium, on reprend par l'eau, qui dissout les chlorures métalliques, y compris le chlorure d'argent (à la faveur de l'excès de chlorure alcalin). On précipite l'argent à l'état d'iodure et on réduit celui-ci par le zinc; le métal réduit renferme l'or (1 °/₀ environ) [Claudel, *Compt. rend.*, t. LXXV, p. 580; *Bull. Soc. chim.*, t. XV, p. 146, et t. XVIII, p. 419].

Pour obtenir l'or divisé, destiné à la décoration de la porcelaine, Weisskopf réduit le chlorure d'or, en solution très étendue (3gr,5 dans 750 centimètres cubes d'eau), par la glucose additionnée d'alcool et d'aldéhyde, en présence de la soude [*Polyt. Notizbl.*, t. XXVIII, p. 285].

Coupellation de l'or. — Un alliage de plomb et d'or reste fondu bien au-dessous de son point de fusion. Quand la surfusion cesse, il se produit un éclair et la température remonte au point de fusion.

Ce phénomène s'observe surtout bien avec un alliage contenant 0gr,250 d'or, 0gr,025 de cuivre, 0gr,625 d'argent et une petite quantité de plomb. La solidification est déterminée par le contact d'une tige d'or et la température s'élève au rouge blanc. La présence de certains métaux empêche ce phénomène; il en est ainsi notamment pour le palladium et le platine, ainsi que pour l'osmiure d'iridium, qui sont souvent contenus dans l'or. La présence de l'osmiure d'iridium altère les résultats dans le dosage de l'or par coupellation, car ce métal résiste comme l'or à l'action de l'acide nitrique.

Quand l'or renferme du plomb ou du bismuth, le bouton de coupelle est très cassant; pour lui rendre sa malléabilité, il faut le coupeller de nouveau avec addition de 10 °/₀ de chlorure de cuivre, de manière à le débarrasser des métaux étrangers, dont les chlorures sont volatils. Le bouton retient l'iridium, mais est malléable [A.-D. van Riemsdyk, *Chem. News*, t. XLI, p. 126 et 266].

L'or se dissout dans l'eau oxygénée, additionnée d'acide chlorhydrique (T. Fairley).

Employé comme électrode positive dans l'électrolyse de l'acide sulfurique étendu, l'or se dissout, comme l'avait déjà observé Grotthus. Il se dépose alors au pôle négatif sous forme d'une poudre veloutée brune, mélange d'or et de sous-oxyde d'or [J. Schiel, *Poggend. Ann.*, t. CLIX, p. 489; — Berthelot, *Compt. rend.*, t. LXXXIX, p. 683]. L'acide azotique agit comme l'acide sulfurique et la solution laisse déposer un précipité violet. L'acide phosphorique étendu est sans action, ainsi que la potasse (Berthelot). D'après Schiel, il se dissoudrait, au contraire, pendant l'électrolyse d'une solution alcaline. La dissolution de l'or ne doit pas être attribuée à l'ozone produit pendant l'électrolyse, cet agent étant sans action sur l'or (Berthelot; A. Volta).

L'or est précipité de ses solutions par l'hydrogène libre (Russell). Il l'est également par beaucoup de sulfures naturels, notamment les pyrites, la blende, la galène, le cinabre, la stibine. Cette réduction s'explique par l'équation

$$3PbS + 2AuCl^3 = 3PbCl^2 + 2Au + 3S$$

[Stan. Meunier, *Compt. rend.*, avril 1876].

On doit à J. Thomsen des recherches thermiques sur l'or [*Journ. prakt. Chem.*, (2), t. XIII, p. 348; *Bull. Soc. chim.*, t. XXVII, p. 56]. Le chlorure et le bromure sous-aureux, ainsi que l'hydrate aurique, se forment avec absorption de chaleur.

AMALGAME D'OR. — Chauffés à la température du soufre bouillant, les amalgames d'or retiennent une quantité de mercure correspondant à la formule Au^9Hg [Souza, *Deutsch. chem. Gesellsch.*, 1875, p. 1616; — V. Merz, *ibid.*, 1876, p. 1050].

Les amalgames liquides, exprimés à travers une peau de chamois, contiennent une quantité d'or variable avec la température; à 0°, l'amalgame contient 0,11 °/₀ d'or; à 20°, 0,126 °/₀ et à 100°, 0,650 °/₀. La pression est sans influence, ainsi que l'ont montré des expériences faites avec des tubes capillaires de divers diamètres [Kasantzeff, *Bull. Soc. chim.*, t. XXX, p. 20].

COMBINAISONS DE L'OR. — P. Schottlaender confirme l'existence de l'oxyde AuO (ou Au^2O^2) et le caractérise nettement comme un acide salifiable. Il a fait connaître en outre l'existence de sels correspondant au sesquioxyde d'or et renfermant soit l'or Au‴, soit l'auryle (AuO)′ [*Liebig's Ann. Chem.*, t. CCXVII, p. 312].

L'existence de composés correspondant à AuO ou $AuCl^2$ nécessite une modification de la nomenclature des composés de l'or. Nous proposons donc les désignations suivantes :

Composé sous-aureux, représenté par		Au′Cl.
Composé aureux	—	Au″Cl².
Composé aurique	—	AuCl³.

CHLORURES D'OR. — Le *chlorure sous-aureux*, AuCl, se produit lorsqu'on chauffe le trichlorure anhydre à 185° (J. Thomsen).

Chlorure aureux, ou *chlorure intermédiaire*, Au^2Cl^4 ou $AuCl^3.AuCl$. — J. Thomsen l'a obtenu en traitant par le chlore l'or pulvérulent, précipité par l'acide sulfureux et séché à 170°. C'est un corps dur, d'un rouge foncé, facile à pulvériser; il est très hygroscopique. L'eau le dédouble en chlorure sous-aureux et trichlorure, qu'on sépare facilement en filtrant immédiatement; l'action prolongée de l'eau dédoublerait le chlorure sous-aureux en trichlorure et or métallique. D'après les récentes recherches de P. Schottlaender, ce chlorure correspond au protoxyle AuO et doit s'écrire $AuCl^2$.

Trichlorure d'or. — La solution concentrée obtenue en traitant le chlorure $AuCl^2$ par l'eau peut être évaporée à sec sans décomposition; mais il faut que l'évaporation soit rapide et ait lieu sans ébullition. Le résidu, séché ensuite à 150°, constitue le trichlorure *anhydre*, $AuCl^3$. Ce corps est très hygroscopique et se dissout dans l'eau avec élévation de température.

Si l'évaporation a lieu seulement jusqu'à ce qu'il se forme une pellicule cristalline, on obtient des faisceaux de cristaux fragiles, orangés, solubles dans un douzième de leur poids d'eau. C'est le chlorure hydraté, $AuCl^3 + 2H^2O$ [Thomsen, *Journ. prakt. Chem.* (2), t. XIII, p. 337; *Bull. Soc. chim.*, t. XXVII, p. 50].

Le *chlorhydrate de chlorure* renferme, d'après Thomsen [*Deutsch. chem. Gesellsch.*, 1877, p. 1633], $AuCl^4.H + 4H^2O$ (R. Weber y admet 3 molécules d'eau, ainsi que Schottlaender). Les cristaux de ce chlorure acide se dissolvent dans l'eau avec abaissement de température.

Le chlorure d'or communique une belle coloration verte à la flamme et fournit un spectre très riche. Les raies les plus caractéristiques sont, en première ligne, les raies 535, 531, 524 et 521, puis les raies 546, 516, 512, enfin 560, 508, 575 (Lecoq de Boisbaudran).

Bromures d'or. — *Bromure sous-aureux*, AuBr. — Corps d'un gris jaunâtre, onctueux au toucher, insoluble dans l'eau. L'acide bromhydrique le dédouble en or métallique et tribromure. Il se produit par l'action de la chaleur sur le trichlorure.

Bromure aureux, $AuBr^2$ ou *chlorure intermédiaire*, Au^2Br^4 ou $AuBr^3.AuBr$. — L'or pulvérulent est transformé par le brome en excès, en une masse cassante noire, non déliquescente, se décomposant déjà à 115° en brome et sous-bromure. Ce produit est dédoublé de même par l'eau, avec élévation de température, et par l'éther.

Tribromure anhydre, $AuBr^3$. — Il reste sous la forme d'une croûte cristalline noire, composée de cristaux réguliers microscopiques, lorsqu'on évapore à basse température la solution éthérée obtenue en traitant le bromure Au^2Br^4 par l'éther. Desséché sur la chaux, puis à 70°, il forme une poudre brune, non déliquescente. Ses solutions sont moins stables que celles du chlorure d'or. Chauffé à 115°, il se transforme en brome et bromure sous-aureux.

Bromhydrate de bromure, $AuBr^4H + 5H^2O$. — Longues aiguilles aplaties, d'un rouge cinabre foncé, inaltérables à l'air, fusibles à 27° dans leur eau de cristallisation. On les obtient en traitant l'or pulvérulent par le brome en excès et l'acide bromhydrique concentré, décantant et exposant la solution au froid (Thomsen).

Bromaurate de potassium. — Il cristallise en petites aiguilles feutrées non déliquescentes, solubles dans 5 p. d'eau froide et dans 0p,48 d'eau à 67°. Les cristaux isolés appartiennent au type clinorhombique. Faces *p* et *m*. Inclinaison, 86°,15'. Rapport des axes = 1,25 : 1 : 0,44. L'éther dédouble ce bromure double. Le carbonate potassique produit dans sa solution un précipité rouge fuchsine ($16Au^2O^3, 3K^2O, 2KBr + 15H^2O$). Le bicarbonate en excès colore la solution en orangé clair; par l'ébullition, la solution se décolore [P. Schottlaender, *Liebig's Ann. Chem.*, t. CCXVII, p. 314].

Iodure sous-aureux, AuI. — Il se dépose en grandes lames jaunes, lorsqu'on traite la solution de trichlorure d'or par l'iode :

$$AuCl^3 + 4I = AuI + 3ICl$$

[G. Gramp, *Deutsch. chem. Gesellsch.*, 1874, p. 1723].

Cyanure d'or. — Voyez Suppl., p. 599.

Oxyde aureux ou Protoxyde d'or. — Schottlaender prépare l'*hydrate*, $3Au^2O^2.2H^2O$ (ou $3AuO.H^2O$), en décomposant le sulfate aureux par l'eau. On traite d'abord ce sel par l'acide sulfurique concentré dans lequel il est insoluble; le dépôt, séparé de la solution colorée, renfermant du sulfate aurique, est essoré sur une plaque de porcelaine dégourdie, puis broyé avec de l'eau. Le protoxyde d'or mis en liberté est séparé par lévigation d'un peu d'or métallique qui l'accompagne.

L'hydrate aureux est une poudre cristalline noire, ne perdant toute son eau qu'entre 160 et 205°; il y a en même temps réduction partielle. La potasse concentrée et bouillante, est sans action sur cet hydrate, ainsi que le mercure. On n'a donc pas affaire à un mélange d'or et de sesquioxyde d'or. L'acide chlorhydrique dédouble l'hydrate en or métallique et trichlorure.

Hydrate aurique. — Il est d'un brun foncé, insoluble dans l'eau, soluble dans l'acide bromhydrique étendu, plus difficilement dans l'acide chlorhydrique. Pour le préparer, J. Thomsen dissout 1 molécule $AuCl^3$ dans 800 molécules d'eau et traite la solution par 3 molécules de soude. La solution devient d'un rouge foncé et laisse déposer l'hydrate aurique par l'addition de sulfate de sodium.

Schottlaender le prépare en décomposant le sulfate ou l'azotate par l'eau. Voici comment il opère dans le premier cas : On mélange 3 p. de peroxyde de manganèse provenant du nitrate avec 4 p. d'or divisé; on arrose ce mélange d'une solution de nitrate de manganèse et on chauffe la pâte ainsi produite à 170°. Le produit sec est alors introduit dans 8 fois son poids d'acide sulfurique concentré et chauffé à 250°. Après une heure, on laisse refroidir et l'on verse la solution, séparée des cristaux orangés qui se sont déposés, dans l'eau qui précipite l'hydrate aurique sous forme d'une poudre volumineuse brun clair qu'on lave avec de l'acide azotique étendu et qu'on sèche. C'est alors une poudre cristalline renfermant

$$Au^2O^3.H^2O \text{ (ou } AuO.OH).$$

Elle noircit à 148° en se déshydratant.

Sulfure d'or. — Patt. Muir a obtenu un sulfure double d'or et d'argent, $2Au^2S^3.5Ag^2S$, en faisant passer du soufre en vapeur à travers un mélange d'or et d'argent fondu sous une couche de borax. C'est un corps cassant, à structure cristalline, d'une densité égale à 8,159. Il ne s'altère pas lorsqu'on le chauffe à l'air. Fondu avec du carbonate de sodium, il donne un alliage d'or et d'argent. Traité à l'ébullition par l'acide sulfurique concentré ou par l'acide azotique, il laisse un résidu de sulfure d'or [*Chem. News*, t. XXV, p. 265; *Bull. Soc. chim.*, t. XVIII, p. 222].

Sels aureux. — Le *sulfate*, SO^4Au'', se produit lorsqu'on évapore à 250° la solution du sulfate d'auryle dans l'acide sulfurique concentré. Il se dégage de l'oxygène et le sel se dépose en petits prismes rouges. Ce sel est très sensible à l'humidité, qui en sépare immédiatement de l'hydrate aureux. Il est insoluble dans l'acide sulfurique concentré qui le décompose, à l'ébullition, en or et sulfate aurique.

Sels auriques. — *Azotate aurique acide*,

$$(AzO^3)^3Au'''.AzO^3H + 3H^2O.$$

— On dissout l'hydrate aurique dans l'acide azotique d'une densité de 1,49; la solution se fait lentement à 100°. Décantée et placée dans un mélange réfrigérant ou bien évaporée à 60° et exposée sur la chaux sodée dans le vide, elle abandonne des cristaux volumineux, fusibles à 72° en donnant une masse noire qui constitue sans doute le sel neutre. A 100°, il laisse un azotate basique; à 180°, il commence à abandonner de l'or métallique. Ce sel est décomposé par l'eau qui en sépare l'hydrate aurique.

Azotate d'auryle, $AzO^3(AuO) + 1/5 H^2O$ (?). — Masse amorphe, noire et brillante, qu'on obtient en dissolvant l'hydrate aurique dans l'acide azotique d'une densité de 1,40, puis évaporant dans le vide, sur la chaux sodée.

Azotate aurico-potassique acide,

$$(AzO^3)^3Au + 2AzO^3K + AzO^3H.$$

— Cristallise dans le vide en tables ou en prismes courts, sans doute clinorhombiques. L'eau le décompose.

Sulfate acide d'auryle, $SO^4H(AuO)$. — Poudre cristalline jaune-serin, qu'on obtient en chauffant vers 200° l'azotate d'auryle avec de l'acide sulfurique, ou en chauffant à 100° une dissolution d'hydrate aurique dans l'acide sulfurique à 90 °/₀. L'eau le décompose. La solution sulfurique de ce sel a une tendance très prononcée à grimper le long des vases.

Sulfate aurico-potassique, $(SO^4)^2AuK$. — On dissout du sulfate acide de potassium dans la solution sulfurique du sel précédent et l'on concentre à 200°. Le sel double se dépose sous la forme d'une croûte jaune ou d'une poudre cristalline. Il est plus soluble que le sulfate d'auryle (Schottlaender).

Ed. Willm.

ORCACÉTÉINE et **ORCACÉTOPHÉNONE**. — Voyez Suppl., p. 1101.

ORCÉINE. — Cette matière colorante n'est pas homogène et ne possède en aucun cas la formule $C^7H^7AzO^3$ que Gerhardt lui avait assignée (t. II, p. 644). D'après Liebermann, elle contient deux substances qui peuvent être partiellement séparées par l'alcool, ou mieux par l'eau ammoniacale, véhicules dans lesquels l'une est moins soluble. Celle-ci renferme

$$C^{14}H^{12}Az^2O^3$$
$$= 2C^7H^8O^2 + 2AzH^3 + O^4 - 5H^2O.$$

La plus soluble est moins riche en azote et est probablement le premier produit de l'action de l'ammoniaque et de l'oxygène sur l'orcéine

$$C^{14}H^{13}AzO^4 = 2C^7H^8O^2 + AzH^3 + O^3 - 3H^2O,$$

Ces deux composés sont amorphes et présentent l'éclat des ailes de cantharides; la solution alcaline pourpre présente une nuance plus bleue pour la première, plus rouge pour la deuxième [C. Liebermann, *Deutsch. chem. Gesellsch.*, 1875, p. 1649].

ORCÈNE-DIALDÉHYDES,

$$C^9H^8O^4 = C^6H(CH^3)(OH)^2(CHO)^2.$$

— Elles existent sous deux modifications isomériques qui prennent naissance en même temps que l'orcylaldéhyde et une matière colorante, dans la réaction du chloroforme sur une solution potassique d'orcine. Leur préparation est indiquée à l'article ORCYLALDÉHYDE (p. 1104).

α-Orcène-dialdéhyde. — Elle est volatile avec la vapeur d'eau et cristallise dans l'eau chaude en longues aiguilles flexibles, incolores, fusibles à 117-118° et se solidifiant à 94°. Elle est peu soluble dans l'eau froide, soluble dans l'eau chaude et surtout dans l'alcool, l'éther et le chloroforme. Le chlorure ferrique colore en rouge brun la solution aqueuse. Avec l'aniline elle forme une dianilide, $C^{21}H^{18}Az^2O^2$, poudre cristalline fusible à 281°.

β-Orcène-dialdéhyde. — On la met en liberté de sa combinaison avec le bisulfite, en ajoutant de l'acide sulfurique et épuisant par l'éther. Le résidu de l'évaporation de ce dissolvant est purifié par des cristallisations dans la benzine, puis dans l'alcool faible. Elle se présente en cristaux bastiformes, jaunâtres, fusibles à 168°, très solubles dans l'alcool, dans l'éther et dans l'eau bouillante. Elle se colore en rouge brun par le chlorure ferrique [F. Tiemann et E. Helkenberg *Deutsch. chem. Gesellsch.*, 1879, p. 999].

A. Henninger.

ORCINE. — Voyez t. II, p. 644. — Nous allons résumer ici les nombreux travaux dont l'orcine a été l'objet depuis la rédaction de l'article du Dictionnaire, et nous terminerons par l'étude des autres phénols bivalents dérivés du toluène, et qui sont isomériques avec l'orcine.

Synthèses et constitution de l'orcine. — Plusieurs procédés permettent d'obtenir l'orcine par voie de synthèse, mais aucun d'eux n'a pu être appliqué industriellement, les rendements trop faibles ou la grande complication des procédés conduisent à un prix de revient plus élevé que celui de l'orcine retiré des lichens.

Voici ces procédés :

1° Vogt et Henninger ont réalisé la première synthèse de l'orcine en fondant avec de la potasse les acides orthobromo ou orthochlorotoluène-métasulfonique (voyez t. II, p. 644, et t. III, p. 457).

2° L'acide métabromo-toluène-métasulfonique et l'acide chloré correspondant, chauffés à 280-300° pendant 1/2 ou 1 heure avec un excès de potasse, donnent également de l'orcine [R. H. C. Neville et A. Winther, *Deutsch. chem. Gesellsch.*, 1882, p. 2976].

2° L'acide toluène-diméta-disulfonique, préparé à l'aide de l'acide orthoamidodimétadisulfonique, fournit aussi de l'orcine lorsqu'on le chauffe à 280-320° avec de la potasse (Neville et Winther).

4° Le dimétadibromotoluène, chauffé en vase clos à 280-300° avec 2 fois son poids de potasse et un peu d'eau, échange ses 2 atomes de brome contre deux oxhydryles et se transforme en orcine (Neville et Winther).

5° La métabromo-métatoluidine est convertie par l'acide azoteux en métabromo-métacrésol,

$$C^6H^3(CH^3)(OH)_{(3)}Br_{(5)},$$

fusible à 56-57°, et celui-ci est chauffé pendant 1 heure à 280-300° avec de la potasse; le produit, dissous dans l'eau, acidulé par l'acide chlorhydrique et épuisé par l'éther, cède à celui-ci de l'orcine qui cristallise après l'évaporation du dissolvant (Neville et Winther).

6° Enfin on a rattaché la dimétadinitroparatoluidine, $C^6H^2(CH^3)(AzH^2)_{(4)}(AzO^2)_{(3)}(AzO^2)_{(5)}$, fusible à 166° et dont la constitution est bien établie, à l'orcine par la voie des corps diazoïques; la toluidine substituée est transformée successivement en dimétadinitrotoluène, métanitrométatoluidine, métanitrométacrésol, métamidométacrésol et dimétaoxytoluène ou orcine (Neville et Winther).

Ce dernier mode de formation, le seul dans lequel les réactions s'accomplissent à basse température et dans lequel n'intervient pas une fusion avec de la potasse, nous autorise à considérer l'orcine comme le *dimétadioxytoluène*,

$$C^6H^3(CH^3)_{(1)}(OH)_{(3)}(OH)_{(5)}.$$

Antérieurement déjà, Tiemann et Streng étaient arrivés à la même formule en montrant que l'acide engendré par oxydation de la diméthylorcine est identique avec l'acide *diméthylrésorcylique*,

$$C^6H^3(CO^2H)_{(1)}(OCH^3)_{(3)}(OCH^3)_{(5)}$$

[*Deutsch. chem. Gesellsch.*, 1881, p. 2001].

Propriétés de l'orcine. — Elle cristallise dans le chloroforme bouillant, en lamelles incolores, brillantes; dans la benzine, en longues aiguilles.

Les cristaux retiennent 1 molécule d'eau qui, à la longue (10 à 15 jours), se dégage sur l'acide sulfurique; à 100°, cette eau se dégage rapidement, mais l'orcine commence déjà à se sublimer à cette température. Hydratée, elle fond vers 56-57°, mais lorsqu'on atteint très lentement cette température, on voit ce point de fusion s'élever, ou la fusion rester incomplète par suite d'une perte d'eau. L'orcine anhydre ne fond que vers 106,5-108°.

L'orcine hydratée possède une densité de 1,289 (Schroeder). Introduite dans l'économie, elle est éliminée sous forme d'orcylsulfate de potassium (Baumann et Herter).

Action des réactifs sur l'orcine. — 1° En présence de soude, l'orcine se colore en rouge à l'air, au bout de quelque temps.

2° Si l'on chauffe l'orcine avec de la soude aqueuse et du chloroforme, on observe une coloration rouge intense qui, au bout de quelque temps ou par addition d'eau, passe au jaune brun et présente une fluorescence verte. Le corps qui se forme dans cette réaction a été décrit par Schwarz sous le nom d'homo-fluorescéine (Supp. p. 918). Dans cette réaction, il se forme en outre trois aldéhydes, l'*orcylaldéhyde* et les *orcène-dialdéhydes-α* et β (voyez ces mots, p. 1100 et 1104) (Tiemann et Helkenberg).

3° En chauffant l'orcine à 400° avec de la poudre de zinc, de Luynes a obtenu du toluène et un crésol [Institut, 1881, p. 154].

4° Lorsqu'on fond l'orcine avec 6 p. de soude, la masse mousse considérablement (avec dégagement d'hydrogène), et l'orcine subit une décomposition profonde. Barth et Schroeder ont retiré du produit de la réaction de la phloroglucine, de la pyrocatéchine, de la résorcine, et un composé cristallisant en longs faisceaux d'aiguilles fusibles vers 260°, auquel ils attribuent la formule

$$C^{13}H^{12}O^{4} = C^6H^3(OH)^2\text{-}CH^2\text{-}C^6H^3(OH)^2$$

d'un *tétroxydiphénylméthane* [*Monatsh. Chem.*, t. III, p. 645].

5° L'éther chloroxycarbonique transforme l'orcine en un composé cristallisant en aiguilles jaunâtres, fusibles à 195° et qui renferme $C^{15}H^{12}O^4$. C'est peut-être l'orthocarbonate,

$$C^7H^6 = O^2 = C = O^2 = C^7H^6.$$

[G. Bender, *Deutsch. chem. Gesellsch.*, 1880, p. 696].

6° Chauffée avec un mélange d'acide formique et de chlorure de zinc, l'orcine fournit un dérivé analogue à l'aurine, l'*orcine-aurine* $C^{22}H^{18}O^5$. Ce corps cristallise dans l'acide acétique en aiguilles d'un rouge brun. L'anhydride acétique bouillant, en présence d'acétate de sodium, le convertit en *monoacéthylorcine-aurine*, poudre amorphe, d'un rouge pâle, insoluble dans l'eau, très soluble dans l'alcool et l'éther [M. Nencki, *Journ. prakt. Chem.* (2), t. XXV, p. 273; *Bull. Soc. chim.*, t. XXXVIII, p. 234].

7° En remplaçant dans la préparation précédente l'acide formique par l'acide acétique, on obtient deux produits dont l'un, soluble dans l'alcool à 50°, se présente sous la forme d'une poudre amorphe jaune de la formule $C^{18}H^{16}O^4$. Ce corps, l'*orcacétéine*, est soluble dans la potasse et en est précipité par l'acide chlorhydrique; il ne semble pas donner de dérivé acétylé [F. Rasinski, *Journ. prakt. Chem.* (2), t. XXVI, p. 53].

En présence de l'oxychlorure de phosphore agissant comme déshydratant, on obtient un autre résultat. Lorsqu'on ajoute peu à peu 18 p. d'oxychlorure de phosphore à une solution chaude de 9 p. d'orcine sèche dans 13p,5 d'acide acétique cristallisable, on observe une vive réaction accompagnée d'un dégagement d'acide chlorhydrique. Le produit contient de la monoacétylorcine et un corps isomérique, l'*orcacétophénone*,

$$C^9H^{10}O^3 = CH^3\text{-}C^6H^2(OH)^2\text{-}CO\text{-}CH^3,$$

que l'on peut isoler en traitant le produit par l'eau, faisant bouillir avec de la soude l'huile qui se sépare, et précipitant par un acide. L'orcacétophénone cristallise dans l'eau bouillante ou dans la benzine, en aiguilles soyeuses, incolores, fusibles à 146°. Peu soluble dans l'eau, très soluble dans l'alcool, l'éther et l'acide acétique, moins soluble dans la benzine. L'ammoniaque et la potasse la dissolvent aisément [F. Rasinski, *loc. cit.*].

8° Lorsqu'on chauffe au bain-marie 3 p. d'orcine desséchée et 2 p. d'éther acétylacétique et qu'on y ajoute goutte à goutte de l'acide sulfurique, on observe une vive réaction qui est terminée au bout de 10 à 15 minutes. Le produit solide est lavé à l'eau froide, puis soumis à des cristallisations dans l'eau bouillante et dans l'alcool à 50 %. On obtient ainsi des aiguilles fusibles à 249° dont la composition correspond à la formule $C^{17}H^{16}O^5$ ou bien $C^{31}H^{30}O^9$. Le dérivé acétylé de ce corps est en aiguilles incolores, feutrées, qui fondent vers 200° et constituent un dérivé monoacétylé ou diacétylé, suivant la formule que l'on adopte [M. Wittenberg, *Journ. prakt. Chem.* (2), t. XXVI, p. 69].

9° Avec l'anhydride phtalique, l'orcine fournit l'*orcine-phtaléine* $C^{22}H^{16}O^5$, homologue de la fluorescéine,

$$C^8H^4O^3 + 2C^7H^8O^2 = 2H^2O + C^{22}H^{16}O^5.$$

On chauffe à 135°, pendant 2 heures, 5 p. d'orcine, 3 p. d'anhydride phtalique et 5 p. d'acide sulfurique; la masse fondue est reprise par la potasse faible, le liquide est porté à l'ébullition pendant quelques minutes, puis précipité par l'acide acétique. Le précipité, lavé à l'eau et soumis à plusieurs cristallisations dans l'acétone, fournit l'orcine-phtaléine sous la forme d'aiguilles incolores, réunies en gerbes, insolubles dans l'eau, l'éther, la benzine, très solubles dans l'alcool, l'acétone et l'acide acétique bouillant. Les alcalis la dissolvent en se colorant en rouge foncé. Elle s'unit directement aux acides minéraux et donne des composés rouge foncé instables. Le *chlorhydrate* $C^{22}H^{16}O^5,HCl$ est le mieux caractérisé; il reste sous forme de flocons rouges lorsqu'on évapore une solution alcoolique de phtaléine additionnée d'acide chlorhydrique concentré; à l'air, il perd lentement du gaz chlorhydrique, l'eau bouillante le dédouble rapidement. Les dérivés tétra et pentabromés de cette phtaléine sont des poudres jaunes, solubles en brun noirâtre dans la potasse.

Avec l'anhydride acétique bouillant, l'orcine-phtaléine donne un dérivé *diacétylé* en fines aiguilles incolores, fusibles à 219-220°, insolubles dans les alcalis.

La poudre de zinc, agissant à chaud sur une solution sodique d'orcine-phtaléine, produit la *phtaline* correspondante, qui se précipite en flocons blancs par addition d'acide sulfurique étendu. Ce corps renferme probablement $C^{22}H^{20}O^5$; il est instable et régénère aisément la phtaléine par l'action de l'oxygène de l'air. L'anhydride acétique le convertit en un dérivé *diacétylé* très stable, en cristaux cubiques incolores, fusibles à 211°, et qui se rattache à un anhydride de la phtaline, $C^{22}H^{18}O^4$ [E. Fischer, *Liebig's Ann. Chem.*, t. CLXXXIII, p. 63]. Pour la constitution de ces corps, voyez l'article PHTALÉINES.

10° L'orcine agit sur une solution alcaline d'acide monochloracétique avec formation d'acide *orcylglycolique*, $CH^3\text{-}C^6H^3(OCH^2\text{-}CO^2H)^2$. Cet acide est en fines aiguilles microscopiques, assez solubles dans l'eau bouillante, très solubles dans l'alcool et l'éther, fusibles à 216-217°. Le perchlorure de fer le précipite en rouge jaunâtre. C'est un acide bibasique qui forme des sels cristallisables parmi lesquels on a étudié ceux de sodium, de potassium, de calcium, de plomb et de cuivre.

L'éther *éthylique*, $C^{14}H^{10}O^6(C^2H^5)^2$, est en petites aiguilles fusibles à 107°, l'*amide*,

$$C^{14}H^{10}O^4(AzH^2)^2,$$

en flocons blancs qui forment un chlorhydrate cristallisé en aiguilles rayonnées. Introduit dans l'acide nitrique d'une densité de 1,2, l'acide orcylglycolique se transforme en un corps *mononitré*, $C^{14}H^{11}(AzO^4)O^6$, cristallisant en pyramides aiguës microscopiques, fusibles à 140° [L. Saarbach, *Journ. prakt. Chem.* (2), t. XXI, p. 151].

11° L'orcine potassique étant chauffée à 250-260° dans un courant de gaz carbonique sec fournit un acide orcine-carbonique (voyez ORSELLIQUE) [H. Schwarz, *Deutsch. chem. Gesellsch.*, 1880, p. 1643].

12° Le même acide se produit lorsque l'orcine est chauffée à 130° avec du carbonate d'ammonium et de l'eau [C. Senhofer et C. Brunner, *Wien. Akad. Ber.*, IIe part., t. LXXXI, p. 430].

13° L'orcine, comme tous les phénols, réagit sur les corps diazoïques en liqueur faiblement alcaline et produit des corps azoïques substitués jaunes ou orangés. Parmi ceux-ci, l'*orcine-ortho-azotoluène*, $C^7H^7\text{-}Az^2\text{-}C^6H^2(CH^3)(OH)^2$, a été étudié; il cristallise dans l'alcool en aiguilles d'un rouge brun, fusibles à 203-206° [S. Scichilone, *Gazz. chim. ital.*, 1882, p. 223].

14° L'acide azoteux, en agissant sur l'orcine, donne naissance à des produits divers suivant les conditions de l'expérience. Lorsqu'on dissout 10 grammes d'orcine dans 10 grammes d'acide sulfurique et qu'on ajoute lentement 40 grammes d'acide sulfurique contenant 5 °/₀ de nitrite de potassium, le liquide prend une belle teinte rouge pourpre et l'eau en précipite une matière orangée. On la lave à l'eau, on la dissout dans l'alcool, et on laisse évaporer. La matière colorante reste sous forme d'une masse mordorée, présentant les reflets des ailes de cantharides; la solution dans les alcalis est pourpre avec fluorescence rouge cinabre. Cette matière, analogue à la diazorésorcine, renferme $C^{21}H^{18}Az^2O^6$ et se forme d'après l'équation

$$3C^7H^8O^2 + 2AzO^2H = 4H^2O + C^{21}H^{18}Az^2O^6.$$

Cette substance n'est pas le seul produit de la réaction; les parties les moins solubles dans l'alcool offrent, en liqueur alcaline, une fluorescence bleu violacé et sont moins riches en azote [C. Liebermann, *Deutsch. chem. Gesellsch.*, 1874, p. 247 et 1100].

Weselsky a obtenu un autre produit en traitant l'orcine, par petites portions, en solution éthérée par l'acide nitrique chargé d'acide nitreux; le liquide brunit et laisse déposer, au bout de vingt-quatre heures, des grains cristallins d'un rouge brun. L'éther retient en dissolution deux nitro-orcines isomériques. Le corps cristallin peut être purifié par cristallisation dans l'acide acétique; il offre des reflets verts métalliques. L'alcool le dissout difficilement, l'éther à peine. En liqueur alcaline, il possède une magnifique couleur pourpre avec fluorescence rouge-cinabre. Il ne détone pas par la chaleur, et supporte une température assez élevée sans s'altérer. Ce corps renferme

$$C^{14}H^{11}AzO^3$$

et se forme selon l'équation

$$2C^7H^8O^2 + AzO^2H = C^{14}H^{11}AzO^3 + 3H^2O.$$

L'acide nitrique concentré et chaud dissout ce corps en se colorant en rouge brun, et laisse déposer, en se refroidissant, des prismes brillants d'un rouge cinabre, solubles dans l'eau, dans l'alcool et dans l'éther; cette dernière solution possède une magnifique fluorescence rouge. Ce composé supporte une température de 100° sans se décomposer; au-dessus il détone. Il renferme

$$C^{14}H^7Az^3O^{10}$$

[P. Weselsky, *Deutsch. chem. Gesellsch.*, 1874, p. 439].

15° Traitée par le sulfate de nitrosyle (cristaux des chambres de plomb), l'orcine donne une dinitroso-orcine (voyez plus loin).

ÉTHERS DE L'ORCINE.

Orcine monoacétique. — Liquide bouillant vers 284-286° (Rasinski).

Orcine diacétique. — Elle bout de 280 à 284° (Rasinski).

Diméthylorcine, $C^6H^3(CH^3)(OCH^3)^2$. — On chauffe au réfrigérant ascendant, pendant six heures, un mélange de 1 p. d'orcine déshydratée, de 1 p. de potasse, de 3 p. d'iodure de méthyle avec un excès d'alcool méthylique. L'alcool est ensuite chassé au bain-marie, la masse acidulée et épuisée par l'éther. La liqueur éthérée étant agitée avec de la potasse à 5 °/₀, qui s'empare de l'orcine non altérée et de la monométhylorcine, il ne reste plus qu'à rectifier le produit pour obtenir la diméthylorcine sous la forme d'un liquide très mobile, légèrement jaunâtre, bouillant à 244°. Densité de vapeur 76,24 (H = 1). Mise en suspension dans 100 fois son poids d'eau, à laquelle on ajoute ensuite par filet mince une solution chaude et étendue de la quantité théorique de permanganate de potassium, elle fournit de l'acide α-diméthylrésorcylique fusible à 175-176°. L'oxydation est lente et fournit de faibles rendements.

Lorsqu'à une solution alcoolique de diméthylorcine on ajoute de l'eau de brome, il se précipite une huile foncée qui ne tarde pas à cristalliser. Purifié par cristallisation dans l'alcool, ce corps, la *dibromo-diméthylorcine*, se présente en lamelles incolores, fusibles à 160° [F. Tiemann et F. Streng, *Deutsch. chem. Gesellsch.*, 1881, p. 1999].

Monométhylorcine, $C^6H^2(CH^3)(OCH^3)(OH)$. — Elle est contenue dans la potasse étendue qui a servi au lavage de la solution éthérée dans la préparation de la diméthylorcine. Par des rectifications multiples et des lavages avec de petites quantités d'eau, qui dissout plus facilement l'orcine, on peut la débarrasser de cette dernière. La monométhylorcine est une huile assez épaisse, bouillant à 273°, qui se colore rapidement en rouge brun à l'air. Elle est peu soluble dans l'eau, miscible à l'alcool, l'éther, la benzine. L'eau de brome la transforme pareillement en un dérivé dibromé qui cristallise dans la benzine en aiguilles blanches, fusibles à 146° (Tiemann et Streng).

Monoéthylorcine. — Traitée par l'acide nitrique chargé de gaz nitreux, elle donne une petite quantité d'une matière colorante, un dérivé mononitré volatil et un autre non volatil. Le premier, $C^7H^5(AzO^2)(OC^2H^5)(OH)$, est en aiguilles jaunes, fusibles à 54°; le second forme aussi des aiguilles jaunes, mais ne fond qu'à 103° [P. Weselsky et R. Benedikt, *Monatsh. Chem.*, t. II, p. 369].

PRODUITS DE SUBSTITUTION DE L'ORCINE.

ORCINES CHLORÉES. — On en connaît deux.

Trichloro-orcine, $CH^3\text{-}C^6Cl^3(OH)^2$. — Ce corps, oxydé en solution alcaline par le ferricyanure de potassium, fournit le sel potassique de la *dichlorotoluoxyquinone*,

$$C^7H^4Cl^2O^3 = CH^3_{(1)}\text{-}C^6Cl^2_{(2,6)}(OH)_{(3)}(O^2)_{(2,5)};$$

si le liquide est assez concentré, le sel cristallise directement; dans l'autre cas, on précipite par addition de chlorure de sodium un sel sodique. La dichlorotoluoxyquinone cristallise dans l'eau en écailles d'un jaune foncé, brillantes, fusibles à 157°; avec la benzine elle forme une combinaison cristallisée en prismes orangés qui, à l'air, se résolvent en une poudre jaune avec perte de benzine. L'acide sulfureux la transforme en dichlorotoluoxyhydroquinone, $C^7H^6Cl^2O^3$, cristallisant dans la benzine en prismes incolores [J. Stenhouse et E. Groves, *Chem. News*, t. XLI, p. 286].

Pentachloro-orcine, $C^7H^3Cl^5O^2$. — La combinaison de ce composé avec l'acide hypochloreux, décrite t. II, p. 646, se forme directement lorsqu'on traite la pentachloroorcine par l'hypochlorite de calcium. L'ammoniaque dédouble ce corps en chloroforme et trichloro-amidophénol.

L'acide sulfurique concentré dégage du gaz chlorocarbonique avec l'hypochlorite de pentachloroorcine [Stenhouse, *Deutsch. chem. Gesellsch.*, 1873, p. 574].

DINITROSO-ORCINE,

$$C^7H^6Az^2O^4 = C^6H(CH^3)(AzO)^2(OH)^2.$$

— On l'obtient en faisant agir le sulfate de nitrosyle sur l'orcine en liqueur aqueuse. A une solution de 20 grammes d'orcine cristallisée, dans 2000 p. d'eau, on ajoute peu à peu et en agitant 100 p. d'acide sulfurique nitreux à 15 °/₀ Az^2O^3; l'acide sulfurique doit arriver sous la surface du liquide pour éviter une perte d'acide nitreux. Au bout de 18 à 24 heures la dinitroso-orcine se sépare sous la forme d'une poudre brun jaunâtre; on la lave à l'eau, on la met en suspension dans 10 à 15 p. d'alcool, et l'on ajoute peu à peu de l'ammoniaque alcoolique jusqu'à ce que le produit soit transformé en une poudre cristalline verte et qu'il y ait un faible excès de base. Au bout de quelques minutes, on décante le liquide coloré, on exprime la masse cristalline et on la décompose par l'acide sulfurique étendu. Finalement on la dissout dans la soude faible et on la reprécipite par l'acide sulfurique.

La dinitroso-orcine est une poudre jaune clair à peu près insoluble dans l'eau, l'alcool, l'éther, la benzine; elle se dissout dans l'acide acétique et dans l'acide sulfurique froid et en est précipitée par l'eau. L'alcool bouillant la décompose. Elle commence à brunir vers 110°. Séchée dans le vide, elle retient 1 molécule d'eau. En employant dans la préparation du sulfate de nitrosyle dissous au préalable dans 800 fois son poids d'eau, on obtient la dinitroso-orcine en prismes jaunes. L'acide nitrique la transforme en dinitroorcine ou trinitroorcine, suivant sa concentration. Les sels de potassium, de sodium et d'ammonium sont des poudres cristallines vertes, solubles dans l'eau, peu solubles dans l'alcool. Le sel ammoniacal se décompose par un contact prolongé avec un excès d'ammoniaque. Les sels des métaux alcalino-terreux et des métaux lourds sont des précipités bruns [J. Stenhouse et Ch. Groves, *Journ. chem. Soc. London*, 1877, t. Ier, p. 544].

NITROORCINES,

$$C^7H^7AzO^4 = C^6H^2(CH^3)(AzO^2)(OH)^2.$$

— On connaît les orcines trinitrée, dinitrée et mononitrée; cette dernière existe sous deux modifications isomériques qui se trouvent dans le liquide éthéré provenant de l'action de l'acide nitrique nitreux sur une solution éthérée d'orcine, liquide qui a laissé déposer des cristaux du corps azoïque de Weselsky décrit plus haut (p. 1102). On chasse l'éther et l'on soumet le résidu à la distillation dans un courant de vapeur d'eau qui entraîne l'α-nitroorcine. La modification β reste dans le vase distillatoire et cristallise après une concentration suffisante du liquide aqueux séparé par filtration des matières résineuses.

α-Nitroorcine, $C^7H^7(AzO^2)O^2$. — Elle se dépose en fines aiguilles dans le liquide distillé et est facile à purifier par sublimation. Elle se présente en belles aiguilles longues et fines, d'un rouge orangé, qui fondent à 120° et se dissolvent aisément dans l'alcool et dans l'éther. Le sel dibarytique est en aiguilles bronzées qui, suspendues dans l'eau chaude et traitées par le gaz carbonique, se transforment en cristaux tabulaires, d'un vert brunâtre, à éclat métallique, du sel monobarytique

$$[C^7H^6(AzO^2)O^2]^2Ba.$$

β-Nitroorcine. — On la purifie en la faisant cristalliser dans l'alcool bouillant en présence de noir animal. Elle se dépose en fines aiguilles courtes, d'une couleur jaune-citron foncé, qui fondent à 115° et se dissolvent aisément dans l'alcool et dans l'éther. Le sel de baryum neutre constitue une poudre cristalline rouge aurore, de la formule $C^7H^5(AzO^2)O^2.Ba + 3H^2O$. L'acide carbonique transforme ce sel en un sel acide, $[C^7H^6(AzO^2)O^2]^2Ba + 4H^2O$, qui cristallise en prismes d'un jaune d'or, réunis en faisceaux. Ce sel peut s'unir à 3 molécules de nitroorcine, en formant des aiguilles courtes et brillantes que l'alcool dédouble en ses composants. Lorsqu'on ajoute du brome en excès à une solution éthérée de β-nitroorcine, il ne tarde pas à se séparer des lamelles jaunes de *nitrodibromorcine*,

$$C^7H^5Br^2(AzO^2)O^2,$$

fusibles à 112° en perdant du brome. Le sel barytique acide est en aiguilles rouge-aurore, de la formule $[C^7H^4Br^2(AzO^2)O^2]^2Ba + H^2O$ [P. Weselsky, *Deutsch. chem. Gesellsch.*, 1874, p. 441].

Dinitroorcine, $C^7H^6(AzO^2)^2O^2$. — On introduit 1 p. de dinitroso-orcine dans 4 p. d'acide nitrique d'une densité de 1,3 et l'on abandonne la pâte pendant 24 heures en la remuant de temps en temps. La masse est alors jetée dans l'eau, le produit solide séché, dissous dans l'alcool froid et soumis enfin à plusieurs cristallisations dans l'alcool bouillant. La dinitroorcine se présente en tables rhombiques, à peine solubles dans l'eau froide, solubles dans 18 p. d'alcool à 15°, plus solubles dans l'éther. Elle fond à 164°,5, et supporte une température de 190° sans s'altérer.

Les sels alcalins sont de couleur orangée, très solubles dans l'eau et difficilement cristallisables. Le sel de baryum neutre est cramoisi et presque insoluble; le sel acide,

$$[C^7H^5(AzO^2)^2O^2]^2Ba + H^2O,$$

cristallise en aiguilles orangées [Stenhouse et Groves, *loc. cit.*].

DOSAGE DE L'ORCINE. — On effectue généralement ce dosage en ajoutant peu à peu de l'eau de Labarraque à une solution très étendue d'orcine jusqu'à ce qu'une goutte du réactif ne produise plus la coloration rouge passagère qui se montre au commencement. Le titre de l'hypochlorite est établi à l'aide d'une solution titrée d'orcine pure. Lorsqu'on se place, dans ces essais, dans des conditions constantes, on obtient des résultats satisfaisants.

Reymann a proposé un autre mode de dosage fondé sur la transformation rapide et complète de l'orcine en tribromoorcine par l'eau de brome. A la solution aqueuse très étendue d'orcine on ajoute de l'eau de brome titrée de manière à en employer un petit excès, ensuite on y introduit de l'iodure de potassium pur et l'on dose l'iode mis en liberté par l'hyposulfite sodique, l'amidon servant d'indicateur. Le titre de l'eau de brome est fixé, au moment de chaque détermination, par comparaison avec une solution d'orcine pure. Les résultats sont très satisfaisants [S. Reymann, *Deutsch. chem. Gesellsch.*, 1879, p. 790].

ISOMÈRES DE L'ORCINE.

LUTORCINE [Syn. *crésorcine*], (1.2.4),

$$C^6H^3(CH^3)_{(1)}(OH)_{(2)}(OH)_{(4)}.$$

Les deux groupes OH de ce corps occupent les positions des groupes AzO^2 du dinitrotoluène ordinaire (1.2.4); aussi le prépare-t-on en soumettant ce dinitrotoluène, après réduction, aux réactions de Griess. Ces transformations s'accomplissent régulièrement et il nous suffira d'énumérer les corps intermédiaires, le mode opératoire étant le même dans la plupart des réactions de ce genre. On a suivi deux voies différentes :

Knecht a converti successivement le dinitrotoluène en orthonitroparatoluidine, orthonitroparacrésol, orthoamidoparacrésol et lutorcine [*Liebig's Ann. Chem.*, t. CCXV, p. 91; voir aussi Neville et Winther, *Deutsch. chem. Gesellsch.*, 1882, p. 2980].

Wallach, au contraire, a passé par les intermédiaires suivants : orthoparacrésylène-diamine, dérivé monacétique, para-acétamido-orthocrésol, paramido-orthocrésol et lutorcine [O. Wallach, *Deutsch. chem. Gesellsch.*, 1882, p. 2831].

Le même corps avait été obtenu antérieurement par Vogt et Henninger, qui ont chauffé à 200-210° avec de la potasse le paracrésol monobromé $C^6H^3(CH^3)_{(1)}Br_{(3)}(OH)_{(4)}$; il se forme en même temps un isomère, probablement l'homopyrocatéchine (1.3.4) [G. Vogt et A. Henninger, pli cacheté déposé à l'Académie en 1875, et *Compt. rend.*, t. XCIV, p. 650].

Quel que soit le procédé employé pour la préparer, on purifie la lutorcine par distillation dans le vide et cristallisation dans le toluène, le chloroforme ou l'essence de pétrole bouillants. Elle se présente en petites aiguilles incolores, groupées en boules d'un aspect très caractéristique, fusibles à 104-105° et bouillant à 267-270°; le corps fondu se solidifie en une masse de très petites aiguilles réunies en agrégats sphériques.

La lutorcine est anhydre, elle se dissout aisément dans l'eau, l'alcool et l'éther, beaucoup moins dans le chloroforme, la benzine et le pétrole, même à chaud. Ses réactions sont celles de la résorcine : elle n'est pas précipitée par l'acétate de plomb, elle réduit le nitrate d'argent, se colore en un bleu fugace par le chlorure ferrique, et donne avec l'anhydride phtalique la *lutorcine-phtaléine* $C^{22}H^{16}O^5$, présentant la magnifique fluorescence verte de la fluorescéine et donnant avec le brome un corps semblable à l'éosine.

HOMOPYROCATÉCHINE (1.3.4)

$$C^6H^3(CH^3)_{(1)}(OH)_{(3)}(OH)_{(4)}.$$

Voyez Suppl. p. 919. — On peut la dériver de la métanitroparatoluidine, que l'on transforme successivement en métanitroparacrésol, métamidoparacrésol et homopyrocatéchine [Neville et Winther, *Deutsch. chem. Gesellsch.*, 1882, p. 2976].

HYDROTOLUQUINONE (1.2.5),

$$C^6H^3(CH^3)_{(1)}(OH)_{(2)}(OH)_{(5)}.$$

— Voyez Suppl. TOLUQUINONE. A. Henninger.

β-ORCINE, $C^8H^{10}O^2$. Voyez t. II, p. 644. — D'après les recherches récentes de Stenhouse et Groves, ce corps ne dérive pas de l'acide usnique, mais se forme par la décomposition d'un acide, $C^{19}H^{20}O^7$, fusible à 186°, auquel les auteurs ont donné le nom d'acide *barbatique*.

Pour préparer la β-orcine ou le *bétorcinol*, nom sous lequel Stenhouse désigne maintenant ce corps, on fait macérer le lichen *Usnea barbata* avec 20 p. d'eau pendant 16 heures, on ajoute un dixième de chaux éteinte et, au bout d'une heure, on retire le lichen pour le soumettre trois fois encore à un traitement semblable; pour les deux derniers épuisements, on réduit au quart la proportion d'eau et de chaux. Les liqueurs alcalines filtrées aussitôt sont précipitées aussi rapidement que possible par l'acide chlorhydrique et le précipité (3 à 3,5 °/₀ du poids du lichen employé) peut servir tel quel à la préparation de la β-orcine. A cet effet, on lave le précipité à l'eau et on le fait bouillir pendant 3 à 4 heures avec son poids de chaux et 40 p. d'eau; l'acide usnique se change en usnate basique insoluble, tandis que l'acide barbatique est scindé en acide carbonique et β-orcine.

Le liquide est filtré et recueilli immédiatement dans une quantité d'acide chlorhydrique strictement nécessaire pour le neutraliser, puis acidulé par l'acide chlorhydrique et évaporé. Il se sépare d'abord une masse goudronneuse puis de la β-orcine que l'on purifie par cristallisation dans l'eau ou dans la benzine.

La β-orcine fond à 163°. L'eau de chlore la transforme en un dérivé *tétrachloré*, $C^8H^6Cl^4O^2$, cristallisant en grands prismes incolores fusibles à 109°. Chauffé à l'ébullition avec de l'acide iodhydrique et du phosphore rouge, il donne le dérivé *dichloré* $C^8H^8Cl^2O^2$ en aiguilles incolores, fusibles à 142°. On obtient de même une *tétrabromo-β-orcine*, prismes fusibles à 101° et un corps *dibromé*, aiguilles fusibles à 155°. La *monoïodo-β-orcine* fusible à 93° se forme lorsque la β-orcine est traitée par l'iode et l'oxyde de plomb. Le sulfate de nitrosyle, dissous dans une grande quantité d'eau, donne aisément la *nitroso-β-orcine* $C^8H^9(AzO^2)O^2$, cristallisant en petits cristaux prismatiques rouges et brillants [J. Stenhouse et E. Groves, *Journ. chem. Soc. London*, t. XXXVII, p. 395; *Liebig's Ann. Chem.*, t. CCIII, p. 285].

D'après Tilden, la nataloïne fondue avec de la potasse donne de la β-orcine (t. II, p. 533).

La β-orcine est isomérique avec la *xylorcine* (voyez ce mot, Suppl.). A. Henninger.

ORCINE-AURINE. — Voyez Suppl., p. 1101.

ORCYLALDÉHYDE,

$$C^8H^8O^3 = C^6H^2(CH^3)(OH)^2(CHO).$$

— C'est un des produits de l'action du chloroforme sur une solution alcaline d'orcine; il faut opérer sur de petites quantités de matière à la fois (5 à 10 grammes d'orcine) et en liqueur étendue. Voici les conditions les plus favorables : 5 grammes d'orcine et 40 à 50 grammes de potasse sont dissous dans 200 à 250 grammes d'eau chaude contenue dans un ballon muni d'un réfrigérant ascendant, puis additionnés peu à peu de 20 à 24 grammes de chloroforme; on chauffe jusqu'à ce que le chloroforme soit décomposé à peu près complètement. Le liquide se colore en rouge de plus en plus foncé et présente une fluorescence verte (homofluorescéine). Le produit est acidulé et soumis à la distillation dans un courant de vapeur d'eau qui entraîne l'α-orcène-dialdéhyde (p. 1100); pendant cette opération, les corps résineux formés dans la réaction et que l'acide chlorhydrique a précipités, se réunissent en masses solides faciles à séparer par le filtre. Le liquide refroidi est épuisé par de l'éther, et la solution éthérée est agitée à son tour avec du bisulfite de sodium qui s'empare de la β-orcine-dialdéhyde, tandis que l'éther retient de l'orcine et de l'orcylaldéhyde fortement colorées. Ce mélange est dissous dans la soude, acidulé par l'acide chlorhydrique et le précipité jaunâtre qui se forme au bout de quelque temps est dissous dans la benzine bouillante; la matière colorante reste insoluble. Finalement, on fait cristalliser l'orcylaldéhyde dans l'eau.

Elle se présente en aiguilles incolores, groupées en faisceaux ou en étoiles, fusibles à 177-178°, jaunissant rapidement à la lumière. Peu soluble dans l'eau froide, très soluble dans les autres dissolvants usuels. Le perchlorure de fer colore ses solutions en rouge-brun. Quoiqu'elle ne se combine pas avec le bisulfite de sodium, on ne peut douter de sa nature aldéhydique, ainsi que le montre l'existence des deux dérivés suivants :

Anilide, $C^6H^2(CH^3)(OH)^2CH(AzC^6H^5)$. — On ajoute de l'aniline en léger excès à une solution alcoolique chaude d'orcylaldéhyde. Prismes jaunes, fusibles à 125-126°, presque insolubles dans l'eau.

Homoacétoxycoumarine,

$$C^{12}H^{10}O^4 = CH^3\text{-}C^6H^2 \begin{cases} OC^2H^3O \\ O \text{———————} \\ CH = CH\text{-}CO \end{cases}$$

— On fait bouillir pendant cinq heures un mélange de 1 p. d'orcylaldéhyde, 1 p. d'acétate de sodium fondu et 5 p. d'anhydride acétique. L'homoacétoxycoumarine cristallise en aiguilles incolores réunies en faisceaux, fusibles à 126°, peu solubles dans l'eau. Lorsqu'on introduit une goutte de potasse dans la solution aqueuse, qui est incolore, elle prend une fluorescence bleue analogue à celle que montre l'acétombelliférone dans les mêmes conditions [F. Tiemann et E. Helkenberg, *Deutsch. chem. Gesellsch.*, 1879, p. 999].

ORNITHINE. — Voyez ORNITHURIQUE.

ORNITHURIQUE (ACIDE), $C^{19}H^{20}Az^2O^4$. — Lorsqu'on fait ingérer de l'acide benzoïque à des poules, ces oiseaux n'excrètent pas d'acide hippurique, mais un acide particulier auquel Jaffé a donné le nom d'*acide ornithurique*. On trouvera dans le mémoire original la description du procédé assez compliqué à l'aide duquel on parvient à le retirer des excréments.

L'acide ornithurique est en très petites aiguilles incolores, anhydres. Il est extrêmement peu soluble dans l'eau, même à l'ébullition ; l'éther ne le dissout pas, l'acide acétique passablement; l'alcool bouillant en dissout une assez notable quantité et le laisse déposer en majeure partie par le refroidissement. Il fond vers 182°.

C'est un acide unibasique faible; sa solution rougit le tournesol. Les sels alcalins sont solubles et l'acide chlorhydrique en précipite l'acide à l'état cristallin, pourvu que le sel soit pur ; dans le cas contraire, il se forme d'abord un trouble laiteux qui se condense bientôt en une masse emplastique ne devenant cristalline qu'à la longue.

Ornithurate de calcium, $(C^{19}H^{19}Az^2O^4)^2Ca$. — Le mélange des solutions de chlorure de calcium et d'ornithurate ammonique ne se trouble pas à froid ; dès qu'on le fait bouillir, il se sépare des masses cristallines blanches du sel calcique. Une fois séparé, ce sel est extrêmement peu soluble dans l'eau.

Sel de baryum, $(C^{19}H^{19}Az^2O^4)^2Ba$. — Il diffère essentiellement du précédent, étant très soluble dans l'eau et même déliquescent à l'air. On le précipite sous forme de flocons blancs par addition d'éther anhydre à sa solution dans l'alcool absolu.

L'acide ornithurique est le dérivé dibenzoylé d'une base $C^5H^{12}Az^2O^2$, qui a reçu le nom d'*ornithine* et qui constitue probablement le produit diamidé d'un acide gras unibasique. Lorsqu'on fait bouillir l'acide ornithurique pendant quelques heures avec de l'acide chlorhydrique bouillant, on le dédouble suivant l'équation

$$C^{19}H^{20}Az^2O^4 + 2H^2O$$
$$= C^5H^{12}Az^2O^2 + 2C^7H^6O^2.$$

Mais si l'on cesse l'ébullition dès que la totalité de l'acide est entrée en dissolution, on n'en sépare que la moitié de l'acide benzoïque et l'on obtient le monobenzoylornithine,

$$C^{19}H^{20}Az^2O^4 + H^2O = C^{12}H^{16}Az^2O^3 + C^7H^6O^2.$$

ORNITHINE. — La base libre n'a pas été isolée à l'état de pureté ; elle est solide, déliquescente, faiblement alcaline, d'une saveur caustique et d'une odeur désagréable. Elle rougit à l'air et dissout aisément les oxydes d'argent et de cuivre. Avec les acides elle forme des sels cristallisables.

Chlorhydrate, $(C^5H^{12}Az^2O^2)^23HCl$. — L'éther le précipite de sa solution alcoolique en petites aiguilles, très hygroscopiques. Sa solution est acide ; neutralisée par l'ammoniaque, elle renferme le sel $C^5H^{12}Az^2O^2,HCl$, que l'alcool additionné d'une petite proportion d'éther précipite en lamelles brillantes.

Le chloroplatinate n'a pu être préparé.

Azotate, $C^5H^{12}Az^2O^2.AzO^3H$. — Lamelles incolores et larges.

Oxalate, $(C^5H^{12}Az^2O^2)^4(C^2H^2O^4)^3$. — Le chlorhydrate est agité avec de l'oxyde d'argent, le liquide filtré est traité par l'acide oxalique, et, après une nouvelle filtration, débarrassé par l'hydrogène sulfuré d'une petite quantité d'argent dissoute. La liqueur évaporée à un petit volume et précipitée par un mélange d'alcool et d'éther laisse séparer l'oxalate en petites lamelles ou en aiguilles.

Monobenzoylornithine, $C^5H^{11}(C^7H^5O)Az^2O^2$. — On fait bouillir l'acide ornithurique avec de l'acide chlorhydrique, on sépare, après refroidissement, l'acide benzoïque mis en liberté, on ajoute de l'eau, on évapore, et l'on répète à plusieurs reprises cette addition d'eau, suivie chaque fois d'une évaporation. Le dernier résidu est décoloré en solution aqueuse par le charbon animal et précipité par l'ammoniaque.

La monobenzoylornithine forme des aiguilles extrêmement déliées, très fragiles, très solubles dans l'eau, presque insolubles dans l'alcool et l'éther. Elle fond vers 225-230°. Elle forme des sels avec les acides minéraux [M. Jaffé, *Deutsch. chem. Gesellsch.*, 1877, p. 1925; 1878, p. 408].

A. Henninger.

OROSÉLONE, t. II, p. 651. Fondue avec de la potasse, elle se dédouble nettement en résorcine et acide acétique, d'après l'équation

$$C^{14}H^{10}O^3 + 3H^2O = 2C^6H^6O^2 + C^2H^4O^2$$

[H. Hlasiwetz, *Deutsch. chem. Gesellsch.*, 1874, p. 652].

ORSELLIQUE (ACIDE), $C^8H^8O^4$. — On a préparé synthétiquement un isomère de cet acide en fixant du gaz carbonique sur l'orcine, et on lui a donné le nom d'acide *paraorsellique*.

On chauffe à 132°, en vase clos, un mélange de 3 p. d'orcine, de 4 p. de carbonate ammonique et de 4 p. d'eau ; le produit de la réaction est fortement acidulé par l'acide sulfurique, épuisé par l'éther et la solution éthérée est agitée avec du carbonate de baryum et beaucoup d'eau. L'acide séparé du sel barytique est repris par l'éther, purifié par plusieurs cristallisations dans l'alcool avec addition de charbon animal, puis transformé de nouveau en sel barytique et précipité finalement par l'acide chlorhydrique. Rendement 55 °/₀ de l'orcine (Senhofer et Brunner).

Ce même acide se forme lorsqu'on fait passer du gaz carbonique sur de l'orcine potassique chauffée. L'orcine et la potasse, dans la proportion de molécule à molécule, sont chauffées dans une capsule de platine avec fort peu d'eau ; ce mélange étant additionné de charbon de bois granulé, on sèche la masse en remuant constamment. Introduite immédiatement dans un tube de verre, elle est séchée à 230-240° dans un courant d'hydrogène, et, à la fin, exposée pendant une heure et demie à l'action du gaz carbonique à une température de 250-260°. L'acide mis en liberté est purifié par des cristallisations dans l'eau en présence du charbon animal [H. Schwarz, *Deutsch. chem. Gesellsch.*, 1880, p. 1643].

L'acide paraorsellique, $C^8H^8O^4 + H^2O$, cristallise en fines aiguilles incolores, généralement courbées, qui perdent leur eau à 100° et fondent vers 151°; à la longue il se scinde dès 140-142° en orcine et gaz carbonique et finit par fondre à cette température. En solution aqueuse, il subit déjà à 100° ce même dédoublement, mais plus lentement. Il se dissout à froid dans 600 p. d'eau. Le chlorure ferrique le colore en bleu, l'acétate de plomb ne le précipite pas; le sous-acétate de plomb et le nitrate d'argent donnent des précipités blancs.

Paraorsellate de potassium, $C^8H^7O^4K$. — Aiguilles aplaties, très solubles dans l'eau, insolubles dans l'alcool. Le *sel ammoniacal* est en prismes volumineux, bien développés.

Sel de baryum, $(C^8H^7O^4)^2Ba + 6H^2O$. — Tables quadrilatères, très solubles, devenant anhydres à 110°. L'eau de baryte détermine dans la solution de ce sel la formation d'un précipité blanc, composé de fines aiguilles du *sel basique*,

$$(C^8H^5O^4)^2Ba^3 + 8H^2O;$$

sous l'eau ce sel devient gris, et rougeâtre sur le filtre; à 100° il brunit en perdant $2H^2O$.

Sel de cuivre, $(C^8H^7O^4)^2Cu + 4H^2O$. — Précipité cristallisant dans l'eau bouillante en fines aiguilles concentriques; avec l'ammoniaque il donne une solution verte, qui à l'air se colore en rouge [C. Scenhofer et C. Brunner, *Wien. Akad. Ber.*, 2e partie, t. LXXXI, p. 430]. A. Henninger.

ORTHO. — Pour les mots qui ne se trouvent pas ici à leur rang alphabétique, voyez le mot qui suit ou le mot générique.

ORTHOCARBONIQUE (ACIDE), $C(OH)^4$. — On ne connaît que ses éthers.

ORTHOFORMIQUE (ACIDE), $CH(OH)^3$. — Cet acide ne semble pas exister à l'état libre, pas plus que ses homologues, à moins que les hydrates des acides gras monobasiques n'aient cette constitution (*carbérines* de Grimaux). Mais on connaît ses éthers, dont l'éther de Kay est le type.

OSMIUM. — Pour obtenir l'osmium cristallisé, H. Sainte-Claire Deville et Debray font passer des vapeurs d'acide osmique, entraînées par un courant de gaz azote, à travers un tube de porcelaine contenant du charbon pur, obtenu par un passage préalable de vapeurs de benzine au rouge. L'osmium se dépose sur les parois charbonneuses du tube en trémies très fines, composées de cubes ou de rhomboèdres voisins du cube. Les cristaux sont d'un beau bleu teinté de gris; ils paraissent violets après plusieurs réflexions. Ils rayent le verre. Densité = 22,477.

Le tube contient généralement, en outre, des écailles d'un beau rouge de cuivre qui sont du sesquioxyde d'osmium résultant d'une réaction de l'osmium réduit sur l'acide osmique en excès.

En faisant passer à travers un tube chauffé au rouge des vapeurs d'acide osmique avec de l'oxyde de carbone mélangé de gaz carbonique, on obtient de l'osmium pulvérulent [*Compt. rend.*, t. LXXXII, p. 1076].

On obtient encore de l'osmium cristallisé en chauffant l'osmium amorphe avec de la pyrite. Il résulte, dans ce cas, de la réduction, sous l'influence de la chaleur, du sulfure d'osmium d'abord formé [Debray, *Compt. rend.*, t. XCV, p. 878]. On obtient par le même procédé des osmiures d'iridium, de composition variable, analogues aux osmiures naturels, qui sans doute ne constituent que des mélanges de corps isomorphes.

Action du zinc sur les osmiures d'iridium et sur l'osmium. — La dureté et la résistance des grains d'osmiure d'iridium rendent leur pulvérisation directe impossible. Il devient, au contraire, très facile de les diviser après qu'on les a fondus pendant quelque temps avec du zinc. H. Sainte-Claire Deville et Debray, à qui l'on doit la connaissance de ce fait, en ont repris l'étude [*Compt. rend.*, t. XCIV, p. 1557].

Il se produit un vif dégagement de chaleur quand on projette l'osmiure d'iridium dans le zinc chauffé au rouge sombre. Si après quelques heures de fusion on reprend le métal par l'acide chlorhydrique, le zinc se dissout avec violence et il reste une poudre graphitoïde formée des métaux de l'osmiure et retenant du zinc, que l'acide chlorhydrique ne peut leur enlever.

Ce résidu répand à 100° une légère odeur d'acide osmique. Chauffé vers 300°, il prend subitement feu, presque avec explosion, en émettant des vapeurs d'acide osmique et des fumées de zinc. Cette déflagration a lieu dans le vide (sans production évidemment de produits oxydés); elle doit donc être due à un changement d'état accompagné d'un grand dégagement de chaleur. Le même résidu n'est attaqué que partiellement par l'eau régale, mais il réagit violemment sur un mélange de potasse et de nitre en fusion.

L'osmium libre se dissout simplement dans le zinc fondu et l'acide chlorhydrique enlève tout le zinc au culot métallique. C'est le rhodium, et surtout l'iridium et le ruthénium, auxquels sont dus les phénomènes indiqués ci-dessus; ces métaux retiennent 10 à 12 % de zinc non éliminable par l'acide chlorhydrique et c'est ce résidu qui forme la matière explosible.

OSMIAMIDE. — Wolcott Gibbs admet dans ce composé le radical

$$OsO^2.4AzH^3, \quad \text{ou} \quad Os \begin{cases} O^2 \\ (AzH^3\text{-}AzH^3\text{-})^2, \end{cases}$$

qu'il nomme *osmyle-ditétramine*. Claus avait admis pour le chlorure la formule

$$OsCl^2.4AzH^3 + 2H^2O.$$

Cette formule n'est pas admissible, car le produit ne peut pas perdre son eau sans être entièrement détruit.

Le *chlorure*, $OsO^2(AzH^3\text{-}AzH^3Cl)^2$, est précipité par l'acide chlorhydrique concentré sous la forme d'une poudre orangée, soluble dans l'eau chaude acidulée, d'où il cristallise par le refroidissement en petits cristaux d'un jaune brun. Calciné, il laisse de l'osmium métallique. Le ferrocyanure de potassium produit avec le chlorure une coloration violette. La réaction est d'une extrême sensibilité et peut servir à la recherche de traces d'osmium dans un alliage.

Pour effectuer cette recherche, on fond l'alliage avec du nitre et de la potasse, au creuset d'argent; on distille la masse fondue avec de l'acide azotique, on traite le liquide distillé, renfermant l'acide osmique, par la potasse et l'alcool, pour produire l'osmite de potassium. On verse ensuite cette solution dans une solution de sel ammoniaque et on y ajoute le ferrocyanure de potassium.

Chloroplatinate, $OsO^2(Az^2H^6)^2PtCl^6$. — Cristaux orangés peu solubles.

Sulfate, $OsO^2(Az^2H^6)SO^4 + H^2O$. — Petits cristaux orangés peu solubles, obtenus en versant l'osmite de potassium dans une solution de sulfate ammonique.

Le *nitrate* est très instable.

L'oxalate, $OsO^2(Az^2H^6)C^2O^4$, forme de petits cristaux jaunes.

Lorsqu'on ajoute de l'ammoniaque à une solution d'osmite de potassium, puis un excès d'acide chlorhydrique qu'on neutralise de nouveau par l'ammoniaque, on obtient une solution qui donne des précipités cristallins avec l'acide oxalique, le chlorure d'or, le chlorure mercurique.

Ed. Willm.

OSTRUTHINE. — Principe cristallisé, différent de la peucédanine (t. II, p. 791), retiré par Gorup-Besanez de la racine d'*Imperatoria Ostruthium* [*Deutsch. chem. Gesellsch.*, 1874, p. 564; *Liebig's Ann.*, t. CLXXXIII, p. 321].

Préparation. — La racine, bien divisée, est mise en digestion avec de l'alcool à 80 centièmes. Après la distillation de l'alcool, il reste une masse visqueuse brune incristallisable; on l'épuise par l'éther et l'on additionne la solution éthérée de ligroïne jusqu'à ce qu'un trouble se produise. Au bout d'un certain temps, il se dépose une masse amorphe brune, et le liquide clair fournit par l'évaporation spontanée des cristaux tricliniques jaunâtres. On lave ces cristaux avec une petite quantité d'éther, on les fait sécher sur une plaque de gypse et on les fait recristalliser dans l'alcool. Lorsqu'on veut obtenir l'ostruthine pure, il faut la redissoudre dans la potasse, la précipiter par un courant de gaz carbonique, et la faire cristalliser une dernière fois dans l'alcool, en ajoutant de l'eau à la solution alcoolique jusqu'à ce qu'elle se trouble.

La composition de l'ostruthine répond à la formule empirique $C^{14}H^{17}O^2$. Ce corps cristallise en fines aiguilles soyeuses, ou, par l'évaporation lente de ses solutions alcoolique ou éthérée, en grands cristaux limpides, incolores, presque sans saveur, fusibles à 115° et se solidifiant à 91° en masses radiées. Chauffée au-dessus de son point de fusion, elle s'altère et émet des vapeurs désagréables à respirer. Elle est insoluble dans l'eau froide, presque insoluble dans l'eau bouillante, assez soluble dans l'alcool froid à 80 centièmes. Sa solution alcoolique est neutre et incolore, mais possède une fluorescence bleu clair: l'addition d'une petite quantité d'eau développe cette fluorescence que l'on peut comparer à celle de l'esculine. Elle n'agit pas sur la lumière polarisée. L'ostruthine est soluble dans l'éther, moins soluble dans la benzine et dans le pétrole. Les alcalis étendus la dissolvent; l'acide carbonique la précipite de ces solutions. L'acide sulfurique concentré la dissout sans altération et l'eau la précipite de cette solution.

Combinaisons de l'ostruthine. — L'ostruthine forme des combinaisons peu stables avec les alcalis; les solutions alcalines sont bleues, mais brunissent rapidement à l'air. L'ammoniaque la dissout et la laisse déposer par évaporation sous forme d'aiguilles aplaties.

Chlorhydrate, $C^{14}H^{17}O^2.HCl$. — La solution alcoolique concentrée d'ostruthine absorbe le gaz chlorhydrique en devenant brune et en perdant sa fluorescence. Abandonnée à elle-même, ou additionnée d'un peu d'eau, cette solution se prend en une masse cristalline blanche.

Les cristaux lavés à l'eau et redissous dans l'éther se déposent, par l'évaporation de celui-ci, en forme de choux-fleurs. Desséchés, ils constituent une poudre cristalline, d'aspect crayeux, sans odeur ni saveur. A la température de 85° environ, ils s'agglomèrent, brunissent et perdent leur acide chlorhydrique; à 100°, ils fondent en un liquide jaune qui se prend en une masse circuse par le refroidissement. Ils sont insolubles dans l'eau froide, solubles dans l'alcool chaud, dans l'éther, la benzine, le chloroforme. Ces solutions sont neutres; la solution alcoolique est précipitée par le nitrate d'argent. L'eau bouillante et les alcalis détruisent cette combinaison.

Le *bromhydrate* d'ostruthine se prépare comme le chlorhydrate, mais il est beaucoup moins stable. Il forme des agrégations sphéroïdales de petits cristaux blancs et brillants.

Acétyl-ostruthine, $C^{14}H^{16}(C^2H^3O)O^2$. — Pour obtenir ce dérivé, on fait bouillir au réfrigérant ascendant un mélange d'ostruthine et d'anhydride acétique; la liqueur, versée dans l'eau, fournit une huile jaunâtre très dense, qui se transforme en lamelles cristallines qu'on purifie par cristallisation dans l'alcool. La composition de ce dérivé monoacétylé indique la présence d'un groupe oxhydryle dans l'ostruthine.

L'acétyl-ostruthine cristallise en lamelles nacrées, irrégulières, fusibles à 78° et se concrétant de nouveau à 40-50°. Elle est insoluble dans l'eau froide, soluble dans l'alcool, surtout à l'ébullition, très soluble dans la benzine, l'éther, le chloroforme. Les alcalis la saponifient.

La potasse fondante décompose l'ostruthine avec formation de résorcine, d'acide acétique, et d'une petite quantité d'acide butyrique.

L'acide azotique fumant résinifie l'ostruthine; la résine formée se dissout à chaud, et l'on obtient de l'acide oxalique et un produit jaune pulvérulent de composition inconnue. L'acide azotique étendu de trois fois son volume d'eau transforme l'ostruthine à chaud en trinitrorésorcine.

Si l'on aspire des vapeurs de brome à travers une solution d'ostruthine, il se sépare une huile qui se dépose du sein de l'alcool en cristaux sphéroïdaux de la formule $C^{14}H^{13}Br^4O^2$.

W. Œchsner de Coninck.

OXALÉTHYLINE, OXALMÉTHYLINE. — Voyez p. 1109.

OXALIQUE (ACIDE) (voy. t. II, p. 670). — Tollens l'a obtenu en oxydant le phénol par le permanganate de potassium [*Zeitschr. Chem.*, 1868, p. 715], Wallach et Claisen l'ont trouvé dans les produits de l'oxydation de l'aniline et de la diméthylaniline par le même agent [*Deutsch. chem. Gesellsch*, 1875, p. 1236].

Cet acide se forme encore dans les circonstances suivantes :

1° Lorsqu'on oxyde l'acide lévulique au moyen de l'acide nitrique (Tollens);

2° Dans l'action de l'oxyde de carbone sur la chaux potassée en même temps que l'acide formique, lorsque la température s'élève trop [Merz et Tibiriça, *Deutsch. chem. Gesellsch.*, 1880, p. 23];

3° Par l'action de la chaleur sur le formiate de sodium, avec dégagement d'hydrogène [Erlenmeyer et Gütschow, *Chem. Centralblatt*, 1868, p. 420];

4° Par l'action prolongée de l'oxyde d'argent sur l'acide dibromobutyrique [Petrieff et Eghis, *Deutsch. chem. Gesellsch.*, 1875, p. 205];

5° En traitant la lévulose par l'oxyde d'argent à chaud [Kiliani, *Deutsch. chem. Gesellsch.*, 1880, p. 2307].

Birnbaum et Koken ont trouvé de l'acide oxalique dans la liqueur acide du trop-plein des appareils à vide des sucreries [*Deutsch. chem. Gesellsch.*, 1875, p. 83].

Lorsqu'on dissout l'acide oxalique dans 12 parties d'acide sulfurique concentré et chaud, la solution laisse déposer au bout de quelque temps des octaèdres rhombiques volumineux de la formule $C^2H^2O^4 + 2H^2O$ [Villiers, *Compt. rend.*, t. XC, p. 821 et 882; *Bull. Soc. chim.*, t. XXXIII, p. 415].

D'après Rüdorff, la densité de l'acide est de 1,531 [*Deutsch. chem. Gesellsch.*, 1879, p. 251]. Clarke indique 1,653 [*Ibid.*, 1879, p. 1399]. Sa chaleur de combustion est de 73,7 cal. (Berthelot). Sa solution dissout l'ozone, et cette solution se garde mieux à la lumière qu'à l'obscurité [Ermine, *Bull. Soc. chim.*, t. XXIX, p. 536].

Réduit par le zinc, il donne de l'acide glycolique [Crommydis, *Bull. Soc. chim.*, t. XXVI, p. 530].

En présence de chair et de craie, l'acide oxalique fermente sous l'influence des microzymas et donne de l'acide formique (Béchamp).

Fondu avec de l'urée, il donne, d'après Guareschi, de l'acide oxalurique [*Deutsch. chem. Gesellsch.*, 1877, p. 1200].

Roger a substitué l'acide oxalique à l'acide nitrique dans une pile de Grove et a constaté sa réduction en acide formique. Cette réduction s'accompagne de dégagement d'hydrogène, mais pas d'acide carbonique

Emmerling ayant observé que l'acide oxalique libre décompose les azotates de potassium et de sodium, même en solution très étendue, conclut à l'existence de l'acide nitrique libre dans les sucs végétaux [*Deutsch. chem. Gesellsch.*, 1872, p. 781].

Schoras a observé que, sous l'influence de la lumière solaire, l'acide oxalique convertit le chlorure mercurique en sel mercureux et qu'il décolore subitement une solution de bleu de Prusse [*Deutsch. chem. Gesellsch.*, 1870, p. 12].

OXALATES. — Bunge a soumis un grand nombre d'oxalates à l'électrolyse en solution aqueuse, et a remarqué qu'au pôle positif il se dégage soit un mélange d'acide carbonique et d'oxygène, soit de l'oxygène seul, tandis qu'au pôle négatif il se dégage toujours de l'hydrogène. Avec l'augmentation de la surface de l'électrode, l'élévation de la température, la concentration de la solution et la vitesse du courant, la quantité d'oxygène diminue et celle du gaz carbonique augmente [*Bull. Soc. chim.*, t. XXVI, p. 450].

D'après Lawrence Smith, on peut transformer les sulfates des métaux alcalins en oxalates, en faisant bouillir la solution d'abord avec le carbonate de baryum, puis avec de l'acide oxalique [*Amer. Chemist*, t. III, p. 241].

Oxalate d'argent. — Il forme une combinaison avec la sulfo-urée (voyez t. III, p. 126). Le brome le transforme en gaz carbonique et en bromure d'argent (Bunge). Chauffé avec une quantité équivalente d'iode, il donne du gaz carbonique et de l'iodure d'argent (Birnbaum et Gaier).

Oxalate de baryum. — Clarke et Keller ont obtenu un sel double d'oxalate de baryum et de chrome différent de celui décrit par Rees Reece (t. II, p. 675). Ce sel se présente sous deux modifications, l'une vert foncé, l'autre vert clair. Les deux formes sont en aiguilles soyeuses. Le sel vert foncé renferme $12H^2O$, sa densité est de 2,372 à 27°. Le sel vert clair possède la densité 2,896 à 28° et renferme $Ba^3Cr^2C^{12}O^{24} + 7H^2O$ [*Deutsch. chem. Gesellsch.*, 1881, p. 36; *Bull. Soc. chim.*, t. XXXVI, p. 441].

On prépare ces sels en substituant l'oxalate de potassium à l'oxalate d'ammonium dans la préparation du sel de Rees-Reece.

Clarke décrit un troisième sel, également vert, de la formule $Ba^3Cr^2C^{12}O^{24} + 6H^2O$, qui se dépose en aiguilles soyeuses, lorsqu'on mélange les solutions concentrées du sel double de potassium et de chrome et l'oxalate de baryum. Les solutions chaudes et étendues donnent un sel qui semble renfermer $8H^2O$.

Lorsqu'on mélange des solutions chaudes des oxalates doubles de chrome et de baryum, de chrome et de potassium, on obtient par le refroidissement des aiguilles d'un bleu vert pâle renfermant $Cr^2Ba^2K^2(C^2O^4)^6 + 5$ ou $6H^2O$ [Clarke, *Deutsch. chem. Gesellsch.*, 1881, p. 1639; *Bull. Soc. chim.*, t. XXXVII, p. 119].

Oxalate de cadmium. — Sa densité est de 3,310 à 17°, et de 3,320 à 18° (Clarke).

Oxalate de calcium. — Vesque a obtenu ce sel sous divers aspects cristallins, dont quelques-uns ressemblent aux concrétions végétales, en mélangeant très lentement, soit par diffusion, soit par capillarité, les solutions de chlorure de calcium et d'oxalate de potassium [*Compt. rend.*, t. LXXVIII, p. 149 et 300].

Oxalate de calcium, de chrome et de potassium,

$$CaCrK(C^2O^4)^3 + 4H^2O.$$

— Hartley a obtenu ce nouveau sel en mélangeant les solutions d'oxalate chromopotassique bleu et d'oxalate de calcium, soit en faisant bouillir de l'oxalate calcique récemment précipité avec une solution de dichromate de potassium. Il cristallise en prismes verts qui perdent leur eau dans le vide et deviennent violets. Il se dissout dans 22 parties d'eau à 16°, dans 5 parties à 100°. Ces cristaux montrent du pléochroïsme [*Proceed. Roy. Soc.*, t. XXI, p. 499].

Oxalate de cobalt. — Freeman a donné les densités suivantes : 2,325 à 19°, 2,296 à 20°,5 [*Deutsch. chem. Gesellsch.*, 1879, p. 1390].

Oxalate d'erbium. — Il est soluble dans 327 parties d'acide chlorhydrique étendu (Cleve et Höglund).

Oxalate d'étain. — Sa densité est de 3,558 à 18°, de 3,576 à 22°,4 et de 3,584 à 23° (Wilson).

Oxalates de glucinium. — Atterberg a signalé des sels basiques, dont un soluble, l'autre insoluble. Il a également obtenu le sel neutre de Vauquelin à l'état cristallisé [*Deutsch. chem. Gesellsch.*, 1874, p. 474].

Oxalate de manganèse. — Densité, 2,453 à 20°, 2,457 à 21°,7 (Irsemann).

Oxalate de nickel. — Densité, 2,235 à 18°,5, 2,218 à 19°, 2,228 à 19°,5 (Irsemann).

Oxalate de potassium. — D'après Thomsen, la dissolution du sel neutre dans 800 molécules d'eau, à 18° absorbe 7410 cal. [*Deutsch. chem. Gesellsch.*, 1873, p. 712]. Chauffé avec de l'éthylate de sodium, il donne de l'acide propionique [Van't Hoff, *Deutsch. chem. Gesellsch.*, 1873, p. 1107].

Sa solution, bouillie avec de l'oxalate ferreux, donne une solution d'un sel double de fer et de potassium qui réduit rapidement les chlorures, bromures et iodures d'argent, de platine et de mercure; le bleu de Prusse et de Turnbull, ainsi que l'indigo, sont décolorés par cette solution [Eder, *Monatshefte Chem.*, t. Ier, p. 137; *Bull. Soc. chim.*, t. XXXIV, p. 236].

Oxalate de strontium et de chrome,

$$Sr^3Cr^2(C^2O^4)^6 + 12H^2O.$$

— Il se dépose en aiguilles soyeuses vertes lorsqu'on mélange des solutions étendues et froides d'oxalate potassico-chromique et de chlorure de strontium. Si l'on opère avec des solutions chaudes et concentrées, on obtient un sel avec $10H^2O$, qui est peut-être un mélange du premier avec un sel renfermant $6H^2O$ [Clarke, *loc. cit.*].

Oxalate de strontium, de chrome et de potassium. — Les eaux mères des sels précédents fournissent après concentration, par le repos, des croûtes cristallines vertes de la formule

$$Sr^2Cr^2K^2(C^2O^4)^6 + 11H^2O.$$

Ce sel était un peu effleuri et contient normalement peut-être $12H^2O$ [Clarke, *loc. cit.*].

Oxalate d'yttrium. — Il est soluble dans 494p,6 d'acide chlorhydrique étendu [Cleve et Höglund, *loc. cit.*].

Oxalate de zinc. — Densités : 2,582 à 17°,5, 2,562 à 2?°,5 (Wilson). M. Wassermann.

OXALIQUES (AMIDES). — Voyez t. II, p. 683. — Nous décrivons ici l'oxamide et l'acide oxamique.

I. — Oxamide.

L'oxamide et ses dérivés de substitution ont été l'objet d'une étude très approfondie de la part de Wallach et de ses collaborateurs. En dehors de quelques nouveaux produits de substitution résultant de l'introduction de radicaux alcooliques dans les groupes AzH^2 de l'oxamide, ces chimistes ont fait connaître une série de bases chlorées et une autre de bases non chlorées, bases qui se forment par l'action du perchlorure de phosphore sur les oxamides disubstituées. Faisons observer de suite que les oxamides monosubstituées ne donnent pas de bases dans cette réaction, et que la formation de ces dernières se trouve également empêchée lorsque les radicaux qui remplacent l'hydrogène du groupe AzH^2 sont du phényle (comme dans la diphényloxamide), tandis que la présence d'un groupe C^6H^5, dans les oxamides disubstituées symétriques, l'autre radical, étant de la série grasse, ne nuit pas à la formation des bases [Wallach, *Deutsch. chem. Gesellsch.*, 1881, p. 735].

Ces travaux ont été entrepris pour étudier les phases de la transformation des amides en nitriles par l'action du perchlorure de phosphore. Les généralités qui ont trait à ce sujet se trouvent consignées dans l'article AMIDINES (Suppl. p. 114).

MÉTHYLOXAMIDES. — *Monomethyloxamide*, $(C^2O^2)AzH^2.AzH.CH^3$. — Elle est en aiguilles microscopiques qui se forment par l'action de l'ammoniaque aqueuse sur l'éther méthyloxamique. Elle fond à 227-229°, peut être sublimée et est peu soluble dans l'eau, l'alcool et l'éther [Wallach et West, *Liebig's Ann.*, t. CLXXXIV, p. 57].

Diméthyloxamide, $(C^2O^2)(AzH.CH^3)^2$. (Voyez t. II, p. 684). — Elle fond à 209-210°.

Traitée par le perchlorure de phosphore dans les conditions que nous décrirons en traitant de la diéthyloxamide, elle fournit une base, la *chloroxalméthyline* $C^4H^5ClAz^2$, qui bout à 204-205°. La chloroxalméthyline est très soluble dans l'eau, l'alcool, l'éther et le chloroforme; avec l'acide sulfurique elle donne un liquide fluorescent. Elle possède une odeur narcotique.

On a décrit un *chlorhydrate* $C^4H^5ClAz^2.HCl$, qui est en prismes, un oxalate et un chloroplatinate $[C^4H^5ClAz^2.HCl]^2PtCl^4$. La chloroxalméthyline donne des précipités avec les sels métalliques. Son *iodométhylate*, $C^4H^5ClAz^2.CH^3I$, est en aiguilles blanches, fusibles à 203°, et donne un polyiodure rouge et un polybromure jaune [O. Wallach et A. Bœhringer, *Liebig's Ann.*, t. CLXXXIV, p. 50].

La densité de la chloroxalméthyline est de 1,2473 à 16°; sa densité de vapeur est de 4,10 (calc. 4,02) [Wallach et Schulze, *Deutsch. chem. Gesellsch.*, 1881, p. 420].

OXALMÉTHYLINE, $C^4H^6Az^2$. — Cette base se forme par l'action de l'iode et du phosphore rouge sur l'iodhydrate de chloroxalméthyline en tubes scellés à 135-140°. C'est un liquide bouillant à 197-198°, d'une densité de 1,036, peu miscible à l'eau. Son chloroplatinate, $(C^4H^6Az^2.HCl)^2PtCl^4$, est en prismes solubles dans l'eau chaude et l'alcool additionné d'acide chlorhydrique. Sa combinaison avec le chlorure de zinc fond à 128°; distillée avec de la chaux, elle donne une base de la formule $C^4H^6Az^2$, du pyrrol, mais pas d'éthylène comme l'oxaléthyline. La base $C^4H^6Az^2$ qui se forme est isomérique avec l'oxalméthyline; il en sera question à propos de l'oxaléthyline.

L'*iodométhylate d'oxalméthyline* est une masse cristalline qui, traitée successivement par le chlorure d'argent et le chlorure de platine, donne un *chloroplatinate*, $(C^4H^6Az^2.CH^3Cl)^2PtCl^4$; ce dernier est en lamelles rhombiques [Wallach et Schulze, *Deutsch. chem. Gesellsch.*, 1881, p. 420].

D'après les recherches récentes de Wallach [*Deutsch. chem. Gesellsch.*, 1882, p. 644], l'oxalméthyline est identique avec la méthylglyoxaline.

ÉTHYLOXAMIDES. — MONOÉTHYLOXAMIDE,

$$(C^2O^2).AzH^2.AzHC^2H^5.$$

— Elle a été obtenue par l'action de l'ammoniaque aqueuse sur l'éthyloxaméthane, ainsi que par l'action de l'éthylamine gazeuse sur une solution alcoolique refroidie d'oxaméthane. Après cristallisation dans l'alcool étendu d'eau, elle se présente en aiguilles flexibles, fusibles vers 202-203° [Wallach et West, *loc. cit.*].

DIÉTHYLOXAMIDES. — On en a décrit deux: la symétrique et la dissymétrique. La première, l'α-*diéthyloxamide*,

$$\begin{matrix} CO.AzHC^2H^5 \\ CO.AzHC^2H^5, \end{matrix}$$

a été le point de départ des études de Wallach. Lorsqu'on en mélange 1 molécule avec 2 molécules de perchlorure de phosphore, le mélange se liquéfie en laissant dégager des vapeurs d'acide chlorhydrique. Lorsqu'on ajoute de l'eau à ce liquide clair jaunâtre, l'oxychlorure se décompose et de la diéthyloxamide se dépose. Celle-ci est sans doute régénérée par l'action de l'eau sur un chlorure,

$$\begin{matrix} CCl^2.AzH.C^2H^5 \\ CCl^2.AzH.C^2H^5 \end{matrix}$$

qui est le produit direct de l'action du perchlorure sur l'éthyloxamide. Le liquide qui renferme cette chlorodiéthyloxamide étant légèrement chauffé à l'abri de l'eau, une nouvelle réaction se manifeste : du gaz chlorhydrique se dégage et l'on obtient finalement un liquide brun foncé. On sépare alors l'oxychlorure de phosphore par distillation, et il reste une masse brune qui constitue le chlorhydrate d'une base énergique.

Pour isoler la base, on peut suivre deux procédés :

1° On dissout le résidu dans l'eau, on neutralise par le carbonate de sodium, on évapore au bain-marie, on épuise par l'alcool, on filtre et on chasse l'alcool. Le résidu distillé sur la potasse fournit la base.

2° On peut épuiser la solution aqueuse du chlorhydrate par le chloroforme, après décomposition préalable par la potasse, chasser le chloroforme et distiller le résidu sur la baryte caustique.

On obtient ainsi un liquide oléagineux qui se prend en cristaux par le refroidissement. C'est la chloroxaléthyline.

Chloroxaléthyline, $C^6H^9ClAz^2$. — Cette base bout à 217-218°. Sa densité est de 1,1420 à 15°. Elle est douée d'une odeur narcotique et se dissout dans l'alcool, l'éther, le chloroforme et dans beaucoup d'eau. Elle dissout le soufre et le caoutchouc.

L'équation suivante peut rendre compte de la formation de ce corps et de sa constitution :

$$\begin{matrix} CCl^2\text{-}AzH.C^2H^5 \\ CCl^2\text{-}AzH.C^2H^5 \end{matrix} = 3HCl + \begin{matrix} ClC = Az\text{-}C^2H^4 \\ HC = Az\text{-}C^2H^4. \end{matrix}$$

La formule attribuée ici à la chloroxaléthyline est une de celles que discute Wallach.

Le *chlorhydrate*, $C^6H^9ClAz^2.HCl$, est en aiguilles renfermant de l'eau qu'elles perdent sur l'acide sulfurique; le sel anhydre est très hygroscopique et peut être sublimé et distillé.

Le *chloroplatinate*, $(C^6H^9ClAz^2.HCl)^2PtCl^4$, cristallise en prismes. L'*azotate* et le *sulfate* sont sirupeux, et l'*oxalate* est en aiguilles blanches, le *picrate* en aiguilles jaunes.

La solution aqueuse de la base donne des précipités avec beaucoup de sels métalliques. Ceux formés avec le nitrate d'argent et le chlorure mercurique sont en aiguilles, après cristallisation; leurs formules sont $(C^6H^9ClAz^2)^2AgAzO^3$ et $(C^6H^9ClAz^2)HgCl^2$. Il existe aussi un composé $C^6H^9ClAz^2.HCl.4HgCl^2$.

Iodométhylate, $C^6H^9ClAz^2.CH^3I$. — Il prend naissance, par une réaction violente, lorsqu'on mélange la base libre avec de l'iodure de méthyle. On purifie le produit par cristallisation dans l'alcool. La potasse bouillante le décompose en donnant de l'éthylamine. Le brome et l'iode ajoutés à la solution alcoolique donnent un polybromure et un polyiodure.

L'*iodéthylate* est en lamelles déliquescentes; le *bromethylate* se forme à 100°; il est très hygroscopique [O. Wallach, *Liebig's Ann.*, t. CLXXXIV, p. 33-50].

La chloroxaléthyline oxydée au moyen du permanganate de potassium donne la monoéthyloxamide et un acide non étudié, fusible à 111-112° et qui se sublime au bain-marie [Wallach et Schulze, *Deutsch. chem. Gesellsch*, 1880, p. 514].

Elle forme un sel double avec le chlorure de

zinc, qui, distillé avec de la chaux, fournit de l'ammoniaque, du pyrrol, et une base cristalline fusible à 136°, bouillant à 268°, de la formule $C^4H^6Az^2$, isomérique avec l'oxalméthyline : c'est la *para-oxalméthyline* [Wallach et Schulze, *Deutsch. chem. Gesellsch.*, 1881, p. 420].

En solution dans le sulfure de carbone, la chloroxaléthyline absorbe le brome, et après évaporation du sulfure de carbone il reste une masse cristalline rouge, qui se sépare en deux composés par cristallisation dans le chloroforme. L'un d'eux est en aiguilles rouges de la formule $C^6H^9ClAz^2Br^4$, fusibles à 112-113°, l'autre en cristaux rouges de la formule $C^6H^8ClAz^2Br^3$, fusibles à 132-133°. Tous deux sont solubles dans l'alcool, l'éther, le chloroforme et le sulfure de carbone. Le corps fusible à 132° est un *tribromure* qui fixe les éléments de l'acide bromhydrique et se convertit en un bromhydrate qui est le corps fusible à 112°. Traités par l'eau, ils perdent tous deux de l'acide bromhydrique et donnent le ***bromhydrate de bromochloroxaléthyline,***

$$C^6H^8BrClAz^2.HBr.$$

La potasse sépare la base de ce sel sous la forme d'une huile qui se prend en masse. Cette base est peu soluble dans l'eau, soluble dans l'alcool. Son *chlorhydrate* est en prismes, l'*azotate* en aiguilles. Le *chloroplatinate* $(C^6H^8BrClAz^2.HCl)^2PtCl^4$ est en lamelles. Elle forme une combinaison avec le nitrate d'argent, $(C^6H^8BrClAz^2)^2AgAzO^3$, qui se dépose de sa solution alcoolique en prismes brillants. Le bromhydrate, traité par le brome en solution aqueuse donne le bromhydrate du tribromure. Dans quelques préparations des bromures primitifs, il s'est formé un corps qui paraît être un *dibromure* [O. Wallach et Oppenheim, *Deutsch. chem. Gesellsch.*, 1877, p. 1193].

La chloroxaléthyline en solution dans l'essence de pétrole, traitée par le sodium, donne une masse noire au bout de quelques jours. L'essence étant décantée et épuisée, ainsi que la masse noire, par l'acide chlorhydrique étendu, cède une base à celui-ci. La potasse la met en liberté et le chloroforme l'extrait du liquide alcalin. Après évaporation du chloroforme, la base passe à la distillation au-dessus de 300°. Elle fournit un chloroplatinate de la formule $(C^6H^9Az^2)^22HCl+PtCl^4$ et serait donc la *dioxaléthyline* [Wallach et Oppenheim, *loc. cit.*].

OXALÉTHYLINE, $C^6H^{10}Az^2$. — On l'obtient par réduction de l'iodhydrate de chloroxaléthyline. On dessèche au bain-marie ce sel, qui renferme une molécule d'eau, et l'on chauffe le sel anhydre en tubes scellés avec de l'iodure de phosphonium, ou seulement avec du phosphore rouge. Le produit de la réaction est rendu alcalin et épuisé ensuite par le chloroforme. Après avoir chassé le chloroforme, on obtient une huile qui bout entre 212 et 213°. C'est l'*oxaléthyline*. Cette base, soluble dans l'eau, possède une densité de 0,9820, et donne des précipités avec les sels métalliques. Son *chlorhydrate* est hygroscopique; le *chloroplatinate* $(C^6H^{10}Az^2.HCl)^2PtCl^4$ est en cristaux rougeâtres. L'azotate est en aiguilles transparentes. L'*iodhydrate* est hygroscopique. L'oxaléthyline forme des sels doubles avec le nitrate d'argent et le chlorure de cadmium [Wallach et Stricker, *Deutsch. chem. Gesellsch.*, 1880, p. 511].

L'oxaléthyline s'unit violemment à l'iodure de méthyle et donne l'*iodométhylate* $C^6H^{10}Az^2.CH^3I$. C'est donc une base tertiaire. Avec l'iode, cet iodométhylate donne un *polyiodure*. Elle absorbe le brome pour former une base bromée. Le chlorhydrate d'oxaléthyline forme avec le chlorure de zinc un sel double fusible à 159-160°. Ce sel, distillé avec de la chaux, donne des gaz parmi lesquels on a reconnu l'ammoniaque et l'éthylène. Il se forme en même temps un peu de pyrrol et d'acide cyanhydrique, ainsi qu'une base, $C^4H^6Az^2$, fusible à 136°, bouillant à 268°, qui est identique avec la para-oxalméthyline dont il a été question plus haut [Wallach et Schulze, *loc. cit.*].

Isochloroxaléthyline. — Quelquefois dans la préparation de la chloroxaléthyline, surtout lorsqu'on isole la base par distillation de son chlorhydrate sur la potasse solide, il se forme une base isomérique insoluble dans l'essence de pétrole; isolée de son chlorhydrate, elle se transforme en chloroxaléthyline [Wallach et Stricker, *loc. cit.*].

Bromoxaléthyline, $C^6H^9Az^2Br$. — On l'obtient par l'action du perbromure de phosphore sur l'α-diéthyloxamide. Elle est en cristaux et distille difficilement. Dans sa préparation il se forme un liquide rouge-brun qui se prend en cristaux par le refroidissement. Ces cristaux semblent renfermer $C^2Br^4Az^2H^2(C^2H^5)^2$ et $C^2Br^2Az^2(C^2H^5)^2$ [O. Wallach, *Deutsch. chem. Gesellsch.*, 1876, p. 1213].

SULFODIÉTHYLOXAMIDE, $(C^2S^2)Az^2H^2(C^2H^5)$. — A l'article AMIDINES il est dit qu'un des produits intermédiaires de la transformation des amides en nitriles par l'action du perchlorure de phosphore serait le chlorure d'amide mentionné page 1109. Ce composé n'a pu être isolé, mais son existence peut être démontrée indirectement. Lorsqu'on traite la diéthyloxamide par le perchlorure de phosphore, la première phase de la réaction s'annonce par la liquéfaction du mélange. Si alors on refroidit fortement, qu'on fasse dissoudre dans la benzine et passer du gaz sulfhydrique dans la solution aussi longtemps qu'il se dégage de l'acide chlorhydrique, on obtient des lamelles orangées fusibles à 54°, de la formule $(C^2S^2)Az^2H^2(C^2H^5)^2$, qui correspondent au chlorure d'amide. Traité par le bromure d'éthyle et l'éthylate de sodium, ce composé donne un corps qui paraît être

$$(C^2S^2)(C^2H^5)^2Az^2(C^2H^5)^2$$

et qui bout au delà de 250° [Wallach et Pirath, *Deutsch. chem. Gesellsch.*, 1879, p. 1063].

β-DIÉTHYLOXAMIDE,

$$\begin{matrix}CO.Az(C^2H^5)^2\\ CO.AzH^2.\end{matrix}$$

— Elle se forme, d'après Wallach, lorsqu'on traite le diéthyloxamate d'éthyle par l'ammoniaque aqueuse. Après cristallisation dans l'eau elle se présente en prismes fusibles à 126-127°, et bout à 266-268°. Le perchlorure de phosphore la convertit en chloroxaléthyline, identique avec celle dérivant de l'α-diéthyloxamide. Du reste, le nitrile correspondant, $COAz(C^2H^5)^2-CAz$, donne également la même base [Wallach, *Deutsch. chem. Gesellsch.*, 1881, p. 735].

TRIÉTHYLOXAMIDE, $C^2O^2.Az(C^2H^5)^2.AzHC^2H^5$. — Elle se forme par l'action de l'éthylamine aqueuse sur le diéthyloxamate d'éthyle. C'est un liquide bouillant à 259-260°, très soluble dans l'eau, que le perchlorure de phosphore transforme en chloroxaléthyline [Wallach, *ibid.*].

ÉTHYLMÉTHYLOXAMIDE,

$$C^2O^2.AzHCH^3.AzHC^2H^5.$$

— Wallach et West ont préparé cette amide en traitant l'éthyloxamate d'éthyle par la méthylamine, ainsi qu'en faisant réagir l'éthylamine sur le méthyloxamate d'éthyle. Après cristallisation dans l'alcool, elle se présente sous forme d'aiguilles fusibles à 155-157° [*loc. cit.* et *Deutsch. chem. Gesellsch.*, 1876, p. 262]. Traitée par le perchlorure de phosphore, elle donne la *chloroxalméthyléthyline*, $C^5H^7ClAz^2$, qui bout à 212-213°, et fournit des sels analogues à ceux dérivant de la chloroxaléthyline [Wallach et West, *loc. cit.*].

DIPROPYLOXAMIDE. — Elle fond à 162° et donne la *chloroxalpropyline*, $C^8H^{13}ClAz^2$, peu soluble dans l'eau et bouillant à 235°. Le sel double formé avec le nitrate d'argent est en aiguilles; le *chloroplatinate*, $(C^3H^{13}ClAz^2.HCl)^2PtCl^4$, est en cristaux jaunes [Wallach et Schulze, *loc. cit.*].

Wallach attribue à la chloroxalpropyline la constitution suivante :

$$
\begin{array}{l}
\quad\;\; C = Az(C^3H^7) \\
\quad\;\; / \quad \backslash \\
Cl-C \quad\; CH^2 \\
\quad\; | \qquad\;\; \| \\
\quad Az \quad\; CH^2 \\
\quad\;\; \backslash \quad / \\
\qquad CH^2
\end{array}
$$

[*Deutsch. chem. Gessellsch.*, 1880, p. 524]. Les autres bases auraient une constitution analogue.

Oxalpropyline, $C^8H^{14}Az^2$.— Elle bout à 229-230° et possède une densité de 0,952 à 17°, sa densité de vapeur est de 4,80. Elle donne un sel double avec le chlorure de zinc, ainsi qu'un iodométhylate et un composé $(C^8H^{14}Az^2\,CH^3Cl)^2PtCl^4$.

DIISOAMYLOXAMIDE. — Ce corps, fusible à 129°, fournit la *chloroxalamyline*, $C^{12}H^{21}ClAz^2$, qui est un liquide bouillant à 265-270°, insoluble dans l'eau; son *chlorhydrate* est peu soluble. [Wallach et Schulze, *loc. cit.*].

DIALLYLOXAMIDE. — Elle se forme par l'action de l'allylamine sur l'oxalate d'éthyle. Elle cristallise en lamelles fusibles à 154° et bout à 274°. Elle donne le bromure $(C^2O^2)Az^2H^2(C^3H^5Br^2)^2$ lorsqu'on ajoute du brome à sa solution dans le chloroforme. Ce bromure ne se dissout que dans l'acide acétique glacial.

Chloroxalallyline, $C^8H^9ClAz^2$. — Elle se forme par l'action du perchlorure de phosphore sur la diallyloxamide, et fournit l'*oxalallyline* $C^8H^{10}Az^2$ [Wallach et Stricker, *loc. cit.*].

MONOPHÉNYLOXAMIDE (voyez t. II, p. 685). — Elle se forme par l'action de l'ammoniaque sur le phényloxaméthane ou sur les chlorures de l'acide phényloxamique (voyez plus loin ce mot). Elle cristallise en aiguilles fusibles à 224° [Klinger, *Liebig's Ann.*, t. CCXXXIV, p. 261-285].

DIPHÉNYLOXAMIDE (voyez t. II, p. 685). — Elle se forme par l'action de l'aniline sur les chlorures d'amide et d'imide du phényloxaméthane. Elle fond à 245° [Klinger, *loc. cit.*]. En même temps il se forme le composé

$$
\begin{array}{l}
C \lessgtr \begin{array}{l} AzHC^6H^5 \\ AzC^6H^5 \end{array} \\
| \\
CO.AzHC^6H^5,
\end{array}
$$

qui fond à 234-235°. L'ébullition avec l'eau le transforme en oxanilide et en aniline (Klinger).

MÉTHYLPHÉNYLOXAMIDE,

$$(C^2O^2)AzHCH^3.AzHC^6H^5.$$

— Aiguilles soyeuses, fusibles à 179-181 [Wallach et West, *loc. cit.*].

ÉTHYLPHÉNYLOXAMIDE,

$$(C^2O^2)AzHC^2H^5.AzHC^6H^5.$$

— Elle se forme lorsqu'on traite l'éthyloxamate d'éthyle par l'aniline (Wallach et West) ou lorsqu'on fait réagir l'éthylamine sur le phényloxaméthane (Klinger). Elle est en aiguilles blanches, fusibles à 169-170°. Traitée par le perchlorure de phosphore et puis par l'hydrogène sulfuré, elle donne une *sulfamide* de la formule $(C^2S^2)AzHC^2H^5.AzHC^6H^5$, qui cristallise en tables rouges, fusibles à 30-37°. On a également transformé l'éthylphényloxamide, d'après les procédés déjà décrits, en une base de la formule $C^{10}H^9ClAz^2$ [Wallach, *loc. cit.*].

Monoparamidodiméthylphényloxamide,

$$
\begin{array}{l}
CO-AzHC^6H^4.Az(CH^3)^2 \\
| \\
CO-AzH^2
\end{array}
$$

— Ce composé se forme par l'action de l'ammoniaque alcoolique sur l'éther diméthylparaphénylène-diamine-oxamique. Après cristallisation dans l'alcool, elle se présente sous forme de mamelons fusibles à 257-259°, peu solubles dans l'alcool et l'éther, solubles dans la benzine bouillante. Le *chlorhydrate* et le *sulfate* sont en cristaux jaunes ou roses [Sendtner, *Deutsch. chem. Gesellsch.*, 1879, p. 532].

Diparamidodiméthylphényloxamide,

$$(C^2O^2)[AzH.C^6H^4Az(CH^3)^2].$$

— Elle se forme en même temps que l'éther de l'acide diméthylparaphénylène-diamine-oxamique (voyez Suppl., p. 1115). Elle forme une poudre cristalline qui ne fond pas encore à 270°. Elle est soluble dans l'alcool, la benzine et le chloroforme bouillant. Ses sels sont solubles dans l'eau [Sendtner, *loc. cit.*].

II. — ACIDE OXAMIQUE.

Voyez t. II, p. 687.— D'après Engel, l'acide oxamique se forme par l'oxydation du glycocolle au moyen du permanganate de potassium [*Compt. rend.*, t. LXXIX, p. 808].

OXAMATE D'ÉTHYLE [Syn. *Oxaméthane*, voyez t. II, p. 687]. — L'oxaméthane traitée par l'anhydride phosphorique donne du cyanocarbonate d'éthyle d'après Weddige [*Deutsch. chem. Gesellsch.*, 1872, p. 806]. Le perchlorure de phosphore opère la même transformation [Henry, *Deutsch. chem. Gesellsch.*, 1872, p. 948].

Cette transformation n'est pas aussi simple que la réaction suivante semble l'indiquer :

$$
\begin{array}{l} CO^2C^2H^5 \\ | \\ COAzH^2 \end{array} + PCl^5 = \begin{array}{l} CO^2C^2H^5 \\ | \\ CAz \end{array} + POCl^3 + 2HCl.
$$

Wallach a étudié cette réaction et il a pu obtenir un corps de la formule $CO^2C^2H^5-CCl^2.AzH^2$ qui, par perte d'acide chlorhydrique, fournit l'éther cyanocarbonique. Lorsqu'on mélange du perchlorure de phosphore avec de l'oxaméthane, la masse finit par se liquéfier; si alors on y ajoute de l'essence de pétrole, il se dépose des cristaux blancs qui, lavés à l'essence de pétrole, donnent à l'analyse des chiffres correspondant à la formule indiquée. Ce corps n'est pas pur, étant trop instable pour qu'on puisse le purifier complètement. Il a reçu le nom de *chlorure d'oxaméthane*. Chauffé, il donne du cyanocarbonate d'éthyle; si l'élévation de température n'a pas été trop forte, il perd seulement les éléments de 1 molécule d'acide chlorhydrique et fournit un nouveau chlorure de la formule $CO^2.C^2H^5-CClAzH$, qui est en cristaux blancs. Les deux chlorures sont solubles dans le chloroforme et dans la benzine. Le premier se transforme dans le deuxième à la température ordinaire au bout de quelque temps. Le chlorure d'oxaméthane traité par l'eau donne de l'oxaméthane, et avec l'ammoniaque, de l'oxamate d'ammonium. L'aniline le convertit en une amidine de la formule

$$CO(AzHC^6H^5)-C \lessgtr \begin{array}{l} AzC^6H^5 \\ AzHC^6H^5, \end{array}$$

qui est en aiguilles blanches.

L'essence de pétrole qui a servi à la précipitation du chlorure d'oxaméthane laisse déposer au bout de quelque temps de grands prismes blancs, fusibles à 128-130°, solubles dans l'éther, le chloroforme et la benzine, de la formule

$$C^4H^6Cl^4O^3PAz,$$

mais dont la constitution n'est pas élucidée. L'aniline convertit ce composé en une masse jaune dont on peut tirer, par sublimation, des aiguilles blanches. A froid, il ne donne pas la réaction de l'acide phosphorique lorsqu'on le traite par le mélange magnésien, mais il la donne après ébullition. La chaleur le décompose en oxychlorure de phosphore et en cyanocarbonate éthylique. Sa formation semble être due à l'action de l'humidité sur la solution dans l'essence de pétrole, car, à l'abri de l'eau, cette solution ne fournit pas de corps phosphoré [Wallach, *Liebig's Ann.*, t. CLXXXIV, p. 8].

Le chlorure d'oxaméthane traité par l'alcool benzylique, à l'abri de l'eau, fournit une masse cristalline qui, après cristallisation dans l'alcool, se présente en aiguilles blanches, fusibles à 134-135°, de la formule $C^9H^9AzO^3$. Pendant la réaction il se dégage du chlorure d'éthyle et de l'acide chlorhydrique [Wallach et Liebmann, *Deutsch. chem. Gesellsch.*, 1880, p. 506] :

$$\begin{matrix} CCl^2.AzH^2 \\ CO\text{-}OC^2H^5 \end{matrix} + C^6H^5\text{-}CH^2.OH$$

Chlorure d'oxaméthane. Alcool benzylique.

$$= \begin{matrix} CO.AzH^2 \\ CO.OCH^2\text{-}C^6H^5 \end{matrix} + HCl + C^2H^5Cl.$$

Oxamate de benzyle.

L'alcool isobutylique donne avec ce chlorure un composé de la formule $C^6H^{11}AzO^3$ qui est en cristaux blancs, fusibles à 89-90° ; dans les mêmes conditions, l'alcool amylique de fermentation donne des cristaux fusibles à 92-93° de la formule $C^7H^{13}AzO^3$, et le phénol donne un corps $C^8H^7AzO^3$ fusible à 132° (Wallach et Liebmann).

Tous ces corps, qui prennent naissance d'après l'équation ci-dessus, seraient, d'après ces auteurs, des homologues de l'oxaméthane, ce qui semble prouvé par le fait que le chlorure d'oxaméthane donne, avec l'alcool éthylique, de l'oxaméthane, et par cet autre fait que le composé, formé au moyen de l'alcool isobutylique, est identique avec l'isobutyloxaméthane résultant de l'action de l'ammoniaque sur l'oxalate d'isobutyle.

Cyanurate d'oxaméthane, $C^5H^8Az^3O^4$.— E. Grimaux a obtenu ce corps en dirigeant les vapeurs d'acide cyanique dans l'oxaméthane fondu. Il cristallise en aiguilles brillantes fusibles à 155-160°. Un lait de chaux à l'ébullition le change en oxamate de calcum, l'ammoniaque le convertit en oxamide, et l'eau de baryte en cyanurate de baryum [*Bull. Soc. chim.*, t. XXI, p. 153 et 195].

Méthyloxamate d'éthyle,

$$\begin{matrix} CO.AzHCH^3 \\ CO^2C^2H^5. \end{matrix}$$

— Il se forme par l'action de la méthylamine sur l'oxalate d'éthyle. Il se solidifie au-dessous de 0° et bout à 242-243°. L'ammoniaque et les amines le transforment en oxamides substituées. Avec l'eau de chaux, il donne le sel calcique de l'*acide monométhyloxamique* (voyez t. II, p. 687). Il fond vers 140°. Le *sel de calcium* existe sous deux modifications, l'une anhydre en aiguilles, l'autre en tables et renfermant $3H^2O$ [Wallach et West, *loc. cit.*].

Éthyloxamate d'éthyle,

$$\begin{matrix} CO\,AzHC^2H^5 \\ CO^2C^2H^5 \end{matrix}$$

— On obtient cet éther par l'action de l'éthylamine sur l'oxalate d'éthyle. C'est un liquide bouillant à 244-246°; il est miscible à l'eau. L'ammoniaque le convertit en éthyloxamide. Saponifié par l'eau bouillante et par l'eau de chaux, il donne l'acide libre ou son sel calcique.

L'*acide monoéthyloxamique* cristallise en aiguilles blanches, fusibles à 120°. Heintz a déjà obtenu ce corps en séparant les trois éthylamines au moyen de l'oxalate d'éthyle.

Le *sel barytique* renferme 1 molécule H^2O; le *sel calcique* en contient 2.

Dans la préparation de cet éther il se forme de la diéthyloxamide, que l'on sépare par refroidissement. L'éthyloxamate d'éthyle donne avec l'ammoniaque de la monoéthyloxamide, avec la méthylamine la méthyléthyloxamide, et avec l'aniline l'éthylphényloxamide [Wallach et West, *loc. cit*].

Le perchlorure de phosphore transforme l'éthyloxaméthane, en présence d'essence de pétrole, en un liquide clair qui laisse déposer des cristaux de *chlorure d'éthyloxaméthane*,

$$\begin{matrix} CCl^2\text{-}AzHC^2H^5 \\ CO^2C^2H^5, \end{matrix}$$

fusibles vers 50°. L'eau le convertit en éthyloxaméthane et l'ammoniaque en éthyloxamide. Chauffé à 100-105°, il perd de l'acide chlorhydrique, du gaz carbonique et du chlorure d'éthyle, et donne une masse gluante qui fournit par sublimation un corps fusible au delà de 200° [Wallach et West, *loc. cit.*].

Phényloxamate d'éthyle,

$$\begin{matrix} CO\text{-}AzH.C^6H^5 \\ CO^2C^2H^5. \end{matrix}$$

— On obtient ce composé en chauffant l'oxalate d'éthyle avec l'aniline. Il est identique avec celui obtenu par Laurent et Gerhardt (voyez t. II, p. 688). On purifie le produit de la réaction par cristallisation dans l'alcool chaud, qui laisse l'oxamide diphénylée non dissoute et donne par le refroidissement des tables fusibles à 64-65°, solubles dans l'éther et la benzine, peu solubles dans l'eau chaude. C'est le phényloxamate d'éthyle. Les alcalis le convertissent en sels, l'ammoniaque en monophényloxamide. Le chlorure d'acétyle le change en phénylacétyloxamate d'éthyle (voyez plus loin).

Le brome donne avec l'éther phényloxamique un dérivé bromé,

$$\begin{matrix} CO\text{-}AzH.C^6H^4Br \\ CO^2C^2H^5, \end{matrix}$$

qui cristallise en lamelles fusibles à 154-156°, dont la saponification sépare la bromaniline fusible à 62°.

Traité par le perchlorure de phosphore à 70°, l'éther phényloxamique se liquéfie et donne par refroidissement des cristaux. On décante l'oxychlorure de phosphore, on lave à l'essence de pétrole et on soumet les cristaux à une cristallisation dans ce véhicule. On obtient ainsi des aiguilles de *phénylamidodichloracétate d'éthyle*,

$$\begin{matrix} CCl^2\text{-}AzH.C^6H^5 \\ CO^2C^2H^5, \end{matrix}$$

fusibles à 71°. L'humidité transforme ce corps en phényloxaméthane; chauffé longtemps à 80-90° ou peu de temps à 110°, il perd de l'acide chlorhydrique et donne le chlorure

$$\begin{matrix} CCl\text{-}Az.C^6H^5 \\ CO^2C^2H^5, \end{matrix}$$

qui prend également naissance lorsqu'on chauffe à 80°, pendant quelque temps, un mélange de phényloxamate d'éthyle et de perchlorure de phosphore. Il est en aiguilles fusibles à 91°. L'aniline le convertit en une amidine de la composition $C^2OAz^3H^2(C^6H^5)^3$, soluble dans la benzine, fusible à 235°. Les deux chlorures, chauffés à 120-150°, se décomposent en gaz carbonique, oxyde de carbone, acide chlorhydrique, chlorure d'éthyle, et en un corps cristallisé non étudié de la formule $C^{10}H^{12}Az^2O^3$(?) et en phényloxaméthane [Klinger, *Liebig's Ann.*, t. CLXXXIV, p. 261].

Phényloxamique (acide). — On l'isole par saponification de son éther et décomposition du sel formé. Il fond à 150-151°. Le *sel potassique* est en cristaux blancs [Klinger, *loc. cit.*].

Paracrésyloxaméthane,

$$\begin{array}{l} CO\text{-}AzH.C^6H^4(CH^3) \\ CO^2C^2H^5. \end{array}$$

— Elle cristallise en aiguilles blanches, fusibles à 66-67°, qui se forment par l'action de la paratoluidine sur l'oxalate d'éthyle. Saponifiée par la potasse, elle donne le sel de l'*acide paracrésyloxamique*. Ce dernier est en aiguilles soyeuses, fusibles à 168-170°. Le sel barytique est en écailles, le sel potassique en aiguilles.

L'éther paracrésyloxamique donne avec le perchlorure de phosphore un chlorure d'amide, qui cristallise en aiguilles fusibles à 59-60°, que l'aniline convertit en une amidine qui est en lamelles jaune-verdâtre fusibles à 159-160° [Klinger, *loc. cit.*].

Diméthylparamidophénylène-diamine-oxamate d'éthyle,

$$\begin{array}{l} COAzH.C^6H^4Az(CH^3)^2 \\ CO^2C^2H^5. \end{array}$$

— Ce composé prend naissance lorsqu'on traite l'oxalate éthylique par la diméthylparaphénylènediamine; à la fin de la réaction on porte le mélange à l'ébullition. Par le refroidissement on obtient une masse cristalline, que l'on lave à l'alcool, pour la dissoudre ensuite dans ce dissolvant. Le nouveau corps s'en dépose en aiguilles fusibles à 117°, insolubles dans l'eau, peu solubles dans l'alcool et l'éther. Saponifié par la potasse alcoolique, il donne le sel potassique de l'*acide diméthylparamidophénylène-diamine-oxamique*, qui cristallise en aiguilles brillantes fusibles à 192°.

Le sel potassique est en lamelles brillantes Sendtner, *Deutsch. chem. Gesellsch.*, 1879, p. 531].

Acide naphtyloxamique,

$$\begin{array}{l} COAzHC^{10}H^7 \\ CO^2H. \end{array}$$

— On le prépare par décomposition de son sel de naphtylamine au moyen de l'acide chlorhydrique. Il cristallise en aiguilles fusibles à 106°, solubles dans l'alcool, le chloroforme, l'éther et le sulfure de carbone. Le *sel de potassium* est en aiguilles anhydres, les *sels barytique* et *calcique* sont des poudres cristallines [Ballo, *Deutsch. chem. Gesellsch.*, 1873, p. 247].

Le *sel de naphtylamine* se forme lorsqu'on chauffe en tubes scellés, au bain-marie, pendant 2-3 heures, un mélange de 1 molécule de naphtylamine et de 2 molécules d'oxalate d'éthyle. On fait cristalliser dans l'alcool le produit de la réaction, et on obtient des aiguilles blanches, fusibles à 154°, solubles dans l'eau chaude, l'alcool, le chloroforme, l'éther et le sulfure de carbone.

Si l'on emploie un excès de naphtylamine, il se forme également un corps insoluble dans l'alcool, fusible à 231° (Ballo).

Oxamate de propyle. — C'est un composé cristallisé que Cahours a obtenu en traitant l'oxalate de propyle par l'ammoniaque [*Compt. rend.*, t. LXXVII, p. 745].

Oxamate d'isobutyle. — Il forme des prismes qui prennent naissance dans l'action de l'ammoniaque sur l'oxalate d'isobutyle [Cahours, *Compt. rend.*, t. LXXVII, p. 1403]. Il fond à 89-90° [Wallach et Liebmann, *loc. cit.*].

Acide acétyloxamique. — L'éther éthylique de cet acide, l'*acétyloxaméthane*,

$$\begin{array}{l} CO\text{-}AzH.C^2H^3O \\ CO^2C^2H^5, \end{array}$$

se forme lorsqu'on chauffe l'oxaméthane avec le chlorure d'acétyle à 120-130°. La potasse le transforme en un mélange d'ammoniaque, d'alcool, d'acétate et d'oxalate de potassium [Salomon, *Journ. prakt. Chem.* (2), t. IX, p. 290; — Kretschmar *Deutsch. chem. Gesellsch.*, 1874, p. 104].

Acide oxaloxamique. — L'éther de cet acide se forme par l'action de l'oxaméthane en tubes scellés à 130° sur le chlorure de l'acide éthyloxalique :

$$\underset{\text{Chlorure éthyloxalique.}}{\begin{array}{l} COCl \\ CO^2C^2H^5 \end{array}} + \underset{\text{Oxaméthane.}}{\begin{array}{l} CO.AzH^2 \\ CO^2C^2H^5 \end{array}}$$

$$= HCl + AzH \underset{\text{Oxaloxamate d'éthyle.}}{<\begin{array}{l} CO\text{-}CO^2C^2H^5 \\ CO\text{-}CO^2C^2H^5 \end{array}}$$

Il cristallise en aiguilles fusibles à 67°. L'ammoniaque le convertit en oxamide, et la potasse alcoolique le transforme en éthyloxalate de potassium (Salomon). M. Wassermann.

OXALIQUES (ÉTHERS). — En général, les alcools traités par l'acide oxalique fournissent un mélange d'éthers acides et neutres. Par distillation du produit, l'éther acide se décompose [Cahours et Demarçay, *Bull. Soc. chim.*, t. XXIX, p. 486; *Compt. rend.*, t. LXXXIII, p. 6 8].

Oxalates d'isobutyle. — Cahours a décrit ce composé (voyez Suppl., p. 380).

Oxalates d'éthyle. — *Oxalate neutre.* — D'après Kämmerer, cet éther prend naissance en même temps que l'éther acide, par l'action de l'acide oxalique sur l'acétate d'éthyle au bain-marie [*Deutsch. chem. Gesellsch.*, 1875, p. 740].

Sa chaleur de formation, d'après Berthelot, est de — 3,79 cal.; sa chaleur de saponification est de + 6,58 cal.

Traité en solution alcoolique par l'amalgame de sodium, il donne l'acide glycolique [Eghis, *Deutsch. chem. Gesellsch.*, 1871, p. 580; *Bull. Soc. chim.*, t. XVI, p. 293]. Friedländer avait indiqué la formation d'un acide glycolique dans ces conditions. Ni Eghis ni Debus n'ont pu obtenir cet acide; d'après ce dernier chimiste, il se forme en outre de l'acide tartrique dans cette réaction [*Deutsch. chem. Gesellsch.*, 1872, p. 223; *Bull. Soc. chim.*, t. XX, p. 180]. Brunner a constaté en outre la formation d'une petite quantité d'acide désoxalique (voyez t. II, p. 689).

L'iodure d'allyle en présence de zinc convertit l'oxalate d'éthyle en diallyloxalate d'éthyle (voyez Suppl., p. 624).

Traité en solution alcoolique par le méthylate de potassium, il fournit du méthyloxalate de potassium (Salomon).

Le perchlorure ou le perbromure de phosphore le transforment en chloroxalate ou bromoxalate d'éthyle [Von Richter, *Deutsch. chem. Gesellsch.*, 1877, p. 2228].

Mulder, en faisant réagir la cyanamide sur l'éther oxalique à 110-120°, a obtenu un composé de la formule $C^4H^6Az^6O$ [*Deutsch. chem. Gesellsch.*, 1874, p. 1631; *Bull. Soc. chim.*, t. XXIII, p. 549].

La méthylamine gazeuse convertit l'éther oxalique en méthyloxamate d'éthyle [Wallach et West, *Deutsch. chem. Gesellsch.*, 1876, p. 265].

L'éthylène-diamine, en solution alcoolique, le transforme en un mélange d'éthylène-oxamide et d'éthylène-oxamate d'éthyle [A.-W. Hofmann, *Deutsch. chem. Gesellsch.*, 1872, p. 247].

Avec la butylamine secondaire, il donne à froid de la butyle-oxamide, tandis qu'il ne réagit pas sur l'isobutylamine [S. Reymann, *Deutsch. chem. Gesellsch*, 1874, p. 1290].

Chauffé avec la phénylhydrazine à 110-120°, il donne une masse cristalline jaune de la formule $(C^6H^5Az^2H^2)^2C^2O^2$ [E. Fischer, *Deutsch. chem. Gesellsch.*, 1876, p. 890].

La diméthylparaphénylène-diamine transforme l'éther oxalique en un mélange d'un éther oxamique et d'une oxamide substituées [Sendtner, *Deutsch. chem. Gesellsch.*, 1879, p. 530]

Chauffé avec de la naphtylamine, il donne du napthyloxamate de naphtylamine (voyez plus haut, p. 1113); avec de la diamidonaphtaline à 100°, il fournit la β-éthylnaphténoxamide

$$C^{10}H^5(C^2H^5) < \begin{matrix} AzH - CO \\ | \\ AzH - CO \end{matrix}$$

[De Aguiar, *Deutsch. chem. Gesellsch.*, 1874, p. 313].

Il donne une combinaison moléculaire avec la sulfo-urée (voyez t. III, p. 128).

Éther acide (acide éthyloxalique). — Son sel de potassium se forme dans l'action du nitrite de potassium sur le monochloracétate d'éthyle [Steiner, *Deutsch. chem. Gesellsch.*, 1872, p. 382]. Ce sel se transforme à 210-215° en éthylcarbonate de potassium et en oxyde de carbone [Eltekow, *Deutsch. chem Gesellsch.*, 1872, p. 1258].

L'oxalate acide d'éthyle (1 mol.) traité par deux molécules de zinc-éthyle donne du diéthyleglycolate d'éthyle (éthyle-leucate ou diéthyleoxalate d'éthyle de Frankland et Duppa) [Henry, *Deutsch. chem. Gesellsch.*, 1872, p. 949; voyez t. I, p. 1161].

Le chlorure d'éthoxalyle donne avec la sulfo-urée un composé de la formule $C^4H^8Az^2O^2S$ [Peitzsch, voyez t. III, p. 125].

Oxalate neutre de méthyle. — D'après Berthelot, sa chaleur de formation est de — 0,1 cal.; sa chaleur de saponification de + 1,6 cal.

L'oxalate de méthyle, en solution alcoolique, mélangé avec une solution alcoolique de naphtylamine à la température ordinaire, ne donne pas de naphtyloxamate, comme l'éther éthylique, mais de l'oxalate de naphtylamine [Ballo, *Deutsch. chem. Gesellsch.*, 1873, p. 250].

Oxalate de propyle normal. — C'est un liquide incolore, bouillant à 209-211°, que l'on obtient en chauffant l'alcool propylique primaire avec de l'acide oxalique déshydraté [Cahours, *Compt. rend.*, t. LXXVII, p. 745]. Lorsqu'on fait réagir l'acide sur un mélange des alcools primaires et secondaires, on obtient presque exclusivement l'éther de l'alcool primaire. On peut donc se servir de cette réaction pour séparer les deux alcools.

M. Wassermann.

OXALURIQUE (ACIDE). — Chauffé à 200° avec 3 fois son poids d'oxychlorure de phosphore, il perd les éléments de l'eau et se convertit en oxalylurée (acide parabanique)

$$\begin{matrix} CO-AzH^2 \\ CO-AzH^2 \end{matrix} > CO$$

[E. Grimaux, *Bull. Soc. chim.*, t. XXI, p. 107].

Oxaluramide. — L'oxaméthane fondue avec l'urée donne de l'oxaluramide et de l'alcool. Celle-ci cristallise dans l'eau bouillante, en aiguilles très fines [Carstanjen, *Journ. prakt. Chem.* (2), t. IX, p. 143].

OXOCTÉNOL,

$$C^8H^{16}O^2 = O < \begin{matrix} C(CH^3)^3 \\ | \\ C.OH \\ | \\ C(CH^3)^2. \end{matrix}$$

— Ce singulier composé a été découvert par Boutlerow qui l'obtient en oxydant l'isodibutylène

$$C(CH^3)^3 - CH = C(CH^3)^2$$

par le permanganate de potassium; il se forme en outre les acides acétique et triméthylacétique et un acide caprique cristallisé, fusible à 117°.

On mélange 5 p. d'isodibutylène avec une solution de 9 p. de permanganate dans 180 d'eau et on abandonne le tout à lui-même pendant quelques jours; ensuite on chauffe au bain-marie jusqu'à ce que tout le permanganate soit détruit. Le liquide est alors filtré et soumis à la distillation tant qu'il passe de l'oxocténol solide mélangé d'isobutylène non attaqué.

L'oxocténol est en longs prismes blancs translucides comme le camphre auquel il ressemble; par sublimation on obtient de belles aiguilles. Il fond à 49°,5 et bout vers 178-178°,5. Son odeur est camphrée. Peu soluble dans l'eau; le carbonate de potassium diminue cette solubilité; très soluble dans l'alcool et l'éther. La densité de vapeur et l'analyse conduisent à la formule $C^8H^{16}O^2$. L'anhydride acétique le transforme à chaud en un éther monacétique, $C^8H^{15}O^2(C^2H^3O)$, bouillant à 200-202°.

L'oxoctenol est un alcool tertiaire; le second atome d'oxygène n'y est pas contenu sous forme de carbonyle CO, car l'hydroxylamine est sans action sur lui comme Meyer vient de le montrer, tandis qu'elle agit aisément sur tous les composés contenant un groupe CO acétonique. Ce fait rapproché de la formule probable du diisobutylène rend probable la formule admise par Boutlerow [A. Boutlerow, *Journ. Soc. chim. russe*, 1882, t. Ier, p. 199; — Voyez Meyer et E. Nägeli, *Deutsch. chem. Gesellsch.*, 1883, p. 1622].

A. Henninger.

OXYACANTHINE (t. II, p. 695). — Accompagnant la berbérine, elle existe dans la racine de *Berberis Aquifolium, var. repens* qui sous le nom d'Oregon grape root est employée comme fébrifuge dans l'ouest des États-Unis [H. Parson, *Pharm. Journ. Transact.*, 1882, p. 46].

OXYBENZAMIQUES (ACIDES). — (Syn. *Acides amidobenzoïques*, voyez Suppl., p. 325).

OXYBENZOÏQUES (ACIDES). — Voyez t. II, p. 702. Parmi les trois acides monoxybenzoïques isomériques, nous ne décrirons ici que l'acide métoxybenzoïque, nous conformant ainsi à l'ordre adopté dans le corps de l'ouvrage, et nous renvoyons pour les acides *salicylique* et *paroxybenzoïques* aux mots du Dictionnaire.

Depuis la publication de l'article oxybenzoïque, il a été démontré que l'acide salicylique appartient à la série ortho et non pas l'acide métoxybenzoïque, qui est de la série méta [V. Meyer, *Deutsch. chem. Gesellsch.*, 1873, p. 1155; — Petersen, *ibid.*, 1873, p. 368; — Wroblewsky, *ibid.*, 1874, p. 1681.

Acide métoxybenzoïque. — Il se forme par fusion de l'acide métabromobenzoïque avec la potasse [Barth, *Liebig's Ann.*, t. CXLVIII, p. 30; et t. CLIX, p. 230]. Zinin a obtenu ce composé en fondant le nitrobenzyle avec la potasse [*Liebig's Ann.*, Supplément t. III, p. 162]. Burkhardt a préparé l'acide métoxybenzoïque, en chauffant l'acide oxytéréphtalique à 220° avec de l'acide chlorhydrique pendant deux jours [*Deutsch. chem. Gesellsch.*, 1877, p. 148]. Le métacyanophénol (fusible à 82°), traité par l'acide chlorhydrique, fournit également cet acide [Griess, *Deutsch. chem. Gesellsch.*, 1875, p. 860]. Oppenheim et Pfaff l'ont obtenu par l'oxydation du méthylcrésol au moyen du permanganate de potassium [*Deutsch. chem. Gesellsch.*, 1875, p. 889].

L'acide métoxybenzoïque fond à 200°. L'amalgame de sodium le transforme en solution alcoolique, en alcool oxybenzylique [A. von den Velden, *Journ. prakt. Chem.* (2), t. XV, p. 163].

Sa solution alcoolique, traitée par l'iode et l'oxyde de mercure, donne un mélange d'acides mono- et diiodoxybenzoïques [Weselsky, *Liebig's Ann.*, t. CLXXIV, p. 101]. Distillé avec du sulfocyanate de potassium, il donne de l'oxybenzonitrile, que l'acide azotique convertit en un dérivé nitré; ce dernier cristallise en aiguilles fusibles à 182°, solubles dans l'alcool et l'éther [H.-J. Smith, *Journ. prakt. Chem.* (2), t. XVI, p. 218].

La solution dans la potasse, mélangée avec du sulfate d'acide diazobenzoïque, laisse déposer des cristaux d'*acide oxybenzo-diazobenzoïque*,

$$C^6H^4\text{-}Az = Az\text{-}C^6H^3.OH \atop \quad CO^2H \qquad\qquad CO^2H$$;

la solution alcoolique de cet acide, traitée par le sulfate d'acide diazobenzoïque, fournit l'*acide oxybenzo-bidi-azobenzoïque*,

$$\begin{matrix} CO^2H\text{-}C^6H^4\text{-}Az = Az \\ CO^2H\text{-}C^6H^4\text{-}Az = Az \end{matrix} > C^6H^2.OH \atop CO^2H,$$

dont le *sel d'argent* renferme 4 atomes d'argent [Griess, *Deutsch. chem. Gesellsch.*, 1876, p. 629].

Traité par l'anhydride phosphorique à 40-50°, l'acide métoxybenzoïque fournit deux corps séparables par l'alcool, l'un, le *dimétaoxybenzoïde* $C^{14}H^{10}O^6$, fusible à 130-135° et l'*octométoxybenzoïde* fusible à 160-165°, qui donnent des amides et des anilides cristallisés [C. Pellizzari, *Deutsch. chem. Gesellsch.*, 1882, p. 2588].

Acides métoxybenzoïques nitrés. — Griess a décrit trois acides métoxybenzoïques mononitrés : l'*acide α-métoxynitrobenzoïque*,

$$C^6H^3(CO^2H)_{(1)}(OH)_{(3)}(AzO^2)_{(6)},$$

se forme lorsqu'on fait bouillir l'acide α-nitramidobenzoïque (voyez t. II, p. 698) avec de la potasse. Il cristallise en aiguilles fusibles à 169°, solubles dans l'eau, l'alcool et l'éther. Le sel de baryum est en prismes orangés qui renferment $6H^2O$ [*Deutsch. chem. Gesellsch.*, 1878, p. 1770].

Acide β-métoxynitrobenzoïque,

$$C^6H^3(CO^2H)_{(1)}(OH)_{(3)}(AzO^2)_{(4)}.$$

Il dérive de l'acide β-nitramido-benzoïque et fond à 230° (Griess).

Acide γ-métoxynitrobenzoïque,

$$C^6H^3(CO^2H)_{(1)}(OH)_{(3)}(AzO^2)_{(2)} + H^2O.$$

— Il se forme par l'action de la potasse bouillante sur l'acide γ-nitramidobenzoïque. Il cristallise en tables fusibles à 178°. Son *sel de baryum* renferme 1 ½ H^2O (Griess).

L'*acide nitroxybenzoïque de Gerland* (voyez t. II, p. 702), traité en solution alcoolique par l'iode et l'oxyde de mercure, donne un dérivé iodé qui est en aiguilles jaunes, et dont le sel de baryum cristallise en aiguilles roses renfermant $3H^2O$ [Weselsky, *loc. cit.*].

Acide trinitrooxybenzoïque. — L'anthraflavone, traitée par l'acide nitrique, d'une densité de 1,4, donne de la tétranitroanthraflavone et de l'acide trinitrooxybenzoïque,

$$C^6H(AzO^2)^3(OH)\text{-}CO^2H + H^2O.$$

Cet acide cristallise en tables fusibles à 105°, solubles dans l'alcool et l'éther, et qui peuvent être sublimées dans un courant de gaz carbonique. Le *sel d'argent* est en aiguilles jaunes enchevêtrées; le *sel de baryum* cristallise en aiguilles groupées en étoiles renfermant $2H^2O$; le *sel de cuivre* $[C^6H(AzO^2)^3OH\text{-}CO^2]^2Cu + 5H^2O$ forme des aiguilles vertes; le *sel de potassium* est jaune [F. Schardinger, *Deutsch. chem. Gesellsch.*, 1875, p. 1487].

Acides métoxybenzoïques sulfoniques. — L'*acide sulfoxybenzoïque* fond à 208°.

Acide trisulfoxybenzoïque,

$$C^6H(SO^3H)^3(OH)\text{-}CO^2H.$$

— Il se forme lorsqu'on traite l'acide métoxybenzoïque par un mélange d'acide sulfurique et d'anhydride sulfurique, en présence d'anhydride phosphorique en tubes scellés, pendant cinq à six heures, à une température de 250°. On verse le produit dans l'eau, on sature à l'ébullition par la craie, on filtre, on concentre la liqueur et l'on précipite par l'acétate basique de plomb. On décompose le précipité par l'hydrogène sulfuré, et on concentre le liquide après avoir séparé le sulfure de plomb. On obtient ainsi un sirop jaune, que le chlorure ferrique colore en rouge.

Les *sels de baryum* $C^6H(OH)(SO^3)^3CO^2.Ba^2$ et de *cuivre* sont anhydres; celui *de cadmium* renferme $3H^2O$. Il existe différents *sels de plomb* : 1° le *sel basique* $[C^6H(SO^3)^3O\text{-}CO^2]^2Pb^5 + 6H^2O$ est en aiguilles; 2° le *sel neutre*

$$C^6H.OH(SO^3)^3CO^2.Pb^2 + 8H^2O,$$

est en aiguilles soyeuses; de même on a décrit trois *sels de potassium* : l'un en longues aiguilles de la formule $C^6H.OH(SO^3K)^3CO^2K + 2H^2O$; un *sel basique* $C^6H.OK(SO^3K)^3CO^2K + 2H^2O$ en prismes rhombiques, et un *sel intermédiaire*

$$C^7H^3S^3O^{12}K^3 + C^7H^2S^3O^{12}K^4 + 7H^2O$$

[Kretschy, *Deutsch. chem. Gesellsch.*, 1878, p. 858].

Acides dioxybenzoïques, $C^6H^3(OH)^2\text{-}CO^2H$. (Voyez t. II, p. 702). — Remsen ne considère plus son acide dioxybenzoïque comme une espèce distincte [*Deutsch. chem. Gesellsch.*, 1879, p. 233].

Reimer a obtenu un acide dioxybenzoïque, distinct des acides connus en fondant l'ombelliférone avec la potasse. Il lui donne le nom d'*acide résorcylique* (voyez ce mot) [*Deutsch. chem. Gesellsch.*, 1879, p. 939].

Le toluène refroidi, traité par un courant d'acide azoteux, donne, en même temps que d'autres produits, un *acide dioxybenzoïque* qui cristallise en lamelles incolores, fusibles à 170°. Il ne colore pas le chlorure ferrique et il est anhydre ainsi que ses sels [Grässler, *Deutsch. chem. Gesellsch.*, 1881, p. 2079].

Lorsqu'on traite la résorcine par les carbonates de métaux lourds, ou mieux par les bicarbonates alcalins ou le carbonate d'ammonium, en tubes scellés, à température élevée, il se forme un *acide α-dioxybenzoïque* en même temps que deux autres acides, l'un fusible à 148°, l'autre de la formule $C^8H^6O^6$. L'*acide α-dioxybenzoïque* fournit, par distillation, de la résorcine [Brunner, *Wien. Akad. Ber.*, t. II, 1878, p. 675; — Brunner et Senhofer, *Wien. Anzeig.*, 1879, p. 62].

L'acide α-dioxybenzoïque, chauffé avec de l'acide sulfurique au bain-marie, donne l'*acide sulfo-α-dioxybenzoïque*, que l'on purifie au moyen de son sel plombique. Il est en aiguilles rouges qui renferment $C^7H^6SO^7$, et qui sont très hygroscopiques. Les sels suivants ont été décrits : *sels de baryum* $C^7H^4SO^7Ba + 2H^2O$ et

$$(C^7H^5SO^7)^2Ba + 3H^2O;$$

le premier est en aiguilles; le *sel neutre d'argent* $(2H^2O)$ et le *sel d'ammonium*, sont très solubles; le *sel de cuivre* basique $C^{14}H^6S^2O^{14}Cu^3 + 15H^2O$, est en croûtes; les *sels de plomb* $(2H^2O)$ et de *potassium* (3 ½ H^2O) sont en prismes.

En solution aqueuse, l'acide α-dioxybenzoïque donne, avec le brome de la tribromorésorcine, en solution alcoolique, suivant la quantité de brome employée, soit un acide *mono* ou *dibrom α-dioxybenzoïque*.

Ce dernier, qui renferme $C^7H^4O^4Br^2 + H^2O$, est en aiguilles brillantes, solubles dans l'alcool et l'éther, fusibles à 214°. Le *sel de calcium* renferme 8 ½ H^2O ; le *sel de potassium* en contient 3 ½. L'eau bouillante le transforme en dibromorésorcine.

L'*acide α-dioxybenzoïque monobromé* est en prismes qui renferment 1 molécule H^2O, fusibles à 184°, solubles dans l'alcool et l'éther. On a décrit les sels : d'argent, $C^7H^4BrO^4Ag + H^2O$; de baryum, (7 ½ H^2O); de cuivre, (4 ½ H^2O); de plomb $(3H^2O)$ et de potassium (1 ½ H^2O) [Zehenter, *Monatshefte Chem.*, t. II, p. 468].

Lorsqu'on chauffe l'acide dioxybenzoïque de Barth et de Senhofer avec le carbonate d'ammonium, on obtient un *acide dioxydicarboné*, fusible à 250°, peu soluble dans l'eau, qui colore le chlorure ferrique en violet et donne des sels cristallisés [Brunner et Senhofer, *loc. cit.*].

La résorcine traitée par le carbonate d'ammonium, à haute température et forte pression, donne un deuxième *acide dioxybenzoïque* et un deuxième *acide dioxydicarboné* [Brunner et Senhofer, *Wien. Anz.*, 1879, p. 197]. M. Wassermann.

OXYBENZURAMIQUES (ACIDES). [Syn. *acides uramidobenzoïques*, voyez t. II, p. 703]. — L'acide méta-uramidobenzoïque se forme par l'action ménagée de l'eau de baryte bouillante sur la métamidobenzoylurée et sur la benzoglycocyamine [Griess, *Deutsch. chem. Gesellsch.*, 1875, p. 223].

Distillé avec l'anhydride phosphorique, il donne la métacyananiline [Griess, *Deutsch. chem. Gesellsch.*, 1875, p. 861]. L'acide para-uramidobenzoïque donne dans ces conditions la paracyananiline [Griess, *loc. cit.*].

Lorsqu'on évapore l'acide métacyanamidobenzoïque avec une petite quantité d'acide chlorhydrique étendu au bain-marie, il se transforme en acide méta-uramidobenzoïque, qui renferme 1 molécule H^2O, après cristallisation dans l'eau [J. Traube, *Deutsch. chem. Gesellsch.*, 1882, p. 2117].

L'*acide carboxamidobenzoïque* (voyez t. II, p. 704), que Menschutkine avait appelé *oxybenzoylurée*, est l'*acide urodibenzoïque*,

$$CO<\begin{matrix} AzH\text{-}C^6H^4\text{-}CO^2H \\ AzH\text{-}C^6H^4\text{-}CO^2H \end{matrix}$$

d'après Traube. Il se forme, indépendamment des procédés de Griess et de Menschutkine, lorsqu'on chauffe un mélange d'acide uramidobenzoïque et d'acide amidobenzoïque à 175°, ou 1 molécule d'urée avec 2 molécules d'acide amido-benzoïque à 130° [Traube, *Deutsch. chem. Gesellsch.*, 1882, p. 2128]. M. Wassermann.

OXYBUTYRIQUES (ACIDES), $C^4H^8O^3$. — La théorie fait prévoir l'existence de cinq acides oxybutyriques; quatre sont connus; seul l'acide

$$\begin{matrix} CH^2(OH) \\ CH^3 \end{matrix}>CH\text{-}CO^2H$$

n'a pas encore été décrit.

ACIDE α-OXYBUTYRIQUE,

$$CH^3\text{-}CH^2\text{-}CH.OH\text{-}CO^2H.$$

— 1° Cet acide a été obtenu par Friedel et Machuca par l'action de l'oxyde d'argent humide sur l'acide bromobutyrique (voyez t. II, p. 706).

2° L'aldéhyde propionique s'unit à l'acide cyanhydrique en présence d'acide chlorhydrique en donnant de l'acide α-oxybutyrique [Prschibitek, *Deutsch. chem. Gesellsch.*, 1876, p. 1312].

3° On obtient le même acide par l'hydrogénation de l'acide propionylformique $CH^3\text{-}CH^2\text{-}CO\text{-}CO^2H$ [Claisen et Moritz, *Deutsch. chem. Gesellsch.*, 1880, p. 2121].

Traité par l'oxyde d'argent, l'acide α-oxybutyrique se dédouble en gaz carbonique, aldéhyde et acide propionique [Ley, *Deutsch. chem. Gesellsch.*, 1877, p. 231].

ACIDE β-OXYBUTYRIQUE,

$$CH^3\text{-}CH.OH\text{-}CH^2\text{-}CO^2H.$$

Aux procédés déjà indiqués pour la préparation de cet acide, il faut ajouter les suivants :

1° L'aldol, traité par l'oxyde d'argent, fournit du β-oxybutyrate d'argent [Wurtz, *Compt. rend.*, 27 mai 1873].

2° L'acide β-chlorobutyrique, traité par la potasse aqueuse ou alcoolique, donne de l'acide β-oxybutyrique. L'éther de cet acide, traité par l'ammoniaque alcoolique, a fourni l'*amido-butyramide*, $CH^3\text{-}CH.AzH^2\text{-}CH^2\text{-}CO.AzH^2$. Son chloroplatinate cristallise en tables orangées solubles dans l'eau, peu solubles dans l'alcool, insolubles dans l'éther [Balbiano, *Deutsch. chem. Gesellsch.*, 1878, p. 348].

ACIDE γ-OXYBUTYRIQUE,

$$CH^2.OH\text{-}CH^2\text{-}CH^2\text{-}CO^2H.$$

Saytzeff avait obtenu, par l'action de l'hydrogène naissant sur le chlorure de succinyle, un composé $C^4H^6O^2$ qu'il avait d'abord pris pour l'aldéhyde succinique (t. II, p. 16), mais qui n'est autre que la lactone de l'acide γ-oxybutyrique,

$$\underbrace{CH^2\text{-}CH^2\text{-}CH^2\text{-}CO}_{O}$$

Ce composé bout à 203° ($h = 753,8$). Sa densité à 0° est 1,1441; à 16°, 1,1286. Bouilli avec de la baryte ou de la chaux, il absorbe de l'eau et se transforme en acide γ-oxybutyrique [Saytzeff, *Deutsch. chem. Gesellsch.*, 1873, p. 1256; 1880, p. 1062; 1881, p. 2688].

La bromhydrine du triméthylène-glycol (propylglycol normal) peut être transformée en une cyanhydrine que la potasse décompose en donnant de l'acide γ-oxybutyrique [Frühling, *Monatshefte für Chem.*, t. III, p. 696].

L'acide γ-oxybutyrique est un acide faible, difficilement saturé par les carbonates alcalins; les sels de baryum et de calcium cristallisent difficilement. Par oxydation, il donne de l'acide succinique.

ACIDE ACÉTONIQUE OU OXYISOBUTYRIQUE,

$$\begin{matrix} CH^3 \\ CH^3 \end{matrix}>C(OH)\text{-}CO^2H.$$

Aux modes de production indiqués pour cet acide on doit ajouter les suivants :

1° L'acide isobutyrique, traité par le permanganate de potassium en solution alcaline, donne de l'acide oxyisobutyrique [Meyer, *Deutsch. chem. Gesellsch.*, 1878, p. 1788].

2° L'acide oxypyrotartrique se dédouble sous l'influence de la chaleur en acide carbonique et acide acétonique [Demarçay, *Compt. rend.*, 1876, 15 juin].

3° L'acide bromoxybutyrique en fournit également par l'action de l'hydrogène naissant [Kolbe, *Journ. prakt. Chem.* (2) t. XXV, p. 369].

4° Le trichlorure acétonique,

$$\begin{matrix} CH^3 \\ C<\begin{matrix} OH \\ CCl^3 \end{matrix} \\ CH^3 \end{matrix}$$

que l'on obtient par l'action du chloroforme sur l'acétone en présence d'un alcali, se dédouble par l'ébullition avec l'eau en acides chlorhydrique et acétonique [Willgerodt, *Deutsch. chem. Gesellsch.*, 1882, p. 2305].

Acide éthoxyisobutyrique,

$$\begin{matrix} CH^3 \\ CH^3 \end{matrix}>C(OC^2H^5)\text{-}CO^2H.$$

De même que l'acide bromisobutyrique donne de l'acide oxyisobutyrique par ébullition avec la potasse aqueuse, il fournit l'acide éthoxyisobutyrique avec la potasse alcoolique. L'acide libre est un liquide bouillant à 180°, un peu soluble dans l'eau bouillante. $D_0 = 1,0211$.

Le sel d'argent cristallise, dans l'eau bouillante, en lamelles blanches. Celui de zinc est en lamelles nacrées. La dessiccation le convertit, ainsi que les deux suivants, en sel basique.

Le sel de *baryum* $(C^6H^{11}O^3)^2Ba, H^{11}O$ et celui de *plomb* $(C^6H^{11}O^3)^2Pb, HO$ cristallisent en prismes transparents solubles dans l'eau et l'alcool [Hell et Waldbauer, *Deutsch. chem. Gesellsch.*, 1877, p. 448].

Acide amido-isobutyrique,

$$\frac{CH^3}{CH^3} > C.AzH^2-CO^2H.$$

— On l'obtient en traitant la cyanhydrine de l'acétone par l'ammoniaque alcoolique et décomposant le produit formé par l'acide chlorhydrique [Tiemann et Friedländer, *Deutsch. chem. Gesellsch.*, 1881, p. 1973]. On obtient encore le même acide dans l'oxydation par le permanganate de potassium de la diacétonamine [Heintz, *Liebig's Ann. Chem.*, t. CXCVIII, p. 42].

Il cristallise en lamelles ou tables rhombiques, solubles dans l'eau, peu solubles dans l'alcool, insolubles dans l'éther. Il se sublime à 220° sans fondre. Chauffé brusquement, il se dédouble en CO^2 et isopropylamine. Sa solution est neutre.

Le sel de *baryum*, $(C^4H^8AzO^2)^2Ba, 3H^2O$, est en aiguilles blanches. Le sel de *magnésium* cristallise en prismes anhydres. Celui d'*argent* se présente en aiguilles déliées, brillantes, anhydres.

Le sel de *cuivre* cristallise en lamelles violettes peu solubles dans l'eau et très peu solubles dans l'alcool.

ACIDES DIOXYBUTYRIQUES, $C^4H^8O^4$. — 1° Petrieff et Eghis ont obtenu un acide dioxybutyrique en traitant l'acide dibromobutyrique par le carbonate de baryum, puis par l'oxyde d'argent.

Cet acide est un sirop épais, soluble dans l'eau, l'alcool et l'éther. Les sels que l'on obtient par combinaison directe avec les alcalis cristallisent bien [Petrieff et Eghis, *Deutsch chem. Gesellsch*, 1875, p. 265].

2° ACIDE DIOXYBUTYRIQUE,

$$CH^2.OH-CH.OH-CH^2-CO^2H.$$

— On obtient cet acide en décomposant, par l'acide nitrique étendu, la monocyanhydrine de la glycérine, qui prend naissance par l'action du cyanure de potassium sur l'α-monochlorhydrine [M. Hanriot, *Ann. Chim.*, et *Phys.* (5), t. XVII].

On obtient le même acide en faisant bouillir avec l'eau l'acide butylglycidique dérivé de l'acide β-crotonique [P. Melikoff, *Deutsch. chem. Gesellsch.*, 1882, p. 2586].

Cet acide est incristallisable, fortement acide, soluble dans l'eau et l'alcool, perdant de l'eau dès 100° en se transformant en anhydrides.

Le sel de sodium cristallise en prismes efflorescents; il est très soluble dans l'eau et l'alcool, insoluble dans l'éther. Les sels de baryum, de calcium, de zinc et de plomb sont incristallisables, solubles dans l'eau, insolubles dans l'alcool.

M. Hanriot.

OXYCAMPHORIQUE (ACIDE). — Voyez HYDROXYCAMPHORONIQUE (ACIDE), Suppl., p. 932.

OXYCAPROÏQUES (ACIDES), $C^6H^{12}O^3$.

1° ACIDE-α, $C^3H^5-CH^2-CH^2-CH.OH-CO^2H$. — Cet acide, obtenu au moyen de l'acide caproïque de fermentation, cristallise en lamelles fusibles à 57°.

Les sels de cuivre, de zinc, de cadmium, de baryum et d'argent sont difficilement solubles et se précipitent de leurs solutions sous forme d'une poudre amorphe. Le sel de sodium est facilement soluble et également incristallisable. Par l'oxydation, il donne une aldéhyde, de l'acide valérique et de l'acide carbonique [Ley, *Deutsch. chem. Gesellsch.*, 1877, p. 231].

2° ACIDE *iso*,

$$\frac{CH^3}{CH^3} > CH-CH^2-CH.OH-CO^2H.$$

— On obtient cet acide en traitant le valéral par l'acide cyanhydrique et l'acide chlorhydrique. Il paraît identique par ses propriétés avec l'acide leucique de Strecker, sauf que son point de fusion est situé à 54-55°, tandis que Strecker indique 75°. Par oxydation, il donne de l'acide carbonique, un acide valérique et du valéral.

3° L'*acide diéthoxalique*,

$$\frac{C^2H^5}{C^2H^5} > C(OH)-CO^2H,$$

a été déjà décrit (Voyez t. Ier, p. 1161 et Suppl., p. 644).

OXYCAPRYLIQUES (ACIDES), $C^8H^{16}O^3$. — 1° L'œnanthol, traité par l'acide cyanhydrique et l'acide chlorhydrique, donne une amide

$$C^6H^{13}-CH.OH-COAzH^2$$

en lamelles cristallines, fusibles à 150°, peu solubles dans l'eau, solubles dans l'alcool et l'éther. L'ammoniaque la transforme en *amido-caprylamide* [Erlenmeyer et Sigel, *Deutsch. chem. Gesellsch.*, 1871, p. 1108].

L'acide oxycaprylique cristallise en feuillets incolores, fusibles à 69°,5, peu solubles dans l'eau, facilement solubles dans l'alcool et l'éther.

Le sel de sodium est cristallin, soluble dans l'eau et dans l'alcool, même absolu; il en est précipité par l'éther. La solution aqueuse du sel sodique donne des précipités cristallins avec les sels de calcium, de baryum, de strontium, de magnésium et de zinc [Erlenmeyer et Sigel, *Deutsch. chem. Gesellsch.*, 1874, p. 697].

Cet acide oxycaprylique, qui est identique avec celui que l'on obtient par bromuration de l'acide caprylique et traitement de l'acide bromé par l'oxyde d'argent humide, donne, lorsque l'on l'oxyde par le dichromate de potassium et l'acide sulfurique, de l'œnanthol, de l'acide heptylique et du gaz carbonique [Ley, *Deutsch. chem. Gesellsch.*, 1877, p. 231].

2° On obtient l'*acide oxyisocaprylique* en traitant l'éther oxalique par l'iodure d'isopropyle et le zinc d'après l'équation

$$\begin{array}{l} CO.OC^2H^5 \\ | \\ CO.OC^2H^5 \end{array} + 2C^3H^7I + Zn^2$$

$$= ZnO + ZnI^2 + \frac{C^3H^7}{C^3H^7} > C(OC^2H^5)-CO^2C^2H^5.$$

Le produit de la réaction est traité par l'acide chlorhydrique, puis distillé, et la partie qui passe entre 180 et 200° est saponifiée par la potasse alcoolique. Le sel de potassium, décomposé par l'acide chlorhydrique, abandonne l'acide libre sous forme de fines aiguilles peu solubles dans l'eau, solubles dans l'alcool et l'éther. Il fond à 110-111°; la présence d'une petite quantité d'eau abaisse son point de fusion au-dessous de 100°. Il distille avec la vapeur d'eau.

Le *sel de baryum*, $(C^8H^{15}O^3)^2Ba, 3H^2O$, cristallise en aiguilles efflorescentes. Celui de *calcium* cristallise mal. Le sel de zinc est floconneux.

L'éther *éthylique*, $C^8H^{15}O^3.C^2H^5$, est un liquide épais, jaunâtre, bouillant vers 202-204°; la potasse aqueuse ne l'attaque pas à 130°; la potasse alcoolique le saponifie à 100°.

Chauffé à 180° avec de l'eau, l'acide oxyisocaprylique fournit de l'eau, du gaz carbonique et du pseudoheptylène bouillant à 82-84° [Markownikoff, *Zeitschr. Chem.*, 1870, p. 516 et *Bull. Soc. chim.*, XV, p. 91; *Deutsch. chem. Gesellsch.*, 1871, p. 562].

M. Hanriot.

OXYCHOLALIQUE (ACIDE). — Lœbisch a désigné sous ce nom un acide qui renferme $C^{24}H^{40}O^6$, c'est-à-dire un atome d'oxygène de plus que l'acide cholalique $C^{24}H^{40}O^5$. On l'obtient en faisant bouillir pendant 12 heures 50 grammes de cholestérine, 5 grammes de dichromate de potassium, 10 grammes d'acide sulfurique et 200 grammes d'eau. On sépare les grumeaux qui se sont formés et on les traite de même. La matière obtenue retient énergiquement l'oxyde de chrome;

on l'en débarrasse en la chauffant à 100° avec de l'acide chlorhydrique concentré, et la lavant avec de l'eau. On la dissout alors dans l'ammoniaque, et on la reprécipite par un acide.

L'acide oxycholalique est soluble dans l'éther, et reste, après évaporation au bain-marie, sous forme d'une masse gommeuse, soluble dans une grande quantité d'eau chaude, dans l'alcool, dans l'acide acétique chaud. L'amalgame de sodium ne l'attaque pas; la potasse en fusion en dégage des gaz combustibles et fournit des acides gras.

Les sels de baryum, de calcium et d'argent sont amorphes; on les obtient en précipitant la solution ammoniacale de l'acide par les sels des métaux correspondants [Lœbisch, *Deutsch. chem. Gesellsch.*, 1872, p. 511].

OXYCHOLESTÉRIQUES (ACIDES). — Latschinoff a obtenu, en oxydant la cholestérine par le permanganate de potassium, outre l'acide cholestérique, de l'acide oxycholestérique $C^{26}H^{42}O^5$ et de l'acide dioxycholestérique $C^{26}H^{42}O^6$. Tous deux sont solubles dans l'ammoniaque, et précipités de cette solution par les sels métalliques autres que les sels alcalins. Ces deux acides sont monobasiques. Les sels de l'acide oxycholestérique sont solubles dans la benzine et dans l'éther, ceux de l'acide dioxycholestérique sont solubles dans la benzine, insolubles dans l'éther, ce qui permet de les séparer [Latschinoff, *Deutsch. chem. Gesellsch.*, 1877, p. 82].

OXYCHRYSAZINE,

$$C^{14}H^8O^5 = C^{14}H^5(OH)^3O^2$$

(Voyez Suppl., p. 489). — Elle se forme par l'action de la potasse fondante sur l'anthrarufine. L'oxyanthrarufine est donc identique avec l'oxychrysazine [Liebermann et Dehnst, *Deutsch. chem. Gesellsch.*, 1879, p. 1287 et 1597].

OXYCINCHONIQUES (ACIDES), (ou OXYCINCHONINIQUES), $C^{10}H^7AzO^3 = C^9H^6AzO\text{-}CO^2H$. — On connaît cinq acides de cette formule; ces acides appartiennent à la série des acides oxyquinoléine-carboniques correspondant aux acides oxybenzoïques.

Ce sont :

1° L'acide cynurénique (Suppl., p. 608).
2° L'acide oxycinchonique (Suppl., p. 498).
3° L'acide α-oxycinchonique.
4° L'acide β-oxycinchonique.
5° L'acide xantho-quinique.

Nous décrirons ici les trois derniers.

I. *Acide α-oxycinchonique.* — Cet acide a été obtenu par Weidel et Cobenzl en chauffant à 200° avec de la potasse alcoolique l'acide α-sulfo-cinchonique $C^{10}H^6AzO^2.SO^3H + H^2O$, ou en soumettant le même acide à la fusion potassique [*Monatsh. Chem.*, t. Ier, p. 844].

L'acide α-oxycinchonique est en cristaux microscopiques légèrement jaunâtres, fusibles à 254°. Il renferme $1H^2O$. Il est monobasique. Il précipite en jaune le nitrate d'argent, en blanc le sous-acétate de plomb; il communique au perchlorure de fer une coloration verte.

Le sel d'*argent* est en petites aiguilles. Le sel de *baryum neutre* renferme $(C^{10}H^6AzO^3)^2Ba$. Le sel *basique*, $C^{10}H^5BaAzO^3 + H^2O$.

Le *chlorhydrate*, $C^{10}H^7AzO^3 + HCl + H^2O$, est en prismes clinorhombiques. Le chloroplatinate, $(C^{10}H^7AzO^3,HCl)^2 + PtCl^4$, cristallise en aiguilles jaunes. L'eau décompose ces deux dernières combinaisons.

Soumis à la distillation sèche, l'acide α-oxycinchonique se dédouble en gaz carbonique et α-oxyquinoléine. Oxydé par le permanganate de potassium, il fournit un acide tricarbopyridique,

$$C^5H^2Az(CO^2H)^3.$$

II. *Acide β-oxycinchonique.* — H. Weidel a obtenu cet acide en fondant avec cinq fois son poids de potasse caustique l'acide β-sulfocinchonique, $C^{10}H^6AzO.SO^3H + 2H^2O$ [*Monatsh. Chem.*, t. II, p. 565].

L'acide β-oxycinchonique, $C^{10}H^7AzO^3 + H^2O$, cristallise en tables microscopiques, légèrement jaunâtres, appartenant au système clinorhombique. Il est très peu soluble dans l'eau froide, dans l'eau chaude, dans l'alcool, très soluble dans l'acide acétique et dans les acides minéraux. Il fond entre 315 et 320°; sa solution aqueuse précipite en blanc par le nitrate d'argent, en jaune par l'acétate de plomb, et le précipité se dissout dans un grand excès de réactif; elle ne colore ni la solution de perchlorure de fer ni celle de sulfate ferreux.

Le *chlorhydrate*, $C^{10}H^7AzO^3,HCl + H^2O$, est en aiguilles clinorhombiques, douées d'un bel éclat. Le *chloroplatinate*,

$$(C^{10}H^7AzO^3.HCl)^2 + PtCl^4 + 2H^2O,$$

est en lamelles jaunes brillantes, d'aspect clinorhombique.

Le *sel de baryum*, $C^{10}H^5BaAzO^3$, se prépare en traitant l'acide tenu en suspension dans l'eau chaude par le carbonate de baryum; il constitue de petits cristaux jaunâtres, facilement solubles dans l'eau.

Par la distillation sèche, l'acide β-oxycinchonique se dédouble en gaz carbonique et β-oxyquinoléine. Oxydé par le permanganate de potassium, il se transforme en un acide tricarbopyridique.

III. *Acide xanthoquinique.* — Skraup [*Monatsh. Chem.*, t. II, p. 587] a obtenu cet acide en chauffant pendant 6 heures entre 220 et 230° 1^{gr},5 d'acide quininique $C^{11}H^9AzO^3$ avec 15^{cc} d'acide chlorhydrique fumant. (L'acide quininique résulte de l'oxydation à chaud de la quinine et de la quinidine au moyen d'un mélange d'acides sulfurique et chromique.) A l'ouverture des tubes, il se dégage du chlorure de méthyle et il reste un produit cristallisé qui est le chlorhydrate du nouvel acide. On le décompose par l'eau et on obtient des cristaux jaunes qui constituent l'acide xanthoquinique $C^{10}H^7AzO^3$.

Cet acide est très soluble dans les alcalis, dans les acides minéraux, dans l'acide acétique; ses solutions sont généralement colorées en jaune. Il fond en se décomposant au-dessus de 300°.

Sel d'argent, $C^{10}H^6AgAzO^3 + 2H^2O$. — Précipité blanc floconneux, devenant jaune par dessiccation.

Sel de cuivre, $(C^{10}H^6AzO^3)^2Cu + H^2O$. — Précipité jaune clair, se transformant lorsqu'on le chauffe en une poudre brun-vert. *Sel de calcium*, $(10H^2O)$. — Cristallise en aiguilles orangées, assez solubles dans l'eau chaude. *Sel de baryum*, $(6H^2O)$. — Petits cristaux jaunes, peu solubles dans l'eau froide.

Chlorhydrate, $C^{10}H^7AzO^3.HCl + 2H^2O$. — Aiguilles orangées, solubles dans l'acide chlorhydrique étendu, dans l'alcool, décomposables par l'eau.

Sulfate, $(C^{10}H^7AzO^3)^2SO^4H^2 + 3H^2O$. — Cristaux jaunes peu solubles dans l'alcool.

Chloroplatinate,

$$(C^{10}H^7AzO^3.HCl)^2,PtCl^4 + 6H^2O.$$

— Grandes aiguilles brunes douées d'éclat.

Au-dessus de 300°, l'acide xanthoquinique perd de l'acide carbonique et laisse un résidu charbonneux présentant des propriétés basiques et phénoliques, non encore étudiées.

Œchsner de Coninck.

OXYCITRACONIQUE (ACIDE), $C^5H^6O^5$. — Ce corps prend naissance, en même temps que l'acide citratartrique et de l'acétone, dans l'action de l'eau de baryte bouillante sur l'acide chlorocitramalique; ce dernier se produit, comme on sait, lorsqu'on fait réagir l'acide hypochloreux sur l'acide citraconique. Par refroidissement, on obtient le sel de baryum qui cède à l'éther, après traitement par l'acide chlorhydrique, l'acide oxycitraconique. Ce sont de beaux prismes très solubles dans l'eau, l'alcool, l'éther, se décomposant à 120-130° en donnant une masse spongieuse d'anhydride citratartrique. L'eau à 110-120° le transforme de la même façon. L'acide iodhydrique le convertit en acide citramalique, l'acide chlorhydrique en un *isomère* de l'acide chlorocitramalique.

Les sels alcalins neutres n'ont été obtenus qu'à l'état de sirops.

$C^5H^4O^5(AzH^4)^2$, forme de petits groupes rayonnés d'aiguilles.

$C^5H^6O^5(AzH^4)$, prismes microscopiques.

$C^5H^5O^5K$, prismes microscopiques, moins solubles que l'acide libre.

$C^5H^4O^5Ba + 4H^2O$, aiguilles brillantes, facilement solubles dans l'eau chaude, à peine dans l'eau froide; perdent leur eau sur l'acide sulfurique et donnent à 120°, en présence de l'eau, du citratartrate, puis de l'anhydride carbonique et un corps huileux.

$C^5H^4O^5Sr + 4H^2O$, plus soluble que le sel de baryum.

$C^5H^4O^5Ca$, très soluble, forme des pyramides microscopiques aplaties que l'alcool précipite de leur solution aqueuse.

$(C^5H^4O^5Pb)^2 + 9H^2O$, aiguilles soyeuses, peu solubles, qui perdent $8H^2O$ à 100° et se décomposent à 120°.

$C^5H^4O^5Ag^2$, précipité blanc noircissant rapidement.

$C^5H^4O^5(Hg^2)$, précipité blanc devenant gris à chaud.

Les chlorures de fer et de chrome donnent avec les sels alcalins des précipités que l'ébullition avec l'eau décompose avec formation d'acide carbonique.

Les sels de magnésium, cadmium, cobalt, nickel, uranium, manganèse, aluminium, sont des masses gommeuses.

L'*acide hydrochloroxycitraconique*, isomère de l'acide chlorocitramalique, $C^5H^7ClO^5$, est en cristaux lamelleux, nacrés, de formes rhombiques, très solubles dans l'eau et s'en séparant très aisément. Il fond à 160-162° en se décomposant. Ses sels, d'une extrême instabilité, se dédoublent tous en oxycitraconates et chlorures. La chaleur décompose l'acide libre suivant l'équation

$$C^5H^7ClO^5 = HCl + CO + CH^3\text{-}CH^2\text{-}CO^2H + CO^2$$

Acide propionique.

[Morawski, *Journ. prakt, Chem.* (2), t. X, p. 79, t. XI, p. 430, et *Bull. Soc. chim.*, t. XXI, p. 26].

E. Demarçay.

OXYCITRIQUE (ACIDE), $C^6H^8O^8$ [Pawolleck, *Ann. Chem. Pharm.*, t. CLXXVIII, p. 150, et *Bull. Soc. chim.*, t. XXV, p. 461]. — Ce composé se forme dans la décomposition par l'eau de l'acide chlorocitrique C^6H^7ClO, obtenu lui-même par l'action de l'acide hypochloreux sur l'acide aconitique; c'est une masse jaune déliquescente à l'air, très facilement soluble dans l'alcool et l'éther.

$(C^6H^5O^8)^2Ba^3 + 5H^2O$, poudre amorphe blanche, très peu soluble.

$(C^6H^5O^8)^2Ca^3 + 9H^2O$, analogue au précédent; devient cristallin quand on le chauffe avec de l'eau.

$(C^6H^4O^8)Cd^2 + 6H^2O$, sel peu soluble dans l'eau.

$(C^6H^4O^8)Cu^2 + H^2O$, sel peu soluble dans l'eau.

Ces composés ont tous été obtenus par double décomposition et répondent, comme on le voit, à une basicité égale, suivant les cas, à trois ou à quatre.

La constitution de l'acide oxycitrique est exprimée sans doute par la formule

$$\begin{array}{ccc} CO^2H & CO^2H & CO^2H. \\ | & | & | \\ CH.OH\text{-} & C.OH\text{-} & CH^2, \end{array}$$

qui est celle d'un acide dioxytricarballylique.

L'éther oxycitrique préparé par l'action de l'acide chlorhydrique sur la solution alcoolique est une huile d'un jaune sombre, de saveur très amère.

OXYCOMÉNIQUE (ACIDE),

$$C^5HO^2(OH)^2\text{-}CO^2H.$$

[T. Reibstein, *Journ. prakt. Chem.*, (2), t. XXIV, p. 276]. — Cet acide se produit à l'état de sel de baryum par l'ébullition prolongée de l'acide bromocoménique avec de l'eau de baryte. Il cristallise en aiguilles blanches, peu solubles dans l'éther, assez solubles dans l'eau, très solubles dans l'alcool. Les solutions donnent avec le chlorure ferrique une coloration bleue qui passe au rouge par un excès de sel ferrique.

L'*éther éthylique*, $C^5HO^2(OH)^2\text{-}CO^2C^2H^5$, cristallise en petits prismes fusibles à 204°, solubles dans l'alcool chaud, peu solubles dans l'eau froide; ses solutions donnent avec le chlorure ferrique une coloration bleue.

L'*éther diacétyléthylique*,

$$C^5HO^2(OC^2H^3O)^2\text{-}CO^2C^2H^5,$$

s'obtient en chauffant le précédent à 150° avec un excès d'anhydride acétique : il cristallise en aiguilles fusibles à 75°, peu solubles dans l'alcool froid, solubles dans l'alcool chaud. Les solutions ne donnent pas de coloration avec le chlorure ferrique.

Acide oxycoménamique, $C^5H^2AzO(OH)^2\text{-}CO^2H$. — On l'obtient en chauffant à 150-160° l'acide oxycoménique avec de l'ammoniaque concentrée, et en précipitant ensuite par l'acide chlorhydrique. Il se présente en aiguilles blanches, peu solubles dans l'alcool, presque insolubles dans l'éther. Il donne avec le chlorure ferrique une coloration bleue.

Acide bromoxycoménamique,

$$C^5HBrAzO(OH)^2\text{-}CO^2H + 2H^2O$$

[Ost, *Journ. prakt. Chem.* (2), t. XXVII, p. 257, — On l'obtient par l'action du brome à froid: soit sur l'acide coménamique, soit sur l'acide oxycoménamique, en présence de l'eau. Il cristallise en aiguilles blanches, peu solubles dans l'eau froide, solubles dans l'eau bouillante. Il réduit à froid le nitrate d'argent, et donne par le chlorure ferrique une coloration bleue qui passe au jaune rougeâtre par un excès de réactif.

Ad. Fauconnier.

OXYCROTONIQUE (ACIDE) (?). — Claus et Kölver ont obtenu dans l'action du cyanure de potassium sur le dichloroglycide $C^3H^4Cl^2$, de l'acide tricarballylique, et un acide dont le sel de plomb, très soluble dans l'eau, cristallise en larges aiguilles. Cet acide incristallisable paraît posséder la formule d'un acide oxycrotonique, $C^4H^6O^3$ [Claus et Kölver, *Deutsch. chem. Gesellsch.*, 1872, p. 361].

OXYCUMINIQUE (ACIDE). — Voyez Cuminique (acide), Suppl., p. 563.

OXYDINAPHTYLÈNE. — Syn. Oxyde de dinaphtylène. Suppl. p. 649.

OXYÉCHITAMINE. — Voyez Suppl., p. 675.

OXYGÈNE. — L'histoire de l'oxygène ne s'est enrichie récemment que d'un petit nombre de faits nouveaux, mais l'un d'entre eux est capital: c'est la liquéfaction de ce gaz, considéré jusqu'ici comme incoercible, opérée presque à la même époque (1877) en France par M. Cailletet et en Suisse par M. Raoul Pictet.

M. Cailletet, mettant à profit une des conséquences de la théorie mécanique de la chaleur, a réussi à refroidir instantanément une masse d'oxygène gazeux, préalablement comprimée, en la laissant se détendre. Elle effectue alors un travail, et elle tire de son propre fonds l'énergie qui se transmet à l'extérieur sous la forme d'une projection rapide de la colonne de mercure qui avait réussi à la comprimer. Sa température s'abaisse pendant que sa pression décroît, et l'influence du refroidissement est tellement prépondérante sur le phénomène de la liquéfaction, ainsi que l'a fait voir M. Andrews, qu'il y a précipitation d'oxygène liquide, sous forme d'un nuage de fines gouttelettes. Celles-ci ne persistent que pendant quelques instants, car la source du froid intense qui a provoqué leur formation est aussitôt tarie.

Fig. 75. — Appareil de M. Cailletet.

M. Pictet s'est proposé d'obtenir le gaz liquéfié en grande masse : il a combiné à cet effet un appareil analogue au tube de Faraday, dans lequel le gaz, engendré par une action chimique, se comprime et se liquéfie sans l'intervention des dispositifs mécaniques, par l'accumulation seule des produits de la réaction. Le tube est d'ailleurs refroidi sur la majeure partie de sa longueur par un bain d'acide carbonique, liquéfié et bouillant dans le vide, et cet agent puissant de refroidissement est lui-même sans cesse renouvelé par la condensation du gaz carbonique, effectuée mécaniquement à l'aide de pompes de grandes dimensions. Cette dernière opération est d'ailleurs facile, et pour ainsi dire industrielle, parce qu'elle s'effectue à basse température au sein d'un bain d'acide sulfureux bouillant dans le vide dans un appareil tout semblable; les hautes pressions sont ainsi évitées. La liquéfaction d'oxygène a été répétée plusieurs fois; malheureusement le tube où elle s'effectue étant en cuivre, on n'a vu l'oxygène liquide qu'en le laissant échapper dans l'atmosphère, et par conséquent pendant un temps très court.

C'est cette année seulement (1883) que l'on a pu constater *de visu* les propriétés de l'oxygène liquide. Deux savants russes qui avaient assisté, dans le laboratoire de M. Cailletet, aux belles expériences de celui-ci, et entre autres à la condensation en masse de l'éthylène, MM. Wroblewski et Olszewski, se sont servis de la basse température qui se produit quand on fait bouillir l'éthylène liquide dans le vide pour refroidir l'oxygène dans un appareil semblable à celui de M. Cailletet. Il se liquéfie alors à des pressions qui ne sont pas excessives, en donnant un liquide incolore dont la ménisque est bien visible.

Nous allons donner quelques détails sur les trois belles expériences que nous venons de citer, et qu'on trouvera décrites dans les mémoires suivants [Cailletet, *Compt. rend.*, 24 décembre 1877; — R. Pictet, *Ann. Chim. Phys.*, (5), t. XIII, p. 145; *Biblioth. univ. de Genève*; — Wroblewski et Olszewski, *Compt. rend.*, t. XCVI, p. 1140].

Expériences de M. Cailletet. — La figure 75 représente le grand appareil que M. Cailletet a fait construire dans son usine de Châtillon-sur-Seine, et qui a servi à ses premières expériences. Il se compose d'un cylindre horizontal creux en acier solidement retenu sur un banc de fonte et plein d'eau. Un piston plongeur en acier doux pénètre dans ce cylindre à travers un cuir embouti; il est terminé par une vis passant à travers un écrou de bronze qui est solidaire avec un grand volant à chevilles. A l'aide de ces chevilles, on fait tourner à la main le volant et par conséquent avancer ou reculer le piston. A la partie supérieure du cylindre existe un canal de communication permettant d'y introduire l'eau d'un vase extérieur; une vis d'acier à pointe conique, terminée par un petit volant, peut l'ouvrir ou le fermer à volonté. La pression considérable obtenue facilement dans cette partie de l'appareil est transmise par un tube d'acier capillaire rempli d'eau, dans un réservoir d'acier situé en avant du banc et contenant du mercure. On y a solidement vissé le tube laboratoire, dessiné à part dans la figure 76. C'est un tube devenu demi-capillaire, F, fort épais, soudé à un réservoir inférieur plus grand E, et étiré en pointe par le haut. On y a fait pénétrer un peu de mercure et on y a dirigé un courant d'oxygène pur pendant assez longtemps, puis on a fermé la pointe à la lampe. Le globule de mercure a occupé la courbure inférieure et a constitué une sorte de fermeture hydraulique pendant qu'on a mis le tube en place. Le mercure chassé par l'eau monte dans le réservoir dont les parois sont pressées à la fois à l'extérieur et à l'intérieur, et n'ont pas besoin d'une grande solidité, le gaz se trouve bientôt confiné dans le tube étroit, qui possède une très grande résistance; il diminue progressivement de volume pendant que sa pression atteint jusqu'à 300 atmosphères. Pour évaluer ces pressions, on se sert d'un manomètre Thomasset, qui est représenté à droite de la figure, et qui a été étalonné avec un manomètre à air libre dressé sur les flancs d'une colline voisine. On refroidit le tube capillaire avec un mélange réfrigérant contenu dans un manchon. On emploie généralement le chlorure de méthyle liquide ou l'acide sulfureux; le manchon est placé dans l'intérieur d'un bocal contenant du chlorure de calcium, pour qu'il ne se recouvre pas de givre. Tout étant prêt pour l'expérience, le manomètre

Fig. 76.

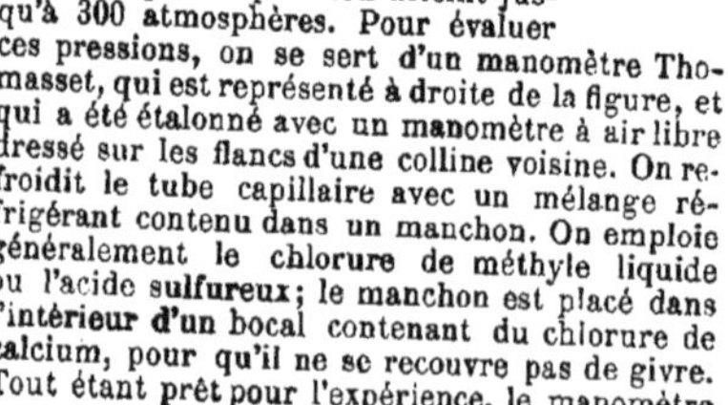

marquant par exemple 300 atmosphères, et le gaz étant à — 29°, on desserre la vis de droite et aussitôt la pression tombe à 1 atmosphère : le mercure est chassé dans la cuve et le gaz transparent est remplacé par un brouillard très visible formé de gouttelettes d'oxygène liquide ou peut-être par de la poussière d'oxygène solide. Selon la formule de Poisson, l'abaissement

Fig. 77. — Appareil Cailletet pour la liquéfaction des gaz.

de température est voisin de 200°. Il n'est pas étonnant qu'aucun gaz ne résiste à cet énorme refroidissement. Le brouillard disparaît au bout de quelques instants au contact des parois du tube, relativement chaudes.

On peut répéter aujourd'hui cette belle expérience et obtenir la liquéfaction en masse des gaz plus facilement condensables, tels que l'acide carbonique, le protoxyde d'azote, etc., à l'aide d'un appareil (fig. 77) devenu rapidement classique, et qui est une sorte de réduction de celui qu'on vient de décrire. La pression y est obtenue à l'aide d'une simple pompe à levier P, elle atteint 200 à 300 atmosphères. Pour aller plus loin, on se sert d'une vis mue par le volant qu'on voit en avant de l'appareil; on atteint, en la faisant manœuvrer, jusqu'à 500 atmosphères. Pour obtenir la détente, on desserre une autre vis située à gauche de la première et terminée par quatre manettes.

Le manomètre M est un manomètre Bourdon ordinaire, le réservoir à mercure A peut être placé à quelque distance de l'appareil, grâce à l'élasticité du tube d'acier qui y conduit l'eau; le vase à condensation B et son bocal C est d'ailleurs le même que dans le grand appareil.

Expérience de M. Pictet (fig. 78). — Un obus en fer forgé de 1 litre ¼ de capacité intérieure et de 35 millimètres d'épaisseur de paroi reçoit

Fig. 78. — Appareil Pictet pour la liquéfaction de l'oxygène.

une charge de 700 grammes de chlorate de potassium et de 300 grammes de chlorure de potassium préalablement fondus et pulvérisés. On le visse, par l'intermédiaire d'un bouchon d'acier, à un tube de cuivre horizontal, ou plutôt légèrement incliné vers le sol, de 4 millimètres de diamètre intérieur, de 15 millimètres de diamètre extérieur et de 4 mètres de long. Ce tube est le récipient où viendra se liquéfier l'oxygène; il est terminé à sa partie inférieure par un manomètre métallique gradué jusqu'à 800 atmosphères et par un robinet de décharge. Le refroidissement de ce long condensateur, refroidissement qui va jusqu'à —130°, est obtenu par l'ébullition dans le vide de l'acide carbonique liquide et en partie solidifié, contenu dans un tube extérieur également en cuivre et de 35 millimètres de diamètre extérieur. On l'a entouré d'une boîte de bois renfermant des corps mauvais conducteurs.

L'acide carbonique liquide y pénètre constamment par un orifice situé vers le milieu de ce tube; il est volatilisé par l'aspiration d'une puissante pompe à double effet, dont le cylindre a 3 litres de capacité : c'est la troisième en commençant par la gauche dans la figure. La quatrième pompe condense le gaz carbonique dans un tube semblable au premier, mais moins long et situé au-dessus. Il sert à approvisionner le réfrigérant d'acide carbonique liquide; ce tube n'est pas à la température ordinaire, qui nécessiterait une compression d'une quarantaine d'atmosphères, pour la liquéfaction du gaz, mais à environ 65° au-dessous de zéro. La pression n'y dépasse pas 6 atmosphères. Pour obtenir facilement une température aussi basse, on se sert encore de l'évaporation d'un liquide, mais cette fois de l'acide sulfureux. Ce liquide baigne le tube à condensation de l'acide carbonique, il est aspiré par la première pompe et condensé par la seconde dans une sorte de chaudière tubulaire refroidie par un courant d'eau et disposée entre les deux premières pompes, puis retourne à l'état liquide dans le réfrigérant supérieur. En définitive, la chaleur empruntée à l'oxygène, en voie de liquéfaction, cédée d'abord à l'acide carbonique qui se volatilise, puis abandonnée par celui-ci lors de sa condensation à l'acide sulfureux, quitte enfin ce dernier corps pour être entraîné hors de l'appareil par le courant d'eau froide qui baigne la chaudière tubulaire. Les deux intermédiaires, acide carbonique et acide sulfureux, ne gagnent rien et ne perdent rien, ni de leur substance ni de leur chaleur; lorsque l'aspiration d'une des pompes en a volatilisé un certain poids, la pompe voisine en a condensé un poids exactement égal, et la chaleur de la liquéfaction compense le froid dû à l'évaporation. De plus, les pressions ne sont jamais supérieures à 6 atmosphères, elles peuvent être obtenues dans de vrais appareils industriels. Les pompes sont seulement d'un système perfectionné, dû à M. D. Colladon; la tige du piston est creuse et on y entretient une circulation d'eau qui empêche le presse-étoupe d'acquérir une température trop élevée; les clapets sont en acier et leurs sièges en bronze, etc.

Lorsque les pompes sont en marche depuis 2 à 3 heures, un thermomètre à alcool, plongé dans l'acide sulfureux liquide, marque — 65°, et un thermomètre particulier, imaginé par M. Pictet et fondé sur la mesure des tensions de vapeur, plongé dans l'acide carbonique liquide, marque de — 120 à — 140°. C'est alors que l'on dégage l'oxygène du chlorate et qu'on le liquéfie par sa production même.

Pour cela, on allume autour de l'obus une couronne de becs de gaz qui emporte la température à 480, à 500° environ. La pression indiquée par le manomètre monte rapidement; au bout de 1 heure elle atteint jusqu'à 521 atmosphères et se fixe à 471. Le tube de cuivre est alors plein d'oxygène liquide, sous une pression *supérieure* à sa tension maxima, car il ne faut pas oublier que l'espace formant paroi froide est ici limité et qu'il est complètement rempli. Il s'ensuit que si on ouvre le robinet, un jet liquide sera projeté au dehors, puis le gaz commencera à sortir, et si on lui ferme toute issue à cet instant, une nouvelle quantité d'oxygène se liquéfiera dans le tube et pourra donner un second jet. C'est ce qu'on remarque en effet. Mais on ne peut recueillir ni manier l'oxygène liquide; l'apparence du jet, surtout la différence d'aspect du jet liquide et du jet gazeux sont les seules preuves sensibles de la liquéfaction.

La marche du manomètre pendant l'expérience permet d'établir avec certitude que le gaz a pris l'état liquide et de déterminer avec une certaine approximation la densité de l'oxygène sous cet état, d'après le poids du gaz dégagé par le chlorure et le volume du tube condenseur. Selon M. Pictet, cette densité est voisine de 1, comme le prévoyait M. Dumas il y a plus de soixante ans. D'après ce savant, en effet, les corps isomorphes ont le même volume atomique, le poids de l'atome de soufre étant double de celui de l'atome d'oxygène, et la densité du premier corps à l'état solide étant 2,2, celle du second doit être de 1 environ. Les calculs de M. Pictet ont été critiqués récemment dans un mémoire de M. Offret, publié dans les *Annales de Chimie et de Physique*, (5), t. XIX, p. 271; mais néanmoins le chiffre obtenu ne paraît pas devoir être très notablement modifié. Du reste, rien n'empêcherait, dans une nouvelle expérience, de disposer de petits flotteurs sphériques de diverses densités dans le tube de condensation et de constater leur ascension de l'extérieur à l'aide d'appareils magnétiques. M. Pictet a encore calculé, à l'aide des nombres obtenus dans les mêmes expériences, la tension maxima de l'oxygène liquide aux températures atteintes à l'aide de l'ébullition de l'acide carbonique et du protoxyde d'azote, c'est-à-dire à — 130°, à — 140° du thermomètre fondé sur la tension des vapeurs. Ces tensions sont respectivement 273° et 252° atmosphères.

Expériences de MM. Wroblewski et Olszewski. — M. Cailletet avait déjà proposé en 1882 [*Compt. rend.*, t. XCIV, p. 1224] l'éthylène liquide comme une substance propre à obtenir de très basses températures. Ce liquide bout en effet à — 105° du thermomètre au sulfure de carbone, sous la pression atmosphérique. Le même savant se servit de ce nouveau corps réfrigérant pour refroidir le tube de l'appareil dans lequel il comprimait l'oxygène. Ce tube était un peu plus large que ceux employés généralement; malgré la pression, on n'y vit pas de ménisque annonçant la présence d'un liquide; mais au moment de la détente une ébullition tumultueuse s'y manifesta, ébullition qui ne commençait qu'à une certaine distance du fond du tube et qui dura pendant un temps appréciable. M. Cailletet ne put décider si l'oxygène s'était liquéfié par la compression ou seulement par la détente, car il ne vit pas de plan de séparation entre le liquide et le gaz. MM. Wroblewski et Olszewski refirent l'expérience à Cracovie, en se servant cette fois, comme réfrigérant, de l'éthylène bouillant dans le vide, ce qui permet d'atteindre un degré de froid beaucoup plus intense et évalué à — 136° avec le thermomètre à hydrogène (le sulfure de carbone est solide par — 110°). A cette température, sensiblement inférieure à la température critique de l'oxygène, ce gaz peut se liquéfier facilement sous 22 atmosphères seulement, d'après le nombre d'une première communication. Les nombres définitifs et le dessin des appareils n'ont pas encore été donnés. G. Salet.

OXYISOBUTYRIQUE (ACIDE). — Voyez Oxybutyrique.

OXYISOLÉPIDÈNE. — Voyez Oxylépidène.

OXYISOPHTALIQUES (ACIDES). — On connait les trois modifications isomériques prévues par la théorie.

I. — ACIDE α-OXYISOPHTALIQUE,

$$C^6H^3.CO^2H_{(1)}.CO^2H_{(3)}.OH_{(4)}.$$

Modes de formation. — 1° Cet acide prend naissance par l'action du gaz carbonique sur le salicylate basique de sodium, maintenu à 370-380° [Ost, *Journ. prakt. Chem.*, (2), t. XIV, p. 93].

2° Il se forme par l'oxydation de l'acide para-aldéhydosalicylique au moyen du permanganate de potassium en solution alcaline, et par l'action de la potasse fondante sur l'acide ortho-aldéhydobenzoïque [Tiemann et Reimer, *Deutsch. chem. Gesellsch.*, 1877, p. 1562].

3° Il se produit par l'action du tétrachlorure de carbone sur une solution alcoolique d'acide salicylique en présence de potasse; la réaction donne lieu à la production simultanée de son isomère l'acide β [Hasse, *Deutsch. chem. Gesellsch.*, 1877, p. 2185].

4° Il prend naissance par une réaction complexe, en même temps que plusieurs autres produits, dans l'action de l'acide carbonique sur le paroxybenzoate neutre de sodium maintenu à 280-295° [Kupferberg, *Journ. prakt. Chem.* (2), t. XVI, p. 424].

5° La fusion avec la potasse du métaxylénol

$$C^6H^3.CH^3_{(1)}.CH^3_{(3)}.OH_{(4)},$$

fournit un mélange d'acides α-oxyisophtalique et oxymétatoluique [O. Jacobsen, *Deutsch. chem. Gesellsch.*, 1878, p. 374].

6° On l'obtient aussi en fondant avec de la potasse l'acide sulfamidoisophtalique,

$$C^6H^3.SO^2AzH^2_{(4)}.CO^2H_{(1)}.CO^2H_{(3)}$$

[Malvern, W. Iles et I. Remsen, *Deutsch. chem. Gesellsch.*, 1878, p. 579].

7° Il se forme enfin par l'action de la potasse fondante, ou de l'acide chlorhydrique sous pression sur l'acide α-méthoxyisophtalique [G. Schall, *Deutsch. chem. Gesellsch.*, 1879, p. 816].

Préparation. — On chauffe à 250° un mélange à parties égales de phénate de sodium et de phénate de potassium dans un courant d'acide carbonique : cette température doit être exactement maintenue pendant l'opération, car au-dessous de 250° le salicylate qui se forme d'abord n'est pas décomposé, et au-dessus l'acide α-oxyisophtalique se transforme en acide phénoltricarbonique. On reprend la masse fondue par de l'eau bouillante fortement acidulée par l'acide chlorhydrique et on fait recristalliser dans l'eau l'acide qui se dépose par le refroidissement [Ost, *Journ. prakt. Chem.*, (2), t. XV, p. 301].

Propriétés. — L'acide α-oxyisophtalique cristallise en longues aiguilles, souvent croisées suivant un angle de 60°, ou bien accolées suivant leur longueur; il est soluble dans environ 5000 p. d'eau à 10° et dans 160 p. d'eau bouillante; il est très soluble dans l'alcool et dans l'éther, insoluble dans le chloroforme. Il commence à se sublimer vers 220°; le point de fusion est situé à 283-285°; à 295°, l'acide brunit et se décompose en donnant de l'acide carbonique, de l'acide salicylique et du phénol. Il ne se volatilise pas avec la vapeur d'eau.

Avec le chlorure ferrique, il donne même en solution très étendue une coloration rouge cerise.

L'acide chlorhydrique le décompose à 180° en lui enlevant ses deux carboxyles : le phénol résultant de cette décomposition ne peut être isolé qu'en partie, une autre portion formant avec un excès d'acide non décomposé une matière colorante analogue à l'aurine, soluble dans les alcalis avec une belle couleur rouge et cristallisant dans l'alcool en aiguilles présentant des reflets métalliques verts (Jacobsen).

Le *sel de sodium*, $C^6H^3(OH)(CO^2Na)^2$, est extrêmement soluble dans l'eau ; il se dépose en lamelles étroites allongées lorsqu'on refroidit sa solution concentrée . ces cristaux renferment plus de leur moitié en poids d'eau de cristallisation, qu'ils perdent à l'air, à l'exception de 2 molécules qui ne se dégagent que dans le vide, et qui sont absorbées de nouveau lorsqu'on abandonne le sel sec à l'air. Les *sels de potassium* et *d'ammonium* sont aussi très solubles dans l'eau.

Le *sel de baryum* cristallise en petites aiguilles indistinctes ou en tables. Le *sel de calcium neutre* est en petits prismes obliques; la solution concentrée de ce sel laisse déposer au bout de quelque temps, par l'addition d'eau de chaux, un sel *basique*, $[C^6H^3(CO^2)^2O]^2Ca^3 + 5H^2O$, en petits mamelons peu solubles dans l'eau, et que l'acide carbonique ramène à l'état de sel neutre.

Le *sel de zinc* est en prismes très solubles; le *sel de cadmium* en petites aiguilles assez peu solubles dans l'eau froide (Ost).

Le *sel de cobalt* se dépose en longues aiguilles roses, devenant d'un bleu foncé par la dessiccation. Le *sel de cuivre* se dépose en groupements arrondis, confusément cristallisés (Jacobsen).

Le *sel d'argent neutre*, $C^6H^3(OH)(CO^2Ag)^2$, est un précipité amorphe, qu'on obtient par double décomposition entre le nitrate d'argent et le sel d'ammonium. Le *sel d'argent acide*,

$$C^6H^3(OH)(CO^2H)(CO^2Ag),$$

est en fines aiguilles anhydres, peu solubles dans l'eau froide : on l'obtient en mélangeant des solutions chaudes d'acide libre et de nitrate d'argent (Ost).

L'éther diméthylique, $C^6H^3(OH)(CO^2CH^3)^2$, cristallise dans l'alcool méthylique faible en belles aiguilles aplaties, fusibles à 96° (Jacobsen). *L'éther diéthylique*, $C^6H^3(OH)(CO^2C^2H^5)^2$, fond à 52° et cristallise en aiguilles feutrées (Ost). On obtient ces éthers en saturant de gaz chlorhydrique la solution de l'acide dans l'alcool correspondant, opération dans laquelle la majeure partie de l'acide est précipitée, tandis que l'éther reste en solution dans la liqueur alcoolique d'où on peut le faire cristalliser.

L'amide, $C^6H^3(OH)(COAzH^2)^2$, obtenue en décomposant un des éthers par l'ammoniaque alcoolique chaude, cristallise en lamelles microscopiques, orthorhombiques, peu solubles dans l'alcool bouillant, insolubles dans l'eau, fusibles à 250° (Jacobsen).

Acide méthoxy-α-isophtalique (méthyl-α-oxyisophtalique), $C^6H^3(OCH^3)(CO^2H)^2$ [G. Schall, *Deutsch. chem. Gesellsch.*, 1879, p. 816]. — On l'obtient en oxydant par le permanganate de potassium en solution alcaline le méthylparabomosalicylate de méthyle,

$$C^6H^3(OCH^3)_{(4)}(CH^3)_{(1)}(CO^2CH^3)_{(3)};$$

il cristallise en aiguilles fusibles à 261°, groupées en rosettes ou associées sous un angle de 60°. Sa solution ammoniacale donne avec le nitrate d'argent un précipité blanc, cristallisable en aiguilles dans l'eau bouillante; avec le sulfate de cuivre, un précipité bleu-vert tout à fait insoluble; avec l'acétate de plomb, un précipité cristallin insoluble.

Acide aldéhydo-α-oxyisophtalique,

$$C^6H^2(OH)_{(4)}(CO^2H)^2_{(1.3)}(CHO)_{(5)}$$

[Reimer, *Deutsch. chem. Gesellsch.*, 1878, p. 793]. — Ce corps se produit par l'action du chloroforme sur l'acide α-oxyisophtalique en présence de potasse. Il cristallise en aiguilles feutrées, blanches, fusibles avec décomposition à 260°, solubles dans l'alcool et dans l'éther. Le chlorure ferrique colore sa solution en rouge de sang. Oxydé à froid par le permanganate de potassium, cet acide se transforme en acide oxytrimésique.

II. — Acide β-oxyisophtalique,

$$C^6H^3.CO^2H_{(1)}.CO^2H_{(3)}.OH_{(2)}.$$

— Cet acide se produit :

1° Par l'oxydation de l'acide orthoaldéhydosalicylique $C^6H^3.CO^2H_{(1)}.CHO_{(3)}.OH_{(2)}$ au moyen du permanganate de potassium en solution alcaline [Tiemann et Reimer, *Deutsch. chem. Gesellsch.*, 1877, p. 1562].

2° Par l'action du tétrachlorure de carbone sur une solution alcoolique d'acide salicylique en présence de potasse : il y a formation simultanée de l'isomère α [Hasse, *Deutsch. chem. Gesellsch.*, 1877, p. 2185].

3° Par l'action de l'acide chlorhydrique sous pression sur l'acide méthoxy-β-isophtalique, (voir plus bas) ou par la fusion de ce dernier avec la potasse [Schall, *Deutsch. chem. Gesellsch.*, 1879, p. 816].

Il cristallise en longues aiguilles très déliées ou en prismes, renfermant une molécule d'eau. Séché à l'air, il fond à 239°; séché au bain-marie, à 243-244°. Il ne se sublime que difficilement, la majeure partie se décomposant en acide carbonique, acide salicylique et phénol. Il se dissout dans 35-40 p. d'eau à 100° et dans 700 p. d'eau à 24°; il est soluble dans l'alcool et dans l'éther, peu soluble dans le chloroforme.

Ses solutions offrent une fluorescence bleu-violet, qui disparaît en présence d'un alcali caustique. Sa solution aqueuse est colorée en rouge cerise par le chlorure ferrique (Tiemann et Reimer). Il forme des sels alcalins très solubles.

Acide méthoxy-β-isophtalique (méthyl-β-oxyisophtalique), $C^6H^3(OCH^3)(CO^2H)^2$ [Schall, *loc. cit.*]. — On l'obtient en oxydant par le permanganate de potassium en solution alcaline le méthylorthohomosalicylate de méthyle,

$$C^6H^3(OCH^3)_{(2)}(CH^3)_{(1)}(CO^2CH^3)_{(3)}.$$

Il cristallise en prismes qui fondent à 216-218° en brunissant et en se sublimant partiellement. Il est assez soluble dans l'eau froide, très soluble dans l'eau chaude et dans l'éther. Sa solution ammoniacale donne avec l'acétate de plomb un précipité blanc qui cristallise en aiguilles dans l'eau bouillante.

Acide aldéhydo-β-oxyisophtalique,

$$C^6H^2(OH)_{(2)}(CO^2H)^2_{(1.3)}(CHO)_{(5)}$$

[Reimer, *Deutsch. chem. Gesellsch.*, 1878, p. 793]. — Il se produit par l'action du chloroforme sur l'acide β-oxyisophtalique en présence de potasse. Il cristallise avec une demi-molécule d'eau en longues aiguilles qui fondent à 237-238° en se décomposant. Sa solution présente une fluorescence bleue qui disparaît par l'addition d'acide chlorhydrique. Ses solutions alcalines sont incolores. Par oxydation au moyen du permanganate de potassium, il donne de l'acide oxytrimésique.

Les *sels de calcium* et *de magnésium* sont solubles; celui *de baryum* l'est peu. Le *sel d'argent* cristallise dans l'eau bouillante.

III. — Acide γ-oxyisophtalique,

$$C^6H^3.CO^2H_{(1)}.CO^2H_{(3)}.OH_{(5)}.$$

— Cet acide, qui se rencontre parmi les produits de la fusion de l'acide rufigallique avec la potasse [J. Schreder, *Monatsh. Chem.*, t. Ier, p. 431], se prépare par la fusion avec la potasse de l'acide γ-sulfoisophtalique [C. Heine, *Deutsch. chem. Gesellsch.*, 1880, p. 491; — H. Lönnies, *ibid.*, p. 703].

Il cristallise avec deux molécules d'eau en prismes fusibles à 284-285° (Heine), 288° (Lönnies); il se dissout à 5° dans 3280 p. d'eau, et est très soluble dans l'eau chaude, l'alcool et l'éther. Il donne avec le perchlorure de fer une coloration jaune faible. Chauffé à 210° avec de l'acide chlorhydrique concentré, il perd de l'acide carbonique. Distillé avec de la chaux, il fournit de l'acide métoxybenzoïque et du phénol. Par une fusion prolongée avec de la potasse, il se transforme partiellement en son isomère α.

Le *sel monargentique* cristallise en fines aiguilles; le *sel diargentique* est un précipité blanc cristallin, insoluble dans l'eau même à chaud. L'*éther diméthylique*, $C^6H^3(OH)(CO^2CH^3)^2$, fond à 159-160°; l'*éther diéthylique* fond à 103°.

Ad. Fauconnier.

OXYISOPHTALIQUES (ALDÉHYDES),

$$C^6H^3(OH)(CHO)^2$$

[Voswinckel, *Deutsch. chem. Gesellsch.*, 1882, p. 2021]. — On obtient un mélange d'aldéhydes α-oxyisophtalique et β-oxyisophtalique en chauffant pendant 12 heures au réfrigérant ascendant un mélange d'aldéhyde salicylique, de soude et de chloroforme. Le liquide filtré est soumis à la distillation dans un courant de vapeur d'eau : il passe d'abord de l'aldéhyde salicylique inaltérée, puis on voit se déposer dans le récipient des cristaux blancs qu'on parvient à séparer, par des cristallisations répétées dans la ligroïne, en aldéhyde α et en aldéhyde β.

L'aldéhyde α se produit seule, si l'on substitue l'aldéhyde paroxybenzoïque à l'aldéhyde salicylique.

Aldéhyde α-oxyisophtalique,

$$C^6H^3.CHO_{(1)}.CHO_{(3)}OH_{(4)}.$$

— Ce corps se présente en aiguilles fusibles à 108°, très solubles dans le chloroforme et dans l'éther, peu solubles dans l'alcool et dans l'eau bouillante, presque insolubles dans la ligroïne. Les solutions donnent, avec le chlorure ferrique, une coloration violacée; elles précipitent en présence d'ammoniaque, en jaune par l'acétate de plomb, en vert clair par l'acétate de cuivre, en blanc par le chlorure de calcium.

Aldéhyde β-oxyisophtalique,

$$C^6H^3.CHO_{(1)}CHO_{(3)}OH_{(2)}.$$

— Aiguilles fusibles à 88°, très-solubles dans la ligroïne. Les solutions donnent une coloration violacée avec le perchlorure de fer; en présence d'ammoniaque, elles fournissent des précipités blancs avec les chlorures de baryum et de calcium et avec le sulfate de magnésium; elles donnent avec le sulfate de cuivre un précipité vert soluble en bleu dans un excès d'ammoniaque.

Ad. Fauconnier.

OXYITACONIQUE (ACIDE), $C^5H^6O^5$. — Si l'on fait bouillir suffisamment longtemps l'acide aconique avec de l'eau de baryte, il se produit du formiate et du succinate de baryum. Mais il se forme auparavant comme produit intermédiaire l'oxyitaconate de baryum. Ce sel, peu soluble dans l'eau ainsi que les autres oxyitaconates, se sépare du succinate, formé en même temps, par ébullition avec l'eau. L'acide libre est une huile jaunâtre très acide [Meilly, *Liebig's Ann. Chem.*, t. CLXXI, p. 166, et *Bull. Soc. chim.*, t. XX, p. 200].

Il semble que l'acide aconique soit la lactone de l'acide oxyitaconique. Néanmoins l'on n'a pas constaté la transformation inverse de l'acide oxyitaconique en acide aconique.

OXYLÉPIDÈNES (voyez t. II, p. 713). — *Oxylépidène tabulaire.* — Ce composé fournit par la distillation sèche, de l'isolépidène (voir plus loin); chauffé avec de l'alcool et de la soude, il fournit l'oxylépidène octaédrique.

Oxylépidène octaédrique. — Pour le préparer, on chauffe pendant 12 heures l'oxylépidène avec de la soude caustique et de l'alcool : 200 grammes d'oxylépidène fournissent 15 grammes de l'isomère octaédrique. Par réduction, soit par l'amalgame, soit par le zinc et l'acide acétique, on obtient de l'hydroxylépidène $C^{28}H^{22}O^2$, en longues aiguilles fusibles à 251°.

L'oxydation de l'oxylépidène octaédrique fournit une masse feuilletée, ayant pour formule $C^{28}H^{20}O^3$, fusible à 164°, solubles dans 10 p. d'alcool bouillant et 4 p. d'éther. Ce composé est isomère avec le dioxylépidène obtenu auparavant par Zinin, avec l'oxylépidène en aiguilles, car il n'est pas attaqué par une solution bouillante de potasse caustique qui dédouble le dioxylépidène ordinaire en désoxybenzoïne et acide benzoïque.

Oxyisolépidène. — L'oxydation de l'isolépidène fournit un oxyisolépidène sur lequel il n'a été publié aucun détail.

Dichloroxylépidènes, $C^{28}H^{18}Cl^2O^2$. — Le dichloroxylépidène bouilli avec de la potasse alcooliuue, se dédouble de même en deux isomères : l'un, fusible à 230°, est presque insoluble dans l'alcool et l'éther, soluble dans 36 p. d'acide acétique bouillant; l'autre, facilement soluble dans l'alcool, l'éther et l'acide acétique, cristallise en prismes rhombiques, fusibles à 182°, renfermant 1 molécule d'eau de cristallisation qu'ils perdent à 200°.

Le premier isomère, réduit par le zinc et l'acide acétique, donne de longues aiguilles de *dichlorolépidène* $C^{28}H^{18}Cl^2O$, fusibles à 166°, et de l'*hydrodichloroxylépidène* $C^{28}H^{20}Cl^2O^2$, cristallisant en aiguilles fusibles à 261°, que l'on sépare au moyen de l'acide acétique bouillant, qui ne dissout que le premier [Zinin, *Deutsch. chem. Gesellsch.*, 1875, p. 696; 1877, p. 80; *Bull. Soc. chim.*, t. XXIV, p. 451].

Le *dibromoxylépidène* se transforme par l'action de la chaleur en une modification isomérique. La même transformation se produit lorsqu'on le traite par une quantité insuffisante de potasse alcoolique. Réduit par le zinc et l'acide acétique, il donne du dibromolépidène et de l'hydrodibromolépidène.

Le dichloroxylépidène subit une transformation semblable à celle du dérivé bromé [Zinin, *Bull. Soc. chim.*, t. XXV, p. 292].

Isolépidène. — Lorsque l'on soumet à la distillation sèche l'oxylépidène, on obtient un peu plus de moitié en poids d'isolépidène mélangé à une grande quantité d'oxylépidène non altéré.

Traité par le zinc et l'acide acétique, il fixe 2 atomes d'hydrogène, tandis qu'il en prend 4 par l'action de l'amalgame de sodium agissant sur sa solution alcoolique. Oxydé par l'acide chromique en solution acétique, il fournit d'abord un isomère de l'oxylépidène; si on pousse l'oxydation plus loin, on obtient de la benzophénone, de l'acide benzoïque et du dibenzyle [Zinin, *Bull. Soc. chim.*, t. XXVII, p. 457]. M. Hanriot.

OXYLEUCÉINE. — Voyez Leucéine, Suppl., p. 979.

OXYLEUCOTINE. — Voyez Suppl., p. 529.

OXYLOPHINE. — Voyez Suppl., p. 985.

OXYMALÉIQUE (ACIDE), $C^4H^4O^5$. — Bourgoin a préparé ce composé en faisant réagir à froid l'oxyde d'argent récemment préparé sur le bromomaléate de potassium, précipitant l'oxymaléate formé par l'acétate de plomb et décomposant ce dernier par l'acide sulfhydrique. Le liquide filtré, évaporé à sec, laisse un résidu qu'on reprend par l'éther, qui dissout l'acide et l'abandonne cristallisé par évaporation.

Cet acide, très soluble dans l'alcool, l'éther et l'eau, se sépare de ce dernier solvant en longues aiguilles pennées. Il est bibasique. Ses sels alcalins sont très solubles dans l'eau et cristallisables.

Le sel d'argent, peu stable, détone par la chaleur. Le sel de plomb est insoluble même dans l'eau bouillante.

Soumis à l'électrolyse, l'acide paraît donner de l'acide malique [Bourgoin, *Bull. Soc. chim.*, t. XVII, p. 2; t. XIX, p. 482, et t. XXII, p. 98].

OXYMARGARIQUE, $C^{17}H^{34}O^3$. — L'acide oxymargarique a été rencontré dans le gras de cadavre. Les acides gras qui en proviennent sont saturés par la magnésie, et la liqueur filtrée précipitée par l'acétate de plomb. Le précipité, décomposé par l'hydrogène sulfuré, abandonne l'acide en cristaux brillants, fusibles à 80°, solubles dans l'alcool et dans l'éther, insolubles dans l'eau. Le sel d'argent est amorphe. Le sel de magnésium est très soluble dans l'alcool qui le laisse déposer à l'état cristallisé [Ebert, *Deutsch. chem. Gesellsch.*, 1875, p. 775].

OXYMÉSITYLÉNIQUES (ACIDES), $C^9H^{10}O^3$. — Il peut exister deux acides oxymésityléniques isomères, l'un ortho et l'autre para, par rapport au groupe CO^2H. Tous deux sont connus.

Acide orthoxymésitylénique,

$$C^6H^2(OH)_{(1)}(CH^3)^2_{(2\text{ et }4)}(CO^2H)_{(6)}.$$

— Cet acide se produit en chauffant au bain d'air à 240-250° le sulfomésitylénate de potassium avec de la potasse. Le produit, saturé par l'acide sulfurique, est distillé avec la vapeur d'eau pour chasser le mésitol formé, puis agité avec l'éther, qui abandonne par évaporation l'acide oxymésitylénique [Fittig et Hoogewerff, *Zeitschr. Chem.*, 1869, p. 168, et *Bull. Soc. chim.*, t. XII, p. 168].

Lorsqu'on fait réagir le sodium et le gaz carbonique sur l'α-métaxénol, on obtient le même acide oxymésitylénique; ce serait même le procédé le plus avantageux pour le préparer [O. Jacobsen, *Deutsch. chem. Gesellsch.*, 1881, p. 43].

Enfin l'acide α-amidomésitylénique en donne également lorsque l'on le traite par l'acide nitreux.

L'acide oxymésitylénique fond à 176° et se sublime sans décomposition en longues aiguilles, larges, blanches et brillantes, peu solubles dans l'eau bouillante, très solubles dans l'alcool et dans l'éther. Sa solution aqueuse et ses sels se colorent en bleu violacé par le perchlorure de fer. Chauffé à 200° avec de l'acide chlorhydrique ou à une température très élevée avec de la potasse, il donne du métaxénol liquide (1. 3. 4.). Avec la potasse, il se forme en même temps un acide oxyuvitique et un acide oxytrimésique [O. Jacobsen, *Deutsch. chem. Gesellsch.*, 1878, p. 2052].

Le *sel de baryum*, $(C^9H^9O^3)^2Ba, 5H^2O$, cristallise en lamelles dures et brillantes très solubles à chaud; il commence à brunir à 110°.

Le *sel de calcium*, $(C^9H^9O^3)^2Ca, 5H^2O$, forme de belles aiguilles réunies en faisceaux serrés très solubles dans l'eau chaude; il brunit à 125°.

Acide paroxymésitylénique,

$$C^6H^2(OH)_{(1)}(CH^3)^2_{(2\text{ et }6)}(CO^2H)_{(4)}.$$

— On obtient cet acide en soumettant à une fusion ménagée avec la potasse l'acide paramésitylénosulfamique. Cet acide ne distillant pas avec la vapeur d'eau, pour le purifier, on le transforme en éther éthylique ou méthylique que l'on distille avec la vapeur d'eau, puis que l'on saponifie par la baryte.

L'acide β amido-mésitylénique, traité par l'acide nitreux, fournit un acide oxymésitylénique identique avec le précédent.

L'acide paroxymésitylénique est très soluble

dans l'alcool et dans l'éther; il est très peu soluble dans l'eau, froide ou chaude, et dans le chloroforme. Le perchlorure de fer ne colore pas ses solutions. Il cristallise en aiguilles anhydres, fusibles à 223°. On peut le sublimer en le chauffant avec précaution. A 200°, l'acide chlorhydrique le décompose en xénol solide et gaz carbonique.

Le *sel de baryum* cristallise en prismes anhydres, fins et brillants; il est peu soluble dans l'eau froide, très soluble dans l'eau bouillante. Il ne se décompose pas à 150° comme l'acide ortho.

Les sels métalliques donnent les réactions suivantes avec la solution neutre du sel ammoniacal :

Perchlorure de fer, précipité brun, soluble dans l'eau bouillante et dans un excès de réactif.

Sulfate de zinc, pas de précipité à froid; la liqueur se trouble par l'ébullition et redevient limpide à froid.

Sulfate de cuivre, précipité vert clair floconneux, soluble dans l'eau bouillante, d'où il se dépose sous la forme d'une poudre cristalline.

Azotate de plomb, précipité blanc, soluble dans l'acide acétique et dans un excès d'eau bouillante; cristallise en petites aiguilles.

Azotate d'argent, précipité floconneux, très soluble à chaud et se déposant ensuite en aiguilles.

Les *éthers méthylique* et *éthylique* sont solides à la température ordinaire et cristallisent bien; ils distillent avec la vapeur d'eau. L'éther méthylique fond à 130° et cristallise en longues aiguilles très flexibles; l'éther éthylique fond à 113° et cristallise en prismes très durs [O. Jacobsen, *Deutsch. chem. Gesellsch.*, 1879, p. 604].

M. Hanriot.

OXYMYRISTIQUE (ACIDE), $C^{14}H^{28}O^3$.— Les parties les moins volatiles de l'essence d'*Angelica Archangelica* contiennent un acide oxymyristique que l'on peut isoler de la façon suivante : Ces parties sont chauffées au réfrigérant ascendant avec de la potasse alcoolique, la solution saturée de CO^2 et évaporée, est reprise par l'eau, et la couche aqueuse, saturée d'acide sulfurique, laisse déposer l'acide oxymyristique. Ce dernier cristallise dans l'alcool en lamelles nacrées blanches, fusibles à 51°.

Le *sel de potassium*, $C^{14}H^2KO^3,H^2O$, cristallise dans l'alcool en agrégations mamelonnées, peu solubles dans l'eau froide, solubles dans l'eau bouillante; il présente les caractères des savons. Le *sel d'argent*, $C^{14}H^{27}AgO^3$, est un précipité volumineux qui noircit rapidement à la lumière. Le *sel de calcium* est soluble dans l'eau bouillante et s'en dépose en aiguilles microscopiques; le *sel de baryum* est moins soluble. Le *sel de cuivre* se présente sous forme d'un précipité vert, insoluble dans l'eau.

Lorsque l'on traite cet acide par le chlorure de benzoyle, on obtient l'acide benzoyloxymyristique $C^{13}H^{26}(OC^7H^5O)\text{-}CO^2H$, qui cristallise dans l'alcool bouillant en lamelles incolores, fusibles à 68° [Müller, *Deutsch. chem. Gesellsch.*, 1881, p. 2476].

M. Hanriot.

OXYNAPHTOÏQUES (ACIDES). — Voyez Suppl., p. 1055.

OXYNAPHTOÏQUE (ALDÉHYDE),

$$C^{10}H^6(OH).CHO.$$

— Kauffmann [*Deutsch. chem. Gesellsch.*, 1882, p. 804] a étendu au β-naphtol la méthode de préparation des oxyaldéhydes de Reimer. On fait bouillir au réfrigérant ascendant 40 gr. de β-naphtol, 60 gr. de soude et 250 d'eau et on ajoute peu à peu 50-60 gr. de chloroforme. Il se forme une masse cristalline qu'on filtre et qu'on traite par un mélange de benzine et de chloroforme. Les résines restent insolubles; on les épuise par de l'alcool bouillant, une poudre grise reste non dissoute, elle est insoluble dans la plupart des dissolvants; cristallisée dans l'aniline bouillante, elle forme de petits prismes bruns fusibles à 210°. Ce corps se forme en majeure partie dans cette réaction, il a été décrit sous le nom de pseudoalcool diatomique par Rousseau [*Compt. rend.*, t. XCIV, p. 133].

Le mélange de pétrole et de benzine laisse cristalliser par le refroidissement l'aldéhyde à côté d'un autre corps fusible à 144° qui n'a pas été étudié. L'aldéhyde est purifiée par distillation avec la vapeur d'eau. Elle est presque insoluble dans l'eau et forme, cristallisée dans un mélange d'alcool et d'éther, des prismes incolores, fusibles à 76°. Ses solutions sont colorées de brun par le perchlorure de fer.

Elle se dissout dans les alcalis, le dérivé sodique $C^{10}H^6(ONa)CHO$ cristallise en lamelles jaunâtres. Par fusion ménagée avec la potasse, on obtient de l'acide oxynaphtoïque, du dinaphtol et du β-naphtol.

Ce *dinaphtol*

$$\begin{matrix} C^{10}H^6OH \\ | \\ C^{10}H^6OH \end{matrix}$$

est presque insoluble dans l'eau et cristallise dans l'alcool en aiguilles fines brillantes fusibles à 195°. Il se dissout facilement dans les alcalis et est isomère avec les dinaphtols de dianine obtenus par l'action du perchlorure de fer sur les naphtols (Suppl. p. 649).

Ad. Kopp.

OXYNARCOTINE, $C^{22}H^{23}AzO^8$ [Bockett et Wright, *Deutsch. chem. Gesellsch.*, 1876, p. 279]. — Lorsqu'on purifie la narcéine par cristallisation dans l'eau, on obtient un résidu insoluble dans ce liquide, qui n'est autre que l'oxynarcotine. Cette base est insoluble dans la benzine, l'éther, le chloroforme, à peine soluble dans l'alcool et dans l'eau. On peut la purifier par dissolution dans un acide et précipitation par le carbonate de sodium.

L'ébullition avec le chlorure ferrique transforme l'oxynarcotine en acide hémipinique et en cotarnine :

$$C^{22}H^{23}AzO^8 + H^2O = C^{10}H^{10}O^6 + C^{12}H^{15}AzO^3.$$

Ce dédoublement montre qu'il existe entre l'oxynarcotine et la narcotine la même relation qu'entre l'acide opianique et l'acide hémipinique. On déduit de là pour sa constitution la formule

$$C^6H^2 \begin{cases} (OCH^3)^2 \\ CO^2H \\ CO\text{-}C^{12}H^{14}AzO^3. \end{cases}$$

Ad. Fauconnier.

OXYŒNANTHYLIQUE (ACIDE), $C^7H^{14}O^3$,

$$CH^2.OH\text{-}CH^2\text{-}CH^2\text{-}CH^2\text{-}CH^2\text{-}CH^2\text{-}CO^2H.$$

— Il ne se forme qu'en petite quantité par l'action de l'acide azoteux sur l'acide amidoœnanthylique. Le meilleur procédé pour l'obtenir consiste à chauffer à 140° la solution aqueuse du bromœnanthylate potassique. L'éther l'enlève à la solution et l'abandonne par évaporation sous forme d'une huile cristallisable.

L'acide oxyœnanthylique est très soluble dans l'alcool et l'éther, qui l'abandonnent par évaporation en longs prismes. Il est peu soluble dans l'eau froide, soluble dans l'eau bouillante, d'où il se dépose à l'état oléagineux. Il fond à 59-60°, se concrète à 55-56°. Il est sublimable en partie. Les sels alcalins sont solubles dans l'eau; les sels de cuivre et d'argent sont cristallins.

Le dichromate et l'acide sulfurique le transforment en acide pimélique fusible à 130°.

L'*oxyœnanthylamide*, $C^6H^{12}(OH)\text{-}CO.AzH^2$,

s'obtient par l'action de l'ammoniaque sur l'éther méthylique; elle cristallise en tables hexagonales fusibles à 147°. L'*oxyœnanthylate de méthyle* $C^6H^{12}(OH)-CO^2.CH^3$ obtenu par l'action de l'iodure de méthyle sur le sel d'argent, est un liquide bouillant à 160-165° soluble dans l'alcool et l'éther, insoluble dans l'eau, qui le décompose peu à peu [Helms, *Deutsch. chem. Gesellsch.*, 1875, p. 1168; — Popoff et Vassilieff, *ibid.*, 1876, p. 1605].

M. Hanriot.

OXYPENTIQUE (ACIDE). — Voyez Tétrique, Suppl.

OXYPHÉNYLACÉTIQUES (ACIDES),

$$C^8H^8O^3 = C^6H^4 <^{OH}_{CH^2\text{-}CO^2H}.$$

On en connaît deux :

I. — Acide paroxyphénylacétique. — Rencontré par E. et H. Salkowski [*Deutsch. chem. Gesellsch.*, 1879, p. 648] parmi les produits de la putréfaction de la laine et de la sérine sous l'influence du *Bacillus subtilis*, cet acide se trouve aussi en petite quantité (0gr,5 pour 25 litres) dans l'urine de l'homme [E. Baumann, *Deutsch. chem. Gesellsch.*, 1880, p. 279].

On peut le préparer artificiellement par l'action de l'acide azoteux sur l'acide paramidophénylacétique. On dissout l'acide paramidophénylacétique dans un excès d'acide sulfurique étendu, on ajoute la quantité théorique de nitrite de potassium, et on porte à l'ébullition. Le liquide, filtré après refroidissement, est épuisé par l'éther, auquel il abandonne le nouvel acide encore impur et souillé d'un produit nitré. On détruit cette impureté au moyen de l'étain et de l'acide chlorhydrique, puis on transforme l'acide paroxyphénylacétique en sel de plomb, et on décompose ce dernier par l'acide sulfhydrique [H. Salkowski, *Deutsch. chem. Gesellsch.*, 1879, p. 1438].

L'acide paroxyphénylacétique est assez soluble dans l'eau pure, même à froid, moins soluble en présence d'acide chlorhydrique; il se dissout aisément dans l'alcool et dans l'éther. L'eau bouillante le laisse déposer en aiguilles plates et cassantes, fusibles à 148°. Sa solution alcoolique donne par le chlorure ferrique une coloration d'abord gris-violacé, puis vert-grisâtre.

L'acide paroxyphénylacétique est monobasique. Les sels alcalins sont très solubles dans l'eau.

Le *sel d'ammonium* cristallise en aiguilles fines et longues; sa solution ne précipite pas les sulfates de cuivre, de zinc, de cadmium; le nitrate d'*argent* y produit un précipité blanc, amorphe, soluble dans l'eau bouillante, ayant pour formule $C^8H^7O^3Ag$.

En solution concentrée, le sel ammoniacal donne avec l'acétate de plomb un précipité blanc, soluble dans une grande quantité d'eau bouillante, ainsi que dans un excès d'acétate de plomb : cette dernière solution laisse déposer à la longue, d'abord des grains durs ayant pour formule $(C^8H^7O^3)^2Pb$, puis des cristaux brillants, d'aspect triclinique, renfermant

$$(C^8H^7O^3)^2Pb + 2H^2O.$$

Le *sel de calcium*, $(C^8H^7O^3)^2Ca + 4H^2O$, est en cristaux tabulaires, très solubles : distillé avec de la chaux sodée, il fournit du paracrésol.

L'*éther éthylique* est un liquide huileux.

Acide para-éthoxyphénylacétique,

$$C^6H^4(OC^2H^5)\text{-}CH^2\text{-}CO^2H.$$

— On le prépare en traitant le paroxyphénylacétate d'éthyle par l'iodure d'éthyle et la potasse et en saponifiant ensuite le produit; il cristallise en minces lamelles fusibles à 88°.

II. — Acide orthoxyphénylacétique [Will et Laubenheimer, *Liebig's Ann. Chem.*, t. CXCIX, p. 150]. — Lorsqu'on ajoute du nitrate d'argent à une solution de *sinalbine*, $C^{30}H^{44}Az^2S^2O^{16}$, il se produit un précipité qui, décomposé par l'acide sulfhydrique, fournit du soufre, du sulfate acide de *sinapine*, $C^{16}H^{23}AzO^5.SO^4H^2$, et le nitrile de l'acide orthoxyphénylacétique : ce dernier peut être enlevé par l'éther, qui ne dissout pas le sulfate acide de sinapine. Traité à chaud par la potasse, il donne de l'ammoniaque et de l'acide orthoxyphénylacétique.

L'acide orthoxyphénylacétique cristallise en longs prismes incolores et brillants, fusibles à 144°,5, peu solubles dans l'eau froide, très solubles dans l'alcool et dans l'éther. Sa solution aqueuse est colorée en brun, puis en noir par le chlorure ferrique. Par fusion avec de la potasse, il fournit de l'acide salicylique.

Le *sel de calcium*, $(C^8H^7O^3)^2Ca + 4H^2O$, cristallise en longs prismes aplatis, peu solubles dans l'eau froide. Le *sel de baryum* (H^2O), est en prismes tricliniques. Le *sel d'argent*, $C^8H^7O^3Ag$, est très peu soluble dans l'eau froide, et se décompose par l'action de l'eau chaude.

Le *nitrile*, $C^7H^7O.CAz$, cristallise en grandes tables brillantes, appartenant au système orthorhombique, fusibles à 69°; il est très soluble dans l'alcool et dans l'éther, peu soluble à froid dans l'eau et dans la benzine qui le dissolvent bien à l'ébullition. Il réduit le nitrate d'argent ammoniacal.

Ad. Fauconnier.

OXYPHTALIQUE (ACIDE),

$$C^8H^6O^5 = C^6H^3(CO^2H)_{(1)}(CO^2H)_{(2)}(OH)_{(4)}.$$

— Cet acide prend naissance : 1° par l'action de l'acide azoteux sur l'éther amidophtalique [A. Baeyer, *Deutsch. chem. Gesellsch.*, 1877, p. 1079]; 2° par la décomposition de l'acide méthoxyphtalique, $C^6H^3(OCH^3)(CO^2H)^2$, au moyen de l'acide chlorhydrique sous pression [Schall, *ibid.*, 1879, p. 816]; 3° par la fusion avec de la potasse du sulfaminephtalate de potassium $(SO^2.AzH^2)C^6H^3(CO^2K)^2$ [Jacobsen, *ibid.*, 1881, p. 38].

Pour le préparer, on utilise le premier de ces modes de formation. On dissout l'éther amidophtalique, par portions de 10 grammes, dans 400 centimètres cubes d'acide sulfurique étendu (D = 1,5); puis on ajoute à ce produit, par petites portions, une solution de 5 grammes d'azotite de sodium à 25 %, en chauffant d'abord à 60°, puis, quand tout dégagement de gaz a cessé, à 100°. L'éther oxyphtalique se sépare sous la forme d'une huile mobile et jaunâtre : il ne reste plus qu'à saponifier par la potasse. On purifie l'acide en le transformant en sel de plomb, qu'on décompose ensuite par l'acide sulfhydrique.

L'acide oxyphtalique cristallise en prismes ou en aiguilles entrecroisées sous un angle de 60°; il fond à 181° en se transformant en anhydride. Il se dissout à 10° dans 32 p. d'eau; il est soluble dans l'alcool, l'esprit de bois, l'acétone, l'éther, l'acide acétique chaud; la benzine le précipite sous forme cristalline de sa solution éthérée. Sa solution aqueuse est colorée par le chlorure ferrique en jaune rouge.

Les *sels alcalins* et *alcalino-terreux* sont très solubles. Le *sel ammoniacal* est cristallisable; sa solution donne un précipité blanc avec le sous-acétate de plomb, et avec le nitrate d'argent un précipité cristallin ayant pour formule $C^8H^4O^5Ag^2$.

L'acide nitrique ordinaire transforme à chaud l'acide oxyphtalique en un dérivé nitré. L'acide sulfurique étendu est sans action à 160-180°; l'acide sulfurique concentré le décompose à 180° avec dégagement de gaz et coloration brune. L'amalgame de sodium le réduit en solution aqueuse en donnant des produits qui n'ont pas été étudiés.

Anhydride oxyphtalique, $C^8H^4O^4$ [A. Baeyer

loc. cit.]. — On l'obtient en chauffant l'acide oxyphtalique à 200-210° dans un courant de gaz carbonique. Il se sublime dans ces conditions en longues aiguilles fusibles à 165-166°. Il se dissout lentement dans l'eau froide, rapidement dans l'eau chaude, en régénérant l'acide. Il est soluble dans l'alcool, l'éther, l'acétone, insoluble dans la benzine, le chloroforme, le sulfure de carbone. Chauffé à 100° avec de l'aniline, il donne une anilide bien cristallisée.

Acide méthoxyphtalique,

$$C^6H^3(OCH^3)_{[4]}(CO^2H)^2_{[1.2]}$$

[Schall, *loc. cit.*]. — Ce corps se forme par l'oxydation au moyen du permanganate de potassium en solution alcaline du méthylmétahomoparoxybenzoate de méthyle,

$$C^6H^3(OCH^3)_{(4)}(CH^3)_{(2)}(CO^2CH^3)_{(1)}.$$

Il cristallise en aiguilles groupées en étoiles, qui fondent à 183-184° en se transformant en anhydride. Sa solution aqueuse n'est pas colorée par le chlorure ferrique, mais elle fournit par ce réactif un précipité jaune.

La solution ammoniacale neutre de cet acide donne, avec le chlorure de baryum, un précipité blanc, soluble dans beaucoup d'eau; avec le nitrate d'argent, un précipité caillebotté peu soluble; avec l'acétate de plomb, un précipité floconneux, peu soluble dans l'eau bouillante.

L'*anhydride méthoxyphtalique*, $C^9H^6O^4$, se produit par l'action de la chaleur sur l'acide lui-même : il se sublime en aiguilles fusibles à 93°.

Oxyphtaléines [Baeyer, *loc. cit.*]. — L'acide oxyphtalique fournit avec les phénols des oxyphtaléines, dont les sels ne se distinguent en général de ceux des phtaléines que par leur couleur tirant plus sur le rouge.

L'*oxyphtaléine du phénol* s'obtient en chauffant pendant 4 heures à 115° un mélange de 1 p. d'anhydride oxyphtalique, 1 p. d'acide sulfurique et 2 p. de phénol. Sa solution dans les alcalis est rouge ou rose, suivant qu'elle est plus ou moins concentrée; elle présente des bandes d'absorption entre le vert et le jaune. Ce n'est pas une matière colorante. Elle fournit des dérivés analogues à ceux que donne la phtaléine et par les mêmes réactions : l'*oxyphtalidéine* est incolore et se dissout dans l'acide sulfurique concentré avec une coloration bleu violet.

L'*oxyfluorescéine* se produit quand on chauffe à 200° l'anhydride oxyphtalique avec la résorcine. Elle ressemble à la fluorescéine, mais sa solution alcaline présente une fluorescence bien moindre. Elle offre une bande d'absorption entre le vert et le bleu. Par l'action du brome, elle fournit un produit analogue à l'éosine, mais donnant en teinture un ton plus rouge.

L'*oxygalléine* ressemble à la galléine.

Ad. Fauconnier.

OXYPROPYLBENZOÏQUE (ACIDE),

$$C^{10}H^{12}O^3 = {CH^3 \atop CH^3}>C(OH)\text{-}C^6H^4\text{-}CO^2H$$

[R. Meyer, *Deutsch. chem. Gesellsch.*, 1878, p. 1283; — R. Meyer et J. Rosicki, *ibid.*, 1878, p. 1790 et 2172].

Cet acide se produit par l'oxydation de l'acide cuminique au moyen du permanganate de potassium en solution alcaline : il se forme en même temps un peu d'acide téréphtalique.

On dissout 1 p. d'acide cuminique dans 20 p. d'une lessive de soude d'une densité de 1,25; on chauffe le liquide à 100° et on y ajoute, par petites portions, une solution moyennement concentrée de permanganate de potassium tant que ce réactif se décolore; on laisse alors refroidir, on décompose par l'alcool l'excès de permanganate employé, on acidule par l'acide chlorhydrique et on épuise par l'éther.

Le produit ainsi obtenu est purifié par cristallisation dans l'eau chaude, qui laisse insoluble l'acide téréphtalique.

L'acide oxypropylbenzoïque se présente en longues aiguilles, fusibles à 155-156°, non sublimables; il est peu soluble dans l'eau froide, assez soluble dans l'eau chaude, très soluble dans l'alcool. Le chlorure d'acétyle, l'anhydride acétique, l'acide chlorhydrique dilué et chaud lui enlèvent une molécule d'eau et le transforment en acide *propénylbenzoïque*, $C^3H^5\text{-}C^6H^4\text{-}CO^2H$.

L'oxydation au moyen du mélange chromique le transforme d'abord en acide *acétophénone-carbonique*, puis en acide téréphtalique.

Le *sel d'ammonium* est très soluble.

Le *sel d'argent*, $C^{10}H^{11}O^3Ag + 1/4H^2O$, est un précipité cristallin, peu soluble dans l'eau bouillante.

Le *sel de cuivre*, $(C^{10}H^{11}O^3)^2Cu + 3H^2O$, est un précipité bleu clair, d'abord amorphe, qui devient peu à peu cristallin.

Les *sels de calcium*, $(C^{10}H^{11}O^3)^2Ca + 5H^2O$, et *de baryum*, $(C^{10}H^{11}O^3)^2Ba + H^2O$, sont très solubles dans l'eau.

Le *sel de plomb*, obtenu par double décomposition au moyen du *sel d'ammonium*, est un précipité amorphe, qui fond sous l'eau chaude sans s'y dissoudre sensiblement.

Acide oxypropylsulfobenzoïque,

$$C^3H^6(OH)\text{-}C^6H^3<{SO^3H \atop CO^2H}$$

[R. Meyer et A. Baur, *Deutsch. chem. Gesellsch.*, 1880, p. 1495; — R. Meyer et H. Boner, *ibid.*, 1881, p. 1135 et 2391].

On l'obtient à l'état de sel de potassium en oxydant par le permanganate de potassium le cymène-sulfonate ou le métaisocymène-α-sulfonate de potassium.

Le *sel de potassium* $C^{10}H^{10}SO^6K^2 + 2H^2O$, cristallise tantôt en aiguilles, tantôt en tables orthorhombiques. Il perd dans l'air sec ses deux molécules d'eau. Chauffé avec de l'acide chlorhydrique concentré, il acquiert la propriété de fixer directement du brome.

Les *sels de baryum*, $C^{10}H^{10}SO^6Ba$, et *de plomb*, $C^{10}H^{10}SO^6Pb$, se présentent en lamelles microscopiques. Le *sel de magnésium* ne cristallise pas.

Ad. Fauconnier.

OXYPROPYLMALONIQUE (ACIDE),

$$C^6H^{10}O^5 = \begin{matrix} COOH & \\ | & \\ CH - CH^2\text{-}CH\text{-}CH^3 \\ | \qquad\quad | \\ COOH \qquad OH. \end{matrix}$$

— Cet acide est instable à l'état libre et ne tarde pas à perdre graduellement de l'eau et à se transformer en un acide lactonique $C^6H^8O^5$. Ce dernier se forme lorsqu'on dissout dans l'acide bromhydrique l'acide allylmalonique, qu'on évapore et que l'on fait bouillir le résidu avec de l'eau. Dans cette réaction il se produit d'abord un produit d'addition instable d'acide allylmalonique et d'acide bromhydrique qui, en se saponifiant par l'eau et perdant ensuite de l'eau, se convertit en acide lactonique oxypropylmalonique. Celui-ci est liquide.

Son *sel de baryum*, $(C^6H^7O^4)^2Ba$, cristallise en lamelles.

Vers 200°, l'acide perd du gaz carbonique et se transforme en valérolactone bouillant à 207° et liquide à — 18°.

$$C^6H^8O^5 = CO^2 + C^5H^8O^3.$$

Oxypropylmalonate de baryum, $C^6H^8O^5.Ba$.

— On l'obtient en faisant bouillir avec de l'eau de baryte l'acide lactonique. Aiguilles fines et feutrées, anhydres, moins solubles que le sel de l'acide lactonique. Le *sel d'argent*, $C^5H^8O^5Ag^2$, est un précipité floconneux [Ed. Hjelt, *Deutsch. chem. Gesellsch.*, 1882, p. 621].

OXYPURPURINE. — Voyez PURPURINE, Suppl.

OXYPYROMÉCAZONIQUE (ACIDE),

$C^5H^5AzO^4$.

— [Ost, *Journ. prakt. Chem.* (2), t. XIX, p. 177]. — Ce corps prend naissance, en même temps que l'acide nitrosodipyroméconique, par l'action du gaz nitreux sur l'acide pyroméconique en suspension dans l'éther : le produit brut de la réaction étant traité par l'acide sulfureux, en présence de l'eau, l'acide nitrosé se dissout, tandis que l'acide oxypyromécazonique est insoluble.

Il cristallise dans l'eau en aiguilles blanches renfermant H^2O, ou en prismes courts anhydres, quelquefois en aiguilles volumineuses avec $2H^2O$. Il est assez soluble dans l'eau et dans l'alcool. Les alcalis en excès le détruisent rapidement. Il réduit instantanément et à froid le nitrate d'argent, et fournit avec le chlorure ferrique une coloration violet sale très intense. Les oxydants l'attaquent facilement, mais sans donner de produits cristallisés.

OXYPYROTARTRIQUES (ACIDES), $C^5H^8O^5$. — On en connaît deux.

1° ACIDE OXYPYROTARTRIQUE NORMAL [Markownikoff, *Liebig's Ann.*, t. CLXXXII, p. 347]. — Cet acide, nommé aussi acide glutanique (Suppl., p. 868), s'obtient par l'action de l'acide azoteux sur la solution azotique de l'acide glutamique (Dittmar), ou mieux de l'azotite de potassium sur le chlorhydrate du même acide. L'acide formé est extrait par l'éther. Il vient d'être rencontré par O. Lippmann dans la mélasse de betterave (1882).

Ce composé, qui cristallise dans le système régulier, forme des croûtes incolores. Il est très soluble dans l'eau, l'alcool, l'éther, fond à 72-73° et se fige en une masse vitreuse par refroidissement.

Les sels de cet acide paraissent exister en deux modifications, l'une très soluble, l'autre peu soluble.

Sel de zinc, $C^5H^6O^5Zn + 3H^2O$. — Cette formule est celle d'un sel peu soluble, cristallisable en mamelons, qui s'obtient quand on fait recristalliser dans l'eau le sel plus soluble en tables transparentes à quatre pans, obtenu par saturation de l'acide avec le carbonate de zinc.

Le *sel de magnésium*, peu soluble, a pour formule $C^5H^6O^5Mg + 4H^2O$. Ce sont des tables rhombiques microscopiques obtenues comme on l'a indiqué pour le sel précédent.

Soumis à la distillation sèche, cet acide donne un liquide aqueux et un résidu cristallin qui paraît être un anhydride que l'action de l'eau transforme de nouveau en acide.

2° ACIDE OXYPYROTARTRIQUE, dérivé de l'acide acétylacétique,

$$C^5H^8O^5 = CO^2H\text{-}CH^2\text{-}C(OH) \begin{matrix} \nearrow CO^2H \\ \searrow CH^3 \end{matrix}.$$

L'éther du premier nitrile de cet acide prend naissance quand on soumet l'éther acétylacétique à l'action de l'acide cyanhydrique anhydre pendant trois jours à 100°. Le produit, séparé de CyH en excès, traité par l'acide chlorhydrique et évaporé au bain-marie, fournit un résidu qui cède à l'éther un acide impur. On le précipite par le sous-acétate de plomb, on enlève le plomb par l'acide sulfhydrique, on extrait l'acide par l'éther. Le résidu cristallin recristallisé dans l'éther forme des aiguilles étoilées déliquescentes fusibles à 108°.

Sel de baryum, $C^5H^6BaO^5 + 2H^2O$. — Ce sel est une masse vitreuse déliquescente qui perd son eau à 150°. Sa solution n'est pas décomposée par une longue ébullition. Demarçay avait observé sur le sel impur un dédoublement en acide acétonique et carbonate de baryum.

Les *sels de calcium* et *de potassium* sont des masses cristallines déliquescentes.

Sel d'argent, $C^5H^6Ag^2O^5 + \frac{1}{2}H^2O$. — Lamelles très altérables par la chaleur, solubles dans l'eau bouillante.

Sel de plomb, $C^5H^6PbO^5 + PbO$. — Précipité blanc, dense, que l'ébullition rend grenu, obtenu au moyen du sous-acétate de plomb. L'acétate de plomb ne précipite pas les oxypyrotartrates solubles.

Le *sel de cuivre* est basique et amorphe.

L'acide iodhydrique réduit cet acide, mais les produits paraissent être gazeux.

La distillation sèche le dédouble en eau et anhydride citraconique pour la majeure partie. Il se forme secondairement de l'oxyde de carbone, de l'acide acétique et très probablement de l'alcool isopropylique [Demarçay, *Compt. rend.*, t. LXXXII, p. 1337; — M. Morris, *Journ. chem. Soc.*, t. XXXVII, p. 6, et *Bull. Soc. chim.*, t. LXXXVI, p. 169].

E. DEMARÇAY.

OXYQUINOLÉINE. — Voyez QUINOLÉINE, Suppl.

OXYSALICYLIQUE (ACIDE). — Voyez t. II, p. 716 et Suppl. SALICYLIQUE (ACIDE).

OXYSORBIQUE (ACIDE). — Produit d'hydrogénation de l'acide *picolique* (voyez ce mot).

OXYSUBÉRIQUE (ACIDE), $C^8H^{14}O^5$. — Par l'action de l'argent en poudre sur l'éther bromobutyrique, on obtient un mélange d'éthers subériques qui, distillés, laissent après 290° un résidu de différents éthers. Ces éthers saponifiés fournissent un acide ayant la consistance du miel, très soluble dans l'eau et l'éther.

Le *sel d'argent*, $C^8H^{13}O^5Ag$, obtenu par double décomposition, est un corps blanc, amorphe, qu'on peut faire cristalliser dans l'eau.

L'acide libre, traité à 160° par l'acide iodhydrique, fournit un acide subérique, fusible entre 110 et 115° [Carl Hell et O. Mülhaüser, *Deutsch. chem. Gesellsch.*, 1880, p. 477].

OXYTÉRÉPHTALIQUE (ACIDE),

$$C^8H^6O^5 = C^6H^3(OH)_{(3)}(CO^2H)^2_{(1,4)}.$$

— Cet acide a été obtenu par fusion avec de la potasse, du thymol [Barth, *Deutsch. chem. Gesellsch.*, 1878, p. 567], du paraxénol et du carvacrol [Jacobsen, *Ibid.*, p. 570], de l'acide bromotéréphtalique [Fischli, *Ibid.*, 1879, p. 621], de l'acide métoxyparatoluique [Hall et Remsen, *Ibid.*, p. 1433].

On le prépare en faisant réagir l'acide nitreux sur l'acide amidotéréphtalique [Burkhardt, *Deutsch. chem. Gesellsch.*, 1877, p. 144]. On dissout l'acide amidotéréphtalique dans la soude; on ajoute la quantité équivalente de nitrite de potassium en solution aqueuse et on acidule par l'acide sulfurique étendu. Il se dégage de l'azote, et l'acide oxytéréphtalique se dépose sous la forme d'une poudre blanche, peu soluble dans l'eau bouillante, assez soluble dans l'alcool et dans l'esprit de bois, moins soluble dans l'éther.

Il se sublime sans fondre, en se décomposant pour la majeure partie. Il donne avec le chlorure ferrique une coloration rouge-violacée. La distillation sèche le dédouble en acide carbonique et phénol. L'acide chlorhydrique le décompose à 220° avec formation d'acide métoxybenzoïque (Burkhardt).

Par fusion avec la soude, il donne de l'acide carbonique, de l'acide salicylique et de l'acide métoxybenzoïque [Barth et Schreder, *Deutsch. chem. Gesellsch.*, 1879, p. 1255].

Le *sel d'argent*, $C^6H^3(OH)(CO^2Ag)^2$, est un précipité blanc insoluble dans l'eau.

Le *sel de baryum*, $C^6H^3(OH)(CO^2)^2Ba$, est en lamelles blanches assez solubles qui cristallisent avec 2 et avec 3,5 molécules d'eau.

L'*éther diméthylique*, $C^6H^3(OH)(CO^2CH^3)^2$, cristallise en aiguilles soyeuses fusibles à 94°, solubles dans l'eau bouillante, très solubles dans l'alcool et dans l'éther. Il semble se combiner avec les alcalis.

L'*éther triméthylique* paraît avoir été obtenu en chauffant le précédent avec de l'iodure de méthyle en présence de soude caustique.

L'*acétyloxytéréphtalate de méthyle*,

$$C^6H^3(OC^2H^3O)(CO^2CH^3)^2,$$

résulte de l'action du chlorure d'acétyle sur l'éther diméthylique à 100°; il se présente en fines aiguilles fusibles à 76° (Burkhardt).

Acide méthoxytéréphtalique,

$$C^6H^3(OCH^3)(CO^2H)^2$$

[Schall, *Deutsch. chem. Gesellsch.*, 1879, p. 816]. — On l'obtient en oxydant par le permanganate de potassium en solution alcaline le méthylparahomosalicylate de méthyle,

$$C^6H^3(OCH^3)_{(3)}(CH^3)_{(4)}(CO^2CH^3)_{(1)}.$$

Il cristallise en petits prismes groupés en rosettes et fusibles à 277-279°. Sa solution ammoniacale donne avec le nitrate d'argent un précipité blanc qui cristallise en aiguilles dans l'eau bouillante; avec le sulfate de cuivre, un précipité bleu-vert peu soluble; avec l'acétate de plomb, un précipité cristallin insoluble.

Acide dinitroxytéréphtalique,

$$C^6H(AzO^2)^2(OH)(CO^2H)^2$$

[Burkhardt, *Deutsch. chem. Gesellsch.*, 1877, p. 1273]. — On le prépare en traitant 2 parties d'acide oxytéréphtalique par un mélange de 15 parties d'acide azotique fumant et de 22p,5 d'acide sulfurique fumant. On verse le produit dans l'eau et on épuise par l'éther, qui dissout le dérivé nitré. Il se présente en beaux cristaux d'un jaune d'or, fusibles à 178°, solubles dans l'eau froide et qui paraissent appartenir au type clinorhombique.

Le *sel d'argent acide*,

$$C^6H(AzO^2)^2(OH)(CO^2H)(CO^2Ag),$$

est une poudre cristalline jaune, assez soluble dans l'eau.

Le *sel d'argent neutre*,

$$C^6H(AzO^2)^2(OH)(CO^2Ag)^2 + 2H^2O,$$

est en prismes d'un rouge de sang, très solubles dans l'eau; il perd à 130° ses deux molécules d'eau.

Le *sel acide de plomb* et le *sel calcique neutre*, $C^6H(AzO^2)^2(OH)(CO^2)^2Ca$, sont des précipités cristallins jaunes, peu solubles.

Ad. Fauconnier.

OXYTÉTRIQUE (ACIDE). — Voyez Tétrique, Suppl.

OXYTOLUIQUES (ACIDES). Voyez t. II, p. 717. — On connaît aujourd'hui huit acides de la formule

$$C^8H^8O^3 = C^6H^3 \begin{cases} CO^2H \\ CH^3 \\ OH \end{cases}$$

et deux acides de la formule

$$C^6H^4 \begin{cases} CO^2H \\ CH^2.OH \end{cases}$$

Les acides connus du premier de ces deux types sont les suivants :

Acide orthohomosalicylique......	$CO^2H_{(1)}CH^3_{(3)}OH_{(2)}$
Acide orthohomoparoxybenzoïque.	$CO^2H_{(1)}CH^3_{(3)}OH_{(4)}$
Acide métahomosalicylique	$CO^2H_{(1)}CH^3_{(4)}OH_{(2)}$
Acide métahomoparoxybenzoïque	$CO^2H_{(1)}CH^3_{(2)}OH_{(4)}$
Acide parahomosalicylique.......	$CO^2H_{(1)}CH^3_{(5)}OH_{(2)}$
Acide parahomométoxybenzoïque.	$CO^2H_{(1)}CH^3_{(2)}OH_{(5)}$
Acide métoxyparatoluique	$CO^2H_{(1)}CH^3_{(4)}OH_{(3)}$
Acide métoxymétatoluique.......	$CO^2H_{(1)}CH^3_{(3)}OH_{(5)}$

Les six premiers de ces acides ont été décrits à l'article Crésotiques (Suppl., p. 541).

Les deux acides de la formule

$$C^6H^4 \begin{cases} CO^2H \\ CH^2.OH \end{cases}$$

sont l'acide orthoxyméthylbenzoïque,

$$C^6H^4.CO^2H_{(1)}CH^2.OH_{(2)},$$

et l'acide paroxyméthylbenzoïque,

$$C^6H^4.CO^2H_{(1)}CH^2.OH_{(4)}.$$

Acide métoxyparatoluique, $C^8H^8O^3$. — Cet acide se produit par la fusion avec la potasse : 1° de l'acide sulfotoluique obtenu par l'oxydation du thiocymol [Flesch, *Deutsch. chem. Gesellsch.*, 1873, p. 478]; 2° des acides chloro et bromoparatoluiques dérivés du thymol [E. von Gerichten, *Ibid.*, 1878, p. 364]; 3° de l'acide sulfamine-paratoluique, $C^6H^3.CO^2H_{(1)}CH^3_{(4)}SO^2AzH^2_{(3)}$ [Hall et I. Remsen, *Ibid.*, 1879, p. 1432]. Il prend encore naissance par l'action de l'acide azoteux sur l'acide amidotoluique préparé en partant du nitrocymène du camphre [Fittica, *Deutsch. chem. Gesellsch.*, 1874, p. 927; — E. von Gerichten et Rössler, *Ibid.*, 1878, p. 705 et 1586].

Il cristallise en longues aiguilles soyeuses insolubles dans le chloroforme, peu solubles dans l'eau froide, très solubles dans l'eau chaude, l'alcool et l'éther. Son point de fusion est situé à 206-207°. Il est distillable dans un courant de vapeur d'eau. Il ne donne aucune coloration par le chlorure ferrique (Gerichten et Rössler).

Son *sel de plomb* est en belles aiguilles incolores, douées d'un éclat adamantin, renfermant 2 molécules d'eau, suivant Gerichten et Rössler, 1 1/2 molécule seulement d'après Hall et I. Remsen.

Le *sel de calcium* cristallise avec 4 molécules d'eau.

L'*éther éthylique* cristallise en lamelles fusibles à 74-75°.

L'*acide méthyloxytoluique* correspondant,

$$C^6H^3(CO^2H)(CH^3)(OCH^3),$$

se présente en belles aiguilles fusibles à 156°, sublimables sans décomposition.

Son *éther méthylique*,

$$C^6H^3(CO^2CH^3)(CH^3)(OCH^3),$$

s'obtient par l'action de l'iodure de méthyle sur l'acide métoxyparatoluique en présence de potasse à 140°; il cristallise en aiguilles.

Acide métoxymétatoluique, $C^8H^8O^3$ [O. Jacobsen, *Deutsch. chem. Gesellsch.*, 1881, p. 2357]. — Lorsqu'on traite l'acide métatoluique par l'acide pyrosulfurique, on obtient un mélange de deux acides sulfoconjugués,

$$C^6H^3(CO^2H)_{(1)}(CH^3)_{(3)}(SO^3H)_{(5)}$$

et $$C^6H^3(CO^2H)_{(1)}(CH^3)_{(3)}(SO^3H)_{(6)},$$

dont la fusion avec de la potasse fournit de l'acide métoxymétatoluique mélangé d'acides parahomosalicylique et α-oxyisophtalique.

La masse fondue est dissoute dans l'eau, et la solution sursaturée par l'acide chlorhydrique et distillée dans un courant de vapeur d'eau; lorsque l'acide parahomosalicylique a passé à la distillation, on évapore le résidu et on le chauffe pendant une heure, à 210°, avec de l'acide chlorhydrique concentré, pour décomposer l'acide α-oxyisophtalique. On épuise ensuite par l'éther et on purifie l'acide métoxymétatoluique ainsi isolé, en le transformant en sel de calcium.

L'acide métoxymétatoluique est assez soluble dans l'eau froide et très soluble dans l'eau chaude; il cristallise en longues aiguilles anhydres, fusibles à 208°, sublimables sans décomposition. Il n'est pas entraîné à la distillation par la vapeur d'eau. Chauffé avec de la chaux, il donne du métacrésol. L'acide chlorhydrique à 230° ne l'altère pas.

Le *sel de calcium*, $(C^8H^7O^3)^2Ca + H^2O$, cristallise en prismes très solubles qui perdent leur eau à 100°.

Le *sel de strontium* est bien cristallisé.

Les *sels de baryum* et *de magnésium* ne cristallisent pas.

Les *sels de plomb* et *d'argent* sont des précipités cristallins.

Le *sel d'ammonium* est en aiguilles très solubles. Sa solution neutre donne les réactions suivantes : chlorure ferrique, précipité brun soluble dans un excès de chlorure; sulfate de cuivre en solution concentrée, précipité cristallin vert; acétate d'uranium, précipité cristallin jaunâtre soluble dans l'eau chaude.

L'*éther méthylique*, $C^6H^3(CO^2CH^3)(CH^3)(OH)$, distille difficilement dans un courant de vapeur d'eau; il cristallise dans l'alcool en lamelles fusibles à 92-93°.

ACIDE ORTHOXYMÉTHYLBENZOÏQUE [J. Hessert, *Deutsch. chem. Gesellsch.*, 1877, p. 1445]. — Cet acide prend naissance par l'action des alcalis ou des carbonates alcalins, à chaud ou à froid sur la soi-disant aldéhyde phtalique. C'est une poudre fine, soluble dans l'alcool et dans l'éther. Il fond à 118° en perdant de l'eau et en régénérant l'aldéhyde phtalique; cette transformation a également lieu sous l'action de l'eau bouillante. C'est un acide bien caractérisé, qui décompose les carbonates. Ses sels sont tous solubles dans l'eau.

Le *sel d'argent* cristallise en petits octaèdres.

ACIDE PARAOXYMÉTHYLBENZOÏQUE. — Cet acide a été décrit t. II, p. 718. Ad. Fauconnier.

OXYTRIMÉSIQUE (ACIDE), $C^9H^6O^7$. — Si l'on se reporte à la formule symétrique de l'acide trimésique, $C^6H^3(CO^2H)^3(1.3.5)$, on voit facilement que l'acide oxytrimésique ne peut pas présenter de modification isomérique.

On obtient l'acide oxytrimésique en même temps que des acides phénoldicarboniques, en chauffant vers 400° du salicylate basique de sodium dans un courant de gaz carbonique. Le produit de la réaction, dissous dans l'eau, fortement acidulé par l'acide chlorhydrique, est porté à l'ébullition; les impuretés colorées qui étaient dissoutes dans le liquide alcalin se précipitent en partie, et la liqueur filtrée est très peu colorée. On la neutralise exactement par l'ammoniaque, on ajoute un excès de chlorure de baryum, on porte à l'ébullition et on filtre; l'oxytrimésate de baryum se dépose; en le décomposant par l'acide sulfurique, on obtient l'acide libre. Pour le purifier, on le traite par le zinc et l'acide chlorhydrique et on le fait cristalliser dans l'alcool faible [Ost, *Journ. prakt. Chem.* (2) t. XIV, p. 93 et t. XV, p. 301; *Bull. Soc. chim.*, t. XXVIII, p. 125].

Les acides aldéhydo-oxyisophtaliques,

$$C^6H^2(OH)(CO^2H)^2COH,$$

obtenus par l'action de la potasse sur un mélange d'acide oxyisophtalique et de chloroforme, donnent par oxydation, l'acide oxytrimésique [Reimer, *Deutsch. chem. Gesellsch.*, 1878, p. 793].

Le sulfamidotrimésate de potassium, obtenu dans l'oxydation par l'acide chromique de la mésitylène-sulfamide, est converti par la potasse fondante en acide oxytrimésique [O. Jacobsen. *Liebig's Ann. Chem.*, t. CCVI, p. 206].

L'acide oxytrimésique cristallise de sa solution chaude et concentrée, en masses mamelonnées ou en prismes courts renfermant H^2O, ou en longues aiguilles soyeuses renfermant $2H^2O$. Il se dissout dans 200 p. d'eau à 10°, facilement dans l'alcool, il est insoluble dans l'éther et le chloroforme. Il fond à 270° et se décompose en donnant du gaz carbonique, de l'acide salicylique et du phénol.

Le *sel de baryum acide*, $(C^9H^5O^7)^2Ba, 6H^2O$, s'obtient quand on ajoute du chlorure de baryum à une solution saturée à froid d'acide libre; il est en aiguilles groupées en étoiles. Le *sel neutre* $(C^9H^3O^7)^2Ba^3, 8H^2O$ est presque insoluble dans l'eau. Le *sel neutre de calcium* renferme $8H^2O$; il se dépose en lamelles allongées. Le *sel acide* renferme $6H^2O$; il se présente en magnifiques aiguilles peu solubles dans l'eau.

Le *sel d'argent neutre*, $C^9H^3O^7Ag^3, 3H^2O$, cristallise par refroidissement de sa solution aqueuse en aiguilles concentriques. A 150°, il se décompose en prenant une couleur violette.

Oxytrimésate d'éthyle, $C^6H^2(OH)(CO^2C^2H^5)^3$. — On sature de gaz chlorhydrique la solution alcoolique de l'acide, puis on précipite par le carbonate de sodium, et on fait cristalliser le précipité dans de l'alcool. Il se présente en beaux cristaux incolores, fusibles à 84°, très solubles dans l'alcool chaud et l'éther. On obtient son dérivé sodé, $C^6H^2(ONa)(CO^2C^2H^5)^3$, en mélangeant des solutions alcooliques froides de l'éther et de soude; ce sont de grands prismes clinorhombiques anhydres, insolubles dans l'eau, l'alcool et l'éther.

L'eau bouillante dissout à la longue ce dernier sel, et par refroidissement on obtient de fines aiguilles de *diéthyloxytrimésate de sodium*,

$$C^6H^2(OH)(CO^2C^2H^5)^2CO^2Na, H^2O.$$

Il est soluble dans l'eau. Le chlorure de baryum y produit un précipité blanc, soluble à chaud, cristallisant en belles aiguilles.

L'acide chlorhydrique donne dans la solution du sel sodique un précipité d'acide *diéthyloxytrimésique*, $C^6H^2(OH)(CO^2C^2H^5)^2CO^2H$, qui cristallise dans l'alcool en lamelles étroites fusibles à 148°. Il est très soluble dans l'alcool fort. Il forme un hydrate qui fond dans l'eau bouillante.

L'oxytrimésate neutre de sodium se dédouble à 220-250° en gaz carbonique, phénol et sel basique qui résiste à une température supérieure à 300° [Ost, *loc. cit.*]. M. Hanriot.

OXYUVITIQUES (ACIDES),

$$C^9H^8O^5 = C^6H^2(OH)(CH^3)(CO^2H)^2.$$

— Plusieurs acides sont connus sous ce nom. L'un d'eux ne se rapporte pas à l'acide uvitique véritable, qui est un dérivé du mésitylène; les autres se rattachent à ce composé.

ACIDE OXYUVITIQUE DE OPPENHEIM,

$$C^6H^2.OH_{(1)}.CH^3_{(3)}.(CO^2H)^2_{(2\ et\ 4)}.$$

— Cet acide prend naissance lorsque l'on fait réagir le chloroforme sur un mélange d'éther acétique et d'éther acétylacétique sodé. Il est décrit Suppl., p. 33. Voici quelques indications complémentaires.

Soumis à la distillation sèche, l'oxyuvitate de baryum donne du métacrésol. Le perchlorure de phosphore, à 180-200°, le transforme dans le chlorure $C^6H^2(CH^3)(OH)(COCl)^2$ sans que l'on puisse attaquer l'oxhydryle phénolique. Ce chlorure, traité par l'eau, régénère l'acide et son anhydride $[C^6H^2(CH^3)(OH)(CO^2H)CO]^2O$ qui se présente en longues aiguilles semblables à de la caféine [Oppenheim et Pfaff, *Compt. rend.*, t. LXXIX, p. 160 et t. LXXXI, p. 149]. Traité par un mélange d'acide nitrique fumant et d'acide sulfurique, il donne le trinitrocrésol, fusible à 106°.

Les différents oxydants, permanganate, chlore humide, acide nitrique ordinaire, le transforment en acide hydroxybenzoïque $C^7H^6O^3$, d'après une réaction fort obscure; il se forme en même temps des acides acétique et oxalique.

L'*acide hydroxybenzoïque* se présente en aiguilles incolores, fusibles à 274°,3, distillant plus haut en donnant un produit glutineux. Le perchlorure de fer le précipite en jaune. Chauffé avec de la potasse caustique, il perd de l'eau et donne de l'acide benzoïque.

Le *sel de calcium*, $(C^7H^7O^3)^2Ca, 2H^2O$, cristallise en aiguilles qui perdent leur eau à 160° [Emmerling et Oppenheim, *Deutsch. chem. Gesellsch.*, 1876, p. 327 et 1095].

Acides oxyuvitiques. — L'acide uvitique peut donner naissance à deux acides oxyuvitiques; tous deux sont connus :

CO^2H, CO^2H, OH, CH^3
Acide α-oxyuvitique.

OH, CO^2H, CO^2H, CH^3
Acide β-oxyuvitique.

Acide α-oxyuvitique. — L'acide α-amido-uvitique, obtenu par réduction du dérivé nitré correspondant, traité par l'acide azoteux, fournit cet acide [Böttinger, *Deutsch. chem. Gesellsch.*, 1876, p. 808; 1880, p. 1933].

On obtient le même acide en traitant par la potasse en fusion l'acide sulfo-uvitique (obtenu par l'action de HCl sur l'acide sulfamido-uvitique). Cet acide est insoluble dans l'eau froide, soluble dans l'eau bouillante, l'alcool et l'éther, à peine soluble dans le chloroforme. Il fond à 278° (Böttinger), 290° (Jacobsen), en se décomposant partiellement. Chauffé avec précaution, il peut être sublimé.

Le *sel de baryum*,

$$C^6H^2(OH)(CH^3)(CO^2)^2Ba,$$

se sépare de sa solution concentrée sous forme d'une masse gélatineuse mamelonnée.

Le *sel de calcium* $C^9H^6CaO^5 + 2H^2O$, se présente en cristaux volumineux; il existe également un *sel acide* renfermant aussi 2 molécules d'eau et peu soluble dans l'eau bouillante, et un *sel basique* amorphe et très peu soluble.

Le *sel de sodium* cristallise en aiguilles microscopiques très solubles. Sa solution offre les réactions suivantes : *Chlorure ferrique*, coloration rouge ou précipité brun, suivant la concentration. *Sulfate de cuivre*, précipité amorphe, vert pomme. *Azotate d'argent*, précipité gélatineux, soluble dans l'eau bouillante et cristallisable en aiguilles aplaties. *Sulfate de zinc*, précipité à chaud, se dissolvant par refroidissement. *Sulfate de cadmium*, précipité cristallin, soluble à chaud. *Acétate de plomb* et *azotate mercurique*, précipités insolubles.

L'*éther diméthylique*, $C^9H^6O^5(CH^3)^2$, cristallise dans l'alcool en grandes aiguilles qui fondent à 128° (Jacobsen) 130° (Böttinger).

L'*éther diéthylique* fond à basse température et est assez soluble dans l'eau.

L'*éther acide*, $C^9H^7O^5, C^2H^5$, s'obtient en même temps que l'éther neutre, quand on sature la solution alcoolique de l'acide par le gaz chlorhydrique; il cristallise après la distillation de l'éther neutre en aiguilles très peu solubles dans l'eau froide, peu solubles dans l'eau bouillante. Il colore le chlorure ferrique en rouge pourpre, et forme un sel calcique, cristallisable en fines aiguilles par le refroidissement de sa solution bouillante.

L'*acide α-oxyuvitique*, chauffé à 200° avec de l'acide chlorhydrique concentré, fournit un crésol qui, par fusion avec la potasse, donne de l'acide salicylique [Jacobsen, *Liebig's Ann. Chem.*, t. CCVI, p. 985].

Acide β-oxyuvitique. — L'acide β-amido-uvitique donne, par l'action de l'acide azoteux, un acide peu soluble dans l'eau froide, fusible à 220°, en se décomposant partiellement et en répandant une odeur phénolique [Böttinger, *loc. cit.*].

Son éther diméthylique fond à 79°.

Chauffé à 200° avec de l'acide chlorhydrique concentré, il fournit un crésol qui, par fusion avec la potasse, donne de l'acide paroxybenzoïque [Jacobsen, *loc. cit*]. M. Hanriot.

OXYVALÉRIQUES (ACIDES), $C^5H^{10}O^3$. —

1° *Acide γ-oxyvalérique normal*,

$$CH^3\text{-}CH(OH)\text{-}CH^2\text{-}CH^2\text{-}CO^2H.$$

— Cet acide se forme lorsque l'on traite sa lactone par l'eau de baryte bouillante. Il se produit encore dans l'hydrogénation de l'acide lévulique, $CH^3\text{-}CO\text{-}CH^2\text{-}CH^2\text{-}CO^2H$.

C'est un liquide incolore, épais, qui perd de l'eau lorsqu'on le chauffe en régénérant la lactone qui lui a donné naissance.

Le *sel de baryum*, $(C^5H^9O^3)^2Ba$, est une masse amorphe, très soluble dans l'eau et dans l'alcool. Il en est de même du sel de calcium. L'hydrogénation de cet acide par l'amalgame de sodium en solution acide fournit l'acide valérique normal.

La *lactone*

$$CH^3\text{-}CH\text{-}CH^2\text{-}CH^2$$
$$O\text{———}CO$$

s'obtient lorsqu'on chauffe au réfrigérant ascendant l'acide bromovalérique normal avec de l'eau. C'est un liquide incolore, bouillant à 206-207°, ne se solidifiant pas à — 18°. Il est peu soluble dans l'eau.

L'acide azotique étendu convertit la valérolactone en acide succinique [Messerschmidt, *Liebig's Ann. Chem.*, t. CCVIII, p. 92; — Wolff, *ibid.*, t. CCVIII, p. 104].

2° *Acide α-oxyisovalérique*,

$$\frac{CH^3}{CH^3} > CH\text{-}CH(OH)\text{-}CO^2H.$$

— Cet acide a déjà été décrit (voyez *Dict.*, t. II, p. 718). On l'obtient aussi par l'oxydation du glycol amylénique bouillant à 177° [Flavitzky, *Deutsch. chem. Gesellsch.*, 1875, p. 264].

Il est peut-être identique avec un acide oxyvalérique obtenu par von Miller en oxydant par le permanganate de potassium l'acide valérique dérivé du cyanure d'isobutyle. Cet acide se dédouble quand on le chauffe en eau et acide diméthacrylique [Von Miller, *Deutsch. chem. Gesellsch.*, 1878, p. 2216].

D'après Schmidt et Sachtleben, l'action de la chaleur transforme l'acide α-oxyvalérique en un composé ayant bien pour formule $C^5H^8O^2$, mais n'appartenant pas à la série acrylique; ce serait une *valérolactide*. C'est un corps bouillant entre 220 et 240°, se sublimant en aiguilles soyeuses, fusibles à 136°, solubles dans l'alcool et dans l'éther; il est insoluble dans l'eau, indifférent à l'égard des alcalis.

L'α-oxyvalérianate d'éthyle est un liquide incolore et mobile, plus léger que l'eau, bouillant à

175° [E. Schmidt et R. Sachtleben, *Liebig's Ann. Chem.*, t. CXCIII, p. 87].

L'oxydation dédouble l'acide α-oxyvalérique en acide isobutyrique et gaz carbonique [Ley et Popoff, *Deutsch. chem. Gesellsch.*, 1874, p. 733].

3° *Acide éthométhoxalique,*

$$\frac{CH^3}{CH^3\text{-}CH^2} > C(OH)\text{-}CO^2H.$$

— Cet acide a déjà été décrit (voyez *Dict.*, t. Ier, p. 1304). Oxydé par l'acide chromique, il donne de l'éthylméthylacétone, du gaz carbonique et de l'eau, ce qui fixe sa constitution.

4° L'oxydation de l'allyldiméthylcarbinol fournit un acide oxyvalérique différent des précédents.

Le *sel de sodium* est soluble dans l'eau et l'alcool; il cristallise mal. Le *sel d'argent* est clinorhombique, facilement altérable par la lumière et la chaleur. Le *sel de cuivre* cristallise en tables hexagonales. Le *sel de baryum* se présente en aiguilles prismatiques radiées. Le *sel de calcium* est une masse gommeuse, cristallisant peu à peu en prismes radiés renfermant $12H^2O$. Par dessiccation, on l'obtient anhydre. Le *sel de zinc* est en prismes très solubles. Le *sel de plomb* est incristallisable [Saytzeff, *Deutsch. chem. Gesellsch.*, 1876, p. 1601].

ACIDE DIOXYVALÉRIQUE,

$$CH^2.OH\text{-}CH.OH\text{-}CH^2\text{-}CH^2\text{-}CO^2H.$$

— On obtient son sel de baryum en traitant la bromovalérolactone par l'eau de baryte bouillante. Il est amorphe, très soluble dans l'eau et insoluble dans l'alcool.

La *bromovalérolactone* est un liquide oléagineux jaunâtre, soluble dans l'eau, que l'on obtient en faisant bouillir avec l'eau l'acide dibromovalérique normal [Messerschmidt, *Liebig's Ann. Chem.* t. CCVIII, p. 102].

OXYXYLYLIQUE (ACIDE),

$$C^9H^{10}O^3 = C^6H^2(CH^3)_{(1)}(CH^3)_{(2)}(OH)_{(4)}(CO^2H)_{(5)}.$$

[A. Reuter, *Deutsch. chem. Gesellsch.*, 1878. p. 29; — O. Jacobsen, *Ibid.*, 1879, p. 434]. — On obtient cet acide en fondant avec de la potasse caustique le pseudocuménol ou l'acide pseudocumène-sulfonique.

Il se présente en petits prismes ou en aiguilles fusibles à 199°, presque insolubles dans l'eau froide, peu solubles dans l'eau bouillante, très solubles dans l'alcool, l'éther et le chloroforme. Il est entraîné à la distillation par la vapeur d'eau et peut être sublimé.

Le chlorure ferrique colore ses solutions en bleu-violet foncé. Chauffé à 220-225° avec de l'acide chlorhydrique fumant, il se dédouble complètement en acide carbonique et orthoxénol, fusible à 61°.

Le *sel de baryum*, $(C^9H^9O^3)^2Ba$, est en petits cristaux compacts et durs, peu solubles dans l'eau froide.

En solution sodique, cet acide donne des précipités cristallins avec le sulfate de manganèse, le sulfate de zinc, le sulfate de cadmium, le sulfate de cuivre, le nitrate de plomb, le chlorure mercurique; il fournit avec le nitrate d'argent un précipité floconneux qui cristallise dans l'eau chaude en lamelles orthorhombiques.

Ad. Fauconnier.

OZONE. — Comme pour l'oxygène, c'est l'étude des propriétés physiques de l'ozone qui a surtout fait des progrès récemment. MM. Hautefeuille et Chappuis ont d'abord fait voir combien le refroidissement du tube à effluve où se polymérise l'oxygène avait d'influence sur la teneur de ce gaz en ozone. Ils ont obtenu 21 % d'ozone pour l'oxygène soumis à la température de — 23° (ébullition du chlorure de méthyle dans le vase extérieur de l'appareil à effluve) et à la pression de 760mm, tandis qu'ils n'en obtenaient que 10 % à + 20° sous la même pression. Sous des pressions moindres, la limite atteinte s'abaisse. L'ozone tend donc à se décomposer par la simple dilatation. La proportion trouvée à une pression de 180 millimètres est de 18 % à — 23° et 9 % à + 20°.

Le gaz riche en ozone a été introduit dans l'appareil Cailletet, maintenu à —23° et comprimé très doucement; le mercure n'est attaqué que superficiellement, il est garanti par son oxyde lui-même. Dans ces conditions, le tube capillaire a pris une belle couleur bleue. Le gaz comprimé à 75 atmosphères et brusquement détendu a donné lieu à un épais brouillard, il s'est donc liquéfié. Il importe, dans cette expérience, de ne pas exercer la compression trop rapidement; sans cette précaution, on voit un éclair jaunâtre briller dans le tube et l'ozone est transformé en oxygène inactif. De fait, cette réaction dégage 29,6 calories pour O^3, d'après les mesures de M. Berthelot [*Compt. rend.*, t. LXXXII, p. 1281]. Si la compression a lieu en présence d'un gaz liquéfiable, tel que l'acide carbonique, on observe la formation d'un liquide bleu qui n'est guère plus coloré que le gaz; mais vient-on à détendre celui-ci, il y a une précipitation de gouttelettes qui se trouvent réunies au liquide et la coloration devient beaucoup plus intense. L'acide carbonique, soumis à l'action de l'effluve, donne précisément lieu aux mêmes observations, il est donc en partie transformé en ozone.

L'oxygène qu'on soumet à l'action de l'effluve peut être additionné de différents gaz; on peut alors faire les remarques suivantes : 1° Le gaz est du chlore : il empêche la production de l'ozone, sans doute par la formation d'un oxyde de chlore détruit aussitôt; 2° le gaz est de l'hydrogène ou de l'azote : on remarque une formation d'ozone relativement plus forte qu'avec l'oxygène pur amené par simple expansion à présenter la force élastique qu'il manifeste dans le mélange. Elle est cependant un peu plus faible que dans l'oxygène qui n'est ni dilaté ni dilué; 3° le gaz est du fluorure de silicium. Dans ce cas on observe une magnifique pluie de feu beaucoup plus lumineuse que dans les autres gaz; en même temps la teneur en ozone augmente beaucoup.

M. Chappuis a étudié le spectre d'absorption de l'ozone à l'aide d'un tube de 4 mètres de long fermé par des glaces et dans lequel il amenait l'oxygène électrisé. Une feuille de papier blanc examiné à travers la colonne gazeuse était très nettement colorée en bleu. On a pris comme source de lumière le gaz ou la lumière Drummond, et on a observé le spectre avec un appareil à un prisme. Voici le résultat de l'observation. L'orangé et le jaune sont sillonnés de larges bandes diffuses dont l'intensité va en diminuant à mesure qu'on passe aux bandes plus réfrangibles, de telle sorte que l'ensemble figure assez bien une des *cannelures* des spectres dits primaires. La première bande est aussi la plus forte, elle tombe un peu à gauche de la raie de la soude. Elle se retrouve dans le spectre solaire, où elle est due à l'ozone atmosphérique; la seconde bande est un peu plus faible, elle existe aussi dans les bandes telluriques; il en est de même d'une troisième bande séparée de celle-ci par une raie diffuse extrêmement faible. Dans le bleu et le violet on n'a pu signaler aucune bande. Les mêmes bandes, avec les mêmes intensités, se montrent dans un gaz vingt-cinq fois plus condensé et examiné sous une longueur vingt cinq fois moindre.

La figure 79 représente le spectre d'absorption de l'ozone sur l'échelle des longueurs d'onde. M. Chappuis a signalé le phénomène inexpliqué que voici : Si l'ozone une fois préparé et présentant une coloration donnée, on le refroidit fortement sans changer son volume, la coloration et

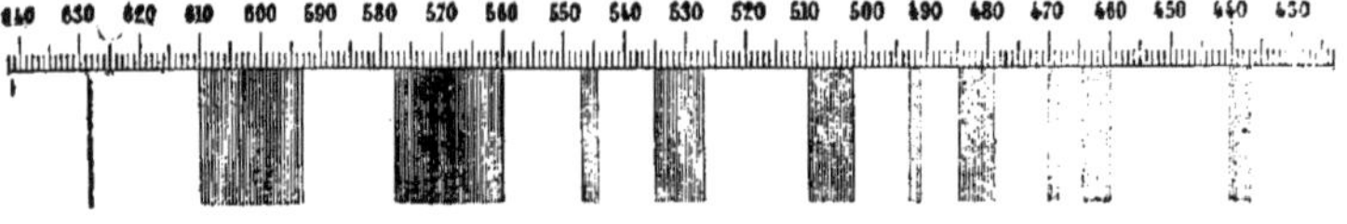

Fig. 79. — Spectre d'absorption de l'ozone.

l'intensité des bandes d'absorption augmente. Y a-t-il donc là production d'une nouvelle quantité d'ozone ?

Si l'oxygène employé à la préparation de l'ozone n'est pas pur, et s'il renferme de l'azote, il se forme des vapeurs du composé que M. Berthelot a appelé acide pernitrique. Celles-ci ont aussi un spectre d'absorption (l'anhydride azotique n'en a pas), et ce spectre se superpose à celui de l'ozone. Les bandes en sont plus étroites et plus noires, elles sont dessinées dans la figure 80, sur l'échelle des longueurs d'onde.

M. Hartley s'est occupé de l'étude du spectre ultra-violet de l'ozone. Ce spectre présente une absorption très forte de tous les rayons au delà de $\lambda = 315$, de sorte que la limitation du spectre solaire dans l'ultra-violet pourrait bien être due principalement à l'ozone atmosphérique. La vapeur nitreuse présente au contraire de $\lambda = 321$ à $\lambda = 238$ une plage de moindre absorption. Ces observations ont été faites en prenant comme source de lumière l'étincelle éclatant entre des pôles de cadmium [Hautefeuille et Chappuis, *Compt. rend.*, t. XCI, p. 228, 281, 522, 762, 815 et 985 ; — Chappuis, *Ann. de l'École normale* (2), t. XI, p. 137 ; — Hartley, *Journ. chem. Soc.*, t. XXXIX, p. 118.

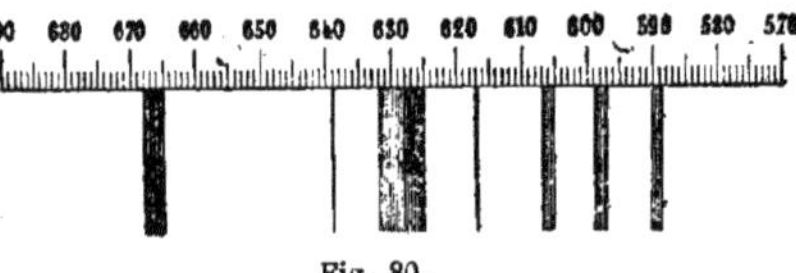

Fig. 80.

G. Salet.

P

PACHYMOSE [Champion, *Compt. rend.*, t. LXXV, p. 1526]. Cette matière a été extraite du *Pachyma tinctorum*.

Ce champignon, réduit en poudre fine, est épuisé à chaud successivement par l'ammoniaque et l'acide acétique. On dissout dans la potasse au dixième le résidu de ce traitement, et on précipite par l'acide chlorhydrique la liqueur filtrée. On obtient ainsi une masse gélatineuse, qui, après lavage et dessiccation, se convertit en plaques translucides, incolores, douées d'une certaine élasticité.

La pachymose est insoluble dans l'eau, qui la gonfle en formant gelée. Elle est insoluble dans le réactif de Schweitzer. En solution potassique, elle fournit des combinaisons insolubles avec les sels de plomb et de calcium. Elle ne réduit la liqueur cupropotassique qu'après avoir été soumise à l'action de l'acide chlorhydrique étendu et chaud. L'acide sulfurique concentré et l'acide azotique ordinaire la dissolvent en la décomposant, et les solutions ainsi obtenues ne précipitent pas par un excès d'eau. En présence de l'acide azotique fumant ou du mélange nitro-sulfurique, elle se gonfle et se transforme en un composé qui détone sous le choc. La pachymose aurait pour formule $C^{10}H^{24}O^{14}$ (?).

Ad. Fauconnier.

PALLADIUM. — D'après Th. Wilm, le palladium, isolé sous forme de cyanure, n'est jamais exempt de platine. Pour l'obtenir tout à fait pur, il débarrasse d'abord la solution du chlorure de la majeure partie du platine, sous forme de chloroplatinate d'ammonium, puis il fait bouillir la solution avec un excès d'ammoniaque et précipite la liqueur filtrée par l'acide chlorhydrique. Le chlorure de palladiammonium se précipite, entraînant du chlororhodate d'ammonium ; ce dernier sel est insoluble dans l'ammoniaque à froid et peut ainsi être séparé du chlorure de palladiammonium, qu'on précipite une seconde fois par l'acide chlorhydrique.

La chaleur spécifique du palladium entre 0 et 100° est de 0,0634 ; entre 0 et 265° de 0,0714.

Le palladium fond à 1500° et se ramollit avant de fondre. Sa chaleur latente de fusion est de 36,300 calories [Violles, *Compt. rend.*, t. LXXXVII, p. 981].

Le palladium s'oxyde à l'air quand on le calcine, mais à une température plus élevée, l'oxyde se réduit de nouveau [H. Sainte-Claire Deville, *Compt. rend.*, t. LXXXVI, p. 441].

L'ozone, sec ou humide, est sans action sur le palladium, mais il oxyde rapidement son hydrure (A. Volta).

Lorsqu'on introduit le palladium dans la flamme de l'alcool, il se gonfle et se recouvre d'un amas mamelonné de charbon. Ce dépôt n'est pas dû à l'affinité du palladium pour le carbone, mais bien à son affinité pour l'hydrogène, qui détermine la décomposition des vapeurs hydrocarburées. On observe le même phénomène lorsqu'on chauffe ce métal dans le gaz éthylène ou le gaz d'éclairage [Wœhler, *Liebig's Ann. Chem.*,

t. CLXXXIV, p. 128; — Th. Wilm, *Deutsch. chem. Gesellsch.*, 1881, p. 874].

Une spirale de palladium, portée au rouge et introduite dans un mélange gazeux détonant (hydrogène et oxygène, gaz des marais et air), en détermine lentement la combustion, sans explosion. Coquillion a construit un appareil, fondé sur ce principe, le *grisoumètre*, destiné à l'analyse de semblables mélanges [*Compt. rend.*, t. LXXXIII, p. 709, et t. LXXXIV, p. 458; *Bull. Soc. chim.*, t. XXVII, p. 384, et t. XXVIII, p. 419]. D'après W. Hempel, l'explosion dans ces conditions n'est pas toujours empêchée [*Deutsch. chem. Gesellsch.*, 1879, p. 1006].

Hydrure de palladium. — Voyez Hydrogène.

Iodure palladeux. — Il se produit lorsqu'on ajoute de l'iode au chlorure palladeux,

$$PdCl^2 + I^4 = PdI^2 + 2ICl$$

[Fr. Grampe, *Deutsch. chem. Gesellsch.*, 1874, p. 1723].

Oxydule de palladium. — Il est instantanément réduit par l'hydrogène à froid [Wœhler, *Liebig's Ann. Chem.*, t. CLXXIV, p. 60.].

Sulfite palladoso-sodique,

$$SO^3Pd.3SO^3Na^2 + 2H^2O.$$

— Précipité cristallin blanc, décomposable par l'eau bouillante. On l'obtient en versant de la soude dans une solution de chlorure de palladium additionnée d'acide sulfureux. Il est soluble dans un excès de soude et dans un excès d'acide sulfureux [Wœhler, *loc. cit.*, p. 200].

Données thermiques. — Nous extrayons les données suivantes des recherches de J. Thomson sur ce sujet [*Journ. prakt. Chem.*, (2), t. XV, p. 435] :

$Pd, Cl^2, 2KCl$	dégagent	52,670	calories.
$Pd. Cl^4, 2KCl$	—	79,060	—
Pd, I^2, H^2O	—	18,180	—
Pd, O, H^2O	—	22,710	—
$Pd, O^2, 2H^2O$	—	30,430	—

Réaction des sels de palladium. — L'hydrogène libre précipite le palladium de ses dissolutions (Russell). L'iodure de potassium ne précipite pas le palladium en présence des sulfocyanates alcalins (S. Kern).

Combinaisons ammoniacales. — Isambert a étudié la tension de dissociation de ces composés. L'iodure de palladiammonium, $PdI^2.4AzH^3$, perd la moitié de son ammoniaque, dans le vide, à 110°, température à laquelle la tension est égale à 760 millimètres. Le produit, $PdI^2.2AzH^3$, se décompose à son tour vers 235°. Le chlorure $PdCl^2.4AzH^3$ devient $PdCl^2.2AzH^3$ à 210°; la décomposition totale a lieu à une température plus élevée.

On a pour la chaleur de combinaison de ces produits, déduite de la chaleur dégagée par l'action de l'acide chlorhydrique :

$PdCl^2 + 2AzH^3$ dégage 40,000 calories,
$PdCl^2.2AzH^3 + 2AzH^3$ dégage 31,120 calories,
$PdI^2 + 2AzH^3$ dégage 34,000 calories,
$PdI^2.2AzH^3 + 2AzH^3$ dégage 25,760 calories

[*Compt. rend.*, t. XCI, p. 768].

Lorsqu'on traite les combinaisons ammoniacales du chlorure de palladium par l'eau régale, en présence d'un excès de sel ammoniac, on obtient un précipité noir-rougeâtre qui a pour composition $Pd^2Cl^6.4AzH^3$.

Ce composé, qui indique l'existence d'un sesquichlorure de palladium, est décomposé par la chaleur en laissant un résidu d'éponge de palladium. L'eau bouillante le décompose avec dégagement d'azote [H. Sainte-Claire-Deville et Debray, *Compt. rend.*, t. LXXXVI, p. 926]. Ed. Willm.

PALMELLINE. — Nom donné par Phipson à une matière colorante rouge, retirée d'une algue, le *Palmella cruenta*, et montrant dans ses propriétés une certaine analogie avec l'hémoglobine [*Compt. rend.*, t. LXXXIX, p. 316].

PALMITIQUE (ACIDE), $C^{16}H^{32}O^2$ (voyez t. II, p. 729). — L'acide palmitique a été rencontré dans un grand nombre de graisses et de cires, tantôt libre, tantôt à l'état d'éthers :

1° L'huile de *Crab*, retirée de l'*Hylocarpus carapa*, est formée d'éthers palmitiques; cependant l'auteur indique 40° comme point de fusion de l'acide qui en dérive [Vonfor, *Deutsch. chem. Gesellsch.*, 1870, p. 329].

2° L'acide moringique n'est autre chose que de l'acide palmitique contenant un peu d'acide oléique [Zaleski, *Deutsch. chem. Gesellsch.*, 1872, p. 1015].

3° La cire du Japon est formée en majeure partie d'acide palmitique libre [Buri, *Deutsch. chem. Gesellsch.*, 1879, p. 2015].

4° La cire d'opium renferme du palmitate de céryle, de la myricine et de la cérotine [Hesse, *Deutsch. chem. Gesellsch.*, 1870, p. 639].

L'acide palmitique fond à + 62° et bout à 329-356° à la pression ordinaire; à 268° sous la pression de 100 millimètres [Carnelli et Williams, *Deutsch. chem. Gesellsch.*, 1879, p. 1360].

Chlorure de palmityle, $C^{16}H^{31}OCl$. — On l'obtient en faisant réagir le perchlorure de phosphore sur le palmitate de sodium. Le produit de la réaction est repris par l'éther. Il fond vers 50°; l'eau froide l'attaque peu; l'eau bouillante le décompose en acides chlorhydrique et palmitique.

Anhydride palmitique, $(C^{16}H^{31}O)^2O$. — On l'obtient en faisant réagir, à 150°, du chlorure de palmityle sur le palmitate de sodium. L'anhydride est enlevé par la benzine; c'est une masse blanche et cassante, fusible vers 64° [Villiers, *Compt. rend.*, t. LXXXIII, p. 901].

Palmitamide, $C^{16}H^{33}AzO$. — On l'obtient en faisant réagir l'ammoniaque aqueuse sur le chlorure de palmityle; elle fond à 106-107°.

Palmitonitrile, $C^{16}H^{31}Az$. — Se prépare en déshydratant la palmitamide par l'anhydride phosphorique. Il se présente en tables hexagonales fusibles à 31°; il bout à 251° (p = 100 millimètres). Ses densités sont : d_{31} = 0,8224, d_{40} = 0,8186, $d_{98,9}$ = 0,7761 [Krafft et Stauffer, *Deutsch. chem. Gesellsch.*, 1882, p. 1728]. On le rencontre également dans les produits supérieurs du goudron animal dont il forme une fraction importante (30 °/₀ environ) [Weidel et Ciamician, *Deutsch. chem. Gesellsch.*, 1880, p. 65].

Méthylpentadécylacétone,

$$CO < \begin{matrix} CH^3 \\ C^{15}H^{31} \end{matrix}.$$

— Lorsque l'on chauffe un mélange d'acétate et de palmitate de baryum, on obtient une acétone fusible à 48° et bouillant à 320°.

Par oxydation, cette acétone donne naissance à l'*acide pentadécylique* $C^{15}H^{30}O^2$, fusible à 51° et bouillant à 257° [Krafft, *Deutsch. chem. Gesellsch*, 1879, p. 1668]. M. Hanriot.

PALMITIQUE (ALDÉHYDE), $C^{16}H^{32}O$. — L'aldéhyde palmitique a été obtenue par Krafft dans la distillation sèche d'un mélange de formiate et de palmitate de baryum sous une pression de 15 à 25 millimètres de mercure. Le produit est essoré, de nouveau distillé, puis purifié par plusieurs cristallisations dans l'éther.

Elle se présente en lames brillantes, fusibles à 58°,5, bouillant à 192-193° sous une pression de 22 millimètres. Elle se combine avec le bisulfite de sodium et réduit le nitrate d'argent [Krafft, *Deutsch. chem. Gesellsch.*, 1880, p. 1410].

PANCRÉATIQUE (SUC). — La sécrétion pancréatique n'est pas continue : nulle chez l'animal à jeun depuis un temps suffisamment long, elle commence au moment de l'ingestion des aliments, augmente ensuite très rapidement et atteint son maximum au bout de deux heures; vers la quatrième ou cinquième heure elle s'abaisse très notablement, augmente de nouveau un peu entre la cinquième et la septième heure et décroît enfin définitivement pour retomber à zéro au bout de 16 à 18 heures. Le pancréas s'enflammant très rapidement après l'établissement d'une fistule, les mesures de la quantité de suc pancréatique sécrété pendant la digestion ont donné des résultats très variables et d'une faible valeur. Chez le chien, la proportion serait de 0gr,8 de suc par kilogramme d'aliment pendant les huit premières heures de la digestion (Bidder et Schmidt); la sécrétion est donc beaucoup moins abondante que celle de la salive ou du suc gastrique.

Malgré un grand nombre d'expériences instituées par Claude Bernard et d'autres savants, on ne connaît pas encore les nerfs qui tiennent sous leur dépendance la sécrétion pancréatique.

Le tissu du pancréas serait acide au papier; cette indication de Lieberkühn, qui vient d'être renouvelée par Edinger (1882), nous paraît inexacte; chez le chien et le lapin tués au moment même, le tissu pancréatique bleuit assez fortement le tournesol rouge, tout en communiquant une légère teinte vineuse au tournesol bleu; cette réaction amphotère est évidemment due à la présence de bicarbonate ou phosphate de sodium et d'acide carbonique libre.

En dehors de nombreux produits de désassimilation (leucine, tyrosine, etc.) qui ont été trouvés dans le pancréas (voyez t. II, p. 733), Külz y a signalé la présence de l'inosite.

D'après les recherches de Heidenhain, le tissu frais ne contient pas de ferment peptogène tout formé et fournit, avec une solution de carbonate sodique à 1 %, une infusion n'agissant pas sur la fibrine.

Mais si l'on abandonne la glande à elle-même pendant quelque temps, avant de l'épuiser, on obtient une solution active. Le pancréas renfermerait donc une substance particulière, à laquelle Heidenhain a donné le nom de *zymogène*, qui se transformerait après la mort en trypsine. Dans les solutions faiblement alcalines ou salines, cette transformation est retardée; en solution glycérique elle n'a pas lieu. La proportion de zymogène dépend essentiellement de l'état d'alimentation de l'animal; très faible six heures après le repas, elle atteint un maximum vers la quatorzième heure.

Le ferment saccharigène semble préexister dans le pancréas ou du moins se former aussitôt après la mort [*Pflüger's Arch.*, t. X, p. 581]. Podolinski croit avoir démontré que l'oxygène joue un rôle important dans la transformation du zymogène en trypsine; ainsi une solution de zymogène dans le carbonate sodique à 1 % et portée à 37° ne dissout pas de fibrine lorsqu'on la place à l'abri de l'air dans une atmosphère de gaz carbonique ou d'hydrogène; mais il suffit d'y faire barboter de l'oxygène pendant une dizaine de minutes pour voir ensuite la fibrine se dissoudre presque aussi rapidement que dans une liqueur contenant de la trypsine [*Pflüger's Arch.*, t. XIII, p. 422]. Kühne a observé que l'alcool concentré opère rapidement la transformation du zymogène en trypsine. Weiss, qui a répété les expériences de Heidenhain, n'a confirmé les résultats annoncés que dans deux cas sur onze; néanmoins il admet la manière de voir de ce savant et croit que la rapidité de la transformation dépend de circonstances non encore connues [Giovanni Weiss, *Virchow's Arch.*, t. LXVIII, p. 413].

Propriétés et composition du suc pancréatique. — Le suc pancréatique normal recueilli par une fistule récente est un liquide incolore, limpide, inodore, visqueux, très épais même chez certains animaux (chien), d'une saveur salée et d'une réaction nettement alcaline. C'est le liquide le plus altérable de l'économie; lorsque la température est un peu élevée, quelques heures suffisent pour le faire entrer en putréfaction; le suc frais contient du reste toujours des germes de bactéries qui, se trouvant dans un milieu très propice, se développent avec rapidité. Par la chaleur il se coagule et se prend en masse, à la manière du blanc d'œuf, lorsqu'il est très visqueux. Les acides chlorhydrique, sulfhydrique et nitrique le coagulent; les acides lactique, acétique et chlorhydrique faible sont sans action; il en est de même des alcalis. Le précipité qu'y produit l'alcool concentré étant séparé se redissout dans l'eau.

Les analyses quantitatives de suc pancréatique présentent de très grandes divergences; la composition varie en effet avec l'espèce animale et aussi avec le temps qui s'est écoulé depuis l'établissement de la fistule; chez le chien, par exemple, on recueille d'abord un liquide épais, riche en matériaux solides, qui peut être considéré comme la sécrétion normale, mais au bout de quelques heures le liquide qui s'écoule de la canule devient de plus en plus fluide, en même temps que la teneur en matières fixes s'abaisse beaucoup. Les fistules permanentes fournissent une sécrétion très aqueuse. On trouvera, t. II, p. 734, quelques analyses; en voici de plus récentes :

Chien. Matériaux fixes : 8 à 10 %.

Mouton. Matériaux fixes : 1,43 à 3,69 % (7 expériences).

Lapin. Matériaux fixes : 1,1 à 2,6 %, en moyenne 1,76 % (14 expériences) [Heidenhain, *Jahresb. Thierch.*, 1876, p. 174].

Cheval. Liquide accumulé dans un diverticulum du canal de Wirsung. Matériaux fixes : 1,75 %, dont 0,87 % de ferments, 0,82 % de sels solubles dans l'eau contenant beaucoup de phosphate sodique et 0,04 % de sels insolubles [Hoppe-Seyler, *Physiolog. Chem.*, p. 259].

Homme. Liquide accumulé dans le canal de Wirsung comprimé par une tumeur cancéreuse (homme de 47 ans). Matériaux fixes : 2,41 % dont 1,45 % de ferments et de peptones et 0,62 % de matières minérales [E. Herter, *Zeitsch. physiolog. Chem.*, t. IV, p. 160].

La réaction alcaline du suc pancréatique est due à du carbonate et à du phosphate de sodium.

On connaît la triple action que le suc pancréatique exerce sur les albuminoïdes, les matières amylacées et les corps gras, et l'on a vu (t. II, p. 734) que l'on attribue chacun de ces effets à un ferment spécial, ce qui est loin d'être démontré. En outre, on a signalé la présence d'une chymosine (ferment de la présure) dans le suc pancréatique du bœuf, du mouton et du porc, ferment qui manque dans celui du chien (Kühne) [W. Roberts, *Jahresb. Thierch.*, 1879, p. 224]. L'action peptogène semble être plus énergique pour le suc pancréatique des carnivores que pour celui des herbivores. Lorsqu'il s'agit d'étudier l'action du suc pancréatique sur les différents aliments, il est de première importance d'opérer en présence de substances antiputrides (acide cyanhydrique, chloroforme, éther, phénol, thymol, chlorure mercurique, etc.), pour mettre une entrave à la multiplication des germes bactériens. Plusieurs observateurs n'ont pas tenu compte de ce facteur; aussi les résultats obtenus ne doivent-ils être acceptés qu'avec une grande réserve.

I. **Émulsion et saponification des graisses.** — Rien ne prouve que les propriétés émulsives du suc pancréatique soient dues à un ferment spécial, comme on l'a supposé. Duclaux a fait remarquer avec raison que ce suc détermine l'émulsion grâce à ses propriétés physiques seules, au même titre qu'une solution de gomme et de tant d'autres substances [*Compt. rend.*, t. XCIV, p. 976]. Quant à la saponification des graisses avec formation d'acides gras libres, elle est probablement provoquée par les ferments figurés qui se développent si rapidement dans le suc pancréatique. Il est vrai que Wassilieff a avancé récemment que la saponification du beurre par une infusion de pancréas n'est pas empêchée par la présence d'une forte proportion de calomel, qui met obstacle au développement bactéridien; mais il serait nécessaire de répéter ces expériences avec d'autres matières grasses [*Zeitschr. physiol. Chem.*, t. VI, p. 112]. Dans tous les cas, si un ferment de saponification existe dans le pancréas, il doit être fort instable; l'alcool le détruit aussitôt, et la glycérine ne parvient pas à l'en extraire.

Saccharification des matières amylacées. — Le ferment saccharigène du suc pancréatique, dont l'existence est très probable, n'a pas encore été isolé à l'état de pureté. Dans tous les cas, l'action saccharifiante, qui est l'action la plus énergique du suc, n'est pas empêchée par la présence des substances antiputrides; elle est détruite par l'addition d'acides minéraux ou organiques et par les alcalis caustiques; la morphine, la quinine, l'acide cyanhydrique, la bile, le suc gastrique ne l'entravent pas. Elle s'accroît de 0 à 30°; entre 30 et 45° elle est constante et disparaît vers 65-70°. Un gramme de suc pancréatique peut saccharifier à 35° 4gr,672 d'amidon (Kröger). La quantité de matière amylacée ou glycogène transformée croît proportionnellement avec la quantité de suc pancréatique employée, et le temps nécessaire à cette transformation est inversement proportionnel à cette quantité de suc. Vers 40°, deux à trois minutes suffisent pour faire disparaître la réaction bleue de l'amidon avec l'iode, ainsi que celle de l'érythrodextrine. Le produit principal formé n'est pas la glucose, comme on l'avait cru pendant longtemps, mais la maltose; en outre, il se forme de l'achrodextrine et une petite quantité seulement de glucose (Musculus et Mering); celle-ci augmente, aux dépens de la maltose, si l'opération est continuée pendant longtemps (12 heures et plus), mais il est extrêmement probable que cette action secondaire doit être mise sur le compte des bactéries. L'équation suivante représente la formation des deux produits principaux :

$$\underset{\text{Amidon.}}{10C^{12}H^{20}O^{10}} + 8H^2O$$

$$= \underset{\text{Maltose.}}{8C^{12}H^{22}O^{11}} + \underset{\text{Dextrine.}}{C^{24}H^{40}O^{20}}$$

[Musculus et von Mering, *Zeitschr. physiol. Chem.*, t. II, p. 403; — H.-T. Brown et J. Heron, *Liebig's Ann. Chem.*, t. CCIV, p. 228; — W. Roberts, *Jahresb. Thierch.*, 1881, p. 290].

Le suc pancréatique n'agit ni sur l'inuline ni sur la saccharose.

Peptonisation des albuminoïdes. — Le suc pancréatique naturel ou artificiel dissout très rapidement les albuminoïdes coagulés, plus rapidement même que le suc gastrique, et les tranforme en peptones. L'analogie des deux sortes de digestions se poursuit d'ailleurs plus loin, en ce sens que la transformation en peptones n'est pas directe. La syntonine (acide-albumine) de la digestion peptique est remplacée ici par une globuline soluble dans le liquide faiblement alcalin, insoluble dans l'eau pure, très peu soluble dans le sel marin en solution saturée, soluble dans l'acide chlorhydrique faible. La digestion pancréatique normale s'opère en liqueur alcaline; cependant dans un milieu neutre ou à peine acide elle n'est pas empêchée. La fibrine et l'albumine coagulée ne se gonflent pas dans le suc alcalin, mais se désagrègent directement; l'oxyhémoglobine serait dédoublée par ce suc en hématine et en globuline qui subit la peptonisation; l'hémoglobine, au contraire, ne subirait aucune altération, à la condition que l'oxygène n'y ait pas accès. Les cartilages, les fibres élastiques, la capsule du cristallin, les membranes du tissu adipeux, etc. sont dissous par le suc pancréatique; la corne, la matière amyloïde, la nucléine, la chitine et la substance collagène des tendons et des fibres conjonctives résistent, au contraire; la substance collagène, gonflée préalablement dans un acide ou chauffée à 70°, est ensuite attaquée par le suc pancréatique [Ewald et W. Kühne, *Jahresb. Thierch.*, 1877, p. 281].

La digestion pancréatique des albuminoïdes s'opère déjà à la température ordinaire, mais elle est beaucoup plus active entre 40 et 45°; au delà de 65-70° le suc perd son activité. D'après Roberts, la température la plus favorable serait située à 60° et l'action s'arrêterait seulement entre 75 et 80°.

L'action du suc pancréatique sur les albuminoïdes ne s'arrête pas à la formation de peptones, comme celle du suc gastrique, alors même que l'on empêche, par des antiputrides appropriés, tout développement bactéridien. Une partie de la peptone se dédouble par hydratation ultérieure et il se forme de la leucine, de la tyrosine, de l'acide aspartique. L'hydrogène, le gaz carbonique et l'hydrogène sulfuré, l'indol et le phénol, qu'on a signalés dans la digestion pancréatique, ne relèvent pas de ce phénomène; ce sont de véritables produits de putréfaction engendrés par des bactéries [Voir à ce sujet : Hüfner, *Journ. prakt. Chem.*, (2), t. X, p. 1; — W. Kühne, *Verhandl. der naturhist. med. Vereins Heidelberg*, 1876, t. Ier, fasc. 4; — Wassilieff, *Zeitschr. physiol. Chem.*, t. VI, p. 112]. Les peptones pancréatiques sont mal connues; nous les étudierons à l'article Peptones de ce supplément, où l'on trouvera aussi l'analyse d'un travail important et tout récent de Kühne et Chittenden, qui admettent la formation de deux produits dans la peptonisation, l'*antipeptone* et l'*hémipeptone*; mais, tandis que la première résiste à l'action prolongée du ferment pancréatique, la seconde est aussitôt dédoublée avec formation de leucine, de tyrosine, etc.

Trypsine. — L'action peptonisante que le suc pancréatique exerce sur les albuminoïdes est produite par une zymase spéciale, la *pancréatine*, que Kühne désigne sous le nom de *trypsine*. Ce ferment soluble est fort peu connu; il est même douteux qu'il ait été obtenu à l'état de pureté.

Voici le dernier procédé proposé par Kühne pour isoler la trypsine : Le pancréas broyé est épuisé par de l'eau à 0°, la solution est précipitée par addition d'alcool, et le précipité est mis en digestion pendant quelque temps avec de l'alcool absolu, pour rendre l'albumine insoluble. Il est alors repris par l'eau et la solution est additionnée peu à peu d'acide acétique jusqu'à ce qu'elle en renferme 1 °/₀; on filtre, on porte à 40° pendant quelque temps, on filtre de nouveau, on rend le liquide alcalin par du carbonate de sodium et, après une nouvelle filtration pour séparer les sels terreux, on évapore à 40° : il se sépare de la tyrosine et finalement la trypsine est débarrassée par la dialyse d'un reste de tyrosine, de la leucine, et des peptones qui l'accompagnent.

La trypsine ainsi préparée est très soluble dans l'eau, insoluble dans la glycérine et dans l'alcool. Elle dissout presque instantanément et en grande quantité la fibrine, et conserve en solution alcaline cette activité pendant des semaines. Vers 70°, le ferment est détruit en présence de l'eau, tandis que, parfaitement sec, il supporte 160° sans s'altérer. L'acide acétique en solution à ½ °/₀ n'empêche pas l'action de la trypsine; les acides chlorhydrique, sulfurique et nitrique l'entravent et détruisent le ferment lorsque le liquide contient plus de ½ pour mille d'acide. La pepsine détruit aussi la trypsine, mais l'inverse n'a pas lieu.

La trypsine n'agit ni sur l'amidon ni sur la dextrine.

En solution acide, elle se coagule par la chaleur et se dédouble en 20 °/₀ d'albumine coagulée et 80 °/₀ de peptone; cette dernière préexistait peut-être dans le produit, car il ne présente guère de garantie d'homogénéité. La trypsine n'a pas été analysée [W. Kühne, *Verhandl. des naturhist. med. Ver. Heidelberg*, 1876, t. Ier, p. 194].

Loew vient d'isoler et de purifier le ferment du pancréas en employant le procédé suivant : La glande hachée est abandonnée à elle-même pendant deux jours à 14°, puis mise à digérer pendant deux autres jours avec une fois et demie son poids d'alcool à 40 °/₀. La masse est alors passée à travers un tamis de soie, le liquide est filtré et précipité par un mélange de 2 volumes d'alcool et de 1 volume d'éther. Le précipité recueilli et exprimé est dissous dans l'eau, reprécipité par l'alcool éthéré et séché sur l'acide sulfurique. C'est un mélange de ferment et de peptones que l'on sépare en précipitant les dernières par l'acétate basique de plomb, d'après la méthode qui a permis à Wurtz de purifier la papaïne. A cet effet, on redissout le produit dans l'eau, on le précipite exactement par le sous-acétate de plomb, on fait passer de l'hydrogène sulfuré dans le liquide filtré et on ajoute un mélange d'alcool et d'éther. Le ferment se précipite, et il ne reste plus qu'à le laver à l'alcool absolu et à le sécher sur l'acide sulfurique.

On obtient ainsi 0,2 °/₀ du poids du pancréas d'un ferment très soluble dans l'eau, qui offre à la fois les propriétés saccharigène et peptogène; celles-ci disparaissent à 69-70°. Il présente toutes les réactions des peptones véritables et ayant perdu par l'ébullition son pouvoir zymotique, il ne se distingue plus en rien de cette classe de corps. Il présente du reste la même composition, comme le montrent les chiffres suivants :

$$C = 52,75 ; H = 7,51 ; Az = 16,55 ; O + S = 23,19$$

[O. Loew, *Pflüger's Arch.*, 1882, t. XXVII, p. 203].

A. Henninger

PAPAÏNE [Syn. *Papayotine*]. — Ferment peptogène découvert par Wurtz et Bouchut dans le latex du *Carica papaya*, cucurbitacée arborescente (Mamao des Brésiliens), cultivée dans l'Amérique du Sud. Ce latex, qui s'écoule après incision des fruits non mûrs et de la tige, se coagule rapidement (il renferme une substance analogue au caoutchouc) et ne tarde pas à se séparer en une pulpe et un sérum incolore et limpide. La papaïne se trouve en solution dans ce sérum, mais la pulpe en cède pendant longtemps à l'eau avec laquelle on la lave, comme si elle contenait une substance *papayogène* qui peu à peu se convertit en papaïne. Le suc de papaya récolté en Amérique est séché au soleil et importé sous cette forme en Europe, où il sert à la fabrication des différentes préparations de papaïne qui n'ont pas tardé à être employées en médecine. Le suc est en effet très actif; il dissout la fibrine, la chair musculaire, l'albumine cuite, le gluten, les ascarides, les tænias, les fausses membranes du croup, en peptonisant toutes ces matières animales; il coagule d'abord le lait et dissout ensuite la caséine précipitée.

Pour isoler la zymase du papaya, on précipite le suc filtré (ou bien la dissolution aqueuse du latex desséché) par addition d'alcool, on traite le précipité par l'alcool concentré, on le redissout dans l'eau et on ajoute du sous-acétate de plomb, qui ne précipite pas la papaïne, mais élimine des matières albuminoïdes et peptoniques. Le liquide filtré, débarrassé du plomb dissous par l'hydrogène sulfuré et filtré à nouveau, est additionné peu à peu d'alcool, de manière à produire d'abord un faible précipité qui entraîne un reste de sulfure de plomb; l'addition d'un excès d'alcool précipite ensuite la papaïne pure.

Séchée dans le vide, elle constitue une poudre blanche, soluble dans moins de son poids d'eau. La solution se trouble par l'ébullition sans fournir un coagulum; les acides chlorhydrique et nitrique donnent des précipités solubles dans un excès de réactif; les acides métaphosphorique et picrique précipitent également, mais les acides orthophosphorique et acétique sont sans action. Le sublimé corrosif ne précipite qu'à chaud; le sulfate de cuivre donne un dépôt violet, bleuissant par l'ébullition et soluble en bleu dans la potasse. Le chlorure platinique, le tannin et le réactif de Millon précipitent abondamment; à chaud, ce dernier colore en rouge.

La papaïne est lévogyre; $[\alpha]_j = -53$ à $54°$ (Béchamp).

Ces réactions se rapprochent de celles des peptones, notamment des peptones incomplètes (propeptones). La composition de la papaïne est du reste la même; déduction faite de 2,6 à 4,2 °/₀ des cendres, suivant les échantillons, la papaïne séchée à 105° a donné à l'analyse :

$$C = 52,48 ; H = 7,24 ; Az = 16,59.$$

La papaïne est une zymase peptogène très active, comparable à la pepsine et à la trypsine, dont elle partage à la fois les propriétés : elle digère en effet les albuminoïdes en solutions alcaline, acide et même neutre, en produisant tous les termes de passage entre l'albumine et la peptone, et finalement de la véritable peptone. Les antiseptiques, acide cyanhydrique, acide borique, phénol, n'empêchent pas cette digestion [A. Wurtz et E. Bouchut, *Compt. rend.*, t. LXIXXX, p. 425; — A. Wurtz, *ibid.*, t. XC, p. 1379; t. XCI, p. 787].

A. Henninger.

PAPAVÉRINE. — La formule $C^{21}H^{21}AzO^4$, attribuée par Hesse à la papavérine (t. II, p. 747), a été confirmée depuis par Beckett et Wright.

La papavérine possède une densité de 1,308 à 1,337, suivant la nature du dissolvant qui a servi à la faire cristalliser (Schrœder). Traitée par la potasse et le permanganate de potassium, elle perd la moitié de son azote à l'état d'ammoniaque (Wanklyn et Chapmann, 1868).

Le *triiodure* d'Anderson est un diiodure d'iodhydrate et doit être formulé $C^{21}H^{21}AzO^4, HI, I^2$ [Joergensen, *Deutsch. chem. Gesellsch.*, 1869, p. 460].

Le trichlorure d'antimoine fondu ne colore pas la papavérine (W. Smith). L'acide sulfurique et l'arséniate de sodium colorent à chaud la papavérine en un rouge vineux passant au bleu violet. Parmi les autres alcaloïdes, la codéine seule offre une réaction analogue (Tatersall).

PAPAYOTINE. — Nom donné par Peckolt à la papaïne.

PAR... ou **PARA**, du grec παρά, à côté, est généralement employé pour désigner une modification isomérique ou polymérique d'un composé. Dans le groupe aromatique, il sert à distinguer une des trois séries des dérivés bisubstitués de la benzine, la série *para* ou 1 4.

Pour les mots qui commencent par ce préfixe

et qui ne se trouvent pas ici à leur rang alphabétique, voyez le mot qui suit ou le mot générique.

PARABANIQUE (ACIDE) [Syn. *Oxalylurée*]. — L'oxalylurée a été reproduite au moyen de la diuréide pyruvique ou pyruvile, $C^5H^8Az^4O^3$; traitée par l'acide azotique, cette uréide donne la mono-uréide pyruvique nitrée, qui, par l'action du brome et de l'eau, se dédouble en bromopicrine et en acide parabanique ou oxalylurée :

$$\begin{array}{l} CH^2(AzO^2) \\ \vert \\ C = Az \\ \vert \\ CO\text{-}AzH \end{array} \!\!> CO + Br^6 + H^2O$$

Mono-uréide pyruvique nitrée.

$$= \underset{\text{Bromopicrine.}}{CBr^3(AzO^2)} + \underset{\text{Oxalylurée.}}{\begin{array}{l} CO\text{-}AzH \\ \vert \\ CO\text{-}AzH \end{array} > CO} + 3HBr$$

[E. Grimaux, *Bull. Soc. chim.*, t. XXIII, p. 53].

L'acide oxalurique, chauffé à 200° avec de l'oxychlorure de phosphore, se transforme en acide parabanique (E. Grimaux).

Tollens et Wagner ont obtenu un hydrate d'acide parabanique, $C^3H^2Az^2O^3 + H^2O$, en introduisant peu à peu de l'acide urique dans 3 p. d'acide azotique d'une densité de 1,3, refroidi suffisamment pour que la température ne s'élève pas au delà de 50°; la bouillie cristalline se dissout si l'on chauffe ensuite à 70°, et, par le refroidissement, on obtient des cristaux isolés de l'hydrate. Il est très stable, ne perd son eau que vers 160°, et est environ trois fois plus soluble que l'acide parabanique ordinaire, car il exige à 8° 7p,4 d'eau [*Ann. Chem. Pharm.*, t. CLXVI, p. 321, et *Bull. Soc. chim.*, t. XX, p. 181].

Menschutkine a obtenu des dérivés métalliques de l'acide parabanique.

Le *parabanate diargentique* déjà décrit par Liebig et Wöhler renferme

$$C^3Az^2O^3Ag^2 + H^2O$$

et ne perd pas toute son eau à 165°, contrairement à l'assertion de Strecker. Le *parabanate monoargentique*, $C^3HAz^2O^3Ag + H^2O$, se produit par l'action de l'azotate d'argent sur une solution aqueuse de parabanate de potassium, molécule à molécule, ou bien par la réaction entre 2 molécules d'acide parabanique et 3 molécules d'azotate.

Le *sel d'ammonium* est un dépôt cristallin renfermant $C^3HAz^2O^3,AzH^4$; on l'obtient en faisant réagir une solution d'ammoniaque dans l'alcool absolu sur l'acide parabanique. En solution aqueuse, il se transforme en oxalurate d'ammonium; chauffé en tubes scellés avec de l'alcool absolu saturé de gaz ammoniac, il fournit de l'oxaluramide; la transformation n'est pas complète et porte sur 70 à 80 °/o du parabanate d'ammonium.

Le *sel de potassium*, $C^3HAz^2O^3K$, et le *sel de sodium* sont des précipités cristallins qui se forment par l'addition d'alcoolate de potassium ou de sodium à une solution alcoolique d'acide parabanique. En solution aqueuse, ils se convertissent en oxalurates [Menschutkine, *Bull. Soc. chim.*, t. XX, p. 180; 1874, t. XXI, p. 304 et 491].

Chauffé à 125-130° avec son poids d'urée pendant deux heures, l'acide parabanique donne un corps blanc, pulvérulent, $C^4H^6Az^4O^4$, peu soluble dans l'eau bouillante, soluble sans altération dans l'acide sulfurique, soluble dans la potasse avec dégagement d'ammoniaque. Cette solution, additionnée de sulfate de cuivre, donne la réaction du biuret. Le corps dont il s'agit paraît être l'amide d'un acide oxalylbiurétique, et devoir être représenté par la formule

$$\begin{array}{l} CO\text{-}AzH\text{-}CO\text{-}AzH\text{-}CO\text{-}AzH^2 \\ \vert \\ CO\text{-}AzH^2 \end{array}$$

[E. Grimaux, *Bull. Soc. chim.*, t. XXXIII, p. 120].

ACIDE MÉTHYL-PARABANIQUE (*méthyl-oxalylurée*). — L'oxydation de l'acide diméthyl-urique fournit l'acide méthyl-parabanique en petits prismes fusibles à 149°, solubles dans l'éther :

$$\begin{array}{l} CO\text{-}Az(CH^3) \\ \vert \\ CO\text{-}AzH \end{array} > CO$$

[Mabery et Hill, *Deutsch. chem. Gesellsch.*, 1880, p. 739; *Bull. Soc. chim.*, t. XXXIV, p. 584].

Le même corps s'obtient par l'action de l'azotate d'argent en solution aqueuse sur l'acide méthyl-sulfo-parabanique [Andreasch, *Monatshefte für Chem.*, t. II, p. 276; *Bull. Soc. chim.*, t. XXXVI, p. 523].

ACIDE MÉTHYL-SULFO-PARABANIQUE. — Ce corps, qui renferme

$$\begin{array}{l} CO\text{-}Az(CH^3) \\ \vert \\ CO\text{-}AzH \end{array} > CS,$$

se produit par l'action d'un courant de cyanogène sur une solution alcoolique de méthyl-sulfo-urée. Il est en feuillets jaunes, solubles dans l'eau, l'alcool, l'éther, fusibles à 105°, sublimables sans altération.

Avec la diméthyl-sulfo-urée et le cyanogène, il se produit de l'acide *diméthyl-sulfo-parabanique*,

$$\begin{array}{l} CO\text{-}Az(CH^3) \\ \vert \\ CO\text{-}Az(CH^3) \end{array} > CS,$$

en tables hexagonales, rouges, peu solubles dans l'eau froide, assez solubles dans l'eau chaude, dans l'alcool, dans l'éther, fusibles à 112°,5 sublimables sans altération.

Ces deux dérivés sulfurés, traités par l'azotate d'argent en solution aqueuse, remplacent leur soufre par de l'oxygène; le premier donne l'acide méthyl-parabanique, et le second, l'acide diméthyl-parabanique ou cholestrophane (Andreasch).

Constitution de l'acide parabanique. — Les dédoublements de l'acide parabanique l'ont fait depuis longtemps considérer comme de l'oxalate d'urée, moins de l'eau. Sa formation aux dépens de l'uréide pyruvique le fait représenter par la formule

$$\begin{array}{l} CO\text{-}AzH \\ \vert \\ CO\text{-}AzH \end{array} > CO.$$

Néanmoins il se pourrait qu'il fût

$$\begin{array}{l} CO \\ \vert \\ CO \end{array} > Az\text{-}CO\text{-}AzH^2.$$

Le dédoublement de la cholestrophane ou acide diméthyl-parabanique permet de choisir entre ces deux formules; en effet, avec la première, la cholestrophane serait

$$\begin{array}{l} CO\text{-}Az(CH^3) \\ \vert \\ CO\text{-}Az(CH^3) \end{array} > CO$$

et donnerait de la monométhylamine par l'action de la potasse; avec la seconde, la cholestrophane aurait pour formule

$$\begin{array}{l} CO \\ \vert \\ CO \end{array} > Az\text{-}CO\text{-}Az(CH^3)^2$$

et fournirait de la diméthylamine. L'expérience a montré que c'est de la monométhylamine qui prend naissance. L'oxalylurée a donc pour formule

$$\begin{array}{l} CO\text{-}AzH \\ \vert \\ CO\text{-}AzH \end{array} > CO$$

[A. Henninger, *Des Uréides*, Paris, 1878. — Calm, *Deutsch. chem. Gesellsch.*, 1879, p. 624; *Bull. Soc. chim.*, t. XXXIII, p. 207].

Menschutkine, en 1874, avait regardé l'acide parabanique comme l'*acide oximido-cyanique*,

$C^2O^2AzH, CAzHO.$

La production de l'acide parabanique par les acides pyruviques et par l'alloxane dont la synthèse a prouvé la constitution ne s'accorde pas avec cette manière de voir. E. Grimaux.

PARABUXINE. — Pavesi et Rotondi [*Jahresb. rein. Chem.*, 1874, p. 508] ont donné ce nom à un alcaloïde, de formule $C^{26}H^{48}Az^2O$, contenu à côté de la buxine dans le *Buxus sempervirens*. Cette base est une masse blanche, amorphe, soluble dans l'alcool.

Le *sulfate*, $C^{26}H^{48}Az^2O.SO^4H^2$, est en croûtes amorphes, solubles dans l'eau, insolubles dans l'alcool. Le *nitrate* forme des houppes nacrées, solubles dans l'eau chaude.

Le *chlorhydrate*, $C^{26}H^{48}Az^2O.2HCl$, cristallise dans l'eau chaude en petites aiguilles.

Le *chloroplatinate*, $C^{26}H^{48}Az^2O.2HCl, PtCl^4$, est amorphe et insoluble dans l'alcool.

Récemment Alessandri [*Gazz. chim. ital.*, t. XII, p. 96, et *Bull. Soc. chim.*, t. XXXVIII, p. 663], dans un travail plus complet sur le *buxus sempervirens*, donne le nom de parabuxine à une résine d'un rouge pourpre, soluble dans l'eau et dans l'alcool, insoluble dans l'éther, et qui se colore en jaune verdâtre par l'action de l'acide azotique.

PARACELLULOSE. — Fremy [*Compt. rend.*, t. LXXXIII, p. 1136] désigne sous ce nom une variété de cellulose qui ne se dissout dans le réactif de Schweitzer qu'après l'action des acides; cette matière formerait les cellules épidermiques des feuilles.

PARACONICINE. — Voyez Suppl., p. 518.

PARACOTOÏNE. — Voyez Suppl., p. 529.

PARACOUMARINE. — Voyez Suppl., p. 530.

PARACYANOCARBONIQUE (ACIDE). — Voyez Suppl., p. 418.

PARADIPIMALIQUE (ACIDE), $C^6H^{10}O^5$. — Rencontré d'abord parmi les produits de l'action de l'oxyde d'argent sur l'acide β-iodopropionique [Wislicenus, *Deutsch. chem. Gesellch.*, 1870, p. 811], cet acide a été préparé par l'action de la chaleur sur l'acide hydracrylique.

Préparation. — On chauffe l'hydracrylate de sodium vers 250° jusqu'à ce qu'il ne perde plus de poids, on dissout la masse dans l'eau, et on additionne la solution de son volume d'alcool : il se précipite un sirop épais, qui constitue le paradipimalate de sodium. Ce sel est transformé par double décomposition en sel de plomb ou de cuivre, d'où l'on extrait enfin l'acide au moyen de l'hydrogène sulfuré [Wislicenus, *Liebig's Ann. Chem.*, t. CLXXIV, p. 285.]

Propriétés. — L'acide paradipimalique est une masse gommeuse déliquescente qui, chauffée, perd d'abord de l'eau, en se transformant en acide diacrylique $C^6H^8O^4$, puis se décompose; par l'action de l'acide iodhydrique concentré à 170°, il se transforme en acide paradipique $C^6H^{10}O^4$.

Ses sels supportent sans s'altérer une température de 150-160°; mais à 200-250° ils perdent une molécule d'eau et se transforment en diacrylates.

Le *sel de sodium*, $C^6H^8O^5Na^2$, est une masse amorphe, déliquescente. Sa solution aqueuse est précipitée par les sels des métaux lourds et par les sels de baryum et de magnésium.

Le *sel de baryum*, $C^6H^8O^5Ba$, est un précipité blanc, amorphe, tout à fait insoluble dans l'eau.

Le *sel de cuivre*, $C^6H^8O^5Cu + H^2O$, est un précipité bleu-verdâtre, très peu soluble, retenant dans l'air sec une molécule d'eau qui se dégage à 110°.

Le *sel de plomb*, $C^6H^8O^5Pb$, est un précipité blanc, floconneux, soluble dans un grand excès d'acétate de plomb.

La constitution de l'acide paradipimalique est encore inconnue. Ad. Fauconnier.

PARADIPIQUE (ACIDE), $C^6H^{10}O^4$ [Wislicenus, *Liebig's Ann. Chem.*, t. CLXXIV, p. 295] — Ce corps se produit par l'action de l'acide iodhydrique sur l'acide paradipimalique. On chauffe pendant quelques heures en tubes scellés à 170° une solution sirupeuse d'acide paradipimalique avec six fois son volume d'acide iodhydrique saturé. Il se sépare beaucoup d'iode : le liquide est évaporé presque à sec au bain-marie en présence d'argent en poudre; on reprend la masse par l'eau, on filtre, et on obtient par concentration l'acide paradipique sous la forme d'un liquide sirupeux incristallisable.

La solution sodique neutre de cet acide est précipitée par le chlorure de baryum, le sous-acétate de plomb, le sulfate de cuivre, le sulfate de zinc.

Le *sel de zinc* constitue un précipité floconneux, qui se transforme par la dessiccation en une masse résineuse renfermant $C^6H^8O^4Zn + 3H^2O$; il perd son eau à 100°.

La constitution de l'acide paradipique n'a pas encore été établie.

PARAFFÈNES. — Ce nom a été donné par Schutzenberger et Ionine [*Compt. rend.*, t. XCI p. 823] à une série de carbures contenus dans les pétroles du Caucase, et présentant la composition C^nH^{2n}. Ces carbures se distinguent des carbures éthyléniques, leurs isomères, par l'absence d'affinités chimiques marquées, caractère qui les rapproche des carbures saturés ou paraffines C^nH^{2n+2}. Le brome, l'acide sulfurique fumant, l'acide nitrique fumant sont sans action sur eux à froid.

Les paraffènes se décomposent par l'action de la chaleur : ils donnent au rouge vif des carbures benzéniques C^nH^{2n-6}, de la naphtaline et un peu d'anthracène; au rouge sombre, ils donnent des produits qui s'unissent énergiquement au brome, et que l'acide sulfurique ordinaire convertit en polymères résineux.

Le chlore, en présence d'un peu d'iode, donne des dérivés chlorés peu stables, qui ne peuvent être distillés sans décomposition, même dans le vide, et que la potasse alcoolique transforme, même à froid, en dérivés ulmiques bruns.

Les paraffènes sont difficiles à séparer les uns des autres : on a cependant réussi à isoler deux carbures définis, bouillant l'un à 220-222°, et l'autre à 230-232°; ce dernier aurait, d'après sa densité de vapeur, la formule $C^{14}H^{28}$.

PARAFFINE. — Voyez t. II, p. 766. — La paraffine a été rencontrée dernièrement dans une lave de l'Etna : certaines géodes étaient remplies de paraffine cristallisée, fusible à 56°; d'autres contenaient un mélange liquide d'hydrocarbures renfermant 43 % de paraffine [Silvestri, *Gazz. chim. ital.*, t. XII, p. 9, et *Bull. Soc. chim.*, t. XXXVIII, p. 612].

Lorsqu'on chauffe la paraffine sous pression, on la transforme presque intégralement en hydrocarbures liquides, bouillant depuis 35° jusqu'à 295° et appartenant aux deux séries C^nH^{2n} et C^nH^{2n+2} [Thorpe et Young, *Deutsch. chem. Gesellsch.*, 1872, p. 556].

L'acide nitrosulfurique transforme lentement la paraffine, à 90°, en un liquide huileux, de composition $C^{13}H^{26}AzO^6$, qu'on a improprement appelé acide paraffinique (voyez ce mot). Indépendamment de ce composé, il se forme un corps solide blanc, soluble dans l'eau, ayant pour formule $C^{14}H^{22}AzO^{6}$ [Champion, *Compt. rend.*, t. LXXV, p. 1576].

L'acide nitrique fumant transforme à 110° la paraffine en acide paraffinique, $C^{24}H^{48}O^{2}$. Il se produit en même temps un mélange d'acides butyrique, caprylique, caproïque, subérique; dans aucun cas on n'obtient d'acide cérotique [Pouchet, *Compt. rend.*, t. LXXIX, p. 320].

La paraffine en couches minces absorbe le chlore au soleil avec production d'acide chlorhydrique et formation d'un mélange de corps chlorés pouvant renfermer jusqu'à 58 °/₀ de chlore [Champion, *loc. cit.*].

Hock [*Dingler's polytech. Journ.*, t. CCIII, p. 313 et *Bull. Soc. chim.*, t. XVII, p. 567] propose le procédé suivant pour le dosage de la paraffine dans les bougies stéariques. On saponifie la stéarine par une solution de potasse à chaud; la paraffine reste inattaquée à l'état de globules huileux qui se solidifient par le refroidissement. On précipite le savon formé par le sel marin : ce précipité englobe la paraffine; on jette sur un filtre, on enlève le savon par l'eau froide, et on reprend par l'éther la paraffine restée sur le filtre : il ne reste plus qu'à évaporer l'éther pour obtenir la paraffine. On doit opérer sur 5 gr. de matière au moins. Ad. Fauconnier.

PARAFFINIQUE (ACIDE), $C^{24}H^{48}O^{2}$ [Pouchet, *Compt. rend.*, t. LXXIX, p. 320]. — Cet acide prend naissance par l'action de l'acide nitrique fumant ou du mélange nitrosulfurique sur la paraffine à chaud. On doit éviter de dépasser 110°.

Les produits formés dans la réaction sont les uns solubles dans les eaux mères, les autres insolubles : les produits solubles sont formés par la série des acides gras, butyrique, caprylique, caprique, valérique, œnanthylique, par l'acide subérique et par quelques dérivés nitrés, tels que les acides nitropropionique et nitrovalérianique.

Quant au produit insoluble, il est formé en majeure partie d'acide paraffinique. On purifie ce dernier par le procédé suivant. Le produit brut est traité par la potasse caustique à l'ébullition : il se sépare ainsi un peu de paraffine inaltérée, tandis que le savon formé donne une solution limpide qu'on précipite par le chlorure de sodium. Ce savon est ensuite redissous dans l'eau et soumis à la distillation avec un excès d'acide tartrique, pour éliminer les acides volatils. Le résidu de cette distillation, qui renferme l'acide paraffinique, est de nouveau saponifié, et l'acide précipité par l'acide sulfurique.

L'acide paraffinique est plus léger que l'eau; son odeur rappelle celle de la cire. Il cristallise en paillettes nacrées, fusibles à 45-47°, insolubles dans l'eau, solubles dans l'alcool, l'éther, la benzine. Il se décompose facilement sous l'influence de la chaleur.

Les sels alcalins sont déliquescents et incristallisables, solubles dans l'alcool et dans l'éther. Les sels de calcium, baryum, strontium et magnésium sont des précipités caséeux jaunâtres.

Distillé avec de la chaux, l'acide paraffinique fournit une série d'hydrocarbures $C^{n}H^{2n}$ et $C^{n}H^{2n+2}$. L'acide nitrique le transforme à chaud en acide subérique et en produits nitrés. L'acide sulfurique le charbonne.

Antérieurement à ces recherches, Champion [*Compt. rend.*, t. LXXIV, p. 1576] avait obtenu par l'action de l'acide nitrique sur la paraffine un corps de la formule $C^{13}H^{26}AzO^{8}$, auquel il avait donné le nom impropre d'acide paraffinique.

Ce dernier composé se forme lorsqu'on chauffe à 90° un mélange de paraffine et d'acide nitrique fumant pendant 60 heures, en ayant soin d'ajouter chaque jour de nouvelles quantités d'acide : au bout de ce temps, on précipite par l'eau, on recueille le liquide qui se précipite et on le dessèche sur le chlorure de calcium.

L'acide paraffinique de Champion est un liquide incristallisable, insoluble dans l'eau, soluble dans l'éther et dans les alcools. Ses sels de sodium, de baryum et d'argent sont amorphes.

Il fournit, sous l'influence simultanée de l'acide chlorhydrique et des alcools, des éthers *méthyliques*, $C^{13}H^{25}AzO^{5}(CH^{3})$, *éthylique*, *amylique*, qui forment des cristaux semblables à ceux de la paraffine. Ad. Fauconnier.

PARAGLOBULINE. — Voyez Suppl., p. 61.

PARAGLUCONIQUE. — Voyez Suppl., p. 865.

PARALBUMINE (voyez t. Ier, p. 93). — Cette matière n'est pas un principe immédiat. Hammarsten la considère comme un mélange en proportions variables de paraglobuline et de pseudomucine (Suppl. p. 1014); cette dernière n'étant elle-même, d'après les recherches toutes récentes de Landwehr, qu'un mélange de globuline avec un hydrate de carbone, $C^{12}H^{20}O^{10} + H^{2}O$, voisin de la gomme, la métalbumine et la paralbumine constitueraient de semblables mélanges et différeraient essentiellement par les rapports entre les deux composants : la paralbumine renferme un excès de globuline par rapport à la métalbumine. On explique ainsi : 1° la composition variable de la paralbumine, qui a donné à l'analyse de 11,22 à 14,52 °/₀ d'azote; 2° la manière variable dont divers échantillons de paralbumine se comportent avec les réactifs, notamment le sulfate de magnésium solide, qui tantôt donne un précipité abondant, tantôt trouble à peine la solution; 3° ce fait que la paralbumine, bouillie avec de l'eau acidulée, fournit un sucre réducteur (Hoppe-Seyler). Ajoutons qu'une solution de métalbumine, additionnée de globuline du sérum ou de sérum en nature, montre toutes les réactions de la paralbumine [F. Hoppe-Seyler, *Physiol. pathol. chem. Analyse*, 3e édition; — Plosz et Obolenski, Hoppe-Seyler, *Medic. chem. Untersuch.*, fasc. IV; O. Hammarsten, *Zeitschr. physiol. Chem.*, t. VI, p. 209; — A. Landwehr, *ibid.*, t. VIII, p. 114].

PARALDOL. — Voyez Suppl., p. 89.

PARAORSELLIQUE (ACIDE). — Voyez ORSELLIQUE, Suppl., p. 1105.

PARARABINE, $C^{12}H^{22}O^{11}$ [Reichardt, *Deutsch. chem. Gesellsch.*, 1875, p. 807]. — Ce corps, isomérique avec l'acide arabique, a été extrait des tourteaux de betterave. Le tourteau, lavé à l'eau et à l'alcool, est mis en digestion pendant quelques heures avec de l'acide chlorhydrique au centième, puis porté à l'ébullition avec ce liquide. La liqueur fournit par l'addition d'alcool un précipité floconneux et gélatineux, qui, lavé à l'alcool et séché à 100°, se convertit en une poudre friable blanchâtre.

Ce corps se gonfle rapidement dans l'eau en donnant une gelée qui se dissout à chaud par l'addition d'un acide; l'alcool et les alcalis reprécipitent la substance.

La pararabine est un corps neutre. Elle ne fournit pas d'arabinose par l'action des acides dilués et bouillants. La potasse la dissout à chaud en la transformant en acide arabique.

La pararabine forme des combinaisons plombique et barytique ayant pour formules, la première $(C^{12}H^{21}O^{11})^{2}Pb$, la seconde

$$2(C^{12}H^{21}O^{11})^{2}Ba + 3H^{2}O.$$

Ad. Fauconnier.

PARASACCHARIQUE (ACIDE), $C^{6}H^{10}O^{8}$. — Cet acide se distingue de son isomère, l'acide saccharique, par l'incristallisabilité de ses sels acides et neutres. Il se forme dans le dédoublement de l'acide glycyrrhizique par l'acide sulfurique étendu et bouillant, suivant l'équation

$$C^{44}H^{63}AzO^{18} + 2H^2O$$
Glycyrrhizine.
$$= 2C^6H^{10}O^8 + C^{32}H^{47}AzO^4$$
Acide para-saccharique. Glycyrrétine.

[J. Habermann, *Wien. Acad. Ber.*, II° partie, t. LXXX, p. 731].

PARAXYLÉNIQUE (ACIDE),

$$C^{10}H^{10}O^4 = C^6H^4(CH^2\text{-}CO^2H)^2.$$

— Le chlorure de paratolylène de Grimaux étant chauffé avec du cyanure de potassium en présence d'alcool se transforme en *cyanure* de paratolylène $C^6H^4(CH^2\text{-}CAz)^2$, qui cristallise dans l'alcool en aiguilles ou en lamelles brillantes fusibles à 98°, un peu solubles dans l'eau bouillante. Par évaporation lente de ses solutions, on peut l'obtenir en cristaux plus grands. Saponifié par l'acide chlorhydrique concentré et bouillant, il fournit l'acide *paraxylénique*.

Cet acide cristallise dans l'eau bouillante en longues aiguilles soyeuses, fusibles à 244° et pouvant être sublimées. Peu soluble dans l'eau, le chloroforme, le sulfure de carbone, très soluble dans l'alcool et dans l'éther. Les *sels de potassium* et d'*ammonium* sont très solubles.

Le *sel de baryum*, $(C^{10}H^8O^4)^2Ba + 2\frac{1}{2}H^2O$, cristallise en belles aiguilles, très solubles dans l'eau. Celui de *calcium* se dépose par évaporation en lamelles avec $2H^2O$, tandis que l'alcool précipite de la solution aqueuse de fines aiguilles contenant $3H^2O$; il se dissout sensiblement avec la même facilité dans l'eau à froid et à chaud. Le *sel de cuivre* est une poudre verte cristalline, presque insoluble; celui de *zinc* est amorphe et très peu soluble; celui d'*argent* est cristallin.

Éther méthylique, $C^{10}H^8O^4(CH^3)^2$. — Lamelles nacrées, très solubles dans l'alcool et l'éther, fusibles à 56,5-57°. L'*éther éthylique* lui ressemble et fond à 57,5-58°.

Chlorure. — Liquide huileux, non volatil sans décomposition.

Amide, $C^6H^4(CH^2\text{-}CO.AzH^2)^2$. — Elle se forme lorsqu'on fait bouillir le cyanure de paratolylène avec de la potasse alcoolique. C'est une poudre cristalline peu soluble, qui cristallise dans l'eau bouillante en petites aiguilles brillantes, fusibles au-dessus de 290°.

Amide sulfoparaxylénique,

$$C^6H^4(CH^2\text{-}CS.AzH^2)^2.$$

— On chauffe à 100°, pendant quelques heures, le cyanure avec une solution alcoolique de sulfhydrate d'ammonium; la réaction s'accomplit aussi à froid, mais plus lentement. L'amide sulfurée se présente en cristaux jaunâtres durs, insolubles dans la plupart des dissolvants, solubles dans l'acide acétique bouillant, fusibles à 205-206° [L. Klippert, *Deutsch. chem. Gesellsch.*, 1876, p. 1766]. A. Henninger.

PARAXYLÉNIQUE (COMPOSÉS). — Voyez *Xylènes*, t. III, p. 739 et Suppl.

PARAXYLIQUE (ACIDE). — Voyez Xylique (acide), t. III, p. 745 et Suppl.

PARICINE, $C^{16}H^{18}Az^2O^2$ (voyez t. II, p. 770). — Pour la préparer, Hesse recommande le procédé suivant : Les eaux mères qui ont laissé déposer la quinamine extraite du *Cinchona succirubra*, sont traitées par le carbonate de sodium en solution étendue, qui ne précipite pas les autres alcaloïdes. Pour la purifier, on la dissout dans l'acide chlorhydrique et on ajoute du nitrate de potassium qui précipite du nitrate de paricine.

La paricine est une poudre jaune pâle, soluble dans l'éther avec une coloration jaune; avec le temps, elle y devient insoluble en absorbant de l'oxygène. Elle ne donne que des sels incristallisables; le nitrate est à peu près insoluble. Elle donne avec le chlorure d'or une coloration jaune sale, sans présenter de réduction ni de coloration pourpre. D'après Hesse, qui a proposé la formule $C^{16}H^{18}Az^2O^2$, elle dériverait de la protoquinamicine, d'après l'équation

$$C^{17}H^{20}Az^2O^2 + O = C^{16}H^{18}Az^2O^2 + CH^2O^2.$$

Flückiger avait annoncé l'identité de la bébirine, de la buxine, de la pélosine avec la paricine, en se fondant sur ce fait que toutes sont précipitées en solution acide par le nitrate de potassium. Hesse a indiqué les caractères différentiels suivants :

La paricine fond à 116°, la bébirine à 200°.

La paricine est soluble dans le pétrole, la bébirine y est insoluble.

La paricine se dissout dans l'acide sulfurique avec une couleur jaune-verdâtre; l'acide nitrique la résinifie. Le chlorure de sodium et l'iodure de potassium en excès précipitent la solution des sels de paricine [Hesse, *Ann. Chem. Pharm.*, t. CLXVI, p. 217; *Deutsch. chem. Gesellsch.*, 1870, p. 232 et 1877, p. 2160; Flückiger, *Zeitsch. Chem.*, 1870, p. 252]. M. Hanriot.

PARIGÉNINE, $C^{28}H^{42}O^4$. — Produit de décomposition amorphe de la sarsaparilline sous l'action des acides étendus et bouillants; il se forme en outre un sucre réducteur (Flückiger). — Voyez Sarsaparilline, Suppl.

PARILLINE. — Syn. de Sarsaparilline (t. II, p. 1443 et Suppl.).

PAROXYBENZOÏQUE (ACIDE). Voyez t. II, p. 771. — La meilleure manière de préparer cet acide est celle indiquée par Kolbe, et qui consiste à faire passer du gaz carbonique sur du phénate de potassium à 180-220°. Pour les détails de la préparation, voyez Salicylique [acide], t. II, p. 1398 [Kolbe, *Journ. prakt. Chem.* (2), t. X, p. 89].

Il se forme aussi par l'action du tétrachlorure de carbone sur le phénol en présence de potasse alcoolique [Tiemann et Hasse, *Deutsch. chem. Gesellsch.*, 1877, p. 2185].

D'après Kupferberg, le paroxybenzoate de sodium, chauffé à 280-285°, se transforme partiellement en salicylate [*Journ. prakt. Chem.* (2), t. XIII, p. 103; t. XVI, p. 424].

L'ammoniaque sèche convertit l'acide, chauffé à son point de fusion, en phénol et en carbamate et carbonate d'ammonium [Smith, *Journ. prakt. Chem.* (2) t. XVI, p. 218].

Lorsqu'on distille l'acide paraoxybenzoïque, il se dédouble à moitié en phénol et en gaz carbonique. Il se forme aussi un corps de la formule

$$C^{13}H^{10}O^3 = 2C^7H^6O^3 - H^2O - CO^2.$$

Si l'on ne surchauffe pas, et que l'on arrête l'opération quand la masse devient solide, on obtient un mélange de deux corps; l'un, insoluble dans l'alcool bouillant, est une poudre amorphe $(C^7H^4O^2)^n$; l'autre, soluble dans l'alcool, possède la formule $C^{21}H^{14}O^7$; ce corps est amorphe, il fond à 275° et fournit un dérivé *monoacétyle* fusible à 230° [Klepl, *Journ. prakt. Chem.* (2), t. XXV, p. 525].

Lorsqu'on traite l'acide paraoxybenzoïque par l'oxychlorure de phosphore, à une température inférieure à 50°, il se forme une poudre blanche, insoluble dans les dissolvants, de la formule $C^{28}H^{18}O^9$, le *tétraparoxybenzoïde* [Puliti, *Deutsch. chem. Gesellsch.*, 1882, p. 2588].

Hartmann a préparé les sels suivants :

Sel d'ammonium, $C^7H^5O^3.AzH^4 + H^2O$; *sel de baryum*, $(C^7H^5O^3)^2Ba + 2H^2O$; *sel de calcium*, $(+ 4H^2O)$; *sel de cadmium* (anhydre); *sel de potassium*, $C^7H^5O^3K + 3H^2O$, *sel de sodium*, $(+ 5H^2O)$; *sel de zinc*, $(C^7H^5O^3)^2Zn + 8HO^2$.

L'éther éthylique fond à 110°. L'ammoniaque le convertit en *amide*, $C^7H^5O^2.AzH^2$, qui est en aiguilles fusibles à 162°. L'amide donne une combinaison sodique, $C^7H^4(ONa)OAzH^2$, et un *chlorhydrate*, $C^7H^5O^2AzH^2, 2HCl$, fusible à 205-206°; l'anhydride phosphorique la transforme en oxycyanobenzine fusible à 113° [*Journ. prakt. Chem.* (2), t. XVI, p. 35].

Acide orthonitroparoxybenzoïque. — On l'obtient par l'action du tétrachlorure de carbone et de la potasse alcoolique sur l'orthonitrophénol, en même temps que l'acide orthonitrosalicylique. Il fond à 186-187° [Tiemann et Hasse, *loc. cit.*].

Griess [*Deutsch. chem. Gesellsch.*, 1872, p. 857] a obtenu un acide *monitroparoxybenzoïque* fusible à 185° par l'action de la potasse bouillante sur l'acide métanitroparamidobenzoïque (voyez Suppl., p. 328).

Acide iodonitroparoxybenzoïque. — Weselsky a obtenu cet acide par l'action de l'iode et de l'oxyde de mercure sur une solution alcoolique d'acide nitroparoxybenzoïque [*Liebig's Ann.*, t. CLXXIV, p. 101].

ALDÉHYDE PAROXYBENZOÏQUE. — Chauffée avec du benzile et de l'ammoniaque, elle fournit une *oxylophine* (Suppl., p. 985). M. Wassermann.

PARVOLINE (voyez t. II, p. 774]. — Cette base a été fort peu étudiée. Waage, en chauffant à 200° en tubes scellés le produit brut de la réaction de l'ammoniaque sur l'aldéhyde propionique, a obtenu une base bouillant à 193-196°, douée d'odeur pyridique et possédant la composition d'une parvoline.

Le *chloroplatinate* de cette base répond à la formule $(C^9H^{13}Az.HCl)^2 + PtCl^4 + H^2O$ [*Monatsch. Chem.*, t. III, p. 693].

Gautier et Étard ont trouvé parmi les ptomaïnes provenant de la putréfaction des matières animales une base à laquelle ils assignent la formule $C^9H^{13}Az$ [*Compt. rend.*, t. LXXXIV, p. 1601]. Le chloroplatinate, $(C^9H^{13}Az.HCl)^2PtCl^4$, devient rapidement rose à l'air.

La base libre constitue un liquide huileux; elle bout au-dessus de 210° et se décompose à cette température en ammoniaque et en substances d'odeur phénolique, peu solubles dans l'éther [*Bull. Soc. chim.*, t. XXXVII, p. 305].

PASTINACINE. — La racine de *Sium latifolium* contiendrait un alcaloïde volatil auquel Rogers a donné le nom de pastinacine [*Pharm. Journ. Transact.* (3), t. VII, p. 433].

PATCHOULI (CAMPHRE DE), $C^{15}H^{26}O$ [De Montgolfier, *Compt. rend.*, t. LXXXIV, p. 88]. — Ce corps se dépose dans l'essence de patchouli abandonnée depuis longtemps à elle-même. Il cristallise en prismes hexagonaux réguliers et pyramidés, présentant les faces m et b^1. L'angle $m\,b^1 = 121°\,24'$. A l'état solide, ce corps ne présente pas le pouvoir rotatoire; au contraire, à l'état liquide $[\alpha]_D = -118°$.

Ce corps fond à 50° et reste en surfusion à la température ordinaire. Les acides le décomposent en eau et patchouline, $C^{15}H^{24}$.

PATCHOULINE, $C^{15}H^{24}$ [De Montgolfier, *Compt. rend.*, t. LXXXIV, p. 90]. — On prépare ce carbure en chauffant pendant quelques heures à 100° une solution de camphre de patchouli dans un mélange d'acide acétique cristallisable et d'anhydride acétique: le contenu des tubes se divise en deux couches, dont la supérieure constitue le carbure.

La patchouline est un liquide peu mobile, presque incolore, bouillant à 252-255° (corrigé) sous une pression de 743 millimètres. Récemment distillée, elle est inodore, mais elle prend à la longue une odeur colophénique, en même temps qu'elle s'oxyde et se colore. Sa densité est 0,946 à 0° et 0,937 à 13°,5. Son pouvoir rotatoire est $[\alpha]_D = -42°\,10'$.

Ce carbure ne se combine pas avec l'acide chlorhydrique gazeux; les acides sulfurique, chlorhydrique et nitrique ne le dissolvent pas, mais le colorent en rouge. L'acide nitrique l'attaque à chaud en donnant une résine acide.

La patchouline est peu soluble dans l'alcool et dans l'acide acétique; elle se dissout en toutes proportions dans l'éther et dans la benzine.

PAYTAMINE. — C'est un alcaloïde amorphe qui accompagne la paytine dans l'écorce du quinquina blanc de Payta. Elle est très soluble dans l'éther, est précipitée par le chlorure de platine et se colore en pourpre par le chlorure d'or; elle ne donne pas de paytone par la chaux sodée [Hesse, *Deutsch. chem. Gesellsch.*, 1877, p. 2161].

PAYTINE, $C^{21}H^{24}Az^2O, H^2O$. — La formule attribuée (t. II, p. 774) à la paytine indique 4 atomes d'hydrogène en moins. La paytine n'est pas identique avec l'aspidospermine, comme Wulfsberg l'avait prétendu [Hesse, *Deutsch. chem. Gesellsch.*, 1880, p. 2308; — Arata].

La paytine possède un pouvoir rotatoire de $[\alpha]_J = -49°,5$. Comme la quinamine, la conquinamine et la quinamidine, elle donne avec le chlorure d'or un précipité amorphe jaune, qui bientôt devient pourpre; mais elle se distingue de ces trois bases en ce qu'elle est précipitée en solution étendue par le chlorure de platine (Hesse).

PECTINE. — La gomme adragante, bouillie pendant vingt-quatre heures avec de l'eau, devient complètement soluble et se transformerait en pectine [Giraud, *Compt. rend.*, t. LXXX, p. 477].

PÉLARGONIQUE (ACIDE), $C^9H^{18}O^2$ — La méthylnonylacétone contenue dans l'essence de rue donne, lorsqu'on l'oxyde, de l'acide acétique et de l'acide pélargonique.

L'oxydation de l'acide stéarolique par l'acide nitrique donne également de l'acide pélargonique et de l'acide dinitrosopélargonique $C^9H^{16}O^2(AzO)^2$ [Limpach, *Liebig's Ann. Chem.*, t. CXC, p. 294].

Pélargonamide, $C^9H^{17}O.AzH^2$. — On la prépare en chauffant pendant plusieurs jours à 120-130° l'éther pélargoniquo avec de l'ammoniaque aqueuse. Elle se présente en lamelles orthorhombiques fusibles à 92-93°, facilement solubles dans l'eau chaude et dans l'alcool [Schalfejeff, *Deutsch. chem. Gesellsch.*, 1873, p. 1252].

PELLETIÉRINE. — L'écorce de grenadier renferme quatre alcaloïdes distincts : la *pelletiérine*, l'*isopelletiérine*, la *méthylpelletiérine* et la *pseudopelletiérine*. On peut les obtenir de la façon suivante : L'écorce de grenadier (tige et racine) est mélangée avec un lait de chaux, puis épuisée par l'eau; les liqueurs réunies sont agitées avec du chloroforme et ce dernier l'est à son tour avec un acide étendu en quantité strictement suffisante; cette solution renferme les sels des quatre alcaloïdes, que l'on peut séparer ainsi qu'il suit : La solution additionnée de bicarbonate de sodium et saturée d'acide carbonique cède au chloroforme deux alcaloïdes *a*, tandis que la liqueur *b* retient les deux autres.

Le mélange *a* des deux alcaloïdes transformés en sulfates est évaporé dans le vide, puis abandonné sur du papier buvard qui s'imprègne de sulfate d'*isopelletiérine* déliquescent, tandis qu'il reste des cristaux de sulfate de *pelletiérine*.

La liqueur *b*, additionnée de soude caustique, est épuisée par le chloroforme, qui, par évaporation, abandonne des cristaux de *pseudopelletiérine* souillés de *méthylpelletiérine* liquide; on les sépare par expression.

Pelletiérine, $C^8H^{13}AzO$. — C'est un liquide incolore, d'une densité de 0,988 à 0°, soluble dans l'éther, l'alcool et le chloroforme, soluble dans 20 fois son poids d'eau; elle est dextrogyre;

en solution aqueuse $[\alpha]_j = + 8^{\circ}$. Elle est fortement alcaline, répand des fumées blanches quand on approche une baguette imprégnée de HCl; elle ne précipite pas les solutions des métaux terreux ou alcalino-terreux, mais la plupart des autres solutions métalliques; cependant le chlorure de platine ne la précipite pas; avec le chlorure d'or, on obtient un précipité qui se réduit à chaud.

La pelletiérine précipite, par le tannin, l'eau de brome, l'iodure de potassium ioduré, l'iodure de potassium et de cadmium et l'acide phosphomolybdique. Avec l'acide sulfurique et le dichromate de potassium, elle donne une coloration verte.

Les sels de pelletiérine perdent une partie de leur base quand on les chauffe soit à l'état sec, soit en solution aqueuse.

Isopelletiérine. — L'isopelletiérine est un liquide ressemblant beaucoup à la pelletiérine; elle en diffère en ce que son sulfate est déliquescent et que la base et ses sels sont sans action sur la lumière polarisée.

Méthylpelletiérine, $C^9H^{17}AzO$. — Elle est liquide et bout à 215°. Ses sels sont très hygroscopiques; le pouvoir rotatoire du chlorhydrate est $[\alpha]_D = + 22^{\circ}$.

Pseudopelletiérine, $C^9H^{15}AzO$. — Elle prédomine dans les tiges, tandis que la méthylpelletiérine prédomine dans les racines; un kilogramme d'écorces sèches en fournit $0^{gr},30$ à $0^{gr},60$. Obtenu par évaporation de sa solution aqueuse, ce corps renferme $C^9H^{15}AzO, 2H^2O$. Lorsqu'on chauffe l'alcali hydraté, il perd son eau de cristallisation et fond à + 46°; on peut alors l'amener à 37° sans le solidifier; il bout à 246°.

Il est très soluble dans l'eau, l'alcool, l'éther et le chloroforme; ce dernier dissolvant l'enlève presque complètement à sa solution aqueuse. C'est une base énergique, qui déplace même l'ammoniaque de ses sels et précipite l'alumine, la baryte et la chaux, mais non la magnésie.

Elle donne les mêmes réactions que la pelletiérine, mais est inactive sur la lumière polarisée.

Le *chlorhydrate*, $C^9H^{15}AzO, HCl$, cristallise en rhomboèdres; soluble dans son poids d'eau à 10°.

Le *chloroplatinate*, $(C^9H^{15}AzO, HCl)^2PtCl^4$, cristallise en fines aiguilles jaunes-rougeâtres.

Le *sulfate*, $(C^9H^{15}AzO)^2SO^4H^2, 4H^2O$, renferme 4 molécules d'eau qu'il perd dans le vide sec; il est soluble dans moins de 2 fois son poids d'eau à 10° [Tanret, *Compt. rend.*, t. LXXXVI, p. 1270; t. LXXXVII, p. 358; t. LXXXVIII, p. 717 et t. XC, p. 695].

M. Hanriot.

PENTADÉCANE (NORMAL), $C^{15}H^{32}$. — On le prépare en hydrogénant, au moyen de l'acide iodhydrique et du phosphore, soit l'acide pentadécylique (voyez Suppl., PALMITIQUE [ACIDE]), soit l'acétone $C^{15}H^{30}O$ obtenue par la distillation d'un mélange d'acétate et de myristate de baryum. Il fond à + 10° et bout à 137°,5 sous la pression de 11 millimètres, à 144° sous 15 millimètres, à 160° sous 30 millimètres, à 173° sous 50 millimètres, à 194° sous 100 millimètres, à 270° sous 760 millimètres. Densité : $D_{11} = 0{,}7759$; $D_{20} = 0{,}7689$; $D_{99,3} = 0{,}7136$ [Krafft, *Deutsch. chem. Gesellsch.*, 1882, p. 1701].

PENTADÉCYLIQUE (ACIDE). — Voyez PALMITIQUE (ACIDE).

PENTAMÉTHYLBENZINE,

$$C^{11}H^{16} = C^6H(CH^3)^5.$$

— Ce carbure se forme en même temps que les dérivés di, tri, tétra et hexa-méthylés de la benzine, lorsqu'on fait passer un courant de chlorure de méthyle dans du toluène en présence de chlorure d'aluminium. On l'isole du produit de la réaction par distillation fractionnée.

La pentaméthylbenzine fond à 50°, et bout à 225° (Friedel et Crafts), à 230° (Ador et Rilliet). Elle se dissout dans l'acide sulfurique pour donner un acide sulfonique [Ador et Rilliet, *Bull. Soc. chim.*, t. XXXI, p. 244; — Friedel et Crafts, *Compt. rend.*, t. XCI, p. 257].

PENTANE, C^5H^{12}. — Syn. d'HYDRURE D'AMYLE.

PENTIQUE (ACIDE). — Voyez TÉTRIQUE.

PEONIA. — Dragendorff a soumis les graines de *Pæonia peregrina* à une étude détaillée. Il y a trouvé une huile, un sucre différent de la glucose; un alcaloïde presque insoluble dans l'alcool acidulé par l'acide tartrique et qui ne montre aucune analogie avec les alcaloïdes de la staphysaigre et de l'aconit; des matières pectiques et gommeuses; une légumine; une *résine indifférente*, $n(C^{24}H^{38}O^3 + H^2O)$; un *acide résineux*, $n(C^{48}H^{70}O^7 + 2\frac{1}{2}H^2O)$; un tannin; un phlobaphène; du *brun de péonine*, $C^{12}H^{12}O^4$; de la *péonia-fluorescéine*, $C^{12}H^{10}O^2 + H^2O$ [Dragendorff, *Arch. Pharm.*, (3), t. XIV, p. 412 et 531].

PEPSINE. — Le suc gastrique des vertébrés, secrété par les glandes pepsiques de l'estomac, contient deux principes importants : de l'acide chlorhydrique et une zymase, la *pepsine*[1] (t. Ier, p. 1528); par l'action combinée de ces deux principes, il exerce son action physiologique, qui consiste à digérer les matières albuminoïdes, c'est-à-dire à les désagréger, à les dissoudre et à les transformer finalement en composés solubles, dialysables et non coagulables, les *peptones*. De là le nom de pepsine (de πέπτω, cuire, digérer) que Schwann (1836) a donné à ce ferment soluble. Wasmann l'a isolé le premier en 1839, mais, il faut le dire, son procédé, de même que ceux que l'on a proposés depuis, ne fournissent pas de la pepsine pure. Le produit est toujours mélangé de divers principes extractifs, de peptones et de matières minérales, en quantité souvent considérable, que, dans l'état actuel de la science, on n'est pas encore parvenu à séparer. On ne connaît donc pas la pepsine pure, mais néanmoins l'on sait préparer des produits dont l'activité comme ferment est fort intense, 1 partie de ces produits pouvant transformer en peptones, ou en d'autres termes digérer, mille parties et plus de fibrine fortement exprimée.

L. Corvisart a introduit la pepsine dans la thérapeutique vers 1852, et depuis on trouve dans le commerce des produits préparés d'après les indications du Codex français ou de certaines pharmacopées étrangères, ou bien d'après des procédés particuliers. Ces produits sont très variables dans leur pouvoir digestif, qui souvent est très faible ou peut manquer totalement.

État naturel de la pepsine. — La pepsine est sécrétée par les glandes pepsiques de l'estomac, qui sont surtout abondantes vers la grande courbure; dans la région du pylore, elles semblent être en nombre beaucoup moindre, si elles ne sont pas totalement absentes; les glandes muqueuses y prédominent; vers le cardia, les glandes à pepsine manquent complètement. Le lieu d'élaboration de la pepsine doit être placé dans les grosses cellules à contenu granuleux des culs de sacs glandulaires, dont la réaction est alcaline, tandis que l'acide chlorhydrique n'apparaît que dans la partie superficielle, vers le collet des glandes. Ces grosses cellules ne sont pas toujours également chargées de pepsine; en proportion faible chez l'animal à jeun depuis longtemps, elle y serait produite, d'après une théorie de Schiff, sous l'in-

1. Le suc gastrique possède la propriété de coaguler le lait, même lorsqu'il a été préalablement neutralisé. Cette propriété n'appartient pas à la pepsine, mais à un ferment qui l'accompagne, et auquel on a donné le nom de ferment de la présure ou de *chymosine* (A. H.).

fluence de certaines matières dites *peptogènes* qui, arrivées par absorption dans le courant sanguin, détermineraient la sécrétion de la pepsine. Parmi ces matières peptogènes, Schiff a surtout signalé la dextrine et les principes du bouillon. Ces faits n'ont pas été confirmés par d'autres expérimentateurs [Fick, 1871; von Unge, 1872], de sorte que la théorie des peptogènes est fort problématique. Schiff cependant la défend encore dans une publication plus récente [*Jahresb. Thierch.*, 1877, p. 276].

Les indications suivantes sont mieux avérées. Comme la pancréatine, la pepsine n'existerait pas toute formée dans les glandes, mais se formerait aux dépens d'une matière analogue au zymogène du pancréas, à laquelle on a donné le nom de matière *pepsinogène*. La transformation de cette matière serait du reste plus rapide que celle du zymogène. Voici les faits sur lesquels s'appuie cette manière de voir : Les infusions récentes de la muqueuse de l'estomac digèrent la fibrine un peu moins énergiquement que la même infusion préalablement maintenue à 40-45° pendant quelque temps. D'autre part, Langley a observé que la muqueuse mise à digérer à 39° avec du carbonate sodique à 1 °/₀₀ fournit une solution qui, acidulée ensuite, dissout la fibrine, tandis que la pepsine toute formée est détruite rapidement, au bout de 15 minutes déjà, au contact de la même solution alcaline [*Jahresb. Thierch.*, 1881, p. 275. — Voir aussi les mémoires suivants : W. Ebstein et P. Grützner, *Pflüger's Arch.*, t. VIII, p. 122, 1873; — E. Witt, *Jahresb. Thierch.*, 1875, p. 160; — Schiff, *ibid.*, 1877, p. 276].

Gautier a récemment décrit une modification de la pepsine insoluble dans l'eau, qui peu à peu au contact de ce liquide se transforme en pepsine véritable et qui est donc une matière pepsinogène. Partant de ce fait, que le suc gastrique perd de son activité par la filtration, Gautier a isolé les particules en suspension en le filtrant, à l'aide du vide, au travers d'une paroi de porcelaine dégourdie. Les grains qui restent sur le filtre (les microzymas de Béchamp) constituent la pepsine insoluble. On peut avantageusement les isoler de la muqueuse stomacale. Ce sont peut-être les granulations des cellules à pepsine, mais dans tous les cas ils ne peuvent être considérés comme des organismes vivants, comme le veut Béchamp [A. Gautier, *Compt. rend.*, t. XCIV, p. 652 et 1192; — A. Béchamp, *ibid.*, t. XCIV, p. 582 et 970].

Si l'on peut admettre comme définitifs les résultats des expériences de von Unge (1872), Hammarsten (1875), Wolffhügel (1876) et Langendorff (1879), la muqueuse gastrique de certains animaux (chien, chat, mouton, lapin) ne contiendrait pas de pepsine pendant la vie intra-utérine ni chez l'animal nouveau-né; chez le jeune chien, par exemple, la pepsine ne se montrerait qu'au bout de la première semaine après la naissance, tandis que l'acide chlorhydrique et le ferment de la présure (chymosine) apparaîtraient plus tôt; le pancréas contiendrait déjà des ferments actifs au bout du deuxième jour.

Chez le porc, le bœuf, le rat nouveau-nés, la pepsine existe abondamment; on la trouve même chez l'embryon à partir d'un certain moment de la gestation.

Dans l'espèce humaine, la muqueuse stomacale contient de la pepsine vers le quatrième mois de la vie fœtale, tandis que l'acide chlorhydrique n'apparaît souvent que plus tard. Il en est de même des ferments du pancréas qui ne sont élaborés qu'après la naissance (Korowin et Zweifel, Langendorff).

La pepsine existe dans le suc gastrique de tous les vertébrés, mais en quantité très variable; d'autre part, il n'est pas démontré qu'elle est partout la même. Le contraire paraît plutôt probable, si l'on considère les propriétés de la pepsine des poissons et des batraciens, animaux à température variable. La pepsine des mammifères exerce son action la plus énergique vers 40-50°, tandis qu'au-dessous de 10° la digestion est nulle. Le suc gastrique de la grenouille, du brochet, de la truite, de la raie, de la baudroie, de la roussette, et d'un grand nombre d'autres poissons, au contraire, agit encore à 0° sur les albuminoïdes; tous les observateurs sont d'accord sur ce point. Il n'en est pas de même relativement à l'influence d'une élévation de température sur l'énergie de ce pouvoir digestif : Hoppe-Seyler a vu le pouvoir du suc gastrique du brochet augmenter jusqu'à 20° et diminuer pour des températures supérieures; tandis que Richet et Mourrut ont constaté une exaltation de l'action digestive du suc gastrique de la roussette depuis les basses températures jusqu'à 40°. Il faut ajouter que le suc gastrique des poissons est extrêmement riche en acide chlorhydrique, dont il contient en moyenne 10 pour 1000 [Murisier, *Jahresb. Thierch.*, 1873, p. 162; — F. Hoppe-Seyler, *Pflüger's Arch.*, t. XIV, p. 395; — Ch. Richet, *Du suc gastrique*, 1878, p. 72 et suivantes; — Ch. Richet et Mourrut, *Compt. rend.*, t. XC, p. 979].

Chez les invertébrés, plusieurs observateurs ont signalé des ferments pepsiques, c'est-à-dire digérant les albuminoïdes en solution acide; mais vu la très grande difficulté des expériences on n'a guère obtenu des résultats concordants. On trouvera à ce sujet des renseignements dans l'excellente thèse de Richet (*Du suc gastrique*, Paris, 1878, p. 81) et il nous suffira d'énumérer les classes animales chez lesquelles on a constaté ces ferments : insectes, crustacés (écrevisse, homard), céphalopodes, limaces, actinies, méduses, etc. Mais ajoutons que dans aucun cas on n'a démontré que cette digestion pepsique joue un rôle dans la nutrition de ces animaux.

Le jaune d'œuf, traité par l'alcool et l'éther, cède à la glycérine un ferment pepsique assez peu actif, qui en solution chlorhydrique à 4 pour 1000 peptonise la fibrine à 38-40° en quelques heures, mais n'attaque pas la fibrine cuite [W. Kruckenberg, *Jahresb. Thierch.*, 1879, p. 271].

Des ferments peptogènes digérant, comme la pepsine, la fibrine avec le concours des acides, ont été rencontrés dans le règne végétal. Les recherches de Gorup-Besanez ont montré que les graines de vesce, de chanvre, de lin, l'orge germée cèdent à la glycérine un ferment qui saccharifie l'amidon et un ferment pepsique [*Deutsch. chem. Gesellsch.*, 1874, p. 1478; 1875, p. 1510].

Il est vrai que Krauch a récemment contesté ces faits : il a avancé que la réaction du biuret, à l'aide de laquelle Gorup-Besanez a constaté la formation de peptones, ne peut servir dans ce cas, par la raison que le ferment, précipité par l'alcool de la solution glycérique, la montre directement et avec la même intensité, sans avoir été au contact de la fibrine [C. Krauch, *Jahresb. Thierch.*, 1882, p. 501].

En ce qui concerne les sécrétions des plantes carnivores, Hoppe-Seyler a vainement cherché un ferment pepsique dans le *Drosera rotundifolia*, mais Gorup-Besanez et Will ont retiré une véritable pepsine du suc des urnes des népenthès (*Nepenthes phyllamphora* et *gracilis*); ce suc, neutre dans l'urne au repos, ne tarde pas à devenir acide dès qu'un insecte vient irriter celle-ci par son contact [Hoppe-Seyler, *Pflüger's Arch.*, t. XIV, p. 395; — Gorup-Besanez et Will, *Deutsch. chem. Gesellsch.*, 1876, p. 673].

Le plasmodium jaune crémeux des myxomycètes contient aussi un ferment pepsique qui peut en être extrait à l'aide de la glycérine. A 38-40°, il digère la fibrine cuite, en présence d'acide chlorhydrique; il agit moins énergiquement à 20° et se distingue de la véritable pepsine par ce fait qu'il est détruit au contact d'une solution d'acide oxalique à 3 ou 4 °/₀ [Krukenberg, *Jahresb. Thierch.*, 1879, p. 270].

Préparation de la pepsine. — Aucun des nombreux procédés de préparation qui ont été proposés ne fournit de la pepsine pure; ce ferment est toujours mélangé de produits extractifs, notamment des peptones et, suivant la proportion de ces matières étrangères, il présente une activité très variable, souvent faible. Nous ne décrirons pas tous les procédés qui ont été proposés depuis Wasmann (1839) par divers auteurs, ni ceux qui sont indiqués dans les pharmacopées française et étrangères. Ces procédés consistent à préparer une infusion de la muqueuse gastrique séparée par raclage et à l'évaporer à une température ne dépassant pas 45-50°; ou bien à précipiter cette infusion aqueuse par l'acétate de plomb, à décomposer le précipité par l'hydrogène sulfuré et à évaporer la solution à 45°; ou enfin à précipiter directement l'infusion de la muqueuse par l'alcool dans lequel la pepsine est insoluble.

1° De tous ces procédés, celui qui fournit le ferment le plus actif a été proposé par Petit : les estomacs du porc, les caillettes du veau ou du mouton sont soigneusement lavés à grande eau, puis la muqueuse est séparée par raclage, hachée et mise à macérer dans quatre fois son volume d'eau distillée à laquelle on ajoute 5 centièmes d'alcool. Toutes les demi-heures on agite, et au bout de quatre heures on filtre les liqueurs et on les évapore à 40° dans des vases plats. Avec les estomacs de porc, on obtient ainsi une pepsine qui peut transformer en peptone 1,000 fois son poids de fibrine humide, fortement exprimée [A. Petit, *Recherches sur la pepsine*, Paris, 1881].

2° Scheffer fait macérer la muqueuse stomacale avec de l'acide chlorhydrique faible pendant une heure à 40°, filtre la liqueur et la précipite par addition d'une solution saturée de chlorure de sodium : la pepsine se sépare, mélangée d'une forte proportion d'acide-albumine ou de propeptones; on la recueille sur un filtre et on l'exprime pour enlever la majeure partie du liquide salé.

3° Brücke a indiqué un procédé de préparation très particulier de la pepsine, qui a été longtemps considéré comme fournissant un ferment très actif et très pur, mais qui, d'après les expériences de Petit, ne donne qu'une petite proportion d'un produit peu actif. Voici ce procédé : La muqueuse de l'estomac de porc est mise à digérer à 38° avec de l'acide phosphorique dilué, jusqu'à ce que la majeure partie soit dissoute; la solution filtrée est neutralisée par l'eau de chaux, et le précipité qui entraîne la pepsine est recueilli sur un filtre et lavé à l'eau. On le dissout alors dans de l'acide chlorhydrique faible et on ajoute peu à peu à la liqueur filtrée une solution de cholestérine dans un mélange de 4 p. d'alcool et de 1 p. d'éther. La cholestérine ne tarde pas à venir former à la surface une bouillie blanche qui, agitée avec le liquide, s'empare mécaniquement de la pepsine; on la lave avec de l'eau acidulée par l'acide acétique, puis avec de l'eau pure et on la traite par l'éther aqueux qui dissout la cholestérine, tandis que la pepsine gagne la couche aqueuse. Celle-ci, épuisée une deuxième fois par l'éther, constitue une solution concentrée de pepsine et laisse après évaporation un ferment grisâtre très actif [Brücke, *Wien. Acad. Ber.*, t. XLIII, p. 602, 1862].

Lossnitzer a confirmé les résultats de Brücke, tout en montrant que ce procédé donne lieu à des pertes très notables de pepsine [*Thèse*, Leipzig, 1864]. A. Petit, au contraire, rejette complètement ce procédé.

4° Von Wittich traite la muqueuse stomacale par l'alcool et la met ensuite à digérer avec de la glycérine qui s'empare de la pepsine. Cette solution se conserve très longtemps et fournit, par addition d'alcool et d'éther, une pepsine très active [*Pflüger's Arch.*, t. III, p. 193].

5° Par la dialyse du suc gastrique naturel du chien on peut préparer de petites quantités d'une pepsine très active et relativement pure. Lorsqu'on change deux fois par jour l'eau extérieure du dialyseur recouvert d'une membrane en papier parchemin assez mince, le liquide est débarrassé de sels et de peptones au bout de sept à dix jours, tandis que la pepsine ne traverse pas le septum. Le liquide ne se putréfie pas, même à 10 ou 12°, à la condition qu'on le maintienne légèrement acide [Krassilnikow, *Hoppe-Seyler's medic. chem Untersuch.*, p. 241, 1867]. Wittich avait annoncé que la pepsine traverse rapidement la membrane du dialyseur si l'eau extérieure contient 2 millièmes d'acide chlorhydrique, mais cette indication a été contredite par plusieurs observateurs [voir à ce sujet : A. Henninger, *Des peptones*, Paris, 1878].

Propriétés de la pepsine. — La pepsine constitue une poudre jaunâtre, amorphe, soluble dans l'eau, insoluble dans l'alcool et dans l'éther.

A l'état de siccité parfaite, elle peut être chauffée au-dessus de 100° sans perdre son pouvoir de ferment; mais, en présence de l'eau ou de l'eau acidulée, elle est rapidement détruite vers 80°; en solution étendue, elle s'altère même au-dessous de 70°, surtout si cette température est maintenue pendant longtemps (von Wittich).

Finkler avait avancé que vers 40-70° la pepsine subit un commencement d'altération et se transforme en une *isopepsine*, dont l'action sur les albuminoïdes s'arrête à la parapeptone de Meissner. E. Salkowski n'a pas confirmé cette indication [D. Finkler, *Jahresb. Thierch.*, 1876, p. 173; — E. Salkowski, *ibid.*, 1880, p. 24].

La pepsine, mise au contact de l'alcool absolu, devient peu à peu inactive; l'alcool étendu n'agit pas de même. L'acétate de plomb la précipite. En solution neutre, elle n'exerce pas d'action sur la caséine (différence avec la chymosine), mais, en présence d'une petite quantité d'acide, elle la coagule (Hammarsten).

La composition de la pepsine est inconnue.

La pepsine, en solution chlorhydrique à 1/1000, injectée dans la veine, rend le sang moins coagulable en diminuant la proportion de fibrine [Albertoni, *Jahresb. Thierch.*, 1878, p. 126].

ACTION DE LA PEPSINE SUR LES ALBUMINOÏDES. — Des flocons de fibrine introduits dans une solution de pepsine absorbent le ferment et ne le cèdent pas à l'eau avec laquelle on les lave ensuite; la fibrine est pour ainsi dire *teinte* avec de la pepsine, comme on peut la teindre avec du carmin ou toute autre matière colorante. Ce fait, entrevu par von Wittich [*Jahresb. Thierch.*, 1874, p. 235], a été étudié par Wurtz, qui en a montré l'importance au point de vue de la théorie de l'action des ferments solubles (voyez Suppl., p. 288).

La réaction ne s'arrête pas à cette sorte de teinture ou plutôt de combinaison, si l'on fait intervenir en même temps une petite quantité d'un acide, 1 à 2 millièmes d'acide chlorhydrique, par exemple. Dans ce cas, on voit vers 40° la fibrine se gonfler énormément, devenir transparente et se dissoudre très rapidement, beaucoup plus rapidement que dans l'acide chlorhydrique étendu employé seul. Avec une bonne pepsine, quelques minutes suffisent pour atteindre ce résultat. La solution renferme à ce moment de la syntonine et montre toutes les réactions des albuminoïdes proprement dits : précipitation par l'acide nitrique, les sels neutres, le ferrocyanure de potassium.

Si l'on continue l'action, on voit disparaître peu à peu et une à une ces réactions des albuminoïdes, et précisément dans l'ordre de leur sensibilité. Dans de bonnes conditions d'acidité et avec une quantité suffisante de pepsine, on peut atteindre au bout de 3 heures le moment où le ferrocyanure ne produit plus qu'un trouble insignifiant. Le liquide contient alors le produit de transformation *ultime* de la fibrine sous l'action combinée de la pepsine et d'un acide, produit que l'on désigne depuis Lehmann sous le nom de *peptone*. Cette réaction, la *digestion pepsique*, comprend donc au moins deux phases : la *dissolution* de la fibrine avec formation de syntonine, puis la *transformation* de cette syntonine en peptone.

Mais on reconnait, par un examen attentif, que les choses ne sont pas aussi simples, et sans admettre les faits avancés par Meissner, dont on a parlé à l'article NUTRITION (t. II, p. 584), et qui n'ont pas été confirmés dans leur ensemble par des recherches plus récentes, il faut reconnaître qu'il existe entre la syntonine et la peptone véritable un ou plusieurs produits intermédiaires dont l'existence est passagère et qu'une action prolongée du ferment convertit en peptone. Ces produits, que l'on a dénommés *propeptones* (Schmidt Mülheim) ou *hémialbumoses* (1) (Kühne), ne se coagulent plus par la chaleur, tout en donnant des précipités avec l'acide nitrique ou l'acide acétique et le chlorure de sodium ; mais ce qui distingue ces précipités des albuminoïdes véritables, c'est ce fait qu'ils se dissolvent dans l'eau bouillante pour réapparaître par le refroidissement.

La digestion des autres albuminoïdes (myosine, albumine, caséine, etc.) donne lieu à des phénomènes analogues, et l'on ne constate de différence que relativement à la rapidité de la dissolution et de la transformation; ainsi la fibrine se digère un peu plus vite que la myosine, celle-ci plus vite que l'albumine. On constate aussi des différences pour la même matière albuminoïde, suivant qu'on l'emploie telle quelle ou préalablement coagulée par la chaleur. La fibrine cuite se peptonise plus lentement que la fibrine crue; l'albumine coagulée, par contre, exige un peu moins de temps que l'albumine crue pour se transformer en peptone; lorsque la proportion d'acide chlorhydrique dépasse 3 à 4 pour 1000, c'est le contraire que l'on observe [Wavrinsky, *Jahresb. Thierch.*, 1873, p. 175].

La digestion des albuminoïdes par la pepsine et un acide n'est jamais complète; une certaine quantité, variable suivant l'albuminoïde employé, résiste et forme un résidu insoluble, que Meissner a décrit sous le nom de *dyspeptone*. La caséine du lait, notamment, fournit une assez forte proportion de dyspeptone. Ce corps n'est pas homogène et ne constitue pas un des produits de la digestion pepsique ; il est en partie formé de nucléine et préexiste dans l'albuminoïde employé ; d'après Henninger, l'albumine laisse d'autant moins de dyspeptone qu'elle a été purifiée avec plus de soin.

(1) Cet article était imprimé lorsque a paru un travail de Kühne et Chittenden, dans lequel ils reprennent les idées de Meissner; ils admettent que l'albuminoïde subit un dédoublement dans la peptonisation. On trouvera, sous forme d'appendice, à l'article PEPTONE, un résumé de ce travail.

Henninger a montré que la peptone constitue très probablement un produit d'hydratation de l'albuminoïde; l'action de la pepsine serait donc comparable à celle des autres zymases, qui agissent toutes en fixant de l'eau sur les corps qu'elles transforment. Le fait observé par Maly, savoir qu'il se produit un abaissement de température pendant la peptonisation, n'est pas contraire à cette manière de voir (voyez PEPTONES).

La digestion pepsique est diversement influencée par les conditions du milieu, et nous allons entrer dans quelques détails à ce sujet.

Influences de la température sur la digestion pepsique. — La pepsine des poissons agit déjà énergiquement vers 20° (voyez plus haut), mais pour le ferment des mammifères on observe la peptonisation la plus active entre 35 et 50° ; au-dessus, la réaction se ralentit pour s'annuler vers 70-80°. Von Wittich prétend avoir suivi l'action de la pepsine jusque vers 90°.

Influence de la quantité de pepsine. — Ne connaissant pas la pepsine pure, on n'a pu fixer la quantité d'albuminoïde qui peut être transformée en peptone par un poids donné de ferment ; on sait seulement que cette proportion est très grande, pourvu que de temps en temps on rajoute un peu d'acide et de l'eau, de manière à maintenir une certaine dilution du milieu (voyez plus loin). Cette proportion n'est cependant pas infinie, et, après avoir transformé mille fois et plus son poids d'albuminoïde, la pepsine semble être altérée sans que cependant cette destruction soit corrélative avec l'acte de la peptonisation, dans lequel, sans aucun doute, la pepsine se trouve incessamment régénérée. Malgré cette régénération, la quantité d'albuminoïde digérée dans un temps donné croît rapidement avec la proportion de pepsine employée, puis atteint un maximum, pour décroître enfin très lentement. La teneur finale en peptone augmente avec la proportion de pepsine (Brücke).

Influence de la quantité d'eau. — A mesure que les produits s'accumulent, la peptonisation se ralentit, comme cela a lieu pour toutes les fermentations par zymases. L'addition d'une nouvelle quantité d'eau acidulée la fait revivre jusqu'à ce qu'on ait atteint une certaine limite, au delà de laquelle la réaction s'éteint.

Influence de la nature et de la proportion d'acide. — Un grand nombre d'acides peuvent remplacer l'acide chlorhydrique dans la digestion pepsique, mais aucun d'eux n'égale son action. Les acides nitrique et bromhydrique s'en rapprochent ; les acides sulfurique, phosphorique, lactique, formique viennent ensuite; les acides tartrique, citrique, oxalique, malique, etc., exercent une action moins favorable encore ; enfin, les acides acétique, butyrique, valérique, etc. sont à peu près inactifs. Pour obtenir une peptonisation complète, il est généralement nécessaire d'employer une proportion d'acide plus grande que pour l'acide chlorhydrique [voyez à ce sujet les expériences de A. Petit, *Recherches sur la pepsine*, Paris, 1881].

D'après les expériences de A. Mayer, faites avec des quantités équivalentes d'acides, la peptonisation est complète au bout de 3 à 5 heures avec l'acide chlorhydrique, de 5 heures avec l'acide azotique, de 13 heures avec l'acide oxalique et de 19 heures avec l'acide sulfurique [*Jahresb. Thierch.*, 1881, p. 280].

D'après Brücke, la peptonisation de la fibrine par la pepsine est déjà très active dans un milieu ne contenant que 0,8 pour 1000 d'acide chlorhydrique, et atteint son maximum avec 1 pour 1000; une trop grande proportion d'acide l'empêche, et à 7 pour 1000 cette influence est déjà très marquée, l'action étant fort lente.

A Mayer fixe la proportion la plus favorable à 2 pour 1000 H Cl; A. Petit, à 3 ou 4 pour 1000; pour l'acide bromhydrique, elle est, d'après Petit, de 5 pour 1000; pour l'acide tartrique, à 10 pour 1000, etc.

Influence de l'alcool. — Ce liquide retarde la digestion pepsique, mais son influence ne commence à devenir sensible qu'à la dose de 4 %; dans un mileu contenant 8 % d'alcool, la peptonisation est encore complète, pourvu que l'on emploie une quantité un peu plus forte de pepsine (A. Petit).

La bière et le vin retardent aussi la peptonisation, et même plus notablement que ne le ferait prévoir leur teneur en alcool, preuve que les autres matériaux de ces boissons exercent une certaine influence. Dans l'estomac, cet effet fâcheux est moins accusé, par suite de l'absorption rapide de l'alcool et probablement aussi des autres principes [W. Buchner, *Jahresb. Thierch.*, 1881, p. 286].

Influence des sels neutres des métaux alcalins.— La plupart de ces sels retardent la peptonisation, si on les emploie à une dose un peu forte. Le borax exerce l'action la moins marquée; puis viennent

$$KCl,\ AzO^3Na,\ SO^4K^2,\ SO^4(AzH^4)^2,\ NaCl,\ AzO^3K,\ AzO^3(AzH^4),\ AzH^4Cl.$$

Lorsqu'on emploie 4 à 8 grammes de borax pour 1 gramme de fibrine, il n'y a plus de peptonisation. Le chlorure de sodium, en solution à 5 pour 1000, accélère au contraire la réaction [Wolberg, *Pflüger's Arch.*, t. XXII, p. 291]. D'après A. Schmidt, par contre, le chlorure de sodium retarderait déjà notablement la digestion [*Jahresb. Thierch.*, 1876, p. 23].

Influence des sels de métaux lourds. — A petite dose, les sels de fer n'entravent pas la digestion. Les sels de plomb, de mercure, d'argent, et en général tous les sels qui précipitent la pepsine, retardent ou empêchent la peptonisation

Influence des antiseptiques. — L'acide arsénieux, à la dose de 4/1000, n'oppose aucun obstacle à la peptonisation [Fr. Schaefer et R. Böhm, *Jahresb. Thierch.*, 1872, p. 363]. L'acide cyanhydrique, le phénol, l'acide salicylique, le chloroforme, l'éther, employés en petite quantité, sont dans le même cas; à haute dose, ils la retardent.

Influence des alcaloïdes. — D'après Wolberg, la morphine, la strychnine, la narcotine, la vératrine, la digitaline, retardent la digestion; la quinine, au contraire, l'accélère.

ESSAI DES PEPSINES COMMERCIALES.

1° Bidder et Schmidt mettent de petits cubes de blanc d'œuf coagulé d'un poids connu au contact d'une liqueur contenant une quantité connue de pepsine dissoute dans de l'acide chlorhydrique à 2/1000, et portent le tout à 45°. Au bout de 5 heures environ, on met fin à l'expérience, on lave à l'eau la partie d'albumine non dissoute et on la pèse : la perte de poids de cette albumine donne la mesure du pouvoir digestif de la pepsine.

Ce mode d'essai présente l'inconvénient de ne tenir compte que de la quantité d'albumine dissoute, sans s'occuper de la quantité réellement transformée en peptones. Il en est de même des deux procédés suivants, qui cependant sont ingénieux.

2° Grünhagen fait gonfler de la fibrine dans de l'acide chlorhydrique à 2/1000, jette la gelée épaisse sur un entonnoir bouché par du coton de verre et expose le tout dans une étuve chauffée à 45°. Lorsque tout l'excès d'eau s'est égoutté, on fait tomber sur la gelée un nombre déterminé de gouttes d'une solution de la pepsine à essayer; au bout de 2 minutes déjà on voit de nouveau tomber des gouttes de l'entonnoir, et en nombre d'autant plus grand dans un temps donné que la pepsine est plus active [*Pflüger's Arch.*, t. V, p. 203, 1872].

3° P. Grützner apprécie la valeur d'une pepsine en faisant digérer, dans des conditons toujours identiques, des flocons de fibrine teinte en rose par du carmin ammoniacal et déterminant colorimétriquement, au bout d'un temps donné, l'intensité de coloration de la liqueur séparée par décantation de la fibrine non dissoute, en la comparant avec une série de solutions titrées de carmin, d'intensité croissante. Il est très facile de teindre uniformément la fibrine par le carmin, de sorte que l'intensité de coloration de la liqueur est proportionnelle à la quantité de fibrine dissoute par la pepsine. La fibrine teinte peut être conservée dans de la glycérine acidulée par un peu d'acide acétique [*Pflüger's Arch.*, t. VIII, p. 452, 1874].

4° Ces procédés très rapides sont tout à fait insuffisants, comme nous l'avons dit, car ils permettent seulement de déterminer la proportion de fibrine dissoute. Le mode d'essai suivant, que nous empruntons au travail plusieurs fois cité de Petit, est le seul rationnel. On prépare une série de flacons contenant chacun 25cc d'acide chlorhydrique à 3/1000 H Cl et 5 grammes de fibrine exprimée, et on introduit dans chacun une quantité connue de la pepsine à essayer.

Pour les pepsines commerciales, on prendra de 10 à 60 centigrammes. Tous les flacons sont alors placés dans une étuve chauffée à 50°, agités de demi-heure en demi-heure jusqu'à dissolution de la fibrine, puis la marche de la digestion est suivie par l'essai au moyen de l'acide azotique. Quand ce réactif ne produira plus de précipité, la transformation sera intégrale et le temps écoulé entre le commencement de l'expérience et ce moment sera d'autant plus court que la pepsine employée est plus active. A. Henninger.

PEPTONES. — Par l'action du suc gastrique, les albuminoïdes subissent des transformations remarquables; ils deviennent d'abord solubles et se changent ensuite en un produit dialysable et non coagulable par la chaleur, qui reçut de Mialhe le nom d'*albuminose* et de Lehmann celui de *peptone*. Le suc gastrique artificiel, contenant essentiellement de la pepsine et un acide, et une foule d'autres réactifs opèrent les mêmes changements.

Ainsi que nous l'avons dit à l'article PEPSINE, la transformation des albuminoïdes en peptones n'est pas directe, mais passe par plusieurs phases. La peptonisation consiste en une série de phénomènes d'hydratation successifs.

L'albuminoïde, d'abord rendu soluble, se change en *syntonine* par une réaction chimique sur la nature de laquelle nous ne savons encore rien. Plus tard, le liquide donne encore des précipités avec l'acide nitrique et les sels neutres, mais ces précipités se dissolvent à chaud : il contient alors un produit qui a reçu le nom de *propeptone*. Enfin, toutes ces réactions de précipitation disparaissent une à une et la transformation en peptone est achevée. Nous désignerons donc sous le nom de peptones les *produits ultimes* de ces transformations; et si nous insistons sur cette définition, c'est que, faute de l'avoir rigoureusement appliquée, certains auteurs ont attribué des réactions fort différentes aux peptones.

Dans l'état actuel de la science, on ignore si les diverses variétés d'albuminoïdes fournissent une peptone unique ou si l'on doit distinguer plusieurs modifications de peptones. Dans tous les cas, les propriétés de tous ces corps sont extrêmement voisines, et, à part la grandeur du pouvoir rotatoire, elles se confondent (voyez plus loin).

Dans cet article, nous allons exposer les travaux récents sur les peptones, en renvoyant, pour les recherches antérieures et l'historique de la question, à l'article NUTRITION, t. II, p. 583, et à un travail d'ensemble sur la nature des peptones de Henninger [*Thèse inaugurale*, Paris, 1878]. Nous terminerons par une étude de la propeptone et de quelques matières analogues.

Formation des peptones. — 1° Lorsque la pepsine et quelques ferments analogues d'origine végétale (graines de vesce, népenthès) agissent sur les albuminoïdes vers 40-50° et en présence de quelques millièmes d'un acide tel que

$$HCl,\ AzO^3H,\ PO^4H^3,\ SO^4H^2, C^2H^4O^2, \text{etc.},$$

il se forme successivement de la syntonine, des propeptones et finalement des peptones. Dans les meilleures conditions, la réaction exige de 3 à 5 heures pour être complète.

2° La trypsine du suc pancréatique transforme de même les albuminoïdes en peptones, mais elle n'agit qu'en solution alcaline. La papaïne jouit à la fois des propriétés de la pepsine et de la trypsine.

3° Certaines bactéries convertissent rapidement les albuminoïdes en peptones. En effet, la première phase de la putréfaction des albuminoïdes n'est qu'une peptonisation bactéridienne, et, en se plaçant dans certaines conditions, on peut assez nettement séparer cette première phase des phénomènes putrides proprement dits, qui sont caractérisés par l'apparition de gaz fétides contenant de l'hydrogène, du gaz des marais, de l'ammoniaque et quelquefois de l'hydrogène sulfuré. Ainsi, si l'on chauffe à 35-40° 100 grammes de fibrine essorée, 400 grammes d'eau et 30 à 40 grammes de certains jus de fruits (ananas, citron, orange), on voit la fibrine se dissoudre rapidement, et au bout de 24 heures la peptonisation est sensiblement totale, sans que le liquide ait pris une odeur putride, et pourtant il contient des myriades de bactéries mobiles. Porté à l'ébullition et évaporé après filtration, il laisse un résidu fort peu coloré dont il est aisé de retirer des peptones pures.

Il est probable que, dans ce cas, la transformation s'accomplit sous l'influence de ferments peptogènes solubles, sécrétés par les bactéries, comme la levure sécrète l'invertine qui intervertit la saccharose.

4° Enfin on obtient des peptones par l'action d'un grand nombre de réactifs chimiques sur les albuminoïdes ; ces réactifs sont ceux qui produisent généralement des hydratations.

L'action de l'eau est très lente à 100°, mais à 120° il se forme rapidement des peptones. On peut accélérer notablement cette réaction en ajoutant à l'eau bouillante quelques millièmes d'acide chlorhydrique ou sulfurique. Même à 40°, les acides étendus produisent à la longue une petite quantité de peptones.

L'hémialbumine de Schützenberger (Suppl., p. 55) est probablement identique avec l'albumine-peptone.

État naturel des peptones. — 1° Ces corps existent dans le chyme et dans le contenu de l'intestin grêle; ils proviennent de l'action de la pepsine et de la pancréatine sur les albuminoïdes.

2° Pendant la digestion, le sang de la veine-porte contient toujours de petites quantités de peptones. Dans le sang artériel elles existent également; mais plusieurs observateurs les ont vainement recherchées. Dans la leucocythémie, on a trouvé une proportion relativement grande de peptones dans le sang.

3° Plusieurs organes ne renferment pas de peptones; tels sont le rein, le mésentère, les glandes du mésentère, le cœur, le foie (Hofmeister). Le cerveau, les muscles, le poumon, la rate, en contiennent souvent. E. Salkowski les a rencontrées dans le foie et la rate de leucocythémiques [*Virchow's Arch.*, t. LXXXI, p. 166].

4° Le liquide des kystes de l'ovaire contient de la peptone (Maly, Poehl).

5° Le pus est particulièrement riche en peptones (Maixner, Hofmeister, Henninger). Suivant Hofmeister, la teneur varie entre 0,5 et 1,2 °/₀, et les peptones sont fixées sur les leucocythes; pour 1 p. de peptone existant dans le sérum du pus, les globules contiennent 2 à 7 p. [*Zeitschr. physiol. Chem.*, t. IV, p. 268].

6° La peptone existe en assez forte proportion dans les masses cancéreuses (Henninger, Poehl).

7° L'urine normale de l'homme est généralement dépourvue de peptones ou n'en contient que des traces. Ces matières existent, au contraire, dans un grand nombre d'urines pathologiques, et leur présence, entrevue par Pavy, a été démontrée pour la première fois par Schultzen et Riess et par Gerhardt.

Pavy a trouvé un albuminoïde diffusible dans l'urine d'un tuberculeux. Dans l'empoisonnement aigu par le phosphore, l'urine en contient toujours [Schultzen et Riess; — Maixner, *Jahresb. Thierch.*, 1879, p. 351]. Gerhardt enfin a trouvé des peptones dans l'urine, dans la diphthérie, le typhus et la pneumonie [*Jahresb. Thierch.* 1871, p. 181]. Elles y accompagnent souvent l'albumine et une globuline, mais elles peuvent manquer dans certaines urines albumineuses (13 fois sur 41 cas étudiés) [Jul. Petri, *ibid.*, 1876, p. 148].

Ces observations ont été depuis confirmées par un grand nombre d'observateurs, qui ont ajouté ce fait intéressant, que les peptones se montrent toujours lorsqu'il y a quelque part, dans l'organisme, une production abondante, et surtout stagnation de pus : période de résorption de la pneumonie, broncho-pneumonie, pleurésie et péritonite purulente, abcès par congestion, etc. (Maixner, Hofmeister, von Jacksch, Poehl). Elles apparaissent aussi pendant la période de déclin du rhumatisme articulaire (von Jacksch). Dans les maladies infectieuses aiguës, dans la chlorose, la leucocythémie, Jacksch a cherché en vain les peptones dans l'urine. Henninger n'a pas été plus heureux dans un cas de polyurie considérable.

En résumé, il existe dans certains cas une véritable peptonurie ; mais la signification pathologique de ce signe n'est pas encore complètement élucidée.

8° Le lait frais contient une trace de peptones (lactoprotéine de Millon et Commaille). Dans le koumys, elles sont beaucoup plus abondantes et proviennent sans aucun doute d'une action bactéridienne.

9° Le moût de bière renferme des peptones [Griessmayer, *Deutsch. chem. Gesellsch.*, 1877, p. 617].

10° Enfin, on a trouvé des peptones dans les plantes. Le pollen en contient [W. von Schneider, *Jahresb. Thierch.*, 1872, p. 29]. Les graines en germination en renferment aussi une petite quantité [E. Schultzen et J. Barbieri, *ibid.*, 1882, p. 460].

I. PEPTONES PEPSIQUES.

Préparation. — Pour obtenir des peptones exemptes de matières minérales, du moins autant que possible, on peut suivre deux voies distinctes. D'après la première, on peptonise les albuminoïdes sans leur faire subir aucune purification préalable, et l'on débarrasse ensuite le produit par une dialyse prolongée des sels solubles qui traversent le septum du dialyseur avec une rapidité beaucoup plus grande que les peptones (Maly). D'après la seconde, on purifie d'abord les albuminoïdes et on les fait digérer par de la pepsine et un acide (sulfurique) facile à enlever à l'état de sel de baryum insoluble. On obtient ainsi, du premier jet, des peptones pauvres en matières minérales (Henninger).

La première de ces méthodes conviendra lorsqu'il s'agit de préparer de grandes quantités de peptones; la seconde servira avec avantage à la préparation de petites quantités de peptones destinées à l'analyse élémentaire; on peut, du reste, compléter la purification des peptones, en ayant recours à la précipitation par le sous-acétate de plomb ammoniacal, comme il sera dit plus loin, ou par l'acide phosphotungstique.

Comme pepsine, on peut employer certaines marques actives du commerce, ou mieux une infusion récente de la muqueuse stomacale hachée du porc, infusion faite à 35° avec de l'acide chlorhydrique à 2 millièmes ou de l'acide sulfurique à 4 millièmes.

1° Maly fait digérer à 35-40° de la fibrine dégraissée avec de la pepsine et de l'acide chlorhydrique à 2 millièmes; la fibrine ne tarde pas à se dissoudre, et, lorsque au bout de 24 à 48 heures le liquide ne précipite plus par l'acide azotique, on le neutralise par du carbonate sodique, on porte à l'ébullition, on le filtre et on le concentre un peu par évaporation. Il est alors placé dans un dialyseur dont l'eau extérieure est changée tous les jours; et cette opération est continuée jusqu'à ce que le liquide intérieur ne donne plus qu'un trouble insignifiant avec le nitrate d'argent. Il faut de 3 à 8 jours pour atteindre ce résultat, et il est essentiel d'opérer à une température ne dépassant pas 12 à 15° pour empêcher un commencement de putréfaction. En acidulant au commencement le liquide avec quelques millièmes d'acide chlorhydrique ou en ajoutant de temps en temps une goutte d'acide cyanhydrique ou du phénol, on peut d'ailleurs retarder à volonté l'apparition de ce phénomène. Finalement, le liquide est fortement concentré et précipité par l'alcool. La fibrine-peptone ainsi préparée retenait 0,64 °/₀ de cendres [R. Maly, *Pflüger's Arch.*, t. IX, p. 585].

2° A. Kossel neutralise par du carbonate de baryum le liquide provenant de la digestion de la fibrine par la pepsine et l'acide chlorhydrique faible, évapore la liqueur et précipite par 3 à 4 volumes d'alcool. Le précipité redissous dans l'eau est placé dans un dialyseur, comme ci-dessus, seulement tous les deux jours on a soin de réduire à un volume de plus en plus petit le contenu du dialyseur, de manière à empêcher la putréfaction et à rehausser par chaque évaporation la différence entre la teneur en sels des liquides intérieur et extérieur. Au bout de douze jours, les réactions du baryum et de l'acide chlorhydrique ont disparu dans le liquide, et l'alcool en précipite une fibrine-peptone contenant 0,45 °/₀ de cendres [*Zeitschr. physiol. Chem.*, t. III, p. 58].

3° Henninger soumet les albuminoïdes à une purification préalable avant de les peptoniser. Pour la fibrine, on arrive à ce but en la faisant gonfler au-dessous de 10° dans de l'eau contenant 1 °/₀ d'acide chlorhydrique liquide et une trace d'acide cyanhydrique pour entraver le développement de ferments putrides; la masse gélatineuse est alors enfermée dans un nouet en toile fine, exprimée doucement et suspendue dans un grand vase contenant de l'eau distillée. Lorsque ainsi, au bout de trois à quatre jours, l'acide est sorti par osmose de la masse gélatineuse, entraînant les sels rendus solubles par cet acide, on jette le contenu du nouet dans de l'alcool qui fait rétracter les flocons gonflés de fibrine; après un dernier traitement à l'éther, la fibrine ne renferme plus que 0,29 °/₀ de cendres.

L'albumine et la caséine ont été soumises à une dialyse prolongée, puis coagulées par la chaleur et l'acide acétique; la première retenait 0, 3 °/₀ de sels minéraux, la deuxième un peu plus de 1 °/₀.

Ces albuminoïdes sont ensuite peptonisés par 5 fois leur poids d'eau acidulée par 4 millièmes d'acide sulfurique et la quantité nécessaire de suc gastrique artificiel soumis à la dialyse pendant une huitaine de jours. La digestion s'accomplit plus lentement qu'avec l'acide chlorhydrique et ne devient totale qu'au bout de trois à quatre fois vingt-quatre heures. Le liquide est alors additionné de la quantité d'eau de baryte *strictement* nécessaire pour précipiter la totalité de l'acide sulfurique, porté à l'ébullition, filtré et évaporé à 60-70° sur des assiettes plates. Il reste un liquide sirupeux, jaunâtre plus ou moins foncé, auquel on ajoute de l'alcool par petites portions et en agitant, jusqu'au moment où le liquide se trouble et se sépare, par le repos, en deux couches : l'une inférieure visqueuse, peu abondante, formée de peptone impure qui entraîne des matières colorées, et une solution surnageante, plus fluide, de couleur jaunâtre. Celle-ci est versée par filet mince dans 6 fois son volume d'alcool à 98°, en même temps que la masse est fortement agitée pour empêcher le précipité de s'agglutiner. La peptone se dépose sous la forme d'une poudre à peine jaunâtre, que l'on peut rendre tout à fait blanche en la dissolvant dans l'eau et la reprécipitant à nouveau en deux temps par l'alcool. Un traitement à l'alcool absolu chaud et à l'éther bouillant complète la purification [A. Henninger, *Nature chimique des peptones*, Paris, 1878]. Dans cet état, les peptones donnent fréquemment un faible louche avec le ferrocyanure de potassium et l'acide acétique, réaction qui n'appartient pas aux peptones véritables, mais bien aux propeptones. Ces derniers corps sont peut-être formés par l'action déshydratante de l'alcool bouillant (voyez plus loin, *transformation des peptones en albuminoïdes*).

Ces restes de propeptones peuvent être éliminés par une précipitation au moyen du sous-acétate de plomb.

A la solution du peptone on ajoute du sous-acétate de plomb qui ne donne qu'un trouble, puis peu à peu de l'ammoniaque, de manière à produire plusieurs précipités fractionnés; les derniers sont exempts de propeptones. On les lave, on les décompose par l'hydrogène sulfuré, et l'on précipite le liquide filtré par l'alcool, après l'avoir fait dialyser pendant deux jours et concentré ensuite.

Propriétés des peptones. — Les diverses variétés de peptones, albumine-peptone, fibrine-peptone, caséine-peptone, myosine-peptone, etc., possèdent des propriétés très voisines, sinon identiques, la seule différence résidant dans la grandeur du pouvoir rotatoire. Celui-ci va en augmentant depuis l'albumine-peptone jusqu'à la caséine-peptone en passant par la myosine-peptone et la fibrine-peptone [Corvisart, *Bull. Soc. chim.*, 1862, p. 78; — A. Henninger, *loc. cit.*, p. 37]. Hofmeister a fixé le pouvoir rotatoire de la fibrine-peptone à $[\alpha]_D = -63°,5$ [*Zeitschr. physiol. Chem.*, t. IV, p. 272]. Otto vient d'arriver à un chiffre très voisin (— 65°,5) pour la fibrine-peptone pancréatique (voyez plus loin). Hönigsberg a trouvé le chiffre faible — 55°,5; pour la myosine-peptone, il indique $[\alpha]_D = -26°,17$ et pour la peptone de poisson 32°,37 [*Jahresb. Thierch.*, 1882, p. 261].

La différence notable, entre 55°,5 et 63°,5, est probablement due à une différence dans la concentration des liqueurs examinées au polarimètre. Le pouvoir rotatoire augmente en effet énormément avec la dilution de la solution, variations que Poehl représente par la formule

$$[\alpha]_D = -14°,479 - 0,4929\,q,$$

dans laquelle q représente la proportion d'eau contenue dans 100 grammes de solution; pour $q = 100$, c'est-à-dire pour une dilution infinie, cette formule fournit $[\alpha]_D = -63°,78$. Poehl ne dit pas quelle peptone a servi à ses expériences, mais il semble résulter de son mémoire qu'il admet l'identité du pouvoir rotatoire des diverses variétés de peptones; aussi ne parle-t-il que d'*une* peptone. A ce sujet, il est en contradiction avec la plupart des auteurs, et il ne va pas moins à l'encontre des observations antérieures lorsqu'il affirme que les peptones possèdent le même pouvoir rotatoire que les albuminoïdes primitifs. Il ajoute que la densité et l'indice de réfraction du liquide, après la peptonisation, sont aussi les mêmes qu'auparavant.

Les peptones sont des corps blancs, amorphes, faciles à pulvériser et devenant électriques par le frottement. Leur odeur est nulle, leur saveur faible, souvent un peu amère. Elles sont hygrométriques et retiennent dans l'air sec 3 à 4 centièmes d'eau qui se dégagent assez lentement à 100°, plus rapidement à 110° dans le vide. Au-dessus de cette température, elles subissent un commencement de déshydratation et se transforment en albuminoïdes (voyez plus loin). Vers 160-180°, elles s'altèrent plus profondément, entrent en fusion vers 200°, noircissent et se boursouflent énormément et donnent à la distillation sèche les mêmes produits que les albuminoïdes. Par l'incinération, elles laissent une trame très ténue et légère de cendres.

Les peptones sont solubles dans l'eau, presque en toutes proportions, formant des solutions à réaction faiblement acide, moussant fortement, un peu visqueuses et qui deviennent à chaud tout à fait mobiles; elles filtrent alors aisément. Par évaporation, elles se couvrent de pellicules dès qu'elles deviennent sirupeuses. L'acide acétique cristallisable dissout les peptones, l'alcool absolu et froid n'en prend que des traces; l'alcool aqueux en dissout une proportion d'autant plus forte qu'il est plus étendu. Elles sont insolubles dans l'éther, le chloroforme, le sulfure de carbone, etc. Si l'on ajoute de l'alcool à une solution aqueuse de peptones, le liquide se trouble et laisse déposer une masse visqueuse, gluante, adhérant au vase et s'étirant en fils soyeux; à cet état, elles contiennent beaucoup d'eau et d'alcool et sont difficiles à déshydrater au contact de l'alcool. Cette masse, exposée en couches minces à l'étuve à 100°, se boursoufle considérablement et se transforme en un champignon très poreux et léger. Si inversement on ajoute goutte à goutte une solution concentrée de peptones à de l'alcool absolu, en agitant constamment, les peptones se précipitent sous forme de poudre facile à recueillir.

Les peptones sont dialysables; mais leurs propriétés osmotiques, tout en étant beaucoup plus marquées que celles des albuminoïdes, sont faibles en comparaison de la facilité avec laquelle les sels minéraux cristallisés traversent les membranes animales ou végétales. Voilà la raison pour laquelle on peut débarrasser, par la dialyse, les peptones de la plus grande proportion des sels minéraux.

Dans un mémoire tout récent, Otto prétend que, dans cette opération, les peptones pancréatiques subissent un commencement de déshydratation; si la dialyse est continuée pendant longtemps, le contenu de la cellule deviendrait trouble et accuserait les réactions des propeptones [*Zeitschr. physiol. Chem.*, t. VIII, p. 139].

La chaleur de combustion de la peptone (laquelle ?), déterminée par B. Danilewski, d'après la méthode calorimétrique de Stohmann, a varié entre 4876 et 5334 calories (grammes-degrés) pour 1 gramme de peptone (3 expériences); elle est inférieure de 16 à 18 % à la chaleur de combustion des albuminoïdes (5800 calories), preuve que la transformation des albuminoïdes en peptones dégage de la chaleur, comme le font tous les phénomènes d'hydratation [*Jahresb. Thierch.*, 1881, p. 7]. Si, d'autre part, les expériences directes de Maly ont montré que la température du liquide s'abaisse pendant la peptonisation (voyez PEPSINE, Suppl., p. 1147), il faut en chercher la cause dans un changement de la chaleur spécifique de la solution et dans une différence de la chaleur de dissolution des albuminoïdes et de la peptone. Des expériences calorimétriques directes sur ce sujet seraient du plus haut intérêt.

Par la putréfaction, les peptones se transformeraient en une matière qui diffère des peptones par l'absence de pouvoir rotatoire, par son inaptitude à régénérer des albuminoïdes sous l'influence de déshydratants, par sa facile décomposition sous l'action de la potasse qui donne de la triméthylamine, et enfin par ces faits que l'hypobromite de sodium en dégage de l'azote et que le sous-acétate de plomb ne la précipite pas. Poehl, qui a avancé ces faits, donne à cette matière le nom de *ptomopeptone* [*Deutsch. chem. Gesellsch.*, 1883, p. 1152].

Parmi les produits de putréfaction des peptones, Tanret a trouvé une ptomaïne non volatile dont le chlorhydrate cristallise [*Compt. rend.*, t. XCII, p. 1193; voir aussi Béchamp, *ibid.*, t. XCIV, p. 393 et Tanret, *ibid.*, t. XCIV, p. 1059].

Réactions des peptones. — Ni la chaleur ni les *acides chlorhydrique, sulfurique, phosphorique ordinaire, nitrique, acétique*, seuls ou en présence des sels neutres des métaux alcalins ne précipitent la solution des peptones. L'*alcool* précipite des flocons conglobants, entièrement solubles dans l'eau. Le *ferrocyanure de potassium* en présence d'acide acétique ou chlorhydrique ne détermine aucun trouble.

Avec l'*acide azotique concentré*, le *réactif de Millon* ou le *réactif de Pettenkofer* (sucre et acide sulfurique), les peptones donnent les réactions connues des albuminoïdes. Il en est de même de la réaction de Piotrowski (sulfate de cuivre et alcali): seulement la teinte obtenue avec les peptones est franchement d'un beau rose, tandis que les albuminoïdes donnent une coloration plus violette; ajoutons cependant que cette teinte dépend essentiellement de la proportion de sel cuivrique employée; plus celle-ci est forte, plus la teinte passe au violet ou même au bleu.

L'eau de *chlore* ou de *brome*, l'*iodure ioduré de potassium*, l'*iodomercurate de potassium*, les *acides phosphomolybdique* et *phosphotungstique* donnent des précipités. L'*acide métaphosphorique* fournit un précipité blanc, soluble dans un excès de réactif ou de peptone. L'*acide picrique* donne un précipité jaune, volumineux, soluble dans un excès de peptone. Le *tannin* produit un dépôt blanc, extrêmement volumineux. Les peptones partagent ces dernières réactions avec les albuminoïdes. Les *sels biliaires* (bile cristallisée de Plattner) ne précipitent point les peptones, mais, si l'on ajoute une goutte d'acide, il se forme un précipité soluble dans un excès d'acide. D'après Maly et Emich (1883), le précipité formé par une solution aqueuse d'acide glycocholique ou taurocholique dans une solution de peptone ou de propeptone pure, ne contient pas de peptone et est formé d'acide biliaire résineux. Les albuminoïdes, au contraire, étant complètement précipités par l'acide taurocholique, cet acide constitue un excellent réactif pour les séparer des peptones.

Le *chlorure ferrique*, le *dichromate* et l'*acide acétique*, l'*alun*, le *sulfate de cuivre*, l'*acétate de plomb*, ne précipitent pas les peptones.

Le *sous-acétate de plomb* ne donne de précipités qu'avec le concours de l'ammoniaque; le précipité abondant se dissout dans un excès de sous-acétate. L'*azotate d'argent* se comporte comme l'acétate basique de plomb. Le *chlorure* et l'*azotate mercurique*, les *chlorures d'or* et de *platine* précipitent les peptones.

Par toutes ces réactions, les peptones se rapprochent singulièrement de la gélatine, mais leurs solutions chaudes ne se transforment pas en gelée par le refroidissement.

Composition des peptones. — D'après les analyses concordantes de Maly, Henninger, Herth, les peptones ne diffèrent que peu, par leur composition, des albuminoïdes qui leur ont donné naissance; elles renferment un peu moins de carbone et d'azote, ainsi qu'on le verra par les chiffres suivants, qui sont tous calculés pour la matière exempte de cendres :

I. *Fibrine-peptone.* — Analyses de Maly (*loc. cit.*), Henninger (*loc. cit.*), Kossel [*Zeitschr. physiol. Chem.*, t. II, p. 58] :

	Fibrine.	Peptone.		
	Hommarsten.	Maly.	Henninger.	Kossel.
C......	52,68	51,40	51,43	49,69
H......	6,83	6,95	7,05	6,96
Az.....	16,91	17,13	16,66	15,14
S......	1,10	—	—	1,16
Cendres.	—	0,64	0,31	0,45

II. *Albumine.* — Analyses de Henninger et de Herth [*Zeitschr. physiol. Chem.*, t. I, p. 277] :

	Albumine.	Peptone.	
	Wurtz.	Henninger.	Herth.
C......	52,9	52,28	52,53
H......	7,2	7,03	7,05
Az.....	16,6	16,38	16,72
S......	1,8	—	—
Cendres.	—	0,54	1,00

III. *Caséine.* — Analyses de Henninger (*loc. cit.*).

	Caséine.	Peptone.
C..........	53,6	52,13
H..........	7,1	6,98
Az.........	15,7	16,14
S..........	1,0	—
Cendres....	—	1,15

IV. *Gélatine.* — Analyses de P. Tatarinoff [*Compt. rend.*, t. XCVII, p. 713].

	Gélatine.	Peptone.
C............	50,4	49,77
H............	7,1	7,13
Az...........	18,1	17,63

Seules les analyses de Kossel indiquent pour la fibrine-peptone une diminution notable de carbone et d'azote, par rapport à la composition de la fibrine; elles concordent avec les analyses récentes de Kühne et Chittenden (p. 1155).

Sels de peptones. — A la manière des acides amidés faibles, les peptones s'unissent indifféremment aux bases et aux acides et même à certains sels. La composition de ces combinaisons varie d'une préparation à l'autre, probablement suivant la dilution plus ou moins grande de la liqueur. Elles sont, en effet, dissociées par l'eau et, par la dialyse, on peut en éliminer le corps minéral.

Lorsqu'on ajoute de l'eau de baryte ou de chaux à une solution de peptone, on obtient un liquide alcalin dont le gaz carbonique ne précipite qu'une partie de la base, un *peptonate* de baryum ou de calcium reste dissous et peut être précipité de la liqueur au moyen de l'alcool.

Par une expérience très simple, on peut, de même, mettre en évidence l'existence de sels de peptone formés par les acides : lorsqu'on dissout les peptones dans l'acide acétique cristallisable et qu'on ajoute les acides sulfurique, nitrique ou chlorhydrique, également en solution acétique, on voit se produire un précipité blanc, qui ne tarde pas à se réunir en une masse visqueuse formée du sel correspondant. L'eau le dissout en le dissociant.

Enfin, lorsqu'on précipite par l'alcool une solution aqueuse de peptone additionnée d'un sel alcalino-terreux, le précipité entraîne une quantité notable et sensiblement constante du sel métallique. Ainsi Kossel a analysé la combinaison chlorocalcique qui renferme : C = 45,13; H = 6,23; Az = 13,95; S = 1,07; Ca = 5,68; Cl = 2,34. Otto vient de trouver tout récemment des chiffres presque identiques pour le sel chlorocalcique de la fibrine-peptone pancréatique.

Recherche et dosage des peptones.

La recherche des peptones est fondée sur leur non-précipitation par un grand nombre de réactifs et sur la coloration rose qu'elles donnent avec le sulfate de cuivre et un alcali (réaction du biuret). Le liquide qui renferme les peptones doit, au préalable, être débarrassé des albuminoïdes; l'ébullition, en présence d'une petite quantité d'acide, ne suffit pas, par la raison que des quantités assez sensibles d'albuminoïde échappent à la précipitation. Pour éliminer celles-ci, on a proposé de faire bouillir le liquide avec de l'hydrate de plomb, mais ce procédé dépasse le but et amène une certaine quantité de peptones dans le précipité. La méthode indiquée par Hofmeister est préférable : on ajoute au liquide de l'acétate de sodium, puis, goutte à goutte, du chlorure ferrique jusqu'à ce que la liqueur ait pris une teinte rouge persistante; on la neutralise alors presque complètement par un alcali, on porte à l'ébullition et on filtre le liquide refroidi qui doit être exempt de fer et d'albumine (à déceler par le ferrocyanure et l'acide acétique). Ce liquide peut alors servir directement à la recherche de la peptone par le sulfate de cuivre et la potasse.

Si la peptone doit être recherchée dans une liqueur très étendue, dans l'urine par exemple, il faut d'abord l'isoler : à cet effet, l'on emploie avantageusement la précipitation par l'acide phosphotungstique. Ce réactif se prépare, d'après Scheibler, en dissolvant du tungstate ordinaire de sodium dans une solution d'acide phosphorique, ajoutant un excès d'acide chlorhydrique et conservant le liquide filtré pour l'usage. L'urine est additionnée de 1/10 de son volume d'acide chlorhydrique, puis précipitée par l'acide phosphotungstique et le précipité est jeté immédiatement sur un filtre et lavé avec de l'eau acidulée par 3 à 5 % d'acide sulfurique. Si l'on attend que le précipité se dépose, il se sépare des flocons rougeâtres dont la couleur peut ensuite marquer la réaction du biuret. Le précipité lavé est ensuite broyé avec de la baryte hydratée et un peu d'eau et le tout est chauffé pendant quelque temps, au bain-marie. Après une nouvelle filtration, le liquide est additionné de nitrate de cuivre : une coloration rose indique la présence de la peptone. On peut ainsi retrouver 0gr,2 de peptone dans un litre d'urine.

En dehors des peptones, l'acide phosphotungstique précipite la xanthine et la créatinine de l'urine, mais seulement dans le cas où l'on a employé un acide minéral pour aciduler ce liquide; en présence de l'acide acétique, les peptones sont seules précipitées.

Pour faire la recherche extemporanée des peptones dans une urine, il suffit de la précipiter par l'acétate neutre de plomb pour éliminer les albuminoïdes, d'ajouter au liquide filtré 1/5 de son volume d'acide acétique concentré, puis une solution de phosphotungstate sodique acidulée par l'acide acétique : l'apparition d'un trouble. immédiatement ou au bout de 5 minutes, mettra sur la trace des peptones; on confirmera ce résultat en opérant sur une quantité plus grande d'urine, comme il a été indiqué ci-dessus [Fr. Hofmeister, *Zeitschr. physiol. Chem.*, t. IV, p. 253; t. V, p. 66].

Un procédé excellent pour séparer les peptones des albuminoïdes et des propeptones consiste à aciduler le liquide par l'acide acétique, à le porter à l'ébullition et à y ajouter un excès de chlorure de sodium solide; la solution salée retient seule les peptones véritables, que l'on peut y reconnaître directement par le sulfate de cuivre et la soude (E. Salkowski).

Le *dosage* des peptones est assez difficile et peu exact. Lorsqu'on connaît la nature de la peptone et qu'elle est en solution assez concentrée, on peut la déterminer à l'aide du polarimètre. Mais généralement il faut avoir recours à un procédé colorimétrique fondé sur la coloration rouge-violacé que donnent les peptones avec le sulfate de cuivre et la soude. Une solution titrée et étendue de peptone sert de point de comparaison. Ce procédé présente l'inconvénient grave de calculer la quantité de peptone d'après l'intensité d'une coloration qui n'a rien de fixe relativement à la nuance et dépend essentiellement de la proportion du sel cuivrique employé; nous avons, en effet, vu que la teinte vire de plus en plus vers le violet à mesure que cette proportion augmente. Aussi faut-il avoir le soin de préparer plusieurs tubes avec des quantités croissantes de sel cuivrique et de choisir pour la comparaison ceux qui commencent à montrer une trace de bleu dans leur teinte.

On conçoit aisément ce que cette manière de procéder présente d'arbitraire.

II. — PEPTONES PANCRÉATIQUES.

La digestion pancréatique des albuminoïdes donne lieu à des globulines, puis à des propeptones et enfin à des peptones. La *globuline* fournie par la fibrine, et que l'on peut précipiter facilement par addition de sulfate de magnésium solide, offre toutes les propriétés de la paraglobuline, et notablement le pouvoir rotatoire $[\alpha]_D = -48°,1$ (G. Otto).

La *propeptone* se confond avec celle que donne la fibrine dans la digestion pepsique. La *peptone* enfin possède également toutes les propriétés de la fibrine-peptone pepsique; d'après un travail tout récent de Otto, son pouvoir rotatoire $[\alpha]_D = -65°,5$ est aussi le même. Ce n'est que dans la composition élémentaire que l'on constate une légère différence; Otto a trouvé, en effet, pour la fibrine-peptone pancréatique, déduction faite de 0,3 à 0,6 °/₀ de cendres :

C = 50,00
H = 6,81
Az = 15,83
S = 1,06

chiffres qui se rapprochent de ceux que Kossel a indiqués pour la fibrine-peptone pepsique, mais qui sont inférieurs de 1 °/₀ environ pour le carbone et l'azote lorsqu'on les compare avec le résultat des analyses de Maly et de Henninger (voir plus haut) [G. Otto, *Zeitschr. physiol. Chem.*, t. VIII, p. 129].

Au lieu de considérer la peptonisation pancréatique comme un simple phénomène d'hydratation, Kühne admet qu'il y a, à la fois, dédoublement et fixation d'eau [*Jahresb. Thierch.*, 1876, p. 179].

Nous reviendrons à la fin de cet article sur cette manière de voir, que Kühne vient de corroborer et d'étendre dans un long mémoire.

III. — PROPEPTONES.

Comme nous l'avons dit plus haut, on a donné le nom de *propeptone* (Schmidt-Mühlheim) ou d'*hémialbumose* (Kühne, E. Salkowski) à un produit d'hydratation des albuminoïdes, intermédiaire entre la syntonine et la peptone véritable. Les peptones *a* et *b* de Meissner (t. II, p. 584) n'étaient certainement que des mélanges de propeptones et de peptones. Toute peptonisation pepsique ou pancréatique fournit de la propeptone; aussi cette matière est-elle contenue en assez forte proportion dans les peptones commerciales.

On la prépare avantageusement par la digestion pepsique de la fibrine, en interrompant l'opération à temps, c'est-à-dire lorsque la solution ne précipite plus très abondamment par la neutralisation, mais donne encore un fort dépôt avec l'acide azotique. A ce moment, on neutralise exactement le liquide par un alcali, on sépare la syntonine par le filtre et on sature le liquide de chlorure de sodium solide pour éliminer les restes de syntonine. L'acide acétique ou chlorhydrique, ajouté en dernier lieu à la liqueur chaude. détermine la précipitation de la propeptone, qui est lavée, redissoute dans l'eau pure et précipitée une deuxième fois par le chlorure de sodium et un acide. Finalement on la débarrasse de sel par la dialyse et on la précipite par l'alcool fort.

La propeptone est une poudre blanche et amorphe, soluble dans l'eau, dans l'alcool faible et bouillant, insoluble dans l'alcool absolu. Par ses réactions, elle se distingue nettement des albuminoïdes véritables et des peptones :

1° La solution exempte d'acide se coagule vers 40-50°, mais le précipité se redissout à une température plus élevée. à 100° dans tous les cas; par le refroidissement, il se montre de nouveau, preuve que la propeptone a subi une altération par la chaleur (sorte de coagulation).

2° L'acide azotique la précipite à froid, mais par une élévation de température le précipité se dissout et réapparaît par le refroidissement; les acides chlorhydrique et sulfurique produisent des réactions semblables, mais seulement à plus forte dose.

3° Les sels neutres ($NaCl$, Na^2SO^4, $MgSO^4$, etc.) ne font que troubler les solutions de propeptone; l'addition d'acide acétique ou chlorhydrique détermine ensuite la formation d'un précipité; si le liquide est saturé de sel et porté à l'ébullition, toute la propeptone est ainsi précipitée.

4° Le ferrocyanure et l'acide acétique donnent un précipité, même dans les solutions très étendues; ce précipité est soluble à chaud et se reproduit par le refroidissement.

5° Les alcalis ou les acides transforment la propeptone en une modification analogue aux albuminates, c'est-à-dire précipitables par la neutralisation.

La propeptone retient une petite quantité neulement de cendres (0,15 à 0,40 °/₀ ; séchée à 110°, elle a donné à l'analyse :

	Propeptone pepsique. Landwehr.	Propeptone pancréatique. Otto.
C......	50,48	50,60
H......	6,68	6,77
Az.....	16,09	16,90

La propeptone se combine avec les acides. Le précipité fourni par l'acide nitrique adhère fortement aux parois du vase; si, dans cet état, on l'agite avec de l'alcool, il se transforme au bout de peu de temps en magnifiques cristalloïdes cubiques qui ont souvent de 0,5 à 1 millimètre de côté. Sous le microscope, à mesure que l'alcool s'évapore, on voit ces cristalloïdes se gonfler et se mettre en boules très réfringentes ou bien se résoudre d'abord en tables, lamelles et grains qui ensuite prennent la forme arrondie (Schmidt-Mühlheim).

La propeptone est identique avec l'albuminoïde découvert en 1848 par Bence-Jones dans l'urine d'un ostéomalacique et retrouvée depuis par Kühne dans une urine semblable. Ajoutons cependant que les analyses de cette peptone accusent 52,13 °/₀ de carbone [Ad. Schmidt-Mühlheim, *Jahresb. Thierch.*, 1880, p. 23 et 172; — Adamkiewicz, *ibid.*, 1880, p. 21; — E. Salkowski, *ibid.*, 1880, p. 24; — R. Fleischer, *ibid.*, 1880, p. 32; — G. Otto, *Zeitschr. physiol. Chem.*, t. VII, p. 133; — W. Kühne, *Zeitschr. Biolog.*, t. XIX, p. 209].

IV. — NATURE DES PEPTONES. — LEUR TRANSFORMATION EN ALBUMINOÏDES.

Les propeptones et les peptones étant les produits de la digestion des albuminoïdes chez l'animal, il est du plus haut intérêt pour le physiologiste d'en connaître la nature chimique, c'est-à-dire les relations qu'elles affectent avec les albuminoïdes primitifs. Aussi, depuis Mialhe et Lehmann, les savants ont émis les opinions les plus diverses sur ce sujet.

Pour les uns, les peptones sont des albuminoïdes simplement gonflées par l'eau; pour les autres, des produits de décomposition des albuminoïdes polymérisés ou dépolymérisés, des produits de déshydration ou d'hydratation. La dernière hypothèse supporte seule un examen sérieux et elle explique tous les faits : la composition des peptones comparée à celle des albuminoïdes; l'observation de A. Danilewski que les albuminoïdes augmentent leur poids de 5,7 à 6,7 °/₀ lors de la peptonisation pancréatique [*Jahresb. Thierch.*, 1880, p. 34]; enfin leur transformation en albuminoïdes, réalisée par Henninger au moyen des agents de déshydratation [*Des peptones*, 1878, p. 49].

Pour opérer cette transformation, il suffit en effet de chauffer les peptones pendant 1 heure, vers 160°, ou bien à 80° seulement avec de l'anhydride acétique. Dans le premier cas, le produit ne se dissout plus entièrement dans l'eau; le résidu, repris par une liqueur faiblement alcaline, fournit une solution qui offre les réactions des albuminates (précipitation par l'acide azotique, le ferrocyanure et l'acide acétique, etc.). Le produit de l'action de l'anhydride acétique, débarrassé, par distillation dans le vide, des parties volatiles, puis repris par l'eau et soumis à la dialyse, fournit de même une solution qui offre les réactions des albuminoïdes.

Ces résultats ont été confirmés par Hofmeister [*Zeitschr. physiol. Chem.*, t. II, p. 206] et par Poehl, qui a ajouté que le contact prolongé de l'alcool bouillant et de certains sels neutres (sulfate de sodium, chlorure de sodium) suffit déjà pour opérer la transformation des peptones en albuminoïdes [*Deutsch. chem. Gesellsch.*, 1883, p. 1163].

Cette déshydratation est encore plus facile pour les propeptones.

LES PEPTONES DANS L'ÉCONOMIE.

Les albuminoïdes, transformés par la digestion en propeptones et en peptones, sont absorbés sous ces formes et assimilés, c'est-à-dire retransformés en albuminoïdes. Ces faits paraissent hors de doute. On connaît, en effet, les expériences de Plosz, Maly et Adamkiewicz, qui ont montré que les albuminoïdes peuvent être remplacés dans l'alimentation par des peptones sans que la nutrition en souffre. Mais on ne sait pas où se fait cette transformation. Pendant la digestion, on ne trouve, avec certitude, des peptones que dans l'estomac et dans l'intestin et quelquefois dans le sang. Hofmeister ajoute que la muqueuse de l'estomac et de l'intestin possèdent la propriété de faire disparaître rapidement les peptones qu'elles absorbent : si bien que le sang des veines mésentériques et de la veine-porte, pendant la digestion, ne contient que de très petites quantités de peptones, qui ne semblent pas supérieures à celles que renferme le sang des veines sushépatiques. Les expériences de Plosz et de Gyergai, qui avaient accusé un excès de peptone dans le sang avant son passage au travers du foie, n'ont pas été confirmées par d'autres observateurs.

Les peptones injectées dans le sang font perdre à ce liquide sa coagulabilité pendant plusieurs heures. Au bout de ce temps, elles ont disparu et le sang est redevenu coagulable. Hofmeister admet que, dans ces expériences, une forte proportion des peptones (jusqu'à 33 °/₀) s'élimine par le rein, mais ce fait ne paraît pas être constant et l'on doit supposer que les peptones se transforment.

En effet, en faisant passer du sang défibriné et chargé de peptones à travers divers viscères arrachés à un animal récemment tué, on voit les peptones disparaître; servent-elles directement à la nutrition des cellules? Cela est probable, mais on ne sait pas sous quelles formes elles sont assimilées. Seegen a montré que, dans le foie, les peptones augmentent la proportion du sucre.

APPENDICE.

Cet article était imprimé lorsque nous avons eu connaissance d'un travail très important et tout récent de W. Kühne et Chittenden [*Zeitschr. Biolog.*, t. XIX, p. 159, 1883], qui met en doute la manière dont nous avons envisagé la peptonisation. A défaut d'une analyse de ce mémoire fort étendu, pour laquelle la place manque, nous devons nous contenter d'en donner un aperçu sommaire.

Loin de considérer la transformation des albuminoïdes en peptones comme une série d'*hydratations simples*, Kühne et Chittenden admettent que la molécule albuminoïde subit tout d'abord un *dedoublement* en deux parts égales, qui subissent ensuite séparément des hydratations successives, et cela avec une facilité très inégale : l'une, l'*hémialbumose*, fournit aisément avec la pepsine l'*hémipeptone*, qui ne résiste pas à l'action de a trypsine, mais est détruite avec formation de leucine, de tyrosine, etc. — L'autre, l'*antialbumose*, n'est que lentement attaquée par la pepsine, plus rapidement par la trypsine et se change en *antipeptone* résistant entièrement à l'action ultérieure de ce dernier ferment, pourvu que l'on empêche, bien entendu, la production des

bactéries de la putréfaction. A ce groupe *anti* il faut joindre une troisième matière, probablement un dérivé de l'antialbumose, l'*antialbumide*. La peptone ordinaire décrite plus haut serait un mélange d'antipeptone et d'hémipeptone.

Cette manière de voir est en quelques points renouvelée de Meissner, qui le premier a parlé d'un dédoublement de la molécule albuminoïde dans la peptonisation; la *parapeptone* de Meissner, tout en constituant un mélange, était formée, pour la majeure partie, d'antialbumose. Rappelons aussi cette observation très intéressante de Schützenberger, qui, par l'action de l'acide sulfurique étendu et bouillant, a scindé l'albumine en deux parties sensiblement égales : l'une soluble, l'*hémialbumine* (mélange d'hémialbumose et d'hémipeptone de Kühne et Chittenden); l'autre insoluble et résistant à l'action ultérieure de l'acide étendu, l'*hémiprotéine* (antialbumide de K. et Ch.) (voyez Suppl., p. 54).

L'hémialbumose est identique avec la matière décrite plus haut sous le nom de propeptone (p. 1153); elle constitue peut-être un mélange d'une substance moins soluble dans l'eau, avec une autre plus soluble; aussi Kühne et Chittenden distinguent-ils une hémialbumose *soluble* et une hémialbumose *insoluble*.

L'albumine de l'œuf, celle du sang, la syntonine du muscle, la fibrine, fournissent pareillement ces divers produits d'hydratation.

D'après les nombreuses analyses élémentaires exécutées, l'antialbumide possède la composition des albuminoïdes primitifs; l'hémialbumose renferme 2 °/₀ de carbone en moins, et pour l'antipeptone ou l'hémipeptone la teneur en carbone tombe encore de 1 °/₀, c'est-à-dire qu'elle n'est plus que de 49,5 à 50 °/₀, nombres un peu inférieurs à ceux que nous avons donnés pour les peptones (p. 1152). Si ces nouveaux nombres devaient être définitifs, ils conduiraient *à fortiori* à la conclusion formulée plus haut, à savoir que les peptones sont des produits d'hydratation des albuminoïdes.

A. Henninger.

PERCHLORO-MÉKYLÈNE, C^5Cl^8 [Ost, *Journ. prakt. Chem.*, (2) t. XXVII, p. 257]. — On chauffe à 280-290° un mélange d'acide méconique et de perchlorure de phosphore en excès, puis on distille dans un courant de vapeur d'eau. Il passe d'abord de l'éthane perchloré, puis des produits huileux dont la composition est encore inconnue, et enfin du perchloro-mékylène qui cristallise dans le récipient. La réaction est exprimée par l'équation suivante :

$$2C^6H^4O^7 + 15\,P\,Cl^5$$
$$= 2\,C^5Cl^8 + C^2Cl^6 + 10\,PO\,Cl^3 + 5\,P\,Cl^3 + 8\,H\,Cl.$$

Le perchloro-mékylène se présente en prismes obliques fusibles à 39°, très solubles dans l'alcool, insolubles dans l'eau, et possédant une odeur camphrée. Il commence à bouillir à 270° en se décomposant et en laissant dégager du chlore.

Ad. Fauconnier.

PEREIRINE. — D'après les recherches de Hesse, l'écorce de *Pereira* contient deux alcaloïdes, l'un cristallisable, la geissospermine (Suppl., p. 860), l'autre amorphe, la pereirine.

Cette dernière, la plus abondante, est facile à séparer, grâce à sa grande solubilité dans l'éther. Elle constitue une poudre grise, commençant à fondre vers 118° et devenant liquide vers 124°. L'acide sulfurique la dissout en se colorant en rouge violet; l'acide nitrique concentré en rouge pourpre. Le *chloroplatinate*, précipité jaune-grisâtre, semble renfermer

$$(C^{19}H^{24}Az^2O, H\,Cl)^2Pt\,Cl^4 + 4H^2O$$

[O. Hesse, *Liebig's Ann. Chem.*, t. CCII, p. 141].

PERSICÉINE, PERSICINE, PERSIRÉTINE. — Matières incristallisables, à réaction acide, retirées par Rother de la poudre insecticide fournie par les *Pyrethrum caucasiacum* et *roseum*. La persicéine est résineuse, de couleur vert-jaunâtre. La persicine est un glucoside très soluble dans l'eau, que les acides dédoublent aisément en sucre et persirétine [*Pharm. Journ. Transact.* (3), t. VII, p. 72].

PÉTROCÈNE. — Voyez Pétrole.

PÉTROLE (voyez t. II, p. 782). — Origine du pétrole. — Il existe deux hypothèses bien différentes sur la formation du pétrole. Mendéléeff admet que ce produit résulte de l'action de l'eau sur des métaux carburés dans l'intérieur de la terre. On sait, en effet, que des ferromanganèses très riches en carbone peuvent donner, lorsqu'on les traite par les acides, des gaz et des liquides d'odeur et d'apparence assez semblables au pétrole. La fonte blanche elle-même donne, dans les mêmes conditions, des carbures peu riches en atomes de carbone, il est vrai, mais qui, s'ils étaient soumis à des conditions de température et de pression suffisantes, donneraient naissance à des composés plus condensés et même saturés. Il est donc fort possible, disent les plutoniens, que le pétrole ait une origine de ce genre.

En 1866, Berthelot émit l'opinion qu'il se forme dans l'intérieur de la terre, aux dépens de l'acide carbonique et des métaux alcalins, des acétylures qui, au contact de la vapeur d'eau, produiraient de l'acétylène, C^2H^2, lequel, sous l'influence de la température et de la pression, donnerait le pétrole et les produits goudronneux qui l'accompagnent.

Enfin, en 1876, Byasson montra qu'un mélange de vapeur d'eau, d'acide carbonique et d'hydrogène sulfuré agissant sur le fer peut engendrer du pétrole.

D'un autre côté, les partisans de l'origine neptunienne admettent que le pétrole résulte de la décomposition des plantes marines, des fucoïdes principalement, et des animaux vivant sur les bords des mers primitives; ils expliquent ainsi la présence de l'eau salée et du sel gemme. Ils lui attribuent donc une origine analogue à celle de la houille, de la tourbe, etc. Mendeléeff objecte avec raison à cette théorie que, si les pétroles avaient ainsi une origine organique, on devrait rencontrer des débris végétaux dans les gisements. Or jamais rien de semblable n'a été constaté, et il est difficile d'admettre que des substances organiques se soient intégralement transformées en huile sans avoir laissé de résidus charbonneux; on ne peut pas accepter davantage la supposition que le charbon ait disparu sous des influences quelconques, alors que l'huile aurait résisté. De plus, les produits de décomposition de nature végétale contiennent toujours de la benzine, et cette dernière existe avec ses homologues supérieurs dans les produits de distillation de Cannel-Coal, à côté de carbures identiques avec ceux du pétrole caractérisés par Schorlemmer. On constate bien en Amérique, dans les couches siluriennes qui sont très riches en pétrole, quelques gisements de charbon, mais ils sont trop peu importants pour qu'on puisse admettre une relation entre leur présence et celle du pétrole. De même, en Pensylvanie, on trouve du charbon en même temps que du pétrole, mais le premier est contenu dans les couches supérieures, tandis que le pétrole qui est contenu dans les couches dévoniennes se trouve *au-dessous* du charbon et en est séparé par des couches d'argile humide, imperméables au pétrole.

Comme on le voit, l'origine du pétrole est encore incertaine. Notons toutefois qu'il est connu depuis une haute antiquité; on le retirait jadis de l'île de Zante pour alimenter une partie de la

Grèce, et le pétrole d'Agrigente était brûlé sous le nom d'*huile de Sicile*.

PÉTROLE D'AMÉRIQUE. — On le rencontre surtout dans l'Amérique du Nord, parallèlement aux monts Alleghanys, depuis le lac Ontario jusqu'à la vallée de Kanawka en Virginie. Pour l'exploiter, on pratique des puits de profondeur variable, mais en général assez faible, ou on le recueille simplement à la sortie des sources. Le débit de ces dernières est très variable; il peut être de 3000 barils par jour, comme le fut celui du Philipps Well, ou seulement très faible, comme à Tegernsee, en Bavière, où la source, connue depuis 1430, ne produit annuellement que 42 litres de pétrole environ. Dans l'Amérique du Nord, les principaux centres d'exploitation sont : Mecca, Titusville, Oil-City, Pithole, Rouseville, M'Clintockville, etc. Au Canada, on rencontre du pétrole à Gaspe, sur les bords du Saint-Laurent, dans le comté de Lambton, etc. On en trouve également en Californie, dans l'Amérique du Sud, surtout au Pérou, dans la République Argentine, en Bolivie.

Le pétrole de Pensylvanie est un liquide plus ou moins fluide, odorant. Sa couleur varie du vert au brun-verdâtre, mais quelques puits le donnent clair et limpide à tel point qu'on peut l'employer sans épuration.

Le pétrole du Canada est de couleur foncée, sa viscosité est plus grande que celle du pétrole de Pensylvanie. Son odeur est désagréable.

Le pétrole brut, soumis au traitement industriel, donne les produits suivants, d'après H. Hofer (1877) :

Dénomination.	Quantité p. 100.	Densité en degrés B.	Point d'ébullition.
Cymogène......	»	110	0,0
Rhigolène......	»	100	19,4 à 70°
Gazoline......	1,5	85-90	129°
Naphte.........	10,0	71-76	152°
Kérosène, ou pétrole raffiné..	55,0	46	170°
Huile paraffinée.	19,5	30	»
Coke, perte, etc.	10,0	»	»

La distillation industrielle est suivie avec l'aréomètre; on général, une élévation de température de 5°.5 correspond à une augmentation de densité de 1° Beaumé.

En général, 100 barils de pétrole brut (159 hectolitres environ donnent : 70 à 80 barils de pétrole raffiné; 10 à 15 barils d'essence; 3 à 10 barils de résidu; 5 barils étant perdus.

Constitution. — Pelouze et Cahours ont établi en 1864 que les pétroles d'Amérique sont presque exclusivement formés par les hydrocarbures de la série C^nH^{2n+2}, depuis CH^4 jusqu'à $C^{16}H^{34}$; au-dessus du point d'ébullition de ce dernier hydrogène carboné, qui est situé vers 280°, il passe de la paraffine fusible de 45 à 65°. Distillée en vase clos, cette paraffine se scinde en hydrocarbures liquides bouillant à une température moins élevée et appartenant soit à la série C^nH^{2n+2}, soit à la série C^nH^{2n}.

Plus récemment, plusieurs savants, Schorlemmer notamment, se sont occupés de l'étude des carbures inférieurs du pétrole, et ont reconnu que certains de ces hydrocarbures existent sous deux modifications isomériques. Voici ces résultats, qui complètent le tableau donné par Pelouze et Cahours (t. II, p. 785) :

		Densités.	Point d'ébullition.
Pentane normal .	C^5H^{12}	—	37-39°
Diméthylpropane	C^5H^{12}	0,626	30°
Hexane normal.	C^6H^{14}	0,633 à 17°	71°,5
Heptane normal.	C^7H^{16}	0,712 à 16°	98°
Diméthyldiéthylméthane.... .	C^7H^{16}	0,711 à 0°	86°,5
Octane normal .	C^8H^{18}	0,703 à 17°	124°.

D'après Beilstein et Kourbatoff, le pétrole d'Amérique contiendrait aussi de l'*hexahydrométaxylène;* il y aurait donc à côté des carbures forméniques un petite quantité de carbures C^nH^{2n} ayant la constitution des carbures aromatiques perhydrogénés.

Action du bromure d'aluminium. — Gustavson a fait réagir le bromure d'aluminium et l'acide bromhydrique sur différentes fractions de l'éther du pétrole, et particulièrement sur l'hexane bouillant à 67-70° et sur la paraffine séparée de ces pétroles par refroidissement. Il a obtenu ainsi des liquides épais, de couleur rouge-orangé, se décomposant au-dessus de 120°, insolubles dans les carbures dont ils dérivent et dans le sulfure de carbone, miscibles en toutes proportions au bromure d'éthyle. L'eau les décompose. Ils correspondent à la formule $C^4H^8AlBr^3$. Il se forme également des hydrocarbures gazeux d'autant plus abondants que le bromure d'aluminium est en plus grande quantité. Un excès d'acide bromhydrique ou de bromure d'éthyle ainsi qu'une élévation de température favorisent la réaction.

Action de l'acide azotique. — Beilstein et Kourbatoff, en faisant réagir l'acide azotique sur la portion qui passe à 95-100°, ont obtenu un corps nitré, $C^7H^{15}(AzO^2)$, qui bout entre 193 et 197°; il se dissout à chaud dans la potasse concentrée.

La portion bouillant à 115-120° leur a donné plusieurs produits acides, parmi lesquels ils ont caractérisé le *trinitro-isoxylène*.

Action de la chaleur. — L'action première de la chaleur sur le pétrole brut est fort simple : le méthane, l'éthane, le propane et le butane dissous se dégagent à l'état gazeux, puis il passe à la distillation l'éther de pétrole, puis l'huile lampante et enfin l'huile paraffineuse.

Mais, en réalité, les choses se passent moins simplement dans les appareils industriels; ceux-ci, formés d'immenses cornues cylindriques en tôle, sont exposés à une température très élevée à leur partie inférieure qui est en contact avec le foyer. Dans ces conditions, il se dégage des produits absorbables par le brome, en quantité d'autant plus grande que la partie inférieure de la cornue est plus fortement surchauffée. C'est surtout dans la redistillation des produits à point d'ébullition supérieur à 300° que ce phénomène se constate.

Les carbures éthyléniques ainsi formés sont nombreux; on a constaté la présence de l'éthylène, du propylène, du butylène, de l'amylène, de l'hexylène, etc. A partir du butylène, ces hydrocarbures se forment sous plusieurs modifications isomériques, que l'on peut séparer en mettant à profit les différences des points d'ébullition de leurs bromures ou la facilité plus ou moins grande avec laquelle ils s'unissent à froid à l'acide chlorhydrique (Le Bel).

Mais, outre la série éthylénique, il se forme aussi des carbures moins saturés, notamment l'acétylène et le crotonylène.

La partie de l'essence du commerce qui bout à 50-80°, réduite en vapeur et dirigée à travers un tube de porcelaine chauffé au rouge sombre, donne de l'éthane et du propane; lorsqu'on dirige les produits volatils dans le brome, on obtient un mélange des bromures indiqués. Après distillation de ces bromures, le résidu retient un corps cristallisé qui n'est autre que le *tétrabromure de crotonylene* $C^4H^6Br^4$ de Caventou (L. Prunier).

En général, les carbures C^nH^{2n+2} des pétroles, soumis à l'action brusque de la chaleur, se séparent en composés contenant moins de carbone, et dont la saturation varie avec la température, la pression et le temps pendant lequel la matière organique est maintenue sous l'in-

fluence de la chaleur. Avec les pétroles légers, on obtient, et presque à volonté, les trois séries de bromures :

$$C^nH^{2n}Br^2$$
$$C^nH^{2n-2}Br^2$$
$$C^nH^{2n-2}Br^4$$

En résumé, le traitement industriel des pétroles donne :

1° Des essences;
2° De l'huile lampante (carbures forméniques);
3° Des carbures éthyléniques;
4° Des carbures acétyléniques;
5° Des carbures aromatiques;
6° Du coke;
7° De l'hydrogène libre.

Parmi les carbures ainsi engendrés, il en est de fort remarquables par leur composition. En effet, leur richesse en carbone les place à la suite du *chrysogène* de Fritzsche, du *parachrysène* de Rascnack, du *benzérythrène* de Schulz, et ils viennent fermer naturellement la série, remontant ainsi jusqu'au carbone presque absolument pur.

Les premiers de ces carbures ont été isolés par L. Prunier du *pétrocène*, corps qui avait figuré en 1876 à l'exposition de Philadelphie sous le nom de *New Product*. C'est un corps cristallisé, d'un beau vert, obtenu par le Dr Herbert Tweddle, de Pittsburg. Il prend naissance dans la redistillation des pétroles qui ont déjà fourni l'essence (D = 0,715) et l'huile lampante (D = 0,800). Les quelques kilogrammes obtenus par le Dr Tweddle provenaient du traitement de plus de 50,000 barils de pétrole.

Prunier a retiré de ce pétrocène et caractérisé les carbures suivants : l'*anthracène*, le *phénanthrène*, le *chrysène*, le *chrysogène*, le *pyrène*, le *benzérythrène*, le *fluoranthène*, le *parachrysène*, etc. Ces corps ne contiennent guère que 95 °/₀ de carbone. Prunier a isolé aussi un autre groupe qui doit être nombreux et dont la teneur en carbone s'élève à 96 et même 97 °/₀. Il est à noter, en passant, que la benzine et même le pétrole employés comme dissolvants se combinent avec ces carbures, et, par une sorte de rétrogradation, les ramènent à des teneurs en carbone comprises entre 94 et 95 °/₀.

Ce nouveau groupe comprend, entre autres, un carbure soluble dans l'acide acétique, répondant à $C^{12}H^8$ renfermant 94,7 de carbone. C'est un *isomère de l'acénaphtylène*.

Un autre contient 95,3 °/₀ de carbone et laisse dégager une quantité assez notable de *benzine*, quand on le chauffe vers 200-250°.

Le même groupe contient également des *quinones*, entre autres la *chrysène-quinone* et des composés voisins.

L'alcool chloroformé a dissous un carbure *presque blanc*, très fluorescent; sa formule doit être $C^{25}H^{10}$ (d'après ses combinaisons picriques), ou mieux $(C^6H^2)^n$.

Il existe aussi, à côté de ces corps, d'autres carbures demeurés solubles, dont la couleur varie du blanc-jaune au brun; leur formule répond à l'une des expressions suivantes :

$(C^4H^2)^n$	qui exige	96 °/₀	de carbone.
$(C^5H^2)^n$	—	96,77	—
$(C^6H^2)^n$	—	97,29	—
$(C^7H^2)^n$	—	97,67	—

la valeur de *n* étant variable, mais en général supérieure à 4.

Parallèlement à cette série fournie par le pétrocène, il en existe une autre que L. Prunier et E. Varenne ont retirée du coke qui forme le résidu final de la distillation industrielle des pétroles. Ce coke est très boursouflé, d'un noir luisant, à reflets brunâtres. Il est cassant, se pulvérise aisément et retient énergiquement une quantité d'eau notable. Inciné, il ne laisse qu'un faible résidu calcaire. Il contient 97 °/₀ de carbone. Il forme avec le sulfure de carbone une sorte de combinaison qui se gonfle beaucoup.

Epuisé par le sulfure de carbone, ce coke laisse un résidu de *charbon proprement dit*, contenant 97,4 à 98 °/₀ de carbone. Ce résidu forme avec le sulfure de carbone une combinaison qu'on ne peut détruire qu'en la chauffant vers 200-250°.

Le sulfure de carbone évaporé abandonne une masse noire par réflexion, rouge de sang par transparence et renfermant de 93 à 95 °/₀ de carbone. Cette masse, traitée par l'*alcool bouillant*, cède un corps jaune clair, à point de fusion peu élevé, de consistance visqueuse. Il renferme de 60 à 70 °/₀ de carbone et jusqu'à 25 °/₀ d'oxygène.

L'*éther* enlève un mélange de carbures et de produits oxydés, cristallisables, et dont la nuance varie de l'orangé au rouge.

L'*acide acétique cristallisable et bouillant* dissout un composé jaune-brun. Il contient 90 °/₀ de carbone et contient de l'oxygène. *C'est à lui surtout que paraît due la fluorescence du pétrole.*

Enfin, le résidu insoluble de ces opérations, lavé à l'eau alcaline pour enlever les dernières traces d'acide acétique, puis séché et resté soluble dans le sulfure de carbone, a donné comme moyenne de plusieurs analyses concordantes : C = 97,7; H = 2,5.

L'expression $(C^7H^2)^n$ exige 97,67 de carbone, ce qui s'accorde avec les résultats obtenus.

D'autre part, L. Prunier et E. Varenne ont cherché à fractionner par distillation la masse extraite du coke par le sulfure de carbone.

Ils sont partis d'une masse contenant pour 100 parties : C = 95,5; H = 2,5; O = 2,0.

A 250°, il commence à se former des vapeurs d'un jaune verdâtre, formées d'aiguilles miroitantes d'un aspect remarquable. Jusque vers 400°, les produits qui distillent sont presque complètement solubles dans l'alcool, l'éther ou l'acide acétique. Ils sont fortement fluorescents et contiennent de l'oxygène en proportion notable. A partir de 450° environ la proportion d'oxygène diminue sensiblement. A 450°, le résidu forme les trois quarts de la masse primitive. Il est *totalement soluble* dans le chloroforme et le sulfure de carbone. Débarrassé par l'acide acétique de ses dernières traces de produits oxydés, il a donné à l'analyse 97,7 et 98,11 °/₀ de carbone, ce qui correspond sensiblement à :

	$(C^8H^2)^n$	qui exige	97,95 C.
	$(C^9H^2)^n$	—	98,18 »
et même	$(C^{10}H^2)^n$	—	98,36 »

Toutes les fois qu'on approche de 500°, la matière cesse d'être complètement soluble, soit dans le chloroforme, soit dans le sulfure de carbone Il y a production d'un *charbon proprement dit*, lequel renferme en moyenne 98 °/₀ de carbone. Il est à noter que cette formation de charbon a lieu même à 280-300°, mais à condition de soutenir cette température pendant plusieurs heures.

PÉTROLE DU CAUCASE. — D'après Mendeléeff, les gisements de pétrole du Caucase seraient les plus abondants du globe (1). D'après de Fontpertuis, toute la péninsule de Bakou est sillonnée par des sources de naphte. Le centre d'exploita-

(1) L'île de Tschelekan, située sur la côte orientale de la mer Caspienne, renferme plus de 3,400 sources.

tion de ces sources est à Balahaneh, localité distante de 9 kilomètres de Bakou. Le pétrole brut est transporté à Bakou, soit dans des barils, soit dans des outres, soit au moyen de tuyaux de fer. Les distilleries sont situées dans un faubourg de Bakou qui longe la plage, et qu'on a surnommé la *Ville-Noire*. Il paraît que ces distilleries sont en si grand nombre, et que la fumée qu'elles produisent est si épaisse, que l'air en est chargé et le ciel obscurci. C'est à Sourahaneh, à cinq kilomètres de Balahaneh, que se trouve le temple des vieux Guèbres connu sous le nom de *Temple des feux éternels*. Les gaz combustibles qui se dégagent du sol en cet endroit, sont si abondants, que plusieurs usines l'utilisent pour leur éclairage.

Constitution. — Mendeléeff a étudié le pétrole de Bakou à l'usine Ragosine, située à Constantinoff, près de Jaroslaw.

La densité de ce pétrole varie de 0,881 à 0,886 à 15°. La distillation fractionnée de ce corps permet d'en représenter graphiquement la composition, ainsi que celle des produits qu'on en retire. A cet effet, on prend pour abscisses les proportions centésimales, et pour ordonnées les densités. Pour le pétrole brut, la courbe se rapproche d'une ligne brisée.

Les divers produits du pétrole de Bakou, même très voisins, ayant un coefficient de diffusion très petit, les différentes espèces de pétrole ne se mêlent que très lentement et les plus légères se superposent aux plus lourdes. Le coefficient de variation de densité avec la température peut être considéré comme constant pour un hydrocarbure donné. Ce coefficient décroît à mesure que la densité ou le coefficient d'homologie augmente; de sorte qu'en représentant la densité de l'eau par 1000, la valeur de ce coefficient peut être exprimée par la formule

$$\frac{d\Delta}{dt} = -[0,00635\,d - 0,0000045\,d^2 - 1,44],$$

dans laquelle d représente une densité comprise entre 750 et 900.

En distillant avec précaution la moitié du pétrole, on obtient un volume de gaz inflammables qui surpasse plusieurs fois celui du pétrole employé. Cette décomposition a lieu même lorsqu'on distille dans le vide; elle est surtout notable quand les hydrocarbures soumis à la distillation atteignent au moins une densité de 0,850. Elle est d'autant plus forte que la densité des huiles est plus élevée. Il en résulte qu'on ne peut extraire les huiles lourdes qu'au moyen d'un courant de vapeur d'eau surchauffé. Quand on a distillé les trois quarts du pétrole, il reste un goudron qu'on ne peut distiller sans décomposition. Le pétrole de Bakou contient beaucoup de *vaseline;* celle-ci a toutes les propriétés de la vaseline d'Amérique, sauf la densité qui est plus élevée, comme celle de tous les produits venant de Bakou.

D'après Schützenberger et Jonine, la majeure partie des pétroles du Caucase est formée par des carbures C^nH^{2n} isomériques avec les carbures éthyléniques, mais qui s'en distinguent par une absence marquée d'affinités chimiques, ce qui les rapproche des carbures forméniques C^nH^{2n+2}. On doit les considérer comme des carbures aromatiques perhydrogénés, à chaînes latérales. Wreden a déjà décrit trois de ces carbures :

		Densité.	Points d'ébullition.
Hexahydrobenzine....	C^6H^{12}	0,760	69°
Hexahydrotoluène....	C^7H^{14}	0,772	97
Hexahydro-isoxylène..	C^8H^{16}	0,771	187

Beilstein et Kourbatoff y ont également trouvé de l'*hexahydrométaxylène*.

Markownikoff et Oglobine ont montré que la composition des fractions du pétrole du Caucase bouillant entre 150 et 300° sous la pression ordinaire et aussi celles des fractions passant de 210 à 330° sous la pression de 20 millimètres sont très voisines de $C^{2n}H^{2n}$ après qu'on a éliminé les produits oxygénés. Les hydrocarbures riches en carbone étant enlevés, il ne reste plus que les hydrocarbures de composition constante C^nH^{2n}. On effectue cette séparation en faisant agir pendant un temps considérable de l'iode sur les hydrocarbures à leur température d'ébullition.

Dans la partie bouillant à 180-200°, les mêmes auteurs ont trouvé, outre une petite quantité de l'hydrocarbure $C^{11}H^{16}$, les hydrocarbures de la série C^nH^{2n}, et, comme produit principal, les cymènes isomériques, la *métaméthylpropylbenzine* et la *tétraméthylbenzine*.

La fraction bouillant à 240-250° contient l'une des *propylnaphtalines* isomériques $C^{13}H^{14}$, les hydrocarbures $C^{12}H^{14}$ et $C^{11}H^{14}$, dont le dernier appartient probablement à la série du styrolène, et enfin l'hydrocarbure $C^{15}H^{30}$.

Action de l'acide azotique. — Beilstein et Kourbatoff ont pu attaquer par l'acide azotique d'une densité de 1,52, même à froid, les pétroles du Caucase. Ils ont constaté que les carbures saturés des pétroles d'Amérique sont oxydés lentement par l'acide azotique.

L'action de l'acide azotique sur la fraction bouillant à 95-100° leur a donné de l'*acide succinique, plusieurs acides liquides* et *un corps nitré* $C^6H^{11}(AzO^2)$, bouillant à 210-215°. L'action de l'acide azotique sur l'hydrocarbure du pétrole américain possédant le même point d'ébullition, 95-100°, fournit un corps nitré, $C^7H^{15}(AzO^2)$, bouillant entre 193 et 197°.

Ils ont réussi pareillement à nitrer les portions bouillant vers 115-120° et ont pu identifier les cristaux ainsi obtenus avec le *trinitro-isoxylène*.

Action de l'acide sulfurique. — Markownikoff et Oglobine ont préparé, avec différentes fractions des hydrocarbures bouillant entre 180-280°, toute une série d'acides sulfonés. Dans la plupart des cas, il se forme des acides monosulfonés, mais on peut aussi constater la présence d'acides disulfonés dérivés des hydrocarbures des séries :

$$C^nH^{2n-2},\ C^nH^{2n-4},\ C^nH^{2n-6},\ C^nH^{2n-10},\ C^nH^{2n-12}.$$

De 13 à 20 % du carbure primitif se convertissent en ces dérivés; le reste constitue des hydrocarbures de la série C^nH^{2n}.

Avec l'acide sulfurique fumant, ils ont ainsi obtenu, à côté des produits résineux, toute une série d'acides sulfonés présentant les caractères généraux des dérivés aromatiques, savoir :

α. — Avec les fractions bouillant de 180 à 190° :
1° L'acide $C^{11}H^{15}.SO^3H$;
2° Deux acides isomériques : $C^{10}H^{13}.SO^3H$.

β. — Avec les fractions bouillant de 240 à 250° :
1° L'acide $C^{13}H^{13}.SO^3H$;
2° L'acide $C^{12}H^{12}(SO^3H)^2$;
3° L'acide $C^{11}H^{13}.SO^3H$;
4° L'acide $C^{12}H^{13}.SO^3H$.

Action de la chaleur. — Schützenberger a transformé au rouge vif les carbures C^nH^{2n} contenus dans le pétrole du Caucase en *carbures benzéniques*. En fractionnant les produits obtenus au rouge sombre, ce même savant a rencontré du *butylène* et du *crotonylène* dans le mélange des hydrocarbures bouillant à 15-35°. Les fractions plus élevées de 150-160° renferment des *polymères de crotonylène*.

L'acide sulfurique transforme rapidement le crotonylène et ses polymères en une matière résineuse (Schützenberger).

PÉTROLE DE ZARSKIZE KOLODZY (gouvernement de Tiflis, au centre du Caucase). — Ce pétrole forme, par sa constitution, le passage du pétrole d'Amérique à celui du Caucase. Il se distingue du pétrole de Bakou en ce qu'il est beaucoup plus léger et contient un plus grand nombre d'éléments volatils. Beilstein et Kourbatoff l'ont soumis à la distillation fractionnée et ont obtenu :

1° De 30 à 35°, du *pentane normal*, de l'*isopentane* mélangés et tenant en dissolution un peu d'*hydrure de butyle* ;

2° De 70 à 75°, une notable quantité d'*hydrure d'hexyle* mélangée à des *carbures* C^nH^{2n} ;

3° De 95 à 100°, de l'*hydrure d'heptyle* avec de la *benzine* et du *toluène*.

Ce pétrole possède donc une autre composition que celui de la mer Caspienne.

Il contient les hydrocarbures C^nH^{2n+2} du pétrole américain, une petite quantité de carbures aromatiques C^nH^{2n-6} (que l'on a rencontrés aussi dans les pétroles de Hanovre et de Galicie) et les hydrocarbures C^nH^{2n} des pétroles de Bakou.

Action de l'acide azotique. — Ce pétrole, traité par l'acide azotique (D = 1,52), a donné des cristaux fusibles à 95-96°, se déposant de l'alcool en aiguilles larges et brillantes. L'analyse leur a assigné la formule $C^4H^8(AzO^2)^2$, qui représente le *dinitro-butane*. Beilstein et Kourbatoff rappellent à ce sujet que l'acide azotique sur le triméthylcarbinol fournit également du *dinitro-butane* cristallisé.

PÉTROLE DE KOUBAN. — Le pétrole rencontré par M. Twedle dans le district de Kouban, à la profondeur de 95 mètres, possède des propriétés analogues à celles du pétrole américain. Il est riche en *kérosène*. Sa densité, 0,80, est inférieure à celle du pétrole de Bakou (0,86).

PÉTROLES DE HANOVRE ET DE GALICIE. — Ils se distinguent des autres pétroles par la présence de carbures aromatiques.

PÉTROLE D'ÉGYPTE. — Le pétrole d'Égypte a une densité élevée = 0,935. Il ne renferme ni éther, ni essence de pétrole, ni huile lampante, ni paraffine.

PÉTROLE DE L'OCÉAN INDIEN. — Les pétroles de l'océan Indien sont remarquables par la présence d'une assez grande quantité de produits sulfurés, qui leur communiquent une odeur très désagréable.

PÉTROLE DE PECHELBRONN (ALSACE). — Ces mines, connues depuis plus d'un siècle, fournissent une huile noire très épaisse (D = 0,910), qui autrefois était employée telle quelle pour le graissage des voitures. Plus récemment on en a tiré par distillation dans la vapeur d'eau surchauffée des huiles de graissage très remarquables par leur viscosité et leur densité élevée (0,910 à 0,920). C'est de ce pétrole que Boussingault a isolé un hydrocarbure particulier, le *pétrolène*, et une matière colorante noire, l'*asphaltène* (t. Ier, p. 618). Tout récemment, Le Bel a découvert à Pechelbronn un gisement de pétrole assez liquide, tout à fait analogue à celui de Pensylvanie.

Citons enfin pour mémoire les pétroles de Sehnde (Hanovre), de Kleinschippenstedt (duché de Brunswick), de Coalbrookdale en Angleterre, et ceux des Pyrénées, de la Hongrie, de la Transylvanie, de la Croatie, de la Valachie et surtout de Rangoon en Birmanie, où on en recueille annuellement plus de 120 millions de kilogrammes.

E. Varenne.

PEUCÉDANINE. — Elle cristallise en aiguilles groupées concentriquement, inodores et incolores, qui fondent à 81-82° ; la masse fondue se solidifie très lentement et fond ensuite déjà vers 74-75°. Les analyses de la peucédanine conduisent à la formule $C^{12}H^{12}O^3$, qui a été admise t. II, p. 791, et que Hlasiwetz et Weidel ont changée plus tard en $C^{16}H^{16}O^4$. L'orosélone en effet renferme $C^{14}H^{12}O^4$, et elle se forme, en même temps que du chlorure de méthyle, lorsque la peucédanine est portée à l'ébullition avec de l'acide chlorhydrique concentré, ou mieux, fondue dans un courant de gaz chlorhydrique. L'équation suivante rend compte de ces dédoublements :

$$C^{16}H^{16}O^4 + 2HCl = C^{14}H^{12}O^4 + 2CH^3Cl$$

[Hlasiwetz et Weidel, *Liebig's Ann. Chem.*, t. CLXXIV, p. 67].

Lorsque la peucédanine est chauffée au réfrigérant ascendant avec de la potasse alcoolique, on obtient de l'orosélone et de l'acide formique ; G. Heut a vainement cherché l'acide angélique parmi les produits. La potasse fondante fournit d'abord les mêmes substances, puis l'orosélone est scindée en résorcine et acide acétique. L'acide sulfurique étendu et bouillant donne pareillement de l'orosélone. L'acide nitrique donne la nitropeucédanine de Bothe, et, en outre, de la trinitrorésorcine et de l'acide oxalique [C. Heut, *Liebig's Ann. Chem.*, t. CLXXVI, p. 70].

OXYPEUCÉDANINE. — Ce corps, découvert par Erdmann, se trouve quelquefois dans la racine d'impératoire. D'après Bothe, il fondrait à 140° et renfermerait $C^{24}H^{22}O^7$. Heut a analysé la même matière et adopté la formule de Bothe : mais Hlasiwetz et Weidel considèrent ce corps comme un mélange de peucédanine et d'orosélone ; ils indiquent pour ce dernier corps le point de fusion 177°, tandis que Heut a trouvé 156°.

A. Henninger.

PHÉNACÉTÉINE, $C^{16}H^{12}O^2$ [Rasinski, *Journ. prakt. Chem.* (2), t. XXVI, p. 54]. — Ce corps prend naissance lorsqu'on chauffe pendant 20-30 minutes au réfrigérant ascendant un mélange de 10 grammes de phénol, 20 grammes d'anhydride acétique et 20 grammes de chlorure de zinc. Après le refroidissement, on lave la masse par décantation avec une grande quantité d'eau, puis on la fait digérer au bain-marie avec de l'acide chlorhydrique à 5 %. On filtre au bout de 24 heures et on précipite en neutralisant exactement par l'ammoniaque.

La phénacétéine est une masse rouge amorphe, très soluble dans l'alcool, l'éther, les alcalis, l'acide acétique cristallisable, moins soluble dans le chloroforme et le sulfure de carbone, insoluble dans l'eau et dans la benzine.

Elle se forme d'après l'équation

$$2C^6H^6O + (C^2H^3O)^2O = 3H^2O + C^{16}H^{12}O^2.$$

Chauffée avec de l'anhydride acétique, la phénacétéine fournit un dérivé cristallisé, soluble en vert dans l'alcool et dans l'acide acétique.

PHÉNACÉTOLINE [Lunge, *Deutsch. chem. Gesellsch.*, 1881, p. 2693]. — Matière colorante qui se produit par l'action de la chaleur sur un mélange de phénol, d'anhydride acétique et d'acide sulfurique, et qui peut servir d'indicateur pour le dosage des alcalis caustiques en présence des carbonates alcalins. On l'emploie en solution alcoolique. Ce corps se colore en jaune clair par les alcalis caustiques, en rouge par les carbonates alcalins.

PHÉNACÉTURIQUE (ACIDE). $C^{10}H^{11}AzO^3$. — Cet acide, analogue à l'acide hippurique et isomère avec l'acide toluriqué, se trouve dans l'urine de chiens auxquels on a fait ingérer l'acide phénylacétique par doses journalières de 1gr,5 à 2 grammes. L'urine est évaporée, acidulée par l'acide sulfurique et épuisée par l'éther alcoolique ; le résidu de la distillation du liquide éthéré est traité par un lait de chaux, l'excès de cette base est enlevé par le gaz carbonique et le sel de calcium est purifié par le charbon animal, puis décomposé par l'acide chlorhydrique.

L'acide phénacéturique, cristallisé dans l'eau, se présente en lamelles minces ou en prismes rectangulaires terminés par un dôme. Il fond à 143°. Un peu plus soluble dans l'eau que l'acide hippurique, très soluble dans l'alcool, très peu soluble dans l'éther pur. L'acide chlorhydrique bouillant le dédouble en glycocolle et acide phénylacétique. Les sels alcalins et le sel de calcium sont solubles; le sel de cuivre est un précipité bleu cristallin assez peu soluble; celui d'argent est presque insoluble et ne devient cristallin qu'au bout de quelque temps [E. Salkowski et H. Salkowski, *Deutsch. chem. Gesellsch.*, 1879, p. 653].

PHÉNANTHRÈNE, $C^{14}H^{10}$ (voyez t. II, p. 703). — Le phénanthrène prend naissance dans un grand nombre de réactions pyrogénées. Barbier l'a trouvé parmi les produits qui se forment lorsqu'on fait passer à travers des tubes chauffés au rouge un mélange de benzine et d'éthylène, de benzine et de styrol, de diphényle et d'éthylène, ou du phényltoluène, du ditolyle ou du stilbène seuls [Barbier, *Compt. rend.*, t. LXXIX, p. 121, 124, et t. LXXVIII, p. 1771].

Le toluène le fournit également lorsqu'on le fait passer à travers des tubes chauffés au rouge [Graebe, *Deutsch. chem. Gesellsch.*, 1874, p. 48].

Le dibenzyltoluène le donne dans les mêmes conditions [Weber et Zincke, *Deutsch. chem. Gesellsch.*, 1874, p. 1153].

Le phénanthrène se forme aussi, de même que l'anthracène, lorsqu'on chauffe de l'alizarine avec de la poudre de zinc [Barbier, *loc cit.*] ou lorsqu'on traite le bromure d'orthobromobenzyle en solution éthérée par le sodium [Loring Jackson et Fleming White, *Deutsch. chem. Gesellsch.*, 1879, p. 1965].

Le phénanthrène fond à 96° [Ostermayer, *Deutsch. chem. Gesellsch.*, 1874, p. 1089]. Avec les trichlorures d'antimoine et de bismuth, il donne des colorations vert ou vert-brun [Watson Smith, *Deutsch. chem. Gesellsch.*, 1879, p. 1420].

D'après Ruoff, le phénanthrène, traité par le perchlorure d'antimoine ou par le trichlorure d'iode, se décompose en méthane perchloré et en benzine perchlorée [*Deutsch. chem. Gesellsch.*, 1876, p. 1490]. Chloré, en solution dans l'acide acétique glacial, il donne des aiguilles de la formule $C^{14}H^{8}Cl^{2}.Cl^{4}$; traité par le brome dans les mêmes conditions, il fournit l'heptabromophénanthrène; chauffé avec un excès de perchlorure d'antimoine à 270-280°, il donne de la benzine hexachlorée [Zetter, *Deutsch. chem. Gesellsch.*, 1877, p. 89 et 1233; voyez plus loin].

D'après Barbier, l'hydrure de phénanthrène serait un mélange de phénanthrène et d'un carbure $C^{14}H^{30}$. A 210-240°, le phénanthrène ne serait pas attaqué par l'acide iodhydrique, mais à 260-270° il donne le carbure $C^{14}H^{30}$ que l'on sépare en enlevant les cristaux formés et traitant la partie liquide du produit successivement par l'acide azotique, et par l'étain et l'acide chlorhydrique. Le carbure $C^{14}H^{30}$, n'est pas attaqué. Il bout à 250°. Les cristaux qui seraient l'hydrure brut, fournissent, lorsqu'on les chauffe au rouge sombre, de la benzine, du dibenzyle et du phénanthrène [Barbier, *loc. cit.*].

Graebe maintient son affirmation relative à l'existence de l'hydrure de phénanthrène [voyez t. II, p. 794, et *Deutsch. chem. Gesellsch.*, 1875, p. 1055].

Avec le *chlorure de picryle*, le phénanthrène forme la combinaison $C^{14}H^{10}.C^{6}H^{2}(AzO^{2})^{3}Cl$, cristallisée en aiguilles aplaties jaunâtres, fusibles à 95-96° [Liebermann et Palm, *Deutsch. chem. Gesellsch.*, 1875, p. 377].

Dérivés chlorés. — Zetter a préparé les dérivés chlorés du phénanthrène [*Deutsch. chem. Gesellsch.*, 1878, p. 164].

Phénanthrène monochloré. — C'est une huile qui se dépose par la concentration des eaux mères du dérivé dichloré.

Phénanthrène dichloré, $C^{14}H^{8}Cl^{2}$. — Il ne cristallise pas. On l'obtient en ajoutant de l'eau à la solution acétique qui a servi à la préparation du composé suivant. Il se dépose des flocons blancs de mono et de dichlorophénanthrène, que l'on dissout dans de l'acide acétique glacial; puis on ajoute de l'eau et on lave à l'éther les flocons qui se déposent.

Tétrachlorure de phénanthrène dichloré,

$C^{14}H^{8}Cl^{2}.Cl^{4}$.

— Ce composé s'obtient lorsqu'on fait passer un courant de chlore dans une solution de phénanthrène dans l'acide acétique cristallisable. Au bout de 18 à 24 heures, il se dépose des cristaux, que l'on purifie par cristallisation dans l'alcool, l'éther ou l'acide acétique glacial. Ce corps fond à 145°; à une température plus élevée, il se décompose en acide chlorhydrique et phénanthrène tétrachloré. A l'ébullition avec de la potasse alcoolique, il perd d'abord une, puis une seconde molécule d'acide chlorhydrique et se convertit en:

Phénanthrène tétrachloré, $C^{14}H^{6}Cl^{4}$. — Aiguilles fusibles à 171-172° et qui peuvent être sublimées. Il se forme aussi lorsqu'on traite le phénanthrène sec par le pentachlorure d'antimoine à froid, ou par le trichlorure d'iode à 100-110°. On enlève l'antimoine par l'acide chlorhydrique bouillant, et on fait cristalliser le résidu dans l'acide acétique glacial, puis on ajoute de l'eau à la solution froide, et on dissout dans la benzine ou dans l'éther le produit déposé, pour le purifier. On obtient ainsi des aiguilles jaunes.

Phénanthrène hexachloré, $C^{14}H^{4}Cl^{6}$. — On obtient ce composé en chauffant le phénanthrène avec le pentachlorure d'antimoine au bain d'huile à 180-200°, ou en tubes scellés à 120-140°. Le produit, que l'on purifie par dissolution dans l'acide acétique glacial, précipitation par l'eau et cristallisation dans l'éther, est en aiguilles fusibles à 249-250°.

Phénanthrène octochloré, $C^{14}H^{2}Cl^{8}$. — On l'obtient en chauffant du phénanthrène en tubes scellés à 180-200° avec un excès de perchlorure d'antimoine. Il fond à 270-280°.

Phénanthrènes bromés. — Le *phénanthrène monobromé* distille au delà de 360°. Oxydé en solution acétique par l'acide chromique, il donne de la phénanthrène-quinone, non bromée. L'acide nitrique le convertit en phénanthrène nitrobromé [voyez plus loin; Anschütz, *Deutsch. chem. Gesellsch.*, 187., p. 1217].

Lorsqu'on ajoute 4 molécules de brome à une solution de phénanthrène dans l'éther (au lieu d'opérer en solution dans le sulfure de carbone, comme l'a fait Hayduck), il se dépose au bout de 20-24 heures des cristaux, que l'on purifie par dissolution dans l'alcool. On obtient ainsi des aiguilles blanches de *phénanthrène dibromé*, $C^{14}H^{8}Br^{2}$, fusibles à 146-148°, solubles dans l'alcool et dans la benzine, et qui peuvent être sublimées [Zetter, *loc cit.*] Avec l'acétate d'argent, ce corps perd de l'acide bromhydrique et donne le phénanthrène monobromé [Anschütz, *loc. cit.*]. Chauffé avec une solution alcoolique de cyanure de potassium, il donne du phénanthrène (Anschütz).

Les eaux mères de ce composé fournissent par concentration un mélange de tables et d'aiguilles. On enlève les aiguilles, qui sont le bromure décrit, par lévigation, et on fait cristalliser les tables dans de l'éther ou dans de la benzine. Ainsi purifiées, elles fondent à 158° et constituent un *phénanthrène dibromé isomérique* (Zetter).

Phénanthrène tribromé de Hayduck. — Il se forme par l'action du brome sur le phénanthrène à 130-140°.

Phénanthrène tétrabromé, $C^{14}H^{6}Br^{4}$. — Il se forme lorsqu'on chauffe du phénanthrène avec la quantité théorique de brome à 200-210° pendant 12 heures. On fait bouillir le produit avec de la soude, puis on le fait cristalliser d'abord dans la benzine, puis dans l'acide acétique glacial pour le faire sublimer ensuite. On obtient ainsi des aiguilles fusibles à 183-185°, solubles dans la benzine et dans le toluène (Zetter).

Phénanthrène hexabromé, $C^{14}H^{4}Br^{6}$. — Il prend naissance lorsqu'on chauffe à 280° du phénanthrène avec la quantité théorique de brome additionnée de 1 molécule d'iode. On le purifie comme le précédent. Il est en aiguilles fusibles à 245°, solubles dans la benzine (Zetter).

Phénanthrène heptabromé, $C^{14}H^{3}Br^{7}$. — On l'obtient en chauffant à 360°, pendant 50 à 60 heures, du phénanthrène avec un excès de brome et beaucoup d'iode, et on purifie le produit par dissolutions répétées dans la benzine et précipitations par l'alcool, suivies de sublimations. Aiguilles jaunes, fusibles au delà de 270° (Zetter).

NITROPHÉNANTHRÈNES. — Lorsqu'on fait réagir à la température ordinaire pendant 3-4 jours 1 p. d'acide nitrique d'une densité 1,35 sur 8 p. de phénanthrène mélangé de 3 ½ p. de sable, on obtient un mélange de trois mononitrophénanthrènes, que l'on sépare, après avoir lavé le produit à l'eau et avec du carbonate de sodium au moyen de cristallisations dans l'alcool, l'éther, l'acide acétique glacial et le toluène.

L'α-*nitrophénanthrène* est en cristaux fusibles à 73-75°.

Le β-*nitrophénanthrène* fond à 126-127°.

Le γ-*nitrophénanthrène* est en lamelles solubles dans l'alcool et l'acide acétique glacial.

Ces trois corps fournissent, par réduction au moyen du sulfhydrate d'ammonium, des dérivés *amidés* dont les *chlorhydrates* et *sulfates* sont cristallins. Par oxydation au moyen de l'acide chromique, les composés amidés se transforment en composés nitrés [Schmidt, *Deutsch. chem. Gesellsch.*, 1879, p. 1153].

Phénanthrène bromonitré, $C^{14}H^{8}Br(AzO^{2})$. — Il se forme par l'action de l'acide nitrique sur une solution chaude de phénanthrène monobromé dans l'acide acétique glacial. On précipite par l'eau, et on fait cristalliser dans le sulfure de carbone. On obtient ainsi des prismes fusibles à 195-196°, et il reste un corps rouge non étudié [Anschütz, *loc. cit.*].

ACIDES PHÉNANTHRÈNES-SULFONIQUES. — *Acide β-phénanthrène-monosulfonique*, $C^{14}H^{9}.SO^{3}H$. — Morton et Geyer ont obtenu cet acide, isomérique avec celui décrit t. II, p. 794, en chauffant 3 p. de phénanthrène à 170° avec 2 p. d'acide sulfurique. Il cristallise en aiguilles nacrées, solubles dans l'eau et l'alcool; les sels de *baryum* et de *plomb* renferment 3 $H^{2}O$ [*Journ. amer. chem. Soc.*, 1880, t. II, p. 203].

Acide phénanthrène-disulfonique, $C^{14}H^{8}(SO^{3}H)^{2}$. — Cet acide constitue un sirop brun incristallisable, qui se forme lorsqu'on chauffe au bain-marie un mélange de 1 p. de phénanthrène et de 4 p. d'acide pyrosulfurique après avoir bien agité. On le purifie au moyen de son sel de plomb ou de son sel de calcium.

Sel de baryum. — Poudre blanche. — *Sel de potassium*, $C^{14}H^{8}(SO^{3})^{2}K^{2} + 3H^{2}O$. — Poudre jaunâtre qui, fondue avec de la potasse à 260-280°, donne un corps phénolique non étudié. Distillé avec du ferrocyanure de potassium, ce sel donne le nitrile d'un acide carboxylique [E. Fischer, *Deutsch. chem. Gesellsch.*, 1880, p. 314].

Fondu avec de la résorcine (2 molécules) à 195-200, il fournit la *phénanthrène-sulféine* de la *résorcine*, $C^{26}H^{16}S^{2}O^{7}$, poudre rouge brun, dont les solutions alcalines sont fluorescentes; les sels de rosanilines sont d'un beau rouge. Le brome les décolore [E. Fischer, *ibid.*, 1880, p. 314].

Acide monobromophénanthrène-monosulfonique, $C^{14}H^{8}BrSO^{3}H$. — On l'obtient en traitant à 100° le phénanthrène monobromé par l'acide sulfurique concentré. Son sel *potassique* est en aiguilles très peu solubles; le sel d'argent cristallise de même; le sel de baryum est un précipité amorphe [Anschütz et Siemienski, *Deutsch. chem. Gesellsch.*, 1880, p. 1179].

ACIDES PHÉNANTHRÈNE-CARBONIQUES. — On a décrit deux acides isomériques de cette composition.

L'*acide* α

$$C^{15}H^{10}O^{2} = \begin{matrix} C^{6}H^{4}-CH \\ CO^{2}H\text{-}\dot{C}^{6}H^{3}-\overset{\|}{C}H \end{matrix}$$

se forme lorsqu'on distille le sel calcique de l'acide α-phénanthrène-monosulfonique avec du ferrocyanure de potassium, et que l'on saponifie le nitrile formé par la potasse alcoolique. Il fond à 260° et est insoluble dans l'eau, soluble dans l'acide acétique glacial et l'éther. Le *sel de baryum*, $(C^{14}H^{9}.CO^{2})^{2}Ba + 2H^{2}O$, distillé avec de la chaux sodée, donne du phénanthrène. Oxydé en solution acétique par l'acide chromique, il donne l'acide *phénanthrène-quinone-carbonique*, qui fond au delà de 315° (voyez plus loin) [Japp et Anschütz, *Deutsch. chem. Gesellsch.*, 1877, p. 1661; — Japp, *Chem. Soc. Journ.*, 1880, p. 83].

L'*acide* β

$$C^{15}H^{10}O^{2} = \begin{matrix} C^{6}H^{4}-C\text{-}CO^{2}H \\ \overset{\|}{C}^{6}H^{4}-\dot{C}H \end{matrix}$$

se forme au moyen du β-phénanthrène-sulfonate de calcium, comme le précédent, au moyen du sel α. Il est insoluble dans l'eau, soluble dans l'alcool, l'éther et l'acide acétique glacial; il fond à 250-251°. Le *sel de baryum* renferme $6H^{2}O$, le sel de *sodium* $5H^{2}O$. Distillé avec de la chaux, il donne du phénanthrène. Oxydé par l'acide chromique, il se convertit en phénanthrène-quinone [Japp, *loc. cit.*].

PHÉNANTHRÈNE-QUINONE. — La phénanthrène-quinone donne une réaction colorée découverte par Laubenheimer. Lorsqu'on ajoute, goutte à goutte, 4cc d'acide sulfurique à 5cc d'une solution de 0 gr. 5 de phénanthrène-quinone dans 100cc d'acide acétique glacial additionné de 1cc de toluène, on obtient une coloration bleu-verdâtre. Lorsqu'on ajoute de l'eau au mélange, il se trouble; le liquide cède à l'éther une matière qui le colore en rouge violet [*Deutsch. chem. Gesellsch.*, 1875, p. 224].

Chauffée avec de la chaux vive, elle donne du fluorène et de la diphénylène-acétone [Anschütz et Schultz, *Deutsch. chem. Gesellsch.*, 1876, p. 1400].

La phénanthrène-quinone, traitée par l'amalgame de sodium en solution alcoolique, ou soumise à l'ébullition avec de la potasse alcoolique, donne de l'acide diphénique [Anschütz, *Deutsch. chem. Gesellsch.*, 1877, p. 323]. Oxydée en solution alcaline par une petite proportion de permanganate de potassium à 100°, elle fournit de l'acide diphénylène-glycolique et des traces d'acide diphénique. Oxydée avec un poids égal de permanganate de potassium, elle se change en acide diphénique [Anschütz et Japp, *Deutsch. chem. Gesellsch.*, 1878, p. 211].

La soude très étendue et bouillante la convertit en diphénylène-acétone (Anschütz et Japp).

La phénanthrène-quinone, traitée en solution éthérée par le zinc-éthyle, donne un corps de la formule $C^{16}H^{14}O^{3}.C^{2}H^{6}O$, qui cristallise en grandes tables fusibles à 77°. Dans le vide, sur l'acide sulfurique, il perd après quelques mois la molécule d'alcool et se convertit en $C^{16}H^{14}O^2$, qui est une poudre fusible à 80° Ce corps, oxydé par l'acide chromique, donne de la phénanthrène-quinone; distillé avec de la poudre de zinc, il fournit du phénanthrène. Il donne des combinaisons avec les alcalis, dont l'acide carbonique le sépare. Le composé avec 1 molécule d'alcool de cristallisation donne un dérivé acétylé fusible à 103°.

On attribue au corps $C^{16}H^{14}O^2$ la formule

$$\begin{array}{l} C^6H^4\text{-}C.OC^2H^5 \\ C^6H^4\text{-}\overset{\|}{C}\text{-}OH \end{array}$$

et on lui a donné le nom de *phénanthrène-éthylehydroquinone* [Japp, *Deutsch. chem. Gesellsch.*, 1879, p. 1306; 1880 p. 761].

Lorsqu'on chauffe la phénanthrène-quinone avec de l'aldéhyde benzoïque à 250-270° pendant 5-6 heures en tubes scellés, il se forme de l'acide benzoïque et un corps de la formule $C^{35}H^{24}O$, insoluble dans l'alcool et l'éther, soluble dans le sulfure de carbone et la benzine. Oxydé par l'acide chromique, il donne de l'acide benzoïque et de la phénanthrène-quinone; distillé avec de la poudre de zinc, il donne du phénanthrène. Si l'aldéhyde benzoïque renferme de l'acide cyanhydrique, il se forme en outre dans cette réaction un composé de la formule $C^{21}H^{13}AzO$ [Japp, *Chem. Soc. Journ.*, 1880 p. 661].

Le corps

$$C^{21}H^{13}AzO = \begin{array}{l} C^6H^4\text{-}C\text{-}O \\ C^6H^4\text{-}\overset{\|}{C}Az \end{array} \!\!> C\text{-}C^6H^5$$

prend également naissance par l'action de l'aldéhyde benzoïque et de l'ammoniaque sur la phénanthrène-quinone à 100°. Soumise à une cristallisation dans la benzine, il se présente en faisceaux d'aiguilles soyeuses fusibles à 202°; c'est le *benzenyl-amido-phénanthrol* [Japp et Wilcock, *Chem. Soc. Journ.*, 1881, p. 225].

Avec l'aldéhyde cuminique on obtient le *cuményl-amido-phénanthrol* $(C^{14}H^8OAz)C\text{-}C^6H^4.C^3H^7$ en aiguilles soyeuses fusibles à 186°.

Avec le furfurol il se forme le *furfurényl-amido-phénanthrol*, fusible à 231° (Japp et Wilcock). L'aldéhyde salicylique fournit un composé de la formule $C^{21}H^{14}Az^2O$, l'*anhydro-salicyl-diamido-phénanthrène*, qui est en aiguilles fusibles à 270-276°, solubles dans l'alcool amylique et l'acide acétique glacial. L'acide carbonique le précipite de sa solution alcaline. Le *chlorhydrate* est décomposé par l'eau. Il fournit un dérivé benzoylé fusible à 218-220° [Japp et Streatfield, *Chem. Soc. Journ.* 1882, t. I, p. 146 et 270].

L'aldéhyde méthylsalicylique donne l'*éther méthylique* du corps précédent, qui cristallise dans la benzine en aiguilles jaunes fusibles à 207-208°. L'acide chlorhydrique à 200° le transforme en *anhydrosalicyldiamidophénanthrène*. Les eaux mères de sa préparation renferment le *méthoxylbenzényl-amidophénanthrol* $C^{22}H^{15}AzO^2$ qui cristallise en aiguilles blanches fusibles à 145°.

Avec l'aldéhyde paroxybenzoïque on obtient un corps qui est en fines aiguilles fusibles vers 350° et dont le dérivé acétylé fond à 205-210° (Japp et Streatfield).

Lorsqu'on chauffe la phénanthrène-quinone avec de l'acétone et de l'ammoniaque aqueuse concentrée en tubes scellés, on obtient un corps cristallisé, insoluble dans l'alcool et l'eau, de la formule $C^{17}H^{15}AzO^2$. Ce corps, laissé au contact des acides formique, oxalique ou chlorhydrique pendant quelques jours, puis traité par l'eau, se convertit en lamelles qui, après cristallisation dans l'éther, fondent à 90° et possèdent la formule $C^{17}H^{14}O^3$. Il se forme également lorsqu'on chauffe la phénanthrène-quinone à 200° avec de l'acétone. Il se combine avec l'acétylacétate d'éthyle pour former le composé $C^{20}H^{16}O^4$, qui n'a pas été étudié. Les deux composés

$$C^{17}H^{15}AzO^2 \text{ et } C^{17}H^{14}O^3,$$

soumis à l'ébullition avec un alcali ou avec l'eau, donnent de la phénanthrène-quinone; le corps $C^{17}H^{14}O^3$, chauffé seul, se dédouble en phénanthrène-quinone et en acétone (Japp et Streatfield).

L'action de l'ammoniaque sur la phénanthrène-quinone a fourni des dérivés très différents suivant les conditions de la réaction.

La phénanthrène-quinone en solution alcoolique, traitée à chaud par l'ammoniaque, donne un composé de la formule

$$C^{14}H^9AzO = \begin{array}{l} C^6H^4\text{-}CO \\ C^6H^4\text{-}CAzH \end{array}$$

qui se dépose par le refroidissement en aiguilles jaunes fusibles à 167° : c'est la *phénanthrène-quinone-imide*. L'acide chlorhydrique la colore en rouge et en régénère la phénantrène-quinone [Anschütz et Schultz, *Deutsch. chem. Gesellsch.*, 1877, p. 21].

Hof a obtenu cette même phénanthrène-quinone-imide et décrit quelques dérivés de ce corps. L'anhydride acétique le convertit en

$$C^{28}H^{16}Az^2O = 2C^{14}H^9AzO - H^2O.$$

L'anhydride benzoïque effectue la même transformation. Ce nouveau corps fond à 247° et cristallise en tables peu solubles dans l'alcool, l'éther et la benzine.

Si l'on chauffe le mélange de phénanthrène-quinone et d'ammoniaque alcoolique à 100-120° en tubes scellés, pendant quelques jours, on obtient des écailles brunes qui se déposent. De ces cristaux l'acide acétique extrait un corps basique, et il reste un corps neutre. Ce dernier, purifié par sublimation, est en longues aiguilles brillantes de la formule $C^{28}H^{16}Az^2$. Le corps basique, qui n'a pas été étudié, a été obtenu aussi par Anschütz et Schultz et par de Sommaruga [Hof, *Deutsch. chem. Gesellsch.*, 1879, p. 1042].

Lorsqu'on fait passer du gaz ammoniac sec dans de l'alcool tenant en suspension de la phénanthrène-quinone et ensuite que l'on chauffe à 100° pendant 36 heures, on obtient un liquide jaune avec des cristaux. Le liquide distillé laisse un composé insoluble dans l'alcool froid, de la formule $C^{28}H^{19}Az^3O$, qui est la *diphénanthrène-oxytriimide*, fusible à 282°.

Les cristaux primitifs, traités par l'acide acétique glacial, et puis dissous dans ce véhicule et agités avec de la poudre de zinc, finalement précipités par l'alcool, correspondent à la formule $C^{28}H^{19}Az^3O$ et fondent au delà de 300°. Ce corps, l'*isodiphénanthrène-oxytriimide*, est isomérique avec le précédent. La partie qui reste insoluble dans l'acide acétique fond au delà de 320°, et se dissout avec une couleur rouge dans l'acide sulfurique; c'est la *diphénanthrène-azotide* $C^{28}H^{16}Az^2$ [Von Sommaruga, *Monatsh. Chem.*, 1880, p. 145].

La phénanthrène-quinone, chauffée en solution alcoolique avec de la méthylamine, donne un composé de la formule $C^{14}H^8OAzCH^3$, qui est en cristaux bruns peu solubles dans l'alcool, solubles dans la benzine. L'acide chlorhydrique le transforme en un corps bleu soluble dans l'acide chlorhydrique alcoolique. Les eaux mères de cette préparation donnent par concentration des prismes incolores fusibles à 185-186° de la formule

$$C^{14}H^8(AzCH^3)^2 = \begin{array}{l} C^6H^4\text{-}C{=}AzCH^3 \\ C^6H^4\text{-}C{=}AzCH^3. \end{array}$$

Le *chlorhydrate*, $C^{16}H^{14}Az^2.HCl$, est en prismes

incolores solubles dans l'eau, et l'*azotate*, l'*oxalate* et le *sulfate* sont en aiguilles [Hof, *loc. cit*].

PRODUITS DE SUBSTITUTION DE LA PHÉNANTHRÈNE-QUINONE. — Le dérivé *dibromé* fond à 223° (Ostermayer).

Phénanthrène-quinones mononitrées. — Schmidt en a décrit trois, qui se forment par oxydation des α, β, et γ mononitro-phénanthrènes. Le corps α cristallise en lamelles rouge-orangé fusibles à 215 à 220°. La β-*nitrée* fond à 260-266° et la γ-*nitrée* à 263°. Toutes les trois sont peu solubles dans l'alcool, solubles dans l'acide acétique cristallisable (Schmidt, *loc. cit.*).

Anschütz et Schultz ont préparé une phénanthrène-quinone mononitrée par l'action d'un mélange d'acide nitrique fumant et d'acide nitrique d'une densité de 1,4 sur la phénanthrène-quinone. La solution précipitée par l'eau donne des cristaux qui, après cristallisation dans l'acide acétique glacial, se présentent sous forme de lamelles dorées fusibles à 257° (*loc. cit.*).

La phénantrène-quinone dinitrée traitée par le sulfhydrate d'ammonium donne la *diamido phénanthrène-hydroquinone*. Ce composé, chauffé avec de la chaux sodée, fournit une base cristallisée fusible à 157°, isomérique avec la benzidine, et identique avec le diamido-diphényle de Struve (voyez plus loin, DIPHÉNIQUE ACIDE) [Anschütz et Schultz, *Deutsch. chem. Gesellsch.*, 1877, p. 324; — Schultz, *ibid.*, 1876, p. 548].

ACIDE DIPHÉNYLÈNE-GLYCOLIQUE

$$C^{14}H^{10}O^3 = \begin{matrix} C^6H^4 \\ | \\ C^6H^4 \end{matrix} > C < \begin{matrix} CO^2H \\ OH \end{matrix}$$

— Cet acide se forme lorsqu'on fait bouillir la phénanthrène-quinone avec de la soude caustique jusqu'à ce que la solution soit devenue incolore. On précipite alors par l'acide chlorhydrique et on fait cristalliser le dépôt dans l'eau. L'acide diphénylène-glycolique est en aiguilles blanches fusibles à 161-162°. L'acide sulfurique le dissout avec une couleur bleue qui disparaît lorsqu'on y ajoute de l'eau. Il renferme ½ molécule H^2O qu'il perd à 80°. Par oxydation, il fournit la diphénylène-acétone. Son sel de sodium chauffé à 120° donne l'alcool fluorénique. Chauffé au delà de son point de fusion ou avec de l'acide sulfurique, il donne l'éther fluorénique. Avec l'acide iodhydrique et le phosphore amorphe à 140° il donne l'acide diphénylène-acétique.

Les sels qu'il forme avec les alcalis sont solubles; ceux des métaux alcalino-terreux sont peu solubles; ceux des métaux lourds sont des précipités.

L'éther éthylique, $C^{14}H^9O^3.C^2H^5$, est en prismes fusibles à 92°.

Dérivé dibromé, $C^{14}H^8Br^2O^3$. — Il se forme lorsqu'on ajoute du brome à l'acide diphénylène-glycolique suspendu dans l'eau. On purifie les flocons blancs en les épuisant par l'eau bouillante, et on les fait cristalliser dans l'acide acétique glacial. On obtient ainsi des aiguilles fusibles vers 225°, solubles dans l'alcool, l'éther et l'acide acétique glacial. Par oxydation, il fournit la diphénylène-acétone dibromée.

L'éther éthylique est en prismes brillants, fusibles à 150-151° [P. Friedländer *Deutsch. chem. Gesellsch.*, 1877, p. 125 et 534].

ACIDE DIPHÉNYLÈNE-ACÉTIQUE.

$$C^{14}H^{10}O^2 = \begin{matrix} C^6H^4 \\ | \\ C^6H^4 \end{matrix} > CH\text{-}CO^2H.$$

— Cet acide résulte de l'action de l'acide iodhydrique et du phosphore amorphe sur l'acide diphénylène-glycolique à 140°. On purifie le produit par dissolution dans la soude caustique, précipitation par l'acide chlorhydrique et cristallisation dans l'alcool. On obtient ainsi des cristaux fusibles à 220-222°, solubles dans l'alcool, l'éther et la benzine. Chauffé au delà de son point de fusion, cet acide se dédouble en gaz carbonique et en fluorène.

L'éther éthylique est en cristaux fusibles à 165° (P. Friedländer, *loc. cit.*).

ACIDE DIPHÉNIQUE,

$$C^{14}H^{10}O^4 = \begin{matrix} C^6H^4\text{-}CO^2H \\ | \\ C^6H^4\text{-}CO^2H. \end{matrix}$$

— L'acide diphénique se forme lorsqu'on traite la phénanthrène-quinone en solution alcoolique par l'amalgame de sodium, ou par une solution alcoolique bouillante de potasse (Anschütz et Schultz, *loc. cit.*).

Distillé avec de la chaux sodée, il fournit du diphényle (Anschütz et Schultz).

Chloruré, il donne du diphényle perchloré. [Zetter, *Deutsch. chem. Gesellsch.*, 1877, p. 1234].

Le *diphénate d'éthyle* est un liquide qui se décompose à l'ébullition (Ostermayer). *L'éther méthylique* est en prismes clinorhombiques fusibles à 73°,5 (Schultz).

Acide diiododiphénique, $C^{12}H^6I^2(CO^2H)^2$. — On l'obtient en faisant bouillir avec de l'acide iodhydrique le produit de l'action de l'acide nitreux sur l'acide diamidodiphénique de Griess. Il cristallise en aiguilles fusibles à 260°, que l'amalgame de sodium convertit en acide diphénique [Schultz, *Deutsch. chem. Gesellsch.*, 1878, p. 216].

Acide dibromodiphénique, $C^{12}H^6Br^2(CO^2H)^2$. — Il forme des cristaux fusibles à 296° que l'on obtient par oxydation de la dibromophénanthrène-quinone au moyen de l'acide chromique. Il est soluble dans l'alcool et l'éther [Ostermayer, *Deutsch. chem. Gesellsch.*, 1874, p. 1089].

Acide dinitrodiphénique,

$$C^{12}H^6(AzO^2)^2(CO^2H)^2 + H^2O.$$

— La phénanthrène-quinone dinitrée fournit ce corps par oxydation. Il est en cristaux fusibles à 250-251°, solubles dans l'eau chaude et dans l'alcool. D'après Hummel, il fond à 248-249° [*Liebig's Ann.*, t. CXCIII, p. 131], et d'après Schultz à 253° [*Deutsch. chem. Gesellsch.*, 1879, p. 235]. Le *sel de baryum* renferme $6H^2O$; il est en prismes. *L'éther méthylique* fond à 177-178° (Schultz).

Acide β-dinitrodiphénique. — Il se forme en même temps que l'acide ordinaire, et peut en être séparé par son sel barytique qui est très soluble (Schultz).

En préparant la dinitrophénanthrène-quinone, Schultz a obtenu un corps très soluble, qui ne peut être complètement purifié, mais qui fournit par oxydation l'*acide β-dinitrodiphénique*, qui est en fines aiguilles peu solubles dans l'eau chaude, solubles dans l'alcool, fusibles à 297°. Le *sel de baryum* renferme $4H^2O$. *L'éther diméthylique* fond à 131-132° [Schultz, *Liebig's Ann.*, t. CCIII, p. 95].

Acide diamido-diphénique,

$$C^{12}H^6(AzH^2)^2(CO^2H)^2.$$

— Il se forme lorsqu'on réduit l'acide dinitré au moyen de l'étain et de l'acide chlorhydrique (Struve). Griess l'a obtenu en traitant l'acide métazoxybenzoïque par l'étain et l'acide chlorhydrique (voyez Suppl., p. 330), et l'a appelé acide *métadiamido-diphénique* ou *acide diamido diphényl-dicarbonique*. Il fond à 170°. Distillé avec de la baryte anhydre, il se dédouble en gaz carbonique, en benzidine et en une base fusible à 157° [Struve, *Deutsch. chem. Gesellsch.*, 1877, p. 75].

Schultz (*loc. cit.*) a démontré l'identité des acides de Griess et de Struve. D'après lui, cet acide donne de la benzidine et du diamidofluorène, qui est la base fusible à 157°.

Le *sel d'argent* cristallise avec 1 molécule d'eau.

Le *chloroplatinate* cristallise en prismes rhombiques de la formule

$$(C^{14}H^{12}AzO^4).2HCl.PtCl^4 + 2H^2O$$

[Griess *Deutsch. chem. Gesellsch.*, 1874, p. 1609].

Anhydride diphénique,

$$C^{14}H^8O^3 = \begin{matrix} C^6H^4\text{-}CO \\ C^6H^4\text{-}CO \end{matrix} > O.$$

— Il se forme en même temps que le *chlorure* de l'acide lorsqu'on traite celui-ci par le perchlorure de phosphore [Graebe et Mensching, *Deutsch. chem. Gesellsch.*, 1880, p. 1302].

Il résulte également de l'action du chlorure d'acétyle sur l'acide [Anschütz, *Deutsch. chem. Gesellsch.*, 1877, p. 326]. Graebe et Mensching l'ont enfin obtenu indépendamment, à côté du diphényle, par distillation de l'acide diphénique, ou en chauffant l'acide diphénique à 120° avec de l'acide sulfurique.

Il cristallise en aiguilles fusibles à 220°. Lorsqu'on le chauffe, il perd du gaz carbonique et donne la diphénylène-acétone.

Chauffé avec du phénol et du chlorure d'étain, il se transforme en un *composé* analogue aux phtaléines, de la formule

$$\begin{matrix} C^6H^4 - C = (C^6H^4.OH)^2 \\ C^6H^4\text{-}CO \end{matrix} > O \quad (?)$$

soluble dans les alcalis avec une couleur rouge-fuchsine.

Chauffé avec du pentachlorure de phosphore, l'anhydride fournit le *chlorure* $C^{28}H^{16}Cl^2O^5$, qui, après cristallisation dans la ligroïne, forme une masse cristalline jaune, fusible à 128°, que les alcalis à l'ébullition convertissent en acide diphénique. Le chlorure soumis à une cristallisation dans l'alcool donne un produit exempt de chlore, qui fournit avec les carbonates alcalins des lamelles fusibles à 96-97°.

ACIDE ISODIPHÉNIQUE. — Voyez FLUORANTHÈNE, Suppl., p. 832.

DIPHÉNYLÈNE-ACÉTONE (voyez t. II, p. 795 et Suppl., p. 657 e 834). — Fondue avec de la potasse, elle donne, indépendamment de l'*acide diphénylecarbonique*, $C^{12}H^9(CO^2H)$, un autre acide fusible à 193°; ce dernier se forme surtout si l'acétone n'est pas pure, mais souillée d'une matière rouge. Il existe un acide nitro-diphényle-carbonique $C^{12}H^8(AzO^2)\text{-}CO^2H$ qui est en prismes clinorhombiques fusibles à 221-222°, dont on a décrit les sels barytique et sodique [Schmitz, *Dissertation*, Strasbourg, 1877, et *Jahresb. de Staedel*, 1877, p. 430].

Diphénylène-acétones nitrées. — Schultz [*Liebig's Ann.*, t. CCIII, p. 95] a obtenu, par l'action de l'acide nitrique fumant à froid, un *dérivé mononitré*, $C^{13}H^7(AzO^2)O$, fusible à 220°, cristallisé en aiguilles sublimables. A chaud, il se forme un *dérivé dinitré*, $C^{13}H^6(AzO^2)^2O$, qui est en aiguilles fusibles à 290°.

CONSTITUTION DU PHÉNANTHRÈNE. — Zetter, Ruoff et Moé ont soumis le phénanthrène à des essais de chloruration ultime, et n'ont obtenu que de la benzine perchlorée. Ils en concluent que le phénanthrène possède la structure

$$C^6H^4 = CH\text{-}CH = C^6H^4,$$

parce qu'il ne se forme jamais du diphényle perchloré [*Deut ch. chem. Gesellsch.*, 1879, p. 677].

Japp et Anschütz ont oxydé le phénanthrène-monosulfonate de sodium par le permanganate de potassium et n'ont obtenu que de l'acide phtalique; par oxydation de l'acide diphénique, ils ont également obtenu cet acide. Ils en concluent qu'un atome de carbone de la chaîne latérale dans le phénanthrène se trouve dans la position *ortho* par rapport aux atomes de carbone qui unissent les deux restes phényliques, et des deux restes phénylènes dans l'acide diphénique. Comme dans ces oxydations il ne se forme jamais ni de l'acide isophtalique ni de l'acide téréphtalique, ces chimistes pensent que les deux atomes de carbone de la chaîne latérale occupent les deux positions *ortho* par rapport à ce lieu d'union [*Deutsch. chem. Gesellsch.*, 1878, p. 211].

D'autre part, les rapports intimes du phénanthrène avec le diphényle ne sont pas douteux, ce qui permet de considérer le phénanthrène comme du diorthodiphénylène-acétylène. Il possèderait la formule

```
                              CH
                          HC/    \CH
                          HC\    /C(2)—CH
  C⁶H⁴-CH                     C        ||
  C⁶H⁴-CH   =                 |        ||
                              C        ||
                          HC/    \C(2)—CH
                          HC\    /CH
                              CH
```

M. Wassermann.

PHÉNANTHROL, $C^{14}H^{10}O$. — Ce composé phénolique existe sous deux modifications isomériques. L'une d'elles, l'α-phénanthrol,

$$\begin{matrix} C^6H^4\text{-}CH \\ OH.C^6H^3\text{-}CH, \end{matrix}$$

est en lamelles fusibles à 117-118°, douées d'une fluorescence bleue, solubles dans la benzine et le pétrole. On l'obtient par fusion de l'α-phénanthrène-monosulfonate de potassium avec la potasse. Les *éthers méthylique* et *éthylique* sont liquides [Rehs, *Deutsch. chem. Gesellsch.*, 1877, p. 1252].

La modification β

$$\begin{matrix} C^6H^4\text{-}C.OH \\ C^6H^4\text{-}CH \end{matrix}$$

a été obtenue au moyen du β-phénanthrène-monosulfonate de potassium; elle n'a pas été étudiée [Morton et Geyer, *Journ. amer. chem. Soc.*, 1880, t. II, p. 203].

PHÉNANTHROLINES, $C^{12}H^8Az^2$. — Skraup et Vortmann ont donné ce nom à des bases dipyridiques, obtenues en chauffant les phénylènediamines avec de la glycérine et de l'acide sulfurique. On en connaît deux : la *phénanthroline*, dérivée de la métaphénylène-diamine, et la *pseudo-phénanthroline*, dérivée de la para-phénylène-diamine.

PHÉNANTHROLINE. — On purifie le produit de la réaction en l'épuisant, après filtration, par l'éther; puis on extrait la solution éthérée par l'acide chlorhydrique, on fait cristalliser le chlorhydrate dans l'alcool et on le transforme en chromate peu soluble, dont on isole la base pour la distiller ensuite. Elle se présente en tables fusibles à 78°, qui forment avec l'eau un *hydrate*,

$$C^{12}H^8Az^2 + 2H^2O,$$

fusible à 66°. La base bout au delà de 360°. Elle est peu volatile avec les vapeurs d'eau, peu soluble dans l'eau, l'éther, la benzine et la ligroïne, soluble dans l'alcool.

La solution aqueuse du chlorhydrate, traitée par l'eau bromée, donne des cristaux jaunâtres d'un *dibromure*, $C^{12}H^8Az^2.Br^2$, fusibles à 149°.

Traité par l'alcool chaud, ce bromure se transforme en tables rouges de la formule

$$(C^{12}H^8Az^2)^2Br^3 = C^{12}H^8Az^2.Br^2 + C^{12}H^8Az^2.Br,$$

qui fondent à 176-178°. Ces tables prennent également naissance lorsqu'on ajoute du brome à une solution alcoolique bouillante de phénanthroline. Chauffées avec de l'eau, elles dégagent du brome. Soumises à l'ébullition pendant longtemps avec de l'alcool, elles se convertissent en *bromhydrate de phénanthroline*,

$$C^{12}H^8Az^2.HBr + \tfrac{1}{2}H^2O,$$

fusible à 278-280°. Chauffée à 120-130° avec du brome et de l'eau, la phénanthroline donne des croûtes cristallisées qui semblent être un mélange de $C^{12}H^6Br^2Az^2$ et de $C^{12}H^5Br^3Az^2$.

Un *dérivé mononitré* $C^{12}H^7(AzO^2)Az^2$ a été obtenu.

Réduite au moyen de l'étain et de l'acide chlorhydrique, la phénanthroline donne un dérivé hydrogéné non étudié, qui semble être un mélange de $C^{12}H^8Az^2.H^4$ et de $C^{12}H^8Az^2.H^6$.

Chlorhydrate, $C^{12}H^8Az^2,HCl + H^2O$. — Prismes solubles dans l'eau.

Dichlorhydrate, $C^{12}H^8Az^2.2HCl + H^2O$. — Petits prismes peu stables.

Chloroplatinate, $C^{12}H^8Az^2.2HCl.PtCl^4 + H^2O$. — Il cristallise en aiguilles orangées.

Chromate, $(C^{12}H^8Az^2)^2H^2Cr^2O^7$. — Aiguilles jaune d'or peu solubles dans l'eau.

Nitrate, $(C^{12}H^8Az^2)HAzO^3$. — Il est anhydre.

Picrate, $C^{12}H^8Az^2.C^6H^2(AzO^2)^3OH$. — Prismes jaunes peu solubles dans l'alcool, fusibles à 238-240°.

Le *sulfate* est peu soluble dans l'alcool et le *tartrate* peu soluble dans l'eau.

Iodométhylate, $C^{12}H^8Az^2.2CH^3I + H^2O$. — Prismes solubles dans l'eau, peu solubles dans l'alcool, qui se forment lorsqu'on chauffe la phénanthroline avec de l'iodure de méthyle et un excès d'alcool méthylique à 100°.

ACIDE PHÉNANTHROLIQUE ou *acide dipyridyl-dicarbonique*, $C^{12}H^8Az^2O^4 + 2H^2O$. — Il se forme par l'oxydation de la phénanthroline avec une solution de permanganate de potassium à 5 p. 100. On le purifie au moyen de son sel d'argent. Il cristallise en prismes fusibles à 217°. Il se colore en rouge avec le sulfate ferreux.

Phénanthrolate neutre d'argent. — Lamelles microscopiques. Le *sel acide*,

$$C^{12}H^7Az^2O^4Ag + 4H^2O,$$

est un précipité formé d'aiguilles groupées en étoiles.

Sel de baryum, $C^{12}H^6Az^2O^4Ba + 1\tfrac{1}{2}H^2O$. — Il est en grains peu solubles, ainsi que le *sel de cuivre*, $C^{12}H^6Az^2O^4Cu + 3H^2O$.

Sels de calcium, $C^{12}H^6Az^2O^4Ca + 3H^2O$. — Lamelles transparentes.

Sel de potassium. — Le *sel neutre* est très déliquescent; le *sel acide* $C^{12}H^7Az^2O^4K + \tfrac{1}{2}H^2O$ est cristallin.

Chlorhydrate, $C^{12}H^8Az^2O^4, 2HCl$. — Il est en prismes transparents.

Chloroplatinates. — Il en est un qui cristallise en grands prismes jaunes, de la formule

$$(C^{12}H^8Az^2O^4.HCl)^2PtCl^4 + 6H^2O,$$

et dont les eaux mères fournissent par évaporation des tables orangées de la formule

$$C^{12}H^8Az^2O^4.2HCl.PtCl^4.$$

Cet acide fournit, lorsqu'on le chauffe à son point de fusion, l'*acide dipyridyl-monocarbonique*, $C^{11}H^8Az^2O^2 + H^2O$. — Ce corps cristallise en aiguilles fusibles à 182,5-184°. Chauffé avec de la chaux sodée, il donne du *dipyridyle* bouillant à 287-289°, isomérique avec celui obtenu par Anderson. Il distille en se décomposant légèrement. Peu soluble dans l'eau et l'alcool. Il se colore en jaune brun avec le chlorure ferrique; avec l'eau bromée il donne un précipité rouge. Le *sel d'argent*, $C^{11}H^7Az^2O^2Ag + \tfrac{1}{2}H^2O$, est un précipité qui devient cristallin; le *sel de calcium* renferme 2 H^2O, qu'il perd à 220° [*Deutsch. chem. Gesellsch.* 1882, p. 895; *Monatshefte für Chem.*, 1882, p. 570].

PSEUDOPHÉNANTHROLINE,

$$C^{12}H^8Az^2 + H^2O.$$

— On obtient cette base lorsqu'on fait bouillir au réfrigérant à reflux, pendant 5 à 6 heures, un mélange de 110 grammes de chlorostannite de paraphénylène-diamine, 31 grammes de nitrobenzine et de 100 grammes de glycérine avec 100 grammes d'acide sulfurique à 66°. Ensuite on chasse la nitrobenzine par un courant de vapeur d'eau; puis on épuise le liquide, après l'avoir rendu alcalin, par un mélange d'alcool et d'éther. On épuise la solution alcoolique éthérée par l'acide chlorhydrique et on évapore la solution chlorhydrique. On obtient ainsi un mélange des chlorhydrates de pseudophénanthroline et de paraphénylène-diamine que l'on dissout dans peu d'eau. On ajoute de l'acide chlorhydrique concentré, qui précipite du chlorhydrate de paraphénylène-diamine que l'on sépare par filtration. Après avoir chassé l'excès d'acide chlorhydrique, on ajoute au liquide une solution de dichromate de potassium et on lave le précipité obtenu, pour le décomposer ensuite par l'ammoniaque.

Ainsi obtenue, la pseudophénanthroline est en cristaux renfermant 1 molécule d'eau. Elle peut être sublimée et elle distille, lorsqu'elle est pure, vers 360°. Elle est soluble dans l'eau chaude, l'alcool, le chloroforme, peu soluble dans l'éther, la benzine et le sulfure de carbone. Elle forme un *hydrate*, $C^{12}H^8Az^2 + 4H^2O$. Elle et son hydrate fondent à 173°.

Lorsqu'on ajoute de l'eau de brome à une solution chlorhydrique de la base, il se forme un précipité de prismes jaune-orangé, qui semblent être le *tétrabromure* $C^{12}H^8Az^2.Br^4$. L'ammoniaque le transforme en pseudophénanthroline, en dégageant un gaz; à l'air, le tétrabromure devient brun et se convertit probablement en *dibromure* $C^{12}H^8Az^2.Br^2$, que l'ammoniaque décompose de la même manière que le tétrabromure. Chauffé avec de l'alcool, le tétrabromure donne des aiguilles jaunes de *dibromhydrate de dibromure de pseudophénanthroline*,

$$C^{12}H^8Az^2.Br^2(HBr)^2;$$

si l'ébullition est très prolongée, il se forme du *dibromydrate de pseudophénanthroline*,

$$C^{12}H^8Az^2(HBr)^2 (?).$$

La solution chlorhydrique de la base traitée par une solution d'iodure ioduré de potassium donne un précipité rouge, qui devient foncé avec un excès d'iodure et semble être le *diiodure de pseudophénanthroline* $C^{12}H^8Az^2.I^2$. Celui-ci, soumis à l'ébullition avec de l'alcool, fournit des aiguilles bleu-ardoisé d'*iodhydrate du diiodure* $C^{12}H^8Az^2I^2.HI$.

Chlorhydrates. — Il en existe deux: le *chlorhydrate basique*, $C^{12}H^8Az^2,HCl + 2H^2O$, est en lamelles blanches solubles dans l'eau et l'alcool chaud; le *chlorhydrate neutre*, $C^{12}H^8Az^2,2HCl$, est en prismes monocliniques solubles dans l'eau.

Le *chloroplatinate*,

$$C^{12}H^8Az^2,2HCl + PtCl^4 + 2\tfrac{1}{2}H^2O,$$

est un précipité cristallin.

Chromate, $(C^{12}H^8Az^2)^2H^2Cr^2O^7 + 2\tfrac{1}{2}H^2O$. — Il est en aiguilles orangées.

Iodométhylates. — On en connaît deux : le *monoiodométhylate* $C^{12}H^{8}Az^{2}.CH^{3}I + H^{2}O$ est en cristaux jaunes; le *diiodométhylate*

$$C^{12}H^{8}Az^{2}(CH^{3}I)^{2} + H^{2}O$$

est en cristaux bruns. Ces deux corps se forment simultanément lorsqu'on fait chauffer à 100-110°, pendant 3 heures, un mélange de 1 p. de la base avec 5 p. d'iodure de méthyle et 10 p. d'alcool méthylique. On les sépare par cristallisation dans l'eau.

ACIDE PSEUDOPHÉNANTHROLIQUE [Syn. *Acide méta-dipyridyle-dicarbonique*],

$$C^{12}H^{8}Az^{2}O^{4} + \frac{1}{2}H^{2}O = C^{10}H^{6}Az^{2}\text{-}(CO^{2}H)^{2}.$$

— On l'obtient en oxydant la pseudophénanthroline par une solution de permanganate de potassium à 12 pour mille. On le purifie au moyen de son sel cuivrique. Séparé de celui-ci par l'acide sulfhydrique, il se présente en prismes qui perdent leur eau de cristallisation à 100-105° et fondent à 213°. Il est soluble dans l'eau chaude ou dans les acides étendus, dans l'alcool, l'éther et le chloroforme. La solution aqueuse additionnée de sulfate ferreux devient orangée et, avec le chlorure ferrique, elle donne des flocons blancs.

Sel d'argent, $C^{12}H^{6}Az^{2}O^{4}Ag^{2} + \frac{1}{2}H^{2}O$. — Précipité volumineux qui devient cristallin.

Sel de calcium, $C^{12}H^{6}Az^{2}O^{4}Ca + 5H^{2}O$. — Aiguilles qui perdent leur eau vers 360°.

Sel de cuivre, ($3\frac{1}{2}H^{2}O$). — Il est en cristaux bleus qui perdent leur eau à 140°.

Sels de potassium. — Le *sel neutre* ($+ 5H^{2}O$) est en tables qui deviennent anhydres à 360°; le *sel acide* ($+ 2H^{2}O$) est en tables qui deviennent anhydrides à 150°.

Le *chlorhydrate*, $C^{12}H^{8}Az^{2}O^{4}, HCl + H^{2}O$, est en cristaux clinorhombiques.

Le *chloroplatinate*,

$$(C^{12}H^{8}Az^{2}O^{4}, HCl)^{2}, PtCl^{4} + 8H^{2}O,$$

est en lamelles orangées, solubles dans l'eau chaude. L'acide pseudophénanthrolique chauffé à 190°, ou son sel calcique chauffé avec de la chaux, se décomposent en gaz carbonique et en *méta-dipyridyle*, $C^{10}H^{8}Az^{2}$. Cette nouvelle base constitue une huile jaunâtre qui devient vitreuse à — 15°. Elle bout 291-292° sous 736 millimètres; elle est soluble dans l'eau, l'alcool et l'éther. Au contact prolongé du carbonate de potassium fondu elle devient solide. Sa densité à 0° est de 1,1757.

Le *chlorhydrate* est en prismes; le chloroplatinate $C^{10}H^{8}Az^{2}.2HCl + PtCl^{4}$ est une poudre cristalline. Le *picrate* $C^{10}H^{8}Az^{2}.2(C^{6}H^{3}Az^{3}O^{7})$ est en prismes jaunes, fusibles à 232°.

Oxydée, en solution dans l'acide sulfurique étendu, par le permanganate de potassium, elle donne de l'acide nicotianique, fusible à 231-232°. Réduite au moyen de l'étain et de l'acide chlorhydrique, elle fournit l'*hexahydrométadipyridyle* ou *nicotidine* $C^{10}H^{14}Az^{2}$, bouillant à 287-289° et dont le *chloroplatinate* $C^{10}H^{14}Az^{2}, 2HCl + PtCl^{4}$ est un précipité cristallin. Le *picrate* est en cristaux jaunes, fusibles à 202-203°. Cette base, isomérique avec la nicotine, est toxique et provoque des phénomènes tétaniques [Skraup et Vortmann, *Monatsh. Chem.*, 1883, p. 569].

La constitution suivante a été donnée pour ces composés :

```
   H   H   H   H
   C   C = C   C
  //\ /     \ //\
HC   C       C   CH
 |   ||      ||  |
HC   C ----- C   CH
  \\/         \//
   Az          Az
```

Phénanthroline.

```
   H            H
   C            C
  //\          /\\
HC   C ------ C   CH
 |   ||       |   ||
HC   C        C   CH
  \\/ \      / \\/
  Az   C == C   Az
       H    H
```

Pseudophénanthroline.

```
   H                   H
   C                   C
  //\                 /\\
HC   C -------------- C   CH
 |   ||               |   ||
HC   C-CO²H   CO²H-C     CH
  \\/                 \\/
   Az                  Az
```

Acide pseudophénanthrolique.

```
   H          H
   C          C
  //\        //\
HC   C ---- C   CH
 |   ||     |   ||
HC   CH   HC    CH
  \\/        \\/
   Az         Az
```

Métadipyridyle.

M. Wassermann.

PHÉNANTHROLIQUE (ACIDE). — Voyez PHÉNANTHROLINE.

PHÉNOGLUCINE, $C^{6}H^{6}O^{3}$ [A. Gautier, *Bull. Soc. chim.*, t. XXXIII, p. 585]. — Obtenue par la fusion du phénol avec de la soude, cette substance serait isomérique avec la phloroglucine, dont elle présente d'ailleurs toutes les réactions principales; elle en diffère seulement par les deux caractères suivants : 1° à l'état sec, elle fond à 200°,5; 2° elle se colore difficilement par le chlorure ferrique étendu, en donnant une légère teinte violette franche.

PHÉNOL. — Le phénol se forme dans une multitude de réactions et a été décelé dans un grand nombre de produits bruts. Nous ne citerons ici que les cas les plus importants.

On l'a trouvé dans l'urine humaine et dans celle de plusieurs animaux. Chez l'homme, à la dose de 4mg par litre jusqu'à 1gr,5 dans des cas pathologiques [Munck, *Deutsch. chem. Gesellsch.*, 1876, p. 1596; — Salkowski, *ibid.*, 1876, p. 1595]. Il s'y trouverait à l'état de phénylsulfate de potassium, $C^{6}H^{5}O.SO^{2}.OK$, suivant Baumann [*Deutsch. chem. Gesellsch.*, 1878, p. 1907]. De même dans les matières albuminoïdes putréfiées, les excréments humains et autres, on a trouvé du phénol [Brieger, *Journ. prakt. Chem.* (2), t. XVII, p. 134; — Baumann. *Deutsch. chem. Gesellsch.*, 1877, p. 685; — Odermatt, *ibid.*, 1878, p. 2142].

Il se forme par oxydation directe de la benzine quand on la traite par le chlorure d'aluminium et de l'oxygène (Friedel et Crafts), quand on l'agite avec de la soude et de l'air [Radzizewski, cité dans *Deutsch. chem. Gesellsch.*, 1881, p. 1144]. De même par oxydation de la benzine par l'eau oxygénée ou l'hydrure de palladium en présence de l'eau et de l'air (Hoppe-Seyler), et de même avec le phosphore, l'eau et l'air [Leeds, *Deutsch. chem. Gesellsch.*, 1881, p. 975]. Kingzett a fait une expérience semblable en agitant de la benzine, de l'essence de térébenthine, de l'eau et de l'air, et n'a eu que des résultats négatifs [*Chem. News*,

t. XLIV, p. 229]. Par oxydation de la glycérine (Gautier). Dans les produits accessoires de la préparation de l'alcool allyllique (Tollens); par réduction de la quercite [Prunier, *Ann. Chim. Phys.*, (5), t. XV, p. 1].

Pour le purifier, Alexeieff conseille de le faire cristalliser après avoir ajouté 5 °/₀ d'eau et de recommencer plusieurs fois cette opération [*Deutsch. chem. Gesellsch.*, 1881, p. 1403].

Suivant Ladenburg, le phénol bout à 182°,3 sous la pression de 760mm. Suivant le même auteur, son poids spécifique à 46° est égal à 1,0561 et à 56° 1,0469. Suivant Adrieenz, à 40° il serait 1,05433, à 60° 1,03804, à 80° 1,0195, à 100° 1,00116 [Ladenburg, *Deutsch. chem. Gesellsch.*, 1874, p. 1687]. Suivant Alexeieff, à 11° 100 p. d'eau dissolvent 4p,83 de phénol; à 35°, 5p,36; à 58°, 7p,33; à 77°, 11p,83; à 84° les deux liquides se mêlent en toute proportion; inversement à 9°, 100 p. de phénol dissolvent 23p,3 d'eau; à 32°, 26p,75; à 53°, 31p,99; à 71°, 40p,72.

Pollacci [*Gazz. chim. ital.*, t. IV, p. 8] indique les quantités suivantes de phénol comme décelables dans une solution par les réactifs correspondants : 1/3000e, coloration bleue par le chlorure de chaux; 1/2000e, coloration violette par le perchlorure de fer; 1/6000e, coloration brune par l'acide azotique; 1/15500e, précipité jaune par l'eau de brome; 1/3000e, précipité brun par l'acide sulfurique et le dichromate de potassium. Tommasi [*Deutsch. chem. Gesellsch.*, 1881, p. 1834] indique que, pour rechercher le phénol par la réaction bleue qu'il donne avec le bois de sapin et l'acide chlorhydrique au soleil, il convient d'ajouter à l'acide chlorhydrique, au moment de s'en servir, un peu de chlorate de potassium, qui ne nuit pas à la coloration bleue et empêche une teinte verdâtre, qui la masque, de se produire. Enfin Kingzett et Hake indiquent que le phénol donne la réaction de Pettenkoffer avec le sucre et l'acide sulfurique.

Degener [*Deutsch. chem. Gesellsch.*, 1878, p. 1687], Giacosa [*Zeitschr. physiol. Chem.*, t. VI, p. 43]. Koppenhaar [*Jahresb. Chem.*, 1876, p. 1015], et Chandelon [*Bull. Soc. chim.*, t. XXXVIII, p. 69] ont indiqué des procédés pour titrer le phénol en solution par l'eau de brome, ou bien par l'hypobromite de sodium. Nous donnons ici le procédé de Chandelon, qui paraît le plus exact. L'hypobromite est préparé avec 14 à 15 grammes de potasse dissoute dans un litre d'eau et 10 grammes de brome. La solution, étendue de façon à précipiter complètement 0gr,05 de phénol avec 50cc de liquide, est conservée au frais et à l'obscurité, où elle se maintient sans altération pendant longtemps. La solution de phénol à examiner, titrée approximativement, est amenée à ne contenir que 0,3 à 0,5 °/₀. On la verse alors avec une burette graduée dans 50cc de la solution d'hypobromite. Il se forme du tribromophénol qui reste en solution, et on voit la fin de la réaction en mettant une goutte de liquide sur du papier amido-ioduré.

Soumis à l'électrolyse en solution alcaline, le phénol donne divers produits bruns, neutres ou acides [Goppelsröder, *Compt. rend.*, t. LXXXII, p. 1199; — Bartoli et Papasogli, *Gazz. chim. ital.*, t. XI, p. 468].

Le phénol s'oxyde lentement à l'air en devenant rouge. Il paraît alors se former de la phénoquinone, qui prend aussi naissance quand on le traite par l'acide chromique (Wichelhaus). Tiemann [*Deutsch. chem. Gesellsch.*, 1878, p. 668], en l'oxydant plus complètement par des méthodes variées, n'a jamais pu obtenir que de l'acide oxalique, de l'acide formique et de l'acide carbonique. L'oxydation par l'air en présence de l'ammoniaque donne naissance à une matière colorante bleue qu'on a nommée **phénocyanine** [Phipson, *Compt. rend.*, t. LXXIII, p. 457]. Le chlorure de chromyle l'oxyde de même, avec production du premier éther de l'hydroquinone [Étard, *Compt. rend.*, t. LXXX, p. 391]. L'oxyde de plomb le transforme à chaud en oxyde de diphénylène (Græbe, Behr et Van Dorp). Avec le chlorure de nitrosyle on obtient de la quinone et des quinones chlorées (Tilden).

Fondu avec la potasse, il donne des acides salicylique, oxybenzoïque, et surtout un diphénol $C^{12}H^{10}O^2$; avec la soude on obtient, outre des phénols bivalents, une forte proportion de phloroglucine [Barth et Schrœder, *Deutsch. chem. Gesellsch.*, 1878, p. 1332, et 1879, p. 503].

Le phénol traité par les acides s'éthérifie comme un alcool tertiaire [Menschutkine, *Deutsch. chem. Gesellsch.*, 1878, p. 679 et 2151]. La vitesse initiale est égale à 1,45 et la limite à 8,61.

Il agit sur les carbonates alcalins à l'ébullition et en chasse complètement, mais lentement, l'acide carbonique avec lenteur (Baumann).

En présence d'acide sulfurique et d'une aldéhyde, le phénol donne, comme beaucoup de corps aromatiques, divers produits de condensation; il en est encore de même quand on remplace l'aldéhyde par une foule de corps oxygénés, glycérine, acides oxalique, phtalique, chlorures de succinyle, de benzoyle, de phtalyle, anhydride acétique, etc. (Baeyer, Schrœder, Liebermann, Dœbner et Stackman), Grucarevic et Merz, Weselsky, Reichl, Prudhomme, Razinsky).

Une autre réaction, qui lui est commune avec une certaine catégorie de phénols, consiste dans la réaction qu'il donne en présence des alcalis avec le chloroforme, l'acide carbonique ou des corps susceptibles d'en fournir, tels que l'oxychlorure de carbone, le tétrachlorure du même corps, le carbonate d'ammonium, etc. [Reimer, Reimer et Tiemann, Hasse).

Le phénol soumis à l'action de l'anhydride sulfureux, puis distillé, fournit à 140° une huile jaune qui se fige en gros cristaux rhombiques, fusibles à 25-30° et perdant l'anhydride à l'air ou dans un courant de gaz inerte. Leur composition répond à la formule $SO^2,4C^6H^6O$ ou $SO^2,5C^6H^6O$ [A. Hölzer, *Journ. prakt. Chem.*, (2), t. XXV, p. 462]. Il forme de même avec l'anhydride carbonique une combinaison fusible à 37°, cristallisable en trémies comme le sel marin. On l'obtient en décomposant à 260° en tubes scellés les acides salicylique ou paroxybenzoïque. Ce corps est décomposé par l'eau, l'éther et par exposition à l'air [Klepl, *Journ. prakt. Chem.* (2), t. XXV, p. 464].

Le phénol, chauffé avec de l'alcool et du chlorure de zinc ou de l'anhydride phosphorique (Kastropp), fournit du phénate d'éthyle ou, lorsqu'il est chauffé seul, de l'éther phénylique [Merz et Weith, *Deutsch. chem. Gesellsch.*, 1879, p. 1925, et 1881, p. 187]. Cette réaction se passe à 350-400°. Mais à température plus basse les alcools de la série grasse réagissent sur le phénol avec production d'eau et d'homologues du phénol. Ainsi, avec l'alcool isobutylique ou isoamylique, on a l'isobutylphénol ou isoamylphénol,

$$C^6H^4.C^4H^7.OH \quad \text{ou} \quad C^6H^4.C^5H^{11}.OH$$

[Liebman, *Deutsch. chem. Gesellsch.*, 1882, p. 1842].

Phénate de calcium. — Ce composé, préparé par l'action du phénol en solution éthérée sur la chaux éteinte, est entièrement soluble dans l'eau et se décompose par la distillation sèche en donnant surtout de l'oxyde de diphénylène $(C^6H^4)^2O$, fusible à 80° [Von Niederhausen, *Deutsch. chem. Gesellsch*, 1882, p. 1119].

ÉTHERS PHÉNYLIQUES.

Oxyde de phényle, $(C^6H^5)^2O$. — On l'obtient en chauffant 1 p. de chlorure d'aluminium et 2 p.

de phénol [Merz et Weith, *Deutsch. chem. Gesellsch.*, 1881, p. 189], ou bien 1 p. de phénol avec 2 à 3 p. de chlorure de zinc à 350° pendant 8 à 10 heures, ou bien encore en distillant un mélange de phénate de sodium et de métaphosphate de sodium [Von Niederhausen, *Deutsch. chem. Gesellsch.*, 1882, p. 1124].

Brométhylate de phényle, $C^6H^5.O.CH^2\text{-}CH^2Br$, cristaux incolores, d'odeur spéciale, fusibles à 39° en un liquide qui bout à 240-250° en s'altérant un peu. Ce composé prend naissance par l'action du bromure d'éthylène sur le phénate de sodium, en même temps que le phénate d'éthylène et s'en sépare par distillation avec la vapeur d'eau. Il fournit avec l'ammoniaque, le bromhydrate d'une base huileuse, $AzH(C^2H^4\text{-}O\text{-}C^6H^5)^2$, dont les sels cristallisent.

Phénate de glucosyle, $C^6H^{11}O^5.OC^6H^5$. — Ce glucoside s'obtient en mêlant des solutions alcooliques d'acétochlorhydrose et de phénate de potassium. Il forme des aiguilles fusibles à 171-172°, solubles dans l'eau froide. L'émulsine le dédouble en glucose et phénol. Il est dextrogyre [Michaël, *Compt. rend.*, t. LXXXIX, p. 355].

Phénate de phénylacétol. — Voyez PHÉNYLMÉTHYLACÉTONE, Suppl.

Phénate de propyle, $C^6H^5OC^3H^7$, liquide bouillant à 190-191°. A 20°, son poids spécifique est égal à 0,9686 [Cahours, *Bull. Soc. chim.*, t. XXI, p. 78].

Acétate de phényle. — Il se forme par la réaction du phénol sur l'acétamide [Guareschi, *Liebig's Ann., Chem.*, t. CLXXI, p. 142]. Traité par le sodium, il donne les sels de sodium des acides phénique, acétique, salicylique et deux composés cristallisés; l'un, $C^{15}H^{12}O^3$, fond à 48° et possède la densité 1,020; l'autre, $C^{18}H^{14}O^4$, est beaucoup moins soluble dans l'alcool et cristallise en aiguilles fines, jaunes, fusibles à 138°. Son poids spécifique est égal à 1,076 [Hodgkinson et Perkin, *Journ. chem. Soc.*, t. XXXVII, p. 487].

Orthoformiate de phényle, $CH(OC^6H^5)^3$ [Tiemann, *Deutsch. chem. Gesellsch.*, 1882, p. 2686]. — Cet éther se forme, en même temps que les aldéhydes salicylique et paroxybenzoïque, par l'action du chloroforme sur le phénate de sodium très alcalin. Le chloroforme extrait de la solution une huile; on agite la solution chloroformique avec de la potasse, on la distille au bain d'eau et on reprend le résidu par la benzine bouillante. L'éther se dépose et est soumis a plusieurs cristallisations dans l'alcool. Ce produit fond à 71°,5 et bout entre 260 et 270° ($p = 50^{mm}$). A plus haute température, il s'altère. Les alcalis ne l'attaquent pas, mais les acides le saponifient avec une extrême facilité.

Phénylsulfonate de phényle, $C^6H^5.SO^2.OC^6H^5$, petites tables d'éclat soyeux, fusibles à 35° et préparées par l'action du chlorure phénylsulfonique sur le phénol en présence du chlorure de zinc [Schiaparelli, *Deutsch. chem. Gesellsch.*, 1881, p. 1204].

Phosphate de phényle, $PO(OC^6H^5)^3$. — On le prépare sans difficulté en faisant agir le phénol sur l'oxychlorure de phosphore [Weber et Heim, *Deutsch. chem. Gesellsch.*, 1882, p. 640]. Suivant Jacobsen, il cristallise en fines aiguilles fusibles à 45° [*Deutsch. chem. Gesellsch.*, 1875, p. 1523].

Le *chlorure*, $PO.(OC^6H^5)^2Cl$, prend naissance quand on fait agir 1 molécule de phénol sur 1 molécule d'oxychlorure de phosphore. En distillant, on obtient d'abord le *chlorure* $PO.(OC^6H^5)Cl^2$, puis le second chlorure, qui est un liquide épais bouillant à 314-316° sous la pression de 272mm. L'eau et les alcalis le décomposent.

L'*anilide*, $(C^6H^5O)^2PO.AzHC^6H^5$, qu'il permet de préparer sans peine, s'offre en tables à six pans, fusibles à 127-129°.

Le *chlorure*, $PO.(OC^6H^5)Cl^2$, obtenu comme on a vu plus haut, est un liquide dense, bouillant à 241-243°, que l'eau décompose avec formation de l'*acide*, $PO.OC^6H^5.(OH)^2$, corps cristallisé en aiguilles dures, fusibles à 97-98°. Cet acide, très soluble dans l'eau, se forme aussi par l'action du phénol sur l'anhydride phosphorique (Jacobsen).

Sulfophosphate, $(C^6H^5O)^3PS$, cristaux aiguillés fusibles à 40°, obtenus par ébullition du phénol et du sulfochlorure de phosphore. Il bout au-dessus de 300° en s'altérant un peu. Il se colore en rouge à la lumière [Schwarze, *Journ. prakt. Chem.*, (2), t. X, p. 237].

Thiophosphate, $(C^6H^5S)^3PO$, prismes fusibles à 72° et obtenus par l'action du mercaptan phénylique sur l'oxychlorure de phosphore. Il ne bout pas sans décomposition et est saponifié par l'eau à une douce chaleur.

Sulfothiophosphate, $(C^6H^5S)^3PS$, aiguilles soyeuses fusibles à 86°, qu'on prépare par l'action du sulfochlorure de phosphore sur le mercaptan phénylique; il ne bout qu'en se décomposant.

Les *ethers sulfuriques* du phénol ne peuvent se préparer directement : le phénol et l'acide sulfurique fumant à 180-190° donnent de l'oxysulfobenzide (Annaheim). Avec le chlorure de sulfuryle ou le chlorure de pyrosulfuryle, il paraît se former des acides sulfonés. Mais on peut facilement obtenir indirectement le phénylsulfate de potassium par une méthode générale due à Baumann [*Deutsch. chem. Gesellsch.*, 1878, p. 1907]. On place dans un grand ballon 100 p. de phénol, 60 p. de potasse, 80 à 90 p. d'eau et on refroidit à 60-70°. On ajoute alors 125 p. de pyrosulfate de potassium, $S^2O^7K^2$, en poudre et on agite le mélange en maintenant la température 8 à 10 heures à 60-70°. En épuisant ensuite la masse par l'alcool bouillant, on obtient 25 à 30 °/₀ du phénol en phénylsulfate, $C^6H^5O.SO^2.OK$. Il forme de petites lamelles brillantes, grasses au toucher quand elles sont sèches, ou de grosses tables rhombiques quand il se dépose de sa solution aqueuse. Il se dissout dans 7 p. d'eau à 15° et se décompose souvent très vite a l'état humide et en solutions acides. En solution neutre, il se décompose déjà à 100°; en solution alcaline, il est très résistant même à 150°. A l'état sec, il ne se décompose qu'à 150-160° en se transformant surtout en paraoxyphénylsulfonate de potassium.

L'acide phénylsulfurique se décompose très rapidement. De même aussi le sel de sodium, qui s'obtient en aiguilles transparentes. Le sel de *baryum* renferme $3H^2O$.

Cet acide ou plutôt ses sels ont été découverts dans les urines (Baumann).

PRODUITS DE SUBSTITUTION DU PHÉNOL.

Nous décrirons ici, avec ces produits, leurs dérivés les plus importants, tels que sels, éthers, amides, dérivés éthylés, méthylés, etc.

1° PHÉNOLS CHLORÉS.

Orthochlorophénol, $C^6H^4.OH_{(1)}.Cl_{(2)}$. — On l'obtient par l'action de l'acide azoteux sur l'orthochloraniline [Beilstein et Kurbatow, *Liebig's Ann. Chem.*, t. CLXXVI, p. 39], ou bien en échangeant dans l'orthonitrophénol le groupe AzO^2 contre du chlore [Schmitt et Cook, *Deutsch. chem. Gesellsch.*, 1868, p. 67]. Il fond à 7° et bout à 175-176° [Kraemer, *Liebig's Ann. Chem.*, t. CLXXIII, p. 331]. Avec la potasse fondante, il donne de la pyrocatéchine.

Son *ether méthylique* se prépare par l'action du perchlorure de phosphore sur le gaïacol, ou bien au moyen du phénol chloré par le procédé ordinaire [Fischli, *Deutsch. chem. Gesellsch.*, 1878, p. 1463].

L'*éther éthylique* bout à 208-208°,5 (Beilstein et Kurbatow).

Le chlorure de pyrosulfuryle transforme le phénol en un mélange de deux phénols chlorés et de deux acides chloroxyphénylsulfoniques. Les deux phénols sont probablement les para et orthochlorophénols (Armstrong et Pike).

Parachlorophénol, $C^6H^4.OH_{(1)}.Cl_{(4)}$. — Il s'obtient en remplaçant, dans le paranitrophénol, le groupe AzO^2 par du chlore [Schmitt et Cook, *Deutsch. chem. Gesellsch.*, 1868, p. 67], ou bien, en partant de la parachloraniline, par l'action de l'acide azoteux [Beilstein et Kurbatow, *Deutsch. chem. Gesellsch.*, 1872, p. 248]. Il fond à 37° et bout à 217°. Son poids spécifique à 20°,5 est égal à 1,306 [Petersen et Baehr, *Ann. Chem. Pharm.*, t. CLVII, p. 125]. Avec la potasse fondue il donne de l'hydroquinone et de la résorcine.

Son *éther méthylique* est celui que Henry a obtenu en chlorant l'anisol par le perchlorure de phosphore. Beilstein et Kurbatow l'ont préparé par le procédé ordinaire.

L'*éther éthylique*, préparé de même par Henry, puis par Beilstein et Kurbatow, fond à 21° et bout à 210-212°.

Le parachlorophénol est identique avec celui décrit déjà [t. II, p. 801] sous le nom de chlorophénol-α, l'orthochlorophénol étant identique avec le chlorophénol-β.

Métachlorophénol, $C^6H^4.OH_{(1)}.Cl_{(3)}$. — Il se prépare au moyen de la métachloraniline et de l'acide azoteux [Beilstein et Kurbatow, *Liebig's Ann. Chem.*, t. CLXXVI, p. 45]. Ce corps est cristallisé, il fond à 28° et bout à 214° [Uhlemann, *Deutsch. chem. Gesellsch.*, 1878, p. 1161].

Dichlorophénol, $C^6H^3.OH_{(1)}.Cl_{(2)}.Cl_{(4)}$. — C'est le dichlorophénol de Laurent [F. Fischer, *Ann. Chem. Pharm.*, Suppl. Band. VII, p. 180].

Dichlorophénol, $C^6H^3.OH_{(1)}.Cl_{(2)}.Cl_{(6)}$. — C'est le corps décrit par Seifart (voyez t. II, p. 801).

Dichlorophénol, $C^6H^3.OH_{(1)}.Cl_{(3)}.Cl_{(5)}$. — Le paramidophénol traité par le chlorure de chaux donne un composé, C^6H^4ClAzO, que l'acide chlorhydrique transforme en dichloramidophénol. Ce dernier, à son tour, soumis à l'action de l'azotite d'éthyle, fournit à l'ébullition le dichlorophénol en question [Hirsch, *Deutsch. chem. Gesellsch.*, 1878, p. 1981]. Il forme de longues aiguilles minces fusibles à 54-55° et qui se volatilisent facilement avec la vapeur d'eau.

Enfin Cahours a signalé un dichlorophénol formé par l'action de la chaux ou de la baryte sur l'acide dichlorosalicylique et qui diffère peut-être des trois précédents [*Ann. Chim. Phys.*, (4), t. LII, p. 342].

Trichlorophénol, $C^6H^2OH_{(1)}.Cl_{(2)}.Cl_{(4)}.Cl_{(6)}$. — Il a été décrit par Laurent. Il se forme quand on traite par le chlore l'aniline humide ou quand on soumet le phénol à l'action des hypochlorites [Hofmann, *Ann. Chem. Pharm.*, t. LIII, p. 8; — Chandelon, *Bull. Soc. chim.*, t. XXXVIII, p. 116]. Traité par le chlorate de potassium et l'acide chlorhydrique, il donne du chloranile; avec le dichromate de potassium et l'acide sulfurique on obtient de la dichloroquinone [Levy et Schultz, *Deutsch. chem. Gesellsch.*, 1880, p. 1429]. Le sulfite de potassium le transforme en acides dichlorophénolsulfonique et chlorophénoldisulfonique [Armstrong et Harrow, *Journ. chem. Soc.*, 1876, p. 447].

L'*acetate* est un liquide qui bout à 261-262° (Fischer).

On obtient, au moyen de l'acide azoteux et du *trichloroparamidophénol*, un second *trichlorophénol* qui bout à 248°,5-249°,5 et dont le sel de baryum cristallise bien [Hirsch, *Deutsch. chem. Gesellsch.*, 1878, p. 1908].

Dichlorure de perchlorophénol, $C^6Cl^7.OH$. — On le prépare en faisant passer un excès de chlore dans une solution de métachloracétanilide dans l'acide acétique. Le liquide est précipité par l'eau et la masse solide épuisée à diverses reprises par l'acide acétique bouillant. On dissout alors le chlorure dans le sulfure de carbone et on le fait cristalliser dans la ligroïne. Ce sont des prismes courts et épais, que l'alcool absolu décompose à 230° avec formation de perchlorophénol [Beilstein, *Deutsch. chem. Gesellsch.*, 1878, p. 2182].

Hexachlorophénol, $C^6Cl^5.OCl$. — Ce composé cristallise en prismes épais, jaune de vin, fusibles à 106°. On le prépare en faisant agir sur la pentachloraniline en suspension dans l'acide acétique du chlore gazeux. Ce composé est insoluble dans les alcalis, donne du chlore quand on le chauffe et se décompose par une longue ébullition avec l'alcool [Carl Langer, *Deutsch. chem. Gesellsch.*, 1882, p. 1328].

2° Phénols bromés.

Orthobromophénol, $C^6H^4.OH_{(1)}.Br_{(2)}$. — Ce composé, qui s'obtient mêlé de parabromophénol par l'action du brome sur le phénol, se prépare aussi en faisant agir l'acide azoteux sur l'orthobromaniline [Fittig et Mager, *Deutsch. chem. Gesellsch.*, 1875, p. 362]. C'est un liquide d'odeur désagréable, qui bout à 194-195°. Par fusion avec la potasse il donne de la résorcine et de la pyrocatéchine.

Parabromophénol, $C^6H^4.OH_{(1)}.Br_{(4)}$. — Ce composé, qui se forme par l'action du brome à froid sur le phénol en solution acétique [Hübner et Brenken, *Deutsch. chem. Gesellsch.*, 1873, p. 171], s'obtient aussi par l'action de l'acide azoteux sur la parabromaniline [Fittig et Mager, *Deutsch. chem. Gesellsch.*, 1874, p. 1176]. Il se présente en gros cristaux analogues à ceux d'alun, fusibles à 63-64°, et bouillant à 235-236°. Fondu avec de la potasse, il donne de la résorcine.

Acide bromophénylglycolique,

$$C^6H^4Br.O.CH^2\text{-}CO^2H.$$

Le phénylglycolate d'éthyle (70 p.), dissous dans le sulfure de carbone (140 p.) et additionné de brome (65 p.), fournit cet acide, qu'on extrait du résidu, après séparation du dissolvant, par la soude concentrée. Ce sont de petits prismes fusibles à 153-154°, peu solubles dans l'eau, plus solubles dans l'alcool et l'éther, moins solubles dans le sulfure de carbone. Le *sel de sodium* contient $2H^2O$. Le *sel de baryum* en contient $1\frac{1}{2}$ et cristallise en aiguilles. L'*éther méthylique*, cristallisé en tables rhombiques, fond à 49° [Fritzsche, *Journ. prakt. Chem.*, (2), t. XX, p. 295].

Acide bromophényllactique,

$$CH^3\text{-}CH.OC^6H^4Br\text{-}CO^2H.$$

— Il se prépare par l'action du brome sur l'acide phényllactique correspondant et cristallise en aiguilles fusibles à 105-106°. Son sel de sodium est déliquescent [Saarbach, *Journ. prakt. Chem.*, (2), t. XXI, p. 157].

Métabromophénol, $C^6H^4.OH_{(1)}.Br_{(3)}$. — On prépare ce phénol par l'action de l'acide azoteux sur la métabromaniline [Wurster et Nölting, *Deutsch. chem. Gesellsch.*, 1874, p. 905]. Il cristallise en lamelles fusibles à 32-33° et bout à 236-236°,5. Par fusion avec la potasse il donne de la résorcine et de la pyrocatéchine [Fittig et Mager, *Deutsch. chem. Gesellsch.* 1875, p. 364].

Dibromophénol, $C^6H^3.OH_{(1)}.Br_{(2)}.Br_{(4)}$. — C'est le phénol préparé par Cahours et Körner. Le dibromophénate d'éthyle, préparé par Grimaux et fusible à 55°, se rapporte sans doute soit à ce composé, soit au suivant.

Dibromophénol, $C^6H^3.OH_{(1)}.Br_{(2)}.Br_{(6)}$. — Ce

composé prend naissance par distillation de la tétrabromofluorescéine avec 10 parties d'acide sulfurique concentré. Ce corps se sublime à la température ordinaire en lamelles étroites, fusibles à 55-56° [Baeyer, *Liebig's Ann. Chem.*, t. CCII, p. 138].

TRIBROMOPHÉNOL, $C^6H^2.OH_{(1)}.Br_{(2)}.Br_{(4)}.Br_{(6)}$. — C'est le tribromophénol ordinaire. Il prend aussi naissance quand on fait agir le phénol sur la pentabromorésorcine [R. Benedict, *Deutsch. chem. Gesellsch.*, 1878, p. 2169].

Tribromophénate de brome,

$$C^6H^2(OBr)_{(1)}.Br_{(2)}.Br_{(4)}.Br_{(6)}.$$

— Ce composé remarquable se forme lorsqu'on ajoute à 10 gr. de phénol dissous dans 6 à 10 litres d'eau graduellement de l'eau de brome concentrée. Le précipité, séché sur une plaque poreuse, est purifié par cristallisation dans le sulfure de carbone ou le chloroforme. Ce sont des lamelles jaunes qui fondent à 118° en se décomposant. Il prend encore naissance par l'action de l'eau de brome sur les solutions aqueuses étendues d'acide salicylique ou paroxybenzoïque. Les alcalis ne l'attaquent pas même à l'ébullition, mais lui enlèvent du brome, en régénérant du tribromophénol, si l'on opère en solution benzénique. Il cède facilement du brome à une foule de produits (aniline, phénol etc.). Il se décompose à 130° en donnant de l'*hexabromophénoquinone* en flocons blancs, insolubles dans l'éther, la benzine, le chloroforme, l'eau, l'alcool, les alcalis. Le tribromophénate de brome lui-même est insoluble dans l'eau, l'alcool et l'éther [Benedict, *Liebig's Ann. Chem.*, t. CXCIX, p. 128].

TÉTRABROMOPHÉNOL,

$$C^6H.OH_{(1)}.Br_{(2)}.Br_{(3)}.Br_{(4)}.Br_{(6)}.$$

— Ce composé se forme aussi par l'action de l'acide sulfurique concentré sur le phénol précédent.

Tétrabromophénate de brome,

$$C^6H.OBr_{(1)}.Br_{(2)}.Br_{(3)}.Br_{(4)}.Br_{(6)}.$$

— On sursature par de l'acide chlorhydrique une solution étendue de tétrabromophénol dans la potasse, puis on ajoute immédiatement un excès d'eau de brome. Par cristallisation dans le chloroforme, on l'obtient en longs prismes jaunes orthorhombiques, fusibles à 121°. Par ébullition avec l'alcool ou par l'action de l'étain et de l'acide chlorhydrique, il se transforme en tétrabromophénol. L'acide sulfurique concentré le décompose à 150° avec production de *pentabromophénol* (Benedict, *loc. cit.*).

Pentabromophénate de brome, $C^6Br^5.OBr$. — Ce composé se prépare comme le précédent, mais en partant du pentabromophénol. Il forme des cristaux prismatiques, jaunes, fusibles à 128°. Il n'est attaqué qu'à l'ébullition par l'alcool, la potasse, l'aniline et l'étain et l'acide chlorhydrique (Benedict).

3° PHÉNOLS IODÉS.

Orthoïodophénol, $C^6H^4.OH_{(1)}.I_{(2)}$. — C'est le phénol décrit sous le nom de *paraïodophénol* (t. II, p. 802).

Le *paraïodophénol*, $C^6H^4.OH_{(1)}.I_{(4)}$, y est inversement décrit sous le nom de *orthoïodophénol*.

Métaïodophénol, $C^6H^4.OH_{(1)}.I_{(3)}$. — Ce produit prend naissance dans l'action de l'iode et de l'acide iodique sur le phénol. On le sépare en distillant le produit de la réaction avec de l'eau. Il passe d'abord de l'orthoïodophénol liquide, puis un phénol fusible à 64-68°, et il reste en solution dans l'eau un troisième phénol fusible à 89° et cristallisable en prismes à six pans. Ces deux derniers ne peuvent être que les para et métaïodophénols, si toutefois ils sont bien distincts [Lobanow, *Deutsch. chem. Gesellsch.*, 1873, p. 1251].

4° NITROSOPHÉNOL, $C^6H^4.OH_{(1)}.AzO_{(4)}$.

— Il se prépare en faisant bouillir la nitrosodiméthylaniline avec la soude étendue [Bæyer et Caro, *Deutsch. chem. Gesellsch.*, 1874, p. 806].

On le prépare plus économiquement en traitant une partie de phénol dissous dans 30 p. d'eau par la quantité théorique d'acide azoteux dissous dans l'acide sulfurique (cette dernière solution se prépare en faisant absorber des vapeurs nitreuses à de l'acide sulfurique concentré et notant l'augmentation de poids). Il se forme un précipité qu'on sépare au bout de 20 minutes. Ce précipité est dissous dans la quantité strictement nécessaire d'ammoniaque et la solution saturée d'acide carbonique est agitée avec du charbon animal jusqu'à ce qu'un acide détermine un précipité blanc. Le phénol est alors séparé par l'acide sulfurique et recristallisé dans l'éther [Ter Meer, *Deutsch. chem. Gesellsch.*, 1875, p. 623]. Ce corps forme des lamelles brun-verdâtre faible, qui se dissout dans l'eau, surtout à chaud, en la colorant en vert clair; à l'ébullition, il se colore en brun. Il est de même soluble dans l'alcool, l'acétone, l'acide acétique avec une coloration verte; dans les alcalis et les terres alcalines avec une teinte rouge-brunâtre. A 120-130° il se décompose en déflagrant légèrement. L'acide azotique concentré, les ferricyanures alcalins le transforment en paranitrophénol; l'étain et l'acide chlorhydrique en paramidophénol. Il donne très nettement avec le phénol et l'acide sulfurique concentré la réaction de Liebermann. L'acide azoteux en solution éthérée donne de l'azotate de paradiazophénol, l'acide chlorhydrique fournit dans les mêmes conditions les dichloramidophénol, chlorophénol et trichloramidophénol [Jäger, *Deutsch. chem. Gesellsch.*, 1875, p. 895; — Hirsch, *ibid.*, 1880, p. 1908]. Avec l'acétate d'aniline il se produit de l'azoxybenzol et de l'azophénine; la toluidine agit d'une manière analogue; la potasse à 180° fournit de l'azophénol (Jäger).

Le *sel de sodium* contient $2H^2O$ et forme de courtes aiguilles rouges extrêmement solubles dans l'eau. Le *sel de potassium* forme des tables minces d'un bleu vert dans l'eau, des cristaux rouges dans l'alcool. Le *sel de baryum*, anhydre à 100°, forme des aiguilles rouges très solubles dans l'eau. Le *sel d'argent* s'obtient en petits cristaux violets ou sous la forme d'un précipité brun amorphe.

5° PHÉNOLS NITRÉS.

ORTHONITROPHÉNOL, $C^6H^4.OH_{(1)}.AzO^2_{(2)}$. — C'est le phénol de Hofmann et Fritzsche, fusible à 45°. Il se forme aussi quand on chauffe avec de la soude étendue l'orthobromonitrobenzine ou l'orthodinitrobenzine [Laubenheimer, *Deutsch. chem. Gesellsch.*, 1876, p. 1828; — Zincke et Walker, *ibid.*, 1872, p. 116]. Pour le préparer, on peut verser 1 p. de phénol dans un mélange refroidi de 2 p. d'acide azotique ($d = 1,34$) et de 4 p. d'eau, séparer après quelque temps la couche noire huileuse, la laver à l'eau, puis la distiller avec de l'eau (Schmitt et Cook). On peut aussi chauffer 4 à 5 heures, à 150°, un mélange de 25gr de phénol, 25gr d'éther azotique, 80 d'eau et 160gr d'acide sulfurique. La couche surnageante rectifiée fournit 22 °/₀ d'orthonitrophénol et 0,5 °/₀ de paranitrophénol [Natanson, *Deutsch. chem. Gesellsch.*, 1880, p. 416]. L'orthonitrophénol se forme enfin dans l'action de l'acide azoteux sur le phénol en solution éthérée; on obtient en même temps du paranitrophénol et de l'azotate de diazophénol [Weselsky, *Deutsch. chem. Gesellsch.*, 1875, p. 98].

On prépare un *dérivé nitré* du *phénate d'éthylène* $C^6H^4AzO^2.OC^2H^4.OC^6H^5$, par l'action du bromé-thylate de phényle sur l'orthonitrophénate de sodium. Il cristallise en petits prismes fusibles à 86°.

L'éther méthylique de l'orthonitrophénol est l'anisol nitré, fusible à 0°, décrit t. II, p. 903.

L'éther éthylique bout à 258° [Groll, *Journ. prakt. Chem.*, (2), t. XII, p. 207], à 267-268° [Förster, *ibid.*, t. XXI, p. 343].

L'éther brométhylique,

$$C^6H^4AzO^2.OCH^2\text{-}CH^2Br,$$

se forme par la réaction du bromure d'éthylène sur le nitrophénate de sodium; il fond à 43°,5 [Weddige, *Journ. prakt. Chem.*, (2), t. XXI, p. 127, et t. XXIV, p. 241]; avec l'ammoniaque il fournit deux bases : l'une,

$$AzH^2(C^2H^4.O.C^6H^4.AzO^2),$$

en lamelles rouge cinabre fusibles à 72-73°, donne par réduction un dérivé amidé qui forme par oxydation un composé en cristaux à reflets verts. L'autre, $AzH(C^2H^4.O.C^6H^4.AzO^2)^2$, se sépare de la première à l'aide de l'acide chlorhydrique, avec lequel elle forme un sel peu soluble.

Soumise à l'action du chlorure de benzoyle, la base $AzH^2(C^2H^4.O.C^6H^4.AzO^2)$ donne naissance à deux dérivés dont l'un,

$$Az(C^7H^5O)^2(C^2H^4.O.C^6H^4.AzO^2),$$

fond à 121-122°, et l'autre,

$$AzH(C^7H^5O)(C^2H^4.O.C^6H^4.AzO^2),$$

à 94-95°. Ce dernier par réduction engendre l'anhydrobase

$$C^2H^4 \begin{cases} Az = C\text{-}C^6H^5 \\ C^6H^4\text{-}AzH \end{cases}$$

fusible à 149-151°.

L'éther benzoïque, $C^7H^5O^2.C^2H^4.O.C^6H^4.AzO^2$, préparé au moyen du benzoate de potassium et du brométhylate de nitrophényle, fond à 76-77° et par réduction avec l'étain et l'acide chlorhydrique fournit la monoamidophényline du glycol,

$$(C^6H^4.AzH^2)O.C^2H^4.OH,$$

fusible à 89-90°, ou, si l'on emploie la poudre de zinc, l'éther benzoïque

$$(C^6H^4.AzH^2)O.C^2H^4O.C^7H^5O,$$

fusible à 98-100°.

L'éther éthylénique, $[C^6H^4.AzO^2.O]^2C^2H^4$, qui se forme en même temps que l'éther brométhylique, fond à 162-163°.

Éther isobutylique, liquide jaune, bouillant presque sans décomposition à 275-280° [Riess, *Deutsch. chem. Gesellsch.*, 1870, p. 780].

Acide nitrophénylglycolique,

$$C^6H^4AzO^2.O.CH^2\text{-}CO^2H.$$

— Il prend naissance par la réaction du chloracétate de sodium sur le nitrophénate du même corps. Ce sont des octaèdres microscopiques, d'un jaune pâle, fusibles à 156°,5. Le *sel de sodium* contient H^2O, ainsi que le *sel de baryum*. Celui de *cuivre* en contient 2 1/2 [Fritzsche, *Journ. prakt. Chem.*, (2), t. XX, p.283].

Le *phosphate de nitrophényle*,

$$(C^6H^4.AzO^2.O)^3PO,$$

produit par l'action du perchlorure de phosphore sur le phénol, forme des aiguilles minces, fusibles à 126° [Engelhardt et Latschinoff, *Zeitsch. Chem.*, 1870, p. 230].

Benzoate d'orthonitrophényle,

$$C^7H^5O^2.C^6H^4AzO^2,$$

prismes clinorhombiques fusibles à 55°.

PARANITROPHÉNOL, $C^6H^4.OH_{(1)}.AzO^2_{(4)}$ [Syn. *Isonitrophénol*]. — Il se forme en d'autant plus forte proportion que la température à laquelle a lieu la nitration du phénol est plus basse (Goldstein). Il se forme aussi quand on traite par la soude concentrée bouillante la parabromonitrobenzine ou la paradinitrobenzine [Wagner, *Deutsch. chem. Gesellsch.*, 1874, p. 77]. Sa densité est égale à 1.468 [Schröder, *ibid.*, 1879, p. 563].

L'éther méthylique, décrit t. II, p. 903, peut se préparer en chauffant au réfrigérant ascendant 100cc d'alcool méthylique à 96 %, 50cc d'eau, 10 gr. de paranitrochlorobenzine et 3gr,5 de potasse. L'éther formé est distillé dans un courant de vapeur d'eau [Willgerodt, *Deutsch. chem. Gesellsch.*, 1881, p. 2632]. Chauffé à 200° avec de l'ammoniaque, il donne de la paranitraniline [Post et Mertens, *Deutsch. chem. Gesellsch.*, 1875, p. 1552].

L'éther éthylique, qu'on peut obtenir par tous les procédés employés pour la préparation du précédent, forme des prismes fusibles à 58° et bout à 283° [Andreae, *Journ. prakt. Chem.*, (2), t. XXI, p. 331].

Éther brométhylique,

$$C^6H^4AzO^2.OCH^2\text{-}CH^2Br,$$

grosses tables fusibles à 64°, très solubles dans l'alcool et séparées par ce moyen du suivant, qui l'est fort peu et qui prend naissance avec lui par l'action du bromure d'éthylène sur le paranitrophénate de sodium. Avec l'ammoniaque, il donne un *dérivé amidé*, $C^6H^4AzO^2.O.C^2H^4.AzH^2$, en lamelles dorées, fusibles à 108°.

L'éther éthylénique, $(C^6H^4AzO^2.O)^2C^2H^4$, est en petites aiguilles fusibles à 142-143° (Weddige).

L'acide paranitrophénylglycolique,

$$C^6H^4AzO^2,OCH^2\text{-}CO^2H,$$

formé par l'action réciproque des chloracétate et nitrophénate de sodium, se présente en lamelles jaune pâle fusibles à 183°. Le *sel de sodium* contient $3H^2O$, celui de *baryum* en contient 10, ainsi que celui *de cuivre* (Fritzsche).

Le *benzoate de paranitrophényle* fond à 142° [Morse, Gussefeld et Hübnert, *Liebig's Ann. Chem.*, t. CCX, p. 328].

MÉTANITROPHÉNOL, $C^6H^4.OH_{(1)}.AzO^2_{(3)}$. — On met en suspension dans 1/2 litre d'acide sulfurique étendu à 1/10e, 10 grammes de métanitraniline, puis on ajoute à ce mélange, jusqu'à dissolution complète de la nitraniline, de l'azotite de potassium. On fait bouillir cette solution, qui, après filtration, abandonne le phénol à l'éther. Il forme des cristaux épais, jaune de soufre, fusibles à 96° en un liquide qui bout à 194° sous la pression de 70mm. Sous la pression ordinaire il s'altère avant d'entrer en ébullition. Peu soluble dans l'eau froide, il l'est davantage dans l'eau chaude et les acides étendus, et ne se volatilise pas avec la vapeur d'eau.

Le *sel de potassium*, $C^6H^4.AzO^2.OK + 2H^2O$, constitue des aiguilles oranges dont 1 p. se dissout à 6° dans 8p,29 d'eau et à 15° dans 6p,15 (Post et Mertens).

Le *sel de baryum*, $(C^6H^4.AzO^2.O)^2Ba + 2H^2O$, est une poudre cristalline jaune, qui se dissout à 6° dans 57p,57 d'eau.

Le *sel basique de plomb*, $C^6H^4.AzO^2.OPbOH$, est un précipité rouge-orangé floconneux, à peine soluble dans l'eau.

Le *sel d'argent* est un précipité rouge brun.

Éther méthylique. — Aiguilles plates, fusibles à 38° en un liquide qui bout à 258°, très volatil avec la vapeur d'eau et que l'ammoniaque alcoolique à 200° transforme partiellement en métanitrophénol [Salkowski, *Deutsch. chem. Gesellsch.*, 1879, p. 156].

Éther éthylique. — Il fond à 34° et bout en se décomposant légèrement à 264° [Bantlin, *Deutsch. chem. Gesellsch.*, 1878, p. 2100].

Le *bromethylate de métanitrophényle* forme des lamelles fusibles à 39° [*Journ. prakt. Chem.*, (2), t. XXIV, p. 241]. Le *métanitrophénate* d'éthylène fond à 139° (Wagner).

DINITROPHÉNOL, $C^6H^3.OH_{(1)}.AzO^2_{(2)}.AzO^2_{(3)}$. — Le métanitrophénol, chauffé avec son poids d'acide azotique ($d = 1,37$), donne un produit qu'on lave à l'eau et qui, combiné à la baryte, contient les sels de trois phénols dinitrés. Pour les séparer, on épuise les sels de baryum secs par de l'alcool bouillant à 95 °/o. Le sel de baryum du phénol (1.2.3.) reste insoluble. Les sels des deux autres phénols (1.3.4) et (1.3.6) sont séparés par cristallisation dans l'eau; le sel du dinitrophénol (1.3.6) étant assez peu soluble, tandis que celui du phénol (1.3.4) l'est extrêmement [Bantlin, *loc. cit.*, et en note dans *Liebig's Ann. Chem.*, t. CCXV, p. 324]. Le phénol (1.2.3) forme de petites aiguilles jaunes ou des cristaux épais fusibles à 144°.

$C^6H^3(AzO^2)^2OK + 2H^2O$, aiguilles jaunes.

$[C^6H^3(AzO^2)^2O]^2Ba$, sel anhydre en aiguilles brunes, moins solubles dans l'alcool ainsi que le sel précédent et que les sels des deux autres dinitrophénols formés en même temps.

Éther méthylique. — Tables épaisses, incolores, fusibles à 118°. L'ammoniaque alcoolique les transforme à 190° en un *amidonitranisol*, fusible à 76° que l'azotite d'éthyle retransforme en métanitranisol. Si l'on considère (d'après Laubenheimer) que l'ammoniaque ne remplace les groupes AzO^2 par un groupe AzH^2 que quand ils sont dans la position ortho relativement à un autre groupe AzO^2, on en conclura, vu l'existence d'un dinitrophénol (1.3.4) différent de celui-ci, la position probable (1.2.3) pour celui dont il est ici question.

DINITROPHÉNOL, $C^6H^3.OH_{(1)}.AzO^2_{(3)}.AzO^2_{(4)}$. — Il est en longues aiguilles soyeuses, qui se réduisent après quelque temps en une poudre sablonneuse. Il fond à 134° et, sous l'eau, déjà entre 50 et 60°. Il n'est pas volatil avec la vapeur d'eau.

$[C^6H^3(AzO^2)^2O]^2Ba + 3H^2O$, aiguilles rouges extrêmement solubles dans l'eau.

Éther méthylique. — Fines aiguilles, d'un jaune d'or, fusibles à 70°. Il est moins volatil avec la vapeur d'eau que l'éther (1.3.5). A 190°, l'ammoniaque le transforme en un *amidonitranisol* fusible à 129°, que l'azotite d'éthyle réduit à l'état de paranitranisol : d'où l'on conclut la constitution indiquée plus haut pour le phénol.

DINITROPHÉNOL, $C^6H^3.OH_{(1)}.AzO^2_{(3)}.AzO^2_{(6)}$. — Il forme des aiguilles jaune clair fusibles à 104°, peu solubles dans l'eau, l'alcool froid, même dans l'alcool chaud et l'éther, facilement volatiles avec la vapeur d'eau.

$C^6H^3(AzO^2)^2OK + 2H^2O$, aiguilles épaisses, d'un rouge clair.

$[C^6H^3(AzO^2)^2O]^2Ba + 2H^2O$ et $+ 3H^2O$, cristaux rouges.

Éther méthylique. — Aiguilles plates jaune clair, fusibles à 96° en un liquide qui bout sans altération au-dessus de 300°. Chauffé à 200° avec de l'ammoniaque alcoolique, il donne une paradinitraniline outre beaucoup de produits noirs. Cette aniline est transformée par l'azotite d'éthyle en paradinitrobenzine.

Éther éthylique. — Andreae a obtenu cet éther indépendamment du trinitroazoxyphénétol en dissolvant dans l'acide azotique fumant le parazophénétol. Ce sont des lamelles fusibles à 85° et volatiles avec la vapeur d'eau [*Journ. prakt. Chem.* (2), XXI, p. 335].

DINITROPHÉNOL, $C^6H^3.OH_{(1)}.AzO^2_{(2)}.AzO^2_{(4)}$. — C'est le dinitrophénol de Laurent. Il se forme aussi par une longue ébullition de la dinitraniline fusible à 175° avec la potasse caustique [Willgerodt, *Deutsch. chem. Gesellsch.*, 1876, p. 979], et par oxydation de la métadinitrobenzine au moyen du ferricyanure de potassium et de la lessive de soude [Hepp, *Deutsch. chem. Gesellsch.*, 1880, p. 2347].

Éther méthylique. — Longues aiguilles jaune pâle, fusibles à 88° (Post et Mertens), solubles à 21° dans 64p,2 d'alcool. L'ammoniaque liquide ($d = 0,93$) à 200° le transforme en métadinitraniline. La potasse alcoolique le saponifie. L'*éther propylique* et l'*éther isoamylique* sont liquides. L'*éther allylique* forme de longues aiguilles fusibles à 46-47°. L'*éther glycérique*,

$$C^6H^3(AzO^2)^2OC^3H^7O^2,$$

forme des cristaux fusibles à 83° qu'on obtient en faisant agir la benzine chlorodinitrée sur le glycérinate de potassium.

L'*éther phénylique*, $C^6H^3(AzO^2)^2OC^6H^5$, obtenu d'une manière analogue, est en aiguilles fusibles à 71°.

L'*oxyde de dinitrophényle*, $[C^6H^3(AzO^2)^2]^2O$, obtenu d'une façon analogue au précédent, en partant de la benzine chlorodinitrée et du dinitrophénate de sodium, constitue des cristaux courts et épais, fusibles à 195° que la potasse dédouble en donnant du dinitrophénate de potassium [Willgerodt, *Deutsch. chem. Gesellsch.*, 1879, p. 763].

Carbonate de dinitrophényle. — Mamelons jaune clair, fusibles à 125°,5, préparés par l'action de l'acide azotique fumant mêlé d'acide sulfurique sur le carbonate de phényle. Une longue ébullition avec l'eau le saponifie. L'alcool absolu à 120-130° agit de même et donne en outre du dinitrophénate d'éthyle.

DINITROPHÉNOL, $C^6H^3.OH_{(1)}.AzO^2_{(2)}.AzO^2_{(6)}$. — Ce phénol, identique avec le dinitrophénol β de Hübner et W. Schneider, se forme, outre une certaine proportion d'acide dinitrosalicylique, par l'action de l'acide azotique sur l'acide nitrosalicylique [Adlerskron et Schaumann, *Deutsch. chem. Gesellsch.*, 1879, p. 1340].

Éther méthylique. — Aiguilles incolores fusibles à 118°; à 130° l'ammoniaque le transforme en dinitraniline (Salkowski). Il se dissout à 20° dans 100 p. d'alcool.

L'éther *éthylique* forme des aiguilles fusibles à 57-58° (Salkowski).

TRINITROPHÉNOL,

$$C^6H^2.OH_{(1)}.AzO^2_{(2)}.AzO^2_{(4)}.AzO^2_{(6)}.$$

— C'est l'*acide picrique*. On l'obtient par l'action du ferricyanure de potassium rendu légèrement alcalin avec du carbonate de sodium sur la trinitrobenzine symétrique [Hepp, *Liebig's Ann. Chem.*, t. CCXV, p. 352]. Son poids spécifique est égal à 1,813 [Rüdorff, *Deutsch. chem. Gesellsch.*, 1879, p. 251], à 1,763 [Schröder, *ibid.*, 1879, p. 563].

Picrate de méthyle. — Tables clinorhombiques jaunes, fusibles à 64°, que l'ammoniaque alcoolique transforme en trinitraniline [Friedländer, *Jahresb. Chem.*, 1879, p. 514; — Salkowski, *Liebig's Ann. Chem.*, t. CLXXIV, p. 259]. Il est identique avec le trinitranisol de Cahours décrit t. Ier, p. 338.

Picrate d'iodéthyle, $C^6H^2(AzO^2)^3OCH^2\text{-}CH^2I$. — Aiguilles fusibles à 69°,5, obtenues par l'action de l'iodure d'éthylène sur le picrate d'argent [Andrews, *Deutsch. chem. Gesellsch.*, 1880, p. 244].

β TRINITROPHÉNOL,

$$C^6H^2.OH_{(1)}.AzO^2_{(3)}.AzO^2_{(4)}.AzO^2_{(6)}.$$

— Il se forme par l'action de l'acide azotique fumant sur le métanitrophénol ou plutôt sur ses deux dérivés nitrés (1.3.4) et (1.3.6). Il faut opérer à froid et il se forme néanmoins beaucoup d'acide styphnique et de l'acide nitrostyphnique. On sépare ces composés par leurs sels de baryum. Ces sels secs cèdent à l'alcool absolu deux trinitrophénates de baryum, qu'on sépare par cristallisation fractionnée dans l'eau [Henriques, *Liebig's Ann. Chem.*, t. CCXV, p. 321]. On laisse l'acide en contact pendant 36 à 48 heures avec le dinitrophénol (1.3.6) et 6 à 7 heures seulement avec le phénol (1.3.4), puis on précipite par l'eau les acides tenus en solution. Ce trinitrophénol forme de petites aiguilles ou des houppes blanches, d'éclat satiné, fusibles à 96°. Il est très soluble dans l'alcool, l'éther, la benzine, peu soluble dans l'eau froide, assez soluble dans l'eau bouillante.

Son *sel de baryum* cristallise avec $4H^2O$ en prismes rouge-brun, qui ne perdent toute leur eau qu'à 150° en devenant jaune pâle. Il est assez soluble dans l'eau et l'alcool.

Le *sel de potassium*, peu soluble dans l'eau, à peine soluble dans l'alcool, constitue des cristaux rouge clair, très brillants, anhydres. Ils ont un reflet violet. Ce sel précipite en jaune clair les sels de plomb, en rouge-brun ceux d'argent.

Le trinitrophénol forme avec la naphtaline une combinaison fusible à 72-73°, cristallisant en aiguilles.

γ-TRINITROPHÉNOL,

$$C^6H^2.OH_{(1)}.AzO^2_{(2)}AzO^2_{(3)}.AzO^2_{(6)}.$$

— Ce composé, extrait du sel de baryum le moins soluble du mélange mentionné plus haut, présente le même aspect que le phénol précédent. Il fond à 117-118° et possède dans les véhicules usuels une solubilité à peu près semblable à celle de son isomère.

Son *sel de baryum*, qui est anhydre, forme des houppes colorées en jaune brunâtre, assez peu solubles dans l'eau et l'alcool.

Le *sel de potassium* forme de magnifiques aiguilles d'un rouge intense, très solubles dans l'eau. Ce sel est à peine soluble dans l'alcool. Sa solution aqueuse précipite les sels de plomb en jaune, les sels d'argent en brun.

La combinaison de ce phénol avec la naphtaline fond à 100° et se présente en belles aiguilles jaune d'or.

Ce phénol s'obtient non seulement par l'action de l'acide azotique fumant sur le dinitrophénol (1.3.6), mais aussi par l'action du même corps sur le dinitrophénol (1.2.3). Il faut, dans ce dernier cas, prolonger l'action de l'acide seulement pendant 2 ou 3 heures, précipiter par l'eau au bout de ce temps et opérer sur le sel de baryum formé par les acides précipités, comme plus haut.

Outre ces deux trinitrophénols, il paraît s'en former un troisième dans l'action de l'acide azotique sur le dinitrophénol (1.3.4). Si on effet on traite par l'ammoniaque aqueuse la solution azotique précipitée par l'eau, qu'on abandonne le liquide deux jours à lui-même, et qu'on le traite par l'éther après l'avoir acidulé, il se sépare des flocons rouges d'un phénol dinitroamidé, qui do t provenir d'un troisième trinitrophénol dont la formule ne peut être que

$$C^6H^2.OH_{(1)}.AzO^2_{(3)}.AzO^2_{(4)}.AzO^2_{(5)},$$

ou $C^6H^2.OH_{(1)}.AzO^2_{(2)}.AzO^2_{(3)}.AzO^2_{(4)}$, puisqu'il provient du dinitrophénol (1.3.4) et est différent du trinitrophénol (1.3.4.6).

6° PHÉNOLS CHLORONITRÉS.

CHLORONITROPHÉNOL. $C^6H^3.OH_{(1)}.Cl_{(3)}.AzO^2_{(6)}$. — On l'obtient par ébullition avec la soude ($d = 1{,}13$), au réfrigérant ascendant, de la chloroorthodinitrobenzine [Laubenheimer, *Deutsch. chem. Gesellsch.*, 1876, p. 768], et aussi par l'action de l'acide azotique ($d = 1{,}42$) sur le métachlorophénol; on précipite la solution par l'eau et on distille le produit formé avec la vapeur d'eau [Uhleman, *Deutsch. chem. Gesellsch.*, 1878, p. 1161]. On peut encore le préparer par l'action de l'acide azoteux sur la métachloraniline (Uhlemann). Ce sont des prismes fins, jaune-citron, fusibles à 38°,9. Si on le refroidit, à l'état de fusion, avec de l'eau froide, il fond de nouveau à 32°,7, puis le point de fusion remonte graduellement à 38°,9.

Sel de sodium. — Prismes plats, rouge-écarlate, assez difficilement solubles dans l'eau froide.

Sel de baryum. — Petites aiguilles fines, rouge-écarlate, qui contiennent une molécule d'eau.

L'*éther méthylique* se présente en longues aiguilles aplaties, légèrement colorées en jaune verdâtre, fusibles à 70°,5. L'ammoniaque alcoolique le transforme en métachloroorthonitraniline fusible à 124°.

Chloronitrophénol, $C^6H^3.OH_{(1)}.Cl_{(2)}.AzO^2_{(6)}$. — C'est le phénol décrit par Faust et Muller; fusible à 70°.

Chloronitrophénol, $C^6H^3.OH_{(1)}.Cl_{(2)}.AzO^2_{(5)}$. — Fusible à 110-111°. C'est le β-phénol de Faust.

On prépare l'*éther méthylique* au moyen de l'amidonitranisol en remplaçant le groupe AzH^2 par du chlore [Griess, *Jahresb. Chem.*, 1866, p. 459]. Il se forme un corps probablement identique avec celui-ci quand on traite par l'acide azotique fumant l'orthochloranisol. Ce sont de petites aiguilles fusibles à 93-94° [Fischli, *Deutsch. chem. Gesellsch.*, 1878, p. 1463].

L'*éther éthylique* s'obtient en cristaux fusibles à 77° quand on fait réagir le paranitrophénétol sur du chlorate de potassium mêlé d'acide chlorhydrique [Hallock, *Amer. chem. Journ.*, t. III, p. 21].

Chloronitrophénol, $C^6H^3.OH_{(1)}.AzO^2_{(2)}.Cl_{(4)}$. — C'est le phénol de Faust et Saame, fusible à 86-87°. Il se forme, en même temps que divers produits, quand on chauffe la dichloronitrobenzine avec de la potasse [Laubenheimer, *Deutsch. chem. Gesellsch.*, 1874, p. 1601]. Ce sont des prismes clinorhombiques, qui se volatilisent aisément avec la vapeur d'eau.

On obtient, au moyen du chlorate de potassium, de l'acide chlorhydrique et de l'orthonitrophénétol, le *parachloroorthonitrophénétol* en aiguilles fusibles à 61° [Edward Hallock; voyez aussi Faust et Saame, *Zeitschr. Chem.*, 1869, p. 450].

CHLORODINITROPHÉNOL,

$$C^6H^3.OH_{(1)}.Cl_{(2)}AzO^2_{(4)}.AzO^2_{(6)},$$

fusible à 211°. — Il se produit dans l'action du chlorure d'iode sur l'acide picrique (Petersen) ou par transformation de l'acide picramique [Faust, *Zeitschr. Chem.*, 1871, p. 339].

Suivant Griess, son sel ammoniacal est anhydre.

Chlorodinitrophénol,

$$C^6H^2.OH_{(1)}.AzO^2_{(2)}.Cl_{(4)}.AzO^2_{(6)},$$

fusible à 80°,5. — Il se forme par chloruration du dinitrophénol correspondant [Armstrong, *Deutsch. chem. Gesellsch.*, 1873, p. 649]; en petite quantité, par l'action du chlorure d'iode sur l'acide picrique [Petersen, *Deutsch. chem. Gesellsch.*, 1873, p. 368]; par ébullition, avec la potasse de la chlorodinitrobenzine fusible à 144°,7 (Körner); par l'action de l'acide azotique sur l'acide chlorosalicylique [Smith et Peirce, *Deutsch. chem. Gesellsch.*, 1880, p. 35].

Il forme avec l'aniline un sel en longues aiguilles jaunes, fusibles à 137° (Smith et Peirce).

L'*éther méthylique*, en lamelles à peu près incolores, fusibles à 65°,4, se change à froid par l'action de l'ammoniaque en chlorodinitraniline fusible à 144°,7 (Körner).

Chlorodinitrophénol,

$$C^6H^2.OH_{(1)}.AzO^2_{(2)}.Cl_{(4)}.AzO^2_{(6)},$$

fusible à 80°,5 (voyez t. II, p. 813). — Smith et Peirce ont obtenu, par l'action de l'acide azotique sur l'acide chlorosalicylique, un phénol qu'ils considèrent comme isomère de celui-ci, bien qu'il ait le même point de fusion 79-80°. Son sel de potassium contenant 1 ½ H^2O serait beaucoup plus soluble que le sel correspondant du phénol (1.2.4.6).

Chlorodinitrophénol,

$$C^6H^2.OH_{(1)}Cl_{(2)}.AzO^2_{(4)}.AzO^2_{(6)},$$

fusible à 110-111° (voyez t. II, p. 814). — Griess l'a obtenu en faisant réagir l'acide azotique sur l'orthochlorophénol.

Dinitrochlorophénol, fusible à 114°. — Faust a contesté l'existence de ce corps, maintenue néanmoins par Petersen [Faust, *Liebig's Ann. Chem.*, t. CLXXIII, p. 318, et Petersen, *Liebig's Ann. Chem.*, t. CLXXVI, p. 186].

Dichloronitrophénol,

$$C^6H^2.OH_{(1)}.Cl_{(2)}.Cl_{(4)}.AzO^2_{(6)},$$

fusible à 121-122° (voyez t. II, p. 812). — Armstrong l'a obtenu par l'action successive de l'acide azotique et du chlore sur l'orthochlorophénol [Armstrong, *Deutsch. chem. Gesellsch.*, 1874, p. 405]. Son poids spécifique rapporté à l'eau à 4° est égal à 1,59.

Dichloronitrophénol,

$$C^6H^2.OH_{(1)}.Cl_{(2)}.AzO^2_{(4)}.Cl_{(6)},$$

fusible à 125° (voyez t. II, p. 812).

Trichloronitrophénol, $C^6H.OH.Cl^3.AzO^2$. — On obtient l'éther éthylique de ce corps par l'action de l'acide azotique mêlé d'acide sulfurique sur le trichlorophénétol [Faust, *Ann. Chem. Pharm.*, t. CXLIX, p. 152]. Il fond à 53-54°.

L'éther trichlorodinitré en prismes durs, fusibles à 100°, s'obtient de la même façon, mais en opérant à chaud.

7° Phénols bromonitrés.

Bromonitrophénols, $C^6H^3.OH_{(1)}.Br_{(2)}.AzO^2_{(4)}$, fusible à 102° (voyez t. II, p. 810).

Son éther méthylique fond à 106° [Staedel et Damm, *Deutsch. chem. Gesellsch.*, 1880, p. 838].

L'éther éthylique, fusible à 138°, se prépare par l'action du brome à chaud sur la solution alcoolique du paranitrophénétol (Hallock).

Bromonitrophénol, $C^6H^3.OH_{(1)}.AzO^2_{(2)}.Br_{(4)}$, fusible à 88° (voyez t. II, p. 810). — On l'obtient par l'action de l'acide azotique sur le parabromophénol [Hübner et Brenken, *Deutsch. chem. Gesellsch.*, 1873, p. 170]; par ébullition avec la soude de la bromorthodinitrobenzine : il se forme en même temps une forte proportion du phénol

$$C^6H^3.OH_{(1)}.AzO^2_{(2)}.Br_{(5)}\ \text{(Laubenheimer).}$$

Il est en cristaux clinorhombiques [Arzruni, *Jahresb. Chem.*, 1877, p. 547].

Son *éther méthylique* forme de longs et larges prismes fusibles à 88° [Städel et Damm, *Deutsch. chem. Gesellsch.*, 1878, p. 1750].

L'éther éthylique, fusible à 47° et cristallisable en aiguilles, se produit par l'action successive du brome et de l'acide azotique concentré sur le phénétol (Hallock).

Bromonitrophénol, $C^6H^3.OH.AzO^2.Br$. — Ce composé se forme avec une petite quantité du phénol précédent, par l'action de la soude bouillante sur la bromorthodinitrobenzine [Laubenheimer, *Deutsch. chem. Gesellsch.*, 1878, p. 1160]. Il fond à 59°,4, cristallise en prismes ou en aiguilles jaunes et se volatilise aisément avec la vapeur d'eau.

$C^6H^3Br.AzO^2.ONa$, aiguilles rouge sombre, très solubles dans l'eau.

$[C^6H^3Br.AzO^2.O]^2Ca + 2H^2O$, petites aiguilles jaune-orangé, peu solubles dans l'eau.

$[C^6H^3Br.AzO^2.O]^2Ba + H^2O$, aiguilles rouge sombre, peu solubles dans l'eau.

Le *sel d'argent* est anhydre.

Bromodinitrophénol,

$$C^6H^2.OH_{(1)}.Br_{(2)}.AzO^2_{(4)}.AzO^2_{(6)},$$

fusible à 118°,2 (voyez t. II, p. 811). — On peut l'obtenir en nitrant l'orthobromophénol (Körner) ou l'acide paraphénolsulfonique dibromé [Armstrong et Brown, *Journ. chem. Soc.*, t. X, p. 857], ou l'acide phénoldisulfonique bromé (Armstrong), en chauffant l'acide picrique avec de l'eau et du brome [Armstrong, *Deutsch. chem. Gesellsch.*, 1873, p. 650], ou en traitant le tribromophénol par l'acide azotique [Armstrong et Harrow, *Jahresb. Chem.*, 1876, p. 448], ou enfin en faisant bouillir la bromodinitraniline fusible à 114° avec de la potasse (Körner). Il cristallise en prismes clinorhombiques

$C^6H^2.Br.(AzO^2)^2OK + 1½H^2O$, aiguilles d'un rouge sombre, peu solubles dans l'eau et l'alcool et qui perdent 1 ½ H^2O à l'air (Hübner et Brenken).

$[C^6H^2Br.(AzO^2)^2O]^2Ca + 12H^2O$, petites aiguilles jaunes. Ce sel peut s'obtenir avec 7 et 8 H^2O (Armstrong et Brown).

Bromodinitrophénol,

$$C^6H^2.OH_{(1)}.AzO^2_{(2)}.Br_{(4)}.AzO^2_{(6)},$$

fusible à 85°,6, identique avec le phénol indiqué t. II, p. 811, comme fusible à 78°. — Il se prépare en nitrant le parabromonitrophénol fusible à 88° [Armstrong et Prevost, *Deutsch. chem. Gesellsch.*, 1874, p. 922], ou en bromant le dinitrophénol

$$C^6H^3.OH_{(1)}.AzO^2_{(2)}.AzO^2_{(6)}$$

[Körner, *Jahresb. Chem.*, 1875, p. 339], ou encore par ébullition de la paradibromodinitrobenzine avec l'azotite de potassium [Austen, *Jahresb. Chem.*, 1878, p. 550]. Armstrong a annoncé qu'il se transforme en bromodinitrophénol fusible à 118° quand on le chauffe avec du brome et de l'eau à 100° [Armstrong, *Jahresb. Chem.*, 1875, p. 427]. Ses cristaux sont clinorhombiques. L'acide azotique fumant le transforme en acide picrique.

$C^6H^2Br.(AzO^2)^2OK$, aiguilles rouges à reflets métalliques verts, très peu solubles dans l'eau froide (Körner).

$[C^6H^2Br.(AzO^2)^2O]^2Ca, 8H^2O$, sel peu soluble dans l'eau froide.

$[C^6H^2Br.(AzO^2)^2O]^2Ba$, aiguilles jaune-safran.

$C^6H^2Br.(AzO^2)^2OAg$, aiguilles rouges.

L'éther éthylique en petites aiguilles fusibles à 66° est facilement soluble dans l'alcool et l'eau chaude. La soude caustique le saponifie à froid [Schoonmaker et van Mater, *Amer. chem. Journ.*, t. III, p. 185].

Un *bromodinitrophénol* fusible à 91°,5 se forme quand on chauffe pendant plusieurs heures, avec de la lessive de potasse, la dibromodinitrobenzine, fusible à 117°,4 [Körner, *Jahresb. Chem.*, 1875, p. 340]. Il forme, suivant le dissolvant, de petites lamelles ou de gros prismes. Il est très soluble dans l'alcool, l'éther, etc.

$C^6H^2Br.(AzO^2)^2OK$, très longues aiguilles anhydres d'un jaune clair, qui deviennent plus sombres quand la dissolution où elles ont pris naissance se refroidit et décrépitent alors fortement.

L'éther méthylique, fusible à 109°,4, se présente en petits prismes rhombiques.

Dibromonitrophénol,

$$C^6H^2.OH_{(1)}.Br_{(2)}.AzO^2_{(4)}.Br_{(6)},$$

fusible à 141° (voyez t. II, p. 811). On l'obtient aussi en bromant l'acide paranitroxyphénylsulfonique [Post et Brackebusch, *Liebig's Ann. Chem.*, t. CCV, p. 94], ou en traitant le tribromophénol par l'acide azotique étendu d'acide acétique (Armstrong et Harrow).

L'éther méthylique se présente en fines aiguilles fusibles à 122°,6, peu solubles dans l'alcool froid; l'ammoniaque à 180° le transforme en dibromoparanitraniline fusible à 202°,5 (Körner).

Dibromonitrophénol,

$$C^6H^2.OH_{(1)}.Br_{(2)}.Br_{(4)}.AzO^2_{(6)},$$

fusible à 117°,5 (voyez t. II, p. 811). — Ce sont des prismes clinorhombiques, aisément sublimables et volatils avec la vapeur d'eau (Arzruni).

Le *sel de potassium* forme des aiguilles écarlates, très peu solubles dans l'eau froide, plus solubles dans l'eau chaude.

Le *sel de baryum* est un précipité jaune-orangé.

L'éther méthylique se présente en aiguilles d'un jaune verdâtre fusibles à 76°,7, peu solubles dans l'alcool froid. L'ammoniaque alcoolique le transforme à chaud en dibromonitraniline fusible à 127°,3 (Körner).

8° Phénols iodonitrés.

Iodonitrophénol, $C^6H^3.OH_{(1)}.I_{(2)}.AzO^2_{(4)}$. — Ce composé, fusible à 154-155°, se prépare par l'action de l'iode dissous dans l'acide acétique sur le paranitrophénol en présence d'oxyde de mercure. Il cristallise en petites aiguilles dures, d'un jaune clair, qui ne se volatilisent pas avec la vapeur d'eau [Busch, *Deutsch. chem. Gesellsch.*, 1874, p. 462].

$C^6H^3I.AzO^2.OK + \frac{1}{2}H^2O$, longues aiguilles d'un jaune rougeâtre.

Körner, Brunck et Tausen avaient obtenu, avec l'iode et le paranitrophénol, deux phénols iodés, dont l'un fondait à 93°. Le second doit donc être identique avec le précédent (voyez t. II, p. 815).

L'orthonitrophénol, traité comme le paranitrophénol, donne un mélange de deux phénols que l'on dissout dans la potasse. On obtient ainsi un sel en aiguilles rouges, peu solubles dans l'alcool. On en isole un *iodonitrophénol* fusible à 90-91° en longues aiguilles jaunes.

On obtient, après le premier sel de potassium, un second sel en lamelles rouges, lequel fournit à son tour un *iodonitrophénol* fusible à 66-67°, facilement volatil avec la vapeur d'eau (Busch).

Diiodonitrophénol,

$$C^6H^2.OH_{(1)}.AzO^2_{(2)}.I_{(4)}.I_{(6)},$$

fusible à 98° (voyez t. II, p. 815).

Diiodonitrophénol,

$$C^6H^2.OH_{(1)}.I_{(2)}.AzO^2_{(4)}.I_{(6)},$$

fusible à 156°,5 (voyez t. II, p. 815). — On l'obtient aussi par l'action de l'iode et de l'oxyde de mercure sur l'acide paranitrophénolorthosulfonique en solution alcoolique (Post et Brackebusch), par l'action des mêmes agents sur l'acide nitrosalicylique en même temps qu'un acide iodonitrosalicylique [Weselsky, *Liebig's Ann. Chem.*, t. CLXXIV, p. 107]. Il se décompose à 175°. A peine soluble dans l'eau, il se dissout au contraire aisément dans l'alcool.

$C^6H^2I^2.AzO^2.ONa + 2H^2O$, aiguilles d'un jaune-rougeâtre très solubles dans l'eau.

$C^6H^2I^2.AzO^2.OK$ à 120°, cristaux rouges à reflets verts.

Iododinitrophénol,

$$C^6H^2.OH_{(1)}.I_{(2)}.AzO^2_{(4)}.AzO^2_{(6)}.$$

— Ce composé, identique avec celui déjà décrit (t. II, p. 815), peut aussi se préparer à l'aide de l'acide picramique, par échange du groupe AzH^2 contre de l'iode [Armstrong, *Deutsch. chem. Gesellsch.*, 1873, p. 651]. Ce sont de longues aiguilles capillaires fusibles à 106°.

Le sel de *potassium* forme des tables clinorhombiques.

Iododinitrophénol,

$$C^6H^2.OH_{(1)}.AzO^2_{(2)}.I_{(4)}.AzO^2_{(6)}.$$

— On le prépare en iodant le dinitrophénol correspondant par l'iode et l'oxyde de mercure (Armstrong), ou bien par l'iode et l'acide iodique en solution alcaline [Körner, *Jahresb. Chem.*, 1875, p. 340]. Il forme de longues aiguilles, jaune de chrome, fusibles à 112°,9.

$C^6H^2I.(AzO^2)^2OK$, longues aiguilles rouge-rubis, à reflets verts métalliques, très peu solubles dans l'eau froide, presque insolubles dans une solution de potasse caustique.

Bromoïodonitrophénol,

$$C^6H^2.OH_{(1)}.AzO^2_{(2)}.Br_{(4)}.I_{(6)}$$

— Ce phénol se prépare par l'action de l'iode et de l'acide iodique sur l'orthonitroparabromophénol en solution alcaline (Körner). Il forme des prismes clinorhombiques fusibles à 104°,2 [Groth, *Jahresb. Chem.*, 1877, p. 349]. Il est volatil avec la vapeur d'eau.

$C^6H^2Br.I.AzO^2.ONa + H^2O$, sel peu soluble.

$C^6H^2Br.I.AzO^2.OK$, prismes bruns aplatis.

Bromoïodonitrophénol,

$$C^6H^2.OH_{(1)}.Br_{(2)}.AzO^2_{(4)}.I_{(6)}$$

(voyez t. II, p. 815).

9° Amidophénols.

Orthoamidophénol, $C^6H^4.OH_{(1)}.AzH^2_{(2)}$ (voyez t. II, p. 815). — Ce composé, préparé d'abord par Hofmann, forme des houppes de cristaux rhombiques qui se colorent facilement en brun à l'air. Il fond à 170° et peut être sublimé. A 0°, il se dissout dans 59 p. d'eau, 23 p. d'alcool et beaucoup mieux encore dans l'éther. Pour le préparer, il convient d'employer l'étain et l'acide chlorhydrique, de préférence aux sulfures alcalins [Schmitt et Cook, *Kekule's Lehrbuch*, t. III, p. 62 et Fittica, *Deutsch. chem. Gesellsch.*, 1880, p. 1536].

Le *chlorhydrate* forme de longues aiguilles solubles à 0° dans 65 p. d'eau et 2°,35 d'alcool.

Le *sulfate* se présente en prismes rhombiques.

L'*acétate*, fusible à 150°, se dissout à 0° dans 65 p. d'eau.

L'éther méthylique ou *orthoanisidine*, déjà préparé par Brunck (voyez t. II, p. 815), bout suivant Mülhaüser [*Liebig's Ann. Chem.*, t. CCVII, p. 239] à 226°,5 ($p = 734^{mm}$). Par oxydation avec le mélange chromique, il fournit un corps fusible à 138° qui rappelle les quinones; son poids spécifique à 26° est égal à 1,108.

L'éther éthylique, produit par réduction de l'orthonitrophénétol [Forster, *Journ. prakt. Chem.*, (2), t. XXI, p. 344], forme une huile qui bout à 228° (Groll), à 229° ($p = 756^{mm}$) suivant Forster. Il ne se congèle pas encore à — 21°.

Méthylanisidine, $AzH(CH^3).C^6H^4.OCH^3$. — Base liquide bouillant à 218-220°, dont l'iodhydrate se forme par l'action de l'iodure de méthyle sur l'anisidine. Ses sels cristallisent.

Diméthylamidophénol, $Az(CH^3)^2.C^6H^4.OH$. — Petits prismes rhombiques fusibles à 45°, se colorant en rouge violacé par le perchlorure de fer, formés par distillation du chlorure d'oxyphényltriméthylammonium,

$$C^6H^4.OH.Az(CH^3)^3Cl$$
$$= CH^3Cl + C^6H^4.OH.Az(CH^3)^2.$$

Son *éther méthylique* prend naissance par distillation de l'hydrate correspondant,

$$C^6H^4.OH.Az(CH^3)^3OH = H^2O + C^6H^4.OCH^3.Az(CH^3)^2.$$

C'est un liquide qui bout à 210-212° [Griess, *Deutsch. chem. Gesellsch.*, 1880, p. 249 et Mülhaüser, *loc. cit.*].

Hydrate d'oxyphényltriméthylammonium,

$$C^6H^4.OH.Az(CH^3)^3OH.$$

— On obtient l'iodhydrate correspondant, qui sert à préparer tous les dérivés, par l'action de l'iodure de méthyle et de la potasse sur une solution d'amidophénol dans l'esprit de bois (Griess). L'hydrate forme des prismes de saveur très amère, très solubles dans l'eau froide. A 105°, il donne l'anhydride

$$C^6H^4 < \begin{matrix} O \\ Az(CH^3)^3 \end{matrix}.$$

A température plus élevée, il se décompose comme on a vu plus haut. Ses sels cristallisent bien.

L'*éther méthylique*, $CH^3O.C^6H^4.Az(CH^3)^3OH$, est une base énergique que la chaleur décompose en alcool méthylique et diméthylanisidine. Il se produit à l'aide de l'un des composés précédents (Griess).

Éthylamidophénol, $C^6H^4OH.AzH.C^2H^5$, petites tables rhombiques fusibles à 167°,5, très solubles dans l'alcool, qui donnent des sels peu stables, très solubles dans l'eau. Son chlorhydrate se produit par l'action de l'acide chlorhydrique à 130° pendant 4 à 5 heures sur l'*éther éthylique*, $C^6H^4(OC^2H^5)AzH.C^2H^5$, qui se prépare à l'aide de l'amidophénétol. C'est un liquide qui bout à 234-236° (p = 751). A 18°,3, son poids spécifique est égal à 1,021. L'acide sulfurique le dissout en se colorant en violet. Ses sels cristallisent.

Le *dérivé nitrosé*, $C^6H^4.OH.Az(C^2H^5)(AzO)$, se présente en lamelles fusibles à 121°,5 et se combine aux acides et aux bases (Griess).

Diéthylamidophénol, $C^6H^4.OH.Az(C^2H^5)^2$. — Il se forme par l'action de l'acide chlorhydrique sur l'éther décrit plus bas. C'est une huile peu soluble dans l'eau, qui bout à 210-220°, et dont les sels cristallisent bien, mais se décomposent aisément.

L'*éther éthylique*, $C^6H^4.OC^2H^5.Az(C^2H^5)^2$, se prépare à l'aide de l'amidophénétol; c'est une huile qui bout à 227-228° (p = 754 mm) et est insoluble dans l'eau. Ses sels ne cristallisent pas (Förster).

L'*orthoamidophénate d'éthylène* forme des lamelles orthorhombiques fusibles à 128°. Son dérivé diacétylé forme de petites aiguilles fusibles à 220°.

Amide formique, $C^6H^4.OC^2H^5.AzH(CHO)$. — Ce composé prend naissance par l'action de l'amidophénétol sur l'éther formique. Ce sont des cristaux fusibles à 62° en un liquide qui bout à 292° sans altération, dans une atmosphère d'hydrogène [Groll, *Journ. prakt. Chem.*, (2), t. XII, p. 208].

Méthénylamidophénol,

$$C^6H^4 < \begin{matrix} O \\ Az \end{matrix} \gg CH.$$

— Il se forme par une longue ébullition de parties égales d'acide formique et d'amidophénol. Ce sont des prismes fusibles à 30°,5 en un liquide qui bout à 182°,5. L'acide chlorhydrique concentré régénère le phénol [Ladenburg, *Deutsch. chem. Gesellsch.*, 1877, p. 1124].

Amide acétique, $C^6H^4.OH.AzHC^2H^3O$, lamelles fusibles à 201°, très solubles dans l'alcool et l'eau chaude, produites par l'action de l'acide sulfurique étendu et chaud sur l'éthénylamidophénol [Ladenburg, *Deutsch. chem. Gesellsch*, 1876, p. 1524], ou par réduction de l'orthonitrophénol avec l'étain et l'acide acétique [Morse, *Deutsch. chem. Gesellsch*, 1878, p. 232].

Éthénylamidophénol,

$$C^6H^4 < \begin{matrix} O \\ Az \end{matrix} \gg C\text{-}CH^3,$$

liquide bouillant à 200-205° formé par l'action de l'anhydride acétique chaud sur l'amidophénol (Ladenburg). A 0°, son poids spécifique est égal à 1,1365. Il est insoluble dans l'eau, se combine avec le chlorure de calcium et forme des sels peu stables, cristallisables.

Acétylanisidine, $C^6H^4.OCH^3.AzH(C^2H^3O)$, cristaux nacrés fusibles à 78°, à 84° suivant Hérold en un liquide qui bout à 303-305° (Mülhaüser).

Benzénylamidophénol,

$$C^6H^4 < \begin{matrix} O \\ Az \end{matrix} \gg C\text{-}C^6H^5,$$

base faible fusible à 103° en un liquide qui bout à 314-317°. Elle se produit par l'action de la chaleur sur le *benzamidophénol*,

$$C^6H^4.OH.AzHC^7H^5O,$$

corps fusible à 167° et aussi par réduction du benzoate d'orthonitrophénol [Ladenburg; voyez aussi Morse, Gunefeldt et Hübner, *Liebig's Ann. Chem.*, t. CCX, p. 328]. Le *benzoate de benzamidophénol*, $C^6H^4.O(C^7H^5O).AzH(C^7H^5O)$, fusible à 176°, se produit par l'action du chlorure de benzoyle sur l'amidophénol.

Acide anhydroorthoamidophénylglycolique,

$$C^6H^4 < \begin{matrix} O - CH^2 \\ AzH - CO \end{matrix}.$$

— Ce composé se produit par l'action du protochlorure d'étain sur l'acide *orthonitrophénylglycolique* [P. Fritzsche, *Journ. prakt. Chem.*, (2), t. XX, p. 288]. Ce sont des aiguilles microscopiques fusibles à 143-144°, facilement sublimables en lamelles. Elles se dissolvent dans la potasse et en sont précipitées par l'acide carbonique.

Uréthane, $C^6H^4.OH.AzH.CO^2C^2H^5$, prismes tricliniques fusibles à 85°, qu'on obtient en faisant réagir l'éther chlorocarbonique sur l'amidophénol en solution éthérée. La distillation le décompose en alcool et *oxycarbanile* $C^6H^4.OH.Az=CO$, aiguilles rougeâtres fusibles à 136-138° que l'ammoniaque transforme à 160° en amidophénol.

L'*orthooxyphénylurée*,

$$C^6H^4.OH.AzH.CO.AzH^2,$$

préparée par le procédé ordinaire, forme des prismes blancs fusibles à 154° en se décomposant [Kalckoff, *Deutsch. chem. Gesellsch.*, 1883, p. 374].

Anisylurée, $C^6H^4(OCH^3).AzH.CO.AzH^2$. — Ce sont des cristaux fusibles à 146°,5, préparés à l'aide du chlorhydrate d'anisidine et du cyanate de potassium (Mülhaüser).

Dianisylurée, $[C^6H^4(OCH^3).AzH]^2CO$. — Cristaux fusibles à 174°, préparés par l'action du chlorure de carbonyle sur l'anisidine (Mülhaüser).

Oxyphénylsulfo-urée, $C^6H^4.OH.AzHCS.AzH^2$. — Cristaux fusibles à 161° en se décomposant, préparés par l'action du sulfocyanate de potassium sur le chlorhydrate d'orthoamidophénol. Par ébullition avec l'oxyde jaune de mercure, elle donne en solution alcoolique la *cyanamide*,

$$C^6H^4.OH.AzH.CAz,$$

en grosses tables fusibles à 129-130° [Bendix, *Deutsch. chem. Gesellsch.*, 1878, p. 2263].

L'*anisylsulfo-urée*, $C^6H^4.(OCH^3)AzH.CS.AzH^2$, forme des aiguilles fusibles à 152°. Préparation analogue à celle de l'urée précédente (Mülhaüser).

La *dianisylsulfo-urée*, $[C^6H^4(OCH^3)AzH]^2CS$,

préparée par l'action de l'anisidine en solution alcoolique sur la potasse et le sulfure de carbone forme des aiguilles fusibles à 135° (Mülhaüser).

Oxyphénylsulfocarbimide, $C^6H^4.OH.Az = CS$. — Aiguilles fusibles à 196°, préparées par une ébullition de plusieurs jours de l'amidophénol avec le sulfure de carbone, ou par l'action de la chaleur sur l'oxyphénylsulfo-urée [Dünner, *Deutsch. chem. Gesellsch.*, 1876, p. 465].

Le chlorhydrate d'orthoamidophénol (10 p. dissoutes dans 300 p. d'eau), soumis à l'ébullition avec du ferricyanure de potassium (15 p. dissoutes dans 300 p. d'eau), fournit un produit d'oxydation qui se précipite. Ce précipité étant lavé et soumis à la sublimation donne des aiguilles rouges qui se volatilisent avant de fondre en donnant une vapeur d'un jaune vert. Les acides dissolvent ce corps en formant des sels colorés en bleu ou en violet intenses que l'eau détruit [G. Fischer, *Journ. prakt. Chem.*, (2), t. XIX, p. 318].

Paramidophénol, $C^6H^4.OH_{(1)}.AzH^2_{(4)}$. — Ce composé déjà décrit (t. II, p. 315) forme des lamelles qui fondent en se décomposant à 184° [Lossen, *Liebig's Ann. Chem.*, t. CLXXV, p. 296]. A 0°, il se dissout dans 90 p. d'eau et 22 p. d'alcool absolu. Une solution de chlorhydrate versée dans une solution de chlorure de chaux donne naissance à une coloration violette qui, par l'agitation, passe au vert, en même temps qu'il se forme de la *quinone-chlorimide*. Si, de plus, on ajoute de l'acide chlorhydrique très concentré, on obtient des di- et tri-chloramidophénols et les di- et tri-chloroquinones [Schmitt et Andresen, *Journ. prakt. Chem.*, (2), t. XXIII, p. 173 et 435]. Avec le brome, de même qu'avec l'acide sulfurique et le bioxyde de plomb, on obtient de la quinone [Schmitt, *Journ. prakt. Chem.*, (2), t. XIX, p. 317].

Le *chlorhydrate* forme des prismes solubles à 0° dans 1p,4 d'eau et 10 p. d'alcool absolu.

L'*acétate* fond à 183° et se dissout à 0° dans 9 p. d'eau et 12 p. d'alcool absolu.

Paranisidine, $C^6H^4.OCH^3.AzH^2$ (anisidine de Cahours). — On peut l'obtenir par distillation de l'anishydroxamate de baryum (Lossen). Elle fond à 55,5-56°,5 (Lossen) et bout à 245-246°,5 [Salkowski, *Deutsch. chem. Gesellsch.*, 1874, p. 1009].

Diméthylanisidine, $C^6H^4(OCH^3).Az(CH^3)^2$. — Lamelles brillantes, rhombiques, fusibles à 48° et obtenues par distillation de l'hydrate d'*oxyphényltriméthylammonium* [Griess, *Deutsch. chem. Gesellsch.*, 1880, p. 250]. Ce dernier,

$$C^6H^4.OH.Az(CH^3)^3OH,$$

se prépare avec l'iodure correspondant. Il est en prismes. L'iodure lui-même se prépare comme l'orthocomposé correspondant.

Hydrate de triméthylanisidammonium,

$$C^6H^4.OCH^3.Az(CH^3)^3OH,$$

corps très caustique que la distillation décompose en alcool méthylique et diméthylanisidine et que l'on prépare au moyen de ce dernier composé (Griess).

Le *paramidophénate d'éthylène* est en petites aiguilles fusibles à 168-172°, qui se colorent rapidement à l'air en brun rougeâtre.

Acétylamidophénol, $C^6H^4.OH.AzHC^2H^3O$. — Gros prismes fusibles à 179° obtenus par réduction du paranitrophénol au moyen de l'étain et de l'acide acétique [Morse, *Deutsch. chem. Gesellsch.*, 1880, p. 232].

Diacétylamidophénol,

$$C^6H^4(OC^2H^3O)(AzHC^2H^3O),$$

lamelles fusibles à 150-151°, obtenues en chauffant ensemble le paramidophénol et l'anhydride acétique [Ladenburg, *Deutsch. chem. Gesellsch.*, 1876, p. 1528].

Benzoylamidophénol, $C^6H^4.OH.AzHC^7H^5O$. — Aiguilles fines fusibles à 227°, obtenues par l'action du chlorure de benzoyle sur le phénol.

Le *benzoate isomère*, $C^6H^4(OC^7H^5O)AzH^2$, obtenu par le dérivé nitré correspondant, forme des lamelles fusibles à 153-154° [Morse, Gusse-feldt et Hübner, *Liebig's Ann. Chem.*, t. CCX, p. 328].

Le *dibenzoylamidophénol*,

$$C^6H^4(OC^7H^5O)(AzHC^7H^5O),$$

est fusible à 231° et s'obtient comme le dérivé diacétylé (Ladenburg).

L'*acide paramidophénylglycolique*,

$$C^6H^4(OCH^2-CO^2H)AzH^2,$$

s'obtient par réduction du dérivé nitré correspondant (Fritzsche).

Paroxyphénylurée, $C^6H^4.OH.AzH.CO.AzH^2$, aiguilles ou tables incolores fusibles à 168°.

La *paroxyphénylsulfo-urée*,

$$C^6H^4.OH.AzH.CS.AzH^2,$$

préparée par le sulfocyanate de potassium et le chlorhydrate d'amidophénol, s'obtient en belles tables rougeâtres qui fondent à 214° en s'altérant.

La *paroxyphénylphénylsulfo-urée*,

$$C^6H^4.OH.AzH.CS.AzHC^6H^5,$$

obtenue par l'action du chlorhydrate d'amidophénol sur la solution alcoolique de l'hydrate de sodium et de phénylsénévol, C^6H^5AzCS, forme des cristaux fusibles à 162° [F. Kalckoff, *Deutsch. chem. Gesellsch.*, 1883, p. 374].

Uréthane, $C^6H^4.OH.AzH.CO^2C^2H^5$. — Tables clinorhombiques fusibles à 120°, obtenues par l'action du phénol sur l'éther chlorocarbonique [Grœnvik, *Bull. Soc. chim.*, t. XXV, p. 179].

Le *cyanate d'anisidine* s'obtient par distillation sèche de l'acide anisobenzhydroxamique; traité par une solution de carbonate de sodium, il donne l'*anisidine-urée*, $C^6H^4.OCH^3.AzH.CO.AzH^2$, qui se forme aussi par ébullition de l'anisobenzhydroxanate de potassium avec l'eau [Pieschel, *Liebig's Ann. Chem.*, t. CLXXV, p. 295, et Lossen, *ibid.*, p. 295]. Cette urée se présente en longs prismes qui fondent en se décomposant partiellement à 232-234°.

La *dianisylsulfo-urée*, $[C^6H^4.OCH^3.AzH]^2CS$, se présente en lamelles fusibles à 185° (Salkowski).

La *sulfo-carbimide*, $C^6H^4OCH^3.AzCS$, est un liquide qui bout à 270° [Salkowski, *Deutsch. chem. Gesellsch.*, 1874, p. 1012].

Métamidophénol, $C^6H^4.OH_{(1)}.AzH^2_{(3)}$. — Ce composé, préparé par réduction du métanitrophénol, est un corps très facilement décomposable; son chlorhydrate est très soluble et se présente en grains. Son sulfate donne avec l'azotite de potassium dissous dans l'eau bouillante de la résorcine (Bantlin).

Le *métamidophénate d'éthylène* est en prismes rougeâtres, fusibles à 135° [Ed. Wagner, *Journ. prakt. Chem.*, (2), t. XXVII, p. 199].

Diamidophénol, $C^6H^3.OH_{(1)}.AzH^2_{(2)}.AzH^2_{(4)}$. — C'est le composé déjà décrit t. II, p. 815.

Son *dérivé anhydrotriméthylé*,

$$C^6H^3(AzH^2)\begin{matrix}\nearrow O \\ \searrow Az(CH^3)^3\end{matrix},$$

a été décrit par Griess, qui l'a obtenu en traitant par l'étain et l'acide chlorhydrique le triméthylamidophénol nitré [*Deutsch. chem. Gesellsch.*, 1880, p. 648]. Son chlorhydrate contient $4H^2O$ et forme des lamelles que le perchlorure de fer colore en violet foncé.

Diamidophénol, $C^6H^3.OH_{(1)}.AzH^2_{(2)}.AzH^2_{(6)}$. — Il se prépare à l'aide du nitrophénol correspondant. Ce corps, peu stable, se colore en rouge au soleil, ainsi que sous l'influence des agents oxydants; il réduit les sels d'argent. Son chlorhydrate et son sulfate forment des aiguilles très solubles dans l'eau, insolubles dans l'alcool [Stuckenberg, *Liebig's Ann. Chem.*, t. CCV, p. 79].

Triamidophénol,

$$C^6H^2.OH_{(1)}.AzH^2_{(2)}.AzH^2_{(4)}.AzH^2_{(6)}$$

(voyez t. II, p. 816). — Lorsqu'on verse goutte à goutte 85 à 90^{cc} de brome dans 100 p. de chlorhydrate de triamidophénol dissous dans 5 litres d'eau, on obtient un liquide qui, filtré, laisse déposer par le repos des cristaux de *bromodichromazine*, $C^{18}H^8Br^{11}Az^3O^7$. Cristallisé dans l'alcool, ce produit forme des prismes rhombiques à dichroïsme violet qui deviennent gris-vert quand on les chauffe, puis se décomposent avant de fondre. Insoluble dans l'eau, la benzine, il se dissout, en les colorant en jaune clair, dans les alcalis et les carbonates alcalins, qui en dégagent à chaud de l'ammoniaque. Par fusion avec la potasse on obtient de l'acide oxalique. Avec l'acétate de mercure en solution alcoolique, la bromodichromazine donne un précipité cristallin, jaune clair, $(C^{18}H^7Br^{11}Az^3O^7)^2Hg + 6Hg(C^2H^3O^2)^2$. Le brome l'attaque vivement à froid, en présence de l'eau, en produisant de la perbromacétone, de l'acide carbonique, du bromhydrate d'ammoniaque et de l'acide bromhydrique.

Acide bromodichroïque, $C^{18}H^7Br^{11}O^{11}$. — Cet acide prend naissance par une longue ébullition du corps précédent avec un mélange de parties égales d'acide sulfurique et d'eau. Très soluble dans l'eau, l'alcool, l'éther, il se décompose audessus de 100° et se présente en tables rhombiques. Il est très acide, ne réagit pas sur le chlorure d'acétyle. Soumis à l'action successive de l'amalgame de sodium et de la potasse caustique, il se transforme en résorcine. Ses sels alcalins se colorent en brun à l'air.

$(C^{18}H^4Br^{11}O^{11})^2Ca^3$, aiguilles microscopiques.

$(C^{18}H^4Br^{11}O^{11})^2Ba^3$, sel jaune clair, cristallin, très hygroscopique.

10° Phénols chloramidés.

Chloramidophénol, $C^6H^3.OH_{(1)}.AzH^2_{(2)}.Cl_{(4)}$. — C'est le dérivé α décrit t. II, p. 818.

Chloramidophénol, $C^6H^3.OH_{(1)}.Cl_{(2)}.AzH^2_{(4)}$. — C'est le dérivé β décrit au même endroit.

Chloranisidine. — On a rencontré, parmi les produits secondaires de la préparation en grand de l'orthoanisidine, une *chloranisidine* qui reste après distillation de l'anisidine dans un courant de vapeur d'eau. Cette base fond à 52°, bout à 260° et se présente en aiguilles blanches. Son *dérivé acétylé* fond à 150° et bout à 326°. Ses sels cristallisent bien. Avec l'amide on a préparé :

L'*acétylnitrochloranisidine*,

$$C^6H^2(AzO^2)Cl(OCH^3)(AzH.C^2H^3O),$$

en la traitant par l'acide azotique fumant dilué d'acide acétique. Ce corps fond à 185°.

L'*acétyldinitrochloranisidine*,

$$C^6H(AzO^2)^2Cl(OCH^3)(AzH.C^2H^3O).$$

— Aiguilles fusibles à 156° et obtenues par l'acide azotique fumant froid.

L'*acétyltrinitrochloranisidine*,

$$C^6(AzO^2)^3Cl(OCH^3)(AzHC^2H^3O).$$

— Aiguilles jaune-orangé fusibles à 198° et obtenues, comme le composé précédent, en opérant à chaud.

La *sulfo-urée*, $(C^6H^3Cl.OCH^3.AzH)^2CS$, forme des aiguilles blanches fusibles à 152°,5. On l'obtient par le procédé ordinaire.

L'acide azoteux en solution alcoolique transforme cette base en un chloranisol qui bout à 190-193° et ne peut être que l'ortho, ou le métachloranisol.

Dichloramidophénol,

$$C^6H^2.OH_{(1)}.Cl_{(2)}.Cl_{(4)}.AzH^2_{(6)}.$$

— C'est le dérivé β décrit t. II, p. 819.

Dichloramidophénol,

$$C^6H^2.OH_{(1)}.Cl_{(2)}.AzH^2_{(4)}.Cl_{(6)}.$$

— C'est le dérivé α décrit au même endroit.

Un *dichloramidophénol* de constitution inconnue fusible à 175°, sublimable, mais non distillable sans décomposition, se forme par l'action du gaz chlorhydrique sur le nitrosophénol en solution éthérée (Jäger). Il se présente en aiguilles.

Si l'on soumet de même à l'action de l'acide chlorhydrique la solution du paranitrophénol dans l'esprit de bois refroidi à 0°, on obtient une *dichloranisidine*, $C^6H^2(OCH^3).Cl^2.AzH^2$, en très longues aiguilles capillaires fusibles à 75°,5, volatiles avec la vapeur d'eau et solubles dans les acides. Le *dichloramidophénétol*,

$$C^6H^2Cl^2.OC^2H^5.AzH^2,$$

préparé d'une manière analogue, forme de longues aiguilles fusibles à 46°, bouillant à 275° et volatiles avec la vapeur d'eau.

Trichloramidophénol, $C^6HCl^3.AzH^2.OH$. — Ce composé se prépare par l'action du chlore sur une solution dans l'acide chlorhydrique très concentré du paramidophénol. Soumis à l'action du chlorure de chaux et de l'acide chlorhydrique, il donne de la chloroquinonimide [Schmitt et Andresen, *Journ. prakt. Chem.*, (2), t. XXIII, p. 437, et t. XXIV, p. 426].

On obtient aussi un *trichloramidophénol* par l'action de l'acide chlorhydrique sur la chloroquinonimide. Il se présente en cristaux étoilés décomposables à 130°, que l'azotite d'éthyle transforme en trichlorophénol fusible à 54-56°. Il est très soluble dans l'alcool et l'éther et donne des sels qui cristallisent [Hirsch, *Deustch. chem. Gesellsch.*, 1878, p. 1981, et 1880, p. 1907].

La diméthylaniline, en réagissant sur la trichloroquinonimide donne un dérivé qui, réduit par le sulfhydrate d'ammonium, fournit la base

$$C^6HCl^3.OH.AzH.C^6H^4Az(CH^3)^2.$$

Cette base, fusible à 138° et dont les sels cristallisent bien, s'oxyde à l'air en régénérant le composé d'où elle provient (Schmitt et Andresen).

11° Phénols bromo-amidés.

Bromamidophénol, $C^6H^3.OH_{(1)}.AzH^2_{(2)}.Br_{(4)}$. — On a préparé son *éther méthylique* par réduction du composé nitré correspondant. Cet éther forme des prismes fusibles à 97-98° dont le chlorhydrate cristallise [Städel et Damm, *Deutsch. chem. Gesellsch.*, 1878, p. 1751].

Bromamidophénol, $C^6H^3.OH.Br.AzH^2$. — On a préparé, en partant de l'éther méthylique nitré correspondant, l'éther méthylique de ce phénol. C'est une base liquide dont les sels cristallisent. (Städel et Damm).

Dibromamidophénol,

$$C^6H^2.OH_{(1)}.Br_{(2)}.Br_{(4)}.AzH^2_{(6)}.$$

— L'éther méthylique de ce phénol, huile qui se concrète à froid, se prépare en partant de l'éther nitré correspondant; ses sels cristallisent (Städel et Damm). On a de même obtenu une *dibromanisidine*, $C^6H^2.OCH^3_{(1)}.Br_{(2)}.AzH^2_{(4)}.Br_{(6)}$, au moyen du dérivé nitré correspondant. C'est un corps solide.

Un *dibromamidophénétol* fusible à 52°,5 se forme par l'action du brome sur l'orthoamidophénétol en solution bouillante. Si l'on emploie un excès de brome, il se produit un *dérivé tribromé* fusible à 77° qui perd de l'acide bromhydrique à chaud. L'acide azoteux convertit ces produits en dibromo- et tribromodiazophénétols que l'ébullition avec l'eau transforme en di- et tribromophénétol [Möhlau et Oehmichen, *Deutsch. chem. Gesellsch.*, 1882, p. 84].

Enfin on a préparé un *dibromoamidophénol* fusible à 178°, cristallisé en aiguilles et qui correspond peut-être au deuxième éther méthylique décrit ci-dessus, en réduisant par l'étain et l'acide chlorhydrique le paradiazodibromophénol. L'acide azoteux le transformerait en un dérivé diazoïque différent de celui qui l'a fourni [C. Böhmer, *Journ. prakt. Chem.*, (2), t. XXIV, p. 449].

12° Phénols nitroamidés.

Amidonitrophénol, $C^6H^3.OH_{(1)}.AzH^2_{(2)}.AzO^2_{(6)}$. — C'est le phénol décrit t. II, p. 817.

L'*éther méthylique* est la nitranisidine de Cahours.

L'*éther éthylique* se forme quand on chauffe pendant longtemps le dinitrohydrazophénétol avec de l'acide chlorhydrique concentré :

$$2[AzH.C^6H^3AzO^2.OC^2H^5]^2 + 2HCl = (AzC^6H^3AzO^2.OC^2H^5)^2 + 2C^6H^3.OC^2H^5.AzO^2.AzH^2$$

[Andreæ, *Journ. prakt. Chem.*, (2), t. XXI, p. 327]. Ce sont des aiguilles jaune clair fusibles à 96-97°. Le *dérivé anhydrotriméthylé*,

$$C^6H^3.AzO^2 \lt \begin{matrix} O \\ | \\ Az(CH^3)^3 \end{matrix},$$

a été préparé par Griess en opérant comme pour le phénol non nitré correspondant [*Deutsch. chem. Gesellsch.*, 1880, p. 647]. Ce sont des cristaux jaunes, brillants, très amers, infusibles à 200° et se charbonnant au delà de cette température. Leur réaction est neutre, mais ils se combinent avec les acides en donnant des sels qui cristallisent bien.

Barbaglia, en traitant à l'ébullition la métaphénylène-diamine nitrée par la potasse, a obtenu un amidonitrophénol qu'il suppose être identique avec le précédent; ce corps forme des lamelles rougeâtres fusibles à 133-134°, et joue le rôle d'acide [*Deutsch. chem. Gesellsch.*, 1874, p. 1259].

Amidonitrophénol, $C^6H^3.OH_{(1)}.AzH^2_{(2)}.AzO^2_{(6)}$. — On le prépare en soumettant le nitrophénol correspondant à l'action du sulfhydrate d'ammonium [Stuckenberg, *Liebig's Ann. Chem.*, t. CCV, p. 85]. Il forme des aiguilles rouges fusibles à 110-111°, très peu solubles dans l'eau froide, extrêmement solubles dans l'alcool, l'éther, assez solubles dans l'eau bouillante. Son sulfate cristallise en lamelles.

Amidonitrophénol, $C^6H^3.OH_{(1)}.AzH^2_{(3)}.AzO^2_{(4)}$. — L'anisol métaparanitré, soumis à l'action de l'ammoniaque alcoolique à 190°, fournit l'éther méthylique de ce phénol (Bantlin). Cette nitranisidine se présente en aiguilles brunes, fusibles à 76°, sublimables sans décomposition, que l'azotite d'éthyle transforme en paranitranisol.

Amidonitrophénate de méthyle,

$$C^6H^3.OCH^3_{(1)}.AzH^2_{(2)}.AzO^2_{(3)}.$$

— On le prépare par un procédé semblable à celui qui fournit l'éther précédent. Il forme de longues aiguilles jaunes, fusibles à 76°, que l'azotite d'éthyle réduit à l'état de métanitranisol (Bantlin).

L'acétaniside en solution acétique fournit un dérivé nitré de constitution inconnue en aiguilles jaune clair, fusibles à 143° (Mülhaüser).

Nitrosoéthylamidonitrophénétol,

$$C^6H^3(OC^2H^5)(AzO^2)(AzC^2H^5.AzO).$$

— On prépare ce composé, qui forme des cristaux jaunâtres, par l'action de l'acide azoteux sur la solution du chlorhydrate d'éthylamidophénétol (Förster).

Dinitroamidophénol,

$$C^6H^2.OH_{(1)}.AzH^2_{(2)}.AzO^2_{(4)}.AzO^2_{(6)}.$$

— C'est l'acide *picramique* décrit t. II, p. 817.

La *dinitranisidine* de Cahours est l'éther méthylique de ce phénol. L'acétyldinitranisidine fond à 157° (Mülhaüser).

L'orthobenzamidophénol nitré, en solution acétique par l'acide azotique fumant, fournit un dérivé fusible à 220°, dont les sels cristallisent bien et que l'acide chlorhydrique transforme en acide picramique. Ce composé,

$$C^6H^2.OH.AzH.C^7H^5O.(AzO^2)^2,$$

soumis à l'action de l'oxychlorure de phosphore, donne naissance à l'*anhydrobenzenyldinitrophénol*,

$$C^6H^2(AzO^2)^2 \lt \begin{matrix} O \\ Az \end{matrix} \gt C\text{-}C^6H^5,$$

en lamelles incolores fusibles à 218-219°.

L'éther benzoïque,

$$C^6H^2(OC^7H^5O).AzH^2.(AzO^2)^2,$$

isomérique avec l'alcalamide précédente et préparé par l'action du chlorure de benzoyle sur le phénol, forme des lamelles de réaction neutre, fusibles à 218° (Morse, Gussefeldt et Hübner).

L'acide picramique, traité par le cyanogène en solution alcoolique concentrée, donne la combinaison $C^6H^2(AzO^2)^2.OH.AzH.C(AzH).OC^2H^5$, en aiguilles microscopiques jaune sombre. C'est une base faible que la chaleur décompose. L'ébullition avec l'acide chlorhydrique la transforme en uramidodinitrophénol. Soumis à l'action de l'ammoniaque, il donne la guanidine

$$C^6H^2(AzO^2)^2.OH.AzH.C(AzH).AzH^2,$$

en petites aiguilles, insipides, rouge-écarlate, solubles dans les acides et les alcalis et assez stables. De même, avec la méthylamine on obtient

$$C^6H^2(AzO^2)^2.OH.AzH.C(AzH)AzHCH^3,$$

en petites aiguilles jaunes [Griess, *Deutsch. chem. Gesellsch.*, 1882, p. 447].

Uramidodinitrophénol.

$$C^6H^2.OH_{(1)}.(AzO^2)^2_{(2,4)}.AzH.CO.AzH^2_{(6)}.$$

— Cette urée prend naissance par l'action de l'acide picramique sur l'urée fondue [Griess, *Journ. prakt. Chem.*, (2), t. V, p. 1]. Elle se présente en longues aiguilles d'un jaune clair, déflagrant légèrement quand on les chauffe. Ses sels, peu solubles dans l'eau, sont colorés en rouge et cristallisent bien.

Amidouramidonitrophénol,

$$C^6H^2.OH.AzH^2.AzO^2.AzH.CO.AzH^2.$$

— Il prend naissance par l'action du sulfhydrate d'ammonium sur l'urée précédente (Griess). Ce sont des aiguilles rouge-brun, qui s'unissent aux acides et aux bases. L'eau bouillante décompose les premières de ces deux sortes de combinaisons.

Amidocarboxamidonitrophénol,

$$C^6H^2.OH.AzO^2 \lt \begin{matrix} AzH \\ AzH \end{matrix} \gt CO.$$

— Ce sont des aiguilles jaunes d'or qui prennent

naissance quand on décompose par l'eau le chlorhydrate du composé précédent. Soumis à l'action de l'étain et de l'acide chlorhydrique, il donne naissance au *diamidocarboxamidophénol*,

$$C^6H^2OH.AzH^2 < \begin{matrix} AzH \\ AzH \end{matrix} > CO,$$

en aiguilles grises brunissant à l'air. Ce composé, très peu soluble dans l'eau, l'alcool, l'éther, se combine avec les acides et les bases, mais l'acide carbonique le précipite de ces dernières combinaisons (Griess).

CHLORONITROAMIDOPHÉNOL,

$$C^6H^2.OH_{(1)}.Cl_{(2)}.AzO^2_{(4)}.AzH^2_{(6)}.$$

— C'est le phénol décrit t. II, p. 819 [voyez aussi Faust et Müller, *Liebig's Ann. Chem.*, t. CLXXIII, p. 315 et *Zeitschr. Chem.*, 1871, p. 339].

COMBINAISONS AZOÏQUES DU PHÉNOL.

Azoxyphénétol,

$$\begin{matrix} C^6H^4.OC^2H^5\text{-}Az \\ C^6H^4.OC^2H^5\text{-}Az \end{matrix} > O.$$

— Ce composé se présente en tables rhombiques incolores, fusibles à 102° et prend naissance quand on traite l'orthonitrophénétol dissous dans 7 fois son poids d'alcool par l'amalgame de sodium, jusqu'à cristallisation du résidu d'évaporation d'une goutte de la solution. Il se forme en même temps de l'azophénétol, qu'on sépare par l'acide chlorhydrique [Schmitt et Möhlau, *Journ. prakt. Chem.*, (2), t. XVIII, p. 200].

On prépare deux *trinitroazoxyphénétols*, dont l'un (α) est soluble dans l'alcool bouillant, en traitant par l'acide azotique fumant le parazophénétol. Il se forme en même temps du dinitrophénétol, qu'on enlève par l'eau bouillante. *L'α-trinitroazoxyphénétol* forme de longues aiguilles capillaires, jaune de soufre, fusibles à 168°. Le β-trinitroazoxyphénétol, insoluble dans l'alcool bouillant, se présente en fines aiguilles d'un jaune clair, fusibles à 187°, très stables et très solubles dans l'éther acétique chaud [Andreæ, *Journ. prakt. Chem.*, (2), t. XXI, p. 331].

Orthoazophénol,

$$C^6H^4.OH_{(2)}.Az_{(1)} = AzC^6H^4.OH_{(2)}.$$

Ce corps, son éther diéthylique et son dérivé dichloré sont décrits au Suppl., p. 299.

On prépare un *tétrabromorthoazophénol* en aiguilles d'un jaune sombre à éclat métallique, en traitant l'azophénol par le brome en solution éthérée.

Deux *dinitroorthoazophénétols* se forment quand on fait agir à froid l'acide azotique fumant sur l'azophénol. L'un d'eux (α), soluble dans l'alcool bouillant, est en aiguilles d'un jaune rouge fusibles à 190°; l'autre, insoluble dans le même agent, en lamelles jaune-brunâtre, fusibles à 284-285° et sublimables avec altération partielle.

Parazophénol, $C^6H^4OH_{(2)}\text{-}Az^2_{(1)}\text{-}C^6H^4OH_{(2)}$. — Il est décrit Suppl., p. 300. Soumis à l'action du brome en solution éthérée, il donne un *dérivé tétrabromé* (Weselsky et Benedict).

Orthohydrazophénétol,

$$C^6H^4.OC^2H^5_{(2)}\text{-}(AzH)^2_{(1)}\text{-}C^6H^4.OC^2H^5_{(2)}.$$

— Il se présente en lamelles incolores fusibles à 89°, stables à l'état sec, mais s'oxydant à l'air à l'état humide en se transformant en azophénétol. Distillé, il se comporte de même. Il prend naissance par l'action du sulfhydrate d'ammonium alcoolique sur l'azophénétol (Schmitt et Möhlau). L'acide chlorhydrique concentré le transforme en diamidodiphénétol $(C^6H^3.AzH^2.OC^2H^5)^2$.

Dinitrohydrazophénétol. — Il se produit comme le précédent, mais en partant du dinitrazophénétol. Il forme des prismes brillants, jaune de soufre, fusibles à 201-202°, que l'acide chlorhydrique concentré dédouble en dinitrazophénétol et nitroamidophénétol.

Orthodiazophénol. — Il a été décrit t. II, p. 819.

Paradiazophénol. — C'est le diazophénol tiré de l'isonitrophénol (paranitrophénol) décrit au même endroit. Le mercaptan transforme ces composés en phénol en passant lui-même à l'état de bisulfure d'éthyle.

L'éther méthylique de ce dernier ou *paradiazoanisol* a été préparé par Salkowski [*Deutsch. chem. Gesellsch.*, 1874, p. 1009]. Ses sels sont très stables et cristallisent sans altération de leur solution bouillante. A 140° seulement il se décompose en donnant de l'hydroquinone.

Les sels du *diazophénétol*, moins stables, se dédoublent dans l'eau bouillante [Hantsch, *Journ. prakt. Chem.*, (2), t. XXII, p. 461].

Dibromoparadiazophénol,

$$C^6H^2Br^2 < \begin{matrix} O \\ | \\ Az^2. \end{matrix}$$

— On le prépare au moyen du phénol nitré correspondant. Son chlorure forme des prismes jaunes qui déflagrent à 145° [Möhlau, *Deutsch. chem. Gesellsch.*, 1882, p. 2492].

L'eau de brome, en réagissant sur un sel de paradiazophénol, donne un *paradiazodibromophénol* qu'on obtient encore par l'action de l'acide bromhydrique sur l'azotate du même corps. Il s'altère à la lumière et déflagre à 137°. Il se transforme par ébullition avec une solution de chlorure de calcium en une hydroquinone d'où l'on tire la dibromoquinone fusible à 76° [C. Böhmer, *Journ. prakt. Chem.*, (2), t. XXIV, p. 449].

Orthodiazoparanitrophénol,

$$C^6H^3.OH_{(1)}.Az^2X_{(2)}.AzO^2_{(4)}.$$

— C'est celui qui est décrit t. II, p. 819.

Diazoamidonitranisol, aiguilles jaunes microscopiques, formées par l'action de l'acide azoteux sur la solution alcoolique étendue de la nitroanisidine (Griess).

Phénolazobenzine (*Oxyazobenzol*),

$$C^6H^4.OH.Az^2.C^6H^5$$

(voir t. II, p. 879). — Elle prend naissance par l'action de la potasse en fusion sur l'acide azobenzolsulfonique [Griess, *Ann. Chem. Pharm.*, CLIV, p. 211], dans la réaction du nitrate de diazobenzol sur le phénate de potassium [Kekulé et Hidegh, *Deutsch. chem. Gesellsch.*, 1870, p. 234], dans la décomposition du nitrate de diazobenzol par le carbonate de baryum (Griess), par l'action du nitrosophénol sur l'acétate d'aniline [Kimich, *Deutsch. chem. Gesellsch.*, 1875, p. 1097], par l'action de l'azoxybenzine sur l'acide sulfurique [Wallach et Belli, *Deutsch. chem. Gesellsch.*, 1880, p. 525]. Ce sont des prismes rhombiques orangés, fusibles à 148° Elle se combine avec les bases et donne avec le perchlorure de phosphore un chlorure, $C^6H^5.Az^2Cl^2.C^6H^4OH$, que l'eau transforme en longues aiguilles orangées de phénolazoxybenzine (Kekulé et Hidegh). Le sulfhydrate d'ammonium alcoolique transforme la phénolazobenzine en *phénolhydrazobenzine*, $C^6H^4OH.(AzH)^2.C^6H^5$, cristallisable en lamelles qui se colorent, à l'état humide, rapidement en bleu, au contact de l'air (Griess).

Le *benzoazophénate de méthyle*,

$$C^6H^5.Az^2.C^6H^4.OCH^3,$$

forme des aiguilles brunes fusibles à 53,5-54° [Sichilone, *Gazz. chim. ital.*, 1882, p. 108].

L'acétate de phénolazobenzine,

$C^6H^4(OC^2H^3O).Az^2.C^6H^5$,

s'obtient en lamelles orangées, fusibles à 84-85° et bouillant au-dessus de 360° en se décomposant [Wallach et Kiepenheuer, *Deutsch. chem. Gesellsch.*, 1881, p. 2617].

La *trinitrophénolazobenzine* prend naissance par l'action de l'acide picrique sur le nitrate de diazobenzine [Stebbins, *Deutsch. chem. Gesellsch.*, 1880, p. 43]. Ce sont de longues aiguilles brunes très détonantes et décomposables à 70°.

La *phénolbidiazobenzine*, $C^6H^3.OH(Az^2C^6H^5)^2$ (voir Suppl., p. 300) se forme par l'action du nitrate de diazobenzine sur la solution alcaline de phénolazobenzine [Griess, *Deutsch. chem. Gesellsch.*, 1876, p. 628]. Elle forme des aiguilles ou des lamelles jaunes ou rouge-brun, d'éclat métallique fusibles à 131°, solubles dans les alcalis.

Le *phénoldiazobenzine-diazotoluène*,

$$C^6H^3.OH < \begin{matrix} Az^2C^6H^5 \\ Az^2C^7H^7, \end{matrix}$$

se prépare d'une manière toute semblable. Ce sont de petits mamelons d'un jaune brun, fusibles à 110° (Griess).

Le *phénylène-diazophénol*, $C^6H^4(Az^2.C^6H^4.OH)^2$, est une poudre de couleur sombre qu'on prépare à l'aide du phénol et de la *phénolazoamidobenzine*, $C^6H^4OH.Az^2.C^6H^4.AzH^2$. Celle-ci s'offre en houppes cristallines d'un jaune brun, fusibles à 168° et s'obtient au moyen de l'*amide*

$$C^6H^4.OH.Az^2.C^6H^4.AzHC^2H^3O,$$

corps rouge-cinabre, fusible à 208°, qui prend lui-même naissance quand on fait réagir sur le phénol le nitrate de métadiazoacétylamidobenzine, tiré de la métaphénylène-diamine [Wallach, *Deutsch. chem. Gesellsch.*, 1882, p. 2825, et Wallach et Schulze, *ibid.*, p. 3020].

Les mêmes auteurs ont obtenu, à l'aide de la crésylène-diamine par le même cycle de réactions, les composés suivants :

Phénolazoacétotoluide,

$$C^6H^4.OH.Az^2.C^7H^6.AzH.C^2H^3O,$$

lamelles jaune d'or, fusibles à 252-253°.

Phénolazotoluidine, $C^6H^4.OH.Az^2.C^7H^6.AzH^2$, fines aiguilles jaune brun, fusibles à 172°.

Toluène-diazophénol, $C^7H^6.(Az^2.C^6H^4.OH)^2$.

Le *dinitroamidophénolazoxylène*,

$$C^6H(AzO^2)^2.AzH^2.OH.Az^2.C^8H^9,$$

se produit quand on fait réagir le chlorure de diazoxylène sur le dinitroamidophénol en solution alcaline. C'est une poudre cristalline d'un brun rouge (Stebbins).

Phénolazotoluène, $C^6H^4.OH.Az^2.C^7H^7$, prismes rouges à reflets bleus formés dans l'action du nitrosophénol sur l'acétate de toluidine. Ils fondent à 151° (Kimich).

Acide phénolazobenzoïque,

$$C^6H^4.OH.Az^2.C^6H^4\text{-}CO^2H,$$

aiguilles ou lamelles d'un jaune rougeâtre, fusibles à 220° sans décomposition, se charbonnant à une plus haute température. Ce corps se forme par l'action de l'azotate d'acide diazobenzoïque sur le phénol. Avec l'étain et l'acide chlorhydrique, il donne de l'acide métamidobenzoïque et du paramidophénol [Griess, *Deutsch. chem. Gesellsch.*, 1881, p. 2033].

Azophénine. — Ce composé prend naissance en même temps que la phénolazobenzine quand on chauffe à 100° du nitrosophénol et de l'acétate d'aniline. La phénolazobenzine étant séparée par l'ammoniaque qui la dissout, il reste de l'azophénine en lamelles rouges, fusibles à 224°, solubles en violet dans l'acide sulfurique.

La *toluophénine*, préparée d'une manière semblable avec l'acétate de toluidine, forme des lamelles rouges fusibles à 249-250°.

Pour les acides *phénolsulfoniques* et leurs produits de substitution, voyez l'article PHÉNYLSULFONIQUES (ACIDES). E. Demarçay.

PHÉNOLSULFONIQUES (ACIDES). — Voyez PHÉNYLSULFONIQUES (ACIDES), Suppl.

PHÉNOQUINONE. — Voyez t. II, p. 831. — Wichelhaus, qui a découvert ce corps, lui avait assigné la formule

$$C^{18}H^{14}O^4 = C^6H^4 < \begin{matrix} O\text{-}OC^6H^5 \\ O\text{-}OC^6H^5. \end{matrix}$$

Il paraît résulter des recherches plus récentes de Nietzki [*Deutsch. chem. Gesellsch.*, 1874, p. 1979] et de Hesse [*Liebig's Ann. Chem.*, t. CC., p. 232], que sa composition est en réalité $C^{18}H^{16}O^4$.

PHÉNOSE. Voyez t. II, p. 831. — Renard a obtenu ce corps parmi les produits de l'électrolyse du toluène [*Compt. rend.*, t. XCII, p. 965].

PHÉNOXYLIQUE (ACIDE). — Syn. de PHÉNYLGLYOXYLIQUE (ACIDE).

PHÉNYLACÉTIQUE (ACIDE). [Syn. *Acide α-toluique*], $C^8H^8O^2 = C^6H^5\text{-}CH^2\text{-}CO^2H$ (voyez t. II, p. 832). — Cet acide prend naissance lorsqu'on fait bouillir le cyanure de benzyle avec l'acide sulfurique concentré et que l'on saponifie l'amide formée au moyen de la soude [Maxwell, *Deutsch. chem. Gesellsch.*, 1879, p. 1764].

Radziszewski l'a préparé en oxydant l'*alcool phényléthylique* par le mélange chromique [*Deutsch. chem. Gesellsch.*, 1876, p. 373].

Spiegel l'a obtenu par la réduction de l'acide phénylglycolique au moyen de la poudre de zinc [*Deutsch. chem. Gesellsch.*, 1881, p. 235].

Il se trouve, parmi les produits de putréfaction de la laine, de l'albumine du sérum et de la matière cornée, putréfaction déterminée par addition d'un peu de suc pancréatique [E. et H. Salkowski, *Zeitschr. physiol. Chem.*, t. II, p. 421].

Soumis à l'électrolyse, soit libre, soit à l'état de sel alcalin, il est transformé, par l'ozone provenant de la décomposition de l'eau en acide carbonique et en eau, avec formation passagère d'acide et d'aldéhyde benzoïques [Slawik, *Deutsch. chem. Gesellsch.*, 1874, p. 1051].

Avec la pipéréthylalkine, il fournit la phénylacétopipéréthylalkéine, dont le chloro-aurate fond à 100° [Ladenburg, *Compt. rend.*, t. XCIII, p. 338].

Lorsqu'on le chauffe avec de la benzine et de la poudre de zinc, il fournit l'*acide diphénylacétique* (voyez Suppl., p. 653) et un acide de la formule

$$\begin{matrix} C^6H^5\text{-}CH\text{-}CO^2H \\ | \\ C^6H^4 \\ | \\ C^6H^5\text{-}CH\text{-}CO^2H \end{matrix}$$

qui est en cristaux fusibles à 110° [Symons et Zincke, *Deutsch. chem. Gesellsch.*, 1873, p. 1188].

Traité à 230-240° par le brome, il donne l'anhydride diphénylfumarique [Reimer, *Deutsch. chem. Gesellsch.*, 1880, p. 747]. D'après Rüheiner, cet anhydride serait celui de l'acide diphénylmaléique (voyez plus loin, *acide phénylbromacétique*).

Dans l'organisme animal, il se convertit en acide phénacéturique, qui est éliminé par les urines [E. et H. Salkowski, *loc. cit.*].

Éther propylique. — Liquide d'une odeur aromatique, bouillant à 238°, d'une densité de 1,0142 à 18° (Hodgkinson). L'*éther butylique*, traité par le sodium, donne du phénylhydrocinnamate de benzyle (Hodgkinson).

L'*éther benzylique* se forme lorsqu'on fait réagir le sel de potassium sur le chlorure de benzyle. Il bout à 317-319° et possède une densité de 1,001 (Slawik).

Le sodium réagit sur les éthers phénylacétiques à 100°, pour les convertir en acide phénylacétique, en hydrogène et en éther acétique, avec formation de corps non étudiés qui donnent, par saponification, l'acide phénylacétique [Hodgkinson, *Journ. chem. Soc.*, 1880, p. 480].

AMIDE PHÉNYLACÉTIQUE. — Reimer a obtenu cette amide comme produit accessoire, en préparant le cyanure de benzyle au moyen du chlorure de benzyle et du cyanure de potassium [*Deutsch. chem. Gesellsch.*, 1880, p. 741].

Elle prend également naissance lorsqu'on traite la phénylacétothiamide par l'ammoniaque, ou le cyanure de benzyle par l'eau (Bernthsen).

Weddige l'a préparée en chauffant le cyanure de benzyle avec une solution alcoolique de sulfhydrate de potassium [*Journ. prakt. Chem.*, (2), t. VII, p. 99].

Elle est en prismes fusibles à 154-155° et bouillant à 181-184°. Le perchlorure de phosphore la convertit en nitrile phénylacétique [Wallach, *Liebig's Ann. Chem*, t. CLXXXIV, p. 28].

Sa solution aqueuse, à l'ébullition, dissout l'oxyde de mercure et laisse déposer, par le refroidissement, des cristaux fusibles à 208° d'une combinaison mercurique (Reimer).

Lorsqu'on la mélange avec de l'aldéhyde et qu'on ajoute 2 ou 3 gouttes d'acide chlorhydrique concentré, elle donne l'*éthylidène-phénylacétamide*, $CH^3 \cdot CH=(AzHCO-CH^2-C^6H^5)^2$, qui cristallise en aiguilles enchevêtrées, fusibles à 227-228°, peu solubles dans l'eau et l'éther, solubles dans l'alcool bouillant. L'acide chlorhydrique la dédouble en aldéhyde et en phénylacétate d'éthyle (Bernthsen).

Trichloréthylidène-diphénylacétamide,

$$CCl^3-CH=(AzHCO-CH^2-C^6H^5)^2.$$

— Elle se forme lorsqu'on substitue du chloral au méthylal dans la préparation du corps suivant. Elle est en aiguilles qui peuvent être sublimées (Hepp).

Méthylène-diphénylacétamide,

$$CH^2=(AzHCO-CH^2-C^6H^5)^2.$$

— Pour préparer ce corps, on agite un mélange de 1 p. de méthylal et de 3 p. de cyanure de benzyle avec un mélange de volumes égaux d'acides sulfurique et acétique glacial, et lorsque le mélange ne s'échauffe plus, on le verse dans l'eau, après avoir laissé reposer pendant 3 heures. Il se dépose des aiguilles qui, après lavage à l'ammoniaque et cristallisation dans l'acide acétique glacial, fondent à 205°, et qui sont solubles dans la ligroïne, le sulfure de carbone et l'alcool. L'acide chlorhydrique ou la potasse alcoolique convertissent ce corps en acide phénylacétique [Hepp, *Deutsch. chem. Gesellsch.*, 1877, p. 1649].

Phénylacétamimide [Syn. *Phénylacédiamine*],

$$C^8H^{10}Az^2 = C^6H^5-CH^2-C \begin{matrix} \nearrow AzH \\ \searrow AzH^2. \end{matrix}$$

— Ce composé a été obtenu à l'état d'hyposulfite par l'action de l'acide sulfhydrique sur une solution alcoolique de cyanure de benzyle en présence d'un peu d'ammoniaque [Bernthsen, *Deutsch. chem. Gesellsch.*, 1875, p. 691 et 1319; *ibid.*, 1876, p. 429; *Liebig's Ann. Chem.*, t. CLXXXIV, p. 321]. La base libre se forme par l'action de l'air sur la phénylacétothiamide en solution ammoniacale, et par désulfuration d'un mélange d'ammoniaque et de phénylacéthiamide par l'acétate de plomb ou le chlorure mercurique (Bernthsen).

Séparé de sa combinaison hyposulfitique au moyen de la potasse, elle se présente en lamelles fusibles à 116-117°,5, solubles dans l'alcool et l'eau. A l'ébullition, ces dissolvants la transforment en phénylacétamide.

L'*acétate* est en aiguilles fusibles à 195°, solubles dans l'eau et l'alcool.

Le *chlorhydrate* est déliquescent, et donne un *chloroplatinate* $(C^8H^{10}Az^2, 2HCl)PtCl^4$, qui forme de beaux cristaux. Il existe un *oxalate acide* et un *oxalate neutre*; ce dernier est en prismes peu solubles dans l'alcool.

Le *sulfate* cristallise difficilement, et le sulfate *acide* est en grandes tables.

L'*hyposulfite*, $(C^8H^{10}Az^2)^2H^2S^2O^3$, est en aiguilles clinorhombiques enchevêtrées (Bernthsen).

Phénylacétophénylamimide,

$$C^{14}H^{14}Az^2 = C^6H^5-CH^2-C \begin{matrix} \nearrow AzC^6H^5 \\ \searrow AzH^2. \end{matrix}$$

— On prépare ce composé, soit en chauffant au réfrigérant à reflux un mélange de phénylacétothiamide et de chlorhydrate d'aniline, soit en chauffant le cyanure de benzyle à 220-240° avec du chlorhydrate d'aniline, soit en désulfurant par l'iode un mélange de phénylacétothiamide et d'aniline.

L'hyposulfite de cette base prend naissance lorsqu'on laisse au contact de l'air un mélange de phénylacétothiamide et d'aniline.

Elle cristallise en aiguilles peu solubles dans l'alcool et l'éther, fusibles à 130-134°, et après sublimation, à 128-129°. Par ébullition de sa solution alcoolique, elle se transforme en phénylacétamide.

L'*hyposulfite* cristallise en aiguilles fusibles à 187-189° (Bernthsen).

Phénylacétocrésylamimide,

$$C^{15}H^{16}Az^2 = C^6H^5-CH^2-C \begin{matrix} \nearrow AzC^7H^7 \\ \searrow AzH^2. \end{matrix}$$

— Elle se forme par l'action du chlorhydrate de toluidine sur le cyanure de benzyle ou sur la phénylacétothiamide. Elle cristallise en prismes fusibles à 118-119°, solubles dans l'alcool et l'éther et qui peuvent être sublimés.

L'*azotate* et l'*acétate* sont en aiguilles; le *chlorhydrate* est en lamelles et fournit un *chloroplatinate* $(C^{15}H^{16}Az^2.2HCl)PtCl^4$ (Bernthsen).

Phénylacétothiamide,

$$C^8H^9SAz = C^6H^5-CH^2-CS.AzH^2.$$

— Elle cristallise en prismes fusibles à 98°, insolubles dans l'eau, qui se forment lorsqu'on traite le nitrile phénylacétique par l'hydrogène sulfuré. L'acide chlorhydrique et le zinc la convertissent en *phénylacétamine*,

$$C^6H^5-CH^2-C \begin{matrix} \nearrow H^2 \\ \searrow AzH^2, \end{matrix}$$

dont le *chlorhydrate* cristallise en aiguilles fusibles à 230°, solubles dans l'eau, l'alcool et la benzine, et qui fournissent un *chloroplatinate*,

$$(C^6H^5-CH^2-CH^2.AzH^2), HCl)^2, PtCl^4,$$

qui est en aiguilles jaunes [Colombo et Spica, *Gazz. chim. ital.*, t. V, p. 124].

Lorsqu'on chauffe la thiamide à 120°, elle donne du cyanure de benzyle et de l'hydrogène sulfuré. L'acide chlorhydrique la convertit en hydrogène sulfuré, sel ammoniac, et en acide phénylacétique; la potasse la change en cyanure de benzyle et sulfure de potassium. L'ammoniaque, à l'ébullition, la décompose en phénylacétamide. Par désulfuration, elle donne du cyanure de benzyle (Bernthsen).

D'après Bernthsen, le zinc et l'acide chlorhydrique la convertissent en solution alcoolique, en phénylacétate d'éthyle; l'amalgame de sodium et l'acide acétique donnent une petite quantité de *phényléthylamine* et une masse gluante dont on retire un corps cristallisé, fusible à 107-108°, de la formule $C^{24}H^{27}AzS^2$, qui est en prismes rhomboïques, solubles dans le chloroforme et le sulfure de carbone. L'iode transforme la phénylacétothiamide en un composé de la constitution $(C^6H^5\text{-}CH^2 = Az)^2S$, qui cristallise en aiguilles fusibles à 41-42°, solubles dans l'alcool, l'éther, le chloroforme et le sulfure de carbone. L'acétate de plomb, en présence de soude caustique, le désulfure. Le zinc et l'acide chlorhydrique le transforment en un corps de la formule

$$\begin{array}{c} C^6H^5\text{-}CH^2\text{-}CH^2.Az \\ \| \\ C^6H^5\text{-}CH^2\text{-}CH^2.Az. \end{array}$$

Phénylacétimidothiophénylène,

$$C^6H^5\text{-}CH^2\text{-}C \lessgtr^{Az}_{S} > C^6H^4.$$

— Ce composé est une huile qui prend naissance lorsqu'on traite le chlorure de phénylacétyle par l'orthoamidophénylmercaptan. Le *chlorhydrate* est en aiguilles et fournit un *chloroplatinate,*

$$(C^{14}H^{11}SAz.HCl)^2PtCl^4 + 5H^2O,$$

qui cristallise en aiguilles jaunes [A. W. Hofmann, *Deutsch. chem. Gesellsch.*, 1880, p. 1223].

NITRILE PHÉNYLACÉTIQUE, $C^6H^5\text{-}CH^2\text{-}CAz$. — Il bout à 232°, et possède la densité 1,0146 à 18°. Il est contenu dans les huiles essentielles de *Tropæolum majus* et de *Lepidium sativum* [A. W. Hofmann, *Monit. scientif.*, (2), t. IV, p. 570].

Traité par le zinc-éthyle, il fournit des gaz et un produit dont l'alcool extrait deux corps : l'un, fusible à 171-172°, homologue avec le nitrile, est en aiguilles peu solubles dans l'alcool, solubles dans l'acide acétique glacial, la benzine et le sulfure de carbone : c'est la *kyabenzine* (?). L'autre fond à 59° et renferme $C^{32}H^{27}Az^3O$: c'est la *benzacène* [Frankland et Tompkins, *Journ. chem. Soc.*, 1880, p. 566].

Lorsqu'on chauffe le nitrile phénylacétique à 160-180° avec du brome, il se forme deux composés : l'un, le *dicyanostilbène*, l'autre, qui fond à 242°, possède la formule $C^{16}H^{10}Az^2$ et donne, avec la potasse alcoolique, un acide de la composition

$$C^{14}H^{10} < \begin{array}{l} CAz \\ CO^2H, \end{array}$$

fusible à 226° [Reimer, *Deutsch. chem. Gesellsch.*, 1881, p. 1797].

A 120-130, le brome agit différemment sur le nitrile, en fournissant : 1° le *bromure de phénylbromacétimide,*

$$C^6H^5\text{-}CHBr\text{-}C \begin{array}{l} \nearrow AzH \\ \searrow Br, \end{array}$$

que l'acide chlorhydrique transforme à 150° en acide phénylglycolique; et 2° un nitrile bromé, $C^6H^5\text{-}CHBr\text{-}CAz$, qui, à 160-170°, se transforme en dicyanostilbène (Reimer). Chauffé avec une solution alcoolique de cyanure de potassium, le nitrile phénylacétique se convertit en dicyanostilbène (Reimer).

CHLORURE PHÉNYLACÉTIQUE,

$$C^6H^5\text{-}CH^2\text{-}COCl.$$

— Traité par l'éthylbenzine, en présence de chlorure d'aluminium, il donne de l'éthyldésoxybenzoïne, fusible à 64° [Söllscher, *Deutsch. chem. Gesellsch.*, 1882, p. 1680].

Le chlorure, traité par le zinc-méthyle, fournit le *triméthylcarbinol phénylé,*

$$C^6H^5\text{-}CH^2\text{-}C < \begin{array}{l} OH \\ (CH^3)^2, \end{array}$$

qui est en aiguilles fusibles à 20-22°, bouillant vers 220-230° [Popoff, *Deutsch. chem. Gesellsch.*, 1875, p. 768].

PRODUITS DE SUBSTITUTION.

Comme dans tous les composés renfermant une chaîne latérale hydrocarbonée attachée au noyau benzénique, l'acide phénylacétique fournit deux séries de produits de substitution isomériques, la substitution s'étant effectuée soit dans le noyau, soit dans la chaîne latérale. Nous décrirons les deux séries, en faisant remarquer que les dérivés amidés sont isomériques avec le phénylglycocolle (Suppl., p. 877).

ACIDES PHÉNYLACÉTIQUES CHLORÉS,

1° *Acide phénylchloracétique,*

$$C^6H^5\text{-}CHCl\text{-}CO^2H.$$

— Spiegel a obtenu cet acide en traitant l'aldéhyde benzoïque par le cyanure de potassium et l'acide chlorhydrique à froid, et saponifiant le nitrile formé par l'acide chlorhydrique chaud et concentré [*Deutsch. chem. Gesellsch.*, 1881, p. 235].

2° *Acides phényldichloracétique,*

$$C^8H^6Cl^2O^2 = C^6H^5\text{-}CCl^2\text{-}CO^2H.$$

— Ce corps se forme lorsqu'on traite le phénylglyoxylate d'éthyle par le perchlorure de phosphore et qu'on saponifie l'éther. Il constitue une huile qui se prend en une masse cristalline, fusible à 55°, soluble dans l'eau, l'alcool et l'éther.

Le *sel de potassium* est en cristaux prismatiques, et l'*éther éthylique* bout à 263-266° [Claisen, *Deutsch. chem. Gesellsch.*, 1879, p. 626 et 1505].

3° *Acide parachlorophénylacétique,*

$$C^8H^7ClO^2 = C^6H^4Cl\text{-}CH^2\text{-}CO^2H.$$

— On obtient cet acide par saponification de son nitrile. Il fond à 103-104°, et non pas à 68° (voyez t. II, p. 834).

Nitrile parachlorphénylacétique, $C^7H^6Cl\text{-}CAz$. — On l'obtient par l'action du cyanure de potassium sur le chlorure de parachlorobenzyle. Il fond vers 29° [C. Loring Jackson et Field, *Amer. Journ. chem.*, t. II, p. 85; — *Deutsch. chem. Gesellsch.*, 1880, p. 1218].

ACIDES PHÉNYLACÉTIQUES BROMÉS. — 1° *Acide phénylbromacétique*, $C^6H^5\text{-}CHBr\text{-}CO^2H$. — Son éther éthylique se forme lorsqu'on traite sa solution alcoolique par le gaz chlorhydrique. L'éther est un liquide plus lourd que l'eau. Chauffé avec du cyanure de potassium, il donne l'*acide diphénylsuccinique* [Franchimont, *Bull. Soc. chim.*, t. XIX, p. 106].

Le phénylbromacétate d'éthyle, traité en solution dans l'éther anhydre par le sodium, donne des produits gazeux, et il se dépose du bromure de sodium. La solution filtrée donne, après distillation de l'éther et saponification du résidu par la potasse au bain-marie, un sel potassique. Ce sel, purifié par cristallisation dans l'eau avec emploi de noir animal, puis décomposé par l'acide chlorhydrique, donne une huile qui se prend en cristaux. Ces cristaux, purifiés par dissolution dans l'alcool, se présentent en aiguilles jaunes, fusibles à 155° : c'est l'*anhydride stilbène-dicarbonique*, $(C^6H^5)^2C^2\text{-}(CO)^2O$. Les eaux mères alcooliques renferment l'*acide diphénylfumarique*, qui se précipite lorsqu'on y ajoute de l'eau. Celui-ci, purifié par cristallisation dans l'acide acétique glacial, est en aiguilles fusibles à 260°, en se transformant en anhydride stilbène-dicarbonique et en eau. L'acide diphénylfumarique de Reimer serait l'acide diphénylmaléique [Rügheimer, *Deutsch. chem. Gesellsch.*, 1882, p. 1625].

2° *Acide orthobromophénylacétique,*

$$C^6H^4Br_{(2)}\text{-}CH^2\text{-}CO^2H_{(1)}.$$

— Il cristallise en écailles blanches, fusibles à

102-103°. Son *sel d'argent* est en aiguilles; les *sels de baryum* et *de calcium* sont en aiguilles groupées en étoiles.

Le *nitrile* est une huile brune [Loring Jackson et White, *Deutsch. chem. Gesellsch.*, 1880, p. 1219].

3° *Acide métabromophénylacétique*,

$$C^6H^4Br_{(3)}\text{-}CH^2\text{-}CO^2H_{(1)}.$$

— Il se forme par l'action de l'acide acétique glacial et du nitrite d'éthyle sur l'acide métabromoparamidophénylacétique, en solution alcoolique. Il fond à 100-105°. Par oxydation, il fournit l'acide métabromobenzoïque [Gabriel, *Deutsch. chem. Gesellsch.*, 1882, p. 841].

4° *Acide parabromophénylacétique*,

$$C^6H^4Br_{(4)}\text{-}CH^2\text{-}CO^2H_{(1)}.$$

— On le prépare en chauffant le cyanure de parabromobenzyle à 100°, en tubes scellés, avec de l'acide chlorhydrique. Il cristallise en aiguilles blanches, fusibles à 115°, solubles dans l'eau chaude, l'alcool, l'éther, la benzine et le sulfure de carbone. Le mélange chromique le convertit en acide parabromobenzoïque.

Le *sel d'ammonium* est en longues aiguilles. Sa solution précipite les sels mercureux, mercuriques et plombiques en blanc, les sels ferriques en jaune.

Sel d'argent. — Il est insoluble dans l'eau; le *sel de calcium* est en mamelons, celui *de cuivre* est amorphe.

Nitrile. — Il cristallise en octaèdres fusibles à 46°. On l'obtient en faisant bouillir du bromure de parabrombenzyle avec une solution alcoolique de cyanure de potassium [Loring Jackson et Woodbury Lowery, *Deutsch. chem. Gesellsch.*, 1877, p. 1209].

5° *Acide dibromophénylacétique*,

$$C^6H^3Br^2\text{-}CH^2\text{-}CO^2H.$$

— Il se forme par l'action du brome sur un mélange d'acides ortho et parabromophénylacétiques, à la lumière solaire. Il cristallise en aiguilles fusibles à 114-115° [Bedson, *Journ. Chem. Soc.*, 1880, p. 90].

ACIDES PHÉNYLACÉTIQUES IODÉS. — *Acide orthoiodé*,

$$C^6H^4I_{(2)}\text{-}CH^2\text{-}CO^2H_{(1)}.$$

— Il cristallise en aiguilles fusibles à 95°. On l'obtient par saponification de son nitrile, qui se forme lorsqu'on chauffe le bromure d'orthoiodobenzyle avec du cyanure de potassium [Mabery et Robinson, *Amer. Chemist.*, t. IV, p. 101].

Acide paraiodé, $C^6H^4I_{(4)}\text{-}CH^2\text{-}CO^2H_{(1)}$. — Longues tables blanches, fusibles à 135°, qui peuvent être sublimées.

Le *sel d'ammonium* se dédouble en acide et en ammoniaque par évaporation de sa solution; le *sel d'argent* est un précipité caséeux; les *sels de baryum* et de *calcium* sont des aiguilles.

Nitrile. — Il fond à 50°,5 et cristallise en lamelles [Loring Jackson et Mabery, *Amer. Chemist.*, t. II, p. 251].

ACIDES PHÉNYLACÉTIQUES NITRÉS. — 1° *Acides mononitrophénylacétiques.* — *a. Acide orthonitré*,

$$C^6H^4(AzO^2)_{(2)}\text{-}CH^2\text{-}CO^2H_{(1)}.$$

— On l'obtient en même temps que le suivant, en traitant l'acide phénylacétique par l'acide azotique. Il fond à 137-138°. Par oxydation, il fournit l'acide orthonitrobenzoïque. L'étain et l'acide chlorhydrique le convertissent en oxindol [Baeyer. — Bedson, *Journ. chem. Soc.*, 1880, p. 90].

b. Acide paranitrophénylacétique. — Gabriel l'a obtenu par saponification du cyanure de paranitrobenzyle avec l'acide chlorhydrique concentré [*Deutsch. chem. Gesellsch.*, 1881, p. 2341]. Il fond à 150-151°. Son *sel de baryum* est peu soluble. L'*éther méthylique* fond à 54-55°, et l'éther éthylique à 62-64°. Par oxydation, il donne l'acide paranitrobenzoïque. La réduction le convertit en acide paramidophénylacétique (Bedson).

Nitrile. — Il se forme lorsqu'on traite le cyanure de benzyle par 9 p. d'acide nitrique fumant; il fond à 116° (Gabriel).

2° *Acide orthoparadinitrophénylacétique*,

$$C^6H^3(AzO^2)^2_{(2.4)}\text{-}CH^2\text{-}CO^2H_{(1)}.$$

— On prépare ce composé en traitant l'acide phénylacétique par six fois son poids d'acide nitrique fumant et d'acide sulfurique. On précipite par l'eau et on fait cristalliser le dépôt dans l'eau chaude. On obtient ainsi des cristaux fusibles à 160° qui, chauffés plus haut, donnent du orthoparadinitrotoluène. Son *éther éthylique* est en aiguilles fusibles à 35°. Le sulfhydrate d'ammonium le convertit en *acide paramidorthonitrophénylacétique*. L'acide chlorhydrique et l'étain le convertissent en *paramidoxindol*,

$$C^6H^3(AzH^2) < {CH^2 \atop AzH} > CO,$$

qui est en longues aiguilles fusibles à 200°. Traité par l'azotite d'amyle en solution chlorhydrique alcoolique et éthérée, le paramidoxindol fournit le *chlorure de paradiazonitrosoxindol*

$$C^6H^3 \begin{cases} CH(AzO \\ AzH \\ Az : AzCl \end{cases} > CO,$$

qui est en aiguilles jaune-brun. L'alcool bouillant le convertit en nitrosoxindol [Gabriel et Meyer, *Deutsch. chem. Gesellsch.*, 1881, p. 823 et 2332].

Acides bromonitrophénylacétiques. — Par nitration de l'acide parabromophénylacétique, Radziszewski avait obtenu deux acides nitrobromés: les acides ortho et para-nitré. Pirogoff avait dit qu'il se forme les acides para et méta-nitré. Bedson a repris cette étude et il a préparé trois de ces acides. L'acide parabromé de Radziszewski n'était donc pas une espèce, mais un mélange [Loring Jackson et Woodbury Loweny, *loc. cit.*].

Pour séparer les trois isomères, on dissout le produit dans un mélange de 2 volumes d'alcool et de 1 volume d'eau. Par le refroidissement, on obtient un acide fusible à 167-169°, qui est en aiguilles très peu solubles dans l'eau; c'est l'*acide parabromorthonitrophénylacétique*,

$$C^6H^3(AzO^2)_{(2)}Br_{(4)}\text{-}CH^2\text{-}CO^2H_{(1)}.$$

Par oxydation, il se détruit complètement. Son *sel de baryum* est soluble. Les eaux mères de cet acide, lorsqu'on les évapore et qu'on les épuise par le chloroforme, cèdent à ce dissolvant une masse cristalline qui, par réduction, donne un *acide amidobromé*, fusible à 186°.

Les eaux mères de l'acide orthonitroparabromé donnent un mélange de sels barytiques que l'on sépare par cristallisation; du sel le moins soluble, on isole un acide qui cristallise en aiguilles nacrées, peu solubles dans l'eau, fusibles à 112-115°: c'est l'*acide parabromométanitrophénylacétique*, $C^6H^3(AzO^2)_{(3)}Br_{(4)}\text{-}CH^2\text{-}CO^2H_{(1)}$. Oxydé au moyen du mélange chromique, il donne l'acide parabromométanitrobenzoïque [Bedson, *Deutsch. chem. Gesellsch.*, 1877, p. 530 et 1657].

ACIDES PHÉNYLACÉTIQUES AMIDÉS. — 1° *Acide phénylamidoacétique*,

$$C^6H^5\text{-}CH(AzH^2)\text{-}CO^2H.$$

— Stöckenius a obtenu ce composé en traitant l'acide phénylbromacétique par l'ammoniaque.

Il se forme également, d'après Tiemann, lorsqu'on fait réagir sur 1 molécule de cyanhydrate d'aldéhyde benzoïque, 1 molécule d'ammoniaque dissoute dans l'alcool absolu, pendant 8 heures, à 60-80°, en y ajoutant finalement de l'acide chlorhydrique, et faisant bouillir le mélange au réfrigérant à reflux pendant 6-8 heures; puis on filtre et on précipite par l'ammoniaque. Le chlorhydrate de cet acide se forme aussi lorsqu'on fait réagir, à une douce température, de l'acide chlorhydrique fumant sur le chlorhydrate du diimidonitrile,

$$C^6H^5\text{-}CH = \left(AzH\text{-}CH < {}^{CAz}_{C^6H^5}\right)^2$$

qui se forme dans l'action de l'acide cyanhydrique bien refroidi sur l'hydrobenzamide (Tiemann).

L'acide phénylamidoacétique étant peu soluble dans les dissolvants ordinaires, on ne peut le purifier que par dissolution dans l'ammoniaque et précipitation par l'acide chlorhydrique. Il cristallise en écailles brillantes qui peuvent être sublimées, mais ne fondent pas. Il est soluble dans les acides et dans les alcalis et leurs carbonates. Il ne donne pas de combinaisons avec les sels. Le *chlorhydrate*, $C^8H^7(AzH^2)O^2,HCl$, est en prismes orthorhombiques et donne un *chloroplatinate* instable; le *nitrate* est en cristaux rhombiques; l'*oxalate*, $C^8H^7(AzH^2)O^2.H^2C^2O^4$, est en aiguilles; le *phosphate*, $C^8H^7(AzH^2)O^2.H^3PO^4$, et le *sulfate*, $C^8H^7(AzH^2)O^2.H^2SO^4$, sont en tables.

Le perchlorure de phosphore le convertit en aldéhyde benzoïque et l'acide nitreux en acide phénylglycolique [Stockenius, *Deutsch. chem. Gesellsch.*, 1878, p. 2002; — Tiemann, *ibid.*, 1880, p. 381].

2° *Acide paramidophénylacétique*,

$$C^6H^4(AzH^2)_{(4)}\text{-}CH^2\text{-}CO^2H_{(1)}.$$

— Il résulte de la réduction de l'acide nitré correspondant au moyen de l'acide chlorhydrique et de l'étain. Il fond à 199-200° [Bedson, *loc. cit*].

Nitrile paramidé (voyez Suppl., p. 344). Il est en cristaux fusibles à 43,5-44°,5 (Gabriel).

Nitrile paramidé diacétylé,

$$(C^2H^3O)^2Az.C^6H^4\text{-}CH^2\text{-}CAz.$$

— Il se forme par l'action de l'anhydride acétique sur le nitrile paramidé (voyez Suppl., p. 344). Il cristallise en aiguilles brillantes, fusibles à 152-153°, solubles dans le chloroforme et l'eau chaude, peu solubles dans l'alcool, l'éther et la benzine. Les alcalis précipitent, des eaux mères de sa préparation, le

Nitrile paramidé monoacétylé,

$$C^2H^3O.AzH.C^6H^4\text{-}CH^2\text{-}CAz.$$

— Ce corps est en aiguilles fusibles à 95-97°, solubles dans l'alcool, le chloroforme et l'acide acétique glacial [Gabriel, *Deutsch. chem. Gesellsch.*, 1882, p. 834].

3° *Acide métaparadiamidophénylacétique*,

$$C^6H^3(AzH^2)^2_{(3.4)}\text{-}CH^2\text{-}CO^2H_{(1)} + H^2O.$$

— Il se forme lorsqu'on réduit par l'étain et l'acide chlorhydrique l'acide métanitroparamidophénylacétique. On sépare l'étain par l'hydrogène sulfuré et, après avoir évaporé le liquide filtré, on reprend par la soude étendue et on précipite, après filtration, par l'acide acétique. On fait cristalliser le produit dans l'eau bouillante et on obtient des cristaux bruns très brillants qui perdent leur eau à 100° et deviennent opaques [Gabriel, *Deutsch. chem. Gesellsch.*, 1882, p. 1992].

4° L'*acide orthamidoparabromophénylacétique* est en aiguilles blanches, fusibles à 167°, en se décomposant. Il fournit un chlorhydrate comme le précédent (Bedson).

5° *Acide métamidoparabromophénylacétique*,

$$C^6H^3(AzH^2)_{(3)}Br_{(4)}\text{-}CH^2\text{-}CO^2H_{(1)}.$$

— Il se forme par réduction de l'acide bromonitré correspondant, au moyen de l'acide chlorhydrique et de l'étain. On le sépare du chlorostannite, à l'état de chlorhydrate, au moyen de l'hydrogène sulfuré. Il cristallise en aiguilles de la formule $C^7H^7BrAz\text{-}CO^2H.HCl + H^2O$. L'ammoniaque en isole l'acide, qui est en aiguilles blanches, se colorant en rose à l'air (Bedson).

6° Le troisième *acide parabromomidé* fond à 186°; sa constitution n'est pas déterminée (Bedson).

7° *Acide paramidométabromophénylacétique*,

$$C^6H^3Br_{(3)}(AzH^2)_{(4)}\text{-}CH^2\text{-}CO^2H_{(1)}.$$

— On l'obtient par l'action de l'acide chlorhydrique sur l'acide paracétamidométabromophénylacétique ou sur le nitrile de cet acide. Il est en écailles blanches, fusibles à 135-137°, solubles dans l'éther, l'alcool et la benzine. Traité en solution alcoolique par le nitrite d'éthyle et l'acide acétique glacial, il donne l'acide métabromophénylacétique [Gabriel, *Deutsch. chem. Gesellsch.*, 1882, p. 840].

8° *Acide paracétamidométabromophénylacétique*. — Il est en aiguilles groupées en étoiles, fusibles à 164-165°; on l'obtient par l'action du brome sur une solution aqueuse de l'acide paracétamidophénylacétique [Gabriel, *loc. cit.*].

Nitrile paracétamidométabromophénylacétique. — Aiguilles fusibles à 127-129°, qui se forment par l'action du brome sur le nitrile paramidophénylacétique (Gabriel).

9° *Acide paramidorthonitrophénylacétique*,

$$C^6H^3(AzH^2)_{(4)}(AzO^2)_{(2)}\text{-}CH^2\text{-}CO^2H_{(1)}.$$

— On l'obtient par l'action du sulfhydrate d'ammonium sur l'acide orthoparadinitrophénylacétique. Il cristallise en aiguilles rouges, fusibles à 184-186°, solubles dans l'eau chaude et l'alcool.

Traité par l'acide chlorhydrique en excès et l'azotite d'amyle, il perd de l'acide carbonique et de l'eau, et donne le *chlorure de nitrosométhylorthonitroparadiazobenzol*,

$$C^6H^3(CH^2.AzO)_{(1)}(AzO^2)_{(2)}.Az^2Cl_{(4)},$$

qui est en aiguilles roses détonant au-dessus de 80°. L'acide bromhydrique concentré et chaud convertit ce chlorure en *nitrosométhylorthonitroparabromobenzine*, qui est en aiguilles fusibles à 151-153°, que le mélange chromique convertit en aldéhyde orthonitrobenzoïque.

La nitrosométhylorthonitrobenzine est en aiguilles fusibles à 96-97°, solubles dans l'alcool, l'éther et la benzine. Elle fournit l'acide orthonitrobenzoïque lorsqu'on la chauffe à 150-160° avec de l'acide chlorhydrique concentré [Gabriel et Meyer, *Deutsch. chem. Gesellsch.*, 1881, p. 823 et 2332].

L'*éther méthylique* fond à 94°; l'*éther éthylique* est en aiguilles jaunes, fusibles à 100°. Traité par le nitrite d'amyle et l'acide chlorhydrique, en solution alcoolique, il donne l'*orthonitrophénylnitrosoacétate d'éthyle*,

$$C^6H^4(AzO^2)\text{-}C(:AzOH)\text{-}CO^2C^2H^5,$$

qui cristallise en longues aiguilles, fusibles à 163°, peu solubles dans l'eau. L'acide chlorhydrique concentré dédouble ce corps en ammoniaque et en acides carbonique et orthonitrobenzoïque (Gabriel et Meyer).

10° *Acide paramidométanitrophénylacétique*,

$$C^6H^3(AzO^2)_{(3)}(AzH^2)_{(4)}\text{-}CH^2\text{-}CO^2H_{(1)}.$$

— Cet acide cristallise en aiguilles orangées, fusibles à 143,5-144°,5, solubles dans l'alcool, l'éther et l'acide acétique glacial et l'eau chaude. On l'obtient par saponification du dérivé acétylé du nitrile correspondant. Traité en solution dans l'alcool éthéré par le nitrite d'amyle et l'acide chlorhydrique, il fournit des aiguilles rouges de chlorure de *nitrosométhylmétanitroparadiazobenzol*,

$$C^6H^3 \begin{cases} CH^2.AzO \\ AzO^2 \\ Az = AzCl \end{cases}$$

qui détonent lorsqu'on les chauffe. Ce corps, chauffé avec de l'alcool, se convertit en aiguilles fusibles à 115-118° de *nitrosométhyle-paranitrobenzine*,

$$C^6H^4 \begin{cases} CH^2.AzO \\ AzO^2 \end{cases}$$

qui fournissent, par oxydation, la métanitrobenzaldéhyde [Gabriel, *loc. cit.*].

Nitrile paracétamidométanitrophénylacétique, $C^6H^3(AzO^2)_{(3)}(AzH.C^2H^3O)_{(4)}CH^2\text{-}CAz_{(1)}$. — On l'obtient en traitant par l'acide nitrique fumant le produit de l'action de l'anhydride acétique sur le nitrile paramidophénylacétique. Il cristallise en aiguilles jaunes, fusibles à 112-113°, solubles dans la benzine et le chloroforme [Gabriel, *loc. cit.*].

Lorsqu'on le traite par la potasse à froid, il se transforme en *nitrile paramidométanitrophénylacétique*, $C^6H^3(AzO^2)_{(3)}.AzH^2_{(4)}\text{-}CH^2\text{-}CAz_{(1)}$, qui cristallise en prismes rhombiques, fusibles à 117-118°, solubles dans l'alcool, l'éther et l'acide acétique glacial. Lorsqu'on fait passer des vapeurs nitreuses dans de l'acide nitrique contenant ce corps en suspension, et que l'on ajoute de l'alcool après dissolution, il se précipite des cristaux rouges, fusibles à 50°, qui correspondent à peu près à la formule $C^8H^5Az^5O^5$, nitrate d'un dérivé diazoïque [Gabriel, *loc. cit.*].

11° *Acide paramidométanitrométabromophénylacétique*,

$$C^6H^2(AzH^2)_{(4)}.(AzO^2)_{(5)}.Br_{(3)} - CH^2\text{-}CO^2H_{(1)}.$$

— On l'obtient en faisant bouillir le dérivé acétylé du nitrile pendant 20 minutes avec 50 p. d'acide chlorhydrique et reprenant les cristaux par l'eau bouillante. L'acide est en longues aiguilles d'un jaune d'or, fusibles à 191-192°, peu solubles dans l'eau froide, le chloroforme et la benzine, solubles dans l'eau chaude, l'alcool, l'éther et l'acide acétique glacial. Par réduction, il donne l'acide paramétadiamidémétabromé, ce qui prouve sa constitution; car, si le groupe (AzO^2) était à la place d'un des deux autres atomes d'hydrogène restant, il serait dans la position ortho par rapport au groupe $CH^2\text{-}CO^2H$ et l'acide fournirait par réduction un bromoamidoxindol. La position des groupes Br et AzO^2 est connue par la constitution du dérivé acétylé du nitrile dont on part [Gabriel, *Deutsch. chem. Gesellsch.*, 1882, p. 1992].

Traité, en solution dans un mélange d'alcool et d'éther, par le nitrite d'amyle et l'acide chlorhydrique concentré, il se transforme en paillettes dorées, avec dégagement de gaz carbonique. Ces paillettes, par ébullition avec l'alcool, laissent dégager de l'azote et fournissent une huile qui, additionnée de soude étendue et distillée dans un courant de vapeurs d'eau, donne une huile qui se prend en aiguilles fusibles à 65°, insolubles dans la soude. Ces aiguilles ne constituent pas une espèce chimique, mais semblent être un mélange d'aldéhydes benzoïques dihalogénées.

Le résidu alcalin de la distillation, acidulé par l'acide chlorhydrique, puis distillé de nouveau dans un courant de vapeurs d'eau, fournit des aiguilles enchevêtrées, fusibles à 108-109°, solubles dans la soude, et qui semblent être un mélange de nitrosométhyle-benzine, dichlorée, dibromée ou chlorobromée (Gabriel).

Nitrile paramidométanitrométabromophénylacétique acétylé,

$$C^6H^2(AzH.C^2H^3O)_{(4)}(AzO^2)_{(5)}Br_{(3)}\text{-}CH^2\text{-}CAz_{(1)}.$$

— Il cristallise en aiguilles jaunâtres, fusibles à 190-191°, peu solubles dans l'eau froide, l'éther, la benzine et le chloroforme, solubles dans l'eau chaude, l'alcool et l'acide acétique glacial. On l'obtient en faisant cristalliser dans l'eau bouillante le précipité qui se forme lorsqu'on verse dans l'eau une solution du dérivé acétylé du nitrile paramidométabromophénylacétique, dans 5 p. d'acide nitrique fumant (Gabriel).

12° *Acide métaparadiamidométabromophénylacétique*,

$$C^6H^2(AzH^2)^2_{(5.4)}.Br_{(3)}\text{-}CH^2\text{-}CO^2H.$$

— On le prépare par réduction de l'acide paramidométanitrométabromé au moyen de l'étain et de l'acide chlorhydrique. On sépare l'étain par l'acide sulfhydrique, on rend alcalin par l'ammoniaque et on précipite le liquide filtré par l'acide acétique. Après cristallisation dans l'eau bouillante, on obtient des aiguilles brunes, fusibles à 195-200° (Gabriel). M. Wassermann.

PHÉNYLACÉTIQUE (ALDÉHYDE),

$$C^8H^8O = C^6H^5\text{-}CH^2\text{-}CHO$$

(voyez t. II, p. 833). — Elle se forme lorsqu'on oxyde l'éthylbenzine par l'acide chlorochromique [A. Etard, *Ann. Chim. Phys.*, (5), t. XXII, p. 218].

PHÉNYLACÉTYLÈNE [Syn. *Acétényl-benzine*]. — Voyez t. II, p. 834 et Suppl., p. 9. — Le phénylacétylène est carbonisé par l'acide sulfurique concentré. Il se dissout dans cet acide étendu de 1/3 à 1/2 volume d'eau, et l'eau sépare de cette solution l'acétophénone [Friedel et Balsohn, *Bul. Soc. chim.*, t. XXXV, p. 54].

Orthonitrophénylacétylène,

$$C^8H^5(AzO^2) = (AzO^2)\,C^6H^4\text{-}C\equiv CH.$$

— Il se forme par l'ébullition de l'acide orthonitrophénylpropiolique avec de l'eau. Il passe avec les vapeurs d'eau. Pour le purifier, on le dissout dans l'alcool et on précipite la solution par le chlorure cuivreux ammoniacal. Il se forme un précipité rouge de la combinaison cuivreuse, qui n'est pas oxydé, lorsqu'on l'agite en présence d'ammoniaque, soit avec l'air, soit avec l'ozone [A. Baeyer, *Deutsch. chem. Gesellsch*, 1882, p. 50]. Cette combinaison cuivreuse, bien mélangée avec de l'éther acétylacétique et oxydée avec une solution alcaline de ferricyanure de potassium, puis séchée et épuisée par le chloroforme, donne du dinitrodiphénylacétylène, qui se sépare par cristallisation de la solution chloroformique. Des eaux mères il se dépose un corps nouveau. Ce corps, soumis à des cristallisations dans l'alcool avec emploi de noir animal, se présente en aiguilles jaunes microscopiques peu solubles dans l'alcool et dans l'éther. Il se décompose à 165° sans fondre. Avec de l'acide sulfurique et du sulfate ferreux il ne donne pas d'indoïne. Sa formule est $C^{19}H^{12}Az^2O^5$. Broyé avec de l'acide sulfurique concentré, puis additionné d'acide sulfurique fumant, il fournit une solution rouge-brun foncé, dont l'eau sépare des flocons. Ceux-ci, après cristallisation dans le chloroforme, sont solubles dans l'alcool et l'éther. Ce corps est analogue à celui obtenu au moyen de l'orthomononitrodiphényldiacétylène.

Le sulfhydrate d'ammonium ne le transforme pas en un produit analysable. La poudre de zinc décolore sa solution dans l'acide acétique glacial. Chauffé avec de la poudre de zinc et de l'anhydride acétique, il donne une solution rose, dont l'eau sépare un corps blanc non étudié.

Le corps $C^{19}H^{12}Az^2O^5$ paraît avoir la formule

$$\left.\begin{matrix}(AzO^2)C^6H^4\text{-}C\equiv C \\ (AzO^2)C^6H^4\text{-}C\equiv C\end{matrix}\right\rangle CH\text{-}CO\text{-}CH^3.$$

[Baeyer et Landsberg, *Deutsch. chem. Gesellsch.*, 1882, p. 212].

Orthoamidophénylacétylène,

$$C^8H^7Az = AzH^2\text{-}C^6H^4\text{-}C\equiv CH.$$

— Pour l'obtenir, on agite de l'orthonitrophénylacétylène pulvérisé avec de la poudre de zinc, en présence d'ammoniaque étendue, en ayant soin de bien refroidir, puis on distille dans un courant de vapeur d'eau. On épuise le liquide par l'éther, et celui-ci par l'acide chlorhydrique, et finalement on précipite la base par la soude. C'est une huile jaune soluble dans l'alcool, qui à l'air devient brune et épaisse. Elle colore en jaune du bois de sapin trempé dans l'acide chlorhydrique alcoolique. Les solutions ammoniacales d'argent et de chlorure cuivreux la précipitent en jaune. Son chlorhydrate, C^8H^7Az, HCl, est une masse cristalline jaune.

Le *dérivé acétylé*, $C^8H^6Az.C^2H^3O$, est en aiguilles incolores, fusibles à 75°, et donne une combinaison cuivrique jaune et argentique blanche (Baeyer et Landsberg).

Diphényldiacétylène (voyez t. II, p. 835). — La combinaison cuivreuse du phénylacétylène, provenant de 1 molécule du carbure traitée par une solution saturée froide de 1 molécule de ferricyanure de potassium et de 1 molécule de potasse jusqu'à ce que le précipité rouge devienne vert-brun, ce qui arrive au bout de 24 heures, se transforme en diphényldiacétylène. On isole le carbure en séchant le produit lavé de la réaction, et en l'épuisant par l'alcool (Baeyer et Landsberg).

Orthomononitrodiphényldiacétylène,

$$C^{16}H^9(AzO^2) = (AzO^2)C^6H^4\text{-}C\equiv C\text{-}C\equiv C\text{-}C^6H^5.$$

— On l'obtient en oxydant par le ferricyanure de potassium le mélange des combinaisons cuivreuses du phénylacétylène et de son dérivé orthonitré. On prépare ce mélange en précipitant par le chlorure cuivreux ammoniacal la solution de ces deux corps. On épuise par le chloroforme le produit de la réaction, on évapore ce dissolvant et on fait cristalliser le résidu dans l'alcool. Il est en lamelles jaunes, fusibles à 154-155°, solubles dans l'alcool, l'éther et le chloroforme. L'acide sulfurique le dissout avec une couleur rouge-brun, et l'eau précipite de cette solution une masse rouge que l'on purifie par cristallisation dans le chloroforme. Ce corps, qui n'a pas été analysé, est sans doute le *phénylacétylénylisatogène*,

$$C^6H^4\begin{cases}CO\text{-}C\text{-}C\equiv C\text{-}C^6H^5\\ \quad\;\diagup\;\;|\\ Az\text{-}O\end{cases}$$

La poudre de zinc décolore sa solution dans l'acide acétique, mais à l'air la couleur reparaît. Le sulfhydrate d'ammonium le convertit en une masse rouge-brique incristallisable [Baeyer et Landsberg, *Deutsch. chem. Gesellsch.*, 1882, p. 57].

Orthodinitrodiphényldiacétylène,

$$C^{16}H^8Az^2O^4 = (AzO^2)C^6H^4\text{-}C\equiv C\text{-}C\equiv C\text{-}C^6H^4(AzO^2).$$

— On obtient ce composé en épuisant par le chloroforme le produit lavé et séché de l'action de 2gr,25 de ferricyanure de potassium, 0gr,38 de potasse et de 9 p. d'eau sur la combinaison cuivreuse provenant de 1 molécule d'orthonitrophénylacétylène. On abandonne le mélange bien délayé pendant 24 heures, et l'on reprend par le chloroforme. Par évaporation de la solution on obtient des aiguilles jaune d'or peu solubles dans l'alcool et l'éther, solubles dans le chloroforme et la nitrobenzine, fusibles à 212°. Ce corps n'est attaqué ni par le sulfhydrate d'ammonium ni par le bisulfite de sodium. Le sulfate ferreux en présence d'acide sulfurique concentré le convertit en indoïne. L'acide sulfurique le transforme en diisatogène [Baeyer, *Deutsch. chem. Gesellsch.*, 1882, p. 50. Voyez Suppl., p. 960].

Orthodiamidodiphényldiacétylène,

$$C^{16}H^{12}Az^2 = AzH^2.C^6H^4\text{-}C\equiv C\text{-}C\equiv C\text{-}C^6H^4.AzH^2.$$

— Son dérivé acétylé se forme lorsqu'on oxyde par le ferricyanure de potassium la combinaison cuivreuse du dérivé acétylé de l'amidophénylacétylène. On saponifie les cristaux rouges obtenus par l'ébullition avec l'eau, additionnée d'alcool et d'acide sulfurique; puis on étend d'eau et on fait cristalliser dans l'alcool le précipité que l'ammoniaque produit.

Ce corps est en aiguilles jaunes fusibles à 128°, insolubles dans l'eau, solubles dans l'alcool, l'éther et les acides.

Le *chlorhydrate*, $(C^{16}H^{12}Az^2)2HCl$, est en cristaux solubles dans l'eau.

Le *dérivé diacétylé*, $C^{16}H^{10}Az^2(C^2H^3O)^2$, se forme par l'action de l'anhydride acétique sur la base. Il est en aiguilles fusibles à 231°, que l'on ne peut pas transformer en indigo (Baeyer et Landsberg).

ÉTHYLÈNE-PHÉNYLACÉTYLÈNE. — Morgan [*Chem. Soc. Journ.*, 1876, t. Ier, p. 163] a préparé ce carbure en faisant réagir l'iodure d'éthyle sur la combinaison sodique du phénylacétylène. C'est un liquide qui bout à 201-203°; il est doué d'une odeur analogue à celle de la menthe. Chauffé avec de l'acide bromhydrique à 150°, il s'y combine; cette combinaison se décompose par la distillation. Traitée par l'acétate d'argent et l'acide acétique, elle donne un éther bouillant à 223-230° qui, par saponification, se transforme en un alcool; ce dernier bout à 221-226° et possède la densité de 0,985 à 19°; sa formule serait

$$C^6H^5\text{-}C=C\begin{cases}OH\\ C^2H^5\end{cases} \quad\text{ou}\quad C^2H^5\text{-}C=C\begin{cases}OH\\ C^6H^5\end{cases}$$

M. Wassermann.

PHÉNYLAMINE, $C^6H^5.AzH^2$ [Syn. *Aniline*]. — L'aniline mêlée à de la nitrobenzine et chauffée avec de l'acide sulfurique et de la glycérine, donne de la quinoléine. On peut remplacer l'aniline par ses dérivés substitués et obtenir ainsi des quinoléines substituées (Skraup). En remplaçant la glycérine par du glycol ou même d'autres alcools polyatomiques, on obtient aussi des bases de la même famille (Dœbner et Miller).

L'aniline s'unit aux quinones chlorées et donne des produits tels que $(C^6H^5.AzH)^2C^6HClO^2$, en même temps qu'il se forme une hydroquinone [von Knopp et Schultz, *Deutsch. chem. Gesellsch.*, 1882, p. 371; — Plagemann, *ibid.*, 1882, p. 486].

L'eau oxygénée fournit, avec l'aniline en solution acétique à une douce chaleur, un précipité d'azobenzol [Albert Leeds, *Deutsch. chem. Gesellsch.*, 1881, p. 1383].

Chauffée à l'état de chlorhydrate, en présence d'un alcool à 230° (alcool isobutylique) [Arthur Studer, *Deutsch. chem. Gesellsch.*, 1881, p. 2186] ou bien à 270°, en présence du chlorure de zinc [Merz et Weith, *Deutsch. chem. Gesellsch.*, 1881, p. 2343; — Arthur Calm, *ibid.*, 1882, p. 2480; — Benz, *ibid.*, 1882, p. 1646], elle donne non une base secondaire ou tertiaire, mais un dérivé substitué dans le noyau benzénique (amyl-, isobutyl-, éthyl-amido-benzine).

L'aniline réagit violemment sur le gaz hypoazotique. L'eau bouillante extrait du produit charbonneux une substance cristallisée en longues aiguilles rouge sombre, fusibles à 123° [Leeds, *Deutsch. chem. Gesellsch.*, 1881, p. 484].

Les acides hypochloreux, bromique, iodique, chlorique, vanadique, chromique, permanganique, colorent l'aniline en violet, les peroxydes de plomb et de manganèse en bleu [Conrad Laar, *Deutsch. chem. Gesellsch.*, 1882, p. 2086].

L'aniline en solution aqueuse très étendue, traitée par le chlorure de chaux, puis avec quelques gouttes de sulfure d'ammonium, donne une coloration rose avec des solutions d'une partie d'aniline dans 250,000 parties d'eau [Jacquemin, *Deutsch. chem. Gesellsch.*, 1876, p. 1433].

Traitée par le potassium, elle donne de l'ammoniaque et de l'azobenzide, tandis que l'éthylaniline donne de l'éthylamine au lieu du premier de ces corps [Caventou et Girard, *Bull. Soc. chim.*, t. XXVIII, p. 530].

Sels de phénylamine.

Chlorhydrate, $C^6H^7Az.HCl$. — Il fond à 192° [Pinner, *Deutsch. chem. Gesellsch.*, 1881, p. 1082]. Son poids spécifique à 4° est égal à 1,2215 [Schröder, *ibid.*, 1879, p. 1613].

Chlorate, $C^6H^7Az.HClO^3$. — Ce sel, qui cristallise, fait explosion à 75-76° [Beamer et Clarke, *Deutsch. chem. Gesellsch.*, 1879, p. 1066].

Azotate, $C^6H^7Az.HAzO^3$. — A 4°, son poids spécifique est égal à 1,358 (Schröder).

Iodate, $C^6H^7Az.HIO^3$. — Sel cristallisé dont le poids spécifique, à 13°, est égal à 1,48 (Beamer et Clarke).

Dithionate, $(C^6H^7Az)^2.H^2S^2O^6$. — Sel cristallisé (Malezenski).

Sulfate, $(C^6H^7Az)^2H^2SO^4$. — A 4°, son poids spécifique est égal à 1,377.

Platinocyanure, $PtCy^2.2C^6H^5.AzH^3Cy$. — Lamelles tricliniques, facilement solubles et d'éclat nacré [Scholz, *Deutsch. chem. Gesellsch.*, 1881, p. 514].

Phénate d'aniline, $(C^6H^5.AzH^3)OC^6H^5$. — Lamelles fusibles à 32° formées par distillation du salicylate d'aniline dans un courant de vapeur d'eau [Hübner, *Liebig's Ann. Chem.*, t. CCX, p. 328].

Hydroquinonate, $C^6H^4(OH)^2(C^6H^7Az)^2$. — Grandes lames micacées, fusibles à 89-90°, formées par union directe des composants [Hebebrand, *Deutsch. chem. Gesellsch.*, 1882, p. 1972].

L'aniline forme, avec la trinitrobenzine, la combinaison $C^6H^7Az.C^6H^3(AzO^2)^3$ cristallisée en aiguilles rouges, fusibles à 123-124°, à peine solubles dans l'alcool froid quand on mêle les solutions alcooliques des deux composants [Hepp, *Bull. Soc. chim.*, t. XXX, p. 5].

Elle se combine aussi avec un grand nombre de sels et de chlorures. Tels sont les chlorures d'étain, ($SnCl^2$, $SnCl^4$), d'antimoine, d'arsenic, de bismuth, de cobalt, de nickel, de cuivre, de manganèse, de calcium, de titane, de fer. On obtient des combinaisons de formule générale

$$MCl^x, xC^6H^7Az$$

et contenant parfois, en outre, de l'alcool de cristallisation [Lippmann et Strecker, *Deutsch. chem. Gesellsch.*, 1879, p. 79; — Klein, *ibid.*, 1880, p. 825; — Weselsky; — Destrem; — Leeds, *ibid.*, 1882, p. 1765]. Elle forme aussi des combinaisons analogues avec les éthers chlorophosphoplatiniques [Cochin, *Monit. scientif.*, 1876, p. 298; 1878, p. 315].

I. — Produits de substitution de l'aniline.

1° *Anilines chlorées.*

Parachloraniline, $C^6H^4.AzH^2{}_{(1)}.Cl_{(4)}$. — C'est la chloraniline α (t. II, p. 849).

Orthochloraniline, $C^6H^4.AzH^2{}_{(1)}.Cl_{(2)}$. — C'est la chloraniline γ (t. II, p. 850). Beilstein et Kurbatow [*Ann. Chem. Pharm.*, t. CLXXVI, p. 27] recommandent de la purifier au moyen de son picrate, bien moins soluble dans l'alcool que celui de la base précédente, ou bien d'utiliser la basicité plus forte de la parachloraniline. Suivant ces auteurs, elle est encore liquide à — 14°, bout à 207°; à 0°, $d = 1,2338$.

Métachloraniline, $C^6H^4.AzH^2{}_{(1)}.Cl_{(3)}$. — C'est la base β (t. II, p. 850). Elle bout à 230° ($p = 767,3$); à 0°, $d = 1,2432$. Ses sels se décomposent partiellement par ébullition avec l'eau et cristallisent.

Le nitrate, $C^6H^4.Cl.AzH^2.HAzO^3$, est peu soluble dans l'eau froide; le sulfate acide y est encore moins soluble.

Dichloraniline, $C^6H^3.AzH^2{}_{(1)}.Cl_{(2)}.Cl_{(5)}$. — C'est la base fusible à 50°, décrite t. II, p. 850.

Dichloraniline, $C^6H^3.AzH^2{}_{(1)}.Cl_{(3)}.Cl_{(4)}$. — On la prépare par réduction de la benzine nitrée correspondante, fusible à 43° ou par chloruration de la métachloraniline [Beilstein et Kurbatow, *Liebig's Ann. Chem.*, t. CXCVI, p. 215]. Elle forme de longues aiguilles, fusibles à 71°,5, et bout à 272°; c'est une base assez forte que l'on peut transformer en trichlorobenzine.

Dichloraniline, $C^6H^3.AzH^2{}_{(1)}.Cl_{(2)}.Cl_{(3)}$. — La nitrobenzine chlorée fournit par l'action du chlorure d'antimoine un produit qui n'a pu être isolé, mais que la réduction transforme en dichloraniline fusible à 23-24° et bouillant à 252°. Elle cristallise en aiguilles et se transforme par l'intermédiaire des composés diazoïques en trichlorobenzine correspondante (Beilstein et Kurbatow).

Dichloraniline, $C^6H^3.AzH^2{}_{(1)}.Cl_{(2)}.Cl_{(4)}$. — Cette base se forme quand on traite l'acétanilide par le chlore [Beilstein et Kurbatow; — Witt, *Deutsch. chem. Gesellsch.*, 1874, p. 1602]. Ce sont de longues aiguilles fusibles à 63° et bouillant à 245°. Elle fournit avec l'azotite d'éthyle de la métadichlorobenzine.

Son chlorhydrate cristallise en aiguilles.

Dichloraniline, $C^6H^3.AzH^2{}_{(1)}.Cl_{(3)}.Cl_{(5)}$. — Aiguilles fusibles à 50°,5 et bouillant à 259-260° qui prennent naissance par réduction de la dichloronitrobenzine symétrique [Witt, *Deutsch. chem. Gesellsch.*, 1874, p. 145; — Beilstein et Kurbatow].

Dichloraniline, $C^6H^3.AzH^2{}_{(1)}.Cl_{(2)}.Cl_{(6)}$. — Aiguilles fusibles à 39° formées par réduction de la benzine dichloronitrée, fusible à 71° (Beilstein et Kurbatow).

Trichloraniline, $C^6H^2.AzH^2{}_{(1)}Cl_{(2)}.Cl_{(4)}.Cl_{(6)}$. — C'est la base décrite t. II, p. 851.

Trichloraniline, $C^6H^2.AzH^2{}_{(1)}.Cl_{(2)}.Cl_{(3)}.Cl_{(6)}$. — Elle a été confondue avec la précédente. Elle se forme par chloruration de l'aniline, soit par le chlore (Hofmann), soit par le chlorure de sulfuryle [Wenghoeffer, *Journ. prakt. Chem.* (2), t. XVI, p. 449]. Elle se présente en longues aiguilles fusibles à 77°,5, bouillant à 262° ($p = 746^{mm}$). L'azotite d'éthyle la transforme en trichlorobenzine. Le chlorure d'iode à 350° donne, avec elle, de la perchlorobenzine (Ruoff).

Trichloraniline, $C^6H^2.AzH^2{}_{(1)}.Cl_{(2)}.Cl_{(3)}.Cl_{(4)}$. — Elle se forme par réduction de la trichloronitrobenzine correspondante, par chloruration de la métachloraniline ou de la dichloraniline (1.3.4) [Beilstein et Kurbatow, *Liebig's Ann. Chem.*, t. CXCII, p. 235]. Ce sont des aiguilles fusibles à 67°,5, bouillant à 292° ($p = 774$), qui par l'azotite d'éthyle donnent la trichlorobenzine (1.2.3).

Tétrachloraniline,

$$C^6H.AzH^2{}_{(1)}.Cl_{(2)}.Cl_{(3)}.Cl_{(5)}.Cl_{(6)}.$$

— C'est le corps décrit par Jungfleisch et Lesimple (t. II, p. 852).

Tétrachloraniline,

$$C^6H.AzH^2{}_{(1)}.Cl_{(2)}.Cl_{(3)}.Cl_{(4)}.Cl_{(6)}.$$

— Elle se forme par chloruration de la métachloraniline (Beilstein et Kurbatow) et fond à 88°.

Tétrachloraniline,

$$C^6H.AzH^2{}_{(1)}.Cl_{(2)}.Cl_{(3)}.Cl_{(4)}.Cl_{(5)}.$$

— Cette base, formée par réduction de la benzine chloronitrée correspondante, fond à 118° (Beilstein et Kurbatow).

2° *Anilines bromées.*

PARABROMANILINE, $C^6H^4.AzH^2{}_{(1)}.Br_{(4)}$. — C'est l'α-bromaniline (t. II, p. 848). Elle fond à 63° suivant Fittig et Mager [*Deutsch. chem. Gesellsch.*, 1874, p. 1176], à 66°,4 suivant Körner [*Jahresb. für Chem.*, 1875, p. 342], et ne bout qu'en se décomposant. L'acide chlorhydrique concentré à 150-160° la décompose avec formation de dibromaniline [Fittig et Büchner, *Liebig's Ann. Chem.*, t. CLXXXVIII, p. 23]. Le sodium la transforme, en solution éthérée, en azobenzine, sans qu'il se forme de benzidine [Anschütz et Schultz, *Deutsch. chem. Gesellsch.*, 1876, p. 1398].

Métabromaniline, $C^6H^4.AzH^2{}_{(1)}.Br_{(3)}$. — C'est la β-bromaniline déjà décrite t. II, p. 848. Elle fond à 18-18°,5 et bout à 251° [Fittig et Mager, *Deutsch. chem. Gesellsch.*, 1875, p. 364].

Orthobromaniline, $C^6H^4.AzH^2{}_{(1)}.Br_{(2)}$. — C'est la γ-bromaniline (t. II, p. 848). Elle bout à 250-251° (Fittig et Mager).

DIBROMANILINE, $C^6H^3.AzH^2{}_{(1)}.Br_{(2)}.Br_{(4)}$. — C'est l'α-dibromaniline décrite t. II, p. 848. Körner l'a obtenue par réduction de la dibromonitrobenzine correspondante [*Jahresber. Chem.*, 1875, p. 343].

Dibromaniline, $C^6H^3.AzH^2{}_{(1)}.Br_{(2)}.Br_{(5)}$. — C'est la modification β décrite t. II, p. 849.

Dibromaniline, $C^6H^3.AzH^2{}_{(1)}.Br_{(3)}.Br_{(4)}$. — Elle se produit par réduction de la bromonitrobenzine correspondante (Körner). Elle fond à 80°,4.

Dibromaniline, $C^6H^3.AzH^2{}_{(1)}.Br_{(3)}.Br_{(5)}$. — Cette base, fusible à 56°,5 et cristallisée en aiguilles, se produit par réduction de la nitrodibromobenzine symétrique (Körner).

TRIBROMANILINE, $C^6H^2.AzH^2{}_{(1)}.Br_{(2)}.Br_{(4)}.Br_{(6)}$. — C'est la tribromaniline décrite t. II, p. 849. Elle se produit aussi, outre la dibromaniline (1.2.4), quand on chauffe la nitrobenzine avec de l'acide bromhydrique à 190° (Baumhauer).

Losanitsch [*Deutsch. chem. Gesellsch.*, 1882, p. 471] recommande pour la préparer à l'état incolore de traiter l'aniline, en suspension dans l'eau, par une solution de brome dans un mélange d'eau et d'alcool par parties égales. Elle fond alors à 119°. Avec l'acide azotique concentré et chaud, elle donne du dibromodinitrométhane, de la tétrabromobenzine fusible à 95-96°, du bromanile, de l'acide picrique, de l'acide oxalique et une masse rouge sombre. En variant les conditions, on peut aussi obtenir de la dibromonitraniline fusible à 206-207° et de la tribromobenzine fusible à 119-120°.

Tribromaniline, $C^6H^2.AzH^2{}_{(1)}.Br_{(3)}.Br_{(4)}.Br_{(5)}$. — Ce corps se présente en cristaux infusibles à 130° et décomposables à plus haute température. Il se produit par réduction de la tribromonitrobenzine fusible à 112° et possède des propriétés basiques (Körner).

TÉTRABROMANILINE,

$$C^6H.AzH^2{}_{(1)}.Br_{(2)}.Br_{(3)}.Br_{(4)}.Br_{(6)}.$$

— Elle prend naissance par bromuration de la métabromaniline ou de la dibromaniline (1.2.5) et se présente en aiguilles fusibles à 115°,3 [Körner; — Wurster et Nölting, *Deutsch. chem. Gesellsch.*, 1874, p. 1564].

PENTABROMANILINE, $C^6.AzH^2.Br^5$. — Ce sont des aiguilles fusibles à 222°, produites par bromuration de la dibromaniline symétrique (1.3.5) (Körner).

3° *Chlorobromanilines.*

CHLOROBROMANILINE, $C^6H^3.AzH^2{}_{(1)}.Cl_{(2)}.Br_{(4)}$. — Cette base se forme en même temps que la parabromonitrobenzine quand on soumet la parabromonitrobenzine à l'action de l'étain et de l'acide chlorhydrique, de façon que la réaction soit violente. Elle se forme aussi par chloruration de la parabromaniline. Elle est en longs prismes fusibles à 69-69°,5, facilement volatils avec la vapeur d'eau. Elle peut s'unir aux acides [Hübner et Alsberg, *Ann. Chem. Pharm.*, t. CLVI, p. 312; — Fittig et Büchner, *ibid.*, t. CLXXXVIII, p. 14].

CHLORODIBROMANILINE,

$$C^6H^2.AzH^2{}_{(1)}.Br_{(2)}.Cl_{(4)}.Br_{(6)}.$$

— C'est la base décrite t. II, p. 852.

Chlorodibromaniline,

$$C^6H^2.AzH^2{}_{(1)}.Cl_{(2)}.Br_{(4)}.Br_{(6)}.$$

— Cette base, obtenue par l'action du brome sur l'orthochloraniline, se présente en longues aiguilles blanches fusibles à 123°,5 [Carl Langer, *Deutsch. chem. Gesellsch.*, 1882, p. 1061].

DICHLOROBROMANILINE,

$$C^6H^2.AzH^2{}_{(1)}.Cl_{(2)}.Br_{(4)}.Cl_{(6)}.$$

— D'une façon analogue à la précédente, cet alcaloïde se produit par chloruration de la parabromaniline. Elle forme des cristaux fusibles à 93°,5 et ne se combine pas avec les acides (Fittig et Büchner).

TRIBROMOCHLORANILINE,

$$C^6H.AzH^2{}_{(1)}.Br_{(2)}.Cl_{(3)}.Br_{(4)}.Br_{(6)}.$$

— Ce sont des aiguilles blanches et minces, fusibles à 123°,5, qui se forment par l'action du brome sur la métachloraniline (Carl Langer).

TRICHLORODIBROMANILINE,

$$C^6.AzH^2{}_{(1)}Cl_{(2)}.Br_{(3)}.Cl_{(4)}.Br_{(5)}.Cl_{(6)}.$$

— Fines aiguilles blanches, fusibles à 238°,5, formées par l'action d'une quantité insuffisante de chlore sur la dibromaniline symétrique (Carl Langer).

TRIBROMODICHLORANILINE,

$$C^6.AzH^2{}_{(1)}Br_{(2)}.Cl_{(3)}.Br_{(4)}.Cl_{(5)}.Br_{(6)}.$$

— Belles aiguilles blanches, fusibles à 219°,5 et formées par l'action du brome sur la dichloraniline symétrique [Carl Langer, *Deutsch. chem. Gesellsch.*, 1882, p. 1328].

4° *Iodanilines.*

Paraïodaniline, $C^6H^4.AzH^2{}_{(1)}.I_{(4)}$. — C'est l'α-iodaniline décrite t. II, p. 853.

Métaïodaniline, $C^6H^4.AzH^2{}_{(1)}.I_{(3)}$. — C'est la β-iodaniline décrite au même endroit.

DIIODANILINE, $C^6H^3.AzH^2{}_{(1)}.I_{(2)}.I_{(4)}$. — Elle se forme quand on traite par une solution alcoolique d'iode le chlorure de mercure-phénylammonium, $HCl,AzHgC^6H^5$ [Rudolph, *Deutsch. chem. Gesellsch.*, 1878, p. 78], ou bien par l'action du chlorure d'iode sur une solution acétique d'aniline [Michaël et Norton, *Deutsch. chem. Gesellsch.*, 1878, p. 109]. Elle forme des aiguilles fusibles à 95-96°. L'eau froide détruit ses sels. L'azotite d'éthyle la transforme en métadiiodobenzine.

TRIIODANILINE, $C^6H^2.AzH^2{}_{(1)}.I_{(2)}.I_{(4)}.I_{(6)}$. — En faisant agir le chlorure d'iode sur la solution chlorhydrique d'aniline, on obtient cette base, qui forme de longues aiguilles fusibles à 185°,5 [Stenhouse, *Ann. Chem. Pharm.*, t. CXXXIV, p. 213. — Michaël et Norton].

5° *Nitranilines.*

ORTHONITRANILINE, $C^6H^4.AzH^2_{(1)}.AzO^2_{(2)}$. — Ce composé, qui est la γ-nitraniline décrite t. II, p. 855, s'extrait de la nitracétanilide brute, qui en contient une petite proportion; on l'obtient aussi en traitant par l'ammoniaque à 190-200° l'orthonitranisol [Salkowski, *Ann. Chem. Pharm.*, t. CLXXIV, p. 278], ou bien en réduisant l'orthodinitrobenzine [Rinne et Zincke, *Deutsch. chem. Gesellsch.*, 1874, p. 1374]. Suivant Körner, elle fond à 71°,5.

L'orthonitraniline s'unit à la quinone et donne des produits d'addition de composition variable, mais de propriétés physiques constantes. Ce sont de gros cristaux rouges, fusibles à 94-97° (Hebebrand).

Métanitraniline, $C^6H^4.AzH^2_{(1)}.AzO^2_{(3)}$. — Cette base, décrite sous le nom de β-nitraniline, t. II, p. 854, avait été confondue en partie avec la précédente (mode de formation de la base précédente par le nitranisol). Suivant Hübner, elle fond à 114° [*Deutsch. chem. Gesellsch.*, 1877, p. 1716]. Son poids spécifique est égal à 1,430 (Schröder).

Paranitraniline, $C^6H^4.AzH^2_{(1)}.AzO^2_{(4)}$. — C'est l'α-nitraniline décrite t. II, p. 853. On l'obtient aussi en traitant par l'ammoniaque la parachloronitrobenzine [Engelhardt et Latschinoff, *Zeitschr. Chem.*, 1870, p. 232]. Suivant Hübner, elle fond à 146°. Son poids spécifique est égal à 1,424 (Schröder).

La paranitracétanilide bouillie avec de la soude caustique donne de l'ammoniaque et du paranitrophénol (Wagner).

La paranitraniline s'unit comme l'orthonitraniline à la quinone en formant de gros cristaux compacts, rouge sombre, fusibles à 115-120° et offrant une composition variable avoisinant

$$C^6H^4O^2, C^6H^4AzO^2.AzH^2.$$

L'acide acétique détruit ces combinaisons avec formation de quinones dianilides et d'autres corps (Hebebrand).

DINITRANILINE, $C^6H^3.AzH^2_{(1)}.AzO^2_{(2)}.AzO^2_{(4)}$. — C'est la base décrite t. II, p. 855. Suivant Schaumann [*Deutsch. chem. Gesellsch.*, 1879, p. 1345], elle fondrait à 182°. Par ébullition avec de la potasse, elle donne de l'ammoniaque et du dinitrophénol. La coloration rouge qui se produit avec la potasse étendue est une réaction très sensible de la base [Willgerodt, *Deutsch. chem. Gesellsch.*, 1876, p. 979, et 1877, p. 1686].

Dinitraniline, $C^6H^3.AzH^2_{(1)}.AzO^2_{(2)}.AzO^2_{(6)}$. — Cette combinaison prend naissance par l'action de l'ammoniaque à 130° sur le dinitranisol correspondant. Elle avait été confondue avec la précédente (t. II, p. 856). Elle forme de longues aiguilles jaunes fusibles à 138°; 1 p. de la base se dissout à 21° dans 192 p. d'alcool à 95°. Avec l'azotite d'éthyle elle donne de la métadinitrobenzine.

TRINITRANILINE,

$$C^6H^2.AzH^2_{(1)}.AzO^2_{(2)}.AzO^2_{(4)}.AzO^2_{(6)}.$$

— C'est la picramide décrite t. II, p. 856. Elle est réduite par l'étain et l'acide chlorhydrique à l'état de diamidooxyphénol, $C^6H^2(AzH^2)^2(OH)^2$ [Salkowski, mémoire cité]. On a obtenu des combinaisons de ce composé avec différents carbures aromatiques et diverses bases. La combinaison benzénique, $C^6H^6[C^6H^2.AzH^2.(AzO^2)^3]$, forme des prismes jaune clair qui s'effleurissent très rapidement à l'air. Avec l'aniline il se forme des prismes noirs, $C^6H^7Az[C^6H^2.(AzH^2).(AzO^2)^3]$, que l'ébullition avec l'alcool dédouble partiellement.

6° *Chloronitranilines.*

α-CHLORONITRANILINE de Jungfleisch. — Ce composé ne peut être représenté, d'après son mode de formation, que par l'une des deux formules suivantes :

$$C^6H^3.AzH^2_{(1)}.AzO^2_{(5)}.Cl_{(2)}$$

$$\text{ou } C^6H^3.AzH^2_{(1)}.Cl_{(4)}.AzO^2_{(3)}.$$

La première de ces deux formules est celle d'une base décrite plus bas, différente de la base de Jungfleisch; pour cette dernière il ne reste donc que la seconde formule.

Chloronitraniline, $C^6H^3.AzH^2_{(1)}.Cl_{(2)}.AzO^2_{(5)}$. — Ce composé prend naissance quand on nitre l'orthochloracétanilide (10 p.) avec un mélange de 15 p. d'acide azotique fumant ($d = 1,52$) et de 30 p. d'acide sulfurique. Le mélange est précipité par la neige et les amides formées sont distillées avec de la soude. On fait cristalliser le mélange des bases dans la ligroïne. La base (1.2.5) se dépose en premier lieu. Elle forme des aiguilles jaunes fusibles à 117-118° et donne avec l'azotite d'éthyle de la parachloronitrobenzine.

Chloronitraniline, $C^6H^3.AzH^2_{(1)}.Cl_{(2)}.AzO^2_{(4)}$. — Cette substance, formée en même temps que la précédente, se dépose en second lieu et n'a pas été obtenue pure. Elle est en aiguilles jaune clair, fusibles à 104-105°, que l'azotite d'éthyle transforme en métachloronitrobenzine. Elle pourrait, d'après cela, avoir pour formule

$$C^6H^3.AzH^2_{(1)}.AzO^2_{(2)}.Cl_{(6)}$$

[Beilstein et Kurbatow, *Liebig's Ann. Chem.*, t. CLXXXII, p. 98].

Chloronitraniline, $C^6H^3.AzH^2_{(1)}.Cl_{(3)}.AzO^2_{(6)}$. — Quand on traite la métachloracétanilide par le mélange azotique employé dans le cas précédent, qu'on saponifie les nitramides formées par l'ammoniaque à 160° et qu'on distille avec la vapeur d'eau, cette base passe seule et il reste en solution celle qui est décrite ci-dessous (Beilstein et Kurbatow). Elle s'obtient aussi quand on traite par l'ammoniaque alcoolique à 160° la dichloronitrobenzine fusible à 33° (Körner), ou bien la chlorodinitrobenzine fusible à 39° [Laubenheimer, *Deutsch. chem. Gesellsch.*, 1876, p. 1826]. Elle forme des aiguilles jaunes, fusibles à 124-125°.

Chloronitraniline, $C^6H^3.AzH^2_{(1)}.Cl_{(3)}.AzO^2_{(4)}$. — Obtenue en même temps que la précédente, cette base forme des lamelles jaunes, fusibles à 156-157°.

Chloronitraniline, $C^6H^3.AzH^2_{(1)}.AzO^2_{(2)}.Cl_{(4)}$. — On l'obtient en nitrant la parachloracétanilide, ou bien en traitant à 100° la paradichloronitrobenzine par l'ammoniaque (Beilstein et Kurbatow; Kœrner). Ce sont des aiguilles plates, rouge-orangé, fusibles à 115°. Avec l'azotite d'éthyle, elle donne de la métachloronitrobenzine.

DICHLORONITRANILINE,

$$C^6H^2.AzH^2_{(1)}.Cl_{(3)}.Cl_{(4)}.AzO^2_{(6)}.$$

— Aiguilles jaunes, fusibles à 175°, qu'on obtient en traitant par l'ammoniaque alcoolique à 200° la trichloronitrobenzine fusible à 58°. On peut aussi nitrer la dichloracétanilide correspondante, séparer, par cristallisation dans l'alcool où elle est moins soluble, l'amide d'un isomère, et saponifier cette amide par l'acide sulfurique concentré.

Dichloronitraniline,

$$C^6H^2.AzH^2_{(1)}.AzO^2_{(2)}?.Cl_{(3)}.Cl_{(4)}.$$

— L'amide acétique de cette base, formée en même temps que la précédente, la fournit en aiguilles jaunes, fusibles à 95-96° [Beilstein et Kurbatow, *Liebig's Ann. Chem.*, t. CXCVI, p. 221].

Dichloronitraniline,

$C^6H^2.AzH^2_{(1)}.Cl_{(2)}.Cl_{(3)}.AzO^2_{(6)}$.

— Elle se produit par l'action de l'ammoniaque alcoolique à 210° sur la trichloronitrobenzine fusible à 55-56°. Ce sont des aiguilles jaune clair, fusibles à 162-163° (Beilstein et Kurbatow).

Dichloronitraniline,

$C^6H^2.AzH^2_{(1)}.AzO^2_{(2)}.Cl_{(3)}.Cl_{(5)}$.

— Elle s'obtient en aiguilles jaunes, fusibles à 79°. Son amide acétique, soluble dans le sulfure de carbone, se forme quand on nitre la dichloracétanilide symétrique (Beilstein et Kurbatow) (voyez ci-dessous).

Dichloronitraniline,

$C^6H^2.AzH^2_{(1)}.Cl_{(3)}.AzO^2_{(4)}.Cl_{(5)}$.

— On l'obtient en nitrant la dichloracétanilide symétrique. On la sépare de l'isomère formé en même temps au moyen du sulfure de carbone qui ne dissout que cet isomère. Elle forme des aiguilles jaunes, fusibles à 170-171°, et donne, avec l'azotite d'éthyle, la dichloronitrobenzine, fusible à 71° (Beilstein et Kurbatow).

Dichloronitraniline,

$C^6H^2.AzH^2_{(1)}.Cl_{(2)}.Cl_{(4)}.AzO^2_{(6)}$.

— Ce sont des aiguilles jaune-orangé, fusibles à 100°, dont l'amide acétique se forme quand on nitre la dichloracétanilide correspondante [Witt, *Deutsch. chem. Gesellsch.*, 1874, p. 1603] ou que l'on chlore la chloronitracétanilide (1.4.6) [Witt, *ibid.*, 1875, p. 820]. L'amide est saponifiée par l'acide chlorhydrique à 150-180°. Avec l'éther azoteux, cette base donne la dichloronitrobenzine, fusible à 64-65°.

Dichloronitraniline,

$C^6H^2.AzH^2_{(1)}.Cl_{(2)}.AzO^2_{(4)}.Cl_{(6)}$.

— On l'obtient en chlorant la paranitraniline [Körner; — Witt, *Deutsch. chem. Gesellsch.*, 1875, p. 143]. Elle se présente en courtes aiguilles jaune-citron, fusibles à 188°. Avec l'éther azoteux, elle donne la dichloronitrobenzine, fusible à 64-65°.

Dichloronitraniline,

$C^6H^2.AzH^2_{(1)}.Cl_{(2)}.AzO^2_{(4)}.Cl_{(5)}$.

— L'amide acétique de cette base, amide très soluble dans la benzine, ce qui permet de la séparer d'un isomère formé en même temps, se produit quand on nitre la dichloracétanilide correspondante. L'amide, traitée à 100° par l'acide sulfurique concentré, fournit la base en aiguilles jaunes, fusibles à 153° (Beilstein et Kurbatow).

Dichloronitraniline,

$C^6H^2.AzH^2_{(1)}.Cl_{(2)}.Cl_{(5)}.AzO^2_{(6)}$.

— L'amide de cette base, formée en même temps que celle de la base précédente, la fournit en aiguilles jaune clair, fusibles à 67-68°. On l'obtient aussi par l'action de l'ammoniaque à 150-160° sur la dichlorodinitrobenzine correspondante (Körner). Avec l'éther azoteux, elle donne la paradichloronitrobenzine.

DICHLORODINITRANILINE,

$C^6H.AzH^2_{(1)}.AzO^2_{(2)}?.Cl_{(3)}.Cl_{(4)}.AzO^2_{(6)}$.

— L'amide de cette base se forme, outre celles de deux autres bases déjà décrites, quand on traite par l'acide azotique ($d = 1{,}52$) la dichloracétanilide correspondante. L'amide dont il est question ici reste dans les eaux mères alcooliques quand on fait cristalliser le mélange des corps nitrés produits. Traitée par l'acide sulfurique concentré, elle fournit la base en aiguilles rouges, fusibles à 127-128° (Beilstein et Kurbatow).

TRICHLORONITRANILINE,

$C^6H.AzH^2_{(1)}.AzO^2_{(2)}(?).Cl_{(3)}.Cl_{(4)}.Cl_{(6)}$.

— On prépare l'amide de cette aniline en traitant la trichloracétanilide correspondante par l'acide azotique. Traitée par l'acide chlorhydrique concentré à 100°, elle fournit la base en aiguilles jaunes, fusibles à 124° (Beilstein et Kurbatow).

Trichloronitraniline,

$C^6H.AzH^2_{(1)}.Cl_{(2)}.AzO^2_{(3)}.Cl_{(4)}.Cl_{(5)}(?)$.

— Ce sont des aiguilles jaunes, fusibles à 98°, qui se forment par l'action du chlore sur la métanitraniline [Carl Langer, *Deutsch. chem. Gesellsch.*, 1882, p. 1061].

7° *Bromonitranilines.*

BROMONITRANILINE, $C^6H^3.AzH^2_{(1)}.Br_{(2)}.AzO^2_{(4)}$. — On la prépare en traitant l'orthodibromonitrobenzine fusible à 58°,6 par l'ammoniaque alcoolique à 190° (Körner); on peut aussi l'extraire de son amide acétique obtenu en nitrant l'orthobromacétanilide (Körner) ou en bromant la paranitracétanilide [Hübner, *Deutsch. chem. Gesellsch.*, 1877, p. 1709]. Elle forme des aiguilles jaunes fusibles à 104°,5 et donne avec l'éther azoteux de la métanitrobromobenzine.

Bromonitraniline, $C^6H^3.AzH^2_{(1)}.Br_{(3)}.AzO^2_{(6)}$. — Elle s'obtient en aiguilles d'un jaune-rouge, fusibles à 151°,4, en traitant la dibromonitrobenzine correspondante par l'ammoniaque alcoolique à 160° [Wurster, *Deutsch. chem. Gesellsch.*, 1873, p. 1542; — Körner], ou bien en soumettant à la même action la bromorthodinitrobenzine fusible à 56°,4 (Körner). L'acide azoteux la transforme en paranitrobenzine; les agents réducteurs en orthophénylène-diamine.

Bromonitraniline, $C^6H^3.AzH^2_{(1)}.AzO^2_{(2)}.Br_{(4)}$. — C'est la base décrite t. II, p. 856. On peut la préparer au moyen de la chlorobromonitrobenzine fusible à 68°,6 (Körner), ou bien l'extraire de l'amide formée en nitrant la parabromacétanilide [Hübner et Retschy, *Deutsch. chem. Gesellsch.*, 1873, p. 796].

BROMODINITRANILINE,

$C^6H^2.AzH^2_{(1)}.AzO^2_{(2)}.AzO^2_{(4)}.Br_{(6)}$.

— Körner l'a obtenue en aiguilles jaunes, fusibles à 144°, en bromant la métadinitraniline. La potasse bouillante la dédouble en ammoniaque et phénol dinitré fusible à 118°,2. Le même auteur a obtenu une autre *bromodinitraniline* indéterminée en traitant une métadibromodinitrobenzine par l'ammoniaque alcoolique. Cette base forme de longues aiguilles plates, d'un jaune clair, et fond à 178°,4. Une troisième *bromodinitraniline* a été préparée de même par Austen [*Deutsch. chem. Gesellsch.*, 1876, p. 919], en partant d'une paradibromodinitrobenzine. Elle forme des houppes rouge-orangé, fusibles à 160°.

DIBROMONITRANILINE,

$C^6H^2.AzH^2_{(1)}.Br_{(2)}.Br_{(4)}.AzO^2_{(6)}$.

— Elle se prépare en bromant l'orthonitraniline (Körner); en traitant par l'ammoniaque alcoolique le dibromonitranisol ou la tribromonitrobenzine correspondants (Körner); son amide se produit aussi en nitrant la dibromacétanilide [Remmers, *Deutsch. chem. Gesellsch.*, 1874, p. 349]. Elle forme des aiguilles jaune-orangé, fusibles à 127°,3, que l'éther azoteux convertit en dibromonitrobenzine symétrique.

Dibromonitraniline,

$C^6H^2.AzH^2_{(1)}.Br_{(2)}.AzO^2_{(4)}.Br_{(6)}$.

— On la prépare en bromant la paranitraniline

[Wurster et Nölting, *Deutsch. chem. Gesellsch.*, 1874, p. 1564]; en traitant par l'ammoniaque alcoolique la tribromonitrobenzine fusible à 112°, ou le dibromoparanitranisol (Körner). Ce sont de longues aiguilles minces, jaunes, fusibles à 202°,5, que l'éther azoteux transforme en tribromonitrobenzine symétrique.

Une *dibromonitraniline*, de constitution inconnue, se prépare en traitant la paradibromodinitrobenzine fusible à 159° par l'ammoniaque alcoolique à 100° [Austen, *Deutsch. chem. Gesellsch.*, 1876, p. 622]. Elle forme des aiguilles rouges, fusibles à 75°, et donne avec l'éther azoteux de la paradibromonitrobenzine.

TRIBROMONITRANILINE,

$$C^6H.AzH^2_{(1)}.Br_{(2)}.AzO^2_{(3)}.Br_{(4)}.Br_{(6)}.$$

— C'est la base (?) décrite t. II, p. 856. Körner l'a reproduite en bromant la métanitraniline. Elle fond à 102°,5. L'acide azoteux la transforme en tribromonitrobenzine (1.2.3.5).

On a préparé une *tribromonitraniline*, qui devrait être identique avec la précédente, en nitrant par l'acide azotique fumant la tribromacétanilide et saponifiant le produit de la réaction par l'ammoniaque à 180-200°. La base obtenue est pourtant toute différente et forme de larges aiguilles jaunes, fusibles à 214-215° [Remmers, *Deutsch. chem. Gesellsch.*, 1876, p. 351].

Tribromonitraniline,

$$C^6H.AzH^2_{(1)}.Br_{(2)}.Br_{(3)}.Br_{(4)}.AzO^2_{(6)}.$$

— Petites aiguilles jaunes, fusibles à 161°,4, obtenues en bromant la métabromonitraniline fusible à 151°,4. L'éther azoteux la transforme en tribromonitrobenzine fusible à 112°.

CHLOROBROMONITRANILINE,

$$C^6H^2.AzH^2_{(1)}.AzO^2_{(2)}.Cl_{(4)}.Br_{(6)}.$$

— Aiguilles jaunes, fusibles à 106°,4, obtenues en bromant la chloronitraniline correspondante. L'éther azoteux la transforme en chlorobromonitrobenzine symétrique (Körner).

8° *Iodonitranilines.*

IODONITRANILINE, $C^6H^3.AzH^2_{(1)}.I_{(2)}.AzO^2_{(4)}$. — Ce sont de longues aiguilles jaunes, fusibles à 105°,5, qui se produisent quand on fait agir du chlorure d'iode sur une solution de nitraniline [Michaël et Norton, *Deutsch. chem. Gesellsch.*, 1878, p. 113].

Iodonitraniline, $C^6H^3.AzH^2_{(1)}.I_{(3)}.AzO^2_{(6)}$. — Grandes lamelles bleues d'acier, qui prennent naissance par l'action de l'ammoniaque alcoolique à 170° sur la diiodonitrobenzine, fusible à 168°,4. Elle ne fond pas encore à 220° et n'est pas attaquée par l'éther azoteux (Körner).

Iodonitraniline, $C^6H^3.AzH^2_{(1)}.AzO^2_{(2)}.I_{(4)}$. — Ce sont de longues aiguilles jaune-orangé, fusibles à 122°, qui prennent naissance quand on chauffe avec de l'acide azotique concentré une solution de paraiodacétanilide dans l'acide acétique [Michaël et Norton, *Deutsch. chem. Gesellsch.*, 1878, p. 109].

DIIODONITRANILINE, $C^6H^2.AzH^2_{(1)}.I_{(2)}.I_{(3)}.AzO^2_{(5)}$. — Elle forme de longues et fines aiguilles jaunes, fusibles à 145°,5, qui se produisent quand on introduit du chlorure d'iode dans une solution chlorhydrique de métanitraniline [Michaël et Norton, *Deutsch. chem. Gesellsch.*, 1878, p. 112].

Diiodonitraniline,

$$C^6H^2.AzH^2_{(1)}.I_{(2)}.AzO^2_{(4)}.I_{(6)}.$$

— Ce sont des aiguilles ou des prismes jaune clair, à reflets bleus, fusibles à 243-244°, qui se forment dans les mêmes conditions que la base précédente (Michaël et Norton).

II. — MONAMINES SECONDAIRES DÉRIVÉES DE L'ANILINE.

MÉTHYLANILINE, $C^6H^5.AzH.CH^3$. — Pour la préparation de cette base, voyez ANILINE [Suppl., p. 156]. On remarque que si l'on fait agir, pour la préparer, le chlorure de méthyle sur l'aniline, on obtient plus de méthylaniline que si l'on emploie du bromure, et plus enfin avec ce dernier qu'avec l'iodure, avec lequel il se forme surtout de la diméthylaniline [Krämer et Grodzky, *Deutsch. chem. Gesellsch.*, 1880, p. 1006; — Hofmann, *ibid*, 1877, p. 592]. Pour la séparer de la diméthylaniline formée en même temps et de l'aniline en excès, on peut : 1° éliminer l'aniline en ajoutant de l'acide sulfurique étendu aux bases libres, tant qu'il se forme du sulfate cristallisé, puis séparer la méthyl- de la diméthylaniline par l'anhydride acétique qui n'attaque pas cette dernière, qu'on peut alors éloigner par distillation. Il reste de la monométhylacétanilide, qu'on saponifie sans peine (Hofmann). On peut aussi traiter la solution chlorhydrique concentrée des bases par l'azotite de sodium, en ayant soin de maintenir froide la solution. Il se forme du chlorure de diazobenzol, du chlorhydrate de nitrosodiméthylaniline et de la nitrosométhylaniline qui se précipite à l'état huileux et qu'on extrait par l'éther. L'étain et l'acide chlorhydrique réduisent à l'état de méthylaniline la dernière base nitrosée [Nölting et Byasson, *Deutsch. chem. Gesellsch.*, 1877, p. 795; — Fischer, *ibid.*, 1875, p. 1641].

Nitrosométhylaniline, $C^6H^5Az.CH^3.AzO$. — Ce composé se forme quand on ajoute à 3 p. de méthylaniline dissoute dans 4 p. d'acide chlorhydrique (densité = 1,19) et 10 p. d'eau de l'azotite de sodium en solution concentrée neutre, par petites portions, en ayant soin d'agiter fortement la liqueur après chaque addition. Si la base contient de la diméthylaniline, on arrête l'opération quand il se produit du chlorhydrate solide de nitrosodiméthylaniline, et l'on épuise la liqueur avec de l'éther. Par évaporation de l'éther et distillation du résidu avec de l'eau, on obtient le produit à l'état de pureté. C'est une huile d'un jaune clair, d'odeur aromatique [Fischer, *Liebig's Ann. Chem.*, t. CXC, p. 151].

Parabromométhylaniline,

$$C^6H^4(AzH.CH^3)_{(1)}.Br_{(4)}.$$

— Cet alcaloïde se produit par réduction de la bromonitrosométhylaniline (voyez plus bas) au moyen de l'étain et de l'acide chlorhydrique. C'est une huile qui se fige dans un mélange réfrigérant et fond à 11°. Elle bout à 259-260° [Wurster et Scheibe, *Deutsch. chem. Gesellsch.*, 1879, p. 1817].

La *bromonitrosométhylaniline*,

$$C^6H^4Br.Az.CH^3.AzO,$$

qui sert à la préparer, prend naissance, entre autres produits, quand on traite 10 grammes de diméthylaniline monobromée dissoute dans 20 gr. d'acide chlorhydrique et 60 gr. d'eau par de l'azotite de sodium. L'acide chlorhydrique la sépare d'une base nitrée formée en même temps. On peut aussi l'extraire par l'éther qui laisse cristalliser d'abord la base nitrée. Ce sont de longues aiguilles, fusibles à 74°.

Dinitrométhylaniline, $C^6H^3(AzO^2)^2.CH^3.HAz$. — On obtient une base de cette composition, et fusible à 178°, par l'action du brome sur la dinitrodiméthylaniline, fusible à 78° [Leymann, *Deutsch. chem. Gesellsch*,. 1882, p. 1233]. Cette même base, traitée de la même façon, perd à son tour son dernier groupe CH^3, et donne la bromodinitraniline, fusible à 153-154°.

Éthylaniline, $C^6H^5.AzH.C^2H^5$. — L'acide azoteux la transforme en dérivé nitrosé, d'une part (voyez plus bas), et, d'autre part, en phénol, azote et éther azoteux [Griess, *Deutsch. chem. Gesellsch.*, 1874, p. 218].

Les dérivés *chloré* et *bromé*, décrits t. II, p. 863, appartiennent à la série para.

La *nitroso-éthylaniline*, $C^6H^5(AzC^2H^5.AzO)$, est une huile jaunâtre, d'odeur d'amandes amères, qui ne bout pas sans décomposition. Elle est insoluble dans l'eau, plus lourde qu'elle, et se prépare par l'action de l'acide azoteux sur la solution chlorhydrique d'éthylaniline, et distillation avec la vapeur d'eau de l'huile produite (Griess).

Chloronitroéthylaniline,

$$C^6H^3(AzC^2H^5.H)_{(1)}.AzO^2_{(2)}.Cl_{(5)}.$$

— Cette base, formée par l'action de l'éthylamine sur la chlorodinitrobenzine correspondante, se présente en aiguilles jaune d'or, fusibles à 83-84° [Laubenheimer, *Deutsch. chem. Gesellsch.*, 1878, p. 1156].

Acétophénone-anilide,

$$C^6H^5.AzH(CH^2-CO-C^6H^5).$$

— Voyez **Phénylméthylacétone**, Suppl.

Benzylaniline, $C^6H^5.AzHC^7H^7$. — Cette base décrite, Suppl., t. II, p. 862, s'obtient aussi en traitant par le zinc en poudre et l'acide chlorhydrique la thiobenzanilide [Bernthsen et Trompetter, *Deutsch. chem. Gesellsch.*, 1878, p. 1760].

Nitrobenzylaniline, $C^6H^5.AzH(C^7H^6.AzO^2)$. — On la prépare au moyen du chlorure de nitrobenzine et de l'aniline [Strakosch, *Deutsch. chem. Gesellsch.*, 1873, p. 1062]. Ce sont des aiguilles jaune d'or, fusibles à 68°.

Isobutylaniline, $C^6H^5.AzH.C^4H^9$. — Cette base huileuse bout à 242°, possède à 15° une densité de 0,9262, se dissout dans 12500 p. d'eau et présente une odeur de géranium. Ses sels cristallisent [Gianetti, *Deutsch. chem. Gesellsch.*, 1882, p. 1759].

Hydroxéthylène-aniline,

$$C^6H^5.AzH(CH^2-CH^2.OH).$$

— Cette base se forme par l'action de l'aniline sur l'oxyde d'éthylène à 50° pendant quelques heures [Demole, *Ann. Chem. Pharm.*, t. CLXXIII, p. 127]; on peut aussi chauffer à 210-260° l'acide hydroxéthylène-paramidobenzoïque,

$$C^6H^4(CO^2H).AzH.C^2H^5O$$

[Ladenburg, *Deutsch chem. Gesellsch.*, 1873, p. 131]. C'est un liquide qui se colore à la lumière et bout à 280°. Son poids spécifique à 0° est égal à 1,110. Ses sels cristallisent mal.

Phénylaniline (*Diphénylamine*), $(C^6H^5)^2AzH$. — Cette base se forme quand on chauffe à 250-260° du phénol avec la combinaison de chlorure de zinc et d'aniline [Merz et Weith, *Deutsch. chem. Gesellsch.*, 1880, p. 1298].

Les acides hypochloreux, bromique, iodique, chlorique, vanadique, chromique, permanganique, molybdique, les persels de fer, les peroxydes d'hydrogène et de baryum colorent la diphénylamine en bleu. Les peroxydes de plomb et de manganèse donnent une teinte verdâtre, les acides arsénique et tungstique ne donnent rien [Conrad Laar, *Deutsch. chem. Gesellsch.*, 1882, p. 2086].

Son *dérivé tétrachloré*, formé par chloruration directe, fond à 133-134°, et cristallise en aiguilles. Le *dérivé tétrabromé*, formé de même, fond à 182° [Gnehm, *Deutsch. chem. Gesellsch.*, 1875, p. 1040]. En opérant en solution acétique, on peut obtenir un *dérivé hexabromé*, cristallisé en prismes, fusibles à 218° (Gnehm). Le dérivé précédent, traité par le brome et l'iode, à 240-250°, fournit une *diphénylamine octobromée*, qui cristallise en prismes et fond à 302-305°. En élevant la température à laquelle s'effectue la bromuration jusqu'à 350°, on obtient une *diphénylamine décabromée*, qui cristallise en fines aiguilles et ne fond pas encore à 310° [Gessner, *Deutsch. chem. Gesellsch.*, 1876, p. 1511].

La *dibromodiphénylamine*, $C^{12}H^8Br^2.AzH$, qu'on extrait du dérivé benzoylé correspondant, forme des prismes brillants, fusibles à 238° [Lellmann, *Deutsch. chem*, *Gesellsch.*, 1882, p. 825].

Nitrosodiphénylamine, $(C^6H^5)^2Az.AzO$. — Ce composé se prépare en ajoutant peu à peu à la solution, 4 p. de diphénylamine dans 20 p. d'alcool et 3 p. d'acide chlorhydrique (densité = 1,19), 35 p. d'azotite de sodium (à 28 °/₀ Az^2O^3) en solution dans une fois et demie son poids d'eau. Pour précipiter la base nitrosée, on refroidit fortement et on ajoute un peu d'eau. Elle forme des tables jaune pâle, à 4 pans, fusibles à 66°,5. L'acide sulfurique concentré dégage avec elle des vapeurs nitreuses. Avec l'aniline, on obtient, à chaud, de la diphénylamine, de l'amidoazobenzol et du diazoamidobenzol. Avec la toluidine à 100°, on a une réaction semblable et formation de diazoamidotoluol.

Quand on chauffe à 120-125° 1 p. de nitrosodiphénylamine, 1 p. de chorhydrate d'aniline et 20 p. d'aniline, il se forme des aiguilles plates, rouge rubis, fusibles à 236°, d'un corps $C^{36}H^{29}Az^5$. Ce composé, qui se dissout dans l'acide sulfurique concentré avec une coloration violette très intense, se forme aussi quand on chauffe à 120-125° de la diphénylamine, de l'amidoazobenzol, de l'aniline et du chlorhydrate d'aniline [Witt, *Deutsch. chem. Gesellsch.*, 1875, p. 855].

Nitrosonitrodiphénylamine,

$$C^6H^5.Az(AzO)(C^6H^4.AzO^2).$$

— Ce composé prend naissance quand on fait réagir sur la diphénylamine un mélange d'acide azotique, de nitrite d'amyle et d'alcool à chaud, jusqu'à formation de cristaux. Ceux-ci fondent à 133°,5, et se transforment par l'aniline ou la potasse alcoolique en *nitrodiphénylamine*, fusible à 132°. Cette dernière paraît identique avec celle qui est décrite t. II, p. 865. La nitrosonitrodiphénylamine, traitée par le brome, fournit deux dérivés cristallisés, fusibles l'un à 208,5-209°, l'autre à 214-215° [Witt, *Deutsch. chem. Gesellsch.*, 1878, p. 756].

Nitrosodinitrodiphénylamine,

$$C^{12}H^8(AzO^2)^2Az.AzO.$$

— Cette substance se produit par l'action de l'acide azotique et de l'azotite d'amyle sur la diphénylamine en solution acétique. Il se forme apparemment ainsi un mélange, car l'aniline ou la potasse alcoolique transforme ce composé en un mélange de deux dinitrodiphénylamines [Witt et Nietzki, *Deutsch. chem. Gesellsch.*, 1879, p. 1400].

Nitrosochloronitrodiphénylamine,

$$C^6H^5.Az(AzO).(C^6H^3Cl.AzO^2).$$

— La chloronitrodiphénylamine, mêlée à de l'acide acétique cristallisable et additionnée d'azotite de sodium jusqu'à solution de la base, fournit, par addition d'eau au liquide, des lamelles jaunes à six pans, fusibles à 110°,5 [Laubenheimer, *Deutsch. chem. Gesellsch.*, 1876, p. 772].

Nitrodiphénylamine, $C^6H^4.AzO^2_{(4)}AzH_{(1)}C^6H^5$. — Cette base, extraite de la benzoylnitrodiphénylamine, fond à 132° [Lellmann, *Deutsch. chem. Gesellsch.*, 1882, p. 825].

Dinitrodiphénylamine,

$$C^6H^3.AzO^2_{(2)}.AzO^2_{(6)}.AzH_{(1)}.C^6H^5.$$

— Ce composé, déjà décrit (t. II, p. 805), s'obtient aussi par l'action de l'aniline sur la bromodinitrobenzine ou la trinitrobenzine [Willgerodt, *Deutsch. chem. Gesellsch.*, 1876, p. 977; — Hepp, *Bull. Soc. chim.*, t. XXX, p. 5]. Suivant Willgerodt, il fond à 156-157° ; Clemm avait indiqué 153°.

Dinitrodiphénylamine. — Quand on soumet à l'action de la potasse alcoolique, ou mieux d'un mélange, par parties égales, d'alcool et d'acide chlorhydrique concentré, la nitrosodiphénylamine, il se forme, ainsi qu'il a été dit plus haut, un mélange de deux dinitrodiphénylamines [Witt et Nietzki]. On les sépare en mélangeant à son volume d'alcool leur solution saturée dans l'aniline. Il se dépose ainsi une base en mamelons rouge-cinabre, fusibles à 211°,5, et il reste en solution un isomère qu'on obtient en aiguilles jaunes à reflets bleus, fusibles à 214°.

Lellmann paraît avoir obtenu les mêmes dinitrodiphénylamines au moyen de la benzoyldiphénylamine dinitrée. Il a obtenu l'une d'elles (*orthodinitrodiphénylamine*) en cristaux rouge-cinabre, fusibles à 219-220°, l'autre en aiguilles jaunes à reflets bleus, fusibles à 216° [Lellmann, *Deutsch. chem. Gesellsch.*, 1882, p. 825].

Trinitrodiphénylamine,

$$C^6H^2(AzO^2)_{(2)}(AzO^2)_{(4)}(AzO^2)_{(6)}.AzH_{(1)}.C^6H^5.$$

— C'est le corps de Clemm, décrit t. II, p. 865. Il fond à 175° [Mertens, *Deutsch. chem. Gesellsch.*, 1878, p. 845].

Trinitrodiphénylamine,

$$C^6H^4.AzO^2_{(3)}.(AzH)_{(1)}.C^6H^3.AzO^2_{(2)}.AzO^2_{(4)}.$$

— Cette substance prend naissance par l'action de la métanitraniline sur la bromodinitrobenzine, fusible à 72° [Austen, *Deutsch. chem. Gesellsch.*, 1874, p. 1250] ; on peut aussi substituer à cette dernière la chlorodinitrobenzine correspondante en opérant à 200° en présence de magnésie [Willgerodt, *Deutsch. chem. Gesellsch.*, 1876, p. 1178]. Cette combinaison se présente en courtes aiguilles jaunes, fusibles à 189° (Austen), à 193-194° (Willgerodt).

Trinitrodiphénylamine,

$$C^6H^4.AzO^2_{(4)}.AzH_{(1)}.C^6H^3.AzO^2_{(2)}.AzO^2_{(4)}.$$

— Ce corps, obtenu comme le précédent par Austen en partant de la paranitraniline, est une poudre jaune, fusible à 181°.

Tétranitrodiphénylamine,

$$C^6H^4.AzO^2_{(3)}.AzH_{(1)}.C^6H^2.AzO^2_{(2)}.AzO^2_{(4)}.AzO^2_{(6)}.$$

— Préparée comme les deux précédentes par Austen, en partant de la métanitraniline et du chlorure de picryle, cette substance forme de petits cristaux jaune-orangé, fusibles à 205°.

Tétranitrodiphénylamine,

$$C^6H^4.AzO^2_{(4)}.AzH_{(1)}.C^6H^2.AzO^2_{(2)}.AzO^2_{(3)}.AzO^2_{(4)}.$$

— Préparation semblable à celle de la précédente en partant de la paranitraniline. Elle fond à 216° (Austen). Une *tétranitrodiphénylamine* de constitution inconnue a été encore obtenue en traitant avec précaution par l'acide azotique (3 à 5 p.) une solution chaude de nitrosodiphénylamine (1 p.) dans l'acide acétique cristallisable (10 p.). Aiguilles ou prismes jaunes fusibles à 192° et se dissolvant dans la lessive de soude chaude avec une coloration écarlate [Gnehm et Wyss, *Deutsch. chem. Gesellsch*., 1877, p. 1319].

Hexanitrodiphénylamine,

$$[C^6H^2.AzO^2_{(2)}.AzO^2_{(4)}.AzO^2_{(6)}]^2AzH_{(1)}(?).$$

— Ce sont de petits cristaux jaune clair qui fondent à 238° en se décomposant, qu'on obtient en nitrant à froid la tétranitrodiphénylamine fusible à 216° par l'acide azotique concentré, mêlé d'acide sulfurique (Austen). On peut aussi l'obtenir en nitrant avec l'acide azotique la diphénylamine ou son dérivé méthylé [Gnehm, *Deutsch. chem. Gesellsch.*, 1874, p. 1399; — Mertens, *ibid.*, 1878, p. 845]. Cette combinaison se comporte comme un acide, et ses sels sont employés comme matières colorantes [Gnehm, *Deutsch. chem. Gesellsch.*, 1876, p. 1245]. Elle se combine aussi avec deux molécules de naphtaline (Mertens).

Hexanitrodiphénylamine, $C^{12}H^4(AzO^2)^6AzH.$ — Cet isomère du composé précédent s'obtient comme lui mais en partant de la tétranitrodiphénylamine fusible à 205° (Austen). Elle se présente en petits cristaux fusibles à 261°. Si l'on ajoute de l'eau à sa solution acétique bouillante, on régénère la tétranitrodiphénylamine primitive.

Dibromodinitrodiphénylamine,

$$C^{12}H^6Br^2(AzO^2)^2.AzH.$$

— Cette base, fusible à 196°, se forme par l'action du brome sur la dinitrométhyldiphénylamine, fusible à 167° (Leymann).

Chloronitrodiphénylaniline,

$$C^6H^3.Cl.AzO^2.AzH.C^6H^5.$$

— Ce composé se forme quand on fait réagir l'aniline (3 molécules) sur la chlorodinitrobenzine, fusible à 38°,8 ; il se forme en même temps de l'amidoazobenzol que l'on enlève avec l'acide chlorhydrique. Il est insoluble dans les acides et se présente en longues aiguilles rouges, fusibles à 108°,5.

Bromodinitrophénylaniline,

$$C^6H^2.Br(AzO^2)^2.AzH.C^6H^5.$$

— Ce sont des aiguilles capillaires rouge-orangé, fusibles à 12°, que l'on obtient en chauffant avec de l'aniline la dibromodinitrobenzine, fusible à 100° [Austen, *Deutsch. chem. Gesellsch.*, 1876, p. 602].

Dinitrophénylbromaniline,

$$C^6H^3(AzO^2)^2AzH.C^6H^4Br.$$

— Longues aiguilles jaunes, fusibles à 152-153°, qui se forment par l'action à 160-170° de la bromodinitrobenzine, $C^6H^3Br_{(1)}.AzO^2_{(2)}.AzO^2_{(4)}$, sur la dibromodiphénylurée [Willgerodt, *Deutsch. chem. Gesellsch.*, 1878, p. 602].

Bromotrinitrodiphénylamine,

$$C^{12}H^6.Br.(AzO^2)^3.AzH.$$

— Ce corps se présente en houppes brunes, fusibles à 157°,5. Il se forme quand on traite par l'acide azotique fumant la bromodinitrophénylaniline décrite plus haut (Austen).

Dibromotétranitrodiphénylamine,

$$C^{12}H^4Br^2(AzO^2)^4AzH.$$

— Lamelles jaunes, fusibles à 235-242°, solubles dans les alcalis, qui prennent naissance quand on chauffe avec de l'acide azotique la méthyltribromodiphénylamine [Gnehm, *Deutsch. chem. Gesellsch.*, 1875, p. 929].

Tribromodinitrodiphénylamine,

$$C^{12}H^5.Br^3.(AzO^2)^2.AzH.$$

— Lamelles ou prismes jaunes, fusibles à 209-210°, obtenus par l'action de l'acide azotique (2 à 3 p.) sur la solution acétique bouillante de la tétrabromodiphénylamine, fusible à 182° [Gnehm et Wyss, *Deutsch. chem. Gesellsch.*, 1877, p. 1323].

III. — MONAMINES TERTIAIRES DÉRIVÉES DE L'ANILINE.

DIMÉTHYLANILINE, $C^6H^5.Az(CH^3)^2$. — Elle se forme, en même temps que la lépidine, par distillation du produit d'addition de la quinoléine et de l'iodure de méthyle avec de la potasse (Körner). Sa vapeur, décomposée dans un tube chauffé au rouge, donne du benzonitrile, de l'ammoniaque, de la benzine, de l'acide cyanhydrique et des gaz [Nietzki, *Deutsch. chem. Gesellsch.*, 1877, p. 474]. Les agents oxydants, qui donnent avec elle du violet, paraissent aussi fournir dans certains cas de l'aldéhyde formique [O. et E. Fischer, *Deutsch. chem. Gesellsch.*, 1878, p. 2099]. Le brome (1 molécule pour 1 molécule de base) la transforme à 110-120° en violet et en naphtaline [Brunner et Brandenburg, *Deutsch. chem. Gesellsch.*, 1878, p. 697]. Elle se condense avec une foule d'aldéhydes, d'acides, de corps chlorés [CCl^2XY, CCl^3X], de chlorures d'acides, etc. Dans ces réactions, il s'élimine de l'eau ou de l'acide chlorhydrique aux dépens du noyau benzénique qui se soude au carbone de l'aldéhyde, de l'acide, du chlorure employés.

En présence du chlorure de zinc et d'une aldéhyde, elle donne lieu à une élimination d'eau et à la formation de dérivés, par condensation de 2 molécules de base et 1 molécule d'aldéhyde (Fischer).

Elle se combine à la trinitrobenzine et donne de longues aiguilles d'un violet sombre [Hepp, *Bull. Soc. chim.*, t. XXX, p. 5].

La diméthylaniline réagit sur les quinones et naphtoquinones chlorées pour donner des matières colorantes [Wichelhaus, *Deutsch. chem. Gesellsch.*, 1881, p. 1952].

Chauffée pendant six à huit heures avec de l'acide sulfurique (3 à 4 p.), elle fournit de la tétraméthylbenzidine [W. Michler et Pattinson, *Deutsch. chem. Gesellsch.*, 1881, p. 2161].

La diméthylaniline traitée par le perchlorure de phosphore jusqu'à cessation de réaction donne une masse d'où l'on peut extraire du tétraméthyldiamidodiphénylméthane [Michler et Walder, *Deutsch. chem. Gesellsch.*, 1881, p. 2177].

Metabromodiméthylaniline,

$$C^6H^4.Br_{(3)}.Az_{(1)}(CH^3)^2.$$

— Cette base, préparée à l'aide de l'iodure de méthyle et de la métabromaniline, fond à 11° et bout à 259° (Wurster et Scheibe).

Parabromodiméthylaniline,

$$C^6H^4.Br_{(4)}Az_{(1)}(CH^3)^2.$$

— On la prépare comme la précédente [Wurster et A. Beran, *Deutsch. chem. Gesellsch.*, 1879, p. 1820]. Ce sont des lamelles qui fondent à 55° et bouillent à 264°. L'acide azoteux la transforme en nitrodiméthylaniline et nitrosobromométhylaniline (voyez plus haut). Avec l'acide bromhydrique à 180° elle donne de la naphtaline. Weber [*Deutsch. chem. Gesellsch.*, 1875, p. 715, et 1877, p. 763], en bromant en solution acétique la diméthylaniline, a obtenu une base monobromée qui paraîtrait devoir être identique avec la précédente. Cependant elle bouillait à 247° ($p = 722^{mm}$) et se dédoublait par l'acide chlorhydrique à 180-200° en donnant de la métabromaniline.

Iododiméthylaniline, $C^6H^4.I.Az(CH^3)^2$. — Par l'action de l'iode sur la solution sulfocarbonique de diméthylaniline [Weber, *Deutsch. chem. Gesellsch.*, 1877, p. 765] ou de l'iodure de cyanogène sur le même corps, on obtient cette base en cristaux fusibles à 79°. Une chaleur plus forte la convertit en une matière colorante violette.

Paranitrosodiméthylaniline,

$$C^6H^4.AzO_{(4)}.Az_{(1)}(CH^3)^2.$$

— Cette substance a été obtenue d'abord par l'action de la diméthylaniline sur l'azotite d'amyle [Baeyer et Caro, *Deutsch. chem. Gesellsch.*, 1874, p. 963]. Pour la préparer, on ajoute graduellement la quantité théorique d'azotite de sodium à la solution de 2 p. de diméthylaniline dans 5 p. d'acide chlorhydrique et 10 p. d'eau. Le précipité, lavé à l'eau ou à l'alcool acidulé d'acide chlorhydrique, est dissous dans l'eau. La solution, décomposée par le carbonate de potassium, cède la base libre à l'éther [Wurster, *Deutsch chem. Gesellsch.*, 1879, p. 523; — Schraube, *ibid.*, 1875, p. 620].

Meldola emploie de l'alcool (10 p.) pour étendre l'acide chlorhydrique et maintient la solution à 0°. Après la réaction, il laisse reposer une demi-heure et ajoute 1 molécule d'acide azotique étendu de son volume d'alcool et refroidi à 0°. Il se précipite ainsi l'azotate de la base [*Journ. chem. Soc.*, t. XXXIX, p. 37].

Cette base forme des feuillets verts, fusibles à 85°. Elle se volatilise difficilement avec la vapeur d'eau et se décompose, en présence des alcalis, en diméthylamine et nitrosophénol. Elle est transformée par les agents réducteurs en paradiméthylphénylène-diamine. L'acide azotique donne de la dinitrodiméthylaniline, la potasse alcoolique du tétraméthyldiamidoazoxybenzol.

Les sels cristallisent bien [Wurster et Roser, *Deutsch. chem. Gesellsch.*, 1879, p. 1825]. Elle forme avec différents composés aromatiques des produits d'addition. On obtient ainsi :

$C^6H^4.AzO.Az(CH^3)^2.C^6H^6$, en cristaux d'un vert sombre;

$2[C^6H^4.AzO.Az(CH^3)^2]C^6H^7Az$, cristaux monocliniques bleus d'acier;

$2[C^6H^4.AzO.Az(CH^3)^2]C^7H^9Az$, en gros cristaux bleus d'acier;

$2[C^6H^4.AzO.Az(CH^3)^2]C^6H^6O$, en fines aiguilles brunes.

Son chlorhydrate réagit sur les phénols dont le radical ne contient pas de méthyle, avec élimination d'une molécule d'eau et formation de bases colorantes dont les sels cristallisent (Meldola).

Paranitrodiméthylaniline,

$$C^6H^4.AzO^2_{(4)}.Az_{(1)}(CH^3)^2.$$

— On l'obtient en traitant avec précaution, par la quantité théorique d'acide azotique fumant, la diméthylaniline dissoute dans 10 à 12 fois son poids d'acide acétique cristallisable [Weber, *Deutsch. chem. Gesellsch.*, 1877, p. 761]; ou bien encore, en oxydant la nitrosodiméthylaniline par le permanganate de potassium (Wurster). Ce sont de longues aiguilles jaunes, à reflets bleus d'acier, fusibles à 162-163°, qui ne se combinent pas avec les acides et que la soude bouillante n'altère pas. On peut, suivant Leymann, l'obtenir en faisant réagir sur la triméthylaniline la paranitrochlorobenzine.

Dinitrodiméthylaniline, $C^6H^3(AzO^2)^2.Az(CH^3)^2$. — Outre la base décrite (t. II, p. 866), on en a obtenu trois autres isomères. La diméthylaniline, traitée en solution dans l'acide acétique cristallisable (6 à 7 p.), par l'acide azotique fumant, fournit une base en aiguilles jaunes, fusibles à 77° (Weber). Une seconde, peut-être identique avec la précédente et fusible à 73°,5, a été préparée par Schraube, qui a oxydé la nitrosodiméthylaniline par de l'acide azotique étendu de son volume d'eau. On peut aussi l'obtenir en faisant réagir la triméthylamine sur la chlorodinitrobenzine en solution alcoolique [Leymann, *Deutsch. chem. Gesellsch.*, 1882, p. 1233].

Enfin Mertens en a trouvé une troisième, fusible à 87°, et dédoublable par la potasse en diméthylamine et dinitrophénol, fusible à 114°, en abandonnant pendant 6 heures à lui-même un mélange de 1 p. de diméthylaniline, 11 p. d'eau et 11 p. d'acide azotique. Il se forme, dans cette opération, une petite quantité d'une *dinitrodiméthylaniline,* fusible à 240-260° en se décomposant et insoluble dans l'alcool [*Deutsch. chem. Gesellsch.*, 1877, p. 995]. Traitée par le brome en solution acétique, la dinitrodiméthylaniline se transforme en dinitrométhylaniline, fusible à 178°.

Pentanitrodiméthylaniline,

$$C^6(AzO^2)^5.Az(CH^3)^2.$$

— Cette substance se présente en cristaux fusibles à 127°, et prend naissance par l'action de l'acide azotique fumant sur la diméthylamidophényl-sulfone ou la naphtyldiméthylamidophénylsulfone. Elle déflagre faiblement quand on la chauffe sur une lame de platine [Michler et Meyer, [*Deutsch. chem. Gesellsch.*, 1879, p. 1792; — Michler et Salathé, *ibid.*, p. 1790].

Chlorodiéthylaniline. — Cette substance, décrite (t. II, p. 866), est la parachlorophényldiéthylamine.

Nitrosodiéthylaniline, $C^6H^4.AzO.Az(C^2H^5)^2$. — Ce sont de grands prismes verts, fusibles à 84°, que la soude caustique dédouble en diéthylamine et nitrosophénol. On la prépare par un procédé analogue à celui qu'on suit pour obtenir la nitrosodiméthylaniline [Kopp, *Deutsch. chem. Gesellsch.*, 1875, p. 621].

Méthylamylaniline. — Cette base, déjà décrite (t. II, p. 867), se forme quand on fait réagir le bromure d'amyle (isoamyle (?)) à 150° sur la diméthylaniline. Il se forme en même temps du bromure de triméthylphénylammonium (Claus et Rautenberg); à 200°, on obtient de l'amylène et les sels de plusieurs bases.

Tétrachlorométhyldiphénylamine,

$$C^{12}H^6Cl^4.Az.CH^3.$$

— Cette base cristallise en prismes fusibles à 96-97°, et se forme par l'action du chlore sur la solution acétique de méthyldiphénylamine [Gnehm, *Deutsch. chem. Gesellsch.*, 1875, p. 1040].

Tribromométhyldiphénylamine,

$$C^{12}H^7Br^3Az.CH^3.$$

— Cette base se forme par l'action du brome sur la solution acétique de méthyldiphénylamine, indépendamment de la tétrabromométhyldiphénylamine et de la tétrabromodiphénylamine. L'alcool bouillant extrait du produit de la réaction, d'abord le dérivé tribromé, puis le dérivé tétrabromé. La tétrabromodiphénylamine reste insoluble. La tribromométhyldiphénylamine forme des aiguilles fusibles à 98° (Gnehm).

Tétrabromométhyldiphénylamine,

$$C^{12}H^6Br^4.Az.CH^3.$$

— Ce corps, formé en même temps que le précédent, se présente en prismes fusibles à 129°.

Éthyldiphénylamine, $(C^6H^5)^2AzC^2H^5$. — Cette base, formée par l'action réciproque de la diphénylamine, de l'acide chlorhydrique et de l'alcool, est un liquide qui bout à 295-297° [Ch. Girard, *Bull. Soc. chim.*, t. XXIII, p. 3].

Amyldiphénylamine, $(C^6H^5)^2Az.C^5H^{11}$. — C'est un liquide bouillant à 330-340°, se colorant en bleu d'ardoise avec l'acide azotique, préparé comme le précédent (Girard).

Méthyldiphénylamine, $(C^6H^5)^2Az(CH^3)$. — Cette base donne, avec le chlorure de carbonyle, un acide, $Az(CH^3)(C^6H^5)(C^6H^4\text{-}CO^2H)$, fusible à 184°, que l'acide chlorhydrique dédouble à 200°, en diphénylamine, acide carbonique et chlorure de méthyle [Michler et Sarauw, *Deutsch. chem. Gesellsch.*, 1881, p. 2180].

Dinitrométhyldiphénylamine,

$$C^{12}H^8(AzO^2)^2.Az.CH^3.$$

— Cette base, cristallisée en aiguilles jaune d'or, fusibles à 167°, se forme par la réaction de la méthyl- ou de la diméthylaniline sur l'α-dinitrochlorobenzine en présence de chlorure de zinc (Leymann).

Méthylacétophénonanilide,

$$C^6H^5.Az(CH^3)(CH^2\text{-}CO\text{-}C^6H^5).$$

— Elle prend naissance par l'action du bromure, $C^6H^5.CO\text{-}CH^2Br$, sur la diméthylaniline, en même temps qu'il se forme du bromure de triméthylphénylammonium. Elle se présente en cristaux, fusibles à 119-120°. Les iodures alcooliques la transforment déjà, à 70°, en iodacétylbenzine et iodures d'ammonium. Les bromures ne réagissent pas même à 100° (Staedel et Supermann).

Benzyldiphénylamine, $(C^6H^5)^2AzC^7H^7$. — Ce sont de longues aiguilles, fusibles à 86,5-87°, que l'on prépare par réduction avec la poudre de zinc et l'acide chlorhydrique de la sulfobenzodiphénylamide, $C^6H^5\text{-}CS\text{-}Az(C^6H^5)^2$. Les agents oxydants (acide arsénique) la transforment en une matière colorante verte (viridine) [Willm et Girard; — Bernthsen et Trompetter, *Deutsch. chem. Gesellsch.*, 1878, p. 1761].

Triphénylamine, $(C^6H^5)^3Az$. — Elle est en cristaux orthorhombiques [Arzruni, *Jahresb. Chem.*, 1877, p. 481]. Traitée par le chlore jusqu'à cessation de réaction, et enfin par le chlorure d'iode à 350°, elle donne de la *perchlorotriphénylamine*, $(C^6Cl^5)^3.Az$, en courtes aiguilles lourdes, infusibles à 270° [Ruoff, *Deutsch. chem. Gesellsch.*, 1876, p. 1494].

Éthylidène-phénylamine. — Le sulfite de cette base, $SO^3H.AzH.C^6H^5.(CH\text{-}CH^3)$, se prépare en mêlant du sulfite d'aniline avec une solution éthérée d'aldéhyde [Schiff, *Ann. Chem. Pharm.*, t. CXL, p. 127]. Ce sont de petits prismes insolubles dans l'éther, peu solubles dans l'eau, que la chaleur décompose en eau, anhydride sulfureux et diéthylidène-diphényldiamine.

On obtient, avec l'œnanthol, une combinaison analogue, mais qui est le sulfite neutre.

Amylidène-aniline, $C^6H^5.AzC^5H^{10}$. — Cette base, produite par l'action à froid de l'aniline sur le valéral, se présente en cristaux prismatiques, qui fondent à 97°, en se décomposant. L'eau et les acides la dédoublent [Lippmann et W. Strecker, *Deutsch. chem. Gesellsch.*, 1879, p. 74].

Acide anilogylyoxylique, $C^6H^5.Az(CH\text{-}CO^2H)$. — L'aniline réagit vivement sur l'acide glyoxylique en donnant naissance à ce corps, dont le sel de baryum est jaune et très soluble dans l'eau [Böttinger, *Liebig's Ann., Chem.*, t. CXCVIII, p. 222]. Son sel d'aniline, longtemps bouilli avec l'eau, donne une poudre rouge qui est l'anhydride de cet acide.

Isopropylidène-aniline, $C^6H^5.Az[C=(CH^3)^2]$. — Cette base se forme quand on mélange des quantités équivalentes d'aniline et d'acétone avec de l'anhydride phosphorique, en ayant soin de refroidir. On chauffe ensuite deux jours à 180° [Engler et Heine, *Deutsch. chem. Gesellsch.*, 1873, p. 642]. On peut aussi chauffer à 180° l'acétone avec du chlorhydrate d'aniline; dans ce cas, il se forme en outre d'autres bases à points d'ébullition élevés [Pauly, *Liebig's Ann. Chem.*, t. CLXXXVII, p. 222]. C'est un liquide qui bout à 200-220°.

La diphénylamine donne, en solution alcoolique avec l'acroléine, un précipité rouge représenté par la formule $(C^{12}H^{10}Az)^2C^3H^4$. Cette base amorphe donne avec le brome un produit d'addition également amorphe [A. Leeds, *Deutsch. chem. Gesellsch.*, 1882, p. 1158].

L'aniline se condense aussi avec beaucoup d'aldéhydes; en particulier avec les suivantes :

$$C^6H^3(OH)(OCH^3).CHO \text{ et } C^6H^4.AzO^2_{(1)}.CHO_{(4)}$$

en donnant des produits cristallisés et fusibles : le premier à 59°, le second à 93° [Ferd. Tiemann et Max Müller, *Deutsch. chem. Gesellsch.*, 1881, p. 1902; — Otto Fischer, *ibid.*, 1881, p. 2526]. Elle s'unit de même avec facilité à 120° (avec explosion si l'on chauffe brusquement) au glycide chlorhydrique, en donnant naissance au chlorhydrate d'une base que le chloranile oxyde avec production de matières colorantes violettes [J. von Harmann, *Deutsch. chem. Gesellsch.*, 1882, p. 1541].

IV. — PHÉNYLAMMONIUMS.

TRIMÉTHYLPHÉNYLAMMONIUM (IODURE DE). — Il se dédouble par une longue ébullition avec la potasse concentrée en diméthylaniline, alcool méthylique et acide iodhydrique [Claus et Rautenberg, *Deutsch. chem. Gesellsch.*, 1881, p. 621].

Métabromotriméthylphénylammonium (Iodure de), $C^6H^4.Br_{(3)}[Az_{(1)}(CH^3)^3I]$. — Il forme des lamelles fusibles et se décompose à 201°. Il prend naissance par l'action réciproque de l'iodure de méthyle, de la potasse et de métabromaniline (Wurster et Scheibe).

Parabromotriméthylphénylammonium (Iodure de), $C^6H^4Br_{(4)}[Az_{(1)}(CH^3)^3I]$. — Ce sont des cristaux qui fondent à 185°, en se décomposant, et qui se forment d'une façon semblable au précédent composé (Wurster et Beran).

Hydrate de diméthylbenzylphénylammonium, $Az(CH^3)^2(C^7H^7)(C^6H^5)OH$. — Il se forme quand on traite par la baryte caustique le sulfate, qui lui-même se prépare par double décomposition, au moyen du chlorure. Ce dernier s'obtient par l'union du chlorure de benzyle et de la diméthylaniline. L'hydrate est sirupeux et très alcalin. Le chlorure, chauffé à 220-230°, se transforme en chlorhydrate de bases tertiaires [Michler et Gradmann, *Deutsch. chem. Gesellsch.*, 1877, p. 2079].

TRIÉTHYLPHÉNYLAMMONIUM. — Son iodure est décomposé par la potasse en solution concentrée bouillante, en diéthylamine, alcool éthylique et acide iodhydrique, mais bien plus difficilement que le dérivé méthylé (Claus et Rautenberg).

V. — DIAMINES ET TRIAMINES DÉRIVÉES DE L'ANILINE.

ÉTHYLÈNE-DIPHÉNYLDIAMINE, $C^2H^4(AzH.C^6H^5)^2$. — On purifie avec avantage la base en faisant cristalliser dans l'alcool à 40-45 °/₀ le résidu du produit de la réaction lavé à l'eau [Morley, *Deutsch. chem. Gesellsch.*, 1879, p. 1794]. On peut aussi précipiter par l'alcool la solution acétique de la base [Gretillat, *Jahresb. Chem.*, 1873, p. 698].

Dinitrosoéthylène-diphényldiamine,

$$C^2H^4[Az.AzO.C^6H^5]^2.$$

— Lamelles fusibles à 157° qu'on prépare par l'action de l'azotite de sodium sur la solution chlorhydrique de la base précédente (Morley).

Dinitrosodiéthylène-diphényldiamine,

$$(C^2H^4)^2(Az.C^6H^4.AzO)^2.$$

— Courtes aiguilles noires qui se forment par l'action de l'azotite de sodium sur la solution chlorhydrique de la base et précipitation du liquide formé, après une demi-heure, par le carbonate d'ammonium (Morley).

MÉTHÉNYLDIPHÉNYLAMIDINE [Syn. *Méthényldiphényldiamine*] [voyez t. II, p. 371],

$$CH(Az.C^6H^5)(AzH.C^6H^5).$$

— Cette base se forme quand on fait bouillir avec de l'aniline le benzonitrile ou encore l'acide formique [Weith, *Deutsch. chem. Gesellsch.*, 1876, p. 454]. On l'obtient en longues aiguilles, fusibles à 135-136°. Elle distille en grande partie sans décomposition et se dédouble quand on la chauffe dans un courant d'acide sulfhydrique à 140-150° en aniline et thioformanilide [Bernthsen, *Liebig's Ann. Chem.*, t. CXCII, p. 35].

On peut aussi traiter la formanilide à 100° par l'acide chlorhydrique gazeux [Wallach, *Deutsch. chem. Gesellsch.*, 1882, p. 208], ou par l'éther chlorocarbonique [Lellmann, *Deutsch. chem. Gesellsch.*, 1881, p. 2512].

OXYPROPYLÈNE-DIPHÉNYLDIAMINE,

$$CH.OH < \begin{matrix} CH^2.AzH.C^6H^5 \\ CH^2.AzH.C^6H^5 \end{matrix}$$

— On obtient cette base, qui cristallise en longues aiguilles, en chauffant pendant 16 à 20 heures, à 120-130°, 1 molécule de dichorhydrine et 4 molécules d'aniline [Claus, *Deutsch. chem. Gesellsch.*, 1875, p. 243]. Les acides étendus la dédoublent en mettant en liberté de l'aniline. En chauffant à 200° le mélange d'aniline et de dichlorhydrine, il se forme, entre autres produits, une diamine [H. Schiff, *Liebig's Ann. Chem.*, t. CLXXVII, p. 227].

ÉTHÉNYLPHÉNYLAMIDINE,

$$CH^3-C.(AzC^6H^5).(AzH^2).$$

Cette base liquide, qui ne bout pas sans se décomposer, se forme par l'action du chlorhydrate d'aniline sur l'acétonitrile à 170° [Bernthsen, *Liebig's Ann. Chem.*, t. CLXXXIV, p. 358]. Ses sels cristallisent et se décomposent aisément.

Éthényldiphénylamidine,

$$CH^3-C.(AzC^6H^5)(AzHC^6H^5).$$

Cette base, décrite t. II, p. 870, peut s'obtenir en chauffant à 230-240° de l'acétonitrile et du chlorhydrate d'aniline (Bernthsen), ou bien de l'éthylisothioacétanilide avec du chlorhydrate d'aniline suivant l'équation

$$CH^3-C(AzC^6H^5).SC^2H^5 + AzH^2.C^6H^5 = C^2H^5SH + CH^3-C.Az^2H(C^6H^5)^2$$

[Wallach et Bleibtreu, *Deutsch. chem. Gesellsch.*, 1879, p. 1063]. On peut encore traiter à 100° l'acétanilide par le gaz chlorhydrique ; dans cette réaction, la base se forme en grande abondance (Wallach).

Dibromethenyldiphénylamidine,

$$CH^3-C.Az^2_{(1)}H(C^6H^4Br)^2_{(4)}.$$

— Cette base, dont les sels cristallisent, a été préparée par l'action du trichlorure de phosphore sur un mélange de parabromaniline et d'acide acétique [*Deutsch. chem. Gesellsch.*, 1880, p. 233].

Dinitroéthényldiphénylamidine,

$$CH^3-C.Az^2_{(1)}H.[C^6H^4(AzO^2)_{(4)}]^2.$$

— En dissolvant dans l'acide azotique fumant l'amidine non nitrée et précipitant la solution par l'eau, on obtient cette combinaison, sous forme d'une poudre qui se décompose à 182° sans poudre. Les acides la dédoublent avec formation de paranitraniline [Biedermann, *Deutsch. chem. Gesellsch.*, 1874, p. 540].

Éthénylisodiphénylamidine,

$$CH^3-C.(AzH)Az(C^6H^5)^2.$$

— On prépare cette substance par l'action de l'acétonitrile sur le chlorhydrate de diphénylamine à 140-150° (Bernthsen). C'est une base forte, dont les sels cristallisent, et qui se présente en cristaux clinorhombiques, fusibles à 62-63°. Son chlorhydrate, chauffé à 230-250°, donne une base, $C^{14}H^{11}Az$, et du chlorhydrate d'ammoniaque [Bernthsen, *Deutsch. chem. Gesellsch.*, 1882, p. 3013].

BENZÉNYLDIPHÉNYLAMIDINE,

$$C^6H^5-C.AzC^6H^5.AzHC^6H^5.$$

— On peut l'obtenir en traitant le phénylchloroforme par l'aniline [Dœbner, *Deutsch. chem. Gesellsch.*, 1882, p. 233].

Acétylène-triphényltriamine,

$$C^2H^2.Az^3(C^6H^5)^3H^2 = \begin{matrix} HC \\ \vert \\ HC \end{matrix} \begin{matrix} \diagup Az\,H\,C^6H^5 \\ \rangle Az\,C^6H^5 \\ \diagdown Az\,H\,C^6H^5 \end{matrix}$$

— Sabanejeff a obtenu cette base en ajoutant à une solution de tétrabromure, d'acétylène dans l'aniline, de la potasse alcoolique goutte à goutte. La base reste insoluble après distillation de l'alcool et lavage à l'eau du résidu. Elle forme des aiguilles fusibles à 190° [*Liebig's Ann. Chem.*, t. CLXXVIII, p. 125]. Les chloroplatinate et chloromercurate sont amorphes.

VI. — PHÉNYLTÉTRAMINES.

En faisant réagir sur les méta et paranitranilines l'iodure de cyanogène, Hübner a obtenu des composés qu'il a nommés *carbonitrotétraimidobenzols,* et auxquels il assigne les constitutions

$$C\,(Az\,H_{(1)}\,C^6H^4.Az\,O^2_{(3)})^4$$

et $$C\,(Az\,H_{(1)}.C^6H^4.Az\,O^2_{(4)})^4.$$

Le dérivé méta est un précipité vert, fusible à 286°. Le dérivé para forme de petits cristaux rouges, qui ne fondent qu'au-dessus de 300°. Ces composés, chauffés avec de la soude à 100°, donnent des sels bruns et jaunes, insolubles dans l'eau.

Diacétylène-tétraphényltétramine,

$$(C^2H^2)^2\,(Az\,C^6H^5)^4.$$

— Schiff a obtenu cette combinaison à l'état cristallisé, en mêlant des solutions alcooliques de glyoxal et d'aniline [*Deutsch. chem. Gesellsch.*, 1878, p. 831]. Une fusion prolongée la transforme en une combinaison isomère, d'un rouge sombre. L'acide azotique la convertit en dérivés nitrés.

VII. — DÉRIVÉS DIAZOIQUES DE L'ANILINE.

Sulfite de diazobenzol et de potassium,

$$C^6H^5.Az^2.SO^3K.$$

— Ce sel se présente en cristaux jaunes, qui déflagrent vivement quand on les chauffe. Il se forme, quand on précipite au moyen de la potasse caustique, une solution de sulfite de potassium légèrement alcaline et additionnée, à froid, de nitrate de diazobenzol [E. Fischer, *Liebig's Ann. Chem.* t. CXC, p. 73].

Le *phénylsulfinate de diazobenzol,*

$$C^6H^5.SO^2.Az^2C^6H^5,$$

se présente en tables rhombiques, jaune-rougeâtre, qui fondent en se décomposant à 75-76°, insolubles dans l'eau. Il se forme par double décomposition ou par oxydation de la phénylbenzolsulfazide, $C^6H^5(Az\,H)^2SO^2.C^6H^5$ [Königs, *Deutsch. chem. Gesellsch.*, 1877, p. 1532].

Cyanure de parabromodiazobenzol,

$$C^6H^4Br.Az^2.CAz.HCAz.$$

— C'est un corps rouge-brun, cristallisé, fusible à 127°,5, qui prend naissance par double décomposition [Gabriel, *Deutsch. chem. Gesellsch.*, 1879, p. 1638].

Diazoamidobenzol, $C^6H^5.Az^2.Az\,H\,C^6H^5$. — On le prépare avantageusement, suivant Meyer et Ambühl [*Deutsch. chem. Gesellsch.*, 1875, p. 1074], en ajoutant à 2 molécules d'aniline dissoutes dans de l'éther, juste 1 molécule d'azotite d'amyle et laissant le liquide s'évaporer dans un cristallisoir au-dessus d'acide sulfurique.

Diazobenzoldiméthylamine,

$$C^6H^5.Az^2.Az\,(C\,H^3)^2.$$

— Quand on mélange de la diméthylamine aqueuse avec du nitrate de diazobenzol, ce corps se précipite sous forme d'une huile légèrement jaunâtre dont on peut distiller de petites quantités, tandis qu'on détermine des explosions en opérant avec des quantités un peu fortes. Insoluble dans l'eau et les alcalis, cette combinaison se dissout aisément dans les acides, avec lesquels elle donne des sels très peu stables qui se décomposent à froid avec formation de phénol, d'azote et de sels de diméthylamine; avec le chlorhydrate d'aniline, elle se décompose suivant l'équation

$$C^6H^5.Az^2.Az\,(C\,H^3)^2 + C^6H^5.Az\,H^2.H\,Cl$$
$$= C^6H^5.Az^2.C^6H^4Az\,H^2 + Az\,H\,(C\,H^3)^2H\,Cl$$

[Baeyer et Jäger, *Deutsch. chem. Gesellsch.*, 1875, p. 148].

Diazobenzoléthylazide, $C^6H^5.Az^2.Az^2H^2C^2H^5$ [voyez Suppl., p. 923].

Azylines. — En faisant passer pendant quatorze jours du bioxyde d'azote dans la diméthylaniline en solution alcoolique, on obtient des aiguilles rouge-cinabre, fusibles à 266°, de diméthylaniline-azyline

$$\begin{matrix} C^6H^3 = Az\text{-}Az = C^6H^3 \\ \vert \qquad\qquad\qquad \vert \\ Az(C\,H^3)^2 \qquad Az(C\,H^3)^2. \end{matrix}$$

Avec la diéthylaniline, on obtient de même des aiguilles rouges, déliquescentes dans le chloroforme et fusibles à 170°. Avec la dipropylaniline, on a de gros cristaux, fusibles à 90°. Avec la dibutylaniline, des aiguilles fusibles à 158°. Avec la diamylaniline, des aiguilles fusibles à 115° [Lippmann et Fleissner, *Deutsch. chem. Gesellsch.*, 1882, p. 2139]. E. Demarçay.

PHÉNYLANTHRACÈNE,

$$C^{20}H^{14} = C^6H^4 \begin{matrix} \diagup C\text{-}C^6H^5 \diagdown \\ \vert \\ \diagdown CH \diagup \end{matrix} C^6H^4$$

— Ce carbure se forme par la réduction du phénylanthranol ou moyen de la poudre de zinc. Il cristallise en lamelles fusibles à 153-154°. Avec l'acide picrique, il donne une combinaison qui est en cristaux rouges. Ce carbure se transforme par oxydation en phényloxanthranol [Baeyer, *Lieb. Ann.*, t. CCII, p. 36].

Le phénylanthracène prend également naissance lorsqu'on distille la céruléine avec de la poudre de zinc [Buchka, *Liebig's Ann.*, t. CCIX, p. 249].

Dihydrure de phénylanthracène, $C^{20}H^{16}$. — Ce corps se forme lorsqu'on réduit le phénylanthranol, ou le phényloxanthranol par l'acide iodhydrique. Il prend aussi naissance dans l'action de l'acide iodhydrique sur l'acide triphénylméthane-carbonique. C'est une masse cristalline fusible à 120°,5, et qui peut être distillée (Baeyer).

PHÉNYLANTHRANOL. — Voyez PHTALÉINES, Suppl.

PHÉNYLBENZOÏQUE (ACIDE). — Voyez DIPHÉNYLÈNE-ACÉTONE, t. II, p. 795.

PHÉNYLBUTYLE, $C^{10}H^{14}$. — Il existe trois carbures qui résultent de l'introduction du groupe butyle dans la benzine. Ce sont :

1° *Phénylbutyle normal,*

$$C^6H^5\text{-}CH^2\text{-}CH^2\text{-}CH^2\text{-}CH^3.$$

— Ce carbure a été préparé en chauffant un mélange de bromure de benzyle et de bromure de propyle normal avec du sodium. C'est un liquide incolore, qui bout à 180° et possède une densité de 0,8622 à 16°. Avec le brome il donne un bromure qui se décompose à la distillation en deux corps, dont l'un est un phénylbutylène [Radziszewski, *Deutsch. chem. Gesellsch.*, 1876, p. 260].

2° *α-phényle-isobutyle,*

$$C^6H^5\text{-}CH^2\text{-}CH{=}(CH^3)^2.$$

— On l'obtient en traitant par le sodium un mélange de benzine bromée et de bromure d'isobutyle. Il bout à 167°,5 et possède une densité de 0,89 à 15° (Radziszewski).

Il prend également naissance dans l'action du sodium sur un mélange de chlorure de benzyle et d'iodure d'isopropyle, en même temps que le diisopropyle et le dibenzyle [Köhler et Aronheim, *Deutsch. chem. Gesellsch.*, 1875, p. 502].

3° *β-phénylisobutyle,*

$$C^6H^5\text{-}CH{<}{CH^3 \atop CH^2\text{-}CH^3}.$$

— On l'obtient en traitant le phénylbrométhane, $C^6H^5\text{-}CHBr\text{-}CH^3$, en solution éthérée par le zinc-éthyle. C'est un liquide incolore, bouillant à 170-172°, d'une densité de 0,8726 à 16°, densité de vapeur = 4,80 (Radziszewski).

PHÉNYLBUTYLÈNE [Syn. *Benzylallyle*]. Voyez t. II, p. 880. — D'après A. Aronheim, le dérivé dibromé qu'il a préparé donne, par oxydation au moyen de l'acide nitrique, l'acide phénylbromopropionique [*Liebigs Ann.*, t. CLXXI, p. 219].

Radziszewski a obtenu un isomère du carbure de Aronheim, en distillant le dérivé bromé du phényle-butyle normal. Ce carbure bout à 86°; il possède la densité de vapeur 4,54. Avec le brome, il donne un dérivé *dibromé*, $C^6H^5\text{-}C^4H^7Br^2$, qui est en aiguilles blanches, fusibles à 70-71°. Chauffé avec de la chaux, ce bromure donne de la naphtaline. Radziszewski appelle son carbure le carbure normal, et lui attribue la constitution $C^6H^5\text{-}CH{=}CH\text{-}CH^2\text{-}CH^3$ ou

$$C^6H^5\text{-}CH^2\text{-}CH{=}CH\text{-}CH^3,$$

tandis que celui de Aronheim serait

$$C^6H^5\text{-}CH^2\text{-}CH^2\text{-}CH{=}CH^2.$$

Aronheim propose la formule suivante pour son carbure, $C^6H^5\text{-}CH^2\text{-}CH{=}CH\text{-}CH^3$ [Radziszewski, *Deutsch. chem. Gesellsch.*, 1876, p. 260].

M. Wassermann.

PHÉNYLBUTYLGLYCOL,

$$C^6H^5\text{-}CH.OH\text{-}C^2H^4\text{-}CH^2OH$$

[Burcker, *Compt. rend.*, t. XCIV, p. 220]. — Ce corps prend naissance par l'action de l'amalgame de sodium sur l'aldéhyde benzoylpropionique,

$$C^6H^5\text{-}CO\text{-}C^2H^4\text{-}CHO,$$

en solution alcoolique faible. Purifié par des dissolutions successives dans l'alcool et le chloroforme, il se présente sous la forme d'un sirop légèrement jaunâtre, bouillant vers 200°. Il est très soluble dans l'alcool, l'éther, le chloroforme, la benzine, le chlorure d'acétyle, à peine soluble dans l'eau bouillante.

Oxydé par l'acide chromique, il régénère l'aldéhyde qui lui a donné naissance.

La *diacétine,*

$$C^6H^5\text{-}CH.OC^2H^3O\text{-}C^2H^4\text{-}CH^2.OC^2H^3O,$$

est un liquide jaunâtre, sirupeux, qui, séché à l'étuve, se prend en paillettes jaunes, amorphes.

PHÉNYLBUTYRIQUE (ACIDE),

$$C^{10}H^{12}O^2 = {C^6H^5\text{-}CH^2 \atop CH^3}{>}CH\text{-}CO^2H.$$

— On l'obtient par réduction de l'acide phénylcrotonique au moyen de l'amalgame de sodium en solution aqueuse. Il bout à 272° et fond à 37°. Son *éther benzylique,*

$${C^6H^5\text{-}CH^2 \atop CH^3}{>}CH\text{-}CO^2.C^7H^7,$$

se forme lorsqu'on chauffe le propionate de benzyle à 130° avec du sodium. Il bout à 320-325°, et possède la densité 1,044 à 16°,5 [Conrad et Hodgkinson, *Liebig's Ann. Chem.*, t. CXCI, p. 298; t. CCIV, p. 177].

L'*acide phénylamido-α-butyrique,*

$$CH^3\text{-}CH^2\text{-}CH(AzH.C^6H^5)\text{-}CO^2H,$$

se forme lorsqu'on traite l'acide α-bromobutyrique (1 molécule) par une solution éthérée de 2 molécules d'aniline. On chasse l'éther, et, après avoir maintenu le résidu à 108° pendant quelques heures, on l'épuise par l'eau chaude. Celle-ci fournit, par le refroidissement, des cristaux peu solubles de l'acide. Ces cristaux réduisent le nitrate d'argent.

Le *chlorhydrate* est cristallin [Duvillier, *Ann. Chim. Phys.*, [5], t. XX, p. 185].

L'éther β-chlorobutyrique, chauffé avec 3-4 molécules d'aniline au réfrigérant à reflux pendant 6 à 8 heures, fournit un produit qui, après avoir été épuisé par l'éther et l'eau chaude, et finalement soumis à une cristallisation dans l'alcool, se présente en lamelles brillantes. Ces lamelles donnent un *chlorhydrate* de la formule

$$CH^3\text{-}CH(AzH.C^6H^5.HCl)\text{-}CH^2\text{-}CO.AzH.C^6H^5$$

de *β-phénylamidobutyranilide,* fusibles à 207°.

La partie du produit de la réaction, qui est soluble dans l'éther, donne, avec l'acide oxalique, l'*oxalate de β-butyranilbétaïne,*

$$CH^3\text{-}CH{<}{AzH^2(C^6H^5) \atop CH^2\text{-}CO}{>}O, C^2H^2O^4,$$

qui fond à 137-139°. La baryte hydratée en sépare la base, et en même temps il se forme le *sel barytique* d'un acide isomérique avec la bétaïne, l'*acide anilobutyrique*. Celui-ci cristallise en aiguilles groupées en étoiles, fusibles à 127-128°, solubles dans l'alcool et l'éther, peu solubles dans l'eau [Dalbiano, *Gazz. chim. ital.*, t. X, p. 137].

M. Wassermann.

PHÉNYLBUTYROLACTONE,

$$C^{10}H^{10}O^2 = {CH^2\text{-}CH\text{-}C^6H^5 \atop | \quad\quad \atop CH^2\text{-}CO}{>}O$$

— Fittig avait obtenu ce corps au moyen de l'acide isophénylcrotonique, mais sans le décrire [*Liebig's Ann. Chem.*, t. CCVIII, p. 121].

V. Pechmann l'a obtenu en traitant par l'amalgame de sodium une solution d'acide benzoylpropionique dans la soude étendue. On acidule le produit de la réaction, on agite l'huile déposée avec l'ammoniaque, puis on la sèche en solution éthérée sur du chlorure de calcium. On chasse l'éther et on distille l'huile. Celle-ci passe entre 305 et 320° et se prend dans un mélange réfrigérant en une masse cristalline fusible à 34-35°, soluble dans l'alcool, l'éther, la benzine et l'acide acétique glacial. L'acide sulfurique dissout ce corps, et l'eau sépare de cette solution des flocons d'un acide non étudié [*Deutsch. chem. Gesellsch.*, 1882, p. 890].

PHÉNYLCARBOSTYRYLE, $C^9H^6AzOC^6H^5$. — Ce corps se forme lorsqu'on chauffe du phénol sodique avec de la quinoléine chlorée, dissoute dans un excès de phénol. Après cristallisation dans l'alcool, il est en lamelles brillantes, fusibles à 68-69°, qui peuvent être sublimées et se dissolvent dans les dissolvants ordinaires [Friedländer et Ostermaier, *Deutsch. chem. Gesellsch.*, 1882, p. 336].

PHÉNYLCRÉSYLACÉTONES [Syn. *Crésylphénylacétones, Benzoyl-crésyles*]. Voyez Suppl., p. 339. — On en a préparé trois :

I. *Orthophénylcrésylacétone,*

$$C^{14}H^{12}O = C^6H^5\text{-}CO_{(2)}\text{-}C^6H^4\text{-}CH^3_{(1)}.$$

— Ce composé se forme lorsqu'on traite la benzine par le chlorure d'orthotoluyle, $CH^3\text{-}C^6H^4\text{-}COCl$, en présence de chlorure d'aluminium.

Elle bout à 306-307°, et perd de l'eau par ébullition prolongée, pour se transformer en un carbure et en anthraquinone [Friedel, Crafts et Ador, *Compt. rend.*, t. LXXXVIII, p. 880].

II. *Métaphénylcrésylacétone,*

$$C^6H^5\text{-}CO_{(3)}\text{-}C^6H^4\text{-}CH^3_{(1)}.$$

— Cette acétone est sans doute l'acétone liquide que l'on obtient dans la préparation de l'acétone paraphénylcrésylique, d'après Friedel, Crafts et Ador. On l'obtient aussi en traitant le chlorure de métatoluyle par la benzine et le chlorure d'aluminium. Elle bout à 305-310° et donne avec l'acide iodhydrique à un carbure qui bout à 269° [Friedel, Crafts et Ador, *loc. cit.*; — Ador et Rilliet, *Deutsch. chem. Gesellsch.*, 1879, p. 2298].

III. *Paraphénylcrésylacétone,*

$$C^6H^5\text{-}CO_{(4)}\text{-}C^6H^4\text{-}CH^3.$$

— On obtient ce composé :

1° Par l'action du chlorure de benzoyle sur le toluène en présence de chlorure d'aluminium (Friedel, Crafts et Ador) ;

2° Par l'action du chlorure d'aluminium sur un mélange de chlorure de paratoluyle et de benzine (Ador et Rilliet) ;

3° Par l'action de l'anhydride phosphorique sur un mélange de toluène et d'acide benzoïque à 180-200° [Merz et Kollarits, *Deutsch. chem. Gesellsch.*, 1873, p. 538]. Dans ces conditions, on obtient une modification solide et un liquide ;

4° Par oxydation du benzyltoluène, en même temps que l'acide β-benzoylbenzoïque. On obtient ici également les deux modifications [Plascuda et Zincke, *Deutsch. chem. Gesellsch.*, 1873, p. 908] ;

5° Par distillation d'un mélange de benzoate et de para-toluate de calcium [Radziszewski, *Deutsch. chem. Gesellsch.*, 1873, p. 810].

La paraphénylcrésylacétone solide, séparée de la modification liquide par distillation fractionnée est dimorphe ; elle cristallise en cristaux hexagonaux et clinorhombiques [Bodewig, *Poggend. Ann.*, t. CLVIII, p. 232].

Elle fond à 56-57°, et bout à 313-314°. La modification liquide bout à 315-316°.

L'acétone liquide, en passant sur de l'oxyde de plomb, fournit de l'anthraquinone [Behr et Van Dorp, *Deutsch. chem. Gesellsch.*, 1873, p. 754].

Par oxydation, elle donne les acides β-benzoylbenzoïque et paratoluique ; distillée avec de la chaux sodée, elle fournit de l'acide paratoluique (Kollarits et Merz). Traitée par le chlore, elle fournit des dérivés chlorés (voyez Suppl., p. 339). En dehors des trois dérivés chlorés décrits à l'article BENZOYLE-CRÉSYLE, il existe un chlorure de la formule $C^6H^5\text{-}CCl^2\text{-}C^6H^4\text{-}CCl^3$ qui se forme lorsqu'on fait réagir le perchlorure de phosphore sur le *trichlorure de parabenzoylebenzényle*, $C^6H^5\text{-}CO\text{-}C^6H^4\text{-}CCl^3$. Il cristallise en lamelles fusibles à 79-80°, solubles dans l'acide acétique et le sulfure de carbone. A l'ébullition avec un alcali ou avec l'acide nitrique, il donne l'acide β-benzoyl-benzoïque [Thörner, *Deutsch. chem. Gesellsch.*, 1876, p. 1738].

L'acétone liquide, traitée par le chlore à 110-120°, donne le chlorure d'anthraquinone [voyez Suppl., p. 188 ; Thörner et Zincke, *Deutsch. chem. Gesellsch.*, 1877, p. 1477].

Pinacolines de la paraphénylcrésylacétone, $C^{28}H^{24}O$. — Lorsqu'on traite la paraphénylcrésylacétone par le zinc et l'acide chlorhydrique, il se forme deux pinacolines, *l'α- et la β-pinacoline.*

L'α-pinacoline,

$$\begin{array}{c} C^6H^5\text{-}C\text{-}C^6H^4\text{-}CH^3 \\ \vert>O \\ C^6H^5\text{-}C\text{-}C^6H^4\text{-}CH^3 \end{array}$$

— Celle-ci se forme lorsqu'on traite l'acétone en solution très étendue dans l'alcool à 75 % par l'hydrogène naissant. Elle cristallise en aiguilles blanches, fusibles à 214-215°. Oxydée par l'acide chromique, elle donne l'acétone paraphénylcrésylique. Le chlorure de benzoyle, à 100°, ou l'acide iodhydrique à 160° la transforme en β-pinacoline. Chauffée avec de la chaux sodée, elle donne un corps fusible à 187° non étudié. A 210-220°, l'acide iodhydrique et le phosphore rouge les changent en un carbure $C^{28}H^{26}$ fusible à 213-215° (Thörner).

La β-pinacoline,

$$\begin{array}{c} C^6H^4\text{-}CH^3C \\ C^6H^5\text{-}\dot{C}\text{-}CO\text{-}C^6H^5 \\ C^6H^4\text{-}CH^3 \end{array}$$

se forme lorsqu'on traite l'acétone en présence de peu d'alcool par l'hydrogène naissant. Elle cristallise en tables fusibles à 136-137°, solubles dans le chloroforme et le sulfure de carbone. Par oxydation, elle fournit un acide de la formule $C^{22}H^{20}O^2$, qui est une poudre blanche amorphe.

Chauffée avec de la chaux sodée, elle donne le dicrésylphénylméthane. Elle donne avec l'acide iodhydrique et le phosphore rouge le même carbure que l'α-pinacoline [Thörner, *loc. cit.*].

PARAPHÉNYL-CRÉSYLCARBINOL.

$$C^{14}H^{14}O = \begin{matrix} CH^3\text{-}C^6H^4 \\ C^6H^5 \end{matrix} > CH.OH.$$

— E. et O. Fischer ont obtenu cet alcool en réduisant la paraphényl-crésylacétone par l'amalgame de sodium, en solution alcoolique. Il cristallise en aiguilles blanches groupées en étoiles, fusibles à 52-53° [*Liebig's Ann.*, t. CXCIV, p. 265].

M. Wassermann.

PHÉNYLCROTONIQUE (ACIDE), $C^{10}H^{10}O^2$. — Lorsqu'on traite le propionate de benzyle par le sodium à 130° et que l'on verse le produit dans l'eau, il se sépare une huile formée en grande partie par le phénylbutyrate de benzyle. La solution aqueuse, séparée de cette huile, fournit, après avoir été épuisée par l'éther, de l'acide propionique et un acide huileux, lorsqu'on la traite par l'acide sulfurique.

On transforme cette huile en sel barytique que l'on purifie par cristallisation pour en séparer l'acide, qui est l'*acide phénylcrotonique*. Cet acide se forme également lorsqu'on traite le benzylpropionate d'éthyle par le sodium [Conrad et Hodgkinson, *Liebig's Ann. Chem.*, t. CXCI, p. 298 ; t. CCIV, p. 177]. L'acide phénylcrotonique est en cristaux fusibles à 78°.

Le *sel d'argent* est un précipité cristallin ; le *sel de baryum*, $(C^{10}H^9O^2)^2Ba + 2\frac{1}{2}H^2O$, est en lamelles qui perdent leur eau à 140° ; le *sel de potassium* est en prismes solubles dans l'alcool bouillant.

Dibromure phénylcrotonique. $C^{10}H^{10}O^2Br^2$. — Il est en cristaux fusibles à 135°.

Conrad et Hodgkinson attribuent à cet acide la constitution déjà indiquée par Fittig :

$$\begin{array}{c} C^6H^5\text{-}CH{=}C\text{-}CO^2H. \\ CH^3 \end{array}$$

Acide phénylisocrotonique,

$C^6H^5\text{-}CH=CH\text{-}CH^2\text{-}CO^2H$.

— Il se forme par l'action de l'anhydride succinique sur l'aldéhyde benzoïque [Fittig, *Liebig's Ann. Chem.*, t. CXCV, p. 169].

PHÉNYLCYMYLACÉTONE. — Voyez CYMYLE-PHÉNYLE-ACÉTONE, Suppl., p. 606.

PHÉNYLCYSTINE,

$$C^9H^{11}AzSO^2 = \begin{matrix} CH^3 \\ | \\ C{<}\begin{matrix}SC^6H^5\\AzH^2\end{matrix} \\ | \\ CO^2H \end{matrix}$$

— C'est le produit de dédoublement de l'acide phénylmercapturique (voyez ce mot) sous l'influence de l'acide sulfurique étendu (1 : 8) et bouillant; on le précipite par l'ammoniaque de la liqueur acide et on le fait cristalliser dans l'ammoniaque faible. La phénylcystine est en lamelles hexagonales régulières, comme la cystine. Elle se décompose à 160° sans fondre préalablement. En solution alcaline elle est lévogyre. Les alcalis bouillants la décomposent et donnent, entre autres produits, du thiophénol [E. Baumann et C. Preusse, *Zeitschr. physiol. Chem.*, t. V, p. 337].

Bromophénylcystine, $C^9H^{10}BrAzSO^2$. — On fait bouillir pendant 1/2 à 3/4 d'heure l'acide bromophénylmercapturique avec vingt-cinq fois son poids d'acide sulfurique étendu (1 : 4), on verse le liquide dans six fois son volume d'eau et on sursature faiblement par le carbonate d'ammonium; la bromophénylcystine se précipite.

Elle est en petites aiguilles ou lamelles brillantes, à peu près insolubles à froid dans l'eau, l'alcool et l'éther. Elle fond à 180-182°. Elle s'unit indifféremment aux bases et aux acides. Ses solutions alcalines sont lévogyres. Les alcalis bouillants la dédoublent en parabromothiophénol, en ammoniaque, en acides uvitique, oxalique et carbonique, ces derniers acides provenant d'une décomposition secondaire de l'acide pyruvique formé en premier lieu.

L'amalgame de sodium agissant au bain-marie sur une solution sodique de bromophénylcystine la dédouble en thiophénol, acide lactique ordinaire, ammoniaque et acide bromhydrique :

$$C^9H^{10}BrAzSO^2 + 4H + H^2O$$
$$= C^6H^6S + C^3H^6O^3 + AzH^3 + HBr.$$

Chauffée pendant peu de temps à 135-145° avec de l'anhydride acétique, la bromophénylcystine perd une molécule d'eau et se transforme en *bromophénylcystoïne*, $C^9H^8BrAzSO$, cristallisant en brillantes aiguilles blanches, fusibles à 152-153°, et indifférente vis-à-vis des acides et des bases [Baumann et Preusse, *loc. cit.*; — M. Jaffé, *Deutsch. chem. Gesellsch.*, 1879, p. 1092; — E. Baumann, *ibid.*, 1882, p. 1731].

Chlorophénylcystine, $C^9H^{10}ClAzSO^2$. — Elle se forme par le dédoublement de l'acide chlorophénylmercapturique et cristallise en aiguilles incolores, fusibles à 182-184° (Jaffé). A. Henninger.

PHÉNYLE (SULFURES DE). — Nous décrirons ici le sulfhydrate, le sulfure et le bisulfure.

SULFHYDRATE DE PHÉNYLE [Syn. *Thiophenol*], $C^6H^5.SH$. — Il prend naissance quand on soumet un mélange chaud de benzine et de chlorure de soufre à l'action de la poudre de zinc. Si l'on distille quand la vive réaction qui se déclare est terminée, on obtient un mélange de thiophénol, de sulfure de phényle et de sulfure de diphénylène [Schmidt, *Deutsch. chem. Gesellsch.*, 1878, p. 1173]. Chauffé avec un alcali, le thiophénol se transforme en phénol [Roderburg, *Deutsch. chem. Gesellsch.*, 1873, p. 669].

Thiophénate d'éthyle, $C^6H^5.S.C^2H^5$. — Ce liquide, d'odeur désagréable, bout à 204° (p = 743mm,5). Son poids spécifique est à 10° égal à 1,0315. Il se prépare au moyen du thiophénate de sodium et de l'iodure d'éthyle [Beckmann, *Journ. prakt. Chem.* (2), t. XVII, p. 457].

Le *thiophénate d'éthylène,* $(C^6H^5.S)^2C^2H^4$, préparé d'une façon analogue, forme des aiguilles fusibles à 65°. Il donne avec le brome des aiguilles d'une combinaison $(C^6H^5S)^2C^2H^4.Br^4$ [Ewerlöf, *Deutsch. chem. Gesellsch.*, 1871, p. 717].

Orthothioformiate de phényle, $CH(SC^6H^5)^3$. — Il se produit quand on chauffe à l'ébullition du chloroforme avec une solution de thiophénate de sodium. Ce sont des prismes courts et épais qui fondent à 39°,5 et sont saponifiés comme le composé oxygéné semblable par les acides, mais non par les alcalis [Gabriel, *Deutsch. chem. Gesellsch.*, 1877, p. 185].

L'acétate, $C^6H^5S.C^2H^3O$, prend naissance par l'action du chlorure d'acétyle sur le thiophénol. C'est une huile qui bout à 228-230°; elle est saponifiée par les alcalis en régénérant le thiophénol et s'oxyde à l'air en donnant du bisulfure de phényle [Michler, *Liebig's Ann. Chem.*, t. CLXXVI, p. 177]. Avec le chlorure de benzoyle le thiophénol ne donne que du bisulfure de phényle.

Acide phénylthioglycolique,

$C^6H^5.S.CH^2\text{-}CO^2H$.

— On l'obtient en partant de l'éther chloracétique. Ce sont de grandes tables minces, fusibles à 43°,5 (Claesson), 61-62° [Gabriel, *Deutsch. chem. Gesellsch.*, 1879, p. 1639]. Il se volatilise sans altération avec la vapeur d'eau. Les sels, très peu solubles dans l'eau, se décomposent à 200° [Claesson, *Bull. Soc. chim.*, t. XXIII, p. 441]. Son *éther éthylique* bout en se décomposant un peu à 276-278°. L'*amide* forme de petites tables fusibles à 104°

Chlorothiophénol, $C^6H^4.Cl.SH$. — Il se prépare en partant du chlorure de l'acide chlorophénylsulfonique. Ce sont des tables rhombiques, fusibles à 53-54°, volatiles sans altération.

Parabromothiophénol, $C^6H^4.Br_{(4)}.SH_{(1)}$. — Il s'obtient de même en partant de l'acide sulfoné correspondant [Hübner et Alsberg, *Ann. Chem. Pharm.*, t. CLVI, p. 327]. On le prépare aussi en décomposant par la soude caustique la bromophénylcystine ou l'acide bromophénylmercapturique (voyez ce mot) [Baumann et Preusse, *Zeitschr. physiol. Chem.*, t. V, p. 309]. Il fond à 75°, bout à 230-231° et se présente en lamelles qui ressemblent à la naphtaline. Il s'oxyde facilement à l'air. L'acide sulfurique le colore d'abord en vert à 120-125°, puis en bleu, coloration qu'une addition d'eau détruit de suite.

Acide bromophénylthioglycolique,

$C^6H^4Br.S.CH^2\text{-}CO^2H$.

— Préparé par l'action du brome, dissous dans le sulfure de carbone sur la solution éthérée de l'éther phénylthioglycolique; l'acide libre est en aiguilles fusibles à 112° (Claesson).

Le *dinitrothiophénol,*

$C^6H^3AzO^2_{(4)}.AzO^2_{(2)}.SH_{(1)}$,

s'obtient en aiguilles jaunes, fusibles à 275-280°, quand on soumet la chlorodinitrobenzine à l'action d'une solution alcoolique soit de sulfhydrate d'aniline, soit de sulfo-urée, $CS(AzH^2)^2$ [Willgerodt, *Deutsch. chem. Gesellsch.*, 1876, p. 978 et 1877, p. 1686].

Le *chloronitrothiophénol,*

$C^6H^3.AzO^2_{(2)}.Cl_{(5)}.SH_{(1)}$,

s'obtient en aiguilles jaunes, fusibles à 171°, par l'action de la chloroorthodinitrobenzine sur le sulfhydrate de sodium en solution alcoolique

[Beilstein et Kurbatow, *Liebig's Ann. Chem.*, t. CXCVII, p. 82].

Le *chloronitrothiophénol*, $C^6H^3.AzO^2.Cl.SH$, préparé d'une façon analogue en partant de la paradichloronitrobenzine, forme des tables jaunes, fusibles à 212-213° (Beilstein et Kurbatow). Ce phénol, soumis à l'action du sulfhydrate d'ammonium alcoolique, donne des aiguilles jaunes, fusibles à 147°, d'un corps

$$C^{12}H^8Cl^2Az^2S^3 = (C^6H^3Cl.Az.SH)^2S(?).$$

Ce dernier, oxydé avec de l'acide azotique modérément concentré, donne un produit qui, distillé avec la vapeur d'eau, fournit des aiguilles, fusibles à 103°,5, du produit $C^6H^3ClAz^2S$ (Beilstein et Kurbatow).

Orthoamidothiophénol, $C^6H^4.AzH^2_{(2)}.SH_{(1)}$. — Aiguilles fusibles à 26° en un liquide qui bout à 240°. Il se prépare par réduction de l'acide nitrophénylsulfonique. L'amidothiophénol absorbe en solution alcoolique le cyanogène, en donnant de l'*oxalamidothiophénol*,

$$\begin{array}{l} C \genfrac{}{}{0pt}{}{\nearrow Az}{\searrow S} > C^6H^4 \\ | \\ C \genfrac{}{}{0pt}{}{\nearrow S}{\searrow Az} > C^6H^4 \end{array}$$

qui régénère l'amidophénol à l'état de pureté par fusion avec la potasse. Le perchlorure de fer le transforme en bisulfure. Les chlorures de benzoyle, etc., donnent des anhydrobases :

$$C^6H^4 \genfrac{}{}{0pt}{}{< Az}{< S} \gtrless C\text{-}C^6H^5.$$

Cette dernière s'obtient directement par ébullition de la benzanilide avec du soufre. Ces composés prennent aussi naissance par ébullition de l'amidothiophénol avec les acides, les nitriles, les aldéhydes [Hofmann, *Deutsch. chem. Gesellsch.*, 1880, p. 20],

Métamidothiophénol, $C^6H^4.SH_{(1)}.AzH^2_{(3)}$. — Il est décrit au t. II, p. 892.

Chloramidothiophénol, $C^6H^3Cl_{(1)}.AzH^2_{(3)}.SH$. — Ce composé, formé par réduction de l'acide chloronitrosulfonique correspondant, fond à 130°. C'est une base très faible [Albert, *Deutsch. chem. Gesellsch.*, 1881, p. 1435].

SULFURE DE PHÉNYLE, $(C^6H^5)^2S$. — Il se produit quand on traite la thioaniline par l'azotite d'éthyle [Spring et Krafft, *Deutsch. chem. Gesellsch.*, 1874, p. 385]. Lorsqu'on fait passer sa vapeur dans un tube chauffé au rouge, il se décompose en sulfure de diphénylène, gaz sulfhydrique, benzine et un produit cristallisé en aiguilles, fusibles à 197° [Graebe, *Liebig's Ann. Chem.*, t. CLXXIV, p. 186]. Graebe et Mann préparent aussi le sulfure de phényle en soumettant le chlorure ou le sulfate de diazobenzol à l'action du sulfhydrate d'ammonium ou de l'hydrogène sulfuré. On refroidit avec beaucoup de soin, pour éviter les explosions qui se produisent aisément. Le précipité obtenu se décompose peu à peu avec formation de sulfure de phényle et de bisulfure de phényle. L'huile qui reste finalement est rectifiée, après une ébullition de deux à trois heures au réfrigérant ascendant [*Deutsch. chem. Gesellsch.*, 1882, p. 1683].

Le *sulfure de chlorophényle*, $(C^6H^4Cl)^2S$, fusible à 88-89°, se prépare en faisant réagir du chlore sur la thioaniline, qui échange le groupe AzH^2 contre du chlore, ou bien en chlorant directement le sulfure de phényle [Krafft, *Deutsch. chem. Gesellsch.*, 1874, p. 1165].

Le *sulfure de bromophényle*, $(C^6H^4Br)^2S$, préparé d'une manière semblable à celle qu'on emploie pour le composé précédent, forme des lamelles fusibles à 109-110°.

Le *sulfure d'iodophényle* fond à 138-139°. Sa préparation est analogue à celle des précédents.

Le *sulfure de dinitrophényle*,

$$(C^6H^3.AzO^2_{(4)}.AzO^2_{(2)})^2S_{(1)},$$

forme des aiguilles jaunes, fusibles à 193°. Il se prépare, suivant Beilstein et Kurbatow, en faisant agir la chlorodinitrobenzine sur les sulfures alcalins en solution alcoolique.

Un sulfure isomérique, $(C^6H^3.AzO^2_{(1)}.AzO^2_{(2)})^2S$, se forme quand on fait agir à 160° la bromoorthodinitrobenzine sur le sulfocyanate d'ammonium en solution alcoolique faible [Austin, *Deutsch. chem. Gesellsch.*, 1875, p. 1184].

Sulfure de chloronitrophényle,

$$(C^6H^3.Cl_{(4)}.AzO^2_{(2)})^2S_{(1)},$$

— On le prépare par l'action de la dichloronitrobenzine sur le sulfure de potassium alcoolique (Beilstein et Kurbatow) Ce sont des aiguilles d'un jaune sombre, fusibles à 149-150°.

Sulfure d'amidophényle, $(C^6H^4.AzH^2)^2S$ (thioaniline). Voyez t. II, p. 860. — On peut l'obtenir en nitrant le sulfure de phényle et réduisant le composé dinitré qui prend naissance.

Sulfure d'oxyphényle, $(C^6H^4.OH)^2S$. — Ce sont des lamelles fusibles à 143-144°, qui prennent naissance quand on soumet la thioaniline à l'action de l'acide azoteux.

BISULFURE DE PHÉNYLE, $(C^6H^5)^2S^2$. — Il se forme quand on chauffe l'acide phénysulfinique avec trois molécules de thiophénol à 110° [Beckurts et Otto, *Deutsch. chem. Gesellsch.*, 1876, p. 1589]. Il bout à 310° (Graebe). Le chlore sec fournit des dérivés de substitution, le chlore humide donne le chlorure de l'acide phénylsulfonique [Schiller et Otto, *Deutshc. chem. Gesellsch.*, 1876, p. 1637]. Une longue ébullition le décompose en soufre et sulfure de phényle. La potasse alcoolique le dédouble en thiophénol et acide phénylsulfinique :

$$\begin{gathered} 2(C^6H^5)^2S^2 + 4KHO \\ = 3C^6H^5SK + C^6H^5SO^2K + 2H^2O \end{gathered}$$

(Schiller et Otto). Ce bisulfure donne, avec le brome, le dibromure $(C^6H^5)^2S^2Br^2$, cristallisé en lamelles [Wheeler, *Zeitschr. Chem.*, 1867, p. 436].

Bisulfure de chlorophényle, $(C^6H^4Cl)^2S^2$. — Grandes tables minces à six pans, incolores, fusibles à 71°, produites par l'action de l'acide azotique sur le mercaptan correspondant [Otto, *Ann. Chem. Pharm.*, t. CXLIII, p. 111]. Le zinc et l'acide sulfurique le transforment en chlorothiophénol.

Bisulfure de parabromophényle, $(C^6H^4Br)^2S^2$. — Lamelles fusibles à 93°,5 formées par oxydation à l'air du mercaptan correspondant (Hübner et Alsberg).

Bisulfure d'amidophényle, $(C^6H^4.AzH^2)^2S^2$. — Lamelles fusibles à 93°, produites par oxydation à l'air du mercaptan amidophénylique. Sa solution chlorhydrique, traitée par l'hydrogène sulfuré, laisse déposer du soufre, en même temps qu'il se forme de l'amidothiophénol (Hofmann).

Disulfure de paramidophényle,

$$(C^6H^4.AzH^2_{(4)})S^2_{(1)}.$$

— Quand on chauffe à 100° de l'acétanilide avec du chlorure de soufre, il se forme de la *dithioacétanilide* et de la *trithioacétanilide*. Ce dernier composé se dépose en premier lieu de la solution du produit brut dans l'acide acétique cristallisable.

La *dithioacétanilide*, qui est en lamelles indistinctes, fusibles à 215-217°, est dédoublée par l'acide sulfurique étendu chaud, avec formation de bisulfure d'amidophényle : ce dernier est en forme de longues lamelles verdâtres, fusibles à

78-79°. Les sels cristallisent [Schmidt, *Deutsch. chem. Gesellsch.*, 1878, p. 1169]. Suivant le même auteur, le bromure de soufre en agissant sur l'aniline en solution benzénique donnerait un isomère résineux de ce corps.

La *trithioacétanilide* forme de petites lamelles, fusibles à 213-214°. Elle ne donne, avec l'acide sulfurique étendu bouillant, que des composés résineux.

Dithiodiméthylaniline, $[C^6H^4.Az(CH^3)^2]^2S^2$. — Ce sont des cristaux neutres produits par l'action de la diméthylaniline sur le chlorure de soufre; une solution ammoniacale d'oxyde d'argent la transforme en dioxydiméthylaniline $[C^6H^4.Az(CH^3)^2]O^2$(?) [Hannimann, *Deutsch. chem. Gesellsch.*, 1877, p. 403].

Phényldisulfoxyde, $(C^6H^5)^2S^2O^2$. — Ce composé n'est autre que le phénylthiosulfonate de phényle, $C^6H^5.SO^2.SC^6H^5$ [Otto, *Ann. Chem. Pharm.*, t. CXLV, p. 318; — Otto et Pauly, *Deutsch. chem. Gesellsch.*, 1876, p. 1640, et 1877, p. 2181].

Chlorophényldisulfoxyde. — Même observation que pour le précédent. E. Demarçay.

PHÉNYLÈNE-DIAMINES, $C^6H^4(AzH^2)^2$. — Voyez t. II, p. 895. On en connaît trois.

I — ORTHOPHÉNYLÈNEDIAMINE.

Cette base a été décrite au t. II, p. 897, sous le nom de γ-phénylène-diamine. Elle cristallise dans le chloroforme en grandes lamelles, fusibles à 102-103° (et non 99°), peu solubles dans l'eau, très solubles dans l'alcool et dans l'éther [Hübner, *Liebig's Ann. Chem.*, t. CCIX, p. 361].

Sulfate acide, $C^6H^4(AzH^2)^2.SO^4H^2 + 1\frac{1}{2}H^2O$. Il se présente en petites lamelles brillantes, assez solubles à chaud dans l'eau et dans l'alcool.

Le *sulfate neutre*, $[C^6H^4(AzH^2)^2]^2SO^4H^2$, se forme lorsqu'on fait recristalliser dans l'alcool le sulfate acide.

Le *chlorhydrate*, $C^6H^4(AzH^2)^2.2HCl$, se présente en aiguilles très solubles dans l'eau, peu solubles dans l'acide chlorhydrique.

Le *chloroplatinate*, $C^6H^4(AzH^2)^2.2HCl.PtCl^4$, est un précipité d'aiguilles brun-rouge (Hübner).

Parachloro-orthophénylène-diamine,

$$C^6H^3Cl_{(4)}(AzH^2)^2_{(1,2)}$$

[Laubenheimer, *Deutsch. chem. Gesellsch.*, 1876, p. 768]. — On l'obtient en réduisant par l'étain et l'acide chlorhydrique, à la température du bain-marie, la parachloro-orthodinitrobenzine. Cette base cristallise dans l'eau bouillante en lamelles rhomboïdales, fusibles à 72°. Elle est soluble dans l'alcool et dans l'éther, et se volatilise un peu avec la vapeur d'eau. Sa solution aqueuse donne : avec l'azotate d'argent, un précipité blanc qui se colore très rapidement; avec les sels de mercure et de cuivre, des précipités cristallins. L'amalgame de sodium ne l'attaque pas sensiblement.

Dichloro-ortho-phénylène-diamine,

$$C^6H^2Cl^2_{(3.5)}(AzH^2)^2_{(1.2)}$$

[Witt, *Deutsch. chem. Gesellsch.*, 1874, p. 1601]. — On prépare cette base en réduisant par l'étain et l'acide chlorhydrique la dichlornitraniline correspondante. Elle cristallise dans l'alcool en aiguilles blanches, à éclat adamantin, fusibles à 60°,5.

Parabromo-ortho-phénylène-diamine,

$$C^6H^3Br_{(4)}(AzH^2)^2_{(1.2)}$$

[Hübner, *Liebig's Ann. Chem.*, t. CCIX, p. 359]. Obtenue par la réduction de la bromonitraniline correspondante au moyen de l'étain et de l'acide chlorhydrique à la température du bain-marie, cette base se présente en aiguilles incolores, fusibles à 63°, très solubles dans l'eau, l'alcool et le chloroforme; elle passe avec la vapeur d'eau.

Le *chlorhydrate*, $C^6H^3Br(AzH^2)^2.HCl$, forme des aiguilles incolores, très solubles dans l'eau, peu solubles dans l'acide chlorhydrique.

Le *sulfate*, $C^6H^3Br(AzH^2)^2.SO^4H^2$, cristallise en lamelles très solubles dans l'eau bouillante et dans l'alcool.

ACIDES ORTHOPHÉNYLÈNE-DIAMINE-SULFONIQUES. — 1° $C^6H^3(AzH^2)^2_{(1.2)}SO^3H_{(3)} + 1\frac{1}{2}H^2O$. [Sachse, *Liebig's Ann. Chem.*, t. CLXXXVIII, p. 143]. — On l'obtient en réduisant l'acide dinitrophényl-sulfonique correspondant par l'étain et l'acide chlorhydrique, ou mieux par le sulfure d'ammonium. Il se présente en grandes tables rhombiques ou en petites aiguilles, incolores ou jaunâtres, qui se colorent rapidement à l'air. Peu soluble dans l'eau froide, à peine soluble dans l'alcool et dans l'éther, il se décompose par la chaleur avant de fondre. Quoique décomposant les carbonates, il ne forme que des sels mal caractérisés : ses solutions salines brunissent à l'air; la combinaison *barytique* cristallise dans l'alcool en petites aiguilles incolores peu stables; le sel plombique est incristallisable.

Le *chlorhydrate*, $C^6H^3(AzH^2)^2SO^3H.HCl$, cristallise en aiguilles rougeâtres, solubles dans l'eau bouillante. Le *sel stanneux double*,

$$C^6H^3(AzH^2)^2SO^3H.HCl.SnCl^2,$$

forme de petites aiguilles incolores et brillantes, qui jaunissent à l'air.

Le *bromhydrate*, $C^6H^3(AzH^2)^2SO^3H.HBr$, est en longues aiguilles rougeâtres et brillantes.

Le *sulfate*, $[C^6H^3(AzH^2)^2SO^3H]^2SO^4H^2 + H^2O$, cristallise en tables incolores et brillantes, très solubles dans l'eau. L'évaporation des eaux mères de ce sel fournit de petits prismes quadrangulaires ayant pour composition

$$C^6H^3(AzH^2)^2SO^3H.SO^4H^2 + \frac{1}{2}H^2O.$$

Une solution aqueuse de l'acide fournit par l'addition de nitrate d'argent de petits cristaux étoilés, d'un rouge rubis, qui paraissent être une combinaison d'acide et de nitrate d'argent.

2° Post et Hardung [*Deutsch. chem. Gesellsch.*, 1880, p. 38] ont obtenu un autre acide orthophénylène-diamine-sulfonique, en réduisant par l'étain et l'acide chlorhydrique l'acide orthonitroamidobenzolsulfonique, ainsi qu'en chauffant pendant quelques heures au bain-marie le chlorhydrate d'orthophénylène-diamine avec sept fois son poids d'acide sulfurique fumant. Cet acide cristallise en petites aiguilles rose pâle. Son *sel de baryum*, $[C^6H^3(AzH^2)^2SO^3]^2Ba + 5\frac{1}{2}H^2O$, forme de petites tables brun clair, très solubles dans l'eau; le *sel de calcium*, (3 H²O), se présente en aiguilles brunes et compactes.

DITOLUYLORTHOPHÉNYLÈNE-DIAMINE,

$$C^6H^4[AzH(CO\text{-}C^6H^4\text{-}CH^3)]^2$$

[Hübner, *Liebig's Ann. Chem.*, t. CCX, p. 330]. — Ce corps prend naissance par l'action du chlorure de paratoluyle, $C^6H^4(CH^3)COCl$, sur l'orthophénylène-diamine en présence de benzine. Il cristallise dans l'acide acétique en aiguilles incolores, fusibles à 228°, tandis que les eaux mères renferment en dissolution de l'anhydrotoluylphénylène-diamine. Le corps ainsi préparé est insoluble dans l'eau, peu soluble dans l'alcool; chauffé à 170° avec de l'acide chlorhydrique, il donne de l'acide paratoluique et du chlorhydrate d'anhydrotoluylphénylène-diamine (voyez plus bas).

MÉTHÉNYLPHÉNYLÈNE-DIAMINE (méthénylphénylène-amidine),

$$C^7H^6Az^2 = C^6H^4 \genfrac{}{}{0pt}{}{< AzH \searrow}{< Az \nearrow} CH$$

[Wundt, *Deutsch. chem. Gesellsch.*, 1878, p. 826]. — On chauffe pendant 5-6 heures au réfrigérant ascendant la phénylène-diamine avec de l'acide formique, puis on distille et on fait cristalliser le résidu dans l'eau ou dans l'alcool. On obtient ainsi de beaux cristaux, fusibles à 167° :

$$C^6H^4 < \begin{matrix} AzH^2 \\ AzH^2 \end{matrix} + CHO.OH,$$

$$C^6H^4 < \begin{matrix} AzH \\ Az \end{matrix} > CH + 2H^2O.$$

Le *chlorhydrate*, $C^7H^6Az^2.HCl$, est très hygroscopique. Il en est de même du *nitrate*, du *sulfate* et de l'*acétate*.

Le *chloraurate*, $C^7H^6Az^2.HCl.AuCl^3$, forme des cristaux jaunes anhydres.

Éthénylphénylène-diamine [Syn. *Anhydroacétylphénylène-diamine*],

$$C^8H^8Az^2 = C^6H^4 < \begin{matrix} AzH \\ Az \end{matrix} > C\text{-}CH^3$$

[Hübner, *Liebig's Ann. Chem.*, t. CCIX, p. 353. Elle prend naissance par la réduction de l'acétorthonitranilide, $C^6H^4(AzO^2)_{(1)}\text{-}AzH_{(2)}\text{-}CO\text{-}CH^3$, au moyen de l'étain et de l'acide acétique : la réduction terminée, on élimine l'étain par l'acide sulfhydrique, et on précipite la base par la soude. Ce corps se présente en aiguilles incolores, fusibles à 170°, très solubles dans l'éther, l'alcool et l'eau bouillante; il est volatil.

Le *chlorhydrate*, $C^8H^8Az^2.HCl$, cristallise en longues aiguilles extrêmement solubles dans l'eau.

Le *chloroplatinate*, $(C^8H^8Az^2.HCl)^2PtCl^4$, est un précipité orangé, paraissant contenir 1 molécule d'eau de cristallisation.

Le *nitrate*, $C^8H^8Az^2.AzO^3H$, se présente en aiguilles incolores assez solubles dans l'eau.

Le *sulfate acide*, $C^8H^8Az^2.SO^4H^2$, est en aiguilles incolores déliquescentes; le *sulfate neutre*, $(C^8H^8Az^2)^2SO^4H^2$, forme des cristaux indistincts.

Éthénylbromophénylène-diamine,

$$C^6H^3Br < \begin{matrix} AzH \\ Az \end{matrix} > C\text{-}CH^3$$

[Remmers, *Deutsch. chem. Gesellsch.*, 1874, p. 348]. — Obtenue par la réduction de la nitrobromacétanilide au moyen de l'étain et de l'acide chlorhydrique, cette base cristallise en aiguilles ou en lamelles, fusibles à 206°, très solubles dans l'eau bouillante et dans l'alcool.

Le *chlorhydrate* forme des aiguilles légèrement rougeâtres, très solubles dans l'eau et dans l'acide chlorhydrique; le *chloroplatinate* est en aiguilles rouges, très solubles dans l'eau, peu solubles dans l'alcool et dans l'éther; le *nitrate* forme des aiguilles incolores peu solubles.

Éthénylamidophénylène-diamine,

$$C^8H^9Az^3 = C^6H^3(AzH^2) < \begin{matrix} AzH \\ Az \end{matrix} > C\text{-}CH^3$$

[H. Salkowski, *Deutsch. chem. Gesellsch.*, 1877, p. 1692]. — On obtient ce corps à l'état de dérivé acétylé en chauffant pendant dix heures au réfrigérant ascendant du triamidobenzol avec le double de son poids d'acide acétique. La base elle-même n'a pas été isolée à l'état de pureté.

Le *dérivé acétylé*,

$$C^6H^3(AzH.C^2H^3O) < \begin{matrix} AzH \\ Az \end{matrix} > C\text{-}CH^3 + 2H^2O,$$

forme des cristaux prismatiques très solubles dans l'eau chaude, peu solubles dans l'eau froide.

Le *chlorhydrate*, $C^8H^9Az^3.2HCl + 1\frac{1}{2}H^2O$, se forme par l'action de l'acide chlorhydrique sur le dérivé acétylé : il se présente en cristaux tricliniques très solubles dans l'eau.

Propénylphénylène-diamine,

$$C^6H^4 < \begin{matrix} AzH \\ Az \end{matrix} > C\text{-}CH^2\text{-}CH^3$$

[Wundt, *Deutsch. chem. Gesellsch.*, 1878, p. 829]. — Obtenu par l'action de l'acide propionique sur la phénylène-diamine à chaud, ce corps cristallise en minces lamelles, très solubles dans l'alcool et dans l'éther, fusibles à 168,5-169°.

La plupart de ses sels sont très solubles; le *sulfate* ne cristallise qu'au bout de plusieurs mois; le *chlorhydrate*, $C^9H^{10}Az^2.HCl$, ne se dépose que dans des solutions sirupeuses; le *chloroplatinate*, $(C^9H^{10}Az^2.HCl)^2PtCl^4 + 2H^2O$, forme de petits cristaux d'un jaune rougeâtre.

Anhydroxanilide,

$$C^6H^4 < \begin{matrix} AzH \\ Az \end{matrix} > C\text{-}C < \begin{matrix} AzH \\ Az \end{matrix} > C^6H^4$$

[Hübner, *Liebig's Ann. Chem.*, t. CCIX, p. 370]. — On chauffe l'orthonitroxanilide,

$$[C^6H^4(AzO^2)AzH]^2C^2O^2,$$

avec de l'étain et de l'acide acétique jusqu'à dissolution complète; on étend d'eau et on laisse refroidir. La base cristallise en aiguilles jaunes, assez solubles dans l'acide acétique, peu solubles dans l'alcool, l'éther, la benzine, le chloroforme, l'acétone, insolubles dans l'eau, le sulfure de carbone; elle ne fond pas encore à 300°.

Le *chlorhydrate*, $C^{14}H^{10}Az^4.2HCl + 2H^2O$, est en aiguilles incolores instables; l'eau lui enlève son acide chlorhydrique.

Le *chloroplatinate* forme des aiguilles jaune clair, peu solubles dans l'eau.

Le *sulfate*, $C^{14}H^{10}Az^4.SO^4H^2 + 2H^2O$, est peu soluble dans l'eau.

Le *nitrate* cristallise en aiguilles incolores.

Benzénylphénylène-diamine,

$$C^{13}H^{10}Az^2 = C^6H^4 < \begin{matrix} AzH \\ Az \end{matrix} > C\text{-}C^6H^5$$

[Hübner, *Liebig's Ann. Chem.*, t. CCVIII, p. 302]. — On l'obtient en réduisant par l'étain et l'acide chlorhydrique la benzoylorthonitroanilide,

$$C^6H^4(AzO^2)(AzH.CO\text{-}C^6H^5).$$

Ce corps cristallise en petites aiguilles incolores, très peu solubles dans l'eau et dans l'ammoniaque, peu solubles dans la benzine et le chloroforme, assez solubles dans l'alcool et dans l'acide acétique. Il fond vers 280°.

Le *chlorhydrate*, $C^{13}H^{10}Az^2.HCl$, forme des aiguilles incolores, très solubles dans l'eau.

Le *chloroplatinate*, $(C^{13}H^{10}Az^2.HCl)^2PtCl^4$, est en petites aiguilles jaunes, peu solubles dans l'eau froide.

L'*iodhydrate*, $C^{13}H^{10}Az^2.HI + H^2O$, forme de longues aiguilles d'un jaune clair.

Le *sulfate*, $(C^{13}H^{10}Az^2)^2SO^4H^2 + 1\frac{1}{2}H^2O$, se présente en longues aiguilles incolores, assez solubles dans l'eau bouillante.

Le *nitrate*, $C^{13}H^{10}Az^2.AzO^3H$, est en longues aiguilles jaunâtres, à peine solubles dans l'eau froide. L'*oxalate* forme de longues aiguilles peu solubles; il se décompose à l'ébullition en acide et en base.

Nitrobenzénylphénylène-diamine,

$$C^6H^3(AzO^2) < \begin{matrix} AzH \\ Az \end{matrix} > C\text{-}C^6H^5$$

[Hübner, *Liebig's Ann. Chem.*, t. CCVIII, p. 308]. — On dissout la base précédente dans de l'acide nitrique fumant, puis on précipite par l'eau froide, et on fait cristalliser dans l'acide acétique. On obtient ainsi des aiguilles jaunâtres, microscopiques, fusibles à 196°, peu solubles dans l'eau, le chloroforme et l'éther, très solubles dans l'alcool chaud et l'acide acétique.

Amidobenzénylphénylène-diamine,

$$C^6H^3(AzH^2) < \begin{matrix} AzH \\ Az \end{matrix} > C\text{-}C^6H^5$$

[Hübner, *ibid.*] — Obtenue par la réduction du corps précédent au moyen de l'étain et de l'acide chlorhydrique, cette base se présente en petites aiguilles, très solubles dans l'alcool, à peine solubles dans l'eau, et fusibles à 240°.

Le *sulfate*, $C^{13}H^{11}Az^{3}.SO^{4}H^{2} + 2H^{2}O$, cristallise en larges aiguilles, peu solubles dans l'eau bouillante.

Le *chlorhydrate*, $C^{13}H^{11}Az^{3}.2HCl$, se présente en lamelles incolores, très solubles dans l'eau, peu solubles dans l'acide chlorhydrique.

Le *nitrate*, $C^{13}H^{11}Az^{3}.2AzO^{3}H$, est en petites aiguilles incolores, très solubles dans l'eau.

Bromobenzénylphénylène-diamine,

$$C^6H^3Br \lt {AzH \atop Az} \gt C\text{-}C^6H^5$$

[Hübner, *Deutsch. chem. Gesellsch.*, 1875, p. 565]. — On l'obtient en traitant par l'étain et l'acide chlorhydrique la bromonitrobenzanilide,

$$C^6H^3Br(AzO^2)(AzH.CO\text{-}C^6H^5).$$

Elle se présente en petites aiguilles incolores, fusibles à 190°, insolubles dans l'eau, solubles dans l'alcool.

Le *chlorhydrate*, $C^{13}H^9BrAz^2.HCl$, est en petites aiguilles incolores, peu solubles dans l'eau.

Le *sulfate*, $C^{13}H^9BrAz^2.SO^4H^2$, forme de petites aiguilles presque insolubles.

Le *nitrate*, $C^{13}H^9BrAz^2.AzO^3H$, est en flocons blancs, peu solubles.

Hydrate de diméthylbenzénylphénylène-diammonium,

$$C^6H^4 \lt {Az(CH^3)^2OH \atop Az} \gt C\text{-}C^6H^5$$

[Hübner, *Liebig's Ann. Chem.*, t. CCX, p. 355]. — On l'obtient à l'état de tri-iodure $C^{15}H^{15}Az^2I^3$, par l'action de l'iodure de méthyle sur la benzénylphénylène-diamine à 180°. La base elle-même, préparée en décomposant l'iodure par la potasse, se présente en flocons blancs, fusibles à 152°, insolubles dans l'eau, assez solubles dans l'alcool bouillant.

Le *tri-iodure*, $C^{15}H^{15}Az^2I^3$, forme des aiguilles brun-rouge, fusibles à 140-141°, insolubles dans l'eau, très solubles dans l'alcool et l'acide acétique chauds. Le *mono-iodure*, $C^{15}H^{15}Az^2I$, s'obtient en faisant bouillir le tri-iodure avec de l'oxyde de plomb : il cristallise en belles aiguilles incolores, fusibles à 280°, très solubles dans l'eau et l'alcool bouillants.

Le *nitrate*, $C^{15}H^{15}Az^2.AzO^3$, forme des cristaux incolores assez solubles dans l'eau. Le *sulfate*, $C^{15}H^{15}Az^2.SO^4H + H^2O$, se présente en cristaux incolores, très solubles dans l'eau. Le *chlorure*, $C^{15}H^{15}Az^2Cl + H^2O$, est en grandes lames très solubles, qui s'effleurissent à l'air. Le *chloroplatinate*, $(C^{15}H^{15}Az^2Cl)^2PtCl^4$, est un précipité cristallin orangé, très peu soluble dans l'eau.

Éthylbenzénylphénylène-diamine,

$$C^6H^4 \lt {Az.C^2H^5 \atop Az} \gt C\text{-}C^6H^5$$

[Hübner, *Deutsch. chem. Gesellsch.*, 1876, p. 776]. — On l'obtient par l'action de l'iodure d'éthyle sur la benzénylphénylène-diamine à 180°. Elle est assez soluble dans l'eau. Elle forme un *chlorhydrate*, $C^{15}H^{14}Az^2.HCl$, et un *sulfate basique*, $(C^{15}H^{14}Az^2)^2SO^4H^2$, cristallisés en aiguilles incolores très solubles dans l'eau.

Hydrate de diéthylbenzénylphénylène-diammonium,

$$C^6H^4 \lt {Az(C^2H^5)^2.OH \atop Az} \gt C\text{-}C^6H^5$$

[Hübner, *Liebig's Ann. Chem.*, t. CCX, p. 358]. — Cette base se produit à l'état de tri-iodure, $C^{17}H^{19}Az^2I^3$, par l'action prolongée pendant 6 heures de l'iodure d'éthyle sur la benzénylphénylène-diamine à 200°. Régénérée de ce sel par la soude ou la potasse, elle se présente en cristaux brillants, fusibles à 132°, complètement insolubles dans l'eau et les alcalis, assez solubles dans l'alcool chaud, extrêmement solubles dans la benzine et le chloroforme.

Le *tri-iodure*, $C^{17}H^{19}Az^2I^3$, forme des lames ou des aiguilles d'un brun rouge, fusibles à 154-155°, insolubles dans l'eau, assez solubles dans l'alcool et dans l'acide acétique. Le *mono-iodure*, $C^{17}H^{19}Az^2I$, cristallise en aiguilles solubles dans l'eau.

Le *chlorure*, $C^{17}H^{19}Az^2Cl + 2H^2O$, en lamelles très solubles dans l'eau ; il perd son eau à 125°. Le *chloroplatinate*, $(C^{17}H^{19}Az^2Cl)^2PtCl^4$, est un précipité cristallin orangé. Le *sulfate*,

$$C^{17}H^{19}Az^2.SO^4H + H^2O,$$

est en lamelles incolores. Le *nitrate* n'a pas été obtenu à l'état cristallisé.

Amylbenzénylphénylène-diamine,

$$C^6H^4 \lt {Az.C^5H^{11} \atop Az} \gt C\text{-}C^6H^5$$

[Hübner, *ibid.*, p. 349]. — Cette base se produit à l'état d'iodhydrate, par l'action de l'iodure d'amyle à 160-180° sur la benzénylphénylène-diamine. Elle cristallise dans l'alcool en petites lamelles orthorhombiques.

L'*iodhydrate*, $C^{18}H^{20}Az^2.HI$, se présente en aiguilles d'un jaune clair.

Le *chlorhydrate*, $C^{18}H^{20}Az^2.HCl$, et le *sulfate*, $C^{18}H^{20}Az^2.SO^4H^2$, cristallisent en grandes aiguilles incolores, peu solubles dans l'eau.

Hydrate de diamylbenzénylphénylène-diamine,

$$C^6H^4 \lt {Az(C^5H^{11})^2OH \atop Az} \gt C\text{-}C^6H^5$$

[Hübner, *ibid.*, p. 363]. — On l'obtient à l'état de tri-iodure en chauffant pendant 24 heures à 160-165° la benzénylphénylène-diamine avec 3 molécules d'iodure d'amyle. Il se présente en grands cristaux incolores, à éclat vitreux, fusibles à 92-93°, complètement insolubles dans l'eau, très solubles dans la benzine, l'éther et le chloroforme.

Le *tri-iodure*, $C^{23}H^{31}Az^2I^3$, forme des cristaux foncés, fusibles à 111-112°, assez solubles à chaud dans l'alcool, l'acide acétique, le sulfure de carbone, solubles dans le chloroforme et la benzine, peu solubles dans l'éther, insolubles dans l'eau. Le *mono-iodure*, $C^{23}H^{31}Az^2I$, se présente en aiguilles jaune clair, solubles dans l'eau bouillante.

Le *chlorure*, $C^{23}H^{31}Az^2Cl.HCl + H^2O$, est en cristaux incolores, assez solubles dans l'eau. Le *chloroplatinate*, $(C^{23}H^{31}Az^2Cl)^2PtCl^4$, est un précipité cristallin orangé. Le *nitrate*,

$$C^{23}H^{31}Az^2.AzO^3.AzO^3H,$$

se présente en larges aiguilles, fusibles à 90°, assez solubles dans l'eau.

TOLUÉNYLPHÉNYLÈNE-DIAMINE [Syn. *Anhydrotoluylphénylène-diamine*],

$$C^6H^4 \lt {AzH \atop Az} \gt C\text{-}C^6H^4\text{-}CH^3$$

[Hübner, *ibid.*, p. 331]. — Ce corps prend naissance par l'action du chlorure de paratoluyle, $C^6H^4(CH^3)COCl$, sur la phénylène-diamine, en même temps que la ditoluylphénylène-diamine ; il se produit aussi par la réduction de la paratoluylorthonitranilide, $C^6H^4(AzO^2)AzH.CO\text{-}C^6H^4\text{-}CH^3$. Il cristallise dans l'alcool en prismes presque incolores, fusibles à 268°.

Le *chlorhydrate*, $C^{14}H^{12}Az^2.HCl$, forme de longues aiguilles incolores, très solubles dans l'eau bouillante, à peine solubles dans l'acide chlorhydrique.

Le *chloroplatinate*, $(C^{14}H^{12}Az^2.HCl)^2PtCl^4$, est un précipité jaune, insoluble dans l'eau.

Le *sulfate*, $C^{14}H^{12}Az^2.SO^4H^2$, cristallise en longues aiguilles, peu solubles.

Le *nitrate*, $C^{14}H^{12}Az^2.AzO^3H$, est assez soluble dans l'eau.

ACIDE ANHYDROBENZAMIDOTOLUYLIQUE,

$$C^6H^4 < {AzH \atop Az} \geqslant C\text{-}C^6H^4\text{-}CO^2H$$

[Hübner, *Liebig's Ann. Chem.*, t. CCX, p. 337). — On l'obtient en oxydant par le mélange chromique à l'ébullition l'anhydrotoluylphénylène-diamine. Il cristallise en aiguilles, fusibles à 300°, très solubles dans l'alcool, presque insolubles dans l'eau.

Le *sel de baryum*, $(C^{14}H^9Az^2O^2)^2Ba + 6H^2O$, est en petites aiguilles incolores, qui perdent dans l'air sec $5H^2O$, mais ne deviennent anhydres qu'à 170°. Le *sel de calcium* $(5H^2O)$ cristallise en aiguilles incolores, très solubles dans l'eau. Le *sel de potassium* $(7H^2O)$ se présente en longues aiguilles soyeuses, qui perdent lentement dans l'air sec leur eau de cristallisation. Le *sel d'argent* est un précipité amorphe, blanc, insoluble dans l'eau.

L'éther éthylique, $C^{14}H^9Az^2O^2.C^2H^5$, se présente en aiguilles incolores, insolubles dans l'eau, fusibles à 242°.

Anhydrotoluylhétamine

$$\left[C^6H^4 < {AzH \atop Az} \geqslant C\text{-}C^6H^4\right]^2CO.$$

— On prépare ce corps par l'action de la chaleur sur le sel d'argent de l'acide précédent. Il se présente en longues aiguilles, fusibles à 277°, très solubles dans l'alcool, insolubles dans l'eau et les alcalis.

Le *chlorhydrate*, $C^{27}H^{18}Az^4O.2HCl + 2H^2O$, cristallise en aiguilles longues et minces, très solubles dans l'eau.

Le *chloroplatinate*, $C^{27}H^{18}Az^4O.2HCl.PtCl^4$, est un précipité cristallin d'un jaune clair, insoluble dans l'eau.

ANHYDROSALICYLPHÉNYLÈNE-DIAMINE,

$$C^6H^4 < {AzH \atop Az} \geqslant C\text{-}C^6H^4.OH$$

[Hübner, *Liebig's Ann. Chem.*, t. CCX, p. 345]. — On chauffe doucement la salicylorthonitranilide, $C^6H^4(AzO^2)AzH(CO\text{-}C^6H^4.OH)$, avec de l'étain et de l'acide chlorhydrique fort jusqu'à dissolution complète; on évapore à sec au bain-marie, et on reprend par la soude étendue : le résidu insoluble est desséché et épuisé par l'éther qui dissout la base. Elle se présente en petites aiguilles, fusibles à 222°,5, très solubles dans l'éther et l'alcool, peu solubles dans la benzine, presque insolubles dans l'eau.

Le *chlorhydrate*, $C^{13}H^{10}Az^2O.HCl + H^2O$, cristallise en aiguilles incolores, très solubles dans l'eau et dans l'alcool, peu solubles dans l'acide chlorhydrique.

Le *sulfate*, $(C^{13}H^{10}Az^2O)^2SO^4H^2 + 4H^2O$, forme des aiguilles peu solubles dans l'eau, assez solubles dans l'alcool. Le *nitrate* est cristallin.

ORTHOAMIDOPHÉNYLURÉTHANE,

$$C^6H^4 < {AzH^2 \atop AzH.CO^2C^2H^5}$$

[Rudolph, *Deutsch. chem. Gesellsch.*, 1879, p. 1295]. — On réduit l'orthonitrophényluréthane par l'étain et l'acide chlorhydrique, on élimine l'étain par l'acide sulfhydrique, on filtre, on concentre, et on précipite par un alcali. On obtient ainsi de longues aiguilles incolores, fusibles à 86°,

Le *chlorhydrate*, $C^9H^{12}Az^2O^2.HCl$, se présente en grandes tables extrêmement solubles dans l'eau.

ORTHOPHÉNYLÈNE-URÉE,

$$C^6H^4 < {AzH \atop AzH} > CO$$

[Rudolph, *ibid.*]. — On la prépare en chauffant le corps précédent au-dessus de son point de fusion, et en faisant cristalliser le produit dans l'eau bouillante; elle forme de petites lamelles très brillantes, fusibles à 305° avec décomposition.

Orthophénylène-sulfo-urée,

$$C^6H^4 < {AzH \atop AzH} > CS$$

[Lellmann, *Deutsch. chem. Gesellsch.*, 1882, p. 2146 et 2839]. — On dissout dans l'eau 1 molécule de chlorhydrate de phénylène-diamine et 2 molécules de sulfocyanate d'ammonium; on évapore à sec au bain-marie, puis on chauffe à 120-130°, et l'on épuise par l'eau froide; le résidu est enfin purifié par cristallisation dans l'alcool bouillant. On obtient ainsi des lamelles incolores, fusibles vers 290° avec décomposition, très solubles dans l'alcool, peu solubles dans l'eau.

AZO-IMIDO-BENZOL,

$$C^6H^4 < {Az \atop {| \atop Az}} > AzH.$$

— Obtenu d'abord au moyen de l'acide nitreux et de l'orthophénylène-diamine [Ladenburg, *Deutsch. chem. Gesellsch.*, 1876, p. 219], ce corps se produit aussi par l'action de l'acide para-diazobenzol-sulfonique sur l'orthophénylène-diamine [Griess, *Deutsch. chem. Gesellsch.*, 1882, p. 2195]. Il se forme en même temps de l'acide sulfanilique, suivant l'équation

$$C^6H^4.Az^2.SO^3 + C^6H^4(AzH^2)^2$$
$$= C^6H^4.Az^2.AzH + C^6H^4(SO^3H)(AzH^2).$$

Il cristallise en aiguilles nacrées, fusibles à 98°,5.

BASE, $C^{13}H^{12}Az^4$ [Hübner et Frerichs, *Deutsch. chem. Gesellsch.*, 1876, p. 774, et *Bull. Soc. chim.*, t. XXVII, p. 131]. — Ce corps, auquel on peut attribuer la constitution $[C^6H^4(AzH^2)Az]^2C$, prend naissance par l'action de l'iodure de cyanogène sur l'orthophénylène-diamine. On reprend le produit de la réaction par l'alcool et on précipite par l'eau : on obtient ainsi de longues aiguilles sublimables ressemblant à l'alizarine.

Le *sulfate*, $C^{13}H^{12}Az^4.SO^4H^2 + 2\frac{1}{2}H^2O$, est en petits octaèdres bleu foncé, solubles dans l'eau. Le *chlorhydrate*, $C^{13}H^{12}Az^4.2HCl$, s'obtient par l'action de l'acide chlorhydrique concentré sur la base : il forme des lamelles violettes. En employant de l'acide étendu, on obtient un autre chlorhydrate, $C^{13}H^{12}Az^4.HCl + 2\frac{1}{2}H^2O$, en aiguilles d'un bleu noir.

Le *nitrate*, $C^{13}H^{12}Az^4\ 2AzO^3H + 2\frac{1}{2}H^2O$, forme de petites aiguilles brillantes, d'un bleu noir, qui se décomposent à 120-130°.

Le *dérivé benzoylé*, $C^{13}H^{11}Az^4(C^7H^5O)$, obtenu par l'action du chlorure de benzoyle sur la base, est en petites aiguilles jaunes, insolubles dans l'eau, solubles en violet dans l'acide sulfurique.

Le *dérivé nitrosé*, $C^{13}H^8Az^6O^3$, forme des cristaux rouges microscopiques, solubles dans l'acide acétique bouillant [Hübner, *Deutsch. chem. Gesellsch.*, 1877, p. 1717].

BASE, $C^{24}H^{18}Az^6O$ [Rudolph, *Deutsch. chem. Gesellsch.*, 1879, p. 2211]. — Ce corps prend naissance par l'action du chlorure ferrique sur la phénylène-diamine. Le *chlorhydrate* a pour formule $C^{24}H^{18}Az^6O.2HCl + 5H^2O$, et le *sulfate*, $C^{24}H^{18}Az^6O.SO^4H^2 + 3H^2O$.

II. — MÉTAPHÉNYLÈNE-DIAMINE.

Cette base a été décrite (t. II, p. 897) sous le nom de β-*phénylène-diamine*.

Chlorophénylène-diamine, $C^6H^3Cl_{(4)}(AzH^2)^2_{(1,3)}$ [Beilstein et Kurbatow, *Bull. Soc. chim.*, t. XXX, p. 537]. — Ce corps se produit par la réduction de la chlorométadinitrobenzine; il fond à 86°.

Nitrophénylène-diamine, $C^6H^3(AzO^2)(AzH^2)^2$ [Barbaglia, *Deutsch. chem. Gesellsch.*, 1874, p. 1258]. — On saponifie par la soude concentrée et bouillante la nitrodiacétylphénylène-diamine (voyez plus bas); le nouveau corps se dépose par le refroidissement du liquide en prismes rougeâtres, fusibles à 161°, solubles dans l'eau, très solubles dans l'alcool et l'éther.

Chloronitrophénylène-diamine,

$$C^6H^2Cl_{(5)}AzO^2_{(2)}(AzH^2)^2_{(1,3)}$$

[Beilstein et Kurbatow, *Liebig's Ann. Chem.*, t. CXCII, p. 233]. — Produit par l'action de l'ammoniaque alcoolique à 200° sur la nitrotrichlorobenzine, ce corps se présente en aiguilles rouges, fusibles à 192-194°, très solubles dans l'alcool, peu solubles dans la benzine et la ligroïne.

ACIDE MÉTAPHÉNYLÈNE-DIAMINE-SULFONIQUE,

$$C^6H^3(AzH^2)^2SO^3H$$

[Post et Hardtung, *Deutsch. chem. Gesellsch.*, 1880, p. 40]. — On peut l'obtenir, soit en réduisant l'acide métanitramidophénylsulfonique par l'étain et l'acide chlorhydrique, soit en chauffant pendant plusieurs jours à 170° du chlorhydrate de métaphénylène-diamine avec cinq fois son poids d'acide sulfurique fumant. Cet acide est dimorphe.

Sel de baryum, $[C^6H^3(AzH^2)^2SO^3]^2Ba + 6H^2O$. Il cristallise en aiguilles brunes et soyeuses, très solubles dans l'eau. Le sel de *calcium*, ($5\frac{1}{2}$ H^2O), également très soluble, se présente en tables ou en prismes presque incolores.

Acide métaphénylène-diamine-disulfonique,

$$C^6H^2(AzH^2)^2(SO^3H)^2 + H^2O$$

[Limpricht, *Deutsch. chem. Gesellsch.*, 1875, p. 290]. — Obtenu par la réduction de l'acide dinitrophényldisulfonique au moyen de l'étain et de l'acide chlorhydrique, cet acide se présente en octaèdres quadratiques très solubles.

Le *sel d'étain*, $C^6H^2(AzH^2)^2(SO^3)^2Sn + H^2O$, cristallise en aiguilles blanches; distillé avec de la chaux sodée, il fournit de la métaphénylène-diamine.

Le *dérivé diazoïque*,

$$C^6H^2 < \frac{Az^2}{(SO^3)^2} > Az^2,$$

est une poudre cristalline jaune, que l'ébullition avec l'alcool convertit en acide métaphénylène-disulfonique.

Acide bromométaphénylène-diamine-sulfonique, $C^6H^2(AzH^2)^2_{(1,3)}Br_{(2)}SO^3H_{(5)}$ [Bässmann, *Liebig's Ann. Chem.*, t. CXCI, p. 244]. — On traite par le chlorure d'étain une solution aqueuse concentrée d'acide dinitrotribromophénylsulfonique : le liquide entre en ébullition en prenant une coloration bleue, et laisse, par le refroidissement, déposer le nouvel acide : les eaux mères renferment un mélange d'acides di- et tribromés. L'acide bromophénylène-diamine-sulfonique se présente en longues aiguilles blanches et soyeuses, anhydres, lorsque la cristallisation s'est faite rapidement, renfermant 1 molécule d'eau lorsqu'elle a été lente. Il est assez soluble dans l'eau bouillante, peu soluble dans l'eau froide, insoluble dans l'alcool; il jaunit peu à peu à l'air; chauffé sur une lame de platine, il brûle sans fondre en laissant un résidu de charbon. Ses sels sont très solubles et pour la plupart incristallisables. Le *sel de plomb* est une masse gommeuse brunâtre. Le *sel de baryum*,

$$[C^6H^2(AzH^2)^2BrSO^3]^2Ba + H^2O,$$

se présente en fines aiguilles rougeâtres, très solubles dans l'eau et dans l'alcool.

Le *dérivé diazoïque* se produit à l'état de sel de potassium par l'action du nitrite de potassium à 70° sur l'acide en suspension dans l'alcool : c'est une poudre cristalline brune, insoluble dans l'alcool, très soluble dans l'eau, et qui n'a pas été analysée : ce corps se détruit par la chaleur avec dégagement d'azote.

Acide dibromophénylène-diamine-sulfonique,

$$C^6H(AzH^2)^2_{(1,3)}Br^2_{(2,4)}SO^3H_{(5)} + H^2O$$

[Bässmann, *ibid.*, p. 248]. — Cet acide se produit en même temps que l'acide monobromé et reste dans les eaux mères : on l'obtient en évaporant au bain-marie ces eaux mères, débarrassées préalablement d'étain par l'acide sulfhydrique; le résidu est lavé à l'alcool, qui dissout l'acide tribromé, et enfin purifié par cristallisation dans l'eau, en présence de noir animal. On obtient ainsi des lames incolores orthorhombiques, très peu solubles : cet acide se colore peu à peu en jaune; chauffé, il brûle sans fondre.

Acide tribromophénylène-diamine-sulfonique,

$$C^6(AzH^2)^2_{(1,3)}Br^3_{(2,4,6)}SO^3H_{(5)}$$

[Bässmann, *ibid.*]. — Cet acide n'a pas été préparé à l'état de pureté. Son *sel de baryum*,

$$[C^6(AzH^2)^2Br^3SO^3]^2Ba + 1\tfrac{1}{2}H^2O,$$

est en mamelons fortement colorés : on l'obtient en saturant par le carbonate de baryum le liquide alcoolique obtenu dans la purification de l'acide dibromé.

TÉTRAMÉTHYLPHÉNYLÈNE-DIAMINE,

$$C^6H^4.Az^2(CH^3)^4$$

[Wurster et Morley, *Deutsch. chem. Gesellsch.*, 1879, p. 1814]. — On chauffe pendant 8 heures, à 180-190°, 10 grammes de phénylène-diamine, 16 grammes d'acide chlorhydrique et 20 grammes d'alcool méthylique; le produit de la réaction est ensuite lavé à la soude et distillé. La tétraméthylphénylène-diamine est un liquide incolore, peu soluble dans l'eau, bouillant à 256°.

Le *chlorhydrate*, $C^6H^4.Az^2(CH^3)^4.2HCl + 2H^2O$, se présente en cristaux transparents, solubles dans l'alcool, insolubles dans l'éther et déliquescents.

L'*iodométhylate*, $C^6H^4.Az^2(CH^3)^5I$, est très soluble dans l'eau, peu soluble dans l'alcool, insoluble dans l'éther; il fond à 192° et se décompose à cette température en iodure de méthyle et tétraméthylphénylène-diamine.

Dibromotétraméthyhlpénylène-diamine,

$$C^6H^2Br^2.Az^2(CH^3)^4.$$

— Obtenue à l'état de chlorhydrate par l'action du brome sur une solution chlorhydrique de tétraméthylphénylène-diamine, cette base est un liquide huileux non distillable.

Le *chlorhydrate*, $C^6H^2Br^2.Az^2(CH^3)^4.2HCl$, se présente en cristaux jaunes, hygroscopiques, insolubles dans l'éther, solubles dans l'acide acétique bouillant.

Nitrosotrinitrotriméthylphénylène-diamine,

$$C^6H(AzO^2)^3.Az^2(AzO)(CH^3)^3.$$

— Cristaux jaunes, fusibles à 132°, obtenus par l'action de l'acide nitrique sur une solution acétique de tétraméthylphénylène-diamine.

Dinitrophényl-phénylène-diamine,

$$C^6H^4 \begin{cases} AzH^2 \\ AzH.C^6H^3(AzO^2)^2 \end{cases}$$

[Leymann, *Deutsch. chem. Gesellsch.*, 1882, p. 1237]. — Cristaux fusibles à 172°, obtenus en chauffant une solution alcoolique de métaphénylène diamine avec de l'α-dinitrochlorobenzine.

Nitrochlorophényl-phénylène-diamine,

$$C^6H^4 \begin{cases} AzH^2 \\ AzH\text{-}C^6H^3(AzO^2)Cl \end{cases}$$

[Laubenheimer, *Deutsch. chem. Gesellsch.*, 1878, p. 1158]. — On chauffe un mélange à parties égales de métaphénylène-diamine et de dinitrochlorobenzine avec un peu d'alcool, jusqu'à dissolution complète; on abandonne pendant deux jours et on reprend la masse par l'acide chlorhydrique froid. On obtient ainsi une masse cristalline jaune, que l'alcool bouillant décompose en acide chlorhydrique et en nitrochlorophénylphénylène-diamine.

Cette base cristallise en aiguilles soyeuses, rouge carmin, fusibles à 150-151°; elle est presque insoluble dans l'eau, très soluble dans l'alcool chaud et dans l'éther.

β-dinaphtylmétaphénylène-diamine,

$$C^6H^4(AzH.C^{10}H^7)^2$$

[Ruhemann, *Deutsch. chem. Gesellsch.*, 1881, p. 2654]. — On chauffe pendant 5 à 6 heures, en tubes scellés, à 200°, un mélange de β-naphtol et de métaphénylène-diamine; le produit est lavé successivement à la soude et à l'acide chlorhydrique faible, et enfin cristallisé dans l'alcool. On obtient ainsi de fines aiguilles violettes, fusibles à 126°, solubles dans l'alcool, la benzine, l'éther, le sulfure de carbone et le chloroforme.

Benzoylphénylène-diamine,

$$C^6H^4(AzH^2)AzH.C^7H^5O$$

[Bell, *Deutsch. chem. Gesellsch.*, 1874, p. 497; — Hübner, *Liebig's Ann. Chem.*, t. CCVIII, p. 298]. — Ce corps s'obtient en réduisant la benzoylmétanitranilide, $C^6H^4(AzO^2)AzH.C^7H^5O$, par le sulfure d'ammonium (Bell) ou l'étain et l'acide chlorhydrique (Hübner). Il se présente en prismes orthorhombiques, fusibles à 125° (Bell), à 260° (Hübner), très solubles dans l'alcool, peu solubles dans l'eau, insolubles dans le chloroforme.

Le *chlorhydrate*, $C^6H^4(AzH^2)AzH.C^7H^5O.HCl$, est en aiguilles incolores, très solubles dans l'eau bouillante, peu solubles dans l'eau froide et l'acide chlorhydrique.

Le *sulfate*, $[C^6H^4.(AzH^2)AzH.C^7H^5O]^2SO^4H^2$, forme de longues aiguilles incolores et brillantes, peu solubles dans l'eau bouillante.

Métamidobenzoyl-phénylène-diamine,

$$C^6H^4(AzH^2).AzH.(CO\text{-}C^6H^4.AzH^2)$$

[Hugh, *Deutsch. chem. Gesellsch.*, 1874, p. 1268]. — On prépare cette base en réduisant par le sulfure d'ammonium alcoolique la métanitrobenzoylmétanitranilide,

$$C^6H^4(AzO^2)AzH(CO\text{-}C^6H^4AzO^2);$$

elle se présente en belles aiguilles, fusibles à 129°.

Dibenzoyl-phénylène-diamine,

$$C^6H^4(AzH.CO\text{-}C^6H^5)^2$$

[Ruhemann, *Deutsch. chem. Gesellsch.*, 1881, p. 2652]. — Aiguilles blanches, fusibles à 240°, obtenues par l'action du chlorure de benzoyle sur la métaphénylène-diamine. Ce corps est peu soluble dans l'alcool, assez soluble dans l'acide acétique.

Nitrodibenzoyl-phénylène-diamine,

$$C^6H^3(AzO^2)(AzH.CO\text{-}C^6H^5)^2$$

[Ruhemann, *ibid.*]. — On ajoute peu à peu de l'acide nitrique fumant à une solution acétique de la base précédente; l'addition d'eau précipite le dérivé nitré en aiguilles jaune-brun, fusibles à 222°.

Traitée en solution acétique par l'étain et l'acide chlorhydrique à l'ébullition, cette base se convertit en *benzoylbenzényltriamidobenzine*,

$$C^6H^3 \begin{cases} AzH.CO\text{-}C^6H^5 \\ AzH.C\text{-}C^6H^5 \\ Az \, // \end{cases}$$

lamelles blanches, fusibles à 214°.

Acétylphénylène-diamine,

$$C^6H^4(AzH^2)AzH.C^2H^3O$$

[Wallach et Schulze, *Deutsch. chem. Gesellsch.*, 1882, p. 3020]. — On chauffe pendant 2 heures, au réfrigérant ascendant, un mélange de phénylène-diamine (1 molécule) et d'acide acétique cristallisable (2 molécules). On laisse refroidir, et on traite le produit par l'acide chlorhydrique (1 molécule); on précipite ainsi le *monochlorhydrate* de la nouvelle base en cristaux fusibles vers 280°, solubles dans l'alcool, insolubles dans l'alcool éthéré.

La base elle-même se présente en lamelles extrêmement solubles dans l'eau. Par l'action simultanée du phénol et du nitrite de potassium sur une solution chlorhydrique bien refroidie d'acétylphénylène-diamine, on la transforme en *phénol-azo-acetyl-amidobenzol*,

$$C^6H^4(AzH.C^2H^3O)Az=Az.C^6H^4.OH,$$

fusible à 208°.

Ce corps se convertit par une courte ébullition avec l'acide chlorhydrique à 25 % en *phénol-azo-amidobenzol*, $C^6H^4(AzH^2)Az=Az\text{-}C^6H^4.OH$, fusible à 168°. Le dérivé tétrazoïque correspondant, le *benzoldiazophénol*, $C^6H^4(Az=Az.C^6H^4.OH)^2$, est une poudre foncée, soluble dans la soude.

Diacétylphénylène-diamine,

$$C^6H^4(AzH.C^2H^3O)^2$$

[Barbaglia, *Deutsch. chem. Gesellsch.*, 1874, p. 1257]. — On chauffe au réfrigérant ascendant 1 molécule de phénylène-diamine avec 2 ½ molécules d'acide acétique cristallisable, jusqu'à ce que le mélange se prenne en masse par le refroidissement. On dissout alors le produit dans l'eau bouillante; le dérivé acétylé se dépose par le refroidissement en petits prismes durs, fusibles à 191°, assez solubles dans l'alcool et dans l'eau chaude.

Diacétylnitrophénylène-diamine,

$$C^6H^3(AzO^2)(AzH.C^2H^3O)^2$$

[Barbaglia, *ibid.*]. — Obtenu par l'action de l'acide nitrique fumant sur une solution acétique bien refroidie de diacétylphénylène-diamine, ce corps se présente en petites aiguilles, fusibles à 246°, insolubles dans l'eau froide, assez solubles dans l'alcool, l'éther et l'acide acétique. Traité par la soude caustique, il se transforme en nitrophénylène-diamine.

Phénylène-diglycocolle éthylique,

$$C^6H^4(AzH.CH^2\text{-}CO^2C^2H^5)^2$$

[Zimmermann, *Deutsch. chem Gesellsch.*, 1882, p. 518]. — On chauffe un mélange en proportions moléculaires de phénylène-diamine et de monochloracétate d'éthyle, et on fait cristalliser le produit dans l'éther, puis dans l'eau. On obtient ainsi des aiguilles fusibles à 73°, très peu solubles dans l'eau, très solubles dans l'alcool et dans l'éther.

ACIDE PHÉNYLÈNE-OXAMIQUE,

$C^6H^4(AzH^2)AzH.CO\text{-}CO^2H$

[Klusemann, *Deutsch. chem. Gesellsch.*, 1874, p. 1261]. — Ce corps prend naissance lorsqu'on fait bouillir pendant longtemps une solution aqueuse d'oxalate de phénylène-diamine; il se produit encore lorsqu'on fait bouillir pendant quelques heures de la phénylène-diamine avec une solution alcoolique d'acide oxalique; il se forme en même temps de l'oxalate de phénylène-diamine, qui reste dans les eaux mères.

L'acide phénylène-oxamique cristallise en aiguilles légèrement rouges, qui ne fondent qu'à une température très élevée en se décomposant. Il est peu soluble dans l'eau bouillante.

Le *sel d'argent*, $C^8H^7Az^2O^3Ag$, se présente en belles aiguilles blanches, solubles dans l'eau bouillante; il se décompose à 170° avec dégagement d'oxyde de carbone et d'acide carbonique.

Phénylène-oxamide, $C^6H^4(AzH)^2C^2O^2$ [Klusemann, *ibid.*]. — Masse amorphe jaune, insoluble dans tous les dissolvants ordinaires, obtenue par l'action de l'oxalate d'éthyle sur la phénylène-diamine.

PHÉNYLÈNE-URÉE, $C^6H^4(AzH)^2.CO$ [Michler et Zimmermann, *Deutsch. chem. Gesellsch.*, 1881, p. 2177]. — On dissout la phénylène-diamine dans le chloroforme et on sature cette solution d'oxychlorure de carbone; le tout se prend bientôt en une masse blanche, amorphe, presque insoluble dans la plupart des dissolvants ordinaires. Ce corps brunit vers 300° sans fondre à cette température.

Phénylène-diuréide, $C^6H^4(AzH\text{-}CO\text{-}AzH^2)^2$ [Warder, *Deutsch. chem. Gesellsch.*, 1875, p. 1180]. — Préparé par la digestion du cyanate de potassium avec le chlorhydrate de phénylène-diamine, ce corps forme des cristaux blancs, peu solubles dans l'eau bouillante et dans l'alcool, fusibles au-dessus de 300°; il se sublime avec décomposition notable.

Phénylène-disulfo-uréide,

$C^6H^4(AzH.CS.AzH^2)^2$

[Lellmann, *Deutsch. chem. Gesellsch.*, 1882, p. 2839]. — Lamelles microscopiques blanches, fusibles à 215°, peu solubles dans la plupart des réactifs neutres. On l'obtient par l'action du sulfocyanate de potassium sur le chlorhydrate de phénylène-diamine.

CARBOMÉTAMIDOTÉTRAIMIDOBENZOL,

$(C^6H^4.AzH^2.AzH)^4C$

[Hübner, *Deutsch. chem. Gesellsch.*, 1877, p. 1719]. — Liquide huileux jaune clair, volatil avec la vapeur d'eau. On l'obtient par la réduction du carbométanitrotétraimidobenzol,

$(C^6H^4.AzO^2.AzH)^4C.$

Le *chlorhydrate*, $C^{25}H^{28}Az^8.8HCl$, forme des aiguilles presque noires. La base donne avec l'acide nitreux un précipité brun de la formule

$[(C^6H^4.OH)^4.Az^2O.(Az.AzO)^2]C.$

III. — PARAPHÉNYLÈNE-DIAMINE

Cette base a été décrite au t. II, p. 895, sous le nom d'*α-phénylène-diamine*.

Dichlorophénylène-diamine,

$C^6H^2Cl^2_{(2,6)}(AzH^2)^2_{(1,4)}$

[Witt, *Deutsch. chem. Gesellsch.*, 1875, p. 145]. — Obtenue par l'action réductrice de l'étain et de l'acide chlorhydrique sur la dichloronitroaniline correspondante, cette base cristallise en aiguilles brillantes, fusibles à 123°,5.

Le *chlorhydrate* se présente en longues aiguilles.

Tétrachlorophénylène-diamine, $C^6Cl^4(AzH^2)^2$ [Krause, *Deutsch. chem. Gesellsch.*, 1879, p. 51]. — Ce corps prend naissance par l'action à froid de l'acide chlorhydrique ($d=1,2$) sur la dichlorophénylène-diimide, $C^6H^4Cl^2Az^2$. Il cristallise en aiguilles flexibles, d'un rouge clair, fusibles à 218°, très solubles dans l'éther, l'alcool, la benzine, l'acide acétique, presque insolubles dans l'eau et l'acide chlorhydrique. L'acide azotique et l'eau régale le transforment en chloranile.

Dinitrophénylène-diamine,

$C^6H^2(AzO^2)^2(AzH^2)^2$

[Biedermann et Ledoux, *Deutsch. chem. Gesellsch.*, 1874, p. 1532]. — Ce corps prend naissance par l'action de l'ammoniaque alcoolique à 150° sur la dinitrodiacétylphénylène-diamine. Il cristallise en aiguilles fusibles à 294°, solubles dans l'eau chaude et dans l'alcool, peu solubles dans l'éther. Le *chloroplatinate* a pour formule $[C^6H^2(AzO^2)^2(AzH^2)^2HCl]^2PtCl^4$.

DICHLOROPHÉNYLÈNE-DIIMIDE,

$$C^6H^2Cl^2 < \begin{matrix} AzH \\ | \\ AzH \end{matrix}$$

[Krause, *Deutsch. chem. Gesellsch.*, 1879, p. 47]. — Ce corps se produit par l'action de l'hypochlorite de calcium sur le chlorhydrate de paraphénylène-diamine. Il se présente en belles aiguilles blanches très peu solubles dans l'eau bouillante, qui fondent à 124° en détonant; on peut le distiller avec décomposition partielle dans un courant de vapeur d'eau. Le chlorure stanneux le transforme en chlorhydrate de phénylène-diamine; il en est de même de l'amalgame de sodium, de l'acide sulfureux et de l'acide sulfhydrique.

DIMÉTHYLPHÉNYLÈNE-DIAMINE,

$$C^6H^4 < \begin{matrix} AzH^2 \\ Az(CH^3)^2 \end{matrix}$$

[Schraube, *Deutsch. chem. Gesellsch.*, 1875, p. 619; — Wurster, *ibid.*, 1879, p. 522]. — On l'obtient en réduisant par l'étain et l'acide chlorhydrique la nitrosodiméthylaniline. Elle cristallise en aiguilles blanches, fusibles à 41°, très solubles dans l'eau, l'alcool, la benzine, le chloroforme, moins solubles dans l'éther et la ligroïne, et bout à 257°. Ses sels sont très solubles. Le *chloroplatinate* a pour formule

$C^6H^4.AzH^2.Az(CH^3)^2.2HCl.PtCl^4.$

Oxydée par le chlorure ferrique, en présence d'hydrogène sulfuré, elle fournit le *bleu de méthylène* (Suppl., p. 163).

Acétyldiméthylphénylène-diamine,

$$C^6H^4 < \begin{matrix} AzH.C^2H^3O \\ Az(CH^3)^2 \end{matrix}$$

[Wurster, *loc. cit.*]. — Obtenu par l'action de l'acide acétique cristallisable sur la base précédente à l'ébullition, ce corps cristallise en aiguilles ou en lamelles blanches, très solubles dans l'eau bouillante.

Acide diméthylphénylène-diamine-sulfonique,

$$C^6H^3(SO^3H) < \begin{matrix} AzH^2 \\ Az(CH^3)^2 \end{matrix}$$

[Michler et Walder, *Deutsch. chem. Gesellsch.*, 1881, p. 2176]. — Cet acide se produit par la réduction de l'acide nitrodiméthylaniline-sulfonique au moyen de l'étain et de l'acide chlorhydrique; il cristallise en grands rhomboèdres très solubles dans l'eau, peu solubles dans l'alcool.

Les *sels de baryum* et *de calcium* sont cristallisés.

Acide diméthylphénylène-diamine-oxamique. — Cet acide et son éther sont décrits, Suppl., p. 1113.

Ce dernier, traité en solution chlorhydrique par le nitrite de sodium, se convertit en belles aiguilles rouges, fusibles à 152°, ayant pour formule

$$C^6H^3(AzO^2) < \begin{matrix} AzH.CO\text{-}CO^2C^2H^5 \\ Az(CH^3)^2. \end{matrix}$$

Ce dérivé forme un chlorhydrate gommeux jaune et déliquescent [Wurster et Sendtner, *Deutsch. chem. Gesellsch.*, 1879, p. 1804]. L'*amide*,

$$C^6H^4 < \begin{matrix} AzH.CO\text{-}COAzH^2 \\ Az(CH^3)^2 \end{matrix}$$

fond à 257-259°; elle est peu soluble dans l'éther et dans l'alcool chaud, assez soluble dans la benzine bouillante.

Diamidodiméthylphényloxamide (voyez Suppl. p. 1111).

TRIMÉTHYLPHÉNYLÈNE-DIAMINE,

$$C^6H^4 < \begin{matrix} Az(CH^3)^2 \\ AzH.CH^3 \end{matrix}$$

[Wurster et Schobig, *Deutsch. chem. Gesellsch.*, 1879, p. 1810]. — On obtient cette base en traitant son dérivé nitrosé (voyez plus bas) par l'acide chlorhydrique concentré, ou bien par l'étain et l'acide chlorhydrique. C'est un liquide huileux, bouillant à 265°. Elle fournit par l'anhydride acétique un dérivé cristallisé fusible à 95°.

Nitrosotriméthylphénylène-diamine,

$$C^6H^4 < \begin{matrix} Az(CH^3)^2 \\ Az(AzO)CH^3 \end{matrix}$$

[Wurster et Schobig, *ibid.*]. — Ce corps prend naissance par l'action du nitrite de sodium sur une solution acétique de tétraméthylphénylène-diamine. Il cristallise en lamelles verdâtres, fusibles à 98-99°, très solubles dans la benzine, le chloroforme, l'éther, peu solubles dans la ligroïne.

Nitrosotrimethylnitrophénylène-diamine,

$$C^6H^3(AzO^2) < \begin{matrix} Az(CH^3)^2 \\ Az(AzO)CH^3 \end{matrix}$$

[Wurster et Schobig, *ibid.*]. — On l'obtient par l'action d'un excès de nitrite de sodium sur la tétraméthylphénylène-diamine; elle cristallise en longues aiguilles orangées, fusibles à 87°, solubles dans la benzine et la ligroïne. Le *chloroplatinate* a pour formule $(C^9H^{12}Az^4O^3.HCl)^2PtCl^4$.

Amidotriméthylphénylène-diamine,

$$C^6H^3(AzH^2) < \begin{matrix} Az(CH^3)^2 \\ AzH.CH^3 \end{matrix}$$

[Wurster et Schobig, *ibid.*]. — Cette base prend naissance par la réduction de la précédente au moyen de l'étain et de l'acide chlorhydrique; elle cristallise en petites aiguilles fusibles à 90° et bout à 294°. Le *chlorostannite* a pour formule

$$C^9H^{15}Az^3.2HCl.SnCl^2.$$

Le *dérivé diacétylé*,

$$C^6H^3(AzH.C^2H^3O)(Az.2CH^3)(Az.CH^3.C^2H^3O)$$

fond à 184°.

TÉTRAMÉTHYLPHÉNYLÈNE-DIAMINE,

$$C^6H^4 < \begin{matrix} Az(CH^3)^2 \\ Az(CH^3)^2 \end{matrix}$$

[Wurster, *Deutsch. chem. Gesellsch.*, 1879, p. 527.]. — On la prépare en chauffant la diméthylphénylène-diamine avec de l'acide chlorhydrique et de l'alcool méthylique, d'abord à 170-180°, puis à 200°: le produit de la réaction est lavé à la soude, puis à l'eau, et enfin distillé. La base cristallise en lamelles blanches et brillantes, fusibles à 51° et bout à 260°. Elle est assez soluble dans l'eau bouillante, très soluble dans l'alcool, l'éther et le chloroforme.

Le *chlorhydrate*, $C^{10}H^{16}Az^2.2HCl$, est en petits cristaux blancs.

Le *chloroplatinate*, $C^{10}H^{16}Az^2.2HCl.PtCl^4$, est une poudre cristalline jaune.

Le *sulfate*, $C^{10}H^{16}Az^2.SO^4H^2$, forme de belles lamelles nacrées.

L'*iodométhylate*, $C^{10}H^{16}Az^2.CH^3I$, se présente en aiguilles argentines qui ne fondent pas encore à 270°.

PHÉNYLPHÉNYLÈNE-DIAMINE (amidodiphénylamine),

$$C^6H^4 < \begin{matrix} AzH^2 \\ AzH.C^6H^5 \end{matrix}$$

[Nietzki et Witt, *Deutsch. chem. Gesellsch.*, 1879, p. 1399.]. — Cette base se produit par la réduction de la nitrodiphénylamine ou du phénylamidoazobenzol au moyen du zinc et de l'acide acétique; elle cristallise en lamelles brillantes, fusibles à 61°. Le *sulfate* est en lamelles argentines. Le *dérivé acétylé*, $C^{12}H^{11}Az^2.C^2H^3O$, est en aiguilles fusibles à 158°.

DIAMIDO-DIPHÉNYLAMINE, $AzH(C^6H^4.AzH^2)^2$ [Nietzki, *Deutsch. chem. Gesellsch.*, 1878, p. 1097; — Nietzki et Witt, *ibid.*, 1879, p. 1402]. — On obtient cette base en réduisant la dinitrodiphénylamine correspondante par la poudre de zinc et l'acide acétique, ou bien le noir d'aniline par l'étain et l'acide chlorhydrique ou l'acide iodhydrique. Elle cristallise en lamelles incolores, fusibles à 158°, non volatiles. Les oxydants la transforment en quinone.

Le *sulfate*, $C^{12}H^{13}Az^3.SO^4H^2$, forme de longues aiguilles soyeuses.

Le *chloroplatinate*, $C^{12}H^{13}Az^3.2HCl.PtCl^4$, est en petites aiguilles rougeâtres.

Le *dérivé diacétylé*, $C^{12}H^{11}Az^3(C^2H^3O)^2$, forme des aiguilles fusibles à 239°; il est peu soluble dans l'eau, très soluble dans l'alcool et l'acide acétique.

Lorsqu'on traite par l'acide nitreux le sulfate de diamidodiphénylamine en suspension dans l'eau, on le transforme en *sulfate diazoïque*, masse cristalline très soluble dans l'eau, insoluble dans l'alcool et l'éther, qui, avec l'acide chlorhydrique et le chlorure de platine, fournit le *chloroplatinate*, $C^{12}H^7Az^5.(HCl)^2PtCl^4 + H^2O$.

BENZOYLPHÉNYLÈNE-DIAMINE,

$$C^6H^4(AzH^2)(AzH.C^7H^5O)$$

[Hübner, *Liebig's Ann. Chem.*, t. CCVIII, p. 295]. — Préparée par la réduction de la benzoylparanitranilide, $C^6H^4(AzO^2)(AzH.C^7H^5O)$, au moyen de l'étain et de l'acide chlorhydrique, cette base cristallise en lamelles incolores, peu solubles dans l'eau, très solubles dans l'alcool et le chloroforme et fusibles à 125-128°.

Le *chlorhydrate*, $C^{13}H^{12}Az^2.HCl$, forme des aiguilles nacrées peu solubles dans l'eau chaude.

Le *sulfate*, $[C^{13}H^{12}Az^2]^2SO^4H^2$, est en aiguilles peu solubles dans l'eau froide, plus solubles dans l'eau bouillante.

La *bromamidobenzanilide* (benzoylbromophénylène-diamine), préparée par la réduction du dérivé nitré correspondant, cristallise en lamelles incolores, fusibles à 205° [Hübner, *Deutsch. chem. Gesellsch.*, 1877, p. 1709].

PHÉNYLBENZOYLPHÉNYLÈNE-DIAMINE,

$$C^6H^4(AzH^2)(Az.C^6H^5.C^7H^5O)$$

[Lellmann, *Deutsch. chem. Gesellsch.*, 1882, p. 826]. — Aiguilles rougeâtres obtenues en réduisant, par l'étain et l'acide acétique, la benzoylmononitro-diphénylamine.

DIFORMYLPHÉNYLÈNE-DIAMINE,

$$C^6H^4(AzH.CHO)^2$$

[Wundt, *Deutsch. chem. Gesellsch.*, 1878, p. 828]. — Masse cristalline violacée, fusible vers 203°,5.

DIACÉTYLPHÉNYLÈNE-DIAMINE,

$$C^6H^4(AzH.C^2H^3O)^2$$

[Biedermann et Ledoux, *Deutsch. chem. Gesellsch.*, 1874, p. 1531]. — Obtenu par l'action prolongée de l'acide acétique bouillant sur la phénylène-diamine, ce corps se présente en octaèdres quadratiques, fusibles au-dessus de 295°, peu solubles dans la plupart des dissolvants, à l'exception de l'acide acétique.

Traité en solution acétique par l'acide nitrique fumant, il se transforme en *dérivé dinitré*,

$$C^6H^2(AzO^2)^2(AzH.C^2H^3O)^2,$$

cristaux jaunes, fusibles à 258°, insolubles dans l'eau, peu solubles dans l'alcool et l'acide acétique.

DISUCCINYLPHÉNYLÈNE-DIAMINE,

$$C^6H^4[Az = C^4H^4O^2]^2$$

[Biedermann, *Deutsch. chem. Gesellsch.*, 1876, p. 1668.]. — On chauffe, pendant une demi-heure, à 200°, un mélange de phénylène-diamine et d'acide succinique, on laisse refroidir et on épuise par l'eau bouillante. Le résidu forme de petits cristaux insolubles dans tous les dissolvants, infusibles, sublimables au rouge.

DIAMIDODIPHÉNYLURÉE,

$$CO<^{AzH.C^6H^4.AzH^2}_{AzH.C^6H^4.AzH^2}$$

[Fleischer et Nemes, *Deutsch. chem. Gesellsch.*, 1877, p. 1295.]. — Préparée par la réduction de la tétranitrocarbanilide $CO[AzH.C^6H^3(AzO^2)^2]^2$ au moyen de l'étain et de l'acide chlorhydrique, ce corps se présente en lamelles nacrées, très solubles dans l'alcool et dans l'eau bouillante, sublimables sans décomposition. Le *chlorostannite* a pour formule $(C^{13}H^{14}Az^2O)^2 2HCl.SnCl^2$.

PHÉNYLÈNE-DISULFO-URÉE, $C^6H^4(AzH.CS.AzH^2)^2$ [Lellmann, *Deutsch. chem. Gesellsch.*, 1882, p. 2840.]. — On dissout dans l'eau du chlorhydrate de phénylène diamine et du sulfocyanate d'ammonium ; on évapore à sec au bain-marie, on chauffe le résidu à 120°, on le lave à l'eau, et on le fait recristalliser dans l'eau ammoniacale. On obtient ainsi des aiguilles incolores, fusibles à 218°, peu solubles dans l'alcool.

TÉTRAMÉTHYLDIAMIDODIPHÉNYLURÉE,

$$CO[AzH.C^6H^4.Az(CH^3)^2]^2$$

[Binder, *Deutsch. chem. Gesellsch.*, 1879, p. 535]. — Obtenu par l'action de l'urée sur la diméthylphénylène-diamine à 130-150°, ce corps se présente en fines aiguilles insolubles dans l'eau, solubles dans l'acétone bouillante et fusibles à 262°.

Le *sulfate*, $C^{17}H^{22}Az^4O.SO^4H^2$, est peu soluble dans l'eau froide.

Le *chlorhydrate*, $C^{17}H^{22}Az^4O.2HCl$, est très soluble.

DIMÉTHYLAMIDOPHÉNYLURÉE,

$$CO<^{AzH^2}_{AzH.C^6H^4.Az(CH^3)^2}$$

[Binder, *ibid.*]. — On l'obtient par l'action du cyanate de potassium sur le sulfate de l'urée précédente, en longues aiguilles blanches, fusibles à 179°, assez solubles dans l'eau bouillante.

Le *chlorhydrate* et le *sulfate* sont très solubles ; le *chloroplatinate*, $2(C^9H^{13}Az^3O.HCl)PtCl^4$, est en petites lamelles jaunes.

TÉTRAMÉTHYLDIAMIDODIPHÉNYLSULFO-URÉE,

$$CS[AzH-C^6H^4.Az(CH^3)^2]^2$$

[Baur, *Deutsch. chem. Gesellsch.*, 1879, p. 533]. — On l'obtient en faisant bouillir la diméthylphénylène-diamine avec de l'alcool et un excès de sulfure de carbone au réfrigérant ascendant, tant qu'il se dégage de l'acide sulfhydrique. Aiguilles blanches, fusibles à 186°,5, insolubles dans l'eau, peu solubles dans l'alcool, assez solubles dans le chloroforme et la benzine chaude.

Le *chlorhydrate*, $C^{17}H^{22}Az^4S.2HCl$, est une poudre cristalline blanche. L'anhydride acétique fournit un dérivé fusible à 71°.

CARBOPARAMIDOTÉTRA-IMIDOBENZOL

$$[C^6H^4(AzH^2)(AzH)]^4C$$

[Hübner, *Deutsch. chem. Gesellsch.*, 1877, p. 1718]. — Lames incolores, fusibles à 138°, obtenues par la réduction du carboparanitrotétraimidobenzol au moyen de l'étain et de l'acide chlorhydrique.

Le *chlorhydrate*, $(C^6H^4.AzH^2-AzH)^4C,8HCl$, est en petites lamelles rougeâtres très solubles dans l'eau.

Le dérivé nitrosé, $C^{25}H^{20}Az^6O^7$, obtenu par l'action de l'acide nitreux en solution aqueuse sur le nitrate de la base, est un précipité brunâtre, soluble en brun dans l'acide sulfurique, insoluble dans l'eau et l'acide acétique.

Ad. Fauconnier.

PHÉNYLÈNE-NAPHTYLÈNE (OXYDE DE),

$$C^{16}H^{10}O = \begin{matrix} C^6H^4 \\ | \\ C^{10}H^6 \end{matrix} > O.$$

— On en connaît deux, correspondant aux naphtols α et β, que l'on obtient en distillant dans une cornue de cuivre un mélange de 1 p. de phénol, 1 p. de naphtol et de 4 p. d'oxyde de plomb ; avec le naphtol-α on obtient environ 18 grammes d'oxyde de phénylène-naphtylène brut pour 50 grammes de naphtol employé ; le naphtol-β, par contre, donne principalement de l'oxyde de β-dinaphtylène et une très petite quantité seulement de l'oxyde mixte.

OXYDE DE PHÉNYLÈNE-α-NAPHTYLÈNE. — Aiguilles jaunes, fusibles à 178°, très solubles dans l'éther et le chloroforme bouillants, peu solubles dans l'alcool et l'acide acétique. Il forme avec l'acide picrique de belles aiguilles rouges, fusibles à 168°, de la formule $C^{16}H^{10}O + 2C^6H^3Az^3O^7$, solubles dans la benzine et se dédoublant par l'alcool.

Le perchlorure de phosphore le transforme en oxyde de phénylène-α-naphtylène *dichloré*,

$$C^{16}H^8Cl^2O,$$

cristallisé en aiguilles incolores, fusibles à 245°, à peine solubles dans l'alcool et l'éther, un peu plus dans la benzine ; le chlore agissant sur l'oxyde dissous dans l'acide acétique donne le même dérivé de substitution. Avec le brome, on obtient le corps *dibromé*, $C^{16}H^8Br^2O$, en aiguilles jaunâtres, fusibles à 284°, moins solubles encore que le précédent. Le dérivé *dinitré*, $C^{16}H^8(AzO^2)^2O$, est jaune, fond à 235°, et se dissout aisément dans l'éther, le toluène, l'acide acétique, moins dans l'alcool.

L'acide sulfurique transforme l'oxyde, à 100°, en un acide tétrasulfonique, dont le *sel de baryum* soluble renferme $C^{16}H^6O(SO^3)^4Ba^2 + 4H^2O$.

Oxydé par l'acide chromique en solution acétique, l'oxyde de phénylène-α-naphtylène se convertit en une matière rouge, $C^{16}H^8O^3$, fusible vers 140° et qui est isomérique avec le composé quinonique dérivé du phénylnaphtylcarbazol. Le permanganate le transforme en acide phtalique.

OXYDE DE PHÉNYLÈNE-β-NAPHTYLÈNE. — Lamelles jaunâtres, fusibles à 296°, peu solubles dans l'alcool. Il a été préparé aussi par Graebe et Knecht en partant du phénylnaphtylcarbazol qui constitue l'imide correspondante, $C^{16}H^{10}(AzH)$ [J. von Arx, *Deutsch. chem. Gesellsch.*, 1880, p. 1726].

A. Henninger.

PHÉNYLÉTHYLACÉTONE [Syn. *Propiophé-*

none], $C^9H^{10}O = C^6H^5\text{-}CO\text{-}C^2H^5$. Voyez t. II, p. 834. — Elle se forme lorsqu'on distille un mélange de benzoate et de propionate de calcium [T. Dykes Barry, *Deutsch. chem. Gesellsch.*, 1873, p. 1006].

On l'obtient également en traitant par du sodium la solution éthérée de chlorure de benzoyle et d'iodure d'éthyle [De Bechi, *Deutsch. chem. Gesellsch.*, 1879, p. 163]. Elle bout à 210°. Traitée par l'acide nitrique fumant, elle fournit *deux dérivés nitrés*, l'*un cristallisé* en aiguilles fusibles à 100° de la formule

$$C^6H^4(AzO^2)\text{-}CO\text{-}C^2H^5,$$

l'*autre liquide*. Le dérivé nitré, qui est cristallin, fournit par réduction, au moyen de l'étain et de l'acide chlorhydrique, un *dérivé amidé* sirupeux,

$$C^6H^4(AzH^2)\text{-}CO\text{-}C^2H^5.$$

Le *chlorhydrate* donne un chloroplatinate

$$[C^6H^4(AzH^2)\text{-}CO\text{-}C^2H^5.HCl]^2 + PtCl^4$$

cristallin.

Cette acétone fournit par réduction l'alcool *phénylpropylique secondaire*, $C^6H^6\text{-}CH.OH\text{-}C^2H^5$, qui bout à 210-211°.

PHÉNYLFUMARIQUE (ACIDE),

$$C^{10}H^8O^4 = \begin{matrix} C(C^6H^5)\text{-}CO^2H \\ \| \\ CH\text{-}CO^2H. \end{matrix}$$

— Il a été obtenu par Barisch en chauffant à 150° l'acide β-bromocinnamique (bromo-phénylacrylique) avec du cyanure de potassium et de l'alcool, et saponifiant par la potasse bouillante le nitrile formé (Suppl., p. 502).

L'acide phénylfumarique cristallise dans l'eau en petits mamelons blancs, fusibles à 161°, peu solubles dans l'eau froide, extrêmement solubles dans l'alcool et dans l'éther. Les sels des *alcalis* cristallisent difficilement et sont fort solubles. Le *sel de baryum*, $C^{10}H^6O^4.Ba$, est en lamelles écailleuses solubles. Celui *d'argent* est une poudre amorphe, stable à 110° [F. Barisch, *Journ. prakt. Chem.*, (2), t. XX, p. 177].

PHÉNYLGLYCÉRIQUE (ACIDE),

$$C^9H^{10}O^4 = C^6H^5\text{-}CH.OH\text{-}CH.OH\text{-}CO^2H.$$

— On obtient cet acide en chauffant au réfrigérant à reflux, au bain-marie, du dibenzoylphénylglycérate de méthyle avec de la potasse alcoolique; après avoir filtré, on chasse l'alcool et on réunit le résidu à celui resté sur le filtre. On dissout cette masse cristalline dans l'eau, et on enlève par l'éther l'huile qui s'y trouve. On ajoute de l'acide chlorhydrique à la solution aqueuse pour précipiter l'acide benzoïque, on filtre de nouveau et on évapore la solution. Puis on reprend le résidu par l'éther, on épuise cette solution par l'eau, et l'on évapore la liqueur aqueuse, d'abord au bain-marie, puis sur l'acide sulfurique.

L'acide phénylglycérique est en aiguilles, fusibles vers 117°, très solubles dans l'eau, peu solubles dans l'éther, solubles dans l'alcool.

Le *sel d'argent* est un précipité amorphe soluble dans une grande quantité d'eau.

Lorsqu'on chauffe l'acide phénylglycérique à 150° avec du chlorure de benzoyle, jusqu'à ce qu'il ne se dégage plus d'acide chlorhydrique, et qu'on ajoute de l'alcool à l'huile obtenue, pour y faire passer ensuite un courant de gaz chlorhydrique, on obtient, après un repos de douze heures, des cristaux fusibles à 109° de *dibenzoylphénylglycérate d'éthyle*. Ce corps se forme aussi lorsqu'on traite le phényldibromopropionate d'éthyle par le benzoate d'argent.

L'*éther méthylique* fond à 113°,5; on l'obtient avec le phényldibromopropionate de méthyle [Anschütz et Kinnicutt, *Deutsch. chem. Gesellsch.*, 1879, p. 537]. M. Wassermann.

PHÉNYLGLYCOLIQUE (ACIDE) [Syn. *Acide formobenzoylique*], voyez t. Ier, p. 1492, et t. II, p. 898. — Il se forme lorsqu'on chauffe au bain-marie la combinaison bisulfitique de l'aldéhyde benzoïque avec du cyanure de potassium et de l'alcool à 90 %. On évapore la liqueur alcoolique et on reprend le résidu par l'acide chlorhydrique. Puis on sature la liqueur par le carbonate de baryum et on évapore de nouveau. Le résidu, lavé avec un mélange d'alcool (3 p.) et d'éther (1 p.), est finalement décomposé par l'acide sulfurique [O. Müller, *Deutsch. chem. Gesellsch.*, 1873, p. 323].

On l'obtient également en traitant le benzoylcarbinol, en solution dans la soude caustique, par le sulfate de cuivre [Breuer et Zincke, *Deutsch. chem. Gesellsch.*, 1880, p. 635].

D'après Claisen, l'acide qu'a obtenu Hunnius [*Deutsch. chem. Gesellsch.*, 1877, p. 2006] en traitant le dibromure d'acétophénone par le carbonate de sodium, serait de l'acide phénylglycolique [*Deutsch. chem. Gesellsch.*, 1879, p. 626 et 1505]. Il fond à 115° (Müller).

Chauffé avec du chloral, il fournit la chloralide de l'acide phénylglycolique, qui est en cristaux blancs, solubles dans l'alcool et l'éther, fusibles à 59°, bouillant de 305-310°, de la formule

$$C^6H^5\text{-}CH\begin{matrix}<CO^2 \\ <O\end{matrix}>CH\text{-}CCl^3$$

[Wallach et Hansen, *Deutsch. chem. Gesellsch.*, 1876, p. 1214].

L'acide phénylglycolique obtenu au moyen de l'amygdaline est lévogyre. L'acide artificiel, qui est sans action sur la lumière polarisée, devient dextrogyre lorsqu'on cultive sur sa solution le *Bacterium Termo*, l'*Aspergillus*, le *Mucor*, ou le *Penicillium glaucum* [Lewkowitsch, *Deutsch. chem. Gesellsch.*, 1882, p. 1505].

Oxydé au moyen du permanganate de potassium, cet acide donne l'acide benzoylformique ou phénylglyoxylique [R. Meyer et Baur, *Deutsch. chem. Gesellsch.*, 1880, p. 1495].

L'*éther méthylique* est en lamelles brillantes, fusibles à 47-48° [Breuer et Zincke, *loc. cit.*].

Amide phénylglycolique,

$$C^6H^5\text{-}CH.OH\text{-}COAzH^2.$$

— Elle se forme lorsqu'on traite la cyanhydrine d'aldéhyde benzoïque par l'acide chlorhydrique. Elle cristallise en aiguilles fusibles à 190° [Tiemann et Friedländer, *Deutsch. chem. Gesellsch.*, 1881, p. 1967].

Acide méthophénylglycolique,

$$C^9H^{10}O^3 = C^6H^5\ CH(OCH^3)\text{-}CO^2H.$$

— On l'obtient en traitant le phénylchloracétate de méthyle par le méthylate de sodium, et saponifiant l'éther formé. Après cristallisation dans la ligroïne, il se présente en aiguilles, fusibles à 71-72°. Les *sels d'argent* et de *calcium* sont anhydres; ceux de *baryum*, de *cuivre* et de *sodium* renferment $2H^2O$. L'*éther méthylique* bout à 246° [R. Meyer et Boner, *Deutsch. chem. Gesellsch.*, 1881, p. 2391]. M. Wassermann.

PHÉNYLGLYOXYLIQUE (ACIDE) [Syn. *Acide benzoylformique* ou *phénoxylique*], $C^8H^6O^3 = C^6H^5\text{-}CO\text{-}CO^2H$. — Claisen a obtenu cet acide en laissant pendant huit jours du cyanure de benzoyle en contact avec vingt-quatre fois son volume d'acide chlorhydrique concentré. Le liquide, redevenu clair, est alors chauffé pendant une demi-heure à 70° et épuisé par l'éther, qui enlève une huile que l'on dissout dans le carbonate de potassium. Cette solution est épuisée par l'éther, puis acidulée et extraite de nouveau par l'éther. La solution éthérée fournit par évaporation un sirop qui finit par se prendre en masse cristalline d'acide phénylglyoxylique [*Deutsch. chem. Gesellsch.*, 1877, p. 429 et 1663; 1879, p. 626 et 1505].

L'acide phénylglyoxylique se forme aussi lorsqu'on oxyde l'acide pulvique par le permanganate de potassium [Spiegel, *Deutsch. chem. Gesellsch.*, 1881, p. 1686].

L'acide phénylméthylglycolique fournit également de l'acide phénylglyoxylique, lorsqu'on l'oxyde par le permanganate de potassium; il en est de même pour l'acide phénylglycolique [Meyer et Boner, *Deutsch. chem. Gesellsch.*, 1881, p. 2391].

L'acide phénylglyoxylique prend aussi naissance lorsqu'on traite le chlorure d'éthyloxalyle par le mercure-diphényle [Claisen et Morley, *Deutsch. chem. Gesellsch.*, 1876, p. 1596] ou lorsqu'on fait réagir la benzine sur le chloroxalate d'éthyle en présence de chlorure d'aluminium [Roser, *Deutsch. chem. Gesellsch.*, 1881, p. 940].

Cet acide résulte enfin de l'oxydation de l'*alcool styrolénique* ou *phénylglycol* (voyez Suppl., p. 500) ainsi que du benzoyle-carbinol par l'acide nitrique [Hunæus et Zincke, *Deutsch. chem. Gesellsch.*, 1877, p. 1486].

L'acide phénylglyoxylique fond à 65-66°, en se décomposant en oxyde de carbone, gaz carbonique, aldéhyde et acide benzoïques. Sa solution dans la benzine additionnée d'acide sulfurique concentré devient rouge écarlate, puis bleu foncé (Claisen). Il s'unit à l'acide cyanhydrique naissant pour donner les nitriles des acides phényl-malonique et phényl-tartronique [Spiegel, *Deutsch. chem. Gesellsch.*, 1881, p. 235].

Les *sels d'ammonium* et de *sodium* sont en lamelles; le *sel potassique*, $C^8H^5O^3K + H^2O$, est en prismes, ainsi que le *sel d'argent*. Les *sels de baryum*, de *calcium* $(C^8H^5O^3)^2Ca + H^2O$, et de *strontium* $(C^8H^5O^3)^2Sr + H^2O$, sont en prismes; le *sel de zinc* renferme $2H^2O$. L'*éther méthylique* bout à 246-248°; l'*éther éthylique* à 256-257°; l'*éther propylique normal* à 174° sous 60mm; l'*éther isobutylique* à 170-174° sous 38mm, et l'*éther amylique* à 179-182° sous 40mm (Claisen).

L'éther éthylique, traité par le perchlorure de phosphore, donne le phényldichloracétate d'éthyle.

Acide orthonitrophénylglyoxylique,

$$C^8H^5(AzO^2)O^3 = C^6H^4(AzO^2)_{(2)}\text{-}CO\text{-}CO^2H_{(1)}.$$

— Il se forme par l'action d'un alcali bouillant sur l'amide correspondante; il est en prismes, fusibles à 46-47°, et, à l'état anhydre, à 122-123° [Claisen et Shadwell, *Deutsch. chem. Gesellsch.*, 1879, p. 350].

Acide métanitrophénylglyoxylique,

$$C^6H^4(AzO^2)_{(3)}\text{-}CO\text{-}CO^2H_{(1)}.$$

— Il dérive de l'amide correspondante; il fond à 77-78°. Sa solution dans la benzine devient cramoisie lorsqu'on y ajoute de l'acide sulfurique [Claisen et Thompson, *Deutsch. chem. Gesellsch.*, 1879, p. 1942; 1881, p. 1185].

Acide amidophénylglyoxylique. — L'acide orthoamidé est l'acide isatique (voyez Suppl., p. 959).

L'*acide métamidé*, $C^6H^4(AzH^2)\text{-}CO\text{-}CO^2H$, se forme par réduction de l'acide métanitré au moyen du sulfate ferreux en solution alcaline. Il cristallise en prismes brillants, fusibles au-dessus de 300°. Il fournit un *chlorhydrate* et des sels dont on a préparé ceux d'argent et de baryum [Claisen et Thompson, *loc. cit.*].

Acide diméthyl-métamidophénylglyoxylique,

$$(CH^3)^2Az.C^6H^4\text{-}CO\text{-}CO^2H.$$

— Son éther se forme par l'action de la diméthylaniline sur le chlorure d'éthyloxalyle. L'acide est en aiguilles fusibles à 187°; les *sels de baryum* et *de sodium* sont en lamelles blanches. L'*éther éthylique* est en lamelles fusibles à 95°, solubles dans l'alcool et la benzine [Michler et Hanhardt, *Deutsch. chem. Gesellsch.*, 1877, p. 2081].

AMIDES PHÉNYLGLYOXYLIQUES,

$$C^8H^7AzO^2 = C^6H^5\text{-}CO\text{-}COAzH^2.$$

— Claisen a décrit trois amides phénylglyoxyliques. Pour les préparer, on dissout le cyanure de benzoyle dans l'acide chlorhydrique concentré à froid, et on verse la solution dans l'eau. Il se dépose des cristaux qu'on lave à l'eau, qu'on sèche sur des plaques poreuses et qu'on fait cristalliser dans le sulfure de carbone. On obtient ainsi l'*α-amide*, qui est en cristaux fusibles à 90-91°, solubles dans l'alcool, l'éther et la benzine, ainsi que dans les alcalis étendus. L'acide carbonique précipite de cette solution alcaline la *β-amide*, $C^8H^7AzO^2 + H^2O$, qui fond à 64-65° et se dissout dans l'alcool; dans l'acide sulfurique elle se dissout avec une couleur jaune très intense. La solution alcaline de l'α-amide, versée goutte à goutte dans l'acide chlorhydrique, laisse déposer la *γ-amide*, fusible à 134-135°, qui est en prismes réunis en faisceaux solubles dans l'acide sulfurique avec une couleur jaune (*loc. cit.*).

La préparation de l'amide par l'action de l'ammoniaque sur l'éther ne réussit pas bien. Il se forme dans ces conditions un mélange des amides α et β que l'on sépare au moyen de l'éther. En même temps il se produit une substance résineuse (Claisen).

Amide orthonitrophénylglyoxylique,

$$C^6H^4(AzO^2)_{(2)}\text{-}CO\text{-}COAzH^2_{(1)}.$$

— Elle cristallise en prismes, fusibles à 159°, qui se forment par l'action de l'acide nitrique fumant à froid sur l'orthonitrobenzoyle-nitrile (Claisen et Shadwell).

Amide métanitrophénylglyoxylique,

$$C^6H^4(AzO^2)_{(3)}\text{-}CO\text{-}COAzH^2_{(1)}.$$

— Elle se forme par l'action de l'acide chlorhydrique concentré sur le nitrile correspondant (Claisen et Thompson), ou par l'action de l'acide sulfurique à — 10° sur un mélange d'amide et de nitrate de potassium. On l'obtient aussi en traitant par l'acide chlorhydrique le produit huileux résultant de l'action de l'acide nitrique sur le cyanure de benzoyle (Thompson). Elle est en prismes blancs, fusibles à 151-152°.

Nitrile phénylglyoxylique [Syn. *Cyanure de benzoyle*] (voyez Suppl., p. 340). — Traité par l'acide nitrique, il donne l'acide métanitrobenzoïque et une huile que l'acide chlorhydrique convertit en amide métanitrophénylglyoxylique [Thompson, *loc. cit.*].

Avec le zinc-éthyle, il fournit un corps de la formule $C^{24}H^{19}AzO^2$, fusible à 123-124°, que l'on a appelé *benzocyanidine*. Avec l'ammoniaque ou l'aniline, il donne la benzamide ou la benzanilide [Frankland et Louis, *Journ. chem. Soc.*, 1880, p. 742].

Nitrile orthonitrophénylglyoxylique,

$$C^6H^4(AzO^2)_{(2)}\text{-}CO\text{-}CAz_{(1)}.$$

— Il prend naissance lorsqu'on chauffe le chlorure d'orthonitrobenzoyle, $C^6H^4(AzO^2)\text{-}COCl$, à 100° avec du cyanure d'argent. On l'extrait du produit de la réaction au moyen de l'éther. Il est en prismes fusibles à 54°, solubles dans la ligroïne [Claisen et Shadwell, *loc. cit.*].

Nitrile métanitrophénylglyoxylique. — C'est un liquide bouillant à 231°,5 sous 142-14? mm, que l'on obtient en traitant le chlorure de métanitrobenzoyle par le cyanure d'argent [Claisen et Thompson, *loc. cit.*].

M. Wassermann.

PHÉNYLMERCAPTURIQUE (ACIDE),

$C^{11}H^{13}AzSO^3$.

— On l'obtient en faisant agir à froid pendant quatre à cinq jours de l'amalgame de sodium sur une solution de bromophénylmercapturate de sodium; il suffit d'aciduler la liqueur par de l'acide sulfurique pour voir se former, au bout de 2 heures, des cristaux de l'acide non bromé; une petite proportion reste dans la liqueur et peut en être extraite par l'éther.

L'acide phénylmercapturique cristallise en octaèdres ou en tétraèdres brillants, peu solubles dans l'eau froide, plus solubles dans l'alcool, fusibles à 142-143°. La solution alcoolique dévie à gauche le plan de la lumière polarisée; les solutions alcalines, par contre, sont dextrogyres. L'acide est monobasique et forme des sels alcalins et alcalino-terreux très solubles. Le *sel barytique* cristallise en mamelons contenant $3H^2O$; il fond vers 140° et ne perd complètement son eau qu'à 180°. Le *sel d'argent* se précipite à l'état amorphe, mais se transforme bientôt en lamelles brillantes.

L'acide sulfurique étendu et bouillant dédouble très facilement l'acide phénylmercapturique en phénylcystine et acide acétique,

$$C^{11}H^{13}AzSO^3 + H^2O$$
$$= C^9H^{11}AzSO^2 + C^2H^4O^2$$

[E. Baumann et C. Preusse, *Zeitschr. physiol. Chem.*, t. V, p. 334; — E. Baumann, *Deutsch. chem. Gesellsch.*, 1882, p. 1731].

Acide bromophénylmercapturique,

$C^{11}H^{12}BrAzSO^3$.

— Il a été découvert par Baumann et Preusse, et par Jaffé dans l'urine des chiens qui avaient reçu de la bromobenzine. Cette substance peut être administrée, pendant des semaines, à la dose quotidienne de 3 à 5 grammes à des chiens vigoureux et adultes, sans déterminer des phénomènes d'intoxication; à la longue, les animaux présentent quelques troubles, qui disparaissent dès que l'on supprime la bromobenzine. L'urine émise par ces animaux contient moins de sulfates et offre un fort pouvoir rotatoire à gauche; elle contient de l'acide bromophénylmercapturique combiné avec un acide réducteur qui est probablement de l'acide glycuronique, $C^6H^{10}O^7$ (Suppl., p. 882).

L'urine, recueillie dans les 24 heures, est précipitée par 1/20 de son volume d'acétate de plomb, filtrée et additionnée de 1/10 de son volume d'acide chlorhydrique concentré; au bout de huit à dix jours, il s'y est formé un précipité, mélange des acides bromophénylmercapturique, urique, cynurénique et de matières colorantes. Après deux cristallisations dans l'eau chaude avec addition de charbon animal, le produit est dissous dans une petite quantité d'alcool et versé dans l'eau chaude; par le refroidissement, l'acide bromophénylmercapturique se dépose en aiguilles longues de plusieurs centimètres.

Ces cristaux transparents deviennent peu à peu opaques au contact de l'air, sans changer d'ailleurs de composition. Ils fondent à 152-153°. Cet acide se dissout dans 70 p. d'eau bouillante, à peine dans l'eau froide et dans l'éther, beaucoup mieux dans l'alcool. L'acide chlorhydrique le dissout assez facilement à une douce chaleur, et le laisse déposer inaltéré en se refroidissant; l'acide sulfurique concentré en prend aussi une forte proportion à une température modérée; sous l'influence d'une plus forte chaleur, il se dégage du gaz sulfureux et le liquide se colore en bleu.

Les bromophénylmercapturates cristallisent aisément.

Le *sel d'ammonium*, $C^{11}H^{11}BrAzSO^3.AzH^4$, est en petits prismes transparents, anhydres et solubles à froid dans 34 à 35 p. d'eau. Celui *de baryum* forme des aiguilles soyeuses, enchevêtrées, solubles dans 50 p. d'eau froide et dans 15 p. d'eau bouillante; il contient $2H^2O$ qui se dégagent à 100°. Le *sel de magnésium* est en aiguilles brillantes, peu solubles dans l'eau froide, contenant $9H^2O$. Les sels de cuivre, d'argent, de plomb, de mercure et de fer sont insolubles dans l'eau.

L'amalgame de sodium et l'eau transforment l'acide bromophénylmercapturique en acide phénylmercapturique; les acides étendus et bouillants le dédoublent en bromophénylcystine et acide acétique (Baumann et Preusse; Jaffé).

Acide chlorophénylmercapturique,

$C^{11}H^{12}ClAzSO^3$.

— On le retire de l'urine de chiens auxquels on a fait ingérer de la chlorobenzine. Il ressemble au corps bromé et se présente en lamelles transparentes, peu solubles dans l'eau, fusibles à 153-155°. Le sel ammoniacal et celui de baryum sont peu solubles et cristallisent aisément (Jaffé).

A. Henninger.

PHÉNYLMÉTHYLACÉTONE [Syn. *Acétophénone*], $C^8H^8O = C^6H^5\text{-}CO\text{-}CH^3$. — (Voyez t. II, p. 834). — On obtient cette acétone en traitant l'α-bromostyrol par la potasse alcoolique, et en oxydant l'éthylbenzine par l'acide chromique en solution acétique [Friedel et Balsohn, *Bull. Soc. chim.*, t. XXXII, p. 613 et 615]. Elle se forme également lorsqu'on saponifie l'éther benzylacétone-carbonique [Bonné, *Deutsch. chem. Gesellsch.*, 1874, p. 689].

Dans l'organisme, la phénylméthylacétone se transforme en acides carbonique et benzoïque, et passe dans les urines à l'état d'acide hippurique [Nencki, *Journ. prakt. Chem.* (2) t. XVIII, p. 288].

D'après Engler, elle se convertit en triphénylbenzine lorsqu'on la sature par l'acide chlorhydrique. Heyne [*Deutsch. chem. Gesellsch.*, 1875, p. 230] avance que cette transformation ne s'effectue qu'à la longue et en présence d'un excès d'acide chlorhydrique. Cette même réaction a lieu lorsqu'on traite l'acétophénone par l'anhydride phosphorique [Engler et Heine, *Deutsch. chem. Gesellsch.*, 1873, p. 638].

Elle fixe les éléments de l'acide cyanhydrique naissant et fournit un nitrile que l'acide chlorhydrique concentré convertit en acide chlorhydratropique [Spiegel, *Deutsch. chem. Gesellsch.*, 1881, p. 235.]

Sa solution alcoolique, traitée par l'hydroxylamine, donne la *méthylphénylacetoxime*, qui cristallise en aiguilles, fusibles à 59°, solubles dans l'alcool, l'éther, le chloroforme, la benzine et la ligroïne; ce corps renferme

$$C^8H^9AzO = C^6H^5\text{-}C.Az.OH\text{-}CH^3$$

[Janny, *Deutsch. chem. Gesellsch.*, 1882, p. 2781].

Traitée par l'anhydride phosphorique en présence d'ammoniaque, elle fournit l'*acetophénonine*, $C^{24}H^{19}Az$, qui cristallise en aiguilles fusibles à 130°. Son *chlorhydrate* est en tables décomposables par l'eau. Le *dérivé nitré*, $C^{24}H^{16}(AzO^2)^3Az$, cristallise en aiguilles jaunes [Engler et Heine, *Deutsch. chem. Gesellsch.*, 1873, p. 638].

Chauffée avec de l'acide iodhydrique et du phosphore rouge à 130-150°, elle donne un composé de la formule $C^{16}H^{16}O$ et du triphénylméthane; à 160°, elle fournit du dibenzylène-éthylméthane. Le composé $C^{16}H^{16}O$ donne avec l'acide iodhydrique un carbure d'hydrogène de la formule $C^{16}H^{18}$. Sa constitution serait

$$\begin{matrix} CH^3 \\ C^6H^5 \end{matrix} > CH\text{-}CH^2\text{-}CO\text{-}C^6H^5$$

[Graebe, *Deutsch. chem. Gesellsch.*, 1874, p. 1625. Voyez plus loin, *acétophénone-pinacolines*].

Le sulfhydrate d'ammonium convertit l'acétophénone, au bout d'un certain temps, en *sulfacétophénone*, C^6H^5-CS-CH^3, qui cristallise en aiguilles fusibles à 119° [Engler, *Deutsch. chem. Gesellsch.*, 1878, p. 930.]

Lorsqu'on traite l'acétophénone en solution alcoolique par l'amalgame de sodium, il se forme, d'après Engler [*Deutsch. chem. Gesellsch.*, 1873, p. 1005, de l'acétophénone-pinacone et de l'alcool phényléthylique secondaire. Buchka [*ibid.*, 1877, p. 1714] a démontré que la pinacone seule se forme. Celle-ci est en cristaux fusibles à 120° qui donnent avec le pentachlorure de phosphore le chlorure C^6H^5-CHCl-CH^3. *L'acéto-phénone-pinacone*

$$C^{16}H^{18}O^2 = \begin{array}{l} C^6H^5\text{-}C.OH\text{-}CH^3 \\ \quad\quad | \\ C^6H^5\text{-}C.OH\text{-}CH^3 \end{array}$$

est transformée par l'hydrogène naissant en l'alcool phenyléthylique secondaire. Cet alcool fournit, avec les acides bromhydrique ou chlorhydrique, l'éthyl-benzine bromée ou chlorée [Engler et Bethge, *Deutsch. chem. Gesellsch.*, 1874, p. 1125].

β-Acétophénone-pinacoline,

$$C^{16}H^{16}O = \begin{array}{l}(C^6H^5)^2 \\ CH^3\end{array} \gt C\text{-}CO\text{-}CH^3.$$

— On obtient ce composé en traitant l'acétophénone de la solution alcoolique par le zinc et l'acide chlorhydrique [Thörner et Zincke, *Deutsch. chem. Gesellsch.*, 1878, p. 1988].

Il se forme aussi par l'action de l'acide sulfurique sur l'alcool styrolénique [Breuer et Zincke *ibid.*, p. 1399].

La pinacoline cristallise en prismes rhombiques, fusibles à 41°, bouillant à 310-311°, solubles dans l'éther, la benzine et le chloroforme. Chauffée avec de la chaux sodée, elle donne un carbure de la formule $C^{14}H^{14}$, du diphénylméthane et de l'acide acétique. Avec le phosphore rouge et l'acide iodhydrique, elle fournit le diphényléthylméthylméthane, $C^{16}H^{18}$. Par oxydation, elle donne l'acide diphénylméthylacétique.

Quelquefois il se forme un corps fusible à 107-108° dans la préparation de cette pinacoline.

Le corps obtenu par Graebe par l'action du phosphore rouge et de l'acide iodhydrique sur l'acétophénone est isomérique avec la β-pinacoline. Par oxydation, il fournit de l'acide benzoïque. Avec la chaux sodée, il donne ce même acide et des corps non étudiés [Thörner et Zincke, *loc cit.* et *ibid.*, 1880, p. 641].

Acétophénone métanitrée,

$$C^6H^4(AzO^2)_{(3)}\text{-}CO\text{-}CH^3_{(1)}.$$

— Elle se forme lorsqu'on traite l'acétophénone à froid par l'acide nitrique. Elle est en cristaux volatils avec l'eau, fusibles à 80-81°. Elle donne l'acide *m*-nitrobenzoïque par oxydation [Buchka, *loc. cit*].

Acetophénone métamidée,

$$C^6H^4(AzH^2)_{(3)}\text{-}CO\text{-}CH^3_{(1)}.$$

— Par réduction de la précédente. Son *chlorhydrate* est en prismes (Buchka).

La base libre est en prismes fusibles à 92-93° [Rummel, *Dissertation*, Halle, 1873].

Paranitroacétophenone,

$$C^6H^4(AzO^2)_{(4)}\text{-}CO\text{-}CH^3_{(1)}.$$

— Se forme par l'action de l'acide sulfurique à 100° sur l'acide nitrophénylpropiolique. Elle est en aiguilles fusibles à 80°. Avec le perchlorure de phosphore elle fournit le *chlorure*

$$C^6H^4(AzO^2)\text{-}CCl^2\text{-}CH^3.$$

Réduite par l'étain et l'acide chlorhydrique, elle donne un *dérivé amidé* qui fond à 106°, et dont le *chlorostannite* et le *chloroplatinate* sont peu solubles dans l'eau [Drewsen, *Liebig's Ann.*, t. CCXII, p. 150].

DÉRIVÉS CHLORÉS ET BROMÉS. — *Chloracétylebenzine*, C^6H^5-CO-CH^2Cl. Ce composé, découvert par Graebe, se forme lorsqu'on traite l'acétophénone bouillante par le chlore. Il est en cristaux rhombiques, fusibles à 58-59°, il bout à 244-245° [Staedel, *Deutsch. chem. Gesellsch.*, 1877, p. 1830]. L'ammoniaque alcoolique à froid le convertit en benzoyle-carbinol (voyez Suppl. p. 339).

Dichloracétylbenzine, C^6H^5-CO-$CHCl^2$. — Par l'action d'un excès de chlore sur l'acétophénone bouillante. Elle bout à 250-255°. Lorsqu'on pousse l'action du chlore plus loin, il se forme du chlorure de benzoyle et le chlorure $C^{16}H^{13}ClO^2$ de Staedel [Dyckerhoff, *Deutsch. chem. Gesellsch.*, 1877, p. 531].

Avec l'ammoniaque, sa solution éthérée donne deux corps de la formule, $C^{16}H^{18}ClO^2$, l'un fusible à 117°, l'autre à 155° [Staedel et Rugheimer, *Deutsch. chem. Gesellsch.*, 1876, 563, p. 798, 1758.]

Chloracétylbenzine dichlorée,

$$C^6H^5\text{-}CCl^2\text{-}CH^2Cl.$$

— Par l'action du perchlorure de phosphore sur la chloracétylbenzine. Elle bout à 225-231°. En même temps il se forme du α-β-dichlorocinnamène [Dyckerhoff, *Deutsch. chem. Gesellch.*, 1877, p. 119].

Bromacétylbenzine, C^6H^5-CO-CH^2Br. — D'après Hunnius, on prépare ce composé en ajoutant 1 molécule de brome à une solution de 1 molécule d'acétophénone dans le sulfure de carbone. Il cristallise en aiguilles, fusibles à 50°, solubles dans l'alcool, l'éther, la benzine et le chloroforme. Par oxydation, il donne l'acide benzoïque et non pas l'acide bromé, comme l'avaient avancé Engler et Emmerling. Il est donc bromé dans le groupe méthyle [Hunnius, *Deutsch. chem. Gesellsch.*, 1877, p. 2006].

Bromacétylmétanitrobenzine,

$$C^6H^4(AzO^2)_{(3)}\text{-}CO\text{-}CH^2Br_{(1)}.$$

— Par nitration de la bromacétylbenzine. Elle cristallise en aiguilles, fusibles à 96°, solubles dans l'alcool, le chloroforme et le sulfure de carbone. Par oxydation, elle donne l'acide métanitrobenzoïque; par réduction, un *dérivé amidé* qui est en écailles jaunes, et dont le *chlorhydrate* constitue des aiguilles incolores [Buchka, *loc. cit.*]

Dibromacétylbenzine, C^6H^5-CO-$CHBr^2$. — Par l'action de 2 molécules de brome sur 1 molécule d'acétophénone dissoute dans le sulfure de carbone. Elle constitue une masse cristalline fusible à 36°, et fournit par oxydation l'acide benzoïque [Hunnius, *loc. cit.*]

La chloracétylbenzine et le dérivé bromé analogue ont été le point de départ d'une série de bases.

Le chlorure traité par l'ammoniaque aqueuse, à l'ébullition ou en tubes scellés à 140-150, donne des aiguilles soyeuses, fusibles à 194-195°, solubles dans l'alcool, l'éther, la benzine et l'acide acétique glacial, de la formule

$$C^8H^7Az = \begin{array}{l} C^6H^5\text{-}C - CH^2 \\ \quad\quad \diagdown\,\diagup \\ \quad\quad\; Az \end{array}$$

l'*isoïndol* [Staedel et Rügheimer, *Deutsch. chem. Gesellsch.*, 1876, p. 563].

Lorsqu'on fait réagir la bromacétylbenzine sur l'aniline, il se forme une anilide

$$C^6H^5\text{-}CO\text{-}CH^2\text{-}AzH.C^6H^5,$$

qui cristallise en aiguilles fusibles à 93°, solubles

dans l'alcool, l'éther et la benzine. Lorsqu'on la chauffe avec de l'aniline ou que l'on traite le bromure par un excès d'aniline, il se forme le phényle-isoïndol fusible à 185° [Möhlau, *Deutsch. chem. Gesellsch.*, 1881, p. 171].

L'anilide forme un chlorhydrate et un bromhydrate. Elle donne un dérivé acétylé fusible à 126-127°, et un dérivé *benzoylé* fusible à 144-145° [Möhlau, *ibid.*, 1882, p. 2466].

L'hydrogène naissant convertit l'anilide en acétophénone et en aniline. Traitée par l'acide azoteux en solution alcoolique, l'anilide engendre le dérivé nitrosé

$$C^6H^5\text{-}CO\text{-}CH^2.Az < \begin{matrix} AzO \\ C^6H^5 \end{matrix}$$

qui cristallise en aiguilles prismatiques, fusibles à 73°, solubles dans l'alcool, l'éther et la benzine. Avec le phénol et l'acide sulfurique, ce dérivé donne une coloration bleue, qui devient rouge lorsqu'on ajoute de l'eau, et celle-ci devient jaune avec de la soude caustique.

La nitrosoacétophénone-anilide est transformée par une solution chlorhydrique de chlorure stanneux en ammoniaque, aniline et en acétophénone.

Lorsqu'on traite l'anilide par l'acide azoteux en solution dans l'acide acétique glacial, elle fournit la *nitrosoacétophénone-nitranilide*,

$$C^6H^5\text{-}CO\text{-}CH^2.Az < \begin{matrix} AzO \\ C^6H^4(AzO^2), \end{matrix}$$

qui est en cristaux solubles dans l'éther, se décomposant entre 135 et 145°. Ce dérivé nitré, soumis à l'ébullition en solution alcoolique avec quelques gouttes d'acide chlorhydrique, se convertit en aiguilles jaunes d'or, fusibles à 167°, d'*acétophénone nitranilide*,

$$C^6H^5\text{-}CO\text{-}CH^2.AzH.C^6H^4(AzO^2),$$

solubles dans l'acide acétique glacial. Par oxydation, ce corps fournit l'acide benzoïque. L'acide azoteux le change en dérivé nitrosé. Par réduction au moyen de la poudre de zinc, en présence d'acide acétique, il donne la paraphénylènediamine [Möhlau, *Deutsch. chem. Gesellsch.*, 1882, p. 2466].

L'acétophénone-nitranilide donne un *dérivé dinitré*, lorsqu'on la traite en solution acétique par l'acide nitrique. Ce dérivé cristallise en aiguilles jaune d'or, fusibles à 171-172°, de la formule

$$C^6H^5\text{-}CO\text{-}CH^2\text{-}AzH.C^6H^3(AzO^2)^2.$$

Par oxydation, le dérivé dinitré donne l'acide benzoïque; par réduction de la triamido-benzine (1.2 4) [Möhlau, *ibid.*, p. 2479].

La bromacétylbenzine, introduite dans deux fois son poids d'aniline bouillante, fournit un composé qui, après distillation, est en lamelles nacrées, fusibles à 181°, solubles dans l'alcool, l'éther et le sulfure de carbone, de la formule $C^{28}H^{22}Az^2$. Sa densité de vapeur est de 13,33 (calculé, 13,36). Il possède la constitution

$$\begin{array}{c} Az\text{-}C^6H^5 \\ / \quad \backslash \\ C^6H^5\text{-}C \;—\; CH \\ | \qquad\quad | \\ HC \;—\; C\text{-}C^6H^5 \\ \backslash \quad / \\ Az\text{-}C^6H^5 \end{array}$$

C'est le *diphényldiisoïndol*. Il se forme également lorsqu'on fait bouillir l'acétophénone-anilide avec de l'aniline :

$$2C^{14}H^{13}AzO = C^{28}H^{22}Az^2 + 2H^2O.$$

Picrate, $C^{28}H^{22}Az^2 + 2[C^6H^2OH(AzO^2)^3]$. — Il est en prismes rouges fusibles à 127°.

Dinitrosodiphényldiisoïndol, $C^{28}H^{20}Az^2(AzO)^2$. — Il se forme par l'action du nitrite de potassium sur la solution acétique du diphényldiisoïndol. Il est en prismes jaunes, fusibles à 244°. Son *chlorhydrate* et son *azotate* sont en prismes [Möhlau, *ibid.*, p. 2480].

Le diphényldiisoïndol donne, avec le chlorhydrate de tribromodiazobenzol, en présence d'acide chlorhydrique, des cristaux bruns de *chlorhydrate de diphenyldiisoïndolazotribrombenzol*,

$$C^{40}H^{24}Az^6Br^6.2HCl,$$

dont le carbonate de sodium sépare la base. Celle-ci est en prismes orangés fusibles à 149°.

Avec le paradiazodibromophénol, le diphényldiisoïndol fournit le *chlorhydrate de diphényldiiso-indolazodibromphénol*. La base libre, $C^{40}H^{26}Az^6Br^4O^2$, est en prismes jaune-verdâtre fusibles à 198°. Avec l'acide diazosulfanilique, le diphényldiisoïndol donne l'*acide diphényldiisoïndolazobenzolsulfonique*, $C^{40}H^{30}Az^6S^2O^6$, qui est en écailles rouge-brun très hygroscopiques. Celui-ci, réduit par l'étain et l'acide chlorhydrique, fournit une base, et, en partie, se scinde en ses constituants. La base $C^{28}H^{24}Az^4$ (?), fusible à 48°, est en prismes [Möhlau, *ibid.*, p. 2490].

La bromacétylbenzine, chauffée avec de la diméthylaniline, donne une base fusible à 120° de la formule $C^6H^5\text{-}CO\text{-}CH^2.AzC^6H^5(CH^3)$, la *méthylacétophénonanilide*. Son *chlorhydrate* est instable et fournit un *chloroplatinate* en tables de la formule $(C^{15}H^{15}AzO.HCl)^2 + PtCl^4$. La base donne un *iodoéthylate* et un *iodométhylate*; celui-ci, en cristaux incolores, fournit un *hydrate* dont le *chloroplatinate* et le *chloraurate* sont cristallins.

La bromacétylbenzine se combine également avec la diméthylmétatoluidine, pour donner une base de la formule $C^{18}H^{17}AzO$ [Staedel et Siepermann, *Deutsch. chem. Gesellsch.*, 1880, p. 841; *ibid.*, 1881, p. 983].

Éther acétophénone-phénylique,

$$C^6H^5-CO-CH^2.OC^6H^5.$$

— Il se forme lorsqu'on chauffe la bromacétylbenzine avec une solution alcoolique de phénate de sodium. Il cristallise en prismes fusibles à 72°, solubles dans l'alcool.

Éther acétophénone-phénylique paranitré,

$$C^6H^5\text{-}CO\text{-}CH^2_{(1)}\text{-}OC^6H^4(AzO^2)_{(4)}.$$

— Il se forme par l'action du paranitrophénate de sodium sur la bromacétylbenzine. Il est en prismes jaunes, fusibles à 144°. La potasse fondante le convertit en nitrophénate de potassium et en acide benzoïque [Möhlau, *Deutsch. chem. Gesellsch.*, 1882, p. 2497].

Sulfocyanacetylbenzine,

$$C^6H^5\text{-}CO\text{-}CH^2.CSAz.$$

— Il se forme par l'action du sulfocyanate de potassium sur la chloracétylbenzine. Elle est en aiguilles fusibles à 72°. L'acide chlorhydrique et l'étain la transforment en un dérivé isomérique [Dyckerhoff, *Deutsch. chem. Gesellsch.*, 1877, p. 119].

M. Wassermann.

PHÉNYLISOBUTANES, $C^{10}H^{14}$. — Voyez Phénylbutyles, au Suppl., p. 1198.

PHÉNYLNAPHTALINE,

$$C^{16}H^{12} = C^6H^5\text{-}C^{10}H^7.$$

— Ce composé se forme lorsqu'on fait passer les vapeurs d'un mélange de benzine bromée et de naphtaline à travers un tube rempli de pierre ponce et chauffé au rouge. Le produit de la réaction est soumis à la distillation fractionnée, et on recueille la portion bouillant au-dessus de 250°. On épuise cette fraction par la ligroïne, et le résidu par l'alcool bouillant. La solution alcoolique filtrée fournit par refroidissement le nouveau carbure, que l'on purifie par sublimation.

La phénylnaphtaline cristallise en lamelles blanches, fusibles à 101-102° et sublimables; elles sont douées d'une fluorescence bleue, et possèdent une odeur d'oranges; densité de vapeur, 7,10 [Watson Smith, *Deutsch. chem. Gesellsch.*, 1879, p. 1396 et 2049; — Watson Smith et T. Takamatsu, *Chem. Soc. Journ.*, 1881, p. 546].

PHÉNYLNAPHTYLCARBAZOL,

$$C^{16}H^{11}Az = \begin{matrix} C^6H^4 \\ \vdots \\ C^{10}H^6 \end{matrix} > AzH.$$

— Ce composé se trouve dans les résidus de la distillation de l'anthracène brut. On l'en extrait par sublimation. Pour le purifier, on l'épuise par l'acide acétique cristallisable bouillant, puis on le fait cristalliser dans l'aniline; finalement on le sublime et on le fond avec de la potasse. Il se forme aussi par l'action de la chaleur sur la β-phénylnaphtylamine bouillant à 39°,5 [Graebe et Knecht, *Liebig's Ann Chem.*, t. CCII, p. 1; — Brunck et Vischer, *Deutsch. chem. Gesellsch.*, 1879, p. 341.]

Le phénylnaphtylcarbazol est en lamelles incolores, fusibles à 330°, bouillant plus haut que le chrysène (436°). Sa densité de vapeur est de 7,42. Il est peu soluble dans l'alcool et le toluène chauds. Ses solutions possèdent une fluorescence bleue. L'acide sulfurique le dissout avec une couleur jaune, que des traces d'acides nitreux ou nitrique convertissent en vert.

Il ne s'unit pas aux acides. La potasse fondante ne l'altère pas. L'acide sulfurique concentré le convertit à 100° en un acide sulfoné. L'acide nitrique le convertit en dérivés nitrés; par oxydation au moyen du mélange chromique, il fournit une quinone. Le chlore le convertit en dérivés chlorés.

Acétyle-phénylnaphtylcarbazol,

$$\begin{matrix} C^6H^4 \\ \vdots \\ C^{10}H^6 \end{matrix} > Az(C^2H^3O).$$

— Il se forme lorsqu'on chauffe le phénylnaphtylcarbazol avec de l'anhydride acétique. Il se dépose de la solution alcoolique en prismes blancs, fusibles à 121°, solubles dans l'alcool, l'éther, la benzine et l'acide acétique glacial. Ces solutions possèdent une fluorescence bleue.

Nitrosophénylnaphtylcarbazol,

$$C^{16}H^{10}Az(AzO).$$

— On l'obtient en traitant le phénylnaphtylcarbazol en présence d'éther, à une douce température par l'acide acétique glacial et le nitrite de potassium. Il cristallise en aiguilles roses, fusibles à 240°, solubles dans l'éther, l'alcool et la benzine. Sa solution alcoolique additionnée de potasse se teinte en rouge-violacé; cette coloration devient plus intense à chaud. L'acide sulfurique le dissout avec une couleur rouge.

Quinone du phénylnaphtylcarbazol,

$$C^{16}H^9AzO^2.$$

— Lorsqu'on oxyde le phénylnaphtylcarbazol en suspension dans l'acide sulfurique étendu par le dichromate de potassium, en portant le mélange, à la fin, à l'ébullition pendant une heure, on obtient deux produits d'oxydation; l'un une quinone, l'autre un composé non azoté, qui semble être également un dérivé quinonique.

Pour les séparer, on traite le produit par une solution de carbonate de sodium, qui dissout le dérivé non azoté. Le résidu soumis à la sublimation donne la quinone qui, après cristallisation dans l'acide acétique glacial, se présente en aiguilles orangées, fusibles à 307°, solubles dans l'éther acétique et la benzine. Les alcalis la dissolvent avec une coloration rouge; l'acide sulfurique de même. Le permanganate de potassium la transforme en acide phtalique. Chauffée avec de la poudre de zinc, elle régénère le phénylnaphtylcarbazol. Le composé non azoté a reçu le nom de *quinone d'oxyde de phénylène-naphtylène*. Sa formule est $C^{16}H^8(O^2)O$. On la précipite de la solution dans le carbonate de sodium au moyen de l'acide carbonique, et on la fait cristalliser dans la benzine. Elle est en aiguilles orangées, solubles dans l'acide acétique glacial. Les alcalis ainsi que les carbonates alcalins la dissolvent; ces solutions sont rouges; l'acide carbonique en sépare des carbonates doubles de la quinone. Chauffée avec de la poudre de zinc, elle fournit un composé qui, après cristallisation dans la benzine, est en lamelles jaunes, fusibles vers 300°, de la formule $C^{16}H^{10}O$; ce corps serait un *oxyde de phénylène-naphtylène*,

$$\begin{matrix} C^6H^4 \\ \vdots \\ C^{10}H^6 \end{matrix} > O,$$

isomérique avec les composés décrits au Suppl., p. 1211 [Graebe et Knecht, *loc. cit.*].

PHÉNYLNAPHTYLCARBAZOLINE, $C^{16}H^{15}Az$. — On obtient cette substance en chauffant le phénylnaphtylcarbazol à 200-220° pendant 5 à 6 heures, avec de l'acide iodhydrique et du phosphore rouge. Il se forme une matière résineuse, qui, épuisée par l'eau chaude, cède à celle-ci la nouvelle base. On la précipite par l'ammoniaque de cette solution, et on dissout le dépôt dans l'alcool. Par évaporation de la solution alcoolique on obtient un sirop dans lequel il se forme des aiguilles. La base est soluble dans l'alcool et l'éther. Son *chlorhydrate* se décompose lorsqu'on chauffe sa solution; le *chloroplatinate* est également peu stable. Le chlorure ferrique colore la solution de la base en jaune, et finit par y produire un précipité. Par oxydation, cette base se transforme en acide phtalique.

L'*iodhydrate*, $C^{16}H^{15}Az.HI$, est en longues aiguilles qui se déposent par le refroidissement d'une solution de la base dans l'acide iodhydrique bouillant. Il est soluble dans l'eau et l'alcool [Graebe et Knecht. *loc. cit.*]. M. Wassermann.

PHÉNYLNAPHTYLCARBAZOLINE. — Voyez PHÉNYLNAPHTYLCARBAZOL.

PHÉNYLOXANTHRANOL. — Voyez PHTALÉINES, Suppl. p. 1271.

PHÉNYLOXYCROTONIQUE (ACIDE),

$$C^{10}H^{10}O^3 = C^6H^5\text{-}CH = CH\text{-}CH \begin{matrix} < OH \\ < CO^2H. \end{matrix}$$

— Cet acide se forme lorsqu'on traite l'aldéhyde cinnamique par l'acide cyanhydrique et l'acide chlorhydrique. Il cristallise en aiguilles incolores, fusibles à 115°, peu solubles dans l'eau froide, solubles dans l'eau chaude, l'alcool et l'éther. Les *sels alcalins* sont déliquescents. Le *sel d'argent* est un précipité qui devient rapidement noir. Le *sel de baryum* perd son eau de cristallisation à 100-110°. Le *sel de plomb* $(C^{10}H^9O^3)^2Pb + 2H^2O$ est en aiguilles groupées en mamelons, peu solubles dans l'eau froide.

L'acide fixe du brome, mais les produits d'addition n'ont pas été étudiés [Kneta Ukimori Matsmoso, *Deutsch. chem. Gesellsch.*, 1875, p. 1144].

PHÉNYLPROPIOLIQUE (ACIDE)

$$C^9H^6O^2 = C^6H^5\text{-}C \equiv C\text{-}CO^2H.$$

— Les deux acides bromocinnamiques α et β fournissent tous deux le même acide propiolique lorsqu'on les traite par la potasse alcoolique [Barisch et von Richter, *Journ. prakt. Chem.* (2), t. XX, p. 177]. L'éther phénylpropiolique se dissout dans l'acide sulfurique concentré; du liquide, additionné de fragments de glace, il se sépare une couche huileuse d'éther benzoylacétique :

$$C^6H^5\text{-}C\equiv C\text{-}CO^2C^2H^5 + H^2O$$
$$= C^6H^5\text{-}CO\text{-}CH^2\text{-}CO^2C^2H^5$$

[Baeyer, *Deutsch. chem. Gesellsch.*, 1882, p. 2705].

ACIDE ORTHONITROPHÉNYLPROPIOLIQUE,

$$C^6H^4(AzO^2)\text{-}C\equiv C\text{-}CO^2H.$$

— L'acide orthonitrocinnamique dibromé est traité à froid par un excès d'une solution aqueuse de soude. Au bout de quelque temps, l'addition d'un acide donne lieu à un précipité cristallin que l'on purifie par de nouvelles cristallisations dans l'eau. Il vaut mieux purifier par cristallisation un sel alcalin et en régénérer l'acide au moyen de l'acide chlorhydrique.

L'acide libre cristallise en aiguilles incolores, fusibles à 155-156°, ne se sublimant pas et se décomposant avec explosion lorsque l'on élève la température. Il est un peu soluble dans l'eau, très soluble dans l'alcool et l'éther, peu soluble dans le chloroforme et le pétrole.

Les sels alcalins sont très solubles dans l'eau et cristallisent mal. Le sel d'argent est un précipité blanc qui détone quand on le chauffe.

L'éther éthylique cristallise facilement dans l'éther en grandes tables, fusibles à 60-61°.

L'eau bouillante dédouble l'acide nitrophénylpropiolique en gaz carbonique et orthonitrophénylacétylène,

$$C^6H^4(AzO^2)\text{-}C\equiv C\text{-}CO^2H$$
$$= CO^2 + C^6H^4(AzO^2)\text{-}C\equiv CH.$$

L'acide sulfurique concentré transforme à froid l'éther nitrophénylpropiolique en éther isatogénique isomérique avec celui-ci. Baeyer représente cette transformation par les formules

$$C^6H^4 \left< \begin{matrix} C\equiv C\text{-}CO^2C^2H^5 \\ AzO^2 \end{matrix} \right.$$

$$C^6H^4 \left< \begin{matrix} CO\text{-}C\text{-}CO^2C^2H^5 \\ \diagup \mid \\ Az\text{-}O \end{matrix} \right.$$

Le sulfate ferreux, ou mieux la solution sulfurique d'acide indoxylique, donne avec l'acide nitrophénylpropionique de l'indoïne, $C^{32}H^{20}Az^4O^5$. L'acide indoxylique, en solution dans le carbonate de sodium, donne, avec le même acide, de l'indigo. Chauffé avec les alcalis, l'acide orthonitrophénylpropiolique donne de l'isatine [Baeyer, *Deutsch. chem. Gesellsch.*, 1880, p. 2261 et 1881, p. 1741; — Müller, *Liebig's Ann. Chem.*, t. CCXII, p. 122].

ACIDE ORTHOAMIDOPHÉNYLPROPIOLIQUE,

$$C^6H^4(AzH^2)\text{-}C\equiv C\text{-}CO^2H.$$

— On l'obtient en réduisant l'acide nitré, dissous dans un grand excès d'ammoniaque, par 10 p. de sulfate ferreux. La liqueur filtrée est précipitée par HCl, et le précipité lavé à l'eau froide est séché dans le vide.

Il cristallise en aiguilles microscopiques, jaunâtres, presque insolubles dans l'eau, le chloroforme, la benzine, peu solubles dans l'éther. L'alcool bouillant le dissout facilement, mais ne l'abandonne ni par refroidissement ni par addition d'eau. Par évaporation, il laisse un résidu résineux coloré. Il se décompose à 123-128° en gaz carbonique et orthoamidophénylacétylène.

Lorsqu'on le fait bouillir avec de la potasse et que l'on sature par l'acide chlorhydrique, on obtient une coloration rouge qui disparaît par les alcalis et reparaît par la potasse.

L'acide amidophénylpropiolique est très soluble dans l'acide chlorhydrique. Par l'ébullition de la solution il se transforme en γ-chlorocarbostyrile, C^9H^6AzOCl.

L'eau bouillante le décompose avec production d'orthoamidoacétophénone,

$$C^6H^4(AzH^2)\text{-}CO\text{-}CH^3.$$

Les *sels alcalins* sont très solubles. Le *sel de baryum* l'est un peu moins. Le *sel d'argent* est un précipité jaunâtre, détonant légèrement par l'action de la chaleur.

L'éther éthylique, $C^9H^6AzO^2,C^2H^5$, s'obtient par l'action de l'acide chlorhydrique sur la solution alcoolique de l'acide. Il cristallise dans l'alcool en aiguilles jaune clair, fusibles à 155° [A. Baeyer et Bloem, *Deutsch. chem. Gesellsch.*, 1882, p. 2147].

ACIDE PARANITROPHÉNYLPROPIOLIQUE. — La potasse alcoolique réagit sur l'éther paranitrophényldibromopropionique en donnant, entre autres produits, de l'acide nitrophénylpropiolique. Il est soluble dans l'eau et l'alcool, peu soluble dans le chloroforme et le sulfure de carbone. Il forme une masse soyeuse, jaune, fusible à 181° avec décomposition. L'eau bouillante le décompose en gaz carbonique et paranitrophénylacétylène [Müller, *loc. cit.*]. M. Hanriot.

PHÉNYLPROPIONIQUES (ACIDES),

$$C^9H^{10}O^2 = C^6H^5\text{-}C^2H^4\text{-}CO^2H.$$

Voyez t. II, p. 909. — Les deux acides isomériques de cette formule sont l'*acide hydratopique* et l'*acide hydrocinnamique*. Le premier est l'*acide α-phénylpropionique* ou phénylméthylacétique et le second, l'*acide β-phénylpropionique*.

L'acide désigné ici par la lettre α est l'acide β de l'article, t. II, p. 909, et inversement. Nous avons cru devoir faire ce changement pour rester fidèles aux règles de la nomenclature des acides substitués.

I. — ACIDE α-PHÉNYLPROPIONIQUE

[Syn. *Acide hydratropique*, voyez t. II, p. 911].

$$C^9H^{10}O^2 = C^6H^5\text{-}CH \left< \begin{matrix} CO^2H \\ CH^3 \end{matrix} \right.$$

— Son nitrile se forme par l'action du cyanure de potassium sur le bromure de phényléthyle, et fournit l'acide par saponification [Radziszewski, *Deutsch. chem. Gesellsch.*, 1874, p. 140].

L'acide hydratopique se forme aussi par l'action de l'amalgame de sodium sur l'acide atropique ou sur l'acide dibromohydratopique. Il bout à 264-265°. Son *sel de calcium* renferme $2H^2O$ [Fittig et Wurster, *Liebig's Ann. Chem.*, t. CXCV, p. 145].

Par oxydation, au moyen du permanganate de potassium, il donne l'acide atrolactique, mais pas d'acide tropique [Ladenburg et Rügheimer, *Deutsch. chem. Gesellsch.*, 1880, p. 373].

ACIDES BROMOHYDRATROPIQUES — *Acide α-bromohydratropique*,

$$C^6H^5\text{-}CBr \left< \begin{matrix} CH^3 \\ CO^2H. \end{matrix} \right.$$

— Il se forme par l'action de l'acide bromhydrique sur l'acide atrolactique, et par l'action du gaz bromhydrique sur l'acide atropique. Il cristallise en prismes fusibles à 87-89°. L'eau bouillante le convertit en acides bromhydrique, atropique et atrolactique. Le carbonate de sodium le transforme, à l'ébullition, en acide atrolactique, accompagné de peu d'acide atropique, mais ne donne pas de cinnamène [Fittig et Wurster, *loc. cit.* — Merling, *Liebig's Ann. Chem.*, t. CCIX, p. 1].

Acide β-bromohydratropique,

$$C^6H^5\text{-}CH \left< \begin{matrix} CH^2Br \\ CO^2H. \end{matrix} \right.$$

— Il prend naissance lorsqu'on traite l'acide atropique à 100° par l'acide bromhydrique concentré (à basse température il se forme mélangé au précédent). Il est en prismes fusibles à 93-94°, solubles dans le sulfure de carbone. Soumis à l'ébullition avec du carbonate de sodium, il fournit les acides tropique et atropique et du cinnamène [Merling, *loc. cit.*].

Acide dibromohydratropique, $C^9H^8Br^2O^2$. — Il cristallise en aiguilles soyeuses, fusibles à 115-116°, qui se forment lorsqu'on ajoute du brome à une solution d'acide atropique dans le sulfure de carbone. L'eau à l'ébullition le décompose en acétophénone, en acide monobromatropique et en gaz carbonique (Fittig et Wurster).

Acide tribromohydratropique, $C^9H^7Br^3O^2$. — Aiguilles fusibles à 150° qu'on obtient par l'action du brome sur l'acide monobromatropique (Fittig et Wurster).

ACIDES CHLOROHYDRATROPIQUES. — *Acide α-chlorohydratropique*,

$$C^6H^5\text{-}CCl\left\langle\begin{matrix}CH^3\\ CO^2H.\end{matrix}\right.$$

— Il se forme lorsqu'on dissout l'acide atrolactique dans l'acide chlorhydrique concentré [Merling, *loc. cit.*]

On l'obtient également en faisant bouillir avec l'eau le produit de l'action du perchlorure de phosphore sur l'acide atropique [Ladenburg, *Deutsch. chem. Gesellsch.*, 1879, p. 947].

Spiegel l'a préparé en faisant réagir l'acide cyanhydrique naissant sur l'acétophénone, et en saponifiant le nitrile ainsi formé par l'acide chlorhydrique concentré [*Deutsch. chem. Gesellsch.*, 1881, p. 235].

Il fond à 73-74° (Merling), à 85-88° (Ladenburg, Spiegel). Par l'ébullition avec le carbonate de sodium, il donne l'acide atrolactique, mais pas de cinnamène.

Acide β-chlorohydratropique,

$$C^6H^5\text{-}CH\left\langle\begin{matrix}CH^2Cl\\ CO^2H.\end{matrix}\right.$$

— Par l'action de l'acide chlorhydrique concentré sur l'acide atropique, soit à froid, soit à 100°. Il cristallise en tables fusibles à 86-88°, solubles dans l'alcool, l'éther, la benzine et le sulfure de carbone. Par l'ébullition avec le carbonate de sodium, il donne l'acide tropique (Merling).

ACIDES AMIDOHYDRATROPIQUES. — *Acide α-amidohydratropique*,

$$C^6H^5\text{-}C(AzH^2)\left\langle\begin{matrix}CH^3\\ CO^2H.\end{matrix}\right.$$

— Il cristallise en lamelles fusibles à 169°, qui se forment lorsqu'on traite l'acide α-bromé par l'ammoniaque aqueuse (Fittig et Wurster).

Acide β-amidohydratropique,

$$C^6H^5\text{-}CH\left\langle\begin{matrix}CH^2.AzH^2\\ CO^2H.\end{matrix}\right.$$

— Par l'ammoniaque aqueuse sur l'acide β-bromé. Il est en aiguilles fusibles à 170° (Merling).

II. — ACIDE β-PHÉNYLPROPIONIQUE

[Syn. Acide *hydrocinnamique, homotoluique, benzylacétique*], $C^6H^5\text{-}CH^2\text{-}CH^2\text{-}CO^2H$. — Il se forme dans plusieurs réactions :

1° Lorsqu'on traite l'anhydride succinique par la benzine en présence de chlorure d'aluminium [Burcker, *Bull. Soc. chim.*, t. XXXIV, p. 675].

2° Par l'action du chlorure de benzyle sur le produit de l'action du sodium sur l'acétate d'éthyle [Mlle L. Sesemann, *Deutsch. chem. Gesellsch.*, 1873, p. 1085].

3° Lorsqu'on chauffe à 180° l'acide benzoylmalonique [Conrad, *Deutsch. chem. Gesellsch.*, 1879, p. 749].

4° Par l'action de l'acide iodhydrique et du phosphore amorphe sur l'acide cinnamique [Gabriel et Zimmermann, *Deutsch. chem. Gesellsch.*, 1880, p. 1680].

5° Lorsqu'on traite l'acétate de benzyle par le sodium et qu'on saponifie l'éther benzylique formé [Conrad et Hodgkinson, *Deutsch. chem. Gesellsch.*, 1877, p. 254].

6° Dans la putréfaction de l'albumine [E. et H. Salkowski, *Deutsch. chem. Gesellsch.*, 1879, p. 107 et 648].

Il se trouve parmi les produits de putréfaction de la substance cérébrale [Florian Stöckly, *Journ. prakt. Chem.*, (2), t. XXIV, p. 17].

D'après A.-W. Hofmann, son nitrile, qui bout à 261° (corr.) et possède une densité de 1,0014 à 18°, forme la partie principale de l'huile essentielle de *Nasturtium officinale* [*Deutsch. chem. Gesellsch.*, 1874, p. 520].

L'acide β-phénylpropionique fondu avec de la soude caustique donne de la benzine et une petite quantité de diphényle [Barth et Schreder, *Deutsch. chem. Gesellsch.*, 1879, p. 1255].

1° *Dérivés substitués dans la chaîne latérale.*

ACIDES β-PHÉNYLBROMOPROPIONIQUES. — *Acide β-phénylmonobromopropionique*, $C^9H^9BrO^2$ (voyez t. II, p. 910). — On l'obtient en traitant l'acide cinnamique par l'acide bromhydrique fumant [Binder, *Deutsch. chem. Gesellsch.*, 1876, p. 1195. — Fittig et Binder, *Liebig's Ann. Chem.*, t. CXCV, p. 131 et t. CC, p. 89]. Il se forme également lorsqu'on sature par l'acide bromhydrique une solution d'acide ou d'éther cinnamique dans l'acide acétique glacial [Anschütz et Kinnicutt, *Deutsch. chem. Gesellsch.*, 1878, p. 1221 ; 1879, p. 537].

Après cristallisation dans le chloroforme ou le sulfure de carbone, il se présente en aiguilles fusibles à 137°. Soumis à l'ébullition avec l'eau, il se convertit en acides cinnamique et phényllactique. Avec le carbonate de sodium à froid il donne du styrol [Binder, *Deutsch. chem. Gesellsch.*, 1877, p. 518].

La constitution de cet acide a été discutée dans une série de mémoires par Erlenmeyer [*Deutsch. chem. Gesellsch.*, 1879, p. 1607 ; 1880, p. 303 ; 1881, p. 1867]. Tandis que Fittig attribuait à cet acide, ainsi qu'aux acides iodés et chlorés, la formule d'un acide α-halogéné,

$$C^6H^5\text{-}CH^2\text{-}CHBr\text{-}CO^2H,$$

Erlenmeyer leur assignait la formule

$$C^6H^5\text{-}CHR\text{-}CH^2\text{-}CO^2H \quad (R = Cl,\ Br \text{ ou } I).$$

Les acides halogénés sont identiques avec ceux que Glaser a obtenus en traitant l'acide phényllactique par les hydracides fumants. Nous adopterons la manière de voir d'Erlenmeyer, car l'acide phénylchloropropionique fournit, lorsqu'on le chauffe, un cinnamène chloré, $C^6H^5\text{-}CCl = CH^2$, identique avec celui que Friedel a obtenu en traitant par la potasse alcoolique le produit de l'action du perchlorure de phosphore sur la phénylméthylacétone.

Acide phényldibromopropionique,

$$C^6H^5\text{-}CHBr\text{-}CHBr\text{-}CO^2H.$$

— Son éther *méthylique* se forme lorsqu'on ajoute du brome à une solution éthérée de cinnamate d'éthyle. Cet éther cristallise en grands cristaux, fusibles à 117°. L'éther *éthylique* fond à 69° et l'éther *propylique* à 23° ; l'éther éthylique soumis à l'ébullition, en solution dans le toluène, avec du benzoate d'argent, fournit le dibenzoylphénylglycérate d'éthyle [Anschütz et Kinnicutt, *Deutsch. chem. Gesellsch.*, 1879, p. 537].

L'eau bouillante convertit cet acide en cinnamène bromé et en acide phénylbromolactique [Fittig et Binder, *loc. cit.*].

Acide phényltribromopropionique,

$$C^6H^5\text{-}C^2HBr^3\text{-}CO^2H.$$

— Par l'action de 2 molécules de brome sur l'α et sur le β-bromocinnamate d'éthyle. Il est en cristaux fusibles à 132° [Kinnicutt, *Amer. chem. Journ.*, t. IV, p. 26].

ACIDES PHÉNYLCHLOROPROPIONIQUES. — *Acide β-phényl-β-chloropropionique,*

$$C^6H^5\text{-}CHCl\text{-}CH^2\text{-}CO^2H.$$

— Il se dépose au bout de deux ans d'une solution d'acide cinnamique dans l'acide acétique glacial, saturée d'acide chlorhydrique [Erlenmeyer, *Deutsch. chem. Gesellsch.*, 1881, p. 1867].

Acide phényldichloropropionique,

$$C^6H^5\text{-}C^2H^2Cl^2\text{-}CO^2H.$$

— Il se forme lorsqu'on fait réagir du chlore sur une solution d'acide cinnamique dans le sulfure de carbone, ou l'acide chlorhydrique sur l'acide phénylchlorolactique de Glaser. Il fond à 162-164° en se décomposant. Le carbonate de sodium le convertit en cinnamène chloré [Erlenmeyer, *loc. cit.* et *ibid.*, 1882, p. 2159].

Acides β-phénylchlorobromopropioniques. — Lorsqu'on traite l'acide phénylchlorolactique par l'acide bromhydrique, ou l'acide phénylbromolactique par l'acide chlorhydrique, on obtient deux acides chlorobromés différents qui n'ont pas été étudiés (Erlenmeyer).

ACIDE PHÉNYLIODOPROPIONIQUE,

$$C^6H^5\text{-}CHI\text{-}CH^2\text{-}CO^2H.$$

— Par l'action de l'acide iodhydrique sur une solution d'acide cinnamique dans le sulfure de carbone. Il fond à 119-120°. Le carbonate de sodium le décompose en cinnamène, et l'eau bouillante en acides cinnamique et phényllactique [Binder, et Binder et Fittig, *loc. cit.*].

ACIDE PHÉNYLAMIDOPROPIONIQUE,

$$C^6H^5\text{-}CH(AzH^2)\text{-}CH^2\text{-}CO^2H.$$

— Il se forme en même temps que le cinnamène, lorsqu'on traite l'acide phénylbromopropionique par l'ammoniaque concentrée à froid. Il est en cristaux incolores, fusibles à 120-121°, solubles dans l'alcool. Avec l'acide chlorhydrique, il fournit un *chlorhydrate.* L'acide sulfurique concentré le convertit en *phényllactimide* [Posen, *Liebig's Ann. Chem.*, t. CXCV, p. 143, et t. CC, p. 97].

Schulze et Barbieri [*Deutsch. chem. Gesellsch.*, 1881, p. 1785] ont trouvé, dans les bourgeons de *Lupinus luteus*, un acide phénylamidopropionique, qui est en aiguilles fusibles à 250°, et qui donne par oxydation le carbonate de phényléthylamine (?). Sa constitution est inconnue.

2° *Dérivés substitués dans le noyau benzénique.*

ACIDES BROMOPHÉNYLPROPIONIQUES. — *Acide orthobromophénylpropionique,*

$$C^6H^4Br_{(2)}\text{-}CH^2\text{-}CH^2\text{-}CO^2H_{(1)}.$$

— Il se forme lorsqu'on fait bouillir au réfrigérant à reflux l'acide orthobromocinnamique avec de l'acide iodhydrique et du phosphore rouge. Il cristallise en aiguilles, fusibles à 97-99°, solubles dans l'alcool, l'éther, la benzine, le chloroforme et l'acide acétique glacial [Gabriel, *Deutsch. chem. Gesellsch.*, 1882, p. 2291].

Acide métabromophénylpropionique,

$$C^6H^4Br_{(3)}\text{-}CH^2\text{-}CH^2\text{-}CO^2H_{(1)}.$$

— Il se forme par l'action de l'acide iodhydrique et du phosphore rouge sur l'acide métabromocinnamique, ainsi que par l'action de l'acide chlorhydrique bouillant sur l'acide diazoamidométabromophénylpropionique (voyez plus bas). Il cristallise en prismes, fusibles à 74-75°, solubles dans l'alcool, l'éther, le chloroforme et la benzine [Gabriel, *loc. cit.*].

Acide parabromophénylpropionique,

$$C^6H^4Br_{(4)}\text{-}CH^2\text{-}CH^2\text{-}CO^2H_{(1)}.$$

— Göring a obtenu cet acide en traitant l'acide phénylpropionique pulvérisé par le brome; le produit, soumis à des cristallisations dans le sulfure de carbone, donne l'acide parabromé, fusible à 136° [*Chem. Centralbl.*, 1877, p. 793 et 808; *Dissert. Munich*, 1877].

Acide parabromophénylpropiosulfonique,

$$C^6H^3Br_{(4)}(SO^3H)_{(3)}\text{-}CH^2\text{-}CH^2\text{-}CO^2H_{(1)}.$$

— On le prépare en traitant l'acide parabromophénylpropionique brut par trois fois son poids d'acide sulfurique de Nordhausen. Puis on chauffe à 60°, et après 12 heures on verse le produit dans l'eau, en ajoutant de l'eau aussi longtemps qu'il se forme un précipité. Ce précipité, séparé des eaux mères et lavé, est distillé dans un courant de vapeur d'eau. Le résidu de la distillation filtré fournit des eaux mères qui, après concentration, donnent une masse cristalline de l'acide sulfoné brut. On le purifie en traitant sa solution par le carbonate de baryum, et en enlevant l'excès de baryte de la liqueur filtrée au moyen de l'acide sulfurique. Puis on concentre la solution et on la fait cristalliser sur l'acide sulfurique. On obtient ainsi des cristaux rhombiques; rapport des axes, $a : b : c = 1,3013 : 1 : 0,7831$. Cet acide possède la composition $C^9H^9BrSO^5 + 2H^2O$. Il perd son eau sur l'acide sulfurique.

Sels de baryum. — Le sel neutre forme une masse lamelleuse; le *sel acide* est en cristaux clinorhombiques; rapport des axes $a : b : c = 0,4911 : 1 : 5065$.

Le *sel calcique neutre*, $C^9H^7BrSO^5Ca + 3H^2O$, est en fines aiguilles microscopiques; le *sel calcique acide* renferme $8H^2O$, dont sept s'en vont à 100; il est en cristaux clinorhombiques; rapport des axes : $a : b : c = 0,7962 : 1 : 0,9774$. Le *sel cuivrique* est en croûtes cristallines. Le *sel neutre de potassium* est en aiguilles enchevêtrées et le *sel acide* est en aiguilles soyeuses. Le *sel de plomb* est en cristaux brillants. Le sel neutre de *sodium* est hygroscopique; le *sel acide* renferme $3H^2O$, dont il perd 2 à 100° [Göring, *loc. cit.*]. Lorsqu'on traite cet acide par l'amalgame de sodium, il donne un *acide phénylpropiosulfonique* qui fournit l'acide métoxybenzoïque par fusion avec la potasse. Il a donc la constitution

$$C^6H^4(SO^3H)_{(3)}\text{-}CH^2\text{-}CH^2\text{-}CO^2H_{(1)}$$

et l'acide bromé est l'acide parabromométasulfonique (Göring).

ACIDES NITROPHÉNYLPROPIONIQUES. — *Acide orthonitrophénylpropionique,*

$$C^6H^4(AzO^2)_{(2)}\text{-}CH^2\text{-}CH^2\text{-}CO^2H.$$

— On l'obtient par l'action de l'alcool bouillant sur le chlorure d'acide diazonitrohydrocinnamique (voyez plus bas). Il cristallise en aiguilles, fusibles à 113°. Par réduction, au moyen de l'acide chlorhydrique et de l'étain, il donne l'hydrocarbostyrile [Gabriel et Zimmermann, *Deutsch. chem. Gesellsch.*, 1880, p. 1680].

Acide métanitrophénylpropionique,

$$C^6H^4(AzO^2)_{(3)}\text{-}CH^2\text{-}CH^2\text{-}CO^2H_{(1)}.$$

— Il cristallise en aiguilles jaunes, fusibles à 117-118°, solubles dans l'éther et l'acide acétique glacial. Il se forme par l'action de l'alcool bouillant sur l'acide métanitroparadiazophénylpropionique (voyez plus bas) [Gabriel et Steudemann, *Deutsch. chem. Gesellsch.*, 1882, p. 842].

Acide paranitrophénylpropionique,

$$C^6H^4(AzO^2)_{(4)}\text{-}CH^2\text{-}CH^2\text{-}CO^2H_{(1)}.$$

— C'est l'acide de Glaser et Buchanan, décrit t. II, p. 910. Il fond à 164°.

Acide orthoparadinitrophénylpropionique,

$$C^6H^3(AzO^2)^2_{(2.4)}\text{-}CH^2\text{-}CH^2\text{-}CO^2H_{(1)}.$$

— On prépare ce corps par nitratation de l'acide phénylpropionique à chaud, ou en traitant l'acide paranitrophénylpropionique par l'acide nitrique concentré et chaud. Il cristallise en longues aiguilles, fusibles à 126°,5, solubles dans l'alcool, l'éther et l'acide acétique glacial.

L'éther éthylique est en aiguilles soyeuses, fusibles à 32° [Gabriel et Zimmermann, *Deutsch. chem. Gesellsch.*, 1879, p. 600].

ACIDES AMIDOPHÉNYLPROPIONIQUES. — *Acide métamidophénylpropionique*,

$$C^6H^4(AzH^2)_{(3)}\text{-}CH^2\text{-}CH^2\text{-}CO^2H_{(1)}.$$

— Son chlorhydrate se forme lorsqu'on réduit l'acide métanitrophénylpropionique par l'étain et l'acide chlorhydrique. Séparé du chlorhydrate par la soude caustique, il se présente en cristaux octaédriques, fusibles à 84-85°, solubles dans l'alcool, l'éther et l'acide acétique glacial [Gabriel et Steudemann, *loc. cit.*].

Acide paramidophénylpropionique,

$$C^6H^4(AzH^2)_{(4)}\text{-}CH^2\text{-}CH^2\text{-}CO^2H_{(1)}.$$

— Par l'action du sulfate ferreux sur l'acide paranitré. Il est en aiguilles, fusibles à 131°. Avec l'anhydride acétique, il donne le *dérivé acétylé*,

$$C^6H^4(AzH.C^2H^3O)\text{-}CH^2\text{-}CH^2\text{-}CO^2H,$$

qui cristallise en aiguilles, fusibles à 143°, solubles dans l'alcool, l'éther et l'acide acétique glacial (Gabriel et Steudemann).

Acide métaparadiamidophénylpropionique,

$$C^6H^3(AzH^2)^2_{(3.4)}\text{-}CH^2\text{-}CH^2\text{-}CO^2H_{(1)} + H^2O.$$

— Son chlorhydrate est en cristaux qui se forment lorsqu'on traite l'acide métanitroparamidé (voyez plus bas) par l'étain et l'acide chlorhydrique. Séparé du chlorhydrate par la soude caustique, il se présente en aiguilles violettes, fusibles à 142-144°, solubles dans l'alcool et l'acide acétique cristallisable chauds [Gabriel, *loc. cit*].

ACIDES PHÉNYLPROPIONIQUES NITROBROMÉS, NITRAMIDÉS, DIAZOAMIDÉS, DIAZOBROMÉS, etc. — *Acide orthonitrophényldibromopropionique*,

$$C^6H^4(AzO^2)_{(2)}\text{-}CHBr\text{-}CHBr\text{-}CO^2H_{(1)}.$$

— On le prépare en traitant l'orthonitrocinnamate d'éthyle dissous dans le sulfure de carbone par le brome. Il est en cristaux clinorhombiques, fusibles à 71° [C. L. Müller, *Liebig's Ann. Chem.*, t. CCXII, p. 122].

Acide paranitrophényldibromopropionique. — Il en existe deux. L'un, de la formule

$$C^6H^4(AzO^2)_{(4)}\text{-}CHBr\text{-}CHBr\text{-}CO^2H_{(1)},$$

est en cristaux clinorhombiques, fusibles à 111°. Il se forme lorsqu'on ajoute du brome à une solution de paranitrocinnamate d'éthyle dans le sulfure de carbone sec [Müller, *loc. cit.*].

Le second est en cristaux rhombiques, fusibles à 217-218°, solubles dans l'alcool, l'éther et l'acide acétique glacial. On le prépare en traitant l'acide paranitrocinnamique pulvérisé par le brome. Son *sel de baryum* est en cristaux clinorhombiques; son *sel de sodium* est en lamelles brillantes [Drewsen, *Liebig's Ann. Chem*, t. CCXII, p. 150-165].

Acide orthonitroparabromophénylpropionique,

$$C^6H^3(AzO^2)_{(2)}Br_{(4)}\text{-}CH^2\text{-}CH^2\text{-}CO^2H_{(1)}.$$

— Il se forme lorsqu'on fait réagir à une température peu élevée l'acide bromhydrique sur le chlorure d'acide orthonitroparadiazophénylpropionique (voyez plus bas). On l'obtient également en traitant l'acide parabromophénylpropionique par l'acide nitrique. Il cristallise en aiguilles, fusibles à 141-142°. L'étain et l'acide chlorhydrique le convertissent en *parabromohydrocarbostyrile* [Gabriel et Zimmermann, *loc. cit.*].

Acide métanitroparabromophénylpropionique,

$$C^6H^3(AzO^2)_{(3)}Br_{(4)}\text{-}CH^2\text{-}CH^2\text{-}CO^2H_{(1)}.$$

— Se forme en même temps que le précédent par nitratation de l'acide parabromé. Il est en aiguilles, fusibles à 90-95° (Gabriel et Zimmermann).

Acide métanitroparamidophénylpropionique,

$$C^6H^3(AzO^2)_{(3)}(AzH^2)_{(4)}\text{-}CH^2\text{-}CH^2\text{-}CO^2H_{(1)}.$$

— Il se forme lorsqu'on fait bouillir avec de l'acide chlorhydrique concentré son dérivé acétylé, et que l'on évapore la solution après avoir ajouté de l'eau. Il est en cristaux, fusibles à 145°, solubles dans l'alcool, l'éther, l'acide acétique glacial et l'eau chaude (Gabriel et Steudemann).

Le *dérivé acétylé* prend naissance lorsqu'on traite par l'acide sulfurique et le nitrate de potassium le dérivé acétylé de l'acide paramidophénylpropionique. Il cristallise en aiguilles, fusibles à 174°, solubles dans l'alcool, la benzine et l'acide acétique glacial.

Acide paranitroorthoamidophénylpropionique,

$$C^6H^3(AzO^2)_{(4)}(AzH^2)_{(2)}\text{-}CH^2\text{-}CH^2\text{-}CO^2H_{(1)}.$$

— Par l'action du sulfhydrate d'ammonium sur l'acide orthoparadinitré. Il cristallise en aiguilles aplaties, fusibles à 137-139°. Avec l'étain et l'acide chlorhydrique, il donne l'orthoamidohydrocarbostyrile, fusible à 211° (Gabriel et Zimmermann).

Acide métabromoparamidophénylpropionique,

$$C^6H^3(AzH^2)_{(4)}Br_{(3)}\text{-}CH^2\text{-}CH^2\text{-}CO^2H_{(1)}.$$

— Il cristallise en aiguilles brillantes, fusibles à 104-105°, et que l'on obtient par décomposition de son chlorhydrate. Celui-ci se forme lorsqu'on fait bouillir, avec l'acide chlorhydrique, l'*acide métabromoparacétamidophénylpropionique*,

$$C^6H^3 \begin{cases} CH^2\text{-}CH^2\text{-}CO^2H \\ Br \\ Az.HC^2H^3O \end{cases}$$

— On prépare ce corps en faisant réagir l'eau de brome sur l'acide paracétamidophénylpropionique. Il cristallise en aiguilles, fusibles à 159-160°, solubles dans l'alcool, l'éther, la benzine et l'acide acétique cristallisable chaud [Gabriel, *loc. cit*].

Acide parabromométamidophénylpropionique,

$$C^6H^3(AzH^2)_{(3)}Br_{(4)}\text{-}CH^2\text{-}CH^2\text{-}CO^2H_{(1)}.$$

— Aiguilles fusibles à 117-119°, qui résultent de l'action de l'acide chlorhydrique et de l'étain sur l'acide parabromométanitrophénylpropionique (Gabriel et Zimmermann).

Acide métanitroparadiazophénylpropionique. — Son nitrate,

$$C^6H^3 \begin{cases} AzO^2 \\ Az^2.AzO^3 \\ CH^2\text{-}CH^2\text{-}CO^2H, \end{cases}$$

se forme lorsqu'on traite la solution alcoolique

d'acide métanitroparamidophénylpropionique par l'acide nitrique et le nitrite d'éthyle. Il est en aiguilles blanches, qui fusent lorsqu'on les chauffe (Gabriel et Steudemann).

Acide paranitroorthodiazophénylpropionique. — Son chlorhydrate se forme par l'action du nitrite d'éthyle sur le chlorhydrate d'acide paranitroorthoamidophénylpropionique. Il est en aiguilles groupées en étoiles (Gabriel et Zimmermann).

Acide métabromoparadiazoamidophénylpropionique, $[C^6H^3Br\text{-}C^2H^4\text{-}CO^2H]^2Az^3H$. — Aiguilles brunes qui se forment dans l'action du nitrite de sodium sur la solution alcoolique de l'acide métabromoparamidophénylpropionique (Gabriel).

ALDÉHYDE β-PHÉNYLPROPIONIQUE,

$$C^6H^5\text{-}CH^2\text{-}CH^2\text{-}CHO.$$

— Il se forme lorsqu'on oxyde la propylbenzine par l'acide chlorochromique [A. Étard, *Ann. Chim. Phys.*, (5), t. XXII, p. 218].

M. Wassermann.

PHÉNYLPROPYLE-ACÉTONE [Syn. *Propyle-benzoyle*]. — Voyez t. II, p. 1204 — Elle se forme lorsqu'on traite le chlorure de butyryle par la benzine en présence de chlorure d'aluminium [Burcker, *Bull. Soc. chim.*, t. XXXVII, p. 4].

PHÉNYLPROPYLIQUES (ALCOOLS). — On connaît deux alcools de la formule $C^9H^{11}.OH$. L'un, l'alcool *phénylpropylique secondaire* ou *phényléthylcarbinol*, $C^6H^5\text{-}CH.OH\text{-}C^2H^5$, a été décrit à l'article PHÉNYLÉTHYLE-ACÉTONE, Suppl., p. 1212. L'autre, l'*alcool hydrocinnamique* ou *benzyle-méthyle-carbinol*, $C^6H^5\text{-}CH^2\text{-}CH.OH\text{-}CH^3$, se trouve dans le styrax. Il se forme par l'action de l'amalgame de sodium sur l'alcool cinnamique; en même temps, il se forme de l'allyle-benzine.

Cet alcool bout à 234-235°, et possède la densité 1,008 à 18°. C'est un liquide très réfringent, soluble dans l'alcool, l'éther et l'acide acétique glacial. Par oxydation il fournit l'acide hydrocinnamique.

L'*acétate* s'obtient par l'action du chlorure d'acétyle sur l'alcool. Il bout à 244°. Le *benzoate* constitue un liquide épais [Fittig et Rügheimer, *Deutsch. chem. Gesellsch.*, 1873, p. 214; — Rügheimer, *Liebig's Ann.*, t. CLXXII, p. 122].

PHÉNYLSULFINIQUE (ACIDE). — Voyez Suppl., p. 308.

PHÉNYLSULFONE. — Voyez Suppl., p. 304.

PHÉNYLSULFONIQUES (ACIDES). — Nous étudierons ici les acides sulfoniques de la benzine et leurs nombreux dérivés de substitution, bromés, chlorés, nitrés, amidés, hydroxylés, etc.

ACIDE PHÉNYLSULFONIQUE

[Syn. *Acide benzine-sulfonique*, $C^6H^5.SO^3H$. Il a été décrit à l'article BENZINE, t. Ier, p. 536, et à l'article PHÉNYLSULFUREUX, t. II, p. 914]. — Il n'existe que sous une modification. Desséché au-dessus de l'acide sulfurique, il retient 1½ H^2O [Otto, *Liebig's Ann. Chem.*, t. CXLI, p. 369]. Le *sel de zinc*, $(C^6H^5.SO^3)^2Zn + 6H^2O$, forme des tables à six côtés. Le *sel d'argent*, $(8H^2O)$, est en tables.

Ether éthylique, $C^6H^5.SO^3C^2H^5$. — Il a été obtenu par l'action de l'éthylate de sodium sur le chlorure phénylsulfonique. Huile insoluble dans l'eau, que l'eau bouillante dédouble en alcool et en acide [Otto et Schiller, *Deutsch. chem. Gesellsch.*, 1877, p. 1639].

Chlorure phénylsulfonique (voyez t. Ier, p. 536). — Il est liquide et se solidifie à 0° sous forme de grands cristaux rhombiques; il bout avec décomposition partielle à 246-247° [Otto, *Liebig's Ann. Chem.*, t. CXXXVI, p. 157].

Bromure phénylsulfonique. — Otto a obtenu ce corps par l'action du brome sur l'acide benzine-sulfinique, $C^6H^5.SO^2H$. Il forme une huile incolore, insoluble dans l'eau, soluble dans l'alcool et dans l'éther [*Ibid.*, t. CXLI, p. 372].

1° *Acides bromophénylsulfoniques.*

ACIDES MONOBROMOPHÉNYLSULFONIQUES — La théorie indique l'existence de trois de ces acides que nous connaissons. Deux ont été décrits à l'article PHÉNYLSULFUREUX, t. II, p. 914. Les acides ortho et métabromophénylsulfoniques ont été préparés par Limpricht et Berndsen, à l'aide de la méthode des corps diazoïques, en partant des acides ortho et métanitrophénylsulfoniques.

Les trois acides bromophénylsulfoniques, fondus avec de la potasse, donnent la résorcine [Limpricht, *Deutsch. chem. Gesellsch.*, 1874, p. 1352; *Liebig's Ann. Chem.*, t. CLXXX, p. 88]. Leurs sels de potassium, soumis à la distillation, se transforment en nitriles phtalique, isophtalique et téréphtalique. La constitution des trois acides bromophénylsulfoniques est ainsi établie.

ACIDE PARABROMOPHÉNYLSULFONIQUE,

$$C^6H^4.Br_{(4)}.SO^3H_{(1)}.$$

— Garrick a obtenu cet acide en dissolvant la benzine bromée dans l'acide sulfurique fumant, et Noelting a montré qu'il ne se forme pas d'isomère dans cette réaction. Le même acide se produit aussi par l'action de l'anhydride sulfurique ou de la chlorhydrine sulfurique, $SO^2(OH)Cl$, sur la benzine bromée [Noelting, *Deutsch. chem. Gesellsch.*, 1875, p. 594; — Armstrong, *Zeitschr. Chem.*, 1871, p. 321]; ou en décomposant le dérivé diazoïque de l'acide sulfanilique par l'acide bromhydrique [V. Meyer et Ador, *Liebig's Ann. Chem.*. t. CLVI, p. 291, et CLIX, p. 1]; enfin Bässmann l'a préparé en décomposant sous pression le dérivé diazoïque de l'acide diamidobromophénylsulfonique par l'acide sulfurique et l'azotite de potassium.

Les dérivés de ce corps ont été étudiés par Goslich [*Ibid.*, t. CLXXX, p. 94, et t. CLXXXVI, p. 148], par Bässmann [*Ibid.*, t. CXCI, p. 247], enfin par Spiegelberg [*Ibid.*, t. CXCVII, p. 257].

L'acide libre forme des aiguilles déliquescentes, fusibles à 88°.

Sel de potassium, $C^6H^4Br.SO^3K$. Aiguilles blanches groupées en faisceaux. — *Sel d'ammonium.* Grands prismes incolores. — *Sel de baryum*, $(C^6H^4Br.SO^3)^2Ba$. Grandes lamelles nacrées. — *Sel de calcium*, $(2H^2O)$. Petits cristaux blancs mamelonnés qui perdent leur eau de cristallisation à l'air. — *Sel de plomb*, $(2H^2O)$. Petites lamelles blanches. — *Sel d'argent.* Longues aiguilles fines et soyeuses, peu solubles.

Chlorure, $C^6H^4Br.SO^2Cl$. — Cristallisé dans l'éther, il est en prismes épais, fusibles à 75°, volatils avec la vapeur d'eau [Hübner et Alsberg *Liebig's Ann. Chem.*, t. CLVI, p. 326].

Amide, $C^6H^4Br.SO^2AzH^2$. — Elle cristallise dans l'alcool dilué et dans l'eau chaude en aiguilles aplaties, fusibles à 160-161° (Goslich), 166° (Noelting), 163-164° (Bässmann).

Acide métanitroparabromophénylsulfonique,

$$C^6H^3.AzO^2_{(3)}.Br_{(4)}.SO^3H_{(1)}.$$

— Goslich (*loc. cit.*) a obtenu ce corps en traitant par de l'acide azotique concentré le parabromophénylsulfonate de baryum; plus tard, Augustin et Post [*Deutsch. chem. Gesellsch.*, 1875, p. 1560] ont cru obtenir un isomère du même corps en chauffant, sous pression, l'orthobromonitrobenzine, fusible à 39-41°, avec de l'acide sulfurique fumant; mais Andrews [*Ibid.*, 1880, p. 2127] a montré que ces deux produits sont identiques.

Sel de potassium. Lamelles jaunes. — *Sel de baryum*, (H^2O). Longues aiguilles jaunes. — *Sel de zinc*, ($2H^2O$). Aiguilles incolores. — *Sel de cuivre*, ($9\frac{1}{2}H^2O$). Très longues aiguilles vertes, efflorescentes.

Le *chlorure* n'a pas de point de fusion constant, il se ramollit vers 40-50°. — L'*amide* forme des lamelles jaunes, fusibles à 176-177°, très peu solubles dans l'eau, plus solubles dans l'alcool.

Acide métamidoparabromophénylsulfonique,

$$C^6H^3.AzH^2_{(3)}.Br_{(4)}.SO^3H_{(1)}$$

[Andrews, *loc. cit.*]. — Le dérivé nitré précédent est réduit par de l'hydrate ferreux. Une solution chaude de son sel de baryum (20 p.) et de sulfate de fer (100 p.) est additionnée d'une solution chaude d'hydrate de baryum (115 p.); on filtre vite et l'on évapore dans le vide.

En faisant agir le brome sur l'acide métamidophénylsulfonique, Berndsen [*Liebig's Ann. Chem.*, t. CLXXVII, p. 84] n'a obtenu que les acides dibromé et tribromé; Beckurts [*Ibid.*, t. CLXXXI, p. 210] a trouvé en outre du bromanile; mais Langfurth [*Ibid.*, t. CXCI,p. 176], en ajoutant une molécule de brome à une solution froide et diluée de l'acide métamidophénylsulfonique, a obtenu l'acide bromé ci-dessus. On peut aussi préparer le même corps en chauffant à 150° l'acide dibromométaphénylsulfonique,

$$C^6H^2.AzH^2_{(3)}.Br_{(4)}.Br_{(6)}.SO^3H_{(1)},$$

avec de l'acide chlorhydrique et du phosphore amorphe.

L'acide libre forme des aiguilles blanches, fines, anhydres, ou des prismes à quatre ou six faces, contenant une molécule d'eau. Il est très soluble dans l'eau chaude, moins dans l'eau froide, peu soluble dans l'alcool

Sel de potassium, $C^6H^3Br.AzH^2.SO^3K + H^2O$ (Spiegelberg) + $1\frac{1}{2}H^2O$ (Langfurth). Tables rhombiques très solubles. — *Sel de calcium*, ($2H^2O$). Grandes tables jaunâtres. — *Sel de baryum*, (H^2O). Prismes réunis en faisceaux; le sel avec $3H^2O$ est en mamelons ou aiguilles. — *Sel de plomb.* Aiguilles solubles. — *Sel d'argent*, ($1\frac{1}{2}H^2O$). Cristaux colorés en brun.

Dérivé diazoïque. — Poudre blanche formée d'aiguilles microscopiques, peu solubles dans l'eau froide et dans l'alcool.

ACIDE MÉTABROMOPHÉNYLSULFONIQUE,

$$C^6H^4.Br_{(3)}.SO^3H_{(1)}.$$

— Berndsen [*Liebig's Ann. Chem.*, t. CLXXVII, p. 92] a obtenu ce corps en décomposant le dérivé diazoïque de l'acide métamidophénylsulfonique par de l'acide bromhydrique. Garrick l'a préparé en chauffant l'acide phénylsulfonique avec du brome à 100°; il le désigna sous le nom d'acide isobromophénylsulfonique; en même temps, Genz [*Deutsch. chem. Gesellsch.*, 1870, p. 405] l'obtenait presque d'une façon identique en chauffant molécules égales d'acide phénylsulfonique et de brome avec de l'eau à 150°. Borns [*Liebig's Ann. Chem.*, t. CLXXXVII, p. 371] décompose le dérivé diazoïque de l'acide amidobromophénylsulfonique par de l'acide azoteux.

La méthode de préparation la plus facile consiste à faire agir du brome sur une solution de phénylsulfonate d'argent à la température ordinaire (Noelting). L'acide métabromophénylsulfonique forme des cristaux très déliquescents.

Sel d'ammonium. — Cristallise en lamelles pas très solubles dans l'eau froide. — *Sel de potassium*, (H^2O). Petits cristaux incolores. — *Sel de baryum*, ($2H^2O$ et $2\frac{1}{2}H^2O$). Petits mamelons durs et blancs. — *Sel de plomb*, ($2H^2O$). Ressemble beaucoup au sel de baryum. — *Sel d'argent.* Lamelles peu solubles dans l'eau.

Chlorure, $C^6H^4Br.SO^2Cl$. — Matière huileuse, soluble dans l'éther.

Amide, $C^6H^4Br.SO^2.AzH^2$. — Petites aiguilles microscopiques ou lamelles brillantes. Dans l'alcool, elle se dépose en petits prismes, fusibles à 149°.

Acide nitrométabromophénylsulfonique,

$$C^6H^3.Br_{(3)}.AzO^2_{(6)}.SO^3H_{(1)}.$$

— On fait réagir l'acide azotique concentré sur l'orthobromophénylsulfonate de baryum. Il forme une masse brune, soluble. Thomas [*Liebig's Ann. Chem.*, t. CLXXXVI, p. 124] l'a obtenu sous forme de prismes très déliquescents.

Sel d'ammonium, $C^6H^3Br.AzO^2.SO^3AzH^4$. Longs prismes jaunes, assez solubles dans l'eau. — *Sel de potassium.* Petits mamelons jaunes. — *Sel de baryum*, ($3H^2O$). Petites aiguilles jaunâtres. — *Sel de calcium*, ($6H^2O$). Grands prismes presque incolores. — *Sel de plomb*, ($3H^2O$). Petites aiguilles fines blanches. — *Sel d'argent*, ($1\frac{1}{2}H^2O$). Aiguilles blanches, groupées en éventail.

Chlorure. — Cristallisé dans l'éther, il forme des prismes fusibles à 83°.

Amide. Petites aiguilles fines, peu solubles dans l'eau froide, très solubles à chaud, fusibles à 169-170°.

Acide amidobromophénylsulfonique,

$$C^6H^3.Br_{(3)}.AzH^2_{(6)}.SO^3H_{(1)}.$$

— Ce corps a été obtenu par Limpricht. Il se forme par réduction de l'acide nitrobromophénylsulfonique au moyen de l'étain et de l'acide chlorhydrique [*Liebig's Ann. Chem.*, t. CLXXXI, p. 196]; à côté d'autres produits, par l'action du brome sur l'orthoamidophénylsulfonate de baryum. Le même dérivé a été préparé par Bahlmann [*Ibid.*, t. CLXXXVI, p. 310] d'une façon identique; enfin Borns [*Ibid.*, t. CLXXXVII, p. 368] l'a obtenu en chauffant à 170° la parabromacétanilide avec de l'acide sulfurique fumant.

L'acide libre cristallise en aiguilles très fines et brillantes, avec une molécule d'eau, ou en grands prismes bruns déliquescents avec deux molécules d'eau. Il est peu soluble dans l'eau froide et dans l'alcool.

Sel d'ammonium. Petites aiguilles rouges anhydres, très solubles. — *Sel de potassium.* Lamelles transparentes, anhydres et très solubles. — *Sel de baryum*, (H^2O). Prismes nacrés; humide, il se colore en rose. — *Sel de calcium*, (H^2O). Petits prismes, très solubles.

Le sel de potassium de l'acide amidobromophénylsulfonique, traité par un courant d'acide azoteux, se transforme en dérivé diazoïque. Petites aiguilles jaunes se colorant en rouge à l'air. Ce dérivé diazoïque, traité par l'acide bromhydrique, donne de l'acide orthométadibromophénylsulfonique; par l'alcool absolu, il se transforme en acide métabromophénylsulfonique.

ACIDE ORTHOBROMOPHÉNYLSULFONIQUE,

$$C^6H^4.Br_{(2)}.SO^3H_{(1)}.$$

— Cet acide a été obtenu par Berndsen et Limpricht [*Liebig's Ann. Chem.*, t. CLXXVII, p. 100] en décomposant le dérivé diazoïque de l'acide orthoamidophénylsulfonique par l'acide bromhydrique; le même corps a été étudié plus tard par Bahlmann [*Liebig's Ann. Chem.*, t. CLXXXI, p. 203, et t. CLXXXVI, p. 30].

Pour obtenir l'acide libre à l'état de pureté, on transforme le sel de potassium en chlorure, que l'on décompose, après purification, par de l'eau à 140-160°; on obtient de longues aiguilles, colorées faiblement en brun, déliquescentes, très solubles dans l'alcool. Les sels sont également très solubles dans l'eau.

Sel d'ammonium, $C^6H^4Br.SO^3AzH^4$. Tables

incolores, formant des croûtes cristallines. — *Sel de potassium*, (H^2O). Lamelles à quatre faces, incolores. — *Sel de baryum*. Petites aiguilles ou prismes se groupant concentriquement, contenant de l'eau de cristallisation. — *Sel de calcium*, ($2H^2O$). Petites lamelles incolores. — *Sel de plomb*, ($3H^2O$). Prismes incolores. — *Sel d'argent*. Lamelles très brillantes se décomposant lentement à l'air.

Chlorure, $C^6H^4Br.SO^2Cl$, — Il cristallise dans l'éther en beaux prismes, fusibles à 51°.

Amide, $C^6H^4Br.SO^2AzH^2$. — Longues aiguilles, peu solubles dans l'eau et dans l'alcool et fusibles à 186°.

Acide nitroorthobromophénylsulfonique. — Augustin et Post [*Deutsch. chem. Gesellsch.*, 1875, p. 1557] chauffent pendant quatre heures au bain-marie en tubes scellés de l'orthobromonitrobenzine avec quatre fois son volume d'acide sulfurique fumant.

Bahlmann [*Liebig's Ann. Chem.*, t. CLXXXVI, p. 315] décrit deux autres acides nitrés qu'il prépare par l'action de l'acide azotique concentré sur l'acide orthobromophénylsulfonique. On sépare ces deux acides par cristallisations répétées des sels de baryum. On obtient d'abord des aiguilles jaunes, plus tard des mamelons formés des deux isomères.

Le sel de baryum, qui cristallise en aiguilles, décomposé par l'acide sulfurique, donne l'*acide nitroorthobromophénylsulfonique*,

$$C^6H^3.Br_{(2)}.AzO^2_{(3)}.SO^3H_{(1)} + 2H^2O.$$

Grands prismes jaunes, très solubles dans l'eau et l'alcool, qui perdent à 110° leur eau et qui fondent à 130-135°.

Sel d'ammonium. Petites aiguilles fines, très solubles. — *Sel de potassium*. Petites aiguilles blanches, très solubles. — *Sel de baryum*, ($5H^2O$). Longues aiguilles soyeuses, très solubles dans l'eau chaude, peu solubles à froid. — *Sel de calcium*, ($4H^2O$). Aiguilles blanches et brillantes, très solubles dans l'eau. — *Sel de zinc*, ($7H^2O$). Prismes. — *Sel de plomb* ($5H^2O$). Aiguilles fines et blanches. — *Sel d'argent*. Aiguilles jaunes, assez peu solubles et se colorant à la lumière.

Chlorure. Grandes tables rhombiques, fusibles à 92°. — *Amide*. Aiguilles blanches brillantes, assez solubles dans l'eau froide, peu solubles à froid. Point de fusion, 205°.

Acide amidobromophénylsulfonique,

$$C^6H^3.Br_{(2)}.AzH^2_{(5)}.SO^3H_{(1)} + 2H^2O.$$

— L'acide nitrobromophénylsulfonique est réduit par l'étain et l'acide chlorhydrique. L'acide cristallise d'une solution concentrée en fines aiguilles anhydres, très solubles dans l'eau chaude, peu solubles à froid, insolubles dans l'alcool et l'éther. Les solutions étendues fournissent des rhomboïdes renfermant $2H^2O$.

Sel de baryum, ($2H^2O$). Masse cristalline, très soluble dans l'eau et dans l'alcool. — *Sel de plomb*. Masse cristalline brune. — *Sel d'argent*. Petites aiguilles.

Le second acide nitrobromophénylsulfonique, qui se forme en traitant l'acide orthobromophénylsulfonique par l'acide azotique, n'a été obtenu par Bahlmann qu'en très faible quantité.

Sel de potassium. Lamelles nacrées, facilement solubles. — *Sel de baryum*. Lamelles nacrées blanches. 100 p. de la solution saturée à 9° renferment 0gr,17 de sel.

Chlorure. Cristallisé dans l'éther, il forme des tables rhombiques, fusibles à 97°. — *Amide*. Fines aiguilles microscopiques, très peu solubles dans l'eau, fusibles à 215°.

ACIDES DIBROMOPHÉNYLSULFONIQUES. — On en connaît cinq, dont l'un a été décrit t. II, p. 915. Deux dérivent de l'orthodibromobenzine, deux de la métadibromobenzine et un de la paradibromobenzine.

1° ACIDE MÉTAPARADIBROMOPHÉNYLSULFONIQUE, $C^6H^3Br_{(3)}.Br_{(4)}.SO^3H_{(1)} + 3H^2O$. — Limpricht [*Liebig's Ann. Chem.*, t. CLXXXVI, p. 145] l'a obtenu, à côté de l'acide orthométadibromophénylsulfonique, en ajoutant du brome à une solution de métabromophénylsulfonate d'argent. Goslich [*Ibid.*, t. CLXXXVI, p. 148], par l'action du brome sur le parabromophénylsulfonate d'argent, ou en décomposant par l'acide bromhydrique le dérivé diazoïque de l'acide amidoparabromophénylsulfonique [*Ibid.*, t. CLXXX, p. 101]; enfin Langfurth [*Ibid.*, t. CXCI, p. 179] et Spiegelberg [*Ibid.*, t. CXCVII, p. 263], en remplaçant le groupe AzH^2 dans l'acide amidoparabromophénylsulfonique par du brome.

L'acide métaparadibromophénylsulfonique cristallise avec $3H^2O$ sous forme de fines aiguilles incolores, fusibles à 57-58° (d'après Spiegelberg à 66-67°) et qui perdent leur eau à 120°.

Sel de potassium. Cristaux très solubles dans l'eau. — *Sel d'ammonium*. Aiguilles très solubles. — *Sel de baryum*. Lamelles avec ($2H^2O$); ou longues aiguilles avec ($3H^2O$). Il est peu soluble. — *Sel de calcium*. Lamelles brillantes. — *Sel de plomb*. ($2H^2O$), ressemble au sel de baryum. — *Sel d'argent*. Longues aiguilles, peu solubles.

Le *chlorure* forme des prismes fusibles à 31° (Goslich). 34° (Langfurth). — *Amide*. Aiguilles peu solubles, fusibles à 170° (Goslich), 175° (Langfurth et Spiegelberg).

Acide nitrodibromophénylsulfonique,

$$C^6H^2.(AzO^2)_{(6)}.Br^2_{(3.4)}.SO^3H.$$

— Cet acide se prépare en faisant bouillir l'acide précédent avec de l'acide azotique. Masse cristalline déliquescente.

Sel de potassium. — Aiguilles jaunes, peu solubles.

Acide amidodibromophénylsulfonique,

$$C^6H^2.Br^2_{(3.4)}.AzH^2_{(6)}.SO^3H_{(1)}.$$

— Le produit nitré précédent est réduit par le chlorure stanneux. Tables rhombiques, peu solubles dans l'eau et dans l'alcool.

Sel d'ammonium, (H^2O). Tables faiblement colorées en rose, solubles dans l'eau. — *Sel de potassium*, ($2H^2O$). Fines lamelles blanches, très solubles dans l'eau chaude, moins solubles à froid. — *Sel de baryum*, (H^2O). Prismes aplatis. — *Sel de calcium*, (3 et $4H^2O$). Aiguilles faiblement colorées en jaune, réunies en mamelons; assez solubles dans l'eau. — *Sel de plomb*, (H^2O). Prismes.

2° ACIDE ORTHOMÉTADIBROMOPHÉNYLSULFONIQUE,

$$C^6H^3.Br^2_{(2.3)}.SO^3H_{(1)}.$$

— Cet acide a été décrit par Sachse [*Liebig's Ann. Chem.*, t. CLXXXVIII, p. 143], qui l'a obtenu en transformant l'acide orthométadinitrophénylsulfonique en acide diamidé et en décomposant son dérivé diazoïque par l'acide bromhydrique. Il forme d'assez grands prismes hygroscopiques.

Sel de potassium. Lamelles nacrées, peu solubles. — *Sel de baryum*, ($3H^2O$) Aiguilles fines. — *Sel de calcium*. ($2H^2O$). Masse cristalline, assez soluble dans l'eau. — *Sel de plomb*, ($3H^2O$). Aiguilles groupées en croix.

Le *chlorure*, cristallisé dans l'éther, fond à 127°. L'*amide* cristallise dans l'alcool en petites aiguilles blanches, peu solubles dans l'eau, fusibles à 215°.

3° ACIDE ORTHOPARADIBROMOPHÉNYLSULFONIQUE,

$$C^6H^3.Br^2_{(2.4)}.SO^3H_{(1)}.$$

— Langfurth [*Liebig's Ann. Chem.*, t. CXCI, p. 184] traite l'acide dibromamidophénylsulfonique, $C^6H^2.Br^2_{(2.4)}.AzH^2_{(5)}.SO^3H_{(1)}$ (voyez plus loin), suspendu dans de l'alcool par du nitrite de sodium. Le dérivé diazoïque obtenu est décomposé à l'ébullition en solution alcoolique, par de l'acide sulfurique.

L'acide libre forme des aiguilles blanches, déliquescentes, solubles dans l'alcool, insolubles dans l'éther. Il fond à 80° en perdant son eau de cristallisation; chauffé avec de l'acide bromhydrique à 180°, il se décompose en métadibromobenzine et en acide sulfurique.

Sel d'ammonium. Aiguilles groupées concentriquement, très solubles dans l'eau. — *Sel de potassium*. Lamelles incolores, solubles. — *Sel de baryum*. Lamelles avec $2H^2O$ (Bässmann), ou prismes avec $1H^2O$ (Spiegelberg), solubles dans l'eau chaude, difficilement à froid. — *Sel de calcium* ($3H^2O$). Aiguilles blanches, solubles. — *Sel de plomb* ($3H^2O$). Prismes jaunes, solubles dans l'eau chaude, peu à froid. — *Sel d'argent*. Prismes incolores, peu solubles dans l'eau froide, facilement à chaud.

Chlorure, $C^6H^3Br^2SO^2Cl$. Cristaux rhombiques, fusibles à 79-79°,5. — *Amide*. Fines aiguilles blanches, fusibles à 190°.

Acide nitrodibromophénylsulfonique,

$$C^6H^2.Br^2_{(2.4)}.AzO^2_{(5)}.SO^3H_{(1)} + xH^2O.$$

— On ajoute à de l'acide dibromophénylsulfonique sec 1 fois ½ son volume d'acide azotique concentré. La première réaction terminée, on chauffe au bain-marie. L'acide cristallise en petites aiguilles brillantes ou en prismes très solubles dans l'eau et dans l'alcool.

Sel de potassium. Aiguilles jaunes, groupées concentriquement, assez solubles dans l'eau chaude, moins à froid. — *Sel de baryum*, (H^2O). Prismes peu solubles à froid. — *Sel de calcium*, ($6H^2O$). Prismes brillants qui s'effleurissent à l'air, très solubles.

Chlorure. Cristallisé dans l'éther, il forme des lamelles, fusibles à 115°,5. — *Amide*. Poudre cristalline, très soluble [Bässmann, *Liebig's Ann. Chem.*, t. CXCI, p 232].

Acide amidodibromophénylsulfonique,

$$C^6H^2.Br^2_{(2.4)}.AzH^2_{(5)}.SO^3H_{(1)}.$$

— Cet acide a été préparé d'abord par Berndsen [*Liebig's Ann. Chem.*, t. CLXXVII, p. 84], qui l'a obtenu en traitant l'acide métamidophénylsulfonique par 2 molécules de brome; plus tard, par Beckurts [*Ibid.*, t. CLXXXI, p. 213] de la même façon. Ensuite Reincke [*Ibid.*, t. CLXXXVI, p. 286] et Knuth [*Ibid.*, p. 301] ont préparé le même corps en traitant l'acide tribromonitrophénylsulfonique, $C^6H.Br^3_{(2.4.6)}.AzO^2_{(5)}.SO^3H_{(1)}$, par de l'étain et de l'acide chlorhydrique. Pour transformer le dérivé amidé obtenu en acide dibromé, il suffit de chauffer le produit de la réduction pendant quelque temps avec de l'eau ou de l'alcool [Langfurth, *Ibid.*, t. CLXXXI, p. 213]. Enfin Spiegelberg [*Ibid.*, t. CXCVII, p. 269] a remarqué la formation du même acide dans une réaction curieuse: il l'a obtenu par réduction, au moyen de l'étain et de l'acide chlorhydrique, de l'acide nitromonobromophénylsulfonique,

$$C^6H^3.Br_{(4)}.AzO^2_{(5)}.SO^3H_{(1)}.$$

Une partie de l'acide nitromonobromé fournit sans doute le brome nécessaire pour la formation de l'acide amidodibromé, avec une autre portion.

L'acide forme des prismes microscopiques, anhydres, très peu solubles dans l'eau froide, plus solubles à chaud, presque insolubles dans l'alcool et dans l'éther.

Sel de potassium. — Poudre incolore, formée de lamelles microscopiques, solubles dans l'eau. — *Sel d'ammonium*. Aiguilles faiblement colorées en rouge, très solubles. — *Sel de baryum*. Aiguilles avec $5H^2O$ ou longs prismes, très solubles avec $6H^2O$ (Bässmann). — *Sel de calcium* ($5H^2O$). Aiguilles microscopiques, très solubles. — *Sel de plomb*. Aiguilles faiblement colorées en rouge, assez solubles dans l'eau.

4° Acide dimétadibromophénylsulfonique (*symétrique*), $C^6H^3.Br^2_{(3.5)}.SO^3H_{(1)}$. — L'acide dibromé, $C^6H^2.Br^2_{(3.5)}.AzH^2_{(4)}.SO^3H_{(1)}$, obtenu par l'action du brome sur l'acide sulfanilique, est transformé en dérivé diazoïque, et celui-ci est décomposé par de l'alcool absolu. Le produit de la réaction est dissous dans l'eau, la solution est filtrée et additionnée d'acétate de plomb. Le sel de plomb, décomposé par l'hydrogène sulfuré, laisse déposer l'acide par évaporation sous forme d'une masse cristalline [Lenz, *Liebig's Ann. Chem.*, t. CLXXXI, p 23]. Limpricht [*Liebig's Ann Chem.*, t. CLXXXI, p. 202] obtient le même acide en décomposant le dérivé diazoïque de l'acide dibromorthoamidophénylsulfonique par l'alcool. Herzig [*Monatsh., Chem.*, t. II, p. 192] a également obtenu cet acide en chauffant pendant 8 heures au réfrigérant ascendant de la benzine dibromée avec 10 p. d'acide sulfurique.

L'acide dibromophénylsulfonique est très soluble dans l'eau, soluble dans l'alcool, peu dans l'éther.

Sel d'ammonium. Écailles incolores et brillantes, très solubles dans l'eau, peu dans l'alcool. — *Sel de potassium*. Masse cristalline brune, ou petites tables microscopiques jaunes; soluble dans l'eau, peu dans l'alcool — *Sel de baryum*. ($3\frac{1}{2}H^2O$). Longues aiguilles jaunes; ce sel perd son eau à 150°. - *Sel de calcium*, ($3\frac{1}{2}H^2O$). Tables à six côtés, faiblement colorées en jaune, assez solubles dans l'eau et dans l'alcool. — *Sel de plomb*, ($\frac{1}{2}H^2O$). Tables brillantes.

Chlorure. — Grands cristaux incolores, solubles dans l'éther, peu dans l'essence de pétrole, fusibles à 57°,5. — *Amide*. Écailles blanches, brillantes, solubles dans l'alcool, peu dans l'eau, et fusibles à 203°.

Acide nitrodibromophénylsulfonique,

$$C^6H^2.Br^2_{(3.5)}.AzO^2_{(2)}.SO^3H_{(1)}.$$

— Lenz a obtenu cet acide (*loc. cit.*) en traitant la dibromophénysulfonate de baryum par de l'acide azotique, en ayant soin d'opérer sur de petites quantités à la fois, pour empêcher l'élévation de température. La solution séparée de l'azotate de baryum est évaporée au bain-marie jusqu'à ce que tout l'acide azotique soit chassé. Exposé sur l'acide sulfurique, elle laisse alors déposer des tables incolores qu'on ne peut séparer complètement de leurs eaux mères. Cet acide est très soluble dans l'eau, dans l'alcool et dans l'éther.

Sel d'ammonium, (H^2O). Petits cristaux incolores, solubles dans l'eau, peu dans l'alcool. — *Sel de potassium*, (H^2O). Fines lamelles brillantes. — *Sel de baryum* ($1\frac{1}{2}$ et $4H^2O$) [d'après Limpricht, $2H^2O$]. Grands rhomboèdres jaunâtres, ou fines lamelles qui s'obtiennent simultanément par cristallisation dans l'eau chaude et sont difficiles à séparer. — *Sel de calcium*, ($3H^2O$). Poudre incolore. — *Sel de plomb*, ($5H^2O$). Lamelles très peu solubles dans l'eau.

Chlorure. Lamelles transparentes, assez peu solubles dans l'éther, fusibles à 121°. — *Amide*. Masse cristalline, peu soluble dans l'eau froide, très soluble dans l'eau chaude et dans l'alcool. Elle ne fond pas encore à 300°.

Acide dibromoorthoamidophénylsulfonique,

$$C^6H^2.Br^2_{(3.5)}.AzH^2_{(2)}.SO^3H_{(1)}.$$

— A été obtenu par Lenz par réduction du dérivé nitré ci-dessus; par Limpricht [*Liebig's Ann. Chem.*, t. CLXXXI, p. 195], en faisant réagir le brome sur l'orthoamidophénylsulfonate de baryum; dans cette dernière réaction, il se forme en même temps le dérivé monobromé; on les sépare par cristallisation des sels de baryum. La description des sels de ces deux acides ne concordant pas, nous la donnerons d'après Limpricht.

L'acide forme des lamelles assez épaisses, anhydres, ou des prismes avec 1 molécule d'eau; il est soluble dans l'eau chaude, moins à froid, assez facilement dans l'alcool.

Sel de potassium, (H^2O). Aiguilles réunies sous forme d'étoiles. — *Sel de sodium*, (H^2O). Grands prismes aplatis, faiblement colorés en rose, assez peu solubles dans l'eau froide. — *Sel de baryum*, (1 ½ H^2O). Petits cristaux blancs, très peu solubles dans l'eau froide. — *Sel de calcium*. Aiguilles soyeuses, réunies concentriquement, assez solubles dans l'eau. — *Sel de plomb*, (H^2O). Petits prismes aplatis, peu solubles dans l'eau.

Le *dérivé diazoïque* forme une poudre cristalline, presque insoluble dans l'alcool à froid.

5° Acide orthométadibromophénylsulfonique,

$$C^6H^3.Br^2_{(2.5)}.SO^3H_{(1)} + 3H^2O.$$

— Cet acide a été étudié par Douglas et Williams [*Zeitschr. Chem.*, 1871, p. 302], ensuite par Hübner et Williams [*Liebig's Ann. Chem.*, t. CLXVII, p. 117], par Wolz [*Liebig's Ann. Chem.*, t. CLXVIII, p. 81] et par Mundelius [*Deutsch. chem. Gesellsch.*, 1875, p. 1071]. Ces auteurs l'ont obtenu en faisant agir l'acide sulfurique fumant sur la paradibromobenzine. Bahlmann [*Liebig's Ann. Chem.*, t. CLXXXVI, p. 129] l'obtient en traitant l'orthobromophénylsulfonate d'argent par le brome; Thomas [*Ibid.*, t. CLXXXVI, p. 129] et Bahlmann [*Ibid.*, t. CLXXXVI, p. 312] en décomposant le dérivé diazoïque de l'acide $C^6H^3.AzH^2_{(2)}.Br_{(5)}.SO^3H_{(1)}$ par de l'acide bromhydrique. Il a été aussi obtenu par Limpricht [*Ibid.*, t. CLXXXVI, p. 139] en traitant le métabromophénylsulfonate d'argent par du brome, et par Bahlmann [*Ibid.*, t. CLXXXVI, p. 321] à l'aide du dérivé diazoïque de l'acide

$$C^6H^3.Br_{(2)}.AzH^2_{(5)}.SO^3H_{(1)}.$$

Borns [*Ibid.*, t. CLXXXVII, p. 350] a décrit les sels et les dérivés de cet acide, qu'il prépare en traitant la paradibromobenzine par de l'acide sulfurique fumant.

L'acide orthométadibromophénylsulfonique, ($3H^2O$), forme des prismes transparents, fusibles vers 98°, très solubles dans l'eau, moins solubles dans l'alcool, presque insolubles dans l'éther. L'acide anhydre fond à 128°.

Sel d'ammonium. Fines aiguilles pennées, très solubles dans l'eau et dans l'alcool. — *Sel de potassium*, (H^2O). Fines aiguilles solubles dans l'eau, perdant leur eau à l'air. — *Sel de sodium*, (1,5 H^2O). Fines aiguilles brillantes. — *Sel de baryum*, (H^2O). Lamelles nacrées, ne perdant leur eau qu'à 140°. Selon les conditions, ce sel cristallise avec des proportions différentes d'eau. Wolz n'en a pas trouvé dans ce sel, Limpricht et Bahlmann en indiquent une molécule. — *Sel de calcium*, (10 H^2O). Longues aiguilles; il se dépose en lamelles de ses solutions étendues; il est soluble dans l'eau et dans l'alcool. Wolz a trouvé 9 H^2O dans ce sel; Hübner et Williams ainsi que Limpricht, 4 H^2O. — *Sel de plomb*, (3 H^2O). Lamelles faiblement colorées en jaune, assez peu solubles dans l'eau. — *Sel d'argent*, (½ H^2O). Prismes blancs; il cristallise dans les solutions étendues en aiguilles.

Chlorure. Lamelles nacrées, fusibles à 71°. — *Amide*. Longues aiguilles fines, très peu solubles dans l'eau froide, fusibles à 193°.

Acide nitrodibromophénylsulfonique,

$$C^6H^2(AzO^2)Br^2.SO^3H + 1,5H^2O.$$

— On fait bouillir l'acide dibromophénylsulfonique pendant une heure avec de l'acide azotique très concentré. Prismes jaunâtres, très hygroscopiques, solubles dans l'alcool et dans l'éther. Cet acide a été étudié par Williams et par Borns.

Sel d'ammonium, (½ H^2O). Petites lamelles solubles dans l'eau, l'alcool et l'éther. — *Sel de potassium*, (H^2O). Aiguilles jaunes réunies en faisceaux, solubles dans l'eau et dans l'alcool. D'après Hübner et Williams, il cristalliserait avec 2,5 H^2O. — *Sel de baryum*. On a obtenu ce sel avec 1,5, 6 et 9 H^2O, le plus souvent avec 1,5 H^2O. Prismes jaunes brillants, solubles dans l'eau chaude, peu solubles à froid. — *Sel de calcium*, (3 H^2O). Petits prismes jaune clair, très solubles dans l'eau et dans l'alcool. — *Sel de plomb*. Mamelons jaunes, solubles.

Chlorure. Masse blanche, soluble dans l'éther, moins soluble dans l'essence de pétrole. — *Amide*. Petits prismes jaune-verdâtre, peu solubles dans l'eau froide, très solubles dans l'eau chaude et dans l'alcool, fusibles à 178°.

Acide amidodibromophénylsulfonique,

$$C^6H^2(AzH^2)Br^2.SO^3H + 0,5H^2O.$$

— L'acide nitrodibromophénylsulfonique est réduit par l'étain et l'acide chlorhydrique. Fines aiguilles blanches se décomposant au-dessus de 150° sans fondre, peu solubles dans l'eau froide et dans l'alcool.

Sel de potassium. Grandes tables. — *Sel de baryum*, (H^2O). Prismes transparents se colorant en rose à l'air, très solubles dans l'alcool. — *Sel de plomb*, (8 H^2O). Petites aiguilles blanches, feutrées, se colorant en brun à l'air.

Acides tribromophénylsulfoniques. — On connaît six de ces acides: la constitution est établie avec certitude pour quatre d'entre eux.

1° Acide tribromophénylsulfonique,

$$C^6H^2.Br^3_{(3.4.5)}.SO^3H_{(1)}.$$

— Cet acide a été préparé par Lenz [*Liebig's Ann. Chem.*, t. CLXXXI p. 23], qui l'obtient en remplaçant dans l'acide dibromoparamidophénylsulfonique, $C^6H^2.Br_{(3.5)}.AzH^2_{(4)}.SO^3H_{(1)}$, le groupe AzH^2 par du brome. Il forme une masse cristalline jaune composée de prismes microscopiques.

Sel d'ammonium. Tables incolores, solubles dans l'eau, peu solubles dans l'alcool. — *Sel de potassium*. Tables brillantes microscopiques. — *Sel de baryum*, (3 H^2O). Longues aiguilles faiblement colorées en rouge. — *Sel de calcium*, (2 ½ H^2O). Petits cristaux brillants. — *Sel de plomb*, (3 ½ H^2O). Longs prismes.

Chlorure. Prismes solubles dans l'éther, très peu solubles dans le pétrole, fusibles à 127°. — *Amide*. Poudre blanche, très peu soluble dans l'eau froide, plus soluble à chaud, très soluble dans l'alcool, fusible à 210°.

Acide nitrotribromophénylsulfonique,

$$C^6H.Br_{(3.4.5)}.AzO^2_{(6)}.SO^3H_{(1)}.$$

— S'obtient en traitant l'acide précédent par de l'acide azotique, ou mieux en y jetant le sel de baryum par petites portions et en évitant toute élévation de température. Après 24 heures, on décante l'azotate de baryum et l'on évapore la solution surnageante au bain-marie jusqu'à ce que tout l'acide azotique soit chassé. La solution sirupeuse laisse déposer l'acide en lamelles très hygroscopiques, facilement solubles dans l'alcool et dans l'éther.

Sel d'ammonium, (H^2O). Petites aiguilles aplaties, brillantes, solubles dans l'eau, moins solubles dans l'alcool. — *Sel de potassium*, (H^2O). Se dépose de sa solution aqueuse sous forme de masse granuleuse. — *Sel de baryum*, (4 H^2O). Prismes brillants. — *Sel de calcium*, (3 H^2O).

Lamelles microscopiques incolores. — *Sel de plomb*, (H^2O). Poudre cristalline.

Chlorure. Il forme de petites masses cristallines, fusibles à 116°, assez peu solubles dans l'éther. — *Amide*. Cristallisée dans l'eau, elle forme une poudre blanche brillante, fusible à 202°, assez soluble dans l'eau et très soluble dans l'alcool.

Acide amidotribromophénylsulfonique,

$$C^6H.Br^3_{(3.4.5)}.AzH^2_{(6)}.SO^3H_{(1)}.$$

— L'acide nitrotribromophénylsulfonique est réduit par l'étain et l'acide chlorhydrique concentré. L'acide amidé cristallise en aiguilles incolores faiblement colorées en rose. Il est soluble dans l'eau et dans l'alcool.

Sel de baryum, (1½ H^2O). Lamelles microscopiques incolores, peu solubles dans l'eau froide, très solubles dans l'eau chaude.

2° Acide tribromophénylsulfonique,

$$C^6H^2.Br^3_{(2.3.5)}.SO^3H_{(1)}.$$

— L'acide orthoamidodibromophénylsulfonique, $C^6H^2.Br^2_{(3.5)}.AzH^2_{(2)}.SO^3H_{(1)}$, traité par l'acide azoteux, donne un dérivé diazoïque cristallisé en aiguilles, que l'acide bromhydrique transforme en acide tribromophénylsulfonique. Masse cristalline jaune, hygroscopique, se dissolvant dans l'alcool et dans l'éther.

Sel de potassium, (H^2O). Aiguilles aplaties, brillantes. — *Sel de baryum*, (H^2O). Aiguilles fines ou lamelles incolores, se dissolvant peu dans l'eau froide, mais solubles à chaud.

Chlorure. Grandes tables incolores, fusibles à 86°, très solubles dans l'éther. — *Amide*. Cristallisée dans l'eau, elle forme une poudre blanche composée d'aiguilles microscopiques, se décomposant sans fondre à 225°, peu soluble dans l'eau froide [Lenz, *Liebig's Ann. Chem.*, t. CLXXXI, p. 38].

3° Acide tribromophénylsulfonique,

$$C^6H^2.Br^3_{(2.4.6)}.SO^3H_{(1)} + H^2O.$$

Reincke [*Liebig's Ann. Chem.*, t. CLXXXVI, p. 276] et Bässmann [*Ibid.*, t. CXCI, p. 206] ont préparé cet acide en partant de la benzine tribromée (1.3.5). Ce composé est chauffé avec de l'acide sulfurique fumant en tubes scellés pendant plusieurs jours à 100°. Knuth [*Liebig's Ann. Chem.*, t. CLXXXVI, p. 290] et Langfurth [*Ibid.*, t. CXCI, p. 194] l'ont obtenu en traitant l'acide tribromoamidophénylsulfonique, en solution alcoolique par de l'acide azoteux et en décomposant le dérivé diazoïque par de l'acide bromhydrique.

L'acide forme de grandes tables à six côtés, déliquescentes, renfermant une molécule d'eau fusibles à 95°; anhydre, il fond à 145°.

Sel d'ammonium, (H^2O). Tables solubles. — *Sel de potassium*, (H^2O). Tables microscopiques brillantes, assez solubles dans l'eau chaude. — *Sel de baryum*. Prismes rhombiques avec $9H^2O$, ou fines aiguilles, avec $2H^2O$, peu solubles dans l'eau froide, plus solubles à chaud. — *Sel de calcium*, ($4H^2O$). Lamelles nacrées, assez solubles dans l'eau. — *Sel de plomb*, ($9H^2O$). Petites lamelles rhombiques brillantes, peu solubles dans l'eau froide, plus solubles à chaud. — *Sel d'argent*, (H^2O). Aiguilles faiblement colorées en jaune et groupées concentriquement.

Le *chlorure* forme de grandes lames, fusibles à 63° (Knuth), 64-65° (Langfurth). — L'*amide* cristallise en aiguilles microscopiques se colorant à 220° sans fondre.

Acide nitrotribromophénylsulfonique,

$$C^6H.Br^3_{(2.4.6)}.AzO^2_{(3)}.SO^3H_{(1)} + 2H^2O,$$

s'obtient en chauffant l'acide précédent avec de l'acide azotique concentré. Aiguilles solubles, groupées en étoile.

Sel de potassium. Aiguilles faiblement colorées en jaune. — *Sel de baryum*, (H^2O). Poudre cristalline blanche, peu soluble dans l'eau, même chaude. — *Sel de plomb*, ($9H^2O$). Lamelles blanches, solubles à chaud, peu solubles à froid. — *Sel de calcium*, ($2H^2O$). Prismes blancs, solubles dans l'eau.

Chlorure. Prismes rhombiques qui brunissent à 144-145°. — *Amide*. Poudre cristalline, formée de lamelles microscopiques, qui se dissout peu dans l'eau, facilement dans l'alcool. Elle brunit à 240° sans fondre.

Acide tribromoamidophénylsulfonique,

$$C^6H.Br^3_{(2.4.6)}.AzH^2_{(3)}.SO^3H_{(1)} + H^2O.$$

— On l'a obtenu par réduction au moyen de l'étain et de l'acide chlorhydrique du dérivé nitré précédent, en évitant une trop forte élévation de température, la réduction pouvant aller jusqu'à la formation de l'acide amidodibromophénylsulfonique. D'après Bässmann, cet acide amidé serait identique avec celui qu'on obtient en faisant agir trois molécules de brome sur l'acide métamidophénylsulfonique.

L'acide forme de longues aiguilles blanches, brillantes, qui se dissolvent assez bien dans l'eau froide, encore plus dans l'eau chaude et un peu dans l'alcool.

Sel de potassium, (H^2O). Octaèdres colorés en brun, peu solubles dans l'eau froide, plus solubles à chaud. — *Sel de baryum*, ($9H^2O$). Lamelles brillantes nacrées.

Dérivé diazoïque. — Poudre brune composée de tables microscopiques, insolubles dans l'eau et l'alcool froid.

Acide dinitrotribromophénylsulfonique,

$$C^6Br^3_{(2.4.6)}(AzO^2)^2_{(3.5)}SO^3H_{(1)} + 3H^2O.$$

— On chauffe au bain-marie l'acide tribromophénylsulfonique avec deux fois son volume d'acide azotique très concentré, ensuite on évapore à siccité. L'acide cristallise en beaux prismes très solubles dans l'eau, moins dans l'alcool. Anhydre, il ne fond qu'au-dessus de 216° avec décomposition (Bässmann).

Sel d'ammonium, (H^2O). Prismes très solubles. — *Sel de baryum*, ($9H^2O$). Lamelles brillantes, solubles dans l'eau chaude, peu solubles à froid. — *Sel de calcium*, ($7.5H^2O$). Lamelles brillantes, solubles. — *Sel de plomb*, ($9H^2O$). Petites lamelles fines, nacrées, solubles dans l'eau chaude, peu à froid.

Chlorure. Tables à six côtés, fusibles à 203°, peu solubles dans l'éther. — *Amide*. Poudre jaune, se dissolvant difficilement dans l'eau, d'où elle cristallise en aiguilles blanches feutrées, fusibles à 255-260°, solubles dans l'alcool.

L'acide dinitrotribromophénylsulfonique, réduit par l'étain et l'acide chlorhydrique, se transforme en acide diamidosulfonique monobromé et dibromé (Suppl., p. 1207).

4° Acide tribromophénylsulfonique,

$$C^6H^2Br^3_{(2.4.5)}SO^3H_{(1)} + 3H^2O.$$

— Cet acide a été découvert par Reincke et par Knuth [*Liebig's Ann. Chem.*, t. CLXXXVI, p. 288 et p. 303], qui l'ont obtenu en remplaçant dans l'acide métamidodibromophénylsulfonique le groupe AzH^2 par du brome. Langfurth [*Ibid.*, t. CXCI, p. 188] et Spiegelberg [*Ibid.*, t. CXCVII, p. 282] le préparent plus facilement en traitant l'acide dibromoamidophénylsulfonique,

$$C^6H^2.Br_{(2.4)}.AzH^2_{(5)}.SO^3H_{(1)},$$

par l'acide acétique, l'acide bromhydrique et le nitrite de sodium. On purifie l'acide en passant par le chlorure et en décomposant celui-ci avec de l'eau.

Il cristallise en fines aiguilles avec $3H^2O$, qu'il perd lorsqu'on le chauffe à 80°; anhydre, il fond à 140°. L'acide bromhydrique à 200° le décompose en acide sulfurique et en benzine tribromée, fusible à 44°.

Sel d'ammonium, (H^2O). Aiguilles blanches, réunies en faisceaux, solubles dans l'eau. — *Sel de potassium*, (H^2O). Aiguilles blanches. — *Sel de baryum*, ($3H^2O$) Lamelles. — *Sel de calcium*, ($6H^2O$). Aiguilles solubles. — *Sel de plomb*, ($4H^2O$). Aiguilles blanches, solubles. — *Sel d'argent*. Aiguilles groupées en étoiles, peu solubles à froid, très solubles à chaud.

Chlorure. Grandes tables incolores, fusibles à 86°,5. — *Amide*. Petites lamelles très solubles dans l'alcool, assez dans l'eau chaude, presque insolubles à froid. Elle fond au-dessus de 225° avec décomposition partielle.

Quatre autres acides tribromosulfoniques ont été décrits; leur mode de préparation ou leurs propriétés ne concordent pas avec ceux des acides précédents. Le corps décrit par Goslich est probablement identique avec l'acide (1) et celui mentionné par Borns avec l'acide (2).

5° Acide tribromophénylsulfonique de Goslich. [*Deutsch. chem. Gesellsch.*, 1876, p. 1862]. — On obtient cet acide en petite quantité en traitant le sel d'argent de l'acide dibromophénylsulfonique, $C^6H^3.Br^2_{[3.4]}.SO^3H_{[1]}$, par du brome.

Sel de baryum, ($3\frac{1}{2}H^2O$). Fines aiguilles blanches.

Chlorure. Prismes fusibles à 120-121°. — *Amide*. Peu soluble dans l'eau et cristallisant dans l'alcool dilué en fines aiguilles microscopiques, fusibles à 152°.

6° Acide de Borns [*Liebig's Ann. Chem.*, t. CLXXXVII, p. 364]. On traite le dérivé diazoïque de l'acide amidoparadibromophénylsulfonique par de l'acide bromhydrique concentré.

Sel de potassium, ($1\frac{1}{2}H^2O$). Prismes brillants jaunes, peu solubles dans l'eau froide. — *Sel de baryum*, ($2H^2O$). Prismes jaunes, se dissolvant difficilement dans l'eau.

Chlorure. Il se sépare de sa solution éthérée sous forme huileuse. *Amide*. — Petites aiguilles, assez solubles dans l'eau, solubles dans l'alcool, se décomposant à 220°.

7° et 8°. Acides de Bahlmann [*Liebig's Ann. Chem.*, t. CLXXXI, p. 207]. — En traitant l'orthobromophénylsulfonate d'argent par le brome, on obtient deux acides tribromés isomériques. On les transforme en chlorures qu'on fait cristalliser dans l'éther et dans l'essence de pétrole. Un des chlorures forme des aiguilles, fusibles à 56°, et l'amide correspondante fond à 202°. L'autre cristallise en grandes tables rhombiques, fusibles à 72° et l'amide fond à 187°.

Mundelius [*Deutsch. chem. Gesellsch.*, 1875, p. 1068] décrit encore un autre acide tribromophénylsulfonique, obtenu par l'action du brome sur l'acide métamidophénylsulfonique, et en traitant l'acide dibromé ainsi obtenu en solution dans l'acide bromhydrique, par un courant d'acide azoteux.

Le *sel ammoniacal* cristallise avec H^2O, il en est de même du *sel de potassium*; le *sel de calcium* renferme $7H^2O$; celui de *plomb*, $9H^2O$; le *sel de baryum*, $4H^2O$ (?). Le *chlorure* forme de grandes tables, fusibles à 56°, et l'*amide* se présente sous forme d'une poudre, ne fondant pas encore à 260°.

Acides tétrabromophénylsulfoniques. — On en connaît deux dont la constitution est établie.

1° **Acide tétrabromophénylsulfonique,**

$$C^6H.Br^4_{[2.3.4.6]}.SO^3H_{[1]} + 5H^2O.$$

— La benzine tétrabromée (1.2.3.5) se combine incomplètement à 100° avec l'acide sulfurique fumant [Bässmann, *Liebig's Ann. Chem.*, t. CXCI, p. 223]. L'acide tétrabromophénylsulfonique s'obtient plus facilement en traitant le dérivé diazoïque de l'acide tribromométamidophénylsulfonique par de l'acide bromhydrique [Beckurts, *Ibid.*, t. CLXXXI, p. 217; — Langfurth, *Ibid.*, t. CXCI, p. 191]. Enfin, Knuth l'a préparé en remplaçant le groupe AzH^2 par du Br dans l'acide $C^6H.Br^3_{[2.4.6]}.AzH^2_{[3]}.SO^3H_{[1]}$.

Beckurts avait attribué à cet acide la constitution $C^6H.Br^4_{[2.3.5.6]}.SO^3H_{[1]}$; mais Langfurth et Bässmann ont établi la formule ci-dessus. Chauffé à 150° avec de l'acide bromhydrique, il se décompose en acide sulfurique et en benzine tétrabromée, fusible à 98°,5.

L'acide libre forme des aiguilles fines, très solubles dans l'eau et dans l'alcool, il se charbonne sans fondre.

Sel d'ammonium. Lamelles, faiblement colorées en rouge, solubles dans l'eau chaude, beaucoup moins solubles à froid. — *Sel de potassium*. Fines aiguilles. — *Sel de baryum* ($1\frac{1}{2}H^2O$; anhydre d'après Bässmann). Fines aiguilles blanches, peu solubles dans l'eau. — *Sel de calcium*, ($8H^2O$). Aiguilles réunies en faisceaux, solubles dans l'eau chaude, moins solubles à froid. — *Sel de plomb*, ($4H^2O$; $1,5H^2O$, Bässmann). Petits prismes qui se dissolvent assez bien dans l'eau chaude, peu à froid. *Sel d'argent*, ($1\frac{1}{2}H^2O$ (?). Petits prismes à six faces.

Chlorure. Il cristallise en tables faiblement colorées en rouge, très solubles dans l'éther, fusibles à 91°,5 (Beckurts), 93° (Knuth), 96° (Langfurth). — *Amide*. Poudre cristalline, peu soluble dans l'eau chaude, mais très soluble dans l'alcool d'où elle cristallise en aiguilles.

Acide nitrotétrabromophénylsulfonique,

$$C^6Br^4_{[2.3.4.6]}.AzO^2_{[5]}.SO^3H_{[1]} + 4H^2O.$$

— Il se forme lorsqu'on fait bouillir dans une cornue assez longtemps l'acide tétrabromophénylsulfonique avec de l'acide azotique concentré; après évaporation de l'acide azotique, il reste une masse cristalline qui se dépose dans l'eau bouillante en aiguilles jaunâtres, très solubles dans l'eau chaude, moins solubles dans l'eau froide.

Sel de potassium, ($1\frac{1}{2}H^2O$). Prismes brillants, solubles dans l'eau. — *Sel d'ammonium*, (H^2O). Masse cristalline, formée de petites tables. — *Sel de baryum*, ($9H^2O$). Petits prismes assez plats, faiblement colorés en jaune, peu solubles dans l'eau. — *Sel de calcium*, ($8H^2O$). Cristallise en fines lamelles argentées, peu solubles dans l'eau. — *Sel de plomb*, ($9H^2O$). Longs prismes nacrés, très peu solubles dans l'eau. — *Sel d'argent*, (H^2O). Petites aiguilles blanches.

Chlorure. Petites tables, fusibles à 146°. — *Amide*. Poudre cristalline, très peu soluble dans l'eau, soluble dans l'alcool, d'où elle se dépose en aiguilles microscopiques réunies en faisceaux infusibles à 300°.

Acide amidotétrabromophénylsulfonique,

$$C^6Br^4_{[2.3.4.6]}.AzH^2_{[5]}.SO^3H_{[1]} + 2H^2O.$$

— L'acide nitré précédent est chauffé longtemps avec de l'étain et de l'acide chlorhydrique. Cet acide cristallise sous forme de fines aiguilles microscopiques, solubles dans l'eau et dans l'alcool à chaud.

Sel de potassium, ($1\frac{1}{2}H^2O$). Prismes nacrés, peu solubles dans l'eau. — *Sel de baryum*. Lamelles très peu solubles dans l'eau, d'où elles ne déposent plus que lentement. — *Sel de calcium*. Lamelles nacrées, solubles dans l'eau chaude, peu à froid.

Le *dérivé diazoïque* forme une poudre jaune, composée de petites lamelles microscopiques.

2° ACIDE TÉTRABROMOPHÉNYLSULFONIQUE,

$C^6H.Br^4_{(3.4.5.6)}.SO^3.H_{(1)} + 2H^2O.$

— Lenz [*Liebig's Ann. Chem.*, t. CLXXXI, p. 23] a obtenu ce corps en dissolvant à chaud dans l'acide bromhydrique le dérivé diazoïque de l'acide $C^6H.Br^3_{(3.4.5)}.AzH^2_{(6)}.SO^3H_{(1)}$. Spiegelberg [*Ibid.*, t. CXCVII, p. 292] le prépare en décomposant de la même façon le dérivé diazoïque de l'acide $C^6H.Br^3_{(3.4.6)}.AzH^2_{(5)}.SO^3H_{(1)}$. Il forme des lamelles, fusibles à 168-169°, très solubles dans l'eau, moins solubles dans l'alcool et dans l'éther.

Sel d'ammonium. Mamelons faiblement colorés en jaune. — *Sel de potassium,* (H^2O). Belles aiguilles incolores, peu solubles dans l'eau froide, facilement à chaud. — *Sel de barym,* (H^2O). Belles aiguilles incolores. — *Sel de calcium,* ($3H^2O$). Lamelles blanches.

Chlorure. Très petites tables incolores, fusibles à 120°. — *Amide.* Poudre blanche, formée de petits prismes, peu solubles dans l'eau froide, très solubles dans l'alcool; brunit à 240°.

Acide nitrotétrabromophénylsulfonique,

$C^6.Br^4_{(3.4.5.6)}.AzO^2_{(2)}.SO^3H_{(1)} + H^2O.$

— On chauffe pendant une demi-heure à l'ébullition l'acide ci-dessus avec de l'acide azotique très concentré. Le nouvel acide forme des aiguilles fixes, fusibles à l'état anhydre à 171-172°, solubles dans l'eau, l'alcool et dans l'éther.

Sel d'ammonium. Lamelles blanches, peu solubles dans l'eau — *Sel de potassium,* (H^2O). Tables solubles dans l'eau chaude. — *Sel de barym.* Il se sépare de ses solutions concentrées sous forme de prismes incolores avec $4H^2O$, de ses solutions diluées en aiguilles fines avec $9H^2O$. — *Sel de calcium,* (H^2O). Masse blanche feutrée. — *Sel de plomb,* ($2H^2O$). Tables microscopiques faiblement colorées en jaune se décomposant à 150°, peu solubles dans l'eau.

Chlorure. Prismes presque blancs, fusibles à 172-173°. — *Amide.* Lamelles microscopiques, très peu solubles dans l'eau bouillante, solubles dans l'alcool.

Acide amidotétrabromophénylsulfonique,

$C^6.Br^4_{(3.4.5.6)}.AzH^2_{(2)}.SO^3H_{(1)} + 2H^2O.$

— Le dérivé nitré précédent est réduit par le chlorure stanneux. L'acide forme une masse cristalline composée d'aiguilles microscopiques.

Sel de potassium, (H^2O). Lamelles blanches, brillantes, solubles dans l'eau chaude. — *Sel de barym,* (H^2O). Poudre blanche formée d'aiguilles microscopiques, très peu solubles dans l'eau. — *Sel de calcium,* ($8H^2O$). Lamelles blanches.

Le dérivé *diazoïque* forme une poudre jaune.

ACIDE PENTABROMOPHÉNYLSULFONIQUE,

$C^6Br^5.SO^3H.$

— Beckurts [*Liebig's Ann. Chem.*, t. CLXXXI, p. 225] et Langfurth [*Ibid.*, t. CXCI, p. 198] l'ont obtenu à l'état impur en traitant le dérivé azoïque de l'acide amidotétrabromophénylsulfonique $C^6.Br^4_{(2.3.4.6)}.AzH^2_{(5)}.SO^3H_{(1)}$ par de l'acide bromhydrique. Heinzelmann et Spiegelberg [*Ibid.*, t. CXCVII, p. 306] sont partis de l'acide amidé isomérique $C^6.Br^4_{(3.4.5.6)}.AzH^2_{(2)}.SO^3H_{(1)}$ et ont isolé l'acide pentabromophénylsulfonique à l'état de pureté. Cet acide est en fines lamelles, ou en aiguilles peu solubles, et fusibles à 190° avec décomposition partielle.

Sel d'ammonium. Lamelles peu solubles dans l'eau. — *Sel de potassium,* (H^2O). Lamelles; il cristallise aussi à l'état anhydre en aiguilles. — *Sel de barym,* (H^2O). Lamelles fines, peu solubles. — *Sel de calcium* ($4H^2O$). Prismes blancs, solubles à chaud, difficilement à froid. — *Sel d'argent,* ($1\frac{1}{2}H^2O$). Poudre blanche formée d'aiguilles fines, très peu solubles dans l'eau.

Chlorure. Longs prismes obliques, fusibles à 153-154°. — *Amide.* Poudre blanche se décomposant à 250°, sans fondre, peu soluble dans l'eau, très soluble dans l'alcool.

2° *Acides chlorophénylsulfoniques.*

ACIDES MONOCHLOROPHÉNYLSULFONIQUES. — On en connaît trois :

ACIDE PARACHLOROPHÉNYLSULFONIQUE,

$C^6H^4.Cl_{(4)}.SO^3H_{(1)}.$

— Otto et Brunner (voir t. Ier, p. 538) et Glutz [*Ann. Chem. Pharm.*, t. CXLIII, p. 181] ont obtenu ce corps en dissolvant la benzine monochlorée dans l'acide sulfurique fumant; Beckurts et Otto [*Deutsch. chem. Gesellsch.*, 1878, p. 2061], en faisant agir la chlorhydrine sulfurique sur la benzine monochlorée. Plus récemment [*Liebig's Ann. Chem.*, t. CLXXX, p. 106], Gosich a préparé cet acide en chauffant le dérivé diazoïque de l'acide paramidophénylsulfonique avec de l'acide chlorhydrique concentré.

L'acide libre forme un sirop qui se prend dans l'ex-siccateur en aiguilles déliquescentes. Fondu avec de la potasse, il se transforme en résorcine (Oppeinheim et Vogt).

Sel de potassium. Lamelles. — *Sel de calcium,* ($1\,1/4H^2O$). Lamelles rhombiques, très peu solubles dans l'alcool. — *Sel de barym,* ($2H^2O$). Lamelles rhombiques. — *Sel de plomb,* ($2H^2O$). Lamelles.

Chlorure. Prismes fusibles à 53°. — *Amide.* Lamelles minces, fusibles à 143-144°.

Le sel de plomb de cet acide, traité par de l'acide azotique, donne de la parachloronitrobenzine (Glutz).

ACIDE MÉTACHLOROPHÉNYLSULFONIQUE,

$C^6H^4.Cl_{(3)}.SO^3H_{(1)}.$

— Kieselinsky [*Liebig's Ann. Chem.*, t. CLXXX, p. 108] l'a obtenu en chauffant le dérivé diazoïque de l'acide métamidophénylsulfonique avec de l'acide chlorhydrique concentré.

L'acide libre cristallise en lamelles nacrées, très déliquescentes, très solubles dans l'alcool.

Sel de potassium. Il est très soluble dans l'eau et cristallise dans l'alcool en lamelles brillantes. — *Sel de barym,* ($2H^2O$). Tables rhombiques, efflorescentes à l'air, peu solubles dans l'alcool et l'éther à froid, très solubles à chaud. — *Sel de calcium.* Petites tables rhombiques, très solubles dans l'eau, moins solubles dans l'alcool. — *Sel de cuivre,* ($5H^2O$). Longs prismes nacrés, très solubles dans l'eau, peu solubles dans l'alcool. — *Sel d'argent.* Cristaux rhombiques, solubles.

Chlorure. Huile soluble dans l'éther. — *Amide.* Grandes tables transparentes, qui se dissolvent aisément dans l'alcool, l'éther et dans l'eau chaude, difficilement dans l'eau froide, fusibles à 148°.

ACIDE ORTHOCHLOROPHÉNYLSULFONIQUE,

$C^6H^4.Cl_{(2)}.SO^3H_{(1)}.$

— Limpricht [*Liebig's Ann. Chem.*, t. CLXXX, p. 110] l'a obtenu en très petite quantité, en partant de l'acide orthoamidophénylsulfonique. Le chlorure est en prismes incolores, fusibles à 28°,5; l'amide cristallise dans l'alcool sous forme de grandes tables, fusibles à 188° [Bahlmann, *ibid.*, t. CLXXXVI, p. 325].

Acides chloronitrophénylsulfoniques,

$(C^6H^3.Cl.AzO^2.SO^3H.$

— Allert [*Deutsch. chem. Gesellsch.*, 1881,

p. 1434] a réalisé la formation d'un tel corps en chauffant à 100°, pendant 4 à 5 jours, la métachloronitrobenzine, fusible à 44°,4, avec un excès d'acide sulfurique fumant. D'après Post et Meyer [*Ibid.*, p. 1605], il se produit deux acides isomériques α et β, qu'on peut séparer en traitant leurs sels de baryum par de l'alcool; leur constitution est inconnue; on sait seulement que Cl occupe la position 1.3 par rapport à AzO^2.

Sels de l'acide α-chloronitrophénylsulfonique. — *Sel de baryum*, ($2H^2O$). Petites aiguilles brunes, ou lamelles, solubles dans l'alcool. — *Sel de strontium*, (½ H^2O). Lamelles brunes, solubles dans l'alcool. — *Sel de potassium*. Petites aiguilles ou lamelles brillantes, très solubles dans l'alcool. — *Sel de sodium*, ($2H^2O$). Aiguilles jaunes, pâles, réunies en faisceaux efflorescents.

Par réduction au moyen de l'hydrate ferreux, on obtient l'*acide α-chloroamidophénylsulfonique*,

$$C^6H^3.zAH^2Cl.SO^3H,$$

aiguilles incolores, soyeuses, assez solubles dans l'eau.

Sels de l'acide β-métachloronitrophénylsulfonique. — *Sel de baryum*, (½ H^2O). Petites aiguilles réunies en mamelons, insolubles dans l'alcool. — *Sel de strontium*. Poudre cristalline jaunâtre, soluble dans l'alcool. — *Sel de potassium*. Prismes colorés faiblement en jaune.

Réduit par l'hydrate ferreux, il donne :

L'*acide β-métachloroamidophénylsulfonique*, qui est en lamelles brunes, peu solubles dans l'eau. *Sel de baryum*, (7 ½ H^2O). Aiguilles dures, incolores, solubles dans l'eau et dans l'alcool. — *Sel de potassium*, (H^2O). Petites aiguilles incolores.

En traitant la métachloramidobenzine par l'acide sulfurique, Post et Meyer n'ont obtenu qu'un seul acide sulfonique.

Cet *acide chloramidophénylsulfonique* forme des cristaux rougeâtres, peu solubles dans l'eau. *Sel de baryum*. Petites aiguilles jaunes, solubles dans l'alcool. — *Sel de strontium*, ($9H^2O$). Longues aiguilles incolores, très solubles dans l'alcool et dans l'eau. — *Sel de sodium*, (½ H^2O). Aiguilles brillantes, faiblement colorées en jaune.

En ajoutant de la métachloronitrobenzine à de l'acide sulfurique fumant en ébulliton faible, Allert a obtenu de l'*acide chloronitrophényldisulfonique*, masse résineuse, noire, dont le sel de potassium forme des lamelles nacrées.

ACIDES DICHLOROPHÉNYLSULFONIQUES.

1° ACIDE MÉTADICHLOROPHÉNYLSULFONIQUE. — Beilstein et Kurbatow [*Deutsch. chem. Gesellsch.*, 1874, p. 1760] ont préparé ce corps en traitant la métadichlorobenzine par l'acide sulfurique.

Le *sel de baryum*, (H^2O) forme de courtes aiguilles épaisses, et ne perd son eau qu'à 185°; 100 p. d'eau dissolvent à 15° 2p,6 de sel. — *Sel de plomb*, ($3H^2O$). Aiguilles courtes, brillantes. Il perd $2H^2O$ sur l'acide sulfurique. — *Sel de calcium*, ($2H^2O$.) Aiguilles brillantes, très solubles dans l'eau; il ne perd pas d'eau sur l'acide sulfurique.

2° ACIDE ORTHODICHLOROPHÉNYLSULFONIQUE. — En ajoutant de la benzine dichlorée liquide à de l'acide sulfurique fumant, l'orthodichlorobenzine se dissout facilement, tandis que le dérivé para ne se combine avec l'acide sulfurique que très difficilement, même si l'on chauffe à 230°, en tubes scellés.

Sel de baryum, ($2H^2O$). Lamelles peu solubles dans l'eau. — *Sel de plomb*, ($2H^2O$). Aiguilles encore moins solubles que le sel précédent et que son isomère méta. — *Sel de calcium*, ($2H^2O$). Aiguilles soyeuses, solubles dans l'eau [Beilstein et Kurbatow, *Liebig's Ann. Chem.*, t. CLXXVI, p. 41; t. CLXXXII, p. 94].

3° ACIDE PARADICHLOROPHÉNYLSULFONIQUE. — Pour le préparer, on fait passer les vapeurs d'anhydride sulfurique sur la paradichlorobenzine [Lesimple *Zeitschr. Chem.*, 1868, p. 226]. L'acide libre forme des prismes fusibles au-dessus de 100°, très solubles dans l'eau, très peu solubles dans l'éther.

Sel d'ammonium, (H^2O), et *sel de sodium*, (H^2O). Tables hexagonales. — *Sel de potassium*, (H^2O). Petits prismes ou tables. — *Sel de magnésium*, renferme $6H^2O$. — *Sel de plomb*, ($3H^2O$). Aiguilles.

ACIDE TRICHLOROPHÉNYLSULFONIQUE,

$$C^6H^2.Cl^3.SO^3H.$$

— Beilstein et Kurbatow [*Liebig's Ann. Chem.*, t. CXCII, p. 231] ont obtenu ce corps en traitant la benzine trichlorée ordinaire (1.2.4) par de l'acide sulfurique fumant.

Le *sel de calcium*, ($2H^2O$), forme des aiguilles très solubles dans l'eau. — *Sel de baryum*, ($2H^2O$). Longues aiguilles très peu solubles dans l'eau froide. — *Sel de plomb*, ($2H^2O$). Cristallise dans l'alcool sous forme de petites aiguilles.

3° *Acides iodo et fluo-phénylsulfoniques.*

ACIDE ORTHOÏODOPHÉNYLSULFONIQUE. — Bahlmann [*Liebig's Ann. Chem.*, t. CLXXXVI, p. 325] a obtenu ce corps en traitant le dérivé diazoïque de l'acide orthoamidophénylsulfonique par de l'acide iodhydrique fumant.

Sel de baryum, $(C^6H^4.I.SO^3)^2Ba$. — Petites aiguilles blanches, qui se dissolvent assez peu dans l'eau froide, facilement à chaud. — *Sel de potassium*, (H^2O). Cristaux clinorhombiques, peu solubles.

Chlorure. Il cristallise dans l'éther en prismes, fusibles à 51°. — *Amide*. Lamelles fines, blanches, très peu solubles dans l'eau, fusibles à 170°.

ACIDE PARAÏODOPHÉNYLSULFONIQUE. — Körner et Paterno [*Gazz. chim. ital.*, 1872, p. 448] ont préparé cet acide en faisant agir l'acide sulfurique sur la benzine iodée, mais leurs indications diffèrent de celles de Lenz [*Deutsch. chem. Gesellsch.*, 1877, p. 1135], qui obtient ce corps en faisant agir l'acide iodhydrique sur le dérivé diazoïque de l'acide sulfanilique.

L'acide paraïodophénylsulfonique cristallise en aiguilles, solubles dans l'eau, l'alcool et l'éther. Les sels sont anhydres.

Sel de potassium. Petites aiguilles très solubles. — *Sel d'ammonium*. Aiguilles microscopiques, solubles dans l'eau chaude, moins solubles à froid. — *Sel de calcium*. Tables rhombiques, solubles. — *Sel de baryum*. Lamelles microscopiques. Le *chlorure* cristallise dans l'éther en tables épaisses, fusibles à 86-87°. L'*amide* forme une poudre incolore composée de lamelles microscopiques; il fond à 183° et se dissout facilement dans l'alcool, difficilement dans l'eau.

ACIDE FLUOPHÉNYLSULFONIQUE. — On l'obtient, d'après Lenz [*Deutsch. chem. Gesellsch.*, 1877, p. 1135, et 1879, p. 580], en faisant cristalliser le dérivé diazoïque de l'acide sulfanilique dans l'acide fluorhydrique; il se forme en outre des matières colorantes oranges ou roses.

Chlorure, $C^6H^4.Fl.SO^2Cl$. Il forme des tables incolores ou de longues aiguilles, solubles dans le chloroforme, l'éther, la benzine, fusibles à 36°. Possédant une odeur âcre, il est difficilement décomposé par l'eau. L'*amide* forme de longues aiguilles fines, fusibles à 123°, très solubles dans l'acétone, l'alcool et l'éther, moins solubles dans la benzine et dans l'eau.

4° *Acides nitrophénylsulfoniques.*

ACIDES MONONITROPHÉNYLSULFONIQUES. — Il en existe trois, qui ont été préparés par Limpricht;

Noelting [*Deutsch. chem. Gesellsch.*, 1875, p. 1091] a établi leur constitution. En nitrant, ainsi que l'a fait Laurent [t. II, p. 913], l'acide phénylsulfonique, on obtient ces trois acides, mais le dérivé méta prédomine dans le mélange; en chauffant la nitrobenzine avec de l'acide sulfurique fumant, d'après la méthode de Schmitt et de H. Rose, il ne se forme, presque exclusivement, que le dérivé méta. D'autres méthodes de préparation de ce corps ont encore été données par Otto et Ostrop [*Liebig's Ann. Chem.*, t. CLXV, p. 164], qui ajoutent de l'acide phénylsulfonique à de l'acide azotique fumant et chaud; par Armstrong [*Zeitschr. Chem.*, 1871, p. 321], qui chauffe la chlorhydrine sulfurique avec de la nitrobenzine dissoute dans du sulfure de carbone.

Limpricht mélange 200 grammes de benzine avec 300 grammes d'acide sulfurique fumant, en évitant que la température s'élève trop ; après une à deux heures, on décante la benzine en excès et l'on ajoute goutte à goutte de l'acide azotique d'une densité de 1,5. Lorsqu'il n'y a plus de réaction, on verse le produit dans l'eau, on sépare la dinitrobenzine, qui s'est formée en petite quantité, et on sature par de la chaux. Le sel de calcium du dérivé méta cristallise par le refroidissement. La séparation des trois acides s'effectue le mieux au moyen des amides.

L'amide du dérivé ortho, fusible à 186°, est la moins soluble; plus soluble est le dérivé méta, fusible à 161°, enfin le plus soluble des trois est le dérivé para, fusible à 131°. Les amides, chauffées à 150° en tubes scellés avec de l'acide chlorhydrique concentré, fournissent les sels ammoniacaux des acides nitrophénylsulfoniques.

ACIDE MÉTANITROPHÉNYLSULFONIQUE (*acide α-nitrophénylsulfonique* de Limpricht, étudié d'abord par Laurent et Schmitt). — L'acide libre cristallise en grandes lamelles déliquescentes.

Le *sel ammoniacal* cristallise dans l'eau en longs prismes incolores. — *Sel de potassium*. Longues aiguilles ou lamelles, 100 centimètres cubes de sa solution à 7° renferment 1g,696 de sel. — *Sel de sodium*. Cristallise dans l'eau sous forme de grandes tables quadratiques, dans l'alcool en petites lamelles. Il est plus soluble dans l'eau que le sel de potassium. — *Sel de baryum*, (H^2O). Petits prismes, 100 centimètres cubes de sa solution à 7° renferment 2gr,1 de sel anhydre. — *Sel de calcium*, ($2H^2O$). Grandes tables blanches, 100 centimètres cubes de sa solution à 7° renferment 6gr,376 de sel anhydre. — *Sel de magnésium*, ($4H^2O$). Prismes incolores assez gros, groupés concentriquement, facilement solubles. — *Sel de zinc*, ($3H^2O$). — *Sel de plomb*, ($2H^2O$). Prismes courts ou aiguilles réunies en faisceaux, 100 centimètres cubes de sa solution renferment 4gr,276 de sel anhydre.

Le *chlorure* forme des prismes transparents souvent légèrement colorés en rose, fusibles à 60°,5. L'*amide* est en aiguilles blanches, fusibles à 161°, peu solubles dans l'eau froide, plus solubles à chaud et dans l'alcool, très peu solubles dans l'éther, la benzine et le chloroforme. En la faisant digérer à chaud avec du sulfhydrate d'ammonium, on obtient l'amide de l'*acide metamidophénylsulfonique*, masse cristalline blanche, fusible à 135°.

ACIDE PARANITROPHÉNYLSULFONIQUE (*acide β-nitrophénylsulfonique* de Limpricht). — Les sels de cet acide sont plus solubles que leurs isomères méta.

Le *sel d'ammonium* forme des lamelles incolores, 100 centimètres cubes de la solution à 7° renferment 8gr,57 de sel. — *Sel de potassium*. Petits prismes groupés concentriquement. 100 centimètres cubes de la solution, saturée à 7°, renferment 3gr,57 de sel. — *Sel de baryum*, ($3H^2O$). Lamelles brillantes. — *Sel de calcium*, ($2H^2O$). Assez longues aiguilles, réunies en boules, très solubles. — *Sel de plomb*, ($2H^2O$). Prismes blancs.

Le *chlorure* est une huile rouge qui ne se solidifie pas au-dessous de 0°. L'*amide* est en petites aiguilles blanches, fusibles à 131°, assez solubles dans l'eau chaude, plus solubles dans l'alcool, peu solubles dans l'éther, la benzine et le chloroforme.

L'acide paranitrophénylsulfonique, traité par le sulfhydrate d'ammonium, donne de l'acide sulfanilique.

ACIDE ORTHONITROPHÉNYLSULFONIQUE. — Les sels de cet acide sont très solubles.

Sel d'ammonium. Longues aiguilles brillantes, réunies concentriquement. — *Sel de potassium*. Petites aiguilles brillantes; ce sel est le moins soluble. — *Sel de baryum*, (H^2O). Croûtes cristallines, transparentes, jaunes. — *Sel de plomb*, ($3H^2O$). Grandes tables diaphanes.

Le *chlorure* cristallise en prismes incolores ou faiblement colorés en rouge, fusibles à 67°, très solubles dans l'éther, difficilement dans l'essence de pétrole.

L'*amide* forme des aiguilles fines, blanches, plus rarement des lamelles, fusibles à 186°, très peu solubles dans l'eau froide, plus solubles à chaud, et très solubles dans l'alcool bouillant.

ACIDES DINITROPHÉNYLSULFONIQUES. — Limpricht [*Liebig's Ann. Chem.*, t. CLXXX, p. 1] a obtenu ces corps en chauffant pendant quatorze jours l'acide métanitrophénylsulfonique avec un mélange d'acide sulfurique et d'acide azotique. Il chasse l'excès d'acide azotique et prépare ensuite le sel de baryum. Dans les eaux mères se trouve un acide isomérique et du dinitrophénol.

1° ACIDE ORTHOMETADINITROPHÉNYLSULFONIQUE,

$$C^6H^3(AzO^2)^2_{(2.3)}.SO^3H_{(1)}.$$

— Cet acide et ses sels ont été étudiés par Sachse [*Ibid.*, t. CLXXXVIII, p. 143]. Isolé de son sel de baryum, il forme une masse cristalline brune très déliquescente, soluble dans l'alcool.

Le *sel d'ammonium* forme des lamelles jaune-citron, assez solubles. — *Sel de potassium*. Aiguilles jaunes, brillantes, perdant leur eau à l'air, assez solubles dans l'eau. — *Sel de baryum*, ($3H^2O$). Cristaux bien conformés, colorés en rose. — *Sel de plomb*, ($3H^2O$). Lamelles jaunes, brillantes, facilement solubles.

Le *chlorure* fond à 89°, l'*amide* forme des aiguilles jaunâtres, fusibles à 238°.

L'*acide diamidophénylsulfonique*,

$$C^6H^3(AzH^2)^2SO^3H + 1\frac{1}{2}H^2O,$$

a été obtenu par réduction du dérivé nitré, au moyen du sulfhydrate d'ammonium (voyez Supp., p. 1203).

En faisant agir l'acide azoteux sur le bromhydrate de cet acide diamidophénylsulfonique et décomposant le dérivé diazoïque par l'acide bromhydrique, on obtient un acide dibromophénylsulfonique de la constitution (1.2.3).

2° ACIDE DINITROPHÉNYLSULFONIQUE. — Cet acide a été trouvé par Limpricht dans les eaux mères du sel de baryum du dérivé précédent. Il se forme, mais en petite quantité, lorsqu'on chauffe la métadinitrobenzine avec de l'acide sulfurique fumant. Le *sel de baryum* cristallise en grands octaèdres rouges.

5° *Acides amidophénylsulfoniques*

Une méthode de préparation générale de ce corps consiste à chauffer la base avec de l'acide sulfurique fumant, ou bien à réduire les dérivés nitrés; à cet effet, on sature ces derniers par de l'ammoniaque, et l'on fait passer un courant d'hydrogène sulfuré. On évapore, on filtre pour séparer le soufre qui s'est précipité, et on acidule avec de l'acide chlorhydrique. Limpricht [*Deutsch. chem. Gesellsch.*, 1874, p. 1349] précipite une solution d'éthylsulfate de baryum par celle de l'oxalate de la base; la solution de l'éthylsulfate est évaporée, et le résidu chauffé à 200°; il ne se formerait que peu de produits secondaires.

ACIDES MONOAMIDOPHÉNYLSULFONIQUES. — Les trois modifications isomériques ont été préparées par Limpricht et Berndsen [*Liebig's Ann. Chem.*, t. CLXXXVII, p. 79], par réduction des trois acides nitrophénylsulfoniques.

ACIDE PARAMIDOPHÉNYLSULFONIQUE [Syn. *Sulfanilique*, t. II, p. 858]. — On a indiqué ses modes de formation. R. Smith [*Deutsch. chem. Gesellsch.*, 1875, p. 1442] l'obtient aussi en faisant bouillir la nitrobenzine avec du sulfite d'ammonium et de l'alcool absolu.

Oxydé par le permanganate de potassium, il donne de l'acide azobenzoïdisulfonique [Laar, *Journ. prakt. Chem.* (2), t. XX, p. 264].

Sel d'ammonium (1 ½ H^2O). Prismes rhombiques. — *Sel de sodium*, (2 H^2O). Tables ou lamelles. — *Sel de potassium*, (1 ½ H^2O). Il est peu soluble dans l'alcool. — *Sel de baryum*, (3 ½ H^2O). Prismes.

On a décrit des dérivés méthylé, diméthylé et triméthylé de l'acide sulfanilique, les deux premiers obtenus par l'action de l'acide sulfurique sur la méthylaniline ou la diméthylaniline.

Acide méthylsulfanilique,

$$C^6H^4(AzH.CH^3)SO^3H.$$

— On chauffe de la méthylacétanilide avec de l'acide sulfurique à 150°, jusqu'à ce qu'il ne se dégage plus d'acide acétique, et l'on transforme les acides en sels de baryum; dans la solution chaude, il se précipite du méthionate de baryum et, par évaporation, on obtient le méthylanilinesulfonate. L'acide est anhydre; il se décompose à 182° sans fondre au préalable; ses sels sont très solubles. Le *sel de baryum*, (H^2O) forme des lamelles blanches, très solubles [G. A. Smyth, *Deutsch. chem. Gesellsch.*, 1874, p. 1240].

Mundelius [*Ibid.*, p. 1350] décrit un autre corps qu'il a obtenu en chauffant l'éthylsulfate de méthylaniline à 210°. L'acide cristallise avec $2H^2O$, en lamelles blanches, brillantes, efflorescentes et insolubles dans l'eau et dans l'alcool. — *Sel de baryum*, (3 ½ H^2O). Petits prismes brillants. — *Sel de calcium*, (4 H^2O). Petites lamelles. — *Sel de plomb*, (8 H^2O). Lamelles faiblement colorées en jaune.

Acide diméthylsulfanilique,

$$C^6H^4.Az(CH^3)^2.SO^3H + H^2O.$$

— On chauffe pendant plusieurs heures de la diméthylaniline avec de l'acide sulfurique à 180-190° [Smyth, *Deutsch. chem. Gesellsch.*, 1873, p. 344 et 1874, p. 1237; — Armstrong, *Ibid.*, 1873, p. 663], ou bien on fait agir le chlorure éthylsulfurique sur la diméthylaniline [Wenghöffer, *Journ. prakt. Chem.* (2), t. XVI, p. 448].

Lamelles, fusibles avec décomposition à 149-150° (Smyth); d'après Laar [*Ibid.*, t. XX, p. 260], cet acide ne fondrait qu'à 23.°.

Le *sel de baryum*, (3 H^2O), forme des lamelles très solubles dans l'eau, peu dans l'alcool.

Éther éthylique. — Laar l'a obtenu en faisant agir l'alcoolate de sodium sur le chlorure. Petites lamelles, fusibles à 85°, assez solubles dans le sulfure de carbone et l'éther, très solubles dans le chloroforme et l'acétone.

Anhydride triméthylsulfonique (sulfanilobétaïne),

$$C^6H^4 \lt \begin{matrix} Az(CH^3)^3 \\ SO^2 \end{matrix} \gt O.$$

— Griess [*Deutsch. chem. Gesellsch.*, 1879, p. 2116] dissout l'acide sulfanilique dans de la potasse aqueuse, ajoute ensuite de l'alcool méthylique et un excès d'iodure de méthyle et laisse déposer à froid. L'excès d'iodure de méthyle est distillé et le résidu est additionné d'iode : il se précipite des lamelles vert-jaunâtre d'un periodure; on le décompose, en solution alcoolique, par de l'hydrogène sulfuré, on neutralise la solution filtrée avec de l'ammoniaque et on l'évapore. La base forme des lamelles peu solubles dans l'alcool, presque insolubles dans l'eau et dans l'éther; elle ne donne pas de sels, mais un chloroplatinate,

$$[C^6H^4.SO^3Az(CH^3)^3HCl]^2PtCl^4 + 8H^2O,$$

cristallisant en tables à six côtés, de couleur rouge-jaunâtre, très solubles.

Acide éthylsulfanilique, $C^6H^4.AzHC^2H^5.SO^3H$. — Smyth [*Deutsch. chem. Gesellsch.*, 1879, p. 1241] chauffe pendant plusieurs jours à 190-200° de l'éthylaniline avec de l'acide sulfurique. L'acide n'a pas été obtenu à l'état libre. Le *sel de baryum*, (2 H^2O) est une poudre rougeâtre.

Acide diéthylsulfanilique,

$$C^6H^4.Az(C^2H^5)^2.SO^3H.$$

— L'acide sulfurique agit encore plus difficilement sur la diéthylaniline que sur la monoéthylaniline; il faut chauffer le mélange à 200-210° pendant cinq jours, et il se forme beaucoup de produits secondaires. L'acide libre est une poudre rougeâtre, ne se décomposant pas encore à 250°. Le *sel de baryum* cristallise avec deux molécules d'eau.

ACIDE MÉTAMIDOPHÉNYLSULFONIQUE (dérivé α de Schmitt, Limpricht et Berndsen, t. II, p. 916). — Bahlmann [*Liebig's Ann. Chem.*, t. CLXXXVI, p. 320] l'a obtenu en traitant l'acide amidobromophénylsulfonique, $C^6H^3.AzH^2_{(3)}.Br_{(6)}.SO^3H_{(1)}$ par de l'acide iodhydrique et du phosphore.

L'acide cristallise sous forme de longues aiguilles anhydres, groupées concentriquement, ou de prismes avec 1 ½ molécule d'eau. Peu soluble dans l'eau froide, il l'est davantage à chaud; il est insoluble dans l'alcool et dans l'éther. Lorsqu'on le chauffe, il se décompose sans fondre au préalable.

Sel de baryum, (6 H^2O). Petits prismes rougeâtres, solubles. — *Sel de plomb*. Assez grands prismes à six côtés, peu solubles dans l'eau froide.

En ajoutant 2 molécules de brome à la solution concentrée et chaude de l'acide, on observe une réaction énergique, et par le refroidissement on obtient un précipité d'*acide dibromamidophénylsulfonique*. Cet acide, cristallisé dans l'eau, forme des aiguilles incolores, peu solubles dans l'eau froide, insolubles dans l'alcool et dans l'éther.

Sel de potassium. Lamelles nacrées, solubles. — *Sel de baryum*, (6 H^2O). Prismes transparents, solubles. — *Sel de plomb*. Lamelles fines, nacrées, assez solubles.

Lorsqu'on fait passer un courant d'acide azoteux dans une solution aqueuse de l'acide dibromé, il se forme le *dérivé diazoïque* en aiguilles microscopiques jaunes, brillantes.

Lorsqu'on ajoute 3 molécules de brome à la solution de l'acide amidophénylsulfonique, la coloration ne disparaît plus, et il cristallise l'*acide tribromoamidophénylsulfonique*,

$$C^6HBr^3(AzH^2)SO^3H + H^2O.$$

Aiguilles fines, solubles dans l'eau et dans l'alcool à chaud, beaucoup moins à froid.

Sel de baryum, (9 H^2O) et *sel de plomb*, (9 H^2O). Petits cristaux rhombiques, solubles dans l'eau chaude, peu à froid.

Par l'action du brome sur l'acide métamidophénylsulfonique, il ne se forme pas de tribromaniline, ce qui distingue cet acide de l'acide sulfanilique.

L'*acide diazobenzine-sulfonique*, $C^6H^4.SO^3.Az^2$, s'obtient en faisant arriver un courant d'acide azoteux dans de l'acide métamidophénylsulfonique tenu en suspension dans de l'eau. Il cristallise en prismes rouges, jaunâtres, solubles dans l'eau ; en solution, il se décompose à 60° et donne l'acide métoxyphénylsulfonique ; à l'état sec, il est très explosible. En ajoutant de l'acide bromhydrique au dérivé diazoïque et en évaporant la solution, on obtient un mélange d'acide bromophénylsulfonique et d'acide oxyphénylsulfonique.

ACIDE ORTHOAMIDOPHÉNYLSULFONIQUE (dérivé γ de Limpricht et de Berndsen). — Obtenu par réduction de l'acide orthonitrophénylsulfonique. Thomas [*Liebig's Ann. Chem.*, t. CLXXXVI, p. 128] le prépare en réduisant l'acide nitrométabromophénylsulfonique et éliminant le brome. L'acide cristallise en tables rhombiques, très épaisses, ou en prismes transparents, avec ½ molécule d'eau. Il est peu soluble dans l'eau froide, plus soluble à chaud (100cc de sa solution saturée à 7° renferment 1 gr. de sel). Il est insoluble dans l'alcool et dans l'éther. Chauffé, il se décompose sans fondre au préalable.

Sel de potassium, $C^6H^4.AzH^2.SO^3K + \frac{1}{2}H^2O$. Grands prismes incolores, solubles dans l'eau. — *Sel de baryum*. Tétraèdres incolores, solubles. — *Sel de plomb*, (½ H^2O). Petites lamelles brillantes. — *Sel d'argent*. Fines aiguilles, assez solubles dans l'eau chaude, peu à froid.

En faisant passer un courant d'acide azoteux dans de l'acide orthoamidophénylsulfonique tenu en suspension dans de l'eau, on obtient le *dérivé diazoïque* en tables rhombiques. Évaporé avec de l'acide bromhydrique, ce dernier forme l'*acide orthobromophénylsulfonique*.

L'action du brome sur l'acide orthoamidophénylsulfonique a été étudiée par Berndsen et Limpricht [*Liebig's Ann. Chem.*, t. CLXXVI, p. 100]; ensuite par Limpricht [*Ibid.*, t. CLXXXI, p. 195]; il se forme, dans cette réaction, de la tribromaniline, et les acides monobromé et dibromé.

6° *Acides oxyphénylsulfoniques* [Syn. *phénolsulfoniques*].

$C^6H^4.OH.SO^3H$. — Nous n'avons que peu de choses à ajouter à l'histoire des trois acides sulfonés du phénol décrits au t. II, p. 916, sous le titre d'acides *oxyphénylsulfureux*. L'acide α appartient à la série para; son sel de potassium n'est attaqué par la potasse caustique qu'au-dessus de 320° et ne donne pas de résorcine.

L'*acide orthophénolsulfonique* ou dérivé β est plus soluble que son isomère; fondu avec de la potasse, il fournit une petite quantité de pyrocatéchine et du β-diphénol; les sels ont été décrits par Barth et Senhofer [*Deutsch. chem. Gesellsch.*, 1876, p. 973]. — *Sel de sodium*, (1 ½ H^2O). Masse cristalline. — *Sel de potassium*, (2H^2O). Fond à 240°; longues aiguilles aplaties. — *Sel de baryum*, (2H^2O). Masse cristalline, formée de petites aiguilles microscopiques, très solubles dans l'eau. — *Sel de plomb*, (H^2O). Tables; ce sel, une fois cristallisé, ne se dissout plus que difficilement dans l'eau.

ACIDE MÉTAPHÉNOLSULFONIQUE. — D'après Solomanoff (t. II, p. 917), ce corps se formerait en petite quantité par l'action de l'acide sulfurique à froid sur le phénol; ce fait a été contesté par Kekulé ; en tout cas, les propriétés que Solomanoff attribue aux sels de son acide ne concordent pas avec celles du corps décrit par Barth et Senhofer [*Deutsch. chem. Gesellsch.*, 1876, p. 969], et que ces chimistes préparent en chauffant à 170-180° le méta ou le paraphényldisulfonate de potassium avec trois parties de potasse caustique.

L'acide métaphénolsulfonique forme de fines aiguilles groupées concentriquement, contenant 2H^2O; à 100-112°, il retient encore ½ H^2O. Il se colore en violet avec le perchlorure de fer; chauffé avec de la potasse à 250°, il donne de la résorcine.

Sel de potassium, (H^2O). Masse cristalline nacrée, formée d'aiguilles aplaties, microscopiques, fusibles à 200-210°. — *Sel de sodium*. Grandes tables rhombiques, ou aiguilles aplaties. — *Sel de baryum*, (½ H^2O). Petites lamelles, très solubles dans l'eau. — *Sel de plomb*, (3H^2O). Grandes tables rhombiques, solubles. — *Sel de cuivre*, (6H^2O). Lamelles fines, verdâtres.

En dehors de l'acide phénylsulfurique (Suppl., p. 1168) isomérique avec ces trois acides phénolsulfoniques, Brunnemann [*Liebig's Ann. Chem.*, t. CCII, p. 348] en a décrit un autre dont l'isomérie ne s'explique pas, si toutefois cet acide constitue bien une individualité chimique. On l'obtiendrait en chauffant avec de l'eau le dérivé diazoïque de l'acide hydrazobenzoldisulfonique :

$$C^{12}H^{10}Az^4S^2O^8 + H^2O = 2C^6H^6SO^4 + Az^4 + O.$$

Cet acide appartiendrait à la série para ; en effet, chauffé avec du dichromate de potassium et de l'acide sulfurique, il donne de la quinone; avec le perchlorure de fer, il se colore en violet; avec l'azide azotique, on obtient un dérivé dinitré.

Le *sel de potassium* contiendrait ½ H^2O et le *sel de baryum* 2H^2O.

ANHYDRIDES PHÉNOLSULFONIQUES,

$$(SO^3H)C^6H^4.O.SO^2.C^6H^4(OH).$$

— Schiff [*Ibid.*, t. CLXXVIII, p. 171] a trouvé qu'en chauffant à 50-60° les acides phénolsulfoniques avec un excès d'oxychlorure de phosphore, on obtient des anhydrides.

Ce sont des poudres blanches, très solubles dans l'eau et dans l'alcool, peu solubles dans l'éther. Ces corps jouent le rôle d'acides monobasiques; les sels de potassium et de sodium sont colorés en orangé; ils sont vitreux, solubles dans l'eau, peu solubles dans l'alcool.

ACIDES PHÉNOLDISULFONIQUES. — Le *dérivé α*, probablement $C^6H^3.SO^3H(2).SO^3H(4).OH(1)$, a été décrit t. II, p. 920. Fondu avec la potasse, il donne de la pyrocatéchine et son dérivé sulfonique; avec la soude, on obtient de l'acide protocatéchique [Barth et Schmidt, *Deutsch. chem. Gesellsch.*, 1879, p. 1260].

Dérivé β. — Senhofer [*Wien. Acad. Ber.*, 1878, p. 677] a obtenu cet acide en chauffant du phénoltrisulfonate de potassium, dissous dans la plus petite quantité d'eau, avec trois fois son poids de potasse caustique pendant une demi-heure, à 150°. L'acide libre forme une masse sirupeuse, ne pouvant pas être desséchée sans décomposition. — *Sel de baryum*, (4H^2O). Aiguilles fines, très solubles, perdant à 160° la moitié de leur eau. — *Sel de potassium*, (3½ H^2O). Perd à 100° 3H^2O. — *Sel de plomb*, (4H^2O). Longs prismes, solubles dans l'eau.

L'acide β-phénoldisulfonique, fondu avec de la potasse, donne un acide dioxyphénylsulfonique.

ACIDE PHÉNOLTRISULFONIQUE. — Senhofer [*Liebig's Ann. Chem.*, t. CLXX, p. 110] chauffe sous pression 6 p. de phénol, 15 p. d'anhydride phosphorique et 30 p. d'acide sulfurique fumant; Annaheim [*Ibid.*, t. CLXXII, p. 30] chauffe à 180-190° l'oxyphénylsulfone $(C^6H^4.OH)^2SO^2$ avec 3 p. d'acide sulfurique fumant.

L'acide phénoltrisulfonique cristallise dans le vide en aiguilles ou en gros prismes courts; séché à 100°, il retient 3 ½ H^2O; il se décompose à 105°.

Sel de potassium neutre, (4H^2O). On ajoute à la solution concentrée de l'acide du carbonate de potassium jusqu'à réaction faiblement acide; on précipite par de l'alcool et on redissout le sel dans peu d'eau. Tables rhombiques. — *Sel de potassium basique*, ($2H^2O$). Aiguilles aplaties, groupées concentriquement. — *Sel de sodium*, ($3H^2O$). Aiguilles incolores, très solubles. — *Sel de baryum* ($2H^2O$). Petites lamelles blanches; une fois précipitées, elles se dissolvent difficilement dans l'eau. D'après Annaheim, ce sel cristalliserait avec $10H^2O$. — *Sel de plomb*, ($4\frac{1}{2}H^2O$). Poudre cristalline, presque insoluble dans l'eau. — *Sel d'argent*, ($1\frac{1}{2}H^2O$). Masse cristalline, formée de petites aiguilles (Senhofer).

ACIDE PHÉNOLTÉTRASULFONIQUE. — Annaheim [*loc. cit.*] chauffe pendant trois heures, à 190-200°, 1 p. de phénol et 4 p. d'acide sulfurique fumant, et transforme les acides formés en sels de baryum; celui de l'acide tétrasulfonique est presque insoluble, tandis que le phénoldisulfonate est très soluble. — *Sel de potassium*. Petites pyramides, assez peu solubles dans l'eau à froid.

ACIDE ANISOLSULFONIQUE, $C^6H^4(OCH^3).SO^3H$. — L'acide sulfurique transforme l'anisol en deux acides sulfoniques isomériques, l'un ortho et l'autre para; leur séparation n'est pas facile.

Annaheim [*Ibid.*, t. CLXXII, p. 47] a obtenu ces mêmes corps en chauffant de l'oxyméthylphénylsulfone $(C^6H^4.OCH^3)^2SO^2$ avec de l'acide sulfurique à 160-180°.

Chacun des deux isomères peut être obtenu à l'état de pureté, si l'on chauffe de l'ortho ou du paraphénolsulfonate de potassium avec de la potasse, de l'iodure de méthyle et de l'alcool méthylique.

Les deux *sels de potassium* cristallisent en aiguilles aplaties, sont solubles dans l'alcool et dans l'eau; le dérivé ortho est plus soluble que son isomère para.

ACIDE ANISOLDISULFONIQUE,

$$C^6H^3(OCH^3)(SO^3H)^2.$$

Zervas [*Ann. Chem. Pharm.*, t. CIII, p. 342] a obtenu cet acide en traitant à 140-200° l'anisol ou l'acide anisique par l'acide sulfurique fumant; Annaheim [*loc. cit.*] l'a obtenu, indépendamment de l'acide monosulfonique, en chauffant la méthoxyphénylsulfone avec de l'acide sulfurique.

L'acide libre n'a pu être obtenu par Zervas à l'état cristallin et il se décomposerait par l'ébullition. Le *sel de baryum*, ($4H^2O$), forme des cristaux incolores transparents.

ACIDE PHÉNÉTOLSULFONIQUE, $C^6H^4(OC^2H^5)SO^3H$. Kekulé [*Zeitschr. Chem.*, 1867, p. 200] a préparé les dérivés ortho et para en traitant le para ou l'orthophénolsulfonate de potassium par la potasse, l'iodure d'éthyle et l'alcool.

Le sel de potassium du dérivé para cristallise dans l'alcool sous forme de longues aiguilles aplaties; le sel du dérivé ortho cristallise en lamelles; il est plus soluble que son isomère.

Opl et Lippmann ont aussi décrit un acide phénétolsulfonique obtenu directement (t. II, p. 904).

ACIDE PHÉNÉTOLDISULFONIQUE,

$$C^6H^3(OC^2H^5)(SO^3H)^2.$$

— Zander [*Liebig's Ann. Chem.*, t. CXCVIII, p. 25] a obtenu cet acide en décomposant sous pression le diazobenzoldisulfonate de potassium par l'alcool.

L'acide libre forme une masse cristalline, composée d'aiguilles microscopiques très déliquescentes.

Sel de potassium, (H^2O). Petites aiguilles jaunes transparentes ou prismes, très solubles dans l'eau, peu solubles dans l'alcool. — *Sel de baryum*. Cristallise, selon qu'on l'évapore vite ou lentement, avec $2H^2O$ ou $3H^2O$. Dans le premier cas, il forme une poudre cristalline blanche; dans le second, des mamelons transparents jaunes. Il est très soluble dans l'eau, insoluble dans l'alcool.

Le *chlorure* est en tables hexagonales, fusibles à 106-108°, solubles dans l'éther et dans la benzine; il se combine avec ce dernier corps.

L'*amide* est en aiguilles fusibles à 233°.

ACIDES CHLOROPHÉNOLSULFONIQUES. — On connaît quatre acides de la composition

$$C^6H^3.OH.Cl.SO^3H;$$

le corps décrit à l'article PHÉNYLSULFUREUX (voyez t. II, p. 919) appartient à la série para.

1° *Acide parachlorophénolsulfonique*. — Petersen et Bähr-Predari [*Liebig's Ann. Chem.*, t. CLVII, p. 128] dissolvent du parachlorophénol dans 1 molécule d'acide sulfurique fumant, et chauffent à 100°.

L'acide libre cristallise en grandes tables brillantes, fusibles à 75-76°, contenant 1 molécule d'eau; elles sont déliquescentes et se colorent par le perchlorure de fer en violet-bleu. Fondu avec de la potasse, il donne du pyrogallol et, par l'action de l'acide azotique, du parachlorodinitrophénol, fusible à 80°,5.

Sel de potassium, ($2H^2O$). Grandes pyramides, perdant leur eau à 110°; ce sel cristallise dans l'alcool avec $1H^2O$ sous forme de petites tables, et dans l'alcool absolu, à l'état anhydre, en petites aiguilles. — *Sel de sodium*. Aiguilles soyeuses, très solubles dans l'eau, peu solubles dans l'alcool. — *Sel d'ammonium*. Longues aiguilles soyeuses, peu solubles dans l'alcool, fusibles vers 230°. — *Sel de baryum acide*. Petites aiguilles, peu solubles dans l'eau, encore moins dans l'alcool. — *Sel de baryum neutre*,

$$(C^6H^3Cl.O.SO^3)Ba + 2H^2O.$$

Ce sel se précipite sous forme de fines aiguilles, lorsqu'on ajoute de l'eau de baryte à une solution saturée chaude du sel acide; il est très peu soluble dans l'eau. — *Sel de calcium acide*, $2H^2O$. Petites aiguilles, très solubles dans l'eau, peu solubles dans l'alcool et dans l'éther. — *Sel de magnésium*, ($6H^2O$). Tables ou aiguilles efflorescentes, solubles dans l'eau, assez solubles dans l'alcool. — *Sel de plomb basique*, ($4H^2O$). — *Sel de cuivre*, ($6H^2O$).

Acide parachlorophénétolsulfonique,

$$C^6H^3.Cl(OC^2H^5)SO^3H.$$

— On chauffe à 140° le sel de potassium de l'acide parachlorophénolsulfonique avec de l'iodure d'éthyle et de la potasse. Le *sel de potassium* forme de fines aiguilles, très solubles dans l'eau, peu solubles dans l'alcool, insolubles dans l'éther; il fond à 260° avec décomposition (Petersen et Bähr-Predari).

2° *Acide β-chlorophénolsulfonique*. — Petersen et Bähr-Predari [*loc. cit.*] ont obtenu, indépendamment du corps précédent, en faisant agir à 75° l'acide sulfurique fumant sur un parachlorophénol pas entièrement pur, un autre acide en petite quantité. Son *sel de potassium* est moins soluble dans l'eau que celui de l'acide para; il forme de petits prismes.

3° *Acides orthochlorophénolsulfoniques*. — Kramers [*Liebig's Ann. Chem.*, t. CLXXIII, p. 331] a étudié l'action de l'acide sulfurique fumant sur l'orthochlorophénol. En employant un mélange de 1 p. d'acide sulfurique fumant et de 2 p. d'acide à 66° et en refroidissant le mélange, on obtient deux acides isomériques γ et δ; tandis qu'en faisant usage d'acide sulfurique fumant et en ne refroidissant pas, il ne se forme que l'acide γ. Pour séparer les deux acides, on verse le produit dans de l'eau, on neutralise avec de la chaux et on évapore; le sel de calcium de l'acide δ cristallise d'abord.

L'acide δ forme de petites lamelles incolores, déliquescentes. Il est très soluble dans l'eau, l'alcool et l'éther; il se décompose au-dessus de 80° et donne, avec le perchlorure de fer, une coloration violette.

Sel de potassium acide,

$$C^6H^3.Cl.OH.SO^3K + \frac{1}{2} H^2O.$$

— Grands prismes incolores et brillants, perdant leur eau à 120°; 1 p. du sel se dissout dans 7 p. d'eau; il est un peu moins soluble dans l'alcool.

Sel de potassium neutre,

$$C^6H^3.Cl.OK.SO^3K + 3\frac{1}{2} H^2O.$$

— On dissout le sel précédent dans 1 molécule de potasse caustique. Lamelles très solubles et déliquescentes.

Sel de sodium acide, (H^2O). En saturant l'acide par une solution de carbonate de sodium jusqu'à réaction alcaline, on obtient un mélange des sels neutre et acide. Si l'on épuise les sels secs par l'alcool absolu, le *sel neutre* reste insoluble, sous forme d'une masse cristalline renfermant $3H^2O$; le sel acide est très soluble. — *Sel de calcium acide,* (H^2O). Petits cristaux blancs, très solubles dans l'alcool et dans l'eau. — *Sel de calcium neutre,* ($3\frac{1}{2}$ H^2O). Cristaux déliquescents, presque insolubles dans l'alcool. — *Sel de baryum,* ($1\frac{1}{2}$ H^2O). Petits cristaux granulés, solubles dans l'alcool. — *Sel de plomb,* ($4H^2O$). Petits cristaux rhombiques, solubles dans l'eau et dans l'alcool.

L'acide γ, dont on vient d'indiquer le mode de formation, donne un *sel de potassium acide,* en petites lamelles, et un *sel de calcium neutre,* ($2H^2O$), en petites aiguilles insolubles dans l'alcool.

ACIDES CHLOROPHÉNOLDISULFONIQUES,

$$C^6H^2Cl(OH)(SO^3H)^2.$$

On en a décrit deux :

1° Petersen et Bähr-Predari [*Liebig's Ann. Chem.*, t. CLVII, p. 153] font agir un excès d'acide sulfurique à 100° sur le parachlorophénol. Le sel de baryum est peu soluble.

2° D'après Armstrong et Harrow [*Chem. Soc. Journ.*, 1876, p. 474], il se forme un acide chlorophénoldisulfonique, indépendamment de l'acide dichlorophénolsulfonique, lorsqu'on fait agir à 170° le sulfite de potassium sur le phénol trichloré.

ACIDES DICHLOROPHÉNOLSULFONIQUES.

1° *Acide dichlorophénolparasulfonique,*

$$(OH.Cl.SO^3H.Cl = 1.2.4.6)$$

(voyez t. II, p. 919).

Lorsqu'on traite le sel de potassium de cet acide par l'acide azotique, il se forme d'abord du dichloroparanitrophénol, ensuite de l'orthochlorométadinitrophénol, fusible à 110-111° [Armstrong, *Chem. Soc. Journ.* (2), t. IX, p. 1112].

2° *Acide dichlororthophénolsulfonique,*

$$(OH.Cl.Cl.SO^3H = 1.2.4.6).$$

— Armstrong [*Ibid.*, t. X, p. 93] le prépare en faisant digérer au bain-marie la chlorhydrine sulfurique, SO^3HCl, avec le dichlorophénol, tenu en suspension dans le sulfure de carbone. Le produit de la réaction est saturé par du carbonate de potassium. Le même acide a été obtenu par Armstrong et Harrow [*loc. cit.*], indépendamment de l'acide chlorophénoldisulfonique, par l'action du sulfite de potassium sur le trichlorophénol à 170°.

Le *sel de potassium* forme des aiguilles blanches, très solubles dans l'eau chaude, plus difficilement à froid. Traité par l'acide azotique, il donne l'orthonitrodichlorophénol, fusible à 121°,6.

ACIDE TRICHLOROPHÉNOLSULFONIQUE. — Il a été obtenu par Armstrong (*loc. cit.*), par l'action de la chlorhydrine sulfurique sur le phénol trichloré; en solution aqueuse, il se décompose très rapidement.

ACIDES BROMOPHÉNOLSULFONIQUES. — Nous n'avons rien de nouveau à ajouter à la description des deux acides, faite t. II, p. 918. Le dérivé α ou acide bromoparaphénolsulfonique offre la constitution ($OH.Br.SO^3H = 1.2.4$); le dérivé β a probablement la constitution ($OH.SO^3H.Br = 1.2.4$).

Il en est de même pour les acides dibromés; l'*acide dibromorthophénolsulfonique,*

$$(OH.Br.Br.SO^3H = 1.2.4.6),$$

ou dérivé β, que Schmidt [*Deutsch. chem. Gesellsch.*, 1878, p. 355] a obtenu en petite quantité en faisant agir le brome sur le phénoldisulfonate de potassium. Il est coloré en violet intense par le perchlorure de fer.

L'acide dibromoparaphénolsulfonique,

$$(OH.Br.SO^3H.Br = 1.2.4.6),$$

ou acide α, de Senhofer, a été préparé par Schmitt [*Liebig's Ann. Chem.*, t. CXX, p. 161], en faisant bouillir l'acide dibromdiazobenzolsulfonique avec de l'eau. *Sel de potassium acide,* (H^2O). Aiguilles; anhydre, il cristallise en lamelles. *Sel de potassium neutre,*

$$C^6H^2Br^2\ OK.SO^3K + 2H^2O.$$

Lamelles jaunes, que l'on obtient en ajoutant du carbonate de potassium au sel précédent.

L'acide ne se colore que faiblement en violet avec le perchlorure de fer; il est précipité par l'acétate basique de plomb, mais non par l'acétate neutre.

ACIDE BROMOPHÉNOLDISULFONIQUE. — Lorsqu'on ajoute 1 molécule de brome à une solution de phénoldisulfonate de potassium, il se sépare d'abord une petite quantité de dibromophénolsulfonate de potassium, puis, par évaporation de la solution, le sel de potassium de l'acide bromophénoldisulfonique.

L'acide libre, purifié par précipitation avec l'acétate de plomb et décomposition du sel de plomb par l'hydrogène sulfuré, forme une masse cristalline brune, très soluble dans l'eau et dans l'alcool, peu soluble dans l'éther. L'acide, ainsi que ses sels, se colore en rouge foncé avec le perchlorure de fer.

Sel de potassium. Tables rhombiques, très solubles dans l'eau, peu dans l'alcool. — *Sel de baryum,* ($2H^2O$). Masse cristalline blanche. — *Sel de plomb.* Fines aiguilles microscopiques, assez solubles dans l'eau.

ACIDES NITROPHÉNOLSULFONIQUES. — On en connaît deux.

1° *Acide orthonitroparasulfonique,*

$$C^6H^3(AzO^2)_{(2)}(OH)_{(1)}SO^3H_{(4)} + 3H^2O.$$

— On l'obtient d'après un des modes de préparation indiqués (t. II, p. 919), ou d'après Goslich [*Liebig's Ann. Chem.*, t CLXXX, p. 105], en faisant bouillir l'acide bromonitrophénylsulfonique, ($Br.AzO^2.SO^3H = 1.2.4$), avec de la potasse caustique. L'acide libre cristallise dans l'eau chaude sous forme d'aiguilles aplaties, fusibles à 51°,5 et très solubles.

Les *sels de sodium acide et neutres* contiennent $3H^2O$.

2° *L'acide paranitrophénolorthosulfonique.* — Körner [*Gazz. chim ital.*, 1872, p. 443], ainsi que Post [*Liebig's Ann. Chem.*, t. CCV, p. 38], ont préparé cet acide par l'action de l'acide sulfurique fumant sur le paranitrophénol; Armstrong [*loc. cit.*] emploie la chlorhydrine sulfurique, et Stuckenberg [*Liebig's Ann. Chem.*, t. CCV, p. 45] nitre l'acide orthophénolsulfonique.

L'acide libre cristallise, soit en fines et longues aiguilles, soit en grands prismes rouges, ou encore en lamelles. Il renferme $3H^2O$, qu'il perd à 100° et se décompose à 110°; il est déliquescent. Le perchlorure de fer produit une coloration rouge-brun foncé dans ses solutions.

Sel de sodium neutre, ($2H^2O$). Prismes orangés, très brillants, pas très solubles dans l'eau. — *Sel de sodium acide*, ($2H^2O$). Prismes incolores, très solubles dans l'eau. — *Sel de potassium neutre*, (H^2O). Prismes de couleur orange, très solubles dans l'eau. — *Sel de potassium acide*. Cristaux brillants, peu solubles. — *Sel de calcium neutre*, (2 ½ H^2O). Aiguilles jaunes, peu solubles dans l'eau froide, plus facilement à chaud, très peu dans l'alcool — *Sel de calcium acide*, ($3H^2O$). Prismes incolores; moins soluble dans l'eau que le sel neutre. — *Sel de baryum neutre*, ($2H^2O$). Petites tables rhombiques, jaune-citron, très peu solubles dans l'eau. — *Sel de baryum acide*, ($2H^2O$). Aiguilles fines ou prismes. — *Sel de cuivre neutre*. Le sulfate de cuivre produit un précipité noir, cristallin, dans une solution ammoniacale de l'acide; cristallisé dans l'ammoniaque, il se présente en petits prismes vert foncé. — *Sel de plomb neutre*, (1 ½ H^2O). Aiguilles blanches, soyeuses, presque insolubles dans l'eau.

ACIDE CHLORONITROPHÉNOLSULFONIQUE,

$$C^6H^2Cl_{(2)}(OH)_{(1)}(AzO^2)_{(6)}SO^3H_{(4)}.$$

— Cet acide, mentionné au t. II, p. 919, donne avec l'acide azotique de l'orthochlorodinitrophénol, fusible à 110°, et du dichlororthonitrophénol, fusible à 121° avec le chlore.

Sel de potassium acide, (1 ½ H^2O). Aiguilles jaunes, très solubles dans l'eau chaude, peu solubles à froid. — *Sel de potassium neutre*. Très soluble dans l'eau chaude, un peu moins à froid.

Armstrong et Brown [*Journ. chem. Soc.* (2), t. X, p. 869], en faisant passer un courant de chlore dans une solution refroidie de nitrophénolparasulfonate de potassium, ont obtenu un acide chloronitrophénolsulfonique qui ne doit pas être identique avec l'acide précédent; en effet, le sel de potassium neutre forme des petites aiguilles orangées.

ACIDES MONOBROMONITROPHÉNOLSULFONIQUES,

Acide, ($OH.SO^3H.AzO^2.Br = 1.2.4.6$). — Post et Brackebusch [*Liebig's Ann. Chem.*, t. CCV, p. 91] font agir une solution alcoolique de brome sur une autre d'acide paranitrophénolorthosulfonique.

Sel d'ammonium. Aiguilles jaunes brillantes, très solubles dans l'eau. — *Sel de baryum*, ($3H^2O$). Longues aiguilles jaunes, peu solubles dans l'eau. — *Sel de calcium*, ($3H^2O$). Aiguilles jaune-citron, de solubilité moyenne dans l'eau. — *Sel de plomb*, ($2H^2O$). Petites lamelles jaunes, presque insolubles dans l'eau.

Armstrong [*Journ. Chem. Soc.* (2), t. X, p. 857] a mentionné en outre les acides bromoparanitrophénolsulfoniques suivants :

L'*acide* α, obtenu en nitrant l'acide dibromoparaphénolsulfonique.

L'*acide* β, obtenu à côté de l'acide précédent, en nitrant l'acide dibromoparaphénolsulfonique brut.

L'*acide* γ, obtenu en nitrant l'acide phénoldisulfonique bromé ou en traitant l'orthonitrophénolparasulfonate de potassium, en solution alcoolique, par du brome.

ACIDES IODONITROPHÉNOLSULFONIQUES.

1° *Acide*, ($OH.SO^3H.AzO^2.I = 1.2.4.6$). Post et Brackebusch (*loc. cit.*) l'ont obtenu en traitant une solution alcoolique d'acide paranitrophénolorthosulfonique par l'iode et l'oxyde de mercure.

Le *sel d'ammonium* forme de belles aiguilles brillantes jaunes; il est très soluble dans l'eau; chauffé à 60°, il perd de l'ammoniaque. — *Sel de baryum neutre*, ($3H^2O$). Aiguilles jaunes assez peu solubles. — *Sel de calcium*, ($3H^2O$). Aiguilles jaunes et dures, assez solubles dans l'eau. — *Sel de plomb basique*,

$$C^6H^2I.AzO^2.(OSO^3)Pb, PbO + 3½H^2O.$$

— Lamelles jaunes, presque insolubles dans l'eau.

2° *Acide*, ($OH.I.SO^3H.AzO^2 = 1.2.4.6$). — Armstrong et Brown (*loc. cit.*) ont obtenu cet acide en traitant une solution alcoolique d'acide orthonitrophénolparasulfonique par de l'iode et de l'oxyde de mercure.

Sel de potassium acide. Petites aiguilles, peu solubles dans l'eau froide. — *Sel de potassium neutre*. Cristaux rouges. — *Sel de baryum*, ($4H^2O$). Aiguilles jaune clair, peu solubles dans l'eau.

ACIDES DINITROPHÉNOLSULFONIQUES,

$$C^6H^2(AzO^2)^2.OH.SO^3H.$$

— Post [*Deutsch. chem. Gesellsch.*, 1874, p. 1323] annonce avoir obtenu un tel acide en nitrant l'acide phénoldisulfonique, mais ne décrit pas les propriétés de ce corps.

Brunnemann [*Liebig's Ann. Chem.*, t. CCII, p. 348], en décomposant par l'ébullition avec de l'eau le dérivé diazoïque de l'acide hydrazobenzolsulfonique, a obtenu un acide phénolsulfonique; ce dernier, évaporé avec de l'acide azotique concentré, donne l'acide dinitrophénolsulfonique. On peut aussi traiter le métahydrazobenzoldisulfonate de potassium par de l'acide azoteux, évaporer la solution et faire cristalliser le résidu dans un peu d'eau.

L'*acide libre* est en prismes rhombiques verdâtres, très solubles dans l'eau, moins dans l'alcool et dans l'éther; il contient $3H^2O$ et devient anhydre à 100°; il se décompose à 160°.

Sel de potassium acide, (1 ½ H^2O). Beaux prismes jaunes, très solubles dans l'eau. — *Sel de potassium neutre*, ($2H^2O$). Prismes rhombiques rouges, très solubles dans l'eau. — *Sel de baryum neutre*. Sel rouge, cristallisant difficilement, soluble dans l'eau. — *Sel de plomb*. Petits prismes brunâtres, solubles dans l'eau, peu dans l'alcool.

ACIDE TRINITROPHÉNOLMÉTASULFONIQUE,

$$C^6H(AzO^2)^3_{(2.4.6)}(OH)_{(1)}SO^3H_{(3)}.$$

— Berndsen [*Liebig's Ann. Chem.*, t. CLVII, p. 97] a préparé ce corps en chauffant l'acide métaphénolsulfonique avec de l'acide azotique concentré.

Sel de potassium, (H^2O). Petits prismes orangés, assez solubles dans l'eau. — *Sel de baryum neutre*, ($3H^2O$). Petits prismes rouge-jaune, assez solubles. Les deux sels font explosion lorsqu'on les chauffe.

ACIDE NITROPHÉNOLDISULFONIQUE. — Par réduction, au moyen du sulfhydrate d'ammonium, de l'acide dinitrophényldisulfonique, il se forme de l'acide amidonitrophényldisulfonique; ce dernier, traité par l'acide azoteux, se transforme en dérivé diazoïque, qui se décompose par l'ébullition avec de l'eau en acide nitrophénoldisulfonique.

L'*acide libre*, $C^6H^2(AzO^2)(OH)(SO^3H)^2$, forme des aiguilles microscopiques très solubles.

Le *sel de baryum*, ($2H^2O$), est précipité par l'alcool de sa solution aqueuse sous forme cristalline.

ACIDES AMIDOPHÉNOLSULFONIQUES,

$$C^6H^3(OH)(AzH^2)SO^3H.$$

— On en connaît deux :

1° *Acide orthoamidophénolsulfonique* (1.2.4). — Cet acide a été obtenu par Post [*Liebig's Ann. Chem.*, t. CCV, p. 51] par l'action de l'acide sulfurique fumant sur l'orthoamidophénol, et par réduction de l'acide orthonitrophénolparasulfonique. L'*acide libre*, (1 ½ H^2O), forme de grands rhomboïdes transparents, assez peu solubles dans l'eau, non fusibles, se décomposant déjà par l'ébullition avec de l'eau.

Anilide, $C^6H^3.OH.AzH^2.SO^2AzHC^6H^5$. — Brackebusch et Holst [*Ibid.*, p. 58] la préparent par le chlorure et l'aniline. Elle est en aiguilles fusibles à 205°, insolubles dans l'éther et l'essence de pétrole, très solubles dans l'alcool, la benzine, l'acide acétique glacial.

Sel de sodium, (4½ H^2O). Aiguilles minces, en faisceaux, très solubles dans l'alcool et dans l'eau. — *Sel de baryum*. Très petites lamelles brillantes, peu solubles dans l'eau et dans l'alcool. — *Sel de calcium*, (4½ H^2O). Petites lamelles jaunâtres.

2° *Acide paramidophénolorthosulfonique*, (1.2.4). — Post [*loc. cit.*] chauffe du chlorhydrate de paramidophénol avec de l'acide sulfurique fumant, et verse le produit de la réaction dans de l'eau : le dérivé sulfonique se précipite sous forme de fines aiguilles. On l'obtient aussi en réduisant l'acide paranitrophénolorthosulfonique avec de l'étain et de l'acide chlorhydrique. Schmitt et Bennewitz [*Journ. prakt. Chem.*, (2), t. VIII, p. 7] l'ont obtenu en ajoutant à une solution de chloroquinonimide,

$$C^6H^4 \langle {AzCl \atop O}$$

du bisulfite de sodium.

L'*acide libre*, (H^2O), forme de fines aiguilles ; il est moins soluble que son isomère (1 p. de l'acide dans 1500 p. d'eau) ; il est insoluble dans l'alcool et dans l'éther ; à 100°, il perd son eau ; il se dissout facilement dans les alcalis, mais les combinaisons qu'il forme sont instables.

L'*anilide* forme de petits cristaux durs, fusibles à 98°, très solubles dans l'alcool, la benzine, l'acide acétique, insolubles dans l'éther.

ACIDES DIAZOPHÉNOLSULFONIQUES. — *Acide ortho*, $C^6H^3(OH)(SO^3H)(Az=Az).OH$. — Bennewitz [*Journ. prakt. Chem.*, (2), t. VIII, p. 52] l'a préparé en faisant arriver un courant d'acide azoteux dans l'acide orthoamidophénolsulfonique, tenu en suspension dans l'eau. L'acide forme des aiguilles jaunes, assez solubles dans l'eau.

Acide paradiazophénolsulfonique. — Se prépare comme le dérivé ortho ; il se forme encore lorsqu'on chauffe l'acide paramidophénolsulfonique avec de l'urée et de l'acide azotique. Lamelles rhombiques irisées ; elles sont peu solubles dans l'eau froide, plus solubles à chaud. Les combinaisons que cet acide forme avec les bases sont très instables.

Acide azobenzolorthophénolsulfonique,

$$C^6H^5(Az=Az)C^6H^3(OH)SO^3H.$$

— Griess [*Deutsch. chem. Gesellsch.*, 1878, p. 2194] fait agir du nitrate de diazobenzol sur une solution alcaline d'acide orthophénolsulfonique. L'acide libre est en lamelles rhombiques, très solubles dans l'eau et dans l'alcool, presque insolubles dans l'éther. Traité par l'étain et l'acide chlorhydrique, il se décompose en aniline et en acide sulfanilique. Le *sel de potassium acide* forme des aiguilles fines, très brillantes.

Acide dinitroazophénolorthophénolsulfonique,

$$C^6H^2(OH)(AzO^2)^2.Az^2.C^6H^3(OH)SO^3H.$$

— Il s'obtient par l'action du dinitroazophénol sur une solution alcaline d'acide orthophénolsulfonique. Aiguilles brunes, peu solubles dans l'eau [Stebbins, *Americ. chemic. Journ.*, t. II, p. 241].

7° *Acides phényldisulfoniques*.

L'acide de Buckton et Hofmann (t. II, p. 916) est le dérivé *para*. Le dérivé *méta* a été obtenu en même temps, avec son isomère, en traitant la benzine par de l'acide sulfurique fumant [Barth et Sennhofer [*Deutsch. chem. Gesellsch.*, 1875, p. 1477]. D'après Egli [*Ibid.*, p. 817], en faisant passer de la vapeur de benzine dans de l'acide sulfurique chauffé à 240°, on obtient principalement le dérivé méta ; lorsqu'on chauffe à une température plus élevée et en prolongeant l'action de l'acide, c'est le dérivé para qui prend naissance en majeure partie.

Pour séparer l'acide para de son isomère méta, on les transforme en sels de potassium dont on trie les cristaux.

Les deux isomères, fondus avec de la potasse, donnent de la résorcine. Le sel de potassium du dérivé para, distillé avec du cyanure de potassium, fournit le nitrile de l'acide téréphtalique, celui de l'acide méta, le nitrile de l'acide isophtalique.

L'acide ortho a été préparé par Drebes [*Ibid.*, 1876, p. 552].

ACIDE ORTHOPHÉNYLDISULFONIQUE,

$$C^6H^4(SO^3H)^2(1.2).$$

— On l'obtient en décomposant par l'alcool le dérivé diazoïque de l'acide métamidophényldisulfonique.

Les *sels de potassium* et de *baryum* sont assez solubles, mais cristallisent bien. — Le *chlorure* forme de grandes tables incolores, fusibles à 105°. — L'*amide*, des aiguilles blanches, fusibles à 233°.

ACIDE MÉTAPHÉNYLDISULFONIQUE,

$$C^6H^4(SO^3H)^2(1.3).$$

— D'après Barth et Senhofer, on chauffe volumes égaux d'acide phénylsulfonique et d'acide sulfurique fumant, au réfrigérant ascendant, jusqu'à ce qu'il se dégage des vapeurs blanches.

Körner et Monselise [*Gazz. chim. ital.*, 1876, p. 133] l'ont obtenu par la même réaction.

Il a aussi été préparé par Limpricht [*Deutsch. chem. Gesellsch.*, 1876, p. 549], qui a décomposé par l'alcool le dérivé diazoïque de l'acide disulfanilique, et par Meyer et Nölting [*Ibid.*, 1874, p. 1308 ; 1875, p. 1110], en exposant l'acide bromophénylsulfonique aux vapeurs d'anhydride sulfurique, jusqu'à liquéfaction de ce dernier et en chauffant ensuite le tout à 200-220°. Le sel de baryum de l'acide formé est ensuite traité par l'amalgame de sodium.

L'acide libre forme une masse cristalline très déliquescente, qui retient encore, à 100°, 2 molécules ½ d'eau. Les sels sont presque tous très solubles dans l'eau et cristallisent facilement.

Sel de baryum, (2H^2O). Aiguilles groupées concentriquement. 100 p. d'eau dissolvent, à 100°, 44p,26 de sel anhydre. — *Sel de plomb*, (½ H^2O, Barth et Senhofer ; H^2O, Körner et Monselise). Longues aiguilles incolores. — *Sel de calcium*, (½ H^2O). Fines aiguilles. — *Sel d'argent*. Mamelons incolores. — *Sel de zinc*, (4H^2O). Aiguilles aplaties, perdant leur eau de cristallisation à 110°. — *Sel de potassium*, (H^2O). Prismes insolubles dans l'alcool. 100 p. d'eau dissolvent, à 100°, 105p,7 de sel anhydre. — Le *sel de sodium* contient 4H^2O.

Le *chlorure* cristallise dans ses solutions éthérées en grands prismes incolores, fusibles à 63°. — L'*amide* forme des aiguilles brillantes, fusibles à 229°.

ACIDE PARAPHÉNYLDISULFONIQUE,

$$C^6H^4(SO^3H)^2(1.4).$$

— Körner et Monselise chauffent 4 p. d'acide phénylsulfonique brut avec 3 p. d'acide sulfurique fumant, à 200-245° pendant 3 à 5 heures.

L'acide libre est déliquescent, il cristallise moins facilement que son isomère méta.

Sel de potassium, (H^2O). Lamelles faiblement colorées, 100 p. d'eau, à 100°, dissolvent 66p,6 de sel anhydre. — *Sel de baryum*, (H^2O). Croûtes cristallines, opaques, formées d'aiguilles microscopiques. 100 p. d'eau, à 100°, dissolvent 7g,19 de sel. — *Sel de plomb*, (H^2O). Mamelons formés d'aiguilles microscopiques.

Le *chlorure*, $C^6H^4(SO^2Cl)^2$, est moins soluble dans l'éther que son isomère méta, et cristallise en longues aiguilles transparentes, fusibles à 131°. — L'*amide* est peu soluble dans l'eau, encore moins dans l'alcool. Il cristallise en lamelles fines, fusibles à 288°.

8° *Acides bromophényldisulfoniques.*

ACIDES MONOBROMOPHÉNYLDISULFONIQUES,

$$C^6H^3.Br.(SO^3H)^2.$$

— Herzig [*Monatsh. für Chem.*, t. II, p. 192], en faisant bouillir 1 p. de benzine bromée avec 10 p. d'acide sulfurique fumant, a obtenu deux acides bromophényldisulfoniques, qui peuvent être séparés par la différence de solubilité de leurs sels de plomb.

ACIDE BROMOPHÉNYLORTHODISULFONIQUE. — Il se forme lorsqu'on remplace le groupe AzH^2 par du brome dans l'acide amidophénylorthodisulfonique [Zander, *Liebig's Ann. Chem.*, t. CXCVIII, p. 28]. Fines aiguilles déliquescentes. Les sels neutres sont assez peu solubles.

Sel de baryum, ($3H^2O$). Lamelles microscopiques. — Le *sel de plomb* renferme $1H^2O$.

Le *chlorure* cristallise dans l'éther sous forme de grandes tables, fusibles à 104°; il est assez peu soluble. — L'*amide* forme de petites lamelles, fusibles à 210°, solubles dans l'eau froide.

ACIDE BROMOPHÉNYLMÉTADISULFONIQUE,

$$C^6H^3.Br_{(4)}(SO^3H)^2_{(1.3)}.$$

— Noelting [*Deutsch. chem. Gesellsch.*, 1874, p. 1311] a obtenu cet acide en faisant arriver de l'anhydride sulfurique dans l'acide parabromophénylsulfonique, et en chauffant le mélange à 200-210°; Heinzelmann [*Liebig's Ann. Chem.*, t. CXC, p. 227], en remplaçant dans l'acide β-nitrométaphényldisulfonique (voir plus loin) le groupe AzO^2 par du brome; Zander [*Ibid.*, t. CXCVIII, p. 10], en remplaçant le groupe AzH^2 par du brome dans l'acide α-amidophénylmétadisulfonique.

Il est en fines aiguilles déliquescentes.

Sel de potassium, (H^2O). Mamelons. — *Sel de baryum*, ($4H^2O$). Lamelles; 100 p. d'eau dissolvent, à 22°, 5p,5 à 6 p. du sel desséché.

Le *chlorure* cristallise dans l'éther sous forme de prismes, fusibles à 103-105°. — *Amide*. Aiguilles solubles dans l'eau chaude, peu à froid, fusibles à 238-239°.

ACIDE BROMOPHÉNYLMÉTADISULFONIQUE,

$$C^6H^3.Br_{(2)}(SO^3H)^2_{(1.3)}.$$

— Heinzelmann [*Ibid.*, t. CLXXXVIII, p. 177] le prépare en remplaçant le groupe AzO^2 par du brome, dans l'acide α-nitrométaphényldisulfonique. L'acide libre forme des aiguilles hygroscopiques.

Sel d'ammonium. Aiguilles fines, groupées d'une façon concentrique, très solubles. — *Sel de potassium*, ($4H^2O$). Aiguilles. — *Sel de baryum*, ($2\frac{1}{2}H^2O$). Aiguilles fines, très solubles dans l'eau. — *Sel de plomb*, ($2\frac{1}{2}H^2O$). Prismes très solubles.

Le *chlorure* forme des mamelons fusibles à 99°. — L'*amide* est en lamelles blanches, fusibles à 245°, peu solubles à froid.

ACIDES DIBROMOPHÉNYLDISULFONIQUES,

$$C^6H^2.Br^2.(SO^3H)^2.$$

— On en connaît deux.

ACIDE MÉTADIBROMOPHÉNYLDISULFONIQUE. — Il se forme en remplaçant dans l'acide dinitrophényldisulfonique les deux groupes AzO^2 par du brome [Limpricht *Deutsch. chem. Gesellsch.*, 1875, p. 290]. L'acide est déliquescent, et ses sels ne cristallisent pas.

ACIDE PARADIBROMOPHÉNYLDISULFONIQUE. — Cet acide a été obtenu par Borns [*Liebig's Ann. Chem.*, t. CLXXXVIII, p. 366] dans la préparation de l'acide paradibromophénylsulfonique, à l'aide de la benzine paradibromée et de l'acide sulfurique fumant, à une température assez élevée. Les deux acides ont été séparés au moyen de leurs sels de baryum : le dibromophénylsulfonate de baryum cristallise le premier, dans les eaux mères reste l'acide disulfonique; on le transforme en sel de potassium qu'on chauffe sous pression avec du perchlorure et de l'oxychlorure de phosphore. Enfin, le chlorure pur est décomposé par l'eau.

L'*acide* cristallise en petits prismes très solubles.

Sel de potassium. Aiguilles blanches, solubles. — *Sel de baryum*, ($4,5H^2O$). Petites aiguilles blanches, très solubles.

Chlorure. Octaèdres, fusibles à 161°, peu solubles dans l'éther et le pétrole. — *Amide*. Petits mamelons, formés d'aiguilles microscopiques, assez solubles dans l'eau, très solubles dans l'alcool.

En faisant bouillir cet acide avec de l'acide azotique concentré et de l'acide sulfurique, on obtient un *dérivé nitré* qui, par réduction au moyen d'étain et d'acide chlorhydrique, se transforme en *acide amidodibromophényldisulfonique*, $C^6HBr^2(AzH^2)(SO^3H)^2$, petits cristaux facilement solubles dans l'eau, un peu moins solubles dans l'alcool.

Sel de potassium. Petites aiguilles solubles. — *Sel de baryum*, ($6H^2O$). Petits prismes.

ACIDE TRIBROMOPHÉNYLDISULFONIQUE,

$$C^6H.Br^3.(SO^3H)^2.$$

Heinzelmann [*Liebig's Ann. Chem.*, t. CLXXXVIII, p. 183], en nitrant l'acide métaphénylsulfonique, obtient un acide α-nitrophényldisulfonique ; cet acide est réduit et le dérivé amidé, traité par le brome, donne de l'acide dibromo-α-amidophényldisulfonique, dans lequel on remplace le groupe AzH^2 par du brome.

Le *sel de potassium* forme de petits prismes assez solubles dans l'eau.

9° *Acides nitrophényldisulfoniques* et *amidophényldisulfoniques.*

Heinzelmann a étudié l'action de l'acide azotique sur l'acide métaphényldisulfonique; il chauffe ce dernier à l'ébullition avec un mélange d'acide sulfurique et d'acide azotique, et obtient ainsi deux acides nitrés qu'il neutralise avec de la baryte : le sel de baryum de l'acide α cristallise d'abord, ensuite il se dépose des mamelons du sel de l'acide β.

ACIDE α. — Constitution probable,

$$C^6H^3.AzO^2_{(5)}(SO^3H)^2_{(1.3)}.$$

— Aiguilles incolores, très déliquescentes.

Les sels neutres sont très solubles; on n'a pu obtenir de sels acides.

Sel de potassium. Aiguilles. — *Sel de calcium*, ($2H^2O$). Prismes. — *Sel de baryum*, ($5H^2O$). Aiguilles; il cristallise également avec 4 et $6H^2O$. — *Sel de plomb*, ($4H^2O$). Aiguilles très solubles dans l'eau. Le *chlorure* forme des prismes aplatis, fusibles à 96°. L'*amide* est en lamelles jaunes, fusibles à 242°.

ACIDE β, $C^6H^3.AzO^2_{(4)}(SO^3H)^2_{(1.3)}$. — L'acide libre forme une masse sirupeuse. Les sels sont beaucoup plus solubles que ceux de l'acide α.

Sel de plomb, ($4H^2O$). Fines aiguilles. — *Sel de baryum*, ($5H^2O$). Mamelons formés de fines aiguilles.

ACIDE γ. — Limpricht [*Deutsch. chem. Gesellsch.*,

1875, p. 239] l'a obtenu en réduisant l'acide dinitrophényldisulfonique par du sulfhydrate d'ammonium. L'acide nitroamidodisulfonique est ensuite traité par du nitrite d'éthyle. L'acide libre ne cristallise pas. Le *sel de plomb* (H^2O) forme des aiguilles jaunes.

ACIDE α-AMIDOPHÉNYLDISULFONIQUE,

$$C^6H^3.AzH^2.(SO^3H)^2.$$

— Obtenu par réduction de l'acide α nitrophényldisulfonique, il forme des sels neutres et des sels acides; ces derniers sont moins solubles que les premiers.

Sel d'ammonium acide. Prismes aplatis, incolores, anhydres, ou longues aiguilles, renfermant de l'eau de cristallisation. — *Sel de potassium acide,* (H^2O). Longues aiguilles, assez peu solubles. — *Sel de baryum acide,* ($5H^2O$). Longs prismes. — Le *sel de plomb neutre* renferme $3\frac{1}{2}H^2O$. *Sel de plomb acide,* ($6H^2O$). Prismes incolores.

ACIDE MÉTAMIDOPHÉNYLDISULFONIQUE (ou *acide disulfanilique*, dérivé β de Heinzelmann). — Il a été obtenu, en 1856, par Buckton et Hofmann (t. II, p. 860). Drebes [*Deutsch. chem. Gesellsch.*, 1876, p. 551] le prépare en chauffant à 180° de l'acide sulfanilique avec de l'acide sulfurique fumant; enfin Heinzelmann [*loc. cit.*] l'a obtenu par réduction de l'acide β-nitrophényldisulfonique, et Zander [*Liebig's Ann. Chem.*, t. CXCVIII, p. 1] en chauffant l'acide orthoamidophénylsulfonique avec de l'acide sulfurique fumant à 180°.

L'acide forme de beaux octaèdres incolores, solubles dans l'eau et dans l'alcool; chauffé au-dessus de 120°, il se décompose; ses sels cristallisent moins facilement que ceux du dérivé α.

Sel de potassium neutre. Prismes à quatre ou six faces, facilement solubles. — *Sel de baryum neutre,* ($3H^2O$). Tables brunes. — *Sel de baryum acide,* ($2H^2O$). Petites aiguilles brillantes. — *Sel de plomb neutre,* ($2H^2O$). Croûtes cristallines dures. — *Sel de plomb acide,* ($6H^2O$). Petites tables rhombiques.

Les acides amidophényldisulfoniques ou leurs sels, traités par l'acide azoteux, sont transformés en dérivés diazoïques.

Acide α-diazobenzoldisulfonique,

$$C^6H^3(SO^3H) < \begin{matrix} Az^2 \\ \dot{S}O^3. \end{matrix}$$

— Masse huileuse, se solidifiant au bout de peu de temps; soluble dans l'eau et dans l'alcool.

Sel d'ammonium. — Aiguilles blanches, groupées concentriquement. — *Sel de potassium.* Aiguilles faiblement colorées en rouge. — *Sel de baryum,* ($3H^2O$). Tables brillantes, presque incolores. — *Sel de plomb,* ($3H^2O$). Prismes microscopiques.

Acide β-diazobenzoldisulfonique. — Il est précipité par l'éther de sa solution alcoolique sous forme huileuse, et se solidifie en mamelons au-dessus de l'acide sulfurique.

Sel de potassium. — Petits prismes microscopiques. — *Sel de baryum,* ($2H^2O$). Cristaux clinorhombiques. — *Sel de plomb,* ($3H^2O$). Fines aiguilles microscopiques.

Les dérivés diazoïques, décomposés par l'acide bromhydrique, donnent naissance à deux acides bromophényldisulfoniques.

En ajoutant une molécule de brome à l'acide α-amidophényldisulfonique, on obtient les dérivés mono et dibromé qu'on sépare à l'aide de leurs sels d'ammonium.

Acide α-bromamidophényldisulfonique, ($2H^2O$). — Prismes incolores, très solubles dans l'eau.

Sel d'ammonium. Grands prismes à peine colorés, très solubles. — *Sel de baryum,* ($3H^2O$). Aiguilles fines. — *Sel de plomb,* ($3H^2O$). Mamelons, composés de prismes.

Acide α-dibromamidophényldisulfonique. — Prismes assez peu solubles.

Sel de potassium. Prismes. — *Sel de baryum,* ($8H^2O$). Longs prismes fins, très solubles dans l'eau. — *Sel de plomb,* ($3H^2O$). Prismes aplatis.

Par l'action de l'acide azoteux sur le sel de potassium, il se forme de l'α-dibromodiazobenzoldisulfonate de potassium,

$$C^6HBr^2(SO^3K) < \begin{matrix} Az^2 \\ \dot{S}O^3. \end{matrix}$$

— Tables rhombiques, à six faces microscopiques. Par décomposition avec l'acide bromhydrique, il se forme de l'*α-tribromophényldisulfonate de potassium*, $C^6HBr^3(SO^3K)^2$. — Petits prismes assez peu solubles.

ACIDE DINITROPHÉNYLDISULFONIQUE,

$$C^6H^2(AzO^2)^2(SO^3H)^2.$$

— Limpricht et de Homeyer [*Deutsch. chem. Gesellsch.*, 1875, p. 289] ont préparé cet acide en faisant bouillir l'acide métanitro-phénylsulfonique avec la moitié de son volume d'acide sulfurique et trois fois son volume d'acide azotique d'une densité de 1,5. Il a été étudié par Limpricht [*Ibid.*, 1876, p. 553]. L'acide libre isolé cristallise; il possède un goût très amer; ses sels sont très solubles et ne cristallisent pas facilement.

Sel de potassium, $C^6H^2(AzO^2)^2(SO^3K)^2 + H^2O$. Aiguilles blanches. — *Sel de sodium,* ($3H^2O$). Longues aiguilles. — *Sel de baryum,* ($2H^2O$). Aiguilles fines, réunies en faisceaux. — *Sel de calcium,* (H^2O). Prismes réunis sous forme d'étoiles. — *Sel de plomb,* ($3H^2O$). Croûtes cristallines. — *Sel de cuivre,* ($3H^2O$). Aiguilles microscopiques.

Le *chlorure* cristallise sous forme de tables. — L'*amide* est en longues aiguilles. Ces deux derniers corps, lorsqu'on les chauffe, se décomposent sans fondre au préalable.

ACIDE NITRAMIDOPHÉNYLDISULFONIQUE. — On réduit l'acide précédent par le sulfhydrate d'ammonium. Masse cristalline déliquescente. Ses sels sont déliquescents et cristallisent difficilement.

Sel de baryum, ($2H^2O$). L'alcool précipite ce sel de sa solution aqueuse sous forme cristalline.

L'acide nitroamidophényldisulfonique, dissous dans l'alcool absolu et traité par de l'acide nitreux, se transforme en un *dérivé diazoïque* rouge, $C^6H^2(AzO^2)(Az^2.SO^3)(SO^3H)$. Lorsqu'on fait bouillir ce dernier avec de l'alcool absolu, il se transforme en acide *nitrophényldisulfonique*, cristallisant en petites aiguilles microscopiques, très solubles. Le *sel de plomb,* (H^2O), forme de petites aiguilles jaunes.

En faisant, au contraire, bouillir le dérivé diazoïque avec de l'eau, on obtient de l'*acide nitrooxyphényldisulfonique*, cristallisant en aiguilles microscopiques très solubles; le *sel de baryum,* $2H^2O$, est précipité, sous forme cristalline, de sa solution aqueuse par de l'alcool.

L'eau de brome transforme le dérivé diazoïque en *acide nitrobromophényldisulfonique,*

$$C^6H^2(AzO^2)Br(SO^3H)^2 + H^2O.$$

— Cristaux rhombiques, très solubles dans l'alcool et dans l'eau, ne fournissant pas de sels cristallisés.

L'étain et l'acide chlorhydrique transforment l'acide dinitrophényldisulfonique en *acide diamidophényldisulfonique,*

$$C^6H^2(AzH^2)^2(SO^3H)^2 + H^2O,$$

cristallisant en octaèdres solubles. Le *sel d'étain* (H^2O) seul a pu être obtenu à l'état cristallisé.

L'acide nitreux précipite de sa solution alcoolique une poudre cristalline jaune du dérivé diazoïque $C^6H^2(Az^2)^2(SO^3)^2$; ce dernier, par l'ébullition avec de l'alcool, régénère un *acide phényl-*

disulfonique, masse visqueuse, cristallisant par un long repos; le sel de baryum est vitreux, le sel de plomb $C^6H^4(SO^3)^2Pb + H^2O$ cristallise en prismes.

En faisant bouillir le dérivé azoïque de l'acide diamidophényldisulfonique avec de l'eau, on obtient l'*acide dioxyphényldisulfonique*. Longues aiguilles solubles; le *sel de baryum*, ($2H^2O$), est précipité par l'alcool de sa solution aqueuse sous forme cristalline.

L'eau de brome transforme le dérivé azoïque en *acide dibromophényldisulfonique*,

$$C^6H^2Br^2(SO^3H)^2;$$

corps très déliquescent et ne donnant pas de sels cristallisés.

10°. *Acide phényltrisulfonique.*

$C^6H^3(SO^3H)^3 + 3H^2O$. — Senhofer [*Liebig's Ann. Chem.*, t. CLXXIV, p. 243] a obtenu ce corps en chauffant de la benzine avec de l'acide sulfurique fumant et de l'anhydride phosphorique, sous pression, à 230-290°.

L'acide libre cristallise dans le vide en longues aiguilles aplaties, groupées concentriquement; il se décompose lorsqu'on le chauffe au-dessus de 100°.

Sel de potassium, ($3H^2O$). Grands prismes obliques ou lamelles. — *Sel de baryum*. Selon le mode de préparation, il est anhydre ou il renferme $6H^2O$. Il forme des cristaux microscopiques moins solubles que le sel de potassium; l'alcool le précipite de sa solution aqueuse. — *Sel d'argent*. Cristallise dans le vide en aiguilles incolores, se colorant rapidement à la lumière.— *Sel de plomb*, ($4H^2O$). Fines aiguilles solubles.

Ad. Kopp.

PHÉNYLSULFURIQUE (ACIDE). — Voyez Phénol, Suppl., p. 1168.

PHÉNYLTOLUÈNE, $C^6H^5-C^6H^4-CH^3$. — Ce carbure a été obtenu par Barbier, par l'action du sodium sur un mélange de benzine bromé et de toluène bromée. C'est une huile épaisse qui bout au delà de 300° [*Compt. rend.*, t. LXXIX, p. 812].

PHÉNYLVALÉRIQUES (ACIDES) [Syn. *Phénylvalérianiques (acides)*],

$$C^{11}H^{14}O^2 = C^6H^5-C^4H^8-CO^2H.$$

— On en connaît deux :

1° *Acide phénylvalérique normal*,

$$C^6H^5-CH^2-CH^2-CH^2-CH^2-CO^2H.$$

— Il se forme lorsqu'on chauffe l'acide hydrocinnaménylacrylique à 160° avec une solution d'acide iodhydrique dans l'acide acétique glacial. Il fond à 58-59°; peu soluble dans l'eau, il se dissout dans l'alcool et l'éther. Son sel d'argent est insoluble, celui de *baryum* peu soluble.

2° *Acide β-phényl-α-éthylpropionique*,

$$\begin{matrix} C^2H^5 \\ C^6H^5-CH^2 \end{matrix} > CH-CO^2H.$$

— Par réduction d'une solution aqueuse d'acide phénylangélique au moyen de l'amalgame de sodium. C'est une huile qui bout à 272°. Le *sel barytique* est très soluble dans l'eau.

Le produit de l'action de l'acide nitrique sur cet acide fournit, par réduction au moyen de l'étain et de l'acide chlorhydrique, de l'*éthylhydrocarbostyrile* [Baeyer et Jackson, *Deutsch. chem. Gesellsch.*, 1880, p. 115].

ACIDE DIPHÉNYLVALÉRIQUE, $C^{17}H^{18}O^2$ — Ce corps est une huile qui se forme lorsqu'on réduit, au moyen de l'acide iodhydrique l'*acide diphényloxyvalérique*, qui n'est autre que l'acide *tétrahydrocornicularique*, $C^{17}H^{18}O^3$. Il se forme par réduction de l'acide hydrocornicularique par l'amalgame de sodium, qui lui-même résulte de l'action de la poudre de zinc sur l'acide pulvique.

L'acide diphényloxyvalérique est une huile incolore. Il se convertit facilement en *anhydride*, qui est en lamelles fusibles à 69-71° [Spiegel, *Deutsch. chem. Gesellsch.*, 1881, p. 873; *ibid.* 1882, p. 1548].

PHÉNYLXYLÈNE [Syn. *Xylylbenzine*],

$$C^{14}H^{14} = CH^3-C^6H^4-CH^2-C^6H^5.$$

— Ce carbure est isomérique avec le benzyltoluène. On l'obtient en chauffant le produit de l'action du chlore sur le xylène bouillant (lequel ?) avec de la benzine en présence de poudre de zinc. Il bout à 283-286°. Sa densité est de 1,01 à 0°. Il est doué d'une fluorescence bleue. Chauffé à 500° en tubes scellés, il fournit de l'anthracène, du phénanthrène, de la benzine et du paraxylène [Barbier, *Compt. rend.*, t. LXXIX, p. 661].

PHILIPPIUM. — Métal hypothétique, qui d'après M. Delafontaine accompagne l'yttrium et le terbium dans la samarskite et dans la sipylite. Son poids atomique est de 90 à 95 (l'oxyde étant RO). L'oxyde jaune devient blanc par la calcination dans un courant d'hydrogène. Les sels sont incolores et caractérisés par une bande d'absorption (ou $\lambda = 450$ environ). Son formiate forme des cristaux nets bien différents des formiates d'yttrium et de terbium [*Compt. rend.*, t. LXXXVII, p. 559].

M. Soret avait aussi, par l'examen du spectre d'absorption des terres d'yttria, conclu à l'existence d'un élément inconnu, qu'il désigne par x [*Compt. rend.*, t. LXXXVI, p. 1062].

MM. Cleve et Thalèn ont trouvé que l'erbine est accompagnée d'un métal inconnu d'un poids atomique plus élevé que celui du terbium et du philippium, et pour lequel M. Cleve propose le nom d'*holmium* [*Compt. rend.*, t. LXXXIX, p. 478].

Comme les bandes d'absorption de l'x sont les mêmes que celles de l'*holmium*, il est évident que l'x et l'*holmium* sont identiques. Delafontaine identifie le philippium et l'holmium [*Compt. rend.*, t. XC, p. 221]; mais plus tard il a trouvé que le philippium, qui possède un poids atomique plus élevé qu'il n'avait d'abord supposé, n'a pas de spectre d'absorption [*Arch. Phys. nat.*, (3), t. III, p. 246]. Il est à remarquer que M. Delafontaine n'a pas obtenu l'oxyde de philippium d'un poids moléculaire constant, et qu'il n'a pu apporter aucune preuve spectroscopique en faveur de l'existence du philippium. La seule preuve qu'il ait fournie est tirée de la forme cristalline du formiate; mais plus tard M. Roscoe a prouvé qu'un mélange d'yttria et de terbine donne, avec l'acide formique, un sel cristallisant comme le formiate du philippium [*Deutsch. chem. Gesellsch.*, 1882, p. 1274]. Il est donc évident qu'on n'a pas, quant à présent, de raison suffisante pour admettre l'existence du philippium.

P. T. Cleve.

PHLOBAPHÈNE. — (Voyez t. II, p. 922). — Sous le nom de phlobaphène ou de rouge quercique, Bœttinger [*Liebig's Ann. Chem.*, t. CCII, p. 269] décrit un corps de la formule

$$C^{14}H^{10}O^6 + \tfrac{1}{2}H^2O,$$

qui existerait normalement dans l'écorce de chêne et qui prendrait également naissance par l'action des acides sur l'acide quercitannique.

On le prépare en épuisant par l'alcool le tan préalablement lavé à l'éther, puis en évaporant et en épuisant l'extrait alcoolique par l'eau, qui laisse insoluble le phlobaphène.

Ce corps se présente en grumeaux d'un rouge brun, insolubles dans l'acide acétique et le carbonate de sodium, un peu solubles dans le phénol bouillant et dans la glycérine. Il se dissout dans les lessives alcalines et les solutions ainsi formées absorbent l'oxygène de l'air. Les oxydants, acide azotique, acide chromique, permanganate, le détruisent entièrement. La fusion avec la potasse donne de l'acide protocatéchique.

L'anhydride acétique le convertit à 140° en *triacétylphlobaphène*, $C^{14}H^{7}O^{6}(C^{2}H^{3}O)^{3}$, et le chlorure de benzoyle le transforme à 130° en *tribenzoylphlobaphène*, $C^{14}H^{7}O^{6}(C^{7}H^{5}O)^{3}$, poudres insolubles dans les dissolvants neutres et facilement saponifiables par l'eau bouillante.

Suivant Etti [*Monatsh. für Chem.*, t. I, p. 262, et t. IV, p. 512], le phlobaphène serait le premier anhydride de l'acide quercitannique $C^{17}H^{16}O^{9}$; il prendrait naissance par l'union de 2 molécules de cet acide avec perte d'une molécule d'eau et aurait pour formule $C^{34}H^{30}O^{17}$; par l'action de la chaleur ou de l'acide sulfurique, le phlobaphène perdrait successivement 3 molécules d'eau, en donnant des anhydrides, $C^{34}H^{28}O^{16}$, $C^{34}H^{26}O^{15}$ et $C^{34}H^{24}O^{14}$.

PHLORÉINE,

$$C^{18}H^{11}AzO^{7} = Az \begin{cases} C^{6}H^{2} < (OH)^{2} \\ \quad > O \\ C^{6}H^{2} - (OH) \\ \quad > O \\ C^{6}H^{2} < (OH)^{2} \end{cases}$$

[Benedikt, *Ann. Chem. Pharm.*, t. CLXXVIII, p. 92]. Matière colorante qui se produit par l'action de l'acide nitreux sur la phloroglucine.

On dispose dans une série de flacons 4 grammes de phloroglucine déshydratée dissoute dans 300 centimètres cubes d'éther, et on y verse 4 centimètres cubes d'acide azotique saturé d'acide azoteux, puis on abandonne le mélange dans un endroit frais. Au bout de quelques heures, on évapore l'éther au bain-marie : il reste un résidu semi-fluide, violet, d'où l'eau précipite des flocons rouge-brun. On lave ce produit par décantation, et on le sèche dans le vide.

Pour achever la purification, on transforme la phloréine en un dérivé hydrogéné, qui se réoxyde rapidement au contact de l'air en régénérant la phloréine. A cet effet, on la traite par l'acide sulfurique étendu et la poudre de zinc, et on épuise le produit par l'éther : ce liquide dissout le leucodérivé ainsi formé. On chasse l'éther par distillation au bain-marie : pendant cette opération le produit d'hydrogénation se détruit en régénérant la phloréine. On dissout dans l'ammoniaque le résidu de l'évaporation de l'éther, et on le reprécipite enfin par l'acide chlorhydrique.

La phloréine est une poudre d'un vert foncé, à éclat métallique, insoluble dans l'eau, soluble en brun dans l'alcool, l'éther, l'acide acétique, soluble en pourpre foncé dans les alcalis. Par fusion avec la potasse, elle régénère la phloroglucine. La phloréine teint les fibres animales et végétales mordancées, à la manière du bois rouge.

Ad. Fauconnier.

PHLORÉTINE, $C^{15}H^{14}O^{5}$. — Voyez t. II, p. 923. — Schiff [*Ann. Chem. Pharm.*, t. CLXXII, p. 356] a modifié comme il suit le procédé de préparation de ce corps : on dissout 20 grammes de phlorizine dans 140 grammes d'eau presque bouillante ; on y ajoute 50 grammes d'acide sulfurique à 20 % également bouillant, et l'on maintient le tout dans le voisinage de l'ébullition. Le liquide se prend après quelques minutes en une bouillie cristalline de phlorétine parfaitement blanche.

Suivant Lœwe [*Zeitschr. analyt. Chem.*, t. XV, p. 28], la phlorétine prend naissance par l'action de l'eau seule à 110° sur la phlorizine, pourvu que l'action soit prolongée pendant huit jours ; elle se forme encore lorsqu'on chauffe la phlorizine sèche à 130° pendant plusieurs jours. Enfin, cet auteur attribue à la phlorétine la formule $C^{17}H^{14}O^{6}$.

Dans un travail récent [*Deutsch. chem. Gesellsch.*, 1881, p. 302], Schiff a trouvé que la phlorizine se décompose à 170° en phlorétine et glucosane, suivant l'équation

$$C^{21}H^{24}O^{10} = C^{15}H^{14}O^{5} + C^{6}H^{10}O^{5}.$$

PHLORÉTIQUE (ACIDE),

$$C^{9}H^{10}O^{3} = C^{6}H^{4} \begin{cases} OH \\ C^{2}H^{4}\text{-}CO^{2}H. \end{cases}$$

Voyez t. II, p. 924. — Schiff [*Liebig's Ann. Chem.*, t. CLXXII, p. 356] recommande le procédé suivant pour préparer l'acide phlorétique : on fait bouillir au réfrigérant ascendant, pendant 3 heures, 20 grammes de phlorétine avec 150 centimètres cubes d'une lessive de potasse d'une densité de 1,20. Après le refroidissement, on neutralise par l'acide sulfurique, on ajoute un très léger excès de bicarbonate de sodium, et on agite à plusieurs reprises avec de l'éther, pour enlever la phloroglucine. On sursature ensuite par l'acide sulfurique, et on épuise de nouveau par l'éther, qui dissout l'acide phlorétique.

La fusion avec la soude caustique transforme l'acide phlorétique en acide paroxybenzoïque. Si l'on prolonge la fusion, ce dernier se convertit à son tour en phénol [Barth et Schreder, *Deutsch. chem. Gesellsch.*, 1879, p. 1255].

La distillation du phlorétate de calcium fournit du phlorol $C^{8}H^{10}O$ [Hlasiwetz, *Ann. Chem. Pharm*, t. CII, p. 106].

TRIPHLORÉTIDE, $C^{27}H^{26}O^{7}$ [Schiff, *loc. cit.*] — On chauffe à 60° un mélange d'acide phlorétique et d'oxychlorure de phosphore ; puis, au bout d'une heure, on traite le tout par l'alcool absolu qui précipite la triphlorétide. Il ne reste plus qu'à laver ce corps à l'eau et à l'alcool bouillant, et à le faire cristalliser dans l'acide acétique. On l'obtient ainsi en fines lamelles blanches. La triphlorétide a pris naissance suivant l'équation

$$3C^{9}H^{10}O^{3} = 2H^{2}O + C^{27}H^{26}O^{7}.$$

Sous l'action de la potasse caustique, la triphlorétide régénère l'acide phlorétique.

ACIDE MÉTHYLPHLORÉTIQUE,

$$C^{6}H^{4}.(OCH^{3})\text{-}C^{2}H^{4}\text{-}CO^{2}H$$

[Körner et Corbetta, *Deutsch. chem. Gesellsch.*, 1874, p. 1731]. — On dissout l'acide phlorétique dans l'alcool méthylique, on ajoute un excès de potasse (2 molécules), puis de l'iodure de méthyle (3 molécules), et on chauffe le tout au bain-marie dans un appareil à reflux, sous une pression de 30-40 centimètres de mercure. Le produit de la réaction est un mélange de méthylphlorétate de potassium et de méthylphlorétate de méthyle : on chasse l'alcool méthylique par distillation, on reprend le résidu par l'eau, et on épuise la solution par l'éther, qui dissout le méthylphlorétate de méthyle; le liquide aqueux fournit ensuite par l'acide chlorydrique un précipité d'acide méthylphlorétique.

Cet acide cristallise en grands prismes aciculaires très brillants, fusibles à 103°,4 et se sublimant déjà à 100°. Il se dissout à 25° dans 900 p. d'eau; il est très soluble dans l'alcool et dans l'éther.

Le *sel de baryum*, $(C^{10}H^{11}O^{3})^{2}Ba + 2H^{2}O$, est en larges lamelles incolores.

L'*éther méthylique*, $C^{10}H^{11}O^{3}.CH^{3}$, forme de grandes tables brillantes, fusibles à 38° ; il possède une odeur aromatique agréable et bout vers 278°.

Oxydé au moyen du mélange chromique, l'acide méthylphlorétique fournit de l'acide anisique (méthylparoxybenzoïque).

ACIDE ÉTHYLPHLORÉTIQUE,

$$C^{6}H^{4}(OC^{2}H^{5})\text{-}C^{2}H^{4}\text{-}CO^{2}H.$$

— On le prépare comme l'acide précédent, en remplaçant l'iodure de méthyle et l'alcool méthylique par les combinaisons éthyliques correspondantes.

Il cristallise en écailles blanches très brillantes, ressemblant à la cholestérine; il fond à 106°,5 et se sublime déjà au-dessous de 100°. Oxydé par le mélange chromique, il se convertit en acide éthylparoxybenzoïque. Ad. Fauconnier.

PHLORIZINE [Syn. *Phloridzine*]. $C^{21}H^{24}O^{10}$. Voyez t. II, p. 927. — Suivant Hesse [*Liebig's Ann. Chem.*, t. CLXXVI, p. 117], le pouvoir rotatoire de la phlorizine en solution alcoolique est représenté par l'expression $[\alpha]j = -(49°,40 + 2,41\,p)$, p étant le poids en grammes de phlorizine dissoute dans 100 centimètres cubes d'alcool.

La phlorizine fond à 110°, se solidifie de nouveau à une température un peu plus élevée et redevient fluide à 170-171°. A la température de cette seconde fusion, elle se dédouble en phlorétine et glucosane, suivant l'équation

$$C^{21}H^{24}O^{10} = C^{15}H^{14}O^{5} + C^{6}H^{10}O^{5}.$$

[H. Schiff, *Deutsch. chem. Gesellsch.*, 1881, p. 302].

Suivant Lœwe [*Zeitschr. anal. Chem.*, t. XV, p. 28], la formule de la phlorizine serait

$$C^{23}H^{26}O^{12} + 2H^{2}O.$$

Ad. Fauconnier.

PHLOROBROMINE, $C^{6}HBr^{9}O$ [Benedikt, *Liebig's Ann. Chem.*, t. CLXXXIX p. 165]. — C'est un des produits de l'action du brome sur la phloroglucine. On ajoute peu à peu 10 p. de brome à 1 p. de phloroglucine dissoute dans l'eau : les aiguilles de tribromophloroglucine d'abord formée se réunissent en flocons jaunes, puis en amas compacts, qu'on recueille et qu'on fait cristalliser dans le chloroforme.

La phlorobromine est en prismes brillants du système orthorhombique. Faces : p, m, h^1 ; angles : $mh^1 = 39°55'$; $mm = 79°50'$, et 100°10'. Elle fond à 152°, puis se décompose avec dégagement de brome. Elle est insoluble dans l'eau, inattaquable par la potasse, l'acide azotique, l'amalgame de sodium.

L'ammoniaque aqueuse agit instantanément sur la phlorobromine en donnant du bromoforme et un corps $C^{5}H^{4}Br^{6}Az^{2}$, qui reste dissous et qu'on isole par l'éther après saturation par l'acide sulfurique. Purifié par cristallisation dans l'eau bouillante, ce corps se présente en cristaux blancs, fusibles à 124° et volatils sans décomposition : il a pris naissance suivant l'équation

$$C^{6}HBr^{9}O + 2AzH^{3}$$
$$= H^{2}O + CHBr^{3} + C^{5}H^{4}Br^{6}Az^{2}.$$

La potasse le décompose en donnant de l'ammoniaque et du bromoforme. L'acide sulfurique étendu le transforme, à 120°, en un acide bromé.

La phlorobromine, chauffée pendant quelques heures avec de l'alcool, se décompose, en fournissant, entre autres produits, de la pentabromacétone. Ad. Fauconnier.

PHLOROGLUCINE, $C^{6}H^{3}(OH)^{3}_{(1.3.5)}$. — Voyez t. II, p. 928. — Ce corps peut être obtenu par la fusion du phénol, de la résorcine ou de l'acide gallique avec de la soude [Barth et Schreder, *Deutsch. chem. Gesellsch.*, 1879, p. 417 et 503; *Monatsh. für Chem.*, t. III, p. 645]. La fusion de la résorcine donne un rendement de 70 % et constitue, par conséquent, un procédé de préparation avantageux.

La phloroglucine se présente en grandes lames orthorhombiques renfermant $2H^{2}O$. Elle perd son eau de cristallisation à 100° et fond à 206° (Barth et Schreder), à 209° [Tiemann et Will, *Deutsch. chem. Gesellsch.*, 1881, p. 954].

En solution alcaline, elle possède comme le pyrogallol, mais à un degré moindre, la propriété d'absorber énergiquement l'oxygène [Weyl et Goth, *Deutsch. chem. Gesellsch.*, 1881, p. 2673].

Weselsky [*Deutsch. chem. Gesellsch.*, 1875, p. 967 et 1876, p. 216] recommande la réaction colorée suivante, comme extrêmement sensible pour la recherche qualitative de la phloroglucine. Lorsqu'on ajoute une solution de nitrite de potassium à une solution très étendue de phloroglucine, préalablement additionnée de nitrate d'aniline ou de toluidine, la liqueur se trouble et se colore d'abord en jaune, puis en orange, et enfin laisse déposer au bout d'un temps variable, avec la concentration des solutions, un précipité rouge-cinabre.

Triéthylphloroglucine, $C^{6}H^{3}(OC^{2}H^{5})^{3}$ [Benedikt, *Ann. Chem. Pharm.*, t. CLXXVIII, p. 92]. — Liquide huileux, distillable, obtenu par l'action de l'iodure d'éthyle à 100° sur une solution alcoolique de phloroglucine.

Trinitrosophloroglucine, $C^{6}(AzO)^{3}(OH)^{3}$. — [Benedikt, *Deutsch. chem. Gesellsch.*, 1878, p. 1374]. — On dissout 10 grammes de phloroglucine dans 300 grammes d'eau et l'on ajoute 12 grammes d'acide acétique; on maintient le mélange à + 8-9° et on y verse une dissolution aqueuse de 16 grammes de nitrite de potassium : au bout d'une demi-heure, on sursature par la potasse et on précipite par l'alcool; le sel de potassium ainsi obtenu est transformé en sel plombique et celui-ci décomposé par l'acide sulfurique dilué.

La trinitrosophloroglucine se présente en aiguilles, très solubles dans l'eau et dans l'alcool, insolubles dans l'éther.

Le *sel de potassium*, $C^{6}(AzO)^{3}(OK)^{3}$, forme des aiguilles très solubles dans l'eau, insolubles dans l'alcool et dans la potasse : il détone au-dessus de 130°. Le *sel de plomb* est un précipité jaune qui détone par la chaleur.

Trinitrophloroglucine,

$$C^{6}(AzO^{2})^{3}(OH)^{3} + H^{2}O.$$

[Benedikt, *Deutsch. chem. Gesellsch.*, 1878, p. 1376]. — On ajoute peu à peu et en agitant de la trinitrosophloroglucine potassique bien pulvérisée à un mélange à parties égales d'acides nitrique et sulfurique. La réaction est extrêmement violente. Lorsqu'elle est terminée, il se dépose des aiguilles jaunes : on étend d'eau et on épuise par l'éther.

La trinitrophloroglucine se présente en prismes hexagonaux pyramidés, très solubles dans l'eau chaude, l'alcool et l'éther. Elle perd son eau à 100°, commence à se sublimer à 130°, fond à 158° sans décomposition et détone à une température un peu plus élevée.

Le *sel neutre de potassium*, $C^{6}(AzO^{2})^{3}(OK)^{3}$, se présente en aiguilles orangées, très brillantes; le *sel dipotassique*, $C^{6}(AzO^{2})^{3}(OK)^{2}(OH)$, est jaune foncé et moins brillant que le sel neutre; le *sel monopotassique*, $C^{6}(AzO^{2})^{3}(OK)(OH)^{2} + H^{2}O$, forme des aiguilles soyeuses d'un jaune de soufre, qui perdent leur eau à 100° : ces trois sels s'obtiennent en traitant la trinitrophloroglucine par les quantités correspondantes de carbonate de potassium en solution concentrée; ils sont peu solubles dans l'eau. Le *sel neutre d'ammonium* se comporte comme le sel de potassium correspondant. Le *sel de baryum* est un précipité cristallin, jaune, insoluble dans l'eau; le *sel de plomb* est un précipité amorphe.

Phloroglucine-vanilléine, $C^{20}H^{18}O^{8}$. — Voyez Suppl., p. 1243.

Azobenzolphloroglucine,

$$C^{6}H(OH)^{3}(Az=Az.C^{6}H^{5})^{2}.$$

[Weselsky et Benedikt, *Deutsch. chem. Gesellsch.*, 1879, p. 226]. — On mélange des solutions très étendues de phloroglucine (1 molécule), d'azotate d'aniline (2 molécules) et d'azotite de potassium (2 molécules). Le liquide se trouble peu à peu et laisse déposer un corps amorphe, rouge, que l'on purifie par dissolution dans l'acide sulfurique, précipitation par l'eau et cristallisation dans l'alcool. L'azobenzolphloroglucine ainsi obtenue se présente en cristaux microscopiques.

PARAZOTOLUOLPHLOROGLUCINE,

$$C^6H(OH)^3(Az=Az.C^6H^4-CH^3)^2.$$

[Weselsky et Benedict, *ibid.*]. — Aiguilles déliées, rouges, obtenues par le même procédé que le composé précédent, en substituant le nitrate de paratoluidine au nitrate d'aniline. Ce corps se dissout dans l'acide sulfurique avec une coloration cramoisie, il teint la soie et la laine en jaune ou en cinabre, suivant la durée du bain.

PARAZOPHÉNOLPHLOROGLUCINE,

$$C^6H^2(OH)^3-Az=Az.C^6H^4.OH.$$

[Weselsky et Benedikt, *ibid.*]. — Le nitrate de paradiazophénol et la phloroglucine donnent un précipité rouge qui est un mélange de deux composés, l'un soluble dans l'alcool et l'autre insoluble.

Le corps soluble est la parazophénolphloroglucine avec 3 molécules d'eau : c'est une poudre cristalline, rouge, soluble dans les alcalis et dans l'acide sulfurique avec une coloration rouge foncé ; il ne perd pas son eau de cristallisation à 120°.

Le corps insoluble est la parazophénolphloroglucine anhydre : c'est une masse amorphe, verte, à reflets métalliques, qui se dissout dans l'acide sulfurique, en rose, et peut en être précipitée par l'eau, en flocons rouges. Ad. Fauconnier.

PHLOROGLUCINE-VANILLÉINE,

$$C^{20}H^{18}O^8 = C^6H^3 \begin{cases} OH \\ OCH^3 \\ CH-[C^6H^2(OH)^3]^2. \end{cases}$$

— On obtient ce composé en ajoutant 50 centimètres cubes d'acide chlorhydrique à une solution alcoolique de 1 molécule de vanilline et de 1 molécule de phloroglucine. Au bout d'une demi-heure on ajoute de l'eau, et il se dépose des cristaux rouges, que l'on purifie par cristallisation dans l'alcool.

La phloroglucine-vanilléine est en cristaux incolores; sur l'acide sulfurique, 2 molécules perdent 1 molécule d'eau et donnent un anhydride de la formule $C^{40}H^{34}O^{15}$ [Etti, *Monatsh. Chem.*, 1882, p. 637].

PHLOROL, $C^8H^{10}O = C^6H^3(OH)(CH^3)^2$. — Voyez, t. II, p. 930. — Le phlorol a été rencontré dans l'essence d'*Arnica montana* [Siegel, *Ann. Chem. Pharm.*, t. CLXX, p. 345].

MÉTHYLPHLOROL, $C^6H^3(OCH^3)(CH^3)^2$ [Tiemann et Mendelsohn, *Deutsch. chem. Gesellsch.*, 1877, p. 57]. — Ce corps a été obtenu par l'action de l'iodure de méthyle sur le phlorol en présence de potasse caustique : c'est une huile dense, insoluble dans la potasse, et bouillant vers 200°. Soumis successivement à l'action du permanganate de potassium en solution aqueuse et de la potasse fondante, ce corps fournit de l'acide oxyisophtalique, $C^6H^3(CO^2H)_{(1)}(CO^2H)_{(3)}(OH)_{(4)}$. On déduit de là pour le phlorol la constitution probable

$$C^6H^3(CH^3)_{(1)}(CH^3)_{(3)}(OH)_{(4)},$$

qui est celle du *métaxénol* liquide de Wurtz.

L'ÉTHYLPHLOROL, $C^6H^3(OC^2H^5)(CH^3)^2$, a été obtenu par l'action du bromure d'éthyle sur le phlorol à 120°. C'est un liquide incolore, d'une odeur aromatique, bouillant à 215-217°, et possédant une densité de 0.9323 à 18° [Siegel, *loc. cit.*].

La distillation sèche du phlorétate de calcium fournit un phlorol isomère avec celui que nous venons de décrire, et qui doit être envisagé comme un éthylphénol : c'est un liquide bouillant à 220°.

PHLORONE, $C^8H^8O^2$. — Voyez t. II, p. 930. — Carstanjen a démontré [*Journ. prakt. Chem.*, (2) t. XXIII, p. 421] que la phlorone n'est autre que la paraxyloquinone,

$$C^6H^2(CH^3)_{(1)}(CH^3)_{(4)}(O^2)_{(2\ et\ 5)}.$$

En effet, par distillation avec de la poudre de zinc, elle fournit un xylène qui, oxydé au moyen du mélange chromique, se transforme en acide téréphtalique.

La phlorone fond à 123°,5.

Par l'action de l'eau de brome, elle fournit la *dibromophlorone*, $C^6Br^2(O^2)(CH^3)^2$. Ce corps cristallise en fines lamelles d'un jaune d'or, fusibles à 184°, peu solubles dans l'alcool froid, assez solubles dans l'éther et dans la benzine.

PHLOROSE, $C^6H^{12}O^6$. — Hesse [*Liebig's. Ann. Chem.*, t. CXCII, p. 173] désigne sous ce nom le sucre résultant du dédoublement de la phlorizine sous l'influence des acides dilués à l'ébullition, et qu'on avait jusque-là confondu avec la glucose. La phlorose cristallise avec une molécule d'eau, qu'elle perd à 100°, en mamelons blancs, ressemblant à la glucose. Elle fond à 74°. Elle a le même pouvoir réducteur que la glucose. Son pouvoir rotatoire est plus faible.

PHORONE, $C^9H^{14}O$. — Voyez t. II, p. 932.

PHORONE DÉRIVÉE DE L'ACÉTONE,

$$(CH^3)^2C=CH-CO-CH=C-(CH^3)^2.$$

— Ce corps prend naissance par l'action de la soude sur la nitrosotriacétonamine [Heintz, *Liebig's Ann. Chem.*, t. CLXXXVII, p. 250]. Il suffit, pour le préparer par ce procédé, de faire bouillir la nitrosotriacétonamine avec une lessive concentrée de soude tant qu'il se dégage de l'azote, et d'épuiser ensuite par l'éther. On obtient ainsi des cristaux fusibles à 28°, et bouillant à 196°. Cette phorone s'oxyde facilement et donne de l'acide acétique et de l'acide oxalique [Claisen, *Deutsch. chem. Gesellsch.*, 1874, p. 1168], de l'acide carbonique, de l'acide oxalique et surtout de l'acétone [Pinner, *Deutsch. chem. Gesellsch.*, 1882, p. 591].

L'amalgame de sodium et l'eau la convertissent en produits résineux. L'acide sulfurique concentré la transforme en mésitylène; l'acide sulfurique étendu et bouillant, en acétone et oxyde de mésityle (Claisen).

Elle s'unit, quoique lentement, au bisulfite de sodium pour donner un corps cristallisable en prismes incolores et brillants, solubles dans l'eau, renfermant $C^9H^{14}O.2SO^3NaH + 2\frac{1}{2}H^2O$. Ce corps ne régénère pas la phorone par l'action des acides ou des alcalis; on doit donc l'envisager comme le sel d'un acide sulfoné et lui attribuer peut-être la constitution

$$(CH^3)^2C(SO^3Na)-CH^2-CO-CH^2-C(SO^3Na)-C(CH^3)^2$$

[Pinner, *loc. cit.*].

L'acide iodhydrique se fixe sur la phorone pour donner des aiguilles fusibles vers 13° ayant pour formule, $C^9H^{15}IO$ [Kazantzeff, *Bull. Soc. chim.*, t. XXIV, p. 361].

La phorone en solution sulfocarbonique absorbe le brome et donne des cristaux d'un tétrabromure, $C^9H^{14}OBr^4$, fusibles à 86-88°, très solubles dans l'éther, peu solubles dans l'alcool (Claisen).

Traitée en solution alcoolique par le zinc et l'acide sulfurique, elle fixe de l'hydrogène, et fournit des prismes quadrangulaires, incolores, fusibles à 108°, facilement sublimables et volatils avec la vapeur d'eau, ayant pour formule

$$C^{18}H^{28}O = 2C^9H^{14}O + H^2 - H^2O.$$

Ce dérivé, qui prend encore naissance par l'action du zinc et de l'acide sulfurique sur le tétrabromure de phorone, est à la phorone ce que la *pinacoline* est à l'acétone (Claisen).

PHORONE DÉRIVÉE DU SUCRE. — Ce corps est un liquide bouillant à 208-212°. Il donne de l'acide acétique et de l'*acide adipique*, par oxydation au moyen du mélange chromique [Kachler, *Liebig's Ann. Chem.*, t. CLXIV, p. 80; — Pinner, *Deutsch. chem. Gesellsch.*, 1882, p. 589]. On doit donc l'envisager comme isomérique avec la phorone dérivée de l'acétone.

PHORONE DÉRIVÉE DE LA GLYCÉRINE. — Schulze [*Deutsch. chem. Gesellsch.*, 1882, p. 64] a obtenu une phorone, liquide bouillant à 218°, en distillant un mélange de glycérine, de chaux et de poudre de zinc; il a également rencontré ce corps parmi les produits de la fermentation de la glycérine, maintenue en solution à 3 °/₀ à une température de 37-38°, sous l'action du bacille butylique. Cette phorone, qui paraît isomérique avec les précédentes, donne avec le brome un produit d'addition instable, et avec le perchlorure de phosphore un chlorure non distillable. Ad. Fauconnier.

PHORONIQUE (ACIDE). — De Montgolfier [*Compt. rend.*, t. XXXLV, p. 961] avait donné ce nom à un acide de la formule $C^9H^{16}O^2$, qui prend naissance dans des conditions encore mal déterminées, par l'action de l'oxygène de l'air sur le camphre sodé. Ce corps se présente en lamelles fusibles à 168-169°, insolubles dans le sulfure de carbone.

Pinner [*Deutsch. chem. Gesellsch.*, 1881, p. 1078] appelle acide phoronique un corps de la formule $C^{11}H^{18}O^5$, qui se produit par la saponification, au moyen de l'acide chlorhydrique bouillant, du cyanure $C^{11}H^{18}Az^2O^2$, obtenu lui-même par l'action du cyanure de potassium sur l'acétone saturée de gaz chlorhydrique.

Cet acide se présente en prismes incolores et brillants, très solubles dans l'alcool, peu solubles dans l'eau bouillante. Il fond à 184°, en se transformant en anhydride. C'est un acide bibasique.

Le *sel acide de potassium*,

$$C^{11}H^{17}O^5K + 1\frac{1}{2}H^2O,$$

cristallise en aiguilles peu solubles dans l'alcool. Le *sel neutre de calcium*, $C^{11}H^{16}O^5Ca + 3H^2O$, forme de petits prismes brillants; le *sel d'ammonium* est bien cristallisé; le *sel d'argent*,

$$C^{11}H^{16}O^5Ag^2 + H^2O,$$

est un précipité blanc cristallin.

L'*éther éthylique*, $C^{11}H^{16}O^5(C^2H^5)^2$, cristallise en longs prismes brillants, fusibles à 125°. L'ammoniaque alcoolique le transforme à 100° en une *amide* qui fond au delà de 300°.

L'*anhydride phoronique*, $C^{11}H^{16}O^4$, se forme soit par la simple fusion de l'acide, soit par l'action prolongée de l'acide chlorhydrique concentré à 100° sur le cyanure générateur. Il cristallise dans l'alcool faible en lamelles incolores, très brillantes, fusibles à 138°, et distille sans décomposition.

Soumis pendant 24 heures à l'action de l'ammoniaque alcoolique, l'anhydride se transforme en imide, $C^{11}H^{16}O^3.AzH$, qui est en longues aiguilles fusibles à 205°, peu solubles dans l'alcool.

L'acide phoronique s'oxyde par le permanganate de potassium en solution alcaline [Pinner, *Deutsch. chem. Gesellsch.*, 1882, p. 585] en donnant un acide bibasique de la formule, $C^5H^8O^4$.

Ad. Fauconnier.

PHOSÈNE, t. II, p. 932. — D'après Barbier, le phosène de Fritzsche n'est qu'un mélange d'anthracène et de phénanthrène [*Ann. Chim. Phys.* (5), t. VII, p. 526].

PHOSPHÉNYLEUX ET PHOSPHÉNYLIQUE (ACIDES). — Voyez PHOSPHINES, p. 1247.

PHOSPHINES (voyez t. II, p. 935). — TRIMÉTHYLPHOSPHINE. — Ayant cherché à obtenir la *sulfocarbophosphide*, $CS(PH^2)^2$ ou sulfo-urée phosphorée, en traitant le sulfure de carbone par l'iodure de phosphonium, Drechsel a observé la formation de triméthylphosphine, sans doute en vertu de l'équation

$$3CS^2 + 4PH^4I = P(CH^3)^3HI + 3H^2S + 3PSI$$

[*Journ. prakt Chem.*, (2), t. X, p. 180].

PHOSPHINES AROMATIQUES.

L'histoire de ces phosphines, à peine entrevue il y a dix ans, comprend aujourd'hui l'étude d'un grand nombre de composés, due surtout à Michaelis et à ses collaborateurs. Le point de départ pour la préparation de presque tous ces produits est un corps dérivant du trichlorure de phosphore par substitution d'un radical phénolique à 1 atome de chlore. Le type de ces corps est le *chlorure de phosphényle*, $C^6H^5.PCl^2$, qu'on obtient par deux réactions fondamentales :

1° L'action du trichlorure de phosphore sur la benzine à une température élevée :

$$PCl^3 + C^6H^6 = C^6H^5.PCl^2 + HCl;$$

2° En traitant le mercure-phényle par le trichlorure de phosphore,

$$PCl^3 + (C^6H^5)^2Hg = C^6H^5.PCl^2 + C^6H^5HgCl.$$

réaction qui peut être accompagnée de la suivante :

$$PCl^3 + (C^6H^5)^2Hg = (C^6H^5)^2PCl + HgCl^2$$

[A. Michaelis, *Liebig's Ann. Chem.*, t. CLXXXI, p. 280].

Les chlorures de cet ordre appartiennent au type PX^3; ils conduisent aux phosphines proprement dites RPH^2, R^2PH, R^3P et à des acides phosphineux $RPHO.OH$. Ils peuvent fixer Cl^2 pour donner des composés du type PX^5 conduisant à des acides phosphiniques $RPO(OH)^2$.

PHOSPHINES MONOPHÉNYLIQUES.

Le point de départ pour obtenir ces composés est le chlorure de phosphényle. Celui-ci renferme le radical *phosphényle* $(C^6H^5P)''$ et correspond à la phénylphosphine, $C^6H^5PH^2$.

DIPHOSPHÉNYLE (*phosphobenzol*), $C^6H^5P = PC^6H^5$. — On obtient ce corps, qui correspond à l'azobenzol, en traitant à froid, dans un courant d'hydrogène, la phénylphosphine par le chlorure de phosphényle. C'est une poudre jaune, insoluble dans l'eau bouillante, l'alcool et l'éther, soluble dans la benzine bouillante. Il fond à 149-150° et cristallise par le refroidissement. Chauffé au-dessus de son point de fusion, il se transforme en un dérivé diphénylique.

Le diphosphényle s'oxyde lentement à l'air et se transforme en *oxyde de diphosphényle*,

$$C^6H^5P - PC^6H^5$$
$$\diagdown O \diagup$$

L'action du chlore est très énergique et donne naissance au chlorure de phosphényle. L'acide nitrique étendu fournit l'acide phosphényleux. L'acide chlorhydrique dédouble le diphosphényle en phénylphosphine et acide phosphényleux [H. Kœhler et A. Michaelis, *Deutsch. chem. Gesellsch.*, 1877, p. 812].

DIPHOSPHOBENZOL, $C^6H^5P = P.OH$. — Il se forme lorsqu'on traite par l'eau ou par l'alcool le produit de l'action de l'hydrogène phosphoré *inflammable* sur le chlorure de phosphényle. Cette action produit un liquide visqueux, que l'alcool transforme peu à peu en un corps jaune, inaltérable à l'air, soluble dans le sulfure de carbone, constituant le diphosphobenzol. Michaelis explique la formation de ce corps par les équations

$$2PC^6H^5Cl^2 + PH^2 = P\begin{matrix}<(PC^6H^5Cl)\\<(PC^6H^5Cl)\end{matrix} + 2HCl$$

et

$$2P\begin{matrix}<PC^6H^5Cl\\<PC^6H^5Cl\end{matrix} + 5C^2H^5OH$$
$$= C^6H^5P = P.OH + 2C^6H^5PO(OH)^2$$
$$+ PC^6H^5(C^2H^5)^2 + 3C^2H^5Cl + HCl$$

[*Deutsch. chem. Gesellsch.*, 1875, p. 499].

PHÉNYLPHOSPHINE (*phosphaniline*), C^6H^5-PH^2. — Elle ne se forme que très difficilement par hydrogénation du chlorure de phosphényle; mais ce composé donne, par l'action de l'acide iodhydrique, l'iodhydrate d'iodure de phosphényle, sur lequel l'eau, ou plutôt l'alcool absolu, réagit en donnant la phénylphosphine avec d'autres produits; la réaction est complexe et fournit en même temps de l'acide phosphényleux. Cet acide, qu'on peut obtenir directement à l'aide du chlorure de phosphényle, se décompose sous l'influence de la chaleur, à la manière de l'acide phosphoreux, et produit l'acide phénylphosphinique et la phénylphosphine :

$$3C^6H^5.PO^2H^2 = 2C^6H^5PO^3H^2 + C^6H^5PH^2.$$

On distille l'acide phosphényleux brut dans un courant de gaz carbonique, vers 250°. La phénylphosphine passe à la distillation, accompagnée d'eau et de benzine provenant de la décomposition de l'acide phénylphosphinique. On la décante de la couche aqueuse et on la rectifie.

La phénylphosphine est un liquide incolore, très réfringent, bouillant à 160-161°. Densité à 15° = 1,001. Elle est à peu près insoluble dans les acides concentrés. L'acide azotique l'oxyde en l'enflammant. Elle s'oxyde du reste par la simple action de l'air [Michaelis, *Liebig's Ann. Chem.*, t. CLXXXI, p. 341 ; — Michaelis et Kœhler, *Deutsch. chem. Gesellsch.*, 1877, p. 807; *Bull. Soc. chim.*, t. XXII, p. 78 et XXIX, p. 159].

Iodhydrate de phénylphosphine, $C^6H^5PH^3I$. — Aiguilles blanches fusibles à 138°, décomposées par l'eau.

Chloroplatinate, $(C^6H^5PH^3Cl)^2PtCl^4$. — Petits cristaux jaunes, à peu près insolubles dans l'eau.

Sulfure de phénylphosphine, $C^6H^5PH^2.S$. — Le soufre agit lentement à froid, énergiquement à chaud sur la phénylphosphine. La réaction, effectuée à 100° dans un courant d'hydrogène, fournit le sulfure de phénylphosphine, liquide épais et jaunâtre, doué d'une odeur désagréable, soluble dans l'alcool et dans l'éther, très peu altérable par l'eau. La chaleur dédouble le sulfure de phénylphosphine, d'après l'équation

$$2C^6H^5PH^2S = C^6H^5PS + C^6H^5PH^2 + H^2S;$$

le composé C^6H^5PS est le sulfure d'isophosphényle.

Le sulfure de phénylphosphine est accompagné d'un corps cristallisé, fusible à 138° et qui paraît avoir pour composition $(C^6H^5P)^3S$ (H. Kœhler et A. Michaelis).

Action du chlorure de carbonyle sur la phénylphosphine. — La réaction a lieu avec élévation de température et donne naissance au chlorure de phosphényle, d'après l'équation

$$C^6H^5PH^2 + 2COCl^2$$
$$= C^6H^5PCl^2 + 2CO + 2HCl.$$

Action du sulfure de carbone. — La réaction a lieu à 150° et produit un corps vitreux, fragile, ayant pour composition $(C^6H^5PH.CS)^2S$; c'est l'*anhydride phénylphosphodithiosulfocarbonique*. Ce corps est insoluble dans l'eau, peu soluble dans l'alcool. La chaleur le décompose avec dégagement d'hydrogène sulfuré. Il est soluble dans les alcalis et précipitable de nouveau par les acides. La solution potassique renferme sans doute le composé

$$CS\begin{matrix}<SNa\\<PHC^6H^5\end{matrix}$$

[A. Michaelis et F. Dittler, *Deutsch. chem. Gesellsch.*, 1879, p. 338].

CHLORURE DE PHOSPHÉNYLE, $C^6H^5PCl^2$. — Pour préparer ce composé, qui a déjà été indiqué t. II, p. 948, on soumet à une température rouge un mélange de benzine et de trichlorure de phosphore réduits en vapeurs. L'appareil décrit par Michaelis pour préparer ce chlorure en grandes quantités consiste en un ballon de 3 litres de capacité destiné à recevoir le mélange de benzine et de trichlorure de phosphore. Ce ballon porte un bouchon de caoutchouc percé de trois trous laissant passer des tubes de plomb. L'un de ces tubes est relié à un second ballon destiné seulement à recevoir le mélange liquide, dans le cas où une obstruction accidentelle empêcherait la vapeur de traverser l'appareil; la vapeur, dans ce cas, refoulerait le liquide dans le ballon de sûreté. Le second tube va rejoindre un tube de porcelaine qui doit être porté au rouge et qui est placé sur une grille à gaz, inclinée vers le ballon. Le troisième tube enfin sert à ramener dans le ballon les vapeurs condensées. Cette condensation s'effectue à l'aide d'un appareil à reflux séparé du tube de porcelaine par un ballon à trois tubulures, la tubulure inférieure permettant l'écoulement du liquide condensé vers le ballon générateur. L'ensemble de l'appareil est terminé à ses deux extrémités par des tubes à chlorure de calcium pour empêcher l'entrée de l'air humide [*Liebig's Ann. Chem.*, t. CLXXXI, p. 280.] Cet appareil permet d'obtenir 100 grammes de chlorure de phosphényle en un jour. Au bout de huit jours, le tube de porcelaine se trouve obstrué par un dépôt compact de charbon.

Pour préparer des quantités plus restreintes de chlorure de phosphényle, on fait bouillir au cohoboteur un mélange de 500 grammes de benzine, 300 grammes de trichlorure de phosphore et 50 grammes de chlorure d'aluminium. Après 36 heures d'ébullition, la distillation du mélange fournit 35 grammes de chlorure de phosphényle pur [*Deutsch. chem. Gesellsch.*, 1879, p. 1009].

La préparation par le mercure-phényle est beaucoup moins avantageuse, mais la réaction offre de l'intérêt, parce qu'elle se prête à l'obtention d'autres phosphines aromatiques.

Le chlorure de phosphényle est un liquide incolore, fumant, qui distille à 222°. Sa densité à 20° est égale à 1,319. Son odeur rappelle celle de la phénylphosphine. Il est soluble dans la benzine, le chloroforme, le sulfure de carbone. L'eau en excès le transforme en *acide phosphényleux*,

$$C^6H^5PO^2H^2,$$

mais l'action d'une petite quantité d'eau produit un *hydrure de phosphore phénylé solide*, $P^4(C^6H^5)H$. L'hydrogène sulfuré transforme le chlorure de phosphényle en *sulfure d'isophosphényle* $(C^6H^5PS)^2$.

Le chlorure de phosphényle dissout le phosphore, qu'on en sépare ensuite très difficilement.

Chauffé à 280° en tubes scellés, il se dédouble en donnant du chlorure de phosphodiphényle.

Tétrachlorure de phosphényle, $C^6H^5PCl^4$. — Le chlore sec est absorbé avec élévation de température par le chlorure de phosphényle, qui se convertit en aiguilles jaunâtres de tétrachlorure. Celui-ci est soluble à chaud dans le dichlorure en excès et s'en dépose par le refroidissement en prismes blancs, sans doute clinorhombiques. Il est sublimable, mais non sans dissociation partielle. Chauffé en tubes scellés à 140°, il se décompose, en produisant de la chlorobenzine et du trichlorure de phosphore.

Le tétrachlorure de phosphényle se comporte avec l'eau et les composés hydroxylés à la manière du pentachlorure de phosphore. Avec l'eau, il donne d'abord l'*oxychlorure* $C^6H^5POCl^2$, puis l'*acide phénylphosphinique* ou *phosphénylique*, $C^6H^5PO(OH)^2$. Avec l'acide acétique, il fournit l'oxychlorure de phosphényle et du chlorure d'acétyle. L'anhydride sulfureux sec agit sur le tétrachlorure d'après l'équation (Michaelis)

$$C^6H^5.PCl^4 + SO^2 = C^6H^5POCl^2 + SOCl^2.$$

Chlorobromure de phosphényle, $C^6H^5PCl^2.Br^2$. — Masse jaune-rouge émettant des vapeurs rouges et se sublimant à 130°; il ne fond qu'à 208°. Chauffé en tubes scellés à 150°, il donne un liquide qui commence à bouillir à 175°. La première portion se comporte avec l'eau comme le ferait le chlorobromure inconnu $PBrCl^2$, mais ce bromure n'a pu être isolé; les dernières portions sont du chlorure de phosphényle, le résidu est la paradibromobenzine, fusible à 89°.

Chlorotétrabromure de phosphényle,

$$C^6H^5PCl^2.Br^4.$$

— Il se produit lorsqu'on ajoute une molécule de brome au chlorobromure précédent. C'est une masse cristalline d'un rouge vif. L'eau le décompose en mettant la moitié du brome en liberté et en donnant les produits de décomposition du chlorobromure (acide phosphénylique, $2HBr$ et $2HCl$).

Oxychlorure de phosphényle, $C^6H^5POCl^2$. — Il se produit par fixation d'oxygène libre sur le chlorure de phosphényle chauffé, réaction qui peut donner lieu à des explosions, ou bien par l'action d'une molécule d'eau sur le tétrachlorure. Pour le préparer, on traite de préférence ce dernier par l'anhydride sulfureux (voir plus haut). Le chlorure de thionyle produit en même temps, distillant à 80°, est facile à isoler.

L'oxychlorure de phosphényle est un liquide incolore épais, distillant à 258°, mais en brunissant. Il possède une faible odeur de fruits. Densité = 1,375 à 20° (Michaelis).

Sulfochlorure de phosphényle, $C^6H^5PSCl^2$. — Il se produit par dissolution du soufre dans le chlorure. La réaction est énergique. Le sulfochlorure produit distille à 270°; sous une pression de 130 millimètres il passe à 205°. C'est un liquide incolore, à odeur aromatique, fumant à l'air. Densité = 1,376 à 13° (Michaelis).

Kœhler prépare ce corps en faisant tomber goutte à goutte du chlorure de soufre sur le chlorure de phosphényle :

$$3C^6H^5PCl^2 + S^2Cl^2$$
$$= 2C^6H^5PSCl^2 + C^6H^5PCl^4.$$

La réaction est énergique. On sépare le tétrachlorure de phosphényle en le faisant cristalliser par le froid et l'on agite le produit liquide avec de l'eau; on le sèche et on le rectifie [*Deutsch. chem. Gesellsch*, 1880, p. 463].

L'eau ne décompose le sulfochlorure que par une ébullition prolongée, d'après l'équation

$$C^6H^5PSCl^2 + 3H^2O$$
$$= C^6H^5PO(OH)^2 + 2HCl + H^2S.$$

L'action de la potasse est différente; elle est énergique et donne naissance au *sulfophosphénylate de potassium*, $C^6H^5PS(OK)^2$ [Michaelis et Kœhler, *Deutsch. chem. Gesellsch.*, 1876, p. 1053].

Bromure de phosphényle, $C^6H^5.PBr^2$. — Il se forme facilement par l'action de l'acide bromhydrique sec sur le chlorure. Par suite de réactions secondaires, il peut contenir du phosphore en dissolution. Pour séparer ce dernier, on chauffe le produit à 300° en tubes scellés; le phosphore se dépose sous forme de phosphore rouge. Le bromure de phosphényle est un liquide incolore, jaunissant à la lumière. Il distille à 257-258°. L'eau le décompose comme le chlorure.

Tétrabromure de phosphényle, $C^6H^5.PBr^4$. — Masse orangée, fumant à l'air, énergiquement décomposée par l'eau.

Hexabromure, $C^6H^5.PBr^4.Br^2$. — Ressemble au tétrabromure et se sublime à 110° en aiguilles orthorhombiques. La décomposition par l'eau a lieu avec mise en liberté de Br^2 [Michaelis et Kœhler, *Deutsch. chem. Gesellsch.*, 1876, p. 519].

Iodure de phosphényle. — L'acide iodhydrique agit énergiquement sur le chlorure de phosphényle, en déplaçant de l'acide chlorhydrique. L'iodure formé fixe en même temps une molécule d'acide iodhydrique pour former l'*iodhydrate* $C^6H^5PI^2.HI$. C'est un produit solide, qui distille au delà de 360° en perdant de l'acide iodhydrique. L'eau le décompose en donnant, entre autres produits, la p énylphosphine (Michaelis).

Sulfure de phosphényle. L'hydrogène sulfuré sec agit à chaud sur le chlorure de phosphényle. Le produit de la réaction est soluble dans l'éther bouillant, qui abandonne d'abord des cristaux blancs, puis, par l'évaporation, un liquide épais, à odeur désagréable, ayant la composition du sulfure C^6H^5PS. Mais ce corps est un dérivé diphénylique, comme le montre l'action de l'acide nitrique, qui fournit de l'acide diphénylphosphinique. Kœhler et Michaelis le nomment *sulfure d'isophosphényle* et lui assignent la formule

$$(C^6H^5)^2P^2S^2 = (C^6H^5)^2P\text{-}S\text{-}PS.$$

Quant aux cristaux blancs déposés par l'éther, ils ont pour composition $[(C^6H^5)^2P]^2S^3$; ils fondent à 192-193° [*Deutsch. chem. Gesellsch.*, 1877, p. 815].

Perphosphure d'hydrogène phénylé. — Lorsqu'on traite le chlorure de phosphényle par une petite quantité d'eau (une molécule), sa décomposition est complexe. La réaction est énergique et le produit forme deux couches, qui se mélangent lorsqu'on chauffe à 200°. Par le refroidissement, on obtient alors une masse dure, d'un jaune clair, qui cède à l'eau de l'acide phosphényleux et à l'alcool de l'*acide diphénylphosphinique*. Le résidu jaune est soluble dans le sulfure de carbone, mais celui-ci abandonne bientôt des flocons jaunes, tandis qu'un produit plus soluble reste dissous.

Les flocons jaunes renferment $C^6H^5P^4H$; ils se forment en abondance par l'exposition du chlorure de phosphényle à l'air humide. Ce corps représente le *phosphure d'hydrogène solide* P^4H^2 dont un atome d'hydrogène est remplacé par le phényle. Il est peu soluble dans le sulfure de carbone, insoluble dans tous les autres dissolvants. Traité par l'acide azotique, il est converti en acides phosphorique et phénylphosphinique. Il s'enflamme dans le chlore gazeux; mais si celui-ci est dilué, il donne naissance à du trichlorure de phosphore et à du chlorure de phosphényle.

Le produit soluble dans le sulfure de carbone s'en sépare par l'évaporation en aiguilles jaunes, groupées en mamelons, qui ont pour composition $(C^6H^5)^2P^5O^2H$. On peut l'envisager comme un dérivé du précédent, soit

$$P^4 < \begin{matrix} C^6H^5 \\ O\text{-}OP \end{matrix} < \begin{matrix} C^6H^5 \\ H. \end{matrix}$$

Traité par l'acide azotique, ce corps fournit trois molécules d'acide phosphorique et deux molécules d'acide phosphénylique [H. Gœtter et A. Michaelis, *Deutsch. chem. Gesellsch.*, 1878, p. 885].

ACIDE PHOSPHÉNYLEUX (*acide phénylphosphineux, phénylphosphoreux*), $C^6H^5PHO.OH$. — On verse peu à peu le chlorure de phosphényle dans l'eau, puis on fait bouillir. L'acide phosphényleux produit se sépare sous forme huileuse, mais il cristallise par le refroidissement. Il est peu soluble dans l'eau froide, assez soluble dans l'eau bouillante, très soluble dans l'alcool et dans l'éther. Il fond à 70° et se concrète à 66°. Il cristallise en lamelles. Chauffé, il se décompose à 170-250° en fournissant de la phénylphosphine et de l'acide phosphénylique. Il présente les réactions fondamentales de l'acide phosphoreux : il réduit le bichlorure de mercure en protochlorure ; il précipite de l'argent métallique de la solution de nitrate d'argent et réduit l'acide sulfureux.

L'acide phosphényleux, quoique renfermant deux atomes d'hydrogène, est *monobasique*.

Le *phosphénylite de potassium*,

$$C^6H^5PHO.OK + 2H^2O,$$

cristallise en aiguilles blanches et brillantes, très solubles dans l'eau, peu solubles dans l'alcool. Ce sel se forme même en présence d'un excès de potasse.

Le *sel d'ammonium*, $C^6H^5PHO.OAzH^4$. — Cristallise en tables rhombiques déliquescentes. Le *sel de baryum*, $(C^6H^5PHO.O)^2Ba + 4H^2O$, se présente en cristaux clinorhombiques. Il se transforme à l'air en une poudre blanche de phosphénylate de baryum. Le sel de *calcium* forme une masse feuilletée, soluble dans l'alcool.

Le *sel ferrique*, $(C^6H^5PHO.O)^6Fe^2$, est un précipité amorphe blanc, soluble dans l'acide chlorhydrique bouillant.

Le *sel de plomb* $(C^6H^5PHO.O)^2Pb$ est un précipité cristallin. Le sel de *cuivre* est un précipité cristallin très instable.

Éthers phosphényleux. Il en existe deux. L'*éther secondaire*, $C^6H^5PC^2H^5O(OC^2H^5)$, se produit facilement en faisant tomber goutte à goutte du chlorure de phosphényle sur l'éthylate de sodium bien séché et arrosé d'éther. C'est un liquide incolore, mobile, bouillant à 235° et doué d'une odeur épouvantable. Densité = 1,032 à 16°. Il est insoluble dans l'eau, qui le décompose peu à peu. L'action prolongée d'une petite quantité d'eau le transforme en un liquide épais, à odeur aromatique agréable, qui est l'*éther primaire*

$$C^6H^5PHO(OC^2H^5).$$

Cet éther forme avec l'eau un hydrate cristallisé instable. Il se produit en petite quantité lorsqu'on traite le chlorure de phosphényle par l'alcool [H. Kœhler et A. Michaelis, *Deutsch. chem. Gesellsch.*, 1877, p. 816].

Lorsqu'on traite l'acide phosphényleux par le perchlorure de phosphore, on obtient non le chlorure, mais l'oxychlorure de phosphényle et du trichlorure de phosphore, ce qui prouve qu'il ne renferme qu'un seul groupe hydroxyle ; la réaction a lieu suivant l'équation

$$C^6H^5PHO(OH) + 2PCl^5$$
$$= C^6H^5POCl^2 + POCl^3 + PCl^3 + 2HCl.$$

Le phosphore est donc quintivalent dans l'acide phosphényleux

$$O=P \begin{cases} H \\ C^6H^5 \\ OH. \end{cases}$$

Il en est de même pour l'acide phosphoreux

$$O=P \begin{cases} H \\ OH \\ OH, \end{cases}$$

comme le montre une réaction analogue à la précédente, l'action du tétrachlorure de phosphényle sur l'acide phosphoreux, qui fournit ainsi, non du trichlorure, mais de l'oxychlorure de phosphore :

$$OPH(OH)^2 + 3C^6H^5PCl^4$$
$$= OPCl^3 + 2C^6H^5POCl^2 + C^6H^5PCl^2$$
$$+ 3HCl.$$

Le chlore agit très énergiquement sur l'acide phosphényleux en produisant l'acide pyrophosphénylique et de la phénylphosphine, qui se trouve en partie détruite :

$$5C^6H^5PHO.OH + Cl^4$$
$$= 2\left[O \begin{cases} POC^6H^5.OH \\ POC^6H^5.OH \end{cases}\right] + C^6H^5PH^2 + 4HCl$$

[A. Michaelis et Ananoff, *Deutsch. chem. Gesellsch.*, 1874, p. 1088, *Liebig's Ann.*, t. CLXXXI, p. 303].

ACIDE PHOSPHÉNYLIQUE (*acide monophénylphosphinique*), $C^6H^5PO(OH)^2$. — Il se forme par l'action de l'eau sur le tétrachlorure, l'oxychlorure, le chlorobromure, etc. de phosphényle, ainsi que par l'oxydation de l'acide phosphényleux. Il cristallise par le refroidissement ou par l'évaporation de sa solution aqueuse en lamelles rhombiques blanches. 100 parties d'eau froide en dissolvent 23p,5. Il est très soluble dans l'alcool et dans l'éther, insoluble dans la benzine. Il fond à 158°, et se prend par le refroidissement en une masse radiée. Densité = 1,475. Maintenu au delà de son point de fusion, il perd de l'eau et laisse un résidu semi-vitreux, déliquescent, dont la composition varie avec la température. Il est formé par des anhydrides condensés qui régénèrent l'acide phosphénylique par l'action de l'eau. Une température de 200° produit l'*acide pyrophosphénylique* ou *diphosphénylique*,

$$O \begin{cases} C^6H^5PO(OH) \\ C^6H^5PO(OH). \end{cases}$$

A 210°, il se forme de l'*acide triphosphénylique*, $(C^6H^5PO)^3O^2(OH)^2$. A une température plus élevée, il distille de la benzine et il reste de l'acide métaphosphorique. La fusion avec la potasse et l'action du brome effectuent de même l'élimination du radical aromatique.

L'acide phosphénylique est un acide bibasique énergique. Il ne précipite le chlorure de baryum et l'azotate d'argent qu'après neutralisation.

Phosphénylates de sodium. — Le *sel acide*, $C^6H^5PO(OH)(ONa) + xH^2O$, cristallise dans le vide en prismes très efflorescents. Le *sel neutre*, $C^6H^5PO(ONa)^2 + 12H^2O$, est en cristaux pointus, également efflorescents.

Phosphénylates de potassium. — Le *sel acide*, $C^6H^5PO^3KH$, est précipité de sa solution aqueuse par l'alcool, sous forme de poudre cristalline. Le *sel neutre*, $C^6H^5PO^3K^2$, cristallise très difficilement et en cristaux confus.

Phosphénylates de calcium. — Le *sel acide* se forme lorsqu'on sature l'acide libre par la craie; il est insoluble dans l'eau, soluble dans l'acide acétique bouillant. Par l'évaporation de la solution, il se dépose en lamelles anhydres blanches. Le *sel neutre*, $C^6H^5PO^3Ca + 2H^2O$, forme des lamelles soyeuses insolubles.

Le *sel acide de strontium*,

$$(C^6H^5PO^3H)^2Sr + H^2O,$$

est une poudre blanche, insoluble dans l'acide acétique faible. Il en est de même du *sel de zinc neutre*. Le *sel ferrique* $(C^6H^5PO^3)^3Fe^2 + 2\frac{1}{2}H^2O$ est un précipité jaune clair.

Le phosphénylate neutre de sodium donne des précipités avec la plupart des solutions métalliques.

Acide éthylphosphénylique,

$$C^6H^5.PO \begin{cases} OC^2H^5 \\ OH. \end{cases}$$

— Il se forme lorsqu'on traite le tétrachlorure de phosphényle par l'alcool absolu. Il reste, après évaporation au bain-marie, sous forme d'un liquide épais, incristallisable, décomposable par l'eau. Le *sel d'argent*, obtenu en solution alcoolique, est un précipité blanc, très altérable à la lumière [A. Michaelis et C. Mathias, *Deutsch. chem. Gesellsch.*, 1874, p. 1070; *Liebig's Ann. Chem.*, t. CLXXXI, p. 321].

Phosphénylate d'éthyle, $C^6H^5.PO(OC^2H^5)^2$. — Liquide incolore, épais, distillant sans décomposition à 267°, insoluble dans l'eau, qui ne l'altère pas. On l'obtient en chauffant le phosphénylate d'argent avec un excès d'iodure d'éthyle.

Le *phosphénylate de méthyle* distille à 247° [A. Michaelis et Benzinger. *Deutsch. chem. Gesellsch.*, 1874, p. 1070; *Liebig's Ann. Chem.*, t. CLXXXI, p. 335].

Acide phénylphosphénylique,

$$C^6H^5.PO \lessgtr \begin{matrix} OC^6H^5 \\ OH. \end{matrix}$$

— Le phénol réagit sur l'oxychlorure de phosphényle en produisant le chlorure phénylphosphénylique, $C^6H^5POCl(OC^6H^5)$, qui, traité par l'eau, fournit l'acide phénylphosphénylique. Cet acide cristallise en aiguilles déliées, fusibles à 57°, sans odeur, très peu solubles dans l'eau, solubles dans l'alcool, l'éther, la benzine.

Le *sel d'ammonium,*

$$C^6H^5PO \lessgtr \begin{matrix} OC^6H^5 \\ OAzH^4, \end{matrix}$$

cristallise en aiguilles incolores. Le *sel d'argent* est un précipité gélatineux, cristallisable dans l'eau bouillante en aiguilles soyeuses.

Phosphénylate diphénylique, $C^6H^5PO(OC^6H^5)^2$. — On le prépare en faisant agir le tétrachlorure de phosphényle sur le phénol,

$$3C^6H^5.OH + C^6H^5PCl^4$$
$$= C^6H^5PO(OC^6H^5)^2 + C^6H^5Cl + 3HCl.$$

La réaction s'établit immédiatement, et lorsqu'on distille, il passe d'abord du chlorure de phényle, puis au delà de 360° le phosphénylate de phényle, qui se concrète par le refroidissement en une masse cristalline incolore. Dissous dans l'alcool aqueux bouillant, il cristallise par le refroidissement en longues aiguilles. Il est insoluble dans l'eau, soluble dans l'alcool, l'éther, la benzine; il fond à 63°,5 et distille sans décomposition. Il se dissout dans l'acide sulfurique concentré; l'eau le précipite de nouveau sans altération. L'acide azotique le transforme en un dérivé nitré liquide [A. Michaelis et F. Kaemmerer, *Deutsch. chem. Gesellsch.*, 1875, p. 1306; *Liebig's Ann. Chem.*, t. CLXXXI, p. 336].

ACIDE NITROPHOSPHÉNYLIQUE,

$$C^6H^4(AzO^2)PO(OH)^2.$$

— On l'obtient en chauffant en tubes scellés, à 100-110°, l'acide phosphénylique avec 7 fois son poids d'acide azotique fumant, et évaporant la solution au bain-marie. On transforme l'acide brut en sel de baryum, en le saturant par le carbonate barytique; on lave le dépôt à l'eau froide, qui laisse le phosphénylate de baryum et dissout le nitrophosphénylate. Par l'évaporation au bain-marie, le nitrophosphénylate se dépose en lamelles brillantes jaunes. On décompose ce sel par l'acide sulfurique et on agite le mélange avec de l'éther qui dissout l'acide nitrophosphénylique. Celui-ci se dépose par l'évaporation de l'éther en petites aiguilles incolores. Il cristallise dans l'eau, où il est très soluble, en amas mamelonnés déliquescents; la solution aqueuse est jaune, 100 p. d'eau en dissolvent 98 p. à 22° et 92 p. à 100°. Il est insoluble dans la benzine. Il fond à 132° et se concrète à 105°; il déflagre à 200°.

Les nitrophosphénylates alcalins sont très solubles et incristallisables.

Le *sel de baryum*, $C^6H^4(AzO^2)PO^3Ba + 2H^2O$, forme des lamelles brillantes jaunes. Il est deux fois plus soluble à froid qu'à chaud. 100 p. d'eau en dissolvent 0p,844 à 22° et 0p,464 à 100°. Le *sel acide*, $[C^6H^4(AzO^2)PO^3H]^2Ba + 2H^2O$, est en lamelles incolores; il est plus soluble que le sel neutre. Le *sel de calcium neutre* est une poudre amorphe jaunâtre, insoluble. Le *sel d'argent*, $C^6H^4(AzO^2)PO^3Ag^2$, est un précipité jaunâtre un peu soluble dans l'eau bouillante, d'où il se dépose en lamelles incolores. Le *sel de plomb* est insoluble dans l'eau, soluble dans l'acide acétique. Le *sel de sodium* neutre donne des précipités avec la plupart des solutions métalliques [A. Michaelis et Benzinger, *Liebig's Ann. Chem.*, t. CLXXXVIII, p. 275; *Deutsch. chem. Gesellsch.*, 1875, p. 1311; 1876, p. 514].

ACIDE AMIDOPHOSPHÉNYLIQUE,

$$C^6H^4(AzH^2)PO^3H^2.$$

— On réduit l'acide nitré par l'étain et l'acide chlorhydrique. La réduction terminée, on précipite l'étain par l'hydrogène sulfuré et on concentre la liqueur filtrée, qui abandonne une masse poisseuse rouge. On reprend celle-ci par l'alcool; le corps rouge se dissout, tandis que le dérivé amidé reste sous la forme d'une poudre grise qu'on fait cristalliser dans l'eau bouillante.

L'acide amidophosphénylique est peu soluble dans l'eau froide (0,43 pour 100 p. d'eau) et cristallise en aiguilles brillantes, peu solubles dans l'alcool. Il se colore en vert-bleuâtre à 280° et se décompose sans fondre. La chaux sodée le décompose avec production d'aniline et d'acide phosphorique (l'acide nitré fournit aussi de l'aniline dans les mêmes circonstances, sans doute par suite de la réduction de la nitrobenzine d'abord produite).

L'acide amidophosphénylique se dissout dans l'acide chlorhydrique, mais sans former de chlorhydrate. Sa solution chlorhydrique est colorée en rouge par le chlorure de chaux.

C'est un acide bibasique énergique. Les sels alcalins sont assez instables. On obtient le *sel de sodium*, $C^6H^4(AzH^2)PO^3Na^2 + 3H^2O$, en réduisant l'acide nitrophosphénylique par l'amalgame de sodium. Il se dépose en aiguilles incolores, surtout après addition d'alcool. Le *sel d'argent*, $C^6H^4(AzH^2)PO^3Ag^2$, est un précipité jaunâtre. Le *sel de plomb* est une poudre blanche amorphe. Le *sel de cuivre*, soluble dans l'acide acétique, forme une poudre verte [A. Michaelis et Benzinger].

ACIDE DIAZOPHOSPHÉNYLIQUE. — On obtient l'*azotate diazophosphénylique,*

$$C^6H^4.Az^2.(AzO^3)PO^3H^2 + 3H^2O,$$

en dirigeant de l'acide azoteux dans une solution azotique d'acide amidophosphénylique, faisant bouillir et concentrant au bain-marie. Par le repos dans le vide, la combinaison se dépose en longues aiguilles rougeâtres; on l'obtient en prismes incolores après une nouvelle cristallisation. Elle perd $2H^2O$ à 130°, la dernière molécule seulement à la température à laquelle l'azotate se décompose. Celui-ci fond à 188° et détone à quelques degrés au-dessus. 100 p. d'eau, chaude ou froide, dissolvent 58 p. de sel. L'ébullition avec l'eau ne sépare pas l'acide azotique qui se retrouve aussi dans les sels.

Le *sel de sodium*, $C^6H^4Az^2O^3.PO^3Na^2 + 2H^2O$, s'obtient sous la forme d'un précipité cristallin jaune, lorsqu'on sature la solution alcoolique concentrée de l'azotate par une solution alcoolique de soude. Il est soluble dans l'eau, qui l'abandonne en aiguilles jaunes. Le *sel de potassium* forme de fines aiguilles renfermant 1 H^2O.

Le *sel de baryum*, $C^6H^4Az^3O^3.PO^3Ba + 3H^2O$, cristallise par concentration de sa solution aqueuse en aiguilles brillantes rouges. Le *sel d'argent* est un précipité amorphe rouge. Les autres sels métalliques sont des précipités jaunes ou rouges. L'acide diazophosphénylique n'a pu être isolé (Michaelis et Benzinger).

ACIDE SULFOPHOSPHÉNYLIQUE, $C^6H^5PS(OH)^2$. — Cet acide n'a pu être obtenu à l'état de liberté. Mais son sel de potassium prend naissance lorsqu'on traite le sulfochlorure de phosphenyle par 4 molécules de potasse. La réaction terminée, on évapore au bain-marie et on reprend le résidu par l'alcool. Le sulfophosphénylate de potassium cristallise en fines aiguilles par l'évaporation de la solution alcoolique; les eaux mères s'altèrent par une plus forte concentration, en répandant l'odeur de mercaptan.

Le *sulfophosphénylate d'éthyle*,

$$C^6H^5PS(OC^2H^5)^2,$$

résulte de l'action de l'alcool sur le sulfochlorure de phosphényle; l'eau le sépare sous forme d'une huile jaunâtre, qui se décompose par la distillation.

Le *sulfophosphénylate phénylique*,

$$C^6H^5PS(OC^6H^5)^2,$$

est un liquide épais, non solidifiable, qu'on obtient de même par l'action du phénol [H. Koehler et A. Michaelis, *Deutsch. chem. Gesellsch.*, 1876, p. 1053].

Dérivés méthyliques et éthyliques des phosphines monophényliques.

CHLORURE DE MÉTHYLPHOSPHÉNYLE,

$$C^6H^5P(CH^3)Cl.$$

— Ce corps se produit par l'action de la diméthylphénylphosphine sur le chlorure de phosphényle :

$$C^6H^5PCl^2 + C^6H^5P(CH^3)^2 = 2C^6H^5P(CH^3)Cl.$$

La réaction est intégrale. Le chlorure de méthylphosphényle est une masse cristalline jaune, fusible à 160° [H. Koehler et A. Michaelis, *Deutsch. chem. Gesellsch.*, 1877, p. 814].

DIMÉTHYLPHÉNYLPHOSPHINE, $C^6H^5P(CH^3)^2$. — On ajoute goutte à goutte une solution benzénique refroidie de chlorure de phosphényle (1 molécule) à une solution également refroidie de zinc-méthyle dans de la benzine :

$$C^6H^5PCl^2 + Zn(CH^3)^2 = C^6H^5P(CH^3)^2 + ZnCl^2.$$

Il faut opérer dans une atmosphère d'anhydride carbonique. Après distillation de la benzine, la diméthylphénylphosphine reste combinée au chlorure de zinc sous la forme d'un liquide épais. On la met en liberté par un excès de potasse concentrée, on la sèche sur des fragments de potasse et on la rectifie. C'est un liquide incolore, très réfringent, insoluble dans l'eau, d'une densité de 0,9768 et bouillant à 192°. Elle possède une odeur pénétrante et tenace. Elle s'oxyde rapidement à l'air; son oxyde cristallise en aiguilles. Elle se dissout dans l'acide chlorhydrique concentré et se combine avec les iodures alcooliques.

La diméthylphénylphosphine absorbe énergiquement le gaz chlorhydrique, en donnant d'abord un *chlorhydrate* solide, $C^6H^5P(CH^3)^2.HCl$. Ce sel est soluble dans l'eau et dans l'alcool, mais l'humidité paraît le dissocier en partie. Il peut absorber une nouvelle molécule de gaz chlorhydrique et se liquéfie alors. La solution chlorhydrique, additionnée de chlorure de platine, abandonne peu à peu des lamelles orangées de *chloroplatinate* $[C^6H^5P(CH^3)^2H]^2PtCl^6$.

Iodure de diméthyléthylphénylphosphonium,

$$C^6H^5P(CH^3)^2C^2H^5I.$$

— Combinaison cristalline, soluble dans l'eau et l'alcool, peu soluble dans l'éther, fusible à 137° et se concrétant à 11?°. Elle n'est pas volatile. Elle résulte de l'addition d'iodure d'éthyle à la diméthylphénylphosphine [A. Michaelis, *Liebig's Ann. Chem.*, t. CLXXXI, p. 359].

Bromure de diméthylbrométhylphénylphosphonium, $C^6H^5P(CH^3)^2(C^2H^4Br)Br$. — Il se produit par l'union du bromure d'éthylène avec la diméthylphénylphosphine. Il cristallise en tables peu solubles dans l'éther, solubles dans l'eau et dans l'alcool bouillant. Il fond à 173°. Il cède tout son brome à l'oxyde d'argent, mais seulement la moitié à l'azotate d'argent. Il peut fixer Br^4 en donnant une poudre cristalline rouge, instable. Le *chloroplatinate* est une poudre cristalline orangée, soluble dans l'eau.

Bromure d'éthylene-tétraméthyle-diphényldiphosphonium,

$$C^2H^4 < \begin{matrix} P(C^6H^5)(CH^3)^2Br \\ P(C^6H^5)(CH^3)^2Br. \end{matrix}$$

— Poudre cristalline obtenue en ajoutant de la diméthylphénylphosphine à la solution alcoolique du bromure précédent. Il est peu soluble dans l'alcool froid et fond au delà de 300°. L'azotate d'argent en précipite tout le brome.

Ce bromure peut fixer $5Br^2$ en donnant un perbromure cristallin rouge, soluble dans l'acide acétique chaud, d'où se déposent, par refroidissement, des aiguilles jaunes renfermant $4Br^2$ d'addition. Ce dernier produit est assez stable. Il fond à 171° [L. Gleichmann, *Deutsch. chem. Gesellsch.*, 1882, p. 198].

Iodure de triméthylphénylphosphonium,

$$C^6H^5P(CH^3)^3I.$$

— L'iodure de méthyle s'unit énergiquement à la diméthylphénylphosphine. Le composé est peu soluble dans l'éther. Il fond à 295° et se concrète à 154° (Michaelis).

Diméthylphénylphosphine et sulfure de carbone. — Comme les phosphines à radicaux alcooliques, les phosphines aromatiques mixtes s'unissent au sulfure de carbone. Avec la diméthylphénylphosphine, la réaction doit être modérée par l'addition d'éther. Le composé

$$C^6H^5P(CH^3)^2.CS^2$$

se sépare en lamelles chatoyantes rouges, solubles dans l'alcool et dans le sulfure de carbone, décomposables par l'eau, fusibles à 96° en se décomposant. Il est soluble dans les acides, précipitable par les alcalis. Il forme un chloroplatinate instable [L. Czimatis, *Deutsch. chem. Gesellsch.*, 1882, p. 2014].

DIÉTHYLPHÉNYLPHOSPHINE, $C^6H^5P(C^2H^5)^2$. — On la prépare comme la diméthylphénylphosphine. C'est un liquide incolore, bouillant à 221°,9, doué d'une odeur pénétrante et désagréable. Densité à 13° = 0,957. Cette base est peu oxydable à l'air. Elle brûle dans une atmosphère de chlore, mais s'unit au chlore dilué dans l'air. Elle se dissout dans les acides. Traitée par le gaz chlorhydrique, elle s'échauffe, émet des fumées blanches, et se transforme en un *chlorhydrate cristallisé*, $C^6H^5P(C^2H^5)^2HCl$, qui absorbe une seconde molécule d'acide chlorhydrique pour donner un *dichlorhydrate*; ce dernier est liquide et se dissocie par la distillation. Le chlorhydrate solide se décompose à l'air. On peut le conserver dans l'éther, dans lequel il est insoluble. Il est soluble dans l'eau. La solution donne, avec le chlorure de platine, un précipité cristallin jaunâtre, peu soluble dans l'eau, fusible dans l'eau bouillante, de *chloroplatinate*,

$$[C^6H^5P(C^2H^5)^2HCl]^2PtCl^4.$$

L'*iodhydrate* s'obtient comme le chlorhydrate;

il est cristallin et paraît plus stable à l'air (Michaelis).

La diéthylphénylphosphine ne s'unit que difficilement au sulfure de carbone (Czimatis).

Chlorure de diéthylphénylphosphine,

$$C^6H^5P(C^2H^5)^2Cl^2.$$

On fait passer du chlore, dilué dans beaucoup d'air, à travers la base maintenue dans un mélange réfrigérant. Le produit se résinifie d'abord, puis redevient liquide. On le prive de l'excès de chlore par un courant de gaz carbonique sec. Ce dichlorure est un liquide épais, jaune, doué d'une odeur faible, mais agréable; il fume un peu à l'air. Il cristallise dans un mélange réfrigérant, mais fond de nouveau à 0°. Il est peu soluble dans l'alcool et dans l'éther, insoluble dans la benzine. Densité = 1,216.

Le produit résineux, formé en premier lieu, est une combinaison de ce chlorure avec 1 molécule de base libre.

Oxyde de diéthylphénylphosphine,

$$C^6H^5P(C^2H^5)^2O.$$

— Il se produit difficilement par oxydation directe, mais on l'obtient par dissolution du bichlorure par l'eau. On évapore la solution au bain-marie et on prive le résidu de l'acide chlorhydrique restant par un excès d'oxyde d'argent, après l'avoir redissous dans l'eau; on évapore de nouveau à sec et on distille. L'oxyde de diéthylphénylphosphine passe au delà de 360° et se concrète dans le récipient. Il fond à 55-56° en un liquide incolore. Il possède une odeur de fruits. Il est très soluble dans l'eau et déliquescent.

Sulfure de diéthylphénylphosphine,

$$C^6H^5P(C^2H^5)^2S.$$

— Le soufre se combine avec incandescence à la base éthylée: aussi faut-il ne l'ajouter que par très petites portions. Le sulfure produit distille, au delà de 300°, en un liquide limpide qui se prend, à la longue, dans un mélange réfrigérant, en longues aiguilles fusibles à la chaleur de la main. Il est insoluble dans l'eau et possède une odeur de mercaptan.

Iodure de triéthylphénylphosphonium,

$$C^6H^5P(C^2H^5)^3I.$$

— Masse cristalline, fusible à 115°, obtenue par addition d'iodure d'éthyle à la diéthylphénylphosphine. Il est insoluble dans l'éther, soluble dans l'alcool et dans l'eau; il cristallise en aiguilles. La potasse ne le décompose pas. L'oxyde d'argent humide le convertit en hydrate.

Hydrate de triéthylphénylphosphonium,

$$C^6H^5P(C^2H^5)^3OH.$$

— Il forme une masse cristalline très soluble dans l'eau, déliquescente et avide d'acide carbonique. Il est fortement alcalin et précipite les solutions métalliques. Le *chloroplatinate,*

$$[C^6H^5P(C^2H^5)^3]^2PtCl^6,$$

est en lamelles orangées, fusibles au-dessous de 100°, solubles dans l'eau, peu solubles dans l'alcool.

Iodure de diéthylméthylphénylphosphonium,

$$C^6H^5P(C^2H^5)^2CH^3I.$$

— Il ne faut ajouter que très lentement l'iodure de méthyle à la base diéthylée. C'est un composé blanc, fusible à 95°, peu soluble dans l'éther, non volatil.

L'*hydrate* correspondant ressemble à l'hydrate triéthylique. Le *chloroplatinate* cristallise en aiguilles orangées [A. Michaelis, *Liebig's Ann. Chem.*, t. CLXXXI. p. 345].

Benzyle-phénylphosphine, $C^6H^5P(C^6H^5{-}CH^2)H$ (ou le double). — Ce composé se distingue des autres phosphines mixtes en ce qu'il ne fixe pas les iodures alcooliques. A. Michaelis et Gleichmann le désignent, en conséquence, comme une *isophosphine* constituant peut-être un polymère de la phosphine correspondante proprement dite [*Deutsch. chem. Gesellsch.*, 1882, p. 1961].

On obtient la benzylphénylisophosphine en traitant le chlorure de phosphényle par l'iodure de benzyle en présence du zinc. La réaction est énergique et s'établit d'elle-même. On traite le produit de la réaction par la soude, on le dissout dans l'alcool, on le précipite par l'eau et on le fait cristalliser dans l'acide acétique étendu et bouillant. L'isophosphine se dépose en aiguilles feutrées blanches, fusibles à 170-171°. Elle se combine avec le chlore, en donnant un produit visqueux jaune, que la soude convertit en *oxyde* [$C^6H^5PH.C^7H^7.O$], cristallisable dans l'alcool en longues aiguilles, qui fondent à 154-155°. Cet oxyde est insoluble dans les alcalis et ne constitue donc pas l'acide phosphinique qu'aurait dû fournir une phosphine secondaire.

PHOSPHINES DIPHÉNYLIQUES.

Diphénylphosphine, $(C^6H^5)^2PH$. — On l'obtient en traitant le chlorure de phosphodiphényle $(C^6H^5)^2PCl$ par l'eau ou la soude faible; il se forme en même temps de l'acide diphénylphosphinique :

$$2(C^6H^5)^2PCl + 2\,H^2O$$
$$= (C^6H^5)^2PH + (C^6H^5)^2PO.OH + 2HCl.$$

On opère dans une atmosphère d'hydrogène, en achevant la réaction à 100° et distillant le liquide huileux produit.

La diphénylphosphine est un liquide incolore, à odeur désagréable, bouillant à 280°. Elle s'oxyde lentement à l'air. C'est une base faible, dont les sels sont décomposés par l'eau [A. Michaelis et L. Gleichmann, *Deutsch. chem. Gesellsch.*, 1882, p. 801].

Chlorure de phosphodiphényle, $(C^6H^5)^2PCl$. — On chauffe à 220°, au réfrigérant ascendant, 30 grammes de chlorure de phosphényle avec 35 grammes de mercure-diphényle; on reprend par la benzine et on distille la solution. Le chlorure de phosphodiphényle passe à 320°. Il se produit aussi, lorsqu'on chauffe à 280°, sous pression, le chlorure de phosphényle,

$$2C^6H^5PCl^2 = PCl^3 + (C^6H^5)^2PCl$$

[A. Michaelis, *Liebig's Ann. Chem.*, t. CCVII, p. 208; — Broglie, *Deutsch. chem. Gesellsch.*, 1877, p. 628].

Le chlorure de phosphodiphényle est un liquide huileux, d'une densité égale à 1,229 à 15°. Il est soluble dans la benzine. Il se transforme à l'air humide en acide diphénylphosphinique.

Trichlorure de phosphodiphényle, $(C^6H^5)^2PCl^3$. — Il se forme par fixation de chlore sur le monochlorure et ressemble au tétrachlorure de phosphényle. L'eau bouillante le décompose lentement en produisant l'acide diphénylphosphinique (Michaelis).

Acide diphénylphosphinique, $(C^6H^5)^2PO.OH$. — Pour le préparer, on dissout le chlorure de phosphodiphényle brut dans l'eau; quand la réaction qui est très vive est calmée, on ajoute de l'acide azotique; la masse visqueuse, d'abord produite par l'eau, se transforme en un produit cristallin qui se dissout dans l'acide azotique étendu et bouillant, d'où il se dépose en longues aiguilles, déliées par le refroidissement. Le produit de l'action de l'eau est évidemment l'hydrate $(C^6H^5)^2POH$, que l'acide azotique transforme ensuite en acide phosphinique.

La manière la plus avantageuse d'obtenir ce dernier consiste à traiter le chlorure de phosphényle par une petite quantité d'eau, à chauffer à 200° en tubes scellés, à laver à l'eau pour enlever l'acide phosphényleux, puis à épuiser par l'alcool bouillant (voyez p. 1246).

Le résidu jaune est le perphosphure d'hydrogène phénylé.

L'acide diphénylphosphinique est insoluble dans l'eau, soluble dans l'alcool bouillant. Il fond à 190°. Sa densité est égale à 1,331. Il est soluble dans l'ammoniaque et précipitable par les acides. La solution ammoniacale donne, avec l'azotate d'argent, un précipité volumineux, cristallisable dans l'eau en aiguilles soyeuses; c'est le *diphénylphosphinate d'argent*, $(C^6H^5)^2PO.OAg$. Le *sel de calcium*, $[(C^6H^5)^2PO^2]^2Ca + 3H^2O$, plus soluble à froid qu'à chaud, forme des cristaux tricliniques.

Chauffé à 230°, l'acide diphénylphosphinique fournit l'anhydride $[(C^6H^5)^2PO]^2O$.

L'éther éthylique cristallise en aiguilles incolores, fusibles à 165° [A. Michaelis, Graeff, Goetter, *Deutsch. chem. Gesellsch.*, 1875, p. 1304; 1877, p. 627; 1878, p. 888].

Phosphines diphényliques mixtes.

[A. Michaelis, *Liebig's Ann. Chem.*, t. CCVII, p. 210; *Bull. Soc. chim.*, t. XXXVII, p. 132.]

DIPHÉNYLMÉTHYLPHOSPHINE, $(C^6H^5)^2PCH^3$. — On fait agir, molécule à molécule, le zinc-méthyle sur le chlorure de phosphodiphényle, dissous l'un et l'autre dans la benzine. On opère dans une atmosphère de gaz carbonique. On sépare la phosphine tertiaire par la soude et on la rectifie. Elle distille à 284°. Densité = 1,0784. C'est un liquide huileux, soluble dans l'alcool, insoluble dans la benzine. Elle absorbe l'oxygène en donnant un oxyde solide.

Iodure de diphényldiméthylphosphonium,

$(C^6H^5)^2P(CH^3)^2I$.

— Obtenu par l'action de l'iodure de méthyle sur le corps précédent, l'iodure cristallise dans l'alcool en aiguilles fusibles à 241°; il est peu soluble dans l'eau froide, insoluble dans l'éther.

Le *chloroplatinate* cristallise en aiguilles orangées, fusibles à 218° en se décomposant.

Iodure de diphénylméthyléthylphosphonium,

$(C^6H^5)^2P.CH^3.C^2H^5I$.

— Même mode d'obtention. Lamelles fusibles à 181°; à saveur amère. Le chaleur le décompose, mais sans donner un dédoublement net. Le *chloroplatinate* cristallise en aiguilles orangées, fusibles à 120°; on l'obtient en passant par l'*hydrate*, qui constitue un composé sirupeux, très alcalin. Le *picrate* cristallise dans l'alcool en aiguilles jaunes, très peu solubles dans l'eau froide et fusibles à 86°. Ce sel bout à une température élevée et se décompose sans explosion.

Diphényléthylphosphine, $(C^6H^5)^2PC^2H^5$. — Huile incolore, très réfrigérente, distillant à 293°. Elle donne par oxydation un oxyde soluble. On l'obtient par le zinc-éthyle et le chlorure de phosphodiphényle.

Iodure de diphényldiéthylphosphonium,

$(C^6H^5)^2P(C^2H^5)^2I$.

— Il cristallise dans l'alcool en beaux cristaux incolores, fusibles à 204°. Le *chloroplatinate* cristallise en aiguilles orangées insolubles dans l'alcool.

L'*iodure de diphényléthylméthylphosphonium*, $(C^6H^5)^2PC^2H^5.CH^3I$, est identique avec celui de diphénylméthyléthylphosphonium.

PHOSPHINES TRIPHÉNYLIQUES.

[A. Michaelis et L. Gleichmann, *loc. cit.*; — A. Michaelis et A. Reese, *Deutsch. chem. Gesellsch.*, 1882, p. 802 et 1601.]

TRIPHÉNYLPHOSPHINE, $(C^6H^5)^3P$. — On fait agir à froid le sodium sur un mélange de chlorure de phosphényle et de bromobenzine en dissolution dans l'éther. On distille l'éther après quelques jours. On peut remplacer le chlorure de phosphényle par le trichlorure de phosphore, auquel on ajoute 3 molécules de bromobenzine. On ajoute au mélange 3 à 4 volumes d'éther, puis peu à peu le sodium, en refroidissant. Après 12 heures, on achève la réaction au bain-marie, on distille l'éther et on fait cristalliser le résidu dans l'alcool chaud.

La triphénylphosphine cristallise en prismes ou en tables insolubles dans l'eau, solubles dans la benzine. Elle fond à 75-76°, sans s'oxyder à l'air, et distille, au delà de 360°, dans une atmosphère privée d'oxygène. Elle est insoluble dans l'acide chlorhydrique concentré, soluble dans l'acide iodhydrique, qui fournit l'*iodure de triphenylphosphonium* en lamelles blanches; ce sel est décomposé par l'eau. La triphénylphosphine forme avec le chlorure mercurique une combinaison cristallisable en lamelles blanches.

Hydrate de triphénylphosphonium,

$(C^6H^5)^3P(OH)^2$.

— Masse dure, cristallisable dans l'alcool en longs prismes, fusibles à 148°, insolubles dans l'eau. On l'obtient en décomposant par la soude faible le produit liquide provenant de l'action du chlore sur la triphénylphosphine. Une température de 100° lui fait perdre peu à peu de l'eau et tend à le transformer en *oxyde* $(C^6H^5)^3PO$.

SULFURE DE TRIPHÉNYLPHOSPHINE, $(C^6H^5)^3PS$. — Se forme par l'action du soufre sur la triphénylphosphine dissoute dans le sulfure de carbone. Il cristallise en longues aiguilles fusibles à 151-152°, insolubles dans l'eau et dans l'éther, solubles dans l'alcool, la benzine, etc.

IODURE DE TRIPHÉNYLMÉTHYLPHOSPHONIUM,

$(C^6H^5)^3P.CH^3I$.

— Ce produit d'addition cristallise en lamelles brillantes, fusibles à 165-166°.

Le *bromure d'éthylène* s'unit à la triphénylphosphine en produisant une poudre cristalline, fusible à 300°, peu soluble dans l'eau et dans l'alcool, et qui renferme $[(C^6H^5)^3P]^2C^2H^4Br^2$.

L'*iodure méthylénique* correspondant cristallise en aiguilles brillantes, fusibles à 230-231°.

PHOSPHINES CRÉSYLIQUES [*Syn. Tolyliques*].

Le toluène et le trichlorure de phosphore réagissent l'un sur l'autre au rouge, mais en donnant surtout du stilbène et du phosphore avec une certaine quantité de chlorure de phosphocrésyle, difficile à isoler. On obtient plus facilement ce composé si l'on fait intervenir le chlorure d'aluminium. Pour cela, on fait bouillir 150 grammes de toluène et 200 grammes de trichlorure de phosphore avec 30 grammes de chlorure d'aluminium pendant 36 heures (l'addition de quelques gouttes d'eau facilite la réaction). Il se produit deux couches que l'on sépare. La couche supérieure est formée de toluène et du chlorure cherché; la couche inférieure, insoluble dans le toluène, contient ce même chlorure uni au chlorure d'aluminium. On sépare ces deux couches et on distille la couche supérieure à 130° pour chasser le toluène; le chlorure de phosphocrésyle passe plus tard, vers 250°. On le purifie par une série de cristallisations dans un mélange réfrigérant, pour le séparer d'un carbure qui l'accompagne. Le chlorure de phosphocrésyle ainsi obtenu est le dérivé *para*, qu'on obtient aussi en traitant le mercure-dicrésyle, fusible à 235°, par le trichlorure de phosphore, à 230°, en tubes scellés, et distillant ensuite le produit. On obtient de même le dérivé *ortho*, en partant du mercure-dicrésyle, fusible à 107° [A. Michaelis et Cl. Paneck, *Liebig's Ann. Chem.*, t. CCXII, p. 203; *Bull. Soc. chim.*, t. XXXIII, p. 309; t. XXXV, p. 259 et t. XXXVIII, p. 584].

CHLORURES DE PHOSPHOCRÉSYLE. — Le *chlorure ortho*, $C^6H^4.CH^3.PCl^2(2)$, est un liquide incolore, ne se concrétant pas à —20° et distillant à 244°.

Le *chlorure para*, $C^6H^4.CH^3.(PCl^2)(4)$, forme une masse cristalline incolore, fusible à +25° et distillant à 245°. Il fume faiblement à l'air. Il est soluble dans l'éther anhydre, le chloroforme, la benzine, le sulfure de carbone.

Ces chlorures fixent directement le chlore et le brome et fournissent, en général, les mêmes réactions que le chlorure de phosphényle.

Tetrachlorures de phosphocrésyle,

$$C^6H^4\text{-}CH^3.PCl^4.$$

— Le tétrachlorure *ortho* est un corps solide jaune.

Le tétrachlorure *para* est une masse cristalline ressemblant au perchlorure de phosphore. Il cristallise dans la benzine en petits prismes pointus. Il fond à 42°; chauffé plus fort, il perd la moitié de son chlore.

Chauffé sous pression à 200°, il se dédouble principalement en trichlorure de phosphore et chlorure de benzyle chloré, $C^6H^4Cl\text{-}CH^2Cl$.

L'eau le convertit successivement en *oxychlorure*, $C^6H^4.CH^3.POCl^2$, et en *acide crésylphosphinique*, $C^6H^4.CH^3.PO(OH)^2$.

L'*oxychlorure de phosphoparacrésyle* est un liquide épais, incolore, distillant à 284-285°. On l'obtient le plus facilement par l'action de l'acide sulfureux sur le tétrachlorure de phosphocrésyle.

PARACRÉSYLPHOSPHINE, $C^6H^4(CH^3)PH^2$. — Elle se forme en même temps que l'acide crésylphosphinique lorsqu'on chauffe l'acide paracrésylphosphineux à 180-200°. Elle distille à 178°, à l'abri de l'oxygène de l'air; elle cristallise à — 7° et fond à + 4°. C'est un liquide incolore, doué d'une odeur épouvantable, provoquant des maux de tête et des saignements de nez. Elle s'oxyde à l'air et s'enflamme au contact de l'acide azotique.

Elle s'unit à l'acide iodhydrique concentré ou sec et donne l'*iodure de paracrésylphosphonium*, cristallisant en larges aiguilles brillantes et incolores et se sublimant, vers 340°, en cubes.

ACIDES CRÉSYLPHOSPHINEUX (ou *phosphocrésyleux*), $C^6H^4.CH^3\text{-}PHO.OH$. — Ils se forment lorsqu'on traite les chlorures phosphocrésyliques par l'eau.

L'*acide ortho* est une huile lourde, incristallisable. Son *sel de baryum* cristallise en aiguilles. Le *sel de calcium*, $(C^7H^7.PHO^2)^2Ca + H^2O$, est soluble dans l'eau et cristallise en lamelles incolores. Les sels de plomb, d'argent et de cuivre sont des précipités amorphes.

L'*acide para*, très peu soluble dans l'eau, se dissout dans l'alcool et s'en sépare par l'évaporation en lames quadratiques transparentes et incolores, fusibles à 104-105°, peu solubles dans l'éther. La chaleur le dédouble en crésylphosphine et acide crésylphosphinique. C'est un acide monobasique

Le *sel de potassium*, $C^7H^7.PHO.OK$, cristallise en faisceaux de fines aiguilles; le *sel d'ammonium* forme des lamelles nacrées. Le *sel de baryum*, $(C^7H^7.PHO^2)^2Ba + H^2O$, est soluble et cristallise en lamelles. Le *sel de plomb* est un précipité cristallin anhydre, peu soluble. Le *sel de cuivre*, $(C^7H^7.PHO.O)^2Cu + 4H^2O$, se précipite en lamelles bleuâtres brillantes; il se décompose déjà à 70°.

Le *paracrésylphosphinite d'éthyle*,

$$C^7H^7.P(OC^2H^5)^2,$$

est un liquide distillant à 280°, à odeur très désagréable, qu'on obtient à l'aide de l'éthylate de sodium et du chlorure de phosphocrésyle. L'eau le saponifie.

ACIDES CRÉSYLPHOSPHINIQUES,

$$CH^3\text{-}C^6H^4.PO(OH)^2.$$

— On les obtient par l'action de l'eau en excès sur les tétrachlorures ou oxychlorures *para* et *ortho*, ou par l'oxydation de l'acide crésylphosphineux par le chlore ou l'acide azotique.

L'*acide ortho* se présente en petits cristaux grenus, fusibles à 141°, solubles dans l'eau, l'alcool et l'éther. Son sel diargentique est un précipité floconneux blanc.

L'*acide paracrésylphosphinique* cristallise dans l'eau en fines aiguilles feutrées, fusibles à 189°. Il est soluble dans l'alcool et dans l'éther. Le chlore et le brome le décomposent avec formation d'acide phosphorique et de toluène chloré ou bromé (*para*). C'est un acide bibasique pouvant donner en outre des sels suracides.

Le *sel suracide de potassium*,

$$C^7H^7PO(OH)OK + C^7H^7PO(OH)^2,$$

est caractéristique. Il se précipite lorsqu'on ajoute de l'acide libre à la solution du sel neutre ou acide; il se dissout à chaud et cristallise par le refroidissement en aiguilles incolores et brillantes.

Le *sel acide de baryum*, $(C^7H^7PO^3H)^2Ba$, est un précipité cristallin très peu soluble, ainsi que le *sel de calcium*. Le *sel acide d'argent* se précipite en lamelles brillantes; le *sel neutre* est un précipité caillebotté.

Le sel neutre de potassium donne des précipités avec la plupart des solutions métalliques.

Acide trichlorocrésylphosphinique,

$$C^7H^4Cl^3.PO(OH)^2.$$

— Il a été obtenu accidentellement par l'action du chlore sur la solution bouillante du produit distillant au delà de 250°, dans la préparation du chlorure de phosphocrésyle par le toluène et le trichlorure de phosphore. Lamelles grisâtres, fusibles à 190°, décomposables par la distillation, très peu solubles dans l'eau bouillante [Michaelis et Lange, *Deutsch. chem. Gesellsch.*, 1875, p. 1313].

ACIDE PARABENZOPHOSPHINIQUE,

$$C^6H^4 \begin{cases} COOH \\ PO(OH)^2. \end{cases}$$

— Il se produit lorsqu'on oxyde l'acide paracrésylphosphinique par le permanganate en solution alcaline (18gr,4 de permanganate et 10 gr d'acide phosphinique, dissous dans 1 litre d'eau et additionnés de potasse). L'oxydation est achevée après huit jours, dans une étuve à 50°. La solution filtrée est additionnée d'acide acétique, puis évaporée à sec; on sépare l'acétate de potassium par l'alcool du benzophosphinate monopotassique qui y est insoluble, puis on décompose ce sel, vers 50 , par l'acide chlorhydrique.

L'acide benzophosphinique cristallise dans l'acide chlorhydrique en tables transparentes, brillantes et striées; dans l'eau, où il est plus soluble, en aiguilles feutrées blanches. Il ne fond qu'au delà de 300° et se décompose ensuite en acides benzoïque et métaphosphorique. Il résiste à l'action du brome à 130°.

Le *benzophosphinate monopotassique*,

$$C^6H^4 \begin{cases} CO^2K \\ PO(OH)^2 \end{cases} + H^2O,$$

cité plus haut, cristallise en fines aiguilles, solubles dans l'eau, peu solubles dans l'alcool. Il peut former, sous l'influence de l'acide acétique glacial, un *sel surécide* cristallisable en longs prismes transparents, très peu solubles dans l'eau. Le *sel de sodium* n'a pas été obtenu cristallisé. Le *sel de baryum*, préparé par l'acide libre et le chlorure de baryum, est un précipité cristallin. Le *sel triargentique* est un précipité blanc amorphe, très peu soluble.

Le *benzophosphinate de méthyle*, obtenu avec le sel triargentique, est un liquide incristallisable, qui ne distille pas sans décomposition.

Chlorure benzophosphinique,

$$C^6H^4 < \begin{matrix} COCl \\ POCl^2 \end{matrix}.$$

— On le prépare en traitant l'acide libre par le pentachlorure de phosphore. C'est une masse cristalline, fusible à ×3° et distillant sans décomposition à 315°. Traité par l'eau, il régénère l'acide benzophosphinique. L'ammoniaque le convertit en *amide*, qui forme une masse blanche. L'alcool le transforme en un liquide épais, mélange d'éther neutre et d'éther acide [Michaelis et Paneck, *Deutsch. chem. Gesellsch.*, 1881, p. 405].

Phosphines crésyliques mixtes. — On les obtient comme les phosphines phényliques mixtes.

Paracrésyldiméthylphosphine,

$$C^6H^4.CH^3.P(CH^3)^2.$$

— Liquide incolore, doué d'une odeur désagréable, bouillant à 210° et ne se concrétant pas à — 10°. Elle est soluble dans les acides. L'air ne l'altère pas, mais l'oxyde de mercure la convertit en *oxyde* $C^7H^7P(CH^3)^2O$. Cet oxyde est soluble dans l'eau et forme un liquide épais. Sa solution aqueuse est précipitée par le chlorure mercurique; le précipité est soluble dans l'eau bouillante et cristallise par le refroidissement en aiguilles soyeuses, fusibles à 156° et renfermant

$$C^7H^7P(CH^3)^2O.HgCl^2 + H^2O.$$

— La crésyldiméthylphosphine s'unit énergiquement au sulfure de carbone. Le produit

$$C^7H^7P(CH^3)^2CS^2$$

se présente en lamelles nacrées, fusibles à 110°.

Iodure de paracrésyltriméthylphosphonium,

$$C^7H^7P(CH^3)^3I.$$

— Aiguilles incolores, peu solubles dans l'alcool, solubles dans l'eau, insolubles dans l'éther. Il fond à 255°. Il se combine avec le chlorure mercurique en donnant des cristaux asbestoïdes. Il peut s'unir à 1 molécule d'iode. Le triiodure formé cristallise dans l'alcool bouillant, en cristaux rhombiques d'un bleu d'acier.

L'*hydrate* est une masse déliquescente. Le *chloroplatinate*, $[C^7H^7P(CH^3)^3]^2PtCl^6$, forme des lamelles orangées, fusibles à 230°.

Chlorure de paracrésyldiméthylbenzylphosphonium. — Masse incristallisable, obtenue par fixation du chlorure de benzyle sur la base tertiaire. Le *chloroplatinate*,

$$[C^7H^7P(CH^3)^2(C^6H^5\text{-}CH^2)]^2PtCl^6,$$

est un précipité grenu jaune.

Paracrésyldiéthylphosphine, $C^7H^7P(C^2H^5)^2$. — Liquide bouillant à 240°.

Iodure de paracrésyldiéthylméthylphosphonium. — Aiguilles incolores, fusibles 137° [L. Czimatis, *Deutsch. chem. Gesellsch.*, 1882, p. 2014].

Crésylbenzylisophosphine,

$$n[C^6H^4.CH^3\text{-}PH.C^6H^5\text{-}CH^2].$$

— Aiguilles légères, incolores, fusibles à 187°, produites par l'action du chlorure de benzyle sur le chlorure de phosphocrésyle, en présence du zinc [Michaelis et Gleichmann, *Deutsch. chem. Gesellsch.*, 1882, p. 1961].

Bétaïne triméthylphosphobenzoïque. — Son *chlorure*,

$$C^6H^4 < \begin{matrix} COOH \\ P(CH^3)^3Cl, \end{matrix}$$

se forme lorsqu'on traite à 55° le chlorure de triméthylcrésylphosphonium en solution alcaline par le permanganate de potassium. On évapore à sec et on fait cristalliser le résidu dans l'alcool bouillant. Ce sel cristallise en prismes incolores et brillants, très solubles dans l'eau, peu solubles dans l'alcool froid. Le chloroplatinate est un précipité cristallin jaune.

La *bétaïne* libre,

$$C^6H^4 < \begin{matrix} CO\text{——} \\ P(CH^3)^3 \end{matrix} > O + 3H^2O,$$

cristallise dans l'eau en rhomboèdres efflorescents.

L'*acétate* cristallise en aiguilles nacrées. Le sulfate acide et l'azotate cristallisent aussi en aiguilles. La potasse dédouble le chlorhydrate en acide benzoïque et oxyde de triméthylphosphine [A. Michaelis et L. Czimatis, *Deutsch. chem. Gesellsch.*, 1882, p. 2018].

PHOSPHINES BENZYLIQUES.

Oxyde de tribenzylphosphine, $P(C^6H^5\text{-}CH^2)^3O$. — Le chlorure de benzylène et l'iodure de phosphonium réagissent l'un sur l'autre avec une grande énergie. Il faut opérer dans une atmosphère de gaz carbonique en ajoutant, par petites parties, l'iodure de phosphonium au chlorure de benzylène chauffé à 130°. Le produit résineux de la réaction, qui constitue sans doute l'iodure de tribenzylphosphine, fournit l'oxyde lorsqu'on le chauffe en tubes scellés avec de l'eau ou de l'alcool. Cet oxyde, qui est soluble dans l'alcool, l'éther, la benzine, cristallise en aiguilles blanches, fusibles à 213°. L'acide iodhydrique est sans action sur lui à 200°. Il est insoluble dans les acides aqueux et se dissout dans l'acide chlorhydrique alcoolique. Cette solution donne avec les chlorures métalliques des combinaisons cristallisées, doubles, peu solubles dans l'alcool froid, décomposables par l'eau. Le *composé platinique* renferme $PtCl^4[P(C^7H^7)^3O]^3$ et forme des aiguilles jaunes. Le *composé ferrique* $Fe^2Cl^6[P(C^7H^7)^3O]^3$ cristallise en prismes volumineux d'un jaune de soufre. Le *composé mercurique* est en prismes incolores [F. Fleisner, *Deutsch. chem. Gesellsch.*, 1880, p. 1665].

PHOSPHINES XÉNYLIQUE OU XYLYLIQUE.

Chlorure de phosphoxényle, $C^8H^9PCl^2$. — On l'obtient en traitant le xylène par le trichlorure de phosphore, en présence du chlorure d'aluminium. Il est encore liquide à — 18° et distille vers 270°. Le *tétrachlorure* forme une bouillie cristalline.

Acide xénylphosphineux, $C^8H^9PHO.OH$. — Produit en décomposant le chlorure de phosphoxényle par l'eau. Il cristallise dans l'alcool en aiguilles incolores, aplaties, qui fondent à 97-98°.

Acide xénylphosphinique, $C^8H^9PO(OH)^2$. — Par l'action de l'eau sur le tétrachlorure. Il cristallise par la concentration de sa solution aqueuse en aiguilles feutrées incolores. Il fond à 187°. Il est soluble dans l'alcool et dans l'éther [A. Michaelis et C. Paneck, *Liebig's Ann. Chem.* t. CCXII, p. 236].

Xénylbiméthylphosphine, $C^8H^9P(CH^3)^2$. — Liquide incolore, bouillant à 230°, obtenu en traitant le chlorure de phosphoxényle par le zincméthyle. Elle forme avec le sulfure de carbone une combinaison fusible à 115°.

Xénylbiéthylphosphine. — Liquide épais, qui bout à 260°. Les iodures quaternaires (éthylique et méthylique) qu'elle fournit sont solubles dans l'eau et dans l'alcool, insolubles dans l'éther. L'iodure quaternaire méthylique fond à 130° [L. Czimatis, *Deutsch. chem. Gesellsch.*, 1882, p. 2014].

PHOSPHINES NAPHTYLIQUES.

Chlorure de phosphonaphtyle, $C^{10}H^7.PCl^2$. — Kelbe l'a obtenu à l'état impur en traitant le mercure-dinaphtyle, à 200°, par le trichlorure de phosphore. C'est un liquide épais, distillant au-dessus de 250°.

Acide naphtylphosphineux, $C^{10}H^7.PHO.OH$. — Obtenu en décomposant le chlorure précédent par l'eau. Il est accompagné, par suite d'une réaction secondaire, d'acide dinaphtylphosphinique, qui est insoluble dans l'eau. L'acide naphtylphosphineux se dissout, au contraire, dans l'eau chaude et se dépose, par le refroidissement, en petites aiguilles groupées en mamelons, fusibles à 125-126°, solubles dans l'alcool, peu solubles dans l'éther et dans l'acide chlorhydrique faible. Il possède des propriétés réductrices.

Acide naphtylphosphinique, $C^{10}H^7.PO(OH)^2$. — On traite par l'eau le tétrachlorure (non isolé) de phosphonaphtyle. L'acide naphtylphosphinique se dépose par le refroidissement en aiguilles incolores, groupées en faisceaux. Il fond à 190°, puis se transforme en une masse vitreuse, sans doute de pyroanhydride, régénérant l'acide par l'eau. Chauffé plus fort, il se dédouble en acide métaphosphorique et naphtaline. Le *sel d'argent* $C^{10}H^7.PO(OAg)^2$ est un précipité blanc, altérable à la lumière.

Naphtyldiéthylphosphine, $C^{10}H^7.P(C^2H^5)^2$. — Obtenue en traitant le chlorure de phosphonaphtyle par le zinc-éthyle, en présence de la benzine. Après la distillation de la benzine, on met la base en liberté par la soude, on l'enlève par l'éther et on distille la solution éthérée. Huile jaune distillant au-dessus de 360°, avec décomposition partielle. Son odeur est désagréable. Elle s'unit au gaz chlorhydrique en donnant d'abord un chlorhydrate solide, puis un sel acide liquide. Traitée par l'iodure d'éthyle, elle donne l'*iodure de naphtyltriéthylphosphonium*, $C^{10}H^7.P(C^2H^5)^3I$, qui cristallise en lamelles incolores, fusibles à 209°.

Acide dinaphtylphosphinique, $(C^{10}H^7)^2PO(OH)$. — Il accompagne, comme on l'a vu, l'acide naphthylphosphineux (comme l'acide diphénylphosphinique peut accompagner l'acide phénylphosphineux, voir p. 1250). Il cristallise dans l'alcool bouillant en aiguilles groupées en mamelons, fusibles à 202-204° [W. Kelbe, *Deutsch. chem. Gesellsch.*, 1876, p. 1051 et 1878, p. 1499].

Ed. Willm.

PHOSPHORE. — On obtient du phosphore bien cristallisé en enfermant un bâton de phosphore bien sec dans un tube de verre scellé et purgé d'air, que l'on conserve dans l'obscurité. Dans ces conditions, le phosphore se sublime peu à peu et se dépose en cristaux qui, au bout de quelques semaines, atteignent un diamètre de quelques millimètres. Ces cristaux sont presque incolores, transparents et doués d'une grande réfringence, qui leur donne l'aspect du diamant. Ce sont des cristaux réguliers, à facettes très nombreuses, dodécaèdres, tétrakishexaèdres, etc. [Lawr. Smith, *Bull. Soc. chim.*, t. XX, p. 530; — Douglas Hermann et Story Maskeline, *Deutsch. chem. Gesellsch.*, 1873, p. 1415].

Il existe pour l'oxygène une limite inférieure de pression au-dessous de laquelle le phosphore cesse d'émettre des vapeurs phosphorescentes; cette limite est trop faible pour pouvoir être déterminée (Joubert). La phosphorescence est liée à la production de l'ozone; si l'on introduit de l'ozone dans de l'oxygène sous la pression normale, en présence d'un bâton de phosphore, celui-ci devient phosphorescent durant un instant; la phosphorescence cesse aussitôt que cet ozone est absorbé. On sait que certains corps empêchent la phosphorescence dans l'air; ces corps sont ceux qui détruisent ou absorbent l'ozone, par exemple, l'essence de térébenthine [J. Chapuis, *Bull. Soc. chim.*, t. XXXV, p. 419].

Joubert a déterminé la tension de vapeur du phosphore à des températures situées entre 5° et 100°. Exprimée en hauteur de mercure, cette tension est

à	5°	de	0mm,03
	20°	de	0mm,11
	40°	de	0mm,48
	100°	de	3mm,44

[*Compt. rend.*, t. LXXVIII, p. 1853].

Le phosphore fond à 44°,4 et distille à 278°,3, sous une pression de 762 millimètres. Sa densité, déterminée par Pisati et de Franchis, est

Phosphore solide.		Phosphore liquide.	
à 0°	= 1,83676	à 40°	= 1,74924
20°	= 1,82321	100°	= 1,69490
44°	= 1,80681	200°	= 1,60270
		280°	= 1,52867

Le rapport volumétrique du phosphore liquide au phosphore solide est 1,03556 à 40° et 1,0504 à 44° [*Deutsch. chem. Gesellsch.*, 1875, p. 70].

La densité du phosphore à la température de son ébullition est égale à 1,485, d'après W. Ramsay et Orme Masson [*Deutsch. chem. Gesellsch.*, 1880, p. 2146].

Le phosphore est soluble dans 100 parties environ d'acide acétique; il est un peu soluble dans l'acide stéarique [Vulpius, *Arch. Pharm.* (3), t. XIII, p. 38].

Phosphore noir. — D'après Ritter, le phosphore noir doit sa couleur à un mélange d'arsenic, dont on peut constater la présence par le sulfure de carbone qui laisse l'arsenic insoluble [*Compt. rend.*, t. LXXVIII, p. 192].

Suivant Reichard, au contraire, l'arsenic est sans influence, et il a trouvé jusqu'à 3 % d'arsenic dans des bâtons de phosphore ordinaire [*Arch. Pharm.*, (3), t. IX, p. 442].

La cause de la production du phosphore noir est attribuée par Blondlot à la présence du mercure; par P. Thenard, à celle du phosphore rouge [*Compt. rend.*, LXXVIII, p. 1130 et 1131].

Suivant les observations de Maumené, il se forme du phosphore noir dans les premières portions de la distillation du phosphore dans un courant d'hydrogène, préparé par le zinc et l'acide sulfurique; il ne prend pas naissance lorsque la distillation a lieu dans un courant de gaz carbonique [*Compt. rend.*, t. XCV, 653].

Phosphore rouge. — On peut mettre sa production en évidence dans les cours en plongeant dans la vapeur de diphénylamine (310°) un tube renfermant du phosphore ordinaire [V. Meyer, *Deutsch. chem. Gesellsch.*, 1882, p. 298].

Le phosphore rouge se forme aussi sous l'influence de l'électricité. Si l'on fait passer l'étincelle dans un tube de verre de 35 centimètres de longueur, purgé d'air et renfermant du phosphore ordinaire, on voit les parois se recouvrir d'un enduit dont la couleur varie du jaune d'or au rouge brun [Geissler, *Poggend. Ann.*, t. CLII, p. 171].

L'aspect du phosphore modifié varie avec la température de sa production. Obtenu à 265°, il offre la couleur du réalgar. A 440°, il est orangé; à 500°, il est compact et d'un gris violacé. Celui qui a été porté à 580° offre une cassure conchoïde et paraît avoir éprouvé un commencement de fusion. A cette température, il cristallise et les cristaux, d'un rouge rubis, sont groupés en géodes. Ces différentes variétés n'ont ni la même densité ni la même chaleur de combustion. Voici à cet égard les données fournies par Troost et Hautefeuille :

Température.	Densité.	Chaleur de combustion pour 1 gramme.
265°..........	2,148	5592 cal.
360°..........	2,190	5570
500°..........	2,293	au delà de 5272
580°..........	?	5222
Ph. r. cristal.	2,340	5272

Le phosphore rouge ordinaire dégage donc plus de chaleur que le phosphore rouge cristallisé [*Compt. rend.*, t. LXXVIII, p. 748].

Hydrogène phosphoré. — Il se produit de l'hydrogène phosphoré spontanément inflammable par l'action de l'acide sulfurique sur le zinc en présence du phosphore. Le dégagement est régulier à 40-50°, tumultueux vers 70°. La potasse agit comme l'acide sulfurique, à 60°. L'étain et l'acide chlorhydrique, en présence du phosphore, donnent de l'hydrogène phosphoré non spontanément inflammable [J. Brœssler, *Deutsch. chem. Gesellsch.*, 1881, p. 1757].

La chaleur de formation, calculée d'après la chaleur dégagée dans l'action du brome sur l'hydrogène phosphoré, est de 11 600 calories; celle du phosphure solide P^2H, est de 17 700 calories [J. Ogier, *Compt. rend.*, LXXXVII, p. 210].

L'hydrogène phosphoré est décomposé par l'effluve avec production d'hydrogène et de phosphure solide (Berthelot).

L'hydrogène phosphoré peut être liquéfié dans l'appareil Cailletet. Si la compression a lieu en présence de l'eau, le gaz liquéfié surnage et se dissout en partie. Si l'on vient à diminuer subitement la pression, il se produit un corps cristallin blanc, qui disparaît de nouveau à une limite inférieure de pression. La cristallisation a lieu

à 2°,2	sous une pression de	2atm,8
4°,0	— —	3, 0
9°,0	— —	5, 1
15°,0	— —	9, 8
20°,0	— —	15, 1

Il y a un point critique, la température de 28°, auquel le produit cristallisé ne peut plus se former. L'hydrogène phosphoré et le gaz carbonique, en présence de l'eau, donnent de même une masse cristalline blanche qui peut encore exister à 22°; ce n'est donc pas un hydrate carbonique, celui-ci ne pouvant exister au delà de 7°, quelle que soit la pression [Cailletet, *Compt. rend.*, t. XCV, p. 58].

L'hydrogène phosphoré est absorbé par le chlorure cuivreux, en solution chlorhydrique, en donnant des combinaisons cristallisables [J. Riban. Voyez *Suppl.* Cuivre, p. 556].

Il donne avec le cyanure de mercure un précipité jaune, altérable à la lumière [W. R. H. *Chem. News*, t. XXXIV, p. 167].

L'hydrogène phosphoré, dirigé dans une solution de chlorure platinique, y produit un précipité ocreux, renfermant P^2H^2, inflammable à 110°, ou au contact de l'acide azotique fumant.

Il agit sur une solution d'acide arsénieux en produisant l'arséniure de phosphore AsP [Gavazzi, *Gazz. chim. ital.*, t. XIII, p. 324].

Le soufre agit à 100° sur l'hydrogène phosphoré en donnant du sulfure de phosphore et de l'hydrogène sulfuré [Ponndorf, *Jena'sche Zeit.* (2), t. III, *Suppl.*, p. 45].

L'hydrogène phosphoré agit sur le chlorure d'acétyle chloré, en donnant, avec dégagement d'acide chlorhydrique, la *chloracétophosphide*, $C^2H^2ClO.PH^2$ [Steiner, *Deutsch. chem. Gesellsch.*, 1875, p. 1179].

Bromure de phosphonium (bromhydrate d'hydrogène phosphoré), PH^4Br. — Il se forme lorsqu'on chauffe le phosphore à 100-120°, sous pression, avec de l'acide bromhydrique concentré. Il se sublime dans la partie supérieure du tube [Damoiseau, *Bull. Soc. chim.*, t. XXXV, p. 51].

On l'obtient aussi lorsqu'on fait passer un courant d'hydrogène phosphoré dans une solution concentrée et refroidie d'acide bromhydrique. La chaleur de formation $PH^3 + HBr$ est de 23 030 calories [J. Ogier, *Bull. Soc. chim.*, t. XXXII, p. 484].

Isambert a étudié la dissociation du bromure de phosphonium. La tension de ce corps dans le vide est de

$$118^{mm},6 \text{ à } 7^{\circ},6$$
$$\text{et de } 266 \quad 8 \text{ à } 19^{\circ},8$$

[*Compt. rend.*, t. XCVI, p. 143].

Chlorure de phosphonium (chlorhydrate d'hydrogène phosphoré), PH^4Cl. — Il se dépose en petits cristaux très brillants, lorsqu'on comprime de l'hydrogène phosphoré avec du gaz chlorhydrique, sous une pression de 20 atmosphères, à la température de 14°. A 20°, on obtient un liquide qui cristallise par le refroidissement. La combinaison a lieu aussi sous la pression ordinaire, mais par un froid de —30 à —35° [J. Ogier, *Bull. Soc. chim.*, t. XXXII, p. 483].

Iodure de phosphonium. — Pour le préparer, Damoiseau ajoute 10 parties de phosphore blanc bien divisé à 22 parties d'une solution saturée à froid d'acide iodhydrique. Après 2 heures, on ajoute 2 parties d'iode, et au bout de peu de temps le tout se prend en une masse cristalline formée d'acide phosphoreux et d'iodure de phosphonium, et qu'on peut laver avec une solution d'acide iodhydrique pour enlever l'acide phosphoreux. La réaction a lieu d'après l'équation

$$2P + HI + 3H^2O = PH^4I + PO^3H^3.$$

Si l'on fait passer du gaz iodhydrique sur du phosphore, celui-ci fond, se recouvre de biiodure de phosphore et donne un sublimé d'iodure de phosphonium : $5P + 8HI = 2\ H^4I + 3PI^2$.

Le phosphore rouge est presque sans action sur l'acide iodhydrique sec [A. Damoiseau, *Bull. Soc. chim.*, t. XXXV, p. 49].

Lissenko explique la production de l'iodure de phosphonium dans l'action de l'eau sur le biiodure de phosphore par la formation préalable d'acide iodhydrique et d'acide hypophosphoreux; ces deux derniers réagissent d'après l'équation

$$2PO^2H^3 + HI = PO^4H^3 + PH^4I,$$

ainsi que le montre l'expérience directe. Le résidu de l'action de l'eau sur le biiodure de phosphore est un corps offrant les caractères de l'hydrure de phosphore solide P^4H^2 [*Deutsch. chem. Gesellsch.*, 1876, p. 1313].

La chaleur de formation de l'iodure de phosphonium est de 24 170 calories (J. Ogier).

Lorsqu'on chauffe à 120-140° l'iodure de phosphonium avec du sulfure de carbone, on obtient un liquide rouge foncé accompagné de cristaux rouges; il se produit en même temps de l'hydrogène sulfuré, de l'hydrogène phosphoré et du gaz des marais [H. John. *Deutsch. chem. Gesellsch.*, 1880, p. 127]. Drechsel avait observé dans cette réaction, avec l'iodure de phosphonium en excès, la formation de triméthylphosphine. Le liquide précédent donne par évaporation des cristaux étoilés, qui sont une combinaison de biiodure de phosphore et de sulfure de carbone. L'eau décompose ces cristaux en donnant des flocons incolores qui ont pour composition $C^5S^7P^6H^6O^{12}$.

Bromures de phosphore. — La chaleur de formation du tribromure est, en partant du brome liquide, de 42 000 calories (Berthelot et Louguinine).

Chlorures de phosphore. — A. Gautier a cherché à obtenir le bichlorure P^2Cl^4 en traitant le biiodure par le chlorure d'argent, mais la réaction est différente et a lieu suivant l'équation

$$3P^2I^4 + 12AgCl = 4PCl^3 + 12AgI + P^2$$

[*Compt. rend.*, t. LXXVIII, p. 286].

Trichlorure de phosphore, PCl^3. — Il prend naissance lorsqu'on traite le chlorure de sulfuryle par le phosphore rouge [Kœchlin et Heumann, *Deutsch. chem. Gesellsch*, 1882, p. 1736] :

$$3SO^2Cl^2 + P^2 = 2PCl^3 + 3SO^2.$$

Il se forme aussi lorsqu'on fait passer l'oxychlorure de phosphore en vapeur sur le charbon au rouge (Riban).

Sa formation par union directe a lieu avec production de 75 800 calories (Berthelot et Louguinine); de 75 300 calories (Thomsen). Il dégage 65 140 calories en se dissolvant dans l'eau (Thomsen). L'ozone le convertit en oxychlorure (Ira Remsen).

Le trichlorure de phosphore agit sur l'hydrogène phosphoré pur en produisant, non du phosphore comme l'a indiqué Rose, mais l'hydrure P^4H^2; la réaction n'est que très lente avec l'hydrogène phosphoré sec. Le tribromure agit de même. et sans élévation notable de température. L'hydrogène phosphoré non absorbé devient spontanément inflammable. Le trichlorure de phosphore agit sur l'iodure de phosphonium en produisant un dégagement régulier d'acide chlorhydrique et d'hydrogène phosphoré; la réaction a lieu avec abaissement de température. Les produits solides sont le biiodure de phosphore et l'hydrure solide [P. De Wilde, *Bul. Acad. Roy. Belg.*, juin 1882].

Pentachlorure de phosphore, PCl^5. — Sa formation par $P + Cl^5$ a lieu en produisant 107 800 calories (Berthelot et Louguinine); de 104 900 calories (J. Thomsen). Sa formation par $PCl^3 + Cl^2$ dégage 26 690 calories (Thomsen). Il produit, en se dissolvant dans l'eau, 123 440 calories (Thomsen).

Le pentachlorure de phosphore forme avec l'éther une combinaison, $3PCl^5, 2C^4H^{10}O$, cristallisable en aiguilles incolores [C. Liebermann et .. Landsholl, *Deutsch. chem Gesellsch*, 1883, p. 690].

Oxychlorure de phosphore, $POCl^3$. — J Riban a obtenu l'oxychlorure de phosphore en dirigeant sur un mélange de phosphate tricalcique et de charbon (noir d'os en grains) un mélange de gaz chlore et d'oxyde de carbone; le charbon qui est nécessaire pour la réussite de l'opération ne paraît pas intervenir chimiquement, mais seulement en condensant les gaz. La réaction a déjà lieu, quoique lentement, à 180°; elle est beaucoup plus active a 340° Le rendement en oxychlorure atteint, au bout de quelques heures, les 3/4 du rendement théorique; la réaction s'arrête alors à cause du chlorure de calcium qui obstrue les pores du charbon.

La réaction, qui a lieu sans doute en deux phases, est exprimée finalement par l'équation

$$(PO^4)^2Ca^3 + 6CO + 12Cl$$
$$= 2POCl^3 + 6CO^2 + 3CaCl^2.$$

L'oxychlorure de phosphore pouvant être facilement transformé en trichlorure, si l'on dirige sa vapeur sur une colonne de charbon de bois portée au rouge, ce procédé permet d'obtenir facilement tous les chlorures de phosphore [*Bull. Soc. chim.*, t. XXXIX, p. 14].

L'oxychlorure de phosphore prend naissance lorsqu'on traite la chlorhydrine sulfurique par le phosphore rouge [Heumann et Kœchlin, *Deutsch. chem. Gesellsch.*, 1882, p. 417] :

$$5SO^2(OH)Cl + P^2$$
$$= 5SO^2 + PO(OH)^3 + POCl^3 + 2HCl.$$

E. Dervin, enfin, le prépare en faisant réagir le trichlorure de phosphore sur le chlorate de potassium [*Compt. rend.*, t. XCVII, p. 576].

La chaleur de formation de l'oxychlorure, en partant des éléments, est de 142 600 calories (Berthelot et Louguinine).

Reinitzer et A. Goldsmidt ont étudié l'action de quelques métaux et métalloïde sur l'oxychlorure de phosphore [*Deutsch. chem. Gesellsch.*, 1880, p. 845; *Bull. Soc. chim.*, t. XXXV, p. 640].

Le soufre est sans action à 250° sur l'oxychlorure de phosphore Le phosphore agit à cette température en produisant du trichlorure de phosphore et l'oxyde P^4O. L'arsenic se dissout à 250° en donnant de l'anhydride arsénieux et du trichlorure :

$$As^4 + 6POCl^3 = As^4O^6 + 6PCl^3;$$

par suite de réactions secondaires, il se forme du chlorure d'arsenic et du *chlorure pyrophosphorique* :

$$As^4O^6 + 4POCl^3 = 2P^2O^5 + 4AsCl^3$$
$$P^2O^5 + 4POCl^3 = 3P^2O^3Cl^4.$$

Le potassium et le sodium, sans action à 100°, exercent à 180° une action très violente sur l'oxychlorure de phosphore. L'argent moléculaire fournit à 250° de l'oxyde d'argent et du trichlorure de phosphore, mais l'oxyde d'argent réagit ensuite sur un excès d'oxychlorure, donnant naissance à du chlorure d'argent, à du pyrophosphate et du phosphate d'argent, ainsi qu'à du chlorure pyrophosphorique. Le cuivre divisé donne vers 00° du chlorure cuivreux, du phosphure de cuivre, de l'anhydride phosphorique et, par suite, du chlorure pyrophosphorique. Le plomb est sans action à 250°. Le zinc, ainsi que le magnésium et l'aluminium, donnent du chlorure et du métaphosphate de zinc, ainsi que l'oxyde de phosphore de Leverrier, P^4O.

Oxychlorobromure, $POCl^2Br$. — Il se dédouble par la distillation, d'après l'équation

$$3POCl^2Br = 2POCl^3 + POBr^3.$$

En agissant sur l'acide phosphoreux, il donne un mélange de tribromure et de trichlorure [Chambon, *Jena. Zeitschr.* (2), t. III, suppl. p. 92].

Fluorure de phosphore. — Le pentafluorure PFl^5 se produit par l'action du trifluorure d'arsenic sur le pentachlorure de phosphore :

$$5AsFl^3 + 3PCl^5 = 3PFl^5 + 5AsCl^3.$$

C'est un gaz incolore, quatre fois et demie plus dense que l'air, à odeur irritante, fumant à l'air, non inflammable. Il ne se liquéfie pas à 7° sous une pression de 12 atmosphères. L'eau le décompose en produisant les acides fluorhydrique et phosphorique. Il forme avec l'ammoniaque une combinaison solide, jaunâtre, soluble dans l'eau, qui renferme $2PFl^5, 5AzH^3$ [Thorpe, *Liebig's Ann. Chem.*, t. CLXXXII, p. 201].

Iodures de phosphore. — *Biiodure.* — Sa densité de vapeur, observée à 265°, est égale à 284,5, ce qui correspond à la formule P^2I^4 (théorie, 285) [Troost, *Compt. rend.*, t. XCV, p. 293]. Pour l'action de l'eau sur cet iodure, voyez *Iodure de phosphonium*, p. 1255.

Triiodure. — Densité de vapeur = 206, conformément à la formule PI^3. Chaleur de formation, en partant de l'iode solide = 10,500 calories (Berthelot et Louguinine).

Penta-iodure. — On l'obtient, mélangé de 20 % de triiodure, lorsqu'on dissout le phosphore et un excès d'iode dans le sulfure de carbone, à l'abri de l'air et distillant le sulfure de carbone vers 45-50° [F. Hampton, *Chem. News*, t. XLII, p. 180].

Oxyiodure. — Il se forme quelquefois, suivant Beverley et Burton [*Amer. Chem. Journ.*, t. III, p. 280], dans la préparation de l'iodure d'éthyle, des lamelles d'un jaune d'or, solubles dans l'eau et renfermant tantôt $P^3O^6I^6$, tantôt PO^2I^2. Ces cristaux sont solubles dans l'eau; la solution concentrée fournit par le refroidissement des cristaux grenus, fusibles à 140° et sublimables en cristaux rouges identiques avec les cristaux primitifs.

Chloroiodure, PCl^3I^2. — L'iode se dissout dans le trichlorure de phosphore en donnant une masse solide, qui cristallise dans le sulfure de carbone en beaux prismes rouges à 6 pans, altérables à l'air humide [C. G. Sloot, *Deutsch. chem. Gesellsch.*, 1880, p. 2029].

OXYDE DE PHOSPHORE. P^4O. — Parmi les circonstances dans lesquelles il prend naissance, nous signalerons l'action de certains métaux, notamment du zinc, sur l'oxychlorure de phosphore.

ACIDES DU PHOSPHORE. — Aux acides depuis longtemps connus il faut en ajouter un nouveau, l'*acide hypophosphorique*, trouvé par Salzer dans l'acide phosphatique de Pelletier (voir plus bas).

ACIDE HYPOPHOSPHOREUX. — J. Thomsen l'a obtenu cristallisé, sous la forme d'une masse lamelleuse blanche, fusible à 17°,4 et restant facilement en surfusion. Il décompose exactement l'hypophosphite de baryum par l'acide sulfurique, concentre la solution en la portant peu à peu à 130°, sans faire bouillir, puis refroidit à 0° [*Deutsch. chem. Gesellsch.*, 1874, p. 994]. Sa chaleur de formation est exprimée par 137.500 calories.

L'acide iodhydrique agit sur l'acide hypophosphoreux d'après l'équation

$$3PO^2H^3 + IH = 2PO^3H^3 + PH^4I$$

[Lissenko; — Ponndorf, *Jena. Zeitsch.* (2), t. III, suppl. p. 45]. L'acide chlorhydrique est sans action à 100°.

L'acide sulfureux fournit du soufre et de l'acide phosphoreux, accompagnés d'hydrogène sulfuré et d'acide phosphorique; il paraît se produire en premier lieu de l'acide hydrosulfureux.

Traité par le trichlorure de phosphore, l'acide hypophosphoreux donne de l'acide phosphoreux et du phosphore: c'est la réaction principale, qui est très vive:

$$3PH^2O.OH + PCl^3$$
$$= 2PHO(OH)^2 + 2P + 3HCl.$$

L'oxychlorure agit encore plus vivement:

$$3PH^2O.OH + 3POCl^3$$
$$= 3PO^3H + PCl^3 + 2P + 6HCl.$$

Enfin, avec le pentachlorure, la réaction a lieu d'après les équations

$$PH^2O.OH + 3PCl^5$$
$$= 2POCl^3 + 2PCl^3 + 3HCl$$

et

$$3PH^2O.OH + 6PCl^5$$
$$= 6POCl^3 + PCl^3 + P^2 + 9HCl$$

[A. Geuther, *Journ. prakt. Chem.*, (2), t. VIII, p. 359; *Bull. Soc. chim.*, t. XXI, p. 554].

Hypophosphites. — En se basant sur l'existence d'un sel cristallin basique de plomb, Ponndorf a cru pouvoir représenter l'acide hypophosphoreux par la formule $PH(OH)^2$. Il a cherché vainement à obtenir des éthers de l'acide hypophosphoreux.

ANHYDRIDE PHOSPHOREUX, P^2O^3. — Le composé blanc, obtenu dans l'oxydation lente du phosphore dans un courant d'air sec, a bien pour composition P^2O^3; mais, suivant Reinitzer, il ne constitue pas l'anhydride phosphoreux. Dissous avec précaution dans l'eau, il donne une solution jaune qui se coagule à 50° ou à la longue, en donnant des flocons d'hydrate, $P^4O.2H^2O$, tandis qu'il reste en solution les acides phosphorique, phosphoreux et hypophosphoreux. La solution jaune, soumise à la dialyse, laisse sur la membrane un liquide coagulable, non par la chaleur, mais par un acide ou par un sel. C'est sans doute le même corps que celui qui se forme dans la réaction entre le trichlorure de phosphore et l'acide phosphoreux [*Deutsch. chem. Gesellsch.*, 1881, p. 1884].

La formation de ½ $P^2.O^3$ dégage 37 400 calories (Berthelot et Louguinine).

ACIDE PHOSPHOREUX, PO^3H^3. — Grosheintz l'obtient cristallisé en faisant passer dans de l'eau, refroidie à 0°, un courant d'air entraînant des vapeurs de trichlorure de phosphore, que l'on chauffe vers 60°. Quand l'eau est saturée, elle se prend en une masse cristalline qu'on fait essorer, qu'on lave avec un peu d'eau à 0° et qu'on sèche dans le vide [*Bull. Soc. chim.*, t. XXVII, p. 433].

L'acide phosphoreux fond à 70°,1; sa chaleur de fusion est de 7 070 calories et la chaleur de dissolution de l'acide fondu de 2 940 calories. La chaleur de formation de l'acide fondu est, pour P,O^3,H^3, de 224 610 calories [J. Thomsen, *Deutsch. chem. Gesellsch.*, 1874, p. 996].

L'oxychlorure de phosphore agit sur l'acide phosphoreux en donnant du trichlorure de phosphore et de l'acide métaphosphorique. Le pentachlorure de phosphore donne à froid du trichlorure et de l'oxychlorure de phosphore (Geuther). Le trichlorure agit, suivant Geuther, en 4 phases; le résultat final est exprimé par l'équation

$$4PO^3H^3 + PCl^3 = 3PO^4H^3 + P^2 + 3HCl.$$

Zimmermann a obtenu un phosphite trisodique, qui pourtant n'a pas été analysé; c'est un sel visqueux très instable. Il a cru pouvoir en conclure que l'acide phosphoreux est bien $P(OH)^3$; comme autre argument, il cite la saponification du phosphite triéthylique, qui fournit non l'acide éthylphosphoreux, $OPC^2H^5(OH)^2$, mais l'acide phosphoreux lui-même [*Deutsch. chem. Gesellsch.*, 1874, p. 289]. Geuther a développé des considérations du même ordre pour soutenir la formule $P(OH)^3$ [*Jena. Zeitschr.* (2), t. III, *Suppl.*, p 116].

Par contre, Michaelis et Ananoff ont apporté un nouvel argument en faveur de la formule de constitution, $OPH(OH)^2$, de l'acide phosphoreux. Dans l'action du chlorure de phosphényle

$$C^6H^5PCl^2$$

sur l'acide phosphoreux, 2 molécules seulement de ce chlorure entrent en réaction pour donner l'oxychlorure. Avec la formule $P(OH)^3$, il devrait se former PCl^3 avec intervention de 3 molécules de chlorure de phosphényle (voir Suppl., p. 1245).

ACIDE HYPOPHOSPHORIQUE, $P^2O^6H^4$ (*anhydride inconnu*, P^2O^4). — Cet acide se forme par l'oxydation lente du phosphore en présence de l'eau, et se trouve contenu dans l'*acide phosphatique* de Pelletier (*Dict.*, t. II, p. 968), lorsque ce liquide n'est pas trop ancien. Son existence a été mise en évidence par Th. Salzer [*Liebig's Ann. Chem.*, t. CLXXXVII, p. 322; CXCIV, p. 28 et t. CCXI, p. 1; *Bull. Soc. chim.*, t. XXIX, p. 506; t. XXXII, p. 134, et t. XXXVIII, p. 180].

Dans l'oxydation lente du phosphore, un quinzième environ seulement de ce dernier se trouve converti en acide hypophosphorique; pour le séparer des acides phosphoreux et phosphorique qui l'accompagnent, on se fonde sur le peu de solubilité de son sel de sodium acide. Ce sel se dépose, en lamelles ou en aiguilles, lorsqu'on ajoute le mélange acide à une solution concentrée d'acétate de sodium. Voici comment Salzer recommande d'opérer pour obtenir l'acide hypophosphorique.

On suspend dans un pot en grès rempli d'eau froide une série de flacons de 8 à 10 centimètres de hauteur, renfermant de l'eau et un bâton de phosphore qui émerge de 2 centimètres environ, puis on abandonne le tout dans un endroit frais. Après deux jours, on enlève la liqueur acide contenue dans les flacons et on la remplace par de l'eau, opération que l'on répète tous les deux jours.

Pour obtenir l'acide hypophosphorique libre, on transforme l'acide ainsi obtenu, d'abord en sel acide de sodium (voir p. 1259), puis en sel de plomb, qu'on décompose par l'hydrogène sulfuré, ou encore en sel de baryum, qu'on fait digérer avec une quantité équivalente d'acide sulfurique étendu, en agitant fréquemment. On concentre la solution d'abord à l'ébullition, puis à basse température, jusqu'à consistance sirupeuse.

On obtient directement le sel de sodium en laissant s'oxyder des bâtons de phosphore au contact d'une solution de chlorure de sodium. De même, l'acide hypophosphorique prend naissance lorsqu'on fait digérer à 100° du phosphore avec une solution acide d'azotate de cuivre ou d'argent [J. Corne, *Journ. Pharm. Chim.*, (5), t. VI, p. 123; — Jul. Philipp, *Deutsch. chem. Gesellsch.*, 1883, p. 749]. Pour le préparer avec l'azotate de cuivre, Corne ajoute à la solution acide de ce sel, chauffée au bain-marie dans un grand ballon, le phosphore par portions successives, puis sature à moitié par le carbonate de sodium et purifie l'hypophosphate acide de sodium par cristallisation.

L'acide hypophosphorique n'a pas pu être obtenu cristallisé. Il est inaltérable à l'air; cependant, à la longue, il se dédouble en acides phosphoreux et pyrophosphorique. Ce dédoublement se fait très rapidement à chaud en présence des acides minéraux, et c'est alors l'acide orthophosphorique qui accompagne l'acide phosphoreux. La composition de l'acide hypophosphorique a été établie par son oxydation sous l'influence du permanganate de potassium. Elle est représentée par les rapports PO^3H^2, mais, d'après les réactions de l'acide et l'étude de ses sels, sa formule moléculaire est $P^2O^6H^4$. Il représente un produit de condensation, avec élimination à H^2O d'une molécule d'acide phosphoreux et d'une molécule d'acide phosphorique. Sa génération et sa constitution sont représentées par

$$\begin{matrix} OP(OH)^3 \\ OPH(OH)^2 \end{matrix} - H^2O = \begin{matrix} OP(OH)^2 \\ P(OH)^2 \end{matrix} > O.$$

Cette équation explique en même temps les dédoublements de l'acide hypophosphorique.

Les agents oxydants, sauf le permanganate de potassium, sont sans action sur l'acide hypophosphorique, tant que son dédoublement n'a pas eu lieu. L'acide azotique bouillant le dédouble avant de l'oxyder. Le peroxyde d'hydrogène, le chlore, l'iode, le chromate de potassium sont sans action. De même, le bichlorure de mercure n'est pas réduit, pas plus que les sels d'or et de platine. L'acide hypophosphorique donne avec l'azotate d'argent un précipité blanc qui ne noircit pas par l'ébullition; il n'y a pas non plus réduction d'argent si l'on opère avec des solutions ammoniacales.

Les agents réducteurs sont sans action sur l'acide hypophosphorique.

Le molybdate d'ammonium ne donne de précipité ni à froid ni à chaud avec l'acide hypophosphorique avant son dédoublement.

L'acide libre ne précipite pas les sels de calcium, de baryum, de magnésium; il donne des précipités blancs avec l'eau de chaux et l'eau de baryte, ainsi qu'avec les sels de magnésium après addition d'ammoniaque. Il donne des précipités blancs avec le chlorure ferrique et les sels de plomb, un précipité bleuâtre avec les sels de cuivre. Il précipite les azotates de mercure, mais non le bichlorure de mercure.

Le sel neutre de sodium donne un précipité cristallin avec les sels de magnésium. Le sel acide de sodium les précipite à chaud, mais le précipité disparaît par le refroidissement. La présence du sel ammoniac empêche la précipitation lorsqu'on verse le sel acide dans le sel de magnésium, mais non dans le cas inverse.

L'acide hypophosphorique est un acide tétrabasique; outre les quatre séries normales de sels, il donne des sels dans lesquels entrent deux molécules d'acide. La plupart de ces sels cristallisent facilement.

Hypophosphates d'ammonium. — Le *sel tétrammonique*, $P^2O^6(AzH^4)^4 + H^2O$, cristallise en prismes quadratiques efflorescents, solubles dans 30 p. d'eau froide. La solution est alcaline; elle perd facilement de l'ammoniaque, ainsi que le sel cristallisé.

Le *sel diammonique*, $P^2O^6(AzH^4)^2H^2$, se forme par l'ébullition prolongée de la solution du sel précédent. Il cristallise en aiguilles isomorphes avec le sel de potassium. Il est soluble dans 14 p. d'eau froide et dans 4 p. d'eau bouillante. Il est inaltérable à 160°.

Le *sel monoammonique*, $P^2O^6H^3AzH^4$, se dépose en grains cristallins très solubles dans l'eau.

Hypophosphates de potassium. — *Sel tétrapotassique*, $P^2O^6K^4 + 8H^2O$. — On l'obtient en neutralisant le sel dipotassique par la potasse caustique et évaporant à consistance sirupeuse. Tables orthorhombiques, solubles dans le quart de leur poids d'eau, insolubles dans l'alcool, fusibles à 40°, perdant $6H^2O$ à 60° et le reste à 150°. Elles offrent les faces $b^{1/2}$, p, h^1. Rapport des axes, 0,9458 : 1 : 1,0124.

Sel tripotassique, $P^2O^6K^3H + 3H^2O$. — Cristaux clinorhombiques solubles dans ½ partie d'eau, à réaction très alcaline. Il perd toute son eau à 100°, sans fondre. Il brûle à une température élevée en laissant un résidu de pyrophosphate et de métaphosphate de potassium, accompagnés d'oxyde de phosphore.

Sel dipotassique, $P^2O^6K^2H^2 + 3H^2O$. — On l'obtient par double décomposition entre le sel de baryum et le sulfate potassique. Il cristallise en prismes orthorhombiques (ou en tables clinorhombiques avec $2H^2O$), solubles dans 3 p. d'eau froide et dans 1 p. d'eau bouillante.

Cristaux orthorhombiques : faces h^1, g^1, p, m, e^1, e^3, $a^{3/2}$. Rapport des axes $=$ 0,9873 : 1 : 0,9190.

Tables clinorhombiques : faces p, m, $d^{1/2}$, $b^{1/2}$, $b^{1/4}$, $d^{1/4}$, g^1, $e^{1/2}$. Rapport des axes $=$ 0,7421 : 1 : 0,7949. Inclinaison $=$ 81° 50′.

Sel monopotassique, $P^2O^6KH^3$. — Prismes clinorhombiques anhydres : faces m, g^1, p, e^1. Rapport des axes $=$ 0,9331 : 1 : 0,6612. Inclinaison $=$ 43° 7′. Il fond à 120° en se décomposant. Chauffé à 130° en tubes scellés, il se dédouble complètement, sans doute avec formation d'acide pyrophosphoreux encore inconnu. Soumis à une nouvelle cristallisation, il se transforme en dihypophosphate tripotassique et acide hypophosphorique.

Dihypophosphate tripotassique,

$$(P^2O^6)^2K^3H^5 + 2H^2O.$$

— Obtenu avec le sel précédent ou avec le sel dipotassique additionné d'acide libre, il cristallise en tables solubles dans 2p ½ d'eau froide et dans 4/5 d'eau bouillante. Si l'on ajoute de l'alcool à la solution aqueuse, il se dédouble en hypophosphate dipotassique qui se précipite et en acide libre qui reste dissous.

HYPOPHOSPHATES DE LITHIUM. — Précipité cristallin peu soluble, qu'on obtient en ajoutant de l'acide hypophosphorique à une solution de carbonate de lithium en excès.

HYPOPHOSPHATE DE SODIUM. — *Sel neutre,*

$$P^2O^6Na^4 + 10H^2O.$$

— Flocons cristallins composés d'aiguilles clinorhombiques, solubles dans 30 fois leur poids d'eau froide. Dissous dans l'eau bouillante, ce sel se dépose en partie par le refroidissement, mélangé de cristaux de sel acide. Sa solution, saturée à froid, est précipitée par la soude.

Sel trisodique, $P^2O^6Na^3H + 9H^2O$. — Tables clinorhombiques, solubles dans 22 p. d'eau froide. Il perd son eau à 100°. Chauffé plus fort, il s'enflamme par suite de la production d'hydrogène phosphoré.

Sel disodique, $P^2O^6Na^2H^2 + 6H^2O$. — On a vu plus haut dans quelles circonstances on obtient ce sel. Cristallisé lentement, il se présente en tables clinorhombiques, tronquées sur les sommets aigus. Faces, m, p, b^1, $a^{1/2}$. Rapport des axes, 1,9964 : 1 : 2,0104. Inclinaison = 53° 14'. Ce sel exige pour se dissoudre 45 p. d'eau froide et 5 p. d'eau bouillante; sa réaction est acide. Chauffé, il perd son eau, puis fond à 250°. Au rouge, il se transforme en métaphosphate, par suite de la combustion de l'hydrogène.

Sel monosodique, $P^2O^6NaH^3$. — Tables clinorhombiques fournissant le sel disodique par une nouvelle cristallisation.

Dihypophosphate pentasodique, $(P^2O^6)^2Na^5H^3$. — On l'obtient en faisant bouillir la solution du sel disodique (4 molécules) avec du carbonate de sodium (1 molécule), tant qu'il se dégage de l'acide carbonique. Il se dépose en petites tables clinorhombiques, solubles dans 15 p. d'eau froide.

HYPOPHOSPHATES DE BARYUM. — On obtient le sel neutre, $P^2O^6Ba^2$, par double décomposition. C'est un précipité peu soluble dans l'eau et dans l'acide acétique. Il se transforme en pyrophosphate par la calcination à l'air.

Le *sel acide*, $P^2O^6BaH^2 + 2H^2O$, obtenu par double décomposition à chaud, cristallise par le refroidissement en longues aiguilles clinorhombiques solubles dans 1500 p. d'eau froide. Ce sel se déshydrate à 140° et laisse après calcination à l'air un résidu de métaphosphate.

HYPOPHOSPHATE DE CALCIUM. — Le *sel neutre,*

$$P^2O^6Ca^2 + 2H^2O,$$

est à peu près insoluble dans l'eau, peu soluble dans l'acide acétique. Il passe facilement à travers les filtres.

Le *sel acide* n'a pas pu être obtenu cristallisé.

HYPOPHOSPHATE DE PLOMB, $P^2O^6Pb^2$. — Précipité blanc, insoluble dans l'eau, peu soluble dans l'acide acétique.

HYPOPHOSPHATE D'ARGENT, $P^2O^6Ag^4$. — On l'obtient par double décomposition, ou bien en chauffant une solution acide d'azotate d'argent avec du phosphore. Pour cela, on introduit 8 à 9 grammes de phosphore dans une solution de 6 grammes d'azotate d'argent dans 100cc d'eau et 100cc d'acide azotique d'une densité de 1, 2, chauffée au bain-marie dans un ballon spacieux. Il faut laisser refroidir aussitot que le dégagement gazeux, qui est tumultueux, se ralentit, sans quoi l'acide hypophosphorique se dédoublerait sous l'influence de l'acide azotique. L'hypophosphate d'argent cristallise en grande partie par le refroidissement. On le purifie par cristallisation dans l'acide azotique chaud, d'où il se dépose en petits cristaux assez peu solubles dans l'acide froid.

Chauffé peu à peu, ce sel se transforme subitement, avec incandescence, en une masse frittée ou fondue, mélange d'argent et de métaphosphate d'argent (J. Philipp).

ACIDE PHOSPHORIQUE. — Pour faciliter la préparation de l'acide phosphorique par le phosphore et l'acide azotique, Markoe fait intervenir le brome. Pour 1 p. de phosphore, il prend 6 p. d'acide azotique d'une densité de 1,42, 1 p. d'eau et 1/50e de partie de brome, qu'on ajoute avec précaution; il se forme momentanément du bromure de phosphore; l'acide bromhydrique résultant du dédoublement de ce dernier par l'eau régénère le brome, et ainsi de suite [*Arch. Pharm.* (3), t. IX, p. 531].

L'acide phosphorique fond à 38°,6, d'après Thomsen; à 41°,75 d'après Berthelot; lorsqu'il se concrète de nouveau à 38°, le thermomètre remonte à 40°,5 [*Ann. Chim. Phys.*, (5), t. XIV, p. 441].

La chaleur de formation de l'anhydride est pour ½ P^2O^5 = 181 900 calories (Berthelot et Louguinine). Celle de l'acide, P,O^4,H^3, est de 137 550 calories (Thomsen). La chaleur de fusion est de 2520 calories et la chaleur de dissolution de l'acide fondu de 5 210 calories.

Action des chlorures de phosphore sur les acides phosphoriques. — L'oxychlorure de phosphore agit sur l'acide orthophosphorique en donnant, suivant les proportions des corps réagissants, de l'acide métaphosphorique ou de l'acide pyrophosphorique. Le pentachlorure de phosphore fournit de l'oxychlorure, qui à son tour peut réagir dans le sens indiqué ci-dessus. L'oxychlorure de phosphore transforme l'acide pyrophosphorique en acide métaphosphorique. Le perchlorure de phosphore produit les deux réactions :

$$P^2O^7H^4 + 5PCl^5 = 7POCl^3 + 4HCl,$$
$$3P^2O^7H^4 + PCl^5 = POCl^3 + 2PO^3H + 2HCl.$$

Le trichlorure de phosphore agit à l'ébullition suivant l'équation

$$3P^2O^7H^4 + PCl^3 = 6PO^3H + PO^3H^3 + 3HCl.$$

Il se produit un peu de phosphore par une réaction secondaire.

Le trichlorure est sans action sur l'acide métaphosphorique (Geuther).

Phosphates. — Pour neutraliser l'acide phosphorique au tournesol, il suffit d'y ajouter 1 équivalent 1/2 de soude, d'après Berthelot et Louguinine. Suivant A. Joly, il suffit de 1 équivalent NaHO pour amener cette neutralité, de même qu'il faut 1 équivalent HCl pour neutraliser le phosphate disodique [*Compt. rend.*, XCIII, p. 388, et t. XCIV, p. 529].

Filhol et Senderson ont obtenu un sesquiphosphate de sodium cristallisé, $(PO^4)^2Na^3H^3 + 3H^2O$. Ce sel s'obtient avec $15H^2O$ lorsque l'évaporation a lieu à basse température; le sel est alors fusible à 55°. Il perd son eau de constitution à 200° en donnant une masse vitreuse. Un léger excès de base ou d'acide empêche la formation de ce sel. On n'a pu obtenir les sels correspondants de potassium et d'ammonium; mais Filhol et Senderson ont préparé les sels doubles

$$(PO^4)^4K^3Na^3H^6 + 22H^2O$$

et

$$(PO^4)^4Na^3(AzH^4)^3H^6 + 3H^2O$$

[*Compt. rend.*, t. XCIV, p. 649].

Pyrophosphates. — Pahl a fait connaître quelques nouveaux pyrophosphates doubles ou acides, notamment le sel $(P^2O^7)^5(Al^2)^2Na^8 + 3H^2O$, cristallisé en prismes microscopiques très solubles; les *sels manganoso-potassiques*,

$$(P^2O^7)K^2Mn + 8H^2O$$

et $(P^2O^7)^3K^8Mn^2 + 10H^2O$; ils sont cristallins et peu solubles. On obtient un *pyrophosphate* acide de calcium, $P^2O^7CaH^2 + 2H^2O$, en tables rhombiques solubles, en décomposant le sel neutre par l'acide oxalique. Le *sel acide de manganèse* s'obtient de même et cristallise en prismes rhombiques [*Bull. Soc. chim.*, t. XXII, p. 122].

Trimétaphosphates. — Lindbom a décrit un grand nombre de ces sels [*Bull. Soc. chim.*, t. XXIII, p. 447]. Le *sel de sodium*,

$$P^3O^9Na^3 + 6H^2O,$$

s'obtient en fondant le sel $PO^4Na(AzH^4)H$; il se forme une masse transparente qui devient cristalline ; il ne faut pas chauffer jusqu'à fusion, sans quoi on produit l'hexamétaphosphate. On reprend par l'eau, qui laisse ce dernier insoluble, et on évapore la solution à 30 ou 40°. Le trimétaphosphate se dépose en prismes tricliniques volumineux, très solubles dans l'eau. Il est décomposé par l'ébullition de sa solution. Ce sel sert à préparer la plupart des autres. Voici ceux décrits par Lindbom :

$P^3O^9(AzH^4)^3$ et $P^3O^9K^3$, prismes très solubles.

$P^3O^9Ag^3 + H^2O$, petits prismes transparents.

$(P^3O^9)^2Ba^3 + 6H^2O$, peu soluble.

$(P^3O^9)^2Mg^3 + 12$ à $15H^2O$, croûtes cristallines, peu solubles dans l'eau froide.

$(P^3O^9)Fe^3 + 12H^2O$, petits cristaux incolores, peu solubles dans l'eau froide.

$(P^3O^9)^2Mn^3 + 11H^2O$, *idem*.

$P^3O^9BaNa + 4H^2O$, déjà obtenu par Fleitmann et Henneberg.

$P^3O^9BaAzH^4 + H^2O$ et $P^3O^9BaK + H^2O$, petits cristaux peu solubles.

$P^3O^9SrNa + 3H^2O$, prismes obliques assez solubles.

$P^3O^9CaNa + 3H^2O$, fines aiguilles assez solubles.

$(P^3O^9)^2MgNa^4 + 5H^2O$, croûtes cristallines peu solubles.

$(P^3O^9)^2NiNa^4 + 8H^2O$, et

$$(P^3O^9)^2CoNa^4 + 8H^2O,$$

sels cristallisés, assez solubles dans l'eau.

L'acide trimétaphosphorique libre, obtenu en décomposant le sel d'argent par l'hydrogène sulfuré, est incristallisable et sa solution s'altère rapidement.

ANHYDRIDE PHOSPHOSILICIQUE, $SiO^2.P^2O^5$. — Cristaux octaédriques, incolores et brillants, rayant le verre, et d'une densité égale à 3,1 à 14°. On l'obtient en dissolvant la silice précipitée dans l'acide métaphosphorique fondu, puis lavant le produit à l'eau.

La zircone se comporte comme la silice [Hautefeuille et J. Margottet, *Compt. rend.*, t. XCVI, p. 1052].

SULFURES DE PHOSPHORE. — Aux sulfures précédemment décrits vient s'ajouter le bisulfure, correspondant au réalgar, mais dont la formule, d'après la densité de vapeur, doit être P^3S^6 (les indications relatives à cette détermination font défaut).

Les sulfures liquides sont dédoublés par l'eau en phosphore et soufre. Lorsqu'on fond du phosphore avec du soufre sous l'eau, il n'y a pas élévation de température et les cristaux rhombiques qui se produisent par le refroidissement sont des cristaux de soufre auxquels adhère un peu de phosphore [G. Ramme, *Deutsch. chem. Gesellsch.*, 1879, p. 940 et 1350 ; *Bull. Soc. chim.*, t. XXXIII, p. 110].

Les sous-sulfures P^2S et P^4S ne sont que des mélanges. Le phosphore abaisse le point de fusion du soufre, et le sulfure P^4S^3 se dissout dans le phosphore en donnant des mélanges liquides [Isambert, *Compt. rend.*, t. XCVI, p. 1628 et 1771 ; — H. Schulze, *Deutsch. chem. Gesellsch.*, 1883, p. 2066].

Sulfure, P^4S^3. — Ce sulfure, découvert par Lemoine, fond, d'après Ramme, à 166°. D'après Lemoine, il ne se produit directement qu'avec le phosphore rouge. Ramme a pu l'obtenir cependant en chauffant le disulfure, préparé à l'aide du phosphore ordinaire, avec du phosphore ordinaire à 320°, dans des tubes scellés remplis d'acide carbonique. Isambert le prépare directement avec le phosphore ordinaire. La combinaison n'a pas lieu à 100°, mais se produit avec une violente explosion à 130°. Pour modérer la réaction, Isambert chauffe 31 p. de phosphore et 24 grammes de soufre à 100° dans un courant de gaz carbonique, puis y mélange 110 grammes de sable fin et chauffe à feu nu. Finalement on distille [*Compt. rend.*, t. XCVI, p. 1499]. La densité de vapeur confirme la formule P^4S^3 (Ramme, Isambert). C'est une masse cristalline jaune, fusible à 167° et distillant vers 380°.

La chaleur dégagée dans la combinaison est pour $P^4.S^3 = 36,800$ calories. Avec le phosphore rouge la combinaison n'a lieu qu'à 180°.

Bisulfure, P^3S^6. — Ce sulfure s'obtient lorsqu'on chauffe sous pression à 210°, avec du sulfure de carbone, un mélange de soufre et de phosphore, même si ce mélange est fait dans le rapport de P^2 à S^3 (Ramme envisage le sulfure P^2S^3 comme un mélange).

Purifié par cristallisation dans le sulfure de carbone sous pression, il se présente en longues aiguilles transparentes, fusibles à 296-298°. Chauffé à 150° avec de l'eau, il fournit de l'hydrogène sulfuré, de l'acide phosphoreux, de l'acide phosphorique (il correspond à l'acide hypophosphorique) et un résidu orangé infusible à 310°, insoluble dans le sulfure de carbone.

Sulfure, P^2S^5. — On obtient ce sulfure en chauffant à 210°, en proportions voulues, le soufre et le phosphore avec du sulfure de carbone. Il forme des cristaux durs, d'un jaune pâle, groupés en faisceaux (G. Ramme). Il fond à 274-276° et distille à 518° (H. Goldschmidt ; à 530°, d'après V. et C. Meyer). Sa densité de vapeur correspond exactement à la formule P^2S^5 [*Deutsch. chem. Gesellsch.*, 1879, p. 610, et 1882, p. 303].

PHOSPHAM. — Salzmann assigne à ce corps, préparé en faisant agir le gaz ammoniac sec sur le perchlorure de phosphore, la composition $P^3H^4Az^6$, mais il l'envisage comme un mélange [*Deutsch. chem. Gesellsch.*, 1874, p. 494]. Ed. Willm.

PHRÉNOSINE. — Thudichum a donné ce nom à une matière qu'il a retirée de la substance cérébrale, ou, plus exactement, de la masse blanche qui se dépose dans les extraits alcooliques du cerveau faits à chaud. Cette masse, qui jusqu'ici a été regardée comme un mélange de cérébrine et de lécithine, renfermerait d'après l'auteur anglais, en dehors de ce dernier principe, trois composés, la *phrénosine*, la *kérasine* et l'*acide cérébreux*. Par un procédé très compliqué et très long, on parviendrait à effectuer leur séparation et à obtenir la phrénosine sous l'aspect de petites rosaces blanches, insipides et inodores, ne se gonflant pas dans l'eau bouillante.

La phrénosine contient $C^{41}H^{79}AzO^8$, d'après Thudichum, et subit des dédoublements très nets. Ainsi l'acide sulfurique étendu (2 %) la scinde à 130° en un glucose (cérébrose), un acide gras fusible à 84° et isomérique avec l'acide stéarique, et en une base solide dont le chlorhydrate cristallise ; l'équation suivante représenterait le dédoublement :

$$C^{41}H^{79}AzO^8 + 2H^2O$$
$$= \underset{\text{Cérébrose.}}{C^6H^{12}O^6} + \underset{\text{Acide névrostéarique.}}{C^{18}H^{36}O^2} + \underset{\text{Sphingosine.}}{C^{17}H^{35}AzO^2}.$$

Si l'action de l'acide sulfurique est poussée moins loin, la molécule de cérébrose est seule séparée et il se forme de l'*ethertine*, cristallisée en tables hexagonales minces :

$$C^{41}H^{79}AzO^8 + H^2O = \underset{\text{Cérébrose.}}{C^6H^{12}O^6} + \underset{\text{Éthertine.}}{C^{35}H^{69}AzO^3}$$

L'hydrate de baryum, agissant à 120° sur la phrénosine, en sépare, au contraire, la molécule névrostéarique et forme un nouveau corps cristallisé doué de propriétés basiques, la *psychosine* :

$$C^{41}H^{79}AzO^8 + H^2O = \underset{\text{Acide névrostéarique.}}{C^{18}H^{36}O^2} + \underset{\text{Psychosine.}}{C^{23}H^{45}AzO^7}$$

[W. Thudichum, *Journ. prakt. Chem.*, (2), t. XXV, p. 19]. A. Henninger.

PHTALALDÉHYDIQUE (ACIDE) [Hessert, *Deutsch. chem. Gesellsch.*, 1877, p. 1445 et 1878, p. 237]. — L'acide phtalaldéhydique, ou *orthométhoxybenzoïque*, se produit par l'action des alcalis ou des carbonates alcalins à l'ébullition sur le phtalide

$$C^6H^4 \begin{cases} CH^2 \\ CO \end{cases} O + H^2O = C^6H^4 \begin{cases} CH^2.OH \\ CO^2H. \end{cases}$$

L'addition d'acide sulfurique au produit de la réaction précipite le nouvel acide sous la forme d'une poudre blanche, peu soluble dans l'eau, assez soluble dans l'alcool et dans l'éther.

Il fond à 118°, en perdant de l'eau et en régénérant le phtalide. Cette transformation se produit également par la simple ébullition avec l'eau.

C'est un acide bien caractérisé; il décompose les carbonates. Ses sels sont tous solubles dans l'eau. Le *sel d'argent* cristallise en petits octaèdres. Le *sel de plomb* est détruit par l'eau.

PHTALÉINES (voyez t. II, p. 1009). — On envisageait autrefois les phtaléines comme des corps résultant de l'union de l'anhydride phtalique et des phénols univalents ou plurivalents avec élimination de une ou plusieurs molécules d'eau, et on leur attribuait, en conséquence, des formules parfaitement symétriques, telles que la suivante, admise pendant longtemps pour la fluorescéine,

$$C^6H^4 \begin{cases} CO\text{-}C^6H^3(OH) \\ CO\text{-}C^6H^3(OH) \end{cases} O.$$

On savait bien, il est vrai, que les phtaléines se transforment par fixation de H^2 en *phtalines*; celles-ci, par soustraction de H^2O, en *phtalidines*; et ces dernières, par fixation de O, en *phtalidéines*, mais on ne se faisait aucune idée de la structure de ces divers composés.

Nos connaissances sur la constitution de cette classe de corps étaient donc fort vagues, lorsqu'en 1880 Baeyer établit avec certitude la véritable structure de la phtaléine du phénol et de ses dérivés, phtaline, phtalidine et phtalidéine.

La phtaléine du phénol pouvant servir de type à la fonction phtaléine, nous exposerons avec quelques détails par quelle série de raisonnements on peut déterminer la constitution de ce corps et de ses dérivés.

Baeyer a fait voir que l'on peut passer de la *phtalophénone* à la phtaléine du phénol par l'action successive de l'acide nitrique, de l'hydrogène naissant et de l'acide azoteux, en transformant successivement ce corps en dérivés dinitré, diamidé et diphénolique, par le même cycle d'opérations qui permet de convertir la benzine en phénol. La phtaléine est donc à la phtalophénone ce que le phénol est à la benzine : c'est une phtalophénone dans laquelle les deux groupes C^6H^5 sont remplacés par deux groupes $C^6H^4.OH$.

On est ainsi amené à rechercher quelle est la constitution de la phtalophénone. Or, d'après son mode même de formation au moyen du chlorure de phtalyle et de la benzine en présence du chlorure d'aluminium, la phtalophénone dérive de ce chlorure par la substitution de deux fois C^6H^5 à Cl. Tant qu'on avait admis pour le chlorure de phtalyle une formule symétrique, il fallait admettre également pour la phtalophénone une formule symétrique; mais la dissymétrie du chlorure de phtalyle étant aujourd'hui démontrée, on doit donner à la phtalophénone la constitution dissymétrique

$$C^6H^4 \begin{cases} C\,(C^6H^5)^2 \\ CO \end{cases} O.$$

On déduit de là, comme nous venons de le voir, que la phtaléine du phénol n'est autre que la *dioxyphenylphtalide*

$$C^6H^4 \begin{cases} C\,(C^6H^4.OH)^2 \\ CO \end{cases} O.$$

Cette formule rend parfaitement compte de la transformation de la phtaléine en phtaline par simple fixation de 2 atomes d'hydrogène, et nous explique du même coup la structure de ce dérivé. La phtaline ne peut être, en effet, que l'*acide dioxytriphénylmethane-carbonique*,

$$CH \begin{cases} C^6H^4.OH \\ C^6H^4.OH \\ C^6H^4\text{-}CO^2H \end{cases} \quad \text{ou} \quad C^6H^4 \begin{cases} CH(C^6H^4.OH)^2 \\ CO^2H; \end{cases}$$

elle renferme les deux oxydryles phénoliques de la phtaléine elle-même et doit fournir comme elle un dérivé diacétylé; de plus, c'est un acide, et elle doit, à ce titre, donner par réduction un alcool primaire : l'expérience vérifie ces prévisions et l'on connaît, en effet, la *diacétylphtaléine* et le *phtalol*.

La phtaline étant

$$C^6H^4 \begin{cases} CH(C^6H^4.OH)^2 \\ CO^2H, \end{cases}$$

la *phtalidine*, qui en dérive par perte d'une molécule d'eau, ne peut avoir qu'une des deux formules

$$(1) \qquad C^6H^4 \begin{cases} C = (C^6H^4.OH)^2 \\ C = O \end{cases}$$

ou

$$(2) \qquad C^6H^4 \begin{cases} C\text{-}C^6H^4.OH \\ \;|\; \rangle C^6H^3.OH \\ C\text{-}OH. \end{cases}$$

Pour décider entre ces deux formules, nous nous guiderons encore sur l'analogie avec la série de la phtalophénone.

La phtalidine de la phtalophénone donne, par la distillation avec de la poudre de zinc, du phénylanthracène, exactement comme l'anthranol fournit dans ces conditions de l'anthracène. On doit donc l'envisager comme le phénylanthranol,

$$C^6H^4 \begin{cases} C\text{-}C^6H^5 \\ \;|\; \rangle C^6H^4 \\ C\text{-}OH. \end{cases}$$

Nous sommes par cela même amenés à choisir pour la phtalidine du phénol la formule 2. C'est le *dioxyphénylanthranol*. Reste à établir la constitution de la *phtalidéine*. Ce corps, nous l'avons vu, se produit par la fixation d'un atome d'oxygène sur la phtalidine. Cet atome ne peut évidemment entrer dans la molécule qu'en détruisant la liaison des atomes de carbone du centre, et y entrer qu'à l'état d'oxhydryle. On est donc forcément conduit à la formule

$$C^6H^4 \left\langle \begin{array}{l} C(OH) \left\langle \begin{array}{l} C^6H^4.OH \\ C^6H^3.OH. \end{array} \right. \\ CO \end{array} \right.$$

Ces formules de constitution, une fois établies pour la phtaléine du phénol et ses dérivés, peuvent nous servir de types pour les autres phtaléines, phtalines, etc. Il nous suffira, en effet, de remplacer le radical phénolique $C^6H^4.OH$ par tout autre radical aromatique univalent, pour avoir les constitutions de tous les corps analogues.

Nous étudierons successivement dans cet article les phtaléines, puis les phtalines, les phtalidines, et enfin les phtalidéines. Nous ne ferons exception que pour la phtalophénone et ses dérivés, qui rentrent cependant évidemment dans cette fonction, mais qui ont été décrits à part.

PHTALÉINES.

Au point de vue le plus général, on peut définir les phtaléines des *lactones* dérivées du triphénylméthane, ayant comme type général

$$H^4C^6 \left\langle \begin{array}{l} C(C^6R^5)^2 \\ CO \end{array} \right\rangle O.$$

R peut être un atome ou un groupement univalent quelconque, CH^3, OH, Cl, $C^6H^4.OH$, AzH^2, etc.

Les deux noyaux C^6R^5 peuvent d'ailleurs échanger entre eux une ou plusieurs valences. Le groupe C^6H^4 lui-même peut être modifié par substitution et remplacé tout au moins, comme dans l'homofluorescéine, par un de ses homologues supérieurs, CH^3-C^6H^3. Il faut seulement ajouter, pour que notre définition soit exacte, que l'atome de carbone central et le carbonyle doivent toujours être l'un par rapport à l'autre dans la position ortho.

Les phtaléines peuvent être obtenues par plusieurs procédés différents.

1° Action du chlorure de phtalyle ou de l'anhydride phtalique sur les phénols uni- et plurivalents, en présence d'un déshydratant (acide sulfurique, chlorure de zinc, etc.). C'est le procédé le plus anciennement connu.

2° Action du chlorure de phtalyle sur un hydrocarbure aromatique, en présence de chlorure d'aluminium. C'est ce mode de préparation qui a permis à Friedel et à Crafts d'obtenir la phtalophénone.

3° Action de l'acide orthobenzoylbenzoïque sur un phénol uni- ou plurivalent, en présence d'un déshydratant (chlorure d'étain). Ce procédé fournit des phtaléines mixtes, contenant à la fois le radical phényle et un radical phénolique.

4° Action du chloroforme sur un phénol, en présence de soude caustique. Ce procédé n'a encore été appliqué qu'à une phtaléine, l'homofluorescéine; mais il est probable qu'il est général.

Les phtaléines sont ordinairement solubles dans les acides et dans les alcalis. Leur propriété la plus saillante est de se transformer en phtalines par fixation de deux atomes d'hydrogène.

PHTALÉINE DE LA BENZINE.

Phtalophénone ou *diphénylphtalide*,

$$C^{20}H^{14}O^2 = C^6H^4 \left\langle \begin{array}{l} C(C^6H^5)^2 \\ CO \end{array} \right\rangle O$$

(Voyez Suppl., p. 658).

PHTALÉINE DU PHÉNOL.

$$C^{20}H^{14}O^4 = C^6H^4 \left\langle \begin{array}{l} C(C^6H^4.OH)^2 \\ CO \end{array} \right\rangle O$$

[Baeyer, *Liebig's Ann. Chem.*, t. CCII, p. 68]. — Ce corps prend naissance par l'action de l'anhydride phtalique sur le phénol, en présence de deshydratants (chlorure d'étain, acide sulfurique, etc.); il se produit aussi par l'action de l'acide azoteux sur la diamidophtalophénone (Suppl., p. 658).

Préparation. — On dissout 250 grammes d'anhydride phtalique dans 200 grammes d'acide sulfurique concentré, on ajoute 500 grammes de phénol fondu, et on chauffe le tout pendant 10 12 heures à 115-120°. La masse fondue est ensuite lavée à l'eau bouillante, et le résidu épuisé par une solution très étendue et chaude de soude qui dissout la phtaléine; on précipite par l'acide acétique, et on purifie le produit en le dissolvant dans l'alcool chaud, en présence de noir animal et en précipitant enfin par l'eau la solution alcoolique filtrée.

Propriétés. — La phtaléine se présente en cristaux presque incolores appartenant au système triclinique, fusibles à 250-253°; elle est très soluble dans l'alcool, l'esprit de bois, l'acide acétique, moins soluble dans l'éther, insoluble dans l'eau. L'acide sulfurique la dissout à froid avec une coloration rougeâtre; si l'on chauffe cette solution, il se produit un acide sulfoné.

Les alcalis, les carbonates alcalins, l'eau de chaux et l'eau de baryte dissolvent la phtaléine avec une coloration qui varie du rouge au violet suivant la concentration : cette coloration disparait immédiatement par l'addition d'un acide : de là l'emploi de la phtaléine comme indicateur pour les dosages alcalimétriques.

Diacetylphtaléine, $C^{20}H^{12}O^4(C^2H^3O)^2$. — On chauffe pendant 18 heures à 150-160° la phtaléine avec 5 p. d'anhydride acétique, on chasse l'excès d'anhydride par la distillation et on fait cristalliser le résidu dans l'alcool. On obtient ainsi des cristaux fusibles à 143°.

Éther méthylique. — On a obtenu par l'action de l'iodure de méthyle sur la phtaléine en présence de potasse un dérivé cristallisé dont la composition n'a pas encore été établie.

CHLORURE DE LA PHTALÉINE,

$$C^6H^4 \left\langle \begin{array}{l} C(C^6H^4Cl)^2 \\ CO \end{array} \right\rangle O.$$

— On chauffe à 120-125° un mélange de 10 grammes de phtaléine et de 18 grammes de perchlorure de phosphore; la réaction terminée, on précipite par l'eau, on lave à la soude faible et on fait cristalliser dans l'éther. Ce corps fond à 155-156° et peut être sublimé sans altération. Chauffé avec de l'acide sulfurique concentré, il donne un dérivé qui paraît être une anthraquinone chlorée et qui fournit de l'alizarine par fusion avec la potasse.

Acide dichlorotriphénylcarbinolcarbonique. — Cet acide n'a pas été isolé: il se produit à l'état de sel de potassium par l'action de la potasse alcoolique sur le chlorure de phtaléine; lorsqu'on cherche à le mettre en liberté, il perd spontanément une molécule d'eau pour régénérer le chlorure.

TÉTRABROMOPHTALÉINE, $C^{20}H^{10}Br^4O^4$. — Ce corps prend naissance par l'action du brome sur la phtaléine, soit en solution, soit à l'état sec. Le procédé de préparation le plus avantageux consiste à verser lentement 10 p. de brome en dissolution dans 10 p. d'acide acétique dans une solution bouillante de 5 p. de phtaléine dans 20 p. d'alcool. Le dérivé bromé se dépose par le refroidissement en courtes aiguilles incolores, fusibles à 220-230 avec décomposition, peu solubles dans l'alcool et dans l'acide acétique, très solubles dans l'éther.

Ce corps se dissout dans les alcalis avec une coloration violette, qui disparait par l'addition d'un excès d'alcali : les acides le précipitent de ces solutions en flocons amorphes.

L'acide sulfurique le dissout à une douce chaleur avec une belle coloration rouge clair : l'eau le reprécipite inaltéré de cette solution. Les oxydants (acide chromique, acide nitrique) font passer au violet la couleur de la solution sulfurique.

Diacétyltétrabromophtaléine. — Ce corps se présente en cristaux fusibles à 134° ; il distille sans décomposition.

ANHYDRIDE DE LA PHTALÉINE,

$$C^{20}H^{12}O^{8} = C^6H^4 \left< \begin{matrix} C \left< \begin{matrix} C^6H^4 \\ C^6H^4 \end{matrix} \right> O \\ \quad > O \\ CO \end{matrix} \right.$$

[Baeyer, *Liebig's Ann. Chem.*, t. CCXII, p. 349]. — On l'obtient comme produit accessoire dans la préparation de la phtaléine, sous la forme d'une masse amorphe, insoluble dans les alcalis. Cristallisé dans l'alcool, après décoloration par le noir animal, ce corps se présente en aiguilles incolores, fusibles à 173-175°. La potasse alcoolique est sans action sur lui. Les acides sulfurique et nitrique le dissolvent avec une fluorescence jaune-vert. Le mélange nitrosulfurique le transforme en dérivé nitré. Le brome le convertit en un dérivé bromé, $C^{20}H^{10}Br^2O^8$, fusible à 255-258°.

Diimidophtaléine,

$$C^{20}H^{16}Az^2O^2 = C^6H^4 \left< \begin{matrix} C(C^6H^4.OH)^2 \\ \quad > AzH \\ C(AzH) \end{matrix} \right.$$

[Baeyer et Burkhardt, *Liebig's Ann. Chem.*, t. CCII, p. 111]. — On chauffe la phtaléine avec 10 fois son poids d'ammoniaque aqueuse à 160-170° pendant 3 heures ; on précipite par un acide, on lave le précipité à l'eau bouillante et on le fait cristalliser dans l'alcool avec addition de noir animal. On obtient ainsi des aiguilles transparentes, fusibles à 265-266°, à peine solubles dans l'eau bouillante, la benzine, le chloroforme, la ligroïne, très solubles dans l'esprit de bois, l'alcool, l'acétone, l'acide acétique cristallisable. Ce corps se dissout dans la potasse faible et peut en être reprécipité par les acides. L'acide sulfurique le dissout à froid sans l'altérer et le transforme à chaud en oxyanthraquinone. L'hydrogène naissant, développé par la poudre de zinc et la soude, est sans action sur lui. Les acides chlorhydrique et sulfurique moyennement concentrés le transforment à 100° en phtaléine. Chauffé à 140°, pendant deux heures, avec l'anhydride acétique, il donne un dérivé diacétylé qui cristallise.

Tétrabromodimidophtaléine, $C^{20}H^{12}Br^4Az^2O^2$. — On l'obtient en chauffant pendant 3 heures à 160-180° la tétrabromophtaléine avec 10 fois son poids d'ammoniaque aqueuse ; le nouveau corps se dépose en partie pendant le refroidissement du liquide et peut en être entièrement précipité par l'addition d'un acide : il ne reste plus qu'à le purifier par cristallisation dans l'alcool. Il se présente en courtes aiguilles incolores, fusibles audessus de 280°, très solubles dans l'acétone, l'alcool, l'acide acétique, peu solubles dans l'esprit de bois, presque insolubles dans l'éther et dans la benzine. L'acide chlorhydrique à 200° et le perchlorure de phosphore sont sans action sur lui. L'acide sulfurique le dissout sans altération, à froid, et le transforme à chaud en dibromoxyanthraquinone. Le brome le convertit en acide phtalique et bromophénol.

Dinitrodibromodimidophtaléine,

$$C^{20}H^{12}Br^2(AzO^4)^2Az^2O^2.$$

— On fait passer un courant d'acide azoteux dans une solution alcoolique de tétrabromodimidophtaléine : le liquide se colore en jaune rougeâtre et laisse bientôt déposer des aiguilles jaunes offrant la composition ci-dessus. Ce corps se décompose par la chaleur avant de fondre. Il est très peu soluble dans la plupart des dissolvants.

La potasse le dissout en fournissant une combinaison cristalline rouge.

Tétracétyltétrabromodimidophtaléine. — Obtenu par l'action de l'anhydride acétique sur la tétrabromodimidophtaléine, ce corps se présente en aiguilles incolores, fusibles à 241°, très solubles dans l'esprit de bois, l'acétone, l'éther, l'acide acétique, peu solubles dans l'alcool, presque insolubles dans le chloroforme et la benzine. Il est distillable sans décomposition. La potasse ne l'attaque qu'à la fusion.

PHTALÉINE DE LA BENZINE ET DU PHÉNOL (*Monoxydiphénylphtalide*),

$$C^{20}H^{14}O^{3} = C^6H^4 \left< \begin{matrix} C \left< \begin{matrix} C^6H^5 \\ C^6H^4OH \end{matrix} \right. \\ \quad > O \\ CO \end{matrix} \right.$$

[Von Pechmann, *Deutsch. chem. Gesellsch.*, 1880, p. 1608]. — On chauffe pendant 1 heure à 115-120° un mélange de 1 p. de phénol et de 2 p. d'acide *orthobenzoylbenzoïque,*

$$C^6H^4 \left< \begin{matrix} CO\text{-}C^6H^5 \\ CO^2H, \end{matrix} \right.$$

avec 3 p. de chlorure d'étain. La masse fondue est lavée à l'eau bouillante et reprise par la soude ; la solution alcaline est enfin précipitée par une solution concentrée de chlorure d'ammonium ou par un acide. Ce corps cristallise dans un mélange d'éther et de ligroïne en lames incolores, fusibles à 155°. Il est très soluble dans tous les dissolvants, excepté l'eau et la ligroïne.

L'acide sulfurique concentré le dissout en jaune rougeâtre sans l'altérer à froid, et le dédouble à chaud en phénol et acide orthobenzoylbenzoïque. La fusion avec la potasse le transforme en oxybenzophénone.

La phtaléine se dissout dans les alcalis, les carbonates alcalins, l'eau de chaux, avec une belle coloration violacée, qui disparaît rapidement par la chaleur ou par un excès d'alcali. Le perchlorure de phosphore la transforme en un dérivé monochloré.

Dérivé acétylé (acétylmonoxydiphénylphtalide), $C^{20}H^{13}O^3(C^2H^3O)$. — On fait bouillir pendant 1 heure la phtaléine avec de l'anhydride acétique, en présence d'acétate de sodium ; on chasse l'anhydride par évaporation, on lave le résidu à l'eau et on le fait enfin cristalliser dans l'alcool. On obtient ainsi des cristaux rayonnés, fusibles à 135-136°.

DÉRIVÉ DIBROMÉ (dibromomonoxydiphénylphtalide),

$$C^6H^4 \left< \begin{matrix} C \left< \begin{matrix} C^6H^5 \\ C^6H^2Br^2.OH. \end{matrix} \right. \\ \quad > O \\ CO \end{matrix} \right.$$

— On dissout la phtaléine dans 5 p. d'alcool, et on ajoute goutte à goutte un mélange de 3 p. de brome et de 3 p. d'acide acétique. Il se dépose bientôt des cristaux qu'on purifie par une nouvelle cristallisation dans l'alcool. Ce corps se présente en aiguilles fusibles à 196°. L'acide sulfurique concentré le transforme à 120-130° en dibromophénol et anthraquinone. Les alcalis le dissolvent avec une coloration bleu violacé très fugitive.

Le *dérivé acétyldibromé* cristallise dans l'alcool en prismes incolores, fusibles à 170-172°.

PHTALÉINE DE L'ORTHOCRÉSOL,

$$C^{22}H^{18}O^4 = C^6H^4 \left\langle \begin{array}{c} C\,[C^6H^3(OH)\text{-}CH^3]^2 \\ \rangle O \\ CO \end{array} \right.$$

[Baeyer et Fraude, *Liebig's Ann. Chem.*, t. CCII, p. 153]. — On chauffe à 120-125° pendant 8 à 10 heures un mélange de 2 p. d'orthocrésol, 3 p. d'anhydride phtalique et 2 p. de tétrachlorure d'étain; la masse fondue est pulvérisée, épuisée par la vapeur d'eau surchauffée pour éliminer l'excès de crésol, et dissoute dans la soude moyennement concentrée; enfin, la solution alcaline est précipitée par l'acide chlorhydrique. Il ne reste plus qu'à faire cristalliser le produit dans l'alcool faible.

La phtaléine se présente en croûtes cristallines roses, fusibles à 213-214°, très solubles dans l'alcool, l'éther, l'acide acétique, peu solubles dans la benzine, à peine solubles dans l'eau chaude.

Les alcalis dissolvent ce corps en violet, et la coloration disparaît par un excès d'alcali; l'ammoniaque alcoolique, en jaune faible; l'acide sulfurique concentré en rouge orangé. L'acide sulfurique concentré transforme lentement à 160° la phtaléine en méthyloxyanthraquinone. L'ammoniaque aqueuse fournit à cette température un composé azoté, soluble dans les alcalis.

Dérivé diacétylé, $C^{22}H^{16}O^4(C^2H^3O)^2$. — Masse amorphe blanche, fusible à 73-75°, très soluble dans l'alcool, l'éther, l'acétone.

Dérivé dibenzoylé, $C^{22}H^{16}O^4(C^7H^5O)^2$. — Obtenu par l'action du chlorure de benzoyle sur la phtaléine, ce dérivé se présente en cristaux prismatiques, fusibles à 195-196°.

DÉRIVÉ DIBROMÉ, $C^{22}H^{16}Br^2O^4$. — On ajoute 1 p. de brome à une dissolution de 1 p. de phtaléine dans 10 p. d'alcool : au bout de quelques jours, il se dépose des cristaux qu'on purifie par lavage à la vapeur d'eau et cristallisation dans l'alcool. La dibromophtaléine fond à 255°; elle se dissout dans les alcalis et les carbonates alcalins en bleu; dans l'acide sulfurique, en rose. Chauffée à 150° avec de l'acide sulfurique concentré, elle se transforme en bromométhyloxyanthraquinone.

DÉRIVÉ DINITRÉ, $C^{22}H^{16}(AzO^2)^2O^4$. — On dissout la phtaléine dans 80 à 100 fois son poids d'acide sulfurique concentré, et on ajoute goutte à goutte de l'acide nitrique concentré; la solution, d'abord rouge-orangé, passe subitement au jaune clair : à ce moment, on précipite par l'eau et on purifie par cristallisation.

La dinitrophtaléine se présente en beaux cristaux, fusibles à 240°, solubles en rouge brun dans les alcalis. Les réducteurs (sulfhydrate de sodium, poudre de zinc et acide acétique) transforment ce corps en amidophtaléine.

ACIDE, $C^{15}H^{11}BrO^4$. — Ce corps prend naissance lorsqu'on fait réagir un grand excès de brome sur la phtaléine. Pour le préparer, on dissout 1 p de phtaléine dans 10 p. d'alcool, puis on ajoute un mélange de 6 p. de brome et de 6 p. d'acide acétique : au bout de quelques jours, il se dépose des cristaux incolores qu'on purifie par cristallisation dans l'alcool dilué. Les eaux mères renferment du bromocrésol. Ce corps se présente en aiguilles fusibles à 228°, solubles dans l'alcool, peu solubles dans l'éther, solubles en jaune dans l'acide sulfurique. Il paraît être un acide bibasique. Il forme un *sel de baryum*, $C^{15}H^9BrO^4Ba$, en petits cristaux jaunes. Sa constitution est probablement

$$C^6H^4 \left\langle \begin{array}{l} CO\text{-}C^6H^2Br(OH)\text{-}CH^3 \\ CO^2H \end{array} \right.$$

Chlorure, $C^{15}H^{10}BrO^3Cl$. — On chauffe 3 grammes de l'acide précédent avec 5 grammes de perchlorure de phosphore à 120° pendant 2 heures, et on reprend le produit par l'éther. Celui-ci dissout un liquide huileux que l'eau transforme en petits cristaux blancs, fusibles à 208-210°, et ayant la composition ci-dessus. Ce corps est très soluble dans l'alcool, l'éther, l'acétone, le chloroforme et l'acide acétique.

PHTALÉINE DU PARACRÉSOL. — Elle est inconnue, mais on a obtenu son anhydride

$$C^{22}H^{16}O^3 = C^6H^4 \left\langle \begin{array}{c} C \left\langle \begin{array}{l} C^6H^3(CH^3) \\ C^6H^3(CH^3) \end{array} \right\rangle O \\ \rangle O \\ CO \end{array} \right.$$

[Baeyer et Drewsen, *Liebig's Ann. Chem.*, t. CCXII, p. 340]. — Pour le préparer, on chauffe pendant 6 à 8 heures à 160-165° un mélange de 20 p. de paracrésol, de 14 p. d'anhydride phtalique et de 8 p. d'acide sulfurique. On élimine l'excès de crésol par distillation dans un courant de vapeur d'eau; on épuise le résidu par la potasse faible, et on le fait ensuite cristalliser dans l'acide acétique bouillant. Ce corps se présente en lamelles ou en prismes orthorhombiques, fusibles à 46°, solubles dans l'alcool, l'éther, la benzine, l'acide acétique, très solubles dans le chloroforme, insolubles dans la ligroïne, la potasse et les acides étendus. L'acide sulfurique concentré le dissout à froid avec coloration jaune et fluorescence verte, et le transforme à chaud en méthylérythroxyanthraquinone, $C^6H^4 = (CO)^2 = C^6H^2(OH)(CH^3)$.

La fusion avec la potasse le convertit en diméthyldioxybenzophénone et acide benzoïque.

PHTALÉINE DE L'α-NAPHTOL, $C^{28}H^{18}O^4 + \frac{1}{2}H^2O$ [Grabowski, *Deutsch. chem. Gesellsch.*, 1871, p. 725]. On chauffe au bain-marie un mélange de chlorure de phtalyle et d'α-naphtol tant qu'il se dégage de l'acide chlorhydrique. On reprend ensuite par la potasse, on précipite par l'acide chlorhydrique et on fait cristalliser dans la benzine. On obtient ainsi des cristaux bruns, solubles en bleu dans la potasse.

ANHYDRIDE DE CETTE PHTALÉINE, $C^{28}H^{16}O^3$. — Ce corps a été décrit t. II, p. 1009, sous le nom de *phtaléine du naphtol*. Sa composition, ainsi que sa propriété d'être insoluble dans les alcalis, doivent le faire envisager comme l'anhydride de l'α-naphtol-phtaléine.

PHTALÉINE DE LA RÉSORCINE (voyez FLUORESCÉINE, Suppl., p. 834). D'après les recherches les plus récentes de Baeyer [*Liebig's Ann. Chem.*, t. CCXII, p. 351], on doit attribuer à la fluorescéine la constitution

$$C^{20}H^{12}O^5 = C^6H^4 \left\langle \begin{array}{c} C \left\langle \begin{array}{l} C^6H^3(OH) \\ C^6H^3(OH) \end{array} \right\rangle O. \\ \rangle O \\ CO \end{array} \right.$$

PHTALÉINE DE LA BENZINE ET DE LA RÉSORCINE,

$$C^{20}H^{14}O^4 = C^6H^4 \left\langle \begin{array}{c} C \left\langle \begin{array}{l} C^6H^5 \\ C^6H^3(OH)^2 \end{array} \right. \\ \rangle O \\ CO \end{array} \right.$$

[Von Pechmann, *Deutsch. chem. Gesellsch.*, 1881, p. 1860]. — On chauffe pendant 1 heure à 195-200° un mélange de 2 p. d'acide *benzoylbenzoïque* et 1 p. de résorcine. Le produit de la réaction est lavé à l'eau bouillante et dissous dans l'ammoniaque; l'évaporation de la solution alcaline au bain-marie fournit des flocons amorphes rouge-brun, qu'on fait cristalliser dans l'acétone et dans le chloroforme. On obtient ainsi des prismes brillants, légèrement jaunâtres, fusibles à 113-114°, renfermant 1 molécule de chloroforme, qu'ils perdent par la fusion ou par l'ébullition avec l'eau. Après cette première fusion, la phtaléine ne fond plus qu'à 175-176°.

La phtaléine dont il s'agit est fort soluble dans tous les dissolvants, excepté dans l'eau et la ligroïne. Elle se dissout sans altération dans les alcalis avec une coloration rouge-brun : à l'ébullition, ces solutions se décomposent en donnant de la résorcine et de l'acide benzoylbenzoïque.

La combinaison chloroformique se dissout dans l'acide sulfurique en jaune rougeâtre; en chauffant cette solution on produit de l'anthraquinone. Une solution alcoolique ou acétique de la phtaléine prend, par l'addition d'acide chlorhydrique concentré, une magnifique fluorescence verte et bleue, par suite de la formation d'un composé instable.

Dérivé diacétylé, $C^{20}H^{12}O^{4}(C^{2}H^{3}O)^{2}$. — Obtenu par l'action de l'anhydride acétique sur la phtaléine, ce dérivé cristallise dans l'alcool en beaux prismes, fusibles à 137°.

DÉRIVÉ DIBROMÉ, $C^{20}H^{12}Br^{2}O^{4}$. — On ajoute du brome à une solution acétique de phtaléine, on lave le produit à l'acide sulfureux et on le fait recristalliser dans l'alcool. Le corps ainsi obtenu fond à 219°.

DIANHYDRIDE, $C^{40}H^{26}O^{7}$. — On chauffe avec de l'acide sulfurique concentré une solution acétique de phtaléine; l'anhydride se dépose peu à peu pendant cette opération. On le lave à l'acide acétique et à l'alcool, puis on le dissout dans la soude alcoolique faible et on le précipite par l'acide acétique. Il se présente en aiguilles incolores, fusibles à 285°.

Il se dissout lentement dans les alcalis en fixant 1 molécule d'eau et en régénérant la phtaléine.

Dérivé diacétylé, $C^{40}H^{24}O^{7}(C^{2}H^{3}O)^{2}$. — Aiguilles incolores, fusibles à 245°.

PHTALÉINE DE L'HYDROQUINONE,

$$C^{20}H^{12}O^{5} = C^{6}H^{4}\left\langle \begin{matrix} C \left\langle \begin{matrix} C^{6}H^{3}.OH \\ C^{6}H^{3}.OH \end{matrix} \right\rangle O \\ CO \end{matrix} \right\rangle O$$

(Voyez t. II, p. 1305). — Ekstrand [*Deutsch. chem. Gesellsch.*, 1878, p. 713] a repris l'étude de ce corps et décrit quelques-uns de ses dérivés. Il recommande le procédé de préparation suivant. On chauffe, pendant 12 à 14 heures à 120-130°, 2 molécules d'hydroquinone avec 1 molécule d'anhydride phtalique et deux ou trois fois le poids du mélange de tétrachlorure d'étain. Le produit étant ensuite traité par l'eau bouillante, la phtaléine reste sous la forme d'une masse poisseuse devenant peu à peu cristalline : on la purifie par cristallisation dans l'alcool faible bouillant, avec addition de noir animal.

La phtaléine de l'hydroquinone se présente en aiguilles incolores, fusibles à 226-227°; elle est à peu près insoluble dans l'eau bouillante; l'acétone, l'alcool, l'acide acétique, l'éther, la dissolvent assez bien, surtout à chaud; elle est très peu soluble dans la benzine et dans le chloroforme bouillants, insoluble dans la ligroïne. Les cristaux déposés dans l'alcool renferment 1 molécule d'alcool; ceux qui se produisent lorsqu'on précipite par l'eau une solution alcoolique de la phtaléine, renferment 1 molécule d'eau qui se dégage à 160°, sans que les propriétés générales du corps soient modifiées. Les alcalis dissolvent la phtaléine en donnant un liquide violet foncé qui passe à la longue au brun. Les acides chlorhydrique et sulfurique la dissolvent avec une couleur rouge : le premier de ces acides paraît former une combinaison cristallisée.

Dérivé diacétylé, $C^{20}H^{10}O^{5}(C^{2}H^{3}O)^{2}$. — Beaux cristaux incolores, fusibles à 210°.

Dérivé pentabromé, $C^{20}H^{7}Br^{5}O^{6}$. — On ajoute un excès de brome à une solution acétique de la phtaléine et on fait bouillir pendant quelque temps; il se fait un précipité qu'on fait cristalliser dans la nitrobenzine. On obtient ainsi des petites tables, fusibles au-dessus de 300°, insolubles dans la plupart des dissolvants habituels, solubles dans les alcalis sans coloration.

PHTALÉINE DE L'ORCINE (voyez Suppl., p. 1101).

HOMOFLUORESCÉINE. — Cette phtaléine, qui a été décrite au Suppl., p. 918, doit être envisagée comme dérivant, non de l'acide phtalique, mais d'un de ses homologues immédiatement supérieurs; en effet, d'après son mode de formation au moyen du chloroforme et de l'orcine, en présence de la soude, sa constitution ne peut être que la suivante :

$$CH^{3}\text{-}C^{6}H^{3}\left\langle \begin{matrix} C \left\langle \begin{matrix} C^{6}H^{2}(CH^{3})(OH) \\ C^{6}H^{2}(CH^{3})(OH) \end{matrix} \right\rangle O \\ CO \end{matrix} \right\rangle O$$

PHTALÉINE DE LA PHLOROGLUCINE,

$$C^{20}H^{12}O^{7} = C^{6}H^{4}\left\langle \begin{matrix} C \left\langle \begin{matrix} C^{6}H^{2}(OH)^{2} \\ C^{6}H^{2}(OH)^{2} \end{matrix} \right\rangle O \\ CO \end{matrix} \right\rangle O$$

[Link, *Deutsch. chem. Gesellsch.*, 1880, p. 1652]. — On chauffe poids égaux de phloroglucine et d'anhydride phtalique à 165-170° pendant 6-8 heures; on dissout la masse dans la soude, et on précipite par l'acide sulfurique : on obtient ainsi des flocons d'un brun rouge qu'on épuise par l'eau bouillante ; ce liquide dissout la phtaléine et laisse insoluble une matière incristallisable qui n'a pas été étudiée et qui constitue la majeure partie du produit de la réaction.

La phtaléine de la phloroglucine se dépose par la concentration de sa solution aqueuse en petites aiguilles orangées, qu'on purifie par un lavage à la benzine et plusieurs cristallisations dans l'eau. Elle est très soluble dans l'acide acétique chaud, l'alcool et l'éther, insoluble dans la benzine, le chloroforme, le sulfure de carbone. Les alcalis la dissolvent, en donnant des solutions orangées, non fluorescentes. A l'air, ce corps prend une coloration rouge-orangé foncée; quand on le chauffe, il se décompose sans fondre à 240°.

PHTALÉINES DU PYROGALLOL. — D'après les recherches les plus récentes sur ce sujet, on doit admettre l'existence de deux phtaléines dérivées du pyrogallol. L'une, l'*hydrogalléine*, $C^{20}H^{12}O^{7}$, possède une constitution analogue à celle de la fluorescéine; elle est au pyrogallol ce que la fluorescéine est à la résorcine; c'est la véritable phtaléine du pyrogallol.

L'autre, la *galléine*, $C^{20}H^{10}O^{7}$, décrite autrefois par Baeyer comme renfermant $C^{20}H^{12}O^{7}$, est la phtaléine correspondant à une quinone, $C^{6}H^{3}(OH)^{2}\text{-}O\text{-}O\text{-}C^{6}H^{3}(OH)^{2}$, qui dériverait du pyrogallol par l'union de deux molécules de ce corps avec élimination de deux atomes d'hydrogène. On conçoit, par cela même, qu'elle puisse fixer deux atomes d'hydrogène, le groupement quinonique se détruisant pour régénérer les deux oxhydryles d'où il provenait, et se transformer ainsi en hydrogalléine.

L'hydrogalléine, phtaléine du pyrogallol, fournit comme la phtaléine du phénol une phtaline (*galline*) et une phtalidine (*céruline*); mais lorsqu'on essaye de passer par l'oxydation de la phtalidine à la phtalidéine, le groupement quinonique reparaît et on retombe sur une phtalidéine correspondant à la galléine, la *céruléine*.

GALLÉINE,

$$C^{20}H^{10}O^{7} = C^{6}H^{4}\left\langle\begin{array}{l} C\left\langle\begin{array}{l}C^{6}H^{2}\;\; OH.O \\ \qquad > O \quad | \\ C^{6}H^{2}\;\; OH.O\end{array}\right. \\ CO \end{array}\right\rangle O$$

[Buchka, *Liebig's Ann. Chem.*, t. CCIX, p. 261]. — On chauffe pendant quelques heures à 190-200° un mélange d'anhydride phtalique avec le double de son poids de pyrogallol; la masse refroidie est reprise par l'alcool, et la solution alcoolique précipitée par l'eau. On purifie la galléine en la transformant en dérivé acétylé qu'on saponifie ensuite.

La galléine se présente en petits cristaux d'un brun rouge à reflets métalliques verts; elle est peu soluble dans l'éther, presque insoluble dans l'acide acétique, l'acétone, la benzine et le chloroforme. L'eau chaude en dissout une petite partie en donnant un liquide rouge. Les solutions alcooliques, d'un rouge foncé, l'abandonnent avec de l'alcool de cristallisation. L'acide sulfurique concentré la dissout en rouge et la transforme à 190-200° en céruléine.

L'acide nitrique la décompose à froid sans ournir de dérivés nitrés.

La galléine se dissout dans les alcalis avec une belle couleur rouge, et la solution abandonne par l'évaporation des cristaux à éclat métallique, qui constituent le sel correspondant; un excès d'alcali colore la solution en bleu, et cette coloration s'altère rapidement à l'air. Les carbonates alcalins dissolvent aussi la galléine en rouge.

L'ammoniaque, l'eau de chaux et l'eau de baryte la dissolvent en violet; la combinaison ammoniacale est stable.

Tétracétylgalléine, $C^{20}H^{6}O^{3}(C^{2}H^{3}O^{2})^{4}$. — Préparé par l'action de l'anhydride acétique sur la galléine en présence d'acétate de sodium, ce corps se présente en petits rhomboèdres, fusibles à 247-248°, insolubles dans l'eau et dans l'éther, solubles dans la benzine, le chloroforme, l'alcool, l'acétone, l'acide acétique. Il est identique avec la tétracétylhydrogalléine.

Tétrabenzoylgalléine, $C^{20}H^{6}O^{3}(C^{7}H^{5}O^{2})^{4}$. — Fines aiguilles, fusibles à 231°, solubles dans l'alcool, la benzine, le chloroforme, l'éther, l'acétone.

Dibromogalléine, $C^{20}H^{8}Br^{2}O^{7}$. — La galléine en suspension dans 20 fois son poids d'acide acétique est additionnée d'une solution acétique de brome : au bout de 2 jours, on évapore la solution et on fait recristalliser dans l'acide acétique.

Cristaux brillants, verts, à éclat mordoré, très solubles dans l'alcool, l'acide acétique, l'acétone, peu solubles dans la benzine et le chloroforme. Les alcalis fixes dissolvent ce corps avec une belle coloration bleue; l'ammoniaque donne une solution violet foncé. Par l'action de l'anhydride acétique, on obtient un dérivé *tétracétylé*, en lamelles incolores, fusibles à 234°.

HYDROGALLÉINE,

$$C^{20}H^{12}O^{7} = C^{6}H^{4}\left\langle\begin{array}{l} C\left\langle\begin{array}{l}C^{6}H^{2}\;\; (OH)^{2} \\ \qquad > O \\ C^{6}H^{2}\;\; (OH)^{2}\end{array}\right. \\ CO \end{array}\right\rangle O$$

— La galléine en solution alcaline est décolorée par la poudre de zinc, mais la solution s'oxyde facilement à l'air; si l'on acidule par l'acide sulfurique la solution préalablement décolorée et qu'on l'épuise ensuite par l'éther, on obtient l'hydrogalléine sous la forme d'une huile rougeâtre qui se prend bientôt en une masse cristalline.

Ce corps est très soluble dans l'alcool, l'acide acétique, l'acétone, très peu soluble dans l'eau, la benzine et le chloroforme. Les alcalis le dissolvent en donnant une liqueur incolore qui ne tarde pas à bleuir à l'air par oxydation. Les solutions acides sont très stables. L'hydrogalléine fournit, par l'action de l'anhydride acétique, un dérivé tétracétylé, identique avec celui que donne la galléine.

PHTALÉINE DE LA BENZINE ET DU PYROGALLOL,

$$C^{20}H^{14}O^{5} = C^{6}H^{4}\left\langle\begin{array}{l} C\left\langle\begin{array}{l}C^{6}H^{5} \\ C^{6}H^{2}(OH)^{3}\end{array}\right. \\ CO \end{array}\right\rangle O$$

[Von Pechmann, *Deutsch. chem. Gesellsch.*, 1881, p. 1864]. — On chauffe pendant une heure à 195-200° un mélange de 2 p. d'acide benzoylbenzoïque et de 1 p. de pyrogallol. On épuise le produit par l'eau bouillante, puis on le dissout dans la soude faible; on précipite ensuite par le chlorure d'ammonium, et on fait enfin cristalliser dans un mélange de benzine et d'éther. Ce corps se présente en lamelles à 4 pans, brillantes, fusibles à 189-190°, solubles dans la plupart des dissolvants, à l'exception de l'eau et de la ligroïne. Les alcalis le dissolvent en vert; l'acide sulfurique en rouge brun : cette dernière solution se décompose par la chaleur avec dégagement d'acide sulfureux et formation d'anthraquinone.

L'acide chlorhydrique colore cette phtaléine en bleu vert. Le chlorure ferrique donne avec la solution alcoolique une magnifique coloration bleue, qui disparaît bientôt avec formation de flocons noirs.

Triacétylphtaléine, $C^{20}H^{11}O^{5}(C^{2}H^{3}O)^{3}$. — Fines aiguilles, fusibles à 231°, presque insolubles dans la plupart des dissolvants.

PHTALÉINE DE LA DIRÉSORCINE,

$$C^{6}H^{4}\left\langle\begin{array}{l} C\;[C^{6}H^{2}(OH)^{2}\text{-}C^{6}H^{3}(OH)^{2}]^{2} \\ CO \end{array}\right\rangle O$$

[Link, *Deutsch. chem. Gesellsch.*, 1880, p. 1654]. — On chauffe pendant 6 heures à 110-115° un mélange de 10 p. de dirésorcine, 7p,5 d'anhydride phtalique et 12 p. de tétrachlorure d'étain. La masse est mise en digestion avec un peu d'eau au bain-marie, et cristallisée plusieurs fois dans l'eau bouillante, qui l'abandonne en lamelles argentées contenant 5 ½ $H^{2}O$. Ce corps se décompose sans fondre à 245°. Il cristallise dans l'acide acétique en longues aiguilles incolores, qui brunissent peu à peu à l'air, et qui se dissolvent dans les alcalis avec une coloration indigo. L'acide sulfurique concentré le dissout en violet.

PHTALÉINE DE LA DIMÉTHYLANILINE,

$$C^{24}H^{24}Az^{2}O^{2} = C^{6}H^{4}\left\langle\begin{array}{l} C\;[C^{6}H^{4}Az(CH^{3})^{2}]^{2} \\ CO \end{array}\right\rangle O$$

[O. Fischer, *Liebig's Ann. Chem.*, t. CCVI, p. 92]. — On peut préparer ce corps au moyen du chlorure de phtalyle ou de l'anhydride phtalique : le chlorure fournit un mélange de phtaléine et de phtalidéine; aussi doit-on préférer l'anhydride lorsqu'on veut obtenir la phtaléine pure. On opère comme il suit :

On ajoute peu à peu du chlorure de zinc sec et exempt de carbonate à un mélange de 1 molécule d'anhydride phtalique et de 2 molécules de diméthylaniline; le poids du chlorure de zinc employé doit être égal à celui de la diméthylaniline. On chauffe pendant quelques heures à 100°, puis pendant 4 heures à 120-125°. Après le refroidissement, on dissout la masse dans l'acide chlorhydrique ou sulfurique étendu et chaud, et on précipite par un excès de soude concentrée : les bases se séparent sous la forme d'un liquide huileux. A l'aide d'un fort courant de vapeur d'eau, on entraîne la diméthylaniline non transformée et on fait enfin cristalliser la phtaléine dans la benzine ou dans l'alcool en présence de noir animal.

La phtaléine de la diméthylaniline est insoluble dans l'eau, très soluble dans la benzine, moins soluble dans l'éther et dans l'alcool, presque insoluble dans la ligroïne. Elle cristallise en gros prismes incolores, fusibles à 190-191°, et distille sans décomposition. Son chlorhydrate se colore en vert à 160°. L'acide sulfurique la dissout en rouge violacé : cette solution se colore en brun à 150° et l'eau en précipite alors des flocons verts.

La phtaléine de la diméthylaniline est une base diacide, mais ses sels neutres ne sont pas très stables.

Le *dichlorhydrate*, $C^{24}H^{24}Az^2O^2.2HCl$, se produit sous la forme d'un précipité cristallin, incolore, très hygroscopique, par l'action d'un courant de gaz chlorhydrique sur une solution éthérée de la base. Chauffé longtemps à 100°, il perd 1 molécule d'acide chlorhydrique et se convertit en *monochlorhydrate*, $C^{24}H^{24}Az^2O^2.HCl$, poudre cristalline blanche très peu soluble dans l'eau.

Picrate, $C^{24}H^{24}Az^2O^2.2C^6H^3Az^3O^7$. — Précipité d'aiguilles jaunes obtenu en mélangeant des solutions alcooliques chaudes de l'acide et de la base. Il est peu soluble dans l'alcool, très peu soluble dans l'eau, et se dissocie partiellement quand on le fait recristalliser.

Chloroplatinates. — Il en existe deux : un sel, $(C^{24}H^{24}Az^2O^2.HCl)^2PtCl^4$; c'est un précipité cristallin jaune, qu'on obtient en mélangeant des solutions alcooliques du monochlorhydrate et de chlorure de platine.

Un sel, $C^{24}H^{24}Az^2O^2.2HCl.PtCl^4 + H^2O$, qui prend naissance par le mélange de solutions chlorhydriques de la base et de chlorure de platine, se présente en beaux prismes jaune-rougeâtre, assez solubles dans l'eau chaude, très peu solubles dans l'alcool.

Iodométhylate, $C^{24}H^{24}Az^2O^2.2CH^3I$. — Produit par la fixation directe de l'iodure de méthyle sur la base maintenue à 100-110° en solution méthylique, ce corps se présente en aiguilles incolores, peu solubles dans l'eau froide, très solubles dans l'eau chaude, l'alcool et l'esprit de bois. Il fond vers 185° en se décomposant.

DÉRIVÉ HEXANITRÉ, $C^{24}H^{18}(AzO^2)^6Az^2O^2$. — On dissout la phtaléine dans de l'acide nitrique fumant et on précipite ensuite par l'eau, puis on fait recristalliser le produit dans l'acide acétique bouillant. On obtient ainsi des tables hexagonales jaunes, peu solubles dans l'alcool, l'esprit de bois et l'éther. Ce corps se décompose vers 230°.

PHTALINES

Les phtalines dérivent de l'acide *triphénylméthane-carbonique* (*ortho*),

$$C^6H^4 < \begin{matrix} CH(C^6H^5)^2 \\ CO^2H, \end{matrix}$$

par la substitution d'atomes ou de groupes d'atomes univalents quelconques,

$$Cl, OH, CH^3, AzH^2, C^6H^4.OH, \text{etc.},$$

aux atomes d'hydrogène des deux groupes phényliques.

Elles prennent naissance par l'hydrogénation des phtaléines correspondantes au moyen de la poudre de zinc en solution alcaline. Ce sont de véritables acides; elles sont généralement solubles dans les alcalis et insolubles dans les acides. Leurs propriétés les plus saillantes sont les suivantes :

1° Par hydrogénation, elles se transforment en alcools primaires ou phtalols;

2° Par oxydation, elles régénèrent les phtaléines qui leur ont donné naissance;

3° Sous l'influence des déshydratants, elles perdent une molécule d'eau et se convertissent en phtalidines.

PHTALINE DE LA BENZINE (*acide triphénylméthane-carbonique, ortho*),

$$C^{20}H^{16}O^2 = C^6H^4 < \begin{matrix} CH(C^6H^5)^2 \\ CO^2H. \end{matrix}$$

— C'est le produit de réduction de la phtalophénone (p. 1262) et on le prépare en faisant bouillir ce corps avec de la soude alcoolique concentrée jusqu'à dissolution complète; on ajoute alors de la poudre de zinc, on fait bouillir pendant quelques instants, on filtre et on précipite par un acide. On obtient ainsi de petites aiguilles incolores, fusibles à 155-157°, insolubles dans l'eau, très solubles dans l'éther, l'acide acétique cristallisable, les alcalis dilués et les carbonates alcalins. L'acide chromique en solution acétique l'oxyde immédiatement en régénérant la phtalophénone.

Par distillation avec de la baryte, il fournit du triphénylméthane.

PHTALINE DU PHÉNOL,

$$C^{20}H^{16}O^4 = C^6H^4 < \begin{matrix} CH(C^6H^4.OH)^2 \\ CO^2H \end{matrix}$$

[Baeyer, *Liebig's Ann. Chem.*, t. CCII, p. 80]. — On fait bouillir la phtaléine du phénol (p. 1262) avec de la soude concentrée et de la poudre de zinc, pendant une demi-heure, puis on étend d'eau et on verse le tout dans un excès d'acide chlorhydrique dilué. On maintient alors le produit à une douce température, jusqu'à ce que la phtaline qui se précipite tout d'abord ait pris l'aspect cristallin, on recueille ce corps, on le lave à l'eau, et on le fait recristalliser dans l'alcool. Ainsi préparée, la phtaline se présente en petites aiguilles fusibles à 225°.

L'amalgame de sodium en solution acide convertit la phtaline en *phtalol*. Les oxydants (perchlorure de fer, acide chromique) la ramènent à l'état de phtaléine.

L'acide sulfurique la dissout en donnant un liquide jaune-rougeâtre; l'addition d'eau précipite de la *phtalidine*. Si l'on ajoute à la solution sulfurique un peu de peroxyde de manganèse, la couleur passe au vert foncé, et l'eau précipite alors de la *phtalidéine*.

La phtaline fonctionne comme acide : elle se dissout sans altération dans les alcalis, et sa solution ammoniacale donne avec la plupart des solutions métalliques des précipités diversement colorés qui constituent des sels de phtaline.

Diacétylphtaline, $C^{20}H^{14}O^4(C^2H^3O)^2$. — On l'obtient par l'action de l'anhydride acétique à 170-175° sur la phtaline : elle se présente en aiguilles incolores, fusibles à 146°, très solubles dans l'acide acétique et dans l'alcool chaud qu'on peut sublimer en les chauffant avec précaution.

CHLORURE DE PHTALINE,

$$C^6H^4 < \begin{matrix} CH(C^6H^4Cl)^2 \\ CO^2H. \end{matrix}$$

— On chauffe pendant six heures à 180-200° le chlorure de phtaléine, avec 15 p. d'acide iodhydrique saturé; on évapore; on reprend le résidu par la soude faible et on précipite la solution alcaline par l'acide acétique : il ne reste plus qu'à faire cristalliser dans l'esprit de bois. On obtient ainsi des cristaux incolores, fusibles à 195°. — On peut aussi opérer la réduction du chlorure de phtaléine par la poudre de zinc et la soude alcoolique : le point de fusion du produit obtenu s'élève alors à 205-206°.

Le chlorure de phtaline est très soluble dans l'alcool, l'éther et l'acétone. Les alcalis et les carbonates alcalins le dissolvent et laissent ensuite déposer des combinaisons peu solubles.

Anhydride de la phtaline,

$$C^6H^4 \left< \begin{matrix} CH \left< \begin{matrix} C^6H^4 \\ C^6H^4 \end{matrix} \right> O \\ CO^2H \end{matrix} \right.$$

[Baeyer, *Liebig's Ann. Chem.*, t. CCXII, p. 350]. — On l'obtient en traitant l'anhydride de la phtaléine correspondante par la poudre de zinc et la soude alcoolique. Il se présente en petites aiguilles, fusibles à 214-217°, très solubles dans l'éther, les alcalis et les carbonates alcalins, peu solubles dans la benzine.

Tétrabromophtaline,

$$C^6H^4 \left< \begin{matrix} CH(C^6H^2Br^2.OH)^2 \\ CO^2H \end{matrix} \right.$$

[Baeyer, *Liebig's Ann. Chem.*, t. CCII, p. 85]. — On peut préparer ce corps soit par la réduction de la tétrabromophtaléine, soit par la bromuration directe de la phtaline : c'est ce dernier procédé qui fournit les meilleurs résultats. On dissout 5 p. de phtaline dans 50 p. d'acide acétique chaud, puis on y ajoute peu à peu un mélange de 10 p. de brome et de 10 p. d'acide acétique. L'évaporation du liquide fournit la tétrabromophtaline en aiguilles très solubles dans l'alcool, l'esprit de bois, l'acétone, l'acide acétique, le sulfure de carbone, l'éther, la benzine chaude, presque insolubles dans le chloroforme.

L'acide sulfurique la dissout en donnant un liquide rougeâtre, qui passe peu à peu au vert par suite de la formation de *tétrabromophtalidine*.

Diacétyltétrabromophtaline — Obtenu par l'action de l'anhydride acétique sur la tétrabromophtaline à 140°, ce corps cristallise en aiguilles fusibles à 165-166°.

Phtalol,

$$C^6H^4 \left< \begin{matrix} CH(C^6H^4.OH)^2 \\ CH^2.OH. \end{matrix} \right.$$

— Une solution acétique de phtaline est traitée à chaud par l'amalgame de sodium, jusqu'à ce qu'une prise d'essai neutralisée par l'acide sulfurique n'abandonne plus à l'éther aucun corps fluorescent. On étend alors le produit avec de l'eau chaude jusqu'à trouble laiteux et on laisse refroidir : le phtalol se dépose par le refroidissement en cristaux prismatiques, fusibles à 190°, peu solubles dans l'eau chaude, très solubles dans l'alcool, l'éther, l'acétone, insolubles dans le chloroforme et la benzine. Ce corps est distillable. L'acide sulfurique le colore en rouge. Le ferricyanure de potassium en solution alcaline le transforme en *phtaléine*. La potasse ne l'attaque qu'à la fusion.

Triacétylphtalol, $C^{20}H^{15}O^3(C^2H^3O)^3$. — Masse vitreuse, fusible à 40°, insoluble dans l'eau, très soluble dans l'alcool, l'éther et la benzine.

Phtaline de la benzine et du phénol (*acide monoxydiphénylméthane-carbonique*),

$$C^{20}H^{16}O^3 = C^6H^4 \left< \begin{matrix} CH \left< \begin{matrix} C^6H^5 \\ C^6H^4.OH \end{matrix} \right. \\ CO^2H \end{matrix} \right.$$

[Von Pechmann, *Deutsch. chem. Gesellsch.*, 1880, p. 1616]. — On le prépare en réduisant par la poudre de zinc et la soude la phtaléine correspondante (monoxydiphénylphtalide). Lorsque la masse a perdu sa coloration violette, on étend d'eau, on précipite par l'acide sulfurique, et on fait cristalliser dans l'alcool faible. On obtient ainsi des aiguilles brillantes, fusibles à 210°, solubles dans l'acide acétique et dans l'alcool. Les alcalis dissolvent la phtaline en donnant des solutions incolores, qui s'oxydent rapidement à l'air avec régénération de la *phtaléine*. L'acide sulfurique la transforme en *phtalidine* correspondante.

Phtaline de l'orthocrésol,

$$C^{22}H^{20}O^4 = C^6H^4 \left< \begin{matrix} CH[C^6H^3(OH)CH^3]^2 \\ CO^2H \end{matrix} \right.$$

[Baeyer et Fraude, *Liebig's Ann. Chem.*, t. CCII, p. 168]. — On fait bouillir pendant quelques heures une solution alcaline de la phtaléine correspondante avec de la poudre de zinc, puis on précipite par l'acide chlorhydrique dilué, et on fait cristalliser dans l'alcool faible. Ce corps se présente en petites aiguilles, fusibles à 217-218°. Il s'oxyde lentement à l'air en régénérant la phtaléine. L'acide sulfurique le dissout avec une coloration rougeâtre, en le transformant en phtalidine.

Diacétylphtaline, $C^{22}H^{18}O^4(C^2H^3O)^2$. — Poudre cristalline blanche, fusible à 138-140°, soluble dans l'éther et dans l'acétone.

Dibromophtaline, $C^{22}H^{18}Br^2O^4$. — On réduit la dibromophtaline par la poudre de zinc en solution alcaline, on précipite par l'acide chlorhydrique et on fait cristalliser dans l'éther. On peut aussi la préparer par l'action directe du brome sur une solution alcoolique de phtaline.

Cristaux fusibles à 236°, solubles dans l'éther et dans l'alcool, insolubles dans l'eau. Les alcalis dissolvent ce dérivé sans coloration.

Phtaline du paracrésol (anhydride),

$$C^{22}H^{18}O^3 = C^6H^4 \left< \begin{matrix} CH \left< \begin{matrix} C^6H^3(CH^3) \\ C^6H^3(CH^3) \end{matrix} \right> O \\ CO^2H \end{matrix} \right.$$

[Baeyer et Drewsen, *Liebig's Ann. Chem.*, t. CCXII, p. 342]. — La phtaline elle-même est inconnue. On obtient son anhydride en réduisant par la poudre de zinc et l'acide acétique l'anhydride de la phtaléine correspondante. L'addition d'eau au produit précipite le corps cherché en flocons blancs qu'on peut faire cristalliser dans le chloroforme. Ainsi préparé, ce corps fond à 210° et se sublime sans altération quand on le chauffe avec ménagement. Il est très soluble dans l'alcool, l'éther, la benzine, l'acide acétique, le chloroforme, les alcalis dilués et les carbonates alcalins.

L'acide sulfurique le dissout avec élévation de température, et l'addition d'eau à cette solution en précipite des flocons bruns qui sont probablement l'anhydride de la phtalidine correspondante.

Phtaline de la résorcine. — Voyez Fluorescine, Suppl., p. 836.

Chlorure de phtaline,

$$C^6H^4 \left< \begin{matrix} CH \left< \begin{matrix} C^6H^3Cl \\ C^6H^3Cl \end{matrix} \right> O \\ CO^2H \end{matrix} \right.$$

[Baeyer, *Liebig's Ann. Chem.*, t. CCXII, p. 351] — On réduit par la poudre de zinc et la soude alcoolique la chlorofluorescéine ; on chasse l'alcool, on filtre, et on précipite par l'acide sulfurique dilué. Il ne reste plus qu'à faire cristalliser dans l'alcool. On obtient ainsi des aiguilles incolores, fusibles à 226°, solubles dans l'alcool, la benzine, l'éther, l'acétone, insolubles dans la ligroïne.

L'acide sulfurique dissout ce corps en jaune, sans l'altérer. Il ne semble pas pouvoir fournir de *phtalidine* correspondante.

PHTALINE DE LA BENZINE ET DE LA RÉSORCINE (*acide dioxytriphénylméthane-carbonique*),

$$C^{20}H^{16}O^{4} = C^{6}H^{4} \left\langle \begin{array}{l} CH \left\langle \begin{array}{l} C^{6}H^{5} \\ C^{6}H^{3}(OH)^{2} \end{array} \right. \\ CO^{2}H \end{array} \right.$$

[Von Pechmann, *Deutsch. chem. Gesellsch.*, 1881, p. 1862]. Ce corps, isomère avec la phtaline du phénol, prend naissance par la réduction de la phtaléine correspondante au moyen de la poudre de zinc et de l'ammoniaque. Lorsque la dissolution est complète, on acidule et on épuise par l'éther. On obtient ainsi des cristaux brillants, fusibles à 184°. L'acide sulfurique concentré semble le transformer en la phtalidine correspondante.

PHTALINE DE L'HYDROQUINONE,

$$C^{20}H^{14}O^{5} = C^{6}H^{4} \left\langle \begin{array}{l} CH \left\langle \begin{array}{l} C^{6}H^{3}.OH \\ C^{6}H^{3}.OH \end{array} \right\rangle O \\ CO^{2}H \end{array} \right.$$

[Ekstrand, *Deutsch. chem. Gesellsch.*, 1878, p. 716]. — On fait bouillir pendant 4 heures la phtaléine de l'hydroquinone avec de la soude et de la poudre de zinc, on sature ensuite par l'acide sulfurique faible et on épuise par l'éther. La solution éthérée est additionnée de benzine jusqu'à trouble persistant, et l'éther chassé par distillation : l'évaporation du liquide benzénique ainsi obtenu fournit de grandes tables incolores qui paraissent renfermer 1 molécule de benzine. Ce corps fond à 202-203°. Il se dissout dans les alcalis sans coloration, mais ces solutions attirent, lentement à froid, rapidement à chaud, l'oxygène de l'air pour régénérer la phtaléine. L'acide sulfurique le dissout en rouge et le transforme en phtalidine, qu'on obtient sous la forme d'un précipité vert olive, soluble dans l'éther, par addition d'eau au mélange.

Diacétylphtaline, $C^{20}H^{12}O^{5}(C^{2}H^{3}O)^{2}$. — Obtenu par l'ébullition de la phtaline avec un excès d'anhydride acétique, ce corps cristallise dans l'esprit de bois en prismes incolores, fusibles à 190-191°.

PHTALINE DE L'ORCINE. — Voyez Suppl., p. 1101.

PHTALINE DE LA PHLOROGLUCINE,

$$C^{20}H^{14}O^{7} = C^{6}H^{4} \left\langle \begin{array}{l} CH \left\langle \begin{array}{l} C^{6}H^{2}(OH)^{2} \\ C^{6}H^{2}(OH)^{2} \end{array} \right\rangle O \\ CO^{2}H \end{array} \right.$$

[G. Link, *Deutsch. chem. Gesellsch.*, 1880, p. 1653]. — On traite une solution sodique de phtaléine de la phloroglucine par la poudre de zinc, et, quand elle est décolorée, on agite le tout avec de l'éther. Ce liquide abandonne par évaporation une huile épaisse, brun clair, qui se convertit lentement à la température du bain-marie en une masse amorphe, rougeâtre, brillante et légère. Ce corps est soluble dans la plupart des dissolvants, eau, acide acétique, alcool, etc., qui l'abandonnent par évaporation à l'état amorphe. Les alcalis le dissolvent sans coloration, mais ces solutions ne tardent pas à prendre une teinte orange au contact de l'air, par suite de la transformation de la phtaline en phtaléine.

PHTALINE DU PYROGALLOL (GALLINE),

$$C^{20}H^{14}O^{7} = C^{6}H^{4} \left\langle \begin{array}{l} CH \left\langle \begin{array}{l} C^{6}H^{2}(OH)^{2} \\ C^{6}H^{2}(OH)^{2} \end{array} \right\rangle O \\ CO^{2}H \end{array} \right.$$

[Buchka, *Liebig's Ann. Chem.*, t. CCIX, p. 268]. — On obtient ce corps en chauffant pendant longtemps avec de la poudre de zinc une solution ammoniacale de galléine ; on acidule par l'acide sulfurique, on filtre et on laisse refroidir à l'abri de l'air. On épuise enfin par l'éther, qui abandonne la galline en fines aiguilles incolores. Ce corps se colore rapidement en rose au contact de l'air. Il est très soluble dans l'alcool, l'acide acétique, l'acétone, moins soluble dans l'eau. C'est un acide véritable, qui décompose les carbonates.

L'acide sulfurique le transforme à froid en céruline, qui est la phtalidine correspondante.

Tétracetylgalline, $C^{20}H^{10}O^{3}(C^{2}H^{3}O^{2})^{4}$. — Petites lamelles incolores, fusibles à 220°, très solubles dans l'alcool, le chloroforme, la benzine, l'acétone.

GALLOL, $C^{20}H^{16}O^{6}$. — Ce corps prend naissance par la réduction de la galléine au moyen de la poudre de zinc et de l'acide sulfurique. Il a été décrit, t. II, p. 1010, sous le nom de galline et avec la formule $C^{20}H^{14}O^{7}$. On doit l'envisager comme le *phtalol* de la galline et lui attribuer la constitution

$$C^{6}H^{4} \left\langle \begin{array}{l} CH \left\langle \begin{array}{l} C^{6}H^{2}(OH)^{2} \\ C^{6}H^{2}(OH)^{2} \end{array} \right\rangle O \\ CH^{2}.OH. \end{array} \right.$$

Pentacétylgallol, $C^{20}H^{11}O(C^{2}H^{3}O^{2})^{5}$. — Petites lamelles incolores, fusibles à 230°, solubles dans l'alcool, le chloroforme, la benzine et l'acétone.

PHTALINE DE LA BENZINE ET DU PYROGALLOL. — Ce corps (acide trioxytriphénylméthane-carbonique) se produit par la réduction de la phtaléine correspondante au moyen de la poudre de zinc et de l'acide acétique. Il s'altère rapidement, surtout en solution alcaline.

PHTALINE DE LA DIRÉSORCINE,

$$C^{6}H^{4} \left\langle \begin{array}{l} CH[C^{6}H^{2}(OH)^{2}\text{-}C^{6}H^{3}(OH)^{2}]^{2} \\ CO^{2}H \end{array} \right.$$

[Link, *Deutsch. chem. Gesellsch.*, 1880, p. 1655]. — On dissout la phtaléine de la dirésorcine dans une lessive de soude, on ajoute de la poudre de zinc jusqu'à décoloration, puis on acidule par l'acide sulfurique et on épuise par l'éther. Le résidu de l'évaporation de l'éther est enfin cristallisé dans l'eau. On obtient ainsi la phtaline en lamelles incolores contenant 8½ $H^{2}O$. L'acide acétique l'abandonne en gros prismes fusibles à 238°.

Ce corps est soluble dans les alcalis sans coloration.

PHTALINE DE LA DIMÉTHYLANILINE,

$$C^{24}H^{26}Az^{2}O^{2} = C^{6}H^{4} \left\langle \begin{array}{l} CH[C^{6}H^{4}Az(CH^{3})^{2}]^{2} \\ CO^{2}H \end{array} \right.$$

[O. Fischer, *Liebig's Ann. Chem.*, t. CCVI, p. 101]. — On chauffe avec de la poudre de zinc une solution chlorhydrique de la phtaléine correspondante, jusqu'à ce qu'une prise d'essai ne fournisse plus, par la soude, un précipité de phtaléine. On précipite alors le zinc à chaud par le carbonate de sodium en excès, puis on neutralise exactement le liquide filtré par l'acide sulfurique étendu. La phtaline se dépose sous la forme d'un précipité cristallin qu'on purifie par une nouvelle cristallisation dans l'alcool bouillant. On obtient ainsi des lamelles brillantes, fusibles vers 200°, très solubles dans l'éther et la benzine, peu solubles dans la ligroïne, presque insolubles dans l'eau et dans l'alcool froid.

Ce corps est soluble dans les acides et dans les alcalis ; il forme avec ces derniers des combinaisons solubles dans l'eau. L'acide sulfurique le dissout à chaud avec une coloration violette. Par distillation avec de la baryte, il fournit du *tétraméthyldiamido-triphénylméthane*.

PHTALIDINES

Les phtalidines dérivent du *phénylanthranol*,

$$C^{20}H^{14}O = C^6H^4 \left< \begin{matrix} C - C^6H^5 \\ | \\ C(OH) \end{matrix} \right> C^6H^4$$

par la substitution de groupements atomiques univalents quelconques aux atomes d'hydrogène du groupe phényle et d'un des groupes phénylènes. Elles se forment par l'action des déshydratants, et notamment de l'acide sulfurique, à une température variable, sur les phtaléines correspondantes.

Ces corps ont une grande tendance à s'oxyder, surtout en solution alcaline, pour se transformer en *phtalidéines*, dont ils sont en quelque sorte les leucodérivés.

PHÉNYLANTHRANOL. — Ce corps se produit par l'action des déshydratants, acide sulfurique, anhydride phosphorique, etc., sur l'acide triphénylméthane-carbonique. Il est à la phtalophénone ce qu'est la *phtalidine* à la *phtaléine* du phénol. Pour le préparer, on triture une partie d'acide triphénylméthane-carbonique avec 3 p. d'acide sulfurique concentré jusqu'à dissolution complète; on précipite alors par l'eau, on lave le produit au carbonate de sodium et on le fait recristalliser dans l'alcool.

Le phénylanthranol cristallise en aiguilles jaunes, fusibles à 141-144°, solubles dans l'alcool chaud, l'acétone, l'éther, les alcalis et les carbonates alcalins dilués et chauds.

Chauffé avec de la poudre de zinc, il donne du phénylanthracène; traité par l'acide iodhydrique, il fournit du dihydrure de phénylanthracène; oxydé par l'acide chromique en solution acétique, il se convertit en phényloxanthranol.

Acétylphénylanthranol,

$$C^{20}H^{13}O(C^2H^3O).$$

— Obtenu par l'action de l'anhydride acétique en excès sur le phénylanthranol à 140°, ce corps se présente en aiguilles fusibles à 165-166°, solubles dans l'alcool, l'éther, la benzine, l'acétone avec une fluorescence bleue.

PHTALIDINE DU PHÉNOL (*dioxyphénylanthranol*),

$$C^{20}H^{14}O^3 = C^6H^4 \left< \begin{matrix} C - C^6H^4.OH \\ | \\ C(OH) \end{matrix} \right> C^6H^3.OH$$

[Baeyer, *Liebig's Ann. Chem.*, t. CCII, p. 90]. — On triture la *phtaline* du phénol avec le double de son poids d'acide sulfurique; puis on précipite par l'eau et on reprend par l'éther. On obtient ainsi une masse résineuse qui constitue la phtalidine. Ce corps a pris naissance d'après l'équation

$$C^6H^4 < \begin{matrix} CH(C^6H^4.OH)^2 \\ CO.OH \end{matrix} - H^2O$$

$$= C^6H^4 \left< \begin{matrix} C - C^6H^4.OH \\ | \\ C(OH) \end{matrix} \right> C^6H^3.OH$$

La réaction inverse se produit quand on chauffe la phtalidine avec de l'eau à 170° pendant 4 heures.

La phtalidine se dissout sans altération dans les alcalis; mais les solutions alcalines ainsi obtenues s'oxydent rapidement au contact de l'air en donnant naissance à la *phtalidéine*.

La fusion avec la potasse la transforme en dioxybenzophénone; l'hydrogène naissant la convertit en *hydrophtalidine*.

TÉTRABROMOPHTALIDINE,

$$C^6H^4 \left< \begin{matrix} C - C^6H^2Br^2.OH \\ | \\ C(OH). \end{matrix} \right> C^6HBr^2.OH$$

— On triture la tétrabromophtaline avec de l'acide sulfurique concentré (12 p. d'acide pour 1 p. de phtaline), puis on précipite par l'eau et on fait cristalliser dans l'alcool. On obtient ainsi des aiguilles jaunes, peu solubles dans l'esprit de bois, l'alcool, l'acide acétique, l'éther, la benzine, le chloroforme, très solubles dans l'acétone.

Ce corps se dissout dans la potasse, avec laquelle il forme une combinaison cristalline verte. Les oxydants le transforment en tétrabromophtalidéine.

Diacétyltétrabromophtalidine,

$$C^{20}H^8Br^4O^3(C^2H^3O)^2.$$

— Aiguilles fusibles à 256°, très solubles avec fluorescence verte dans le chloroforme, la benzine, le sulfure de carbone, peu solubles dans l'éther, l'alcool, l'acide acétique.

CHLORURE DE PHTALIDINE,

$$C^{20}H^{12}OCl^2 = C^6H^4 \left< \begin{matrix} C - C^6H^4Cl \\ | \\ C(OH). \end{matrix} \right> C^6H^3Cl$$

— Ce corps n'a pu être obtenu directement au moyen de la phtalidine. On le prépare en réduisant le chlorure de *phtalidéine* par la poudre de zinc et l'acide acétique à chaud : la réaction terminée, on précipite par l'eau et on obtient ainsi une poudre jaune, fusible vers 170°, qui peut être sublimée, et qui distille en se décomposant. Ce corps est très peu soluble dans l'alcool, assez soluble dans l'acétone et l'éther avec fluorescence bleu-vert, très soluble dans la benzine et le sulfure de carbone.

Les oxydants le ramènent immédiatement à l'état de chlorure de phtalidéine. L'amalgame de sodium en solution alcoolique le convertit en chlorure d'hydrophtalidine.

HYDROPHTALIDINE,

$$C^{20}H^{16}O^3 = C^6H^4 \left< \begin{matrix} CH - C^6H^4.OH \\ \\ CH.OH. \end{matrix} \right> C^6H^3.OH$$

— Ce corps se produit par l'hydrogénation de la phtalidine au moyen de la poudre de zinc et de la soude, ou bien du zinc et de l'acide chlorhydrique. C'est une résine que les oxydants (permanganate de potassium) transforment en *phtalidéine*, et que le brome convertit en tétrabromophtalidéine.

Chlorure d'hydrophtalidine,

$$C^6H^4 \left< \begin{matrix} CH - C^6H^4Cl \\ \\ CH.OH. \end{matrix} \right> C^6H^3Cl$$

— On traite le chlorure de phtalidine par l'amalgame de sodium en solution alcoolique; on chasse par distillation la majeure partie de l'alcool, et on précipite par l'eau : il ne reste plus qu'à faire cristalliser dans le sulfure de carbone pour obtenir de longues aiguilles, fusibles à 56°, très solubles dans l'éther, l'acétone, le chloroforme, le sulfure de carbone, peu solubles à froid dans l'alcool, l'esprit de bois, l'acide acétique.

Ce corps est instable et se transforme rapidement à l'air en chlorure de phtalidine.

PHTALIDINE DE LA BENZINE ET DU PHÉNOL (*monooxyphénylanthranol*),

$$C^{20}H^{14}O^2 = C^6H^4 \left< \begin{matrix} C - C^6H^4.OH \\ | \\ C - OH \end{matrix} \right> C^6H^4$$

[Von Pechmann, *Deutsch. chem. Gesellsch.*, 1880,

p. 1616]. — On triture une partie d'*acide mono-oxydiphénylméthane-carbonique* avec 3 p. d'acide sulfurique jusqu'à dissolution complète, puis on verse dans l'eau. On obtient ainsi une résine jaune, qui s'oxyde rapidement à l'air en se transformant en phtalidéine correspondante. Ce corps se dissout dans l'éther avec une belle fluorescence verte.

PHTALIDINE DE L'ORTHOCRÉSOL [Baeyer et Fraude, *Liebig's Ann. Chem.*, t. CCII, p. 171]. — On prépare ce corps en triturant la *phtaline* correspondante avec de l'acide sulfurique jusqu'à dissolution complète, et en précipitant ensuite par l'eau. C'est une masse amorphe jaune-verdâtre, soluble dans l'éther avec fluorescence verte. Les alcalis le dissolvent avec une coloration brun-rouge ; les solutions ainsi obtenues attirent lentement l'oxygène de l'air pour fournir la *phtalidéine* correspondante.

PHTALIDINE DU PYROGALLOL (CÉRULINE),

$$C^{20}H^{12}O^6 = C^6H^4 \left\langle \begin{array}{l} C - C^6H^2(OH)^2 \\ \quad \quad \quad \quad > O \\ \quad \quad C^6H(OH)^2 \\ C - OH \end{array} \right.$$

[Buchka, *Liebig's Ann. Chem.*, t. CCIX, p. 274]. — La céruline prend naissance par l'action de l'acide sulfurique concentré et froid sur la galline (phtaline correspondante) : l'addition d'eau au mélange la précipite en flocons brun-rouge. On l'obtient encore plus aisément en réduisant à chaud la céruléine par la poudre de zinc et l'ammoniaque : il suffit alors d'épuiser le produit par l'éther pour l'isoler.

Ce corps se présente en flocons rougeâtres, solubles dans l'alcool, l'éther, l'acide acétique avec une fluorescence jaune-vert; il se dissout dans l'acide sulfurique en rouge et en est reprécipité par l'eau. Il se transforme rapidement en céruléine au contact de l'air.

Tétracétylcéruline, $C^{20}H^8O^2(C^2H^3O^2)^4$. — On ne l'obtient pas directement au moyen de la céruline, à cause de son oxydabilité; mais on peut la préparer en traitant la céruléine par l'anhydride acétique et la poudre de zinc. Le produit, privé de l'excès d'anhydride, est repris par l'eau et traité par un courant de gaz sulfhydrique; et le précipité, séché, est épuisé par le chloroforme qui dissout l'acétylcéruline, et qui l'abandonne par évaporation en lamelles jaunes, fusibles à 256°, assez solubles dans l'alcool et la benzine.

L'acide sulfurique dissout ce corps en rouge. Les oxydants le convertissent en triacétylcéruléine.

PHTALIDINE DE LA DIMÉTHYLANILINE,

$$C^{24}H^{24}Az^2O = C^6H^4 \left\langle \begin{array}{l} C - C^6H^4Az(CH^3)^2 \\ | > C^6H^3Az(CH^3)^2 \\ C - OH \end{array} \right.$$

[O. Fischer, *Liebig's Ann. Chem.*, t. CCVI, p. 108]. Ce corps, *leucobase du vert phtalique*, s'obtient en chauffant pendant longtemps avec de la poudre de zinc et de l'acide chlorhydrique le produit brut de la réaction du chlorure de phtalyle sur la diméthylaniline (voyez PHTALIDÉINE *de la diméthylaniline*). Lorsque le liquide est devenu incolore, on filtre et on sursature par la soude. On n'a plus qu'à épuiser par la benzine ou le toluène et à précipiter cette dernière solution par un excès d'éther sec pour obtenir la leucobase à l'état cristallin. Après une nouvelle cristallisation dans la benzine avec addition de noir animal, on obtient finalement de petits prismes brillants, fusibles à 235-236°. Ce corps est très soluble dans la benzine, le toluène et le chloroforme chauds, et très peu soluble dans les autres dissolvants.

Les oxydants le convertissent rapidement en vert phtalique; cette transformation a déjà lieu par la simple exposition des solutions à l'air.

PHTALIDÉINES

Les phtalidéines dérivent du phényloxanthranol

$$C^{20}H^{14}O^2 = C^6H^4 \left\langle \begin{array}{l} C(OH) - C^6H^5 \\ \quad \quad \quad \quad > C^6H^4 \\ CO \end{array} \right.$$

par la substitution de groupements univalents quelconques aux atomes d'hydrogène du groupe phényle et d'un des groupes phénylènes.

Elles prennent naissance par l'oxydation des phtalidines correspondantes, ou quelquefois, par l'action simultanée de l'acide sulfurique et d'un oxydant ($Mn\,O^2$) sur les phtalines.

L'hydrogène naissant les ramène, en général, à l'état de phtalidines.

PHÉNYLOXANTHRANOL. — Ce corps se produit par l'oxydation du phénylanthranol : c'est la *phtalidéine* correspondante. On chauffe une solution acétique de phénylanthranol avec du dichromate de potassium pendant quelques instants, puis on précipite par l'eau, et on purifie le produit par dissolution dans l'alcool chaud, précipitation par l'eau, et enfin cristallisation dans l'acide acétique. Ce corps se présente en lamelles orthorhombiques, fusibles à 208°, insolubles dans l'eau, très solubles dans l'alcool.

L'acide sulfurique le dissout en donnant une solution rouge pourpre, qui passe au violet par la chaleur. La potasse fondante le colore en rouge. La poudre de zinc et l'acide acétique le ramènent à l'état de phénylanthranol. L'anhydride acétique paraît fournir un dérivé monoacétylé. Traité simultanément par la benzine et l'acide sulfurique, le phényloxanthranol fournit un dérivé cristallisé dont la formule paraît être $C^{26}H^{18}O$.

PHTALIDÉINE DU PHÉNOL,

$$C^{20}H^{14}O^4 = C^6H^4 \left\langle \begin{array}{l} C(OH) - C^6H^4.OH \\ \quad \quad \quad \quad > C^6H^3.OH \\ CO \end{array} \right.$$

[Baeyer, *Liebig's Ann. Chem.*, t. CCII, p. 100]. Tous les oxydants transforment la phtalidine en phtalidéine. Le meilleur procédé de préparation de ce corps est le suivant. On dissout la phtalidine récemment préparée dans de la soude étendue et on ajoute une solution de permanganate de potassium. Au bout d'une demi-heure, on détruit par l'alcool l'excès du réactif oxydant, on filtre, et on précipite par l'acide sulfurique dilué. Il ne reste plus qu'à faire cristalliser dans l'alcool.

La phtalidéine se présente en lamelles incolores, fusibles à 212°, appartenant au système clinorhombique. Elle est très soluble dans l'alcool, l'esprit de bois, l'acétone, peu soluble dans l'acide acétique et l'éther, presque insoluble dans la benzine, le chloroforme et le sulfure de carbone. Elle se dissout dans les alcalis en jaune, dans l'acide sulfurique en violet foncé.

L'hydrogène naissant développé au moyen de la soude et de la poudre de zinc la ramène à l'état de phtalidine. Les oxydants sont sans action sur elle. L'acide sulfurique la transforme à chaud en oxyanthraquinone et acide phtalique; la fusion avec la potasse la convertit en dioxybenzophénone.

Diacétylphtalidéine, $C^{20}H^{12}O^4(C^2H^3O)^2$. — Ce corps cristallise en petits prismes clinorhombiques, fusibles à 109°, très solubles dans l'acétone, l'éther, le chloroforme, la benzine, assez solubles dans l'alcool, l'esprit de bois, l'acide acétique, le sulfure de carbone.

TÉTRABROMOPHTALIDÉINE, $C^{20}H^{10}Br^4O^4$. — On peut obtenir ce corps soit par l'action directe du brome sur la phtalidéine, soit par l'oxydation de la tétrabromophtalidine. Le meilleur procédé consiste à ajouter lentement 2 p. de brome à une dissolution bouillante de 1 p. de phalidéine dans 5 p. d'alcool : le dérivé bromé se dépose par le refroidissement en petits cristaux fusibles au-dessus de 280°. Ce corps est peu soluble dans l'alcool chaud, assez soluble dans l'éther. Les alcalis le dissolvent en jaune; l'acide sulfurique en bleu : la solution sulfurique se décompose vers 140° avec formation de dibromoxyanthraquinone. Les réducteurs le ramènent à l'état de tétrabromophtalidine.

Diacétyltétrabromophtalidéine. — Ce corps se présente en aiguilles incolores, fusibles à 182-183° ; il est peu soluble dans l'alcool, assez soluble dans l'acétone, l'éther, l'acide acétique bouillant, très soluble dans la benzine et le chloroforme. L'acide sulfurique le dissout avec une coloration verte qui passe bientôt au bleu.

CHLORURE DE PHTALIDÉINE,

$$C^6H^4 \left\langle \begin{array}{l} C(OH) - C^6H^4Cl \\ CO \quad > C^6H^3Cl \end{array} \right.$$

— On chauffe à 120-125° la phtalidéine avec 5 fois son poids de perchlorure de phosphore, tant qu'il se dégage de l'acide chlorhydrique; on lave ensuite le produit à l'eau bouillante et à la soude faible et on le fait cristalliser dans l'alcool. On obtient ainsi des aiguilles soyeuses, fusibles à 156°, très solubles dans la benzine, le chloroforme, le sulfure de carbone, l'alcool chaud, etc. Ce corps se dissout dans l'acide sulfurique concentré avec une coloration jaune-vert qui passe par la chaleur au violet, puis au brun rouge avec formation d'une anthraquinone chlorée.

COMBINAISON DE LA PHTALIDÉINE AVEC LE PHÉNOL. — On ajoute du phénol à une solution sulfurique de phtalidéine, puis on précipite par l'eau. On obtient ainsi un précipité amorphe, rouge brique, qui n'a pas été analysé. Ce corps se dissout dans les alcalis en violet et en est reprécipité par les acides. Il est très soluble dans l'alcool, l'esprit de bois, l'acétone, assez soluble dans l'éther, insoluble dans la benzine, le chloroforme, le sulfure de carbone. Il fournit avec le brome un dérivé cristallisé et soluble en bleu dans les alcalis.

Corps $C^{20}H^{15}AzO^3$ [Baeyer et Burkhardt, *Liebig's Ann. Chem.*, t. CCII, p. 120]. — On chauffe pendant 6 heures à 150-160° une partie de « combinaison de la phtalidéine avec le phénol » avec 10 p. d'alcool et 10 p. d'ammoniaque, puis on évapore le produit. On obtient ainsi des aiguilles d'un jaune clair, fusibles à 260°, très solubles dans l'alcool, l'acétone, l'esprit de bois, peu solubles dans le chloroforme, la benzine, le sulfure de carbone, insolubles dans l'eau. Ce corps se dissout dans les alcalis sans coloration; l'acide sulfurique concentré le dissout en bleu.

PHTALIDÉINE DE LA BENZINE ET DU PHÉNOL (*monoxyphénylоxanthranol*),

$$C^{20}H^{14}O^3 = C^6H^4 \left\langle \begin{array}{l} C(OH) - C^6H^4.OH \\ CO \quad > C^6H^4 \end{array} \right.$$

[Von Pechmann, *Deutsch. chem. Gesellsch.*, 1880, p. 1617]. — On prépare ce corps en oxydant par le manganate de sodium une solution de monoxyphénylanthranol dans la soude faible; on filtre et on précipite par l'acide sulfurique étendu : on obtient ainsi des flocons jaunes. Purifiée par cristallisation, cette phtalidéine fond à 194°.

Elle se dissout en jaune dans les alcalis et en rouge violacé dans l'acide sulfurique concentré. L'acide chromique en solution acétique la convertit en anthraquinone.

Acétylphtalidéine, $C^{20}H^{13}O^3(C^2H^3O)$. — Aiguilles solubles dans l'alcool, fusibles à 207-210°.

PHTALIDÉINE DE L'ORTHOCRÉSOL [Baeyer et Fraude, *Liebig's Ann. Chem.*, t. CCII, p. 171]. — On oxyde par le permanganate de potassium une solution alcaline de la phtalidine correspondante, puis on précipite par un acide. Ce corps est aussi obtenu en flocons rouille, solubles dans l'éther, solubles dans l'acide sulfurique en violet foncé.

PHTALIDÉINE DU PYROGALLOL. — CÉRULÉINE,

$$C^{20}H^{10}O^7 = C^6H^4 \left\langle \begin{array}{l} C(OH) < \begin{array}{l} C^6H^2(OH) \\ C^6H(OH) \end{array} > O \begin{array}{l} O \\ | \\ O \end{array} \\ CO \end{array} \right.$$

[Buchka, *Liebig's Ann. Chem.*, t. CCIX, p. 272]. — On chauffe la galléine à 195-200° avec de l'acide sulfurique concentré : la solution vert olive ainsi obtenue fournit, par l'addition d'eau, un précipité noirâtre qui constitue la céruléine. Ce corps est très peu soluble dans l'eau, l'alcool et l'éther, un peu soluble dans l'acide acétique en vert sale. Les alcalis le dissolvent avec une belle teinte verte qui passe au rouge quand on chauffe, pour redevenir verte par le refroidissement.

Les bisulfites alcalins réduisent la céruléine et forment avec elle des combinaisons très solubles dans l'eau.

Triacétylcéruléine, $C^{20}H^7O^4(C^2H^3O^2)^3$. — Ce corps se dépose dans l'acide acétique bouillant en aiguilles rouges, solubles dans l'acétone, l'alcool, la benzine, le chloroforme. Il est très instable et se saponifie par l'évaporation de ses solutions au bain-marie.

Sa solution acétique rouge est décolorée par l'acide sulfureux, et redevient rouge quand on chasse ce dernier.

La poudre de zinc décolore également sa solution acétique et fournit un dérivé qu'on peut précipiter par l'addition d'eau sous la forme de flocons jaunes, qui repassent rapidement, au contact de l'air, à l'état de triacétylcéruléine.

PHTALIDÉINE DE LA DIMÉTHYLANILINE (*vert phtalique*),

$$C^{24}H^{24}Az^2O^2 = C^6H^4 \left\langle \begin{array}{l} C(OH) - C^6H^4Az(CH^3)^2 \\ CO \quad > C^6H^3Az(CH^3)^2 \end{array} \right.$$

[O. Fischer, *Liebig's Ann. Chem.*, t. CCVI, p. 103]. — Ce corps prend naissance en même temps que son isomère, la phtaléine correspondante, par l'action du chlorure de phtalyle sur la diméthylaniline en présence du chlorure de zinc. On mélange dans une capsule de porcelaine 10 p. de chlorure de phtalyle avec 12 p. de diméthylaniline et 10-12 p. de chlorure de zinc; la masse s'échauffe fortement et se colore en vert foncé. Lorsque l'addition de chlorure de zinc ne détermine plus d'élévation de la température, on chauffe pendant quelques heures au bain-marie pour achever la réaction. On fait alors bouillir la masse avec un peu d'eau pour éliminer le chlorure de zinc et l'excès de diméthylaniline, puis on dissout le résidu dans l'acide acétique ou l'acide sulfurique dilué, on filtre et on sursature par un alcali. On épuise la solution par l'éther qui dissout les bases. On agite la solution éthérée avec de l'acide sulfurique faible, qui reprend les bases à l'état de sulfates, et on précipite cette solution sulfurique par l'ammoniaque. Le précipité, lavé à l'eau, est dissous dans la benzine et la solution benzinique additionnée de ligroïne : la phtaléine se précipite à l'état cristallin, tandis que la phtalidéine reste en solution. Il ne reste plus qu'à évaporer pour recueillir la phtalidéine impure.

Pour la purifier, on la dissout dans l'acide chlorhydrique étendu, on évapore la solution à sec et on maintient le résidu à 100° pendant quelque temps, de manière à convertir le dichlorhydrate en monochlorhydrate : on reprend ce sel par l'alcool et on le précipite enfin par l'eau : il est alors sensiblement pur.

Le *chlorhydrate*, $C^{24}H^{24}Az^2O^2.HCl$, cristallise en aiguilles microscopiques d'un vert jaune. Il est assez peu soluble dans l'eau et forme avec le chlorure de zinc un sel double, soluble dans l'eau avec une belle couleur verte et dont les solutions teignent la soie en vert. Ad. Fauconnier.

PHTALIDE,

$$C^8H^6O^2 = C^6H^4 <{CH^2 \atop CO}> O.$$

— Obtenu pour la première fois par Kolbe et Wischin dans la réduction du chlorure de phtalyle, ce corps fut envisagé pendant longtemps comme étant l'aldéhyde phtalique (voyez t. II, p. 1013). On attribuait alors au chlorure de phtalyle une formule symétrique, et il était naturel d'admettre par suite une formule symétrique pour le phtalide.

On a démontré depuis cette époque : 1° que le phtalide ne se combine pas avec les bisulfites alcalins [Hessert, *Deutsch. chem. Gesellsch.*, 1878, p. 237]; fait qui prouve bien que le phtalide n'est pas une aldéhyde; 2° que, par l'ébullition avec une lessive alcaline, il fixe H^2O et se convertit en un acide bivalent monobasique, l'acide phtalaldéhydique ou orthométhoxybenzoïque. Ce dernier fait établit clairement la constitution du phtalide : c'est la lactone de l'acide phtalaldéhydique, comme l'indique la formule donnée plus haut.

Préparation. — 1° On peut obtenir le phtalide par l'action de l'acide iodhydrique gazeux sur le chlorure de phtalyle en solution sulfocarbonique; la présence du phosphore ordinaire augmente les rendements [Baeyer et Hessert, *Deutsch. chem. Gesellsch.*, 1877, p. 123].

2° Il vaut mieux employer comme réducteur le zinc en présence d'acide chlorhydrique. On dissout le chlorure de phtalyle dans 50 fois son volume d'éther et on ajoute du zinc, puis de l'acide chlorhydrique étendu de 3 volumes d'eau, en ayant soin d'éviter toute élévation de température. Au bout de 12 heures, on distille l'éther; on fait digérer le résidu avec de l'eau, puis avec du carbonate d'ammonium pour décomposer l'excès de chlorure de phtalyle et le chlorure de zinc, et on épuise par l'éther : il ne reste plus qu'à évaporer ce dernier et à faire recristalliser le résidu dans l'eau bouillante. Avec 10 à 12 grammes de chlorure de phtalyle (il est avantageux de ne pas opérer sur de plus grandes quantités à la fois), on obtient 4 à 5 grammes de phtalide fusible à 73° [Hessert, *Deutsch. chem. Gesellsch.*, 1877, p. 1445].

Propriétés. — Le phtalide se présente en aiguilles fusibles à 73° et non à 65° comme l'avaient indiqué Kolbe et Wischin. Il est peu soluble dans l'eau froide et assez soluble dans l'alcool.

Le permanganate de potassium le transforme en acide phtalique. La potasse bouillante le convertit en acide orthométhoxybenzoïque (phtalaldéhydique) (Hessert).

L'ébullition avec de l'acide iodhydrique en présence de phosphore le convertit en acide orthotoluique. L'amalgame de sodium le transforme en hydrophtalide et en phtalylpinacone. L'aniline se combine avec lui pour donner le phtalidanile. Traité par le chlore à chaud ou par le perchlorure de phosphore, le phtalide fournit un chlorure, $C^8H^4Cl^4O$ [E. von Gerichten, *Deutsch. chem. Gesellsch.*, 1880, p. 417].

PHTALYLPINACONE,

$$C^6H^4 <{CH^2.OH \atop CH.OH}—{CH^2.OH \atop CH.OH}> C^6H^4$$

[Hessert, *Deutsch. chem. Gesellsch.*, 1877, p. 1445 et 1878, p. 237]. — L'action de l'amalgame de sodium sur le phtalide est très incomplète, si l'on opère en solution alcaline, à cause de la formation de l'acide phtalaldéhydique qui n'est pas attaqué; mais si l'on acidule par l'acide acétique ou l'acide sulfurique, la réaction devient assez énergique pour qu'il soit nécessaire de refroidir. Lorsque la réaction est terminée, on épuise par l'éther : celui-ci abandonne par concentration un résidu sirupeux qui laisse bientôt déposer la phtalylpinacone et qui retient l'hydrophtalide.

La phtalylpinacone cristallise en aiguilles blanches, fusibles à 197°; elle est soluble dans l'eau et dans l'alcool, insoluble dans le chloroforme. Oxydée par le permanganate de potassium, elle se transforme en acide diphtalique.

HYDROPHTALIDE,

$$C^6H^4 <{CH^2 \atop CH.OH}> O$$

[Hessert, *ibid.*]. — Ce corps reste à l'état sirupeux dans les eaux mères d'où s'est déposée la phtalylpinacone; il est soluble dans tous les véhicules, excepté dans l'eau. L'oxydation le transforme en acide phtalique.

PHTALIDANILE,

$$C^6H^4 <{CH^2 \atop CO}> AzC^6H^5$$

[Hessert, *ibid.*]. — Ce corps se produit par l'action de l'aniline sur le phtalide à 200-220° en tubes scellés; le produit formé reste dissous dans l'aniline en excès et en est précipité par l'acide chlorhydrique étendu sous la forme de paillettes brillantes. Purifié par cristallisation dans l'alcool, le phtalidanile se présente en belles lamelles fusibles à 160°, peu solubles dans l'eau bouillante et dans l'éther, solubles dans la benzine et dans le chloroforme. Il n'est décomposé ni par les alcalis ni par les acides.

L'acide chromique le transforme en phtalanile; le permanganate de potassium en acide phtalanilique.

CHLORURE, $C^8H^4Cl^4O$ [E. von Gerichten, *Deutsch. chem. Gesellsch.*, 1880, p. 417]. — Quand on traite le phtalide à chaud par le chlore, l'attaque est très faible; avec le perchlorure de phosphore, la réaction commence à 60-80° et de l'acide chlorhydrique se dégage en abondance. Après distillation de l'oxychlorure de phosphore formé, il reste une huile qui se prend en une masse cristalline, fusible à 88° et présentant la composition $C^8H^4Cl^4O$. Il bout vers 275° avec une légère décomposition.

Ce corps n'est pas décomposé par l'eau. Bouilli avec de la potasse, il se détruit lentement en donnant de l'acide phtalique; l'acide sulfurique le transforme en anhydride phtalique. Chauffé avec de l'alcool, il donne du phtalate d'éthyle. Le phénol réagit facilement sur lui et fournit du phtalate de phényle.

Il est probable que sa constitution est la suivante :

$$C^6H^4 <{CCl^2 \atop CCl^2}> O.$$

Anilide, $C^8H^4O(AzC^6H^5)^2$. — Traité par l'aniline à 70°, le chlorure précédent fournit une anilide cristallisée en houppes jaunes et brillantes, fusibles à 152-153°. Ce dérivé est insoluble dans l'eau, peu soluble dans la ligroïne, très soluble dans l'alcool chaud, l'éther et le chloroforme. Les acides le dissolvent sans altération. L'acide chlorhydrique concentré, la potasse alcoolique et l'ammoniaque aqueuse le dédoublent à chaud en aniline et acide phtalique. Ad. Fauconnier.

PHTALIDÉINES, PHTALIDINES, PHTALINES. — Voyez PHTALÉINES.

PHTALIQUE (ACIDE), $C^6H^4(CO^2H)^2$. — Voyez t. II, p. 1010.

Modes de formation. — 1° L'acide phtalique prend naissance par l'oxydation de l'acide orthotoluique au moyen du permanganate de potassium : il faut avoir soin d'opérer en solution alcaline, sans quoi l'acide phtalique formé se détruit lui-même par l'action du réactif [Weith, *Deutsch. chem. Gesellsch.*, 1874, p. 1057].

2° Il se forme lorsqu'on chauffe à 270° une partie d'anthraquinone avec 3-4 p. d'acide sulfurique fumant [Weith et Bindschedler, *Deutsch. chem. Gesellsch.*, 1874, p. 1106].

3° Il se produit par l'action de l'anhydride phtalique sur l'urée à 125° [Grimaux, *Bull. Soc. chim.*, t. XXV, p. 241].

4° On peut faire la synthèse de l'acide phtalique par la fixation directe de l'oxyde de carbone sur l'acide salicylique; deux procédés permettent d'effectuer cette synthèse : Le premier consiste à chauffer un mélange d'acide sulfurique et de ferrocyanure de potassium (mélange donnant de l'oxyde de carbone) avec de l'acide salicylique, et à épuiser ensuite le produit de la réaction par l'éther, qui dissout l'acide phtalique formé. Le second procédé consiste à chauffer, jusqu'à ce qu'il ne se dégage plus de gaz, un mélange d'acide sulfurique et d'acide formique (mélange donnant de l'oxyde de carbone) avec de l'acide salicylique, et à épuiser ensuite la masse par l'éther [A. Guyard, *Bull. Soc. chim.*, t. XXIX, p. 248].

5° La résorcine est susceptible de fixer directement de l'oxyde de carbone pour se transformer en acide phtalique : il suffit pour cela de chauffer un mélange de résorcine, d'acide sulfurique et d'acide formique [A. Guyard, *ibid.*].

Propriétés. — La densité de l'acide phtalique est de 1,585 à 1,593 [Schröder, *Deutsch. chem. Gesellsch.*, 1880, p. 1071].

A 15°, 100 p. d'éther en dissolvent 0,684; 100 p. d'alcool absolu, 10,08; 100 p. d'alcool à 90 %, 11,70 [Bourgoin, *Bull. Soc. chim.*, t. XXIX, p. 247].

La distillation sèche du phtalate de calcium donne de la benzine, de la benzophénone, du diphénylène-phényl-méthane et un carbure, $C^{13}H^{10}$, fusible à 243-244° [O. Miller, *Bull. Soc. chim.*, t. XXXIII, p. 537].

Phtalates. — *Phtalate d'aniline.* — Aiguilles fusibles à 145-146°, obtenues en versant dans de l'aniline une solution alcoolique d'acide phtalique [Beamer et Clarke, *Deutsch. chem. Gesellsch.*, 1879, p. 1066].

Phtalate de méthyle [C. Graebe, *Deutsch. chem. Gesellsch.*, 1883, p. 860]. — Ce corps a été préparé par l'action de l'iodure de méthyle sur le phtalate d'argent; par l'action du méthylate de sodium sur le chlorure de phtalyle; enfin, par l'action de l'acide ou de l'anhydride phtalique sur l'alcool méthylique en présence d'acide chlorhydrique : c'est un liquide bouillant à une température de 280° sous une pression de 734 millimètres; sa densité est comprise entre 1,2101 et 1,2022 à 13°,5, entre 1,2058 et 1,1974 à 16°, suivant le procédé de préparation employé.

Phtalate de phényle, $C^6H^4(CO^2.C^6H^5)^2$. — [J. Schreder, *Deutsch. chem. Gesellsch.*, 1874, p. 704]. — On fait bouillir du chlorure de phtalyle avec du phénol tant qu'il se dégage de l'acide chlorhydrique, puis on fait recristalliser le produit dans l'alcool bouillant ; on obtient ainsi de petits prismes incolores, fusibles à 60° et distillables sans altération. L'acide nitrique transforme ce corps en dinitrophénol et acide nitrophtalique; le sulfhydrate de potassium en thiophtalate de potassium, $C^6H^4(COSK)^2$.

Phtalyl-glycolate d'éthyle,

$$C^6H^4(CO.OCH^2\text{-}CO^2C^2H^5)^2$$

[Senf, *Deutsch. chem. Gesellsch.*, 1881, p. 2116]. — Liquide non distillable, obtenu par l'action du monochloracétate d'éthyle sur le phtalate de sodium à 175-180°.

Produits de substitution de l'acide phtalique.

Acide monochlorophtalique, $C^6H^3Cl(CO^2H)^2$ [Alèn, *Bull. Soc. chim.*, t. XXXVI, p. 433]. — Il prend naissance par l'action de l'acide azotique ($d = 1,21$) sur la δ-dichloronaphtaline à 140° en tubes scellés, ainsi que par l'action de l'acide azotique ($d = 1,2$) sur l'ε-dichloronaphtaline à 150°.

Acide dichlorophtalique, $C^6H^2Cl^2(CO^2H)^2$. — On l'obtient en faisant bouillir le tétrachlorure de dichloronaphtaline $C^{10}H^6Cl^2.Cl^4$ avec de l'acide nitrique ordinaire [Faust, *Liebig's Ann. Chem.*, t. CLX, p. 64]. Il se produit également par l'ébullition prolongée de la β-dichloronaphtaline avec de l'acide nitrique d'une densité de 1,3 [Atterberg, *Deutsch. chem. Gesellsch.*, 1877, p. 547], ainsi que par l'oxydation de la δ-trichloronaphtaline et de l'α-tétrachloronaphtaline au moyen de l'acide nitrique [Atterberg et Widmann, *ibid.*, 1877, p. 1844].

Il cristallise dans l'eau bouillante en petits prismes d'un jaune clair, fusibles à 183-185°, très solubles dans l'alcool, l'éther et l'eau chaude.

Lorsqu'on le soumet à des sublimations répétées, il se convertit en un *anhydride*, $C^8H^2Cl^2O^3$, fusible à 187°, qui présente l'aspect de l'acide benzoïque.

Les *sels de baryum*, $C^8H^2Cl^2O^4Ba + H^2O$, et de *calcium*, $C^8H^2Cl^2O^4Ca + 4H^2O$, se présentent en petits prismes peu solubles dans l'eau.

Acide trichlorophtalique, $C^6HCl^3(CO^2H)^2$. [Atterberg et Widmann, *Bull. Soc. chim.*, t. XXVIII, p. 513]. — Ce corps se produit par l'action de l'acide nitrique fort sur la β-pentachloronaphtaline; c'est une masse cristalline d'un blanc jaunâtre, que la chaleur convertit en *anhydride*; celui-ci forme des aiguilles fusibles à 157°.

Acide tétrachlorophtalique. — Voyez t. II, p. 1012.

Tétrachlorophtalates d'éthyle [Graebe, *Deutsch. chem. Gesellsch.*, 1883, p. 860]. — Ce corps paraît exister sous deux formes isomériques; l'une serait le véritable tétrachlorophtalate d'éthyle, tandis que l'autre représenterait un dérivé diéthylique de l'anhydride tétrachlorophtalique.

1° $C^6Cl^4(CO^2C^2H^5)^2$. — Obtenu par l'action de l'iodure d'éthyle sur le tétrachlorophtalate d'argent, ce corps se présente en grandes aiguilles, fusibles à 60°.

2°

$$C^6Cl^4 \begin{matrix} < C(OC^2H^5)^2 \\ < CO \end{matrix} > O.$$

— Préparé par l'action de l'éthylate de sodium sur le chlorure de tétrachlorophtalyle, il cristallise en lames fusibles à 124°.

Acide monobromophtalique, $C^6H^3Br(CO^2H)^2$. — L'acide décrit, t. II, p. 1011, fournit par l'action de la chaleur un anhydride fusible à 60-65° et très soluble dans tous les dissolvants. Cet acide doit être envisagé comme ayant la structure $C^6H^3.Br_{(3)}.CO^2H_{(1)}.CO^2H_{(2)}$ [Von Pechmann, *Deutsch. chem. Gesellsch.*, 1879, p. 2124].

L'action de l'acide nitrique sur l'α-dibromonaphtaline fournit un autre acide monobromophtalique, fusible à 135°. Chauffé, cet acide se convertit en un anhydride sublimable en aiguilles et fusible à 207-208° [Guareschi, *Deutsch. chem. Gesellsch.*, 1877, p. 294].

ACIDE THIOPHTALIQUE. — Cet acide a été obtenu à l'état de sel de potassium, $C^6H^4(COSK)^2$, par l'action du sulfhydrate de potassium sur le phtalate de phényle [J. Schreder, *Deutsch. chem. Gesellsch.*, 1874, p. 704]. Ce sel constitue une masse oléagineuse rouge, très déliquescente : les acides le décomposent en donnant, non de l'acide, mais de l'anhydride thiophtalique,

$$C^6H^4 < \begin{matrix} CO \\ CO \end{matrix} > S.$$

ACIDES MONONITROPHTALIQUES. — On connaît aujourd'hui deux acides mononitrophtaliques,

$$C^6H^3(AzO^2)(CO^2H)^2.$$

L'ACIDE α-MONONITROPHTALIQUE, déjà décrit, t. II, p. 1012, se produit :

Par l'oxydation de l'α-dinitronaphtaline au moyen de l'acide nitrique concentré et bouillant [D'Aguiar, *Deutsch. chem. Gesellsch.*, 1872, p. 897];

Par l'action du mélange nitrosulfurique sur l'acide phtalique [Miller, *Liebig's Ann. Chem.*, t. CCVIII, p. 223]; il est dans ce cas mélangé de son isomère β;

Par la nitration de l'anhydride phtalique [Claus et May, *Deutsch. chem. Gesellsch.*, 1881, p. 1330];

Par l'oxydation de l'α-mononitronaphtaline au moyen du permanganate de potassium [Guareschi, *Deutsch. chem. Gesellsch.*, 1877, p. 294];

Par l'oxydation de l'α-mononitronaphtaline au moyen de l'acide chromique [Beilstein et Kurbatow, *Liebig's Ann. Chem.*, t. CCII, p. 217]. Il se produit en même temps un corps neutre qui serait l'aldéhyde correspondante. C'est ce procédé qui permet de le préparer le plus facilement à l'état de pureté. On opère comme il suit :

On dissout 1 p. de nitronaphtaline dans 7 p. d'acide acétique; on ajoute par petites portions 5 p. d'anhydride chromique. Lorsque la violente réaction qui se produit tout d'abord est calmée, on étend d'eau et on filtre pour séparer la nitronaphtaline inattaquée. Le liquide filtré est épuisé par le chloroforme, qui dissout l'aldéhyde nitrophtalique; et il ne reste plus qu'à faire bouillir le reste avec du carbonate de baryum pour obtenir, par le refroidissement, un précipité cristallin d'α-nitrophtalate de baryum.

L'acide α-nitrophtalique cristallise en prismes clinorhombiques, fusibles à 212° [d'Aguiar, Beilstein et Kurbatow], à 218° [Miller], à 219-220° [Claus et May]. Il est presque insoluble dans le chloroforme, peu soluble dans l'eau froide, assez soluble dans l'eau bouillante, très soluble dans l'éther et l'alcool; 100 p. d'acide acétique en dissolvent 7p,5 à 26° (d'Aguiar).

L'éther neutre, $C^6H^3(AzO^2)(CO^2C^2H^5)^2$, préparé par l'iodure d'éthyle et le sel d'argent, cristallise en prismes orthorhombiques incolores, fusibles à 45°, insolubles dans l'eau, très solubles dans l'alcool et l'éther.

L'éther acide, $C^6H^3(AzO^2)(CO^2C^2H^5)(CO^2H)$, qui prend naissance par l'action du gaz chlorhydrique sur une solution alcoolique bouillante de l'acide, se présente en longues aiguilles, fusibles à 110°,5 (Miller).

Il forme un *sel d'argent*, $C^{10}H^8AzO^6Ag$, cristallisable en aiguilles, et qui détone par la chaleur.

L'aldéhyde (?) *nitrophtalique*,

$$C^6H^3(AzO^2)(CHO)^2,$$

obtenue en même temps que l'acide, cristallise en lamelles fusibles à 135°. Elle est peu soluble dans l'eau bouillante, très soluble dans l'alcool, la benzine, le chloroforme, le sulfure de carbone, l'acide acétique cristallisable. L'acide chromique en solution acétique ne l'attaque que très incomplètement par une ébullition prolongée, en donnant de l'acide α-nitrophtalique (Beilstein et Kurbatow).

L'ACIDE β-NITROPHTALIQUE se produit en même temps que son isomère, l'acide α, par l'action du mélange nitrosulfurique sur l'acide phtalique [O. Miller, *Liebig's Ann. Chem.*, t. CCVIII, p. 223]. On chauffe au bain-marie 50 grammes d'acide phtalique avec 75 grammes d'acide sulfurique et 75 grammes d'acide nitrique fumant; au bout de deux heures, on laisse refroidir et on précipite par 120 grammes d'eau. Le mélange des deux acides ainsi précipités est recueilli au bout de douze heures et traité par l'éther : ce liquide dissout d'abord l'acide β, coloré en jaune par de l'acide picrique formé dans la réaction, tandis que l'acide α reste à peu près insoluble. Le résidu de l'évaporation de l'éther est redissous dans l'eau et soumis à la cristallisation, puis transformé en éther neutre par l'action de l'acide chlorhydrique sur sa solution alcoolique : l'éther neutre ainsi obtenu est lavé à froid à la soude qui dissout l'acide picrique, puis purifié par cristallisation, et finalement saponifié par la potasse alcoolique.

L'acide β-nitrophtalique est soluble dans l'eau, l'alcool, l'éther, à peu près insoluble dans le chloroforme et la benzine. Il cristallise, avec une molécule d'eau, en aiguilles efflorescentes, devient anhydre à 100° et fond à 161°.

Il se transforme à 165° en *anhydride;* ce dernier fond à 114°, est peu soluble dans l'eau froide et soluble dans l'eau bouillante, qui le fait repasser à l'état d'acide.

Le *sel de potassium*, $C^6H^3(AzO^2)(CO^2K)^2$, cristallise en tables ou en aiguilles microscopiques, peu solubles dans l'alcool. Le *sel d'argent* est un précipité blanc. Le *sel de baryum*, $(2H^2O)$, s'obtient à froid par double décomposition. C'est un précipité formé de petits prismes; l'ébullition avec l'eau le convertit en octaèdres microscopiques, anhydres. Le *sel de zinc* cristallise par l'évaporation de ses solutions en grands prismes jaunes qui ont pour composition

$$11C^8H^3AzO^6Zn + (C^8H^4AzO^6)^2Zn + 2H^2O.$$

L'éther neutre, $C^6H^3(AzO^2)(CO^2C^2H^5)^2$, se présente en grands cristaux tabulaires, fusibles à 34°, solubles dans l'alcool et dans l'éther.

L'éther acide, $C^6H^3(AzO^2)(CO^2C^2H^5)(CO^2H)$, forme de longues aiguilles incolores, fusibles à 127-128°; il fournit un sel d'argent, qui se présente en longues aiguilles solubles dans l'eau.

ACIDE DINITROPHTALIQUE, $C^6H^2(AzO^2)^2(CO^2H)^2$ [Beilstein et Kurbatow, *Liebig's Ann. Chem.*, t. CCII, p. 225]. — On l'obtient en chauffant à 150° en tubes scellés la β-dinitronaphtaline avec de l'acide nitrique d'une densité de 1,15, pendant six heures. Le contenu des tubes est évaporé au bain-marie, repris par l'eau, et précipité par l'acétate de calcium; le précipité calcique est enfin décomposé par l'acide chlorhydrique, et la solution ainsi obtenue est épuisée par l'éther.

L'acide dinitrophtalique cristallise en grands prismes, fusibles à 226°, très solubles dans l'eau, l'alcool et l'éther, insolubles dans la benzine, le sulfure de carbone et la ligroïne.

Le *sel de calcium*, $C^6H^2(AzO^2)^2(CO^2)^2Ca$, est très peu soluble dans l'eau. Le *sel de baryum* est un précipité cristallin insoluble dans l'eau et l'acide acétique faible.

L'éther acide, $C^6H^2(AzO^2)^2(CO^2C^2H^5)(CO^2H)$, obtenu par l'action du gaz chlorhydrique sur une solution alcoolique de l'acide, cristallise en aiguilles incolores, fusibles à 186-187°, très solubles dans l'alcool, moins solubles dans le chloroforme.

ACIDE CHLORONITROPHTALIQUE,

$$C^6H^2Cl(AzO^2)(CO^2H)^2$$

[Atterberg, *Deutsch. chem. Gesellsch.*, 1877,

p. 547]. Cet acide prend naissance par l'action de l'acide nitrique sur la γ-dichloronaphtaline, sur le tétrachlorure de γ-dichloronaphtaline, ou sur l'α-monochloronaphtaline. Il se convertit par la chaleur en un anhydride qui se décompose lorsqu'on le soumet à des sublimations répétées.

Le *sel de potassium* est en grands cristaux très solubles dans l'eau; il détone au-dessus de 300°.

ACIDE TRICHLORONITROPHTALIQUE. — Ce corps se produit au moyen de l'α-trichloronaphtaline et de l'acide nitrique [Atterberg et Widmann, *Deutsch. chem. Gesellsch.*, 1877, p. 1841].

ACIDES AMIDOPHTALIQUES. (*acide α-amidophtalique*) [Miller, *Liebig's Ann. Chem.*, t. CCVIII, p. 223]. — L'éther α-amidophtalique,

$$C^6H^3(AzH^2)(CO^2C^2H^5)^2,$$

est un liquide jaune non distillable, qui se produit par la réduction de l'éther α-nitrophtalique au moyen de l'acide chlorhydrique et de la poudre de zinc.

Quant à l'acide lui-même, il ne paraît pas pouvoir exister à l'état de liberté. La réduction de l'acide α-nitrophtalique au moyen de l'étain et de l'acide chlorhydrique fournit en effet une solution qui renferme de l'étain, et qui se décompose par l'acide sulfhydrique en donnant du gaz carbonique et de l'acide métamidobenzoïque.

L'*acide β-amidophtalique* a été obtenu à l'état de sel double, $C^6H^3(AzH^2)(CO^2H)^2.HCl.SnCl^2$, par l'action de l'étain et de l'acide chlorhydrique sur l'acide β-nitrophtalique; mais lorsqu'on traite ce sel par l'acide sulfhydrique, on n'obtient que de l'acide métamidobenzoïque et de l'acide carbonique [Miller, *loc. cit.*].

L'*éther β-amidophtalique*,

$$C^6H^3(AzH^2)(CO^2C^2H^5)^2,$$

a été préparé par l'action de la poudre de zinc et de l'acide chlorhydrique sur l'éther β-nitrophtalique [Baeyer, *Deutsch. chem. Gesellsch.*, 1877, p. 124; — Miller, *loc. cit.*]. Il cristallise en grands prismes clinorhombiques, fusibles à 95°, insolubles dans l'eau, très solubles dans l'alcool et dans l'éther. L'acide azoteux le transforme en éther oxyphtalique.

ACIDE AZOPHTALIQUE,

$$C^6H^3(CO^2H)^2Az{=}Az.C^6H^3(CO^2H)^2$$

[Claus et May, *Deutsch. chem. Gesellsch.*, 1881, p. 1330]. — On dissout l'acide α-nitrophtalique dans un léger excès de soude étendue, on ajoute avec précaution de l'amalgame de sodium (60 grammes de sodium pour 100 d'acide), puis on chauffe au bain-marie pendant quelque temps. Il se dégage de l'hydrogène et l'on n'a plus qu'à concentrer à consistance sirupeuse pour obtenir l'azophtalate de sodium bien cristallisé.

L'acide, $C^{16}H^{10}Az^2O^8$, est précipité de ses sels par les acides sous la forme d'une poudre légère d'un jaune d'or, à peine soluble dans l'eau froide, l'alcool et l'éther. Il cristallise dans l'eau bouillante en petites aiguilles qui fondent à 230° et se décomposent à 250°. Distillé avec de la chaux, l'acide azophtalique fournit de l'azophénylène et de l'azobenzol. Le *sel de sodium*, $C^{16}H^8Az^2O^8Na^2 + 10H^2O$, forme de petits prismes clinorhombiques, très solubles dans l'eau, de la couleur du dichromate de potassium. Le *sel de potassium*, $(6H^2O)$, est en fines aiguilles d'un jaune brun, à éclat métallique. Le *sel de magnésium*,

$$C^{16}H^8Az^2O^8Mg + 18H^2O,$$

forme de grands cristaux d'un jaune rougeâtre. Les *sels de baryum* et *d'argent* sont des poudres insolubles, anhydres et amorphes.

Ad. Fauconnier.

PHTALIQUE (ALCOOL), $C^6H^4(CH^2.OH)^2$ [J. Hessert, *Deutsch. chem. Gesellsch.*, 1879, p. 646]. — Ce corps prend naissance par la réduction du chlorure de phtalyle au moyen de l'amalgame de sodium :

$$C^6H^4 \begin{matrix} \diagup CCl^2 \\ \diagdown CO \end{matrix} > O + 8H$$
$$= 2HCl + C^6H^4(CH^2.OH)^2.$$

On ajoute peu à peu un excès d'amalgame de sodium à une solution bouillante de chlorure de phtalyle dans cinq fois son poids d'acide acétique cristallisable; puis on étend d'eau; on filtre pour séparer des matières résineuses, et on épuise par l'éther. Le résidu de l'évaporation de l'éther est soumis à l'ébullition avec de l'eau, pour éliminer les dernières traces de résines; on épuise alors de nouveau par de l'éther, et on évapore : le résidu se prend par un froid suffisant en une masse grenue, cristalline, qui n'est autre que l'alcool phtalique. Ce corps fond à 56-62°; il est soluble dans l'alcool, l'éther et l'eau froide.

Le permanganate de potassium le transforme en acide phtalique; l'acide azotique, en phtalide. L'acide sulfurique le convertit en une résine rouge. Chauffé avec de l'acide iodhydrique et du phosphore, il se réduit à l'état d'orthoxylène.

Par l'action des chlorures d'acétyle et de benzoyle, il fournit les éthers correspondants : l'*éther acétique*, $C^6H^4(CH^2.C^2H^3O^2)^2$, fond à 37° et peut être distillé.

L'alcool phtalique absorbe énergiquement le gaz chlorhydrique sec, en donnant une masse brune, non distillable, qui paraît avoir pour formule $C^6H^4(CH^2Cl)^2$.

Ad. Fauconnier.

PHTALIQUES (AMIDES). Voyez t. II, p. 1013.

PHTALIMIDE,

$$C^6H^4 \begin{matrix} < CO > \\ < CO > \end{matrix} AzH$$

— Elle fond à 238° [Cohn, *Liebig's Ann. Chem.*, t. CCV, p. 301]. Elle se dissout dans les alcalis et peut en être précipitée par les acides. Elle fournit une combinaison potassique, $C^8H^4AzO^2K$, cristallisée en lamelles blanches.

Lorsqu'on fait passer des vapeurs de phtalimide, entraînées par un courant d'hydrogène, sur un mélange de poudre et de tournure de zinc fortement chauffé, on obtient une base de la formule $C^{15}H^{11}Az$ [Gabriel, *Deutsch. chem. Gesellsch.*, 1880, p. 1684]. Ce corps se présente en cristaux incolores, fusibles à 99-100°. Le chlorhydrate est un peu soluble dans l'eau; le chloroplatinate est en petites aiguilles d'un jaune brunâtre.

ÉTHYLPHTALIMIDE,

$$C^6H^4 \begin{matrix} < CO > \\ < CO > \end{matrix} Az.C^2H^5.$$

[Michaël, *Deutsch. chem. Gesellsch.*, 1877, p. 1644]. — Obtenu par la distillation d'une dissolution d'anhydride phtalique dans de l'éthylamine aqueuse, ce corps se présente en longues aiguilles blanches, fusibles à 78-79°; il bout à 276-278° [Wallach et Kamenski, *Deutsch. chem. Gesellsch.*, 1881, p. 171].

Chauffée avec un excès de brome, à 130-140°, en tubes scellés, l'éthylphtalimide se convertit en *tribrométhylphtalimide*, $C^{10}H^6Br^3AzO^2$, prismes tronqués, insolubles dans l'eau bouillante, peu solubles dans l'alcool chaud, fusibles à 186-189° avec décomposition (Michaël).

ALLYLPHTALIMIDE,

$$C^6H^4 \begin{matrix} < CO > \\ < CO > \end{matrix} AzC^3H^5.$$

— Cristaux tabulaires, fusibles à 70-71° [Wallach et Kamenski, *loc. cit.*].

PHÉNYLPHTALIMIDE (*Phtalanile*). Voyez t. II, p. 1014.

Parachlorophénylphtalimide,

$$C^6H^4 < {CO \atop CO} > Az\,C^6H^4Cl$$

[Gabriel, *Deutsch. chem. Gesellsch.*, 1878, p. 2260]. — On maintient en fusion un mélange de 9 p. d'anhydride phtalique et de 4 p. de parachloraniline, tant qu'il se dégage de l'eau; on laisse refroidir, on pulvérise la masse fondue, on la lave à l'eau bouillante et on la fait cristalliser dans l'alcool bouillant. On obtient ainsi de longues aiguilles soyeuses, fusibles à 194-195°, très solubles dans l'alcool chaud, la benzine, l'acide acétique cristallisable, peu solubles dans l'éther.

Parabromophénylphtalimide,

$$C^6H^4 < {CO \atop CO} > Az.C^6H^4Br$$

[Gabriel, *ibid.*]. — On opère comme pour le corps précédent, avec un mélange de 2 p. d'anhydride phtalique et de 1 p. de parabromaniline. Ce corps se présente en fines aiguilles, fusibles à 203-204°, très solubles dans la benzine et l'acide acétique cristallisable, peu solubles dans l'éther.

Paraiodophénylphtalimide,

$$C^6H^4 < {CO \atop CO} > Az.C^6H^4I$$

[Gabriel, *ibid.*]. — Aiguilles fusibles à 227-228°, très solubles dans la benzine, peu solubles dans l'alcool et dans l'éther, obtenues par la fusion d'un mélange de 3 p. de paraiodaniline et de 2 p. d'anhydride phtalique.

Métanitrophénylphtalimide,

$$C^6H^4 < {CO \atop CO} > Az\,C^6H^4(AzO^2)$$

[Gabriel, *ibid.*]. — On opère comme précédemment avec 1 p. de métanitraniline et 2 p. d'anhydride phtalique, et on obtient de longues aiguilles incolores, fusibles à 242-243°, peu solubles dans l'alcool chaud, l'éther et la benzine.

Acide ortho-phtalimidobenzoïque,

$$C^6H^4 < {CO \atop CO} > Az\,C^6H^4\text{-}CO^2H$$

[Gabriel, *ibid.*]. — On fond 3 p. d'acide anthranilique avec 4 p. d'anhydride phtalique. L'acide obtenu se présente en larges prismes presque incolores, fusibles à 217°, très solubles dans la benzine, l'éther et l'acide acétique.

Le *sel d'argent* est un précipité blanc qui, par une calcination ménagée, donne un sublimé de phénylphtalimide.

Acide métaphtalimidobenzoïque. — Fines aiguilles fusibles à 275,5-276°; assez solubles dans l'alcool chaud, peu solubles dans la benzine et dans l'éther; le *sel d'argent* est en cristaux blancs.

Paracrésylphtalimide,

$$C^6H^4 < {CO \atop CO} > Az.C^6H^4\text{-}CH^3$$

[Michaël, *Deutsch. chem. Gesellsch.*, 1877, p. 576]. — On fond un mélange en proportions moléculaires d'anhydride phtalique et de paratoluidine et on fait recristalliser la masse dans l'alcool. Ce corps se présente en aiguilles fusibles à 200°, presque insolubles dans l'eau chaude et dans l'alcool froid, assez solubles dans l'alcool chaud; il peut être sublimé. Oxydée par le permanganate de potassium, la paracrésylphtalimide donne de l'acide *oxyphtalylparamidobenzoïque*,

$$C^6H^4 < {CO.AzH.C^6H^4\text{-}CO^2H \atop CO^2H.}$$

Mésitylphtalimide,

$$C^6H^4 < {CO \atop CO} > Az.C^6H^2(CH^3)^3$$

[Eisenberg, *Deutsch. chem. Gesellsch*, 1882, p. 1011]. — Obtenu par la fusion d'un mélange d'anhydride phtalique et de mésidine, et cristallisation du produit dans l'alcool, ce corps se présente en longues aiguilles brillantes, fusibles à 171°, insolubles dans l'eau, très solubles dans l'alcool chaud, l'éther, la benzine, l'acide acétique cristallisable.

Dérivé mononitré,

$$C^6H^4 < {CO \atop CO} > Az.C^6H(AzO^2)(CH^3)^3.$$

— Ce corps se produit par l'action de l'acide nitrique fumant sur une solution acétique du précédent; il cristallise en prismes jaunes, fusibles à 210°, solubles dans l'acide acétique et dans l'alcool chaud, insolubles dans l'eau; par l'ébullition avec de la potasse alcoolique, il donne de la nitromésidine.

Dérivé dinitré,

$$C^6H^4 < {CO \atop CO} > Az.C^6(AzO^2)^2(CH^3)^3.$$

— Aiguilles fusibles à 242°, insolubles dans l'eau, solubles dans l'alcool et dans l'acide acétique, obtenues par l'action d'un mélange d'acide nitrique fumant et d'acide sulfurique concentré sur la mésitylphtalimide.

Dibromodiphényldiphtalimide,

$$C^6H^4(CO)^2Az.C^6H^3Br$$
$$C^6H^4(CO)^2Az.C^6H^3Br$$

[Gabriel, *Deutsch. chem. Gesellsch.* 1878, p. 2260]. — Petits cristaux fusibles à 300-301°, à peine solubles dans l'alcool, l'éther et la benzine, obtenus par la fusion d'un mélange à parties égales d'anhydride phtalique et de dibromobenzidine.

Phtalyldiphénylamine,

$$C^6H^4 < {C[Az.(C^6H^5)^2]^2 \atop CO} > O$$

[Lellmann, *Deutsch. chem. Gesellsch.*, 1882, p. 830]. — Ce corps prend naissance par l'action du chlorure de phtalyle sur la diphénylamine; il cristallise en grands prismes incolores, fusibles à 238°, assez solubles dans la benzine, peu solubles dans l'alcool.

Oxyphtalanile,

$$C^6H^4 < {CO \atop CO} > Az.C^6H^4.OH$$

[Ladenburg, *Deutsch. chem. Gesellsch.*, 1876, p. 1528]. — On maintient en fusion pendant quelque temps un mélange en proportions moléculaires d'anhydride phtalique et d'ortho-amidophénol, puis on fait cristalliser le produit dans l'alcool faible, en présence de noir animal.

L'oxyphtalanile se présente en prismes légèrement jaunâtres, fusibles à 220°, très solubles dans l'alcool et dans le toluène. Il se dissout, à froid, dans les alcalis, et, à l'ébullition, dans les carbonates alcalins en se transformant en *acide oxyphtalanilique*,

$$C^6H^4 < {CO.AzH.C^6H^4.OH \atop CO^2H;}$$

ce dernier cristallise en prismes fusibles à 223°. Son *sel de sodium* se présente en belles aiguilles.

Monophtalylparaphénylène-diamine,

$$C^6H^4 < {CO\text{-}AzH \atop CO\text{-}AzH} > C^6H^4$$

[Biedermann, *Deutsch. chem. Gesellsch.*, 1877, p. 1160]. — On chauffe un mélange en proportions moléculaires d'anhydride phtalique et de paraphénylène-diamine jusqu'à ce qu'il ne se dégage plus d'eau; la masse fondue est lavée à l'eau bouillante pour éliminer l'excès des corps réagissants, puis traitée d'abord par l'alcool bouillant et enfin par l'acide acétique. L'alcool dissout la monophtalylparaphénylène-diamine et l'acide acétique la diphtalylparaphénylène-diamine.

La monophtalylparaphénylène-diamine se dépose de sa solution alcoolique sous la forme d'une poudre cristalline grisâtre, fusible à 182°. Chauffée avec de l'acide chlorhydrique dilué, elle se dédouble en donnant de la diphtalylparaphénylène-diamine, de l'acide phtalique et une base de la formule $C^{34}H^{28}Az^{6}O^{4}$.

La *diphtalylparaphénylène-diamine*,

$$\left(C^6H^4 < {CO \atop CO} > Az\right)^2 = C^6H^4,$$

cristallise dans l'acide acétique en cristaux durs et brillants, fusibles à 295°.

MONOPHTALYLMÉTAPHÉNYLÈNE-DIAMINE. — On opère comme pour le dérivé para. Ce corps cristallise en petits mamelons brunâtres, fusibles à 178°.

La *diphtalylmétaphénylène-diamine* fond à 252° et peut être sublimée.

PHTALYLCRÉSYLÈNES-DIAMINES. — Voyez Suppl., p. 547 et 548.

BASE,

$$C^6H^4 \begin{cases} C \langle {Az \atop S} \rangle C^6H^4 \\ C \langle {S \atop Az} \rangle C^6H^4 \end{cases}$$

[Hofmann, *Deutsch. chem. Gesellsch.*, 1880, p. 1233]. — On l'obtient en chauffant l'anhydride phtalique ou le chlorure de phtalyle avec l'*amidophénylmercaptan* $AzH^2\text{-}C^6H^4\text{-}SH$, et en faisant cristalliser la masse dans l'alcool. Cette base se présente en prismes épais, fusibles à 112°, solubles dans l'alcool et l'éther, insolubles dans l'eau bouillante; elle fournit un chlorhydrate et un chloroplatinate bien cristallisés, mais instables: l'eau décompose ces sels. Ad. Fauconnier.

PHTALIQUE (ANHYDRIDE),

$$C^6H^4 < {CO \atop CO} > O$$

(Voyez t. II, p. 1014). — L'anhydride phtalique se forme par l'action du chlorure d'acétyle sur l'acide phtalique à chaud [Anschütz, *Deutsch. chem. Gesellsch.*, 1877, p. 326].

Il prend également naissance par l'action de l'iode sur le phtalate d'argent,

$$3C^6H^4 < {CO^2Ag \atop CO^2Ag} + 3I^2$$
$$= 5AgI + IO^3Ag + 3C^6H^4 < {CO \atop CO} > O$$

[Birnbaum et Reinherz, *Deutsch. chem. Gesellsch.*, 1882, p. 460].

Propriétés. — Il cristallise dans le système orthorhombique et fond à 127° (Anschütz). Sa densité est 1,527 à 4° [Schröder, *Deutsch. chem. Gesellsch.*, 1879, p. 1612].

L'anhydride phtalique réagit sur les carbures de la série de la benzine en présence du chlorure d'aluminium à la température du bain-marie, pour former des acides. C'est ainsi qu'on obtient, avec le toluène, les acides toluyl-benzoïques,

$$CH^3\text{-}C^6H^4\text{-}CO\text{-}C^6H^4\text{-}CO^2H,$$

avec le durol, l'acide duroylbenzoïque,

$$C^6H(CH^3)^4\text{-}CO\text{-}C^6H^4\text{-}CO^2H$$

[Friedel et Crafts, *Bull. Soc. chim.*, t. XXXV, p. 503]; avec les xylènes, les acides xylène-phtaloyliques, $C^6H^3(CH^3)^2\text{-}CO\text{-}C^6H^4\text{-}CO^2H$ [Fr. Meyer, *Deutsch. chem. Gesellsch.*, 1882, p. 636], etc.

L'anhydride phtalique se combine avec les acides avec élimination d'une molécule d'eau, lorsqu'on le chauffe avec ces corps en présence d'un déshydratant, tel que l'acétate de sodium [Gabriel, *Deutsch. chem. Gesellsch.*, 1881, p. 919]. On obtient ainsi : avec l'acide acétique, l'acide phtalylacétique; avec l'acide phénoglycolique du gaz carbonique et le phénoxyméthylène-phtalyle

$$C^6H^4 < {CO \atop CO} > CH.OC^6H^5;$$

avec l'acide crésoglycolique, le crésoxyméthylène-phtalyle

$$C^6H^4 < {CO \atop CO} > CH.OC^7H^7;$$

avec l'éther malonique, le méthylène-phtalyle

$$C^6H^4 < {CO \atop CO} > CH^2, \text{ etc.}$$

ANHYDRIDE THIOPHTALIQUE,

$$C^6H^4 < {CO \atop CO} > S$$

[J. Schreder, *Deutsch. chem. Gesellsch.*, 1874, p. 704]. — On l'obtient en décomposant par l'acide chlorhydrique le thiophtalate de potassium, préparé lui-même par la réaction du sulfhydrate de potassium sur le phtalate de phényle. Ce corps se présente en belles aiguilles incolores, peu solubles dans l'eau. Ad. Fauconnier.

PHTALOL. — Voyez PHTALÉINES, Suppl., p. 1258.

PHTALOPHÉNONE. — Voyez Suppl., p. 658 et PHTALÉINES, p. 1261.

PHTALOYLIQUES (ACIDES). [Fr. Meyer, *Deutsch. chem. Gesellsch.*, 1882, p. 636]. — On a donné le nom d'acides phtaloyliques à une série d'acides qui se forment lorsqu'on fait réagir l'anhydride phtalique sur les carbures aromatiques (xylène, mésitylène, pseudocumène, etc.), en présence du chlorure d'aluminium et qui tous renferment le groupe phtaloyle, $CO\text{-}C^6H^4\text{-}CO^2H$.

Acide orthoxylène-phtaloylique,

$$C^6H^3(CH^3)^2\text{-}CO\text{-}C^6H^4\text{-}CO^2H.$$

— Il se présente en prismes microscopiques, fusibles à 161°,5, solubles dans l'eau chaude et dans l'alcool. La fusion avec la potasse caustique le dédouble en acides benzoïque et paraxylylique.

Acide métaxylène phtaloylique. — Aiguilles peu solubles dans l'eau chaude, l'alcool et la benzine, solubles dans l'acide acétique cristallisable. La fusion avec la potasse le transforme en acides benzoïque et xylylique.

Acide paraxylène-phtaloylique. — Masse vitreuse incristallisable, à peine soluble dans l'eau chaude, assez soluble dans l'alcool et la benzine : il donne, par fusion avec la potasse, de l'acide benzoïque et de l'acide isoxylylique.

PHTALURIQUE (ACIDE),

$$C^{10}H^7AzO^4 = C^6H^4 < {CO \atop CO} > Az\text{-}CH^2\text{-}CO^2H$$

[E. Drechsel, *Journ. prakt. Chem.* (2), t. XXVII, p. 418]. — On chauffe un mélange de 2 p. d'anhydride phtalique et de 1 p. de glycocolle jusqu'à fusion complète, on laisse refroidir, et on fait recristalliser dans l'eau bouillante.

L'acide phtalurique se présente en longues aiguilles incolores, fusibles à 191-192°, qui paraissent appartenir au système orthorhombique; il est assez soluble dans l'alcool et dans l'eau chaude, presque insoluble dans l'éther et dans l'eau froide.

Le *sel de cuivre*, $(C^{10}H^6AzO^4)^2Cu + 3H^2O$, forme des prismes microscopiques ou des lamelles orthorhombiques d'un bleu de ciel. Le *sel de platodiammonium*, $Pt[Az^2H^6(C^{10}H^6AzO^4)]^2$, est en grands prismes incolores, très solubles dans l'eau chaude.

Les sels de *sodium*, d'*argent*, de *cobalt*, de *nickel*, de *manganèse*, de *cadmium*, de *zinc*, de *plomb*, de *calcium* sont cristallisés.

PHTALYLACÉTIQUE (ACIDE),

$$C^{10}H^6O^4 = C^6H^4 < {CO \atop CO} > CH\text{-}CO^2H$$

[Gabriel et Michaël, *Deutsch. chem. Gesellsch.*, 1877, p. 391, 1551 et 2199; 1878, p. 1007; — Gabriel, *ibid.*, 1881, p. 919].

Préparation. — On fait bouillir pendant une heure au réfrigérant ascendant un mélange de 5 p. d'anhydride phtalique, 10 p. d'anhydride acétique et 1 p. d'acétate de sodium fondu et pulvérisé. On distille ensuite environ les deux tiers de l'anhydride acétique employé, puis on ajoute au résidu encore chaud 5 fois son volume d'acide acétique cristallisable : l'acide phtalylacétique se précipite; on n'a plus qu'à le laver à l'acide acétique cristallisable et à le faire cristalliser dans la nitrobenzine, qui l'abandonne en larges aiguilles incolores, tandis que les eaux mères retiennent en dissolution de la tribenzoylène-benzine, $(C^6H^4\text{-}CO)^3C^6$.

Propriétés. — L'acide phtalylacétique fond à 243-246° en se décomposant. Il est à peu près insoluble dans l'alcool froid, la benzine et l'eau bouillante, assez soluble dans l'acide acétique et l'alcool chauds.

C'est un acide monobasique. Il se dissout sans altération dans la soude ou dans la potasse et peut être reprécipité de ces solutions par l'acide chlorhydrique, pourvu qu'on ait employé l'alcali en quantité insuffisante. Si, au contraire, l'alcali est en excès, l'acide phtalylacétique fixe 2 molécules d'eau et se transforme en un nouvel acide ayant pour formule $C^{10}H^{10}O^6$, l'acide benzoylacétylorthocarbonique.

Traité en solution acétique par le brome, l'acide phtalylacétique se transforme en acide tribromacétophénone orthocarbonique, $C^9H^5Br^3O^3$. Le brome sec réagit, au contraire, sur l'acide phtalylacétique pour donner un dérivé de substitution.

L'*acide monobromophtalylacétique*, $C^{10}H^5BrO^4$, cristallise en aiguilles brillantes, longues et aplaties, fusibles à 232-235°. Les alcalis le détruisent, ainsi que l'eau, à 180°.

Phtalylacétamide, $C^{10}H^7AzO^3$. — On obtient ce corps en décomposant par l'acide chlorhydrique une solution ammoniacale d'acide phtalylacétique; le précipité blanc ainsi formé est lavé à l'eau froide, puis dissous dans l'eau bouillante d'où il cristallise par refroidissement en amas sphériques d'aiguilles soyeuses, fusibles à 200°. Ad. Fauconnier.

PHTALYLE (CHLORURE DE),

$$C^6H^4 < {CCl^2 \atop CO} > O.$$

— Voyez t. II, p. 1015. — La constitution dissymétrique du chlorure de phtalyle résulte nécessairement de celle du phtalide (voyez ce mot), qui en dérive directement par hydrogénation. Elle est d'ailleurs confirmée par les formules de la phtalophénone et de la phtaléine du phénol. Enfin elle trouve une dernière démonstration dans l'action qu'exerce le perchlorure de phosphore sur le chlorure de phtalyle.

Si l'on chauffe à 210-220° en tubes scellés un mélange en proportions moléculaires de chlorure de phtalyle et de perchlorure de phosphore, on obtient deux chlorures, ayant tous deux pour composition $C^8H^4Cl^4O$, et fondant l'un à 88°, l'autre à 47° [Von Gerichten, *Deutsch. chem. Gesellsch.*, 1880, p. 417]. Le premier de ces chlorures, qui se forme aussi par l'action du perchlorure de phosphore sur le phtalide, bout à 275° avec une légère décomposition. L'acide sulfurique le transforme en anhydride phtalique, la potasse en phtalate de potassium, le phénol en phtalate de phényle, l'alcool en phtalate d'éthyle.

Le second chlorure bout vers 262° et se comporte exactement comme son isomère vis-à-vis de l'acide sulfurique et de la potasse.

Ces deux chlorures ne peuvent pas avoir d'autre formule que les deux suivantes :

$$C^6H^4 < {CCl^2 \atop CCl^2} > O \quad \text{et} \quad C^6H^4 < {CCl^3 \atop COCl},$$

et ces deux formules conduisent forcément pour le chlorure de phtalyle à la constitution dissymétrique. Ad. Fauconnier.

PHTALYLPROPIONIQUE (ACIDE),

$$C^{11}H^8O^4 = C^6H^4 < {CO \atop CO} > CH\text{-}CH^2\text{-}CO^2H$$

[Gabriel et Michaël, *Deutsch. chem. Gesellsch.*, 1878, p. 1007 et p. 1679].

Préparation. — On fait bouillir pendant trois quarts d'heure au réfrigérant ascendant un mélange de 1 p. d'anhydride phtalique, 2 p. d'anhydride propionique et 2 p. de propionate de sodium; et on fait recristalliser la masse d'abord dans de l'acide acétique à 10 %, puis dans de l'alcool.

Propriétés. — L'acide phtalylpropionique cristallise dans l'alcool bouillant en fines aiguilles, fusibles à 245-248°. Son *sel d'argent*, $C^{11}H^7O^4Ag$, est un précipité pulvérulent.

Lorsqu'on fait bouillir l'acide phtalylpropionique avec un excès d'alcali, il se transforme en acide propiophénone-carbonique,

$$C^6H^4 < {CO\text{-}C^2H^5 \atop CO^2H},$$

suivant l'équation

$$C^{11}H^8O^4 + H^2O = CO^2 + C^{10}H^{10}O^3.$$

Chauffé à 200° avec de l'acide iodhydrique concentré, il fournit de l'acide orthopropylbenzoïque,

$$C^6H^4 < {CH^2\text{-}CH^2\text{-}CH^3 \atop CO^2H}.$$

L'acide sulfurique transforme l'acide phtalylpropionique en un corps de la formule $C^{20}H^{14}O^3$; l'amalgame de sodium le convertit en anhydride benzhydryle-propiocarbonique,

$$C^6H^4 < {CH—C^2H^4\text{-}CO^2H \atop CO} > O$$

Phtalylpropionamide, $C^{11}H^7O^3.AzH^2$. — Ce corps prend naissance par l'addition d'un acide à une solution ammoniacale chaude d'acide phtalylpropionique. Il se présente en lamelles irisées, fusibles à 193-195°. Ad. Fauconnier.

PHYSOSTIGMINE (voyez t. II, p. 1017). — Les réactions suivantes ont été indiquées pour caractériser la physostigmine. La solution sulfurique est additionnée d'ammoniaque, puis abandonnée au bain-marie au contact de l'air; elle passe alors au rouge, au jaune, au vert, puis au bleu; additionnée d'acide, elle paraît violet-pourpre par transmission et rouge-carmin fluorescent par réflexion.

Si l'on évapore à sec la solution bleue, elle laisse une substance d'un beau bleu, soluble dans l'eau et l'alcool, cristallisant en prismes allongés, teignant fortement la soie sans mordant.

Si l'on traite directement la physostigmine par l'ammoniaque, on obtient une matière verdâtre, beaucoup moins soluble, se dissolvant en rouge dans les acides [Petit, *Compt. rend.*, t. LXXII, p. 569].

L'eau de brome donne avec la physostigmine

une coloration rouge-brun, sensible avec 0gr,00005. L'iodure double de bismuth et de potassium ainsi que l'acide phosphomolybdique précipitent 0gr,00004; l'iodomercurate de potassium 0gr,0002.

La physostigmine passe rapidement dans la salive et dans la bile; la putréfaction la détruit rapidement [Pander, *Bull. Soc. chim.*, t. XVIII, p. 416].

M. Hanriot.

PHYTOLACCIQUE (ACIDE). — Les fruits de divers *Phytolacca* contiennent le sel de potassium d'un acide que l'on peut isoler de la façon suivante : les baies sont broyées avec de l'alcool étendu; l'alcool évaporé laisse un extrait qui est redissous dans l'eau, additionné d'acétate de plomb, filtré, puis précipité par le sous-acétate de plomb. Le sel plombique, décomposé par l'hydrogène sulfuré, laisse l'acide phytolaccique. C'est une masse gommeuse transparente, jaune-brun, soluble dans l'eau et l'alcool, peu soluble dans l'éther. Chauffé avec un acide minéral étendu, il se précipite sous forme d'une gelée insoluble, mais que les alcalis redissolvent facilement. L'acide libre ne précipite ni les sels d'argent ni ceux de baryum ou de calcium; la solution dans une petite quantité d'ammoniaque précipite en jaune le nitrate d'argent [Terreil, *Bull. Soc. chim.*, t. XXXIV, p. 677].

PHYTOSTÉRINE, $C^{26}H^{44}O, H^2O$. — Cette substance a d'abord été retirée des pois par Beneke, qui l'a confondue avec la cholestérine [Beneke, *Rép. Chim. pure*, 1862, p. 471].

Hesse l'a retirée de la fève de Calabar de la façon suivante : Les fèves sont épuisées par l'éther de pétrole, et celui-ci distillé laisse un résidu butyreux d'où l'on peut isoler, par expression, dans du papier buvard, des cristaux que l'on purifie par cristallisation dans l'alcool bouillant.

Elle se dépose de l'alcool bouillant en lamelles hydratées; de l'éther ou du chloroforme en aiguilles soyeuses anhydres; elle est insoluble dans l'eau et la potasse, un peu soluble dans les acides. Elle fond à 132-133°. Son pouvoir rotatoire est $[\alpha]_j = 32°,5$.

La phytostérine constituerait l'homologue supérieur de la cholestérine. On peut en rapprocher la paracholestérine de Reinke et Rodewald qui est peut-être identique avec la phytostérine [Hesse, *Deutsch. chem. Gesellsch.*, 1878, p. 1246 et *Liebig's Ann. Chem.*, t. CCXI, p. 283].

PICAMARE (voyez t. II, p. 1017). — Pastrovich [*Monatsch. für Chem.*, t. IV, p. 182] avait cru démontrer que le picamare est un éther monométhylique de propylpyrogallol; depuis, Niederist [*Monatsch. für Chem.*, t. IV, p. 487] a eu entre les mains un échantillon de picamare préparé autrefois par Reichenbach lui-même, et il a pu identifier ce corps avec l'éther diméthylique du propylpyrogallol, $C^6H^2(C^3H^7)(OCH^3)^2(OH)$.

Le picamare est un liquide épais, légèrement brunâtre, bouillant sous la pression ordinaire à 283-289°, et sous une pression de 18 millimètres à 153-158°. Sa formule est $C^{11}H^{16}O^3$. Il possède une saveur amère, brûlante et poivrée; son odeur rappelle celle du goudron.

Il se prend, dans un mélange d'acide carbonique solide et d'éther, en une masse vitreuse. Il est très soluble dans l'alcool, l'acide acétique, peu soluble dans l'eau : sa solution aqueuse fournit des précipités blancs par l'eau de chaux et l'eau de baryte, et réduit à froid le nitrate d'argent et le chlorure d'or.

Le picamare se dissout à chaud dans la potasse en donnant une combinaison, $C^{11}H^{15}O^3K$, qui cristallise en lamelles brillantes à éclat nacré, solubles dans l'alcool chaud (Niederist).

L'acide chlorhydrique concentré le dédouble à 130° en fournissant du chlorure de méthyle et des prismes de la formule $C^9H^{12}O^3$, fusibles à 79-80°, très solubles dans l'eau, l'alcool et l'éther [Hofmann, *Deutsch. chem. Gesellsch.*, 1878, p. 329].

L'anhydride acétique le transforme en un dérivé monoacétylé, $C^{11}H^{15}O^3(C^2H^3O)$, prismes clinorhombiques, fusibles à 86-87°, insolubles dans l'eau, solubles dans l'alcool chaud. Ce dernier fournit, par l'action du brome, des lamelles incolores et brillantes, fusibles à 101-102°,5, appartenant au système clinorhombique, et ayant pour formule $C^{11}H^{13}Br^2O^3(C^2H^3O)$ (Hofmann, Niederist).

Le picamare fournit par oxydation une quinone $C^8H^8O^4$, cristallisée en aiguilles jaunes, à laquelle correspond une hydroquinone, $C^8H^{10}O^4$ (Hofmann).

Ad. Fauconnier.

PICÈNE, $C^{22}H^{14}$. — Ce carbure se rencontre dans les résidus de rectification des goudrons de houille [Burg, *Deutsch. chem. Gesellsch.*, 1880, p. 1834] et des pétroles de Californie [Graebe et Walter, *ibid.*, 1881, p. 175]. Il passe à une température très élevée, lorsqu'on distille à sec ces résidus, sous la forme d'une substance d'un jaune vert, fondant vers 250°. Purifié par des lavages réitérés au sulfure de carbone et à l'alcool, et par des cristallisations répétées dans les huiles de pétrole à point d'ébullition élevé, il se présente en lamelles incolores, à fluorescence bleue, fusibles à 330-335° [Graebe et Walter] à 337-339° [Burg], et distille à 518-520° [Graebe et Walter]. Il est peu soluble dans la benzine, le chloroforme et l'acide acétique bouillants, et ne se dissout bien que dans les huiles lourdes de pétrole. Traité par l'acide sulfurique, il se dissout avec une coloration verte et donne des acides sulfonés quand on élève la température.

Dibromopicène, $C^{22}H^{12}Br^2$. — On met du picène en suspension dans du chloroforme et on ajoute du brome : quand tout le picène a disparu, on filtre et on abandonne le liquide au repos. Il se dégage bientôt de l'acide bromhydrique, et le dérivé dibromé se dépose en aiguilles incolores, fusibles à 294-296°. Ce corps est insoluble dans l'eau, l'alcool, la benzine, le chloroforme, l'acide acétique, très soluble dans le xylène. Chauffé avec de la chaux, il fournit un sublimé de picène.

Quinone du picène, $C^{22}H^{12}O^2$. — On traite le picène en suspension dans l'acide acétique bouillant par de l'acide chromique jusqu'à dissolution complète : l'addition d'eau au liquide en précipite alors la quinone sous la forme de cristaux d'un rouge-orangé, insolubles dans l'eau, peu solubles dans l'alcool, la benzine, l'acide acétique froids, assez solubles dans ces liquides à chaud. L'acide sulfurique la dissout avec une belle coloration verte, et l'eau la précipite sans altération de cette solution. Chauffée, elle se sublime en aiguilles rouges.

Ad. Fauconnier.

PICOLINES (voyez t. II, p. 1018). — Ces bases sont des méthyle-pyridines : on connaît aujourd'hui les trois picolines prévues par la théorie.

SYNTHÈSES ET MODES DE FORMATION. — On obtient les picolines en distillant avec un excès de chaux les acides méthylcarbopyridiques,

$$C^5H^3Az \left\langle \begin{matrix} CH^3 \\ CO^2H, \end{matrix} \right.$$

et les acides méthyldicarbopyridiques,

$$C^5H^2Az \left\langle \begin{matrix} CH^3 \\ (CO^2H)^2. \end{matrix} \right.$$

Dans ces conditions, ces acides perdent de l'anhydride carbonique comme les acides aromatiques : les picolines obtenues par ce procédé n'ont pas été oxydées; on ne connaît donc pas leur constitution. Zanoni [*Gazz. chim. ital.*, 1882, p. 13 et *Deutsch. chem. Gesellsch.*, 1882, p. 528] a réalisé la synthèse de la β-picoline, en modifiant le procédé général de synthèse des bases quinoléiques dû à Skraup. 25 grammes d'anhydride phosphorique ont été ajoutés peu à peu à une solution de 10 gr. d'acétamide dans 32 gr. de glycérine. Ce mélange a été chauffé pendant 40 à 50 heures, au bain de sable, dans un ballon muni d'un réfrigérant ascendant. La base extraite du mélange présentait les principaux caractères de la picoline. Elle bouillait à 144-146°, l'oxydation l'a transformée en acide nicotianique.

Préparation et purification. — En fractionnant le mélange des bases pyridiques de l'huile de Dippel, Weidel [*Deutsch. chem. Gesellsch.*, 1879, p. 1989] a isolé un liquide bouillant de 130 à 145° et renfermant deux picolines isomériques. Pour séparer les deux bases, il a transformé en sels de platine les fractions limites, 130-136, 138-145°. Les chloroplatinates, purifiés par cristallisation, ont été décomposés. Des deux bases régénérées, l'une, l'*α-picoline*, bouillait exactement à 133°,9; l'autre, la *β-picoline*, à 140°,1.

Propriétés. — Les picolines, découvertes par Weidel, ont été peu étudiées; les chloroplatinates seuls ont été préparés à l'état de pureté[1].

Chloroplatinate d'α-picoline,

$$(C^6H^7Az.HCl)^2, PtCl^4 + \tfrac{1}{2}H^2O.$$

— Il est moins soluble que le sel correspondant de β-picoline; il cristallise en prismes clinorhombiques, souvent modifiés sur l'angle *e*.

L'*α-picoline* ne possède pas le pouvoir rotatoire; oxydée au moyen du permanganate de potassium, elle fournit l'un des acides monocarbopyridiques, l'acide picolique (voyez ce mot).

Chloroplatinate de β-picoline,

$$(C^6H^7Az.HCl)^2, PtCl^4 + \tfrac{1}{2}H^2O.$$

— Gros cristaux orthorhombiques, couleur du dichromate. La β-picoline possède un faible pouvoir rotatoire vers la gauche (1° sous une épaisseur de 20 centimètres). Oxydée dans les mêmes conditions que l'α-picoline, cette base est transformée en acide nicotianique.

Rappelons que le mélange des picolines de l'huile de Dippel a été soumis à l'oxydation dès 1871 par Dewar [*Chem. News*, t. XXIII, p. 38 et *Zeitschr. Chem.*, 1871, p. 116]. Cet auteur décrivit un acide dicarbopyridique $C^7H^5AzO^4$ et un acide monocarbopyridique fusible au-dessus de 220°, auquel il assigna la formule $C^6H^7AzO^2$. Cette formule indiquait une teneur trop forte en hydrogène, mais il n'en est pas moins certain que Dewar a obtenu le premier l'acide nicotianique ($C^6H^5AzO^2$), dérivé d'une base pyridique. Quant à la formation de l'acide dicarboné, elle s'explique, comme l'a montré Weidel (*loc. cit.*), par la présence d'une certaine quantité de lutidine dans la picoline de Dewar.

γ-picoline. — Il faut désigner ainsi la picoline synthétique que Baeyer a obtenue soit par distillation de l'acroléine-ammoniaque, soit en chauffant le tribromure d'allyle avec de l'ammoniaque alcoolique (voyez t. II, p. 1018). Weidel a montré, en effet, que la forme cristalline du chloroplatinate de cette base est différente des deux chloroplatinates d'α et de β-picolines. La composition toutefois est la même. Le produit d'oxydation de la γ-picoline est inconnu.

Hydrogénation. — Les picolines n'ont pas été hydrogénées directement. A.-W. Hofmann [*Deutsch chem. Gesellsch.*, 1881, p. 1497] a obtenu une dihydropicoline en distillant, avec l'hydrate de potassium, l'iodométhylate de pyridine. Il admet que dans cette réaction il y a dégagement d'oxygène, tandis que l'hydrogène de l'hydrate potassique se porte sur le reste pyridique dont il remplace l'iode :

$$C^5H^5Az.CH^3I + KHO$$
$$= O + KI + C^5H^5Az.CH^3.H.$$

Les propriétés de la nouvelle base diffèrent notablement de celles des picolines.

Constitution. — D'après la théorie de Körner et Dewar, on peut admettre aujourd'hui que les trois picolines sont une ortho, une méta et une para-pyridine :

```
      CH                 CH
    /    \             /    \
HC        C-H      HC        C-CH³
 |         |        |         |
HC        C-CH³    HC        CH
    \    /             \    /
      Az                 Az

           C-CH³
         /      \
     HC          CH
      |           |
     HC          CH
         \      /
           Az
```

Action physiologique. — L'action physiologique de la picoline a été d'abord étudiée par le Dr Mackendrick, qui admet que cette base et ses sels exercent une action peu marquée sur l'organisme[1]. S'il faut en croire cet auteur, la *dipicoline* (t. II, p. 1020) serait un poison d'une violence extrême [*Assoc. franç. Avancem. Sciences*, 1877, p. 351].

Ces recherches ont été reprises récemment pour la picoline du goudron de houille [Oechsner de Coninck et Pinet, *Journ. Société Biologie*, t. III, 7e série, p. 826]. La picoline est une substance très corrosive, qui provoque une forte irritation locale lorsqu'on l'injecte sous la peau; ses vapeurs sont dangereuses à respirer et engourdissent rapidement les animaux qui y sont exposés. En injections hypodermiques, elle ralentit d'une manière sensible la respiration et les battements du cœur et produit un engourdissement profond chez la grenouille et le cobaye. Une grenouille du poids de 25 à 30 gr. est complètement engourdie par une dose de 75 milligrammes, mais le retour à l'état normal se fait toujours après une période de temps variant entre 24 et 30 heures; une dose de 15 centigrammes est mortelle. Les injections intraveineuses chez le chien amènent une salivation abondante; ce phénomène est dû à une action sur le système nerveux central et non à une action spéciale sur la glande. La picoline ne doit donc pas être rangée parmi les substances sialagogues.

La picoline du goudron de houille abolit l'excitabilité des centres nerveux et agit aussi, bien qu'avec moins d'intensité, sur l'excitomotricité des nerfs; elle possède donc des propriétés toxiques énergiques. L'action de la picoline du goudron de houille sur les bactéries de la putréfaction a été examinée par les Drs Pinet et Marcus. Une solution aqueuse, au 1/50 de la base, arrête le développement des bactéries; une solution au 1/100 n'exerce aucune action [*Bull. Soc. chim.*, t. XXXVIII, p. 610].

Oechsner de Coninck.

PICOLINE-CARBONÉS (ACIDES). — Nous décrirons ici les acides méthylmonocarbo- et méthyldicarbopyridiques, qui peuvent être considérés comme des acides picoline-mono et dicarbonés; en effet, distillés avec un excès de chaux, ils donnent de la picoline, de même que les acides toluiques, uvitique, etc. fournissent du toluène.

1. La picoline du goudron de houille est également peu connue. Son extraction et ses propriétés principales ont été suffisamment indiquées dans l'article Picoline, t. II, p. 1018.

1. La provenance de la picoline expérimentée n'est pas indiquée dans l'extrait du mémoire.

Les acides picoline-monocarbonés peuvent être comparés aux acides toluiques, au point de vue de leur constitution :

$$C^6H^4 < \begin{matrix} CH^3 \\ CO.OH, \end{matrix} \qquad C^5H^3Az < \begin{matrix} CH^3 \\ CO.OH. \end{matrix}$$

Acides toluiques. Acides picoline-monocarbonés.

Les acides picoline-dicarboniques correspondent à l'acide uvitique, etc. :

$$C^6H^3 \begin{matrix} CH^3 \\ COOH \\ COOH \end{matrix} \qquad C^5H^2Az \begin{matrix} CH^3 \\ CO.OH \\ CO.OH. \end{matrix}$$

Acide uvitique. Acides picoline-dicarbonés.

I. — Acides picoline-monocarbonés,

$C^7H^7AzO^2$.

On en connaît actuellement quatre :

1° L'acide que Weidel et Herzig ont obtenu en oxydant au moyen du permanganate de potassium le mélange des lutidines de l'huile de Dippel. Cet acide fond à 269°; sa composition est exprimée par la formule brute $C^7H^7AzO^2$; il a été à peine étudié [*Monatsh. Chem.*, t. Ier, p. 1].

2° L'acide qui prend naissance lorsqu'on chauffe l'acide uvitonique à 274° en tubes scellés [C. Böttinger, *Deutsch. chem. Gesellsch.*, 1881, p. 67]. Cet acide est très soluble dans l'eau chaude, assez peu soluble dans l'eau froide et l'alcool, presque insoluble dans l'éther. Il se dépose du sein de sa solution aqueuse sous la forme de cristaux prismatiques d'apparence très particulière. Chauffé sur un verre de montre, il disparaît sans fondre ni laisser de résidu. Chauffé dans un tube capillaire, il ne fond pas encore à 287°. Il possède une saveur faiblement acide; sa solution aqueuse ne se colore pas par l'addition d'une solution de sulfate ferreux. Neutralisée par l'ammoniaque, la solution ne précipite ni par les acétates de baryum, de zinc, de plomb, ni par le chlorure de calcium, ni par le sulfate de cadmium; l'azotate d'argent donne un précipité blanc, non altérable à la lumière, soluble dans l'ammoniaque; l'acétate de cuivre, un précipité bleu foncé, cristallin, presque insoluble dans l'eau froide.

Le *sel de cuivre* contient de l'eau, qu'il perd à 160°. Le sel anhydre, bleu-verdâtre, renferme $(C^7H^6AzO^2)^2Cu$.

Cet acide picoline-monocarboné se dissout très facilement dans les acides et forme avec eux des sels bien définis.

Le *chlorhydrate* $C^7H^7AzO^2.HCl$ cristallise en prismes allongés doués d'un éclat adamantin et portant des stries longitudinales et transversales. L'acide picoline-monocarboné est précipité lorsqu'on ajoute peu à peu de l'ammoniaque à une solution concentrée du chlorhydrate.

Oxydé à chaud au moyen du permanganate de potassium, il se transforme en un acide *pyridine-dicarboné*, fusible à 234-235°,5.

3° L'acide qui se forme par l'action d'une température de 180-185° sur l'acide méthylquinoléique [Hoogewerf et van Dorp, *Deutsch. chem. Gesellsch.*, 1881, p. 645] :

$$C^5H^2Az < \begin{matrix} CH^3 \\ (CO^2H)^2 \end{matrix} = CO^2 + C^5H^3Az < \begin{matrix} CH^3 \\ CO^2H. \end{matrix}$$

Le nouvel acide picoline-monocarboné fond à 209-210° et cristallise en aiguilles; soluble dans l'alcool bouillant et dans l'eau chaude, il est très peu soluble dans l'alcool froid. Sa solution aqueuse, traitée par le nitrate d'argent, laisse déposer de petits cristaux; l'acétate de cuivre donne dans la même solution un précipité cristallin. Oxydé par une solution alcaline bouillante de permanganate de potassium, il est converti en acide cinchoméronique. Il est très probablement identique avec l'acide suivant.

4° L'*acide homonicotianique*, obtenu par Oechsner de Coninck par l'oxydation de la β-collidine (Suppl. p. 1077).

II. — Acides picoline-dicarbonés,

$C^8H^7AzO^4$.

On en connaît trois :

1° L'*acide méthylquinoléique* de Hoogewerf et van Dorp (voyez plus haut). Cet acide est l'un des produits intermédiaires qui prennent naissance dans l'oxydation de la lépidine dérivée de la cinchonine [*Deutsch. chem. Gesellsch.*, 1881, p. 645]. Il cristallise tantôt en belles tables, tantôt en prismes; il est peu soluble dans l'eau froide, soluble dans l'eau bouillante, très peu soluble dans la benzine, l'alcool, l'éther. Le sulfate ferreux colore en jaune la solution aqueuse, les acétates de baryum et de plomb déterminent la formation de précipités blancs floconneux; l'acétate de cuivre donne un précipité blanc bleuâtre.

Le *sel d'argent* est caractéristique : lorsqu'on traite la solution aqueuse de l'acide par le nitrate d'argent, il se précipite d'abord sous la forme d'une masse gommeuse, qui se convertit bientôt en une poudre cristalline. Sa composition répond à la formule $C^8H^5AzO^4Ag^2 + H^2O$; l'eau est chassée entre 120 et 125°. Il existe deux sels acides de potassium : le premier,

$$C^8H^6AzO^4K + 3H^2O,$$

ressemble au salpêtre; il perd H^2O à 115-120°; la 3e molécule n'est complètement chassée qu'à 170°. Le second sel, $C^8H^6AzO^4K + 2H^2O$, est en aiguilles insolubles dans l'alcool et dans l'éther; l'eau se dégage entre 115 et 120°.

Chauffé vers 185°, l'acide méthylquinoléique perd une molécule de gaz carbonique et se transforme en un acide picoline-monocarboné décrit plus haut.

2° L'acide que W. Kœnigs a obtenu en oxydant la lépidine au moyen du permanganate de potassium, dans des conditions légèrement différentes [*Deutsch. chem. Gesellsch.*, 1881, p. 98]. Cet acide est sans doute identique avec le précédent. Selon Kœnigs, il fond à 185-186° en brunissant. Nous l'avons mentionné, Suppl., p. 979.

3° L'acide obtenu par Wischnegradsky dans l'oxydation de l'aldéhydine par un mélange d'acides sulfurique et chromique [*Deutsch. chem. Gesellsch.*, 1879, p. 1506]. A l'état de pureté, il constitue de petits prismes incolores, peu solubles dans l'eau froide, très solubles dans l'eau chaude. Il se sublime en laissant un résidu qui colore en jaune rougeâtre le sulfate ferreux.

Le *sel d'argent* est un précipité amorphe, insoluble dans l'eau. Le *sel de calcium* cristallise en fines aiguilles brillantes, très peu solubles dans l'eau froide.

4° L'*acide uvitonique*, qui prend naissance dans l'action de l'ammoniaque sur l'acide pyruvique [C. Böttinger, *Deutsch. chem. Gesellsch.*, 1880, p. 2032]. Cet acide cristallise en lamelles microscopiques hexagonales; sa solution aqueuse est colorée en violet par le perchlorure de fer; il se dissout à chaud dans l'aniline, dans l'acide acétique et dans son anhydride, dans le phénol, dans la glycérine et dans l'acide sulfurique. Le chloroforme bouillant le dissout à peine; il est insoluble dans la benzine et dans le sulfure de carbone. Böttinger assigne à l'acide uvitonique la constitution suivante :

```
        H      CO²H
       C-C  /
CH³-C<     >  Az
       C=C  \
        H      CO²H.
```

Oechsner de Coninck.

PICOLIQUE (ACIDE). — L'un des acides monocarbopyridiques. Obtenu par Weidel [*Deutsch. chem. Gesellsch.*, 1879, p. 1989] en oxydant, au moyen d'une solution étendue bouillante de permanganate de potassium, le mélange des picolines contenues dans l'huile de Dippel. Indépendamment de l'acide picolique, il se forme dans cette oxydation une notable quantité d'un autre acide monocarbopyridique, l'acide *nicotianique*.

L'acide picolique cristallise en fines aiguilles, solubles dans l'eau et dans l'alcool, insolubles dans l'éther, le chloroforme, le sulfure de carbone, la benzine. Il fond à 134,5-136° et est sublimable sans décomposition; il est inodore, et possède une saveur amère. Sa composition répond à la formule $C^6H^5AzO^2 = C^5H^4Az.CO^2H$; il ne contient pas d'eau de cristallisation. Il précipite les solutions d'acétate de cuivre, des sels de plomb et des sels d'argent. Il est monobasique. Chauffé en tubes scellés à 240° avec de la potasse alcoolique, il se dédouble nettement en gaz carbonique et pyridine.

Picolate de potassium, $C^6H^4AzO^2K$. — Cristallisable en fines aiguilles.

Picolate d'ammonium, $C^6H^4AzO^2(AzH^4)$. — S'obtient en neutralisant par l'ammoniaque une solution de l'acide; cristallise sous la forme de belles tables tricliniques (mt = 80° 33'; mp = 87° 34').

Picolate de calcium, $(C^6H^4AzO^2)^2Ca$. — Fines aiguilles blanches assez peu solubles dans l'eau.

Picolate de baryum. — Est encore moins soluble dans l'eau que le sel de calcium. Il cristallise avec 1/2 H^2O qu'il perd à 160°.

Picolate de magnésium, (1 H^2O). — Grands prismes clinorhombiques.

Picolate de cadmium, $(C^6H^4AzO^2)^2Cd$. — Petites paillettes d'une saveur légèrement sucrée.

Picolate de cuivre, $(C^6H^4AzO^2)^2Cu$. — Grands cristaux bleu-violet à reflets métalliques, très peu solubles.

Chlorhydrate, $C^6H^5AzO^2.HCl$. — Se prépare par l'évaporation dans le vide sec d'une solution chlorhydrique d'acide picolique. Prismes orthorhombiques brillants, mais perdant bientôt leur éclat à l'air.

Chloroplatinate,

$$(C^6H^5AzO^2.HCl)^2.PtCl^4 + H^2O.$$

— On l'obtient en additionnant de chlorure de platine une solution concentrée du chlorhydrate, et en abandonnant la liqueur à l'évaporation lente. Cristaux appartenant au système clinorhombique; rapport des axes: 1,4468 : 1 : 2,0408.

Soumis à la distillation sèche en présence d'un excès de chaux, le *picolate de calcium* fournit de la pyridine et une petite quantité de *dipyridine* solide.

En traitant le picolate sodique par l'amalgame de sodium, Weidel a obtenu un acide *oxysorbique*, d'après la réaction

$$C^6H^5AzO^2 + H^4 + H^2O = C^6H^8O^3 + AzH^3.$$

Cet acide fond vers 84-85°; il est peu soluble dans l'éther. Il précipite l'acétate de plomb et réduit les sels d'argent. Chauffé sur une lame de platine, il répand une odeur analogue à celle du papier brûlé.

Oxysorbate de calcium, $(C^6H^7O^3)^2Ca$. — L'alcool le précipite à l'état pulvérulent de la solution aqueuse.

Les *sels de baryum* et *de cadmium* ressemblent au sel calcique. Les autres sels sont déliquescents.

Œchsner de Coninck.

PICRACONITINE. — Voyez Suppl., p. 43.

PICROROCCELLINE, $C^{27}H^{29}Az^3O^5$. — Matière amère retirée du *Roccella fuciformis*. Ce lichen est épuisé par un lait de chaux pour enlever l'érythrine, puis séché et traité par l'alcool bouillant. L'alcoolature étant distillée, le résidu pâteux est exprimé dans une toile, puis épuisé à plusieurs reprises et à chaud par de petites quantités d'alcool et de benzine, enfin dissous dans l'alcool bouillant. Par le refroidissement, la solution laisse déposer de fins cristaux pennés qui n'ont pas été étudiés, et de gros prismes brillants de picroroccelline. On les sépare par lévigation.

La picroroccelline, insoluble dans l'eau, le pétrole et le sulfure de carbone, se dissout à peine dans l'éther et la benzine, mieux dans l'alcool bouillant. Elle fond à 192-194°; sa saveur est fortement amère.

Le mélange chromique la transforme en aldéhyde benzoïque et acide benzoïque. La soude aqueuse ou alcoolique fournit à l'ébullition le composé $C^{24}H^{25}Az^2O^3$. Pour le préparer, on ajoute 10 p. de picroroccelline pulvérisée à 200 p. d'eau bouillante contenant 3 p. de soude caustique: au bout d'une heure, on laisse un peu refroidir, on ajoute de l'acide acétique et l'on fait cristalliser dans une petite quantité d'alcool le précipité conglobant qui se forme. Une cristallisation dans le sulfure de carbone achève la purification. Le corps $C^{24}H^{25}Az^2O^3$ cristallise en grands prismes incolores, fusibles à 154°, très peu solubles dans l'éther. La chaleur le transforme en xanthroroccelline.

Par l'action d'une chaleur de 220° ou des acides étendus et bouillants, la picroroccelline se convertit en *xanthoroccelline*, $C^{21}H^{17}Az^2O^9$. Pour préparer cette dernière, on dissout à l'ébullition 10 grammes de picroroccelline dans 15 grammes d'acide acétique cristallisable, on ajoute six gouttes d'acide chlorhydrique et l'on fait bouillir pendant 15 minutes; la liqueur se prend par le refroidissement en une masse de cristaux de xanthoroccelline. Lavée à l'eau et cristallisée dans l'alcool, elle est en aiguilles jaunes, insolubles dans le pétrole, peu solubles dans l'éther et le sulfure de carbone, solubles dans la benzine et surtout dans l'alcool chaud. La soude bouillante dissout la xanthoroccelline, mais l'abandonne sans altération par le refroidissement.

L'acide sulfurique concentré est coloré en orangé vif par la xanthoroccelline; l'eau précipite la matière primitive de la solution. L'acide azotique froid la dissout aussi sans l'attaquer d'abord; à la longue, on obtient un produit cristallisé, que l'on prépare avantageusement de la manière suivante: A une solution de 5 grammes de xanthoroccelline dans 10 centimètres cubes d'acide acétique, on ajoute 5 centimètres cubes d'acide nitrique concentré et l'on chauffe au bain-marie; il se déclare une réaction violente et la masse, dissoute dans 30 centimètres cubes d'alcool bouillant, laisse déposer des lames hexagonales incolores, fusibles à 275°.

A petite dose, la picroroccelline ne montre qu'une faible action physiologique [J. Stenhouse et Ch. E. Groves, *Proceed. Roy. Soc. London*, t. XXV, p. 60; *Liebig's Ann. Chem.*, t. CLXXXV, p. 14; *Bull. Soc. chim.*, t. XXIX, p. 72.]

A. Henninger.

PICROTINE. — Voyez Picrotoxine.

PICROTOXIDE, PICROTOXININE, PICROTOXIQUE (ACIDE). — Voyez Picrotoxine.

PICROTOXINE (voyez t. II, p. 1020). — La plus grande incertitude règne encore sur la formule et même sur l'existence de la picrotoxine, qui paraît n'être qu'un mélange de plusieurs principes.

Schmidt et Lœwenhardt admettent que la picrotoxine $C^{36}H^{40}O^{16}$ se dédouble en picrotoxinine $C^{15}H^{16}O^6$ et picrotine $C^{21}H^{24}O^{10}$:

$$C^{36}H^{40}O^{16} = C^{15}H^{16}O^6 + C^{21}H^{24}O^{10}$$

[*Deutsch. chem. Gesellsch.*, 1881, p. 817].

D'après Barth et Kretschy, la picrotoxine serait

un mélange de picrotoxinine, de picrotine et d'anamirtine [Barth et Kretschy, *Monatsh. Chem.*, t. Ier, p. 99].

Enfin Paterno et Oglialoro, soutenant l'existence de la picrotoxine comme espèce chimique, lui attribuent, dans chaque mémoire, une formule différente.

Picrotoxinine, $C^{15}H^{16}O^{6}.H^{2}O$. — Ce corps peut être obtenu en faisant bouillir longtemps la picrotoxine avec de la benzine; la picrotine reste à l'état insoluble. La picrotoxine renferme environ 32 °/0 de picrotoxinine. Cette dernière cristallise en prismes orthorhombiques ($a : b : c$ = 0, 7481 : 1 : 1,350. Elle perd une molécule d'eau à 100° et fond à 201°.

Des cristallisations dans l'eau ou la benzine fournissent un autre hydrate, $(C^{15}H^{16}O^{6})^{2}.H^{2}O$, ayant la même forme cristalline, mais un point de fusion différent.

La picrotoxinine est amère et vénéneuse; elle réduit, à froid, le nitrate d'argent en présence d'ammoniaque et, à chaud, la liqueur de Fehling.

Le brome la transforme en un dérivé bien cristallisé, $C^{15}H^{15}BrO^{6}$, fusible à 245°. Le chlorure d'acétyle, à froid, la transforme en un dérivé de polymérisation qui cristallise en aiguilles fusibles à 225°. La fusion avec la potasse donne des acides oxalique, formique et acétique, avec des traces de phénols. L'ébullition avec la potasse alcoolique donne les mêmes résultats.

Picrotoxide, $(C^{15}H^{16}O^{6})^{n}$. — Lorsqu'on fait passer un courant de gaz chlorhydrique dans une solution éthérée de picrotoxine ou de picrotoxinine, il se sépare une masse cristalline, polymère de cette dernière, et qui est fusible au delà de 310° [Paterno et Oglialoro, *Deutsch. chem. Gesellsch.*, 1877, p. 83].

Le chlorure d'acétyle le transforme en un dérivé diacétylé, $nC^{15}H^{14}(C^{2}H^{3}O)^{2}O^{6},H^{2}O$, qui cristallise dans l'alcool en lamelles brillantes, fusibles à 82°.

L'action du brome sur la picrotoxine en suspension dans l'éther, ou de l'eau de brome sur la solution aqueuse de picrotoxine, fournit une poudre jaune qui cristallise dans l'alcool bouillant; c'est le *bromopicrotoxide*, $(C^{15}H^{15}BrO^{6})^{n}$, à peu près insoluble dans l'eau bouillante et fusible au-dessus de 240°. L'alcool qui a laissé déposer ce composé en retient un autre renfermant $C^{15}H^{18}O^{7}$, fusible à 246-248°; il présente les caractères d'un acide faible [Paterno et Oglialoro, *Deutsch. chem. Gesellsch.*, 1877, p. 1100].

Picrotine, $C^{25}H^{30}O^{16}$. — Ce composé, qui représente 66 °/0 de la picrotoxine brute, peut en être séparé grâce à son insolubilité dans la benzine; il est très amer, mais non toxique; il cristallise dans le système orthorhombique. Il commence à fondre à 245°; sa fusion est complète à 250°. L'ébullition avec l'eau ne le modifie pas comme la picrotoxinine. Il réduit le nitrate d'argent et la liqueur cupropotassique [Barth et Kretschy, *loc. cit.*].

Anamirtine, $C^{19}H^{24}O^{10}$. — Cette substance, que Schmidt et Lœwenhardt appellent *cocculine* en lui attribuant la formule $C^{19}H^{26}O^{10}$, est contenue en petite quantité (2 °/0 environ) dans les eaux mères de la picrotoxinine. Elle cristallise en fines aiguilles anhydres, ne fond pas à 280°, mais se décompose à cette température. Elle n'est ni amère ni toxique et ne réduit pas les solutions métalliques.

Acide picrotoxique, $C^{15}H^{24}O^{9}$ (?). — Cet acide, produit d'hydratation (?) de la picrotoxine brute par l'oxyde puce de plomb, est une matière résineuse, soluble dans l'eau froide, moins soluble dans l'alcool et dans l'éther, très amère, réduisant les sels d'argent, mais non les sels de cuivre.

Barth avait déjà signalé un composé analogue obtenu par l'action de l'acide sulfurique dilué sur la picrotoxine [Barth, *Bull. Soc. chim.*, t. II, p. 388; — Boehnke-Reich, *Arch. für Pharm.*, (3), t. Ier, p. 498].

Dosage de la picrotoxine. — La solution qui la renferme est précipitée par l'acétate de plomb ammoniacal, et le précipité, en suspension dans l'eau, est décomposé par l'hydrogène sulfuré. Le sulfure est lavé à l'eau ammoniacale jusqu'à ce que celle-ci ne soit plus amère. La solution filtrée renferme toute la picrotoxine, qui cristallise par concentration. Ce procédé est applicable à la recherche de la picrotoxine dans la bière [Palm, *Répert. für analyt. Chem.*, 1882, p. 265].

M. Hanriot.

PILOCARPINE. — Les feuilles du Jaborandi, fournies par le *Pilocarpus pennatifolius* (Rutacées), renferment deux alcaloïdes, la pilocarpine et la jaborine (Suppl., p. 971), et une huile essentielle, le pilocarpène.

Pilocarpine. — L'extrait aqueux des feuilles et des tiges est repris par l'alcool; la solution alcoolique est évaporée et l'extrait est repris par l'eau. On précipite par l'acétate de plomb ammoniacal, on filtre, on enlève l'excès de plomb par $H^{2}S$, et on fait cristalliser l'acétate de pilocarpine. A la solution de ce sel on ajoute du bichlorure de mercure, qui précipite un sel double; celui-ci, décomposé par l'eau, fournit le chlorhydrate de pilocarpine [Hardy, *Bull. Soc. chim.*, t. XX, p. 497].

On peut encore purifier la pilocarpine en traitant sa solution chlorhydrique par le chloroforme qui dissout les matières colorantes, puis neutralisant par l'ammoniaque et reprenant par le chloroforme qui dissout la pilocarpine.

Pöhl a proposé le procédé d'extraction suivant: On fait digérer les feuilles dans l'acide chlorhydrique étendu (1 °/0), on traite par l'acétate de plomb et on filtre; le liquide filtré est précipité par l'acide phosphomolybdique, et le sel obtenu, lavé à l'acide chlorhydrique, est décomposé à 100° par la baryte [Pöhl, *Bull. Soc. chim.*, t. XXXIV, p. 340].

La pilocarpine est une masse incolore, visqueuse, soluble dans l'eau et dans l'alcool. Son pouvoir rotatoire est $[\alpha]_D = +127°$ en solution chloroformique, + 103° en solution alcoolique, + 8,35 en solution chlorhydrique [Petit, *Bull. Soc. chim.*, t. XXVII, p. 337].

On a proposé pour la pilocarpine plusieurs formules; nous adoptons celle de Harnack et Meyer, $C^{11}H^{16}Az^{2}O^{2}$. La pilocarpine est une base tertiaire; elle ne se combine pas avec l'essence de moutarde (réaction de Hofmann), et ne fixe qu'une molécule d'iodure de méthyle. Le chloroplatinate de la base ammoniée ainsi produite, $(C^{12}H^{19}Az^{2}O^{2}Cl)^{2}PtCl^{4}$, cristallise très facilement [Harnack et Meyer, *Ann. Chem. Pharm.*, t. CCIV, p. 67].

Chlorhydrate de pilocarpine,

$$C^{11}H^{16}Az^{2}O^{2},HCl.$$

— Soluble dans l'eau, l'alcool et le chloroforme, insoluble dans l'éther, la benzine et le sulfure de carbone.

Le *chloroplatinate*, $(C^{11}H^{16}Az^{2}O^{2},HCl)^{2}PtCl^{4}$, se présente en belles lamelles jaunes irisées; à 100° elles sont anhydres.

Le *chloraurate*, $C^{11}H^{16}Az^{2}O^{2},HCl,AuCl^{3}$, cristallise bien; lorsqu'on le soumet à une ébullition prolongée, il perd HCl comme les chloraurates des bases pyridiques et donne, après cristallisation dans l'alcool, un corps de la formule $C^{11}H^{16}Az^{2}O^{2},AuCl^{3}$.

L'*azotate* est soluble dans l'eau et dans l'alcool bouillant, d'où il se sépare par refroidissement en houppes cristallines; il est insoluble dans l'éther, la benzine, le sulfure de carbone.

Le *phosphate* cristallise en tables brillantes; il est soluble dans l'eau, l'alcool bouillant, insoluble dans l'éther.

L'acétate est incristallisable, insoluble dans le sulfure de carbone [W. Gerrard, *Bull. Soc. chim.*, t. XXVIII, p. 227].

Traitée par un grand excès d'acide nitrique fumant (900cc pour 3 grammes de pilocarpine), la pilocarpine se transforme en azotate de jaborandine [Chastaing, *Compt. rend.*, t. XCIV, p. 968].

La distillation sèche de la pilocarpine avec de la soude caustique fournit de la méthylamine, de l'acide carbonique, de l'acide butyrique, des bases pyridiques, et une base peut-être identique avec la conicine [Chastaing, *Compt. rend.*, t. XCIV, p. 224; — Pöhl, *loc. cit.*; — Harnack et Meyer, *loc. cit.*].

Pilocarpène. — Les feuilles de Jaborandi, distillées avec l'eau, fournissent un hydrocarbure $C^{10}H^{16}$, passant à 178° et un polymère passant de 250 à 251°. Le premier, ou *polycarpène*, est un liquide incolore, d'une densité de 0,852 à 18°; $[\alpha]_D = 1°,21$. Il se polymérise facilement par l'action de la chaleur. Traité en solution éthérée par le gaz chlorhydrique, il fournit un mélange de deux dichlorhydrates, l'un liquide, l'autre solide, fusible à 49°,5, sans trace de monochlorhydrate [Hardy, *Bull. Soc. chim.*, t. XXIV, p. 500].

M. Hanriot.

PIMARIQUE (ACIDE), $C^{20}H^{30}O^2$ (voyez t. II, p. 1022). — L'acide préparé par dissolution du galipot, dans de l'alcool à 85 °/₀, à une température de 60° et refroidissement brusque, fond à 125° et présente les divers caractères indiqués par Laurent. Si l'on fait bouillir la dissolution alcoolique et qu'on la laisse ensuite refroidir lentement, le produit obtenu présente un point de fusion qui s'élève à chaque opération, tandis que le pouvoir rotatoire diminue. L'acide pimarique se modifie dans ces conditions en se transformant en un mélange de corps isomères : un acide dextrogyre (dextropimarique), fusible audessus de 200°, cristallisant en lames rectangulaires, et ayant un pouvoir rotatoire de + 56°; un acide lévogyre (pyromarique), fusible à 145°, d'un pouvoir rotatoire de — 66°, cristallisant en lamelles triangulaires; un autre acide faiblement lévogyre, qui n'a pas été isolé. La transformation de l'acide pimarique en acides dextropimarique et pyromarique se produit encore d'une manière plus ou moins complète par la simple dissolution dans divers réactifs neutres : éther acétique, chloroforme, benzine, essence de térébenthine, sulfure de carbone, etc. [A. Cailliot, *Bull. Soc. chim.*, t. XXI, p. 387].

La distillation sèche du pimarate de calcium fournit, outre les composés de la série grasse, éthylène, propylène, amylène, acétone, méthyléthylacétone, diéthylacétone, etc., des produits aromatiques tels que toluène, diméthylbenzine, méthyléthylbenzine, térébène, ditérébène, etc. [Bruylants, *Deutsch. chem Gesellsch.*, 1878, p. 447].

PIMÉLIQUE (ACIDE), $C^5H^{10}(CO^2H)^2$ (voyez t. II, p. 1023). — Cet acide prend naissance dans l'oxydation de la subérone par l'acide nitrique concentré [Dale et Schorlemmer, *Deutsch. chem. Gesellsch.*, 1874, p. 806]; — dans l'oxydation de l'acide oxy-œnanthylique par le mélange chromique [Helms, *Deutsch. chem. Gesellsch.*, 1875, p. 1169]; — par la réduction de l'acide furonique au moyen de l'acide iodhydrique concentré [Baeyer, *Deutsch. chem. Gesellsch.*, 1877, p. 1358].

Il a été obtenu synthétiquement par l'action de la potasse alcoolique sur un mélange de bromure d'amylène et de cyanure de potassium au réfrigérant ascendant [Bauer et Schuler, *Deutsch. chem. Gesellsch.*, 1877, p. 2031].

Il cristallise dans le système triclinique et fond à 114° [Kachler, *Liebig's Ann. Chem.*, t. CLXIX, p. 168], à 104° (Bauer et Schuler), à 190° (Schorlemmer et Dale).

Le *sel d'ammonium*, $C^7H^{10}O^4(AzH^4)^2$, est en lamelles très hygroscopiques; le *sel de sodium*, $C^7H^{10}O^4Na^2$, forme une masse cristalline très soluble; le *sel de calcium*, $C^7H^{10}O^4Ca$, constitue une poudre cristalline; le *sel de baryum*, $C^7H^{10}O^4Ba$, se présente en lamelles légères; le *sel de magnésium*, $C^7H^{10}O^4Mg$, est en croûtes cristallines, très solubles dans l'eau; le *sel de cuivre*, $C^7H^{10}O^4Cu$, forme un précipité vert émeraude; le *sel d'argent*, $C^7H^{10}O^4Ag^2$, est un précipité blanc, soluble dans beaucoup d'eau (Kachler).

En solution ammoniacale neutre, l'acide pimélique donne un précipité couleur de chair avec les sels ferriques, et des précipités blancs avec les sels de bismuth et l'acétate de plomb.

Le *pimélate d'éthylamine*,

$$C^7H^{10}O^4(AzH^3.C^2H^5)^2,$$

est une masse sirupeuse [Wallach et Kamenski, *Deutsch. chem. Gesellsch.*, 1881, p. 162].

Le *pimélate d'éthyle*, $C^7H^{10}O^4(C^2H^5)^2$, est un liquide incolore, bouillant à 236-240° (Kachler).

Anhydride pimélique, $C^7H^{10}O^3$ (Kachler). — L'acide pimélique se déshydrate par la simple distillation, et il suffit de fractionner le produit pour recueillir l'anhydride sous la forme d'un liquide épais et incristallisable, bouillant à 245-250°. Les alcalis étendus et chauds le convertissent en acide pimélique.

Chlorure pimélique, $C^5H^{10}(COCl)^2$. — Ce corps bout avec décomposition partielle vers 210°.

Acide sulfopimélique, $C^7H^{12}SO^7$ — Aiguilles obtenues par l'action de l'acide nitrique sur l'acide sulfocamphylique (Kachler).

Ad. Fauconnier.

PINITE (t. II, p. 1027). — D'après Tiemann et Haarmann, cette matière sucrée accompagne la coniférine dans l'écorce des conifères (*Abies*, *Pinus*, *Larix*, etc.); elle reste dans les eaux mères sirupeuses de la coniférine (voyez t. III, p. 645) [*Deutsch. chem. Gesellsch.*, 1874, p. 609].

PIPÉRIDINE, $C^5H^{11}Az = C^5H^{10}.AzH$. — La pipéridine est une base secondaire; un certain nombre d'hypothèses ont successivement été émises sur sa constitution, jusqu'à ce que sa synthèse ait fait adopter définitivement la formule que nous indiquons plus bas, bien que cette formule puisse encore soulever quelques objections.

Synthèses. — La pipéridine peut être transformée en pyridine. Par l'action du brome sur la pipéridine, Hofmann a obtenu un corps

$$C^5H^3Br^2AzO,$$

qu'il envisage comme de la pyridine bromhydroxylée. L'action d'un excès de brome sur la pipéryléthyluréthane fournit de la dibromopyridine (Schotten); enfin Kœnigs a transformé ces deux bases l'une dans l'autre en oxydant la pipéridine soit par l'oxyde d'argent, soit par l'acide sulfurique concentré à 300°. Se fondant sur ces expériences, il a proposé pour la pipéridine une formule annulaire analogue à celle de la pyridine :

```
      CH                    CH²
   //    \               /      \
 CH        CH         CH²        CH²
 |         ||          |          |
 CH        CH         CH²        CH²
   \\    /               \      /
     Az                    AzH
  Pyridine.            Pipéridine.
```

Cependant cette formule rend difficilement compte de la formation de la diméthylpipéridine et des bases analogues [Kœnigs, *Deutsch. chem. Gesellsch.*, 1879, p. 2341].

Königs avait déjà cherché à obtenir la pipéridine par l'hydrogénation de la pyridine, mais le zinc ou l'étain et l'acide chlorhydrique n'ont donné aucun résultat.

Ladenburg a pu, au contraire, réaliser directement cette transformation en faisant agir l'amalgame de sodium sur une solution alcoolique de pyridine. Il a identifié la base ainsi obtenue avec la pipéridine naturelle par l'examen d'un grand nombre de dérivés, notamment de la combinaison $CS(C^5H^{10}Az)^2H^2S$, qui est absolument caractéristique [Königs, *Deutsch. chem. Gesellsch.*, 1881, p. 1856; — Ladenburg, *ibid.*, 1884, p. 156; — Ladenburg et Roth, *ibid.*, 1884, p. 513].

Cette méthode a déjà été étendue par Ladenburg à des homologues de la pyridine, notamment à la propylpyridine.

Propylpipéridines, $C^8H^{17}Az$. — Lorsqu'on traite les propylpyridines en solution alcoolique par l'amalgame de sodium, on obtient de petites quantités de propylpipéridines.

La γ-propylpipéridine bout à 157-161°; $D_0 = 0,870$. Elle a l'odeur de la conicine; elle est peu soluble dans l'eau, surtout à chaud.

Le *chlorhydrate* cristallise en grands prismes. Le *chloroplatinate* et le *picrate* sont très solubles.

La β-propylpipéridine bout à 165-168°; $D_0 = 0,875$. Elle ressemble beaucoup par toutes ses propriétés physiques à la conicine.

Le *chlorhydrate* cristallise en beaux prismes éclatants. Le *chloroplatinate* est peu soluble dans l'eau, d'où il se dépose en prismes jaunes, tandis que le chloroplatinate de conicine est assez soluble; de plus, cette base est inactive sur la lumière polarisée [Ladenburg, *Deutsch. chem. Gesellsch.*, 1884, p. 772].

Gal a obtenu un isomère de la pipéridine en traitant le nitréthane potassique par l'iodure d'allyle et réduisant le composé formé par le zinc et l'acide chlorhydrique:

$$C^2H^4KAzO^2 + C^3H^5I = KI + {CH^3 \atop C^3H^5} > CH.AzO^2,$$

$$C^5H^9AzO^2 + H^6 = {CH^3 \atop C^3H^5} > CH.AzH^2 + 2H^2O.$$

Ce composé est une amine primaire; son odeur est celle de la pipéridine; il bout à 106° et se combine avec le sulfure de carbone, mais sans donner de composé cristallin [Gal, *Bull. Soc. chim.*, t. XX, p. 13].

Propriétés. — La pipéridine, dissoute dans l'acide iodhydrique, précipite par l'iodure double de bismuth et de potassium; on obtient un corps brun cristallisé dans l'alcool en lamelles brillantes répondant à la formule $3(C^5H^{11}Az, IH)2BiI^3$ [Kraut, *Ann. Chem. Pharm.*, t. CCX, p. 318].

Lorsqu'on mélange des solutions aqueuses de pipéridine et d'azotate de diazobenzol, on obtient une combinaison $C^6H^5\text{-}Az^2\text{-}Az = C^5H^{10}$ qui se dépose du pétrole en cristaux volumineux jaunâtres, fusibles à 41°. L'acide picrique, en solution éthérée, précipite de leur solution éthérée du picrate de diazobenzol [Baeyer et Jaeger, *Deutsch. chem. Gesellsch.*, 1875, p. 893].

Le brome donne avec la solution aqueuse de pipéridine un composé d'addition très instable, se dédoublant à la température ordinaire.

A 200-220°, on obtient comme produit principal un composé $C^5H^3Br^2AzO$ qui paraît être un dérivé bromhydroxylé de la pyridine. Il cristallise dans l'eau en écailles brillantes à peu près insolubles dans l'eau et dans l'éther, peu solubles dans l'alcool, solubles dans les alcalis et dans les acides concentrés. Sa solution chlorhydrique donne avec le chlorure de platine de longues aiguilles décomposables par l'eau et répondant à la formule $(C^5H^3Br^2AzO, HCl)^2PtCl^4$.

Sa solution ammoniacale, précipitée par le nitrate d'argent, fournit une combinaison argentique cristallisée, $C^5H^2AgBr^2O$.

Dissous dans la soude, puis traité à 100° par l'iodure de méthyle et l'alcool méthylique, le dérivé $C^5H^3Br^2AzO$ donne un dérivé méthylé $C^5H^2(CH^3)Br^2AzO$, cristallisant en longues aiguilles blanches, fusibles à 192-193°, insolubles dans les alcalis. Ce composé peut à son tour fournir un chloroplatinate cristallisant en lamelles rhombiques étoilées [A.-W. Hofmann, *Deutsch. chem. Gesellsch.*, 1879, p. 784].

Action des chlorhydrines et des chlorures d'acide sur la pipéridine.

La pipéridine s'unit à 100° à la chlorhydrine éthylénique avec formation d'une base, la *pipéréthylalkine*, $C^7H^{15}AzO$, soluble dans l'eau, bouillant à 199°. Le chlorhydrate est bien cristallisé; le chloroplatinate est déliquescent; le chloraurate $C^7H^{15}AzO, HCl, AuCl^3$ fond à 129-130°.

Cette base s'unit en solution aqueuse avec l'acide phénylacétique en donnant une *alkéine*, $C^{15}H^{21}AzO^2, HCl$. Le sel d'or de cette dernière fond vers 100°, il est presque insoluble dans l'eau froide. Le chlorhydrate est peu stable; le chloroplatinate cristallise en belles paillettes. Cette alkéine est un poison violent [Ladenburg, *Deutsch. chem. Gesellsch.*, 1881, p. 1877].

Ce corps prend naissance, comme ses congénères, par déshydratation, l'alkine correspondante perdant l'oxhydryle du groupe $C^2H^4.OH$:

$$\underset{\text{Piperéthylalkine.}}{C^5H^{10} = AzC^2H^4.OH} + \underset{\text{Acide phénylacétique.}}{CO.OH\text{-}CH^2\text{-}C^6H^5}$$

$$= \underset{\text{Pipéralkéine phénylacétique.}}{C^5H^{10} = Az\text{-}C^2H^4.O.CO\text{-}CH^2\text{-}C^6H^5.}$$

La chlorhydrine propylénique fournit de même la *pipéro-propylalkine* $C^8H^{17}AzO$, bouillant vers 194°. Cette base est précipitée de sa solution aqueuse par une petite quantité d'acide chlorhydrique et se redissout dans un excès. Le chloraurate $C^8H^{17}AzO, HCl, AuCl^3$ cristallise. Le chlorure d'acétyle réagit facilement sur cette base en donnant une alkéine $C^{10}H^{19}AzO^2$, dont le chloraurate est presque insoluble dans tous les dissolvants [Ladenburg, *Deutsch. chem. Gesellsch.*, 1881, p. 2406].

La pipéridine se combine à 100° avec la chlorhydrine de la glycérine. On obtient, par cristallisation dans la benzine, une *glycoline* $C^8H^{17}AzO^2$, qui est en lamelles soyeuses jaunâtres. Le bromhydrate forme des tables clinorhombiques, très solubles dans l'eau. Le chloraurate

$$C^8H^{17}AzO^2, HCl, AuCl^3$$

est en aiguilles déliées, d'un jaune mat [Roth, *Deutsch. chem. Gesellsch.*, 1882, p. 1149]. Avec la dichlorhydrine de la glycérine et la pipéridine on obtient de même une combinaison, la *dipipérallylalkine* $C^{13}H^{26}Az^2O$, bouillant entre 280 et 290°. Le chloroplatinate $(C^{13}H^{26}Az^2O^2, HCl)^2PtCl^4$ cristallise magnifiquement. Le picrate se précipite sous la forme d'une huile qui ne tarde pas à se prendre en une masse de cristaux [Ladenburg, *loc. cit.*].

L'acide monochloracétique se combine avec la pipéridine en donnant du chlorhydrate et de l'*acide pipérydylacétique* $CO^2H\text{-}CH^2\text{-}Az = C^5H^{10}$.

Il cristallise en prismes rhomboïdaux vitreux, inaltérables à l'air. Il est neutre au papier de tournesol. Comme le glycocolle, il s'unit aux acides et aux bases.

Le sel cuivrique, $(AzC^7H^{12}O^2)^2Cu,4H^2O$, s'obtient par évaporation de sa solution en lamelles bleues, devenant violettes par dessiccation.

Le *chlorhydrate*, $AzC^7H^{13}O^2,HCl$, forme une masse cristalline radiée. Le *chloraurate* cristallise en mamelons [Kraut, *Ann. Chem. Pharm.*, t. CLVII, p. 66].

L'acide α-chloropropionique se combine de même avec la pipéridine, en donnant l'*acide α-pipéridyle-propionique*,

$$CO^2H\text{-}CH < \begin{matrix} CH^3 \\ AzC^5H^{10}, \end{matrix}$$

qui cristallise en prismes très solubles dans l'eau et dans l'alcool, insolubles dans l'éther; il est neutre au papier de tournesol et s'unit aux acides et aux bases. Le chloraurate, $C^8H^{16}AzO^2Cl,AuCl^3$, cristallise en aiguilles étoilées très solubles dans l'eau et l'alcool [Brühl, *Deutsch. chem. Gesellsch.*, 1876, p. 34].

Le chlorure d'acétyle réagit sur la pipéridine en donnant de l'*acétylpipéridine*, bouillant à 224°, soluble dans l'eau en toutes proportions. Elle se combine aussi avec l'éther oxalique, en donnant l'*oxalylpipéridine*, $(C^5H^{10}Az)^2C^2O^2$, qui cristallise en aiguilles fusibles à 90°, distillant au-dessus de 360°, solubles dans l'eau et dans l'alcool, insolubles dans les lessives alcalines [Schotten, *Deutsch. chem. Gesellsch.*, 1882, p. 421].

La *pipéryluréthane*, $C^5H^{10}Az.CO^2C^2H^5$, s'obtient par l'action de l'éther chloroxycarbonique sur la pipéridine. C'est un liquide incolore, bouillant à 211°, plus lourd que l'eau, dans laquelle il est insoluble. L'ébullition avec la potasse ou l'acide chlorhydrique concentré ne l'attaque pas. L'acide nitrique fumant transforme le composé précédent en un nouvel acide, l'*acide pipéridique*, $C^4H^9O^2Az$. Son chlorhydrate, $C^4H^9O^2Az,HCl$, cristallise en beaux prismes, très hygroscopiques, solubles dans l'eau et dans l'alcool. Le chloroplatinate cristallise en larges prismes.

Si l'on ajoute de l'urée à l'acide nitrique qui a servi à préparer l'acide pipéridique, on obtient la *nitrodéhydropipéryluréthane*,

$$C^5H^7(AzO^2)Az.CO^2C^2H^5,$$

qui cristallise en aiguilles jaunâtres fusibles à 51°,5, solubles dans l'eau chaude et l'alcool. En additionnant de brome sa solution dans l'acide acétique cristallisable, on obtient un dérivé bromhydroxylé $C^5H^8(AzO^2)Az.Br.OH.CO^2.C^2H^5$ cristallisant dans l'alcool sous la forme de prismes fusibles à 157°, très solubles dans l'alcool bouillant.

La *pipérylméthyluréthane*, $C^5H^{10}Az\text{-}CO^2CH^3$, se prépare en traitant la pipéridine par l'éther méthylchloroxycarbonique; c'est un liquide incolore, bouillant à 201°, doué d'une odeur agréable. L'acide nitrique fumant la convertit en *nitrodéhydropipérylméthyluréthane*, $C^5H^7(AzO^2)Az.CO^2CH^3$, cristallisant en aiguilles jaunâtres fusibles à 102-103°. Le brome la convertit en un dérivé fusible à 130° [Schotten, *Deutsch. chem. Gesellsch.*, 1883, p. 643].

Schotten, en traitant la pipéridine en solution chlorhydrique étendue par le nitrite de potassium, a obtenu une *nitrosopipéridine* qui paraît différente de celle de Wertheim; c'est un liquide dense, jaunâtre, aromatique, bouillant à 218°. Elle se dissout dans l'acide chlorhydrique concentré et en est précipitée par l'eau. Chauffée en tubes scellés, elle se dédouble en pipéridine et acide azoteux [Schotten, *loc. cit.*].

Traitée par le zinc et l'acide acétique, ou par l'amalgame de sodium et l'alcool, la nitrosopipéridine donne la *pipérylhydrazine* (Suppl., p. 928).

Action des iodures alcooliques sur la pipéridine.

Méthylpipéridine, $C^5H^9AzCH^3$. — Cette base se forme par l'action de l'alcool méthylique sur le chlorhydrate de pipéridine. Hofmann l'a obtenue dans la distillation sèche de l'hydrate de méthyléthylpipérylammonium. Elle bout à 107°.

Diméthylpipéridine. — La distillation sèche de l'hydrate de diméthylpipéridylammonium, au lieu de s'effectuer suivant les règles ordinaires, donne une base ayant pour formule $C^7H^{15}Az$:

$$C^5H^{10}Az(CH^3)^2.OH = H^2O + C^7H^{15}Az.$$

Cette base est un liquide incolore, très alcalin, à odeur ammoniacale; elle bout à 118°. Le chlorhydrate $C^7H^{15}Az.HCl$ forme une masse cristalline très soluble. Le chloraurate se précipite sous forme huileuse et se convertit en aiguilles jaune d'or, très altérables. La pipéridine étant une base secondaire ne devrait pas pouvoir fixer deux groupes méthyle; aussi Hofmann a-t-il admis que l'un des groupes CH^3 se fixe dans le noyau C^5H^{10}; cependant, quand on traite à la température ordinaire la diméthylpipéridine par le gaz chlorhydrique sec, elle perd du chlorure de méthyle et donne du chlorhydrate de méthylpipéridine, ce qui serait difficile à admettre si le groupe CH^3 se trouvait dans le noyau. Aussi Ladenburg a-t-il proposé pour la pipéridine la formule

$$CH^2 = CH\text{-}CH^2\text{-}CH^2\text{-}CH^2.AzH^2.$$

La diméthylpipéridine serait alors

$$CH^2 = CH\text{-}CH^2\text{-}CH^2\text{-}CH^2.Az(CH^3)^2$$

[Hofmann, *Deutsch. chem. Gesellsch.*, 1881, p. 494 et 659; — Ladenburg, *Deutsch. chem. Gesellsch.*, 1883, p. 2059].

En mélangeant des solutions chloroformiques de diméthylpipéridine et d'iode, on obtient un précipité qui cristallise dans l'eau bouillante en prismes incolores; c'est un iodure $C^7H^{15}AzI^2$, que l'oxyde d'argent convertit en *diméthylpipéridéine*, $C^7H^{13}Az$, différant de la première base par 2 atomes d'hydrogène. Elle bout à 137-140°. Son chloraurate cristallise en longues aiguilles, le chloroplatinate en prismes rouge clair. Cette base réagit énergiquement sur l'iodure de méthyle en donnant l'iodure d'un ammonium quaternaire qui, distillé avec la potasse, se décompose en triméthylamine et un hydrocarbure C^5H^6, le *pirylène*,

$$C^7H^{13}Az,CH^3I + NaOH$$
$$= NaI + C^5H^6 + (CH^3)^3Az + H^2O.$$

La diméthylpipéridine se combine avec l'iodure de méthylène en donnant un bi-iodure $C^8H^{17}AzI^2$, très soluble dans l'eau bouillante, sous laquelle il fond. Le chlorure d'argent transforme cet iodure en un chloroiodure $C^8H^{17}AzICl$. L'oxyde d'argent ne lui enlève pas la totalité de son iode. Ce bi-iodure donne naissance à un chloraurate et à un chloroplatinate cristallisés [Ladenburg, *Deutsch. chem. Gesellsch.*, 1881, p. 1342 et 1882, p. 1024].

Iodure de triméthylpipérylammonium. — L'iodure de méthyle réagit très vivement sur la diméthylpipéridine. Le mélange se prend en une masse cristalline blanche, qui se dépose de sa solution alcoolique en grands prismes fusibles vers 200°. Il renferme $(C^5H^9.CH^3)(CH^3)^2AzI$. Il est indécomposable par la soude; avec l'oxyde d'argent, il fournit un hydrate qui se décompose entièrement par la chaleur en alcool méthylique, triméthylamine, diméthylpipéridine et un hydrocarbure C^5H^8, le *pipérylène*, de sorte que l'on peut représenter cette décomposition par les équations

$$C^5H^9(CH^3)^3Az.OH$$
$$= C^5H^9(CH^3)^2Az + CH^3.OH,$$

$$C^5H^9(CH^3)^2Az.OH$$
$$= (CH^3)^3Az + C^5H^8 + H^2O.$$

Éthylpipéridine. — L'éthylpipéridine se combine à 100° avec l'iodure de méthylène en donnant un bi-iodure $C^8H^{17}AzI^2$, isomérique avec l'iodure d'hydrotropine. Ce composé, peu soluble dans l'eau froide, fond sous l'eau bouillante. Le chlorure d'argent le transforme en un chloroiodure $C^8H^{17}AzICl$.

Propylpipéridine. — La propyl et l'isopropylpéridine bouillent toutes deux à 149-150°. Elles sont douées d'une odeur forte.

Méthylamylpipéri dine, $C^5H^9(CH^3)(C^5H^{11})Az$. — On la prépare comme la diméthylpipéridine en remplaçant l'iodure de méthyle par l'iodure d'amyle; elle est plus légère que l'eau, qui la dissout en partie; elle bout à 190-193°.

Benzylpipéridine, $C^5H^{10}.C^7H^7.Az$. — Elle bout à 245°, est plus légère que l'eau, dans laquelle elle est très peu soluble.

Méthylbenzylpipéridine. — Elle se rapproche beaucoup de la précédente par ses propriétés et bout de même à 245°. Elle donne avec l'iodure de méthyle le composé $C^5H^9.C^7H^7.CH^3.Az,CH^3I$, qui se décompose à la distillation en pipérylène, benzyldiméthylamine et alcool benzylique.

Action du bromure d'éthylène sur la pipéridine.

— La pipéridine se combine avec le bromure d'éthylène en donnant une masse blanche que l'on peut faire cristalliser dans l'alcool bouillant. C'est le bromhydrate d'*éthylène-pipéryldiamine*, $(C^5H^{10}Az)^2C^2H^4,2HBr$. La base libre est une masse cristalline, fusible à + 4°, bouillant à 263°, d'une odeur ammoniacale; ses sels cristallisent facilement.

Le bromure d'éthylène s'unit facilement à cette dernière base, en donnant un bromhydrate cristallisé de la formule $(C^5H^{10}Az)^2(C^2H^4Br)^2$. L'oxyde d'argent le transforme en un hydrate qui se dédouble à la distillation en régénérant la base monoéthylénique et de l'aldéhyde (?) [Brühl, *Deutsch. chem. Gesellsch.*, 1871, p. 738]. M. Hanriot.

PIPÉRINE. — Rügheimer a pu reproduire la pipérine en mélangeant des solutions benzéniques de pipéridine et du chlorure de l'acide pipérique. Le mélange est chauffé au bain-marie, puis épuisé par l'acide chlorhydrique, auquel il cède la pipérine formée :

$$\underset{\text{Pipéridine.}}{C^5H^{10}} = AzH + \underset{\text{Chlorure pipérique.}}{C^{12}H^9O^3Cl}$$
$$= \underset{\text{Pipérine.}}{C^{12}H^9O^3.Az = C^5H^{10}} + HCl.$$

D'après cette synthèse, la pipérine constitue un dérivé amidé de l'acide pipérique, analogue à la benzoylpipéridine de Cahours [Rügheimer, *Deutsch. chem. Gesellsch.*, 1882, p. 1390].

On obtient un triiodure de pipérine,

$$(C^{17}H^{19}AzO^3)^2.HI.I^2,$$

en ajoutant une solution aqueuse d'iodure de potassium ioduré à une solution alcoolique chaude de pipérine additionnée d'acide chlorhydrique. Il se dépose par refroidissement en beaux prismes d'un bleu d'acier [Joergensen, *Deutsch. chem. Gesellsch.*, 1869, p. 460].

Hager a recommandé le procédé suivant pour la recherche de la pipérine et par suite du poivre lui-même. Le produit mélangé d'hydrate de plomb est épuisé par l'alcool; celui-ci est évaporé et le résidu est humecté à plusieurs reprises d'acide nitrique, puis évaporé. Le liquide, alcalinisé par la potasse, est distillé et les vapeurs sont condensées dans de l'eau, qui présente alors les réactions de la pipéridine [Hager, *Chem. Centralbl.*, 1872, p. 96].

PIPÉRIQUE (ACIDE), $C^{12}H^{10}O^4$. — On a vu [t. II, p. 1031] que l'action du brome sur l'acide pipérique fournit un acide $C^9H^9Br^3O^6$. Ce composé prend naissance dans une réaction secondaire, par l'action de l'eau sur le produit bromé d'abord formé.

Lorsque l'on dissout l'acide pipérique dans le sulfure de carbone, et que l'on y fait arriver peu à peu du brome, on obtient un tétrabromure $C^{12}H^{10}Br^4O^4$, fusible à 160-165° en se décomposant; il est insoluble dans l'eau, soluble dans l'éther et dans l'alcool; par évaporation de ce dernier, on obtient, non pas l'acide lui-même, mais son éther. La soude ou le carbonate de sodium bouillant le décompose en donnant du pipéronal; l'eau bouillante en formant un composé $C^{12}H^8Br^2O^4$, qui n'est pas l'acide dibromopipérique, car il ne se combine pas avec les alcalis; ce composé dériverait d'un anhydride $C^{12}H^{10}O^4$, la *pipérinide*, isomérique avec l'acide pipérique; le corps $C^{12}H^8Br^2O^4$ serait donc la *dibromopipérinide*.

Bromoxypipérinide, $C^{12}H^8Br(OH)O^4$. — La dibromopipérinide, bouillie pendant deux minutes avec la soude, puis brusquement refroidie, se transforme en un dérivé $C^{12}H^9BrO^5$, qui provient de la substitution de OH à Br. Il cristallise dans l'alcool en cristaux limpides, fusibles à 131°,5, peu solubles dans l'eau, solubles dans l'éther; ce composé est insoluble dans les alcalis. Traité par les alcalis, il fournit du pipéronal.

Acide tétrabromoxypiperhydronique,

$$C^{12}H^{10}Br^4O^5.$$

— Lorsque l'on fait agir 2 molécules de brome sur 1 molécule d'acide pipérique, on obtient un composé bromé que la soude bouillante transforme en sel de sodium, $C^{12}H^9Br^4NaO^5$.

L'acide libre est insoluble dans l'eau; il cristallise dans l'alcool aqueux en prismes incolores, fusibles à 155° en se décomposant. Un excès de soude le transforme en bromopipéronal.

Le *sel de calcium*, $(C^{12}H^9Br^4O^5)^2Ca.2H^2O$, est un précipité cristallin très peu soluble dans l'eau. Le *sel de baryum* renferme $3H^2O$.

Dibromoxypipérinide, $C^{12}H^8Br^2O^5$. — Si l'on traite le composé $C^{12}H^{10}Br^4O^5$ comme plus haut la dibromopipérinide, on obtient un corps qui en dérive par perte de 2HBr, la dibromoxypipérinide. Il est insoluble dans l'eau, peu soluble dans l'alcool froid et dans l'éther, d'où il cristallise en grands prismes incolores.

ACIDE HYDROPIPÉRIQUE. $C^{12}H^{12}O^4$. — L'acide hydropipérique dissous dans le sulfure de carbone donne avec le brome un dibromure $C^{12}H^{12}Br^2O^4$, insoluble dans l'eau, peu soluble dans le sulfure de carbone et l'alcool froids, soluble à chaud.

La soude caustique lui enlève 2HBr, et donne du pipérate de sodium. L'amalgame de sodium le transforme en acide hydropipérique. La potasse transforme l'acide hydropipérique en un acide qui, d'après Foster, serait identique avec l'acide $C^7H^6O^4$, obtenu par l'action de l'acide iodhydrique sur l'acide hémipinique; c'est simplement de l'acide protocatéchique [Fittig et Mielck, *Ann. Chem. Pharm.*, t. CLXXII, p. 134]. M. Hanriot.

PIPÉRONAL,

$$C^8H^6O^3 = CH^2 < {}^{O}_{O} > C^6H^3\text{-}CHO.$$

— Lorsque l'on abandonne en vase clos à 60-70° du pipéronal avec de l'ammoniaque alcoolique et un peu d'éther, il se forme, par refroidissement, des cristaux insolubles dans l'eau et dans l'éther, fusibles à 172°, renfermant $C^{24}H^{18}Az^2O^6$. L'acide acétique chaud décompose ce corps en régénérant le pipéronal. On obtient un isomère de ce composé en abandonnant du pipéronal avec de l'ammoniaque alcoolique et un peu d'acide cyanhydrique. Ce sont des prismes, fusibles à 213°, insolubles dans l'alcool et dans l'éther.

Le pipéronal se combine avec l'aniline lorsqu'on les chauffe ensemble; on obtient une masse cristalline, fusible à 65°, ayant pour formule $C^{14}H^{11}AzO^2$, que les acides décomposent.

Acide méthylénodioxyphénylglycolique,

$$CH^2 < {}^{O}_{O} > C^6H^3\text{-}CH.OH\text{-}CO^2H.$$

— L'acide cyanhydrique et le pipéronal se combinent à 70°. Le cyanure, saponifié par l'acide chlorhydrique, laisse déposer de petits cristaux rougeâtres, fusibles à 152-153°, répondant à la formule indiquée plus haut. Ce corps se dissout dans l'acide sulfurique en violet.

Acide méthylénodioxyphénylamidoacétique,

$$CH^2 < {}^{O}_{O} > C^6H^3\text{-}CH.AzH^2\text{-}CO^2H.$$

— Se prépare comme le précédent, seulement on traite la cyanhydrine du pipéronal par l'ammoniaque. Cet acide se présente en aiguilles blanches, fusibles à 210°, solubles dans les acides et les bases. Ses sels sont amorphes.

Acide méthylénodioxyphénylangélique,

$$CH^2 < {}^{O}_{O} > C^6H^3\text{-}CH = C < {}^{C^2H^5}_{CO^2H.}$$

— On obtient cet acide en faisant réagir sur le pipéronal un mélange d'anhydride butyrique et d'acétate de sodium; cet acide est isomérique avec l'acide hydropipérique; il est peu soluble dans l'eau, très soluble dans l'alcool et dans l'éther. Il fond entre 120 et 160°. Traité par l'amalgame de sodium, il fournit un produit d'hydrogénation huileux, fortement acide, qui est probablement l'acide méthylénodioxyphénylvalérique [Lorenz, *Deutsch. chem. Gesellsch.*, 1881, p. 785].

Acide méthylénodioxyphénylacrylique,

$$CH^2 < {}^{O}_{O} > C^6H^3\text{-}CH = CH\text{-}CO^2H.$$

— Cet aide se prépare en chauffant à l'ébullition le pipéronal avec l'anhydride acétique et l'acétate de sodium. Il est soluble dans l'alcool et l'éther, insoluble dans l'eau, fusible à 232°.

Le sel argentique est caséeux; les sels de plomb, de zinc et de calcium cristallisent.

L'amalgame de sodium y fixe deux atomes d'hydrogène. L'acide ainsi obtenu fond à 84° et se dissout en rouge cerise dans l'acide sulfurique.

Acide méthylénodioxyphénylméthacrylique. — Se prépare de même, en remplaçant l'anhydride acétique par l'anhydride propionique. Il cristallise en prismes incolores, fusibles à 192-194°, insolubles dans l'eau, solubles dans l'alcool. Par l'action de l'hydrogène naissant, on obtient l'acide méthylénodioxyphénylisobutyrique,

$$CH^2 < {}^{O}_{O} > C^6H^3\text{-}CH^2\text{-}C < {}^{CO^2H}_{CH^3}$$

en prismes jaunâtres, fusibles à 77° [Lorenz, *Deutsch. chem. Gesellsch.*, 1880, p. 756].

M. Hanriot.

PIPÉRONYLIQUE (ACIDE). — Cet acide a été retiré, par Jobst et Hesse, de l'écorce de coto, qui en contient une petite quantité. On opère de la façon suivante : L'écorce est traitée par l'éther, puis par un lait de chaux. La solution alcaline, saturée d'acide chlorhydrique, est épuisée par l'éther, qui s'empare de l'acide pipéronylique. On le purifie en faisant cristalliser son sel de potassium. L'acide cristallise en petites aiguilles enchevêtrées, fusibles à 229°, se sublimant dès 210°. Il est soluble dans l'alcool bouillant, peu soluble dans le chloroforme, l'éther et l'eau.

Le *sel d'ammonium* cristallise en petits prismes solubles dans l'eau froide.

Le *sel de calcium*, $(C^8H^5O^4)^2Ca.3H^2O$, est en aiguilles groupées en étoiles, assez peu solubles dans l'eau. Le *sel de cuivre*, $(C^8H^5O^4)^2Cu, H^2O$, forme un beau précipité vert cristallin. L'eau bouillante le dédouble en acide libre et *sel basique*, $(C^8H^5O^4)^2Cu, CuH^2O^2$. Le *sel de plomb* forme un précipité blanc, cristallin.

Le *sel de quinine* renferme H^2O; il se présente en aiguilles blanches mamelonnées.

L'*éther éthylique*, $C^8H^5O^4, C^2H^5$, est un liquide mobile, réfringent, possédant une odeur de fruits.

Traité à froid par l'acide nitrique fumant, l'acide pipéronylique donne de la méthyle-dinitropyrocatéchine et de l'*acide nitropipéronylique*, $C^8H^5(AzO^2)O^4$.

Cet acide cristallise en paillettes jaunes, brillantes, fondant à 172°, très solubles dans l'eau bouillante. Il ne donne pas de coloration avec le chlorure ferrique, et se dissout en jaune dans les solutions alcalines. Par l'ébullition, la solution devient rouge sang. Traité par l'étain et l'acide chlorhydrique, il fournit un dérivé amidé, très instable. Ses sels cristallisent bien et fusent énergiquement lorsqu'on les chauffe. Ils présentent la composition suivante :

Sel de potassium, $[C^8H^4(AzO^2)O^4K]^2.H^2O$.
Sel de cuivre, $[C^8H^4(AzO^2)O^4]^2Cu.4H^2O$.
Sel de plomb, $[C^8H^4(AzO^2)O^4]^2Pb.H^2O$.
Sel d'argent, $C^8H^4(AzO^2)O^4Ag$.

[Hesse et Jobst, *Ann. Chem. Pharm.*, t. CXCIX, p. 17].

M. Hanriot.

PIPÉRYLÈNE, C^5H^8. — Cet hydrocarbure est un produit de la distillation sèche de l'hydrate de triméthylpipérylammonium (Suppl., p. 1287). C'est un liquide incolore, bouillant à 42°. Le brome réagit énergiquement sur lui en donnant des produits de substitution et d'addition, dont on isole facilement un tétrabromure $C^5H^8Br^4$, fusible à 114°,5, volatil sans décomposition.

Si l'on admet pour la pipéridine la formule annulaire proposée par Kœnigs, le pipérylène serait représenté par le schéma

```
      CH²
     /  \
  H²C    CH²
   |      |
   HC  =  CH
```

Cette formule ne s'accorde pas avec la production facile du tétrabromure. D'après la formule proposée par Ladenburg, on devrait représenter le pipérylène par $CH^2 = CH\text{-}CH^2\text{-}CH = CH^2$ [A. W. Hofmann, *Deutsch. chem. Gesellsch.*, 1882, p. 659].

PISCIDINE. — Principe actif de la racine du *Piscidia erythrina* de la Jamaïque. Il est en petits prismes à quatre ou six pans, presque incolores, insolubles dans l'eau, peu solubles dans l'éther et dans l'alcool froid, très solubles dans la benzine et le chloroforme. La piscidine renfermerait $C^{29}H^{24}O^8$. L'acide chlorhydrique froid la dissout et l'eau la précipite inaltérée [Ed. Hart, *Amer. chem. Journ.*, t. V, p. 39].

PITTACALLE. — Voyez Créosote, Suppl., p. 237.

PITURINE. — Alcaloïde volatil et liquide, extrait par A.-W. Gerard des feuilles et des branches d'une plante australienne, qui est employée en médecine sous le nom de *pituri*. La piturine est soluble dans l'eau, l'alcool, l'éther, le chloroforme; avec les acides nitrique et chlorhydrique, elle forme des sels incristallisables [*Pharm. Journ. Transact.* (3), t. IX, p. 252].

D'après A. Petit, la piturine ne serait autre que de la nicotine; mais Liversidge ne partage pas cette manière de voir, car il donne à la piturine la formule C^6H^8Az, qu'il faudra probablement doubler. La piturine bout à 243-244°, est un peu plus dense que l'eau, dans laquelle elle se dissout en toute proportion; ces solutions, alcalines au papier, ne se troublent pas par la chaleur. Fraîchement distillée, elle est incolore et offre l'odeur de la nicotine.

Les sels de piturine se décomposent par l'évaporation de leur solution en perdant la base; l'*oxalate* seul a été obtenu à l'état cristallisé. Le *chloroplatinate* est en octaèdres rouge-orangé dont la composition varie (34 à 38 °/₀ Pt); il existe un *chloromercurate* cristallisé en prismes rhombiques, de la formule $(C^6H^8Az)^2HCl + 5HgCl^2$. Une solution éthérée de piturine étant additionnée d'une solution éthérée d'iode, fournit des aiguilles rouges, fusibles à 110° et très solubles dans l'alcool. Avec le chlorure d'or, le tannin, l'acide picrique, le phosphore, l'acide phosphomolybdique, la piturine donne les mêmes réactions que la nicotine. La plante qui fournit le pituri est probablement, d'après Liversidge, l'*Anthoceris Hopwoodii* (*Duboisia Hopwoodii*), de la famille des solanées. Le *Duboisia myoporoïdes* renfermerait aussi un alcaloïde volatil, indépendamment de l'hyoscyamine [Liversidge, *Monit. scientif.*, 1881 (3), t. XI, p. 774].

PLATINE. — C. Seubert a entrepris, par l'analyse du chloroplatinate d'ammonium, une série de déterminations du poids atomique du platine, qui l'ont conduit au nombre 194,46; il faut remarquer que Berzelius, par la même voie, avait obtenu un chiffre très voisin [*Liebig's Ann. Chem.*, t. CCVII, p. 1].

La chaleur spécifique du platine croît régulièrement avec la température; elle est égale à $0{,}0317 + 0{,}000006\,t$. Le point de fusion du platine, calculé calorimétriquement, est situé à 1775° [J. Violle, *Compt. rend.*, t. LXXXIX, p. 702].

La densité du platine pur à 17°,6 est égale à 21,48-21,50. Un alliage avec l'iridium en élève la densité. Celle-ci devient égale à 21,615, lorsque l'alliage renferme 10 °/₀ d'iridium et 21,874 pour 33,33 °/₀ d'iridium. L'alliage à 10 °/₀ d'iridium est celui qui, en raison de ses qualités physiques, a été choisi par la Commission internationale du mètre pour la confection des étalons de mesure. On a pu fondre, à l'aide du gaz oxyhydrique, 250 kilogrammes de cet alliage dans un four creusé dans une pierre de taille en calcaire; le lingot fondu a pu être forgé comme le fer [Deville et Debray, *Compt. rend.*, t. LXXXI, p. 839; — H. Debray, *Bull. Soc. chim.*, t. XXVII, p. 146].

Le platine est tout à fait fixe vers 1400° dans une atmosphère d'hydrogène, d'azote ou d'oxygène; mais lorsqu'on le chauffe dans du chlore, il se sublime sous forme cristalline. Ce n'est là qu'une volatilité apparente, due à la production momentanée du chlorure platineux; on peut isoler ce dernier par un refroidissement brusque [Troost et Hautefeuille, *Compt. rend.*, t. LXXXIV, p. 947]. F. Seelheim a signalé le même phénomène et observé la forme des cristaux de platine, qui présentaient les faces p, a^1, b^1, $b^{n/2}$ [*Deutsch. chem. Gesellsch.*, 1879, p. 1066].

Noir de platine. — On obtient un noir de platine très actif en introduisant une solution de tétrachlorure de platine dans un mélange bouillant de 15 p. de glycérine et de 10 p. de lessive de potasse d'une densité de 1,08 [Zdrawkowitch, *Bull. Soc. chim.*, t. XXV, p. 198].

Nous ne ferons qu'indiquer ici un travail de M. E. de Meyer, sur les actions d'affinités qui se manifestent sous l'influence du noir de platine dans l'oxydation lente de l'hydrogène et de l'oxyde de carbone. Il résulte de ces recherches que l'oxyde de carbone est oxydé de préférence à l'hydrogène [*Journ. prakt. Chem.* (2), t. XIII, p. 121; *Bull. Soc. chim.*, t. XXVII, p. 54].

Le platine est attaqué par les vapeurs de potassium et de sodium (V. Meyer).

Lorsqu'on chauffe le platine à 500-600° avec du cyanure de potassium dans une atmosphère de vapeur d'eau, il se dégage du gaz hydrogène, mélangé de 4 à 12 °/₀ d'oxyde de carbone. La production d'hydrogène s'explique par l'équation

$$4\,CyK + 2H^2O + Pt$$
$$= PtCy^2.2KCy + 2KHO + H^2.$$

Une solution bouillante de cyanure de potassium attaque aussi lentement le platine [Deville et Debray, *Compt. rend.*, t. LXXXII, p. 241].

Le platine se dissout dans les acides minéraux, en présence du peroxyde d'hydrogène (Fairley).

L'acide sulfurique concentré est loin d'être sans action sur le platine; c'est ce qu'a reconnu Scheurer-Kestner sur les appareils de platine servant à la concentration de l'acide sulfurique. Avec l'acide sulfurique à 94-99 °/₀, la perte du platine est de 1 à 8 grammes pour une production de 100 kilogrammes d'acide. Cette perte, du reste, est variable suivant certaines circonstances, notamment avec la forme des appareils. La perte occasionnée par l'acide sulfurique fumant est beaucoup plus considérable. Ainsi, une production de 100 kilogrammes d'acide fumant à l'aide du bisulfate de sodium, dans une cornue de verre tapissée par une feuille de platine, entraîne une perte de 100 grammes de platine. La présence de produits nitreux augmente beaucoup la perte du platine, et il est bon de détruire ces produits nitreux par l'addition d'un peu de sulfate d'ammonium.

Le platine allié à l'iridium est beaucoup moins attaquable que le platine pur. Dans cette attaque, le platine se trouve amené en dissolution [A. Scheurer-Kestner, *Bull. Soc. chim.*, t. XXIV, p. 501; t. XXX, p. 28; *Compt. rend.*, t. XCI, p. 59].

Action des gaz sur le platine. — Berthelot a étudié les conditions thermiques qui accompagnent l'absorption de l'hydrogène par le platine. 65gr,255 d'éponge ou de noir de platine, bien privés de gaz, absorbent 0gr,0342 d'hydrogène. Pour chaque gramme d'hydrogène absorbé, il y a production de 14,200 calories. Ce platine hydrogéné retient 0gr,0322 d'hydrogène. Au contact de l'oxygène, il devient incandescent et perd une partie de l'hydrogène à l'état d'eau; il y a eu aussi 0gr,076 d'oxygène d'absorbé et une production de chaleur de 25,800 calories pour 8 grammes d'oxygène. La quantité d'hydrogène ainsi brûlé est de 0gr,0096, soit environ le tiers de la totalité de l'hydrogène absorbé par le platine. Il paraît donc exister deux *hydrures* de platine : l'un décomposable par l'oxygène à la température ordinaire, l'autre n'abandonnant tout son hydrogène qu'à une température très élevée. Le platine n'absorbe pas le gaz oxygène; mais le noir de platine renferme toujours des traces de sous-oxyde [*Compt. rend.*, t. XCIV, p. 1377].

Le platine décompose le gaz d'éclairage à une température élevée, pour ainsi dire par simple contact (sans doute par suite de son affinité pour l'hydrogène); le charbon se dépose dans les pores du platine, mais sans en modifier le volume, comme cela a lieu pour le palladium et le rhodium; la présence de ces métaux dans le platine y provoquant des boursouflures [Th. Wilm, *Bull. Soc. chim.*, t. XXXVII, p. 546]. D'après A. Rémont, le dépôt charbonneux qui se forme sur le platine, chauffé dans une flamme réductrice, renferme une petite quantité de ce métal; aussi les appareils perdent-ils du poids dans ces conditions [*Bull. Soc. chim.*, t. XXXV, p. 486].

Chlorure platineux. — Lorsqu'on évapore dans le vide la solution obtenue en décomposant le chloroplatinite de baryum par l'acide sulfurique, il y a perte d'acide chlorhydrique et il se dépose une masse amorphe brune, renfermant

$$PtCl^2.HCl + 2H^2O,$$

et se décomposant à 100° (L. F. Nilson).

CHLOROPLATINITES. — Ces sels sont en général très solubles, souvent déliquescents. L.-F. Nilson en a fait une étude approfondie [*Bull. Soc. chim.*, t. XXVII, p. 210].

Sel de lithium, $PtCl^4Li^2 + 6H^2O$. — Aiguilles allongées, peu déliquescentes.

Sel de sodium, $PtCl^4Na^2 + 4H^2O$. — Petits prismes rouge sombre, déliquescents.

Sel de rubidium, $PtCl^4Rb^2$. — Aiguilles rouges, peu solubles dans l'eau froide. Le *sel de césium* est en prismes allongés. Le *sel de thallium*, $PtCl^4Tl^2$, se précipite en aiguilles microscopiques peu solubles.

Sel de calcium, $PtCl^4Ca + 8H^2O$. — Tables déliquescentes. Le *sel de strontium* renferme $6H^2O$.

Sel de glucinium, $PtCl^4Gl + 5H^2O$. — Cristaux rhomboédriques, très déliquescents.

Sel de magnésium, $PtCl^4Mg + 6H^2O$ — Tables déliquescentes; il en est de même du *sel de manganèse* et du *sel de zinc*.

Les *sels de cobalt* et de *nickel* cristallisent en tables obliques volumineuses rouges, avec $6H^2O$.

Le *sel de fer* renferme $7H^2O$, et cristallise en prismes d'un rouge foncé. Le *sel de cuivre*, avec $6H^2O$, forme des tables d'un vert olive.

Sel d'aluminium, $Pt^2Cl^{10}Al^2 + 21H^2O$. — Prismes obliques, volumineux, rouges et déliquescents.

Les métaux de la cérite fournissent les sels suivants, cristallisés généralement en prismes déliquescents rouges :

$$Pt^3Cl^{12}Y^2 + 24H^2O.$$
$$Pt^3Cl^{12}Er^2 + 24H^2O \text{ et } Pt^2Cl^{10}Er^2 + 27H^2O.$$
$$Pt^3Cl^{12}La^2 + 18H^2O \text{ et } + 27H^2O.$$
$$Pt^3Cl^{12}Di^2 + 18H^2O \text{ et } Pt^4Cl^{14}Di^2 + 21H^2O.$$
$$Pt^4Cl^{14}Ce^2 + 21H^2O.$$

Sel de thorium, $Pt^3Cl^{14}Th^2 + 24H^2O$. — Petits rhomboèdres rouges, très déliquescents.

Sel de zirconium, $PtCl^2.ZrOCl^2 + 8H^2O$. — Aiguilles minces.

TÉTRACHLORURE DE PLATINE. — Il est réduit par l'iode, avec formation de dichlorure de platine et de chlorure d'iode [Gramp, *Deutsch. chem. Gesellsch.*, 1874, p. 1723].

CHLOROPLATINATES. — Voyez ALUMINIUM, GLUCINIUM, dans le Supplément.

Chloroplatinate d'ammonium. — La potasse décompose ce sel à chaud, en fournissant des produits complexes renfermant tous le platine et l'azote dans le rapport de 1 : 1; ces produits sont désignés par E. von Meyer sous le nom de *platines fulminants* [*Journ. prakt. Chem.* (2), t. XVIII, p. 305; *Bull. Soc. chim.*, t. XXXIII, p. 172].

Voici les produits décrits :

1° $Pt^4Az^4Cl^4O^{12}H^{24}$. — Obtenu en ajoutant peu à peu à chaud de la potasse au chloroplatinate délayé dans un peu d'eau (il faut au moins 4^mol^,6 de potasse; la moitié de l'azote se dégage à l'état d'ammoniaque); après quelque temps, on lave le précipité jaune à l'eau bouillante, légèrement acétique. Le produit obtenu perd $4H^2O$ à 150°; chauffé plus fort, il se décompose avec explosion.

2° $Pt^4Az^4Cl^3(OH)O^{12}H^{24}$. — On opère comme ci-dessus, mais en ajoutant la potasse plus rapidement. Mêmes propriétés.

3° $Pt^4Az^4Cl^2O^{12}H^{22}$. — On fait agir la potasse progressivement et à l'ébullition.

4° $Pt^4Az^4Cl(OH)O^{12}H^{22}$. — Poudre jaune foncé obtenue en faisant bouillir le chloroplatinate d'ammonium avec 4,7 molécules de potasse, ajoutée en une fois.

Lorsqu'on fait bouillir le chlorure platinique avec une solution étendue de chlorure stanneux, on obtient un précipité brun, analogue au pourpre de Cassius, et renfermant 11,5 à 17,2 °/₀ de platine; 60,0 à 55,5 °/₀ d'étain et 28,5 à 27,3 °/₀ d'oxygène [Delachanal et Mermet, *Bull. Soc. chim.*, t. XXIV, p. 435].

Lorsqu'on mélange des solutions alcooliques de tétrachlorure de platine et de cyanate de potassium, on obtient un précipité jaune, soluble dans l'eau, renfermant $PtCl^5(CAzO)K^2.H^2O$ [F.-W. Clarke et Owens, *Chem. News*, t. XLV, p. 62].

TÉTRABROMURE DE PLATINE. — V. Meyer et Zueblin le préparent en chauffant à 180°, en tubes scellés, la mousse de platine avec du brome et de l'acide bromhydrique aqueux, filtrant ensuite, évaporant à sec et chauffant le résidu à 180°. C'est une poudre noire, non déliquescente, assez soluble dans l'eau, plus soluble dans l'alcool et dans l'éther, avec une coloration brune [*Deutsch. chem. Gesellsch.*, 1880, p. 404].

CARBURE DE PLATINE. — On obtient un produit ayant pour composition PtC^2, lorsqu'on chauffe fortement le platine dans un courant de cyanogène; l'azote de ce dernier est mis en liberté [P. Schutzenberger, *Bull. Soc. chim.*, t. XXXV, p. 355].

SILICIURE DE PLATINE. — Lorsqu'on chauffe la mousse de platine avec son poids de silicium, dans un creuset brasqué, au rouge vif, la combinaison a lieu avec une énergie telle, qu'une partie de silicium est projetée hors de la brasque; le produit obtenu, qui renferme Pt^2Si d'après A. Guyard, forme une masse cristalline blanche, ayant subi la fusion [*Bull. Soc. chim.*, t. XXV, p. 510].

Lorsqu'on chauffe le platine dans une brasque silicifère, il augmente de 2 à 6 °/₀ de son poids et devient plus fusible. Cette augmentation est due à la fixation du silicium seulement, car avec le charbon pur il n'y a pas augmentation sensible de poids [Boussingault, *Compt. rend.*, t. LXXXII, p. 591].

On observe encore la formation de siliciure de platine lorsqu'on chauffe au rouge blanc, dans un creuset d'argile, du platine avec du noir de fumée exempt de silice; ou bien dans un creuset de charbon placé lui-même dans un creuset d'argile, l'intervalle étant rempli de noir de fumée. Par contre, il n'y a pas fixation de silicium sur le platine, si l'on tasse entre les deux creusets un mélange de charbon et d'acide titanique. Schutzenberger et Colson, qui ont étudié ces phénomènes, admettent qu'il y a entraînement de silicium sous la forme d'azoture et non de silicium libre. La fonction de l'acide titanique, dans l'expérience ci-dessus, consiste à retenir l'azote et à empêcher son contact avec le silicium; le silicium mis en liberté n'arrive plus alors jusqu'au platine, en raison de sa fixité [*Compt. rend.*, t. XCIV, p. 1710].

AZOTITES DE PLATINE. — Lang a décrit un azotite platineux acide et quelques sels correspondants (voyez t. II, p. 1046). L.-P. Nilson a étudié plus à fond ces composés et fait connaître les sels doubles de presque tous les métaux. Il nomme *acide platotétranitrosylique* l'azotite acide de Lang, et *platonitrites* les sels de cet acide. La constitution de l'acide platonitrosylique,

$$Pt(AzO^2)^4H^2,$$

peut se représenter par la formule

$$Pt'' \begin{cases} O\text{-}OAz = AzO.OH \\ O\text{-}OAz = AzO.OH \end{cases}$$

Certains platonitrites se décomposent par l'évaporation de leurs solutions, en dégageant de l'acide nitreux et en se transformant en *diplatonitrite;* par exemple,

$$[Pt(AzO^2)^2Ag]^2O \quad \text{ou} \quad O \begin{cases} PtO\text{-}OAz = AzO.OAg \\ PtO\text{-}OAz = AzO.OAg. \end{cases}$$

Le platine, dans ces sels, n'est pas précipité par l'hydrogène sulfuré, le sulfure d'ammonium, etc.

Enfin, dans la préparation de l'azotite acide de Lang, une partie de ce corps se décompose avec dégagement d'acide azoteux, et si l'on évapore à sec les eaux mères des cristaux rouges, on obtient un résidu boursouflé, brillant, d'un vert brunâtre. Ce corps est un acide intermédiaire entre les platonitrites et les diplatonitrites; il a pour composition $Pt^3O(AzO^2)^8H^4 + 2H^2O$; c'est l'*acide triplato-octonitrosylique* :

$$O\left\langle\begin{array}{l}Pt - O.OAz - AzO.OH \\ Pt\left\langle\begin{array}{l}O.OAz - AzO.OH \\ O.OAz - AzO.OH\end{array}\right. \\ Pt - O.OAz - AzO.OH\end{array}\right. + 2H^2O.$$

Ce n'est pas un mélange, car il existe des sels correspondants bien définis et homogènes. Ainsi, le *sel de potassium*, $Pt^3O(AzO^2)^8K^4 + 2H^2O$, se présente en petites tables quadrangulaires jaunes et nacrées, solubles dans l'eau chaude, peu solubles dans l'eau froide [*Deutsch. chem. Gesellsch.*, 1877, p. 934; *Bull. Soc. chim.*, t. XXXI, p. 362].

Voici les platonitrites décrits par Nilson [*Bull. Soc. chim.*, t. XXVII, p. 242], et dont les déterminations cristallographiques ont été faites par Topsoë [voyez *Jahresber. Chem.*, 1879, p. 307].

Platonitrite d'ammonium, $Pt(AzO^2)^4(AzH^4)^2$. — Grands prismes aplatis hexagonaux, anhydres dans le vide. Le *sel de potassium* a été décrit par Lang. — *Sel de sodium*, $Pt(AzO^2)^4Na^2$. Prismes aplatis, très solubles.

Sel de lithium, $Pt(AzO^2)^4Li^2 + 3H^2O$. — Grands prismes brillants, devenant anhydres à 100°.

Sel de césium, $Pt(AzO^2)^4Cs^2$. — Prismes incolores, peu solubles dans l'eau froide. Le *sel de rubidium* ressemble au sel de potassium et peut aussi cristalliser avec $2H^2O$, en tables rhombiques ou hexagonales.

Sel de thallium, $Pt(AzO^2)^4Tl^2$.— Petits prismes brillants, très peu solubles.

Sel d'argent, $Pt(AzO^2)^4Ag^2$. — Prismes obliques jaunâtres, très peu solubles.

Diplatonitrite d'argent, $OPt^2(AzO^2)^6Ag^2$. — Il s'obtient en même temps que le platonitrite et se présente en prismes microscopiques verts.

Platonitrite de calcium, $Pt(AzO^2)^4Ca + 5H^2O$. — Prismes obliques minces, jaunâtres, anhydres à 100°.

Sel de strontium. — Tables jaunâtres et brillantes, renfermant $3H^2O$, et en perdant 2 à 100°. Le *sel de baryum* lui ressemble, mais perd toute son eau à 100. Le *sel de magnésium* renferme $5H^2O$, et forme des prismes allongés et brillants, inaltérables à 100°.

Sel de manganèse, $Pt(AzO^2)^4Mn + 9H^2O$. — Prismes rosés, brunissant à l'air et perdant de l'acide nitreux. Le *sel ferreux* n'existe pas. Les *sels de cobalt* et *de nickel* renferment $8H^2O$, et se décomposent à 100°; le premier est en prismes ou tables volumineuses rouges; le second en tables minces, vertes. Le *sel de zinc*, également avec $8H^2O$, est en tables volumineuses, incolores.

Sel de cadmium, $Pt(AzO^2)^4Cd + 3H^2O$. — Prismes obliques, volumineux.

Sel de plomb, $Pt(AzO^2)^4Pb + 3H^2O$. — Prismes volumineux jaunâtres, perdant leur eau à 100°.

Sel de cuivre, $Pt(AzO^2)^4Cu + 3H^2O$. — Fines aiguilles vertes. Sa solution laisse déposer des aiguilles d'un jaune d'or, d'un sel basique

$$3Pt(AzO^2)^4Cu + CuO + 18H^2O;$$

l'eau pure décompose ce sel.

Sel mercureux. — Déjà décrit par Lang. Le *sel mercurique*, non analysé, est un corps amorphe, orangé, soluble dans l'eau.

Sel de glucinium. — Sa solution se décompose par la concentration, même dans le vide, et fournit des petits cristaux rouges, peu solubles, le *diplatonitrite* $OPt^2(AzO^2)^6Gl + 9H^2O$.

Platonitrite d'aluminium,

$$[Pt(AzO^2)^4]^3Al^2 + 14H^2O.$$

— Cristallise dans le vide en cristaux cubiques volumineux. Ce sel est accompagné de petites aiguilles rouges, peu solubles dans l'eau froide, de *diplatonitrite basique*,

$$[OPt^2(AzO^2)^4]^2Al^2(OH)^2.$$

Les *diplatonitrites de chrome*, avec $24H^2O$, *de fer*, avec $3H^2O$, *d'indium* avec $10H^2O$, offrent la même constitution que le diplatonitrite basique d'aluminium, auquel ils ressemblent.

Platonitrite d'yttrium, $[Pt(AzO^2)^4]^3Y^2 + 9H^2O$. — Petits prismes jaunes, inaltérables à l'air, perdant $3H^2O$ à 100°. Les eaux mères de ce sel fournissent des cristaux volumineux renfermant $21H^2O$. Le *sel d'erbium* est en prismes orangés, avec $9H^2O$.

Sel de cérium, $[Pt(AzO^2)^4]^3Ce^2 + 18H^2O$. — Hexaèdres volumineux et jaunâtres. Il en est de même des *sels de didyme* et de *lanthane*.

Plato-iodonitrites. — Lorsqu'on traite les platonitrites de potassium ou de baryum par l'alcool et l'iode, il se dégage de l'aldéhyde et de l'iodure d'éthyle, et l'on obtient des produits dans lesquels deux groupes AzO.O sont remplacés par I^2. Les sels ainsi obtenus renferment $PtI^2(AzO^2)^2M^2$, et sont intermédiaires entre les platonitrites et les iodoplatinites. Le platine n'y est pas précipité par l'hydrogène sulfuré, ni l'iode par l'azotate d'argent. Les plato-iodonitrites à base faible sont facilememt décomposés par l'évaporation, avec séparation d'iodure platineux. Les plato-iodonitrites peuvent être préparés par double décomposition à l'aide de ceux de potassium ou de baryum.

Plato-iodonitrite de potassium.

$$PtI^2(AzO^2)^2K^2 + 2H^2O.$$

— On l'obtient en traitant le platonitrite (1 mol.) par une solution alcoolique d'iode (1 mol. I^2); on chauffe à 30-40° la solution brune, qui devient jaune, en dégageant de l'aldéhyde, puis l'on concentre. Le plato-iodonitrite cristallise en prismes quadrangulaires brillants, d'un jaune d'ambre.

Le *sel d'ammonium* cristallise dans le vide en tables brillantes, se décomposant à 70°. Le *sel de rubidium* offre la même forme; le *sel de césium* forme de petits prismes quadrangulaires. Ces sels renferment tous $2H^2O$. Le *sel de sodium*, avec $4H^2O$, est en prismes quadrangulaires obliques. Le *sel de lithium* renferme $6H^2O$, et forme des prismes déliquescents; il perd $5H^2O$ à 100°, puis se décompose. Le *sel de thallium* est un précipité cristallin jaune, et le *sel d'argent* un précipité amorphe, peu soluble. Lavé à l'eau et exposé à l'air, il devient rouge sang, sans doute par suite de la formation de diplatonitrite et d'iodure d'argent.

Sel de calcium, $PtI^2(AzO^2)^2Ca + 6H^2O$. — Longs prismes quadrangulaires brillants. Le *sel de strontium* renferme $8H^2O$ et en perd 6 à 100°. Le *sel de baryum* cristallise en prismes clinorhombiques jaunes, renfermant $4H^2O$.

Sel de magnésium, $PtI^2(AzO^2)^2Mg + 8H^2O$. — Tables brillantes, anhydres à 100°; le *sel de manganèse* se décompose à 100°.

Sel de cobalt, $PtI^2(AzO^2)^2Co + 8H^2O$. — Longs prismes quadrangulaires, altérables à 100°; le *sel de nickel* est vert.

Le *sel ferreux*, également avec $8H^2O$, cristallise en petits prismes clinorhombiques, d'un jaune verdâtre. Le *sel de zinc* se dépose de sa solution concentrée en petits prismes contenant $8H^2O$. Le *sel de cadmium*, avec $2H^2O$, forme de petits cristaux pointus, inaltérables à 100°.

Sel de plomb, $PtI^2(AzO^2)^2Pb.Pb(OH)^2$. — Précipité cristallin jaune.

Sel mercureux,

$$PtI^2(AzO^2)^2(Hg^2).Hg^2O + 9H^2O.$$

— Précipité cristallin brun.

Sel mercurique. — Il n'existe pas. L'addition de bichlorure de mercure au sel de baryum donne un précipité d'iodure mercurique; la solution filtrée donne de petits cristaux jaunes par l'évaporation, peut-être le platochloronitrite de baryum.

Sel de glucinium, $[PtI^2(AzO^2)^2]^3Gl^2 + 18H^2O$. — Se dépose de sa solution sirupeuse en tables quadrangulaires jaunes, altérables à 100°. Le *sel d'aluminium* est en petites aiguilles jaunes, renfermant $27H^2O$.

Sel ferrique, $[PtI^2(AzO^2)^2]^3Fe^2 + 6H^2O$. — Aiguilles très fines, verdâtres, altérables à 100°.

Sel d'yttrium. — Renferme $27H^2O$, et forme une masse cristalline, déliquescente, verte. Il en est de même des *sels d'erbium* et *de cérium*, contenant $18H^2O$, et de ceux *de lanthane* et *de didyme*, contenant $24H^2O$ [L.-E. Nilson, *Deutsch. chem. Gesellsch.*, 1877, p. 930, et 1878, p. 879].

PLATINOTUNGSTATES et PLATINOMOLYBDATES. — Lorsqu'on fait bouillir l'hydrate platinique avec une solution de tungstate de sodium acide, il se dissout avec une couleur verdâtre, et l'on obtient, par la concentration, de gros cristaux d'un vert olive, ayant pour composition

$$10TuO^3.PtO^2.4Na^2O + 25H^2O.$$

Ce sel est soluble dans l'eau et donne des précipités floconneux ou cristallins avec les sels métalliques.

Il existe un sel de sodium isomérique se présentant en cristaux volumineux et brillants, d'un jaune de miel. Les sels de potassium et d'ammonium correspondants renferment : le premier, $9H^2O$; le second, $12H^2O$.

L'hydrate platinique se dissout de même dans le molybdate acide de sodium pour donner ensuite, par la concentration, le *platinomolybdate*,

$$10MoO^3.PtO^2.4Na^2O + 29H^2O,$$

en cristaux tabulaires, d'un jaune d'ambre.

Les *acides platinotungstique* et *platinomolybdique* libres sont verdâtres ou jaune-vert et cristallins. Ils correspondent aux combinaisons silicotungstiques de Marignac [W. Gibbs, *Deutsch. chem. Gesellsch.*, 1877, p. 1384]. Ed. Willm.

PLOMB. — Le plomb bout entre 1600 et 1800°, d'après T. Carnelly et W.-C. Williams.

L'acide sulfurique attaque lentement le plomb avec dégagement d'hydrogène, d'après J. Napier [*Chem. News*, t. XLII, p. 314]; du plomb à 99,96 % en a dégagé environ 80 centimètres cubes par décimètre carré, après 48 heures. La présence de quelques millièmes de cuivre ou de 0,3 à 0,5 % d'antimoine rend le plomb beaucoup plus inattaquable. Hasenclever est arrivé à des résultats semblables [*Deutsch. chem. Gesellsch.*, 1872, p. 503].

A. Bauer a aussi étudié, dans un autre sens, l'influence des métaux étrangers. Le plomb pur n'est sensiblement attaqué par l'acide sulfurique qu'à 175°; l'attaque est rapide à 230-240°, avec dégagement d'hydrogène et d'acide sulfureux. Lorsque le plomb est allié à 10 % de bismuth, l'attaque a lieu à 150° et se termine à 190°. Avec 10 % d'antimoine ou d'arsenic, la décomposition de l'acide sulfurique devient active à 190° et l'action est achevée à 230-240°. Avec 1 % de cuivre, l'attaque est très lente et incomplète. Avec 2 % de platine, elle n'a lieu qu'à 260-280°, mais se fait brusquement [*Deutsch. chem. Gesellsch.*, 1875, p. 210].

Des expériences de A.-A. Mallard faites avec du plomb à 99,62 % (0,14 d'antimoine et 0,03 de fer) ont montré que les acides inférieurs à 61° Baumé attaquent le plomb lorsqu'ils arrivent par la concentration à bouillir à 205° (acide à 61° Baumé). L'acide à 65° Baumé attaque le plomb à 250° [*Bull. Soc. chim.*, t. XXII, p. 114].

ALLIAGES DU PLOMB. — Morin a signalé la présence du plomb dans les bronzes du Japon; ces bronzes se recouvrent d'une belle patine foncée lorsqu'on les chauffe, opération qu'ils subissent du reste sans se détériorer. La composition de ces alliages est très variable, car ils renferment de 10 à 20 % de plomb, 72 à 83 % de cuivre, 3 à 7 % d'étain, 1 à 6 % de zinc [*Compt. rend.*, t. LXXXVIII, p. 811]. Kalischer a analysé un bronze de ce genre renfermant 76 % de cuivre, 12 % de plomb, 4,4 % d'étain et 6,5 % de zinc [*Deutsch. chem. Gesellsch.*, 1874, p. 1114].

Plomb et antimoine. — Les alliages les plus usités renferment 86,2, 80,0, 75,0 % de plomb et 13,8, 20,0, 25,0 % d'antimoine; on les obtient en ajoutant de l'antimoine à du plomb chauffé au rouge cerise et protégé contre l'oxydation par une couche réductrice. Ces alliages fondent vers 355°; ils se dissolvent dans le plomb fondu et s'en séparent par un refroidissement brusque sous la forme d'une masse spongieuse composée de petits cristaux rhomboédriques. La chaleur opère très facilement la liquation de ces alliages en leur faisant perdre du plomb. Fr. de Jussieu recommande, lorsque cette liquation s'effectue par suite d'une température trop élevée, d'abaisser cette température par l'addition d'alliage cristallisé. Ces alliages, qui sont employés pour le clichage, durcissent par la trempe [*Ann. Chim. Phys.*, (5), t. XVIII, p. 138].

L'acide chlorhydrique exerce une action curieuse sur les alliages de plomb et d'antimoine (de 1 à 20 % Sb). Plongées dans l'acide concentré, les plaques de cet alliage dégagent du gaz, augmentent considérablement d'épaisseur et deviennent friables; en même temps, elles se recouvrent de chlorure de plomb et il s'en détache sur les arêtes des fragments prismatiques [H. de Planitz, *Deutsch. chem. Gesellsch.*, 1874, p. 1664].

Plomb et mercure. — L'amalgame obtenu en mélangeant 2 p. de plomb fondu et 1 p. de mercure étant exposé à l'action de l'acide acétique et de l'acide carbonique présente, lorsque cette action reste sans effet, la composition Pb^2Hg^3. Il est blanc, cristallin et grenu; sa densité est égale à 12,49 [A. Bauer, *Deutsch. chem. Gesellsch.*, 1871, p. 450].

Chauffés dans la vapeur de mercure, les amalgames de plomb perdent du mercure jusqu'à ce que leur composition devienne Pb^8Hg (E. de Souza).

CHLORURE DE PLOMB. — Le chlorure de plomb bout entre 861 et 1000°, d'après Carnelly et Williams. Sa densité de vapeur, déterminée par Roscoe, a été trouvée égale à 138,6, au lieu de 139 [*Deutsch. chem. Gesellsch.*, 1878, p. 1196].

On sait que le chlorure de plomb est plus soluble dans l'eau pure et dans l'acide chlorhydrique concentré que dans cet acide dilué. De nouvelles déterminations de A. Ditte ont donné les résultats suivants [*Compt. rend.*, t. XCII, p. 718] :

1 kilogramme d'acide chlorhydrique à *n* % HCl dissout $PbCl^2$.

HCl	à 0°	20°	40°	55°	80°
0 %	8gr,0	11gr,8	17gr,0	21gr,0	31gr,0
5,6	2,8	3,0	4,6	6,5	12,4
10,0	1,2	1,4	3,2	5,5	12,0
18,0	2,4	4,8	7,2	9,8	19,8
21,9	4,7	6,2	10,4	12,9	23,8
31,5	11,9	14,1	19,0	24,0	38,0
46,0	29,9 (et 30gr à 17°)				

La glycérine dissout environ 2 % de chlorure de plomb (C.-H. Piesse).

Le chlorure de plomb donne avec le chlorure d'ammonium des combinaisons dont la composition varie avec le mode de production. Lorsqu'on dissout le chlorure de plomb dans une solution, saturée à froid et bouillante, de sel ammoniac, on obtient par le refroidissement une poudre cristalline qui a pour composition $PbCl^2.9AzH^4Cl + \frac{1}{2}H^2O$. Avec une solution de sel ammoniac saturée à l'ébullition, on obtient le produit $2PbCl^2.11AzH^4Cl + 3\frac{1}{2}H^2O$. Lorsqu'on dissout 50 gr. de litharge dans une solution chaude de 200 gr. de sel ammoniac dans 400 gr. d'eau, on obtient un dépôt cristallin dur $PbCl^2,18AzH^4Cl + 4H^2O$; si l'on prolonge l'action de la chaleur, le produit renferme $PbCl^2,10AzH^4Cl + H^2O$ [André, *Compt. rend.*, t. XCVI, p. 435].

Oxychlorure de plomb. — On obtient l'oxychlorure $PbCl^2.PbO$ lorsqu'on verse dans l'eau froide une solution, faite à chaud, de litharge dans le sel ammoniac (G. André).

Le chlorure de plomb en suspension dans l'eau, additionné d'une petite quantité de potasse, se transforme en petites aiguilles transparentes, radiées, de l'oxychlorure $PbCl^2.2PbO$; un excès de potasse le jaunit et finit par le convertir en paillettes d'oxyde anhydre. On obtient de même de l'oxychlorure de plomb en faisant digérer l'hydrate de plomb avec une solution de chlorure de potassium [A. Ditte, *Compt. rend.*, t. XCIV, p. 1180].

Tétrachlorure de plomb, $PbCl^4$. — Les expériences de W. Fisher [*Journ. chem. Soc.* t. XXXV, p. 282] et A. Ditte [*Compt. rend.*, t. XCI, p. 765] confirment les résultats déjà connus. La solution chlorhydrique de tétrachlorure de plomb (solution de chlorure $PbCl^2$ dans l'acide chlorhydrique concentré saturé de chlore ou solution de PbO^2 dans HCl concentré) donne un précipité de bioxyde lorsqu'on l'étend d'eau. On obtient de même un précipité de bioxyde lorsqu'on ajoute de l'eau de chlore à une solution de chlorure de plomb. En faisant passer du chlore dans une solution chlorhydrique de chlorure de plomb, avec excès de ce dernier, on arrive à obtenir une solution renfermant jusqu'à 180 gr. $PbCl^2$ pour 290 gr. HCl; cette solution est rouge. Si l'on continue à faire passer le chlore en même temps que du gaz chlorhydrique dans la solution, celle-ci se décompose avec effervescence, le tétrachlorure se dissociant en présence d'un acide trop concentré.

Bromure de plomb, $PbBr^2$. — Hjortdahl l'a obtenu en beaux cristaux orthorhombiques en traitant le plomb par le brome et l'alcool. Faces observées : m, g^3, h^1, $b^{1/2}$. Rapport des axes : 0,84506 : 1 : 0,49677 [*Zeitschr. Krystall.*, t. III, p. 302]. 1 litre d'eau à 10° dissout 6 gr. de bromure de plomb; l'acide bromhydrique en précipite d'abord une partie, mais un excès de cet acide le redissout; il y a, comme pour le chlorure de plomb, un minimum de solubilité pour une certaine concentration de l'hydracide. Un acide bromhydrique à 72 HBr pour 100 d'eau dissout 550 gr. de bromure de plomb par kilogr., à 10°; à chaud, il en dissout davantage et l'on obtient par le refroidissement des aiguilles soyeuses, blanches, renfermant $PbBr^2 + 1\frac{1}{2}H^2O$. Si l'on sature complètement par le gaz bromhydrique une solution de bromure de plomb, en présence d'un excès de ce sel solide, celui-ci se dissout et l'on obtient par le refroidissement des aiguilles blanches du bromure acide

$$5PbBr^2.2HBr + 10H^2O$$

(A. Ditte).

Lorsqu'on dissout le bromure de plomb dans une solution chaude de bromure d'ammonium, on obtient, par le refroidissement, des cristaux du sel double, $7PbBr^2.12AzH^4Br + 7H^2O$. Par la concentration de l'eau mère, il se dépose des cristaux du sel $2PbBr^2.14AzH^4Br + 3H^2O$. Enfin, on obtient $PbBr^2.6AzH^4Br + H^2O$ lorsqu'on dissout la litharge dans du bromure ammonique. L'eau décompose ce dernier sel en donnant l'oxybromure $PbBr^2.PbO + 1\frac{1}{2}H^2O$, qui devient cristallin à 200° [G. André, *Compt. rend.*, t. XCVI, p. 1502].

Iodure de plomb, PbI^2. — La solubilité de l'iodure de plomb dans l'acide iodhydrique offre des phénomènes analogues à celle du chlorure et du bromure dans les hydracides correspondants. Une solution d'iodure de plomb dans l'acide iodhydrique concentré abandonne des cristaux d'iodure acide $PbI^2.HI + 5H^2O$, aussi décrits par Berthelot (A. Ditte).

Iodures doubles. — L'iodure de plomb est un peu soluble dans l'iodure de potassium, de sodium ou d'ammonium et se transforme peu à peu en aiguilles blanches d'iodure double :

$$PbI^2.2KI + 4H^2O.$$

Chauffées, ces aiguilles perdent de l'eau et deviennent d'un jaune d'or; puis elles fondent et donnent un sublimé d'iodure de plomb. L'eau décompose cet iodure double [A. Ditte, *Compt. rend.*, t. XCII, p. 1341]. La formation de l'iodure double hydraté $PbI^2.2KI.2H^2O$ a lieu avec production de 4.620 calories (Berthelot).

Oxyiodures. — Lorsqu'on traite une solution étendue d'iodure de potassium, à l'abri de l'air, par le peroxyde de plomb, il se dégage de l'iode et on obtient l'oxyiodure $(PbI^2,PbO)^2.H^2O$. Mais en présence de l'acide carbonique de l'air on obtient des aiguilles jaunâtres renfermant $PbI^2.PbO.CO^3Pb + 2H^2O$, qui deviennent anhydres à chaud, puis fondent en un liquide brun. On obtient le même produit par l'addition d'un peu de carbonate potassique au mélange primitif. Un excès de carbonate de potassium donne de beaux cristaux du composé

$$(PbI^2.PbO)^2.3CO^3K^2 + 2H^2O$$

[A. Ditte, *Compt. rend.*, t. XCII, p. 1341 et t. XCIII, p. 64].

Oxyde de plomb, PbO. — Chaleur de formation : 54.336 calories (J. Thomsen).

On sait que la litharge est tantôt *jaune* et tantôt *rouge*. La première est celle qui se forme toujours à une température élevée, par exemple en chauffant la litharge rouge dans le voisinage de son point de fusion; en décomposant le carbonate ou l'azotate de plomb par la chaleur. Elle n'est cristalline que lorsqu'elle a subi la fusion. Par voie humide, on l'obtient en versant une solution bouillante d'un sel de plomb ou de l'hydrate de plomb dans une solution bouillante de soude (à 20 % NaHO), en léger excès. En versant 1 partie d'hydrate de plomb dans une solution de 7 parties de potasse dans 14 parties d'eau, à l'ébullition (110°), on l'obtient en lamelles transparentes. La litharge *rouge* se produit lorsqu'on chauffe l'hydrate de plomb à 110° ou en traitant l'hydrate de plomb par une lessive de soude bouillante (à 130°); c'est, dans ce dernier cas, une poudre cristalline. La litharge jaune a pour densité 9,29; elle devient rouge par le frottement ou la compression; sa forme est orthorhombique. La litharge rouge cristallise dans le type tétragonal; elle a pour densité 9,125. L'oxyde de plomb est donc dimorphe.

Si l'on traite le sous-azotate AzO^6HPb^3 ou

$$Pb \begin{cases} O\text{-}Pb(OH) \\ O\text{-}Pb(AzO^3) \end{cases}$$

par la soude étendue, on obtient la modification *jaune*. Mais si l'on traite par la soude l'anhydride de ce sel basique, $(AzO^3)^2Pb^6O^5$, on obtient l'oxyde *rouge*. Geuther conclut de là que le dimorphisme de l'oxyde de plomb est lié à une polymérie, et il regarde l'oxyde jaune comme ayant pour poids moléculaire Pb^3O^3, et l'oxyde rouge, Pb^6O^6 [*Liebig's Ann. Chem.*, t. CCXIX, p. 56].

Voici les résultats analogues, obtenus un peu antérieurement par A. Ditte. L'oxyde anhydre, qui se dépose de la solution de l'hydrate de plomb dans la potasse, varie d'aspect suivant la température et la concentration de la lessive alcaline. Une solution à 13 % de potasse fournit des lamelles rhomboïdales allongées ou des aiguilles dont la couleur varie du jaune au vert et qui ont pour densité 9,1699. Une solution à 23 % KHO donne des cristaux d'un jaune de soufre; densité = 9,209. Avec une solution froide à 40 %, ils sont d'un gris verdâtre; densité = 9,5605. Enfin, une solution concentrée et bouillante fournit des cristaux roses, dérivés du cube, d'une densité de 9,3757 [*Compt. rend.*, t. XCIV, p. 1310].

Hydrates de plomb. — Une solution d'hydrate de plomb dans la potasse en abandonne une partie par l'ébullition. En ajoutant peu à peu de la potasse à de l'hydrate de plomb délayé dans l'eau, il s'en dissout d'abord une quantité proportionnelle à la potasse et par suite à sa concentration. Mais lorsque cette dernière a atteint une certaine limite, par exemple 200 gr. par litre à 25°, la solubilité diminue pour augmenter de nouveau avec une plus grande quantité de potasse. Ces différences tiennent à ce que l'hydrate $PbO.H^2O$ se transforme successivement en un hydrate cristallin $3PbO.H^2O$, puis en oxyde anhydre.

On obtient facilement l'hydrate $3PbO.H^2O$ en saturant une lessive de potasse renfermant 100 à 300 gr. de potasse par litre, avec l'hydrate normal et chauffant à une température insuffisante pour décomposer cet hydrate; par le refroidissement, le nouvel hydrate se dépose en petits cristaux transparents, blancs, ayant la forme d'un prisme hexagonal aplati; densité = 7,592 (A. Ditte).

Plombate d'argent, $PbO^2Ag^2.2H^2O$. — On l'obtient en ajoutant de l'azotate d'argent à une solution d'azotate de plomb sursaturée par la potasse. Woehler lui avait assigné la formule $Pb^2O^3Ag^2$ [Krutwig, *Deutsch. chem. Gesellsch.*, 1882, p. 1264].

Peroxyde de plomb, PbO^2. — A. Fehrmann le prépare en traitant une solution de chlorure de plomb à la température de 60° par une solution de chlorure de chaux [*Deutsch. chem. Gesellsch.*, 1882, p. 1882].

Le peroxyde de plomb décompose les solutions étendues d'iodure de potassium en donnant de l'oxyiodure de plomb (A. Ditte). Suivant Vortmann, il décompose les bromures et les iodures, mais non les chlorures. En présence d'acide acétique et à chaud, tous ces sels sont décomposés d'après C.-L. Müller et G. Kircher [*Deutsch. chem. Gesellch.*, 1880, p. 325; 1882, p. 812 et 1106].

Plombates. — Le *plombate de potassium*, $PbO^3K^2.3H^2O$, déjà obtenu par Fremy, cristallise en octaèdres quadratiques, incolores et transparents, dont les faces font un angle de 119° 52′ et dont l'angle au sommet est égal à 104° 32′. Ces cristaux sont efflorescents (O. Seidel).

En fondant l'oxyde de plomb avec la potasse, au contact de l'air, l'oxygène est absorbé et il se forme de petites tables hexagonales d'un brun clair, renfermant PbO^3K^2 ou quelquefois $Pb^3O^8K^4$ (A. Geuther). O. Seidel n'a obtenu le *plombate de sodium* que sous la forme d'une poudre cristalline de composition variable.

Les plombates de calcium, magnésium, baryum, se précipitent lorsqu'on fait bouillir le plombate potassique avec la chaux, la magnésie ou la baryte.

Le mélange des solutions alcalines d'oxyde et de peroxyde de plomb fournit, d'après O. Seidel, non le minium Pb^3O^4, mais le plombate hydraté de plomb $PbO^2.PbO.3H^2O$, qui se dépose sous la forme d'un précipité grenu, rouge [*Journ. prakt. Chem.* (2), t. XX, p. 200; *Bull. Soc. chim.*, t. XXXIII, p. 171].

Azotates de plomb. — En abandonnant dans l'eau pure, pendant plusieurs mois, le précipité obtenu par un léger excès d'ammoniaque dans l'azotate neutre de plomb, il se transforme en petits octaèdres brillants de sous-azotate

$$(AzO^3)^2Pb.PbO + H^2O$$

ou *orthoazotate* AzO^4PbH [A. Ditte, *Compt. rend.*, t. XCIV, p. 1180].

La composition des sous-sels (hypoazotites) obtenus par l'action du plomb sur l'azotate neutre varie beaucoup avec les circonstances de leur production [N. de Lorenz, *Monatsh. Chem.*, t. II, p. 810].

Si l'on chauffe à 60-70° pendant 40 minutes, 1 atome de plomb avec 1 molécule d'azotate dissous dans 20 parties d'eau, on obtient par le refroidissement des lamelles incolores de l'azotate basique $AzO^3.Pb.OH$ (ou $AzO^4.PbH$). Après 2 heures et demie d'action, on obtient des tables clinorhombiques, d'un jaune clair,

$$2(AzO^3.Pb.OH) + AzO^2.Pb.OH + 1/3H^2O.$$

Après 6 heures, quand tout le plomb s'est dissous, les tables hexagonales jaunes qui se déposent renferment

$$AzO^3.Pb.OH + AzO^2.Pb.OH + 2/3H^2O.$$

Si l'on emploie un peu plus de 1 atome de plomb, la proportion d'azotite basique va peu à peu en augmentant. Avec 1 ½ atome de plomb, le produit final est $AzO^3.PbOH + 5(AzO^2.PbOH)$.

Avec 2 atomes de plomb, on obtient le composé

$$AzO^3.PbOH + 2(AzO^2.PbOH) + 2PbO + \tfrac{1}{2}H^2O.$$

Enfin, avec plus de 2 atomes de plomb, le produit constitue l'*azotite basique*, $AzO^2.PbOH + PbO$.

Carbonates de plomb. — La coloration *rouge* qu'affecte souvent la céruse est due, d'après Bannow et Kræmer, à la présence de sous-oxyde de plomb, explication aussi admise par Lorscheid [*Deutsch. chem. Gesellsch.*, 1872, p. 545 et 1873, p. 21]. W. Baker avait attribué cette coloration à la présence d'un composé d'argent.

Carbonate double de plomb et de potassium, $2CO^3Pb.CO^3K^2$. — Poudre cristalline, obtenue par A. Ditte en ajoutant du peroxyde de plomb à un mélange d'iodure et de carbonate de potassium en excès, ou par l'action du carbonate de potassium sur les iodures doubles de plomb et de potassium [*Compt. rend.*, t. XCIII, p. 64].

Sulfate de plomb. — J. Thomsen trouve pour sa chaleur de formation :

$$Pb,O,SO^3Aq = 75.529 \text{ calories}$$
$$PbO,SO^3Aq = 21.300 \text{ —}$$

[*Deutsch. chem. Gesellsch.*, 1872, p. 177].

Suivant Stammer, le sulfate de plomb est soluble dans le sous-acétate, mais non dans l'acétate neutre de plomb [*Zeitschr. Chem.*, 1882, p. 63].

Ed. Willm.

PLUMIÉRIQUE (ACIDE), $C^{10}H^{10}O^5$ [Oudemans, *Liebig's Ann. Chem.*, t. CLXXXI, p. 154]. — Ce corps a été extrait du suc desséché du *Plumeria acutifolia*, plante de la famille des Apocynées, qui se rencontre dans les terrains calcaires de l'archipel de la Sonde. Le suc, privé de résine par un traitement à l'éther de pétrole, est épuisé par l'acide acétique dilué et chaud; la solution, évaporée, abandonne le plumiérate dicalcique à l'état cristallin; on transforme ce sel en sel potassique par l'action du carbonate de potassium; on décompose le sel potassique par l'acide sulfurique, et l'on épuise enfin la solution par l'éther.

L'acide plumiérique cristallise en aiguilles microscopiques, solubles dans l'eau bouillante, l'alcool et l'éther, peu solubles dans l'eau froide et dans le sulfure de carbone. Il fond à 130° en se décomposant.

Sel tétrapotassique, $C^{10}H^6O^5K^4 + 3H^2O$. — Cristaux volumineux, très déliquescents, appartenant au système clinorhombique, obtenus par l'ébullition de l'acide avec un excès de carbonate de potassium.

Plumiérates di- et triammoniques. — La solution ammoniacale de l'acide, évaporée à une douce chaleur, puis dans le vide, fournit des cristaux clinorhombiques, très solubles, qui doivent être le sel triammonique, car leur solution donne, avec le nitrate d'argent, le sel triargentique. Une exposition prolongée sur l'acide sulfurique les transforme en une masse gommeuse qui est le sel diammonique.

Le *sel monocalcique*, $(C^{10}H^9O^5)^2Ca + 4H^2O$, s'obtient par le mélange de l'acide avec la quantité équivalente du sel dicalcique : il se présente en petits cristaux hexagonaux, solubles dans 200 p. d'eau froide.

Le *plumiérate dicalcique*, $C^{10}H^8O^5Ca + 5H^2O$, est contenu dans le suc desséché du *plumière*, et peut en être extrait par l'eau bouillante; il se présente en petits cristaux rhomboïdaux, solubles dans 400 p. d'eau à 20°.

Le *sel tricalcique*, $(C^{10}H^7O^5)^2Ca^3 + 8H^2O$, s'obtient par le refroidissement brusque d'une solution de sel dicalcique additionné d'un excès d'eau de chaux : il se présente en prismes courts et épais. Il a été obtenu une fois avec 10 molécules d'eau.

Le *sel diargentique*, $C^{10}H^8O^5Ag^2 + H^2O$, est une poudre cristalline blanche, très peu soluble; le *sel triargentique*, $C^{10}H^7O^5Ag^3 + 1\frac{1}{2}H^2O$, se présente en aiguilles rayonnées peu solubles à froid.

Soumis à la distillation sèche, l'acide plumiérique donne de l'eau, de l'acide acétique, et un corps paraissant être l'aldéhyde cinnamique. La potasse en fusion le transforme en acide salicylique.

L'oxydation par le mélange chromique le convertit à froid en un acide bibasique, ayant pour formule $C^9H^8O^4$.

L'amalgame de sodium le transforme à la température du bain-marie en acide dihydroplumiérique, $C^{10}H^{12}O^5$, aiguilles fusibles vers 120°. Suivant Oudemans, l'acide plumiérique aurait la constitution

$$C^6H^2(OH)^2 < \begin{matrix} CH^2.OH \\ CH=CH-CO^2H. \end{matrix}$$

Ad. Fauconnier.

PODOPHYLLINE. — C'est une substance résineuse employée en médecine comme purgatif drastique et comme cholagogue. On la prépare dans l'Amérique du Nord, en épuisant par l'alcool la racine de *Podophyllum peltatum* (Berberidées), chassant l'alcool par la distillation et versant l'extrait dans une grande quantité d'eau; la podophylline se précipite. C'est un mélange de plusieurs matières sur la nature desquelles nous n'avons que des connaissances très incomplètes, malgré un grand nombre de travaux publiés [voyez à ce sujet Buchheim, *Arch. der Heilkunde*, 1872, t. XIII, p. 1; — J. Guareschi, *Gazz. chim. ital.*, 1880, t. X, p. 16; — Valerian Podwyssotzki, *Deutsch. chem. Gesellsch.*, 1882, p. 377].

D'après Guareschi, la podophylline est un mélange d'une matière résineuse (70 %), soluble dans l'éther et d'un glucoside insoluble dans ce véhicule, qui présente des analogies avec la convolvuline et la turpéthine. Il n'est pas azoté et se dédouble, par les acides ou l'émulsine, en glucose et en un produit non étudié. La podophylline n'offre aucune des réactions des alcaloïdes; fondue avec de la potasse, elle fournit de la pyrocatéchine et les acides protocatéchique et paroxybenzoïque.

Podwyssotzki a retiré de la podophylline du commerce les cinq substances suivantes : 1° *Picropodophylline*, en cristaux ténus et soyeux, fusibles à 200-210°, très solubles dans l'alcool, l'éther, l'acide acétique, insolubles dans l'eau; possède des propriétés purgatives. Composition : C = 67,71; H = 5,31; O = 26,98. — 2° *Podophyllotoxine* : amorphe, soluble dans l'eau bouillante, dans l'alcool, l'éther, le chloroforme; rougit le papier de tournesol et est dédoublée par les alcalis en picropodophylline et acide picropodophyllique; c'est le principe le plus actif de la podophylline. Composition : H = 7,46; C = 67,62; O = 24,92. — 3° *Acide picropodophyllique* : résineux, très soluble dans l'alcool, l'éther, le chloroforme, peu soluble dans l'eau bouillante; inactif au point de vue physiologique. — 4° *Podophylloquercétine* : Courtes aiguilles jaunes, à éclat métallique, très solubles dans l'alcool, l'éther, les alcalis, insolubles dans l'eau et le chloroforme; fond à 247-250°, en se décomposant; se colore en vert foncé par le chlorure ferrique, et précipite l'acétate de plomb en jaune orangé. Composition : C = 59,37; H = 4,01. — 5° *Acide podophyllique* : masse brune résineuse, soluble dans l'alcool et le chloroforme, insoluble dans l'eau et dans l'éther, dépourvue de toute action physiologique. La podophylline contient en outre une huile et une substance analogue à la cholestérine.

A. Henninger.

PONSAELION. — Voyez Carbone, Suppl., p. 424.

PORPHYRINE, $C^{21}H^{25}Az^3O^2$ (t. II, p. 1115). — Alcaloïde accompagnant la chlorogénine (appelée aujourd'hui *alstonine*) et d'autres bases dans l'écorce australienne d'*Alstonia constricta*. Pour isoler ces alcaloïdes, on dissout dans l'eau l'extrait alcoolique de la racine, on sursature par le bicarbonate de sodium, et l'on agite la liqueur filtrée avec l'éther de pétrole qui dissout la porphyrine et d'autres bases, tandis que l'alstonine reste en dissolution, et peut en être extraite par le chloroforme. La solution dans l'éther de pétrole est agitée avec de l'acide acétique étendu, la liqueur acide est précipitée par l'ammoniaque et la porphyrine brute est dissoute dans l'éther. Cette solution est traitée par le charbon animal qui enlève une matière colorée en rouge (*porphyrosine*), agitée ensuite avec de l'acide acétique faible et la base est reprécipitée par l'ammoniaque. Dissoute finalement dans l'éther de pétrole, traitée une deuxième fois par le charbon animal (en liqueur acétique) et reprécipitée par l'ammoniaque, la *porphyrine* est une poudre blanche amorphe, très soluble dans l'alcool, l'éther, le chloroforme. Ses solutions dans les acides offrent une fluorescence bleue. Elle fond à 97°. Elle colore en pourpre l'acide azotique concentré et l'acide sulfurique contenant de l'acide molybdique. Le *chloroplatinate* de porphyrine renferme $(C^{21}H^{25}Az^3O^2)^2H^2PtCl^6 + 4H^2O$ [O. Hesse, *Liebig's Ann. Chem.*, t. CCV, p. 360].

POTASSIUM. — Dolbear propose de préparer le potassium en décomposant au rouge le sulfure de potassium par la limaille de fer [*Chem. News*, t. XXVI, p. 33].

La densité du potassium, d'après H. Baumhauer, est égale à 0,8750 à 15° et à 0,8766 à 18° [*Deutsch. chem. Gesellsch.*, 1873, p. 655].

Le potassium distille à une température de 719 à 731° [T. Carnelly et W. C. Williams].

J. Dewar et Dittmar ont cherché à déterminer la densité de vapeur du potassium en opérant dans un vase en fer à la température d'ébullition du zinc (1040°); ils sont arrivés au nombre 45 (H = 1), qui ne s'éloigne pas assez de 39 pour qu'on ne puisse en conclure que la molécule de potassium est K^2 [*Journ. Chem. Soc.* (2), t. XI, p. 456; *Bull. Soc. chim.*, t. XX, p. 169]. Néanmoins, ayant reconnu que le fer absorbe la vapeur de potassium, Dittmar et Scott ont répété ces expériences dans des vases de platine; ils sont arrivés à un nombre moitié moindre [*Chem. News*, t. XL, p. 293]. Mais, d'après les observations de V. Meyer, le platine lui-même ne peut convenir à ces expériences et il faudrait avoir recours à des appareils de graphite [*Deutsch. chem. Gesellsch.*, 1880, p. 391].

On sait que la vapeur de potassium est verte. Pour mettre cette couleur en évidence, Kaemmerer réduit le potassium dans un tube de verre peu fusible, de $0^m,30$ de longueur et traversé par un courant d'hydrogène. Après le refroidissement, si on laisse pénétrer peu à peu l'air à la place de l'hydrogène, on voit le miroir métallique do potassium devenir bleu par suite de la formation de sous-oxyde, puis blanc [*Deutsch. chem. Gesellsch.*, 1874, p. 170].

Les affinités du potassium sont beaucoup plus puissantes que celles du sodium. C'est là un fait connu. Merz et Weith en fournissent de nouveaux exemples. Tandis que le sodium peut rester en contact avec les halogènes, le potassium s'y unit énergiquement : il brûle dans le chlore, se combine avec explosion au brome et à l'iode [*Deutsch. chem. Gesellsch.*, 1873, p. 1715].

La chaleur de combinaison du potassium avec l'oxygène (1 équiv. = 8) et les halogènes est exprimée par les nombres de calories :

Oxygène.	Chlore.	Brome.	Iode.
69 800	105 000	100 400	85 400

[Berthelot, *Ann. Chim. Phys.* (5), XV, p. 185].

Le potassium renferme quelquefois, comme impureté, du sulfure de potassium. Dans ce cas, sa surface fraîchement coupée est bleuâtre; et mis en présence du mercure, il le noircit sans s'y combiner immédiatement [H. Schiff, *Deutsch. chem. Gesellsch.*, 1880, p. 205].

Hydrure de potassium. — Voyez Hydrogène, Suppl., p. 931.

Amalgame de potassium. — Voyez Mercure, Suppl., p. 1005.

Oxyde de potassium. — S. Lupton a trouvé pour l'oxyde formé par l'action de l'air sur le potassium, à une température modérée (65°), une composition correspondant à l'une des formules K^8O^5 ou K^4O^3; il n'a jamais observé la formation du sous-oxyde K^4O. En opérant dans un courant d'oxyde azoteux, l'oxyde formé renfermait K^6O^4 (soit $K^2O^2.2K^2O$).

Le produit de l'oxydation est une poudre verdâtre mélangée de grumeaux bleus et jaunes. Ce sont les grumeaux bleus qui ont pour composition K^8O^5 ou K^4O^3. La couleur bleue n'est donc pas due à un sous-oxyde, mais à une combinaison de protoxyde et de bioxyde. La poudre verte possède, après fusion, la composition du *bioxyde*, K^2O^2, ainsi que les grumeaux jaunes [*Journ. chem. Soc.*, 1876, t. II, p. 565].

Protoxyde de potassium, K^2O. — D'après Beketoff [*Bull. Soc. chim.*, t. XXXVII, p. 401], le potassium est sans action sur l'hydrate KHO. Pour obtenir le protoxyde anhydre, il chauffe le peroxyde de potassium dans un creuset en argent avec du potassium et de l'argent métallique. En l'absence de potassium, on obtient non du protoxyde, mais un corps noir paraissant renfermer KAgO, et se dissolvant dans l'acide sulfurique sans dégagement de gaz. Le protoxyde de potassium est réduit par l'hydrogène dans une cloche courbe; il se forme du potassium.

Hydrate de potassium. — La chaleur dégagée par la dissolution de la potasse KHO dans 200 molécules d'eau est de 12 490 calories. La potasse pure du commerce, qui renferme

$$KHO + 0,88H^2O,$$

ne dégage que 4 600 calories. Enfin l'hydrate cristallisé, $KHO,2H^2O$, se dissout avec un faible abaissement de température (— 300 cal.). Il suit de là que la potasse présente deux degrés d'hydratation, dont le premier ($KHO + 0,88H^2O$ environ) dégage plus de chaleur pour sa production (12 490 — 4 600) que n'en dégage le second en partant du premier. La potasse en solution saturée produit un dégagement de chaleur par la dilution. Ainsi une solution renfermant

$$KHO + 3H^2O$$

dégage 2 410 calories lorsqu'on l'étend de 41 molécules d'eau [Berthelot, *Bull. Soc. chim.*, t. XIX, p. 531].

Chlorure de potassium. — La densité de ce sel à 15°,6 est égale à 1,90. Sa solution saturée à 15°,6 renferme 24,74 °/₀ de sel et a pour densité 1,171. A cette température, le sel se dissout dans 3p,04 d'eau [D. Page et A.-D. Keightley, *Journ. Chem. Soc.*, t. X, p. 566].

Le chlorure de potassium absorbe 4 440 calories en se dissolvant dans 400 molécules d'eau (J. Thomsen).

Le chlorure de potassium absorbe l'anhydride sulfurique en donnant une masse cristalline renfermant $KCl,8SO^3$ (Schultz-Sellack).

Iodure de potassium. — Pour transformer l'iodure cuivreux, livré par l'industrie du Pérou, en iodure de potassium, Langbein le met en suspension dans l'eau acidulée avec un peu d'acide chlorhydrique, puis le traite par l'hydrogène sulfuré. La solution filtrée, débarrassée de l'excès d'hydrogène sulfuré par un peu d'iodure ioduré de potassium, est ensuite saturée par le carbonate de potassium et amenée à cristallisation [*Deutsch. chem. Gesellsch.*, 1874, p. 765].

L'iodure de potassium est quelquefois plombifère; il est alors jaunâtre et ses cristaux affectent la forme de cubo-octaèdres. Pour le priver de plomb par l'hydrogène sulfuré, il faut opérer dans une solution diluée, car la solution concentrée n'est pas précipitée par ce réactif [Schering, *Deutsch. chem. Gesellsch.*, 1879, p. 156].

Iodure ioduré de potassium. — Le liquide qu'on obtient en dissolvant 3 p. d'iode dans 4 p. d'iodure de potassium en solution concentrée renferme, d'après A. Guyard, du *bi-iodure de potassium*, KI^2 ou K^2I^4. Une semblable solution donne avec les sels de plomb un précipité presque noir, ne renfermant pas d'iode libre, mais ayant pour composition PbI^4. Avec les sels *mercureux* on obtient le bi-iodure de mercure, HgI^2; avec les sels mercuriques, on obtient le même iodure, mélangé d'iode libre.

L'iode *libre*, qui fournit de l'iodoforme en agissant sur l'alcool éthylique en présence d'un alcali, n'en donne pas avec l'alcool méthylique. L'inverse a lieu, d'après A. Guyard, avec l'iodure ioduré de potassium, qui donne un abondant précipité d'iodoforme lorsqu'on l'ajoute à de l'alcool méthylique rendu alcalin [*Bull. Soc. chim.*, t. XXXI, p. 297].

Suivant J.-S. Johnson, lorsqu'on évapore sur l'acide sulfurique une solution alcoolique concentrée d'iodure de potassium saturée d'iode, on obtient d'abord des cristaux d'iodure de potassium, colorés par de l'iode, puis de longs cristaux brillants, ressemblant à l'iode et constituant un *triiodure de potassium*, KI^3 ou K^2I^6. Cet iodure est décomposable par l'eau, mais cristallisable dans l'alcool. Sa densité est égale à 3,498 [*Journ. chem. Soc.*, 1877, t. Ier, p. 249].

Fluorure de potassium. — Sa chaleur de formation par la potasse et l'acide fluorhydrique aqueux est représentée par

$$KHO + HFl$$
$$= KFl \text{ sol.} + H^2O \text{ sol.} = 30\,980 \text{ calories.}$$

La chaleur de dissolution du sel anhydre dans 400 molécules d'eau est de 3 600 calories. Celle du fluorure cristallisé, $KFl + 2H^2O$, est de — 1 030 calories. La chaleur de formation du fluorhydrate de fluorure, $KFl.HFl$, est de 13 800 calories, en partant de l'acide fluorhydrique aqueux [Guntz, *Compt. rend.*, t. XCVII, p. 256].

Carbonates de potassium. — G. Staedeler a obtenu accidentellement le carbonate neutre sesquihydraté, $2CO^3K^2 + 3H^2O$, cristallisé en grands prismes clinorhombiques terminés par des pyramides. Ces cristaux ne sont déliquescents que dans une atmosphère très humide. Il serait possible, d'après lui, que le carbonate cristallisé décrit par Berzelius comme renfermant

$$CO^3K^2 + 2H^2O$$

eût la composition du sel sesquihydraté. Ce dernier a été obtenu du reste en soumettant à l'évaporation une solution de carbonate avec un petit excès d'alcali. Une solution de carbonate neutre pur ne fournit ainsi qu'une poudre cristalline qu'il est impossible de séparer de son eau mère [*Ann. Chem. Pharm.*, t. CXXXIII, p. 371].

Le carbonate sesquihydraté se dissout dans l'eau à 17°,5 avec abaissement de température; à 32°, au contraire, il y a une élévation de température, égale à peu près à l'abaissement produit à 17°,5. Vers 25°, le phénomène thermique est nul [Berthelot, *Compt. rend.*, t. LXXVIII, p. 1722].

Sesquicarbonate de potassium. — G.-H. Bauer a observé la formation de ce sel par la concentration et la cristallisation d'une grande quantité de solution de bicarbonate. Les cristaux obtenus sont inaltérables à l'air et ont pour composition $2(CO^3)^2K^3H + 3H^2O$. Ce sont des cristaux clinorhombiques, offrant les faces m, a^1, $a^{1/2}$, h^1, p, et les angles $mm = 42°28'$; $pm = 157°20'$; $ph^1 = 105°55'$. Inclinaison de l'axe = 75°5'; rapport des axes = 2,2635 : 1 : 2,2952 [Rammelsberg, *Deutsch. chem. Gesellsch.*, 1883, p. 273].

Bicarbonate de potassium. — C. Dibbits purifie ce sel par cristallisation dans l'eau tiède et abandonne ensuite les cristaux pulvérisés dans une atmosphère de gaz carbonique. Voici, selon cet auteur, la solubilité du bicarbonate dans l'eau : 100 p. d'eau dissolvent

	CO^3KH		
à 0°....	22p,45	à 30°....	39p
5°....	25p,00	40°....	45p,25
10°....	27p,7	50°....	52p,15
20°....	33p,2	60°....	60p,00

La tension de dissociation du bicarbonate en solution saturée est de 461 millimètres à 15° [*Journ. prakt. Chem.* (2), t. X, p. 417].

Le bicarbonate de potassium sec ne se décompose pas sensiblement à froid dans le vide; il n'y a qu'un commencement de dissociation vers 30°. Chauffé à l'air, la dissociation ne devient notable qu'à partir de 100°. La présence de l'eau facilite beaucoup la dissociation. On voit que le bicarbonate potassique est beaucoup plus stable que le sel de sodium [A. Gautier, *Bull. Soc. chim.*, t. XXVI, p. 118].

Fabrication de la potasse. — Parmi les nouveaux procédés qui ont été proposés, nous citerons ceux de Ortlieb et Müller et de R. Engel.

Procédé J. Ortlieb et Müller. — Ce procédé, exploité depuis quelques années avec succès dans l'usine de produits chimiques de Croix (Nord), repose sur le traitement du chlorure de potassium par le bicarbonate de triméthylamine, par conséquent sur le même principe que le procédé Solvay pour la soude. Le procédé par l'ammoniaque n'est pas applicable à la potasse, car on ne convertit guère ainsi que 20 °/o du chlorure de potassium en carbonate.

Lorsqu'on fait passer un courant de gaz carbonique dans un mélange de 1 molécule de carbonate neutre de triméthylamine et de 2 molécules de chlorure de potassium à 23°, on obtient un précipité de bicarbonate potassique représentant les 38,7 centièmes du chlorure de potassium. Si la solution renferme un excès de chlorure en suspension, le rendement s'élève à 60,8 °/o, c'est-à-dire qu'il y a transformation des 45 centièmes du chlorure. La réaction qui donne naissance au bicarbonate est limitée par la réaction inverse. A 150°, la rétrogradation est complète. Elle est nulle à 115°, si l'on opère sous pression de manière à empêcher le dégagement d'acide carbonique.

Lorsqu'on emploie un excès de triméthylamine, c'est-à-dire 2mol.,22 pour 2 molécules de chlorure de potassium, la réaction devient presque intégrale, car la transformation porte sur les 97,12 centièmes du chlorure; l'excès de triméthylamine se retrouve dans les eaux mères sous la forme de sous-sesquicarbonate. La solubilité des sels potassiques dans les sels de triméthylamine présente une grande importance. Voici quelle est cette solubilité pour le chlorure et pour le bicarbonate potassique dans une eau mère renfermant 100 parties de

	KCl	CO^3KH
Chlorhydrate de triméthylamine.	2p,6	3,8
Carbonate neutre..............	10p,8	5,8
Sesquicarbonate................	Double décomp.	2,15

Cette industrie, quoique rappelant celle du procédé Solvay, s'en distingue néanmoins par la disposition des appareils. En effet, les conditions des opérations sont bien différentes et la récupération de la triméthylamine nécessite des dispositions toutes spéciales. Cette triméthylamine est fournie aujourd'hui en abondance par le traitement des vinasses de betteraves [Cam. Vincent]. La maison Tilloy-Delaune et Cie fabrique ainsi par jour 1800 kilogrammes de sels de méthylamines. On observe aussi sa production dans l'évaporation du suint de laine, pendant la période dite « de mousse » (Rich. Lagerie).

Le chlorure de potassium qui sert à la fabrication du bicarbonate doit être exempt de sulfate; c'est donc le sel de Stassfurt qui convient le mieux pour cette industrie.

Il est à remarquer que, tandis que le sulfate de potassium ne peut être converti en bicarbonate par ce procédé, Ortlieb et Müller sont parvenus à effectuer la transformation du sulfate de sodium en bicarbonate [*Bull. scient. du dép. du Nord*, 1880, p. 228 et 359; *Bull. Soc. chim.*, t. XXXVII, p. 45].

Procédé R. Engel. — Le chlorure de potassium est directement transformé en carbonate lorsqu'on fait passer un courant de gaz carbonique dans sa solution, à laquelle on a ajouté de la magnésie ou son carbonate. Il se produit du bicarbonate de magnésium, qui se dissout et qui réagit ensuite sur le chlorure de potassium en donnant un carbonate double :

$$3CO^3Mg + 2KCl + CO^2 + H^2O = 2(CO^3Mg.CO^3KH) + MgCl^2.$$

Le sel double, qui se dépose sous forme cristalline, est décomposé par la chaleur en carbonate de magnésium et carbonate de potassium neutre [*Compt. rend.*, XCII, p. 725].

SULFOCARBONATE DE POTASSIUM. — Voyez Suppl., p. 429.

SULFATE DE POTASSIUM. — La chaleur de dissolution du sulfate neutre dans 400 molécules d'eau est exprimée par — 6380 calories (J. Thomsen).

Le sulfate sodico-potassique fourni par les eaux mères des soudes brutes naturelles (t. II, p. 1534) peut servir à préparer le sulfate potassique, en traitant une solution saturée et bouillante du sel double (664 parties) par le chlorure de potassium (149 parties); il se précipite du sulfate de potassium pur [E. Sonstadt, *Monit. scient.* (3), t. III, p. 827]. J. Ogier a obtenu accidentellement le sulfate hydraté, $SO^4K^2 + H^2O$ (en présence du phénylsulfonate de potassium) en lamelles incolores [*Compt. rend.*, t. LXXXII, p. 1055].

D'après Hensgen, le gaz chlorhydrique attaque le sulfate de potassium à 360°; la décomposition est complète au rouge [*Deutsch. chem. Gesellsch.*, 1876, p. 1671].

SULFATE ACIDE DE POTASSIUM. — Le sulfate neutre en dissolution et l'acide sulfurique étendu s'unissent avec absorption de chaleur (— 1040 calories, à — 2000 calories, suivant la quantité d'acide). Le calcul donne pour la formation du bisulfate *solide*, SO^4KH, + 8000 calories [Berthelot, *Bull. Soc. chim.*, t. XVIII, p. 393].

L'anhydrosulfate, $S^2O^7K^2$, se dissout dans l'eau en produisant d'abord un abaissement de température (— 1910 calories par demi-molécule), puis, après quelque temps, une élévation de température de 580 calories (Berthelot).

D'après Schultz-Sellack, l'anhydrosulfate fond à 300° et non à 210-211°, qui est le point de fusion du bisulfate, SO^4KH.

En dissolvant l'anhydrosulfate dans l'acide sulfurique fumant, on obtient des prismes transparents, fusibles à 168° et renfermant S^2O^7KH [Schultz-Sellack, *Deutsch. chem. Gesellsch.*, 1871, p. 109]. Lescoeur a décrit le même sulfate acide hydraté, $2S^2O^7KH + 5H^2O$ ou

$$2(SO^4)^2KH^3 + 3H^2O,$$

qu'il obtient en dissolvant le sulfate neutre dans l'acide sulfurique chaud. Ce sel acide se dépose en lamelles brillantes, déliquescentes, fusibles à 61° et ne perdant de l'eau qu'à 255° [*Compt. rend.*, t. LXXXVIII, p. 1044].

Sulfate acide de potassium et d'ammonium,

$$(SO^4)^6K^7(AzH^4)^2H^3 + 4H^2O.$$

— Cristaux lamellaires à éclat soyeux, d'une densité de 2,3 à 2,6, rencontrés dans le guano du Pérou. On a donné à ce sel le nom de *guanovulite* [F. Wibel, *Deutsch. chem. Gesellsch.*, 1874, p. 392].

Sulfate de potassium et de nitrosyle,

$$SO^4(AzO)K.$$

— Ce sel, correspondant aux cristaux des chambres de plomb (sulfate acide de nitrosyle), s'obtient en faisant absorber de l'anhydride sulfurique par l'azotite de potassium, ou plus facilement par l'anhydride sulfureux et le salpêtre. L'eau le décompose (Schultz-Sellack).

SULFITES DE POTASSIUM. — Le *sulfite neutre* se décompose au rouge, suivant l'équation

$$4SO^3K^2 = 3SO^4K^2 + K^2S,$$

pourvu qu'on opère dans une atmosphère d'azote [Berthelot, *Bull. Soc. chim.*, t. XL, p. 414].

La chaleur de formation du sulfite neutre est de 136 300 calories en partant des éléments et de 53 100 calories en partant de l'anhydride sulfureux gazeux et de l'oxyde de potassium.

L'*anhydrosulfite*, $S^2O^5K^2$, nommé *métasulfite* par Berthelot, paraît se former en deux phases. Il se produit d'abord le bisulfite, SO^3KH, qui se transforme ensuite en sel anhydre au sein de la solution, transformation qui a lieu avec développement de chaleur. En saturant la potasse étendue par l'acide sulfureux en excès, on obtient d'abord le bisulfite, SO^3KH, avec production de 16 600 calories. Cette dissolution, réagissant immédiatement sur un excès de potasse, produit 15 200 calories. Mais si la solution a d'abord été portée à 100°, ou si elle a été conservée longtemps, la chaleur dégagée n'est plus que de 12 600 calories; il s'est donc produit une transformation du bisulfite en métasulfite, avec dégagement de 2 600 calories.

Lorsqu'on chauffe le métasulfite de potassium, il ne perd pas encore d'anhydride sulfureux à 150°. Au rouge sombre, dans une atmosphère d'azote, il dégage de l'acide sulfureux et donne un sublimé de soufre et un résidu de sulfate [Berthelot, *Bull. Soc. chim.*, t. XL, p. 416].

HYPOSULFITE DE POTASSIUM. — Dans ses recherches sur les produits de la combustion de la poudre, Berthelot a établi que ce sel ne préexiste pas dans le résidu solide. En effet, il se détruit un peu au delà de 430°, en donnant du sulfate et du pentasulfure de potassium. Sa présence dans le résidu de la combustion de la poudre est donc le résultat de l'oxydation de ce résidu à l'air.

L'hyposulfite de potassium se dissout dans l'eau avec absorption de 2 490 calories [Berthelot, *Bull. Soc. chim.*, t. XL, p. 413].

AZOTATE DE POTASSIUM. — Il se dissout dans l'eau en absorbant 8 520 calories (Thomsen).

Azotate acide, $AzO^3K.2AzO^3H$. — On l'obtient en dissolvant le salpêtre fondu dans l'acide azotique fumant. Il ne se solidifie qu'au-dessous de 0° en lamelles brillantes, fusibles à — 3° [A. Ditte, *Compt. rend.*, t. LXXXIX, p. 576].

PHOSPHATES DE POTASSIUM. — Lorsqu'on chauffe le pyrophosphate de potassium avec l'acide sulfurique en excès et qu'on chasse cet excès, puis qu'on dissout le résidu dans de l'eau acidulée par l'acide phosphorique, on obtient par évaporation des paillettes brillantes qui ont pour composition $P^2O^5.2SO^4K^2.H^2O + H^2O$, soit

$$PO(OH) < \begin{matrix} OSO^3K \\ OK \end{matrix} + ½ H^2O.$$

Ce sel, qu'on obtient aussi par le phosphate monopotassique, est inaltérable à l'air et décomposable par l'eau pure. Chauffé, il perd 1 molécule d'eau à 200° et le reste au rouge. L'acide correspondant est un sirop incristallisable [Prinvault, *Compt. rend.*, t. LXXIV, p. 1245].

BORATES DE POTASSIUM. — Voyez Suppl., p. 366 et 367.

RECHERCHE ET DOSAGE DU POTASSIUM. — L'insolubilité de l'hyposulfite double de bismuth et de potassium $(S^2O^3)^3BiK^3 + H^2O$ dans l'alcool (voyez Suppl., p. 359) a conduit Ad. Carnot à imaginer un nouveau procédé de recherche et de dosage du potassium. Pour le dosage, on dissout 1 gramme du sel à analyser ou une quantité telle qu'elle ne renferme pas plus de 0gr,60 de potasse et de 1 gramme d'acide sulfurique (si ce dernier était en trop grand excès, on le précipiterait préalablement par le chlorure de baryum). On concentre la solution saline à 15 ou 20cc, on y ajoute quelques gouttes d'acide chlorhydrique et une solution d'azotate de bismuth (1gr,5 à 2 grammes de sous-azotate dissous dans l'acide chlorhydrique). On verse ensuite dans la liqueur une solution d'hyposulfite de sodium, ou plutôt de calcium (4 à 5 grammes pour 1 gramme de sel de potassium). Il se dépose aussitôt du sulfate calcique, dont on achève la précipitation par l'addition de 200cc d'alcool, qui précipite en même temps l'hyposulfite double de bismuth et de potassium. On recueille le dépôt sur un filtre après une heure et on le lave à l'alcool. Toute la potasse est ainsi précipitée, tandis que la soude reste en dissolution. En reprenant ensuite le précipité par l'eau, on redissout l'hyposulfite double et on dose la potasse, soit indirectement par le sulfure de bismuth que fournit ce sel lorsqu'on chauffe sa solution à 100°, soit directement, en pesant le sulfate de potassium :

$$2(S^2O^3)^3BiK^3 = 3SO^4K^2 + Bi^2S^3 + 3SO^2 + 3S.$$

Dans ce dernier cas, il faut tenir compte du sulfate calcique qui accompagne en petite quantité le précipité.

Enfin on peut déterminer indirectement le potassium en titrant l'hyposulfite par l'iode. Pour cela, on ajoute la liqueur titrée d'iode (à 12gr,7 par litre) à la solution aqueuse de l'hyposulfite double, additionnée de quelques gouttes d'acide chlorhydrique (pour empêcher la formation d'oxyiodure de bismuth); la solution prend d'abord une teinte jaune d'or, puis une teinte brunâtre qui marque la fin de la réaction; ce point est très facile à saisir. A 1 atome d'iode correspond 1 atome de potassium, d'après l'équation

$$2(S^2O^3)^3BiK^3 + 6I = (S^4O^6)^3Bi^2 + 6KI,$$

c'est-à-dire que, pour 1 centimètre cube de solution d'iode, on a 0gr,0039 de potassium [A. Carnot, *Compt. rend.*, t. LXXXIV, p. 390 et 1504; t. LXXXVI, p. 478; *Bull. Soc. chim.*, t. XXVII, p. 136; t. XXIX, p. 280, et t. XXXI, p. 93].

Ed. Willm.

POURPRE RÉTINIEN. — La rétine des vertébrés renferme trois sortes de matières colorées : un pigment foncé mélanique, des gouttelettes huileuses teintes en jaune par de la lutéine et le *pourpre rétinien*, cette remarquable matière rouge, très sensible à la lumière, découverte par Boll et étudiée par Kühne. La rétine de l'animal vivant est colorée en pourpre, mais se décolore instantanément lorsque après la mort elle est exposée à la lumière solaire; à la lumière diffuse du jour, la teinte disparaît en une demi-minute, à la lumière du gaz en 20 à 30 minutes; mais dans l'obscurité ou à la lumière faible de la flamme de la soude, elle résiste, au moins pendant 24 à 48 heures, malgré un commencement de putréfaction. Abandonnée dans l'obscurité, la rétine, décolorée sous l'action des radiations solaires, reprend lentement sa couleur rose : et cette régénération peut être observée plusieurs fois dans l'espace de trois jours sur la même rétine, préparée par dissection. Ce même phénomène de la régénération s'observe avec les solutions de pourpre rétinien dont il va être question.

Kühne a montré, en outre, qu'il est possible de retrouver sur la rétine d'un animal récemment tué l'image produite par l'appareil dioptrique de l'œil; la rétine constitue, pour ainsi dire, une sorte de plaque sensibilisée par la présence du pourpre rétinien, sur laquelle l'image dioptrique produit une épreuve photographique. Ces images fixées ont reçu le nom d'*optogrammes*.

L'histoire chimique du pourpre rétinien est à peine commencée; on ne le connaît qu'en solution, et l'on n'en a étudié que quelques caractères.

La coloration de la rétine est détruite par une chaleur de 100°, par l'alcool, l'acide acétique concentré, la soude à 10 %; par contre, le chlorure de sodium, l'ammoniaque, le carbonate sodique, l'alun, l'acétate de plomb, l'acide acétique à 2 %, le tannin à 2 %, la glycérine, l'éther, et enfin la dessiccation à 40° ne l'altèrent pas. La bile cristallisée de Plattner détruit rapidement les éléments anatomiques de la rétine et fait entrer le pourpre rétinien en dissolution; une portion cependant reste fixée sur la névrokératine de la rétine, et cette portion résiste, comme le support de névrokératine, à une digestion trypsique continuée pendant 24 heures. La putréfaction intense ne le détruit pas non plus, même au bout de plusieurs semaines.

La solution du pourpre rétinien dans les sels biliaires est d'un rouge cramoisi; à 40°, elle se dessèche en un vernis pourpre qui est très peu sensible à la lumière, tandis qu'humecté d'eau il pâlit rapidement. La solution de pourpre rétinien n'offre pas de bandes d'absorption nettes. On constate une absorption entre le jaune (raie D) et le violet, avec deux maxima dans le vert et le vert-bleu; la lumière violette passe [W. Kühne, 1877, *Untersuch. physiol. Instit. Heidelberg*, t. Ier, p. 15 et 139].

A. Henninger.

PROPANE (voyez t. II, p. 1192). — Ce carbure, traité par le trichlorure d'iode à une température élevée, fournit du méthane perchloré et de l'éthane perchloré [Krafft et Merz, *Deutsch. chem. Gesellsch.*, 1875, p. 1045 et 1296].

Pour les dérivés nitrés, voyez le mot NITROPROPANE.

PROPARGYLIQUE (ACIDE), $C^3H^2O^2$. — Cet acide se produit lorsqu'on chauffe la solution aqueuse de l'acide acétylène-dicarbonique, qui se dédouble en gaz carbonique et en acide propargylique, d'après l'équation

$$C^4H^2O^4 = CO^2 + C^3H^2O^2.$$

Pour le préparer, on doit agir de la façon suivante : On chauffe à l'ébullition la solution du sel acide de potassium et on neutralise la solution refroidie par l'acide sulfurique, puis on agite avec de l'éther, et la solution éthérée, séchée sur le chlorure de calcium, est fractionnée; l'acide propargylique se trouve dans la portion bouillant de 125 à 154°.

C'est un liquide incolore, bouillant vers 144°, se solidifiant à + 4°. Il possède une odeur forte, est soluble dans l'eau, l'alcool, l'éther et le chloroforme. Il se colore en brun à l'air. Le nitrate d'argent donne avec lui un précipité blanc, détonant par le choc; à chaud, il réduit le nitrate d'argent. L'amalgame de sodium le transforme en acide propionique. Les hydracides se combinent à lui en donnant des acides acryliques substitués.

Il absorbe rapidement le brome, en donnant de l'acide dibromacrylique, $C^3H^2Br^2O^2$, fusible à 85-86°.

Propargylate de potassium, C^3HKO^2,H^2O. — On l'obtient, comme nous avons vu, en décomposant par la chaleur l'acétylène-dicarbonate de potassium. Il forme de beaux cristaux brillants, très solubles dans l'eau; à 105°, il détone et se transforme en une masse grise volumineuse. Sa solution donne, avec le nitrate d'argent, un précipité cristallisant en paillettes soyeuses.

Avec le chlorure cuivreux, on obtient un précipité vert clair, détonant par la chaleur.

Propargylate d'éthyle, $C^3HO^2.C^2H^5$. — C'est un produit accessoire de la préparation de l'acide propargylique. C'est un liquide incolore, bouillant vers 117-119°, insoluble dans l'eau, soluble dans l'alcool, l'éther et le chloroforme. Il précipite les solutions ammoniacales des chlorures cuivreux et cuivrique [Bandrowski, *Deutsch. chem. Gesellsch.* 1880, p. 2340, et 1882, p. 2698].

M. Hanriot.

PROPARGYLIQUE (ALCOOL). — *Chlorure de propargyle*, C^3H^3Cl. — Ce composé s'obtient en faisant réagir le trichlorure de phosphore sur l'alcool propargylique. C'est un liquide d'odeur très désagréable, insoluble dans l'eau, bouillant à 65°. Densité à +5° = 1,0454.

Iodure de propargyle, C^3H^3I. — On le prépare en faisant réagir l'iode et le phosphore rouge sur l'alcool propargylique; le produit de la réaction, additionné d'eau froide, le laisse déposer sous la forme d'un corps solide blanc, brunissant très vite à la lumière, possédant une odeur pénétrante. Il est très peu soluble dans l'eau, soluble dans l'alcool et dans l'éther; il se dépose de sa solution alcoolique en fines aiguilles feutrées, fusibles à 48-49°.

La potasse dédouble nettement à chaud l'alcool propargylique en acétylène et acide formique,

$$C^3H^3OH + KOH = C^2H^2 + CHKO^2 + H^2.$$

Cette réaction confirme la formule

$$CH \equiv C\text{-}CH^2.OH$$

attribuée à l'alcool propargylique [L. Henry, *Deutsch. chem. Gesellsch.*, 1875, p. 398, et *Bull. Soc. chim.*, t. XXIV, p. 379]. M. Hanriot.

PROPÉNYLTRICARBONIQUE (ACIDE) (β-méthyléthényltricarbonique),

$$(CO^2H)^2 = CH\text{-}CH(CH^3)\text{-}(CO^2H)$$

[Bischoff, *Deutsch. chem. Gesellsch.*, 1880, p. 2161; — Bischoff et Guthzeit, *ibid.*, 1881, p. 614; — Bischoff et Emmert, *ibid.*, p. 1107]. Cet acide se produit à l'état d'éther triéthylique par l'action de l'α-bromopropionate d'éthyle sur le sodium-malonate d'éthyle. Il se présente en cristaux, fusibles à 142°, très solubles dans l'eau, l'alcool et l'éther. Par l'action de la chaleur ou par l'ébullition avec l'acide chlorhydrique, il se transforme en acide pyrotartrique.

Le brome le convertit en un mélange d'acides bromopyrotartrique $C^5H^7BrO^4$, bromocrotonique $C^4H^5BrO^2$, et dibromopyrotartrique $C^5H^6Br^2O^4$.

L'*éther méthyldiéthylique*,

$$(CO^2C^2H^5)^2 = CH\text{-}CH(CH^3)\text{-}CO^2CH^3,$$

prend naissance par l'action du β-chloropropionate de méthyle sur le malonate d'éthyle sodé; c'est un liquide bouillant à 268°; $D_{17°} = 1,079$.

L'*éther triéthylique*,

$$(CO^2C^2H^5)^2 = CH\text{-}CH(CH^3)\text{-}CO^2C^2H^5,$$

est une huile incolore, bouillant à 270° à la pression atmosphérique, et à 178-180° sous 25 millimètres. Sa densité est de 1,092 à 15°.

PROPEPTONE. — Voyez PEPTONES.

PROPIOHOMOFÉRULIQUE (ACIDE),

$$C^{14}H^{16}O^5 = C^6H^3 \begin{cases} OCH^3 (3) \\ OC^3H^5O (4) \\ CH = C(CH^3)\text{-}CO^2H (1). \end{cases}$$

— On obtient cet acide en faisant bouillir pendant 5 heures un mélange de 1 p. de vanilline avec 1 p. de propionate de sodium fondu et 3 p. d'anhydride propionique. On verse le produit dans l'eau, on lave l'huile précipitée à l'eau chaude et on l'agite en solution éthérée avec du bisulfite de sodium pour enlever la vanilline non transformée. Ensuite on épuise la liqueur éthérée par une solution de carbonate de sodium, et de celle-ci on précipite le nouvel acide par l'acide sulfurique étendu. Après cristallisation dans l'alcool, il se présente en aiguilles blanches, fusibles à 128-129°, solubles dans l'alcool, l'éther et la benzine.

Lorsqu'on fait bouillir l'acide propiohomoférulique avec de la soude étendue pendant dix minutes, il se transforme en acide *homoférulique*, qui cristallise en tables fusibles à 167-168°, solubles dans l'alcool et l'éther, et dont le *sel de baryum* est en aiguilles jaunes.

L'acide homoférulique, chauffé dans un courant de gaz carbonique, perd les éléments de l'acide carbonique et fournit une huile bouillant à 258-262°, d'une densité de 1,08 à 16°, de la formule $C^{10}H^{12}O^2$, l'*iso-eugénol*. Cette substance, isomérique avec l'eugénol, possède, d'après son mode de préparation, la constitution

$$C^6H^3 \begin{cases} OH \\ OCH^3 \\ CH = CH\text{-}CH^3. \end{cases}$$

Cette formule est celle qui a été attribuée à l'eugénol (voyez Suppl., p. 718). Il faut donc assigner à ce dernier la formule

$$C^6H^3 \begin{cases} OH \\ OCH^3 \\ CH^2\text{-}CH = CH^2 \end{cases}$$

[Tiemann et Kranz, *Deutsch. chem. Gesellsch.*, 1882, p. 2059]. M. Wassermann.

PROPIONAMIDE (voyez t. II, p. 1196). — Hofmann a obtenu de bons rendements de propionamide en chauffant le propionate d'ammonium sous pression; elle fond à 77° [*Deutsch. chem. Gesellsch.*, 1882, p. 981].

Lorsqu'on ajoute, à froid, un alcali à un mélange de 1 molécule de propionamide et de 1 molécule de brome jusqu'à ce que le liquide devienne jaune et que l'on épuise par l'éther, on obtient des aiguilles blanches, solubles dans l'alcool, fusibles à 80°, de *propionamide bromée*,

$$C^3H^5OAzHBr,$$

que les alcalis décomposent en gaz carbonique, acide bromhydrique et éthylamine [A.-W. Hofmann, *ibid.*, 1882, p. 753].

Il existe également une *propionamide dibromée*, qui n'a pas été analysée (Hofmann).

Si l'on ajoute de la soude concentrée à un mélange de 1 molécule de propionamide et 2 molécules de brome, il se dépose des lamelles jaunes qui, après cristallisation dans une petite quantité d'eau, donnent des aiguilles rouges fusibles vers 100°, de la formule $C^3H^5OAzNaBr, 2Br + H^2O$ (Hofmann).

PROPIONIQUE (ACIDE) (voyez t. II p. 1197). — Beckurts et Otto indiquent la préparation suivante de l'acide propionique. On fait chauffer au réfrigérant à reflux, à 100°, 50 grammes de propionitrile avec 150 grammes d'un mélange de 3 volumes d'acide sulfurique et de 2 volumes d'eau [*Deutsch. chem. Gesellsch.*, 1877, p. 262].

Il se forme, dans la fermentation, du malate et du lactate de calcium. L'acide butyroacétique de Nicklès, obtenu dans la fermentation du tartrate de calcium, serait de l'acide propionique (voyez FERMENTATIONS, Suppl.) [A. Fitz, *Deutsch. chem. Gesellsch.*, 1878, p. 1890; *ibid.*, 1879, p. 474].

L'acide propionique, traité par le trichlorure d'iode, se dédouble en gaz carbonique, en acide chlorhydrique et en éthane perchloré [Krafft et Chappuis, *Deutsch. chem. Gesellsch.*, 1876, p. 1085].

Les sels doubles suivants ont été décrits :

Propionate calcico-barytique,

$$2(C^3H^5O^2)^2Ca + (C^3H^5O^2)^2Ba.$$

Il cristallise en octaèdres réguliers.

Propionate calcico-strontianique. — Il est en pyramides tétragonales isomorphes avec le *propionate calcico-plombique*.

Les sels doubles barytique et strontianique peuvent donner des mélanges isomorphes. L'auteur en conclut qu'ils sont dimorphes.

Le *propionate magnésio-barytique*,

$$4(C^3H^5O^2)^2Mg + 5(C^3H^5O^2)^2Ba + 12H^2O,$$

et le *propionate magnésio-plombique* se présentent

en cristaux réguliers, le premier avec facettes tétraédriques.

Propionates calcico-plombiques. — Il en existe deux, dont l'un correspond au sel calcico-strontianique et dont l'autre possède la formule

$$4(C^3H^5O^2)^2Ca + 5(C^3H^5O^2)^2Pb + 12H^2O;$$

il est en grands cristaux réguliers hémièdres.

Propionacétate de baryum,

$$4(C^3H^5O^2)^2Ba + (C^2H^3O^2)^2Ba.$$

— Il est en cristaux clinorhombiques.

Sel double de propionate plombique et de *butyrate calcique,*

$$5(C^3H^5O^2)^2Pb + 4(C^4H^7O^2)^2Ca + 12H^2O.$$

— Grands cristaux brillants cubiques avec faces du tétraèdre pyramidé $\frac{a^2}{2}$ [A. Fitz, *loc. cit.*, *ibid.*, 1880, p. 1312; 1881, p. 1084].

Propionate de méthyle. — Il bout à 79°,5, sa densité est de 0,9578 à 4°; son indice de réfraction $\alpha_C = 1,3792$, $\alpha_D = 1,3812$ [Kahlbaum, *Deutsch. chem. Gesellsch.*, 1879, p. 344].

Acides chloropropioniques. — L'*α-monochloropropionate de méthyle* bout à 132°,5, sa densité à 4° est de 1,075; son indice de réfraction $\alpha_C = 1,4206$; $\alpha_D = 1,423$ [Kahlbaum, *loc. cit*].

Le monochloropropionate d'éthyle, chauffé pendant 5 heures à 100° avec de la sulfo-urée, donne le chlorhydrate de *lactylsulfo-urée,*

$$CS \left\langle \begin{array}{l} AzH - C^2H^4 \\ AzH - CO \end{array} \right.$$

[Freytag, *Journ. prakt. Chem.*, (2), t. XX, p. 380].

Le *β-chloropropionate de méthyle*, traité par le malonate d'éthyle sodé, donne du β-méthyléthényltricarbonate de méthyle diéthylé, qui bout à 268° [Bischoff et Emmert, *Deutsch. chem. Gesellsch.*, 1882, p. 1107].

Acide α-dichloropropionique. — Chauffé à 120-150° avec son poids d'eau, il donne l'acide pyruvique; son éther éthylique se comporte de même; avec l'oxyde ou le carbonate d'argent, il se convertit d'abord en acide monochloracrylique, puis en acide pyruvique. Un excès d'oxyde d'argent le transforme en acide acétique. Chauffé, en solution dans la benzine, avec de l'argent pulvérulent, il donne l'acide dichloradipique [Beckurts et Otto, *Deutsch. chem. Gesellsch.*, 1877, p. 1503 et 2037].

Klimenko, en chauffant l'α-dichloropropionate d'éthyle avec de l'oxyde d'argent humide, aurait obtenu un sel de la formule $C^3H^3O^4Ag$, le *carboxacétylate d'argent* [*Deutsch. chem. Gesellsch.*, 1874, p. 1405]. Beckurts et Otto (*loc. cit.*) nient ce fait.

Acide β-dichloropropionique. — Il se forme lorsqu'on oxyde le dichlorure d'alcool allylique au moyen de l'acide nitrique [Henry, *Bull. Acad. belge*, (2), t. XXXVII, p. 388; *Deutsch. chem. Gesellsch.*, 1870, p. 347; 1874, p. 409].

On l'obtient également lorsqu'on chauffe à 100°, en tubes scellés, avec de l'acide chlorhydrique, l'acide chloracrylique, qui résulte de l'action de la potasse alcoolique sur le chloranhydride de l'acide glycérique. Il ne se forme pas par l'action de l'eau sur ce chloranhydride [Werigo et Melikoff, *Deutsch. chem. Gesellsch.*, 1877, p. 1499].

Il constitue une masse cristalline fusible à 50° et bout à 210°, sous 762mm; sa densité de vapeur est de 4,63, (calc. 4,94) (Henry). L'*éther éthylique* bout à 183-184° (Werigo et Melikoff).

Acides bromopropioniques. — L'*α-bromopropionate d'éthyle*, chauffé à 120° avec de la poudre de zinc, fournit de l'oxyde de carbone, du bromure d'éthyle, du propionate d'éthyle et de l'acide diméthylsuccinique. Avec de l'argent en poudre il donne du bromure et du propionate d'éthyle [Scherks, *Monatsh. für Chem.*, 1881, p. 541].

Ce même éther, traité par le malonate d'éthyle sodé, se transforme en *propényltricarbonate d'éthyle*, $CH^3\text{-}C^2H^2 \equiv (CO^2C^2H^5)^3$, liquide huileux bouillant à 178-180°, sous 25mm, et à 270° sous 760mm. Sa densité est de 1,092 à 18° [Bischoff, *Deutsch. chem. Gesellsch.*, 1880, p. 2164].

Acide α-dibromopropionique. — Chauffé à 100° avec de l'acide bromhydrique, il se convertit en acide α-β-dibromé [Tollens et Philippi, *Liebig's Ann. Chem.*, t. CLXXI, p. 313].

Sel de potassium, $C^3H^3Br^2O^2K + H^2O$. — Prismes droits. — *Sel sodique.* Il est en tables; le *sel d'ammonium* $C^3H^3Br^2O^2AzH^4 + \frac{1}{2}H^2O$ est en lamelles nacrées.

Le *sel de strontium* $(C^3H^3Br^2O^2)^2Sr + 6H^2O$ est en aiguilles soyeuses.

L'*éther méthylique* bout à 175-179°; sa densité est de 1,9043 à 0°. L'*éther propylique* bout à 200-204°; sa densité est de 1,6847 à 0°. L'*éther isobutylique* bout à 213-218°; sa densité est de 1,6008 à 0° (Tollens et Philippi).

Acide α-β-dibromopropionique. — On l'obtient en chauffant à 100° le précédent avec de l'acide bromhydrique fumant et en traitant les acides α et β bromacrylique par l'acide bromhydrique (Tollens et Philippi).

Acide β-β-dibromopropionique,

$$CHBr^2\text{-}CH^2\text{-}CO^2H.$$

— Il se forme probablement en même temps que l'acide α par l'action du brome sur l'acide propionique (Tollens et Philippi).

Acides tribromopropioniques. — *Acide α-β-β-tribromopropionique,* $CHBr^2\text{-}CHBr\text{-}CO^2H$. — Cet acide se forme lorsqu'on traite l'acide β-bromacrylique par le brome. Après cristallisation dans l'essence de pétrole, il est en prismes clinorhombiques solubles dans l'eau et fusibles à 95° [Mauthner et Suida, *Monatsh. für Chem.*, 1881, p. 98].

Cet acide est probablement identique avec celui que Linnemann et Penl ont obtenu par l'oxydation du dibromure d'acroléine par un excès d'acide nitrique [*Deutsch. chem. Gesellsch.*, 1875, p. 1097], ainsi qu'avec celui que Michaël et Norton ont obtenu par le brome et l'acide α-bromacrylique, et qui fond à 92° [*Amer. Chem. Journ.*, t. II, p. 17].

Son *sel de baryum*, chauffé à 130° en solution aqueuse, fournit du gaz carbonique, du bromure de baryum et de l'éthylène dibromé asymétrique $CH^2{=}CBr^2$. La potasse alcoolique convertit l'acide en acide β-β-dibromacrylique.

Acide tribromopropionique de Fittig et Petri. — Il se forme lorsqu'on chauffe à 100° de l'acide dibromacrylique avec de l'acide bromhydrique concentré. Il fond à 53° [*Liebig's Ann. Chem.*, t. CXCV, p. 56].

Acide tétrabromopropionique. — L'acide tribromopropionique, fusible à 95°, chauffé avec du brome, donne l'acide $CBr^3\text{-}CHBr\text{-}CO^2H$, qui cristallise en tables fusibles à 126°. Sa solution, neutralisée par le carbonate de baryum et portée à 70-80°, donne de l'éthylène tribromé, bouillant à 164°.

La potasse alcoolique convertit cet acide en acide tribromacrylique [Mauthner et Suida, *loc. cit.*].

Acides chlorobromopropioniques. — Henry a obtenu les deux acides chlorobromopropioniques

$$CH^2Cl\text{-}CHBr\text{-}CO^2H \text{ et } CH^2Br\text{-}CHCl\text{-}CO^2H$$

par l'oxydation des deux chlorobromhydrines glycériques correspondantes. Ils se ressemblent, sont tous deux cristallins, et bouillent entre 210-215° [*Bull. Acad. belge*, (2), t. XXXVII, p. 401].

Acide α-dichlorodibromopropionique,

$$C^3H^2Br^2Cl^2O^2.$$

— Ce composé se forme lorsqu'on fait réagir 1 molécule de brome, à 100°, sur l'acide dichloracrylique fusible à 85-86°. Il cristallise en prismes tricliniques fusibles à 94-95°, solubles dans l'eau, l'alcool et l'éther, moins solubles dans le sulfure de carbone, le chloroforme et la benzine. Les sels d'*argent* et de *baryum* sont en aiguilles [Hill et Mabery, *Deutsch. chem. Gesellsch.*, 1881, p. 1679].

Acide β-dichlorodibromopropionique.—Il prend naissance lorsqu'on fait passer un courant rapide de chlore dans de l'acide dibromacrylique fondu, maintenu à 100°. Il cristallise en prismes clinorhombiques fusibles à 118-120°. Le *sel d'argent* est en aiguilles; le *sel de baryum* renferme $2H^2O$; chauffé en solution aqueuse, il se décompose en chlorure de baryum, gaz carbonique et éthylène dichlorobromé [Hill et Mabery, *loc. cit.*].

ACIDE CYANOPROPIONIQUE,

$$2(C^2H^4.CAz\text{-}CO^2H) + 3H^2O.$$

— C'est une poudre amorphe, que l'on obtient en oxydant la laine par le permanganate de potassium en solution alcaline; à 140°, il est anhydre. Les sels sont amorphes; on en a analysé les suivants :

$$(C^4H^4AzO^2)^2Ba + 3H^2O;$$
$$(C^4H^4AzO^2)^2Ba + \tfrac{1}{2}Ba(OH)^2 + 3H^2O;$$
$$(C^4H^4AzO^2)Ag + \tfrac{1}{2}H^2O;$$
$$(C^4H^4AzO^2)Ag + AgOH + H^2O;$$
$$(C^4H^4AzO^2)^2Ca + 2H^2O;$$
$$(C^4H^4AzO^2)^2Mg + 3H^2O;$$
$$(C^4H^4AzO^2)K + H^2O;$$
$$(C^4H^4AzO^2)^2Pb + H^2O.$$

[Wanklyn et Cooper, *Phil. Mag.*, (5), t. VII, p. 356.]

ACIDE PROPIOSULFONIQUE,

$$CH^3\text{-}CH < \begin{matrix} SO^3H \\ CO^2H. \end{matrix}$$

— Il se forme lorsqu'on fait bouillir l'acide α-chloropropionique avec le sulfite d'ammonium, ou lorsqu'on traite 1 p. d'acide propionique par 1 p. ½ d'oxychlorure de sulfuryle. Il forme un sirop soluble dans l'eau. Le *sel de calcium* est floconneux et renferme $2H^2O$; le *sel de baryum* est soluble dans l'alcool et contient $2H^2O$ [Kurbatow, *Deutsch. chem. Gesellsch.*, 1873, p. 563].

ACIDE SULFOPROPIONIQUE, $C^2H^5\text{-}CS.OH$. — Il se forme par l'action du cyanure d'éthyle sur une solution alcoolique de sulfhydrate de sodium. Le *sel de sodium* cristallisé dans l'alcool possède la formule $C^2H^5\text{-}CS.ONa + H^2O$. Il donne des précipités avec l'azotate d'argent, les chlorures barytique et mercurique et l'acétate de plomb [Dupré, *Compt. rend.*, t. LXXXVI, p. 665].

ACIDE β-NITROPROPIONIQUE,

$$CH^2(AzO^2)\text{-}CH^2\text{-}CO^2H.$$

— Son éther se forme lorsqu'on traite le β-iodopropionate d'éthyle par le nitrite d'argent, en présence d'eau. Après cristallisation dans le chloroforme, il est en écailles nacrées fusibles à 66-67°. Le zinc et l'acide chlorhydrique le changent en β-alanine.

L'éther éthylique bout à 161-165° [Lewkowitsch, *Journ. prakt. Chem.*, (2), t. XX, p. 159].

ACIDE α-NITROSOPROPIONIQUE,

$$CH^3\text{-}CH(AzO)\text{-}CO^2H.$$

— On l'obtient en faisant passer du gaz nitreux dans une solution de méthylacétylacétate d'éthyle dans la potasse alcoolique. On rend le liquide alcalin, et, au bout de quelques jours, on l'acidule par l'acide sulfurique, on reprend par l'éther et on distille une partie de celui-ci; il se dépose des grains blancs de l'acide, peu solubles dans l'éther, solubles dans l'eau et dans l'alcool (Meyer et Zublin).

Il se forme aussi lorsqu'on laisse en contact de l'hydroxylamine avec une solution aqueuse d'acide pyruvique en présence de carbonate de sodium. Après 24 heures, on extrait par l'éther la liqueur acidifiée et celle-ci laisse l'acide, par évaporation (Meyer et Janny).

Il ne fond pas et se décompose à 177°; la solution neutre de son sel d'ammonium donne un précipité avec le nitrate d'argent.

L'éther éthylique est en cristaux qui fondent à 95° et bouillent à 233°. On l'obtient en extrayant par l'éther le produit de la réaction dans la première préparation, après l'avoir acidulé [Meyer et Zublin, *Deutsch. chem. Gesellsch.*, 1878, p. 694; — Meyer et Janny. *ibid.*, 1882, p. 1525].

Nous ajouterons ici quelques faits relatifs aux dérivés de l'acide propionique et de ses produits de substitution.

L'anhydride propionique donne avec la sulfo-urée la propionylsulfo-urée [Freytag, *loc. cit.*].

Le *chlorure de propionyle*, traité à 100° par le cyanure d'argent, donne le *cyanure de propionyle*, $C^3H^5O\text{-}CAz$, qui bout à 108-110°, et qui fournit un polymère bouillant à 210-213°. L'acide chlorhydrique fumant le convertit en *amide propionylformique*, $C^3H^5O\text{-}COAzH^2$, qui est en lamelles fusibles à 116-117°, solubles dans l'éther. L'action plus prolongée de l'acide chlorhydrique le change en *acide propionylformique*, qui bout à 74-78° sous 25mm, et possède une densité de 1,20 à 17°,5. Le *sel d'argent* est en aiguilles; le *sel barytique* $(C^3H^5O\text{-}CO^2)^2Ba + H^2O$ est en prismes.

L'hydrogène naissant le transforme en acide α-oxybutyrique [Claissen et Moritz, *Deutsch. chem. Gesellsch.*, 1880, p. 2121].

Propionylpropionate d'éthyle,

$$CH^3\text{-}CH^2\text{-}CO\text{-}CH^2\text{-}CH^2\text{-}CO^2C^2H^5.$$

— Il se forme lorsqu'on chauffe au bain d'huile du propionate d'éthyle avec du sodium. On neutralise avec de l'acide acétique étendu, et on fractionne l'huile qui se sépare. Cet éther bout à 198-202°, et possède la densité 0,9948 à 0°; densité de vapeur = 80,92 [Hellon et Oppenheim, *Deutsch. chem. Gesellsch.*, 1877, p. 699 et 861].

Bromure d'α-bromopropionyle. — Traité par le zinc-méthyle, il donne un alcool tertiaire, le *diméthyl-isopropylcarbinol*, qui bout à 118-119° [Kaschirski, *Deutsch. chem. Gesellsch.*, 1880, p. 2064].

Lorsqu'on fait réagir le perchlorure de phosphore sur l'acide pyruvique, on obtient, parmi les produits de la réaction, du *chlorure d'α-dichloropropionyle* [Beckurts et Otto, *Deutsch. chem. Gesellsch.*, 1879, p. 391]. M. Wassermann.

PROPIONIQUE (ALDÉHYDE). — Voyez t. II, p. 1203. — Cette aldéhyde se forme :

1° Lorsqu'on chauffe du glycol propylique à 215-220° avec de l'eau légèrement acidulée.

2° Lorsqu'on fait bouillir les acides citra- et mésa-dibromopyrotartrique avec une solution de carbonate de sodium; en même temps il se forme du gaz carbonique, de l'acide bromhydrique et de l'acide bromométhacrylique [Krusemark, *Liebig's Ann. Chem.*, t. CCVI, p. 1].

3° Par la distillation de l'acide α-β-dibromobutyrique avec 10 p. d'eau et 1/2 molécule de carbonate de sodium; en même temps, il se forme du propylène α-bromé [E. Erlenmeyer et C.-L. Müller, *Deutsch. chem. Gesellsch.*, 1882, p. 49].

L'aldéhyde propionique fournit un produit de condensation de la formule $C^6H^{10}O$, qui bout à 137° [Lieben et Zeisel, *Wien. Anz.*, 1877, p. 78].

Lorsqu'on fait passer un courant d'ammoniaque dans une solution éthérée d'aldéhyde propionique maintenue à 0°, il se forme deux couches, dont la supérieure, huileuse, abandonnée à elle-même dans une atmosphère d'acide carbonique, laisse déposer des tables fusibles à 74°, solubles dans l'alcool et dans l'éther, de la formule $C^{15}H^{29}Az^3$

Cette huile, traitée par les acides, donne des sels d'ammonium, de l'aldéhyde propionique et son produit de condensation, $C^6H^{10}O$. Chauffée à 200° pendant quelques jours en tubes scellés, elle donne de l'eau, de l'ammoniaque et une liqueur brune qui renferme le produit de condensation, ainsi qu'un corps basique qui, dissous dans l'acide chlorhydrique, précipité par la potasse et rectifié, bout à 193-195° et possède une des deux formules $C^9H^{13}Az$ ou $C^9H^{15}Az$ [Waage, *Monatsh. für Chem.*, t. III, p. 693].

L'aldéhyde propionique, traitée par une solution aqueuse de chlorhydrate d'hydroxylamine en présence d'un excès d'une solution de carbonate de sodium, pendant douze heures, cède à l'éther un composé qui, après avoir été séché sur du chlorure de calcium, en solution éthérée, bout à 130-132°. Sa formule est

$$C^3H^7AzO = CH^3\text{-}CH^2\text{-}CH(Az.OH);$$

il est soluble dans l'eau et a reçu le nom de *propylaldoxime* [Petraczek, *Deutsch. chem. Gesellsch.*, 1882, p. 2784].

Aldéhyde β-chloropropionique,

$$CH^2Cl\text{-}CH^2\text{-}CHO.$$

— On prépare ce corps par l'action de l'acide chlorhydrique sur l'acroléine. C'est le *chlorhydrate d'acroléine* de Geuther. Il cristallise en longues aiguilles fusibles à 34-35°, solubles dans l'alcool et dans l'éther. L'acide azotique le convertit en acide β-chloropropionique [Krestownikoff, *Deutsch. chem. Gesellsch.*, 1877, p. 1104; 1879, p. 1487].

Aldéhyde dibromopropionique (*bromure d'acroléine*), $C^3H^4Br^2O$. — Grimaux et Adam ont obtenu ce composé en traitant l'acroléine par le brome. Il bout à 79-85° sous 4-5mm, irrite les muqueuses et se transforme à l'air ou au contact d'acide bromhydrique en une masse gommeuse. L'acide chlorhydrique le change en *bromure de métacroléine*, qui est cristallin. Ce nouveau dérivé fond entre 72 et 84°. L'alcoolate de sodium le convertit en *monobromacroléine polymérisée*, $3(C^3H^3BrO)$, qui est en aiguilles fusibles à 77-78°. Distillé avec l'acide sulfurique, ce dernier corps donne de la monobromacroléine, qui est une huile soluble dans l'eau, douée d'une odeur très piquante. L'éthylate de sodium transforme celle-ci en un corps fusible à 140° de la formule $C^9H^7BrO^3$ [*Bull. Soc. chim.*, t. XXXVI, p. 136]. M. Wassermann.

PROPYLALDOXIME, C^3H^7AzO. — Voyez Propionique (aldéhyde), Suppl. p. 1304.

PROPYLAMINE. — Voyez t. II, p. 1203. — Hofmann a obtenu cette base en faisant tomber un mélange de 1 molécule de brome et de 1 molécule d'amide butyrique normale dans une solution de potasse à 10 % chauffée à 60°, et en agitant continuellement. Le liquide se décolore et fournit par distillation la propylamine [*Deutsch. chem. Gesellsch.*, 1882, p. 768].

PROPYLAZAUROLIQUE (ACIDE), $C^3H^6Az^2O$ ou peut-être $C^6H^{12}Az^4O^2$ [V. Meyer et Constam, *Liebig's Ann. Chem.*, t. CCXIV, p. 333]. — On obtient ce corps en réduisant par l'amalgame de sodium l'acide propylnitrolique maintenu à 0°; la réduction terminée, on précipite par l'acide sulfurique, en ayant soin d'éviter toute élévation de température, et on fait cristalliser le produit dans l'éther. On obtient ainsi des cristaux microscopiques, transparents, d'un rouge aurore, fusibles à 127°,5 en se décomposant.

PROPYLBENZINE, $C^9H^{12} = C^6H^5\text{-}C^3H^7$. — Il existe deux hydrocarbures de cette formule : l'isopropylbenzine ou cumène, décrite au Suppl., p. 360, et la propylbenzine normale,

$$C^6H^5\text{-}CH^2\text{-}CH^2\text{-}CH^3,$$

mentionnée t. II, p. 889. On l'obtient en traitant la benzine bromée par le bromure de propyle normal et le sodium (Fittig, Schaeffer et König), ou bien en faisant agir le zinc-éthyle sur le chlorure de benzyle (Paterno et Spica). A cet effet, on fait tomber goutte à goutte le chlorure de benzyle dans le zinc-éthyle légèrement chauffé; le produit de la réaction est traité par l'eau, soumis ensuite à la distillation dans un courant de vapeur d'eau, et l'hydrocarbure surnageant est rectifié sur le sodium.

La propylbenzine normale bout de 156,5 à 158°,5 (corrigé), et possède à 0° une densité de 0,881 [E. Paterno et P. Spica, *Gazz. chim. ital.*, 1877, p. 21]; introduite dans l'économie, elle se transforme par oxydation en acides acétique et benzoïque (Nencki et Giacosa).

Avec le brome, elle fournit une propylbenzine *parabromée*, liquide bouillant à 220°. Le sodium et l'acide carbonique transforment celle-ci en acide parapropylbenzoïque, $C^6H^4(C^3H^7)CO^2H$, cristallisé en aiguilles brillantes, fusibles à 140°. La méthode de Wurtz, qui consiste dans l'emploi de l'éther chlorocarbonique, s'applique moins avantageusement à cette synthèse; on n'obtient qu'une petite quantité d'acide et surtout du *mercure-propylphényle* $(C^3H^7\text{-}C^6H^4)^2Hg$, cristallisé en belles aiguilles brillantes, fusibles à 109° [Rich. Meyer et E. Müller, *Deutsch. chem. Gesellsch.*, 1882, p. 698 et 1905].

La propylbenzine (50 gr.), chauffée avec un mélange d'acide sulfurique ordinaire (40 gr.) et d'acide fumant (55 gr.), fournit deux acides sulfoniques isomériques : un acide *para*, dont le sel de *baryum* anhydre est le moins soluble et cristallise en lamelles grasses au toucher; et un acide *ortho*, dont le sel de *baryum*, plus soluble, cristallise en prismes microscopiques avec $2H^2O$. Pour les sels de *plomb*, on observe des solubilités inverses; le sel para cristallise en écailles avec $1H^2O$, celui de l'acide ortho renferme $2H^2O$ (Paterno et Spica).

PROPYLPHÉNOLS NORMAUX, $C^6H^4(C^3H^7)OH$. — On connaît les deux modifications para et ortho, que l'on obtient en fondant les deux acides sulfoniques précédents avec de la potasse.

Modification para. — Liquide incolore, bouillant à 230 - 232°,6 (corrigé); $D_0° = 1,0091$; $D_{99°,8} = 0,9324$. L'éther *acétique* est un liquide bouillant à 243,7-244° (corrigé); $D_0° = 1,0290$; $D_{100°} = 0,9423$. L'éther *méthylique* est aussi liquide et bout à 214-215°,5; $D_0 = 0,9636$; $D_{99°,6} = 0,9125$. Oxydé par le dichromate et l'acide sulfurique, il se transforme en acide anisique.

Le sel sodique du parapropylphénol fixe du gaz carbonique et se transforme en acide parapropylphénolcarbonique,

$$C^6H^3.C^3H^7_{(4)}.CO^2H_{(2)}.OH_{(1)},$$

fusible à 98°. Le chlorure ferrique le colore en violet. Le sel d'*argent* renferme $C^{10}H^{11}O^3Ag$; le sel de *baryum* cristallise avec $3H^2O$; celui de plomb avec $2H^2O$.

Modification ortho. — Liquide incolore, bouillant à 224,6-226°,6 (corrigé), qui se colore en violet par le chlorure ferrique. $D_0° = 1,0150$; $D_{99°} = 0,9370$. L'*éther méthylique*, liquide, bout à 207-209° (corrigé); $D_0° = 0,9694$; $D_{99°,9} = 0,9168$.

L'orthopropylphénol sodique fournit, avec le gaz carbonique, un *acide-phénol*,

$$C^6H^3.C^3H^7_{(2)}.CO^2H_{(6)}.OH_{(1)},$$

fusible à 93-94°. Le sel d'*argent*, $C^{10}H^{11}O^3.Ag$, est un précipité blanc; ceux de *baryum* et de *plomb* cristallisent avec $2H^2O$ [P. Spica, *Gazz. chim. ital.*, 1878, p. 406]. A. Henninger.

PROPYLBENZOÏQUES (ACIDES). — On en connaît deux : l'acide parapropylbenzoïque normal (voyez Propylbenzine, Suppl.) et l'acide paraisopropylbenzoïque ou cuminique (voyez ce mot).

PROPYLÈNE, C^3H^6 (voyez t. II, p. 1205). — Le propylène peut exister sous deux modifications isomériques : l'une, le *propylène ordinaire*, CH^3-CH=CH^2; l'autre, le *propylène normal*, appelé aussi *triméthylène*,

$$\begin{matrix} CH^2-CH^2 \\ \diagdown\diagup \\ CH^2 \end{matrix}$$

Nous conserverons pour ce dernier le nom de propylène normal et nous le décrirons à la suite des dérivés du propylène ordinaire.

PROPYLÈNE ORDINAIRE.

Modes de formation. — On l'obtient en distillant un mélange de glycérine avec de la poudre de zinc en quantité suffisante pour former une bouillie épaisse. En même temps, il se forme une huile non étudiée [Claus, *Deutsch. chem. Gesellsch.*, 1876, p. 695].

Le propylène se forme lorsqu'on fait tomber goutte à goutte de l'alcool propylique sur du chlorure de zinc fondu [Le Bel, *Bull. Soc. chim.*, t. XXXI, p. 49]. L'anhydride phosphorique réagit de même en donnant lieu à une réaction violente [Beilstein et Wiegand, *Deutsch. chem. Gesellsch.*, 1882, p. 1498].

En dissolvant la fonte miroitante dans des acides étendus à 75-80°, on obtient des gaz parmi lesquels il y a du propylène [Cloëz, *Compt. rend.*, t. LXXVIII, p. 1565].

Lorsqu'on conduit des vapeurs de pétrole à travers des tubes chauffés au rouge, il se forme des carbures parmi lesquels on trouve le propylène [Prunier, *Bull. Soc. chim.*, t. XIX. p. 109 et 147].

M. Sabanejeff a obtenu du propylène en traitant le bromure de propylène en solution alcoolique par le zinc. La réaction est très violente [*Deutsch. chem. Gesellsch.*, 1876, p. 1810].

L'oxyde d'argent convertit le bromure de propylène en un peu de propylène et en aldéhyde propionique [Beilstein et Wiegand, *Deutsch. chem. Gesellsch.*, 1882, p. 1496].

PROPYLÈNES CHLORÉS. — Le *propylène α-chloré*, CH^3-CCl=CH^2, fixe Br^2 et donne le composé CH^3-$CBrCl$-CH^2Br, qui bout à 169-170° (Reboul) (voyez t. II, p. 1206).

Propylène β-chloré, CH^3-CH=$CHCl$. — Il se forme par l'action de la potasse alcoolique sur le chlorure de propylidène. Il bout à 33-35°, et est isomérique avec celui qui dérive du méthylchloracétol. Il fixe deux atomes de brome et se transforme en un chlorobromure de la formule

$$CH^3\text{-}CHBr\text{-}CHBrCl,$$

qui bout à 177-177°,5 [Reboul, *Compt. rend.*, t. LXXXII, p. 377]. Le cyanure de potassium le convertit en allylène (voyez Suppl., p. 106).

Propylènes dichlorés. — On a décrit, outre les trois propylènes dichlorés qui sont indiqués t. II, p. 1206, les composés suivants :

1° *Propylène dichloré* bouillant à 85°,

$$CH^2\text{=}CH\text{-}CHCl^2.$$

— Il se forme lorsqu'on traite l'acroléine par le perchlorure de phosphore. On l'isole du produit de la réaction par distillation fractionnée. Geuther avait déjà obtenu ce composé (voyez t. II. p. 1207). On lui a donné le nom de *chlorure d'allylidène chloré* [Van Romburgh, *Bull. Soc. chim.*, t. XXXVI, p. 549].

2° En même temps, il se forme un composé bouillant à 109-110°, d'une densité de 1,226 à 15°, identique avec le chlorure de β-chlorallyle de Friedel et Silva et avec le glycide dichlorhydrique de Reboul.

Ce chlorure se forme également lorsqu'on sature le chlorure d'allylidène par l'acide chlorhydrique et que l'on chauffe à 100°. La potasse le convertit en *alcool allylique monochloré* bouillant à 153°, d'une densité de 2,162 à 15°.

Sa formule est $CHCl$=CH-CH^2Cl, et non pas celle que lui attribue Hartenstein,

$$CH^2Cl\text{-}\underset{\shortparallel}{C}\text{-}CH^2Cl,$$

car il fixe deux atomes de chlore pour donner le *chlorure d'α-β-dichloropropylidène*

$$CHCl^2\text{-}CHCl\text{-}CH^2Cl,$$

qui se forme aussi par l'addition de Cl^2 au chlorure d'allylidène chloré bouillant à 85°. Ce nouveau *tétrachlorure* bout à 179-180°, et possède la densité 1,521 à 15° [Van Romburgh, *loc. cit.*].

Propylène trichloré, $C^3H^3Cl^3$. — Pinner a obtenu une huile en traitant le dichlorallylène par l'acide nitrique fumant. Cette huile, soumise à l'action de l'acide chlorhydrique et de l'étain, donne un composé qui bout vers 130-140° et semble être le propylène trichloré, tandis qu'à 190° le produit de la réaction fournit par distillation un corps qui se prend en une masse cristalline de la formule, $C^3H^2Cl^3(AzO^2)$, et qui semble être le *propylène trichloré mononitré*. La soude le convertit en dichloronitroallylène [*Deutsch. chem. Gesellsch.*, 1875, p. 959].

PROPYLÈNES BROMÉS. — *Propylène α-bromé* (voyez t. II, p. 1207), CH^3-CBr=CH^2. — Par l'éthylate de sodium avec le méthylbromacétol.

Propylène β-bromé, CH^3-CH=$CHBr$. — Il prend naissance lorsqu'on distille l'acide α-β dibromobutyrique avec 10 p. d'eau et ½ molécule de carbonate de sodium. Il fixe Br^2 et donne le bromure CH^3-$CHBr$-$CHBr^2$ de Reboul [E. Erlenmeyer et C. L. Müller, *Deutsch. chem. Gesellsch.*, 1882, p. 49]. On obtient le dérivé β bromé en traitant par l'acide bromhydrique aqueux saturé le mélange de propylènes α et β-bromés, qui se forment par l'action de la potasse alcoolique sur le bromure de propylène ordinaire. Le premier se combine avec HBr et le corps β bromé peut alors être séparé par fractionnement. Il bout à 59-60°. D = 1,428 à 19°,5 (Reboul).

Les propylènes bromés, CH^3-CH=$CHBr$ et CH^3-CBr=CH^2, chauffés à 100° avec de la triéthylamine, donnent le bromhydrate de cette base et de l'allylène [Reboul, *Compt. rend.*, t. XCII, p. 1422].

COMBINAISONS DU PROPYLÈNE. — MÉTHYLCHLORACÉTOL (voyez t. II, p. 1208). — Reboul l'a obtenu par l'action de l'acide chlorhydrique aqueux et froid sur le chlorure d'allylène.

CHLORURE DE PROPYLÈNE, CH^3-$CHCl$-CH^2Cl. — Il se forme lorsqu'on chauffe, en tubes scellés, à 100° du chlorure d'allyle avec de l'acide chlorhydrique [Reboul, *Compt. rend.*, t. LXXVI, p. 1270].

Chloropropylol ou *chlorure de propylidène*,

$$CH^3\text{-}CH^2\text{-}CHCl^2.$$

— C'est un liquide incolore, qui se forme par l'action du perchlorure de phosphore sur l'aldéhyde propionique. Il bout à 84-87°; sa densité est de 1,143 à 10° [Reboul, *loc. cit.*, et *Compt. rend.*, t. LXXXII, p. 377].

L'acétate de potassium alcoolique le convertit en propylène β-chloré, tandis que le chlorure de propylène ordinaire donne un mélange de celui-ci avec le propylène chloré, CH^3-CCl=CH^2 (Reboul). Le chlorure de propylidène, traité par le chlore à la lumière solaire, donne un isomère de la trichlorhydrine, qui bout à 137° $CH^3.CHCl.CHCl^2$ [Friedel, *Bull. Soc. chim.*, t. XXXIV, p. 129].

Bromures de propylène. — Les bromures de propylène ordinaire et normal, chauffés à 160° avec du sodium pendant 7-8 heures, donnent du propylène ordinaire [Reboul, *Compt. rend.*, t. LXXVIII, p. 1775].

Bromures de propylène bromés. — Il en existe deux : Le premier, CH^3-CBr^2-CH^2Br, se forme, d'après Reboul, lorsqu'on traite le bromhydrate d'allylène par le brome. Il bout à 190° [Reboul, *Compt. rend.*, t. LXXIV, p. 669].

Le second, CH^3-$CHBr$-$CHBr^2$, se forme lorsqu'on traite le propylène β-bromé, $CH^3CH=CHBr$, par le brome; il bout à 200-201° et possède la densité 2,356 à 18° [Reboul, *Compt. rend.*, t. LXXIX, p. 319].

Chlorobromures de propylène. — Voyez t. II p. 1209. — En dehors du chlorobromure de propylène obtenu par Friedel et Silva, il existe quatre autres composés de la formule C^3H^6BrCl. Reboul les a tous préparés. Ce sont :

1° Le *chlorobromure de propylène normal* (voyez plus loin.)

2° Le *chlorobromure de propylène*,

$$CH^3\text{-}CHBr\text{-}CH^2Cl,$$

qui se forme dans la préparation du précédent; il bout vers 120°, et ne peut être obtenu absolument pur.

3° Le *méthylchlorobromacétol*,

$$CH^3\text{-}CBrCl\text{-}CH^3.$$

— Il se forme lorsqu'on traite le propylène chloré dérivant du méthylchloracétol par l'acide bromhydrique concentré. Il bout à 93-95°,5 sous 745mm et possède à 21° la densité 1,474. La potasse alcoolique le convertit en propylène chloré.

4° *Chlorobromure de propylidène*,

$$CH^3\text{-}CH^2\text{-}CHClBr.$$

— Il résulte de l'action de l'acide chlorhydrique sur le propylène β-bromé, ou de l'acide bromhydrique sur le propylène chloré dérivant du chlorobromure de Friedel et Silva. Il est liquide et bout à 110-112°; D = 1,59 à 20°. En même temps, il se forme le précédent. Donc le propylène chloré employé paraît être un mélange de CH^3-$CCl=CH^2$ et de CH^3-$CH=CHCl$. A froid, le premier se combine avec l'acide bromhydrique; à 100°, les deux sont attaqués [Reboul, *Compt. rend.*, t. LXXVIII, p. 1773].

Iodobromure de propylène, CH^3-$CHBr$-CH^2I. — On l'obtient en faisant passer du propylène dans une solution aqueuse de bromure d'iode. Il constitue une huile bouillant entre 160 et 168°. La potasse alcoolique le transforme en propylène bromé. Il est isomérique avec le composé obtenu par Reboul [*Compt. rend.*, t. LXX, p. 853] par l'action de l'acide iodhydrique sur le propylène-α-bromé CH^3-$CBr = CH^2$, et qui semble posséder la formule CH^3-$CBrI$-CH^3, qui bout à 147-148° et possède à 11° la densité 2,20 [Maxwell Simpson, *Chem. News*, t. XXIX, p. 53].

A ces dérivés du propylène il faut ajouter un composé trichloré. Il se trouve dans la partie du produit de l'action du perchlorure de phosphore sur l'acroléine, qui bout au delà de 120°. On distille cette partie dans un courant de vapeur d'eau, puis on fractionne et on obtient un corps de la formule $C^3H^5Cl^3$ bouillant à 142-146°, d'une densité de 1,362 à 15°, isomérique avec la trichlorhydrine; c'est le *chlorure de β-chloropropylidène*, $CHCl^2$-CH^2-CH^2Cl. Ce corps se forme également lorsqu'on traite l'aldéhyde β-chloropropionique par le perchlorure de phosphore. Distillé avec de la potasse, il donne du chlorure d'allylidène et un peu de chlorure de β-chlorallyle [Van Romburgh, *Bull. Soc. chim.*, t. XXXVII, p. 98].

Cyanure de propylène,

$$CH^3\text{-}CH(CAz)\text{-}CH^2\text{-}CAz.$$

— Par l'action prolongée du cyanure de potassium en solution alcoolique sur le chlorure d'allyle. Il bout à 252-254°, est incolore et se prend par refroidissement en cristaux fusibles à 12°. Par saponification, il donne de l'acide pyrotartrique [Pinner, *Deutsch. chem. Gesellsch.*, 1879, p. 2053].

Il se forme également lorsqu'on chauffe à 150° du bromure de propylène avec un excès de cyanure de potassium et d'alcool [A. Lebedeff, *Liebig's Ann. Chem.*, t. CLXXXII, p. 327].

Hydrate de propylène [Syn. *Glycol propylique*]. — Contrairement aux indications de Voelkers, Hartmann a obtenu du glycol propylique en faisant bouillir pendant 3 jours ½ un mélange de 125gr de bromure de propylène, de 87gr,7 de carbonate de potassium et 1500gr d'eau [*Journ. prakt. Chem.*, (2), t. XVI, p. 383]. A. Belohoubek a préparé ce corps en distillant le produit de l'action de l'amalgame de sodium ou de la soude caustique sur la glycérine [*Deutsch. chem. Gesellsch.*, 1879, p. 1872]. C'est là le moyen de préparation le plus avantageux du propylglycol.

Son acétate se forme lorsqu'on traite l'acétobromhydrine par l'élément cuivre-zinc de Gladstone et Tribe [Hanriot, *Compt. rend.*, t. LXXXVI, p. 1139].

D'après Flavitzky, ce glycol bout à 185°,3. L'acide chromique le transforme en acide acétique, et le chlorure de zinc le change en aldéhyde propionique [*Bull. Soc. chim.*, t. XXIX, p. 535; t. XXX, p. 22].

Lorsqu'on fait développer sur la solution aqueuse de ce glycol le *Bacterium Termo*, et que l'on distille le liquide, on isole du glycol propylique lévogyre. Il fait tourner la lumière polarisée de 1°,15 à 4°,35 pour une colonne de 0m,221. L'oxyde de propylène correspondant est également lévogyre et bout à 35° [J.-A. Le Bel, *Compt. rend.*, t. XCII, p. 530; *Bull. Soc. chim.*, t. XXXIV, p. 129].

PROPYLÈNE NORMAL.

$$C^3H^6 = \begin{matrix} CH^2 \\ | \\ CH^2 \end{matrix} > CH^2.$$

— Freund a réussi à isoler ce carbure que beaucoup de chimistes ont cherché. Pour le préparer, on introduit du bromure de propylène normal dans un ballon, réuni à un réfrigérant à reflux et on y ajoute du sodium par portions de 0gr,5, puis on chauffe à l'ébullition. Il se déclare une réaction violente, et le gaz qui se dégage traverse un flacon laveur contenant de l'alcool avant de se rendre au gazomètre. La réaction est terminée lorsqu'on a ajouté peu à peu 5 grammes de sodium à 140 grammes de bromure. On agite continuellement. La masse pâteuse qui reste fournit par aspiration et lavage à l'éther 85 % du bromure primitif qui a échappé à la décomposition. Le propylène normal brûle avec une flamme éclairante et possède une odeur analogue à celles du propylène ordinaire et du butylène.

Il se combine avec le brome pour donner du bromure de propylène normal, mais cette combinaison s'effectue beaucoup moins facilement qu'avec le propylène ordinaire. Il s'unit à l'acide iodhydrique concentré pour donner de l'iodure de propyle normal [*Monatsh. für Chem.*, 1882, p. 625].

Chlorure de propylène normal,

$$CH^2Cl\text{-}CH^2\text{-}CH^2Cl.$$

— On obtient ce composé en saturant le glycol propylique normal par l'acide chlorhydrique, ajoutant à cette solution deux fois son volume d'acide chlorhydrique concentré, et en chauffant ce mélange au bain-marie en tubes scellés. Par fractionnement on isole un liquide bouillant à 119°,5 sous 740^{mm}, d'une densité de 1,1896 à 17°,6 [Freund, *Monatshefte für Chem.*, 1881, p. 636].

Il se forme aussi lorsqu'on traite le bromure de propylène normal par le sublimé corrosif en tubes clos à 160° (Reboul).

Bromure de propylène normal (voyez t. II, p. 1210). — Depuis que Geromont et Reboul ont obtenu ce bromure, on a décrit différents procédés de préparation. Mlle Julie Lermontoff [*Liebig's Ann. Chem.*, t. CLXXXII, p. 358] et A. Kaysser [*Dissertation*, Munich, 1875] ont indiqué de saturer le bromure d'allyle par l'acide bromhydrique à — 10° et à — 15°, et puis de chauffer en vases clos à 160-170°, ou après quelque temps à 100° seulement.

Erlenmeyer et Fischer ont étudié les conditions les plus favorables pour préparer ce corps, et ils se sont arrêtés au procédé suivant :

Dans un vase bouché à l'émeri, fermant hermétiquement, on introduit du bromure d'allyle sec jusqu'à la moitié, et on sature par l'acide bromhydrique sec à une température de — 16 à — 19°. On ferme et on attache le bouchon avec un collier à gorge, puis on maintient à une température de 35 à 40°, jusqu'à ce que le bouchon ne soit plus soulevé lorsqu'on desserre la vis. Puis on recommence à saturer par du gaz bromhydrique, on chauffe de nouveau et ainsi de suite jusqu'à ce que l'absorption de l'acide bromhydrique soit arrêtée. On obtient des rendements théoriques [*Liebig's Ann. Chem.*, t. CXCVII, p. 169].

Le bromure de propylène normal bout à 165° sous 731^{mm}. Sa densité est de 1,9228 à 17°,6 (Freund).

Chlorobromure de propylène normal,

$$CH^2Cl\text{-}CH^2\text{-}CH^2Br.$$

— Il se forme lorsqu'on chauffe à 100°, en vases clos, du chlorure d'allyle avec de l'acide bromhydrique saturé. Il bout à 140-142°; D = 1,63 à 8°. On l'obtient aussi en chauffant le bromure de propylène normal avec du sublimé corrosif en quantité insuffisante pour le convertir en chlorure (Reboul).

Iodure de propylène normal, $CH^2I\text{-}CH^2\text{-}CH^2I$. — On le prépare comme le chlorure. Il bout à 168-170° sous 170^{mm}. Sa densité est de 2,5631 à 19°, comparé à l'eau à 4° (Freund, *loc. cit.*).

Glycol propylénique normal,

$$CH^2OH\text{-}CH^2\text{-}CH^2OH.$$

— Voyez t. II, p. 1210. — Géromont et Reboul l'ont obtenu par saponification du bromure, après transformation en diacétate.

Freund a trouvé ce glycol dans les produits de la fermentation de la glycérine par le bacille butylique. Après avoir isolé l'alcool butylique normal d'après les indications de Fitz, on enlève les sels de calcium par l'acide sulfurique, on chasse les acides volatils au moyen d'un courant de vapeur d'eau, on neutralise le résidu et on le ramène à la consistance sirupeuse par évaporation. Ce résidu, distillé avec de la vapeur d'eau, puis soumis à la distillation fractionnée, donne un produit qui bout entre 210 et 220°, et finalement à 216-216°,5 sous 736^{mm}. C'est le glycol propylique normal; sa densité est de 1,0536 à 18°,6 (Freund, *loc. cit.*). Pour les détails de cette préparation, voyez la notice de Henninger dans l'*Agenda du chimiste* pour 1883.

Chlorhydrine propylénique normale,

$$CH^2Cl\text{-}CH^2\text{-}CH^2OH.$$

— Elle se forme lorsqu'on sature le glycol par le gaz chlorhydrique à froid, et que l'on chauffe ensuite à 100° pendant quelques heures. La couche inférieure rectifiée constitue la chlorhydrine, qui est un liquide incolore bouillant à 160°, d'une densité de 1,132 à 17°. Elle est soluble dans l'eau [Reboul, *Compt. rend.*, t. LXXIX, p. 169].

Lorsqu'on traite le propylène ordinaire par l'acide hypochloreux, on obtient une chlorhydrine qui, d'après Markownikoff [*Compt. rend.*, t. LXXXI, p. 668, 728 et 776], serait celle du propylglycol ordinaire, car elle donnerait, par oxydation, la monochloracétone, $CH^3\text{-}CO\text{-}CH^2Cl$. D'après Henry, ce serait, au contraire, la chlorhydrine du glycol propylique normal, car elle fournit par oxydation l'acide chloropropionique, et le corps de Markownikoff serait l'aldéhyde correspondante et non pas l'acétone chlorée. Nous adoptons cette manière de voir [*Compt. rend.*, t. LXXIX, p. 1203 et 1258; t. LXXXII, p. 1266 et 1390].

Kaysser (*loc. cit.*) a obtenu par oxydation de cette chlorhydrine l'acide éthylénolactique.

Diacétate de propylène normal,

$$CH^2(C^2H^3O^2)\text{-}CH^2\text{-}CH^2(C^2H^3O^2).$$

— Il se forme lorsqu'on chauffe le bromure avec l'acétate de potassium en présence d'alcool, ou avec de l'acétate d'argent et de l'acide acétique cristallisable. Il bout à 209-210° (Reboul), à 202-205° sous 721^{mm} (Kaysser); sa densité est de 1,07 à 19° (Reboul, *loc. cit.*).

Valérates de propylène normal. — Le *monovalérate*, $CH^2OH\text{-}CH^2\text{-}CH^2.C^5H^9O^2$, bout à 260°; le *divalérate*, $CH^2(C^5H^9O^2)\text{-}CH^2\text{-}CH^2(C^5H^9O^2)$, bout à 280° (Reboul).

Dibenzoate,

$$CH^2(C^7H^5O^2)\text{-}CH^2\text{-}CH^2(C^7H^5O^2).$$

— Il cristallise en écailles fusibles à 53° (Reboul).

Oxyde de propylène normal. — Lorsqu'on traite la monochlorhydrine par la potasse concentrée, ou mieux par la potasse solide, il distille un liquide très volatil, bouillant vers 50°, qui semble être de l'oxyde de propylène normal, et la potasse extraite par l'éther abandonne à celui-ci un liquide qui bout à 160-170° et paraît être de l'oxyde de dipropylène (Reboul, *loc. cit.*).

M. Wassermann.

PROPYLÉTHÉNYLTRICARBONIQUE (ACIDE), $C^3H^7\text{-}C(CO^2H)^2\text{-}CH^2\text{-}CO^2H$ [Waltz, *Deutsch. chem. Gesellsch.*, 1882, p. 608]. — Cet acide se produit à l'état d'éther par l'action de l'iodure de propyle sur l'acide éthényltricarbonique en présence de l'éthylate de sodium. Il cristallise en fines aiguilles, fusibles à 148°, très solubles dans l'eau et dans l'éther.

L'*éther éthylique*, $C^8H^9O^6(C^2H^5)^3$, est un liquide incolore bouillant à 280° avec décomposition partielle.

PROPYLIQUE (ALCOOL). — Voyez t. II, p. 1212. — Linnemann a obtenu l'alcool propylique en traitant l'alcool allylique en solution alcaline ou acide par l'hydrogène naissant [*Deutsch. chem. Gesellsch.*, 1874, p. 856]. Fitz l'a rencontré parmi les produits de la fermentation de la glycérine [*Deutsch. chem. Gesellsch.*, 1880, p. 36].

L'alcool propylique, oxydé au moyen de l'acide nitrique, fournit de l'acétate de propyle, du gaz carbonique et de l'acide oxalique [Klimenko, *Deutsch. chem. Gesellsch.*, 1876, p. 1604].

Le brome réagit sur l'alcool propylique à 100° et le convertit en un mélange de bromure de propyle et de *propylalcoolate de propylbromal*,

$$C^2H^2Br^3\text{-}CHO + C^3H^7OH,$$

qui constitue un liquide jaunâtre [Hardy, *Compt. rend.*, t. LXXIX, p. 807].

Lorsqu'on fait passer un courant d'hydrogène phosphoré non inflammable dans un mélange d'alcool propylique et d'aldéhyde propionique, on obtient du propylacétal, qui bout à 146-148°, et possède une densité de 0,825 à 22°,5 [J. de Girard, *Compt. rend.*, t. XC, p. 692]. M. Wassermann.

PROPYLIQUES (COMBINAISONS). — Voyez t. II, p. 1212. — Nous ne traiterons ici que des combinaisons du propyle normal, en laissant de côté les dérivés isopropyliques.

Sulfure de propyle $(C^3H^7)^2S$. — Cahours a préparé ce corps par l'action du chlorure ou du bromure de propyle sur le sulfure de potassium. C'est un liquide jaunâtre qui bout à 130-135° et possède une densité de 0,814 à 17° [*Compt. rend.*, t. LXXVI, p. 133 et 748].

Traité par l'iodure de propyle, il donne l'*iodure de tripropylsulfine* $(C^3H^7)^3SI$, que l'action successive de l'oxyde d'argent, de l'acide chlorhydrique et du chlorure de platine convertit en cristaux orangés de la formule $[(C^3H^7)^3SCl]^2PtCl^4$ (Cahours).

L'*iodure de propyle* n'est pas attaqué par le zinc à 100°; mais l'élément cuivre-zinc le transforme à 80° en zinc-propyle qui bout à 146°. L'iodure d'isopropyle subit une transformation à 50° et donne du propane et du propylène ainsi qu'un liquide qui semble être du zinc-isopropyle, et que la distillation décompose en zinc, propane et propylène [Gladstone et Tribe, *Journ. chem. Soc.*, (2), t. XI, p. 445, 678, 961].

Nitrite de propyle, $C^3H^7.AzO^2$. — Il se forme lorsqu'on dirige un courant d'acide azoteux dans de l'alcool propylique. C'est un liquide incolore, inflammable, bouillant à 43-46°, dont la densité est de 0,935 à 21° [Cahours, *Compt. rend.*, t. LXXVII, p. 749].

L'iodure de propyle normal se forme par l'action de l'acide iodhydrique gazeux sur l'épichlorhydrine, en même temps que le chlorure de propyle [Silva, *Compt. rend.*, t. XCIII, p. 739]. L'iodure de propyle normal se transforme en iodure d'isopropyle lorsqu'on le chauffe à 280° (Silva).

Cette même transformation a lieu, d'après Kekulé et Schrötter, lorsqu'on chauffe le bromure de propyle avec du bromure d'aluminium [*Deutsch. chem. Gesellsch.*, 1879, p. 2279]. Ce fait explique que les bromures de propyle et d'isopropyle, traités par le bromure d'aluminium en présence de benzine, donnent le même cumène, et que le cymène chauffé avec du bromure d'aluminium et du brome donne du bromure d'isopropyle, ainsi que Gustavson l'avait dit (voyez ces mots au Suppl.).

Lorsqu'on traite l'iodure de propyle par une solution d'hyposulfite de sodium, on obtient de beaux cristaux de *propylhyposulfite de sodium* $3C^3H^7.S^2O^3Na + 5H^2O$, qui sont solubles dans l'eau [Spring et Legros, *Deutsch. chem. Gesellsch.*, 1882, p. 1938].

Dérivés stanniques. — Cahours a obtenu, par l'action d'un alliage d'étain et de sodium, renfermant 5-6 °/₀ de ce dernier métal, sur l'iodure de propyle, un composé qu'il décrit sous le nom de *sesqui-stanno-propyle*. D'après ses nouvelles recherches, ce corps serait un mélange d'*iodure de stannopropyle* et d'*iodure de stannotripropyle* [*Compt. rend.*, t. LXXVI, p. 133 et 748]. Ce dernier corps se prépare en traitant l'iodure de propyle par un alliage d'étain avec 10 °/₀ de sodium, et en épuisant le produit par l'éther. Il constitue un liquide bouillant à 262-264°. La potasse le convertit en un oxyde qui cristallise en prismes et fournit de beaux sels cristallins avec les acides acétique, formique et sulfurique. Le *chlorure* est une huile lourde. Avec un alliage renfermant moins de sodium, on obtient les deux iodures, que l'on ne peut pas séparer complètement. Si l'on substitue des feuilles d'étain à l'alliage, on obtient du *diiodure de stannodipropyle* $(C^3H^7)^2I^2.Sn$. Chauffé à 250°, ce corps se décompose en propane, propylène, et SnI^2. C'est un liquide incolore bouillant à 270-273°. La potasse et l'ammoniaque le convertissent en une masse blanche insoluble qui est l'*oxyde*, et que l'acide chlorhydrique change en un *chlorure* cristallisé, $(C^3H^7)^2Cl^2Sn$, fusible à 80-81°.

L'*iodure de stannotripropyle* $(C^3H^7)^3ISn$, traité par la potasse, donne l'*oxyde* $(C^3H^7)^3(OH)Sn$, qui est en prismes fusibles à 22-30°.

L'*uréthane propylique* donne avec l'aldéhyde des aiguilles blanches fusibles à 115-116° de la formule $CH^3\text{-}CH(AzHCO.OC^3H^7)^2$ [Bischoff, *Deutsch. chem. Gesellsch.*, 1874, p. 628 et 1078]. M. Wassermann.

PROPYLMALONIQUE (ACIDE ISO-),

$$(CH^3)^2\text{-}CH\text{-}CH=(CO^2H)^2$$

[Conrad et Bischoff, *Deutsch. chem. Gesellsch.*, 1880, p. 595]. — Prismes fusibles à 83°, obtenus par l'action de l'iodure d'isopropyle sur l'éther malonique sodé.

L'*éther éthylique*, $C^6H^8O^4(C^2H^5)^2$, est un liquide incolore, bouillant à 213-214°. Densité, 0,997 à 15°.

PROPYLPHÉNOL. — Voyez PROPYLBENZINE, Suppl., p. 1304.

PROPYLSUCCINIQUE (ACIDE),

$$C^3H^7\text{-}CH(CO^2H)\text{-}CH^2\text{-}(CO^2H)$$

[Waltz, *Deutsch. chem. Gesellsch.*, 1882, p. 608]. — Cet acide prend naissance par l'action prolongée de l'acide chlorhydrique bouillant sur l'acide propyléthényltricarbonique, dont il ne diffère que par perte de CO^2. Il se présente en cristaux fusibles à 91°. Sa solution ammoniacale neutre précipite par les sels de plomb, de cuivre et d'argent.

ISOPROPYLSUCCINIQUE (ACIDE),

$$(CH^3)^2=CH\text{-}CH(CO^2H)\text{-}CH^2\text{-}(CO^2H)$$

[Waltz, *ibid.*]. — On l'obtient par l'action prolongée de l'acide chlorhydrique sur l'isopropyléthényltricarbonate d'éthyle. Cristaux fusibles à 114°, très solubles dans l'eau, l'alcool et l'éther.

PROTAMINE — Base oxygénée, découverte par Miescher dans la laitance mûre de saumon, où elle existe sous forme de combinaison avec la nucléine, qui joue le rôle d'un acide; la laitance de la carpe, le sperme du taureau, ne contiennent pas cette base.

La laitance mûre (prise au mois de décembre), débarrassée par l'alcool bouillant de cholestérine et de lécithine, est mise à digérer à plusieurs reprises pendant 6 heures avec de l'acide chlorhydrique à 1 °/₀; le premier et le deuxième liquide n'enlèvent que du chlorhydrate de protamine, tandis que plus tard il entre en dissolution de la guanine, de la sarcine et de la xanthine, sans doute formés par un commencement de décomposition du résidu insoluble, qui est formé principalement de nucléine. Les deux premiers liquides étant réunis et neutralisés en partie par la soude, on les introduit goutte à goutte dans une solution de chlorure de platine : le chloroplatinate de protamine se précipite sous la forme de grains cristallins, insolubles dans l'eau, l'alcool, l'éther, solubles par contre dans l'acide chlorhydrique en excès. En décomposant ce sel par l'hydrogène sulfuré et reprécipitant la base par le chlorure platinique, on obtient le sel exempt de phosphore.

La *protamine* libre est une masse gommeuse, non volatile, insoluble dans l'alcool et dans l'éther, soluble dans l'eau, très alcaline et formant des sels que la magnésie ne parvient pas à décomposer. Avec l'oxyde d'argent, elle donne une combinaison insoluble. Elle renferme, d'après Miescher, $C^9H^{20}Az^5O^2.OH$, formule que Piccard a changée en $C^{16}H^{33}Az^9O^4(OH)^2$.

Le chlorhydrate est très soluble et ne cristallise que difficilement; le chlorhydrate et le nitrate cristallisés que Miescher a décrits ne sont autres que des sels de guanine et de sarcine, d'après les expériences de Piccard. Le chlorhydrate incristallisable précipite par l'acide phosphotungstique, l'iodomercurate de potassium, le chlorure mercurique, le ferrocyanure de potassium; ce dernier réactif détermine d'abord la formation d'un trouble laiteux, qui se réunit peu à peu contre les parois du vase à l'état de petites gouttelettes brillantes, semi-liquides. L'ammoniaque seule ne trouble pas la solution de chlorhydrate de protamine; par addition de sulfate de sodium, il se produit un trouble laiteux. Les sels de protamine donnent, avec une solution ammoniacale de nucléine, un précipité lourd, pulvérulent, formé de petites sphères microscopiques, transparentes, qui présentent l'aspect de noyaux cellulaires. Cette substance, par la manière dont elle se comporte avec l'eau et l'ammoniaque qui la dissolvent, le sel marin qui la gonfle, semble identique avec la matière qui constitue l'enveloppe des têtes des spermatozoïdes. Elle renferme, suivant les conditions du milieu, de 4 à 6 % de phosphore [F. Miescher, *Jahresb. Thierch.*, 1874, p. 341; — J. Piccard, *ibid.*, 1874, p. 355].

A. Henninger.

PROTOCATÉCHIQUE (ACIDE), $C^7H^6O^4$ (voyez t. II, p. 1217). — Cet acide se forme lorsqu'on fond avec de la potasse :

1° L'acide crésolsulfonique [Biedermann, *Deutsch. chem. Gesellsch.*, 1873, p. 326];

2° L'acide diiodosalicylique [Demole, *ibid.*, 1874, p. 1439];

3° L'acide hydropipérique [Fittig et Mielck, *Liebig's Ann. Chem.*, t. CLXXII, p. 134];

4° L'acide hespéritique [Tiemann et Will, *Deutsch. chem. Gesellsch.*, 1881, p. 946].

Il prend également naissance par fusion de l'extrait alcoolique du gingembre avec de la soude [Groves, *Arch. Pharm.*, (3), t. XIII, p. 74].

On le trouve parmi les produits de la fermentation de l'acide quinique, en présence de l'air, par les schizomycètes [Lœw, *Deutsch. chem. Gesellsch.*, 1881, p. 450].

Il est identique avec l'acide carbohydroquinonique résultant de l'action du brome et de l'eau sur l'acide quinique (Fittig).

Chauffé avec un excès de brome à 100°, il fournit la tétrabromopyrocatéchine [Hlasiwetz, *Ann. Chem. Pharm.*, t. CXLII, p. 251].

Traité par l'anhydride phtalique et l'acide sulfurique concentré à 140°, il donne de l'alizarine [Baeyer et Caro, *Deutsch. chem. Gesellsch.*, 1874, p. 792].

Chauffé seul ou en présence d'acide benzoïque avec de l'acide sulfurique à 140-145°, il donne une substance qui teint le coton comme l'alizarine, et qui est analogue à la rufiopine [Noelting et Bourcart, *Bull. Soc. chim.*, t. XXXVII, p. 390].

Lorsqu'on fait bouillir sa solution aqueuse avec de l'acide arsénique, et que l'on ajoute de l'éther à la solution froide, on obtient trois couches. La couche du milieu fournit, par évaporation, une masse vitreuse d'*acide diprotocatéchique*,

$$C^{14}H^{10}O^7.$$

Cet acide se transforme par l'ébullition avec les acides minéraux en acide protocatéchique. Il possède les réactions des tannins [Schiff, *Deutsch. chem. Gesellsch.*, 1882, p. 2580].

L'éther éthylique se forme lorsqu'on traite une solution alcoolique d'acide protocatéchique par le gaz chlorhydrique. Il est en prismes fusibles à 133-134° [Fittig, *Liebig's Ann. Chem.*, t. CXCVIII, p. 113].

Acide monométhylprotocatéchique, $C^8H^8O^4$. — Il est isomérique avec l'acide vanillique (voyez t. III, p. 640). On l'obtient en saponifiant son éther, qui se forme lorsqu'on fait chauffer l'acide protocatéchique avec 2 molécules d'iodure de méthyle et 2 molécules de potasse. Il cristallise en aiguilles blanches, fusibles à 211-212°, solubles dans l'alcool [Tiemann, *Deutsch. chem. Gesellsch.*, 1875, p. 511].

L'acide méthylprotocatéchique fournit un *dérivé acétylé*, $C^6H^3(OC^2H^3O)OCH^3.CO^2H$, qui est en écailles brillantes, solubles dans l'alcool et dans l'éther, fusibles à 206-207°.

Acide nitro-méthylprotocatéchique,

$$C^6H^2(AzO^2)OH.OCH^3.CO^2H.$$

— Il cristallise en aiguilles brillantes, fusibles à 172-173°, solubles dans l'alcool, l'éther et l'eau chaude. On l'obtient par l'action de la potasse bouillante sur son *dérivé acétylé*,

$$C^6H^2(AzO^2)OC^2H^3O.OCH^3.CO^2H.$$

— Celui-ci résulte de l'action de l'acide nitrique sur le dérivé acétylé de l'acide méthylprotocatéchique. Il cristallise en aiguilles fusibles à 168-169°, solubles dans l'alcool, l'éther et l'eau chaude [Tiemann et Kaeta Ukimori Matsmoto, *Deutsch. chem. Gesellsch.*, 1878, p. 122].

Acide diméthylprotocatéchique,

$$C^9H^{10}O^4 = C^6H^3(OCH^3)^2CO^2H$$

(voyez t. II, p. 1218). — On l'obtient en oxydant le méthyleugénol par le permanganate de potassium. Il est en aiguilles fusibles à 174° [Tiemann et Kaeta Ukimori Matsmoto, *Deutsch. chem. Gesellsch.*, 1876, p. 937; 1878, p. 123].

Cet acide est identique avec l'acide vératrique (voyez t. III, p. 651) [W. Körner, *Gazz. chim. ital.*, t. VI, p. 142].

L'éther méthylique est en aiguilles fusibles à 59-60°, bouillant vers 300°, solubles dans l'alcool et dans l'éther. *L'éther éthylique* est en aiguilles fusibles à 43-44°, bouillant à 295-296°.

Le *dérivé nitré*,

$$C^6H^2(AzO^2)(OCH^3)^2CO^2H + \tfrac{1}{2}H^2O,$$

est en aiguilles jaunes, solubles dans l'alcool, l'éther et l'eau chaude. Son *éther méthylique* fond à 143-144°. Son *éther éthylique* cristallise en prismes nacrés, fusibles à 99-100°. Cet éther, traité en solution alcoolique par l'étain et l'acide chlorhydrique, fournit l'*éther éthylique* de l'*acide amidodiméthylprotocatéchique*, qui cristallise en aiguilles fusibles à 89°.

L'acide *amidé* donne une combinaison en tables jaunes avec le chlorure stanneux; elle répond à la formule $C^9H^9(AzH^2)O^4.HCl.SnCl^2$. Le *chlorhydrate* de l'acide amidé est très instable [Tiemann et Kaeta Ukimori Matsmoto, *loc. cit.*].

Acide isonitrodiméthylprotocatéchique. — On l'obtient en chauffant à 110-120° en tubes scellés l'éther méthylique de l'acide nitrovanillique, avec 2 molécules de potasse et 2 molécules d'iodure de méthyle, et en saponifiant l'éther formé. Il cristallise en aiguilles anhydres, fusibles à 200-202° [Tiemann et Kaeta Ukimori Matsmoto, *loc. cit.*]. Son *éther méthylique* est en cristaux fusibles à 128°.

Acide diméthylprotocatéchique bromé,

$$C^6H^2Br(OCH^3)^2CO^2H.$$

— Obtenu par l'action du brome sur l'acide diméthylprotocatéchique, il cristallise en aiguilles fusibles à 183-184°. Fondu avec de la potasse, il donne l'acide gallique [Kölle, *Ann. Chem. Pharm.*, t. CLIX, p. 241; — Tiemann et Kaeta Ukimori Matsmoto, *loc. cit.*].

Acide éthylméthyl-protocatéchique,

$$C^6H^3(OCH^3)(OC^2H^5)CO^2H.$$

— C'est l'acide éthylvanillique (voyez t. III, p. 646].

Acide éthylène-protocatéchique (voyez t. II, p. 1219]. — Traité par le perchlorure de phosphore à 130°, il donne une huile que l'eau bouillante convertit en un acide fusible à 118-121°, de la formule $C^9H^6Cl^2O^4$.

L'*éthylène-protocatéchate d'éthyle* est en prismes fusibles à 27-28°, solubles dans l'alcool [Fittig et Macalpine, *Liebig's Ann. Chem.*, t. CLXVIII, p. 99].

Action de l'acide nitreux sur l'acide protocatéchique. — Gruber a obtenu, en traitant de l'acide protocatéchique en solution éthérée par l'acide nitreux, de l'acide oxalique, de l'acide picrique, de l'oxydinitrophénol, de l'acide nitroxybenzoïque et de la dinitroxyquinone. En même temps, il se forme un acide, dont le sel sodique, qui est insoluble, perd de l'acide carbonique lorsqu'on le chauffe à 200° avec de l'eau. Ce sel, de la formule $C^4H^2Na^2O^7 + 3H^2O$, est le sel acide d'un acide *carboxytartronique*, qu'il est impossible d'isoler. Lorsqu'on veut le séparer de son sel, il perd CO^2 et donne l'acide tartronique [Gruber, *Wien. Akad. Ber.*, 1877, t. II, p. 188; *ibid*, 1879, p. 7; *Deutsch. chem. Gesellsch.*, 1879, p. 514].

M. Wassermann.

PROTOCATÉCHIQUE (ALDÉHYDE),

$C^6H^3(OH)^2CHO$

(voyez t. II, p. 1219). — Elle se forme lorsqu'on chauffe une solution alcaline concentrée de pyrocatéchine avec du chloroforme [Tiemann et Koppe, *Deutsch. chem. Gesellsch.*, 1881, p. 2015].

PROTOQUINAMICINE, $C^{17}H^{20}Az^2O^2$ [Hesse, *Liebig's Ann. Chem.*, t. CCVII, p. 288]. — Cette base se produit par l'action de l'acide sulfurique à 120-130° sur la quinamicine $C^{19}H^{24}Az^2O^2$. On fait digérer le produit de la réaction avec de l'acétate de baryum et un peu d'acide acétique, et on précipite la solution filtrée par l'ammoniaque. On obtient ainsi la base en flocons bruns. Le *chloroplatinate* est un précipité floconneux brun.

PSEUDO-ACONITINE. — Voyez Aconitine, Suppl., p. 44.

PSEUDOMORPHINE. — Cette base, décrite t. II, p. 1220, est identique avec l'oxymorphine de Schützenberger, et l'oxydimorphine de Polstorff [Suppl., p. 1029]. La base analysée autrefois par Hesse contenait de l'eau qu'elle ne perd que vers 130° et sa composition correspond alors aux formules $C^{17}H^{17}AzO^3$ ou $(C^{17}H^{18}AzO^3)^2$. Hesse donne la préférence à la première, dans un mémoire tout récent dans lequel on trouvera en outre la description de toute une série de sels [*Liebig's Ann. Chem.*, t. CCXXII, p. 234].

PSEUDOMUCINE. — Voyez Métalbumine, Suppl., p. 1014.

PSEUDONITROLS. — Voyez Nitrols (Pseudo-) Suppl., p. 1084.

PSEUDOPELLETIÉRINE. — Voyez Pelletiérine.

PSEUDOPHÉNANTHRÈNE, $C^{16}H^{12}$. — O. Zeidler a appelé ainsi un carbure d'hydrogène qui se trouve dans l'anthracène brut, et dont on le retire par dissolution dans l'acétate d'éthyle. Il cristallise en lamelles blanches, fusibles à 115°. Le *picrate* est en aiguilles roses, fusibles à 147°.

Le pseudophénanthrène fournit une *quinone* fusible à 170° [*Wien. Akad. Ber.*, t. LXXVI, juillet 1877].

PSEUDOPHÉNANTHROLINE. — Voyez Phénanthroline.

PSEUDO-PURPURINE. — Voyez Purpurine.

PSEUDOTROPINE. — Ladenburg a donné ce nom à une base obtenue par le dédoublement de l'hyoscyamine sous l'action de l'eau de baryte. C'est un liquide incolore, bouillant à 241-243° et présentant les réactions générales de la tropine.

Le *chloroplatinate*, $(C^8H^{15}AzO, HCl)^2PtCl^4$, cristallise en prismes rhombiques. Rapport des axes : $a : b : c = 0,702 : 1 : 0,879$.

Le *chloraurate*, $C^8H^{15}AzO, HCl, AuCl^3$, est à peu près aussi soluble que celui de la tropine. Il se présente en petits cristaux brillants probablement orthorhombiques. Le picrate et le chloromercurate cristallisent bien [Ladenburg, *Deutsch. chem. Gesellsch.*, 1880, p. 1549].

PTÉROCARPINE, $C^{20}H^{16}O^{16}$. — Le santal rouge (*Pterocarpus santalinus*) renferme un principe bien défini, la ptérocarpine, que l'on peut en extraire de la façon suivante : 500 p. de santal en poudre sont additionnées de 150 p. de chaux éteinte. Le mélange, humecté d'eau, puis desséché, est épuisé par l'éther qui dissout un corps que l'on purifie par cristallisation dans l'alcool bouillant.

La ptérocarpine se dépose de sa solution éthérée en houppes soyeuses, insolubles dans l'eau, peu solubles dans l'alcool et dans l'éther, très solubles dans le chloroforme. L'acide sulfurique la dissout avec une coloration rouge; l'acide nitrique, avec une coloration vert émeraude [Cazeneuve, *Bull. Soc. chim.*, t. XXIII, p. 97].

PTOMAÏNES. — On donne indifféremment aujourd'hui le nom de *ptomaïnes*, qui signifie *bases cadavériques*, aux bases organiques retirées des matières albuminoïdes soumises à la putréfaction, ainsi qu'à celles que l'on peut extraire des tissus de l'homme et des animaux vivants, et qui se produisent durant la vie normale; à cause de cette double origine, je propose de donner à ces bases le nom de *leucomaïnes*, tiré de λευχομα, *blanc d'œuf.*

Les bases d'origine putréfactive avaient été entrevues avant les recherches de F. Selmi et les miennes. On avait été frappé déjà de la nature vénéneuse de certains sucs cadavériques; en 1853, Panum retira de ces chairs un extrait toxique qu'il compara aux venins, mais qu'il déclara ne pas devoir son activité à des alcaloïdes [*Virchow's Archiv.*, t. X, p. 301]. Bergmann et Schmiedeberg retiraient du pus septique, en 1868, une substance azotée, vénéneuse, à laquelle ils donnèrent le nom de *sepsine* [*Medic. Centralbl.*, 1868, p. 497], et un an après, Zuelzer et Sonnenschein annoncèrent avoir extrait des macérations anatomiques un alcaloïde vénéneux dilatant la pupille [*Berlin, Klin. Woch.*, 1869, n° 2]. Dans aucun de ces cas, les auteurs n'avaient tiré de conclusions générales de ces observations restées isolées, incomplètes, douteuses. Ils s'appliquèrent, dans ces quelques cas particuliers, surtout à la description des propriétés toxiques d'extraits et de substances mal définies, si l'on en excepte peut-être la *sepsine*. Il convient toutefois d'ajouter ici qu'on savait que la carnine, la créatine et quelques autres substances azotées animales peuvent être considérées comme des alcaloïdes.

C'est au cours de mes recherches sur les transformations réciproques des albuminoïdes (Paris, 1872) que je m'aperçus et que je publiai d'abord dans mon *Traité de chimie appliquée à la physiologie*, que *les matières protéiques, en se putréfiant, donnent toujours lieu à une petite quantité d'alcaloïdes toxiques*, fixes ou volatils.

Pendant que je terminais ces recherches, F. Selmi annonçait, le 25 janvier 1872, à l'Académie de Bologne, que l'*estomac* des personnes ayant succombé à une mort naturelle contient des substances qui se comportent comme certains alcaloïdes végétaux, et, en 1874, Selmi était arrivé à affirmer que ces alcaloïdes étaient bien des produits putréfactifs et constants. Mais ce n'est qu'en 1876 qu'il conclut que *ces alcaloïdes proviennent de la fermentation putride des albuminoïdes* [*Actes de l'Acad. de Bologne*, 6 décembre 1876]. Cette importante conclusion n'était que la confirmation de ce que j'avais vu et annoncé moi-même en 1872, relativement à l'origine et à la formation nécessaire des alcaloïdes dans la décomposition bactérienne des albuminoïdes. C'est, du reste, ce que reconnaît Selmi lorsqu'il dit :

« La première constatation d'alcaloïde se formant par la putréfaction de l'albumine, a été faite par A. Gautier, qui, à ce moment, n'a pas semblé cependant y attacher une grande importance » [*Journal d'hygiène*, 1882, t. VI, p. 305].

Cette remarque de Selmi est exacte. L'existence des alcaloïdes vénéneux dans les matières albuminoïdes en train de subir la fermentation bactérienne ne m'avait point spécialement intéressé jusqu'au jour où je démontrai que ces alcaloïdes, prétendus jusque-là cadavériques par Selmi et par moi, se produisent aussi dans l'économie vivante, *normalement et nécessairement*, et que la destruction de la matière albuminoïde dans chacune de nos cellules est analogue non seulement à sa putréfaction en présence des bactéries ou des bacilles, mais aussi à sa décomposition par l'eau aidée des alcalis à haute température. L'existence des *ptomaïnes* ou plutôt des *leucomaïnes*, caractérisées par moi pour la première fois en 1880, dans les urines, le suc musculaire, la salive, les venins, et la plupart de nos excrétions, ouvrait ainsi un jour tout nouveau sur le rôle si important de ces dérivés des albuminoïdes dans les phénomènes de la vie normale ou pathologique des êtres vivants.

Nous allons nous occuper d'abord des ptomaïnes ou alcaloïdes putréfactifs, qui sont les mieux connus. Nous dirons ensuite ce que l'on sait aujourd'hui des alcaloïdes produits durant la vie par les grands animaux, ou leucomaïnes proprement dites.

Extraction des ptomaïnes des matières putrides. — Je ne donnerai pas ici les procédés de Selmi, qui a toujours fait l'extraction des ptomaïnes par la méthode de Stas, à laquelle il n'apportait que de légères modifications.

Pour ma part, j'opérais au début de la façon suivante (1872) : Après avoir coagulé par la chaleur la liqueur putride acidulée d'acide sulfurique, je la sursaturais par un lait de chaux, filtrais et distillais. Le produit distillé contient, outre l'ammoniaque et la triméthylamine, une base huileuse qu'on peut séparer à l'état de chloroplatinate, base cristallisable, altérable et peu soluble, rappelant la conicine.

Le résidu calcaire d'où ces bases ont été entraînées par la vapeur d'eau étant séché dans le vide, laisse une masse qu'on pulvérise et épuise à l'éther alcoolique. Le produit de l'évaporation de cette liqueur, repris par de l'éther à 56°, donne une solution qui se trouble par le gaz chlorhydrique et laisse précipiter les chlorhydrates des bases relativement fixes, bases fort altérables en présence d'un excès d'acide (voyez au *Dictionnaire de chimie* de Wurtz, t. II, p. 1226, une modification à cette méthode que je décrivais en 1877).

Les procédés ci-dessus, toujours employés par Selmi et par moi-même sur une trop petite échelle, nous avaient permis, à l'un et à l'autre, d'entrevoir ces alcaloïdes, de les caractériser, d'étudier quelques-unes de leurs réactions et de leurs propriétés toxiques, mais nullement d'établir leur composition, encore moins leur constitution. C'est cette partie de leur étude que je me proposai d'aborder en collaboration avec M. Étard.

Dans ces recherches nouvelles, faites de 1881 à 1883, nous avons agi sur de grandes quantités de matières à la fois, et par la méthode d'extraction que nous allons indiquer maintenant. Plusieurs centaines de kilogrammes de viandes diverses de mammifères ou de poissons furent abandonnées par nous à la putréfaction durant les fortes chaleurs de l'été 1881, dans des tonnelets de chêne étanches. Au bout de six mois, les matières liquides et solides furent distillées dans le vide à basse température; le résidu de cette distillation fut épuisé par l'éther à 56°; il sépara les ptomaïnes, ainsi qu'une grande quantité d'un acide gras, qui cristallise quand on distille l'éther. Les eaux mères laissées par cette cristallisation d'acide gras furent traitées par de l'acide sulfurique faible pour dissoudre les alcaloïdes et précipiter le restant de l'acide ci-dessus. La liqueur filtrée, additionnée de potasse, fut agitée avec de l'éther. Celui-ci étant mis à évaporer spontanément, dans une atmosphère non oxydante, nous laissa comme résidu des ptomaïnes à odeur de seringa. On peut séparer alors ces bases par précipitation fractionnée au moyen du chlorure de platine, ou bien, si on en a une suffisante quantité, par distillation dans le vide [*Compt. rend. Acad. Sciences*, t. XCVII, p. 264 ; — voyez aussi, comme renseignements sur une méthode d'abord employée par nous, *Ibid.*, t. XCIV, p. 1600].

En reprenant par l'alcool amylique le résidu ci-dessus épuisé par l'éther, on obtient une nouvelle quantité de bases solubles dans ce dissolvant; on les sépare par l'acide sulfurique très étendu, mais ces bases, en très minime quantité, n'ont pas été examinées par nous (voyez plus loin le travail de G. Pouchet).

Propriétés. — Extraites par l'éther, les bases putréfactives se présentent sous forme de liquides huileux, incolores, très alcalins, bleuissant le tournesol, *saturant exactement les acides forts;* ce ne sont donc point des amides, comme quelques-uns l'ont cru. En s'unissant aux acides, elles donnent des sels cristallisables, très altérables en présence d'un excès d'acide minéral qui les colore en rose et en précipite rapidement une résine brune. Toutes paraissent très oxydables et très instables. L'odeur de ces alcaloïdes est faible, mais tenace : elle rappelle l'aubépine, le musc, le seringa, la fleur d'oranger, la rose. Toutes donnent, avec l'acide chlorhydrique, des sels cristallisables mais facilement résinifiables, et des chloroplatinates tantôt assez solubles, tantôt peu solubles et précipitant en jaune pâle, couleur chair; il faut se hâter de les sécher, si l'on veut les conserver sans altération. La lumière modifie la couleur de quelques-uns de ces sels.

De ces alcaloïdes, les uns sont solubles dans l'éther, et ce sont les principaux; d'autres sont solubles dans le chloroforme ou l'alcool amylique seulement.

Tous les réactifs généraux qui précipitent les alcaloïdes végétaux, tels que les réactifs de Meyer, de Nessler, l'iodure de potassium ioduré, l'iodure double de bismuth et de potassium, etc., précipitent aussi les ptomaïnes. L'acide iodhydrique ioduré donne avec eux des composés cristallisables.

Leurs réactions colorées caractéristiques principales ont été étudiées surtout par F. Selmi ; ce sont les suivantes :

L'acide sulfurique, employé avec précaution, les colore en rouge violacé.

L'acide chlorhydrique seul, ou mieux mélangé d'un peu d'acide sulfurique, donne avec elles une couleur rouge-violet, que la chaleur développe.

L'acide nitrique, chauffé pendant quelque temps avec elles, puis saturé de potasse, produit une belle coloration jaune d'or.

L'acide iodique mêlé d'acide sulfurique, puis de bicarbonate de soude, produit avec les ptomaïnes un rouge violacé plus ou moins manifeste, comme avec la codéine et la morphine ; mais, parmi ces bases, il en est qui ne donnent pas cette réaction.

Les ptomaïnes, toutes fort oxydables à l'air, sont par conséquent aussi toutes très réductrices. Elles réduisent, en effet, à froid ou à chaud, l'acide iodique, l'acide chromique, le chlorure d'or, le nitrate d'argent et le chlorure ferrique, qui devient alors apte à donner du bleu de Prusse avec le ferricyanure de potassium. Cette dernière réaction, observée par Selmi [*Sulle ptomaïne od alcaloïdi cadaverici*, Bologna, 1878, p. 11], a été indiquée par MM. Brouardel et Boutmy comme caractéristique des ptomaïnes. J'ai fait voir que l'apomorphine et la muscarine donnent aussi du bleu de Prusse, par l'affusion successive d'un sel ferrique et de ferricyanure de potassium; il en est de même, d'après Tanret, de l'aconitine et de l'ergotinine amorphes, de l'ésérine, de l'hyoscyamine liquide, et, d'après MM. Brouardel et Boutmy eux-mêmes, de la morphine. Le bleu de Prusse se produit de même, d'après mes expériences, avec les bases phényliques, la naphtylamine, les bases pyruviques, les bases à radicaux allyliques et acétoniques, etc. Cette réaction, généralement négative, il est vrai, pour les bases organiques naturelles, ne peut donc être considérée comme caractéristique des ptomaïnes. Mais dans les cas de soupçon d'empoisonnement où la plupart des bases artificielles précédentes sont naturellement exclues, la production du bleu de Prusse dans les conditions ci-dessus peut donner une précieuse indication et empêcher de considérer une base cadavérique recueillie par l'expert comme la cause de la mort.

La plupart des ptomaïnes précipitent, puis réduisent le chlorure d'or; elles précipitent le plus souvent en blanc le chlorure de mercure; celles d'origine cadavérique, tantôt précipitent, tantôt ne précipitent pas le bichlorure de platine.

Les leucomaïnes urinaires et musculaires donnent des chloroplatinates solubles.

L'acide picrique trouble les ptomaïnes, puis laisse déposer un précipité cireux, couleur tabac d'Espagne ou jaune pâle.

L'acide tannique donne avec elles un précipité abondant.

Le réactif de Meyer produit avec les ptomaïnes un dépôt de couleur blanchâtre.

Tous les sels solubles de ces ptomaïnes sont déliquescents et brunissent à l'air.

Les bases libres absorbent directement l'acide carbonique ambiant.

Les alcaloïdes cadavériques sont, en général, vénéneux à un haut degré. Sur les animaux, les principaux phénomènes observés ont été les suivants:

Dilatation de la pupille au début, puis rétrécissement.

Convulsions tétaniques, bientôt suivies de flaccidité musculaire.

Ralentissement, rarement augmentation, des battements cardiaques.

Perte absolue de la sensibilité cutanée.

Perte de la *contractilité musculaire.*

Paralysie des vaso-moteurs.

Respiration très ralentie.

Somnolence à laquelle succède la mort avec le cœur en systole [Observations de *F. Selmi* et de *Gianetti et Corogna*, Bologne, 1880].

Jusqu'ici, toutes les ptomaïnes retirées des liqueurs putrides, ainsi que les leucomaïnes extraites des liquides de l'économie, ont pu être nettement distinguées, par leurs réactions colorées ou leurs effets physiologiques, des alcaloïdes vénéneux végétaux avec lesquels elles ne se confondent jamais, quoique plusieurs d'entre elles rappellent, surtout par leurs réactions colorées, la morphine, la codéine, l'atropine, la delphinine, la muscarine et la bétaïne.

Nous venons de nous efforcer de résumer aussi brièvement que possible ce que l'on sait de général sur les propriétés caractéristiques communes, les combinaisons salines, les réactions et colorations spéciales, enfin l'action toxique de cette classe de corps. Pour de plus amples renseignements, il faut recourir surtout aux *Mémoires* de Selmi et de ses élèves, ainsi qu'à ceux que nous avons publiés avec M. Étard, mémoires cités au cours de cet article.

Ptomaïnes connues jusqu'ici. — Voici maintenant quelques renseignements sur ceux de ces alcaloïdes que nous avons obtenus en quantité suffisante pour être mieux étudiés.

Des produits liquides de la fermentation bactérienne du scombre nous avons extrait, en collaboration avec M. Étard [*Compt. rend. Acad. Sciences*, t. XCIV, p. 1600], par la méthode ci-dessus décrite, deux bases: l'une d'elles répond à la formule d'une parvoline $C^9H^{13}Az$, son chloroplatinate est jaune pâle, peu soluble, presque amorphe; il devient rapidement rose à l'air. D'autre part, nous avons retiré des derniers extraits chloroformiques des matières putrides alcalisées, une notable quantité d'un alcaloïde liquide, incolore, à odeur tenace de seringa; base huileuse, attirant l'acide carbonique de l'air. Sa densité à 0° est de 1,0296. Elle bout vers 210°. Son chloroplatinate, jaune très pâle, est cristallin et peu soluble. Il se redissout à chaud et se prend en aiguilles recourbées. Le chloraurate est aussi cristallin et fort instable. Cette base répond à la formule $C^8H^{13}Az$. Les analyses du chloroplatinate nous ont donné C = 29,76; H = 4,58; Az = 4,07; Pt = 29,0; la théorie pour $(C^8H^{13}Az, HCl)^2PtCl^4$, demande:

$$C = 29,3;\quad H = 4,2;\quad Az = 4,2;\quad Pt = 29,7.$$

Une base, identique par sa composition et par toutes ses propriétés, a été aussi retirée par nous des produits de la putréfaction de la chair musculaire de bœuf ou de cheval. Il se forme donc, comme terme constant de toutes ces putréfactions, quelle que soit la matière albuminoïde première, une hydrocollidine, isomère et assez analogue de propriétés avec celle que MM. Cahours et Étard ont dérivée de la nicotine.

On ne saurait douter, malgré les assertions contraires de Nencki, qui n'a d'ailleurs pas eu cette base entre les mains, que cette substance ne soit une hydrocollidine. Son point d'ébullition élevé, sa viscosité, son analogie avec l'hydrocollidine de Cahours et Étard, surtout ses propriétés éminemment réductrices, enfin son analyse, empêchent d'hésiter un instant à affirmer qu'elle ne soit bien une hydrocollidine et non une collidine, comme le prétend Nencki.

Dans les matières putrides de la chair de bœuf d'où nous avions retiré les bases précédentes, nous avons trouvé une base nouvelle donnant un chloroplatinate soluble, jaune légèrement carné, altérable à 100°, et dégageant, à cette température, l'odeur d'aubépine de son alcaloïde. Ce chloroplatinate a donné à l'analyse les nombres suivants: C = 28,73; H = 5,81; Az = 7,19; Pt = 27,93, mais l'altération que ce chloroplatinate avait subie à 100° nous a empêchés de lui attribuer une formule définitive [*Compt. rend. Acad. Sciences*, t. XCVII, p. 266].

Par une méthode d'extraction que nous exposerons brièvement tout à l'heure, Gab. Pouchet a retiré des produits de la putréfaction précipités par le tannin, puis traités par l'oxyde de plomb et l'alcool, enfin dialysés, deux bases oxygénées dont les chloroplatinates solubles peuvent être séparés l'un de l'autre par addition d'alcool et ensuite d'éther. L'un de ces chloroplatinates cristallise confusément en aiguilles prismatiques et est insoluble dans l'alcool fort. L'autre, assez soluble dans ce véhicule, peut en être séparé par addition d'éther. Les analyses de ces sels l'ont conduit aux formules: $(C^7H^{18}Az^2O^6, HCl)^2PtCl^4$, combinaison insoluble dans l'alcool; $(C^5H^{12}Az^2O^4, HCl)^2PtCl^4$, combinaison insoluble dans l'alcool éthéré.

Ces bases se rapprocheraient donc des *oxybétaïnes.*

Les chlorhydrates qu'on sépare de ces chloroplatinates par l'hydrogène sulfuré se présentent sous forme de cristaux feutrés, soyeux, altérables par HCl en excès. La base, $C^7H^{18}Az^2O^6$, paraît au microscope sous forme de prismes gros et courts, brunissant à la lumière. La base $C^5H^{12}Az^2O^4$ est en aiguilles déliées, groupées en pinceaux; elle paraît moins altérable que la précédente.

Les solutions aqueuses des bases de Pouchet précipitent par les réactifs généraux des alcaloïdes. Les précipités formés avec le phosphomolybdate de sodium se réduisent aisément et se dissolvent dans l'ammoniaque en produisant une coloration bleue, comme le fait le précipité formé dans les mêmes conditions par l'aconitine.

Tous ces composés sont des toxiques violents pour les grenouilles, qu'ils tuent rapidement en déterminant de la torpeur et de la paralysie, avec abolition des mouvements réflexes. Le cœur reste en systole après la mort.

Leucomaïnes ou bases des excrétions normales et des tissus physiologiques. — L'analogie des produits de la fermentation bactérienne des albuminoïdes avec ceux de la vie normale des cellules m'a conduit, en 1881, à supposer l'existence des ptomaïnes dans nos excrétions ordinaires. Nous retrouvons, en effet, dans ces excrétions normales et dans la plupart des sécrétions et des sucs cellulaires l'ensemble des produits putrides, savoir : l'acide carbonique et l'ammoniaque, libres ou en partie à l'état de sels, en partie à l'état d'urée; le phénol, l'indol et le scatol; les acides acétique, butyrique, les acides gras supérieurs, les acides lactique, succinique, phénylacétique, phénylpropionique, les acides amidés, leucines et leucéines, la xanthine et la sarcine, observées dans les urines comme dans la putréfaction; l'hydrogène, l'azote et autres gaz; tous ces produits putréfactifs se retrouvent dans les liquides d'excrétion ou de sécrétions normales; l'analogie est complète, et, par conséquent, il y avait tout lieu de penser qu'elle s'étendrait à la présence des ptomaïnes dans ces excrétions. C'est ce que j'ai admis d'après ces considérations, ainsi que d'après le rapport de l'oxygène consommé à la matière organique désassimilée, rapport qui indique qu'une partie de nos cellules a une vie *anaérobie*. C'est ce que l'expérience a pleinement confirmé.

En 1880, G. Pouchet avait retiré des urines normales, par une méthode exposée dans sa thèse inaugurale [*Contribution à l'étude des matières extractives de l'urine*, Paris, 1880], un alcaloïde fixe, oxydable, à chloraurate et chloroplatinate bien cristallisés, déliquescents, altérables, alcaloïde d'une énergie toxique considérable, stupéfiant, tétanisant, et tuant les animaux à bref délai avec le cœur en systole. Conduit par les considérations ci-dessus, j'ai montré, en 1881, que cet alcaloïde, que Pouchet n'avait pu obtenir en suffisante quantité pour l'analyser, était en réalité une ptomaïne urinaire, *normalement produite dans l'économie* et douée de toutes les propriétés chimiques et physiologiques de ces mêmes ptomaïnes que Selmi et moi étudions en ce moment; ce fut le premier exemple d'un alcaloïde, dit *cadavérique*, produit par le jeu régulier des fonctions normales de la vie.

J'ai depuis recherché les leucomaïnes urinaires par le procédé suivant :

50 litres d'urine au moins sont soumis à la congélation successive; quand l'urée commence à se précipiter avec les glaçons, on précipite les eaux mères par l'acide oxalique. La liqueur, privée de l'excès d'acide oxalique par le carbonate de baryum, est évaporée dans le vide, et le résidu repris par de l'alcool à 45°; la liqueur évaporée dans le vide, enfin additionnée de beaucoup d'alcool absolu, donne un précipité qui devient partiellement cristallin; ce précipité, traité par le carbonate de sodium et agité successivement avec l'éther, le chloroforme et l'alcool amylique, fournit les diverses leucomaïnes urinaires. Elles ont généralement l'odeur de seringa ou d'aubépine des alcaloïdes putréfactifs.

Poursuivant ces idées, et complétant en 1884 ses recherches de 1880, G. Pouchet vient de confirmer ses premières observations et de donner un nouvel appui à ce que j'annonçais en 1881 relativement à la formation des alcaloïdes durant la vie normale des animaux [*Compt. rend. Acad. Sciences*, t. XCVII, p. 1560]. Son procédé d'extraction des alcaloïdes urinaires consiste à précipiter ces corps à l'état de tannates, puis à décomposer ces sels par l'hydrate de plomb en présence d'alcool. L'évaporation des solutions alcooliques laisse une masse sirupeuse qu'on dialyse. La partie facilement dialysable, évaporée de nouveau, reprise par l'alcool, encore évaporée et traitée par le carbonate de soude et les dissolvants appropriés, fournit une base en cristaux fusiformes, groupés en sphères irrégulières, soluble dans l'alcool faible, peu soluble dans l'alcool concentré, insoluble dans l'éther, à réaction faiblement alcaline et donnant des sels cristallisés. Son chloroplatinate est constitué par des prismes orthorhombiques jaune d'or, déliquescents.

Son analyse conduit à l'une des formules

$$C^7H^{12}Az^4O^2 \text{ ou } C^7H^{14}Az^4O^2.$$

Ces bases ne se confondent pas avec celles que j'ai extraites des urines par la méthode que je viens d'exposer, et qui se rapprochent davantage des bases putréfactives dont nous avons parlé ci-dessus, quoique leurs chloroplatinates soient solubles.

Bouchard [*Compt. rend. de la Soc. de biologie*, 12 août 1882, et *Revue de médecine*, 10 octobre 1882] annonce avoir retiré des urines, dans les cas de maladies graves, spécialement de maladies infectieuses (*pneumonie infectieuse*, *fièvre typhoïde*, *ictère grave*), une quantité souvent notable de ptomaïnes, en opérant de la façon très simple qui suit : Les urines, dès qu'elles sont émises, sont alcalinisées avec de la soude et aussitôt agitées avec de l'éther. Celui-ci est évaporé, et le résidu est repris par l'acide sulfurique étendu, qui dissout les ptomaïnes et laisse leur sulfate par évaporation de la partie soluble. On a pu, sur les petites quantités d'alcaloïdes que l'on a ainsi extraites, les caractériser suffisamment. Injectés aux animaux, ils ont paru peu actifs et n'ont produit que la dilatation pupillaire dans un cas, avec une extrême accélération du pouls. M. Bouchard pense que ces alcaloïdes proviennent de la vie des microbes infectieux et des fermentations putrides de ceux qui restent toujours à l'état normal dans le tube digestif. Ils y produisent, pense-t-il, des ptomaïnes bientôt résorbées par les parois intestinales. Tout en reconnaissant comme très probable ce dernier fait, qui peut avoir une grande importance dans quelques maladies infectieuses, telles que la fièvre typhoïde ou l'ictère grave, nous persistons, quant à nous, à affirmer, comme nous l'avons fait dès 1881, que les leucomaïnes se forment dans tous les tissus durant leur vie normale, et sont des produits nécessaires de la transformation des substances albuminoïdes.

En effet, nous avons retrouvé de minimes quantités de ces leucomaïnes, non seulement dans les urines normales, mais dans la salive physiologique [*Bull. Acad. de médecine*, t. X, p. 776], dans les venins des serpents [*Ibid.*, t. X, p. 947], dans le suc musculaire et jusque dans la soie produite par le ver à soie, excrétion physiologique par excellence, et qu'il suffit de laisser quelque temps en présence de l'acide chlorhydrique étendu pour en extraire les très petites quantités de ptomaïnes qui l'imprègnent. La production des ptomaïnes dans l'économie normale est donc un acte physiologique constant et nécessaire, qui accompagne le dédoublement des albuminoïdes, tout aussi bien que la formation de l'acide carbonique, de l'eau et de l'urée.

Que l'excrétion par les reins, la peau, l'intestin, etc., de ces poisons, qui se forment constamment dans nos tissus, vienne à être supprimée ou simplement enrayée, ou bien que la production de ces corps actifs augmente, comme nous l'avons dit ailleurs, grâce à un vice dans l'hématose, à une diminution dans l'absorption de l'oxygène, etc., ces substances redoutables, que l'économie n'élimine plus, agissent aussitôt puissamment sur les centres nerveux, et deviennent la cause première d'une série de désordres pathologiques qui se déroulent et se succèdent nécessairement, et dont l'ensemble contribue à former le tableau symptomatologique des diverses maladies.

J'ai observé, en outre, que les matières extractives urinaires ou musculaires, solubles dans l'alcool très concentré et à peu près incristallisables, matières dont la toxicité sur les animaux est extrême, jouissent de la propriété, quand on les chauffe à 200° environ avec de la potasse et de l'eau, de se dédoubler en donnant à la fois un ou plusieurs acides cristallisables, en partie solubles dans l'éther, et doués d'une odeur urineuse, ainsi que des ptomaïnes à odeur de seringa, à chloroplatinates solubles, cristallisant en aiguilles, formant des faisceaux radiés ou des blocs à cristallisation mal définie. Ces matières extractives, très difficilement cristallisables, semblent donc se comporter, d'après cette observation, comme une famille d'amides spéciales complexes dont les ptomaïnes dérivent par hydratation.

Arm. Gautier.

PTOMOPEPTONE. — Voyez Peptone.

PULVIQUE (ACIDE),

$$C^{18}H^{12}O^5 =$$
$$CO^2H-C(C^6H^5)=C-C(OH)=C-C^6H^5$$
$$\underset{}{O}\text{———}CO$$

[Spiegel, *Deutsch. chem. Gesellsch.*, 1880, p. 1629 et 2219; 1881, p. 1686; 1882, p. 1546]. — On prépare cet acide en décomposant l'acide vulpique, $C^{19}H^{14}O^5$ (voyez t. III, p. 719), par un lait de chaux; on fait bouillir, on filtre et on précipite par l'acide chlorhydrique.

L'acide pulvique cristallise en prismes jaunes, solubles dans la benzine, le chloroforme, l'éther, l'acide acétique, assez solubles dans l'eau, insolubles dans les acides minéraux. Il fond à 214-215° en se transformant en anhydride.

La baryte le dédouble en acides oxalique et phénylacétique. Le permanganate de potassium en solution alcaline le transforme en un mélange d'acides oxalique et phénylglyoxylique.

La poudre de zinc en solution ammoniacale le convertit en *acide dihydrocornicularique*,

$$C^{17}H^{16}O^3$$
$$= CO^2H-CH(C^6H^5)-CH^2-C(OH)=CH-C^6H^5.$$

Les pulvates alcalins sont très solubles et cristallisent mal. Le *sel de baryum neutre*, peu soluble, s'obtient en lamelles dorées par l'addition de chlorure de baryum ammoniacal à une solution aqueuse d'acide. Le *sel de calcium*, préparé de la même manière, forme des aiguilles d'un jaune pâle. Le *sel de cuivre* est en aiguilles bleu foncé. Le *sel d'argent acide*, $C^{18}H^{11}O^5Ag$, se précipite en petits prismes jaunes lorsqu'on traite la solution aqueuse de l'acide par le nitrate d'argent. Le *sel neutre*, $C^{18}H^{10}O^5Ag^2 + H^2O$, se présente en longues aiguilles feutrées : on le prépare en ajoutant avec précaution de l'ammoniaque au sel acide. Il ne perd pas son eau à 100°; l'eau bouillante le décompose.

Anhydride pulvique, $C^{18}H^{10}O^4$. — Il prend naissance lorsqu'on chauffe l'acide vulpique à 200°: il se dégage de l'alcool méthylique. On épuise la masse refroidie par l'alcool bouillant et on obtient par le refroidissement des aiguilles microscopiques d'un jaune clair, fusibles à 120-121°, solubles dans le chloroforme, la benzine, l'acétone, l'acide acétique, insolubles dans l'eau, les carbonates alcalins et les alcalis caustiques, à froid.

Acide méthylpulvique, $C^{19}H^{14}O^5$. — Il se produit lorsqu'on traite l'anhydride pulvique par une solution méthylique de potasse et qu'on ajoute ensuite un acide. Il est identique avec l'*acide vulpique*.

Acide éthylpulvique, $C^{20}H^{16}O^5$. — On le prépare comme le précédent. Il cristallise dans l'alcool en tables jaunes, fusibles à 127-128°.

Pulvate diméthylique, $C^{20}H^{16}O^5$. — Aiguilles incolores, fusibles à 138-139°, solubles dans l'alcool et insolubles dans l'eau; on l'obtient par l'action de l'iodure de méthyle sur le pulvate diargentique.

Acide méthylacétylpulvique,

$$C^{18}H^{10}O^5(C^2H^3O)(CH^3).$$

— On fait bouillir l'acide vulpique avec de l'anhydride acétique, on lave le produit à la soude et on le fait recristalliser dans l'alcool. On obtient ainsi des aiguilles nacrées, fusibles à 156°.

Acide pulvamique, $C^{18}H^{13}AzO^4$. — Cet acide se forme par l'addition directe d'ammoniaque à l'anhydride pulvique. Il cristallise dans la benzine en prismes clinorhombiques, jaunes, fusibles à 220°, insolubles dans l'eau, solubles dans l'alcool, l'éther, le chloroforme, l'acide acétique.

Ad. Fauconnier.

PUNICINE. — Chez le *Purpura capillus* on trouve près de la tête une petite poche contenant une sécrétion jaunâtre, semblable au pus, qui renferme le chromogène d'une matière colorante pourpre à laquelle Schunck a donné le nom de *punicine*. Exposée à la lumière solaire, cette sécrétion se colore d'abord en vert, puis en pourpre, sans que l'oxygène ait besoin d'être présent; un ferment n'intervient pas davantage, car la sécrétion bouillie offre les mêmes changements de coloration.

Pour préparer la punicine on traite la sécrétion par l'alcool et l'on expose la solution à la lumière solaire directe : la punicine se dépose sous la forme d'une poudre pourpre indistinctement cristalline. L'auteur n'a eu à sa disposition que 7^{mgr} de matière pure. Celle-ci est insoluble dans l'eau, l'alcool, l'éther, peu soluble dans la benzine et l'acide acétique bouillants, très soluble à chaud dans l'aniline; cette solution présente une large bande d'absorption commençant à C et dépassant D. La punicine se dissout dans l'acide sulfurique concentré; elle est réduite par une solution alcaline d'oxyde stanneux et s'en sépare de nouveau sous la forme d'une pellicule cuivrée. Par la chaleur, elle fournit un sublimé.

La punicine se rapproche donc de l'indigotine et de l'indirubine, mais elle s'en distingue nettement par la résistance assez grande qu'elle oppose à l'action de l'acide nitrique bouillant et étendu de son volume d'eau.

Schunck émet l'opinion que la punicine constitue la matière principale de la pourpre des anciens, et il est en effet arrivé à retrouver cette matière dans une vieille étoffe pourpre [*Jahresb. Thierch.*, 1879, p. 262; *Compt. rend.*, t. XCI, p. 238].

PURPURINE [Syn. *Trioxyanthraquinone*). — Depuis la publication de l'article Purpurine (voyez t. II, p. 1223), la purpurine et ses dérivés ont été l'objet de nombreux travaux. Les rapports entre la purpurine, la purpuroxanthine et la pseudopurpurine ont été expliqués, et on connaît actuellement la structure de presque tous les dérivés hydroxylés de l'anthraquinone. La plupart de ces corps ont été préparés par synthèse ou existent dans les différentes marques d'alizarine artificielle.

Nous décrirons successivement la préparation et les propriétés des corps suivants : *purpurine, pseudopurpurine, purpuroxanthine, isopurpurine* et *flavopurpurine,* ainsi que de leurs dérivés.

Mais, auparavant, donnons, sous forme de tableau, leur constitution d'après les dernières recherches. L'anthraquinone étant

8 CO 1
7 2
6 3
5 CO 4

nous aurons :

Purpurine........	Trioxyanthraquinone......	$C^6H^4 < \begin{smallmatrix} CO \\ CO \end{smallmatrix} > C^6H(OH)_{(1)}(OH)_{(2)}(OH)_{(4)}$.
Pseudopurpurine.	Acide purpurine-carbonique.	$C^6H^4 < \begin{smallmatrix} CO \\ CO \end{smallmatrix} > C^6(OH)_{(1)}(OH)_{(2)}(OH)_{(4)}(CO^2H)_{(3)}$ (?).
Purpuroxanthine.	Dioxyanthraquinone........	$C^6H^4 < \begin{smallmatrix} CO \\ CO \end{smallmatrix} > C^6H^2(OH)_{(1)}(OH)_{(3)}$.
Isopurpurine.....	Trioxyanthraquinone	$C^6H^3(OH) < \begin{smallmatrix} CO \\ CO \end{smallmatrix} > C^6H^2(OH)_{(2)}(OH)_{(3)}$.
Flavopurpurine..	Trioxyanthraquinone	$C^{14}H^5O^2(OH)^3$.
Oxypurpurine....	Tétraoxyanthraquinone	$C^{14}H^4O^2(OH)^4$.

PURPURINE (*trioxyanthraquinone*). — La purpurine est contenue dans la garance à l'état de glucoside de l'*acide purpurine-carbonique* ou *pseudopurpurine* [Rosenstiehl, *Revue scientif.*, 1879, t. VIII, p. 1183]. Sa préparation a été décrite à l'article PURPURINE; nous n'y reviendrons pas.

La synthèse de la purpurine a été réalisée par De Lalande [*Compt. rend.*, t. LXXIX, p. 669]. Le procédé breveté par ce chimiste consiste à traiter l'alizarine (dioxyanthraquinone) par des agents oxydants, tels que l'acide arsénique, le bioxyde de manganèse et l'acide sulfurique, etc. La meilleure manière d'opérer consiste à dissoudre 1 p. d'alizarine desséchée dans 8 à 10 p. d'acide sulfurique concentré et d'ajouter 1 p. d'acide arsénique sec. On élève graduellement la température jusque vers 150-160°, et on l'y maintient jusqu'à ce qu'une tâte se dissolve en rouge pur dans les alcalis; on ajoute alors de l'eau, on lave et on redissout la matière colorante dans une solution concentrée d'alun; le liquide filtré, additionné d'acide chlorhydrique, abandonne la purpurine à l'état de pureté.

On peut également obtenir de la purpurine en traitant la quinizarine de la même manière [Baeyer et Caro, *Deutsch. chem. Gesellsch.*, 1875, p. 152].

Toutes les dioxyanthraquinones qui renferment les deux groupes (OH) dans le même noyau fournissent de la purpurine par oxydation; cette dernière, en revanche, ne donne qu'une seule dioxyanthraquinone, la purpuroxanthine, par la réduction (Rosenstiehl).

La purpurine n'est pas préparée industriellement par la méthode de De Lalande.

La purpurine cristallise dans l'alcool étendu en longues aiguilles orangées, qui renferment 1 molécule d'eau de cristallisation. La purpurine fond à 253°; elle commence à se sublimer déjà à 150°; à 300°, elle se transforme en quinizarine. La purpurine est soluble dans les alcalis et dans une solution aqueuse bouillante d'alun ; on obtient ainsi une dissolution rouge-jaune, douée d'une fluorescence jaune-orangé.

Triacétylpurpurine, $C^{14}H^5(OC^2H^3O)^3O^2$. — On l'obtient en chauffant de la purpurine avec de l'anhydride acétique à 180°. Elle fond à 198-200° [Liebermann, *Liebig's Ann.*, t. CLXXXIII, p. 192].

Triéthylpurpurine, $C^{14}H^5(OC^2H^5)^3O^2$. — Cette substance prend naissance lorsqu'on chauffe à 150° la purpurine sodique avec de l'iodure d'éthyle. Elle est peu soluble dans l'alcool.

Monobromopurpurine, $C^{14}H^7BrO^5$ [Schunck et Roemer, *Deutsch. chem. Gesellsch.*, 1877, p. 554]. — Lorsqu'on chauffe dans un appareil à reflux de la purpurine avec du brome en solution dans le sulfure de carbone, il se dégage de l'acide bromhydrique. La bromuration complète ne s'effectue toutefois qu'à une température de 150 ou 200°. Le produit obtenu est purifié par cristallisation dans l'acide acétique glacial. La purpurine monobromée forme des aiguilles brillantes, d'un rouge foncé, fusibles à 276°. Elle est moins soluble dans l'alcool et l'acide acétique que la purpurine; elle se sublime sans décomposition.

Purpuramide ou *purpuréine,*

$$C^{14}H^5(AzH^2)(OH)^2O^2$$

ou

$$C^6H^4 < \begin{smallmatrix} CO \\ CO \end{smallmatrix} > C^6H(OH)_{(1)}(OH)_{(2)}(AzH^2)_{(4)}.$$

— Pour obtenir la purpuramide, on chauffe à 150-200° une solution ammoniacale alcoolique de purpurine brute ; à cette température, la totalité de la pseudopurpurine se trouve détruite; on filtre, on précipite par un acide et on reprend le précipité par de l'eau de baryte ; la purpurine inattaquée reste à l'état de laque insoluble. On ajoute de l'acide chlorhydrique au liquide filtré et on purifie le produit par cristallisation dans l'alcool bouillant. La purpuramide, traitée par l'acide nitreux et l'alcool, se transforme en purpuroxanthine. Cette réaction permet de fixer sa constitution [Stenhouse, *Liebig's Ann.*, t. CXXX, p. 337 ; — Liebermann, *ibid.*, t. CLXXXIII, p. 212].

Hydrate de purpurine. — Cette substance est contenue dans la purpurine commerciale. On peut la préparer en précipitant par un acide une dissolution de purpurine dans un alcali ou dans l'alun. L'hydrate de purpurine cristallise dans l'alcool en lamelles orangées, qui se transforment en purpurine lorsqu'on les chauffe.

L'hydrate de purpurine teint le coton mordancé en nuances qui, après avivage, ressemblent à celles de la purpurine. Il est probable que la purpurine se fixe sur la fibre à l'état d'hydrate [A. Rosenstiehl, *loc. cit.*].

PSEUDOPURPURINE (acide *purpurine-carbonique*), $C^{15}H^8O^7$. — La laque de garance du commerce est surtout formée du composé aluminique de la pseudo-purpurine. La meilleure manière de la préparer consiste à traiter la purpurine préparée, d'après la méthode de E. Kopp, par l'alcool tiède ; on dissout le résidu dans le carbonate de sodium à froid, on additionne le liquide filtré d'acide sulfurique étendu ; il se précipite un mélange d'hydrate de purpurine et de pseudopurpurine finement divisés. On traite ce mélange par l'alcool, à froid, pour éviter la décomposition de la pseudopurpurine, qui est peu stable. Les premières portions d'alcool se chargent de purpurine hydratée ou co colorant en brun foncé ;

les suivantes deviennent de plus en plus claires. Il arrive un moment où la partie dissoute qui colore l'alcool en rose est de la pseudopurpurine; on interrompt alors le traitement et on sèche le produit avec précaution.

Pour reconnaître la marche de la réaction, on a recours de temps en temps à des essais de teinture qui permettent de juger de l'avancement de la purification. La purpurine teint parfaitement les mordants de fer et d'alumine quand on met dans le bain de teinture des quantités équivalentes de matière colorante et de calcium à l'état de bicarbonate soluble dans l'eau. La purpurine et le calcium se fixent en même temps sur le tissu mordancé et il apparaît des couleurs bien nourries. Avec la pseudopurpurine, les choses se passent autrement : le carbonate de calcium est un obstacle à la teinture, la matière colorante formant avec lui une laque entièrement insoluble dans l'eau, même en présence d'un excès d'acide carbonique. Ces essais de teinture, basés sur la connaissance des conditions dans lesquelles chaque matière colorante donne les rendements maximum, peuvent être employés pour vérifier la pureté de la pseudopurpurine obtenue [A. Rosenstiehl, *Ann. Chim. Phys.*, (5), t. XIII, p. 266].

La pseudopurpurine cristallise en belles lamelles rouges, qui commencent à se décomposer vers 160° en purpurine et en acide carbonique; elle est soluble sans décomposition dans le chloroforme et dans la benzine. L'eau chaude et sur l'alcool la décomposent facilement.

On voit que, d'après ces propriétés, la pseudopurpurine ne pourra se trouver que dans les produits dérivés de la garance qui n'ont pas subi l'action d'une température élevée (voyez GARANCE, t. Ier, p. 1527), tels que la fleur de garance, la laque de garance et la purpurine commerciale de E. Kopp. Elle n'existe ni dans la garancine ni dans le garanceux. La pseudopurpurine ne se trouve pas non plus dans l'alizarine artificielle.

La pseudopurpurine n'a plus que des applications très restreintes. Son rôle est limité à la production de très beaux roses, très résistants au soleil, sinon aux lessivages; la fabrication des couleurs pour la peinture l'utilise également sous la forme d'une laque rouge très estimée. A cause de son peu d'importance même, l'industrie de la pseudopurpurine a quelque chance de subsister; la consommation de quelques centaines de kilogrammes de pseudopurpurine par an n'offre pas un débouché suffisant pour tenter la grande industrie chimique, mais elle est assez importante encore pour empêcher la culture de la garance de disparaître totalement. Actuellement, la Hollande seule cultive la garance. En 1881, sa production a été de 600000 kilogrammes, et de 1200000 en 1882 [A. Rosenstiehl, *Bull. Soc. Encouragement*, 1883, t. X, p. 261].

XANTHOPURPURINE [Syn. *Purpuroxanthine*],

$$C^{14}H^8O^4 = C^6H^4 < {CO \atop CO} > C^6H^2(OH)_{(1)}(OH)_{(3)}.$$

— La xanthopurpurine est contenue dans la purpurine commerciale. On peut l'obtenir artificiellement en traitant une solution alcaline de purpurine par le phosphore. Le phosphore se dissout sans dégagement gazeux; au bout de quelques minutes, la réaction est achevée. La liqueur, d'une couleur jaune intense, est versée dans l'eau, exposée pendant quelque temps à l'air, où elle vire à l'orangé rouge, puis précipitée par un acide. La purpuroxanthine en pâte est lavée, redissoute dans l'alcool, auquel on ajoute un peu de noir animal. La liqueur alcoolique claire est additionnée d'eau; il se sépare des flocons jaunes, translucides, qui ne tardent pas à prendre une consistance cristalline [A. Rosenstiehl, *Ann. Chim. Phys.*, (5), t. XVIII, p. 224].

On peut également préparer la purpuroxanthine au moyen de la purpuramide (voyez p. 1315). Sous cette forme, elle est d'un jaune très vif; elle fond à 262-263°,9. Par la sublimation, elle donne de belles aiguilles orangées, qui se confondent à l'aspect avec celles de l'alizarine.

En fondant la purpuroxanthine avec 10 fois son poids de potasse caustique et d'eau, entre 135 et 160°, on obtient de la purpurine. En faisant agir l'acide iodhydrique bouillant à 127° sur la purpuroxanthine, on obtient d'abord un produit d'addition, soluble en brun dans les alcalis, très oxydable à l'air, teignant les mordants d'alumine à la manière du quercitron. Ce corps possède la formule $C^{14}H^{10}O^4$; il provient donc de la fixation de 2H sur la purpuroxanthine. En continuant l'action de l'acide iodhydrique en présence de phosphore blanc, on obtient successivement l'anthracène, ses deux hydrures et un carbure liquide, inattaquable à l'acide nitrique, qui est probablement le carbure saturé $C^{14}H^{30}$ (Rosenstiehl).

La purpuroxanthine donne un dérivé diacétylé qui fond à 184°.

Purpuroxanthine dibromée, $C^{14}H^6Br^2O^4$. — On l'obtient en faisant agir le brome à froid sur la purpuroxanthine; le produit est purifié par cristallisation dans l'acide acétique glacial. Il forme des aiguilles orangées, fusibles à 227-230°. L'acide sulfurique et la potasse le transforment en purpurine.

On obtient un sel d'ammonium,

$$C^{14}H^4Br^2(OAzH^4)^2O^2,$$

en faisant bouillir le dérivé bromé avec de l'acétate d'ammonium. Il cristallise en aiguilles rouges, enchevêtrées, douées d'éclat métallique [Plath, *Deutsch. chem. Gesellsch.*, 1876, p. 1204].

Purpuroxanthine dinitrée, $C^{14}H^6O^4(AzO^2)^2$. — Ce corps prend naissance en faisant agir à froid l'acide nitrique ($D = 1,48$) sur la purpuroxanthine. Il forme des aiguilles d'un rouge clair, solubles dans l'eau, l'éther, l'alcool et l'acide acétique, fusibles à 249-250°. La dinitropurpuroxanthine s'obtient également en faisant passer un courant d'acide nitreux dans la dissolution sulfurique de purpuroxanthine; on purifie le produit par cristallisation dans l'acide acétique. Ainsi préparée, la dinitropurpuroxanthine diffère totalement par son aspect du produit préparé avec l'acide nitrique; elle se présente en aiguilles d'un bleu d'acier, à reflets rouges, qui fondent également à 249°. La dinitropurpuroxanthine forme des sels bien caractérisés (Plath).

Purpuroxanthine-amide, $C^{14}H^9AzO^3$. — Ce corps, analogue à la purpuréine, se prépare par l'action de l'ammoniaque sur la purpuroxanthine. On précipite par un acide et on traite le produit par de l'eau de baryte; le sel barytique de l'acide est beaucoup plus soluble que le composé correspondant de la purpuroxanthine.

Diméthylpurpuroxanthine, $C^{14}H^6(OCH^3)^2O^2$. — Préparée avec l'iodure de méthyle, elle se présente sous la forme de lamelles d'un jaune clair, fusibles à 178-180°.

Le *dérivé diéthylé*, $C^{14}H^6(OC^2H^5)^2O^2$, fond à 170° (Plath).

ACIDE PURPUROXANTHINE-CARBONIQUE, $C^{15}H^8O^6$ [Syn. *Munjistine*]. — Voyez Suppl., p. 1032.

ISOPURPURPURINE (*trioxyanthraquinone*). — Cette matière colorante, $C^{14}H^8O^5$, n'est pas contenue dans la garance; elle se trouve exclusivement dans l'alizarine artificielle; les marques *pour rouge* (R) en renferment jusqu'à 90 %. On peut l'obtenir à l'état de pureté en chauffant à 180-200°, en vase clos, 1 p. d'acide β-anthraquinone-disulfonique avec 4 p. de soude caustique et 1/10ᵉ de chlorate de potassium; on précipite par un acide et on purifie le produit par cristallisation dans l'acide acétique [Caro, *Deutsch. chem. Gesellsch.*, 1876, p. 682].

L'isopurpurine s'obtient également par l'oxydation directe de l'anthraflavone α (Rosenstiehl) et de l'acide isoanthraflavique (Schunck et Roemer).

L'isopurpurine cristallise en longues aiguilles orangées, peu solubles dans l'eau bouillante, solubles dans l'alcool bouillant. Elle fond au-dessus de 330°. Fondue avec la potasse, elle fournit, entre autres corps, de l'acide protocatéchique.

L'isopurpurine se dissout en violet sale dans l'acide sulfurique concentré et pur; si l'acide contient des traces de composés nitreux, la coloration est d'un beau violet rouge [Schunck et Rœmer, *Deutsch. chem. Gesellsch.*, 1877, p. 1823]. Une dissolution bouillante d'alun ne dissout que très peu d'isopurpurine; la dissolution est jaune-rougeâtre; par le refroidissement, la totalité de l'isopurpurine se sépare. Une dissolution alcoolique d'isopurpurine est précipitée en pourpre par l'acétate de plomb alcoolique; un excès d'acétate de plomb redissout le précipité à l'ébullition.

L'isopurpurine colore les tissus mordancés à l'alumine en un beau rouge écarlate; les nuances obtenues ne diffèrent pas de celles que donne la purpurine. Le mordant ferrique donne des nuances violettes, ternes, qui n'ont aucune valeur.

Triacétylisopurpurine. — On l'obtient en faisant bouillir l'isopurpurine avec de l'anhydride acétique. Elle forme des lamelles jaunâtres, fusibles à 220-222°.

Isopurpurine-amide. — En chauffant à 160-180° de l'isopurpurine avec de l'ammoniaque et en ajoutant au liquide un acide, on précipite des flocons bruns, constitués par l'isopurpurine-amide. Ce corps est insoluble dans l'eau, soluble dans l'alcool; il ne colore pas les mordants. Traité en solution alcoolique par l'acide nitreux, il se transforme en *acide isoanthraflavique* [Perkin, *Jahresb. Chem.*, 1878, p. 669].

FLAVOPURPURINE (*trioxyanthraquinone*). — Ce corps n'est pas contenu dans la garance. En revanche, l'alizarine artificielle pour rouge en renferme souvent des quantités notables (10-20 %). Il est très difficile de séparer l'isopurpurine de la flavopurpurine. Pour obtenir cette dernière, il est préférable de partir de l'acide α-anthraquinone-disulfonique, et de fondre ce corps avec la soude [Caro, Schunck et Roemer; voyez plus haut *Isopurpurine*]. Il est bon d'élever rapidement la température, de manière à éviter toute formation d'acide anthraflavique, qui ne se transforme que difficilement en flavopurpurine.

La flavopurpurine cristallise en aiguilles jaunes, solubles dans l'alcool froid et dans l'acide acétique bouillant. L'acide sulfurique concentré la dissout avec une belle couleur rouge, qui devient brune en présence de traces de composés nitreux.

L'acétate de plomb donne un précipité brun-rouge, qui ne se dissout que peu dans un excès d'acétate de plomb bouillant. La flavopurpurine fond au-dessus de 330° et se sublime en longues aiguilles qui ressemblent à de l'alizarine.

Les nuances fournies par la flavopurpurine sont plus jaunes que celles de l'α isopurpurine, avec les mordants ferriques, on obtient un violet rouge. Tandis que l'isopurpurine est surtout employée dans l'impression, la flavopurpurine est employée dans la teinture en rouge turc.

Diacétylflavopurpurine,

$$C^{14}H^5(OH)(OC^2H^3O)^2O^2.$$

— On obtient ce corps en traitant la flavopurpurine par l'anhydride acétique bouillant. Elle forme des lamelles d'un jaune d'or, fusibles à 238°, facilement décomposables par la potasse et l'ammoniaque.

Triacétylflavopurpurine, $C^{14}H^5(OC^2H^3O)^3O^2$. — Ce corps se prépare comme le précédent, en chauffant le mélange à 180-200°. Il forme des aiguilles d'un jaune de soufre, fusibles à 195-196°, qui se subliment déjà à 150°.

Dibenzoylflavopurpurine,

$$C^{14}H^5(OH)(OC^7H^5O)^2O^2.$$

— On prépare cette substance en chauffant à l'ébullition de la flavopurpurine avec du chlorure de benzoyle. On traite la masse par l'eau bouillante et on fait cristalliser le résidu dans l'acide acétique. On obtient des aiguilles jaunâtres, fusibles à 208-210°.

Flavopurpurine tribromée, $C^{14}H^2Br^3(OH)^3O^2$ — Si on ajoute du brome à une solution bouillante de flavopurpurine dans l'acide acétique, on obtient, par le refroidissement, de magnifiques aiguilles orangées, fusibles à 284°, constituées par un dérivé tribromé. Ce corps est peu soluble dans l'acide acétique; la soude le dissout avec une couleur qui rappelle plutôt celle de l'alizarine que celle de la flavopurpurine [Schunck et Roemer, *Deutsch. chem. Gesellsch.*, 1877, p. 1823].

OXYPURPURINE (*tétraoxyanthraquinone*). — On la prépare en fondant de l'anthraquinone tribromée avec de la potasse à une température de 240°. Si on remplace la potasse par de la soude, on n'obtient que de la purpurine.

L'oxypurpurine se dissout en brun-rouge dans les alcalis. Elle ne fond pas à 290° et se sublime sous la forme d'un enduit brun à une température plus élevée. Chauffée à 225° avec de l'anhydride acétique, elle donne un dérivé acétylé, fusible à 240° [Diehl, *Deutsch. chem. Gesellsch.*, 1878, p. 185].

G. de Bechi.

PURPUROGALLINE, $C^{20}H^{16}O^9$. — Voyez t. II, p. 1237. [De Clermont et Chautard, *Compt. rend.*, t. XCIV, p. 1189, 1254 et 1362.] — Ce corps prend naissance dans l'oxydation du pyrogallol en solution acide, au moyen du nitrate d'argent, de l'acide chromique ou du permanganate de potassium; avec ce dernier réactif, il y a formation simultanée de pyrogalloquinone $C^{18}H^{14}O^8$, qui reste dans les eaux mères. Enfin, elle se forme encore, et en grande quantité, lorsqu'on laisse oxyder à l'air libre une solution de pyrogallol dans de l'eau contenant 10 % de gomme arabique; elle se dépose lentement et, au bout de deux mois, la proportion de purpurogalline ainsi formée atteint 67 % du poids du pyrogallol employé.

La purpurogalline se présente en aiguilles d'un brun foncé, fusibles vers 256° et sublimables un peu au-dessus de cette température avec décomposition partielle.

La soude fournit avec la purpurogalline une combinaison très soluble dans l'eau, insoluble dans l'alcool, cristallisée en aiguilles de formule $C^{20}H^{12}O^9Na^4$. La combinaison barytique correspondante, $C^{20}H^{12}O^9Ba^2$, est un précipité presque insoluble dans l'eau

Le brome en solution acétique fournit le dérivé $C^{20}H^{12}Br^4O^9$ cristallisé en aiguilles transparentes d'un rouge clair, fusibles à 202-204°, insolubles dans l'eau, solubles dans tous les autres dissolvants neutres.

L'acide chlorhydrique est sans action sur la purpurogalline. L'acide sulfurique la dissout à froid sans l'altérer avec une belle couleur pourpre et la transforme à chaud en aiguilles brunes de la formule $C^{20}H^{12}O^{10}$.

L'acide iodhydrique la convertit en un mélange de carbures $(C^{10}H^{14})^n$.

L'ammoniaque réagit vivement sur la purpurogalline en suspension dans l'eau; le mélange passe du vert au bleu, puis au jaune, et fournit par l'évaporation un dérivé amidé dont la formule n'a pas été établie.

L'anhydride acétique transforme la purpurogalline en un dérivé tétra-acétylé, $C^{20}H^{12}O^{9}(C^{2}H^{3}O)^{4}$, aiguilles prismatiques d'un jaune d'or, fusibles à 186° et sublimables un peu au-dessus de cette température, presque insolubles dans l'eau, assez solubles dans l'alcool et dans l'éther.

Ad. Fauconnier.

PURPUROLÉINE. — Voyez Xantholéine, t. III, p. 727.

PURPUROXANTHINE et **PURPUROXANTHINE-CARBONIQUE (ACIDE)**. — Voyez Purpurine.

PUTRÉFACTION. — Depuis la publication de notre article Putréfaction, inséré au t. II, p. 1225 de ce Dictionnaire, plusieurs travaux importants ont été faits sur ce sujet.

Et d'abord, comme nous le savions déjà par les travaux de Pasteur, chaque ferment modifie dans une certaine mesure la nature des produits formés; mais généralement les ferments bactériens, et parmi eux les espèces les plus puissantes et les mieux armées, *bacillus subtilis, micrococcus,* etc. l'emportent et finissent par déterminer les caractères définitifs de la fermentation. Il résulte, en effet, des expériences que nous allons rapporter que, quels que soient la nature de l'albuminoïde qui fermente et les hasards de l'ensemencement spontané du début, il se transforme toujours *en très grande partie, en produits relativement simples, qui en dérivent par dédoublement avec hydratation et perte à la fois d'acide carbonique et d'ammoniaque.* Nous avons démontré de plus, par nos recherches faites en collaboration avec M. Étard, que les produits de la putréfaction se confondent presque entièrement avec ceux qu'avait obtenus M. Schutzenberger par l'action de l'eau et de la baryte à haute température sur les matières albuminoïdes. Ce n'est que grâce à la formation d'acide carbonique, aux dépens de la molécule protéique, que les matières résultant de la putréfaction semblent être des produits de réduction ou d'hydrogénation directe des albuminoïdes.

Voici, du reste, comment se fait la désagrégation de ces molécules si complexes [A. Gautier et Étard, *Compt. rend.*, t. XCIV, p. 1357] :

Au début, les muscles de bœuf ou de cheval naturellement acides et sans odeur, dégagent, alors même que par certains artifices on les met à l'abri de tout vibrion, une odeur acide (acides acrylique et acétique) et laissent suinter à travers leur tissu un liquide clair, sirupeux, qui paraît résulter d'un commencement de digestion de la chair musculaire sous l'influence d'un ferment qui lui est propre. Cette liqueur, épaisse, incolore, contient par litre 21 à 22 grammes d'albumine coagulable et fort peu de caséine. Si on laisse l'air et les ferments pénétrer dans ce milieu acide, les fermentations lactique et butyrique ne tardent pas à s'établir sous l'influence de grands bacilles à trois ou quatre articles, de larges bactéries, de bactéries en 8, et de granulations mobiles. Des gaz commencent à se dégager alors régulièrement. Avec la viande de bœuf, ils renferment, d'après nos expériences, pour 100 volumes, le treizième jour:

CO^2	Az	H
67	7,5	17,5
84	3,7	12,3
88	11,5	trace.

Dès les premiers jours de la fermentation, il se dégage surtout de l'acide carbonique et de l'hydrogène à volumes à peu près égaux, comme si un hydrate de carbone contenu dans ces tissus, l'inosite peut-être, ou mieux un hydrate qui proviendrait d'un dédoublement moléculaire initial de la chair musculaire, se transformait à la fois en acides butyrique et lactique :

$$2C^{6}H^{12}O^{6} = 2C^{3}H^{6}O^{3} + C^{4}H^{8}O^{2} + 2CO^{2} + 4H.$$

En effet, les acides contenus à ce moment dans la liqueur, d'une odeur plutôt butyrique que putride, sont l'acide lactique *ordinaire*, l'acide butyrique normal, et une minime proportion d'acides réduisant le nitrate d'argent (*acides crotoniques*), sur lesquels nous reviendrons. Il ne se produit alors qu'une trace à peine d'hydrogènes sulfuré et phosphoré, mais jamais la moindre proportion de gaz hydrocarbonés. Enfin, *le milieu reste acide.*

Tel est le phénomène initial de la fermentation putride, phénomène qui paraît dû à la destruction d'hydrates de carbone faiblement unis à la matière albuminoïde proprement dite dans la viande des animaux à sang chaud.

Quant à l'azote, il ne commence à apparaître que du quatrième au huitième jour.

Nous disons que la fermentation acide du début est un épiphénomène. La fermentation putride de la chair de poisson en est une preuve manifeste. Dès le début, en effet, celle-ci devient *alcaline* et ne dégage, pour ainsi dire, pas d'hydrogène ou à peine une trace. Les 95 °/₀ des gaz produits dans ce cas sont de l'acide carbonique presque pur. Les fermentations lactique et butyrique, ci-dessus signalées au commencement de la putréfaction de la chair des mammifères, ne s'établissent jamais avec celle de poisson. La fermentation des chairs de poisson prouve donc que ce phénomène d'acidification butyrique et lactique du début tient à une constitution spéciale de la viande des êtres à sang chaud.

C'est avec l'apparition de l'azote que commence la vraie fermentation putride. A ce moment, les grands bacilles et bactériums disparaissent, remplacés par de petits bacilles trémulents et à tête très réfringente. Ceux-ci attaquent la molécule albuminoïde par son côté uréique et en dégagent abondamment de l'ammoniaque et de l'acide carbonique; *le milieu devient alors rapidement et fortement alcalin.* A ce moment, la molécule protéique se dissocie presque absolument en perdant de l'acide carbonique *à peu près pur*, absorbant de l'eau, et se transformant plus ou moins entièrement en leucines, leucéines, acides gras, phénols et ptomaïnes. Mais les quantités d'hydrogène, d'azote et même d'hydrogènes sulfuré et phosphoré, qui se dégagent au total durant ce dédoublement de la matière albuminoïde, ne représentent, comme nous nous en sommes assurés, qu'un poids très minime de la matière primitive, à peine 1 pour 100. Ce dégagement d'azote très réel ne constitue donc qu'un phénomène accessoire de la décomposition de la molécule protéique.

J'en dirai autant du dégagement d'hydrogène sulfuré. Il se produit certainement sous l'action d'un ferment spécial coexistant avec ceux de la fermentation putride, mais agissant à côté d'eux. On sait que M. Miquel a extrait de l'air une bactérie attaquant les composés sulfurés, les matières albuminoïdes et jusqu'au caoutchouc vulcanisé, et donnant à leurs dépens un abondant dégagement d'acide carbonique et de gaz sulfhydrique. C'est à ce ferment spécial qu'il attribue le dégagement de ce gaz dans les fosses d'aisances. C'est à lui que nous croyons dues les minimes proportions d'hydrogène sulfuré qui se forment durant la putréfaction des albuminoïdes [*Bull. Soc. chim.*, t. XXXI, p. 530].

Les schyzomycètes, acteurs de la fermentation putride, forment un ensemble d'espèces très multiples, et l'on consultera avec fruit, relativement à l'action spéciale que chacune d'elles exerce sur les diverses matières fermentescibles, les travaux de A. Fitz [*Deutsch. chem. Gesellch.*, 1880 à 1883]. Le bacille butylique de cet auteur, que nous avons vu se développer au commencement de la fermentation acide des *chairs de mammifères*, transforme la glycérine, la mannite, les sucres en alcool butylique ainsi qu'en acides butyrique, succinique, lactique et en triméthylène-glycol [*Bull. Soc. chim.*, t. XXXIII, p. 188 et t. XXXVIII, p. 584]; mais ce n'est certainement pas lui qui transforme les matières albuminoïdes en produits putrides. Il se borne à *dissoudre et peptoniser* lentement ces matières coagulées, sans même pouvoir jamais parvenir à hydrater l'urée toute formée, encore moins à atteindre le côté uréique de la molécule albuminoïde.

Les schyzomycètes de la putréfaction sont de fines bactéries à mouvements oscillatoires très vifs, en forme de points ou de 8, et des *coccus* ou petites cellules, tantôt isolées, mais le plus souvent associées par deux ou par trois, probablement très analogues au ferment ammoniacal des urines; ces organismes agissent par dédoublement et hydratation de la molécule, à peu près comme celui qu'a étudié Loew, qui à l'abri de l'air transforme l'acide quinique en acides acétique, formique et propionique. [*Bull. Soc. chim.*, t. XXXVII, p. 239].

Les ferments putrides sont anaérobies, comme l'avait dit Pasteur, comme l'a confirmé Nencki par ses expériences [*Bull. Soc. chim.*, t. XXXIV, p. 187], comme nous l'avons observé nous-mêmes, et quelle que soit à ce sujet l'opinion de Gunning, dont les expériences négatives ne nous paraissent pas convaincantes [*Bull. Soc. chim.*, t. XXXIV, p. 186]. Il est vrai que l'oxygène disparaît des fermentations putrides, mais c'est là une raison de plus pour reconnaître que les bactéries qui restent fermentent sans oxygène. Celui-ci, lorsqu'il est libre, ne disparaît qu'en se combinant à quelques-uns des corps très oxydables résultant de la fermentation bactérienne [voir, sur l'influence des gaz sur les bactéries, *Bull. Soc. chim.*, t. XXXIV, p. 189, et t. XXXVIII, p. 536].

L'oxyde de carbone, l'acide sulfureux, l'acide salicylique, les alcaloïdes vénéneux ne paraissent pas arrêter l'action des schyzomycètes. Le phénol, l'alcool, le permanganate de potasse, le fer spongieux, au contraire, l'enrayent rapidement [Hatton, *Journ. of the Chem. Soc.*, t. XXXIX, p. 247]. Toutefois, en vase clos, la putréfaction est bientôt enrayée ou ne se continue qu'avec une excessive lenteur.

Dans nos expériences, les muscles conservés par centaines de kilos, dans des tonnelets, durant les chaleurs de l'été 1881, n'ont fermenté très activement que pendant un mois. Si on laisse alors pénétrer l'air et l'eau, si on lave même les matières solides dans un courant d'eau de fontaine, le travail putréfactif ne reprend plus : il est comme paralysé. Quoique le muscle ait en partie gardé sa couleur et sa forme, il ne subit désormais que très lentement les transformations qui vont l'amener à l'état définitif d'un mélange constitué principalement par les acides gras et les corps amidés dont nous allons bientôt parler. Cette imputrescibilité apparente semble tenir non à ce que les gaz de la putréfaction, ne se dégageant pas, empêchent l'action des ferments, mais à ce que le phénol et les corps analogues qui se forment durant la putréfaction modifient les fonctions des générations successives de bactéries et communiquent ainsi aux muscles une certaine imputrescibilité. L'élimination continue des produits gazeux ou liquides de la putréfaction est donc une condition très favorable à la transformation rapide des albuminoïdes.

Pour ce qui touche à l'origine de ces bactéries putrides elles-mêmes, peuvent-elles se produire de toutes pièces par l'évolution des spores de micrococcus qui préexisteraient dans nos organes, ou des *mycrozymas* de Béchamp? On sait que ce dernier auteur admet que nos cellules et tous nos liquides organiques contiennent constitutivement des granulations vivantes d'une extrême activité, aptes à évoluer en bactéries de diverses espèces, et à provoquer ainsi des fermentations spéciales [voyez à ce sujet le *Bull. Acad. méd.*, années 1881 et 1882]. Béchamp et son école, Nencki et Giacosa, Bilroth et Tiegel, Burdon Sanderson, etc., partagent l'opinion de la préexistence des germes bactériens dans nos tissus normaux, mais nous pensons que la démonstration scientifique de cette grave proposition reste toujours à faire [voyez *Bull. Soc. chim.*, t. XXXIV, p. 663].

La substance principale qui compose les bactéries a été examinée par Nencki. C'est une matière albuminoïde qu'il a nommée *mycoprotéine*; elle est exempte de soufre et de phosphore; elle est très soluble dans l'eau, les acides, les alcalis. Les sels neutres la séparent de ses solutions. Le ferrocyanure de potassium, le tannin, l'acide picrique, le chlorure mercurique la précipitent; l'acide nitrique ne produit avec elle qu'un faible trouble et ne donne pas la réaction xanthoprotéique. Le réactif de Millon la colore en rouge; le sulfate de cuivre mêlé de soude la colore en violet. L'alcool ne précipite pas sa solution [*Bull. Soc. chim.*, t. XXXIV, p. 665].

Sans nous étendre davantage sur la nature, les conditions de fonctionnement, l'origine et la composition de divers schyzomycètes de la fermentation putride, voyons maintenant quels corps résultent de leur action sur les albuminoïdes.

Nous avons soigneusement étudié ce sujet en collaboration avec M. Étard, et il a été dit plus haut qu'il résulte de nos recherches, faites sur des centaines de kilogrammes, que les matières albuminoïdes se transforment en majeure partie dans ces mêmes produits qui résultent, d'après Schützenberger, de leur décomposition par l'eau aidée des alcalis caustiques, à la température de 250° [*Compt. rend. Acad. sciences*, t. XCIV, p. 1599]. Ces produits sont : l'ammoniaque, l'acide carbonique, les corps amidés complexes, les acides gras en abondante quantité, les acides de la série oxalique et de la série lactique, une petite quantité de phénol, scatol, indol, un peu d'acides phénylacétique et phénylpropionique, enfin des bases organiques : méthylamine, triméthylamine et ptomaïnes.

Nous avons adopté dans nos recherches le procédé d'analyse immédiate suivant de ces nombreux produits [voyez *Compt. rend. Acad. sciences*, t. XCIV, p. 1598, et t. XCVII, p. 263] :

Les matières putrides, liquides et solides sont évaporées dans le vide à basse température.

La liqueur distillée (A) contient beaucoup de carbonate d'ammoniaque, les phénols, le scatol, l'indol, la triméthylamine accompagnée d'une trace de ptomaïnes, et une partie des acides gras volatils.

Après cette distillation le résidu est successivement épuisé par l'éther et par l'alcool.

L'épuisement par l'éther (B) sépare les ptomaïnes solubles dans ce dissolvant, ainsi qu'une abondante quantité d'un acide gras (*acide palmitique*), qui cristallise par évaporation de l'éther. En même temps, celui-ci se charge de paillettes cristallines, nacrées, brillantes, qui, dans le cas de la *viande de mammifère*, sont le sel de chaux d'un acide amido-stéarique (*leucine stéarique*) que nous avons séparé de ce sel par l'acide chlorhydrique et analysé [*Ibid.*, t. XCVII, p. 265]. Dans le cas de la chair de poisson, on sépare de même de l'éther, sous forme de paillettes nacrées, une amide complexe répondant à la formule $C^{11}H^{26}Az^2O^6$ [*Compt. rend. Acad. sciences*, t. XCIV, p. 1599].

L'épuisement par l'alcool (C) sépare ensuite le reste des acides gras ainsi que les corps azotés, acides et neutres, presque tous cristallisables.

Le résidu, insoluble dans l'alcool, contient, outre des matières albuminoïdes incomplètement transformées, des sels que l'on décompose par ébullition avec l'acide chlorhydrique faible à l'abri de l'air (car ces produits sont très oxydables). En évaporant et reprenant par l'alcool chaud, on obtient une nouvelle solution alcoolique (D), que les acétate et sous-acétate de plomb précipitent successivement et séparent en deux parties principales.

On divise ainsi très rapidement les produits complexes de la putréfaction en quatre parts, (A), (B), (C), (D).

La liqueur éthérée (B) étant distillée donne comme résidu une huile brune qui ne tarde pas à cristalliser en paillettes blanches, insolubles dans l'eau, distillant à 262-264° sous la pression de 70 millimètres, et fondant à 73°,5. Ce corps est de l'*acide palmitique.*

A côté de cet acide gras fixe on ne rencontre, dans les produits de la putréfaction, ni acide stéarique, ni acide oléique, ni corps gras, ni glycérine. L'acide palmitique seul a résisté; ou plutôt, comme nous le croyons, il est lui-même un produit de la vie des bactéries putrides.

Le résidu de la cristallisation dans l'éther de l'acide ci-dessus, repris par l'acide sulfurique étendu et sans excès, laisse dissoudre les *ptomaïnes* [voyez ce mot, Suppl., p. 1310].

Le produit (C) de l'épuisement par l'alcool mélangé aux eaux mères ci-dessus épuisées de ptomaïnes, et additionné d'acide sulfurique étendu laisse séparer une couche d'acides gras que l'on distille pour séparer ceux d'entre eux qui sont volatils. Dans ces produits acides distillés nous avons pu déterminer par les méthodes ordinaires la présence de beaucoup d'acide *butyrique* ordinaire, d'une proportion notable d'acide *valérique*, d'un peu d'acide *acrylique*, d'une trace seulement d'acide *formique*.

La partie liquide qui ne distille pas est mélangée de chaux. On sépare le précipité et on le traite par de l'acide acétique étendu. Celui-ci dissout un sel calcaire qui, décomposé par un excès d'acide sulfurique et agité avec de l'éther, donne une notable proportion (12 grammes par litre de jus putride primitif) d'*acide succinique* ordinaire bien cristallisé[1]; dans le précipité calcaire, on trouve une trace d'*acide oxalique*.

Les sels calcaires solubles, séparés du précipité précédent, convenablement traités et précipités par le nitrate d'argent, fournissent de l'*acide crotonique ordinaire*, $C^4H^6O^2$. Les eaux mères de ce sel contiennent de l'*acide glycolique*, à côté duquel, et dès le début surtout de la fermentation, on peut caractériser l'*acide lactique ordinaire* sans acide sarcolactique.

Les sels calcaires ci-dessus, d'où l'eau froide a séparé les parties les plus solubles, cristallisent dans l'eau bouillante et donnent, par l'acétate de cuivre, un précipité formé par un sel dont l'acide, $C^9H^{15}AzO^4$, est amidé et a été aussi rencontré par Schutzenberger parmi les produits de l'action de la baryte sur l'albumine. Ce corps est très rapproché des acides aspartique et glutamique. Par la potasse fondante, il se dédouble comme il suit :

$$C^9H^{15}AzO^4 + 4KHO$$
$$= \underset{\text{Homologue de l'allylamine.}}{C^7H^{15}Az} + 2CO^3K^2 + 2H^2O.$$

Si l'on traite ensuite à chaud par l'acide sulfurique le résidu alcoolique (C) ci-dessus, dans le but de décomposer les sels des acides amidés, si l'on fait bouillir et si l'on reprend à plusieurs reprises par l'alcool bouillant, on parvient à séparer par cristallisations successives les différentes leucines et leucéines formées au cours de la putréfaction.

Les acides amidés (leucines ou leucéines) que nous sommes ainsi parvenus à extraire sont les suivants :

L'acide amidé, $C^9H^{15}AzO^4$, ci-dessus indiqué.

L'acide amidostéarique, $C^{18}H^{35}(AzH^2)O^2$, déjà mentionné.

Un *acide amidé* formé de paillettes nacrées, blanches, brillantes, que l'on trouve spécialement dans les produits de la transformation de la chair de poisson et qui répond à la formule

$$C^8H^{20}Az^2O^3.$$

Ce corps, fondu avec la potasse, dégage de l'ammoniaque et laisse un résidu de caproate, caprylate et acétate alcalins [*Compt. rend. Acad. sciences*, t. XCVII, p. 266].

Une *leucine* blanche, ressemblant beaucoup à la leucine ordinaire, substance douceâtre, assez soluble dans l'eau, cristallisant en lamelles rhombes sublimables et répondant à la formule

$$C^{11}H^{26}Az^2O^6.$$

C'est un acide amidé qui, fondu avec la potasse très concentrée, donne, avec dégagement d'hydrogène et d'ammoniaque, des carbonate, valérate et butyrate potassiques, en même temps qu'une portion se dédouble en leucines et leucéines correspondantes [*Ibid.*, t. XCVII, p. 266].

De la *leucine* ordinaire, déjà bien souvent signalée avant nous.

Des *leucéines butyrique*, $C^4H^5(AzH^2)O^2$, et *valérique*, $C^5H^7(AzH^2)O^2$.

La putréfaction étant essentiellement un processus énergique d'hydratation des albuminoïdes, ces divers acides amidés se transforment en grande partie, au cours de la fermentation putride, en ammoniaque et acides correspondants. Au bout de huit mois, nous n'avons plus trouvé que la cinquième partie de l'azote des matières albuminoïdes primitives à l'état de corps amidés; le reste s'était hydraté, suivant les réactions que cette classe de corps subit spécialement sous l'influence de l'eau aidée des alcalis à haute température.

A côté des substances précédentes, nous avons retrouvé le phénol, le scatol et l'indol signalés avant nous; le phénol en particulier, en quantité assez abondante. Il avait été reconnu par Baumann [*Bull. Soc. chim.*, t. XXVIII, p. 391] à côté de l'indol observé par Nencki et du scatol signalé par Salkowski.

D'après Baumann, 100 grammes de fibrine humide fournissent 73 milligrammes de tribromophénol.

Aux substances basiques acides et amidées précédentes, observées par nous en étudiant, dans ces dernières années, la fermentation putride, il faut ajouter celles qui avaient été déjà trouvées par E. et H. Salkowski, savoir : les acides *phénylacétique*, *phénylpropionique* et *paroxyphénylacétique* [voyez *Bull. Soc. chim.*, t. XXXIII, p. 330].

1. Beaucoup de fermentations paraissent donner lieu à la formation d'acide succinique (voyez, sur la fermentation de l'asparagine et sur le ferment dit *succinique*, Miquel, *Bull. Soc. chim.*, t. XXXI, p. 101).

La proportion d'acide phénylpropionique,

$C^9H^{10}O^2$

(*acide hydrocinnamique*), fusible à 47°,5, s'élevait à peine à un demi pour cent du poids de la matière albuminoïde humide.

L'*acide phénylacétique*, $C^8H^8O^2$, apparaît déjà vers le treizième jour.

L'*acide paroxyphénylacétique* ou *oxytoluique*, $C^8H^8O^3$, fusible à 148°, a été surtout signalé dans la putréfaction de la laine ou de la soie.

Des observations de Nencki, des miennes et de celles de Duclaux, il résulte que, durant la digestion dans l'estomac d'abord, et surtout dans l'intestin après que les albuminoïdes ont reçu l'affusion du suc pancréatique, les substances protéiques subissent une série de transformations, et de dédoublements par hydratation (*peptonisation*), en un mot, de simplifications *d'où résultent en partie les produits mêmes de la putréfaction ordinaire*. Mais c'est là un tout autre sujet, dont l'étude doit être faite à propos de la digestion et des fermentations digestives des albuminoïdes.

Enfin, j'ai montré (voyez PTOMAÏNES, Suppl., p. 1313) que dans une partie (le 1/5 environ) des cellules de l'homme et des grands animaux, et malgré l'apport incessant de l'oxygène respiré, les albuminoïdes de nos tissus se détruisent à la façon des êtres anaérobies, comme ils le feraient en présence des ferments putrides, ainsi que l'indiquent clairement la quantité d'oxygène absorbé comparée à celle qui est éliminée dans le même temps par l'ensemble de nos excrétions, et l'identité des produits formés dans le cas de la vie normale comparée à la fermentation bactérienne.

Arm. Gautier.

PYRÈNE (voyez t. II, p. 1230). — La meilleure manière de purifier ce carbure est de faire évaporer très lentement à la température ordinaire une solution du carbure commercial dans la ligroïne. Il cristallise en prismes clinorhombiques, fusibles à 149°. Le *picrate* fond à 222°, et le dérivé mononitré à 150° [Hintz, *Deutsch. chem. Gesellsch.*, 1877, p. 2143; — Watson Smith, *Journ. chem. Soc.*, 1880, p. 413].

PYRÉTHRINE. — Buchheim a isolé de la racine de pyrèthre une substance cristallisée en aiguilles fusibles vers 30°, que la potasse alcoolique dédoublerait en pipéridine et *acide pyréthrique* amorphe [*Jahresb. Chem.*, 1876, p. 830].

PYRIDINE (voyez t. II, p. 1231]. — Haitinger [*Monatsh. Chem.*, t. III, p. 688] a rencontré une petite quantité de pyridine dans l'alcool amylique du commerce; Œchsner de Coninck en a trouvé dans quelques échantillons d'esprit de bois brut [*Société chimique*, séance du 22 février 1884].

Hofmann a oxydé le chlorhydrate de pipéridine, en solution aqueuse concentrée, par un excès de brome à une température de 200-220°; il a obtenu une *dibromoxypyridine*, $C^5H^3Br^2AzO$ [*Deutsch. chem. Gesellsch.*, 1879, p. 984]; en attaquant l'acétylpipéridine par le brome, le même auteur a isolé une monobromo- et une dibromopyridine et de la pyridine [*Deutsch. chem. Gesellsch.*, 1883, p. 586]. Koenigs a repris l'étude de cette réaction [*Deutsch. chem. Gesellsch.*, 1879, p. 2341], mais, au lieu d'employer le brome, il a chauffé à 300° de la pipéridine avec un excès d'acide sulfurique concentré; il a obtenu une quantité assez notable de pyridine. L'action d'un excès d'oxyde d'argent sur la pipéridine, en solution aqueuse, donne également naissance à de la pyridine, mais le rendement est très faible [*loc. cit.*]. Schotten [*Deutsch. chem. Gesellsch.*, 1882, p. 421] a chauffé pendant 4 heures, à 180°, en tubes scellés, du chlorhydrate de pipéridine sec avec un fort excès de brome; il a observé la formation d'une dibromopyridine et de pyridine en faible quantité. Ciamician et Dennstedt ont fait réagir le chloroforme et le bromoforme sur le pyrrol-potassium; cette réaction leur a fourni une chloropyridine bouillant à 148° et une bromopyridine bouillant à 169°,5 [*Deutsch. chem. Gesellsch.*, 1881, p. 1153, et 1882, p. 1172].

Il se forme de la pyridine lorsqu'on distille, avec huit fois son poids de poudre de zinc, le corps sirupeux résultant de l'oxydation de la cinchonine au moyen de l'acide chromique [Weidel et Hazura, *Monatsh. Chem.*, t. III, p. 770]. Lieben et Haitinger ont obtenu de la pyridine par la distillation sur le zinc en poudre de l'acide coménamique $C^5H^3AzO(OH)CO^2H$ [*Deutsch. chem. Gesellsch.*, 1883, p. 1263].

Nous venons de voir comment on a réalisé la synthèse d'une monochloro- et d'une monobromopyridine. En traitant par le brome une solution de chlorhydrate de pyridine, Hofmann a obtenu un produit d'addition renfermant $C^5H^5Az.Br^2$, se dédoublant à une douce chaleur en brome et pyridine; lorsqu'on le soumet à l'action d'une température de 200°, en tubes scellés, il se produit une notable quantité d'acide bromhydrique et un dérivé cristallisé (probablement une dibromopyridine) [*Deutsch. chem. Gesellsch.*, 1879, p. 984]. Grimaux a montré qu'en arrosant le bromure de pyridine brut avec son poids d'alcool, on obtient, au bout de 24 heures, du bromhydrate de bromure de pyridine $(C^5H^5Az.Br^2)^2.HBr$ [*Bull. Soc. chim.*, t. XXXVIII, p. 127].

Hofmann [*loc. cit.*] a préparé une mono- et une dibromopyridine, en faisant réagir 2 molécules de brome sur 1 molécule de pyridine. On distille dans un courant de vapeur d'eau; la dibromopyridine passe d'abord. On neutralise le résidu acide par un alcali et l'on recommence la distillation avec la vapeur d'eau; il passe une huile très peu soluble dans l'eau et bouillant vers 170°: c'est une monobromopyridine. Le dérivé dibromé est solide, il fond à 100-110°, et est très soluble dans l'éther, assez soluble dans l'alcool bouillant, peu soluble dans l'alcool froid et dans l'eau bouillante.

L'amalgame de sodium, le zinc et l'acide chlorhydrique transforment la chloropyridine bouillant à 148° (voyez plus haut), en une base possédant la composition d'une chloropipéridine,

$C^5H^{10}ClAz.$

Cette réaction confirme la manière de voir d'Hofmann, de Koenigs et de Schotten, qui considèrent la pipéridine comme un hexahydrure de pyridine. La bromopyridine, traitée par le zinc et l'acide chlorhydrique, est convertie en dihydropyridine, C^5H^7Az, bouillant à 111-113°, et en pyridine [Ciamician et Dennstedt, *Deutsch. chem. Gesellsch.*, 1882, p. 1172].

L'acide iodhydrique, à 300°, transforme la pyridine en ammoniaque et pentane normal :

$$C^5H^5Az + 10H = AzH^3 + C^5H^{12}$$

[A.-W. Hofmann, *Deutsch. chem. Gesellsch.* 1883, p. 586].

ACIDE PYRIDINE-SULFONIQUE. — Pour préparer cet acide, on fait bouillir la pyridine, mélangée avec 3 ou 4 fois son poids d'acide sulfurique concentré, pendant 30-40 heures; ou bien on chauffe ce mélange pendant une journée en tubes scellés à 320-330°. On neutralise par l'hydrate de baryum; le pyridine-sulfonate de baryum cristallise en belles aiguilles soyeuses et incolores; il est très soluble dans l'eau et contient H^2O, qu'il perd à 110°.

Le sel de sodium est en petits cristaux mamelonnés très solubles dans l'eau [O. Fischer, *Deutsch. chem. Gesellsch.*, 1882, p. 62]. Distillé avec du cyanure de potassium, il fournit la *cyano-pyridine* $C^5H^4Az-CAz$.

La cyanopyridine cristallise sous la forme de belles aiguilles blanches, groupées en masses radiées. Elle fond à 48-49°, elle est très soluble dans l'eau, l'éther, l'alcool, la benzine, moins soluble dans la ligroïne, peu soluble dans la pyridine. Ses sels sont bien définis ; le chlorhydrate est en aiguilles incolores ; le chloroplatinate cristallise en aiguilles légèrement jaunâtres. L'acide chlorhydrique, à 115°, transforme la cyano-pyridine en acide nicotianique [O. Fischer, *Deutsch. Chem. Gesellsch*, 1882, p. 62].

Gerichten prépare la bétaïne de la pyridine en chauffant au bain-marie 10 grammes de la base avec 20 grammes d'acide monochloracétique [*Deutsch. chem. Gesellsch.*, 1882, p. 1251].

La *bétaïne*, $C^7H^7AzO^2 + H^2O$, se présente sous la forme de belles tables douées d'éclat, très solubles dans l'eau et dans l'alcool bouillant, insolubles dans l'éther ; elle fond partiellement à 150° et se décompose au-dessus de cette température.

Le *chlorhydrate*, $C^7H^7AzO^2.HCl$, constitue de grandes et belles tables incolores, très solubles dans l'eau froide, l'alcool bouillant, peu solubles dans l'alcool froid, insolubles dans l'éther ; à 205°, il subit le dédoublement suivant :

$$C^5H^5Az.CH^2\text{-}CO^2H.Cl = CO^2 + CH^3Cl + C^5H^5Az.$$

La bétaïne de la dibromopyridine se prépare de la même manière ; mais elle se forme beaucoup plus difficilement que celle de la pyridine ; elle fond à 109° et forme des sels bien définis.

DIPYRIDYLE,

$$C^{10}H^8Az^2 = \begin{matrix} C^5H^4Az \\ \vdots \\ C^5H^4Az \end{matrix}$$

Weidel et Russo ont repris l'étude de l'action du sodium sur la pyridine [*Monatsh. Chem.*, t. III, p. 850] ; en traitant 200 grammes de pyridine à 75-80° dans un appareil à reflux par 35 grammes de sodium, ils ont obtenu un composé qu'ils appellent γ-*dipyridyle*, et qui diffère de la dipyridine d'Anderson par H^2 en moins.

Le γ-dipyridyle constitue une masse cristalline, fusible à 114°, bouillant à 304°,8 (corrigé), sous 760 millimètres, très soluble dans l'alcool, la benzine, le chloroforme, moins soluble dans l'éther, à peine soluble dans l'eau froide. A l'air humide, il forme un hydrate $C^{10}H^8Az^2 + 2H^2O$.

Le chlorhydrate, $C^{10}H^8Az^2.2HCl$, est très soluble dans l'eau ; il cristallise en aiguilles clinorhombiques. Le chloromercurate,

$$C^{10}H^8Az^2.2HCl + HgCl^2,$$

est en lamelles clinorhombiques.

Le chloroplatinate, $C^{10}H^8Az^2.2HCl + PtCl^4$, constitue de petits cristaux jaune clair.

Le nitrate, $C^{10}H^8Az^2 + 2AzO^3H$, est en aiguilles orthorhombiques.

Le sulfate, $C^{10}H^8Az^2 + SO^4H^2 + 2H^2O$, cristallise en prismes clinorhombiques.

L'iodométhylate, $C^{10}H^8Az^2, 2CH^3I$, se présente sous la forme de grands cristaux clinorhombiques.

Oxydé en solution sulfurique par le permanganate de potassium, le γ-dipyridyle fournit de l'acide isonicotianique. Soumis à l'action de l'étain et de l'acide chlorhydrique, il se transforme en isonicotine, base isomérique avec la nicotine :

$$C^{10}H^8Az^2 + H^6 = C^{10}H^{14}Az^2.$$

DIPYRIDINE. — Selon Weidel et Russo [*loc. cit.*], en même temps que le γ-dipyridyle, il se forme une petite quantité d'une base en $C^{10}H^{10}Az^2$, identique avec la dipyridine d'Anderson. Elle constitue un liquide incolore, presque inodore, doué d'une saveur brûlante, très soluble dans l'eau, l'alcool, l'éther, bouillant à 286-290°, sous 735 millimètres, et donnant des sels gommeux. Elle résiste à l'action de l'hydrogène naissant ; à l'oxydation, elle donne des produits complexes qui n'ont pas été décrits. ŒCHSNER DE CONINCK.

PYRIDINE-CARBONÉS (ACIDES) [Syn. *Acides carbopyridiques*]. — Les homologues de la pyridine, la quinoléine et ses homologues, ainsi que certains alcaloïdes naturels, fournissent, par oxydation, des acides azotés, qui sont à la pyridine ce que les acides aromatiques sont à la benzine. Distillés sur la chaux, ils sont décomposés en gaz carbonique et en pyridine.

Nous les diviserons en trois groupes correspondant aux trois *types* : acides benzoïque, phtalique et trimésique ; nous n'en donnerons qu'une description sommaire, car ils sont encore peu étudiés.

1° ACIDES PYRIDINE-MONOCARBONÉS. — On en connaît trois : ce sont les acides *picolique*, *nicotianique* et *isonicotianique* ou *pyrocinchoméronique*, déjà décrits (voyez chacun de ces mots).

Nous ajouterons que Skraup [*Monatsh. Chem.*, t. Ier, p. 800, et t. IV, p. 569] considère l'acide picolique comme le dérivé *ortho*

$$C^5H^4Az_{(1)}CO^2H_{(2)};$$

l'acide nicotianique serait le dérivé *méta*, et l'acide isonicotianique le dérivé *para*. Ladenburg s'est rallié à cette manière de voir [*Deutsch. chem. Gesellsch.*, 1883, p. 2059].

2° ACIDES PYRIDINE-DICARBONÉS. — Leur composition répond à la formule générale

$$C^5H^3Az \begin{cases} CO^2H \\ CO^2H. \end{cases}$$

Les six acides prévus par la théorie sont connus. Ce sont :

1° L'acide *cinchoméronique*, fusible à 250°. Il prend naissance lors de l'oxydation de la quinine et de la cinchonine par l'acide azotique [Weidel et von Schmidt, *Deutsch. chem. Gesellsch.*, 1879, p. 1146] ; dans la décomposition pyrogénée de l'acide tricarbopyridique, provenant de l'oxydation des alcaloïdes du quinquina [Hoogewerf et van Dorp, *Deutsch. chem. Gesellsch.*, 1880, p. 152] ; lors de l'oxydation de l'acide homonicotianique au moyen du permanganate de potassium (Œchsner de Coninck).

2° Un acide fusible à 223-225°, obtenu dans l'oxydation de la quinoléine, au moyen d'une solution bouillante de permanganate de potassium [Hoogewerf et van Dorp, *Deutsch. chem. Gesellsch.*, 1879, p. 747, et 1881, p. 983].

3° L'acide *lutidique*, fusible à 219°,5, provenant de l'oxydation, au moyen du permanganate, des lutidines de l'huile de Dippel [Weidel et Herzig, *Monatsh. Chem.*, t. Ier, p. 1 à 47] ; cet acide est reconnaissable à la coloration rouge que prend sa solution en présence des sels ferreux.

4° L'acide *isocinchoméronique*, fusible à 237°,5, découvert par Weidel et Herzig, en même temps que l'acide lutidique, parmi les produits d'oxydation du mélange des lutidines de l'huile de Dippel [*loc. cit.*].

5° Un acide fusible à 258-259°, prenant naissance dans la décomposition pyrogénée de l'acide tricarbopyridique (obtenu lui-même par l'oxydation de l'acide cinchonique au moyen de MnO^4K) [Skraup, *Monatsh. Chem.*, t. Ier, p. 184]. Cet acide, confondu par quelques auteurs avec l'acide cinchoméronique, paraît cependant en différer, d'après l'étude qui a été faite de ses sels.

6° Un acide fusible à 96°, que Claus a obtenu en oxydant la diquinoléine (polymère de la quinoléine) [*Deutsch. chem. Gesellsch.*, 1881, p. 1939]. Cet acide est à peine étudié.

3° Acides pyridine-tricarbonés, de formule générale

$$C^5H^2Az \begin{cases} CO^2H \\ CO^2H \\ CO^2H. \end{cases}$$

— On a isolé un certain nombre de ces acides, mais ils sont peu connus. Nous donnons ici leur liste sommaire.

1° Acide *berbéronique* : obtenu par Weidel dans l'oxydation de la berbérine; il fond à 243° [Furth, *Monatsh. Chem.*, t. II, p. 416].

2° Un acide résultant de l'oxydation des acides quininique et cinchonique (par MnO^4K), ou de la quinine [Skraup, *Monatsh. Chem.*, t. II, p. 587; — Hoogewerf et van Dorp, *Deutsch. chem. Gesellsch.*, 1880, p. 152]; ou de la quinidine et de la cinchonidine [Dobbie et Ramsay, *Journ. of chem. Society*, 1879, t. XXXV, p. 189 et 193]. Cet acide fond vers 245°, en se décomposant.

3° Un acide formé dans l'oxydation de la lépidine [Hoogewerf et van Dorp, *Deutsch. chem. Gesellsch.*, 1880, p. 1639].

4° Un acide provenant de l'oxydation des acides uvitonique et aniluvitonique [Böttinger, *Deutsch. chem. Gesellsch.*, 1880, p. 2032, et 1881, p. 133]. Cet acide fond à 244°.

5° Un acide que Weidel et Cobenzl ont préparé en oxydant l'acide α-oxycinchonique [*Monatsh. Chem.*, t. Ier, p. 844].

6° L'acide β-oxycinchonique fournit également, par oxydation, un autre acide tricarbopyridique [Weidel, *Monatsh. Chem.*, t. II, p. 565].

7° L'oxydation de l'acide méthylquinoléique

$$C^5H^2Az \begin{cases} CH^3 \\ (CO^2H)^2 \end{cases}$$

donne naissance à un acide identique avec celui que Hoogewerf et van Dorp ont obtenu en oxydant la lépidine (voyez 3° *loc. cit.*).

8° Riedel a préparé récemment un acide tricarbopyridique, en oxydant l'acide benzoquinoléine-carboné par le permanganate de potassium [*Deutsch. chem. Gesellsch.*, 1883, p. 1609].

Hoogewerf et van Dorp [*Deutsch. chem. Gesellsch.*, 1881, p. 974] ont montré qu'en chauffant un acide tricarbopyridique avec de l'acide acétique cristallisable, il perd, en général, 1 molécule de gaz carbonique. Ils ont pu préparer ainsi une certaine quantité d'acide cinchoméronique. Les acides pyridine-dicarbonés ne paraissent pas être altérés par l'acide acétique cristallisable, dans les mêmes conditions.

Œchsner de Coninck.

PYRIDIQUES (BASES). — *Historique.* — Les bases pyridiques furent découvertes par Anderson dans l'huile animale de Dippel en 1851 [*Ann. Chem. Pharm.*, t. LXXX, p. 55]. Quelques années plus tard, Thénius isola la série des bases pyridiques contenues dans le goudron de houille [*Répert. Chim. appl.*, 1862, p. 181]. Greville Williams découvrit des bases analogues dans la quinoléine brute provenant de la cinchonine, et parmi les produits de la distillation de certains schistes bitumineux du Dorsetshire [*Journ. chem. Soc. London*, t. VII, p. 97]. Lebon en France, Vohl et Eulenburg en Allemagne, montrèrent que les bases pyridiques sont des dérivés pyrogénés de la nicotine; il existe, en effet, une certaine quantité de ces bases dans les produits condensables de la fumée de tabac. Enfin, Church et Owen, ayant examiné les produits de la distillation de la tourbe d'Islande, y trouvèrent également de nombreuses bases pyridiques.

L'étude des bases de l'huile de Dippel fut reprise en 1879 par A. Richard, puis par Weidel et Herzig; en 1880, ce furent les bases dérivées de la cinchonine que l'on examina [*Bull. Soc. chim.*, t. XXXIV, p. 210]. Ces travaux établirent l'existence de nombreux isomères qui avaient échappé à Anderson et à Greville Williams, et dont la formation est cependant simultanée. Ce fait important a été confirmé par l'étude des bases pyridiques extraites de la quinoléine lourde provenant de la brucine [Œchsner de Coninck, *Ann. Chim. Phys.* (5), t. XXVII, p. 433].

En 1880, Cahours et Étard soumirent la nicotine à la distillation sèche et isolèrent une petite quantité de pyridine, de picoline et de lutidine, ainsi qu'une proportion notable de collidine [*Bull. Soc. chim.*, t. XXXIV, p. 456].

Ajoutons que la présence des bases pyridiques a été signalée très récemment dans l'ammoniaque du commerce, dans les alcools amylique et méthylique bruts.

Synthèse des bases pyridiques. — Les principales synthèses des bases appartenant à la série pyridique ont été déjà exposées (voyez articles Pyridine, Picolines, Lutidines, Collidines, Parvoline, etc.). Nous rappellerons ici, brièvement, les travaux récents qui renferment les résultats les plus importants.

Weidel et Ciamician [*Deutsch. chem. Gesellsch.*, 1880, p. 65] ont montré que les bases de l'huile de Dippel proviennent de la réaction de l'ammoniaque et de la méthylamine de la gélatine des os, sur l'acroléine fournie par la glycérine des corps gras.

Hantzsch [*Deutsch. chem. Gesellsch.*, 1881, p. 1637] a étudié la réaction de l'aldéhyde-ammoniaque : 1° sur l'acétone; 2° sur l'éther acétylacétique. Dans la première réaction, il se forme un mélange de bases bouillant entre 150 et 360°, parmi lesquelles se trouve une certaine quantité de collidine. La seconde réaction donne naissance à un composé azoté complexe,

$$2C^6H^{10}O^3 + C^2H^7OAz = 3H^2O + C^{14}H^{21}AzO^4.$$

Ce composé est l'éther d'un *acide hydrocollidine-dicarboné;* sous l'influence des oxydants les plus faibles, il perd 2 atomes d'hydrogène et se convertit en éther d'un acide *collidine-dicarboné,*

$$C^{14}H^{19}AzO^4,$$

auquel Hantzsch assigne la constitution suivante, $C^5(CH^3)^3(CO^2C^2H^5)^2Az$. Saponifié au moyen de la potasse aqueuse, il fournit l'acide collidine dicarboné correspondant, $C^{10}H^{11}AzO^4$, qui, distillé sur la chaux, se dédouble lui-même en une collidine douée de propriétés nouvelles et en gaz carbonique, $C^{10}H^{11}AzO^4 = 2CO^2 + C^8H^{11}Az$. Hantzsch a traité cet acide par le permanganate de potassium; suivant les proportions employées, la température de la réaction, etc., l'oxydation a fourni successivement un acide *lutidine-tricarboné*, $C^{10}H^9AzO^6 = C^7H^9Az + 3CO^2$, un acide *picoline-tétracarboné*, $C^{10}H^7AzO^8$, et un acide *pyridine-pentacarboné*, $C^{10}H^5AzO^{10}$ [*Liebig's Ann. Chem.*, t. CCXV, p. 1].

Ost [*Journ. prakt. Chem.* (2), t. XXVII, p. 257], en chauffant à 250° l'acide coménamique avec un mélange d'oxychlorure et de perchlorure de phosphore (ce dernier en excès) a obtenu une *penta-* et une *hexachloropicoline* :

$$C^5H^3AzO(OH)CO^2H + 4PCl^5 = 3HCl + 4POCl^3 + C^6H^2Cl^5Az;$$

$$C^5H^3AzO(OH)CO^2H + 5PCl^5 = 4HCl + 4POCl^3 + PCl^3 + C^6HCl^6Az.$$

Ladenburg [*Deutsch. chem. Gesellsch.*, 1883, p. 2059] a montré qu'à de hautes températures les produits d'addition des bases pyridiques et des iodures alcooliques subissent une transformation remarquable : le radical alcoolique pénètre par substitution dans le noyau pyridique. Ainsi :

$$C^5H^5Az.C^2H^5I = C^5H^4(C^2H^5)Az.HI.$$

L'iodéthylate de pyridine se transforme à 290° en iodhydrate d'éthylpyridine; en même temps, il y a dégagement d'éthane. Le résidu, distillé avec la potasse caustique en excès, fournit de la pyridine et une lutidine bouillant à 152-155°, qui est la γ-éthylpyridine.

Selon Skraup, si l'on chauffe un mélange d'une amide de la série grasse, de glycérine et d'un déshydratant (tel que le chlorure de zinc ou l'anhydride phosphorique), on obtient une base pyridique. Ce procédé, auquel Skraup a été amené par ses études sur la reproduction artificielle de la quinoléine et des bases analogues, n'est pas, à proprement parler, un procédé de synthèse. Zanoni, le premier, l'a appliqué : ce savant a obtenu la β-picoline en chauffant des proportions convenables d'acétamide, de glycérine et d'anhydride phosphorique [*Deutsch. chem. Gesellsch.*, 1882, p. 528].

Réactions générales. — Dans l'état actuel de la science, les réactions générales des bases pyridiques sont encore peu connues. En première ligne, il faut citer la propriété remarquable que possèdent les chloroplatinates des bases pyridiques d'être décomposés par l'eau bouillante. Anderson le premier a montré que ces sels perdent 2 molécules d'acide chlorhydrique par l'ébullition plus ou moins prolongée de leurs solutions aqueuses [*Ann. Chem. Pharm.*, t. XCVI, p. 200].

Le choroplatinate d'une base pyridique répondant à la formule générale

$$(C^nH^{2n-5}Az.HCl)^2 + PtCl^4$$

est transformé, au bout d'un temps variable, en un *sel modifié* de formule générale :

$$(C^nH^{2n-5}Az)^2PtCl^4 \text{ ou } \begin{matrix}C^nH^{2n-5}AzCl\\C^nH^{2n-5}AzCl\end{matrix}> PtCl^2.$$

Lorsque l'ébullition n'a pas été de longue durée, c'est-à-dire lorsque la liqueur contient une certaine porportion du sel modifié, celui-ci se combine avec une partie du chloroplatinate non décomposé, pour former un *sel double* de formule générale :

$$[(C^nH^{2n-5}Az.HCl)^2PtCl^4] + (C^nH^{2n-5}AzCl)^2PtCl^2.$$

Ce *sel double* doit être considéré comme une combinaison moléculaire entre le chloroplatinate normal et le *sel modifié*. Il est lui-même décomposé si l'ébullition de la solution aqueuse dure longtemps, et le produit final de la réaction est le sel modifié seul. On a montré récemment que cette réaction si curieuse, pour laquelle le nom de *réaction d'Anderson* a été proposé, est absolument caractéristique de la série pyridique. On a montré aussi que les chloroplatinates des bases de diverses provenances n'étaient pas décomposés avec la même vitesse par un excès d'eau bouillante [Oechsner de Coninck, *Bull. Soc. chim.*, t. XL, p. 271 à 277].

Les conditions étant les mêmes, on a observé que les chloroplatinates des bases pyridiques dérivées de la cinchonine et de la brucine sont le plus rapidement modifiés.

Les chloroplatinates des bases du goudron de houille sont moins rapidement modifiés.

Les chloroplatinates des bases de l'huile de Dippel se distinguent par la résistance qu'ils opposent à l'action de l'eau bouillante. C'est à Anderson qu'est due cette dernière remarque. Les expériences répétées depuis ont pleinement confirmé son observation (*loc. cit.*).

Sans doute, il est difficile de se placer dans des conditions bien identiques et la réaction d'Anderson ne pourra guère être employée pour établir un caractère différentiel entre les bases pyridiques de diverses provenances, sauf entre les bases de l'huile de Dippel et les deux autres séries. Entre les bases de la cinchonine et de la brucine, d'une part, et celles du goudron de houille, d'autre part, les différences observées sont souvent une question de nuance, et cela est facile à comprendre, car, si peu que l'on fasse varier l'une ou l'autre des conditions (proportion de l'eau ou du chloroplatinate, vitesse de l'ébullition, etc.), on obtient des sels différents du sel double et du sel modifié (*Résultats inédits*). La formation du sel double ne se fait pas non plus au bout du même temps, suivant que l'on a affaire à l'une ou à l'autre des séries connues [*Bull.*, t. XL, p. 465].

Voici une autre réaction qui établit un caractère différentiel plus net et plus tranché, entre les bases de diverses provenances, si l'on fait intervenir le temps comme facteur principal [*Bull. Soc. chim.*, t. XL, p. 276]. On mélange un même poids de chacune des bases avec la quantité d'un iodure alcoolique théoriquement nécessaire pour former l'iodure d'ammonium correspondant; on place ce mélange dans des tubes à essai d'égal diamètre, et on abandonne le tout dans un endroit dont la température est constante. On peut facilement se rendre compte de la marche de la réaction et du moment où elle prend fin. En expérimentant avec l'iodure de méthyle, on arrive aux résultats suivants : 1° Les bases de la cinchonine, de la brucine, du goudron de houille s'unissent très rapidement à l'éther en question, et la combinaison est totale à peu près au bout du même temps. 2° Les bases de l'huile de Dippel se combinent avec une vitesse sensiblement moins grande à l'iodure de méthyle. Si l'on emploie l'iodure d'éthyle, voici les résultats que l'on obtient :

1° Les bases dérivées de la cinchonine et de la brucine se distinguent par la rapidité et l'énergie avec lesquelles elles s'unissent à l'éther iodhydrique, même lorsqu'elles ne sont pas très pures.

2° Les bases du goudron de houille se combinent beaucoup moins rapidement avec l'iodure d'éthyle.

3° Les bases de l'huile de Dippel sont celles qui s'unissent le plus lentement à l'éther iodhydrique.

En résumé, on pourra se servir de l'iodure de méthyle pour distinguer les bases de la cinchonine, ou de la brucine, ou du goudron de houille, d'une part, et celles de l'huile de Dippel, d'autre part. L'iodure d'éthyle permettra de différencier les bases de l'huile de Dippel ou du goudron de houille, d'une part, et celles de la cinchonine ou de la brucine, d'autre part.

Un autre caractère est fourni par la solubilité dans l'eau; les bases de l'huile de Dippel (sauf la pyridine et les picolines) et les bases de la cinchonine et de la brucine sont insolubles ou presque insolubles dans l'eau ; les bases du goudron de houille sont en général solubles, et en tout cas, beaucoup moins insolubles dans le même dissolvant.

Action des halogènes. — Le chlore et le brome agissant directement sur les bases pyridiques donnent, en général, des dérivés mono- et disubstitués. Les bases étant dissoutes ou diluées dans l'eau, il se forme des produits d'addition que Grimaux considère comme des bromhydrates de dibromures $[C^nH^{2n-5}Az.Br^2]^2.HBr$, et qu'il compare au bromhydrate de dibromure de nicotine dibromée, $(C^{10}H^{12}Br^2Az)Br^2.HBr$, obtenu par Huber dans l'action du brome sur la nicotine [*Bull. Soc. chim.*, t. XXXVIII, p. 124].

Action du sodium. — Cette action est, en général, polymérisante. La pyridine est transformée en dipyridine $C^{10}H^{10}Az^2 = (C^5H^5Az)^2$, ou en dipyridyle $C^{10}H^8Az^2 = C^{10}H^{10}Az^2 - H^2$. L'action du sodium paraît être la même sur les picolines de l'huile de Dippel et sur la β-lutidine dérivée de la cinchonine. Toutes les fois qu'on traite une base pyridique par le sodium, il paraît se former une série de bases hydrogénées bouillant à une température plus élevée que la base primitive. Anderson a fait cette remarque pour la pyridine (voyez ce mot); son observation semble devoir être étendue aux autres bases de la série (*Résultats inédits*). On peut expliquer la formation de ces hydrures en supposant que l'hydrogène, formé au cours de la réaction, se fixe sur une partie de la base primitive qui a échappé à la polymérisation.

Produits d'hydrogénation. — Les hydrures pyridiques que nous sommes amenés à étudier sont encore peu connus. Nous indiquerons brièvement les procédés de synthèse, pour parler ensuite d'un certain nombre d'alcaloïdes naturels qui ne sont autres que des hexahydrures pyridiques ou des tétrahydrures dipyridiques. L'hydrogénation directe des bases pyridiques a fourni, en général, des dihydrures ou des hexahydrures (voyez PYRIDINE, PICOLINES, etc.). Lorsque l'hydrogénation est poussée aussi loin que possible, il se forme des carbures de la série grasse. Par l'action de l'acide iodhydrique sur la pyridine, Hofmann a obtenu du pentane normal et de l'ammoniaque :

$$C^5H^5Az + H^{10} = C^5H^{12} + AzH^3$$

[*Deutsch. chem. Gesellsch.*, 1883, p. 586]. — Ladenburg a hydrogéné récemment la pyridine au moyen du sodium et de l'alcool [*Deutsch. chem. Gesellsch.*, 1884, p. 156] et l'a transformée en pipéridine : $C^5H^5Az + H^6 = C^5H^{11}Az$. Hantzsch (*loc. cit.*) a obtenu une dihydrocollidine en décomposant par le gaz chlorydrique sec l'éther de l'acide dihydrocollidine-dicarboné (voyez plus haut); voici quelle est la réaction

$$C^{14}H^{21}AzO^4 + 2HCl$$
$$= C^8H^{13}Az + 2CO^2 + 2C^2H^5Cl.$$

Cahours et Étard ont réalisé également la synthèse d'une dihydrocollidine en traitant la nicotine par le sélénium [*Compt. rend.*, t. XCII, p. 1079].

Hofmann a indiqué un procédé général de synthèse des bases hydropyridiques; il distille un mélange de potasse, d'eau et d'un iodure d'ammonium pyridique [*Deutsch. chem. Gesellsch.*, 1881, p. 1497]. Il admet que, dans cette réaction, il y a dégagement d'oxygène, tandis que l'hydrogène de l'hydrate de potassium se porte sur le reste pyridique dont il remplace l'iode. Avec l'iodure de méthylpyridylammonium, on a

$$C^5H^5Az.CH^3I + KHO$$
$$= O + KI + C^5H^5Az.CH^3.H.$$

La base ainsi formée possède la composition et présente les propriétés d'une dihydropicoline, C^6H^9Az. De même, en partant de l'iodure d'amylpyridylammonium, on obtient une dihydrocorindine, $C^{10}H^{17}Az$.

Gautier et Étard [*Compt. rend.*, t. XCIV, p. 1601] ont montré que la putréfaction des matières albuminoïdes donne naissance à une dihydrocollidine.

Un des principaux caractères des dihydrures pyridiques consiste dans l'instabilité remarquable de leurs chloroplatinates et de leurs chloraurates [*Bull. Soc. chim.*, t. XL, p. 273].

Parmi les hydrures pyridiques naturels, il faut citer la pipéridine, qui est un hexahydrure de pyridine, et la nicotine, qui est un tétrahydrure dipyridique. Cahours et Étard, en effet, en oxydant la nicotine au moyen du ferricyanure de potassium, ont transformé cet alcaloïde en un isomère de la dipyridine d'Anderson, l'*isodipyridine :*

$$C^{10}H^{14}Az^2 + O^2 = C^{10}H^{10}Az^2 + 2H^2O.$$

[*Compt. rend.*, t. LXXXVIII, p. 999, et *Bull. Soc. chim.*, t. XXXIV, p. 449]. — Il convient de faire remarquer ici que la nicotine pourrait tout aussi bien être un hexahydrure de l'un des dipyridyles $C^{10}H^8Az^2$, prévus par la théorie.

Cette opinion est fondée sur la synthèse que Skraup et Vortmann ont réalisée récemment. Ces savants [*Monatsh. Chem.*, t. IV, p. 560] ont hydrogéné, au moyen de l'étain et de l'acide chlorhydrique concentré, le métadipyridyle dérivé de l'acide métadipyridyldicarbonique. Ce composé, en fixant 6 atomes d'hydrogène, s'est converti en une base isomérique avec la nicotine, à laquelle les auteurs ont donné le nom de *nicotidine*.

Il est très vraisemblable que la conicine est l'hexahydrure d'une collidine :

$$C^8H^{11}Az + H^6 = C^8H^{17}Az.$$

Œchsner de Coninck a obtenu récemment, par l'hydrogénation de la β-collidine, une base possédant la composition de la conicine. Le faible rendement n'a pas encore permis de trancher la question de l'identité ou de l'isomérie de la nouvelle base avec la conicine [*Société chimique*, séance du 14 mars 1883].

Produits d'oxydation. — Les rapports étroits qui existent entre les bases pyridiques et les alcaloïdes ressortent avec évidence non seulement de l'étude des hydrures pyridiques, mais encore de celle des produits d'oxydation de tous ces composés. Ne pouvant entrer dans de longs détails sur cette partie de l'histoire des bases pyridiques, nous nous contenterons de rappeler que tous les alcaloïdes sont transformés par l'oxydation en acides pyridine-carbonés (voyez ce mot et les articles consacrés à chaque base séparément); ils possèdent donc tous un noyau commun, la pyridine, au même titre que les dérivés aromatiques dérivent du noyau benzine.

Produits d'addition. — L'étude de ces produits a confirmé pleinement la manière de voir d'Anderson, qui avait considéré les bases pyridiques comme des amines tertiaires.

Nous ferons simplement remarquer :

1° Que les iodures alcooliques donnent, avec les bases pyridiques, des iodures d'ammoniums quaternaires [Anderson, Gr. Williams];

2° Que la chlorhydrine du glycol s'unit à la collidine dérivée de l'aldol, exactement comme à la triméthylamine [Würtz, *Bull. Soc. chim.*, t. XXXVII, p. 194];

3° Que la pyridine réagit sur l'acide monochloracétique comme la triméthylamine. La première bétaïne pyridique a été obtenue par von Gerichten [*Deutsch. chem. Gesellsch.*, 1882, p. 1251].

Les chloroplatinates des bases résultant de l'union de la chlorhydrine éthylénique avec les bases pyridiques sont aussi d'une instabilité remarquable. Ainsi le chloroplatinate de l'oxéthyl-α-collidine-ammonium est modifié à l'air humide; en outre, il est plus rapidement décomposé par l'eau bouillante que les chloroplatinates pyridiques [*Bull. Soc. chim.*, t. XL, p. 274].

Constitution des bases pyridiques. — La synthèse de la pyridine par Ramsay a permis de se faire une première idée de la constitution des bases pyridiques.

Dans la réaction de l'acétylène sur l'acide cyanhydrique, la pyridine se forme comme un véritable produit de condensation moléculaire :

$$2(CH \equiv CH) + CAzH = C^2H^2{-}AzCH{-}C^2H^2.$$

Étant données la constitution de l'acétylène et la propriété que possède sa molécule de subir une cendensation triple pour produire la benzine, on conçoit l'hypothèse de Dewar et de Körner sur la constitution de la pyridine. Ils considèrent cette base comme une benzine dans laquelle un groupe CH serait remplacé par 1 atome d'azote trivalent :

```
        CH                  CH
   CH /    \ CH        CH /    \ CH
   CH \    / CH        CH \    / CH
        CH                  Az
```

Dans cette hypothèse, les homologues de la pyridine sont des dérivés à chaines latérales, au même titre que les hydrocarbures benzéniques supérieurs, et les acides pyridine-carbonés résultent de l'oxydation de ces chaines latérales comme les acides aromatiques. On peut interpréter la vue théorique de Dewar et Körner en considérant la pyridine comme un dérivé monosubstitué de la benzine; d'autres auteurs [*Bull. Soc. chim.*, t. XLI, p. 175] ont considéré récemment la pyridine comme un noyau spécial.

Si la pyridine est une benzine monosubstituée, ses dérivés monosubstitués doivent être assimilés aux dérivés benzéniques bisubstitués (à deux radicaux différents); les dérivés pyridiques bisubstitués sont analogues aux dérivés benzéniques trisubstitués (à deux radicaux semblables et un troisième différent, ou à trois radicaux différents), etc. Dans cette hypothèse, les dérivés pyridiques se calculent exactement comme les dérivés benzéniques et le nombre de ces dérivés est le même. Si la pyridine constitue un noyau spécial, l'isomérie dans la série pyridique devient plus complexe.

Comparons le schéma de la benzine à celui de la pyridine, les différences suivantes nous frappent tout d'abord :

Dans la benzine, il existe 6 atomes d'hydrogène substituables et 2 systèmes de 3 axes semblables entre eux. Dans la pyridine, au contraire, il n'y a que 5 atomes d'hydrogène substituables et un seul axe de symétrie passant par l'azote et un groupe CH.

De ces considérations il résulte que le nombre des isomères (à substitution équivalente), dans la série pyridique, n'est pas le même que dans la série benzénique.

Examinons la formule de constitution de la pyridine : l'azote occupe une position fixe, que nous représenterons par 1; la position des radicaux substitués sera rapportée à celle de l'azote.

On voit que les dérivés monosubstitués de la pyridine seront au nombre de trois, alors qu'il n'y a qu'un seul dérivé benzénique monosubstitué (un seul toluène, etc.).

Les dérivés pyridiques bisubstitués (à deux radicaux semblables) seront au nombre de 6, et, si les radicaux sont différents, au nombre de 10. Dans la série benzénique, au contraire, que les radicaux soient semblables ou différents, il existe trois dérivés bisubstitués[1].

Les dérivés pyridiques trisubstitués (à trois radicaux semblables) seront au nombre de 6; deux des radicaux étant semblables et le troisième différent, ils seront au nombre de 16; si les radicaux sont tous différents, on en compte 30. Les dérivés benzéniques trisubstitués correspondants sont au nombre de 3, de 6, de 10.

1. D'ailleurs, que l'on considère la pyridine comme un dérivé benzénique monosubstitué ou comme un noyau spécial, le calcul montre qu'il existe toujours trois dérivés pyridiques monosubstitués et six dérivés bisubstitués (à radicaux semblables).

Les dérivés pyridiques tétrasubstitués (à radicaux différents) seront au nombre de 60; les dérivés pentasubstitués (à radicaux différents) au nombre de 120. Les dérivés benzéniques tétra- ou pentasubstitués correspondants sont au nombre de 30 et 60 seulement.

Enfin, si l'on tient compte à la fois de l'isomérie de position et de l'isomérie par compensation, on arrive aux conclusions suivantes : il existe 3 picolines; il peut exister 9 lutidines dont 6 diméthylpyridines et 3 éthylpyridines. On prévoit enfin l'existence de 22 collidines, savoir : 6 triméthylpyridines, 3 propylpyridines, 3 isopropylpyridines, 10 méthyléthylpyridines, etc.

Dans l'état actuel de la science, il y a 3 picolines et 3 acides pyridine-monocarbonés connus; les 6 diméthylpyridines n'ont pas encore été isolées, mais on connaît les 6 acides dicarbopyridiques. L'étude des dérivés pyridiques bisubstitués (à deux radicaux différents) et trisubstitués n'est pas assez avancée pour qu'on puisse prédire le sort réservé aux idées qui viennent d'être exposées.

A ces quelques considérations théoriques nous ajouterons la remarque suivante :

Dans l'hypothèse du prisme, le nombre des isomères pyridiques sera le même que dans l'hypothèse de l'hexagone, mais il pourra se présenter certaines dissymétries donnant naissance à des pouvoirs rotatoires. Nous citerons, à l'appui de cette remarque, le fait important découvert par Weidel. Ce savant a montré, en effet, que la β-picoline est douée du pouvoir rotatoire. Il semble donc nécessaire, dans l'état actuel de la science, de se ranger à l'opinion soutenue récemment et avec une si grande autorité par Kekulé; pour nous, la constitution de la benzine sera représentée par l'hexagone, et celle de la pyridine par le prisme.

Action physiologique et antiseptique des bases pyridiques. — Il nous reste à faire connaître en quelques mots les actions physiologiques des bases pyridiques.

Ces substances exercent une action paralysante, en général très prompte, sur le système nerveux central; leur action sur le système nerveux périphérique est plus ou moins intense et plus ou moins rapide. Elles sont antagonistes de la strychnine; en solution aqueuse au centième, elles tuent les ferments figurés. Quelques-unes (l'α-picoline entre autres) en solution au cinquantième empêchent la fermentation amygdalique.

Œchsner de Coninck.

PYRILÈNE, C^5H^6. — Ce composé s'obtient dans la distillation sèche de l'iodure de triméthylpipéridéinammonium avec de la soude caustique (voyez Suppl., p. 1287).

C'est un liquide insoluble dans l'eau, précipitant par la solution ammoniacale de chlorure cuivreux; il bout à 60° [Ladenburg, *Deutsch. chem. Gesellsch.*, 1882, p. 1024].

PYROAMARIQUE (ACIDE),

$$C^{16}H^{16}O^2 = C^6H^3(C^7H^7)(C^2H^5)(CO^2H).$$

[Zinin, *Bull. Soc. chim.*, t. XXVIII, p. 559; *Deutsch. chem. Gesellsch.*, 1877, p. 1736]. — Cet acide prend naissance par l'action des alcalis à 200° sur l'anhydride amarique; il se forme en même temps de l'acide benzoïque; l'équation est la suivante :

$$C^{46}H^{38}O^4 + 4KOH = 2C^{16}H^{15}O^2K + 2C^7H^5O^2K + H^2.$$

L'acide pyroamarique cristallise en lames ou en prismes orthorhombiques fusibles à 94°, très solubles dans l'éther et dans l'alcool, peu solubles dans l'eau. On peut le distiller par petites portions.

Les sels alcalins sont mal cristallisés. Le sel d'ammonium se détruit par l'évaporation de ses solutions.

PYROCHOLESTÉRIQUE (ACIDE). — Voyez BILE, Suppl., p. 353.

PYROCINCHOMÉRONIQUE (ACIDE). — L'un des acides monocarbopyridiques ; il est identique avec l'acide *isonicotianique*. (Voyez ce mot.)

PYROCINCHONIQUE (ACIDE). — L'anhydride pyrocinchonique est un des produits de la distillation sèche de l'acide cinchonique [Weidel et Brix, *Monatsh. Chem.*, t. III, p. 603]:

$$C^7H^8O^6 = CO^2 + H^2O + C^6H^6O^3.$$

L'acide cinchonique prend lui-même naissance dans l'hydrogénation d'un acide dicarbopyridique, l'acide cinchoméronique :

$$C^7H^5AzO^4 + 2H^2O + H^2 = AzH^3 + C^7H^8O^6.$$

W. Roser [*Deutsch. chem. Gesellsch.*, 1882, p. 1318] a obtenu ce même anhydride en distillant une masse jaunâtre, épaisse, déposée des eaux mères de la préparation de l'acide térébique. Le liquide distillé se sépare en deux couches, l'une huileuse, épaisse et lourde, l'autre aqueuse. On reprend par l'éther; on neutralise par la soude tout ce qui s'est dissous dans le liquide éthéré, et on sépare les corps neutres au moyen d'une nouvelle quantité d'éther. On met en liberté les composés acides, en traitant par l'acide chlorhydrique; on distille dans un courant de vapeur d'eau; un corps solide ne tarde pas à se déposer du sein de l'eau condensée. On le fait cristalliser de nouveau et il se présente alors en belles paillettes nacrées.

Roser considère le composé $C^6H^6O^3$ comme l'anhydride d'un acide bibasique peu stable, $C^6H^8O^4$. L'anhydride pyrocinchonique est peu soluble dans l'eau froide, plus soluble dans l'eau chaude, soluble dans la benzine, l'alcool, l'éther, le chloroforme, l'acétone, et cristallise par l'évaporation de ces dissolvants en grandes lames orthorhombiques, à éclat nacré, fusibles à 96°, distillant à 223° sans décomposition et facilement sublimables. Chauffé pendant 2 heures à 100° avec une solution alcoolique concentrée d'ammoniaque, il est converti en *pyrocinchonimide* $C^6H^6O^2.AzH$. Ce composé est en lamelles brillantes appartenant au système triclinique, solubles dans l'eau bouillante, dans l'alcool, douées d'une saveur brûlante et d'une odeur analogue à celle de l'iodoforme. Chauffé doucement, il se sublime; chauffé brusquement, il fond à 118°. Il se combine avec l'acide chlorhydrique et fournit un chloroplatinate bien cristallisé. Traité par le brome à 100° en tubes scellés, l'anhydride pyrocinchonique fournit de l'acide dibromacétique. Il n'est attaqué, même à chaud, ni par le perchlorure de phosphore ni par l'acide azotique concentré. Le mélange chromique le transforme très nettement en acides acétique et carbonique:

$$C^6H^6O^3 + 4O + H^2O = 2C^2H^4O^2 + 2CO^2.$$

Les *sels alcalins* sont très solubles. Le *pyrocinchonate sodique*, soumis à l'action de l'amalgame de sodium, est transformé en hydropyrocinchonate. L'acide *hydropyrocinchonique*, $C^6H^{10}O^4$, cristallise dans le système triclinique et fond à 189° (non corrigé), à 186°,5, après sublimation. Il forme des sels bien définis. La solution aqueuse du sel de sodium donne des précipités cristallins avec les azotates de plomb et de mercure; le perchlorure de fer donne naissance à une coloration d'un rouge foncé.

Le *pyrocinchonate calcique*, $C^6H^6O^4Ca$, s'obtient en chauffant l'anhydride avec du carbonate de calcium; il se présente sous la forme de cristaux microscopiques. Lorsqu'on le traite par un acide minéral, on n'obtient pas l'acide pyrocinchonique, mais l'anhydride est régénéré.

Le *sel de baryum*, $C^6H^6O^4Ba$, est, comme le sel précédent, moins soluble dans l'eau chaude que dans l'eau froide.

Le *sel d'argent*, $C^6H^6O^4Ag^2$, constitue un précipité blanc volumineux, à peine soluble dans l'eau. La chaleur lui fait subir la décomposition que voici : $C^6H^6O^4Ag^2 = C^6H^6O^3 + Ag^2 + O$.

L'éther éthylique constitue un liquide limpide, bouillant à 235-240°. L'éther méthylique est également liquide. Oechsner de Coninck.

PYROCOLLE. — Voyez α-PYRROLCARBONIQUE (ANHYDRIDE), Suppl., p. 1336.

PYROCOMÉNAMIQUE (ACIDE),

$$C^5H^4AzO.OH + H^2O$$

[Ost, *Journ. prakt. Chem.* (2), t. XXVII, p. 257]. — On chauffe pendant trois jours l'acide coménamique $C^5H^3AzO(OH)\text{-}CO^2H$ avec de l'acide iodhydrique concentré; on élimine l'iode par distillation dans un courant de vapeur d'eau, puis on évapore à sec. On reprend le résidu par l'eau, qui laisse insoluble une petite quantité d'acide coménamique inaltéré, et il ne reste plus qu'à traiter la solution filtrée par l'acétate d'ammonium pour précipiter l'acide pyrocoménamique. Ce corps forme de longues aiguilles incolores, très solubles dans l'alcool chaud, insolubles dans l'éther, le chloroforme, le sulfure de carbone; il se décompose sans fondre à 250° et donne avec le chlorure ferrique une coloration bleue. Le *bromhydrate*, $C^5H^5AzO^2.HBr$, cristallise en prismes très solubles dans l'eau. Ad. Fauconnier.

PYROCRÉSOLS, $C^{15}H^{14}O$ [H. Schwarz, *Monatsh. Chem.*, t. III, p. 726 et *Deutsch. chem. Gesellsch.*, 1883, p. 2141]. — Les dernières fractions de la rectification industrielle du phénol provenant du goudron de houille contiennent un produit de consistance butyreuse, insoluble dans les phénates alcalins et bouillant depuis 180° jusqu'à 350° et au delà. Lorsqu'on distille ce produit, il se dépose dans le récipient des cristaux solubles dans la plupart des dissolvants neutres, et présentant une composition constante, $C^{15}H^{14}O$, avec un point de fusion variable entre 85° et 195°. En soumettant ces cristaux à de nombreuses cristallisations fractionnées, on parvient à séparer les trois pyrocrésols α, β et γ, fusibles, le premier, à 195°, le second à 124° et l'autre à 104-105°.

Les pyrocrésols sont distillables sans décomposition; ils ne s'altèrent pas lorsqu'on les fait passer en vapeurs sur de la poudre de zinc chauffée au rouge.

Oxydation. — Traités par l'acide chromique en solution acétique ou par l'acide nitrique (d'une densité de 1,4) bouillant, les pyrocrésols donnent les *oxydes* correspondants $C^{15}H^{12}O^2$; le dérivé α fond à 168°, le dérivé β à 95°, le dérivé γ à 77°. Ces trois oxydes sont, comme les pyrocrésols eux-mêmes, distillables sans décomposition.

Traités à l'ébullition par un mélange d'acide nitrique (1 vol.) et d'acide sulfurique (2 vol.), les oxydes de pyrocrésols se dissolvent d'abord, puis le liquide se trouble et laisse bientôt déposer des cristaux de la formule $C^{15}H^8(AzO^2)^4O^2$.

Les *oxydes de tétranitropyrocrésols* sont insolubles dans l'eau et solubles dans l'acide acétique. Ils détonent avant de fondre. Ils paraissent fournir, par l'action de l'étain et de l'acide chlorhydrique, des dérivés amidés qui n'ont pas été étudiés.

Action du brome. — Lorsqu'on traite l'α ou le γ-pyrocrésol par le brome en solution acétique, on obtient un précipité cristallin d'un jaune rougeâtre, qui se convertit, par l'action d'une température de 100°, par l'ébullition avec l'eau ou simplement par lavage à l'alcool, en lamelles blanches de la formule $C^{15}H^{12}Br^2O$. Le dérivé α fond à 215°; le dérivé γ fond à 183°.

Le brome paraît sans action sur les oxydes d'α- et de γ-pyrocrésols.

Action de SO^4H^2. — L'α-pyrocrésol se dissout dans l'acide sulfurique concentré en donnant un acide sulfoné sirupeux dont les *sels de baryum* et *de sodium* sont bien cristallisés. Il en est de même du γ-pyrocrésol.

Les oxydes de pyrocrésols ne fournissent pas d'acides sulfonés. Ad. Fauconnier.

PYROGAÏACINE (voyez t. Ier, p. 1511). — Wieser [*Monatsh. Chem.*, t. Ier, p. 594] a modifié comme il suit le procédé de préparation de ce corps. On distille rapidement dans une cornue de fonte la résine de gaïac mélangée avec de la pierre ponce : on recueille un liquide huileux que l'on distille de nouveau dans un courant de vapeur d'eau; il passe d'abord du gaïol, puis du gaïacol, et enfin un liquide visqueux qui laisse déposer très lentement des cristaux de pyrogaïacine. On n'a plus qu'à faire recristalliser dans l'alcool bouillant.

La pyrogaïacine se présente en lamelles orthorhombiques, fusibles à 180°,5, très peu solubles dans l'eau bouillante et dans l'alcool, ayant pour formule $C^{18}H^{18}O^3$, et non $C^{19}H^{22}O^3$, comme on l'avait admis précédemment. Elle bout à 258° sous une pression de 80-90 millimètres. Elle ne donne pas de coloration avec le chlorure ferrique; l'acide sulfurique la dissout en bleu.

Diacétyl-pyrogaïacine, $C^{18}H^{16}O^3(C^2H^3O)^2$. — Aiguilles brillantes, fusibles à 122°, solubles dans l'alcool, obtenues par l'action du chlorure d'acétyle sur la pyrogaïacine en tubes scellés, au bain-marie, ou par l'anhydride acétique au réfrigérant ascendant.

Dibenzoyl-pyrogaïacine, $C^{18}H^{16}O^3(C^7H^5O)^2$. — Cristaux indistincts, fusibles à 179°.

Pyrogaïacine potassique, $C^{18}H^{16}O^3K^2$. — Poudre blanche obtenue en ajoutant du potassium à une solution de pyrogaïacine dans de l'éther absolu.

Tribromo-pyrogaïacine, $C^{18}H^{15}Br^3O^3$. — Préparé par l'action du brome sur une solution acétique chaude de pyrogaïacine, ce corps se présente en aiguilles rougeâtres, fusibles à 172°, peu solubles dans l'alcool. Ad. Fauconnier.

PYROGALLOCARBONIQUE (ACIDE), $C^7H^6O^5$ [Senhofer et Brunner, *Monatsh. Chem.*, t. Ier, p. 468]. — On chauffe pendant 12 ou 15 heures à 130° un mélange de pyrogallol (1 p.), de carbonate d'ammonium (4 p.) et d'eau (4 p.); au bout de ce temps, on verse le produit encore chaud dans un excès d'acide sulfurique dilué. Après le refroidissement, on épuise par l'éther, qui abandonne par évaporation une masse brune formée d'un mélange d'*acide gallocarbonique*, $C^8H^6O^7$, et d'*acide pyrogallocarbonique*, $C^7H^6O^5$. On sépare ces acides en les transformant en sels barytiques : pour cela, on reprend ce mélange par l'eau bouillante et on le neutralise par le carbonate de baryum : la solution, filtrée à chaud, laisse déposer par le refroidissement le gallocarbonate de baryum, tandis que le pyrogallocarbonate reste en solution. On transforme ce sel en sel plombique, que l'on décompose enfin par l'acide chlorhydrique.

L'acide pyrogallocarbonique cristallise en aiguilles soyeuses renfermant $3C^7H^6O^5 + H^2O$; il perd son eau à 110°. Il est soluble dans l'alcool, peu soluble dans l'éther et dans l'eau. Il colore en violet une solution étendue de chlorure ferrique, et en vert une solution concentrée de ce réactif; il réduit lentement l'azotate d'argent, colore le chlorure de chaux en violet, réduit à chaud les solutions alcalines de cuivre, et précipite en bleu l'eau de chaux et l'eau de baryte.

Chauffé dans un courant d'hydrogène, il perd de l'acide carbonique à 195-200°; chauffé rapidement, il fond vers 215°.

Le *sel de baryum*, $(C^7H^5O^5)^2Ba + 5H^2O$, est en prismes durs, qui perdent leur eau à 100°; le *sel de calcium*, $(C^7H^5O^5)^2Ca + 4H^2O$, forme des mamelons cristallins qui deviennent anhydres à 115°. Les *sels de potassium*, $C^7H^5O^5K + H^2O$, et de *sodium*, $C^7H^5O^5Na + 2H^2O$, sont cristallisés et solubles dans l'eau. Le *sel basique de plomb*, $C^7H^2O^5Pb^2 + 1\frac{1}{2}H^2O$, est un précipité floconneux. A. Fauconnier.

PYROGALLOL, $C^6H^3(OH)^3$. — Voyez t. II, p. 1236. — *Propriétés*. — La densité du pyrogallol varie de 1,463 à 1,443 [Schröder, *Deutsch. chem. Gesellsch.*, 1879, p. 563]. La quantité d'oxygène absorbée par une solution alcaline de pyrogallol, lorsqu'on met en présence une quantité déterminée de pyrogallol et un volume constant d'air, paraît être fonction de l'alcalinité de la solution [Weyl et Zeitler, *Liebig's Ann. Chem.*, t. CCV, p. 255]. Avec la soude, le maximum d'absorption a lieu lorsqu'on emploie une lessive d'une densité de 1,03, renfermant 0g,25 de pyrogallol dans 10 centimètres cubes. Avec la potasse, le maximum d'absorption se rencontre pour une lessive d'une densité de 1,05 renfermant également 0g,25 de pyrogallol par 10 centimètres cubes. Lorsqu'on emploie le carbonate de sodium, l'absorption d'oxygène est accompagnée d'un dégagement de gaz carbonique : le maximum d'absorption correspond à une solution d'une densité de 1,03 renfermant 0g,25 de pyrogallol pour 10 centimètres cubes [Weyl et Goth, *Deutsch. chem. Gesellsch.*, 1881, p. 2659].

Le pyrogallol donne, avec les sels ferreux, un trouble blanc lactescent, qui fait peu à peu place à une coloration bleue, au contact de l'air. Lorsqu'un sel ferreux contient une petite proportion de sel ferrique, le pyrogallol y produit une coloration bleue; mais si la proportion du sel ferrique atteint 2 %, le bleu vire rapidement au rouge [Jacquemin, *Compt. rend.*, t. LXXVII, p. 593]. Lorsque à un mélange de ferricyanure de potassium et de chlorure ferrique on ajoute du pyrogallol, on obtient un précipité bleu foncé, soluble dans un excès de ferricyanure, en donnant une solution bleue, qui vire au rouge améthyste par l'addition d'ammoniaque, pour reparaître après la saturation par l'acide acétique.

Le pyrogallol se combine avec les acétones, quand on chauffe le mélange de ces corps en présence d'un déshydratant, tel que l'acide sulfurique ou l'oxychlorure de phosphore. Avec l'acétone, on obtient ainsi la *gallacétonine*, $C^9H^{10}O^3$, et avec l'acétylacétate d'éthyle l'*allylène-digalléine*, $C^{15}H^{12}O^5$ [Wittenberg, *Journ. prakt. Chem.*, (2) t. XXVI, p. 66].

Le pyrogallol possède des propriétés antiseptiques énergiques : en solution à 1 %, il empêche complètement la putréfaction des tissus animaux; en solution à 2 %, il empêche la fermentation alcoolique, ainsi que le développement des moisissures; de plus, mis en contact de matières en pleine putréfaction, il tue les bactéries et enlève rapidement aux substances leur odeur putride [Bovet, *Journ. prakt. Chem.* (2), t. XIX, p. 445].

Éthers du pyrogallol.

Pyrogallol monoéthylique, $C^6H^3(OH)^2OC^2H^5$ [Benedikt, *Deutsch. chem. Gesellsch.*,1876, p. 125; — Hofmann, *ibid.*, 1878, p. 797]. — On chauffe en vase clos à 100°, pendant 24 heures, un mélange de pyrogallol, d'éthylsulfate de potassium, de potasse et d'un grand excès d'alcool. On obtient à la fois les trois éthers mono-, di- et triéthyliques. Pour les isoler, on sature le produit de la réaction par l'acide chlorhydrique, on distille l'alcool au bain-marie et on agite avec de l'éther. Il reste, après l'évaporation de ce liquide, une huile brune à odeur de goudron; après avoir lavé cette huile avec son volume d'eau pour lui enlever le pyrogallol libre, on la traite par la soude, qui dissout l'éthyl- et le diéthylpyrogallol et laisse insoluble le triéthylpyrogallol. La séparation des deux premiers de ces éthers est difficile: le meilleur procédé consiste à traiter leur mélange par une quantité de soude insuffisante pour le dissoudre en totalité; dans ce cas, le pyrogallol monéthylique se dissout seul.

Le pyrogallol monéthylique se sépare de sa solution alcaline, par l'addition d'acide chlorhydrique, sous la forme d'une huile brune qui laisse peu à peu déposer des cristaux. Purifié par distillation et cristallisation dans l'alcool faible, il se présente en belles aiguilles étoilées, blanches, fusibles à 95°, solubles en toutes proportions dans l'eau bouillante, l'alcool et l'éther. Ce corps est volatil avec la vapeur d'eau. Sa solution alcaline brunit au contact de l'air.

Pyrogallol diéthylique, $C^6H^3(OH)(OC^2H^5)^2$ [Benedikt, Hofmann, *loc. cit.*]. — Cet éther se purifie comme le précédent. Il fond à 79° et bout à 262°. Il se dissout en toutes proportions dans l'eau chaude, l'alcool et l'éther. Oxydé par le dichromate de potassium en solution acétique, il se transforme en *éthylcérulignone,*

$$C^{20}H^{24}O^6 = \begin{matrix} C^6H^2(OC^2H^5)^2O \\ C^6H^2(OC^2H^5)^2O. \end{matrix}$$

Pyrogallol triéthylique, $C^6H^3(OC^2H^5)^3$ [Hofmann, *ibid.*]. — Purifié par distillation et par cristallisation dans l'alcool faible, ce corps se présente en belles aiguilles blanches, fusibles à 39°.

Pyrogallol diméthylique, $C^6H^3(OH)(OCH^3)^2$ [Hofmann, *Deutsch. chem. Gesellsch.*, 1878, p. 329 et 1455]. — Ce corps est contenu dans le goudron de hêtre (voy. Suppl., p. 538): on parvient à l'isoler en transformant en dérivé benzoylé la fraction de ce goudron qui bout à 250-270°, en purifiant ce dérivé benzoylé par cristallisation, et en saponifiant ensuite. On obtient facilement des aiguilles fusibles à 51-52°. Ce corps bout à 23°. Il donne avec les alcalis des sels cristallisables qui ne se colorent pas à l'air. Chauffé sous pression avec de l'acide chlorhydrique concentré, il se dédouble en pyrogallol et en chlorure de méthyle.

Oxydé par le dichromate de potassium et l'acide acétique, le pyrogallol diméthylique se convertit en *cérulignone,*

$$C^{16}H^{16}O^6 = \begin{matrix} C^6H^2(OCH^3)^2O \\ C^6H^2(OCH^3)^2O. \end{matrix}$$

Chauffé pendant 6 ou 8 heures à 120-130° avec de la potasse alcoolique et du sesquichlorure de carbone, il fournit du pittacale.

Pyrogallol monéthylénique,

$$C^6H^3(OH)(O^2C^2H^4)$$

[Magatti, *Deutsch. chem. Gesellsch.*, 1879, p. 1860]. — On fait digérer à 100°, pendant 15 ou 20 heures, 2 molécules de pyrogallol avec 3 molécules de bromure d'éthylène et 6 molécules de potasse alcoolique. On distille ensuite l'alcool, on sature le résidu par l'acide chlorhydrique, et on ajoute de l'eau chaude. Il se sépare une huile colorée qu'on reprend par l'éther et que l'on distille ensuite: le produit distillé est enfin traité par la soude, et la solution alcaline précipitée par un acide. On obtient finalement une huile épaisse, incolore, très réfringente, bouillant à 267°.

Le chlorure de benzoyle donne un dérivé benzoylé, $C^6H^3(OC^7H^5O)(O^2C^2H^4)$, qui cristallise dans l'alcool en aiguilles blanches, fusibles à 100°.

Le pyrogallol éthylénique fournit, par l'action du brome en solution sulfocarbonique, une huile rouge, qui cristallise dans l'acide acétique en belles tables transparentes, fusibles à 67°: ce produit n'a pas été étudié.

Acide pyrogallotriglycolique,

$$C^6H^3(OCH^2\text{-}CO^2H)^3$$

[Giacosa, *Journ. prakt. Chem.* (2), t. XIX, p. 396]. — On fait fondre au bain de sable un mélange de 12 p. de pyrogallol et de 30 p. d'acide monochloracétique, et on ajoute peu à peu 200 p. d'une lessive de soude d'une densité de 1,3; puis on laisse refroidir, et on précipite par l'acide chlorhydrique. L'acide pyrogallotriglycolique cristallise en longues aiguilles incolores, fusibles à 198°. A 14°,5, il se dissout dans 75p,5 d'eau. Il est tribasique. Le *sel de potassium,* $C^{12}H^9O^9K^3$, cristallise dans l'alcool faible en belles aiguilles blanches, insolubles dans l'alcool concentré, très solubles dans l'eau: la solution aqueuse donne, par l'acide acétique, un précipité ayant pour formule

$$C^{12}H^{11}O^9K + H^2O;$$

ce sel diacide perd son eau vers 110°.

Éthylcarbonate de pyrogallol.

$$C^6H^3 \begin{matrix} \diagup O \diagdown \\ -O- \\ \diagdown O \diagup \end{matrix} C.OC^2H^5$$

[Bender, *Deutsch. chem. Gesellsch.*, 1880, p. 696]. — On ajoute goutte à goutte du chlorocarbonate d'éthyle à du phénate de potassium pulvérisé; la réaction commence à froid; on l'achève au bain-marie. Le liquide brun ainsi obtenu est lavé à l'eau et distillé. Il passe, à 250-280°, un corps d'odeur aromatique, qui se prend dans le récipient en cristaux fusibles à 105°, solubles dans l'alcool absolu.

Produits de substitution du pyrogallol.

Mononitropyrogallol, $C^6H^2(AzO^2)(OH)^3$ [Barth, *Monatsh. Chem.*, t. Ier, p. 882]. — On fait passer un courant d'acide azoteux dans une solution éthérée de pyrogallol, en ayant soin de refroidir à 0°: on arrête l'opération quand les gaz qui se dégagent troublent l'eau de baryte. On lave la solution éthérée avec de l'eau froide, on évapore et on fait recristalliser le résidu dans l'eau bouillante. On obtient ainsi de longues aiguilles jaunes contenant 1 molécule d'eau qu'elles perdent à 100°. Par cristallisation lente, on obtient des prismes tricliniques, fusibles à 205°, avec décomposition. La solution aqueuse est jaune et donne: avec les alcalis, une coloration rouge-orangé; avec l'eau de puits ou l'eau de chaux, une coloration carmin; avec le chlorure ferrique, une coloration vert-brunâtre, qui passe au rouge par le carbonate de sodium.

Amidopyrogallol, $C^6H^2(AzH^2)(OH)^3$ [Barth, *ibid.*]. — Ce corps se produit à l'état de chlorhydrate, lorsqu'on réduit le corps précédent par l'étain et l'acide chlorhydrique. La base libre est instable et se décompose par la simple évaporation de sa solution dans le vide, en donnant une masse brune et amorphe.

Le *chlorhydrate,* $C^6H^2(AzH^2)(OH)^3 + HCl$, forme des aiguilles brunâtres.

Mononitropyrogallol monéthylique,

$$C^6H^2(AzO^2)(OH)^2(OC^2H^5) + H^2O.$$

— On traite par l'acide azoteux une solution éthérée de pyrogallol monéthylique; le produit est ensuite agité avec de la potasse; la solution alcaline est enfin neutralisée par l'acide sulfurique et épuisée par l'éther: il ne reste plus qu'à évaporer ce dernier et à faire cristalliser le résidu dans l'eau bouillante. On obtient ainsi des aiguilles d'un jaune d'or, fusibles à 139° [Weselsky et Benedikt, *Monatsh. Chem.*, t. II, p. 212].

Mononitropyrogallol diéthylique,

$$C^6H^2(AzO^2)(OH)(OC^2H^5)^2$$

[Weselsky et Benedikt, *ibid.*]. — Lorsqu'on traite par l'acide nitreux une solution éthérée de pyrogallol diéthylique, on voit se déposer, au bout de quelques heures, des cristaux de couleur pourpre, altérables à l'air, de la formule $C^{20}H^{25}AzO^9$.

La solution éthérée d'où s'est déposé ce corps abandonne à la potasse le nitropyrogallol diéthylique : pour l'isoler, on sature par l'acide sulfurique la solution alcaline, puis on épuise par l'éther et on évapore. On obtient ainsi des aiguilles blanches, fusibles à 123°.

Dinitropyrogallol triéthylique,

$$C^6H(AzO^2)^2(OC^2H^5)^3$$

[Weselsky et Benedikt, *ibid.*]. — Obtenu par l'action de l'acide nitrique étendu sur le pyrogallol triéthylique, ce corps cristallise dans l'alcool en aiguilles jaunes, fusibles à 73°.

Trinitropyrogallol triéthylique,

$$C^6(AzO^2)^3(OC^2H^5)^3$$

[Weselsky et Benedikt, *ibid.*]. — Aiguilles jaunes, fusibles à 93°, obtenues par l'action de l'acide nitrique concentré sur le pyrogallol triéthylique.

Pyrogallol-azobenzol, $C^6H^2(OH)^3Az=AzC^6H^5$ [Stebbins, *Deutsch. chem. Gesellsch.*, 1880, p. 43]. — On mélange une solution de nitrate de diazobenzol (1 molécule) avec une solution alcaline de pyrogallol (1 molécule) : le liquide se colore en rouge brique et laisse bientôt déposer un précipité rouge. Purifié par cristallisation dans l'acide acétique, ce corps se présente en petites aiguilles rouges, insolubles dans l'eau, très solubles dans l'alcool, la nitrobenzine et l'acide acétique cristallisable; il teint la laine et la soie en rouge orangé.

Méthylpyrogallol, $C^6H^2(CH^3)(OH)^3$ [Hofmann, *Deutsch. chem. Gesellsch.*, 1879, p. 1371]. — Ce corps est renfermé à l'état d'éther diméthylique dans le goudron de hêtre. Pour l'isoler, on traite par le chlorure de benzoyle la fraction de ce goudron, susceptible de se combiner aux alcalis, qui bout de 255 à 277°, et l'on soumet à la cristallisation fractionnée le produit ainsi obtenu. On arrive à isoler un corps fusible à 118-119°, qui n'est autre que *l'éther diméthylbenzoïque* du méthylpyrogallol. Celui-ci fournit, par l'action de la potasse alcoolique, *l'éther diméthylique*, qui se dédouble lui-même, sous l'influence de l'acide chlorhydrique, en tubes scellés, en donnant enfin le méthylpyrogallol.

Purifié par cristallisation dans la benzine, ce corps se présente en petites aiguilles fusibles à 129°, sublimables, solubles dans l'eau. En solution alcaline, il brunit au contact de l'air.

L'éther diméthylique, $C^6H^2(CH^3)(OCH^3)^2(OH)$, fond à 36° et distille à 265°.

Combinaisons du pyrogallol avec les aldéhydes et les acétones.

On a décrit, t. II, p. 1238, les produits que donne le pyrogallol en se combinant avec les aldéhydes formique, acétique et benzoïque.

Pyrogallol-vanilléine, $C^{20}H^{18}O^8$ [voyez Suppl., p. 1331].

Allylène-digalléine,

$$C^{15}H^{12}O^6 = \begin{array}{l} CH^2.O \\ | \\ C \\ | \\ CH^2.O \end{array} \!\!\begin{array}{l} \\ < \begin{array}{l} O \\ O \end{array} \\ \end{array} \begin{array}{l} > C^6H^3.OH \\ \\ > C^6H^3.OH \end{array}$$

[Wittenberg, *Journ. prakt. Chem.* (2), t. XXVI, p. 66]. — On chauffe doucement au bain-marie 3 p. de pyrogallol avec 2 p. d'acétylacétate d'éthyle en présence de quelques gouttes d'acide sulfurique; il se fait une vive réaction ; le produit entre en ébullition, puis se prend en masse. On lave à l'eau froide, et on fait cristalliser dans l'alcool à 50 %₀ : on obtient ainsi des aiguilles incolores, fusibles à 235°, insolubles dans l'eau froide, peu solubles dans la benzine et dans l'éther, assez solubles dans l'alcool chaud. Ce corps donne : avec le chorure ferrique, une coloration verte; avec le sous-acétate de plomb, un précipité gélatineux jaune-citron ; avec l'eau de baryte, un précipité rouge-brique, soluble à chaud. Chauffée avec le double de son poids d'anhydride acétique, l'allylène-digalléine fournit un dérivé,

$$C^{15}H^{10}O^6(C^2H^3O)^2,$$

fusible à 176°, insoluble dans l'eau, très soluble dans l'alcool chaud.

Gallacétonine,

$$C^9H^{10}O^3 = (CH^3)^2=C \begin{array}{l} < O > \\ < O > \end{array} C^6H^3.OH$$

[Wittenberg, *ibid.*]. — Un mélange de 2 p. de pyrogallol et de 1 p. d'acétone pure est additionné de quelques gouttes d'oxychlorure de phosphore : le tout entre en ébullition, puis se prend en masse. On lave à l'eau froide, et on fait cristalliser dans l'alcool à 15 %₀. La gallacétonine se charbonne sans fondre vers 250°; elle est très soluble dans l'alcool et dans l'éther, insoluble dans l'eau froide; elle fournit, avec le chlorure ferrique, une coloration pourpre, et, avec le sous-acétate de plomb, un précipité d'abord verdâtre, puis rouge brique; elle réduit à froid le nitrate d'argent; ses solutions alcalines noircissent rapidement au contact de l'air. Par l'action de l'anhydride acétique, elle donne un dérivé cristallisé ayant pour formule $C^9H^9O^3.C^2H^3O$.

Produits de l'action du chlore sur le pyrogallol.

Mairogallol, $C^{18}H^7Cl^{11}O^{10}$ [Stenhouse et Groves, *Ann. Chem. Pharm.*, t. CLXXIX, p. 235] — On délaye 5 grammes de pyrogallol dans 10^{cc} d'acide acétique cristallisable, et on traite le tout par un courant rapide de chlore; le pyrogallol ne tarde pas à se dissoudre. Quand le liquide a pris une teinte orangé clair et est saturé de chlore, on le place dans de l'eau à 70° : il se dégage alors de l'acide chlorhydrique et de l'acide carbonique. Au bout de 20 minutes, on refroidit rapidement, on ajoute 3^{cc} d'acide chlorhydrique et on traite par un courant lent de chlore pendant une demi-heure. Du jour au lendemain, il se dépose des cristaux de mairogallol, qu'on purifie par lavage à l'acide acétique froid et cristallisation dans l'acide acétique chaud.

Le mairogallol se présente en cristaux clinorhombiques, fusibles vers 190° avec décomposition; il est insoluble dans l'eau froide, le sulfure de carbone, les pétroles légers, soluble dans l'éther, soluble dans l'eau bouillante et dans l'alcool chaud, qui l'altèrent à la longue. L'acide iodhydrique ne l'attaque que difficilement; l'acide nitrique concentré le dissout à chaud sans altération; l'acide sulfurique ne le décompose qu'à une haute température.

Leucogallol, $C^{18}H^{10}Cl^{12}O^{14}$ [Stenhouse et Groves, *ibid.*]. — On sature à froid de chlore un mélange de 10 gr. de pyrogallol et de 20 gr. d'acide acétique cristallisable; on ajoute 5^{cc} d'acide chlorhydrique concentré et on continue à faire passer dans le liquide un courant rapide de chlore : il se dégage abondamment de l'acide chlorhydrique et de l'acide carbonique, et le mélange se prend bientôt en une masse cristalline de couleur orangée. On purifie par lavage à la benzine, dissolution dans l'éther et précipitation par la benzine.

Le leucogallol se présente en aiguilles incolores, fusibles vers 104° avec décomposition, très solubles dans l'eau et dans l'alcool, moins solubles dans l'éther, insolubles dans le sulfure de carbone et les pétroles légers. Il est instable et se décompose déjà lorsqu'on abandonne à elle-même sa solution aqueuse ou alcoolique. L'acide nitrique concentré ne l'attaque qu'à chaud, en donnant de la chloropicrine; l'acide sulfurique le décompose à chaud. Ad. Fauconnier.

PYROGALLOL-VANILLÉINE,

$$C^{20}H^{18}O^{8} = C^{6}H^{2} \begin{cases} OH \\ OCH^{3} \\ CH^{2} = [C^{6}H^{2}(OH)^{3}]^{2}. \end{cases}$$

— Ce composé, isomérique avec la phloroglucine-vanilléine, se forme lorsqu'on substitue dans la préparation de celle-ci (voyez Suppl., p. 1243) le pyrogallol à la phloroglucine. Il cristallise en lamelles blanches. A 100-110°, 2 molécules de ce corps perdent 1 molécule d'eau et donnent le composé $C^{40}H^{34}O^{15}$ [Etti, *Monatsh. Chem.*, 1882, p. 637].

PYROGALLOQUINONE,

$$C^{18}H^{14}O^{8} = C^{6}H^{4}[O\text{-}O.C^{6}H^{4}(OH)^{2}]^{2}$$

[Wichelhaus, *Deutsch. chem. Gesellsch.*, 1872, p. 846; — De Clermont et Chautard, *Compt. rend.*, t. XCIV, p. 1189]. — Ce corps prend naissance par le mélange de solutions concentrées de quinone et de pyrogallol. Il se produit aussi en même temps que la purpurogalline dans l'oxydation du pyrogallol au moyen du permanganate de potassium en solution sulfurique. Purifiée par cristallisation dans l'alcool et sublimation, la pyrogalloquinone se présente en aiguilles rouge-brique, insolubles dans l'eau, infusibles à 200°, sublimables à cette température avec décomposition partielle.

Les alcalis la décomposent en produisant des colorations passagères; l'ammoniaque donne une solution bleue très altérable.

PYROMÉCAZONIQUE (ACIDE),

$$C^{5}H^{3}AzO(OH)^{2}$$

[Ost, *Journ. prakt. Chem.* (2), t. XIX, p. 203, et t. XXVII, p. 257]. — On obtient cet acide en réduisant l'acide oxypyromécazonique (voyez ce mot) soit par l'étain et l'acide chlorhydrique, soit par l'acide iodhydrique à l'ébullition. Ce dernier procédé fournit les meilleurs rendements : la réduction terminée, on chasse l'iode par distillation dans un courant de vapeur d'eau, on concentre le liquide, puis on ajoute de l'acétate d'ammonium.

L'acide pyromécazonique, qui a la propriété de se combiner avec les acides minéraux, mais non avec l'acide acétique, se dépose en belles lamelles orthorhombiques presque incolores, solubles dans les alcalis et dans les acides forts, peu solubles dans l'eau et dans l'alcool, insolubles dans l'éther.

Ses solutions alcalines sont instables et s'oxydent à l'air; sa solution ammoniacale fournit, par le chlorure de baryum, un précipité d'abord blanc qui bleuit rapidement.

Le *chlorhydrate pyromécazonique*,

$$C^{5}H^{5}AzO^{3}.HCl + H^{2}O,$$

cristallise en petites aiguilles incolores, que l'eau décompose immédiatement.

Acide bromopyromécazonique,

$$C^{5}H^{2}BrAzO(OH)^{2}.$$

— L'acide pyromécazonique en suspension dans l'eau est additionné d'une molécule de brome : il se dissout, et la solution laisse bientôt déposer le dérivé bromé en cristaux presque insolubles, même dans l'eau bouillante. Ce corps se dissout dans l'acide chlorhydrique, avec lequel il forme un chlorhydrate cristallisé qui se détruit à 100°.

Si l'on traite l'acide pyromécazonique par plus d'une molécule de brome, on le transforme en acide oxalique.

Acide diacétylpyromécazonique,

$$C^{5}H^{3}AzO(C^{2}H^{3}O^{2})^{2}.$$

— On l'obtient en chauffant à 150-200° l'acide pyromécazonique avec un excès d'anhydride acétique, et en faisant cristalliser le produit dans l'alcool : il se présente en petits prismes fusibles à 153-155°; il ne donne pas de réaction avec les sels ferriques, et se détruit rapidement par l'action de l'eau ou de l'acide chlorhydrique à chaud.

Pyromécazone, $C^{5}H^{3}AzO.O^{2}$. — En envisageant l'acide pyromécazonique comme une sorte de phénol bivalent, la pyromécazone serait la quinone correspondante. On l'obtient en faisant agir avec précaution l'acide nitrique sur l'acide pyromécazonique en suspension dans l'éther absolu, jusqu'à ce que le produit ait pris une coloration rouge brique.

Ce corps est insoluble dans l'éther, très soluble dans l'eau froide; il ne donne pas de réaction avec les sels ferriques ; il fournit, par le chlorure de baryum ammoniacal, un précipité rouge carmin. L'acide sulfureux ramène la pyromécazone à l'état d'acide pyromécazonique.

Nitropyromécazone, $C^{5}H^{2}(AzO^{2})AzO.O^{2}$. — On l'obtient en traitant par un excès d'acide nitrique une solution acétique d'acide pyromécazonique : la pyromécazone formée d'abord se redissout dans un excès d'acide nitrique, et la solution laisse déposer, après un long repos, des prismes compacts, presque incolores, ayant la formule ci-dessus. Ce corps se détruit à 100°. Il est très soluble dans l'eau, et sa solution se décompose par la moindre élévation de température, en perdant de l'acide carbonique et en laissant déposer de l'acide nitropyromécazonique.

Acide nitropyromécazonique,

$$C^{5}H^{2}(AzO^{2})AzO(OH)^{2}.$$

— On le prépare par l'action de l'acide sulfureux sur la nitropyromécazone : il cristallise en lamelles d'un jaune d'or. Il donne, avec le chlorure ferrique, une coloration rouge de sang.

Son *sel de sodium*, $C^{5}H^{3}Az^{2}O^{5}Na$, est en larges aiguilles jaunes. Ad. Fauconnier.

PYROMÉCONIQUE (ACIDE), $C^{5}H^{4}O^{3}$. (voyez t. II, p. 1254). [Ost, *Journ. prakt. Chem.* (2), t. XIX, p. 34 et 177; — Ihlée, *Liebig's Ann. Chem.*, t. CLXXXVIII, p. 31]. — *Préparation.* — On distille l'acide coménique par portions de 500 grammes dans une cornue de fer, chauffée au bain métallique, d'abord à 120-150°, pour chasser l'eau de cristallisation, puis à 300°. Vers la fin, on fait passer dans l'appareil un courant de gaz carbonique, pour soustraire rapidement l'acide pyroméconique à l'action des parois surchauffées. Le produit distillé est complètement solide. On le purifie en le distillant une seconde fois et en recueillant ce qui passe à 227-228°, et en le faisant ensuite recristalliser dans l'eau bouillante.

Propriétés. — L'acide pyroméconique fond à 117° (Ost), à 121°,5 (Ihlée), et bout à 225° (Ost.) Il est assez soluble dans le chloroforme et dans l'éther, qui l'enlève à ses solutions aqueuses.

PYROMÉCONATES. — L'acide pyroméconique forme deux séries de sels : des sels neutres, $C^{5}H^{3}O^{3}M$, et des sels acides, $C^{5}H^{3}O^{3}M + C^{5}H^{4}O^{3}$. Les deux séries de sels possèdent une réaction alcaline; ils sont très instables, se colorent à la lumière, se décomposent par l'ébullition avec l'eau, brunissent à 100°, et se détruisent à une température plus élevée.

Les alcalis employés en excès décomposent même à froid l'acide pyroméconique, et la solution renferme, au bout de quelque temps, de notables quantités d'acide formique.

Pyroméconate de potassium, $C^5H^3O^3K$. — On ajoute à une solution chaude et concentrée d'acide (1 molécule) un excès de potasse (4 molécules) et on refroidit la solution : le sel se sépare en longues aiguilles que l'on purifie par cristallisation dans l'alcool.

Pyroméconate d'ammonium. — En mélangeant des solutions alcooliques d'acide et d'ammoniaque, on obtient un précipité blanc, qui, par la dessiccation à froid, perd la totalité de son ammoniaque.

Pyroméconate acide de sodium, $C^{10}H^7O^6Na$. — Il se précipite à l'état cristallin lorsqu'on ajoute de la soude alcoolique en quantité insuffisante à une solution alcoolique froide d'acide pyroméconique.

Sel de baryum, $(C^5H^3O^3)^2Ba + 3H^2O$. — Il a été décrit au t. II, p. 1255, comme ne renfermant qu'une molécule d'eau; c'est, en effet, sa composition, lorsqu'on l'a séché à 100°.

Pyroméconate acide de baryum, $(C^{10}H^7O^6)^2Ba$. — Petits prismes jaunâtres bien développés.

Pyroméconate acide de calcium. — Il ressemble au sel barytique et est anhydre comme lui.

CHLORHYDRATE PYROMÉCONIQUE, $C^5H^4O^3.HCl$. — Ce composé se dépose en petites aiguilles incolores, lorsqu'on fait agir les chlorures de phosphore, ou mieux le gaz chlorhydrique sec, sur une solution éthérée d'acide pyroméconique. Il se dédouble immédiatement au contact de l'eau ou de l'alcool.

SULFATE PYROMÉCONIQUE. — En mettant en contact les deux acides en présence d'éther, on obtient, suivant les proportions employées, des aiguilles

$$C^5H^4O^3.SO^4H^2$$

ou des prismes $(C^5H^4O^3)^2SO^4H^2$. Ces deux composés fondent par la chaleur et se solidifient de nouveau par le refroidissement; l'eau les dédouble.

ACIDE ACÉTYLPYROMÉCONIQUE, $C^5H^3O^3.C^2H^3O$. — L'acide pyroméconique pulvérisé est chauffé au réfrigérant ascendant avec du chlorure d'acétyle, et lorsqu'il ne se dégage plus de gaz chlorhydrique, l'excès du réactif est éliminé par distillation. Le résidu constitue l'acide acétylpyroméconique. Il se présente en beaux prismes incolores, fusibles à 91°, très solubles dans l'eau, l'alcool et le chloroforme. L'eau bouillante le dédouble rapidement. Le chlorure ferrique ne le colore pas.

ACIDE NITROPYROMÉCONIQUE. $C^5H^3(AzO^2)O^3$. — L'acide nitrique fumant, mis au contact de l'acide pyroméconique, donne lieu à une réaction violente : l'acide pyroméconique est entièrement détruit avec formation d'acides oxalique et cyanhydrique. Pour modérer la réaction, on dissout 2 p. d'acide pyroméconique dans 6 p. d'acide acétique cristallisable, et on ajoute peu à peu et en refroidissant, de 1 à 1,5 p. d'acide nitrique aussi concentré que possible. On observe une vive réaction, que l'on modère en plongeant le vase dans de l'eau froide : le liquide ne tarde pas à se remplir de cristaux, qu'on purifie par lavage avec une petite quantité d'eau froide et cristallisation dans l'alcool. Les eaux mères contiennent de l'acide oxalique et de l'acide cyanhydrique.

L'acide nitropyroméconique forme de petits prismes jaune clair, peu solubles dans l'eau et dans l'alcool froid, qu'il colore en un jaune intense, à la manière de l'acide picrique, insolubles dans l'éther, le sulfure de carbone, la benzine, le chloroforme. L'eau bouillante le décompose avec dégagement de gaz. Il ne détone pas par la chaleur, mais ses sels se décomposent avec explosion. Le chlorure ferrique le colore en rouge de sang. Il est doué de propriétés acides plus prononcées que l'acide pyroméconique, et ne forme que des sels neutres.

Le *sel de sodium*, $C^5H^2(AzO^2)O^3Na$, est en lamelles d'un jaune d'or, assez peu solubles dans l'eau froide. Le *sel de potassium* est en aiguilles jaunes peu solubles. Les *sels de baryum* et *de calcium* sont des précipités cristallins. Le *sel d'argent*, $C^5H^2(AzO^2)O^3Ag$, forme des mamelons orangés, insolubles dans l'eau froide.

ACIDE AMIDOPYROMÉCONIQUE, $C^5H^3(AzH^2)O^3$. — L'acide nitropyroméconique en suspension dans l'eau est traité à froid par l'étain et l'acide chlorhydrique; la solution, débarrassée d'étain par l'acide sulfhydrique, fournit, par évaporation, de grands prismes orthorhombiques incolores, très solubles dans l'eau, qui sont un chlorhydrate de la formule $C^5H^3(AzH^2)O^3.HCl + H^2O$. En précipitant ce sel par l'ammoniaque, on obtient l'acide lui-même, qui cristallise dans l'eau bouillante en longues aiguilles incolores. La solution est colorée en bleu indigo par une petite quantité de chlorure ferrique : un excès de réactif agit comme oxydant et fait passer la teinte d'abord au vert, puis au rouge de sang.

L'acide amidopyroméconique réduit à froid le nitrate d'argent.

ACIDE NITROSODIPYROMÉCONIQUE,

$$C^5H^3(AzO)O^3 + C^5H^4O^3.$$

On fait passer dans de l'éther anhydre et refroidi une petite quantité de gaz azoteux, et on y introduit ensuite une petite quantité d'acide pyroméconique très finement pulvérisé. On agite de temps à autre, on laisse déposer l'acide pyroméconique non dissous, et on décante la solution éthérée, qui ne tarde pas à laisser déposer l'acide nitrosodipyroméconique, mélangé quelquefois de petites quantités d'acide nitropyroméconique.

Cet acide forme des cristaux jaune citron; il est très instable et se décompose aisément sous l'influence de la lumière ou de la chaleur. L'acide sulfurique le dissout en le colorant en brun-rouge. On ne peut le faire recristalliser dans aucun dissolvant. Il se décompose au contact de l'eau, lentement à froid, rapidement à chaud, en donnant, entre autres produits, de l'acide oxypyroméconique. Ad. Fauconnier.

PYROMUCIQUE (ACIDE). — *Action du brome sur l'acide pyromucique*. — Lorsqu'on fait réagir une molécule de brome sur l'acide pyromucique dissous dans l'acide acétique cristallisable, on obtient un produit d'addition, $C^5H^4O^3Br^2$. La potasse alcoolique le saponifie en donnant l'*acide monobromopyromucique*,

$$C^4H^2BrO\text{-}CO^2H,$$

en même temps qu'un acide non bromé,

$$C^4HO\text{-}CO^2H.$$

L'acide monobromopyromucique cristallise en fines aiguilles, fusibles à 155°, facilement sublimables [R. Schiff et Tassinari, *Deutsch. chem. Gesellsch.*, 1878, p. 842].

Acide dibromopyromucique, $C^5H^2Br^2O^3$. — L'acide pyromucique, traité d'abord par les vapeurs de brome, puis par un excès de brome, donne naissance à un tétrabromure $C^5H^4O^3Br^4$, très soluble dans l'alcool et dans l'éther, peu soluble dans le chloroforme et la ligroïne, insoluble dans l'eau froide. L'eau chaude le décompose avec dégagement de CO^2 et de HBr. Les agents réducteurs le ramènent à l'état d'acide pyromucique. Les oxydants le transforment en acide dibromosuccinique, en même temps qu'il se dégage de l'acide carbonique et de l'acide bromhydrique.

Traité par la potasse alcoolique, il donne de l'*acide dibromopyromucique*, $C^5H^2Br^2O^3$, soluble dans l'eau chaude, d'où il cristallise en petites écailles. Il fond à 184-186° et peut se sublimer sans décomposition. Il est très stable et résiste à la plupart des réactifs.

Acide tétrabromopyromucique, $C^5Br^4O^3$. — Cet acide se produit en petite quantité dans l'action directe du brome sur l'acide pyromucique. Il fond à 159-160° en se décomposant, en dégageant du brome et de l'acide bromhydrique, et formant un sublimé de fines aiguilles, qui fond à 180° en se décomposant également. Ce sublimé pourrait bien n'être autre que l'acide tétrabromopyromucique partiellement volatilisé [P. Toennies, *Deutsch. chem. Gesellsch.*, 1878, p. 1085].

Limpricht avait annoncé que l'acide pyromucique, traité par l'eau de brome, puis par l'oxyde d'argent, donnait de l'acide et de l'aldéhyde fumarique, $C^4H^4O^3$. Baeyer a repris cette étude et a montré que le composé $C^4H^4O^3$, qui prend naissance, n'est pas de l'aldéhyde fumarique, car le brome le transforme en acide mucobromique, $C^4H^2Br^2O^3$, et non en acide dibromosuccinique, $C^4H^4Br^2O^4$, comme il fait pour l'aldéhyde fumarique. Il a confirmé la production d'acide fumarique [Baeyer, *Deutsch. chem. Gesellsch.*, 1877, p. 1358].

Pyromucamide, $C^4H^3O\text{-}CO\,AzH^2$. — Le chlorure de pyromucyle, traité par l'éther ammoniacal, fournit la pyromucamide, en lamelles cristallines, fusibles à 142-143°. Traitée par le perchlorure de phosphore ou l'anhydride phosphorique, elle se transforme en *furfuronitrile*, $C^4H^3O\text{-}CAz$, liquide insoluble dans l'eau, bouillant à 146-148°, noircissant promptement à l'air. La potasse aqueuse le dédouble rapidement en ammoniaque et acide pyromucique. Traité par le zinc et l'acide sulfurique, le furfuronitrile fournit la *furfurylamine*,

$$C^4H^3O\text{-}CH^2.AzH^2,$$

liquide incolore, soluble dans l'eau, ayant l'odeur de la conicine. Elle fournit un *chloroplatinate*,

$$(C^5H^7AzO.HCl)^2PtCl^4,$$

bien cristallisé.

L'éther pyromucique, chauffé pendant quelques jours avec une solution aqueuse d'éthylamine, donne la *pyromucéthylamide*,

$$C^4H^3O\text{-}CO\,AzHC^2H^5,$$

liquide oléagineux, épais, bouillant à 258°. Le perchlorure de phosphore le transforme en un chlorure, $C^4H^3O\text{-}CCl^2\text{-}AzHC^2H^5$, liquide épais, qui se prend en beaux cristaux par le refroidissement.

Le perchlorure de phosphore réagit sur le pyromucate d'éthylamine en donnant une base ayant pour formule

$$C^4H^3O\text{-}C\begin{array}{l}\diagup\!\!\!\!\diagup AzC^2H^5\\ \diagdown AzHC^2H^5,\end{array}$$

qui est un liquide bouillant vers 200°, très soluble dans le chloroforme. Elle donne un chloroplatinate bien cristallisé [Wallach, *Deutsch. chem. Gesellsch.*, 1881, p. 751; — Ciamician et Dennstedt, *ibid.*, 1881, p. 1058].

Constitution. — Le furfurol étant l'aldéhyde de l'acide pyromucique, la constitution de ce dernier se déduit de celle du furfurol (voy. Suppl., p. 848) et est représentée par le schéma

$$\begin{array}{l}CH = CH\\ \,|\qquad\quad |\\ CH - C\text{-}CO^2H\\ \quad\diagdown\;\diagup\\ \qquad O\end{array}$$

[Baeyer, *Deutsch. chem. Gesellsch.*, 1877, p. 1363].

M. Hanriot.

PYRONOME. — Poudre de mines à l'azotate de sodium. Voyez t. II, p. 1172.

PYROPHOTOSANTONIQUE (ACIDE). — Voyez Santonique.

PYROSULFURIQUE (ACIDE). — Syn. de Disulfurique, $S^2O^7H^2$.

PYROTARTRIQUE (ACIDE) (t. II, p. 1259).

ACIDE ORDINAIRE (*méthylsuccinique*),

$$C^5H^8O^4 = CH^3\text{-}CH(CO^2H)\text{-}CH^2\text{-}CO^2H.$$

— On peut le préparer en décomposant l'un des deux éthers acétylméthylsucciniques par la potasse alcoolique concentrée

$$\begin{array}{l}CH^3\text{-}CH\text{-}CO^2C^2H^5\\ C^2H^3O\text{-}CH\text{-}CO^2C^2H^5\end{array} + 3KHO = 2C^2H^6O + C^2H^3KO^2 + \begin{array}{l}CH^3\text{-}CH\text{-}CO^2K\\ \qquad CH^2\text{-}CO^2K\end{array}$$

$$\begin{array}{l}CH^3\\ C^2H^3O\end{array}\!\!>\!\begin{array}{l}C\text{-}CO^2C^2H^5\\ CH^2\text{-}CO^2C^2H^5\end{array} + 3KHO = 2C^2H^6O + C^2H^3KO^2 + \begin{array}{l}CH^3\text{-}CH\text{-}CO^2K\\ \qquad CH^2\text{-}CO^2K\end{array}$$

[Kressner, *Liebig's Ann. Chem.*, t. CXCII, p. 138; — Conrad, *Liebig's Ann. Chem.*, t. CLXXXVIII, p. 227]. Son poids spécifique est égal à 1,410 (Schröder). Chauffé longtemps à 200-210°, il se dédouble en acides carbonique et butyrique [Claus, *Liebig's Ann. Chem.*, t. CXCI, p. 48].

Nitrile pyrotartrique. — Ce composé a été obtenu par Pinner, par l'action du chlorure d'allyle sur le cyanure de potassium à froid. Le liquide, décanté de la masse saline et distillé au bain d'eau, donne un résidu qui se sépare en deux couches : la couche supérieure, rectifiée, fournit le nitrile. On obtient ainsi un liquide incolore, bouillant à 252-254°, se concrétant à froid et fondant alors à 12° [Pinner, *Deutsch. chem. Gesellsch.*, 1879, p. 2053; — Lebedew, *Liebig's Ann. Chem.*, t. CLXXXII, p. 327].

ACIDE ÉTHYLMALONIQUE,

$$C^5H^8O^4 = C^2H^5\text{-}CH(CO^2H)^2.$$

— Conrad prépare son éther éthylique en faisant agir l'iodure d'éthyle sur l'éther malonique sodé [*Liebig's Ann. Chem.*, t. CCIV, p. 134]. Il fond à 111°,5 (Conrad).

Son *sel de calcium*, $C^5H^6O^4Ca,H^2O$, est plus soluble à froid qu'à chaud [Tupoleff, *Liebig's Ann. Chem.*, t. CLXXI, p. 243].

Le *sel de baryum* se dissout facilement dans l'eau. Le *sel de zinc*, suivant Markownikoff, ne contiendrait que 2 ½ H^2O [*Liebig's Ann. Chem.*, t. CLXXXII, p. 329].

L'*éther éthylique*, $C^5H^6O^4(C^2H^5)^2$, est un liquide incolore, bouillant à 206-208°, et possédant à 18° un poids spécifique (rapporté à l'eau à 15°) égal à 1,008. Traité par l'éthylate de sodium, il donne un dérivé sodé,

$$C^2H^5\text{-}CNa(CO^2C^2H^5)^2.$$

Une température de 350° le décompose en éther butyrique, aldéhyde, acide butyrique, etc. (Conrad).

Par l'action de l'acide bromhydrique fumant sur l'acide crotaconique, Claus a obtenu un acide cristallisé en aiguilles, fusibles à 141°, qui paraît être un acide bromisopyrotartrique,

$$C^5H^7BrO^4$$

[Claus, *Liebig's Ann. Chem.*, t. CXCI, p. 79].

ACIDE PROPYLÈNE-DICARBONIQUE NORMAL,

$$C^5H^8O^4 = CO^2H\text{-}CH^2\text{-}CH^2\text{-}CH^2\text{-}CO^2H.$$

— Cet acide se prépare au moyen du dibromure

de propylène normal. On commence par transformer celui-ci en cyanure, au moyen du cyanure de potassium en présence d'alcool; on distille la solution alcoolique jusqu'à 140°, et on traite le résidu par ½ fois son volume d'acide chlorhydrique fumant, pendant 3 ou 4 heures, à 100°. La solution, évaporée à sec, est extraite par l'alcool absolu, qui laisse du chlorure d'ammonium. La solution, traitée par la baryte, donne, par évaporation, le sel de baryum, qu'on décolore en solution aqueuse par le charbon animal, et qu'on décompose ensuite par l'acide sulfurique. L'acide pyrotartrique s'obtient par évaporation de la liqueur [Reboul, *Ann. Chim. Phys.* (5), t. XIV, p. 501].

Il se présente en grands prismes clinorhombiques et hémièdres, fusibles à 97°,5, à 96° (Reboul). Il bout presque sans décomposition à 299° (Reboul), à 302-304° [Markownikoff, *Liebig's Ann. Chem.*, t. CLXXXII, p. 341]. Il se dissout à 14° dans 1,20 p. d'eau (Reboul).

Dittmar a encore obtenu cet acide par la réduction de l'acide glutanique $C^5H^8O^5$, au moyen de l'acide iodhydrique à 120°.

Wislicenus et Limpach l'ont aussi préparé en dédoublant par la potasse alcoolique concentrée l'éther acétylé,

$$C^2H^3O\text{-}CH(CO^2H)\text{-}(CH^2)^2\text{-}CO^2H,$$

préparé lui-même au moyen de l'éther acétylsodacétique et de l'éther biiodopropionique [*Liebig's Ann. Chem.*, t. CXCII, p. 128].

Reboul a préparé un grand nombre de ses sels, soit neutres, soit acides.

Le *sel d'ammonium neutre*, $C^5H^6O^4.(AzH^4)^2$, est cristallisé. Le *sel acide* forme des cristaux orthorhombiques. — Le *sel de sodium neutre*,

$$C^5H^6O^4Na^2, \tfrac{1}{2}H^2O$$

(après dessiccation sur SO^4H^2), est extrêmement soluble dans l'eau, insoluble dans l'alcool. Le *sel acide* retient $2H^2O$ à 150-160°, et cristallise en prismes allongés. — Le *sel de potassium neutre* cristallise avec H^2O; le *sel acide* est anhydre. — Le *sel de magnésium neutre* cristallise avec $3H^2O$; celui de *calcium* forme des lamelles ou prismes avec $4H^2O$, et se dissout à 16° dans 1,7 p. d'eau; à 140°, il perd $3H^2O$. — Le *sel de baryum neutre*, $C^5H^6O^4Ba, 5H^2O$, cristallise en aiguilles, insolubles dans l'alcool, très solubles dans l'eau. — Le *sel neutre de zinc* cristallise en aiguilles qui exigent, à 18°, 102 p. d'eau pour se dissoudre. Sa solution, saturée à froid, cristallise quand on la chauffe. — Le *sel de plomb*, $C^5H^6O^4Pb + H^2O$, est un précipité cristallin. Celui *de cuivre*, en aiguilles microscopiques, d'un beau vert, contient ½ H^2O; celui *d'argent* cristallise de sa solution chaude en fines aiguilles.

L'*éther éthylique* forme un liquide qui bout à 236,5-237° et possède à 21° un poids spécifique égal à 1,025.

L'*éther acide* est un sirop épais, insoluble dans l'eau, qui donne un sel de baryum soluble, et se prépare par l'action de l'alcool sur l'anhydride.

Anhydride. — Markownikoff a préparé ce composé en traitant par le chlorure d'acétyle, en solution éthérée, le sel d'argent. La réaction terminée, on distille le produit : l'anhydride passe de 250 à 290°. Purifié par cristallisation dans l'éther, il forme des aiguilles minces, fusibles à 56-57°, qui bouillent en se décomposant un peu à 282-287°. Il est peu soluble dans l'éther.

Acide dibromopyrotartrique normal,

$$C^3H^4Br^2(CO^2H)^2.$$

— Ce composé, qui forme des cristaux fusibles à 101-102°, se prépare quand on fait réagir 18 grammes de brome sur un mélange de 7gr,2 d'acide et de 15 grammes d'eau à 100°. Il se forme, en outre, un peu d'*acide dibromosuccinique*, des acides bromhydrique et carbonique, et du tétrabrométhane; à 120°, on n'observe plus ce dernier [Reboul et Bourgoin, *Bull. Soc. chim.*, t. XXVII, p. 348]. A cette même température de 120°, on obtient, en outre, de l'acide dibromosuccinique. A 145°, il se produit surtout de l'acide carbonique et de l'oxyde de carbone.

E. Demarçay.

PYROTÉRÉBIQUE (ACIDE),

$$C^6H^{10}O^2 = (CH^3)^2 = CH\text{-}CH = CH\text{-}CO^2H.$$

Voyez t. II, p. 1268. — La distillation sèche de l'acide térébique fournit un mélange d'acide téraconique, $C^7H^{10}O^4$, d'acide pyrotérébique, et de lactone γ-oxyisocaproïque,

$$(CH^3)^2 = C\text{-}CH^2\text{-}CH^2.$$
$$O\text{———}OC$$

Pour obtenir un bon rendement en acide pyrotérébique, on pousse la distillation aussi rapidement que possible : le liquide distillé est étendu d'eau, sursaturé par la baryte en léger excès, traité par le gaz carbonique pour précipiter l'excès de baryte, et épuisé par l'éther, qui dissout la lactone oxyisocaproïque. En concentrant la solution aqueuse, on obtient d'abord des cristaux de téraconate de baryum, puis du pyrotérébate de baryum. On décompose ce sel par l'acide sulfurique dilué et on distille : l'acide pyrotérébique passe avec l'eau. On le purifie en le transformant en sel de calcium et en décomposant ce dernier par l'acide chlorhydrique [Geisler, *Liebig's Ann. Chem.*, t. CCVIII, p. 37].

L'acide pyrotérébique est un liquide huileux plus léger que l'eau, insoluble dans ce liquide, doué d'une odeur pénétrante. Il ne se solidifie pas à — 15°. La distillation sèche le transforme partiellement en son isomère la lactone oxyisocaproïque, liquide bouillant à 206-207° : cette transformation n'a pas lieu par la distillation avec l'eau.

Le *sel de calcium*, $(C^6H^9O^2)^2Ca + 3H^2O$, cristallise en prismes brillants qui perdent $2\tfrac{1}{2}H^2O$ à 100°. Le *sel d'argent*, $C^6H^9O^2Ag$, est un précipité volumineux, un peu soluble dans l'eau bouillante avec décomposition (Geisler).

L'acide pyrotérébique se dissout dans l'acide bromhydrique fumant sans donner de produit d'addition : si l'on distille la solution après l'avoir étendue d'eau, il passe de la lactone oxyisocaproïque.

L'acide bromhydrique gazeux transforme à 0° l'acide pyrotérébique en cristaux incolores, insolubles dans l'eau, solubles dans le sulfure de carbone, qui paraissent être un produit d'addition, mais dont la formule n'a pas été établie [Bredt et Fittig, *Liebig's Ann. Chem.*, t. CC, p. 58 et 259].

Le brome réagit énergiquement sur une solution sulfocarbonique d'acide pyrotérébique, et donne l'acide *dibromisocaproïque*, $C^6H^{10}Br^2O^2$, cristaux incolores, fusibles à 99-100°, que les alcalis détruisent avec formation de térélactone, $C^6H^8O^2$ [Mielck, *Liebig's Ann. Chem.*, t. CLXXX, p. 45; — Geisler, *loc. cit.*].

L'acide iodhydrique transforme à 190°, en tubes scellés, l'acide pyrotérébique en acide isocaproïque (Mielck).

Ad. Fauconnier.

PYROTRITARIQUE (ACIDE) [Syn. *Acide uvique*],

$$C^7H^8O^3 = CH^3\text{-}CO\text{-}CH < {CO^2H \atop CH = C = CH^2}.$$

Voyez t. II, p. 1268. — Cet acide prend naissance lorsqu'on fait bouillir au réfrigérant ascendant de l'acide pyruvique avec de l'eau et une quantité de baryte insuffisante pour le neutraliser; il se forme en même temps de l'acide acétique et de l'acide pyrotartrique [Böttinger, *Ann. Chem. Pharm.*, t. CLXXII, p. 239].

Il se produit à l'état d'éther éthylique dans la décomposition du diacétylsuccinate d'éthyle par l'acide sulfurique dilué bouillant : il se forme en même temps de l'acide carbopyrotritarique [Harrow, *Liebig's Ann. Chem.*, t. CCI, p. 141].

Le meilleur procédé de préparation est le suivant : On chauffe à 140°, pendant trois heures, un mélange d'acide pyruvique (1 p.), d'acétate de sodium sec (1 p.) et d'anhydride acétique (2 p.); on verse ensuite dans l'eau le produit de la réaction : on obtient ainsi une solution jaune sur laquelle nage une matière huileuse. On fait bouillir le tout avec de la soude jusqu'à disparition de la matière huileuse, et on précipite enfin par l'acide sulfurique. On obtient ainsi un rendement de 20 % [Böttinger, *Deutsch. chem. Gesellsch.*, 1880, p. 1960].

L'acide pyrotritarique se présente en aiguilles ou en prismes, fusibles à 135°, presque insolubles dans l'eau froide, assez solubles dans l'eau bouillante, très solubles dans l'alcool et dans l'éther. Il est partiellement entraîné à la distillation par la vapeur d'eau.

Le *sel d'argent*, $C^7H^7O^3Ag$, est un précipité blanc cristallin, qui jaunit rapidement à la lumière. Le *sel de baryum*, $(C^7H^7O^3)^2Ba + 5H^2O$, est en cristaux confus, qui perdent leur eau à 120°. Le *sel de calcium*, $(C^7H^7O^3)^2Ca + 3H^2O$, cristallise en aiguilles radiées. Le *sel de zinc*, $(C^7H^7O^3)^2Zn + 8H^2O$, se présente en aiguilles groupées en mamelons (Böttinger).

Le *sel de sodium*, $C^7H^7O^3Na + 2H^2O$, est soluble dans l'eau et cristallisable.

L'éther, $C^7H^7O^3.C^2H^5$, est un liquide bouillant à 208° : il se produit par l'action de l'iodure d'éthyle sur le sel d'argent (Harrow).

L'oxydation de l'acide pyrotritarique par l'acide chromique fournit de l'acide acétique et de l'acide carbonique; l'oxydation par l'acide nitrique donne de l'acide oxalique (Böttinger).

La fusion avec la potasse le convertit en acide benzoïque, suivant l'équation

$$C^7H^8O^3 = H^2O + C^7H^6O^2.$$

Lorsqu'on traite l'acide pyrotritarique à une douce chaleur par quelques gouttes d'acide chlorhydrique fumant, et qu'on ajoute ensuite avec précaution un peu d'acide sulfurique concentré, il se produit une belle coloration d'un rouge cerise : cette réaction est caractéristique (Harrow).

Ad. Fauconnier.

PYRO-USNIQUE (ACIDE). — Voyez t. III, p. 613.

PYROXANTHINE, $C^{15}H^{12}O^3$ [Hill, *Deutsch. chem. Gesellsch.*, 1877, p. 936; 1878, p. 456; 1882, p. 359]. — Ce corps est contenu dans les produits de la distillation du bois et peut en être isolé par le procédé suivant : Les portions de l'esprit de bois brut bouillant à 175° sont lavées d'abord à la soude froide, puis à l'eau, et soumises à la distillation dans un courant de vapeur d'eau; le résidu, lavé à l'alcool froid, est dissous dans l'alcool chaud : la pyroxanthine se dépose par le refroidissement en aiguilles orangées, à reflet bleuâtre, appartenant au système clinorhombique. Ce corps fond à 162°; il n'est pas distillable, mais se sublime quand on le chauffe dans un courant d'air. Il est soluble à l'ébullition dans l'alcool, la benzine, l'acide acétique, peu soluble dans l'éther et dans le sulfure de carbone. Les acides chlorhydrique et sulfurique le dissolvent en rouge; la potasse ne le dissout pas. Les réducteurs (poudre de zinc et acide acétique) le convertissent en hydropyroxanthine.

Tétrabromure de dibromopyroxanthine,

$C^{15}H^{10}Br^2O^3.Br^4$.

— Ce corps se produit par l'action du brome sur une solution sulfocarbonique de pyroxanthine : il cristallise en petites aiguilles blanches et brillantes, du système triclinique, qui se décomposent au-dessous de 100° en perdant de l'acide bromhydrique; il est très peu soluble à froid dans l'éther, le sulfure de carbone, le chloroforme, la benzine, l'alcool, l'acide acétique, assez soluble dans le chloroforme chaud. Le brome en solution sulfocarbonique ne l'altère pas; le brome sec le résinifie.

Dibromopyroxanthine, $C^{15}H^{10}Br^2O^3$. — Ce dérivé prend naissance quand on chauffe le tétrabromure avec du phénol aqueux, ou bien avec de l'alcool et de la poudre d'antimoine; il cristallise dans le système clinorhombique en belles aiguilles jaunes, très solubles dans l'alcool bouillant, la benzine, l'acide acétique, le chloroforme, assez solubles dans l'éther et le sulfure de carbone, peu solubles dans l'alcool froid. La dibromopyroxanthine se décompose par la fusion.

L'acide sulfurique la dissout en bleu, et la solution sulfurique donne par l'addition d'eau un précipité jaune. Elle s'unit au brome en solution sulfocarbonique pour régénérer le tétrabromure.

A. Fauconnier.

PYRROL (voyez t. II, p. 1270). — Le pyrrol a été extrait récemment du goudron d'os par Ciamician et Weidel [*Deutsch. chem. Gesellsch.*, 1880, p. 65]; on prend la fraction bouillant à 110-130°, on l'introduit dans un ballon en communication avec un réfrigérant ascendant, on chauffe et on ajoute du potassium coupé en morceaux. Il se forme du pyrrol potassé; après refroidissement, on lave à l'éther sec, puis on traite par l'eau. Le pyrrol est régénéré, on l'entraîne au moyen de la vapeur d'eau, on dessèche sur la potasse caustique; finalement on rectifie.

Modes de formation. — Le pyrrol se forme :

1° Dans l'action de la baryte à 150° sur l'albumine [Schützenberger et Bourgeois, *Bull. Soc. chim.*, t. XXV, p. 290];

2° Dans la distillation sèche du saccharate d'ammonium [Chichester A. Bell et E. Lapper, *Deutsch. chem. Gesellsch.*, 1877, p. 1961];

3° Dans la distillation sèche de la gélatine [*Monatsh. Chem.*, t. Ier, p. 279].

4° Dans la distillation sèche de l'amidoglyoxylate de calcium [Böettinger, *Deutsch. chem. Gesellsch.*, 1881, p. 48].

5° Par l'action d'une température supérieure à 200° sur l'acide glutamique, et dans la distillation sèche du pyroglutamate de calcium [Haitinger, *Monatsh. Chem.*, t. III, p. 228].

Propriétés. — Le pyrrol pur bout à 126°,2 sous une pression de 746mm,5; sa densité à + 12°,5 = 0,9752 [Weidel et Ciamician, *loc. cit.*]. Traité à chaud par la poudre de zinc et l'acide acétique d'une densité de 1,02, le pyrrol est transformé en dihydro-pyrrol C^4H^7Az, liquide bouillant à 90-91° [Ciamician et Dennstedt, *Deutsch. chem. Gesellsch.*, 1882, p. 1831].

Si l'on chauffe du pyrrol potassé dans un courant de gaz carbonique à 200-220°, il se forme de l'acide β-carbopyrrolique [Ciamician, *Monatsh. f. Chem.*, t. Ier, p. 624].

L'action du tétrachlorure de carbone et du chloroforme sur le pyrrol potassé fournit une chloropyridine; de même, le bromoforme donne naissance à une bromopyridine [*Deutsch. chem. Gesellsch*, 1881, p. 1153, et 1882, p. 1172]. Le chlorure de cyanogène paraît fournir une tétrol-cyanuramide $(C^4H^4Az.CAz)^3$; l'iode en solution éthérée réagit avec formation d'un tétra-iodopyrrol C^4HI^4Az [Ciamician et Dennstedt, *Deutsch.

chem. Gesellsch., 1882, p. 2579, et 1883, p. 64]. Ciamician a montré récemment [*Ibid.*, 1883, p. 2388] que l'hydrogène naissant réduit à l'état de tétrachloropyrrol le *perchlorure de pyrocolle perchloré* $C^{10}Cl^{14}Az^2O^2$.

Constitution. — R. Schiff considère le pyrrol comme une base imidée [*Deutsch. chem. Gesellsch.*, 1877, p. 1500]; en faisant agir le brome sur l'acétyl-pyrrol, il a obtenu un bibromure auquel il assigne la constitution que voici :

```
        AzC²H³O
         /   \
      HC  —  CH
       |      |
   BrHC  —  CHBr
```

Le pyrrol serait donc

```
        AzH
       /   \
    HC  —  CH
     |      |
    HC  ==  CH
```

Selon Chichester A. Bell et Lapper (*loc. cit.*), le pyrrol serait

```
        AzH
       /   \
    HC      CH
    ||      ||
    HC  —  CH
```

Dérivés du pyrrol. — Nous parlerons ici de quelques dérivés du pyrrol récemment découverts et étudiés.

Méthylpyrrol. — Se forme dans la distillation sèche du mucate de méthylamine; liquide incolore, bouillant à 112-113° [Chichester A. Bell, *Deutsch. chem. Gesellsch.*, 1877, p. 1861].

Diméthylpyrrol. — Existe dans la fraction du goudron animal passant à 140-180°; liquide bouillant à 165°, insoluble dans l'eau, très soluble dans l'alcool, dans l'éther, doué d'une odeur piquante. Il forme une combinaison chloromercurique; les acides ont peu d'action sur lui [Weidel et Ciamician, *Deutsch. chem. Gesellsch.*, 1880, p. 65]. Il prend aussi naissance dans la distillation sèche de la gélatine [Weidel et Ciamician, *Monatsh. Chem.*, t. Ier, p. 279].

Éthylpyrrol. — Produit de la distillation sèche du mucate d'éthylamine; liquide ressemblant beaucoup au pyrrol; il bout à 131°; densité à 0° = 0,8881; il est insoluble dans l'eau, soluble dans l'alcool et dans l'éther [Chichester A. Bell, *Deutsch. chem. Gesellsch.*, 1876, p. 935]. Le brome donne avec l'éthyl-pyrrol un dérivé $C^4Br^4AzC^2H^5$, insoluble dans l'eau, soluble dans l'alcool, fusible à 90°, se décomposant au-dessus de 100° [*Deutsch. chem. Gesellsch.*, 1878, p. 1810].

Amylpyrrol. — Prend naissance dans la distillation sèche du mucate d'amylamine; bout à 182°; liquide incolore, d'une odeur pénétrante et agréable; sa densité à + 10° = 0,8786 [*Deutsch. chem. Gesellsch.*, 1877, p. 1861].

Allylpyrrol. — Obtenu par l'action du bromure d'allyle sur le pyrrol potassé; liquide incolore d'odeur allylique, bouillant à 105° sous une pression de 48 millimètres; il n'est pas distillable à la pression ordinaire, et brunit lentement à l'air; presque insoluble dans l'eau, il se dissout en rouge dans l'acide chlorhydrique, et la solution acide laisse déposer, par addition d'eau, une matière amorphe ressemblant au rouge de pyrrol. Il donne un précipité blanc avec le chlorure mercurique [Ciamician et Dennstedt, *Deutsch. chem. Gesellsch.*, 1882, p. 2579].

Phénylpyrrol. — Produit de la distillation sèche du mucate d'aniline; se présente sous la forme de belles écailles minces, nacrées, blanches, qui, au contact de l'air, deviennent rougeâtres à la longue; il fond à 62°; son odeur est aromatique et camphrée; soluble dans l'alcool, l'éther, la benzine, le chloroforme, il est insoluble dans l'eau; les acides minéraux et les alcalis ne l'attaquent pas [Kœttnitz, *Journ. prakt. Chem.*, (2), t. II, p. 136].

Pour les homologues supérieurs du pyrrol, voyez le mot HOMOPYRROLS du Supplément.

Œchsner de Coninck.

PYRROL-CARBONIQUES (ACIDES),

$$C^5H^5AzO^2 = C^4H^4Az\text{-}CO^2H.$$

— Voyez ACIDE CARBOPYRROLIQUE, t. Ier, p. 768.

Préparation et modes de formation. — La fraction de l'huile animale de Dippel qui bout entre 140 et 150° renferme deux homopyrrols isomériques. Ciamician [*Deutsch. chem. Gesellsch.*, 1881, p. 1053] a transformé ces deux composés en combinaisons potassiques, qu'il a ensuite fondues avec de la potasse caustique. Il a obtenu ainsi deux acides pyrrol-carboniques. Voici comment il convient d'opérer : Le produit de la fusion, repris par l'acide sulfurique dilué, est épuisé par l'éther. Ce dernier étant évaporé, le résidu est repris par l'eau, décoloré par le noir animal, et traité par l'acétate de plomb. Il se forme un précipité blanc. Le précipité et le liquide sont traités séparément par H^2S et les solutions épuisées au moyen de l'éther. L'évaporation fournit les deux acides pyrrol-carboniques isomériques : celui dont le sel de plomb est soluble est l'acide α; l'autre est l'acide β.

ACIDE α-PYRROL-CARBONIQUE. — C'est l'acide découvert par Schwanert; il prend également naissance lorsqu'on traite par la potasse la carbopyrrol-amide provenant de la distillation sèche du mucate d'ammonium, ainsi que dans l'action de la potasse bouillante sur le pyrocolle (voyez plus loin) [Chichester A. Bell et E. Lapper, *Deutsch. chem. Gesellsch.*, 1877, p. 1964].

L'acide α cristallise dans le système clinorhombique; $a : b : c = 1,499 : 1 : 1,891$; $\beta = 112°,50'$. Il fond à 191°,5.

Le *sel barytique*, $(C^5H^4AzO^2)^2Ba$, est en lamelles soyeuses. — Le *sel d'ammonium*, $C^5H^4AzO^2.AzH^4$, se présente en croûtes cristallines formées de prismes effilés. — Le *sel de plomb* est très soluble dans l'eau.

L'*amide* correspondante se forme : 1° dans la distillation sèche du mucate d'ammonium; 2° dans l'action de l'ammoniaque alcoolique à 100° sur le pyrocolle. Elle fond à 172° et cristallise en belles tables.

La distillation sèche du mucate d'éthylamine fournit l'éthylcarbopyrrolamide. Une diéthylcarbopyrrolamide résulte de l'action de l'éthylamine libre sur le mucate d'éthylamine [Chichester A. Bell et E. Lapper, *loc. cit.*].

On connaît un acide α-dibromopyrrol-carbonique, $C^5H^3Br^2AzO^2$, qui se forme par l'action d'une lessive de potasse bouillante sur le pyrocolle tétrabromé.

ANHYDRIDE α-PYRROLCARBONIQUE [Syn. *Pyrocolle*],

$$C^{10}H^6Az^2O^2 = 2C^5H^5AzO^2 - 2H^2O.$$

— Il existe parmi les produits de la distillation sèche de la gélatine.

Préparation. — Dans une cornue en fer, on distille la gélatine, par portions de 200 grammes à la fois. La cornue est en communication avec un grand flacon de Woolf; on la chauffe, peu à peu, jusqu'au rouge sombre. Le résidu est formé par une combinaison complexe de carbone et d'azote. Au commencement de la distillation, il se dégage de l'ammoniaque; ensuite passent un liquide aqueux et un liquide huileux. Pendant que ce dernier distille, il se forme des vapeurs de carbonate et de cyanure d'ammonium, et il se dégage des gaz combustibles. Les cristaux de pyrocolle se condensent dans le col de la cornue, sous la forme d'une masse brune. On lave cette masse à l'alcool, qui ne dissout que la matière brune. Les cristaux bruts, sublimés dans un courant de gaz carbonique, sont dissous dans un excès de chloroforme, et la solution est décolorée au moyen du noir animal. La liqueur filtrée laisse déposer des lamelles nacrées [Weidel et Ciamician, *Monatsh. Chem.*, t. Ier, p. 279].

Propriétés. — Le pyrocolle peut être obtenu en grands cristaux clinorhombiques, lorsqu'on évapore sa solution acétique sur l'acide sulfurique :

$$(a : b : c = 2,3602 : 1 : 0,9485 \; ; \; \beta = 103^\circ 56').$$

Le pyrocolle est insoluble dans l'eau, peu soluble à froid dans l'alcool, l'éther, la benzine et l'acide acétique cristallisable, soluble à chaud dans le chloroforme, le xylène, l'alcool et l'acide acétique cristallisable. L'acide sulfurique le dissout sans l'altérer. Sa densité de vapeur a été trouvée égale à 6,30 et 6,42 (théorie : 6,44). Le pyrocolle ne forme pas de sels avec les acides; l'iodure de méthyle, le chlorure d'acétyle et l'anhydride acétique ne l'attaquent pas. La potasse le transforme à l'ébullition en acide *α-carbopyrrolique*, $C^5H^5AzO^2$. Chauffé en tubes clos à 100° avec une solution alcoolique d'ammoniaque saturée à 0°, il est converti en *carbopyrrolamide*, fusible à 172°. Distillé avec de la poudre de zinc, il fournit une petite quantité d'une huile présentant les principales propriétés du pyrrol.

Action du brome. — Cette action vient d'être étudiée par Ciamician et Silber [*Deutsch. chem. Gesellsch.*, 1883, p. 2388]. Le dérivé monobromé $C^{10}H^5BrAz^2O^2$ et le dérivé dibromé

$$C^{10}H^4Br^2Az^2O^2$$

prennent naissance lorsqu'on traite par le brome (en quantité calculée) des solutions de pyrocolle dans l'acide acétique cristallisable.

Si l'on chauffe un mélange de brome et de pyrocolle pendant quelques heures à 100°, on obtient le dérivé tétrabromé $C^{10}H^2Br^4Az^2O^2$. Ce dérivé est insoluble dans l'alcool, l'éther, le toluène, le chloroforme, à peine soluble à l'ébullition dans l'acide acétique cristallisable. Chauffé avec de l'hydrate de potassium, il est transformé en acide dibromocarbopyrrolique $C^5H^3Br^2AzO^2$.

Action du pentachlorure de phosphore (loc. cit.). — Par l'action de PCl^5, on obtient successivement les dérivés $C^{10}Cl^6Az^2O^2$ (pyrocolle perchloré), $C^{10}Cl^{10}Az^2O^2$ et $C^{10}Cl^{14}Az^2O^2$, que Ciamician considère comme un octochlorure de pyrocolle perchloré $C^{10}Cl^6(Cl^8)Az^2O^2$. Ce dérivé se sublime un peu au-dessus de 100°. L'hydrogène naissant le transforme en pyrrol tétrachloré C^4Cl^4AzH. Chauffé en tubes scellés avec de l'eau à 130°, il fournit l'acide α-dichloracrylique $C^3Cl^2H^2O^2$. L'acide acétique étendu et bouillant le convertit en dichloromaléinimide $C^4Cl^2O^2AzH$, identique avec celle qui résulte de l'action du chlore sur la succinimide.

Le liquide huileux, qui prend naissance dans la distillation de la gélatine, renferme du pyrrol, de l'homopyrrol et du diméthylpyrrol. Quant au liquide aqueux, il contient de la méthylamine, de la butylamine, bouillant à 72°,5 et une base, passant entre 210-215°, peut-être identique avec la quinoléine.

ACIDE β-PYRROL-CARBONIQUE. — Il se forme aussi lorsqu'on chauffe du pyrrol potassé dans un courant de gaz carbonique à 200-220° [Ciamician, *Monatsh. Chem.*, t. Ier, p. 624]. Cet acide cristallise en aiguilles fusibles à 161-162°.

Le *sel de baryum*, $(C^5H^4AzO^2)^2Ba$, se présente en aiguilles brillantes. Le *sel de plomb* est insoluble dans l'eau. L'*amide* correspondante n'est pas connue.

ACIDES HOMOPYRROL-CARBONIQUES. — Ces acides ont été découverts par Ciamician [*Deutsch. chem. Gesellsch.*, 1881, p. 1058]. Ils prennent naissance lorsqu'on chauffe entre 180 et 200°, dans un courant de gaz carbonique, le mélange des deux homopyrrols potassés. Leur séparation s'effectue aisément au moyen des sels de plomb.

L'acide α fond à 169°,5; son sel de plomb est soluble.

L'acide β fond à 142°,4 et fournit un sel plombique insoluble.

Distillés avec un excès de chaux, les sels de calcium fournissent les deux homopyrrols. Celui qui correspond à l'acide α bout à 147-148°; celui qui dérive de l'acide β distille entre 142 et 143°.

W. Œchsner de Coninck.

PYRUVINE. — Voyez GLYCÉRINE, Suppl., p. 873.

PYRUVIQUE (ACIDE),

$$C^3H^4O^3 = CH^3\text{-}CO\text{-}CO^2H.$$

— Il se forme quand on traite par l'acide chlorhydrique le cyanure d'acétyle [Claisen et Shadwell, *Deutsch. chem. Gesellch.*, 1878, p. 620 et 1563]. Traité par le zinc et l'acide chlorhydrique, il donne de l'acide diméthyltartrique (Böttinger) (voyez Suppl., p. 648). Laissé en contact avec de l'acide cyanhydrique et de l'acide chlorhydrique, il donne de l'acide lactique (Böttinger). L'hydrogène sulfuré donne, avec l'acide libre, un précipité représenté par la formule $C^6H^8SO^5$; ce composé, très soluble dans l'eau, fond en se décomposant à 87°. L'eau le détruit en dégageant de l'hydrogène sulfuré; l'acide iodhydrique, en donnant de l'acide thiolactique. Avec le pyruvate de potassium, l'hydrogène sulfuré donne un thiodilactate; avec le sel d'argent, il donne, au bout de huit jours, de l'acide acétique et de l'acide thiolactique [Böttinger, *Liebig's Ann. Chem.*, t. CLXXXVIII, p. 293, et *Deutsch. chem. Gesellsch.*, 1879, p. 1425, et 1878, p. 1352].

Amide, $C^3H^5AzO^2 = CH^3\text{-}CO\text{-}CO.AzH^2$. — Ce composé, qui se présente en tables prismatiques épaisses, fusibles à 124-125°, et déjà sublimables à 100°, se prépare en faisant agir sur le cyanure d'acétyle, maintenu froid, une quantité d'acide chlorhydrique (densité = 1,20) contenant la quantité d'eau strictement nécessaire pour la réaction, $C^3H^3AzO + H^2O = C^3H^5AzO^2$ (Claisen et Shadwell). On la purifie par cristallisation dans la benzine et sublimation.

En sa qualité d'acide acétonique, l'acide pyruvique se combine aux sulfites, ou l'acide sulfureux aux pyruvates; on obtient ainsi des sels, soit neutres, soit acides [Clewing, *Journ. prakt. Chem.* (2), t. XVII, p. 241]. On a préparé par cette méthode les *sels acides de sodium*, $C^3H^5SO^6Na$, *de potassium*, $C^3H^5SO^6K$; les *sels neutres de sodium*, $C^3H^4SO^6Na^2 + H^2O$ ou $1\frac{1}{2}H^2O$, *de potassium*, $C^3H^4SO^6K^2 + H^2O$, *de calcium*,

$$C^3H^4SO^6Ca + 3/2H^2O,$$

de strontium, $C^3H^4SO^6Sr + 5H^2O$, *de baryum*, $C^3H^4SO^6Ba$; enfin deux sels de calcium doubles,

$$(C^3H^3O^2)^2Ca(C^3H^4SO^6Ca)^4 + 24H^2O$$

et $$(C^3H^4SO^6Ca)^4Ca(HSO^3)^2 + 15H^2O.$$

Par l'action de l'ammoniaque alcoolique sur l'acide pyruvique, Böttinger a obtenu un acide azoté qu'il a appelé acide uvitonique (voyez ce mot) [*Deutsch. chem. Gesellsch.*, 1880, p. 2032, et *Liebig's Ann. Chem.*, t. CLXXXVIII, p. 330].

E. Demarçay.

PYRUVIQUE (ALCOOL),

$$C^3H^6O^2 = CH^3\text{-}CO\text{-}CH^2.OH.$$

— Henry a préparé plusieurs dérivés de l'alcool

pyruvique, en soumettant à l'action du bromure de mercure, en présence de l'eau, à 100°, les dérivés propargyliques.

Éther pyruvique, CH^3-CO-CH^2.O.C^2H^5. — C'est un liquide d'odeur spéciale, d'un goût brûlant, qui bout à 128°, et dont le poids spécifique est égal à 18° à 0,92. On peut obtenir, par le même procédé, l'acétate et même l'alcool [Henry, *Compt. rend.*, t. XCIII, p. 421].

L'alcool pyruvique paraît peu stable et n'a pas été isolé jusqu'ici. En traitant l'acétone bromée par le carbonate de potasse aqueux et en distillant, on obtient un liquide très aqueux, de saveur douce, qui réduit la liqueur de Fehling, et est détruit à froid par les alcalis et même par le carbonate de potassium [Zincke et Breuer, *Deutsch. chem. Gesellsch.*, 1880, p. 638; — Emmerling et Wagner, *Liebig's Ann. Chem.*, t. CCIV, p. 40].

PYRUVYLE. — Voyez Urées composées, t. III, p. 579.

Q

QUASSINE (voyez t. II, p. 1278). — Christensen [*Arch. der Pharm.*, (3), t. XX, p. 481] recommande, pour la préparation de la quassine, le procédé suivant : On épuise le bois de *Quassia amara*, finement divisé, par l'eau bouillante; on concentre fortement le liquide au bain-marie, on le filtre et on le précipite par le tannin. Le précipité, bien lavé, est alors trituré avec de l'eau et du carbonate de plomb, la masse est évaporée à sec et reprise par l'alcool. L'évaporation de ce dernier liquide fournit la quassine cristallisée; on obtient ainsi environ 7 décigrammes de quassine par kilogramme de bois employé.

La quassine semble renfermer $C^{31}H^{42}O^9$. Elle cristallise en lamelles rectangulaires, fusibles à 205° sans altération et présentant la double réfraction. Sa saveur est très amère, sa réaction neutre. Elle est peu soluble dans l'eau et dans l'éther, assez soluble dans le chloroforme, très soluble dans l'alcool bouillant. Elle se dissout aisément dans les alcalis et est précipitée par les acides de ses solutions alcalines. Son pouvoir rotatoire est $[\alpha]_D = + 37°,8$.

Chauffée avec les acides chlorhydrique ou sulfurique dilués, la quassine ne fournit pas de glucose. L'acide sulfurique à 3 % la transforme, par une longue ébullition, en aiguilles blanches, fusibles à 287°, présentant la double réfraction et paraissant avoir pour formule $C^{31}H^{38}O^9$: ce dérivé est peu soluble dans l'eau, soluble dans les alcalis; ses solutions ne précipitent pas le tannin.

La quassine réagit sur le brome en solution chloroformique et fournit un dérivé amorphe, fusible à 75°, insoluble dans l'eau, soluble en jaune dans les alcalis, et dont la formule n'a pas été établie : ce corps jouit d'une saveur encore plus amère que la quassine elle-même.

Ad. Fauconnier.

QUÉBRACHO. — L'écorce de québracho *blanco*, employée pour combattre la dyspnée, provient d'un arbre de la famille des Apocinées, l'*Aspidosperma quebracho*. Fraude y avait découvert l'aspidospermine (Suppl., p. 244); mais, d'après les récents travaux de Hesse, elle renferme six alcaloïdes : l'*aspidospermine*, l'*aspidospermatine*, l'*aspidosamine*, l'*hypoquébrachine*, la *québrachine*, la *québrachamine*. Ces alcaloïdes n'existent pas tous dans tous les échantillons d'écorce; certains d'entre eux peuvent manquer. Le québracho blanco contient en outre un corps neutre, le *québrachol*. Nous allons étudier ces divers principes.

L'écorce de québracho *colorado* provient d'un autre arbre, qui a reçu le nom de *Loxopterygium Lorentii* (Griesebach) et renferme un alcaloïde particulier, la loxoptérygine (Suppl., p. 985).

Mode d'extraction. — L'écorce de québracho blanco concassée est épuisée par l'alcool, et l'extrait, débarrassé d'alcool et sursaturé par la soude, est repris par l'éther ou le chloroforme, qui s'emparent des alcaloïdes. Après distillation du dissolvant, le résidu est dissous dans l'acide sulfurique faible et traité par un excès de soude, qui précipite les alcaloïdes sous l'aspect de flocons rougeâtres.

Aspidospermine, $C^{22}H^{30}Az^2O^2$. — On l'isole du mélange d'alcaloïdes par un des deux procédés suivants : 1° On fait cristalliser ce mélange dans une petite quantité d'alcool bouillant, on dissout les cristaux (aspidospermine et québrachine) dans l'acide chlorhydrique, et on laisse évaporer. Le chlorhydrate de québrachine cristallise; celui d'aspidospermine s'accumule dans les eaux mères. 2° On dissout le mélange d'alcaloïdes dans l'acide acétique étendu et l'on ajoute à chaud de petites quantités d'ammoniaque, tant qu'il se forme un précipité devenant cristallin; la solution doit rester acide. Ce précipité est immédiatement séparé par le filtre et purifié par cristallisation dans l'alcool.

On a indiqué les propriétés de l'aspidospermine (Suppl., p. 244). Ajoutons que cette base est lévogyre; $[\alpha]_D = - 100°,2$ en solution alcoolique à 2 %, et $= - 83°,6$ en solution chloroformique à 2 %; la solution aqueuse chlorhydrique de la base agit moins énergiquement sur la lumière polarisée, $[\alpha]_D = - 62°$. Le chlorure ferrique ne la colore pas; le chlorure platinique acide donne un précipité devenant bientôt bleu; l'acide perchlorique colore à chaud la solution en rouge fuchsine; l'acide sulfurique concentré donne une liqueur incolore, même en présence d'acide molybdique; une parcelle de dichromate de potassium ajoutée à la solution sulfurique la colore en rouge, puis en vert. Le *chloroplatinate* d'aspidospermine est amorphe et renferme $4H^2O$.

Aspidospermatine, $C^{22}H^{28}Az^2O^2$. — Elle est contenue dans les eaux mères alcooliques de l'aspidospermine, que l'on obtient en suivant le premier mode de purification; ces eaux mères renferment en outre l'aspidosamine et l'hypoquébrachine. L'aspidospermatine est une masse cristalline radiée, très soluble dans l'alcool, l'éther, le chloroforme. Elle fond à 162°; $[\alpha]_D = - 72°,3$, en solution alcoolique à 2 %. Au point de vue de ses réactions, elle diffère de l'aspidospermine en ce que le dichromate ne colore pas sa solution sulfurique. Ses sels sont amorphes; le chloroplatinate renferme $4H^2O$.

Aspidosamine, $C^{22}H^{28}Az^2O^2$. — Précipité floconneux, se colorant en jaune rougeâtre à la lumière, extrêmement soluble dans l'alcool et dans l'éther. La solution du chlorhydrate donne, avec le chlorure ferrique, une coloration rouge-brun. L'acide sulfurique concentré dissout l'alcaloïde en se teintant en bleu, coloration que l'acide molybdique ou le dichromate font passer au bleu foncé. Les sels d'aspidosamine sont amorphes; le chloroplatinate contient $3H^2O$.

Hypoquébrachine, $C^{21}H^{26}Az^2O^2$. — C'est une matière amorphe, jaunâtre, ayant l'aspect de vernis, fusible vers 80° et très soluble dans l'alcool, l'éther et le chloroforme. Elle est alcaline et neutralise les acides en formant des sels amorphes; elle paraît constituer la plus forte des bases du québracho. La solution dans l'acide sulfurique prend bientôt une teinte violacée, que l'acide molybdique rend plus intense.

Québrachine, $C^{21}H^{26}Az^2O^3$. — Aiguilles déliées, jaunissant lentement à la lumière, insolubles dans l'eau, peu solubles dans l'alcool et dans l'éther. Elle fond vers 214-216°, en s'altérant légèrement; $[\alpha]_D = +62°,5$ en solution alcoolique à 2 °/₀ et + 18°,6 en solution dans le chloroforme à 2 °/₀. Ni le perchlorure de fer ni l'acide perchlorique ne colorent la québrachine; l'acide sulfurique concentré donne une liqueur bleuâtre dont la teinte s'accuse avec le temps, et immédiatement par addition de peroxyde de plomb, d'acide molybdique, de dichromate. Les sels de québrachine sont peu solubles et se distinguent par la propriété de cristalliser aisément.

Le *chlorhydrate*, $C^{21}H^{26}Az^2O^3.HCl$, est en aiguilles aplaties ou en petites tables hexagonales, peu solubles dans l'eau et dans l'alcool froid; il est anhydre. Le chloromercurate, le chloraurate et le chloroplatinate sont des précipités amorphes; ce dernier renferme $5H^2O$. Le *sulfate neutre*,

$$(C^{21}H^{26}Az^2O^3)^2SO^4H^2 + 8H^2O,$$

cristallise en cubes peu solubles dans l'eau froide. L'*oxalate neutre* se présente en petites aiguilles rayonnées, anhydres, très peu solubles. Le *tartrate neutre* cristallise en tables soyeuses, contenant $6H^2O$. Le *citrate* forme des aiguilles anhydres, groupées en mamelons.

Québrachamine. — Cette base n'a été rencontrée que dans un seul échantillon de québracho. Elle constitue de belles lamelles allongées, d'un éclat soyeux, fusibles à 142°, très solubles dans l'alcool, l'éther, le chloroforme. Sa composition n'a pas été établie.

L'action physiologique de ces six alcaloïdes a été étudiée par Penzoldt; en faisant abstraction de certaines différences, tous abolissent la motricité des nerfs, sans agir sur la sensibilité. 0gr,1 à 0gr,2 chez la grenouille, une dose double chez le lapin suffisent pour rendre évidente cette action paralysante. Ils ralentissent les mouvements du cœur et finissent par les arrêter.

Québrachol, $C^{20}H^{34}O$. — Cette substance se trouve dans l'extrait éthéré ou chloroformique de l'écorce. On la purifie par cristallisation dans l'alcool bouillant. Elle se présente en lamelles minces, incolores, qui contiennent de l'eau de cristallisation et en perdent rapidement une partie à l'air. Fusible à 125°; très soluble dans l'alcool, l'éther, la benzine, le chloroforme, insoluble dans l'eau et dans les alcalis. Sa solution chloroformique, agitée avec de l'acide sulfurique concentré, se colore en jaune, puis en brun rougeâtre, au bout de quelques minutes. Si l'acide sulfurique renferme un peu d'eau (D = 1,76), le chloroforme reste d'abord incolore, mais il prend au bout de cinq minutes une magnifique coloration pourpre. Le québrachol partage cette réaction avec la phytostérine.

Le québrachol est lévogyre; $[\alpha]_D = -29°,3$, en solution chloroformique à 4 °/₀.

L'anhydride acétique le transforme en *acétylquébrachol*, $C^{20}H^{33}(C^2H^3O^2)$, fusible à 115°, et moins soluble que le québrachol, auquel il ressemble [O. Hesse, *Liebig's Ann. Chem.*, t. CCXI, p. 249, et *Bull. Soc. Chim.*, t. XXXVIII, p. 465].

A. Henninger.

QUERCÉTAGINE. — Principe cristallisé analogue à la quercétine, que Latour et Magnier de la Source ont retiré des fleurs de diverses variétés de tagètes (œillets d'Inde), notamment du *Tagetes patula*. La quercétagine se dépose dans l'alcool à 85 centièmes, en cristaux feutrés jaunes. Ces cristaux perdent, à 100°, 11.42 °/₀ d'eau ($4H^2O$), et à 200° la perte n'augmente pas; ils renferment alors $C^{27}H^{22}O^{13}$, c'est-à-dire H^2O en plus que la quercétine, $C^{27}H^{20}O^{12}$ (formule de Latour et Magnier de la Source) [*Bull. Soc. chim.*, t. XXVIII, p. 337].

QUERCÉTINE (voyez t. II, p. 1278). — Ce principe, très répandu dans les plantes, a été signalé dans le cachou et dans le thé. Il a été l'objet de travaux récents qui, s'ils n'ont pas établi définitivement sa formule, ont ajouté des faits intéressants à son histoire.

Loewe représente la quercétine par la formule $C^{15}H^{12}O^7$, et admet qu'elle se forme par une simple déshydratation du quercitrin, $C^{15}H^{18}O^9$ [*Zeitschr. analyt. Chem.*, 1875, p. 233]. Cette opinion, qui d'ailleurs a été combattue par Liebermann et Hamburger, semble difficile à admettre; le quercitrin est certainement un glucoside fournissant de l'isodulcite par son dédoublement.

Latour et Magnier de la Source ont proposé pour la quercétine la formule $C^{27}H^{20}O^{12}$, et Liebermann et Hamburger, $C^{24}H^{16}O^{11}$ (séché à 130°), formule appuyée sur l'étude de quelques dérivés de la quercétine, sur la composition du quercitrin et sur les rapports des quantités de quercétine et d'isodulcite que fournit le dédoublement de celui-ci (voyez Quercitrin) [*Deutsch. chem. Gesellsch.*, 1879, p. 1178]. Herzig vient tout récemment d'adopter cette même formule.

La quercétine cristallisée contient, en outre, 3 molécules d'eau.

Octacétylquercétine, $C^{24}H^8O^{11}(C^2H^3O)^8$. — On l'obtient aisément en faisant bouillir la quercétine avec de l'anhydride acétique et de l'acétate de sodium. Elle est en belles aiguilles incolores, fusibles à 196-198° (Liebermann et Hamburger), à 189-192° (Herzig). Ce corps, d'abord envisagé par Liebermann et Hamburger comme un dérivé diacétylé, est en réalité une octacétylquercétine, comme Herzig l'a montré par le dosage de l'acide acétique combiné (l'analyse élémentaire ne peut trancher la question), et comme Liebermann vient de le confirmer lui-même en déterminant la proportion de quercétine que fournit le dédoublement du dérivé acétylé par l'acide sulfurique étendu de peu d'eau [Herzig, *Monatsh. Chem.*, t. V, p. 72; — C. Liebermann, *Deutsch. chem. Gesellsch.*, 1884, p. 1680].

Quercétine bisodique, $C^{24}H^{14}Na^2O^{11}$. — Préparée déjà par Hlasiwetz; elle renferme 9,1 °/₀ Na.

Tribromoquercétine, $C^{24}H^{13}Br^3O^{11}$. — Ce corps, considéré d'abord comme la dibromoquercétine, est en réalité un dérivé tribromé, comme Liebermann vient de le montrer. Pour le préparer, on ajoute peu à peu 2 p. de brome à 3 p. de quercétine, mise en suspension dans l'acide acétique cristallisable. Elle cristallise, dans un mélange d'alcool et d'acide acétique, en belles aiguilles jaune clair, fusibles à 236-237°. L'anhydride acétique la transforme en un dérivé *octacétylé*, cristallisé en aiguilles incolores, fusibles à 218°.

Tétrabromoquercétine, $C^{24}H^{12}Br^4O^{11}$. — Elle se forme par le dédoublement du tétrabromoquercitrin, et se présente en petites aiguilles jaunes. Le dérivé *acétylé* correspondant est en aiguilles incolores, fusibles à 227° [Liebermann et Hamburger, *loc. cit.*].

Hexéthylquercétine, $C^{24}H^{10}(C^2H^5)^6O^{11}$. — La quercétine (1 molécule), chauffée à 100° avec de la potasse alcoolique (4 à 5 molécules) et de l'iodure d'éthyle, se convertit pour la moitié environ en ce dérivé; il se forme en outre des produits visqueux bruns. L'hexéthylquercétine, cristallisée dans l'alcool, se présente en belles aiguilles jaunes, peu solubles, et fusibles à 120-122°. Elle forme avec la potasse une combinaison cristallisable dans l'alcool, que l'eau scinde en ses composants. La potasse alcoolique ne l'altère pas à 100°, mais vers 140-150° elle donne lieu à une réaction nette, qui fournit principalement de l'acide diéthylprotocatéchique, fusible à 165-166°.

Hexaméthylquercétine, $C^{24}H^{10}(CH^3)^6O^{11}$. — Préparée comme le dérivé éthylé, elle est en belles aiguilles d'un jaune d'or, très peu solubles dans l'alcool, et fusibles à 156-157°. La potasse alcoolique la décompose avec production d'acide diméthylprotocatéchique, fusible à 180°. L'hexaméthylquercétine renferme encore deux atomes d'hydrogène, remplaçables par le radical de l'acide acétique. Pour opérer cette substitution, il suffit de faire bouillir l'hexaméthylquercétine avec 8 à 10 p. d'anhydride acétique et une petite quantité d'acétate de sodium. La diacétylhexaméthylquercétine est en belles aiguilles incolores, peu solubles dans l'alcool, et fusibles à 167-169° [J. Herzig, *Monatsh. Chem.*, t. V, p. 72]. De ces faits, il est permis de conclure que la quercétine renferme huit groupes oxhydryles, phénoliques ou alcooliques. A. Henninger.

QUERCIGLUCINE. — Nom donné par A. Gautier au triphénol $C^6H^6O^3$, obtenu en fondant la quercétine avec de la potasse. Ce corps se distingue de la phloroglucine par son point de fusion, situé à 174° (au lieu de 220°), et par ces faits qu'il contient deux tiers de molécules d'eau de cristallisation et qu'il ne se colore pas avec le chlorure ferrique [A. Gautier, *Bull. Soc. chim.*, t. XXXIII, p. 582].

QUERCITE, $C^6H^{12}O^5$ (Voyez t. II, p. 1280) [Prunier, *Ann. Chim. Phys.*, (5), t. XV, p. 1; — Homann, *Liebig's Ann. Chem.*, t. CXC, p. 282].

— *Préparation.* — Prunier propose de substituer au procédé de préparation de Braconnot la méthode suivante, qui est plus rapide et augmente les rendements, en fournissant du premier coup un produit plus pur : On épuise les glands décortiqués et grossièrement pulvérisés par de l'eau froide; on concentre la solution par la distillation dans le vide, au-dessous de 40°; on la fait fermenter par la levûre de bière, et, lorsque le sucre fermentescible a disparu, on précipite par un léger excès de sous-acétate de plomb. La liqueur filtrée est débarrassée du plomb par l'acide sulfhydrique et évaporée au bain-marie jusqu'à cristallisation. La quercite est enfin purifiée par cristallisation, d'abord dans l'alcool faible, puis dans l'acide chlorhydrique étendu.

Propriétés. — La quercite est douée du pouvoir rotatoire $[\alpha]_D = + 24°16'$. La température est sans influence sensible sur la déviation observée, du moins entre 15° et 70°. La dilution est également sans influence. Sa densité à 13° est 1,5845. La quercite est insoluble dans l'alcool froid, l'éther, la benzine, le chloroforme. Elle se dissout bien dans l'acide chlorhydrique dilué. Son point de fusion est 222-223° (Prunier).

Chauffée sur la lame de platine, la quercite fond en un liquide incolore et mobile, qui brûle sans se charbonner. Soumise à la distillation sèche dans le vide, elle fournit : d'abord l'éther proprement dit de la quercite, $C^{12}H^{22}O^9$; puis de la quercitane, $C^6H^{10}O^4$; à partir de 260-275°, de la quinone, de la quinhydrone et de l'hydroquinone, enfin du pyrogallol et un corps neutre, fusible vers 100°, dont la composition n'a pas été établie.

Par la fusion avec la potasse caustique, elle se transforme en hydroquinone, qui se convertit à son tour, par oxydation, en un mélange de quinone et de quinhydrone. Il se produit en même temps du pyrogallol, de l'acide oxalique et de l'acide malonique (Prunier).

Chauffée avec de l'acide chlorhydrique, la quercite fournit, suivant la concentration de l'acide et la température, les éthers mono-, di-, tri- ou pentachlorhydriques correspondants, ou bien la quercitane monochlorhydrique (Prunier).

Chauffée au bain-marie avec de l'acide bromhydrique concentré, elle donne de la quercite monobromhydrique; si on élève la température à 145°, on obtient de la tribromhydroquinone et de la tribromoquinone, ainsi qu'un peu de phénol; enfin, à 160-165°, c'est la phénoquinone qui prend naissance.

Traitée dans un appareil à reflux par 50 fois son poids d'acide iodhydrique saturé à 0°, dans un courant d'hydrogène, elle donne de la benzine, de l'iodure d'hexyle, de l'hexylène, du phénol, de la quinone, du pyrogallol.

Chauffée avec du peroxyde de manganèse et de l'acide sulfurique, elle fournit de la quinone (Prunier).

La quercite forme, avec un certain nombre de sels métalliques, des combinaisons définies : la combinaison avec le *chlorure de potassium* est bien cristallisée; sa formule n'a pas été établie; la combinaison avec le *sulfate de calcium* a pour formule $2C^6H^{12}O^5.SO^4Ca + H^2O$ (Prunier).

ÉTHERS DE LA QUERCITE.

Monacétine, $C^6H^{11}O^4(OC^2H^3O)$ (Prunier). — On l'obtient en chauffant en tubes scellés 1 p. de quercite avec 3 p. d'acide acétique cristallisable à 100°, pendant plusieurs jours, ou à 120° pendant 12 heures. C'est une substance blanche, difficilement cristallisable, peu soluble dans l'éther.

Diacétine, $C^6H^{10}O^3(OC^2H^3O)^2$ (Homann). — Masse pulvérulente, obtenue par l'action d'un mélange d'anhydride (1 p.) et d'acide (10 p.) acétiques à 170° pendant 10 heures.

Triacétine, $C^6H^9O^2(OC^2H^3O)^3$ (Prunier). — Masse amorphe, incolore, amère, soluble dans l'éther, obtenue en chauffant la quercite avec 10 p. d'acide acétique renfermant 2 % d'anhydride, à 130-140°.

Tétracétine, $C^6H^8O(OC^2H^3O)^4$ (Homann). — Masse vitreuse, déliquescente, produite par l'action de l'anhydride acétique (2 p.) sur la quercite (1 p.) au bain-marie.

Pentacétine, $C^6H^7(OC^2H^3O)^5$ (Prunier). — Substance incolore, amorphe, amère, soluble dans l'alcool, l'éther, l'acide acétique. Elle prend naissance lorsqu'on chauffe la quercite à 150°, pendant 15 heures, avec 10 fois son poids d'anhydride acétique.

Monobutyrine, $C^6H^{11}O^4(OC^4H^7O)$ (Prunier). — Masse visqueuse, presque solide, soluble dans l'éther et dans l'alcool, peu soluble dans l'eau, préparée en chauffant la quercite à 100-115° pendant 12 heures avec 3 p. d'acide butyrique.

Tributyrine, $C^6H^9O^2(OC^4H^7O)^3$ (Prunier). — Liquide sirupeux, incristallisable, soluble dans l'éther et dans l'alcool, obtenu en chauffant la quercite avec 10-15 p. d'acide butyrique à 150-160° pendant 12 à 15 heures.

Pentabutyrine, $C^6H^7(OC^4H^7O)^5$ (Prunier). — Préparé par l'action d'un excès d'acide butyrique (20 p.) sur la mono- ou la tributyrine à 180°, pendant 15 heures, ce corps constitue un liquide sirupeux, presque incolore, peu soluble dans l'eau, soluble dans l'alcool et dans l'éther.

Monochlorhydrine, $C^6H^{11}O^4Cl$. — Cristaux blancs, fusibles à 198-200°, solubles dans l'éther, obtenus en chauffant la quercite pendant plusieurs jours, au bain-marie, avec un excès d'acide saturé à froid. Il se forme en même temps de la quercitane monochlorhydrique, qui reste dans les eaux mères et peut en être extraite par le chloroforme.

Trichlorhydrine, $C^6H^9O^2Cl^3$. — Ce corps prend naissance par l'action de l'acide chlorhydrique concentré sur la quercite à 115°. Il se présente en longues aiguilles, fusibles vers 155°, solubles dans l'éther.

Pentachlorhydrine, $C^6H^7Cl^5$. — Aiguilles minces, fusibles vers 102°, obtenues par l'action prolongée de l'acide chlorhydrique, à 115°, sur la trichlorhydrine. Ce corps est soluble dans l'alcool, l'éther et la benzine.

Monobromhydrine, $C^6H^{11}O^4Br$. — Corps blanc, grenu, cristallin, soluble dans l'eau, peu soluble dans l'alcool et dans l'éther, obtenu en chauffant la quercite avec 3 p. d'acide bromhydrique concentré, au bain-marie, pendant cinq jours.

Pentanitrine, $C^6H^7(AzO^3)^5$ (Homann). — On mélange 4 p. d'acide nitrique concentré avec 10 p. d'acide sulfurique et on ajoute peu à peu 1 p. de quercite finement pulvérisée; on abandonne le tout pendant 24 heures et on précipite ensuite par l'eau. On obtient ainsi des flocons blancs, solubles dans l'alcool et dans l'éther, qui, chauffés sur la lame de platine, détonent sans laisser de résidu.

ANHYDRIDES DE LA QUERCITE.

Éther proprement dit de la quercite, $C^{12}H^{22}O^9$ (Prunier). — Lorsqu'on chauffe la quercite au bain métallique à 240°, sous une pression de 20 millimètres, on obtient un sublimé blanc, cristallin, ayant la composition ci-dessus. Ce corps fond à 228-230°. Il est assez soluble dans l'eau, peu soluble dans l'alcool, insoluble dans l'éther. Il est déliquescent.

Quercitane, $C^6H^{10}O^4$ (Prunier). — Ce corps se produit en petite quantité par la distillation sèche de la quercite dans le vide, mais il est difficile à isoler des produits de la réaction. On l'obtient plus aisément à l'état de pureté en saponifiant par l'eau de baryte la quercitane monochlorhydrique (voyez plus bas). C'est une masse amorphe, incolore, soluble dans l'eau et dans l'alcool absolu, insoluble dans l'éther. Abandonnée au contact de l'air, elle attire rapidement l'humidité. Elle est dextrogyre; son pouvoir rotatoire n'a pu être établi avec certitude.

Quercitane monacétique, $C^6H^9O^3(OC^2H^3O)$. — Ce corps n'a pas été obtenu à l'état de pureté; il prend naissance par l'action de la chaleur sur la quercite pentacétique.

Quercitane monochlorhydrique, $C^6H^9O^3Cl$. — Ce corps reste dans les eaux mères de la quercite monochlorhydrique et peut en être extrait par le chloroforme; c'est une masse incolore, visqueuse et incristallisable.

Constitution de la quercite. — La constitution de la quercite est loin d'être établie avec certitude; nous savons seulement que c'est un alcool quintivalent, $C^6H^7(OH)^5$, mais sa transformation facile en produits aromatiques, et notamment en benzine, au moyen de l'acide iodhydrique, doit nous faire envisager ce corps comme intermédiaire entre la série grasse et la série aromatique; sa structure est vraisemblablement la suivante :

```
            CH²
          /     \
   HO.HC          CH.OH
     |              |
   HO.HC          CH.OH
          \     /
           CH.OH.
```

Ad. Fauconnier.

QUERCITRIN (voyez t. II, p. 1281). — Pour le préparer, on épuise l'écorce de quercitron par cinq à six fois son poids d'alcool bouillant à 85 %, on chasse par la distillation la moitié de l'alcool, on acidule fortement le résidu par l'acide acétique, et l'on ajoute une petite quantité d'acétate de plomb alcoolique, qui précipite les impuretés avant le quercitrin. La liqueur filtrée, débarrassée de plomb par l'hydrogène sulfuré, est évaporée à sec, et le quercitrin brut est purifié par précipitation de sa solution alcoolique par l'eau et par quatre à cinq cristallisations dans l'eau bouillante. Le quercitrin, ainsi purifié et séché à 125-130°, renferme $C^{36}H^{38}O^{20}$. Dédoublé par l'ébullition avec de l'eau acidulée par l'acide sulfurique, il fournit 61,2 % de quercétine et 46,4 % d'isodulcite, chiffres qui correspondent bien à l'équation

$$C^{36}H^{38}O^{20} + 3H^2O = C^{24}H^{16}O^{11} + 2C^6H^{14}O^6.$$

Celle-ci exige, en effet, 60,8 % de quercétine et 46,1 % d'isodulcite. Le quercitrin a été signalé dans les feuilles de frêne.

Quercitrin dipotassique, $C^{36}H^{36}K^2O^{20}$. — On mélange des solutions alcooliques froides et saturées de potasse et de quercitrin, et l'on met rapidement à essorer le précipité jaune qui se forme. Séchée dans le vide, cette combinaison supporte ensuite une température de 125° sans s'altérer.

Tétrabromoquercitrin, $C^{36}H^{34}Br^4O^{20}$. — Le quercitrin, mis en suspension dans l'acide acétique cristallisable, est traité par un excès de brome; si l'on a soin d'empêcher le mélange de s'échauffer, on évite tout dédoublement du quercitrin par l'acide bromhydrique formé, et le produit, cristallisé dans l'alcool, constitue le tétrabromoquercitrin. L'acide sulfurique étendu le dédouble à 100°, au bout de 2 à 3 heures, en 72,3 % de tétrabromoquercétine et en 32,6 % d'isodulcite, nombres concordants avec ceux qu'exige la formule adoptée pour le quercitrin [C. Liebermann et S. Hamburger, *Deutsch. chem. Gesellsch.*, 1879, p. 1178]. A. Henninger.

QUINALDINE. — La quinaldine est une méthylquinoléine, $CH^3-C^9H^6Az$.

Modes de formation : 1° Elle se produit lorsque l'on fait réagir le glycol sur un mélange d'aniline et de nitrobenzine en présence d'acide sulfurique. La nitrobenzine sert ici d'oxydant :

$$C^6H^7Az + 2C^2H^6O^2 + O = 5H^2O + C^{10}H^9Az.$$

2° On peut, dans la réaction précédente, remplacer le glycol par de l'aldéhyde :

$$C^6H^7Az + 2C^2H^4O + O = 3H^2O + C^{10}H^9Az.$$

Les proportions à employer sont : 80 p. de paraldéhyde, 40 p. d'aniline, 45 p. de nitrobenzine et 100 p. d'acide sulfurique concentré [Dœbner et Miller, *Deutsch. chem. Gesellsch.*, 1881, p. 2812]. Il se produit en même temps de l'éthylaniline et de la tétrahydroquinaldine.

3° On peut, dans la réaction précédente, remplacer l'aldéhyde par l'acide lactique, qui subit probablement le dédoublement en aldéhyde et acide formique [Wallach et Wüsten, *Deutsch. chem. Gesellsch.*, 1883, p. 2007].

4° L'aldéhyde orthoamido-benzoïque s'unit à l'acétone, en présence de soude caustique, en donnant la quinaldine [Friedländer et de Gohring, *Deutsch. chem. Gesellsch.*, 1883, p. 1833].

5° L'orthonitrobenzylidène-acétone en donne également, lorsque l'on la réduit par l'étain et l'acide chlorhydrique [W. Drewsen, *Deutsch. chem. Gesellsch.*, 1883, p. 1953].

6° L'acétonylquinoléine,

$$C^9H^6Az\text{-}CH^2\text{-}CO\text{-}CH^3,$$

se dédouble, sous l'influence de l'acide chlorhydrique concentré, en acide acétique et quinaldine [Fischer et Kuzel, *Deutsch. chem. Gesellsch.*, 1883, p. 165].

Propriétés. — La quinaldine est un liquide incolore, bouillant à 238-239°, peu soluble dans l'eau froide, plus soluble dans l'eau chaude. Elle forme des sels bien cristallisés.

Le *chlorhydrate*, le *sulfate*, l'*azotate*, l'*acétate*, sont solubles dans l'eau. Le *picrate*,

$$C^{10}H^9Az, C^6H^3(AzO^2)^3O,$$

cristallise dans l'alcool bouillant en cristaux jaune clair. Le *dichromate* se présente en longues aiguilles orangées. Le *chloroplatinate* est anhydre; il forme de beaux prismes rouge-aurore, fusibles à 226-230°.

L'acide azotique fumant transforme à froid la quinaldine en un mélange de deux dérivés nitrés.

A chaud, il donne un acide *nitroquinoléinecarbonique*, $C^9H^5(AzO^2)Az\text{-}CO^2H$.

L'oxydation par le permanganate transforme la quinaldine en acide *acétylanthranilique*,

$$C^6H^4 < \begin{matrix} AzH\text{-}CO\text{-}CH^3 \\ CO^2H \end{matrix}$$

[Dœbner et Miller, *Deutsch. chem. Gesellsch.*, 1882, p. 3075].

L'iodure d'éthyle s'unit facilement à la quinaldine en donnant un iodéthylate, $C^{10}H^9Az.C^2H^5I$, cristallisable en longues aiguilles jaune-paille, peu solubles dans l'eau, se décomposant à 226°. Ce composé, chauffé avec de l'iodéthylate de quinoléine et un peu de potasse, donne un beau précipité vert renfermant $C^{23}H^{25}Az^2I$. On obtient ce même composé en traitant de même la quinoléine du goudron de houille, ce qui y démontre la présence de la quinaldine [W. Spalteholz, *Deutsch. chem. Gesellsch.*, 1883, p. 1851].

La quinaldine s'unit facilement avec l'anhydride phtalique, lorsqu'on chauffe un mélange de ces deux corps à 235-240° avec un peu de chlorure de zinc. On obtient ainsi le *jaune de quinaldine* (ancien jaune de quinoléine), qui cristallise en fines aiguilles, fusibles à 234-235°, répondant à la formule $C^{18}H^{11}AzO^2$ [Jacobsen et Reimer, *Deutsch. chem. Gesellsch.*, 1883, p. 1083].

L'aldéhyde benzoïque s'unit facilement avec la quinaldine, en présence d'une petite quantité de chlorure de zinc, en donnant un produit d'addition $C^{17}H^{13}Az$, en beaux cristaux incolores, insolubles dans l'eau, solubles dans l'alcool, le sulfure de carbone, le chloroforme; ils fondent à 100°.

Le *chloroplatinate*,

$$C^{17}H^{13}Az.HCl.PtCl^4, 2H^2O$$

cristallise en prismes jaunes.

La métanitrobenzaldéhyde forme une combinaison analogue, fusible à 154-155°, cristallisant en aiguilles.

L'orthonitrobenzaldéhyde donne un dérivé en feuillets jaunes brillants, fusibles à 209-210°.

Le dérivé para est en aiguilles jaunes, peu solubles, fusibles à 264-265°.

Ces bases donnent des produits d'addition avec le brome; celui obtenu avec l'aldéhyde benzoïque a pour formule $C^{17}H^{13}AzBr^2$. Il est soluble dans l'alcool, et s'en dépose en feuillets brillants, irisés, fusibles à 173-174° [Wallach et Wüsten, *loc. cit.*].

Hydroquinaldine, $C^{10}H^{13}Az$. — La quinaldine, traitée par l'étain et l'acide chlorhydrique, donne la *tétrahydroquinaldine*, liquide incolore, bouillant à 246-248° (H = 0m,709), difficilement soluble dans l'eau, soluble dans l'alcool, l'éther, la benzine. Les sels cristallisent facilement. Traités par les oxydants (perchlorure de fer, ferricyanure, acide chromique), ils donnent une coloration rouge de sang.

L'hydroquinaldine s'unit avec l'iodure de méthyle; cette combinaison, distillée avec la potasse, donne la *méthylhydroquinaldine*, $C^{10}H^{12}AzCH^3$, liquide incolore, bouillant à 245-248° (H = 0m,708). Le chloroplatinate, $(C^{11}H^{15}Az.HCl)^2PtCl^4$, est très peu soluble.

Le chloroforme benzylique, en présence de chlorure de zinc, donne avec l'hydroquinaldine une matière colorante semblable au vert malachite, tandis qu'il ne donne rien avec la quinaldine pure, et qu'il fournit le *rouge de quinoléine* avec un mélange de quinaldine et de quinoléine [Dœbner et Miller, *Deutsch. chem. Gesellsch.*, 1883, p. 2467].

Dichloroquinaldine, $C^{10}H^7Cl^2Az$. — On l'obtient en faisant réagir, en présence de soude caustique, l'aldéhyde amidodichlorobenzoïque sur l'acétone. C'est une substance jaunâtre, fusible à 46°, bouillant sans décomposition à 300°. Elle est soluble dans les acides minéraux. Le picrate cristallise en fines aiguilles [Gnehm, *Deutsch. chem. Gesellsch.*, 1884, p. 755].

Nitroquinaldines, $C^{10}H^8Az.AzO^2$. — Pour les préparer, on dissout 100 grammes de quinaldine dans une quantité équivalente d'acide nitrique concentré, et on verse peu à peu la solution dans un mélange de 600 grammes d'acide nitrique fumant et de 600 grammes d'acide sulfurique fumant. Au bout de plusieurs heures, on sature les deux tiers de l'acide avec de la soude, on filtre et on achève la saturation en fractionnant. On sépare ainsi deux portions, fusibles l'une à 137°, l'autre à 82°. On les purifie par cristallisation dans l'alcool.

L'*orthonitroquinaldine*,

AzO² Az CH³

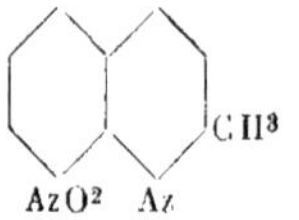

se dépose de l'alcool étendu en longues aiguilles, solubles dans l'eau chaude, l'alcool, l'éther et la benzine. Elle fond à 137°.

Le *chlorhydrate*, $C^{10}H^8Az^2O^2.HCl$, est en prismes brillants.

Le *chloroplatinate* est anhydre; il cristallise en prismes microscopiques.

L'orthonitroquinaldine en solution chlorhydrique est réduite par l'étain. Le produit de la réaction, saturé par la soude et distillé dans un courant de vapeur d'eau, fournit l'*orthoamidoquinaldine*, $C^{10}H^8Az.AzH^2$. Elle est très soluble dans l'alcool, l'éther, la ligroïne, peu soluble dans l'eau. Elle cristallise en prismes clinorhombiques, fusibles à 56°.

Le *chlorhydrate*, $C^{10}H^{10}Az^2.HCl$, se dépose de l'alcool bouillant en aiguilles jaune d'or.

La *métanitroquinaldine*,

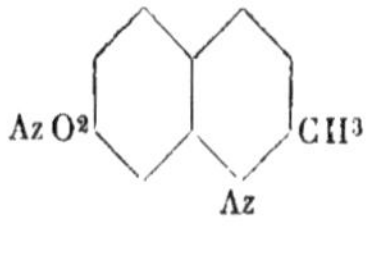

AzO² CH³ Az

cristallise dans l'alcool étendu en fines aiguilles, fusibles à 82°, solubles dans l'éther. Il est beaucoup plus soluble dans l'alcool étendu que le dérivé ortho.

Le *chlorhydrate* se dissout dans l'eau sans perdre d'acide. Il cristallise en prismes. Le *chloroplatinate* est en mamelons. Par réduction, on obtient la *méta-amidoquinaldine*. Elle est facilement soluble dans l'eau chaude, l'alcool et la benzine, peu soluble dans l'éther. Elle cristallise avec une molécule d'eau. Anhydre, elle fond à 104-105°. Le *chlorhydrate* cristallise en prismes jaune-rouge.

Dérivés sulfoniques. — Lorsque l'on chauffe pendant plusieurs heures au bain-marie un mélange de 10 p. d'acide sulfurique fumant et de 1 p. de quinaldine, on obtient un produit qui renferme trois acides monosulfoniques. On les sépare en utilisant les différences de solubilité de leurs sels sodiques.

L'acide *β-quinaldine-sulfonique* est peu soluble dans l'eau froide, soluble dans l'eau chaude, d'où il se dépose en prismes monocliniques brillants.

Ses sels sont également bien cristallisables et peu solubles. Fondus avec la potasse, ils donnent la β-oxyquinaldine.

L'acide *orthoquinaldine-sulfonique* est plus soluble que le précédent; il se dépose en longs prismes tricliniques. Son sel de potassium est presque insoluble dans un excès de potasse caustique. Le sel de sodium est soluble. Fondu avec la potasse, il donne l'orthoxyquinaldine.

L'acide *paraquinaldine-sulfonique* ne se forme qu'en petite quantité; il est beaucoup plus soluble que les deux précédents et se trouve dans les dernières eaux mères. On l'obtient plus facilement en chauffant ensemble de l'acide sulfanilique, de la paraldéhyde et de l'acide chlorhydrique. Il cristallise en petits prismes monocliniques, très solubles dans l'eau chaude et formant facilement des solutions sursaturées. Fondu avec la potasse, il donne la paroxyquinaldine [Dœbner et Miller, *Deutsch. chem. Gesellsch.*, 1884, p. 1705].

OXYQUINALDINES, $C^{10}H^8Az.OH$. — La théorie prévoit l'existence de six monooxyquinaldines isomériques. Trois au moins et peut-être quatre sont aujourd'hui connues. On ne connaît aucun dérivé polyhydroxylé de la quinaldine.

Orthoxyquinaldine. — Un mélange d'orthonitro- et d'orthamidophénol, chauffé avec de l'acide lactique et de l'acide sulfurique concentré, fournit l'*orthoxyquinaldine*,

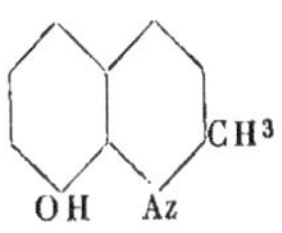

CH³
OH Az

en beaux cristaux fusibles à 74-75° [Wallach et Wüsten, *loc. cit.*].

L'acide orthoquinaldine-sulfonique, fondu avec la potasse, fournit la même oxyquinaldine. Elle est peu soluble dans l'eau, soluble dans l'éther, la benzine, l'alcool chaud. Elle fond à 74° et bout à 266-267°. Elle est insoluble dans les carbonates alcalins, soluble dans les alcalis étendus.

Le *chlorhydrate* et le *nitrate* sont très solubles. Le *chloroplatinate*,

$$(C^{10}H^9AzO.HCl)^2PtCl^4, 2H^2O,$$

cristallise en aiguilles jaunes. Il ne perd pas son eau à 100°.

Traitée en solution chlorhydrique par l'étain, elle donne la *tétrahydro-orthoxyquinoléine*, liquide bouillant à 278-282°.

Les chlorures de benzoyle ou d'acétyle attaquent facilement l'oxhydryle de l'oxyquinaldine.

Orthométhoxyquinaldine, $C^{10}H^8Az.OCH^3$. — On peut la préparer en traitant par l'iodure de méthyle la solution potassique d'oxyquinaldine, mais il est plus avantageux de traiter par l'acide chlorhydrique un mélange de paraldéhyde et d'anisidine. Elle cristallise en prismes fusibles à 125°, bouillant à 282°. Elle est peu soluble dans l'eau, soluble dans l'alcool et dans l'éther.

Le *chlorhydrate*, le *sulfate*, l'*azotate* sont très solubles dans l'eau. Le *chromate* et le *chloroplatinate* sont peu solubles.

Par hydrogénation, cette base donne la *tétrahydro-ortho-méthoxyquinaldine*, $C^{10}H^{12}Az.OCH^3$, liquide incolore, bouillant à 270°. Elle forme un dérivé nitrosé. Son chlorhydrate est une poudre cristalline qui se sublime vers 150°. L'iodure de méthyle la convertit à 100° en une base méthylée $(CH^3O)C^{10}H^{11}Az(CH^3)$, liquide incolore, bouillant à 260-262°, et formant des sels bien cristallisés.

Paroxyquinaldine,

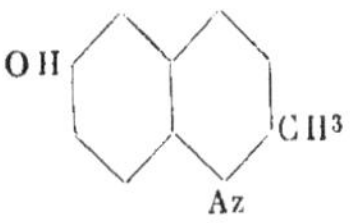

OH
CH³
Az

— Elle se produit par la fusion avec la potasse de l'acide paraquinaldine-sulfonique. Elle forme des cristaux incolores, fusibles à 213°, peu solubles dans l'eau froide, solubles dans l'eau chaude. Elle se dissout dans les acides et dans les alcalis. Son *chloroplatinate*, $(C^{10}H^9AzO.HCl)^2PtCl^4, 2H^2O$, est en aiguilles jaunes, perdant leur eau de cristallisation à 100°.

β-oxyquinaldine. — On l'obtient par la fusion avec la potasse de l'acide β-quinaldine-sulfonique. Elle forme des feuillets nacrés, fusibles à 232-234°. Elle est insoluble dans l'eau bouillante, peu soluble dans l'alcool froid, soluble dans les alcalis étendus. Le *chlorhydrate*, $C^{10}H^9AzO.HCl, 2H^2O$, forme des aiguilles jaunes. Le *chloroplatinate*, également en aiguilles jaunes, a pour formule $(C^{10}H^9AzO.HCl)^2PtCl^4, 2H^2O$ [Dœbner et Miller, *Deutsch. chem. Gesellsch.*, 1884, p. 1710].

γ-oxyquinaldine. — On obtient une oxyquinaldine ayant l'oxhydryle dans le noyau pyridique en traitant l'aniline par l'éther acétylacétique. La réaction se passe en deux phases :

$$C^6H^5.AzH^2 + CH^3\text{-}CO\text{-}CH^2\text{-}CO^2C^2H^5$$
$$= C^6H^5\text{-}Az = C\genfrac{}{}{0pt}{}{CH^3}{CH^2\text{-}CO^2H} + C^2H^6O,$$
$$C^6H^5Az = C\genfrac{}{}{0pt}{}{CH^3}{CH^2\text{-}CO^2H}$$
$$= H^2O + C^6H^4\genfrac{}{}{0pt}{}{C(OH) = CH}{Az = C\text{-}CH^3}.$$

L'oxyquinaldine est difficilement soluble dans l'eau, facilement soluble dans l'alcool, insoluble dans l'éther. Elle fond à 222°. Elle forme avec les acides chlorhydrique et sulfurique des sels bien cristallisés. Elle se dissout dans les alcalis et en est précipitée par l'acide carbonique. Sa combinaison sodique est cristallisée. Chauffée avec de la poudre de zinc, elle donne de la quinaldine [L. Knorr, *Deutsch. chem. Gesellsch.*, 1883, p. 541 et 2593].

La quinaldine donne naissance à de nombreuses matières colorantes; de plus, il est probable que ses dérivés méthoxylés pourront être employés comme antiseptiques et antithermiques. Dès aujourd'hui, la quinaldine est fabriquée industriellement [*Deutsch. chem. Gesellsch.*, *Revue des brevets*, 1883, p. 2779].

M. Hanriot.

QUINALDINE-CARBONIQUES (ACIDES) [Syn. *Méthylquinoléine-carboniques*],

$$C^{11}H^9AzO^2 = CO^2H \cdot C^6H^3 \begin{cases} Az = C\text{-}CH^3 \\ CH = CH \end{cases}$$

— On en connaît trois, que l'on a obtenus synthétiquement en ajoutant de la paraldéhyde à un mélange d'acide chlorhydrique concentré et d'un des trois acides amidobenzoïques; la réaction peut être interprétée par l'équation suivante :

$$C^7H^7AzO^2 + 2C^2H^4O^2$$
$$= C^{11}H^9AzO^2 + 2H^2O + H^2.$$

Cette molécule d'hydrogène ne se dégage pas; elle se fixe probablement sur une partie de l'aldéhyde.

Acide paraquinaldine-carbonique. — A un mélange de 100 p. de chlorhydrate paramidobenzoïque et de 100 p. d'acide chlorhydrique (à 38 % HCl), on ajoute 80 p. de paraldéhyde; le mélange s'échauffe, brunit, et le chlorhydrate amidobenzoïque entre en dissolution. Finalement, on chauffe au bain-marie pendant 2 heures. Le liquide, filtré et évaporé à consistance sirupeuse, laisse déposer des cristaux de chlorhydrate paraquinaldine-carbonique, que l'on purifie par des cristallisations dans l'acide chlorhydrique faible, avant d'en isoler l'acide par la quantité calculée de carbonate de sodium.

L'acide libre cristallise dans l'alcool en fines aiguilles incolores, fusibles à 259°, très peu solubles dans l'eau, solubles dans l'alcool.

Sel de calcium, $(C^{11}H^8AzO^2)^2Ca + 2H^2O$. — Petits cristaux pennés, très peu solubles; il ne devient anhydre qu'à 250°. — *Sel d'argent*. Précipité gélatineux, devenant cristallin par ébullition. — *Sel de cuivre*, $(C^{11}H^8AzO^2)^2Cu + 6H^2O$. Petites lamelles, peu solubles.

Chlorhydrate, $C^{11}H^9AzO^2.HCl + H^2O$. — Petits prismes très solubles dans l'eau, beaucoup moins dans l'acide chlorhydrique concentré; l'eau se dégage à 100°. Le *chloroplatinate*,

$$(C^{11}H^9AzO^2.HCl)^2PtCl^4 + 4H^2O,$$

cristallise, dans l'eau bouillante chargée d'acide chlorhydrique, en tables clinorhombiques, peu solubles à froid. Le *dichromate* est en aiguilles rouges.

Acide métaquinaldine-carbonique. — On emploie 100 p. de chlorhydrate métamidobenzoïque, 200 p. d'acide chlorhydrique concentré et 150 p. de paraldéhyde; pour mettre en train la réaction, il faut chauffer vers 50°; on l'achève au bain-marie et l'on isole l'acide comme il a été indiqué plus haut.

L'acide métaquinaldine-carbonique cristallise dans l'alcool en longues aiguilles soyeuses, fusibles à 285° en se décomposant et se sublimant en partie.

Sel de calcium, $(2H^2O)$. — Prismes, peu solubles dans l'eau, très solubles dans l'acide acétique. — *Sel d'argent*. Précipité amorphe devenant cristallin par l'ébullition. — *Sel de cuivre*, $(3H^2O)$. Précipité bleu-verdâtre se transformant, au bout de quelques jours, en tables d'un vert clair.

Chlorhydrate, (H^2O). — Petites tables, peu solubles dans l'eau froide et surtout dans l'acide chlorhydrique. — *Chloroplatinate*. Prismes clinorhombiques. — *Dichromate*. Aiguilles réunies en faisceaux d'un jaune d'or.

Acide orthoquinaldine-carbonique. — On doit éviter dans sa préparation tout excès d'aldéhyde. On emploie 25 grammes de chlorhydrate orthoamidobenzoïque, 30 grammes d'acide chlorhydrique concentré et 13 grammes de paraldéhyde : le mélange, qui s'échauffe d'abord, est maintenu à 100° pendant une heure, puis débarrassé d'une partie de son acide chlorhydrique par un courant d'air, et étendu d'un litre d'eau, qui précipite une grande partie des produits accessoires. La liqueur est évaporée et le résidu dissous à plusieurs reprises dans l'alcool; on obtient alors des cristaux de chlorhydrate d'acide orthoquinaldine-carbonique, dont on achève la purification en les épuisant par un mélange d'alcool et d'éther.

L'acide libre, précipité par l'ammoniaque de la solution concentrée du chlorhydrate, cristallise dans l'eau bouillante en aiguilles incolores fusibles à 151°. Un peu soluble dans l'eau froide, il se dissout abondamment dans l'eau bouillante et dans l'alcool. L'acide cristallisé renferme

$$C^{11}H^9AzO^2 + \tfrac{1}{2}H^2O$$

et devient anhydre à 100°.

Sel de calcium. — Cristaux mamelonnés très solubles. — *Sel d'argent*. Précipité amorphe, se transformant à chaud en aiguilles très fines. — *Sel de cuivre*, $(C^{11}H^8AzO^2)^2Cu + 1\tfrac{1}{2}H^2O$. Petites aiguilles d'un vert foncé, peu solubles.

Chlorhydrate. — Il est très soluble dans l'eau et n'est pas précipité de cette solution par l'acide chlorhydrique concentré. Dans l'alcool, il cristallise en petites tables. Le *chloroplatinate* est en prismes rhombiques, rouges, peu solubles dans l'eau froide et renfermant $2H^2O$. Le *chromate*, très soluble dans l'eau chaude, cristallise en aiguilles mamelonnées [O. Doebner et W. v. Miller, *Deutsch. chem. Gesellsch.*, 1884, p. 938].

A. Henninger.

QUINALDIQUE (ACIDE). — Voyez Suppl., p. 1362.

QUINAMICINE, QUINAMIDINE. — Voyez Quinamine.

QUINAMINE. — La quinamine a été découverte par Hesse dans le *Cinchona succirubra;* elle existe en réalité dans tous les quinquinas. Celui qui en renferme le plus est le cinchona. On peut la retirer des écorces de la façon suivante : On dissout dans l'acide sulfurique étendu les bases brutes, on neutralise par l'ammoniaque, et on précipite la quinine et la cinchonidine par le sel de Seignette. La liqueur filtrée, sursaturée par l'ammoniaque et agitée avec l'éther, cède la quinamine, la paricine et les bases amorphes. La solution éthérée, évaporée lentement, fournit d'abord des cristaux de quinine et de cinchonine, puis une masse visqueuse que l'on dissout dans l'acide chlorhydrique et que l'on précipite par le chlorure de platine. La liqueur filtrée, débarrassée de platine par l'hydrogène sulfuré, laisse déposer la quinamine par addition d'ammoniaque.

On peut aussi extraire la quinamine des eaux mères de la préparation du sulfate de quinine. Ces eaux mères sont précipitées par le sel de Seignette, la solution est additionnée d'ammoniaque, puis agitée avec de l'éther. La solution éthérée est épuisée par l'acide acétique, et on ajoute du sulfocyanate de potassium jusqu'à ce que toute la cinchonine et toute la quinidine soient précipitées. La liqueur filtrée laisse déposer la quinamine par addition de soude. On la fait cristalliser dans l'alcool.

Elle a pour formule $C^{19}H^{24}Az^2O^2$. Elle se présente en prismes anhydres, fusibles à 172°, solubles dans 1516 p. d'eau à 16°, 100 p. d'alcool et 48 p. d'éther

La quinamine est dextrogyre; son pouvoir rotatoire varie avec le dissolvant et avec la concentration des solutions. Elle n'est pas fluorescente et ne donne pas la réaction de la quinine. L'acide sulfurique la dissout; la solution se colore à chaud. Sous l'influence des oxydants, la solution sulfurique de quinamine prend une couleur brune. En présence d'acide concentré, il se développe une coloration bleue que l'addition d'eau fait passer au rose.

Chlorhydrate, $C^{19}H^{24}Az^2O^2.HCl + H^2O$. — Prismes incolores, assez solubles dans l'eau froide, peu solubles dans l'acide chlorhydrique étendu. Le *chloroplatinate* ne se précipite que dans les solutions concentrées; il renferme $3H^2O$; il est peu soluble dans l'eau pure, soluble dans l'acide chlorhydrique. Le chloraurate est instable; la solution se colore en pourpre avec dépôt d'or métallique.

Bromhydrate, $C^{19}H^{24}Az^2O^2.HBr, H^2O$.—Beaux prismes incolores, solubles dans l'eau et dans l'alcool.

Iodhydrate. — Petits prismes incolores, anhydres, peu solubles dans l'eau froide, insolubles dans l'iodure de potassium.

Azotate. — Cristallise en prismes clinorhombiques, anhydres, solubles dans 16 p. d'eau à 15°, solubles dans l'alcool.

Chlorate. — Se présente en doubles pyramides orthorhombiques. Il est anhydre, soluble dans 137 p. d'eau à 16°, soluble dans l'eau et l'alcool chauds.

Perchlorate. — Cristaux clinorhombiques en fer de lance.

Sulfate neutre. — Cristallise difficilement; se présente en lamelles hexagonales ou en prismes courts. Le sulfate acide est amorphe et très soluble.

ACTION DE L'IODURE D'ÉTHYLE. — La quinamine se dissout à chaud dans une solution alcoolique d'iodure d'éthyle; mais on n'obtient pas d'éthylquinamine. Le résidu de l'évaporation est de l'iodhydrate de quinamine.

ACTION DES ACIDES. — La quinamine s'altère rapidement en solution acide. Une courte ébullition avec l'acide chlorhydrique, d'une densité de 1,125, la convertit en *apoquinamine.* L'action à 140°, d'une solution saturée à —17°, donne une masse insoluble ayant l'aspect du caoutchouc, sans production de chlorure de méthyle. Enfin, la solution de la quinamine dans 10 p. d'acide à 13 °/o laisse déposer à la longue une huile cristallisable, qui constitue le chlorhydrate de *quinamidine,* mélangé d'un peu de *quinamicine.*

Apoquinamine, $C^{19}H^{22}Az^2O$. — Elle est précipitée de ses solutions acides par l'ammoniaque et cristallise dans l'alcool en lamelles ou en prismes aplatis incolores. Elle fond à 144°, est facilement soluble dans l'alcool chaud, l'éther, le chloroforme. Elle est moins soluble dans l'alcool froid. L'acide sulfurique concentré la dissout avec une coloration verdâtre. L'addition de peroxyde de plomb donne une coloration vert foncé passant au brun.

L'apoquinamine est une base faible; ses sels sont cristallisables.

Le *chlorhydrate,* $C^{19}H^{22}Az^2O.HCl, \frac{1}{2}H^2O$, se dépose par l'évaporation de sa solution alcoolique en cristaux grenus incolores. Le *chloroplatinate* est un précipité devenant peu à peu cristallin et renfermant $2H^2O$. Le *chloraurate* est un précipité floconneux jaune.

Le *bromhydrate* cristallise dans l'alcool en prismes.

Sulfate neutre, $(C^{19}H^{22}Az^2O)^2SO^4H^2, 2H^2O$. — Fines aiguilles blanches, solubles dans l'alcool.

L'*oxalate neutre* se dépose de sa solution alcoolique en prismes gros et courts ou en cristaux grenus, peu solubles dans l'eau froide. Il renferme H^2O.

L'*azotate* est anhydre, peu soluble dans l'eau, soluble dans l'alcool.

Le *tartrate neutre* cristallise en étoiles, peu solubles dans l'eau, solubles dans l'alcool.

L'anhydride acétique transforme la base en *acétylapoquinamine*, $C^{19}H^{21}(C^2H^3O)Az^2O$. On obtient le même composé par l'action de l'anhydride acétique sur la quinamine. C'est une masse amorphe, jaunâtre, soluble dans l'alcool, l'éther, le chloroforme, les acides étendus. Le chloroplatinate et le chloraurate sont des précipités amorphes.

QUINAMIDINE, $C^{19}H^{24}Az^2O^2$. — Le meilleur procédé pour préparer cet isomère de la quinamine consiste à chauffer à 130° 4 grammes de cette base avec 2 grammes d'acide tartrique et 18 grammes d'eau. Le contenu des tubes, encore chaud, est versé dans une solution de sel marin; il se dépose des cristaux de chlorhydrate de quinamidine. On redissout ce chlorhydrate dans l'eau chaude et on précipite la base par la soude caustique.

La quinamidine se dépose de sa solution alcoolique en aiguilles blanches groupées en choux-fleurs. Elle est très soluble dans l'alcool, peu soluble dans l'éther et dans le chloroforme. Elle fond vers 93°.

La quinamidine ne donne pas d'apoquinamine par l'action des acides. C'est une base très énergique, à réaction alcaline. Elle est précipitée très incomplètement de ses solutions par l'ammoniaque et les carbonates alcalins, complètement par les alcalis caustiques. Elle se dissout avec une couleur jaune-safran dans les acides sulfurique et chlorhydrique concentrés. Cette dernière solution devient brune à chaud, et si on la verse alors dans beaucoup d'eau, elle prend une couleur rose avec une fluorescence verte.

Chlorhydrate, $C^{19}H^{24}Az^2O^2.HCl, H^2O$. — Prismes incolores et efflorescents, facilement solubles dans l'eau bouillante et dans l'alcool, peu solubles dans l'eau froide.

Chloroplatinate,

$$(C^{19}H^{24}Az^2O^2.HCl)^2PtCl^4, 6H^2O.$$

— Précipité floconneux, jaune clair, devenant rouge par la dessiccation.

Bromhydrate. — Semblable au chlorhydrate.

Oxalate neutre, $(C^{19}H^{24}Az^2O^2)^2C^2O^4H^2, 4H^2O$. — Cristallise dans l'eau bouillante en lamelles rhombiques.

QUINAMICINE, $C^{19}H^{24}Az^2O^2$. — Le meilleur procédé de préparation consiste à chauffer à 80° des quantités équimoléculaires de quinamine et d'acide sulfurique avec de l'alcool, à évaporer à sec et à chauffer le résidu à 100°. On le redissout dans l'acide acétique et on traite par le bicarbonate de sodium, qui précipite la quinamicine. Elle est précipitée de ses solutions par l'ammoniaque en flocons cristallins, fusibles à 109°, solubles dans l'alcool, l'éther, le chloroforme; par l'évaporation de ses solutions, on l'obtient amorphe, et son point de fusion est alors situé plus bas.

Le *chlorhydrate* se dépose en prismes de sa solution acide; la solution neutre abandonne par l'évaporation un résidu amorphe.

Le *chloraurate* est un précipité floconneux jaune.

Le *chloroplatinate,*

$$(C^{19}H^{24}Az^2O^2.HCl)^2PtCl^4, 3H^2O,$$

présente le même aspect.

Lorsque l'on chauffe la quinamicine à 120-130° avec de l'acide sulfurique, le produit se colore en brun et devient insoluble dans l'eau. Cette masse, traitée par l'acétate de baryum et l'acide acétique, laisse dissoudre une nouvelle base, la *protoquinamicine,* à laquelle Hesse attribue, sous toutes réserves, la formule $C^{17}H^{20}Az^2O^2$. L'ammoniaque la précipite de ses solutions en flocons bruns. Le chloroplatinate est également un précipité floconneux brun; il paraît confirmer la formule ci-dessus [Hesse, *Liebig's Ann. Chem.*, t. CLXVI, p. 275; t. CXCIX, p. 333, et t. CCVII, p. 288; *Bull. Soc. chim.*, t. XVII, p. 422, t. XX, p. 406, et t. XXXVII, p. 78; — Oudemans, *Liebig's Ann. Chem.*, t. CXCVII, p. 48; *Bull. Soc. chim.*, t. XXXIII, p. 134].

M. HANRIOT.

QUINICINE. — On prépare le sulfate de quinicine en chauffant à 100° du bisulfate de quinine ou de quinidine. Pour le purifier, on le dissout dans l'eau, on neutralise par un peu d'ammoniaque et on fait cristalliser le sulfate neutre dans le chloroforme bouillant, additionné d'un peu d'alcool. Il est encore préférable de faire cristalliser l'oxalate dans l'alcool bouillant.

La composition de la quinicine, séchée à 62°, est exactement celle de la quinine. Elle n'en diffère donc ni par perte d'eau (Herapath) ni par fixation d'eau (Howard). Elle fond vers 60° en brunissant et devient rouge à 130°. Elle a une saveur amère et une réaction alcaline. Elle absorbe l'acide carbonique. Son pouvoir rotatoire, $[\alpha]_D = +21°,83$, est la moyenne arithmétique de ceux de la quinine et de la quinidine.

Avec le chlore et l'ammoniaque, elle donne la réaction de la quinine, mais les hypochlorites la précipitent en blanc. Sa solution sulfurique est jaune et non fluorescente. Elle est soluble dans l'alcool, le chloroforme et l'éther, peu soluble dans l'eau. Les sels ammoniacaux empêchent sa précipitation.

Sulfate neutre, $(C^{20}H^{24}Az^2O^2)^2SO^4H^2, 3H^2O$. — Il cristallise dans l'alcool en prismes déliés, très solubles dans l'eau et dans l'alcool bouillant. Un mélange de chloroforme et d'alcool l'abandonne en cristaux efflorescents renfermant $8H^2O$.

Sulfate acide. — Longs prismes jaunes, très solubles dans l'eau et dans l'alcool.

Iodhydrate, $C^{20}H^{24}Az^2O^2.HI, H^2O$. — Aiguilles déliées, jaunes, solubles dans l'eau, l'alcool et le chloroforme, fusibles au-dessous de 100°.

Oxalate neutre,

$$(C^{20}H^{24}Az^2O^2)^2C^2H^2O^4, 9H^2O.$$

— Il se dépose de sa solution aqueuse en prismes jaunâtres, solubles dans l'eau bouillante, et dans 257 p. d'eau à 16°. Il fond à 149° avec décomposition.

Sulfocyanate, $C^{20}H^{24}Az^2O^2.CAzSH, 1\frac{1}{2}H^2O$. — Longs prismes incolores, solubles dans l'eau, l'alcool, le chloroforme, insolubles dans un excès de sulfocyanate.

Le *chloromercurate* est un précipité floconneux, blanc-jaunâtre, soluble dans l'eau bouillante, cristallisant par refroidissement en petites aiguilles jaune pâle.

Le *chloraurate* est un précipité floconneux jaune, et le *chloroplatinate* cristallise en aiguilles mamelonnées, orange foncé [Hesse, *Liebig's Ann. Chem.*, t. CLXXVIII, p. 244]. M. Hanriot

QUINIDINE. — On peut extraire la quinidine de la quinoïdine commerciale, par le procédé suivant : On dissout, à une douce chaleur, 100 grammes de quinoïdine dans une solution de 50 grammes d'acide tartrique dans 200 g. d'eau. Le mélange filtré, abandonné à lui-même, se prend, au bout de quelques jours, en une bouillie cristalline que l'on exprime et que l'on dissout dans 14 fois son poids d'eau bouillante. Le tartrate de quinidine se dépose par le refroidissement [De Vrij, *Neues Jahrb. Pharm.*, t. XXXVI, p. 337]. D'après Hesse, les cristaux ainsi obtenus seraient encore mélangés de cinchonidine. Pour la séparer, on redissout le bitartrate dans l'eau bouillante et on neutralise par l'ammoniaque. Le tartrate neutre de cinchonidine cristallise par refroidissement, tandis que le tartrate neutre de quinidine reste dans les eaux mères, d'où on peut le précipiter par l'iodure de potassium.

Le pouvoir rotatoire de cette base, dissoute dans l'alcool, serait $[\alpha]_j = +260°,5$. A l'état de sulfate neutre, ce pouvoir est à peine modifié; il augmente dans le bisulfate et ne se modifie plus par addition d'acide. Avec le chlorhydrate, au contraire, on observe une augmentation du pouvoir rotatoire quand on ajoute de l'acide étendu, tandis que l'acide concentré produit une diminution [Hesse, *Ann. Chem. Pharm.*, t. CLXVI, p. 217, et *Monit. scientif.*, 1873].

Sulfocyanates de quinidine,

$$C^{20}H^{24}Az^2O^2.CAzSH.$$

— On obtient ce sel en mélangeant des solutions moyennement concentrées et chaudes de chlorhydrate de quinidine et de sulfocyanate de potassium. Il cristallise en prismes anhydres, blancs, solubles dans 1477 p. d'eau à 20°, peu solubles dans l'eau bouillante et dans l'alcool. On obtient un sulfocyanate acide,

$$C^{20}H^{24}Az^2O^2.2HAzSC, H^2O,$$

en additionnant la solution du précédent d'un peu d'acide sulfurique. Il fond d'abord dans l'eau bouillante, puis s'y dissout. La solution l'abandonne par refroidissement en prismes jaune de soufre, peu solubles à froid [Hesse, *Liebig's Ann. Chem.*, t. CLXXXI, p. 48].

La quinidine, chauffée à 150° avec de l'acide chlorhydrique saturé à 0°, donne le chlorhydrate d'une base chlorée, $C^{20}H^{23}Az^2OCl.HCl$, qui cristallise en grands prismes brillants, donnant la coloration verte par le chlore et l'ammoniaque [Zorn, *Journ. prakt. Chem.* (2), t. VIII, p. 279, et *Bull. Soc. chim.*, t. XXI, p. 515].

OXYDATION DE LA QUINIDINE PAR LE PERMANGANATE DE POTASSIUM. — Forst et Boehringer, en oxydant la quinidine, ont obtenu de l'hydroquinidine qui préexistait probablement dans le mélange; en outre, il se forme de la quiténidine et de l'acide formique, d'après l'équation

$$C^{20}H^{24}Az^2O^2 + O^4 = C^{19}H^{22}Az^2O^4 + CH^2O^2.$$

Pour séparer ces diverses substances, on opère de la façon suivante : L'oxydation terminée, on filtre, on précipite l'hydroquinidine par un excès de lessive de soude; on filtre de nouveau et on évapore la liqueur neutralisée. Il se dépose des cristaux enchevêtrés que l'on purifie par cristallisation dans l'alcool étendu de 3 p. d'eau.

Quiténidine. — A l'état de pureté, elle cristallise en prismes. Elle se ramollit à 240°, et fond à 246° en se décomposant. Elle est assez soluble dans l'eau bouillante, peu soluble dans l'eau froide, insoluble dans l'alcool froid. Les alcalis et les acides la dissolvent facilement. Dissoute dans l'acide sulfurique, elle présente une belle fluorescence bleue, qui disparaît par addition d'acide chlorhydrique. Elle renferme $2H^2O$.

Son *chloroplatinate*,

$$C^{19}H^{22}Az^2O^4.2HCl.PtCl^4, 3H^2O,$$

cristallise en tables orangées.

Le *sulfate*, $C^{19}H^{22}Az^2O^4.SO^4H^2.3H^2O$, cristallise en prismes blancs, peu solubles dans l'alcool froid, solubles à chaud. La solution, au 1/150, présente les réactions suivantes : le chlore et l'ammoniaque donnent une coloration vert-émeraude, que le ferrocyanure fait passer au violet; le nitrate d'argent donne un précipité blanc, soluble dans l'acide nitrique et dans l'ammoniaque; le sulfate de cuivre ammoniacal fournit un précipité blanc-bleuâtre; le tannin donne un précipité blanc, soluble dans l'acide acétique [Forst et Boehringer, *Deutsch. chem. Gesellsch.*, 1882, p. 1659].

Hydroquinidine. — Cet alcaloïde a été trouvé simultanément par Hesse et par Forst et Boehringer, dans le sulfate de quinidine commercial.

Elle se précipite de son sulfate en flocons amorphes, devenant bientôt cristallins, renfermant $C^{20}H^{26}Az^2O^2, 2\frac{1}{2}H^2O$. Elle fond à 168°, se dissout dans l'alcool et dans l'éther, qui l'abandonnent à l'état amorphe. Elle donne la réaction de la quinine avec le chlore et l'ammoniaque.

Le *chlorhydrate* cristallise en tables prismatiques, anhydres, très dures, solubles dans l'eau froide.

Le *chloroplatinate*,

$$C^{20}H^{26}Az^2O^2.2HCl.PtCl^4,2H^2O,$$

est jaune et cristallin.

Le *bromhydrate* cristallise en paillettes anhydres, cassantes, peu solubles dans l'eau.

Le *diiodhydrate*, $C^{20}H^{26}Az^2O^2.2HI,3H^2O$, se présente en gros cristaux orangés, assez solubles dans l'eau.

Le *sulfate* se dépose à 30-50° en fines aiguilles renfermant $2H^2O$. A 10°, on obtient des cristaux compacts contenant $8H^2O$. Ces deux formes ne sont stables qu'à la température où elles se sont produites. Forst et Boehringer ont, en outre, décrit un sulfate à 12 molécules d'eau.

Tartrate neutre, $(C^{20}H^{26}Az^2O^2)^2C^4H^6O^6,2H^2O$. — Prismes épais et brillants, solubles dans l'eau froide, très solubles dans l'eau bouillante.

Tartrate acide, $C^{20}H^{26}Az^2O^2.C^4H^6O^6,3H^2O$. — Fines aiguilles blanches et brillantes, peu solubles dans l'eau froide.

Le *sulfocyanate* est en aiguilles aplaties, insolubles dans l'eau; le sel acide est en prismes jaunes. Le *benzoate* se présente en belles tables incolores.

Le salicylate cristallise en tables hexagonales [Hesse, *Deutsch. chem. Gesellsch.*, 1882, p. 854 et p. 3008; — Forst et Boehringer, *ibid.*, 1881, p. 1954, et 1882, p. 1656].

L'oxydation de la quinidine, au moyen de l'acide chromique, fournit le même acide quininique que celle de la quinine (voyez ce mot) [Skraup *Monatsh. Chem.*, t. II, p. 587]. M. Hanriot.

QUININE (voyez t. II, p. 1286). — *Hydrates*. — L'hydrate à 3 molécules d'eau peut être obtenu bien cristallisé par le mélange d'une solution alcoolique bouillante de quinine avec de l'eau à 0° jusqu'à ce qu'il se manifeste un trouble. La liqueur, abandonnée à elle-même, se remplit de grands prismes. D'après Hesse, cet hydrate fondrait à 57°.

Quand on verse goutte à goutte la solution de quinine dans de l'ammoniaque étendue, on obtient un hydrate renfermant $C^{20}H^{24}Az^2O^2,9H^2O$. Il est amorphe et perd rapidement de l'eau au contact de l'air [Oudemans, *Deutsch. chem. Gesellsch.*, 1873, p. 1165].

Bromhydrates. — Le sel neutre s'obtient par double décomposition entre le bromure de baryum et le sulfate de quinine en solution alcoolique. Il est soluble dans cinq fois son poids d'eau. Le sel acide, $C^{20}H^{24}Az^2O^2.2HBr,6H^2O$, forme des cristaux à facettes rectangulaires [Boille, *Journ. Pharm. Chim.*, t. XX, p. 181].

Benzoate, $C^{20}H^{24}Az^2O^2.C^7H^6O^2$. — Il forme de petits prismes blancs, anhydres, solubles dans 373 parties d'eau à 10°.

Citrates. — Sel neutre,

$$2C^{20}H^{24}Az^2O^2.C^6H^8O^7,7H^2O.$$

— Il cristallise dans l'eau bouillante en prismes incolores, solubles dans 930 parties d'eau à 12°. Le sel acide est anhydre; il forme de petits prismes très peu solubles dans l'eau, même bouillante.

Phosphate, $2C^{20}H^{24}Az^2O^4.PO^4H^3,8H^2O$. — S'obtient par double décomposition entre le phosphate de sodium et le chlorhydrate de quinine. Il forme des faisceaux d'aiguilles solubles dans 784 parties d'eau à 10°.

Succinate, $2C^{20}H^{24}Az^2O^4.C^4H^6O^4,8H^2O$. — Cristallise en grands prismes solubles dans 910 p. d'eau à 0°, très solubles dans l'eau bouillante et dans l'alcool [Hesse, *Ann. Chem. Pharm.*, t. CXXXV, p. 325].

Sulfocyanates. — Le sel neutre,

$$C^{20}H^{24}Az^2O^2.CAzSH,H^2O,$$

s'obtient par le mélange de solutions concentrées et chaudes de chlorhydrate de quinine et de sulfocyanate de potassium. Il est assez soluble dans l'eau et dans l'alcool, et en est précipité par un excès de sulfocyanate. Le sel acide,

$$C^{20}H^{24}Az^2O^2.2CAzSH,\tfrac{1}{2}H^2O,$$

s'obtient en traitant le sel précédent par l'acide sulfurique et le sulfocyanate de potassium. Il forme des prismes courts qui se déshydratent à 100° [Hesse, *Liebig's Ann. Chem.*, t. CLXXXI, p. 48].

Le chlorhydrate de quinine se combine avec l'urée, en formant un sel double qui a pour formule

$$C^{20}H^{24}Az^2O^2.COAz^2H^4.2HCl,5H^2O$$

[Driguine, *Bull. Soc. chim.*, t. XXXV, p. 561].

Combinaisons avec les phénols.

La quinine et ses sels ont la propriété de se combiner avec les phénols en donnant des dérivés qui ne présentent plus les réactions des phénols. Ces composés sont assez instables et se dédoublent facilement sous l'influence des acides en mettant le phénol en liberté.

Phénate de quinine, $C^{20}H^{24}Az^2O^2.C^6H^6O$. — Il s'obtient en précipitant le phénate de sodium par le sulfate de quinine. Il cristallise dans l'eau et dans l'alcool en fines aiguilles, solubles dans 400 p. d'eau à 16°, beaucoup plus solubles dans l'alcool (Jobst).

Sulfate de phénolquinine,

$$(C^{20}H^{24}Az^2O^2)^2SO^4H^2.C^6H^6O,H^2O.$$

— On l'obtient en ajoutant à une solution chaude de sulfate de quinine une quantité équivalente de phénol. Il cristallise en prismes brillants peu solubles dans l'eau et dans l'éther, solubles dans l'alcool. Son pouvoir rotatoire est $[\alpha]_D = -185°,83$ [Cotton, *Bull. Soc. chim.*, t. XXIV, p. 535; — Jobst et Hesse, *Liebig's Ann. Chem.*, t. CLXXX, p. 248].

Chlorhydrate de phénolquinine,

$$(C^{20}H^{24}Az^2O^2.HCl)^2C^6H^6O,2H^2O.$$

— Cristallise en prismes blancs très solubles dans l'eau bouillante, solubles à 15° dans 100 p. d'eau, très solubles dans l'alcool; $[\alpha]_D = -140°,45$.

On obtient de même le bromhydrate et le sulfocyanate de phénolquinine, qui cristallisent en prismes incolores.

Salicylate de quinine. — Il ne paraît se former qu'un seul sel, $C^{20}H^{24}Az^2O^2.C^7H^6O^3$, cristallisant dans l'alcool en prismes déliés peu solubles dans l'eau et dans l'éther, solubles dans l'alcool (Jobst).

Sulfate de résorcine-quinine,

$$C^{20}H^{24}Az^2O^2.SO^4H^2.C^6H^6O^2,\tfrac{1}{2}H^2O.$$

— On l'obtient en ajoutant une solution de résorcine à une solution sulfurique de sulfate de quinine. Il cristallise en petites aiguilles [Malin, *Liebig's Ann. Chem.*, t. CXXXVIII, p. 76].

Sulfate d'orcine-quinine,

$$C^{20}H^{24}Az^2O^2.SO^4H^2.C^7H^8O^2.$$

— S'obtient de même. Cristallise en prismes.

Sulfate de phloroglucine-quinine,

$$C^{20}H^{24}Az^2O^2.SO^4H^2.C^6H^6O^3,2H^2O.$$

— Se précipite en petites aiguilles quand on mélange des solutions concentrées de sulfate de quinine et de phloroglucine [Hlasiwetz, *Journ. prakt. Chem.*, t. XCVII, p. 154].

Action de divers réactifs sur la quinine.

Chlorures et anhydrides d'acides. — La quinine se dissout avec dégagement de chaleur dans les chlorures d'acétyle et de benzoyle. Avec ce dernier, on obtient une base amorphe,

$$C^{20}H^{23}(C^7H^5O)Az^2O^2$$

[Schutzenberger, *Compt. rend.*, t. XLVII, p. 233].

L'anhydride acétique réagit à 60° sur la quinine, en donnant de l'*acétylquinine*,

$$C^{20}H^{23}Az^2O^2(C^2H^3O),$$

qui se dépose de sa solution éthérée en prismes incolores et brillants, fusibles à 108°. Elle se dissout facilement dans l'alcool et dans le chloroforme. Le chloroplatinate est un précipité jaune foncé.

Le *chloraurate*,

$$C^{20}H^{23}(C^2H^3O)Az^2O^2.2HCl.2AuCl^3, H^2O,$$

est un précipité cristallin d'un jaune vif.

L'anhydride propionique réagit de même sur la quinine à 60°. La solution, précipitée par l'ammoniaque, donne une *propionylquinine*,

$$C^{20}H^{23}Az^2O^2(C^3H^5O),$$

qui cristallise dans l'éther en grands prismes orthorhombiques. Elle fond à 129° et se dissout dans l'alcool et dans l'éther. Le chlore et l'ammoniaque la colorent en vert. Sa solution sulfurique est fluorescente, mais non sa solution chlorhydrique.

Le *chloroplatinate*,

$$C^{20}H^{23}(C^3H^5O)Az^2O^2.2HCl.PtCl^4, 2H^2O,$$

est en prismes orangés.

Le *chloraurate*,

$$C^{20}H^{23}(C^3H^5O)Az^2O^2.2HCl.2AuCl^3, 2H^2O,$$

cristallise aussi en prismes. Il est insoluble dans l'eau [Hesse, *Liebig's Ann. Chem.*, t. CCV, p. 314 et 358].

Action de l'acide chlorhydrique. — Lorsque l'on chauffe à 150° la quinine avec de l'acide chlorhydrique saturé à 0°, on obtient le chlorhydrate d'une base chlorée, $C^{20}H^{23}ClAz^2O.2HCl, H^2O$, qui cristallise quand on étend d'eau la solution. Il s'altère à 100°. La solution n'est pas fluorescente et ne donne pas de coloration verte avec le chlore et l'ammoniaque. Avec le ferrocyanure, on obtient un précipité jaune, soluble dans l'eau bouillante. La base libre est soluble dans l'ammoniaque, l'éther et l'eau bouillante [Zorn, *Journ. prakt. Chem.* (2), t. IV, p. 44, et t. VIII, p. 279].

Skraup a repris ces expériences en employant l'acide bromhydrique et est arrivé à un résultat analogue; seulement les conclusions qu'il en tire sont différentes. D'après Zorn, la réaction consistant en un remplacement de OH par du chlore sans départ de CH^3Cl, on doit admettre la présence d'un oxhydryle dans la quinine, tandis que pour Skraup la réaction se passe en deux temps : d'abord formation de chlorure de méthyle provenant d'un groupe OCH^3, puis fixation de ce chlorure sur la quinine. Aussi, admettant que la molécule d'eau de cette base, qui ne peut en être chassée sans décomposition, fait partie de la molécule, il lui attribue la formule

$$C^{19}H^{22}Az^2(CH^3)OCl,$$

tandis que la quinine serait $C^{19}H^{21}Az^2O.OCH^3$ [Skraup, *Deutsch. chem. Gesellsch.*, 1879, p. 1107].

Hesse a confirmé récemment la formule admise par Skraup; en chauffant la quinine avec un acide d'une densité de 1,125, on obtient du chlorure de méthyle et une nouvelle base, l'*apoquinine*, $C^{19}H^{22}Az^2O^2, 2H^2O$.

C'est une base amorphe, amère, à réaction alcaline, soluble dans l'alcool, l'éther, le chloroforme et l'eau bouillante, peu soluble dans l'eau froide; elle est soluble dans l'ammoniaque et la soude et fond à 160° en brunissant.

Pouvoir rotatoire à 15° $[\alpha]_D = -178°,1$ en solution alcoolique, et $-246°,6$ en solution aqueuse avec 3HCl.

Ses sels cristallisent difficilement; le chlorhydrate est amorphe; le chloroplatinate renferme $C^{19}H^{22}Az^2O^2.2HCl, PtCl^4, 3H^2O$; le tartrate est une masse gommeuse.

L'anhydride acétique réagit sur l'apoquinine et donne une *diacétylapoquinine*,

$$C^{19}H^{20}(C^2H^3O)^2Az^2O^2,$$

qui est amorphe, soluble dans l'alcool, l'éther et le chloroforme, et saponifiable par les alcalis en régénérant l'apoquinine. Son chlorhydrate est amorphe, ainsi que le chloraurate; le chloroplatinate cristallise.

Lorsque l'on chauffe l'apoquinine ou la quinine elle-même avec de l'acide chlorhydrique saturé à — 17°, on obtient une base chlorée,

$$C^{19}H^{23}ClAz^2O^2, 2H^2O.$$

Elle se dépose en flocons blancs, solubles dans l'alcool, l'éther, le chloroforme. Elle n'est pas fluorescente et donne une coloration jaune avec le chlore et l'ammoniaque. Elle fond à 160°.

Le chlorhydrate, $C^{19}H^{23}ClAz^2O^2.2HCl, 3H^2O$, cristallise en aiguilles incolores, très solubles dans l'eau et dans l'alcool. Le *chloroplatinate*,

$$C^{19}H^{23}ClAz^2O^2.2HCl.PtCl^4, 2H^2O,$$

se précipite en flocons cristallins.

L'anhydride acétique réagit à 60° sur cette base chlorée et remplace deux oxhydryles par des oxacétyles. La *diacétyl-hydrochlorapoquinine*, $C^{19}H^{21}ClAz^2O^2(C^2H^3O)^2$, cristallise dans l'éther en prismes incolores, fusibles à 184°, solubles dans l'alcool. Ses solutions ne sont pas fluorescentes. Son chloroplatinate est cristallin [Hesse, *Liebig's Ann. Chem.*, t. CCV, p. 314].

Action des alcalis. — La quinine, distillée avec la potasse, ne fournirait pas de quinoléine, mais une oxylépidine, $C^{10}H^9AzO$, bouillant vers 280°, et dont les dissolutions présentent une fluorescence bleue analogue à celle de la quinine elle-même. Ce fait semble montrer que le second atome d'oxygène de la quinine est dans le groupement quinoléique.

Si l'on prolonge l'action des alcalis sur la quinine, on obtient de l'éthylpyridine et un mélange d'acides acétique, butyrique et propionique [Wischnegradsky et Boutlerow [*Bull. Soc. chim.*, t. XXX, p. 27, et t. XXXIII, p. 43].

Action des oxydants. — L'acide nitrique, chauffé à l'ébullition pendant plusieurs jours avec la quinine, la transforme en acides oxalique et cinchoméronique, $C^5H^3Az(CO^2H)^2$. Cet acide est identique avec celui que donne la cinchonine [Weidel et de Schmidt, *Deutsch. chem. Gesellsch.*, 1879, p. 1146].

Le permanganate de potassium donne le même acide, tandis que, suivant Hoogewerff et Van Dorp, ce serait un acide tricarbopyridique; mais, d'après les propriétés qu'ils assignent à leur acide, il est probable qu'ils ont eu entre les mains un acide mélangé de cinchoténine [Ramsay et Dobbié, *Deutsch. chem. Gesellsch.*, 1878, p. 324; — Hoogewerff et Van Dorp, *ibid.*, 1879, p. 158].

Les oxydations précédentes avaient lieu en présence d'un grand excès de corps oxydant. Les produits formés sont tout autres, si l'on emploie une quantité ménagée de permanganate. On obtient de l'acide formique et une base oxygénée, la *quiténine*, d'après l'équation

$$C^{20}H^{24}Az^2O^2 + 2O^2 = CH^2O^2 + C^{19}H^{22}Az^2O^4.$$

La quiténine se dépose de l'alcool bouillant en

prismes incolores, peu solubles dans l'eau froide, solubles dans l'alcool bouillant et dans l'éther. Elle a pour formule $C^{19}H^{22}Az^2O^4, 4H^2O$, et ne perd son eau qu'à 120°. Elle se décompose sans fondre à 130°. C'est une base faible ; elle donne un sulfate cristallisé en fines aiguilles et renfermant $(C^{19}H^{22}Az^2O^4)^2 3SO^4H^2 + 15H^2O$.

Le *chloroplatinate*,

$$C^{19}H^{22}Az^2O^4.2HCl.PtCl^4 + 3H^2O,$$

cristallise en lamelles orangées [Skraup, *Deutsch. chem. Gesellsch.*, 1879, p. 1104].

Dans cette oxydation, il se produit une petite quantité d'acide *quininique*, $C^{11}H^9AzO^3$, que l'on obtient plus facilement au moyen de l'acide chromique. Skraup recommande d'opérer de la façon suivante : 10 grammes de sulfate de quinine sont dissous dans 250 grammes d'eau et 30 grammes d'acide sulfurique. Le mélange, porté à l'ébullition, est additionné lentement de 20 gr. d'acide chromique. Après deux heures, on sature par 80 grammes de potasse dissous dans un demi-litre d'eau, on filtre pour séparer l'oxyde de chrome, on neutralise par l'acide sulfurique, on additionne d'alcool, et on concentre la liqueur débarrassée de sulfate de potassium; l'acide quininique cristallise, tandis que les eaux mères retiennent un produit incristallisable.

L'acide, purifié par cristallisation dans l'acide chlorhydrique dilué, se présente en longs prismes jaunâtres, un peu solubles dans l'eau bouillante, l'éther et la benzine. Il se dissout dans l'alcool avec une fluorescence bleue, qui disparaît par addition d'eau. Les alcalis et les acides étendus le dissolvent facilement. Il fond à 280° avec décomposition.

Le *sel d'argent*, $C^{11}H^8AzO^3Ag$, est un précipité cristallin.

Le *sel de calcium*, $(C^{11}H^8AzO^3)^2Ca, 2H^2O$, forme des aiguilles blanches, assez solubles dans l'eau. Le *sel de baryum*, $(4H^2O)$, ressemble au sel de calcium; il est beaucoup plus soluble. Le *sel de cuivre*, $(1\frac{1}{2}H^2O)$, cristallise en aiguilles.

L'acide quininique se combine également avec les acides; le *chlorhydrate*,

$$C^{11}H^9AzO^3.HCl, 2H^2O,$$

forme des cristaux jaunes, volumineux, anorthiques; il se dissocie en présence de l'eau.

Le *chloroplatinate* se dépose anhydre en gros prismes orangés, ou avec 4 molécules d'eau sous forme d'aiguilles jaune clair; elles ont pour formule $(C^{11}H^9AzO^3)^2 2HCl.PtCl^4, 4H^2O$.

L'acide quininique, oxydé par le permanganate, donne un acide tricarbopyridique, identique avec celui obtenu par Hoogewerff et Van Dorp dans l'oxydation de l'acide cinchonique.

Chauffé à 220° avec de l'acide chlorhydrique concentré, l'acide quininique dégage du chlorure de méthyle et donne un nouvel acide, l'acide *xanthoquinique*, $C^{10}H^7AzO^3$, décrit au Suppl., p. 1118.

Cet acide se dédoublant, sous l'influence de la chaleur, en acide carbonique et paraoxyquinoléine, on peut établir les formules suivantes :

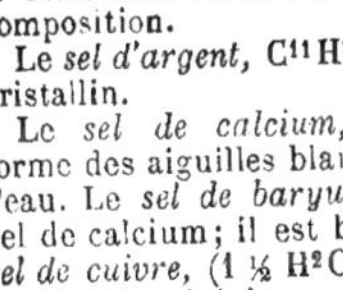

HO, CO^2H, Az — Acide xanthoquinique.

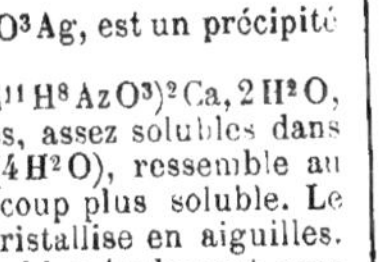

CH^3O, CO^2H, Az — Acide quininique.

[Skraup, *Monatsh. Chem.*, t. II, p. 587, et t. IV, p. 695].

DÉRIVÉS ALCOOLIQUES. — La quinine *bromométhylique*, $C^{20}H^{24}Az^2O^2.CH^3Br, H^2O$, se prépare en abandonnant ensemble, pendant cinq ou six jours, du bromure de méthyle et une solution éthérée de quinine. L'éther évaporé laisse une masse cristalline que l'on purifie par cristallisation dans l'eau. Ce sont des prismes incolores, solubles dans l'eau chaude et dans l'alcool, fusibles à 124-126°.

La quinine iodométhylique, traitée par le chlorure d'argent, donne la *quinine chlorométhylique*, $C^{20}H^{24}Az^2O^2.CH^3Cl, H^2O$, en aiguilles brillantes, solubles dans l'eau et dans l'alcool, fusibles à 181-182°.

On obtient la *méthylquinine*, $C^{20}H^{23}Az^2O^2.CH^3$, en traitant par la potasse ou la baryte la quinine iodométhylique. C'est une huile jaune, brunissant à la lumière et fournissant des sels incristallisables et non fluorescents. Le *chloroplatinate*, $C^{20}H^{23}Az^2O^2.CH^3.2HCl.PtCl^4, H^2O$, est en grains jaunes cristallins. Le *chloraurate* est un précipité jaune.

Traitée par l'iodure de méthyle, la méthylquinine donne la *méthylquinine iodométhylique*,

$$C^{20}H^{23}(CH^3)Az^2O^2.CH^3I, H^2O,$$

qui cristallise en aiguilles groupées, incolores, fusibles à 215-218°.

Si l'on traite la quinine ou la quinine iodométhylique par l'iodure de méthyle en excès, on obtient la *quinine diiodométhylique*,

$$C^{20}H^{24}Az^2O^2.2CH^3I,$$

en tables jaunes, hydratées, brunissant à 140° et fondant à 158-160°.

La quinine iodométhylique, chauffée avec de l'iodure d'éthyle, s'y combine en donnant de l'*iodéthyliodométhylquinine*,

$$C^{20}H^{24}Az^2O^2.CH^3I.C^2H^5I, H^2O,$$

qui cristallise en lamelles jaune d'or, fusibles à 206-208°.

La quinine iodéthylique se combine de même avec l'iodure de méthyle en donnant un isomère du corps précédent, l'*iodométhyliodéthylquinine*, $C^{20}H^{24}Az^2O^2.C^2H^5I.CH^3I, H^2O$, qui cristallise en prismes jaunes, fusibles à 157-160° [Claus et Mallmann, *Deutsch. chem. Gesellsch.*, 1881, p. 76].

Cette isomérie est intéressante, en ce qu'elle montre que les deux atomes d'azote ne sont pas symétriquement disposés dans la molécule de la quinine.

Le chlorhydrate de quinine, chauffé au réfrigérant ascendant avec l'ortho- et la paratoluidine, donne deux *α-crésylquinines* huileuses et solubles dans l'éther. Si l'on prolonge la réaction pendant 60 heures, on obtient deux nouvelles *β-crésylquinines*, sous forme de poudres jaunes ou brunes, insolubles dans l'éther, solubles dans l'alcool et dans le chloroforme. Ces bases sont amorphes. Leurs chloroplatinates,

$$C^{20}H^{23}(C^7H^7)Az^2O^2.2HCl.PtCl^4, H^2O,$$

sont en cristaux jaunes [Claus et Bottler, *Deutsch. chem. Gesellsch.*, 1881, p. 81].

Binz et M. Müller ont annoncé [*Pharmakol. Untersuch.*, 1874, p. 147 et 160] que le chlorhydrate de quinine empêche le transport de l'ozone par l'hémoglobine sur les substances oxydables. Ainsi l'indigo, qui est rapidement oxydé par l'essence de térébenthine en présence d'une goutte de sang, conserve sa coloration, si l'on y a ajouté 1 millième de quinine. Schaer a montré que ce ralentissement de l'oxydation, dû à la quinine, ne se produit qu'en milieu alcalin. Dans un milieu neutre ou acide, l'oxydation paraît, au contraire, accélérée [Binz, *Deutsch. chem. Gesellsch.*, 1875, p. 32; — Schaer, *ibid.*, 1874, p. 1345, et 1875, p. 140].

Recherche et essai de la quinine. — Zeller a proposé de remplacer, dans la recherche de la quinine, l'eau de chlore par l'eau de brome; la réaction est environ quatre fois plus sensible et le réactif se conserve mieux [Zeller, *Chem. News*, t. XLII, p. 107].

Le procédé de Kerner, pour l'essai des sulfates de quinine commerciaux, consiste à traiter 2 grammes de sulfate par 20 centimètres cubes d'eau, à prendre 5 centimètres cubes de la solution et à y ajouter 7 centimètres cubes d'ammoniaque. La solution doit rester limpide.

D'après Hesse, ce procédé ne décèlerait pas la cinchonine que l'on fait cristalliser avec le sulfate de quinine; il propose le suivant, qui n'en est qu'une modification :

0gr,5 de sulfate sont agités pendant dix minutes avec 10 centimètres cubes d'eau à 50°. La liqueur est refroidie et filtrée, et la moitié de la solution est additionnée de 1 centimètre cube d'éther et de 5 gouttes d'ammoniaque. L'éther ne doit pas renfermer de cristaux au bout de deux heures. Le chlorhydrate est essayé de même, mais on le mélange avec 0gr,5 de sulfate de sodium [Hesse, *Zeitschr. analyt. Chem.*, 1880, p. 247].

M. Hanriot.

QUININIQUE (ACIDE). — Voyez Quinine, p. 1347.

QUINIQUE (ACIDE), $C^7H^{12}O^6$ (Voyez t. II, p. 1297). — Hesse [*Liebig's Ann. Chem.*, t. CC, p. 232] a observé que lorsqu'on évapore des solutions aqueuses d'acide quinique, une portion de cet acide se dépose souvent à l'état amorphe; ce fait se produit toutes les fois que l'acide renferme quelques impuretés; il suffit, en effet, d'une trace de matière étrangère pour empêcher la cristallisation de l'acide quinique. Lorsqu'il est cristallisé, l'acide quinique est *toujours anhydre*.

Lorsqu'on évapore au bain-marie une solution aqueuse d'acide quinique en présence du brome, l'acide se détruit en donnant naissance à de l'acide protocatéchique, ainsi qu'à un acide bromé, cristallisé en aiguilles blanches, dont la formule n'a pas été établie (Hesse).

L'anhydride acétique le convertit en *tétracétylquinide*, $C^7H^6O^5(C^2H^3O)^4$. La fusion avec la soude caustique le transforme en acide protocatéchique. L'acide chlorhydrique concentré le dissout à chaud sans l'altérer, mais, si l'on soumet cette dissolution à une température de 140-150°, il se fait un dépôt de charbon et il se produit de l'acide carbonique, de l'hydroquinone et de l'acide paroxybenzoïque, suivant les équations

$$2C^7H^{12}O^6 = 2C^6H^6O^2 + CO^2 + C + 6H^2O,$$
$$C^7H^{12}O^6 = C^7H^6O^3 + 3H^2O.$$

Il ne se forme, dans cette réaction, ni acide benzoïque ni acide protocatéchique (Hesse).

L'acide bromhydrique fumant convertit à 130° l'acide quinique en un mélange d'acides benzoïque et protocatéchique, suivant l'équation

$$2C^7H^{12}O^6 = 6H^2O + C^7H^6O^2 + C^7H^6O^4.$$

Il se produit en même temps un peu d'hydroquinone et de parabromophénol [Fittig et Hillebrand, *Liebig's Ann. Chem.*, t. CXCIII, p. 197].

Lorsqu'on abandonne à l'air une solution de quinate de calcium renfermant des sels nutritifs (phosphate de potassium et sulfate de magnésium) et une matière azotée (peptone, sulfate d'ammonium ou asparagine), cette solution devient rapidement le milieu d'un développement bactéridien; en même temps la surface du liquide prend une teinte brune. Au bout de quatre semaines, l'acide quinique est transformé en acide protocatéchique.

Si l'on opère dans des conditions différentes et qu'on se place à l'abri de l'air, la réaction est différente; il se produit d'abord de l'acide propionique, d'après l'équation

$$C^7H^{12}O^6 = CO^2 + 2C^3H^6O^2.$$

Puis cet acide se convertit par oxydation en un mélange d'acides formique et acétique [Loew, *Deutsch. chem. Gesellsch.*, 1881, p. 450].

Quinates. — Le *sel de sodium*, $C^7H^{11}O^6Na, 2H^2O$, forme de grands cristaux blancs, orthorhombiques. Le *sel de magnésium* a pour formule

$$(C^7H^{11}O^6)^2Mg, 6H^2O.$$

Le *sel de nickel*, $(C^6H^{11}O^6)^2Ni, 5H^2O$, cristallise difficilement; il est efflorescent et jaunit à l'air.

Le *sel de manganèse* est anhydre; il en est de même du *sel de zinc* [Clemm, *Ann. Chem. Pharm.*, t. CX, p. 345].

En évaporant à cristallisation un mélange en proportions moléculaires d'acétate et de quinate de calcium, on obtient un sel double,

$$C^7H^{11}O^6\text{-}Ca\text{-}C^2H^3O^2 + H^2O.$$

Ce sel se présente en petits pains mamelonnés, qui peuvent être purifiés par cristallisation; il se décompose au-dessus de 150° [E. Gundelach, *Bull. Soc. chim.*, t. XXV, p. 500].

Tétracétylquinate d'éthyle,

$$C^6H^7(OC^2H^3O)^4CO^2C^2H^5$$

[Fittig et Hillebrand, *Liebig's Ann. Chem.*, t. CXCIII, p. 194]. — Ce corps s'obtient en chauffant pendant 2 ou 3 heures, au réfrigérant ascendant, un mélange de quinate d'éthyle avec un excès d'anhydride acétique. Il cristallise en lamelles blanches, fusibles à 135°, sublimables sans décomposition, presque insolubles dans l'eau froide, assez solubles à chaud dans l'alcool et dans l'éther.

Tétracétylquinide, $C^7H^6O(OC^2H^5O)^4$ [Hesse, *loc. cit.*]. — On obtient ce dérivé de la quinide en chauffant pendant 10 heures, à 170°, un mélange d'acide quinique et d'anhydride acétique. C'est une poudre blanche, peu soluble dans l'eau bouillante, qui la décompose à la longue en prenant une réaction acide, peu soluble dans l'alcool bouillant et fusible à 124°.

Constitution de l'acide quinique. — La formation du tétracétylquinate d'éthyle démontre dans l'acide quinique la présence de quatre hydroxyles alcooliques et d'un carboxyle. On doit donc écrire cet acide $C^6H^7(OH)^4CO^2H$.

D'autre part, la production facile de dérivés de la série aromatique aux dépens de l'acide quinique doit nous le faire envisager comme très voisin de cette série. Peut-être est-il permis de lui attribuer la constitution

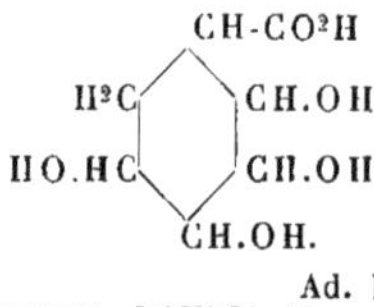

```
        CH-CO²H
       /      \
   H²C          CH.OH
    |            |
  HO.HC          CH.OH
       \      /
        CH.OH.
```

Ad. Fauconnier.

QUINIZARINE, $C^{14}H^8O^4$. Voyez t. II, p. 1306. — Baeyer et Caro attribuent à ce composé isomérique avec l'alizarine la constitution d'une phtaléine de l'hydroquinone :

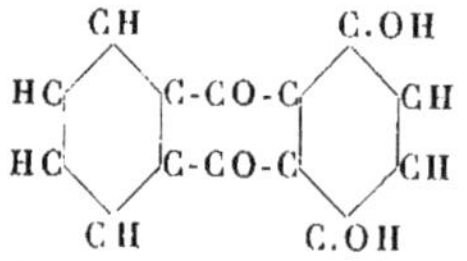

```
     CH               C.OH
   /    \           /    \
 HC      C-CO-C      CH
  |      |    |      |
 HC      C-CO-C      CH
   \    /           \    /
     CH               C.OH
```

[*Deutsch. chem. Gesellsch.*, 1874, p. 968; *Bull. Soc. chim.*, t. XXIII, p. 85].

D'après Baeyer et Caro, la quinizarine se forme, non seulement par l'action de l'acide sulfurique sur un mélange d'acide phtalique et d'hydroquinone, mais également lorsqu'on substitue à cette dernière un composé capable de la fournir ou d'engendrer son acide sulfonique, tels que l'acide quinique, le thiochronate de potassium, etc.

Elle prend naissance dans les réactions suivantes :

1° Lorsqu'on chauffe la purpurine en tubes scellés, pendant 5 ou 6 heures, à 300° [Schunck et Roemer, *Deutsch. chem. Gesellsch.*, 1877, p. 550; *Bull. Soc. chim.*, t. XXVIII, p. 408];

2° En fondant le sulfate de diazophénol avec l'anhydride phtalique [Jaeger, *Deutsch. chem. Gesellsch.*, 1875, p. 895];

3° Par l'action de l'acide sulfurique à 200° sur un mélange d'acide phtalique et de chlorophénol bouillant à 218° [Baeyer et Caro, *Deutsch. chem. Gesellsch.*, 1875, p. 152; *Bull. Soc. chim.*, t. XXIV, p. 215; *Monit. scientif.* (3), t. V, p. 387].

La quinizarine colore peu les mordants d'alumine et de fer [Baeyer et Caro, *Deutsch. chem. Gesellsch.*, 1877, p. 973]. Oxydée au moyen du peroxyde de manganèse, en présence d'acide sulfurique, elle donne de la purpurine (Baeyer et Caro).

Liebermann et Giesel ont obtenu plusieurs dérivés de réduction de la quinizarine, au moyen de l'acide iodhydrique et du phosphore amorphe. Lorsqu'on fait bouillir au réfrigérant à reflux de la quinizarine avec de l'acide iodhydrique étendu et du phosphore rouge, elle se transforme en *hydroquinizarine*,

$$C^{14}H^{10}O^4 = C^6H^4 < \begin{matrix} C(OH) \\ C(OH) \end{matrix} > C^6H^2(OH)^2.$$

Ce composé cristallise en aiguilles jaunes, solubles dans la potasse. Il se forme aussi par l'action du chlorure stanneux et de l'acide chlorhydrique sur la quinizarine. Agité, en solution potassique avec de l'air, il régénère la quinizarine. Il fournit un sel barytique [*Deutsch. chem. Gesellsch.*, 1877, p. 606; *Bull. Soc. chim.*, t. XXIX, p. 70].

Lorsque la réaction va plus loin, il se forme un corps peu étudié, le *quinizarol*,

$$C^{14}H^{12}O^3 = C^6H^4 < \begin{matrix} CH.OH \\ CH^2 \end{matrix} > C^6H^2(OH)^2.$$

Lorsqu'on fait bouillir la quinizarine avec de l'acide iodhydrique d'une densité de 1,8 et du phosphore rouge, pendant 1 heure, il se forme une masse résineuse. Cette masse, dissoute dans l'alcool, fournit une solution qui, après évaporation, donne, avec la potasse concentrée, une bouillie. Cette bouillie, desséchée sur de la porcelaine dégourdie, puis dissoute dans la potasse étendue et finalement précipitée par un acide et soumise à une cristallisation dans l'alcool, donne des lamelles rhomboïdales jaunes, fusibles à 99°, solubles dans l'alcool, l'éther et l'acide acétique cristallisable; c'est l'*hydroquinone de l'hydrure d'anthracène*,

$$C^{14}H^{12}O^2 = C^6H^4 < \begin{matrix} CH^2 \\ CH^2 \end{matrix} > C^6H^2(OH)^2.$$

Elle est volatile avec la vapeur d'eau. Soumise à l'ébullition avec du peroxyde de manganèse et de l'acide sulfurique en solution acétique, elle fournit une oxyanthraquinone, fusible à 191°, non étudiée. Elle forme une *combinaison potassique*,

$$C^{14}H^{10}.OH.OK,$$

aiguilles jaunes, qui sont dédoublées par l'alcool, l'eau et le gaz carbonique. La *combinaison plombique*, $C^{14}H^{10}O^2Pb$, est en aiguilles jaunes. Avec l'éthylamine, on obtient la combinaison

$$C^{14}H^{10} < \begin{matrix} OH \\ AzHC^2H^5, \end{matrix}$$

qui cristallise en aiguilles soyeuses, jaune-citron, fusibles à 162°, solubles dans l'acide sulfurique.

Le *dérivé acétylé*,

$$C^{14}H^{10} < \begin{matrix} OH \\ OC^2H^3O, \end{matrix}$$

se forme lorsqu'on chauffe à 150° un mélange de l'hydroquinone avec de l'anhydride acétique et du chlorure d'acétyle. Il est en mamelons jaunes, fusibles à 136-138° (Liebermann et Giesel).

Quinizarine chlorée, $C^{14}H^7ClO^4$. — Elle se forme par l'action de l'acide sulfurique sur un mélange d'hydroquinone chlorée, fusible à 98°, et d'anhydride phtalique. Elle se dissout avec une couleur bleue dans la soude [Levy et Schultz, *Deutsch. chem. Gesellsch.*, 1879, p. 1427; *Bull. Soc. chim.*, t. XXXVI, p. 42].

Méthylquinizarine, $C^{15}H^{10}O^4$. — Elle se forme lorsqu'on chauffe pendant 2-3 heures, à 130-150°, un mélange d'hydrotoluquinone et d'anhydride phtalique. Après cristallisation dans l'alcool ou l'acide acétique glacial, elle est en aiguilles rouges, fusibles à 160°. Elle peut être sublimée. Avec l'anhydride acétique, elle donne un *dérivé diacétylé*, $C^{15}H^8O^4(C^2H^3O)^2$, qui est en aiguilles jaunes, fusibles à 185°. Chauffée avec de la poudre de zinc, elle fournit le méthylanthracène [Nietzki, *Deutsch. chem. Gesellsch.*, 1877, p. 2011; *Bull. Soc. chim.*, t. XXX, p. 560]. M. Wassermann.

QUINIZAROL. — Voyez Quinizarine.

QUINOLÉINE, $C^9H^7Az^2$. — La quinoléine et les bases qui s'y rattachent ont été, dans ces dernières années, l'objet de travaux nombreux et importants. La quinoléine paraît, en effet, former le noyau de la plupart des alcaloïdes naturels; on conçoit donc tout l'intérêt qui s'attachait à la connaissance de sa constitution; sa synthèse, réalisée d'une façon élégante et simple, permet de la préparer en grande quantité, et l'on a pu ainsi obtenir synthétiquement de nombreux dérivés des bases naturelles.

La quinoléine se rattache à la pyridine; et Kœrner, ayant considéré cette dernière comme de la benzine, dont un groupe CH trivalent serait remplacé par un atome d'azote, envisagea la quinoléine comme de la naphtaline qui aurait subi la même substitution, ainsi que le montrent les schémas

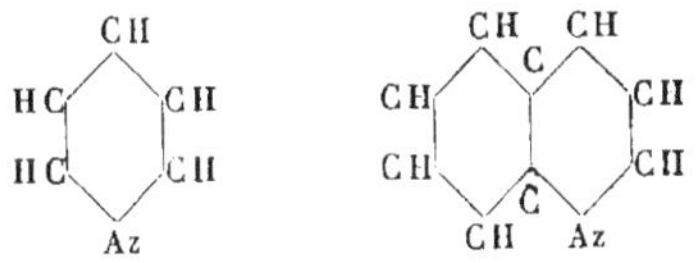

```
        CH                    CH    CH
                                 C
  HC        CH          CH              CH

  HC        CH          CH              CH
                                 C
        Az                    CH    Az
```

Cette formule laisse prévoir, pour la quinoléine, de nombreux isomères; cependant les composés C^9H^7Az, préparés jusqu'à ce jour de bien des façons différentes, paraissent tous identiques, ainsi que nous l'établirons plus loin.

Modes de formation. — 1° On obtient de la quinoléine en faisant passer, sur de l'oxyde de plomb chauffé au rouge, des vapeurs d'allylaniline,

$$C^6H^4.AzH^2\text{-}C^3H^5 + 2PbO$$
$$= C^9H^7Az + 2H^2O + 2Pb.$$

Cette synthèse est comparable à celle de la naphtaline au moyen du phénylbutylène [W. Kœnigs, *Deutsch. chem. Gesellsch.*, 1879, p. 453].

2° L'acroléine-aniline donne également de la quinoléine par la distillation sèche [Kœnigs, *Deutsch. chem. Gesellsch.*, 1880, p. 911].

3° On fait réagir sur un mélange de glycérine et d'aniline, soit l'acide sulfurique seul, soit un mélange d'acide sulfurique et de nitrobenzine. La réaction se passe alors d'après l'équation

$$3C^3H^8O^3 + C^6H^5.AzO^2 + 2C^6H^5.AzH^2 = 3C^9H^7Az + 11H^2O.$$

Cependant la nitrobenzine ne paraît jouer que le rôle d'un oxydant, sans entrer dans la quinoléine formée. Ainsi, quand on traite les chloranilines par la glycérine, l'acide sulfurique et la nitrobenzine, on obtient les chloroquinoléines sans mélange de quinoléine, comme le supposerait l'équation précédente (La Coste). [Skraup, *Monatsh. f. Chem.*, t. Ier, p. 316].

4° L'aldéhyde orthoamidobenzoïque, chauffée à 50° avec de l'aldéhyde acétique et de la soude, fournit de la quinoléine [Friedländer, *Deutsch. chem. Gesellsch.*, 1882, p. 2572].

5° L'acide phénylmalonamique,

$$C^6H^5\text{-}AzH\text{-}CO\text{-}CH^2\text{-}CO^2H,$$

traité par le perchlorure de phosphore, fournit une trichloroquinoléine qui, par réduction, donne de la quinoléine [Rügheimer, *Deutsch. chem. Gesellsch*, 1884, p. 736].

6° L'hydrocarbostyrol, traité par le perchlorure de phosphore, donne de la dichloroquinoléine, que l'on peut réduire, soit par l'amalgame de sodium, soit par l'acide iodhydrique [Baeyer, *Deutsch. chem. Gesellsch.*, 1879, p. 1320].

7° L'acide cinchoninique, $C^{10}H^7AzO^2$, se dédouble, sous l'influence de la chaleur, en gaz carbonique et en quinoléine. Il se présente ainsi comme un acide monocarboquinoléique [Skraup, *Deutsch. chem. Gesellsch.*, 1879, p. 2331].

8° Les différents acides dicarboquinoléiques, l'acide acridique, fournissent de la quinoléine à la distillation sèche [Graebe et Caro, *Deutsch. chem. Gesellsch.*, 1880, p. 99].

9° L'acide chlorhydrique concentré attaque l'acide cynurénique à 240°, en donnant de la quinoléine [Kretschy, *Deutsch. chem. Gesellsch.*, 1879, p. 1673].

10° L'acide aniluvitonique en fournit lorsqu'on le chauffe avec de la chaux sodée [Bœttinger, *Deutsch. chem. Gesellsch.*, 1880, p. 2165].

11° Enfin, la quinoléine est un produit de destruction de la cinchonine et de la brucine par la potasse caustique [Œchsner de Coninck, *Bull. Soc. chim.*, t. XXXVIII, p. 546]. D'après Wischnegradsky, la quinine traitée de même n'en fournirait pas [*Bull. Soc. chim.*, t. XXX, p. 27].

12° Le *stupffett* (produit provenant du traitement des minerais de mercure) renferme une petite quantité de quinoléine [Goldschmiedt et Schmidt, *Monatsh. f. Chem.*, t. II, p. 1].

La question de l'identité ou de l'isomérie des diverses quinoléines a été soulevée bien des fois [voyez t. II, p. 1299]; les différences que l'on avait signalées entre ces divers produits ont disparu depuis qu'on les a mieux purifiés; nous allons passer rapidement en revue les divers travaux faits sur ce point. Hofmann, en 1843, distingua, sous le nom de *leucoline*, la base extraite du goudron de houille; le principal caractère était que cette dernière ne fournissait pas de chromate cristallisé comme la quinoléine des alcalis du quinquina. Du reste, Hofmann obtint peu après ce chromate bien cristallisé.

Gr. Williams, à la suite de nombreuses recherches sur la leucoline, joignit aux caractères distinctifs celui de ne pas fournir de cyanine.

Baeyer admit l'identité de sa quinoléine synthétique avec celle de la cinchonine. La seule différence était que le chloroplatinate de la première renfermait 1 molécule d'eau de cristallisation, qui depuis a été retrouvée également dans le chloroplatinate de l'autre.

Koenigs, Skraup, Golschmiedt et Schmidt identifièrent également les produits qu'ils obtinrent avec la quinoléine des alcaloïdes du quinquina.

Enfin, Hoogewerff et van Dorp firent disparaître la dernière différence, en montrant que la quinoléine des alcaloïdes ne fournit pas de cyanine quand elle est suffisamment purifiée, et que la production de cette matière colorante nécessite la présence d'une petite quantité de lépidine [Hoogewerff et van Dorp, *Recueil des travaux chimiques des Pays-Bas*, t. II, p. 29].

Préparation. — Skraup a recommandé le procédé suivant : On chauffe au bain de sable et au réfrigérant ascendant 24 p. de nitrobenzine, 38 p. d'aniline, 120 p. de glycérine et 100 p. d'acide sulfurique, jusqu'à ce que la nitrobenzine ait à peu près disparu. On étend de plusieurs volumes d'eau et on distille l'excès de nitrobenzine. Le résidu, saturé par la soude et épuisé par l'éther, fournit environ 70 % de la quantité théorique de quinoléine [Skraup, *Monatsh. f. Chem.*, t. II, p. 139]. Ce procédé a été modifié de la façon suivante, qui donne de bons résultats : On introduit dans un ballon de 3 à 4 litres 240 grammes de nitrobenzine, 360 grammes d'aniline, 1200 grammes de glycérine et 340 grammes d'acide sulfurique, et on chauffe au bain de sable avec réfrigérant ascendant. Une fois la réaction commencée, on introduit peu à peu 660 grammes d'acide sulfurique. La chaleur doit être réglée de telle façon que le liquide soit en ébullition, et que l'espace au-dessus du liquide soit occupé par un brouillard, sans jamais devenir transparent. Une fois tout l'acide introduit, ce qui exige environ 2 heures, on laisse refroidir, on chasse l'excès de nitrobenzine par un courant de vapeur d'eau, puis on projette le liquide dans de l'ammoniaque étendue de 2 p. d'eau. La quinoléine vient surnager. On la décante, on la lave, et on la distille dans un vase en cuivre. Le rendement est d'environ 500 grammes.

On purifie la quinoléine en la dissolvant dans l'alcool et en ajoutant un excès d'acide sulfurique, de façon à la transformer en sulfate acide. Les cristaux sont alors lavés à l'alcool jusqu'à ce qu'ils soient incolores, puis décomposés par la soude caustique. Ce procédé donne une quinoléine parfaitement pure, mais on en perd une certaine quantité. On peut également la laisser en contact pendant quelques jours avec une solution concentrée de bisulfite de sodium, qui donne avec elle une combinaison cristallisée, décomposable par la chaleur [Bourcart, *Monit. scient.*, 1883, p. 490].

Propriétés. — La quinoléine parfaitement pure bout à 235°,6 (Friese, Œchsner de Coninck), 228° (Skraup, Kœnigs). Sa densité est $d_0 = 1,1055$; $d_{11,5} = 1,0965$. Elle se colore rapidement au contact de l'air et de la lumière. Abandonnée dans une atmosphère humide, elle forme un hydrate, $2C^9H^7Az,3H^2O$, qui se décompose à 100°.

Chlorhydrate. — Il cristallise en mamelons incolores, déliquescents, très solubles dans l'eau chaude, solubles en toutes proportions dans l'alcool et le chloroforme.

Chloroplatinate, $(C^9H^7Az.HCl)^2PtCl^4,2H^2O$. — Cristaux fusibles à 218°. Ce chloroplatinate, comme celui de toutes les bases quinoléiques, n'est pas modifié par l'eau bouillante (Œchsner de Coninck).

Dichromate, $(C^9H^7Az)^2Cr^2O^7H^2$. — Ce sel s'obtient en saturant de la quinoléine *bien pure* avec de l'acide chromique. Il cristallise en aiguilles rouges aplaties, anhydres, décomposables à la lumière. Il fond à 164-167° et se décompose à une température plus élevée.

Le *picrate* est anhydre et fusible à 200-203°.

La quinoléine, en émulsion dans l'eau, s'unit

au nitrate d'argent, en donnant des aiguilles blanches, fusibles à 100°, ayant la composition

$$(C^9H^7Az)^2AzO^3Ag$$

[Hoogewerff et van Dorp, *Rec. des trav. chim. Pays-Bas*, t. Ier, p. 1].

Tartrate, $3C^9H^7Az.4C^4H^6O^6$. — Cristallise en grandes aiguilles aplaties, anhydres, fusibles à 125° avec décomposition.

Salicylate, $C^9H^7Az.C^7H^6O^3$. — Poudre cristalline rougeâtre [Friese, *Deutsch. chem. Gesellsch.*, 1881, p. 2805].

Periodure, $C^9H^7AzI^2$. — Aiguilles vert sombre, à éclat métallique, qui se précipitent lorsque l'on mélange des solutions sulfocarboniques de quinoléine et d'iode. Il est très soluble dans l'alcool et dans l'éther et fond à 90° [Claus et Istel, *Deutsch. chem. Gesellsch.*, 1882, p. 820].

L'iodure de potassium ioduré donne avec le sulfate de quinoléine des cristaux verts, fusibles à 67°, ayant pour formule C^9H^7Az,HI,I^3. Ils sont très solubles dans l'alcool, peu solubles dans l'éther [Dafert, *Monatsh. Chem.*, t. IV, p. 496].

Perbromures. — La quinoléine, additionnée de 2 p. d'eau, est traitée à froid par 2 p. de brome. Il se sépare une masse cristalline rouge qui paraît être le tétrabromure $C^9H^7AzBr^4$. Sous l'influence de la potasse, il régénère la quinoléine. Lorsque l'on fait bouillir la solution chloroformique de ce tétrabromure, il se sépare des cristaux volumineux ayant pour formule

$$C^9H^7AzBr^2.HBr,$$

fusibles à 86°. Ces cristaux sont plus stables que les précédents; cependant ils sont déjà décomposés par l'eau bouillante [E. Grimaux, *Bull. Soc. chim.*, t. XXXVIII, p. 127].

COMBINAISONS DE LA QUINOLÉINE AVEC LES ÉTHERS ALCOOLIQUES. — La quinoléine s'unit à froid au bromure d'éthyle; on obtient des tables rhombiques volumineuses, fusibles à 80°, ayant pour composition, $C^9H^7Az.C^2H^5Br,H^2O$.

On obtient une combinaison analogue,

$$C^9H^7Az.C^2H^5Cl,H^2O,$$

en faisant agir le chlorure d'argent sur le corps précédent. Il fond à 92°,5 et donne un chloroplatinate fusible à 226°.

La combinaison nitrique, $C^9H^7Az.C^2H^5AzO^3$, s'obtient en épuisant par l'eau chaude un mélange du corps bromé et de nitrate d'argent. Il se présente en cristaux orthorhombiques, fusibles à 89°, très déliquescents.

Le bromure d'amyle donne un composé analogue, $C^9H^7Az.C^5H^{11}Br$, en aiguilles jaunâtres, fusibles à 87°. Tous ces composés, traités par les alcalis ou par l'oxyde d'argent, donnent des bases énergiques, peu stables, qui se présentent sous forme d'huiles se résinifiant à l'air, se combinant en solution au gaz carbonique et chassant l'ammoniaque de ses sels [Claus et Tosse, *Deutsch. chem. Gesellsch.*, 1883, p. 1277].

La quinoléine se combine facilement avec l'iodure de méthyle (voir t. II, p. 1301). Cette combinaison, distillée avec la potasse caustique, fournit un mélange de diméthylaniline et de lépidine bouillant à 240° [Kœrner, *Deutsch. chem. Gesellsch.*, 1882, p. 528].

On observe donc avec la quinoléine une migration analogue à celle que Hofmann a signalée pour les bases aromatiques.

Action du chlorure de benzyle. — Il se combine à chaud avec la quinoléine, en donnant une masse solide, cristallisée en lames solubles dans l'eau et dans l'alcool, insolubles dans l'éther, fusibles à 65°. Elle renferme $C^9H^7Az.C^7H^7Cl,3H^2O$, et forme un chloroplatinate et un chloromercurate peu solubles. La potasse, l'ammoniaque, l'oxyde d'argent, lui enlèvent le chlore. L'hydrate, qui prend probablement ainsi naissance, n'a pu être isolé à l'état de pureté.

Ce chlorure, oxydé par le permanganate, donne du gaz carbonique et un mélange d'acides benzylamidobenzoïque et formylbenzylamidobenzoïque,

$$C^6H^4 < \begin{matrix} CO^2H \\ AzH\text{-}C^7H^7 \end{matrix} \qquad C^6H^4 < \begin{matrix} CO^2H \\ Az < \begin{matrix} C^7H^7 \\ CHO \end{matrix} \end{matrix}$$

La formation de ces composés montre que le groupe benzylique est bien en rapport avec l'atome d'azote, et non avec un atome de carbone, comme Claus l'avait d'abord supposé [Claus et Himmelmann, *Deutsch. chem. Gesellsch.*, 1880, p. 2045; Claus et Glyckherr, *ibid.*, 1883 p. 1283].

Action du bromure d'éthylène. — La quinoléine s'unit au bromure d'éthylène lorsqu'on les chauffe pendant plusieurs jours au bain-marie; on obtient de grandes aiguilles jaunes de bromure de brométhylquinoléine, $C^9H^7AzBr.C^2H^4Br^2$. Traité par le chlorure d'argent, celui-ci échange un seul atome de brome contre un de chlore, en donnant le chlorure de brométhylquinoléine,

$$C^9H^7Az.C^2H^4BrCl,$$

qui fournit un chloroplatinate en aiguilles orangées [Berend, *Deutsch. chem. Gesellsch.*, 1881, p. 1349].

Lorsque l'on met un excès de quinoléine, on obtient un composé renfermant une molécule de bromure pour deux de quinoléine.

Le chlorure d'éthylène forme un composé analogue : le *chlorhydrate d'éthylène-diquinoléine*, $C^2H^4(C^9H^7AzCl)^2$, qui cristallise facilement de sa solution alcoolique sous forme de lamelles.

L'iodure de méthylène fournit de même l'iodhydrate de *méthylène-diquinoléine*, $CH^2(C^9H^7AzI)^2$. Traité par le chlorure d'argent, ce dernier échange son iode contre du chlore, en donnant un chlorure bien cristallisé, fusible à 168°, décomposable par les alcalis et l'air humide. Le chloroplatinate cristallise en aiguilles prismatiques, insolubles dans l'alcool [Rhoussopoulos, *Deutsch. chem. Gesellsch.*, 1883, p. 879 et 2004].

La chlorhydrine éthylénique se combine avec la quinoléine en donnant un *chlorure d'oxéthylquinoléine*,

$$C^9H^7Az < \begin{matrix} OC^2H^5 \\ Cl \end{matrix}$$

en prismes incolores, déliquescents, solubles dans l'alcool, insolubles dans l'éther. Ce composé forme un *chloromercurate*, $C^{11}H^{12}AzOCl.6HgCl^2$, et un *chloraurate*, $C^{11}H^{12}AzOCl.AuCl^3$ [A. Würtz, *Bull. Soc. chim.*, t. XXXIX, p. 535].

La dichlorhydrine de la glycérine donne, avec la quinoléine, une base dont le chloroplatinate a pour formule $(C^9H^7AzC^3H^3Cl)^2PtCl^4$.

L'iodure d'allyle réagit à froid sur la quinoléine. Le composé $C^9H^7Az.C^3H^5I$, qui prend naissance, fond à 177°,5 [A. Pictet, *Bull. Soc. chim.*, t. XXXIX, p. 537].

L'iodoforme s'unit facilement avec la quinoléine, en donnant le composé $CH(C^9H^7AzI)^3$, en belles aiguilles incolores, fusibles à 65°, très solubles dans l'éther et la benzine. L'alcool et l'eau le décomposent en iodoforme et quinoléine [Rhoussopoulos, *Deutsch. chem. Gesellsch.*, 1883, p. 202].

Le chloral donne également une combinaison cristallisée avec la quinoléine. Elle fond à 66° et présente la formule

$$CCl^3\text{-}CH < \begin{matrix} O \\ Az\text{-}C^9H^7 \end{matrix} + H^2O$$

[Rhoussopoulos, *Deutsch. chem. Geselsch.*, 1883, p. 882].

Détaïne quinoléique, $C^{0}H^7Az.C^2H^2O^2$. — L'éther

monochloracétique s'unit à froid avec la quinoléine en donnant de belles aiguilles blanches répondant à la formule $C^{13}H^{14}AzO^2Cl$, formant un chloroplatinate en aiguilles jaune d'or très fines. L'oxyde d'argent transforme ce composé en bétaïne quinoléique. Celle-ci fond à 171°, est très soluble dans l'eau et dans l'alcool, insoluble dans l'éther. Son chlorhydrate et son chloroplatinate cristallisent facilement [Rhoussopoulos, *Deutsch. chem. Gesélsch.*, 1882, p. 2006].

Combinaisons avec les phénols. — Lorsque l'on chauffe au bain-marie de la résorcine avec 2 molécules de quinoléine, on obtient une *résorcine-quinoléine*, $C^{30}H^{24}Az^2O^2$, qui, purifiée par des cristallisations dans l'eau, se présente en lamelles argentées, fusibles à 102°. Elle est peu soluble et se scinde facilement en ses composants sous l'action des réactifs.

L'hydroquinone donne naissance à un produit analogue, mais qui se colore en rouge à l'air [Hock, *Deutsch. chem. Gesellsch.*, 1883, p. 885].

Combinaison avec l'anhydride phtalique. — L'anhydride phtalique s'unit à la quinoléine. La *quinophtalone*, $C^{17}H^9AzO^2$, qui prend naissance, est presque insoluble dans l'eau, peu soluble dans l'alcool, l'éther, le chloroforme, très soluble dans la benzine et dans les acides. Elle fond à 235° et se sublime en aiguilles [Traub, *Deutsch. chem. Gesellsch.*, 1883, p. 297].

Action de l'hydrogène naissant. — L'étain et l'acide chlorhydrique transforment la quinoléine en *tétrahydroquinoléine*, $C^9H^{11}Az$, en même temps qu'il se forme une petite quantité de produits de polymérisation. Les oxydants, tels que l'acide chromique, le chlorure ferrique, la transforment de nouveau en quinoléine [Wischnegradsky, *Bull. Soc. chim.*, t. XXXIV, p. 339].

Kœnigs a obtenu le même composé dans l'action de l'amalgame de sodium sur la quinoléine, tandis que l'action de la poudre de zinc et de l'ammoniaque fournit de la *tetrahydrodiquinoléine* (voir plus loin *Diquinoléine*).

Action de l'acide sulfurique. — Lorsque l'on traite la quinoléine par l'acide sulfurique fumant, on obtient un mélange de deux acides sulfoconjugués. A 100°, il ne se forme que 3% de l'acide métasulfonique; à 100-150°, il s'en forme environ 15 %. Ces deux acides sont très difficiles à séparer; on y parvient en utilisant la différence de solubilité de leurs sels de calcium [O. Fischer, *Deutsch. chem. Gesellsch.*, 1882, p. 1979].

Oxydation de la quinoléine. — Oxydée par le permanganate de potassium, la quinoléine se transforme en acide dicarbopyridique, fusible à 222-225° (1.2.3). Il se produit en même temps une petite quantité d'acide monocarbopyridique provenant probablement de la décomposition du précédent [Hoogewerff et van Dorp, *Deutsch. chem. Gesellsch.*, 1879, p. 747; — Kœnigs, *ibid.*, 1879, p. 983; — Wischnegradsky, *Bull. Soc. chim.*, 1880, p. 534; — Skraup, *Monatsh. für Chem.*, t. II, p. 139].

DÉRIVÉS NITRÉS, CHLORÉS, BROMÉS.

Dérivés nitrés. — La quinoléine est très difficilement attaquée par l'acide nitrique. Cependant un mélange d'acides nitrique fumant et sulfurique la transforme en *orthonitroquinoléine*,

$$C^9H^6Az.AzO^2.$$

Celle-ci cristallise en prismes incolores, fusibles à 68°. Il se forme en même temps de l'acide quinoléique [Kœnigs, *Deutsch. chem. Gesellsch.*, 1879, p. 448]. Elle se produit encore lorsqu'on chauffe l'orthoxyquinoléine avec du chlorure de zinc ammoniacal [Bedall et Fischer, *Deutsch. chem. Gesellsch.*, 1881, p. 2570].

Paranitroquinoléine. — On l'obtient en chauffant un mélange de paranitraniline, de glycérine et d'acide sulfurique. Ce corps cristallise en aiguilles incolores, soyeuses, fusibles à 150°, peu solubles dans l'eau et dans l'alcool froids, très solubles à chaud.

Le *chlorhydrate* est très soluble. Le *chloroplatinate* est anhydre et cristallin.

L'*iodométhylate*, $C^9H^6Az.AzO^2.CH^3I$, est en aiguilles rougeâtres.

Paramidoquinoléine, $C^9H^6Az.AzH^2$. — Cette base se produit par la réduction de la précédente, au moyen de l'étain et de l'acide chlorhydrique. Elle cristallise en prismes fusibles à 114°, sublimables sans altération, peu solubles dans l'eau, très solubles dans l'alcool et dans l'éther. Le *chlorhydrate*, $C^9H^6Az.AzH^2.2HCl$, cristallise en prismes allongés, très solubles dans l'eau; la solution est jaune. Le *chloroplatinate*,

$$C^9H^6Az.AzH^2.2HCl.PtCl^4,2H^2O,$$

est un précipité jaune cristallin.

La *diméthylamidoquinoléine*, $C^9H^6Az.Az(CH^3)^2$, s'obtient de même, en partant de la diméthylamidoparaphénylène-diamine. Elle est en cristaux fusibles à 55°, bouillant vers 355°. Elle forme avec l'acide picrique un sel peu soluble, fusible à 215°, se décomposant avec explosion à une température plus élevée.

La métanitraniline ne donne pas naissance à une métanitroquinoléine, mais à la métaphénanthroline $C^{12}H^{18}Az$ (voyez ce mot) [W. La Coste, *Deutsch. chem. Gesellsch.*, 1883, p. 669].

Dinitroquinoléine. — La dinitraniline,

$$C^6H^3.AzH^2_{(1)}.(AzO^2)^2_{(2.4)},$$

réagit facilement sur un mélange de nitrobenzine, de glycérine et d'acide sulfurique. On obtient ainsi une quinoléine dinitrée,

$$C^9H^5Az(AzO^2)^2,$$

en longues aiguilles brunes, fusibles à 149-150°.

D'après leurs modes de formation, on peut représenter les trois nitroquinoléines par les schémas

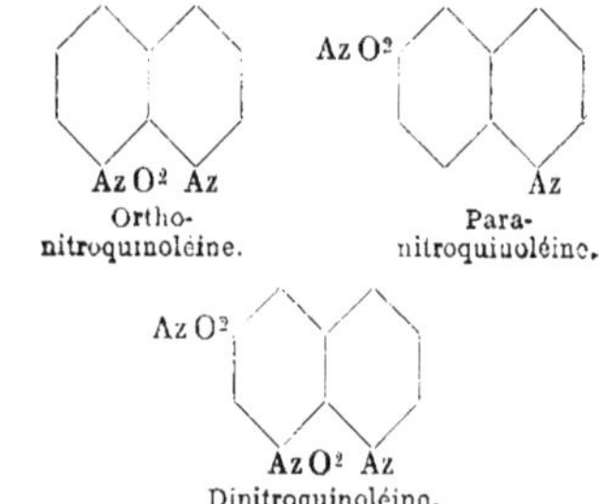

Dérivés bromés et chlorés. — Le brome réagit à 180° sur une solution concentrée de chlorhydrate de quinoléine, en donnant un mélange de chlorhydrates de quinoléines mono-, di- et tribromées. La *quinoléine monobromée*, que l'on obtient ainsi et qui est probablement le dérivé *ortho*, forme une huile jaunâtre, bouillant vers 270°. Son chlorhydrate se présente en prismes clinorhombiques très solubles.

Elle se combine facilement avec l'iodure de méthyle pour former un iodométhylate qui, décomposé par l'oxyde d'argent ou par la soude, fournit de l'*hydrate de méthylbromoquinoléine*,

$$C^9H^6BrAz.CH^3.OH.$$

Cet hydrate fond à 146-147°; il est très soluble

dans l'alcool bouillant et peu soluble dans l'alcool froid.

Parabromoquinoléine. — On l'obtient synthétiquement en partant de la parabromaniline. Le rendement est satisfaisant : 86 grammes de bromaniline ont donné 70 grammes de bromoquinoléine. Elle bout à 276-278°. Son chlorhydrate cristallise difficilement.

Métachloroquinoléine. — Il se prépare au moyen de la métachloraniline et de la glycérine. C'est un liquide incolore, bouillant à 264-268°, se colorant en brun à l'air. Elle est insoluble dans l'eau, soluble dans l'alcool, l'éther, les acides étendus.

Son *chlorhydrate* cristallise en tables incolores, anhydres, peu solubles dans l'alcool. Le *chloroplatinate*, $(C^9H^6ClAz.HCl)^2PtCl^4,2H^2O$, est en aiguilles soyeuses, orangées. L'iodure de méthyle s'unit très facilement à la métachloroquinoléine en donnant des aiguilles jaunes, très amères, fondant sans décomposition à 231-232°. Elles ont pour formule $C^9H^6ClAz.CH^3I$.

Nitrométachloroquinoléine, $C^9H^5Cl(AzO^2)Az$. — On obtient ce composé en traitant la métachloroquinoléine par un mélange d'acides sulfurique et nitrique. Le produit de la réaction est formé de deux isomères que l'on peut isoler en faisant cristalliser dans l'alcool le produit brut.

L'*α-nitrométachloroquinoléine* cristallise en longues aiguilles incolores, fusibles à 185-186°, difficilement solubles dans l'alcool chaud.

La *β-nitrométachloroquinoléine*, purifiée par cristallisations fractionnées, fond à 120-123°. Elle est peu soluble dans l'eau et dans l'alcool froid, très soluble dans l'alcool bouillant.

Ces deux dérivés nitrés se dissolvent facilement dans l'acide chlorhydrique étendu, et la solution additionnée de chlorure de platine laisse déposer des chloroplatinates bien cristallisés.

L'étain et l'acide chlorhydrique réduisent ces dérivés nitrés en donnant des bases amidées dont les sels cristallisent mal [La Coste et Bodewig, *Deutsch. chem. Gesellsch.*, 1884, p. 929].

Parachloroquinoléine. — On la prépare au moyen de la glycérine et de la parachloraniline. C'est un liquide bouillant à 256°, brunissant rapidement à l'air. Son chlorhydrate et son chloroplatinate cristallisent.

Elle se combine facilement à 100° avec l'iodure de méthyle, en donnant un iodométhylate cristallisé.

α-chloroquinoléine. — Le carbostyryle, traité par le perchlorure de phosphore, donne une chloroquinoléine cristallisant en longues aiguilles, fusibles à 37-38°, bouillant à 266-267°, distillable avec la vapeur d'eau. Elle est très soluble dans l'alcool, insoluble dans l'eau. C'est une base faible, dont les sels sont décomposés par l'eau. Son chloroplatinate, $(C^9H^6ClAz.HCl^2)PtCl^4,2H^2O$, cristallise en aiguilles. L'acide iodhydrique la convertit en quinoléine. L'étain et l'acide chlorhydrique la transforment en tétrahydroquinoléine. Chauffée à 120° avec de l'eau, elle régénère le carbostyryle [Friedländer et Ostermayer, *Deutsch. chem. Gesellsch.*, 1882, p. 332].

Dibromoquinoléines, $C^9H^5Br^2Az$. — On obtient un corps de cette formule dans l'action directe du brome sur la quinoléine; il cristallise en fines aiguilles, fusibles vers 125°, solubles dans l'éther, l'acide chlorhydrique étendu ou l'acide acétique avec lesquels il ne forme pas de sels. Cependant sa solution chlorhydrique laisse déposer un chloroplatinate par addition de chlorure de platine. Mais lorsqu'on chauffe ce sel avec de l'eau, il se dédouble en chlorure de platine et en dibromoquinoléine.

La dibromaniline donne avec la glycérine et l'acide sulfurique une quinoléine dibromée, qui cristallise en fines aiguilles, fusibles à 100-101°. Son chloroplatinate est un peu soluble dans l'alcool. Elle se combine à 100° avec l'iodure de méthyle, et l'iodométhylate formé est presque insoluble dans l'alcool froid. On en a préparé des dérivés semblables à ceux que donne le dérivé monobromé.

Dichloroquinoléines, $C^9H^5Cl^2Az$. — La paradichloraniline fournit une dichloroquinoléine que l'on peut représenter par le schéma

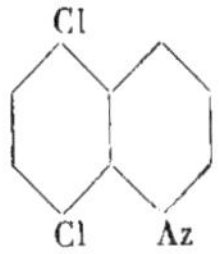

Cl

Cl Az

et qui cristallise dans l'alcool en petites aiguilles fusibles à 93°, sublimables sans décomposition. Sa solution éthérée l'abandonne en tables incolores.

Avec la dichloraniline, 1.2.4, obtenue dans l'action du chlore sur l'acétanilide, il se produit une dichloroquinoléine en longues aiguilles fusibles à 103° [La Coste, *Deutsch. chem. Gesellsch.*, 1881, p. 915; 1882, p. 186 et 557].

Le γ-chlorocarbostyryle, traité par le perchlorure de phosphore, fournit une dichloroquinoléine,

Cl

Cl

Az

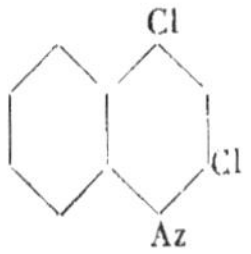

fusible à 67°. Elle est insoluble dans l'eau, soluble dans l'alcool, l'éther et la benzine [Baeyer, et Blœm, *Deutsch. chem. Gesellsch.*, 1882, p. 2147].

L'hydrocarbostyryle, traité de même par le perchlorure de phosphore, fournit un isomère fusible à 104°, qui doit être représenté par la formule

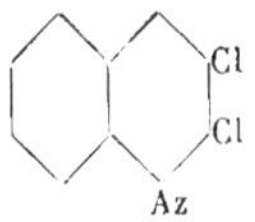

Cl

Cl

Az

C'est une base faible, soluble dans l'alcool, l'éther, la benzine, peu soluble dans l'eau et dans les alcalis [Baeyer, *Deutsch. chem. Gesellsch.*, 1879, p. 80].

Trichloroquinoléines, $C^9H^4Cl^3Az$. — Le dichlorocarbostyryle donne, avec le perchlorure de phosphore, une trichloroquinoléine cristallisant dans l'alcool en fines aiguilles, fusibles à 160°,5. C'est une base faible. La solution chlorhydrique est décomposée par l'eau [Friedländer et Weinberg, *Deutsch. chem. Gesellsch.*, 1882, p. 1421].

L'acide malonanilidique,

$$C^6H^5\text{-}AzH\text{-}CO\text{-}CH^2\text{-}CO^2H,$$

traité par le perchlorure de phosphore, donne une trichloroquinoléine

Cl

Cl

Cl

Az

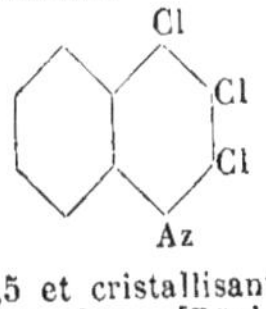

fusible à 107°,5 et cristallisant dans l'alcool en longs prismes incolores [Rügheimer, *Deutsch. chem. Gesellsch.*, 1884, p. 736].

Dérivés bromonitrés. — La parabromoquinoléine est attaquée par un mélange de 2 p. d'acide sulfurique et de 1 p. d'acide nitrique fumant. L'eau précipite un dérivé nitré que l'on purifie par cristallisations dans l'alcool. La *nitrobromoquinoléine*,

$$Az_{(1)}C^9H^5 <^{AzO^2}_{Br_{(6)}},$$

constitue de longues aiguilles jaunâtres, fusibles à 133°, se sublimant sans décomposition. Elle est très soluble dans l'éther, l'alcool bouillant, les acides étendus, qui cependant ne forment pas avec elle de véritables sels; néanmoins la solution chlorhydrique, traitée par le chlorure de platine, laisse déposer un chloroplatinate en beaux prismes orangés, décomposables par l'eau bouillante.

La réduction de la bromonitroquinoléine fournit la *bromamidoquinoléine*,

$$C^9H^5BrAz.AzH^2, H^2O,$$

en aiguilles ou en prismes clinorhombiques, fusibles à 104°. C'est une base faible dont les sels sont d'un rouge intense. L'azotate cristallise en aiguilles brillantes, qui se décomposent sans fondre. Le chlorhydrate forme de beaux prismes rouges transparents. Le chloroplatinate est en aiguilles microscopiques qui se réduisent sous l'action de l'eau bouillante.

L'anhydride acétique la transforme, à 150°, en *acétamidobromoquinoléine*,

$$C^9H^5BrAz.AzHC^2H^3O,$$

qui cristallise en paillettes incolores et brillantes, fusibles à 104-105° [La Coste, *Deutsch. chem. Gesellsch.*, 1882, p. 1918].

Dérivés bromosulfoniques. — L'acide sulfurique fumant réagit à 150° sur la bromoquinoléine en donnant un mélange de deux acides sulfoniques, que l'on peut séparer, grâce à la solubilité très différente de leurs sels de potassium.

Acide α-bromoquinoléine-sulfonique,

$$C^9H^5BrAz.SO^3H.$$

— C'est celui qui correspond au sel de potassium le moins soluble. Il cristallise dans l'eau bouillante en courtes aiguilles brillantes.

Sel de potassium, $C^9H^5BrAz.SO^3K$. — Petits prismes striés, solubles dans 73 p. d'eau à 17°, dans 14 p. d'eau bouillante.

Sel de zinc, $(C^9H^5BrAz.SO^3)^2Zn, 4H^2O$. — Aiguilles brillantes, perdant leur eau à 120°.

Sel de manganèse, $(C^9H^5BrAz.SO^3)^2Mg, 4H^2O$. — Aiguilles jaune-verdâtre, peu solubles dans l'eau froide.

Acide β-bromo-quinoléine-sulfonique,

$$C^9H^5BrAz.SO^3H, H^2O.$$

— Petites aiguilles peu solubles dans l'eau froide. Il perd H^2O à 120°.

Sel de potassium, $C^9H^5BrAz.SO^3K, 1\frac{1}{2}H^2O$. — Tables incolores et transparentes, très solubles dans l'eau bouillante.

Sel de zinc, $(C^9H^5BrAz.SO^3)^2Zn, 9H^2O$. — Tables hexagonales, transparentes, striées.

Sel de manganèse, $(C^9H^5BrAz.SO^3)^2Mn, 6H^2O$. — Tables incolores, très solubles dans l'eau bouillante [La Coste, *Deutsch. chem. Gesellsch.*, 1882, p. 1910].

OXYQUINOLÉINES, C^9H^7AzO.

— La quinoléine peut donner naissance à sept oxyquinoléines, formées par remplacement d'un atome d'hydrogène par un oxhydryle. Quatre de ces composés sont connus; mais leurs réactions sont bien différentes, suivant que la substitution porte sur l'un des atomes d'hydrogène du groupe pyridique ou du groupe aromatique. Le premier constitue le carbostyryle; les autres ont conservé le nom d'oxyquinoléines.

CARBOSTYRYLE,

```
        CH    CH
    CH     C      CH
    CH     C      C.OH
        CH    Az
```

— Le carbostyryle a été découvert par Chiozza dans les produits de réduction de l'acide nitrocinnamique par le sulfhydrate d'ammonium, ou par l'étain et l'acide chlorhydrique [Beilstein, *Zeitschr. Chem.*, 1865, p. 1, et *Bull. Soc. chim.*, t. V, p. 68].

Baeyer a montré que seul l'acide orthamidocinnamique fournit du carbostyryle par perte d'eau. Le meilleur moyen de préparation consiste à faire bouillir avec de l'acide chlorhydrique étendu le chlorhydrate d'acide orthamidocinnamique. La transformation est sensiblement théorique [Tiemann et Oppermann, *Deutsch. chem. Gesellsch.*, 1880, p. 2056].

On peut également obtenir le carbostyryle sans purifier l'acide amidocinnamique : 30 grammes d'éther nitrocinnamique sont chauffés en vase clos avec un excès de sulfhydrate d'ammonium alcoolique. La solution brunâtre, filtrée, est évaporée à sec, reprise par la soude étendue, et la solution alcaline, saturée de gaz carbonique, abandonne le carbostyryle [Friedländer et Ostermayer, *Deutsch. chem. Gesellsch.*, 1881, p. 1916].

Le carbostyryle est très stable, sublimable, fusible à 198°. Les acides étendus sont sans action sur lui, même à 200°. Il est soluble dans l'alcool, l'éther et l'eau bouillante, peu soluble dans l'eau froide. Il forme avec les métaux alcalins des combinaisons qui se séparent lorsqu'on ajoute un excès d'alcali à leur solution. L'acide carbonique les décompose. Avec la baryte, on obtient un composé, $(C^9H^6AzO)^2Ba$, en lamelles blanches, peu solubles.

Soumis à l'oxydation au moyen du permanganate en solution alcaline, il donne de l'isatine et de l'acide carbostyrylique, $C^9H^9AzO^6$.

Traité par le perchlorure de phosphore, il se transforme en une chloroquinoléine fusible à 37-38°. Celle-ci régénère le carbostyryle lorsqu'on la chauffe à 120° avec de l'eau [Friedländer et Ostermayer, *Deutsch. chem. Gesellsch.*, 1882, p. 332].

Éthylcarbostyryle, $C^9H^6Az.OC^2H^5$. — 1° Lorsque l'on traite cette chloroquinoléine par l'éthylate de sodium, on obtient l'éthylcarbostyryle;

2° On a obtenu le même composé en traitant par l'iodure d'éthyle le carbostyryle potassé;

3° L'éther amidocinnamique, chauffé à 80° avec du chlorure de zinc, en fournit par distillation avec un alcali [Friedländer et Weinberg, *Deutsch. chem. Gesellsch.*, 1882, p. 1421].

Cet éther est une huile incolore, bouillant vers 250°, passant avec la vapeur d'eau. A très basse température, il se prend en une masse cristalline.

C'est une base énergique, soluble dans les acides, avec lesquels elle forme des sels déliquescents. A chaud, les acides la saponifient. Le *chloroplatinate* est soluble et cristallisable. Le *ferrocyanure* est un précipité cristallin peu soluble. L'amalgame de sodium la transforme facilement, en solution alcoolique, en *dihydréthylcarbostyryle*, $C^9H^8AzOC^2H^5$, lamelles argentées fusibles à 199°.

L'éthylcarbostyryle absorbe les vapeurs de brome en donnant des produits d'addition très instables; il se forme en même temps du *bromométhylcarbostyryle*, $C^9H^5BrAz.OCH^3$, en aiguilles blanches, fusibles à 93°, que l'acide chlorhydrique dédouble à 100° en chlorure de méthyle et en bromocarbostyryle. Le brome porte donc en partie son action sur le groupe éthylique [Friedländer et Weinberg, *loc. cit.*]

Méthylcarbostyryle, $C^9H^6Az.OCH^3$. — On l'obtient en traitant la chloroquinoléine fusible à 37° par le méthylate de sodium. C'est une huile incolore, à odeur d'orange, bouillant à 246-247°.

Phénylcarbostyryle, $C^9H^6Az.OC^6H^5$. — Cristallise dans l'alcool en lamelles brillantes, sublimables, fusibles à 68-69°.

DÉRIVÉS DE SUBSTITUTION DU CARBOSTYRYLE.

β-chlorocarbostyryle,

Cl
OH
Az

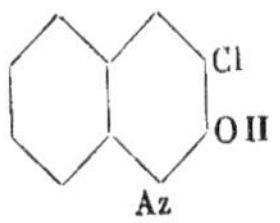

— La dichloroquinoléine, fusible à 104°, chauffée à 120° avec de l'acide chlorhydrique étendu, fournit le β-chlorocarbostyryle. Il fond à 241-242°. Le perchlorure de phosphore le transforme de nouveau en dichloroquinoléine. Chauffé avec de la potasse alcoolique, il fournit le β-éthylchlorocarbostyryle, $C^9H^5ClAz.OC^2H^5$, liquide bouillant à 269°.

γ-chlorocarbostyryle,

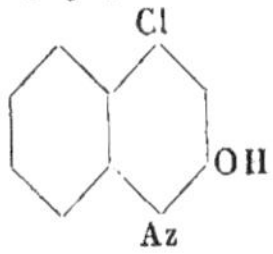

Cl
OH
Az

Ce corps se sépare en flocons cristallins lorsqu'on fait bouillir la solution chlorhydrique de l'acide amidopropiolique. Il cristallise, dans l'alcool bouillant, en aiguilles soyeuses, fusibles à 246°, sublimables sans décomposition. Il est peu soluble dans l'eau bouillante, insoluble dans l'ammoniaque, soluble dans la soude, d'où il est précipité par le gaz carbonique.

γ-bromocarbostyryle. — Obtenu par l'ébullition d'une solution bromhydrique d'acide amidophénylpropiolique, il cristallise dans l'alcool en aiguilles incolores, fusibles à 266°, sublimables.

γ-iodocarbostyryle. — Préparé de même, il fond à 276° et est sublimable [A. Baeyer et Blœm, *Deutsch. chem. Gesellsch.*, 1882, p. 2147].

Monochloroquinophénol,

$$C^6H^3.OH \langle \begin{matrix} CH = CH \\ Az = C.Cl. \end{matrix}$$

— Obtenu par l'action du perchlorure de phosphore sur l'α-oxyquinophénol, il cristallise en belles paillettes brillantes fusibles à 180°, solubles dans l'alcool [Friedläender et Weinberg, *Deutsch. chem. Gesellsch.*, 1882, p. 2679].

Dichlorocarbostyryle, $C^9H^4Cl^2Az.OH$. — On l'obtient en faisant bouillir une solution acétique de carbostyryle avec de l'acide chlorhydrique et du chlorate de potassium. Il cristallise en fines aiguilles blanches, fusibles à 249°. C'est une base faible ne formant pas de sels cristallisables. Le perchlorure de phosphore la transforme en trichloroquinoléine, fusible à 160°,5 [Friedländer et Weinberg, *loc. cit.*].

ORTHOXYQUINOLÉINE,

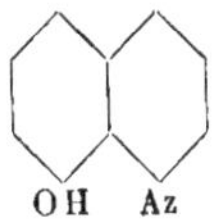

OH Az

— Skraup l'a préparée en chauffant à l'ébullition, pendant trois ou quatre heures, un mélange de 7 p. d'orthonitrophénol, 15 p. d'orthamidophénol, 25 p. de glycérine et 20 p. d'acide sulfurique. On verse le tout dans 3 volumes d'eau et on chasse le nitrophénol en excès par un courant de vapeur d'eau. On neutralise exactement par la soude, et on distille de nouveau dans un courant de vapeur d'eau. L'orthoxyquinoléine distille et se concrète dans le récipient.

Elle se présente sous la forme de cristaux d'odeur phénolique, ayant une saveur brûlante. Elle fond à 73-74° et cristallise à 53-55°. Elle bout à 266°,6 sous une pression de 752 millimètres. Elle est très peu soluble dans l'eau et dans l'éther, très soluble dans l'alcool. Sa solution alcoolique donne, avec le chlorure ferrique, une coloration vert-noirâtre. L'acide acétique n'empêche pas cette coloration, que l'acide chlorhydrique détruit.

La potasse dissout l'orthoxyquinoléine en donnant un dérivé potassé en aiguilles blanches. Sa solution aqueuse précipite par les divers sels métalliques.

Le *sulfate*, $C^9H^7AzO.SO^4H^2,2H^2O$, est en prismes jaune clair, déliquescents, peu solubles dans l'alcool.

Le *chlorhydrate*, $C^9H^7AzO.HCl,H^2O$, se présente en cristaux jaunes, très solubles dans l'eau et dans l'alcool.

Le *chloroplatinate*, $(C^9H^7AzO.HCl)^2PtCl^4$, forme des aiguilles jaune d'or, assez solubles dans l'eau chaude.

Le *picrate*, $C^9H^7AzO.C^6H^2(AzO^2)^3OH$, est en prismes d'un beau jaune, fusibles à 203-204°, très peu solubles dans l'alcool froid, solubles dans l'alcool chaud.

Combinaison cuprique, $(C^9H^6Az.O)^2Cu$. — On l'obtient en précipitant la base par l'acétate de cuivre. Elle se dépose de sa solution alcoolique en tables hexagonales jaunes.

Acétylorthoxyquinoléine, $C^9H^6AzO(C^2H^3O)$. — On l'obtient par l'action de l'anhydride acétique sur l'oxyquinoléine. C'est une huile incolore, bouillant à 200°, soluble dans l'acide chlorhydrique, et formant un chloroplatinate bien cristallisé. L'eau le décompose lentement.

Dérivé bromé. — Le brome réagit sur une solution alcoolique d'orthoxyquinoléine en donnant un dibromure, $C^9H^5Br^2AzO$, qui cristallise en aiguilles blanches, fusibles à 195-196°, solubles dans l'alcool bouillant, insolubles dans l'alcool froid [Skraup, *Deutsch. chem. Gesellsch.*, 1882, p. 893, et *Monatsh. Chem.*, t. III, p. 531].

L'oxyquinoléine est susceptible de fixer quatre atomes d'hydrogène en donnant la tétrahydro-orthoxyquinoléine (voyez plus loin).

Méthyloxyquinoléine, $C^9H^6Az.OCH^3$. — On l'obtient en traitant par l'iodure de méthyle la solution d'oxyquinoléine dans la potasse. Elle forme une huile verdâtre, fortement basique, distillant difficilement avec la vapeur d'eau, bouillant à 265-268°.

Skraup a obtenu ce même composé en faisant réagir sur la glycérine l'orthonitroanisol et l'orthamidoanisol en présence d'acide sulfurique.

Le *chlorhydrate* cristallise en gros prismes; il se sublime en paillettes incolores.

Le *chloroplatinate* forme de belles aiguilles jaunes, très peu solubles dans l'eau et dans l'éther, solubles dans l'alcool étendu bouillant.

Le *picrate* cristallise en belles aiguilles jaunes, peu solubles dans l'eau et dans l'alcool [Bedall et O. Fischer, *Deutsch. chem. Gesellsch.*, 1881, p. 2570].

Éthyloxyquinoléine, $C^9H^6Az.OC^2H^5$. — Elle prend naissance lorsque l'on chauffe la solution potassique d'orthoxyquinoléine avec du bromure d'éthyle. Le rendement est de 80 %. Elle bout à 285-287°. L'acide azoteux donne une coloration jaune intense.

Oxéthyloxyquinoléine,

$C^9H^6(OH)Az.Cl.C^2H^4.OH$.

— L'orthoxyquinoléine s'unit avec la chlorhydrine éthylénique en donnant ce composé, qui forme un chlorhydrate jaune et un chloromercurate cristallisant en lamelles [A. Würtz, *Bull. Soc. chim.*, t. XL, p. 342].

L'oxyquinoléine, chauffée à 180° avec du chlorure de zinc ammoniacal, se transforme en orthamidoquinoléine, $C^9H^6Az.AzH^2$.

Cyanoquinoléine, $C^9H^6Az.CAz$. — L'orthoquinoléine-sulfonate de potassium, distillé avec du cyanure de potassium, donne la cyanoquinoléine, cristallisant en aiguilles incolores, fusibles à 87°, distillant au-dessus de 360°, solubles dans l'eau bouillante et dans l'alcool. Avec l'acide chlorhydrique, elle fournit l'acide *quinoléine-carbonique* [Bedall et Fischer, *loc. cit.*]

MÉTOXYQUINOLÉINE. — On fait bouillir pendant 5 à 6 heures un mélange de 7 p. de métanitrophénol, 15 p. de chlorhydrate de métamidophénol, 25 p. de glycérine et 20 p. d'acide sulfurique. On verse dans l'eau et on ajoute un peu de potasse pour séparer une résine noire; on sature alors par la potasse, qui précipite la base, que l'on purifie par cristallisation de son oxalate.

Elle cristallise en prismes très peu solubles dans l'eau, solubles dans l'alcool et dans le chloroforme, les acides et les alcalis. Elle fond à 235-238° et peut être sublimée. La solution alcoolique donne, avec le chlorure ferrique, une coloration rouge-brun qui s'éclaircit par addition de soude.

L'acide β-oxycinchonique fournit, à la distillation sèche, de la métoxyquinoléine [Weidel, *Monatsh. f. Chem.*, t. II, p. 575].

Lorsque l'on chauffe la quinoléine avec de l'acide sulfurique de Nordhausen, on obtient un acide métasulfonique qui fournit la métoxyquinoléine par fusion avec la potasse.

La métoxyquinoléine, additionnée d'acide sulfurique fumant, donne un acide sulfonique qui cristallise par addition d'eau sous forme de paillettes jaunes, brillantes, fusibles à 270°, ayant pour formule $C^9H^6AzO.SO^3H, H^2O$.

Chauffée avec le chlorure de zinc ammoniacal, la métoxyquinoléine se transforme en métamidoquinoléine [Riemerschmied, *Deutsch. chem. Gesellsch.*, 1883, p. 721].

Le *chlorhydrate*, $C^9H^7AzO.HCl, 1\frac{1}{2}H^2O$, est en prismes incolores, solubles dans l'eau et dans l'alcool chaud. Le *chloroplatinate*,

$$(C^9H^7AzO.HCl)^2PtCl^4, 2H^2O,$$

est en aiguilles orangées. Le picrate forme des aiguilles jaune clair, fusibles avec décomposition à 244°.

On obtient une combinaison cuprique,

$$(C^9H^6AzO)^2Cu, 2C^2H^4O^2,$$

en ajoutant de l'acétate de cuivre à une solution de la base dans l'alcool additionné d'acide acétique; elle cristallise en prismes courts, de couleur améthyste.

Le chlorure de benzoyle la transforme en *benzoyl-métoxyquinoléine*, qui cristallise en houppes soyeuses, très solubles dans l'alcool, insolubles dans l'eau, fusibles à 88°. Elle forme un chloroplatinate, $(C^9H^6AzO.COC^6H^5, HCl)^2PtCl^4$, sous forme d'un précipité jaune.

Méthoxymétaquinoléine, $C^9H^6Az.OCH^3$. — On l'obtient par l'action de l'iodure de méthyle sur la solution potassique de la métoxyquinoléine. C'est une huile limpide, distillable avec la vapeur d'eau, bouillant à 275° (H = 720^{mm}). Le chloroplatinate cristallise en beaux prismes; l'oxalate, en aiguilles soyeuses, très solubles dans l'eau [O. Fischer, *Deutsch. chem. Gesellsch.*, 1882, p. 1979].

Nitrométoxyquinoléine, $C^9H^6(AzO^2)AzO$. — On l'obtient par l'action de l'acide nitrique sur la métoxyquinoléine; elle se présente sous la forme de lamelles brillantes, solubles dans les acides et dans les alcalis, brunissant vers 200° et fondant avec décomposition à 255°.

Bromométoxyquinoléine, C^9H^6BrAzO. — On l'obtient par l'action du brome sur une solution chlorhydrique de métoxyquinoléine. Le bromhydrate est en petits cristaux, fusibles avec décomposition à 272-273° [Skraup, *loc. cit.*].

PAROXYQUINOLÉINE. — On peut la préparer comme le dérivé méta, en remplaçant le métamidophénol par le dérivé para. On la purifie en faisant cristalliser le chlorhydrate.

La paroxyquinoléine forme des prismes incolores, fusibles à 193°, très peu solubles dans l'eau froide, l'éther et la benzine, solubles dans l'alcool; elle bout au-dessus de 360°. La solution alcoolique se colore en jaune par le chlorure ferrique.

Le *chlorhydrate*, $C^9H^7AzO.HCl, 2H^2O$, est en cristaux incolores, très solubles dans l'eau, peu solubles dans l'alcool.

Sulfates. — Une solution alcoolique de la base, additionnée d'acide sulfurique concentré, donne des prismes jaunâtres, fusibles à 170°, dont la composition est exprimée par la formule

$$(C^9H^7AzO)^3, 2SO^4H^2.$$

En versant la solution alcoolique dans l'acide sulfurique, on obtient de fines aiguilles,

$$(C^9H^7AzO)^5, 2SO^4H^2 + 11H^2O.$$

Enfin, en dissolvant la base dans l'acide sulfurique faible et faisant cristalliser, on obtient des prismes anhydres, $(C^9H^7AzO)^5, 2SO^4H^2$.

Le *picrate* forme des aiguilles brillantes, jaune d'or, fusibles à 235-236°, presque insolubles dans l'alcool froid.

Le *chloroplatinate*,

$$(C^9H^7AzO.HCl)^2.PtCl^4, 2H^2O,$$

est en aiguilles orangées.

Combinaison cuprique,

$$(C^9H^6AzO)^2Cu, 2C^2H^4O^2.$$

— La paroxyquinoléine donne une combinaison avec l'acétate de cuivre, tout à fait semblable à celle du dérivé méta. Elle se dépose en cristaux presque noirs, insolubles dans l'eau, solubles dans l'alcool chaud.

Nitroparoxyquinoléine, $C^9H^6(AzO^2)AzO$. — C'est le produit de l'action de l'acide nitrique fumant sur la paroxyquinoléine. Ce composé fond à 139-140°; il décompose les carbonates et forme des combinaisons potassique et barytique bien cristallisées. Son nitrate cristallise en prismes orangés.

Bromoparoxyquinoléine, C^9H^6BrAzO. — Ce corps se produit dans l'action du brome sur une solution alcoolique de paroxyquinoléine. Il cristallise en aiguilles jaunes, fusibles à 184-185°, solubles dans les acides et les alcalis. Il forme un bromhydrate, $C^9H^6AzO.HBr$, en gros cristaux, solubles dans l'eau, insolubles dans l'alcool absolu.

Acétylparoxyquinoléine, $C^9H^6AzO.C^2H^3O$. — Produit de l'action de l'anhydride acétique sur la paroxyquinoléine. Il cristallise en prismes fusibles à 36°, restant facilement en surfusion, bouillant à 298°; il forme un chloroplatinate. La soude le saponifie à l'ébullition.

Benzoylparoxyquinoléine, $C^9H^6AzO.C^7H^5O$. — Fines aiguilles blanches, obtenues au moyen de la base et du chlorure de benzoyle, presque insolubles dans l'eau, l'alcool et l'éther, solubles dans l'acide acétique bouillant.

Méthoxyparaquinoléine, $C^9H^6Az.OCH^3$. — On l'obtient en chauffant une solution d'oxyquinoléine et d'iodure de méthyle dans l'alcool méthylique avec de la potasse. On obtient une combinaison cristallisée en prismes blancs, déliquescents, peu solubles dans l'éther. La solution chlorhydrique donne, avec le chlorure de platine, un chloroplatinate en aiguilles orangées, ayant pour formule $[C^9H^6Az.OCH^3, HCl)^2PtCl^4, 4H^2O$ [Skraup, *Monatsh. f. Chem.*, t. III, p. 531].

DIOXYQUINOLÉINES, $C^9H^7AzO^2$.

— Les dioxyquinoléines peuvent appartenir à trois types différents, suivant que les deux oxhydryles sont tous deux dans le noyau aromatique ou dans le noyau pyridique, ou enfin qu'ils sont répartis dans ces deux noyaux.

On pourrait réaliser la synthèse des premiers, suivant la méthode de Skraup, en faisant réagir la glycérine sur les divers amidooxyphénols.

Un de ces composés a été obtenu tout récemment par une voie détournée. On dissout dans la soude une molécule d'oxyquinoléine et on la mélange avec une solution chlorhydrique d'acide sulfanilique (1 molécule), puis on y verse peu à peu du nitrite de sodium (1 molécule) Au bout de 12 heures, il s'est formé de beaux cristaux d'une matière colorante orange, ayant pour formule

$$C^{15}H^{11}Az^3SO^4.$$

Celle-ci, chauffée avec de l'étain et de l'acide chlorhydrique, fournit l'amidoxyquinoléine,

AzH²

OH Az

masse cristalline s'altérant à l'air. Son chlorhydrate est très soluble. Le dichromate de potassium convertit l'amidoxyquinoléine en quinoléine-quinone, et celle-ci à son tour donne la quinoléine-hydroquinone par l'action de l'acide sulfureux.

Quinoléine-hydroquinone,

OH

OH Az

— La quinoléine-hydroquinone se produit aussi en petite quantité dans l'oxydation de l'amidoxyquinoléine par le dichromate de potassium Elle se dissout facilement dans l'eau; la solution se décompose quand on la chauffe.

Le *sulfate* cristallise en aiguilles orangées peu solubles dans l'eau.

Le *chlorhydrate*, également en aiguilles orangées, est plus soluble.

Le chlorure de fer la convertit de nouveau en quinoléine-quinone.

Quinoléine-quinone, $C^9H^5AzO^2$. — Nous avons indiqué plus haut son mode de préparation. Elle se dépose de la benzine en aiguilles plates, vertes. Elle se décompose à 110-120°.

Elle se dissout dans les acides concentrés. La solution est précipitée par l'eau. Les alcalis étendus et même le carbonate de baryum la transforment en un corps brun.

Elle se combine avec l'aniline en formant de beaux feuillets rouge de cuivre, fusibles à 190°, solubles dans les acides minéraux avec une couleur violette, répondant à la formule $C^{15}H^{10}Az^2O^2$ [O. Fischer et Renouf, *Deutsch. chem. Gesellsch.*, 1884, p. 1643].

β-*oxycarbostyryle*,

OH

OH

Az

— On l'obtient en fondant avec de la potasse, entre 180 et 200°, le β-chlorocarbostyryle. Il est soluble dans l'acide chlorhydrique concentré et cristallise en aiguilles incolores, fusibles au-dessus de 300° et sublimables lorsqu'on les chauffe avec précaution. Il forme, avec le baryum et l'argent, des combinaisons cristallisables qui sont de véritables sels.

γ-*oxycarbostyryle*,

OH

OH

Az

— On l'obtient en additionnant l'acide orthamidophénylpropiolique de 10 p. de SO^4H^2 concentré, chauffant à 245° et ajoutant après refroidissement 10 p. d'eau; l'oxycarbostyryle se sépare en aiguilles incolores. Le γ-bromocarbostyryle en fournit également par fusion avec la potasse. Ce corps est presque insoluble dans les dissolvants neutres, soluble en bleu dans le chloroforme et dans les acides étendus. Il fond à 320° (Baeyer), 280-282° (Friedländer et Weinberg). Il fournit une combinaison argentique,

$$C^9H^6AzO^2Ag,$$

lorsqu'on additionne de nitrate d'argent sa solution barytique. Il se distingue du β-oxycarbostyryle en ce que son sel ammoniacal se colore en bleu à l'air, ce qui n'a pas lieu pour le dérivé β [Baeyer et Blœm, *Deutsch. chem. Gesellsch.*, 1882, p. 2147; Friedländer et Weinberg, *ibid.*, p. 2103].

Dans la préparation du carbostyryle par réduction de l'acide orthonitrocinnamique, il se produit un oxycarbostyryle probablement identique avec le précédent. Il fond à 190°,5 et se sublime en fines aiguilles; il est presque insoluble dans l'eau froide, peu soluble dans l'eau bouillante. C'est un acide énergique, décomposant les carbonates. Le sel ferreux est rouge brique; le sel ferrique est violet-brun. Les réducteurs le convertissent en carbostyryle [Friedländer et Ostermayer, *Deutsch. chem. Gesellsch.*, 1881, p. 1916].

Lorsque le γ-oxycarbostyryle, dissous dans la soude et additionné de nitrite de sodium, est introduit en refroidissant dans l'acide sulfurique étendu, il se précipite du *nitroso-γ oxycarbostyryle*,

OH

AzOH

OH

Az

en petits prismes orangés, peu solubles dans l'eau, l'alcool et le chloroforme, solubles dans l'acide acétique et l'alcool bouillant; il fond à 208°. L'acide chlorhydrique concentré le convertit en hydroxylamine et isatine.

Le zinc et l'acide acétique le convertissent en *acétyldioxytétrahydroquinoléine*, $C^{11}H^{13}AzO^3$, peu soluble dans l'alcool et dans l'eau, soluble dans l'acide acétique. Le chlorure d'étain fournit le *dioxycarbostyryle* (voyez plus loin) [Baeyer et Homolka, *Deutsch. chem. Gesellsch.*, 1883, p. 2218].

α-oxyquinophénol,

$$C^6H^3.OH\left\langle\begin{array}{l}CH{=}CH\\ \quad\;|\\ Az{=}C.OH.\end{array}\right.$$

— Ce corps se produit, en même temps que le β-oxycarbostyryle, par la fusion du β-bromocarbostyryle avec la potasse. Il cristallise en aiguilles blanches, fusibles à 189°. Le perchlorure de phosphore le transforme en *monochloroquinophénol* [Friedländer et Weinberg, *Deutsch. chem. Gesellsch.*, 1882, p. 2679].

TRIOXYQUINOLÉINE, $C^9H^7AzO^3$.

— On ne connaît qu'un dérivé de cet ordre : c'est le dioxycarbostyryle, que l'on obtient par réduction du nitroso-γ-oxycarbostyryle, au moyen du chlorure d'étain. On peut donc représenter sa constitution par le schéma

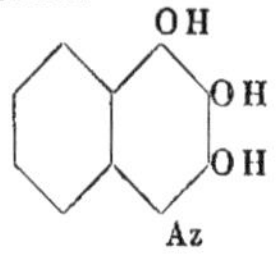

OH

OH

OH

Az

Il cristallise en longues aiguilles incolores, solubles dans l'alcool, peu solubles dans l'eau, l'éther et la benzine. Il brunit à 260° et ne fond pas encore à 310°. Il se dissout dans les alcalis étendus avec une coloration bleue. La solution laisse déposer à l'air des flocons violets. Avec le perchlorure de fer, il donne de l'acide quinisatique [Baeyer et Homolka, *Deutsch. chem. Gesellsch.*, 1883, p. 2218].

HYDROQUINOLÉINES.

La quinoléine et ses dérivés peuvent fixer de l'hydrogène en donnant des hydroquinoléines. Inversement, ces composés, sous l'influence de l'acide chromique, reproduisent le corps qui leur a donné naissance. Cette fixation d'hydrogène ne peut se faire sans entraîner la rupture des doubles liaisons que nous avons admises entre les atomes de carbone. Or les alcaloïdes ainsi formés renferment un groupe AzH, ainsi que le montre la formation de l'éthyltétrahydroquinoléine (voyez plus loin). On est donc conduit à admettre qu'un atome d'hydrogène se fixe sur l'azote et un sur l'atome de carbone voisin.

TÉTRAHYDROQUINOLÉINE, $C^9H^{11}Az$. — Ce produit d'addition directe de la quinoléine se forme par l'action de l'hydrogène naissant dégagé, soit par l'amalgame de sodium, soit par l'acide chlorhydrique et l'étain ou le zinc.

Kœnigs recommande le *procédé de préparation* suivant : On dissout 1 p. de quinoléine dans 30 p. environ d'acide chlorhydrique concentré. On chauffe au bain-marie et on ajoute 3 p. de zinc. On chasse l'excès d'acide chlorhydrique, on sature par une solution alcaline concentrée, et on fait passer un courant de vapeur d'eau jusqu'à ce que le liquide qui distille ne donne plus de coloration foncée par le dichromate et l'acide sulfurique. La vapeur d'eau entraîne la quinoléine et son tétrahydrure. On les sépare en traitant leur solution éthérée par le gaz chlorhydrique. Le chlorhydrate de tétrahydroquinoléine se précipite. On le purifie par cristallisation dans l'alcool bouillant.

La tétrahydroquinoléine est liquide. Elle se prend en aiguilles incolores, à une basse température. Elle bout à 244-246° ($H = 0,724$).

Le *chlorhydrate* cristallise en prismes allongés, fusibles à 180-181°, solubles dans l'eau.

Le *chloroplatinate* constitue des cristaux rougeâtres, fusibles à 200°.

Le *sulfate* est en prismes clinorhombiques, fusibles à 136-137°, très solubles dans l'eau.

Le *tartrate* et l'*oxalate* sont très solubles.

Le *picrate* est en aiguilles jaunes, peu solubles, fondant sous l'eau.

L'acide azoteux transforme cette base en une *nitrosamine*, $C^9H^{10}Az.AzO$, qui, par réduction, donne une *hydrazine*, $C^9H^{10}Az^2H^2$, bouillant vers 255°, et cristallisant en prismes fusibles à 55-56°. Elle réduit à froid les sels d'or et de platine, et à chaud la liqueur de Fehling. La solution éthérée de l'hydrazine, agitée avec de l'oxyde de mercure, fournit la *tétrazone*,

$$C^9H^{10}\text{-}Az{=}Az\text{-}Az{=}Az\text{-}C^9H^{10},$$

en aiguilles incolores, fusibles à 160°, insolubles dans l'eau, très solubles dans l'éther et la benzine. L'acide acétique cristallisable la transforme en quinoléine et tétrahydroquinoléine.

La tétrahydroquinoléine se combine avec l'iodure de méthyle, et cette combinaison, traitée par la potasse, donne la *méthyltétrahydroquinoléine*, liquide huileux, bouillant à 242°, formant des sels cristallisés. Il se produit en même temps une petite quantité d'un iodure d'ammonium quaternaire, $C^9H^{10}AzCH^3.CH^3I$.

Avec l'iodure d'éthyle, on obtient une combinaison d'où les alcalis dégagent l'*éthyltétrahydroquinoléine*, $C^9H^{10}AzC^2H^5$, liquide huileux, bouillant à 255°. Cette dernière peut à son tour se combiner avec l'iodure d'éthyle pour former l'iodure d'un ammonium quaternaire, $C^9H^{10}Az(C^2H^5)^2I$.

La *benzoyltétrahydroquinoléine*, obtenue par l'action du chlorure de benzoyle, cristallise en belles tables clinorhombiques, fusibles à 75°.

L'*acétyltétrahydroquinoléine* bout à 295°. Le permanganate la convertit en acide α-oxalylanthranilique.

Le cyanate de potassium s'unit avec cette base en donnant une urée, $AzH^2\text{-}CO\text{-}AzC^9H^{10}$, en cristaux fusibles à 146°,5, peu solubles dans l'eau froide, insolubles dans l'alcool. Le mélange chromique, l'oxyde d'argent, transforment la tétrahydroquinoléine en quinoléine ; le permanganate fournit de l'acide oxalique et de l'acide anthranilique.

Le brome donne, avec la tétrahydroquinoléine, des dérivés de substitution. Employé en excès, il enlève de l'hydrogène et donne la tribromoquinoléine de Lubavine.

Dérivé monobromé, $C^9H^{10}BrAz$. — Cristallise en aiguilles blanches, soyeuses, fusibles à 192°, peu solubles dans l'eau froide.

Dérivé dibromé. — Huile épaisse, se prenant en une masse cristalline dans un mélange réfrigérant, douée de propriétés basiques faibles [Léo Hoffmann et Königs, *Deutsch. chem. Gesellsch.*, 1883, p. 727 ; — Wischnegradsky, *Bull. Soc. chim.*, t. XXXIV, p. 339].

On obtient une tétrahydroquinoléine dibromée, en traitant par l'amalgame de sodium une solution alcoolique de tétrabromoquinoléine. Elle cristallise en beaux prismes incolores, fusibles à 65-66°. Son *sulfate*, $C^9H^9Br^2Az,SO^4H^2$, se décompose sans fondre à 244°. L'*oxalate* est en prismes, se décomposant à 171°. Le *nitrate*, en aiguilles rougeâtres, fusibles à 189°. Le *chlorhydrate*, en aiguilles groupées, fusibles à 74°. Le chlorhydrate renferme $2H^2O$, les perd à 110°, et se décompose à 166° [Claus et Istel, *Deutsch. chem. Gesellsch.*, 1882, p. 820].

HYDROCARBOSTYRYLE, $C^9H^{10}Az.OH$. — L'hydrocarbostyryle a été obtenu par Buchanan et Glaser, dans la réduction de l'acide nitrophénylpropionique : $C^9H^9AzO^4 + 4H^2 = 3H^2O + C^9H^{11}AzO$ [Buchanan et Glaser, *Zeitschr. Chem.*, 1868, p. 503].

Il se forme également par l'hydrogénation directe du carbostyryle. L'hydrocarbostyryle est très stable. Il se dissout facilement dans l'alcool, d'où il se dépose en prismes incolores, fusibles à 160°, distillant sans décomposition. Il est peu soluble dans la potasse, soluble dans les acides chlorhydrique et bromhydrique. L'eau le précipite de ces dissolutions.

Traité par le perchlorure de phosphore, il fournit une dichloroquinoléine, fusible à 104° [Baeyer, *Deutsch. chem. Gesellsch.*, 1879, p. 1320].

Éthylhydrocarbostyryles, $C^{11}H^{15}AzO$. — L'hydrocarbostyryle, traité à 100° par l'iodure d'éthyle en présence de potasse, fournit une huile épaisse, difficilement volatile avec la vapeur d'eau, inattaquable à 150° par l'acide chlorhydrique. Cet éthylhydrocarbostyryle donne un chloromercurate bien cristallisé, en aiguilles blanches. Le même corps se produit quand on traite par un acide fort l'acide éthylamidohydrocinnamique. D'après ce mode de formation et sa résistance à l'acide chlorhydrique à 150°, on peut admettre que le groupe C^2H^5 est uni à l'azote, et le représenter par la formule $C^9H^9AzC^2H^5.OH$.

L'éther amidohydrocinnamique fournit de même un éthylhydrocarbostyryle, que l'on obtient aussi en faisant réagir à l'ébullition l'amalgame de sodium sur une solution alcoolique d'éthylcarbostyryle. Ce composé fournit un dérivé nitrosé; il renferme donc un groupe AzH. Aussi peut-on lui attribuer la formule $C^9H^9.AzH.OC^2H^5$ [Friedlænder et Weinberg, *Deutsch. chem. Gesellsch.*, 1882, p. 1421 et 2103].

La réduction par l'étain et l'acide chlorhydrique de l'acide parabromoorthonitrohydrocinnamique, fournit du *parabromohydrocarbostyryle*,

CH CH²
HC C CH²
BrC C CH.OH
CH AzH

qui cristallise dans l'alcool étendu en longues aiguilles, fusibles à 178°, solubles dans l'alcool, l'éther et la benzine [Gabriel et Zimmermann, *Deutsch. chem. Gesellsch.*, 1880, p. 1680].

ORTHOOXYHYDROQUINOLÉINE. — L'oxyquinoléine, traitée par l'étain et l'acide chlorhydrique, fixe 4 atomes d'hydrogène. Le composé formé cristallise en prismes incolores, fusibles à 121-122°, inodores. Il est assez soluble dans l'eau et cette solution se colore en rouge brun par le perchlorure de fer.

Dissoute dans l'acide sulfurique étendu et traitée par l'azotite de sodium, elle se transforme en un dérivé nitrosé, $C^9H^{10}Az^2O^2$, qui cristallise en belles tables jaunes, fusibles à 67-68° [Bedall et Fischer, *Deutsch. chem. Gesellsch.*, 1881, p. 1366]. Elle se combine avec l'iodure de méthyle en donnant un iodométhylate qui se décompose sous l'influence de la soude en fournissant une base

CH CH²
CH C CH²
CH C CH²
C.OH AzCH³

l'*orthooxyhydrométhylquinoléine*, peu soluble dans l'eau et dans l'éther, très soluble dans les alcalis, la benzine et l'alcool chaud.

Le chlorhydrate de cette base, connu sous le nom de *kairine*, a pris une grande importance à cause de ses propriétés antithermiques. Il cristallise avec une molécule d'eau qu'il perd à 110°. Très soluble dans l'eau, il forme de beaux cristaux clinorhombiques incolores, se colorant à l'air en violet pâle. Rapport des axes : $a : b : c = 0,7180 : 1 : 0,3858$; $ph^1 = 80°,17'$.

Sa solution est colorée en violet par les oxydants.

Le *sulfate* cristallise en prismes brillants très solubles dans l'eau. Le *picrate* forme de petites tables jaunes, peu solubles dans l'eau.

Orthooxyhydroéthylquinoléine. — Se prépare comme la base méthylée; elle cristallise en tables blanches, fusibles à 76°, très solubles dans la benzine et dans l'alcool, très peu solubles dans l'eau. Le *chlorhydrate* est anhydre; il forme de beaux prismes incolores.

On a préparé de même les bases propylées, butylées, amylées, benzylées.

Kairocolle, $C^{11}H^{11}AzO^2$. — L'orthooxyhydroquinoléine, chauffée avec de l'acide monochloracétique, donne naissance à un corps, $C^{11}H^{11}AzO^2$, d'après l'équation

$$2C^9H^{11}AzO + C^2H^3ClO^2 = C^{11}H^{11}AzO^2 + C^9H^{11}AzO.HCl + H^2O.$$

Ce corps est fort peu soluble dans l'eau, très soluble dans l'alcool et dans l'éther, d'où il se dépose en aiguilles fusibles à 66° [O. Fischer, *Deutsch. chem. Gesellsch.*, 1883, p. 712].

Méthoxyhydroquinoléine (*Hydroquinoanisol*),

CH CH²
CH C CH²
CH C CH²
CH³OC AzH

— On la prépare en traitant la méthoxyquinoléine par l'étain et l'acide chlorhydrique. Son *chlorhydrate* cristallise en gros prismes incolores. Le *chloroplatinate* est en prismes microscopiques. Sa solution aqueuse se colore en rouge à la température de l'ébullition. Le *picrate* se dépose de l'alcool bouillant en aiguilles groupées.

Traitée par l'acide sulfurique et le nitrite de sodium, cette base donne un dérivé nitrosé fusible à 80°, très soluble dans la benzine, le chloroforme et l'éther [Bedall et Fischer, *Deutsch. chem. Gesellsch.*, 1881, p. 2570].

Éthoxyhydroquinoléine, $C^9H^9.AzH.OC^2H^5$. — Cette base s'obtient en réduisant par l'étain et l'acide chlorhydrique l'éthoxyquinoléine. C'est un liquide huileux, bouillant à 275-276°. Traitée en solution sulfurique par le nitrite de sodium, elle s'y combine en donnant un dérivé nitrosé qui cristallise en prismes jaunâtres, fusibles à 113°.

Le *chlorhydrate* cristallise en prismes peu solubles. Le *sulfate* est soluble dans l'eau, peu soluble dans l'acide sulfurique. L'éthoxyhydroquinoléine s'unit à l'anhydride acétique en donnant un dérivé acétylé, $C^{13}H^{17}AzO^2$, qui bout vers 307° sans décomposition.

Le brome réagit sur la base en donnant un dérivé monobromé et une petite quantité d'un dérivé dibromé. Le dérivé monobromé cristallise en prismes tricliniques et forme des sels bien cristallisés. Le picrate forme des aiguilles d'un jaune de soufre, fusibles à 107-108°.

L'iodure de méthyle s'y combine en donnant l'*orthoéthoxyhydrométhylquinoléine*,

C CH²
CH C CH²
CH C CH²
C²H⁵OC AzCH³

C'est une huile jaunâtre, bouillant à 269-270° (H = 716) [O. Fischer, *loc. cit.*].

L'iodure d'éthyle donne de même l'*orthoéthoxyhydroéthylquinoléine*, huile épaisse bouillant à 266-268° (H = 0,716). Le brome la transforme en un dérivé monobromé, fusible à 35°, cristallisant en prismes monocliniques. Le *chlorhydrate* cristallise en longues aiguilles. Le *picrate* fond à 174°. Elle fournit une nitrosamine en cristaux colorés, fusibles à 85-86° [Fischer et Renouf, *Deutsch. chem. Gesellsch.*, 1884, p. 755].

Métaoxyhydroquinoléine. — Se prépare comme le dérivé ortho. Elle cristallise en prismes très solubles dans l'eau. Sa solution donne, avec le chlorure ferrique, une coloration jaune clair, puis rouge-brun. Elle fond à 116-117° et se sublime quand on la chauffe avec précaution [Skraup, *loc. cit.*]. Le dérivé nitrosé est en paillettes jaunâtres, solubles dans l'alcool méthylique chaud, presque insolubles dans l'eau.

La *métaoxyhydroéthylquinoléine*,

$$C^9H^9.OH.AzC^2H^5,$$

s'obtient en chauffant la base précédente avec l'iodure d'éthyle. Son *chlorhydrate* cristallise en tables renfermant une molécule d'eau. Ses propriétés physiologiques rappellent celles de la kairine. La base pure fond à 73°. Elle est très soluble dans l'esprit de bois, l'alcool et la benzine [Riemerschmied, *Deutsch. chem. Gesellsch.*, 1883, p. 721].

Paraoxyhydroquinoléine. — Se prépare comme le dérivé ortho. Elle cristallise en prismes blancs. Son chlorhydrate est très soluble dans l'eau. Avec le chlorure ferrique, elle donne une coloration rouge-violacé; avec le chlorure de platine, un précipité jaune qui brunit par l'ébullition [Skraup, *loc. cit.*].

DIQUINOLÉINES.

Le sodium ou l'amalgame de sodium polymérisent la quinoléine en donnant une diquinoléine, $C^{18}H^{14}Az^2$ [Gr. Williams, *Chem. News*, t. XXXVII, p. 85].

α-diquinolyline, $C^{18}H^{12}Az^2$. — On la prépare en chauffant à 190° 100 grammes de quinoléine avec 15 grammes de sodium. Le liquide devient violet, puis pâteux. On le dissout dans la benzine, on le lave à l'eau, et on distille dans un courant d'hydrogène. Il distille, au-dessus de 260°, une huile qui se prend en cristaux.

L'α-diquinolyline cristallise en aiguilles incolores, fusibles à 175°. Elle est insoluble dans l'eau, soluble dans l'éther, la benzine, le chloroforme, l'alcool chaud. Elle distille au delà de 400°.

Le *sulfate*, $C^{18}H^{12}Az^2.SO^4H^2, H^2O$, est en cristaux incolores, jaunissant à l'air. L'eau le décompose en acide et en base.

Le *chlorhydrate*, $C^{18}H^{12}Az^2.2HCl, 4H^2O$, forme de fines aiguilles incolores que l'eau décompose. Chauffé à 100°, il laisse un chlorhydrate basique, $C^{18}H^{12}Az^2.HCl$.

Le *chloroplatinate*,

$$C^{18}H^{12}Az^2.2HCl.PtCl^4, H^2O,$$

est en aiguilles microscopiques jaune-rougeâtre, presque insolubles dans l'eau et dans l'acide chlorhydrique.

Le *chloraurate*, $C^{18}H^{12}Az^2.HCl.AuCl^3, 2H^2O$, forme des aiguilles jaune clair peu solubles.

L'iodure de méthyle se combine avec l'α-diquinolyline en formant un iodométhylate,

$$C^{18}H^{12}Az^2.CH^3I.$$

Ce corps est soluble dans l'alcool chaud, l'éther, le chloroforme, l'acide acétique cristallisable. Il brunit à 200° et fond en se décomposant à 280-286°.

Chauffée à 170° avec de l'acide sulfurique fumant, l'α-diquinolyline donne un acide sulfoné, en fines aiguilles. Le *sel de potassium* renferme

$$C^{18}H^{10}Az^2(SO^3K)^2, 5H^2O;$$

fondu avec de la potasse, ce sel fournit une *dioxydiquinolyline*, $C^{18}H^{10}Az^2(OH)^2$ [Weidel, *Monatsh. für Chem.*, t. II, p. 491].

β-diquinolyline. — Ce corps se produit en petite quantité dans la distillation de l'acide quinoléine-carbonique dérivé de la cinchonine; il cristallise en aiguilles feutrées, fusibles à 192°, moins solubles dans l'alcool que l'α-diquinolyline [Königs, *Deutsch. chem. Gesellsch.*, 1879, p. 97].

Tétrahydrodiquinoléine, $C^{18}H^{18}Az^2$. — Cette base se produit lorsque l'on traite la quinoléine par la poudre de zinc et l'ammoniaque. C'est un composé amorphe, fusible à 161-162°. Elle se dissout dans les acides concentrés et en est précipitée par l'eau. Avec l'azotite de sodium, elle donne un précipité jaune-rougeâtre [Kœnigs, *Deutsch. chem. Gesellsch.*, 1881, p. 98].

M. Hanriot.

QUINOLÉINE-CARBONIQUES (ACIDES). — On ne connaît jusqu'ici que les acides monocarboniques et dicarboniques de la quinoléine.

I. ACIDES QUINOLÉINE-MONOCARBONIQUES.

[Syn. *Carboquinoléiques*],

$$C^{10}H^7AzO^2 = C^9H^6Az\text{-}CO^2H.$$

— Si l'on considère la quinoléine comme formée par la condensation d'un noyau benzénique et d'un noyau pyridique, les acides quinoléine-monocarboniques peuvent exister sous sept modifications isomériques, suivant la position occupée par le groupe CO^2H relativement à l'atome d'azote de la molécule. En désignant les sept atomes d'hydrogène de la quinoléine par les lettres grecques de α à η, suivant une notation fort usitée en la série grasse,

Hδ Hγ
εH Hβ
ζH Hα
Hη Az

il est, en effet, aisé de voir que le remplacement de chacun de ces atomes d'hydrogène engendrera un acide différent. Nous les distinguerons par les lettres grecques, pour indiquer à la fois leur différence et leur constitution selon le schéma ci-dessus.

Six de ces sept acides isomériques sont connus. Tous offrent les propriétés des acides amidés; ils s'unissent indifféremment aux acides et aux bases. Distillés seuls ou avec la chaux ou la baryte, ils fournissent de la quinoléine.

1° ACIDE α-QUINOLÉINE-CARBONIQUE [Syn. *quinaldique*]. — C'est le produit d'oxydation de la quinaldine (α-méthylquinoléine) sous l'influence de l'acide chromique, à la température du bain-marie et en présence d'un excès d'acide sulfurique étendu (40 grammes d'acide pour 100cc d'eau). Le rendement est d'environ 20 %.

L'acide α-quinoléine-carbonique cristallise dans l'eau en aiguilles asbestiformes de la formule $C^{10}H^7AzO^2 + 2H^2O$; il perd son eau à la longue à l'air, rapidement à 100°. L'acide déshydraté fond à 156°; à une température un peu supérieure, il se dédouble nettement en $CO^2 + C^9H^7Az$.

Le *sulfate* est très soluble; le *nitrate* cristallise en beaux prismes peu solubles à froid dans l'eau acidulée par l'acide nitrique. Le *chlorhydrate* est en belles tables de la formule

$$C^{10}H^7AzO^2.HCl + H^2O.$$

Le *dichromate*, $(C^{10}H^7AzO^2)^2H^2Cr^2O^7$, très peu soluble à froid, cristallise dans l'eau bouillante en mamelons rouges. Le *picrate* se dépose de l'eau bouillante en longues aiguilles jaunes réunies en faisceaux, peu solubles à froid. Le *chloroplatinate*, $(C^{10}H^7AzO^2.HCl)^2PtCl^4 + 2H^2O$, forme des cristaux tabulaires, peu solubles dans l'eau froide.

Sel de calcium, $(C^{10}H^6AzO^2)^2Ca$. — Précipité blanc, peu soluble. — *Sel de cuivre*, $(2H^2O)$. Précipité bleu-verdâtre. — *Sel d'argent*. Précipité blanc, soluble à chaud dans un excès de nitrate d'argent et d'acide nitrique; la liqueur laisse déposer par le refroidissement des aiguilles soyeuses du sel double

$$C^{10}H^6AzO^2.Ag + C^{10}H^7AzO^2.AzO^3H + H^2O$$

[O. Doebner et W. v. Miller, *Deutsch. chem. Gesellsch.*, 1883, p. 2472].

Acide nitro-α-quinoléine-carbonique,

$$C^{10}H^6(AzO^2)AzO^2.$$

— On l'obtient en oxydant la quinaldine par 10 fois son poids d'acide nitrique bouillant (D=1,4); la réaction est lente et peu nette; il se dégage du gaz carbonique, et même, au bout de quarante heures, une partie notable de la quinaldine a échappé à l'oxydation.

L'acide nitré est en cristaux incolores, maclés, très peu solubles dans l'eau froide. Il fond à 219-220°. Le *sel d'argent* forme une poudre cristalline, très peu soluble [O. Doebner et W. v. Miller, *Deutsch. chem. Gesellsch.*, 1882, p. 3076].

2° ACIDE β-QUINOLÉINE-CARBONIQUE. — Il se forme lorsqu'on chauffe à 130° l'acide acridique (quinoléine-dicarbonique) [Graebe et Caro] :

$$C^9H^5Az(CO^2H)^2 = CO^2 + C^9H^6Az(CO^2H).$$

On l'obtient aussi en oxydant la β-éthylbenzoquinoléine par l'acide chromique,

$$C^9H^6Az\text{-}C^2H^5 + O^6$$
$$= CO^2 + 2H^2O + C^9H^6Az\text{-}CO^2H.$$

A cet effet, on dissout 3 p. de β-éthylbenzoquinoléine dans l'acide sulfurique étendu, on chauffe au bain-marie, et l'on ajoute peu à peu 3p,5 d'acide chromique dissous dans 15 p. d'eau acidulée par l'acide sulfurique. Au bout de 8 à 10 heures, on ajoute au produit un excès de baryte, on sature par le gaz carbonique, on fait bouillir pour chasser l'éthylquinoléine non attaquée, et l'on précipite exactement la baryte par l'acide sulfurique. Le liquide filtré, bouillant et concentré par évaporation, fournit des cristaux d'acide β-quinoléine-carbonique.

Cet acide cristallise en formes peu distinctes. Il fond à 275°, brunit un peu et dégage du gaz carbonique à une température supérieure. Peu soluble dans l'eau froide, il se dissout facilement dans l'eau bouillante et dans l'alcool. Ses combinaisons avec les acides minéraux sont très solubles. Le *picrate* est en longues aiguilles fines, fusibles vers 216° en se décomposant.

Le *sel d'argent*, $C^{10}H^6AzO^2.Ag$, cristallise dans l'eau bouillante en prismes peu solubles à froid. Le *sel de cuivre*, $(C^{10}H^6AzO^2)^2Cu$, est un précipité bleu-verdâtre. Le *chloroplatinate*,

$$(C^{10}H^7AzO^2.HCl)^2PtCl^4,$$

cristallise dans l'eau bouillante en tables orangées peu solubles à froid.

Par une oxydation ultérieure, à l'aide du permanganate de potassium, l'acide β-quinoléine-carbonique fournit un acide pyridine-carbonique particulier (Riedel) [C. Graebe et H. Caro, *Deutsch. chem. Gesellsch.*, 1880, p. 99; — C. Riedel, *ibid.*, 1883, p. 1613].

3° ACIDE γ-QUINOLÉINE-CARBONIQUE [Syn. *carboxycinchonique*, (Caventou et Willm); *cinchoninique* (Weidel)]. Voyez Suppl., p. 498. — Caventou et Willm ont découvert cet acide en oxydant la cinchonine par le permanganate de potassium [*Bull. Soc. chim.*, 1869, t. XII, p. 218]; Weidel l'a retrouvé parmi les produits nombreux formés dans l'oxydation de la cinchonine par l'acide azotique [*Liebig's Ann. Chem.*, 1874, t. CLXXIII, p. 76]. Kœnigs et Skraup l'ont obtenu en traitant la cinchonine par l'acide chromique et l'acide sulfurique étendu; ils ont d'ailleurs modifié les premières formules données, qui étaient en C^{21} ou C^{20}, et ayant reconnu son dédoublement en gaz carbonique et en quinoléine, ils ont établi sa nature chimique [W. Kœnigs, *Deutsch. chem. Gesellsch.*, 1879, p. 97; — Zd. H. Skraup, *Wien, Acad. Ber.*, 2e partie, t. LXXX, p. 534].

La cinchonidine, la cinchoténine et la cinchoténidine fournissent toutes de l'acide cinchoninique lorsqu'on les oxyde par l'acide chromique (Skraup).

La quinolépidine que Weidel a préparée avec l'acide tétrahydrocinchoninique (voyez plus loin) régénère l'acide cinchoninique lorsqu'on l'oxyde par l'acide chromique (Weidel).

Préparation. — L'oxydant qui fournit les meilleurs résultats est l'acide chromique. 50 grammes de chinchonine sont dissous dans la quantité nécessaire d'acide sulfurique étendu; la solution est chauffée au bain-marie et additionnée peu à peu d'une solution de 100 grammes d'acide chromique dans 2 litres d'eau contenant en outre une quantité suffisante d'acide sulfurique pour la formation du sulfate de chrome. Au bout de quatre heures environ, lorsqu'une prise du liquide ne donne plus de précipité avec la potasse employée en excès, le tout est versé dans de l'eau de baryte, porté à l'ébullition pendant quelque temps, puis saturé par le gaz carbonique. Le liquide, filtré et concentré par évaporation, fournit avec l'acide chlorhydrique un précipité d'acide cinchoninique. Le rendement est d'environ 50 °/₀ du poids de la cinchonine employée.

Purifié par cristallisation dans l'eau bouillante, l'acide γ-quinoléine-carbonique ou cinchoninique se présente en longues aiguilles soyeuses, analogues à la caféine, qui renferment

$$C^{10}H^7AzO^2 + H^2O;$$

à l'air, ils perdent très rapidement cette molécule d'eau. Par évaporation lente de la solution aqueuse, on obtient des tables bien formées du dihydrate, $C^{10}H^7AzO^2 + 2H^2O$, qui sont efflorescentes. L'acide cinchoninique est peu soluble dans l'eau froide, plus soluble à chaud, insoluble dans l'éther; l'alcool en prend 1,8 °/₀ à froid et 3 °/₀ à l'ébullition (Caventou et Willm). Il fond en se décomposant; une partie se sublime inaltérée.

Sulfate, $(C^{10}H^7AzO^2)^2H^2SO^4$. — Aiguilles épaisses. — *Nitrate*, $C^{10}H^7AzO^2.AzO^3H$. Prismes longs et bien formés. — *Chlorhydrate*,

$$C^{10}H^7AzO^2.HCl + H^2O.$$

Aiguilles. L'eau en excès dédouble ces sels.

Chloroplatinate, $(C^{10}H^7AzO^2.HCl)^2 + PtCl^4$. — Lamelles allongées de couleur jaune-orangé, caractéristiques et peu solubles dans l'eau.

Sel de potassium, $C^{10}H^6AzO^2.K + H^2O$. — Masses mamelonnées très solubles. — *Sel de calcium* (anhydre ou $1\frac{1}{2}H^2O$). Il est à peu près insoluble dans l'eau froide, un peu soluble à chaud. — Le *sel de cuivre* (anhydre) est très caractéristique; il forme d'abord un précipité amorphe et vert pâle, mais ne tarde pas à se transformer en lamelles d'un beau bleu violacé foncé. — Le *sel d'argent* est un précipité blanc et cristallin.

L'acide cinchoninique, qui résiste fort bien à l'action de l'acide chromique, est aisément oxydé à 100° par le permanganate en solution alcaline; il se transforme en acide pyridine-tricarbonique,

$$C^8H^5AzO^6 + 1\frac{1}{2} H^2O$$

(oxycinchoméronique), fusible vers 250° en se décomposant (Skraup).

L'étain et l'acide chlorhydrique le transforment en un acide tétrahydrocinchoninique (Weidel) (voyez plus loin).

Avec l'acide sulfurique fumant, mélangé d'anhydride phosphorique, il fournit à 170-180° un acide cinchoninique α-sulfoné; à une température plus élevée de 100°, l'acide sulfurique fumant convertit cet acide en un isomère, l'acide cinchoninique β-sulfoné (Weidel).

Fondu avec de la potasse, l'acide cinchoninique fixe un atome d'oxygène et se transforme en un acide oxycinchoninique (Königs).

Acide cinchoninique α-sulfoné. — On chauffe à 170-180° pendant 6 heures, en vase clos, un mélange de 10 p. d'acide cinchoninique, de 20 p. d'acide sulfurique et de 20 p. d'anhydride phosphorique, et l'on introduit la masse refroidie dans 150 grammes d'eau. L'acide α-sulfoné, peu soluble, se sépare et est purifié par des cristallisations dans l'eau bouillante additionnée de charbon animal.

L'acide cristallise en beaux prismes brillants, anorthiques; formes : h^1, p, m, t, $f\frac{1}{2}$; clivage parfait $f\frac{1}{2}$; angles : $h^1 m = 64°41'$; $h^1 t = 65°49'$; $h^1 p = 81°56'$. Il est presque insoluble dans l'eau froide, dans l'alcool et dans l'éther. Il ne se décompose qu'à une haute température sans fondre. Les cristaux renferment $C^{10}H^6AzO^2.SO^3H + H^2O$; l'eau se dégage à 100°. La solution aqueuse est précipitée en blanc par l'acétate de plomb, et en vert par l'acétate de cuivre. C'est un acide bibasique.

Sel de potassium. — Fines aiguilles soyeuses.

Sel d'ammonium,

$$C^{10}H^5AzO^2SO^3(AzH^4)^2 + 2H^2O.$$

— Beaux cristaux clinorhombiques, très solubles dans l'eau.

Sel de calcium, $C^{10}H^5AzO^2SO^3.Ca + 2\frac{1}{2} H^2O$. Petites aiguilles réunies en mamelons, très peu solubles. — *Sel de baryum.* Cristaux anorthiques renfermant $3H^2O$, dont deux se dégagent à 150° et la dernière molécule à 260° seulement. — *Sel de cuivre,* (H^2O). Cristaux verts microscopiques. — *Sel de plomb,* (H^2O). Petites aiguilles soyeuses réunies en boules.

Fondu à une température peu élevée avec de la potasse, il fournit l'acide *α-oxycinchoninique* (voyez Suppl., p. 1118) [H. Weidel et A. Cobenzl, *Monatsh. Chem.*, 1880, p. 844].

Acide cinchoninique β-sulfoné. — Il se forme lorsqu'on chauffe à 260-270° l'acide α-sulfoné avec 4 fois son poids d'acide sulfurique fumant, riche en anhydride. Le produit de la réaction est étendu d'eau, filtré et traité par du carbonate de plomb en quantité insuffisante (9 dixièmes de la quantité nécessaire pour saturer la totalité de l'acide sulfurique). Le liquide, filtré et évaporé, laisse déposer des cristaux d'acide cinchoninique β-sulfoné.

Cet acide, $C^{10}H^6AzO^2.SO^3H + 2H^2O$, cristallise en aiguilles mamelonnées, très solubles dans l'eau et dans l'alcool. Il se décompose avant de fondre, lorsqu'on le chauffe. L'acétate de plomb le précipite en blanc, l'acétate de cuivre en bleu clair.

Sel ammoniacal acide,

$$C^{10}H^6AzO^2.SO^3AzH^4 + 2H^2O.$$

Aiguilles soyeuses. — *Sel de baryum,*

$$C^{10}H^5AzO^2SO^3.Ba + H^2O.$$

Prismes microscopiques, ne devenant anhydres qu'à 250°, à peine solubles. — *Sel de plomb* ($4H^2O$). Lamelles nacrées, à peine solubles.

Chauffé avec de la potasse très concentrée, il fournit l'acide β-oxycinchoninique (voyez Suppl., p. 1118) [H. Weidel, *Monatsh. Chem.*, 1881, p. 565].

Acide tétrahydrocinchoninique, $C^{10}H^{11}AzO^2$. — On l'obtient en chauffant un mélange de 20 p. d'acide cinchoninique, 28 p. d'étain, 10 p. de chlorure stanneux et de 100 p. d'acide chlorhydrique, jusqu'à ce que la coloration jaune qui se montre d'abord ait disparu. Le liquide, débarrassé d'étain, fournit par évaporation de grands cristaux clinorhombiques brillants du *chlorhydrate* $C^{10}H^{11}AzO^2.HCl + 1\frac{1}{2} H^2O$. Le chloroplatinate correspondant est en petites lamelles.

L'acide libre est peu stable. C'est un *acide imidé.* Le chlorure d'acétyle le transforme à la longue en un *dérivé acétylé,* $C^{10}H^{10}(C^2H^3O)AzO^2$, cristallisant dans l'alcool faible en cristaux orthorhombiques, fusibles à 164°,5. Ce dérivé ne s'unit plus aux acides, mais forme des sels avec les bases; le *sel de calcium,*

$$(C^{12}H^{12}AzO^3)^2Ca + 2H^2O,$$

est en écailles très solubles.

Le chlorhydrate d'acide tétrahydrocinchoninique, chauffé avec de l'iodure de méthyle, fournit l'iodhydrate d'un dérivé méthylé que l'on met en liberté par l'oxyde d'argent. Cet *acide méthyltétrahydrocinchoninique,*

$$C^{10}H^{10}(CH^3)AzO^2 + 2H^2O,$$

forme des cristaux incolores, qui perdent un H^2O dans l'air sec et le reste à 100°, en s'altérant déjà légèrement; il fond à 169-170° et se décompose. C'est un acide très faible; ses sels sont fort solubles. Ses combinaisons avec les acides sont mieux définies.

Le *chlorhydrate,*

$$C^{10}H^{10}(CH^3)AzO^2.HCl + H^2O,$$

forme de grands cristaux clinorhombiques, très solubles dans l'eau chaude. Le chloroplatinate cristallise bien. L'*iodhydrate,* (H^2O), est isomorphe avec le chlorhydrate.

Le chlorhydrate d'acide tétrahydrocinchoninique, traité par le nitrite d'argent, fournit l'*acide nitrosotétrahydrocinchoninique,*

$$C^{10}H^{10}(AzO)AzO^2.$$

Ce dérivé cristallise dans l'eau en petites aiguilles brillantes, facilement altérables, qui fondent à 137°; l'eau froide le dissout à peine, l'alcool aisément.

L'acide tétrahydrocinchoninique, chauffé graduellement avec de l'acide sulfurique, fournit des matières ulmiques, de l'acide cinchoninique disulfoné, et il se dégage du gaz sulfureux.

Distillé avec de la poudre de zinc, l'acide tétrahydrique fournit de la quinolépidine, $C^{10}H^9Az$, bouillant à 256°,8 et qui, par oxydation au moyen de l'acide chromique, régénère l'acide cinchoninique [C. Weidel, *Monatsh. Chem.*, 1881, p. 29; 1882, p. 61].

Acide oxycinchoninique,

$$C^6H^4 \left\langle \begin{array}{l} Az = C.OH \\ | \\ C = CH \\ | \\ CO^2H \end{array} \right.$$

— Pour préparer cet acide, on fond l'acide cinchoninique avec 5 p. de potasse et un peu d'eau, comme cela est indiqué au Suppl., p. 498. Il fond vers 310°. L'oxyquinoléine qui lui correspond est le carbostyryle, que l'on peut en dériver en décomposant, dans un courant de gaz carbonique, l'oxycinchonate acide d'argent.

Acide chlorocinchoninique, $C^{10}H^6ClAzO^2$. — On chauffe l'acide oxycinchoninique à 120° avec cinq fois son poids de pentachlorure de phosphore et l'on verse la masse dans l'eau. L'acide chloré cristallise dans l'alcool en aiguilles incolores courtes. Chauffé à 170° avec de l'eau, il se saponifie et régénère l'acide oxycinchoninique.

Acide éthoxycinchoninique,

$$C^{10}H^6(OC^2H^5)AzO^2.$$

— Résulte de l'action de l'éthylate sodique sur l'acide chloré. Il cristallise en aiguilles capillaires, anhydres, fusibles à 145-146°. Il est peu soluble dans l'eau froide, très soluble à chaud et dans l'alcool. Il s'unit aux acides et aux bases. Le chloroplatinate, $(C^{12}H^{11}AzO^3.HCl)^2PtCl^4$, cristallise bien.

On observe un phénomène rare en chauffant l'acide éthoxycinchoninique au delà de son point de fusion; à 146°, il est tout à fait liquide, mais vers 170° il se fige en une masse cristalline qui ne fond que vers 239-240°. Ce phénomène, qui n'est accompagné par aucune perte de substance, s'explique aisément : l'acide éthoxycinchoninique s'est converti en *oxycinchoninate d'éthyle*. Ce corps, que l'on prépare aisément par le sel d'argent et l'iodure d'éthyle, cristallise en belles aiguilles, fusibles à 206-207°; il est insoluble dans le carbonate de sodium et dans les acides, ce qui achève de le différencier de l'acide éthoxycinchoninique.

Le sel acide de l'acide éthoxycinchoninique étant distillé dans un courant de gaz carbonique fournit de l'*éthocarbostyryle*, $C^9H^6Az.OC^2H^5$, et une certaine quantité d'*éthoxycinchoninate d'éthyle*, $C^{10}H^5(OC^2H^5)AzO^2.C^2H^5$, fusible à 86° [W. Kœnigs, *Deutsch. chem. Gesellsch.*, 1879, p. 97; 1883, p. 2152].

4° ACIDE δ-QUINOLÉINE-CARBONIQUE [Syn. *Quinoléine-métabenzocarbonique*]. — Deux procédés permettent de le préparer.

Le premier, découvert par Schlosser et Skraup, consiste à maintenir pendant cinq heures à 140-150° un mélange de 18 p. d'acide métanitrobenzoïque, de 30 p. d'acide métamidobenzoïque, de 50 p. de glycérine et de 40 p. d'acide sulfurique concentré. La masse, reprise par l'eau, saturée par la baryte et précipitée par le nitrate d'argent, fournit le sel d'argent du nouvel acide, que l'on sépare rapidement par le filtre, pour le décomposer par l'acide chlorhydrique [*Monatsh. Chem.*, 1881, p. 518; *Bull. Soc. chim.*, t. XXXVII, p. 229].

Le second procédé est fondé sur la saponification de la métacyanoquinoléine, provenant elle-même de l'acide métaquinoléine-sulfonique. On chauffe à 140-150° ce cyanure avec deux fois son poids d'acide chlorhydrique concentré [C. Bedall et O. Fischer, *Deutsch. chem. Gesellsch.*, 1881, p. 2574].

L'acide δ-quinoléine-carbonique est une poudre blanche, fusible au delà de 360° et sublimable en fines aiguilles, très peu solubles dans l'eau, solubles dans l'alcool.

Le *sel d'argent*, $C^{10}H^6AzO^2.Ag + 2H^2O$, est un précipité blanc. — Le *sel de calcium* cristallise en aiguilles. — Le *sel de cuivre*,

$$(C^{10}H^6AzO^2)^2Cu + 2H^2O,$$

se précipite sous la forme d'une poudre verte qui, au bout de quelques jours, se change en belles lamelles bleu-violet.

Le *chlorhydrate*, $C^{10}H^7AzO^2,HCl + 1\frac{1}{2}H^2O$, cristallise en aiguilles incolores, décomposables par l'eau. Le *chloroplatinate* est en lamelles jaunes.

Lorsqu'on chauffe cet acide au bain-marie avec de l'étain et de l'acide chlorhydrique, on obtient des prismes d'un chlorostannite peu soluble que l'on sépare, pour le décomposer, par l'hydrogène sulfuré. La solution acide concentrée et saturée presque complètement par la soude, cède à l'éther l'*acide tétrahydroquinoléine-carbonique*,

$$C^{10}H^{11}AzO^2.$$

Ce corps cristallise dans l'alcool faible en longues aiguilles anhydres et fusibles à 146-147°. Il fournit un *dérivé nitrosé* en magnifiques prismes. Le *dérivé méthylé* (acide kairoline-métacarbonique), $C^{10}H^{10}(CH^3)AzO^2$, s'obtient en chauffant à 140-150° l'acide avec la quantité calculée d'iodure de méthyle; il est en belles aiguilles, fusibles à 164° [O. Fischer et G. Körner, *Deutsch. chem. Gesellsch.*, 1884, p. 765].

5° ACIDE ε-QUINOLÉINE-CARBONIQUE [Syn. *Quinoléine-parabenzocarbonique*]. — On l'obtient par les mêmes procédés que le précédent.

Un mélange d'acides paranitrobenzoïque et paramidobenzoïque, de glycérine et d'acide sulfurique, dans les proportions indiquées, étant chauffé à 140-150°, laisse déposer en se refroidissant une partie du nouvel acide; le reste s'isole comme plus haut [Schlosser et Skraup, *loc. cit.*]

De même, la paracyanoquinoléine se saponifie aisément à 140° par l'acide chlorhydrique, et l'on obtient l'acide ε-quinoléine-carbonique [O. Fischer et A. Willmack, *Deutsch. chem. Gesellsch.*, 1884, p. 440].

Cet acide se sublime en prismes qui se ramollissent vers 260° et fondent à 291-292°. — Le *sel d'argent* renferme $C^{10}H^6AzO^2.Ag$. — Le *sel de calcium*, ($2H^2O$), est en prismes. — Celui de *cuivre* renferme $2H^2O$.

Le *chlorhydrate*, $C^{10}H^7AzO^2.HCl + H^2O$, est en aiguilles molles, et le *chloroplatinate* forme des aiguilles ou des lamelles anhydres.

6° ACIDE η-QUINOLÉINE-CARBONIQUE [Syn. *Quinoléine-orthobenzocarbonique*]. — On chauffe à 140-150° pendant trois heures un mélange de 15 p. d'acide orthoamidobenzoïque, 9 p. d'acide orthonitrobenzoïque, de 20 p. de glycérine et de 25 p. d'acide sulfurique. Le produit, étendu d'eau, est débarrassé exactement d'acide sulfurique par le chlorure de baryum, et évaporé. Il se dépose des cristaux d'un chlorhydrate d'où l'ammoniaque précipite l'acide libre [Schlosser et Skraup, *loc. cit.*].

On l'obtient aussi en saponifiant par l'acide chlorhydrique l'orthocyanoquinoléine [W. La Coste, *Deutsch. chem. Gesellsch.*, 1882, p. 196].

L'acide η-quinoléine-carbonique est en aiguilles molles, solubles dans l'eau et dans l'alcool, fusibles à 186-187°. La solution de son sel ammoniacal se colore en rouge pourpre par le sulfate ferreux, puis il se forme un précipité brun-rouge et le liquide se décolore.

Le *sel d'argent* est anhydre; celui de *cuivre* renferme probablement $3\frac{1}{2}H^2O$; celui de *calcium*, $2(C^{10}H^6AzO^2)^2Ca + C^{10}H^7AzO^2$, cristallise en petites aiguilles.

Le *chlorhydrate*, $C^{10}H^7AzO^2.HCl$, est en prismes anorthiques. Le *chloroplatinate* forme des aiguilles ou des grains anhydres (Schlosser et Skraup).

Cet acide fixe à 100° une molécule d'iodure de méthyle et fournit un *iodométhylate* en fines aiguilles d'un jaune d'or. L'*hydrate* correspondant est cristallin; sa solution, évaporée directement au bain-marie, ne laisse qu'un résidu d'acide η-quinoléine-carbonique (La Coste).

II. ACIDES QUINOLÉINE-DICARBONIQUES.

On n'en connaît qu'un jusqu'ici, l'*acide acridique*, $C^9H^5Az(CO^2H)^2$, produit d'oxydation de l'acridine (Suppl., p. 45); 10 grammes de chlorhydrate d'acridine sont dissous dans la plus petite quantité possible d'eau bouillante, sursaturés faiblement par la soude et additionnés goutte à goutte au bain-marie d'une solution de 60 grammes de permanganate dans 1 litre d'eau ; le permanganate ne doit jamais être en excès, de sorte que l'opération est fort longue (36 heures). Le liquide, filtré et sursaturé par l'acide chlorhydrique, laisse déposer au bout de quelque temps de fines aiguilles d'acide acridique ; on en obtient de 2 à 2gr,7 dans les meilleures conditions.

L'acide acridique cristallise en aiguilles de la formule $C^{11}H^7AzO^4 + 2H^2O$; à la longue dans l'air sec, plus rapidement à 80-90°, il perd la moitié de son eau de cristallisation ; à 120-130° l'autre moitié se dégage, mais en même temps l'acide perd 1 molécule d'acide carbonique et se transforme en acide β-quinoléine-carbonique (p. 1363).

L'acide acridique est peu soluble dans l'eau froide, plus soluble à chaud. Lorsqu'on chauffe les aiguilles d'acide acridique avec de l'eau, on observe, avant la dissolution, leur transformation en tables ; mais par le refroidissement les aiguilles reparaissent, les tables correspondent au monohydrate dont il a été question. Distillé avec 3 p. d'hydrate de calcium, l'acide acridique donne de la quinoléine et du carbonate [C. Graebe et H. Caro, *Deutsch. chem. Gesellsch.*, 1880, p. 99].

A. Henninger.

QUINOLÉIQUE (ACIDE). — Acide dicarbopyridique obtenu par Hoogewerff et van Dorp dans l'oxydation de la quinoléine, au moyen du permanganate potassique. Sa composition répond à la formule $C^7H^5AzO^4 = C^5H^3Az(COOH)^2$; il est donc bibasique. Il fond à 228-230° ; à 160°, il perd une molécule de gaz carbonique et se transforme en acide nicotianique. A 175°, il brunit. Il est peu soluble dans l'eau froide, un peu plus soluble dans l'eau chaude, à peine soluble dans l'éther.

Dans la solution aqueuse froide, moyennement étendue de quinoléate de potassium :

Le *chlorure de calcium* donne un précipité gélatineux, en apparence amorphe, qui n'apparaît pas immédiatement et se transforme après quelque temps en beaux cristaux groupés en faisceaux ;

Le *chlorure de baryum*, un précipité gélatineux ;

Le *sulfate de zinc*, un précipité se déposant au bout de plusieurs heures et consistant en jolies aiguilles ;

Le *sulfate de manganèse* donne un précipité analogue, mais constitué par des cristaux beaucoup plus petits ;

L'*azotate de cobalt*, un précipité semblable aussi, mais coloré en rose ;

Le *sulfate de nickel* et le *chlorure mercurique*, aucun précipité ;

Le *sulfate ferreux* donne une coloration orangée ; après un long repos seulement, il se forme un précipité cristallin jaune-brun ;

Le *perchlorure de fer*, un précipité jaune-brun, en apparence amorphe ;

Le *sulfate de cuivre*, un précipité bleu clair en apparence amorphe, presque insoluble dans l'eau et dans l'acide acétique, même bouillant ;

L'*azotate mercureux*, un précipité blanc formé d'aiguilles microscopiques ;

L'*acétate de plomb* fournit un précipité tout à fait semblable ;

Le *sel acide de potassium*, $C^7H^4AzO^4K + 2H^2O$, cristallise dans le système triclinique ;

Le *sel neutre de baryum*, $C^7H^3AzO^4Ba$, cristallise tantôt avec 1 molécule ½, tantôt avec 2 molécules ½ d'eau ;

Le *sel neutre d'argent*, $C^7H^3AzO^4Ag^2$, est bien cristallisé ; il est altérable à la lumière ;

Le *sel acide d'argent*, $C^7H^4AzO^4Ag + H^2O$, est en aiguilles brillantes rayonnées ; ce sel se combine avec l'acide pour former le composé

$$C^7H^4AzO^4Ag + C^7H^5AzO^4,$$

qui cristallise en petites aiguilles groupées autour d'un centre.

Selon Hoogewerff et van Dorp, si l'on prend 1 pour la position de l'azote, les deux groupes carboxyle occupent les positions 2 et 3 dans l'acide quinoléique [*Recueil des travaux chimiques des Pays-Bas*, t. Ier, p. 1 et 107].

Œchsner de Coninck.

QUINOLIQUE (ACIDE), $C^9H^6Az^2O^4$. — Nom donné par Weidel à un corps obtenu, en 1874, dans l'oxydation de la cinchonine par l'acide nitrique, et qui doit être considéré comme une nitrodioxyquinoléine, $C^9H^4Az(AzO^2)(OH)^2$.

QUINONE. — *Préparation.* — 1° Nietzki recommande le procédé suivant : On dissout 1 p. d'aniline dans 8 p. d'acide sulfurique étendu de 30 p. d'eau ; on refroidit le mélange et on y ajoute peu à peu 3p,5 de dichromate de potassium pulvérisé. Il se sépare d'abord du noir d'aniline, qui se redissout bientôt. On termine la réaction en chauffant à 35°. La liqueur est alors épuisée par l'éther, qui abandonne la quinone par évaporation. 50 grammes d'aniline fournissent 25 grammes environ de quinone [Nietzki, *Deutsch. chem. Gesellsch.*, 1878, p. 1102].

2° La quinone se rencontre en petite quantité parmi les produits de réduction de la quercite au moyen de l'acide iodhydrique [Prunier, *Compt. rend.*, t. LXXXIII, p. 903].

3° Elle se produit lorsque l'on fait bouillir la benzine avec de l'acide chlorochromique [Étard, *Compt. rend.*, t. LXXXIV, p. 391].

Nitroquinone, $C^6H^3(AzO^2)O^2$. — Se prépare en faisant bouillir de la nitrobenzine avec de l'acide chlorochromique. Elle cristallise en écailles jaunes, brillantes. Elle est soluble dans l'alcool, le chloroforme, l'eau chaude. La potasse bouillante la dissout sans altération.

DÉRIVÉS CHLORÉS. — *Monochloroquinone*,

$$C^6H^3ClO^2.$$

— On l'obtient en oxydant la chlorhydroquinone par l'acide chromique. On la purifie par cristallisation dans l'alcool. Elle est en prismes orthorhombiques, fusibles à 57°. Traitée par l'acide chlorhydrique, elle donne de la dichlorhydroquinone.

On l'obtient également en oxydant l'orthochloraniline par l'acide chromique. La parachloraniline ne fournit que de la quinone.

Dichloroquinone, $C^6H^2Cl^2O^2$. — On la prépare en oxydant de même l'α-dichlorhydroquinone ou l'amidoparadichlorobenzine. Elle cristallise en prismes clinorhombiques, fusibles à 159° [Lévy et Schultz, *Deutsch. chem. Gesellsch.*, 1880, p. 1427, et *Liebig's Ann. Chem.*, t. CCX, p. 133].

Le trichlorure de phosphore réagit très vivement à 40° sur la quinone. On obtient un produit sirupeux ayant pour composition $C^{12}H^7O^4P^3Cl^3$. L'eau le décompose avec formation de chlorhydroquinone.

L'oxychlorure de phosphore réagit de même sur la quinone. Les produits formés sont décomposés par l'eau, en donnant un corps ayant pour formule $C^{24}H^{14}O^{11}$ [Scheid, *Liebig's Ann. Chem.*, t. CCXVIII, p. 195].

DÉRIVÉS BROMÉS. — On obtient une quinone dibromée, $C^6H^2Br^2O^2$, en traitant le tribromophénol par l'acide azotique fumant. Elle se présente en lamelles jaunes brillantes, fusibles à 122°, solubles dans l'alcool et dans l'éther. L'oxydation par l'acide chromique fournit de l'hexabromophénoquinone, $(C^6H^2Br^3O)^2$, et du bromanile [Lévy et Schultz, *loc. cit.*].

L'hydroquinone dibromée, traitée en solution aqueuse par l'eau de brome, donne une quinone dibromée différente de la précédente. Elle fond à 188° [Benedikt, *Monatsh. Chem.*, t. Ier, p. 345].

Chlorobromoquinone, $C^6H^2ClBrO^2$. — On l'obtient en oxydant la chlorobromhydroquinone. Elle se présente en cristaux aigus, jaunes, solubles dans l'alcool, l'éther et la benzine.

Métadichlorométadibromoquinone,

$$C^6 \begin{cases} O^2 & 1.4 \\ Cl^2 & 2.6 \\ Br^2 & 3.5 \end{cases}$$

— On l'obtient en faisant bouillir la métadichloroquinone en solution acétique avec du brome. Elle se sépare en lamelles clinorhombiques jaune d'or.

Trichlorobromoquinone, $C^6Cl^3BrO^2$. — Elle se forme par l'oxydation de la trichlorobromohydroquinone. Elle cristallise dans la benzine en prismes jaunes isomorphes avec le chloranile, sublimables à 160°, fondant à une température élevée. Avec la potasse fondante, elle donne de l'acide chlorobromanilique [Lévy et Schultz, *loc. cit.*].

Tribromoquinone, $C^6HBr^3O^2$. — Elle se dépose en lamelles jaune doré lorsque l'on traite la solution alcoolique de tribromohydroquinone par le chlorure ferrique. Elle fond à 147° et se sublime à une température élevée. Elle est soluble dans l'alcool, l'éther, la benzine [Sarrauw, *Liebig's Ann. Chem.*, t. CCIX, p. 93].

ACTION DES AMINES SUR LA QUINONE. — L'ammoniaque réagit en solution éthérée sur la quinone en donnant un corps brun amorphe paraissant avoir pour composition $C^6H^3O^2(AzH^2)$, en même temps que l'hydroquinone.

L'aniline s'unit facilement avec la quinone en donnant la *dianilidoquinone*, $C^6H^2O^2(AzHC^6H^5)^2$, qui cristallise dans l'acide acétique en lamelles violettes infusibles, sublimables. L'acide nitreux la convertit en un dérivé nitrosé, fusible à 245° [Hebebrand et Zincke, *Deutsch. chem. Gesellsch.*, 1883, p. 1555].

La trichloroquinone réagit de même sur l'aniline en donnant des lamelles cristallines brunes, à reflets métalliques, de *dianilidomonochloroquinone*, $C^{18}H^{13}Az^2ClO^2$. La réaction s'est donc passée en enlevant deux atomes de chlore [Neuhöffer et Schultz, *Deutsch. chem. Gesellsch.*, 1877, p. 1792]. Ce composé, réduit par le chlorure stanneux, donne un composé hydroquinonique en fines aiguilles incolores, fusibles à 220° [Knapp et Schultz, *Liebig's Ann. Chem.*, CCX, p. 164].

La quinone réagit également sur la phénylhydrazine, mais les produits formés ne cristallisent pas (Zincke).

HYDROQUINONE. — L'hydroquinone est un phénol diatomique isomère avec la pyrocatéchine et la résorcine. Ses deux oxhydryles occupent la position para (1.4).

Préparation. — 1° On fait passer un courant d'acide nitreux dans une solution éthérée de phénol refroidie à 0°. On dissout dans l'acide sulfurique, étendu de 2 vol. d'eau, l'azotate de diazophénol qui s'était déposé, et on précipite par l'alcool. Ce sulfate est porté à l'ébullition en solution aqueuse additionnée d'acide sulfurique, puis agité avec de l'éther qui s'empare de l'hydroquinone. On en obtient 46 °/₀ du poids du sulfate de diazophénol [Weselsky et Schuler, *Deutsch. chem. Gesellsch.*, 1870, p. 1159].

2° On dissout 1 p. d'aniline dans un mélange de 8 p. d'acide sulfurique et de 30 p. d'eau; on y introduit par petites portions 2p,5 de dichromate de potassium, en évitant toute élévation de température. Il se sépare d'abord du noir d'aniline qui se redissout en donnant un liquide brun que l'on traite par l'acide sulfureux, puis que l'on épuise par l'éther. Le rendement est de 30 °/₀ du poids de l'aniline employée [Nietzki, *Deutsch. chem. Gesellsch.*, 1877, p. 1934].

Dinitrohydroquinone, $C^6H^2(AzO^2)^2(OH)^2$. — L'hydroquinone est vivement attaquée même à froid par l'acide nitrique fumant. La diacétylhydroquinone, traitée par l'acide nitrique, donne un dérivé nitré qui fournit la dinitrohydroquinone par l'action de la potasse. Strecker a obtenu le même produit dans le dédoublement de la dinitroarbutine.

Elle est peu soluble dans l'eau froide, assez soluble dans l'eau bouillante, l'alcool et l'éther. Ses solutions sont jaunes; les alcalis la colorent en un bleu violet. Elle fond à 135-136°.

Elle présente des propriétés acides très marquées et forme des sels bien cristallisés et très solubles, sauf le sel de baryum [Nietzki, *Deutsch. chem. Gesellsch.*, 1878, p. 469].

Méthylhydroquinone, $C^6H^4.OH.OCH^3$. — Cette substance se trouve avec l'hydroquinone parmi les produits de dédoublement de l'arbutine. On peut l'obtenir en chauffant de l'hydroquinone avec du méthylsulfate de potassium et de la potasse. Elle cristallise en prismes incolores, fusibles à 53°, bouillant à 243°, solubles dans l'eau bouillante, peu solubles dans l'eau froide.

Diméthylhydroquinone, $C^6H^4(OCH^3)^2$. — Elle se produit, en même temps que la précédente, dans l'action du méthylsulfate de potassium sur l'hydroquinone. On peut l'en séparer en la distillant dans un courant de vapeur d'eau. La diméthylhydroquinone fond à 55-56°; elle est soluble dans l'eau bouillante [Hlasiwetz et Habermann, *Liebig's Ann. Chem.*, t. CLXXVII, p. 334].

On l'obtient plus facilement en faisant bouillir 78 grammes d'hydroquinone, 234 grammes d'iodure de méthyle, 93 grammes de potasse et 200 grammes d'alcool méthylique (Mülhaüser).

La diméthylhydroquinone, dissoute dans l'acide acétique, absorbe vivement le chlore en donnant la di- et la *tétrachlorodiméthylhydroquinone*.

Dichlorodiméthylhydroquinone,

$$C^6H^2Cl^2(OCH^3)^2.$$

— Cristallise en aiguilles insolubles dans l'eau bouillante, solubles dans l'acide acétique chaud, l'alcool et l'éther. Elles se ramollissent à 115°, fondent à 126° et sont sublimables.

Tétrachlorodiméthylhydroquinone,

$$C^6Cl^4(OCH^3)^2.$$

— Elle se sublime en aiguilles fusibles à 153°, insolubles dans l'eau, très solubles dans l'acide acétique et dans l'alcool chauds.

Dibromodiméthylhydroquinone,

$$C^6H^2Br^2(OCH^3)^2.$$

— Obtenue de même, elle cristallise en aiguilles incolores, fusibles à 142°, peu solubles dans l'alcool bouillant.

L'acide nitrique fumant dissout facilement la diméthylhydroquinone. Suivant la quantité d'acide ajoutée, on obtient un dérivé mono-, di- ou trinitré.

Nitrodiméthylhydroquinone,

$$C^6H^3(AzO^2)(OCH^3)^2.$$

— Elle se dépose de sa solution dans l'alcool faible, en aiguilles feutrées, jaunes, fusibles à 70-71°, et se sublime en aiguilles microscopiques. Elle est insoluble dans l'eau. Le chlore la transforme en chloranile et en *trichloronitrodiméthylhydroquinone*.

Par réduction au moyen du chlorure stanneux, on obtient l'*amidodiméthylhydroquinone* en lamelles nacrées, verdâtres, peu solubles dans la ligroïne, fusibles à 81°, se colorant rapidement à l'air. Le chlorhydrate forme de longues aiguilles soyeuses.

Dinitrodiméthylhydroquinone,

$$C^6H^2(AzO^2)^2(OCH^3)^2.$$

— Aiguilles microscopiques, fusibles à 169-170°, sublimables entre deux verres de montre.

Trinitrodiméthylhydroquinone,

$$C^6H(AzO^2)^3(OCH^3)^2.$$

— Longues aiguilles prismatiques, fusibles à 100-101°, insolubles dans l'eau et dans l'alcool froid [Habermann, *Deutsch. chem. Gesellsch.*, 1878, p. 1014; — Mülhaüser, *Liebig's Ann. Chem.*, t. CCVII, p. 250].

Nitrodiéthylhydroquinone,

$$C^6H^3(AzO^2)(OC^2H^5)^2.$$

— On l'obtient en dissolvant la diéthylhydroquinone dans 4 p. d'acide acétique et ajoutant à la solution son volume d'acide azotique (D = 1,2). Elle cristallise en belles aiguilles jaune d'or, fusibles à 49°.

Traitée par la poudre de zinc en présence de potasse alcoolique, elle donne un dérivé azoïque et un dérivé hydrazoïque.

Le premier, $[C^6H^3(OC^2H^5)^2Az]^2$, cristallise en lames rouges, fusibles à 128°; il est soluble dans la benzine et dans l'éther.

Le dérivé hydrazoïque se transforme en présence d'acide chlorhydrique en une base,

$$C^{20}H^{28}Az^2O^4,$$

fusible à 129°.

Dinitrodiéthylhydroquinone,

$$C^6H^2(AzO^2)^2(OC^2H^5)^2.$$

— On connaît deux isomères, l'un fusible à 130°, l'autre, beaucoup moins soluble dans l'alcool, fusible à 176°.

Trinitrodiéthylhydroquinone,

$$C^6H(AzO^2)^3(OC^2H^5)^2.$$

— Cristallise en longues aiguilles jaune paille, fusibles à 133° [Nietzki, *Deutsch. chem. Gesellsch.*, 1878, p. 1448, et 1879, p. 38].

Monochlorhydroquinone, $C^6H^3Cl(OH)^2$. — On l'obtient, ainsi que l'a montré Woehler, en faisant réagir l'acide chlorhydrique sur la quinone. Il se produit en même temps de la dichlorhydroquinone. On l'obtient encore en traitant la quinone par l'oxychlorure de phosphore et en décomposant par l'eau le produit formé.

La chlorhydroquinone cristallise dans le chloroforme bouillant en lamelles clinorhombiques, transparentes, fusibles à 106°, distillant à 263°. Faces observées : p, h^1, $b^{1/2}$. Rapport des axes : = 2,7675 : 1 : 2,3092. Angles : $p\ b^{1/2} = 57°20'$; $p\ h^1 = 62°3'$; $h^1\ b^{1/2} = 59°50'$.

Traitée par l'acide chromique, elle se transforme en chloroquinone. L'anhydride acétique la convertit en un dérivé diacétylé, $C^6H^3Cl(C^2H^3O^2)^2$, qui fond à 72° et cristallise dans l'alcool bouillant en prismes transparents et brillants.

Le chlorure de benzoyle donne de même le dérivé benzoylé, $C^6H^3Cl(C^7H^5O^2)^2$, qui cristallise en fines aiguilles, fusibles à 130°, solubles dans l'alcool bouillant, l'éther, le chloroforme, la benzine. On obtient une quinizarine chlorée, soluble en bleu dans la soude, lorsque l'on chauffe la chlorhydroquinone à 150° avec de l'anhydride phtalique et de l'acide sulfurique.

α-Dichlorhydroquinone, $C^6H^2Cl^2_{(2.3)}(OH)^2_{(1.4)}$. — Ce composé a déjà été décrit t. II, p. 1305. Il fond à 166°. On obtient son dérivé diacétylé par l'action directe de l'anhydride acétique, ou en faisant réagir le chlorure d'acétyle sur la monochloroquinone. Il cristallise en aiguilles clinorhombiques, fusibles à 141°. Le dérivé dibenzoylé forme des aiguilles soyeuses, fusibles à 185°.

Il existe une dichlorhydroquinone symétrique, décrite par Faust.

Trichlorhydroquinone. — Son dérivé benzoylé cristallise, dans l'alcool bouillant, en fines aiguilles incolores, fusibles à 174°. Avec l'anhydride phtalique, elle ne fournit pas de quinizarine chlorée.

Tétrachlorhydroquinone. — Son dérivé benzoylé fond à 230°. Il est peu soluble dans l'alcool, plus soluble dans la benzine [Lévy et Schultz, *Deutsch. chem. Gesellsch.*, 1880, p. 1347, et *Liebig's Ann. Chem.*, t. CCX, p. 133; — Schultz, *Deutsch. chem. Gesellsch.*, 1882, p. 652].

Bromhydroquinone, $C^6H^3Br(OH)^2$. — On l'obtient en dissolvant la quinone dans l'acide bromhydrique concentré. Il se dépose d'abord de la dibromhydroquinone, et les eaux mères, agitées avec de l'éther, lui cèdent la bromhydroquinone. On peut encore la préparer en traitant par la quantité voulue de brome une solution chloroformique d'hydroquinone.

Elle cristallise en lamelles soyeuses, blanches, fusibles à 111°, solubles dans l'eau, l'alcool, la benzine, l'éther, sublimables. Le chlorure ferrique la convertit en bromoquinone.

Son dérivé diacétylé, $C^6H^3Br(C^2H^3O^2)^2$, s'obtient par l'action du bromure d'acétyle sur la quinone. Il cristallise en aiguilles fusibles à 71-73°, solubles à chaud dans la benzine et dans l'acide acétique.

Dibromhydroquinone, $C^6H^2Br^2(OH)^2$. — Pour préparer ce composé, on ajoute, goutte à goutte, 3 p. de brome dissous dans 2 vol. d'acide acétique cristallisable, à une solution de 1 p. de quinone dans 10 p. d'acide acétique. Le liquide s'échauffe spontanément et dégage de l'acide bromhydrique. Le produit de la réaction, évaporé et repris par l'eau, laisse déposer la dibromhydroquinone pure en longues aiguilles courbes, fusibles à 186°.

Son dérivé diacétylé, $C^6H^2Br^2(C^2H^3O^2)^2$, s'obtient par l'action du bromure d'acétyle sur la quinone. Il cristallise en lamelles incolores, fusibles à 159°,5, solubles dans l'acide acétique, l'éther, le chloroforme.

En même temps que la dibromhydroquinone, il se produit un isomère, sous la forme d'aiguilles jaune de soufre, fusibles à 83°, qui paraît avoir pour formule $C^6H^3Br.OH.OBr$, car l'eau le décompose en acide bromhydrique et monobromoquinone.

Tribromhydroquinone, $C^6HBr^3(OH)^2$. — On l'obtient, accompagnée de tétrabromhydroquinone, par l'action de l'acide bromhydrique bouillant sur la dibromoquinone, ou par l'action d'un excès de brome sur une solution acétique d'hydroquinone. Elle forme une masse grenue, fusible à 136°, soluble dans le chloroforme.

Tétrabromhydroquinone, $C^6Br^4(OH)^2$. — Cristallise en aiguilles blanches, fusibles à 244°, solubles dans l'acide acétique et dans le chloroforme [Sarrauw, *Liebig's Ann. Chem.*, t. CCIX, p. 93; — Benedikt, *Monatsh. Chem.*, t. Ier, p. 345].

Chlorobromhydroquinone, $C^6H^2ClBr(OH)^2$. — Son dérivé diacétique s'obtient en faisant réagir le bromure d'acétyle sur la chloroquinone. Il cristallise en aiguilles blanches, fusibles à 145-146°, solubles dans le chloroforme et dans la benzine. L'eau le dédouble en acide acétique et chlorobromhydroquinone, en aiguilles blanches, fusibles à 171-172° [Schultz, *loc. cit.*].

Trichlorobromhydroquinone, $C^6Cl^3Br(OH)^2$. — S'obtient en traitant la trichloroquinone par l'acide bromhydrique. Se dépose de l'alcool bouillant en prismes clinorhombiques, fusibles à 229°, isomorphes avec la tétrachlorhydroquinone [Lévy et Schultz, *loc. cit.*].

QUINHYDRONE. — Ce corps résulte, comme on sait, de l'union de la quinone et de l'hydroquinone. Wöhler et Laurent lui avaient assigné la formule $C^{12}H^{10}O^4$. Wichelhaus proposa d'adopter la formule $C^{18}H^{14}O^6$ résultant de l'union de 1 molécule d'hydroquinone et de 2 molécules de quinone. Les raisons qui militent en faveur de la première formule sont les suivantes : 1° parties égales de quinone et d'hydroquinone s'unissent en donnant une quantité de quinhydrone supérieure à celle qu'exige la formule

$$C^{18}H^{14}O^6;$$

2° l'acide sulfureux réduit la quinhydrone à l'état d'hydroquinone, d'après les équations

$$3C^{12}H^{10}O^4 + 3H^2 = 6C^6H^6O^2,$$
$$2C^{18}H^{14}O^6 + 4H^2 = 6C^6H^6O^2.$$

Or la quantité d'acide sulfureux employée correspond à la première équation. Toute autre est la réaction avec la méthylhydroquinone. Celle-ci, n'étant qu'un phénol monatomique, s'unit à la quinone, d'après l'équation

$$C^6H^4O^2 + 2C^6H^4\genfrac{}{}{0pt}{}{<OH}{<OCH^3}$$
$$= C^6H^4\genfrac{}{}{0pt}{}{<O\text{-}OC^6H^4.OCH^3}{<O\text{-}OC^6H^4.OCH^3} + H^2.$$

Cet excès d'hydrogène se porte sur l'excès de quinone pour produire de l'hydroquinone [Wichelhaus, *Deutsch. chem. Gesellsch.*, 1877, p. 1781 et 2005, et 1879, p. 1500; — Liebermann, *ibid.*, 1877, p. 1614 et 2000; — Nietzki, *ibid.*, 1877, p. 2003, et 1879, p. 1979]. M. Hanriot.

QUINOVINE (t. II, p. 1314). — Ce glucoside des écorces de quinquina a été l'objet de travaux récents, qui ont ajouté quelques faits intéressants à son histoire. Liebermann et Giesel ont extrait la quinovine de certains résidus de fabrication de la quinine, provenant d'une usine où l'on épuise les écorces par l'alcool; la solution alcoolique étant distillée, on ajoute de l'eau et un acide minéral au résidu : les alcaloïdes entrent en dissolution et la quinovine se précipite dans un état très impur. Ce sont ces résidus qui ont permis de préparer environ 250 grammes de quinovine pure, d'après le procédé suivant. La masse est mise à digérer à une douce chaleur avec un lait de chaux, et le liquide filtré est précipité par l'acide chlorhydrique. Le dépôt, lavé et séché, cède à l'alcool froid la quinovine, tandis qu'une petite quantité d'acide quinovique reste insoluble. On ajoute de l'eau à la solution alcoolique, de manière à la rendre trouble, et on l'abandonne à elle-même : la quinovine se dépose à la longue et est purifiée par une cristallisation dans l'alcool faible. Les eaux mères en retiennent encore une forte proportion et servent avantageusement à la préparation de l'acide quinovique. 12 kilogr. d'écorce ont fourni ainsi 7 grammes de quinovine pour le *C. succinirubra*, 13 grammes pour le *C. officinalis* et 16 grammes pour le *C. Pitayo*.

Liebermann et Giesel désignent ce corps par le nom d'α-quinovine, pour le distinguer de la β-quinovine, matière très semblable qui existe dans les écorces dites *cuprea*, fournies par la tribu des *Remija*, voisine des *Cinchona*. La β-quinovine donne les mêmes produits de dédoublement que la modification α, mais possède d'autres propriétés physiques.

α-Quinovine. — Poudre blanche cristalline, formée d'écailles ou de petites aiguilles insolubles dans l'eau, à peine solubles dans l'éther, dans la benzine et dans le chloroforme, très solubles dans l'alcool et surtout dans les alcalis ou l'eau de chaux. 100 p. d'alcool à 98° dissolvent à 15° plus de 43 p. de quinovine; par évaporation lente, cette solution se dessèche en une masse gommeuse. Elle est dextrogyre; $[\alpha]_D = +56°,6$. Elle ne réduit pas la liqueur de Fehling et ne fermente pas. La composition de la matière séchée à 120° est représentée par les rapports

$$C^{38}H^{62}O^{11} \quad \text{ou} \quad C^{39}H^{62}O^{11}$$

[C. Liebermann et Giesel, *Deutsch. chem. Gesellsch.*, 1883, p. 926; *Bull. Soc. chim.*, t. XLI, p. 87; — A. C. Oudemans, *Rec. trav. chim. Pays-Bas*, t. II, p. 160].

β-Quinovine. — La solution alcoolique obtenue comme il a été dit plus haut ne cristallise pas lorsqu'on a employé l'écorce dite *cuprea;* mais, si l'on y ajoute à chaud de l'ammoniaque, le tout se prend en une masse de fines aiguilles d'un sel ammoniacal. Ce sel est décomposé par l'acide acétique, dissous dans l'alcool, traité une deuxième fois par l'ammoniaque et, après un nouveau lavage à l'acide acétique, redissous dans l'alcool. La solution, étendue d'eau, laisse alors déposer des cristaux de β-quinovine.

La β-quinovine cristallise dans l'alcool faible en lamelles incolores. Elle se dissout très facilement, avec élévation de température, dans l'alcool absolu, mais au bout de quelque temps la liqueur laisse déposer de beaux prismes rhombiques brillants, qui constituent une combinaison de 5 molécules d'alcool et de 1 molécule de β-quinovine; il ne reste que fort peu de substance (2,7 %) en dissolution. Les cristaux se ternissent à l'air en perdant de l'alcool et deviennent opaques. Ils fondent vers 70-80°, perdent leur alcool, se solidifient de nouveau vers 120° et ne fondent définitivement que vers 235° en se décomposant.

La β-quinovine, broyée avec de l'acide sulfurique, donne une solution jaune qui se colore à l'air en rouge. Elle semble être isomérique avec la quinovine-α. Elle est dextrogyre; $[\alpha]_D = +27°,9$.

Produits de dédoublement des quinovines α et β. — Sous l'influence des acides étendus, les deux quinovines se dédoublent en acide quinovique (75 %) et en une matière sucrée particulière, la *quinovite,* d'après l'équation

$$C^{38}H^{62}O^{11} = C^{32}H^{48}O^6 + C^6H^{12}O^4 + H^2O.$$

Les produits sont les mêmes pour les deux modifications et se forment sensiblement dans les mêmes proportions.

Acide quinovique, $C^{32}H^{48}O^6$. — On le prépare le plus avantageusement avec la solution alcoolique de la quinovine brute, que l'on chauffe avec un excès d'acide chlorhydrique au bain-marie, pendant plusieurs heures : l'acide quinovique se sépare, fort peu coloré, du sein du liquide très foncé. On le dissout dans l'ammoniaque à chaud et on le reprécipite par l'acide chlorhydrique.

Les propriétés de cet acide sont décrites au t. II, p. 1314. Ajoutons qu'il se ramollit vers 295° en dégageant du gaz carbonique. L'acide chlorhydrique ou iodhydrique ne l'attaque pas à 180°; l'amalgame de sodium est sans action sur lui.

Ses sels, incristallisables, sont difficiles à purifier; l'éther éthylique, $C^{32}H^{46}O^6(C^2H^5)^2$, préparé par le sel de potassium et l'iodure d'éthyle, est un liquide qui cristallise à la longue; les cristaux fondent à 127-130°.

Une chaleur de 300° dédouble l'acide quinovique en gaz carbonique et *acide pyroquinovique,* $C^{31}H^{48}O^4$. L'acide sulfurique concentré dégage à froid de l'oxyde de carbone et fournit de l'*acide novique.*

Acide pyroquinovique, $C^{31}H^{48}O^4$. — On chauffe l'acide quinovique dans le vide vers son point de fusion, et l'on maintient ce degré de chaleur tant qu'il se dégage du gaz carbonique (8,5 à 8,7 %). Le résidu jaune, résineux après refroidissement, est dissous dans l'éther et additionné de lessive de potasse forte; il se sépare immédiatement des aiguilles de pyroquinovate de potassium que l'on lave à l'éther avant de les décomposer par l'acide chlorhydrique.

L'acide cristallise de sa solution éthérée en longues aiguilles pennées ou asbestiformes. Il fond à 210° et distille sans décomposition lorsqu'on opère sur de très petites quantités. Insoluble dans l'eau, très soluble dans l'alcool, l'éther, la benzine et l'acide acétique; cette dernière dissolution laisse déposer bientôt des lamelles d'une combinaison acétique.

Les pyroquinovates alcalins sont solubles et leurs solutions moussent; un excès de potasse rend insoluble le *sel potassique*, $C^{31}H^{47}O^{4}K$. Les sels de *calcium* et de *baryum*, $(C^{31}H^{47}O^{4})^{2}Ba$, sont des précipités insolubles.

En soumettant une grande quantité d'acide pyroquinovique à la distillation, Liebermann a obtenu une masse vitreuse, ressemblant à la résine de copal; ce corps, fortement oxygéné encore, perd cet oxygène lorsqu'on le chauffe à 200° pendant plusieurs heures, avec de l'acide iodhydrique (D = 1,7) et du phosphore amorphe.

On obtient alors un produit volatil qui, à froid, se transforme en une masse vitreuse de la composition $C^{30}H^{48}$ (quinoterpène). L'acide pyroquinovique et la quinochromine, traités directement par l'acide iodhydrique, et les acides quinovique et novique, après distillation, fournissent la même substance.

Un dérivé de ce polyterpène, l'*oxyquinoterpène*, $C^{30}H^{48}O^{2}$, a du reste été rencontré directement par Giesel dans la matière résineuse contenue dans la quinovine brute. Cet oxyquinoterpène cristallise dans l'alcool en magnifiques aiguilles incolores, fusibles à 139° et distillant au-dessus de 360° sans se décomposer.

Acide novique. — L'acide quinovique se dissout à froid dans l'acide sulfurique en le colorant en jaune et donne lieu à un fort dégagement d'oxyde de carbone. Dès que ce dégagement a cessé, on verse la masse dans l'eau. Le produit précipité est un mélange d'un nouvel acide, non encore étudié, l'*acide novique*, et d'un corps indifférent, la *quinochromine*.

L'acide novique cristallise dans la benzine en aiguilles incolores, fusibles à 257°; il renferme : C = 76,4; H = 9,2.

La *quinochromine*, $(C^{26}H^{38}O^{2})^{n}$, est en magnifiques aiguilles jaunâtres, ressemblant à l'anthraquinone, peu solubles dans l'alcool, très solubles dans l'acide acétique bouillant et dans le chloroforme. Elle fond vers 252°. Avec les divers réactifs oxydants et avec le brome, elle présente les colorations les plus vives et les plus variées [C. Liebermann et Giesel, *loc. cit.*; — C. Liebermann, *Deutsch. chem. Gesellsch.*, 1884, p. 868].

Quinovite. — C'est le nom donné par Oudemans à la matière sucrée formée dans le dédoublement de la quinovine. C'est une matière épaisse, vitreuse, incristallisable et très hygroscopique. Séchée à 105°, elle renferme $C^{6}H^{12}O^{4}$. Vers 297°, elle commence à bouillir, et à 305° la presque totalité a passé à la distillation sans se décomposer. Sa saveur est amère.

La quinovite réduit la liqueur de Fehling, mais elle ne fermente pas, même après l'action des acides. Elle est dextrogyre $[\alpha]_D = +78°,1$.

L'anhydride acétique et l'acétate de sodium la transforment, à 160°, en un *éther triacétique*, $C^{6}H^{9}O^{4}(C^{2}H^{3}O)^{3}$, cristallisant dans l'alcool en aiguilles incolores, fusibles à 46-47° [C. Liebermann, *loc. cit.*]. A. Henninger.

QUITÉNIDINE. — Voyez Quinidine.

QUITÉNINE. — Voyez Quinine, p. 1348.

R

RANGIFORMIQUE (ACIDE), $C^{11}H^{18}O^{3}$. — Acide accompagnant l'acide atranorique,

$$C^{19}H^{18}O^{3},$$

dans le lichen *Cladonia rangiformis;* insoluble dans l'alcool, il est facile à séparer de l'acide atranorique. Il cristallise dans la benzine en lamelles blanches, fusibles à 104-106° [E. Paterno, *Bull. Soc. chim.*, t. XXXIX, p. 188].

RATANHIA. — Le tannin de la racine de ratanhia (t. II, p. 1322) constitue une poudre jaunâtre, amorphe, soluble dans l'eau, l'alcool et l'éther acétique, presque insoluble dans l'éther sec; il colore les sels ferriques en vert. Sa composition serait exprimée par la formule $C^{20}H^{20}O^{9}$, et celle du précipité plombique par les rapports $C^{20}H^{18}O^{9}Pb$. L'acide sulfurique étendu le transforme à 100° en *rouge de ratanhia*, $C^{20}H^{18}O^{8}$, sans qu'il se forme de sucre dans cette réaction [A. Raabe, *Jahresb. Chem.*, 1880, p. 1060].

RÉSACÉTÉINE, $C^{16}H^{12}O^{4}$. — Ce composé prend naissance lorsqu'on chauffe 1 molécule de résorcine avec 2 molécules d'acide acétique cristallisable et 3 p. de chlorure de zinc pendant 2 heures au réfrigérant à reflux, au delà de 150°. En même temps, il se forme de l'acétofluorescéine. On verse le produit dans l'eau, on dissout la résine déposée dans l'alcool chaud et on filtre. La solution, mélangée avec de l'acide chlorhydrique très étendu, puis filtrée et additionnée d'ammoniaque, fournit un précipité qui est formé de résacétéine et d'acétofluorescéine. Pour les séparer, on épuise par l'alcool, qui laisse la résacétéine; celle-ci est pure lorsqu'elle ne montre plus de fluorescence en solution alcaline très étendue. On la dissout alors dans l'ammoniaque et on obtient par évaporation de belles aiguilles rouges. Elle est soluble avec une couleur rouge dans les alcalis; elle donne des dérivés bromés et nitrés.

Le *chlorhydrate*, $C^{16}H^{12}O^{4}.HCl + 2H^{2}O$, est en prismes rouges; le *sulfate*, $(C^{16}H^{12}O^{4})^{2}H^{2}SO^{4}$, est peu soluble [M. Nencki et N. Sieber, *Journ. prakt. Chem.* (2), t. XXIII, p. 537; *Bull. Soc. chim.*, t. XXXVI, p. 495].

RÉSACÉTOPHÉNONE, $C^{8}H^{8}O^{3}$ [Syn. *Dioxyacétophénone*]. — On obtient ce corps en chauffant à 140-150° un mélange de 10 p. de résorcine avec 15 p. d'acide acétique contenant en solution 15 p. de chlorure de zinc [M. Nencki et N. Sieber, *Journ. prakt. Chem.* (2), t. XXIII, p. 147 et 537; *Bull. Soc. chim.*, t. XXXVI, p. 495].

On l'obtient également en fondant la β-méthylombelliférone pendant 5-6 minutes avec 4 ou 5 fois son poids de potasse [v. Pechmann et Duisberg, *Deutsch. chem. Gesellsch.*, 1883, p. 2123).

On purifie la résacétophénone en épuisant la masse par l'acide chlorhydrique très étendu, pour enlever le chlorure de zinc, et on fait cristalliser dans l'acide chlorhydrique avec emploi de noir animal. On obtient ainsi des tables orthorhombiques, fusibles à 142°. Chauffée avec l'anhydride acétique, la résacétophénone donne un *dérivé acétylé*, fusible à 72°, bouillant à 303°, isomérique avec la diacétyl-résorcine.

La résatophénone se dissout avec une couleur violette dans la soude, avec laquelle elle forme une combinaison cristalline. L'acide nitrique concentré la convertit en un *dérivé mononitré*,

$$C^8H^7(AzO^2)O^3,$$

fusible à 142°. Celui-ci, traité par l'étain et l'acide chlorhydrique, donne le *chlorhydrate d'amidoacétophénone*, $C^8H^7(AzH^2)O^3.HCl$, qui est en prismes brillants.

V. Pechmann et Duisberg admettent pour ce corps, à cause de sa formation au moyen de la β-méthylombelliférone, la formule

$$C^6H^3.OH_{(1)}.OH_{(3)}.CO\text{-}CH^3_{(6)}.$$

RÉSAURINE, $C^{19}H^{14}O^6$. — Pour préparer ce corps, on chauffe 2 p. de résorcine avec 1 p. d'acide formique et 2 p. de chlorure de zinc, pendant une heure, à 140-145° au réfrigérant à reflux. Puis on dissout dans l'eau et on fait cristalliser le dépôt plusieurs fois dans l'alcool à 50 %. On obtient ainsi une poudre amorphe hygroscopique rouge-brique, soluble dans les alcalis avec une couleur rouge-orangé, qui devient rouge foncé à l'ébullition. Ce corps est soluble dans l'alcool, peu soluble dans l'éther, l'acide acétique cristallisable et les acides minéraux étendus [M. Nencki et W. Schmid, *Journ. prakt. Chem.* (2), t. XXIII, p. 546; *Bull. Soc. chim.*, t. XXXVI, p. 497].

RÉSOCYANINE [Syn. β-*méthylombelliférone*], $C^{10}H^8O^3$. — La formule de ce corps n'est pas encore parfaitement établie ; on la représente par les rapports $C^{21}H^{18}O^6 + 2H^2O$ ou $C^{10}H^8O^3$.

Wittenberg a obtenu la résocyanine en chauffant pendant 1 heure à 180° 1 p. de résorcine avec 1 p. d'acide citrique séché à 150° et 2 p. d'acide sulfurique à 66° Baumé [*Journ. prakt. Chem.* (2), t. XXIV, p. 125; *Bull. Soc. chim.*, t. XXXVII, p. 325].

Ce corps prend également naissance lorsqu'on chauffe 1 p. de résorcine pendant 20 minutes à 150° avec 1 p. d'acétylacétate d'éthyle et 2 p. de chlorure de zinc [W. Schmid, *Journ. prakt. Chem.* (2), t. XXV, p. 81; *Bull. Soc. chim.*, t. XXXVII, p. 562; — Wittenberg, *ibid.*, t. XXVI, p. 66; *Bull. Soc. chim.*, t. XXXIX, p. 72].

Ces auteurs ont établi la formule

$$C^{21}H^{18}O^6 + 2H^2O.$$

Depuis, von Pechmann et Duisberg ont décrit sous le nom de β-*méthylombelliférone* un produit de l'action de l'acétylacétate d'éthyle sur la résorcine en présence d'acide sulfurique et lui ont attribué la formule $C^{10}H^8O^3$ [*Deutsch. chem. Gesellsch.*, 1883, p. 2119].

Michaël [*Amer. chem. Journ.* t. V, p. 434] a étudié également ce dernier corps et l'a trouvé identique avec la résocyanine de Wittenberg et de Schmid, tout en lui assignant la formule de von Pechmann et Duisberg, que nous adoptons également.

Pour purifier la résocyanine préparée d'après le procédé de Wittenberg, on épuise le produit par l'eau et on le fait cristalliser dans l'acide chlorhydrique étendu et chaud, puis dans l'eau chaude.

On obtient ainsi des cristaux incolores fusibles à 185°, insolubles dans l'eau froide, peu solubles dans l'éther, solubles dans l'alcool et l'acide acétique cristallisable. Les solutions alcalines ou sulfuriques sont incolores et possèdent une fluorescence bleue.

La potasse bouillante convertit la résocyanine en résorcine et acide carbonique. Le permanganate de potassium la transforme en gaz carbonique, et les chlorures de phosphore la changent en une substance fusible à 97-102°. A froid, le brome la convertit en un *dérivé bromé*, $C^{10}H^5Br^3O^3$, fusible à 240° (Michael); ($C^{21}H^{12}Br^6O^6$, fusible à 250°, Wittenberg), soluble dans l'acide acétique cristallisable chaud et dans la potasse; de cette dernière solution l'acide chlorhydrique sépare un corps fusible à 192-195°.

La résocyanine, traitée par l'amalgame de sodium, donne un produit de réduction fusible à 257-259°, dont le *dérivé acétylé*, $C^{10}H^9O^3.C^2H^3O$, est en prismes fusibles à 221-222°, solubles dans l'alcool et l'acide acétique cristallisable (Michael).

Résocyanine acétylée, $C^{10}H^7O^3.C^2H^3O$. — Prismes fusibles à 150° (v. Pechmann et Duisberg).

Résocyanine benzoylée, $C^{10}H^7O^3.C^7H^5O$. — Elle est en aiguilles fusibles à 159-160° (v. Pechmann et Duisberg).

Résocyanine méthylée (*méthyl-β-méthylombelliférone*), $C^{10}H^7O^3.CH^3$. — Par l'action de l'iodure de méthyle sur la résocyanine sodique. Cristaux fusibles à 159°, peu solubles dans l'alcool, l'éther et le chloroforme, solubles dans l'acide acétique cristallisable chaud, ainsi que dans l'acide sulfurique, avec fluorescence bleue. Par oxydation, elle donne l'*acide diméthyl-β-résorcylique*. Les alcalis la convertissent, à chaud, en *acide β-méthylombellique paraméthylé*, $C^{1?}H^{12}O^4$, qui est en tables fusibles à 140° en se décomposant. Cet acide est peu soluble dans l'éther, soluble dans l'alcool et dans l'acide acétique cristallisable. Par dissolution dans l'acide sulfurique concentré, ou par l'ébullition avec les acides étendus ou l'ammoniaque aqueuse, il perd de l'eau et donne la lactone correspondante, la β-méthylombelliférone (v. Pechmann et Duisberg).

RÉSOCYANINE α-MÉTHYLÉE (*α-méthyl-β-méthylombelliférone*), $C^{11}H^{10}O^3$. — Elle est en aiguilles très réfringentes, fusibles à 256°, qui se forment lorsqu'on substitue l'éther diméthyl-acétylacétique à l'acétylacétate d'éthyle dans la préparation de la résocyanine (v. Pechmann et Duisberg).

β-PHÉNYLOMBELLIFÉRONE, $C^{15}H^{10}O^3$. — Lamelles incolores, fusibles à 244°, préparées par l'éther benzoylacétique et la résorcine. Elle est soluble dans l'acide sulfurique concentré avec une fluorescence bleue (v. Pechmann et Duisberg).

Constitution de la résocyanine. — D'après les travaux de Tiemann et Lewy et de Tiemann et Reimer, l'ombelliférone possède la constitution

$$C^6H^3\begin{cases}(5)\ OH \\ (1)\ O \text{———————} \\ (2)\ CH = CH\text{-}CO \end{cases}$$

(voy. Suppl., p. 1095).

La formation de la résocyanine démontre qu'elle est une ombelliférone méthylée dans la chaîne latérale. Elle possède donc la constitution

$$C^6H^3\begin{cases}(5)\ OH \\ (1)\ O \text{———————} \\ (2)\ C(CH)^3 = CH\text{-}CO \end{cases}$$

M. Wassermann.

RÉSOQUINONE — Liebermann et Dittler avaient attribué à la pentabromorésorcine la formule d'un produit d'addition de brome et de résoquinone tribromée (voyez t. II, p. 1328), et lui avaient assigné la constitution

$$Br^2.C^6HBr^3 = O^2 = O^2 = C^6HBr^3.Br^2,$$

en donnant à la résoquinone tribromée la constitution

$$C^6HBr^3 = O^2 = O^2 = C^6HBr^3.$$

L'étude de la résoquinone tribromée a été reprise par Benedikt et par Claassen, et ces chimistes sont arrivés à une autre formule de la pentabromorésorcine et de la résoquinone tribromée. Voici les résultats de ces travaux.

Lorsqu'on fait bouillir la résoquinone tribromée avec de l'étain et de l'acide chlorhydrique, elle se convertit en tétrabromodirésorcine [Benedikt, *Deutsch. chem. Gesellsch.*, 1878, p. 1559 et 2168; *Bull. Soc. chim.*, t. XXXII, p. 522].

Lorsqu'on fait réagir le bisulfite de potassium sur la résoquinone tribromée, on obtient ce même composé [Claassen, *Dissert. Göttingen*, 1878].

Il se forme également lorsqu'on dirige un courant d'hydrogène sulfuré sur de la résoquinone tribromée maintenue en suspension, au bain-marie, dans le sulfure de carbone ou la benzine. Ce nouveau composé est un dérivé du diphényle, car lorsqu'on le réduit par l'amalgame de sodium, il fournit un composé amorphe qui, à son tour distillé sur de la poudre de zinc, fournit du diphényle [Benedikt, *Monatsh. Chem.*, 1880, p. 349; *Bull. Soc. chim.*, t. XXXV, p. 688, et *loc. cit.*]. Benedikt adopte donc pour la pentabromorésorcine la formule

$$C^6HBr^3 < \begin{matrix} OBr \\ OBr, \end{matrix}$$

et admet que, pour se transformer en résoquinone tribromée, ce corps perd 1 atome de brome dans le groupe benzénique et un autre dans un groupe OBr; il arrive ainsi, pour la résoquinone tribromée, à la formule

$$\begin{matrix} & & OBr \\ C^6HBr^2 & < & O \\ | & & | \\ C^6HBr^2 & < & O \\ & & OBr, \end{matrix}$$

et il l'appelle *dibromoxyltétrabromodiphénoquinone* [*Monatsh. Chem.*, 1883, p. 223; *Bull. Soc. chim.*, t. XL, p. 227].

Dichloroxyldibromodichlorodiphénoquinone,

$$C^{12}H^2Br^2Cl^4O^4.$$

— Ce composé, analogue au précédent, se forme lorsqu'on chauffe le monochlorodibromorésorcinate de chlore et de brome à 175°, et qu'on fait cristalliser le résidu dans le chloroforme. Il fond au delà de 200° en se décomposant. Avec l'acide chlorhydrique et l'étain, il donne le *dichlorodibromotétroxydiphényle*,

$$\begin{matrix} C^6HBrCl(OH)^2 \\ | \\ C^6HBrCl(OH)^2, \end{matrix}$$

qui fond à 265°. Benedikt arrive à ces formules par analogie avec les dérivés du phénol (*loc. cit.*).

M. Wassermann.

RÉSORCÈNE-DIALDÉHYDE,

$$C^8H^6O^4 = C^6H^2(OH)^2(CHO)^2.$$

— On obtient cette aldéhyde, en même temps que l'aldéhyde résorcylique, en chauffant d'abord légèrement, puis à 62° au réfrigérant à reflux, un mélange de 5 grammes de résorcine avec 80 grammes de soude caustique dissoute dans 500 à 600 centimètres cubes d'eau, mélange auquel on a ajouté peu à peu 80 grammes de chloroforme. Lorsque tout le chloroforme est décomposé, on sursature par l'acide sulfurique étendu et on distille dans un courant de vapeur d'eau. Il passe une masse cristalline qui se dépose dans l'eau chaude en longues aiguilles, fusibles à 127°, sublimables dès 110°, solubles dans l'alcool, l'éther, la benzine et le chloroforme. Le bisulfite de sodium enlève cette aldéhyde à sa solution éthérée sans se combiner avec elle. La potasse bouillante ne l'altère pas. L'acide sulfurique concentré la dissout, et l'eau la sépare inaltérée de cette solution. La solution ammoniacale donne, avec l'acétate de plomb, un précipité blanc, et avec le sulfate de cuivre un précipité vert. L'aniline, ajoutée à la solution alcoolique, produit un précipité d'aiguilles jaunes, fusibles à 199°, qui constituent une matière colorante [F. Tiemann et L. Lewy, *Deutsch. chem. Gesellsch.*, 1877, p. 2210; *Bull. Soc. chim.*, t. XXX, p. 298].

Résorcène-dialdéhydes monométhylées,

$$C^6H^2(OH)(OCH^3)(CHO)^2.$$

— On en connaît deux, qui se forment dans la préparation des aldéhydes β-résorcyliques monométhylées (voyez Suppl., p. 1389).

Aldéhyde α. — Elle est insoluble dans la ligroïne. Purifiée par cristallisation dans l'eau chaude, elle se présente en fines aiguilles, fusibles à 179°, solubles dans l'alcool, l'éther, le chloroforme, la benzine et l'acide acétique cristallisable. La soude et l'ammoniaque la colorent en jaune et le chlorure ferrique en rouge brun. Sa solution ammoniacale précipite l'acétate de plomb en jaune, et réduit le nitrate d'argent; avec le sulfate de cuivre, elle donne un précipité formé de prismes [Tiemann et Parrisius, *Deutsch. chem. Gesellsch.*, 1880, p. 2369; *Bull. Soc. chim.*, t. XXXVI, p. 384].

Aldéhyde β. — Elle est soluble dans la ligroïne et dans l'eau chaude et se dépose de cette dernière solution en aiguilles blanches, fusibles à 88-89°, solubles dans l'alcool, l'éther, la benzine et la ligroïne, peu solubles dans l'eau froide.

Sa solution aqueuse se colore en jaune avec l'ammoniaque et les alcalis fixes, et en rouge brun avec le chlorure ferrique. La solution ammoniacale précipite en jaune l'acétate de plomb, en vert le sulfate de cuivre, et en blanc l'azotate d'argent [Tiemann et Parrisius, *loc. cit.*].

M. Wassermann.

RÉSORCÈNE-DICARBONIQUES (ACIDES),

$$C^8H^6O^6 = C^6H^2(OH)^2(CO^2H)^2.$$

— Il existe trois acides correspondant à cette formule et dérivant de la résorcine.

1° *Acide résorcène-dicarbonique.* — Il se forme lorsqu'on fond la résorcène-dialdéhyde avec la potasse. On épuise le produit de la fusion, dissous dans l'eau acidulée, par l'éther; et celui-ci fournit par évaporation des aiguilles blanches, solubles dans l'alcool et dans l'éther. Cet acide fond à 192° en se dédoublant en résorcine et en acide carbonique (F. Tiemann et L. Lewy).

2° *Acide α-résorcène-dicarbonique.* — Senhofer et Brunner ont trouvé ce corps dans le mélange d'acides qui se forme dans la préparation de l'acide β-résorcylique par l'action du carbonate d'ammonium sur la résorcine (voyez Suppl., p. 1388). Cet acide reste insoluble lorsqu'on épuise le mélange par l'eau chaude. Il fond à 276° et se colore en rouge avec le chlorure ferrique. Il se dissout dans l'acide sulfurique, sans fournir de produit de condensation [*Wien. Akad. Ber.*, 1879, p. 504; voyez Suppl., p. 1116].

3° *Acide β-résorcène-dicarbonique.* — Il se forme lorsqu'on traite l'acide dioxybenzoïque de Barth et Senhofer par le carbonate d'ammonium. Il fond à 250° en se décomposant et donne une coloration violette avec le chlorure ferrique. Il cristallise avec 1 molécule d'eau. Chauffé avec l'acide sulfurique concentré, il fournit un dérivé de condensation, $C^{14}H^8O^6 + 2H^2O$, identique avec l'anthrachrysone de Barth et Senhofer [Senhofer et Brunner, *loc. cit.*].

RÉSORCINE,

$$C^6H^6O^2 = C^6H^4 < \begin{matrix} OH_{(1)} \\ OH_{(3)} \end{matrix}$$

(voyez t. II, p. 1327). — La résorcine est la dioxybenzine de la série *méta* (voyez, à ce sujet, l'article Aromatique [série], Suppl., p. 205). Du reste, Fischli a démontré que les deux isomères, la pyrocatéchine et l'hydroquinone, appartiennent aux séries *ortho* et *para* [*Deutsch. chem. Gesellsch.*, 1878, p. 1461; *Bull. Soc. chim.*, t. XXXII, p. 34].

Modes de formation. — La résorcine prend naissance dans de nombreuses réactions :

1° Par fusion de l'orosélone avec de la potasse [Hlasiwetz et Weidel, *Liebig's Ann. Chem.*, t. CLXXIV, p. 79; *Bull. Soc. chim.*, t. XXIII, p. 329];

2° Par distillation sèche de l'acide α-dioxybenzoïque [Brunner, *Wien. Akad. Ber.*, (2), t. LXXVIII, p. 675; voyez Suppl., p. 1115];

3° Lorsqu'on fond avec la potasse l'acide α-amido-benzine-sulfonique [Berndsen, *Deutsch. chem. Gesellsch.*, 1875, p. 456; *Bull. Soc. chim.*, t. XXIV, p. 393; — Janovsky, *Monatsh. Chem.*, 1881, p. 244];

4° Dans la distillation sèche du morin [R. Benedikt, *Deutsch. chem. Gesellsch.*, 1875, p. 605; *Bull. Soc. chim.*, t. XXIV, p. 402];

5° Dans l'action de la potasse fondante sur l'acide benzine-métadisulfonique [Barth et Senhofer, *Deutsch. chem. Gesellsch.*, 1875, p. 1477; *Bull. Soc. chim.*, t. XXVI, p. 298; — Nölting, *ibid.*, 1875, p. 1110; *Bull. Soc. chim.*, t. XXVI, p. 84];

6° En même temps que la pyrocatéchine dans la préparation de la phloroglucine, par fusion du phénol avec la soude [Barth, *Deutsch. chem. Gesellsch.*, 1879, p. 417; *Bull. Soc. chim.*, t. XXXII, p. 529];

7° Lorsqu'on fond l'orcine avec de la soude, en même temps que d'autres produits [Barth et Schreder, *Monatsh. Chem.*, 1882, p. 648];

8° Par fusion de la résine d'angélique avec de la potasse, en même temps que de l'acide protocatéchique [Brimmer, *N. Rep. Pharm.*, t. XXIV, p. 641].

Les deux modes de formation qui conduisent à fixer les positions des deux groupes OH sont les suivants : Wurster et Nölting ont obtenu la résorcine en transformant successivement la benzine métabromonitrée en métabromaniline, nitrate de métabromodiazobenzol et métabromophénol, qu'ils ont fondu ensuite avec de la potasse [*Deutsch. chem. Gesellsch.*, 1874, p. 904; *Bull. Soc. chim.*, t. XXIII, p. 31].

Pfaff l'a préparée en essayant de transformer en dérivé diazoïque le métamidophénol provenant de l'action de l'acide chlorhydrique et de l'étain sur le métanitrophénol monobromé [*Deutsch. chem. Gesellsch.*, 1883, p. 613].

Propriétés. — La résorcine fond à 102° (Wurster et Nölting). D'après Fittig et Mager, elle fond à 110° [*Deutsch. chem. Gesellsch.*, 1874, p. 1178; *Bull. Soc. chim.*, t. XXIII, p. 472]. Son volume spécifique a été trouvé égal à 103 (calc. 114,6) [Lossen, *Liebig's Ann. Chem.*, t. CCXIV, p. 114].

Calderon a déterminé les constantes physiques suivantes : forme orthorhombique; point de fusion, 118°; point d'ébullition, 276°,5 sous 759,7 millimètres, 210° sous 7 millimètres; densité de vapeur = 3,862 (calc. 3,808); coefficient de dilatation entre 0° et 15° = 0,0000788; densité = 1,2728 à 0°, et 1,2717 à 15°; en passant de l'état solide à l'état liquide, la dilatation de volume = 1,3. 100 p. d'eau en dissolvent 86p,4 à 0°, 147p,3 à 15°,5 et 228p,6 à 30° [*Compt. rend.*, t. LXXXIV, p. 779 et 1164].

Réactions. — La coloration bleue que la résorcine donne avec l'acide sulfurique, signalée par E. Kopp (voyez t. II, p. 1328), ne se produit que lorsque l'acide sulfurique renferme de l'acide nitreux [Liebermann, *Deutsch. chem. Gesellsch.*, 1874, p. 248; *Bull. Soc. chim.*, t. XXII, p. 192].

La résorcine, fondue avec de l'hydrate de sodium, donne de la phloroglucine [Barth et Schreder, *Deutsch. chem. Gesellsch.*, 1879, p. 503; — *Bull. Soc. chim.*, t. XXXII, p. 530].

Lorsqu'on la soumet à la perchloruration, elle se transforme en benzine perchlorée [G. Ruoff, *Deutsch. chem. Gesellsch.*, 1876, p. 1498; *Bull. Soc. chim.*, t. XXVIII, p. 117].

Lorsqu'on traite la résorcine par la soude et l'acide carbonique, soit à l'état fondu, soit en solution dans le xylène, on obtient un corps rouge-brun qui se dissout dans une solution de carbonate de sodium, avec une couleur brune et une fluorescence verte; les acides le séparent de cette solution en flocons. Ni l'acide iodhydrique bouillant ni la potasse fondante ne l'attaquent [Böttinger, *Deutsch chem. Gesellsch.*, 1876, p. 182].

L'acide chlorhydrique à température élevée et sous pression, ainsi que le sodium fondu seul, ou mieux en présence d'acide carbonique, convertissent la résorcine en un composé qui, après dissolution dans l'ammoniaque et précipitation par l'acide chlorhydrique, est en flocons bruns. Ceux-ci, après avoir été séchés, forment une poudre écarlate douée de reflets métalliques. Cette poudre correspond à la formule $C^{12}H^{10}O^3$. Chauffée avec de la poudre de zinc, elle fournit de la benzine et du diphényle [Barth et Senhofer, *Ann. Chem. Pharm.*, t. CLXIV, p. 122; — Barth, *Deutsch. chem. Gesellsch.*, 1876, p. 308; *Bull. Soc. chim.*, t. XXVI, p. 376].

Barth et Weidel ont étudié cette réaction de plus près; 20 grammes de résorcine chauffés en tubes scellés à 190° pendant quelques heures avec 25 grammes d'acide chlorhydrique fumant, fournissent un liquide jaunâtre (A), non étudié, qui surnage une résine. La résine, lavée et séchée à l'air, puis dissoute dans l'ammoniaque et précipitée par l'acide chlorhydrique, finalement dissoute dans l'alcool à 96 °/o et traitée par l'acétate de plomb, donne un précipité (B) qui, lavé à l'alcool, se présente sous forme d'une poudre rose violacé. Le liquide, filtré, puis distillé pour chasser l'alcool, et traité par l'eau, donne des flocons rouge-brun formés de (B) et du sel plombique (C) d'un second composé, qui se dissout dans l'alcool, tandis que (B) reste insoluble [*Deutsch. chem. Gesellsch.*, 1877, p. 1464; *Bull. Soc. chim.*, t. XXX, p. 211].

Le composé (B) est un sel plombique. Décomposé en solution dans l'acide acétique cristallisable par l'acide chlorhydrique, puis séparé du chlorure de plomb et soumis à la distillation pour chasser l'acide chlorhydrique, et finalement traité par l'eau, il donne des flocons bleus. Par dissolution dans l'ammoniaque et précipitation par l'acide chlorhydrique, ceux-ci se transforment en une poudre rouge qui prend un éclat métallique lorsqu'on la comprime. Cette poudre correspond à la formule $C^{12}H^{10}O^3$. Elle constitue l'*éther résorcinique*, $HO-C^6H^4-O-C^6H^4-OH$ [Barth et Weidel, *Wien. Acad. Ber.*, (2), t. LXXVI, p. 33].

L'éther résorcinique se forme également lorsqu'on chauffe la résorcine avec l'acide résorcine-disulfonique à 190° [Hazura et Julius, *Monatsh. Chem.*, 1884, p. 188].

Ce corps est insoluble dans l'eau chaude, peu soluble dans l'alcool et dans l'éther, soluble dans l'alcool chaud et l'acide acétique cristallisable, ainsi que dans l'acide sulfurique, d'où l'eau le précipite. Fondu avec de la potasse, il donne de la résorcine. Distillé avec de la poudre de zinc, il fournit de la benzine et du diphényle. Traité en solution acétique par le brome, à froid, puis versé dans l'eau froide, il donne des flocons qui, séchés, forment une poudre rouge-brun, de la formule $C^{12}H^6Br^4O^3$, soluble dans l'alcool et dans l'éther.

Chauffé en tubes scellés à 100° avec du chlorure d'acétyle, l'éther résorcinique engendre un *dérivé diacétylé*, $C^{12}H^8(C^2H^3O)^2O^3$, qui est une poudre rouge-brun, amorphe, soluble dans les alcalis.

L'éther résorcinique fournit un *dérivé dinitré*, $C^{12}H^8(AzO^2)^2O^3 + H^2O$. — Ce corps se forme lorsqu'on fait réagir à froid 2cc,5 d'acide sulfurique concentré sur 1 gramme de mononitrorésorcine fusible à 115°. On verse le produit dans l'eau et on fait cristalliser le dépôt dans l'eau chaude. Il est en aiguilles roses, qui brunissent à 170°, peu solubles dans l'eau et dans l'alcool. L'acide nitrique le transforme en trinitrorésorcine. Il donne deux *sels de baryum*,

$$C^{12}H^6(AzO^2)^2O^3Ba + 5\tfrac{1}{2}H^2O,$$

qui est en aiguilles nacrées, et

$$[C^{12}H^7(AzO^2)^2O^3]^2Ba + H^2O,$$

qui est en aiguilles brunâtres [Hazura, *Monatsh. Chem.*, 1883, p. 610; — Hazura et Julius, *ibid.*, 1884, p. 188].

Le corps (C) est également une combinaison plombique. Celle-ci, décomposée par l'hydrogène sulfuré, fournit une poudre rouge-brique, de la formule $C^{24}H^{18}O^5$, peu soluble dans l'eau chaude, soluble dans l'alcool, l'éther, l'acide acétique cristallisable, et dans les alcalis avec une couleur jaune et une fluorescence verte. Fondu avec de la potasse, il donne de la résorcine. Avec le chlorure d'acétyle à 100°, il fournit un *dérivé diacétylé*, $C^{24}H^{16}(C^2H^3O)^2O^5$, qui est une poudre brune, soluble dans l'alcool et dans l'éther. Traité par le brome à froid, en solution acétique, il donne un dérivé hexabromé, $C^{24}H^{12}Br^6O^5$, qui est une poudre rouge, soluble dans l'alcool et l'acide acétique cristallisable.

Ces deux corps, $C^{12}H^{10}O^3$ et $C^{24}H^{18}O^5$, ne sont attaqués ni par le trichlorure ni par le perchlorure de phosphore. L'acide nitrique, à l'ébullition, les convertit en acides isophtalique et picrique. La formation des composés $C^{12}H^{10}O^3$ et $C^{20}H^{18}O^5$ est une réaction très sensible pour caractériser la résorcine; 1/3 de milligramme de celle-ci, chauffé à 160-180° avec de l'acide chlorhydrique, donne une fluorescence verte, que l'on n'observe ni avec la pyrocatéchine ni avec l'hydroquinone [Barth et Weidel, *loc. cit.*].

La résorcine, traitée par l'acide formique en présence de chlorure de zinc, fournit la *résaurine* (voyez ce mot, Suppl., p. 1371) (Nencki et Nadina Sieber).

Avec l'acétylacétate d'éthyle et le chlorure de zinc, elle subit la même transformation (Schmid).

Avec l'acide acétique cristallisable, elle fournit sans les mêmes conditions la *résacétophénone* (voyez ce mot, Suppl., p. 1370) (Nencki et Sieber).

Un mélange de 1 molécule de résorcine avec molécules d'acide chloracétique et un excès de soude évaporé à consistance sirupeuse, puis dissous dans l'eau et précipité par l'acide chlorhydrique, fournit des cristaux jaunes, fusibles à 193-193°,5 d'*acide résorcine-diacétique*,

$$C^6H^4(OCH^2\text{-}CO^2H)^2$$

ou *acide phénylène-dioxacétique*. Il est soluble dans l'eau. Sa solution aqueuse absorbe les vapeurs de brome, et il se précipite un composé blanc qui, après cristallisation dans l'alcool, est en aiguilles blanches, fusibles à 249-250°, de la formule $C^{10}H^8Br^2O^5$, l'*acide dibromorésorcine-diacétique* [S. Gabriel, *Deutsch. chem. Gesellsch.*, 1879, p. 1639; *Bull. Soc. chim.*, t. XXXIV, p. 425].

Lorsqu'on maintient un mélange de 2 molécules de résorcine et de 1 molécule d'acide oxalique cristallisé à une température de 120°, après y avoir ajouté 1 molécule d'acide sulfurique ou d'anhydride phosphorique, il se forme une masse brune qui se boursoufle, et la température monte à 130°. Au bout de 4 à 5 heures, le tout devient solide et fournit, après lavage à l'eau pour enlever l'acide, une solution potassique douée d'une fluorescence verte, et dont l'acide chlorhydrique sépare une poudre brune amorphe. Cette poudre, séchée, cède à l'alcool une masse brune dont la solution potassique est jaune et sans fluorescence, et il reste une substance soluble dans la potasse avec une fluorescence verte. Ces deux substances possèdent la formule $C^{14}H^8O^5$, et fondent entre 130 et 135°; elles sont hygroscopiques, et fournissent des dérivés bromés et nitrés [P. Gukassianz, *Deutsch. chem. Gesellsch.*, 1878, p. 1184; *Bull. Soc. chim.*, t. XXXII, p. 43].

Avec le chlorure de benzényle, $C^6H^5\text{-}CCl^3$, elle donne la *résorcine-benzéine* (voyez ce mot, Suppl., p. 1386) (Döbner).

Les acides oxalique, succinique, isosuccinique, tartrique, agissant en présence d'acide sulfurique sur la résorcine, on obtient les *résorcine-oxaléine, résorcine-succinéine, résorcine-tartréine* (voyez ces mots au Suppl.).

Avec l'éther acétylacétique et un déshydratant, elle donne la β-méthylombelliférone [v. Pechmann et Duisberg, *Deutsch. chem. Gesellsch.*, 1883, p. 2119].

L'acide sulfurique fumant transforme la résorcine à 120-130° en un composé résineux, d'éclat métallique, soluble dans l'acide acétique cristallisable et dans les alcalis avec une fluorescence verte. Ce corps renferme du soufre et donne, avec l'iode et le brome, des matières fluorescentes [Annaheim, *Deutsch. chem. Gesellsch.*, 1877, p. 975; *Bull. Soc. chim.*, t. XXIX, p. 130].

Lorsqu'on fait bouillir la résorcine avec du chromate neutre ou du ferricyanure de potassium, ceux-ci sont tranformés en dichromate et en ferrocyanure [Godeffroy, *Arch. Pharm.*, [3], t. X, p. 213].

Chauffée avec des carbonates de métaux lourds, ou avec les bicarbonates alcalins, ou encore avec le carbonate d'ammonium en tubes scellés, elle se convertit en acide *α-dioxybenzoïque* [Brunner et Senhofer, voyez Suppl., p. 1115].

Lorsqu'on chauffe 15 p. de résorcine avec 8 p. d'acide salicylique pendant 5 heures, à 195-200°, puis pendant 10 heures à 200°, on obtient une *trioxybenzophénone*, $C^{13}H^{10}O^4$. Pour la purifier, on verse le produit de la fusion dans de l'eau aiguisée d'acide chlorhydrique, et au bout de 12 heures on extrait le précipité avec une solution de carbonate de sodium pour le faire cristalliser ensuite dans l'alcool. On obtient ainsi des écailles jaunâtres, fusibles à 116-117°, peu solubles dans l'eau froide, solubles dans l'eau chaude, l'alcool et la benzine; fondu avec de la potasse, ce corps régénère la résorcine et l'acide salicylique [A. Michael, *Amer. Chem. Journ.*, t. V, p. 81].

Lorsqu'on fond un mélange de 20 grammes de résorcine et de 20 grammes d'acide salicylique avec 15 grammes de chlorure de zinc, pendant 2 heures, et qu'on épuise le produit d'abord par l'eau, puis par la soude, pour le faire cristalliser ensuite dans l'alcool, on obtient l'*éther salicylrésorcinique*,

$$C^6H^4 {<}{}^{O}_{CO}{>} C^6H^3.OH,$$

qui est en longues aiguilles, fusibles à 146-147°,

solubles dans l'eau chaude. Cet éther (1 molécule), traité en solution alcoolique par 3 molécules de méthylate de sodium, donne des aiguilles jaune-citron, de la combinaison $C^{13}H^7NaO^3.NaOH$, dont l'eau et l'alcool enlèvent une partie du sodium. L'éther fournit un *dérivé acétylé*, $C^{13}H^7O^3.C^2H^3O$, fusible à 167-168°, lorsqu'on le maintient à 110° avec de l'acétate de sodium et de l'anhydride acétique [Michael, *loc. cit.*].

Lorsqu'on chauffe à 195-200° de la résorcine avec de l'acide phénanthrène-disulfonique, il se forme une masse soluble dans l'eau chaude, qui possède un éclat de cantharides, de la formule

$$(C^6H^3O.OH)^2 = O^4S^2C^{14}H^8.$$

Ce composé fixe du brome [Fischer, *Deutsch. chem. Gesellsch.*, 1880, p. 317; *Bull. Soc. chim.*, t. XXXV, p. 199].

Une solution aqueuse de résorcine, additionnée d'une solution aqueuse de nitrodiazobenzol, fournit une matière colorante jaune [Roussin et Poirrier, *Dingler polyt. Journ.*, t. CCXXXIV, p. 423].

Avec l'acide diazonaphtaline-sulfonique, elle donne un corps,

$$C^{10}H^6(SO^3H)Az = Az\text{-}C^6H^3(OH)^2,$$

soluble dans l'eau avec une couleur rouge-brun [Stebbins, *Amer. chem. Soc.*, 1880, p. 236].

Sa solution dans l'acide acétique cristallisable, additionnée de nitroso-β-naphtolsulfonate de baryum ou de calcium, puis chauffée avec peu d'acide sulfurique, donne une coloration bleue qui devient rouge lorsqu'on l'étend d'eau [Meldola, *Journ. chem. Soc.*, 1881, t. 1er, p. 40].

L'acide chlorhydrique produit un précipité d'aiguilles violettes dans un mélange de solutions chlorhydrique d'acide métazobenzoïque et potassique de résorcine, que l'on avait abandonné pendant quelque temps. Ces aiguilles, soumises à une cristallisation dans l'alcool, se présentent en lamelles brunes, de la formule

$$C^6H^4 \begin{cases} CO^2H \\ Az = Az\text{-}C^6H^3(OH)^2 \end{cases}$$

[P. Griess, *Deutsch. chem. Gesellsch.*, 1881, p. 2034; *Bull. Soc. chim.*, t. XXXVII, p. 473].

Résorcine et urée. — Lorsqu'on chauffe dans une cornue un mélange de 2 p. d'urée et de 1 p. de résorcine, dans un courant de gaz carbonique, au bain d'huile à 130-140°, il se produit une sublimation d'aiguilles blanches et un dégagement de gaz. Alors on élève la température jusqu'à 250°, on laisse refroidir et on purifie la masse, soluble seulement dans les alcalis et l'acide acétique cristallisable, par dissolution dans l'ammoniaque et précipitation par l'acide chlorhydrique. On obtient, après dessiccation, une masse blanche, fusible au-dessus de 350°, de la formule

$$C^{30}H^{20}Az^6O^8 + 6H^2O.$$

Ce corps perd $6H^2O$ à 110°, et semble être un *dicyanurate de résorcine*,

$$Cy^3 = (OC^6H^4OH)^2$$
$$Cy^3 = (OC^6H^4OH)^2.$$

Il se forme, en effet, aussi lorsqu'on chauffe la résorcine à 250° avec l'acide cyanurique [K. Birnbaum et G. Lurie, *Deutsch. chem. Gesellsch.*, 1880, p. 1618; *Bull. Soc. chim.*, t. XXXVI, p. 172].

Lorsqu'on fait réagir l'acide cyanurique sur la résorcine à 200°, en présence de chlorure de zinc, en vases ouverts, au bain d'huile, on obtient une masse soluble dans l'acide acétique cristallisable et avec une couleur rouge dans l'alcool. L'eau précipite de ces solutions une poudre amorphe, soluble dans les alcalis avec une fluorescence verte. Purifié par précipitation de sa solution alcoolique par l'eau, ce corps correspond à la formule

$$C^7H^4O^3 = CO \begin{matrix} < O \\ < O \end{matrix} > C^6H^4,$$

du *carbonate de phénylène*. Il se forme aussi lorsqu'on traite la résorcine par le phosgène liquide et qu'on enlève l'excès de résorcine par l'eau [K. Birnbaum et G. Lurie, *loc. cit.*; *ibid.*, 1881, p. 1753; *Bull. Soc. chim.*, t. XXXVII, p. 146].

Fondu avec de la potasse, il fournit de la résorcine et du carbonate de potassium. Chauffé en solution acétique avec du brome, puis précipité par l'eau, il donne un *dérivé tétrabromé*, $C^7Br^4O^3$, qui est en flocons roses. Sa solution dans l'acide nitrique, étendue d'eau, laisse déposer des dérivés nitrés.

Lorsqu'on fait chauffer à 270-280°, en tubes scellés, pendant 8 heures, un mélange de 1 molécule de résorcine avec 4 molécules d'aniline et 2 molécules de chlorure de calcium, il se forme deux couches, une inférieure de chlorure de calcium, une supérieure rouge-brun remplie de cristaux. Cette couche renferme la *métoxydiphénylamine*. Ce même corps se forme si on chauffe la résorcine avec l'aniline seule, à 300-310°, pendant 10 heures. Pour le purifier, on peut procéder de deux manières : soit par dissolution dans l'acide chlorhydrique et précipitation par l'eau ; on obtient alors des cristaux que l'on épuise par l'acide chlorhydrique, à plusieurs reprises ; on ajoute aux solutions chlorhydriques du carbonate de sodium, jusqu'à formation d'un dépôt permanent, puis on précipite par une solution saturée d'acétate de sodium. Le second procédé de purification consiste à distiller le produit, chauffé à 250-300° au bain d'huile, dans un courant de vapeur surchauffée à 300°. On épuise le magma cristallin par l'acide chlorhydrique et on fait cristalliser le résidu dans l'eau chaude. De ces deux manières, on obtient la *métoxydiphénylamine*, en lamelles nacrées, fusibles à 82°, bouillant à 340°, de la formule

$$C^{12}H^{11}AzO = C^6H^5.AzH.C^6H^4OH.$$

Elle est soluble dans l'eau chaude, les acides et les alcalis, l'alcool, l'éther, l'acétone, la benzine et la ligroïne. Le chlorure de platine donne un précipité jaune, cristallin, dans sa solution chlorhydrique. L'acide sulfurique la dissout; l'acide nitrique la dissout en rouge, et le nitrite de sodium produit un précipité violet. Distillée sur la poudre de zinc, elle donne de l'aniline et de la diphénylamine.

Le *chlorhydrate*, $C^{12}H^{11}AzO.HCl$, est en aiguilles blanches.

Le *sulfate*, $[C^{12}H^{11}AzO]^2H^2SO^4$, est en aiguilles brillantes.

La métoxydiphénylamine fournit des combinaisons cristallisées avec le sodium et le potassium. La *combinaison barytique*,

$$(C^{12}H^{10}AzO)^2Ba + 5H^2O,$$

est en lamelles jaunâtres [A. Calm, *Deutsch. chem. Gesellsch.*, 1881, p. 2345; *ibid.*, 1883, p. 2786].

Si on substitue du chlorure de zinc au chlorure de calcium dans la préparation de la métoxydiphénylamine, on obtient de la *diphényl-métaphénylène-diamine*. Pour la purifier, on dissout le produit de la réaction dans l'acide chlorhydrique étendu et chaud, on ajoute de l'eau, et on soumet le précipité, après épuisement par la soude étendue, à la distillation dans un courant de vapeur d'eau surchauffée. On obtient une huile qui se prend en masse, et que l'on fait cristalliser dans l'alcool. La diphénylmétaphénylène-diamine se forme aussi lorsqu'on chauffe la résorcine avec l'aniline et un mélange de chlorures de zinc et de calcium. On épuise le produit par l'acide chlorhydrique, puis par la soude, et on fait cristalliser dans l'alcool, pour précipiter ensuite par la ligroïne la solution des cristaux dans la benzine.

La diphénylmétaphénylène-diamine,

$$C^{18}H^{16}Az^2 = C^6H^4 \begin{cases} AzH.C^6H^5 \\ AzH.C^6H^5 \end{cases}$$

est en aiguilles aplaties, fusibles à 95°, solubles dans les acides chlorhydrique et sulfurique, ainsi que dans l'éther et la benzine chaude, peu solubles dans l'alcool chaud. La solution sulfurique est incolore, et donne avec le nitrate de potassium ou l'acide nitrique une coloration jaune-verdâtre qui passe au bleu-violet; avec le nitrite de sodium la coloration est violet-rouge, et avec le dichromate de potassium verte, puis bleue [Calm, *loc. cit.*].

Le *chlorhydrate*, $C^6H^4(AzH.C^6H^5.HCl)^2$, est en aiguilles blanches.

Dérivé diacétylé, $C^6H^4(Az.C^6H^5.C^2H^3O)^2$. — Il se forme par l'action de l'anhydride acétique ou du chlorure d'acétyle sur la diamine à 130-140°. Il est en cristaux blancs, fusibles à 163°, solubles dans l'alcool, l'éther, la benzine et le chloroforme (Calm).

Dérivé dibenzoylé, $C^6H^4(Az.C^6H^5.C^7H^5O)^2$. — Par le chlorure de benzoyle à 140-150°, sur la diamine. Lamelles fusibles à 184°, solubles dans la benzine chaude et le chloroforme.

Dérivé dinitrosé, $C^6H^4[Az(AzO)C^6H^5]^2$. — Il se forme lorsqu'on ajoute peu à peu 2 molécules de nitrite de sodium à une solution sulfurique de la base. Au bout de 24 heures, la solution jaune laisse déposer des aiguilles jaunes qui, après cristallisation dans l'alcool éthéré, fondent à 102°. Elles sont solubles dans la benzine et dans l'acide acétique cristallisable; dans l'acide sulfurique avec une coloration bleu-violet (Calm).

La résorcine (1 molécule), fondue avec 2 molécules de quinoléine, fournit une masse cristalline qui, après dissolution dans l'alcool absolu, se présente en aiguilles fusibles à 102°, de la formule

$$C^{24}H^{20}Az^2O^2.$$

Les acides dédoublent ce corps en résorcine et en quinoléine [Hock, *Deutsch. chem. Gesellsch.*, 1883, p. 885].

Traitée par la vanilline et l'acide chlorhydrique, la résorcine donne une coloration bleue, qui finit par disparaître, et laisse alors déposer, par addition d'eau, un précipité blanc de *résorcine-vanilléine* (?) [Etti, *Monatsh. Chem.*, t. III, p. 643].

La résorcine, traitée par le chloroforme et la soude, fournit, suivant les conditions de l'expérience, soit de la *résorcylaldehyde*, soit de la *résorcène-dialdéhyde* (voy. ces mots, Suppl. p. 1372 et 1388; Tiemann et Reimer, Tiemann et Lewy).

D'après Kahnemann, Lichtheim, Andeer [*Pharm. Zeitschr. Russland*, t. XIX, p. 487, 532 et 524], la résorcine possède des propriétés antiseptiques, antipyrétiques et antimicotiques.

D'après Brieger, elle coagule l'albumine et entrave la fermentation alcoolique, à la dose de 1,5 — 2 % [*Arch. Pharm.* (3), t. XVII, p. 458].

Éthers de la résorcine.

MÉTHYLRÉSORCINES. — On en connaît deux.

1° *Monométhylrésorcine*,

$$C^7H^8O^2 = C^6H^4 \begin{cases} OCH^3 \\ OH. \end{cases}$$

— Ce composé se forme en même temps que le dérivé diméthylé, lorsqu'on chauffe 1 molécule de résorcine en tubes scellés à 100° avec 2 molécules de méthylsulfate de potassium et 2 molécules de potasse, pendant 4-5 heures. On dissout le produit dans l'eau, on neutralise par l'acide sulfurique et on épuise par l'éther. Celui-ci fournit, par évaporation, un résidu que l'on distille dans un courant de vapeur d'eau aussi longtemps qu'il passe une huile, qui est le dérivé diméthylé. Le résidu de la distillation, épuisé par l'éther, cède à ce dissolvant le dérivé monométhylé et de la résorcine non attaquée, que l'on sépare par distillation fractionnée [F. Habermann, *Deutsch. chem. Gesellsch.* 1877, p. 867; *Bull. Soc. chim.*, t. XXIX, p. 132].

D'après Wallach et Wüsten, le dérivé monométhylé se forme seul, lorsqu'on chauffe pendant 10 heures un mélange d'une molécule de résorcine et d'une molécule d'alcool méthylique avec 1 molécule d'acide sulfurique [*Deutsch. chem. Gesellsch.*, 1883, p. 151].

La monométhylrésorcine est un liquide jaunâtre très réfringent, doué d'une odeur aromatique, bouillant à 243-244°; dens. vap. = 4,2[illegible]05 (calc. = 4,2877). Elle est soluble dans l'eau bouillante, et colore le chlorure ferrique en violet.

Traitée par le chloroforme en présence de soude caustique, elle fournit des aldéhydes (voyez *résorcylaldéhyde* et *résorcène-dialdéhyde*, Suppl., p. 1372 et 1388; Tiemann et Parrisius).

Monométhylrésorcine tribromée,

$$C^6HBr^3 \begin{cases} OCH^3 \\ OH. \end{cases}$$

— On prépare ce composé en ajoutant à une solution éthérée de monométhylrésorcine, du brome aussi longtemps qu'il y a décoloration. On chasse l'éther et on fait cristalliser le résidu dans de l'essence de pétrole. On obtient ainsi de fines aiguilles blanches, fusibles à 104°, solubles dans l'alcool, l'éther, la benzine et l'essence de pétrole [F. Tiemann et A. Parrisius, *Deutsch. chem. Gesellsch.*, 1880, p. 2364].

Monométhylrésorcines mononitrées,

$$C^6H^3(AzO^2) \begin{cases} OH \\ OCH^3. \end{cases}$$

— Ces deux éthers, dont l'un est volatil et l'autre non volatil avec la vapeur d'eau, se forment dans l'action des vapeurs d'acide nitreux sur la mono- et sur la diméthylrésorcine (voy. plus loin). L'éther *mononitré volatil* avec la vapeur d'eau fond à 95°; l'*éther mononitré non volatil* fond à 144° (Weselsky et Benedikt).

Acide monométhylrésorcine-sulfurique. — Son sel de potassium,

$$C^6H^4 \begin{cases} OCH^3 \\ OSO^3K, \end{cases}$$

se forme lorsqu'on ajoute à un mélange de 5 p. de monométhylrésorcine et de 2,25 p. de potasse dissoutes dans peu d'eau, 5 p. de pyrosulfate de potassium, puis qu'on précipite par l'alcool et qu'on ajoute de l'éther au liquide filtré. Il se dépose alors des lamelles blanches du sel, qui est soluble dans l'eau et dans l'alcool chaud (Tiemann et Parrisius).

Monométhylrésorcine acétylée,

$$C^6H^4 \begin{cases} OCH^3 \\ OC^2H^3O. \end{cases}$$

— On l'obtient en faisant bouillir la monométhylrésorcine avec son poids d'anhydride acétique. Elle bout à 254-256° [Wallach et Wüsten, *loc. cit.*].

2° *Diméthylrésorcine*, $C^8H^{10}O^2 = C^6H^4(OCH^3)^2$. — Sa préparation a été indiquée plus haut. Il vaut mieux la préparer par l'action de l'iodure de méthyle sur une solution potassique de résorcine à

250° pendant 5-6 heures dans un autoclave. On la purifie par distillation dans un courant de vapeur d'eau, et par des lavages répétés à la lessive de potasse étendue de moitié d'eau (Œchsner de Coninck).

Elle bout à 210-212° (Œchsner), à 214-215° (Habermann). Sa densité de vapeur = 4,7050 (calc. = 4,7718); à 0°, sa densité = 1,075. Elle est soluble dans l'eau chaude et dans l'alcool [Habermann, *loc. cit.* — W. Œchsner de Coninck, *Bull. Soc. chim.*, t. XXXII, p. 113, et t. XXXIV, p. 149].

Diméthylrésorcine dibromée,

$$C^6H^2Br^2(OCH^3)^2.$$

— On l'obtient en ajoutant à une solution de diméthylrésorcine dans l'acide acétique cristallisable ou dans l'alcool, du brome jusqu'à décoloration, soit à froid, soit à chaud. Il se dépose des cristaux blancs qui, après cristallisation dans l'alcool, sont en aiguilles solubles dans l'alcool, l'éther et l'acide acétique cristallisable. Elle fond à 137-138° (Hönig), à 141° (Tiemann et Parrisius) [Hönig, *Deutsch. chem. Gesellsch.*, 1878, p. 1039; *Bull. Soc. chim.*, t. XXXI, p. 568].

Diméthylrésorcine monochlorée,

$$C^6H^3Cl(OCH^3)^2.$$

— Par l'action du chlore sur la diméthylrésorcine en solution dans l'acide acétique cristallisable, jusqu'à coloration verte. On évapore l'acide sur la chaux et on fait cristalliser dans l'alcool. Aiguilles longues, fusibles à 118°, solubles dans l'alcool chaud, l'éther et l'acide acétique [Hönig, *loc. cit.*].

Diméthylrésorcine dichlorée,

$$C^6H^2Cl^2(OCH^3)^2.$$

— Huile qui se forme par l'action du chlore sur les eaux mères de la précédente, et concentration sur la chaux dans le vide (Hönig).

Diméthylrésorcine dinitrée,

$$C^6H^2(AzO^2)^2(OCH^3)^2.$$

— On ajoute à une solution acétique de diméthylrésorcine le même volume d'acide nitrique (d = 1,42) et, au bout de 10 minutes, on épuise par l'éther. Celui-ci abandonne par évaporation des cristaux rouges qui, purifiés par dissolution dans l'alcool bouillant, puis additionnés d'alcool froid et finalement d'eau, se déposent en aiguilles rouge-brun, solubles dans l'alcool et dans l'éther, fusibles à 67° (Hönig).

Diméthylrésorcine trinitrée,

$$C^6H(AzO^2)^3(OCH^3)^2.$$

— Par introduction d'un mélange à parties égales de diméthylrésorcine et d'acide nitrique dans de l'acide sulfurique froid et concentré. L'eau en sépare des cristaux qui, après cristallisation dans l'alcool, forment des lamelles incolores, fusibles à 123-124°, solubles dans l'alcool et dans l'éther (Hönig).

ÉTHYLRÉSORCINES. — Lorsqu'on fait réagir le chlorocarbonate d'éthyle sur la combinaison potassique de la résorcine, il se forme un mélange de *mono-* et de *diéthylrésorcine* [Bender, *Deutsch. chem. Gesellsch.*, 1880, p. 697; *Bull. Soc. chim.*, t. XXXV, p. 256].

Éthylrésorcines mononitrées,

$$C^6H^3(AzO^2) < \begin{matrix} OH \\ OC^2H^5 \end{matrix}.$$

— Il en existe deux, l'une volatile avec la vapeur d'eau, l'autre non volatile (voyez plus loin leur préparation à *Action des vapeurs nitreuses sur les résorcines éthylée et méthylée*).

Mononitro-monoéthylrésorcine volatile. — Elle se forme aussi par l'action de la potasse et de l'éthylsulfate de potassium sur la résorcine mononitrée non volatile. Elle est en aiguilles jaunes, fusibles à 79°, et fournit un dérivé *bromé*,

$$C^6H^2Br(AzO^2) < \begin{matrix} OH \\ OC^2H^5 \end{matrix},$$

qui cristallise en aiguilles fusibles à 114°.

Mononitro-monoéthylrésorcine non volatile. — Aiguilles blanches fusibles à 131°. Elle se forme aussi par l'oxydation de la monoéthylrésorcine mononitrosée au moyen de l'acide nitreux. Elle donne un *dérivé dibromé*,

$$C^6HBr^2(AzO^2) < \begin{matrix} OH \\ OC^2H^5 \end{matrix},$$

en aiguilles jaunes, fusibles à 69° (Weselsky et Benedikt).

Monoéthylrésorcine mononitrosée,

$$C^6H^3(AzO) < \begin{matrix} OH \\ OC^2H^5 \end{matrix}.$$

— Ce composé prend naissance quand on ajoute à une solution de 5 grammes de diéthylrésorcine dans 20 grammes d'acide acétique cristallisable, étendue de 500 centimètres cubes d'eau, une solution de 11 grammes d'acide azoteux dans 89 grammes d'acide sulfurique. On laisse le mélange à l'abri de l'air pendant 3 heures, ayant soin d'agiter de temps à autre. Il se dépose une huile mélangée de flocons jaunes; après filtration, on enlève l'huile par compression, on lave le résidu à l'alcool et à l'éther, puis on le dissout dans la soude et on précipite par l'eau. On obtient ainsi des flocons blancs, solubles dans les alcalis, qui se décomposent au delà de 150° sans fondre. Avec l'acide acétique cristallisable et l'aniline, ce composé fournit un dérivé azoïque brun. Par réduction, il se transforme en une base dont la solution devient bleue à l'air. L'acide nitrique concentré le dissout, et l'eau sépare de la solution des cristaux de *dinitromonoéthylrésorcine*,

$$C^6H^2(AzO^2) < \begin{matrix} OH \\ OC^2H^5 \end{matrix}.$$

Ce dernier corps, après cristallisation dans l'eau, se présente en aiguilles blanches, fusibles à 75° [B. Aronheim, *Deutsch. chem. Gesellsch.*, 1879, p. 30; *Bull. Soc. chim.*, t. XXXII, p. 526].

Diéthylrésorcine. — Elle se forme par distillation de l'acide métadiéthyldioxybenzoïque avec de la chaux [L. Barth, *Deutsch. chem. Gesellsch.*, 1878, p. 1569; *Bull. Soc. chim.*, t. XXXII, p. 234].

Chauffée en tubes scellés à 160-200° avec 5-6 vol. d'acide chlorhydrique fumant, elle se transforme en $C^{12}H^{10}O^3$, corps que Barth et Weidel ont obtenu dans l'action de l'acide chlorhydrique sur la résorcine (voy. plus haut).

Action de l'anhydride nitreux sur les éthers méthyliques et éthyliques de la résorcine.

Lorsqu'on ajoute peu à peu 3 centimètres cubes d'acide nitrique saturé d'acide nitreux à une solution de 8 gr. de résorcine éthylée ou méthylée, en ayant soin d'agiter, et que l'on abandonne le mélange dans un flacon bouché pendant 24 heures à 0°, il se forme un dépôt vert. Ce dépôt est composé de plusieurs substances. Pour les séparer, on lave le dépôt à l'éther, et il reste une substance appelée *matière colorante insoluble dans l'éther*, que l'on soumet à une cristallisation dans l'alcool. La solution éthérée, épuisée par la potasse, puis évaporée, laisse une matière brune qu'on fait cristalliser dans l'alcool; c'est la *matière colorante soluble dans l'éther*. La liqueur potassique, acidulée par l'acide sulfurique, laisse déposer une résine et une matière colorante non étudiée, et cède, après filtration, à l'éther deux dérivés nitrés de résorcine monoéthylée ou monométhylée, suivant qu'on a employé des éthers éthyliques ou méthyliques de la résorcine; on les sépare par distillation dans un courant de vapeur d'eau, l'un étant volatil, l'autre fixe dans ces conditions. Le liquide distillé cède le dérivé volatil à l'éther. Ces dérivés mononitrés ont été décrits plus haut [P. Weselsky et Benedikt, *Monatsh. f. Chem.*, 1880, p. 891; *Bull. Soc. chim.*, t. XXXVI, p. 490].

Matière colorante insoluble dans l'éther,

$C^{24}H^{20}Az^2O^6$.

— Les éthers méthyliques et éthyliques de la résorcine donnent la même substance. Elle est en aiguilles rouge-bordeaux, fusibles à 230°, sublimables, solubles dans l'acide sulfurique avec une couleur pourpre, qui passe au jaune par addition d'eau.

Matière colorante soluble dans l'éther,

$C^{14}H^{11}AzO^3$.

— Les dérivés éthyliques et méthyliques de la résorcine engendrent le même composé. Il est en aiguilles rouge-orangé, fusibles à 228°, solubles dans l'acide sulfurique avec une couleur bleu-violacé que l'eau change en orangé.

PROPYLRÉSORCINES. — *Résorcine monopropylée*, $C^6H^4(OH)(OC^3H^7)$. — Elle se forme en petite quantité, en même temps que la *résorcine dipropylée*, $C^6H^4(OC^3H^7)^2$, lorsqu'on chauffe 1 molécule de résorcine avec 2 molécules de propylsulfate de potassium et 2 molécules de potasse à 160° en tubes scellés pendant 4-5 heures. On acidule le produit par l'acide sulfurique, on ajoute de l'eau et on distille dans un courant de vapeur d'eau. On épuise par l'éther le liquide distillé et on fractionne le résidu de la solution éthérée.

La résorcine dipropylée est un liquide incolore, peu soluble dans l'eau froide, soluble dans l'eau chaude, l'alcool, l'éther, l'acide acétique cristallisable et l'essence de pétrole. Elle bout à 251°; dens. vap. = 7,016 (calc. = 6,708). Lorsqu'on la traite en solution dans l'acide acétique cristallisable par un courant de chlore, et qu'on évapore sur la chaux, on obtient la *tétrachlororésorcine dipropylée*, $C^6Cl^4(OC^3H^7)^2$, qui est un liquide jaune plus dense que l'eau, soluble dans l'alcool, l'éther et l'acide acétique cristallisable et qui se décompose à 100°.

Dans les mêmes conditions, elle donne, avec le brome, la *monobromorésorcine dipropylée*,

$C^6H^3Br(OC^3H^7)^2$,

qui est en aiguilles soyeuses, fusibles à 70-71° [Kariof, *Monatsh. f. Chem.*, 1880, p. 258; *Bull. Soc. chim.*, t. XXXV, p. 389].

DIACÉTYLRÉSORCINE, $C^6H^4(OC^2H^3O)^2$. — Par l'action du chlorure d'acétyle sur la résorcine au réfrigérant à reflux. Liquide réfringent bouillant à 278° (Typke).

BENZYLRÉSORCINE,

$$C^6H^4 \begin{cases} OH \\ OC^7H^7. \end{cases}$$

Ce corps se forme lorsqu'on ajoute peu à peu du chlorure de benzyle à de la résorcine fondue [Reverdin, *Monit. scient.* (3), t. VII, p. 860].

Il constitue une huile épaisse, bouillant très haut en se décomposant, soluble dans l'alcool avec une fluorescence verte; traité par l'acide phtalique et l'acide sulfurique, puis par la soude, il donne la *chrysoline*, qui est une poudre brune à reflets verts et qui teint la soie et la laine.

Schiff et Pellizzari n'ont pas pu préparer la benzylrésorcine à l'état de pureté par l'action du chlorure de benzyle et de la potasse sur la résorcine, en solution alcoolique ou aqueuse. Ils ont obtenu un produit résineux.

Dibenzylrésorcine, $C^6H^4(OC^7H^7)^2$. — Tables incolores, fusibles à 76°, que l'on obtient en traitant la résorcine par le bromure de benzyle et la potasse alcoolique [Schiff et Pellizzari, *Liebig's Ann.*, t. CCXXI, p. 376].

BENZOYLRÉSORCINES (voy. t. II, p. 1328). — La dibenzoylrésorcine, $C^6H^4(OC^7H^5O)^2$, fond à 117° (Doebner).

Lorsqu'on chauffe le produit de l'action de 2 molécules de chlorure de benzoyle sur 1 molécule de résorcine, au bain d'huile à 100-120° en vases ouverts, avec 2 molécules de chlorure de benzoyle en présence d'un peu de chlorure de zinc, il se dégage de l'acide chlorhydrique. Quand ce dégagement a cessé, on épuise le produit par l'eau bouillante, pour enlever le chlorure de zinc, et on saponifie le résidu par la potasse alcoolique; on chasse l'alcool, on dissout dans l'eau et on traite par l'acide carbonique. Il se dépose des matières résineuses; on filtre alors, on traite de nouveau par le gaz carbonique, et on réunit le précipité cristallin formé au résidu cristallin, que l'on obtient en évaporant la solution provenant de l'épuisement des matières résineuses par le sulfure de carbone. Ce produit cristallin est un mélange de *benzorésorcine* et de *dibenzorésorcine* avec du benzoate de potassium. On sépare les deux premiers corps de celui-ci par dissolution dans l'éther, qui laisse le benzoate alcalin. La solution éthérée donne, par évaporation, un résidu que l'on fait dissoudre dans l'alcool chaud. Par le refroidissement, la dibenzorésorcine se dépose, et les eaux mères laissent, par évaporation, la monobenzorésorcine.

Monobenzorésorcine,

$C^6H^5.CO-C^6H^3(OH)^2$.

— Elle est en fines aiguilles, fusibles à 144°, solubles dans l'eau et la benzine chaudes et dans l'alcool froid. L'eau la précipite de la solution alcoolique. Les alcalis et l'ammoniaque la dissolvent. Le chlorure ferrique colore la solution alcoolique en rouge sale [Doebner, *Liebig's Ann.*, t. CCX, p. 256].

Dibenzoate de monobenzorésorcine,

$$C^6H^5.CO\text{-}C^6H^3 \begin{cases} O\text{-}CO.C^6H^5 \\ O\text{-}CO.C^6H^5 \end{cases}$$

— Il est contenu dans le produit brut de la préparation des mono- et dibenzorésorcines. On le prépare en chauffant la monobenzorésorcine avec la quantité théorique de chlorure de benzoyle.

Il est en prismes incolores, fusibles à 141°, insolubles dans l'eau, peu solubles dans l'alcool, solubles dans l'acide acétique cristallisable. Les alcalis bouillants le dédoublent en benzoate et en benzorésorcine (Doebner).

Dibenzorésorcine,

$(C^6H^5.CO)^2 = C^6H^2(OH)^2$.

— Elle est en lamelles incolores, fusibles à 149°, insolubles dans l'eau, solubles dans l'alcool chaud, l'éther, la benzine et le sulfure de carbone, ainsi que dans les alcalis. Elle fournit des sels insolubles avec les métaux alcalino-terreux. Le chlorure ferrique colore sa solution alcoolique en rouge de sang (Doebner).

Dibenzoate de dibenzorésorcine,

$(C^6H^5.CO)^2 = C^6H^2(O-CO.C^6H^5)^2$.

— Par l'action de la chaleur sur un mélange de 2 molécules de chlorure de benzoyle et de 1 molécule de dibenzorésorcine. Il est en longues aiguilles fusibles à 151°, insolubles dans l'eau (Doebner).

Diacétate de dibenzorésorcine,

$(C^6H^5.CO)^2 = C^6H^2(O-CO.CH^3)^2$.

— Il se forme lorsqu'on chauffe la dibenzorésorcine avec de l'anhydride acétique. Il cristallise en aiguilles fusibles à 150°, peu solubles dans l'eau, solubles dans l'eau chaude, l'alcool, l'éther, le chloroforme et le sulfure de carbone (Doebner).

Dérivés bromés, chlorés, nitrés, amidés, etc.

RÉSORCINES BROMÉES. — *Résorcine dibromée* $C^6H^2Br^2(OH)^2$. — On obtient ce composé en ajoutant à une solution d'éosinate de potassium de la potasse jusqu'à coloration noire, puis un acide, et en faisant bouillir le mélange. Il se forme un précipité, et le liquide filtré cède la résorcine dibromée à l'éther. Après évaporation de celui-ci, on fait cristalliser dans l'eau. On obtient ainsi des aiguilles fusibles à 92-93°, solubles dans les alcalis, et que le chlorure ferrique colore en rouge sale. L'acide nitrique bouillant convertit ce corps en acide nitrophtalique [A.-W. Hofmann, *Deutsch. chem. Gesellsch.*, 1874, p. 65].

Résorcine tribromée, $C^6HBr^3(OH)^2$. — Ce composé résulte de l'action de beaucoup de substances sur la pentabromorésorcine de Stenhouse. Il se forme lorsqu'on fait bouillir la pentabromorésorcine avec de l'acide formique ou avec de l'aldéhyde; dans le premier cas, il se dégage de l'acide carbonique, de l'acide bromhydrique et du brome, et, dans le second cas, de l'acide bromhydrique seulement [Claassen, *Deutsch. chem. Gesellsch.*, 1878, p. 1438; *Bull. Soc. chim.*, t. XXXII, p. 39].

Lorsqu'on réduit la pentabromorésorcine par l'acide chlorhydrique et l'étain, elle se transforme en résorcine tribromée; de même, lorsqu'on chauffe la pentabromorésorcine avec de l'aniline ou avec du phénol, on obtient de la résorcine tribromée et de l'aniline tribromée, ou du phénol tribromé [R. Benedikt, *Deutsch. chem. Gesellsch.*, 1878, p. 1559 et p. 2168; *Bull. Soc. chim.*, t. XXXII, p. 522].

Elle se forme aussi lorsqu'on fait bouillir le dioxyazobenzol tribromé avec du brome et de l'acide acétique cristallisable [Typke, *Deutsch. chem Gesellsch.*, 1877, p. 1576; *Bull. Soc. chim.*, t. XXX, p. 282; voyez aussi Suppl., p. 300].

La résorcine tribromée se dépose par refroidissement d'une solution de pentabromorésorcine dans l'alcool absolu chaud [Benedikt, *Monatsh. f. Chem.*, 1880, p. 349; *Bull. Soc. chim.*, t. XXXIII, p. 310].

Elle se forme également lorsqu'on fait passer de l'hydrogène sulfuré dans une solution saturée et chaude de pentabromorésorcine [Benedikt, *loc. cit.*].

La résorcine tribromée cristallise en longues aiguilles blanches, fusibles à 111°, solubles dans une grande quantité d'eau bouillante. Oxydée par le ferricyanure de potassium en solution potassique, elle donne la dibromoxyquinone (Stenhouse et Groves).

Résorcine tribromée monoacétylée,

$$C^6HBr^3 < \begin{matrix} OH \\ O.C^2H^3O. \end{matrix}$$

— Ce composé se forme lorsqu'on ajoute peu à peu une solution d'une partie de diacétylrésorcine dans de l'alcool étendu à un mélange de 5 p. de brome et de 40 p. d'eau. Le liquide rouge, lavé à l'eau, se prend en une masse cristalline qui, après cristallisation dans le sulfure de carbone, est en aiguilles transparentes, fusibles à 114°, solubles dans l'eau chaude. Par l'ébullition avec l'anhydride acétique il se convertit en *résorcine tribromée diacétylée*, $C^6HBr^3(O.C^2H^3O)^2$. Cette substance prend également naissance lorsqu'on fait bouillir pendant 2 heures de la pentabromorésorcine avec de l'anhydride acétique, ou avec de l'acide acétique cristallisable. Le produit, étendu d'eau, fournit le nouveau composé, et celui-ci, après cristallisation dans l'alcool, est en aiguilles blanches, fusibles à 108°, solubles dans l'alcool et dans l'éther [Claassen, *loc. cit.*].

Résorcine tétrabromée, $C^6Br^4(OH)^2$. — On prépare ce composé en chauffant de la pentabromorésorcine avec de l'acide sulfurique concentré, en ayant soin d'agiter jusqu'à ce que la pentabromorésorcine reste en suspension sous forme de gouttes huileuses. Par le refroidissement, on obtient une masse brune qui, après cristallisation dans l'alcool étendu, se présente en fines aiguilles, fusibles à 163°, solubles dans l'alcool chaud, l'éther et le chloroforme, peu solubles dans l'eau. Soumise à l'ébullition pendant quelques heures avec l'anhydride acétique, cette substance donne la *résorcine tétrabromée diacétylée*, $C^6Br^4(O.C^2H^3O)^2$, qui est en cristaux, fusibles à 169°, solubles dans l'alcool chaud et dans l'éther, insolubles dans l'eau [Claassen, *loc. cit.*].

Pentabromorésorcine (voyez t. II, p. 1328). — Liebermann et Dittler ont envisagé ce composé comme étant un produit d'addition de résorcine tribromée et de brome, $C^6HBr^3(OH)^2.Br^2$. Les expériences qui ont été entreprises par Benedikt pour établir la constitution de ce corps ont amené cet auteur à considérer ce composé comme du *tribromorésorcinate de brome*,

$$C^6Br^5HO^2 = C^6HBr^3 < \begin{matrix} OBr \\ OBr. \end{matrix}$$

Les considérations qu'il fait valoir à cet égard sont les suivantes :

La pentabromorésorcine se transforme en résorcine tribromée par cristallisation dans l'alcool bouillant. L'hydrogène sulfuré, l'étain et l'acide chlorhydrique opèrent la même réduction. L'étude de la tribromorésoquinone amène à des résultats analogues (voyez Suppl., *Résoquinone*, p. 1371) [Benedikt, *Monatsh. f. Chem.*, 1880, p. 349; — *Bull. Soc. chim.*, t. XXXIII, p. 310; *Monatsh. f. Chem.*, 1883, p. 223].

Résorcine hexabromée ou *tétrabromorésorcinate de brome*, $C^6Br^6O^2 = C^6Br^4(OBr)^2$. — Elle se forme lorsqu'on ajoute de l'eau de brome à de la résorcine tétrabromée en suspension dans l'eau. Elle est en cristaux clinorhombiques, fusibles à 136°, que l'étain et l'acide chlorhydrique convertissent en résorcine tétrabromée (Benedikt).

RÉSORCINES CHLORÉES. — *Résorcine monochlorée*, $C^6H^3Cl(OH)^2$. — On obtient ce composé en ajoutant à une solution de résorcine, dans 3-4 fois son poids d'alcool éthéré, la quantité théorique de chlorure de sulfuryle. On évapore l'éther et on distille le résidu.

La résorcine monochlorée est en fines aiguilles, fusibles à 89°, bouillant à 255° et qui se sublime à 75°. Elle est soluble dans l'eau, l'alcool, l'éther, la benzine et le sulfure de carbone [G. Reinhard, *Journ. prakt. Chem.*, (2), t. XVII, p. 321; *Bull. Soc. chim.*, t. XXXII, p. 262].

Dérivé dibenzoylé, $C^6H^3Cl(O.C^7H^5O)^2$. — Aiguilles microscopiques, fusibles à 98°, solubles dans l'alcool et dans l'éther (Reinhard).

Résorcine dichlorée, $C^6H^2Cl^2(OH)^2$. — S'obtient par l'action de 2 molécules de chlorure de sulfuryle sur la résorcine. Elle est en prismes rhomboïdaux, fusibles à 77°, bouillant à 240°, solubles dans l'eau, l'alcool, l'éther et la benzine (Reinhard).

Résorcine trichlorée, $C^6HCl^3(OH)^2$. — Ce composé se forme lorsqu'on traite la pentachlororésorcine par une solution concentrée de bisulfite de sodium. La dissolution s'effectue avec élévation de température et, par refroidissement, on obtient une masse cristalline que l'on fait cristalliser dans l'eau bouillante [Claassen, *loc. cit.*].

On l'obtient également en traitant la résorcine en solution aqueuse par un courant de chlore, ou en traitant la résorcine dichlorée par le chlorure de sulfuryle [Reinhard, *loc. cit.*].

Elle cristallise en aiguilles blanches, fusibles à 69° (Claassen), à 83° (Reinhard), solubles dans l'alcool, l'éther et l'eau chaude. Le *dérivé dibenzoylé* cristallise en prismes fusibles à 133° (Reinhard). Oxydée en solution potassique par le ferricyanure de potassium, elle donne la dichloroxyquinone, fusible à 60° [Stenhouse et Groves, *Deutsch. chem. Gesellsch.*, 1880, p. 1305; *Bull. Soc. chim.*, t. XXXV, p. 628].

Pentachlororésorcine. — Pour ce composé, Benedikt admet la formule

$$C^6HCl^5O^2 = C^6HCl^3 \begin{cases} OCl \\ OCl, \end{cases}$$

analogue à celle de la pentabromorésorcine (*loc. cit.*).

RÉSORCINES CHLOROBROMÉES. — *Résorcine monochlorée dibromée*, $C^6HClBr^2(OH)^2$. — Aiguilles fusibles à 105°, solubles dans l'eau chaude, l'alcool et l'éther, qui se forment lorsqu'on traite une solution aqueuse de résorcine monochlorée par le brome à 80° [Reinhard, *loc. cit.*].

Une seconde *résorcine monochlorée dibromée* se produit lorsqu'on traite le monochlorodibromorésorcinate de chlore et de brome par le bisulfite de sodium. Après cristallisation dans l'acide acétique cristallisable, elle est en aiguilles fusibles à 86° (Benedikt).

Résorcine monobromée dichlorée,

$$C^6HBrCl^2(OH)^2.$$

— S'obtient par l'action du brome sur la résorcine dichlorée (Reinhard).

Trichlororésorcinate de brome, $C^6Cl^3H(OBr)^2$. — Ce composé se forme lorsqu'on ajoute un excès d'eau de brome à de la résorcine trichlorée maintenue en suspension dans un mélange à parties égales d'eau et d'acide chlorhydrique. On fait cristalliser le précipité dans le chloroforme. On obtient ainsi des cristaux jaunâtres, fusibles à 100°; le bisulfite de sodium, l'étain et l'acide chlorhydrique transforment ce corps en résorcine trichlorée [Benedikt, *loc. cit.*].

Monochlorodibromorésorcinate de chlore et de brome,

$$C^6HClBr^2 \begin{cases} OCl \\ OBr. \end{cases}$$

— On obtient ce composé en faisant passer un courant de chlore dans un mélange de 500cc d'eau et 500cc d'acide chlorhydrique, contenant en suspension 50 grammes de résorcine tribromée, jusqu'à ce que le précipité soit devenu pulvérulent. On filtre, on lave et on fait cristalliser dans le chloroforme. On obtient ainsi des cristaux jaunâtres, fusibles sans décomposition. Avec le bisulfite de sodium, ce composé se transforme en une *résorcine monochlorée dibromée* (voyez plus haut). Chauffé à 175°, il se convertit en *dichlorodibromodiphénoquinonate de chlore* (voyez RÉSOQUINONE, Suppl., p. 1371) (Benedikt).

RÉSORCINES IODÉES. — *Résorcine monoiodée*, $C^6H^3I(OH)^2$. — On prépare ce composé en ajoutant peu à peu 110 p. d'oxyde de plomb à une solution de 10 p. de résorcine et de 24 p. d'iode dans l'éther, en ayant soin d'agiter. On chasse l'éther et on fait cristalliser le résidu, épuisé par la benzine, dans l'eau bouillante. On obtient ainsi des prismes rhomboïdaux, fusibles à 67°, solubles dans l'eau [Stenhouse, *Liebig's Ann.*, t. CLXXI, p. 311; *Bull. Soc. chim.*, t. XXII, p. 202].

Résorcine triiodée, $C^6HI^3(OH)^2$. — Ce composé prend naissance lorsqu'on ajoute du chlorure d'iode à une solution de résorcine dans l'eau, aussi longtemps qu'il se dépose des flocons, qui se transforment en une poudre rose par agitation; on arrête lorsqu'il se précipite de l'iode; alors on filtre, on lave à l'eau et on dissout dans le sulfure de carbone; celui-ci laisse un corps soluble dans l'alcool, fusible au delà de 350°. La solution dans le sulfure de carbone fournit des cristaux roses que l'on purifie par cristallisation dans l'alcool [A. Michael et T. H. Norton, *Deutsch. chem Gesellsch.*, 1876, p. 1752; *Bull. Soc. chim* t. XXVIII, p. 188].

Claassen (*loc. cit.*) indique le procédé suivant pour préparer la résorcine triiodée : On ajoute une solution concentrée de 2 p. de résorcine à une solution de 3 p. d'iodate de potassium dans beaucoup d'eau, puis on y verse, en agitant, une solution de 12 p. d'iode dans de l'iodure de potassium. Il se dépose des flocons bruns, que l'on dissout dans le sulfure de carbone, et cette solution distillée donne de l'iode et des cristaux gris qui semblent être un mélange de tri- et de pentaiodorésorcines. On les traite par le bisulfite de potassium et on ajoute de l'eau à la solution incolore. On obtient des flocons blancs que l'on fait cristalliser dans l'alcool.

La *résorcine triiodée* est en cristaux blancs, fusibles à 145° (Michael et Norton), à 154° (Claassen), sublimables à 190°. Elle est soluble dans l'alcool, l'éther, l'acide acétique cristallisable, le sulfure de carbone, les carbonates alcalins et dans l'aniline avec une couleur brune. Sa solution alcoolique donne un précipité blanc cristallin avec l'ammoniaque alcoolique. L'acide nitrique bouillant la convertit en trinitrorésorcine. Soumise à l'ébullition pendant 2 heures avec de l'anhydride acétique, elle donne un *dérivé diacétylé*,

$$C^6HI^3(O.C^2H^3O)^2,$$

qui est en aiguilles brillantes, fusibles à 170°, solubles dans l'alcool et dans l'éther (Claassen).

RÉSORCINES NITRÉES. — *Résorcines mononitrées*,

$$C^6H^3(AzO^2)(OH)^2.$$

— Lorsqu'on prépare la diazorésorcine d'après le procédé de Weselsky (voyez plus bas), il se forme en même temps des produits solubles dans la potasse. La solution potassique, traitée par un acide, laisse déposer des flocons et cède à l'éther, après filtration, deux mononitrorésorcines. Pour les séparer, on évapore l'éther et on distille le résidu dans un courant de vapeur d'eau. Il reste comme résidu la mononitrorésorcine décrite par Weselsky (t. II, p. 1328), tandis qu'une nouvelle modification est entraînée. On épuise le liquide distillé par l'éther, et on fait cristalliser dans l'alcool le résidu de l'évaporation de la solution éthérée. On obtient ainsi la *mononitrorésorcine volatile avec la vapeur d'eau* en prismes rouge-orangé, fusibles à 85°, et qui peut être distillée [Weselsky et Benedikt, *Monatsh. Chem.*, 1880, p. 895; *Bull. Soc. chim.*, t. XXXVI, p. 490].

Dinitrorésorcines, $C^6H^2(AzO^2)^2(OH)^2$. — On connaît deux résorcines dinitrées.

La *première* se forme lorsqu'on oxyde la dinitrosorésorcine en solution éthérée par l'acide nitreux. Lorsque la dissolution s'est effectuée, on lave la solution éthérée avec de l'eau, puis on distille la majeure partie de l'éther et on laisse évaporer le reste à la température ordinaire. On lave le résidu à l'eau et on le fait cristalliser dans l'alcool. On obtient ainsi des lamelles jaunes, fusibles à 142°, qui détonent par l'action de la chaleur. L'acide nitrique étendu convertit ce corps en trinitrorésorcine.

La *combinaison ammoniacale* est en aiguilles rouges et la *combinaison potassique* en prismes orangés. Soumise à l'ébullition avec du carbonate de baryum, la dinitrorésorcine forme un *sel barytique*, $C^6H^2(AzO^2)^2(O^2Ba)$, qui est en petites aiguilles [Benedikt et v. Hübl, *Monatsh. Chem.*, 1881, p. 323; *Bull. Soc. chim.*, t. XXXVI, p. 493].

La *seconde dinitrorésorcine* se produit lorsqu'on traite la diacétylrésorcine par 4-5 volumes d'acide nitrique à froid. On verse le produit sur de la glace et on lave la poudre à l'eau, puis on l'épuise par l'alcool pour enlever la diacétylrésorcine non attaquée, et on fait bouillir le résidu avec de l'acide chlorhydrique à 30 % pour saponifier le dérivé diacétylé. On filtre, on lave les cristaux avec beaucoup d'eau, et on fait cristalliser dans l'éther acétique. On obtient ainsi des cristaux jaunes, fusibles à 212°,5, solubles dans l'éther, le chloroforme et l'acide acétique cristallisable, peu solubles dans la benzine, l'alcool et l'eau [Typke, *Deutsch. chem. Gesellsch.*, 1883, p. 551].

Benedikt et v. Hübl ont obtenu ce même dérivé en traitant la dinitrodiazorésorcine par la potasse alcoolique (*loc. cit.*).

Sel argentique, $C^6H^2(AzO^2)^2(OAg)^2$; — *sel d'ammonium*, $C^6H^2(AzO^2)^2(O.AzH^4)^2$, aiguilles jaune brun, avec fluorescence bleue; — *sel de baryum acide*, $[C^6H^2(AzO^2)^2O^2H]^2Ba$, longues aiguilles dorées; — *sel de baryum neutre*,

$$[C^6H^2(AzO^2)^2O^2]Ba,$$

cristaux rouges (Typke).

Résorcine trinitrée, $C^6H(AzO^2)^3(OH)^2$. — (Voyez t. II, p. 1329.) — D'après Bantlin, le composé que l'on obtient en traitant le métanitrophénol ou les deux dinitrophénols isomériques par l'acide nitrique concentré n'est pas du trinitrophénol, mais de la trinitrorésorcine [*Deutsch. chem. Gesellsch.*, 1877, p. 524; *Bull. Soc. chim.*, t. XXX, p. 82].

La trinitrorésorcine se forme lorsqu'on traite la résorcine diacétylée en présence d'acide sulfurique, ou l'acide résorcine-disulfonique par l'acide nitrique [Merz et Zetter, *Deutsch. chem. Gesellsch.*, 1879, p. 2035; *Bull. Soc. chim.*, t. XXXIV, p. 516]. D'après L. Meyer, la résorcine diacétylée fournit avec l'acide nitrique la *diacétylrésorcine trinitrée* [*Deutsch. chem. Gesellsch.*, 1878, p. 1229].

La trinitrorésorcine n'est pas attaquée à froid par l'acide nitrique en présence d'anhydride phosphorique; à 40°, elle est décomposée et il se dégage du gaz carbonique. Traitée par l'acide sulfurique à chaud, elle donne une solution dont l'eau sépare des flocons qui sont probablement un acide trinitrorésorcine-sulfonique. Le brome agit sur elle, en solution dans le sulfure de carbone ou l'acide acétique cristallisable, pour donner de la bromopicrine. Si l'on fait passer de l'air chargé de brome dans une solution aqueuse d'un sel acide de trinitrorésorcine, il se forme du nitrodibrométhylène, $C^2HBr^2(AzO^2)$, et de la bromopicrine (Merz et Zetter).

Nölting et Salis ont obtenu une combinaison de trinitrorésorcine avec la naphtaline en mélangeant des solutions de ces deux corps dans la benzine. Cette combinaison,

$$C^6H(AzO^2)^3(OH)^2 + C^{10}H^8,$$

est en aiguilles jaune d'or, fusibles à 159° [*Monit. scient.* (3), t. X, p. 1136].

RÉSORCINES BROMONITRÉES. — *Résorcine monobromée dinitrée*, $C^6HBr(AzO^2)^2(OH)^2$. — Ce composé se forme lorsqu'on fait bouillir la résorcine dinitrée, fusible à 212°,5, en solution dans l'acide acétique cristallisable avec un excès de brome [Typke, *loc. cit.*]; elle prend également naissance par l'oxydation de la dibromomononitrosorésorcine au moyen de l'acide nitrique [A. Fèvre, *Compt. rend.*, t. XCVI, p. 790].

Elle cristallise en aiguilles jaunes, fusibles à 192,5-193°, solubles dans l'acétone, peu solubles dans l'alcool chaud. Avec la soude, elle fournit une coloration écarlate. Le *sel ammoniacal* est en aiguilles dorées, le *sel sodique* en aiguilles rouge rubis. Elle donne un *dérivé acétylé* qui est en prismes jaunes, fusibles à 135° (Fèvre).

Résorcine dibromée mononitrée,

$$C^6HBr^2(AzO^2)(OH)^2.$$

— Elle se forme par l'action du brome sur une solution de la résorcine mononitrée, fusible à 85° dans l'acide acétique cristallisable. Elle se présente en aiguilles fusibles à 117° [Weselsky et Benedikt, *loc. cit.*]. Elle est isomérique avec celle de Weselsky (voyez t. II, p. 1329).

RÉSORCINE IODONITRÉE, $C^6H^2I(AzO^2)(OH)^2$. — On l'obtient en traitant une solution de nitrorésorcine dans l'alcool à 90 % par l'iode et l'oxyde de mercure. Elle cristallise en aiguilles jaune d'or brillantes, insolubles dans l'eau, solubles dans l'alcool étendu [Weselsky, *Liebig's Ann.*, t. CLXXIV, p. 111; *Bull. Soc. chim.*, t. XXIII, p. 318].

NITROSORÉSORCINES. — *Mononitrosorésorcine*, $C^6H^3(AzO)(OH)^2 + H^2O$. — On prépare ce composé en traitant à froid la résorcine sodée par le nitrite d'amyle; on sépare le dérivé nitrosé au moyen de l'acide sulfurique et on le fait cristalliser dans l'alcool étendu [A. Fèvre, *Compt. rend.*, t. XCVI, p. 790].

La mononitrosorésorcine cristallise en aiguilles jaune d'or, qui se carbonisent à 148° sans fondre. Elle est soluble dans l'alcool et dans l'acétone, peu soluble dans l'éther et dans l'eau. Avec les sels ferreux et de la limaille de fer, elle se colore en vert. L'acide nitrique la transforme en trinitrorésorcine. Avec la résorcine et l'acide sulfurique, elle donne la diazorésorufine (voyez t. II, p. 1330); avec la diméthylaniline, elle donne un composé pourpre, et avec une solution chloroformique d'acétate d'aniline, un composé qui est en aiguilles bleu d'acier de la formule $C^{18}H^{14}Az^2O^2$, soluble avec une couleur bleue dans les acides nitrique et chlorhydrique concentrés, avec une couleur verte dans l'acide sulfurique concentré (Fèvre).

Dinitrosorésorcine, $C^6H^2(AzO)^2(OH)^2 + 2H^2O$. — On prépare ce corps en ajoutant une solution de 1 molécule de résorcine dans 50 p. d'eau à 0°, additionnée de 2 molécules d'acide acétique cristallisable, à une solution aqueuse de 2 molécules de nitrite de potassium. Le liquide foncé laisse déposer des flocons foncés, et au bout d'un quart d'heure on verse le mélange dans 2 molécules d'acide sulfurique étendu d'eau. On obtient ainsi des flocons; on filtre après une heure, on lave et on fait cristalliser dans l'alcool à 50 % [A. Fitz, *Deutsch. chem. Gesellsch.*, 1875, p. 631; *Bull. Soc. chim.*, t. XXIV, p. 415].

D'après Benedikt et v. Hübl, le meilleur mode de préparation est celui employé par Stenhouse et Groves pour obtenir le dérivé dinitrosé de l'orcine (voyez ce mot, Suppl., p. 1103).

La dinitrosorésorcine est en lamelles jaune-brun brillantes, qui déflagrent à 115°, peu solubles dans l'eau froide, l'alcool, l'alcool méthylique et l'acétone, insolubles dans l'éther et dans la benzine. Elle déplace l'acide carbonique de ses sels. Lorsqu'on traite sa solution dans la soude par l'acide carbonique, il se dépose une poudre verte qui est le *sel sodique acide*,

$$C^6H^2(AzO)^2 <^{OH}_{ONa};$$

le *sel ammonique acide* est brun, le *sel potassique acide* est vert. Le sel sodique fournit des précipités avec les sels de baryum, de calcium et des métaux lourds; ceux-ci sont verts ou bruns. Par oxydation, elle donne la dinitro- ou la trinitrorésorcine, selon les conditions; par réduction, elle se transforme en diamidorésorcine.

MONONITROSORÉSORCINE DIBROMÉE,

$$C^6HBr^2(AzO)(OH)^2 + 2H^2O.$$

— Elle cristallise en aiguilles jaunes brillantes

vers 138°, elle se décompose sans fondre. Ce corps est soluble dans l'alcool et dans l'acétone. Pour l'obtenir, on traite la mononitrosorésorcine par l'eau de brome (Fèvre).

RÉSORCINES AMIDÉES. — *Résorcine monamidée.* — La mononitrosorésorcine donne, par réduction au moyen de l'acide chlorhydrique et de l'étain, une amidorésorcine qui semble identique avec celle de Weselsky (Fèvre; voyez t. II, p. 1329).

Résorcine diamidée, $C^6H^2(AzH^2)^2(OH)^2$. — Lorsqu'on réduit la dinitrosorésorcine par l'acide chlorhydrique et l'étain, elle se dissout, et la solution, privée d'étain au moyen de l'acide sulfhydrique, puis évaporée au bain-marie dans un courant d'hydrogène sulfuré, fournit le chlorhydrate de la diamidorésorcine. Pour le purifier, on le dissout dans l'eau, on le traite de nouveau par l'hydrogène sulfuré, et on enlève le sulfure d'étain par filtration. Le *chlorhydrate* n'est pas stable; il brunit par évaporation de sa solution. Le *sulfate*,

$$C^6H^2(AzH^2)^2(OH)^2.H^2SO^4 + 1\tfrac{1}{2}H^2O,$$

se forme par l'action de l'acide sulfurique sur le chlorhydrate; il est en cristaux jaunâtres, peu solubles dans l'alcool. Avec le chlorure ferrique, il se colore en bleu [Fitz, *loc. cit.*].

La dinitrorésorcine de Typke, fusible à 212°,5, fournit, par réduction avec l'étain et l'acide chlorhydrique, une *seconde diamidorésorcine,* dont le *chlorhydrate*, $C^6H^2(AzH^2)^2(OH)^2.2HCl$, est en aiguilles brillantes, solubles dans l'eau, insolubles dans l'acide chlorhydrique, et qui peuvent être sublimées; il colore le chlorure ferrique en rouge [Typke, *loc. cit.*].

RÉSORCINES NITRAMIDÉES. — *Résorcine mononitrée monoamidée,* $C^6H^2(AzO^2)(AzH^2)(OH)^2$. — On obtient ce composé en dissolvant 50 grammes de dinitrorésorcine (fusible à 142°) dans 350^{cc} d'alcool absolu et 150^{cc} d'ammoniaque, et en y dirigeant un courant d'hydrogène sulfuré, à une température de 70°. On laisse refroidir, et, après 12 heures, on obtient un dépôt cristallin que l'on dissout dans l'eau; on précipite par l'acide sulfurique et on fait cristalliser dans l'alcool.

La résorcine mononitrée monamidée est en cristaux bruns, fusibles à 170°, solubles dans l'alcool et dans l'éther. Son *sel ammoniacal* est en cristaux violets très altérables [Benedikt et v. Hübl, *loc. cit.*].

Résorcine dinitrée monamidée [Syn. *Acide styphnamique*], $C^6H(AzO^2)^2(AzH^2)(OH)^2$. — Ce corps se forme lorsqu'on chauffe une solution alcoolique de trinitrorésorcine avec du sulfhydrate d'ammonium. La solution, acidulée par l'acide acétique et épuisée par l'éther, cède à celui-ci le nouveau composé, que l'on purifie par cristallisation dans l'alcool absolu. On obtient ainsi des lamelles d'un rouge de cuivre, brillantes, fusibles à 190°, insolubles dans l'eau, peu solubles dans l'alcool, solubles dans les alcalis et dans les acides [Benedikt et v. Hübl, *loc. cit.*].

RÉSORCINE DIAMIDÉE, $C^6H^2(AzH)^2(OH)^2$. — Ce composé se dépose à l'état d'écailles brillantes rouges, lorsqu'on fait passer un courant d'air dans une solution de chlorhydrate de diamidorésorcine, additionnée d'un excès d'ammoniaque. Elle se dissout dans l'acide chlorhydrique avec une couleur rouge [Typke, *loc. cit.*].

RÉSORCINE MONAMIDÉE DIIMIDÉE (voyez t. II, p. 1330). — Cette base, chauffée à 170° avec de l'acide chlorhydrique étendu, se transforme en *trioxyquinone*, $C^6H^4O^5$ [Diehl et Merz, *Deutsch. chem. Gesellsch.*, 1878, p. 1229; *Bull. Soc. chim.*, t. XXXII, p. 232].

Elle se dissout dans une solution de carbonate de sodium avec une coloration bleue; à l'ébullition, il se dégage de l'ammoniaque, et la solution devient verte. L'acide acétique y produit alors un précipité brun azoté, qui est soluble dans les acides minéraux. Ce corps, chauffé avec de l'acide chlorhydrique, se change en un composé non azoté. Le *chlorhydrate* de la base est transformé en trioxyquinone par l'action de l'acide chlorhydrique à 10 °/₀ à 140-150°. Le *chlorostannite* est en aiguilles aplaties enchevêtrées.

La base libre se transforme par réduction en triamidorésorcine [Merz et Zetter, *Deutsch. chem. Gesellsch.*, 1879, p. 2035; *Bull. Soc. chim.*, t. XXXIV, p. 516].

RÉSORCINE DIAZOIQUE. — La formule de ce composé est $C^{18}H^{10}Az^2O^6$, et non pas $C^{18}H^{12}Az^2O^6$ (voyez t. II, p. 1330). Son *éther éthylique*,

$$C^{18}H^8(C^2H^5)^2Az^2O^6,$$

se forme lorsqu'on chauffe 5 grammes de diazorésorcine avec 25^{cc} d'alcool, incomplètement saturé d'acide chlorhydrique, en tubes scellés pendant 12 heures, à 100°. On purifie le produit en y ajoutant de l'éther, agitant le liquide avec la potasse et faisant cristalliser dans l'alcool absolu le résidu de la solution éthérée. Ce corps est en aiguilles rouge-brun enchevêtrées, fusibles à 202°, solubles dans l'alcool et dans l'éther. Avec l'acide sulfurique, il donne une coloration bleue que l'eau change en jaune, et finalement il se sépare des flocons bruns de la solution [P. Weselsky et R. Benedikt, *Monatsh. f. Chem.*, 1880, p. 886; *Bull. Soc. chim.*, t. XXXVI, p. 400].

Mononitrodiazorésorcine. — Elle se dépose sous la forme d'un précipité cristallin brun, lorsqu'on ajoute la quantité théorique de nitrite de potassium à une solution de mononitromonamidorésorcine dans l'acide sulfurique étendu. On la purifie par cristallisation dans l'alcool [Benedikt et v. Hübl, *loc. cit.*].

Dinitrodiazorésorcine. — Pour préparer ce corps, on ajoute un excès de nitrite de potassium à une solution de 5 grammes de monamidorésorcine mono- ou dinitrée dans 150^{cc} d'acide sulfurique étendus de 5 volumes d'eau, et on chauffe pendant quelques heures. La solution devient verte et laisse déposer par le refroidissement des cristaux du *sel potassique*,

$$C^6HAz^4O^6K = C^6H(AzO^2)^2 \begin{cases} OK \\ Az = Az. \\ O \end{cases}$$

Ce corps est très explosif, soluble dans l'eau chaude. Sa solution dans l'acide sulfurique, abandonnée à l'air, laisse déposer des cristaux jaunes tricliniques du corps dinitrodiazoïque libre. Le sel potassique, chauffé avec un excès de potasse, devient rouge, dégage de l'azote et se transforme en dinitrorésorcine, fusible à 212°,5, et en dirésorcine tétranitrée (voyez p. 1386) (Benedikt et v. Hübl.)

AZORÉSORCINES. — On ne connaît pas de résorcine azoïque, mais seulement des composés azoïques dans lesquels un groupe hydrocarboné est formé par la résorcine. Ce sont donc des composés azoïques mixtes. Le premier corps de ce genre est le *dioxyazobenzol* ou *azobenzol-résorcine*, $C^6H^5\text{-}Az = Az\text{-}C^6H^3(OH)^2$, obtenu par Baeyer et Jaeger [*Deutsch. chem. Gesellsch.*, 1875, p. 151; *Bull. Soc. chim.*, t. XXIV, p. 184] et étudié depuis par Typke, qui a reconnu que ce composé était un mélange de deux isomères [*Deutsch. chem. Gesellsch.*, 1877, p. 1576; *Bull. Soc. chim.*, t. XXX, p. 282; voyez aussi Suppl., p. 300]. Un seul de ces isomères se forme lorsqu'on fait réagir du chlorure de diazobenzol sur une solution aqueuse de résorcine, surtout en présence d'acétate de sodium, et c'est l'isomère α, fusible à 167-168°, et non pas à 161°, comme l'indique Typke [Wallach et Fischer, *Deutsch. chem. Gesellsch.*,

1882, p. 2814; *Bull. Soc. chim.*, t. XL, p. 215].

L'azobenzol-résorcine, soumise à l'ébullition avec l'anhydride acétique donne un *dérivé acétylé*, fusible à 99-100° [Wallach, *Deutsch. chem. Gesellsch.*, 1882, p. 22; *Bull. Soc. chim.*, t. XXXVII, p. 411].

Azorthotoluol-résorcine. — Aiguilles rouge-brique, fusibles à 175-176°. Son *dérivé diacétylé* est en lamelles orange, fusibles à 74-75° (Wallach et Fischer).

Azoparatoluol-résorcine,

$$CH^3.C^6H^4\text{-}Az = Az\text{-}C^6H^3(OH)^2.$$

— Aiguilles rouges, fusibles à 184°, solubles dans l'alcool, et avec une couleur jaune dans la soude [Wallach, *loc. cit.*].

Son *dérivé diacétylé* est en beaux cristaux, fusibles à 98° [Wallach et Fischer, *loc. cit.*].

Azoxylol-résorcine,

$$(CH^3)^2C^6H^3\text{-}Az = Az\text{-}C^6H^3(OH)^2.$$

— Elle se forme lorsqu'on mélange 1 molécule de chlorure de diazoxylène avec 1 molécule de résorcine et une solution aqueuse de 1 molécule d'acétate de sodium. On fait cristalliser le dépôt formé dans l'alcool et on obtient ainsi des cristaux rouges [Wallach, *loc. cit.*].

Azocumol-résorcine,

$$(CH^3)^3C^6H^2\text{-}Az = Az\text{-}C^6H^3(OH)^2.$$

— Par l'action de l'acide chlorhydrique et du nitrite de potassium sur un mélange de résorcine et de chlorhydrate d'amidopseudocumène, fusible à 62°, en présence de potasse. Aiguilles rouges, fusibles à 199° [Liebermann et v. Kostanecki, *Deutsch. chem. Gesellsch.*, 1884, p. 130 et 876].

Paraphénétol-azorésorcine,

$$C^2H^5O.C^6H^4\text{-}Az = Az\text{-}C^6H^3(OH)^2.$$

— Par substitution du paramidophénétol à l'amidopseudocumène dans la préparation précédente. Elle est en lamelles rouges, fusibles à 165-167°, solubles dans le chloroforme, et avec une couleur rouge-brun dans l'acide sulfurique concentré [Liebermann et v. Kostanecki, *loc. cit.*].

Diazonaphtaline-résorcine,

$$C^{10}H^7\text{-}Az = Az\text{-}C^6H^3(OH)^2.$$

— Elle se forme facilement. Son *dérivé oxyazoïque* est en aiguilles rouges, fusibles à 200°, solubles dans la soude [Wallach, *loc. cit.*].

Résorcines di- et triazoïques. — En dehors de ces composés, il en existe d'autres qui renferment trois ou quatre restes hydrocarbonés unis par des groupes Az = Az. Ces corps ont été préparés par Wallach et Fischer. Nous indiquons la préparation de ces composés d'une manière générale, pour ne pas y revenir à propos de chacun.

Ces corps se forment lorsqu'on ajoute 1 molécule d'un corps diazoïque à une solution d'une combinaison azoïque, de la formule

$$RAz = AzC^6H^3(OH)^2;\ R = (C^6H^5, C^6H^4.CH^3, \text{etc.}),$$

dans 4 molécules de potasse, en ayant soin de bien refroidir. Au bout de quelques heures, on filtre. Dans ces conditions, il ne se forme pas un produit unique, mais un mélange d'au moins deux corps isomériques. Ces corps ont reçu le nom de *combinaisons disazoïques*. L'un d'eux, insoluble dans les alcalis aqueux, reste sur le filtre : c'est la *combinaison* β; l'autre, soluble dans les alcalis aqueux, est la *combinaison* α. Les *combinaisons* α sont précipitées de la solution alcaline par les acides; elles sont solubles dans l'acide sulfurique concentré avec une couleur rouge, et donnent des dérivés acétylés bien caractérisés.

Les *combinaisons* β sont solubles dans les solutions alcooliques d'alcalis, et l'eau les précipite de ces solutions. Les acides enlèvent l'alcali contenu dans ces précipités. On purifie ces corps par digestion avec l'acide chlorhydrique, et on fait cristalliser le résidu de cette opération. Les combinaisons β ne donnent pas de dérivés acétylés cristallisés; leurs combinaisons alcalines sont peu solubles dans l'eau, solubles dans l'alcool. Elles se dissolvent dans l'acide sulfurique concentré avec une couleur bleue.

Ces combinaisons disazoïques, surtout les combinaisons α, fournissent des corps triazoïques lorsqu'on les traite en solution alcaline par un corps diazoïque [Wallach, *loc. cit.*; — Wallach et Fischer, *loc. cit.*].

Résorcine-diazobenzols,

$$\begin{matrix} C^6H^5\text{-}Az = Az \\ C^6H^5\text{-}Az = Az \end{matrix} > C^6H^2(OH)^2.$$

— Par l'action du chlorure de diazobenzol sur l'azobenzol-résorcine. Dans ce cas, on peut séparer les deux isomères par dissolution dans le chloroforme et précipitation fractionnée par l'alcool.

La *combinaison* α est en aiguilles rouge-brun enchevêtrées, fusibles à 213-215°, peu solubles dans l'alcool et dans l'éther, solubles dans le chloroforme et dans l'acide sulfurique en rouge. Soumise à l'ébullition avec l'anhydride acétique pendant 2 heures, elle donne un *dérivé diacétylé* $(C^6H^5Az^2)^2C^6H^2(OC^2H^3O)^2$, qui est en aiguilles brunes, fusibles à 183-184° (Wallach et Fischer).

La *combinaison* β est en aiguilles microscopiques, fusibles à 220°, solubles dans l'acide sulfurique avec couleur bleue, dans la potasse alcoolique avec couleur rouge.

D'après Wallach, le composé isomérique avec l'azobenzolrésorcine de Typke est du résorcine-disazobenzol (*loc. cit.*). Liebermann et v. Kostanecki ont confirmé cette manière de voir. Ces auteurs ont préparé le *dérivé diacétylé*,

$$(C^6H^5Az^2)^2C^6H^2(OC^2H^3O)^2,$$

qui est en aiguilles orangées, fusibles à 137-138° [*Deutsch. chem. Gesellsch.*, 1884, p. 880].

Benzol-disazobenzol-résorcines [Syn. *Azo-azobenzol-résorcines*],

$$C^6H^5\text{-}Az = Az\text{-}C^6H^4\text{-}Az = Az\text{-}C^6H^3(OH)^2.$$

— Ces composés, isomériques avec les précédents, se forment lorsqu'on dissout 1 molécule d'amidoazobenzol et 1 molécule de résorcine dans l'alcool, qu'on y ajoute un excès d'acide acétique et que l'on verse la solution froide dans une solution aqueuse de 1 molécule de nitrite de potassium. On filtre au bout de quelques heures et on extrait le précipité par l'acide acétique. On obtient ainsi un mélange de composés α et β. On épuise ce mélange par l'alcool bouillant, qui dissout le corps α, et le résidu, lavé à la soude, constitue le corps β.

La *combinaison* α, précipitée par l'eau de la solution alcoolique, puis reprise par la soude et précipitée par un acide, est en tables hexagonales microscopiques, fusibles à 183-184°, solubles dans l'alcool, l'éther et le chloroforme; elle se dissout en rouge dans les alcalis et dans l'acide sulfurique concentré.

La *combinaison* β est une poudre brune, fusible à 215°, qui prend un aspect métallique lorsqu'on la broie. Elle se dissout en bleu dans les alcalis alcooliques et dans l'acide sulfurique concentré (Wallach et Fischer).

Résorcine-diazotoluolbenzols [Syn. Azotoluol-résorcine-azobenzols],

$$\begin{matrix} CH^3.C^6H^4\text{-}Az = Az \\ C^6H^5\text{-}Az = Az \end{matrix} > C^6H^2(OH)^2.$$

— Les deux isomères se forment dans l'action du

chlorure de diazobenzol sur l'azotoluol-résorcine, ou du chlorure de paradiazotoluène sur le résorcine-azobenzol.

La *combinaison* α, soluble dans les alcalis, est formée, dans ce cas particulier, par deux composés isomériques, que l'on sépare par cristallisation dans un mélange d'alcool et de chloroforme. Le composé le plus soluble est la combinaison α, le moins soluble la combinaison α'.

La *combinaison* α est en cristaux d'un jaune d'or, fusibles à 195-196°; elle fournit un *dérivé diacetylé* qui fond à 175-176°.

La *combinaison* α' est en cristaux dorés, fusibles à 241°, et fournit un *dérivé diacétylé* en aiguilles jaunes, fusibles à 195-196°, solubles dans l'alcool. Les combinaisons α et α' sont solubles dans l'acide sulfurique et dans les alcalis avec une couleur rouge.

La *combinaison* β est peu soluble dans un mélange d'alcool et de chloroforme. Par cristallisations répétées dans ce mélange, le composé, primitivement soluble en rouge dans l'acide sulfurique, subit une transformation et se dissout dans cet acide avec une couleur bleue. Il est alors en cristaux microscopiques brun-noir, fusibles à 204-206°, peu solubles dans l'alcool, solubles dans le chloroforme (Wallach et Fischer).

Résorcine-diazoparatoluols,

$$(CH^3.C^6H^4\text{-}Az{=}Az)^2C^6H^2(OH)^2.$$

— Par l'action de la diazoparatoluidine sur le résorcine-azoparatoluol.

La *combinaison* α est en cristaux enchevêtrés, fusibles à 255-256°, peu solubles dans l'alcool et le chloroforme froid, solubles dans le chloroforme chaud.

La *combinaison* β est en cristaux microscopiques bruns, fusibles à 202-203°, solubles en bleu dans l'acide sulfurique (Wallach et Fischer).

Résorcine-diazorthotoluols. — La *combinaison* α est en aiguilles rouge-brun, fusibles à 194-195°; la *combinaison* β est analogue à celle provenant du paradiazotoluène (Wallach et Fischer).

Résorcine-diazocumol [Syn. *Cumyldisazorésorcine, Cumylazorésorcine-azocumol*],

$$\left.\begin{matrix}(CH^3)^3C^6H^2\text{-}Az{=}Az\\(CH^3)^3C^6H^2\text{-}Az{=}Az\end{matrix}\right> C^6H^2(OH)^2.$$

— Ce corps se produit en même temps que le résorcine-azocumol et forme la partie du produit insoluble dans la potasse. Il est en aiguilles rouges, solubles dans l'acide sulfurique avec une couleur rouge (Liebermann et v. Kostanecki).

Résorcine-disazobenzol-naphtaline,

$$\left.\begin{matrix}C^{10}H^7\text{-}Az{=}Az\\C^6H^5\text{-}Az{=}Az\end{matrix}\right> C^6H^2(OH)^2.$$

— Cristaux fusibles à 156°, possédant un éclat métallique, solubles dans l'acide sulfurique avec une couleur bleue. Ce corps se forme par l'action du chlorure de diazobenzol sur la diazonaphtaline-résorcine, ou par l'action du chlorure de diazonaphtaline sur le résorcine-azobenzol (Wallach).

ACIDES RÉSORCINE-SULFONIQUES. — *Acide résorcine-monosulfonique*. — On prépare cet acide en fondant 1 p. de résorcine-disulfonate de potassium avec 4 p. de potasse, jusqu'à fort dégagement d'hydrogène. Lorsque l'écume tombe, on dissout dans l'eau, on neutralise par l'acide acétique et on précipite l'acide sulfurique et l'acide disulfonique par la baryte; dans le liquide filtré, on enlève l'excès de baryte par l'acide carbonique, et on précipite la liqueur filtrée par l'acétate basique de plomb. Le précipité plombique est décomposé par l'hydrogène sulfuré; l'acide libre est saturé par le carbonate de potassium, et le liquide évaporé au bain-marie avec du sable quartzeux. Le résidu, épuisé par l'alcool absolu, cède à celui-ci le *résorcine-monosulfonate de potassium*,

$$C^6H^3(OH)^2SO^3K + 2H^2O,$$

qui est en prismes monocliniques; fondu avec de la potasse, ce sel donne de la phloroglucine [H. Fischer, *Monatsh. f. Chem.*, 1881, p. 331; *Bull. Soc. chim.*, t. XXXVI, p. 494].

Acide résorcine-disulfonique,

$$C^6H^2(OH)^2(SO^3H)^2 + 2H^2O.$$

— Malin (voyez t. II, p. 1328) croyait que le composé résultant de l'action de l'acide sulfurique sur la résorcine correspondait à la formule

$$C^6H^4(OH)^2 + 4H^2SO^4.$$

Lorsqu'on traite 1 p. de résorcine à 150° par 10 p. d'acide sulfurique concentré et que l'on élève la température, vers la fin, à 190°, pour dissoudre les cristaux formés, on obtient par le refroidissement des cristaux que l'on essore, et que l'on transforme en sel barytique pour les purifier [Piccard et Humbert, *Deutsch. chem. Gesellsch.*, 1876, p. 1479; *Bull. Soc. chim.*, t. XXVIII, p. 123].

D'après Tedeschi, on purifie l'acide brut en enlevant l'excès d'acide sulfurique par le carbonate de plomb, et en faisant évaporer le liquide sur l'acide sulfurique [*Deutsch. chem. Gesellsch.*, 1879, p. 1268; *Bull. Soc. chim.*, t. XXXIV, p. 277].

L'acide résorcine-disulfonique est en cristaux soyeux, qui perdent leur eau en se décomposant. Il est soluble dans l'eau et dans l'alcool, insoluble dans l'éther, et se colore en rouge rubis avec le chlorure ferrique. Traité par le brome, il donne la résorcine tribromée (Piccard et Humbert). Fondu avec de la potasse, il se transforme en phloroglucine (Tedeschi).

Sel de baryum basique,

$$C^6H^2(O^2Ba)(SO^3)^2Ba + 5H^2O.$$

— Il est insoluble dans l'eau (Piccard et Humbert).

Sel de baryum neutre,

$$C^6H^2(OH)^2(SO^3)^2Ba + 3\tfrac{1}{2}H^2O.$$

— Il est en aiguilles et perd son eau à 120° (Tedeschi); d'après Fischer, il ne renferme que $3H^2O$ et le *sel basique* n'en renfermerait que 4.

L'acide libre, par l'ébullition avec le carbonate de calcium, donne un *sel neutre*, et avec l'eau de chaux un *sel basique* très soluble (Piccard et (Humbert).

Sel de cuivre, $C^6H^2(OH)^2(SO^3)^2Cu + 10H^2O$. — Il est en prismes tricliniques verts (Fischer).

Sel de plomb basique,

$$C^6H^2(O^2Pb)(SO^3)^2Pb + 4H^2O.$$

— Cristaux incolores (Fischer).

Sel de potassium neutre,

$$C^6H^2(OH)^2(SO^3K)^2 + H^2O.$$

— Il perd son eau à 130° (Tedeschi). Par cristallisation lente, on l'obtient en prismes clinorhombiques renfermant $4H^2O$ (Fischer).

Sel de sodium. — Il contient une molécule H^2O (Fischer).

Le sel potassique, traité par le nitrite de potassium en solution saturée à froid, et additionné d'acide acétique, donne un précipité violet, cristallin, azoté, qui détone par la chaleur (Fischer).

Acide résorcine-trisulfonique,

$$C^6H(OH)^2(SO^3H)^3.$$

— Cet acide se forme lorsqu'on chauffe l'acide disulfonique à 200°, en tubes scellés, avec de l'acide sulfurique fumant. On sature par la craie, finalement par un lait de chaux et, après avoir exprimé le précipité, on le traite par l'acide chlorhydrique, qui dissout le résorcine-trisulfonate de calcium. A cette solution on ajoute du chlorure de baryum, qui précipite le gypse, et il se forme du *résorcine-trisulfonate de baryum*, qui reste quelque temps en solution, mais qui, une fois précipité, devient insoluble dans l'acide chlorhydrique. On sature presque par l'ammoniaque et on filtre rapidement.

Le *sel barytique*, $[C^6H(OH)^2(SO^3)^3]^2Ba^3$, se dépose à l'état cristallin. — Le *sel d'ammonium* se forme par digestion du sel barytique avec du carbonate d'ammonium à 100°. — Le *sel basique* perd de l'ammoniaque et se transforme en *sel neutre*. — Le *sel de plomb* est cristallin [Piccard et Humbert, *Deutsch. chem. Gesellsch.*, 1877, p. 182; *Bull. Soc. chim.*, t. XXVIII, p. 280].

ACIDES RÉSORCINE-SULFONIQUES HALOGÉNÉS. — *Acide résorcine-monosulfonique dichloré*,

$$C^6HCl^2(OH)^2(SO^3H).$$

— Cet acide se produit lorsqu'on traite son anhydride par les carbonates alcalins. Il forme une poudre blanche soluble dans l'eau et dans l'alcool. Le *sel de baryum*, $[C^6HCl^2(OH)^2SO^3]^2Ba$, est insoluble dans l'eau.

L'*anhydride*, $[C^6HCl^2(OH)^2SO^2]^2O$, résulte de l'action du chlorure de sulfuryle sur la résorcine dichlorée. Il est en prismes peu solubles dans l'eau, l'alcool et l'éther [G. Reinhard, *loc. cit.*]

Acide résorcine-disulfonique monoiodé. — Son *sel potassique*, $C^6HI(OH)^2(SO^3K)^2$, se forme lorsqu'on triture le résorcine-disulfonate de potassium avec de l'iode et que l'on chauffe en vase clos au bain-marie avec de l'alcool étendu. Il cristallise par le refroidissement en aiguilles incolores (Fischer).

ACIDE RÉSORCINE-MONOSULFONIQUE MONONITRÉ,

$$C^6H^4O^2(AzO^2)SO^3H + 1\tfrac{1}{2}H^2O.$$

— Ce corps se forme lorsqu'on chauffe à 80-90° 15 grammes de mononitro-résorcine, fusible à 115°, avec 13cc,7 d'acide sulfurique concentré. On verse le produit dans l'eau, on sépare l'éther résorcinique nitré qui se dépose, on évapore la solution et on fait cristalliser dans un peu d'eau. Cet acide est en écailles blanches, fusibles à 124-125°, solubles dans l'alcool et dans l'éther. Le brome le convertit en mononitro-résorcine dibromée, fusible à 147°. Cet acide forme une série de *sels de baryum*; le *premier* est en aiguilles jaune de soufre, de la formule

$$[C^6H^2(AzO^2)(OH)^2(SO^3)]^2Ba + 2H^2O;$$

le *second* correspond à la formule

$$[C^6H^2(AzO^2)OH(SO^3)O]^2Ba^2 + 2H^2O,$$

et cristallise en écailles jaune-citron; le *troisième* cristallise en aiguilles rouges, insolubles dans l'eau, de la formule

$$[C^6H^2(AzO^2)O^2(SO^3)]^2Ba^3 + 5H^2O;$$

les sels de *cobalt, cuivre, nickel* et *potassium* sont en aiguilles [Hazura, *Monatsh. chem.*, 1883, p. 610].

ACIDE RÉSORCINE-MONOSULFONIQUE MONAMIDÉ, $C^6H^2(AzH^2)(OH)^2SO^3H$. — Il est en cristaux prismatiques roses, peu solubles dans l'eau chaude. Il se forme par réduction de l'acide nitré au moyen de l'étain et de l'acide chlorhydrique. Ces cristaux deviennent verts par oxydation [Hazura, *loc. cit.*].

ACIDES RÉSORCINE-SULFURIQUES. — *Acide résorcine-monosulfurique*. — Son sel de potassium se trouve dans les eaux mères de la préparation de l'acide disulfurique. Ces eaux mères, neutralisées par l'acide sulfurique, puis filtrées et évaporées, donnent un magma cristallin qui, lavé à l'alcool absolu froid et finalement soumis à une cristallisation dans l'alcool bouillant, avec emploi de noir animal, fournit des tables minces dissymétriques d'un sel potassique de la formule

$$C^6H^4 < \begin{matrix} OH \\ OSO^3K. \end{matrix}$$

Sa solution aqueuse se colore en violet avec le chlorure ferrique; chauffé avec de l'acide acétique, il se décompose [Baumann, *Deutsch. chem. Gesellsch.*, 1876, p. 1715; *Bull. Soc. chim.*, t. XXVIII, p. 188].

Acide résorcine-disulfurique, $C^6H^4(OSO^3H)^2$. — La résorcine, à la dose de 2-3 grammes, apparaît dans l'urine d'un chien sous forme d'acide résorcine-disulfurique. Cet acide est insoluble dans l'alcool et ne colore pas le chlorure ferrique (Baumann).

On obtient le *sel potassique* en ajoutant 45 p. de pyrosulfate de potassium à une solution de 20 p. de résorcine et de 20 p. de potasse dans 25 p. d'eau, en ayant soin d'agiter. Le mélange ayant été chauffé au bain-marie pendant 6 heures, on l'extrait par un volume double d'alcool, à 90 %, on filtre et on précipite par le même volume d'alcool absolu. Pour purifier le précipité, on le dissout dans l'eau, on décolore avec de l'acétate de plomb, et dans la liqueur filtrée, privée de plomb par l'hydrogène sulfuré, on précipite le sel, après concentration, par l'alcool. On obtient ainsi des aiguilles anhydres. Ce sel, chauffé à 160°, donne un résorcine-sulfonate non étudié. Le *sel barytique*, $C^6H^4(OSO^3)^2Ba$, est en aiguilles blanches (Baumann).

DIRÉSORCINE.

Dirésorcine, $C^{12}H^{10}O^4 + 2H^2O$. — Lorsqu'on prépare la phloroglucine par fusion de la résorcine avec la potasse et que l'on épuise par l'éther la dissolution aqueuse du produit de la fusion, préalablement acidulée par l'acide sulfurique, on obtient une solution éthérée de phloroglucine mélangée de pyrocatéchine et de dirésorcine. Par cristallisation, cette solution fournit la phloroglucine et des eaux mères renfermant les deux autres dérivés. Pour en isoler la dirésorcine, on précipite la pyrocatéchine par l'acétate de plomb, et le liquide filtré cède à l'éther la dirésorcine, mélangée à de la résorcine non altérée et à de la pyrocatéchine. La dirésorcine étant plus soluble dans l'éther, on la purifie par cristallisation fractionnée dans ce véhicule [Barth et Schreder, *Deutsch. chem. Gesellsch.*, 1879, p. 503; *Bull. Soc. chim.*, t. XXII, p. 530].

Benedikt la purifie par des cristallisations répétées dans beaucoup d'eau, du résidu de la solution éthérée, après précipitation par l'acétate de plomb.

On la sépare de la phloroglucine par dissolution dans 7-8 p. d'eau bouillante; on laisse refroidir à 30°, température à laquelle la dirésorcine seule se dépose, et on purifie les cristaux par une nouvelle dissolution [Benedikt et Julius, *Monatsh. f. Chem.*, 1884, p. 177].

La dirésorcine est en prismes courts, fusibles à 250°, à 310° (Benedikt et Julius). Elle colore le chlorure ferrique en bleu et précipite l'acétate basique de plomb. Chauffée avec de la poudre de zinc, elle donne du diphényle.

Dirésorcine tétracétylée, $C^{12}H^6(O.C^2H^3O)^4$. — Elle est en prismes brillants, fusibles à 152° (Benedikt et Julius).

Traitée en solution éthérée par une solution éthérée de brome, elle donne un *dérivé hexabromé*, dont l'éther tétracétique,

$$C^{12}Br^6(O.C^2H^3O)^4,$$

fond à 259° et est insoluble dans l'alcool [Benedikt, *Monatsh. f. Chem.*, 1880, p. 353; *Bull. Soc. chim.*, t. XXXV, p. 688].

Lorsqu'on réduit la tribromorésoquinone par l'hydrogène sulfuré ou par l'étain et l'acide chlorhydrique (Benedikt) ou lorsqu'on la traite par le bisulfite de potassium (Claassen), on obtient la *tétrabromo-β-dirésorcine*

$$\begin{array}{c} C^6HBr^2(OH)^2 \\ | \\ C^6HBr^2(OH)^2 \end{array}$$

soluble dans la potasse étendue. La dirésorcine dont ce corps dérive semble être isomérique avec celle de Barth et Schreder, car elle ne fournit pas de dérivé hexabromé (Benedikt). Elle n'a pas été isolée. Le dérivé tétrabromé, soumis à l'ébullition avec l'acétate de sodium sec et l'anhydride acétique, donne la *tétrabromo-β-dirésorcine tétraacétylée* $C^{12}H^2Br^4(O.C^2H^3O)^4$ qui est fusible à 195°, insoluble dans la potasse, l'alcool et l'acide acétique cristallisable (Benedikt).

Dirésorcine décabromée [Syn. *Hexabromodirésorcinate de brome*], $C^{12}Br^6(OBr)^4$. — Par l'action d'une solution de brome dans l'acide chlorhydrique fumant sur une solution potassique étendue de dirésorcine, et lavage avec du chloroforme chaud. Cristaux insolubles dans les dissolvants autres que les alcalis et l'acide sulfurique concentré. A 185°, ils perdent du brome, et à 210° ils deviennent noirs (Benedikt et Julius).

Tétranitrodirésorcine, $C^{12}H^2(AzO^2)^4(OH)^4$. — Ce corps se forme lorsqu'on fait bouillir la diazodinitrorésorcine avec la potasse. Il cristallise en aiguilles fusibles à 268°, peu solubles dans l'alcool, solubles dans l'éther et dans l'acide acétique. A l'ébullition avec une solution de carbonate de potassium, il fournit un *sel potassique acide*,

$$C^{12}H^2(AzO^2)^4(OH)^2(OK)^2,$$

en aiguilles rouges; avec la potasse, il donne le *sel neutre*, qui est en aiguilles vertes [Benedikt et v. Hübl, *loc. cit.*].

Dirésorcine hexanitrée, $C^{12}(AzO^2)^6(OH)^4$. — Par dissolution de la dirésorcine dans l'acide nitrique fumant, en ayant soin de refroidir après avoir amorcé la réaction par une douce chaleur. On purifie le produit par dissolution dans l'eau, précipitation par l'acide chlorhydrique et cristallisation dans le chloroforme additionné de peu d'alcool. Elle forme des cristaux jaunes brillants qui déflagrent à 230° (Benedikt et Julius).

D'après Annaheim, le composé obtenu par l'action de l'acide sulfurique fumant sur la résorcine serait une *dirésorcine-sulfone*, $[C^6H^3(OH)^2]^2SO^2$ (voyez plus haut).

Dirésorcine-acétone. — D'après les nouvelles recherches de Claus, le composé auquel il avait donné ce nom serait de la *résorcine-oxaléine* (voyez ce mot, Suppl., p. 1386).

Dirésorcine-phtaléine (voyez Suppl., p. 1267). — D'après Benedikt et Julius, la formule de cette substance serait $C^{20}H^{12}O^6 + 3\frac{1}{2}H^2O$, au lieu de $C^{32}H^{22}O^{10}$, comme l'a indiqué Link. Elle donne un *dérivé tétrabromé*, $C^{20}H^8Br^4O^6$, lorsqu'on mélange les solutions acétiques de phtaléine et de brome. Ce dérivé est en cristaux jaunes, solubles avec une couleur bleue dans les alcalis. Son existence démontre l'exactitude de la nouvelle formule, car la formule de Link amènerait à un dérivé décabromé.

Dirésorcine-phtaline (voyez Suppl., p. 1270). — Sa formule est $C^{20}H^{14}O^6 + 2H^2O$ (Benedikt et Julius).

Dirésorcine-phtaléine insoluble,

$$C^{32}H^{20}O^9 + 4H^2O.$$

— Elle se forme dans la préparation de la phtaléine si l'on emploie un excès de dirésorcine, ou lorsqu'on chauffe la phtaléine avec de la dirésorcine, et de l'acide sulfurique. Cristaux blancs, microscopiques, insolubles dans l'eau, solubles dans l'alcool, qui brunissent à 240°.

Elle donne une solution potassique bleue, qui devient incolore lorsqu'on l'étend d'eau et qui prend une coloration violette à l'ébullition; celle-ci disparaît par le refroidissement. La solution alcaline donne avec l'acide chlorhydrique un précipité brun, avec l'acide sulfurique un précipité rouge-violacé [Benedikt et Julius, *Monatsh. f. Chem.*, 1884, p. 177]. M. Wassermann.

RÉSORCINE-BENZÉINE, $C^{38}H^{30}O^9$. — On prépare ce composé en chauffant à 180-190° pendant plusieurs heures un mélange de 2 molécules de résorcine avec 1 molécule de trichlorure de benzényle. Lorsque le dégagement d'acide chlorhydrique a cessé, on dissout dans la soude le produit privé de l'excès de résorcine par l'eau et on précipite par l'acide acétique. On purifie le précipité par cristallisation dans un mélange d'alcool et d'acide acétique cristallisable.

La résorcine-benzéine est en prismes jaunes par transparence, violacés par réflexion. Elle est insoluble dans l'eau, l'éther et la benzine, peu soluble dans l'alcool. La solution est rouge et fluorescente. A 130°, elle perd $2H^2O$ et possède la formule $C^{38}H^{26}O^7$, qui serait celle d'un anhydride de la benzéine normale $2C^{19}H^{14}O^4 - H^2O$; le produit, séché à 100°, serait l'hydrate $2C^{19}H^{14}O^4 + H^2O$. Chauffée en solution alcaline avec de la poudre de zinc, ou traitée en solution alcoolique par le zinc et l'acide chlorhydrique, elle se transforme en *tétroxytriphénylméthane*,

$$[C^6H^3(OH)^2]^2CH.C^6H^5,$$

qui est en aiguilles incolores, fusibles à 171°, solubles dans l'alcool, l'éther et l'acide acétique, insolubles dans l'eau.

Résorcine-benzéine bromée, $C^{38}H^{22}Br^8O^9$. — On obtient ce composé en ajoutant une solution acétique de 8 molécules de brome à une solution de 1 molécule de résorcine-benzéine dans un mélange à parties égales d'alcool et d'acide acétique. On lave le dépôt avec ce mélange et puis avec de l'eau. Ce dérivé est une poudre rouge-feu, peu soluble dans l'alcool et dans l'acide acétique, insoluble dans les autres dissolvants. Il teint la soie et la laine comme l'éosine [O. Doebner, *Deutsch. chem. Gesellch.*, 1880, p. 610; *Liebig's Ann.* t. CCXVII, p. 234; *Bull. Soc. chim.*, t. XXXV, p. 455]. M. Wassermann.

RÉSORCINE-CITRÉINE. — Fraude a obtenu un composé analogue à la résocyanine en chauffant à 165-168° pendant 2 heures un mélange de 2 molécules de résorcine avec 1 molécule d'acide citrique et 1 °/₀ d'acide sulfurique. Le produit, traité par une solution de carbonate de sodium, et précipité, après filtration, par l'acide chlorhydrique, donne un composé soluble dans les alcalis avec une couleur rouge et une fluorescence bleue. La formule n'en est pas établie [*Deutsch. chem. Gesellsch.*, 1881, p. 2558; *Bull. Soc. chim.*, t. XXXVII, p. 324].

RÉSORCINE-OXALÉINE,

$$C^{20}H^{14}O^7 = C^6H^3(OH){<}{\substack{CO \\ O}}{>}C[C^6H^3(OH)^2]^2.$$

— Ce composé, auquel on avait autrefois donné le nom de dirésorcine-acétone, se forme lorsqu'on chauffe 1 molécule de résorcine avec 3 molécules d'acide oxalique anhydre à 200°, en tubes scellés, pendant 2 ou 3 heures. Il est nécessaire d'employer ce grand excès d'acide oxalique pour obtenir une forte pression dans les tubes, sans quoi l'opération ne marche pas bien. Pour purifier le produit, on l'étend d'un peu d'alcool, puis on le verse dans l'eau; on dissout à plusieurs reprises les flocons jaunes dans l'alcool, et on précipite par l'eau. On obtient ainsi une poudre rouge, soluble dans les alcalis avec une fluorescence verte. En même temps, il se forme un corps non étudié, soluble dans les carbonates alcalins avec une couleur bleue.

La résorcine-oxaléine est soluble dans l'éther. Chauffée avec de la poudre de zinc, elle donne de la benzine, du phénol, et un composé qui est probablement de la diphénylacétone. Chauffée à 150°, elle perd 1 molécule d'eau et fournit un anhydride, $C^{20}H^{12}O^6$; fondue avec la potasse, elle donne de la résorcine et de l'acide oxalique.

Dérivé diacétylé, $C^{20}H^{10}O^6(C^2H^3O)^2$. — Il se forme lorsqu'on fait bouillir l'oxaléine avec l'anhydride acétique. Il est en cristaux rouge-orangé. Le *dérivé triacétylé*, $C^{20}H^9O^6(C^2H^3O)^3$, se forme lorsqu'on chauffe le dérivé diacétylé, à 150°, avec de l'anhydride acétique en tubes scellés. Il est incolore.

Dérivé pentabromé, $C^{20}H^7Br^5O^6$. — Il prend naissance lorsqu'on fait bouillir l'oxaléine avec un excès de brome en solution dans le sulfure de carbone. C'est une poudre rouge qui ne devient sèche qu'à 180°. Il fournit des sels. Le *sel de baryum* est rouge.

Dérivé tétranitré, $C^{20}H^8O^6(AzO^2)^4$. — On l'obtient en traitant l'oxaléine par une solution d'acide nitrique fumant dans l'acide acétique cristallisable. Il forme une poudre rouge qui déflagre à 200°.

Acide trisulfonique, $C^{20}H^9O^6(SO^3H)^3$. — Il se forme lorsqu'on dissout l'oxaléine dans l'acide sulfurique concentré à une température de 100 à 110°. C'est une masse cristalline, déliquescente. Le *sel barytique*, $[C^{20}H^7O^6(SO^3)^3]^2Ba^5$, constitue une poudre cristalline rouge; le *sel de plomb*,

$$[C^{20}H^7O^6(SO^3)^3]^2Pb^5,$$

est un précipité rouge foncé. Il existe un *sel de plomb basique* de la formule

$$C^{20}H^6O^6(SO^3)^3Pb^3.PbO$$

[Claus et Andreæ, *Deutsch. chem. Gesellsch.*, 1877, p. 1305; *Bull. Soc. chim.*, t. XXX, p. 86; — Claus, *ibid.*, 1881, p. 2563; *Bull. Soc. chim.*, t. XXXVII, p. 326].

M. Wassermann.

RÉSORCINE-SUCCINÉINES. — *Résorcine-succinéine normale*, $C^{16}H^{12}O^5 + 3H^2O$. — On chauffe à 190-195° pendant une heure un mélange de 20 grammes de résorcine, de 13 grammes d'acide succinique et de 40 grammes d'acide sulfurique concentré. On épuise ensuite le produit par l'acide chlorhydrique étendu et bouillant et on neutralise le liquide filtré. Le nouveau corps se dépose en cristaux jaune-brun. Sa solution alcaline est douée d'une fluorescence verte. Avec l'eau de brome il donne un *dérivé tétrabromé*, $C^{16}H^8Br^4O^5$, qui est en aiguilles rouges.

Il forme avec les alcalis et les terres alcalines des sels acides cristallisés [M. Nencki et N. Sieber, *Journ. prakt. Chem.* (2), t. XXIII, p. 147 et 537; *Bull. Soc. chim.*, t. XXXVI, p. 495; — G. Damm et L. Schreiner, *Deutsch. chem. Gesellsch.*, 1882, p. 555; *Bull. Soc. chim.*, t. XL, p. 157].

Résorcine-isosuccinéine, $C^{16}H^{12}O^5$. — Par l'action de l'acide sulfurique (1 p.) sur un mélange de résorcine (2 p.) et d'acide isosuccinique (1 p.) à 120-150°. On lave le produit à l'eau bouillante, et on obtient ainsi des flocons jaune-brun, solubles dans l'alcool et dans l'éther. La solution dans les alcalis est rouge avec fluorescence verte. Ce corps donne une laque plombique rouge [G. Rosicki, *Deutsch. chem. Gesellsch.*, 1880, p. 208].

RÉSORCINE-TARTRÉINE. — Ce composé a été obtenu en substituant l'acide tartrique à l'acide citrique dans la préparation de la résorcine-citréine. C'est une poudre de couleur olive, soluble dans les alcalis avec une couleur rouge et une fluorescence bleue. Elle fournit un *dérivé bromé* soluble dans l'alcool avec une couleur cramoisie [Fraude, *Deutsch. chem. Gesellsch.*, 1881, p. 2558; *Bull. Soc. chim.*, t. XXXVII, p. 324].

RÉSORCYLIQUES (ACIDES),

$$C^7H^6O^4 = C^6H^3(OH)^2CO^2H.$$

— Les acides résorcyliques sont des acides dioxybenzoïques. Ces derniers peuvent exister sous six modifications isomériques, et de ces six isomères trois dérivent de la résorcine. Les trois acides correspondant à la résorcine possèdent les constitutions suivantes :

CH / HO.C C.OH / HC CH / C-CO²H

Acide α-résorcylique (1.3.5)

CH / HO.C C.OH / HC C-CO²H / CH

Acide β-résorcylique (1.2.4)

C-CO²H / HO.C C.OH / HC CH / CH

Acide γ-résorcylique (1.2.6)

ACIDE α-RÉSORCYLIQUE (1.3.5). — Il a été obtenu par Barth et Senhofer, en fondant l'acide disulfobenzoïque avec de la potasse (voyez t. II, p. 702). Sa constitution découle des faits suivants : Barth et Senhofer ont transformé l'acide disulfobenzoïque dont il dérive en acide isophtalique, en le fondant avec le formiate de sodium; d'autre part, son dérivé diéthylé fournit de la diéthyl-résorcine lorsqu'on le chauffe avec de la chaux [Barth, *Deutsch. chem. Gesellsch.*, 1878, p. 1569; *Bull. Soc. chim.*, t. XXXII, p. 234].

ACIDE α-RÉSORCYLIQUE DIMÉTHYLÉ,

$$C^9H^{10}O^4 = C^6H^3(OCH^3)^2\text{-}CO^2H.$$

— Cet acide se forme lorsqu'on oxyde l'orcine diméthylée par le permanganate de potassium. Il prend également naissance lorsqu'on chauffe 1 molécule de l'acide α-résorcylique de Barth et Senhofer, au réfrigérant à reflux, avec 3 molécules de potasse et 3 molécules d'iodure de méthyle, en solution dans l'alcool méthylique. Lorsque la réaction alcaline a disparu, on étend d'eau, on chasse l'alcool méthylique, et on obtient une huile qui constitue l'éther méthylique de l'acide. On le lave en solution éthérée avec de la potasse, et on saponifie le résidu de la solution éthérée.

Il cristallise en fines aiguilles, fusibles à 175-176°, solubles dans l'eau chaude, l'alcool et l'éther. Le *sel d'argent*, $C^9H^9O^4Ag$, est un précipité blanc. Les *sels alcalins* et *alcalino-terreux* sont solubles dans l'eau. La solution ammoniacale neutre fournit des précipités blancs avec l'acétate de plomb et le sulfate de zinc, et un précipité vert avec le sulfate de cuivre [F. Tiemann et F. Spreng, *Deutsch. chem. Gesellsch.*, 1881, p. 1999; *Bull. Soc. chim.*, t. XXXVII, p. 253; voyez aussi Suppl., p. 1102].

ACIDE β-RÉSORCYLIQUE (1.2.4). — Il a été obtenu par Ascher au moyen de l'acide paranitrocrésylsulfonique (voyez t. II, p. 703). Sa formation, en partant du toluène paranitré, indique la position para pour un groupe OH par rapport à CO^2H, et la position ortho de l'autre groupe est prouvée par la transformation de l'acide paranitrocrésylsulfonique en acide orthocrésylsulfonique, par élimination du groupe AzO^2 (Ascher.).

Blomstrand a obtenu un acide identique avec celui-ci, par oxydation de l'acide α-crésylène-disulfonique, et fusion de l'acide disulfobenzoïque formé avec la potasse (voyez t. III, p. 80).

Brunner a montré que l'acide de Blomstrand donne de la résorcine lorsqu'on le chauffe avec de la baryte [*Wien. Akad. Ber.*, 1878, IIe part. p. 675].

Ce même acide se forme lorsqu'on fond l'aldéhyde résorcylique ou l'ombelliférone avec la potasse [F. Tiemann et C. Reimer, *Deutsch. chem. Gesellsch.*, 1879, p. 997; *Bull. Soc. chim.*, t. XXXIII, p. 366].

Enfin ce même acide prend naissance lorsqu'on abandonne une solution concentrée de carbonate d'ammonium avec de la résorcine à la lumière solaire, ou lorsqu'on chauffe ce mélange en tubes scellés [Senhofer et Brunner, *Wien. Akad. Ber.*, 1879, p. 504].

Benedikt et Hazura enfin l'ont obtenu en oxydant le morin en solution dans l'acide acétique cristallisable par l'acide azotique [*Monatsh. Chem.*, 1884, p. 63].

Préparation. — D'après Senhofer et Brunner, on chauffe un mélange de 1 p. de résorcine avec 4 p. de carbonate d'ammonium et 1 p. d'eau en tubes scellés, à 110°, pendant 12-14 heures, puis on enlève la résorcine non attaquée au moyen de l'éther, et on décompose par l'acide sulfurique les sels ammoniacaux formés. Les acides précipités sont mis en digestion avec de l'eau chaude, qui dissout deux acides résorcyliques et laisse déposer par refroidissement l'acide β, tandis que l'acide γ (voyez plus loin) reste dissous.

Tiemann et Reimer le préparent en fondant 1 p. de β-résorcylaldéhyde avec 10 p. de potasse et un peu d'eau à 160-190° pendant 10 minutes; on épuise par l'éther la solution du produit de la fusion après l'avoir acidulée, et on enlève à la solution éthérée l'aldéhyde non attaquée au moyen du bisulfite de sodium. La solution éthérée fournit l'acide par évaporation.

Propriétés (voyez Suppl., p. 1115). — L'acide β-résorcylique cristallise en aiguilles brillantes, qui renferment, suivant la température à laquelle on fait cristalliser la solution aqueuse ½, 1 ½ ou 3 molécules d'eau. Il se colore en rouge avec le chlorure ferrique; il fond à 204-206° (Tiemann et Parrisius), à 194-200° (Senhofer et Brunner).

Dérivé bromé. — Voyez Suppl., p. 1115.

ACIDES β-RÉSORCYLIQUES MÉTHYLÉS. — 1° *Acide β-résorcylique orthométhylé,* ou *acide orthométhoxyparoxybenzoïque,*

$$C^8H^8O^4 = C^6H^3 \begin{cases} OH_{(4)} \\ OCH^3_{(2)} \\ CO^2H_{(1)}. \end{cases}$$

— On l'obtient par la saponification de son dérivé acétylé au moyen de la potasse; on épuise par l'éther le produit additionné d'acide sulfurique, et on traite la solution éthérée par le bisulfite de sodium. On obtient, par évaporation de la solution éthérée, un sirop qui se prend en cristaux solubles dans l'eau. Le *sel d'argent* est soluble dans l'eau; le *sel de plomb* est peu soluble [Tiemann et Parrisius, *Deutsch. chem. Gesellsch.*, 1880, p. 2375; *Bull. Soc. chim.*, t. XXXVI, p. 384].

Le *dérivé acétylé* se produit lorsqu'on ajoute une solution de permanganate de potassium à 7 ½ % à une émulsion de 15 p. d'aldéhyde orthométhoxyparoxybenzoïque monoacétylée dans 1000 p. d'eau.

2° *Acide β-résorcylique paraméthylé,* ou *acide paraméthoxysalicylique,*

$$C^8H^8O^4 = C^6H^3 \begin{cases} OCH^3_{(4)} \\ OH_{(2)} \\ CO^2H_{(1)}. \end{cases}$$

— Obtenu par l'action en tubes scellés, à 100-110°, de l'iodure de méthyle sur une solution d'acide β-résorcylique dans l'alcool méthylique, additionnée de sodium en quantité suffisante pour remplacer deux atomes d'hydrogène. On chasse l'alcool et on saponifie l'éther méthylique restant, après avoir enlevé les éthers β-résorcyliques au moyen de la potasse étendue. Puis on acidule et on épuise par l'éther; celui-ci fournit par évaporation le nouvel acide, qui, après cristallisation dans l'eau, est en aiguilles brillantes, fusibles à 154°, solubles dans l'eau chaude, l'alcool et l'éther; cet acide se colore en rouge-violet avec le chlorure ferrique. La solution aqueuse, neutralisée par l'ammoniaque, donne des précipités blancs avec l'acétate de plomb et le nitrate d'argent; la solution, fortement ammoniacale, précipite le chlorure de baryum en blanc [Tiemann et Parrisius, *loc. cit.*].

3° *Acide β-résorcylique diméthylé,*

$$C^6H^3(OCH^3)^2\text{-}CO^2H.$$

— Il se forme par oxydation de l'aldéhyde β-résorcylique diméthylée au moyen du permanganate de potassium [Tiemann et Parrisius, *loc. cit.*].

On l'obtient également par oxydation du dérivé méthylé de l'acide β-méthylombellique paraméthylé [V. Pechmann et Duisberg, voyez RÉSOCYANINE, Suppl. p. 1371].

Il cristallise en aiguilles fusibles à 108°, solubles dans l'eau chaude, l'alcool et l'éther. Le *sel d'argent*, $C^9H^9O^4Ag$, est en longues aiguilles, solubles dans l'eau chaude; les *sels de baryum* et *de calcium* sont solubles; ceux *de cuivre, de plomb* et *de zinc* sont peu solubles.

ACIDE DIÉTHYL-β-RÉSORCYLIQUE,

$$C^6H^3(OC^2H^5)^2\text{-}CO^2H.$$

— On l'obtient en oxydant 4 p. d'aldéhyde diéthyl-β-résorcylique par 2 p. de permanganate de potassium dissous dans 200 p. d'eau; on chauffe et on filtre; le liquide, filtré, fournit par évaporation des cristaux qui, après une nouvelle cristallisation dans l'alcool étendu, se présentent sous la forme d'aiguilles fusibles à 99°. Les *sels de baryum* et *de calcium* sont peu solubles; le *sel de cuivre* est un précipité vert; le *sel de plomb* est un précipité blanc [Tiemann et Lewy, *Deutsch. chem. Gesellsch*, 1879, p. 2210; *Bull. Soc. chim.*, t. XXX, p. 298].

ACIDE γ-RÉSORCYLIQUE (1.2.6). — Cet acide se forme en même temps que l'acide β lorsqu'on chauffe la résorcine avec une solution de carbonate d'ammonium (voyez plus haut). Il existe dans les eaux mères de la cristallisation de l'acide β; il renferme 1 molécule d'eau, fond à 135° et se colore en bleu avec le chlorure ferrique [Senhofer et Brunner, *loc. cit.*]. M. Wassermann.

RÉSORCYLIQUE (ALDÉHYDE),

$$C^7H^6O^3 = C^6H^3 \begin{cases} OH_{(4)} \\ OH_{(2)} \\ CHO_{(1)}. \end{cases}$$

— On ne connaît qu'une aldéhyde résorcylique, celle qui correspond à l'acide β-résorcylique. Elle se forme lorsqu'on traite la résorcine par le chloroforme en présence de soude, en même temps que la résorcène-dialdéhyde (voyez Suppl., p. 1372). Pour séparer cette dernière, on distille le produit de la réaction dans un courant de vapeur d'eau, qui l'entraîne; après refroidissement, on filtre le résidu, on épuise le liquide filtré par l'éther, et finalement on évapore l'éther. On obtient ainsi une huile qui finit par se prendre en masse et que l'on fait cristalliser dans la benzine chaude.

L'aldéhyde β-résorcylique est en aiguilles jaunâtres, fusibles à 134-135°, solubles dans l'eau, l'alcool, l'éther, le chloroforme et l'acide acétique cristallisable; elle se combine avec le bisulfite de sodium. A l'air, elle se convertit en une poudre amorphe, insoluble dans l'éther [F. Tiemann et

C. Reimer, *Deutsch. chem. Gesellsch.*, 1876, p. 1268; *Bull. Soc. chim.*, t. XXVII, p. 420; — F. Tiemann et L. Lewy, *ibid.*, 1877, p. 2210; *Bull. Soc. chim.*, t. XXX, p. 298]. Traitée par l'acétate de sodium et l'anhydride acétique, elle donne l'*acétylombelliférone* (voyez Suppl., p. 1095).

ALDÉHYDES-β-RÉSORCYLIQUES MÉTHYLÉES. — On connaît deux aldéhydes β-résorcyliques monométhylées et une aldéhyde diméthylée. Les deux aldéhydes monométhylées doivent leur isomérie à la position du groupe OCH^3 par rapport au groupe CHO, et peuvent être envisagées comme des aldéhydes paroxybenzoïque ou salicylique, dans lesquelles 1 atome d'hydrogène se trouve remplacé par OCH^3. Les dérivés provenant de ces substitutions gardent les propriétés générales des aldéhydes paroxybenzoïque et salicylique, et c'est sur ces propriétés différentes que Tiemann et Parrisius ont fondé la détermination de la place du groupe OCH^3 dans les aldéhydes β-résorcyliques monométhylées. Ainsi, les aldéhydes de la famille paroxybenzoïque ne se colorent pas ou très peu avec le chlorure ferrique, ne se colorent pas avec l'ammoniaque ou les alcalis fixes et ne sont pas volatiles avec la vapeur d'eau, tandis que celles de la famille salicylique se colorent en jaune avec l'ammoniaque et les alcalis fixes, donnent une coloration intense avec le chlorure ferrique, sont volatiles avec la vapeur d'eau et tachent la peau en jaune comme l'acide nitrique [*Deutsch. chem. Gesellsch.*, 1880, p. 2375; *Bull. Soc. chim.*, t. XXXVI, p. 384].

Lorsque à une solution de 5 p. de résorcine monométhylée et de 80 p. de soude dans 500 p. d'eau on ajoute peu à peu 80 p. de chloroforme et qu'on chauffe au réfrigérant à reflux pendant 4 ou 5 heures, on obtient un liquide rouge; on le sursature par l'acide sulfurique, on épuise ensuite par l'éther et on agite la solution éthérée avec une solution de bisulfite de sodium. Cette dernière solution acidulée cède à l'éther un mélange de quatre aldéhydes; on les sépare par distillation dans un courant de vapeur d'eau; trois sont entraînées et la quatrième cristallise du résidu, après filtration et refroidissement. Le produit distillé est épuisé par l'éther et le résidu de la solution éthérée cède deux aldéhydes à la ligroïne; celle qui reste insoluble est une résorcène-dialdéhyde méthylée (voyez ce mot, Suppl., p. 1372). Le mélange provenant de l'évaporation de la solution dans la ligroïne, traité par l'eau bouillante, se scinde en une aldéhyde soluble, qui est également une résorcène-dialdéhyde méthylée (voyez ce mot), et en une seconde β-résorcylaldéhyde méthylée qui reste insoluble [Tiemann et Parrisius, *loc. cit.*].

Aldéhyde orthométhoxyparoxybenzoïque,

$$C^6H^3\begin{cases} OH_{(4)} \\ OCH^3_{(2)} \\ CHO_{(1)}. \end{cases}$$

— C'est l'aldéhyde non volatile avec la vapeur d'eau. On la purifie par cristallisation dans la benzine chaude. Elle est en lamelles brillantes, fusibles à 153°, solubles dans l'eau, l'alcool, l'éther, le chloroforme, la benzine et la ligroïne; sa solution colore le chlorure ferrique en un violet très faible et ne se colore pas avec l'ammoniaque ou les alcalis fixes; la solution ammoniacale précipite en blanc l'azotate d'argent et l'acétate de plomb (Tiemann et Parrisius).

Dérivé monacétylé. — Obtenu par l'action de l'anhydride acétique sur la combinaison potassique de l'aldéhyde, en solution dans l'éther anhydre; il est en aiguilles groupées en faisceaux, fusibles à 86°, solubles dans l'alcool, l'éther, le chloroforme et la benzine (Tiemann et Parrisius).

Aldéhyde paraméthoxysalicylique,

$$C^6H^3\begin{cases} OCH^3_{(4)} \\ OH_{(2)} \\ CHO_{(1)}. \end{cases}$$

— C'est l'aldéhyde soluble dans la ligroïne, insoluble dans l'eau chaude; elle forme la majeure partie du produit de la méthylation directe de l'aldéhyde β résorcylique; purifiée par cristallisation dans l'alcool étendu, elle est en lamelles brillantes, fusibles à 62-63°, insolubles dans l'eau, solubles dans l'alcool, l'éther, la benzine et la ligroïne. Les alcalis fixes et l'ammoniaque la colorent en jaune foncé; sa solution alcoolique donne, avec le chlorure ferrique, une coloration rouge-violet très intense. La solution ammoniacale précipite en blanc l'acétate de plomb et l'azotate d'argent, et en vert le sulfate de cuivre (Tiemann et Parrisius).

Aldéhyde β-résorcylique diméthylée,

$$C^6H^3(OCH^3)^2\text{-}CHO.$$

— Elle se forme par l'action de 1 molécule d'iodure de méthyle sur 1 molécule d'aldéhyde orthométhoxyparoxybenzoïque mélangée à 1 molécule de potasse, en présence d'alcool méthylique, au réfrigérant à reflux; de même, lorsqu'on chauffe, en tubes scellés à 100°, 1 molécule de β-résorcylaldéhyde avec 2 molécules de potasse et un excès d'iodure de méthyle. Le produit, privé d'alcool méthylique, puis étendu d'eau et acidulé, cède cette aldéhyde à l'éther; on lave la solution éthérée à la potasse, puis on l'évapore.

Elle cristallise en aiguilles fusibles à 68-69°, solubles dans l'alcool, l'éther, la benzine et la ligroïne, insolubles dans l'eau; elle est volatile avec la vapeur d'eau (Tiemann et Parrisius).

Aldéhyde β-résorcylique diéthylée,

$$C^6H^3(OC^2H^5)^2\text{-}CHO.$$

— On l'obtient en chauffant au réfrigérant à reflux, pendant quelques heures, un mélange de 1 molécule d'aldéhyde β-résorcylique avec 2 molécules de potasse et 2 molécules d'iodure d'éthyle, en présence d'alcool absolu; puis on étend d'eau, et on épuise par l'éther; celui-ci fournit par évaporation une huile qui se prend en masse et que l'on fait cristalliser dans l'alcool étendu.

Cette aldéhyde est en lamelles, fusibles à 71-72°, solubles dans l'alcool et dans l'éther, peu solubles dans l'eau [Tiemann et Lewy, *loc. cit.*].

M. Wassermann.

RÉTÈNE, $C^{18}H^{18}$ (voyez t. II, p. 1350]. — Cet hydrocarbure a été signalé par Prunier dans les produits supérieurs provenant de la distillation des pétroles d'Amérique.

Ekstrand, qui a soumis le rétène à une étude complète, propose de le préparer avec les huiles peu volatiles du goudron de bois, huiles que l'on emploie comme matières lubrifiantes. Ces huiles, étant refroidies, laissent déposer du rétène brut que l'on isole par expression, et que l'on purifie par des lavages répétés à l'éther froid et par des cristallisations dans l'alcool bouillant.

Le rétène est en lamelles incolores, fusibles à 98°,5 et se solidifiant à 90°. Sa densité est de 1,13. A l'ébullition, 100 p. d'alcool (à 95 °/₀) dissolvent 69 p. de rétène, et à froid 3 p. seulement. L'acide acétique le dissout abondamment à chaud. La densité de vapeur du rétène est, suivant Knecht, de 8,28 (théorie pour $C^{18}H^{18} = 8,1$).

Avec le brome et le chlore, le rétène fournit à froid des produits d'addition. L'acide azotique l'attaque à chaud et donne des dérivés incristallisables. L'acide iodhydrique (D = 1,68) et le phosphore rouge l'attaquent lentement vers 175-200°, et il se produit des gaz hydrocarbonés.

Le *picrate* de rétène est en aiguilles orangées,

fusibles à 123°, solubles dans 5 p. d'alcool bouillant et dans 44 p. d'alcool froid.

Les dérivés *chlorés* du rétène paraissent incristallisables.

Les dérivés *bromés* sont mieux définis.

Dibromorétène, $C^{18}H^{16}Br^2$. — On traite le rétène, en suspension dans l'eau, par le brome, on lave le produit avec de la potasse étendue et chaude, avec de l'alcool et de l'éther, et on le fait cristalliser dans le sulfure de carbone. Le dibromorétène se présente en tables incolores, fusibles à 180°.

Tétrabromorétène. — On chauffe au bain-marie le rétène avec du brome, on chasse l'excès du réactif, et l'on traite le résidu successivement par la potasse et l'alcool. Une cristallisation dans le sulfure de carbone achève la purification.

Le tétrabromorétène forme de beaux prismes incolores, fusibles à 210-212°, très peu solubles.

Le tétrabromure de dibromorétène, traité par la potasse, donne un tétrabromorétène amorphe, isomérique avec le précédent.

Tétrabromure de dibromorétène, $C^{18}H^{16}Br^2.Br^4$. — On l'obtient, mélangé du dérivé tétrabromé cristallisable, en chauffant en tubes scellés à 100°, le rétène avec un excès de brome. Il est jaune et amorphe [A. G. Ekstrand, *Bull. Soc. chim.*, t. XXIV, p. 55].

Acide rétène-disulfonique. — On introduit peu à peu, et à froid, du rétène pulvérisé dans un mélange à volumes égaux d'acide sulfurique ordinaire et d'acide fumant, et l'on abandonne le tout à lui-même pendant deux ou trois semaines : au bout de ce temps, le tout se prend en une masse cristalline que l'on met à essorer. Ces cristaux, qui constituent une combinaison d'acide sulfurique et d'acide disulfonique, sont transformés en sel de baryum ou de plomb. L'acide rétène-disulfonique cristallise en aiguilles solubles dans 2p,3 d'eau froide. L'acide sulfurique ajouté à la solution détermine la précipitation d'un hydrate que l'on peut faire cristalliser dans l'acide acétique. Il renferme alors

$$C^{18}H^{16}(SO^3H)^2 + 10H^2O.$$

Sel de potassium, $C^{18}H^{16}(SO^3K)^2 + \frac{1}{2}H^2O$; petites aiguilles solubles dans 5 à 6 p. d'eau. — *Sel de sodium*, ($\frac{1}{2}H^2O$); aiguilles solubles dans 2 à 3 p. d'eau. — *Sel de baryum*, ($6H^2O$ à 15°; H^2O à 100°), aiguilles radiées solubles dans 61 p. d'eau. — *Sel de strontium*, ($1\frac{1}{2}H^2O$ à 100°), aiguilles solubles dans 25 p. d'eau. — *Sel de calcium*, ($8H^2O$ à 15°; $1\frac{1}{2}H^2O$ à 100°), aiguilles solubles dans 21 p. d'eau. — *Sel de magnésium*, ($2H^2O$ à 100°), longues aiguilles solubles dans 26 p. d'eau. — *Sel de cuivre*, ($8H^2O$), aiguilles d'un bleu pâle, solubles dans 4 p. d'eau. — *Sel de plomb*, (H^2O à 100°), aiguilles solubles dans 55 p. d'eau. Tous ces sels sont insolubles dans l'alcool.

Chlorure, $C^{18}H^{16}(SO^2Cl)^2$. — Il cristallise dans l'acide acétique en petits prismes, peu solubles dans l'éther, fusibles à 175°.

Acide rétène-trisulfonique. — On l'obtient en chauffant le rétène au bain-marie avec de l'acide sulfurique faiblement fumant. Il est très soluble et n'est pas précipité par l'acide sulfurique de sa solution aqueuse.

Sel de baryum,

$$[C^{18}H^{15}(SO^3)^3]^2Ba^3 + 18H^2O.$$

— Prismes allongés, solubles dans 11 p. d'eau, retenant $3H^2O$ à 100°.

Sel de plomb, ($18H^2O$ à 15°; $3H^2O$ à 100°). — Ressemble au sel de baryum, mais est plus soluble [A. G. Ekstrand, *Bull. Soc. chim.*, t. XXVII, p. 361].

Action de l'acide chromique sur le rétène. — Cet acide agit énergiquement sur une solution de rétène dans l'acide acétique cristallisable et fournit, indépendamment du *dioxyrétistène*, produit principal (t. II, p. 1350), deux acides,

$$C^{16}H^{16}O^3 \text{ et } C^{18}H^{17}O^2,$$

que l'on sépare du dioxyrétistène en traitant le produit brut par le carbonate de sodium.

Dioxyrétistène. — La formule de ce corps n'est pas établie avec certitude. Bamberger a tout récemment adopté la formule $C^{16}H^{14}O^2$, donnée primitivement par Wahlforss; mais Ekstrand préfère une formule double, $C^{32}H^{28}O^4$, ou bien $C^{32}H^{26}O^4$. Il fonde son opinion sur ce fait que certains dérivés du dioxyrétistène donnent facilement du rétène, $C^{18}H^{18}$, ce qui est peu en harmonie avec une formule en C^{16}. Quoi qu'il en soit, nous adopterons provisoirement la formule $C^{16}H^{14}O^2$, en considérant le dioxyrétistène comme une quinone, analogue peut-être à la phénanthraquinone. Traité par l'hydroxylamine, le dioxyrétistène donne, en effet, un diacétoxime,

$$C^{16}H^{14}(Az.OH)^2,$$

cristallisé en belles aiguilles jaunes (Bamberger) [A.-G. Ekstrand, *Deutsch. chem. Gesellsch.*, 1884, p. 692; — Bamberger, *ibid.*, 1884, p. 453].

Le dioxyrétistène cristallise dans l'alcool en prismes aplatis d'un orangé foncé, fusibles à 191-192°. 100 p. d'alcool en dissolvent à froid 0p,15 et à l'ébullition 2p,2. Chauffé avec précaution, il se sublime. L'acide nitrique ordinaire le dissout sans altération à chaud et le laisse déposer en cristaux par le refroidissement; l'acide fumant donne des dérivés nitrés. L'acide sulfurique froid le dissout et l'eau le reprécipite de la solution. La solution alcoolique, additionnée d'une trace de potasse alcoolique, se colore en rouge de sang; par l'agitation à l'air, cette coloration disparaît, mais fait de nouveau son apparition avec le temps, surtout à une douce chaleur; une deuxième agitation à l'air l'efface de nouveau, et ainsi de suite; cette réaction est très sensible (Bamberger). Le dioxyrétistène se dissout lentement dans le bisulfite sodique et donne une liqueur incolore. L'acide sulfureux ne le réduit pas, mais bien la poudre de zinc et la potasse, quoique difficilement; il semble se former une hydroquinone peu stable. Wahlforss avait décrit un dioxyrétistène monobromé. Ekstrand a obtenu un tout autre corps en faisant agir le brome (2 molécules) sur le dioxyrétistène (1 molécule), corps auquel il assigne la formule très peu probable $C^{40}H^{31}Br^4O^5$. Ce dérivé est en petits prismes rouges, fusibles à 234-235°, solubles dans 200 p. d'acide acétique bouillant et dans 1350 p. d'alcool froid.

La potasse bouillante dissout à la longue une certaine quantité de dioxyrétistène; le reste se résinifie. La liqueur alcaline, sursaturée par un acide, laisse déposer un acide instable de la formule $C^{16}H^{16}O^3$. Les oxydants transformeraient celui-ci en un corps jaune, $C^{15}H^{14}O$, que le zinc et l'acide chlorhydrique feraient passer à l'état d'une matière incolore, $C^{15}H^{16}O$ (Bamberger).

Lorsqu'on chauffe le dioxyrétistène à 170° pendant 24 heures avec de l'anhydride acétique, on obtient un mélange de grands cristaux rhombiques verts et d'aiguilles rouges; les premiers, qui fondent vers 255°, constituent peut-être un dérivé diacétique; les secondes, un anhydride du dioxyrétistène (Ekstrand, 1884).

Si l'on distille le dioxyrétistène avec de la poudre de zinc, une partie échappe à la décomposition et le reste fournit une petite quantité d'un hydrocarbure, fusible à 56°, qui paraît être du dibenzyle.

Lorsqu'on distille au rouge le dioxyrétistène avec dix fois son poids d'hydrate de baryum desséché, on obtient une matière cristallisée baignée par une huile. Le corps cristallisé est en aiguilles jaunes, fusibles à 90-93°, très solubles dans l'alcool, l'éther, la benzine, etc. Il renferme $C^{30}H^{26}O^2$. Distillé avec de la poudre de zinc, il donne 50 °/₀ de rétène. Par l'oxydation, au moyen de l'acide chromique en solution acétique, il fournit un composé cristallisé en belles aiguilles jaunes, fusibles à 151°, de la formule $C^{30}H^{22}O^4$. Réduit, au contraire, par l'amalgame de sodium, il donne des aiguilles incolores, fusibles à 134°, qui renferment $C^{30}H^{32}O^2$, et qui, sous l'influence de l'acide chromique, régénèrent le corps $C^{30}H^{26}O^2$.

La partie huileuse qui se forme dans la distillation du dioxyrétistène avec la baryte est un mélange du corps $C^{30}H^{26}O^2$, de rétène et d'un hydrocarbure liquide, bouillant vers 300° et paraissant renfermer $C^{28}H^{30}$ [Ekstrand, *Deutsch. chem. Gesellsch.*, 1884, p. 692].

Acide $C^{16}H^{16}O^3$. — Il cristallise en écailles incolores et brillantes, fusibles à 139°, très solubles dans l'alcool, l'éther, l'acide acétique, même à froid; l'eau le dissout en petite quantité. C'est un acide monobasique. Son *sel de sodium*,

$$C^{16}H^{15}O^3Na,$$

cristallise en écailles jaunes, et le *sel de baryum* en grandes lames incolores, moins solubles que le sel sodique. Les *sels ferrique, plombique* et *argentique* sont insolubles.

Acide $C^{18}H^{17}O^2$ (ou plutôt la formule double). — Aiguilles incolores, fusibles à 222° et sublimables, très solubles dans l'alcool, l'éther et l'acide acétique. Son *sel de sodium*, $C^{18}H^{16}O^2Na$, est en lames d'un jaune brunâtre, assez solubles [A.-G. Ekstrand, *Bull. Soc. chim.*, t. XXIV, p. 55].

A. Henninger.

RÉTININDOL. — Nom donné par A. Bæyer au produit de réduction du chlorure de chloroxindol,

$$C^6H^4 \begin{matrix} < CCl \searrow \\ < AzH > \end{matrix} CCl$$

(Suppl., p. 946), par l'acide iodhydrique agissant en solution dans l'acide acétique cristallisable. Au bout de quelques heures de contact, on décolore le liquide par l'acide sulfureux, on filtre et l'on précipite le rétinindol par la soude. Séché à 50°, il constitue une poudre jaunâtre qui renferme

$$C^8H^8AzO \text{ ou } C^8H^9AzO$$

[*Deutsch. chem. Gesellsch.*, 1879, p. 457].

RHAMNUS. — L'*α-rhamnégine* de Schutzenberger (xanthorhamnine de Gellatly), un des glucosides de la graine de Perse (*Rhamnus infectorius et tinctoria*) a été soumise à de nouvelles études par Liebermann et Hörmann. La graine de Perse fournit environ 6 °/₀ d'α-rhamnégine cristallisée. Ce corps est très soluble dans l'eau froide, soluble dans l'alcool et insoluble dans l'éther, la benzine et le chloroforme. Sa composition serait exprimée par la formule $C^{48}H^{66}O^{29}$, qui ne diffère de la formule adoptée par Schutzenberger, $C^{24}H^{32}O^{14}$ (t. II, p. 1353) que par $\frac{1}{2}H^2O$ en plus. Additionnée, en solution alcoolique concentrée, de potasse alcoolique, l'α-rhamnégine fournit le dérivé tétrapotassique $C^{48}H^{62}K^4O^{29}$, sous la forme d'un précipité jaune. Ce dérivé, chauffé à 120-130° avec de l'alcool méthylique et du méthylsulfate de potassium, est dédoublé, et il se forme la rhamnétine diméthylique. Une température de 130-160° suffit d'ailleurs pour dédoubler la rhamnégine en rhamnétine et en isodulcite, sans que la matière perde sensiblement de son poids.

L'acide sulfurique étendu et bouillant dédouble aisément, comme l'on sait, l'α-rhamnégine en rhamnétine et en une matière sucrée qui a été identifiée par Berend avec l'isodulcite [C. Liebermann et O. Hörmann, *Liebig's Ann. Chem.*, t. CXCVI, p. 299].

RHAMNÉTINE, $C^{12}H^8O^3(OH)^2$. — Cette formule, donnée par Schutzenberger, a été adoptée par Liebermann et Hörmann; de même, ils ont confirmé les différences entre la quercétine et la rhamnétine.

On prépare la rhamnétine en chauffant pendant deux heures au bain-marie une solution de 100 grammes d'α-rhamnégine dans 700 p. d'eau, additionnée de 30 grammes d'acide sulfurique. Elle cristallise en aiguilles microscopiques jaunes, peu solubles dans les dissolvants ordinaires; le phénol la dissout plus abondamment et la laisse déposer en aiguilles plus volumineuses.

Diacétylrhamnétine, $C^{12}H^8O^5(C^2H^3O)^2$. — Ce composé, découvert par Schutzenberger, s'obtient aisément en faisant bouillir un mélange à parties égales de rhamnétine et d'acétate de sodium avec 3 à 4 p. d'anhydride acétique. Il cristallise en aiguilles incolores, fusibles à 183-185°.

Dipropionylrhamnétine, $C^{12}H^8O^5(C^3H^5O)^2$. — Aiguilles jaunâtres, fusibles à 158-162°.

Dibenzoylrhamnétine. — Peu soluble dans l'alcool et fusible à 210-212°.

Diméthylrhamnétine, $C^{12}H^8O^5(CH^3)^2$. — On a indiqué plus haut le mode de formation de ce corps. Il est en aiguilles jaune clair, fusibles à 156-157°.

Dibromorhamnétine, $C^{12}H^8Br^2O^5$. — En bromant la rhamnétine en suspension dans l'acide acétique cristallisable et faisant cristalliser le produit dans l'alcool, on obtient des aiguilles jaunes de dibromorhamnétine. Elle donne un dérivé *diacétique* incolore et fusible à 211-212° [Liebermann et Hörmann, *loc. cit.*]

A. Henninger.

RHINACANTHINE. — La racine de *Rhinanthus communis*, employée dans l'Inde contre les maladies de la peau, renferme un principe actif amorphe et non azoté, auquel Liborius a donné le nom de rhinacanthine. C'est une matière résineuse, insipide, soluble dans l'alcool, qui renferme $nC^{14}H^{18}O^4$, et n'est pas un glucoside [*Jahresb. Chem.*, 1881, p. 1022].

RHIZOPOGONIQUE (ACIDE). — Nom donné par Oudemans jeune à une substance découverte par Hartsen dans le champignon *Rhizopogon rubescens*. Ce corps est en cristaux d'un rouge orangé, très solubles dans l'éther, le chloroforme, le sulfure de carbone et la ligroïne, et solubles à 16° dans 49ᵖ,2 d'alcool à 90 centièmes. Il fond à 127° et se dissout dans les alcalis en les colorant en violet. Il est exempt d'azote et a donné à l'analyse C = 76,0; H = 8,5 [Oudemans, *Rec. trav. chim. Pays-Bas*, t. II, p. 155].

RHODANIQUE (ACIDE), $C^3H^3AzS^2O$. — C'est le produit principal d'une réaction complexe et vive qui s'accomplit lorsque l'acide monochloracétique en solution aqueuse agit sur un excès d'un sulfocyanate alcalin, et particulièrement du sel ammoniacal [M. Nencki, *Journ. prakt. Chem.* (2), t. XVI, p. 1; *Bull. Soc. chim.*, t. XXXI, p. 277].

L'acide rhodanique cristallise en tables hexagonales d'un beau jaune, fusibles à 168-170° en se décomposant partiellement. Il est peu soluble dans l'eau froide, très soluble dans l'alcool et l'éther. C'est un acide monobasique faible, qui forme aisément des sels doubles. Le sel ammoniacal est inconnu. Le *sel cuivrique*,

$$(C^3H^2AzS^2O)^2Cu + H^2O,$$

est un précipité amorphe, jaune-verdâtre.

L'acide rhodanique est peu stable; les alcalis bouillants en séparent du soufre; les oxydants (iode, ferricyanure, sels ferriques) le transforment en matières colorantes, parmi lesquelles l'une a reçu le nom de *rouge rhodanique*. On l'obtient le plus avantageusement à l'aide du chlorure ferrique agissant en solution aqueuse et bouillante sur l'acide rhodanique : il se sépare un précipité grenu, mélange de soufre, de rouge rhodanique et d'une matière violette. L'alcool froid en extrait le rouge qui, renfermant $C^9H^5Az^3S^5O^3$, s'est formé d'après l'équation

$$3C^3H^3AzS^2O + 4Cl = C^9H^5Az^3S^5O^3 + 4HCl + S.$$

Le rouge rhodanique est soluble dans l'alcool, l'éther et les alcalis, auxquels il communique une magnifique coloration rouge orseille. En bain acide, il teint la soie et la laine; il se fixe aussi sur le coton et le teint en bleu.

La constitution de l'acide rhodanique est peut-être représentée par la formule,

$$CS\begin{matrix}\diagup S - CH^2 \\ \diagdown AzH - CO\end{matrix}$$

qui en ferait un acide déhydracétylthiosulfocarbamique. A. Henninger.

RHODIUM. — Joergensen, en analysant le chlorure chloropurpuréorhodique ou chloramidure de sodium, est arrivé, pour le poids atomique de ce métal, au nombre 103,06.

Le rhodium, réduit de ses combinaisons ammoniées, absorbe l'oxygène au rouge vif en se transformant en protoxyde RhO [Th. Wilm, *Bull. Soc. chim.*, t. XXXVIII, p. 611]. Deville et Debray avaient constaté, du reste, que cet oxyde résiste à une température élevée [*Compt. rend.*, t. LXXXVII, p. 442].

Le rhodium qui a été précipité de ses solutions par le fer, le zinc, l'hydrogène ou l'acide formique, se dissout facilement dans l'acide chlorhydrique au contact de l'air; le plomb et le cuivre qui se trouvent précipités en même temps se dissolvent également dans l'acide chlorhydrique; Th. Wilm les sépare par l'acide oxalique, qui les précipite.

Le rhodium possède pour l'hydrogène une affinité encore plus prononcée que le palladium. Celui qu'on obtient en réduisant par l'hydrogène au rouge les chlororhodates d'ammonium jouit surtout de cette propriété. Le métal ainsi obtenu conserve la forme du chlorure double employé. Il absorbe l'hydrogène à froid, en s'échauffant. Lorsqu'il est saturé d'hydrogène, il s'échauffe beaucoup au contact de l'air, par suite de l'oxydation de l'hydrogène occlus [Th. Wilm, *Bull. Soc. chim.*, t. XXXVI, p. 436, et XXXVII, p. 344].

Lorsqu'on chauffe dans un courant de gaz d'éclairage le rhodium obtenu en réduisant le chlororhodate d'ammonium, le métal se partage en lamelles noires et augmente considérablement de volume. Par l'exposition à l'air, ces lamelles deviennent incandescentes, mais une partie seulement du carbone fixé est brûlée; le reste ne brûle pas, même dans un courant d'oxygène. L'augmentation de poids éprouvée ainsi par le métal est de 11,22 °/₀, ce qui correspond très sensiblement à la formule RhC. Ce carbure absorbe l'hydrogène en devenant incandescent et se transforme alors en rhodium métallique très divisé [Th. Wilm, *Deutsch. chem. Gesellsch.*, 1881, p. 874].

Le rhodium se combine au zinc avec élévation de température. Cette observation donne lieu aux mêmes remarques que l'alliage de zinc et de ruthénium [Deville et Debray].

Sulfure de rhodium. — En faisant fondre du rhodium divisé avec de la pyrite de fer, on obtient un culot métallique qui, repris par l'acide chlorhydrique, laisse un dépôt d'écailles noirâtres, semi-cristallines, solubles dans l'acide azotique étendu, avant leur dessiccation.

Chauffée à l'abri de l'air, cette substance dégage du gaz sulfureux et de la vapeur d'eau, tandis qu'il reste du sulfure de rhodium inattaquable par l'eau régale. Ces produits de décomposition se présentent dans les rapports : $2RhS : SO^2 : 2H^2O$.

Un semblable produit n'a pu prendre naissance que dans le traitement du culot primitif, qui ne peut renfermer que du sulfure de rhodium et du sulfure de fer [H. Debray, *Compt. rend.*, t. XCVII, p. 1333].

DÉRIVÉS AMMONIACAUX DU RHODIUM.

Joergensen a fait ressortir l'analogie que présentent les composés du rhodium avec ceux du cobalt et du chrome. Cette analogie est surtout frappante dans les dérivés ammoniés. Le chloramidure de rhodium décrit par Claus (voir t. II, p. 1357) présente des caractères qui le rangent à côté du chlorure purpuréocobaltique et du chlorure purpuréochromique (*Suppl.*, p. 483 et 511). Sur les 6 atomes de chlore que renferme ce composé, 4 seulement peuvent être éliminés par double décomposition; les 2 autres font partie intégrante de la molécule. Joergensen désigne la combinaison de Claus sous le nom de *chlorure chloropurpuréorhodique* et la représente par la formule $Rh^2Cl^2(AzH^3)^{10}.Cl^4$ [*Journ. prakt. Chem.* (2), t. XXVII, p. 433].

Chlorure chloropurpuréorhodique. — Pour préparer ce composé, Joergensen fait d'abord un alliage de rhodium et de zinc, et, après l'avoir épuisé par l'acide chlorhydrique, il traite le résidu par l'eau régale. Il évapore la solution à sec, reprend le résidu par l'eau et y ajoute un grand excès d'ammoniaque; il se précipite de l'hydrate rhodique, qui disparaît ensuite peu à peu par l'évaporation, en se convertissant en une poudre cristalline jaune clair qui est le chlorure purpuréorhodique. Ce sel est isomorphe avec le chlorure purpuréocobaltique; sa densité est égale à 2,079 à 18°; son volume moléculaire est 283,8 et se rapproche de celui des combinaisons cobaltique et chromique correspondantes, soit 277,7 et 289,2. Il est soluble dans 179 parties d'eau à 14°, plus soluble dans l'eau bouillante. On peut le chauffer sans altération à 190°. Chauffé au rouge dans le gaz carbonique sec, il se décompose d'après l'équation

$$Rh^2Cl^2.10AzH^3.Cl^4$$
$$= 2Rh + 6AzH^4Cl + 2AzH^3 + Az^2.$$

Chauffé dans un courant de chlore sec, il se transforme en chlorure rhodique; dans le gaz acide chlorhydrique ou dans l'hydrogène, il laisse un résidu de rhodium métallique.

Ce composé abandonne facilement du rhodium métallique sous l'influence des agents réducteurs. Il résiste à l'action des oxydants acides, tels que l'eau régale ou l'acide chlorhydrique et le chlorate de potassium, même à l'ébullition. Mais les oxydants alcalins, tels que l'hypochlorite de sodium en présence de la soude, le transforment en hydrate $Rh(OH)^4$, qui se dépose à la longue sous la forme d'un précipité volumineux vert noir.

La solution, saturée à froid, se comporte avec les réactifs comme les chlorures purpuréocobaltique et purpuréochromique. L'azotate d'argent n'y précipite, à froid ou à une douce chaleur, que 4 atomes de chlore. L'oxyde d'argent humide fournit de même l'*hydrate chloropurpuréorhodique*, $Rh^2Cl^2.10AzH^3.(OH)^4$, et non l'hydrate $Rh^2.10AzH^3.(OH)^6$, comme le pensait à tort Claus.

Pour obtenir l'hydrate chloré, on broie le chlorure chloré avec de l'oxyde d'argent et une très petite quantité d'eau. Il se forme une solution très alcaline, d'un jaune pâle, régénérant les sels chloropurpuréorhodiques par l'action des acides. Cette base précipite l'alumine de ses sels et la redissout lorsqu'elle est en excès; elle précipite également, mais sans les redissoudre, les oxydes de cuivre et d'argent.

Conservé longtemps ou chauffé, cet hydrate

éprouve, sans perte d'ammoniaque, une transformation analogue à celle qu'éprouvent les composés purpuréochromiques; il se dédouble en deux composés, que Joergensen nomme l'hydrate et le chlorure *roséorhodiques*. Dans ce mélange, l'azotate d'argent produit un précipité de chlorure d'argent, après neutralisation par l'acide azotique. L'acide chlorhydrique n'y produit plus de précipité de chlorure chloropurpuréorhodique. La solution, neutralisée par l'acide chlorhydrique, donne, même pour une dilution au $\frac{1}{100}$, un précipité abondant avec le ferricyanure de potassium. La même transformation s'effectue lorsqu'on traite le chlorure par la potasse ou qu'on le dissout dans l'ammoniaque bouillante; mais l'eau bouillante détermine la réaction inverse, c'est-à-dire la régénération du composé chloropurpuréorhodique.

Bromure chloropurpuréorhodique,

$$Rh^2Cl^2(AzH^3)^{10}.Br^4.$$

— Poudre cristalline presque blanche.

Iodure chloropurpuréorhodique,

$$Rh^2Cl^2(AzH^3)^{10}.I^4.$$

— Il se précipite en petits octaèdres adamantins lorsqu'on verse la solution aqueuse chaude de chlorure dans une solution d'iodure de potassium.

Azotate, $Rh^2Cl^2(AzH^3)^{10}.(AzO^3)^4$. — Octaèdres microscopiques blancs, qui se déposent lorsqu'on verse la solution de chlorure, saturée à chaud, dans de l'acide azotique concentré et froid.

Chloroplatinate, $Rh^2Cl^2(AzH^3)^{10}.(PtCl^6)^2$. — Précipité cristallin jaune-chamois, offrant la même forme que les composés cobaltique et chromique.

Fluosilicate, $Rh^2Cl^2(AzH^3)^{10}.(SiFl^6)^2$. — Tables rhomboïdales microscopiques d'un jaune clair.

Sulfate neutre

$$Rh^2Cl^2(AzH^3)^{10}.(SO^4)^2 + 4H^2O.$$

— On l'obtient en neutralisant l'hydrate par l'acide sulfurique, ou en précipitant les eaux mères du sel acide par l'alcool.

Sulfate acide,

$$2[Rh^2Cl^2(AzH^3)^{10}.(SO^4)^2].3SO^4H^2.$$

— On traite 5 grammes de chlorure par 15 grammes d'acide sulfurique concentré et froid; on dissout le produit dans 50 ou 60 centimètres cubes d'eau chaude. Par le refroidissement, le sulfate acide se dépose en prismes brillants, d'un jaune de soufre, peu solubles dans l'eau. L'iodure de potassium ioduré donne dans la solution de ce sel un précipité mordoré de *periodure*.

Carbonate, $Rh^2Cl^2(AzH^3)^{10}.(CO^3)^2 + 3H^2O$. — On broie le chlorure avec du carbonate d'argent et un peu d'eau, puis on ajoute de l'alcool à la solution filtrée; le carbonate se précipite sous la forme d'une poudre cristalline jaune clair. La solution de ce sel est alcaline, inaltérable par l'ébullition. Le sel solide ne perd pas d'eau à 100°, mais se décompose à 115°.

Bromure bromopurpuréorhodique,

$$Rh^2Br^2(AzH^3)^{10}.Br^4.$$

— On traite l'alliage de zinc et de rhodium par l'acide bromhydrique et le brome, puis on opère comme pour le chlorure chloré. Ou bien on traite ce dernier sel par la soude à 100° pour le convertir dans la modification roséorhodique, qui on transforme ensuite en bromure roséorhodique (poudre cristalline jaunâtre) par l'action de l'acide bromhydrique. L'ébullition de ce dernier sel avec l'eau, ou l'action d'une chaleur de 100° sur le sel sec, produit sa conversion en bromure bromopurpuréorhodique. Celui-ci cristallise dans l'eau bouillante en beaux cristaux d'un jaune foncé. Densité = 2,650 à 17°,5.

Azotate bromopurpuréorhodique,

$$Rh^2Br^2(AzH^3)^{10}.(AzO^3)^4.$$

— Se dépose de sa solution bouillante en cristaux octaédriques jaunes.

Fluosilicate, $Rh^2Br^2(AzH^3)^{10}.(SiFl^6)^2$. — Tables rectangulaires microscopiques, jaunes.

Bromoplatinate, $Rh^2Br^2(AzH^3)^{10}.(PtBr^6)^2$. — Agrégations cristallines brillantes, d'un rouge jaunâtre, ou cristaux plus volumineux, d'un rouge cinabre.

Chlorure iodopurpuréorhodique,

$$Rh^2I^2(AzH^3)^{10}.Cl^4.$$

— On traite l'hydrate roséorhodique par l'acide iodhydrique et on chauffe le mélange au bain-marie. On obtient un précipité cristallin brun qu'on transforme en chlorure iodé par l'action de l'acide chlorhydrique étendu, puis la solution chaude de ce sel est versée dans l'acide chlorhydrique concentré. Le chlorure se précipite sous la forme d'une poudre cristalline, d'un jaune de chrome foncé, assez soluble dans l'eau froide.

Iodure, $Rh^2I^2(AzH^3)^{10}.I^4$. — Par double décomposition entre le chlorure précédent et l'iodure de potassium. C'est une poudre cristalline orangée, d'une densité égale à 3,110.

Azotate, $Rh^2I^2(AzH^3)^{10}.(AzO^3)^4$. — Précipité jaune de chrome, cristallisant en petits octaèdres.

Fluosilicate, $Rh^2I^2(AzH^3)^{10}.(SiFl^6)^2$. — Tables rectangulaires microscopiques, jaunes.

Iodoplatinate, $Rh^2I^2(AzH^3)^{10}.(PtI^6)^2$. — Précipité cristallin noir.

Sulfate, $Rh^2I^2(AzH^3)^{10}.(SO^4)^2 + 6H^2O$. — On broie 3gr,6 d'iodure iodé avec 10 grammes d'acide sulfurique; il se produit une masse orangée, soluble dans 40 centimètres cubes d'eau. L'addition de 1 centimètre cube d'alcool à la solution sépare lentement le sulfate en cristaux volumineux orangés. L'addition d'un excès d'alcool aux eaux mères en précipite le sel anhydre.

Sels de dichlorotétrapyridine-rhodium. — Nous ne ferons que signaler ici ces combinaisons, obtenues par Joergensen, parmi lesquelles le chlorure cristallise en prismes brillants ayant pour composition $Rh^2Cl^2(C^5H^5Az)^8.Cl^4$. Ed. Willm.

ROCCELLINE. — Ce nom, qui désigne un des principes colorants des lichens à orseille, a été donné récemment à l'une des couleurs diazoïques, au sel sodique de l'acide β-naphtolazo-α-naphtaline-sulfonique,

$$(C^{10}H^6.OH)_\beta\text{-}Az = Az\text{-}(C^{10}H^6.SO^3Na)_\alpha.$$

ROSANILINE. — La rosaniline a été, dans ces derniers temps, l'objet de travaux très importants, qui ont permis de fixer définitivement sa constitution. Il ressort de l'ensemble de ces recherches qu'il existe *toute une série de rosanilines;* tous ces corps dérivent du *triphénylméthane* ou de ses homologues.

Nous rappellerons en peu de mots les propriétés et les réactions de la rosaniline ordinaire, telles qu'elles ont été données par Hofmann dans son travail sur la rosaniline et sur ses dérivés.

La rosaniline a pour formule $C^{20}H^{19}Az^3.H^2O$; c'est une base triacide, qui peut, théoriquement, fournir trois séries de sels avec les acides monobasiques; les sels monacides sont toutefois les seuls stables; ils constituent les *fuchsines* (rouge magenta, azaléine, etc.) du commerce.

L'eau contenue dans la rosaniline ne peut être éliminée sans qu'il y ait destruction complète de la substance.

Par réduction, la rosaniline se transforme en leucaniline, en fixant deux atomes d'hydrogène. La leucaniline, $C^{20}H^{21}Az^3$, est une base triacide; les sels les plus stables sont ceux qui renferment 3 molécules d'acide.

Trois des atomes d'hydrogène renfermés dans la rosaniline peuvent être remplacés par des radicaux alcooliques (méthyle, éthyle, phényle, etc.).

Hofmann avait attribué à la rosaniline la formule

$$\left.\begin{matrix} C^7H^6 \\ C^7H^6 \\ C^6H^4 \\ H^3 \end{matrix}\right\} Az^3$$

que, d'après Kekulé, on peut mettre sous la forme suivante :

$$C^6H^4 < \begin{matrix} AzH - C^6H^3 < \begin{matrix} CH^3 \\ AzH \end{matrix} \\ AzH - C^6H^3 < CH^3 \end{matrix}$$

Liebermann [*Deutsch. chem. Gesellsch.*, 1872, p. 146] a donné à la rosaniline la formule de structure suivante :

$$\begin{matrix} CH^2 - C^6H^4 - AzH - C^6H^4 \\ | \qquad\qquad\qquad\quad | \\ CH^2 - C^6H^4 - AzH - AzH \end{matrix}$$

Græbe et Caro [*Liebig's Ann. Chem*, t. CLXXIX, p. 186], en étudiant les rapports qui existent entre la rosaniline et l'acide rosolique, arrivèrent à représenter la rosaniline par le schéma

$$C^6H^3(AzH^2) < \begin{matrix} CH^2 - C^6H^4 - AzH \\ CH^2 - C^6H^4 - AzH \end{matrix}$$

Ils ne parvinrent pas toutefois à préparer l'hydrocarbure correspondant par l'action de l'alcool sur le dérivé diazoïque de la rosaniline.

Il était réservé à E. et O. Fischer [*Liebig's Ann. Chem.*, t. CXCIV, p. 250] de résoudre ce problème; ils y parvinrent en étudiant le dérivé diazoïque de la leucaniline; ce corps, décomposé par l'alcool, fournit un hydrocarbure, fusible à 59°, dérivant du triphénylméthane, comme on verra plus loin.

Il existe toute une série de rosanilines homologues; les termes supérieurs de la série ont été étudiés par Rosenstiehl et Gerber [*Compt. rend.*, t. XCIV, p. 1319; t. XCV, p. 238; et t. XCVIII, p. 433].

En résumant les données expérimentales que l'on trouve dans les travaux de ces auteurs et dans ceux de A.-W. Hofmann, on arrive à conclure que le nombre total des rosanilines qui ont été préparées est de neuf, dont six homologues et trois isomères. Quelque grand que paraisse ce nombre, il n'est qu'une petite fraction de celui qui représente l'ensemble des rosanilines dont on peut prévoir dès maintenant l'existence. En se bornant aux seules amidométhylbenzines, on arrive à un minimum de trente rosanilines isomériques (Rosenstiehl et Gerber). Aucun fait ne nous permet actuellement de nous rendre compte du rôle des éthylbenzines et de leurs homologues.

Nous décrirons successivement la préparation et les propriétés de ces différents corps, en commençant par le corps fondamental, la *pararosaniline*, sur lequel portera la discussion de la formule de structure.

PARAROSANILINE, $C^{19}H^{19}Az^3O$. — La pararosaniline prend naissance lorsqu'on oxyde un mélange de paratoluidine et d'aniline par l'acide arsénique [Rosenstiehl, *Ann. Chim. Phys.* (5), t. VIII, p. 192]. On opère comme pour la préparation de la rosaniline ordinaire. Synthétiquement, on obtient la pararosaniline en partant du triphénylméthane. On traite cet hydrocarbure par l'acide azotique fumant, qui le transforme en dérivé trinitré; celui-ci, par réduction, fournit une base identique avec la paraleucaniline. On peut aussi transformer le trinitrotriphénylméthane en trinitrotriphénylcarbinol, par oxydation au moyen de l'acide chromique; ce dérivé trinitré, réduit avec précaution, fournit directement de la pararosaniline. Les formules suivantes font ressortir les rapports qui existent entre ces différentes substances :

$$CH \begin{matrix} \diagup C^6H^5 \\ - C^6H^5 \\ \diagdown C^6H^5 \end{matrix} \qquad CH \begin{matrix} \diagup C^6H^4 - AzO^2 \\ - C^6H^4 - AzO^2 \\ \diagdown C^6H^4 - AzO^2 \end{matrix}$$

Triphénylméthane. Trinitrotriphénylméthane.

$$C(OH) \begin{matrix} \diagup C^6H^4 - AzO^2 \\ - C^6H^4 - AzO^2 \\ \diagdown C^6H^4 - AzO^2 \end{matrix}$$

Trinitrotriphénylcarbinol.

$$C(OH) \begin{matrix} \diagup C^6H^4 - AzH^2 \\ - C^6H^4 - AzH^2 \\ \diagdown C^6H^4 - AzH^2 \end{matrix} \qquad CH \begin{matrix} \diagup C^6H^4 - AzH^2 \\ - C^6H^4 - AzH^2 \\ \diagdown C^6H^4 - AzH^2 \end{matrix}$$

Pararosaniline. Paraleucaniline.

Vice versâ, on peut transformer la pararosaniline en triphénylméthane, en passant par le dérivé diazoïque. Voici comment il convient d'opérer [E. et O. Fischer. *Liebig's Ann.*, t. CXCIV, p. 270] : On dissout 100 grammes de paraleucaniline dans 500 grammes d'acide sulfurique concentré; on fait passer dans 40 grammes de ce liquide, préalablement additionné de 5 grammes d'eau, un courant de gaz nitreux, jusqu'à ce qu'une tâte, additionnée d'eau et d'un alcali, ne donne plus de précipité de base. On chasse l'excès d'acide nitreux par un courant d'air humide, et on ajoute le liquide par petites portions à 250 gr. d'alcool en ébullition; on remarque un fort dégagement d'azote et d'aldéhyde et tout entre en dissolution; on sature l'acide sulfurique par la quantité théorique de potasse *très concentrée*, on filtre et on précipite par l'eau; on épuise par l'éther et on agite la dissolution éthérée avec de la soude, pour enlever les phénols et les acides sulfonés qui ont pu se former.

On évapore l'éther et on soumet le résidu à la distillation. On obtient à peu près 20 grammes d'un hydrocarbure solide, bouillant aux environs de 360°; on le purifie par cristallisation dans l'alcool bouillant. Le triphénylméthane ainsi préparé fond à 93° comme le triphénylméthane synthétique préparé d'après la méthode de Friedel et Crafts.

La formation de la paraleucaniline en partant du triphénylméthane, et, d'autre part, le passage inverse démontrent indubitablement que cette base constitue un triamidotriphénylméthane.

Par oxydation de la paraleucaniline, on obtient la rosaniline, $C^{19}H^{19}Az^3O$, qu'on écrivait autrefois, $C^{19}H^{17}Az^3 + H^2O$. Or il est démontré qu'on ne peut enlever de l'eau à la rosaniline sans la détruire; cette eau n'existe donc pas dans la molécule à l'état d'eau, et la rosaniline doit être formulée $C^{19}H^{19}Az^3O$.

Le corps $C^{19}H^{17}Az^3$, auquel on a attribué la constitution

$$\begin{matrix} C \begin{matrix} \diagup C^6H^4.AzH^2 \\ \diagdown C^6H^4.AzH^2 \end{matrix} \\ | \\ HAz - C^6H^4 \end{matrix}$$

n'existe pas à l'état libre. E. et O. Fischer en admettent toutefois l'existence dans les sels de pararosaniline; ils formulent, par exemple, le chlorhydrate de pararosaniline de la manière suivante :

$$\begin{matrix} C \begin{matrix} \diagup C^6H^4.AzH^2 \\ - C^6H^4.AzH^2 \end{matrix} \\ | \\ HCl.\ Az \diagdown C^6H^4 \end{matrix}$$

Rosenstiehl a émis récemment, sur la constitution des sels de rosaniline, une hypothèse qui nous paraît beaucoup plus plausible [*Bull. Soc. chim.*, t. XXXIII, p. 342 et 426]. D'après lui, les sels de la rosaniline sont les éthers de l'*alcool tertiaire amidé*, dérivé du triphénylméthane; le chlorhydrate de pararosaniline peut se formuler de la manière suivante :

$$Cl\text{-}C \begin{cases} C^6H^4.AzH^2 \\ C^6H^4.AzH^2 \\ C^6H^4.AzH^2 \end{cases}$$

La transformation en base et en leuco dérivé s'explique tout aussi aisément en admettant cette formule qu'en adoptant celle de E. et O. Fischer; ces derniers admettent que les sels de rosaniline possèdent une constitution différente de la base elle-même : ce qui paraît peu probable.

Quant à la mobilité de l'atome de chlore, qui surprend, à première vue, dans un éther, on peut l'expliquer par l'accumulation de groupements électropositifs dans la molécule. Ce fait, du reste, n'est pas sans analogie. Certains hydrocarbures polynitrés, par l'influence opposée du groupe AzO^2, sont de véritables acides.

Jusqu'ici, nous n'avons considéré que la pararosaniline à 19 atomes de carbone.

Le produit commercial, préparé par oxydation d'un mélange d'aniline, d'orthotoluidine et de paratoluidine, est constitué surtout par un sel de la rosaniline en C^{20}, dérivant du diphénylcrésylméthane,

$$CH(C^6H^5)^2(C^7H^7).$$

Cette rosaniline, homologue supérieur de la pararosaniline, a par conséquent pour formule

$$OH\text{-}C \begin{cases} C^6H^4.AzH^2 \\ C^6H^4.AzH^2 \\ C^6H^3(AzH^2)(CH^3) \end{cases}$$

CONSTITUTION DE LA ROSANILINE.

Nous venons de rattacher la pararosaniline à un hydrocarbure de la série aromatique, au triphénylméthane, sans rechercher les isoméries de positions, qui doivent nécessairement se produire en très grand nombre. En effet, la rosaniline la plus simple, la pararosaniline, renferme trois noyaux benzéniques bisubstitués, chacun desquels peut donner naissance à trois séries de dérivés. La question qui dès lors se présente naturellement à l'esprit est celle-ci : la rosaniline est-elle un mélange de différents triphénylcarbinols triamidés, ou bien constitue-t-elle une espèce chimique bien caractérisée? Dans ce dernier cas, quelle est la position relative des groupes amidés par rapport au carbone central?

Cette question a été résolue dans ces derniers temps par les travaux de E. et O. Fischer, de Graebe et Caro, de Rosenstiehl et Gerber, etc. [E. et O. Fischer, *Deutsch. chem. Gesellsch.*, 1880, p. 2204; — Graebe et Caro, *ibid.*, 1878, p. 1348; — Staedel et Gail, *Liebig's Ann. Chem.*, t. CXCIV, p. 334; — Magnus Bresler, *Deutsch. chem. Gesellsch.*, 1880, p. 2207; — Rosenstiehl et Gerber, *Compt. rend.*, t. XCIV, p. 1319, t. XCV, p. 238]. On est arrivé à la solution du problème par l'étude du mode de formation de rosanilines homologues, en partant de bases aromatiques à constitution connue et en recherchant quelles étaient les bases qui pouvaient donner des rosanilines par l'oxydation.

L'étude des transformations de l'aurine (trioxytriphénylcarbinol) et la formation de paraleucaniline au moyen du produit de condensation de l'aldéhyde benzoïque paranitrée avec l'aniline démontrent également que les trois groupes AzH^2 se trouvent en position para par rapport au carbone central. La formule développée de la pararosaniline devient alors :

H H
AzH² H H AzH²
OH
H H
C
H H
H H
H H
H H
AzH²

Dans la rosaniline ordinaire en C^{20}, le groupe CH^3 est en position ortho par rapport à un groupe AzH^2.

Les résultats obtenus par Rosenstiehl et Gerber dans l'étude de la genèse des rosanilines au moyen des différentes amines viennent confirmer cette formule. Les auteurs rangent les bases aptes à donner des fuchsines en trois catégories.

La première comprend : la paratoluidine, l'α-métaxylidine, $C^6H^3(CH^3)_{(1)}(CH^3)_{(3)}(AzH^2)_{(4)}$, et la mésidine, $C^6H^2(CH^3)_{(1)}(CH^3)_{(3)}(CH^3)_{(5)}(AzH^2)_{(4)}$.

La seconde comprend : l'aniline, l'orthotoluidine, la γ-métaxylidine,

$$C^6H^3(CH^3)_{(1)}(CH^3)_{(3)}(AzH^2)_{(2)}.$$

Finalement, on range dans la troisième les bases suivantes : la métatoluidine et la xylidine symétrique, $C^6H^3(CH^3)_{(1)}(CH^3)_{(3)}(AzH^2)_{(5)}$.

Les corps de la première catégorie ne donnent de rosaniline ni seuls ni oxydés deux à deux, car la position para, par rapport à l'amidogène, est occupée par un groupement substitué.

Les bases de la seconde catégorie ne donnent pas de rosanilines par elles-mêmes; elles en fournissent lorsqu'on les oxyde avec une base de la première catégorie.

Finalement, les corps de la troisième catégorie ne donnent de rosaniline ni seuls, ni mélangés avec une des bases de la série 1 ou 2.

La constitution de la rosaniline et de ses sels se trouvant ainsi établie, nous donnerons les caractères principaux des différentes rosanilines étudiées jusqu'ici, ainsi que de leurs dérivés.

PARAROSANILINE, $C^{19}H^{19}Az^3O$. — On a, à plusieurs reprises, indiqué le mode de formation de ce corps, le premier de la série; il ne paraît pas être contenu en quantité notable dans la fuchsine commerciale (chlorhydrate de rosaniline), car l'aniline pour rouge qui sert à sa préparation est constituée par un mélange d'ortho et de paratoluidine avec l'aniline; or la pararosaniline ne se forme qu'aux dépens de 2 molécules d'aniline et de 1 de paratoluidine, tandis que la présence d'orthotoluidine entraîne la formation de la rosaniline en C^{20}. La pararosaniline prend aussi naissance par l'action de l'ammoniaque alcoolique sur l'aurine (voyez CORALLINE, Suppl., p. 522).

On prépare la pararosaniline en chauffant avec l'acide arsénique sirupeux un mélange de 2 molécules d'aniline et de 1 molécule de paratoluidine. L'opération s'exécute comme pour la préparation industrielle de la fuchsine (voyez t. Ier, p. 314, et Suppl. p. 152).

La cuite est épuisée complètement avec de l'eau renfermant 1 à 2 °/₀ d'acide chlorhydrique; on précipite par le sel le liquide filtré; la chrysaniline reste dans les eaux mères et il se précipite un mélange de chlorhydrate de rosaniline souillé d'un peu de violaniline. On fait cristalliser dans l'eau bouillante; les cristaux qui se déposent en premier lieu renferment la presque totalité de la violaniline; on précipite les eaux mères par le sel et on achève la purification en faisant cristalliser le produit à plusieurs reprises dans l'eau bouillante.

Pour obtenir la base libre, on ajoute à la dissolution bouillante du chlorhydrate de la soude caustique en excès; la pararosaniline cristallise par refroidissement en aiguilles enchevêtrées.

Pour obtenir de la rosaniline absolument pure, il suffit d'épuiser la base par de la benzine, qui enlève les produits étrangers à la série de la rosaniline. La pararosaniline ressemble beaucoup à la rosaniline ordinaire en C^{20} décrite par Hofmann. Elle en diffère par sa plus grande solubilité dans l'eau ; en revanche, l'éther la dissout beaucoup moins facilement que la rosaniline en C^{20}.

Le *chlorhydrate* présente également les plus grandes analogies avec la fuchsine commerciale ; il est un peu moins soluble dans l'eau et donne en teinture des nuances plus jaunes que la fuchsine ordinaire.

Paraleucaniline, $C^{19}H^{19}Az^{3}$. — Pour préparer la paraleucaniline, on réduit le chlorhydrate en dissolution fortement acide par le zinc en poudre; la liqueur vire du brun au jaune-paille en s'échauffant fortement; on décante et on ajoute un grand excès d'acide chlorhydrique concentré; le chlorhydrate se précipite; on le redissout dans l'eau et on répète l'opération jusqu'à élimination complète du zinc. Pour obtenir la base libre, on précipite par la soude; on dissout le précipité dans l'alcool bouillant et on ajoute de l'eau chaude jusqu'à trouble persistant; par le refroidissement, la paraleucaniline cristallise en paillettes fusibles à 197°.

On peut également obtenir la paraleucaniline par une voie détournée, en partant de l'aldéhyde benzoïque et de l'aniline [Fischer et Greiff, *Deutsch. chem. Gesellsch.*, 1880, p. 671 ; — Renouf, *ibid.*, 1883, p. 1301; — O. Fischer, *ibid.*, 1882, p. 677].

On chauffe à 120° un mélange d'aldéhyde benzoïque paranitrée, de chlorhydrate d'aniline et de chlorure de zinc; on dissout à chaud dans l'acide sulfurique étendu, on filtre, on ajoute de la soude caustique, et on distille; l'excès d'aniline passe avec la vapeur d'eau[1]; on obtient ainsi une base nitrée, $CH(C^6H^4AzH^2)^2(C^6H^4AzO^2)$, qu'on purifie par cristallisation dans la benzine. Par réduction au moyen du zinc en poudre et de l'acide acétique, elle se transforme quantitativement en paraleucaniline.

En même temps que la paraleucaniline, il se forme dans cette réaction de petites quantités d'une autre base, dont le chlorhydrate est plus soluble; ce corps fournit par l'oxydation une matière colorante peu intense, dont la nuance est entre la fuchsine et le violet.

La paraleucaniline se trouve souvent contenue dans les eaux mères de la préparation industrielle de la fuchsine [Graebe, *Deutsch. chem. Gesellsch.*, 1879, p. 2241]. Il se peut même que, dans la fabrication industrielle de la fuchsine, ce soient les leucodérivés qui prennent d'abord naissance, pour donner lieu ensuite, par oxydation, à la formation de la matière colorante elle-même.

Le *chlorhydrate* de paraleucaniline cristallise dans l'acide chlorhydrique bouillant en lamelles qui ont pour formule $C^{19}H^{19}Az^{3}(HCl)^{3} + H^{2}O$.

Sulfate de paraleucaniline. — Ce corps se dépose sous la forme d'une masse cristalline, par addition d'acide sulfurique concentré à une dissolution alcoolique de la leucobase ; on le purifie par cristallisation dans l'eau. Ses dissolutions s'oxydent rapidement à l'air en se colorant en rose.

Benzoylparaleucaniline [Renouf, *Deutsch. chem. Gesellsch.*, 1883, p. 1302]. — On l'obtient en chauffant une dissolution benzénique de paraleucaniline avec un excès de chlorure de benzoyle; on lave à l'éther et à l'eau, et on purifie le résidu par cristallisation dans l'alcool. La benzoylparaleucaniline fond à 149°.

Triacétylparaleucaniline. — On chauffe la leucobase sèche pendant une heure dans un appareil à reflux avec un excès d'anhydride acétique. On ajoute de l'eau et on fait cristalliser dans l'acide acétique.

La triacétylparaleucaniline forme des lamelles roses, fusibles à 177°; elle s'oxyde beaucoup plus facilement que la leucaniline et fournit de la pararosaniline acétylée.

Diazopararosaniline [Fischer, *Liebig's Ann. Chem.*, t. CXCIV, p. 268]. — On l'obtient à l'état de chlorure, $C^{19}H^{13}OAz^{6}Cl^{3}$, en faisant agir sur la pararosaniline en solution chlorhydrique 3 molécules de nitrite de sodium ; si on ajoute ensuite le liquide à une dissolution acide de chlorure d'or en excès, on obtient des flocons jaunes cristallins d'un chloraurate, $C^{19}H^{13}OAz^{6}Cl^{3} + 3AuCl^{3}$.

En faisant bouillir le chlorure du dérivé diazoïque avec de l'eau, on obtient de l'aurine. Il se forme d'abord du trioxytriphénylcarbinol qui, en perdant ensuite les éléments d'une molécule d'eau, se convertit en aurine :

$$\underset{\text{Trioxytriphénylcarbinol.}}{HO.C\begin{cases}C^6H^4.OH\\C^6H^4.OH\\C^6H^4.OH\end{cases}} = H^2O + \underset{\text{Aurine.}}{C\begin{cases}C^6H^4.OH\\C^6H^4.OH\\C^6H^4\end{cases}\hspace{-0.5em}\text{—}O}$$

En traitant le chlorure de diazorosaniline par l'alcool bouillant, on n'obtient pas le triphénylcarbinol, $OH\text{-}C(C^6H^5)^3$, qui serait le produit normal; il se forme à sa place des corps analogues à l'aurine et une substance neutre, oxygénée, qui n'a pas été étudiée.

Chlorure de diazoparaleucaniline,

$$HC(C^6H^4Az = Az\text{-}Cl)^3.$$

— Ce corps, obtenu par l'action du nitrite de sodium sur la paraleucaniline en dissolution chlorhydrique, peut être isolé de sa dissolution aqueuse par l'alcool et l'éther. Il cristallise difficilement; ses dissolutions sont bleu-verdâtre; elles sont décolorées par les acides forts. Sa transformation en triphénylméthane a été décrite plus haut (p. 1394).

Hydrocyanopararosaniline. — On prépare ce corps comme le dérivé correspondant de la rosaniline ordinaire [Müller, *Zeitschr. Chem.*, 1866, p. 2]. La base libre est peu soluble à chaud dans l'alcool et cristallise en prismes, dont la formule est $C^{20}H^{18}Az^{4}$.

Elle se décompose à 160° sans entrer en fusion. Son chlorhydrate, chauffé à 180-190°, se scinde en HCl, HCAz, et en parafuchsine :

$$C^{20}H^{18}Az^{4}(HCl)^{3}$$
$$= C^{19}H^{17}Az(HCl) + 2HCl + HCAz.$$

La constitution de l'hydrocyanopararosaniline peut être exprimée par la formule

$$CAz\text{-}C\begin{cases}C^6H^4.AzH^2\\C^6H^4.AzH^2\\C^6H^4.AzH^2.\end{cases}$$

En faisant passer un courant prolongé d'acide nitreux dans le chlorhydrate en solution alcoolique, on voit se séparer de fines aiguilles incolores, constituées par le chlorure du dérivé diazoïque, $CAz\text{-}C(C^6H^4Az^2Cl)^3 + 2H^2O$. Ce corps est dé-

1. Ce mode opératoire est indiqué par Fischer. Il est toutefois préférable de traiter la cuite d'abord par l'eau chaude, pour enlever la majeure partie du chlorure de zinc, d'ajouter ensuite de la soude, de manière à mettre l'excès d'aniline en liberté et de distiller. Il faut éviter un excès de soude qui décompose la base nitrée.

composé par l'eau bouillante; il se forme de l'hydrocyano-aurine, $CAz\text{-}C(C^6H^4.OH)^3$. L'alcool à l'ébullition donne lieu à une réaction beaucoup plus compliquée; il se forme divers produits, entre autres un corps qui a probablement pour formule $CAz\text{-}C(C^6H^5)^3$, identique ou isomérique avec le *triphényl-acétonitrile.*

ROSANILINE ORDINAIRE en C^{20}. — Le chlorhydrate de cette base constitue la presque totalité du produit commercial; ses propriétés ont été décrites par Hofmann, qui toutefois ne paraît pas avoir eu entre les mains un produit tout à fait homogène.

La préparation et la purification de la rosaniline en C^{20} s'effectuent exactement comme celles de la pararosaniline; on oxyde par l'acide arsénique un mélange d'une molécule de paratoluidine, une molécule d'orthotoluidine et une molécule d'aniline.

D'après ce qui a été dit sur la position des groupes amidogènes dans les rosanilines, on voit qu'on peut obtenir également la rosaniline en C^{20} en oxydant un mélange de 1 molécule d'α-métaxylidine avec 2 molécules d'aniline; le produit ainsi préparé a été reconnu identique avec la rosaniline ordinaire (Rosenstiehl et Gerber).

Finalement, d'après Girard et Caventou [*Bull. Soc. chim.*, t. XXIX, p. 98], la rosaniline prend naissance, à côté de violaniline et de mauvaniline, lorsqu'on fait agir l'oxyazobenzine sur le chlorhydrate de toluidine.

Les propriétés et les réactions de la fuchsine sont trop connues pour que nous ayons à y revenir ici. Nous dirons quelques mots de ses dérivés.

Tétracétylrosaniline,

$$(OC^2H^3O)\text{-}C(C^6H^4.AzH.C^2H^3O)^3$$

[Renouf, *Deutsch. chem. Gesellsch.*, 1883, p. 1303]. — On chauffe pendant deux heures à l'ébullition 10 gr. de rosaniline avec 50 gr. d'anhydride acétique; on verse dans l'eau; il se sépare une résine rougeâtre qui durcit au contact prolongé de l'eau. On lave pour enlever l'acide acétique. Ce corps n'a pu être obtenu sous forme de cristaux. Il fond à 153-155°.

Diazorosaniline. — Ce corps a été étudié par Caro et Wanklyn [*Proceed. royal Society*, t. XV, p. 210] et par Graebe et Caro, qui ont découvert sa transformation en acide rosolique sous l'influence de l'eau bouillante.

Le *chloraurate*, qu'on prépare comme le dérivé correspondant de la pararosaniline, a pour formule $C^{20}H^{13}Az^6Cl^3, H^2O + 3AuCl^3$.

Le *chloroplatinate* paraît correspondre à la formule $(C^{20}H^{13}Az^6Cl^3, H^2O)^2 + 3PtCl^4 + 6H^2O$ [Fischer, *Liebig's Ann. Chem.*, t. CXCIV, p. 279].

Action de l'eau sur la rosaniline [Liebermann, *Deutsch. chem. Gesellsch.*, 1872, p. 144; 1873, p. 951; 1878, p. 1435; 1883, p. 1927].

En faisant agir l'eau en tubes clos à 270° sur la rosaniline, Liebermann a obtenu une série de corps qui ne dérivent plus du triphénylméthane; la molécule de la rosaniline se scinde et fournit des dérivés de la benzophénone.

On a obtenu les corps suivants, qui représentent les différentes phases de la réaction :

$$CO \begin{matrix} \diagup C^6H^4.AzH^2 \\ \diagdown C^6H^3(CH^3)(AzH^2). \end{matrix}$$

Diamido-homobenzophénone, fusible au-dessus de 220°.

$$CO \begin{matrix} \diagup C^6H^4.OH \\ \diagdown C^6H^3(CH^3)(AzH^2). \end{matrix}$$

Oxyamido-homobenzophénone.

$$CO \begin{matrix} \diagup C^6H^4.OH \\ \diagdown C^6H^4.OH \end{matrix}$$

Dioxybenzophénone.

Hydrocyano-rosaniline, $C^{20}H^{20}Az^3.CAz$ [Muller, *Zeitschr. Chem.*, 1866, p. 2]. — Ce corps est analogue au dérivé correspondant de la pararosaniline. Le chlorhydrate est facilement soluble dans l'alcool.

Rosaniline tétrabromée, $C^{20}H^{17}Br^4Az^3O$ (?). — Cette substance a été obtenue par Caro et Graebe [*Liebig's Ann. Chem.*, t. CLXXIX, p. 203], en précipitant par le brome un sel de rosaniline. La base libre est peu soluble dans l'alcool, insoluble dans l'eau. Les sels se dissolvent en violet dans l'alcool.

Naphtylrosaniline. — La rosaniline, chauffée avec un excès de β-naphtylamine en présence d'un petite quantité d'acide benzoïque, donne avec dégagement d'ammoniaque une matière colorante bleue (la β-trinaphtylrosaniline), qui teint en nuances plus rougeâtres que le bleu d'aniline [Meldola, *Chem. News*, t. XLVII, p. 133].

Diphénylrosaniline. — Il paraît se former de la diphénylrosaniline lorsqu'on soumet à l'oxydation au moyen d'acide arsénique un mélange de 1 molécule de paratoluidine et de 2 molécules de diphénylamine [Meldola, *Chem. News*, t. XLVII, p. 133].

Dinitrophénylrosaniline,

$$C^{20}H^{18}Az^3.C^6H^3(AzO^2)^2$$

[Nölting, *Bull. Soc. chim.*, t. XXXVII, p. 390]. — On obtient ce corps en chauffant pendant 5 à 6 heures à 180-200° 1 molécule de dinitrobenzine chlorée, $C^6H^3(Cl)_{(1)}(AzO^2)^2_{(2.4)}$, avec 1 molécule de rosaniline, en présence d'un peu d'acide acétique cristallisable. On épuise successivement la masse par l'eau et par la benzine. Le chlorhydrate de la nouvelle base reste comme résidu. Ce corps teint en rouge grenat à nuance violette; les couleurs résistent aux acides et à la lumière.

Le *chlorure de picryle* fournit une *phénylrosaniline trinitrée*; la *naphtaline chlorodinitrée*, une naphtylrosaniline dinitrée, qui donne en teinture des nuances plus violettes que la phénylrosaniline dinitrée.

LEUCANILINE,

$$CH(C^6H^4.AzH^2)^2(C^6H^3.CH^3.AzH^2).$$

— Ce corps peut être préparé exactement comme la paraleucaniline; il fond à 139-141°.

Triacétylleucaniline [Renouf, *Deutsch. chem. Gesellsch.*, 1883, p. 1303]. — On traite la leucaniline par l'anhydride acétique; on fait bouillir pendant une heure dans un appareil à reflux et on verse dans l'eau; il se précipite un corps résineux rougeâtre, qu'on purifie par cristallisation dans l'acide acétique. On l'obtient ainsi en magnifiques aiguilles groupées, fusibles à 168°.

La triacétylleucaniline se transforme aisément en tétracétylrosaniline, par oxydation au moyen du dichromate de potassium et de l'acide acétique. On voit donc que, par l'oxydation, il se fixe un groupe acétyle sur le carbone central.

Diazoleucaniline. — On fait passer un courant d'acide nitreux à travers une solution de chlorhydrate de leucaniline; le liquide devient successivement vert foncé et rouge clair; on ajoute de l'alcool et de l'éther; il se précipite une masse gommeuse, constituée par le chlorure du dérivé diazoïque. Le *chloraurate* a pour formule

$$C^{20}H^{15}Az^6Cl^3 + 3AuCl^3 + H^2O.$$

Le sulfate, traité par l'alcool bouillant, fournit le crésyldiphénylméthane,

$$CH_{(1)}(C^6H^5)^2(C^6H^4\text{-}CH^3)_{(3)},$$

fusible à 59-60°.

Constitution des matières colorantes dérivant de la rosaniline. — Par l'action des éthers simples de la série grasse sur la rosaniline, on arrive à obtenir des matières colorantes de plus en plus violettes. Les dérivés méthylés de la rosaniline, peu employés aujourd'hui, constituent les différentes marques de violets Hofmann.

Par l'action de l'aniline sur la rosaniline, une partie de l'hydrogène de l'amidogène est remplacée par le groupe phényle, et on arrive aux bleus d'aniline en passant par le violet rouge et le violet bleu.

Le phénomène qui se produit dans ces réactions n'est pas de nature à modifier nos idées sur la constitution de la rosaniline : c'est une simple transformation d'une triamine primaire en amine secondaire ou tertiaire.

Le violet de Paris, obtenu par oxydation ménagée de la diméthylaniline, doit être envisagé comme un mélange de plusieurs dérivés méthylés de la pararosaniline [Fischer et Kœrner, *Deutsch. chem. Gesellsch.*, 1883, p. 2904].

Il nous reste à décrire rapidement les rosanilines homologues contenant plus de 20 atomes de carbone. Ces corps ont été étudiés surtout par Rosenstiehl et Gerber.

ROSANILINE en C^{21} [Syn. *Rouge de toluène*]. — On obtient ce corps en oxydant un mélange de 1 molécule de paratoluidine et de 2 molécules d'orthotoluidine.

D'après Fischer [*Deutsch. chem. Gesellsch.*, 1882, p. 679], la leucaniline correspondante prend naissance lorsqu'on traite 1 molécule d'aldéhyde benzoïque paranitrée par 2 molécules d'orthotoluidine en présence de chlorure de zinc, et qu'on réduit la base nitrée ainsi obtenue par le zinc en poudre et l'acide chlorhydrique.

La leucaniline C^{21} forme des cristaux mamelonnés, fusibles à 136-137°, très peu solubles dans l'eau.

Les sels de la rosaniline C^{21} teignent les fibres animales en nuances plus violacées que la rosaniline ordinaire.

D'après son mode de formation, cette rosaniline possède la formule de structure suivante :

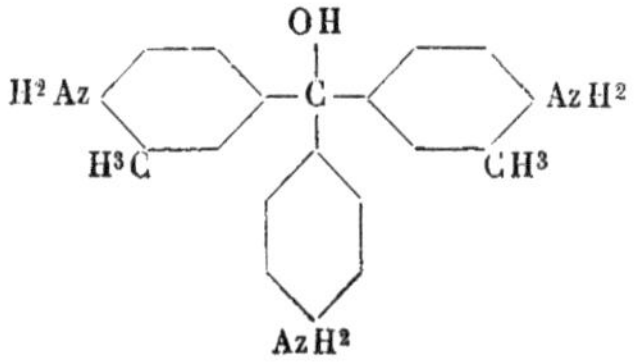

OH
H^2Az — C — AzH^2
H^3C CH^3
AzH^2

L'hydrocarbure correspondant, le *dicrésylphényl-méthane*, cristallise difficilement; il fond à 33-35° et bout à 360-363°.

On peut obtenir une rosaniline en C^{21} isomérique avec la première, en oxydant un mélange de 1 molécule de mésidine et de 2 molécules d'aniline. Cette rosaniline renferme les deux groupes méthyle dans le même noyau. Sa formule de constitution est donc représentée par le schéma suivant :

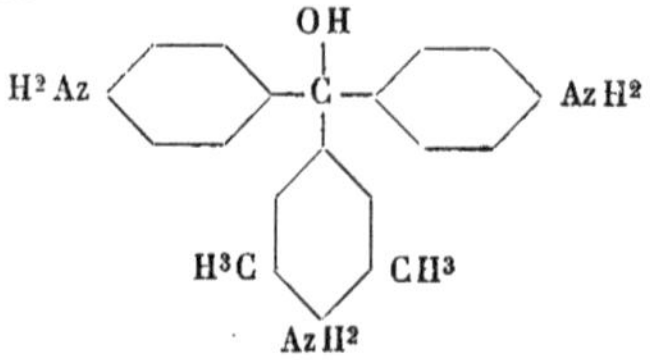

OH
H^2Az — C — AzH^2
H^3C CH^3
AzH^2

ROSANILINE en C^{22}. — On l'obtient en oxydant soit un mélange de 1 molécule d'α-métaxylidine avec 2 molécules d'orthotoluidine, soit un mélange de 1 molécule de mésidine avec 1 molécule d'orthotoluidine et 1 molécule d'aniline; ces corps ont la constitution exprimée par les formules suivantes :

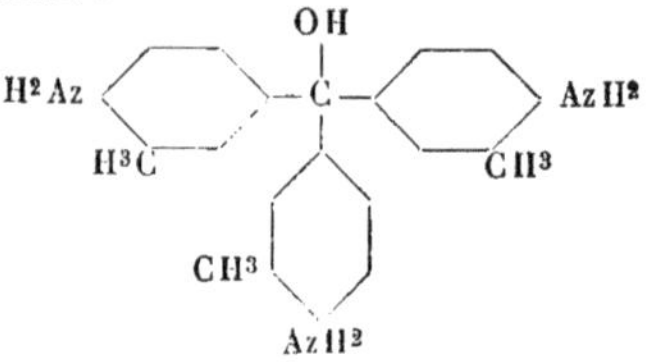

OH
H^2Az — C — AzH^2
H^3C CH^3
CH^3
AzH^2

Rosaniline C^{22}
dérivant de l'α-métaxylidine.

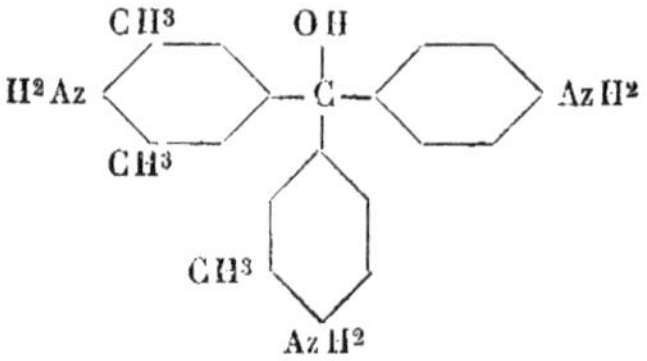

CH^3 OH
H^2Az — C — AzH^2
CH^3
CH^3
AzH^2

Rosaniline C^{22}
dérivant de la mésidine.

L'un des hydrocarbures correspondants, le tricrésylméthane, cristallise en paillettes blanches, fusibles à 73°. Il bout à 377°.

ROSANILINE en C^{23}. — Une de ces rosanilines peut être préparée en oxydant un mélange de 1 molécule de mésidine et de 2 molécules d'orthotoluidine. Elle donne, en teinture, des nuances très violacées.

La théorie permet, en outre de prévoir l'existence de nombreuses rosanilines homologues; plus on s'élève dans la série, plus les isoméries sont nombreuses.

Ces corps, qui ne présentent qu'un intérêt médiocre, n'ont pas été étudiés jusqu'ici.

En général, les rosanilines substituées dans le noyau donnent, en teinture, des nuances de plus en plus violacées, à mesure que la substitution est plus avancée. Toutefois, l'influence des groupes substituants dans le noyau, au point de vue de la nuance, est beaucoup moins considérable que celle des mêmes radicaux dans l'amidogène. En effet, la triméthylrosaniline (violet Hofmann),

$$C^{20}H^{14}(AzH.CH^3)^3Cl,$$

est franchement violette, tandis que la nuance de la rosaniline C^{23} ne s'éloigne pas beaucoup de celle de la fuchsine ordinaire.

La solubilité des fuchsines (chlorhydrates de rosanilines) dans l'eau va en augmentant à mesure qu'on s'élève dans la série, ainsi qu'il ressort du tableau suivant :

		Un litre d'eau à la température ordinaire dissout en grammes.
Fuchsine en...	C^{19}	1,92
—	C^{20}	2,65
—	C^{21}	5,55
—	C^{22}	17,35

Au contraire, la solubilité des rosanilines dans l'eau va en décroissant de C^{19} à C^{22}; il s'ensuit qu'elles s'obtiennent de moins en moins bien cristallisées; la solubilité dans l'éther suit, en revanche, la progression contraire.

A 20°, 100 centimètres cubes d'éther dissolvent en grammes :

Rosaniline en..	C^{19}	0,044
—	C^{20}	0,330
—	C^{21}	0,840
—	C^{22}	0,875

ROSANISIDINE [Fischer, *Deutsch. chem. Ge-*

sellsch., 1882, p. 680]. — On peut préparer directement ce corps en oxydant, par l'acide arsénique, un mélange de 1 molécule de paratoluidine et de 2 molécules d'orthoanisidine.

On l'obtient par une voie détournée, en partant de l'aldéhyde benzoïque paranitrée. On chauffe au bain-marie un mélange de 1 molécule d'aldéhyde paranitrée et de 2 molécules d'orthoanisidine, en présence de chlorure de zinc.

On traite par l'acide acétique étendu et bouillant, on ajoute de l'eau et on filtre; on précipite la base nitrée par un excès d'ammoniaque; on fait bouillir, pour éliminer l'aldéhyde et l'anisidine inattaquées, et on purifie le produit par cristallisation dans la benzine. On obtient ainsi le composé, $C^{21}H^{21}Az^{3}O^{4} + C^{6}H^{6}$, qui forme de magnifiques aiguilles d'un jaune d'or, fusibles à 107-108°.

Ce corps se dissout dans les acides à chaud; la benzine de cristallisation se dégage. Le chlorhydrate est soluble dans l'eau, peu soluble dans l'acide chlorhydrique concentré.

Oxydé par le chloranile en dissolution alcoolique, il fournit une matière colorante vert-jaunâtre, qui n'est pas particulièrement belle et qui, réduite avec précaution par le zinc en poudre et l'acide acétique, se transforme en un magnifique *violet-rouge*, constitué par un sel de *rosanisidine*.

La base nitrée, réduite par la poudre de zinc et l'acide chlorhydrique, se transforme en leucanisidine,

$$CH_{(1)}(C^{6}H^{4}.AzH^{2})\left(C^{6}H^{3}\begin{matrix}<OCH^{3}{}_{(3)}\\<AzH^{2}{}_{(4)}\end{matrix}\right)^{2}.$$

Cette dernière cristallise dans l'alcool concentré en lamelles fusibles à 182-183°, presque insolubles dans l'eau.

La leucanisidine diffère des leucanilines par la solubilité de son chlorhydrate dans l'acide chlorhydrique concentré. Le chlorhydrate de leucanisidine, chauffé à 130°, se transforme en chlorhydrate de rosanisidine, qui se dissout dans l'eau avec une coloration d'un beau violet-rouge. Les dissolutions présentent une fluorescence bleue assez intense.

On voit que l'influence du groupe OCH^{3} sur la nuance est beaucoup plus considérable que celle du méthyle.

Rappelons ici que l'eupittone, qui est constituée par de la pararosaniline hexaméthoxylée, est d'un bleu pur.

Isomères des rosanilines. — Nous avons vu que l'étude des diverses rosanilines et de leurs dérivés conduisait à admettre que ces corps renferment les trois groupes AzH^{2} en position para par rapport au carbone central.

Rien toutefois ne nous empêche d'admettre l'existence de triamidotriphénylméthanes, où l'un au moins des groupes AzH^{2} occupe une position autre que para par rapport au carbone central.

En effet, on est parvenu à préparer des corps de cette série par une voie détournée, en étudiant les produits de condensation des aldéhydes benzoïques nitrées et de l'aniline.

Nous avons vu plus haut que l'une des trois aldéhydes benzoïques nitrées prévues par la théorie, l'aldéhyde paranitrée, donnait, dans ce cas, naissance à de la paraleucaniline.

Les dérivés correspondants des aldéhydes ortho- et métanitrées ont été étudiés récemment par plusieurs auteurs.

Pseudoleucaniline. — Ainsi qu'il ressort de son mode de formation, ce produit diffère de la paraleucaniline par la position d'un des groupes amidogènes, qui est en méta par rapport au carbone central.

Ce corps s'obtient en chauffant pendant 20 heures, à 100°, un mélange d'aldéhyde benzoïque métanitrée, de chlorhydrate d'aniline et de chlorure de zinc; on dissout la masse dans l'acide sulfurique étendu et bouillant, et on filtre pour séparer les résines; on sursature la liqueur avec de la soude et on épuise par l'éther; on traite la dissolution éthérée par l'acide sulfurique étendu, qui s'empare des produits basiques, on rend le liquide alcalin et on distille l'excès d'aniline. Il reste ainsi une substance granuleuse, cristalline, qu'on purifie par le noir animal et par des cristallisations dans la benzine [Fischer et Ziegler, *Deutsch. chem. Gesellsch.*, 1880, p. 671].

Le produit forme des cristaux d'un jaune citron, fusibles à 81°. Sa formule est

$$CH_{(1)}(C^{6}H^{4}AzH^{2}{}_{(4)})^{2}(C^{6}H^{4}AzO^{2}{}_{(3)}).$$

Il renferme en outre de la benzine de cristallisation, qu'il perd lorsqu'on le chauffe à 110-120°. Anhydre, il fond à 136°. Par réduction avec la poudre de zinc et l'acide chlorhydrique concentré, il se transforme en *pseudoleucaniline*.

La pseudoleucaniline, purifiée par cristallisation dans la benzine, forme des aiguilles incolores, fusibles à 145°, dont la formule est

$$C^{19}H^{19}Az^{3} + C^{6}H^{6}.$$

Ce corps, traité par l'acide sulfurique étendu bouillant, perd sa benzine; on précipite par l'ammoniaque et on fait cristalliser dans l'éther. On obtient ainsi des rosettes à éclat adamantin, qui, chauffées à 100°, se transforment brusquement en une poudre cristalline, fusible à 150°.

La pseudoleucaniline fournit, par l'oxydation, une matière colorante violette (différence d'avec la paraleucaniline), soluble dans l'eau et dans l'alcool.

Dans les mêmes circonstances, le dérivé nitré décrit précédemment fournit une matière colorante verte, à côté d'une petite quantité de violet.

Si on transforme la pseudoleucaniline en dérivé méthylé, on obtient, par l'oxydation de ce dernier, une matière colorante verte.

Triamidotriphénylméthane,

$$H\text{-}C_{(1)}\equiv(C^{6}H^{4}.AzH^{2})^{3}{}_{(4)(4)(2)}.$$

— On chauffe pendant 10 heures au bain-marie 1 molécule d'aldéhyde benzoïque orthonitrée avec 2 molécules d'aniline et du chlorure de zinc. On traite par l'eau et on sèche le produit. On purifie par cristallisation dans la benzine. On obtient ainsi la base nitrée,

$$CH(C^{6}H^{4}.AzH^{2})^{2}(C^{6}H^{4}.AzO^{2}),$$

sous la forme d'une masse cristalline rougeâtre qui, réduite par le zinc et l'acide chlorhydrique, se transforme en *triamidotriphénylméthane*.

On purifie ce dernier par cristallisation de son chlorhydrate, qui est peu soluble dans l'acide chlorhydrique. La leucobase cristallise dans l'alcool en cristaux brunâtres, fusibles à 165°. Dans l'oxydation, au moyen du chloranile, on ne remarque qu'une faible coloration d'un brun jaune.

Si l'oxydation est faite par l'acide arsénique à une température de 180-200°, il se forme de la *chrysaniline* [Fischer et Kœrner, *Deutsch. chem. Gesellsch.*, 1884, p. 203]. Cette réaction distingue nettement l'*ortho-di-paratriamidotriphénylméthane* de ses isomères, la paraleucaniline et la pseudoleucaniline.

Nous terminerons par quelques mots sur la *chrysaniline*, dont le nitrate constitue la *phosphine* commerciale. C'est une magnifique matière colorante jaune, qui n'a pas encore acquis une grande importance industrielle à cause de son prix élevé.

En effet, la phosphine est un produit secondaire qui prend naissance dans la fabrication de la fuchsine (t. Ier, p. 328), soit par le procédé à l'acide arsénique, soit par le procédé Coupier. Dans ce dernier cas, on en obtient des quantités relativement plus considérables, mais on ne parvient jamais à faire de la chrysaniline le produit principal de la réaction. Le rapport des prix de la fuchsine et de la chrysaniline suffit pour montrer les difficultés inhérentes à la préparation de ce produit. Tandis que la fuchsine, première qualité, vaut au maximum 20 francs le kilogr., le prix du kilogr. de phosphine s'élève jusqu'à 90 francs.

Les derniers travaux de O. Fischer et Kœrner ont établi la constitution de cette substance.

En effet, la chrysaniline, traitée par l'acide nitreux, se transforme en un dérivé diazoïque, qui, décomposé par l'alcool, fournit de la phénylacridine. Or, d'après les travaux de Bernthsen et Bender [*Deutsch. chem. Gesellsch.*, 1883, p. 1809], cette dernière a pour formule

```
    CH          CH
HC     C-Az-C      CH
HC     C-C-C       CH
    CH     C    CH
        HC    CH
        HC    CH
           CH
```

D'autre part, le mode de formation de la chrysaniline, en partant de l'ortho-di-paratriamidotriphénylméthane, conduit à envisager la chrysaniline comme un corps qui renferme deux groupes amidogènes en position para par rapport au carbone qui est en dehors du noyau. La chrysaniline est donc constituée par la *paradiamidophénylacridine*; sa formule de structure est la suivante :

```
    CH          CH
HC     C-Az-C      C.AzH²
HC     C-C-C       CH
    CH     C    CH
        HC    CH
        HC    CH
          C.AzH²
```

Fischer et Kœrner admettent que la formation de chrysaniline dans la fabrication en grand de la fuchsine a lieu aux dépens de 1 molécule d'orthotoluidine et de 2 molécules d'aniline; il se formerait d'abord de l'ortho-para-triamidotriphénylméthane, d'après l'équation

$$C^6H^4 \genfrac{<}{}{0pt}{}{AzH^2}{CH^3} + 2C^6H^5.AzH^2 + 2O$$
$$= 2H^2O + C^{19}H^{19}Az^3$$

Ce corps, par oxydation ultérieure, se transforme en chrysaniline :

$$C^{19}H^{19}Az^3 + 2O = 2H^2O + C^{19}H^{15}Az^3.$$

G. de Bechi.

ROSANISIDINE. — Voyez ROSANILINE.

ROSOLIQUE (ACIDE). — Voyez CORALLINE, Suppl., p. 520.

ROTOÏNE. — La racine de *Scopolia japonica* renferme, d'après Langgaard, deux alcaloïdes, la *rotoïne* et la *scopoléine*. La rotoïne qui cristallise est enlevée à ses solutions acides par le chloroforme; elle dilate la pupille. La scopoléine est amorphe et n'est enlevée par le chloroforme qu'à ses solutions alcalines; elle est peut-être identique avec l'atropine ou l'hyoscyamine [*Jahresb. Chem.*, 1881, p. 1023].

RUBIDIUM. — Setterberg a fait connaître une méthode pour isoler les aluns de césium et de rubidium d'un mélange d'aluns, tel que celui qui s'accumule dans le traitement des lépidolithes pour l'extraction du lithium. Le principe de sa méthode est fondé sur l'insolubilité de l'alun le moins soluble dans une solution saturée de l'alun le plus soluble.

On dissout l'alun brut dans une quantité d'eau telle que la solution bouillante marque 20° Baumé. Après dépôt, on abandonne la solution, soutirée dans une seconde cuve, à la cristallisation jusqu'à ce que la température soit à 45°. Les aluns de césium et de rubidium cristallisent en *totalité*, accompagnés d'alun potassique. Par une série de cristallisations méthodiques, on les débarrasse de ce dernier; finalement, la solution doit renfermer tout l'alun potassique; mais comme elle renferme du rubidium, elle doit être réservée pour le traitement d'une nouvelle quantité d'alun brut. Quant aux aluns de césium et de rubidium, on les sépare de même l'un de l'autre par des cristallisations à chaud. Voici la solubilité de ces deux aluns dans 100 parties d'eau :

	à 0°.	10°.	25°.	35°.	50°.	65°.	80°.
Alun de rubidium.	0,71	1,09	1,85	2,67	4,98	9,63	21,60
Alun de césium..	0,19	0,29	0,19	0,69	1,21	2,38	5,29

D'autres procédés de séparation ont été indiqués à l'article CÉSIUM (voir Suppl. p. 446).

Pour obtenir le rubidium métallique, Setterberg calcine 1500 grammes de bitartrate de rubidium avec 150 grammes de craie et du sucre, puis il introduit le mélange calciné dans un appareil à potassium un peu modifié. Pour conserver le rubidium métallique, il vaut mieux l'enfermer dans un tube scellé rempli d'hydrogène que de le placer sous le pétrole [*Liebig's Ann. Chem.*, t. CCXI, p. 100] [1].

Poids atomique. — R. Godeffroy est arrivé au nombre moyen 85,5, qui ne s'éloigne guère de celui fixé par Bunsen.

CHLORURE DE RUBIDIUM. — Godeffroy a fait connaître quelques chlorures doubles peu caractéristiques de rubidium avec les chlorures de manganèse et de cadmium, ainsi qu'avec le chlorure mercurique. Tandis que le chlorure de césium donne des précipités de sels doubles avec les chlorures d'antimoine, de fer, de bismuth, d'étain, on n'obtient les chlorures doubles de rubidium que par la concentration des solutions. Ces chlorures doubles cristallisent bien; voici ceux qui ont été analysés :

Chlorure double d'antimoine et de rubidium,

$$SbCl^3.6RbCl.$$

Chlorure bismuthique, $BiCl^3.6RbCl$.

Chlorure ferrique, $Fe^2Cl^6.6RbCl$.

Les sels doubles formés avec les chorures mercurique de zinc, de cadmium, de cuivre, de manganèse, de nickel, ont pour formule générale $MCl^2.2RbCl$ [*Deutsch. chem. Gesellsch.*, 1875, p. 9].

SULFATE DE RUBIDIUM. — Il forme avec le sulfate calcique un sel double,

$$SO^4Rb^2.2SO^4Ca + 3H^2O,$$

cristallisé en aiguilles étoilées transparentes, dé-

(1) Pour obtenir le *césium* métallique, Setterberg soumet à l'électrolyse le cyanure de césium en fusion, ou plutôt le cyanure double, plus fusible, de césium et de baryum. Le *césium métallique* est d'un blanc d'argent, mou; il décompose l'eau comme le potassium. Il fond à 26-27° en passant par l'état pâteux. Sa densité à 15° est égale à 1,88.

composables par l'eau [A. Ditte, *Compt. rend.*, t. LXXXIV, p. 260].

SILICOTUNGSTATE DE RUBIDIUM. — Voir. t. III, p. 533.

Ed. Willm.

RUFICARMIN. — Voyez CARMIN, Suppl., p. 435.

RUFICOCCINE. — Voyez CARMIN, Suppl. p. 434.

RUFIGALLIQUE (ACIDE), $C^{14}H^8O^8$ (voyez t. II, p. 1377). — L'acide rufigallique, traité par l'amalgame de sodium en présence d'eau, fournit de l'alizarine [O. Widman, *Bull. Soc. chim.*, t. XXIV, p. 359].

Oxydé par l'acide nitrique fumant et froid, il donne de l'acide oxalique et de l'acide carbonique. Distillé sur de la chaux, il se dédouble en naphtaline et acide carbonique. A 120-130°, le phosphore rouge et l'acide iodhydrique le convertissent en un produit de réduction, de la formule $C^{14}H^{10}O^7$, qui, distillé sur de la poudre de zinc, donne de l'anthracène, et qui fournit un *dérivé hexacétylé*, $C^{14}H^4(C^2H^3O)^6O^7$, lorsqu'on le fait bouillir avec l'anhydride acétique [Klobukowski, *Deutsch. Chem. Gesellsch.*, 1876, p. 1256; *Bull. Soc. chim.*, t. XXVII, p. 468].

Lorsqu'on fond l'acide rufigallique avec de la potasse, on obtient une série de produits, qui sont : l'acide salicylique, l'acide métoxybenzoïque, l'acide γ-oxyisophtalique, l'acide oxytéréphtalique, et un corps que Malin avait appelé oxyquinone (voyez t. II, p. 1311). Ce corps ne possède pas la formule donnée par Malin, mais la formule

$$C^{24}H^{18}O^{11} = \begin{matrix} C^{12}H^4(OH)^5 \\ C^{12}H^4(OH)^5 \end{matrix} > O,$$

et serait le *dérivé éthéré de l'hexaoxydiphényle* [J. Schreder, *Monatsh. f. Chem.*, 1880, p. 431; *Bull. Soc. chim.*, t. XXXV, p. 703].

Acide rufigallique tétraméthylé,

$$C^{14}H^4(CH^3)^4O^8.$$

— Il se forme lorsqu'on chauffe l'acide rufigallique avec de la potasse, un peu d'alcool méthylique et un excès d'iodure de méthyle à 120-140°; on fait cristalliser la masse rouge formée dans l'éther acétique et on obtient des lamelles jaune d'or, fusibles vers 220°, insolubles dans l'éther, peu solubles dans l'alcool, solubles avec une couleur rouge dans les alcalis et dans l'acide sulfurique [Klobukowski, *Deutsch. chem. Gesellsch.*, 1877, p. 880; *Bull. Soc. chim*, t. XXIX, p. 236].

Acide rufigallique tétréthylé, $C^{14}H^4(C^2H^5)^4O^8$. — Il se forme lorsqu'on substitue l'iodure d'éthyle à l'iodure de méthyle dans la préparation précédente. Il est en aiguilles rouges, fusibles à 180°, peu solubles dans l'éther, solubles dans l'alcool, le chloroforme, la benzine, le sulfure de carbone et l'acide acétique cristallisable (Klobukowski).

Acide rufigallique hexéthylé, $C^{14}H^2(C^2H^5)^6O^8$. — Par l'iodure d'éthyle sur le dérivé tétréthylé, à 130°, en tubes scellés, en présence de potasse. Il est en aiguilles orangées, fusibles à 140°, solubles dans l'éther, la benzine, le sulfure de carbone et l'acide acétique chaud (Klobukowski).

Acides rufigalliques acétylés. — D'après Klobukowski et Nölting, l'acide rufigallique, chauffé à 250° avec de l'anhydride acétique, fournit un *dérivé hexacétylé*, $C^{14}H^2(C^2H^3O)^6O^8$, qui, après cristallisation dans le chloroforme, est en aiguilles microscopiques jaunes, insolubles dans l'acide acétique cristallisable [*Deutsch. chem. Gesellsch.*, 1875, p. 931; *Bull. Soc. chim.*, t. XXV, p. 276]. Schiff maintient que ce dérivé est un dérivé tétracétylé [*Ibid.*, 1875, p. 1051; *Bull. Soc. chim.*, t. XXV, p. 276].

Ce dérivé se dissout dans la potasse avec une couleur rouge: cette solution, chauffée dans un courant d'hydrogène, donne de l'acide rufigallique en quantité correspondant à la décomposition d'un dérivé hexacétylé [Klobukowski, *loc. cit.*].

Acide rufigallique monochloracétylé,

$$C^{14}H^7(C^2H^2ClO)O^8.$$

— Il se forme dans l'action du chlorure de monochloracétyle sur l'acide rufigallique; il cristallise en aiguilles microscopiques, insolubles dans l'eau, solubles dans l'alcool, la benzine et le sulfure de carbone, et dans la potasse avec une couleur bleu-indigo, avec une couleur rouge dans l'acide sulfurique (Klobukowski).

Klobukowski et Nölting adoptent la formule de constitution de Jaffé (t. II, p. 1377) pour l'acide rufigallique, et admettent, pour le dérivé de réduction obtenu au moyen du phosphore rouge et de l'acide iodhydrique, la formule

$$(OH)^3 \equiv C^6H \left\langle \begin{matrix} CH \\ O \\ CH \end{matrix} \right\rangle C^6H \equiv (OH)^3.$$

Schiff maintient sa formule. M. Wassermann.

RUFIOPINE, $C^{14}H^8O^6$. — Nom donné par Liebermann et Chojnacki à la matière colorante rouge qui se forme lorsque l'acide opianique et l'acide hémipinique sont chauffés avec de l'acide sulfurique (voyez OPIANIQUE, t. II, p. 615). De nouvelles recherches ont confirmé que la rufiopine se rattache à l'anthracène [*Ann. Chem. Pharm.*, t. CLXII, p. 222].

RUFOHYDROELLAGIQUE (ACIDE). — Voyez Suppl., p. 677.

RUTHÉNIUM. — H. Sainte-Claire Deville et H. Debray ont obtenu le ruthénium cristallisé en réduisant l'oxyde de ruthénium par le gaz de l'éclairage, fondant le métal réduit avec l'étain et traitant l'alliage par l'acide chlorhydrique. Celui-ci laisse un alliage cristallisé en cubes, portant les faces du dodécaèdre rhomboïdal. En chauffant ensuite cet alliage dans un courant de gaz chlorhydrique, il se forme du chlorure stanneux qui est entraîné, tandis que le ruthénium reste à l'état cristallisé. Sa densité est égale à 12,261. Il est aussi peu fusible que l'iridium et brûle avec une flamme fuligineuse, en répandant l'odeur de l'ozone. Chauffé dans un tube de porcelaine traversé par un courant d'oxygène, il est converti en oxyde RuO^2 [*Compt. rend.*, t. LXXX, p. 457, et t. LXXXIII, p. 926].

On obtient du ruthénium tout à fait pur en réduisant le peroxyde de ruthénium, qu'on obtient facilement exempt des autres métaux du platine.

Le ruthénium se combine au zinc avec élévation de température. Le métal, isolé ensuite par l'action de l'acide chlorhydrique, présente des caractères spéciaux : il se dissout aisément dans l'eau régale. Lorsqu'on le chauffe à 300°, il reprend ses caractères ordinaires [Deville et Debray, *Compt. rend.*, t. XCIV, p. 1557].

Chauffé dans une brasque siliceuse, le ruthénium augmente de 2,1 % de son poids et cette augmentation n'est due qu'à du silicium [Boussingault, *Compt. rend.*, t. LXXXII, p. 591].

OXYDES DE RUTHÉNIUM. — Aux oxydes déjà connus vient s'en joindre un nouveau, intermédiaire entre le trioxyde et le peroxyde et correspondant à l'anhydride permanganique. Il renferme Ru^2O^7 et se produit, combiné à la potasse, lorsqu'on traite par le chlore la solution jaune de ruthénate de potassium.

La liqueur devient vert foncé et abandonne de petits cristaux noirs, disposés en trémies. Ce sont des octaèdres orthorhombiques, dérivant d'un prisme de 117°. Ce sel est isomorphe avec le permanganate et a pour composition RuO^4K; on pourrait l'appeler *perruthénate de potassium* (le peroxyde de ruthénium RuO^4 n'ayant pas le caractère d'un acide, c'est à tort qu'on le nomme acide perruthénique). Le sel RuO^4K, caractérisé par la couleur verte de sa solution, se produit aussi lorsqu'on traite le tétroxyde de ruthénium par la potasse; il se dégage alors 1 atome d'oxygène pour 2 molécules de peroxyde. Inversement, le chlore convertit ce sel en chlorure de potassium et en peroxyde de ruthénium.

PEROXYDE DE RUTHÉNIUM, RuO^4. — Cet oxyde est jaune, bien cristallisé, fusible à 40°; son instabilité ne permet pas d'en déterminer la forme. Il possède une forte tension de vapeur à 100°. Pour le purifier, on le fond sous l'eau et on le filtre sur des fragments de chlorure de calcium. On peut le distiller au bain-marie, dans un courant de chlore; il passe alors en globules ou en cristaux d'un jaune d'or.

Ayant cherché à distiller 150 grammes de peroxyde de ruthénium dans un bain de chlorure de calcium, Deville et Debray n'ont observé presque aucune distillation à 105°; à 108°, il commença à se manifester un dégagement d'oxygène qui fut presque aussitôt suivi d'une explosion des plus violentes. Celle-ci paraît n'être due qu'à la décomposition de la vapeur de peroxyde, car la presque totalité de ce dernier fut retrouvée fondue dans le bain-marie. L'explosion avait été accompagnée de fumées noires et d'une très forte odeur d'ozone. Les vapeurs de peroxyde de ruthénium ne sont pas toxiques comme celles du peroxyde d'osmium [Deville et Debray].

Le peroxyde de ruthénium prend naissance lorsqu'on traite la solution nitrique de ce métal par le peroxyde de plomb.

SULFURE DE RUTHÉNIUM. — Debray a obtenu le sulfure RuS en chauffant un mélange de ruthénium et de sulfure de fer. Il se dissout dans l'excès de ce dernier et cristallise, par le refroidissement, en octaèdres identiques avec la laurite contenue dans certains sables platinifères. Fondu dans un creuset, ce sulfure se décompose et laisse un résidu de ruthénium cristallisé [Debray, *Compt. rend.*, octobre 1879]. Ed. Willm.

S

SABADILLINE (t. II, p. 1385). — D'après Wright et Luff, la graine de cévadille renferme trois alcaloïdes : la *cévadine* (vératrine de Merck), la *vératrine* de Couërbe et la *cévadilline* (sabadilline de Couërbe et de Weigelin); quant à la sabatrine, elle serait un mélange de produits de décomposition. La cévadilline de ces auteurs est insoluble dans l'éther, comme la sabadilline, mais elle est amorphe. Elle paraît renfermer

$$C^{34}H^{53}AzO^8.$$

La potasse la dédoublerait en donnant de l'acide méthylcrotonique et une nouvelle base, la *cévilline*, d'après l'équation

$$C^{34}H^{53}AzO^8 + H^2O = C^5H^8O^2 + C^{29}H^{47}AzO^7$$

[Wright et Luff, *Journ. chem. Soc. London*, t. XXXIII, p. 338; *Bull. Soc. chim.*, t. XXXIV, p. 61].

O. Hesse a proposé pour la sabadilline de Couërbe la formule $C^{21}H^{35}AzO^7$, qui correspond bien avec les résultats analytiques de Weigelin [*Liebig's Ann. Chem.*, t. CXCII, p. 186].

SABATRINE. — O. Hesse a proposé pour cette base la formule $C^{26}H^{45}AzO^9$.

Wright et Luff considèrent la base de Couërbe comme un mélange.

SACCHARINE, $C^6H^{10}O^5$. — Découvert par Péligot [*Compt. rend.*, t. LXXXIX, p. 918 et t. XC, p. 1141] parmi les produits de l'action de la chaux sur une solution bouillante de glucose ou de lévulose, ce corps fut rencontré en quantités notables par E.-O. von Lippmann [*Deutsch. chem. Gesellsch.*, 1880, p. 1826] dans certains sucres de diffusion, et étudié ensuite par Scheibler, qui fixa sa formule, puis par Kiliani, qui établit sa constitution.

Préparation. — 1° Procédé de Péligot, modifié par Scheibler [*Deutsch. chem. Gesellsch.*, 1880, p. 2212]. — On peut employer, comme matière première, la glucose, la lévulose ou le sucre interverti; il convient dans tous les cas d'opérer en solutions étendues pour avoir un produit plus facile à purifier. A une dissolution bouillante de 1 kilogr. de glucose dans 7 à 8 litres d'eau on ajoute un grand excès de chaux récemment éteinte et encore chaude : la solution passe bientôt au jaune, puis au brun, et laisse déposer un précipité floconneux brun; on fait bouillir tant que ce précipité augmente, puis on laisse refroidir; on décante le liquide, on le traite par un courant de gaz carbonique, on filtre, on précipite par l'acide oxalique la chaux encore dissoute, on filtre de nouveau et on concentre au bain-marie à consistance de sirop : au bout de quelques jours, la saccharine se dépose sous la forme d'un magma qu'on fait recristalliser dans l'eau bouillante.

2° Procédé de Kiliani [*Deutsch. chem. Gesellsch.*, 1882, p. 2953]. — On dissout 1 kilogr. de sucre interverti dans 9 litres d'eau; on ajoute 100 grammes d'hydrate de calcium pulvérisé et on abandonne le tout dans un vase fermé à la température ordinaire pendant 15 jours; au bout de ce temps, le liquide a pris une couleur jaune-rougeâtre; on ajoute encore 400 grammes de chaux éteinte et on abandonne de nouveau à la température ordinaire. Lorsque le liquide ne réduit plus que faiblement le tartrate cupropotassique, c'est-à-dire au bout d'un à deux mois, on filtre et on traite le liquide, comme dans le procédé précédent, par le gaz carbonique, puis par l'acide oxalique.

Propriétés. — La saccharine cristallise dans le système orthorhombique [Des Cloizeaux, *Compt. rend.*, t. LXXXIX, p. 922]. Elle fond à 160-161° (Scheibler) et possède le pouvoir rotatoire dextrogyre $[\alpha]_D = +93°,5$ (Péligot); $[\alpha]_D = +93°,8$ (Scheibler). 100 p. d'eau en dissolvent 13 p. à 15°; elle est très soluble dans l'eau bouillante. Sa saveur, peu prononcée, est légèrement amère.

La saccharine ne réduit pas le tartrate cupropotassique et ne devient pas réductrice par l'ébullition avec les acides dilués.

L'acide sulfurique concentré la dissout à chaud en formant un éther sulfurique acide. L'acide nitrique ne l'attaque que lorsqu'il est très concentré, et la transforme en un mélange d'acide oxalique (Péligot) et de *saccharone*, $C^6H^8O^6$ (Kiliani).

L'oxydation par l'oxyde d'argent à 50° la convertit en un mélange d'acides carbonique, formique, acétique et glycolique; le permanganate de potassium, en eau, acide carbonique et acide acétique [Kiliani, *Deutsch. chem. Gesellsch.*, 1882, p. 701].

Par ébullition avec de l'eau et un carbonate alcalino-terreux, ou même par ébullition avec de l'eau seule, la saccharine se transforme en *acide saccharinique*, $C^6H^{12}O^6$ (Scheibler, Kiliani).

Par réduction au moyen de l'acide iodhydrique et du phosphore rouge, elle donne de l'*α-méthylvalérolactone*,

$$\underset{\text{CO}\,\text{———}\,\text{O}}{CH^3\text{-}CH\text{-}CH^2\text{-}CH\text{-}CH^3}$$

[Kiliani. *Liebig's Ann. Chem.*, t. CCXVIII, p. 371]. Il se produit, dans cette réaction, une certaine quantité d'acide *méthylpropylacétique*,

$$\begin{matrix}CH^3\\CO^2H\end{matrix}\!\!>CH\text{-}CH^2\text{-}CH^2\text{-}CH^3$$

[Liebermann et Scheibler, *Deutsch. chem. Gesellsch.*, 1883, p. 1821].

Constitution. — La saccharine est l'alcool primaire correspondant à la saccharone $C^6H^8O^6$, acide monobasique (voyez ce mot). Sa constitution est donc la suivante :

$$\underset{\text{CO}\,\text{————}\,\text{O}}{CH^3\text{-}COH\text{-}CHOH\text{-}CH\text{-}CH^2.OH}$$

ISOSACCHARINE, $C^6H^{10}O^5$ [Cuisinier, *Bull. Soc. Chim.*, t. XXXVIII, p. 512]. — Cet isomère de la saccharine prend naissance par l'action de la chaux sur la maltose ou sur le sucre de lait. Pour la préparer, on sature de chaux une solution concentrée de l'un ou l'autre de ces sucres, et l'on abandonne le tout à la température de 20°, jusqu'à ce que le pouvoir rotatoire du liquide ne diminue plus. On sature alors par le gaz carbonique, on filtre et on concentre : il se dépose une poudre blanche ayant pour composition

$$C^{12}H^{20}O^{11}Ca + H^2O.$$

Cette poudre est mise en suspension dans l'eau et décomposée par l'acide oxalique : la solution filtrée abandonne, par la concentration au bain-marie, de grands cristaux fusibles à 95°, solubles dans la glycérine, l'éther, l'alcool, l'alcool méthylique.

Ce corps est dextrogyre : $[\alpha]_D = +63°$. Il n'est pas fermentescible et ne réduit pas la liqueur cupropotassique.

MÉTASACCHARINE, $C^6H^{10}O^5$ [Kiliani, *Deutsch. chem. Gesellsch.*, 1883, p. 2625]. — Ce corps se produit, en même temps que l'isosaccharine, par l'action de la chaux sur la maltose ou sur le sucre de lait. Les eaux mères d'où l'on a séparé la combinaison calcique de l'isosaccharine, abandonnées dans un vase fermé à la température ordinaire, laissent déposer, au bout de quelques mois, des cristaux de *métasaccharinate de calcium*, $(C^6H^{11}O^6)^2Ca + 2H^2O$. Il suffit de décomposer ce sel par l'acide oxalique et de concentrer la solution pour obtenir la métasaccharine en grands cristaux orthorhombiques, incolores, peu solubles dans l'éther, très solubles dans l'alcool, assez solubles dans l'eau.

Ce corps se ramollit à 135° et fond à 142°. Il est lévogyre : $[\alpha]_D = -48°,4$. L'eau bouillante le transforme rapidement en acide métasaccharinique.

Ad. Fauconnier.

SACCHARINIQUE (ACIDE), $C^6H^{12}O^6$ [Scheibler, *Deutsch. chem. Gesellsch.*, 1880, p. 2215; — Kiliani, *ibid.*, 1882, p. 2954]. — Cet acide se produit lentement à froid, rapidement à chaud, par l'action de l'eau sur la saccharine. La présence d'un acide, tel que l'acide oxalique, paraît favoriser cette transformation. Il n'a pas été isolé de ses solutions, qui régénèrent la saccharine lorsqu'on les concentre. Il fonctionne dans ses sels comme acide monobasique.

Le *sel de potassium*, $C^6H^{11}O^6K$, obtenu par l'ébullition de la saccharine avec du carbonate de potassium, se présente en grands cristaux clinorhombiques, fusibles avec décomposition à 120-130°.

Le *sel de sodium* est une masse sirupeuse, incristallisable, douée du pouvoir rotatoire : $[\alpha]_D = -17°,2$.

Le *sel de calcium*, $(C^6H^{11}O^6)^2Ca$, est une masse gommeuse; $[\alpha]_D = -5°,7$.

Le *sel de zinc*, $(C^6H^{11}O^6)^2Zn$, est amorphe et infusible.

Le *sel de cuivre*, $(C^6H^{11}O^6)^2Cu + 4H^2O$, se présente en cristaux bleus, qui perdent à 120° leur eau de cristallisation en devenant verts.

La constitution de l'acide saccharinique se déduit de celle de la saccharine, qui est la lactone correspondante. On est conduit à la représenter par le schéma

$$\begin{matrix}CH^3\\CO^2H\end{matrix}\!\!>COH\text{-}CHOH\text{-}CHOH\text{-}CH^2.OH.$$

ACIDE MÉTASACCHARINIQUE, $C^6H^{12}O^6$ [Kiliani, *Deutsch. chem. Gesellsch.*, 1883, p. 2625]. — Il ne paraît pas avoir été isolé. Ses sels prennent naissance par l'ébullition de la métasaccharine avec les oxydes ou les carbonates correspondants.

Le *sel de calcium*, $(C^6H^{11}O^6)^2Ca + 2H^2O$, perd son eau de cristallisation à 120-130°.

Le *sel de cuivre*, $(C^6H^{11}O^6)^2Cu + 2H^2O$, cristallise en lamelles microscopiques d'un vert pâle.

Le *sel de plomb* est cristallin.

Le *sel d'argent* est soluble dans l'eau froide et se détruit à l'ébullition avec séparation d'argent métallique.

Ad. Fauconnier.

SACCHARIQUE (ACIDE), $C^6H^{10}O^8$ (voyez t. II, p. 1386). — Chauffé à 140-150° en tubes scellés avec de l'acide iodhydrique et du phosphore rouge, l'acide saccharique se convertit en acide adipique, $C^6H^{10}O^4$ [H. de la Motte, *Deutsch. chem. Gesellsch.*, 1879, p. 1571].

Lorsqu'on chauffe doucement à 85° un mélange de saccharate de potassium sec avec 6 molécules de perchlorure de phosphore, jusqu'à ce que la masse soit devenue liquide et qu'on verse ensuite le produit dans l'eau, il se sépare de l'*acide dichloromuconique*, $C^6H^4Cl^2O^4$ [C.-J. Bell, *Deutsch. chem. Gesellsch.*, 1879, p. 1271].

La distillation sèche du saccharate d'ammonium, à une température comprise entre 136° et 160°, fournit de l'acide carbonique, de l'ammoniaque et du pyrrol, suivant l'équation

$$C^6H^8O^8(AzH^4)^2$$
$$= 2CO^2 + 4H^2O + AzH^3 + C^4H^5Az.$$

La décomposition pyrogénée du saccharate d'éthylamine fournit, par une réaction analogue, de l'acide carbonique, de l'ammoniaque et de l'éthylpyrrol, $C^4H^4Az(C^2H^5)$ [Chichester A. Bell et E. Lapper, *Deutsch. chem. Gesellsch.*, 1877, p. 1961].

ACIDE PARASACCHARIQUE, $C^6H^{10}O^8$ [J. Habermann, *Deutsch. chem. Gesellsch.*, 1880, p. 1363]. — Cet isomère de l'acide saccharique prend naissance dans le dédoublement de la glycyrrhizine par l'acide sulfurique étendu. Il se produit en même temps de la glycyrrétine, suivant l'équation

$$C^{44}H^{63}AzO^{18} + 2H^2O$$
$$= C^{32}H^{47}AzO^4 + 2C^6H^{10}O^8.$$

On fait bouillir la glycyrrhizine dissoute dans

50 fois son poids d'eau avec addition de 1 p. à 1p,5 d'acide sulfurique, pendant 8 heures. Le liquide est saturé par le carbonate de baryum, filtré et précipité par l'alcool. La décomposition du sel barytique ainsi obtenu par l'acide sulfurique fournit l'acide parasaccharique sous la forme d'un liquide sirupeux.

Ce corps réduit la liqueur de Fehling.

Il fournit deux séries de sels. On a préparé les *sels acides de potassium, de calcium* et *de cadmium*, et le **sel neutre de baryum** : tous sont amorphes.

Ad. Fauconnier.

SACCHARONE, $C^6H^8O^6$ [Kiliani, *Deutsch. chem. Gesellsch.*, 1882, p. 2957 et *Liebig's Ann. Chem.*, t. CCXVIII, p. 363]. — Ce corps est le premier produit de l'oxydation de la saccharine. Pour le préparer, on chauffe à 35° un mélange de 1 p. de saccharine et de 3 p. d'acide nitrique (D = 1,375), tant qu'il se dégage des vapeurs nitreuses; on évapore ensuite le mélange au bain-marie, en ajoutant de l'eau au fur et à mesure de l'évaporation, jusqu'à ce que tout l'acide nitrique soit chassé; on fait alors bouillir le résidu avec du carbonate de calcium pour éliminer l'acide oxalique formé dans la réaction; puis on filtre et on évapore à consistance de sirop. Il se dépose bientôt des cristaux de saccharone, qu'il reste à purifier par dissolution dans l'éther bouillant et cristallisation dans l'eau.

La saccharone se présente en prismes orthorhombiques, contenant 1 molécule d'eau de cristallisation et doués d'une saveur acide analogue à celle de l'acide citrique. Séchée à 100°, elle fond à 150° et ne cristallise plus par le refroidissement. Elle possède le pouvoir rotatoire lévogyre : $[\alpha]_D = -6°,1$.

Chauffée avec de l'acide iodhydrique et du phosphore rouge dans un appareil à reflux, la saccharone fournit, suivant la durée de l'expérience, un acide bibasique de formule $C^6H^8O^4$, fusible à 139°, ou bien de l'*acide α-méthylglutarique*, $C^6H^{10}O^4$, fusible à 76°.

Oxydée par l'oxyde d'argent, elle donne de l'acide acétique, sans acide glycolique.

La saccharone fonctionne à la fois comme acide monobasique et comme lactone; elle fournit donc, par l'action des alcalis, deux séries de sels : des sels monométalliques qui lui correspondent directement, et des sels bimétalliques dérivant de l'acide saccharonique, $C^6H^{10}O^7$, dont elle est la lactone.

La *saccharone potassique*, $C^6H^7O^6K$, est amorphe.

La *saccharone sodique*, $C^6H^7O^6Na$, prend naissance par l'action de la saccharone sur la quantité équivalente de carbonate de sodium; elle cristallise tantôt anhydre, tantôt avec 1 molécule d'eau, dans le système orthorhombique. Chauffée au bain-marie avec de l'eau, elle prend rapidement une réaction acide au papier.

Saccharone ammonique, $C^6H^7O^6.AzH^4$. — Obtenu par la neutralisation exacte d'une solution de saccharone par l'ammoniaque à froid, ce sel se présente en grands cristaux incolores.

La *saccharone cuprique* se produit par l'ébullition de la saccharone avec la quantité équivalente de carbonate de cuivre : c'est une masse gommeuse verte.

Tous les sels qui précèdent précipitent par le sous-acétate de plomb; ils ne donnent rien avec le nitrate d'argent.

ACIDE SACCHARONIQUE, $C^6H^{10}O^7$. — Cet acide n'a pas été isolé, mais la plupart de ses sels sont cristallisés : ils prennent naissance par l'ébullition de la saccharone avec les alcalis ou les carbonates employés en excès.

Le *saccharonate de sodium*, $C^6H^8O^7Na^2$, est une poudre cristalline.

Le *saccharonate de potassium*, $C^6H^8O^7K^2$, est amorphe.

Le *saccharonate d'ammonium*, $C^6H^8O^7(AzH^4)^2$, est cristallisé : il se décompose à 100° avec perte d'ammoniaque et d'eau.

Le *saccharonate de calcium*, $C^6H^8O^7Ca$, est une masse gommeuse.

Le *sel d'argent*, $C^6H^8O^7Ag^2$, est un précipité floconneux, blanc, qui noircit à 100°.

Le *sel de cuivre* est une masse gommeuse.

Tous les saccharonates donnent, par l'acétate et le sous-acétate de plomb, des précipités blancs, amorphes, de composition variable.

Constitution de l'acide saccharonique et de la saccharone. — La réduction par l'acide iodhydrique de la saccharone à l'état d'acide α-méthylglutarique,

$$\begin{matrix} CH^3 \\ CO^2H \end{matrix} > CH\text{-}CH^2\text{-}CH^2\text{-}CO^2H,$$

nous conduit forcément à admettre pour l'acide saccharonique l'une des deux formules

$$(1)\quad \begin{matrix} CH^3 \\ CO^2H \end{matrix} > COH\text{-}CHOH\text{-}CHOH\text{-}CO^2H$$

ou

$$(2)\quad \begin{matrix} CH^2OH \\ CO^2H \end{matrix} > CH\text{-}CHOH\text{-}CH.OH\text{-}CO^2H.$$

Or l'oxydation de la saccharone par l'oxyde d'argent, donnant de l'acide acétique sans acide glycolique, doit faire exclure la présence d'un groupe CH^2OH et conduire au contraire à admettre un groupe CH^3. Nous sommes donc amenés à adopter pour l'acide saccharonique la formule (1).

Quant à la saccharone, nous savons que c'est l'acide monobasique correspondant à la saccharine, alcool primaire; or ce dernier corps fournit, par réduction au moyen de l'acide iodhydrique, de l'*α-méthylvalérolactone*,

$$\begin{matrix} CH^3\text{-}CH\text{-}CH^2\text{-}CH\text{-}CH^3 \\ CO \text{———————} O \end{matrix}$$

Par suite, la saccharone ne peut être que

$$\begin{matrix} CH^3\text{-}COH\text{-}CHOH\text{-}CH\text{-}CO^2H \\ CO \text{——————————} O \end{matrix}$$

Ad. Fauconnier.

SACCHAROSE, $C^{12}H^{22}O^{11}$ (voyez t. III, p. 25.). — Suivant Schröder [*Deutsch. chem. Gesellsch.*, 1879, p. 562], la densité de la saccharose est, à la température ordinaire, $d = 1,588$.

Son pouvoir rotatoire en solution aqueuse varie avec la concentration des solutions. Tollens l'exprime par les deux formules suivantes, où p représente le poids en grammes de sucre contenu dans 100 centimètres cubes de la solution, à la température de 17°,5.

1° Pour les solutions renfermant de 5 à 18 °/₀ de sucre,

$$[\alpha]_D = 66,7268 - 0,015534\,p - 0,00005239\,p^2.$$

2° Pour les solutions renfermant de 18 à 69 °/₀ de sucre,

$$[\alpha]_D = 66,3031 + 0,015016\,p - 0,0003981\,p^2$$

[*Deutsch. chem. Gesellch.*, 1877, p. 1403].

Schmitz [*ibid.*, p. 1414] propose les formules suivantes :

$$1°\ [\alpha]_D = 64,156 + 0,051596\,q - 0,00028052\,q^2,$$

q étant le poids d'eau contenu dans 100 centimètres cubes de la solution;

Et 2° pour les solutions étendues,

$$[\alpha]_D = 66°,541 - 0,00841532\,c,$$

c étant le poids en grammes de sucre contenu dans 100 centimètres cubes de la solution.

La saccharose réduit à l'ébullition la solution ammoniacale d'argent additionnée de soude [E. Salkowski, *Deutsch. chem. Gesellsch.*, 1880, p. 822].

L'acide chlorosulfonique la dédouble en glucose et en lévulose [Claesson, *ibid.*, 1879, p. 2018].

Par l'action du brome, elle donne, entre autres produits, de l'acide gluconique, $C^6H^{12}O^7$ [Griesshammer, *Deutsch. chem. Gesellsch.*, 1879, p. 2100].

Par fusion avec la potasse, elle donne de l'acétol, $CH^3\text{-}CO\text{-}CH^2OH$ [Emmerling et Loges, *ibid.*, 1883, p. 839].

L'oxydation par le permanganate de potassium transformerait, suivant Maumené [*Bull. Soc. Chim.*, t. XXX, p. 99], la saccharose en un mélange d'acides *diépique*, $C^2H^4O^4$, *triépique*,

$$C^3H^6O^3,$$

et *hexépique*, $C^6H^{12}O^8$. Brunner [*Deutsch. chem. Gesellsch.*, 1879, p. 549] n'a obtenu, dans cette oxydation, qu'un mélange d'acides formique, acétique et oxalique. Enfin, Heyer [*Arch. Pharm.*, (3), t. XVII, p. 336 et 430] a trouvé que les produits fournis, soit par le permanganate de potassium, soit par l'acide chromique, sont les acides carbonique, formique et oxalique.

Ad. Fauconnier.

SACCHULMINE. — La matière ulmique qui se forme lorsqu'on fait bouillir la saccharose avec de l'acide sulfurique étendu est, d'après F. Sestini, un mélange de trois composés que l'on peut séparer en traitant le produit brut par une lessive de potasse, d'abord à froid, puis à chaud.

Acide sacchulmique, $C^{44}H^{40}O^{16}$. — C'est le produit soluble à froid dans la lessive alcaline. Précipité par un acide et séché, il forme une masse noire, brillante, peu soluble dans l'eau, très soluble dans l'alcool aqueux, insoluble dans l'alcool et dans l'éther. Séché à 100°, il renferme $C^{44}H^{40}O^{16}$. La solution alcoolique fournit, avec le nitrate d'argent, un précipité brun, $C^{44}H^{39}O^{16}Ag$, et avec l'eau de baryte le précipité

$$C^{44}H^{36}O^{16}Ba^2 + H^2O.$$

Le brome donne avec l'acide sacchulmique le composé $C^{44}H^{36}Br^6O^{32}$, et le chlore le composé $C^{44}H^{32}Cl^8O^{24}$.

Dans la préparation de l'acide sacchulmique, il se produit une notable proportion d'acide formique; aussi Sestini explique-t-il sa formation par l'équation

$$8C^6H^{12}O^6 = C^{44}H^{40}O^{16} + 4CH^2O^2 + 24H^2O.$$

Acide sacchulmeux. — C'est le produit soluble à chaud seulement dans la lessive alcaline. Sa composition est intermédiaire entre celles de l'acide sacchulmique et de la sacchulmine.

Sacchulmine, $C^{44}H^{38}O^{15}$. — Elle est insoluble dans la potasse. Sestini la considère comme un anhydride de l'acide sacchulmique [Fausto Sestini, *Gazz. chim. ital.*, t. X, p. 121; t. XII, p. 292; *Jahresb. Chem.*, 1881, p. 1011]. A. Henninger.

SAFRANINES (voyez t. III, p. 494). — Ainsi que le présumaient Girard et de Laire, on connaît aujourd'hui toute une série de safranines homologues. Ces corps ont été, dans ces derniers temps, l'objet de nombreux travaux qui ont élucidé les conditions de leur formation et ont permis d'établir leur constitution avec quelque degré de probabilité. Ces travaux ont eu pour point de départ les progrès accomplis dans la fabrication des matières colorantes artificielles. Comme nous le verrons plus loin, la fabrication des safranines a subi une révolution complète; des méthodes plus rationnelles ont été adoptées, qui ont permis de produire ces belles matières colorantes à un prix excessivement bas.

Il a déjà été fait mention, à l'article TOLUIDINE (t. III, p. 494), des premiers travaux de Hofmann et Geyger, qui ont établi la composition et les principales propriétés de la safranine commerciale.

En 1877, Nietzki [*Deutsch. chem. Gesellsch.*, 1877, p. 668] a remarqué qu'en chauffant de l'*orthoamidoazotoluène*,

$$CH^3{}_{(1)}\text{-}C^6H^4\text{-}Az_{(2)} = Az\text{-}C^6H^3(CH^3)_{(1)}(AzH^2)_{(2)},$$

à 160° avec du chlorhydrate d'aniline et de l'alcool, on obtient une matière colorante rouge, analogue à la safranine.

Ces résultats ont été confirmés par Witt [*Deutsch. chem. Gesellsch.*, 1877, p. 874], qui a établi nettement la nature des produits formés. En chauffant à 150-200° de l'orthoamidoazotoluène avec de l'alcool, en présence d'une petite quantité de chlorhydrate d'orthotoluidine, il a obtenu de la safranine et de la crésylène-diamine,

$$2C^{14}H^{15}Az^3 = C^{21}H^{20}Az^4 + C^7H^{10}Az^2.$$

Witt attribuait à la safranine la formule de structure suivante :

$$\begin{array}{l} Az\text{-}C^6H^4\text{-}CH^2 \\ \| \\ Az\text{-}C^6H^3\text{-}CH^2 \\ \quad\;\; | \\ \quad AzH^2 \end{array} \!\!\!\! \left.\begin{array}{c} \\ \\ \\ \end{array}\right\rangle Az\text{-}C^6H^4\text{-}CH^3$$

La découverte de la phénosafranine, qui ne contient pas de groupes méthyle, vint bientôt démontrer l'inexactitude de cette manière de voir.

La formation des safranines par oxydation d'un mélange de paracrésylène-diamine et de toluidine, réaction utilisée depuis longtemps dans l'industrie, a été mentionnée brièvement pour la première fois par Witt [*Deutsch. chem. Gesellsch.*, 1879, p. 939].

Peu de temps après, Bindschedler [*Deutsch. chem. Gesellsch.*, 1880, p. 207] a donné quelques détails sur cette réaction. Il a montré que cette méthode d'obtention des safranines était générale. En oxydant par la méthode ordinaire un mélange de 1 molécule de paracrésylène-diamine et de 2 molécules de chlorhydrate d'ortho- ou de paratoluidine, on obtient la safranine ordinaire.

Avec la diméthylparaphénylène-diamine et la diméthylaniline, on obtient une safranine méthylée assez instable. Si, dans ce dernier cas, on effectue l'oxydation à froid, on obtient un produit ressemblant au vert méthyle et qui, chauffé en solution aqueuse avec du chlorhydrate d'aniline, se transforme en une safranine très violacée, douée d'une fluorescence très marquée. (Voyez plus loin *Tétraméthylphénosafranine*.)

Tout récemment, Nietzki a établi un certain nombre de faits qui jettent un jour tout nouveau sur la formation et la constitution des safranines [*Deutsch. chem. Gesellsch.*, 1883, p. 464].

La safranine la plus simple, la *phénosafranine*, s'obtient par l'oxydation d'un mélange de 1 molécule de paraphénylène-diamine et de 2 molécules d'aniline. Dans cette opération, on peut remplacer l'aniline par un mélange de deux toluidines, et la phénylène-diamine par d'autres diamines de la para-série. Contrairement aux assertions de Bindschedler, on ne peut employer, pour la production des safranines, un mélange de para-diamine et de 2 molécules d'une monamine en para. La paraphénylène diamine ne donne pas de safranine avec des bases secondaires ou tertiaires seules.

Lorsque la diamine employée renferme des radicaux alcooliques, substitués dans un seul groupe AzH^2, il y a formation de safranine; si, au contraire, les radicaux alcooliques remplacent l'hydrogène des deux groupes AzH^2, on n'obtient pas de matière colorante. C'est ainsi que la diamine dérivant de la *nitrosodiméthylaniline*, et qui a pour formule

$$(Az C^6 H^4 H^2)_{(1)} [Az(CH^3)^2]_{(4)},$$

peut remplacer la phénylène-diamine dans la formation des safranines, tandis que la paraphénylène-diamine diéthylée symétrique,

$$C^6 H^4 (Az H . C^2 H^5)^2,$$

ne donne pas de safranine dans les mêmes circonstances.

La paradiamido-diphénylamine,

$$Az H (C^6 H^4 Az H^2)^2,$$

qu'on obtient par réduction du noir d'aniline, oxydée avec 1 molécule d'une monamine primaire quelconque, fournit une safranine.

D'autre part, en oxydant un mélange de 1 molécule de diéthylparaphénylène-diamine, de 1 molécule de diéthylaniline et de 1 molécule d'aniline, on obtient une safranine tétréthylée. La safranine la plus simple, la phénosafranine, sur laquelle portera la discussion de la formule de structure, renferme donc deux groupes $Az H^2$, très probablement dans la même position que ceux de la paradiamidodiphénylamine. De ces deux modes de formation on déduit que la phénosafranine doit renfermer le groupement atomique

$$\begin{matrix} Az H^2 \text{-} C^6 H^4 \\ Az H^2 \text{-} C^6 H^4 \end{matrix} > Az.$$

En ce qui concerne la formation des safranines par l'oxydation d'un mélange de diamine et de monamines, on voit que l'azote de la paradiamine doit occuper, dans le noyau de l'amine primaire qui entre en réaction, la position *para*, puisqu'on n'obtient pas de safranine en oxydant un mélange de paraphénylène-diamine et de paratoluidine. De ce fait on déduit que la diamidodiphénylamine renferme les deux groupes $Az H^2$ en *para* relativement à l'azote central.

Outre les deux groupes $Az H^2$, la phénosafranine renferme un groupe basique, analogue au groupe ammonium. Ceci ressort des faits suivants, observés par Nietzki (*mémoire cité*). La phénosafranine, traitée par l'acétate de sodium et l'anhydride acétique, fournit un dérivé diacétylé, qui jouit encore de propriétés basiques. Le chlorhydrate de phénosafranine, traité par le nitrite de sodium, fournit un corps diazoïque, qui ne renferme qu'un seul groupe $Az = Az$ et qui est une base d'acide.

Le groupe salifiable fortement basique contenu dans la safranine est donc tout aussi peu attaqué par l'acide nitreux que par l'anhydride acétique; ce ne saurait être un groupe $Az H^2$. La phénosafranine peut fixer 2 atomes d'hydrogène et donner un corps incolore, ce qui s'accorderait avec l'existence d'un groupe $Az = Az$ dans la molécule de la safranine. Nietzki avait attribué à la phénosafranine la formule de structure suivante :

$$\begin{matrix} Az H^2 \text{-} C^6 H^4 \diagdown & & \diagup C^6 H^4 \\ & Az & | \\ Az H^2 \text{-} C^6 H^4 \diagup & & \diagdown Az H Cl \end{matrix}$$

qui en faisait un dérivé de la triphénylamine. Dans un mémoire paru peu de temps après, Bindschedler [*Deutsch. chem. Gesellsch.*, 1883, p. 864] a démontré, et Nietzki l'a confirmé ensuite [*Deutsch. chem. Gesellsch.*, 1884, p. 226], que la phénosafranine n'a pas pour formule $C^{18} H^{16} Az^4$, mais $C^{18} H^{14} Az^4$. Cette formule s'accorde mal avec le schéma donné plus haut. D'autre part, en soumettant la triphénylamine à une série de réactions effectuées dans les conditions les plus variées, en réduisant et en oxydant les produits formés, on n'a obtenu que des matières colorantes violettes, n'ayant aucun rapport avec la famille des safranines [Nietzki, *Communic. particul.*]. En présence de ces insuccès, il est prudent de réserver la question, les résultats acquis ne suffisant pas pour établir avec certitude la formule de structure de la phénosafranine.

Ces notions générales étant posées, nous décrirons brièvement les propriétés des safranines et de leurs dérivés qui ont été étudiés jusqu'ici.

PHÉNOSAFRANINE, $C^{18} H^{14} Az^4$. — On a mentionné à plusieurs reprises le mode de formation de ce composé. Ce corps se distingue de ses homologues par la facilité avec laquelle ses sels cristallisent. Le *chlorhydrate* se présente sous la forme d'aiguilles couleur de cantharidée, peu solubles dans l'eau froide, solubles dans l'eau chaude. Il renferme 1 molécule d'acide chlorhydrique. Le *nitrate*, obtenu par double décomposition entre le chlorhydrate et le nitrate d'argent, cristallise très bien.

Le *chloroplatinate* se présente en magnifiques lamelles d'un jaune d'or.

En traitant par l'anhydride acétique un mélange de chlorhydrate de phénosafranine et d'acétate de sodium, on obtient un corps qui doit être envisagé comme un *chlorhydrate de diacétylsafranine*.

Le chlorhydrate de phénosafranine, traité en solution étendue par le nitrite de sodium, prend une coloration bleue. Il s'est formé un dérivé diazoïque dont le chloraurate cristallise en aiguilles d'un gris verdâtre, qui ont pour formule

$$(C^{18} H^{12} Az^3 . H Cl) Az = Az\text{-}Cl, 2 Au Cl^3.$$

On peut également obtenir un dérivé bidiazoïque de la phénosafranine, en opérant de la manière suivante : On dissout la safranine dans l'acide sulfurique concentré; on obtient ainsi une dissolution verte du sel triacide. On l'additionne d'eau avec précaution, jusqu'à ce que la couleur commence à virer au bleu gris, et on ajoute alors un excès de nitrite de sodium en solution concentrée, en refroidissant avec de la glace; la dissolution, additionnée d'eau, reste verte, et contient alors le dérivé diazoïque. Ce corps, décomposé par l'eau bouillante ou par l'alcool, se transforme en produits qui ne possèdent plus les caractères des matières colorantes. En revanche, le dérivé monodiazoïque de couleur bleue, mentionné plus haut, décomposé par l'eau bouillante, fournit une matière colorante d'un violet gris, dont le chlorhydrate est soluble dans l'eau. Si on opère la décomposition au moyen d'alcool, on obtient une matière colorante d'un rouge fuchsine.

La phénosafranine, soumise à l'action des réducteurs, est décolorée ; le composé qui prend naissance renferme, d'après Bindschleder, 4 atomes d'hydrogène de plus que la matière colorante. Nietzki admet, au contraire, que la leucosafranine dérive de la phénosafranine par fixation de 2H. Elle rentre donc dans la catégorie des autres matières colorantes, qui n'exigent, pour se transformer en dérivés incolores, que la fixation de 2H.

La phénosafranine, chauffée à 170° avec 3-4 p. d'acide chlorhydrique concentré, perd de l'ammoniaque; il se forme un corps qui présente les plus grandes analogies avec l'émeraldine (Nietzki).

Tétraméthylphénosafranine. — On oxyde par le dichromate de potassium à l'ébullition un mélange de 1 molécule de vert de diméthylphénylène (voyez plus loin) et de 1 molécule d'acétate d'aniline. On purifie le produit obtenu en passant par le nitrate, qui cristallise en magnifiques cristaux d'un violet brun. Ce corps s'est formé d'après l'équation

$$\underset{\text{Vert.}}{C^{16} H^{19} Az^3} + C^6 H^5 . Az H^2 + O^2$$

$$= \underset{\text{Tétraméthyl-phénosafranine.}}{C^{22} H^{22} Az^4} + 2 H^2 O.$$

La tétraméthylphénosafranine est une magnifique matière colorante violette.

Diméthylphénosafranine, $C^{20}H^{18}Az^4$. — Cette matière se forme quand on oxyde un mélange de diméthylparaphénylène-diamine (préparée par réduction de la nitroso-diméthylaniline) et d'aniline :

$$C^6H^4 \begin{matrix} < Az(CH^3)^2 \\ < AzH^2 \end{matrix}$$

$$+ 2C^6H^5.AzH^2 + O^4 = C^{20}H^{18}Az^4 + 4H^2O.$$

Le nitrate est peu soluble dans l'eau.

Tétréthylphénosafranine. — On l'obtient en soumettant à l'oxydation un mélange de 1 molécule de diéthylparaphénylène-diamine, de 1 molécule de diéthylaniline et de 1 molécule d'aniline. Cette matière colorante teint en nuances beaucoup plus violacées que les safranines ordinaires; malheureusement, la couleur ne résiste pas à la lumière.

Le *chlorozincate* cristallise en belles lamelles d'un jaune d'or, peu solubles dans l'eau. La tétréthylsafranine n'est attaquée ni par l'acide nitreux ni par l'anhydride acétique.

Diéthylphénosafranine. — En oxydant un mélange de diéthylparaphénylène-diamine et de 2 molécules d'aniline, on obtient une matière colorante d'un rouge fuchsine, dont le chlorhydrate cristallise en belles aiguilles à reflets verts. Si on oxyde un mélange de paraphénylène-diamine, de diéthylaniline et d'aniline, on obtient une safranine diéthylée isomérique, dont le chlorhydrate est beaucoup plus soluble que son isomère. Ces deux diéthylsafranines peuvent être transformées en dérivés acétylés dont le pouvoir colorant est très faible et qui ne sont plus fluorescents. On a pu transformer ces safranines en dérivés monodiazoïques de couleur bleue; comme il était à prévoir, on n'a pu arriver aux dérivés bidiazoïques verts.

PRODUITS INTERMÉDIAIRES DE LA FORMATION DES SAFRANINES. — Lorsqu'on oxyde à froid le mélange de diamine et de monamines, on obtient en premier lieu des corps bleus, verts, ou violets très instables, qui, chauffés, se transforment en partie en safranines; une autre partie se convertit en substances noires, insolubles, dont la nature n'a pas été élucidée jusqu'ici.

En oxydant à froid un mélange d'aniline et de paraphénylène-diamine, on obtient une substance bleue, qui, traitée par les agents réducteurs, se transforme en diamido-diphénylamine. Le produit bleu a probablement pour formule

$$\begin{matrix} C^6H^4\text{-}Az\text{-}C^6H^4.AzH^2 \\ \diagdown \quad \diagup \\ AzH \end{matrix}$$

Le produit dérivant de l'oxydation d'un mélange de diméthylparaphénylène-diamine et de diméthylaniline a été décrit par Bindschedler sous le nom de *vert de diméthylphénylène* [*Deutsch. chem. Gesellsch.*, 1883, p. 866]. On prépare ce corps de la manière suivante : A une dissolution aqueuse de 1 molécule de diméthylparaphénylène-diamine et de 1 molécule de diméthylaniline, contenant du chlorure de zinc, on ajoute la quantité théorique de dichromate pour fournir 2 O. On a soin de ne pas laisser la température s'élever au-dessus de 30°. Au bout de quelques minutes, il se sépare de magnifiques cristaux à éclat cuivré, qu'on lave successivement à l'eau, à l'alcool et à l'éther. Ces cristaux ont pour formule

$$(C^{16}H^{19}Az^3.HCl)^2ZnCl^2;$$

ils se dissolvent dans l'eau et teignent la soie en un vert jaunâtre peu stable. Traités par le chlorure mercurique, ils fournissent le sel double,

$$(C^{16}H^{19}Az^3.HCl)^2HgCl^2.$$

Cette matière colorante, soumise à la réduction, fournit une leucobase qui cristallise en lamelles fusibles à 119°, et qui est constituée par de la diamidodiphénylamine tétraméthylée,

$$AzH[C^6H^4.Az(CH^3)^2]^2.$$

En résumé, on voit que les safranines dérivent toutes de la diphénylamine; cette base paraît jouer dans la chimie des matières colorantes un rôle analogue à celui du triphénylméthane dans la série de la rosaniline, des verts à l'essence et des phtaléines; en effet, outre les safranines, on a rattaché dans ces derniers temps à la diphénylamine les indophénols de Kœchlin et Witt et le bleu méthylène (Bernthsen). G. de Bechi.

SAFRANINE (INDUSTRIE). — L'ancien procédé de fabrication de la safranine a été complètement abandonné. Il consistait à oxyder un mélange d'amidoazotoluène et de toluidine (obtenu en faisant passer un courant de vapeurs nitreuses à travers les *échappées* de la fabrication de la fuchsine). Les rendements en matière colorante étaient très faibles. En étudiant de près cette fabrication, on remarqua qu'en soumettant le mélange à la réduction avant de l'oxyder, on obtenait des résultats plus favorables. Ce fait, tout en étant connu depuis longtemps de la plupart des fabricants de safranine, n'a été livré que depuis peu à la publicité; il a permis de déterminer les conditions de formation économique des safranines et a puissamment contribué à l'avancement de l'étude théorique de ces produits. Ainsi qu'on l'a vu dans l'article précédent, on obtient les safranines en oxydant un mélange de 1 molécule de paradiamine et de 2 molécules d'une monamine. Or le meilleur moyen de préparer les paradiamines consiste à réduire les dérivés amidoazoïques; on obtient ainsi un mélange de paradiamine et de monamine, qui sont, il est vrai, difficiles à séparer les unes des autres. Notons que cette séparation n'est jamais effectuée dans l'industrie, puisque la présence de 2 molécules de monamine est nécessaire. La fabrication de la safranine peut donc être scindée en trois opérations distinctes : 1° Préparation du dérivé amidoazoïque. — 2° Réduction. — 3° Oxydation. — La safranine usuelle est constituée surtout par le produit d'oxydation d'un mélange de paracrésylène-diamine et d'orthotoluidine. On sait, en effet, que l'orthotoluidine domine dans les échappées de la fuchsine. A côté de cette tolusafranine (marque J) on trouve dans le commerce des safranines homologues de diverses nuances, préparées avec d'autres mélanges d'alcaloïdes [1].

1. Si, dans la production de la safranine, on remplace les monamines par des métadiamines, on obtient des matières colorantes appartenant à une autre catégorie, qui trouvent un emploi dans la teinture et l'impression du coton. Le *rouge neutre* et le *violet neutre* de L. Cassella de Francfort appartiennent à cette classe de corps [Witt, *Journal of the chemical Industry*, 1882, p. 250]. En faisant agir les oxydants sur un mélange de diméthylparaphénylène-diamine et de métacrésylène-diamine, il se forme d'abord du *bleu de tolylène*, qui, soumis à l'ébullition avec l'eau, se scinde en une matière colorante rouge, analogue à la safranine, et en un violet gris. Le *rouge neutre* est constitué par ce mélange. En remplaçant la crésylène-diamine par la métaphénylène-diamine, on obtient le *violet neutre*. La diméthylparaphénylène-diamine se prépare par réduction de la nitrosodiméthylaniline. Il était donc, à première vue, inutile de réduire d'abord ce dérivé nitrosé pour l'oxyder ensuite à l'état de mélange avec la métadiamine; et on pouvait admettre qu'on arriverait directement à la matière colorante en faisant agir la nitrosodiméthylaniline sur les métadiamines en question; l'expérience a pleinement confirmé ces prévisions, et c'est ce dernier procédé qui est employé exclusivement dans la fabrication des couleurs neutres. La consommation de ces produits est, du reste, actuellement très restreinte.

Quant aux safranines substituées, dérivant d'amines secondaires ou tertiaires, nous ne croyons pas qu'il s'en fabrique des quantités notables, leur grande instabilité s'opposant à leur emploi.

Nous décrirons successivement en peu de mots les trois phases de production de la safranine, en prenant comme point de départ l'orthotoluidine, ou du moins un mélange dans lequel cette dernière base domine.

Préparation de l'amidoazotoluène. — Le procédé actuellement suivi consiste à préparer du diazoamidotoluène d'après le procédé ordinaire et à opérer la transposition dans une dissolution d'alcaloïde en excès. Cette méthode de transposition des dérivés diazoamidés en dérivés amidoazoïques donne toujours d'excellents résultats; elle a permis, par exemple, à Nœlting et Witt [*Deutsch. chem. Gesellsch.*, 1884, p. 77] de préparer le dérivé ortho-amido-azoïque de la paratoluidine. Elle est, du reste, généralement connue depuis longtemps des fabricants de safranines. La formation de safranine a lieu, en définitive, aux dépens de 3 molécules de toluidine, le quatrième atome d'azote étant fourni par le nitrite de sodium.

Dans des marmites en fonte émaillée on introduit : 30 p. de toluidine, 12 p. d'acide chlorhydrique, 150 p. d'eau. On ajoute peu à peu, en refroidissant avec de la glace, 6 à 8 p. de nitrite de sodium en dissolution dans 50 p. d'eau. Il se forme, en premier lieu, du diazotoluène, qui réagit sur la toluidine en donnant du diazoamidotoluène. Ce dernier reste en dissolution dans l'excès de toluidine employée. Une partie du dérivé diazoamidé se convertit, au fur et à mesure de sa formation, en dérivé amidoazoïque,

$$CH^3\text{-}C^6H^4\text{-}Az = Az\text{-}AzH\text{-}C^6H^4\text{-}CH^3$$
$$= CH^3\text{-}C^6H^4\text{-}Az = Az\text{-}C^6H^3 \begin{matrix} \diagup CH^3 \\ \diagdown AzH^2 \end{matrix}$$

Pour que la transformation soit complète, il est nécessaire de chauffer la dissolution du dérivé diazoamidé à une température peu élevée (40-50°) pendant un temps assez long. On prélève de temps en temps une tâte sur la masse et on l'arrose d'eau bouillante. Tant qu'il y a dégagement d'azote, le dérivé diazoamidé n'est pas entièrement transposé.

On peut aussi opérer d'une manière un peu différente. On prépare le dérivé diazoamidé avec la quantité théorique de base (2 molécules pour 1 molécule AzO^2Na), on l'isole et on le dissout dans la toluidine. La transposition s'effectue comme précédemment.

Réduction. — La réduction du dérivé amidoazoïque s'effectue sous l'influence de la poudre de zinc et d'un acide (acétique ou chlorhydrique) étendu. Dans des cuves mécaniques pouvant être chauffées par un courant de vapeur d'eau, on introduit le mélange d'acide et du dérivé azoïque et on ajoute peu à peu la poudre de zinc. On arrête l'opération lorsque la totalité du corps azoïque est entrée en dissolution; on a alors un mélange de chlorhydrate de toluidine et de crésylène-diamine.

Oxydation. — L'oxydation est effectuée généralement au moyen du dichromate de potassium. A froid, il se produit une coloration d'un bleu verdâtre, due à la formation d'un produit intermédiaire. En chauffant, ce produit se scinde en safranine et en une matière noire, insoluble, qui diminue le rendement. L'oxydation peut être effectuée en milieu neutre ou pas très fortement acide. L'ébullition est continuée jusqu'à réduction complète du dichromate employé. On ajoute alors un lait de chaux, de manière à précipiter le chrome et le zinc à l'état d'oxydes; on chasse à travers un filtre-presse et on précipite le liquide filtré par addition de sel marin. La safranine se précipite difficilement; même en employant une grande quantité de sel, les eaux mères restent fortement colorées. On fait passer le liquide dans un filtre-presse et on dessèche les tourteaux de safranine. Elle est prête alors pour la vente. On trouve également dans le commerce des safranines en pâte, qu'on prépare par les procédés usuels. Si on veut obtenir une safranine encore plus pure, on dissout le précipité dans l'eau rendue alcaline par l'addition de soude caustique, on filtre, on sature légèrement par l'acide chlorhydrique et on précipite par le sel marin.

G. de Bechi.

SALICINE. — Elle fond à 201°; maintenue quelques heures à 230-240°, elle perd de l'eau et se dédouble presque entièrement en salirétine et en glucosane [H. Schiff, *Deutsch. chem. Gesellsch.*, 1881, p. 302].

La salicine ingérée dans l'économie est éliminée par l'urine, partie en nature, partie à l'état d'acide salicylique [Weith].

SALICYLAMIDE,

$$C^6H^4 \begin{matrix} \diagup CO.AH^2 \\ \diagdown OH \end{matrix}$$

— La salicylamide, chauffée dans un courant d'acide chlorhydrique, se transforme en ammoniaque et en disalicylamide, $AzH(CO\text{-}C^6H^4, OH)^2$. Celle-ci forme des aiguilles jaunâtres, fusibles à 197-199°, insolubles dans l'eau, peu solubles dans l'éther, assez solubles dans l'alcool chaud et dans l'acide acétique; elle donne des combinaisons cristallisées avec les alcalis [Schulerud, *Journ. prakt. Chem.* (2), t. XXII, p. 288; *Bull. Soc. chim.*, t. XXXVI, p. 411].

SALICYLANILIDE,

$$C^6H^4 \begin{matrix} \diagup CO.AzH.C^6H^5 \\ \diagdown OH \end{matrix}$$

— L'acide azotique la transforme en un dérivé nitré, fusible à 224°, qui, traité par les alcalis, fournit un acide nitrosalicylique

$$C^6H^3.AzO^2_{(3)}.OH_{(2)}.CO^2H_{(1)}.$$

La *salicylorthonitranilide*,

$$C^6H^4 \begin{matrix} \diagup CO.AzH_{(1)}.C^6H^4.AzO^2_{(2)}, \\ \diagdown OH \end{matrix}$$

se prépare au moyen de l'orthonitraniline, de l'acide salicylique et du protochlorure de phosphore. On l'obtient cristallisée en tablettes jaunes en la dissolvant dans un mélange de benzine et de pétrole; elle est très soluble dans la benzine, peu soluble dans l'alcool, très peu soluble dans le pétrole, insoluble dans l'eau. Le perchlorure de fer la colore en brun.

L'hydrogène naissant la convertit en un anhydride,

$$C^6H^4(OH)C \begin{matrix} \diagup AzH \\ \leqslant Az \end{matrix} \rangle C^6H^4.$$

Ce corps est en aiguilles fusibles à 222°,5, distillables, peu solubles dans la benzine, solubles dans l'alcool et dans l'éther. Il donne un chlorhydrate cristallisé renfermant H^2O, et un sulfate cristallisé en aiguilles incolores [Mensching, *Deutsch. chem. Gesellsch.*, 1880, p. 462; *Bull. Soc. chim.*, t. XXXV, p. 258]. E. Grimaux.

SALICYLIQUE (ACIDE) (*Orthoxybenzoïque*),

$$C^7H^6O^3 = C^6H^4.OH_{(2)}.CO^2H_{(1)}.$$

Préparation. — Voici quelques indications sur la transformation du phénate de sodium en acide salicylique, d'après la méthode de Kolbe (t. II, p. 1398).

On dissout le phénol dans la quantité équivalente de soude concentrée. On évapore la solution et on chauffe la masse pâteuse jusqu'à ce qu'elle soit transformée en une poudre sèche. On l'introduit encore chaude dans une cornue de métal, et l'on chauffe en faisant passer dans la masse un courant modéré de gaz carbonique; on élève lentement la température de telle sorte qu'elle atteigne, après quelques heures, 180°; finalement, on chauffe à 220-250° jusqu'à ce qu'il ne distille plus de phénol. Le produit de la réaction est alors dissous dans l'eau et précipité par l'acide chlorhydrique; l'acide salicylique qui se sépare est purifié par compression et par cristallisation [Kolbe, *Journ. prakt. Chem.*, (2), t. X, p. 89; *Bull. Soc. chim.*, t. XXIII, p. 126]. Il possède toujours une très légère teinte jaunâtre, mais on le purifie en le sublimant dans la vapeur d'eau sèche, surchauffée à 170° [A. Rautert, *Deutsch. chem. Gesellsch.*, t. VIII, p. 537; *Bull. Soc. chim.*, t. XXV, p. 281].

Kolbe a constaté que les phénates de calcium et de baryum, chauffés dans un courant d'acide carbonique, donnent également de l'acide salicylique, mais le rendement est plus faible. Avec le phénate de potassium, la réaction est toute différente; entre 100 et 145°, elle donne bien de l'acide salicylique, mais entre 170 et 210° il ne se forme que de l'acide paroxybenzoïque. Cela vient, comme l'a montré Ost, de ce que le salicylate neutre de potassium se transforme à 220° en phénol, acide carbonique et paroxybenzoate (voyez plus loin *Salicylates*).

L'acide salicylique se forme synthétiquement par l'action du tétrachlorure de carbone sur le phénol en présence de soude. On fait une solution de 28 parties de soude dans très peu d'eau bouillante, et on étend cette solution d'alcool, de manière que le chlorure de carbone qu'on doit ajouter s'y dissolve entièrement. Pour ces 28 parties de soude, on prend 10 parties de phénol et 17 parties de tétrachlorure de carbone, et l'on chauffe à 100° en tubes scellés. Le produit de la réaction est dissous dans dix fois son poids d'eau, et débarrassé par l'évaporation au bain-marie du tétrachlorure en excès et de l'alcool; la solution est filtrée et précipitée par l'acide chlorhydrique. Le précipité est un mélange d'acides salicylique et paroxybenzoïque, qu'on sépare en les traitant par le chloroforme, qui dissout seulement le premier :

$$C^6H^5ONa + CCl^4 + 5NaOH$$
$$= C^6H^4 \begin{cases} CO^2Na \\ ONa \end{cases} + 4NaCl + 3H^2O$$

[Reimer et Tiemann, *Deutsch. chem. Gesellsch.*, 1876, p. 1185; *Bull. Soc. chim.*, t. XXVII, p. 423].

Parmi les produits de l'action prolongée du sodium sur le succinate d'éthyle, Herrmann a rencontré de l'acide salicylique.

Il s'en forme également quand on chauffe le benzoate de cuivre avec de l'eau en tube scellé, pendant trois heures à 180°; il se sépare de l'oxyde rouge de cuivre. La réaction peut être représentée par l'équation

$$2[(C^7H^5O^2)^2Cu] + 2H^2O$$
$$= Cu^2O + 3C^7H^6O^2 + C^7H^6O^3$$

[Smith, *Amer. chem. Journ.*, t. XIV, p. 388; *Bull. Soc. chim.*, t. XXXVIII, p. 433].

Solubilité. — L'acide salicylique se dissout dans 60 parties de glycérine à 17°,5 [A. Vogel, *Neues Rep. Pharm.*, t. XXV, p. 178; *Bull. Soc. chim.* t. XXVI, p. 557].

Bourgoin a déterminé sa solubilité à 15° dans l'alcool absolu, l'alcool à 90° et l'éther, et a trouvé les chiffres suivants :

	Éther.	Alcool absolu.	Alcool à 90 °/₀.
Acide salicylique.	50,47	49,63	41,09

Un litre d'eau dissout :

A 0°....	1 gr,50	A 55°....	9 gr,80
5....	1 65	60....	12 25
10....	1 90	65....	15 55
15....	2 25	70....	19 90
20....	2 70	75....	25 50
25....	3 25	80....	32 55
30....	3 90	85....	41 25
35....	4 65	90....	51 30
40....	5 55	95....	64 40
45....	6 65	100....	79 25
50....	8 00		

[*Bull. Soc. chim.*, t. XXIX, p. 243; t. XXXI, p. 53; t. XXXII, p. 390]. Suivant Ost, 1 p. d'acide salicylique se dissout à 0° dans 1050 à 1100 p. d'eau, solubilité inférieure à celle qu'a établie Bourgoin [*Bull. Soc. chim.*, t. XXXII, p. 247].

Alexéeff admet que l'acide salicylique en solution peut se trouver à deux états différents, l'état solide et l'état liquide, et que sous ces deux formes il possède des solubilités différentes. Pour l'acide solide, il admet les chiffres suivants pour 100 :

Acide salicylique.	Température de saturation.
0,16..............	12°,5
1,27..............	66
2,44..............	81
8,67..............	100

Ces chiffres diffèrent notablement de ceux de Bourgoin; dans les expériences d'Alexéeff, la solubilité serait moins grande jusqu'à 80° et plus élevée à 100°.

La solubilité de l'acide salicylique liquide s'observe dans les conditions suivantes : Quand on chauffe à quelques degrés au-dessus de 100° des tubes scellés contenant des proportions différentes d'eau et d'acide salicylique, on observe que tous les tubes renferment des solutions limpides. Aucun d'eux ne se trouble à 100°, même quand ils renferment plus de 8 °/₀ d'acide salicylique, bien que ce soit seulement la quantité d'acide qui se dissolve à 100°; la première trace de trouble ne se montre qu'à 91°, le contenu des tubes se sépare brusquement en deux couches liquides qui continuent à se troubler séparément au fur et à mesure du refroidissement.

Le tableau suivant contient les principaux résultats :

Acide salicylique. °/₀.	Température de saturation trouble.	Observations.
73,01	68°	Solidification brusque.
66,71	67	Id.
61,20	76	Séparation en deux
60,00	79	couches liquides.
52,00	88	Id.
48,00	88,2	Id.
42,90 }		
38,60 }	90,5	Id.
21,70 }		
21,20 }		
14,07 }	87	Id.
13,78 }		
10,08	85,5	Id.
8,66	83,5	Id.
5,90	73	Id.
4,57	63	Id.
2,96	49	Séparation de cristaux.

Une même solution peut renfermer l'acide salicylique sous les deux états. Si l'on prend une solution à 5,9 °/₀ et que l'on chauffe à une température un peu inférieure à 100°, elle dépose des cristaux à 91° par un refroidissement lent; si on porte le tube à 104-105°, par refroidissement le premier trouble n'apparaît qu'à 73° et on voit, quelques instants après, se déposer une goutte liquide au fond du tube [Wladimir Alexéeff, *Bull. Soc. chim.*, t. XXXVIII, p. 145].

Réactions. — L'acide salicylique, traité par le chlorate de potassium et l'acide chlorhydrique, se comporte comme l'acide gallique : il donne, outre des dérivés chlorés, un mélange de quinones chlorées et de l'acide *trichloropyruvique*,

$$CCl^3\text{-}C(OH)^2\text{-}CO^2H,$$

que l'auteur appelle acide *isotrichloroglycérique* [Schreder, *Liebig's Ann. Chem.*, t. CLXXVII, p. 282; *Bull. Soc. chim.*, t. XXIV, p. 555].

Chauffé au bain d'huile avec du chlorure d'étain et du phénol, il donne du *salicyl-phénol* (voyez ce mot). Chauffé pendant 15 heures avec de la résorcine à 195-200°, il s'y combine avec production d'un composé cristallisant dans le pétrole en feuillets brillants, fusibles à 133-134° et renfermant

$$C^{13}H^{10}O^4 = CO < \begin{matrix} C^6H^4.OH \\ C^6H^3(OH)^2 \end{matrix}$$

(Michaël).

Quand on fait bouillir au réfrigérant ascendant un mélange d'acide salicylique, de soude et de chloroforme, on obtient deux acides isomères aldéhydo-salicyliques,

$$C^6H^3 \begin{matrix} \diagup CO^2H \\ - CHO \\ \diagdown OH, \end{matrix}$$

l'acide *ortho* et l'acide *para*, le groupe CHO étant dans la position *ortho* ou dans la position *para* relativement au groupe OH (voyez plus loin).

Le salicylate basique de sodium, chauffé à 170-180° dans un courant d'acide carbonique, donne deux acides : l'acide *orthophénoldicarbonique*,

$$C^6H^3(OH)(CO^2H)^2,$$

et l'acide *orthophénoltricarbonique*,

$$C^6H^2(OH)(CO^2H)^3$$

[Ost, *Journ. prakt. Chem.* (2), t. XIV, p. 93; *Bull. Soc. chim.*, t. XXVIII, p. 125].

L'acide salicylique se combine aux matières albuminoïdes, qui en retiennent environ 14 % [Farsky, *Wien. Akad. Ber.*, t. LXXIV, p. 49; *Bull. Soc. chim.*, t. XXIX, p. 27].

Par l'action du chlorure d'antimoine $SbCl^3$ sur l'acide salicylique, il se forme de l'acide chlorosalicylique fusible à 163°, et de l'acide dichlorosalicylique fusible à 214° [Lœssner, *Journ. prakt. Chem.* (2), t. XIII, p. 418; *Bull. Soc. chim.*, t. XXVII, p. 115].

Dérivés chlorés. — Le parachlorophénol, traité par la potasse et le chlorure de carbone, donne l'acide *parachlorosalicylique*, cristallisant dans l'eau en aiguilles déliées, fusibles à 167-168°, solubles dans 100 parties d'eau à 20° et dans 80 p. d'eau bouillante, solubles dans l'alcool, l'éther, le chloroforme. Il est identique avec le produit obtenu par chloruration de l'acide salicylique. Lœssner donne comme point de fusion 163° pour l'acide obtenu par l'action du chlorure d'antimoine, et Hübner indique 172°,5 pour l'acide chloré obtenu avec l'acide salicylique et le chlore [G. Hasse, *Deutsch. chem. Gesellsch.*, 1877, p. 2185; *Bull. Soc. chim.*, t. XXX, p. 294].

Acide dichlorosalicylique. — Obtenu par l'action du chlorure d'antimoine, il fond à 214° [Lœssner].

Acides nitrosalicyliques. — Dans l'action de l'acide nitrique sur l'acide salicylique, outre l'acide nitrosalicylique déjà connu et qui fond à 228°, il se forme un isomère fusible à 124° [Hall, *Deutsch. chem. Gesellsch.*, 1874, p. 1320; *Bull. Soc. chim.*, t. XXIII, p. 561].

Hübner et Hall ont étudié cet isomère, et Hübner et Wattemberg ont décrit les dérivés de l'acide fusible à 228°. Hasse a montré que le premier se forme dans l'action du chloroforme et de la potasse sur l'orthonitrophénol, et l'appelle acide orthonitrosalicylique, tandis que le second se produit de la même manière avec le paranitrophénol et constitue l'acide paranitrosalicylique [Hasse, *loc. cit.*; Hübner et Hall, Hübner et Wattemberg, *Deutsch. chem. Gesellsch.*, 1875, p. 1215; *Bull. Soc. chim.*, t. XXVI, p. 212].

Acide orthonitrosalicylique (α-nitrosalicylique). — Il cristallise avec H^2O et fond alors à 124°; déshydraté, il fond à 144-145°. Il est en longues aiguilles incolores, dont la solubilité est à peu près celle de l'acide benzoïque. Sa solution est colorée en rouge de sang par les sels ferriques. Le *sel de baryum basique* est en aiguilles d'un beau rouge. Par l'action de l'iodure d'éthyle sur le sel d'argent, il se forme un éther cristallisé en prismes jaunes, fusibles à 44°, et renfermant

$$C^6H^3(AzO^2) < \begin{matrix} CO^2C^2H^5 \\ OH. \end{matrix}$$

Cet éther donne un sel d'argent qui, chauffé avec de l'iodure d'éthyle, fournit l'*éther nitroéthylsalicylique*,

$$C^6H^3(AzO^2) < \begin{matrix} CO^2C^2H^5 \\ OC^2H^5; \end{matrix}$$

ce dernier constitue une huile d'une odeur agréable, peu soluble dans l'alcool, et qui, par l'action de l'ammoniaque alcoolique, fournit l'*amide nitramidobenzoïque*, $C^6H^3(AzO^2)(AzH^2)\text{-}CO.AzH^2$.

Acide paranitrosalicylique (β-nitrosalicylique). — Il cristallise dans l'eau en longues aiguilles incolores, très peu solubles à froid, fusibles à 228°. Le chlorure ferrique colore la solution en rouge de sang.

Sel d'ammonium : Aiguilles incolores, très solubles. — *Sel de baryum :* Il renferme $6H^2O$; petites aiguilles jaunes. — *Sel de calcium :* Il renferme $6H^2O$; il fond à 98-100° dans son eau de cristallisation. — *Sel de potassium :* Anhydre, il est en croûtes mamelonnées d'un jaune rougeâtre, très solubles. — *Sel de magnésium basique :* Il renferme $4H^2O$; mamelons d'un jaune citron. — *Sel de strontium :* Il contient $5\frac{1}{2}H^2O$; il est en aiguilles satinées, assez solubles dans l'eau froide. — *Sel de zinc :* Très soluble, il cristallise avec $5H^2O$ en aiguilles larges et courtes.

L'*éther éthylique* est en aiguilles jaunâtres, fusibles à 92-93°, très solubles dans l'alcool et dans l'éther. Il donne un sel de sodium cristallisé et un sel d'argent insoluble que l'iodure d'éthyle convertit en *éther paranitrodiéthylsalicylique;* ce dernier cristallise en petites aiguilles presque incolores, fusibles à 98-99°, très solubles dans l'eau bouillante et dans l'alcool, que l'ammoniaque alcoolique transforme en amide paranitroamidobenzoïque, fusible à 140°.

Dérivés amidés. — L'*acide orthoamidosalicylique* a été obtenu à l'état de chlorhydrate, formant des aiguilles solubles dans l'eau, peu stables, par l'action de l'acide chlorhydrique et de l'étain sur l'acide orthonitré.

L'*acide paramidosalicylique* n'a pas été isolé; son *chlorhydrate* est en petites aiguilles, légèrement brunâtres, assez solubles dans l'eau froide. Le *sulfate* est en prismes brunâtres, compacts, peu solubles. Le *dérivé acétylé*

$$C^6H^3(AzH.C^2H^3O) < \begin{matrix} CO^2H \\ OH \end{matrix} + \tfrac{1}{2}H^2O,$$

s'obtient par la réduction de l'acide nitré au moyen de l'acide acétique et de l'étain; il est en aiguilles dures, incolores, inaltérables à l'air, très solubles, fondant à 218°. Le *sel de magnésium* renferme $8H^2O$; le *sel de baryum* cristallise avec $4H^2O$, le *sel de calcium* avec $5\frac{1}{2}H^2O$, et le *sel de zinc* avec $10 H^2O$ [Hübner et Hall, Hübner et Wattemberg].

L'acide parachlorosalicylique, traité par l'acide nitrique fumant, fournit l'*acide dinitroparachlorosalicylique*, cristallisable dans l'eau en aiguilles jaunes, fusibles à 78° [Hasse].

Acide salicylsulfurique. — Par l'action du pyrosulfate de potassium sur le salicylate de potassium il se forme le sel de potassium de l'acide salicylsulfurique,

$$C^6H^4 < \begin{matrix} CO^2K \\ O\text{-}SO^2.OK. \end{matrix}$$

Il est très soluble dans l'eau, insoluble dans l'alcool, cristallisable en aiguilles incolores; il se décompose par la chaleur entre 180 et 190° en donnant du sulfate de potassium et de la salicylide $C^7H^4O^3$ [Baumann, *Deutsch. chem. Gesellsch.*, 1878, p. 1907; *Bull. Soc. chim.*, t. XXXII, p. 437].

ÉTHERS SALICYLIQUES. — Le *salicylate monoéthylique* s'obtient aussi par l'action de l'acide chlorhydrique sur une solution alcoolique d'acide salicylique. Il bout à 226-228°.

Le *salicylate diéthylique* s'obtient par les procédés ordinaires; il distille entre 160 et 165°. Sa densité est de 1,1005 [Gœttig, *Deutsch. chem. Gesellsch.*, 1876, p. 473 et 1877].

En traitant l'éthylsalicylate de sodium,

$$C^6H^4 < \begin{matrix} CO^2C^2H^5 \\ ONa \end{matrix}$$

par le bromure d'éthylène, on obtient l'*éthylène-disalicylate d'éthyle*, $C^2H^4(OC^6H^4CO^2C^2H^5)^2$, fusible à 96-97°, et qui, par saponification, fournit l'acide *éthylène-disalicylique*,

$$C^2H^4(OC^6H^4\text{-}CO^2H)^2,$$

fusible à 151-152° [Weddige, *Journ. prakt. Chem.* (2), t. XXI, p. 127; *Bull. Soc. chim.*, t. XXXV, p. 521].

ACIDE ALLYL-SALICYLIQUE,

$$C^6H^4 < \begin{matrix} CO^2H \\ OC^3H^5 \end{matrix}$$

[Scichilone, *Gazz. chim. ital.*, t. XII, p. 469; *Bull. Soc. chim.*, t. XXXI, p. 476]. — On obtient son éther méthylique en chauffant de l'essence de Gaulthéria avec de l'iodure d'allyle et de la potasse alcoolique, et saponifiant l'éther méthylique par la potasse aqueuse; il forme de longues aiguilles incolores et inodores; il est coloré en violet par le chlorure ferrique. L'*éther éthylique* est liquide et bout à 245°.

SALICYLATES. — L'action de la chaleur sur les salicylates métalliques a été étudiée par Ost. Le *salicylate neutre de sodium*, chauffé à 220°, se dédouble nettement en phénol, anhydride carbonique et salicylate basique de sodium,

$$2C^6H^4 < \begin{matrix} CO^2Na \\ OH \end{matrix}$$

$$= C^6H^5.OH + CO^2 + C^6H^4 < \begin{matrix} CO^2Na \\ ONa \end{matrix}$$

tandis que si l'on fait la même expérience avec le phénate de potassium, il se forme, outre le phénol et l'acide carbonique, du *paroxybenzoate de potassium basique*. Ceci explique pourquoi au-dessus de 200° on n'obtient que de l'acide paroxybenzoïque dans l'action de l'acide carbonique sur le phénate de potassium. On peut donc préparer facilement l'acide paroxybenzoïque, dont le poids obtenu est égal à la moitié de l'acide salicylique employé. Mais si l'on emploie un excès de potasse, la réaction est d'un tout autre ordre. Si l'on ajoute une molécule de potasse à une molécule de salicylate basique de potassium, il n'y a pas de décomposition avant 300°; à cette température, il y a dédoublement rapide, en 15 minutes, du salicylate en phénate et en carbonate de potassium. Avec une plus forte proportion de potasse, 4 molécules pour une d'acide salicylique, le dédoublement a lieu à la même température, mais très lentement; et enfin avec 6 molécules de potasse, le salicylate ne s'altère pas du tout à 300°. La transformation de l'acide salicylique en acide paroxybenzoïque n'a donc lieu qu'en présence d'une ou de deux molécules de potasse. Les mêmes faits ne se présentent pas avec la soude; le salicylate basique de sodium est plus stable que le sel basique de potassium et ne commence à donner du phénol qu'à 300°; mais, d'un autre côté, la décomposition n'est pas entravée par la présence de 6 molécules de soude pour une d'acide salicylique; il faut 8 molécules [Ost, *Journ. prakt. Chem.* (2), t. XI, p. 24 et 385; *Bull. Soc. chim.*, t. XXIV, p. 307, et t. XXV, p. 307].

V. den Velden a étudié la décomposition d'autres salicylates; il a constaté que le salicylate de rubidium se comporte comme le sel de potassium en donnant de l'acide paroxybenzoïque. Le salicylate de lithium se décompose entièrement en phénol et en acide salicylique, sans trace d'acide paroxybenzoïque.

Le salicylate de thallium donne, au-dessus de 300°, du phénol, de l'acide salicylique, de l'acide paroxybenzoïque et de l'acide oxyisophtalique,

$$C^6H^3 < \begin{matrix} OH \\ (CO^2H)^2 \end{matrix}$$

Les salicylates des métaux alcalino-terreux, ainsi que ceux de fer, de manganèse, de cobalt, de nickel, de cadmium, de zinc et de plomb, fourniraient, par l'action de la chaleur, du phénol et de l'acide carbonique, en se transformant en salicylates basiques [*Journ. prakt. Chem.* (2), t. XV, p. 151; *Bull. Soc. chim.*, t. XXX, p. 134].

Inversement, la transformation de l'acide paroxybenzoïque s'accomplit partiellement quand on chauffe à 280-295° le paroxybenzoate de sodium dans un courant de gaz carbonique; on obtient un mélange d'acides paroxybenzoïque et salicylique renfermant près de 50 % de ce dernier; entre 300 et 320°, la proportion est de 60 %, et entre 320 et 340° de 20 % seulement [*Journ. prakt. Chem.* (2), t. XIII, p. 103; *Bull. Soc. chim.*, t. XXVII, p. 65].

Quand on fait réagir l'oxychlorure de phosphore sur le salicylate neutre de potassium ou de sodium, on obtient un corps $(C^{12}H^8O)CO$, fusible à 91°, que la chaux dédouble en oxyde de diphénylène et diphénylacétone. Avec les sels basiques, il se forme un isomère, cristallisable en longues aiguilles et fusible à 170°; l'acide iodhydrique fumant le transforme en oxyde de méthylène-diphényle, $C^{13}H^{10}O$, l'amalgame de sodium en un corps cristallisé, $C^{26}H^{18}O^3$, et la potasse fondante le dédouble en phénol et en acide salicylique [R. Richter, *Journ. prakt. Chem.* (2), t. XXIII, p. 349; *Bull. Soc. chim.*, t. XXXVI, p. 497].

D'après ses dédoublements, le corps fusible à 170° paraît être l'anhydride du salicylphénol (voyez ce mot) décrit par Michaël :

$$CO < \begin{matrix} C^6H^4.OH \\ C^6H^4.OH \end{matrix} \qquad CO < \begin{matrix} C^6H^4 \\ C^6H^4 \end{matrix} > O$$

Salicylphénol. Corps fusible à 170°

$$CH^2 < \begin{matrix} C^6H^4 \\ C^6H^4 \end{matrix} > O$$

Oxyde de méthylène-diphényle.

ACIDES ALDÉHYDO-SALICYLIQUES [Reimer et Tiemann, *Deutsch. chem. Gesellsch.*, 1876, p. 268; *Bull. Soc. chim.*, t. XXVII, p. 420]. — L'acide salicylique (14 parties), chauffé au réfrigérant ascendant pendant 5 à 6 heures avec 25 p. de soude,

50 p. d'eau et 15 p. de chloroforme, fournit deux acides de la formule $C^8H^6O^4$, l'acide paraldéhydo-salicylique,

$$C^6H^3 \begin{cases} CO^2H \\ OH \\ CHO \end{cases}$$

dans lequel le groupe CHO est dans la position *para* par rapport au groupe OH, et l'acide orthoaldéhydo-salicylique, dans lequel le groupe CHO est dans la position *ortho*.

L'acide *para* est en longues aiguilles jaunâtres, fusibles à 248-249°, à peu près insolubles dans l'eau froide et dans le chloroforme, peu solubles dans l'eau bouillante et dans l'alcool froid, facilement solubles dans l'éther et dans l'alcool bouillants. Il est coloré en rouge cerise par le chlorure ferrique. Distille avec un grand excès de chaux, il donne de l'aldéhyde paroxybenzoïque.

L'acide *ortho* est en aiguilles fusibles à 166°; il est beaucoup plus soluble que son isomère et peut être purifié par cristallisation dans l'eau bouillante. Il est coloré en rouge par le chlorure ferrique; distillé avec de la chaux, il fournit de l'aldéhyde salicylique. Ed. Grimaux.

SALICYLIQUE (ALDÉHYDE), $C^7H^6O^2$. — *Synthèse et modes de formation.* — Reimer a découvert un mode de formation de l'aldéhyde salicylique qui constitue un procédé général de synthèse des aldéhydes-phénols; il a étudié cette réaction en collaboration avec M. Tiemann. Ce procédé consiste à faire réagir la soude sur un mélange de chloroforme et de phénol. On emploie 15 p. de chloroforme, 10 p. de phénol dissous dans une solution alcaline renfermant de 30 à 35 p. d'eau et 20 p. de soude; si l'on chauffe à 50-60°, la réaction se déclare aussitôt; on la termine en chauffant au bain-marie à l'ébullition pendant une demi-heure, puis on distille l'excès de chloroforme, et on acidule le produit de la réaction; l'huile qui se sépare est distillée dans un courant de vapeur d'eau, qui entraîne l'aldéhyde salicylique et le phénol non attaqué; l'eau qui reste dans le ballon renferme une matière résineuse rouge (acide rosolique) et de l'aldéhyde paroxybenzoïque, isomère de l'aldéhyde salicylique. Pour les séparer, on filtre la liqueur aqueuse sur un filtre mouillé, puis on agite avec de l'éther qui enlève l'aldéhyde paroxybenzoïque [Reimer, Reimer et Tiemann, *Deutsch. chem. Gesellsch.*, 1876, p. 423 et 824; *Bull. Soc. chim.*, t. XXVI, p. 457, et t. XXVII, p. 121].

Dans la préparation de l'acide nitrosalicylique, il se forme une quantité notable d'aldéhyde salicylique [Phipson, *Compt. rend.*, t. LXXXIV, p. 1031]. Il s'en forme également dans l'action du chloroforme sur une solution alcaline d'acide salicylique [Reimer et Tiemann, *Deutsch. chem. Gesellsch.*, 1877, p. 562; *Bull. Soc. chim.*, t. XXX, p. 290].

Réactions. — L'aldéhyde salicylique, chauffée avec un excès d'anhydride isobutyrique, donne un éther qui, saponifié par la potasse alcoolique, fournit de l'orthobuténylphénol,

$$C^6H^4 < \begin{matrix} C^4H^7 \\ OH \end{matrix}$$

[Perkin, *Journ. chem. Soc.*, t. XXV, p. 136; *Bull. Soc. chim.*, t. XXXIV, p. 695].

Chauffée au bain-marie avec de l'acide sulfurique concentré, l'aldéhyde salicylique seule ou mélangée avec du phénol donne de l'acide rosolique,

$$C^6H^6O + 2C^7H^6O^2 = C^{20}H^{14}O^3 + 2H^2O$$

[Liebermann et Schwarzer, *Deutsch. chem. Gesellsch.*, 1876, p. 800; *Bull. Soc. chim.*, t. XXVI, p. 518].

L'aldéhyde salicylique, chauffée au réfrigérant ascendant avec du chloroforme et une solution de soude, donne l'aldéhyde α-oxisophtalique,

$$C^6H^3(OH)_{(4)}\ (CHO)_{(1)}\ CHO_{(3)},$$

et son isomère, l'aldéhyde β-oxyisophtalique,

$$C^6H^3(OH)_{(2)}\ (CHO)_{(1)}\ CHO_{(3)}$$

[Hugo Voswinckel, *Deutsch. chem. Gesellsch.*, 1882, p. 2021; *Bull. Soc. chim.*, t. XXXIX, p. 164].

ALDÉHYDE MÉTHYLSALICYLIQUE,

$$C^6H^4 < \begin{matrix} CHO \\ OCH^3 \end{matrix}$$

On l'obtient en chauffant au réfrigérant à reflux le composé sodé de l'adéhyde salicylique avec de l'iodure de méthyle en solution dans l'alcool méthylique. Elle cristallise en prismes fusibles à 350° et bout à 238°. Par l'action de l'acide azotique fumant, elle donne un dérivé nitré, fusible à 88°, cristallisé en fines aiguilles, solubles dans l'eau [H. Voswinckel]. Ed. Grimaux.

SALICYLPHÉNOL, $C^{13}H^{10}O^3$ [Michaël, *Deustch. chem. Gesellsch.*, 1881, p. 656; *Bull. Soc. chim.*, t. XXXVI, p. 481]. — Ce corps se forme par l'action, pendant 20 heures, d'une température de 115-120° sur un mélange d'acide salicylique, de phénol et de chlorure d'étain. Il cristallise dans la benzine chaude en pyramides brillantes, fondant à 143-144°. Il est soluble dans l'alcool; il renferme 2 groupes OH, car il fournit un dérivé diacétylé, en prismes blancs, fusibles à 87-88°. L'auteur le représente par la formule

$$CO < \begin{matrix} C^6H^4.OH \\ C^6H^4.OH. \end{matrix}$$

L'hydrogène naissant le transforme en *dioxybenzhydrol*,

$$CH(OH) < \begin{matrix} C^6H^4.OH \\ C^6H^4.OH, \end{matrix}$$

amorphe, fusible à 160-165°.

SALIGÉNINE. — Il se forme une petite quantité de saligénine quand on chauffe pendant six heures, à 100°, un mélange de 30 grammes de phénol, 30 grammes de chlorure de méthylène et 40 grammes d'hydrate de sodium dissous dans 50 grammes d'eau. On neutralise par l'acide chlorhydrique, on agite avec de l'éther et on reprend le résidu par l'eau bouillante, qui s'empare de la saligénine et laisse la plus grande partie du phénol non dissous. La réaction est représentée par l'équation

$$CH^2Cl^2 + C^6H^5.OH + 2NaOH$$
$$= 2NaCl + C^6H^4 < \begin{matrix} OH \\ CH^2.OH \end{matrix} + H^2O$$

[Greene, *Compt. rend.*, t. XC, p. 40].

Traitée en vases clos à 100° par la potasse et l'iodure d'éthyle pendant trois heures, elle fournit l'éthylsaligénine ou *alcool éthylsalicylique*,

$$C^6H^4 < \begin{matrix} OC^2H^5 \\ CH^2.OH. \end{matrix}$$

C'est un liquide incolore, bouillant à 265°, cristallisant à 0°, insoluble dans l'eau, soluble dans l'alcool et dans l'éther; l'acide azotique étendu la transforme en acide éthylsalicylique,

$$C^6H^4 < \begin{matrix} OC^2H^5 \\ CO^2H \end{matrix}$$

[Bötsch, *Monatsh. für Chem.*, t. Ier, p. 621; *Bull. Soc. chim.*, t. XXXVI, p. 242].

La saligénine, dissoute dans l'esprit de bois et additionnée de potasse, donne, par l'ébullition avec l'iodure de méthyle, la ***méthylsaligénine*** ou alcool ***méthylsalicylique***,

$$C^6H^4 \left\langle \begin{array}{l} OCH^3 \\ CH^2.OH, \end{array} \right.$$

liquide oléagineux, bouillant à 247°,5 sous une pression de 765 millimètres; densité à 23° = 1,120; à 100° = 1,0532 [Cannizzaro et Kœrner, *Deutsch. chem. Gesellsch.*, 1872, p. 436; *Bull. Soc. chim.*, t. XVIII, p. 133].

Quand on chauffe la saligénine à 100° avec de la mannite ou de la glycérine, on obtient de la *salirétone*, $C^{14}H^{12}O^3$ (voyez ce mot). E. Grimaux.

SALIRÉTONE, $C^{14}H^{12}O^3$ [Giacosa, *Journ. prakt. Chem.* (2), t. XXI, p. 221; *Bull. Soc. chim.*, t. XXXV, p. 580]. — Ce corps se forme quand on chauffe la saligénine à 100° avec de la glycérine, de la mannite ou du méthylal; le meilleur rendement, qui est de 2,5 % de la saligénine, s'obtient en chauffant pendant 8 heures molécules égales des deux corps en tubes scellés. On précipite par l'eau froide, on reprend par l'eau bouillante et on purifie les cristaux en les dissolvant dans un alcali et en précipitant par un acide : la salirétone se dépose à l'état cristallin. L'aldéhyde salicylique donne, dans les mêmes conditions, de la salirétone, mais le rendement est plus faible qu'avec la saligénine.

La salirétone est en cristaux fusibles à 121°,5; le perchlorure de fer ne la colore pas; avec l'acide sulfurique, elle se colore en jaune. Elle ne cristallise pas après fusion : l'action d'une chaleur de 100°, l'action prolongée de l'eau, des acides minéraux, du chlore, du brome, la transforment en salirétine. E. Grimaux.

SALIVE (voyez t. II, p. 1412). — (*a*). SALIVE PAROTIDIENNE. — Elle est entièrement exempte de mucine. Elle contient une matière albuminoïde coagulable par la chaleur, du sulfocyanure de potassium, et un ferment, la *ptyaline*, qui ne paraît pas exister dans toutes les espèces animales; on n'a pas rencontré ce ferment chez le chat ni chez le chien, mais on a constaté que la salive ou l'extrait de parotide du cochon d'Inde et du lapin convertissent bien l'amidon en sucre.

Voici quelques analyses de salive parotidienne :

	Enfant de 3 ans (fistule). (Hoppe-Seyler.)	Chien. (Bidder et Schmidt.)	Cheval. (Lehmann.)	Chien. (Hertig.)
Eau	993,5	995,3	992,9	991,5
Matériaux solides	6,9	4,7	7,1	6,5
Ptyaline }	3,44 (Ptyaline et Extrait alcoolique)		1,40	
Extrait alcoolique }		1,4 (Ptyaline, Extrait alcoolique et Débris)	0,98	1,54 (Ptyaline, Extrait alcoolique et Débris)
Débris d'épithéliums et sels	»		1,24	
Sulfocyanure de potassium	»	»	»	6,25 (Sulfocyanure et Chlorures)
Chlorures de sodium et de potassium	3,40 (Chlorures et Carbonate)	2,1	»	
Carbonate de calcium		1,2	»	0,69
Sels à acides gras	»	»	0,43	»

(*b*). SALIVE SOUS-MAXILLAIRE. — Les épices et les liqueurs alcalines provoquent une sécrétion visqueuse et trouble des glandes sous-maxillaires. La salive de ces glandes est, au contraire, claire et fort peu visqueuse, quand elle est sécrétée sous l'influence des acides. L'excitation par l'électricité du *rameau de la corde du tympan* donne une salive limpide et coulante; l'excitation du *rameau sympathique*, une salive trouble et visqueuse. La *salive de la corde du tympan* est pauvre en matériaux solides. Elle paraît contenir deux matières albuminoïdes, précipitables, l'une par l'acide carbonique après addition d'eau, l'autre par l'acide acétique; on y trouve une trace de mucine, pas de ptyaline ni de sulfocyanure chez le chien, enfin 4 à 5 pour 1000 de chlorures alcalins. La *salive sympathique*, filante, épaisse, étirable en fils, peu abondante, contient de 15 à 28 grammes de matériaux solides par litre. Elle est fort riche en mucine, très alcaline, et possède, quoique faiblement, la propriété de convertir l'amidon en sucre.

Voici deux analyses, dues à Herter, de *salive sous-maxillaire*. Le n° I a été sécrété par un chien sous l'influence de l'acide acétique. Le n° II a été sécrété par cet animal pendant la mastication de la viande :

Salive sous-maxillaire du chien.	I.	II.
Eau	994,4	991,3
Résidu fixe	6,6	8,7
Matériaux organiques	1,75	»
Mucine	0,66	2,60
Sels minéraux solubles	3,60	5,21
Sels minéraux insolubles	0,26	1,12
Acide carbonique combiné	0,44	»

Les cendres de la salive I contenaient pour 100 p. de salive : sulfate de potasse, 0,21; chlorure de potassium, 0,94; chlorure de sodium, 1,55; carbonate de sodium, 0,90; carbonate de calcium, 1,15; phosphate de calcium, 0,11 [Herter, cité par Hoppe-Seyler, *Physiol. Chem.*, 1878, p. 191]. La salive sous-maxillaire contient, en outre, des gaz : oxygène, azote, acide carbonique libre et combiné.

D'après Ohl, on trouve dans la salive sous-maxillaire humaine du sulfocyanure de potassium.

(*c*). SALIVE SUBLINGUALE. — Liquide épais, transparent, plus alcalin que le précédent, peu connu.

SALIVE MIXTE.

Ptyaline. — Elle existe chez l'enfant nouveau-né dès les premiers jours de la vie (Schiffer, Korowin), quoique en moindre proportion que chez l'homme fait. Ce ferment n'existe pas dans la salive du chien. C. Roux ne l'a pas rencontré dans celle des chevaux. Au contraire, la ptyaline a été indiquée chez le lapin et le cochon d'Inde.

Sulfocyanure de potassium. — On peut extraire de la salive l'acide sulfocyanhydrique en distillant cette sécrétion avec de l'acide phosphorique. Le sulfocyanure lui-même peut être dosé dans l'extrait alcoolique. Celui-ci ne contenant pas de sulfate, il suffit de le faire bouillir avec du chlorate de potassium et de l'acide chlorhydrique et de doser le sulfate de potassium ainsi formé, pour pouvoir ensuite déterminer par le calcul le sulfocyanate correspondant. Jacubowitsch estime que la salive humaine contient environ $\frac{6}{10000}$ de ce sel. Hoppe-Seyler ne l'a jamais rencontré dans la salive de chien.

Urée et autres matières organiques. — On trouve de l'urée dans la salive (Picard, Rabuteau); quelquefois même cette substance s'élimine notablement par les glandes salivaires. L'auteur de cet article a signalé, dans la salive humaine, une substance toxique qui se retrouve dans l'extrait alcoolique de la salive desséchée au bain-marie et qui, en suffisante quantité, agit sur les oiseaux comme le fait le venin des serpents. Schœnbein a observé que la salive de l'homme contient un corps qui agit comme le ferait l'acide nitreux : acidulée d'acide sulfurique, la salive bleuit l'iodure de potassium additionné d'amidon.

Actions chimiques de la salive mixte. — D'après MM. Musculus et de Mœring [*Compt. rend.*, t. LXXXVIII, p. 87], la salive et le suc pancréatique exercent sur l'amidon la même action que la diastase de l'orge germée. Elles le transforment en dextrines réduisant le réactif cupropotassique, et en deux sucres : la *maltose* et la *glucose*. Le ferment salivaire peut agir en liqueur alcaline, mais mieux encore en liqueur neutre ou faiblement acide. D'après Kühne, lorsque le sucre ainsi formé atteint 1,5 à 3 pour 100, la ptyaline cesse de saccharifier l'amidon, mais son effet reprend si l'on étend d'eau. Arm. Gautier.

SAMARIUM. — *Historique.* — En 1878, Delafontaine [*Compt. rend.*, t. LXXXVII, p. 632] a découvert dans l'oxyde de didyme impur extrait de la samarskite, la présence d'un oxyde caractérisé par son poids moléculaire plus élevé (le poids atomique du métal étant 159, l'oxyde supposé R^2O^3) et par le spectre d'absorption de ses sels. Il appela le radical de cet oxyde le *décipium*. Plus tard, Lecoq de Boisbaudran [*Compt. rend.*, t. LXXXVIII, p. 322, et t. LXXXIX, p. 212] observa, dans la didyme de la samarskite, la présence d'un métal caractérisé par le spectre d'absorption de ses sels et par son oxyde, qui est une base moins énergique que l'oxyde de didyme. Il désigna ce corps par le nom de *samarium*. En 1880, Delafontaine [*Arch. des Sciences phys. et nat.* (3), t. III, p. 250] décrivit un certain nombre de composés du décipium, dont il trouva, à cette époque, le poids atomique = 171. Peu après, Marignac publia ses recherches sur les terres de la samarskite [*Arch. des Sciences phys. et nat.* (3), t. III, p. 413]. Il avait trouvé que les oxydes de didyme et de terbium sont accompagnés par deux terres, Yα et Yβ. L'Yα donna des sels incolores, sans spectre d'absorption, et le métal avait pour poids atomique 156,7 (l'oxyde supposé R^2O^3). Le Yβ donna des sels jaunes, caractérisés par le spectre d'absorption du samarium, décrit par Lecoq de Boisbaudran. Il trouva, pour le métal Yβ, le poids atomique 149,4 (l'oxyde supposé R^2O^3). Plus tard, Delafontaine [*Compt. rend.*, t. XCIII, p. 63] déclara que son décipium de 1878 et de 1880 était un mélange du samarium de Lecoq de Boisbaudran et d'un autre métal, pour lequel il réserva le nom de décipium. Ce dernier ne donne pas de spectre d'absorption, et son poids atomique est 171. Il est probable, d'après Delafontaine, que l'Yα de Marignac est un mélange de terbium et de décipium.

L'oxyde de samarium a été isolé récemment par Clève [*Journ. chem. Soc.*, 1883]. Il paraît presque toujours accompagner l'oxyde de didyme, dont il peut être séparé par des précipitations réitérées et partielles avec de l'ammoniaque. L'oxyde de samarium, étant une base moins énergique que l'oxyde de didyme, se précipite le premier.

Le *poids atomique* du samarium a été déterminé par Clève, par la synthèse du sulfate à partir de l'oxyde. Comme moyenne de six déterminations, il a trouvé le nombre 150 (maximum, 150,12; minimum, 149,94).

L'*oxyde de samarium* est une poudre blanche ou faiblement jaune, infusible, aisément soluble dans les acides. Densité : 8,347. L'hydrate est un précipité blanc et gélatineux, insoluble dans les alcalis.

Chlorure de samarium, $Sm^2Cl^6, 12H^2O$. — Il forme des cristaux volumineux, de couleur jaune, aisément solubles, et déliquescents à l'air humide.

Chloroplatinate de samarium,

$$Sm^2Cl^6 . 2PtCl^4, 21H^2O.$$

— Il cristallise en prismes d'une couleur orangé foncé, qui sont aisément solubles et déliquescents. Chauffé à 110°, ce sel perd $8H^2O$.

Platinocyanure de samarium,

$$Sm^2(CAz)^6 . 3Pt(CAz)^2, 18H^2O.$$

— Il cristallise en prismes jaunes, très bien formés, d'un reflet bleuâtre. Chauffé à 110°, il perd $14H^2O$.

Azotate de samarium, $Sm^2(AzO^3)^6, 12H^2O$. — Il forme des prismes très solubles, jaune de paille.

Sulfate de samarium, $Sm^2(SO^4)^3, 8H^2O$. — Il est peu soluble et forme de beaux cristaux, d'un jaune de soufre, qu'on obtient par l'évaporation, au bain-marie, d'une solution de l'azotate avec un excès d'acide sulfurique. Le sulfate est beaucoup moins soluble que le sel de didyme correspondant.

Sulfate de samarium et de potassium. — On obtient, par la dissolution du sulfate potassique dans les solutions des sels de samarium, un précipité blanc et lourd, peu soluble dans la solution saturée du sulfate potassique. Le sel double, qu'on prépare en traitant l'acétate de samarium par un excès de sulfate de potassium, est à peine cristallin et possède la composition,

$$2Sm^2(SO^4)^3 . 9K^2SO^4, 3H^2O.$$

Sulfate de samarium et d'ammonium,

$$Sm^2(SO^4)^3 . (AzH^4)^2SO^4, 8H^2O.$$

— On l'obtient par l'évaporation lente des solutions mélangées des sels simples, en cristaux tabulaires. Le sel double perd $6H^2O$ à 110°.

Séléniate de samarium, $Sm^2(SeO^4)^3, 8H^2O$. — Il ressemble au sulfate, mais il est beaucoup plus soluble.

Sélénite de samarium, $Sm^2O^3 . 4SeO^2, 5H^2O$. — On l'obtient par l'addition d'acide sélénieux à une solution d'acétate de samarium. Il se forme d'abord un précipité volumineux, qui se change bientôt en aiguilles microscopiques, perdant $3H^2O$ à 110°.

Oxalate de samarium, $Sm^2(C^2O^4)^3, 10H^2O$. — On l'obtient sous la forme d'un précipité blanc ou jaunâtre et cristallin.

Acétate de samarium, $Sm^2(C^2H^3O^2)^6, 8H^2O$. — Il forme des prismes, assez solubles dans l'eau.

Caractères spectroscopiques. — Le spectre du samarium est à présent très bien connu. Lecoq de Boisbaudran, Soret et Thalén ont décrit les spectres d'absorption, et Thalén le spectre dans l'étincelle [*Journ. de Phys.* (2), t. II, p. 446]. Le spectre brillant du samarium est composé d'un grand nombre de raies, distribuées sur toutes les régions, à l'exception de la partie rouge. Un grand nombre de ces raies ont été enregistrées par Thalén, en 1873, comme appartenant au didyme : ce qui prouve que le didyme, regardé à cette époque comme pur, était un mélange de didyme et de samarium. P.-T. Clève.

SANG (voyez t. II, p. 1414).

I. — Composition histologique du sang.

(*a*). *Hématoblastes.* — Outre les globules rouges ou hématies, les globules blancs ou leucocytes et les granulations déjà décrites dans l'article Sang de ce *Dictionnaire*, il existe encore dans le sang un troisième élément histologique que M. Hayem a décrit sous le nom d'*hématoblastes*. Ce sont des corpuscules rougeâtres, plus petits que les hématies, et qui avaient été déjà signalés dans le sang de grenouille par M. Vulpian [Hayem, *Compt. rend.*, 31 décembre 1877].

On les rencontre dans le sang de tous les animaux

vivipares. Pour étudier les hématoblastes, il faut délayer le sang dans du sérum iodé. Ce sont des éléments très délicats, peu réfringents, à contours difficiles à voir, d'un diamètre de 1,5 à 3 millièmes de millimètre, biconcaves, à l'exception des plus petits, ressemblant à des bâtonnets quand ils sont vus de champ. Ils sont fort altérables. La plupart paraissent incolores ou gris verdâtres, mais les plus gros sont colorés par un peu d'hémoglobine. Ces hématoblastes seraient, d'après M. Hayem, de jeunes hématies en voie de formation; ils paraissent identiques avec des éléments qu'on appelait autrefois *globulins*.

Dans le sang abandonné hors des vaisseaux, les *hématoblastes* deviennent épineux; ils se plissent, se groupent et paraissent être le point de départ de la formation de la fibrine.

Indépendamment des *hématies* et des *hématoblastes*, M. Ranvier admet que le sang renferme des globules rouges sphériques ne dépassant pas un demi-millième de millimètre de diamètre; mais M. Hayem pense que ces globules ou *microcytes* résultent d'une altération des hématies et ne préexistent pas dans le sang normal.

(*b*). *Hématies*. — MM. Cramer, Potain, Malassez et Hayem ont réussi, les premiers au moyen de tubes capillaires calibrés, les autres grâce à des chambres à parois parallèles, à compter directement le nombre des globules rouges du sang. L'*hématimètre* de MM. Hayem et Nachet consiste en une petite cellule plate creusée dans un porte-objet et de hauteur connue. On y dépose le sang après l'avoir convenablement étendu de sérum iodé, on recouvre d'une lamelle de verre, puis, dans cette cellule à parois parallèles, qu'un oculaire quadrillé divise régulièrement, on compte les globules dans plusieurs des divisions cubiques ainsi obtenues. On n'a plus qu'à prendre des moyennes et à établir par le calcul le nombre des globules par millimètre cube. On trouve ainsi de 4500000 à 6000000 de globules rouges à l'état normal par millimètre cube de sang.

Si, d'après ces nombres, on calcule la surface des globules pour la totalité du sang d'un homme, on arrive à 2800 mètres carrés environ. Telle est *approximativement* la surface qui, dans le sang, absorbe et cède l'oxygène chez un adulte.

Les travaux de M. Ranvier ont définitivement démontré l'existence, autour des globules rouges, d'une membrane d'enveloppe qui se colore en rouge, ainsi que le noyau et les granulations des globules, par le sulfate de rosaniline [Ranvier, *Recherches sur les éléments du sang*, p. 4].

(*c*). *Leucocytes*. — Le nombre des leucocytes ou globules blancs, par millimètre cube de sang, oscille entre 3000 et 9000. Le rapport de leur nombre à celui des globules rouges est très variable, même à l'état normal; il varie de 1/400 à 1/2190. Il est, pour ainsi dire, fixe pour chaque individu, ne paraît pas changer notablement suivant les tempéraments sanguins ou lymphatiques, ni beaucoup après les repas (J. Grancher).

II. — Coagulation du sang.

La non-coagulation du sang dans les vaisseaux ne saurait être attribuée, comme le pensent MM. Mathieu et Urbain, à l'absence d'acide carbonique libre dans le plasma durant la vie. M. F. Glénard pose deux ligatures sur le trajet d'une grosse veine chez le cheval, abandonne le sang dans ce nouet et, lorsque les globules rouges sont tombés au fond, il sépare le plasma des globules par une ligature intermédiaire. En suspendant alors le nouet de plasma dans une cloche d'acide carbonique, la liqueur se charge de ce gaz sans que la coagulation ait lieu; cette coagulation ne se produit que si l'on ouvre la poche [F. Glénard, *Bull. Soc. chim.*, t. XXIV, p. 517].

On ne saurait que difficilement admettre la théorie de A. Schmidt relative à la production de la fibrine. Elle résulterait, d'après lui, de l'union des *substances fibrinogène* et *fibrino-plastique* sous l'influence d'un ferment sécrété par les globules blancs.

D'après Olof Hammarsten, il n'y aurait dans le sang qu'une substance fibrinogène, coagulable à 56°; la quantité de fibrine qui se forme n'atteint même pas le poids de ce fibrinogène [Frédéricq, *Bul. Acad. Roy. Belg.*, 2e série, t. LXIV, n° 7]. L'auteur de cet article avait montré, dans son *Traité de chimie physiologique* (1873), que la fibrine résulte d'une exsudation *post mortem* de la paraglobuline à travers la paroi de l'hématie [*Chim. physiol.*, t. Ier, p. 508]. Elle ne préexisterait donc pas, suivant lui, dans le plasma durant la vie normale; mais en s'unissant, après transsudation, à l'un des principes constituants du plasma, elle produirait la fibrine et entraînerait la coagulation du sang. Denis avait observé, et récemment Hoppe-Seyler est venu confirmer, qu'une bouillie de globules rouges, lavés au chlorure de sodium, laisse un léger coagulum fibrineux, ce qui nous paraît donner une nouvelle confirmation à notre théorie. Enfin, Mantegazza a prouvé que l'injection d'urée dans le sang produit chez le chien une diminution du nombre des globules et une augmentation de la fibrine.

Suivant M. Hayem [*Compt. rend.*, t. LXXXVI, p. 58], le point de départ de la formation de la fibrine serait les *hématoblastes*. Quand, d'après cet auteur, on examine sous le microscope le sang en train de se coaguler, on voit partir des hématoblastes, des fibrilles extrêmement fines qui se croisent et forment un réseau. Le phénomène de la coagulation paraîtrait donc, d'après M. Hayem, être ainsi lié aux phénomènes physico-chimiques qui accompagnent la décomposition des hématoblastes. En un mot, les hématoblastes joueraient ici le rôle que l'auteur de cet article attribue aux hématies dans la formation de la fibrine.

III. — Composition des globules rouges.

Voici, d'après Hoppe-Seyler [*Mediz. Untersuch.*, fasc. 3, p. 386 et 391], quelques analyses de globules rouges. Ils contiennent généralement, pour 1000 p., de 360 à 450 de matériaux solides; le reste est de l'eau. Les globules calculés à l'état sec sont composés de :

	Homme.		Chien.	Hérisson.	Oie.	Couleuvre.
Hémoglobine	867	943	865	922,5	626,5	467,0
Matières albuminoïdes et nucléine	122	51,0	125,5	70,1	364,1	458,8
Lécithine	7,2	3,5	5,9	} 7,4	4,6	} 8,5
Cholestérine	2 5	2.5	3,6		4,8	
Autres matières organiques			»	»	»	65,7

IV. — Hémoglobine, Oxyhémoglobine, Méthémoglobine, Hématine (voir ces mots dans le Suppl., p. 895).

V. — Sérum.

D'après Hammarsten, le sulfate de magnésium

précipite du sérum une matière albuminoïde spéciale, la *globuline* (fibrine soluble de Denis), qu'il a dosée dans divers sangs. Voici ses résultats :

Sérum de sang de	Matériaux solides.	Poids total des albuminoïdes.	Globuline.	Sérine.
Chien........	8,60	7,26	4,56	2,08
Bœuf.........	8,96	7,50	4,17	3,33
Homme......	9,21	7,62	3,10	4,52
Lapin........	7,53	6,22	1,79	4,34

On s'est demandé si cette globuline préexiste bien dans le sérum et si elle n'est point due à l'action du sel magnésien. Nous pensons qu'elle existe bien dans le sérum et qu'elle se rapproche de la caséine du lait.

Peptones du sérum. — On retrouve dans le sérum de la veine porte, au moins durant la digestion, des matières identiques ou fort analogues aux peptones. On peut les séparer en coagulant à 100° le sérum acidulé d'acide acétique, filtrant et précipitant par l'alcool. En reprenant par l'eau, on obtient une matière albuminoïde qui précipite par une solution acétique de ferrocyanure de potassium, par le tannin, par l'acide phosphotungstique. Ce dernier précipité traité par la baryte donne les peptones.

Sucres du sérum. — Le sucre dissous dans le sérum est un élément normal du sang, même chez les carnivores (Cl. Bernard). Dans 100 p. de sang de chien nourri à la viande, Cl. Bernard a trouvé les quantités suivantes de glucose :

Carotide.	Jugulaire.
0,110 à 0,151	0,067 à 0,125
Artère crurale.	**Veine crurale.**
0,125 à 0,145	0,073 à 0,139

De Mœring a donné les nombres suivants pour 100 p. de sérum de sang de chien :

Artère carotide.	Veine jugulaire.
0,143 à 230	0,145 à 205

Le régime fait un peu varier ces quantités de sucre. Voici quelle est son influence d'après ce dernier auteur [*Arch. für Anat. und Phys.*, 1877, p. 385] :

Régime :	Sucre dans 100 parties de sérum de chien.
Amidon et sucre...	0,125 à 0,235
Pain........................	0,130
Viande......................	0,115 à 0,212
Diète de 48 heures........	0,145
Diète de 5 jours..........	0,133

Ce sucre dévie à droite le plan de polarisation.

Urée du sérum. — Sa quantité oscille, chez le chien, entre 11 et 85 milligrammes pour 100 centimètres cubes de sang. Elle varie fort peu dans les divers vaisseaux. Elle s'élèverait durant la fièvre et diminuerait par l'inanition [Gschleiden; Picard, *Compt. rend.*, t. LXXXVII, p. 533].

M. Drechsel a signalé dans le sang la présence du carbamate de sodium.

Gaz du sérum. — Voici quelques analyses de gaz du sérum :

	Total des gaz expulsés par le vide.	Oxygène et azote expulsés par le vide.	Acide carbonique expulsé par le vide.	Acide carbonique chassé par un acide.	Total de CO^2
I....	11,28	1,08	10,20	23,77	33,97
II....	17,93	1,87	16,06	16,05	37,71
III....	»	»	8,02	15,68	23,70
IV....	»	»	12,58	20,99	43,57
V....	»	»	33,9	3,7	37,6
VI....	»	»	26,8	7,1	33,9

I et II, analyses dues à Schöffer; III et IV, analyses dues à Preyer; V et VI, analyses dues à Pflüger.

L'acide carbonique existe dans le sérum sous trois états :

1° *Combiné fortement* à la soude (carbonate).

2° *Combiné faiblement* au carbonate et au phosphate sodiques.

3° *A l'état de dissolution.*

VI. — Gaz du sang.

L'oxygène que le sang laisse dégager dans le vide est, pour une très grande partie, celui qui était combiné à l'hémoglobine, et l'on peut dire que son volume est proportionnel au poids de cette substance (Hoppe-Seyler, Gréhant, Jolyet et Laffont).

L'acide carbonique est surtout abandonné par le plasma; sa quantité est toujours supérieure à celle que le sérum correspondant abandonnerait dans les mêmes conditions.

L'azote qui se dégage était à peu près entièrement dissous dans le plasma.

VII. — Sang de diverses origines.

Sangs artériel et veineux. — Le sang artériel contient un peu plus d'eau, de fibrine, de glucose, moins d'urée, de matières grasses ou extractives, et moins de sérum que le sang veineux.

Sang des veines porte et sushépatiques. — Dans le sang des veines sushépatiques, les globules rouges sont plus petits, plus sphériques que dans celui de la veine porte.

Le sang de la veine porte contient 1 globule blanc pour 524 globules rouges; celui des veines sushépatiques en renferme encore plus, 1 globule blanc pour 156 rouges (Hirt).

Drosdoff [*Maly's Jahresb.*, t. VII, p. 294] a trouvé le sang de la veine porte sensiblement plus riche en matériaux solides que celui des veines sushépatiques. Voici ses nombres rapportés à 1 litre de sang :

	Matériaux solides.			
Veine porte..........	243	223	218	272
Veines sushépatiques .	226	220	208	256

1 litre de chacun de ces sangs renfermait :

	Cholestérine.	Lécithine.	Graisses.
Veine porte..........	0,97	0,87	3,28
Veines sushépatiques.	4,50	3,45	0,55
Veine porte........ .	1,50	0,74	4,89
Veines sushépatiques .	3,32	1,61	0,74

Sang de la veine splénique. — Tandis que le sang de l'artère contient seulement 1 leucocyte pour 2000 globules rouges, ce sang contient 1 leucocyte pour 70 globules rouges, et quelquefois le nombre de leucocytes peut même aller à 1 pour 5 ou 6 globules rouges (Hirt, Virchow).

La fibrine de ce sang paraît différente de la fibrine ordinaire. D'après MM. Marcet et Funke, ce sang est très riche en cholestérine.

Sang aux divers âges. — Pendant la vie fœtale, le sang est plus riche en matériaux solides et en fer; mais, durant les premiers temps de la vie aérienne, le sang de l'enfant s'appauvrit en hémoglobine, ainsi que l'avait déjà dit Denis et que l'a confirmé M. Leichtenstern [cité par Hoppe-Seyler, *Physiol. Chem.*, 1878, p. 470]. Voici quelques nombres :

	Proportion relative d'hémoglobine.
Enfant nouveau-né......	100
De 6 mois à 5 ans	55
De 5 ans à 15 ans................	58
De 15 ans à 25 ans..............	64
De 25 ans à 45 ans..............	72
De 45 ans à 60 ans	63

Ainsi l'hémoglobine augmente lentement durant la vie adulte et jusque vers quarante-cinq ans, pour diminuer ensuite.

VIII. — Sang dans les maladies.

Voici quelques dosages d'*hémoglobine* dans le sang au cours des maladies. Ils sont dus à MM. Subbotine [*Zeitschr. für Biologie*, t. VII, p. 185], Quincke [*Virchow's Archiv.*, t. LIV, p. 537], et Quinquaud [*Compt. rend.*, t. LXXII, p. 487].

Maladies.	Quantité d'hémoglobine contenue dans 100 p. de sang.	Auteurs.
Anémie	5,01	Subbotine.
Anémie	9 à 10,6	Quinquaud.
Chlorose	5,9 à 7,8	id.
Néphrite parenchymateuse.	8,5 à 10,3	Quincke.
Néphrite parenchymateuse.	8,1 à 11	Quinquaud.
Cirrhose du foie	10,1	Quincke.
Leucocythémie cachectique.	5,8	id.
Diabète	10,9 à 15	Quincke et Subbotine.
Fièvre typhoïde	9,1 à 12,5	Quinquaud.
Tuberculose 1er degré	9,6 à 11	Quinquaud.
— 2e degré	8,6 à 11	
— 3e degré	4,8 à 10,6	
Granulie	2,7 à 8,1	id.
Sclérose de la moelle	9,1 à 10,1	id.
Cancer de l'estomac	3,8 à 4,8	id.
Maladie de Pott	6,7 à 7,2	id.

En même temps que l'hémoglobine, le nombre des globules rouges diminue aussi dans ces diverses maladies. Leurs formes s'altèrent; quelquefois ils augmentent de volume tout en se décolorant, comme dans la maladie d'Addison, la cyanose cardiaque, l'empoisonnement saturnin, l'anémie; au contraire, dans beaucoup de maladies aiguës, la quantité de globules rouges ne diminue pas et peut même augmenter.

La *sérine* diminue dans les maladies suivantes: le scorbut, la fièvre paludéenne, la dysenterie, les hydropisies avec œdème, la maladie de Bright, la période avancée de la fièvre typhoïde.

La *fibrine* augmente dans les maladies inflammatoires, dans la période d'invasion du scorbut, au début de certaines anémies, à la suite d'une insuffisance dans l'alimentation.

L'*urée* augmente chez les albuminuriques, les diabétiques, les cholériques, dans les affections fébriles en général, la fièvre pernicieuse, l'anémie, le choléra, l'albuminurie [Picard, *Thèse de Strasbourg*, 1856, p. 46 et suiv.].

L'*acide urique* devient très abondant chez les goutteux.

Les *sels minéraux* augmentent chez les malades atteints de typhus, de fièvre typhoïde, de fièvres pernicieuses, de dysenterie, d'hydropisie, de scorbut, d'exanthèmes aigus. Ils diminuent, au contraire, dans le choléra et les phlegmasies aiguës.

Nous ne pouvons donner ici que des renseignements généraux sur ces variations du sang dans les divers états pathologiques. Pour chaque maladie en particulier, le lecteur devra recourir aux ouvrages spéciaux.

IX. — Dosage particulier de quelques matériaux du sang.

(*a*) *Dosage de l'hémoglobine, de l'oxyhémoglobine et de la méthémoglobine* (voyez ces mots au Suppl., p. 906).

(*b*) *Dosage de l'urée dans le sang.* — On coagule le sang en l'acidulant et en l'additionnant de 4 à 5 volumes d'alcool. On porte à l'ébullition, on filtre, on lave à l'alcool et on exprime le caillot; les liqueurs alcooliques réunies sont distillées, et le liquide aqueux qui reste est évaporé dans le vide, puis repris par l'alcool absolu additionné d'un peu d'éther; cette dissolution est évaporée; on ajoute un peu d'eau, on filtre et l'on précipite par le nitrate mercurique. On lave un peu ce précipité, on le délaye dans l'eau, et on le décompose par l'hydrogène sulfuré. On dose ensuite l'urée dans cette liqueur par les méthodes ordinaires, après en avoir chassé le gaz sulfhydrique.

(*c*) *Dosage de la lécithine, de la cholestérine et des matières grasses.* — Le procédé suivant a été donné par Hoppe-Seyler:

Si l'on traite le sang, les globules rouges, ou même le sérum par un peu d'acide acétique et plusieurs volumes d'alcool, comme il est ci-dessus dit, pour la recherche de l'urée, et si l'on évapore au bain-marie cet alcool, puis qu'on sèche le résidu dans le vide, si l'on reprend enfin ce résidu par l'éther à 65°, on dissoudra les matières grasses, la cholestérine et la lécithine. On chassera l'éther par distillation, et l'on terminera la dessiccation du résidu éthéré, au bain-marie, puis dans le vide. Ce résidu sec sera rapidement pesé. On le reprendra par l'alcool bouillant et on ajoutera une solution alcoolique de potasse; on portera à l'ébullition pendant plusieurs heures. La potasse saponifiera les graisses et la lécithine. On évaporera pour chasser l'alcool. Le résidu sera dissous dans l'eau, qui enlèvera l'excès de potasse, les savons à acides gras et le phosphoglycérate alcalin. Le résidu, séché, sera traité par l'éther, qui se chargera de la cholestérine, qu'on obtiendra en évaporant. La solution aqueuse et alcaline sera évaporée, additionnée de nitre et calcinée au creuset d'argent. Le dosage des phosphates dans ce produit oxydé indiquera la quantité de phosphoglycérate qui correspondait au poids initial de lécithine, laquelle renferme une quantité connue de phosphore. Enfin, l'on pourra obtenir le poids des graisses neutres, en défalquant du poids de l'extrait éthéré primitif, celui de la cholestérine et de la lécithine dosées comme il vient d'être dit.

(*d*) *Dosage du glucose* [Cl. Bernard, *Compt. rend.*, t. LXXXVII, p. 1376]. — On reçoit dans une capsule de porcelaine tarée 15 à 30 grammes de sang, auquel on ajoute un poids égal de sulfate de sodium cristallisé et en poudre et quelques gouttes d'acide acétique; on porte à l'ébullition. Quand le coagulum est devenu noir et spongieux, on l'additionne d'eau, de façon à rétablir exactement le poids primitif. On exprime, on filtre, et l'on dose le glucose dans le liquide filtré.

On peut aussi doser ce sucre dans la liqueur obtenue en traitant le sang par 4 à 5 volumes d'alcool acidulé d'acide acétique, abandonnant au repos sans chauffer, filtrant, évaporant au bain-marie la liqueur alcoolique, et reprenant le résidu par l'eau. On dose le glucose dans cette liqueur par les procédés habituels.

Arm. Gautier.

SANTAL. — On a retiré du bois de santal de nombreuses substances, qui pour la plupart ont déjà été décrites (voyez t. II, p. 1433):

1° La santaline;

2° La ptérocarpine;

3° Un principe amer extractif, brun, peu soluble dans l'eau froide, facilement soluble dans l'eau bouillante;

4° La santalidine, produit d'oxydation de la santaline, également insoluble dans l'eau froide, soluble dans l'alcool, l'acide acétique et les alcalis;

5° Une matière cristallisée, qui a été désignée sous le nom de *santal*. Cette substance ne paraît pas préexister dans le bois, mais être un produit de dédoublement. Le bois de santal est épuisé par l'alcool bouillant, la solution concentrée est précipitée par l'eau. Le précipité, redissous dans l'alcool, est additionné d'acétate de plomb, et le composé plombique est décomposé par H^2S en solution alcoolique. On obtient ainsi une masse amorphe, fusible à 104-105°, soluble dans les alcalis et les carbonates alcalins, ayant pour formule $C^{17}H^{16}O^6$. Chauffée à 150° en tubes scellés avec de l'acide chlorhydrique, elle perd du chlorure de méthyle et donne un composé $C^8H^{10}O^5$, tandis que l'acide chlorhydrique renferme une substance soluble dans l'éther, fusible à 81°. Le bois de Caliatour a fourni les mêmes principes [Sicherer, *Deutsch. chem. Gesellsch.*, 1879, p. 14].

Le bois de santal est peu employé en teinture malgré son bon marché, parce que la matière rouge est accompagnée d'une matière brune que l'on doit éliminer, et parce que la santaline s'oxyde facilement. On peut teindre à l'ébullition dans une solution alcoolique de santal, mais on substitue souvent à ce procédé, qui occasionne des pertes en alcool, le suivant : La poudre de bois de santal est épuisée par l'eau bouillante qui enlève le principe brun et amer, puis est mise en digestion avec une solution claire et froide de chlorure de chaux aussi longtemps qu'elle se colore. Le chlorure de chaux enlève la santalidine sans altérer la santaline. On prépare le bain en chauffant la poudre de santal ainsi traitée avec une solution de carbonate de sodium, puis on y trempe les étoffes mordancées dans un bain acide et on lave à l'acide. La santaline étant très altérable à l'air en présence des alcalis, on doit couvrir le bain et l'employer tout de suite [*Muster Zeitung*, t. XXII, p. 9, et *Bull. Soc. chim.*, t. XXIII, p. 139].

M. Hanriot.

SANTONEUX (ACIDE), $C^{15}H^{20}O^3$ [Cannizzaro et Carnelutti, *Deutsch. chem. Gesellsch.*, 1879, p. 1574, et 1880, p. 1516,; *Gazzetta chim. ital.*, t. XII, p. 393, et *Bull. Soc. chim.*, t. XXXVIII, p. 652]. — Cet acide résulte de la fixation directe de deux atomes d'hydrogène sur la santonine et prend naissance lorsqu'on fait bouillir ce corps avec de l'acide iodhydrique et du phosphore rouge.

Il cristallise en longues aiguilles brillantes, fusibles à 178-179°, très solubles dans l'alcool et dans l'éther, peu solubles dans l'eau froide; et distille sans altération entre 200 et 260° sous une pression de 5 millimètres.

Chauffé à la pression ordinaire dans un bain de plomb fondu, il perd de l'eau et se transforme en une résine incristallisable, insoluble dans l'éther et dans l'alcool, qui n'est autre que l'anhydride isosantoneux.

Chauffé au bain de plomb avec de l'hydrate de baryum, il se convertit en un mélange d'acide isosantoneux et de diméthylnaphtol,

$$C^{10}H^5(OH)(CH^3)^2,$$

fusible à 135-136°.

Distillé sur de la poudre de zinc, il fournit un mélange de diméthylnaphtol et de diméthylnaphtaline, liquide bouillant à 262-264°. Si l'on opère cette distillation dans un courant d'hydrogène, on obtient les mêmes produits accompagnés d'un peu de xylène.

L'acide santoneux paraît fonctionner comme monobasique. Il forme des sels bien définis qui cristallisent facilement.

Le sel *d'argent* est très altérable; il noircit spontanément, même à l'abri de la lumière.

Le *santonite de méthyle*, $C^{15}H^{19}O^3.CH^3$, fond à 82° et est très soluble dans l'éther.

Le *santonite d'éthyle*, $C^{15}H^{19}O^3.C^2H^5$, forme des cristaux blancs, solubles dans l'éther et dans l'alcool, et fusibles à 116-117°. Traité par le sodium, cet éther se convertit en *sodo-santonite d'éthyle*, $C^{15}H^{18}NaO^3.C^2H^5$, poudre blanche que l'eau dédouble immédiatement en soude et santonite d'éthyle.

Outre l'oxhydryle acide, l'acide santoneux semble contenir un oxhydryle alcoolique ou phénolique : c'est du moins ce qu'indique l'existence du sodo-santonite d'éthyle et des dérivés suivants :

Le *benzoylsantonite d'éthyle*,

$$C^{15}H^{18}(C^7H^5O)O^3.C^2H^5,$$

forme des cristaux blancs fusibles à 78°.

L'éthylsantonite d'éthyle,

$$C^{15}H^{18}(C^2H^5)O^3.C^2H^5,$$

se produit par l'action de l'iodure d'éthyle sur le sodo-santonite d'éthyle à chaud : il forme de longues aiguilles, fusibles à 31-32°, très solubles dans l'alcool et dans l'éther. Saponifié par la potasse alcoolique, il se convertit en *acide éthylsantoneux*, $C^{15}H^{18}(C^2H^5)O^3$, acide énergique qui cristallise en fines aiguilles, fusibles à 115,5-116°.

ACIDE ISOSANTONEUX, $C^{15}H^{20}O^3$ [Cannizzaro et Carnelutti, *loc. cit.*]. — Lorsqu'on chauffe l'acide santoneux au bain de plomb, il fond, puis perd de l'eau, et se convertit finalement en une résine incristallisable qui constitue l'anhydride isosantoneux : on fait bouillir cet anhydride avec une solution alcoolique de potasse, et l'on n'a plus qu'à traiter la solution par l'acide chlorhydrique pour précipiter l'acide isosantoneux.

On peut encore chauffer au bain de plomb un mélange d'acide santoneux et d'hydrate de baryum : le produit de la réaction est épuisé par l'eau chaude, et la solution aqueuse traitée par le gaz carbonique : on précipite ainsi un mélange de carbonate de baryum et de diméthylnaphtol; le liquide filtré donne enfin par l'acide chlorhydrique un précipité d'acide isosantoneux.

L'acide isosantoneux cristallise en lamelles fusibles à 155° et distille sans altération sous une pression de 4 millimètres. Chauffé avec de la baryte, il donne du diméthylnaphtol.

L'*isosantonite d'éthyle*, $C^{15}H^{19}O^3.C^2H^5$, forme des cristaux blancs, fusibles à 125°. Traité par le chlorure de benzoyle, il se convertit en *benzoylisosantonite d'éthyle*, $C^{15}H^{18}(C^7H^5O)O^3.C^2H^5$, aiguilles fusibles à 90-91°.

Chauffé en solution éthérée avec du sodium, l'isosantonite d'éthyle se transforme en une poudre blanche qui constitue le *sod-isosantonite d'éthyle*, $C^{15}H^{18}NaO^3.C^2H^5$. Chauffé avec de l'iodure d'éthyle, ce dérivé fournit l'*éthylisosantonite d'éthyle*, $C^{15}H^{18}(C^2H^5)O^3.C^2H^5$, aiguilles blanches, fusibles à 54°, que la saponification par la potasse alcoolique convertit en *acide éthylisosantoneux*, $C^{15}H^{19}(C^2H^5)O^3$: ce dernier corps se présente en aiguilles blanches, très solubles dans l'alcool et dans l'éther, et fusibles à 143°.

Ad. Fauconnier.

SANTONINE, $C^{15}H^{18}O^3$ (voyez t. II, p. 1434). — On connaît aujourd'hui cinq isomères de la santonine, qui ont tous été obtenus plus ou moins directement au moyen de ce corps; ce sont les deux métasantonines, la santonide, la parasantonide et la métasantonide.

SANTONINE. — Sa densité à 20° est 1,1866; son pouvoir rotatoire, en solution chloroformique et à la même température, a été trouvé $[\alpha]_D = -171°,37$ [Carnuletti et Nasini, *Deutsch. chem. Gesellsch.*, 1880, p. 2210].

Chauffée pendant quelques heures avec un excès d'acide iodhydrique, en présence de phosphore rouge, la santonine se convertit en acide santoneux (voy. ce mot) [Cannizzaro et Carnelutti, *Deutsch. chem. Gesellsch.*, 1879, p. 1574].

MÉTASANTONINES [Cannizzaro et Amato, *Deutsch. chem. Gesellsch.*, 1874, p. 1105; — Cannizzaro et Carnelutti, *Jahresb. f. rein. Chem.*, 1878, p. 484, et 1880, p. 536]. — Les deux métasantonines se produisent simultanément, lorsqu'on chauffe dans un appareil à reflux de l'acide santonique ou de la parasantonide avec de l'acide iodhydrique et du phosphore rouge : on traite le produit de la réaction par un courant de vapeur d'eau, pour entraîner une huile volatile, puis on concentre le liquide, on le neutralise par le carbonate de sodium et on l'épuise par l'éther. Ce véhicule abandonne par évaporation un mélange d'aiguilles, fusibles à 160°,5, et de prismes fusibles à 136°, qu'on ne peut séparer que mécaniquement : les deux isomères possèdent, en effet, les mêmes dissolvants, eau bouillante, alcool, éther, et passent ensemble à la distillation à 238-240°.

La métasantonine fusible à 136° a pour densité 1,1649, et pour pouvoir rotatoire $[\alpha]_D = + 118°,76$ (à 26°) [Carnelutti et Nasini, *loc. cit.*].

Son dérivé *monobromé*, $C^{15}H^{17}BrO^3$, se présente en petits cristaux fusibles à 114°. Son dérivé *dibromé*, $C^{15}H^{16}Br^2O^3$, forme des aiguilles fusibles à 186°.

La métasantonine fusible à 160°,5 a pour densité 1,1975 à 26°; et son pouvoir rotatoire à la même température est $[\alpha]_D = + 118°,76$ [Carnelutti et Nasini].

Le dérivé *monobromé*, $C^{15}H^{17}BrO^3$, cristallise en aiguilles fusibles à 212°. Le dérivé *dibromé*, $C^{15}H^{16}Br^2O^3$, fond à 184°.

Santonide, $C^{15}H^{18}O^3$ [Cannizzaro et Valente, *Jahresb. f. rein. Chem.*, 1878, p. 484]. — Ce corps se forme en petite quantité lorsqu'on fait bouillir pendant plusieurs heures une solution d'acide santonique dans l'acide acétique cristallisable, et qu'après avoir distillé ce dernier on porte le résidu à 180°. Si on laisse la température s'élever à 260°, on n'obtient que de la parasantonide. L'opération terminée, on neutralise et on épuise par l'éther. On obtient ainsi des cristaux fusibles à 127-127°,5. Ce corps n'est attaqué ni par le trichlorure de phosphore ni par l'anhydride acétique.

Sa densité à 26°,5 est 1,1967 et son pouvoir rotatoire, $[\alpha]_D = + 744°,61$ [Carnelutti et Nasini, *Deutsch. chem. Gesellsch.*, 1880, p. 2210].

Parasantonide, $C^{15}H^{18}O^3$ [Cannizzaro et Valente, *Jahresb. f. rein. Chem.*, 1878, p. 484; — Nasini, *Deutsch. chem. Gesellsch.*, 1881, p. 1512]. — Ce corps se prépare comme le précédent, mais on doit, pour l'obtenir, élever la température jusqu'à 260°. Il se présente en cristaux blancs, fusibles à 110°, très peu solubles dans l'alcool, assez solubles dans l'anhydride acétique, extrêmement solubles dans le chloroforme. Son pouvoir rotatoire, en solution chloroformique, est constant, quelles que soient la concentration et la température (entre 0° et 40°) et égal à $[\alpha]_D = + 89°,09$. Il varie, au contraire, pour les solutions alcooliques et diminue à mesure que la concentration augmente.

La parasantonide n'est pas attaquée par l'anhydride acétique ni par le trichlorure de phosphore. L'ébullition avec l'acide chlorhydrique ou avec la potasse la convertit en acide parasantonique.

Métasantonide, $C^{15}H^{18}O^3$ [Cannizzaro et Valente, *Jahresb. f. rein. Chem.*, 1880, p. 535]. — On l'obtient en chauffant pendant 3 heures au bain-marie un mélange d'acide santoninique avec 10 fois son poids d'acide sulfurique concentré, et en versant ensuite le produit dans l'eau. Après purification, on obtient des cristaux fusibles à 137-138°, très peu solubles dans l'eau froide, assez solubles dans l'eau bouillante, très solubles dans l'alcool et dans l'éther.

Sa densité à 26° est 1,046, et son pouvoir rotatoire $[\alpha]_D = + 223°,46$ [Carnelutti et Nasini, *loc. cit.*].

La métasantonide donne avec la potasse alcoolique une coloration rouge, comme la santonine elle-même.

L'ébullition avec la soude la transforme en acide *métasantonique*.

HYDROSANTONIDE

$C^{15}H^{20}O^3$ [Cannizzaro, *Deutsch. chem. Gesellsch.*, 1876, p. 1690; — Cannizzaro et Valente, *Deutsch. chem. Gesellsch.*, 1878, p. 2032]. — A la santonine et à ses isomères se rattache l'hydrosantonide, qui en diffère par deux atomes d'hydrogène en plus.

On l'obtient en chauffant pendant 4 heures à 140-150° l'acide hydrosantonique (voy. ce mot) avec de l'acide acétique. Elle se présente en cristaux orthorhombiques, fusibles à 155-156°. [Struever, *Jahresb. f. rein. Chem.*, 1878, p. 121]. La potasse alcoolique la transforme, à chaud, en acide hydrosantonique.

L'*acétylhydrosantonide*, $C^{15}H^{19}O^3.C^2H^3O$, préparée par l'action du chlorure d'acétyle sur l'acide hydrosantonique, fond à 204°,5.

La *benzoylhydrosantonide*, $C^{15}H^{19}O^3.C^7H^5O$, se forme par l'action du chlorure de benzoyle sur l'acide hydrosantonique ; elle fond à 156-157°.

Ces deux dérivés sont solubles dans l'éther et insolubles dans l'eau. Chauffés à 120-130° avec de l'ammoniaque alcoolique, ils se convertissent en hydrosantonamide, $C^{15}H^{21}O^3(AzH^2)$.

Ad. Fauconnier.

SANTONIQUE (ACIDE), $C^{15}H^{20}O^4$. — On connaît cinq acides présentant cette composition ; ce sont : l'acide santonique, l'acide métasantonique, l'acide parasantonique, l'acide photosantonique et l'acide santoninique.

Acide santonique. — On a indiqué, t. II, p. 1435, le mode de formation de ce corps par l'action de l'hydrate de baryum sur la santonine.

Sa densité à 26°,5 est D = 1,251 ; et son pouvoir rotatoire, $[\alpha]_D = - 70°,31$ [Carnelutti et Nasini, *Deutsch. chem. Gesellsch.*, 1880, p. 2210].

Chauffé à 290-295°, il se transforme en acide métasantonique [Cannizzaro et Valente, *Deutsch. chem. Gesellsch.*, 1878, p. 2032]. Chauffé avec de l'acide iodhydrique, il se convertit en un liquide huileux qui est un mélange d'un carbure $C^{15}H^{26}$ et d'un iodure $C^{15}H^{25}I$: le carbure est plus léger que l'eau et bout à 110-112° sous une pression de 5 millimètres, et à 235-245° à la pression ordinaire ; l'iodure bout à 143-145° sous une pression de 5 millimètres et se décompose par la distillation à la pression ordinaire. Lorsqu'on fait bouillir pendant plusieurs jours, dans un appareil à reflux, de l'acide santonique avec de l'acide iodhydrique et du phosphore rouge, on le transforme en métasantonine, ou plutôt en un mélange des deux métasantonines [Cannizzaro et Amato, *ibid.*, 1874, p. 1103].

Lorsqu'on fait bouillir pendant plusieurs heures une solution d'acide santonique dans l'acide acétique cristallisable, et qu'après avoir distillé ce dernier on porte le résidu à 180°, on obtient de la santonide ; si on élève la température à 260°, c'est la parasantonide qui prend naissance [Cannizzaro et Valente, *Jahresb. f. rein. Chem.*, 1878, p. 484].

L'amalgame de sodium convertit l'acide santonique en acide hydrosantonique, $C^{15}H^{22}O^4$ [Cannizzaro, *Deutsch. chem. Gesellsch.*, 1876, p. 1690].

Éthers. — Le *santonate de méthyle*,

$$C^{15}H^{19}O^4.CH^3,$$

cristallise en aiguilles brillantes, fusibles à 86° [Cannizzaro, *Deutsch. chem. Gesellsch.*, 1876, p. 1690]. Sa densité à 26°,5 est D = 1,1667, et son pouvoir rotatoire $[\alpha]_D = - 52°,33$ [Carnelutti et Nasini].

Le *santonate d'éthyle* cristallise en prismes orthorhombiques, fusibles à 88-89° [Sestini,

Deutsch. chem. Gesellsch., 1876, p. 582]. Suivant Strüver [*Jahresb. f. rein. Chem.*, 1878, p. 121], le point de fusion est 94-95°. Sa densité à 26°,5 est D = 1,1481, et son pouvoir rotatoire, $[\alpha]_D = -45°,35$ (Carnelutti et Nasini).

Le *santonate de propyle normal* est un liquide sirupeux, incolore, bouillant dans le vide vers 220°. D = 1,1185; $[\alpha]_D = -39°,34$.

Le *santonate d'isobutyle* cristallise en aiguilles fusibles à 67°; D = 1,1181; $[\alpha]_D = -41°,63$.

Le *santonate d'allyle* se présente en lamelles brillantes, fusibles à 54-55°; D = 1,1434; $[\alpha]_D = -39°,54$ [Carnelutti et Nasini, *loc. cit.*].

Le *santonate de benzyle*, $C^{15}H^{19}O^4.C^7H^7$, fond à 84°,3 [Panebianco, *Deutsch. chem. Gesellsch.*, 1878, p. 2032].

Le *chlorure de santonyle*, $C^{15}H^{19}O^3Cl$, prend naissance par l'action du chlorure d'acétyle ou du trichlorure de phosphore sur l'acide santonique. Il fond à 170-171° [Cannizzaro et Valente, *Jahresb. f. rein. Chem.*, 1878, p. 483]. Sa densité à 26°,5 est D = 1,1644; son pouvoir rotatoire $[\alpha]_D = +13°,14$ (Carnelutti et Nasini).

Le *bromure* correspondant fond à 145°,5 et l'*iodure* à 136° [Cannizzaro et Valente, *ibid.*]. Le bromure possède à 26° une densité : D = 1,4646, et un pouvoir rotatoire : $[\alpha]_D = -100°,53$; l'iodure a pour densité : D = 1,3282, et pour pouvoir rotatoire : $[\alpha]_D = -99°,21$ (Carnelutti et Nasini).

Acide acétylsantonique, $C^{15}H^{19}O^4(C^2H^3O)$ [Sestini, *Deutsch. chem. Gesellsch.*, 1874, p. 1461 et 1875, p. 821]. — Préparé par l'action du chlorure d'acétyle sur l'acide santonique, ce corps se présente sous la forme d'une masse cristalline, fusible à 140°, insoluble dans l'eau, soluble dans l'alcool, le chloroforme et l'éther chaud. Chauffé à 180-200°, il se dédouble en santonine $C^{15}H^{18}O^3$ et en acide acétique.

Action du perchlorure de phosphore sur l'acide santonique. — Lorsqu'on chauffe une solution chloroformique d'acide santonique avec du perchlorure de phosphore, on obtient un liquide sirupeux qui, au contact de l'air humide, se recouvre de croûtes cristallines ayant pour composition $PO(C^{15}H^{18}O^3Cl)^3$. Ce corps fond à 198°. Chauffé à 120° avec de l'eau, il donne un mélange d'acides santonique, chlorhydrique et phosphorique [Cannizzaro et Carnelutti, *Jahresb. f. rein. Chem.*, 1880, p. 537].

Acide métasantonique, $C^{15}H^{20}O^4$ [Cannizzaro et Valente, *Deutsch. chem. Gesellsch.*, 1878, p. 2032, et *Jahresb. f. rein. Chem.*, 1878, p. 484; — Strüver, *ibid.*, p. 121]. — Ce corps prend naissance par l'action de la potasse sur la santonide à l'ébullition; il se forme aussi quand on chauffe l'acide santonique à une température de 290-295°. Il bout vers 300° sous une pression de 52 millimètres et se présente en cristaux orthorhombiques fusibles à 161-167°. Il est lévogyre.

Traité par le chlorure d'acétyle ou le trichlorure de phosphore, il se transforme en *chlorure* $C^{15}H^{19}O^3Cl$, aiguilles incolores, orthorhombiques, fusibles à 139°.

Le *métasantonate de méthyle*, $C^{15}H^{19}O^4.CH^3$, cristallise dans le système clinorhombique et fond à 101°,5-102°,5.

Acide parasantonique, $C^{15}H^{20}O^4$ [Cannizzaro et Valente, *Jahresb. f. rein. Chem.*, 1878, p. 484, — Strüver, *ibid*, p. 121; — Carnelutti et Nasini, *Deutsch. chem. Gesellsch.*, 1880, p. 2208]. — Il se produit par l'action de la soude ou de l'acide chlorhydrique sur la parasantonide. Il se présente en cristaux blancs, orthorhombiques, solubles dans l'éther et dans l'eau, ayant pour densité à 26° : D = 1,2684 et pour pouvoir rotatoire : $[\alpha]_D = -98°,51$.

Traité par le chlorure d'acétyle, l'anhydride acétique ou le trichlorure de phosphore, il régénère la parasantonide.

Ses sels sont pour la plupart solubles dans l'eau et dans l'alcool. Le *sel de sodium* est cristallin; le *sel de baryum* $(C^{15}H^{19}O^4)^2Ba$ forme de fines aiguilles.

L'éther méthylique, $C^{15}H^{19}O^4.CH^3$, est en prismes durs, orthorhombiques, fusibles à 183-184°; D = 1,1777; $[\alpha]_D = -108°,91$.

L'éther éthylique, $C^{15}H^{19}O^4.C^2H^5$, est en aiguilles blanches, orthorhombiques, fusibles à 172°; D = 1,153; $[\alpha]_D = -99°,98$.

L'éther propylique forme de beaux prismes incolores, fusibles à 113°; D = 1,1448; $[\alpha]_D = -91°,27$.

Acide photosantonique, $C^{15}H^{20}O^4$ [Sestini, *Deutsch. chem. Gesellsch.*, 1876, p. 1689, et 1879, p. 1927; — *Jahresb. f. rein. Chem.*, 1876, p. 382]. — Cet acide se produit à l'état d'éther diéthylique (photosantonine) par l'action de la lumière solaire sur une solution alcoolique de santonine. On le prépare aisément en soumettant à l'insolation, pendant 30-40 jours, une solution à 7 °/₀ de santonine dans de l'acide acétique à 80 °/₀. Au bout de ce temps, on précipite par l'eau et on fait recristalliser dans l'alcool.

L'acide photosantonique se présente en prismes orthorhombiques ou en aiguilles soyeuses, très peu solubles dans l'eau, très solubles dans l'alcool, l'éther et le chloroforme, qui contiennent de l'eau de cristallisation : à l'état anhydre, il fond à 153°.

C'est un *acide bibasique* (ses quatre isomères sont monobasiques). Il décompose à chaud les carbonates alcalins, avec formation de sels très solubles et incristallisables.

Le *sel acide de calcium*,

$$(C^{15}H^{19}O^4)^2Ca + 4H^2O,$$

forme des aiguilles blanches soyeuses, assez solubles dans l'eau chaude.

Le *sel neutre de calcium*, $C^{15}H^{18}O^4Ca + 5H^2O$, est amorphe, insoluble dans l'alcool, très soluble dans l'eau.

Le *sel de baryum*, $C^{15}H^{18}O^4Ba + 2H^2O$, se présente en cristaux confus, très solubles dans l'eau et insolubles dans l'alcool.

Le *sel d'argent*, $C^{15}H^{18}O^4Ag^2$, est un précipité blanc caséeux.

Le *sel d'ammonium*, $C^{15}H^{18}O^4(AzH^4)^2$, cristallise avec $7H^2O$.

L'éther diméthylique est cristallin.

L'éther diéthylique, $C^{15}H^{18}O^4(C^2H^5)^2$, se présente en grandes lames fusibles à 67-68° : c'est lui qui a été décrit, t. II, p. 1009, sous le nom de *photosantonine*.

Acide pyrophotosantonique, $C^{14}H^{20}O^2$ [Sestini et Danesi, *Gazz. chim. ital.*, t. XII, p. 82, et *Bull. Soc. chim.*, t. XXXVIII, p. 652]. — Lorsqu'on chauffe l'acide photosantonique au bain de plomb dans un courant de gaz inerte (hydrogène ou acide carbonique), il perd une molécule d'acide carbonique et se transforme en acide pyrophotosantonique. Ce dernier fond à 94°,5; il est monobasique et forme des sels cristallisables.

Acide santoninique, $C^{15}H^{20}O^4$. — On a décrit cet acide, t. II, p. 1436, à propos de l'action de la baryte sur la santonine.

Acide hydrosantonique, $C^{15}H^{22}O^4$. — A l'acide santonique se rattache un produit d'hydrogénation, l'acide hydrosantonique [Cannizzaro, *Deutsch. chem. Gesellsch.*, 1876, p. 1690]. Cet acide se produit à l'état de sel de sodium par l'action de l'amalgame de sodium à 5 °/₀ sur le santonate de sodium : on isole le produit en le précipitant par l'acide chlorhydrique, et on le fait ensuite recristalliser dans l'éther.

L'acide hydrosantonique forme des cristaux incolores, orthorhombiques, fusibles à 170° avec décomposition et possédant le pouvoir rotatoire dextrogyre.

L'oxydation par l'oxyde d'argent le convertit en acide métasantonique. L'acide acétique le transforme à 140° en hydrosantonide, $C^{15}H^{20}O^{3}$; les chlorures d'acétyle et de benzoyle en acétylhydrosantonide, $C^{15}H^{19}O^{3}(C^{2}H^{3}O)$ et en benzoylhydrosantonide, $C^{15}H^{19}O^{3}(C^{7}H^{5}O)$.

Le *sel de potassium*, $C^{15}H^{21}O^{4}K + 2H^{2}O$, et le *sel de sodium*, $C^{15}H^{21}O^{4}Na + 3H^{2}O$, sont cristallisés.

L'*hydrosantonamide*, $C^{15}H^{21}O^{3}.AzH^{2}$, se produit par l'action de l'ammoniaque alcoolique à 120-130°, en tubes scellés, sur l'acétylhydrosantonide ou la benzoylhydrosantonide; elle se présente en cristaux fusibles avec décomposition à 190°.

Ad. Fauconnier.

SANTONOL. — De Saint-Martin [*Compt. rend.*, t. LXXV, p. 1190] avait décrit sous ce nom un corps neutre, renfermant $C^{15}H^{18}O$, qui prendrait naissance par la distillation d'un mélange de santonine et de zinc en poudre dans un courant d'hydrogène. Cannizzaro et Carnelutti [*Gazz. chim. ital.*, t. XII, p. 393, et *Bull. Soc. chim.*, t. XXXVIII, p. 652] n'ont obtenu, en opérant dans les mêmes conditions, qu'un mélange de phénols qu'ils n'ont pas réussi à scinder, et qui paraissaient être des dérivés du diméthylnaphtol.

SAPHORINE. — Alcaloïde extrait par H.-C. Wood des graines de *Saphora speciosa*. Il serait liquide, soluble dans l'eau, l'éther et le chloroforme; le chlorure ferrique le colore en un bleu-rouge caractéristique. Le chlorhydrate et le chloroplatinate cristallisent [*Jahresb. Chem.*, 1878, p. 913].

SAPONINE (t. II, p. 1437). — La formule de ce corps n'est toujours pas établie avec certitude. Tandis que Schiaparelli, pour le glucoside extrait de la saponaire, confirme la formule de Rochleder, $C^{32}H^{54}O^{18}$ [*Gazz. chim. ital.*, t. XIII, p. 422], Stütz attribue à la saponine de l'écorce de quillaja la formule $C^{19}H^{30}O^{10}$ [*Liebig's Ann. Chem.*, t. CCXVIII, p. 231].

Il y a peu de chose à ajouter à son histoire chimique. La saponine de la saponaire est lévogyre $[\alpha]_D = -7°,3$; chauffée doucement au bain-marie avec de l'acide sulfurique étendu, elle fournit une matière sucrée et un produit cristallin, insoluble dans l'eau et dans l'éther, soluble dans l'alcool, la *saponéline*, auquel on a attribué la formule $C^{40}H^{66}O^{15}$ (Schiaparelli). La saponine de l'écorce de quillaja, en solution aqueuse concentrée, fournit avec l'eau de baryte un précipité de la formule $(C^{19}H^{30}O^{10})^{2}BaO^{2}H^{2}$; cette combinaison est soluble dans l'eau et n'est qu'incomplètement décomposée par le gaz carbonique (Stütz).

Stütz ayant fait agir sur la saponine l'anhydride acétique, soit seul, soit en présence d'acétate de sodium ou de chlorure de zinc, a obtenu toute une série de dérivés acétylés. Nous ne mentionnerons que les dérivés préparés avec l'anhydride seul. Au bout d'une ébullition d'une demi-heure, on a le dérivé $C^{19}H^{26}(C^{2}H^{3}O)^{4}O^{10}$, fusible à 159-162°; au bout de 5 heures d'ébullition, il se forme le corps quintiacétylé, $C^{19}H^{25}(C^{2}H^{3}O)^{5}O^{10}$, fusible à 97-100°. Tous ces dérivés acétylés régénèrent la saponine primitive lorsqu'on les saponifie par la baryte.

SAPPANINE (t. II, p. 1436). — Le brome la transforme en un dérivé pentabromé, $C^{12}H^{5}Br^{5}O^{4}$, fusible à 2[illegible]0° [R. Benedikt, *Jahresb. Chem.*, 1880, p. 644].

SARCINE [Syn. *Hypoxanthine*]. Voyez t. II, p. 1438. — Cette substance a été trouvée dans un certain nombre de milieux animaux et végétaux. Ainsi, Schützenberger l'a signalée parmi les produits de la décoction aqueuse de levûre de bière [*Bull. Soc. chim.*, t. XXI, p. 204]. Elle existe également dans le liquide provenant de l'évolution de la levûre (530 grammes de substance sèche) pendant 12 mois dans 9 lit. 15 d'eau contenant 91gr,5 d'acide phosphorique en solution (Béchamp).

Elle existe dans le frai du saumon [Piccard, *Deutsch. chem. Gesellsch.*, 1874, p. 1714], dans les muscles de pigeons en état d'inanition [Demant, *Zeitschr. phys. Chem.*, t. III, p. 381], dans la moelle des os humains et dans le sang des cadavres d'hommes et de chiens [Salomon, *ibid.*, t. II, p. 65].

Gorup-Besanez en a constaté la présence dans le sang provenant d'un cas de leucémie liénale [*Neues Rep. Pharm.*, t. XXIII, p. 135].

Suivant Krause et Salomon, elle existe dans les produits de la putréfaction de l'albumine, au commencement et à la fin de la fermentation putride, ainsi que dans les produits de l'action de l'acide chlorhydrique étendu sur l'albumine [*Deutsch. chem. Gesellsch.*, 1879, p. 95].

Kayser a trouvé la sarcine dans certains vins [*Deutsch. chem. Gesellsch.*, 1881, p. 2308] et Schulze l'a rencontrée dans le jus des pommes de terre [*Landw. Versuchstation.*, t. XXVIII, p. 111]. Kossel a obtenu la sarcine dans le dédoublement des nucléines du pus et des globules rouges du sang d'oie par l'ébullition prolongée avec l'eau. Il l'a trouvée également dans les larves de fourmis, dans la rate, les reins, le foie, le cœur, les muscles périphériques et dans le cerveau, ainsi que dans les spores de lycopodium, les semences de poivre noir et dans le son de froment [Kossel, *Zeitschr. f. phys. Chem.*, t. V, p. 152 et 267; voyez aussi *Untersuch. über Nucleine*, Strasbourg, 1881].

Salomon a préparé la sarcine en faisant fermenter la fibrine avec peu de ferment pancréatique en présence d'une faible quantité d'alcali. Au bout de 24 heures, on décante le liquide, on l'acidule et on le porte à l'ébullition. Puis on filtre, on évapore et on reprend par l'alcool. Ensuite on dissout dans l'eau le résidu de la solution alcoolique et on y ajoute de l'ammoniaque, on filtre et on précipite par le nitrate d'argent, et on fait recristalliser le précipité dans de l'acide nitrique chaud d'une densité de 1.1. Finalement, on décompose le précipité, en présence d'eau, par l'hydrogène sulfuré, et on évapore la solution aqueuse [*Deutsch. chem. Gesellsch.*, 1878, p. 574].

Lorsqu'on opère de cette manière, il se produit en même temps un *dérivé nitré*, dont on peut empêcher la formation en ajoutant un peu d'urée à l'acide azotique servant à la cristallisation. Ce dérivé nitré, soumis à l'ébullition en solution neutre avec de la poudre de zinc, donne de la xanthine [Kossel, *Zeitschr. f. phys. Chem.*, t. VI, p. 422, et t. VII, p. 57].

Fondue avec la potasse à 200°, la sarcine fournit de l'ammoniaque et de l'acide cyanhydrique; chauffée à 200° avec de l'eau, elle se dédouble en acides carbonique et formique et en ammoniaque (Kossel).

Traitée par l'acide nitrique, elle ne fournit pas de xanthine, comme l'avait dit Strecker [Kossel, *loc. cit.*; — E. Fischer, *Deutsch. chem. Gesellsch.*, 1884, p. 328].

D'après Kossel, la sarcine ne provient pas de l'albumine dans l'organisme, mais des nucléines, et il attribue à des albumines impures, contenant de la nucléine, les résultats obtenus par Salomon et d'autres chimistes.

Lorsqu'on traite la sarcine par l'eau de chlore et une trace d'acide nitrique, que l'on évapore à siccité quand le dégagement gazeux a cessé, et que l'on expose le résidu sous une cloche, à une atmosphère d'ammoniaque, on obtient une coloration d'un rose foncé [H. Weidel, *Ann. Chem. Pharm.*, t. CLVIII, p. 365].

Lorsqu'on chauffe la sarcine argentique avec 2 molécules d'iodure de méthyle à 100°, on obtient un iodhydrate d'une base, qui fournit un chloraurate et qui possède la formule d'une *sarcine diméthylée* [E. Fischer, *Deutsch. chem. Gesellsch.*, 1884, p. 333].

M. Wassermann.

SARCOSINE [Syn. *Méthylglycocolle*],

$$C^3H^7AzO^2 = (CH^3.AzH)CH^2\text{-}CO^2H$$

(voyez t. II, p. 1442).

Lorsqu'on fond un mélange de sarcosine et d'acide urique, il se dégage de l'eau et l'on obtient une masse vitreuse qui, reprise par l'eau bouillante, fournit de beaux cristaux prismatiques d'*acide sarcosinurique*, $C^8H^9Az^5O^4 + 2H^2O$ [Baumann, *Deutsch. chem. Gesellsch.*, 1874, p. 1152].

Lorsqu'on fait passer du chlorure de cyanogène dans de la sarcosine en fusion, il se dégage de l'eau. Le produit de la réaction, soumis à des cristallisations fractionnées dans l'eau, fournit : 1° de la *méthylhydantoïne*; 2° une base de formule, $C^6H^{12}Az^2O^3$, très soluble dans l'eau et dans l'alcool. Purifiée par transformation en chloroplatinate et régénérée de ce sel, cette base se présente en lamelles hexagonales, incolores, fusibles à 143-146°, possédant une saveur amère. L'acide chlorhydrique dilué la transforme en sarcosine : on doit donc l'envisager comme un *anhydride de la sarcosine*. Son *chloroplatinate* se présente en grandes lames hexagonales d'un rouge jaunâtre, insolubles dans l'éther, très solubles dans l'alcool et dans l'eau, et ayant pour formule $(C^6H^{12}Az^2O^3)^2 2HCl.PtCl^4$ [J. Traube, *Deutsch. chem. Gesellsch.*, 1882, p. 2110].

Introduite dans l'organisme, la sarcosine passe en majeure partie dans l'urine sans altération ; une faible portion se transformerait en urée, d'après Salkowski [*Deutsch. chem. Gesellsch.*, 1880, p. 779]; suivant Schiffer [*ibid.*, 1881, p. 2596], un cinquième environ se convertit en méthylhydantoïne, tandis qu'une trace seulement passe à l'état de méthylurée.

Ad. Fauconnier.

SARCOSIQUE (ACIDE), $C^3H^7AzO^2$. — Hertz [*Jahresb. f. rein. Chem.*, 1876, p. 198] a trouvé cet acide dans une gomme laque brute de provenance mexicaine; cette gomme, traitée par l'eau bouillante, lui abandonnait l'acide souillé d'une matière colorante rouge; il suffisait de précipiter cette dernière par l'acétate de plomb pour obtenir l'acide sarcosique à l'état de pureté.

Ce corps se présente en houppes blanches et soyeuses, insolubles dans l'alcool et dans l'éther, très solubles dans l'eau froide, fusibles à 195°. Chauffé avec de la chaux sodée, il donne de l'ammoniaque; traité par l'acide nitreux, il se convertit en acide lactique avec dégagement d'azote.

Il fournit avec les acides chlorhydrique et azotique des combinaisons cristallisées.

Le *sel de baryum*, $(C^3H^6AzO^2)^2Ba$, est une poudre blanche amorphe.

Le *sel d'argent*, $C^3H^6AzO^2Ag$, forme des croûtes cristallines d'un jaune blanchâtre.

Le *sel de sodium*, $C^3H^6AzO^2Na, 6H^2O$, se présente en lamelles hexagonales.

Le *sel de calcium*, $(C^3H^6AzO^2)^2Ca$, est amorphe.

Ad. Fauconnier.

SCANDIUM. — En 1879, Nilson [*Compt. rend.*, t. LXXXVIII, p. 645] trouva dans l'erbine une petite quantité d'un oxyde nouveau, fort distinct, caractérisé des autres terres d'yttria par son spectre brillant, composé de raies très intenses, par son poids moléculaire bas et par ses caractères basiques moins énergiques. Il appela le radical de cet oxyde, *scandium*. Plus tard, Clève trouva [*Compt. rend.*, t. LXXXIX, p. 419] dans la gadolinite et dans la keilhauite le même oxyde, en assez grande quantité pour pouvoir établir ses caractères les plus importants. Il reconnut l'identité du scandium avec le métal hypothétique l'*ékabore*, de M. Mendeléeff. Plus tard, Nilson [*Compt. rend.*, t. XCI, p. 118], a extrait la scandine de l'euxénite et examiné ses composés.

État naturel. — La scandine accompagne les terres d'yttria, mais toujours en quantités minimes. On l'a trouvée jusqu'ici dans la gadolinite, dans l'euxénite et dans la keilhauite.

Extraction. — On peut isoler la scandine par la décomposition partielle des azotates de l'yttria brute en fusion. L'azotate de scandium se décompose le premier, et on parvient par des opérations répétées à la scandine pure.

Poids atomique. — Le poids atomique du scandium a été déterminé par la transformation de l'oxyde en sulfate. Clève a trouvé dans deux expériences les nombres 44,91 et 45,12, et Nilson, comme moyenne de quatre déterminations, 44,03 (maximum, 44,07, minimum, 43,99).

Oxyde de scandium ou *scandine*, Sc^2O^3. — Il forme une poudre blanche et volumineuse, infusible, soluble dans les acides, quoique avec quelque difficulté. Densité : 3,8 (Clève), 3,864 (Nilson); chaleur spécifique : 0,1530 (Nilson et Pettersson).

Sels de scandium. — Ils sont, en général, incolores ou blancs. Leurs solutions ont une saveur très astringente et ne présentent pas de spectre d'absorption.

L'*hydrate de scandium* est un précipité blanc et gélatineux, insoluble dans les alcalis.

Le *chlorure de scandium* cristallise d'une solution sirupeuse en aiguilles radiées. Il se décompose lorsqu'on le chauffe et donne un sel basique, sous la forme d'une poudre amorphe, d'une division extrême.

L'*azotate de scandium* cristallise d'une solution sirupeuse, en prismes aplatis et déliquescents. Chauffé jusqu'à décomposition partielle, il laisse un résidu qui forme avec l'eau un liquide laiteux contenant un sel basique.

Le *sulfate de scandium*, $Sc^2(SO^4)^3, 6H^2O$, est très soluble et se dépose d'une solution sirupeuse en agrégations arrondies, composées d'aiguilles radiées. Ce sel perd à 100° $4H^2O$, et, à une température plus élevée, il devient anhydre. Le sulfate anhydre a la densité 2,579 et la chaleur spécifique 0,1639 (Nilson).

Sulfates doubles de scandium et de potassium. — Dans une solution parfaitement neutre du sulfate, le sulfate potassique en solution saturée détermine la formation d'un sel double, $Sc^2K^6(SO^4)^6$, insoluble dans une solution neutre du sel potassique (Nilson). Par addition de sulfate potassique à une solution acidulée de chlorure de scandium, Clève a obtenu un autre sel,

$$Sc^2K^4(SO^4)^5.$$

Dans les eaux mères il se trouva de la scandine. On peut en conclure que le sulfate double est insoluble dans une solution neutre de sulfate potassique, mais qu'il est seulement en partie précipité d'une solution acidulée.

Sulfate double de scandium et d'ammonium, $Sc^2(AzH^4)^2(SO^4)^4$. — Il se dépose d'une solution contenant du sulfate d'ammonium en excès, sous la forme d'une poudre blanche, à peine cristalline (Clève).

Sulfate double de scandium et de sodium, $Sc^2Na^6(SO^4)^6, 12H^2O$. — Il forme des prismes microscopiques (Clève).

Sélénites de scandium. — En mélangeant des quantités équivalentes de sulfate de scandium et de sélénite de sodium, Nilson a obtenu un précipité volumineux et blanc qui, d'après lui, constitue le sel neutre. Chauffé avec 3 molécules d'acide sélénieux, ce sel amorphe se change en prismes microscopiques du sel acide,

$$Sc^2O^3(SeO^2)^6, 3H^2O.$$

Par l'addition d'acide sélénieux à une solution d'acétate de scandium, Clève a obtenu un précipité amorphe, renfermant

$$3Sc^2O^3.10SeO^2, 4H^2O,$$

soit peut-être un mélange de 2 molécules du sel neutre et de 1 molécule du sel acide,

$$Sc^2O^3.4SeO^2.$$

Oxalate de scandium, $Sc^2(C^2O^4)^3, 6H^2O$. — Il forme une poudre blanche et microcristalline, qui est un peu soluble dans l'eau, surtout en présence des acides libres. Chauffé à 100°, le sel perd $4H^2O$.

Oxalate de scandium et de potassium,

$$Sc^2K^2(C^2O^4)^4, 3H^2O.$$

— C'est une poudre cristalline, qu'on obtient en précipitant un sel de scandium par du bioxalate de potassium (Clève).

Acétate de scandium. — Il forme de petits cristaux, aisément solubles dans l'eau.

Formiate de scandium. — Il se présente en tables bien formées, solubles dans l'eau.

Réaction des sels de scandium. — Les alcalis caustiques produisent un précipité d'hydrate, insoluble dans un excès des réactifs. En présence de l'acide tartrique, il ne se forme pas de précipité à la température ordinaire, mais bien lorsqu'on chauffe.

Le *sulfhydrate d'ammonium* donne un précipité gélatineux d'hydrate.

L'*orthophosphate disodique* produit un précipité gélatineux.

Le *carbonate de sodium* donne un précipité blanc, soluble dans un excès de réactif.

L'*acide oxalique* produit un précipité caséeux, qui se change bientôt en une poudre cristalline ou, selon les circonstances, d'abord un précipité cristallin.

L'*hyposulfate* et l'*acétate de sodium* précipitent les sels de scandium à l'ébullition, mais la précipitation n'est pas complète.

Le *sulfate de potassium* précipite complètement le scandium d'une solution neutre, mais non d'une solution acidulée.

Caractères spectroscopiques. — Les sels de scandium ne sont pas caractérisés par un spectre d'absorption. Le spectre brillant du scandium examiné par Thalén [*Compt. rend.*, t. XCI, p. 45] est composé d'un grand nombre de raies, dont plusieurs ont une intensité considérable.

P.-T. Clève.

SCATOL, C^9H^9Az. — *Modes de formation*. — Brieger a rencontré le scatol dans les excréments humains. Le scatol disparaît pendant le typhus et la diarrhée. Les excréments de chien n'en renferment pas. Chez les herbivores on n'en trouve pas non plus, et cependant le contenu de la panse chez le bœuf et de l'intestin grêle chez le cheval en renferment des quantités notables. Il est probable que le scatol est résorbé et est l'origine de l'acide scatoxylsulfurique que l'on trouve dans l'urine des herbivores [Brieger, *Journ. prakt. Chem.* (2), t. XVII, p. 124; — Tappeiner, *Deutsch. chem. Gesellsch.*, 1881, p. 2381].

Le scatol se produit lorsqu'on fond de l'albumine avec un grand excès de potasse (Nencki); il prend aussi naissance dans la putréfaction de l'albumine (Brieger) ou de la viande (Nencki). Le scatol n'est pas un produit direct de cette putréfaction. Il se forme d'abord de l'acide scatol-carbonique (voir plus bas) qui se dédouble en gaz carbonique et scatol. [Nencki, *Journ. prakt. Chem.*, (2), t. XVII, p. 97; — E. et H. Salkowski, *Deutsch. chem. Gesellsch.*, 1880, p. 189 et 2217].

Le scatol se produit en petite quantité (0,3 %) lorsqu'on chauffe de l'indigo finement pulvérisé avec de l'étain et de l'acide chlorhydrique, et qu'on distille le précipité avec un grand excès de poudre de zinc [A. Baeyer, *Deutsch. chem. Gesellsch.*, 1880, p. 2339].

Enfin, il se forme lorsqu'on traite par le chlorure de zinc un mélange d'aniline et de glycérine [O. Fischer et German, *Deutsch. chem. Gesellsch.*, 1883, p. 710].

Préparation. — 1° On dissout 500 grammes d'albumine du sang dans 4 à 5 litres d'eau et on abandonne la solution pendant 8 à 10 jours à la température de 36° avec un petit morceau de pancréas. Au bout de ce temps, on distille le tout avec de l'acide acétique et on épuise le produit de la distillation par l'éther, après l'avoir neutralisé. L'éther laisse, par évaporation, un résidu formé de scatol, d'indol et d'une huile brune, qui se prend en masse par le refroidissement. On délaye la masse dans l'eau et on ajoute de l'acide chlorhydrique et de l'acide picrique. On obtient ainsi un précipité qu'on distille avec de l'ammoniaque aqueuse. Le scatol et l'indol se condensent dans le récipient. On les sépare en les redissolvant dans un peu d'alcool absolu et en traitant la solution par l'eau : le scatol se précipite seul dans ces conditions [Brieger, *Deutsch. chem. Gesellsch.*, 1879, p. 1985].

2° On introduit 70 ou 80 grammes de chlorure de zinc dans 100 grammes d'aniline et on chauffe le chlorozincate ainsi formé avec 100 grammes de glycérine, d'abord à 160-170°, puis à 240°. Il passe de l'eau, de l'aniline et un peu de scatol. Au bout de 2 heures, on traite la masse par l'acide sulfurique étendu, on y ajoute le liquide distillé, et on soumet le tout à la distillation dans un courant de vapeur d'eau qui entraîne le scatol. On le purifie en le transformant en picrate et faisant cristalliser celui-ci dans la benzine; 100 grammes d'aniline fournissent 6 grammes de picrate et on retrouve 70 grammes d'aniline [Fischer et German, *Deutsch. chem. Gesellsch.*, 1883, p. 512].

Propriétés. — Le scatol obtenu au moyen de l'indigo a une odeur pénétrante, mais non désagréable, tandis que celui qu'on retire des excréments ou des produits de la putréfaction de l'albumine a une mauvaise odeur, probablement due à des matières étrangères. Il cristallise en feuillets brillants, fusibles à 93°,5. Densité de vapeur par rapport à l'hydrogène : 65,2. Il est moins soluble dans l'eau que l'indol; il se dissout à chaud dans l'acide nitrique étendu et cristallise par refroidissement. L'acide chlorhydrique concentré le colore en violet. L'eau de chlore, le perchlorure de fer sont sans action sur lui.

Le *picrate*, $C^9H^9Az.C^6H^3(AzO^2)^3O$, cristallise en longues aiguilles rouges.

Le scatol, injecté sous la peau d'un lapin, apparaît dans l'urine sous forme de chromogène; ingéré dans l'estomac, il est éliminé à l'état d'éther sulfurique acide.

D'après l'ensemble de ses réactions et surtout d'après son mode de formation au moyen de l'aniline et de la glycérine, le scatol peut être envisagé comme du méthylindol et représenté par l'une des deux formules

$$C^6H^4 \left\langle \begin{array}{l} CH.CH^3 \\ \quad \gg CH \\ Az \end{array} \right. \quad \text{ou} \quad C^6H^4 \left\langle \begin{array}{l} CH^2 \\ \quad \gg C.CH^3. \\ Az \end{array} \right.$$

Baeyer et Jackson [*Deutsch. chem. Gesellsch.*, 1880, p. 187] ont préparé ce dernier composé, qu'ils ont désigné sous le nom de *méthylkétol*, en réduisant à l'ébullition, par la poudre de zinc et l'ammoniaque, l'acétone orthonitrobenzylméthylique, $C^6H^4(AzO^2)\text{-}CH^2\text{-}CO\text{-}CH^3$.

Le méthylkétol fond à 59°, se colore en bleu par l'eau de brome, se décompose en se colorant en rouge par l'ébullition avec l'acide chlorhydrique étendu. Il est donc différent du scatol, et, par exclusion, nous admettrons pour celui-ci la première des deux formules.

Acide scatol-carbonique, $C^{10}H^9AzO^2$. — Ce composé se produit pendant la putréfaction de la viande ou de l'albumine. Pour le préparer, on fait fermenter une solution d'albumine, on concentre le produit, on l'acidule par l'acide sulfurique et on épuise par l'éther. Le résidu éthéré est traité par de petites quantités d'eau tiède qui sont évaporées dans le vide et abandonnent l'acide scatol-carbonique en lamelles cristallines, fusibles à 161° et se décomposant à une température plus élevée en scatol et gaz carbonique,

$$C^{10}H^9AzO^2 = CO^2 + C^9H^9Az.$$

Cet acide ne se forme qu'en très petite quantité : 8 kilogrammes de fibrine humide en ont fourni 1gr,6 [H. et E. Salkowski, *Deutsch. chem. Gesellsch.*, 1880, p. 191]. M. Hanriot.

SCILLAÏNE [Jarmersted, *Deutsch. chem. Gesellsch.*, 1879, p. 2165]. — Poudre blanche et amorphe qui a été extraite de l'*Urginea scilla;* cette substance est assez soluble dans l'alcool et peu soluble dans l'eau; elle ne renferme pas d'azote; chauffée avec les acides dilués, elle paraît donner du glucose entre autres produits de dédoublement. Son action physiologique est analogue à celle de la digitale. Elle est toxique pour le chien et le chat, à la dose de 1 à 2 milligrammes.

SCOPOLÉINE.—Voyez ROTOÏNE, Suppl., p. 1400.

SÉBACIQUE (ACIDE). — Un isomère de cet acide, l'acide heptylmalonique, a été préparé en faisant réagir sur l'éther malonique le bromure d'heptyle. On obtient, au moyen de cet éther, un composé cristallin, fusible à 97-98°. Il se décompose, comme tous les acides maloniques substitués, en acide heptylacétique et anhydride carbonique, vers 160°.

Son *éther éthylique* est un liquide qui bout à 263-265°.

La constitution de cet acide paraît être exprimée par la formule

$$CH^3.CH^2.CH^2.CH^2.CH^2.CH(CH^3).CH(CO^2H)^2$$

[Venable, *Deutsch. chem. Gesellsch.*, 1880, p. 1651].

SÉLÉNIOCYANIQUE (ACIDE), CHAzSe. — Voyez t. II, p. 1459.

SÉLÉNIOCYANATE D'ÉTHYLÈNE, $(CAzSe)^2C^2H^4$. [Proskauer, *Deutsch. chem. Gesellsch.*, 1874, p. 1279]. — Ce corps prend naissance lorsqu'on chauffe dans un appareil à reflux un mélange de séléniocyanate de potassium et de bromure d'éthylène en solution alcoolique. Il cristallise en aiguilles blanches, fusibles à 128°, insolubles dans l'eau froide et dans l'éther, peu solubles dans l'alcool et dans l'eau chaude.

L'acide nitrique bouillant le convertit en *acide éthylène-disélénieux*, $C^2H^4(SeO^3H)^2$.

SÉLÉNIOCYANATE DE MÉTHYLÈNE, $(CAzSe)^2CH^2$ [Proskauer, *ibid.*]. — On l'obtient, comme le précédent, par l'action du séléniocyanate de potassium sur l'iodure de méthylène en solution alcoolique. Il se présente en rhomboèdres fusibles à 132°, insolubles dans l'eau, très solubles dans l'alcool. L'acide nitrique l'oxyde à chaud et le transforme en *acide méthylène-disélénieux*,

$$CH^2(SeO^3H)^2.$$

Ad. Fauconnier.

SÉLÉNIO-URÉE, $CH^4Az^2.Se$ [Verneuil, *Bull. Soc. chim.*, t. XLI, p. 599]. — Ce corps prend naissance par l'action de l'hydrogène sélénié sur la cyanamide dissoute dans l'éther, suivant l'équation

$$CAz^2H^2 + H^2Se = CSeAz^2H^4.$$

La présence d'une petite quantité d'ammoniaque facilite la réaction, qui semble ne pas se produire en milieu acide. La sélénio-urée est très soluble dans l'eau chaude, peu soluble dans l'eau froide et dans l'alcool, presque insoluble dans l'éther. Elle fond vers 200° avec décomposition.

SÉLÉNIUM (voy. t. II, p. 1460). — *Extraction*. — On a signalé, dans ces dernières années, l'importance de deux sources de sélénium qui, négligées jusqu'ici, paraissent devoir désormais fournir de notables quantités de cet élément, dont le prix de revient devra s'abaisser en conséquence. Les produits qui doivent servir de point de départ à la fabrication du sélénium sont : la zorgite, séléniure de plomb qui semble exister en grande quantité dans la République Argentine, et, d'autre part, les boues qui se déposent dans les bombonnes de condensation de l'acide chlorhydrique fabriqué avec de l'acide sulfurique provenant du grillage de certaines sortes de pyrites.

1° *Traitement de la zorgite*. — Voici, d'après Margottet, le procédé suivi par Billaudot pour la préparation des plaques coulées de sélénium qui furent exposées en 1881 à l'Exposition d'électricité, et dont quelques-unes pesaient jusqu'à 12k,600. Le minerai renferme : sélénium, 30,80; cuivre, 15,0; plomb, 41,0; fer, 6,00; argent, 1,66; argile et quartz, 4,60; total : 99,06. On traite le minerai, finement pulvérisé, par de l'eau régale formée de 5 p. d'acide chlorhydrique concentré et de 1 p. d'acide nitrique à 36° Baumé. Après avoir évaporé la liqueur jusqu'à consistance sirupeuse pour éliminer les acides en excès, on reprend le résidu par l'eau et on se débarrasse par filtration de la plus grande partie du chlorure de plomb. La liqueur filtrée, contenant tout l'acide sélénieux, est soumise à l'action d'un courant de gaz sulfureux, qui précipite tout le sélénium sous la forme d'une poudre rouge-marron. Cette poudre, lavée à l'eau pour lui enlever le chlorure de cuivre, est portée ensuite à l'ébullition avec de l'acide chlorhydrique pur, pour la débarrasser des dernières traces de chlorure de plomb; finalement, elle est lavée à l'eau pure et fondue dans un creuset de plombagine. Le sélénium qu'on trouve dans le commerce appartient généralement à la modification vitreuse; pour l'obtenir en grande masse, il est essentiel de refroidir brusquement le produit fondu.

L'emploi du sélénium étant aujourd'hui exclusivement limité au photophone et aux divers appareils de Bell, il est nécessaire de préparer la modification réclamée par ces usages. On trouvera plus loin le procédé indiqué par ce savant.

2° *Traitement des boues des bombonnes de condensation de l'acide chlorhydrique*. — On sait que le sélénium a été découvert dans les boues des chambres de plomb, où tend à s'accumuler cet élément, qui n'existe qu'en très petite quantité dans certaines pyrites; les chambres de plomb sont aujourd'hui précédées d'un appareil supplémentaire, la tour de Glover, dans laquelle on fait couler la totalité de l'acide sufurique obtenu dans les chambres; cet acide se trouve ainsi mis en contact avec les gaz sulfureux avant leur entrée dans les chambres. La tour de Glover retient une grande partie des poussières entraînées jadis dans les chambres de plomb; l'acide sélénieux est réduit par les gaz sulfureux et le sélénium passe dans l'acide sulfurique; une partie s'y dissout, tandis que le reste demeure en suspension dans le liquide; la proportion est quelquefois assez forte pour lui communiquer une couleur rouge sanguinolente.

Kienlen, à qui revient le mérite d'avoir fait connaître cette nouvelle accumulation du sélénium dans le cours de la fabrication de la soude par le procédé Leblanc, a remarqué que le sélénium, volatil au rouge sombre, se trouve entraîné avec les vapeurs chlorhydriques pendant la calcination du sulfate de soude dans les moufles, et qu'il se dépose dans les premières bonbonnes de condensation de l'acide. Le dépôt très abondant qui s'y forme à la longue renferme des quantités variant de 41 à 45 °/₀ p. de boues séchées à 100°. Pour extraire industriellement le sélénium de ce dépôt, Kienlen recommande le procédé suivant : Les boues, délayées dans l'eau, sont traitées à froid par le chlore dans une série de grands flacons de Woolf. Le sélénium est ainsi converti en tétrachlorure qui, en présence de l'eau, donne de l'acide sélénieux, que le chlore en excès transforme partiellement en acide sélénique. On obtient finalement une solution très acide renfermant les acides sélénieux, sélénique et chlorhydrique :

$$SeCl^4 + 3H^2O = SeO^3H^2 + 4HCl,$$
$$SeO^3H^2 + 2Cl + H^2O = SeO^4H^2 + 2HCl.$$

L'appareil employé permet un traitement méthodique des boues. On retire le premier flacon quand la coloration rouge a disparu ; on filtre sur une chausse en feutre, et on porte les liqueurs à l'ébullition en présence d'un excès d'acide chlorhydrique, qui transforme l'acide sélénique en acide sélénieux avec dégagement de chlore. On ramène ensuite au volume primitif, et on précipite le sélénium dans des terrines en grès par un excès de sulfite acide de sodium. Le sélénium se précipite en gros flocons, de couleur rouge, qui s'agglomèrent en une masse poisseuse. On porte à l'ébullition par barbotage de vapeur ; le précipité se réunit et se contracte ; on lave, on dessèche et on fond finalement dans des têts à rôtir en grès [Kienlen, *Bull. Soc. chim.*, t. XXXVII, p. 440].

Propriétés physiques. — Elles varient, suivant la modification allotropique du sélénium. Une étude plus approfondie de la résistance de cet élément au courant électrique en a révélé une curieuse propriété, qui lui a donné subitement un grand intérêt Willoughby Smith observa en 1873 que la résistance du sélénium diminue en raison directe de la lumière transmise ; les recherches entreprises par MM. Draper et Most et Werner Siemens confirmèrent que toute variation dans l'intensité de la lumière qui éclaire le sélénium entraine des variations correspondantes dans sa conductibilité. Cette propriété a été appliquée par Graham Bell à la construction du *photophone,* appareil qui permet la transmission des sons par l'intermédiaire d'un rayon lumineux [Graham Bell, *Ann. Chim. Phys.*, (5), t. XXI, p. 399] ; on trouvera dans ce Mémoire toute la bibliographie du sélénium au point de vue des propriétés physiques.

Bell s'est attaché à produire la modification du sélénium qui possède le plus haut degré de sensibilité à la lumière. W. Siemens a conseillé de maintenir le sélénium pendant plusieurs heures à la température de 210° ; c'est, d'après Hittorff, la température de moindre résistance du sélénium cristallin. MM. Bell et Tainter sont arrivés à préférer le procédé suivant : On chauffe sur une étuve à gaz le sélénium vitreux du commerce ; quand la masse atteint une certaine température, sa belle surface polie se ternit ; bientôt toute la surface a passé à l'état métallique. On continue de chauffer jusqu'à ce que des indices de fusion commencent à se manifester ; on retire immédiatement de l'étuve et on laisse refroidir.

Le sélénium ainsi traité est passé à l'état de sélénium cristallin, comme on peut s'en assurer par l'examen microscopique ; on observe, quand le point convenable est atteint, des masses de cristaux disposés comme des prismes de basalte détachés les uns des autres. Ce procédé paraît devoir s'appliquer généralement à la préparation de la modification cristalline.

Le point d'ébullition du sélénium, estimé un peu inférieur à 700° par Mitscherlich, a été récemment déterminé par Troost ; les mesures de ce savant ont donné un résultat moyen de 665° pour les pressions voisines de 760 millimètres [*Compt. rend.*, t. XCIV, p. 1508].

Propriétés chimiques. — Le chlorure de sélénium dissout assez facilement les diverses modifications du sélénium, mais les cristaux formés au sein de ce dissolvant appartiennent à la modification noire insoluble dans le sulfure de carbone.

Poids atomique. Atomicité. — Le poids atomique du sélénium, fixé à 79.46, d'après les déterminations de Dumas basées sur la synthèse du tétrachlorure de sélénium, a fait l'objet de nouvelles études, dont les résultats s'accordent à diminuer ce chiffre un peu trop élevé. Erdmann et Marchand [*Journ. prakt. Chem.*, t. LV, p. 193] le fixèrent à 78.8, d'après la composition du séléniure de mercure. Dans un travail récent, Petterson et Ekmann ont obtenu 79,01 par calcination du sélénite d'argent et 7908 par réduction de l'acide sélénieux au moyen de l'acide sulfureux [*Deutsch. chem. Gesellsch.*, 1876, p. 1210]. Dans sa revision des poids atomiques, Lothar Meyer a fixé celui du sélénium à 78.87, par rapport à l'hydrogène.

Le caractère d'élément tétratomique est encore plus accusé pour le sélénium que pour le soufre, à la famille duquel il appartient. Le chlorure $SeCl^4$ est très stable et ne paraît se dissocier qu'à une température supérieure à son point de volatilisation ; on connait en outre les dérivés

$$Se(C^2H^5)^3I \text{ et } Se(C^2H^5)^3OH ;$$

ce dernier composé n'a pu être isolé, mais il fournit des sels bien cristallisés [v. Pieverling, *Deutsch. chem. Gesellsch.*, 1876, p. 1469].

Affinités. — L'examen des données thermochimiques, qui mesurent l'affinité d'un élément pour ceux avec lesquels il entre en combinaison, montre que, parmi les éléments de la famille du soufre, c'est le sélénium qui a le moins d'affinité pour l'oxygène. On a, en effet, pour la chaleur dégagée pendant la combinaison :

	R = Se	R = Te	R = S
R, O², Aq.	56^cal,79	81^cal,79	78^cal,77
R, O³, Aq.	75 68	107 04	142 40
Chaleur dégagée pendant l'oxydation de RO², Aq.	18, 89	25, 85	53, 63

Par contre, l'affinité du sélénium pour le chlore est plus grande que celle du soufre, mais moindre que celle du tellure :

	R = S	R = Se	R = Te
R², Cl².	14^cal,26	22^cal,15	—
R, Cl⁴.	—	46 16	77 38

Hydrogène sélénié. — Étard et Moissan recommandent le procédé de préparation suivant : On chauffe, dans un petit ballon muni d'un réfrigérant ascendant, du sélénium et du colophène. Pour débarrasser complètement l'hydrogène sélénié des vapeurs du carbure qu'il pourrait entraîner, on le fait barboter dans un flacon d'acide sulfurique, et on lui fait traverser ensuite un tube de verre rempli d'amiante bien desséchée. La réaction se passe par substitution, et, le produit substitué se décomposant par la chaleur, il ne reste à la fin de l'expérience qu'un mélange de colophène et de charbon.

Le colophène se prépare lui-même en faisant bouillir pendant plusieurs heures, dans un appareil à reflux, un mélange d'essence de térébenthine et d'acide sulfurique étendu de son volume d'eau. On distille ensuite et on recueille le liquide passant au-dessus de 300° [*Bull. Soc. chim.*, t. XXXIV, p. 69].

CHLORURES DE SÉLÉNIUM. — *Protochlorure*, Se^2Cl^2. — La dissolution verte de sélénium dans l'acide sulfurique concentré renferme, d'après Divers et Shimose [*Deutsch. chem. Gesellsch.*, 1884, p. 862], le sulfoxyde de sélénium $SeSO^3$, corps décomposable par la chaleur en sélénium et anhydride sulfurique. En employant de l'acide sulfurique fumant, on parvient à dissoudre une plus forte proportion de sélénium; si l'on fait passer un courant de gaz chlorhydrique dans cette dissolution, elle brunit et se trouble peu à peu; il se dépose du protochlorure de sélénium Se^2Cl^2, insoluble dans l'acide sulfurique monohydraté, et qui peut être facilement séparé. On le purifie en le traitant par l'acide sulfurique fumant, qui le dissout en formant un sulfoxychlorure $Cl^2Se^2SO^3$, ou un composé analogue, et on le reprécipite par l'action du gaz chlorhydrique. Divers et Shimose ayant reconnu la présence de l'acide chlorosulfurique dans l'eau mère du chlorure de sélénium, supposent que la formation de ce corps a lieu en deux phases :

I. $$2SO^2.OSe + 2HCl = SO^3H^2 + SO^2OSe = SeCl^2;$$

II. $$SO^2OSe = SeCl^2 + HCl = SO^2\langle{}^{OH}_{Cl} + Se + SeCl^2.$$

Le chlorure de sélénium, à l'état de pureté, est un liquide rouge foncé; son poids spécifique est 2,906 à 17°,5; il est un peu volatil à la température ordinaire; il se dissout dans le chloroforme; au moment du mélange des deux liquides, il se produit un précipité de sélénium qui disparaît par l'agitation. La benzine se comporte à peu près comme le chloroforme. L'eau, l'alcool et l'éther le décomposent lentement en sélénium et en tétrachlorure; en agitant avec de l'eau la dissolution du chlorure de sélénium dans le sulfure de carbone, on parvient à le décomposer complètement, et le sélénium se dépose à l'état pulvérulent. Le mercure et l'argent le décomposent.

Tétrachlorure. — Michaelis a indiqué le procédé suivant pour la préparation de ce corps : On introduit 13 p. de perchlorure de phosphore dans un matras et on y ajoute peu à peu 7 p. d'anhydride sélénieux; on chauffe légèrement, jusqu'à ce que la masse liquide se soit solidifiée; on distille ensuite l'oxychlorure de phosphore dans un courant d'acide carbonique; il reste dans le matras un mélange d'anhydride phosphorique et de tétrachlorure de sélénium, qui ont pris naissance en vertu de la réaction :

$$3\,SeO^2 + 3\,PCl^5 = 3\,SeCl^4 + P^2O^5 + POCl^3.$$

Quand la distillation de l'oxychlorure de phosphore est terminée, on chauffe plus fortement et on sépare $SeCl^4$ par sublimation.

$SeCl^4$ prend également naissance quand on mélange le chlorure de sélényle avec le chlorure de thionyle :

$$SeOCl^2 + SOCl^2 = SeCl^4 + SO^2.$$

La densité de vapeur, déterminée par Clausnitzer [*Deutsch. chem. Gesellsch.*, 1878, p. 2009], est égale à 3,922 à 218°; la théorie exigerait 12,650; ce fait prouve qu'il y a dissociation : $2\,SeCl^4 = Se^2Cl^2 + 3\,Cl^2$.

Le tétrachlorure de sélénium se dissout dans l'oxychlorure de phosphore, et s'en sépare sous la forme de cristaux cubiques.

Il se combine avec le perchlorure de phosphore et donne un chlorophosphate $PhCl^5Se^2Cl^4$ qui se sublime à 220° [Baudrimont, *Ann. Chim. et Phys.* (4), t. II, p. 36].

Anhydride sélénieux. — Les hydracides réagissent sur l'acide sélénieux avec une extrême énergie; il se forme des combinaisons dont la décomposition est régie par les lois de la dissociation [Ditte, *Ann. Chim. Phys.* (5), t. X, p. 82].

$SeO^2.2HCl$. — Il se forme avec grand dégagement de chaleur. Liquide légèrement ambré qui commence à perdre de l'acide chlorhydrique à 26°; la tension de dissociation atteint 760mm à 106°.

$SeO^2.4HCl$. — Composé jaune clair cristallisé en paillettes brillantes; se dissout comme le précédent sans décomposition apparente dans une petite quantité d'eau. Il se forme par l'action prolongée du gaz chlorhydrique sur le composé précédent; la tension de dissociation acquiert la valeur de la pression atmosphérique à 25°,8 environ et doit être nulle près de — 30°.

$SeO^2.4HBr$. — L'acide sélénieux se transforme facilement dans un courant de gaz bromhydrique en une masse de paillettes blanches, ne dégageant pas sensiblement d'acide bromhydrique au-dessous de 55°; au-dessus de cette température, la combinaison se décompose en acide sélénieux, acide bromhydrique, brome, sélénium et eau; elle se dissout dans une petite quantité d'eau. A la température ordinaire, elle absorbe énergiquement l'acide bromhydrique; en refroidissant à — 15°, on accélère l'absorption et on obtient $SeO^2.5HBr$, corps qui se décompose au-dessus de 65° en brome et en sélénium; à une température inférieure, il se dégage de l'acide bromhydrique et on observe des tensions de dissociation constantes pour chaque température.

L'anhydride sélénieux absorbe également l'acide fluorhydrique, mais il décompose immédiatement l'acide iodhydrique.

Acide sélénique. — Von Gerichten recommande la préparation par le sel de plomb; l'acide sélénique est mis très facilement en liberté par l'action de l'hydrogène sulfuré; on purifie en transformant en sel de baryum; le mélange de sulfate et de séléniate de baryum est traité par le carbonate de potassium, qui décompose le séléniate et n'exerce aucune action sur le sulfate; on transforme de nouveau le sel de potassium en sel de plomb et on obtient finalement un acide sélénique très pur.

Sulfoxyde de sélénium. — On a vu que le sélénium se dissout dans l'acide sulfurique, et notamment dans l'acide sulfurique fumant, avec une coloration verte attribuée à un sulfoxyde de sélénium. Ce corps, décrit par Weber [*Pogg. Ann.*, t. CLVI, p. 531], se prépare en versant de l'anhydride sulfurique fondu sur du sélénium pulvérulent; la combinaison se produit avec un grand dégagement de chaleur et on obtient un liquide verdâtre, qui se sépare nettement du reste de l'anhydride sulfurique et se solidifie bientôt en une masse cristalline renfermant $SeSO^3$. Ce corps paraît subir une transformation lente et se décolore à la longue; il ne se décompose pas au-dessous de 35°; quand on le chauffe au-dessus de cette température, il se décompose d'abord en sélénium et anhydride sulfurique, puis l'anhydride sulfurique réagit sur le sélénium en formant un mélange d'acides sélénieux et sulfureux. Chauffé légèrement dans le vide, il paraît se convertir en une modification jaune, qui peut être également observée lorsqu'on broie le produit verdâtre.

Lorsqu'on fait agir le gaz chlorhydrique sur la dissolution du sulfoxyde de sélénium dans l'acide sulfurique fumant, il se forme du protochlorure de sélénium (voir plus haut la préparation de ce corps) et de l'acide chlorosulfurique. Divers et Shimose admettent qu'il se forme d'abord un sulfoxychlorure de sélénium et attribuent au sulfoxyde une constitution analogue :

$$\begin{matrix} O^2S \\ | \\ O \end{matrix} \Big\rangle Se = Se \Big\langle \begin{matrix} SO^2 \\ | \\ O \end{matrix} \qquad \begin{matrix} O^2S \\ | \\ O \end{matrix} \Big\rangle Se\text{-}SeCl^2$$

Sulfoxyde de sélénium. — Sulfoxychlorure de sélénium.

$$Se = SeCl^2$$

Protochlorure de sélénium.

Oxytétrachlorure de soufre et de sélénium. — On doit à Clausnitzer une étude approfondie de la combinaison préparée par H. Rose en faisant agir l'anhydride sulfurique sur $SeCl^4$, et considérée par Berzélius comme un sulfate de chlorure de sélénium. D'après Clausnitzer [*Deutsch. chem. Gesellsch.*, 1878, p. 2007], on l'obtient en chauffant un mélange de $SeCl^4$ (1 molécule) avec de l'acide chlorosulfurique (2 molécules) :

$$SeCl^4 + SO^2 \begin{cases} Cl \\ OH \end{cases} = SO^2 \begin{cases} O\,SeCl^3 \\ Cl \end{cases} + HCl.$$

On chauffe jusqu'à dissolution complète ; il se dégage de l'acide chlorhydrique, un peu de chlore et d'anhydride sulfureux. La dissolution, dont la coloration varie du jaune au rouge brun, laisse déposer par refroidissement des aiguilles blanches imbibées d'acide chlorosulfurique ; on les étend sur une plaque de porcelaine dégourdie qu'on place sous une cloche sur de l'acide sulfurique concentré. Ce corps présente les plus grandes analogies avec la combinaison sulfurée correspondante, mais il s'en distingue par sa plus grande stabilité ; comme celle-ci, il est décomposé par l'air humide, mais il ne se détruit pas spontanément à l'abri de l'air, ni même par l'action de la chaleur. Il fond à 165° et distille à 183°. Sa densité de vapeur, déterminée par la méthode de Dumas, est 3,362 à 209° au lieu de 10,426, chiffre exigé par la formule $SSeO^3Cl^4$. Il est probable qu'il se dissocie suivant l'équation

$$2\,SSeO^3Cl^4 = 2\,SO^3 + Se^2Cl^2 + 3\,Cl^2.$$

L'eau le décompose en acides chlorhydrique, sélénieux et sulfurique.

L'oxychlorure de soufre et de sélénium prend encore naissance dans diverses autres réactions, notamment lorsqu'on chauffe l'acide sulfurique ordinaire, l'acide pyrosulfurique ou le chlorure de pyrosulfuryle avec $SeCl^4$. Il se produit aussi lorsqu'on chauffe en tube scellé à 170-180° un mélange de chlorure de sulfuryle et d'oxychlorure de sélénium :

$$SO^2Cl^2 + SeOCl^2 = ClSO^2.O.SeCl^3,$$

ou lorsqu'on chauffe l'acide chlorosulfurique avec l'oxychlorure de sélénium ; cette dernière réaction a lieu en deux phases : à froid, il se forme du tétrachlorure de sélénium et de l'acide pyrosulfurique :

$$2\,SO^2ClOH + SeOCl^2 = SeCl^4 + H^2S^2O^7.$$

En chauffant ensuite jusqu'à dissolution de $SeCl^4$, la liqueur laisse déposer, par refroidissement, l'oxychlorure de soufre et de sélénium à l'état cristallisé :

$$H^2S^2O^7 + SeCl^4 = SSeO^3Cl^4 + H^2SO^4.$$

On peut remplacer, dans cette réaction, le tétrachlorure de sélénium par l'anhydride sélénieux.

Séléniure d'azote, SeAz. — Découvert par Woehler en 1859, ce corps a fait récemment l'objet d'un travail de Verneuil [*Bull. Soc. chim.*, t. XXXVIII, p. 548]. Il se forme lorsqu'on sature de gaz ammoniac le tétrachlorure de sélénium fortement refroidi ; la préparation en est beaucoup plus facile lorsqu'on effectue la réaction en présence de sulfure de carbone. On broie 10 grammes de tétrachlorure avec quelques gouttes de sulfure de carbone ; la pâte obtenue est mise en suspension dans environ 1 litre du même dissolvant et traitée par un courant de gaz ammoniac sec ; il se précipite des flocons de sel ammoniac ; on agite pour faire entrer peu à peu le tétrachlorure de sélénium en dissolution ; la liqueur se colore en rouge foncé ; bientôt la teinte rouge disparaît, et il se dépose des flocons bruns, mélange de AzH^4Cl, et probablement d'une combinaison de sélénium et de séléniure d'azote. On laisse passer le courant d'ammoniaque jusqu'à ce que les flocons aient pris une belle teinte orangé clair. On filtre, on lave au sulfure de carbone, et on dessèche le produit par un courant d'air. La poudre obtenue est un mélange de chlorure d'ammonium et de séléniure d'azote. On enlève le premier corps par un lavage à l'eau ; on sèche le résidu à l'air libre, et on purifie finalement par le sulfure de carbone. On obtient 80 % du rendement théorique. Le séléniure d'azote se forme d'après l'équation

$$3\,SeCl^4 + 16\,AzH^3 = 3\,SeAz + 12\,AzH^4Cl + Az.$$

Le séléniure d'azote est une poudre orangé clair, amorphe, insoluble dans l'eau, l'éther et l'alcool, très peu soluble dans le sulfure de carbone, la benzine et l'acide acétique cristallisable.

Il est très peu hygrométrique et adhère fortement aux corps mauvais conducteurs avec lesquels on le frotte. Lorsqu'il est sec, un choc très léger suffit pour le faire détoner violemment. Chauffé, il fait explosion vers 230° ; il est d'un maniement dangereux.

La potasse le décompose ; il se précipite du sélénium ; la liqueur contient du sélénite et du séléniure de potassium ; l'azote se dégage à l'état d'ammoniaque. L'acide chlorhydrique agit de la même façon. L'eau le décompose lentement à l'ébullition.

Ce corps est formé avec absorption de chaleur ; sa chaleur de formation est — 84,6 calories, d'après Berthelot et Vieille. H. Gall.

SÉNÉVOLS (Syn. Isosulfocyanates). — Voyez *Sulfocyaniques éthers*, au Suppl.

SIKIMINE [Eykmann, *Deutsch. chem. Gesellsch.*, 1881, p. 1721]. — On donne ce nom à une matière amorphe qui paraît être le principe toxique de l'*Illicium religiosum* (en japonais *sikimi*). Sa composition n'a pas été établie. Elle fournit avec l'acide chlorhydrique un composé cristallisé et fusible à 175°.

SILICIUM. — Hydrogène silicé. — En soumettant à l'action de l'effluve électrique dans les éprouvettes décrites par M. Berthelot (*Ann. Chim. Phys.* (5), t. VIII p. 76] l'hydrogène silicé pur, M. Ogier a obtenu une matière jaune solide, qui n'est autre chose qu'un hydrogène silicé, Si^2H^6. Le gaz restant est de l'hydrogène pur. L'hydrogène silicé solide brûle à l'air quand il est doucement chauffé ou quand il est frotté avec un corps dur. Il s'enflamme à froid dans le chlore. Chauffé avec précaution dans une atmosphère d'hydrogène ou d'azote, il dégage de l'hydrogène silicé.

L'action de l'effluve sur l'hydrogène silicé gazeux en présence de l'azote a donné lieu à la formation d'un peu d'ammoniaque et d'une matière solide renfermant un peu d'azote.

La chaleur seule décompose l'hydrogène silicé, SiH^4, en ne donnant que du silicium et de l'hydrogène [*Compt. rend.*, t. LXXXIX, p. 1068].

Acide fluosilicique. — Lorsqu'on fait passer un courant de fluorure de silicium dans une solution suffisamment concentrée d'acide fluorhydrique, on obtient des cristaux qui, plusieurs fois fondus et reformés par refroidissement, et égouttés, sont de l'acide hydrofluosilicique hydraté pur. Ils fondent vers 19°. Chauffés au-dessus de ce point, ils dégagent du fluorure de silicium avec séparation d'acide fluorhydrique. Ils sont très déliquescents et fument à l'air. Ils paraissent être clinorhombiques et avoir pour formule $SiFl^6H^2 + 2H^2O$ [Kessler, *Compt. rend.*, t. XC, p. 1285].

Silice. — D'après les expériences de M. Van Bemmelen [*Deutsch. chem. Gesellsch.*, 1878, p. 2232 et 1880, p. et 1466], la silice pulvérulente fraîchement préparée et séchée à l'air humide renferme 4 molécules d'eau qu'elle perd dans l'air sec et à 100°, à 0,2 de molécule près. Après dessiccation, elle reprend la même proportion d'eau; après calcination, seulement 3 molécules.

La silice, chauffée avec les sulfates alcalins jusqu'au rouge vif, reste sans action sur eux [Ed. J. Mills et C.-W. Meanwell, *Journ. chem. Soc.*, 1881, p. 533].

Protosulfure de silicium. — Lorsqu'on fait agir le sulfure de carbone sur le silicium chauffé au rouge vif pendant plusieurs heures, on trouve dans le tube un corps d'un jaune voisin de celui de l'oxyde de mercure léger et pulvérulent. Il est facilement soluble dans une lessive alcaline avec dégagement d'hydrogène. Brûlé dans un courant d'oxygène, il se transforme en silice sans changer de poids. Sa composition répond donc à la formule SiS.

Oxysulfure de silicium. — Le tube renferme en outre un corps jaunâtre, souillé de poussière de silicium, adhérant fortement au tube et semblant résulter de l'attaque de celui-ci. Le soufre et le silicium sont aussi dans les rapports atomiques; mais lorsqu'on dissout le composé dans la potasse, il ne se dégage pas de gaz. Ce corps doit donc avoir pour formule $SiSO$.

Carbosulfure de silicium. — Les nacelles qui renfermaient primitivement le silicium contiennent un corps qui, dépouillé du silicium et du sulfure de silicium par l'action d'une dissolution bouillante de potasse, de la silice par l'acide fluorhydrique tiède, laisse une poudre verdâtre dégageant de l'hydrogène sulfuré par l'action de l'acide fluorhydrique bouillant. Ce corps contient Si^4C^4S; chauffé dans un courant d'oxygène, il se convertit, sans changement de poids, en $C^4Si^4O^2$ [A. Colson, *Bull. Soc. chim.* (2), t. XXXVIII, p. 58, et *Compt. rend.*, t. XCIV, p. 1526].

Sulfure de silicium. — La réaction du soufre sur le silicium chauffé au rouge dans une atmosphère d'hydrogène est très vive et ne fournit pas de produits nets. Lorsqu'on fait passer un courant d'hydrogène sulfuré sec sur du silicium cristallisé chauffé au rouge vif, celui-ci est fortement attaqué. Dans une partie relativement froide du tube, il se forme un anneau brunâtre au centre duquel se trouvent des aiguilles blanches de sulfure de silicium, SiS^2. Au delà de l'anneau, le tube est tapissé d'une poudre orangée. En avant, il y a des cristaux de silicium. La matière brune, traitée par l'eau, la décompose vivement en dégageant de l'hydrogène sulfuré et en laissant un résidu brun ou jaunâtre que la potasse dissout avec dégagement d'hydrogène. C'est un sous-sulfure de silicium ou du silicium amorphe mélangé au sulfure de silicium. La présence du silicium cristallisé rend cette dernière hypothèse probable. Toutefois, M. Sabatier pense qu'il a dû se former à une température très élevée un sous-sulfure de silicium qui, à une température plus basse, se serait dédoublé en silicium et sulfure de silicium. Peut-être une partie a-t-elle échappé à la décomposition. Chaleur de formation du sulfure de silicium :

$$Si + S^2 \text{ (atomes)} = + 40 \text{ calories}$$

à partir du silicium amorphe et du soufre solide [P. Sabatier, *Ann. Chim. Phys.* (5), t. XXII, p. 92, et *Bull. Soc. chim.* (2), t. XXXVIII, p. 153].

Azoture de silicium. — Le silicium cristallisé, chauffé au rouge blanc dans une nacelle de porcelaine contenue dans un tube de porcelaine doublement vernissée, au sein d'une atmosphère d'azote, se convertit en une masse blanche. Celle-ci, débarrassée par une lessive caustique de l'excès de silicium, se dissout en partie dans l'acide fluorhydrique; la solution contient de l'ammoniaque. Le résidu insoluble, brûlé avec un mélange de litharge et de chromate de plomb, fournit une quantité d'azote qui conduit à la formule Si^2Az^3.

Le produit de l'action de l'ammoniaque sèche sur le chlorure de silicium, au rouge naissant, dans un courant d'hydrogène, est une poudre blanche renfermant $Si^3Az^6Cl^2$. Chauffée au rouge dans un courant d'ammoniaque, cette poudre laisse un résidu qui contient des quantités sensibles d'hydrogène et qui est rapidement soluble dans les solutions alcalines caustiques et dans l'acide fluorhydrique, avec formation d'ammoniaque. Ce corps doit être représenté par Si^2Az^3H.

L'azote semble jouer un rôle dans la volatilité apparente du silicium que l'on observe dans certains cas. En effet, si le platine, chauffé fortement dans un creuset de charbon de cornue placé lui-même dans un creuset de terre, fond avec une notable augmentation de poids due au silicium, — quand on a soin d'envelopper le creuset d'une brasque titanifère qui empêche l'accès de l'azote, le platine reste inaltéré.

La volatilité du silicium libre est trop faible pour rendre compte de l'altération du platine à distance [Schützenberger et Colson, *Compt. rend.*, t. XCII, p. 1510, et t. XCIV, p. 1710].

Combinaisons carbosiliciques. — Le silicium, chauffé au rouge blanc dans un courant d'acide carbonique, absorbe celui-ci rapidement en donnant une masse blanc-verdâtre. Le produit est partiellement attaquable par l'acide fluorhydrique, mais une partie résiste et se présente alors comme une poudre verdâtre, inattaquable aux lessives alcalines bouillantes et aux acides, y compris l'acide fluorhydrique.

Cette poudre ne change pas non plus sensiblement lorsqu'on la chauffe au rouge dans un courant d'oxygène; elle fournit seulement, dans ces conditions, 2 ou 3 centièmes de carbone. Par contre, lorsqu'on la chauffe avec de la litharge, ou mieux avec un mélange de litharge et de chromate de plomb, on voit se produire une vive incandescence et un notable dégagement d'acide carbonique. L'analyse faite par ce moyen donne pour le produit une composition répondant à la formule $SiCO$.

Le même corps ou un corps analogue se forme lentement, à une température plus élevée, par l'action directe de l'oxyde de carbone sur le silicium.

Le produit que Wöhler a obtenu en chauffant du silicium dans une brasque de charbon renferme aussi du carbone. Privé du silicium par l'ébullition avec la potasse, traité par l'acide fluorhydrique pour enlever la silice, il laisse un résidu pulvérulent vert-bleuâtre, inattaquable par les lessives alcalines chaudes et les acides, même l'acide fluorhydrique. Ce résidu ne se modifie pas lorsqu'on le chauffe au rouge dans un courant d'oxygène; il se comporte comme le carboxyde décrit plus haut et l'analyse lui assigne la formule Si^2C^2Az [Schützenberger et Colson, *Compt. rend.*, t. XCII, p. 1508].

Lorsqu'on chauffe fortement, dans une atmosphère d'hydrogène saturé de benzine à 50 ou 60°, des nacelles renfermant du silicium, on voit, au bout de 3 heures environ, la première nacelle renfermer une matière noire, pulvérulente, légère; la deuxième, un corps gris-blanchâtre. Purifiée d'abord par l'action d'une solution bouillante de potasse et par celle de l'acide fluorhydrique chaud, la matière noire est d'un vert foncé et renferme SiC^2, après combustion du charbon non combiné.

La matière blanchâtre contient de l'oxygène en grande proportion. Celui-ci provient sans doute de l'attaque des nacelles.

En chauffant au feu de forge du silicium dans un petit creuset de charbon de cornue enduit intérieurement de noir de fumée, et placé dans un creuset de charbon contenant de la brasque titanifère, renfermé lui-même dans un creuset de terre rempli de la même brasque, on obtient une poudre vert-bouteille, renfermant $Si^2C^3O^2$ [Colson, *Compt. rend.*, t. XCIV, p. 1316].

Acide phosphosilicique. — Lorsqu'on maintient en fusion tranquille, dans un creuset de platine, de l'acide métaphosphorique et que l'on y ajoute de la silice provenant de la décomposition du fluorure de silicium par l'eau, on voit les deux corps se combiner, rapidement si la silice est simplement desséchée, plus lentement si elle a été calcinée à haute température. La silice plus fortement agrégée, provenant de la décomposition des silicates par les acides, résiste à l'action de l'acide métaphosphorique en fusion, à moins que le mélange ne soit chauffé à une température très élevée.

La combinaison de silice et d'acide phosphorique est peu soluble dans l'excès d'acide métaphosphorique; il se dépose des cristaux microscopiques qui grandissent quand on ajoute petit à petit de la silice amorphe au mélange maintenu à 700 ou 800°.

Les cristaux, faciles à isoler par l'action de l'eau bouillante, sont des octaèdres transparents, sans action sur la lumière polarisée; ils rayent le verre. Densité à 14° = 3,1. Ils fondent au chalumeau en un verre qui ne se dévitrifie pas. Ils renferment P^2O^5,SiO^2 [Hautefeuille et Margottet, *Compt. rend.*, t. XCVI, p. 1052].

La silice hydratée, provenant de la décomposition du fluorure de silicium par l'eau, se dissout abondamment dans l'acide phosphorique chauffé au-dessus de 120°. Si l'on mélange à froid de la silice hydratée et de l'acide phosphorique et que l'on porte le mélange à 260° dans un vase de platine, l'acide phosphorique peut dissoudre environ 5 % de silice. On peut aller plus loin, en portant lentement, jusqu'à 260°, un mélange d'acide phosphorique hydraté et de chlorure de silicium.

Sous l'action de la chaleur, cette dissolution laisse déposer un phosphate de silice cristallisé, dont la forme dépend de la température à laquelle il se sépare de sa dissolution.

La solution, en se refroidissant au-dessous de 260°, laisse déposer spontanément de petits cristaux ayant l'apparence de disques aplatis; ce sont des prismes hexagonaux, lorsqu'on ajoute de l'acide sulfurique au bain et qu'on maintient celui-ci à une température un peu supérieure à celle de l'ébullition de cet acide.

Ils sont assez rapidement corrodés par l'eau, mais peuvent être débarrassés par l'alcool de l'acide phosphorique en excès.

Si, au lieu de laisser refroidir la solution, on élève graduellement sa température de 260 à 360°, elle laisse déposer des lames minces hexagonales, inaltérables dans l'alcool, corrodées à la longue par l'eau froide. Elles agissent faiblement par leur tranche sur la lumière polarisée, et se distinguent ainsi des précédentes.

Si l'on chauffe brusquement la dissolution silicique, on la voit, entre 700 et 800°, déposer les octaèdres réguliers, modifiés habituellement par les faces du cube, du phosphate de silice précédemment décrit.

Enfin, en chauffant à 900 ou 1000° de l'acide phosphorique ne renfermant qu'une faible quantité de silice, on obtient des prismes clinorhombiques, qui sont la forme la plus stable à cette température. Ces deux dernières formes sont inattaquables à l'eau.

Toutes ces formes différentes du phosphate de silice ont la même composition et renferment

$$P^2O^5SiO^2.$$

On les analyse facilement en les chauffant avec de l'azotate d'argent fondu. Il se forme de la silice pure et du phosphate d'argent [Hautefeuille et Margottet, *Compt. rend.*, t. XCIX, p. 789].

Acide silicomolybdique,

$$SiO^2.12MoO^3,26H^2O.$$

— Cette combinaison a été décrite à l'article Molybdène (Suppl., p. 1026). Nous n'ajouterons ici que quelques détails sur les sels de cet acide.

Silicomolybdate d'ammonium,

$$2(AzH^4)^2.OSiO^2.12MoO^3,8H^2O.$$

— Sel jaune, en petits octaèdres agissant sur la lumière polarisée; soluble dans l'eau, décomposable par la chaleur et par l'action de l'acide sulfurique et de l'eau régale. L'ammoniaque en excès et les carbonates alcalins le dissolvent avec précipitation de silice et formation de molybdates blancs. La solution, même très étendue, du sel est précipitée par l'addition de sel ammoniac.

Le silicomolybdate d'ammonium ne précipite de leurs liqueurs étendues que les oxydes de thallium, de césium et de rubidium, les sous-oxydes de mercure, les alcaloïdes et les ammoniaques composées.

Silicomolybdate de potassium,

$$2K^2O.SiO^2.12MoO^3,14H^2O.$$

— On l'obtient par l'action de l'acide sur le chlorure de potassium. Il se sépare après évaporation, par refroidissement, en longues aiguilles flexibles, d'un beau jaune; il est très efflorescent.

Ce sel, pas plus que celui de sodium, ne se produit directement par l'action de la silice sur les molybdates correspondants.

Le *sel d'argent*, $2Ag^2O.SiO^2.12MoO^3$, est anhydre. Il se prépare en mélangeant des dissolutions étendues de nitrate d'argent et d'acide silicomolybdique.

Le *sel de thallium,*

$$2Th^2O.SiO^2.12MoO^3,10H^2O,$$

peut être obtenu directement; mais il vaut mieux précipiter le sel ammoniacal par une dissolution étendue d'un sel de thallium. Il se forme un précipité jaunâtre, gélatineux, qui se transforme bientôt en une poudre cristalline.

Silicomolybdate mercureux,

$$4Hg^2.OSiO^2.12MoO^3.$$

— Par double décomposition entre le sel ammoniacal et l'azotate mercureux.

Le *sel de césium* et celui *de rubidium*, étant fort peu solubles, peuvent servir à caractériser et à isoler ces métaux. Celui de rubidium est un peu soluble dans l'eau; celui de césium est presque entièrement insoluble, ce qui permet de séparer les métaux l'un de l'autre.

Silicomolybdates blancs. — Il existe, outre

l'acide précédent, d'autres acides silicomolybdiques, dont les sels sont blancs. On obtient de ces sels, peu solubles, en attaquant la silice gélatineuse par les molybdates très acides, par exemple, par les octomolybdates qui se produisent par l'action de l'acide azotique en excès sur les molybdates ordinaires.

La décomposition des silicomolybdates jaunes, sous diverses influences, donne également naissance à des silicomolybdates blancs. Ces corps sont solubles et difficiles à séparer.

La silice peut être dosée assez exactement dans les silicomolybdates, en faisant fondre le sel avec une quantité de carbonate alcalin inférieure à celle nécessaire pour la saturation complète de l'acide molybdique. La silice cristallise à l'état de quartz ou de tridymite, suivant la température, et se sépare facilement [F. Parmentier, *Thèse pour le doctorat ès sciences*, Paris, 1882].

Combinaisons silicopropyliques. — Le silicichloroforme, préparé de la manière ordinaire et bouillant de 32 à 34°, est chauffé avec du zincpropyle, en vase clos, à 150°, pendant 6 heures. Il se sépare du chlorure de zinc, du zinc et des gaz combustibles. On traite par l'eau, on sèche et on distille. La distillation fournit deux produits, bouillant l'un de 170 à 171° et l'autre de 213 à 214°. Le premier est le dérivé propylé du silicichloroforme, le *silicodécane*, $SiH(C^3H^7)^3$; l'autre est celui du tétrachlorure de silicium, le *silicium-tétrapropyle*, $Si(C^3H^7)^4$.

La densité du silicodécane est de 0,7723 à 0° et de 0,7621 à 15°, par rapport à l'eau à 4°. Il brûle avec une flamme éclairante et avec dépôt de silice. Le brome l'attaque énergiquement à la température ordinaire et fournit le composé

$$SiBr(C^3H^7)^3,$$

qui constitue un liquide jaunâtre, fumant à l'air, bouillant à 213° et décomposable à l'air humide. L'ammoniaque aqueuse transforme le bromure en *tripropylsilicol*, $SiOH(C^3H^7)^3$, qui bout à 205-208°. Il se produit en même temps un peu d'oxyde de silicotripropyle.

On peut transformer le bromure en éther acétique par sa réaction sur l'acétate d'argent. En reprenant par l'éther et en distillant, on isole un acétate bouillant de 212 à 216°, ayant une odeur agréable. L'air humide le transforme lentement en acide acétique et silicol; mais la saponification n'est pas complète, même par l'ébullition avec une solution étendue de carbonate de sodium.

La densité du silicium-tétrapropyle est de 0,7979 à 0° et de 0,7883 à 15°. C'est un liquide limpide, insoluble dans l'eau et dans l'acide sulfurique, soluble dans l'alcool et dans l'éther. La quantité qui s'en forme est à peu près égale à celle du silicodécane [C. Pape, *Deutsch. chem. Gesellsch.*, 1881, p. 1872].

Dosage du silicium et du titane dans la fonte et dans l'acier. — MM. Th.-N. Drown et P.-W. Schimer proposent de volatiliser le silicium et le titane, à l'état de chlorures, par l'action du chlore sur le métal contenu dans une nacelle de porcelaine placée dans un tube de verre chauffé au rouge. Le chlorure ferrique se condense dans les parties froides du tube; les chlorures de silicium et de titane sont recueillis dans l'eau. La liqueur aqueuse, additionnée d'acide chlorhydrique et d'acide sulfurique, est évaporée; la silice se sépare et l'acide titanique reste en solution; il peut être précipité ensuite par ébullition de la solution étendue. Dans le résidu contenu dans la nacelle, on a trouvé du manganèse, de l'aluminium, du magnésium et du calcium [*Chem. News*, t. XLII, p. 299, et *Deutsch. chem. Gesellsch.*, 1881, p. 279].

M. Francis Watts [*Chem. News*, t. XLV, p. 279-281] a reconnu que la présence du charbon et de la scorie ne gêne pas et que leur mélange ne donne pas, dans ces conditions, de chlorure de silicium. C. Friedel.

SINALBINE, $C^{30}H^{44}Az^2S^2O^{16}$ [Will, *Bull. Soc. Chim.*, t. XV, p. 284; — Will et Laubenheimer, *Liebig's Ann. Chem.*, t. CXCIX, p. 150]. — Ce glucoside est contenu dans la moutarde blanche (*Sinapis alba*) et peut en être retiré par le procédé suivant :

La graine de moutarde blanche est pulvérisée et privée des matières huileuses qu'elle renferme, d'abord par expression, puis par lavage au sulfure de carbone. La poudre ainsi obtenue est ensuite séchée à l'air et épuisée par l'alcool à 85 °/₀ à la température du bain-marie. La liqueur alcoolique laisse déposer la sinalbine par le refroidissement, tandis qu'il reste en solution du *sulfocyanate de sinapine*.

Pour purifier la sinalbine, on la lave au sulfure de carbone, on la dissout dans l'eau chaude avec addition de noir animal, on précipite la solution aqueuse par l'alcool fort et on fait recristalliser une dernière fois dans l'alcool bouillant.

La sinalbine cristallise en petites aiguilles brillantes, à peine colorées en jaune, très solubles dans l'eau, solubles dans 3p,3 d'alcool à 85 °/₀ bouillant, presque insolubles dans l'alcool absolu, totalement insolubles dans l'éther et dans le sulfure de carbone.

Une trace d'alcali suffit pour la colorer fortement en jaune, et la coloration passe au rouge sang par l'addition d'acide nitrique. Sa solution aqueuse ne donne pas de coloration avec le chlorure ferrique, elle ne précipite pas par le chlorure de baryum, mais elle fournit avec le nitrate d'argent et le chlorure mercurique des précipités blancs. Elle réduit les solutions alcalines de cuivre, en donnant un précipité coloré par du sulfure de cuivre. Par l'ébullition avec de la soude, elle donne du sulfate et du sulfocyanate de sodium.

Lorsqu'on ajoute de l'azotate d'argent à une solution de sinalbine, il se produit peu à peu un précipité soluble dans un excès du précipitant. Si l'on traite ce précipité en suspension dans l'eau par un courant d'acide sulfhydrique, il se dépose un mélange de sulfure d'argent et de *soufre*, tandis qu'il reste en solution du *sulfate acide de sinapine*, $C^{16}H^{23}AzO^5.H^2SO^4$, de l'*orthoxyphénylacétonitrile*,

$$C^6H^4\left\langle\begin{array}{l}CH^2.CAz_{(1)}\\OH_{(2)}\end{array}\right.$$

et du *glucose*, $C^6H^{12}O^6$.

La sinalbine a donc été décomposée par l'action successive du nitrate d'argent et de l'acide sulfhydrique, suivant l'équation

$$C^{30}H^{44}Az^2S^2O^{16} = S + C^6H^{12}O^6 + C^8H^7AzO + C^{16}H^{23}AzO^5.H^2SO^4.$$

Le chlorure mercurique se comporte comme le nitrate d'argent avec la sinalbine.

Action de la myrosine. — La myrosine (ferment soluble de la moutarde blanche) dédouble la sinalbine, suivant l'équation

$$\underset{\text{Sinalbine.}}{C^{30}H^{44}Az^2S^2O^{16}} = \underset{\text{Glucose.}}{C^6H^{12}O^6} + \underset{\text{Sulfate acide de sinapine.}}{C^{16}H^{23}AzO^5.H^2SO^4} + \underset{\text{Isosulfocyanate d'orthoxybenzyle ?}}{C^7H^7O.AzCS.}$$

La réaction est tout à fait analogue à celle qui se produit entre la myrosine et le myronate de potassium (voyez ce mot).

Le composé $C^7H^7O.AzCS$ peut être isolé de la manière suivante : Lorsque à un mélange de solutions aqueuses de myrosine et de sinalbine on ajoute de l'alcool, il se produit un précipité de myrosine qui englobe le corps $C^7H^7O.AzCS$. On épuise ce précipité par l'alcool, on ajoute de l'eau à la solution et on l'agite ensuite avec de l'éther : celui-ci abandonne par évaporation le corps cherché, sous la forme d'un liquide oléagineux, jaunâtre, doué d'une odeur extrêmement pénétrante et exerçant sur la peau une action vésicante moins énergique que celle de l'isosulfocyanate d'allyle. Ad. Fauconnier.

SINAPINE, $C^{16}H^{23}AzO^5$. Voyez t. II, p. 1505. — Cette base peut être obtenue accessoirement dans la préparation de la *sinalbine :* elle reste en effet en dissolution à l'état de sulfocyanate dans les eaux mères d'où ce glucoside s'est déposé (voyez SINALBINE, p. 1430). Elle se produit aussi dans le dédoublement de la sinalbine : 1° par l'action successive des sels d'argent ou de mercure et de l'acide sulfhydrique, suivant l'équation

$$\underset{\text{Sinalbine.}}{C^{30}H^{44}Az^2S^2O^{16}} = S + \underset{\text{Glucose.}}{C^6H^{12}O^6} + \underset{\text{Orthoxy-phénylacéto-nitrile.}}{C^8H^7AzO}$$
$$+ \underset{\text{Sulfate acide de sinapine.}}{C^{16}H^{23}AzO^5.H^2SO^4};$$

2° Sous l'influence de la myrosine, suivant l'équation

$$C^{30}H^{44}Az^2S^2O^{16} = C^6H^{12}O^6$$
$$+ C^{16}H^{23}AzO^5.H^2SO^4 + C^7H^7O.AzCS.$$

Le *chloromercurate*, $C^{16}H^{23}AzO^5.HCl.HgCl^2$, se présente en petits prismes transparents, très peu solubles dans l'eau froide [Will et Laubenheimer, *Liebig's Ann. Chem.*, t. CXCIX, p. 150].

SINAPIQUE (ACIDE), $C^{11}H^{12}O^5$. Voyez t. II, p. 1505. — Suivant Remsen et Coale [*Deutsch. chem. Gesellsch.*, 1884, *Referate*, p. 230], il convient, pour préparer cet acide, de décomposer la sinapine par la baryte : il suffit de faire bouillir pendant 5 minutes un mélange de 10 parties de sulfocyanate de sinapine, 20 parties d'hydrate de baryum et 300 parties d'eau, pour opérer le dédoublement de la sinapine en sincaline et acide sinapique, suivant l'équation

$$C^{16}H^{23}AzO^5 + 2H^2O$$
$$= C^5H^{15}AzO^2 + C^{11}H^{12}O^5.$$

Le sinapate de baryum se précipite; on le décompose par l'acide chlorhydrique et on purifie l'acide sinapique par cristallisation dans l'alcool faible. Il fond à 192°.

Le *sel de baryum* a pour composition

$$(C^{11}H^{11}O^5)^2Ba \quad \text{et non} \quad C^{11}H^{10}O^5Ba.$$

L'*anhydride acétique* convertit l'acide sinapique en un dérivé *monoacétylé* fusible à 281°; le chlorure d'acétyle est, au contraire, sans action sur lui. Par fusion avec de la potasse, il paraît fournir du pyrogallol.

Ces deux réactions permettraient d'attribuer à l'acide sinapique la constitution

$$C^6H^2(OH)(CO^2H) \lt {O \atop O} \gt C^4H^8.$$

SINCALINE. Voyez t. II, p. 1505. — Cette base est identique avec la choline; elle a par conséquent pour formule, non $C^5H^{13}AzO$, mais

$$C^5H^{15}AzO^2 = (CH^3)^3Az \lt {C^2H^4.OH \atop OH}$$

SINISTRINE, $C^6H^{10}O^5$. — Schmiedeberg [*Jahresb. f. rein., Chem.*, 1879, p. 506] donne ce nom à une dextrine contenue dans l'*Urginea scilla*. La plante pulvérisée est épuisée par l'eau, et la solution précipitée par l'acétate de plomb; le liquide filtré, privé de plomb par l'acide sulfhydrique, est additionné d'un lait de chaux : la sinistrine se précipite à l'état de combinaison calcique, amorphe et insoluble. Il ne reste plus qu'à détruire cette combinaison par l'acide carbonique et à précipiter la solution aqueuse par l'alcool.

On obtient finalement une masse gommeuse, qui, au contact prolongé de l'alcool, se convertit en une poudre blanche.

La sinistrine est soluble dans l'eau en toutes proportions, et insoluble dans l'alcool absolu; elle est lévogyre; son pouvoir rotatoire $[\alpha]_D = -41°,4$.

Elle ne réduit pas les solutions alcalines de cuivre, mais l'acide sulfurique dilué et chaud la transforme en un mélange de lévulose et d'un sucre réducteur optiquement inactif.

SODIUM. — *Propriétés physiques*. — Le coefficient de dilatation du sodium est à peu près proportionnel à la température, et égal à 0,0000731; il est donc supérieur à celui des autres métaux, sauf à celui du potassium, qui est 0,0000833. Ce coefficient est plus fort pour le métal fondu que pour le métal solide. Le sodium éprouve une dilatation notable en fondant [E.-B. Hagen, *Poggend. Ann.*, nouvelle série, t. XIX, p. 436].

La densité du sodium à son point d'ébullition est égale à 0,7414 [W. Ramsay, *Deutsch. chem. Gesellsch.*, 1880, p. 2145].

V. Meyer a cherché à prendre la densité de vapeur du sodium, mais tous les vases employés ont été attaqués par le métal en vapeur, même les vases d'argent et de platine, de sorte que les résultats sont tout à fait incertains [*Deutsch. chem. Gesellsch.*, 1880, p. 391]. Dewar et Scott, en opérant dans des vases de fer, par déplacement, dans une atmosphère d'azote, étaient arrivés à un chiffre conduisant pour le sodium au poids moléculaire Na^2. Ayant reconnu que le fer avait absorbé du sodium, ils ont répété l'expérience dans un appareil de platine et sont arrivés au poids moléculaire Na: mais le platine avait également été attaqué [*Proceed. Roy. Soc.*, 1879, p. 179]. La question reste donc sans solution.

Lockyer, en observant le spectre de la vapeur de sodium dans le vide, a remarqué la production de raies rouges et vertes, qui ont ensuite disparu pour faire place à la raie ordinaire D.

AMALGAME DE SODIUM. — Voyez MERCURE. Suppl., p. 1005.

HYDRURE DE SODIUM. — Voyez Suppl., p. 931.

OXYDE DE SODIUM, Na^2O. — Beketoff prépare cet oxyde en chauffant le sodium dans l'oxygène ou dans l'air et en faisant ensuite passer sur le produit de la vapeur de sodium, afin de détruire le peroxyde Na^2O^2.

Ce protoxyde de sodium dégage 55.000 calories en se dissolvant dans l'eau; si l'on défalque de ce chiffre la chaleur dégagée par la dissolution de l'hydrate de sodium, soit 19.500 calories (Berthelot), on trouve que la chaleur de combinaison, $Na^2O + H^2O$, est de 35.500 calories, soit de 17.750 calories par *équivalent* de sodium. Or, d'après Thomsen, on a pour la chaleur de formation de NaOH, 77.600 calories; si l'on en déduit la chaleur totale de dissolution de

$$\frac{Na^2O}{2} = \frac{55.000}{2}$$

ou 27.500, on trouve pour la chaleur de combinaison

$$\frac{Na^2 + O}{2} = 50,100 \text{ calories.}$$

D'après ce résultat, la réaction du sodium sur l'hydrate ($NaOH + Na = Na^2O + H$) est endothermique, car il faut retrancher de 50.100 calories, chaleur de formation de

$$\frac{Na^2O}{2},$$

la chaleur de combinaison de

$$\frac{Na^2O + H^2O}{2},$$

plus la chaleur de combustion de l'atome d'hydrogène, c'est-à-dire 17.750 + 34.500 = 52.250 calories.

La différence est de —2.150 calories. Ce résultat explique pourquoi le sodium, comme l'a constaté Beketoff, est sans action sur la soude Na O H. Par contre, la réaction inverse a été réalisée. En plaçant de l'oxyde de sodium dans un tube recourbé à angle droit, dont la partie verticale plongeait dans du mercure, fermant l'extrémité horizontale du tube, après avoir rempli celui-ci d'hydrogène sec, puis chauffant au-dessous du rouge sombre, Beketoff, a observé une absorption d'hydrogène et l'apparition de globules de sodium métalliques.

L'oxyde de sodium se combine avec l'anhydride carbonique, mais seulement vers 400°; la réaction a lieu alors avec incandescence.

Le sodium décompose l'oxyde de mercure à chaud, mais incomplètement, suivant l'équation

$$2\,Na^2 + 2\,HgO = Hg + Na^2 + Na^2O + HgO$$

[Beketoff, *Bull. Soc. chim.*, t. XXXIII, p. 160 et XXXIV, p. 327 ; *Deutsch. chem. Gesellsch.*, 1883, p. 1854].

Peroxyde de sodium. — Fairley l'a obtenu cristallisé, avec la composition $Na^2O^2 . H^2O$, en ajoutant du peroxyde d'hydrogène non en excès à une lessive de soude à 20 °/₀, puis précipitant par l'alcool [*Chem. News.*, t. XXXIII, p. 237].

Sulfures de sodium. — Le *monosulfure* cristallise, par refroidissement, dans l'alcool ordinaire en longs prismes efflorescents, renfermant $5\,H^2O$.

En dissolvant du soufre dans la solution alcoolique de ce sulfure, on obtient les polysulfures cristallisés. Le *bisulfure* $Na^2S^2 + 5\,H^2O$ forme des mamelons cristallins jaunes non efflorescents. Le *trisulfure* $Na^2S^3 + 3\,H^2O$ est en cristaux d'un jaune d'or. Le *tétrasulfure* forme des cristaux orangés efflorescents, renfermant $8\,H^2O$. Le *pentasulfure* $Na^2S^5 + 8\,H^2O$ ne se sépare qu'à une basse température de la solution concentrée, en cristaux orangés [H. Bœttger, *Liebig's Ann. Chem.*, t. CCXIII, p. 345].

Sabatier a déterminé les constantes thermiques du sulfure de sodium [*Compt. rend.*, t. LXXXIX, p. 43 et 234] :

½ $Na^2 + S$	=	4.4100 calories.
½ $Na^2S + 5\,H^2O$	=	7.230 —
½ $Na^2S + 9\,H^2O$	=	9.430 —
½ $Na^2S + H^2S$	=	9.300 —

Phosphates de sodium. — Sibel a proposé un procédé de fabrication de la soude fondé sur les réactions suivantes : Le phosphate disodique et le pyrophosphate de sodium, calcinés avec de l'azotate de sodium, donnent de l'acide azotique et du phosphate trisodique. Ce dernier sel est converti en phosphate disodique et carbonate de sodium par l'action de l'acide carbonique. Le carbonate d'ammonium et le phosphate disodique réagissent en solutions concentrées : il se produit du phosphate sodico-ammonique, PO^4AmNaH, qui se dépose, et du carbonate de sodium qui reste dissous.

Ed. Willm.

SOLANINE. — Hilger a proposé pour la solanine la formule $C^{42}H^{87}AzO^{15}$, au lieu de

$$C^{43}H^{71}AzO^{16}.$$

Ce changement s'appuie sur de nouvelles analyses faites sur un produit cristallisé dans l'alcool et fusible à 235°, ainsi que sur l'analyse du dérivé hexacétylé. Ce dernier s'obtient en chauffant à 160° la solanine avec cinq fois son poids d'anhydride acétique. Il cristallise en longues aiguilles. Le dédoublement de la solanine se fait, d'après Zwenger et Kindt, selon l'équation

$$C^{43}H^{71}AzO^{16} + 3\,H^2O = 3\,C^6H^{12}O^6 + C^{25}H^{41}AzO.$$

Cette équation n'est plus admissible si l'on adopte les nouvelles formules. Du reste, Hilger a trouvé comme quantité de glucose formée 36 °/₀ au lieu de 63 qu'exigerait l'équation ci-dessus.

Hilger propose pour la solanidine la formule $C^{26}H^{41}AzO^2$. Le dérivé pentacétylé cristallise dans l'alcool et dans l'éther en longues aiguilles fusibles à 150°.

SOPHORINE. — La *graine de Chine* fournie par les bourgeons du *Sophora japonica* (Légumineuses) cède à l'eau bouillante une matière colorante que l'on purifie en l'agitant avec de l'éther et en la faisant cristalliser dans l'eau bouillante.

Cette substance, la sophorine, est dédoublée par l'acide sulfurique faible en isodulcite (57,56 °/₀) et *sophorétine* (46,84 °/₀). Cette dernière substance se rapproche de la quercétine; elle en diffère par sa composition. Le dérivé bromacétylé a donné à l'analyse : C = 39,48, H = 3,06, Br = 32,79.

La bromuration de la sophorine détermine son dédoublement en isodulcite et *bromosophorétine*, (Br = 42,8) [P. Fœrster, *Deutsch. chem. Gesellsch.*, 1882, p. 214].

SORBIQUE (ACIDE), $C^6H^8O^2$. — On a préparé, en traitant par la potasse alcoolique bouillante le bibromure de l'acide pyrotérébique, un acide qui se présente sous forme de cristaux fusibles à 93-96°. Il est assez soluble dans l'eau et volatil avec la vapeur d'eau [Mielk, *Liebig's Ann.*, t. CLXXX, p. 56].

Acide isopropylacétylènecarbonique,

$$C^6H^8O^2 = (CH^3)^2 = CH\text{-}C \equiv C\text{-}CO^2H.$$

— Lagermark et Eltekoff ont obtenu un acide auquel on doit attribuer cette constitution, en faisant réagir l'acide carbonique sur l'isopropylacétylène sodé. Cet acide est liquide et se combine avec l'acide bromhydrique en formant un dérivé bibromé. Il n'était pas à l'état de pureté par suite du mélange à l'isopropylacétylène sodé d'une combinaison plus riche en hydrogène.

Acide sorbique dichloré,

$$C^6H^6Cl^2O^2 = \begin{matrix} CH^2 = CCl \\ CH^3\text{-}CCl \end{matrix} \Big\rangle C\text{-}CO^2H.$$

Demarçay a signalé un acide cristallisé en fines aiguilles, qui se forme par l'action du perchlorure de phosphore sur l'éther diacétylacétique.

Menschutkine [*Deutsch. chem. Gesellsch.*, 1880, p. 163] pense que l'acide sorbique, d'après ses constantes d'éthérifications, doit se ranger parmi les acides tertiaires, $(CO^2H\text{-}C \equiv C^4H^7)$.

L'acide sorbique se dissout aisément dans l'acide bromhydrique fumant et donne un *acide dibromocaproïque,* $C^6H^{10}Br^2O^2$, en cristaux fusibles à 68°; c'est un isomère du dibromure de l'acide hydrosorbique. Les réducteurs le transforment en acide caproïque normal; l'eau ou le carbonate de sodium à l'ébullition en acide hydrosorbique, ou en un isomère, et en acide oxycaproïque qui, abandonné à la dessiccation, devient peu à peu insoluble à froid dans l'eau. Le tétrabromure d'acide sorbique, stable avec l'eau, se décompose aisément avec le carbonate de sodium en formant toute une série de produits [Stahl, Landsberg et Engelhorn, *Liebig's Ann.*, t. CC, p. 42].

E. Demarçay.

SORBIQUE (ALDÉHYDE), C^6H^8O. — Cette aldéhyde se forme quand on fait réagir 1 partie d'aldéhyde crotonique sur 2 parties d'aldéhyde acétique à 100° en présence d'un peu de chlorure de zinc. Elle bout à 172° et se transforme par oxydation en un acide cristallisé [Kékulé, *Ann. Chem. Pharm.*, t. CLXII, p. 105].

SORDIDINE, $C^{13}H^{10}O^8$ [Paterno, *Jahresb. f. rein. Chem.*, 1876, p. 383, et 1877, p. 523; *Bull. Soc. Chim.*, t. XXVI, p. 569; *Deutsch. chem. Gesellsch.*, 1876, p. 345, et 1877, p. 1382]. — Cette substance accompagne la zéorine et l'acide usnique dans l'extrait éthéré de *Zeora sordida*. Purifiée par cristallisation dans l'alcool et dans la benzine et par lavage à l'éther et au chloroforme, elle se présente en petites aiguilles ou en lamelles incolores, fusibles à 210° et volatiles sans décomposition. Chauffée avec de la potasse, elle fournit une combinaison cristalline qui se décompose sans fondre vers 250°.

SOUDE (INDUSTRIE). — Depuis la rédaction de l'article du *Dictionnaire* (t. II, p. 1555), l'industrie de la soude a suivi le développement naturel de toute grande industrie à notre époque, à mesure que les données de l'expérience s'accumulent, que les moyens d'exécution se perfectionnent et que les débouchés deviennent plus nombreux. La production s'est considérablement accrue dans les divers pays et elle s'élevait dans le monde entier, d'après une publication récente de M. Weldon, à 710 000 tonnes pour l'année 1882.

Le procédé Leblanc, qui ne paraît plus susceptible de quelque amélioration importante au point de vue chimique, n'a pourtant pas eu la plus grande part dans cette augmentation considérable de la fabrication que l'on constate dans les pays producteurs les plus importants, la France, l'Angleterre et l'Allemagne. Ces dernières années ont révélé l'extension croissante du procédé dit à l'ammoniaque, dont l'exposition de Vienne (1873) a marqué l'introduction définitive dans la grande industrie chimique. La fabrication de la soude par ce procédé est devenue assez considérable pour menacer l'existence ou au moins l'extension des usines travaillant avec le procédé Leblanc.

Cette concurrence a certainement amené d'heureux résultats, en contraignant les fabricants de soude Leblanc à rechercher tous les moyens de soutenir la lutte ; d'importants progrès ont dû et doivent être réalisés afin de diminuer les frais de transformation du chlorure de sodium en carbonate. L'emploi des appareils mécaniques qui permet de réduire le coût de la main-d'œuvre et, par suite de leurs plus grandes dimensions, de mieux utiliser le combustible, tend à se répandre de plus en plus.

On a posé à différentes reprises la question de savoir si l'un des deux procédés est destiné à écraser l'autre; quelles que soient les réserves que comporte nécessairement l'examen d'un problème aussi grave, il est permis d'affirmer que le maintien du procédé Leblanc répond encore à une véritable nécessité. Si, comme on l'admet généralement, la fabrication du carbonate de soude par la méthode de Leblanc est plus coûteuse que par le procédé à l'ammoniaque, on obtient, en revanche, dans la fabrication de la soude Leblanc, de l'acide chlorhydrique, qui sert de point de départ à la fabrication du chlore et de ses dérivés industriels (chlorure de chaux, chlorate de potasse); or la consommation réclame du chlore aussi bien que du carbonate de soude et l'on ne connaît pas encore de moyen plus économique pour produire l'acide chlorhydrique que de traiter le sel marin par l'acide sulfurique. Le produit de la réaction, le sulfate de soude, doit être nécessairement utilisé; bien qu'il soit démontré aujourd'hui que la transformation du sulfate de soude en carbonate par le procédé à l'ammoniaque est possible, il n'y a aucun avantage, nous le verrons plus bas, à renoncer à la méthode de Leblanc pour le traitement de ce produit.

Du moment où l'on est amené à considérer ainsi l'emploi du procédé Leblanc comme une conséquence de la fabrication de l'acide chlorhydrique et du chlore, on conçoit que la production de la soude Leblanc soit nécessairement dépendante de la consommation du chlore ; celle-ci n'est certainement et n'a jamais été équivalente à la consommation du carbonate de soude, puisqu'on a pu considérer autrefois l'acide chlorhydrique comme un produit sans valeur et qu'aujourd'hui 23 °/₀ de la soude produite dans le monde entier sont fabriqués sans production simultanée d'acide chlorhydrique et sans qu'il semble nécessaire d'augmenter la production du chlore.

En négligeant les influences locales, il ne paraît pas probable que le procédé Leblanc soit susceptible d'extension; maintenu aujourd'hui par ce seul motif qu'il produit de l'acide chlorhydrique, il ne semble pas devoir suivre la marche ascendante des autres industries. D'une part, on cherche à mieux utiliser l'acide chlorhydrique, qui ne fournit actuellement, à l'état libre, qu'un tiers du chlore qu'il renferme; d'autre part, des tentatives sérieuses sont faites pour obtenir, sous une forme utilisable, le chlore du chlorure de sodium employé dans le procédé à l'ammoniaque et rejeté actuellement dans les cours d'eau à l'état de chlorure de calcium et de chlorure de sodium.

Suivant l'ordre adopté dans le *Dictionnaire*, on traitera d'abord de la transformation directe du chlorure de sodium en carbonate.

I. Traitement du sel marin sans transformation préalable en sulfate sodique.

A l'exception du procédé à l'ammoniaque, aucun des procédés énumérés primitivement n'a acquis la moindre importance.

Procédé à l'ammoniaque.

La réaction fondamentale sur laquelle repose le procédé à l'ammoniaque est, comme on sait, la double décomposition entre le bicarbonate d'ammoniaque et le sel marin; il se forme du bicarbonate de soude peu soluble et du chlorhydrate d'ammoniaque :

$$AzH^4HCO^3 + NaCl = NaHCO^3 + AzH^4Cl.$$

Ordinairement, on opère dans des conditions telles que le bicarbonate d'ammoniaque réagisse, au moment de sa formation, sur le chlorure de sodium, et on sursature d'acide carbonique une solution ammoniacale de sel marin; seul M. Schlœsing, dans un nouveau procédé qui fonctionne aujourd'hui, scinde les deux réactions. La préparation du bicarbonate d'ammoniaque est l'objet d'une opération spéciale ; on introduit ensuite le produit dans une dissolution de sel marin.

L'application industrielle du procédé à l'ammoniaque est surtout une question d'appareils, et l'on a coutume de désigner sous le nom des inventeurs qui l'ont résolue avec succès, notamment MM. Schlœsing et Rolland, Solvay, Boulouvard, l'ensemble des opérations qui constituent le procédé à l'ammoniaque. Bien que l'on ne puisse encore se prononcer d'une manière définitive sur la valeur réelle des appareils employés, il paraît acquis que certaines difficultés ont été résolues avec succès en dehors des appareils Solvay. Il est probable que, les brevets étant expirés, les fabricants de l'avenir seront amenés à choisir dans l'œuvre de chaque ingénieur ceux des appareils les plus avantageux dans telle phase du procédé à l'ammoniaque. Il se constituera ainsi un procédé perfectionné, et nous pensons que, en vue même de cette transformation, il ne convient pas de conserver plus longtemps une distinction nuisible à la clarté.

La description détaillée des appareils employés ne saurait entrer dans le cadre de cet article. Nous nous bornerons, en étudiant chacune des opérations, à faire ressortir les principes sur lesquels ils reposent.

Malgré la simplicité des réactions, le procédé à l'ammoniaque a présenté de grandes difficultés pratiques, qui expliquent seules l'insuccès des premières tentatives. Ces difficultés sont dues surtout à la nature de l'agent de transformation, l'ammoniaque, dont les propriétés et la valeur exigent l'emploi d'appareils parfaitement clos; depuis le moment où le sel marin a été mélangé à l'eau ammoniacale, jusqu'à celui où le produit de la réaction a été débarrassé par calcination des traces d'ammoniaque qu'il retenait, il est indispensable que les conditions soient telles que l'ammoniaque ne puisse se dégager : liquides et précipité ne doivent être maniés qu'en vases clos.

La production d'une tonne de carbonate de soude réclame l'emploi d'une quantité d'ammoniaque représentant environ 450^{kg} AzH^3. Aux prix actuels, le «réactif», qui ne doit être pourtant qu'un des moindres facteurs du prix de revient, a donc une valeur de 675 francs (150 fr. les cent k^{gr}), tandis que le produit fabriqué à l'aide de cette quantité d'ammoniaque ne représente guère qu'une valeur de 160 francs.

La mise en pratique du procédé à l'ammoniaque exige en même temps le concours de dispositions mécaniques permettant de parfaire rapidement les réactions, afin d'obtenir un rendement convenable avec un appareil de capacité donnée et de hâter certaines réactions, comme l'absorption de la deuxième portion d'acide carbonique pour la précipitation du bicarbonate de soude. Le fabricant doit également se préoccuper de l'état physique du précipité, dont dépend la séparation plus ou moins complète des eaux mères.

Examinons successivement les opérations que comporte la fabrication de la soude à l'ammoniaque, savoir :

1° Préparation de la dissolution ammoniacale de chlorure de sodium.

2° Carbonatation ou saturation de cette dissolution par l'acide carbonique.

3° Séparation du bicarbonate de soude des eaux mères.

4° Calcination du bicarbonate de soude dans des appareils permettant de recueillir l'acide carbonique et l'ammoniaque.

5° Traitement des eaux mères du bicarbonate de soude pour la distillation du carbonate d'ammoniaque et de l'ammoniaque à l'état de chlorhydrate.

1° *Préparation de la dissolution ammoniacale de sel marin.* — Le chlorure de sodium, véritable minerai de la soude, se trouve dans la nature à l'état de sel gemme ou en dissolution dans l'eau de mer.

Inversement, l'extraction du sel gemme se fait par dissolution, tandis qu'on ne peut obtenir le sel marin que par évaporation de l'eau de mer. L'extraction du sel de l'eau de mer est surtout pratiquée dans les contrées du Midi, où la rareté des pluies et la température élevée permettent une évaporation rapide.

Contrairement à ce qui a lieu dans le procédé Leblanc, le sel marin est employé pour la fabrication de la soude à l'ammoniaque, à l'état de dissolution.

Aussi semble-t-il qu'il y ait là un double avantage, à la fois en faveur du procédé à l'ammoniaque et des pays producteurs de sel gemme, qui, par suite du mode d'exploitation, fournissent au fabricant une dissolution toute préparée, tout en lui économisant les frais d'évaporation. En réalité, il n'en est pas tout à fait ainsi. L'évaporation de l'eau de mer, telle qu'on la pratique dans les grands salins, permet d'obtenir avec des frais relativement minimes, un produit d'une grande pureté. La chaux se sépare pendant l'évaporation à l'état de sulfate et la magnésie reste dans les eaux mères à l'état de chlorure de magnésium; le sel obtenu ne contient que des traces de substances étrangères. Au contraire, la solution de sel gemme qui sort des trous de sonde, renferme toutes les impuretés que l'eau a dissoutes sur son passage. De là des frais de purication qui compensent dans une certaine mesure les avantages que donne l'emploi des eaux salées naturelles. Il y a enfin un autre motif qui rend le sel solide préférable, dans tous les cas où l'on peut se le procurer sans augmentation de frais: La dissolution de sel marin doit être additionnée de la quantité d'ammoniaque nécessaire à la réaction; cette ammoniac, qui provient du traitement du chlorhydrate résultant d'une opération précédente, ne saurait être privée d'eau sans trop de frais; nous verrons que l'expulsion des dernières traces d'ammoniac contenues dans les liquides résiduels est d'autant plus facile qu'on a moins à se préoccuper du degré de concentration des liquides ammoniacaux distillés. La régénération de l'ammoniaque fournit donc, non du gaz ammoniaque sec, mais bien des vapeurs plus ou moins riches, suivant le soin apporté à la rectification. Cette eau qui accompagne l'ammoniaque dilue d'autant l'eau salée naturelle dans laquelle on l'introduit; or le bicarbonate de soude n'est pas un sel insoluble, et le fabricant a intérêt à traiter une dissolution de sel aussi saturée que possible; celle-ci se trouvant diluée par le fait de l'addition d'ammoniaque doit être concentrée par une addition ultérieure de sel solide. Le chlorure de sodium qui sert à la fabrication de la soude à l'ammoniaque ne peut donc être employé exclusivement à l'état d'eau salée naturelle; une certaine portion au moins entre dans la fabrication à l'état de sel solide.

La préparation de la dissolution ammoniacale de sel marin s'effectue d'une manière différente, suivant que l'on part de l'eau salée naturelle dans laquelle on fait arriver l'ammoniaque, ou du sel solide que l'on dissout alors de préférence dans l'eau ammoniacale de la régénération, convenablement étendue d'eau.

A. Emploi de l'eau salée naturelle. — La plupart des fabriques de soude à l'ammoniaque se trouvent, par leur situation, obligées d'avoir recours au sel gemme qui leur est fourni sous forme de saumure, c'est notamment le cas des usines de M. Solvay et des usines anglaises.

Les principales impuretés que renferme l'eau salée des trous de sonde sont les sels de chaux et de magnésie.

Le carbonate d'ammoniaque étant un très mauvais précipitant de la magnésie, on élimine cette base par addition de chaux. Le chlorure de calcium résultant de cette réaction et celui qui était contenu dans le produit primitif restent dans la saumure: on précipite alors la chaux par le carbonate d'ammoniaque.

La précipitation de la magnésie d'une solution saline concentrée n'est jamais totale; tous les sels de soude à l'ammoniaque préparés avec la saumure laissent à la dissolution un léger trouble blanc, dû au carbonate de magnésie.

En 1879, MM. Solvay et Cie ont breveté un

procédé de purification de la saumure par le traitement à chaud des eaux salées naturelles par le carbonate de soude avec addition de chlorure de chaux, afin de précipiter tout le fer. Ce mode de purification, qui n'exige pas l'emploi de l'ammoniaque et peut être pratiqué avant l'addition d'ammoniaque à la saumure, paraît bien préférable; les précipités, ne retenant pas de liquide ammoniacal, ne réclament pas de traitement spécial et peuvent être jetés.

On a proposé récemment de précipiter la magnésie à l'état d'arséniate ammoniaco-magnésien; outre les inconvénients que nous venons d'énumérer, ce procédé pourrait déterminer l'introduction de quantités minimes d'arsenic dans le carbonate de soude, dont les nombreux usages rendent l'innocuité fort désirable.

La préparation de la dissolution ammoniacale de sel marin est assurément une des opérations les plus simples du procédé; elle n'en exige pas moins l'emploi d'appareils clos et certaines dispositions mécaniques, afin d'activer l'absorption de l'ammoniaque par l'eau salée. La figure 81 représente l'appareil qui serait employé dans les usines travaillant d'après le procédé Solvay. Il se compose d'une série de cylindres clos, B, pourvus d'agitateurs et communiquant à la partie inférieure et à la partie supérieure avec l'absorbeur A, dans lequel arrivent les vapeurs ammoniacales par le tuyau D, débouchant dans un faux fond persillé; les gaz inertes non absorbés sont dirigés vers une tour de lavage, pour leur enlever les dernières traces d'ammoniaque; on met un ou

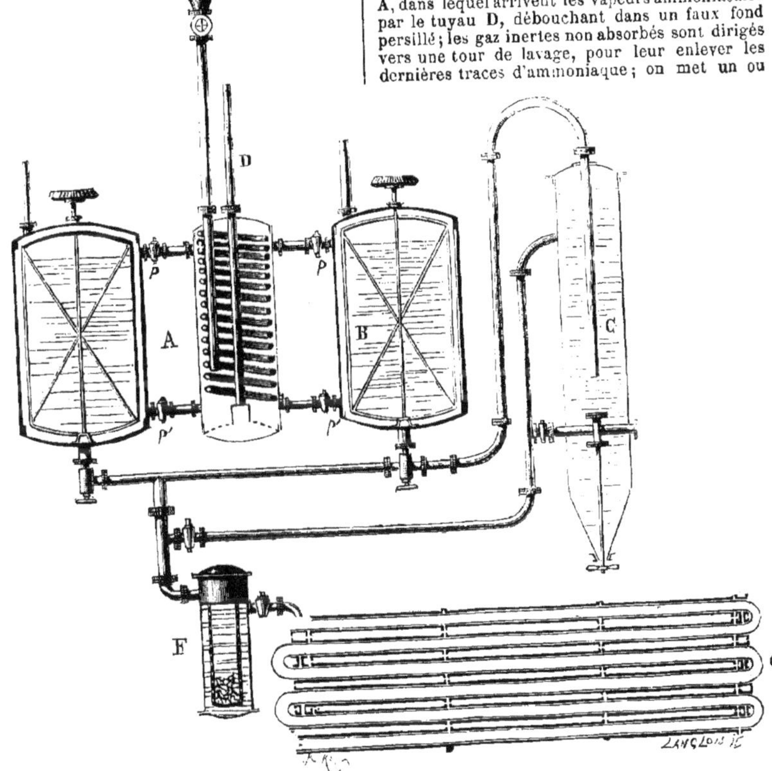

Fig. 81. — Appareil Solvay, pour l'introduction de l'ammoniaque dans la saumure.

plusieurs réservoirs en communication avec l'absorbeur; par suite du changement de densité, conséquence de l'absorption d'ammoniaque, il s'établit un mouvement de circulation qui favorise le mélange des liquides; on peut, en outre, faire fonctionner les agitateurs. Lorsque le liquide renferme la quantité convenable d'ammoniaque — ce dont on s'assure par un essai alcalimétrique plutôt que par la détermination de la densité — on isole le réservoir en fermant les robinets *pp*, on le vide en faisant écouler par pression le liquide ammoniacal dans un décanteur C, où il laisse déposer la majeure partie des matières en suspension : ce qui est surtout nécessaire si l'on n'a pas séparé la chaux au préalable.

L'absorbeur A est pourvu d'un serpentin qui sert à combattre l'échauffement causé par la condensation et l'hydratation des vapeurs ammoniacales. La trémie E permet d'ajouter du sel solide en quantité convenable, pour saturer le liquide dilué par suite de l'introduction des vapeurs ammoniacales. On a proposé d'évaporer partiellement la saumure avant l'addition d'ammoniaque, afin d'y déterminer la précipitation de sel qui se redissoudrait à mesure. En tout cas, lorsqu'on emploie les eaux salées naturelles, il n'y a nullement à craindre, comme le disaient les pro miers brevets, que l'ammoniaque précipite du sel; le fabricant a plutôt à redouter un résultat inverse, c'est-à-dire l'obtention d'ammoniaque trop diluée, qui nécessite l'addition d'une trop forte quantité de sel solide.

La décantation peut être insuffisante ou du moins trop lente; on soumet le liquide à une filtration en le faisant arriver, au sortir du décanteur, dans un sac en feutre placé dans une chemise en métal perforé F; le liquide filtré traverse ensuite une série de tubes réfrigérants G; la saumure circule dans l'espace annulaire laissé entre les deux tubes, et peut encore être refroidie extérieurement, s'il y a lieu. La saumure ammoniacale, ainsi purifiée et refroidie, est introduite dans le carbonateur. Sa composition ne peut varier que dans d'étroites limites.

B. Emploi du sel solide. — Le sel solide a servi de point de départ aux premiers fabricants de soude à l'ammoniaque; dans toutes les contrées où l'on emploie le sel gemme, on a reconnu qu'il est préférable d'éviter les frais d'évaporation des eaux salées naturelles et de les traiter directement. Il n'en est pas de même dans le midi et l'ouest de la France, où le sel est nécessairement et à moins de frais obtenu à l'état solide.

Les dispositions adoptées par MM. Schlœsing, Rolland et Solvay pour la préparation de la dissolution ammoniacale de sel marin à l'aide du sel solide ne présentent rien de particulier, et ont du reste été décrites dans le *Dictionnaire;* il convient, au contraire, de signaler le procédé de Heeren, repris par M. Boulouvard, qui simplifie beaucoup cette opération; il consiste à dissoudre le sel dans l'eau ammoniacale convenablement étendue. On conçoit facilement les avantages de ce procédé; tandis que l'emploi des eaux salées naturelles oblige à « enrichir » autant que possible les vapeurs ammoniacales, opération d'autant plus coûteuse qu'il faut séparer les dernières traces d'ammoniaque d'un grand volume de liquide, ici, au contraire, on n'a pas, dans la pratique, à se préoccuper de la concentration des liquides ammoniacaux distillés. La figure 82 représente l'appareil nécessaire. Un réservoir A, en bois doublé de plomb, reçoit le liquide ammoniacal résultant du traitement des eaux mères d'une précédente opération; un titrage alcalimétrique

Fig. 82. — Procédé Boulouvard. — Préparation de la saumure ammoniacale par dissolution du sel marin dans l'eau ammoniacale.

rapide indique la teneur du liquide en AzH^3; on l'étend d'une quantité d'eau convenable pour l'amener au titre voulu, et on fait alors écouler le liquide dans une caisse à sel B; il se sature de sel en absorbant de la chaleur et, après avoir traversé les toiles filtrantes *cc*, il est amené, à l'aide d'une pompe, dans le carbonateur, où il arrive d'une manière continue. L'appareil comprend plusieurs caisses à sel semblables, qu'on isole momentanément pour ajouter une nouvelle quantité de sel, qui est amené au-dessus de la caisse à dissolution au moyen d'un wagonnet roulant sur rails.

Le sel marin des salines étant généralement pur, toute purification ultérieure de la saumure est inutile; les traces de magnésie que renferme souvent le sel marin sont retenues sous forme de carbonate double de magnésie et d'ammoniaque.

(Les eaux ammoniacales contiennent toujours une proportion de CO^2 d'au moins $CO^2 : 3AzH^3$.)

Au fur et à mesure que le sel se dissout, la masse tend à descendre; lorsque la couche a diminué de hauteur, on ouvre la caisse à sel en soulevant le couvercle et on introduit une nouvelle quantité de sel; cette ouverture, même momentanée, de l'appareil, constitue, il est vrai, une imperfection; on cherche à diminuer l'importance de la perte en déterminant une aspiration dans la caisse.

Ce mode de préparation de la dissolution ammoniacale de sel marin doit être préféré à tous les autres dans le midi de la France et, en général, partout où l'on peut se procurer le sel solide sans trop de frais; il facilite singulièrement cette opération, qui devient ainsi indépendante de la régénération de l'ammoniaque, avantage qui n'est pas sans être appréciable dans un procédé auquel on reproche à juste titre les graves difficultés qu'occasionne la dépendance des diverses phases l'une de l'autre.

2° *Carbonatation.* — La principale opération du procédé à l'ammoniaque est celle qui a pour objet la précipitation du bicarbonate de soude par l'action de l'acide carbonique sur la dissolution ammoniacale de chlorure de sodium. Le chlore reste en dissolution à l'état de chlorhydrate d'ammoniaque.

La réalisation industrielle de cette réaction exige plusieurs conditions. La carbonatation doit être assez rapide pour que les appareils soient suffisamment utilisés; les pertes d'ammoniaque qui, pour un appareil donné, sont proportionnelles à la durée, sont d'autant moindres que l'opération est plus courte. L'opération doit, en outre, être conduite de façon à fournir un bicarbonate de soude dans un état physique tel, qu'il puisse être facilement séparé des eaux mères. Enfin, le précipité ne doit pas retenir une trop forte quantité d'ammoniaque; cet inconvénient se produirait, si la dissolution mise en œuvre était trop riche en ammoniaque : il se précipiterait du bicarbonate d'ammoniaque, sel moins soluble que le bicarbonate de soude, et qu'on ne peut éliminer par lavage; cette ammoniaque ne pourrait être séparée que pendant la calcination; or, lorsqu'on traite de grandes quantités d'ammoniaque, il y a certainement intérêt à empêcher son contact avec des métaux à des températures élevées.

La composition de la dissolution ammoniacale de chlorure de sodium soumise à la carbonatation exerce une certaine influence sur la marche de l'opération. Quant à la quantité d'eau à employer, on est limité par la solubilité du sel marin, qui du reste n'est pas sensiblement modifiée par la présence de l'ammoniaque en quantité telle que le procédé l'exige. Il n'y a, par contre, pas de règle fixe au sujet des proportions relatives de sel et d'ammoniaque à mettre en présence. Contrairement à ce qu'on avait pu déduire des premiers brevets de M. Solvay, la double décomposition entre le bicarbonate d'ammoniaque et le chlorure de sodium n'est jamais totale; elle est limitée par la réaction inverse du chlorhydrate d'ammoniaque sur le bicarbonate de soude :

$$CO^3HNa + AzH^4Cl = CO^3HAzH^4 + NaCl.$$

Cette réaction a d'autant plus de tendance à se produire que la température est plus élevée et la pression plus basse; en outre, comme elle a lieu avec formation de chlorure de sodium, on conçoit aisément que l'état d'équilibre soit d'autant plus vite atteint que le liquide contient déjà une plus forte quantité de chlorure de sodium.

Dès 1858, ce fait fut démontré par des expériences très précises de Heeren : si l'on emploie les quantités théoriques de sel et d'ammoniaque, soit $NaCl : AzH^3$, les 2/3 de l'ammoniaque sont seuls transformés en chlorhydrate, ce qui signifie que l'on ne précipite à l'état de bicarbonate de soude que les 2/3 de la théorie; si l'on emploie le double de la quantité théorique de chlorure de sodium, soit $2NaCl : AzH^3$, les 4/5 de l'ammoniaque sont transformés en chlorhydrate; on obtient donc, à l'état de bicarbonate de soude, 80 °/₀ de la quantité théorique par rapport à l'ammoniaque employée, 40 °/₀ par rapport au chlorure de sodium.

M. Honigmann a confirmé les résultats obtenus par Heeren :

Quantité de NaCl transformée en bicarbonate de soude :

N° 1. ($NaCl : AzH^3$).......... 66 °/₀
N° 2. ($4NaCl : 3AzH^3$)........ 60 °/₀

Pour 100 parties d'ammoniaque mise en jeu on a précipité :

N° 1. ($NaCl : AzH^3$)... 90 parties NaCl.
N° 2. ($4NaCl : 3AzH^3$). 110 — —

On voit que le rendement est différent, suivant qu'on le rapporte à la quantité de sel ou à la quantité d'ammoniaque mise en œuvre. On pourrait être porté à penser que, le sel non transformé n'étant pas régénéré, tandis que l'ammoniaque libre ou combinée rentre dans la fabrication, il y a lieu de choisir les proportions qui permettent la meilleure utilisation du sel employé; c'est le parti adopté par MM. Schlœsing et Rolland, pour qui le sel représentait une valeur importante.

On reconnaît généralement aujourd'hui qu'il est plus avantageux de s'attacher à obtenir le meilleur rendement par rapport à l'ammoniaque mise en œuvre. Le prix élevé de ce produit oblige le fabricant à écarter, autant que possible, les chances de pertes, qui sont d'autant plus nombreuses qu'on le soumet à de plus fréquentes opérations; la régénération constitue, en outre, une opération coûteuse, qu'il est bon de ne pas multiplier; le rendement des appareils sera d'autant plus considérable que la réaction sera plus complète pour un volume de liquide traité. On conçoit donc qu'il puisse être avantageux d'opérer en présence d'un excès de sel, surtout si, comme M. Honigmann, on soumet finalement à l'évaporation le liquide contenant le chlorure de sodium en excès et le chlorure de calcium résultant du déplacement de l'ammoniaque par la chaux. Il appartient au fabricant de déterminer, suivant les conditions dans lesquelles il se trouve placé, l'excès de chlorure de sodium qu'il doit introduire dans les appareils de carbonatation.

Si le liquide qui sert de point de départ à cette opération est une solution saturée de sel dans l'eau ammoniacale, il n'en est pas de même des eaux mères qui tiennent le bicarbonate de soude en suspension. Le chlorhydrate d'ammoniaque est plus soluble que le chlorure de sodium; aussitôt qu'elle est partiellement carbonatée, la solution devient susceptible de dissoudre une nouvelle portion de sel.

M. Solvay met à profit cette propriété pour diminuer la quantité d'eau employée, tout en tirant parti des avantages qui résultent de la présence d'un excès de chlorure de sodium. Supposons que le liquide soumis à la carbonatation renferme les quantités théoriquement nécessaires de sel et d'ammoniaque; on introduit pendant la carbonatation du sel égrugé qui se dissout à mesure : on augmente ainsi la proportion de bicarbonate de soude précipitée par rapport à l'ammoniaque mise en œuvre, tout en évitant d'ajouter le sel à l'état de dissolution, ce qui augmenterait d'autant le volume de liquide à traiter, tant pour la carbonatation que pour la régénération de l'ammoniaque.

On peut, comme on l'a dit à l'article Soude du *Dictionnaire*, diviser la carbonatation en deux phases distinctes : dans la première, la dissolution ammoniacale de chlorure de sodium fixe la quantité d'acide carbonique nécessaire pour que la totalité de l'ammoniaque soit monocarbonatée (il se forme sans doute une certaine quantité de *carbamate* pendant cette première partie de l'opération); dans la seconde phase, le carbonate d'ammoniaque fixe la deuxième portion d'acide carbonique; le bicarbonate d'ammoniaque, dont on peut admettre la formation, réagit aussitôt sur le sel : il se précipite du bicarbonate de soude.

Tandis que la première partie de la carbonatation s'effectue facilement et avec un important dégagement de chaleur, la seconde est beaucoup plus lente et dégage peu de chaleur; il faut éviter l'élévation de la température; il est du reste fort peu probable qu'on atteigne, dans la pratique, les limites de la carbonatation; d'après les indications de MM. Schlœsing et Rolland, l'*alcali libre* des eaux mères du bicarbonate de soude n'est guère qu'à l'état de sesquicarbonate.

Une partie de l'acide carbonique employé à la carbonatation est, comme l'ammoniaque, un agent de transformation qui doit être régénéré. La fabrication de la soude par l'intermédiaire du bicarbonate de soude suppose l'emploi d'une quantité d'acide carbonique au moins double de celle que renferme le carbonate de soude qui sort de l'usine : on a donc à produire seulement une quantité d'acide carbonique équivalente au carbonate fabriqué; quant à la seconde portion, elle est fournie par la décomposition du bicarbonate résultant d'une précédente opération. De là deux sources différentes d'acide carbonique que le fabricant a également intérêt à employer séparément.

L'acide carbonique fourni par la calcination du bicarbonate de soude est à peu près pur; il n'en est pas de même du gaz pouvant être obtenu industriellement et représentant l'acide carbonique contenu dans le carbonate fabriqué.

La préparation de l'acide carbonique pur dans des conditions économiques est un problème qui n'a encore pu être réalisé dans le procédé à l'ammoniaque; du moins les avantages qui résulteraient de l'emploi du gaz pur ne compenseraient-ils pas les frais que nécessite sa préparation par les moyens connus. L'attaque des carbonates par les acides est un moyen naturellement interdit au fabricant de soude à l'ammoniaque; quant au procédé Ozouf (traitement des dissolutions de carbonate de soude dans des appareils mécaniques par l'acide carbonique dilué provenant de la combustion et décomposition ultérieure, sous l'action de la chaleur, du bicarbonate de soude formé), son emploi serait très irrationnel, puisqu'il entraînerait une opération supplémentaire qui présente plus de difficultés que la carbonatation de solutions ammoniacales à l'aide de gaz dilués. On a pourtant fait des essais sérieux dans le but d'obtenir l'acide carbonique pur, en soumettant le carbonate de chaux, dans des cornues chauffées au rouge, à l'action de la vapeur d'eau, qui entraîne au fur et à mesure l'acide carbonique dégagé. Ce procédé a été repris récemment par M. Grouven, mais il semble peu probable qu'on parvienne à réduire la forte consommation de combustible, qui est restée jusqu'ici le principal obstacle à sa réussite. Quoi qu'il en soit, on paraît devoir s'en tenir à l'emploi des fours à chaux, qui fournissent simultanément l'acide carbonique nécessaire à la carbonatation et la chaux qui sert à régénérer l'ammoniaque.

La facilité avec laquelle la solution ammoniacale de sel marin absorbe la première partie de l'acide carbonique rend l'emploi de gaz dilués moins difficile qu'on ne le pensait autrefois. Les gaz du four à chaux sont, du reste, plus riches en acide carbonique que tout autre gaz obtenu par la combustion du charbon dans l'air; outre l'acide carbonique provenant de la combustion du coke qui sert à porter le calcaire à la température nécessaire, les gaz du four à chaux renferment l'acide carbonique résultant de la décomposition du carbonate de chaux; on a ainsi des gaz contenant 25-30 % d'acide carbonique, suivant la marche du four, et — si l'opération est bien conduite — presque exempts d'oxygène ou d'oxyde de carbone. On utilise l'inégale faculté d'absorption du liquide dans l'emploi des deux portions d'acide carbonique : les gaz dilués du four à chaux servent à transformer la base libre en monocarbonate d'ammoniaque; l'acide carbonique à peu près pur, qui résulte de la calcination du bicarbonate de soude, est employé à l'achèvement de la carbonatation.

La mise en pratique de cette opération nécessite des appareils mécaniques permettant une absorption rapide, par le renouvellement fréquent des surfaces du liquide exposé à l'action du gaz carbonique. Les appareils employés par les divers fabricants ont tous pour objet de permettre un travail *continu et méthodique*, c'est-à-dire qu'on fait arriver continuellement à une extrémité de l'appareil la dissolution ammoniacale de sel marin, qui rencontre les gaz les plus pauvres en acide carbonique, tandis qu'à l'autre extrémité de l'appareil, où s'écoule le liquide tenant le bicarbonate de soude en suspension, on introduit l'acide carbonique pur provenant de la calcination du bicarbonate de soude.

L'appareil de Solvay, décrit dans le *Dictionnaire*, paraît fonctionner avec succès; il a été installé dans l'usine de Northwich, et il ne semble pas que les usines nouvelles, travaillant d'après les procédés Solvay, en emploient un autre. Rappelons qu'il se compose d'un cylindre vertical, très haut, divisé en un certain nombre de compartiments séparés par des cloisons persillées. Le cylindre est construit en tôle ou même en fonte. A Northwich, on emploierait un cylindre composé de 15 cylindres en fonte superposés et de 1 mètre de hauteur chacun; ils sont assemblés par des boulons au moyen de couronnes extérieures. La hauteur ordinaire des cylindres est de 15 mètres; elle aurait été portée à 24 mètres. Si l'augmentation de la hauteur paraît à première vue favorable au point de vue de la rapidité d'absorption, elle oblige le fabricant à recourir à une plus forte compression du gaz; les résistances dues au frottement doivent être assez considérables, et une pression de 2^{atm},5 est sans doute insuffisante pour vaincre la résistance totale de la colonne.

L'acide carbonique pur est introduit à la partie inférieure de l'appareil; à une hauteur convenable et proportionnée à la marche de la réaction, on fait arriver les gaz du four à chaux. Le gaz carbonique pur rencontre ainsi dans le bas du cylindre le liquide tenant déjà du bicarbonate de soude en suspension, qui n'absorberait l'acide carbonique dilué qu'avec difficulté; dans le haut de l'appareil, les gaz dilués rencontrent, au contraire, la solution ammoniacale de sel marin qui arrive par la partie supérieure et retient facilement la petite quantité d'acide carbonique mélangé à l'azote. Les gaz sortant du cylindre sont enfin lavés dans une tour à coke arrosée d'une solution de sel marin qui retient l'ammoniaque entraînée; il est le plus souvent nécessaire de les laver finalement dans une tour à coke arrosée d'acide sulfurique.

Le cylindre est arrosé d'eau; l'expansion des

gaz dans le cylindre détermine également un abaissement de température du liquide. Il ne semble, du reste, pas qu'il soit indispensable de travailler vers 15°, comme on l'a cru pendant longtemps. La carbonatation s'achève fort bien à 30°, et il y a bien peu d'avantage à chercher à obtenir un plus grand abaissement de température.

La compression des gaz représente, d'après M. Lunge, une des fortes dépenses en charbon de la fabrication de la soude à l'ammoniaque; mais elle est indispensable pour un appareil comme celui de Solvay, et doit certainement faciliter l'absorption du gaz carbonique dont la solubilité croît, comme on sait, proportionnellement à la pression qu'il supporte.

Le carbonateur Solvay résout la question de l'absorption rapide du gaz carbonique sans le concours d'agitateurs, ce qui représente une économie de force motrice et, par conséquent, de combustible; cet avantage n'est pas, à vrai dire, sans être compensé par quelques inconvénients, sur lesquels on ne saurait pourtant se prononcer devant le silence gardé par le fabricant. La multiplicité des cloisons persillées, susceptibles d'être facilement obstruées par le précipité de bicarbonate de soude paraît devoir nécessiter de fréquents arrêts.

MM. Schlœsing et Rolland avaient employé, à l'usine de Puteaux, une série de carbonateurs cylindriques horizontaux, composés de deux demi-cylindres assemblés et pourvus d'un agitateur consistant en un arbre chargé de vingt palettes en bois, animé d'un mouvement de 45 tours à la minute. Ces dispositions avaient le mérite d'éviter les chances d'obstruction et permettaient de travailler à très faible pression, la circulation des gaz étant déterminée par de simples ventilateurs centrifuges; par contre, la dépense de force motrice, causée principalement par la résistance du liquide à l'égard de l'agitateur, paraît avoir été considérable.

L'appareil à carbonater de M. Boulouvard ne présente pas, à première vue, de grande différence

Fig. 83. — Appareil à carbonater de M. Boulouvard.

avec celui de MM. Schlœsing et Rolland. Il se compose d'une série de dix cylindres disposés en gradins. La solution ammoniacale de sel marin est introduite dans le cylindre supérieur et descend de cylindre en cylindre jusque dans le cylindre inférieur, tandis que l'acide carbonique parcourt l'appareil en sens inverse; comme dans l'appareil Solvay, l'acide carbonique pur arrive dans le cylindre inférieur, tandis que les gaz du four à chaux arrivent dans un des cylindres du milieu. Le mode d'agitation de l'appareil Boulouvard diffère radicalement de celui de l'appareil qui vient d'être décrit : tandis que M. Schlœsing soumettait le liquide à une violente agitation, qui entraînait une forte dépense de force motrice et favorisait l'échauffement, M. Boulouvard détermine la dispersion du liquide dans le mélange gazeux au moyen d'une roue à augets animée d'un mouvement lent; les augets, en sortant du liquide, en soulèvent une certaine quantité et la déversent dans l'atmosphère gazeuze ; en descendant, ils plongent une certaine quantité de gaz au sein du liquide; le gaz reste pendant un temps relativement long en contact avec un excès de liquide; arrivés au fond du cylindre, les gaz non absorbés s'échappent et se rendent dans le cylindre supérieur, qui renferme un liquide à un degré de saturation moins avancé. La roue à augets consomme très peu de force motrice; comme celui de MM. Schlœsing et Rolland, l'appareil ne nécessite pas la compression des gaz, qui peut néanmoins être utile au point de vue de la rapidité de l'opération. L'appareil à carbonater de M. Boulouvard fonctionne depuis plusieurs années à l'usine de Sorgues (Vaucluse), où il a donné d'excellents résultats.

MM. Péchiney et Cie ont breveté en 1881 un appareil qui présente les mêmes avantages, mais qui repose sur un principe un peu différent : il se compose d'un cylindre unique de grande dimension; le long de la paroi du cylindre, on a disposé des augets; l'appareil n'est pas pourvu d'agitateur et tourne autour de son grand axe, par lequel pénètrent et sortent les liquides et les gaz.

M. Honigmann et plusieurs autres ingénieurs ont fait connaître des appareils qui fonctionnent dans diverses usines avec plus ou moins de succès. L'avenir, qui verra tomber les divers brevets dans le domaine public, décidera seul de la valeur des nombreux appareils décrits depuis quelques années.

3° *Filtration du bicarbonate de soude.* — Le liquide qui sort de l'appareil à carbonater tient en suspension le bicarbonate de soude précipité; ce bicarbonate doit être séparé des eaux mères et soumis à un lavage assez parfait pour que le produit ne retienne que des quantités très minimes d'eaux mères; pendant la calcination, le chlorhydrate d'ammoniaque, en se dissociant, décomposerait une quantité équivalente de bicarbonate de soude, tout en abaissant le titre du produit fabriqué, par suite de la formation de chlorure de sodium.

L'état physique du bicarbonate exerce, comme on l'a dit, une grande influence sur la marche de la filtration ; si les cristaux sont trop fins, le précipité est très volumineux et retient une forte quantité d'eau, ce qui augmente d'autant les difficultés du lavage et les frais de la calcination. Si, au contraire, les cristaux sont trop gros, ils emprisonnent de l'eau mère qui ne peut être éliminée par lavage et abaisse finalement le titre du produit. Le précipité volumineux paraît surtout être dû à une carbonatation rapide à basse température ; les gros cristaux prendraient naissance lorsque la carbonatation est lente et la température moyenne. Toutes choses égales d'ailleurs, la présence d'un excès de sel par rapport à l'ammoniaque paraît avantageuse au point de vue de l'état physique du précipité ; par contre, il se déposerait facilement du chlorhydrate d'ammoniaque qu'il est indispensable de dissoudre. M. Solvay chauffe le liquide avec le précipité dans un appareil spécial muni d'un serpentin ; le chlorhydrate d'ammoniaque, beaucoup plus soluble à chaud, se dissout avec une quantité insignifiante de bicarbonate. Nous pensons que cette opération supplémentaire doit être inutile, lorsqu'on n'opère pas la carbonatation à une température trop basse.

Les divers fabricants emploient également des appareils très différents pour la filtration du bicarbonate de soude : tandis que M. Solvay a recours à un appareil à filtration par le vide, M. Boulouvard emploie la presse hydraulique ; MM. Schlœsing et Rolland se servaient de l'essoreuse, qu'ils furent des premiers à appliquer à une opération de ce genre.

L'essoreuse, décrite il y a quelques années [*Ann. Chim. Phys.*, t. XIV, p. 5], est certainement un type susceptible de rendre des services dans diverses branches de l'industrie chimique ; l'alimentation est continue et l'appareil est clos, afin d'éviter toute perte d'ammoniaque. Quand la couche de bicarbonate arrive à une certaine distance du bord, on arrête l'alimentation et on fait arriver de l'eau de lavage ; le bicarbonate se lave par déplacements successifs. Les eaux de lavage sont divisées en deux parts égales : la première va rejoindre la masse des liquides filtrés qui vont être soumis à la distillation, tandis que la seconde est réservée pour servir à un lavage suivant.

M. Solvay a fait connaître deux appareils à filtrer, basés tous deux sur l'emploi du vide. Le premier se compose d'un tambour fermé par un diaphragme (sans doute une tôle perforée sur laquelle on étend une toile filtrante). Le liquide sortant du carbonateur est distribué sur le filtre par un tourniquet hydraulique qui peut être mis en communication avec un second tuyau par lequel on fait arriver les eaux de lavage. Le

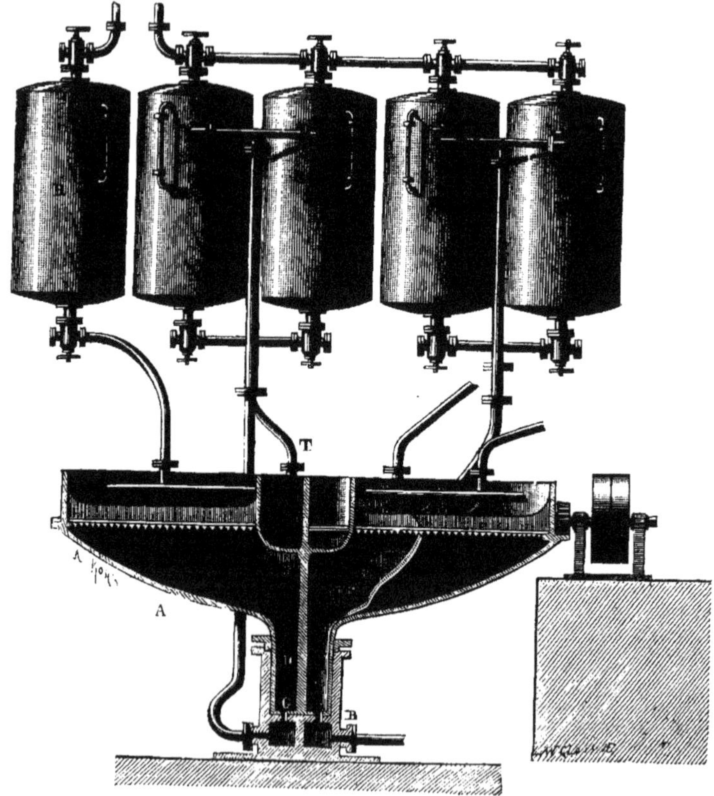

Fig. 84. — Appareil Solvay, à filtration méthodique par le vide.

vide est produit par une pompe à piston d'eau qui renvoie les liquides filtrés dans des réservoirs placés au-dessus du filtre.

La figure 84 représente en coupe le second appareil de M. Solvay, qui permet une filtration méthodique et fonctionnerait fort bien à Varangéville, d'après Lunge.

Il consiste en une caisse à fond parabolique

divisée par des cloisons rayonnantes en un certain nombre de compartiments, huit par exemple, selon le brevet. Le couvercle de chaque compartiment représente une surface filtrante et se compose d'un treillis ou d'une plaque perforée sur laquelle est disposée une toile filtrante. La caisse A se prolonge en un cylindre étroit D D, divisé en compartiments qui forment autant de prolongements des filtres. Chaque compartiment du cylindre communique successivement par des ouvertures C avec l'intérieur d'une boîte B, sur laquelle repose la caisse; cette boîte, véritable commutateur, est divisée en quatre parties dont une pleine, disposition qui permet de changer la marche du liquide filtré; celui-ci peut ainsi être envoyé à volonté dans l'un ou l'autre des réservoirs R, qui communiquent par des tuyaux avec les compartiments E de la boîte B. La caisse A est mobile. Le liquide à filtrer est réparti sur chacun des segments du filtre; le liquide filtré se rend dans un réservoir spécial. Quand le premier filtre est chargé de précipité, on fait faire à la caisse A un huitième de tour; le même segment reçoit alors un liquide de lavage ayant déjà servi; par suite de la nouvelle position de la caisse A, ce liquide se rend par le commutateur dans un autre réservoir spécial; on poursuit ainsi le lavage et la matière peut ensuite être enlevée du filtre par un moyen mécanique.

M. Boulouvard opère la filtration du bicarbonate de soude à l'aide d'une presse hydraulique de son invention, qui fournit par heure trois gâteaux de bicarbonate du poids de 40 kilogrammes; l'appareil permet de soumettre le produit à plusieurs lavages sans le sortir de la presse. Ce mode de traitement du précipité paraît devoir être fort avantageux, parce qu'il fournit des produits retenant une moindre quantité d'eau que ceux qui sortent du filtre à vide ou de l'essoreuse.

4° *Dessiccation et torréfaction du bicarbonate de soude.* — Tel qu'on l'obtient après lavage, au sortir de l'un des appareils énumérés, le bicarbonate de soude renferme une quantité d'eau mécaniquement interposée, variable suivant la nature de l'appareil de filtration ou la marche de l'opération, mais s'élevant en moyenne à environ 20 °/₀ de son poids; le bicarbonate retient, en outre, de petites quantités d'ammoniaque, à l'état de chlorhydrate et surtout de bicarbonate; ce dernier sel, moins soluble que le bicarbonate de soude, ne saurait être séparé facilement par lavage; sa présence est, du reste, un sérieux obstacle à l'emploi pour les usages domestiques du bicarbonate de soude obtenu par le procédé à l'ammoniaque. On a cherché à enlever l'ammoniaque retenue par le bicarbonate de soude, en soumettant ce sel à l'action d'un courant d'acide carbonique, circulant continuellement dans le même appareil et dépouillé au fur et à mesure, par son passage à travers l'acide sulfurique, des traces d'ammoniaque enlevées (Solvay). Un brevet récent revendique la purification du bicarbonate de soude obtenu dans le procédé à l'ammoniaque, à l'aide de la cristallisation; on opère la dissolution du sel dans l'eau chauffée à 60°, dans une atmosphère d'acide carbonique (L. Mond).

M. Solvay a fait connaître un appareil pour la dessiccation du bicarbonate de soude dans un courant de gaz chauds; la température ne devant pas dépasser 45°, on conçoit qu'il faille un volume gazeux considérable pour cette opération; il doit, en outre, être indispensable de n'employer que des gaz chargés d'acide carbonique, la tendance du bicarbonate à se dissocier permettant de prévoir un degré de décomposition très avancé dans un courant de gaz qui en seraient exempts.

La dessiccation et la torréfaction du bicarbonate de soude semblent constituer aujourd'hui

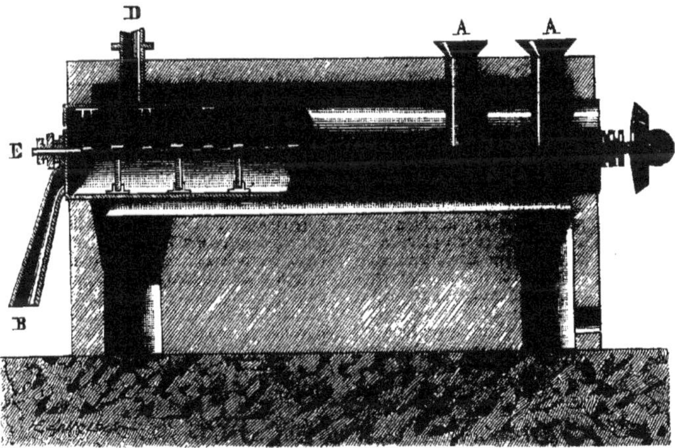

Fig. 85. — Appareil Solvay pour la torréfaction du bicarbonate de soude.

une seule opération; il est pourtant possible qu'on cherche à utiliser dans quelques usines les quantités de chaleur perdues pendant la torréfaction, pour dessécher et décomposer partiellement le produit.

Très simple en apparence, la transformation du bicarbonate de soude en carbonate présente certaines difficultés pratiques. Le produit tend à s'agglomérer, ce qui rend très difficile la transmission de la chaleur; les morceaux, parfaitement décomposés à la surface, ne le sont pas du tout à l'intérieur. Le fabricant doit donc avoir recours à certaines dispositions mécaniques qui mettent obstacle à l'agglomération du produit, ou chercher à l'éviter en portant graduellement le bicarbonate à la température nécessaire à sa décomposition.

Le bicarbonate de soude commence certainement

à se décomposer à 60°; par contre, les dernières portions d'acide carbonique, même si le produit est à l'état de division parfaite, ne s'échappent qu'avec une extrême lenteur et à une température plus élevée; le fabricant a donc intérêt à chauffer fortement le produit, afin d'activer la décomposition et de diminuer les frais de combustible.

On sait que la torréfaction du bicarbonate restitue à la fabrication la portion de l'acide carbonique employée comme agent de transformation; le gaz carbonique ainsi obtenu est pur et a une grande valeur pour le fabricant, puisqu'il facilite l'achèvement de la carbonatation; les appareils employés à la calcination du bicarbonate doivent donc être installés de façon à permettre l'utilisation du gaz résultant de la décomposition. Le mélange de gaz carbonique et de vapeur d'eau passe d'abord dans un appareil réfrigérant; la vapeur d'eau se condense, retenant en dissolution, à l'état de bicarbonate d'ammoniaque, la presque totalité de l'ammoniaque dégagée. Le gaz carbonique, qui peut, du reste, entraîner quelques traces d'ammoniaque, est repris par une pompe aspirante et foulante qui l'envoie dans la partie du carbonateur où la dissolution ammoniacale de sel marin arrive déjà monocarbonatée par les gaz du four à chaux.

La figure 85 représente un des nombreux appareils de calcination décrits dans les brevets de M. Solvay.

On introduit le bicarbonate humide par les tuyaux A, A, qui restent pleins, afin d'obtenir une fermeture étanche (?). L'agitateur E empêche l'agglomération du produit, qui arrive peu à peu à l'extrémité de l'appareil portée à la température la plus élevée par le foyer C, et sort finalement à l'état de carbonate de soude par le tuyau B. L'acide carbonique et la vapeur d'eau s'échappent par le tuyau D. Il est peu probable que cet appareil fonctionne tel qu'il a été décrit; l'introduction et la sortie d'un produit solide dans un appareil qui doit rester clos ne paraissent guère réalisables sans le concours de dispositions mécaniques. Aucun des appareils de M. Solvay ne nous paraît supérieur à l'appareil décrit par MM. Schloesing et Rolland, qui résolvait d'une manière très pratique les difficultés que nous signalons [*Ann. Chim., Phys.* (4) t. XIV].

L'appareil de M. Boulouvard évite l'emploi d'agitateurs; il se compose d'un certain nombre de cornues en fonte rectangulaires très étroites (environ $0^m,09$ de large sur $0^m,50$ de haut), six par exemple, ayant une seule tête commune où se réunissent la vapeur d'eau et l'acide carbonique, qui s'échappent par un tuyau placé à la partie supérieure; dans chacune des cornues on glisse l'une après l'autre deux boîtes à parois perforées. Les gaz du foyer circulent tout autour des cornues en fonte, qu'on a soin de ne pas chauffer au delà du rouge sombre. Au bout de six heures, la calcination est terminée; on enlève l'obturateur commun aux six cornues, analogue aux obturateurs des cornues à gaz; on retire les boîtes à l'aide d'un crochet de fer. Chaque boîte peut contenir environ 20 kilogrammes de bicarbonate.

Ce mode de calcination du bicarbonate, porté graduellement à la température nécessaire sous une couche de faible épaisseur, a l'avantage de n'entraîner aucune dépense de force motrice; le produit, chauffé dans ces conditions, ne s'agglomère pas. Cet appareil fournit de bons résultats à l'usine de Sorgues (Vaucluse).

MM. Péchiney et Cie ont breveté la calcination du bicarbonate dans un courant de gaz carbonique. Le chauffage à l'aide d'un courant de gaz porté à une température élevée diminue certainement la dépense de combustible, en facilitant la transmission de la chaleur à travers la masse de bicarbonate. La nécessité d'utiliser le gaz carbonique résultant de la décomposition limite le fabricant dans le choix du gaz, qui ne peut être autre que l'acide carbonique, afin de ne pas diluer le gaz carbonique à réutiliser dans la fabrication. Ce procédé donnerait, paraît-il, de très bons résultats; le carbonate de soude serait plus grenu que celui obtenu dans les appareils chauffés extérieurement.

Le carbonate de soude fabriqué par le procédé à l'ammoniaque est à l'état pulvérulent; il est aussi beaucoup moins dense que les « sels de soude » Leblanc. Les fabricants de soude à l'ammoniaque ont eu beaucoup à lutter contre les inconvénients que présentait cet état du produit fabriqué, tant au point de vue des habitudes des consommateurs qu'à celui, plus important, de son emploi dans certaines opérations par voie ignée. Dans les fours à cuve des verreries, le carbonate de soude pulvérulent est facilement entraîné par le courant de gaz; enfin, les verriers emploient de préférence des sels renfermant une certaine quantité de soude caustique, dont la présence augmente beaucoup la fusibilité du mélange. Nous verrons tout à l'heure que le procédé à l'ammoniaque fournit aujourd'hui des sels caustiques répondant à tous les besoins.

Il convient d'ajouter que la densité du sel de soude Leblanc étant d'environ 1,2, tandis que celle du sel à l'ammoniaque n'est, au contraire, que de 0,7-0,8, les frais d'emballage du sel de soude à l'ammoniaque augmentent dans la même proportion.

La plus forte densité du sel Leblanc étant due principalement à la température élevée à laquelle il est soumis, on a cherché naturellement à atteindre le même résultat par la calcination du sel à l'ammoniaque. On a décrit plusieurs appareils métalliques plus ou moins ingénieux, destinés à fondre le carbonate de soude, tel qu'on l'obtient dans les appareils de calcination du bicarbonate. On ignore si ces appareils ont fonctionné, mais il n'y a aucune raison de penser qu'il ne soit pas plus avantageux de chauffer simplement le sel de soude à l'ammoniaque dans des fours à réverbère, comme ceux qu'on emploie dans la fabrication de la soude Leblanc, sauf à utiliser la chaleur perdue pour produire la vapeur nécessaire à la fabrication.

Depuis quelque temps, on trouve dans le commerce des sels de soude caustiques livrés par des fabriques de soude à l'ammoniaque. Ils renferment les mêmes proportions de carbonate de soude et de soude caustique que les produits correspondants des fabriques de soude Leblanc; par contre, les 6 à 7 °/o de substances « ne titrant pas » des sels Leblanc (sulfate non décomposé et chlorure de sodium) sont remplacés par de l'eau dans les sels de soude à l'ammoniaque. La présence de l'eau met sur la voie du procédé employé pour la fabrication de ces produits, fabriqués très probablement en mélangeant, dans un appareil pourvu d'agitateurs, du carbonate de soude pulvérulent avec une solution de soude caustique convenablement concentrée; on obtient ainsi un produit en morceaux beaucoup plus beaux que le sel Leblanc correspondant.

La caustification du carbonate de soude en fusion à l'aide d'un courant de vapeur surchauffée (Solvay) n'a sans doute jamais été essayée ailleurs qu'au laboratoire.

Le carbonate de soude obtenu par le procédé à l'ammoniaque est aujourd'hui très répandu. On trouvera plus loin quelques détails sur l'avenir qui semble destiné à ce procédé.

5° *Régénération de l'ammoniaque des eaux mères du bicarbonate de soude.* — Les liquides dont on a séparé le bicarbonate de soude précipité renferment la totalité de l'ammoniaque mise en œuvre à l'état de carbonate et de chlorhydrate, en proportions qui varient suivant la marche de l'opération et les quantités de sel employées. Lorsqu'on traite des solutions ammoniacales de sel contenant à peu près équivalents égaux de NaCl et d'AzH^3, on obtient, comme on l'a vu plus haut, un rendement en carbonate d'environ 65 °/₀ de la théorie par rapport à l'ammoniaque traitée; une quantité d'ammoniaque correspondante se trouve donc combinée au chlore du chlorure de sodium décomposé; le reste est à l'état de sesquicarbonate, rarement à l'état de bicarbonate; le liquide renferme enfin le chlorure de sodium non décomposé ou ajouté en excès. Schlœsing et Rolland indiquent la composition suivante d'eaux mères telles qu'on les obtient en opérant dans les conditions habituelles :

	Composition en poids.	Composition en volume (d = 1,118).
Eau	100	80,56
NaCl	10,2	8,21
AzH^4Cl	18,6	14,90
AzH^3	2,95	2,38
CO^2	6,65	5,35
CO^3HNa	0,50	0,40
	138,9	111,8
AzH^3 titrant	2,95	2,37
AzH^3 combinée	5,873	4,73
AzH^3 totale	8,823	7,10

Les liquides à traiter renferment donc 71 kilogr. AzH^3 par mètre cube, dont environ 23 kilogrammes à l'état de sesquicarbonate. L'ammoniaque carbonatée peut être séparée par simple distillation; l'ammoniaque combinée au chlore doit être, au préalable, mise en liberté par la chaux.

La régénération de l'ammoniaque contenue dans les eaux mères du bicarbonate de soude est une des opérations les plus importantes du procédé à l'ammoniaque, tant à cause de la valeur du produit à régénérer que de la nécessité de diminuer autant que possible la dépense de combustible. Le problème à résoudre n'est pourtant pas sans présenter quelques difficultés. Il s'agit d'expulser la totalité de l'ammoniaque par ébullition du liquide, sans que pourtant les liquides distillés soient trop dilués; or, tandis que l'eau ammoniacale « riche » dégage avec beaucoup de facilité par l'action de la chaleur la plus grande partie de l'ammoniaque qu'elle renferme, il n'en est plus de même lorsque la teneur en AzH^3 descend au-dessous de 1-2 °/₀; la quantité d'eau à évaporer — ou de combustible à dépenser — pour une quantité donnée d'AzH^3 augmente en raison de la décroissance de la teneur.

D'une manière générale, on peut affirmer que la dépense de combustible pour expulser les derniers centièmes d'AzH^3 des eaux mères de la fabrication de la soude à l'ammoniaque est égale, sinon supérieure, à celle que réclame la séparation de la première portion.

On a vu que, dans les usines où l'on a traité la saumure des mines de sel gemme, il est indispensable que l'ammoniaque régénérée soit aussi pauvre en eau que possible, afin de ne pas trop augmenter les quantités de sel solide à ajouter. En condensant directement les vapeurs ammoniacales dégagées jusqu'à expulsion des dernières traces d'ammoniaque, le fabricant se trouverait obtenir des liquides relativement dilués, dont l'emploi nécessiterait une importante consommation de sel solide. Ce fait, joint à la nécessité de procéder à une distillation méthodique afin de diminuer la dépense de combustible, a obligé les divers fabricants d'avoir recours à des appareils perfectionnés. On a cherché à effectuer la distillation du carbonate d'ammoniaque à l'aide des vapeurs produites dans la partie inférieure de l'appareil pour l'expulsion des dernières por-

Fig. 86. — Appareil à colonne de Solvay pour la régénération de l'ammoniaque.

A^1, A^2..., A^8, compartiments de la colonne où se rectifient les vapeurs ammoniacales dégagées en B^1, B^2, etc. — S, serpentin traversé par un courant d'eau froide pour obtenir l'enrichissement maximum des vapeurs dans le compartiment supérieur. — D, partie de l'appareil où se trouve le régulateur à flotteur agissant par le levier G sur le robinet d'alimentation F. — C^1, C^2, récipients recevant la chaux dans les paniers à claire-voie E, susceptibles d'être isolés par les robinets r^1, r^2. — B^1, B^2..., B^{12}, Z, tuyau d'introduction de la vapeur servant à la distillation. — X, tuyau d'écoulement des eaux épuisées. — V, tuyau de dégagement des vapeurs ammoniacales.

tions d'ammoniaque. La chaux nécessaire au déplacement de l'ammoniaque combinée ne doit être introduite que dans la partie de l'appareil où le liquide arrive à peu près dépouillé de carbonate d'ammoniaque ; sans cela il y aurait formation de carbonate de chaux, ce qui augmenterait notablement la dépense de chaux et fixerait une quantité d'acide carbonique utilement employée dans la fabrication.

Parmi les nombreux appareils proposés, dont beaucoup présentent un véritable intérêt, nous donnons seulement l'appareil à colonne fort bien conçu de Solvay (fig. 86). Cet appareil à alimentation continue se compose, en réalité, de deux parties distinctes; il doit permettre d'obtenir des vapeurs très riches en ammoniaque.

L'eau mère arrive à la partie supérieure de la colonne par le tuyau H ; l'alimentation est réglée, d'après la marche de l'opération, par le robinet F commandé par le régulateur à flotteur placé en D agissant sur le robinet par l'intermédiaire du levier G. L'eau mère, contenant du carbonate d'ammoniaque, descend peu à peu jusqu'en A^8; les vapeurs ammoniacales dégagées en B entraînent, tout en s'enrichissant en AzH^3, le carbonate d'ammoniaque que renferment les liquides des compartiments A ; les liquides arrivants sont obligés de passer dans les récipients C^1, C^2, où se trouve un panier contenant de la chaux vive; la chaux s'hydrate et se dissout à mesure dans le liquide en déplaçant l'ammoniaque combinée au chlore; les liquides descendent en B; la vapeur servant à la distillation arrive en Z, tandis que les eaux épuisées s'écoulent par le tuyau X.

M. Solvay a décrit un autre appareil reposant sur le même principe de la distillation par la vapeur; la partie A de la colonne subsiste seule; le déplacement de l'ammoniaque combinée au chlore s'effectue dans des chaudières groupées en batterie; un commutateur fort ingénieux permet d'isoler momentanément une chaudière pour la vidange des eaux épuisées, ou d'intervertir l'ordre du barbotement méthodique.

L'incertitude qui règne sur le mode de fabrication des usines Solvay ne permet pas d'affirmer que la distillation de l'ammoniaque soit réellement pratiquée à l'aide de la vapeur. Ce genre de chauffage a pour effet d'amener une dilution continuelle des liquides soumis à la distillation; les difficultés que présente l'expulsion des dernières portions d'ammoniaque augmentent en raison de la dilution du liquide. On ne saurait estimer avec quelque précision la dépense de combustible que cause cette opération ; la nécessité de rectifier les vapeurs ammoniacales dans le cas du traitement direct des saumures oblige le fabricant à fournir les quantités de chaleur nécessaires à la séparation de l'ammoniaque et de l'eau, quantités absolument variables suivant la marche de l'opération.

A l'usine de Sorgues, M. Boulouvard emploie l'appareil de Mallet, légèrement modifié; on ajoute la chaux dans la deuxième chaudière; l'appareil est chauffé extérieurement, la vapeur nécessaire à la distillation étant fournie par le liquide ammoniacal de la dernière chaudière. On arrive ainsi à diminuer le volume primitif du liquide traité, ce qui diminue les pertes d'ammoniaque du chef de l'épuisement imparfait. Pour 1000 kilogrammes de carbonate de soude produits, on a, en général, 5 mètres cubes environ d'eaux mères à traiter.

Traitement des eaux résiduelles de la fabrication de la soude à l'ammoniaque pour la production du chlore.

Les liquides résiduels provenant de la régénération de l'ammoniaque renferment un mélange de chlorure de sodium et de chlorure de calcium ou de magnésium, suivant qu'on a employé la chaux ou la magnésie pour déplacer l'ammoniaque. On sait que, dans le procédé Leblanc, le chlore du sel marin décomposé est obtenu à l'état d'acide chlorhydrique susceptible d'être utilisé directement pour la production du chlore. Des efforts considérables sont tentés depuis quelque temps pour obtenir le chlore concurremment avec la soude à l'ammoniaque. Les fabricants sont d'autant plus incités à faire des sacrifices dans ce but que le développement croissant du procédé à l'ammoniaque dans les conditions actuelles aurait de sérieux inconvénients pour certaines contrées, où des quantités énormes de chlorure de calcium sont quotidiennement évacuées dans les cours d'eau.

A. *Fabrication de l'acide chlorhydrique avec le chlorure de calcium.* — Solvay a pris récemment plusieurs brevets pour le traitement du chlorure de calcium par la vapeur d'eau surchauffée. Les divers procédés reposent tous sur la réaction de Pelouze; on chauffe au rouge un mélange intime de matières siliceuses et de chlorure de calcium dans un courant de vapeur d'eau surchauffée :

$$SiO^2 + CaCl^2 + H^2O = SiO^3Ca + 2HCl.$$

Les eaux résiduelles sortant des appareils de régénération de l'ammoniaque sont évaporées ; la totalité du chlorure de sodium qu'elles contiennent se dépose; la valeur du sel ainsi retrouvé couvre les frais de l'évaporation. On mélange le chlorure de calcium avec des substances siliceuses ou de l'argile; on obtient ainsi après dessiccation des morceaux assez denses et plus ou moins poreux. On chauffe dans des cornues ou dans un four à moufle en faisant arriver un courant de vapeur d'eau sur la masse; le chlorure de calcium se décompose et il se forme du silicate de chaux, qui peut être employé comme ciment.

L'acide chlorhydrique ainsi obtenu paraît devoir être très dilué. Solvay propose de faire passer les vapeurs d'eau et d'acide à travers une solution concentrée de chlorure de calcium qui retient une partie de l'eau. M. Hurter [*Journ. of Chem. Industry*, 1883, p. 105], dans une étude très complète sur les différents modes de production du chlore, fait observer que la grande dépense de combustible nécessitée par ce procédé, comparée au peu de valeur du produit à obtenir, l'acide chlorhydrique, rend son application très peu probable.

B. *Fabrication du chlore et de l'acide chlorhydrique à l'aide du chlorure de magnésium.* — Dès le début de la mise en pratique du procédé à l'ammoniaque, Solvay avait cherché à remplacer la chaux par la magnésie pour la mise en liberté de l'ammoniaque combinée au chlore ; le chlorure de magnésium résultant devait être traité par la vapeur d'eau pour la fabrication de l'acide chlorhydrique. Les essais entrepris échouèrent, à cette époque, devant des difficultés de diverse nature. D'une part, la magnésie ne décompose le chlorhydrate d'ammoniaque qu'avec une très grande lenteur ; d'autre part, on paraît avoir soumis à l'action de la vapeur d'eau, non le chlorure de magnésium seul, mais le mélange de chlorures de magnésium et de sodium obtenu en évaporant à siccité les liquides provenant de la régénération de l'ammoniaque à l'aide de la magnésie. La présence du chlorure de sodium a plusieurs inconvénients : elle modifie d'une manière fâcheuse l'état physique de la masse, qui [illegible] fusible à la température de la réaction [illegible] ainsi bien moins de surface; enfin le chlorure de sodium, entrant en combinaison avec le chlorure de magnésium, protège ce dernier sel contre l'action de la vapeur d'eau ou de l'oxygène. On sait que la carnallite ($MgCl^2 + KCl + 6 H^2O$) peut être déshydratée et fondue sans décomposition appréciable, tandis que $MgCl^2 + 6 H^2O$ se décompose avec facilité lorsqu'on le chauffe. On a recours, pour la fabrication du magnésium, à cette action « protectrice » du chlorure de sodium : en mélangeant le chlorure de magnésium cristallisé avec la quantité convenable de chlorure de sodium, on forme un sel double très fusible qui peut être facilement déshydraté. On voit par là combien il est nécessaire de séparer le sel marin qui peut accompagner le chlorure de magnésium, lorsqu'on cherche à mettre en liberté le chlore que renferme ce sel.

On sait depuis quelques années que l'oxygène déplace le chlore du chlorure de magnésium à une température élevée; c'est sur cette réaction, signalée notamment par M. Berthelot, que s'est basé le nouveau procédé à la magnésie, mis à l'étude à l'usine de Salindres, chez MM. Péchiney et Cie, en vue de la production du chlore dans la fabrication de la soude à l'ammoniaque.

Lorsqu'on chauffe sans précaution le chlorure de magnésium, $MgCl^2 + 6 H^2O$, ce sel se décompose, en partie ou en totalité, suivant les conditions de l'expérience; à basse température, une partie de l'eau peut se dégager sans exercer aucune action; les dernières portions (2 molécules à $2^{mol},5$ d'eau) paraissent toujours entrer en réaction, à un degré variable suivant les conditions de température et de durée. On conçoit aisément que la présence d'une certaine quantité d'acide chlorhydrique déjà formée suspende l'action décomposante de la vapeur d'eau; celle-ci se fait, du reste, de moins en moins sentir, à mesure que le produit renferme une plus grande proportion de magnésie; en général, lorsqu'on chauffe rapidement le chlorure de magnésium cristallisé, le produit, au moment où il est déshydraté, renferme sensiblement

$$2,5\, MgO : 1\, MgCl^2,$$

soit environ 50 % en poids de magnésie. Ces différentes observations concordent toutes avec la belle expérience de M. Dumas sur la déshydratation totale du chlorure de magnésium cristallisé dans un courant de gaz chlorhydrique sec.

Les résultats défavorables obtenus il y a quelques années dans les essais de décomposition du chlorure de magnésium cristallisé, provenant des eaux mères des marais salants, se trouvent ainsi expliqués : la décomposition est imparfaite, si l'on n'a soin de faire arriver un excès de vapeur d'eau au moment où le mélange ne renferme plus la quantité d'eau nécessaire à l'achèvement de la réaction. Les faits mis récemment en lumière ont amené à reconnaître que si l'on substitue l'air à la vapeur d'eau, le mélange anhydre de magnésie et de chlorure de magnésium dégage du chlore avec la plus grande facilité. La grande importance de cette réaction, au point de vue industriel, a conduit à déterminer les conditions les plus favorables à la formation du chlore. On a reconnu : 1° qu'il est avantageux de mélanger au chlorure de magnésium cristallisé une certaine quantité de magnésie, résultant d'une précédente opération, dont la présence retarde la décomposition par la vapeur d'eau et communique, au contraire, au mélange une porosité et des propriétés réfractaires fort avantageuses au point de vue du traitement par un gaz dilué à une température élevée; 2° qu'il y a intérêt à soumettre les « oxychlorures de magnésium » à une dessiccation à basse température : cette opération permet d'enlever à la masse une certaine quantité d'eau dont l'action à une température plus élevée pourrait devenir nuisible au point de vue du rendement en chlore libre.

La fabrication du chlore à l'aide du chlorure de magnésium comporte donc plusieurs opérations : 1° la préparation de l'oxychlorure; 2° la dessiccation à une basse température; 3° la calcination du mélange à une température élevée (700-1000°) dans un courant d'air.

Avec des produits poreux convenablement préparés (il est très important de faire à chaud le mélange de magnésie et de chlorure de magnésium cristallisé; on ajoute peu à peu la magnésie à la masse fondue), on obtient une décomposition très rapide; on peut arriver à utiliser la totalité de l'oxygène de l'air introduit. Dans la pratique, en vue d'activer l'opération, on règle l'accès de l'air de façon à obtenir des gaz renfermant 10 à 15 % de chlore en moyenne; l'emploi de ces gaz dilués ne présente aucun inconvénient pour les opérations de la grande industrie chimique (fabrication du chlorure de chaux et des chlorates).

La magnésie résiduelle renferme 3 à 4 % de chlore environ; on parvient, du reste, à l'en débarrasser presque complètement. Elle rentre dans la fabrication de la soude à l'ammoniaque pour servir à décomposer de nouvelles quantités de chlorhydrate d'ammoniaque.

Ce procédé de décomposition du chlorure de magnésium en magnésie, acide chlorhydrique et chlore offre aussi un grand intérêt au point de vue de l'utilisation de ce sel et de la fabrication de la magnésie.

C. *Procédé Carey, Gaskell et Hurter pour l'utilisation du chlore du sel marin employé dans la fabrication de la soude à l'ammoniaque.* — Ce procédé, qui amène l'emploi du sulfate de soude dans la fabrication de la soude à l'ammoniaque, sera décrit plus bas.

Nouvelles sources d'ammoniaque. — On a pu penser un instant que la consommation relativement élevée de l'ammoniaque deviendrait un sérieux obstacle au développement de la fabrication de la soude par ce procédé. L'azote contenu dans la houille se retrouve en partie à l'état d'ammoniaque dans les produits de la distillation; et la fabrication du coke métallurgique, après avoir longtemps laissé perdre des sous-produits de valeur tels que l'ammoniaque et les carbures condensables, subit une transformation générale en vue de cette utilisation (fours Carvès, Jameson, etc.). M. Weldon estimait, en 1884, à 180 000 tonnes les quantités de sulfate d'ammoniaque que cette seule branche de l'industrie est susceptible de fournir annuellement en Angleterre.

Fabrication de la soude à l'aide du sulfate.

A. *Obtention du sulfate de soude.* — 1° *Sulfate de soude des eaux mères des marais salants.* — Les perfectionnements d'ordre mécanique apportés à la fabrication du sulfate à l'aide du sel marin et de l'acide sulfurique et l'importance croissante de l'acide chlorhydrique pour l'industrie chimique ont enlevé beaucoup d'intérêt à la production du sulfate de soude par d'autres procédés. Le remarquable mode d'extraction des sels de potasse des eaux mères des marais salants, dû à MM. Balard et Merle et mis en pratique sur les bords de la Méditerranée, entraîne l'obtention, comme produit secondaire, de sulfate de soude cristallisé. Ce procédé, décrit dans ce Dictionnaire, a été complété par un ingénieux perfectionnement, dû à M. Péchiney, qui permet d'obtenir directement le sulfate anhydre plus susceptible d'utilisation. On fait fondre ce sel dans son eau de cristallisation avec 45 p. de *sels mixtes*, mélange en proportions équivalentes de chlorure de sodium et de sulfate de magnésie, obtenu dans une partie de la fabrication; on porte la température à 80° à l'aide de la vapeur; les *sels mixtes* enlèvent au sulfate de soude son eau de cristallisation et il se forme du sulfate anhydre qui se précipite à l'état de poudre cristalline. On laisse refroidir jusque vers 33° pour achever la précipitation, et on essore le mélange boueux, en ayant soin de ne pas le laisser refroidir au-dessous de cette température. On obtient ainsi un produit ne renfermant pas plus de 3-4 °/₀ d'eau; la solution des sels mixtes est soumise ensuite au traitement connu pour amener la double décomposition entre le sulfate de magnésie et le chlorure de sodium.

2° *Fabrication du sulfate de soude par la décomposition du sel marin au moyen de l'acide sulfurique.* — La presque totalité du sulfate de soude continue à être fabriquée par ce moyen. Les espérances qu'avait fait naître le procédé Hargreaves (action directe du gaz des fours à pyrites sur le sel marin),

$$SO^2 + O + 2NaCl + H^2O = SO^4Na^2 + 2HCl,$$

ne semblent pas s'être réalisées. L'économie qui résulte de la suppression de la fabrication de l'acide sulfurique semble être compensée par les frais considérables d'installation des nouveaux appareils, dont la conduite est des plus délicates. Enfin, le gaz chlorhydrique se trouve mélangé à une forte proportion de gaz indifférents (azote et air en excès introduit dans les fours à pyrite), ce qui augmente les difficultés de la condensation.

Les fours connus jusqu'ici pour la fabrication du sulfate au moyen de l'acide sulfurique exigeaient une agitation à la main, rendue pénible par le dégagement des vapeurs chlorhydriques; dans les fours les plus répandus, la seconde phase de la réaction (décomposition du bisulfate par le sel marin) s'accomplit dans une moufle; le chauffage extérieur, qui présente toujours des inconvénients au point de vue de l'utilisation du combustible lorsqu'il s'agit de substances solides, est ici d'autant plus fâcheux que les produits de la combustion entraînent une notable quantité de gaz chlorhydrique, diffusant à travers la paroi en maçonnerie chauffée au rouge.

L'emploi des fours mécaniques offre divers avantages qui les auraient bientôt imposés à tous les fabricants, n'était la situation critique créée au procédé Leblanc par son rival. Il supprime un travail pénible pour l'ouvrier, onéreux pour le fabricant; il permet d'obtenir facilement un mélange parfait, et par là un degré de décomposition qui n'est atteint avec les fours à main qu'au prix de grands efforts. On admet, en outre, qu'il amène une certaine économie d'acide sulfurique et de combustible. L'acide chlorhydrique condensé dans la fabrication du sulfate renferme toujours de l'acide sulfurique en quantité d'autant plus forte qu'on a atteint un plus haut degré de décomposition du sulfate; en effet, les morceaux de bisulfate de soude qui ne sont pas mélangés au sel marin passent facilement à l'état de pyrosulfate; à la température élevée du four, ce sel dégage de l'anhydride sulfurique, qui se retrouve dans les produits de la condensation. L'obtention d'un mélange parfait diminue considérablement les chances de dégagement d'anhydride sulfurique et facilite singulièrement l'achèvement de la réaction.

Les fours mécaniques les plus connus sont dus à MM. Jones et Walsh et à M. Mac-Tear. La figure 87 représente le four Mac-Tear, qui est le plus répandu aujourd'hui. Il se compose d'une

Fig. 87. — Four Mac-Tear pour la fabrication du sulfate de soude.

A, cuvette en fonte où s'opère le mélange de l'acide sulfurique et du sel. — B, sole du four où s'achève la réaction. — C, C, brassoirs en fonte, mus par le système d'engrenages qui déterminent le mélange des corps réagissants. — D, ajutages par où tombe le sulfate dans la rigole E à joint étanche. — F, foyer. — G, tuyau de dégagement des vapeurs chlorhydriques mélangées aux gaz de la combustion. — H, trémie de chargement du sel. — I, mécanisme distributeur du sel. — J, tuyau par lequel s'écoule l'acide sulfurique. — S et T, pivot et galets du four. — V, pignon actionnant la couronne dentée du four.

cuvette en fonte A, dans laquelle s'opère le mélange d'acide sulfurique et de sel marin, qui sont introduits d'une manière continue; l'alimentation est assurément le point le plus délicat du travail, le conducteur du four n'ayant d'autre guide que la composition du produit sortant de l'appareil. Le mélange pâteux, qui présente à peu près la composition du bisulfate, déborde du vase et se répand sur la sole en briques réfractaires B du four, où il est agité par les brassoirs en fonte C, C, qu'il rencontre à chaque tour de la cuvette; mis ainsi en contact avec les gaz chauds, il arrive à la circonférence et s'écoule par une ouverture D. Le gaz chlorhydrique et les produits de la combustion s'échappent par le tuyau G.

Le mode de chauffage constitue la seule imperfection de cet appareil. Dans les fours à main, le chauffage a lieu extérieurement, et l'acide chlorhydrique, mélangé à la vapeur d'eau, peut être facilement condensé. Dans le four Mac-Tear, le chauffage s'effectue par contact immédiat de la matière avec les gaz chauds du foyer F; ce fait, assurément avantageux au point de vue de l'utilisation du combustible, interdit au fabricant l'emploi direct de la houille, dont la combustion produit du noir de fumée et des poussiers qui nuiraient à l'opération: on a recours au coke ou à des gaz de gazogène. La condensation présente moins de difficultés pour les usines qui ont des débouchés pour les acides chlorhydriques faibles, comme en offre aujourd'hui l'extraction de l'acide phosphorique accumulé dans les scories basiques du procédé Bessemer.

Le sulfate obtenu dans les fours Mac-Tear est plus pur que le sulfate des fours à main; malgré la présence de la fonte dans la seconde phase de la réaction, il renferme moins de fer et d'impuretés que les anciens produits, et contient une bien moindre proportion de sel marin non transformé. Ces fours fonctionnent avec succès dans plusieurs usines françaises.

Essai du sulfate. — Dans une fabrication régulière, on dose l'acide sulfurique libre (bisulfate) et le sel marin. Le dosage de l'acide se fait sur 5 grammes par un simple titrage acidimétrique.

Pour le dosage du sel marin, on neutralise exactement une seconde portion de 5 grammes avec la quantité de liqueur normale employée dans le précédent essai, et on dose avec une liqueur titrée de nitrate d'argent, en présence du chromate neutre de potassium (Lunge).

Pour le dosage du fer, on opère sur 10 grammes, qu'on dissout dans l'eau additionnée d'acide sulfurique; on réduit par le zinc et on titre avec une solution de permanganate.

B. *Transformation du sulfate de soude en carbonate sans réduction.* — La découverte d'une réaction très remarquable, due à MM. Carey, Gaskell et Hurter, et devant permettre de résoudre le problème de l'utilisation du chlore du sel marin employé pour la fabrication de la soude à l'ammoniaque, a vivement attiré l'attention sur l'emploi du sulfate de soude à la place du sel marin dans ce procédé.

Actuellement, l'ammoniaque employée se retrouve dans les eaux mères à l'état de chlorhydrate; on régénère la base à l'aide de la chaux, ou de la magnésie si l'on veut obtenir du chlorure de magnésium. Le procédé Carey, Gaskell et Hurter est basé sur l'emploi du sulfate de soude à la place du sel marin; l'ammoniaque se retrouve alors dans les eaux mères à l'état de sulfate d'ammoniaque. L'intérêt offert par le nouveau procédé provient de ce qu'il permet de régénérer à la fois l'ammoniaque et l'acide sulfurique du sulfate, ce dernier étant employé au traitement d'une nouvelle portion de sel marin et fournissant ainsi de l'acide chlorhydrique et du chlore; il repose sur la réaction suivante : si l'on chauffe vers 400° dans un courant de vapeur d'eau un mélange en proportions équivalentes de sulfate de soude et de sulfate d'ammoniaque, il se dégage de l'ammoniaque libre, tandis qu'il se forme du bisulfate de soude :

$$SO^4Na^2 + SO^4(AzH^4)^2 = 2AzH^3 + 2SO^4NaH.$$

L'expérience a montré que la réaction est totale, au moins dans des appareils de laboratoire. Le bisulfate de soude obtenu est broyé et mélangé avec une quantité convenable de sel marin; on chauffe dans un four à sulfate ordinaire; il se dégage de l'acide chlorhydrique; le sulfate de soude formé est traité par le procédé à l'ammoniaque pour la transformation en carbonate de soude.

Des études sont faites actuellement en vue de l'application de ce procédé, qui, comme le procédé à la magnésie décrit plus haut, évite tous les résidus de la fabrication de la soude et fournit de l'acide chlorhydrique, sinon du chlore.

Le traitement direct du sulfate de soude dans le procédé à l'ammoniaque a semblé d'abord devoir offrir des difficultés pratiques, par suite du peu de solubilité de ce sel. On a reconnu depuis qu'il n'y a aucun inconvénient à effectuer l'opération à 33°, température à laquelle la solubilité est considérablement accrue et devient même plus grande que celle du chlorure de sodium; en outre, le sulfate de soude est beaucoup plus soluble à la température ordinaire dans un liquide offrant la composition du monocarbonate d'ammoniaque, avec la concentration exigée par le procédé, qu'il ne l'est dans l'eau pure.

La réussite de ce nouveau procédé dépend donc uniquement de la façon dont on parviendra à effectuer industriellement la régénération de l'ammoniaque à une température relativement élevée et dans des conditions devant amener des pertes presque inévitables.

M. Mond a fait remarquer que le traitement du sulfate de soude par le procédé à l'ammoniaque permettrait de produire directement et sans dépense d'acide le sulfate d'ammoniaque nécessaire aux besoins de l'agriculture, tout en évitant au fabricant de soude une régénération toujours coûteuse. Il ne semble pas que cette proposition ait trouvé beaucoup d'écho, les quantités de soude produites, et, en conséquence, de sulfate d'ammoniaque formé, se trouvant hors de proportion avec les débouchés ouverts à ce dernier produit.

C. *Transformation du sulfate en carbonate par le procédé Leblanc.* — Pratiqué depuis près d'un siècle, le procédé Leblanc n'est plus susceptible de perfectionnements importants au point de vue chimique; du moins n'a-t-on pu réussir jusqu'ici à écarter certaines difficultés accidentelles qu'en assurant autant que possible la régularité des opérations. Les fours tournants se sont répandus de plus en plus, et les fabricants cherchent depuis quelques années à faire profiter les autres parties de la fabrication des progrès réalisés dans la construction des appareils mécaniques. L'évaporation des lessives de soude tend à s'opérer dans des appareils Thelen, où le pêchage des sels s'effectue mécaniquement. Nous indiquerons maintenant les quelques additions récentes qui peuvent avoir de l'intérêt.

Fabrication de la soude brute. — Le travail dans les fours tournants s'effectue un peu autrement qu'avec les anciens fours à réverbère : le mode d'agitation diminue la porosité habituelle de la masse; on a d'abord reconnu la nécessité de chauffer au préalable dans le four le mélange de charbon et de calcaire, afin de déterminer la formation de chaux caustique, qui, restant emprisonnée dans la soude brute, et s'hydratant pendant le lessivage, rend la soude poreuse. Il faut éviter avec soin la formation d'un excès de chaux caustique, dont la présence aurait de fâcheuses conséquences pendant le lessivage en facilitant la formation du sulfure de sodium.

M. Mac-Tear a fait connaître un ingénieux tour de main qui supprime l'opération délicate de la caustification : on introduit le mélange habituel, et, au moment de la fusion du sulfate, on ajoute la chaux caustique mélangée à des cendres ou à des escarbilles, dont la présence contribue à la porosité de la masse. On emploierait de 6 à 10 p. de chaux pour 100 de sulfate.

Le travail avec le four tournant permet de diminuer fortement la consommation de calcaire, avantage sérieux au point de vue du rendement en soude. Les beaux travaux de M. Scheurer-Kestner, confirmés par les publications récentes, ont établi que la perte de soude est directement proportionnelle à la quantité de calcaire employée; il se forme un composé sodico-calcaire insoluble, reconnu par M. Reidemester pour de la gay-lussite ($Na^2CO^3 + CaCO^3 + 5\ Aq$) [*Bull. Soc. chim.*, t. XXXIX, p. 410].

La diminution de la quantité de calcaire a, par contre, pour effet d'augmenter la teneur de la soude brute en sulfure de sodium; le procédé Péchiney-Weldon, employé concurremment avec le procédé Mac-Tear, le complète heureusement. Il repose sur l'addition de sulfate et de craie en poudre à la fin de l'opération, et tend à détruire le sulfure et le cyanure de sodium, qu'on peut certainement considérer comme les impuretés les plus dangereuses des lessives, au point de vue de la coloration des sels de soude.

L'addition de sulfate a pour objet de décomposer le cyanure de sodium qui prend naissance pendant l'opération par l'action de l'azote des gaz sur le charbon alcalin, ou, suivant Weldon, de l'ammoniaque qu'ils renferment toujours. L'action décomposante peut être interprétée par l'équation

$$Na^2SO^4 + 2\,CAzNa$$
$$= Na^2S + CO^3Na^2 + CO + 2\,Az.$$

La craie en poudre, ajoutée au sulfate, décompose le sulfure de sodium formé en vertu de la réaction précédente, aussi bien que le sulfure de sodium de la masse qui avait échappé à la réaction.

Le procédé Péchiney-Weldon n'est vraiment efficace que dans le travail avec les fours tournants, qui permettent un mélange intime et rapide; il est fort employé en Angleterre, où il fournit d'excellents résultats.

Purification des lessives. — Dans les circonstances les plus favorables, les lessives renferment toujours du sulfure de sodium, qui peut provenir en partie de la soude brute ou s'être formé pendant le lessivage, par l'action de la soude caustique sur le sulfure de calcium; dans le procédé de calcination habituel, le sulfure et l'hyposulfite qui l'accompagnent sont transformés en sulfate dans l'atmosphère oxydante du foyer. L'élimination du sulfure présente un intérêt tout spécial lorsque les lessives sont destinées à la fabrication de la soude caustique et doivent, par conséquent, échapper à la calcination; dans ce dernier cas, elle nécessite l'emploi de nitrate, que l'on cherche à réduire autant que possible. La destruction du sulfure par oxydation correspond à une perte d'alcali qui n'est pas sans importance, eu égard aux énormes quantités de soude fabriquées. On distingue, parmi les procédés de désulfuration des lessives, les procédés de désulfuration par oxydation (des lessives) et par précipitation à l'aide des sels métalliques.

L'oxydation des lessives s'effectue par injection d'air; vers 75°, l'oxydation devient relativement rapide; elle s'effectue même avec des gaz pauvres en oxygène; la disparition du sulfure, qu'on observe pendant la carbonatation des lessives avec les gaz de foyer pour la fabrication des cristaux de soude, est due à l'action de l'oxygène libre contenu dans ces gaz.

On a remarqué que l'addition d'oxyde de manganèse à la lessive accélère singulièrement l'oxydation du sulfure par l'oxygène de l'air. M. Pauli introduit dans les lessives une petite quantité de chlorure de manganèse (1 gramme par litre de lessive). Il se précipite du protoxyde de manganèse, dont la peroxydation en milieu alcalin s'effectue rapidement; réagissant sur le sulfure, le bioxyde se trouve réduit et, par une série de réductions et d'oxydations successives, abrège la durée de l'opération. L'oxyde précipité qui se dépose est séparé par décantation et peut servir à un grand nombre d'oxydations. Au bout d'un certain temps, il s'accumule trop d'impuretés et la boue doit être lavée et jetée. Le chlorure de manganèse est avantageusement remplacé par la boue Weldon. On compte sur une consommation de 1 kilogr. de MnO^2 par tonne de soude.

La désulfuration par précipitation au moyen de l'oxyde de zinc, très préconisée par M. Scheurer-Kestner, serait pratiquée dans plusieurs usines. Le sulfure de zinc précipité peut être recueilli et dissous dans l'acide chlorhydrique, le chlorure de zinc obtenu étant employé à nouveau pour la préparation de l'oxyde nécessaire. Le grand avantage du procédé est dû à ce qu'il évite toute perte d'alcali; l'équivalent de soude caustique obtenu couvre certainement les frais de l'opération.

La présence du ferrocyanure de sodium dans les lessives est considérée par les fabricants comme très nuisible à la blancheur du sel de soude. M. Hurter de Widness a repris des essais antérieurs de M. Williamson et a établi un procédé de purification des lessives qui fournit de bons résultats. Si l'on chauffe à 180° une lessive de soude renfermant du ferrocyanure, ce sel se transforme en sulfocyanure en réagissant sur l'hyposulfite, et il se précipite de l'oxyde de fer. Pour éviter la formation de sulfure de fer et le dépôt de silico-aluminate de soude qui se produiraient en chauffant les lessives à cette température, il est nécessaire de n'opérer que sur des lessives carbonatées et oxydées par injection d'air. L'appareil employé est très simple: il consiste en un serpentin en fer, chauffé directement au contact du gaz d'un foyer et traversé d'une manière continue par un courant de lessive carbonatée. L'application de ce procédé ingénieux est limitée à la fabrication des sels carbonatés; il ne peut être utilisé pour l'épuration des lessives caustiques.

Fabrication de la soude caustique. — La fabrication de ce produit tend à prendre une importance de plus en plus grande; l'industrie des matières colorantes, et spécialement la fabrication de l'alizarine, en consomment de grandes quantités; la savonnerie paraît devoir l'employer de préférence à la soude caustifiée sur place.

De nouvelles publications sur la fabrication de la soude caustique ont confirmé ce que l'on savait de l'impossibilité d'arriver à une réaction complète; l'emploi des lessives diluées est très avantageux, tant au point de vue du degré de la caustification que de la diminution des pertes en soude, résultant de la formation de composés sodico-calcaires insolubles. A partir de 15° Baumé, la réaction devient de moins en moins complète; au-dessus de cette densité, l'inversion de la réaction augmente progressivement. D'après M. Scheurer-Kestner, avec de la soude caustique à 38° Baumé la réaction inverse est complète: le carbonate de calcium est transformé en chaux caustique, tandis que la soude caustique se carbonate. La mise en œuvre de lessives diluées, qui donne de bons résultats à ces deux points de vue, est onéreuse pour le fabricant, en ce qu'elle lui impose des frais d'évaporation supplémentaires. M. Scheurer-Kestner a fait connaître [*Bull. Soc. chim.*, t. XXXIX, p. 415] l'ingénieuse disposition établie, dès 1867, à la fabrique de Thann pour la caustification des lessives de soude. L'appareil se compose de six cylindres en tôle placés verticalement et pourvus d'agitateurs. Le liquide destiné à la caustification est introduit dans l'un des cylindres, le seul qui soit vide; il marque de 28° à 30° Baumé; on l'affaiblit au moyen des eaux de lavage du cylindre précédent, qui lui-même a reçu et recevra successivement les eaux de lavage des cylindres ayant servi précédemment. On arrive à un lavage méthodique parfait, tout en utilisant immédiatement les eaux de lavage pour la dilution des lessives à caustifier. On opère ainsi sur des lessives à 14° Baumé environ. Ce mode de lavage par décantation paraît bien préférable au lavage sur filtre qui est pratiqué dans les usines anglaises.

M. Parnell a fait connaître un procédé qui permet de caustifier des lessives plus concentrées, sans effet fâcheux sur la marche de la réaction. La caustification a lieu sous pression à une température d'environ 140-145°; le degré de la caustification est de 90-92 °/₀ de l'alcali total. Il ne semble pas démontré que les complications résultant d'un travail sous pression compensent les avantages que donne l'économie de combustible.

M. Scheurer-Kestner admet comme étant près de la vérité une consommation de 3 tonnes de combustible par tonne de soude fabriquée.

On doit à Lunge une étude très approfondie des réactions qui se passent pendant l'oxydation de la soude caustique en fusion [*Mon. scient.*, t. XIV, p. 144]; les phénomènes qui se produisent sont très complexes et varient suivant les conditions de température. La fonte des appareils intervient en facilitant l'oxydation. Les recherches de Lunge ont établi les faits suivants : Le nitrate n'agit sur l'hyposulfite à aucune température qu'on soit amené à observer pendant l'opération. Quant au sulfure, il réagit sur le nitrate à partir de 140°; quand le nitrate n'est pas en excès, ce qui est ordinairement le cas, il se forme du nitrite et du sulfite; ces deux produits de la réaction restent en présence jusque vers 300° sans se décomposer; à une température plus élevée, c'est-à-dire au moment de la déshydratation complète de la soude caustique, le sulfite se transforme en sulfate aux dépens de la combinaison nitrée, qui se détruit en dégageant de l'azote. La présence du nitrite engendre une réaction secondaire : si l'addition de nitrate a lieu lentement, le liquide renferme toujours un excès relatif de sulfure, qui réduit totalement le nitrite avec mise en liberté d'ammoniaque. Cette réaction, qui a son maximum vers 180°, va en diminuant jusqu'à 300°; à cette température, la réduction du nitrite ne va plus jusqu'à la mise en liberté d'ammoniaque et il se dégage uniquement de l'azote. On obtiendra donc le maximum d'effet utile en mettant le salpêtre à même de réagir à basse température, de façon à obtenir AzH^3 comme produit extrême de réduction.

Quant à l'hyposulfite, il se décompose vers 300° en sulfate et en sulfure, qui entre en réaction avec le nitrate ou le nitrite contenus dans la masse.

La pratique confirme les indications du travail de Lunge, dont les données précises ont jeté la lumière sur des réactions complexes et mal connues.

L'emploi de la soude à l'ammoniaque pour la préparation de la soude caustique simplifie considérablement cette fabrication, et permet d'obtenir, sans dépense de nitrate et sans dépôt de sels pêchés, un produit d'une plus grande pureté, puisqu'il ne renferme pas de sulfate. Ajoutons pourtant que la lutte se présente ici dans des conditions à peu près égales, puisque la soude à l'ammoniaque obtenue à l'état solide doit être amenée en dissolution étendue pour la caustification, et soumise à l'évaporation, tandis que le fabricant de soude Leblanc part du carbonate de soude en dissolution, dont, par suite du mode de fabrication, le prix est moindre à cet état que sous forme de produit solide. Les fabricants de soude à l'ammoniaque n'en produisent pas moins aujourd'hui de belles soudes caustiques, fort appréciées par les industries pour lesquelles la présence du sulfate offre un inconvénient.

Les soudes caustiques obtenues dans les usines travaillant d'après le procédé Leblanc renferment en moyenne :

CO^3Na^2	6,00
$NaOH$	89,80
Na^2SO^4	1,4
$NaCl$	2,7
Impuretés	0,1
	100,0

Les impuretés consistent principalement en oxyde de fer insoluble et en silico-aluminate de soude. La coloration verte des soudes est due à la présence de quantités très minimes de manganèse, introduites dans le cours de la fabrication par le calcaire, presque toujours manganésifère. On y a signalé la présence du vanadium, du phosphore et du fluor [*Bull. Soc. chim.*, t. XXXIX, p. 412].

Traitement des marcs ou charrées de soude. — *Régénération du soufre.* — La situation critique du procédé Leblanc a amené les fabricants à tenter de nouveaux efforts en vue de résoudre le problème de la régénération du soufre contenu dans les charrées de soude; l'augmentation du prix de l'acide chlorhydrique, sur l'emploi duquel étaient basés les procédés connus jusqu'ici, a modifié complètement l'état de la question et a contribué à inspirer plusieurs nouveaux modes de traitement; la réussite des essais divers tentés actuellement à l'échelle industrielle présente un grand intérêt pour cette partie de l'industrie de la soude.

Les procédés décrits précédemment concordent tous dans l'obtention finale d'un mélange en proportions convenables d'hyposulfite et de polysulfures de calcium (sauf le procédé dit de Dieuze, abandonné aussitôt après la découverte du procédé de Weldon pour la régénération du manganèse). La quantité d'hyposulfite formée étant suffisante pour l'oxydation de l'hydrogène sulfuré naissant, qui résulte de l'action d'un acide sur le polysulfure, on décompose le mélange par l'addition d'acide chlorhydrique; il se précipite du soufre, tandis qu'il se forme du chlorure de calcium :

$$CaS^2O^3 + 2\,CaS^x + 6\,HCl = 3\,CaCl^2 + 3\,H^2O + S^{2+x}.$$

C'est sur cette réaction que sont basés les procédés Schaffner et Mond, dont d'heureuses modifications fonctionnent dans plusieurs usines.

Les nouveaux modes de traitement sans acide chlorhydrique qui fixent l'attention des fabricants n'ont malheureusement résolu jusqu'ici que la première partie de la question et s'arrêtent à la mise en liberté de l'hydrogène sulfuré. La fabrication du soufre par oxydation de l'hydrogène sulfuré offre encore des difficultés, et les procédés récemment publiés n'ont pas encore été soumis à un essai industriel. L'obtention du soufre à l'état d'hydrogène sulfuré, qui ne peut être utilisé que pour la fabrication de l'acide sulfurique à la place des pyrites, ne présente qu'un intérêt relatif, en présence de la baisse des prix amenée par l'introduction des pyrites cuivreuses sur le marché.

A. Traitement des charrées pour la production de l'hydrogène sulfuré. — 1° *Procédé Schaffner et Helbig.* — Cette partie du procédé a donné d'excellents résultats dans des essais pratiqués industriellement par M. Chance, en Angleterre. Il est basé sur l'action décomposante que le chlorure de magnésium exerce à chaud sur le sulfure de calcium ; on peut admettre avec beaucoup de probabilité que la réaction a lieu en deux phases : il se forme du sulfure de magnésium qui se décompose, par l'action de l'eau et de la chaleur, en magnésie et en hydrogène sulfuré; le chlore se combine au calcium du sulfure :

$$CaS + MgCl^2 + H^2O = CaCl^2 + MgO + H^2S.$$

L'hydrogène sulfuré se dégage; la magnésie en suspension dans le chlorure de calcium est soumise à l'action d'un courant de gaz carbonique ; on régénère en même temps la solution de chlorure de magnésium et le carbonate de chaux qui a été employé à la fabrication de la soude :

$$MgO + CaCl^2 + CO^2 = MgCl^2 + CaCO^3.$$

Le carbonate de chaux est séparé de la dissolution de chlorure de magnésium qui rentre en fabrication. Les détails publiés par M. Chance [*Bull. Soc. chim.*, t. XL, p. 77] permettent de considérer comme très pratique le traitement des charrées par le chlorure de magnésium et la régénération de la dissolution de ce sel. Le dégagement gazeux ne se produit pas au-dessous de 50°, ce qui permet l'introduction facile des marcs de soude dans le cylindre qui renferme la solution de chlorure de magnésium. La carbonatation s'effectue rapidement.

Ce mode de régénération du soufre à l'état d'hydrogène sulfuré n'a échoué que devant les considérations d'ordre économique indiquées plus haut.

2° *Procédés Opl par l'intermédiaire du sulfhydrate de calcium.* — Ce mode de traitement est basé sur la solubilisation complète du soufre des charrées par l'action de l'acide carbonique : les charrées, en suspension dans environ trois volumes d'eau, sont soumises à l'action de l'acide carbonique dilué, provenant des fours à soude ; on dispose un appareil méthodique. Il se forme du sulfhydrate de calcium très soluble et du carbonate de chaux :

$$2CaS + CO^2 + H^2O = CaCO^3 + Ca(SH)^2.$$

En continuant à faire agir l'acide carbonique pur, on met en liberté l'hydrogène sulfuré :

$$Ca(SH)^2 + CO^2 + H^2O = CO^3Ca + 2H^2S.$$

Ce premier procédé était fort imparfait, en ce qu'il exigeait l'emploi de gaz carbonique pur, et, par conséquent, d'acide chlorhydrique, sous peine de fournir de l'hydrogène sulfuré très dilué.

MM. Opl et de Miller ont fait connaître récemment un nouveau procédé pour la mise en liberté du soufre des marcs de soude à l'état d'hydrogène sulfuré, qui, comme le précédent, comporte deux opérations distinctes. La première opération a pour objet la préparation du sulfhydrate de calcium par l'action d'un courant de gaz H^2S sur les marcs de soude en suspension dans l'eau ; cette réaction s'effectue avec la plus grande facilité, et l'on parvient aisément à obtenir une solution concentrée de sulfhydrate, qu'on sépare des résidus de charbon, etc., qui accompagnent le sulfure de calcium. La deuxième opération est basée sur la décomposition que subit le sulfhydrate de calcium lorsqu'on le soumet à l'ébullition ; ce corps se décompose en H^2S qui se dégage et en chaux libre. La chaux peut être utilisée. Quant au gaz H^2S, la moitié rentre dans le cycle des opérations pour la solubilisation du soufre des marcs de soude; l'autre moitié peut être utilisée soit pour la fabrication du soufre par l'un des procédés indiqués ci-dessus, soit pour la fabrication de l'acide sulfurique :

$$CaS + H^2S = Ca(SH)^2,$$
$$Ca(SH)^2 + H^2O = CaO + 2H^2S.$$

Ce procédé, qui supprime la carbonatation exigée par celui indiqué plus haut, est le plus simple que l'on connaisse jusqu'ici pour la mise en liberté du soufre des marcs de soude à l'état d'hydrogène sulfuré. Il est même supérieur au procédé Schaffner et Helbig, qui comporte la régénération de la magnésie.

La décomposition du sulfhydrate de calcium en hydrogène sulfuré et en chaux ne paraît pourtant pas s'effectuer totalement. Il semble qu'après la formation d'une certaine quantité de chaux, pour une concentration donnée, le dégagement se ralentisse considérablement; ce fait ne saurait être un obstacle sérieux à la mise en pratique du procédé. On peut admettre, en effet, qu'au moment où la décomposition devient trop lente, on peut arrêter l'opération et séparer par décantation la chaux qui a pris naissance; la dissolution étendue de sulfhydrate de calcium est employée, au lieu d'eau, pour la mise en suspension des marcs de soude soumis à l'action du gaz H^2S.

3° *Procédé Lombard de Bouquet pour la régénération du soufre des marcs de soude à l'état d'hydrogène sulfuré, simultanément avec la fabrication du phosphate bicalcique.* — Cet ingénieux procédé, qui fonctionne avec succès à l'usine de Rassuen et paraît susceptible d'une certaine extension, combine d'une manière très heureuse la régénération du soufre à l'état d'hydrogène sulfuré avec la fabrication du phosphate bicalcique, tout en améliorant cette dernière opération. Il repose sur la précipitation du phosphate bicalcique par le sulfhydrate de calcium, qui joue ici le rôle d'une « dissolution de chaux ».

Dans une première phase, on prépare le sulfhydrate de calcium par l'action d'un courant de gaz H^2S sur les marcs de soude en suspension dans l'eau, comme dans le procédé décrit plus haut. Le gaz H^2S résulte d'une précédente opération.

La dissolution de sulfhydrate de calcium, au lieu d'être soumise à l'ébullition comme dans le procédé Opl (qui n'a, du reste, été connu qu'ultérieurement et dépend, croyons-nous, du procédé Lombard, quant au mode de préparation du sulfhydrate), est introduite dans une dissolution chlorhydrique de phosphate de chaux; au fur et à mesure de l'addition, l'acide phosphorique déplace l'hydrogène sulfuré, qui se dégage et se trouve précipité à l'état de phosphate bicalcique insoluble. Le noircissement du précipité (formation de sulfure de fer) indique que la saturation est achevée. On filtre le phosphate et on évacue les solutions de chlorure de calcium. L'hydrogène sulfuré est employé en partie à la préparation d'une nouvelle quantité de sulfhydrate; le reste est brûlé au contact de l'air et fournit de l'acide sulfureux qui sert à la fabrication de l'acide sulfurique.

Le phosphate bicalcique, ainsi préparé, serait, dit-on, plus pur que celui obtenu par précipitation avec le carbonate de chaux, l'emploi d'un précipitant soluble permettant d'éviter la formation de phosphate tricalcique, qui représente une perte pour le fabricant.

Le sulfhydrate de calcium peut rendre les plus grands services pour la préparation de l'hydrogène sulfuré dans les industries qui peuvent en faire usage; d'une préparation bien moins coûteuse que le sulfure de fer, son emploi simplifie considérablement les appareils nécessaires, puisqu'il suffit d'introduire un filet d'acide chlorhydrique dans un appareil métallique pourvu d'agitateurs et renfermant la solution de sulfhydrate; on arrête l'addition d'acide au moment où le point de neutralisation est atteint et l'on utilise ainsi d'une manière parfaite l'acide employé.

B. Régénération du soufre à l'aide de l'hydro-

gène sulfuré obtenu avec l'un des procédés décrits ci-dessus. — Si le problème de l'obtention facile du soufre des marcs de soude à l'état d'hydrogène sulfuré peut être considéré comme résolu, il n'en est pas de même de la transformation de ce dernier corps en soufre. Les usines qui traitent les charrées par l'une des méthodes décrites emploient l'hydrogène sulfuré comme source d'acide sulfureux pour la fabrication de l'acide sulfurique. Le bas prix des pyrites rendrait, dit-on, fort incertains les avantages de cette opération.

On connaît actuellement trois procédés pour la fabrication du soufre; les deux premiers empruntent à l'air l'oxygène nécessaire à l'oxydation et sont basés sur la réaction

$$SO^2 + 2H^2S = 3S + 2H^2O.$$

a. Procédé Schaffner et Helbig (2e partie). — Lorsqu'on mélange du gaz sulfureux et de l'hydrogène sulfuré, en présence de l'eau, dans les proportions indiquées par l'équation ci-dessus, on obtient un dépôt de soufre; ce soufre est à l'état très divisé et ne peut être filtré. Il se produit, en outre, un autre inconvénient : la réaction est loin d'être complète et l'on ne peut éviter la formation d'acides thioniques; dans ces conditions (réaction de Wackenroder), il se forme de l'acide pentathionique (Wackenroder), de l'acide tétrathionique et de l'acide hydrosulfureux (Spring) ou un mélange des trois acides tri-, tétra- et pentathionique (Stingl et Morawski) :

$$5H^2S + 5SO^2 = S^5O^6H^2 + 4H^2O + 5S;$$

(Wackenroder).

1. $SO^2 + 2H^2S = 2H^2O + 3S,$
2. $SO^2 + H^2O + S = S^2O^3H^2,$
3. $SO^2 + 2S^2O^3H^2 = SO^2H^2 + S^4O^6H^2$

(Spring).

MM. Schaffner et Helbig ont reconnu que la réaction de l'acide sulfureux sur l'hydrogène sulfuré est singulièrement régularisée quand elle s'effectue en présence d'une dissolution d'un chlorure alcalino-terreux; le chlorure de calcium, sans valeur dans les usines de produits chimiques, peut être avantageusement employé. La présence de ce sel exerce une véritable coagulation du soufre; à chaud, on obtient de magnifiques flocons.

MM. Stingl et Morawski, dans un remarquable mémoire [*Journ. prakt. Chem.* (2), t. XX, p. 76], ont publié le résultat d'expériences sur ce procédé. Il ne paraît pas qu'on parvienne à éviter complètement la formation d'acides thioniques. Industriellement, cette réaction secondaire représenterait peut-être une perte moindre qu'on ne le suppose, aucun motif ne s'opposant à l'emploi continuel de la même solution de chlorure de calcium.

M. Chance a mis également ce procédé à l'essai [*Bull. Soc. Chim.*, t. XL, p. 80]. Les obstacles dus à l'attaque des appareils par l'acide sulfureux et à l'obstruction des tours à réaction par les flocons de soufre ne sauraient paraître insurmontables.

b. Procédé Claus. — L'oxygène nécessaire à la réaction est fourni par l'air; l'hydrogène sulfuré est soumis à la combustion ménagée avec la quantité d'air théorique :

$$H^2S + O = S + H^2O.$$

On régularise l'opération en faisant passer le mélange gazeux sur une couche de substances poreuses, maintenues à une température suffisante par la chaleur dégagée dans la réaction.

Les produits de la réaction, mélange d'azote, de vapeur d'eau et de soufre, sont refroidis dans un appareil construit de manière à éviter les obstructions.

c. Procédé de Miller. — Ce procédé, qui n'est pas sans analogie avec le précédent, en diffère pourtant par ce fait que l'air n'est pas employé *directement*. Il comporte deux opérations : dans la première, on fait passer le courant d'hydrogène sulfuré sur une couche de sulfate de chaux chauffé au rouge; le sulfate de chaux est réduit et il se forme de la vapeur d'eau et du soufre :

$$SO^4Ca + 4H^2S = CaS + 4H^2O + 4S;$$

dans la deuxième opération, on reconstitue le sulfate de chaux en faisant passer un courant d'air sur le sulfure de calcium :

$$CaS + 4O = CaSO^4.$$

Ce procédé aurait, d'après M. Weldon, l'avantage d'activer la décomposition de l'hydrogène sulfuré, tout en permettant de recueillir facilement et de faire rentrer en fabrication les gaz non décomposés (H^2S ou SO^2 formé accidentellement), tandis que dans le procédé Claus ces gaz se trouvent mélangés à l'azote de l'air employé, ce qui rend leur traitement ultérieur peu pratique.

Henry Gall.

SOUFRE. — Voyez t. II, p. 1597. — *Propriétés physiques.* — On peut obtenir à la fois, dans un même milieu et à une même température, les deux variétés de soufre prismatique et octaédrique. On prépare une solution sursaturée en dissolvant l'une quelconque de ces deux modifications dans de la benzine ou dans du toluène à 80° et en refroidissant ensuite à 15°; si l'on vient alors à introduire dans une telle solution un cristal prismatique et un cristal octaédrique, ils deviennent, chacun de son côté, le point de départ d'une cristallisation semblable. On observe que les cristaux prismatiques s'accroissent plus rapidement que les cristaux octaédriques; si les deux sortes de cristaux arrivent au contact, les prismes se transforment immédiatement en chapelets d'octaèdres opaques, avec dégagement de chaleur [Gernez, *Compt. rend.*, t. LXXIX, p. 219].

M. Friedel a obtenu accidentellement une cristallisation de soufre appartenant au système triclinique; ces cristaux se transforment rapidement en octaèdres [*Bull. Soc. chim.*, t. XXXII, p. 114].

Lorsqu'on traite le persulfure d'hydrogène par de l'éther, on voit se déposer du soufre sous la forme de lamelles parfaitement transparentes qui se transforment rapidement en octaèdres opaques; lorsque la décomposition du persulfure est lente, quelques-unes de ces lamelles s'accroissent sans se transformer et donnent naissance à des prismes orthorhombiques de 106°,20' surmontés d'un pointement présentant les angles de l'octaèdre ordinaire. Ces cristaux, qui peuvent atteindre 10 millimètres de longueur, fondent à 117° environ; leur densité est de 2,04; ils sont entièrement solubles dans le sulfure de carbone et dans la benzine; projetés dans du soufre en surfusion ou en sursaturation, ils donnent naissance à des octaèdres [Maquenne, *Bull. Soc. chim.*, t. XLI, p. 238].

Le soufre insoluble, fondu, puis refroidi, se solidifie à 114°,3; le soufre octaédrique cristallise à 117°,4; si après l'avoir fondu on le chauffe à 144°, il ne se solidifie plus qu'à 113°,4; enfin, si on porte la température à 170°, la cristallisation n'a plus lieu qu'à 112°,2 [Gernez, *Compt. rend.*, mai 1876].

Le soufre est soluble dans l'anhydride acétique bouillant; ce liquide l'abandonne par refroidissement en prismes microscopiques groupés en barbes de plume [Rosenfeld, *Deutsch. chem. Gesellsch.*, 1880, p. 1477].

Le soufre insoluble dans le sulfure de carbone possède, après avoir été comprimé à 8000 atmosphères, une densité de 1,9556 à 0° et de 1,9643 à 100° [Spring, *Bull. Acad. Belg.* (3), t. II, p. 83].

Propriétés chimiques. — La chaleur de combustion du soufre varie suivant la variété que l'on considère. Le soufre octaédrique (S, O^2) dégage 71 080 calories, et le soufre prismatique (S, O^2) dégage 71 720 calories [Thomsen, *Deutsch. chem. Gesellsch.*, 1880, p. 961].

Le soufre réagit à froid sur le gaz iodhydrique; si l'on abandonne ces deux corps en tube scellé, il s'est formé au bout de quelques heures à froid, après quelques minutes à 100°, de l'acide sulfhydrique et un composé spécial, décomposable par l'eau, sans doute un iodure de soufre [Berthelot, *Bull. Soc. chim.*, t. XXXI, p. 310].

Si l'on dissout du soufre dans du brome, dans les rapports de 32 p. du premier pour 80 p. du second, et qu'on distille au thermomètre le produit ainsi formé, on recueille à 190-200° une combinaison paraissant avoir pour formule S^2Br^2 [Muir, *Deutsch. chem. Gesellsch.*, 1875, p. 831]. Suivant Hannay [*Ibid.*, 1878, pp. 1265 et 2147], il ne se produit dans ces conditions aucun composé défini.

Le soufre s'oxyde lentement au contact de l'air humide et à la température ordinaire, en donnant une petite quantité d'acide sulfurique [Pollacci, *Deutsch. chem. Gesellsch.*, 1875, p. 1198].

La fleur de soufre décompose l'eau à l'ébullition, suivant l'équation

$$2H^2O + 3S = 2H^2S + SO^2.$$

La réaction est quantitative [Cross et Higgin, *Deutsch. chem. Gesellsch.*, 1879, p. 846].

Le soufre à l'état naissant, obtenu par la décomposition d'un hyposulfite ou d'un sulfure alcalin au moyen de l'acide chlorhydrique, donne avec l'eau bouillante de l'hydrogène sulfuré et de l'acide sulfurique. [Colson, *Bull. Soc. chim.*, t. XXXIV, p. 66].

Le soufre en ébullition est sans action sur le gaz carbonique; si l'on dirige dans un tube de porcelaine chauffé au rouge un mélange de gaz carbonique et de vapeurs de soufre, on observe, au contraire, la formation de petites quantités d'oxyde de carbone, d'oxysulfure de carbone et d'acide sulfureux; la formation de ces produits serait attribuable non à l'attaque propre du gaz carbonique par le soufre, mais à sa dissociation préalable en oxyde de carbone et oxygène [Berthelot, *Bull. Soc. chim.*, t. XL, p. 364].

A une température de 450° le soufre décompose le sulfate de calcium avec formation de sulfure et de gaz sulfureux; il transforme également le carbonate de calcium en sulfure avec dégagement de gaz carbonique [F. Sestini, *Bull. Soc. chim.*, t. XXXIV, p. 490]. Avec les sels correspondants de potassium, les réactions sont un peu différentes : le sulfate de potassium est transformé au rouge par la vapeur de soufre en polysulfure et en gaz sulfureux :

$$SO^4K^2 + 4S = K^2S^3 + 2SO^2.$$

Le carbonate est converti en un mélange de sulfure et de sulfate avec dégagement de gaz carbonique :

$$4CO^3K^2 + 16S = 3K^2S^5 + SO^4K^2 + 4CO^2$$

[Berthelot, *Ibid.*, t. XL, p. 366].

Lorsqu'on abandonne à la lumière pendant deux mois des tubes scellés renfermant un mélange de soufre et de sulfure de phosphore P^4S^3 en solution sulfocarbonique, on obtient du tétrasulfure de phosphore P^2S^4; si l'on opère à 180°, il se produit un mélange de P^2S^4 et de P^2S^5 [Dervin, *Bull. Soc. chim.*, t. XLI, p. 433].

Lorsqu'on soumet à une pression de 6500 atmosphères des mélanges en proportions convenables de fleur de soufre et de certains métaux en poudre très fine, une certaine quantité de ces mélanges se transforme en sulfures; on peut préparer ainsi des sulfures de magnésium, de zinc, de fer, de cadmium, de bismuth, de plomb, d'argent, de cuivre, d'étain et d'antimoine; la quantité de sulfure formée est faible. Mais, si après une première compression on réduit le bloc en poudre et qu'on le comprime de nouveau, la proportion de sulfure formée augmente à chaque nouvelle compression; on a pu, en particulier, obtenir avec un mélange de soufre et d'argent un bloc renfermant 69,41 °/₀ de sulfure après la sixième compression [W. Spring, *Bull. Soc. chim.*, t. XXXIX, p. 641 et t. XLI, p. 492].

Chauffé pendant vingt heures à 160-190° avec 2 molécules d'iodure de méthyle, le soufre fournit une petite quantité d'iodure de triméthylsulfine $(CH^3)^3SI$ [Klinger, *Deutsch. chem. Gesellsch.*, 1877, p. 1880].

Le soufre précipité des hyposulfites par les acides est utilisé comme mordant pour fixer sur la laine un certain nombre de matières colorantes artificielles; ce procédé de teinture est dû à M. Lauth [Vaucher, *Bull. Soc. chim.*, t. XXIX, p. 335; Reimann, *Ibid.*, p. 526 et t. XXX, p. 322].

Combinaisons du soufre avec les métalloïdes monatomiques.

HYDROGÈNE SULFURÉ. — *Modes de formation.* — L'hydrogène sulfuré prend naissance dans l'action du gaz d'éclairage sur le soufre bouillant; il est alors mélangé d'hydrocarbures [J. Taylor, *Chem. News*, t. XLVII, p. 145].

On peut le préparer à l'état de pureté en faisant tomber goutte à goutte de l'huile de naphte sur du soufre en fusion : on obtient dans ces conditions un dégagement parfaitement régulier [Lidow, *Deutsch. chem. Gesellsch.*, 1881, p. 2712].

Il se produit en quantités très notables dans la *fermentation sulfhydrique;* cette fermentation prend naissance sous l'action d'un bacille particulier, aux dépens de tous les corps qui renferment du soufre, des matières albuminoïdes, comme du caoutchouc vulcanisé [Miquel, *Bull. Soc. chim.*, t. XXXII, p. 127]. — Voyez FERMENTATIONS, Suppl., p. 826.

Purification. — La nécessité où l'on est d'employer dans les recherches médico-légales de l'acide sulfhydrique exempt d'arsenic exige impérieusement, suivant R. Otto, que l'on prépare ce gaz avec des matières pures de ce métalloïde: cet auteur recommande l'emploi du sulfure de calcium et de l'acide chlorhydrique pur [*Deutsch. chem. Gesellsch.*, 1879, p. 215]. D'après Lenz [*Zeitsch. anal. Chem.*, t. XXII, p. 393], on peut, même dans les expertises les plus délicates, préparer l'hydrogène sulfuré au moyen du sulfure de fer ordinaire; on le prive absolument de toute trace d'arsenic en le lavant successivement dans quatre flacons renfermant de l'acide chlorhydrique dilué et maintenu à une température de 60-70°. Kosmann [*Deutsch. chem. Gesellsch.*, 1884, *Refer.*, p. 100] recommande, pour la préparation du gaz sulfhydrique exempt d'arsenic, la décomposition, au moyen du gaz carbonique, des sulfures de calcium et de baryum obtenus eux-mêmes par l'acide sulfhydrique brut, en arrêtant la préparation avant que la décomposition du sulfure alcalino-terreux soit complète, c'est-à-dire lorsque le liquide est encore coloré en vert.

O. v. d. Pfordten recommande pour la purification du gaz sulfhydrique de le faire passer sur du polysulfure de potassium chauffé à 350-360° : on l'obtient ainsi parfaitement exempt d'arsenic [*Deutsch. chem. Gesellsch.*, 1884, p. 2897].

Propriétés. — La chaleur de formation de

l'acide sulfhydrique gazeux est, à partir des éléments, égale à 4512 calories; sa chaleur de dissolution est 4750 calories [Thomsen, *Deutsch. chem. Gesellsch.*, 1872, p. 771, et 1873, p. 1535].

L'acide sulfhydrique forme avec l'eau un hydrate ayant pour formule $H^2S.12H^2O$. Cet hydrate est cristallisé et possède les tensions de vapeur suivantes :

Températures.	Tensions en atmosphères.	Températures.	Tensions en atmosphères.
+ 0,5.....	1,1	+ 14,5.....	4,25
+ 2......	1,4	+ 17,5.....	5,8
+ 5......	1,7	+ 19,8.....	7,1
+ 9......	2,5	+ 23......	11
+ 11,8.....	3,5	+ 28,5.....	16

A 29-30°, il se détruit, même sous une pression considérable [De Forcrand, *Compt. rend.*, t. XCIV, p. 967].

L'acide sulfhydrique forme également avec un certain nombre d'éthers haloïdes et en présence de l'eau des combinaisons cristallines ayant pour formule générale $x + 2H^2S + 23H^2O$, x étant l'éther haloïde; ces corps cristallisent en octaèdres réguliers qui se détruisent à quelques degrés au-dessus de 0°. On a préparé les combinaisons avec le chlorure de méthyle, le chlorure de méthylène, le chloroforme, le perchlorure de carbone, le chlorure d'éthyle, le chlorure d'éthylène, le chlorure d'éthyle chloré, le chlorure d'éthylène chloré, l'iodure d'éthyle, etc. [De Forcrand, *Ann. Chim. Phys.* (5), t. XXVIII, p. 5].

L'acide sulfhydrique réagit au rouge sur l'acide carbonique avec formation d'eau, de soufre et d'oxyde de carbone, suivant l'équation

$$H^2S + CO^2 = H^2O + S + CO$$

[Köhler, *Deutsch. chem. Gesellsch.*, 1878, p. 205].

L'eau oxygénée décompose l'hydrogène sulfuré avec formation d'eau et de soufre; mais si l'on opère en présence d'un alcali et à la température de l'ébullition, le soufre s'oxyde et passe à l'état de sulfate [Classen et Bauer, *Deutsch. chem. Gesellsch.*, 1883, p. 1061].

E. Fischer propose de mettre à profit pour la recherche de l'acide sulfhydrique la propriété que possède ce corps de donner en solution acide avec la paramidodiméthylaniline et le perchlorure de fer du *bleu de méthylène*. On ajoute au liquide à examiner 1/50e de son volume d'acide chlorhydrique fumant, puis une trace de sulfate de paramidodiméthylaniline, et enfin quelques gouttes d'une solution diluée de chlorure ferrique : si le liquide renferme de l'acide sulfhydrique, il se colore immédiatement en bleu [*Deutsch. chem. Gesellsch.*, 1883, p. 2234].

L'hydrogène sulfuré gazeux mélangé avec de l'air ne paraît pas toxique à la dose de 0,1 °/₀; s'il existe dans le mélange à la dose de 0,33 °/₀, il tue très rapidement le lapin et le chien. Introduit dans l'estomac sous forme de solution aqueuse saturée, il augmente l'élimination de l'urée, des sulfates et des phosphates [Smirnow, *Deutsch. chem. Geselsch.*, 1884, *Refer.*, p. 505].

L'hydrogène sulfuré fournit avec la plupart des alcaloïdes des composés cristallisés. Une solution alcoolique de *strychnine*, soumise à l'action du gaz sulfhydrique, laisse déposer de belles aiguilles rouge-orangé, paraissant avoir pour formule $C^{21}H^{22}Az^2O^2.H^2S^3$. Ce composé serait isomérique et non identique avec le corps obtenu par Hofmann par l'action du sulfure d'ammonium sur la strychnine et décrit au t. II, p. 1604. La *brucine* fournit, suivant les conditions de l'expérience, deux combinaisons avec l'hydrogène sulfuré : l'une, fusible à 125°, forme des aiguilles ayant pour formule $C^{23}H^{26}Az^2O^4.H^2S^2 + 2H^2O$; l'autre fond vers 155° et a pour composition

$$C^{23}H^{26}Az^2O^4(H^2S^2)^2.$$

Les alcaloïdes du quinquina, ceux de l'opium, l'atropine, la vératrine, la conicine, la nicotine fournissent des combinaisons analogues [E. Schmidt, *Bull. Soc. chim.*, t. XXVI, p. 218].

CHLORURE DE SOUFRE. — L'étude de la dissociation du chlorure de soufre a conduit M. Isambert à cette conclusion, qu'il n'existe qu'un seul chlorure de soufre défini, S^2Cl^2. Ce chlorure peut dissoudre de grandes quantités de chlore, mais celui-ci n'est pas combiné; tous les chlorures de soufre supérieurs ne seraient donc que le chlorure S^2Cl^2, plus ou moins saturé de chlore [Isambert, *Compt. rend.*, t. LXXXVI, p. 664].

La chaleur de formation du chlorure de soufre liquide, S^2Cl^2, à partir du soufre clinorhombique et du chlore gazeux, est 14257 calories [Thomsen, *Deutsch. chem. Gesellsch.*, 1882, p. 3023].

Combinaisons du soufre avec les métalloïdes diatomiques.

ACIDE HYDROSULFUREUX, SO^2H^2. — Voyez t. II, p. 1066. — D'après Guérout [*Compt. rend.*, t. LXXXV, p. 225], l'électrolyse d'une solution aqueuse d'acide sulfureux par un courant faible (1 couple à bichromate) fournit au pôle positif de l'acide sulfurique et au pôle négatif de l'acide hydrosulfureux; si l'on emploie un courant plus intense, l'acide hydrosulfureux ne se forme plus, mais il est détruit au fur et à mesure de sa production avec dépôt de soufre.

L'acide hydrosulfureux réduit à froid l'azotite de potassium en donnant de l'hydroxylamine et en s'oxydant lui-même à l'état d'acide sulfurique; en sorte que l'on obtient finalement un mélange de sulfates de potassium et d'hydroxylamine [Lidoff, *Bull. Soc. chim.*, t. XLIII, p. 383]. La réaction est la suivante :

$$2SO^2H^2 + 2AzO^2K + 2H^2O$$
$$= SO^4K^2 + SO^4H^2(AzH^2.OH)^2.$$

ANHYDRIDE SULFUREUX, SO^2.—Voyez t. II, p. 1607. — Le gaz sulfureux est décomposé au rouge par le charbon, suivant l'équation

$$4SO^2 + 9C = 6CO + 2COS + CS^2;$$

il est également réduit par l'oxyde de carbone,

$$2CO + SO^2 = 2CO^2 + S,$$

soit lorsqu'on fait passer un mélange des deux gaz dans un tube chauffé au rouge, soit lorsqu'on le soumet à l'action d'une série d'étincelles électriques [Berthelot, *Bull. Soc. chim.*, t. XL, p. 362].

L'anhydride sulfureux se combine avec le chlorure d'aluminium rapidement à 50-60°, plus lentement à la température ordinaire, en donnant un composé de la formule $AlCl^3.SO^2Cl$; celui-ci se décompose par la chaleur avec dégagement de gaz sulfureux; il réagit sur la benzine avec dégagement de gaz chlorhydrique [Adrianowsky, *Deutsch. Chem. Gesellsch.*, 1879, p. 688].

Le gaz sulfureux est réduit au rouge sombre par le sulfure de calcium, avec formation de soufre et de sulfate; cette réaction avait été proposée pour la préparation industrielle du soufre [Hofmann, *Bull. Soc. chim.*, t. XXVI, p. 324].

L'acide sulfureux réagit à température élevée sur les alcools, lorsqu'on le chauffe en tubes scellés en présence de ces corps : avec l'alcool éthylique, il se produit de l'acide éthylsulfurique, de l'acide sulfurique, du mercaptan et de l'oxyde d'éthyle, en même temps qu'il se dépose du soufre cristallisé en prismes clinorhombiques; avec les alcools butylique, isobutylique et isoamylique, on obtient des produits analogues [Pagliani, *Deutsch. chem. Gesellsch.*, 1878, p. 155].

Acide sulfureux, SO^3H^2. — Voyez t. II, p. 1608. — D'après Thomsen [*Deutsch. chem. Gesellsch.*, 1873, p. 1535], la chaleur de dissolution de l'anhydride sulfureux gazeux est 7700 calories; celle de l'anhydride liquide 1500 calories. L'oxydation de la solution d'acide sulfureux à l'état d'acide sulfurique dégage 63630 calories.

L'électrolyse d'une solution aqueuse d'acide sulfureux, par un courant faible, donne au pôle positif de l'acide sulfurique et au pôle négatif de l'acide hydrosulfureux; si l'on emploie un courant plus intense, l'acide hydrosulfureux est détruit, et c'est du soufre que l'on obtient au pôle négatif [Guérout, *Compt. rend.*, t. LXXXV, p. 225].

La décomposition de l'hydrate d'acide sulfureux par la chaleur et ses tensions de dissociation aux diverses températures ont été étudiées en détail par Bakhuis Roozebom [*Recueil Trav. chim. Pays-Bas*, t. III, p. 39].

Sulfites. — Le sulfite acide de potassium,

$$SO^3KH,$$

présente une réaction acide; il se décompose à 190° en hyposulfite et sulfate avec dégagement d'acide sulfureux; l'équation est la suivante :

$$6SO^3KH = S^2O^3K^2 + 2SO^4K^2 + 2SO^2 + 3H^2O.$$

Si on élève davantage la température, l'hyposulfite se décompose lui-même en sulfate et polysulfure, et la masse prend une réaction alcaline.

Le sulfite neutre $SO^3K^2 + 2H^2O$ ne se décompose qu'au rouge, en sulfate et en polysulfure. L'anhydrosulfite $S^2O^5K^2$ donne dans ces conditions du sulfate et de l'hyposulfite [Geuther, *Liebig's Ann. Chem.*, t. CCXXIV, p. 218].

Les anhydrosulfites de Muspratt ont été récemment l'objet de nouvelles recherches de la part de M. Berthelot [*Bull. Soc. chim.*, t. XL, p. 415]. Ce savant a trouvé qu'ils diffèrent notablement, au point de vue thermique, des sulfites ordinaires et qu'ils forment, au contraire, une série régulière avec les hyposulfites et les métasulfates (pyrosulfates); il leur a donné le nom de *métasulfites*.

L'acide sulfureux peut être déplacé de ses combinaisons par le chlore. C'est ainsi que le sulfite d'argent est transformé par le chlore à la température ordinaire en chlorure d'argent et gaz sulfureux; il paraît se produire aussi du chlorure de sulfuryle dans cette réaction [Krutwig, *Deutsch. chem. Gesellsch.*, 1881, p. 305].

Chlorure de thionyle, $SOCl^2$. — Voyez t. II, p. 1610. — La chaleur de formation de ce corps est, suivant Ogier, 40^cal^,8 à partir des éléments; sa chaleur spécifique entre 17 et 60° est 0,24, et sa chaleur de vaporisation 54,45 [*Compt. rend.*, t. XCIV, p. 82].

Le chlorure de thionyle réagit énergiquement sur le nitrate d'argent, avec formation de chlorure nitrosulfurique, suivant l'équation

$$SOCl^2 + AzO^3Ag = AgCl + SO^2(O.AzO)Cl$$

[Thorpe, *Chem. Society*, 1882, p. 297].

Le chlorure de thionyle donne avec l'aniline une réaction violente dont les produits sont : le chlorhydrate d'aniline, le chlorure de soufre et l'acide sulfureux [Böttinger, *Deutsch. chem. Gesellsch.*, 1878, p. 1407].

Anhydride sulfurique, SO^3. — Voyez t. II, p. 1610. — Suivant Thomsen [*Deutsch. chem. Gesellsch.*, 1873, p. 1535], la chaleur de formation de l'anhydride sulfurique est : à partir des éléments 103 230 calories et à partir de l'anhydride sulfureux 32 160 calories.

L'iode sec réagit sur l'anhydride sulfurique en donnant une masse cristalline de couleur brun-verdâtre, ayant pour composition $I^2(SO^3)^6$. Sous l'action de la chaleur, ce corps fond, puis se décompose. Vers 80-100°, il se dégage de l'anhydride sulfurique et il reste pour résidu un liquide épais, de couleur brune, ayant pour formule

$$I^2(SO^3)^2.$$

Si on chauffe ce nouveau composé à 160-170°, il perd à son tour de l'anhydride sulfurique et laisse pour résidu un corps solide, de formule I^2SO^3, ayant l'aspect de l'iode [Weber, *Journ. prakt. Chem.* (2), t. XXV, p. 224].

L'anhydride sulfurique se combine avec le tellure quand on le mélange avec de petites quantités de ce métalloïde bien sec et finement pulvérisé; il se produit une matière solide, amorphe, de couleur rouge, ayant pour composition $TeSO^3$, qui est instable et se décompose spontanément au bout d'un temps variable, suivant la température, en tellure métallique et acides tellureux et sulfureux [Weber, *Journ. prakt Chem.* (2), t. XXV, p. 218].

Acide sulfurique, SO^4H^2. — Voyez t. II, p. 1612. — La chaleur de formation de l'acide normal SO^4H^2 par l'union directe de l'eau avec l'anhydride est 21 320 calories; la chaleur de dissolution de l'anhydride est 39170 calories; la chaleur de dissolution de l'acide normal, 17850 calories; la chaleur de formation de l'acide, à partir des éléments, 192 910 calories [Thomsen, *Deutsch. chem. Gesellsch.*, 1873, p. 1535].

Le liquide secrété par le *dolium galea* renferme 0,08 °/o d'acide sulfurique libre; on n'a pu encore donner aucune explication satisfaisante de ce fait [Maly, *Monatsh. f. Chem.*, t. Ier, p. 205].

Djaden-Moddermann a proposé de purifier l'acide sulfurique par la cristallisation de l'hydrate $SO^4H^2 + H^2O$. En essorant les cristaux à chaque cristallisation, on obtient, après quelques opérations, un acide exempt de plomb et d'arsenic [*Zeitsch. Anal. Chem.*, t. XXI, p. 218].

Les points d'ébullition des solutions aqueuses d'acide sulfurique sont contenus dans le tableau suivant, dû à Lunge [*Deutsch. chem. Gesellsch.*, 1878, p. 374].

SO^4H^2 °/o.	Points d'ébullition.	SO^4H^2 °/o.	Points d'ébullition.
5	101°	70........	170
10	102	72..	174,5
15	103,5	74........	180,5
20	105	76........	189
25	106,5	78	199
30	108	80.	207
35	110	82........	218,5
40	114	84	227
45	118,5	86........	238,5
50	124	88........	251,5
53	122,5	90........	262,5
56	133	91........	268
60	141,5	92........	274,5
62,5........	147	93........	281,5
65	153,5	94........	288,5
67,5........	161	95........	295

Les points de congélation de l'acide sulfurique aux divers degrés de concentration sont les suivants :

Densité.	Degré Baumé.	Point de congélation.	Point de fusion.
1,671 . ..	58°	encore liquide à — 20°	
1,727	60°,75	— 7°,5	— 7°,5
1,732 .. .	61°	— 8°,5	— 8°,5
1,749 . ..	61°,8	— 0°,2	+ 4°,5
1,767	62°,65	+ 1°,6	+ 6°,5
1,790	63°,75	+ 4°,5	+ 8°
1,807	64°,45	— 9°	— 6°
1,822	65°,15	encore liquides à — 20°	
1,842	66°		

[Lunge, *Deutsch. chem. Gesellsch.*, 1881, p. 2649].

Sulfates. — La plupart des sulfates sont décomposés par l'acide chlorhydrique, à une température variable avec chaque sel et pour chaque sel avec son degré d'hydratation. Nous ne pouvons donner ici le détail des résultats obtenus et nous renvoyons aux mémoires originaux [Hensgen, *Deutsch. chem. Gesellsch.*, 1876, p. 1671, 1877, p. 259, 1878, p. 1775].

J. Habermann [*Monatsh. f. Chem.*, 1884, p. 432] a obtenu un certain nombre de sulfates basiques, en traitant des solutions concentrées et bouillantes des sulfates neutres correspondants par l'ammoniaque diluée, tant qu'il se fait un précipité. Les sels ainsi obtenus sont amorphes. On a analysé ceux de *cuivre*, $7CuO.SO^3,6H^2O$, de *nickel*, $7NiO.SO^3,10H^2O$, de *cobalt*,

$$5CoO.SO^3,4H^2O,$$

de *zinc*, $4ZnO.SO^3,5H^2O$, de *cadmium*,

$$2CdO.SO^3,H^2O.$$

Pickering [*Journ. chem. Soc.*, t. XLIII, p. 336] a obtenu, en ajoutant de l'ammoniaque à une solution saturée de sulfate de cuivre jusqu'à redissolution du précipité, un sel renfermant

$$4CuO.16AzH^3.3SO^3.$$

Ce sel est décomposé par un excès d'eau froide en oxyde de cuivre et sulfate d'ammonium.

Fassbender [*Deutsch. chem. Gesellsch.*, 1876, p. 1358, et 1878, p. 1968] a obtenu, par le mélange en proportions convenables, de divers sulfates les sels doubles suivants :

$SO^4Ca.SO^4K^2 + H^2O$, aiguilles soyeuses;

$SO^4Ca.SO^4(AzH^4)^2 + H^2O$, prismes orthorhombiques;

$SO^4Ca.SO^4K(AzH^4) + H^2O$, cristaux peu solubles.

Ditte [*Compt. rend.*, t. LXXXIV, p. 260] a décrit les sels doubles suivants :

$2SO^4Ca.SO^4K^2 + 3H^2O$, paillettes nacrées, peu solubles;

$2SO^4Ca.SO^4Rb^2 + 3H^2O$, aiguilles étoilées, transparentes.

Hannay [*Chem. News*, t. XXXIV, p. 128] a observé, dans des tuyaux de conduite où avaient circulé des solutions renfermant divers sulfates et du chromate de potassium, la formation accidentelle de cristaux renfermant :

$$SO^4Ca.CrO^4K^2 + H^2O; \quad SO^4Ca.2CrO^4K^2;$$
$$SO^4Ca.SO^4Na^2.CrO^4K^2 + H^2O.$$

Étard a décrit [*Bull. Soc. chim.*, t. XXXI, p. 202] une série de sesquisulfates doubles, préparés par la méthode suivante : On dissout dans l'eau chaude les sesquisulfates à combiner, on ajoute un grand excès d'acide sulfurique concentré, puis on élève la température jusqu'à ce qu'il se forme un précipité. Voici les formules des sels qu'il a ainsi préparés :

$Al^2(SO^4)^6Fe^2.SO^4H^2$, lamelles microscopiques hexagonales;

$Cr^2(SO^4)^6Fe^2.SO^4H^2$, précipité cristallin, jaunâtre, insoluble;

$Cr^2(SO^4)^6Fe^2$, poudre insoluble;

$Mn^2(SO^4)^6Fe^2$, précipité cristallin d'un beau vert;

$Cr^2(SO^4)^6Mn^2.2SO^4H^2$, poudre brune;

$Cr^2(SO^4)^6Al^2.SO^4H^2$, poudre vert pâle;

$[Al^2(SO^4)^3]^2.Mn^2(SO^4)^3$, poudre bleu de ciel, insoluble.

CHLORURE DE SULFURYLE, SO^2Cl^2. — Voyez t. II, p. 1617. — La chaleur de formation du chlorure de sulfuryle est, d'après Thomsen : à partir des éléments, $S,O^2,Cl^2 = 89780$ calories; à partir de l'acide sulfureux, $SO^2,Cl^2 = 18700$ calories [*Deutsch. chem. Gesellsch.*, 1883, p. 2613]. Suivant le même auteur, sa décomposition par l'eau dégage 62900 calories.

Ogier [*Compt. rend.*, t. XCIV, p. 82] a trouvé pour la chaleur de formation, à partir des éléments, le nombre 82540; d'après ce dernier auteur, la chaleur spécifique du chlorure de sulfuryle, entre 15 et 63°, est 0,233, et sa chaleur de vaporisation 7,06.

Schulze [*Journ. prakt. Chem.* (2), t. XXIII, p. 351, et t. XXIV, p. 168] prépare le chlorure de sulfuryle par l'action simultanée du chlore et du gaz sulfureux sur le camphre : on obtient ainsi un liquide parfaitement incolore, qui est une solution de camphre dans le chlorure de sulfuryle, et d'où l'on extrait ce dernier corps à l'état de pureté parfaite par une simple distillation. On peut, dans la préparation, remplacer le camphre par l'acide formique.

Le chlorure de sulfuryle réagit violemment sur l'aniline, qu'il transforme en aniline trichlorée, fusible à 80°; il transforme de même l'acétanilide en dichloracétanilide, fusible à 143°, et la diméthylaniline en diméthylaniline dichlorée [Wengenhoeffer, *Journ. prakt. Chem.* (2), t. XVI, p. 448].

Il convertit la diméthylaniline en un mélange de chlorhydrate de diméthylamine et de diméthylsulfamide, suivant l'équation

$$SO^2Cl^2 + 4AzH(CH^3)^2$$
$$= 2AzH(CH^3)^2.HCl + SO^2 \left\langle \begin{matrix} Az(CH^3)^2 \\ Az(CH^3)^2 \end{matrix} \right.$$

[Behrend, *Deutsch. chem. Gesellsch.*, 1881, p. 722 et 1810].

Le chlorure de sulfuryle transforme à froid le phosphore amorphe en trichlorure de phosphore, d'après la réaction

$$3SO^2Cl^2 + P^2 = 2PCl^3 + 3SO^2;$$

il convertit également, à une température peu élevée, l'arsenic et l'antimoine en trichlorures; enfin, il transforme le benzoate de sodium en un mélange de chlorure de benzoyle et d'anhydride benzoïque [Kœchlin et Heumann, *Deutsch. chem. Gesellsch.*, 1882, p. 1736].

ACIDE CHLOROSULFURIQUE, $SO^2(OH)Cl$. — Voyez t. II, p. 1617. — Beckurts et Otto [*Deutsch. chem. Gesellsch.*, 1878, p. 2058] indiquent, comme procédé pratique de préparation de ce corps, la saturation par le gaz chlorhydrique de l'acide fumant cristallisé du commerce, qui renferme près de 40 °/₀ d'anhydride sulfurique; il suffit de distiller ensuite la masse pour obtenir de l'acide chlorosulfurique sensiblement pur.

L'anhydride phosphorique convertit l'acide chlorosulfurique en chlorure de pyrosulfuryle, $S^2O^5Cl^2$; il suffit de chauffer au réfrigérant ascendant le mélange de ces deux corps et de distiller ensuite [Billitz et Heumann, *Deutsch. chem. Gesellsch.*, 1883, p. 482].

L'acide chlorosulfurique transforme à froid l'alcool méthylique en acide méthylsulfurique; avec l'alcool éthylique, il fournit de même de l'acide éthylsulfurique, si l'on a soin d'empêcher toute élévation de température; mais si la masse vient à s'échauffer pendant la réaction, c'est le chlorure éthylsulfonique qui prend naissance [Claesson, *Journ. prakt. Chem.* (2), t. XIX, p. 231].

Le soufre ne réagit pas à froid sur l'acide chlorosulfurique, mais si l'on chauffe un mélange de ces deux corps, il se fait une violente réaction, dont les produits sont les acides chlorhydrique et sulfurique et le chlorure de soufre, S^2Cl^2. Avec le phosphore blanc, il se produit vers 25-30° une réaction excessivement violente, qui se termine par l'explosion des appareils; avec le phosphore rouge, la réaction ne se produit que si on chauffe fortement; on obtient de l'oxychlorure de phosphore et les acides chlorhydrique, sulfureux et phosphorique. L'arsenic et l'antimoine sont transformés en trichlorures; l'étain en tétrachlorure. Enfin, le charbon fournit, à une température élevée, de l'acide sulfureux et de l'acide chlorhydrique, en passant lui-même à l'état d'oxyde de carbone et d'acide carbonique [Heumann et Kœchlin, *Deutsch. chem. Gesellsch.*, 1882, p. 416].

ACIDE DISULFURIQUE OU PYROSULFURIQUE, $S^2O^7H^2$. — Voyez t. II, p. 1619.

CHLORURE DE PYROSULFURYLE, $S^2O^5Cl^2$ [J. Ogier, *Compt. rend.*, t. XCIV, p. 82 et 217, et t. XCVI, p. 66; — Konovaloff, *ibid.*, t. XCV, p. 1284; *Bull. Soc. chim.*, t. XL, p. 192, 282, t. XLI, p. 341 et 393; — Heumann et Kœchlin, *Deutsch. chem. Gesellsch.*, 1883, p. 479; — Billitz et Heumann, *ibid.*, p. 483]. — La chaleur de formation du chlorure de pyrosulfuryle est $180^{cal},6$; sa chaleur spécifique entre 15° et 130° est 0,258, et sa chaleur de vaporisation 7,57. Lorsqu'il est parfaitement pur, il bout à 153° et a pour densité de vapeur 7,2 (théorie : 7,4); sa densité à l'état liquide est 1,872.

Le chlorure de pyrosulfuryle attire l'humidité avec une rapidité extraordinaire; l'eau le transforme en acide chlorosulfurique. Lorsqu'il renferme une certaine proportion de ce dernier corps, le mélange bout à 145°,5 et présente une densité de vapeur égale à 3,7 : un tel mélange ne peut être scindé par la distillation.

Le chlorure de pyrosulfuryle réagit à froid sur l'antimoine, suivant l'équation

$$3S^2O^5Cl^2 + Sb^2 = 2SbCl^3 + 3SO^2 + 3SO^3.$$

Avec le soufre en fleurs, il fournit du chlorure de soufre, et avec le phosphore rouge du trichlorure de phosphore [Heumann et Kœchlin, *loc. cit.*].

Il réagit sur le tétrachlorure de sélénium, en donnant de l'oxytétrachlorure de soufre et de sélénium,

$$S^2O^5Cl^2 + SeCl^4 = SO^2 + Cl^2 + SO^3SeCl^4$$

[Clausnizer, *Deutsch. chem. Gesellsch.*, 1878, p. 2010].

ACIDE PERSULFURIQUE, S^2O^7 [Berthelot, *Compt. rend.*, t. LXXXVI, p. 20]. — L'acide persulfurique peut être obtenu pur et anhydre par l'action de l'effluve électrique à forte tension sur un mélange à volumes égaux d'acide sulfureux et d'oxygène parfaitement secs. Il prend naissance en solution : par l'électrolyse de solutions concentrées d'acide sulfurique; par le mélange fait avec précaution d'une solution d'eau oxygénée avec de l'acide sulfurique concentré ou étendu de moins d'une molécule d'eau.

Préparé par l'électrolyse de l'acide sulfurique, il cristallise à 0° et se présente en gros cristaux indistincts ou en aiguilles transparentes, minces et flexibles, longues de plusieurs centimètres.

L'acide persulfurique se décompose spontanément à l'état sec au bout de quelques jours. Sa solution aqueuse se détruit rapidement; sa solution sulfurique dégage peu à peu de l'oxygène et est complètement détruite au bout de quelques semaines.

L'acide persulfurique oxyde l'acide sulfureux et le transforme en acide sulfurique,

$$S^2O^7 + SO^2 + 3H^2O = 3SO^4H^2,$$

ou en acide dithionique,

$$S^2O^7 + 2SO^2 + 3H^2O = S^2O^6H^2 + 2SO^4H^2.$$

L'acide persulfurique oxyde à froid l'iodure de potassium, le sulfate ferreux, le chlorure stanneux; il paraît sans action sur le permanganate, l'acide chromique, l'acide oxalique et l'acide arsénieux.

ACIDE HYPOSULFUREUX OU THIOSULFURIQUE, $S^2O^3H^2$.

— Voyez t. II, p. 1619. — Sa chaleur de formation, à partir des éléments, est :

$$(S^2, O^3, H^2, Aq) = 137\,860 \text{ calories}$$

[Thomsen, *Deutsch. chem. Gesellsch.*, 1873, p. 1535].

Acides de la série thionique.

ACIDE DITHIONIQUE OU HYPOSULFURIQUE, $S^2O^6H^2$. — Voyez t. II, p. 1621. — Sa chaleur de formation, à partir des éléments, est

$$(S^2, O^6, H^2, Aq) = 279\,450 \text{ calories}$$

[Thomsen, *Deutsch. chem. Gesellsch.*, 1873, p. 1535]. Les chaleurs de dissolution des principaux dithionates ont été établies par le même auteur [*Deutsch. chem. Gesellsch.*, 1878, p. 1021].

Suivant Sokolow et Maltschewski, l'acide dithionique prend naissance quand on ajoute une solution faible d'iode dans l'iodure de potassium à une solution diluée de sulfite acide de sodium. L'équation est la suivante :

$$2SO^3NaH + I^2 = 2NaI + S^2O^6H^2$$

[*Deutsch. chem. Gesellsch.*, 1881, p. 2058].

ACIDE TÉTRATHIONIQUE, $S^4O^6H^2$. — Voyez p. 1622. — Sa chaleur de formation est, à partir des éléments $(S^4, O^6, H^2, Aq) = 273\,320$ calories [Thomsen, *Deutsch. chem. Gesellsch.*, 1873, p. 1535].

Lorsqu'on traite une solution de tétrathionate de potassium parfaitement pur par l'amalgame de potassium, jusqu'à réaction faiblement alcaline, il se produit de l'hyposulfite de potassium, suivant l'équation $S^4O^6K^2 + K^2 = 2S^2O^3K^2$. Si l'on ajoute de l'amalgame jusqu'à réaction fortement alcaline, l'hyposulfite est à son tour transformé en sulfure [V. Lewes, *Chem. Society*, 1882, p. 300].

ACIDE PENTATHIONIQUE, $S^5O^6H^2$. — Voyez p. 1622. — L'existence de l'acide pentathionique a été mise en doute par W. Spring [*Liebig's Ann. Chem.*, t. CXCIX, p. 107, et CCXIII, p. 329]. Cet auteur s'appuyait principalement sur la facile décomposition à froid par les alcalis de l'acide pentathionique en soufre et acide tétrathionique; suivant lui, on devait envisager l'acide pentathionique comme une dissolution de soufre dans l'acide tétrathionique.

Mais Kessler [*Liebig's Ann. Chem.*, t. CC, p. 256], Takamatsu et Smith [*Chem. Soc.*, 1880, t. I, p. 592], Curtius [*Journ. prakt. Chem.* (2), t. XXIV, p. 225], Stingl et Morawski [*Ibid.*, t. XX, p. 76], Lewes [*Chem. Soc.*, 1882, p. 300], Shaw [*Ibid.*, 1883, p. 351] ont démontré l'inexactitude des vues de Spring. L'acide pentathionique est en effet relativement instable, et fournit des produits de dédoublement variables avec les conditions de l'expérience : c'est ainsi que, s'il donne à froid par les alcalis ou par les carbonates alcalins ou alcalino-terreux du soufre et de l'acide tétrathionique, il fournit à chaud par les mêmes réactifs du soufre et de l'acide trithionique; il est même dédoublé à froid par un excès de potasse en sulfite et en hyposulfite, suivant l'équation

$$2S^5O^6K^2 + 6KOH$$
$$= 3S^2O^3K^2 + 2SO^3K^2 + 3H^2O + S^4.$$

Enfin, le meilleur argument qu'on puisse donner en faveur de l'existence de l'acide pentathionique est la préparation de pentathionates cristallisés.

Shaw (*loc. cit.*) a constaté que si l'on concentre une solution de pentathionate de potassium préparée en neutralisant par le carbonate de potassium le produit de l'action réciproque des acides sulfhydrique et sulfureux en présence de l'eau, il se dépose d'abord du tétrathionate; mais lorsque ce sel a fini de se déposer, on voit cristalliser à son tour du pentathionate. Ce sel se présente en cristaux orthorhombiques incolores et transparents, renfermant $S^5O^6K^2 + H^2O$.

Lewes [*Chem. Soc.*, 1881, p. 68] a également obtenu un pentathionate de baryum cristallisé et renfermant $S^5O^6Ba + 3H^2O$.

SPARTÉINE, $C^{15}H^{26}Az^2$ (voyez t. II, p. 1639). — D'après les récentes recherches de Bernheimer [*Gazz. chim. ital.*, t. XIII, p. 451, et *Bull. Soc. chim.*, t. XLIII, p. 143], la spartéine pure distille sans altération à 180-181° sous une pression de 20 millimètres. L'acide chlorhydrique à 200° est sans action sur elle. Le brome la transforme en une masse rouge résineuse. L'iode en solution éthérée la convertit en un *periodure*, $C^{15}H^{26}Az^2I^3$, qui cristallise dans l'alcool en belles aiguilles vertes.

Par oxydation au moyen du permanganate de potassium, elle semble donner un acide gras et un acide pyridine-carbonique dont les formules n'ont pas été établies avec certitude.

STÉARIQUE (ACIDE). — Suivant Carnelly et Williams [*Deutsch. chem. Gesellsch.*, 1879, p. 1360], il bout entre 359 et 383°; Krafft a trouvé 287° sous la pression de 10 centimètres [*Ibid.*, 1880, p. 1417].

Stéaramide. — Cette substance se produit quand on fait digérer à 230° pendant 5 heures du stéarate d'ammonium. Mais il vaut mieux chauffer à 180° en tubes scellés l'éther stéarique avec de l'ammoniaque [Hofmann, *Deutsch. chem. Gesellsch.*, 1882, p. 984].

Stéaronitrile, $C^{18}H^{35}Az$. — Ce composé, qui cristallise bien, fond à 41°, bout à 274°,5 ($p = 100^{mm}$) et se prépare par la distillation sous pression réduite de la stéaramide avec de l'anhydride phosphorique [F. Krafft et Stauffer, *Deutsch. chem. Gesellsch.*, 1882, p. 1728]. On le trouve dans les goudrons fournis par la distillation sèche des os [Ciamician et Weidel, *Deutsch. chem. Gesellsch.*, 1880, p. 65].

Stéaracétone, $C^{19}H^{38}O$. — Acétone fusible à 55°,5, obtenue par la distillation sèche d'un mélange de stéarate et d'acétate de potassium sous pression réduite.

STÉARIQUE (ALDÉHYDE), $C^{18}H^{36}O$. — Belles lamelles à reflets bleus, fusibles à 63°,5; elle bout à 212-213° ($p = 22^{mm}$). On la prépare par la distillation des stéarate et formiate de calcium ou de baryum sous pression fortement réduite (15-25^{mm}) [F. Krafft, *Deutsch. chem. Gesellsch.*, 1880, p. 1413].

STÉAROLÉIQUE (ACIDE), $C^{18}H^{32}O^2$. — Voyez t. II, p. 1665. — Suivant Limpach [*Deutsch. chem. Gesellsch.*, 1878, p. 252], ce corps fournit, par oxydation au moyen de l'acide nitrique, de l'acide stéaroxylique $C^{18}H^{32}O^4$, et de l'acide azélaïque $C^9H^{16}O^4$, comme l'avait indiqué Overbeck; il se formerait en outre de l'acide pélargonique, $C^9H^{18}O^2$, et de l'acide dinitroso-pélargonique,

$$C^9H^{16}O^2(AzO)^2\ ;$$

quant à l'aldéhyde azélaïque signalée par Overbeck, elle n'a pu être retrouvée dans cette réaction.

STIBINES. — TRIPHÉNYLSTIBINE. — A. Michaelis et A. Reese préparent cette stibine en faisant réagir au cohobateur le sodium sur un mélange de bromobenzine et de trichlorure d'antimoine, en solution éthérée. Après distillation de l'éther, la triphénylstibine reste sous forme cristalline. On la lave à la soude et on la fait cristalliser dans l'alcool bouillant, qui l'abandonne en lamelles incolores ou jaunâtres, fusibles à 48°, solubles dans l'éther, la benzine, le chloroforme.

La triphénylstibine s'unit au chlore et au brome pour donner les composés

$$(C^6H^5)^3SbCl^2 \quad \text{et} \quad (C^6H^5)^3SbBr^2,$$

qui sont cristallisables et qui se forment aussi dans la préparation ci-dessus, lorsque la bromobenzine n'est pas en excès [*Deutsch. chem. Gesellsch.*, 1882, p. 2876].

CRÉSYLSTIBINES. — On obtient les crésylstibines, $(C^7H^7)^3Sb$, *ortho*, *méta* et *para*, en ajoutant un excès de sodium en fragments à une solution benzénique de 3 molécules du toluène bromé correspondant, et de 1 molécule de trichlorure d'antimoine. Après avoir maintenu le mélange froid pendant 8 heures, on le chauffe au bain-marie pour achever la réaction, puis on décante la solution et on distille la benzine; la crésylstibine reste comme résidu. Si l'on emploie le bromotoluène brut, on n'obtient que des produits résineux.

o-Crésylstibine. — On ne l'a obtenue que sous la forme d'un liquide épais. Son *dibromure*,

$$(C^7H^7)^3SbBr^2,$$

est une poudre cristalline qui fond, après plusieurs cristallisations, à 178°.

m-Crésylstibine. — Elle cristallise dans l'alcool éthéré en grandes tables fusibles à 64°,5. Son *dibromure*, très soluble dans l'éther, fond à 113°.

p-Crésylstibine. — Elle cristallise dans l'éther en tables transparentes, brillantes, fusibles à 127°, solubles dans la benzine, l'éther, le chloroforme, peu solubles dans l'alcool.

Le *chlorure*, $(C^7H^7)^3SbCl^2$, cristallise dans un mélange d'alcool et de benzine en prismes fusibles à 156°,5. Le *bromure* fond à 233-234°; l'*iodure*, à 182°,5. L'*oxyde*, $(C^7H^7)^3SbO$, obtenu en traitant le bromure par la potasse alcoolique, est une masse amorphe, soluble dans l'alcool, peu soluble dans l'éther et dans la benzine; cette dernière l'abandonne en petites aiguilles blanches. On obtient l'*hydrate de tricrésylstibine*,

$$(C^7H^7)^3Sb(OH)^2,$$

en ajoutant de l'eau à la solution acétique bouillante de l'oxyde : il se dépose par le refroidissement en aiguilles déliées, qui fondent à 169° [A. Michaelis et U. Gersken, *Deutsch. chem. Gesellsch.*, 1884, p. 924]. Ed. Willm.

STILBÈNE, $C^{14}H^{12}$. — Voyez t. II, p. 1675.

Le stilbène se forme :

1° Par oxydation du dibenzyle au moyen du chlorate de potassium et de l'acide chlorhydrique [Kade, *Journ. prakt. Chem.*, (2), t. XIX, p. 461; *Bull. Soc. chim.*, t. XXXIV, p. 112];

2° Lorsqu'on chauffe à 200-250° un mélange d'aldéhyde benzoïque et d'acide phénylacétique avec de l'acétate de sodium [Michael, *Amer. chem. Journ.*, t. Ier, p. 312];

3° Par l'action de l'amalgame de sodium sur le tétrachlorure de tolane en présence d'alcool, ou lorsqu'on chauffe celui-ci avec de la poudre de zinc [Liebermann et Homeyer, *Deutsch. chem. Gesellsch.*, 1879, p. 1971; — *Bull. Soc. chim.*, t. XXXIV, p. 510];

4° Par réduction du chlorure de benzyle au bain d'huile, à 110-120°, au moyen de l'amalgame de sodium [Aronheim, *Deutsch. chem. Gesellsch.*, 1875, p. 1400; *Bull. Soc. chim.*, t. XXVI, p. 196];

5° Par la distillation d'un mélange de soufre et de dibenzyle [Radziszewski, *Deutsch. chem. Gesellsch.*, 1875, p. 758; *Bull. Soc. chim.*, t. XXV, p. 210];

6° Lorsqu'on chauffe le dibenzyle à 500° [Barbier, *Compt. rend.*, t. LXXVIII, p. 1771];

7° Par distillation sèche du chlorure de diphényl-éthyle $(C^6H^5)^2 = CH\text{-}CH^2Cl$ [Hepp, *Deutsch.*

chem. Gesellsch., 1873, p. 1439; *Bull. Soc. chim.*, t. XXI, p. 504];

8° Par distillation de l'aldéhyde thiobenzoïque avec de la tournure de cuivre [Klinger, *Deutsch. chem. Gesellsch.*, 1876, p. 1896, et 1877, p. 1877; *Bull. Soc. chim.*, t. XXXVIII, p. 267].

La meilleure manière de préparer le stilbène est celle indiquée par Märker (voyez t. II, p. 1675) — Forst).

Le stilbène donne, avec le chlorure d'antimoine fondu, une coloration orangée [Watson-Smith, *Deutsch. chem. Gesellsch.*, 1879, p. 1420];

Il s'unit au chlorure de picryle et fournit une combinaison $C^{14}H^{12}.C^6H^2(AzO^2)^3Cl$, qui cristallise en aiguilles jaunes, fusibles à 70-71° [Liebermann et Palm, *Deutsch. chem. Gesellsch.*, 1875, p. 377; *Bull. Soc. chim.*, t. XXIV, p. 401].

Bromure de stilbène. — Lorsqu'on le traite par la benzine en présence du chlorure d'aluminium, il donne le tétraphényléthane dissymétrique, que l'on obtient également avec la β-benzylpinacoline et avec l'éthane tétrabromé dissymétrique [Anschütz et Klein, *Deutsch. chem. Gesellsch.*, 1883, p. 2377].

Cyanure de stilbène, $C^{14}H^{10}(CAz)^2$. — Doyer avait obtenu ce composé en traitant le cyanure de benzyle par le brome à 150-160°, et lui avait donné la formule C^8H^6Az. Depuis, Reimer a établi la vraie formule de ce corps. Il cristallise en lamelles rougeâtres, brillantes, fusibles à 158°, solubles dans l'alcool chaud, la benzine, le sulfure de carbone et l'acide acétique cristallisable. La potasse alcoolique bouillante le convertit en *anhydride diphénylfumarique*; en même temps il se forme un peu d'acide benzoïque. Par réduction au moyen de l'acide chlorhydrique et du zinc, le cyanure de stilbène donne un corps de la formule $C^{16}H^{14}Az^2$, qui est en aiguilles fusibles à 208°, solubles dans l'alcool chaud [Reimer, *Deutsch. chem. Gesellsch.*, 1880, p. 742; *Bull. Soc. chim.*, t. XXXV, p. 451].

D'après Rügheimer, cet anhydride serait celui de l'*acide diphénylmaléique* [*Deutsch. chem. Gesellsch.*, 1883, p. 1626].

Dérivés azotés. — Le stilbène, traité en solution éthérée par l'acide nitrique, fournit un composé qui, après cristallisation dans l'acide acétique cristallisable, se présente en aiguilles fusibles à 220°, de la formule $C^{14}H^{11}Az^3O^2$. Ce composé est insoluble dans l'éther, la benzine et le sulfure de carbone. L'alcool bouillant le convertit en un composé $C^{28}H^{22}Az^3O^4$, qui est en aiguilles jaunes, fusibles entre 60 et 70°, solubles dans l'alcool et l'éther [Lorenz, *Deutsch. chem. Gesellsch.*, 1874, p. 1097; *Bull. Soc. chim.*, t. XXIII, p. 325].

Le premier dérivé, chauffé à 150° avec de l'acide chlorhydrique ou à 170° avec de l'eau, se transforme en acide benzoïque, nitrophénol, et en un composé non azoté, cristallin, qui n'a pas été étudié [Lorenz et Blumenthal, *Deutsch. chem. Gesellsch.*, 1875, p. 1050].

Diméthylstilbène, $(CH^3.C^6H^4)^2 = C^2H^2$. — Il se forme par distillation du chlorure de dicrésyléthane ou par réduction du trichlorure de dicrésyléthane par la poudre de zinc. Il est en lamelles irisées, fusibles à 176-177°, sublimables, bouillant au-dessus de 300°, solubles dans l'alcool, l'éther et le sulfure de carbone. En solution dans le sulfure de carbone, il s'unit au brome et donne un *dibromure*, $C^{16}H^{16}Br^2$, qui est en aiguilles blanches, fusibles à 207-209°, peu solubles dans l'alcool et dans l'éther, solubles dans le sulfure de carbone et le xylène. La potasse alcoolique le change en aiguilles, fusibles à 136°, de diméthyltolane,

$$\begin{array}{l} C-C^6H^4-CH^3 \\ \| \\ C-C^6H^4-CH^3. \end{array}$$

Le diméthylstilbène, oxydé par le mélange chromique, donne de l'acide téréphtalique; oxydé par l'acide nitrique, il donne l'acide paratoluique [Goldschmiedt et Hepp, *Deutsch. chem. Gesellsch.*, 1873, p. 1504; *Bull. Soc. chim.*, t. XXI, p. 513].

Tétraméthylstilbène,

$$\begin{array}{l} H-C-C^6H^3(CH^3)^2 \\ \quad \| \\ H-C-C^6H^3(CH^3)^2. \end{array}$$

— Ce composé se forme lorsqu'on distille le produit de l'action de l'aldéhyde monochlorée sur le xylène. Il existe dans la fraction du produit qui passe vers 335°, à côté de son isomère, le *tétraméthyl-diphényl-éthylène*,

$$CH^2 = C = [C^6H^3 = (CH^3)^2]^2.$$

Il cristallise en lamelles, fusibles à 157°, solubles dans l'alcool bouillant. Oxydé au moyen de l'acide nitrique, il donne l'acide xylique (1.2.4) [Hepp, *Deutsch. chem. Gesellsch.*, 1874, p. 1416; *Bull. Soc. chim.*, t. XXIV, p. 34].

Sous le nom de diéthylstilbène, on a décrit le *diphényldiéthyl-éthylène* (voyez Suppl., p. 653); et sous le nom d'*hexaméthylisostilbène*, l'*hexaméthyl-diphényl-éthylène*,

$$CH^2 = C = [C^6H^2 \equiv (CH^3)^3]^2.$$

Isopropylstilbène,

$$C^2H^2 \begin{array}{l} \diagup C^6H^4-C^3H^7 \\ \diagdown C^6H^5. \end{array}$$

— Il se forme lorsqu'on chauffe à 200-250° un mélange d'acide phénylacétique et de cuminol avec de l'acétate de sodium. Il est en fines aiguilles, fusibles à 83-84°, solubles dans l'alcool chaud, et il fixe du brome [Michael, *loc. cit.*].

Ortho-oxystilbène,

$$C^2H^2 \begin{array}{l} \diagup C^6H^4.OH \\ \diagdown C^6H^5. \end{array}$$

— On l'obtient en substituant l'aldéhyde salicylique au cuminol dans la préparation précédente. Il est en longues aiguilles, fusibles à 135-136° [Michael, *loc. cit.*].

HYDROBENZOÏNE. — Le composé $C^9H^8O^2$, que Paal a obtenu en traitant l'aldéhyde benzoïque par le chlorure d'acétyle, en présence de poudre de zinc, n'a pas cette formule.

D'après les nouvelles recherches de l'auteur, ce corps serait du *diacétate d'hydrobenzoïne*, et se transformerait en hydrobenzoïne sous l'influence de l'amalgame de sodium, en présence d'alcool [Paal, *Deutsch. chem. Gesellsch.*, 1882, p. 1818; *ibid.*, 1883, p. 638]. M. Wassermann.

STRYCHNINE. — Voyez t. II, p. 1685.

Claus et Glassner ont proposé de changer la formule de la strychnine $C^{21}H^{22}Az^2O^2$ en

$$C^{22}H^{22}Az^2O^2,$$

en s'appuyant sur l'analyse d'un produit purifié avec soin et fondant sans décomposition à 284°, et surtout sur celle de son chloroplatinate. Comme cette formule s'accorde mieux avec les analyses des différents dérivés de la strychnine, on a cru devoir l'adopter dans ce qui suit. Il est, du reste, très probable que la strychnine est un mélange de corps voisins, comme les autres bases naturelles, ainsi que le prouvent les diverses analyses qui ont conduit à adopter tantôt la formule en C^{20}, tantôt celle en C^{21}, ou enfin en C^{22}.

Sels de strychnine. — Les solutions neutres de sels de strychnine sont précipitées par un léger excès d'acide. Si l'on a employé un acide bibasique, il se forme un sel acide peu soluble, mais dans le cas des acides monobasiques, tels que les acides chlorhydrique ou azotique, c'est le sel neutre qui se précipite, sa solubilité étant presque nulle dans l'eau acidulée. La solubilité du sulfate dans l'eau acidulée n'est que 0,0013 à 15°; celle du chlorhydrate est de 0,004136, aussi à 15°. Un sel de strychnine est également précipité par un acide différent de celui qui entrait dans sa composition; mais, dans ce cas, la précipitation est moins complète [M. Hanriot et Blarez, *Compt. rend.*, t. XCVI, p. 1504].

Rammelsberg a décrit un nouveau *sulfate* de strychnine, $C^{22}H^{22}Az^2O^2.SO^4H^2,6H^2O$, que l'on obtient en laissant la solution de sulfate neutre s'évaporer peu à peu à la température ordinaire. Ce sel se dépose en octaèdres quadratiques [Rammelsberg, *Deutsch. chem. Gesellsch.*, 1881, p. 1231]. D'après Wyrouboff, ce sel serait dimorphe, et les cristaux d'apparence quadratique résulteraient de la superposition de lamelles probablement clinorhombiques.

Le *séléniate* est extrêmement peu soluble à froid, un peu soluble à chaud. Il se dépose en fines aiguilles ou en lamelles quadratiques [Wyrouboff, *Bull. Soc. min.*, 1884, p. 10].

On obtient le *cobalticyanure* de strychnine en précipitant le sulfate par le cobalticyanure de baryum. Il a pour formule

$$Co^2(CAz)^{12}(C^{22}H^{22}Az^2O^2)^6H^6,8H^2O$$

et cristallise en prismes jaunes.

Le *nickelicyanure*, auquel Gibbs attribue la formule $Ni^3(CAz)^{12}(C^{22}H^{22}Az^2O^2)H^6,8H^2O$, s'obtient de même et cristallise très facilement en aiguilles jaunes [Gibbs, *Deutsch. chem. Gesellsch.*, 1871, p. 789].

Le *ferrocyanure* se prépare en précipitant directement un sel de strychnine par le ferrocyanure de potassium. Il forme des aiguilles blanches, qui se colorent en jaune en se transformant en ferricyanure. L'eau de brome le convertit en oxystrychnine.

Le *ferricyanure* s'obtient directement par précipitation. Il se convertit facilement en *oxystrychnine*, $C^{21}H^{22}Az^2O^3$, facilement soluble dans l'alcool, d'où elle se dépose en croûtes cristallines. Son chlorhydrate est anhydre [H. Beckurts, *Pharm. Centralbl.*, 1881, p. 325, et *Deutsch. chem. Gesellsch.*, 1883, p. 3071].

On obtient un *cyanure d'éthylstrychnine*

$$C^{22}H^{22}Az^2O^2(C^2H^5)CAz$$

en traitant le sulfate d'éthylstrychnine par le cyanure de baryum.

Il cristallise en aiguilles blanches assez stables, fusibles à 105°. Il est décomposé à chaud par la potasse. Le *sulfate* cristallise en lamelles nacrées. Le *nitrate* est très peu soluble dans l'eau et cristallise en prismes [Claus et Merck, *Deustch. chem. Gesellsch.*, 1883, p. 2748].

Hofmann avait décrit (voyez t. II, p. 168) une combinaison de strychnine et de persulfure d'hydrogène à laquelle il attribuait la formule

$$C^{22}H^{22}Az^2O^2,H^2S^3.$$

La même combinaison ayant été obtenue par Schmidt, en faisant réagir, au contact de l'air, l'hydrogène sulfuré sur une solution alcoolique de strychnine, Hofmann reprit l'étude de ce composé et lui assigna la formule

$$2C^{22}H^{22}Az^2O^2,H^2S^2,S^4,$$

l'assimilant aux periodures de strychnine de Jœrgensen [E. Schmidt, *Deutsch. chem. Gesellsch.*, 1875, p. 1267, et Hofmann, *ibid.*, 1877, p. 1887].

Réactions diverses. — On obtient une combinaison d'iodoforme et de strychnine,

$$3C^{22}H^{22}Az^2O^2,CHI^3,$$

en saturant de strychnine une solution bouillante d'iodoforme. Elle est très peu soluble dans l'alcool, facilement soluble dans l'éther et dans le chloroforme. Elle se colore dès 90° et est décomposée à 130° [Lextrait, *Compt. rend.*, t. XCII, p. 1057].

Distillée avec un grand excès de potasse et un peu d'eau, la strychnine fournit une petite quantité d'indol [Goldschmidt, *Deutsch. chem. Gesellsch.*, 1882, p. 1977]. Chauffée avec de la poudre de zinc, elle donne une lutidine bouillant à 173° [Scichilone et Magnanimi, *Gazz. chim. ital.*, 1882, p. 444].

Oxydation. — La strychnine, dissoute dans l'eau additionnée d'une petite quantité d'acide sulfurique, est traitée par le permanganate de potassium, jusqu'à ce que celui-ci ne soit plus décoloré au bout de quelques minutes. La liqueur est alors filtrée et le précipité d'oxyde de manganèse est épuisé par l'eau. Les liqueurs réunies sont traitées par le sulfate de cuivre, qui donne un abondant précipité vert clair. On le lave à l'eau, on le filtre et on le sèche. Pour avoir l'acide libre, on le décompose par l'hydrogène sulfuré, après l'avoir mis en suspension dans l'alcool.

L'*acide strychnique* ainsi obtenu forme une masse blanche incristallisable, peu soluble dans l'eau et dans l'éther, soluble dans l'alcool, les acides et les bases. Récemment précipité, il se colore au contact de l'air. Il a pour formule

$$C^{11}H^{11}AzO^3,H^2O,$$

ou le double de cette formule.

Son *sel d'argent*, $C^{11}H^{10}AzO^3Ag,H^2O$, est blanc, peu altérable à la lumière. Le *sel de calcium* donne, à la distillation sèche, une petite quantité de scatol et quelques aiguilles qui n'ont point été analysées, faute de matière.

Le même acide se produit quand on oxyde la strychnine par l'acide chromique ou par l'eau oxygénée concentrée. Ce dernier réactif, en solution étendue, donne une nouvelle base dérivant de la strychnine avec perte d'acide formique, et dont les sels sont beaucoup plus solubles que ceux de la strychnine [M. Hanriot, *Compt. rend.*, t. XCVI, p. 1671].

En employant un grand excès de permanganate, on obtient un acide cristallisé, fusible à 194-195°, soluble dans l'alcool, l'éther et la benzine, et qui paraît être un acide carbopyridique. Les rendements sont très faibles [Hoogewerff et Van Dorp, *Recueil des travaux chimiques des Pays-Bas*, t. II, p. 179].

Hydrostrychnines. — Lorsque l'on chauffe de la strychnine, à 140°, avec de l'eau de baryte, on obtient de nouveaux corps répondant aux formules $C^{22}H^{26}Az^2O^4$ et $C^{22}H^{28}Az^2O^5$, la *dihydro-* et la *trihydrostrychnine.*

Ces bases donnent avec l'eau de brome des précipités pourpres; avec le perchlorure de fer et le bichromate de potassium, elles donnent des produits d'oxydation colorés. En revanche, elles ne donnent pas la coloration de la strychnine avec le bichromate et l'acide sulfurique. Elles s'unissent au bisulfite de sodium.

Le *tartrate de dihydrostrychnine* cristallise en prismes brillants.

La trihydrostrychnine se dépose en prismes biseautés. Son *tartrate* cristallise en prismes jaunâtres [Gal et Étard, *Bull. Soc. chim.*, t. XXXI, p. 99].

Chlorostrychnines. — Le chlorhydrate de strychnine, traité par le chlore, donne les strychnines mono-, di- et trichlorée. La *monochlorostrychnine* est très soluble dans l'alcool, l'éther et le chloroforme. Son pouvoir rotatoire est $[\alpha]_D = -104°,6$ en solution alcoolique, et $-38°,75$ en solution sulfurique. Avec le bichromate et l'acide sulfurique, elle donne une coloration pourpre; avec l'acide sulfurique et l'acide nitrique, une coloration rouge-cerise. Chauffée pendant une heure avec la potasse alcoolique, elle donne la *trihydrochlorostrychnine.*

La *trichlorostrychnine*, $C^{22}H^{19}Cl^{3}Az^{2}O^{2}$, forme de petits cristaux microscopiques, se colorant à l'air, insolubles dans l'eau, peu solubles dans l'alcool froid, facilement solubles dans l'éther et dans le chloroforme. Elle ne se combine pas aux acides étendus et ne donne pas la coloration violette avec l'acide sulfurique et le bichromate. La potasse alcoolique la convertit en *hydrotrichlorostrychnine* [G. Bouchardat et Ch. Richet, *Compt. rend.*, t. XCI, p. 990].

Nitrostrychnines. — Lorsqu'on dirige un courant d'acide azoteux dans la strychnine, on obtient l'azotate de dinitrostrychnine, peu soluble dans l'eau froide, très soluble dans l'alcool. Il cristallise en mamelons rayonnés.

La *dinitrostrychnine*, $C^{22}H^{20}(AzO^{2})^{2}Az^{2}O^{2}$, se dépose de sa solution alcoolique en paillettes orangées, se colorant à la lumière, fusibles à 226°. Elle est presque insoluble dans l'eau, l'éther, le chloroforme, la benzine. Le chloroplatinate est anhydre et détone quand on le chauffe. Cette base ne fournit pas de produits de réduction [Claus et Glassner, *Deutsch. chem. Gesellsch.*, 1881, p. 773].

On obtient un isomère de la base précédente en dissolvant la strychnine dans 10 fois son poids d'acide nitrique fumant refroidi à — 10°. La solution, versée dans 2 fois son poids d'eau à 0°, se prend en une masse cristalline d'azotate de dinitrostrychnine Les eaux mères renferment une base plus nitrée. Cette dinitrostrychnine cristallise en prismes jaunes, peu solubles dans l'eau et dans l'éther, solubles dans l'alcool et dans le chloroforme. Elle se décompose, sans fondre, vers 205°. Le *chlorhydrate* est anhydre, il précipite par un excès d'acide, comme la strychnine elle-même. Le nitrate cristallise fort bien; il est peu soluble dans l'eau, facilement soluble dans l'alcool.

Amidostrychnine. — Cette dinitrostrychnine est facilement réduite par l'étain et l'acide chlorhydrique. On obtient ainsi une diamidostrychnine, $C^{22}H^{20}(AzH^{2})^{2}Az^{2}O^{2}$. Cette base se dépose de sa solution chloroformique en prismes brillants qui ne tardent pas à devenir opaques; la lumière l'altère en la colorant en jaune. Elle fond en brunissant à 263°. Comme la base précédente, elle est facilement précipitée de ses sels par un excès d'acide.

Son *chlorhydrate* forme des prismes aigus, très solubles dans l'alcool. Son *chloroplatinate* est un précipité jaune qui n'est stable qu'en présence d'un excès de chlorure de platine. Par un simple lavage, il se décompose et l'eau est colorée en violet.

La diamidostrychnine se colore en violet sous l'influence des oxydants même très faibles (nitrate d'argent, hypochlorites, eau oxygénée). En présence d'acide sulfurique concentré et de bichromate, elle ne donne pas la coloration de la strychnine; mais la couleur apparaît par addition d'eau.

Dioxystrychnine, $C^{22}H^{22}Az^{2}O^{4}$. — La diamidostrychnine, traitée en solution aqueuse par l'acide nitreux, laisse dégager de l'azote en même temps que la liqueur se colore en rouge-brun. Par précipitation fractionnée, au moyen d'ammoniaque, on obtient une matière orangée qui est une dioxystrychnine. Ce composé est incristallisable; il se dissout dans l'acide chlorhydrique, avec lequel il ne paraît pas former de sel [M. Hanriot, *Bull. Soc. chim.*, t. XLI, p. 233].

Cacostrychnine, $C^{21}H^{22}(AzO^{2})^{3}Az^{2}O^{4}$. — Ce composé prend naissance lorsque l'on chauffe l'azotate de strychnine avec un excès d'acide azotique; il se dégage alors du gaz carbonique. La cacostrychnine est presque insoluble dans l'éther, le chloroforme et la benzine, peu soluble dans l'alcool et dans l'eau, plus soluble dans les acides chauds. Elle se dépose de sa solution azotique en aiguilles ou en tables hexagonales jaunes. Elle se dissout dans la potasse alcoolique avec une coloration violette.

La cacostrychnine est réduite à chaud par le zinc et l'acide acétique. Le produit de la réduction absorbe l'oxygène de l'air [Claus et Glassner, *loc. cit.*].

Recherche de la strychnine. — La strychnine a une réaction très sensible, qui est celle que donnent l'acide sulfurique et le dichromate, ou mieux l'acide chromique. Cette réaction est masquée par la présence de la morphine, de la quinine, de la brucine, tandis que ces bases donnent encore leur réaction propre. La recherche devient alors très délicate.

M. Hanriot.

STYCÉRIQUE (ACIDE). Voyez Phénylglycérique, Suppl., p. 1212.

STYROGÉNINE, $C^{26}H^{40}O^{3}$. — La partie du styrax qui est soluble dans la benzine bouillante et dans la ligroïne, traitée par l'acide sulfurique pendant quelques minutes, puis épuisée par l'eau bouillante, se transforme en une résine. La résine épuisée par l'éther laisse des cristaux blancs qui, après purification par dissolution dans le chloroforme et précipitation par l'éther, se présentent en écailles cristallines de *styrogénine*. Ce composé, insoluble dans l'alcool, l'éther et la benzine, peu soluble dans le toluène et l'alcool amylique, est très soluble dans le chloroforme; il fond à la température de fusion du plomb. Il se dissout dans l'acide sulfurique sans se colorer à froid, et avec couleur jaune à chaud. Traité en solution chloroformique par le brome, il donne des dérivés bromés, moins riches en oxygène, qui, après cristallisation dans l'alcool, sont en aiguilles. Le moins soluble dans l'alcool fond à 260° et possède une des deux formules suivantes : $C^{26}H^{39}Br^{3}O$ ou $C^{26}H^{37}Br^{3}O$ [E. Mylius, *Pharm. Centralhalle*, 1882, p. 79].

STYROLÉNIQUE (ALCOOL) [Syn. *Phénylglycol*], $C^{8}H^{10}O^{2} = C^{6}H^{5}\text{-}CH.OH\text{-}CH^{2}OH$. — Cet alcool se forme lorsqu'on chauffe le bromure de cinnamène (voyez Suppl., p. 500), en solution dans l'alcool ou dans l'acide acétique cristallisable, avec l'acétate de potassium ou avec l'acétate d'argent, et que l'on saponifie les éthers formés. On obtient également les éthers en chauffant le bromure avec du benzoate d'argent, en présence d'alcool ou de toluène. La meilleure manière de le préparer consiste à faire bouillir le bromure de cinnamène avec du carbonate de potassium et de l'eau pendant trois ou quatre jours. L'alcool styrolénique est en aiguilles soyeuses, fusibles à 67-68°, solubles dans l'eau, l'alcool, l'éther, la benzine et l'acétique cristallisable.

Le *diacétate*, $C^{8}H^{8}O^{2}(C^{2}H^{3}O)^{2}$, est une huile; le *dibenzoate*, $C^{8}H^{8}O^{2}(C^{7}H^{5}O)^{2}$, est en aiguilles, fusibles à 96-97° [T. Zincke, *Deutsch. chem. Gesellsch.*, 1877, p. 1004; *Bull. Soc. chim.*, t. XXIX, p. 321].

Par oxydation au moyen du mélange chromique, il fournit le *benzoylcarbinol* [Zincke et Hunaeus, *Deutsch. chem. Gesellsch.*, 1877, p. 1486; *Bull. Soc. chim.*, t. XXX, p. 198].

Pinacolines de l'alcool styrolénique. — On a préparé deux des trois pinacolines théoriquement possibles. Ce sont :

1° L'*α-pinacoline*,

$$\begin{matrix} C^{6}H^{5}\text{-}CH \\ CH^{2} \end{matrix} > O.$$

Elle se forme lorsqu'on chauffe l'alcool avec de l'acide sulfurique étendu de 5 p. d'eau. Elle constitue une huile, insoluble dans l'eau, qui bout à 260°, sous 50 millimètres.

2° La *β-pinacoline* ou *aldéhyde phénylacétique*,

C^6H^5-CH^2-CHO, se forme lorsqu'on chauffe l'alcool avec 20 °/₀ d'acide sulfurique concentré, et qu'on distille le produit dans un courant de vapeur d'eau. Radziszewski l'a obtenue en distillant un mélange de phénylacétate et de formiate de calcium. Elle est en cristaux solubles dans l'eau [Breuer et Zincke, *Deutsch. chem. Gesellsch.*, 1878, p. 1399; *Bull. Soc. chim.*, t. XXXII, p. 564].

Lorsqu'on traite la β-pinacoline ou même l'alcool styrolénique par un volume égal d'acide sulfurique concentré, on obtient un carbure d'hydrogène qui cristallise en lamelles brillantes, fusibles à 101°,5, bouillant à 345-346°, solubles dans l'alcool, et dont la formule est probablement $C^{16}H^{12}$. Ce carbure fournit, par oxydation au moyen du mélange chromique, une *quinone*, $C^{16}H^{10}O^2$, qui cristallise en aiguilles jaune d'or, fusibles à 109-110°, solubles dans l'alcool, l'éther, la benzine et l'acide acétique cristallisable. La potasse colore en vert sa solution alcoolique, et à chaud la couleur devient rouge. La potasse aqueuse la dissout à chaud et donne le sel potassique d'une substance fusible à 143-144°. Avec l'ammoniaque, la quinone donne un composé fusible à 168-170°. A la lumière, les solutions alcooliques, éthérées, etc., de la quinone, laissent déposer des cristaux qui, après dissolution dans le chloroforme, fondent à 211°,5, et une seconde substance, fusible à 240°. Ces deux corps donnent la quinone par sublimation. La quinone, traitée par l'acide sulfureux, donne une quinhydrone, $C^{32}H^{22}O^4$, qui est en aiguilles bleu d'acier, solubles dans l'alcool et la benzine, et qu'un excès d'acide sulfureux convertit en aiguilles blanches, qui sont probablement l'hydroquinone. Avec le bisulfite de sodium, la quinone fournit des cristaux incolores qui correspondent probablement à la formule

$$C^{16}H^8 \begin{cases} OH \\ OSO^3Na \end{cases}$$

[Breuer et Zincke, *Deutsch. chem. Gesellsch.*, 1878, p. 1403; *Bull. Soc. chim.*, t. XXXII, p. 564].

M. Wassermann.

SUBÉRIQUE (ACIDE), $C^8H^{14}O^4$. — Suivant Gantter et Hell, il bout vers 300° sans se décomposer.

Sel de potassium. — Lamelles anhydres, d'éclat gras; 100 parties d'eau dissolvent 84,6 de sel à 14°.

Sel de sodium, (½ H^2O). — 100 parties d'eau à 14° en dissolvent 49p,9.

Sel d'ammonium. — Anhydre. 100 parties d'eau à 14° en dissolvent 37p,83.

Sel acide d'ammonium. — Anhydre, cristallisé, perdant facilement de l'ammoniaque à chaud, ainsi que le précédent.

Sel de baryum. — Anhydre. Il serait moins soluble à chaud qu'à froid. 100 parties d'eau à 7°,5 en dissolvent 2p,19 et 1p,8 seulement à 100°.

Sel de strontium. — Précipité cristallin anhydre semblable au précédent et doué d'une solubilité analogue.

Sel de calcium, (H^2O). — Poudre grossièrement cristalline. 100 parties d'eau en dissolvent 0p,620 à 14° et 0p,423 à 100°.

Sel de magnésium, (3 H^2O). — 100 parties d'eau en dissolvent 13p,54 à 20°.

Sel d'aluminium, $Al^2O(C^8H^{12}O^4)^2$. — Précipité amorphe à peu près insoluble dans l'eau, formé par double décomposition.

Sel ferrique, $Fe^4O(C^8H^{12}O^4)^5$. — Précipité rouge brun clair encore moins soluble que le précédent.

Sel manganeux, (3 H^2O). — 100 parties d'eau à 13° dissolvent 1p,08 de sel anhydre.

Sel de nickel, (4 H^2O). — Cristaux vert-pomme indistincts, anhydres à 110°; 100 parties d'eau dissolvent à 7°,5 0p,791 de sel et 1p,26 à 18°.

Sel de cobalt, (4H^2O). — Lamelles satinées, rouge pâle, perdant leur eau en devenant d'un bleu violacé; 100 parties d'eau à 14° dissolvent 1p,16 de sel.

Sel de zinc. — Précipité cristallin anhydre; 100 parties d'eau en dissolvent 0p,04 à 14°.

Sel de cadmium. — Précipité cristallin anhydre; 100 parties d'eau à 17° en dissolvent 0p,08.

Sel de cuivre, (H^2O). — Précipité bleu-vert qui devient bleu d'outremer en absorbant sous l'eau une seconde molécule d'eau; 100 parties d'eau à 16° dissolvent 0p,024 de sel anhydre.

Les *sels de plomb* et *d'argent* sont presque insolubles dans l'eau, de même que les *sels mercureux* et *mercurique*. *L'éther éthylique* bout à 180-182° [F. Gantter et Hell, *Deutsch. chem. Gesellsch.*, 1880, p. 1165].

L'acide subérique ne se laisse que difficilement séparer de l'acide azélaïque ou de l'acide sébacique. On peut utiliser la solubilité inégale de ces acides dans l'éther, la solubilité différente de certains de leurs sels, ou enfin la différence de température d'ébullition de leurs éthers méthyliques [Gantter et Hell, *Deutsch. chem. Gesellsch.*, 1881, p. 1545; — Cahours et Demarçay, *Compt. rend.*, t. XCIV, p. 610].

Acides bromosubériques. — Quand on traite un mélange d'acide subérique avec une petite quantité de phosphore par le brome à 100°, on obtient une réaction très rapide et il se forme des acides *bromo-* et *dibromosubérique*. Ce dernier s'isole aisément à l'état de pureté, grâce à sa faible solubilité dans l'eau chaude. *L'acide bromosubérique* se prépare pur en laissant l'acide brut fondu se solidifier partiellement et décantant la portion fondue.

Acide monobromé, $C^8H^{13}BrO^4$. — Il se présente en croûtes cristallines, fusibles à 102-103°. Il est très facilement soluble dans l'eau chaude et s'en sépare par refroidissement sous la forme d'une huile lourde qui se concrète après quelque temps. Par distillation, il régénère de l'acide subérique. Avec la potasse alcoolique, il fournit un acide cristallisable, $C^8H^{12}O^4$(?), fusible à 165-170° l'acide *suberconique*. L'oxyde d'argent humide le transforme en un acide qui cristallise aisément et fond à 137°. Le cyanure de potassium régénère l'acide subérique.

Acide dibromé, $C^8H^{12}Br^2O^4$. — Prismes blancs, aplatis, d'un vif éclat, groupés en étoiles et fusibles à 172-173°, peu solubles dans l'eau froide. La potasse alcoolique le transforme en un acide difficilement cristallisable, mais dont le sel de calcium cristallise bien [Gantter et Hell, *Deutsch. chem. Gesellsch.*, 1882, p. 142].

Acide chlorosubérique, $C^8H^{13}ClO^4$. — Ce composé, formé par l'action du chlore sur l'acide subérique fondu, est séparé par l'éther de l'acide inattaqué, qui est bien moins soluble dans cet agent. C'est un liquide sirupeux; à l'aide du cyanure de potassium, on peut le transformer en un homologue de l'acide carballylique, $C^9H^{14}O^6$, qui cristallise bien [A. Bauer et M. Gröger, *Monatsh. f. Chem.*, t. Ier, p. 510].

Acide α-isosubérique, $C^8H^{14}O^4$. — Hell et Mülhäuser ont obtenu, en faisant réagir l'argent en poudre sur le bromobutyrate d'éthyle, un mélange d'éthers, dont la portion bouillant à 235-245° contient deux isosubérates d'éthyle. Cette portion étant saponifiée par l'acide bromhydrique à 100° fournit deux acides. L'un d'eux, l'acide α, très peu soluble dans l'eau froide, et qu'on sépare par ce moyen, fond à 184-185° et se présente en aiguilles microscopiques. Il se sublime en lamelles sans s'altérer. Son *éther* résiste à la potasse alcoolique. Son *sel d'argent* est un précipité blanc pulvérulent.

Acide β-isosubérique, $C^8H^{14}O^4$. — Cet acide,

fusible à 127°, se présente en cristaux plus volumineux que ceux du précédent; à température élevée, il perd de l'eau et se transforme en un anhydride liquide qui se combine à froid avec l'eau. Son *sel d'argent* se présente en flocons blancs [Carl Hell et Mülhäuser, *Deutsch. chem. Gesellsch.*, 1880, p. 479]. E. Demarçay.

SUBÉRONE, $C^7H^{12}O$ (voyez t. III, p. 3). — La subérone s'unit facilement à l'acide cyanhydrique, en donnant un liquide incolore de la formule $C^7H^{12}O.CAzH$. Traitée par l'acide chlorhydrique concentré, cette cyanhydrine se détruit avec élévation de température et fournit deux corps neutres et un acide. Pour isoler ces diverses substances, on distille le produit de la réaction dans un courant de vapeur d'eau, afin d'éliminer la subérone en excès, et on épuise par l'éther : ce liquide dissout les deux composés neutres dont on a fait mention, et dont l'un, insoluble dans l'eau, cristallise dans l'alcool en aiguilles incolores, fusibles à 179°, tandis que l'autre cristallise dans l'eau bouillante en lamelles fusibles à 130° : la composition de ces deux corps n'a pas été établie.

Quant à l'acide qui prend naissance, on l'isole en acidulant la solution aqueuse et en l'épuisant de nouveau par l'éther. Il se présente en longues lamelles brillantes ayant pour formule

$$C^8H^{14}O^3 + \tfrac{1}{2}H^2O;$$

c'est l'*acide oxysubérane-carbonique* ou *acide subérylglycolique*.

L'acide oxysubérane-carbonique perd son eau de cristallisation à 60°. Hydraté, il fond à 50°; anhydre, il fond à 90° et se volatilise à une température un peu plus élevée. Il est soluble dans l'alcool, l'éther, le chloroforme, la benzine bouillante. Chauffé à 120-130° avec de l'acide chlorhydrique concentré, il se convertit en *acide chlorosubéronique*, $C^7H^{12}Cl.CO^2H$.

L'acide chlorosubéronique est extrait du produit de la réaction par l'éther, qui l'abandonne sous la forme d'un liquide incristallisable, incolore, épais, insoluble dans l'eau, soluble dans l'alcool, l'éther et la benzine; il exerce sur la peau une action irritante; son sel d'ammonium cristallise en lamelles nacrées. La potasse alcoolique et la soude le transforment en *acide subérène-carbonique*, $C^7H^{11}.CO^2H$.

Ce dernier est volatil avec la vapeur d'eau; il cristallise en lamelles nacrées, fusibles à 53-54°, très solubles dans l'alcool, l'éther, le chloroforme et la benzine. Il donne, avec le brome, un produit d'addition cristallisé et instable. Réduit par l'amalgame de sodium, il se convertit en *acide subérane-carbonique*, $C^7H^{13}.CO^2H$, liquide incolore, volatil avec la vapeur d'eau.

Par oxydation au moyen de l'acide nitrique ordinaire, l'acide subérane-carbonique se transforme en un acide cristallisable et fusible vers 100°, dont le sel d'argent a pour composition $C^8H^{12}O^4Ag^2$ [Spiegel, *Liebig's Ann. Chem.*, t. CCXI, p. 117]. Ad. Fauconnier.

SUBÉROXIME, $C^7H^{12}.AzOH$ [Nägeli, *Deutsch. chem. Gesellsch.*, 1883, p. 497]. — Ce corps prend naissance par l'action de l'hydroxylamine sur la subérone à la température ordinaire : on abandonne pendant 8 jours un mélange en proportions moléculaires de ces deux corps en solution aqueuse; il suffit d'épuiser ensuite par l'éther, pour obtenir la subéroxime sous la forme d'un liquide jaunâtre, insoluble dans l'eau, distillable sans décomposition.

SUCCINIQUE (ACIDE). — *Succinate d'amyle*, $(C^5H^{11})^2C^4H^4O^4$. — Huile bouillant à 289°,9, qui ne se fige pas encore à — 16°, et dont la densité à 13° est égale à 0,9612 [Guareschi et del Zanna, *Deutsch. chem. Gesellsch.*, 1879, p. 1699].

Chlorure de succinyle, $C^4H^4O^2Cl^2$. — Möller le prépare en distillant jusqu'à 120° le produit de la réaction du perchlorure de phosphore sur l'acide succinique et précipitant du résidu le chlorure de succinyle par la ligroïne qui retient l'oxychlorure de phosphore [*Journ. prakt. Chem.* (2), t. XXII, p. 208].

Anhydride succinique, $C^4H^4O^3$. — On peut le préparer en faisant réagir sur l'acide succinique le chlorure d'acétyle, l'anhydride acétique ou le chlorure de succinyle [Anschütz, *Deutsch. chem. Gesellsch.*, 1877, p. 326 et p. 1883].

Acide monobromosuccinique, $C^4H^5BrO^4$. — On peut le préparer en traitant pendant longtemps, à 100°, l'acide fumarique (1 p.) par l'acide bromhydrique fumant (4 p.). La transformation est complète. Orlowski [*Journ. Soc. chim. russe*, t. IX, p. 277] fait agir le brome (2cc,5) sur l'acide succinique (5cc) et le chloroforme (5cc) pendant 8 à 9 heures, à 155-160°, et sépare l'acide bibromé formé en même temps, en utilisant sa faible solubilité dans l'eau chaude. L'eau bouillante le dédouble à la longue en acides bromhydrique et fumarique (Fittig).

Son éther éthylique bout sans altération à 225-226° (Orlowsky).

Acide dibromosuccinique, $C^6H^4Br^2O^4$. — Une ébullition prolongée avec l'eau le dédouble en acides bromhydrique et bromomaléique (Petri, voyez Bromomaléique).

A 140°, il donne, suivant Bandrowski, en présence de l'eau, de l'acide isobromomaléique ou bromofumarique [*Deutsch. chem. Gesellsch.*, 1879, p. 245]. Avec l'anhydride acétique à 140°, on obtient du bromure d'acétyle, de l'acide acétique et de l'anhydride bromomaléique [Anschütz, *ibid.*, 1877, p. 1884].

Son *éther méthylique* forme des tables quadratiques fusibles à 62-64° [Ossipoff, *Journ. Soc. chim. russe*, t. XI, p. 288; — Anschütz, *Deutsch. chem. Gesellsch.*, 1879, p. 2282].

Acide isodibromosuccinique, $C^4H^4Br^2O^4$. — Anschütz a obtenu ce composé en même temps que son isomère par l'action de l'acide bromhydrique fumant à chaud sur l'anhydride bromomaléique.

Son *anhydride* se présente sous forme d'une huile qui se concrète par le froid en cristaux fusibles à 32°; il se forme quand on chauffe avec du brome en solution chloroformique l'anhydride maléique [Amé Pictet, *Deutsch. chem. Gesellsch.*, 1880, p. 1670]. Il se combine avidement à l'eau et se décompose un peu au-dessus de 100°, en donnant de l'anhydride bromomaléique.

Acide tribromosuccinique, $C^6H^3Br^3O^4$. — Dans la réaction décrite par Bourgoin, Petri n'a obtenu que de l'acide dibromomaléique [*Liebig's Ann.*, t. CXCV, p. 76]. Il l'a par contre obtenu en courtes aiguilles, fusibles à 136-137°, très solubles dans l'eau et déliquescentes, en faisant réagir le brome (10 p.) et l'eau (6 p.) sur l'acide bromo- ou isobromo-maléique.

L'ébullition avec l'eau le dédouble totalement en acides dibromacrylique, bromhydrique et carbonique.

Succinimide, $C^4H^4O^2.AzH$. — Distillée avec de la poudre de zinc, elle fournit du pyrrol [Bernthsen, *Deutsch. chem. Gesellsch.*, 1880, p. 1048].

Méthylsuccinimide, $C^4H^4O^2.AzCH^3$. — Ce sont des lamelles larges, fusibles à 66°,5 et bouillant à 234°, que l'on obtient par distillation du succinate de méthylamine [Menchoutkine, *Liebig's Ann.*, t. CLXXXII, p. 92].

L'éthylsuccinimide, $C^4H^4O^2.AzC^2H^5$, préparée d'une façon analogue, forme de longs cristaux en forme de fer de lance, fusibles à 26°, bouillant à 234°, que la poudre de zinc transforme à chaud en éthylpyrrol [Menchoutkine]. Chauffée avec de l'eau de baryte, elle donne des cristaux indistincts d'éthylsuccinamate de baryum.

Succinimide bromée, $C^4H^3Br^2O^2Az$. — Ce composé se présente en prismes rhombiques, fusibles à 225°, et prend naissance, outre divers produits, par l'action du brome sur la succinimide [Kiesielinski, *Jahresb. Chem.*, 1877, p. 706].

ACIDE ÉTHYLSUCCINAMIQUE. — Menchoutkine a préparé ce composé en faisant bouillir avec de l'eau de baryte l'éthylsuccinimide. Ce sont des cristaux confus qui se dissolvent aisément dans l'eau [*Liebig's Ann.*, t. CLXXXII, p. 92].

E. Demarçay.

SUCCINIQUE (ALDÉHYDE), $C^4H^6O^2$. — Le composé décrit sous ce nom n'est autre que la lactone de l'acide γ-oxybutyrique [Bredt, *Deutsch. chem. Gesellsch.*, 1880, p. 748; — Saytzeff, *ibid.*, 1880, p. 1061].

SUCCINYLSUCCINIQUES (ACIDE et ÉTHERS). — L'éther éthylique est identique avec le composé préparé par Fehling par l'action du sodium sur le succinate d'éthyle, conformément à l'hypothèse formulée par Henninger dans cet ouvrage (voyez t. III, p. 21 et 22). Cette opinion, également soutenue par Geuther, a été démontrée exacte par Herrmau [*Liebig's Ann.*, t. CCXI, p. 306]. Plus tard, Duisberg a reconnu que l'acide oxytétrolique qu'il avait tiré de l'éther acétylacétique était identique avec l'acide succinylsuccinique [Duisberg, *Liebig's Ann.*, t. CCXIII, p. 149, et *Deutsch. chem. Gesellsch.*, 1884, p. 133; — voyez aussi Geuther, *Jenaïsche Zeitschr. Medic. und Naturwissensch.*, t. II, p. 87, et Ira Remsen, *Deutsch. chem. Gesellsch.*, 1875, p. 1409].

ÉTHER SUCCINYLSUCCINIQUE, $C^8H^6O^6(C^2H^5)^2$. — On peut le préparer en traitant par le sodium l'éther acétylacétique monobromé dissous dans l'éther,

$$2C^6H^9BrO^3 + Na^2 = H^2 + 2NaBr + C^{12}H^{16}O^6.$$

La solution éthérée, séparée du bromure de sodium formé, donne par distillation un éther impur, qu'on peut purifier comme on le verra plus loin [Duisberg]. On le prépare plus simplement en traitant l'éther succinique par du sodium en poudre à l'abri de l'air. Ce dernier s'obtient en agitant vivement du sodium fondu avec de l'huile lourde de pétrole et lavant le métal solidifié avec de l'éther de pétrole. Une petite quantité d'alcool est indispensable pour commencer la réaction si l'éther est pur. L'action, accompagnée d'un dégagement d'hydrogène, se termine au bout de cinq à six semaines seulement et fournit une poudre sèche, qu'on passe rapidement au tamis pour séparer le sodium inattaqué. Cette matière, traitée par les acides sulfurique ou chlorhydrique étendus, fournit un précipité d'éther succinylsuccinique, qu'on purifie par cristallisation dans l'alcool, lavage à l'eau et recristallisation dans l'éther, ou mieux par dissolution dans la soude, précipitation par l'acide carbonique et lavage prolongé à l'eau. On obtient en éther succinylsuccinique 50 % du poids de l'éther succinique employé.

Par évaporation lente de ses solutions, il fournit de gros cristaux tricliniques bien formés, d'une couleur vert clair, qui possèdent un clivage parfait et une fluorescence bleu clair. 1 partie d'éther se dissout dans 62p,5 d'éther absolu à 17° et dans 55p,8 d'éther à 20°. Les solutions neutres montrent une fluorescence intense d'un bleu clair. Il fond à 126-127° et se sublime en partie sans décomposition à cette température. À 18°, son poids spécifique rapporté à l'eau à 4° est égal à 1,40. Le perchlorure de fer colore sa solution alcoolique en rouge cerise foncé; les acides et les alcalis font disparaître cette teinte.

Ce composé renferme 2 atomes d'hydrogène remplaçables par 2 atomes de métal monatomique. Aussi existe-t-il deux séries de sels :

$$C^{12}H^{15}O^6M \quad \text{et} \quad C^{12}H^{14}O^6M^2.$$

On obtient ainsi $C^{12}H^{15}O^6Na$ et $C^{12}H^{15}O^6K$, précipités blancs formés par addition d'une quantité convenable de soude ou de potasse alcoolique à la solution éthérée de l'éther ;

$C^{12}H^{14}O^6Na^2$, cristaux fleur de pêcher obtenus par l'action de la soude *très concentrée* sur l'éther en petits cristaux ;

$C^{12}H^{14}O^6K^2$, cristaux rouge foncé, préparés comme la combinaison précédente. On obtient aussi ces deux composés sous forme de précipités carmin devenant orangés à la longue, en employant le procédé utilisé pour les dérivés monométalliques. Ces corps sont très altérables à l'air.

Ces sels dissous dans l'eau précipitent les solutions métalliques en donnant les *sels* correspondants.

L'éther succinylsuccinique n'est pas altéré par l'anhydride acétique à 140°.

Traité à chaud par les lessives alcalines, il fournit un peu d'acide succinique, de l'alcool et des corps visqueux non étudiés.

La solution alcaline de l'éther se décompose de même avec le temps, en donnant naissance, à l'abri de l'air, aux acides éthylsuccinylsuccinique, succinylsuccinique, succinylpropionique, à un acide, $C^8H^{10}O^6$, et au tétrahydrure de quinone, composés qui sont décrits plus bas. Au contraire, en présence de l'air, l'oxygène est absorbé et il se forme de l'acide quinonehydrodicarbonique.

ACIDE ÉTHYLSUCCINYLSUCCINIQUE,

$$C^{10}H^{12}O^6 = C^6H^6O^2 < \begin{matrix} COH \\ CO^2C^2H^5. \end{matrix}$$

— La solution de l'éther succinylsuccinique dans la quantité strictement nécessaire de soude caustique étendue (solution normale), étant maintenue à l'abri de l'air, se décolore au bout de quelque temps et commence à se troubler. À ce moment, la solution, traitée par l'acide carbonique, laisse déposer un précipité qu'on sépare. L'acide acétique en précipite alors l'acide éthylsuccinylsuccinique, qui cristallise de sa solution éthérée en prismes d'un jaune pâle. Ses solutions neutres possèdent une fluorescence bleu clair et sont colorées par le perchlorure de fer en un violet pur intense.

Les sels de cet acide se décomposent avec une extrême facilité. L'acide lui-même fond à 98°, en se dédoublant en anhydride carbonique et en *éther succinylpropionique* :

$$C^6H^6O^2(CO^2C^2H^5)CO^2H = CO^2 + C^6H^7O^2.CO^2C^2H^5.$$

Cet éther est un liquide huileux, faiblement coloré en brun clair, dont les solutions dans l'alcool, l'éther, l'eau chaude, sont fortement fluorescentes et colorent en violet pur intense le perchlorure de fer. Il ne bout pas sans décomposition, possède une saveur amère et se colore en brun sombre, à l'air, en donnant une masse poisseuse. L'*acide succinylpropionique* n'a été obtenu qu'à l'état impur, comme produit de décomposition de l'éther succinylsuccinique par un grand excès de soude et après plusieurs jours. On le sépare de la solution acidulée par l'acide acétique, au moyen de l'acétate tribasique de plomb. Le sel de plomb insoluble permet alors d'obtenir l'acide sous la forme d'un sirop brun, que le perchlorure de fer colore en un violet sale.

ACIDE SUCCINYLSUCCINIQUE, $C^6H^6O^2(CO^2H^2)$. — Ce composé se précipite en petites aiguilles presque complètement incolores, quand on ajoute de l'acide sulfurique ou chlorhydrique à la liqueur d'où s'est séparé l'acide éthylsuccinylsuccinique.

Il colore en violet le perchlorure de fer et se décompose déjà dans son eau mère en dégageant de l'acide carbonique; l'eau chaude provoque plus vivement cette décomposition, dans laquelle il paraît se former de l'acide succinylpropionique. A température plus haute, entre deux verres de montre, il donne du tétrahydrure de quinone et un résidu charbonneux considérable.

TÉTRAHYDRURE DE QUINONE,

$$C^6H^8O^2 = CO\left\langle\begin{matrix}CH^2\text{-}CH^2\\CH^2\text{-}CH^2\end{matrix}\right\rangle CO. \quad (?)$$

— Ce composé se forme, ainsi qu'il est dit plus haut, quand on chauffe entre deux verres de montre, avec précaution, l'acide succinylsuccinique. Le verre de montre supérieur se couvre de petites gouttelettes qui se figent à froid et se dissolvent sans peine dans les solvants usuels. Il s'obtient encore quand on chauffe un isomère, dont il sera question plus bas, ou l'eau mère sirupeuse d'où il s'est déposé. Il se produit en même temps une résine jaune.

Ce composé se présente sous la forme d'une poudre blanche, grasse au toucher, ou de prismes plats, brillants, par évaporation lente de sa solution aqueuse. Il fond à 75° et possède une saveur fraîche et une odeur faible spéciale. Le perchlorure de fer ne colore pas sa solution aqueuse. En présence des alcalis, il se colore en brun à l'air, de même que tous les corps de ce groupe.

Le brome le transforme en *bromanile* en dégageant de l'acide bromhydrique, à la température ordinaire.

CORPS ISOMÈRE, $C^6H^8O^2$. — Ce produit prend naissance quand on abandonne pendant une ou deux semaines, à la décomposition à l'abri de l'air, la solution de l'éther succinylsuccinique dans le double de la quantité suffisante de soude caustique normale. La liqueur est évaporée à sec, à une douce chaleur, après neutralisation par l'acide sulfurique, et le résidu extrait par l'alcool. Le sirop brun restant après évaporation de l'alcool est traité par l'eau et par le carbonate de baryum; le liquide, évaporé encore à sec, cède à l'alcool le composé dont il est question ici et qui se dépose en petits cristaux durs et incolores dans le résidu sirupeux de l'évaporation. Ces cristaux, solubles dans l'eau, s'en déposent facilement quoique lentement, par évaporation lente, en prismes rhombiques incolores et brillants. Ils sont insolubles dans l'éther et répondent à la formule $2C^6H^8O^2, H^2O$. Cette molécule d'eau part à 110°. Le corps anhydre fond à 175°. La distillation sèche dans un courant de gaz carbonique le convertit pour la majeure partie en tétrahydrure de quinone. Il possède une saveur faiblement douceâtre et ne colore pas le perchlorure de fer. Le brome ne l'attaque pas à froid.

ACIDE $C^8H^{10}O^6$. — Dans la préparation du composé précédent, il reste, après l'épuisement par l'alcool du résidu du traitement par le carbonate de baryum, un sel de baryum. Dissous dans l'eau et traité par l'acétate de plomb, ce dernier se tranforme en un sel plombique, d'où l'on extrait un acide qui cristallise en lamelles incolores, brillantes, ou en tables rhombiques. Cet acide fond à 139° et se sublime quand on le chauffe avec précaution. Ses solutions ne colorent pas le perchlorure de fer et ne s'altèrent pas à l'air en présence des alcalis.

Ses *sels alcalins* forment des croûtes cristallines insolubles dans l'alcool.

Le *sel de baryum*, $C^8H^8O^6Ba, 2H^2O$, se présente en agrégats mamelonnés, cristallins, facilement solubles dans l'eau, qui perdent à 110° leur eau de cristallisation.

Le *sel d'argent*, $C^8H^8O^6Ag^2$, est un précipité blanc amorphe, stable à la lumière.

ACIDE QUINHYDRODICARBONIQUE, $C^8H^6O^6$. — Cet acide se forme par saponification de l'éther correspondant (voyez plus bas) au moyen de la potasse caustique. L'addition d'un acide au sel de potasse détermine la formation d'un précipité volumineux d'acide anhydre, qui se convertit toutefois bientôt en une poudre cristalline d'acide hydraté, $C^8H^6O^6, 2H^2O$.

Il est à peine soluble dans l'eau froide, plus soluble dans l'eau chaude, qui présente alors une teinte jaune-verdâtre et une faible fluorescence vert-émeraude. Les solutions éthérées et alcooliques en présentent une bleu clair. Il cristallise en agrégats jaunes (dans l'éther) ou en lamelles brillantes d'un jaune intense, à reflet bleu (dans l'alcool). Ses solutions colorent le perchlorure de fer en un bleu pur intense.

Cet acide perd facilement son eau de cristallisation. Il ne fond qu'à très haute température en se charbonnant avec formation d'un sublimé jaune foncé peu abondant. Par distillation sèche brusque, il fournit de l'hydroquinone (16 %). La potasse fondue l'attaque à peine à 250-280°; à plus haute température, il y a décomposition et on trouve un peu d'hydroquinone.

Cet acide est bibasique. Ses sels, insolubles dans l'alcool, donnent des solutions jaune-verdâtre, à faible fluorescence vert-émeraude. Une trace de perchlorure de fer les colore en bleu-violet, une plus forte proportion en bleu pur.

Sel de potassium, $C^8H^4O^6K^2$. — Aiguilles jaune-paille, anhydres, beaucoup plus solubles à chaud qu'à froid; les sels alcalins le précipitent presque entièrement de ses solutions.

Sel de sodium, $C^8H^4O^6Na^2, 2H^2O$. — Prismes plats brun clair, à terminaisons rectangulaires, qui s'effleurissent dans l'air sec. A 50°, on l'obtient en croûtes anhydres d'un jaune pâle.

Le *sel d'ammonium* forme des prismes brillants, épais, d'un brun clair, efflorescents à l'air.

Sel de calcium, $C^8H^4O^6Ca, 5H^2O$. — Petites aiguilles d'un jaune vif, obtenues par double décomposition.

Sel de baryum, $C^8H^4O^6Ba$. — Aiguilles plates, satinées, presque blanches, anhydres, préparées comme le sel précédent.

Sel d'argent, $C^8H^4O^6Ag^2$. — Obtenu de même; c'est un précipité cristallin, jaune-verdâtre, inaltérable à la lumière.

Des sels acides se forment par l'action de l'acide acétique sur les solutions concentrées des sels neutres.

Sel acide de potassium, $C^8H^5O^6K$. — Précipité cristallin, chatoyant, ou petits prismes d'un jaune vif.

Sel acide de sodium, $C^8H^5O^6Na, 2H^2O$. — Cristaux prismatiques d'un jaune vif, stables à l'air.

Sel acide de calcium, $(C^8H^5O^6)^2Ca, 5H^2O$. — Aiguilles brun clair, réunies en choux-fleurs.

Le *sel acide de baryum* forme de longues et fines aiguilles capillaires.

Les sels alcalins neutres se dissolvent aisément dans les alcalis en donnant des liquides colorés en un jaune intense, à fluorescence verte très marquée. Une lessive alcaline très concentrée précipite des sels basiques de ces solutions.

Le *sel basique de sodium*,

$$C^8H^4O^6Na^2, 2NaHO, 10H^2O,$$

forme de gros cristaux transparents, d'apparence rhombique, jaune-verdâtre par transparence, bleu clair par réflexion, très altérables à l'air, en absorbant de l'oxygène comme du reste tous ces sels basiques. Ils réduisent fortement les solutions argentiques et cupriques ammoniacales à la température ordinaire.

Acide éthylquinhydrodicarbonique,

$$C^6H^4O^2.CO^2C^2H^5.CO^2H.$$

— Quand on dissout l'éther quinhydrodicarbonique dans la soude étendue, et qu'après un court espace de temps on acidule par l'acide acétique et qu'on sépare par filtration l'éther non décomposé qui se précipite, il se forme, par addition de chlorure de baryum à la liqueur, un précipité de fines aiguilles jaunes. Ce précipité, cristallisé dans l'eau bouillante, fournit, par addition d'acide chlorhydrique à sa solution concentrée et chaude, l'acide qui se sépare en flocons cristallins. Cet acide, qui est anhydre, s'obtient en cristaux aciculaires jaune clair de sa solution aqueuse et en prismes transparents, de même couleur et d'éclat vitreux, par évaporation lente de sa solution alcoolique. Il présente, en solution alcoolique ou éthérée, une fluorescence intense bleu clair, et en solution aqueuse ou alcaline une fluorescence vert-émeraude. Chauffé rapidement, il fond à 184°, mais il se sublime déjà à température plus basse. Chauffé lentement, il brunit en se décomposant. Une trace de perchlorure de fer le colore en violet, une plus forte proportion du réactif en un bleu-violet intense.

Les *sels de potassium, de sodium* et *d'ammonium*, qu'on peut obtenir en aiguilles jaune pâle, d'un faible éclat soyeux, sont facilement solubles dans l'eau et permettent de préparer les autres sels par double décomposition.

Le *sel de baryum*, qui sert à la préparation de l'acide, forme des aiguilles flexibles, emmêlées, jaune-verdâtre, qui perdent de l'eau de cristallisation dans l'air sec. — Le *sel de calcium*, qui lui ressemble beaucoup, est de couleur plus pâle et perd également dans l'air sec de l'eau de cristallisation.

Éther quinhydrodicarbonique,

$$C^6H^4O^2(CO^2C^2H^5)^2.$$

— Ce composé, qui prend naissance par l'action des oxydants sur l'éther succinylsuccinique, se prépare par l'action du brome sur la solution sulfocarbonique de l'éther :

$$C^6H^6O^2(CO^2C^2H^5)^2 + Br^2$$
$$= 2HBr + C^6H^4O^2(CO^2C^2H^5)^2.$$

Par évaporation du sulfure de carbone et du brome en excès, on obtient l'éther, qu'on purifie par dissolution dans une lessive alcaline et précipitation par l'acide carbonique. Il cristallise d'une solution éthérée ou benzénique en prismes courts et épais, en longues aiguilles plates ou en tables rectangulaires du système rhombique, facilement clivables, d'une couleur jaune-verdâtre semblable à celle du verre d'urane, mais possédant une fluorescence bleu clair. Cet éther fond à 133°-133°,5 et se fige à 129°. Il peut être sublimé sans résidu. Il se dissout dans 63p,5 d'éther à 20° et colore en solution alcoolique le perchlorure de fer en bleu-vert.

Les alcalis le dissolvent en donnant des solutions d'un jaune intense, d'où une lessive très concentrée précipite des combinaisons d'un rouge-orangé foncé. Ces solutions alcalines, traitées par l'acide acétique jusqu'à naissance d'un trouble, donnent avec les solutions métalliques des précipités de couleurs caractéristiques. Ces solutions alcalines se dédoublent rapidement, l'éther étant saponifié. L'anhydride acétique à 140° n'altère pas ce composé.

Constitution du groupe succinylsuccinique.

Herrman a d'abord représenté l'éther succinylsuccinique par la formule :

$$\begin{array}{l} CH^2\text{-}CO\text{-}CH\text{-}CO^2C^2H^5 \\ CH^2\text{-}CO\text{-}CH\text{-}CO^2C^2H^5 \end{array}$$

qui a le mérite de représenter facilement sa formation au moyen de l'éther succinique et permet d'interpréter sans peine toutes ses réactions. Duisberg a fait observer depuis que la formule

$$\begin{array}{l} CH^2\text{-}CO\text{-}CH\text{-}CO^2C^2H^5 \\ C^2H^5CO^2\text{-}CH\text{-}CO\text{-}CH^2 \end{array}$$

rendait tout aussi bien compte de la formation au moyen de l'éther succinique et permettait de concevoir plus aisément sa synthèse par l'éther acétylacétique monobromé. Dans cette seconde hypothèse l'éther quinhydrodicarbonique devient *probablement*

$$\begin{array}{l} CH^2\text{-}CO\text{-}C\text{-}CO^2C^2H^5 \\ C^2H^5CO^2\text{-}CH\text{-}CO\text{-}CH, \end{array}$$

tandis que la formule moins vraisemblable d'Herrman laisse le choix entre les deux formules :

$$\text{I} \quad \begin{array}{l} CH\text{-}CO\text{-}CH\text{-}CO^2C^2H^5 \\ CH\text{-}CO\text{-}CH\text{-}CO^2C^2H^5, \end{array}$$

$$\text{II} \quad \begin{array}{l} CH^2\text{-}CO\text{-}C\text{-}CO^2C^2H^5 \\ CH^2\text{-}CO\text{-}C\text{-}CO^2C^2H^5, \end{array}$$

la formule (I) permettant toutefois, mieux que l'autre, d'expliquer la formation de dérivés métalliques de l'éther quinhydrodicarbonique.

On ne doit pas néanmoins oublier que par remplacement dans l'éther succinylsuccinique des deux groupes $CO^2C^2H^5$ par deux atomes d'hydrogène, il devrait se former du tétrahydrure de quinone :

$$\begin{array}{l} CH^2\text{-}CO\text{-}CH^2 \\ CH^2\text{-}CO\text{-}CH^2, \end{array}$$

tandis qu'en fait on obtient un isomère. C'est là une difficulté sérieuse. Néanmoins il est possible que le corps obtenu, qui se transforme (partiellement seulement, il est vrai) facilement en tétrahydrure, puisse être considéré comme un polymère de ce corps.

Ce sujet réclame de nouvelles recherches tant pour fixer ce point que pour établir solidement la position relative ortho ou para des deux groupes $CO^2C^2H^5$. Il semble en tout cas et dès maintenant fort probable que ce groupe doit être rattaché à l'hexahydrure de benzine et plus particulièrement au tétrahydrure de quinone.

E. Demarçay.

SUCRE (INDUSTRIE). SUCRE DE CANNE. — Nous n'avons rien à ajouter à l'article de ce dictionnaire (t. III, p. 39) concernant la canne à sucre, son histoire, et les procédés usités pour en extraire la saccharose.

Le traitement des jus a sans doute été perfectionné, mais ce n'est qu'en conséquence de l'expérience acquise et des progrès réalisés dans l'extraction du sucre de la betterave.

L'extraction de la saccharose des mélasses de canne à sucre offre quelques difficultés particulières : nous en parlerons plus loin.

SUCRE DE BETTERAVES. — C'est dans le sol que s'opère l'élaboration de la saccharose, c'est-à-dire, en réalité, la *fabrication* du sucre. Aussi l'industrie sucrière ne saurait-elle trop se préoccuper des questions de culture et d'amélioration de la betterave à sucre, questions primordiales auxquelles on n'accordait pas en France, pour des causes que nous n'avons pas à rapporter ici, un intérêt assez général.

Ce n'est pas que quelques-uns, parmi nos agronomes, n'aient poussé le perfectionnement de la betterave, par la sélection des graines et par l'étude des conditions de culture les plus favorables à l'évolution de la plante, à un degré qui n'a été dépassé ni même atteint en aucun autre pays. Mais, si concluants que fussent les résultats obtenus, ces expériences n'avaient fait naître, jusqu'en ces dernières années, aucune émulation parmi la grande masse des producteurs; ceux-ci n'ont senti la nécessité de perfectionner leurs méthodes de culture et d'améliorer la *fabrication* du sucre qu'après avoir été mis, par l'envahissement d'une concurrence plus habile ou moins routinière, dans l'alternative ou de produire plus de sucre par rapport à la surface exploitée, ou d'abandonner une exploitation devenue improductive.

Nous nous proposons de donner place dans cette étude aux travaux de chimie agricole intéressant la betterave.

Nous examinerons successivement :

1° Les études théoriques sur la *saccharogénie*, c'est-à-dire sur le phénomène de la formation et de l'accumulation de la saccharose dans certains tissus végétaux et plus spécialement dans la souche de la betterave (Aimé Girard);

2° Les travaux d'un caractère plus directement pratique concernant la valeur relative des diverses variétés de betteraves, les modes de culture, les engrais, etc., dont l'expérience agricole ou les essais méthodiques, entrepris dans ce but, nous ont montré l'efficacité.

SACCHAROGÉNIE.

C'est la feuille qui joue le rôle capital dans la formation du sucre; elle est dans la betterave, comme dans la plupart des végétaux, le laboratoire où prennent naissance les hydrates de carbone qui vont de là se répartir dans l'ensemble de l'organisme végétal.

M. Corenwinder a démontré directement l'influence de la feuille sur la formation du sucre :

Le 21 septembre (1875), on a enlevé toutes les feuilles d'une ligne de betteraves en coupant l'extrémité de leur collet. Le même jour, on a analysé les betteraves prises dans une ligne voisine; puis, le 10 novembre, on a titré les betteraves mutilées le 21 septembre précédent :

	21 septembre. Betteraves intactes.	10 novembre. Betteraves mutilées.
Poids moyen	1k 100gr	1k 033gr
Densité du jus	1k 052gr	1k 036gr
Sucre dans 100cc de jus	11gr,31	6gr,74
Sucre par 100gr de betteraves	10gr,42	5gr,88
Cendres dans 100cc de jus	0gr,702	0gr,738

Ainsi, par l'ablation complète de leurs feuilles, en quarante-quatre jours, les betteraves ont perdu près de 45 °/₀ du sucre qu'elles contenaient au moment de l'effeuillage. Les matières salines, qui nuisent à la quantité et à la qualité du sucre que l'on doit extraire, ont augmenté légèrement; en sorte que le jus pauvre en contient, par rapport au sucre, une proportion double de celle du jus riche [*Compt. rend.*, 6 décembre 1875].

M. Aimé Girard a étudié de plus près le mécanisme physique de la saccharogénie; ses expériences montrent que la saccharose, élaborée dans les limbes sous l'influence des radiations solaires, se diffuse durant la nuit et se localise dans la souche. Voici les conclusions de ce travail :

« La proportion de la saccharose varie dans les limbes du double au simple, et même moins, du soir au matin. Les quantités de saccharose trouvées se montrent dépendantes intimement de la quantité de lumière que la plante a récemment reçue. Si la journée a été lumineuse, ces quantités sont considérables à la fin du jour; quelquefois elles atteignent 1 °/₀; si la journée a été sombre, elles sont moindres. Toujours la plus grande partie de la saccharose formée dans le jour disparaît pendant la nuit; le plus souvent, la disparition est de moitié; quelquefois elle est plus marquée encore.

« ... Formée directement dans les limbes, sous l'influence de la lumière, la saccharose est ensuite, à travers les pétioles, transportée à la souche, où elle s'emmagasine peu à peu. Et comme d'ailleurs, avec l'âge, le bouquet des feuilles augmente de poids en conservant sensiblement la même teneur en matières minérales, il semble qu'à travers les tissus de la plante s'accomplit constamment un double mouvement osmotique en sens opposé, d'où il résulte l'apport à la feuille de matières minérales empruntées au sol, l'apport à la souche de saccharose développée dans la feuille sous l'influence de la lumière. »

MM. Corenwinder et Contamine ont trouvé dans les côtes et dans les nervures des quantités notables de sucres réducteurs. Ceux-ci ne paraissent point entraînés avec la saccharose par le flux nocturne vers la souche.

« Les quantités de sucres réducteurs contenus dans les limbes sont, à date donnée, sensiblement les mêmes, jour et nuit; elles vont en augmentant avec le développement de la plante [A. Girard, *loc. cit.*]. »

Il est probable que ces sucres réducteurs sont des produits de passage, intermédiaires entre des hydrates de carbone insolubles et la saccharose. Toutefois on n'a aucune certitude à cet égard, et il nous paraît inutile de rapporter les différentes hypothèses émises au sujet de la formation chimique de la saccharose, dans les feuilles de betteraves et dans les végétaux en général.

MM. Champion et Pellet et H. Leplay ont publié de nombreuses expériences sur le rapport du sucre avec les matières minérales et sur la distribution de ces dernières dans la plante, aux différentes phases de son développement.

La betterave totale, racines et feuilles, contient, en moyenne, par 100 kilogrammes de sucre, 14kgr,300 de matières minérales, déduction faite de CO^2, et 2 à 3k,380 d'azote.

On trouve un rapport remarquablement constant entre le sucre et certaines substances minérales, l'acide phosphorique en particulier. A 1000 kilos de sucre correspondent, en moyenne, 11 à 12 kilos d'acide phosphorique P^2O^5 :

	Quantité d'acide phosphorique par 1000 kil. de sucre.
Champion et Pellet (1876)	11k,9
Pagnoul	9k,7
Id.	10k,2
Barbet	12k,8
Id.	11k,5
Pellet (1878)	11k,6

Voici, d'après ce dernier auteur, les poids de sucre correspondant à 1 kilogramme des principales matières minérales dans la betterave complète (souche et feuille) :

1 kilogr.	P^2O^5	100 kilogr.	de sucre.
1 —	MgO	75 —	—
1 —	CaO	60 —	—
1 —	K^2O	18 à 33 —	—
1 —	Na^2O	28 à 66 —	—
1 —	$Na^2O + K^2O$	25 —	—
1 —	Az	15 à 30 —	—

Rapportée à l'acide phosphorique présent, la quantité de magnésie est telle qu'elle correspond au rapport du pyrophosphate de magnésium :

$$2\,MgO : P^2O^5.$$

Cette terre semble donc exister dans la plante,

comme l'a pensé M. Peligot, à l'état de phosphate ammoniaco-magnésien.

Il y a de grandes variations dans la proportion des alcalis, potasse et soude; l'un augmentant, l'autre diminue. Cette substitution des alcalis n'a pas lieu poids pour poids, mais suivant la loi des équivalents; la quantité d'acide sulfurique nécessaire pour neutraliser la totalité des alcalis est toujours à peu près la même. Notons en passant que la nature de l'alcali paraît sans influence sur la richesse saccharine : les racines cultivées en Silésie contiennent beaucoup plus de soude que les racines françaises. Les cendres des premières se montrent plus riches en acide chlorhydrique et moins riches en acide sulfurique que les nôtres. Enfin M. Pellet a constaté que les racines allemandes contiennent notablement moins d'azote que les racines françaises : d'où cette conclusion importante qu'on peut, sans inconvénient, diminuer l'azote dans la fumure des terres cultivées en betteraves.

D'après ces données, on peut calculer des formules d'engrais théoriques pour la production de la betterave : on arrive à des compositions très voisines de celles que la pratique a établies.

CULTURE DE LA BETTERAVE.

Le cultivateur doit s'efforcer de produire des betteraves à teneur saccharine élevée, non seulement parce qu'une même surface de terrain produit plus de sucre, mais surtout parce que le jus des betteraves riches est toujours plus pur, et qu'en fabrique un pareil jus donne moins de déchet et rend en forme commerciale une proportion plus grande du sucre contenu.

L'expérience a montré que la richesse en sucre dépend :

1° Du mode de culture et des engrais;

2° De la nature de la graine;

a. Engrais à appliquer à la betterave.

D'après ce qu'on a vu plus haut, l'emploi du nitrate de potassium doit être restreint : ce sel se retrouve dans les jus et les charge inutilement. On peut le remplacer, en partie, par le nitrate de sodium. D'ailleurs on restitue à la terre une fraction de la potasse que les betteraves lui ont enlevée, en répandant sur les champs les défécations de la sucrerie à la dose de 20000 à 40000 kilogrammes par hectare.

On emploie avec avantage le nitrate de sodium, 100 à 200 kilos par hectare, associé au fumier de ferme ou au guano.

La terre doit contenir au minimum 35 à 40 kilos d'acide phosphorique par hectare ; il est avantageux d'en ajouter sous forme de phosphates fossiles, de noirs de raffineries ou de superphosphates, ces derniers à la dose de 300 à 500 kilos pour les terrains pauvres qui ne reçoivent point de fumier.

On doit chercher à entretenir dans le sol de 60 à 80 kilos de potasse à l'hectare.

L'addition de chlorure de potassium est très pratiquée en Allemagne, à la dose de 100 à 200 kilos et plus.

M. Pellet, en se basant sur la fixité des rapports entre les éléments fertilisants et le sucre dans le jus de la betterave, range les constituants minéraux des engrais dans l'ordre d'utilité suivant :

1° Acide phosphorique;

2° Magnésie;

3° Chaux;

4° Potasse et soude;

5° Ammoniaque.

L'union des fabricants de sucre de Halle (Saxe) a provoqué un grand nombre d'essais sur la nature et le dosage des engrais les plus favorables à la betterave sur les terres de Saxe. Les expériences exécutées sur 43 propriétés différentes ont conduit aux conclusions suivantes :

Le salpêtre du Chili est, à quantité égale d'azote, bien préférable au sulfate d'ammoniaque.

L'acide phosphorique pousse à graine; il ne faut pas en forcer la dose.

Par un bon amendement, on peut plus que doubler le rendement d'une terre. Ainsi, avec 2 quintaux de nitrate de soude et 2 à 3 quintaux de guano fossile, on a obtenu, par arpent, 85000 à 90000 kilos, tandis que la même surface non fumée n'a donné que 37000 à 40000 kilos.

Le professeur Jul. Kühn, de Halle, pense que la fatigue du sol à la betterave ne provient pas uniquement du défaut d'éléments nourriciers minéraux, mais aussi du développement croissant de parasites nématodes. Il propose donc de semer entre les lignes de betteraves des plantes antiparasitaires [*Sitzungsberichte d. Zweigvereines f. Rubenz. Ind.*, Halle, 6 février 1880].

D'après MM. Pellet et Le Lavandier, l'acide phosphorique employé en quantité excédant la dose habituelle ne produirait jamais que d'excellents résultats : les betteraves arrivent plus vite à maturité; elles fournissent des jus plus riches et plus purs. Les sels diminuant dans les jus, l'épuisement du sol est moindre, d'où profit pour l'agriculteur comme pour le fabricant.

La composition des engrais et la quantité qu'il en faut employer devront être fixées, dans chaque cas spécial, d'après l'analyse du terrain, en tenant compte des données d'expérience que nous venons de rappeler.

b. Mode de culture. — M. Mariage a constaté que les betteraves cultivées sur défoncement pratiqué avant l'hiver, donnent un rendement en sucre plus élevé que celles cultivées sur labour ordinaire : 12,97 au lieu de 10,37; il recommande donc les labours profonds. Cette observation a été confirmée par la pratique générale.

L'époque des semailles varie suivant les circonstances climatiques. Il est avantageux de hâter le développement de la plante et de semer aussitôt que les gelées ne sont plus à craindre et que le sol est assez sec pour recevoir les façons nécessaires (mars ou avril). On active la germination en immergeant pendant quelques heures la graine dans l'eau à 30-35° (Ladureau), ou en enrobant les graines dans une pâte de phosphate de chaux.

La richesse et le poids de la betterave augmentent proportionnellement jusqu'en août. A ce moment, la souche cesse de croître en poids, mais elle s'enrichit en sucre jusqu'à la fin de l'été.

Dès 1869, M. Pagnoul a déterminé l'influence de l'écartement des plants sur la richesse saccharine de la betterave. Il a montré que les betteraves en culture serrée sont plus riches en sucre et renferment une proportion moindre de sels. Voici ses expériences :

	Écartement des plants.	
	44/20 cent^{m}.	50/50 cent^{m}.
Rendement en poids à l'hectare	48000^{kil}	56000^{kil}
Sucre °/$_{0}$ gr de betterave	14^{gr},5	11^{gr},9
Sels °/$_{0}$ gr de sucre	2^{gr},2	7^{gr},0
Rendement en sucre à l'hectare	6960^{kil}	6640^{kil}

La pureté des jus étant plus grande dans le premier cas, l'augmentation de rendement en sucre fabriqué s'accroît encore.

Le tableau précédent montre d'ailleurs que la grosse betterave est moins saccharine que la petite. D'après l'écartement indiqué, les betteraves à 14,5 °/$_{0}$ de sucre avaient un poids moyen de 420 grammes; celles qui ont rendu seulement 11^{gr},9 pesaient, en moyenne, 1^{k},400.

Ce fait important a été confirmé par divers observateurs :

Dans les betteraves provenant de la même graine, semées dans la même pièce, poussées à côté les unes des autres et soumises, en tous points, aux mêmes conditions de culture, la richesse en sucre et la pureté des jus diminuent à mesure que la grosseur ou le poids des racines augmente (M. Fr. Jacquemart). Ainsi on a trouvé :

	Pour des betteraves pesant :		
	800 gr. et au-dessous.	800 gr. à 1,700 gr.	2 kilogr. et plus.
Des richesses °/o en sucre de	12,50	10,55	9,06
Les coefficients de pureté étaient	86	84	79,5

D'après M. P. Lavenir, il existe pour chaque race un poids moyen correspondant à la richesse maximum en sucre. Au-dessus et au-dessous de ce poids, la richesse saccharine diminue. Par exemple, la betterave Vilmorin blanche a donné :

Poids moyen.	Richesse en sucre.
700 gr.	12 °/o
675 gr.	13 °/o
652 gr.	14 °/o
640 gr.	15 °/o
634 gr.	16 °/o
630 gr.	17 °/o
500 gr.	15 °/o (environ)

En résumé, la culture serrée, en empêchant la betterave d'augmenter en poids, produit des racines plus riches et fournit au fabricant une matière première plus pure. Le rendement apparent, le poids de la betterave à l'hectare, diminue; mais le rendement réel, le sucre produit, augmente. On a trop longtemps, chez nous, méconnu cette vérité, que les expériences de M. Pagnoul avaient mise cependant en pleine lumière. Le fabricant pratiquant le système barbare de l'achat de la betterave au poids, le cultivateur ne vise qu'à des récoltes abondantes, et, en augmentant le rendement brut, il appauvrit inutilement le sol, pour ne produire, en somme, qu'une matière première inférieure.

c. Du choix des graines. — Il existe un grand nombre de variétés de betteraves obtenues par croisements, qui peuvent se rattacher toutes à quatre types ou races :

1° La betterave blanche de Silésie;
2° La betterave à collet vert;
3° La betterave à collet rose;
4° La betterave à collet gris.

L'expérience seule permet de décider quelle race convient le mieux au terrain et aux conditions climatiques moyennes de la région.

Lorsque l'on connaît la race qui se plaît dans la contrée, il faut s'attacher à l'améliorer en récoltant sa graine et en choisissant les betteraves mères avec le plus grand soin. Par une sélection méthodique, en ne laissant subsister comme porte-graines que les plants les plus riches en sucre, dont la forme se rapproche le plus du type naturel, en écartant les souches racineuses ou qui auraient tendance à le devenir, etc., on arrive à augmenter la richesse moyenne des récoltes dans des proportions importantes, qui peuvent atteindre et même dépasser 30 °/o de la richesse primitive.

Ce qui fait rejeter les betteraves racineuses, ce n'est pas qu'elles soient moins saccharines que celles de forme régulière; mais l'arrachage en est plus difficile: une partie des racines reste dans le sol, d'où une perte pour le cultivateur. De plus, en fabrique, le lavage se fait mal; les couteaux des coupe-racines s'émoussent vite et toute l'extraction se ressent de l'irrégularité des cossettes, surtout lorsque l'on opère par diffusion.

On choisit donc comme porte-graines des betteraves régulières, du poids moyen de 600 à 1000 grammes, suivant les races.

Nous citerons, comme expériences types pour l'amélioration de la betterave, les essais déjà anciens de M. Vilmorin, qui est arrivé à créer une variété dite « betterave blanche de Silésie améliorée », dont la teneur moyenne en sucre varie de 14 à 16 °/o; puis ceux de MM. Huot, qui se sont attachés à perfectionner la variété dite Brabant pour avoir à la fois poids et richesse. Ceux enfin de MM. Fouquier d'Herouel et Lhote (Note présentée à la *Soc. nat. d'Agricult.* par M. Fred. Jacquemart, séance du 12 décembre 1883).

Ces derniers expérimentateurs ne se sont pas contentés de choisir les porte-graines d'après leurs caractères extérieurs, forme, poids, densité : ils ont classé les betteraves mères d'après leur richesse en sucre déterminée par l'analyse directe. Voici comment ils opèrent :

A l'aide d'une sonde, on prélève un échantillon de la betterave à analyser; on divise cet échantillon en lamelles et on en prend 5 grammes; on intervertit par une ébullition de vingt minutes avec de l'acide sulfurique très étendu; on filtre ou l'on décante, puis on détermine, au moyen de la liqueur de Violette, la quantité de sucre cristallisable représentée par le sucre interverti des 5 grammes de lamelles. Les opérations que comporte une analyse sont divisées entre plusieurs personnes. Chacune fait toujours la même opération, mais peut en suivre plusieurs à la fois, jusqu'à vingt. Toujours la même personne sonde, ou pèse, ou intervertit, ou filtre, ou titre et enregistre.

L'ouvrier qui a apporté les betteraves les remporte après l'essai, rebouche le trou de sonde avec de la terre molle et empile toutes celles qui doivent être utilisées comme porte-graines.

En procédant de cette façon, on fait, avec l'aide de 9 personnes, 250 analyses par jour.

Les conséquences pratiques de cette méthode n'ont pas tardé à se manifester dans les résultats obtenus par la sucrerie à laquelle étaient destinées les betteraves améliorées de M. Fouquier d'Hérouel. A mesure que la proportion des racines améliorées augmentait, le rendement en sucre s'élevait.

Cette méthode de sélection idéale, basée sur la richesse effective en sucre des racines porte-graines, n'est pas, on le conçoit, à la portée de tous les agriculteurs. Ses applications resteront toujours limitées soit aux grandes exploitations, soit aux cultivateurs qui s'occupent exclusivement de la production de la graine.

Cependant chaque producteur peut améliorer la race qu'il cultive, ou tout au moins l'empêcher de déchoir, en prenant pour porte-graines les betteraves du poids moyen de 600 à 1000 grammes, dont les caractères extérieurs sont les plus favorables. Nous ne pouvons traiter ici des soins à donner aux betteraves montées à graine, à la graine elle-même; ce sont là des questions purement agricoles, qui ne peuvent trouver place dans cet article.

En résumé, les conditions nécessaires pour enrichir la betterave et augmenter le rendement en sucre des surfaces cultivées sont bien étudiées et connues aujourd'hui.

Il est d'autant plus important de s'attacher à la production de betteraves riches que le jus qu'on en retire est plus pur; par suite, l'extraction du sucre devient plus facile et donne moins de déchets. Ce sont là encore des faits bien établis aujourd'hui. L'intérêt réel de l'agriculteur et celui du fabricant sont solidaires.

EXTRACTION DU JUS DES BETTERAVES.

Expression. Diffusion. — Comme l'a dit M. Emile Kopp dans ce dictionnaire (t. III, p. 47), le procédé par *diffusion*, accueilli avec beaucoup de faveur en Allemagne et en Autriche, n'a pas eu le même succès auprès de nos industriels, accoutumés au travail par la presse et outillés en conséquence. A cette époque (1870-1880), l'industrie sucrière allemande, en plein accroissement, ayant à créer son matériel, adoptait d'emblée le procédé par diffusion, qui permet l'extraction plus complète de la saccharose de la betterave.

Ce dernier avantage, capital dans les États où l'impôt est perçu sur la matière première, *sur la betterave*, a beaucoup moins d'importance dans un pays où les droits sont acquittés par le sucre produit.

Dans le premier cas, le fabricant cherche à extraire de sa betterave le plus possible de sucre marchand ; il met en œuvre les procédés perfectionnés permettant l'utilisation plus complète de cette matière première dont il a acquitté l'impôt. L'impôt étant basé sur une teneur moyenne en sucre, l'industriel recherche les betteraves dont la richesse dépasse le pour cent officiel ; les betteraves riches faisant prime, l'agriculteur s'efforce continuellement d'améliorer ses récoltes et de produire des racines d'une forte teneur saccharine.

Dans le second cas, au contraire, le fabricant traite indifféremment des betteraves riches ou pauvres : il se contente d'acheter au poids ; l'agriculteur ne vise alors qu'à l'abondance des récoltes ; il produit beaucoup de grosses, c'est-à-dire de mauvaises betteraves. Le jus extrait des betteraves pauvres est à la fois moins sucré et moins pur. Au désavantage d'avoir à traiter, à quantité de sucre égale, un volume plus considérable de liquide s'ajoute, pour le fabricant, le déchet plus grand de sucre, dont une plus forte proportion reste mélangée aux composés organiques incristallisables et aux sels minéraux sous forme de mélasses. Enfin, l'impôt portant sur la matière fabriquée, sur le sucre, dans bien des cas il n'y a point intérêt à épuiser à fond la betterave, ni à désucrer les sous-produits, les mélasses inférieures, pour en isoler du sucre marchand ; les frais d'extraction, augmentés de l'impôt *à percevoir*, rendent l'opération infructueuse, sinon même désavantageuse. Le fabricant s'en tiendra donc à des méthodes de travail plus sommaires, permettant l'extraction, avec un minimum de frais, de la proportion de saccharose la plus facile à extraire.

C'est ainsi que des conditions économiques factices, créées par le mode de perception de l'impôt, ont retenu notre industrie dans les sentiers battus, en lui permettant de résister, sur nos marchés, à une concurrence résolument progressive, supérieure par ses méthodes et par son outillage.

Ces conditions disparaissant à l'étranger, sous peine de se voir fermer d'importants débouchés, la sucrerie indigène doit aujourd'hui appliquer les procédés perfectionnés, réformer son outillage et surtout modifier ses méthodes de culture ; la crise dont elle souffre depuis quelques années ne pourra prendre fin que lorsque ce programme aura été rempli.

Extraction des jus par pression. — L'extraction des jus par la pression, qu'elle s'effectue par le moyen de presses hydrauliques ou de presses continues, donne des rendements inférieurs à ceux que fournit la diffusion.

Les quantités de sucres perdues avec la pulpe sont estimées, par 1000 kilogrammes de betteraves :

Avec les presses hydrauliques....	de 15 à 20 kilogr.
Avec les presses continues........	de 10 à 12 —
Avec la diffusion.................	de 3 à 5 —

Le travail par la presse est donc appelé à disparaître, et nous pouvons être bref en ce qui le concerne.

Le lavage et le râpage des betteraves n'ont pas subi de modifications notables durant les cinq dernières années. Nous passons, bien entendu, sous silence les perfectionnements mécaniques apportés à la construction des machines et à la disposition de leurs organes dans les divers modèles (râpe Champonnois à denture interne, etc.). Nous dirons quelques mots des presses.

La presse continue de Poizot, décrite dans ce dictionnaire, t. III, p. 44, n'est plus guère employée. A la vérité, elle épuise assez bien, parce qu'elle produit une pression de quelque durée, s'exerçant sur une certaine étendue, grâce au caoutchouc qui recouvre ses cylindres ; le jus exprimé est bien limpide, les pulpes folles, qui, lors du traitement par la chaux, chargent le jus d'acide métapectique (gomme de betteraves), étant en partie retenues par le drap sans fin qui amène la pulpe sous les rouleaux. Mais divers modèles, de création plus récente, rendent des pulpes sensiblement plus sèches et surtout permettent d'effectuer une seconde pression à chaud. Comme types de ce genre de machines, dites presses continues à surface filtrante, nous citerons la presse Champonnois et la presse Dujardin. Dans la presse Champonnois, la surface filtrante est formée par l'enroulement hélicoïdal d'un fil de métal triangulaire sur un cylindre creux, fendu de place en place suivant sa génératrice. L'espace entre deux spires consécutives de fil métallique est d'environ 1 à 2 dixièmes de millimètre à l'extérieur, et va en s'évasant à l'intérieur. Le jus, qui a pénétré par pression dans la fente extérieure, s'écoule donc sans peine jusque dans l'intérieur du cylindre. Deux cylindres laminoirs semblables sont immergés dans une bâche en fonte qui fait joint étanche avec eux. La pulpe se comprime dans cette bâche sous une pression de deux atmosphères.

Dans la presse Dujardin, la surface filtrante est formée par des cylindres en tôle de laiton, perforés de trous qui s'évasent à l'intérieur. Ce qui distingue cette presse des autres modèles basés sur le même principe, c'est l'application, au-dessus de l'un des cylindres, d'un volet ou manchon qui s'oppose à la dilatation immédiate de la pulpe pressée. Celle-ci ne peut donc réabsorber le jus de la pulpe humide avec laquelle elle est en contact. La presse Dujardin peut traiter jusqu'à 50 000 kilogrammes de betteraves par jour.

Citons, pour mémoire seulement, parmi les presses qui se rencontrent encore dans les sucreries, celles de Manuel et Socin, de Jean et Peyrusson, etc.

On a essayé diverses dispositions pour débarrasser le jus des pulpes folles, débris de cellules que les réactifs alcalins transforment en colloïdes nuisibles à la cristallisation du sucre. Elles sont, en général, fondées sur l'emploi de cribles avec des agencements qui en nettoient la surface. Il ne paraît pas qu'aucune d'elles ait donné de résultats pratiques : les trous assez fins pour retenir la fibre se trouvant, malgré tout, très vite bouchés.

La production des jus a réalisé un progrès économique important, par la généralisation d'un système proposé et appliqué déjà vers 1869 par M. Linard, la création de *sucreries centrales*.

Les grandes usines ne peuvent s'approvisionner que dans un très grand rayon, qui atteint parfois 30-35 kilomètres et plus. Dans ces conditions, les frais de transport de la betterave deviennent considérables. Dans le système Linard, l'usine centrale qui élabore le sucre est alimentée de jus par plusieurs râperies (jusqu'à 20-25), disséminées sur les lieux de production. Le cultivateur apporte la betterave à la râperie voisine et y reprend la pulpe pour la nourriture de ses animaux. Les râperies sont toutes construites sur le même modèle; elles comportent un magasin à betteraves, une balance, un lavoir avec élévateur, une table, des râpes, presses, pompes diverses, bacs, machines à vapeur et chaudières, nécessaires pour l'extraction du jus. Celui-ci est reçu dans des bacs jaugés, additionné de 1 °/₀ de chaux, puis refoulé par une pompe, à travers une canalisation souterraine, jusqu'à l'usine centrale où il se déverse dans de grands bacs d'attente. La conduite en fonte qui relie la râperie à l'usine principale a un diamètre variable avec la distance, de 65 à 120 millimètres; elle est essayée sous une pression de 15 atmosphères et court, le long des routes, à une profondeur de 80 centimètres environ sous terre. Le développement du réseau tubulaire des plus grandes fabriques atteint jusqu'à 200 kilomètres et plus.

Ce système de centralisation des jus, qui a permis la création de puissantes sucreries, est indépendant, on le conçoit, du mode d'extraction employé. Bien qu'il ait été installé pour le travail par pression, il est évident qu'il lui survivra et que le matériel seul des râperies annexes sera changé. Cette réforme est en voie d'exécution: en 1876, une seule fabrique française avait installé la diffusion; en 1883-84, on en comptait 184 sur 500 usines environ en activité; et l'on peut estimer qu'aujourd'hui plus de la moitié des usines indigènes travaillent par diffusion.

Extraction des jus par diffusion. — Au point de vue historique, nous extrayons du rapport de M. C. Scheibler sur l'exposition de Vienne (1875) les passages suivants :

« Le procédé de diffusion n'a pas encore pénétré en France ni en Belgique. Il a été depuis quelques années adopté en Allemagne et en Autriche avec une faveur inouïe. Il a produit dans le travail une modification telle, qu'aucun procédé n'en avait encore amené de semblable. Jamais non plus un aussi grand nombre de fabriques n'avaient adopté une même méthode nouvelle.

« Ce procédé est issu de l'ancien mode de lessivage des tranches de betteraves fraîches, auquel on donnait le nom de macération verte (procédé imaginé par Mathieu de Dombasle).

« C'est en 1865 que le fabricant Robert, de Seelowitz près de Brünn, a fait connaître ce procédé. Beaucoup d'autres personnes ont, depuis cette époque, écrit sur ce sujet, et le procédé lui-même a subi des modifications notables. Les appareils ont été tellement perfectionnés, qu'ils ne laissent presque plus rien à désirer. » [*Monit. scient.*, 1877, p. 1287.]

La diffusion s'opère non sur la pulpe râpée, mais sur des tranches de betteraves (cossettes). Il importe même que les tranches soient coupées nettement par des couteaux bien affûtés, de manière à ne pas déchirer les membranes des cellules. La dialyse s'opère alors plus complètement et les jus sont plus purs et privés de matières gommeuses. Les couteaux les plus répandus aujourd'hui pour la division de la betterave sont les couteaux dits *faîtières,* qui produisent une cossette ayant la forme d'un toit, d'un V d'une faible épaisseur et de la plus grande longueur possible.

Une lamelle ainsi taillée résiste bien à l'affaissement. On évite par cet artifice le tassement des lamelles qui, surtout dans les grands diffuseurs, entrave la circulation des jus et ralentit, quelquefois même interrompt, le travail de la batterie[1]. De là perte de temps et travail défectueux.

Il y a donc un grand intérêt à produire des cossettes régulières. Pour cela, il faut changer les couteaux du coupe-racines environ toutes les deux ou trois heures pour les laver et les retailler. Lorsqu'il reste de la terre adhérente aux radicelles de la betterave, la lame des couteaux se détériore très vite et doit être retaillée d'autant plus souvent. C'est pour ce motif, nous l'avons dit, qu'il faut rejeter les betteraves racineuses dont le lavage est toujours imparfait.

Les divers coupe-racines en usage peuvent se rattacher à deux systèmes : ou bien les couteaux, disposés sur un plateau horizontal, sont mobiles, et la betterave vient s'appuyer sur eux sans autre poussée que son poids; ou bien les couteaux sont placés verticalement sur une couronne métallique fixe : dans ce cas, la betterave arrivant au centre d'un tambour animé d'un rapide mouvement de rotation, se trouve projetée sur les couteaux par la force centrifuge.

L'épuisement par diffusion se fait, en général, dans une série de vases communicants, disposés en batterie. Le nombre de ces vases varie de 8 à 12 et leur capacité de 12 à 25 hectolitres; ils sont reliés par une tuyauterie avec robinets permettant d'y régler méthodiquement la circulation du jus.

La marche du liquide est provoquée soit par la pression d'eau, soit en partie aussi par l'air comprimé. Ce dernier moyen diminue la consommation d'eau, et la cossette épuisée sort moins aqueuse du diffuseur en vidange. Lorsque l'on travaille entièrement avec de l'eau, le poids de cette cossette est de 95 à 100 °/₀ du poids de la betterave; il n'est que de 70 à 75 °/₀ lorsque l'on utilise l'air comprimé.

Diffusion circulaire. — Pour faciliter la manœuvre des diffuseurs et réduire la manutention, on dispose la batterie, composée de 9 appareils de 12 à 16 hectolitres, sur un plateau horizontal qui reçoit par le moyen d'un engrenage un lent mouvement de rotation. Cette disposition a l'avantage d'éviter au chef de batterie des déplacements fatigants; chaque opération, remplissage, fermeture, vidange, etc., se fait toujours à une même place déterminée. Les diffuseurs sont clos par un couvercle à joint de caoutchouc; la porte de vidange est ménagée latéralement, à la partie inférieure. Entre chaque diffuseur se trouve un réchauffeur de jus.

La diffusion fonctionne très bien avec de bonnes betteraves; avec les betteraves pauvres, les résultats sont satisfaisants. Elle exige une surveillance continuelle, mais nécessite en somme un personnel restreint. La plus grande difficulté de son application réside dans la grande quantité d'eau qu'elle consomme, eau qui doit être très pure. Les eaux dures introduisent dans le jus des chlorures, des sulfates, etc.; il y aurait intérêt à travailler, ainsi que l'a proposé Possoz, avec de l'eau distillée.

La température à laquelle on élève les diffuseurs doit être réglée d'après la nature de la betterave traitée. Avec des betteraves riches et dures, on peut chauffer jusqu'à 80° centigrades dans les 4 ou 6 diffuseurs du centre. Avec des

(1) Avec des diffuseurs de faible capacité, cet inconvénient est moins à redouter. C'est ainsi qu'en Autriche, où l'impôt est perçu sur la capacité des appareils d'extraction auxquels on suppose un rendement de... en 24 heures, on tasse les lamelles dans les diffuseurs.

racines pauvres, à chair tendre, il ne faut pas dépasser 70 à 75° centigrades, même dans un seul diffuseur.

Dès le début de la diffusion, Robert s'était occupé de réunir en un seul les récipients séparés dont se compose la batterie de diffusion, de manière à obtenir un appareil à marche continue.

Charles et Perret ont construit un appareil de ce genre qui est employé dans quelques fabriques françaises. Il se compose d'un cylindre disposé horizontalement, de 11 à 13 mètres de longueur et de 1m,20 à 1m,30 de diamètre. La cossette entrant par l'une des extrémités du cylindre est poussée par une hélice animée d'un lent mouvement de rotation jusqu'à l'autre extrémité. L'eau circule dans l'appareil en sens inverse; elle est, à son entrée dans le cylindre, chauffée à 30-35° centigrades. Au fur et à mesure qu'elle se charge, on la chauffe davantage, de manière que la cossette fraîche se trouve en contact avec des jus dont la température atteint 80-85°. D'après Pellet, il serait difficile d'obtenir avec cet appareil des jus aussi denses qu'avec la batterie allemande, sans doute par suite d'un contact et d'un mélange moins réguliers des cossettes avec le liquide.

A la sortie du diffuseur, la pulpe ne contient plus que 0,2 à 0,5 °/₀ de sucre; son poids varie de 70 à 100 °/₀ de celui de la cossette fraîche.

Outre le sucre emprisonné dans la pulpe, on perd celui dissous dans les petites eaux, qui se vident en même temps et qui en contiennent de 1 gramme à 1gr,5 par litre, suivant le degré d'épuisement de la pulpe qu'elles baignaient.

Emploi des pulpes pour la nourriture du bétail. — Avant de parler du traitement des jus, nous dirons quelques mots de l'utilisation des pulpes. Les pulpes de presses hydrauliques ou de presses continues sont, depuis fort longtemps, employées et appréciées comme aliment pour le bétail. Les pulpes de diffusion, trop aqueuses, ne peuvent être directement servies aux animaux; il est nécessaire de les presser. A cet effet, on a employé successivement la presse de Schoettler, puis celle de Klusemann. Celle-ci comprime la pulpe dans un espace qui va en se rétrécissant; le jus s'écoule par les parois percées d'orifices. Le travail est ininterrompu, et la pulpe sort réduite à la moitié environ de son poids primitif. Avec les appareils actuels de Selvig et Lange, et surtout avec les nouvelles presses de Bergreen, on arrive à ne recueillir que 30 à 45 kilogrammes de cossettes pressées pour 100 kilogrammes de betteraves. La proportion est variable suivant la grosseur de la cossette normale, la température à laquelle elle a été soumise; elle dépend naturellement, avant tout, du genre de presse et de la pression à laquelle on travaille. Avec les petites eaux des presses, il s'échappe de ½ à 2 °/₀ de pulpes, que l'on peut recueillir sur des toiles métalliques.

Valeur relative des pulpes de pression et des pulpes de diffusion. — Voici, d'après Pellet, la teneur moyenne en eau et en matière sèche des pulpes obtenues avec les divers systèmes d'extraction des jus.

	PULPES		
	De presses hydrauliques.	De presses continues.	De diffusion.
Eau	75-76	81-83	88-89
Matières sèches (organiques et minérales).	25-24	19-17	12-10

Pagnoul résume dans le tableau suivant ses analyses de pulpes de différentes origines :

A. — Moyennes obtenues avec les pulpes normales (non ensilotées).

DÉSIGNATION des pulpes.	COMPOSITION °/₀ DE PULPE.				MATIÈRE SÈCHE.			VALEUR proportionnelle d'après la quantité de matière sèche :			POIDS équivalent à 200 kil. de pulpes hydrauliques d'après :		
	Eau.	Sucre.	Cendres insolubles.	Matières azotées °/₀ de matières sèches.	Totale. 1	moins les cendres insolubles. 2	moins les cendres insolubles et le sucre. 3	1	2	3	1	2	3
Presses hydrauliques.	75,71	6,82	1,95	6,08	24,29	22,34	15,52	10,00	10,00	10,00	200	200	200
Presses continues....	81,21	5,77	0,83	6,30	18,79	17,96	12,19	7,31	8,04	7,85	258	248	234
Diffusion............	87,61	0,70	0,54	6,83	12,39	11,85	11,19	4,88	5,30	7,18	392	377	278

L'examen de ce tableau montre que la pulpe de diffusion pressée, comparée à la pulpe de presse hydraulique, contient, à poids égal :

1° Moitié moins de matière sèche totale;

2° Environ dix fois moins de sucre.

On voit que la valeur de ces pulpes est bien différente, au point de vue de la nourriture du bétail, et l'on comprend que la pulpe de diffusion ait été accueillie avec défaveur par les éleveurs accoutumés à recevoir, pour leurs animaux, de la pulpe de presses, beaucoup moins aqueuse et souvent presque aussi riche en sucre que la betterave fraîche.

Quelques expérimentateurs ont cependant cherché à prouver que la pulpe de diffusion ne mérite pas ce discrédit. M. Ladureau va même plus loin; voici ce qu'il dit à ce sujet [*Compt. rend. du Congrès betteravier de* 1882, p. 111] :

« Je crois bon de retenir ce fait que les pulpes de diffusion sont généralement plus riches que les pulpes de presse hydraulique en matières nutritives et surtout en matières albuminoïdes coagulées par la température élevée à laquelle ces pulpes ont été portées. C'est un fait qu'il est bon de signaler et dont le Congrès doit tenir compte, parce que c'est une idée généralement répandue dans les campagnes que la pulpe de diffusion vaut beaucoup moins que l'autre. Je crois que, à poids égal de matière sèche, elle est préférable et qu'il est bon que le Congrès constate le fait. »

Il nous semble que M. Ladureau a voulu trop prouver. Tel a été du moins l'avis du Congrès :

« Le congrès surseoit à se prononcer sur la valeur comparative des diverses pulpes jusqu'à expériences plus complètes. »

Pour plus de détails, voir la *Revue de l'industrie sucrière*, par Pellet [*Bull. Soc. chim.*, t. XLI, p. 342, 394 et 453, et *Compt. rend. du Congrès betteravier*, 1882, p. 108 et suivantes].

La pulpe de betteraves n'est consommée qu'en partie pendant les quelques semaines que dure sa production. A la fin de la campagne sucrière, il s'en est amassé de grandes quantités que l'on conserve en silos, souvent pendant plus d'une année. On a avancé, à ce propos, dans ce dictionnaire, que la pulpe ne perd rien de sa valeur et s'améliore même en vieillissant. Cette assertion doit être rectifiée. Il est vrai que le bétail se montre friand de la pulpe qui a subi un commencement de fermentation; mais celle-ci entraîne, à la longue, une perte de matières utiles. Au bout de huit à douze mois d'ensilotage, en tenant compte de la perte d'eau, qui varie de 10 à 20 °/₀ pour la pulpe de presses hydrauliques et de 20 à 40 °/₀ pour la pulpe de diffusion, on constate, d'après Pagnoul, une diminution dans le poids de la matière sèche. Cette diminution, plus considérable pour la pulpe de presses hydrauliques, peut être évaluée à :

3 °/₀ pour les pulpes de presses hydrauliques;
2 ½ °/₀ pour les pulpes de presses continues;
1 °/₀ pour les pulpes de diffusion.

Les pertes étant proportionnelles aux quantités de sucre contenues dans les pulpes semblent s'expliquer par la transformation du sucre en composés volatils (alcool, acide carbonique), qui se dissipent dans l'atmosphère.

TRAITEMENT DES JUS SUCRÉS.

La défécation des jus par simple ou double carbonatation n'a subi aucune modification essentielle. Le jus extrait dans les râperies, par la presse ou par diffusion, est additionné de 0,5 à 1,5 °/₀, en moyenne de 1 °/₀ de chaux. Par suite de son acidité naturelle, le jus brut sature une partie de cette chaux et ne titre plus, en arrivant à l'usine centrale, que 0,2 à 1 °/₀ d'alcalinité réelle (par convention, l'alcalinité des jus de betterave s'exprime en chaux CaO).

Remarquons, en passant, que la tuyauterie qui conduit les jus chaulés à l'usine ne s'encrasse pas, comme on aurait pu le craindre; aucune obstruction ne se produit avec un travail bien conduit.

Lorsque le jus arrive à l'usine, dans les bacs d'attente jaugés, on complète la proportion de chaux, de manière à atteindre 2 à 2 ½ °/₀ en moyenne, quelquefois plus, jusqu'à 5 °/₀ de chaux. La pratique a montré qu'il est utile de forcer un peu la dose d'alcali avec les jus de diffusion.

On procède à la première et à la deuxième carbonatation, suivant la marche décrite dans ce dictionnaire. Il est bon de rappeler que d'une bonne conduite des chaulages et des carbonatations successifs, qui constituent la purification des jus, dépend beaucoup la réussite des opérations ultérieures.

Après la seconde carbonatation, les jus de diffusion sont généralement exempts de chaux libre; souvent même l'oxalate d'ammoniaque n'y produit point de trouble immédiat. Leur alcalinité varie de 0,35 à 0,8 *par litre*, suivant leur densité; elle est due à des alcalis, fixes ou volatils.

Au lieu d'apprécier l'alcalinité, comme on l'a fait longtemps, au moyen de liqueurs d'épreuve empiriques, il est plus rationnel de la mesurer avec l'acide normal. Ce dosage est devenu facile à l'aide des indicateurs nouveaux préparés dans ces dernières années. L'un des plus pratiques est l'orangé III de Roussin et Poirrier, ou tropéoline OOO de Witt (sel ammoniacal ou sodique de l'acide diphénylamidoazobenzolsulfonique). La teinte de la dissolution de ce sel, orangée en liqueur neutre, passe au rose violacé en présence d'acide libre. Ce changement de teinte se perçoit bien à la lumière artificielle, condition importante pour les sucreries qui travaillent nuit et jour. Lorsque les liqueurs à essayer sont trop colorées, on procède par touche, avec du papier de tournesol bien neutre et fortement coloré.

Les jus de presses renferment toujours, en abondance, de la chaux, soit libre, soit seulement combinée. Pour déterminer la proportion de chaux combinée et, en même temps, l'alcalinité due à la chaux et celle due aux alcalis, on dose :

1° L'alcalinité totale par titrage à l'orangé III;
2° La chaux totale, par l'hydrotimétrie;
3° L'alcalinité du jus précipité par 1 ou 2 vol. d'alcool et filtré.

L'alcool précipite la chaux alcaline à l'état de sucrate de chaux et ne précipite ni les sucrates alcalins ni la chaux combinée. La différence entre les deux titres alcalimétriques représente l'alcalinité due à la chaux libre. La différence entre celle-ci et la chaux totale, déterminée par l'hydrotimétrie, représente la chaux combinée (Pellet, *loc. cit.*)

On a fait de nombreux essais pour arriver à supprimer le noir animal dans la filtration et la clarification des jus. Le but ne semble pas avoir été atteint encore; cependant on est arrivé à réduire beaucoup l'emploi du noir. On a remarqué, dans ces dernières années, que l'influence de la décoloration sur la pureté du sucre de premier jet est secondaire et que la principale action du noir se réduit à une purification mécanique. Celle-ci peut être réalisée, à moins de frais, par le passage des jus à travers une substance appropriée. On a essayé tour à tour, sans succès marqué, un grand nombre de substances, les terres d'infusoires siliceuses, la brique, les feutres, l'éponge, etc., etc., disposées en couches dans les filtres Taylor. Actuellement on emploie beaucoup un tissu spécial formant tube sans couture, de longueur indéfinie et d'un diamètre de 27 à 30 centimètres. On coupe le filtre à la longueur désirée et l'on noue l'une des extrémités, l'autre étant serrée sur le robinet d'arrivée du jus. Ce filtre (poche Puvrez), ou boudin, est disposé horizontalement dans une gouttière à faux-fond formant bac.

Le jus, passé au filtre-presse ou décanté, se débarrasse dans ces poches des particules de carbonate de chaux, des débris organiques en suspension et des écumes; au besoin, s'il est encore louche, on lui fait subir une seconde filtration dite de précaution. Il est alors parfaitement limpide et brillant et passe aux appareils à triple effet pour être évaporé. Lorsque le sirop marque 18 à 25°, il est filtré sur noir; on ne peut se servir des poches Puvrez pour cette seconde clarification, car il se forme une couche mucilagineuse à la surface du tissu, qui devient rapidement imperméable. La durée de service d'une poche filtrant les jus carbonatés varie avec le soin apporté à la décantation; elle est de 3 à 8 heures et plus. Lorsque la poche est engorgée, elle est enlevée, lavée et replacée.

L'économie que réaliserait la suppression *totale* du noir est estimée à 0 fr. 75, à 1 fr. 50 par 1000 kilogrammes de betteraves, soit environ 1 à 2 francs par 100 kilos de sucre.

Traitement des boues et écumes de carbonatation; analyses des tourteaux. — Les boues calcaires et les écumes, provenant de la défécation, sont, comme on l'a dit (t. III, p. 51), passées aux filtres-presses. Le jus qui en sort est réuni au jus décanté.

Les dépôts pressés contiennent de 3 à 4 °/₀ de sucre libre ou combiné; leur poids est d'ailleurs de 1 dixième environ du poids de la betterave. Pour récupérer le sucre resté dans les tourteaux, on les lave, dans la presse même, en y faisant arriver de l'eau ordinaire; ou bien, ce qui vaut mieux, on les malaxe avec une certaine quantité d'eau pour les repasser à nouveau aux filtres-presses. Suivant le volume de l'eau et les appareils usités, l'épuisement descend à 1,5 ou 0,5 °/₀ de sucre, en moyenne à 1-1,2 °/₀.

Les petits jus du désucrage servent à la préparation du lait de chaux. Il faut les employer pour délayer la chaux et non pour l'éteindre, car au contact de la chaux caustique en fragments compacts les liqueurs sucrées produisent un sucrate gommeux qui entoure la chaux et nuit à son hydratation; de plus, par suite de la température élevée développée par la réaction, une partie du sucre peut se modifier ou même se caraméliser.

Ce sont, en particulier, les chaux qui s'éteignent rapidement qui provoquent cette décomposition partielle du sucre.

Possoz a proposé un traitement spécial des petites eaux de désucrage; on les soumet à part à la défécation avec un excès de chaux et l'on carbonate à l'ébullition. S'il reste de la chaux, après filtration, on la précipite par l'acide oxalique ou par tout autre réactif convenable, tel que le phosphate acide de chaux, le carbonate d'ammoniaque, etc. Les jus ainsi épurés sont ensuite filtrés sur noir, puis évaporés et cuits, soit séparément, soit avec les égouts de premier ou de second jet. *A priori*, ce traitement semble peu avantageux.

Pour connaître la quantité de sucre perdue avec les écumes ou les tourteaux pressés, on se servait autrefois de procédés plus ou moins compliqués: traitement à l'eau chaude et au carbonate de soude ou bien passage d'un courant prolongé d'acide carbonique sur l'écume délayée dans l'eau. On doit à Obst une méthode de dosage très simple.

On pèse 16gr,2 ou 32gr,4 d'écumes que l'on délaye dans l'eau en présence de 8 à 15 grammes d'azotate d'ammoniaque.

La masse se refroidit. Le sucrate de chaux insoluble est décomposé. On transvase dans un ballon jaugé de 100 ou de 200 centimètres cubes et, avant de compléter le volume, on ajoute 5 ou 10 centimètres cubes d'acétate de plomb à 20° Baumé. On agite et on filtre. Le liquide qui passe est limpide, incolore, et est examiné directement au saccharimètre. On a tout de suite le poids du sucre pour 100 grammes d'écumes.

Le chiffre trouvé est un peu élevé, parce que la partie insoluble des écumes occupe un certain volume dans le liquide; mais en industrie c'est surtout la comparaison qui importe. Si l'on tient à rectifier le résultat, il suffit de savoir que, pour les 16gr,2 d'écumes, il y a environ 5 centimètres cubes occupés par le dépôt; donc la dose trouvée devra être multipliée par 0,95.

Mentionnons, à ce propos, que, pour simplifier les dosages au saccharimètre, l'industrie sucrière a adopté une nouvelle division de cet instrument, proposée par Vivien. L'espace 0-100 a été divisé en 162 parties, ce qui, avec le vernier en dixièmes, fait un total de 1620 divisions; le point 100 du saccharimètre classique correspond à 162 Vivien.

Dans l'analyse des liquides, on lit donc immédiatement la richesse pour 100 centimètres cubes; pour les sucres, mélasses, etc., on pèse 10 ou *n* fois 10 grammes au lieu de 16gr,2 ou un multiple; la division lue est encore la teneur saccharine cherchée.

Pour les jus et sirops, auxquels on ajoute 10 °/₀ de sous-acétate de plomb, on emploie un tube de 22 centimètres de longueur, pour n'avoir pas de calcul à effectuer. Il est bon, dans la pratique, d'avoir des tubes de 22 centimètres, extérieurement très différents des tubes de 20 centimètres, pour éviter toute confusion.

Ajoutons que les derniers perfectionnements apportés par Laurent au saccharimètre à pénombre fonctionnant à l'aide de la lumière blanche permettent l'usage de cet appareil dans toutes les circonstances possibles. Car il est facile de se procurer une lumière blanche à pétrole, à huile, etc., tandis que la lumière jaune monochromatique ne s'obtenait et ne s'obtient pas toujours aisément [Pellet, *loc. cit.*]

Évaporation ou concentration; cuite des sirops. — Sans avoir subi dans son ensemble de modification essentielle, l'appareil à concentration dans le vide, dit *triple effet*, a reçu d'importantes améliorations.

On a augmenté à la fois son rendement relatif, par une meilleure disposition de ses organes et l'harmonie plus étudiée de ses proportions, et sa puissance absolue par les dimensions plus considérables qu'on lui a données. Ces perfectionnements, d'ordre mécanique, dont plusieurs ont été indiqués par Rilleux, l'inventeur du triple effet, ne peuvent être détaillés ici. Citons seulement, comme modifications heureuses de l'appareil primitif: l'étamage des tubes, qui retarde leur corrosion par les vapeurs ammoniacales; le mode de sertissage des tubes imaginé par Dudjeon, qui permet leur facile remplacement pour le nettoyage; l'éprouvette de Horsin-Déon, à l'aide de laquelle on peut extraire aisément un échantillon de sirop pour en prendre la densité et suivre ainsi les progrès de la concentration.

Les vapeurs du triple effet entraînent avec elles des particules sucrées tellement ténues, que les vases de sûreté ordinaires sont impuissants à les retenir complètement. De là une cause de perte non insignifiante et que l'on a cherché, par divers moyens, à atténuer ou à supprimer.

Possoz injecte de petites quantités d'eau ou de jus faibles dans le vase de sûreté et condense ainsi plus complètement les vésicules sucrées.

Dans le même but, Hodeck a construit un appareil qui semble résoudre complètement le problème. Cet appareil, dit condenseur saccharimétrique, est interposé sur le tuyau d'aspiration, entre l'appareil d'évaporation et le vase de sûreté. Il se compose d'un cylindre horizontal dont la section présente une surface vingt fois plus grande que celle du tuyau d'aspiration des vapeurs. La longueur du cylindre, non compris les calottes sphériques qui le terminent, est égale à deux fois son diamètre. A chacune de ses extrémités, il porte intérieurement une cloison verticale percée d'ouvertures équidistantes et telles que leur surface représente celle plus 1 dixième du tuyau d'aspiration. La partie inférieure de ces cloisons, jusqu'au quart du rayon, n'est pas garnie de trous. Par cette disposition, la vapeur, au débouché du tuyau d'arrivée, se trouve divisée par le premier diaphragme; elle chemine dans le cylindre avec une vitesse vingt fois moindre que dans la conduite étroite, circonstance très favorable au dépôt des particules sucrées qu'elle tient en suspension. Entre le milieu du cylindre et la plaque de sortie sont fixés encore quatre autres diaphragmes équidistants formés de tôle de cuivre perforée (500 000 trous par mètre superficiel). Ces quatre diaphragmes à trous serrés et fort petits opèrent une filtration si complète, qu'on ne trouve plus dans les vases de sûreté, à la sortie du condenseur, la moindre trace de sucre [Horsin-Déon, p. 367, fig. 94].

Cet appareil s'applique aussi bien à la chaudière de cuite des sirops.

Pour obtenir de gros cristaux, dans la cuite en grains, Jandik introduit dans le sirop du sucre en poudre, dans l'appareil même à concentrer dans le vide. La cristallisation ainsi déterminée s'effectue plus rapidement et plus régulièrement [*Brevet allemand*, n° 15288, 1881].

Nous avons, dans ce qui précède, décrit sommairement les perfectionnements notables apportés depuis dix ans à l'extraction du sucre, en bornant notre examen à ceux que la pratique a sanctionnés. Il serait trop long et sans doute peu utile de rappeler les nombreux procédés brevetés en France et en Allemagne et qui tous prétendent avoir réalisé, dans telle ou telle phase de la fabrication, un progrès d'importance. Dans le nombre, nous en relevons pourtant quelques-uns qui semblent mériter l'attention des fabricants.

N. Mehrle [*Brevet allemand*, n° 12328, 1881] traite les cossettes, avant la diffusion, par une solution étendue d'un sel de fer (sulfate ferreux ou ferrique). Cette pratique avait été recommandée déjà par F.-J. Kral de Prague, en 1868. On insolubiliserait ainsi, dans les cellules, certaines substances azotées, albuminoïdes ou alcaloïdes, et les jus obtenus seraient plus purs.

Il est utile de remarquer que l'intérêt qu'on a à éliminer tout d'abord certaines substances mal définies, en partie dissoutes ou seulement émulsionnées dans les jus, ne réside pas seulement dans l'augmentation proportionnelle de la pureté; certains colloïdes semblent agir en effet à la manière des ferments diastasiques et métamorphoser une partie de la saccharose en substances moins sucrées incristallisables. Ainsi, d'après Degener, on rencontre dans les jus une substance particulière qui se prend quelquefois en gelée, qui dévie à gauche de 220 à 230° le plan de la lumière polarisée. Cette substance, qu'il appelle *Froschlaich* (frai de grenouilles), serait fortement mélassigène. L'insolubilisation de substances analogues, mélassigènes, que la défécation n'enlève pas toujours complètement, obtenue, dès le début des opérations, par un sel de fer ou par tout autre précipitant convenable (alun, sels d'alumine, etc.), aurait certainement une favorable influence sur les rendements en sucre cristallisé.

Les spécialistes ne s'accordent pas sur la nature des substances mélassigènes : ainsi Flourens range parmi elles le glucose et le sucre interverti; M. A. Girard attribue aussi au glucose préexistant l'altération de la saccharose et sa transformation partielle en sucres réducteurs [A. Girard, *Compt. rend.*, 1876]. Degener pense que ces composés ne font qu'entraver et retarder la cristallisation du sucre, sans exercer sur lui une action chimique. Au contraire, les alcalis, les citrates alcalins qui existent toujours dans les jus, le chlorure de calcium en certaine quantité, intervertissent la saccharose ou la transforment, suivant des réactions encore peu connues.

En vue de purifier les jus sans le concours du noir, on a essayé un grand nombre de procédés de défécation, fondés, les uns sur l'emploi de réactifs formant avec la chaux des précipités gélatineux, tels que l'alumine ou la silice fraîchement précipitées, ou mieux le phosphate acide de chaux en dissolution, etc.; les autres sur l'addition aux jus de composés décolorants comme l'acide sulfureux ou même les hypochlorites.

Lœwig [*Brevet allemand*, n° 8033, 1878] emploie l'alumine colloïdale pour purifier les jus ou les sirops et mélasses. Par exemple, à 1000 litres de jus frais, il ajoute à froid 2 kilogrammes de chaux délayée en lait; après quelques minutes, on y verse 1 1/4 à 1 ½ litres d'alumine soluble (?). En chauffant à 60-70°, il se sépare des écumes noires que l'on enlève. Lorsque la purification est bien faite, le jus filtré ne doit troubler ni par l'acide oxalique, ni par l'oxalate d'ammoniaque, ni par l'acétate de plomb. Ce procédé s'appliquerait surtout avec avantage aux sirops d'osmose fortement colorés. L'alumine colloïdale se prépare sans difficultés dans les appareils courants servant à l'osmose des mélasses.

Vibrans [*Brevet* n° 9664, 1879] opère d'une manière analogue avec l'acide silicique : le jus neuf, chauffé jusqu'à l'ébullition, est additionné, suivant sa teneur en impuretés organiques et en sels alcalins, de ½ à 2 °/₀, quelquefois davantage d'hydrate silicique à 10° Baumé. Après cinq minutes de brassage, on ajoute 4 °/₀ de chaux, à l'état de lait ou d'hydrate sec. On fait bouillir et l'on sépare les écumes.

Jünemann [*Dingl. polyt. Journ.*, 1881, p. 209] ajoute au jus saturé et filtré de l'acide sulfureux jusqu'à neutralisation presque complète; il évapore à 28° Baumé, sépare du gypse par la presse, et traite le sirop à 75° C. par de la withérite en poudre fine. Après filtration, on concentre à cristallisation. Par ce traitement, le coefficient de pureté s'élève de 80,82 °/₀ à 90 °/₀. Si, avant de traiter par le carbonate de baryte, on ajoute au sirop à 28° Baumé 1 °/₀ de sulfate d'alumine, on obtient du premier coup un produit pur à 97-97 ½ °/₀.

Il a été présenté au congrès des fabricants de sucre allemands, tenu à Bernburg le 28 novembre 1879, des études fort complètes sur la défécation à la magnésie. Il se forme des écumes fort colorées, en bleu, en violet, même en noir. Il paraît y avoir moins de sucre altéré avec cette base très faible qu'avec la chaux. Néanmoins le procédé ne s'est pas généralisé.

Un grand nombre de substances de toute nature ont été proposées pour remplacer le charbon animal.

Pfander [*Brevet anglais*, n° 2719, 1881] prépare un charbon très actif en imbibant du charbon de bois de sang frais et desséchant le produit à une température insuffisante pour détruire l'albumine. Pour la purification mécanique des jus, on a essayé le sable, la terre d'infusoires, la brique pilée, la laine de scories, le quartz pulvérisé, la houille, le coke, l'anthracite, le spath pesant, les calcaires, la dolomie, etc., etc. (brevets allemands, n°ˢ 2633 et 11296, 1881). Comme nous l'avons dit, le meilleur résultat paraît avoir été obtenu avec les filtres en tissu. Mais, si parfaite que soit la clarification, il est toujours utile de la compléter par l'action du noir.

TRAITEMENT DES SIROPS ET MÉLASSES.

Après quelques cristallisations alternant avec des cuites de concentration, la proportion des impuretés qui s'amassent dans les sirops mères, les égouts, devient telle que la concentration ne peut être poussée plus loin, sans amener la caramélisation partielle du sucre, qui ne peut plus être isolé par simple cristallisation. A ce moment les égouts, qui prennent le nom de mélasses, contiennent :

1° Environ 45 °/₀ de leur poids de saccharose;

2° Les sels minéraux et les substances organiques diverses, sels, glucose, alcaloïdes, matières neutres diverses, etc, qui, dès le début des opérations, se trouvaient dans les jus et s'y sont concentrés;

3° Des composés provenant du dédoublement ou de l'altération du sucre aux différentes phases du travail; le tout dissous dans une petite quantité d'eau, de 16 à 20 °/₀.

La teneur réelle des mélasses en sucre est assez régulièrement voisine de 45 °/₀. Quant à la quantité de mélasse produite par rapport au jus mis en œuvre, elle varie entre 3 et 3 ½ °/₀ lorsque l'on travaille par diffusion; mais, avec des jus impurs, elle peut s'élever à 4 °/₀.

D'après cela, en supposant une betterave à 10 °/₀ de sucre, 1,2 à 2 °/₀ de ce sucre soit 12 à 20 °/₀ du sucre existant dans la matière première, restent engagés dans les sous-produits incristallisables.

D'après un tableau dressé par H. Pellet, voici comment se répartirait le sucre dans le travail de la betterave par diffusion :

	Pour 100 gr. de sucre existant dans la betterave, on a :	
	Par un travail mal conduit.	Par un travail bien conduit.
Sucre cristallisé (1er, 2e et 3e jet).	69	77
Pertes : (a) dans la pulpe........	5,5	3
— (b) dans les petites eaux.	2	1
— (c) dans les écumes......	4,5	2
— (d) dans le noir animal...	1,0	0
— (e) pertes diverses (minimum.)............	2,5	1
Sucre resté dans les mélasses....	15,5	16
	100	100

On voit que les pertes de fabrication peuvent être réduites à leur minimum pratique par les soins apportés au travail. Au contraire, la quantité de mélasses produites par 100 kilogrammes de betterave est à peu près la même, quelle que soit la marche du travail.

La proportion du sucre resté dans les mélasses ne dépend que de la qualité des betteraves travaillées. Une betterave à 13 °/₀ de sucre, par exemple, fournit un jus qui n'est pas sensiblement plus chargé de substances étrangères que celui d'une betterave à 9 °/₀. Dans les deux cas, on aura à peu près le même poids de mélasses. Le rendement en sucre cristallisé de trois jets ayant augmenté avec la betterave riche, la proportion de sucre resté dans les mélasses par rapport au sucre total se trouve réduite; néanmoins elle ne descend pas au-dessous de 12 °/₀.

On a essayé un grand nombre de méthodes pour dégager le sucre des mélasses. Les seules intéressantes au point de vue industriel sont des variantes des deux procédés imaginés par Dubrunfaut vers 1850-1853, savoir :

1° *L'osmose*, dont le principe est celui-ci : en dialysant la mélasse avec de l'eau pure, on élimine une partie des sels et des matières organiques. La matière osmosée, dont la pureté s'est élevée, est concentrée ; elle abandonne par cristallisation une partie de son sucre.

2° *Le procédé à la baryte*, type de tous les procédés de désucrage, qui consiste en ceci : engager le sucre dans une combinaison insoluble, comme est le saccharate de baryte, que l'on recueille sur filtre, qu'on lave et d'où l'on déplace ensuite le sucre par un réactif convenable.

I. *Osmose*. — Cette opération et les appareils qui y servent ont été décrits dans ce dictionnaire (voir t. III, p. 80 et suiv.). Voici, d'après M. H. Pellet [*loc. cit.*], comment l'osmose se pratique aujourd'hui :

« L'égout à 40° Baumé environ, chauffé à l'ébullition, est envoyé dans des osmogènes se composant de 61 ou de 101 cadres en papier parchemin, de manière à remplir les intervalles pairs, par exemple. En même temps, dans les intervalles impairs, on envoie de l'eau chaude. A travers la membrane il s'établit un double courant. Les sels et les autres principes très diffusibles passent dans l'eau plus rapidement que le sucre. Ces eaux deviennent les petites eaux d'exosmose. Elles renferment, en général, une partie de sel pour une partie de sucre. Elles ne pèsent que ½° à 1 ½° Baumé. L'égout, au contraire, se trouve dilué et ramené à 13 ou 17° Baumé, suivant les volumes respectifs d'eau et de matière à osmose.

« Les mélasses osmosées sont recuites et fournissent, après un séjour de quelques semaines à l'empli, de 15 à 25 kilogrammes de sucre par hectolitre. Ce qui reste peut être encore soumis à une osmose, et ainsi de suite 2, 3, 4 jusqu'à 7 fois pour certaines mélasses.

« Les petites eaux sont concentrées, et on en extrait des sels cristallisés contenant du chlorure et du nitrate de potassium, ainsi que des sels de soude vendus comme engrais.

« Au lieu d'évaporer presque à siccité les petites eaux d'exosmose, on peut les mettre en forme d'engrais commercial solide en les concentrant à 30-40° Baumé et ajoutant de 50 à 60 °/₀ de leur poids de chaux vive (Méhay, 1875).

« La matière d'où ont été extraits les sels est parfois osmosée, pour obtenir, d'une part, de la mélasse ordinaire et des eaux pour sels. La mélasse ordinaire est réosmosée, et ainsi de suite, jusqu'à ce qu'il n'y ait plus un volume suffisant de matière à osmoser.

« En pratique, on obtient à la première osmose 78 à 80 °/₀ de la matière osmosée; le reste passe dans les petites eaux. On retrouve de 0,7 à 1 de sucre par 100 kilogrammes de betteraves.

« Dans ces derniers temps, on a proposé l'osmose calcique étudiée par Dubrunfaut, pour supprimer complètement la production de la mélasse. Pour cela, on ajoute à l'égout de premier jet une certaine dose de chaux, puis on osmose. Le liquide osmosé est carbonaté dans de certaines conditions, et il en résulte un jus assez purifié pour être introduit directement avec les sirops obtenus de la betterave. En manœuvrant de la sorte, on augmente le volume de la masse cuite et les petites eaux sont ou évaporées ou perdues. Mais la chaux alcaline a bien des inconvénients. Outre qu'elle agit comme mélassigène, elle favorise le développement de ferments. [Voir *Compt. rend.*, 1875, « Mycélium des écumes de défécation dans les sucreries », et, même recueil, 1876 « Ferment cellulosique des mélasses. »]

On a remplacé la chaux d'abord par du chlorure de calcium, puis par du chlorhydrate d'ammoniaque. Pour expliquer l'action favorable du sel ammoniac ajouté aux matières à osmoser, on admet qu'il se produit, par double décomposition, $CaCl^2$, KCl et NaCl, et les sels ammoniacaux plus diffusibles des acides organiques primitivement combinés à la chaux.

On a essayé, pour hâter l'osmose ou la rendre plus complète, divers procédés : addition d'alcalis, d'acides, de sels..., etc. On a même proposé de tirer parti de ce fait que les phénomènes de dialyse sont sensiblement accélérés par le passage d'un courant électrique à travers les membranes.

La pratique industrielle n'a pas, que nous sachions, adopté généralement l'une ou l'autre de ces modifications au procédé primitif.

L'osmose doit d'ailleurs être envisagée comme un procédé caduc, appelé à céder la place aux procédés de désucrage par les précipitants chimiques, puisque, par son principe même, elle ne permet de récupérer le sucre des mélasses que partiellement.

II. *Désucrage des mélasses*. — La saccharose forme avec les terres alcalines, baryte, strontiane et chaux, des combinaisons particulières étudiées par M. Peligot. Certains de ces saccharates sont solubles dans l'eau et cristallisables, d'autres complètement insolubles. On sait qu'il existe une régularité remarquable dans la composition des saccharates insolubles des terres alcalines :

Que l'on dissolve dans trois portions égales d'un même sirop des quantités de baryte, de strontiane et de chaux proportionnelles à leurs poids moléculaires respectifs, et à raison d'une molécule de base par molécule de saccharose;

que l'on porte ensuite ces liqueurs à l'ébullition, on obtiendra :

Dans la première liqueur, un précipité de saccharate monobarytique :

$$C^{12}H^{22}O^{11}.BaO ;$$

avec la strontiane, il se forme un saccharate bibasique :

$$C^{12}H^{22}O^{11}.2SrO ;$$

avec la chaux, c'est une combinaison à trois molécules de base qui prend naissance :

$$C^{12}H^{22}O^{11}.3CaO.$$

Il résulte de là que, la première liqueur étant à peu près *désucrée*, la seconde contiendra encore au moins la moitié, et la troisième les deux tiers du sucre primitif.

On voit immédiatement, d'après cela, les inconvénients du traitement par la chaux. Une liqueur sucrée, même assez concentrée, ne dissout à froid que 3 CaO environ pour 2 $C^{12}H^{22}O^{11}$; dans les conditions du travail industriel, on ne peut dissoudre plus de 1 CaO par molécule de saccharose. Un sirop ne cédera donc au premier traitement que le tiers, au maximum, du sucre qu'il contient ; il faudra, par conséquent, multiplier les opérations, dissolution de la chaux à froid, précipitation à l'ébullition, décantation, etc., pour désucrer suffisamment une mélasse. De plus, le sucre isolé par le moyen de la chaux est moins pur que le sucre isolé de la même mélasse par la baryte ou par la strontiane. Cependant le désucrage par plusieurs précipitations à la chaux (*substitution*) a été pratiqué en Autriche ; nous verrons plus loin de quelle manière ; mais auparavant nous examinerons les procédés à la strontiane et le procédé mixte à la chaux et à la baryte qu'on a proposés et employés, dans ces dernières années, en Allemagne.

Nous ne reviendrons pas sur le procédé à la baryte seule, imaginé par Dubrunfaut et décrit dans ce dictionnaire ; il est excellent, et ne pèche que par la cherté de la baryte, résultant surtout de la difficile caustification du carbonate de baryte retrouvé à la fin de l'opération.

En même temps que la baryte, Dubrunfaut avait proposé la strontiane pour le traitement des mélasses, ou plus généralement des jus sucrés (1850).

Stammer, en 1862, fit voir que le sucre isolé par la strontiane est immédiatement beaucoup plus pur que celui que l'on extrait de la même mélasse par l'intermédiaire de la chaux.

En 1866, Jünemann prit un brevet pour le désucrage de la mélasse par la strontiane. Les conditions du traitement sont les mêmes que dans le cas de la baryte. On mélange à la mélasse chauffée une solution bouillante d'hydrate de strontiane ; on recueille le précipité de saccharate bistrontique et on le décompose ensuite par CO^2.

La solubilité de l'hydrate de strontiane dans l'eau est suffisante pour qu'on puisse, sans difficulté, mettre 2 SrO en présence d'une molécule de sucre dans des liqueurs de concentration convenable.

Dès 1871, une grande raffinerie allemande traitait avec succès les mélasses par la strontiane, dans des conditions tenues secrètes, mais qui ne diffèrent sans doute que par le détail de celles décrites dans le brevet n° 15385 de Scheibler (1881). Le procédé de Scheibler diffère essentiellement de celui de Jünemann, en ce qu'une fraction importante de la terre alcaline, séparée à l'état de saccharate insoluble, est retrouvée sous forme d'hydrate, au cours du travail. En effet, le saccharate bistrontique, précipité à chaud, se dédouble, au contact de l'eau froide, en hydrate de strontiane peu soluble à froid et en un saccharate moins basique, soluble.

Grâce à cette propriété, on peut employer la strontiane en excès, 3 SrO pour 1 molécule de saccharose, de façon à précipiter le sucre entièrement ; et cependant, à la fin de l'opération, il ne reste à carbonater qu'un saccharate contenant environ 1 SrO pour 1 de saccharose, 2 SrO ayant été retrouvés à l'état d'hydrate.

Voici la description que l'auteur donne de son procédé :

La combinaison strontique se fait dans de grandes cuves à agitateur dont le fond est garni d'un serpentin barboteur. La dissolution de strontiane à 10-13 °/₀ $Sr(OH)^2 + 8H^2O$ est portée à l'ébullition et enrichie jusqu'à 20-25 °/₀ par addition d'hydrate cristallisé.

On ajoute alors, en même temps qu'on force l'introduction de la vapeur et qu'on met l'agitateur en marche, la moitié de la mélasse à traiter ; puis, en remuant continuellement, on dissout successivement de l'hydrate de strontium et de la mélasse, jusqu'à ce que, celle-ci étant totalement employée, la liqueur marque une alcalinité de 12 à 14 °/₀ $Sr(OH)^2 + 8 H^2O$.

A ce moment, on a mis en réaction, pour 1 p. de sucre contenue dans la mélasse, environ 2p ¼ d'hydrate de strontium, soit un peu plus de 3 molécules SrO par molécule de saccharose, $C^{12}H^{22}O^{11}$, et la précipitation est si complète, que les liqueurs n'accusent plus, au polarimètre, que 0,3 à 0,8 °/₀ de sucre.

Le saccharate strontique, fraîchement précipité, se rassemble rapidement au fond de la cuve, sous la forme d'une poudre dense, sablonneuse, brun clair lorsqu'elle est imbibée d'eaux mères fortement colorées, d'une teinte paille, souvent presque insensible, lorsqu'elle est lavée.

On traite en une fois environ 300 kilogrammes de mélasse, auxquels s'ajoutent d'abord 900 litres de solution strontique, puis le reste de la terre alcaline nécessaire, à l'état d'hydrate cristallisé.

La mise en réaction, en deux ou plusieurs portions successives, de la mélasse et de la strontiane permet d'opérer la précipitation complète dans une quantité de dissolvant bien moindre que si l'on mélangeait la mélasse avec l'eau saturée de la quantité de strontiane nécessaire pour fixer le sucre à l'état de saccharate bibasique.

Aussitôt la précipitation achevée, la masse est envoyée sur des filtres à vide ; l'étoffe repose sur une toile métallique, qui elle-même s'appuie sur une plaque de fonte percée d'ouvertures ; celle-ci représente la paroi supérieure d'une caisse à vide en forme de demi-cylindre couché.

Le liquide enlevé par la pompe d'aspiration est envoyé dans des cristallisoirs, où il ne tarde pas à laisser déposer l'excès de strontiane dissous. Le saccharate recueilli est lavé sur filtre avec une solution chaude à 10 °/₀ de strontiane qu'on laisse passer librement, sans faire agir la pompe.

La liqueur de lavage ainsi obtenue contient de 0,2 à 0,7 °/₀ de sucre et est employée dans une opération suivante en place de lessive fraîche à 10 °/₀, $Sr(OH)^2 + 8H^2O$.

Le magma de saccharate strontique, légèrement coloré en jaune, est enlevé à l'aide de pelles et de seaux en bois et dirigé dans un local dit *rafraîchissoir*. Là, sous l'influence d'une température que l'on maintient aussi basse que possible (10 à 12° centigrades), le saccharate se dédouble bientôt en hydrate de strontium cristallisé et en une dissolution strontique de sucre. La quantité de strontiane ainsi retrouvée, utilisable immédiatement pour de nouvelles opérations, comporte la moitié à peu près de l'alcali total du saccharate : souvent, dans de bonnes conditions de température, il cristallise même plus de la moitié de la strontiane, en sorte que la liqueur contient alors moins de $1 SrO$ pour $1 C^{12}H^{22}O^{11}$.

Au bout de 24 à 72 heures, suivant l'époque, le dédoublement étant complet, l'hydrate est recueilli, turbiné, lavé avec un peu d'eau froide, et rentre aussitôt dans la fabrication.

Quant à l'eau mère sucrée, réunie aux eaux de lavage de l'hydrate, elle est soumise à une première saturation. On la dirige, à cet effet, dans une cuve à agitateur où pénètrent un serpentin barbotteur pour la vapeur et un tube d'amenée du gaz carbonique. Cette cuve est de plus munie vers la partie supérieure d'un tube serpentin percé de trous permettant, au moyen d'un jet de vapeur, d'abattre les écumes qui se forment en abondance pendant la carbonatation. On chauffe la liqueur vers 60° centigrades, puis on y injecte du gaz carbonique jusqu'à ce qu'une prise d'essai filtrée n'indique plus qu'une alcalinité de 0,04 à 0,06 de strontiane (SrO). On fait bouillir pendant quelques minutes, puis on passe au filtre-presse; la liqueur filtrée, bien claire, subit immédiatement une seconde saturation.

Le carbonate strontique est lavé dans la presse même par un courant d'eau chaude empruntée à une chaudière spéciale et qui circule, sous pression, dans les plateaux.

Les eaux de lavage refroidies servent à lessiver l'hydrate de strontiane provenant de la décomposition du saccharate.

La seconde saturation est poussée à fond, c'est-à-dire qu'on prolonge le courant de CO^2 jusqu'à carbonatation totale de l'alcali; on porte ensuite à l'ébullition pendant quelques minutes pour décomposer le bicarbonate qui a pu se former.

Le traitement ultérieur du jus filtré est celui que l'on connaît : filtration sur noir, concentration, nouvelle filtration du sirop concentré et enfin évaporation à cristallisation.

Nous avons dit que la liqueur d'où s'est précipité à l'ébullition le saccharate strontique, laisse déposer, par le refroidissement, de l'hydrate

$$Sr(OH)^2 + 8H^2O.$$

Ces cristaux sont colorés en un brun plus ou moins intense; mais on peut, sans inconvénient, les réemployer tels quels.

Pour récupérer la strontiane dont sont chargées les eaux mères, on les traite par un courant de CO^2, avec addition de carbonate alcalin pour déplacer la portion de strontiane combinée à des acides organiques. Le gaz carbonique est emprunté aux fours à caustification de la strontianite. Ces fours ne diffèrent point de ceux où l'on cuit le calcaire, la décomposition du carbonate strontique exigeant seulement une température beaucoup plus élevée.

Le point intéressant et nouveau de ce procédé repose sur la décomposition spontanée du saccharate bistrontique, précipité à chaud, qui, au contact de l'eau froide, se dédouble en hydrate de strontiane et en un saccharate moins basique soluble. Grâce à cette circonstance, des trois molécules de strontiane employées au début, deux se retrouvent à l'état d'hydrate cristallisé, propre à servir à de nouvelles opérations. Une seule molécule de strontiane passe à l'état de carbonate et doit subir une nouvelle caustification.

Si nous comparons l'ancien procédé à la baryte et le procédé de Scheibler, nous reconnaissons au traitement à la strontiane les avantages suivants :

1° Il faut moins de terre alcaline pour séparer une même quantité de sucre, puisque l'emploi effectif de strontiane est d'*une* molécule comme dans le cas de la baryte; au lieu de $BaO = 153$, il ne faut que $SrO = 103,5$.

2° La strontiane carbonatée repasse à l'état de strontiane caustique par une cuisson à une température de 800° environ; pour caustifier la baryte, au contraire, il faut, outre une chaleur plus intense, de 1000 à 1200°, faire intervenir le charbon, ou, comme l'a proposé M. Maumené, l'oxyde ferrique.

En 1882, le procédé de désucrage à la strontiane a subi divers perfectionnements, dont deux ont été brevetés.

Le premier brevet décrit des appareils et un mode opératoire particulier pour le dédoublement du saccharate bistrontique. Ce sel est mis à refroidir en masses compactes, au sortir du filtre-presse, puis il est lavé méthodiquement, à l'eau froide, dans un appareil à contre-circulation. On arrive à ne laisser dans la liqueur sucrée que 2/3 SrO par molécule $C^{12}H^{22}O^{11}$ (*Brevet allemand*, n° 19339, du 14 février 1882; Scheibler).

Un autre perfectionnement repose sur l'observation de propriétés nouvelles du saccharate monostrontique :

D'après Scheibler, en dissolvant dans une liqueur à 20-25 °/₀ de sucre, chauffée à 70-75°, une quantité équivalente d'hydrate de strontiane, filtrant et laissant refroidir, on obtient une dissolution qui reste limpide, à l'abri de l'air, bien qu'elle soit sursaturée de saccharate monostrontique, dont la solubilité, à froid, est d'environ 1/20. La liqueur se conserve souvent très longtemps sans rien déposer; au bout d'un temps variable, elle se prend à cristalliser et laisse alors déposer tantôt de l'hydrate de strontium,

$$Sr(OH)^2 + 8H^2O,$$

tantôt du saccharate monostrontique,

$$C^{12}H^{22}O^{11}.SrO + nH^2O.$$

On peut provoquer à volonté la séparation de l'un ou de l'autre de ces composés. En projetant dans la liqueur quelques cristaux d'hydrate de strontium, on détermine la cristallisation de l'hydrate, $Sr(OH)^2 + 8H^2O$. Si l'on y sème, au contraire, quelques parcelles de monosaccharate provenant d'une opération antérieure, c'est ce dernier sel qui cristallise. On comprend le parti qui se pouvait tirer de cette observation; les principes scientifiques touchant les propriétés des solutions sursaturées ont trouvé ici une intéressante application.

Le monosaccharate strontique est en masses mamelonnées ayant l'apparence de choux-fleurs, lorsque la cristallisation a lieu dans des liqueurs concentrées. Il se dépose d'une solution plus étendue sous la forme d'une poudre blanche, fine et grenue. Desséché dans le vide, il présente la composition $C^{12}H^{22}O^{11}.SrO + 5H^2O$. Ce même produit prend naissance lorsque l'on met en contact de l'hydrate strontique finement divisé avec une solution froide de sucre. Les cristaux de strontiane fixent peu à peu le sucre de la liqueur, à raison d'une molécule de saccharose par molécule $Sr(OH)^2 + 8H^2O$.

Le brevet allemand n° 22000 décrit comme il suit le nouveau procédé de Scheibler :

« Soit, par exemple, une mélasse tenant 50 °/₀ de sucre. Pour fixer à l'état de monosaccharate les 500 grammes de sucre contenus dans un kilogramme de mélasse, il faudrait théoriquement 389 grammes d'hydrate $Sr(OH)^2 + 8H^2O$. Il est avantageux de forcer la dose et de prendre un poids de cristaux de strontiane égal au poids du sucre. On met ainsi en présence 1 molécule 1/4 de SrO pour $C^{12}H^{22}O^{11}$; cet excès de terre alcaline favorise la séparation du saccharate monostrontique; il devient d'ailleurs indispensable dans la suite pour compléter le désucrage. »

D'après les déterminations de Sidersky et de Scheibler, 1 p. d'hydrate de strontium se dissout dans 3 p. d'eau à 89-90°.

On dissout, à l'ébullition, 500 grammes de cristaux, $Sr(OH)^2 + 8H^2O$, dans 1500 centimètres cubes d'eau, et l'on mélange la liqueur bouillante à la mélasse. La température s'abaisse aussitôt, de telle sorte que le saccharate bistrontique, qui prend naissance à l'ébullition seulement, ne peut se former.

Le procédé qu'on vient de décrire peut être modifié de diverses façons : on peut étendre la mélasse d'eau avant d'y mélanger la liqueur strontique; on peut ajouter d'abord à la mélasse toute l'eau nécessaire et introduire dans la liqueur maintenue vers 80° l'hydrate de strontiane cristallisé, agiter pour dissoudre, etc. Cependant cette dernière méthode nécessite la préparation préalable d'hydrate cristallisé, tandis que la première permet l'emploi direct des lessives de strontiane dont la richesse se mesure à l'aréomètre. On peut encore employer la strontiane caustique, au sortir du four à calcination, et l'introduire, finement pulvérisée, dans la mélasse coupée d'eau, où elle s'éteint et forme le saccharate.

De quelque façon que l'on ait opéré, on laisse ensuite la liqueur arriver à la température ordinaire, ou l'on refroidit au moyen des appareils connus à circulation d'eau froide. Le saccharate ne se sépare pas, et, si l'on abandonnait la dissolution à elle-même, ce serait le plus souvent de l'hydrate de strontium qui cristalliserait; mais en l'agitant continuellement et surtout en y semant une petite quantité de saccharate monostrontique cristallisé, on détermine aussitôt la séparation du saccharate,

$$C^{12}H^{22}O^{11}.SrO + nH^2O.$$

Après 12 ou 24 heures, on passe le magma épais qui s'est formé au filtre-presse, à la turbine, etc.; on lave à l'eau froide, ou mieux à l'eau saturée à froid d'hydrate de strontium.

Le saccharate monostrontique lavé est complètement blanc et bien plus pur que le saccharate bibasique précipité à l'ébullition. La solution de sucre obtenue en le décomposant par CO^2 est tout à fait incolore et n'a pas besoin d'être filtrée sur noir.

Le saccharate monostrontique étant soluble dans 15 à 20 p. d'eau froide, on ne peut isoler par son intermédiaire que les 2/3 ou les 3/4 du sucre total d'une liqueur, le rendement dépendant d'ailleurs, pour un même sirop, de la durée de la cristallisation et de la température. Pour extraire le reste du sucre, jusqu'à concurrence de 96-97 centièmes, il suffit d'ajouter à la liqueur mère assez de strontiane pour former à l'ébullition le saccharate bistrontique. On tient compte de l'excès de terre alcaline déjà existant, et l'on s'arrange de façon à avoir, à la fin de l'opération, des eaux mères fortement alcalines.

Les liqueurs sont coulées bouillantes dans des bacs à décantation, où elles déposent très vite le saccharate bistrontique; elles sont séparées alors et traitées, pour isoler SrO, par un courant de gaz carbonique et par une quantité de carbonate alcalin suffisante pour déplacer la terre combinée aux acides organiques. Après séparation de CO^3Sr, elles quittent définitivement l'usine pour être utilisées comme engrais, ou pour l'extraction des sels de potassium et d'ammonium qu'elles contiennent.

Quant au saccharate bibasique, on l'emploie tel quel, encore imprégné d'eaux mères, pour traiter une nouvelle quantité de mélasse. En le délayant dans la liqueur sucrée, il s'y dissout sans peine, et il suffit d'ajouter alors la quantité d'hydrate cristallisé nécessaire pour que l'ensemble de la strontiane, $Sr(OH)^2 + 8H^2O$, soit égal au sucre total en présence, sucre du saccharate bibasique et sucre de la mélasse.

Cette succession d'opérations forme un cycle parfait, qui scinde les mélasses en sucre d'une part, à l'état de saccharate monostrontique, et en eaux mères désucrées. La perte finale en saccharose est extrêmement réduite (3 à 4 %).

Pour extraire le sucre du monosaccharate exprimé, on peut :

a. Carbonater le saccharate en suspension dans l'eau, et évaporer à part le jus très pur qui en résulte;

b. Délayer ce saccharate dans des jus de betterave déféqués et carbonater pour obtenir des jus riches;

c. Redissoudre le sel dans l'eau pour séparer d'abord une partie de la strontiane à l'état d'hydrate cristallisé, puis traiter suivant (*a*) ou (*b*) la dissolution mère très concentrée.

D'après (*c*), on dissout le saccharate monostrontique dans l'eau à 80°, et la liqueur refroidie lentement, sans agitation, laisse déposer le long des parois et sur le fond du vase une partie de sa strontiane à l'état de $Sr(OH)^2 + 8H^2O$.

D'après l'auteur, le nouveau procédé présente sur celui du brevet n° 15385 les avantages suivants :

1° Suppression d'un matériel encombrant et coûteux pour le refroidissement du saccharate, puisqu'il s'agit ici d'abaisser la température d'un liquide et non celle d'un magma cristallin épais;

2° Suppression des bacs à cristallisation de l'hydrate de strontium, puisque l'on emploie directement les lessives de strontiane caustique;

3° Réduction à un tiers environ de la quantité de strontiane mise en œuvre, et, par suite :

4° Réduction des pertes mécaniques de terre alcaline;

5° Plus grande pureté des jus obtenus;

6° Enfin le procédé s'applique avantageusement aux mélasses de raffineries et aux mélasses de sucre de canne. Lorsque la proportion de sucre interverti que contiennent ces mélasses n'est pas extraordinairement forte, on opère d'après les indications ci-dessus. Dans le cas contraire, avec une proportion considérable de sucre interverti, on emploie la méthode de précipitation *à froid*, dont nous avons indiqué le principe : hydrate de strontiane ou strontiane caustique finement pulvérisée que l'on met en suspension dans la mélasse étendue d'eau froide. Le rendement est limité, pour ces mélasses, par l'impossibilité de précipiter, à l'état de saccharate bibasique, le dernier quart ou le dernier tiers de la saccharose qu'elles contiennent.

Désucrage par l'emploi simultané de la chaux et de la baryte ou de la strontiane. — Nous nous étendrons moins sur ce procédé breveté en 1881 par M. Closson [*Brevet anglais*, n° 1470, du 4 avril 1881, par J.-B.-M.-P. Closson].

Les mélasses sont soumises à un premier traitement calcaire qui entraîne, sous forme de saccharate tribasique, une fraction, le tiers environ, du sucre contenu. Pour séparer le reste, on fait intervenir à la fois la chaux et le chlorure de baryum. Il se précipite, à la température de l'ébullition, du saccharate monobarytique insoluble, tandis qu'il se forme $CaCl^2$: l'un des termes de la réaction étant soustrait au fur et à mesure, la double décomposition entre $Ca(OH)^2$ et $BaCl^2$ ne reste pas limitée, et l'on retrouve à peu près tout le baryum du $BaCl^2$ à l'état de saccharate insoluble. Celui-ci est carbonaté ensuite, comme à l'ordinaire; le carbonate de baryum qui en résulte est saturé par HCl et repasse ainsi sous la forme utile de $BaCl^2$. On évite ainsi la caustification de la baryte, opération dispendieuse.

Le même brevet réserve l'emploi du chlorure de strontium associé à la chaux dans des conditions analogues.

Nous ignorons si l'ingénieuse méthode de M. Closson a subi l'épreuve de la mise en pratique, et les résultats qu'elle a pu donner. Elle ne saurait, pensons-nous, pas plus d'ailleurs que les autres procédés faisant usage des terres alcalines relativement rares, strontiane et baryte, prétendre à une adoption générale. De tels procédés n'offrent que des avantages conditionnels, très notables à proximité de gisements de strontianite ou de withérite, nuls dans les régions où ces terres ne se rencontrent pas, etc.

Les conditions économiques des procédés dont nous allons parler maintenant n'offrent pas d'inégalités de cette nature. La matière première, le carbonate de chaux, est une des roches les plus abondamment et les plus régulièrement distribuées dans toutes les régions; la caustification de la chaux est une opération des plus simples, peu coûteuse, praticable avec un matériel des plus élémentaires. En un mot, on peut partout se procurer la chaux à si bon compte, que la perte pratique d'une opération à l'autre devient insignifiante. Nous disons « perte pratique », car, en théorie, la strontiane, la baryte doivent se retrouver intégralement, tandis qu'il faut compter sur un déchet moyen d'au moins 10 à 15 °/₀ de terre alcaline par opération.

Le premier procédé à la chaux industriellement pratiqué est celui dit *par élution*, proposé par C. Scheibler vers 1877. Il consiste à ajouter à la mélasse assez de chaux pour former le saccharate tribasique insoluble; le magma desséché est épuisé à l'alcool faible; il reste du saccharate de chaux presque pur contenant la plus grande partie du sucre de la mélasse.

Le procédé, perfectionné par Scheibler et Seiferth (brevet), Soestman, Riedel, Weinrich et d'autres, a joui d'une certaine faveur en Autriche-Hongrie et en Bohême. Récemment, il a été remplacé presque partout par d'autres méthodes plus avantageuses, ne nécessitant pas l'emploi de dissolvants coûteux, comme l'alcool de vin ou l'alcool méthylique.

On a éprouvé, aux débuts de l'*élution*, beaucoup de difficultés à préparer un saccharate sec, facile à épuiser. Pour préparer une mélasse calcique grenue et se lavant bien, R. Riedel (*Brevet allemand*, n° 12132, 1881) délaye 1 p. de chaux, CaO, fraîchement éteinte, dans 2 p. de mélasse ramenée par addition d'eau à consistance de sirop et froide (25 à 30° centigrades); il ajoute ensuite 2 à 2 p. ½ d'alcool à 85-90 °/₀; le mélange pâteux devient immédiatement dur et grenu.

M. Weinrich, de Pecek (Bohême), arrive au même résultat en concentrant la mélasse jusqu'à teneur de 6 à 8 °/₀ d'eau, puis à 100° centigrades, il y ajoute une quantité suffisante de chaux (environ 1 CaO pour 2 de mélasse concentrée) en lait épais. Après refroidissement, le brai, devenu dur, est broyé ou débité en copeaux par des machines spéciales.

Le lavage à l'alcool (élution) se fait dans des machines construites d'après l'un des types connus d'appareils extracteurs. Il faut prendre soin d'épuiser, puis de sécher le saccharate lavé, dans des récipients bien clos, pour réduire au minimum les pertes de dissolvant.

En 1878, C. Steffen, de Vienne, opposait au procédé *par élution* un autre procédé de désucrage calcaire dit par *substitution* [*Brevet allemand*, n° 8346, du 26 juin 1878, par Dr Pistoja Steffen et Drucker].

La substitution repose sur la propriété des saccharates calciques solubles, mélange des saccharates mono- et dibasiques,

$$C^{12}H^{22}O^{11}.CaO \text{ et } C^{12}H^{22}O^{11}.2CaO,$$

de se transformer à chaud en saccharate tribasique insoluble, $C^{12}H^{22}O^{11}.3CaO$.

Dans une série de réservoirs, on dilue la mélasse et l'on y ajoute à froid de la chaux à l'état de lait à 30° Baumé, tant qu'il s'en dissout. La température du mélange doit être maintenue entre 15 et 20° centigrades. Après huit heures de contact, la saturation est terminée. On porte la liqueur à 110° centigrades dans un réservoir clos; le saccharate précipité est aussitôt passé aux filtres-presses (presse Zwillich). On insolubilise par cette première opération un peu plus du tiers du sucre de la mélasse.

On rajoute à la liqueur mère une quantité de mélasse telle, que son titre primitif en saccharose se trouve rétabli (substitution), puis, par une nouvelle dissolution de chaux, suivie d'un chauffage à 110°, on isole une seconde portion de saccharate tribasique à peu près égale à la première. On continue cette série d'opérations jusqu'à ce que la liqueur soit à ce point enrichie en produits accessoires, en matières extractives et en sucre interverti, que la séparation du saccharate y devienne difficile, ou que le sucre qu'on en extrait soit trop impur. On traite une dernière fois la liqueur par un excès de chaux pour la désucrer le plus possible (réduction), puis on la rejette définitivement.

Quant aux gâteaux sortis de la presse, on les délaye dans l'eau en un brai à 10° Baumé, on carbonate et l'on traite le liquide filtré comme jus déféqué à concentrer. On peut aussi mettre le saccharate tricalcique en bouillie épaisse à 30° Baumé et l'employer pour déféquer du jus frais.

Au total, le procédé doit permettre d'extraire, à 5 °/₀ près, tout le sucre des mélasses.

A. Scholvien, de Halle [*Brevet allemand*, n° 26 739, 1883], propose d'osmoser les eaux mères fortement colorées d'où s'est déposé le saccharate insoluble; on dialyse avec de l'eau à 60° centigrades et l'eau se charge d'une quantité de sels et de matières albuminoïdes double de celle qu'elle prend dans l'osmose simple de la mélasse. Au contraire, le saccharate calcique dissous se diffuse si peu, que la teneur en chaux de l'eau d'exosmose est sensiblement la même que celle de l'eau neuve introduite dans l'appareil.

Aux débuts du procédé par substitution, on préparait le saccharate monocalcique en mélangeant à la mélasse étendue d'eau un lait de chaux, agitant bien et opérant à température aussi basse que possible pour que la liqueur sucrée fût capable de dissoudre plus de CaO.

On remarqua bientôt que la chaux caustique, finement pulvérisée, répandue à la surface d'une solution de sucre, s'y dissout sans élever sensiblement la température de la liqueur; cette observation a conduit M. Steffen à un perfectionnement si important, qu'il constitue, en réalité, une méthode nouvelle, bien supérieure à l'ancienne, dite méthode *par précipitation*.

Lorsque à une solution de saccharate monocalcique préparée comme il vient d'être dit, on rajoute, à température moyenne, de nouvelles quantités de chaux vive finement divisée, en farine, il se produit aussitôt à froid du saccharate tricalcique; sans entrer en dissolution, la chaux attire le sucre de la liqueur et le fixe à l'état de

$$C^{12}H^{22}O^{11}.3CaO,$$

à peine mélangé d'un petit excès de chaux libre. La séparation est si complète, qu'il suffit d'un seul traitement pour désucrer un sirop, et le sucre isolé du saccharate tricalcique ainsi obtenu est d'une pureté qui ne le cède en rien à celle des sucres à la strontiane.

La méthode donne des résultats si avantageux, qu'elle pourrait, dit-on, être appliquée au traitement direct des jus de betterave.

L'appareil servant à la précipitation, appelé *mélangeur à froid*, se compose d'un grand vase cylindrique ayant à sa partie inférieure un serpentin à circulation d'eau froide et doublé d'une enveloppe concentrique servant également à la réfrigération. Un agitateur à ailettes hélicoïdales traverse une boîte à étoupe fixée au couvercle de l'appareil et reçoit un rapide mouvement de rotation. Au début du travail, on étend la mélasse avec de l'eau, plus tard avec les eaux de lavage, de façon à produire un jus à 7 °/₀ de sucre environ. L'agitateur est mis en mouvement, tandis qu'on amène la température au-dessous de 20° C; puis l'on ajoute, par petites portions, en continuant à brasser et à rafraîchir la liqueur, une quantité de chaux caustique telle qu'il y ait en présence 130 parties CaO pour 100 parties de sucre.

La chaux doit être récemment cuite, exempte d'hydrate et aussi finement pulvérisée que possible. On la passe, à cet effet, dans des moulins spéciaux analogues à ceux qui sont employés à la fabrication de la farine d'os.

Après trois quarts d'heure environ de contact, le sucre est presque totalement séparé à l'état de saccharate tribasique mélangé à un excès de chaux; le précipité grenu est facile à filtrer et à laver. Les eaux mères, qui ne retiennent en moyenne pas plus de 0,6 °/₀ de sucre, sont rejetées ainsi que les premières eaux de lavage; les suivantes servent à diluer de nouvelles portions de mélasses.

A la fin de l'opération, on a environ 600 parties de liqueur de lavage pour 100 parties de mélasse traitée; et la perte en sucre resté dans les eaux atteint 3,6 à 4 °/₀ du poids de la mélasse. Le reste du sucre, combiné à la chaux, est rarement à moins de 96 °/₀ de saccharose et même, lorsque le lavage a été bien conduit, il marque souvent 98 à 99°.

Le précipité contient le sucre et la chaux à peu près dans le rapport de 100 : 130. En le délayant dans un jus sucré, il se décompose assez rapidement, surtout à chaud : près des deux tiers de la chaux du trisaccharate et tout l'excès de terre alcaline se séparent, en sorte que l'on obtient finalement une dissolution contenant pour 100 p. de sucre à peine 25 à 30 parties de chaux, c'est-à-dire tout à fait comparable à celles que l'on soumet habituellement à la saturation dans la fabrication du sucre de betteraves.

La chaux séparée dans cette opération retient un peu de sucre; la perte de ce chef atteint 1,8 °/₀ du sucre total lorsqu'on laisse le sédiment calcique s'effectuer complètement. Les liqueurs envoyées à la saturation contiennent donc environ 91 à 93 °/₀ du sucre de la mélasse d'où l'on peut retirer 88 de sucre marchand cristallisé.

Un des grands avantages du procédé est de n'exiger que très peu de combustible. La précipitation du saccharate s'opérant à froid, le traitement de 100 de mélasse n'exige que 45 à 60 de charbon. Du même coup, l'application réitérée de la chaleur, qui détruirait une partie de la saccharose, est supprimée.

Le nouveau procédé Steffen résout de la façon la plus heureuse le problème de la séparation du sucre des mélasses. Est-ce à dire que l'on ne puisse attendre mieux? Certainement le plus grand pas est fait et, sauf quelques perfectionnements de détail, le procédé à la chaux, par précipitation, doit remplacer tous les autres procédés de désucrage : osmose, traitements à la baryte, à la strontiane, élution, etc.

La dernière campagne sucrière a vu éclore encore d'autres procédés, dont la valeur pratique ne nous est pas encore connue.

MM. J.-E. Boivin et M.-D. Loiseau, de Paris [*Brevet allemand*, n° 26427, 1883], précipitent le sucre de la mélasse sous forme de saccharo-carbonate de chaux, composé qui contiendrait :

Sucre	43 °/₀
Chaux	39
CO^2	18

Ce précipité est presque insoluble dans l'eau de chaux; il est lavé, puis dédoublé par saturation en sucre et en carbonate de chaux.

La mélasse diluée à 12-15° Baumé est traitée par la chaux à froid, vers 20°, puis par un courant de gaz carbonique. Il faut éviter, durant cette période du traitement, que la température s'élève au delà de 25°. A cet effet, on opère dans un grand cylindre vertical à agitateur, refroidi extérieurement par un courant d'eau fraîche.

Sous l'action du gaz carbonique, la liqueur épaissit de plus en plus. Pour compléter la réaction, on achève la saturation dans un appareil spécial muni d'un écraseur, pour diviser les agglomérés de saccharo-carbonate qui se forment. Dans cet appareil, on maintient également la température vers 20-25°.

Pour laver le saccharo-carbonate, qui est une masse pâteuse, épaisse, on lui donne la forme de vermicelles en le comprimant dans un cylindre à fond criblé de petites ouvertures. Le produit tombe dans des bacs où, au contact d'eau de chaux, il se débarrasse par exosmose de tous les corps non sucrés. L'eau de chaux peut être renouvelée plusieurs fois sans inconvénient, le saccharo-carbonate étant presque insoluble dans ce réactif. Le lavage est terminé en quelques heures.

Le docteur Harperath propose de précipiter le sucre des mélasses par la dolomie calcinée; il se produit un saccharate calcico-magnésien insoluble.

On n'avait pas jusqu'alors de données bien précises sur les combinaisons sucrées de la magnésie. Maumené dit avoir obtenu un saccharate magnésien en délayant de l'hydrate de magnésie dans une liqueur sucrée. Dubreuil a préparé un saccharate analogue en précipitant une dissolution de sucre par le sulfure de magnésium ou par le phosphate neutre de magnésie.

D'autres auteurs, Benedikt, Bernard et Ehrmann, ont vainement essayé d'obtenir une telle combinaison. Bien plus, ces derniers auteurs ont trouvé la magnésie si peu soluble dans l'eau sucrée, qu'ils proposent d'employer ce réactif pour séparer analytiquement la magnésie d'avec la chaux. E.-O. von Lippmann a constaté que la magnésie, peu soluble dans l'eau sucrée, se dissout assez bien dans les dissolutions de sucrate de chaux.

D'après Harperath, on peut préparer de diverses manières le saccharate calcico-magnésien. On prend une dissolution à 8-14 °/₀ de sucre qu'il est inutile de refroidir; elle peut être à 40° centigrades ou même au-dessus.

La dolomie (ou un mélange de magnésite et de calcite contenant environ 25 °/₀ de magnésie) doit être soigneusement et complètement calcinée, pulvérisée encore chaude et mélangée, en remuant sans cesse, avec la liqueur sucrée, dans la proportion de 60 à 100 parties de terre alcaline pour 100 de sucre.

Dans cette opération, il ne se dégage que peu

de chaleur : M. Harperath admet que la chaleur d'hydratation de la chaux est absorbée en grande partie pour la transformation de la magnésie en hydrate. On sait, en effet, que la magnésie calcinée ne fixe l'eau qu'avec une extrême lenteur, même à l'ébullition; encore la combinaison est-elle toujours incomplète.

Le mélange fait, on laisse en repos pendant 5 à 10 minutes, — l'expérience prouve que ceci est important, — puis on ajoute une nouvelle quantité, 30 à 50 °/₀ du sucre, de dolomie calcinée. Dans ces conditions, le sucre se sépare quantitativement à l'état de saccharate calcico-magnésien mélangé de chaux et de magnésie en excès. Ce mélange est totalement insoluble dans l'eau froide ou chaude; il ne se dissocie nullement, même après un contact de plusieurs jours avec l'eau froide. Le sucre qu'il contient n'éprouve, même à chaud, aucune inversion et le produit se conserve inaltéré pendant plusieurs mois. A la longue seulement, on constate une métamorphose partielle du sucre en acides organiques, sans doute par oxydation.

Le saccharate mixte, fraîchement précipité, mis au contact d'une solution chaude à 6 ou 10 °/₀ de sucre, fixe du sucre et donne une combinaison de la formule :

$$x\, C^{12}H^{22}O^{11}.CaO + y\, C^{12}H^{22}O^{11}.MgO.$$

Le saccharate précipité depuis quelques jours n'éprouve pas cette transformation, même à l'ébullition de la liqueur sucrée; il n'est plus décomposable alors que par l'acide carbonique.

En précipitant une dissolution saturée de saccharate mono-dibasique de chaux par de la dolomie calcinée, on observe également la séparation du saccharate calcico-magnésien.

On n'a pu encore fixer la formule de ce composé.

D'après l'auteur, le procédé calcico-magnésien offrirait industriellement les avantages suivants :

1° Matière première peu coûteuse et répandue partout, toute espèce de dolomie convenant à la précipitation;

2° Suppression du refroidissement artificiel des liqueurs;

3° Séparation quantitative du sucre; les eaux mères peuvent être éliminées sans aucun traitement; elles ne retiennent que des *traces* de sucre;

4° Le saccharate peut être lavé avec de l'eau bouillante, et fournit, par conséquent, des jus très purs;

5° On peut opérer sur des liqueurs très concentrées.

Nous ne savons pas si ce nouveau procédé a tenu toutes ces promesses. La glucose fournit avec la dolomie calcinée une combinaison analogue au saccharate calcico-magnésien. Cette combinaison nécessite environ 50 de dolomie pour 100 de glucose. Elle est presque insoluble et peut servir avantageusement à purifier la glucose.

La formule de ce composé n'est pas non plus connue avec certitude.

Pour compléter l'exposé des travaux dont le traitement des mélasses a fait l'objet dans ces dernières années, nous mentionnerons le procédé breveté par M. A. Wernicke, de Halle [*Brevet allemand*, n° 20595, 1882]. L'acide acétique cristallisable ne dissout pas le sucre de canne, tandis qu'il dissout bien tous les corps accessoires, sels et composés organiques divers, qui l'accompagnent dans les sucres bruts et les mélasses.

M. Wernicke traite les mélasses ou les sirops évaporés jusqu'à 45-50° Baumé et chauds, vers 70° centigrades par l'acide acétique à 98 °/₀ $C^2H^4O^2$. Pour 100 parties de mélasses, on emploie de 100 à 150 parties d'acide. On turbine la saccharose cristallisée par le refroidissement et on la dessèche dans des étuves spéciales permettant de recueillir le dissolvant dont elle est imprégnée.

L'acide acétique retrouvé par distillation des liquides mères est ramené à son titre primitif par le bisulfate de soude ou le chlorure de calcium, ou bien encore par transformation en acétate de calcium que l'on distille avec SO^4H^2.

On emploie les résidus de la distillation comme engrais, ou bien on les traite pour la fabrication de méthylamine, d'ammoniaque, etc.

M. E. von Lippmann dit de ce procédé : « Si l'on envisage les difficultés de manipulation qu'offre ce procédé, l'impossibilité de retrouver la totalité de l'acide acétique concentré, substance d'un prix relativement élevé; si, d'autre part, l'on considère que le vinaigre fort attaque facilement la molécule de la saccharose, à tel point que Pellet a pu l'utiliser comme agent d'inversion dans l'analyse des jus de betteraves, enfin que les sucres bruts sont souvent accompagnés de sels insolubles dans l'acide acétique, on arrive à la conviction que le procédé de M. Wernicke a peu de chances de devenir jamais industriel ». Ces conclusions seront les nôtres; les méthodes de désucrage par les terres alcalines, et spécialement par la chaux, présentent, surtout après les derniers perfectionnements, de tels avantages économiques, qu'un procédé, si parfait qu'il puisse être pour la séparation de la saccharose, mais qui emploie des produits coûteux, comme l'acide acétique cristallisable ou les alcools, n'a plus aujourd'hui aucune chance de prévaloir. M. Gerber et J. Risler.

SULFHYDANTOÏNE. — Voyez Hydantoïne, Suppl., p. 920.

SULFOCARBAMIQUES (ACIDES) (voyez t. III, p. 81).

I. — ACIDE SULFOCARBAMIQUE.

Sulfocarbamate d'isobutyle,

$$CS{<}^{AzH^2}_{OC^4H^9}$$

[Mylius, *Deutsch. chem. Gesellsch.*, 1872, p. 976]. — Ce corps prend naissance par l'action de l'ammoniaque sur l'isobutyle-dixanthyle,

$$(S.CS.OC^4H^9)^2$$

(voyez Suppl., p. 429). Il cristallise en grandes lames orthorhombiques jaunâtres, fusibles à 36°, solubles dans l'alcool et dans l'éther. Soumis à la distillation, il se décompose pour la majeure partie en acide cyanique et mercaptan isobutylique.

Crésylsulfocarbamates d'éthyle,

$$CS{<}^{AzH.C^7H^7}_{OC^2H^5}$$

[Liebermann et Natanson, *Liebig's Ann. Chem.*, t. CCVII, p. 160]. — Ces corps se produisent par l'action de l'alcool absolu à 130° sur les sénévols correspondants. Le dérivé *ortho* est un liquide huileux incristallisable; le dérivé *méta* fond à 67-68°; le dérivé *para* forme de beaux cristaux tricliniques fusibles à 87°. Ces trois dérivés sont solubles dans les alcalis; traités en solution alcoolique par le nitrate d'argent ammoniacal, ils donnent des précipités de la formule

$$C^{10}H^{12}AzOS.Ag,$$

auxquels Liebermann attribue la constitution

$$C = (AzC^7H^7){<}^{SAg}_{OC^2H^5}$$

en les faisant dériver d'un éther imidothiocarbonique hypothétique, qui serait isomérique avec l'éther sulfocarbamique (voir plus loin, p. 1483).

ORTHONITROPARACRÉSYLSULFOCARBAMATE D'ÉTHYLE,

$$CS<^{AzH.C^6H^3(AzO^2)CH^3}_{OC^2H^5}$$

[Steudemann, *Deutsch. chem. Gesellsch.*, 1883, p. 2337]. — On l'obtient en faisant bouillir pendant longtemps avec de l'alcool l'orthonitroparacrésylsénévol, $SCAz.C^6H^3(AzO^2)CH^3$. Il cristallise en longues aiguilles, fusibles à 95°,5, très peu solubles dans l'eau, très solubles dans l'éther et dans l'alcool.

β-NAPHTYLSULFOCARBAMATE D'ÉTHYLE,

$$CS<^{AzH.C^{10}H^7}_{OC^2H^5}$$

[Cosiner, *Deutsch. chem. Gesellsch.*, 1881, p. 62]. — Préparé par l'action de l'alcool à 130° sur le β-naphtylsénévol, ce corps forme des cristaux prismatiques jaunâtres, fusibles à 96-97°, très solubles dans le chloroforme, assez solubles dans l'éther, la benzine, l'alcool : en solution alcoolique, il donne par le nitrate d'argent ammoniacal un précipité renfermant $C^{13}H^{12}AzSOAg$.

PHÉNYLSULFOCARBAMATE D'ISOBUTYLE,

$$CS<^{AzH.C^6H^5}_{OC^4H^9}$$

[Mylius, *Deutsch. chem. Gesellsch.*, 1872, p. 977]. — C'est un des produits de l'action de l'aniline sur l'isobutyle-dixanthyle. Il fond à 75°.

MÉTANITROPHÉNYLSULFOCARBAMATE D'ÉTHYLE,

$$CS<^{AzH.C^6H^4(AzO^2)}_{OC^2H^5}$$

[Losanitsch, *Deutsch. chem. Gesellsch.*, 1883, p. 49]. — On le prépare en faisant bouillir pendant longtemps un mélange de métanitraniline, de sulfure de carbone et de potasse alcoolique faible; il cristallise en grands prismes jaunes, fusibles à 115°, insolubles dans l'eau, très solubles dans l'alcool.

II. — ACIDE THIOCARBAMIQUE.

THIOCARBAMATE D'ÉTHYLE,

$$CO<^{AzH^2}_{SC^2H^5}$$

(voyez t. III, p. 86). — Ce corps a été obtenu dans l'action du gaz chlorhydrique sur un mélange d'alcool et d'isosulfocyanate d'éthyle. Il fond à 102°, est sublimable sans altération et se décompose à 150° en tubes scellés, en mercaptan et acide cyanurique [Pinner, *Deutsch. chem. Gesellsch.*, 1881, p. 1083].

CRÉSYLTHIOCARBAMATES D'ÉTHYLE,

$$CO<^{AzH.C^7H^7}_{SC^2H^5}$$

[Will et Bielschowski, *Deutsch. chem. Gesellsch.*, 1882, p. 1313]. — On les prépare en chauffant pendant 3 heures à 200° un mélange de crésylimide-crésylthio-carbamate d'éthyle,

$$C=(AzC^7H^7)<^{SC^2H^5}_{AzH.C^7H^7},$$

et d'acide sulfurique à 20 %.

Le dérivé *para* se présente en aiguilles fusibles à 79°. On peut aussi le préparer par l'action du chlorure d'éthylthiocarbonyle,

$$CO<^{Cl}_{SC^2H^5},$$

sur la paratoluidine.

Le dérivé *ortho* cristallise en lamelles fusibles à 66°.

CRÉSYLTHIOCARBAMATES D'ÉTHYLÈNE,

$$CO\begin{matrix}/Az-C^7H^7\\ \backslash S\end{matrix}>C^2H^4$$

[Will et Bielschowski, *ibid.*, p. 1316]. — On les obtient par l'action de l'acide sulfurique à 20 % sur les crésylimido-crésylthiocarbamates d'éthylène.

Le dérivé *para* forme de longues aiguilles fusibles à 88°, volatiles sans altération, insolubles dans les acides faibles et les alcalis, solubles dans l'acide sulfurique concentré.

Le dérivé *ortho* cristallise en lamelles fusibles à 91°. Il est volatil sans décomposition. Le sulfure de carbone à 200° le convertit en un mélange d'orthocrésylsénévol et d'orthocrésylthiosulfocarbamate d'éthylène.

CRÉSYLTHIOCARBAMATES DE MÉTHYLE,

$$CO<^{AzH.C^7H^7}_{SCH^3}$$

[Will et Bielschowski, *ibid.*]. — Le dérivé *para* est en aiguilles incolores, fusibles à 107°, insolubles dans les acides faibles et les alcalis, très solubles dans l'alcool, l'éther et la benzine. Le composé *ortho* se présente en lamelles fusibles à 70°.

PHÉNYLTHIOCARBAMATE D'ÉTHYLÈNE,

$$CO\begin{matrix}/Az-C^6H^5\\ \backslash S\end{matrix}>C^2H^4$$

[Will, *Deutsch. chem. Gesellsch.*, 1882, p. 344]. — Ce corps se produit par l'action de l'acide chlorhydrique dilué à 200° sur le phénylimidophénylthiocarbamate d'éthylène ; il cristallise en aiguilles incolores, fusibles à 79°, très solubles dans l'alcool, l'éther, la benzine, insolubles dans les acides dilués et les alcalis, et distille sans décomposition.

III. — ACIDE THIOSULFOCARBAMIQUE.

ACÉTYLTHIOSULFOCARBAMATE D'ÉTHYLE,

$$CS<^{AzH.C^2H^3O}_{SC^2H^5}$$

[Chanlaroff, *Deutsch. chem. Gesellsch.*, 1882, p. 1987]. — On chauffe à l'ébullition pendant 10-15 minutes un mélange en proportions moléculaires de sulfocyanate d'éthyle et d'acide thiacétique : le nouveau corps se dépose par le refroidissement en aiguilles jaunes, fusibles à 122-123°, très solubles dans l'eau chaude, l'alcool, l'éther, peu solubles dans l'eau froide. La distillation sèche le dédouble en acide thiacétique et sulfocyanate d'éthyle; l'eau de baryte bouillante le décompose en mercaptan, sulfocyanate de baryum et acétate de baryum; l'acide chlorhydrique dilué bouillant, en acide acétique et thiosulfocarbamate d'éthyle.

CRÉSYLTHIOSULFOCARBAMATES D'ÉTHYLE,

$$CS<^{AzH.C^7H^7}_{SC^2H^5}$$

[Will et Bielschowski, *Deutsch. chem. Gesellsch.*, 1882, p. 1312]. — On les obtient par l'action du sulfure de carbone à 160° sur les crésylimido-crésylthiocarbamates d'éthyle,

$$C=(AzC^7H^7)<^{SC^2H^5}_{AzH.C^7H^7}.$$

Il se produit dans la réaction le crésylsénévol correspondant. On épuise le produit de la réaction par un alcali faible et on précipite la solution alcaline par l'acide chlorhydrique. Le dérivé *para* se présente en aiguilles fusibles à 74°, non volatiles : la chaleur le décompose en paracrésylsénévol et mercaptan.

Le dérivé *ortho* forme des prismes fusibles à 72°.

CRÉSYLTHIOSULFOCARBAMATES D'ÉTHYLÈNE,

$$\mathrm{CS}\begin{matrix}\diagup \mathrm{Az\text{-}C^7H^7}\\ \diagdown \mathrm{S}\end{matrix}>\mathrm{C^2H^4}$$

[Will et Bielschowski, *ibid.*]. — On chauffe à 210° un mélange de crésylimido-crésylthiocarbamate d'éthylène et de sulfure de carbone; on traite le produit de la réaction par un courant de vapeur d'eau, qui entraîne le crésylsénévol formé, et on fait cristalliser le résidu dans l'alcool.

Le composé *para* se présente en cristaux jaune clair, fusibles à 126°, insolubles dans les alcalis et les acides faibles, solubles sans altération dans l'acide sulfurique concentré. Il se combine à une douce température avec l'iodure de méthyle, et donne un iodométhylate, $\mathrm{C^{10}H^{11}AzS^2.CH^3I}$, fusible à 107°, que la potasse bouillante décompose en mercaptan méthylique, iodure de potassium et crésylthiocarbamate d'éthylène.

Le dérivé *ortho* fond à 129°.

PARACRÉSYLTHIOSULFOCARBAMATE DE MÉTHYLE,

$$\mathrm{CS}<\begin{matrix}\mathrm{AzH.C^7H^7}\\ \mathrm{SCH^3}\end{matrix}$$

[Will et Bielschowski, *ibid.*]. — On chauffe pendant 3 heures à 150-170° un mélange de sulfure de carbone et de paracrésylimido-crésythiocarbamate de méthyle; on chasse à l'aide d'un courant de vapeur d'eau le paracrésylsénévol formé et on fait cristalliser le résidu dans l'alcool. On obtient finalement de beaux prismes fusibles à 124°, très solubles dans l'alcool et dans l'éther, insolubles dans l'eau et les acides faibles, solubles sans altération dans l'acide sulfurique concentré : la chaleur décompose ce corps en mercaptan méthylique et paracrésylsénévol.

ÉTHYLPHÉNYLTHIOSULFOCARBAMATE D'ÉTHYLE,

$$\mathrm{CS}<\begin{matrix}\mathrm{Az.C^2H^5.C^6H^5}\\ \mathrm{SC^2H^5}\end{matrix}$$

[Bernthsen et Friese, *Deutsch. chem. Gesellsch.*, 1882, p. 568]. — Ce corps se produit par l'action du sulfure de carbone à 130-150° sur le phénylimido-éthylphénylthiocarbamate d'éthyle,

$$\mathrm{C(Az.C^6H^5)}<\begin{matrix}\mathrm{Az.C^2H^5.C^6H^5}\\ \mathrm{SC^2H^5.}\end{matrix}$$

Il se présente en prismes blancs, fusibles à 68°,4-68°,5, presque insolubles dans l'eau, très solubles dans l'éther, le chloroforme, la benzine, la ligroïne, l'acide acétique et l'alcool chaud; il bout sans altération vers 305-315°.

HEXYLTHIOSULFOCARBAMATE D'HEXYLAMINE,

$$\mathrm{CS}<\begin{matrix}\mathrm{AzH.C^6H^{13}}\\ \mathrm{SH(C^6H^{13}.AzH^2)}\end{matrix}$$

[Frentzel, *Deutsch. chem. Gesellsch.*, 1883, p. 746]. — Masse cristalline blanche obtenue par l'action du sulfure de carbone sur l'hexylamine : ce corps se décompose par la chaleur en hydrogène sulfuré et en dihexylsulfo-urée.

DIMÉTHYLÉTHYLCARBINE-THIOSULFOCARBAMATE DE DIMÉTHYLÉTHYLCARBINAMINE,

$$\mathrm{CS}<\begin{matrix}\mathrm{AzH\text{-}C(CH^3)^2C^2H^5}\\ \mathrm{SH[AzH^2.C(CH^3)^2C^2H^5]}\end{matrix}$$

[Rudneff, *Bull. Soc. chim.*, t. XXXIII, p. 300]. — Ce sel prend naissance par l'action du sulfure de carbone sur la diméthyléthylcarbinamine; traité par le chlorure mercurique, il donne du diméthyléthylcarbine-sénévol, $\mathrm{(CH^3)^2C^2H^5C.AzCS}$.

TRIMÉTHYLCARBINE-THIOSULFOCARBAMATE DE TRIMÉTHYLCARBINAMINE,

$$\mathrm{CS}<\begin{matrix}\mathrm{AzH.C(CH^3)^3}\\ \mathrm{SH[AzH^2.C(CH^3)^3]}\end{matrix}$$

[Rudneff, *ibid.*]. — On l'obtient comme le précédent, au moyen du sulfure de carbone et de la triméthylcarbinamine : il donne par le chlorure mercurique du triméthylcarbine-sénévol,

$$\mathrm{(CH^3)^3C.AzCS.}$$

DIMÉTHYLSULFOCARBAZATE DE DIMÉTHYLHYDRAZINE,

$$\mathrm{CS}<\begin{matrix}\mathrm{AzH.Az(CH^3)^2}\\ \mathrm{SH[H^2Az\text{-}Az(CH^3)^2]}\end{matrix}$$

[Renouf, *Deutsch. chem. Gesellsch.*, 1880, p. 2172]. — Ce sel, qu'il vaudrait mieux appeler diméthylamine-thiosulfocarbamate de diméthylhydrazine, se produit par l'union directe du sulfure de carbone et de la diméthylhydrazine, avec élimination d'acide sulfhydrique : c'est une masse cristalline. L'acide correspondant,

$$\mathrm{CS}<\begin{matrix}\mathrm{AzH.Az(CH^3)^2}\\ \mathrm{SH}\end{matrix}$$

se présente en lamelles incolores, fusibles à 112°.

PHÉNYLTHIOSULFOCARBAMATE D'ÉTHYLE,

$$\mathrm{CS}<\begin{matrix}\mathrm{AzH.C^6H^5}\\ \mathrm{SC^2H^5}\end{matrix}$$

(voyez t. III, p. 90). — Ce corps se produit par l'action du sulfure de carbone à 160-200° sur le phénylimido-phénylthiocarbamate d'éthyle [Bernthsen et Friese, *Deutsch. chem. Gesellsch.*, 1882, p. 570; — Will, *ibid.*, p. 1305]. Il cristallise en lames incolores, fusibles à 60°, très solubles dans l'alcool, l'éther, la benzine, insolubles dans l'eau.

PHÉNYLTHIOSULFOCARBAMATE D'ÉTHYLÈNE,

$$\mathrm{CS}\begin{matrix}\diagup \mathrm{Az\text{-}C^6H^5}\\ \diagdown \mathrm{S}\end{matrix}>\mathrm{C^2H^4}$$

[Will, *Deutsch. chem. Gesellsch.*, 1882, p. 345]. — Il prend naissance par l'action du sulfure de carbone à 200° sur le phénylimido-phénylthiocarbamate d'éthylène; il se présente en cristaux fusibles à 134°, insolubles dans l'eau, très solubles dans l'alcool chaud et dans l'éther. Il donne avec l'iodure de méthyle un iodométhylate,

$$\mathrm{C^9H^9AzS^2.CH^3I,}$$

fusible à 149°.

Appendice aux acides sulfocarbamiques.

I. — ÉTHERS IMIDOTHIOCARBONIQUES.

$$\mathrm{C=(Az.R)}<\begin{matrix}\mathrm{SR'}\\ \mathrm{OR''}\end{matrix}$$

PHÉNYLIMIDO-THIOCARBONATE DE GLYCOLYLE (phénylsénévol-glycolide),

$$\mathrm{C=(AzC^6H^5)}<\begin{matrix}\mathrm{S\text{-}CH^2}\\ \mathrm{O\text{-}CO}\end{matrix}$$

[Liebermann, *Liebig's Ann. Chem.*, t. CCVII, p. 137]. — On chauffe à 150-160° un mélange en proportions moléculaires d'acide monochloracétique et de phénylsulfocarbamate d'éthyle (ou plus simplement de phénylsénévol) en présence d'un peu d'alcool absolu. On lave le produit à l'eau froide et on le fait recristalliser dans l'eau bouillante. On obtient enfin des aiguilles fusibles à 148°. Chauffé avec de l'eau de baryte, ce corps donne de l'aniline, du carbonate de baryum et de l'acide thioglycolique.

PHÉNYLIMIDO-ARGENTI-THIO-CARBONATE D'ÉTHYLE (phénylsulfuréthane argentique),

$$\mathrm{C=(AzC^6H^5)}<\begin{matrix}\mathrm{SAg}\\ \mathrm{OC^2H^5}\end{matrix}$$

[Liebermann, *ibid.*]. — On l'obtient en mélangeant une solution alcoolique de phénylsulfocarbamate d'éthyle avec du nitrate d'argent ammoniacal, sous la forme d'un précipité blanc qui devient peu à peu cristallin.

En substituant au nitrate d'argent le sous-acétate de plomb et le chlorure mercurique, on obtient de même des précipités cristallins ayant pour formules

$$(C^9H^{10}AzOS)^2Pb + 2H^2O$$

et

$$C^9H^{10}AzOS.HgCl.$$

Le sel d'argent, chauffé avec une solution alcoolique d'iode, donne de l'iodure d'argent et le composé

$$(AzC^6H^5)C \overset{S\text{———————}S}{<_{OC^2H^5}\quad H^5C^2O>} C(AzC^6H^5)$$

en cristaux prismatiques, fusibles à 102°.

Phénylimido-méthylthio-carbonate d'éthyle (phénylsulfuréthane méthylique),

$$C=(AzC^6H^5)<^{SCH^3}_{OC^2H^5}$$

[Liebermann, *ibid.*]. — On l'obtient en chauffant avec de l'iodure de méthyle le sel d'argent précédent, ou plus simplement le phénylsulfocarbamate d'éthyle en solution alcaline : c'est un liquide incristallisable, insoluble dans l'eau, bouillant avec faible décomposition à 260-265°.

Phénylimido-éthylthio-carbonate d'éthyle (phénylsulfuréthane éthylique),

$$C=(AzC^6H^5)<^{SC^2H^5}_{OC^2H^5}$$

[Liebermann, *ibid.*]. — Même préparation que pour le précédent. Cristaux fusibles à 29°,5-30°,5. Ce corps bout avec faible décomposition à 278-280°. Les alcalis bouillants le décomposent en acide carbonique, alcool, mercaptan et diphénylurée. L'acide sulfurique à 20 % le transforme à 180-200° en aniline et thiocarbonate d'éthyle, suivant l'équation

$$C=(AzC^6H^5)<^{SC^2H^5}_{OC^2H^5} + H^2O$$

$$= C^6H^7Az + CO<^{OC^2H^5}_{SC^2H^5}$$

Chauffé pendant 6 heures à 160° avec de l'aniline et de l'alcool, il fournit du mercaptan et de la diphénylurée,

$$C=(AzC^6H^5)<^{SC^2H^5}_{OC^2H^5} + C^6H^5.AzH^2 + H^2O$$

$$= C^2H^6S + C^2H^6O + CO(AzHC^6H^5)^2.$$

Crésylimido-éthylthio-carbonates d'éthyle,

$$C=(AzC^7H^7)<^{SC^2H^5}_{OC^2H^5}$$

[Liebermann, *ibid.*]. — Les trois dérivés *ortho*, *méta* et *para* ont été obtenus par l'action de l'iodure d'éthyle sur les crésylsulfocarbamates d'éthyle correspondants : ce sont des liquides huileux, distillant au-dessus de 250° avec faible décomposition.

Crésylimido-méthylthio-carbonates d'éthyle,

$$C=(AzC^7H^7)<^{SCH^3}_{OC^2H^5}$$

[Liebermann, *ibid.*]. — On a obtenu les trois composés *ortho*, *méta* et *para* par l'action de l'iodure de méthyle sur les crésylsulfocarbamates d'éthyle correspondants.

II. — ÉTHERS IMIDOTHIOCARBAMIQUES.

$$C=(AzR)<^{AzHR'}_{SR''}$$

Paracrésylimido-crésylthio-carbamate d'éthyle,

$$C=(AzC^7H^7)<^{AzH.C^7H^7}_{SC^2H^5}$$

[Will et Bielschowski, *Deutsch. chem. Gesellsch.*, 1882, p. 1312]. — Aiguilles incolores, fusibles à 87°, obtenues par l'action de l'iodure d'éthyle sur la paradicrésylsulfo-urée ; le *chlorhydrate*,

$$C^{17}H^{20}Az^2S.HCl,$$

fond à 180°. Le sulfure de carbone à 160° transforme cette base en paracrésylthiocarbamate d'éthyle et en paracrésylsénévol ; l'acide sulfurique à 20 % la convertit à 200° en toluidine et paracrésylthiocarbamate d'éthyle.

L'orthocrésyl-imidocrésylthiocarbamate d'éthyle fond à 51°.

Paracrésylimido-crésylthio-carbamate d'éthylène,

$$C=(AzC^7H^7)\begin{cases}Az\text{-}C^7H^7 \\ S\end{cases}>C^2H^4$$

[Will et Bielschowski, *ibid.* ; — Will, *ibid.*, 1881, p. 1492]. — Obtenue par l'action du bromure d'éthylène sur la paradicrésylsulfo-urée, cette base fond à 112° et distille sans décomposition. Le *chlorhydrate* fond à 219° et le *sulfate*,

$$C^{17}H^{18}Az^2S.SO^4H^2,$$

à 194°.

L'orthocrésylimido-crésylthio-carbamate d'éthylène fond à 91°.

Paracrésylimido-crésylthio-carbamate de méthyle,

$$C=(AzC^7H^7)<^{AzH.C^7H^7}_{SCH^3}$$

[Will et Bielschowski, *ibid.*]. — Aiguilles fusibles à 128°, insolubles dans l'eau, assez solubles dans l'alcool chaud, l'éther et la benzine ; le *chlorhydrate*, $C^{16}H^{18}Az^2S.HCl$, fond à 173° ; le *sulfate*,

$$C^{16}H^{18}Az^2S.SO^4H^2,$$

fond à 155-156°.

L'orthocrésylimido-crésylthio-carbamate de méthyle fond à 60°.

Acide imidophénylcarbamine-thioglycolique,

$$C=(AzH)<^{AzH.C^6H^5}_{S.CH^2\text{-}CO^2H}$$

[Jaeger, *Bull. Soc. chim.*, t. XXXI, p. 281]. — On chauffe au bain-marie un mélange en proportions moléculaires d'aniline, de sulfocyanate d'ammonium et d'acide monochloracétique en présence d'alcool : au bout de quelques instants, il se produit un dégagement de gaz et un dépôt de cristaux fusibles à 148-152°, peu solubles dans l'eau et dans l'éther, solubles dans l'alcool et dans l'acide acétique bouillants. Chauffé avec de l'acide sulfurique dilué, ce corps se dédouble en phénylurée et acide thioglycolique.

Acide imidoparacrésylcarbamine-thioglycolique,

$$(C=AzH)\;^{AzH.C^7H^7}_{S.CH^2\text{-}CO^2H}$$

[Jaeger, *ibid.*]. — On opère comme précédemment, en substituant la paratoluidine à l'aniline. Cristaux fusibles à 176-182°. L'acide sulfurique dilué bouillant dédouble ce corps en paracrésylurée et acide thioglycolique.

Phénylimido-phénylthiocarbamate d'éthyle,

$$C = (AzC^6H^5) < {AzH.C^6H^5 \atop SC^2H^5}$$

[Rathke, *Deutsch. chem. Gesellsch.*, 1881, p. 1774; — Bernthsen et Friese, *ibid.*, 1882, p. 566]. — On chauffe au réfrigérant ascendant, pendant quelques heures, un mélange en proportions moléculaires de diphénylsulfo-urée et de bromure ou d'iodure d'éthyle; on épuise le produit par l'eau bouillante, on précipite la solution par le carbonate de sodium et on fait recristalliser dans l'alcool faible. On obtient ainsi des aiguilles incolores, fusibles à 73°, insolubles dans l'eau, très solubles dans les acides.

Le *chlorhydrate* est en grands cristaux orthorhombiques, anhydres, très solubles; le *bromhydrate* est moins soluble; l'*iodhydrate* cristallise avec 1 molécule d'eau et fond après dessiccation à 157°,5; le *nitrate* se présente en prismes et le *sulfate* en aiguilles. Le *chloroplatinate*,

$$(C^{15}H^{16}Az^2S.HCl)^2PtCl^4 + 2H^2O,$$

est presque insoluble. Chauffée pendant quelques heures à 120° avec de l'ammoniaque alcoolique, cette base donne du mercaptan et de la diphénylguanidine,

$$C = (AzC^6H^5) < {AzH.C^6H^5 \atop SC^2H^5} + AzH^3$$
$$= C^2H^6S + C(AzH.C^6H^5)^2AzH.$$

La potasse alcoolique la convertit au bain-marie en diphénylurée et mercaptide de potassium. Le sulfure de carbone la transforme à 160-200° en phénylsénévol et phénylthiosulfocarbamate d'éthyle. L'iodure d'éthyle à 120-150° donne du phénylimido-éthylphénylthio-carbamate d'éthyle.

La distillation sèche la dédouble en mercaptan et diphénylurée; l'acide sulfurique dilué la décompose à 160° en aniline et phénylthiocarbamate d'éthyle [Will, *Deutsch. chem. Gesellsch.*, 1882, p. 338].

Phénylimido-phénylthiocarbamate d'éthylène,

$$C = (AzC^6H^5) \begin{cases} Az\text{-}C^6H^5 \\ \quad > C^2H^4 \\ S \end{cases}$$

[Will, *Deutsch. chem. Gesellsch.*, 1881, p. 1490 et 1882, p. 343]. — On l'obtient par l'action du bromure d'éthylène sur la diphénylsulfo-urée. Cette base bout avec faible décomposition au-dessus de 300°. L'acide chlorhydrique dilué la dédouble à 200° en aniline et phénylthiocarbamate d'éthylène; le sulfure de carbone la convertit à cette température en phénylsénévol et phénylthiosulfocarbamate d'éthylène.

Le *chlorhydrate* cristallise en aiguilles; le *sulfate*, $C^{15}H^{14}Az^2S.SO^4H^2$, se présente en prismes; le nitrate est peu soluble.

L'oxydation par le chlorate de potassium et l'acide chlorhydrique donne de l'anhydride diphényltaurocarbamique, $C^{15}H^{14}Az^2SO^3$, et de la phényltaurine, $C^6H^5.AzH.C^2H^4.SO^3H$ [Andreasch, *Monatsh. f. Chem.*, t. IV, p. 131].

Phénylimido-phénylthiocarbamate de méthyle,

$$C = (AzC^6H^5) < {AzH.C^6H^5 \atop SCH^3}$$

[Will, *Deutsch. chem. Gesellsch.*, 1881, p. 1489 et 1882, p. 338]. — On l'obtient au moyen de l'iodure de méthyle et de la diphénylsulfo-urée; elle fond à 110°.

Phénylimido-phénylthiocarbamate de carbonyle,

$$C = (AzC^6H^5) \begin{cases} Az\text{-}C^6H^5 \\ \quad > CO \\ S \end{cases}$$

[Will, *Deutsch. chem. Gesellsch.*, 1881, p. 1486]. — Cette base prend naissance par l'action de l'oxychlorure de carbone sur la diphénylsulfo-urée en suspension dans la benzine; elle cristallise en prismes brillants, fusibles à 87°, très solubles dans l'éther, la benzine, le sulfure de carbone, insolubles dans l'eau. L'ébullition avec l'eau la transforme en CO^2, H^2S et diphénylurée.

Crésylimido-crésylthiocarbamate de carbonyle,

$$C = (AzC^7H^7) \begin{cases} Az\text{-}C^7H^7 \\ \quad > CO \\ S \end{cases}$$

[Will, *ibid.*]. — Obtenue, comme la précédente, par l'oxychlorure de carbone et la dicrésylurée, cette base se présente en longues aiguilles brillantes, fusibles à 116°, insolubles dans l'eau, peu solubles dans l'alcool, très solubles dans l'éther et dans la benzine.

Phénylimido-benzylphénylthio-carbamate d'éthyle,

$$C = (AzC^6H^5) < {Az.C^6H^5.C^7H^7 \atop S.C^2H^5}$$

[Bernthsen et Friese, *Deutsch. chem. Gesellsch.*, 1882, p. 570]. — On prépare ce corps par l'action du chlorure de benzyle à 150° sur le phénylimidophénylthiocarbamate d'éthyle : le chlorhydrate est peu soluble dans l'eau.

Phénylimido-éthylphénylthio-carbamate d'éthyle,

$$C = (AzC^6H^5) < {Az.C^6H^5.C^2H^5 \atop S.C^2H^5}$$

[Bernthsen et Friese, *ibid.*]. — On l'obtient au moyen de l'iodure d'éthyle et du phénylimidophénylthiocarbamate d'éthyle : c'est un liquide huileux, volatil sans décomposition. Le chlorhydrate est peu soluble dans l'eau; le chloroplatinate fond vers 110°.

Ad. Fauconnier.

SULFOCYANACÉTIQUE (AC.), $C^3H^3AzSO^2$. — On a décrit, t. III, p. 91, deux acides sulfocyanacétiques, celui de Heintz et celui de Volhard. Il résulte de recherches plus récentes sur ce sujet [Claesson, *Deutsch. chem. Gesellsch.*, 1877, p. 1346] que les éthers de Heintz sont bien les éthers de l'acide sulfocyanacétique vrai, $CAz.S.CH^2\text{-}CO^2H$, mais que son acide est identique avec celui de Volhard. La transformation de cet acide en son isomère s'accomplirait d'après le mécanisme suivant :

L'acide sulfocyanacétique libre fixe très facilement 1 molécule d'eau et se convertit ainsi en acide carbamine-thioglycolique,

$$OC < {S.CH^2.CO^2H \atop AzH^2}$$

Cette réaction se produirait dans la préparation d'après le procédé de Heintz; en outre, l'acide carbamine-thioglycolique, une fois formé, se trouvant en présence d'acide chlorhydrique concentré et bouillant, perdrait à son tour 1 molécule d'eau, et fournirait ainsi le corps

$$OC < {S.CH^2.CO \atop AzH \quad /}$$

Cette formule est précisément celle qui représente l'acide de Volhard. En effet, ce dernier se produit par l'action de l'eau sur la sulfhydantoïne. Or, la sulfhydantoïne étant

$$C \begin{cases} /\!\!/ AzH \\ \text{-}S\text{-}CH^2\text{-}CO \\ \backslash AzH \text{———}| \end{cases} \quad \text{et non} \quad CS < {AzH\text{-}CH^2 \atop AzH\text{-}CO}$$

(voyez Suppl., p. 920), donne par l'action de l'eau de l'ammoniaque et le corps

$$OC < {S\text{-}CH^2CO \atop AzH \quad /}.$$

Acide sulfocyanacétique, $CAz.S\text{-}CH^2\text{-}CO^2H$.

— Cet acide se produit à l'état de sel de sodium par l'action du monochloracétate de sodium sur le sulfocyanate de potassium, en solution aqueuse et à froid [Claesson, *Deutsch. chem. Gesellsch.*, 1877, p. 1346]. La solution se prend bientôt en une masse presque solide, qui est essorée et épuisée par l'alcool bouillant : la solution alcoolique laisse déposer par le refroidissement le sulfocyanacétate de sodium.

L'acide lui-même ne peut être isolé que par le procédé suivant : Une solution bien refroidie du sel de sodium est additionnée d'un excès d'acide sulfurique dilué, et épuisée immédiatement par l'éther. L'éther, séché sur le chlorure de calcium, est évaporé à froid; enfin, le produit de l'évaporation est repris une dernière fois par l'éther absolu, qui abandonne par concentration l'acide pur.

C'est un liquide huileux, incolore, inodore et incristallisable. La chaleur le convertit en un polymère solide (acide sulfocyanuracétique).

Il attire l'humidité pour se convertir, par fixation d'une molécule d'eau, en acide carbaminethioglycolique,

$$CO\begin{matrix}\diagup AzH^2 \\ \diagdown S.CH^2\text{-}CO^2H,\end{matrix}$$

ou, si la quantité d'eau est insuffisante, en une combinaison d'acide carbamine-thioglycolique et d'acide sulfocyanacétique, désignée par Claesson [*Deutsch. chem. Gesellsch.*, 1881, p. 731] sous le nom d'*acide carbo-imido-carbamine-di-thioglycolique*,

$$C\begin{matrix}\diagup\!\!\diagup AzH \\ -S.CH^2.CO^2H \\ \diagdown AzH.CO.S.CH^2.CO^2H.\end{matrix}$$

Cette transformation de l'acide sulfocyanacétique en acide carbamine-thioglycolique se produit également par l'action de l'acide chlorhydrique sur l'un quelconque de ses éthers ou de ses sels.

Les sulfocyanacétates alcalins en solution aqueuse se transforment immédiatement et à froid en thioglycolates par l'action des sels d'argent, de mercure et de cuivre, suivant l'équation

$$\begin{aligned} &CAz.S.CH^2.CO^2Na + 2AzO^3Ag + 2H^2O \\ &= AzO^3Na + CO^2 + AzH^3 + AzO^3H \\ &\quad + \begin{matrix} CH^2.S.Ag \\ | \\ CO^2Ag \end{matrix} \end{aligned}$$

Le *sulfocyanacétate de sodium*,

$$CAzS.CH^2.CO^2Na + H^2O,$$

cristallise en prismes solubles dans l'alcool bouillant; il perd son eau de cristallisation à 100°.

Le *sel de potassium*, $C^3H^2AzO^2SK + H^2O$, forme de grandes lamelles orthorhombiques, un peu plus solubles dans l'eau que le sel précédent.

Le *sel de baryum*, $(C^3H^2AzO^2S)^2Ba$, cristallise à basse température en lamelles renfermant $4H^2O$; si la cristallisation est faite à une température un peu plus élevée, il se dépose en longs prismes hexagonaux contenant 1 molécule d'eau.

Les *sels de calcium*, $(C^3H^2AzO^2S)^2Ca + 2H^2O$, et de *manganèse*, $(C^3H^2AzO^2S)^2Mn + 2H^2O$, cristallisent en lamelles.

L'*éther éthylique* présente les propriétés indiquées par Heintz (voyez t. III, p. 92).

L'*éther amylique* bout presque sans décomposition à 255°.

L'*amide*, $CAz.S.CH^2.CO.AzH^2$, cristallise en longues aiguilles incolores, très peu solubles dans l'eau et dans l'alcool.

ACIDE ISO-SULFOCYANACÉTIQUE,

$$CO\begin{matrix}\diagup S.CH^2 \\ \diagdown AzH\end{matrix}\!\!>CO$$

(acide de Volhard). — Le meilleur procédé de préparation de ce corps consiste, d'après Claesson (*loc. cit.*), à faire bouillir le sulfocyanacétate d'amyle avec de l'acide chlorhydrique fumant. Il fond à 125-126°.

L'acide nitrique le transforme en acides sulfurique et oxalique; le brome en présence de l'eau, en acides carbonique, sulfurique, bromacétique, sulfo-acétique et ammoniaque.

Les *sels de potassium* et de *sodium* cristallisent en aiguilles anhydres.

Le *sel de baryum*,

$$(C^3H^2AzO^2S)^2Ba + H^2O,$$

forme des prismes brillants, peu solubles dans l'eau froide.

Le *sel de mercure* se présente en aiguilles; le *sel d'argent* est amorphe.

Le *sel d'ammonium* fournit par l'addition d'un grand excès de nitrate d'argent un sel double, $C^3H^2AzO^2S.AzH^4 + AzO^3Ag$, cristallisé en longues aiguilles. Ad. Fauconnier.

SULFOCYANACÉTONE,

$$C^4H^5AzSO = CH^3\text{-}CO\text{-}CH^2\text{-}SCAz$$

[Tscherniac et Hellon, *Deutsch. chem. Gesellsch.*, 1883, p. 348]. — Ce corps se prépare par double décomposition entre la monochloracétone et le sulfocyanate de potassium : on abandonne à la température ordinaire un mélange de ces deux corps en solution alcoolique, pendant plusieurs jours; on filtre, on évapore au bain-marie; on reprend le résidu par l'eau bouillante, et il ne reste plus qu'à évaporer ce dernier liquide pour obtenir la sulfocyanacétone, sous la forme d'un liquide huileux, presque incolore, inodore, peu soluble dans l'eau, très soluble dans l'alcool et dans l'éther. Sa densité est 1,209 à 0° et 1,195 à 20°.

Elle se dissout avec dégagement de chaleur dans les bisulfites alcalins. Chauffée au bain-marie avec du sulfocyanate d'ammonium, elle se convertit en sulfocyanate de sulfocyanopropimine,

$$CH^2(SCAz)\text{-}C.AzH.SCAzH - CH^3.$$

SULFOCYANIQUE (ACIDE), $CSAzH$. — Voyez t. III, p. 92.

SULFOCYANATE DE POTASSIUM, $CAzSK$ (p. 105). — Lorsqu'on traite ce sel par le trichlorure de phosphore en présence d'alcool, ou plus simplement par l'alcool saturé de gaz chlorhydrique, on le transforme en *di-sulfo-allophanate d'éthyle*,

$$AzH^2\text{-}CS\text{-}AzH\text{-}CS.OC^2H^5,$$

aiguilles soyeuses, fusibles à 170-175°, insolubles dans l'eau froide, assez solubles dans l'alcool et dans l'éther. La réaction est la suivante :

$$2CSAzH + C^2H^5.OH = C^4H^8Az^2S^2O.$$

Elle est comparable à celle qui donne naissance à l'éther allophanique par l'action de l'acide cyanique sur l'alcool [Blankenhorn, *Deutsch. chem. Gesellsch.*, 1877, p. 445].

Chauffé au bain-marie avec du chlorobromure d'éthylène en solution alcoolique, le sulfocyanate de potassium fournit du *chlorosulfocyanate d'éthylène*, $C^2H^4Cl(SCAz)$ [James, *Journ. prakt. Chem.* (2), t. XX, p. 351].

Lorsqu'on chauffe à 70° un mélange de sulfocyanate de potassium et d'acide monochloracétique, il se produit une réaction complexe qui fournit, entre autres produits, de l'acide rhodanique, $C^3H^3AzS^2O$ [Nencki, *Journ. prakt. Chem.* (2), t. XVI, p. 1].

SULFOCYANATE D'ÉTHYLÈNE-DIAMINE,

$$(C^2H^4)Az^2H^4\text{-}(CAzSH)^2$$

[Hofmann, *Deutsch. chem. Gesellsch.*, 1872, p. 245]. — Préparé par la saturation de l'acide sulfocyanique au moyen de l'éthylène-diamine, ce sel se présente en grands prismes transparents, fusibles à 145°, extrêmement solubles dans l'eau et l'alcool, insolubles dans l'éther. Lorsqu'on le chauffe, il se décompose à une température inférieure à son point de fusion, en donnant du sulfocyanate d'ammonium et de l'éthylène-sulfo-urée, suivant l'équation

$$(C^2H^4)Az^2H^4.(CAzSH)^2$$
$$= AzH^4.SCAz + C^2H^4.Az^2H^2.CS.$$

SULFOCYANIQUES (ÉTHERS). — Voyez t. III, p. 109.

Éthers sulfocyaniques proprement dits.

SULFOCYANATE D'ÉTHYLE, $CAzS.C^2H^5$ (p. 112). — Lorsqu'on chauffe cet éther à l'ébullition pendant 10-15 minutes avec 1 molécule d'acide thiacétique, on obtient par le refroidissement de la masse des aiguilles jaunes, fusibles à 122-123°, très solubles dans l'eau chaude, l'alcool et l'éther, qui constituent l'*acétylthiosulfocarbamate d'éthyle*,

$$CS{<}^{AzH.C^2H^3O}_{SC^2H^5}$$

[Chanlaroff, *Deutsch. chem. Gesellsch.*, 1882, p. 1987].

CHLOROSULFOCYANATE D'ÉTHYLÈNE, $C^2H^4Cl.SCAz$ [James, *Journ. prakt. Chem.* (2), t. XX, p. 351 et t. XXVI, p. 378]. — Ce corps prend naissance lorsqu'on fait bouillir pendant quelques minutes un mélange de chlorobromure d'éthylène et de sulfocyanate de potassium en solution alcoolique. C'est un liquide huileux très réfringent, plus lourd que l'eau, doué d'une odeur analogue à celle de l'essence de moutarde, et bouillant à 202-203°. Il est soluble dans l'alcool et dans l'éther, insoluble dans l'eau. Oxydé par l'acide nitrique, il donne de l'acide β-chloréthylène sulfureux,

$$C^2H^4ClSO^3H.$$

Traité par une solution aqueuse de sulfite neutre de sodium, à froid et à la lumière directe du soleil, il se transforme en un sel déliquescent ayant pour formule, $C^2H^4(SCAz)SO^3Na$.

SULFOCYANATE DE MÉTHYLE, $CAzS.CH^3$ (p. 114). — Chauffé à 180° en tube scellé, cet éther se convertit en un mélange d'isosulfocyanate de méthyle, $SCAz\text{-}CH^3$, et de *sulfocyanurate de méthyle*, $(CAzS.CH^3)^3$. Purifié par lavage à l'alcool bouillant et cristallisation dans l'acide acétique, ce polymère se présente en grands cristaux incolores, fusibles à 188°, sublimables avec faible décomposition [Hofmann, *Deutsch. chem. Gesellsch.*, 1880, p. 1349].

SULFOCYANATE DE PROPARGYLE, $CAzS.C^3H^3$ [Henry, *Deutsch. chem. Gesellsch.*, 1873, p. 728]. — Liquide huileux, non distillable, obtenu par l'action du bromure de propargyle sur le sulfocyanate de potassium en solution alcoolique.

Éthers isosulfocyaniques (sulfocarbimides, sénévols).

ISOSULFOCYANATE D'ALLYLE, $CSAz.C^3H^5$ (voyez t. Ier, p. 155). — Ce corps s'unit directement au bisulfite de potassium, quand on le chauffe dans un appareil à reflux avec la quantité équivalente de ce sel en solution concentrée. Le produit ainsi formé peut être envisagé comme l'*allylsénévolsulfonate de potassium*,

$$CS{<}^{AzH.C^3H^5}_{SO^3K};$$

il cristallise en lamelles nacrées solubles dans l'alcool; sa solution donne avec les sels de plomb et d'argent des précipités blancs cristallins, qui noircissent rapidement. Le composé sodique correspondant cristallise mal [Bœhler, *Ann. Chem. Pharm.*, t. CLIV, p. 59].

Lorsqu'on chauffe au bain-marie 1 molécule d'isosulfocyanate d'allyle avec 2 molécules d'aldéhyde-ammoniaque en solution alcoolique, il se dépose par le refroidissement du liquide de belles aiguilles blanches, fusibles à 107-108°, ayant pour formule $C^{16}H^{31}Az^5S^2O^2$. Ce corps, dont la constitution est peut-être

$$CS{<}^{Az(C^3H^5)\text{-}CH.OH\text{-}CH^3}_{AzH\text{-}CH\text{-}CH^3}$$
$$AzH$$
$$CS{<}^{AzH\text{-}CH\text{-}CH^3}_{Az(C^3H^5)\text{-}CH.OH\text{-}CH^3},$$

est très soluble dans l'alcool, le chloroforme, l'eau chaude, peu soluble dans l'eau froide. Il se décompose par l'ébullition avec l'eau en thiosinnamine, aldéhyde et ammoniaque. Sa solution chloroformique fournit par le gaz chlorhydrique un précipité blanc cristallin instable, qui paraît être un chlorhydrate [R. Schiff, *Deutsch. chem. Gesellsch.*, 1876, p. 571].

L'isosulfocyanate d'allyle s'unit directement à la furfuramide lorsqu'on chauffe au bain-marie un mélange de ces deux corps en solution alcoolique. Le produit de la réaction se présente en belles aiguilles soyeuses, fusibles à 118°, insolubles dans l'eau, peu solubles dans l'éther et dans l'alcool; sa composition est

$$C^{15}H^{12}Az^2O^3 + CSAz.C^3H^5$$

[R. Schiff, *Deutsch. chem. Gesellsch.*, 1877, p. 1191].

ISOSULFOCYANATE D'AMYLE TERTIAIRE,

$$CSAz.C(CH^3)^2.C^2H^5$$

[Rudneff, *Bull. Soc. chim.*, t. XXXIII, p. 300]. — L'éthyldiméthylcarbinamine (ou amylamine tertiaire) se combine aisément au sulfure de carbone en donnant un thiosulfocarbamate,

$$CS{<}^{AzH.C(CH^3)^2C^2H^5}_{SAzH^3.C(CH^3)^2C^2H^5}.$$

Ce corps se décompose sous l'action du chlorure mercurique en fournissant l'isosulfocyanate d'amyle, liquide incristallisable, bouillant à 166° sous la pression de 770mm.

ISOSULFOCYANATE DE BUTYLE TERTIAIRE,

$$CSAz.C(CH^3)^3$$

[Rudneff, *ibid.*]. — On prépare ce corps comme le précédent, au moyen de la triméthylcarbinamine, $(CH^3)^3.C.AzH^2$. Il cristallise en grandes lames, fusibles à 10°,5, douées d'une odeur aromatique agréable. Sa densité à 15° est 0,9187; son point d'ébullition, 140° sous la pression 760mm,3.

ISOSULFOCYANATE D'ÉTHYLE, $CSAz.C^2H^5$ (p. 118). — Chauffé au bain-marie avec 2 molécules d'aldéhyde ammoniaque, ce corps fournit de belles aiguilles blanches, fusibles à 118-119°, ayant pour composition $C^{14}H^{31}Az^5S^2O^2$. Ce produit a peut-être pour constitution

$$CS{<}^{Az(C^2H^5)\text{-}CH.OH\text{-}CH^3}_{AzH\text{-}CH\text{-}CH^3}$$
$$AzH$$
$$CS{<}^{AzH\text{-}CH\text{-}CH^3}_{Az(C^2H^5)\text{-}CH\text{-}OH\text{-}CH^3}.$$

Il est assez soluble dans l'eau chaude, l'alcool, l'éther, le chloroforme, peu soluble dans l'eau froide [R. Schiff, *Deutsch. chem. Gesellsch.*, 1876, p. 573].

Lorsqu'on sature de gaz chlorhydrique une solution alcoolique d'isosulfocyanate d'éthyle, on voit bientôt se déposer des cristaux fusibles à 102°, qui constituent la thio-uréthane,

$$CO \lt \begin{matrix} AzH^2 \\ SC^2H^5 \end{matrix}$$

[Pinner, *Deutsch. chem. Gesellsch.*, 1881, p. 1082].

Crésylsénévols (voyez t. III, p. 118).

Orthonitroparacrésylsénévol,

$$SCAz.C^6H^3 \lt \begin{matrix} AzO^2 \\ CH^3 \end{matrix}$$

[Steudemann, *Deutsch. chem. Gesellsch.*, 1883, p. 2337]. — On dissout l'orthonitroparacrésylphénylsulfo-urée,

$$CS[AzH.C^6H^5][AzH.C^6H^3(AzO^2)CH^3],$$

dans l'anhydride acétique chaud, et on fait bouillir cette solution avec un peu d'eau pendant quelques instants : le nitrocrésylsénévol se dépose en larges aiguilles brillantes, fusibles à 56-57°, à peine solubles dans l'eau, très solubles dans l'alcool, l'éther, la benzine, le chloroforme, le sulfure de carbone.

α-Naphtylsénévol, $SCAz.C^{10}H^7$ [Mainzer, *Deutsch. chem. Gesellsch.*, 1883, p. 2016]. — On prépare ce corps en faisant bouillir pendant dix minutes dans un appareil à reflux un mélange d'α-dinaphtylsulfo-urée et d'acide phosphorique. On l'isole par distillation du produit dans un courant de vapeur d'eau; il fond à 58° et bout à 315°.

β-Naphtylsénévol [Mainzer, *ibid.*]. — Préparé comme le précédent, au moyen de la β-dinaphtylsulfo-urée, ce corps fond à 62°.

Œnanthylène-sénévol, $(CSAz)^2C^7H^{14}$ [H. Schiff, *Deutsch. chem. Gesellsch.*, 1878, p. 833]. — Ce corps prend naissance par l'action de l'acide chlorhydrique concentré sur un mélange d'œnanthol et de sulfo-urée en solution alcoolique; c'est un liquide huileux, à odeur pénétrante.

Phénylsénévol, $CSAz.C^6H^5$ (voyez t. II, p. 913). — Lorsqu'on chauffe du phénylsénévol (1 molécule) avec de l'aldéhyde-ammoniaque (2 molécules) en solution alcoolique, on obtient par le refroidissement du liquide des aiguilles blanches soyeuses, fusibles à 148°, ayant pour formule $C^{22}H^{31}Az^5S^2O^2$, et peut-être pour constitution

$$\begin{matrix} CS \lt \begin{matrix} Az(C^6H^5)\text{-}CH.OH\text{-}CH^3 \\ AzH\text{-}CH\text{-}CH^3 \end{matrix} \\ AzH \\ CS \lt \begin{matrix} AzH\text{-}CH\text{-}CH^3 \\ Az(C^6H^5)\text{-}CH.OH\text{-}CH^3. \end{matrix} \end{matrix}$$

Ce composé est insoluble dans l'éther et dans la benzine, peu soluble dans l'eau chaude, l'alcool, le sulfure de carbone, assez soluble dans le chloroforme. Les acides le décomposent à chaud en donnant, entre autres produits, de l'éthylamine, de l'aldéhyde, de l'ammoniaque, de l'acide carbonique, de l'acide sulfhydrique, etc. L'anhydride acétique le convertit à la température du bain-marie en acétylphénylsulfo-urée,

$$CS \lt \begin{matrix} AzH.C^6H^5 \\ AzH.C^2H^3O \end{matrix}$$

[R. Schiff, *Deutsch. chem. Gesellsch.*, 1876, p. 567].

Chauffé au bain-marie avec la quantité équivalente de furfuramide en solution alcoolique, l'isosulfocyanate de phényle fournit des cristaux blancs, peu solubles dans l'alcool et dans l'éther, insolubles dans l'eau, ayant pour composition,

$$C^{15}H^{12}Az^2O^3 + CSAzC^6H^5 + H^2O$$

[R. Schiff, *Deutsch. chem. Gesellsch.*, 1877, p. 1191].

Abandonné à la température ordinaire avec de l'alcool éthylique ou de l'alcool butylique saturé de gaz chlorhydrique, le phénylsénévol se convertit en oxysulfure de carbone et en chlorhydrate d'aniline [Pinner, *Deutsch. chem. Gesellsch.*, 1881, p. 1082].

Chauffé avec de l'alanine, il s'y combine avec élimination d'eau, et fournit un corps de formule $C^{10}H^{10}Az^2SO$, fusible à 184°; il donne de même avec le glycocolle un dérivé $C^9H^8Az^2SO$, qui se décompose sans fondre au-dessus de 200°, et avec la leucine un dérivé $C^{13}H^{16}Az^2SO$, fusible à 179° [Ossian Aschan, *Deutsch. chem. Gesellsch.*, 1883, p. 1544].

Nitrophénylsénévol, $CSAz.C^6H^4.AzO^2$ [Steudemann, *Deutsch. chem. Gesellsch.*, 1883, p. 548 et 2334]. — On dissout la métanitrodiphénylsulfo-urée, $CS(AzH.C^6H^5)(AzH.C^6H^4.AzO^2)$, dans de l'anhydride acétique chaud, on ajoute un peu d'eau et on fait bouillir pendant quelques instants : il se sépare un liquide huileux, dense, qui ne tarde pas à cristalliser. Purifié par cristallisation dans le sulfure de carbone et l'acide acétique, ce corps fond à 60°,5, et bout avec décomposition partielle à 275-280°; il est volatil avec la vapeur d'eau; il se dissout aisément dans l'alcool, l'éther, le sulfure de carbone, la benzine, le chloroforme. Traité en solution alcoolique par le gaz sulfhydrique, il donne de la nitraniline.

Para-acétoxyphénylsénévol,

$$CSAz.C^6H^4.OC^2H^3O$$

[Kalckhoff, *Deutsch. chem. Gesellsch.*, 1883, p. 1831]. — On l'obtient en faisant bouillir la dipara-oxyphénylsulfo-urée, $CS(AzH.C^6H^4.OH)^2$, avec de l'anhydride acétique, et en précipitant ensuite par l'eau. Ce corps se présente en lamelles blanches et brillantes, fusibles à 36°, insolubles dans l'eau et dans les alcalis, solubles dans l'alcool, l'éther et l'acide acétique. Il s'unit avec l'aniline et donne la para-acétoxy-sulfo-carbanilide,

$$CS \lt \begin{matrix} AzH\text{-}C^6H^4.OC^2H^3O \\ AzH.C^6H^5 \end{matrix}$$

(voyez Sulfo-urées, Suppl.).

Phénéthylsénévol, $CSAz.C^6H^4.C^2H^5$ [Mainzer, *Deutsch. chem. Gesellsch.*, 1883, p. 2020]. — On chauffe pendant quelque temps dans un appareil à reflux un mélange de diparaphénéthylsulfo-urée et d'acide phosphorique, puis on distille, et on rectifie le produit distillé sur de l'anhydride phosphorique. On obtient finalement un liquide limpide, à peine jaunâtre, soluble en toutes proportions dans l'alcool et dans l'éther, et bouillant à 255°,5-256°.

Ad. Fauconnier.

SULFOCYANOBARBITURIQUE (ACIDE),

$$C^5H^3Az^3O^2S = CO \lt \begin{matrix} AzH\text{-}CO \\ AzH\text{-}CO \end{matrix} \gt C \lt \begin{matrix} H \\ SCAz \end{matrix}$$

[Trzcinski, *Deutsch. chem. Gesellsch.*, 1883, p. 1057]. — Cet acide se produit à l'état de sel de potassium ou de sel d'ammonium par l'action de l'acide dibromobarbiturique en solution alcoolique sur le sulfocyanate correspondant. La réaction se fait à froid : le produit, insoluble dans l'alcool, est purifié par cristallisation dans l'eau bouillante.

Les *sels de potassium* et *d'ammonium*, ainsi préparés, se présentent en lamelles incolores, orthorhombiques, ayant pour formules

$$C^5H^2Az^3O^3SK \text{ et } C^5H^2Az^3O^3S.AzH^4.$$

Leurs solutions donnent : avec les sels de plomb, un précipité blanc volumineux; et avec les sels d'argent un précipité blanc cristallin ayant pour formule $C^5H^2Az^3O^3SAg$.

L'acide lui-même n'a pas été isolé à l'état de pureté. Lorsqu'on traite un des sels précédents par l'acide chlorhydrique concentré, il se fait un précipité cristallin, qui se décompose lentement par l'eau froide, rapidement par l'eau bouillante, avec formation d'acides cyanhydrique, sulfocyanique et sulfodialurique.

SULFOCYANOPROPIMINE,

$$C^4H^6Az^2S = SCAz.CH^2\text{-}CAzH\text{-}CH^3$$

[J. Tcherniac et C. H. Norton, *Deutsch. chem. Gesellsch.*, 1883, p. 345]. — Cette base se produit à l'état de sulfocyanate par l'action du sulfocyanate d'ammonium sur la monochloracétone en solution alcoolique. On dissout 2 p. de sulfocyanate dans 6 p. d'alcool chaud à 90 °/₀, on ajoute 1 p. de monochloracétone et on abandonne le tout pendant 24 heures; on filtre ensuite et on concentre au bain-marie. On reprend le résidu par 4 fois son poids d'eau froide; la solution ainsi obtenue laisse déposer, au bout de quelques jours, une résine que l'on sépare; le sulfocyanate de sulfocyanopropimine cristallise ensuite par concentration; il ne reste plus qu'à purifier ce sel par cristallisation dans l'eau bouillante, en présence du noir animal.

La base elle-même, isolée par décomposition du sulfocyanate au moyen de la potasse caustique, à froid, et épuisement par l'éther, se présente en petits cristaux hygrométriques, fusibles à 42°, très solubles dans l'eau, l'alcool et l'éther; elle bout sans altération à 136° sous une pression de 3 à 4 centimètres et distille avec faible décomposition à 231-232° sous la pression ordinaire.

Le *sulfocyanate*, $C^4H^6Az^2S.SCAzH$, forme de beaux cristaux incolores, fusibles à 114-115°, très solubles dans l'alcool et dans l'eau bouillante, peu solubles dans l'eau froide.

Le *nitrate*, $C^4H^6Az^2S.AzO^3H$, cristallise en belles aiguilles incolores, fusibles à 183°.

Le *sulfate*, $C^4H^6Az^2S.SO^4H^2 + 2H^2O$, se présente en petites aiguilles blanches.

Le *chloroplatinate*, $(C^4H^6Az^2S.HCl)^2PtCl^4$, est une poudre d'un jaune brun.

L'iodométhylate,

$$SCAz.CH^2\text{-}CAz(CH^3)HI\text{-}CH^3,$$

se présente en paillettes brunes, fusibles à 159°,5, solubles dans 10 p. d'eau froide.

Acétylsulfocyanopropimine,

$$SCAz.CH^2\text{-}CAz.C^2H^3O\text{-}CH^3.$$

— C'est le produit de l'action de l'anhydride acétique sur la sulfocyanopropimine, à la température du bain-marie : on verse le produit de la réaction dans l'eau, on neutralise par le carbonate de potassium et on fait recristalliser le précipité dans l'eau bouillante. On obtient ainsi de fines aiguilles soyeuses, fusibles à 134°.

SULFOCYANOPROPIONIQUE (ACIDE),

$$CH^3\text{-}CH(SCAz)\text{-}CO^2H.$$

— Il se produit à l'état d'éther,

$$CH^3\text{-}CH(SCAz)\text{-}CO^2C^2H^5,$$

lorsqu'on chauffe en tubes scellés, à 150-160°, un mélange en proportions moléculaires de sulfocyanate de potassium et d'α-chloropropionate d'éthyle; cet éther se décompose par la distillation [Freytag, *Journ. prakt. Chem.*, (2), t. XX, p. 380].

SULFOCYANURACÉTIQUE (ACIDE),

$$(C^3H^3AzSO^2)^3$$

[Claesson, *Deutsch. chem. Gesellsch.*, 1881, p. 732]. — Ce polymère de l'acide sulfocyanacétique se forme à l'état d'éther par l'action de la chaleur sur le sulfocyanacétate d'éthyle; lorsqu'on soumet cet éther à la distillation, il passe, entre autres produits, de l'alcool, de l'éther, du sulfure de carbone, du thioglycolate d'éthyle, du cyanogène, de l'éthylcarbylamine, etc., et il reste un résidu gommeux qui renferme le sulfocyanuracétate d'éthyle; on épuise ce résidu par l'éther bouillant, et les cristaux ainsi obtenus sont lavés à la soude faible et purifiés par cristallisation dans le sulfure de carbone ou dans l'éther. On obtient finalement le sulfocyanuracétate d'éthyle en belles aiguilles, fusibles à 81°. L'acide lui-même se présente en aiguilles fusibles avec décomposition à 199°,5; il est soluble dans l'alcool et dans l'éther chauds; l'acide chlorhydrique dilué le dédouble à la température du bain-marie en acides cyanurique et thioglycolique.

Le *sel de potassium* se présente en cristaux solubles dans l'eau, insolubles dans l'alcool.

Le *sel neutre de baryum* est presque insoluble dans l'eau; il cristallise avec $6H^2O$.

Le *sel diacide de baryum* forme de grands prismes renfermant $2H^2O$. Ad. Fauconnier.

SULFO-URÉE, $CSAz^2H^4$. — Voyez t. III, p. 124.

— *Modes de formation et propriétés.* — La sulfo-urée prend naissance par l'action de la cyanamide sur l'acide thiacétique en solution alcoolique; la réaction se produit d'elle-même : le liquide s'échauffe et laisse déposer, par le refroidissement, la sulfo-urée; les eaux mères renferment de l'acétylsulfo-urée [Prætorius Seidler, *Journ. prakt. Chem.*, (2), t. XXI, p. 129].

Sa densité est 1,450 [Schröder, *Deutsch. chem. Gesellsch.*, 1880, p. 1071].

Réactions. — La sulfo-urée se dissout à chaud dans l'acétylacétate d'éthyle, avec formation de sulfo-uréide méthylacétylénocarbonique,

$$CH^3\text{-}C \equiv C.CO.SC(AzH)AzH^2$$

[Nencki et Sieber, *Journ. prakt. chem.*, (2), t. XXV, p. 72].

Chauffée avec une solution concentrée d'acide dibromopyruvique, elle se convertit en acide sulfuvinurique, $C^4H^4Az^2SO^2$ [Nencki et Sieber, *ibid.*].

L'anhydride phtalique la transforme, à 130°, en acide sulfophtalurique,

$$CS{<}{AzH^2 \atop AzH\text{-}CO.C^6H^4.CO^2H}$$

[Piutti, *Liebig's Ann. Chem.*, t. CCXIV, p. 17].

Chauffée avec une solution alcoolique de bromure d'éthylène, elle donne de l'amidosulfocarbamate d'éthylène,

$$\left({AzH^2 \atop AzH} {>} CS\right)^2 C^2H^4$$

[Andreasch, *Monatsh. f. Chem.*, t. IV, p. 131].

Elle réagit à froid sur les solutions aqueuses ou alcooliques d'acide dibromobarbiturique; il se forme un précipité blanc d'acide sulfo-pseudo-urique, $C^5H^6Az^4SO^3$ [Trzcinski, *Deutsch. chem. Gesellsch.*, 1883, p. 1057].

Sels de sulfo-urée.

Sulfate double de cuivre et de sulfo-urée,

$$(CSAz^2H^4)^2CuSO^4.$$

— Cristaux incolores, peu solubles dans l'alcool, solubles dans l'eau, obtenus par le mélange de solutions concentrées de sulfate de cuivre et de sulfo-urée ou de sulfocyanate d'ammonium.

Sulfate double de thallium et de sulfo-urée,

$$CSAz^2H^4.TlSO^4.$$

— Cristaux presque insolubles dans l'alcool, solubles dans l'eau, fusibles avec décomposition entre 130° et 145° [Prætorius Seidler, *Journ. prakt. Chem.*, (2), t. XXI, p. 129].

Produits d'addition de la sulfo-urée.

Sulfo-urée et iodure de méthyle,

$$CSAz^2H^4.CH^3I.$$

— L'iodure de méthyle et la sulfo urée s'unissent

à froid en donnant des cristaux prismatiques, fusibles à 117°, très solubles dans l'eau et dans l'alcool, et isomériques avec l'iodhydrate de méthylsulfo-urée. Traité par l'oxyde d'argent, ce corps fournit une base puissante, de composition

$$CSAz^2H^4.CH^3.OH.$$

Agité avec de l'oxyde mercurique et de l'eau, il fournit un précipité floconneux qui se détruit par la chaleur, en donnant, entre autres produits, de l'iodure mercurique et du sulfure de méthyle; il se forme en même temps de la cyanamide et de la dicyanodiamide.

Traité par le chlorure d'argent et l'eau, ce composé fournit une solution qui donne, par le chlorure de platine, un précipité cristallin ayant pour composition

$$(CSAz^2H^4.CH^3.Cl)^2PtCl^4 + H^2O;$$

ce chloroplatinate perd son eau de cristallisation à 110°.

La chaleur décompose l'iodométhylsulfo-urée avec dégagement d'acide cyanhydrique [Bernthsen et Klinger, *Deutsch. chem. Gesellsch.*, 1878, p. 492].

Sulfo-urée et chlorure de benzyle,

$$CSAz^2H^4.C^7H^7Cl.$$

— On obtient des cristaux présentant cette composition lorsqu'on chauffe doucement un mélange de sulfo-urée et de chlorure de benzyle en proportions moléculaires; le corps ainsi préparé fond à 166-168°; il est très soluble dans l'alcool et dans l'eau, peu soluble dans l'éther.

Le *chloroplatinate* correspondant,

$$(C^8H^{11}Az^2SCl)^2PtCl^4,$$

cristallise en prismes.

Lorsqu'on traite la chlorobenzylsulfo-urée par la soude ou l'ammoniaque, on précipite des aiguilles blanches, fusibles à 71-72°, qui paraissent avoir pour constitution

$$\begin{matrix} AzH^2 \searrow \\ AzH \nearrow \end{matrix} CS.C^7H^7.$$

Ce corps se décompose par la chaleur en mercaptan benzylique et en dicyanodiamide [Bernthsen et Klinger, *Deutsch. chem. Gesellsch.*, 1879, p. 574].

Ad. Fauconnier.

SULFO-URÉES COMPOSÉES. — Voyez t. III, p. 128.

SULFO-URÉES A RADICAUX D'ALCOOLS OU DE PHÉNOLS.

Sulfo-urées monosubstituées.

ALLYLSULFO-URÉE [Syn. *Thiosinnamine*]. — Voyez t. I, p. 159].

Bromure de thiosinnamine, $C^4H^8Az^2S.Br^2$ [Maly, *Journ. prakt. Chem.*, t. C, p. 321]. — Obtenu par l'action du brome sur une solution alcoolique de thiosinnamine, ce corps se présente en cristaux jaunâtres, fusibles à 146-147°, solubles dans l'eau et dans l'alcool.

Traité en solution aqueuse par le chlorure de platine, il fournit un précipité cristallin d'un jaune orangé, ayant pour composition

$$[C^4H^8Az^2SBr^2]^2PtCl^4.$$

Chlorobromure de thiosinnamine,

$$C^4H^8Az^2S.BrCl$$

[Maly, *ibid.*]. — On l'obtient par l'action du chlorure d'argent sur le bromure précédent; il se présente en cristaux clinorhombiques, fusibles à 129-130°, extrêmement solubles dans l'eau.

Le *chloroplatinate* correspondant,

$$[C^4H^8Az^2S.BrCl]^2PtCl^4,$$

forme des lamelles orangées, brillantes, insolubles dans l'alcool bouillant, solubles dans l'eau bouillante.

Le *chloraurate*, $[C^4H^8Az^2S.BrCl]^2AuCl^3$, est un précipité cristallin d'un rouge pourpre foncé

Oxybromure de thiosinnamine,

$$C^4H^8Az^2S(OH)Br$$

[Maly, *ibid.*]. — En traitant une solution de bromure de thiosinnamine par l'oxyde d'argent, on obtient une liqueur fortement alcaline, qui peut être évaporée à consistance sirupeuse. Traité par l'acide chlorhydrique, ce corps donne le chlorobromure de thiosinnamine.

Iodure de thiosinnamine, $C^4H^8Az^2S.I^2$ [Maly, *Journ. prakt. Chem.*, t. CIV, p. 409]. — Cristaux presque incolores, fusibles avec décomposition à 90°, solubles dans l'eau et dans l'alcool. Traité par le cyanure d'argent, il donne un précipité insoluble dans l'eau, ayant pour formule

$$C^4H^8Az^2S.ICAz + AgCAz.$$

Chloroiodure de thiosinnamine, $C^4H^8Az^2S.ICl$ [Maly, *ibid.*]. — Ce corps s'obtient par l'action du chlorure d'argent sur l'iodure précédent; il se présente en petits cristaux très solubles dans l'eau et dans l'alcool.

Cyanure de thiosinnamine, $C^4H^8Az^2S(CAz)^2$ [Maly, *ibid.*]. — Préparé par l'action du cyanogène sur une solution alcoolique de thiosinnamine, ce corps forme des lamelles d'un jaune d'or, insolubles dans l'eau, peu solubles dans l'éther, assez solubles dans l'alcool bouillant, qui se décomposent par la chaleur.

Chlorothiosinnamine, $CS(AzH^2)(AzH.C^3H^4Cl)$ [Henry, *Deutsch. chem. Gesellsch.*, 1872, p. 188]. — Cristaux fusibles à 90-91°, obtenus par l'action de l'ammoniaque sur le sulfocyanate d'allyle monochloré.

Bromothiosinnamine, $CS(AzH^2)(AzH.C^3H^4Br)$ [Henry, *ibid.*]. — Cristaux fusibles à 110-111°, obtenus par l'action de l'ammoniaque sur le sulfocyanate d'allyle monobromé.

BUTYLSULFO-URÉE TERTIAIRE,

$$CS(AzH^2)AzH.C(CH^3)^3$$

[Rudneff, *Bull. Soc. chim.*, t. XXXIII, p. 300]. — On l'obtient par l'action de l'ammoniaque aqueuse sur l'isosulfocyanate de butyle tertiaire, $CSAz.C(CH^3)^3$; elle se présente en cristaux prismatiques brillants, très solubles dans l'alcool et fusibles à 165° avec décomposition partielle.

ORTHONITRO-PARACRÉSYLSULFO-URÉE,

$$CS(AzH^2)AzH.C^7H^6.AzO^2$$

[Steudemann, *Deutsch. chem. Gesellsch.*, 1883, p. 2337]. — On prépare ce corps en dissolvant l'orthonitro-paracrésylsénévol,

$$SCAz.C^6H^3(AzO^2)CH^3,$$

dans l'ammoniaque alcoolique et en précipitant ensuite par l'eau; c'est une poudre cristalline d'un jaune citron, fusible à 176°, insoluble dans l'eau, l'éther et la benzine, soluble dans l'alcool et l'acide acétique.

GUANYLSULFO-URÉE,

$$AzH^2.CS.AzH.C \begin{matrix} \nearrow AzH \\ \searrow AzH^2 \end{matrix}$$

[Rathke, *Deutsch. chem. Gesellsch.*, 1878, p. 962; — Bamberger, *ibid.*, 1883, p. 1459]. — Ce corps prend naissance : 1° par l'action du chlorosulfure de carbone sur la sulfo-urée, à 100-110°; 2° par l'action du perchlorure de phosphore sur la sulfo-urée à 100°; 3° par l'action d'une solution saturée d'acide sulfhydrique sur la dicyanodiamide à 60-70°; 4° par l'action de l'acide sulfhydrique sur la guanylurée.

Pour le préparer, on chauffe à 100°, pendant 5 à 6 heures, un mélange intime de 3 molécules de sulfo-urée et de 1 molécule de perchlorure de phosphore ; la réaction est la suivante :

$$3CS(AzH^2)^2 + PCl^5$$
$$= CS(AzH^2)^2HCl + PSCl^3 + C^2H^6Az^4S.HCl.$$

Après le refroidissement, on épuise le produit par le sulfure de carbone, puis on dissout le résidu dans l'eau froide. On concentre fortement le liquide, qui laisse déposer le chlorhydrate de sulfo-urée ; les eaux mères sont ensuite neutralisées par l'eau de baryte ou par l'ammoniaque, filtrées et additionnées à chaud d'un excès d'acide oxalique. On obtient enfin par le refroidissement des cristaux d'oxalate de guanylsulfo-urée ; il ne reste plus qu'à décomposer ce sel par l'eau de baryte à chaud.

La guanylsulfo-urée se présente en cristaux clinorhombiques, peu solubles dans l'eau froide et dans l'alcool. Chauffée à 100°, elle se transforme en sulfocyanate de guanidine ; traitée à froid par un sel d'argent, elle se convertit en dicyanodiamide, suivant l'équation

$$C^2H^6Az^4S = H^2S + C^2H^4Az^4.$$

Le *chlorhydrate*, $C^2H^6Az^4S.HCl$, se présente en beaux cristaux orthorhombiques, très solubles dans l'alcool et dans l'eau ; il fournit, par le chlorure de platine, un précipité amorphe.

L'*oxalate*, $(C^2H^6Az^4S)^2C^2H^2O^4 + 2H^2O$, forme de petits cristaux presque insolubles dans l'eau, même bouillante, solubles dans les acides et dans les alcalis, et doués d'une réaction acide. Il perd son eau de cristallisation à 100°.

Hexylsulfo-urée, $CS(AzH^2)(AzH.C^6H^{13})$ [Frentzel, *Deutsch. chem. Gesellsch.*, 1883, p. 746]. — Lamelles brillantes, fusibles à 83°, obtenues par l'action de l'ammoniaque alcoolique sur l'isosulfocyanate d'hexyle normal, $CSAz.C^6H^{13}$.

Mésitylsulfo-urée, $CS(AzH^2)AzH.C^6H^2(CH^3)^3$ [Eisenberg, *Deutsch. chem. Gesellsch.*, 1882, p. 1013]. — Lamelles brillantes, fusibles à 222°, préparées par l'action de l'ammoniaque alcoolique sur le mésitylsénévol, $CSAz.C^6H^2(CH^3)^3$, à la température du bain-marie. Ce corps est très soluble dans l'éther et dans l'alcool chaud, insoluble dans l'eau ; il donne un *chloroplatinate* bien cristallisé.

β-Naphtylsulfo-urée, $CS(AzH^2)(AzH.C^{10}H^7)$ [Cosiner, *Deutsch. chem. Gesellsch.*, 1881, p. 61]. — Lorsqu'on maintient pendant plusieurs heures à 100° le sulfocyanate de β-naphtylamine, il se convertit en son isomère, la β-naphtylsulfo-urée. Ce corps cristallise en belles lamelles orthorhombiques, fusibles à 180°.

Phénylsulfo-urée, $CS(AzH^2)(AzH.C^6H^5)$. — Voyez t. II, p. 912.

Parabromophénylsulfo-urée,

$$CS(AzH^2)(AzH.C^6H^4Br)$$

[Dennstedt, *Deutsch. chem. Gesellsch.*, 1880, p. 231]. — Aiguilles fusibles à 183°, très solubles dans l'alcool et dans l'éther, insolubles dans l'eau, obtenues par l'action de l'ammoniaque alcoolique sur le parabromophénylsénévol.

Métanitrophénylsulfo-urée,

$$CS(AzH^2)AzH.C^6H^4.AzO^2$$

[Steudemann, *Deutsch. chem. Gesellsch.*, 1883, p. 550]. — Ce corps résulte de l'action de l'ammoniaque alcoolique sur le métanitrophénylsénévol ; il se présente en cristaux d'un jaune citron, fusibles à 157-158°,5.

Ortho-oxyphénylsulfo-urée,

$$CS(AzH^2)(AzH.C^6H^4.OH)$$

[Bendix, *Deutsch. chem. Gesellsch.*, 1878, p. 2262]. — Obtenu par l'ébullition d'une solution aqueuse de sulfocyanate d'ammonium avec la quantité équivalente de chlorhydrate d'orthoamidophénol, ce corps forme de beaux cristaux fusibles avec décomposition à 161°, assez solubles dans l'alcool, l'éther et les alcalis, insolubles dans l'eau froide ; il fournit un *chlorhydrate* cristallisé en aiguilles blanches, et un *chloroplatinate* de formule

$$[CS(AzH^2)(AzH.C^6H^4.OH).HCl]^2PtCl^4.$$

Para-oxyphénylsulfo-urée,

$$CS(AzH^2)(AzH.C^6H^4.OH)$$

[Kalckhoff, *Deutsch. chem. Gesellsch.*, 1883, p. 375]. — Lamelles brillantes, rougeâtres, fusibles avec décomposition à 214°, obtenues par l'action du chlorhydrate de para-amido-phénol sur le sulfocyanate d'ammonium à la température du bain-marie. Le *chloroplatinate* forme des cristaux jaunes microscopiques.

Isopropylsulfo-urée, $CS(AzH^2)(AzH.C^3H^7)$ [Jahn, *Deutsch. chem. Gesellsch.*, 1882, p. 1290]. — Préparé par l'action de l'ammoniaque aqueuse sur l'isopropylsénévol, ce corps se présente en belles lamelles, fusibles à 157°.

Phénylsulfosemicarbazide (*phénylhydrazine-sulfo-urée*),

$$CS\begin{cases}AzH^2\\AzH\text{-}AzH.C^6H^5\end{cases}$$

[E. Fischer et Besthorn, *Liebig's Ann. Chem.*, t. CCXII, p. 324]. — Ce corps prend naissance par l'action de la potasse sur la diphénylsulfocarbazide (voyez Suppl., p. 924) ; il se produit en même temps de l'aniline et de la diphénylsulfocarbazone, suivant l'équation

$$2C^{13}H^{14}Az^4S$$
$$= C^{13}H^{12}Az^4S + C^6H^7Az + C^7H^9Az^3S.$$

On l'obtient plus aisément en chauffant pendant 12 heures, dans un appareil à reflux, un mélange à parties égales de sulfocyanate d'ammonium et de chlorhydrate de phénylhydrazine en solution alcoolique. Le nouveau corps se dépose par le refroidissement, souillé de chlorure d'ammonium, dont on le débarrasse par quelques cristallisations dans l'alcool bouillant.

La phénylhydrazine-sulfo-urée cristallise en prismes monocliniques, fusibles à 200-201° avec décomposition ; elle est peu soluble dans l'eau, la benzine, l'éther et le chloroforme, assez soluble dans l'alcool bouillant.

Chauffée à 120-130° avec de l'acide chlorhydrique concentré, elle se dédouble en ammoniaque et phénylsulfocarbizine,

$$CS\begin{cases}AzH\\Az.C^6H^5.\end{cases}$$

Sulfo-urées disubstituées.

Dibutylsulfo-urée tertiaire,

$$CS[AzH.C(CH^3)^3]^2$$

[Rudneff, *Bull. Soc. chim.*, t. XXXIII, p. 300]. — Cristaux fusibles à 162°, solubles dans l'eau, l'alcool et l'éther, obtenus par l'action de l'isosulfocyanate de butyle tertiaire sur la triméthylcarbinamine, $(CH^3)^3C.AzH^2$.

Orthocrésyl-α-naphtylsulfo-urée,

$$CS(AzH.C^7H^7)(AzH.C^{10}H^7)$$

[Mainzer, *Deutsch. chem. Gesellsch.*, 1882, p. 1416]. — On l'obtient en chauffant avec de l'alcool soit un mélange d'α-naphtylsénévol et d'orthotoluidine, soit un mélange d'orthocrésylsénévol et d'α-naphtylamine. Cristaux fusibles à 167°.

Paracrésyl-α-naphtylsulfo-urée, $C^{18}H^{16}Az^2S$

[Mainzer, *ibid.*]. — Cristaux fusibles à 168°, obtenus en chauffant un mélange d'α-naphtylamine et de paracrésylsénévol en présence d'alcool.

ORTHOCRÉSYL-β-NAPHTYLSULFO-URÉE, $C^{18}H^{16}Az^2S$ [Mainzer. *ibid.*]. — Préparé au moyen de l'orthocrésylsénévol et de la β-naphtylamine, ce corps fond à 193-194°.

PARACRÉSYL-β-NAPHTYLSULFO-URÉE, $C^{18}H^{16}Az^2S$ [Mainzer, *ibid.*]. — Masse cristalline blanche, fusible à 163-164°.

ORTHONITRO-PARACRÉSYL-PHÉNYLSULFO-URÉE,

$$CS <\begin{matrix} AzH.C^6H^3(CH^3)AzO^2 \\ AzH.C^6H^5 \end{matrix}$$

[Steudemann, *Deutsch. chem. Gesellsch.*, 1883, p. 2336]. — Ce corps se produit par l'action de l'orthonitroparatoluidine sur le phénylsénévol en solution alcoolique; il se présente en cristaux fusibles à 167°, peu solubles dans l'alcool, assez solubles dans l'acide acétique bouillant.

ORTHONITRO-DIPARACRÉSYLSULFO-URÉE,

$$CS <\begin{matrix} AzH.C^7H^6.AzO^2 \\ AzH.C^7H^7 \end{matrix}$$

[Steudemann, *ibid.*]. — Belles aiguilles blanches, fusibles à 169°, obtenues au moyen de la paratoluidine et du nitrocrésylsénévol en présence d'alcool.

ORTHODINITRO-DIPARACRÉSYLSULFO-URÉE,

$$CS[AzH.C^6H^3(CH^3)AzO^2]^2$$

[Steudemann, *ibid.*]. — Cristaux fusibles à 207°, préparés en chauffant du sulfure de carbone avec une solution benzinique d'orthonitroparatoluidine en présence d'une trace de potasse.

DI-ISOCYMINYLSULFO-URÉE, $CS(AzH.C^{10}H^{13})^2$ [Kelbe et Warth, *Liebig's Ann. Chem.*, t. CCXXI, p. 157]. — Aiguilles fusibles à 160°, obtenues en chauffant du sulfure de carbone avec de la méta-isocymidine, $C^{10}H^{13}.AzH^2$.

ISOCYMINYLÉTHYLSULFO-URÉE,

$$CS(AzH.C^{10}H^{13})(AzH.C^2H^5)$$

[Kelbe et Warth, *ibid.*]. — Masse gommeuse, préparée par l'action de l'éthylsénévol sur la méta-isocymidine.

DIHEXYLSULFO-URÉE, $CS(AzH.C^6H^{13})^2$ [Frentzel, *Deutsch. chem. Gesellsch.*, 1883, p. 746]. — On l'obtient en décomposant par la chaleur l'hexylsulfocarbamate d'hexylamine,

$$CS(AzH.C^6H^{13})(SH.C^6H^{13}.AzH^2);$$

il se dégage de l'acide sulfhydrique, et il suffit de faire cristalliser le résidu dans l'alcool pour obtenir la dihexylsulfo-urée en lamelles blanches et brillantes, fusibles à 40°.

DIMÉTHYLSULFO-URÉE, $CS(AzH.CH^3)^2$ [Andreasch, *Deutsch. chem. Gesellsch.*, 1881, p. 1449]. — Liquide sirupeux, incolore et incristallisable, obtenu par l'action du méthylsénévol sur la méthylamine en solution alcoolique.

DI-β-NAPHTHYLSULFO-URÉE, $CS(AzH.C^{10}H^7)^2$ [Cosiner, *Deutsch. chem. Gesellsch.*, 1881, p. 61]. — On l'obtient en chauffant dans un appareil à reflux un mélange de sulfure de carbone, de β-naphthylamine en solution alcoolique et d'une trace de potasse. Lamelles blanches, fusibles à 193°.

PHÉNYLGUANYLSULFO-URÉE,

$$CS(AzH.C^6H^5)\left(AzH.C<\begin{matrix} AzH \\ AzH^2 \end{matrix}\right)$$

[Bamberger, *Deutsch. chem. Gesellsch.*, 1880, p. 1581]. — Cristaux monocliniques, fusibles à 175-176°, obtenus par la digestion à 100° d'un mélange de 2 p. de carbonate de guanidine avec 3 p. de phénylsénévol.

Le *chlorhydrate*, $C^8H^{10}Az^4S.HCl$, cristallise en longues aiguilles soyeuses, solubles dans l'alcool; le *picrate*, $C^8H^{10}Az^4S.C^6H^3O(AzO^2)^3$, est en petites aiguilles jaunes; le *sulfate* se présente en lamelles nacrées.

PHÉNYL-α-NAPHTYLSULFO-URÉE (voyez t. II, p. 528).

PHÉNYL-β-NAPHTYLSULFO-URÉE,

$$CS(AzH.C^6H^5)(AzH.C^{10}H^7)$$

[Mainzer, *Deutsch. chem. Gesellsch.*, 1882, p. 1417]. — Lamelles fusibles à 157°, obtenues par l'action du phénylsénévol sur la β naphtylamine.

MÉTANITRODIPHÉNYLSULFO-URÉE,

$$CS <\begin{matrix} AzH.C^6H^4.AzO^2 \\ AzH.C^6H^5 \end{matrix}$$

[Losanitsch, *Deutsch. chem. Gesellsch.*, 1881, p. 2365]. — On abandonne pendant 24 heures un mélange de métanitraniline et de phénylsénévol. Le nouveau corps se dépose en aiguilles jaunes, fusibles à 155°, très solubles dans l'alcool chaud, peu solubles dans la benzine, le chloroforme et le sulfure de carbone.

MÉTANITROPHÉNYL-PARACRÉSYLSULFO-URÉE,

$$CS <\begin{matrix} AzH.C^6H^4.AzO^2 \\ AzH.C^7H^7 \end{matrix}$$

[Steudemann, *Deutsch. chem. Gesellsch.*, 1883, p. 2335]. — Aiguilles fusibles à 173°, à peine solubles dans l'eau, la benzine et l'éther, très solubles dans l'acide acétique et l'alcool bouillant, obtenues à froid par l'action de la paratoluidine sur le nitrophénylsénévol en solution éthérée.

MÉTANITROPHÉNYL-ORTHONITROPARACRÉSYLSULFO-URÉE,

$$CS <\begin{matrix} AzH.C^6H^4.AzO^2 \\ AzH.C^7H^6.AzO^2 \end{matrix}$$

— Cristaux fusibles à 188°, préparés au moyen du nitrophénylsénévol et de l'orthonitroparatoluidine.

MÉTANITROPHÉNYL-PARA-OXYPHÉNYLSULFO-URÉE,

$$CS <\begin{matrix} AzH.C^6H^4.AzO^2 \\ AzH.C^6H^4.OH \end{matrix}$$

[Steudemann, *ibid.*]. — Aiguilles fusibles à 152°, à peine solubles dans l'éther, insolubles dans l'eau et la benzine, solubles dans l'acide acétique et l'alcool chaud; on prépare ce corps au moyen du nitrophénylsénévol et du para-amidophénol en solution alcoolique.

PHÉNYL-PARA-OXYPHÉNYLSULFO-URÉE (*para-oxysulfocarbanilide*),

$$CS <\begin{matrix} AzH.C^6H^5 \\ AzH.C^6H^4.OH \end{matrix}$$

[Kalckhoff, *Deutsch. chem. Gesellsch.*, 1883, p. 376]. — On chauffe pendant quelque temps, au bain-marie, un mélange en proportions moléculaires de phénylsénévol, de chlorhydrate de paramidophénol et de soude en solution alcoolique: on filtre et on précipite par l'eau. Cristaux fusibles à 162°, très solubles dans l'alcool, les alcalis, l'acide sulfurique concentré, à peine solubles dans l'eau, l'éther, la benzine et les acides dilués.

PHÉNYL-ORTHO-OXYPHÉNYLSULFO-URÉE (*ortho-oxysulfocarbanilide*) [Kalckhoff, *ibid.*, p. 1829]. — Lamelles nacrées, fusibles à 146°, obtenues en abandonnant à froid un mélange de phénylsénévol, de chlorhydrate d'ortho-amidophénol et de soude en solution alcoolique.

DI-PARA-OXYPHÉNYLSULFO-URÉE,

$$CS(AzH.C^6H^4.OH)^2$$

[Kalckhoff, *ibid.*, p. 1830]. — Lamelles nacrées, fusibles avec décomposition à 222°, très solubles dans l'alcool et dans les alcalis; obtenues par l'action du sulfure de carbone sur le paramidophénol.

PARA-ACÉTOXY-SULFOCARBANILIDE,

$$CS\begin{matrix}\swarrow AzH.C^6H^4O(C^2H^3O)\\ \searrow AzH.C^6H^5\end{matrix}$$

[Kalckhoff, *ibid.*]. — Ce corps se produit par l'action de l'aniline sur le para-acétoxyphénylsénévol. Il se présente en cristaux fusibles à 137°, insolubles dans l'eau et dans les alcalis, solubles dans l'alcool, l'éther, l'acide acétique.

PARA-ACÉTOXYPHÉNYL-MÉTABROMO-PARACRÉSYLSULFO-URÉE,

$$CS\begin{matrix}\swarrow AzH.C^6H^4O(C^2H^3O)\\ \searrow AzH.C^6H^3Br.CH^3\end{matrix}$$

[Kalckhoff, *ibid.*]. — Obtenu au moyen de l'acétoxyphénylsénévol et de la métabromoparatoluidine, ce corps fond à 156°; il est insoluble dans l'eau et dans les alcalis, peu soluble dans l'alcool et dans l'éther.

DI-PARAPHÉNÉTHYLSULFO-URÉE,

$$CS(AzH.C^6H^4.C^2H^5)^2$$

[Mainzer, *Deutsch. chem. Gesellsch.*, 1883, p. 2019]. — Lamelles fusibles à 144°, très solubles dans l'éther et dans l'alcool chaud, obtenues par l'action du sulfure de carbone sur la phénéthylamine en solution alcoolique, à chaud. L'acide phosphorique le dédouble à chaud en phénéthylsénévol et en phénéthylamine.

PHÉNÉTHYL-PHÉNYLSULFO-URÉE,

$$CS\begin{matrix}\swarrow AzH.C^6H^4.C^2H^5\\ \searrow AzH.C^6H^5\end{matrix}$$

[Mainzer, *ibid.*]. — On l'obtient en mélangeant à froid des solutions alcooliques de phénéthylsénévol et d'aniline; paillettes fusibles à 103-104°, très solubles dans l'éther et dans l'alcool chaud.

PHÉNÉTHYL-α-NAPHTYLSULFO-URÉE,

$$CS(AzH.C^6H^4.C^2H^5)(AzH.C^{10}H^7)$$

[Mainzer, *ibid.*]. — Petites aiguilles blanches, fusibles à 148°, assez solubles dans l'éther et dans l'alcool chaud, obtenues au moyen de la phénéthylamine et de l'α-naphtylsénévol.

PHÉNÉTHYL-β-NAPHTYLSULFO-URÉE. — Petites lamelles blanches, fusibles à 158-159°.

PHÉNISOBUTYL-PHÉNYLSULFO-URÉE,

$$CS\begin{matrix}\swarrow AzH.C^6H^4.C^4H^9\\ \searrow AzH.C^6H^5.\end{matrix}$$

— Préparé en chauffant des solutions alcooliques de phénisobutylamine et de phénylsénévol, ce corps forme une masse cristalline, fusible à 152°.

PHÉNISOBUTYL-PARACRÉSYLSULFO-URÉE,

$$CS\begin{matrix}\swarrow AzH.C^6H^4.C^4H^9\\ \searrow AzH.C^7H^7\end{matrix}$$

[Mainzer, *ibid.*]. — Lamelles blanches, fusibles à 137°, obtenues au moyen de la phénisobutylamine et du paracrésylsénévol.

PHÉNISOBUTYL-PHÉNÉTHYLSULFO-URÉE,

$$CS\begin{matrix}\swarrow AzH.C^6H^4.C^4H^9\\ \searrow AzH.C^6H^4.C^2H^5\end{matrix}$$

[Mainzer, *ibid.*]. — Petits prismes blancs et brillants, fusibles à 140°, très solubles dans l'alcool bouillant.

PHÉNISOBUTYL-β-NAPHTYLSULFO-URÉE,

$$CS\begin{matrix}\swarrow AzH.C^6H^4.C^4H^9\\ \searrow AzH.C^{10}H^7\end{matrix}$$

[Mainzer, *ibid.*]. — On l'obtient par l'action du β-naphtylsénévol sur la phénisobutylamine : masse cristalline blanche, fusible à 152°.

DI-ISOPROPYLSULFO-URÉE, $CS(AzH.C^3H^7)^2$ [Jahn, *Deutsch. chem. Gesellsch.*, 1882, p. 1291]. — Ce corps est un des produits de la réaction du sulfure de carbone sur l'isopropylamine; il se présente en fines aiguilles blanches, fusibles à 161°.

ORTHOPHÉNYLÈNE-SULFO-URÉE,

$$CS\begin{matrix}\swarrow AzH\\ \searrow AzH\end{matrix}\!>C^6H^4$$

[Lellmann, *Liebig's Ann. Chem.*, t. CCXXI, p. 9]. — On évapore au bain-marie jusqu'à consistance sirupeuse une solution aqueuse de 1 molécule de chlorhydrate d'orthophénylène-diamine et de 2 molécules de sulfocyanate d'ammonium; on chauffe ensuite le produit pendant 1 heure, à 120-130°, et on l'épuise par l'eau froide : le résidu insoluble constitue l'orthophénylène-sulfo-urée. Purifié par cristallisation dans l'alcool bouillant, ce corps se présente en lamelles fusibles vers 290°.

PARAPHÉNYLÈNE-SULFO-URÉE [Lellmann, *ibid.*, p. 29]. — Ce corps reste comme résidu lorsqu'on soumet à une température de 250° la diphénylparaphénylène-disulfo-urée (voyez plus loin). C'est une poudre cristalline, fusible à 270-271°.

MÉTA-PARA-CRÉSYLÈNE-SULFO-URÉE,

$$CS\begin{matrix}\swarrow AzH\\ \searrow AzH\end{matrix}\!>C^6H^3.CH^3$$

[Lellmann, *ibid.*, p. 10]. — On l'obtient au moyen du sulfocyanate d'ammonium et du chlorhydrate de métaparacrésylène-diamine, en opérant exactement comme pour l'orthophénylène-sulfo-urée. Lamelles incolores, fusibles à 284°, peu solubles dans l'eau et dans le chloroforme, très solubles dans l'alcool et dans l'acide acétique.

Sulfo-urées trisubstituées.

TRIÉTHYLSULFO-URÉE, $CSAz^2H(C^2H^5)^3$ [Grodzki, *Deutsch. chem. Gesellsch.*, 1881, p. 2755]. — Ce corps se produit par l'action de l'éthylsénévol sur la diéthylamine. Il se présente en grands cristaux fusibles à 26°, peu solubles dans l'eau, très solubles dans l'alcool et dans l'éther, et distille avec faible décomposition à 205°.

DIPHÉNYLSULFOCARBAZONE,

$$CS\begin{matrix}\swarrow Az = Az.C^6H^5\\ \searrow AzH-AzH.C^6H^5\end{matrix}$$

[E. Fischer et Besthorn, *Liebig's Ann. Chem.*, t. CCXII, p. 316]. — Ce corps prend naissance par l'action de la potasse alcoolique sur la diphénylsulfocarbazide (voyez Suppl., p. 924); il se produit en même temps de l'aniline et de la phénylsulfosemicarbazide, suivant l'équation

$$2C^{13}H^{14}Az^4S = C^{13}H^{12}Az^4S + C^6H^7Az + C^7H^9Az^3S.$$

On fait bouillir la diphénylsulfocarbazide pendant 10-15 minutes avec de la potasse alcoolique, on filtre et on précipite par l'acide sulfurique dilué : on purifie ensuite par dissolution dans la soude, précipitation par l'acide sulfurique, expression dans du papier, dissolution dans le chloroforme et précipitation par l'alcool. On obtient ainsi des flocons d'un bleu noir.

Ce corps fonctionne comme acide; ses combinaisons avec les alcalis et les terres alcalines sont très solubles dans l'eau et colorées en rouge. La combinaison zincique, $(C^{13}H^{11}Az^4S)^2Zn + H^2O$, se présente en petits cristaux prismatiques ayant la couleur de la fuchsine; on l'obtient en mélangeant une solution alcaline de diphénylsulfocarbazone avec une solution alcaline de zinc, en neutralisant par l'acide sulfurique et faisant recristalliser le précipité dans le chloroforme alcoolique.

Les combinaisons argentique, mercurique et plombique sont également insolubles dans l'eau et solubles dans le chloroforme.

L'oxydation par le permanganate de potassium

en solution alcaline convertit la diphénylsulfocarbazone en diphénylsulfocarbodiazone (voyez plus loin).

Sulfo-urées tétrasubstituées.

TÉTRÉTHYLSULFO-URÉE, $CSAz^2(C^2H^5)^4$ [Grodzki, *Deutsch. chem. Gesellsch.*, 1881, p. 2757]. — On chauffe en tubes scellés au bain-marie un mélange d'iodure d'éthyle et de triéthylsulfo-urée; on obtient ainsi une masse cristalline, qui, traitée par la soude, fournit la tétréthylsulfo-urée sous la forme d'un liquide incolore, bouillant à 216°, insoluble dans l'eau, soluble dans l'alcool, l'éther et les acides, et ayant à 15° une densité de 0,9345.

DIPHÉNYLSULFOCARBODIAZONE,

$$CS\begin{cases}Az = Az.C^6H^5\\Az = Az.C^6H^5\end{cases}$$

[E. Fischer et Besthorn, *Liebig's Ann. Chem.*, t. CCXII, p. 321]. — Ce corps prend naissance par l'oxydation de la diphénylsulfocarbazone au moyen du permanganate de potassium en solution alcaline, à la température du bain-marie. Il se présente en petites aiguilles rouges, insolubles dans les alcalis, peu solubles dans l'éther et la benzine, très solubles dans le chloroforme et l'alcool chaud.

SULFO-URÉES A RADICAUX D'ACIDES.

ACIDE THIOPHTALURIQUE,

$$CS\begin{cases}AzH^2\\AzH.CO.C^6H^4.CO^2H\end{cases}$$

[Piutti, *Liebig's Ann. Chem.*, t. CCXIV, p. 17]. — On l'obtient en chauffant à 130° un mélange en proportions moléculaires de sulfo-urée et d'anhydride phtalique; on lave le produit à l'eau froide et à l'éther, puis on le fait cristalliser dans l'eau bouillante. On obtient des lamelles nacrées, fusibles à 171-172°, avec décomposition et formation de phtalimide, d'ammoniaque et d'oxysulfure de carbone.

Le *sel de baryum*, $(C^9H^7Az^2SO^3)^2Ba + 7H^2O$, cristallise en aiguilles feutrées.

SULFO-URÉES A RADICAUX A FONCTION MIXTE.

MÉTHYLOXALYLSULFO-URÉE (*acide méthylthioparabanique*),

$$CS\begin{cases}Az.CH^3-CO\\AzH\text{——}CO\end{cases}$$

[Andreasch, *Deutsch. chem. Gesellsch.*, 1881, p. 1448]. — Ce corps prend naissance par la fixation du cyanogène sur une solution alcoolique de méthylsulfo-urée, et par la saponification du produit ainsi obtenu au moyen de l'acide chlorhydrique à chaud. Cette préparation peut être représentée par les deux équations suivantes :

$$CS\begin{cases}AzH.CH^3\\AzH^2\end{cases} + (CAz)^2 = CS\begin{cases}Az.CH^3-C.AzH\\AzH\text{——}C.AzH\end{cases}$$

$$CS\begin{cases}Az.CH^3-C.AzH\\AzH\text{——}C.AzH\end{cases} + 2H^2O + 2HCl = 2AzH^4Cl + CS\begin{cases}Az\ CH^3-CO\\AzH\text{——}CO\end{cases}$$

La méthyloxalylsulfo-urée se présente en cristaux fusibles à 105°, solubles dans l'eau, l'alcool et l'éther. Le nitrate d'argent la transforme en acide méthylparabanique

$$CO\begin{cases}Az.CH^3-CO\\AzH\text{——}CO\end{cases}$$

DIMÉTHYLOXALYLSULFO-URÉE (*acide diméthylthio-parabanique, thiocholestrophane*),

$$CS\begin{cases}Az(CH^3)-CO\\Az(CH^3)-CO\end{cases}$$

On le prépare comme le précédent, en substituant la diméthylsulfo-urée à la monométhylsulfo-urée. Il se présente en lamelles jaunes hexagonales, fusibles à 112°,5, sublimables presque sans altération, assez solubles dans l'eau chaude, l'alcool et l'éther. Le nitrate d'argent le transforme à froid en acide diméthylparabanique (cholestrophane).

DI-SULFO-URÉES.

MÉTAPHÉNYLÈNE-DI-SULFO-URÉE,

$$C^6H^4(AzH.CS.AzH^2)^2$$

[Lellmann, *Liebig's Ann. Chem.*, t. CCXXI, p. 11]. — On évapore au bain-marie un mélange de chlorhydrate de métaphénylène-diamine (1 molécule) et de sulfocyanate d'ammonium (2 molécules) en solution aqueuse, jusqu'à consistance de sirop; on chauffe le produit à 120° pendant une heure, on laisse refroidir, on lave à l'eau froide et on fait cristalliser le résidu dans l'alcool chaud. On obtient ainsi des lamelles microscopiques légèrement rougeâtres, fusibles à 215°.

PARAPHÉNYLÈNE-DI-SULFO-URÉE [Lellmann, *Ibid.*]. — On opère comme pour le dérivé précédent. Aiguilles incolores, peu solubles dans l'alcool, fusibles à 218°.

DI-PHÉNYL-MÉTAPARACRÉSYLÈNE-DI-SULFO-URÉE,

$$CH^3.C^6H^3(AzH.CS.AzH.C^6H^5)^2$$

[Lellmann, *Ibid.*, p. 19]. — Ce corps prend naissance lorsqu'on mélange à chaud des solutions alcooliques de crésylène-diamine (2 p.) et de phénylsénévol (5 p.). Il se présente en cristaux incolores fusibles à 150° : à cette température, il se décompose en diphénylsulfo-urée qui se sublime et en crésylènesulfo-urée qui reste comme résidu.

DIÉTHYL-MÉTAPARACRÉSYLÈNE-DI-SULFO-URÉE,

$$CH^3.C^6H^3(AzH.CS.AzH.C^2H^5)^2$$

[Lellmann, *Ibid.*, p. 22]. — On chauffe pendant quelque temps des solutions alcooliques d'éthylsénévol et de crésylène-diamine, puis on précipite par l'eau, et on fait recristalliser dans l'alcool faible. Petits cristaux fusibles à 149°, avec décomposition en diéthylsulfo-urée et en crésylène-sulfo-urée.

DIALLYL-MÉTAPARACRÉSYLÈNE-DI-SULFO-URÉE,

$$CH^3.C^6H^3(AzH.CS.AzH.C^3H^5)^2$$

[Lellmann, *Ibid.*, p. 24]. — On opère comme pour les corps précédents. Petits cristaux incolores fusibles à 150°.

DIALLYL-MÉTAPHÉNYLÈNE-DI-SULFO-URÉE,

$$C^6H^4(AzH.CS.AzH.C^3H^5)^2$$

[Lellmann, *Ibid.*, p. 26]. — On l'obtient comme les dérivés précédents : cristaux fusibles à 105°; ce corps peut être chauffé à 140-150° sans s'altérer.

DIPHÉNYL-PARAPHÉNYLÈNE-DI-SULFO-URÉE,

$$C^6H^4(AzH.CS.AzH.C^6H^5)^2$$

[Lellmann, *Ibid.*, p. 28]. — Obtenu par l'action du phénylsénévol sur la paraphénylène-diamine, ce corps se présente en petites lamelles incolores qui se décomposent vers 210-230° en diphénylsulfo-urée qui se sublime, et en paraphénylène-sulfo-urée qui reste comme résidu.

DIALLYL-PARAPHÉNYLÈNE-DI-SULFO-URÉE,

$$C^6H^4(AzH.CS.AzH.C^3H^5)^2$$

[Lellmann, *Ibid.*, p. 31]. — Cristaux fusibles à 200° avec décomposition.

Ad. Fauconnier.

SULFURIQUE (ACIDE) (INDUSTRIE). — La fabrication de l'acide sulfurique, qui est sans nul doute la branche la plus ancienne de la grande industrie chimique, n'a subi qu'avec une certaine lenteur l'influence du développement des différentes parties de la chimie.

Passant en revue les progrès réalisés dans ces dernières années, nous signalerons la grande importance que présente l'introduction récente de la tour de Glover dans le cycle des appareils de fabrication; en assurant la régularité d'opérations trop fréquemment soumises à des perturbations, cette innovation a permis de marcher plus avant dans l'étude des conditions les plus favorables au bon fonctionnement des chambres de plomb, dont les dimensions, le mode de construction même étaient loin de reposer sur des données uniformément admises. Depuis quelques années, de nombreuses publications tendent à fixer définitivement des principes jusqu'ici mal connus; en même temps, des recherches multiples jettent peu à peu la lumière sur le mécanisme des réactions qui accompagnent l'oxydation de l'acide sulfurique aux dépens de l'oxygène de l'air par l'intermédiaire des oxydes de l'azote.

PRODUCTION DE L'ACIDE SULFUREUX.

Le soufre et les pyrites restent les principales matières premières de la production de l'acide sulfureux; il convient d'y joindre les *blendes*, dont le traitement détermine la création de nombreuses fabriques d'acide sulfurique en Allemagne, et enfin l'hydrogène sulfuré, obtenu par les nouveaux procédés de régénération du soufre des marcs de soude et dont la transformation en acide sulfureux par combustion au contact de l'air est jusqu'ici le mode d'utilisation le plus pratique.

A. Soufre. — La fabrication de l'acide sulfurique représente encore un des plus importants débouchés pour les producteurs de soufre : en Angleterre, les quantités d'acide fabriqué au moyen du soufre sont encore considérables et représentaient, en 1883, d'après Lunge, plus de 14 °/₀ de la totalité de l'acide produit dans ce pays (135000 tonnes sur 940000). Cette consommation élevée est due à ce fait, que l'emploi du soufre est encore le seul moyen d'obtenir un acide exempt d'arsenic et, en général, des impuretés qu'y introduisent les gaz des fours à pyrite. La fabrication du sulfate d'ammoniaque dans ce pays réclame un acide très pur.

B. Pyrites. — D'après une étude très complète de MM. Girard et Morin [*Ann. Chim. Phys.*, [5], t. VII, 1876], les mines françaises, abondamment pourvues, sont à même de répondre dans une large mesure à l'extension croissante de la consommation. Les gisements, qui se répartissent en deux groupes principaux, celui du Rhône et celui du Gard et de l'Ardèche, appartiennent à deux compagnies de produits chimiques qui en emploient une partie dans leurs usines. Les pyrites des gisements du Gard, plus riches en arsenic et à gangue calcaire, sont généralement considérées comme inférieures à celles du Rhône.

Le carbonate de chaux qui se décompose pendant la combustion de la pyrite présente l'inconvénient d'augmenter le volume des gaz indifférents qui cheminent au travers de l'appareil et de fixer en même temps une quantité équivalente de soufre; celui-ci se retrouve dans le résidu à l'état de sulfate de chaux, d'où un moindre rendement en gaz sulfureux et l'impossibilité d'utiliser les résidus du grillage comme minerais de fer. Certains gisements du Gard fournissent pourtant de fort belles pyrites.

En France et en Allemagne, les pyrites indigènes subissent depuis quelques années la concurrence croissante des pyrites d'Espagne; très pures et très riches en soufre, ces dernières renferment une assez forte quantité de cuivre pour que l'industrie ait pu en tirer un double parti. On les amène dans les fabriques d'acide d'Angleterre et du continent pour utiliser les gaz résultant du grillage; de là, les résidus sont envoyés dans des établissements métallurgiques en vue de l'extraction du cuivre. Le résidu final est utilisé comme minerai de fer. M. Weldon a donné une analyse moyenne de ces pyrites, en rapportant les chiffres à 1 tonne pour les rendre plus sensibles :

Soufre........	495 Kg	par tonne.
Fer...........	430 —	—
Cuivre........	30 —	—
Plomb.........	10 —	—
Argent........	0,26	—
Or...	0,0018	—
Bismuth.......	150	—

Les pyrites sont brûlées dans des fours à étages. On a reconnu l'avantage qu'offre un broyage aussi parfait que possible, tant au point de vue du rendement en gaz sulfureux que de la qualité du résidu. Pour l'extraction du cuivre, le résidu est soumis à un grillage chlorurant avec du sel marin: on lessive les sels solubles et on précipite le cuivre par le fer. Le résidu constitue un excellent minerai de fer.

L'introduction des pyrites d'Espagne sur les marchés du continent, venant en même temps que la révolution dans les procédés de fabrication de la soude, paraît devoir exercer une grande influence sur la valeur commerciale de l'acide sulfurique; cet acide, d'un transport plus facile et moins coûteux, puisqu'il est obtenu à un plus grand état de concentration, peut être fabriqué indépendamment de tout autre produit, et il présente, à équivalents égaux, de nombreux avantages sur l'acide chlorhydrique.

L'emploi des fours à étages paraît se répandre de plus en plus; la plus forte dépense de main-d'œuvre est couverte par l'augmentation du rendement résultant de l'emploi des pyrites menues. Les fours basés sur le principe des fours Gerstenhoefer et Mac-Dougall ne paraissent pas abandonnés, spécialement en Allemagne; ces appareils, dans lesquels la combustion est réglée mécaniquement, n'offrent qu'un inconvénient : le grand entraînement de poussières par les gaz se rendant dans les chambres.

C. Blendes. — Les métallurgistes, guidés par des considérations analogues à celles qui ont été développées à propos des pyrites cuivreuses, ont cherché à utiliser pour la fabrication de l'acide sulfurique les gaz résultant du grillage des blendes; cette application semble être, du reste, la meilleure solution à la question de la condensation des gaz sulfureux qui s'impose de plus en plus dans les contrées où l'on procède au grillage des sulfures métalliques.

L'emploi de la blende comme minerai de soufre se répand successivement en Westphalie, en haute Silésie. A Freyberg, de nombreuses fabriques d'acide sulfurique fonctionnent depuis plusieurs années, et tout fait prévoir un développement considérable de ce traitement.

L'achèvement du grillage s'effectuait avec une grande facilité lorsqu'on opérait à l'air libre, c'est-à-dire avec un grand excès d'air. Il n'en est plus de même lorsqu'il s'agit d'utiliser les gaz sulfureux pour la fabrication de l'acide sulfurique : il devient nécessaire de régler le grillage de façon à obtenir des gaz de composition constante. Le four de Eichorn et Helbig, basé sur le principe du four à étages de Maletra, résout heureusement la difficulté; il diffère de ce dernier en ce que les tablettes sur lesquelles on grille le minerai sont traversées par des carnaux où circulent, en sens contraire des gaz du four, des gaz chauds provenant d'un foyer spécial. Grâce au chauffage extérieur, on maintient ainsi la température nécessaire à l'achèvement de la réaction.

Contrairement à l'opinion avancée par divers auteurs, Hasenclever a établi que la composition des gaz provenant du grillage des blendes n'est nullement désavantageuse; il convient seulement d'augmenter le cube des chambres par kilogramme de soufre brûlé, 100 kilogrammes de soufre brûlé sous forme de pyrite fournissant 800 mètres cubes de gaz, tandis que sous forme de blende la même quantité de soufre fournit 840 mètres cubes [*Monit. scientif.*, t. XV, p. 151].

En 1882, 30000 tonnes d'acide sulfurique ont été fabriquées en Allemagne à l'aide des blendes.

Composition des gaz des fours à pyrite. — Bien qu'il ne soit pas possible de fixer d'une façon absolue la teneur normale des gaz des fours en acide sulfureux et en oxygène, qui est influencée par diverses conditions locales, les fabricants reconnaissent en général qu'en bonne marche leur composition se rapproche de celle qui est indiquée par la théorie (8,59 °/₀ SO^2, 9,87 °/₀ O). Ces chiffres représentent pourtant un maximum qui ne peut être dépassé et sont soumis à des variations assez considérables; en effet, le mode de chargement des fours ordinaires implique de fréquentes ouvertures qui ont pour conséquence l'introduction momentanée d'un excès d'air (il serait, à ce point de vue, intéressant de connaître la composition des gaz des fours Gerstenhoefer, chargés mécaniquement).

M. Scheurer-Kestner a montré par une série d'analyses très précises qu'une partie de l'acide sulfureux est oxydée dans le four même par l'oxygène des gaz et sans l'intervention des oxydes de l'azote encore absents dans le mélange. La proportion d'anhydride sulfurique formé ne paraît soumise à aucune règle fixe et semble surtout dépendre de la température; elle s'élève à 9 °/₀, pour redescendre à 1 °/₀ sans cause apparente [*Bull. Soc. chim.*, t. XLIII, p. 9, et *Compt. rend.*, t. C, p. 636]. En brûlant la pyrite dans un courant d'oxygène, conditions plus favorables à la formation de l'anhydride, Lunge a obtenu une oxydation de 6 °/₀ en moyenne; si l'on fait traverser aux gaz une couche d'oxyde de fer maintenu à la même température que la pyrite, la quantité d'anhydride sulfurique formée peut s'élever à 18 °/₀. Les auteurs des travaux publiés sur cette question ne fournissent aucun détail sur les conditions de température.

L'humidité que renferment soit la pyrite, soit l'air employé à la combustion, est plus que suffisante pour transformer l'anhydride sulfurique en acide hydraté. La combinaison se produit aussitôt que la température des gaz s'abaisse suffisamment. L'acide hydraté se condenserait dans les tuyaux de sortie des fours; il est bon d'éviter ce refroidissement, qui amènerait une usure rapide des conduites, ordinairement en maçonnerie, qui servent de communication entre les fours et la tour de Glover.

TRANSFORMATION DE L'ACIDE SULFUREUX EN ACIDE SULFURIQUE.

Tour de Glover. — Avant que la tour de Glover fût adoptée dans les usines, les gaz sulfureux se rendaient directement dans les chambres de plomb où l'on introduisait la vapeur d'eau, l'acide nitrique et les gaz nitreux résultant de la dénitrification des acides du Gay-Lussac. La tour de Glover, déjà décrite dans ce dictionnaire, a heureusement modifié ces conditions. Les services rendus par cet ingénieux appareil sont nombreux. Comme on l'a fort bien dit, son rôle est quintuple : 1° il sert à dénitrifier l'acide sulfurique nitreux du Gay-Lussac; 2° il refroidit les gaz des fours; 3° la chaleur des gaz est utilisée pour la concentration de la totalité de l'acide des chambres qui se trouve ainsi ramené de 53° B à 60-62° B sans aucune dépense de combustible; 4° la concentration de l'acide a pour effet la production d'une forte quantité de vapeur d'eau qui se mélange intimement aux gaz sulfureux; de là une nouvelle économie de combustible; 5° enfin, la tour de Glover est la partie de l'appareil qui est la plus convenable pour l'introduction de l'acide nitrique; celui-ci se trouve mélangé à l'énorme quantité d'acide sulfurique qu'on fait arriver au sommet de la tour et entre en réaction avec l'acide sulfureux; il est réduit à l'état de bioxyde d'azote et s'ajoute ainsi aux gaz nitreux résultant de la dénitrification de l'acide du Gay-Lussac.

La tour de Glover paraît être le complément indispensable de tout appareil de fabrication de l'acide sulfurique dans des conditions économiques. Le seul inconvénient qu'elle présente est l'introduction dans l'acide produit de toutes les impuretés entraînées par les gaz, soit à l'état de poussière, soit à l'état volatil comme l'acide arsénieux; les gaz se trouvent être soumis à un véritable lavage; pour utiliser cette chaleur des gaz, il est indispensable de réduire autant que possible la longueur, de la chambre à poussière qui doit être soigneusement protégée contre le refroidissement.

La tour de Glover, dont la figure 88 représente un type fréquemment adopté, ne peut être construite uniquement en plomb comme l'appareil de Gay-Lussac; au contact des gaz et de l'acide chauds, le plomb serait rapidement attaqué; elle est donc revêtue à l'intérieur, sur toute sa hauteur ou en partie suivant les usines, d'une paroi en lave ou en briques siliceuses, matériaux inattaquables aux acides. Les pièces de lave doivent être d'aussi grande dimension que possible; on les superpose sans employer aucun mortier. L'enveloppe en plomb est formée de quatre anneaux de plomb que l'on soude sur place; les épaisseurs des feuilles de plomb vont en diminuant à mesure qu'on s'élève.

La tour est garnie intérieurement de cailloux quartzeux ou de toutes autres substances siliceuses. Le coke ne peut être avantageusement employé : il est légèrement attaqué par l'acide chaud, auquel il communique une couleur brune.

Le sommet de la tour porte deux tourniquets semblables à ceux qui servent à la distribution de l'acide dans le Gay-Lussac; l'un d'eux reçoit l'acide sulfurique nitreux du Gay-Lussac, l'autre l'acide des chambres qui doit être concentré; on fait également couler au sommet de l'appareil un mince filet d'acide nitrique dont on règle le débit avec un robinet.

Le mélange des acides s'écoule au bas de la tour; le degré de concentration en est réglé par l'alimentation à la partie supérieure. Les gaz sulfureux doivent entrer dans la tour avec une température d'au moins 300°; ils en sortent à environ 50-60°, température très convenable pour une introduction directe dans les chambres. L'acide concentré qui s'écoule au bas doit avoir une température de 130° à 150° pour que le degré de concentration s'élève à 60 ou 62° B; il est refroidi dans un serpentin en plomb ou en fonte avant d'être recueilli dans les bassins, d'où une partie retourne au Gay-Lussac tandis que la quantité correspondant à l'acide nouvellement produit est employée aux usages industriels.

Cet acide est loin d'être aussi pur que l'acide concentré dans les appareils chauffés extérieurement; il ne peut servir à la préparation de l'acide à 66° B, car il laisse, à l'évaporation, une croûte de sulfate ferrique qui adhère aux appareils en platine et peut causer de fâcheux accidents. L'acide du Glover est encore moins pur quand on brûle des pyrites menues. Il ne peut être employé qu'à la fabrication du sulfate de soude destiné à être transformé en soude brute; quand les pyrites brûlées sont peu arsenicales, il peut être employé également à la fabrication du sulfate d'ammoniaque. Il renferme toujours du sulfate de fer et les substances volatiles contenues dans les pyrites, notamment du sélénium (Kienlen).

Lors de son introduction dans l'industrie chimique, la tour de Glover a soulevé d'intéressantes polémiques. Toutes les objections formulées contre cet appareil ont été réfutées, et il est universellement considéré comme aussi indispensable à la fabrication que le condenseur Gay-Lussac.

M. Kuhlmann avait signalé ce fait que l'acide sulfureux réduit le bioxyde d'azote à l'état d'azote ou de protoxyde d'azote en présence de la mousse de platine; il fit observer qu'à la température élevée qui règne dans la tour de Glover, cette réaction ne peut manquer de se produire; or, dès que la réduction des oxydes de l'azote va plus loin que le bioxyde, il y a *perte de nitrate* pour le fabricant, le protoxyde d'azote ne pouvant être absorbé par le Gay-Lussac. Ces objections, soutenues par Vorster, ont été victorieusement réfutées par Lunge, à qui elles ont inspiré de nombreux et importants travaux sur le rôle des oxydes de l'azote dans la fabrication de l'acide sulfurique.

Comme on le verra plus loin, il est désormais établi qu'on ne saurait assimiler au mélange d'acide sulfureux et de bioxyde d'azote purs, réagissant en présence d'un agent aussi énergique que la mousse de platine, les gaz oxygénés qui arrivent dans la tour de Glover; ceux-ci doivent renfermer, comme on sait, un excès de la quantité d'oxygène nécessaire à l'oxydation de l'acide sulfureux, et l'oxyde de l'azote, pourvu qu'il soit introduit sous une forme active, ne joue ici que le rôle d'agent de transport.

Par suite du contact intime des gaz dans la tour de Glover, il se forme, dès cette première partie de l'appareil, une certaine quantité d'acide sulfurique, qui se trouve condensée immédiatement et se mélange à l'acide à concentrer qu'on recueille au bas. M. Scheurer-Kestner, qui s'est attaché à démontrer l'existence de l'anhydride sulfurique dans les gaz des fours à pyrite, a observé que la quantité d'acide condensée dans la tour de Glover est très supérieure à celle qui pourrait résulter de l'hydratation de l'anhydride; à l'usine de Thann, la proportion d'acide ainsi recueilli est de 16 à 18 °/₀ de l'acide total introduit, tandis que les dosages d'anhydride dans les gaz donnent des résultats variant de 2 à 10 vol. SO^3 °/₀ SO^2 [*Compt. rend.*, t. C, p. 637].

La formation d'acide sulfurique dans la tour de Glover est ainsi démontrée et explique l'augmentation de la capacité de production des appareils constatée depuis son introduction.

Chambres de plomb. — Les gaz sulfureux qui sortent de la tour de Glover renferment, à l'exception d'une partie de la vapeur d'eau, la totalité des produits gazeux destinés à entrer en réaction; comme on l'a vu, l'acide nitrique nécessaire à compenser les pertes de nitrate est presque généralement introduit au sommet du Glover; il se dissout dans l'acide sulfurique et se transforme bientôt, au contact des gaz sulfureux chauds, en bioxyde d'azote, qui s'y mélange intimement.

Quant à la vapeur d'eau, on admet industriellement que, pour un appareil fonctionnant avec tour de Glover, il reste à fournir 1k,500 d'eau par kilogramme de soufre brûlé, la concentration de l'acide de 53 à 61° en restituant environ 500 gr. Les quantités théoriques, faciles à établir par le calcul, sont un peu plus faibles, mais il convient de tenir compte de la condensation dans les tuyaux, etc.

Le mode d'introduction de la vapeur d'eau paraît varier suivant les usines; les fabricants ne sont pas d'accord sur le point d'introduction de la vapeur. Il y a lieu de placer un jet dans le tuyau d'arrivée des gaz dans la première chambre et dans le sens de la marche des gaz. M. Scheurer-Kestner a fait connaître récemment le résultat d'essais sur l'appareil de Kœrting; les expériences, assez satisfaisantes, ont été malheureusement instituées sur un appareil non pourvu de tour de Glover. Quel que soit le mode d'alimentation, on doit toujours tendre à obtenir une diffusion rapide de la vapeur, afin d'éviter des condensations locales qui entraîneraient une attaque rapide du plomb.

L'emploi de l'eau pulvérisée, qui offre, à première vue, certains avantages quant à la température des gaz et à l'économie de combustible, présente l'inconvénient d'augmenter de beaucoup les difficultés du mélange; l'eau pulvérisée se sépare rapidement des gaz.

Fig. 88. — Tour de Glover.

A, tuyau d'entrée des gaz; — B, cailloux quartzeux multipliant les surfaces de contact; — C, tourniquet de distribution de l'acide; — D, tuyau de sortie des gaz.

La construction des chambres de plomb, tout en reposant sur certaines règles bien établies, a fait l'objet, depuis quelques années, de diverses observations. On en est arrivé à augmenter considérablement les dimensions des chambres; on les construit ayant jusqu'à 10 mètres de haut et autant de large; en outre, M. Hasenclever a tenté de tronquer les angles à la partie supérieure, afin de se rapprocher de la forme sphérique, qui, théoriquement, donnerait la moindre surface; cette disposition paraît favorable au mélange des gaz.

A la fabrique de Griesheim, M. Stroof divise les gaz à leur sortie de l'appareil en remplaçant le tuyau de sortie unique des appareils ordinaires par une série de petits tuyaux de sortie placés à des endroits différents.

Aucune modification importante n'a été apportée au mode de condensation des gaz nitreux, suivant le procédé de Gay-Lussac; les considérations théoriques développées plus bas sont indispensables à la discussion du procédé Benker et Lasne, proposé en vue de perfectionner cette opération et dont les résultats n'ont pas répondu à l'attente des inventeurs.

Théorie de la transformation de l'acide sulfureux en acide sulfurique. — Conditions nécessaires à la marche normale des appareils. — Dans leurs recherches classiques sur les corps qui se forment ou peuvent se former dans les chambres de plomb, Pelouze et Péligot, plus récemment Winckler et R. Weber, sont arrivés à formuler la théorie généralement admise aujourd'hui. Aussitôt qu'il arrive au contact des gaz sulfureux chauds qui sortent des fours, l'acide nitrique est réduit; la réduction va jusqu'au bioxyde d'azote, qui, fixant immédiatement l'oxygène contenu en excès dans le mélange gazeux, transforme, par une série de réoxydations et de réductions successives, la presque totalité de l'acide sulfureux en acide sulfurique. Quel est le produit d'oxydation du bioxyde d'azote? Celui-ci est-il lui-même le produit ultime de réduction des oxydes supérieurs de l'azote? Tels sont les points restés longtemps obscurs, que le perfectionnement des méthodes d'analyse et l'observation directe de l'atmosphère des chambres de plomb ont permis d'élucider.

Les travaux de Winckler et de Weber ont eu principalement pour objet de démontrer qu'il n'existe que des quantités insignifiantes d'acide nitrique dans l'atmosphère des chambres; l'acide nitrique ne peut prendre naissance en présence de l'acide sulfureux et oxyderait du reste très difficilement ce dernier, même à la température la plus élevée qui puisse régner en bonne marche dans les appareils. La réoxydation du bioxyde d'azote s'arrête à l'acide nitreux ou à l'acide hypoazotique, qui deviennent ainsi les seuls agents de transport dans l'oxydation de l'acide sulfureux par l'oxygène de l'air. Tout en admettant la présence simultanée de ces deux corps dans les gaz des chambres, Winckler et Weber leur attribuent chacun, à l'un ou à l'autre, un rôle prépondérant. Les nombreux travaux de Lunge, en fournissant des méthodes analytiques exactes et en établissant les propriétés des divers corps qui prennent naissance dans le cours de la fabrication de l'acide sulfurique, ont fait faire un grand pas à la question.

Les conclusions résumées ci-dessous sont basées sur les réactions suivantes, qui servent de point de départ à la séparation analytique de l'acide nitreux et de l'acide hypoazotique.

Si l'on agite au contact du mercure un acide sulfurique tenant en dissolution soit l'un, soit les deux corps énumérés, la totalité de l'azote est mise en liberté à l'état de bioxyde, insoluble dans l'acide sulfurique concentré; en procédant à cette réaction dans une éprouvette graduée, de forme convenable (nitromètre, voyez plus loin) sur un volume donné de l'acide à analyser, et en déterminant le volume de gaz mis en liberté, on a le total des oxydes de l'azote dissous dans l'acide sulfurique.

En réalité, Az^2O^4 n'existe pas tel quel en dissolution dans l'acide sulfurique; Lunge a constaté, sur des acides dont la densité variait de 1,842 à 1,65, que l'acide hypoazotique est décomposé par l'acide sulfurique, suivant l'équation

$$Az^2O^4 + SO^2(OH)^2 = SO^2(OH)OAzO + AzO^3H$$

[*Deutsch. chem. Gesellsch.*, t. XII, p. 1058].

Cette décomposition de l'acide hypoazotique est due à la grande affinité de l'acide sulfurique pour l'acide nitreux; la combinaison formée est très stable et résiste à une forte élévation de température tant que la teneur en corps nitreux ne dépasse pas une certaine limite. L'acide sulfurique constitue ainsi un excellent absorbant du gaz hypoazotique; l'acide concentré en dissout 55 gr. par litre sans que la dissolution obtenue dégage de vapeurs nitreuses par l'ébullition.

La grande stabilité du sulfate de nitrosyle et la faculté d'absorption de l'acide sulfurique concentré pour Az^2O^3 présentent, comme on sait, une grande importance au point de vue de la condensation des gaz nitreux dans la tour de Gay-Lussac. Dans une étude très complète des propriétés des oxydes de l'azote, considérés au point de vue de leur rôle dans la fabrication de l'acide sulfurique, Lunge a démontré les faits suivants :

1° Contrairement à l'opinion admise jusqu'ici, Az^2O^3 paraît pouvoir exister à l'état de vapeur; lorsqu'on mélange ce gaz à des proportions variables d'oxygène, une partie seulement en est transformée en Az^2O^4; c'est ainsi qu'avec une quantité d'oxygène trois fois plus forte que celle exigée par la théorie, 30 à 50 %, suivant la température, de l'Az^2O^3 primitif restent inaltérés [*Deutsch. chem. Gesellsch.*, 1879, p. 357]. Or, comme l'ont confirmé les expériences ultérieures de Lunge [*Deutsch. chem. Gesellsch.*, 1885, p. 1388], au contact de l'oxygène sec en excès, AzO est intégralement transformé en Az^2O^4; on en peut conclure que la vapeur nitreuse, préparée dans les conditions indiquées par Lunge (acide nitrique à 1°,35 sur acide arsénieux) pour obtenir un mélange très riche en Az^2O^3, renferme réellement ce gaz non dissocié. A la température ordinaire, Az^2O^3 paraît indifférent à l'égard de l'oxygène, comme Az^2O^4, qui ne subit aucune oxydation ultérieure en présence de ce gaz sec. Cette idée n'offre pourtant rien d'absolu; la formation de l'acide hypoazotique dans les chambres ne s'explique que par l'action de l'oxygène sur Az^2O^3 très dilué, aussitôt que l'acide sulfureux a totalement disparu.

2° Lorsqu'on étudie l'action réciproque du bioxyde d'azote et de l'acide sulfureux, en présence d'eau ou d'acide sulfurique étendu et dans une atmosphère privée ou non d'oxygène, on constate qu'il se produit des réactions très variables suivant les conditions de l'expérience : en présence d'eau et dans un milieu exempt d'oxygène, la totalité du bioxyde d'azote est réduite à l'état de protoxyde. Il n'y a pas trace d'azote formé.

Si l'on remplace l'eau par l'acide sulfurique étendu (à 45° Baumé), il n'y a pas trace de réduction, même en l'absence d'oxygène. Il en est de même si l'on répète les mêmes expériences en présence d'une quantité d'oxygène correspondant à la teneur normale des chambres de plomb [*Deutsch. chem. Gesellsch.*, 1881, p. 2201].

Ces faits très importants ont permis aux partisans de la tour de Glover d'affirmer qu'aux températures élevées qu'on observe dans l'appareil, aucune réduction notable de gaz nitreux ne se produit et qu'il n'y a à redouter de ce chef aucune perte en nitrate. Toutefois, bien que la consommation de nitrate n'ait jamais été aussi minime que depuis l'introduction de la tour de Glover dans la fabrication de l'acide sulfurique, ce résultat paraît devoir plutôt être attribué à la grande régularité de cette opération et à la perfection qui peut être atteinte grâce au nouveau procédé. Lunge a particulièrement montré que l'acide nitrique, dont la présence dans l'acide du Gay-Lussac est le corollaire de celle de l'acide hypoazotique dans les gaz de sortie, ne peut être séparé de l'acide sulfurique que par l'action des gaz sulfureux, c'est-à-dire quand on a recours à la tour de Glover. L'emploi de la vapeur, dans les conditions connues, est insuffisant pour obtenir dans ce cas une dénitrification totale. Quoi qu'il en soit, les travaux les plus consciencieux sur la composition des gaz des chambres de plomb qui s'échappent dans l'atmosphère, laissent supposer qu'une fraction de la perte en nitrate doit être expliquée par la formation de petites quantités de protoxyde d'azote; ce gaz, comme l'azote lui-même, ne possède aucune affinité énergique et échappe aux moyens ordinaires d'analyse (voyez ci-dessous).

3° L'action de l'oxygène sur le bioxyde d'azote est très différente suivant les circonstances : si les gaz sont secs et si l'oxygène est en excès, la transformation en Az^2O^4 est intégrale ou à peu près.

Si la réaction s'effectue en présence de l'eau, il y a uniquement formation d'acide nitrique. En présence de l'acide sulfurique d'un certain degré de concentration, il ne se forme, au contraire, que du sulfate de nitrosyle :

$$2SO^4H^2 + 2AzO + O = 2SO^2(OH)(OAzO) + H^2O.$$

La grande affinité de l'acide nitreux pour l'acide sulfurique domine les diverses réactions qui peuvent se produire dans les chambres de plomb. Le sulfate de nitrosyle, qui prend naissance et se diffuse à l'état de brouillard dans l'atmosphère des chambres, est décomposé par la vapeur d'eau, qui met en liberté l'acide nitreux, tandis que l'acide sulfurique se condense :

$$2SO^2(OH)(OAzO) + H^2O = 2SO^2(OH)^2 + Az^2O^3.$$

L'acide nitreux réagit sur l'acide sulfureux et l'oxygène et donne naissance à une nouvelle quantité de sulfate de nitrosyle :

$$2SO^2 + Az^2O^3 + O^2 + H^2O = 2SO^2(OH)(OAzO).$$

L'acide nitreux est, suivant toute probabilité, le véritable agent de transport dans les réactions qui se produisent. Lunge a montré que le gaz hypoazotique ne commence à apparaître qu'après l'oxydation de la presque totalité de l'acide sulfureux.

Dans des recherches très étendues, pratiquées sur un appareil industriel, Lunge et Naef, appliquant des méthodes d'analyse rigoureuses, ont étudié l'influence des diverses conditions de la fabrication de l'acide sulfurique [*Mon. scient. Quesneville*, 1885, p. 335]. Ce travail a établi les points suivants :

1° *Conditions de formation de l'acide hypoazotique dans les chambres de plomb.* — En marche normale, les gaz ne renferment pas de gaz Az^2O^4. On a reconnu que leur richesse en oxygène n'exerce aucune influence sur la formation de cet oxyde de l'azote. Par contre, si l'on augmente la quantité de *nitrate*, c'est-à-dire d'oxydes de l'azote en roulement, on voit apparaître l'acide hypoazotique dans la troisième chambre, pour un appareil composé de trois chambres. M. Lunge interprète ce fait de la manière suivante : Lorsque l'appareil fonctionne avec excès de gaz nitreux, la formation de l'acide sulfurique est plus rapide et a lieu presque uniquement en tête de l'appareil; la troisième chambre travaille à peine. L'atmosphère de cette dernière chambre ne contient plus de gouttelettes d'acide sulfurique en suspension; ainsi disparaît l'obstacle opposé par la présence de l'acide sulfurique (formation de sulfate de nitrosyle) à l'oxydation ultérieure de l'acide nitreux, malgré l'excès d'oxygène.

Lorsque l'appareil est en marche normale, la formation d'acide sulfurique se poursuit jusque dans la troisième chambre, quoique dans une très faible proportion; il faut, dans ce cas, tenir compte de la teneur en acide sulfureux qui exerce un pouvoir réducteur sur Az^2O^4 qui pourrait se former; sa présence est d'autant moins négligeable que le mélange gazeux est plus pauvre en gaz nitreux.

On en conclut que Az^2O^4 ne se forme qu'en marche anormale et seulement en queue de l'appareil; il ne joue aucun rôle important dans les réactions; sa formation est indépendante de la teneur des gaz en oxygène.

2° *De la perte en nitrate.* — Dans les bonnes fabrications, la perte en nitrate s'élève à 2,25 % du soufre brûlé ou 1 % environ de la pyrite. Lunge ne pense pas que les pertes en nitrate, dans le cas d'une marche normale, soient dues à des réactions chimiques, en un mot à la réduction du bioxyde d'azote; elles résultent suivant lui d'une absorption incomplète dans le condenseur Gay-Lussac et, pour une petite part, dans la dénitrification incomplète de l'acide sulfurique qu'on recueille au bas du Glover. Cette appréciation est fortement controversée par Eschellmann et Hurter [*Soc. chem. Industry*, 1884, p. 134]; ces chimistes, répétant les recherches analytiques de Lunge, ne peuvent attribuer à ces causes de perte qu'une importance secondaire, et concluent à la destruction d'une fraction de l'acide nitrique en roulement; celle-ci paraît se produire à l'entrée de la première chambre et augmente rapidement, soit que l'on diminue le cube des chambres (augmentation de la charge des fours), soit que l'on augmente la quantité de nitrate en roulement, soit surtout que l'on accroisse la quantité de vapeur d'eau. Ce dernier fait, constaté expérimentalement, a une grande importance pour le fabricant; il concorde avec une expérience de Lunge sur l'action réciproque de SO^2 et AzO en présence d'acides à divers degrés de concentration (*loc. cit.*); il semble autoriser certaines déductions sur le mode d'introduction de la vapeur dans la première chambre.

La perte en nitrate est sensiblement réduite en marche avec gaz peu colorés, qui, dans ce cas, ne renferment pas d'acide hypoazotique, comme le montrent les analyses suivantes de Lunge et Naef (voyez le tableau à la page suivante) :

Si l'on déduit la perte en nitrate de l'analyse des gaz sortant du Gay-Lussac et de leur volume qui peut être facilement déterminé avec exactitude, à l'aide des données théoriques (1 kilogr. de soufre *brûlé* à l'état de pyrite exige 1300 litres d'oxygène et 4900 litres d'azote à 0° et 760; il faut tenir compte de l'oxygène fixé par l'oxyde de fer, de celui employé à l'oxydation du soufre et enfin de celui qui se retrouve mélangé à l'azote sortant de l'appareil), on reconnaît que la perte due à l'insuffisance de l'absorption des oxydes de l'azote est moitié moindre en marche dite normale avec gaz peu colorés, malgré la présence d'une petite quantité de bioxyde d'azote.

Comme l'a montré Lunge, l'acide hypoazotique est facilement absorbé, dans les conditions ordinaires, par l'acide sulfurique concentré à 60-62° Baumé; contrairement à l'avis de ce savant, il ressort de ses expériences mêmes que l'opinion des fabricants, qui considèrent l'acide hypoazotique comme très difficile à retenir dans le condenseur Gay-Lussac, mérite d'être prise en considération. Toutes les fois que le mélange gazeux qui sort des chambres renferme de l'acide hypoazotique, la perte en nitrate est augmentée du chef de l'insuffisance de l'absorption.

Analyses de Lunge et de Naef.

COMPOSITION des gaz °/₀ en volume.	I.		II.		III.		IV.	
	3e CHAMBRE (Sortie).	SORTIE du Gay-Lussac.	3e CHAMBRE (Sortie).	SORTIE du Gay-Lussac.	DERNIÈRE chambre.	SORTIE du Gay-Lussac.	DERNIÈRE chambre.	SORTIE du Gay-Lussac.
O..........	5,81	—	5,79	—	5,91	—	6,00	—
Az.......... .	94,0	—	94,05	—	93,94		93,78	—
Az^2O^3.......	0,155	—	0,132	0,0004	0,111	0,011	0,169	0,09
Az^2O^4..	0	—	0	0	0	0	0,001	0
AzO.........	0,003	0,0046	0,012	0,0104	0,020	0,017	0,014	0,66
SO^2.........	0,037	0,044	0,013	0,026	0,020	0,037	0,036	0,0346

Il est digne de remarque que, lorsqu'un appareil fonctionne avec des gaz renfermant de l'acide hypoazotique, dont une partie est en tout cas retenue par le Gay-Lussac, on ne trouve pourtant pas trace de ce fait (AzO^3H résultant de la réaction de Az^2O^4 sur SO^4H^2) dans la composition de l'acide sulfurique nitreux. Lunge a reconnu [*Soc. chem. Ind.*, janv. 1885] que le coke qui garnit les colonnes Gay-Lussac réduit immédiatement l'acide nitrique formé et le transforme en acide nitreux qui s'unit à l'acide sulfurique.

Procédé Lasne et Benker. — MM. Benker et Lasne ont proposé de combattre la perte en nitrate résultant de la difficulté d'absorption de l'acide hypoazotique en mélangeant aux gaz, avant leur entrée dans le Gay-Lussac, une petite quantité de gaz sulfureux directement aspirés des fours. Cette ingénieuse idée ne paraît point avoir produit les résultats attendus, par ce fait même qu'en bonne fabrication il convient de se placer dans des conditions où l'acide hypoazotique ne se forme pas. Il ne peut donc être avantageux, au point de vue de la consommation d'acide nitrique, de réduire le cube nécessaire par kilogr. de soufre brûlé, comme se le proposent les inventeurs. Dans l'hypothèse assez admissible d'une destruction d'oxydes « actifs » de l'azote dans la première chambre, il y a intérêt à diminuer l'intensité des réactions qui se produisent à l'entrée de l'appareil. Le procédé Benker et Lasne, apte à combattre la fraction de la perte causée par la non-absorption de l'acide hypoazotique, est impuissant à arrêter celle beaucoup plus considérable qui résulte des conditions mêmes dans lesquelles devrait se placer le fabricant pour l'utiliser.

Préparation des gaz et marche de l'oxydation de l'acide sulfureux dans un appareil de fabrication. — Dans une théorie dynamique de la fabrication de l'acide sulfurique, uniquement basée sur les données moyennes de la pratique, Hurter est arrivé à formuler les conclusions suivantes :

1° Quand le cube des chambres croît en proportion arithmétique, la quantité d'acide sulfureux non transformée en acide sulfurique croît en proportion géométrique.

2° Le cube des chambres, pour une perte donnée en soufre, est directement proportionnel à la vitesse des gaz cheminant au travers de l'appareil, ou, ce qui revient au même, à la quantité de soufre brûlé.

3° Le cube des chambres est inversement proportionnel à la quantité d'oxydes de l'azote contenus dans les gaz et à la quantité de vapeur d'eau [*Soc. chem. Ind.*, 1882, p. 8 et 83].

Lunge et Naef, par de nombreuses analyses sur des échantillons prélevés à divers endroits de l'appareil, ont confirmé expérimentalement la théorie de Hurter.

L'oxydation a lieu avec une grande énergie dans la première partie de la première chambre (expériences effectuées sur un appareil composé de trois chambres); en marche normale, la teneur des gaz en SO^2 de 7 °/₀ à l'entrée décroît à 17 °/₀ au milieu de la première chambre; elle semble rester stationnaire dans la seconde partie de la première chambre pour redescendre immédiatement à l'entrée des gaz dans la seconde chambre. Lunge et Naef en déduisent cette conclusion intéressante que, les gaz traversant les tuyaux de communication, il se produit un mélange intime, facilité par une légère pression; les molécules des trois gaz actifs, O, SO^2, Az^2O^3, se trouvant ainsi rapprochées, entrent de nouveau en réaction. Ce fait semble venir à l'appui de la proposition faite par Richters, qui recommande le mélange des gaz dans les chambres à l'aide d'injecteurs; les résultats de ce procédé, variables suivant les usines, sont subordonnés à l'observation des conditions fixées par les théories exposées ci-dessus.

Les diagrammes suivants résument les résultats obtenus. La figure 89 représente la courbe établie

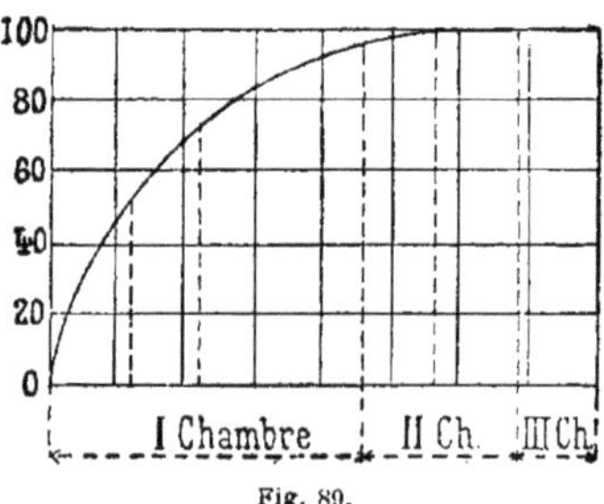

Fig. 89.

sur les données théoriques par Hurter. La figure 90 donne la marche de l'oxydation de l'acide sulfureux, tel qu'il ressort de l'analyse des gaz à divers endroits de l'appareil.

Les abcisses correspondent aux dimensions en longueur des chambres; les ordonnées aux quantités centésimales d'acide sulfureux transformées en acide sulfurique. On voit que, en cas de fonc-

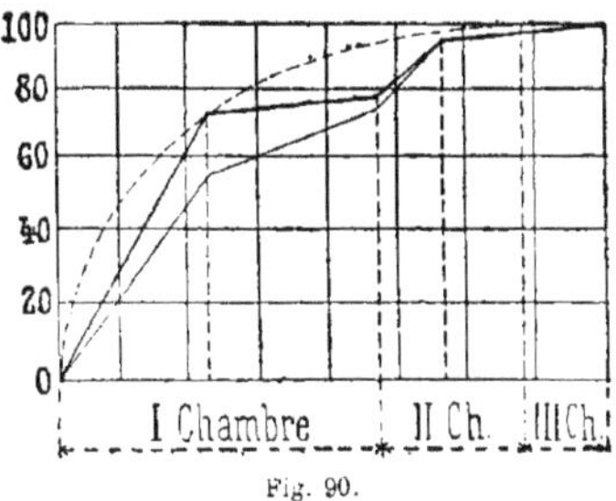

Fig. 90.

...... Courbe théorique de Hurter;
—— Marche de l'oxydation de SO^2 en cas de fonctionnement normal.
—— Marche de l'oxydation de SO^2 en cas de fonctionnement anormal (gaz très colorés).

tionnement normal avec gaz colorés, la marche de l'oxydation suit jusqu'au milieu de la première chambre la courbe théorique de Hurter; lorsque les gaz sont peu colorés à la sortie, les réactions sont plus lentes et l'écart entre les deux courbes est beaucoup plus grand. Contrairement à ce qu'on pensait jusqu'ici, la composition des gaz à différentes hauteurs, dans le même plan vertical d'une chambre, est à peu près constante; il paraît ainsi prouvé que les gaz sortant de la tour de Glover se mélangent intimement aux autres gaz, dans la première partie de la chambre où a lieu la plus forte production d'acide sulfurique. Pourtant on remarque une légère différence de composition entre le milieu de la chambre et les parois où les gaz sont plus pauvres en acide sulfureux et en oxygène.

Températures régnant dans les appareils. — D'après Lunge et Naef, les observations de température sur un appareil fonctionnant dans des conditions normales peuvent être résumées ainsi :

1° La température des gaz s'élève peu à leur entrée dans la première chambre, par suite de la chaleur dégagée dans les réactions; elle commence bientôt à décroître, d'abord avec lenteur, puis, plus rapidement, dans la dernière partie de

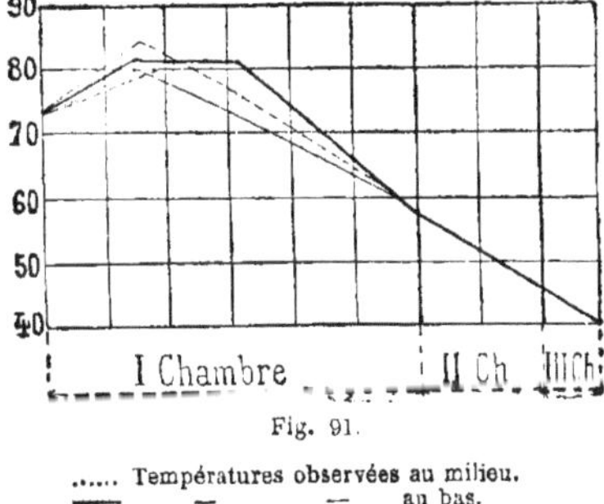

Fig. 91.

...... Températures observées au milieu.
—— — — au bas.
—— — — au sommet.

l'appareil, où les réactions ne se produisent plus que dans une mesure restreinte. Le diagramme (fig. 91) exprime la marche de la température à l'intérieur des chambres, à différentes hauteurs.

2° Lorsque l'appareil est plus chargé et que le cube des chambres se trouve en conséquence mieux utilisé, la température s'élève; lorsqu'on réduit le cube par kilogr. de soufre brûlé, dans la proportion de 1,8 à 1,3, l'abaissement de température est de 9 à 10° dans la première et la seconde chambre, et de 5 à 6° dans la troisième chambre.

D'après Eschellmann (*loc. cit.*), l'accroissement de température est également observé si, toutes choses égales d'ailleurs, on augmente la quantité de vapeur d'eau; dans ce cas, et suivant des données physiques faciles à établir, l'accroissement de température est uniquement dû à la réduction du bioxyde d'azote; il est l'indice d'une destruction d'oxydes « actifs ».

3° La température de l'atmosphère étant 19°, le pouvoir refroidissant total de la paroi est de 3° jusqu'à une distance de 0m,25, de 8° jusqu'au centre de la chambre. Près du ciel de la chambre, la température des gaz est plus élevée que dans les parties inférieures. Les différences de température ne sont pas en désaccord avec la théorie suivant laquelle les gaz seraient animés d'un mouvement tourbillonnant le long des parois, en même temps qu'il existerait un noyau gazeux central animé d'une moindre vitesse.

Les données scientifiques réunies jusqu'ici sur les réactions qui se produisent dans les chambres de plomb, permettent d'établir dès aujourd'hui cette fabrication sur des bases sérieuses.

Quant à la teneur des gaz en oxygène, ou, ce qui revient au même, à leur richesse en acide sulfureux, il convient, sans y attacher une trop grande importance, de régler le tirage de façon à maintenir la teneur des gaz sortant de l'appareil entre 5 et 7 %; on préférera le minimum qui convient à l'appareil, en vue de réduire le volume des gaz indifférents s'échappant du Gay-Lussac et diminuer ainsi la perte causée par l'absorption incomplète des gaz nitreux.

Le cube des chambres qui, dans les climats tempérés, est le plus avantageux au point de vue de la consommation de nitrate, paraît être d'environ 1,8 mètre cube par kilogr. de soufre brûlé; ce chiffre peut être sensiblement réduit et s'abaisser jusqu'à 1,2, mais généralement aux dépens du nitrate.

L'alimentation de vapeur d'eau dans les chambres paraît devoir être réglée de façon que l'acide fabriqué dans la première chambre présente la composition de $SO^4H^2 + 2H^2O$.

La quantité de nitrate en roulement dans l'atmosphère des chambres semble être généralement de 4 à 5 fois la consommation, celle-ci étant de 2,2 % du soufre brûlé dans les fabrications marchant dans de bonnes conditions économiques. Si, suivant le calcul de Lunge, on admet que le volume de gaz s'échappant du Gay-Lussac est de 7000 litres à 6 % d'oxygène pour 1 kilogr. de soufre brûlé et que, d'après les résultats d'analyses de gaz, prélevés sur divers appareils fonctionnant dans de bonnes conditions, la teneur moyenne en oxydes d'azote est exprimée, en Az^2O^3, de 0,18 %, on arrive aux résultats suivants :

7000 litres à 0,18 %, Az^2O^3 = 12l,60 Az^2O^3, correspondant à 46gr,84 en roulement par kilogr. de soufre brûlé, ou 10,4 % de nitrate.

D'après les travaux récents, l'oxydation de l'acide sulfureux s'effectue suivant l'équation

$$2SO^2 + Az^2O^3 + O^2 + H^2O$$
$$= 2SO^2(OH)(OAzO).$$

Cette quantité d'Az^2O^3 fixe donc sur l'acide sulfureux 19gr,6 chaque fois qu'elle entre en réaction. 1 kilogr. de soufre à l'état d'acide sulfureux exigeant 500 grammes d'oxygène, on voit que la même molécule d'Az^2O^3 interviendra

$$\frac{500}{19,6} = 25,5 \text{ fois},$$

en admettant que la totalité des oxydes de l'azote intervienne également dans les diverses parties de l'appareil.

Ce coefficient est sensiblement moins élevé que ceux admis jusqu'ici et basés sur une quantité d'Az^2O^3 en roulement inférieure à celle reconnue nécessaire dans la pratique des meilleures usines.

Purification et concentration de l'acide brut. — Un procédé récent qui mérite l'attention promettrait de résoudre la question si importante pour l'industrie chimique de la production d'acide sulfurique pur au moyen de l'acide des pyrites arsénicales. Il repose sur le fait suivant : Au delà de la concentration à 65° Baumé, l'acide sulfurique peut être soumis à l'ébullition dans un vase en fonte sans que celle-ci soit attaquée; si les impuretés qu'il renferme sont au maximum d'oxydation, résultat qui peut être facilement atteint par l'addition d'une petite quantité d'acide nitrique, ces impuretés, composées principalement d'arsenic et de fer, sont précipitées sous forme de boues insolubles. M. Menzies, auteur de l'invention, propose d'opérer de la manière suivante [*Soc. chem. Ind.*, 1884, p. 172] : On introduit dans le vase en fonte, de forme convenable, une certaine quantité d'acide concentré à 66° Baumé; on chauffe et l'on fait arriver un courant lent d'acide du Glover ou des chambres, qui, dans ce dernier cas, doit être concentré au préalable à 58° Baumé au moins. On porte à l'ébullition et l'on recueille les produits de la distillation dans un réfrigérant construit avec des tubes de verre; il passe d'abord de l'acide faible, puis, lorsqu'on arrête l'alimentation, il distille de l'acide concentré ne renfermant pas trace d'arsenic.

On peut aussi, au lieu de continuer à distiller quand le liquide a atteint dans le vase en fonte le degré de concentration voulu, arrêter l'opération; on laisse déposer; les impuretés se séparent et l'on décante finalement l'acide concentré.

Le procédé devient ainsi très pratique et offre de grands avantages comme moyen de concentration sur le procédé actuel, dans les appareils en platine; il réduit la dépense du chef de l'usure du platine, et permet d'obtenir, avec les acides déjà partiellement concentrés sans frais dans le Glover, des produits plus purs.

P. Hart fait remarquer à ce sujet que la fonte a été employée dès 1852 pour le traitement de l'alliage d'or et d'argent par l'acide sulfurique concentré à l'ébullition [*Soc. chem. Ind.*, 1884, p. 355]. Il a fallu trente années pour mettre à profit cette importante observation.

La fabrique de Griesheim a breveté la purification de l'acide sulfurique ordinaire, qui peut être concentré jusqu'à 98 °/₀ SO^4H^2, par cristallisation; on refroidit à 0° et on introduit quelques cristaux d'acide monohydraté; on sépare les cristaux formés des eaux-mères. Une seconde cristallisation permet d'obtenir un produit d'une grande pureté. Les essais poursuivis actuellement fourniraient de bons résultats.

FABRICATION DE L'ACIDE SULFURIQUE FUMANT.

La consommation de l'acide sulfurique fumant, considéré autrefois comme un produit de laboratoire, a pris une grande extension depuis le développement de certaines branches de l'industrie des couleurs dérivées du goudron de houille.

On a décrit, dans le dictionnaire, le procédé suivi à Nordhausen et le principe de l'ingénieux procédé dû à Winckler; ce dernier paraît avoir été généralement adopté pour la fabrication de l'acide fumant, mais les difficultés qu'il présente au point de vue pratique ont obligé les fabricants à des modifications qui sont tenues secrètes.

Contrairement aux indications primitives, au lieu de procéder à la volatilisation de l'acide sulfurique par l'introduction à l'état liquide dans un vase chauffé à une température élevée, on paraît avoir recours à l'ébullition dans une cuvette en platine; les vapeurs sont ensuite dirigées au travers de tubes en grès chauffés au rouge.

Angerstein a fait connaître [*Wagner's Jahresb.*, t. XXX, p. 301] un appareil qui paraît devoir permettre d'effectuer cette opération dans de bonnes conditions. Une cuvette en platine contenant l'acide en ébullition est alimentée d'une manière continue par un tube arrivant au fond de la cuvette, qui ne renferme qu'une petite quantité d'acide; les vapeurs formées traversent une colonne verticale en matériaux réfractaires, chauffée extérieurement et remplie de petits morceaux de substances inattaquables aux acides.

L'anhydride sulfurique, ou le mélange d'acide sulfureux et d'oxygène en proportions moléculaires, peuvent être produits également par la décomposition de certains sulfates, spécialement du bisulfate de soude, ou plutôt du pyrosulfate :

$$2SO^4NaH = S^2O^7Na^2 + H^2O,$$
$$S^2O^7Na^2 = SO^3 + SO^4Na^2.$$

Cette décomposition n'a lieu qu'à une température assez élevée où la fusibilité de la masse rend l'attaque des appareils très rapide. M. Scheurer-Kestner a montré [*Compt. rend.*, t. LXXXVI, p. 1083] que, dans ces conditions, le platine lui-même ne résiste pas. L'emploi du pyrosulfate de soude présente l'avantage de fournir directement l'anhydride sulfurique; si l'opération est bien conduite, on évite la décomposition en acide sulfureux et oxygène.

M. Scheurer-Kestner a également fait connaître [*Bull. Soc. chim.*, t. XLIII] le résultat d'intéressantes expériences sur l'action décomposante de l'oxyde de fer sur certains sulfates. En calcinant au rouge blanc un mélange de 2 p. de plâtre et 1 p. d'oxyde de fer, tout le soufre est expulsé; par suite de la température élevée, la presque totalité de l'anhydride sulfurique est décomposée en acide sulfureux et oxygène.

Grâce à l'emploi d'un fondant, on abaisse considérablement la température de la réaction; en chauffant un mélange de parties égales de plâtre, oxyde de fer et fluorure de calcium, on obtient un abondant dégagement d'anhydride sulfurique, dont une très petite partie est décomposée. La présence du fluorure de calcium interdit l'emploi de matériaux siliceux pour le revêtement de l'appareil; par contre, la réaction réussit déjà dans un creuset de platine chauffé sur un bec Bunsen. Il se pourrait que des creusets ou des cornues en magnésie pussent être employés.

Le sulfate de magnésie se comporte comme celui de calcium. Le sulfate de plomb se décomposerait à une température moins élevée.

M. Scheurer-Kestner interprète la réaction de la manière suivante : les sulfates à métaux diatomiques se décomposent pendant que la masse est en fusion ; il se forme sans doute du sulfate ferrique, dont la décomposition par la chaleur donne lieu au dégagement d'anhydride.

Il semble possible que ces propriétés des sulfates de calcium et de magnésium puissent servir de base à un procédé industriel.

MM. Nobel et Fehrenbach ont proposé [*Dingler polyt. Journ.*, t. CCLXVI, p. 316] un procédé de fabrication de l'anhydride sulfurique basé sur une réaction nouvelle: Si l'on volatilise l'acide sulfurique monohydraté et qu'on fasse arriver les vapeurs formées sur des morceaux d'acide métaphosphorique chauffés à 320°, celui-ci s'empare de l'eau en même temps que d'une partie de l'acide sulfurique et se liquéfie, tandis qu'il se dégage de l'anhydride sulfurique qu'on recueille. L'acide phosphorique devenu liquide et mélangé d'acide sulfurique est additionné d'un peu d'eau et soumis à la distillation dans un appareil en platine pour en séparer l'acide sulfurique; la partie fixe est retransformée en acide métaphosphorique suivant les méthodes connues.

La plus grande difficulté, en supposant que la réaction soit totale, paraît résider dans la liquéfaction rapide de l'acide métaphosphorique qui rend difficile le contact avec les vapeurs d'acide sulfurique, et par conséquent le bon rendement industriel.

NOUVELLES MÉTHODES ANALYTIQUES CONCERNANT LA FABRICATION DE L'ACIDE SULFURIQUE.

Lunge a fait connaître, dans des publications récentes, le résultat de l'examen des nombreux procédés d'analyse, dus, en partie, à son initiative. Les procédés les plus exacts et les plus rapides, indiqués ci-dessous, sont successivement adoptés dans les fabriques d'acide sulfurique [*Taschenbuch für Sodafabrikation*, 1883].

Dosage du soufre. — On traite 50 grammes de soufre brut par 200 centimètres cubes de sulfure de carbone et l'on détermine le poids spécifique de la solution. Des tables établies par Macagno [*Chem News.*, t. XLIII, p. 192] permettent de déduire la richesse en soufre de la densité de la solution.

Dosage de l'arsenic dans le soufre. — On fait digérer à 70° avec de l'eau ammoniacale le soufre pulvérisé et lavé au préalable à l'eau légèrement acidulée d'acide nitrique: on filtre et on additionne la solution d'un excès d'une solution ammoniacale de nitrate d'argent. Il se précipite du sulfure d'argent suivant l'équation

$$As^2S^3 + 6AzO^3Ag$$
$$= 2AsO^3Ag + 3Ag^2S + 6AzO^2.$$

On pèse le sulfure d'argent précipité. Si le soufre analysé est riche en arsenic, on peut encore additionner la solution de sulfoarsénite d'acide chlorhydrique; le sulfure d'arsenic précipité est traité et pesé suivant les méthodes connues.

Dosage du soufre dans les pyrites. — Les méthodes par voie humide présentent un grand avantage au point de vue du nombre des analyses qui peuvent être exécutées en même temps. Lunge recommande le procédé suivant :

On traite 0gr,5 de la pyrite à analyser, prélevée sur un échantillon moyen soigneusement préparé et finement pulvérisé, par 10 centimètres cubes d'un mélange de 3 p. en volume d'acide nitrique (D = 1,4) et de 1 p. d'acide chlorhydrique fumant (l'acide nitrique peut être remplacé par le chlorate de potasse); on chauffe avec précaution et on évapore à sec au bain-marie ou au bain de sable, suivant que l'on a opéré dans une capsule ou dans un ballon; on ajoute 5 centimètres cubes d'acide chlorhydrique fumant (il ne doit plus se dégager de vapeurs nitreuses à ce moment de l'analyse), et on évapore de nouveau. On reprend le résidu par 1 centimètre cube d'acide chlorhydrique et environ 100 centimètres cubes d'eau bouillante; on filtre et on lave à l'eau chaude. Le résidu insoluble renferme l'acide silicique, les silicates et les sulfates de baryum, de plomb, et une partie du sulfate de calcium; l'acide qu'ils contiennent ne présente aucun intérêt pour le fabricant.

La solution filtrée est additionnée d'ammoniaque à une douce chaleur. On filtre et on lave l'hydrate d'oxyde de fer à l'eau bouillante. Le mode de filtration le plus avantageux est, en ce cas, un filtre en papier rapide; on fait en sorte que le volume total ne dépasse pas 200 centimètres cubes, on acidule légèrement avec l'acide chlorhydrique et on précipite à l'ébullition par une quantité convenable d'une solution de chlorure de baryum à 5 %, chauffée elle-même à l'ébullition. On obtient ainsi un précipité d'un lavage facile et rapide; au bout d'une demi-heure, on décante le liquide clair, on lave en partie par décantation, jusqu'à ce que les eaux de lavage aient perdu toute réaction acide. On sèche, on calcine et on pèse le sulfate de baryte comme dans les analyses ordinaires.

Le mélange d'acides employés à l'attaque de la pyrite doit être parfaitement exempt d'acide sulfurique.

La précipitation du fer est nécessaire pour obtenir un sulfate de baryte pur.

Certains chimistes préfèrent attaquer 1 gramme de pyrite, et opérer sur une portion aliquote du produit de l'attaque.

Dosage du cuivre dans les pyrites cuivreuses. — Le procédé employé dans les usines qui mettent en œuvre les résidus du grillage des pyrites de Rio-Tinto est le suivant : On traite 1 gramme de la pyrite finement pulvérisée et séchée à 100° par l'acide nitrique fumant, et l'on évapore à sec. Ce premier résidu est additionné d'acide sulfurique concentré et chauffé au bain de sable jusqu'à dégagement de vapeurs d'acide sulfurique. Le résidu pâteux est soumis à l'ébullition avec l'eau, additionné d'un quart de son volume d'alcool (séparation du plomb à l'état de sulfate mélangé à la silice) ; on laisse déposer 12 heures et on filtre en lavant avec de l'alcool dilué. Le liquide filtré, convenablement étendu, est soumis à l'action d'un courant de gaz H^2S qui précipite le cuivre à l'état de sulfure que l'on pèse à l'état de Cu^2S; le sulfure d'arsenic mélangé au sulfure de cuivre se volatilise durant la calcination ; on fait une correction pour tenir compte des sulfures d'antimoine et de bismuth.

Dosage des carbonates. — Il peut être important de connaître la teneur en carbonate de chaux de certaines pyrites à gangue calcaire qui retiennent une quantité correspondante de soufre à l'état de sulfate pendant le grillage. On traite à chaud par l'acide chlorhydrique ou l'acide sulfurique étendu, et l'on fait passer, suivant la méthode connue, les gaz dégagés à travers une série de tubes, afin de retenir successivement la vapeur d'eau, les traces d'hydrogène sulfuré, et enfin l'acide carbonique.

Résidus du grillage des pyrites. — On y dose le soufre comme dans la pyrite, en opérant sur une quantité de matière plus forte.

Analyse des gaz des fours. — L'acide sulfureux est généralement dosé par absorption dans une solution titrée d'iode par le procédé décrit dans le dictionnaire. M. Scheurer-Kestner a fait connaître une méthode spéciale pour le dosage de l'anhydride sulfurique. [*Bull. Soc. chim.*, t. XLIII, p. 15.]

Analyse des gaz des chambres. — On peut vouloir doser Az^2O^3, Az^2O^4, AzO, SO^2, O et Az contenus dans les gaz. Les procédés décrits par Lunge et employés dans ses recherches reposent sur les données suivantes :

L'acide sulfurique concentré est un excellent absorbant des oxydes Az^2O^3 et Az^2O^4 ; on utilise cette propriété pour le dosage de ces corps ; en dosant d'une part l'azote total à l'aide du nitromètre, et d'autre part Az^2O^3 par un dosage au permanganate, on a par différence l'azote à l'état d'acide nitrique, dont la formation correspond à une quantité équivalente d'Az^2O^4, décomposé par l'acide sulfurique, mais primitivement contenu dans le mélange gazeux.

AzO n'est pas absorbé par l'acide sulfurique ; si on lui fait traverser une solution titrée de permanganate, ce dernier est réduit suivant l'équation

$$10\,AzO + 6\,MnO^4K + 9\,SO^4H^2 = 10\,AzO^3H + 3\,SO^4K^2 + 6\,SO^4Mn + 4\,H^2O.$$

L'oxygène est dosé dans les gaz non absorbés à l'aide de l'appareil Orsat ; on déduit l'azote par différence.

Cette méthode n'est applicable que si le mélange gazeux est très pauvre en acide sulfureux, comme le sont, en marche normale, les gaz des dernières chambres ; dans le cas contraire, il faut renoncer à la séparation des deux oxydes Az^2O^3 et Az^2O^4 et employer la soude caustique comme absorbant de SO^2, Az^2O^3 et Az^2O^4 ; si les gaz sont riches en acide sulfureux, Az^2O^4 est, du reste, absent du mélange.

On dose dans la solution alcaline le soufre total par oxydation avec l'eau de brome, et les oxydes de l'azote par la méthode de Peligot modifiée.

Le bioxyde d'azote, l'oxygène et l'azote sont dosés comme ci-dessus.

I. *Dosage des oxydes de l'azote dissous dans l'acide sulfurique concentré*). — *a. Azote total.* — Lorsqu'on agite au contact du mercure de l'acide

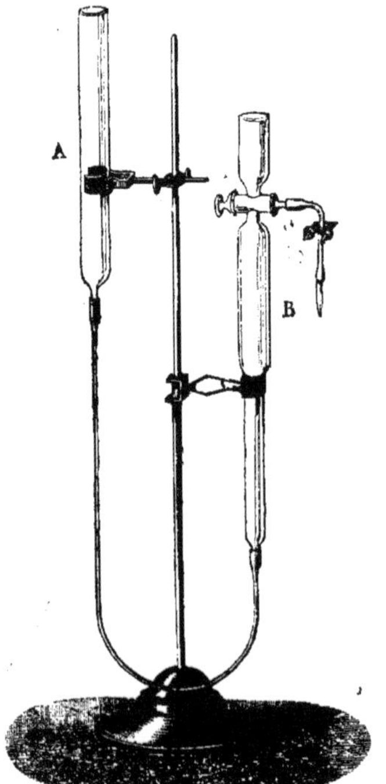

Fig. 92. — Nitromètre de Lunge.

sulfurique tenant en dissolution Az^2O^3 ou AzO^3H (on a vu que Az^2O^4 est immédiatement décomposé en ces deux corps), tout l'azote est dégagé à l'état d'AzO insoluble dans l'acide sulfurique concentré. Le nitromètre de Lunge (fig. 92) permet d'effectuer rapidement ce dosage. Il se compose de deux tubes reliés entre eux par un tuyau de caoutchouc. L'un des tubes A est ouvert à la partie supérieure ; l'autre B se termine par un entonnoir auquel il est relié par un robinet à trois voies qui permet de faire communiquer l'entonnoir, soit avec le tube abducteur, soit avec le tube B ; ce dernier cube plus de 50 centimètres cubes et est gradué en 1/5 de centimètre cube. Pour effectuer l'analyse, on élève le tube A au-dessus du robinet et l'on y verse du mercure jusqu'à ce que celui-ci se montre au-dessus du robinet. On fait écouler l'excès de mercure par le tube abducteur et on ferme le robinet. Après avoir mis dans l'entonnoir l'acide à analyser, on abaisse légèrement le tube A ; puis on fait pénétrer l'acide dans le tube B en entr'ouvrant le robinet. On rince l'entonnoir avec un peu d'acide concentré pur. Il faut avoir soin de ne pas laisser entrer d'air dans le tube B. La quantité d'acid à eemployer doit être telle, que le bioxyde d'azote ne le remplisse pas. 1 centimètre cube d'acide du Gay-Lussac suffit ordinairement à l'essai ; avec l'acide du lavage, on atteindra au maximum 10 centimètres cubes. Quand l'acide est introduit, on élève le tube A et on agite vivement pendant cinq minutes au plus. Si l'acide ne renferme que Az^2O^3, le dégagement de gaz est instantané, et il se produit une coloration violette, due sans doute à une combinaison instable de Az^2O^3 avec AzO [Lunge, *Dingler's polyt. Journ.*, t. CCXXXIII, p. 66] ; avec l'acide nitrique, la réaction est plus lente. On laisse reposer pour que l'équilibre de température se rétablisse ; la mousse se dissipe et on opère la lecture ; pour cela, on place le tube A à une hauteur telle, que la pression du mercure et celle de l'acide dans le tube B équilibrent celle du mercure en A, de telle sorte que, pour chaque 7 millimètres de hauteur d'acide, on ait élevé le niveau du mercure en A de 1 millimètre. On ramène le volume observé à 0° et 760 millimètres, chaque centimètre cube de bioxyde d'azote à 0° et 760 millimètres correspond à :

0gr,001343.	AzO.
0 001701.	Az^2O^3.
0 002417.	Az^2O^5.
0 004521.	$KAzO^3$.
0 003805.	$NaAzO^3$.

Cet appareil, légèrement modifié en vue d'augmenter le volume gazeux susceptible d'être dégagé dans l'appareil et pourvu, à cet effet, d'une boule à la partie supérieure du tube gradué, sert au dosage des nitrates ; il permet d'en évaluer exactement le titre avec une grande rapidité.

b. Acide nitreux. — L'oxydation de l'acide nitreux dissous dans l'acide sulfurique concentré s'effectue de préférence de la manière suivante : On introduit l'acide sulfurique à analyser dans une burette de Mohr, pourvue d'un robinet en verre, et on la fait couler goutte à goutte en agitant jusqu'à décoloration dans une quantité mesurée d'une solution mi-normale de permanganate étendue de 5 à 6 fois son volume d'eau et chauffée à 40° ; la quantité de permanganate à employer dépend de la teneur de l'acide à analyser. Pour l'acide sulfurique nitreux du Gay-Lussac, on emploie 50 centimètres cubes ; pour l'acide des chambres, plus pauvre en produits nitreux, on se contente de 5 centimètres cubes.

L'oxydation de l'acide nitreux a lieu suivant l'équation

$$5Az^2O^3 + 4MnO^4K + 6SO^4H^2 = 10AzO^3H + 2SO^4K^2 + 4SO^4Mn + H^2O.$$

1 centimètre cube de la solution mi-normale de permanganate correspond à 0,004 O ou 0,0095 Az^2O^3. Si x = le nombre de centimètres cubes de permanganate, y = le nombre de centimètres cubes d'acide sulfurique nitreux employés pour l'analyse, on a $\frac{9,5\,x}{y}$ = la teneur de l'acide en Az^2O^3 par litre. 9,5 (Az^2O^3) doit être remplacé par 15,75 (AzO^3H); 29,77 (acide nitrique à 36° Baumé, $t = 15$); 21,25 (AzO^3Na), suivant la manière dont on veut exprimer le résultat.

c. Dosage de l'acide sulfureux. — L'acide sulfurique ne peut, comme on l'a vu, être employé comme absorbant que si le mélange gazeux est pauvre en acide sulfureux; l'action de ce corps est alors presque nulle sur l'acide nitrique qui se forme par décomposition de Az^2O^4 ou sur le sulfate de nitrosyle.

Pour doser l'acide sulfureux, on fait traverser au gaz une solution de soude caustique qui, à la fin de l'opération, est additionnée d'eau de brome. On oxyde ainsi l'acide sulfureux, qui est transformé en sulfate; on acidule par l'acide chlorhydrique et on dose à l'état de sulfate de baryum.

d. Dosage du bioxyde d'azote. — Le mélange gazeux ne renferme plus que ce gaz, l'oxygène, l'azote et les petites quantités de protoxyde qui échappent aux méthodes d'analyse. Au sortir des flacons à soude caustique, les gaz traversent avec une grande lenteur un tube recourbé tel qu'il est représenté par la figure 93 et renfermant

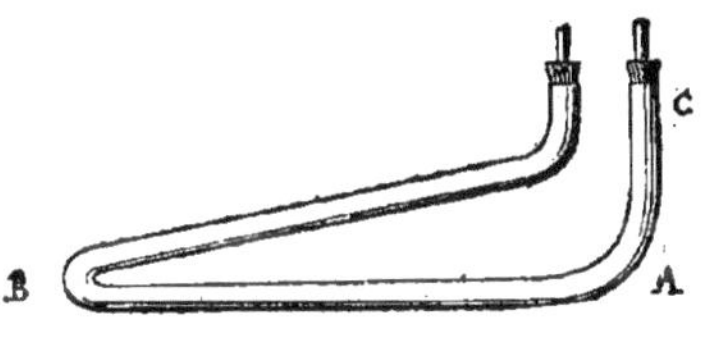

Fig. 93.

50 centimètres cubes d'une solution titrée de permanganate additionnée de 1 centimètre d'acide sulfurique ($d = 1,25$). Quand l'opération est terminée, on vide le tube, on additionne d'un excès d'une solution titrée de sulfate ferreux et on dose finalement avec le permanganate. Du nombre de centimètres cubes de la solution primitive consommés, on déduit le volume du bioxyde d'azote absorbé.

Emploi de la soude caustique comme absorbant des gaz riches en acide sulfureux. — En ce cas, il faut renoncer à séparer Az^2O^3 de Az^2O^4. On emploie pour l'absorption une série de flacons, renfermant chacun une solution de soude caustique à environ 4 %; celle-ci retient SO^2, Az^2O^3 et, le cas échéant, Az^2O^4, qui se trouve rapidement réduit. Quand l'opération est terminée, on dose dans une partie du liquide d'absorption l'acide sulfureux par oxydation avec l'eau de brome, comme il a été dit plus haut. L'azote total, provenant de l'acide nitreux renfermé dans les gaz, est dosé par la méthode de Peligot, modifiée par Lunge : la solution est mélangée à un excès d'acide sulfurique et additionnée d'un léger excès d'une solution de permanganate; celui ci est détruit par quelques gouttes d'acide sulfureux. Tous les oxydes de l'azote sont ainsi transformés en acide nitrique, qu'on dose par le procédé ordinaire (chauffage à l'abri de l'air avec sulfate ferreux, expulsion du bioxyde d'azote et titrage final au permanganate).

Le volume gazeux sur lequel on opère lorsqu'il s'agit du gaz des chambres est d'environ 20 litres. Lorsqu'on veut, au contraire, doser l'acide sulfureux et les oxydes d'azote sortant du Gay-Lussac, il est nécessaire d'aspirer un volume d'au moins un demi-mètre cube, prélevé sur une marche de vingt-quatre heures.

Dosage de l'acide sulfurique nitreux du Gay-Lussac. — Ce dosage s'effectue à l'aide du permanganate, par le procédé décrit à propos de l'analyse de la dissolution de Az^2O^3 et Az^2O^4 dans l'acide sulfurique concentré.

On a vu plus haut que même si les gaz arrivant dans le Gay-Lussac renferment de l'acide hypoazotique, l'acide nitrique qui prend naissance par l'action de ce gaz est immédiatement réduit par le coke qui garnit la colonne. Il n'est donc pas nécessaire de doser l'azote total à l'aide du nitromètre; la totalité de l'azote est, en effet, à l'état de sulfate de nitrosyle; le titrage au permanganate fournit en ce cas le même résultat que le nitromètre. Henry Gall.

SULFUVINURIQUE (ACIDE), $C^4H^4Az^2SO^2$ [Nencki et Sieber, *Journ. prakt Chem.* (2), t. XXV, p. 72]. — Ce corps prend naissance par l'action de la sulfo-urée sur une solution concentrée d'acide dibromopyruvique, à la température du bain-marie; il se dépose du soufre, et la solution filtrée abandonne par le refroidissement des cristaux ayant pour formule $C^4H^4Az^2SO^2.HBr$. En décomposant ce sel par un alcali, on obtient l'acide sulfuvinurique en aiguilles orthorhombiques peu solubles dans l'eau froide et dans l'alcool, presque insolubles dans l'éther. Ce corps réduit à froid les solutions alcalines de cuivre. Il donne avec le chlorure ferrique une coloration violette. Il fonctionne comme acide monobasique et forme des sels bien cristallisés. Tels sont ceux de calcium, de magnésium, de zinc. Il se combine aussi avec les acides bromhydrique et azotique en donnant des composés également bien cristallisés.

SUPERBINE [Warden, *Deutsch. chem. Gesellsch.*, 1881, p. 1111]. — Cette substance est contenue dans les racines de la *Gloriosa superba*, plante de l'Inde appartenant à la famille des Liliacées. On peut l'en extaire par l'alcool. C'est un poison violent.

SYLVANE, $C^5H^6O = C^4H^3O.CH^3$ [Atterberg, *Deutsch. chem. Gesellsch.*, 1880, p. 879]. — Cet homologue du furfurane est contenu dans les produits de la distillation sèche du bois de pin sylvestre, et peut en être isolé par la distillation fractionnée.

C'est un liquide incolore ou à peine jaunâtre, bouillant à 63-63°,5, ayant pour densité 0,887.

Le sodium et les alcalis sont sans action sur lui; il en est de même de l'anhydride acétique. Le brome réagit violemment; si l'on opère en présence de l'eau, il se forme un composé soluble dans l'eau et dans l'éther, qui se résinifie par l'évaporation de ses solutions.

Le permanganate de potassium oxyde le sylvane en donnant entre autres produits de l'acide acétique.

Le perchlorure de phosphore le charbonne en partie et donne en même temps un produit volatil avec la vapeur d'eau, qui paraît un mélange de sylvane inattaqué et d'un chlorhydrate,

$$C^5H^6O.HCl.$$

L'acide chlorhydrique concentré donne des produits résineux. Le gaz chlorhydrique agit de même à la température ordinaire; si l'on opère en solution éthérée et à basse température, il se forme un liquide bouillant à 235-245°, qui paraît avoir pour formule $C^{15}H^{16}O^2$, soit $3\,C^5H^6O - H^2O$.

Ad. Fauconnier.

SYLVESTRÈNE, $C^{10}H^{16}$ [Atterberg, *Deutsch. chem. Gesellsch.*, 1877, p. 1206]. — Ce terpène est contenu dans l'essence de pin sylvestre de

Suède. Pour l'isoler, on traite l'essence par la potasse pour la priver de créosote et d'acides résineux, et on la soumet à de nombreuses distillations fractionnées.

Le sylvestrène est un liquide limpide, doué d'une odeur caractéristique de bois de pin. Il bout à 173-175°. Sa densité à 16° est 0,8612. Son pouvoir rotatoire $[\alpha]_D = +19°,5$.

Traité par le gaz chlorhydrique, il donne un mélange de mono- et de dichlorhydrate : ce mélange ne laisse pas déposer de cristaux. Le monochlorhydrate n'a pas été isolé à l'état de pureté.

Le *dichlorhydrate*, $C^{10}H^{16}.2HCl$, se produit lorsqu'on fait passer un courant d'acide chlorhydrique gazeux dans une solution éthérée de sylvestrène. On chasse l'éther par distillation, et le résidu se prend au bout de quelques jours en une masse cristalline. Purifié par cristallisation dans l'alcool, il se présente en larges aiguilles aplaties et brillantes, fusibles à 72-73°. L'eau, à 100°, le décompose incomplètement; la potasse alcoolique le convertit en un mélange d'un terpène $C^{10}H^{16}$ et d'un terpinol $2C^{10}H^{16} + H^2O$.

SYNANTHRÈNE, $C^{14}H^{10}$. — Ce carbure d'hydrogène a été trouvé par Zeidler dans l'anthracène brut [*Wien. Akad. Ber.*, 1876, juillet 1877, *Liebig's Ann. Chem.*, t. XCCI, p. 298; *Bull. Soc. chim.*, t. XXXI, p. 468]. Hönig et Berger ont obtenu un composé qui semble identique avec celui-ci, en faisant réagir du chlorure d'aluminium sur un mélange de 50 grammes de naphtaline maintenu en fusion et de 20 cent. cubes de chloroforme [*Monatsh. für Chem.*, t. III, p. 668; *Bull. Soc. chim.*, t. XXXIX, p. 179].

Pour isoler le synanthrène de l'anthracène brut, on se sert de l'anthracène anglais. On épuise celui-ci par l'éther acétique et, après avoir distillé l'éther acétique, on fait digérer le résidu avec de l'alcool froid. La partie insoluble dans l'alcool froid, traitée par la benzine froide, cède à celle-ci le synanthrène, que l'on purifie par cristallisation dans la ligroïne. Il cristallise en lamelles jaunâtres, fusibles à 189-195° (Zeidler), à 189-190° (Hönig et Berger), solubles dans l'acétone, le chloroforme, la benzine et le xylène. Traité en solution dans le sulfure de carbone par le brome, il donne un *dérivé dibromé*, $C^{14}H^8Br^2$, en aiguilles microscopiques, fusibles à 175° et sublimables, solubles dans l'alcool et dans la benzine.

M. Wassermann.

SYNANTHROSE. — Voyez LÉVULINE, Suppl., p. 980.

SYNTONINE. — Voyez t. III, p. 170, et Suppl., p. 63. — D'après A. Dochmann, la *caséine redissoute* du Koumys n'est autre chose que de la syntonine [*Saint-Pétersb., med. Wochenschr.*, 1881, n° 42; — *Jahresb. f. Thierchem.*, 1881, p. 190]. La syntonine se forme par l'action de l'acide chlorhydrique sur la myosine à 55° [A. Danilewski, *Zeitschr. f. physiol. Chem.*, t. V, p. 158].

La présence du chlorure de sodium accélère la coagulation de la syntonine par la chaleur [Kieseritzky, *Jahresb. f. Thierchem.*, 1882, p. 6].

La syntonine, après un séjour prolongé dans l'eau, devient insoluble dans l'acide chlorhydrique et dans l'eau de chaux; cette syntonine insoluble se dissout dans les alcalis à 0,1 %, et peut être précipitée sans altération de cette solution; mais, si on laisse la solution pendant quelque temps à une température de 35-45°, elle donne par neutralisation de la syntonine primitive. Cette syntonine régénérée, dissoute dans l'eau de chaux, puis additionnée de chlorure d'ammonium solide jusqu'à saturation, et finalement neutralisée par l'acide acétique ou par l'acide chlorhydrique, donne un liquide alcalin et opalescent. Ce liquide versé dans l'eau distillée, goutte à goutte, fournit un coagulum qui, d'après Danilewski, serait identique avec la myosine [A. Danilewski, *loc. cit.*].

La solution acétique de syntonine donne, avec le platinocyanure de potassium, un précipité gélatineux, qui se prend en un coagulum floconneux; par l'ébullition, il se contracte en une masse compacte; après dessiccation, il devient dur comme du cuir, en se contractant; finalement, il devient vitreux et transparent et il contient 5,55 % Pt [Schwarzenbach, *Ann. Chem. Pharm.*, t. CXLIV, p. 62; *Bull. Soc. chim.*, t. X, p. 57].

Soyka avait conclu à l'identité de la syntonine avec l'alcali-albumine (voyez Suppl., p. 63). Cette conclusion semble être erronée, d'après les recherches de Mörner. Ce chimiste a constaté de notables différences entre ces deux matières albuminoïdes, et il explique l'erreur de Soyka par la transformation de la syntonine en alcali-albumine sous l'influence du carbonate de sodium, au bain-marie, même en solution très étendue. Voici les différences observées par Mörner entre l'alcali-albumine préparée d'après les indications de Lieberkühn et 1° la *syntonine du blanc d'œuf* obtenue par l'action de l'acide chlorhydrique à 0,1-0,25 %, au bain-marie, suivie de précipitation au moyen du carbonate d'ammonium et redissolution dans l'acide chlorhydrique; 2° la *syntonine musculaire*, préparée avec la chair de brochet, épuisée par l'eau, mais à la température ordinaire; 3° la *parapeptone*, résultant de l'action du suc gastrique sur le blanc d'œuf cuit; et 4° la *fibrine-syntonine*, préparée d'après les indications de Hoppe-Seyler.

L'*alcali-albumine* constitue un précipité non gélatineux qui, même après des lavages prolongés, rougit fortement le tournesol.

La *syntonine du blanc d'œuf* est gélatineuse, et moins acide, ainsi que la *syntonine musculaire*, qui est un précipité plus volumineux. La *parapeptone* et la *fibrine-syntonine* sont plus acides que les deux autres.

Lorsque à du carbonate de baryum, de calcium ou de strontium, broyé avec de l'eau, on ajoute de l'*alcali-albumine*, elle se dissout en déplaçant de l'acide carbonique; la *fibrine-syntonine*, dans ces conditions, se dissout partiellement, les *trois autres* restent non dissoutes.

L'*alcali-albumine* est très soluble dans la soude caustique et dans les carbonates de sodium et de lithium ainsi que dans le bicarbonate sodique, et les solutions, en présence de la plus petite quantité de dissolvants, ont une réaction acide. Elle se dissout également dans l'eau de chaux et dans les solutions de phosphate disodique (cette solution est équivalente à une solution d'acide chlorhydrique à 0,05 %, calculée molécule pour molécule). La *syntonine du blanc d'œuf* et la *syntonine musculaire* sont moins solubles dans les alcalis et dans les carbonates alcalins, et les solutions opalescentes, même avec la plus petite quantité de dissolvant, ont une réaction alcaline; il en est de même de la *parapeptone* et de la *fibrine-syntonine*.

Dans la solution de phosphate disodique, équivalente à l'acide chlorhydrique à 0,05 %, l'*alcali-albumine* se dissout à la température ordinaire pour donner une solution limpide; la *syntonine du blanc d'œuf* y est insoluble et seulement peu soluble dans une solution 10 fois plus concentrée. La *syntonine musculaire* est insoluble, la *parapeptone* et la *fibrine-syntonine* sont facilement solubles.

Les solutions de ces substances dans les alcalis ou dans les carbonates alcalins, soumises à l'action de la chaleur, se comportent de la manière suivante : L'*alcali-albumine* et la *syntonine* ne se coagulent pas à l'ébullition; ce n'est qu'au moyen de la dialyse que l'on peut obtenir des solutions renfermant assez peu d'alcali pour permettre la coagulation. Par l'ébullition, l'*alcali-albumine* n'est pas transformée; la *syntonine* du *blanc d'œuf* et la *syntonine musculaire* sont profondément altérées, car la solution dans du carbonate de sodium (équivalent à l'acide chlorhydrique à 0,05 °/₀) donne rapidement au bain-marie, lentement à la température ordinaire, après précipitation par un acide, une substance qui se dissout dans l'eau contenant du carbonate de calcium, avec dégagement d'acide carbonique, et dans le phosphate disodique et les alcalis comme l'alcali-albumine avec une réaction acide de la solution.

Lorsqu'on prépare des solutions d'*alcali-albumine* très pauvres en alcali et qu'on les chauffe en tubes scellés à 100°, l'*alcali-albumine* se coagule et le liquide devient alcalin; l'alcali-albumine possède donc une réaction acide. La *syntonine* du *blanc d'œuf* ne se coagule pas, car l'excès d'alcali nécessaire pour la dissoudre la transforme à 100°, et la quantité est suffisante pour la maintenir en solution. Si on précipite alors par un acide et que l'on redissolve dans peu d'alcali, elle se comporte, à 100°, comme l'alcali-albumine. Elle s'est donc transformée en celle-ci.

La dialyse fournit une nouvelle preuve de cette transformation. L'*alcali-albumine*, dialysée en solution alcaline, finit par se précipiter, tandis que la solution devient de plus en plus acide; cette réaction acide disparaît au fur et à mesure que le précipité augmente. La *syntonine*, en solution alcaline, se précipite plus facilement par la dialyse; mais, si l'on chauffe la solution avant de dialyser, la précipitation devient plus difficile et le précipité se dissout par addition de carbonate de calcium, tandis que le précipité obtenu au moyen de la solution non chauffée ne se redissout pas. La *syntonine musculaire* est également facilement précipitée par dialyse.

La *syntonine* est précipitée plus facilement que l'*alcali-albumine* par l'alcool, l'acide carbonique, les sels neutres, ($NaCl, Na^2SO^4$); le chlorure d'ammonium en poudre précipite très incomplètement l'*alcali-albumine*, mais bien la syntonine. Les deux substances sont précipitées par un peu de chlorure de baryum ou de calcium et se dissolvent dans un excès.

Lorsqu'on ajoute un acide à des solutions alcalines de ces substances, en l'absence d'un phosphate alcalin, l'*alcali-albumine* ne se précipite que quand la réaction est devenue franchement acide, tandis que, même avec une réaction encore alcaline, on voit se précipiter les syntonines dans l'ordre suivant: 1° *syntonine musculaire*, 2° *syntonine du blanc d'œuf*, 3° *fibrine-syntonine*. L'acide acétique précipite moins bien l'*alcali-albumine* et la *fibrine-syntonine* que l'acide chlorhydrique. Les solutions de *syntonines*, dans lesquelles les acides produisent un précipité pendant que la réaction est encore alcaline, ne donnent ce précipité, après avoir été chauffées, que lorsque la réaction est acide ou au moins amphothère. C'est sur cette transformation que s'appuie Mörner pour nier l'identité de l'alcali-albumine et de la syntonine annoncée par Soyka. Pourtant la *fibrine-syntonine* ne précipite pas plus facilement après ce traitement; elle ressemble du reste, dans beaucoup de points, à l'alcali-albumine.

Lorsqu'on ajoute un acide à une solution de phosphate disodique contenant de l'*alcali-albumine*, il se forme un précipité quand la réaction alcaline a disparu et que tout le phosphate disodique s'est converti en phosphate monosodique. S'il s'agit de la *syntonine du blanc d'œuf*, il se forme un précipité avant disparition de la réaction alcaline, et, quand le liquide renferme 5 molécules de phosphate monosodique pour 1 molécule de sel disodique; la *parapeptone* et la *fibrine syntonine* précipitent plus tard. La *syntonine musculaire* est précipitée de sa solution dans le carbonate de sodium par le phosphate disodique.

Si on ajoute du phosphate monosodique à une solution d'*alcali-albumine* dans le carbonate de sodium en présence de phosphate disodique, il y a précipitation lorsque la solution renferme 35-45 molécules de sel monosodique pour 1 molécule de sel disodique. Pour les solutions de *syntonine du blanc d'œuf* et de *fibrine-syntonine*, ce point arrive quand sa proportion est de 1 à 5. Pour les solutions dans le phosphate disodique, sans carbonate de sodium, la proportion de phosphate monosodique nécessaire à la précipitation est la même, sauf pour la *fibrine-syntonine*, qui exige un peu plus de sel monosodique.

L'*alcali-albumine* solide est plus soluble dans l'acide chlorhydrique que dans l'acide acétique; la solution dans l'acide chlorhydrique à 0,1 °/₀ ne s'altère pas par l'action de la chaleur et ne se convertit pas en syntonine, même après coagulation à l'ébullition, dissolution nouvelle dans l'acide à 0,1 °/₀ et chauffe consécutive. La *syntonine* en solution acide se transforme, lorsqu'on la chauffe, en une substance analogue à l'*alcali-albumine*. De même que l'*alcali-albumine*, la *syntonine transformée* par l'acide chlorhydrique ne peut pas se convertir en *syntonine primitive*, même après coagulation et dissolution nouvelle dans l'acide chlorhydrique.

Les solutions d'*alcali-albumine* et de *syntonine du blanc d'œuf* dans l'acide chlorhydrique ne se coagulent pas à l'ébullition, mais seulement au delà de 100°; elles précipitent mal par l'alcool; par dialyse, la solution de *syntonine* précipite facilement, celle de l'*alcali-albumine* difficilement; elles ne précipitent pas par les sels neutres ni par les sels métalliques, à moins que ceux-ci ne soient en grande quantité.

Les alcalis précipitent les solutions acides et un excès redissout le précipité; mais, en présence de phosphate monosodique, le précipité de l'*alcali-albumine* est soluble dans l'excès de réactif quand peu de sel monosodique est converti en sel disodique, tandis que pour la *syntonine du blanc d'œuf* il faut que la majeure partie du sel monosodique soit transformée; il en est de même pour la *parapeptone* et pour la *fibrine-syntonine;* pour la *syntonine musculaire*, la transformation en sel disodique doit être complète. Mörner conclut, de ces réactions, à la non-identité des syntonines avec l'alcali-albumine; la différence consiste en une plus grande solubilité et en une plus forte réaction acide en faveur de l'alcali-albumine [K.-A.-H. Mörner, *Jahresb. f. Thierchem.*, 1877, p. 9].

M. Wassermann.

T

TAIGUIQUE (ACIDE). Voyez t. III, p. 185. — D'après les récentes recherches de Paterno [*Gazz. chim. ital.*, t. XII, p. 337, et *Bull. Soc. chim.*, t. XL, p. 320], l'acide taiguique serait identique avec l'*acide lapachoïque* (voyez Suppl., p. 977), désigné aussi sous les noms de lapacique et de lapachique.

TANACÉTIQUE (ACIDE). Voyez t. III, p. 186. — Suivant Leppig [*Deutsch. chem. Gesellsch.*, 1882, p. 1088], l'acide tanacétique n'existe pas; le corps désigné sous ce nom serait de l'acide malique impur.

TANACÉTYLE (HYDRURE DE), $C^{10}H^{16}O$ [Bruylants, *Deutsch. chem. Gesellsch.*, 1878, p. 449]. — C'est un des principes immédiats contenus dans l'essence de tanaisie (*Tanacetum vulgare*). Pour l'isoler, on agite l'essence avec du bisulfite de sodium (1 vol.) et de l'alcool (2 vol.). Il se dépose une combinaison cristalline qu'on lave à l'éther et qu'on décompose à chaud par une solution de carbonate de sodium : l'eau entraîne un liquide léger qu'on rectifie au thermomètre.

L'hydrure de tanacétyle bout à 195-196°; il est insoluble dans l'eau, miscible en toutes proportions à l'alcool et à l'éther; sa densité à 4° est 0,918. Il fonctionne comme aldéhyde : il réduit les solutions ammoniacales de nitrate d'argent avec formation d'un miroir métallique; il donne avec le bisulfite de sodium une combinaison cristallisée en houppes nacrées, insolubles dans l'éther et dans la benzine, de la formule

$$C^{10}H^{15}.SO^3Na.$$

Il fixe l'hydrogène naissant pour former un alcool ayant pour composition $C^{10}H^{18}O$.

Le sulfure de phosphore, l'anhydride phosphorique, l'iode, le chlorure de zinc transforment l'hydrure de tanacétyle en cymène, $C^{10}H^{14}$. Le perchlorure de phosphore le convertit en un mélange de cymène, de *chlorure de tanacétène*,

$$C^{10}H^{16}Cl^2,$$

et de *tanacétène monochloré*, $C^{10}H^{15}Cl$.

Oxydé par l'acide chromique, il fournit un mélange d'acides acétique et propionique; traité par l'acide nitrique, il donne de l'acide camphorique.

Ad. Fauconnier.

TANTALE. — Fluorure de tantale. — A. Joly a obtenu un fluoxytantalate d'ammonium,

$$TaOFl^3.3AzH^4Fl,$$

en dissolvant l'hydrate tantalique dans une solution concentrée et chaude de fluorure d'ammonium. Le fluosel cristallise par le refroidissement en octaèdres volumineux.

Ce sel est très soluble dans l'eau, mais sa solution s'altère après quelque temps, surtout à chaud, et fournit alors par la concentration des lames rectangulaires de fluotantalate. Avec un excès d'acide fluorhydrique, ce fluoxytantalate donne le sel acide, $TaOFl^3.3AzH^4Fl.FlH$. A. Joly n'a pas pu obtenir à l'état de pureté le fluoxytantale de potassium correspondant [*Compt. rend.*, t. LXXXI, p. 1266].

Tantalates. — Comme l'acide niobique, l'acide tantalique forme une série de sels que l'on peut rapporter aux acides

$$TaO^3H,\ Ta^2O^7H^4,\ TaO^4H^3,\ Ta^2O^9H^8,$$

représentant les anhydrides de l'ortho-acide,

$$TaO^5H^5.$$

A. Joly décrit notamment le sel de magnésium, $Ta^2O^9Mg^4$ (soit $Ta^2O^5.4MgO$), cristallisé en lames hexagonales, qu'il a obtenu en calcinant au rouge l'anhydride tantalique avec un excès de chlorure de magnésium [*Compt. rend.*, t. LXXX, p. 66].

Azoture de tantale. — L'azoture obtenu par H. Rose en traitant le chlorure de tantale par le gaz ammoniac sec, à une température suffisante pour volatiliser le sel ammoniac, a pour composition Ta^3Az^5, d'après les analyses de A. Joly. Il se forme d'après l'équation

$$3TaCl^5 + 20AzH^3 = Ta^3Az^5 + 15AzH^4Cl.$$

C'est une poudre amorphe d'un rouge d'ocre. Chauffé au rouge blanc dans le gaz ammoniac sec, il perd de l'azote et donne une matière noire qui constitue l'azoture TaAz. Chauffé avec du charbon, à la température de fusion de l'acier, ce dernier azoture perd de l'azote et se transforme partiellement en un carbure qui se distingue par sa couleur jaune de laiton [*Bull. Soc. chim.*, t. XXV, p. 508].

Ed. Willm.

TARCHONIQUE (ALCOOL). — Ce corps, dont la formule exacte n'a pas été établie, est un des principes immédiats contenus dans les feuilles du *Tarchonanthus camphoratus*. Il se présente en écailles blanches, fusibles à 82°. Il donne par le perchlorure de phosphore un chlorure fusible à 68-70°. Sa molécule renfermerait 50 ou 52 atomes de carbone [Canzoneri et Spica, *Gazz. chim. ital.*, t. XII, p. 227, et *Bull. Soc. chim.*, t. XXXVIII, p. 665].

TARCONINE. — La tarconine est un produit d'oxydation de la cotarnine sous l'influence de l'eau de brome. Nous décrirons en même temps divers corps qui prennent naissance dans la même réaction et qui n'ont pas encore été mentionnés dans cet ouvrage.

Pour préparer la tarconine, on verse peu à peu une solution aqueuse de chlorhydrate de cotarnine dans de l'eau de brome. Il se produit ainsi du bromhydrate de bromocotarnine et du bromhydrate de tribromocotarnine.

La bromocotarnine, chauffée à 200°, se dédouble en bromure de méthyle et en *tarconine*,

$$C^{11}H^9AzO^3.$$

Il se produit en même temps un corps bleu indigo, qui est le bromhydrate d'une nouvelle base,

$$C^{20}H^{14}Az^2O^6.$$

Cette base et ses sels sont insolubles dans l'eau, l'alcool, l'éther, la benzine, solubles en petite quantité dans l'aniline bouillante et dans l'acide acétique avec une coloration bleue. Son *sulfate*, $C^{20}H^{14}Az^2O^6.2SO^4H^2$, est d'un beau rouge.

Le bromhydrate de tribromocotarnine chauffé à 170-185° se dédouble en acide bromhydrique, bromure de méthyle et *bromhydrate de bromotarconine*. Traité par le carbonate de sodium, ce dernier fournit la bromotarconine libre. Elle cristallise en aiguilles orangées, soyeuses, peu solubles dans l'eau froide, solubles dans l'eau bouillante et dans l'alcool faible. Ces cristaux renferment $2H^2O$ qu'ils perdent à 100° en devenant rouge écarlate. La base anhydre fond à 235-238° en se convertissant en un corps bleu insoluble dans l'eau. Vers 300°, son chlorhydrate se transforme en une nouvelle base non bromée, $C^{20}H^{14}Az^2O^6$, identique avec celle décrite plus haut.

Chauffée vers 130° avec HCl concentré, la bromocotarnine se décompose avec dégagement de CO^2, de CH^3Br, et formation de chlorhydrate de *nartine*. La base libre, $C^{20}H^{16}Az^2O^6$, cristallise en longues aiguilles rouge-brun, devenant plus foncées par la dessiccation. La solution aqueuse précipite par les carbonates et les acétates alcalins, mais non par les alcalis libres.

En présence d'un excès d'acide chlorhydrique, elle forme un sel diacide, qui, recristallisé dans l'eau, fournit le chlorhydrate neutre. Enfin, par ébullition avec l'eau, celui-ci fournit un sel basique.

La solution du chlorhydrate réduit le nitrate d'argent. Avec le chlorure ferrique, elle donne une coloration brun foncé, et avec le chlorure de platine un précipité jaune, devenant rapidement vert.

La nartine libre et son chlorhydrate se décomposent vers 200° sans fondre. Chauffée avec de la chaux sodée, elle donne de la pyridine sans quinoléine. Avec le permanganate, elle fournit un acide carbopyridique fusible au-dessus de 250° [A. Wright, *Chem. News*, t. XXXV, p. 249, et *Bull. Soc. chim.*, t. XXX, p. 406].

Cupronine, $C^{20}H^{18}Az^2O^6$, et *tarnine*,

$$C^{11}H^9Az^2O^4, 1\frac{1}{2}H^2O.$$

— Lorsque l'on chauffe la bromotarconine avec de l'eau à 130°, on obtient par refroidissement un mélange d'aiguilles bleues et jaunes. Les premières constituent du bromhydrate de *cupronine*, $C^{20}H^{18}Az^2O^6.HBr$. Ce sel se dissout dans l'eau bouillante en bleu foncé et dans l'acide sulfurique en rouge fuchsine. Le bicarbonate de sodium précipite la base libre, qui est soluble dans le carbonate neutre et dans la soude caustique.

Les aiguilles jaunes constituent le bromhydrate de *tarnine*. La base libre est précipitée par les alcalis; elle est soluble dans l'eau bouillante et dans l'alcool, insoluble dans l'éther, et cristallise en fines aiguilles orangées devenant écarlates par la dessiccation. A 110°, elle perd $2H^2O$ et se convertit en un anhydride, $C^{22}H^{16}Az^2O^7$. Chauffée avec de la chaux sodée, elle donne de la pyridine.

Le *chlorhydrate* et le *bromhydrate* sont très solubles dans l'eau.

Le *chloroplatinate* se dépose de sa solution chlorhydrique en longues aiguilles orangées [Von Gerichten, *Deutsch. chem. Gesellsch.*, 1881, p. 310].

Cuprine, $C^{11}H^7AzO^3$. — Lorsque l'on ajoute de l'eau de brome à une solution froide de chlorhydrate de bromotarconine, il se produit un précipité jaune qui se redissout, puis la solution devient brune. Si l'on chauffe la solution, elle devient bleu foncé, et il se dégage du gaz carbonique et de l'acide formique. L'addition de carbonate de sodium précipite une base verte à reflets cuivrés, la cuprine. Elle cristallise en aiguilles rayonnées microscopiques. Elle est soluble en vert dans l'eau et dans l'alcool, insoluble dans l'éther. Elle se décompose à 280° en se boursouflant. Elle se dissout en bleu dans les acides étendus, en brun dans les acides concentrés, et est précipitée de ces solutions par les bicarbonates alcalins.

Le *chlorhydrate* cristallise en aiguilles renfermant de l'eau de cristallisation. Le *chloroplatinate* est un précipité bleu floconneux [Von Gerichten, *Liebig's Ann. Chem.*, t. CCX, p. 79].

Iodure de méthylbromotarconium. — La bromotarconine anhydre, chauffée à 100° avec de l'iodure de méthyle, s'y combine en donnant l'iodure,

$$C^{11}H^8BrAzO^3.CH^3I,$$

qui cristallise dans l'eau en longues aiguilles jaunes, anhydres, solubles dans l'eau froide et dans l'alcool, insolubles dans l'éther. Il brunit à 170° et fond à 203-204° en perdant CH^3I et de l'aldéhyde formique qui passe à l'état de trioxyméthylène.

Le *chlorure* s'obtient en faisant digérer l'iodure avec le chlorure d'argent. Il donne un *chloroplatinate* cristallin.

L'*hydrate*, obtenu par l'action de l'oxyde d'argent sur l'iodure, cristallise en petites aiguilles orangées. Sa solution attire vivement l'acide carbonique.

L'iodure d'éthyle donne de même un *iodure*, $C^{11}H^8BrAzO^3.C^2H^5I$, qui cristallise en longues aiguilles jaune clair groupées en faisceaux. Il fond à 205-206° en se décomposant. L'hydrate est très alcalin.

L'*iodure d'amylbromotarconium* est plus difficile à obtenir que les précédents. Il cristallise en aiguilles mamelonnées brillantes.

Acide tarconique. — L'eau de baryte dédouble l'iodure de méthylbromotarconium en donnant de l'aldéhyde formique et le sel de baryum d'un acide $C^{11}H^{10}BrAzO^3$, d'après l'équation :

$$2C^{11}H^8BrAzO^3.CH^3I + 2Ba(OH)^2 = [C^{10}H^6(CH^3)BrAzO^3]^2Ba + 2CH^2O + BaI^2 + 2H^2O.$$

L'aldéhyde formique ne provient pas de l'oxydation du groupe méthyle introduit par l'iodure de méthyle, car l'*iodure d'éthylbromotarconium* donne de même de l'aldéhyde formique.

L'acide *méthylbromotarconique* ainsi produit cristallise dans l'eau bouillante en prismes jaunes, brillants, renfermant $2H^2O$ qu'ils perdent à 100°. Il est très peu soluble dans l'eau et l'alcool froids, soluble à chaud. Il fond à 223° et se combine aux acides et aux bases.

Le *chlorhydrate acide* cristallise en faisceaux d'aiguilles solubles dans l'eau froide.

Le *chloroplatinate*,

$$(C^{11}H^{10}BrAzO^3.HCl)^2, PtCl^4,$$

se précipite en fines aiguilles jaunes.

Le *sel sodique* est en longues aiguilles étoilées, jaune clair. Il se décompose en donnant de la pyridine.

Le *sel de cuivre* est anhydre, jaune-vert, soluble dans les acides minéraux.

Le *sel de baryum* est un précipité jaune cristallin.

Avec le brome, l'acide méthylbromotarconique ne donne pas de cuprine comme la bromotarconine. L'acide chlorhydrique le dédouble en chlorure de méthyle et acide tarconique.

L'*acide éthylbromotarconique*,

$$C^{12}H^{12}BrAzO^3, H^2O,$$

forme de fines aiguilles jaunes brillantes, très peu solubles dans l'eau froide, solubles dans l'alcool, insolubles dans l'éther. Il fond à 233-235° en dégageant CO^2.

Le *chlorhydrate* forme des aiguilles jaune pâle, solubles dans l'eau. Le *chloroplatinate* se précipite en aiguilles.

Le *sel de cuivre*, $(C^{12}H^{11}BrAzO^3)^2Cu$, est un précipité floconneux jaune-vert.

Le *sel de baryum* est un peu soluble dans l'eau bouillante.

Le chlorure ferrique donne un précipité brun, soluble en violet dans un excès de chlorure ferrique.

L'acide chlorhydrique le dédouble en chlorure d'éthyle et *acide tarconique*, $C^{10}H^7AzO^3$. Cet acide, qui dérive de l'acide éthylbromotarconique aussi bien que de l'acide méthylé, s'obtient par l'action de l'acide chlorhydrique sur ces acides à 150-160°. Par refroidissement, on obtient son chlorhydrate en longs prismes étoilés jaune-brun, peu solubles dans l'eau froide, très solubles dans l'alcool bouillant, solubles dans la soude et les carbonates alcalins. Lorsque l'on concentre sa solution aqueuse, on obtient un produit d'hydratation soluble dans l'eau froide.

L'acide tarconique libre se précipite en fines aiguilles jaunes, brunissant à l'air, lorsque l'on traite la solution du chlorhydrate par le bicarbonate de sodium. Il réduit l'azotate d'argent et donne une coloration rouge-brun avec le chlorure ferrique [Von Gerichten, *Liebig's Ann. Chem.*, CCXII, p. 165]. M. Hanriot.

TARTRIQUES (ACIDES). — En oxydant l'érythrite, Przybyteck a obtenu de l'acide tartrique (mélange d'acides inactif et racémique ?) [*Deutsch. chem. Gesellsch.*, 1881, p. 1202]. L'acide diamidosuccinique, traité par l'azotite de calcium en solution acide, fournit un précipité de tartrate de calcium (tartrate et racémate ?) [Théodor Lehrfeld, *Deutsch. chem. Gesellsch.*, 1881, p. 1816].

Le poids Y d'acide tartrique dissous par 100 p. d'eau à la température T a été trouvé par Leidié égal à

$$Y = 115{,}04 + 0{,}9176\ T + 0{,}01511\ T^2,$$

pour les températures comprises entre 0 et 40°. De 45 à 100°, on peut le représenter par la formule suivante :

$$Y = 135{,}5 + 0{,}30259\ T + 0{,}017749\ T^2$$

[Leidié, *Compt. rend.*, t. XCV, p. 87].

Suivant Bourgoin, l'éther à 15° dissout 0p,389 d'acide tartrique, l'alcool absolu 20p,385, l'alcool à 20° 29 p. 146 pour 100 p. de dissolvant [*Bull. Soc. chim.*, t. XXIX, p. 244].

Landolt, en examinant l'action des acides sur les solutions d'acide tartrique droit, a obtenu les résultats suivants : 1 molécule d'acide tartrique et 50 molécules d'eau étant additionnées de *n* molécules d'acide sulfurique donnent à 25° des rotations de *x*° :

n.	$[\alpha]_D = x$.
0	13°,12.
2	10°,56.
4	8°,27.
6	6°,21.

Avec une solution contenant 6 % d'acide tartrique, 69,48 % SO^4H^2 et 24,21 % H^2O, on a $[\alpha]_D = 2°,35$.

1 molécule d'acide tartrique et 50 molécules d'eau additionnées de 6 molécules des acides suivants, donnent, après *n* heures, les valeurs suivantes pour $[\alpha]_D$:

	A froid (de suite).	A chaud.	Après n heures.
$C^2H^4O^2$	10°,01	9°,29	16
HCl	7°,01	6°,20	16
SO^4H^2	6°,21	6°,13	16
AzO^3H	5°,47	4°,89	2

La chaleur paraît d'ailleurs avoir peu d'influence.

En solution acétique et à 20°, l'acide tartrique présente les valeurs suivantes pour $[\alpha]_D$:

Acide acétique.	Acide tartrique.	$[\alpha]_D$.
90,58 % (24 mol.).	9,42 % (1 mol.)	7°,02
97,84 % (113 mol.).	2,16 % (1 mol.)	3°,94

De même, une solution dans l'alcool méthylique présente, conformément aux résultats de Biot, de faibles rotations.

Une solution dans l'acétone anhydre, contenant 18,4 % d'acide, a donné une rotation de 0°,26 pour une colonne de 2 décimètres. Mais si l'on vient à ajouter de l'éther anhydre à cette solution, de façon qu'elle contienne 8,37 % d'acide, la rotation devient *négative* et égale à — 0°,16 à 20° pour 2 décimètres. De même l'addition de chloroforme permet d'obtenir une rotation négative égale à — 0°,2 pour 2 décimètres [*Deutsch. chem. Gesellsch.*, 1880, p. 2330].

Liebermann, en distillant jusqu'à 270-280° 250gr d'acide tartrique mêlé au tiers de son poids de verre pilé, a obtenu :

9gr,24	Acide pyruvique.
2gr,11	— pyrotartrique.
0gr, 4	— formique.
3gr.	matières goudronneuses.
2gr.	aldéhyde formique, acide lactique, lactide et résines diverses.

[*Deutsch. chem. Gesellsch.*, 1882, p. 433].

Si, au contraire, on distille l'acide tartrique avec du bisulfate de potassium, on obtient un rendement presque théorique en acide pyruvique [Erlenmeyer et Böttinger, *Deutsch. chem. Gesellsch.*, 1881, p. 321].

En remplaçant le bisulfate de potassium par la chaux, on obtient de l'hydrogène, de l'acétone et un peu de benzine [J. Freydl, *Monatsh. Chem.*, t. IV, p. 149].

Parmi les produits de la distillation de l'acide tartrique, Bourgoin a obtenu une huile neutre, bouillant à 230°, peu soluble dans l'eau et répondant à la formule C^4H^6O [*Bull. Soc. chim.*, t. XXIX, p. 309].

Bouchardat, en traitant l'acide tartrique (1 p.) par l'acide sulfurique (6 à 7 p.), a obtenu les acides glycérique et pyruvique [*Compt. rend.*, t. LXXXIX, p. 99].

Chauffé avec de l'acide phosphorique anhydre, l'acide tartrique donne, à 120-180°, un mélange d'oxyde de carbone et d'acide carbonique [Vangel, *Deutsch. chem. Gesellsch.*, 1880, p. 356].

L'acide tartrique ou un tartrate, additionné d'un peu de sel de fer et de quelques gouttes d'eau oxygénée, puis d'un excès de soude caustique, donne une coloration violette, et la liqueur réduit énergiquement les solutions d'argent, de mercure, de cuivre, de permanganate et de dichromate de potassium. On peut remplacer l'eau oxygénée par de l'eau de chlore, de l'hypochlorite de sodium ou du permanganate de potassium, mais non par de l'acide azotique. Le tartrate de fer, additionné de potasse et agité à l'air, donne cette coloration, qui se produit encore dans l'électrolyse d'une solution d'acide tartrique, si l'on prend une plaque de fer comme électrode positive. Le liquide jaunit et passe au violet par addition d'alcali [Fenton, *Chem. News*, t. XLIII, p. 110].

ANHYDRIDE DIACÉTYLTARTRIQUE,

$$C^8H^8O^7 = \begin{matrix} CH.O(C^2H^3O)\text{-}CO \\ CH.O(C^2H^3O)\text{-}CO \end{matrix} \Big> O.$$

— Composé fusible à 125-129°, obtenu par l'action du chlorure d'acétyle sur l'acide tartrique. Il présente en solution dans la benzine une rotation à droite, et, en solution aqueuse, une rotation à gauche. Les diacétyltartrates de baryum et de sodium dévient de même à gauche le plan de polarisation.

ANHYDRIDE DIBENZOYLTARTRIQUE,

$$C^{18}H^{12}O^7 = \begin{matrix} CH.O(C^7H^5O)\text{-}CO \\ CH.O(C^7H^5O)\text{-}CO \end{matrix} \Big> O.$$

Aiguilles blanches fusibles à 174°, insolubles dans

l'eau, solubles dans l'alcool, la benzine et le chloroforme. Les alcalis le transforment en sels d'où l'on peut précipiter l'acide en flocons fusibles à 140° [Anschütz et Amé Pictet, *Deutsch. chem. Gesellsch.*, 1880, p. 1175].

Acide racémique. Jungfleisch a montré que la présence de l'alumine dans l'acide tartrique accélère considérablement sa transformation par la chaleur en acide racémique; elle la rend six fois plus rapide. Les autres sels d'alumine possèdent une action semblable, mais d'autant moins intense que l'acide du sel est plus fort. C'est généralement à cette base qu'il faut attribuer la transformation facile de l'acide tartrique dans diverses opérations industrielles [*Compt. rend.*, t. LXXXV, p. 805].

La solubilité de l'acide racémique entre 0 et 35° peut s'exprimer par la formule

$$y = 8{,}1728 + 0{,}3391\, t + 0{,}7613\, t^2;$$

entre 40 et 111° on a

$$y = 0{,}2069 + 0{,}615762\, t + 0{,}007602\, t^2;$$

y est le poids d'acide dissous par 100 p. d'eau (Leidié).

TARTRATES.

Tartrate d'argent. — Ce sel, chauffé avec du sable, donne un dégagement d'oxyde de carbone et d'anhydride carbonique [Birnbaum et Gaier, *Deutsch. chem. Gesellsch.*, 1880, p. 1271].

Tartrate d'ammonium. — Par fermentation, ce sel donne de l'acide succinique et un peu d'acide acétique [König, *Deutsch. chem. Gesellsch.*, 1881, p. 211].

Tartrate de calcium. — Ce sel, soumis à la fermentation développée par les excréments de vache, donne de l'acide acétique, de l'alcool, du gaz carbonique, de l'hydrogène [Fitz, *Deutsch. chem. Gesellsch.*, 1879, p. 475]. König, en soumettant ce même sel à une fermentation indéterminée, a obtenu les acides acétique, propionique et carbonique.

Tartrate d'antimoine. — Clarke et Evans, en saturant l'acide tartrique par l'oxyde d'antimoine, ont obtenu une solution incristallisable qui présentait, pour le rapport de l'oxyde à l'acide, la composition $Sb.OH(C^4H^5O^6)^2$. Précipitée par l'alcool, cette solution donne naissance à un sel représenté par la formule $Sb^2O(C^4H^4O^6)^2, 6H^2O$. Chauffé à 170° et repris par l'eau, ce sel en fournit un autre, $SbC^4H^3O^6$.

On a pu encore obtenir, en précipitant par l'alcool la solution contenant un excès d'acide, un sel $Sb^2(C^4H^4O^6)O^2, 2H^2O$.

Enfin si, au lieu de saturer l'acide par l'oxyde d'antimoine, on laisse un excès d'acide, on obtient par concentration des cristaux que baigne une eau mère poisseuse difficile à séparer. La composition de ces cristaux est variable. Un échantillon présentait les rapports $Sb(C^4H^4O^6)^3H^3, 4H^2O$. Leur solution, précipitée par l'alcool, a fourni le sel neutre $Sb^2(C^4H^4O^6)^3, 6H^2O$, facilement soluble dans l'eau, et précipité à chaud par le carbonate de sodium. Les mêmes auteurs ont encore obtenu divers sels peu étudiés, en précipitant les tartrates d'antimoine par l'acide sulfurique dans des conditions variées, ou bien en traitant l'émétique d'argent par les iodures alcooliques [*Deutsch. chem. Gesellsch.*, 1883, p. 2379].

Clarke et Stallo, en traitant l'émétique de baryum par l'acide sulfurique en quantité calculée, ont obtenu un acide tartrantimonieux, peu stable surtout à chaud. A 30°, il se dépose lentement un hydrate, $Sb(OH)^3$, qui, à 32°, se forme très vite. L'acide sulfurique le décompose immédiatement. On peut préparer, à l'aide de cet acide, des sels mixtes, mais leur teneur en antimoine est des plus variables. Malgré cela, les auteurs pensent que les faits autorisent à considérer les émétiques comme les sels d'un acide complexe, l'acide tartrantimonieux, et ils représentent l'acide et ses sels par les formules

$$Sb\left\{\begin{matrix}C^4H^4O^6\\OH\end{matrix}\right. \qquad Sb\left\{\begin{matrix}C^4H^4O^6\\OK\end{matrix}\right.$$

qui ne paraissent guère pouvoir se déduire des faits expérimentaux [*Deutsch. chem. Gesellsch.*, 1880, p. 1788].

D'autre part, Jungfleisch [*Bull. Soc. chim.*, t. XXIX, p. 244] considère les émétiques comme les sels acides d'un acide complexe, de constitution bien différente de la précédente, où l'antimoine jouerait, par rapport aux oxhydryles de l'acide tartrique, le rôle d'un radical acide. Les formules suivantes exprimeraient clairement deux constitutions qui se rapporteraient à cette conception :

$$\begin{matrix}CO^2H\text{-}CH & — & CH\text{-}CO^2H\\ | & & |\\ & O\text{-}Sb(OH)\text{-}O & \end{matrix}$$

$$\begin{matrix}CO^2H\text{-}CH\text{-}CH.OH\text{-}CO^2H\\ |\\ O\text{-}Sb(OH)^2.\end{matrix}$$

Jungfleisch fait remarquer avec raison que le rôle très particulier joué dans ces corps par l'antimoine et les corps analogues, fer, alumine, etc., expliquerait fort bien les réactions particulières présentées par ces tartrates; et l'on peut rapprocher d'eux les autres sels organiques dont l'acide contient des oxhydryles alcooliques. L'oxyde d'antimoine serait tantôt salifiable, tantôt salifiant, suivant les circonstances particulières à chaque cas. Néanmoins il faut reconnaître que cette hypothèse manque également de base expérimentale décisive.

Clarke a obtenu l'émétique d'aniline en longs prismes blancs anhydres, ayant une densité de 1,890 à 11°. Il a également préparé ceux de tétraméthylammonium, de quinine et d'atropine [*Deutsch. chem. Gesellsch.*, 1882, p. 1540].

Éthers tartriques. — On prépare ces éthers en opérant ainsi qu'il suit : On sature de gaz chlorhydrique l'alcool anhydre contenant en solution l'acide tartrique. Au bout de quelque temps on fait passer un courant d'air sec et on distille sous pression réduite l'alcool et l'eau formée. Puis on rajoute de l'alcool absolu et on répète la série des opérations précédentes une seconde et une troisième fois. On distille enfin l'éther, qui passe seul et dont on obtient ainsi 70 % de la quantité théorique. Les éthers tartriques purs distillent, en général, sans décomposition et sont neutres. L'eau les décompose.

Éther méthylique,

$$CO^2CH^3(CH.OH)^2CO^2CH^3.$$

— Liquide sirupeux comme la glycérine, se prenant à la longue en cristaux fusibles à 48°, solubles dans l'alcool, l'éther, le chloroforme, la benzine et s'en séparant en beaux cristaux. Il bout à 280° sous 760^{mm}, à 163° sous 23^{mm}; sa densité à 15° est $d = 1{,}3403$, et son pouvoir rotatoire à 18° $[\alpha]_D = 1°{,}083$.

Éther éthylique,

$$CO^2C^2H^5(CH.OH)^2CO^2C^2H^5.$$

— Liquide incolore doué de propriétés semblables à celles du précédent. Il bout à 280° sous 760^{mm}, à 162° sous 19^{mm}; sa densité est à 14° $d = 1{,}2097$, et son pouvoir rotatoire à 18° $[\alpha]_D = 7°{,}47$.

Éther propylique,

$$CO^2C^3H^7(CH.OH)^2CO^2C^3H^7.$$

— Liquide plus fluide que le précédent. Il bout à 303° sous 760^{mm}, à 181° sous 22^{mm}; à 17° $d = 1{,}1302$; $[\alpha]_D = 12°{,}09$.

Éther isopropylique,

$$CO^2C^3H^7(CH.OH)^2CO^2C^3H^7.$$

— Liquide qui bout à 275° sous 760mm, et à 165° sous 23mm.

L'éther isobutylique fond à 68° et bout à 323-325° sous 760mm, à 197° sous 23mm.

L'éther méthylique diacétylé,

$$CO^2CH^3(CH.OC^2H^3O)^2CO^2CH^3,$$

fond à 103°. L'éther *dibenzoylé* fond à 132°.

L'éther éthylique diacétylé fond à 66° et bout à 291-292° sous 760mm. *L'éther dibenzoylé* est liquide.

L'éther propylique diacétylé fond à 31° et bout à 213° sous 760mm. *L'éther dibenzoylé* est liquide.

L'éther diacétylisobutylique est liquide et bout à 323° sous 760mm [Anschütz et Amé Pictet, *Deutsch. chem. Gesellsch.*, 1880, p. 1175, et 1881, p. 2789].

ACIDE DIOXYTARTRIQUE,

$$C^4H^6O^8 = CO^2H\text{-}C(OH)^2\text{-}C(OH)^2\text{-}CO^2H.$$

— Cet acide, qui est d'une extrême instabilité à l'état libre, donne un sel de sodium assez stable, remarquable par son insolubilité. Ce dernier a été obtenu par Gruber [*Deutsch. chem. Gesellsch.*, 1879, p. 514] dans les circonstances suivantes : De la pyrocatéchine dissoute dans l'éther est traitée pendant 2 heures par des vapeurs nitreuses. La solution est ensuite agitée avec de l'eau glacée. Cette dernière, traitée par le carbonate de sodium, donne le *dioxytartrate de sodium* presque insoluble à froid dans l'eau, se décomposant à 100° et à la température ordinaire en présence des acides forts, en donnant un tartronate. Cette réaction avait conduit Gruber à considérer l'acide comme étant l'acide carboxytartronique. Kekulé a montré [*Liebig's Ann. Chem.*, t. CCXXI, p. 230] que l'acide de Gruber, réduit par le zinc et l'acide chlorhydrique, donne un mélange d'acides tartrique et racémique, et que l'on obtient facilement le sel de Gruber en abandonnant à la décomposition une solution éthérée d'acide nitrotartrique contenant un peu d'acide azoteux et en traitant la solution par le carbonate de sodium. Ces faits semblent établir la formule placée en tête de ces lignes, et les expériences suivantes de Ad. Muller la démontrent sans conteste. Ce savant [*Deutsch. chem. Gesellsch.*, 1882, p. 2985], en traitant pendant 2 jours le sel de Gruber par l'azotate d'hydroxylamine et en précipitant ensuite la solution par l'azotate d'argent, a obtenu le sel $C^4H^2O^6Az^2Ag^2$. Décomposé par l'acide chlorhydrique, ce sel fournit une solution qui, évaporée dans le vide, donne l'acide

$$C^4H^4Az^2O^6 = CO^2H\text{-}CAzOH\text{-}CAzOH\text{-}CO^2H$$

en beaux prismes, fusibles en se décomposant à 128-130°. Son sel de cuivre est verdâtre, celui de plomb blanc, celui d'argent est cristallin ; avec le perchlorure de fer, on a une coloration brune ; avec le sulfate de fer et la soude à chaud, une coloration rouge intense. E. Demarçay.

TARTRONAMIQUE (ACIDE), $C^3H^5AzO^4$ [Menchoutkine, *Deutsch. chem. Gesellsch.*, 1876, p. 1030 ; *Bull. Soc. chim.*, t. XXVII, p. 261 et 506]. — On prépare ce corps en chauffant à l'ébullition pendant 20 heures du dialurate de sodium (30 grammes de sel sec) avec de l'eau (500 grammes). Au bout de ce temps, on évapore la solution au quart de son volume et on la neutralise par la quantité d'acide sulfurique strictement nécessaire. L'acide tartronamique cristallise lentement en aiguilles prismatiques, solubles dans l'alcool, peu solubles dans l'éther ; il fond avec décomposition vers 160°.

Par l'ébullition avec l'eau ou avec l'eau de baryte, l'acide tartronamique se décompose en acide carbonique, ammoniaque et acide glycolique ; par l'acide nitreux, il donne de l'acide carbonique, de l'acide glycolique et de l'azote.

Le *sel d'argent*, $C^3H^4AzO^4Ag$, cristallise en petits prismes solubles dans l'eau.

Le *sel de plomb*, $(C^3H^4AzO^4)^2Pb + \frac{1}{2}H^2O$, se présente en aiguilles brillantes, qui perdent leur eau de cristallisation vers 120°, en se décomposant.

Le *sel de baryum*, $(C^3H^4AzO^4)^2Ba + H^2O$, forme des cristaux prismatiques solubles dans l'eau.

Le *sel de potassium*, $C^3H^4AzO^4K + H^2O$, est en prismes striés ; il se décompose vers 150°, avant de perdre son eau.

De la formule des sels précédents, ainsi que des produits de décomposition de l'acide tartronamique, on peut conclure que ce corps a la constitution $CO^2H\text{-}CH.OH\text{-}CO.AzH^2$.

Ad. Fauconnier.

TARTRONIQUE (ACIDE). — Demole [*Deutsch. chem. Gesellsch.*, 1878, p. 1788] a modifié avantageusement la préparation de cet acide, au moyen de l'acide nitrotartrique. On le décompose par petites portions par de l'alcool (D = 0,925) à la température du bain-marie (20 grammes d'acide pour 60 centimètres cubes d'alcool). Quand il ne se dégage plus de gaz et que la cristallisation a commencé, on cesse de chauffer et l'on recueille les premiers cristaux pour les faire recristalliser.

Conrad et Bischoff le préparent en saponifiant par la potasse l'éther chloromalonique ; le sel de potassium formé, traité par le chlorure de calcium, donne un précipité de tartronate de calcium, d'où l'on extrait sans peine l'acide libre [*Deutsch. chem. Gesellsch.*, 1880, p. 600].

Böttinger l'a obtenu, mais en assez faibles proportions, en partant de l'acide glyoxylique. Ce composé (1 mol.) est versé sur du cyanure de potassium pur (1 mol.) et pulvérisé. On agite la masse d'une façon continue, puis on la verse dans l'eau et on décompose la solution bouillante par l'eau de baryte, qui fournit un précipité de carbonate et de tartronate de baryum.

Enfin, Brunner l'a trouvé dans les produits de décomposition (?) de l'éther désoxalique sirupeux [*Deutsch. chem. Gesellsch.*, 1879, p. 542] ; Gruber dans ceux de la décomposition pyrogénée de l'acide dioxytartrique [*Ibid.*, p. 516] (voyez TARTRIQUE) ; Grimaux et Adam en ont aussi observé la formation dans la décomposition de l'acide dichlorolactique par la baryte à l'ébullition [*Bull. Soc. chim.*, t. XXXIV, p. 29].

Suivant Böttinger, cet acide fond à 183°.

Tartronate d'éthyle. — Liquide incolore, mobile, d'odeur agréable, plus lourd que l'eau ; bout à 218-219° ; obtenu par l'action à froid du gaz chlorhydrique sur le tartronate de calcium mêlé d'alcool. Traité par l'ammoniaque, il fournit la tartronamide, $CO.AzH^2\text{-}CH.OH\text{-}CO.AzH^2$, corps solide, cristallisant bien et fusible à 198° [Martin Freund, *Deutsch. chem. Gesellsch.*, 1884, p. 780]. E. Demarçay.

TAURINE (voyez t. III, p. 249). — Lorsqu'on ingère de la taurine aux oiseaux, elle n'est pas secrétée à l'état d'un acide uramidé, comme dans l'économie des mammifères, mais elle subit une oxydation et augmente la quantité d'acide sulfurique éliminé par les excréments [C. O. Cech, *Deutsch. chem. Gesellsch.*, 1877, p. 1461].

La taurine ne réduit pas le nitrate mercurique ; elle se colore en rouge avec le chlorure ferrique, en bleu avec le sulfate cuivrique, et en bleu foncé avec ce dernier en présence de soude. Elle réduit le nitrate mercureux ; en présence du carbonate de sodium, elle précipite le sublimé corrosif [Hofmeister, *Liebig's Ann. Chem.*, t. CXCII, p. 362].

Méthyltaurine,

$$\begin{matrix} CH^2\text{-}AzH.CH^3 \\ | \\ CH^2\text{-}SO^3H \end{matrix}$$

— Ce composé, qui cristallise en prismes tricliniques brillants, fusibles à 241-242°, se forme lorsqu'on chauffe à 110-120° pendant 5 à 6 heures du chloréthylsulfonate d'argent avec une solution de méthylamine saturée à 0°. Il est soluble dans l'eau, insoluble dans l'alcool et dans l'éther; doué d'une réaction acide, il ne forme ni sels ni chloroplatinate. Les vapeurs nitreuses le convertissent en azote et en acide iséthionique. Les acides chlorhydrique et azotique le dissolvent sans l'altérer [E. Dittrich, *Journ. prakt. Chem.*, (2), t. XVIII, p. 63; *Bull. Soc. chim.*, t. XXXIII, p. 227].

TAUROBÉTAÏNE,

$$C^5H^{13}AzSO^3 = \begin{matrix} CH^2 - Az(CH^3)^3 \\ | \\ CH^2 - SO^2 > O \end{matrix}$$

— On prépare ce composé en abandonnant à lui-même, à la température ordinaire, pendant 24 heures, un mélange de 5 molécules d'iodure de méthyle avec 1 molécule de taurine et 3 molécules de potasse dissoutes dans de l'alcool méthylique. Puis on évapore, on reprend par l'eau et on précipite l'iodure de potassium par l'alcool; on décompose ensuite l'iodure par l'oxyde d'argent, on évapore le liquide filtré après addition d'acide chlorhydrique, et on ajoute de l'alcool à la solution aqueuse du chlorhydrate. La base se sépare alors en fines aiguilles, fusibles vers 240° en se décomposant, solubles dans l'eau, insolubles dans l'alcool et dans l'éther. Les sels sont très instables; il n'existe pas de chloroplatinate. A l'ébullition, la soude ou l'eau de baryte décomposent la base en triméthylamine et en acide iséthionique [L. Brieger, *Zeitschr. physiol. Chem.*, t. VII, p. 35].

TAUROCHOLIQUE (ACIDE). — Voyez BILE, Suppl., p. 351.

TAUROCYAMINE. — Sous ce nom, E. Dittrich a décrit des cristaux hexagonaux, fusibles à 224-226°, résultant de l'action de la cyanamide sur la taurine. Ce même corps a été décrit par Engel sous le nom de *taurocréatine* (voyez t. III, p. 251).

Méthyltaurocyamine,

$$C^4H^{11}Az^3SO^3 = \begin{matrix} CH^2\text{-}Az(CH^3)\text{-}C(AzH)(AzH^2) \\ | \\ CH^2\text{-}SO^3H \end{matrix}$$

— Lorsqu'on abandonne pendant 10 jours un mélange de solutions aqueuses de méthyltaurine et de cyanamide, il se dépose des cristaux que l'on purifie en les traitant par l'alcool bouillant, dans lequel ils sont insolubles, et en les faisant cristalliser dans l'eau chaude. La méthyltaurocyamine est en cristaux clinorhombiques, renfermant 1 molécule d'eau, qu'ils perdent à 110°. Peu soluble dans l'eau froide, insoluble dans l'alcool et dans l'éther, elle ne s'unit pas aux acides. L'alcool précipite la base libre de sa solution chlorhydrique [E. Dittrich, *Journ. prakt. Chem.* (2), t. XVIII, p. 63; *Bull. Soc. chim.*, t. XXXIII, p. 227].

TAURYLIQUE (ACIDE). Voyez t. III, p. 251. — D'après les recherches de Baumann, l'acide taurylique serait de l'α-crésylol, ainsi que l'avaient soupçonné Engler et Latschinoff [Baumann, *Deutsch. chem. Gesellsch.*, 1876, p. 1389].

TECTOCHRYSINE. Syn. de MÉTHYLCHRYSINE. — Voyez Suppl., p. 493.

TELLURE. — Le poids atomique du tellure a été le sujet de plusieurs travaux. On sait que ce poids atomique était généralement admis comme égal à 128,5 ou 129.

La place du tellure dans la classification de Mendéléeff exigerait, d'autre part, qu'il fût inférieur à celui de l'iode. M. Wills, en déterminant à nouveau ce poids par les méthodes qui avaient servi à Berzélius et à von Hauer, a retrouvé les nombres de ces savants. Au contraire, suivant M. Brauner, la méthode de Berzélius (oxydation du tellure par l'acide azotique) comporte diverses erreurs, dont la principale est une perte d'anhydride tellureux au moment où on attaque le tellure par l'acide azotique, et plus encore quand on calcine l'anhydride pour éloigner les dernières traces d'acide azotique. Au moyen d'appareils assez compliqués, destinés à éviter cette source d'erreur, il est arrivé à un chiffre notablement moins élevé. Il a confirmé ce chiffre par la synthèse d'un sulfate basique de tellure, $Te^2O^3SO^4$, et du tellurure de cuivre, Cu^2Te, qui ont donné des nombres assez concordants, variant entre 124,94 et 125,40 (O=16) [Wills, *Liebig's Ann. Chem.*, t. CCII, p. 242 et 250; — Brauner, *Deutsch. chem. Gesellsch.*, 1883, p. 3054].

Suivant Spring, le coefficient de dilatation moyen du tellure entre 0 et 100° est égal à 0,0010634 [*Bull. Acad. Belg.*, 3ᵉ série, t. II, p. 88].

On peut le purifier aisément en le distillant dans le vide [A. Schuller, *Ann. der Phys. und Chem.*, 4ᵉ série, t. XVIII, p. 317].

Tellurures. — Margottet (thèse pour le doctorat) a montré qu'on pouvait obtenir ces corps en faisant agir le tellure en vapeur sur les métaux; il a ainsi reproduit à l'état cristallisé beaucoup de tellurures et d'espèces minérales, entre autres Ag^2Te, Cu^2Te, Au^2Te, $HgTe$, $ZnTe$, $CdTe$, $PbTe$.

Un certain nombre d'entre eux, soumis à l'action de l'hydrogène, se réduisent en reproduisant les métaux avec l'aspect qu'ils ont parfois à l'état natif (Cu, Ag).

Suivant Demarçay [*Bull. Soc. chim.*, t. XL, p. 99], les tellurures alcalins sont colorés en jaune et non en violet; en effet, en attaquant le tellure par la potasse ou la soude en présence d'un réducteur (aluminium, mais surtout phosphore ou hypophosphite), on obtient des solutions d'un jaune de miel très pâle, qui se colorent en violet par l'action de l'air, pour se décolorer de nouveau par l'action du réducteur. Ces solutions laissent déposer, si elles sont suffisamment concentrées, des cristaux jaunes polis (de tellurures hydratés?), qui prennent à l'air l'éclat métallique. La couleur violette est donc due à un polytellurure ou bien à un composé oxydé du tellure.

D'après Morel et Plicque [*Bull. Soc. chim.*, t. XXVIII, p. 522], on peut obtenir des outremers qui renferment du tellure à la place du soufre.

Chlorure de tellure, $TeCl^4$. — D'après Thomsen, sa chaleur de formation est égale à 77377 calories.

Oxyde de tellure, TeO. — Divers et Shimose [*Deutsch. chem. Gesellsch.*, 1883, p. 1004] ont obtenu ce corps en décomposant par la chaleur (180 à 230°) le sulfoxyde de tellure (voyez plus bas): $TeSO^3 = TeO + SO^2$.

Il forme une masse noire poreuse qui ressemble à du bouchon brûlé et retient alors un peu de soufre, qu'on peut lui enlever en le lavant avec du carbonate de sodium en solution étendue, puis avec de l'eau chaude et enfin avec de l'alcool. Il semble encore se former par l'action de l'eau sur le sulfoxyde, car l'acide chlorhydrique gazeux, en agissant sur le précipité noir ainsi formé, puis desséché, donne du bichlorure. La solution du tellure dans l'acide sulfurique paraît de même en fournir par addition d'eau, mais non le bichlorure de tellure.

Ce composé, stable à l'air sec et à la température ordinaire, est d'un noir brunâtre et prend par la pression un éclat graphitique; une forte chaleur le transforme en tellure et anhydride tellureux. A l'état humide, il paraît s'oxyder. La potasse caustique en solution froide a peu d'action. L'acide chlorhydrique étendu et froid, l'acide sulfurique étendu et la potasse à chaud le dédoublent au contraire; l'acide azotique, le permanganate de potassium l'oxydent; l'anhydride sulfurique est sans action, même à chaud; il le colore néanmoins en rouge.

L'acide sulfurique concentré le dissout en se colorant en rouge, puis le décompose.

L'acide chlorhydrique gazeux est absorbé, et le produit, chauffé, dégage du protochlorure de tellure en fondant.

Sulfoxyde de tellure, $TeSO^3$. — Cette combinaison, qui prend naissance quand on soumet le tellure à l'action de l'anhydride sulfurique, a été étudiée par Rudolph Weber [*Journ. prakt. Chem.*, (2), t. XXV, p. 218], puis par Divers et Shimose [*Deutsch. chem. Gesellsch.*, 1884, p. 1008]. Elle se forme par l'action du tellure pulvérisé finement sur l'anhydride sulfurique pur et en excès, à 30-40°. L'anhydride en excès est distillé dans le vide à 35°. Toutes ces opérations doivent être faites à l'abri de l'air. On obtient ainsi une masse poreuse rouge, transparente en couches minces, stable à la température ordinaire et se ramollissant sans fondre à 30°. Suivant Weber, il est instable même en tubes scellés. Chauffé longtemps à 35°, ou bien un instant à 90°, il devient d'un rouge brun clair. A 130°, la masse se ramollit complètement; elle s'affaisse et commence à dégager de l'anhydride sulfureux vers 180°. L'humidité le décompose en acide sulfureux, tellure, acide tellureux et oxyde de tellure. L'acide sulfurique concentré le dissout en se colorant en rouge.

M. Divers attribue à ce corps une constitution représentée par une des formules

$$Te\left\langle\begin{matrix}O\\|\\SO^2\end{matrix}\right. \quad \text{ou} \quad O\left\langle\begin{matrix}TeO\\|\\SO\end{matrix}\right.$$

Les mêmes savants ont utilisé la réaction colorée du sulfoxyde de tellure pour reconnaître des traces de ce corps. Ils font réagir l'hydrogène mêlé d'hydrogène telluré sur une solution d'anhydride tellureux dans l'acide sulfurique. Par l'action prolongée de l'hydrogène telluré, la coloration disparaît et il se forme un précipité brunâtre, d'aspect cristallin lamellaire, que les auteurs considèrent comme un *pertellurure d'hydrogène*, parce qu'il se dissout en rouge dans l'acide sulfurique contenant en solution de l'anhydride tellureux ou bien de l'oxygène. Les hydrures de As, Se, P donnent la même réaction avec la solution sulfurique d'anhydride tellureux, mais avec PH^3 le précipité final est noir.

De même, l'anhydride sélénieux donne avec l'hydrogène telluré, en présence d'acide sulfurique, une coloration rouge analogue, mais beaucoup moins vive et moins brillante.

E. Demarçay.

TÉRACONIQUE (ACIDE),

$$C^7H^{10}O^4 = (CH^3)^2C = C(CO^2H) - CH^2 - CO^2H$$

[Geisler, *Liebig's Ann. Chem.*, t. CCVIII, p. 50]. — Cet acide se forme en petite quantité, en même temps que l'acide pyrotérébique et que la lactone oxyisocaproïque, par la distillation sèche de l'acide térébique. Le produit de la distillation est étendu d'eau, sursaturé par la baryte en léger excès, traité par le gaz carbonique pour éliminer l'excès de baryte, et épuisé par l'éther qui dissout la lactone oxyisocaproïque. On concentre alors la solution aqueuse des sels de baryum; le téraconate se dépose le premier. Ce sel est purifié par plusieurs cristallisations, puis dissous dans l'acide chlorhydrique dilué; il ne reste plus qu'à épuiser par l'éther pour obtenir l'acide téraconique.

Il se présente en beaux cristaux appartenant au système triclinique et fusibles à 161-163° avec décomposition. Il est assez soluble dans l'eau froide, très soluble dans l'eau bouillante et dans l'alcool, un peu moins soluble dans l'éther.

C'est un acide bibasique. Le *sel de baryum*, $C^7H^8O^4Ba$, forme des cristaux brillants, peu solubles dans l'eau, même à l'ébullition.

Le *sel de calcium*, $C^7H^8O^4Ca$, est une poudre cristalline, presque insoluble.

L'*éthyltéraconate de sodium*,

$$C^7H^8O^4\left\langle\begin{matrix}C^2H^5\\Na,\end{matrix}\right.$$

se présente en petites aiguilles blanches; il prend naissance lorsqu'on traite le *térébate d'éthyle* par le sodium ou par une seule molécule d'éthylate de sodium. Un excès d'éthylate de sodium le transforme en *téraconate neutre de sodium*,

$$C^7H^8O^4Na^2$$

[Roser, *Deutsch. chem. Gesellsch.*, 1882, p. 293].

Chauffé au-dessus de son point de fusion, l'acide téraconique perd de l'eau et se transforme en un *anhydride* huileux, bouillant à 270-280°, et qui régénère immédiatement l'acide lui-même au contact de l'eau.

L'acide bromhydrique fumant dissout l'acide téraconique; si l'on ajoute de l'eau à la solution, on précipite de l'acide térébique (Geisler).

L'acide sulfurique étendu de son volume d'eau fait subir à chaud à l'acide téraconique la même transformation; la réaction est plus rapide dans ce dernier cas [Fittig, *Deutsch. chem. Gesellsch.*, 1883, p. 373].

Ad. Fauconnier.

TÉRACRYLIQUE (ACIDE), $C^7H^{12}O^2$ [Fittig et Krafft, *Deutsch. chem. Gesellsch.*, 1877, p. 522; *Liebig's Ann. Chem.*, t. CCVIII, p. 71]. — Cet acide prend naissance lorsqu'on soumet l'acide terpénylique à la distillation sèche:

$$C^8H^{12}O^4 = CO^2 + C^7H^{12}O^2.$$

Le produit de la distillation laisse déposer, du jour au lendemain, un peu d'acide terpénylique qui a été entraîné sans altération; on filtre pour éliminer une petite quantité d'une matière huileuse, on sursature par le carbonate de sodium, on lave la solution alcaline avec de l'éther, puis on sursature par l'acide sulfurique dilué et on distille dans un courant de vapeur d'eau. L'acide téracrylique ainsi obtenu est transformé en sel de calcium; il ne reste plus qu'à purifier ce sel par cristallisation et à le décomposer enfin par l'acide chlorhydrique.

L'acide téracrylique est un liquide incolore, peu soluble dans l'eau et incristallisable; il bout à 218° (corr.); son odeur rappelle celle des acides valérique et caproïque.

La fusion avec la potasse le convertit, pour la majeure partie, en acide acétique. L'acide bromhydrique fumant le transforme, à la température ordinaire, en une lactone isomérique, l'*heptolactone*,

$$C^6H^{12}\left\langle\begin{matrix}O\\|\\CO\end{matrix}\right.$$

Le *sel de calcium*, $(C^7H^{11}O^2)^2Ca + 5H^2O$, très soluble dans l'eau, cristallise en longues aiguilles incolores et limpides, qui se ternissent rapidement à l'air. — Le *sel d'argent*, $C^7H^{11}O^2Ag$, peu soluble dans l'eau froide, cristallise dans l'eau chaude en petites aiguilles incolores qui brunissent à la lumière; il commence à se décomposer à 100°. — Le *sel de baryum* forme de beaux prismes très solubles. — Le *sel de potassium* est déliquescent. — L'*éther éthylique* est un liquide incolore, mobile, bouillant à 189-191° [Amthor, *Arch. der Pharm.*, (3), t. XVIII, p. 356].

TERBIUM, métal hypothétique de la terre de terbine. Des trois oxydes que Mosander, en 1843, isola de l'yttria brute, il appela *terbine* celui qui était caractérisé par la couleur rose de ses sels. Plus tard, Berlin attribua le nom d'*erbine* à cette même base à sels rouges, en supposant que l'yttria brute ne renfermât que deux oxydes, l'yttria et l'erbine. Depuis ce temps, on a donné à l'oxyde à sels roses le nom d'erbine. L'existence du troisième oxyde de Mosander a été longtemps contestée, bien que M. Delafontaine ait toujours maintenu son existence [*Arch. Sc. phys. et nat.*, t. XXII, p. 30]. L'erbine de Mosander était caractérisée par la couleur jaune de son oxyde, par ses sels incolores et par la propriété de son sulfate de former avec le sulfate de potassium un sel double peu soluble; cette base était aussi la plus faible des trois qu'il avait isolées. Après qu'on eut trouvé dans l'yttria brute un oxyde jaune, à sels incolores et à sulfate double potassique peu soluble, on appela cet oxyde terbine, bien que ce soit une base assez forte, ou du moins plus forte que l'erbine et les oxydes qui l'avoisinent.

En 1878, Lawrence Smith [*Compt. rend.*, t. LXXXVII, p. 146 et 831] trouva dans la samarskite de l'Amérique du Nord un oxyde qu'il regarda comme nouveau et qu'il appela oxyde de *mosandrum*. Peu après, Marignac annonça que l'oxyde de mosandrum était, en effet, la troisième base de Mosander et qu'il devait porter le nom de terbine [*Compt. rend.*, t. LXXXVII, p. 281; *Arch. des Sc. phys. et nat.* (2), t. LXI, p. 283 et (3), t. III, p. 413]. Delafontaine était de son côté de l'avis de Marignac [*Compt. rend.*, t. LXXXVII, p. 600; *Arch. Sc. phys. nat.*, t. LXI, p. 273].

On n'a pas encore réussi à isoler la terbine à l'état de pureté. Les propriétés qu'on lui assigne sont les suivantes :

L'oxyde est d'une couleur jaune orangée, très foncée. Les sels sont incolores, sans spectre d'absorption. Le formiate est peu soluble, ainsi que le sulfate double de potassium. La solution saturée de ce dernier sel renferme, d'après Marignac, 1 p. d'oxyde pour 30. Le poids atomique du terbium est 98-99 ou 147-148,5, suivant que l'on formule l'oxyde TbO ou Tb^2O^3.

MM. Roscoe et Schuster [*Deutsch. chem. Gesellsch.*, 1882, p. 1280] ont essayé de prouver l'existence de la terbine par la voie spectroscopique; mais il a été plus tard prouvé que leur terbine était un mélange contenant du didyme et du samarium. Il est aussi probable qu'elle renfermait de l'oxyde désigné sous le nom d'Yα par Marignac, et de la holmine. P.-T. Clève.

TÉRÉBANGÉLÈNE. — α-*Térébangélène.* — C'est le carbure $C^{10}H^{16}$ isolé par M. Naudin de l'essence des semences d'angélique (*Archangelica officinalis*) [*Bull. Soc. chim.*, t. XXXVII, p. 107].

Préparation. — L'essence brute des semences est liquide, volatile; elle présente une odeur franche d'angélique; sous l'influence de la lumière et de l'air, elle jaunit et se résinifie. Sa densité à 0° est 0,872; elle est dextrogyre; sa déviation absolue pour 200 millimètres est

$$[\alpha]_D = +26°15'.$$

Soumise à la distillation à la pression normale, elle se polymérise en partie; aussi est-on obligé d'effectuer les fractionnements dans le vide et à la fin avec du sodium.

On isole ainsi le térébangélène $C^{10}H^{16}$, bouillant à 87° sous une pression de 22 millimètres et distinct des carbures de la même formule.

Propriétés. — Le térébangélène est un carbure incolore, très mobile, ne jaunissant pas à la lumière; il possède une odeur de houblon et produit, lorsqu'on le respire, une suffocation semblable à celle que l'on observe avec les composés amyliques. Il bout à 175° sous la pression normale; sa densité à 0° est 0,873. Il est dextrogyre; déviation absolue pour 200 millimètres

$$[\alpha]_D = +25°,16.$$

Chauffé en vase clos à 100°, le térébangélène devient visqueux, en même temps que son pouvoir rotatoire diminue et atteint, après une chauffe suffisamment prolongée, 432 heures, une limite: en déviation absolue $[\alpha]_D = +9°,44$. Cette limite est plus rapidement atteinte (en 6 heures seulement) à la température de 180°. Les produits visqueux formés sous l'action de la chaleur sont des polymères.

Le térébangélène est très oxydable; il se résinifie à l'air sans se colorer; cette facile oxydation explique la présence dans l'essence d'angélique brute de 30 °/₀ environ de produits visqueux à point d'ébullition plus élevé que le térébangélène, qui passent à la distillation jusqu'à 330°. A partir de ce point il reste des polymères semi-liquides distillant difficilement; les produits recueillis vers 330° offrent la coloration bleue que divers observateurs ont déjà signalée dans certains produits polymériques des carbures $C^{10}H^{16}$.

Le chlore et le brome attaquent violemment le térébangélène; le sodium le polymérise rapidement à 100°.

Le térébangélène, d'après ses propriétés, appartient à la classe des isotérébenthènes; il offre des analogies avec le β-isotérébenthène de M. Riban dont il possède le point d'ébullition, mais dont il diffère par le pouvoir rotatoire de sens inverse. Il est regrettable que l'action des acides chlorhydrique et sulfurique, si caractéristique pour les carbures térébéniques, n'ait pas encore été étudiée sur le térébangélène.

L'essence vieille d'angélique contient des traces d'un corps blanc oxygéné non étudié.

D'après M. Müller [*Deutsch. chem. Gesellsch.*, 1881, p. 2476, et *Bull. Soc. chim.*, t. XXXVII, p. 574], l'essence des fruits d'*Angelica archangelica* contient, indépendamment d'un terpène (qui, selon cet auteur, bout à 172°,5 et a pour densité 0,8487 et indice de réfraction 1,481), un acide valérique, probablement l'acide méthyléthylacétique et un acide oxymyristique $C^{14}H^{28}O^3$.

β-*Térébangélène.* — Le carbure contenu dans les racines d'angélique paraît distinct de celui que l'on retire des semences.

D'après MM. Beilstein et Wiegand [*Deutsch. chem. Gesellsch.*, 1882, p. 1741, et *Bull. Soc. chim.*, t. XXXVIII, p. 473], l'essence de racines contiendrait trois carbures térébéniques bouillant successivement à :

1°	158°	Densité à 16°,5 =	0,8609;
2°	170-175°	—	0,8504;
3°	170°	—	0,8481.

L'existence de ce dernier, d'après les auteurs, est douteuse; on ne voit pas bien d'ailleurs comment ils l'auraient séparé du précédent, bouillant à quelques degrés plus bas. Enfin, il existerait dans l'essence des racines du cymène que MM. Beilstein et Wiegand ont cherché à isoler en traitant les carbures par l'acide sulfurique fumant, ignorant sans doute les expériences de M. Riban, qui montrent que l'acide sulfurique engendre précisément du cymène avec les carbures térébéniques. L'essence contiendrait également un carbure térébénique bouillant vers 250° et de très faibles quantité de produits d'oxydation.

Le carbure bouillant à 158° absorbe 1 molécule

de gaz chlorhydrique sans donner de chlorhydrate solide; quant à celui qui passe vers 172° et qui est le plus abondant, il forme un monochlorhydrate solide fusible à 127°, possédant les principales propriétés du camphre artificiel. M. Naudin se demande, non sans quelque raison, si l'essence employée par MM. Beilstein et Wiegand n'aurait pas été frelatée avec de l'essence de térébenthine.

M. Naudin, après avoir préparé lui-même de l'essence de racines, arrive à des résultats complètement différents [*Bull. Soc. chim.*, t. XXXIX, p. 406]. Cette essence a l'odeur d'angélique; sa densité à 0° = 0,875; elle jaunit à la lumière, elle est avide d'oxygène et se résinifie comme l'essence de semences; elle se polymérise à l'ébullition et plus rapidement en présence du sodium.

Par des distillations dans le vide on en isole un carbure, $C^{10}H^{16}$, β-térébangélène, d'une odeur poivrée, bouillant à 166°; densité à 0° = 0,870. Déviation absolue pour 200 millimètres

$$[\alpha]_D = +5°39.$$

Il se polymérise par la chaleur et perd sa fluidité bien plus lentement que le carbure de l'essence de semences, et son pouvoir rotatoire n'est que faiblement diminué.

Enfin, il fournit un monochlorhydrate liquide sans chlorhydrate solide, même après refroidissement à — 20°.

L'essence de racines ne serait donc formée que de β-térébangélène et de ses polymères. On peut se demander cependant si ce carbure ne serait pas de l'α-térébangélène mêlé à quelque terpène inséparable et à point d'ébullition inférieur.

J. Riban.

TÉRÉBÈNE, $C^{10}H^{16}$. — D'après MM. Armstrong et Tilden [*Deutsch. chem. Gesellsch.*, 1879, p. 1752], le térébène, carbure liquide, n'existerait pas comme espèce distincte et ne serait que du camphène inactif, que de petites quantités d'impuretés empêcheraient de cristalliser.

Il faut observer que MM. Armstrong et Tilden se sont placés pour obtenir le térébène, dans des conditions différentes de celles où avaient opéré MM. Deville et Riban. Après avoir traité le térébenthène par l'acide sulfurique, au lieu de distiller directement, ce qui donne lieu à une réaction très vive et profondément modificatrice, ils lavaient à l'eau alcaline pour éliminer l'acide sulfurique, et entraînaient ensuite les carbures formés par un courant de vapeur d'eau. Il n'est pas étonnant que dans ces conditions fort ménagées il se soit formé surtout du camphène inactif, qui est peut-être un terme de transition entre le térébenthène et le térébène.

Le térébène est un liquide mobile, alors qu'il devrait présenter un aspect quelque peu huileux s'il était formé de camphène liquéfié par des impuretés. Il a une densité qui concorde exactement à toutes les températures comprises entre 0° et 100° avec celle du térébenthène isomère, liquide comme lui; cette densité est en outre notablement plus faible que celle du camphène liquéfié, considéré aux mêmes températures.

Le chlorhydrate de térébène perd spontanément son acide chlorhydrique bien plus rapidement et en plus grande quantité que les chlorhydrates de camphène. Traité par l'eau froide, il abandonne à ce liquide, dans le même temps, trois fois plus d'acide chlorhydrique que ces derniers.

Le chlorhydrate de térébène cristallisé dans l'alcool perd des quantités considérables d'acide chlorhydrique et peut alors cristalliser en larges lames transparentes, de plus d'un centimètre de côté, et non point en cristaux pennés.

Enfin, le chlorhydrate de térébène est fusible vers 125°, et, contrairement à l'opinion de MM. Armstrong et Tilden, il régénère par l'eau et la potasse alcoolique un carbure liquide, non congelable à —27°, que l'on peut transformer de nouveau intégralement en chlorhydrate primitif avec son même point de fusion.

Les chlorhydrates de camphène, au contraire, sont fusibles à 145°, c'est-à-dire 20° plus haut; décomposés par l'eau ou la potasse alcoolique, ils ne régénèrent que du camphène, se prenant aussitôt en masse par le simple refroidissement à la température ordinaire, et régénérant des chlorhydrates fusibles à 145°.

Tous ces caractères différentiels montrent que le térébène est une espèce distincte, et dont le chlorhydrate est bien plus instable que celui des camphènes.

Les expériences de MM. Armstrong et Tilden prouvent donc que dans la préparation du térébène il peut se faire du camphène, et, dans certaines conditions, en quantité notable; mais elles n'infirment point l'existence du térébène.

J. Riban.

TÉRÉBENTHÈNES. — *Térébenthènes dextrogyres et lévogyres.* — M. Tilden a retiré de l'essence de térébenthine, dite russe, extraite du *Pinus sylvestris* et du *P. Ledebourii*, trois terpènes; le premier, bouillant vers 156°, ne diffère d'avec l'australène que par son pouvoir rotatoire + 23°,3; le second bouillant à 171°, pouvoir rotatoire + 17°; le troisième à 171-175°; le reste de la distillation est du cymène. Cette essence contient aussi une petite quantité d'hydrocarbures visqueux, à point d'ébullition élevé.

Les feuilles du pin d'Écosse, distillées avec de l'eau, fournissent une huile qui donne par fractionnement deux terpènes : l'un, bouillant à 156°-159°, pouvoir rotatoire + 18°,48; l'autre à 171°, pouvoir rotatoire — 4°. Un peu de cymène et une certaine quantité d'un liquide odorant, a point d'ébullition élevé, constituent le reste de l'huile [Tilden, *Deutsch. chem. Gesellsch.*, 1878, p. 152].

L'essence de *Pinus pumilio*, étudiée par A. Atterberg [*Deutsch. chem. Gesellsch.*, 1881, p. 2530, et *Bull. Soc. chim.*, t. XXXVII, p. 143] contient un terpène bouillant à 156°-160°; densité à 17°,5 = 0,871; pouvoir rotatoire = — 6°,7. Ce corps paraît identique avec le térébenthène ordinaire, car il forme un monochlorhydrate solide, ayant même aspect et même point de fusion; son pouvoir rotatoire si faible résulte sans doute de l'action des acides dans quelque mode d'extraction défectueux.

Les huiles essentielles résultant de la distillation des bois résineux de la Suède contiennent, suivant M. Atterberg [*Deutsch. chem. Gesellsch.*, 1877, p. 1202, et *Bull. Soc. chim.*, t. XXX, p. 191] : 1° Un terpène bouillant de 156°,5 à 157°,5; densité à 16°, 0,8631; pouvoir rotatoire, + 36°,3. Il se comporte vis-à-vis de l'acide sulfurique, de l'acide azotique, de l'iode, comme l'essence de térébenthine; il fournit, avec le trichlorure d'antimoine, le tétratérébenthène de M. Riban; il donne, comme les térébenthènes, un monochlorhydrate solide, fusible à 131°, $[\alpha]_D = +29°,8$, accompagné de la modification liquide. En solution éthérée, il donne un bichlorhydrate solide. Ce carbure est un australène ou térébenthène dextrogyre, comparable à celui de M. Berthelot; il ne s'en distingue que par la grandeur du pouvoir rotatoire, ce qui peut être dû à l'action des acides sur le carbure lors de la distillation sèche des bois. 2° Un terpène bouillant à 173-175°, le sylvestrène, distinct des autres carbures de même formule (voyez au Supplément les mots Sylvestrène et Terpène).

M. Flawitsky a également étudié le terpène

dextrogyre de l'essence de térébenthine russe provenant du pin sylvestre [*Deutsch. chem. Gesellsch.*, 1878, p. 1846]. A l'état pur, il bout à 155°,5-156°,5; sa densité à 0° =0,8746, à 16° =0,8621, à 24°,5 =0,8547. Son pouvoir rotatoire spécifique, à 24°,5, est [α] D = + 32°,4, et, pour la teinte sensible, [α] j = + 40°,29; ce pouvoir rotatoire est, on le voit, sensiblement le double de celui de l'australène isolé par M. Berthelot de l'essence anglaise, de sens inverse et un peu plus faible que celui de l'essence française, ce que l'on peut être tenté d'attribuer à une différence dans le mode de préparation des essences et au mélange de quelques proportions de carbure inactif.

Traité par l'acide chlorhydrique, le carbure dextrogyre de l'essence russe donne un monochlorhydrate cristallisé, fusible à 127°, sublimable à la même température et bouillant à 204° en se décomposant faiblement. Le pouvoir rotatoire de ce chlorhydrate en solution alcoolique est [α] D = + 24°,5 et [α] j = + 30°,5.

Le terpène russe, traité par le mélange d'alcool et d'acide azotique, donne de la terpine qu'il est impossible de distinguer de celle que l'on obtient avec l'essence française. M. Flawitzky pense que ce terpène est identique avec l'australène que M. Atterberg a retiré des goudrons du pin sylvestre de Suède (voyez Suppl., au mot TERPÈNE).

Le pouvoir rotatoire de l'essence de térébenthine droite ou gauche en dissolution varie légèrement, toutes choses égales d'ailleurs, avec la nature et la proportion du dissolvant, comme cela a lieu pour une foule d'autres corps actifs. M. Landolt a donné des équations exprimant le pouvoir rotatoire de l'essence de térébenthine en fonction de la quantité du dissolvant, alcool, benzine, acide acétique; le pouvoir rotatoire initial de l'essence gauche employée dans ces expériences est beaucoup plus faible que celui obtenu autrefois par MM. Berthelot et Riban, ce qui portait à penser que l'essence de M. Landolt était incomplètement purifiée; du reste, la variation du pouvoir rotatoire et son expression, que ce savant avait exclusivement en vue d'établir, étaient indépendantes du degré de pureté de l'essence [H. Landolt, *Deutsch. chem. Gesellsch.*, 1876, p. 901 et 914, et *Bull. Soc. chim.*, t. XXVIII, p. 32].

Lorsqu'on chauffe au bain-marie 4 p. de térébenthène gauche français avec 1 p. d'alcool et 1 p. d'acide sulfurique (densité, 1,64), le pouvoir rotatoire disparaît et l'on obtient une substance bouillant à 175°, probablement un térébenthène transformé [Flawitzky, *Deutsch. chem. Gesellsch.*, 1879, p. 1002, et *Bull. Soc. chim.*, t. XXXIII, p. 297].

D'après M. N. Hartley [*Journ. chem. Soc.*, 1880, p. 676, et *Bull. Soc. chim.*, t. XXXVII, p. 142], le cymène absorbe une bande étroite de rayons ultraviolets, voisins de la ligne du cadmium n° 17 ($\lambda = 274,34$) et plus fortement une bande large située entre cette dernière ligne et le n° 18 ($\lambda = 257,42$). De l'absence absolue de ces bandes dans le spectre d'absorption du térébenthène français ou russe, l'auteur conclut qu'il n'y existe pas 1/20000 de cymène, contrairement à l'opinion de M. Armstrong. M. Riban avait d'ailleurs montré antérieurement qu'une partie, et peut-être même la totalité du cymène trouvé comme préexistant dans l'essence de térébenthine, avait été produite par l'action de l'acide sulfurique employé pour l'isoler.

D'après M. A. Edison [*Am. Chem.*, t. VII, p. 127] l'essence de térébenthine dissoudrait des quantités notables d'hyposulfite de sodium et perdrait alors presque complètement son odeur. M. Landolt [*Deutsch. chem. Gesellsch.*, 1883, p. 2967] n'a pas réussi à vérifier l'exactitude de ce fait.

Action de la chaleur. — M. Schultz [*Deutsch. chem. Gesellsch.*, 1876, p. 548, et 1877, p. 113, et *Bull. Soc. chim.*, t. XXVI, p. 560 et t. XXIX, p. 29], en dirigeant les vapeurs d'essence de térébenthine dans un tube de fer porté au rouge sombre, comme l'avait fait M. Berthelot (voyez t. III, p. 309), a retrouvé les mêmes carbures aromatiques que ce savant, et, en outre, des carbures supérieurs, tels que le phénanthrène, l'anthracène, le méthylanthracène. Ces carbures sont, ainsi que l'a montré M. Berthelot, le résultat de la destruction profonde des molécules organiques et de la formation de nouveaux états d'équilibre.

M. Tilden [*Ann. Chim. Phys.*, (6), t. V, p. 120] a cherché à éviter ces destructions avancées en opérant dans des conditions très ménagées, c'est-à-dire en faisant passer la vapeur d'essence de térébenthine dans un tube de fer chauffé à un rouge si faible, qu'il est à peine visible dans une chambre obscure.

Dans ces conditions, le térébenthène se transforme pour la majeure part :

1° En un terpène isomérique inactif, que l'on trouve dans les parties passant de 170 à 180°;

2° Par polymérisation, en colophène;

3° Par déshydrogénation, en cymène, fait déjà constaté par d'autres auteurs;

4° Par dédoublement, en deux molécules d'un pentène qui paraît identique avec l'isoprène de Greville Williams, $C^{10}H^{16} = 2C^5H^8$. On le trouve en abondance dans les produits passant de 20 à 70°. Cette dernière transformation est capitale. On sait en effet que la théorie de M. Berthelot fait dériver, par polymérisation, les carbures $C^{10}H^{16}$ de carbures C^5H^8. Conformément à ces idées, M. Bouchardat, en chauffant l'isoprène de Greville Williams C^5H^8, a formé ainsi un carbure $C^{10}H^{16}$; M. Tilden, en effectuant le retour inverse, apporte un nouvel appui à la théorie de M. Berthelot, qui se trouve désormais solidement établie par la synthèse et par l'analyse.

Indépendamment de ces produits fondamentaux de la destruction de l'essence de térébenthine à basse température, on a constaté encore la présence inévitable d'une certaine quantité de carbures aromatiques, comme dans les expériences effectuées à plus haute température, et, en outre, un heptène, C^7H^{12}, déjà rencontré par M. Renard dans les carbures provenant de la distillation sèche de la colophane.

Le pentène, C^5H^8, ne se trouve pas dans les produits de la décomposition à plus haute température de l'essence de térébenthine, parce qu'il se polymérise pour former le carbure $C^{10}H^{16}$ de M. Bouchardat (isotérébenthène ou terpilène).

Le terpilène, placé par M. Tilden dans les mêmes conditions que l'essence de térébenthine, ne lui a pas donné de quantité sensible de pentène.

Le citrène, carbure principal de l'essence de citron, traité de la même façon, fournit une quantité appréciable de pentène, concordant par ses propriétés générales avec le produit de l'essence de térébenthine.

Le colophène, toujours dans les mêmes conditions ménagées, ne donne, comme produits principaux, que la benzine et ses homologues.

Le camphène isomère solide, $C^{10}H^{16}$, ne produit pas non plus de pentène.

Il paraît probable, d'après la transformation facile de $2C^5H^8$ en $C^{10}H^{16}$ et *vice versa*, que la molécule du térébenthène est formée de deux moitiés symétriques, $(C^5H^8) = (C^5H^8)$.

Action de l'oxygène. — Si l'on recouvre d'une couche d'essence de térébenthine une dissolution faible de sulfo-indigotate de potassium, celui-ci se transforme bientôt en sulfo-isatinate de potassium. M. Schiel, qui a observé cette réaction

[*Deutsch. chem. Gesellsch.*, 1879, p. 507 et *Bull. Soc. chim.*, t. XXXIII, p. 176] l'attribue à l'action oxydante de l'ozone formé au contact de l'essence de térébenthine. Mais M. Berthelot, et ultérieurement divers auteurs, ont montré que les actions oxydantes de l'essence de térébenthine doivent être attribuées à des corps oxydants autres que l'ozone.

Il résulte des expériences de M. Radoulowitsch [*Bull. Soc. chim.*, t. XXXVIII, p. 377] que l'oxydation des carbures térébéniques par l'oxygène ou par l'air en présence de l'eau, donne lieu à la formation d'eau oxygénée; celle-ci a été nettement caractérisée par ses diverses réactions et dosée, dans une certaine mesure, par un procédé colorimétrique basé sur la formation de l'acide perchromique.

M. Radoulowitsch trouve ainsi que le térébène, en présence de l'eau, absorbe l'oxygène deux fois plus vite que l'essence de térébenthine. Ce fait peut paraître singulier, car on sait, d'après les expériences de M. Riban, que le térébène sec et pur est bien moins oxydable que l'essence de térébenthine. La production de l'eau oxygénée dans l'oxydation des carbures térébéniques est plus rapide si l'on élève la température. Comme l'eau oxygénée diluée est volatile sans décomposition, l'auteur montre que les réactions attribuées à l'ozone, dans les vapeurs des huiles essentielles, sont produites par l'eau oxygénée.

M. Bardsky [*Bull. Soc. chim.*, t. XXXVIII, p. 378] a aussi obtenu de l'eau oxygénée en agitant avec de l'eau les essences de menthe, de térébenthine, d'eucalyptus; il la caractérisait par l'amidon ioduré en présence de sulfate ferreux; d'après le même auteur, l'oxydation des huiles essentielles est en outre accompagnée de la formation d'acide azoteux.

M. Papasogli (cité plus bas) pense également que les actions de l'essence de térébenthine attribuées à l'ozone sont dues à la formation de composés oxygénés de l'azote, favorisée par ce fait que l'essence de térébenthine absorbe de grandes quantités d'azote et d'oxygène; d'ailleurs l'ozone ne saurait coexister avec l'essence de térébenthine puisqu'il est détruit par elle.

M. Hugo Schiff a isolé récemment un produit d'oxydation aldéhydique de l'essence de térébenthine. De l'essence de térébenthine rectifiée, abandonnée pendant deux ans à la lumière diffuse, acquiert la propriété de réduire le nitrate d'argent ammoniacal et de colorer en violet foncé une solution d'acide fuchsine-sulfurique; en outre, agitée avec du bisulfite de sodium, elle produit une élévation de température, mais qui est due à de l'oxygène uni à l'essence.

Les premiers produits de la distillation de l'essence contiennent le corps réducteur; on agite avec une dissolution de bisulfite de sodium, qui s'en empare, on lave celle-ci à l'éther pour éliminer un peu d'essence de térébenthine, enfin on déplace le corps aldéhydique de sa combinaison avec le bisulfite par le carbonate de sodium, et on agite avec de l'éther, qui l'abandonne par évaporation sous la forme d'une huile jaune (1 °/₀ environ du poids de l'essence), ne paraissant pas pouvoir être distillée sous la pression normale.

Ce corps huileux est à peu près insoluble dans l'eau, il réduit énergiquement le nitrate d'argent et se comporte comme les aldéhydes à l'égard de la fuchsine. Il s'altère à l'air et se transforme, sous l'influence de l'acide nitrique, en un acide solide. Sa combinaison avec le bisulfite de sodium est soluble et n'a pu être obtenue cristallisée. Il forme des combinaisons avec l'ammoniaque et avec l'aniline; la dernière répond à la formule

$$C^{10}H^{16}(C^6H^5Az)O^2.$$

D'après M. Schiff, le corps huileux oxygéné représenterait une aldéhyde $C^{10}H^{16}O^3$ ou un acide $C^{10}H^{16}O^4$, qui serait celui que M. Kingzett avait envisagé comme du peroxyde camphorique de Brodie. Mais la dernière hypothèse est peu probable, car le peroxyde serait oxydant et non pas réducteur [H. Schiff, *Deutsch. chem. Gesellsch.*, 1883, p. 2010, et *Bull. Soc. chim.*, t. XLII, p. 527].

L'essence de térébenthine, longtemps et fréquemment agitée au contact de l'air en présence du sodium, donne le sel de sodium d'un acide particulier, dont on peut obtenir d'autres sels métalliques par double décomposition. L'acide régénéré du sel de plomb par l'acide sulfhydrique est soluble dans l'eau, l'alcool et l'éther. Il fond à 97°; il n'a pas été analysé [Papasogli, *Gazz. chim. ital.*, et *Deutsch. chem. Gesellsch.*, 1877, p. 84].

M. Otto Krafft, en oxydant l'essence de térébenthine par un mélange de dichromate de potassium et d'acide sulfurique, a obtenu de l'acide téréphtalique, déjà signalé dans l'oxydation de ce carbure, et en même temps un acide possédant les propriétés de l'acide isophtalique, mais il a été impossible de séparer ces deux corps [Otto Krafft, *Deutsch. chem. Gesellsch.*, 1877, p. 1659, *Bull. Soc. chim.*, t. XXX, p. 518].

Action de l'hydrogène. — Le térébenthène s'unit à l'hydrogène libre sous l'influence de l'effluve; il peut absorber jusqu'à 2,5 atomes d'hydrogène pour 1 molécule $C^{10}H^{16}$ de carbure, avec formation de produits résineux presque solides et polymérisés.

Le térébenthène mêlé d'eau et soumis à l'effluve n'a pas donné d'hydrate [Berthelot, *Bull. Soc. chim.*, t. XXVI, p. 99].

L'électrolyse d'un mélange de térébenthène, d'alcool et d'acide sulfurique dilué donne principalement du cymène, du monohydrate de térébenthène $C^{10}H^{18}O$ et un acide particulier gommeux, très hygrométrique et altérable par la chaleur, dont le sel de plomb, bien cristallisé en petites aiguilles brillantes, a pour formule

$$C^{12}H^{22}SO^7Pb.$$

Chauffé vers 110 ou 115°, ce sel se décompose sans noircir en répandant une odeur de térébenthine. Ce composé peut sans doute être considéré comme le sel de plomb d'un dérivé sulfoéthylique d'un acide hydroxylcampholique $C^{10}H^{20}O^4$ différant de l'acide campholique $C^{10}H^{18}O^2$ par 2(OH) en plus.

On trouve encore, parmi les produits de l'électrolyse, un peu de terpine et un acide dont le sel de plomb se présente en petits cristaux brillants, altérables avant 100°, en mettant en liberté de l'acide sulfurique; leur formule n'est point encore fixée [Renard, *Compt. rend.*, t. XC, p. 531].

M. Orlow [*Bull. Soc. chim.*, t. XL, p. 24, et *Deutsch. chem. Gesellsch.*, 1883, p. 799], reprenant les expériences de M. Berthelot sur l'hydrogénation du térébenthène par l'acide iodhydrique, admet que le carbure $C^{10}H^{20}$ obtenu est constitué par un mélange d'isomères de même formule, bouillant de 155° à 170° et dont les densités augmentent à mesure que les points d'ébullition s'élèvent. Ce sont des composés saturés qui rappellent les hexahydrures de benzine, mais qui s'en distinguent en ce qu'ils ne donnent pas de dérivés nitrés correspondants. D'ailleurs à l'oxydation ils sont presque complètement brulés avec formation d'eau, d'acide carbonique et d'un peu d'acide acétique.

Il se forme indépendamment des carbures $C^{10}H^{20}$ une petite quantité de toluène et d'isoxylène.

Action des acides. — M. Armstrong a trouvé dans les produits de l'action de l'acide sulfurique sur le térébenthène américain, indépendamment des corps déjà connus, un carbure $C^{10}H^{20}$, insoluble dans l'acide sulfurique, bouillant à 170-172° et identique avec celui que le même auteur a dérivé du camphre. M. Armstrong a étudié l'influence des proportions relatives d'acide sulfurique et d'eau sur les rendements en divers produits, notamment en cymène et en carbure $C^{10}H^{20}$.

Le carbure $C^{10}H^{20}$ se forme facilement avec d'autres terpènes et leurs dérivés, dans la décomposition de la colophane et du colophène par la chaleur [E. Armstrong, *Deutsch. chem. Gesellsch.*, 1879, p. 1759 et *Bull. Soc. chim.*, t. XXXIV, p. 262].

Lorsqu'on fait réagir un mélange froid d'acide sulfurique et d'eau sur le térébenthène, il n'y a pas d'action; en chauffant jusqu'à 80° et agitant vivement, on voit le pouvoir rotatoire disparaître peu à peu. Dans ces conditions il ne distille plus avec la vapeur d'eau que la moitié du liquide primitif et on constate que ce produit distillé est formé de terpilène à l'exclusion du camphène. M. Flawitzky était arrivé, presque en même temps, au même résultat (voyez plus haut).

On trouve encore, dans cette opération, du camphène, du cymène, et, parmi les produits passant au delà de 200°, un peu de bornéol $C^{10}H^{18}O$, mais inactif [Armstrong et Tilden, *Deutsch. chem. Gesellsch.*, 1879, p. 1752 et *Bull. Soc. chim.*, t. XXXIV, p. 259].

On sait, d'après les expériences de M. Riban, que lorsque l'on traite l'essence de térébenthine par l'acide sulfurique concentré, on obtient, indépendamment du térébène et d'autres produits, une grande quantité de cymène.

Lorsque l'on a exclusivement en vue la transformation de l'essence de térébenthine en cymène, il est préférable, suivant M. Bruère [*Compt. rend.*, t. XC, p. 1428], de faire tomber goutte à goutte l'essence dans de l'acide sulfurique additionné de 2 molécules d'eau et maintenu en ébullition dans un ballon spacieux. Le cymène est isolé par fractionnements et débarrassé du térébenthène qui le souille encore par un procédé déjà connu, qui consiste à polymériser le térébenthène par l'acide sulfurique.

Selon le même auteur, lorsqu'on traite 1 molécule de térébenthène par 1 molécule de sulfate neutre d'éthyle en vase clos à 120°, il se produit de l'acide sulfureux, du cymène et de l'éther éthylique en vertu de l'équation suivante :

$$C^{10}H^{16} + SO^4(C^2H^5)^2$$
$$= SO^2 + C^{10}H^{14} + (C^2H^5)^2O + H^2O.$$

M. Bruère admet en outre qu'il se forme au préalable une combinaison de térébenthène et de sulfate d'éthyle constituant à froid un liquide parfaitement homogène et limpide; mais le fait que les deux corps se séparent par un refroidissement de — 20° nous semble peu favorable à cette opinion.

On sait que, suivant les conditions expérimentales où l'on se place, on obtient, dans l'action de l'acide chlorhydrique sur le térébenthène, des monochlorhydrates ou un bichlorhydrate, et de plus que ce dernier ne peut, en aucun cas, être dérivé des précédents par une addition consécutive d'acide chlorhydrique. Comme, d'autre part, M. Deville a établi que la terpine se change sous l'influence de l'acide chlorhydrique en bichlorhydrate, M. Flawitzky admet que toute formation de bichlorhydrate avec le térébenthène est nécessairement précédée de celle de la terpine ou hydrate de térébenthène, l'eau étant empruntée aux dissolvants dans lesquels on dissout l'essence lorsqu'on veut faire son bichlorhydrate. L'essence de térébenthine, seule ou dissoute dans le sulfure de carbone qui ne saurait fournir de l'eau, ne donne en effet que du monochlorhydrate [Flawitzky, *Deutsch chem. Gesellsch.*, 1879, p. 856 et *Bull. Soc. chim.*, t. XXXIV, p. 342].

Mais, d'après les expériences de M. Berthelot, l'essence de térébenthine dissoute dans l'acide acétique ou dans l'éther, qui ne paraissent pas devoir fournir d'eau, engendre du bichlorhydrate; ces expériences seraient contraires à l'opinion de Flawitzky, à moins que M. Berthelot n'ait opéré sur des dissolvants incomplètement privés d'eau.

Action du chlore, du brome et de l'iode. — Selon M. Naudin, si l'on fait absorber 2 atomes de chlore sec gazeux à une molécule de térébenthène refroidi à — 15°, on ne constate pas de dégagement sensible d'acide chlorhydrique, et l'auteur admet qu'il se forme la combinaison $C^{10}H^{16}Cl^2$. L'existence d'un composé défini obtenu par cette voie est douteuse, l'absence de tout dégagement de gaz chlorhydrique pouvant résulter, s'il s'en forme, de son absorption complète par le térébenthène qui s'y unit avec énergie.

Quoi qu'il en soit, il suffit d'une légère élévation de température pour provoquer une décomposition de ce corps en cymène et acide chlorhydrique.

Si l'on opère la chloruration sur du térébenthène additionné de 4 °/₀ de protochlorure de phosphore et à la température de 25°, le dégagement de gaz chlorhydrique devient très régulier, le trichlorure servant d'intermédiaire par des chlorurations ou déchlorurations successives. Les rendements en cymène, dans toutes ces opérations, sont environ les 3/4 du poids de l'essence.

Le produit d'addition $C^{10}H^{16}Cl^2$ est violemment décomposé à la température de 100° par des traces de gris de zinc; il se dégage des torrents d'acide chlorhydrique et l'on trouve à la distillation, indépendamment du cymène, une forte proportion de ditérébenthène [L. Naudin, *Bull. Soc. chim.*, t. XXXVII, p. 110].

L'essence de térébenthine, soumise à une chloruration profonde, obtenue en traitant successivement ce carbure par le chlore en présence de l'iode à froid et à 200°, puis par le chlorure d'iode entre 200 et 350° en tubes scellés jusqu'à cessation de dégagement gazeux, donne, comme produits ultimes de la benzine perchlorée, du perchloréthane et du perchlorométhane, c'est-à-dire les mêmes produits que fournit le cymène [G. Ruoff, *Deutsch. chem. Gesellsch.*, 1876, p. 1483 et *Bull. Soc. chim.*, t. XXVIII, p. 117].

Nous rapprocherons ici des composés chlorés du térébenthène les corps isomériques que l'on a dérivés du camphre.

On sait, d'après Pfaundler, que le camphre traité par le pentachlorure de phosphore donne un corps solide $C^{10}H^{16}Cl^2$ qui peut être considéré comme un produit d'addition d'un terpène, très probablement le camphène; ce chlorure perd facilement de l'acide chlorhydrique et se change en $C^{10}H^{15}Cl$, produit de substitution du même carbure, et consécutivement en cymène avec perte de HCl.

Le chlorure $C^{10}H^{16}Cl^2$ traité, d'après M. de Montgolfier, par le sodium, donne un carbure térébénique solide, le camphène; $[\alpha]_D = + 44°,20$.

MM. Meyer et Spitzer l'ont obtenu en même temps par le même procédé, mais en partant, paraît-il, du produit $C^{10}H^{15}Cl$, ce qui ne saurait avoir lieu d'après cette formule qu'en admettant la formation du cymène avec une portion des corps réagissants.

Le carbure obtenu fond plus haut que le camphène ordinaire, à 58° suivant les uns, 63° suivant les autres, et cependant il donne le même chlorhydrate : c'est peut-être un camphène isomère ; ou bien le produit contient quelque proportion d'hydrure de camphène élevant le point d'ébullition [Meyer, *Deutsch. chem. Gesellsch.*, 1877, p. 990 ; — Spitzer, *Ibid.*, p. 1034 ; — J. de Montgolfier, *Compt. rend.*, t. LXXXV, p. 286].

Tétrabromure de térébenthène. — Il est impossible d'enlever par le sodium le brome du tétrabromure de térébenthène $C^{10}H^{12}Br^4$, ce métal attaquant à peine et fort lentement le produit [Papasogli. *loc. cit.*].

L'action de l'iode sur l'essence de térébenthine a été étudiée par différents chimistes (Kekulé et Bruylants, Oppenheim, Pfaff, etc.), qui ont tous reconnu que le cymène constitue le produit principal de la réaction.

MM. Preis et Raymann, dans des conditions différentes, c'est-à-dire en chauffant de l'essence de térébenthine de Vienne-Neustadt en vase clos avec la moitié de son poids d'iode et à la température de 230-250°, ont obtenu, indépendamment des carbures gazeux, probablement de la série du méthane, des hydrocarbures liquides : métaxylène, traces de paraxylène, mésitylène, pseudocumène, un dérivé benzénique à 11 atomes de carbone, distinct cependant du laurène de Fittig, enfin des polymères de l'essence de térébenthine ; mais on n'a point obtenu de cymène, celui-ci étant détruit à ces hautes températures en présence de l'iode, ainsi que les auteurs ont pu le constater en opérant directement sur ce carbure [K. Preis et B. Raymann, *Deutsch. chem. Gesellsch.*, 1879, p. 219, et *Bull. Soc. chim.*, t. XXXIV, p. 260].

M. Armstrong, dans des conditions plus ménagées, c'est-à-dire en distillant simplement l'essence de térébenthine avec le quart de son poids d'iode, a obtenu du cymène et en outre un carbure $C^{10}H^{20}$, qu'il s'est attaché à obtenir dans cette réaction. Ce carbure, sans action sur le brome, l'acide nitrique, l'acide sulfurique, n'est pas homogène ; il paraît être un mélange de deux produits isomériques, l'un obtenu par M. Baeyer dans l'action de l'iodure de phosphonium, et l'autre par M. Berthelot dans l'action de l'acide iodhydrique sur l'essence de térébenthine. On sait en outre que M. de Montgolfier a obtenu un carbure de la même formule dans l'action du sodium sur le bichlorhydrate de terpilène [E. Armstrong, *Deutsch. chem. Gesellsch.*, 1879, p. 1756 et 1759, et *Bull. Soc. chim.*, t. XXXIV, p. 261].

Monochlorhydrate solide de térébenthène,

$$C^{10}H^{16}.HCl.$$

— Le monochlorhydrate solide de térébenthène gauche, $[\alpha]_D = -26°$ environ, traité par le sodium, donne deux carbures solides : le camphène inactif, $C^{10}H^{16}$, et un hydrure de camphène,

$$C^{10}H^{18},$$

correspondant comme saturation au chlorhydrate primitif, fusible à 120° et dont le point d'ébullition se confond sensiblement avec celui du camphène. En même temps, une partie des carbures engendrés dans ces réactions se polymérise et fixe aussi de l'hydrogène, pour donner naissance à une petite quantité d'un carbure $C^{20}H^{34}$, hydrure de colophène ou plutôt de dicamphène. Ce carbure est visqueux, incolore ; il bout à 322° ; sa densité est 0,9574 à 19°. Son pouvoir rotatoire, $[\alpha]_D = +21°,18$ est en sens inverse de celui du chlorhydrate primitif qui était de — 26° environ ; il est soluble dans l'éther, la benzine, le toluène. Les acides sulfurique et chlorhydrique sont sans action sur lui ; l'acide nitrique l'attaque à peine [J. de Montgolfier, *Compt. rend.*, t. LXXXVII, p. 840].

M. Letts [*Deutsch. chem. Gesellsch.*, 1879, p. 135, et 1880, p. 793, et *Bull. Soc. chim.*, t. XXXV, p. 252] confirme le travail de M. de Montgolfier et la composition de l'hydrocolophène ou hydrocamphène par la densité de vapeur ; mais ce carbure contient un isomère solide cristallisant en barbes de plume, fusible à 94°, bouillant de 321 à 323°. Ce corps ne s'unit pas au brome à la température ordinaire, il est à peine attaquable par le mélange de dichromate de potassium et d'acide sulfurique.

L'action du chlore sur le monochlorhydrate de térébenthène cristallisé donne, d'après M. Papasogli [*loc. cit.*], un monochlorhydrate de térébenthène chloré, $C^{10}H^{15}Cl.HCl$, fusible après cristallisation dans l'alcool à 107°.

Monochlorhydrates liquides de térébenthène. — On sait, d'après M. Riban, que le monochlorhydrate liquide contient, indépendamment du chlorhydrate solide inséparable, du bichlorhydrate solide. D'autre part, les expériences de M. Berthelot ont montré que la combinaison de ces deux derniers chlorhydrates est liquide ; dès lors MM. Tilden et Harrow pensent que le monochlorhydrate liquide de térébenthène, obtenu dans la saturation de ce carbure par le gaz chlorhydrique, ne serait qu'un mélange ou une combinaison de monochlorhydrate et de bichlorhydrate solides en dissolution dans du cymène qui accompagnerait toujours l'essence de térébenthine. Cette hypothèse n'est pas nouvelle, mais la preuve de la non-existence du monochlorhydrate de térébenthène n'a jamais été faite.

Bien plus, M. Barbier [*Compt. rend.*, t. XCVI, p. 1066], en éliminant autant qu'il est possible, par des distillations dans le vide, le chlorhydrate solide, a obtenu un monochlorhydrate liquide, incolore, non congelable, bouillant à 120° sous une pression de $0^m,04$. Densité à 0° = 1,017 ;

$$[\alpha]_D = -29° ;$$

indice de réfraction, $[n]_D = 1,4083$.

Traité par la potasse alcoolique, ce chlorhydrate régénère un carbure liquide très mobile, d'une odeur citronnée, et non point un carbure solide comme l'exigerait la non-existence du monochlorhydrate liquide. Ce carbure régénéré bout à 157°. Densité à 0° = 0,8815 ; indice de réfraction : $[n]_D = 1,4704$. Son pouvoir rotatoire est $[\alpha]_D = -40°$, c'est-à-dire qu'il a le même pouvoir rotatoire et le même point d'ébullition que le térébenthène initial. Traité par le gaz chlorhydrique, il donne un mélange de monochlorhydrates liquide et solide, mais ce dernier est maintenant dextrogyre.

On sait qu'en traitant par le gaz chlorhydrique du térébenthène dissous dans l'alcool, on obtient un mélange de monochlorhydrate liquide et de bichlorhydrate solide. Or ce mélange, soumis à des rectifications dans le vide, donne encore un monochlorhydrate liquide d'une odeur douceâtre, incolore et légèrement huileux, bouillant à 120° sous une pression de $0^m,045$; son pouvoir rotatoire est $[\alpha]_D = -6°,51$; son indice pour la raie D est 1,483 à 12°,5.

Traité par l'acide chlorhydrique en dissolution éthérée, il ne donne pas de bichlorhydrate.

La potasse alcoolique le transforme en un carbure incolore très fluide, possédant après oxydation à l'air une odeur citronnée.

Ce carbure régénéré est lévogyre $[\alpha]_D = -19°,9$, son pouvoir rotatoire est environ la moitié de celui du térébenthène initial, $[\alpha]_D = -40°$; sa densité à 0° = 0,8812 ; indice de réfraction $[n]_D = 1,469$: valeurs plus grandes que celles que l'on trouve pour l'essence de térébenthine primitive.

Rappelons enfin que M. Riban, en traitant le β-isotérébenthène par le gaz chlorhydrique, a obtenu encore un monochlorhydrate liquide à point d'ébullition fixe, etc., ne régénérant pas de camphène par la potasse alcoolique. M. Bouchardat a produit également un chlorhydrate liquide analogue au précédent en partant d'un isotérébenthène dérivé synthétiquement de l'isoprène de Greville Williams.

On le voit, toutes ces expériences, aussi bien que celles que nous avons relatées au t. III, p. 313, parlent en faveur de l'existence des monochlorhydrates liquides, quoique les méthodes connues de nos jours ne permettent pas de les débarrasser complètement des impuretés qui les accompagnent.

Le monochlorhydrate liquide de térébenthène, mélange complexe, traité par le sodium, donne, suivant M. de Montgolfier [*loc. cit.*], une certaine proportion d'un carbure liquide inactif bouillant à 163° et répondant sensiblement à la formule $C^{10}H^{18}$; il est souillé par une petite quantité d'un isomère solide, l'hydrure de camphène inséparable. Le carbure liquide possède une odeur citronnée agréable, sa densité est 0,852 à 19°. Il se dissout entièrement dans l'acide sulfurique fumant, en donnant un acide sulfoconjugué dont le sel de baryum est très soluble; l'acide nitrique fumant le transforme en un dérivé nitré liquide.

On a trouvé en outre dans les produits de cette réaction une petite quantité de terpilène, $C^{10}H^{16}$, passant vers 173°, provenant sans doute de l'action du sodium sur le bichlorhydrate qui souille le monochlorhydrate liquide.

Bichlorhydrate de térébenthène. — L'action du sodium sur ce bichlorhydrate engendre non seulement du terpilène, $C^{10}H^{16}$, ainsi qu'on le savait déjà, mais en outre l'hydrure de terpilène de M. Berthelot [voyez Suppl., TERPILÈNE (HYDRURE)] [J. de Montgolfier, *Compt. rend.*, t. LXXXIX, p. 102].

Indépendamment des corps déjà connus comme formant des combinaisons liquides avec le bichlorhydrate de térébenthène, nous citerons encore le camphre des Laurinées, le camphre monochloré, les composés $C^{10}H^{16}Cl^2$ et $C^{10}H^{15}Cl$, qui en dérivent [J. de Montgolfier, *loc. cit.*].

Bromhydrate solide de térébenthène,

$$C^{10}H^{16}.HBr.$$

— Le point de fusion du bromhydrate de térébenthène $C^{10}H^{16}$ est situé à 80° [Papasogli, *loc. cit.*].

Hydrates de térébenthène. — 1° *Monohydrate de térébenthène*, $C^{10}H^{18}O = C^{10}H^{16},H^2O$. — Ce corps a déjà été signalé par M. Berthelot; il a été définitivement isolé à l'état de pureté et étudié par M. Flawitzky [*Deutsch. chem. Gesellsch.*, 1879, p. 1406 et 2354; *Bull. Soc. chim.*, t. XXXIX, p. 343].

Pour le préparer, M. Flawitzky traite un térébenthène gauche, $[\alpha]_D = -33°$, extrait de l'essence française, par un mélange d'acide sulfurique et d'alcool (1 p. de térébenthène, 1p,5 d'alcool à 90° centésimaux et ½ p. d'acide sulfurique d'une densité de 1,64); le mélange est fréquemment agité pendant 12 jours. Les trois quarts du carbure se dissolvent, on élimine la partie indissoute, surnageante, et l'on précipite par l'eau la solution. Le produit obtenu est d'abord distillé dans un courant de vapeur d'eau, puis on le purifie par distillation fractionnée.

Le monohydrate de térébenthène pur est un liquide insoluble dans l'eau, faiblement soluble dans le mélange d'alcool et d'acide sulfurique. Il a une odeur qui rappelle celle des alcools tertiaires; sa saveur est brûlante. Il bout à la température de 217°,7-220°,7, sous la pression de 763 millimètres, en se décomposant légèrement à la distillation avec dégagement d'eau et formation d'un résidu presque incolore. Densité à 0° = 0,9339; à 18° = 0.9201; d'où coefficient de dilatation entre 0° et 18°: 0,00083; pouvoir rotatoire, de même sens que celui du carbure générateur, $[\alpha]_D = -56°,2$, à la température de 18°. Le pouvoir rotatoire du monohydrate de térébenthène s'affaiblit rapidement en dissolution dans le mélange d'acide sulfurique et d'alcool et peut disparaître entièrement.

La dissolution du monohydrate dans l'alcool sulfurique traitée par l'eau donne au bout de quelque temps des cristaux de terpine ou dihydrate de térébenthène.

Le traitement du monohydrate par un courant d'acide chlorhydrique gazeux le transforme en un bichlorhydrate inactif, fusible, comme celui du térébenthène, à 49°. Il ne se forme pas de monochlorhydrate solide.

Le monohydrate, chauffé en tubes scellés avec de l'anhydride acétique, engendre un nouvel isotérébenthène lévogyre (voyez TÉRÉBENTHÈNE (ISO-) dans ce Supplément), bouillant vers 175°, et une substance en partie décomposable à la distillation, bouillant au-dessus de 200°, qui n'a pu être obtenue à l'état de pureté et dont la composition se rapproche de celle de l'éther acétique du monohydrate de térébenthène, ce qui tendrait à prouver que ce dernier est un alcool.

Il se pourrait que le monohydrate de térébenthène dérivât du dihydrate de térébenthène, comme la pinacoline dérive de la pinacone.

Le monohydrate de térébenthène obtenu par M. Renard, dans l'électrolyse d'un mélange de térébenthène, d'alcool et d'acide sulfurique dilué, est un liquide un peu huileux, bouillant de 210° à 214° (densité à + 10° = 0,951). Il est inoxydable à l'air, insoluble dans l'eau, soluble dans l'alcool, l'éther et l'acide acétique. Le brome agit sur lui avec beaucoup de violence en dégageant de l'acide bromhydrique. En solution sulfocarbonique, l'action a lieu sans dégagement de gaz; il se sépare de l'eau et il paraît se former, d'après le poids du brome fixé, le composé

$$C^{10}H^{16}Br^2;$$

mais ce corps ne peut être isolé, car la simple évaporation du sulfure de carbone le noircit avec dégagement d'acide bromhydrique. La distillation sur de la poudre de zinc le transforme en cymène.

Distillé avec de l'acide phosphorique anhydre, le monohydrate donne un liquide bouillant vers 160°, peut-être du térébène.

L'acide azotique concentré agit sur ce monohydrate avec beaucoup de violence; avec un mélange de 2 p. d'acide nitrique et de 3 p. d'eau, la réaction est calme et l'on obtient alors de l'acide oxalique et un acide très peu soluble dans l'eau, même bouillante, et assez soluble dans l'alcool. Sous l'action de la chaleur cet acide se décompose sans fondre. Son analyse conduit à la formule de l'acide cumidique : $C^{10}H^{10}O^4 + H^2O$ [Ad. Renard, *Compt. rend.*, t. XC, p. 531].

Autres monohydrates des terpènes.

L'essence de *Coriandrum sativum* est constituée par un monohydrate de terpène, $C^{10}H^{18}O$, probablement isomérique avec le monohydrate de térébenthène, et commençant à bouillir vers 150°, ainsi qu'il résulte des anciennes expériences de Trommsdorff et de Kawalier.

D'après M. Bruno-Grosser, l'essence de coriandre correspond bien à la composition précitée; elle a une densité de 0,8719; son pouvoir rotatoire $[\alpha]_D = -92°,55$. Chauffée au-dessous de son point d'ébullition, elle ne perd pas d'eau; mais, lorsqu'on la fractionne, on trouve que son point d'ébullition s'élève et que de 165 à 170° il passe de l'eau et un produit répondant à la formule $C^{20}H^{34}O$, formé par l'union de 2 molécules de monohydrate avec séparation de 1 molécule d'eau :

$$2C^{10}H^{18}O = C^{20}H^{34}O + H^2O.$$

La température s'élevant, il passe, chose singulière, de 190 à 196°, un produit présentant le nouveau la composition du monohydrate de l'essence primitive.

Le point d'ébullition du produit de condensation, moins élevé que celui du monohydrate, alors que son poids moléculaire est plus grand, peut s'expliquer par ce fait que ce produit de condensation doit être avec le monohydrate dans les mêmes rapports que l'éther avec l'alcool correspondant.

On pourrait aussi admettre que le corps condensé est un mélange de monohydrate et d'un carbure $C^{10}H^{16}$, mais les expériences de M. Bruno Grosser sont peu favorables à cette manière de voir.

Quoi qu'il en soit, le monohydrate constituant l'essence de coriandre est un corps inoxydable à l'air, complètement soluble dans l'alcool chargé d'acide sulfurique. Chauffé à 200° en vase clos, il se résout en eau, en carbure $C^{10}H^{16}$ bouillant vers 164°, et en carbures polymères passant vers 360°.

Le sodium forme avec ce monohydrate un composé sodé, $C^{10}H^{17}ONa$, qui serait l'analogue de la combinaison que le bornéol donne avec ce métal.

L'essence de coriandre engendre avec les acides chlorhydrique et iodhydrique les composés chloré, $C^{10}H^{17}Cl$, et iodé, $C^{10}H^{17}I$, tous deux liquides. L'action de l'iode la transforme en cymène.

D'après ces expériences, on peut admettre que l'essence de coriandre contient un oxhydryle et que sa constitution répond à la formule

$$C^{10}H^{17}.OH.$$

Oxydée par le permanganate de potassium, elle fournit, suivant l'auteur, une acétone, $C^{10}H^{16}O$, à laquelle il assigne la constitution

$$C^{8}H^{13}\text{-}CO\text{-}CH^{3}.$$

Une oxydation plus avancée donne du gaz carbonique, de l'acide acétique et un acide $C^{6}H^{10}O^{4}$, isomérique avec l'acide adipique, probablement l'acide diméthylsuccinique.

L'oxydation complète ne donne que les acides carbonique, oxalique et acétique [Bruno-Grosser, *Deutsch. chem. Gesellsch.*, 1881, p. 2485, et *Bull. Soc. chim.*, t. XXXVII, p. 144].

L'essence de *licari kanali* ou essence de bois de rose femelle offre une odeur rappelant à la fois celle de la rose et du citron; elle est constituée principalement, suivant M. H. Morin, par un monohydrate liquide de térébenthène, $C^{10}H^{18}O$, bouillant régulièrement à la température de 198° sous la pression de 755mm. Sa densité à 15° = 0,868. Son pouvoir rotatoire, $[\alpha]_D = -19°$.

Le brome et l'iode l'attaquent énergiquement avec dégagement de gaz bromhydrique ou iodhydrique.

Ce monohydrate est décomposé avec une brusque élévation de température par le chlorure de zinc: il se forme de l'eau et un carbure visqueux rappelant l'odeur de la térébenthine et répondant à la formule $C^{10}H^{16}$ ou à celle d'un polymère, car la densité de vapeur n'a pas été déterminée [H. Morin, *Compt. rend.*, t. XCII, p. 998].

Bihydrate de térébenthène ou terpine. — La terpine n'avait été formée jusqu'à ce jour que par l'action de l'eau pure ou d'un mélange d'eau, d'alcool et d'acide nitrique sur l'essence de térébenthine. M. Flawitzky [*Deutsch. chem. Gesellsch.*, 1879, p. 1022 et *Bull. Soc. chim.*, t. XXXIII, p. 296] a montré qu'avec les acides sulfurique et chlorhydrique on produit la même réaction. A cet effet, on prend, pour 4 p. en poids de térébenthène gauche français, 1 p. d'alcool à 90 °/o et 1 p. d'acide sulfurique (densité = 1,64) ou d'acide chlorhydrique (densité = 1,25). Au bout de dix jours, on ajoute au mélange 2 p. d'eau et on verse le tout dans un vase à large section.

En employant l'acide sulfurique, les cristaux d'hydrate de térébenthène apparaissent le troisième jour, tandis que l'acide chlorhydrique provoque déjà leur formation au bout de quatre heures. La fixation de l'eau paraît donc avoir lieu plus rapidement sous l'influence de l'acide chlorhydrique que sous celle des acides sulfurique et azotique. L'acide chlorhydrique aqueux dilué donnant de la terpine, tandis que l'on sait, d'après M. Berthelot, que le même acide concentré engendre du bichlorhydrate, la production de l'un ou de l'autre de ces corps dépend donc du degré de dilution de l'acide. L'essence de térébenthine russe dextrogyre donne également de la terpine avec les acides azotique et chlorhydrique.

Les eaux mères de la préparation ordinaire de la terpine contiennent des composés nitrés, car, lavées à l'eau, puis traitées par les agents réducteurs, elles donnent de l'ammoniaque, et chauffées directement, elles dégagent des vapeurs nitreuses [Tilden, *Deutsch. chem. Gesellsch.*, 1879, p. 848].

La terpine, traitée à froid par l'acide sulfurique étendu ou par l'acide nitrique ordinaire, à chaud par l'acide nitrique dilué ou par l'acide phosphorique vitreux, à 200° par l'acide acétique cristallisable, donne, selon M. Walitzky, un carbure d'hydrogène $C^{10}H^{16}$, le terpinène, qui serait isomérique avec les autres carbures de la même formule.

La terpine anhydre, traitée par le perchlorure de phosphore, se transforme en un dichlorhydrate, $C^{10}H^{16}.2HCl$, qui serait liquide et qui distille au-dessus de 110° en se décomposant avec dégagement d'acide chlorhydrique [E. Walitzky, *Compt. rend.*, t. XCIV, p. 90].

La terpine oxydée par l'acide nitrique donne les mêmes produits que l'essence de térébenthine moins la résine, c'est-à-dire les acides paratoluique, téréphtalique, térébique, en même temps que de l'acide carbonique, un peu d'acide oxalique et de petites quantités d'acides gras volatils.

Oxydée avec ménagement par l'acide chromique, la terpine engendre de l'acide terpénylique (voyez ce mot); un excès d'acide chromique produit surtout de l'acide acétique [Hempel, *Liebig's Ann. Chem.*, t. CLXXX, p. 71]. D'après MM. Fittig et Krafft, il se forme en outre dans cette oxydation ménagée un peu d'acide térébique [Fittig et Krafft, *Liebig's Ann. Chem.*, t. CCVIII, p. 71].

Dérivés nitrosés du térébenthène. — Lorsqu'on fait passer un courant de chlorure de nitrosyle à travers de l'essence de térébenthine refroidie, il se dépose une poudre blanche, insoluble dans l'alcool froid, ayant pour composition

$$C^{10}H^{16}AzOCl.$$

Chauffée avec une solution alcoolique de soude, cette substance se convertit en nitrosoterpène, $C^{10}H^{15}AzO$, corps fusible à 130°, irréductible par le sulfure ammonique et donnant par l'amalgame de sodium de l'ammoniaque et un hydrocarbure [Tilden, *Deutsch. chem. Gesellsch.*, 1875, p. 549, et *Bull. Soc. chim.*, t. XXV, p. 30].

On obtiendra d'une façon générale les nitrosochlorures des divers terpènes en faisant passer un courant de chlorure de nitrosyle gazeux dans un mélange bien refroidi de carbure et de chloroforme ou d'alcool. On a pu préparer ainsi les nitrosochlorures des essences de térébenthine droite ou gauche et des essences de baies de genièvre et de sauge.

Les nitrosodérivés que l'on en dérive par l'action des alcalis en solution alcoolique n'agissent pas sur la lumière polarisée; ils ont le même point de fusion et la même forme cristalline, quoique provenant d'essences absolument différentes par leurs propriétés physiques [A. Tilden et Shenstone, *Deutsch. chem. Gesellsch.*, 1877, p. 908].

D'après M. Gustavson [*Bull. Soc. chim.*, t. XXXIV, p. 322], le térébenthène forme avec le bromure d'aluminium une combinaison qui ne paraît pas avoir été examinée. J. Riban.

TÉRÉBENTHÈNES (ISO-). — Aux isotérébenthènes déjà décrits au t. III, p. 316, on devra ajouter les nouveaux carbures obtenus par MM. Bouchardat et Walitzky.

Le valérylène de M. Reboul, C^5H^8, chauffé en vase clos durant 6 heures, à la température de 250 à 260°, se change, ainsi que l'a montré M. Bouchardat, en un carbure $C^{10}H^{16}$ et en polymères de ce corps, les uns liquides, bouillant au-dessous de 300°, les autres solides et comparables à la colophane et au tétratérébenthène. On trouve en outre, entre 240 et 250°, un trivalérylène, $C^{30}H^{24}$, isomérique avec celui de M. Reboul.

Le carbure $C^{10}H^{16}$ possède l'odeur de l'essence de citron ou même celle de la caoutchine ou de l'isotérébenthène; il bout vers 180°. Sa densité à 0° est 0,848; elle est un peu plus faible que celle de l'isotérébenthène, le carbure térébénique le moins dense d'après les expériences de M. Riban.

Traité par l'acide sulfurique ou le fluorure de bore, le nouveau carbure se polymérise comme l'essence de térébenthine ou ses isomères.

Il se combine directement à froid avec l'acide chlorhydrique gazeux pour former d'abord un monochlorhydrate liquide, se changeant, après une action prolongée de plusieurs mois, en bichlorhydrate.

En dissolvant le carbure dans l'éther, la combinaison avec l'acide chlorhydrique est immédiate. Le produit obtenu se résout par la distillation dans le vide (deux centimètres), 1° en un monochlorhydrate liquide, $C^{10}H^{16}.HCl$, bouillant dans le vide vers 115-120°; 2° en dichlorhydrate liquide; 3° en dichlorhydrate solide, dont le point de fusion, 25°, situé plus bas que celui des autres bichlorhydrates connus, laisse quelque incertitude, ce corps n'ayant pas été complètement purifié.

Le carbure $C^{10}H^{16}$, dérivé du valérylène, transformé en composé bromé, que l'on détruit ensuite par la chaleur et finalement par la potasse alcoolique, donne, comme l'essence de térébenthine, du cymène, et, en outre, une petite quantité d'un carbure C^9H^{12}, qui paraît être le mésitylène [G. Bouchardat, *Compt. rend.*, t. LXXXVII, p. 654, et t. XC, p. 1560].

D'après M. G. Bouchardat, le diisoprène $C^{10}H^{16}$, carbure synthétique, qu'il a obtenu antérieurement par l'action de la chaleur sur l'isoprène, aussi bien que la caoutchine et l'essence de térébenthine, donnent tous les trois le même bichlorhydrate et la même terpine. Ce fait se rencontre d'ailleurs dans l'étude de plusieurs autres carbures isomériques avec l'essence de térébenthine.

M. Flawitzky [*Deutsch. chem. Gesellsch.*, 1879, p. 2354 et *Bull. Soc. chim.*, t. XXXIV, p. 343] a obtenu un nouvel iso-térébenthène ou un terpilène en chauffant le monohydrate de térébenthène en vase clos, vers 150°, avec de l'anhydride acétique. Il constitue la partie la plus volatile des produits formés dans cette réaction.

C'est un liquide bouillant à 179°,3 sous la pression de 763mm. Pouvoir rotatoire : $[\alpha]_D = -61°$. Densité à 0° = 0,8639; à 20° = 0,8486.

Traité par le gaz chlorhydrique sec, il donne un bichlorhydrate solide, $C^{10}H^{16}.2HCl$. Celui-ci peut être converti en terpine; il suffit de le dissoudre dans l'alcool, puis d'étendre de beaucoup d'eau et d'abandonner l'émulsion ainsi obtenue à l'évaporation spontanée : il se dépose des cristaux de terpine.

En se basant sur les propriétés de l'isotérébenthène gauche, M. Flawitzky pense que cette substance peut être placée à côté du carbure gauche extrait par Deville de l'essence d'élémi et qu'on pourrait le considérer comme l'isomère symétrique, au point de vue optique, de l'essence de citron. Quoi qu'il en soit, ce carbure se distingue, par la grandeur de son pouvoir rotatoire et quelques autres propriétés, des isotérébenthènes de MM. Berthelot et Riban, dont le pouvoir rotatoire est dix fois moindre, et de celui de M. Bouchardat, inactif sur la lumière polarisée.

J. Riban.

TÉRÉBENTHILIQUE (ACIDE). — On sait que M. Personne, en faisant passer de l'hydrate d'essence de térébenthine en vapeur sur de la chaux sodée et traitant le produit de la réaction par l'acide chlorhydrique, a isolé un acide cristallisé, $C^8H^{10}O^2$. M. Hempel a cherché à reproduire cet acide, mais toutes ses tentatives ont échoué [C. Hempel, *Liebig's Ann. Chem.*, t. CLXXX, p. 71]. J. Riban.

TÉRÉBILÉNIQUE (ACIDE), $C^7H^8O^4$. — Ce nom a été donné par M. W. Roser à un nouvel acide qu'il obtient en chauffant un peu au-dessus de son point de fusion l'acide chlorotérébique. Celui-ci perd 1 molécule d'acide chlorhydrique et se trouve ainsi changé en acide térébilénique. C'est un corps non saturé, fusible à 169°; il se sublime sans altération et cristallise en prismes orthorhombiques, solubles dans l'alcool et dans l'éther. L'auteur admet que l'acide térébilénique a pour formule de constitution

```
              CO OH
                |
(CH³)² = C – C = CH
         |        |
         O______CO
```

Le *sel de calcium* forme des aiguilles très solubles dans l'eau.

Le *sel d'argent*, $C^7H^7O^4Ag$, se présente en beaux prismes.

L'acide térébilénique ne paraît s'unir au brome et à l'acide bromhydrique qu'avec une certaine difficulté [W. Roser, *Deutsch. chem. Gesellsch.*, 1882, p. 293 et *Bull. Soc. chim.*, t. XXXVII, p. 465].

J. Riban.

TÉRÉBIQUE (ACIDE), $C^7H^{10}O^4$.

Préparation. — M. Mielck modifie de la façon suivante le procédé de préparation de l'acide térébique : Il laisse tomber lentement 125 grammes d'essence de térébenthine dans 1000 à 1100 grammes d'acide azotique de 1,18 de densité, chauffé vers 100°; on chauffe un peu plus fort lorsque la moitié de l'essence a été ajoutée. Il se dégage des oxydes de l'azote et de l'acide cyanhydrique. L'oxydation terminée, on laisse refroidir à 40°, on enlève la résine qui se sépare et on évapore le liquide. Lorsque la concentration est arrivée à moitié, une nouvelle réaction se manifeste; il se dégage de l'acide carbonique et des vapeurs nitreuses, et, si on laisse refroidir, on trouve au fond du vase une poudre blanche qui est de l'acide téréphtalique. On obtient une nouvelle quantité de ce dernier, mêlé de résine, en étendant d'un peu d'eau. On concentre de nouveau à moitié et on laisse refroidir : il se sépare alors de l'acide oxalique. Par une nouvelle concentration au bain-marie, on obtient une masse visqueuse ayant la consistance du miel, en même temps qu'il se dégage de l'acide acétique et ses homologues.

Le résidu, agité avec un peu d'eau et abandonné à lui-même, fournit de l'acide térébique cristallin (2 °/o du poids de l'essence) [Mielck, *Liebig's Ann.*

Chem., t. CLXXX, p. 45, et *Bull. Soc. chim.*, t. XXVI, p. 398].

M. Geisler prépare l'acide térébique en oxydant l'essence de térébenthine suivant les indications de M. Mielck; mais, après avoir évaporé la solution à consistance sirupeuse, il traite le résidu dans des ballons spacieux par l'acide azotique ordinaire, auquel on ajoute de temps à autre de l'acide fumant qui est sans action sur l'acide térébique, tandis qu'il détruit les impuretés.

Quand on ne peut plus déceler d'acide oxalique dans le produit, on étend celui-ci de beaucoup d'eau qui sépare l'acide téréphtalique, tandis que l'acide térébique reste dissous et se dépose par la concentration. 1200 grammes d'essence fournissent ainsi 50 grammes d'acide térébique pur [C. Geisler, *Liebig's Ann. Chem.*, t. CCVIII, p. 37, et *Bull. Soc. chim.*, t. XXXVII, p. 140].

L'acide térébique se forme en petite quantité dans l'oxydation de la terpine par l'acide chromique [Fittig et O. Krafft, *Liebig's Ann. Chem.*, t. CCVIII, et *Bull. Soc. chim.*, t. XXXVII, p. 135].

Il se sépare à un moment donné, du sein des eaux mères obtenues dans la préparation de l'acide térébique, une masse épaisse, jaunâtre; celle-ci, distillée, donne, entre autres produits, de l'acide pyrocinchonique $C^6H^6O^3$ [W. Roser, *Deutsch. chem. Gesellsch.*, 1882, p. 1318 et *Bull. Soc. chim.*, t. XXXVIII, p. 645].

Propriétés. — L'acide térébique se dépose de l'alcool en cristaux volumineux et transparents, fusibles à 174°. Ils sont clinorhombiques, d'après les mesures de M. von Reusch.

La décomposition de l'acide térébique par la chaleur, en acides carbonique et pyrotérébique $C^6H^{10}O^2$, donne les quantités théoriques (Mielck), mais selon M. Geisler la distillation sèche de l'acide térébique fournit, outre l'acide pyrotérébique, une lactone isomérique (oxyisocaproïque) et de l'acide téraconique isomère de l'acide térébique [Geisler, *Liebig's Ann. Chem.*, t. CCVIII, p. 50].

Térébate d'éthyle, $C^7H^9O^4(C^2H^5)$. — D'après M. Roser, le sodium réagit sur le térébate d'éthyle avec dégagement d'hydrogène et le transforme en un produit cristallisé, $C^9H^{13}O^4Na$, que l'on doit considérer comme de l'*éthyltéraconate de sodium*,

$$C^7H^8O^4 \begin{cases} C^2H^5 \\ Na \end{cases}$$

car il donne par saponification de l'acide téraconique.

L'éthylate de sodium produit la même réaction, mais il agit consécutivement comme alcali et donne finalement du téraconate de sodium. En présence d'une quantité déterminée d'eau, la potasse alcoolique donnerait en outre de l'acide succinique.

On pourrait peut-être admettre avec Roser [*loc. cit.*], d'après l'ensemble de ces réactions, que l'acide térébique a pour formule de constitution

$$\begin{array}{l} (CH^3)^2C-CH(CO^2H)-CH^2 \\ \quad O \text{———————} CO \end{array}$$

M. Fittig a réalisé la transformation inverse de l'acide téraconique en acide térébique, en chauffant l'acide téraconique avec de l'acide sulfurique dilué [Fittig, *Deutsch. chem. Gesellsch.*, 1882, p. 372, et *Bull. Soc. chim.*, t. XL, p. 44].

Acide chlorotérébique, $C^7H^9ClO^4$. — Lorsqu'on traite l'acide térébique par le perchlorure de phosphore, on obtient environ 70 % de la quantité théorique d'acide chlorotérébique, fusible à 191°. Les eaux mères d'où cet acide s'est déposé renferment des acides plus solubles, qui paraissent isomériques avec lui [Roser, *loc. cit.*].

Le *chlorotérébate de calcium*,

$$(C^7H^8ClO^4)^2Ca + 4H^2O,$$

cristallise en aiguilles très solubles. Le *sel d'argent*, $C^7H^8ClO^4Ag$, est un précipité cristallin.

Lorsqu'on chauffe l'acide chlorotérébique au-dessus de son point de fusion, ou lorsqu'on le traite par l'eau, à 140°, en tube scellé, il perd 1 molécule d'acide chlorhydrique et se convertit en acide *térébilénique* (voyez ce mot). Roser conclut de là à la formule de constitution

$$\begin{array}{l} (CH^3)^2C-CCl(CO^2H)-CH^2 \\ \quad O \text{———————} CO \end{array}$$

J. Riban.

TÉRÉLACTONE, $C^6H^8O^2$ [Geisler, *Liebig's Ann. Chem.*, t. CCVIII, p. 47]. — Ce corps prend naissance par l'action de l'eau bouillante, ou mieux des alcalis, sur l'acide *dibromisocaproïque*, $C^6H^{10}Br^2O^2$. Le meilleur procédé pour l'obtenir est le suivant : L'acide dibromisocaproïque pulvérisé est mis en suspension dans 5 à 6 fois son poids d'eau; on ajoute ensuite 1 ¼ molécule de carbonate de sodium sec pour 1 molécule d'acide, et, lorsque le dégagement de gaz carbonique a cessé, on chauffe le tout au bain-marie, dans un appareil à reflux, pendant une heure. On acidule alors par HCl, on porte à l'ébullition, puis on laisse refroidir; on ajoute de nouveau du carbonate de sodium jusqu'à réaction alcaline, et on épuise enfin par l'éther ; ce dissolvant abandonne par évaporation la térélactone sous la forme d'un liquide incolore, très mobile, bouillant à 210°.

La térélactone se prend dans un mélange réfrigérant en cristaux fusibles à 10-12°. Elle est soluble, à la température ordinaire, dans 4 fois son poids d'eau et insoluble dans les carbonates alcalins. Elle semble fournir, avec le brome, un produit d'addition liquide.

L'eau de baryte la convertit à l'ébullition en un sel ayant pour composition $(C^6H^9O^3)^2Ba$.

TÉRÈNE [Syn. *Propylacétylène*],

$$C^5H^8 = C^3H^7-C{\equiv}CH.$$

— Obtenu par Friedel, par l'action successive du perchlorure de phosphore et de la potasse sur le méthylbutyryle, $C^3H^7.CO.CH^3$, ce carbure se produit quand on chauffe en tubes scellés un mélange de potasse alcoolique et d'amylène monochloré. C'est un liquide mobile, doué d'une odeur pénétrante, bouillant à 48-49°. Il donne avec le brome deux produits d'addition liquides : le *dibromure*, $C^5H^8Br^2$, bout à 190°; le *tétrabromure*, $C^5H^8Br^4$, bout à 275°.

Le térène fournit avec les solutions alcalines de cuivre et d'argent des précipités ayant pour formules, $(C^5H^7)^2Cu^2$ et C^5H^7Ag : le premier de ces corps est jaune, le second est blanc [Bruylants, *Deutsch. chem. Gesellsch.*, 1875, p. 411].

TÉRÉPHTALIQUE (ACIDE),

$$C^6H^4(CO^2H)^2_{[1.4]}.$$

— Voyez t. III, p. 324. — *Modes de formation.* — D'une manière générale, l'acide téréphtalique prend naissance toutes les fois que l'on oxyde par le mélange chromique un dérivé bisubstitué de la benzine, dans lequel les deux chaînes latérales sont en position para.

On a en outre signalé sa formation : dans l'oxydation du dibromure de terpène, $C^{10}H^{16}Br^2$, par le mélange chromique [Biedermann et Oppenheim, *Deutsch. chem. Gesellsch.*, 1872, p. 627]; dans l'oxydation par le mélange chromique des cymènes provenant du terpène et du citrène [Oppenheim, *ibid.*, p. 629]; dans l'oxydation du diméthyl-stilbène,

$$\begin{array}{l} CH-C^6H^4.CH^3 \\ \| \\ CH-C^6H^4.CH^3 \end{array}$$

au moyen du mélange chromique [Goldschmidt

et Hepp, *Deutsch chem. Gesellsch*, 1873, p. 1505], et du diéthylstilbène, au moyen de l'acide nitrique [Hepp, *ibid.*, 1874, p. 1414]; dans la fusion d'un mélange de benzoate de potassium et de formiate de sodium [Richter, *Deutsch. chem. Gesellsch*, 1873, p. 876], ou plus simplement du benzoate de potassium seul [Conrad, *ibid.*, p. 1395]; dans l'oxydation de la terpine, au moyen de l'acide nitrique dilué [Hempel, *Deutsch. chem. Gesellsch.*, 1875, p. 21]; dans l'oxydation de l'acide cuminique par le permanganate de potassium en solution alcaline [R. Meyer, *Deutsch. chem. Gesellsch.*, 1878, p. 1283].

ÉTHERS. — Le *téréphtalate de propyle*,

$$C^6H^4(CO^2C^3H^7)^2,$$

préparé par l'action de l'iodure de propyle sur le téréphtalate d'argent, se présente en longues aiguilles, très solubles dans l'éther et dans l'alcool chaud et fusibles à 31°.

L'éther isopropylique forme des lamelles blanches, fusibles à 55-56°.

L'éther isobutylique,

$$C^6H^4[CO^2\text{-}CH^2.CH(CH^3)^2]^2,$$

cristallise en lamelles fusibles à 52°,5.

L'éther butylique normal est un liquide huileux, incristallisable [J. Berger, *Deutsch. chem. Gesellsch.*, 1877, p. 1742].

CHLORURE DE TÉRÉPHTALYLE, $C^6H^4(COCl)^2$. — Suivant Berger [*loc. cit.*], ce corps fond à 77° (et non à 98°, comme l'avait indiqué Schreder) et bout à 259°.

NITRILE TÉRÉPHTALIQUE, $C^6H^4(CAz)^2$. — On l'obtient par la distillation d'un mélange de sulfanilate et de ferrocyanure de potassium; il se présente en belles aiguilles brillantes, fusibles à 215° [Limpricht, *Deutsch. chem. Gesellsch.*, 1875, p. 1065].

ACIDE SULFOTÉRÉPHTALIQUE (*téréphtalique-sulfonique*), $C^6H^3(SO^3H)(CO^2H)^2$. — Il se produit par l'oxydation de l'acide sulfamine-paratoluique au moyen du permanganate de potassium en solution à 5 °/₀, à la température du bain-marie [Hall et Remsen, *Deutsch. chem. Gesellsch.*, 1879, p. 1433]; on peut encore le préparer en oxydant l'acide cymène-sulfonique par l'acide chromique, ou plus simplement en chauffant pendant quelques heures, à 250°, l'acide téréphtalique avec un mélange d'acide et d'anhydride sulfuriques [Schoop, *Deutsch. chem. Gesellsch.*, 1881, p. 223]. Il est très hygroscopique; il fonctionne comme acide bibasique.

Le *sel acide de potassium*, $C^8H^5O^7SK + H^2O$, cristallise en belles lames, peu solubles dans l'eau froide; le *sel de baryum* correspondant est une poudre cristalline qui contient 1 molécule d'eau (Hall et Remsen).

Le *sel neutre de plomb*, $C^8H^4O^7SPb + 2H^2O$, perd son eau de cristallisation à 150°; le *sel de baryum* correspondant cristallise avec 1 ½ molécule d'eau; il en est de même du *sel de calcium*; le *sel d'argent*, $C^8H^4O^7SAg^2$, forme des croûtes blanches qui noircissent à la lumière; les *sels de cuivre* et de *zinc* sont amorphes. (Schoop.)

L'amide, $C^6H^3(SO^3H)(COAzH^2)^2$, préparée en traitant le sel de potassium par le perchlorure de phosphore et en précipitant ensuite le produit par l'ammoniaque aqueuse, cristallise dans l'acide acétique en aiguilles fusibles au-dessus de 300°, avec décomposition; elle est insoluble dans l'eau (Schoop).

ACIDE ANHYDRO-SULFAMINE-TÉRÉPHTALIQUE,

$$C^6H^3(CO^2H){<}{\begin{smallmatrix}CO\\SO^2\end{smallmatrix}}{>}AzH$$

[Hall et Remsen, *loc. cit.*]. — On l'obtient à l'état de sel de potassium en oxydant le sulfamine-paratoluate de potassium par le permanganate à 5 °/₀, à la température du bain-marie; ce sel cristallise avec 1 molécule d'eau, qu'il perd à 240°; l'acide lui-même n'a pas été isolé.

Acides bromotéréphtaliques.

ACIDE MONOBROMOTÉRÉPHTALIQUE,

$$C^6H^3Br(CO^2H)^2$$

[Fischli, *Deutsch. chem. Gesellsch.*, 1879, p. 619]. — On le prépare en oxydant l'acide bromotoluique par le permanganate de potassium en solution alcaline. Il se présente en aiguilles microscopiques, fusibles à 304-305°, presque insolubles dans l'eau froide et dans l'éther, assez solubles dans l'alcool et dans l'eau bouillante, qui retiennent, à 120°, 1 molécule d'eau de cristallisation.

Le *sel de potassium* forme des aiguilles soyeuses, très solubles dans l'eau; le *sel de cuivre* est un précipité cristallin d'un bleu clair; le *sel de plomb* est amorphe, ainsi que le *sel d'argent*,

$$C^6H^3Br(CO^2Ag)^2.$$

Le *chlorure*, $C^6H^3Br(COCl)^2$, est un liquide incolore, bouillant à 304°,5-305°,5. L'eau ne le décompose que lentement.

L'amide, $C^6H^3Br(COAzH^2)^2$, cristallise dans l'eau bouillante en aiguilles fusibles à 270°, insolubles dans l'alcool et dans l'éther.

L'éther méthylique, $C^6H^3Br(CO^2CH^3)^2$, forme des aiguilles blanches; il fond à 42° et bout audessus de 300°.

Fondu avec de la soude en excès, l'acide bromotéréphtalique se convertit en phénol, suivant l'équation

$$C^6H^3Br(CO^2H)^2 + 6NaOH$$
$$= NaBr + 2CO^3Na^2 + 3H^2O + C^6H^5ONa.$$

Si l'on évite une trop forte élévation de température, on obtient, au contraire, de l'acide oxytéréphtalique, $C^6H^3(OH)(CO^2H)^2$.

ACIDE DIBROMOTÉRÉPHTALIQUE, $C^6H^2Br^2(CO^2H)^2$ [Claus, *Deutsch. chem. Gesellsch.*, 1880, p. 903]. Cet acide prend naissance lorsqu'on fait bouillir le dibromocymène avec 6 p. d'acide nitrique étendu de 2 fois son poids d'eau, jusqu'à oxydation complète. Il cristallise en lamelles brillantes, très solubles dans l'alcool, l'éther, l'acide acétique, insolubles dans l'eau froide, très peu solubles dans la benzine et dans la ligroïne. Il ne fond qu'au-dessus de 320° avec décomposition et sublimation partielle.

La plupart de ses sels sont très solubles dans l'eau. Le *sel de baryum* cristallise en petites aiguilles qui à 150° retiennent 1 molécule d'eau.

Ad. Fauconnier.

TÉRÉPHTALIQUE (ALDÉHYDE),

$$C^6H^4(CHO)^2_{(1,4)}$$

[Grimaux, *Bull. Soc. chim.*, t. XXV, p. 337]. — Cette aldéhyde prend naissance par l'ébullition prolongée du chlorure de tolylène,

$$C^6H^4(CH^2Cl)^2_{(1.4)}$$

avec de l'eau et de l'azotate de plomb; elle se présente en aiguilles légères, blanches, fusibles à 114-115°, solubles dans l'eau, l'alcool et l'éther.

ALDOXIME TÉRÉPHTALIQUE, $C^6H^4(CH.AzOH)^2$ [Westenberger, *Deutsch. chem. Gesellsch.*, 1883, p. 2994]. — On chauffe au bain-marie pendant quelques heures un mélange d'aldéhyde téréphtalique et d'hydroxylamine en solution alcaline; après quoi on épuise par l'éther.

L'aldoxime téréphtalique fond à 200°; elle est très soluble dans l'alcool et dans l'éther, peu soluble dans l'eau.

L'éther éthylique, $C^6H^4(CH.AzOC^2H^5)^2$, fond

à 55°; l'*éther acétique*, $C^6H^4(CH.AzOC^2H^3O)^2$, à 155°.

TÉRÉPHTALOPHÉNONE,

$C^6H^4(COC^6H^5)^2_{(1.4)}$

[Nœlting et Kohn, *Bull. Soc. chim.*, t. XLII, p. 339]. Ce corps prend naissance par l'action du chlorure de téréphtalyle sur la benzine en présence du chlorure d'aluminium : c'est une substance cristalline, blanche, insoluble dans l'eau, soluble dans l'alcool et dans l'éther, inattaquable par les alcalis, même en solution alcoolique.

TERPÈNES. — Les terpènes sont les carbures de formule $C^{10}H^{16}$, que l'on a désignés le plus souvent, jusqu'à ce jour, par les expressions synonymes de *carbures camphéniques, carbures térébéniques*.

On a divisé les terpènes, suivant leurs propriétés (voyez t. III, p. 304), en térébenthènes, térébènes, camphènes, isotérébenthènes et terpilènes. Nous n'avons rien à ajouter aux généralités déjà exposées au t. III. Nous traiterons seulement ici de quelques terpènes naturels ou artificiels qui, attendant une étude plus complète, ne sont pas encore définitivement classés dans l'un des groupes précités et nous terminerons par quelques mots sur la constitution des carbures térébéniques.

Les terpènes connus jusqu'à ce jour et susceptibles de s'unir à 2 molécules d'acide chlorhydrique, aussi bien ceux qui bouillent à 156° que ceux qui bouillent à 175°, donnent tous le même bichlorhydrate fusible à 49°, transformable par une ébullition prolongée en terpinylène. Le bichlorhydrate de sylvestrène d'Atterberg, fusible à 72-73°, est distinct et seul de son espèce. Enfin, toutes les terpines obtenues avec les divers carbures térébéniques paraissent jusqu'à présent identiques.

En résumé, les carbures susceptibles de former du bichlorhydrate viennent tous aboutir à un type unique, le terpilène, ou à l'un de ses dérivés.

TERPÈNES DIVERS.

TERPÈNE DE L'ESSENCE DE PERSIL. — L'essence de persil contient un terpène et un principe oxygéné, cristallisable, décrit autrefois par MM. Lœwig et Weidmann.

Le carbure a été étudié par von Gerichten; il bout après plusieurs rectifications, entre 160° et 164°. Densité de vapeur 67,62, au lieu de 68,00 (H = 1). Densité à 12° = 0,865. Pouvoir rotatoire pour la lumière jaune — 30°,8.

L'acide chlorhydrique le brunit et ne donne pas de cristaux de chlorhydrate; cependant, en additionnant d'alcool et étalant sur une large surface, on obtient une petite quantité de cristaux fusibles à 115-116° et offrant l'odeur du camphre.

Traité par l'iode, le terpène de l'essence de persil donne de l'acide iodhydrique et un carbure dont le point d'ébullition n'a pas été déterminé et qui, d'après ses produits d'oxydation (acides paratoluique et téréphtalique), doit être du cymène.

On sait que ce dernier carbure se forme également dans l'action de l'iode sur l'essence de térébenthine [E. von Gerichten, *Deutsch. chem. Gesellsch.*, 1876, p. 461, et *Bull. Soc. chim.*, t. XXVI, p. 461].

M. Atterberg [*Deutsch. chem. Gesellsch.*, 1877, p. 1202, et *Bull. Soc. chim.*, t. XXX, p. 191] a trouvé dans les huiles essentielles résultant de la distillation des bois résineux de la Suède un carbure $C^{10}H^{16}$, à odeur caractéristique de bois de pin, bouillant de 173° à 175°. Densité 0,8612 à 16°. Pouvoir rotatoire $[\alpha]_D = +19°,5$, auquel il donne le nom de *sylvestrène* (voyez ce mot au Suppl.).

D'après Tilden [*Deutsch. chem. Gesellsch.*, 1880, p. 1604, et *Bull. Soc. chim.*, t. XXXVI, p. 104], les produits supérieurs de la distillation de l'essence de résine contiennent une forte proportion de terpène inactif, donnant un dichlorhydrate identique avec ceux provenant des essences de térébenthine, d'orange ou d'autres huiles.

Les produits de la distillation de la colophane renferment, selon M. Renard [*Compt. rend.*, t. XCII, p. 887], un carbure térébénique passant entre 170° et 173°. Ce carbure lévogyre, plus oxydable à l'air que l'essence de térébenthine, ne donne pas, avec le mélange d'acide azotique et d'alcool, d'hydrate cristallisé. Il n'est point homogène; traité par l'acide chlorhydrique en solution éthérée, il se transforme partiellement en un bichlorhydrate fusible à + 49°; le reste est un liquide mal défini. Le brome en solution éthérée fournit un produit d'addition cristallisé, $C^{10}H^{16}Br^4$, fusible à 120°, et des corps liquides. L'acide sulfurique le transforme, comme d'autres térébenthènes, en cymène.

Avec 1/20e seulement d'acide sulfurique, il se fait un peu de cymène, un polymère, $C^{20}H^{32}$, bouillant à 305-310°, sans doute du colophène, et il reste un carbure inattaqué qui, débarrassé de produits polymérisables, passe de 171° à 173°. Sa densité est 0,861 à 11°. Ce carbure, $C^{10}H^{16}$, est inactif sur la lumière polarisée, inattaquable à froid par l'acide sulfurique à 66°, qui à 100° le change en cymène. L'acide nitrique ordinaire n'agit pas à froid, mais à 100° il y a formation d'acides nitrotoluique et oxalique.

Ce carbure, en solution éthérée, ne s'unit pas au brome, mais il est directement attaqué par lui à la température ordinaire.

En résumé, il paraît ressortir de ce travail, qui mériterait d'être repris, que le terpène résultant de la distillation de la colophane est formé de deux carbures térébéniques isomériques, l'un polymérisable et l'autre qui ne l'est point. Ce dernier se distinguerait ainsi des autres terpènes déjà connus.

M. Atterberg a extrait de l'essence de *Pinus pumillio*, indépendamment d'un térébenthène bouillant à 156° (voyez TÉRÉBENTHÈNE au Suppl.) :

1° Un terpène bouillant à 171-176. Densité à 17°,5 = 0,8598. Pouvoir rotatoire = — 5°,38. On n'a pas réussi à en préparer le chlorhydrate;

2° Un liquide d'une odeur très agréable bouillant vers 250°, décomposable à la distillation ; il faut le distiller dans un courant de vapeur d'eau; c'est un sesquiterpène $C^{15}H^{24}$, très oxydable; pouvoir rotatoire — 6°,2;

3° Des terpènes polymérisés.

Les essences de tanaisie et de valériane contiennent une petite quantité d'un terpène $C^{10}H^{16}$ [Bruylants, *Deutsch. chem. Gesellsch.*, 1878, p. 449, et *Bull. Soc. chim.*, t. XXXI, p. 88].

La distillation sèche du pimarate de calcium donne une certaine quantité de térébène et de ditérébène [Bruylants, *Deutsch. chem. Gesellsch.*, 1878, p. 447, et *Bull. Soc. chim.*, t. XXXI p. 87].

D'après Fittig et Sauer, le térébène et le carbure de l'essence de citron, oxydés par l'acide nitrique ou par le mélange de dichromate de potassium et d'acide sulfurique, donnent les mêmes produits d'oxydation que l'essence de térébenthine, notamment l'acide terpénylique, dont l'identité avec celui de l'essence de térébenthine a été établie. Les carbures précités donnent par l'acide nitrique relativement plus d'acide toluique [Fittig et Sauer, *Deutsch. chem. Gesellsch.*, 1877, p. 522].

Le terpène de l'essence d'oranges qui bout à 176°, saturé par le gaz chlorhydrique, reste incolore, puis, abandonné pendant quelques jours, il ne contient plus de chlore; mais si on dissout au préalable le carbure dans l'éther, ce dernier abandonne par évaporation une masse cristalline de dichlorhydrate, semblable aux autres dichlorhydrates connus [Tilden, *Deutsch. chem. Gesellsch.*, 1879, p. 1132]. Comme eux il se décompose, quand on le chauffe avec 10 fois son poids d'eau, en terpinylène, $C^{10}H^{16}$, et terpinol, $C^{10}H^{18}O$, bouillant à 210°. Si, au lieu d'hespéridène (essence d'oranges), on se sert d'autres terpènes, ils donnent tous le même résultat, à l'exception du sylvestrène de M. Atterberg [*Deutsch. chem. Gesellsch.*, 1879, p. 1202].

Les terpènes des essences de cumin, d'orange, de citron s'unissent, suivant M. Maissen, à l'acide nitreux pour former le même produit d'addition. Pour préparer ce dernier, on sature 50 grammes du terpène avec de l'acide chlorhydrique sec et l'on ajoute un mélange de 30 grammes d'acide acétique cristallisable, de 70 grammes de nitrite d'amyle et de 35 grammes d'acide azotique (D = 1,4).

Le tout forme une masse homogène d'un bleu verdâtre que l'on maintient à une basse température. Au bout de quelque temps, le liquide s'échauffe légèrement et il se sépare une substance cristalline qui augmente par l'addition d'alcool au liquide; on la purifie en la dissolvant dans le chloroforme et en précipitant la dissolution par l'alcool. Le nouveau corps forme de petits cristaux durs, fusibles à 114-115°, décomposables avec dégagement de vapeurs nitreuses. L'analyse leur assigne la formule

$$C^{10}H^{16} \begin{cases} AzOCl \\ AzO^3H \end{cases}$$

[V. Maissen, *Gazz. chim. ital.*, t. XIII, p. 99, et *Bull. Soc. chim.*, t. XLI, p. 74].

M. Tugolessow a réussi à transformer le diamylène en un carbure $C^{10}H^{16}$ comme l'avait fait M. Bauer et par un procédé analogue. On fait d'abord le bromure de diamylène et on le change par la potasse alcoolique en rutylène de Bauer. Le bibromure de rutylène $C^{10}H^{18}Br^2$, traité de la même façon, donne un carbure $C^{10}H^{16}$, bouillant de 145-150, tout semblable au térébène de Bauer; mais ce carbure, simplement isomère du térébène, appartient à la série grasse. Avec le brome, il donne un bromure instable qui, chauffé en tube scellé, ne produit pas de cymène comme le bromure de térébène. Oxydé par l'acide chromique, il ne fournit pas d'acide téréphtalique [Tugolessow, *Deutsch. chem. Gesellsch.*, 1881, p. 2063].

MM. Br. Radziszewski et J. Schramm ont récemment obtenu un terpène $C^{10}H^{16}$ en enlevant à l'oxyisoamylamine, $C^6H^{11}ONH^2$, par l'acide phosphorique anhydre, les éléments de l'eau et de l'ammoniaque. La réaction étant très énergique, on fait tomber goutte à goutte la base sur l'acide phosphorique placé dans une cornue que l'on a soin de refroidir; quand elle est terminée, on distille le produit, qui passe de 40 à 280°. On isole ensuite, par fractionnement, entre autres substances un carbure liquide bouillant à 155-165° et correspondant à la formule $C^{10}H^{16}$. Il a l'odeur de l'essence de térébenthine, il absorbe rapidement l'oxygène de l'air en devenant épais et finalement visqueux. Les faibles rendements ont empêché les auteurs d'étudier les autres propriétés de ce carbure. La portion distillant vers 200° est sans doute, d'après eux, un sesquiterpène. Les auteurs rappellent que M. Bouchardat, en chauffant à 250-260° en vase clos le valérylène dérivé de l'amylène de l'alcool amylique de fermentation, a obtenu un divalérylène bouillant à 180°, des liquides passant à température plus élevée et des produits de condensation résineux [Br. Radziszewski et J. Schramm, *Deutsch. chem. Gesellsch.*, 1884, p. 838].

D'après M. Liebermann, on obtient un polymère des terpènes, le quinoterpène, en traitant par l'acide iodhydrique et le phosphore à la température de 200° l'acide pyroquinovique, ou la quinochromine, ou mieux le produit de distillation de l'acide pyroquinovique.

Le carbure ainsi obtenu distille au-dessous de 360° sous la forme d'une huile épaisse presque incolore, qui se solidifie, par le refroidissement, en une masse vitreuse, douée d'une fluorescence bleuâtre. D'après son point d'ébullition si élevé, ce carbure doit être probablement un triterpène $C^{30}H^{48}$ [C. Liebermann, *Deutsch. chem. Gesellsch.*, 1884, p. 868, et *Bull. Soc. chim.*, t. XLIII, p. 482].

On peut dériver du camphre de patchouli,

$$C^{15}H^{26}O,$$

par déshydratation, un sesquiterpène, $C^{15}H^{24}$, que l'on pourrait appeler *patchoulène*. Le camphre de patchouli perd, en effet, de l'eau sous les plus faibles influences; il suffit, pour préparer le carbure, de chauffer pendant quelques heures, à 100° en vase clos, le camphre de patchouli dissous dans un mélange d'acide acétique anhydre et d'acide cristallisable. Le contenu des tubes se divise en deux couches : la supérieure constitue le carbure cherché. Après purification, il bout à 252-255° sous la pression de 743 millimètres. C'est un liquide mobile, sans odeur lorsqu'il vient d'être distillé; mais il prend à la longue une odeur colophénique en même temps qu'il s'oxyde et se colore. Sa densité à 0° est 0,946 ; son pouvoir rotatoire, $[\alpha]_D = -42°10'$. L'acide chlorhydrique gazeux ne s'y combine pas. Il est insoluble dans les acides sulfurique, chlorhydrique et azotique; ce dernier l'attaque à chaud en donnant une résine acide. Ce carbure, peu soluble dans l'alcool et dans l'acide acétique, se dissout en toutes proportions dans l'éther, la benzine, etc. Il se rapproche beaucoup de l'essence de cubèbe; il en diffère en ce qu'il ne se combine pas avec l'acide chlorhydrique [J. de Montgolfier, *Compt. rend.*, t. LXXXIV, p. 90].

M. Gall avait attribué autrefois à ce carbure, obtenu par l'action du chlorure de zinc, la formule $C^{15}H^{26}$, en admettant la composition $C^{15}H^{28}O$ pour le camphre dont il dérive [Gall, *Bull. Soc. chim.*, t. XI, p. 304].

Constitution des terpènes. — On avait admis que les terpènes appartiennent à la série aromatique et que ce sont des hydrures de cymène; nous avons donné au t. III, p. 307, quelques formules établies dans cette hypothèse. On se basait sur ce fait que les terpènes se transforment facilement en cymène, et que dans leur oxydation ils fournissent quelques acides aromatiques; mais ceux-ci n'apparaissent jamais qu'en faible quantité.

Par contre, les terpènes se polymérisent avec la plus grande facilité, ils s'unissent aisément aux hydracides et directement à l'eau pour former de la terpine; ils ne donnent point de composés nitrés caractérisés; par leur oxydation, ils fournissent surtout de l'acide térébique. Les composés aromatiques n'offrent rien de semblable.

Les terpènes n'appartiennent donc pas à la série aromatique.

M. Berthelot, après avoir montré, ainsi que nous l'avons indiqué au t. III, p. 307, que tous les carbures térébéniques fournissent un hydrure d'amylène C^5H^{12} lorsqu'on les traite par l'acide iodhydrique, conclut qu'ils dérivent par polymérisation d'un carbure fondamental C^5H^8, qui doit être ou le térène ou l'isoprène de Greville Williams ou le valérylène de M. Reboul :

$$2\ C^5H^8 = C^{10}H^{16} \text{ terpènes.}$$
$$4\ C^5H^8 = C^{20}H^{32} \text{ diterpènes, etc.}$$

Les sesquiterpènes qui, par leurs combinaisons chlorhydriques offrent tant d'analogie avec les carbures térébéniques seront :

$$3\,C^5H^8 = C^{15}H^{24} \text{ sesquiterpènes.}$$

En réalité, la série terpénique constitue, pour M. Berthelot, une série aussi distincte de la série aromatique que de la série grasse; elle dérive des carbures $(C^5H^8)^n$ et spécialement de $(C^5H^8)^2$ au même titre que la série grasse dérive des carbures $(CH^2)^n$ et la série aromatique de l'acétylène $(C^2H^2)^n$ et plus spécialement de la benzine $(C^2H^2)^3$.

Cette théorie de M. Berthelot a reçu par voie de synthèse et d'analyse la plus éclatante confirmation. En effet, conformément à ces idées, M. Bouchardat, en chauffant vers 280° l'isoprène de Greville Williams, C^5H^8, et le valérylène de M. Reboul, les a transformés par simple polymérisation en carbures $C^{10}H^{16}$ jouissant de toutes les propriétés des carbures térébéniques : même point d'ébullition, formation des mêmes chlorhydrates, de terpine, etc. (voyez TÉRÉBENTHÈNE (iso-), t. III et au Supplément).

Enfin, plus récemment encore, M. Tilden, en soumettant au rouge à peine visible l'essence de térébenthine, l'a inversement transformée par simple dédoublement en isoprène C^5H^8.

M. Tilden admet que les deux molécules du carbure fondamental sont unies dans le térébenthène en perdant 2 atomicités : $(C^5H^8) = (C^5H^8)$.

Mais nous ne sommes point encore fixés sur la constitution de l'isoprène, et les formules proposées pour exprimer la structure intime de la molécule des terpènes nous paraissent, dans l'état actuel de la question, prématurées [voyez Berthelot, *Bull. Soc. chim.*, t. XI, pp. 16, 22 à 33, 100 à 104 et p. 189; — *Ann. Chim. Phys.* [6], t. V, p. 136; — G. Bouchardat, *Compt. rend.*, t. LXXX, p. 1446; t. LXXXVI, p. 654; t. LXXXIX, p. 361; t. XC, p. 1560; — A. Tilden, *Ann. Chim. Phys.* [6], t. V, p. 120; — E. Armstrong, *Deutsch. chem. Gesellsch.*, 1878, p. 151; — Saytzeff, *ibid.*, p. 2152; — Flawitzky, *ibid.*, p. 1846, et *Bull. Soc. chim.* t. XXX, p. 433].

J. Riban.

TERPÉNYLIQUE (ACIDE), $C^8H^{12}O^4 + H^2O$. — Cet acide a déjà été décrit en partie (t. III, p. 325) sous le nom d'*acide terpénique* que lui donnait à l'origine M. Hempel, qui l'a découvert.

Préparation. — Il se forme lorsqu'on oxyde par une quantité ménagée de dichromate de potassium et d'acide sulfurique la terpine ou l'essence de térébenthine; avec un excès d'acide chromique on n'obtiendrait que de l'acide acétique, c'est-à-dire le produit ultime de la réaction.

Voici, d'après l'auteur, les conditions qui donnent les meilleurs rendements en acide terpénylique : On mélange 4 p. de terpine pure, cristallisée, avec 35 p. de dichromate de potassium et 50 p. d'acide sulfurique concentré préalablement dissous dans trois fois son volume d'eau. On chauffe au réfrigérant ascendant et l'on cesse de chauffer aussitôt que commence la réaction, qui est très énergique. Quand elle est arrêtée, on chauffe de nouveau jusqu'à ce que le mélange soit devenu d'un vert pur; il est bon de terminer dans une capsule, afin de volatiliser la terpine non attaquée et l'acide acétique formé. On laisse refroidir et on épuise par l'éther. Le résidu de l'évaporation de l'éther est additionné d'un peu d'eau et chauffé pendant 12 heures au bain-marie; on a soin de renouveler l'eau volatilisée afin de chasser tous les produits volatils. Finalement on obtient un liquide ressemblant à la glycérine, qui cristallise spontanément au bout de quelques jours, ou rapidement si l'on y introduit une trace d'acide terpénylique solide. L'acide brut ainsi obtenu est purifié par plusieurs cristallisations dans l'eau.

Suivant M. Hempel, on n'obtient comme produits secondaires dans cette préparation que les acides carbonique et acétique; mais, d'après MM. Fittig et Krafft, l'acide terpénylique brut obtenu est mélangé d'acide térébique, que l'on élimine, non sans quelque difficulté, en traitant le mélange brut des acides par l'éther qui laisse principalement l'acide térébique; on soumet ensuite à une série de cristallisations dans l'eau la partie qui s'était dissoute dans l'éther.

On peut encore préparer l'acide terpénylique en oxydant l'essence de térébenthine comme la terpine; on emploie pour 1 p. d'essence pure 10 p. de dichromate et 15 p. d'acide sulfurique concentré dissous dans 3 volumes d'eau. La réaction est beaucoup moins vive qu'avec la terpine; on la conduit d'ailleurs de la même manière. Le rendement en acide terpénylique est à peu près le même dans les deux cas, 6 à 7 % du poids de la matière première (Hempel).

Propriétés. — L'acide terpénylique répond à la formule $C^8H^{12}O^4 + H^2O$, confirmée par l'analyse de ses sels, etc. Il paraît constituer l'homologue supérieur de l'acide térébique; il est soluble dans l'eau froide et très soluble dans l'eau bouillante. Il cristallise en prismes du type dissymétrique (Schimper). Il fond à 70° dans son eau de cristallisation, s'effleurit à l'air et tombe en poussière; l'acide anhydre est fusible vers 90°; il se sublime vers 130-140° et se décompose à une température plus élevée, ainsi que l'a montré M. Krafft, en un nouvel acide monobasique, l'acide téracrylique, $C^7H^{12}O^2$ (voyez ce mot) et en acide carbonique [Otto Krafft, *Deutsch. chem. Gesellsch.*, 1877, p. 521, et *Bull. Soc. chim.*, t. XXX, p. 45]. Il se produit en outre une certaine quantité d'une huile neutre, bouillant vers 196-197°, $C^7H^{10}O$ ou $C^7H^{12}O$.

D'après M. C. Amthor, les produits huileux consistent en deux lactones isomériques, $C^7H^{12}O^2$, bouillant l'une à 202-204° et l'autre à 210-212° [Amthor, *Arch. der Pharm.* (3), t. XVIII, p. 356].

Cette décomposition de l'acide terpénylique rappelle celle de son homologue inférieur, l'acide térébique, en acides carbonique et pyrotérébique.

Le mélange de dichromate de potassium et d'acide sulfurique, qui est sans action sur l'acide térébique, attaque au contraire l'acide terpénylique, en donnant de l'acide carbonique et de l'acide acétique, mais point d'acide térébique.

L'hydrogène naissant est sans action sur l'acide terpénylique.

TERPÉNYLATES. — Comme l'acide térébique, l'acide terpénylique donne deux séries de sels : les uns, les terpénylates, sont monobasiques et répondent à la formule $C^8H^{11}O^4M$; les autres, les diaterpénylates, à la formule $C^8H^{12}O^5M^2$.

On obtient les terpénylates en saturant l'acide par les oxydes ou par les carbonates métalliques; ils sont presque tous solubles dans l'eau et doués d'une réaction acide.

Terpénylate d'argent, $C^8H^{11}O^4Ag$. — Masse cristalline, blanche, se séparant de la solution bouillante de l'oxyde dans l'acide libre. Il est très soluble dans l'eau bouillante, moins soluble dans l'eau froide. On peut le sécher à 95°; à 100° il brunit; la lumière ne l'altère pas.

Terpénylate de baryum, $(C^8H^{11}O^4)^2Ba$. — Il est très soluble dans l'eau et n'a pu être obtenu que sous la forme d'une poudre blanche, amorphe.

Terpénylate de calcium. — Même formule et mêmes propriétés que le précédent.

Terpénylate de cuivre, $(C^8H^{11}O^4)^2Cu + xH^2O$. — Se dépose par évaporation lente en cristaux verts, brillants, sans doute clinorhombiques, s'effleurissant rapidement à l'air, ce qui rend la détermination de l'eau à peu près impossible.

Terpénylate d'éthyle. — Obtenu par l'action

de l'iodure d'éthyle sur le terpénylate d'argent, il forme une huile épaisse, à odeur de fruits, bouillant vers 300° sans décomposition; le produit se prend spontanément, au bout de quelques jours, en une masse de petits cristaux fusibles à 36-38°.

Le chlorure d'acétyle n'agit sur cet éther ni à froid ni à chaud.

Diaterpénylates. — Les diaterpénylates se forment lorsqu'on chauffe avec un excès de base l'acide terpénylique ou ses sels.

Diaterpénylate de baryum,

$$C^8H^{12}O^5Ba + 2H^2O.$$

— On l'obtient en chauffant l'acide terpénylique avec un excès de baryte et éliminant cet excès par un courant de gaz carbonique. L'évaporation lente de la liqueur abandonne ce sel en cristaux durs et brillants. Il est moins soluble à chaud qu'à froid.

Diaterpénylate d'argent, $C^8H^{12}O^5Ag^2$. — Obtenu par double décomposition, c'est un précipité caillebotté, peu soluble dans l'eau, peu altérable à la lumière; il résiste à une température de 100°.

Éther éthyldiaterpénylique. — On l'obtient en chauffant du diaterpénylate d'argent avec de l'iodure d'éthyle. Cet éther est solide [Hempel, *Deutsch. chem. Gesellsch.*, 1875, p. 537; *Bull. Soc. chim.*, t. XXV, p. 31; *Liebig's Ann. Chem.*, t. CLXXX, p. 71, et *Bull. Soc. chim.*, t. XXVI, p. 400; — Otto Krafft, *Deutsch. chem. Gesellsch*, 1877, p. 521 et 1659; *Bull. Soc. chim.*, t. XXX, p. 45 et 518; — Fittig et O. Krafft, *Liebig's Ann. Chem.*, t. CCVIII, p. 71, et *Bull. Soc. chim.*, t. XXXVII, p. 135].

J. Riban.

TERPILÈNE (HYDRURE DE), $C^{10}H^{20}$. — Ce carbure a déjà été obtenu par M. Berthelot dans l'action de l'acide iodhydrique sur le térébenthène. Il se forme également en même temps que le terpilène lorsqu'on fait agir du sodium sur le bichlorhydrate de térébenthène.

L'hydrure de terpilène est un liquide mobile, à odeur fade et camphrée; sa densité est de 0,8179 à 0° et de 0,8060 à 17°,5; elle est supérieure par conséquent à celle du diamylène, dont le distingue d'ailleurs sa résistance à l'acide sulfurique [J. de Montgolfier, *Compt. rend.*, t. LXXXIX, p. 102].

J. Riban.

TERPINE. — Voyez Térébenthènes (hydrates).

TERPINÈNE, $C^{10}H^{16}$. — C'est un carbure térébénique qui se forme, suivant M. Walitzky, lorsque l'on dissout, à la température ordinaire, la terpine dans de l'acide sulfurique étendu de son poids d'eau. On opère par portions de 10 à 12 grammes de terpine, et de 30 grammes d'acide sulfurique additionné de 30 grammes d'eau; il n'y a pas d'élévation sensible de température; il surnage un liquide transparent. On le lave avec une solution faiblement alcaline et on le distille dans le vide en présence du sodium.

Le carbure ainsi obtenu bout entre 176°,5 et 181°,5 à la pression ordinaire. Densité à 0° = 0,93; il est inactif sur la lumière polarisée. Il ne forme de produit solide ni avec l'acide chlorhydrique ni avec le brome.

Le terpinène se produit encore, selon M. Walitzky, lorsqu'on traite la terpine par un mélange d'acide nitrique et d'eau chaude, ou par l'acide phosphorique vitreux à 50-80°, ou bien encore en chauffant la terpine en vase clos à 200° avec de l'acide acétique cristallisable.

Le terpinène pourrait bien n'être que le terpinylène de M. Tilden; mais l'étude de ces corps n'est pas encore assez complète pour permettre de résoudre cette question.

On peut se demander en outre si le carbure de M. Walitzky provient seulement de la déshydratation de la terpine sous l'influence des acides, ou de l'action du sodium sur un monohydrate $C^{10}H^{16}.H^2O$ que l'on sait se former dans l'action des acides sur la terpine et que divers auteurs ont pu isoler en évitant d'employer le sodium [E. Walitzky, *Compt. rend.*, t. XCIV, p. 90].

J. Riban.

TERPINOL. — On sait que le terpinol,

$$(C^{10}H^{16})^2H^2O,$$

a été considéré comme l'éther d'un monohydrate de térébenthène, $C^{10}H^{16}.H^2O$, envisagé lui-même comme un alcool ou un pseudo-alcool. M. Tilden lui attribue une tout autre formule, $C^{20}H^{36}O$, et un point d'ébullition différent. D'après cet auteur, le terpinol préparé en faisant bouillir la terpine avec de l'acide chlorhydrique dilué constitue un liquide huileux passant sans altération de 205° à 215°. Ce corps a pour composition $(C^{10}H^{18}O)^2$, et comme constitution probable

$$C^{10}H^{18}\begin{matrix}<O\\<O\end{matrix}\!\!>C^{10}H^{18},$$

c'est-à-dire la formule doublée d'un monohydrate. Sa densité à 16° est 0,9274; il est sans action sur la lumière polarisée.

L'acide chlorhydrique gazeux le transforme en un bichlorhydrate cristallisé, $C^{10}H^{16}.2HCl$.

En traitant la terpine par de l'acide sulfurique dilué, puis distillant dans un courant de vapeur d'eau, on obtient, d'après M. Tilden, un mélange de terpinol et d'un hydrocarbure $C^{10}H^{16}$. Ce dernier bout de 176 à 178°; sa densité à 15° est 0,8526 et sa densité de vapeur 68,8; il n'agit pas sur la lumière polarisée. L'auteur donne à cet hydrocarbure le nom de *terpinylène*. D'après cela, les acides chlorhydrique et sulfurique agiraient différemment sur la terpine [Tilden, *Chem. News*, t. XXXVII, p. 166 et 371, et *Bull. Soc. chim.*, t. XXXIII, p. 183].

Selon M. Flawitzky, la formule à poids moléculaire assez élevé, $C^{20}H^{34}O$, que l'on donne habituellement au terpinol, ne saurait convenir à une substance bouillant à 168°; il considère le terpinol comme un mélange d'un carbure $C^{10}H^{16}$ et d'un monohydrate, véritable terpinol, $C^{10}H^{18}O$ dans le rapport $3C^{10}H^{16} + C^{10}H^{18}O$. L'analyse et la densité de vapeur s'accordent avec cette hypothèse [Flawitzky, *Bull. Soc. chim.*, t. XXXIII, p. 162, et *Deutsch. chem. Gesellsch.*, 1879, p. 857].

On voit que, malgré les nombreux travaux effectués depuis ceux de Wiggers et List, la question du terpinol n'est pas complètement élucidée. Cependant la conjecture la plus probable est que le terpinol est un mélange d'un carbure $C^{10}H^{16}$ et d'un monohydrate bien défini, étudié par M. Flawitzky (voyez Térébenthène, monohydrate).

Quoi qu'il en soit, par l'action de l'acide azotique sur une solution alcoolique du terpinol, il se dépose des cristaux de terpine. M. Tilden en conclut que dans la préparation de la terpine il se forme au préalable du terpinol.

Si l'on mélange peu à peu du terpinol à de l'acide sulfurique étendu, il ne se produit aucune élévation de température et il ne se sépare pas de liquide; mais, si l'on étend de 3 à 4 volumes d'eau, le mélange se prend, au bout de quelques minutes, en une masse cristalline de terpine [Tilden, *loc. cit.*].

Quelques produits naturels renferment des corps oxygénés ayant la formule attribuée par Wiggers et List au terpinol; l'huile essentielle extraite des feuilles de l'*Onodaphne californica*, contient une substance bouillant de 167 à 168°, ayant pour formule $C^{20}H^{32},H^2O$. Ce corps est difficilement attaqué, même à chaud, par le sodium; à une haute température il doit se dédoubler, ainsi qu'il résulte de la détermination de sa densité de vapeur, en eau et en un carbure $C^{20}H^{32}$ [M. Stillmann, *Deutsch. chem. Gesellsch.*, 1880, p. 629]. J. Riban.

TERPINYLÈNE, $C^{10}H^{16}$. — C'est un carbure térébénique que l'on obtient, d'après M. Tilden, en même temps que le terpinol dans l'action de l'acide sulfurique sur la terpine; il bout de 176° à 178°; densité à 15° = 0,8526; densité de vapeur, 68,8. Il n'agit pas sur la lumière polarisée. Par son point d'ébullition et sa densité, il se rapproche des isotérébenthènes. Il est peut-être identique avec le terpinène obtenu plus tard par M. Walitzky (voyez TERPINOL et TERPINÈNE). J. Riban.

TETRACOSANE, $C^{24}H^{50}$ [Krafft, *Deutsch. chem. Gesellsch.*, 1882, p. 1718]. — Ce carbure s'obtient en partant de l'acétone $C^{24}H^{48}O$, préparée elle-même par la distillation dans le vide d'un mélange de stéarate et d'heptylate de baryum : cette acétone est transformée par le perchlorure de phosphore en chlorure $C^{24}H^{48}Cl^2$, et ce chlorure est à son tour réduit par l'acide iodhydrique en présence de phosphore rouge. Le tétracosane fond à 51°,1 et bout à 243° sous 15 millimètres. Sa densité, à l'état liquide, est de 0,7786 à 51°,1.

TÉTRACRÉSYLÉTHYLÈNE,

$$(C^7H^7)^2C = C(C^7H^7)^2$$

[Schwarz, *Deutsch. chem. Gesellsch.*, 1881, p. 1528]. — Ce carbure prend naissance dans l'action du chloroforme sur le toluène en présence du chlorure d'aluminium, d'après l'équation

$$2CHCl^3 + 4C^7H^8 = 6HCl + C^{30}H^{28}.$$

Le produit de la réaction, soumis à la distillation, fournit entre 260 et 350° un liquide huileux qui laisse déposer le carbure en lamelles jaunes. Purifié par cristallisation dans la benzine bouillante, il fond à 215°; il commence déjà à se sublimer vers 180-200°.

Il donne avec l'acide nitrique fumant un dérivé cristallisé jaune, dont la formule n'a pas été établie. Ce carbure pourrait bien être de l'anthracène ou un méthylanthracène.

TÉTRADÉCANE (Syn. *Hydrure de myristyle*), $C^{14}H^{30}$ (voyez t. II, p. 485, et t. III, p. 353). Ce carbure se forme lorsqu'on réduit par l'acide iodhydrique et le phosphore le produit de l'action du chlorure de phosphore sur l'acétone tridécylméthylique (voyez Suppl., p. 1035). Il fond à 4°,5; il bout à 122°,5 sous 11 millimètres, à 129°,5 sous 15 millimètres, et à 252°,5 sous 760 millimètres; sa densité est de 0,7750 à 5°, et de 0,7645 à 20° [F. Krafft, *Deutsch. chem. Gesellsch.*, 1882, p. 1700; *Bull. Soc. chim.*, t. XXXVIII, p. 596].

TÉTRADÉCYLÈNE, $C^{14}H^{28}$. — Ce carbure prend naissance dans la distillation sèche du palmitate tétradécylique; purifié par des lavages avec de la potasse alcoolique et puis avec de l'eau, il bout à 127° sous 15 millimètres. Il se prend dans un mélange réfrigérant en une masse cristalline lamelleuse, qui fond à — 12°. Sa densité est de 0,7745 à 15°, et de 0,7936 à — 12° [F. Krafft, *Deutsch. chem. Gesellsch.*, 1883, p. 3021]. Il fixe 2 atomes de brome et donne un *dibromure*

$$C^{14}H^{26}Br^2,$$

fusible à 0° [Krafft, *ibid.*, 1885, p. 1372].

TÉTRADÉCYLIDÈNE, $C^{14}H^{26}$ [Krafft, *Deutsch. chem. Gesellsch.*, 1884, p. 1372]. — Cet homologue de l'acétylène prend naissance par l'action de la potasse alcoolique sur le bromure de tétradécylène $C^{14}H^{28}Br^2$. Il forme une masse cristalline fusible à + 6°,5 et bout à 134° sous une pression de 15 millimètres. Il s'unit au brome avec énergie.

TÉTRADÉCYLIQUE (ACIDE) [Syn. *Acide myristique*]. Voyez Suppl., p. 1034. — Cet acide forme la plus grande partie de l'huile d'iris [Flückiger, *Arch. Pharm.* (3), t. VIII, p. 481].

TÉTRADÉCYLIQUE (ALCOOL) [Syn. *Alcool myristique*]. Voyez t. II, p. 484. — On obtient cet alcool à l'état de pureté en réduisant l'aldéhyde myristique (voyez Suppl., p. 1035) par une ébullition très prolongée avec de l'acide acétique cristallisable et de la poudre de zinc, et en saponifiant finalement l'acétate formé, que l'on isole par addition d'eau à la liqueur acide filtrée.

L'alcool tétradécylique fond à 38° et bout à 167° sous 15 millimètres.

L'*acétate*, $C^{14}H^{29}.OC^2H^3O$, est une huile qui se prend en masse et fond à 12-13°; il bout à 175-176° sous 15 millimètres.

Le *palmitate*, $C^{14}H^{29}O.C^{16}H^{31}O$, se forme lorsqu'on traite l'alcool par le chlorure de palmityle. Il fond à 48°. Lorsqu'on le distille sous 50 millimètres, en ayant soin de ne pas faire passer tout le produit pour éviter des impuretés, il se décompose en palmitone, qui reste dans la cornue, et en tétradécylène.

TÉTRAMÉTHYLBENZIDINE,

$$\begin{array}{c} C^6H^4.Az(CH^3)^2 \\ | \\ C^6H^4.Az(CH^3)^2 \end{array}$$

[W. Michler et H. Pattinson, *Deutsch. chem. Gesellsch.*, 1884, p. 115]. — Cette base prend naissance par l'oxydation de la diméthylaniline au moyen du peroxyde de plomb et de l'acide sulfurique, à la température du bain-marie. Elle cristallise dans l'alcool en belles aiguilles incolores, fusibles à 195°.

L'*iodométhylate*, $C^{16}H^{20}Az^2.CH^3I$, se produit par l'action directe de l'iodure de méthyle sur la benzidine $C^{12}H^{12}Az^2$ à 120°; il cristallise en aiguilles fusibles à 263°, peu solubles dans l'eau et dans l'alcool; la distillation le dédouble en iodure de méthyle et tétraméthylbenzidine.

Le *chlorométhylate* s'obtient par double décomposition entre le sel précédent et le chlorure d'argent; il se présente en cristaux jaunes, fusibles à 228°, très solubles dans l'eau et dans l'alcool; il forme avec le chlorure platinique un sel double ayant pour composition

$$C^{16}H^{20}Az^2.CH^3Cl.HCl.PtCl^4.$$

La *dinitrotétraméthylbenzidine*,

$$C^{16}H^{18}(AzO^2)^2Az^2,$$

cristallise en aiguilles d'un jaune rougeâtre, fusibles à 188°.

La *diamidotétraméthylbenzidine* se présente en lamelles argentines, fusibles à 168°, très solubles dans l'alcool, peu solubles dans l'eau.

TÉTRAMÉTHYLBENZINE. — Voyez DUROL, t. II, p. 890 et Suppl. p. 691.

Le durol s'obtient abondamment en même temps qu'une certaine quantité d'isodurol liquide dans la réaction du chlorure de méthyle sur la benzine ou sur le toluène en présence du chlorure d'aluminium.

Il se produit aussi dans l'action décomposante qu'exerce le chlorure d'aluminium seul lorsqu'il est chauffé avec l'hexaméthylbenzine. Lui-même est d'ailleurs décomposé par le chlorure d'aluminium, en donnant des benzines méthylées inférieures.

Le durol se forme encore en notable quantité quand on fait réagir le chlorure de méthylène sur le pseudocumène, en présence du chlorure d'aluminium, le chlorure de méthylène se trouvant en excès. Au lieu de l'hydrure d'anthracène méthylé, qui devrait prendre naissance, c'est de l'anthracène méthylé qui se forme. L'hydrogène de l'hydrure réduit une portion correspondante du chlorure de méthylène en chlorure de méthyle, qui réagit sur le pseudocumène pour donner le durol.

TÉTRAMÉTHYLÈNE-CARBONIQUE (ACIDE)

$$C^5H^8O^2 = CH^2 \begin{smallmatrix} < CH^2 \\ < CH^2 \end{smallmatrix} > CH.CO^2H$$

[W. H. Perkin, *Deutsch. chem. Gesellsch.*, 1883, p. 1795]. — Cet acide se produit par l'action de la chaleur sur l'acide tétraméthylène-dicarbonique, dont il dérive par perte de CO^2; on chauffe ce dernier au bain d'huile dans un appareil distillatoire : à 210°, il se dégage du gaz carbonique, et le nouvel acide distille sous la forme d'une huile incolore, à odeur d'acide butyrique.

Après rectification, l'acide tétraméthylène-carbonique bout à 193-195°. Il est peu soluble dans l'eau, très soluble dans l'alcool et dans l'éther.

Le *sel d'argent*, $C^5H^7O^2Ag$, est un précipité blanc peu soluble dans l'eau.

Le *sel de calcium*, $(C^5H^7O^2)^2Ca$, se présente en aiguilles incolores, extrêmement solubles.

TÉTRAMÉTHYLÈNE-DICARBONIQUE (AC.)

$$C^6H^8O^4 = CH^2 \begin{smallmatrix} < CH^2 \\ < CH^2 \end{smallmatrix} > C(CO^2H)^2$$

[W. H. Perkin, *Deutsch. chem. Gesellsch.*, 1883, p. 1793]. — Cet acide se produit à l'état d'éther diéthylique par l'action du bromure de triméthylène sur le malonate d'éthyle disodé. On opère de la manière suivante : On dissout 5gr,8 de sodium dans 60 grammes d'alcool absolu, on ajoute un mélange de 20 grammes de malonate d'éthyle et de 25 grammes de bromure de triméthylène, et on chauffe le tout au bain-marie. Lorsque la masse ne présente plus de réaction alcaline, on étend d'eau et on épuise par l'éther. L'évaporation de ce liquide fournit une masse huileuse, qui est soumise à la distillation fractionnée : le tétraméthylène-dicarbonate d'éthyle passe à 223-225°; il ne reste plus qu'à le saponifier par la potasse alcoolique pour obtenir l'acide lui-même. La réaction peut être exprimée par l'équation

$$(CO^2C^2H^5)^2{=}CNa^2 + \begin{smallmatrix} CH^2Br \\ CH^2Br \end{smallmatrix} > CH^2$$
$$= 2NaBr + (CO^2C^2H^5)^2{=}C \begin{smallmatrix} < CH^2 \\ < CH^2 \end{smallmatrix} > CH^2$$

L'acide tétraméthylène-dicarbonique se présente en prismes brillants, très solubles dans l'eau, l'éther et la benzine, presque insolubles dans le chloroforme et dans la ligroïne. Il fond à 154-156° avec perte d'acide carbonique.

Le *sel d'ammonium* cristallise en longues aiguilles incolores.

Le *sel d'argent*, $C^6H^6O^4Ag^2$, est peu soluble dans l'eau froide.

L'éther diéthylique, $C^6H^6O^4(C^2H^5)^2$, est un liquide huileux, incolore, doué d'une odeur camphrée et bouillant à 223-225°.

TÉTRAMÉTHYLÉTHYLÈNE,

$$(CH^3)^2C = C(CH^3)^2.$$

— Ce carbure se produit, mélangé d'une certaine quantité d'heptylène, par l'action de l'iodure de méthyle sur le triméthyléthylène, en présence d'oxyde de plomb anhydre, à une température de 210-215° [Elketow, *Deutsch. chem. Gesellsch.*, 1878, p. 412]. On peut également le préparer par l'action de la potasse alcoolique sur l'iodure correspondant au diméthylisopropylcarbinol,

$$(CH^3)^2\ CH\text{-}C(OH)(CH^3)^2$$

[Pawlow, *Liebig's Ann. Chem.*, t. CXCVI, p. 122].

C'est un liquide incolore, mobile, insoluble dans l'eau, bouillant à 73°. Sa densité est de 0,712. Il fixe directement à froid le brome et les acides chlorhydrique, iodhydrique et hypochloreux. Oxydé par l'acide chromique en solution à 10 °/₀ à la température ordinaire, il fournit de l'acétone et des traces d'acide acétique.

Le *bromure*, $C^6H^{12}Br^2$, cristallise en grandes aiguilles, très solubles dans l'éther, moins solubles dans l'alcool et dans la benzine; il fond au-dessus de 140° et se décompose avec sublimation partielle. Par l'action successive de l'acétate d'argent et de la baryte, il fournit de l'*hydrate de pinacone*, $C^6H^{14}O^2.6H^2O$.

Le *chlorhydrate*, $C^6H^{13}Cl$, est un liquide huileux, plus léger que l'eau et bouillant à 112°; il est doué d'une odeur rappelant celle de la térébenthine; il se prend dans un mélange réfrigérant en une masse cristalline. Sa densité à 0° est de 0,8966.

L'iodhydrate, $C^6H^{13}I$, bout à 140° et cristallise à basse température; sa densité à 0° est 1,3939 (Pawlow).

L'OXYDE DE TÉTRAMÉTHYLÉTHYLÈNE,

$$(CH^3)^2C\text{-}C(CH^3)^2, \quad \diagdown\!\diagup O$$

a été préparé [Elketow, *Deutsch. chem. Gesellsch.*, 1883, p. 399] par la distillation sur la potasse caustique solide de la chlorhydrine,

$$(CH^3)^2ClC\text{-}C(CH^3)^2OH,$$

obtenue elle-même par la fixation directe de l'acide hypochloreux sur le tétraméthyléthylène. Ce corps bout à 95-96°; il s'unit directement à l'eau avec dégagement de chaleur, en donnant de l'hydrate de pinacone. Ad. Fauconnier.

TÉTRAPHÉNYLÉTHANES. — On connaît deux tétraphényléthanes, l'un symétrique,

$$(C^6H^5)^2CH\text{-}CH(C^6H^5)^2,$$

l'autre dissymétrique, $(C^6H^5)^3C\text{-}CH^2(C^6H^5)$.

TÉTRAPHÉNYLÉTHANE SYMÉTRIQUE. — Ce corps prend naissance :

1° Lorsqu'on soumet à la distillation sèche un mélange de benzhydrol et d'acide succinique [Linnemann, *Liebig's Ann. Chem.*, t. CXXXIII, p. 24];

2° Lorsqu'on chauffe pendant 6-8 heures à 70° la benzopinacone, $(C^6H^5)^2\text{-}C.OH\text{-}C.OH\text{-}(C^6H^5)^2$, avec de l'acide iodhydrique et du phosphore [Graebe, *Deutsch. chem. Gesellsch.*, 1875, p. 1055];

3° Par la réduction du diphénylcarbinol,

$$(C^6H^5)^2CH.OH,$$

ou de son éther proprement dit,

$$(C^6H^5)^2CH\text{-}O\text{-}CH(C^6H^5)^2,$$

en solution acétique bouillante, au moyen du zinc et de l'acide chlorhydrique [Zagumenny, *Deutsch. chem. Gesellsch.*, 1876, p. 277; *ibid.*, 1880, p. 2302, et *Bull. Soc. chim.*, t. XXXIV, p. 329];

4° Par la réduction de la benzophénone au moyen de la poudre de zinc [Staedel, *Deutsch. chem. Gesellsch.*, 1876, p. 562];

5° Par l'action du cuivre métallique à chaud sur la benzothiopinacone, $(C^6H^5)^2\text{-}C.SH\text{-}C.SH\text{-}(C^6H^5)^2$, par voie humide ou par voie sèche [Engler, *Deutsch. chem. Gesellsch.*, 1878, p. 926];

6° Par l'action du sodium sur une solution benzénique bouillante de diphénylchlorométhane,

$$(C^6H^5)^2CHCl.$$

Il cristallise en grandes aiguilles prismatiques, fusibles à 206° (Graebe, Engler), à 209° (Linnemann, Zagumenny), sublimables sans altération, peu solubles dans l'éther, solubles à l'ébullition dans 128 p. d'alcool à 95 °/₀, dans 21 p. d'acide acétique et dans 7 p. de benzine. Par cristallisation dans la benzine, il retient 1 molécule de ce liquide (Zagumenny).

Tétranitrotétraphényléthane, $C^{26}H^{18}(AzO^2)^4$ [Engler, *loc. cit.*]. — On l'obtient par l'action de l'acide nitrique à froid sur le carbure; il cristallise dans l'aniline en petites aiguilles. Réduit par l'étain et l'acide chlorhydrique, il donne un dérivé amidé dont le chlorhydrate et le chlorostannate sont bien cristallisés.

Acide tétraphényléthane-tétrasulfonique,

$$C^{26}H^{18}(SO^3H)^4$$

[Engler, *ibid.*]. — On le prépare en dissolvant à chaud l'hydrocarbure dans 8 fois son poids d'acide sulfurique concentré; il se présente sous la forme d'une masse cristalline déliquescente, soluble dans l'eau et dans l'alcool, insoluble dans l'éther et dans le chloroforme.

Le *sel de baryum* est une masse cristalline très soluble dans l'eau.

Tétrahydroxyl-tétraphényléthane, $C^{26}H^{18}(OH)^4$ [Engler, *ibid.*]. — C'est le produit de la fusion de l'acide sulfonique précédent avec la potasse caustique; il se présente en lamelles fusibles à 248°, insolubles dans l'eau, très solubles dans l'alcool et dans l'éther.

Octométhyltétramido-tétraphényléthane,

$$[C^6H^4Az(CH^3)^2]^2CH\text{-}CH[C^6H^4.Az(CH^3)^2]^2$$

[Schoop, *Deutsch. chem. Gesellsch.*, 1880, p. 2199]. — Cette base prend naissance par l'action prolongée du tétrabromure d'acétylène,

$$CHBr^2.CHBr^2,$$

sur la diméthylaniline, à la température du bain-marie. Elle cristallise dans l'alcool en aiguilles fusibles à 90°, solubles dans l'éther, l'esprit de bois, la benzine, insolubles dans la ligroïne et dans l'eau; elle bout à 300°.

Le *chloroplatinate*, $C^{34}H^{42}Az^4.4HCl.2PtCl^4$, est un précipité amorphe d'un jaune clair.

Le *picrate*, $C^{34}H^{42}Az^4.C^6H^3O(AzO^2)^3$, forme des aiguilles jaunes et brillantes, très solubles dans l'eau chaude et dans l'alcool, insolubles dans l'éther.

Tétraphényléthane dissymétrique. — Ce carbure prend naissance :

1° Dans la réduction de la β-benzopinacoline, $(C^6H^5)^3C\text{-}CO\text{-}C^6H^5$, au moyen de l'acide iodhydrique et du phosphore rouge [Thoerner et Zincke, *Deutsch. chem. Gesellch.*, 1878, p. 66];

2° Par l'action de la benzine sur l'éthane tétrabromé dissymétrique, $CBr^3\text{-}CH^2Br$, en présence du chlorure d'aluminium [Anschütz et Eltzbacher, *Deutsch. chem. Gesellsch.*, 1883, p. 1435].

Il cristallise en grands prismes blancs, fusibles à 205-206°, sublimables sans altération, assez solubles dans la benzine, le chloroforme, le sulfure de carbone, peu solubles dans l'alcool et dans l'éther.

Ad. Fauconnier.

TÉTRAPHÉNYLÉTHYLÈNE,

$$(C^6H^5)^2C = C(C^6H^5)^2.$$

Voyez t. II, p. 898. — Ce carbure se produit, en même temps que le diphényl- et le triphénylméthane, par l'action du chloroforme sur la benzine en présence du chlorure d'aluminium [H. Schwarz, *Deutsch. chem. Gesellsch.*, 1881, p. 1526]. Le produit de la réaction, soumis à la distillation fractionnée, fournit vers 340° une huile rougeâtre qui laisse déposer le tétraphényléthylène en lamelles orthorhombiques, jaunâtres, peu solubles dans l'alcool bouillant, assez solubles dans l'acide acétique cristallisable, le chloroforme froid, le sulfure de carbone chaud. Il fond vers 204° en se sublimant. Rien ne prouve d'ailleurs que l'hydrocarbure ait la constitution indiquée.

TÉTRAPHÉNYLMÉTHANE. — Le tétraphénylméthane n'a pas encore été obtenu d'une manière certaine. Lorsque le tétrachlorure de carbone est mélangé avec la benzine en présence du chlorure d'aluminium, il se produit une réaction, qui, aidée d'une légère chaleur, donne lieu au dégagement sous forme d'acide chlorhydrique des trois quarts environ du chlore contenu dans le tétrachlorure. Si alors on traite par l'eau et qu'on distille, le produit principal recueilli est le triphénylméthane. Si, au contraire, au lieu de distiller, on se contente de reprendre par la benzine et de faire cristalliser, on obtient de gros et beaux cristaux de triphénylcarbinol. Ce dernier s'est formé par l'action de l'eau sur le chlorure $C(C^6H^5)^3Cl$.

En effet, si l'on traite le produit brut par l'alcool, après avoir décomposé le chlorure d'aluminium par l'eau, on obtient surtout le triphénylcarbinolate d'éthyle. On peut même isoler le composé chloré, sinon à l'état complet de pureté, au moins mélangé avec peu de triphénylcarbinol, en traitant le produit brut par la quantité d'eau exactement nécessaire pour décomposer le chlorure d'aluminium, et en reprenant par la benzine, qui abandonne à l'évaporation le chlorure mélangé d'un peu de triphénylcarbinol.

Le triphénylméthane se produit à la distillation par la décomposition soit du chlorure, soit du triphénylcarbinol, qui peuvent tous deux le fournir quand ils sont distillés à l'état impur.

Lorsque la réaction du tétrachlorure de carbone sur la benzine est poussée un peu moins loin, on obtient de même de la benzophénone, qui se dérive par l'action de l'eau du composé intermédiaire $CCl^2(C^6H^5)^2$ [E. et O. Fischer, *Liebig's Ann. Chem*, t. CXCIV; — Friedel, Crafts et Vincent, *Ann. Chim. Phys.*, (6), t. Ier, p. 498].

C. Friedel.

TÉTRAPHÉNYLTÉTRAZONE. — Voyez Suppl., p. 928.

TÉTRAZONES. — On donne ce nom à une classe de corps qui renferment une chaîne de quatre atomes d'azote unie par ses deux extrémités à quatre radicaux alcooliques, gras ou aromatiques, et qui ont pour formule générale

$$\begin{matrix}R\\R'\end{matrix}>Az\text{-}Az = Az\text{-}Az<\begin{matrix}R\\R'\end{matrix}.$$

Ces corps prennent naissance par l'oxydation à froid des hydrazines secondaires dissymétriques, au moyen de l'oxyde jaune de mercure ou du chlorure ferrique. Ils sont peu stables et se détruisent à une température plus ou moins élevée, avec dégagement d'azote.

Les principales tétrazones connues ont été étudiées à l'article Hydrazines (voyez Suppl., p. 921).

TÉTRÉTHYLBENZINE,

$$C^{14}H^{22} = C^6H^2(C^2H^5)^4.$$

— Cet hydrocarbure a été obtenu en faisant réagir en tubes scellés un mélange de chlorure d'aluminium, de bromure d'éthyle et de benzine, à la température de 100°, en ayant soin d'ouvrir de temps à autre les tubes pour en laisser échapper l'acide bromhydrique. Le produit principal est la tétréthylbenzine; agité avec l'acide sulfurique concentré et distillé, il passait surtout entre 250 et 255°. Les portions supérieures ont donné de l'hexéthylbenzine solide.

La tétréthylbenzine régénérée du sel sulfoconjugué de sodium est un liquide limpide, très réfringent, d'une odeur faible aromatique, plus léger que l'eau, devenant visqueux à — 20°. Elle bout à 251°.

En la bromant en présence de l'acide acétique cristallisable, on obtient un dérivé monobromé, $C^{14}H^{21}Br$, bouillant vers 284° et un dérivé bibromé, $C^{14}H^{20}Br^2$, cristallisant en prismes fusibles à 74°,5, facilement solubles dans l'alcool, et bouillant à 330° avec une légère décomposition.

La *dinitrotétréthylbenzine*, $C^{14}H^{20}(AzO^2)^2$, cristallise dans l'alcool en prismes orthorhombiques, d'un jaune citron clair, fondant à 115°.

L'acide *tétréthylbenzine-sulfoné*, $C^{14}H^{21}.SO^3H$, se forme lorsqu'on dissout le carbure brut, bouillant de 250-255°, dans le double de son volume d'acide sulfurique fumant, moyennement fort, en chauffant à 60-80° et en agitant pendant une heure environ. L'addition faite peu à peu d'un quart du volume d'eau sépare l'acide sulfoconjugué sous forme solide. Pur, il cristallise en lamelles nacrées.

Sel de baryum, $(C^{14}H^{21}.SO^3)^2Ba + 6H^2O$. — Cristallise bien en prismes incolores aplatis. Peu soluble; sert à la purification de l'acide.

Sel de sodium, $C^{14}H^{21}.SO^3Na + 5H^2O$. — Lamelles quadratiques très petites, soyeuses, moyennement solubles. S'effleurit à l'air en perdant son éclat. Fond à 100° dans son eau de cristallisation.

Sel de cuivre, $(C^{14}H^{21}.SO^3)^2Cu + 8H^2O$. — Lamelles soyeuses d'un bleu clair, moins solubles que le sel de baryum. Devient vert-jaunâtre et opaque quand on le chauffe déjà au-dessous de 100°, sans fondre. Reprend son aspect primitif à l'air humide.

Sel de cadmium. $(C^{14}H^{21}.SO^3)^2Cd + 7H^2O$. — C'est le moins soluble de tous ces sels et celui qui cristallise le mieux. Prismes aplatis incolores, dont l'éclat soyeux ne change pas, même à 140°.

Sulfamide, $C^{14}H^{21}.SO^2.AzH^2$. — Fond à 104-105°. Très peu soluble dans l'éther de pétrole et dans l'eau ammoniacale; très soluble dans l'alcool et dans l'acide acétique cristallisable. Se sépare souvent d'abord à l'état huileux et cristallise ensuite en lames brillantes. La solution dans l'alcool très étendu l'abandonne en gros prismes clinorhombiques.

Oxydation de la tétréthylbenzine. — On a laissé en contact la tétréthylbenzine avec quatre fois son poids de permanganate de potassium, en agitant fréquemment, jusqu'à décoloration de celui-ci, ce qui a exigé 30 heures environ.

De la liqueur filtrée, on a extrait un acide ayant les caractères de l'acide *prehnitique*. Ceci rend probable pour l'éthylbenzine la constitution exprimée par la formule $C^6H^2(C^2H^5)^4$ (1.2.3.5).

Il s'était formé en même temps que la tetréthylbenzine précédente un isomère. Par l'action du brome, on a obtenu une bibromotétréthylbenzine cristalline, se séparant de la solution éthérée en petites tables rhombiques, qui fondent à 110°.

La solution du sel de baryum sulfoconjugué décrit plus haut, après avoir laissé déposer celui-ci, renferme encore deux autres sels presque également solubles, l'un cristallisant en aiguilles soyeuses et qui renferme la quantité de baryum correspondant à celle contenue dans le sel sulfoconjugué de la tétréthylbenzine, et l'autre amorphe. Il paraît probable que ce dernier est dérivé d'une triéthylbenzine [K. Galle, *Deutsch. chem. Gesellsch.*, 1883, p. 1745]. C. Friedel.

TÉTRILÈNE-DICARBONIQUE (ACIDE) [Syn. *Homo-itaconique*], $C^6H^8O^4$ [Markownikoff, *Deutsch. chem. Gesellsch.*, 1881, p. 1402]. — Cet acide prend naissance à l'état d'éther éthylique, dans l'action de l'éthylate de sodium sur le chloropropionate d'éthyle. Il se présente en prismes orthorhombiques, fusibles à 170-171°, sublimables un peu au-dessus de cette température, solubles dans l'alcool et dans l'eau, peu solubles dans l'éther. Le *tétrilène-dicarbonate d'éthyle*,

$$C^6H^6O^4(C^2H^5)^2,$$

bout à 230°; l'*éther méthylique* bout à 220°. La plupart des sels de cet acide cristallisent difficilement.

TÉTRIQUE (ACIDE). — De nombreux corps présentant entre eux des relations d'homologie ont été découverts par M. Demarçay. Le type primitif de cette série de dérivés nouveaux est l'acide tétrique, sur lequel nous insisterons plus particulièrement.

L'éther acétylacétique fournit par l'action du sodium un dérivé métallique qui, par l'action subséquente des iodures alcooliques, peut donner une série d'éthers substitués :

1. $CH^3\text{-}CO\text{-}CH^2\text{-}CO.OC^2H^5$;

Éther.

2. $CH^3\text{-}CO\text{-}CHNa\text{-}CO.OC^2H^5$;

Dérivé sodé.

3. $CH^3\text{-}CO\text{-}CH(C^nH^{2n+1})\text{-}COOC^2H^5$.

Dérivés alcooliques.

Les dérivés alcooliques 3 peuvent réagir avec le brome et donner, selon la quantité employée, des dérivés de l'une ou l'autre des deux formules générales :

4. $CH^3\text{-}CO\text{-}CBr(C^nH^{2n+1})\text{-}CO.OC^2H^5$;

5. $CH^2Br\text{-}CO\text{-}CBr(C^nH^{2n+1})\text{-}CO.OC^2H^5$.

Ces réactions de subtitution mettent en liberté de l'acide bromhydrique qui, au bout d'un certain temps, décompose le dérivé formé tout d'abord. On a pour la formule 4 :

$$CH^3\text{-}CO\text{-}CBr(C^nH^{2n+1})\text{-}CO.OC^2H^5 + HBr$$
$$= C^2H^5Br + CO^2$$
$$+ CH^3\text{-}CO\text{-}CBr(C^nH^{2n+1})H,$$

et pour la formule 5 :

$$CH^2Br\text{-}CO\text{-}CBr(C^nH^{2n+1})\text{-}CO.OC^2H^5 + HBr$$
$$= C^2H^5Br + CO^2$$
$$+ CH^2Br\text{-}CO\text{-}CBr(C^nH^{2n+1})H.$$

La décomposition des dérivés 4 et 5 fournit donc comme produits terminaux une acétone monobromée ou une acétone dibromée.

Si, après ces généralités, nous considérons, pour simplifier et arriver enfin à l'acide tétrique, les dérivés dans lesquels le résidu substitué

$$(C^nH^{2n+1})$$

est du méthyle CH^3, nous aurons comme point de départ les deux acétones :

6. $CH^3\text{-}CO\text{-}CBrH\text{-}CH^3$,

7. $CH^2Br\text{-}CO\text{-}CBrH\text{-}CH^3$.

La première, traitée par la potasse alcoolique, dont l'action équivaut à une hydratation, donne l'acide tétrique :

8. $CH^3\text{-}CO\text{-}CBrH\text{-}CH^3 + H^2O$
$= C^4H^4O^2 + HBr + H^4$.

La seconde, traitée de même, donne l'acide oxytétrique :

9. $CH^2Br\text{-}CO\text{-}CHBr\text{-}CH^3 + 2H^2O$
$= C^4H^4O^3 + 2HBr + H^4$.

Le plus souvent les éthers bromés 4 et 5 ne sont pas encore complètement détruits lorsqu'on fait intervenir la potasse alcoolique; alors l'hydrogène dégagé en vertu des équations 8 et 9 se fixe sur ces éthers et les transforme en acides et oxyacides gras par voie de réduction.

Selon l'auteur, ces groupes $C^4H^4O^2$ et $C^4H^4O^3$, des acides tétrique et oxytétrique, sont des anhydrides, et les acides correspondants sont :

$$(C^4H^4O^2)^3H^2O,$$

Acide tétrique.

$$(C^4H^4O^3)^3H^2O,$$

Acide oxytétrique.

Outre les réactions ci-dessus, qui ont permis de préparer les composés tétriques, M. W. Pawlow [*Deutsch. chem. Gesellsch.*, 1883, p. 486 et 1870] a préparé l'acide tétrique en chauffant à 100°, en vase clos, l'éther bromacétylméthylacétique. La décomposition serait la suivante :

$$CH^3\text{-}CO\text{-}CBr(CH^3)\text{-}CO.OC^2H^5$$
$$= C^2H^5Br + CH^3\text{-}CO\text{-}C=(CH^2)\text{-}CO^2H.$$

En se basant sur cette équation, qui est à peu près quantitative comme rendements, M. Pawlow pense que l'acide tétrique doit se formuler $C^5H^6O^3$ et avoir la constitution d'un acide acétylacrylique.

Les analyses et les réactions ne suffisent pas, actuellement, pour faire choix entre les deux formules, M Pawlow ayant constaté les mêmes propriétés et obtenu sensiblement les mêmes résultats analytiques que M. Demarçay. La divergence de vues entre ces deux auteurs n'a lieu que sur les formules. Celles de M. Pawlow rendent compte d'une manière plus naturelle de la formation de l'acide tétrique et de ses homologues, qui se dérivent de l'éther méthylacétylacétique bromé et de ses homologues par simple départ de HBr; l'acide bromhydrique saponifie en même temps l'éther et fournit le bromure d'éthyle. Elles s'accordent aussi plus complètement avec les analyses des sels faites par M. Demarçay. Elles permettent de comprendre la formation par l'action du perchlorure de phosphore du chlorure

$$C^4H^4Cl^2O,$$

indécomposable par l'eau, et fixant encore Cl^2 ou Br^2, qui serait une acétone non saturée et substituée, $CH^3\text{-}CO\text{-}CCl=CHCl$.

Il est un point seulement qu'elles n'expliquent pas : c'est le dédoublement de l'acide tétrique en acide formique et acide propionique par l'action de la potasse.

Il reste donc encore quelque doute sur tout ce chapitre, jusqu'à ce que de nouvelles expériences aient entièrement fixé nos idées. En attendant, nous mettrons dans cet article en regard les deux interprétations qui ont été données des faits.

Acide tétrique, $(C^4H^4O^2)^3H^2O$ ou $C^5H^6O^3$. — L'éther méthylacétylacétique, additionné d'un peu d'eau, est traité par 1 molécule de brome, en refroidissant; avant que le dérivé bromé qui prend naissance soit entièrement décomposé par l'acide bromhydrique qui se produit en même temps, on ajoute de la potasse alcoolique par petites portions. On évapore l'alcool, on sursature par de l'acide chlorhydrique, puis on distille avec de l'eau pour chasser les acides gras qui peuvent exister; le résidu acide du ballon est repris par de l'éther exempt d'alcool. Par évaporation de l'éther, on obtient des cristaux d'acide tétrique, que l'on purifie par des cristallisations dans l'eau ou dans le chloroforme. Les produits de la distillation alcoolique et aqueuse, ainsi que les eaux-mères de l'acide tétrique, contiennent un certain nombre de produits secondaires, tels que acétones, acides gras ordinaires et oxyacides correspondant à l'acide glycérique [Demarçay, *Ann. Chim. Phys.*, (5), t. XX, p. 433].

Depuis, on a préparé cet acide en partant de l'éther bromométhylacétylacétique pur, que l'on chauffe en vase clos, à 100°; il se fait en même temps du bromure d'éthyle et de l'acide carbonique. Le rendement est de 83 °/₀ de celui qu'indique la théorie [Pawlow, *loc. cit.*].

L'acide tétrique est incolore; il cristallise en longues aiguilles tricliniques; point de fusion, 189°. Il bout à 260° et peut être sublimé dans un courant d'un gaz inerte. C'est un acide énergique, décomposant les carbonates et donnant une nombreuse série de sels [Demarçay et Pawlow, *loc. cit.*].

Les tétrates principaux sont :

Le tétrate d'argent....................	$5C^4H^4O^2, 2Ag^2O$ ou $C^5H^5O^3Ag$;
— *de potassium*....................	$5C^4H^4O^2, 2K^2O$ ou $C^5H^5O^3K$;
— *d'ammonium*....................	$5C^4H^4O^2, 2[(AzH^2)]^2O$ ou $C^5H^5O^3.AzH^5$;
— *de baryum*....................	$5C^4H^4O^2, 2BaO$ ou $(C^5H^5O^3)^2Ba$.

Ils sont tous solubles dans l'eau.

La potasse alcoolique dédouble l'acide tétrique en acides formique et propionique,

$$C^4H^4O^2 + 2H^2O = C^3H^6O^2 + CH^2O^2.$$

Cette réaction s'explique très difficilement avec la formule de M. Pawlow.

Le perchlorure de phosphore le transforme en un corps remarquable, le chlorure de tétryle,

$$C^4H^4O^2 + PCl^5 = C^4H^4Cl^2O + POCl^3.$$
$$CH^3\text{-}CO\text{-}C(CH^2)\text{-}CO^2H + PCl^5$$
$$= CH^3\text{-}CO\text{-}CCl=CHCl + CO^2 + PCl^3 + 2HCl$$

Chlorure de tétryle, $C^4H^4Cl^2O$. — On prépare ce corps par le mélange direct des composants et on chauffe légèrement vers la fin en présence d'un léger excès de PCl^5. Le produit de la réaction est liquide; il contient de l'oxychlorure de phosphore, que l'on détruit en introduisant le tout dans un excès d'eau; il se dépose une huile que l'on sèche sur le chlorure de calcium et que l'on distille.

Le chlorure de tétryle est un liquide incolore, d'une odeur faible. Densité = 1,47. Il bout à 172°. Cette substance n'est pas saturée. Elle fixe Cl^2 ou Br^2 et donne les composés $C^4H^4Cl^4O$, cristallisé en lames fusibles à 49°, et $C^4H^4Cl^2Br^2O$ cristallisé, fusible à 66°.

Abandonné pendant longtemps à l'air humide, le chlorure de tétryle dégage de l'acide chlorhydrique et se convertit en un corps solide, acide, paraissant appartenir au groupe crotonique chloré.

Acide oxytétrique. — Cet acide se prépare en traitant par la potasse une acétone bibromée, dérivée de l'éther acétylacétique (formule 9). On isole la matière cherchée des produits bruns qui l'accompagnent en la lavant avec du chloroforme, qui ne dissout que les impuretés.

L'acide oxytétrique est soluble dans l'eau, surtout à chaud, dans l'alcool et dans l'éther. Il fond à 203-204° et bout en se décomposant partiellement à 270-280°.

L'acide oxytétrique répond à la formule

$$(C^4H^4O^3)^3H^2O \text{ ou } C^5H^6O^4,$$

et donne des sels généralement anhydres.

Sel d'argent, $(C^4H^3O^3Ag)^3Ag^2O$ ou $C^5H^5O^4Ag$. — Précipité floconneux, devenant cristallin.

Sel de potassium,

$$(C^4H^3O^3Na)^3Na^2O \text{ ou } C^5H^5O^4Na.$$

— Sel soluble, cristallisé, formé par saturation directe.

Sel de baryum,

$$(C^4H^3O^3Ba^{1/2})^3BaO \text{ ou } (C^5H^5O^4)^2Ba.$$

— Peu soluble dans l'eau.

Sel de cuivre,

$$(C^4H^3O^3Cu^{1/2})^3CuO \text{ ou } (C^5H^5O^4)^2Cu.$$

— Sel bleu-verdâtre, cristallisé, peu soluble.

Chlorure oxytétrique, $C^4H^3Cl^3O$. — Ce dérivé se forme dans l'action du perchlorure de phosphore sur l'acide oxytétrique. On traite par l'eau froide pour dissoudre l'oxychlorure formé et on fait durer aussi peu que possible cette action, qui transforme le chlorure oxytétrique en acide oxytétrique. Ce chlorure est un liquide dense, décomposable par la chaleur et ne fixant du brome que par voie de substitution et à chaud.

Éther oxytétrique, $C^4H^3O(OC^2H^5)^3$. — On le prépare en dissolvant le chlorure précédent dans l'alcool absolu et en lavant à l'eau après la réaction. Cet éther est plus dense que l'eau; son odeur est aromatique; il bout vers 225° en se décomposant. Les alcalis en régénèrent un oxytétrate.

Amide oxytétrique, $(C^4H^3OAzH^2)^3(AzH^2O)^2$. — On l'obtient en versant goutte à goutte du chlorure oxytétrique dans de l'ammoniaque C'est une matière très soluble dans l'eau chaude, peu soluble à froid, cristallisable et fusible à 177°.

Acide hydroxytétrique, $C^4H^6O^3$ ou $C^8H^8O^3$. — Il se prépare en réduisant l'acide oxytétrique par le zinc et l'acide sulfurique; quand la réduction est terminée, on acidule la liqueur, puis on extrait par l'éther. L'acide hydroxytétrique est cristallin et extrêmement soluble dans l'eau, l'alcool et l'éther.

Homologues de l'acide tétrique.

Acide pentique, $(C^5H^6O^2)^3H^2O$ ou $C^6H^3O^3$. — — On le prépare comme l'acide tétrique, en partant de l'éther éthylacétylacétique. Il cristallise en lames orthorhombiques, fusibles à 128°, solubles dans l'eau bouillante, le chloroforme chaud, l'alcool et l'éther; il ne distille qu'en se décomposant.

Les *sels de calcium* et *de baryum* forment des masses blanches, confusément cristallines. La potasse caustique, fondue dans un peu d'eau, convertit l'acide pentique en un mélange de formiate et de butyrate. Le perchlorure de phosphore le transforme en un *chlorure* $C^5H^6Cl^2O$, qui bout à 189-191° en s'altérant légèrement; ce chlorure fixe le chlore et le brome, comme son homologue inférieur.

Acide oxypentique, $(C^5H^6O^3)^3H^2O$ ou $C^6H^3O^4$. — Ce composé présente un aspect semblable à celui de l'acide oxytétrique; on le purifie d'ailleurs par le même procédé. Il fond à 193° et ne bout pas sans décomposition; il fournit des sels bien cristallisés.

Le perchlorure de phosphore le convertit en un *chlorure* $C^5H^5Cl^3O$, peu attaquable par l'eau; l'alcool transforme ce dernier en un *éther*

$$C^5H^5O(OC^2H^5)^3,$$

d'odeur aromatique, et l'ammoniaque en une *amide* $C^{15}H^{15}O^5(AzH^2)^5$, fusible à 203-204°.

Par l'action successive de l'alcool froid et de l'ammoniaque aqueuse, le chlorure oxypentique fournit un *éther amidé*,

$$C^5H^5O(OC^2H^5)^2AzH^2,$$

qui cristallise en aiguilles fusibles à 77° et décomposables par une longue ébullition avec l'eau, avec formation d'un éther de formule

$$C^5H^5O(OC^2H^5)^2OH.$$

L'hydrogène naissant convertit l'acide oxypentique en *acide hydroxypentique* $C^5H^8O^3$, ou $C^6H^{10}O^5$, fusible à 94-95°; le sel d'argent correspondant est complètement insoluble dans l'eau.

Acide hexique, $(C^6H^8O^2)^3H^2O$ ou $C^7H^{10}O^3$. — On le prépare au moyen de l'éther acétylpropylacétique; il cristallise en larges lames incolores et nacrées, fusibles à 126°; la potasse le dédouble en acides formique et valérique; son *chlorure*, $C^6H^8Cl^2O$, est un liquide incolore, non distillable.

Acide oxyhexique, $(C^6H^8O^3)^3H^2O$ ou $C^7H^{10}O^4$. — Petites lames à éclat nacré, fusibles à 173°.

Le perchlorure de phosphore le transforme en un *chlorure* qui donne, avec l'ammoniaque aqueuse, une *amide*, $C^{18}H^{21}O^5(AzH^2)^5$, fusible avec décomposition à 214-215°; par l'action successive de l'alcool et de l'ammoniaque sur ce même chlorure, on obtient l'*éther amidé*,

$$C^6H^7O(OC^2H^5)^2AzH^2,$$

fusible à 78-79°.

L'*acide hydroxyhexique*, $C^6H^{10}O^3$ ou $C^7H^{12}O^5$, forme de petits prismes courts et brillants, fusibles à 92-93°.

Acide isohexique. — Il dérive de l'éther isopropylacétylacétique. Il se présente en beaux cristaux, fusibles à 124°; ses sels sont bien cristallisés. La potasse le dédouble en acides valérique et formique.

Son *chlorure* est un liquide non distillable; il donne avec le brome un produit d'addition fusible à 96°.

Acide isoxyhexique. — Petits agrégats sphériques, formés d'aiguilles microscopiques, fusibles à 186-187°; l'*amide* fond vers 240° en se décomposant; l'*éther amidé* fond à 94-95°.

L'*acide isohydroxyhexique* forme de petits prismes, fusibles à 112,5-113°.

Acide heptique, $(C^7H^{10}O^2)^3H^2O$ ou $C^8H^{12}O^3$. — Il dérive de l'éther butylacétylacétique préparé au moyen de l'alcool isobutylique de fermentation. Il fond à 150-151° et donne des sels bien cristallisés. La potasse le dédouble en acides caproïque et formique.

Acide oxyheptique, $(C^7H^{10}O^3)^3H^2O$ ou $C^8H^{12}O^4$. — Petites lamelles nacrées, fusibles à 185°. L'*amide*, $C^{21}H^{27}O^5(AzH^2)^5$, fond avec décomposition à 250-252°; l'*éther amidé*, $C^7H^9O(OC^2H^5)^2AzH^2$, forme de longues aiguilles fusibles à 87°.

L'*acide hydroxyheptique*, $C^7H^{12}O^3$ ou $C^8H^{14}O^5$, fond à 103-104°. A. Étard.

TÉTROLCYANURAMIDE, $(C^4H^4Az.CAz)^3$ [Ciamician et Dennstedt, *Deutsch. chem. Gesellsch.*, 1883, p. 64]. — Ce corps prend naissance par l'action du chlorure de cyanogène sur la combinaison potassique du pyrrol en suspension dans l'éther à froid. Le produit de la réaction, formé sans doute en majeure partie de tétrolcyanamide, peut être distillé sans décomposition; mais on ne parvient par ce moyen à isoler aucun corps nettement défini; si l'on abandonne le produit à lui-même pendant plusieurs mois, il laisse déposer des cristaux de tétrolcyanuramide, formés par la polymérisation de la tétrolcyanamide impure.

La tétrolcyanuramide se présente en longues aiguilles blanches, fusibles à 210°, insolubles dans l'eau, peu solubles dans l'alcool bouillant. Elle se volatilise sans décomposition au-dessus de 300°; les acides chlorhydrique et nitrique dilués sont sans action sur elle; il en est de même de la potasse aqueuse. La potasse alcoolique la dédouble à l'ébullition en pyrrol et acide cyanurique. Ad. Fauconnier.

TÉTROLDITOLILE, $C^4H^4(AzC^7H^7)^2$ [Lichtenstein, *Deutsch. chem. Gesellsch.*, 1881, p. 933 et 2093]. — Cette base se produit en même temps que le benzylpyrrol, $C^{11}H^{11}Az$, dans la distillation sèche du mucate de paratoluidine.

Par oxydation au moyen du mélange chromique, le tétrolditolile fournit un dérivé ayant pour formule $C^{18}H^{19}AzO$.

Traité par le brome en solution benzinique, il donne un dérivé de substitution, $C^{18}H^8Br^{10}Az^2$, en aiguilles tricliniques qui se décomposent avant de fondre. Chauffé en présence du sodium avec de l'iodure d'éthyle, le tétrolditolile bromé fournit un composé de la formule

$$C^{18}H^{9}Br^{3}(C^{2}H^{5})^{2}Az^{2}$$

en cristaux tricliniques; il donne, dans les mêmes conditions, avec le bromure d'éthylène, le composé $C^{18}H^{8}Br^{3}(C^{2}H^{4})Az^{2}$.

Enfin, l'action du sulfite d'ammonium sur le tétrolditolile bromé donne un corps de formule $C^{18}H^{9}Br^{6}Az^{2}S^{2}O^{2}$, en cristaux solubles dans l'éther.

Ad. Fauconnier.

TÉTROLIQUE (ACIDE), $C^{4}H^{4}O^{2}$. Voyez t. III, p. 354. — Cet acide se produit à l'état de sel de sodium par la fixation directe de l'acide carbonique sur l'allylène sodé, d'après l'équation

$$C^{3}H^{3}Na + CO^{2} = C^{4}H^{3}O^{2}Na$$

[Lagermark, *Bull. Soc. chim.*, t. XXXIII, p. 158, et t. XXXV, p. 171; *Deutsch. chem. Gesellsch.*, 1879, p. 853; — Pinner, *Deutsch. chem. Gesellsch.*, 1881, p. 1081].

Il prend également naissance par l'action de la potasse aqueuse et chaude sur l'acide β-chlorocrotonique, $CH^{3}\text{-}CCl{=}CH\text{-}CO^{2}H$, ainsi que sur l'acide β-chlorisocrotonique,

$$CH^{2}{=}CCl\text{-}CH^{2}\text{-}CO^{2}H$$

[R. Friedrich, *Deutsch. chem. Gesellsch.*, 1882, p. 218, et 1883, p. 2668; *Liebig's Ann. Chem.*, t. CCXIX, p. 322].

La plupart de ses sels sont solubles; ceux d'argent et d'or se réduisent aisément, de même que le sel mercureux; le sel d'argent se détruit même spontanément à la température ordinaire, avec formation d'allylénure d'argent (Lagermark).

Le trichlorure de phosphore convertit l'acide tétrolique en un chlorure, $C^{4}H^{3}OCl$, peu stable: ce chlorure se charbonne quand on le chauffe vers 120°. Traité par l'éthylate de sodium, il ne donne pas le tétrolate d'éthyle, mais bien le sel de sodium:

$$C^{6}H^{3}OCl + C^{2}H^{5}ONa = C^{2}H^{5}Cl + C^{4}H^{3}O^{2}Na.$$

On ne réussit pas non plus à préparer le tétrolate d'éthyle par l'action du gaz chlorhydrique sur une solution alcoolique de l'acide: il se produit dans ces conditions du monochlorocrotonate d'éthyle:

$$C^{4}H^{4}O^{2} + C^{2}H^{6}O + HCl$$
$$= H^{2}O + C^{4}H^{4}ClO^{2}.C^{2}H^{5}.$$

L'acide tétrolique fixe à froid 2 atomes de brome, pour donner un produit d'addition cristallisé et fusible à 95-97°. Il ne fixe pas plus de 2 atomes de brome; il s'unit, au contraire, à la température ordinaire avec 4 atomes de chlore (Pinner).

D'après le mode de formation de l'acide tétrolique au moyen des deux acides chlorocrotonique et chlorisocrotonique, on pourrait admettre que sa constitution est la suivante:

$$CH^{2} = C = CH\text{-}CO^{2}H.$$

Ad. Fauconnier.

TÉTROLURÉE, $C^{4}H^{4}{=}Az.CO.AzH^{2}$ [Ciamician et Dennstedt, *Deutsch. chem. Gesellsch.*, 1882, p. 2580]. — Ce corps prend naissance par l'action de l'ammoniaque sur la tétroluréthane à 110° en tubes scellés; il suffit d'évaporer au bain-marie le produit de la réaction pour obtenir la tétrolurée en cristaux incolores, fusibles à 167-168°, très solubles dans l'eau bouillante, solubles dans l'alcool. La tétrolurée est volatile et peut être sublimée.

TÉTROLURÉTHANE, $C^{4}H^{4}{=}Az.CO.OC^{2}H^{5}$ [Ciamician et Dennstedt, *Deutsch. chem. Gesellsch.*, 1882, p. 943 et 2580]. — On l'obtient en faisant réagir le chlorocarbonate d'éthyle en solution éthérée sur la combinaison potassique du pyrrol; l'action commence à froid, on l'achève au bain-marie: il se dépose du chlorure de potassium, un peu de rouge de pyrrol, et il se forme un liquide huileux qu'on purifie par lavage à l'eau, dessiccation sur le chlorure de calcium et distillation. La tétroluréthane bout à 180° sous la pression de 770 millimètres; c'est un liquide incolore, réfringent, doué d'une odeur agréable; elle est plus lourde que l'eau, dans laquelle elle est presque insoluble. L'acide chlorhydrique la résinifie; les alcalis bouillants la décomposent avec formation de carbonate, d'alcool et de pyrrol. Chauffée à 110° avec de l'ammoniaque, la tétroluréthane se convertit en tétrolurée; si l'on élève la température à 130°, il se produit de l'urée, de l'alcool et du pyrrol.

Ad. Fauconnier.

TÉTRONÉRYTHRINE. Voyez t. III, p. 355. — De Merejkowski [*Compt. rend.*, t. XCIII, p. 1029] a rencontré ce pigment chez la plupart des invertébrés: suivant cet auteur, la tétronérythrine remplirait chez ces animaux un rôle physiologique analogue à celui que joue l'hémoglobine chez les animaux supérieurs.

TEUCRINE. — Glucoside extrait par Oglialoro [*Deutsch. chem. Gesellsch.*, 1879, p. 296] du *Teucrium fruticans;* il cristallise en aiguilles fusibles à 228-230° et ayant pour formule $C^{21}H^{24}O^{11}$ ou $C^{21}H^{26}O^{11}$.

THALLIUM. — Schramm a rencontré le thallium dans la sylvine et dans la carnallite, mais non dans la kaïnite. La présence de ce métal dans les gisements de Stassfurth et de Kalusz est un nouvel argument pour le ranger à coté des métaux alcalins [*Liebig's Ann. Chem.*, t. CCXIX, p. 374].

CHLORURE DE THALLIUM. — Roscoe confirme la formule du protochlorure de thallium TlCl par sa densité de vapeur, qui, prise de 840 à 1026°, a donné pour moyenne 8,16; densité théorique = 8,49 [*Deutsch. chem. Gesellsch.*, 1878, p. 1196].

CHLOROTALLATE DE POTASSIUM. — Indépendamment du sel $2TlCl^{3}.3KCl$, Rammelsberg a observé la formation de cristaux clinorhombiques renfermant $TlCl^{3}.2KCl + 3H^{2}O$ [*Poggend. Ann.*, nouv. sér., t. XVI, p. 709].

CYANURE DE THALLIUM. — Voyez CYANURES.

PHOSPHATES DE THALLIUM. — Le *phosphate trithalleux*, $PO^{4}Tl^{3}$, se précipite en aiguilles soyeuses par l'addition d'ammoniaque à un mélange de sulfate thalleux et de phosphate disodique. Il est anhydre, fond au rouge et se concrète par le refroidissement en une masse cristalline.

Phosphate dithalleux. — Il est isomorphe avec le phosphate ammonique, avec lequel il cristallise en toutes proportions.

Le phosphate dithalleux décrit par Lamy et par Des Cloizeaux est, d'après Rammelsberg, un composé double, $PO^{4}Tl^{2}H + 2PO^{4}TlH^{2}$. Ce sel s'obtient en dissolvant à saturation le sel tribasique dans l'acide phosphorique chaud; calciné, il donne un mélange de métaphosphate et de pyrophosphate.

Phosphate monothalleux, $PO^{4}TlH^{2}$ — Obtenu en saturant partiellement l'acide phosphorique par le carbonate de thallium, il ne se transforme complètement en métaphosphate, soluble dans l'eau, qu'à une température supérieure à 200°.

Phosphates thalliques. — Le précipité produit par le phosphate disodique dans le sulfate thallique est blanc, mais brunit par l'ébullition; c'est un sel basique, $6PO^{4}Tl'''.Tl^{2}O^{3} + 13H^{2}O$. Le chlorothallate de potassium fournit un précipité jaune, qui renferme $4PO^{4}Tl'''.Tl^{2}O^{3} + 12H^{2}O$ [Rammelsberg, *loc. cit.*, p. 694].

Ed. Willm.

THAPSIA. — Canzoneri [*Gazz. chim. ital.*, t. XIII, p. 514, et *Bull. Soc. chim.*, t. XLII, p. 490] a extrait par l'éther des racines de thapsia une résine jaune, douée de propriétés vésicantes énergiques. Cette résine se dissout à froid dans la potasse avec dégagement de chaleur, et la solution alcaline ainsi obtenue, fournit, par addition d'acide chlorhydrique, un précipité jaune, d'où l'on parvient à extraire au moyen des dissolvants : 1° une substance neutre, non azotée, douée de propriétés vésicantes, cristallisée en lamelles brillantes fusibles à 87° ; 2° de l'acide caprylique normal $C^8H^{16}O^2$; 3° de l'*acide thapsique*

$$C^{16}H^{30}O^4.$$

Ce dernier cristallise en lamelles blanches et brillantes, fusibles à 123-124°, presque insolubles dans l'eau, la benzine, le sulfure de carbone, solubles dans l'alcool, peu solubles dans l'éther.

Le *sel de potassium*, $C^{16}H^{28}O^4K^2$, est une poudre blanche cristalline, soluble dans l'eau bouillante.

Le *sel de baryum*, $C^{16}H^{28}O^4Ba$, est complètement insoluble dans l'eau.

Le *sel d'argent*, $C^{16}H^{28}O^4Ag^2$, est blanc, insoluble et noircit à la lumière.

L'*anilide*, $C^{16}H^{28}O^2(AzH.C^6H^5)^2$, est une poudre blanche, cristalline, fusible à 162-163° ; elle se colore en violet au contact de l'air.

L'*anhydride thapsique*, $C^{16}H^{28}O^3$, se produit par l'ébullition de l'acide avec de l'anhydride acétique : c'est une poudre blanche, cristalline, fusible à 71°, qui, traitée par l'eau ou par l'alcool, régénère l'acide thapsique.

THÉBAÏNE, $C^{19}H^{21}AzO^3$ (voyez t. III, p. 371). — Cette base a été récemment l'objet d'une nouvelle étude de la part de Howard [*Deutsch. chem. Gesellsch.*, 1884, p. 527], qui a décrit quelques-uns de ses produits d'addition, ainsi que ses produits de dédoublement sous l'action des acides.

PRODUITS D'ADDITION. — *Iodométhylate*,

$$C^{19}H^{21}AzO^3.CH^3I.$$

— On chauffe pendant quelques instants une solution méthylique de thébaïne avec un excès d'iodure de méthyle, puis on précipite par l'éther, et on fait recristalliser dans l'alcool : on obtient de petits prismes légèrement jaunâtres, qui retiennent 1 molécule d'alcool de cristallisation.

L'*iodéthylate*, $C^{19}H^{21}AzO^3.C^2H^5I$, cristallise dans l'alcool en fines aiguilles.

Le *chloréthylate*, $C^{19}H^{21}AzO^3.C^2H^5Cl$, se présente en aiguilles blanches. Il en est de même du produit d'addition formé avec le chlorure de benzyle.

BROMOTHÉBAÏNE, $C^{19}H^{20}BrAzO^3$. — On l'obtient sous la forme de flocons rougeâtres, en ajoutant de l'eau de brome à une solution bromhydrique de thébaïne, jusqu'à ce qu'il commence à se former un précipité persistant ; on filtre alors et on précipite par l'ammoniaque.

Si on ajoute à la solution bromhydrique de thébaïne un excès d'eau de brome, on obtient un précipité lourd, d'un jaune rougeâtre, qui paraît être le tétrabromure de bromothébaïne,

$$C^{19}H^{20}BrAzO^3.Br^4.$$

MORPHOTHÉBAÏNE, $C^{17}H^{17}AzO^3$. — Lorsqu'on chauffe la thébaïne en tubes scellés, vers 90°, avec les acides chlorhydrique ou bromhydrique fumants, on voit bientôt se déposer des cristaux, qui sont le sel acide d'une nouvelle base, la morphothébaïne ; il se produit en même temps un gaz combustible, chlorure ou bromure d'éthyle, ou peut-être de méthyle.

La morphothébaïne peut être précipitée de ses sels par l'ammoniaque, les carbonates alcalins ou les alcalis caustiques : ces derniers la redissolvent si on les emploie en excès. La base précipitée se présente en flocons d'un gris bleuâtre, peu solubles dans l'eau bouillante, très solubles dans l'alcool et dans l'éther : la benzine l'abandonne en beaux cristaux à peine jaunâtres et fusibles à 190-191°.

Le *chlorhydrate acide* se présente en fines aiguilles soyeuses ; chauffé avec de l'alcool, il se convertit en *chlorhydrate neutre*,

$$C^{17}H^{17}AzO^3.HCl,$$

petits cristaux brillants, insolubles dans l'alcool, assez solubles dans l'eau.

Le *bromhydrate acide* forme des cristaux indistincts ; le *bromhydrate neutre*,

$$C^{17}H^{17}AzO^3.HBr,$$

se présente en fines aiguilles soyeuses.

Le *nitrate*, $C^{17}H^{17}AzO^3.AzO^3H + 2H^2O$, est très soluble dans l'eau chaude et dans l'alcool, peu soluble dans l'eau froide ; il perd son eau de cristallisation à 90°, dans le vide.

Le *sulfate*, $(C^{17}H^{17}AzO^3)^2SO^4H^2 + 7H^2O$, se présente en cristaux d'aspect clinorhombique, très solubles dans l'eau, insolubles dans l'alcool.

Le *chloraurate* et le *chloroplatinate* sont instables ; le *picrate* fond sous l'eau chaude ; l'*oxalate* est amorphe.

Acétylmorphothébaïne, $C^{17}H^{16}AzO^3.C^2H^3O$. — On la prépare en chauffant au bain-marie, pendant quelques heures, du bromhydrate de morphothébaïne avec un excès d'anhydride acétique. Après cristallisation dans l'alcool faible, elle se présente en lamelles brillantes qui fondent à 183°.

Ad. Fauconnier.

THÉOBROMINE. — On peut avantageusement préparer la théobromine par le procédé suivant :

Le cacao, débarrassé de ses matières grasses, est soumis à l'ébullition avec la moitié de son poids de chaux éteinte et avec de l'alcool à 80°. Par refroidissement, la majeure partie de la théobromine cristallise. L'eau-mère, concentrée à un petit volume, en fournit une nouvelle quantité. Les dernières eaux-mères renferment de la caféine, que l'on peut enlever au moyen de la benzine froide.

La théobromine cristallise en prismes anhydres, se sublimant sans fondre vers 290°, sans décomposition. Les sels cristallisent bien, mais ils sont décomposés à l'ébullition par l'eau et par l'alcool.

Chlorhydrate, $C^7H^8Az^4O^2.HCl,H^2O$. — Aiguilles incolores perdant leur eau et leur acide à 100°.

Bromhydrate, $C^7H^8Az^4O^2.HBr,H^2O$. — Tables incolores et transparentes.

Chromate. — Anhydre ; en faisceaux d'aiguilles jaunes.

Sulfate. — La solution de la base dans l'acide sulfurique étendu, additionnée d'alcool, laisse déposer de petits cristaux renfermant 26 % SO^4H^2.

Acétate, $C^7H^8Az^4O^2.C^2H^4O^2$. — Précipité blanc très instable.

L'acide chlorhydrique n'agit qu'à 240° sur la théobromine ; il se produit de l'ammoniaque, de la méthylamine, de la sarcosine, de l'acide formique et du gaz carbonique, d'après l'équation

$$C^7H^8Az^4O^2 + 6H^2O = 2CO^2 + 2AzH^3 + AzH^2.CH^3 + C^3H^7AzO^2 + CH^2O^2.$$

La baryte fournit les mêmes produits à une température élevée [Schmidt et Pressler, *Liebig's Ann. Chem.*, t. CCXVII, p. 287].

La théobromine se combine également avec les alcalis. On obtient la *sodium-théobromine* par dissolution de la base dans la soude. Elle se présente en cristaux blancs et déliquescents, qui sont détruits par l'acide carbonique. La solution précipite en blanc par les sels de plomb, d'argent, de zinc, de mercure.

La *baryum-théobromine*, $(C^7H^7Az^4O^2)^2Ba$, constitue des aiguilles blanches très peu solubles dans l'eau froide; on l'obtient en dissolvant la théobromine dans l'eau de baryte [Maly et Andreasch, *Monatsh. Chem.*, t. IV, p. 369].

L'acide azotique ou l'acide chromique la dédoublent, avec formation d'acide monométhylparabanique, d'après l'équation

$$C^7H^8Az^4O^2 + 3O + 2H^2O$$
$$= C^4H^4Az^2O^3 + 2CO^2 + AzH^2.CH^3 + AzH^3.$$

Le brome donne une *monobromothéobromine*, $C^7H^7BrAz^4O^2$, fusible à 310° et volatile en partie sans altération. Elle forme avec les bases des composés plus stables que la théobromine elle-même.

La *bromothéobromine argentique*, traitée par l'iodure d'éthyle, fournit l'*éthylbromothéobromine*, qui à son tour peut perdre son brome sous l'influence de la potasse alcoolique en donnant l'*hydroxéthylthéobromine*, $C^7H^6Az^4O^2(C^2H^5)(OH)$, cristallisant en beaux prismes.

Le chlore réagit sur la théobromine en suspension dans l'eau, en donnant de l'acide monométhylparabanique.

Si l'on chauffe à 50° de la théobromine avec la moitié de son poids de chlorate de potassium et avec de l'acide chlorhydrique, puis que l'on ajoute à la solution de l'hydrosulfite de potassium, il se dépose des prismes monocliniques de *monométhylalloxane-hydrosulfite de potassium*,

$$CO\begin{matrix}\nearrow AzH\text{-}CO \\ \searrow Az.CH^3\text{-}CO\end{matrix}\!\!>C\begin{matrix}\nearrow OH \\ \searrow SO^3K\end{matrix} + H^2O,$$

tandis qu'il reste en solution de l'*apothéobromine*. Cette dernière est peu soluble dans l'eau, soluble dans l'alcool et dans les alcalis. Une ébullition prolongée lui fait perdre de l'acide carbonique. Elle fond à 185°.

Si l'on traite par H^2S le produit brut de la réaction du chlorate de potassium, on obtient des houppes cristallines de méthylalloxantine,

$$C^{10}H^{10}Az^4O^8, 4H^2O$$

[Maly et Andreasch, *Monatsh. für Chem.*, t. III, p. 92].

MÉTHYLTHÉOBROMINE. — Ce composé a déjà été décrit sous le nom de caféine, mais comme, depuis la rédaction de cet article, il a paru divers mémoires très importants sur la caféine, nous les analyserons rapidement ici.

Sels de caféine. — Le *chlorhydrate*,

$$C^8H^{10}Az^4O^2.HCl, 2H^2O,$$

cristallise en prismes incolores, perdant de l'eau et de l'acide chlorhydrique à l'air. Il peut former un chlorhydrate acide.

Le *chloraurate*, $C^8H^{10}Az^4O^2.HCl, AuCl^3, 2H^2O$, est en lamelles jaune d'or, se décomposant partiellement par le lavage.

L'*azotate*, $C^8H^{10}Az^4O^2.AzO^3H, H^2O$, cristallise en aiguilles jaunes.

Le *sulfate* se dépose de sa solution alcoolique en prismes brillants, tantôt anhydres, tantôt hydratés.

L'*acétate*, $C^8H^{10}Az^4O^2.2C^2H^4O^2$, cristallise en aiguilles incolores très instables.

Le *butyrate normal*, $C^8H^{10}Az^4O^2.C^4H^8O^2$, est en courtes aiguilles blanches.

La *valérate* est en lamelles nacrées.

Lorsque l'on fait bouillir la caféine avec 10 p. d'eau de baryte, on obtient également, ainsi que l'a montré Strecker, de la *caféidine*. Son *sulfate*, $C^7H^{12}AzO.SO^4H^2$, se dépose en aiguilles épaisses. Le *chlorhydrate* est anhydre et très soluble. Le *chloroplatinate* renferme $2H^2O$; il forme de grosses aiguilles orangées. La caféidine réduit facilement le chlorure d'or et l'oxyde d'argent [Schmidt, *Deutsch. chem. Gesellsch.*, 1881, p. 813; — Biedermann, *Arch. Pharm.* (2), t. XXI, p. 175].

Action des alcalis. — Les alcalis dilués transforment la caféine en acide *caféidine-carbonique*, $C^8H^{10}Az^4O^2 + H^2O = C^8H^{12}Az^4O^3$. On abandonne à la température ordinaire un mélange de caféine précipitée et de lessive faible de potasse. Quand la caféine est dissoute, on neutralise par SO^4H^2, on enlève l'excès de caféine par le chloroforme, on précipite le sulfate de potassium par l'alcool, et on évapore la solution alcoolique qui renferme le sel de potassium.

L'acide caféidine-carbonique cristallise en aiguilles blanches solubles dans l'eau, l'alcool, le chloroforme, insolubles dans la benzine.

Le *sel de calcium*, $(C^8H^{11}Az^4O^3)^2Ca$, est en croûtes cristallines très solubles dans l'eau. Le *sel de baryum* est gommeux. Le *sel de zinc* est anhydre et très peu soluble dans l'eau.

Le *sel de cuivre*, $(C^8H^{11}Az^4O^3)^2Cu$, cristallise en prismes bleu de ciel.

Par ébullition avec l'eau, l'acide caféidine-carbonique se dédouble d'après l'équation

$$C^8H^{12}Az^4O^3 = CO^2 + C^7H^{12}Az^4O$$

[Maly et Andreasch, *Monatsh. für Chem.*, t. IV, p. 369].

Action du brome. — On introduit peu à peu 10 grammes de caféine dans 50 grammes de brome sec et refroidi. Après 12 heures, on chasse l'excès de brome et on chauffe le résidu à 150°, puis on le traite par l'acide sulfureux. On le dissout alors dans HCl et on précipite par l'eau. La *bromocaféine* ainsi produite, $C^8H^9BrAz^4O^2$, fond à 206° et peut être sublimée. Elle est peu soluble dans l'eau et dans l'alcool.

Chauffée à 130° avec de l'ammoniaque alcoolique, elle se convertit en *amidocaféine*, qui cristallise par refroidissement. Celle-ci fond et distille sans décomposition. Elle est peu soluble dans l'eau et dans l'alcool, soluble dans l'acide chlorhydrique d'où l'eau la précipite.

La potasse aqueuse décompose la bromocaféine. La potasse alcoolique la convertit en *éthoxycaféine*, $C^8H^9Az^4O^2(OC^2H^5)$. Celle-ci fond à 140°. Elle est soluble dans l'alcool bouillant, peu soluble dans l'alcool froid et dans l'éther, soluble dans l'acide chlorhydrique. Lorsque l'on chauffe cette solution, il se dégage du chlorure d'éthyle, et il se forme de l'*hydroxycaféine*, $C^8H^9Az^4O^2.OH$.

L'hydroxycaféine fond vers 350° et distille sans décomposition. Elle est peu soluble dans l'eau froide, et n'est pas attaquée par les acides chlorhydrique et sulfurique concentrés. Elle se dissout dans la potasse et, par concentration, on obtient une combinaison potassique en aiguilles déliées.

Le brome réagit sur l'hydrocaféine en donnant une combinaison dibromée très instable qui, sous l'influence de la potasse alcoolique, échange son brome contre deux oxéthyles. La *diéthoxy-hydrocaféine*, $C^8H^9Az^4O^2(OH)(C^2H^5O)^2$, cristallise en prismes fusibles à 195-205° en se décomposant. Elle est très peu soluble dans l'eau et dans l'éther. Elle est soluble dans les alcalis, et en est précipitée par les acides.

Le composé méthylé correspondant est plus soluble dans l'eau et dans l'alcool, et cristallise en prismes fusibles à 178-179° [E. Fischer, *Monatsh. für Chem.*, t. II, p. 420].

Une solution chloroformique de caféine, additionnée de brome, laisse déposer un produit d'addition orangé, amorphe, $C^8H^{10}Az^4O^2Br^2$.

Si l'on chauffe en vase clos au bain-marie de la caféine avec du brome et de l'eau, on obtient des produits variables avec la quantité de brome employée. Avec 2 atomes de brome, il se forme de la bromocaféine. Avec 3 atomes de brome, on obtient en outre de l'acide amalique et de la cholestrophane. Avec 4 atomes de brome, on obtient de la méthylamine [Maly et Hinteregger, *Monatsh. für Chem.*, t. III, p. 85].

Action des oxydants. — L'acide chromique oxyde la caféine et la convertit en acide diméthylparabanique et méthylamine.

Le chlorate de potassium et l'acide chlorhydrique la transforment en diméthylalloxane. Celle-ci ne peut pas être isolée, mais on obtient ses produits de dédoublement : il se produit du chlorure de cyanogène et de l'acide amalique. On peut encore isoler la diméthylalloxane à l'état de combinaison avec l'hydrosulfite de potassium en opérant comme avec la théobromine (voyez plus haut).

Ces produits de dédoublement de la caféine sont intéressants, car ils permettent de l'envisager comme une diuréide mésoxalique [E. Fischer, *Deutsch. chem. Gesellsch.*, 1881, p. 1912; — Maly et Andreasch, *Monatsh. für Chem.*, t. III, p. 92].

Apocaféine, $C^7H^7Az^3O^5$. — Ce corps se produit en petite quantité dans l'oxydation de la caféine par le chlorate et l'acide chlorhydrique. On l'obtient encore en chauffant avec l'acide chlorhydrique la diéthoxy-hydroxycaféine (voyez plus haut). Elle se sépare sous la forme d'une résine devenant peu à peu cristalline. On la redissout dans l'éther et on précipite par la benzine. Elle cristallise en prismes incolores ou en feuillets brillants fusibles à 145-147°, solubles dans l'eau bouillante, l'alcool et l'éther.

Lorsque l'on ajoute de l'eau de baryte froide à une solution aqueuse d'apocaféine, elle se dédouble en carbonate de baryum, *hypocaféine* et *acide cafurique*.

Hypocaféine, $C^6H^7Az^3O^3$. — Le meilleur procédé de préparation de celle-ci consiste à traiter 10 p. d'hydroxycaféine délayée dans 50 p. d'alcool par 10 à 12 p. de brome. Le tout se dissout, puis se prend en une bouillie cristalline que l'on lave à l'alcool et que l'on évapore avec son poids de HCl fumant. Le résidu, traité par son volume d'eau, se prend en une masse cristalline d'apocaféine. On la redissout dans l'eau bouillante (5 p.) et on fait bouillir aussi longtemps qu'il se dégage du gaz carbonique. L'hypocaféine cristallise par refroidissement.

L'hypocaféine présente un caractère acide. Son *sel de baryum* est très soluble dans l'eau, peu soluble dans l'alcool.

Le *sel d'argent* cristallise dans l'eau bouillante en tables incolores.

L'hypocaféine fond à 181°. Elle résiste aux acides et aux oxydants, mais elle est facilement attaquée par les alcalis. Avec l'eau de baryte bouillante, on obtient du carbonate, du mésoxalate et un nouveau corps, la *cafoline*, $C^5H^9Az^3O^3$.

La cafoline fond à 194-196°. L'acide iodhydrique concentré réduit la cafoline en produisant de la monométhylurée. Le ferricyanure de potassium la transforme en méthylurée et acide méthyloxamique. Le permanganate de potassium donne au contraire de la diméthyloxamide. D'après ces réactions, on peut représenter la cafoline par la formule

```
      HO-CH-Az.CH³
         |
  CH³.HAz-C = Az > CO.
```

Acide cafurique, $C^6H^9Az^3O^4$. — Les eaux-mères de l'hypocaféine renferment un acide que l'on appelle l'acide cafurique. Il diffère de l'hypocaféine par H^2O en plus. Il fond à 210-220° en se décomposant. Le *sel barytique* est soluble. Le *sel d'argent* forme des tables incolores, inaltérables à la lumière.

L'acide iodhydrique le transforme en acide *hydrocafurique*, $C^6H^9Az^3O^3$, qui cristallise en aiguilles incolores fusibles vers 245°. L'acétate basique de plomb le dédouble nettement, d'après l'équation

$$C^6H^9Az^3O^4 + 3H^2O$$
$$= C^3H^4O^6 + AzH^2.CH^3 + CO.Az^2H^3.CH^3.$$

Ce dédoublement permet de représenter l'acide cafurique par la formule

```
           CO.OH
        (OH)C — Az.CH³
            |         >CO.
  CH³.HAz-C = Az
```

L'acide hydrocafurique en différerait par remplacement de l'oxhydryle par de l'hydrogène, et l'hypocaféine serait l'anhydride

```
          CO
       O <  
          C - Az.CH³
          |          >CO.
  CH³.HAz-C = Az
```

La caféine se dédoublant en CO^2, $AzH^2.CH^3$, et hypocaféine, on peut lui attribuer comme formule

```
  CH³-Az-CH
      CO C — Az.CH³
      |  |          >CO.
  CH³-Az-C = Az
```

Dans la théobromine, un des groupes CH^3 manque. Or l'hydroxéthylthéobromine traitée comme la caféine donne de la méthylamine et l'homologue inférieur de l'apocaféine. Aussi Fischer propose-t-il pour elle la formule

```
  CH³-Az-CH
      CO C — Az.CH³
      |  |          >CO.
     HAz-C = Az
```

M. Hanriot.

THÉOBROMIQUE (ACIDE). — Le beurre de coco (fusible à 30°) fournit par saponification une nombreuse série d'acides gras. Le terme le plus élevé de cette série est l'acide théobromique, $C^{64}H^{128}O^2$, qui cristallise en aiguilles microscopiques, fusibles à 72°,2, distillant sans décomposition à une température élevée. Sec, il est très électrique, propriété qui est encore plus prononcée pour le sel d'argent [Kingzett, *Chem. News*, t. XXXVI, p. 229].

THERMOCHIMIE. — Les méthodes calorimétriques ont été modifiées récemment en vue de la détermination de dégagements de chaleur difficilement mesurables par les procédés anciens. Il s'agit principalement de chaleurs de combustion. M. Berthelot [*Ann. Chim. Phys.*, t. XXIII, p. 160] introduit dans le calorimètre à eau une bombe de tôle d'acier, de 2mm,5 d'épaisseur, dorée à l'intérieur, et présentant une capacité de 200 à 250 centimètres cubes; il fait passer dans cette bombe, à l'aide d'un appareil analogue à l'eudiomètre de Regnault, mais d'une plus grande capacité, un mélange de gaz combustible avec un très petit excès d'oxygène ou en général de gaz comburant. Une pompe à mercure permet de faire le vide dans la bombe avant l'introduction des gaz et, l'expérience faite, d'extraire les produits gazeux de la combustion et de les conduire dans des tubes à potasse analogues à ceux employés dans l'analyse organique. Il est facile de déterminer, par la pesée de ceux-ci, l'acide carbonique produit, et généralement c'est cette quantité qui sert à évaluer celle du gaz combustible employé. On s'assure d'ailleurs que la combustion est complète, soit en analysant le gaz, séparé d'abord de l'acide carbonique et de l'oxygène, à l'aide du chlorure cuivreux acide, soit d'une façon plus sûre, en ajoutant une nouvelle dose d'oxygène et essayant une nouvelle combustion ou, mieux encore, en recommençant celle-ci, en additionnant le mélange de la moitié de son volume de gaz tonnant.

La figure 94 représente la bombe suspendue dans son calorimètre. La détonation est produite à l'aide d'une seule étincelle d'une petite bobine d'induction ; elle est silencieuse ou à peu près.

Les liquides très volatils, dont les vapeurs peuvent faire, avec l'oxygène, des mélanges sans trop grand excès de celui-ci, peuvent être introduits dans la bombe à l'aide de petites ampoules percées ; on pèse néanmoins l'acide carbonique formé comme contrôle.

Les nombres obtenus dans les expériences de détonation sont fort exacts. La combustion étant totale et rapide, les corrections dues au refroidissement sont relativement faibles et s'évaluent aisément ; il faut seulement se souvenir que les réactions à volume constant dégagent un peu moins de chaleur, les produits de la détonation restant dilatés au volume primitif, que les réactions à pression constante, mais M. Berthelot a donné une formule pour passer de l'une de ces quantités à l'autre (1).

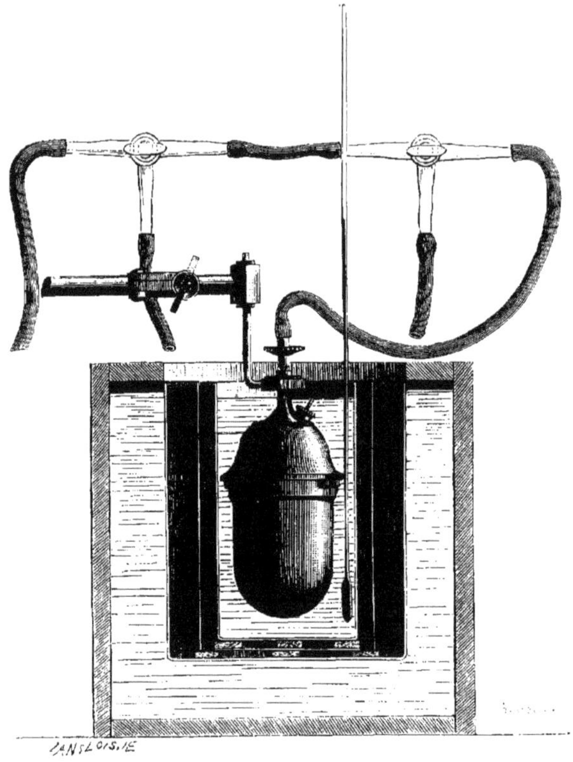

Fig. 94.
Bombe suspendue dans le calorimètre.

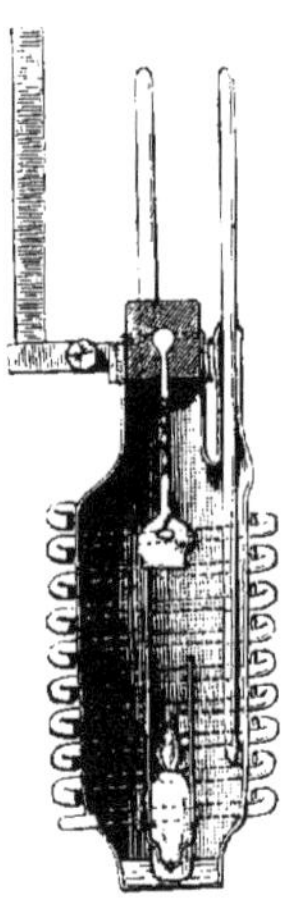

Fig. 95.
Chambre à combustion.

D'autre part, l'eau étant en partie gazeuse dans les produits de la réaction, il y a lieu de faire une correction pour avoir le chiffre correspondant à l'eau complètement liquide. On ajoutera donc la quantité de chaleur que la vapeur d'eau contenue à l'état de saturation dans la capacité de la bombe dégagerait en se condensant à la température de l'expérience ; cette quantité n'est pas négligeable, elle est de près de 2 calories avec les vases employés par M. Berthelot.

M. Louguinine a déterminé un certain nombre de chaleurs de combustion de corps bouillant au-dessus de 80° avec l'ancien appareil de Favre et Silbermann, grandement modifié et perfectionné. Dans l'appareil nouveau (fig. 95), le liquide pesé et renfermé dans une petite lampe en verre brûle au bout de quelques filaments d'asbeste, dans une atmosphère d'oxygène constamment renouvelée, au sein d'un calorimètre dont l'eau est brassée par un agitateur électrique. Les produits de la combustion, CO^2 et H^2O, sont pesés dans des appareils analogues à ceux employés en analyse organique, de façon qu'on peut se faire une idée de la réussite de l'expérience et contrôler le poids des matières employées : l'oxyde de carbone, le gaz des marais, et, en un mot, les corps combustibles qui auraient pu se produire dans l'appareil sont brûlés à leur tour dans un tube à analyse ordinaire, disposé dans la chambre voisine et suivi des appareils de condensation usuels. Ce dernier contrôle est fort important. Si la portion

1. Soit Q_{T_p} la chaleur dégagée à pression constante et à T degrés centigrades au-dessus de zéro ; Q_{T_v} la chaleur dégagée à volume constant, à la même température ; n le nombre de molécules des composants ou le nombre de fois 22^{lit},32 qu'occupe le mélange à zéro et à la pression 760 ; n' le nombre correspondant relatif aux produits de la combustion.

On a : $Q_{T_p} = Q_{T_v} + 0,5424\,(n - n') + 0.002\,(n - n')T$.

Exemple : $CO + O = CO^2$ dégage à 15° et à volume constant 68 calories $= Q_{15_v}$. 1 molécule d'oxyde de carbone + 1/2 molécule d'oxygène donnent 1 molécule d'acide carbonique : $n = 1\,1/2$; $n' = 1$, d'où $n - n' = 1/2$; par suite $Q_{15_p} = 68,30$ [*Essai de mécanique chimique*, t. Ier, p. 113].

de substance qui n'a pas subi la combustion normale est à 2 ou 3 millièmes seulement, on admet que l'eau de la combustion supplémentaire vient de l'hydrogène libre et l'acide carbonique de l'oxyde de carbone, et on ajoute la quantité de chaleur qu'auraient produite ces combustions à celle recueillie dans le calorimètre. S'il y avait une perte plus grande, l'expérience serait rejetée.

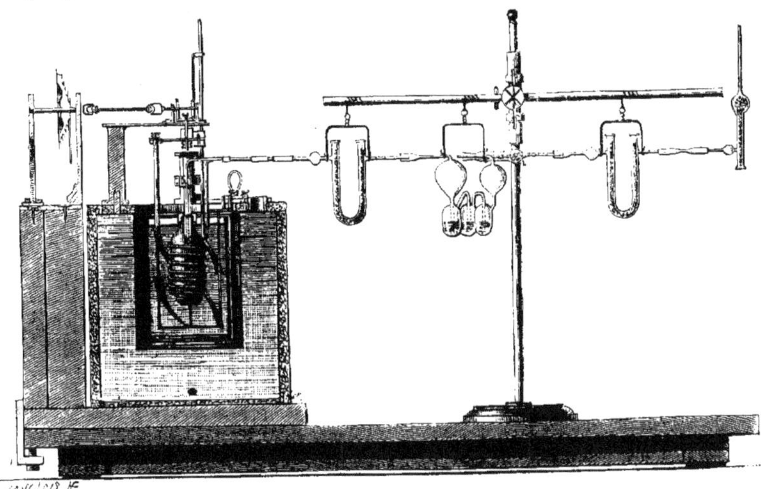

Fig. 96. — Calorimètre.

Nous ne donnerons pas ici la description d'une foule d'appareils particuliers imaginés par divers savants pour les solutions de divers problèmes particuliers de calorimétrie.

RÉSULTATS NUMÉRIQUES.

En ce qui concerne les résultats numériques, nous avons à en enregistrer un grand nombre de nouveaux. En premier lieu, une correction d'une grande importance a été faite par M. Berthelot au nombre exprimant la chaleur de formation de l'ammoniaque [Az; H^3], qui est descendu de $+ 26^c,7$ à $+ 12^c,2$. Cette rectification a amené à reviser les chaleurs de formation de tous les oxydes de l'azote.

Les nouveaux nombres ont été confirmés par M. Thomsen.

α. — RÉSULTATS CALORIMÉTRIQUES CONCERNANT LES MÉTALLOÏDES ET LES ACIDES

[Az; H^3]	+ 12,2	B.	
[P; H^3]	+ 11,6	Ogier.	Gazeux.
[As; H^3]	— 36,7	Ogier.	Gazeux.
[PH^3; HBr]	+ 23	Ogier.	Solide.
[Si; H^4]	+ 32,9	Ogier.	Si amorphe.
[Az^2; O]	— 20,6	B.	Gazeux.
[Az^2; O^2]	— 43,2	B.	Gazeux.
[Az^2; O^3]	— 22,2	B.	Gazeux.
[Az^2; O^4]	— 5,2	B.	Gazeux.
[Az^2; O^5]	— 1,2	B.	Gazeux.
[Az; O^3; H]	+ 34,4	B.	Gaz.
	+ 41,6	B.	Liquide.
[Az; S]	— 31,9	B. et Vieille.	Solide.
[S^2; O^2; H^2O]	+ 67,2	T.	Acide hyposulfureux dissous.
[S^2; O^3; H^2O]	+ 85,8	B.	Acide hydrosulfureux dissous.
[S^2; O^5; H^2O]	+ 206,6	T.	Acide hyposulfurique dissous.
[S^4; O^5; H^2O]	+ 202,6	T.	Acide tétrathionique dissous.
[S; O^2]	+ 69,2	T. B.	
[S; O^3]	+ 103,6	T. B., etc.	Anhydride sulfurique solide.
[S^2; O^7]	+ 253,2	B.	Acide persulfurique dissous.
[P^2; O; $3H^2O$]	+ 74,4	T.	Acide hypophosphoreux dissous.
[P^2; O^3; $3H^2O$]	+ 250,2	T.	Acide phosphoreux solide.
[P^2; O^5]	+ 363,8	T.	Anhydride phosphorique solide.
[Sb^2; O^3; xH^2O]	177,4	T.	Oxyde antimonieux précipité.
[Sb^2; O^5]	228,8	T.	
[Bo^2; O^3]	312,6	Tr. et Hautefeuille.	Anhydride borique solide.
[C; O] C diamant	+ 25,8	F. et S., T. B., etc.	Gaz.
[C; O] C amorphe	+ 28,8	F. et S., T. B., etc.	Gaz.
[C; O^2] C diamant	+ 94,0	F. et S.	Gaz.
[C; O^2] C amorphe	+ 97,0	F. et S.	Gaz.
[C; O; S] C diamant	+ 19,6	B. T.	Gaz.
[C; O; S] C amorphe	+ 22,6	B. T.	Gaz.
[C; S^2] C diamant	— 21,10	F. et S. B. T.	Gaz.
[C; S^2] C amorphe	— 18,10	F. et S. B. T.	Gaz.

α. — RÉSULTATS CALORIMÉTRIQUES CONCERNANT LES MÉTALLOÏDES ET LES ACIDES.

(Suite.)

[Br; Cl]..	Br gaz	+ 4,6	B.	Liquide.
	Br liquide	+ 0,6	B.	Liquide.
[I; Cl]...	I gaz	+ 9,8	B.	Liquide.
	I solide	+ 4.4	B.	Liquide.
[I Cl; Cl^2]		+ 15,7	T.	Dissous.
[S^2; Cl^2]		17,6	Ogier.	Liquide.
[S; O; Cl^2]		+ 47,2	Ogier.	Liquide.
[S; O^2; Cl^2]		+ 89,6	Ogier.	Liquide.
[So^3; H Cl]	SO^3 solide	+ 14,4	Ogier.	Liquide.
[Se^2; Cl^2]		+ 22,2	T.	Liquide.
[Te; Cl^2]		+ 77,4	T.	Liquide.
[P; Cl^3]		+ 75,8	T. T. B. et Loug.	Liquide.
[P; Cl^5]		+ 107,8	Id.	Solide.
[P; O; Cl^3]		+ 142,4	Id.	Liquide.
[As; Cl^3]		+ 69,4	F. B. T.	
[C; O; Cl^2]	C diamant	+ 44,6	B.	Gazeux.

[I; Br]		+ 2,5	B.	Solide.
[S^2; Br^2]		+ 2	Ogier.	Solide.
[P; Br^3]		+ 42,6	B. et Loug.	Liquide.
[P; Br^5]		+ 63	Ogier.	Solide.
[P; O; Br^3]		+ 108	Ogier.	
[As; Br^3]		+ 47,1	B.	Solide.
[Bo; Br^3]	Bo amorphe	+ 61,1	B.	Liquide.
[Si; Br^4]	Si amorphe	+ 104,4	B.	Liquide.

[S^2; I^2].	I gaz	+ 10,8	Ogier.	Solide.
	I solide	0		
[P; I^2]	I solide	+ 9,9	Ogier.	Solide.
[P; I^3]	I solide	+ 10,5	B. et Loug.	Solide.
[As; I^3]	I solide	+ 12,6	B.	Solide.
[Si; I^4]	Si amorphe	+ 36,4	B.	Solide.

β. — RÉSULTATS CALORIMÉTRIQUES CONCERNANT LES MÉTAUX ET LES BASES (Thomsen).

	État solide.	État dissous.
[K^2; O] (Beketoff)	+ 97,2	+ 164,6
[K^2; O; H^2O]	+ 139,6	+ 164,6
[Na^2; O] (Beketoff)	+ 100,2	+ 155,2
[Na^2; O; H^2O]	+ 135,6	+ 155,2
[Li^2; O; H^2O]		+ 166,6
[Az^2; H^6; $2H^2O$] (Berthelot)		+ 42
[Ca; O]	+ 132	+ 150,10
[Ca; O; H^2O]	+ 147	+ 150 10
[Sr; O]	+ 131,4	+ 158 2
[Sr; O; H^2O]	+ 148,6	+ 158,2
[Ba; O]	x	x + 28
[BaO; O] (Berthelot)	+ 12,10	»
[Mg; O; H^2O]	+ 149,8	»
[Al^2; O^3; $3H^2O$]	+ 391,6	»
[Mn; O; xH^2O] (1)	+ 94,8	»
[Mn; O^2; xH^2O]	+ 116,2	»
[Mn^2; O^7; H^2O]		+ 178
[$Cr^2O^3 + xH^2O$; O^3]	+ 6,2	+ 8,4
[Fe; O; xH^2O]	+ 69,0	»
[Fe^2; O^3; xH^2O]	+ 191,2	»
[Fe^3; O^4] (Berthelot)	+ 259,0	»
[Ni; O; xH^2O]	+ 61,4	»
[Ni^2; O^3; xH^2O]	+ 122,2	»
[Co; O; xH^2O]	+ 64	»
[Co^2; O^3; xH^2O]	+ 150,6	»
[Au^2; O^3; xH^2O]	— 11,2	»
[Zn; O]	+ 86,4	»
[Zn; O; H^2O]	+ 83,6	»
[Cd; O; xH^2O]	+ 66 4	»
[Pb; O]	+ 51,0	»
[Pb; O; H^2O	+ 53,4	»
[Tl; O]	+ 43,0	+ 40
[Tl; O; H^2O]	+ 46,2	+ 40
[Tl; O^3; $3H^2O$]	+ 83,4	»
[Cu^2; O]	+ 42	»

1. *Oxyde hydraté de précipitation* (de même pour les autres composés contenant xH^2O).

β. — RÉSULTATS CALORIMÉTRIQUES CONCERNANT LES MÉTAUX ET LES BASES (Thomsen).

(*Suite.*)

[Cu; O]	+ 38,4	»
[Cu; O; H^2O]	+ 38,0	»
[Sn; O; xH^2O]	+ 69,8	»
[Sn; O^2; xH^2O]	+ 135,8	»
[Hg^2; O]	+ 42,2	»
[Hg; O] (Janin)	+ 31	»
[Ag^2; O]	+ 7	»
[Ag^4; O^3] (Berthelot)	+ 21	»
[Pt; O]	+ 15	»
[Pd; O; xH^2O] (Joannis)	+ 20	»
[Pd; O^2; xH^2O]	+ 30,4	»
[Bi^2; O^3]	+ 137,8	»

γ. — RÉSULTATS CALORIMÉTRIQUES CONCERNANT DIVERS SELS INORGANIQUES.

[PO^4H^3 + Eau; NaHO + Eau]	+ 14,7 (B. et Louguinine).
[PO^4H^3 + Eau; 2NaHO + Eau]	+ 14,7 + 11,6
[PO^4H^2 + Eau; 3NaHO + Eau]	+ 14,7 + 11,6 + 7,3

[HFl + Eau; NaHO + Eau]	+ 16	T.
[H^2SiFl^6 + Eau; NaHO + Eau]	+ 13,3	T.
[H^2SiFl^6 + Eau; 2NaHO + Eau]	+ 26,6	T.
[H^2SiFl^6 + Eau; 3NaHO + Eau]	+ 35	T.
[H^2SiFl^3 + Eau; 6NaHO + Eau]	+ 61,4	T.
[H^2SiFl^6 + Eau; 12NaHO + Eau]	+ 71	T.

[Acide hypoazoteux + Eau; KHO + Eau]	+ 5,3	B. et Ogier.
[Acide hypoazoteux + Eau; 1/2Ag^2O précipité]	+ 11,3	B. et Ogier.
[SO^2 + Eau; 2KHO + Eau]	+ 31,8	B.
[SO^2 + Eau, KHO + Eau]	+ 17,9	B.
[SO^2 + Eau; KHO + Eau] (Métasulfite)	+ 19,4	B.
[PO^3H + Eau; NaHO + Eau]	+ 14,5	T.
[$P^2O^7H^4$ + Eau; 2NaHO + Eau]	+ 29,6	T.
[$P^2O^7H^4$ + Eau; 4NaHO + Eau]	+ 52,8	T.
[PO^3H^3 + Eau; NaHO + Eau]	+ 14,8	
[PO^3H^3 + Eau; 2NaHO + Eau]	+ 28,4	

[AzH^3O + Eau; HCl + Eau]	+ 9,2	B.
[AzH^3O + Eau; 1/2SO^4H^2 + Eau]	+ 10,8	B.
[Glucine précipitée; HCl + Eau]	+ 6,8	T.
[Glucine précipitée; 1/2H^2SO^4 + Eau]	+ 8	
[Oxyde de lanthane précipité; HCl + Eau]	+ 12,5	
[Oxyde de lanthane précipité; 1/2H^2SO^4 + Eau]	+ 13,7	
[Oxyde de cérium précipité; HCl + Eau]	+ 12,1	T.
[Oxyde de cérium précipité; 1/2H^2SO^4 + Eau	+ 13	T.
[Oxyde de didyme précipité; HCl + Eau]	+ 12	T.
[Oxyde de didyme précipité; 1/2H^2SO^4 + Eau]	+ 12.8	T.
[Oxyde d'yttrium précipité; HCl + Eau]	+ 11,8	T.
[Oxyde d'yttrium précipité; 1/2H^2SO^4 + Eau]	+ 12,5	T.
[Oxyde d'erbium précipité; $C^2H^2O^4$ + Eau]	+ 9,2	T.
[SnO précipité; 2HCl + Eau]	+ 2,8	T.
[SnO^2 gélatineux; 4HCl + Eau]	+ 3	T.
[Cu^2O; 2HCl + Eau]	+ 15	T. (Insoluble).
[Cu^2O; 2HBr + Eau]	+ 20.8	T. (Insoluble).
[Cu^2O; 2HI + Eau]	+ 33,8	T. (Insoluble).
[1/2Au^2O^3 hydraté; 3HBr + Eau]	+ 29,1	T.
[1/2Au^2O^3 hydraté; 4HBr + Eau]	+ 36,8	T.
[1/2Au^2O^3 hydraté; 3HCl + Eau]	+ 18,5	T.
[1/2Au^2O^3 hydraté; 4HCl + Eau]	+ 23	T.
[1/2PdO hydraté; HCl + Eau]	+ 5,4	Joannis (Soluble).
[1/2PdO hydraté; HBr + Eau]	+ 7,4	Joannis (Soluble).
[1/2PdO hydraté; HI + Eau]	+ 17,9	Joannis (Insoluble).
[1/2PdO hydraté; HCy + Eau]	+ 22,4	Joannis (Insoluble).

δ. — RÉSULTATS CALORIMÉTRIQUES CONCERNANT LES CORPS ORGANIQUES.

C amorphe changé en C diamant.. + 3 F. et S.

CHALEURS DE FORMATION SOUS LES DIFFÉRENTS ÉTATS ET CHALEURS DE COMBUSTION.

(Tous les nombres suivants se rapportent au carbone diamant.)

CARBURES	Chaleurs de formation.			Chaleurs de combustion.	
	État gazeux.	Liquide.	Solide.		
Acétylène $[C^2; H^2]$	— 61,1	»	»	318,1	B., T.
Éthylène $[C^2; H^4]$	— 15,4	»	»	341,4	B., T., etc.
Éthane $[C^2; H^6]$	+ 5,7	»	»	389,3	B., T.
Méthane $[C; H^4]$	+ 18,5	»	»	213,5	F. et S., B., etc.
Allylène $[C^3; H^4]$	— 46,5	»	»	466,5	B.
Propylène $[C^3; H^6]$	— 18,3	»	»	507,3	B., T.
Propane $[C^3; H^8]$	+ 4,5	»	»	553,5	B., T.
Amylène $[C^5; H^{10}]$	+ 5,4	+ 10,6	»	804,4	F. et S.
Diamylène $[C^{10}; H^{20}]$	+ 26,1	+ 33	»	1597	B.
Benzine $[C^6; H^6]$	— 12	— 5	— 2,7	776	B., T.
Dipropargyle $[C^6; H^6]$	— 82,8	»	»	853,6 (gaz).	B. et Ogier.
Diallyle $[C^6; H^{10}]$	+ 4,7	»	»	904,3 (gaz).	B. et Ogier.
Naphtaline $[C^{10}; H^8]$		»	— 42	1258	Rechenberg.
Citrène $[C^{10}; H^{16}]$	— 7,5	+ 2	»	1490	F. et S.
Térébenthène $[C^{10}; H^{16}]$	+ 8,6	+ 17	»	1475	F. et S.
Térébène $[C^{10}; H^{16}]$	»	+ 42	»	1450	F. et S.
Anthracène $[C^{14}; H^{10}]$	»		+ 115	1776	Rechenberg.
Cétène $[C^{16}; H^{32}]$	»	+ 118	»	2490	F. et S.

ALCOOLS.	État gazeux.	Liquide.	Solide.	Dissous.	Chaleurs de combustion.	
Méthylique $[C; H^4; O]$	+ 53,6	+ 62	»	+ 64	170	F. et S.
Éthylique $[C^2; H^6; O]$	+ 60,7	+ 70,5	»	+ 73	324,5	B.
Propylique et Iso- $[C^3; H^8; O]$	»	+ 67	»	+ 70	478 à 491	B., Loug.
Butylique de ferment $[C^4; H^{10}; O]$	»	+ 84	»	+ 86,9	633 à 637	Loug.
Amylique et isomère $[C^5; H^{12}; O]$	+ 82,3	+ 93	»	+ 95,8	788 à 793	F. et S. Loug.
Caprylique $[C^8; H^{18}; O]$	»	+ 111	»	»	1262	Loug.
Cétylique $[C^{16}; H^{34}; O]$	»	»	+ 112	»	25[illegible]5	F. et S.
Allylique $[C^3; H^6; O]$	»	+ 46	»	+ 48	442,6	Loug.
Éthylvinylcarbinol $[C^5; H^{10}; O]$	»	+ 62	»	»	753	Loug.
Allyldiméthylcarbinol $[C^6; H^{12}; O]$	»	+ 64	»	»	914	Loug.
Allyldipropylcarbinol $[C^{10}; H^{20}; O]$	»	+ 85	»	»	1545	Loug.
Menthol $[C^{10}; H^{20}; O]$	»	+ 121	»	»	1509	Loug.
Diallylméthylcarbinol $C^8; H^{14}; O]$	»	+ 34	»	»	1201	Loug.
Phénol $[C^6; H^6; O]$	»	+ 34	+ 36,3	+ 32	737	F. et S.
Glycol $[C^2; H^6; O^2]$	»	+ 111,7	»	+ 113,4	283	Loug.
Propylglycol et Iso- $[C^3; H^8; O^2]$	»	+ 127	»	»	431 à 436	Loug.
Pinacone $[C^6; H^{14}; O^2]$	»	»	+ 149	»	898	Loug.
Glycérine $[C^3; H^8; O^3]$	»	+ 165,5	+ 169,4	+ 164	392,5	Loug.
Mannite-dulcite $[C^6; H^{14}; O^6]$	»	»	+ 290	+ 285	753 à 760	Rech.
Glucose et isom. $[C^6; H^{12}; O^6]$	»	»	+ 269	+ 267	709 à 701	Rech.
Éther méthylique $[C^2; H^6; O]$	+ 50,8	»	»	+ 59,1	344,2	B.
Éther ordinaire $[C^4; H^{10}; O]$	+ 65,3	+ 72	»	+ 78	649	B., etc.
Oxyde d'éthylène $[C^2; H^4; O]$	+ 17,7	+ 23,8	»	+ 25,3	308,4 (gaz).	B.
Saccharose, amidon, etc. $[n C^6; H^{12}; O^6]$	»	»	n 269	»	$n \times$ 709 à 726	Rech.
$[- m H^2O]$	»	»	$- m$ 69	»		
ALDÉHYDES, ACÉTONES, etc.						
Aldéhyde $[C^2; H^4; O]$	+ 50,5	+ 56,5	»	+ 60,1	+ 269,5	B. et Ogier.
Acétone $[C^3; H^6; O]$	+ 57,5	+ 65	»	+ 67,5	+ 424	F. et S.
Aldéhyde propylique $[C^3; H^6; O]$	»	+ 69	»	+ 73	+ 420	B
Aldéhyde valérique $[C^5; H^{10}; O]$	»	+ 73	»	»	+ 742	Loug.
Œnanthol $[C^7; H^{14}; O]$	»	+ 78	»	»	+ 1063	Loug.
Anthraquinone $[C^{14}; H^8; O^2]$	»	»	+ 95 (?)	»	+ 1497 (?)	Rech.
Méthylal $[C^3; H^8; O^2]$	+ 117,3	+ 124,1	»	»	+ 127,3	B. et Ogier.
ACIDES.						
Acide formique $[C; H^2; O^2]$	+ 88,2	+ 93	+ 95,5	+ 93,1	+ 70 (liq.).	B.
— acétique $[C^2; H^4; O^2]$	+ 121,5	+ 126,6	+ 129,1	+ 127	+ 199,4 (liq)	B.
Anhydride acétique $[C^4; H^6; O^3]$	+ 162,4	+ 169,2	»	»	+ 412	B.
Acide butyrique $[C^4; H^8; O^2]$	+ 145	+ 1 5	»	+ 156	+ 497	F. et S.
— valérique $[C^5; H^{10}; O^2]$	+ 147,4	+ 158	+ 158,8	»	+ 657	F. et S.
— caproïque $[C^6; H^{12}; O^2]$	»	+ 148	»	»	+ 830	Loug.
— myristique $[C^{14}; H^{28}; O^2]$	»	»	+ 107	»	+ 2175	Rech.
— margarique $[C^{16}; H^{32}; O^2]$	»	»	+ 223	»	+ 2385	F. et S.
— stéarique $[C^{18}; H^{36}; O^2]$	»	»	+ 126	»	+ 2808	Rech.
— benzoïque $[C^7; H^6; O^2]$	»	»	+ 54	+ 47,5	+ 811	Rech.
— phénylacétique $[C^8; H^8; O^2]$	»	»	+ 59	»	+ 969	Rech.
— salicylique et isom. $[C^7; H^6; O^3]$	»	»	+ 106	+ 97,5	752 à 759	Rech.
— phtalique $[C^8; H^6; O^4]$	»	»	+ 153	»	»	Rech.
— oxalique $[C^2; H^2; O^4]$	»	»	+ 197	+ 194,7	60	B., Rech.
— malonique $[C^3; H^4; O^4]$	»	»	+ 213	»	207	Rech.
— succinique $[C^4; H^6; O^4]$	»	»	+ 229	+ 222,6	351	Rech.
— tartrique $[C^4; H^6; O^6]$	»	»	+ 372	+ 368,7	211	Rech.
— citrique $[C^6; H^8; O^7]$	»	»	+ 354	»	486	Rech.

7. — RÉSULTATS CALORIMÉTRIQUES CONCERNANT LES CORPS ORGANIQUES. (*Suite*).

ÉTHERS.	Chaleurs de formation. État gazeux.	Liquide.	Solide.	Dissous.	Chaleurs de combustion.	
Éthers d'acides organiques. — Valeurs approchées	»	Chaleur de formation de l'acide + chaleur de formation de l'alcool — chaleur de formation de l'eau — 2 pour chaque équivalent d'alcool.	»	»	Chaleur de combustion de l'acide + chaleur de combustion de l'alcool + 2.	B.
Azotate d'éthyle [C^2; H^5; Az; O^3]	»	+ 49,3	»	+ 50,8	311	B.
Nitroglycérine [C^3; H^5; Az^3; O^9]	»	+ 98	»	»	356,5	B.
Nitromannite [C^6; H^8; Az^6; O^{18}]	»	»	+ 149	»	691	Sarrau et Vieille.
Éther acétoacétique [C^6; H^{10}; O^3]	»	+ 155	»	»	754	Loug.
Chlorure de méthyle [C; H^3; Cl]	+ 28,5	»	»	»	»	B.
Bromure de méthyle [C; H^3; Br liq.]	+ 13,1	+	»	»	»	B.
Iodure de méthyle [C; H^3; I sol.]	+ 8,8	+ 15,3	»	»	»	B.
Chlorure de méthylène [C; H^2; Cl^2]	+ 31,2	+ 37,6	»	»	»	B. et Ogier.
Chlorure d'éthyle [C^2; H^5; Cl]	+ 38,5	+ 44,9	»	»	»	B.
Bromure d'éthyle [C^2; H^5; Br liq.]	+ 27	+ 33,7	»	»	»	B.
Iodure d'éthyle [C^2; H^5; I sol.]	+ 17,4	+ 21,9	»	»	»	B.
Chlorure d'éthylidène [C^2; H^4; Cl^2]	+ 33,9	+ 40,5	»	»	»	B. et Ogier.
Bromure d'éthylène [C^2; H^4; Br^2 liq.]	+ 5,7	+ 13,9	»	»	»	B.
Chlorhydrate d'amylène [C^5; H^{11}; Cl]	+ 44,2	+ 50,2	»	»	»	B.
Bromhydrate d'amylène [C^5; H^{11}; Br]	+ 28,0	+ 35,3	»	»	»	B.
Iodhydrate d'amylène [C^5; H^{11}; I sol.]	+ 9,8	+ 19,2	»	»	»	B.
Chlorhydrine du glycol [C^2; H^5; Cl; O]	»	+ 81,8	»	83,1	»	B.
Chlorure d'acétyle [C^2; H^3; Cl; O]	+ 67,9	+ 74,1	»	»	»	B.
Bromure d'acétyle [C^2; H^3; O; Br liq.]	»	+ 64,6	»	»	»	B.
Iodure d'acétyle [C^2; H^3; O; I sol.]	»	+ 49,3	»	»	»	B.
ALCALIS.						
Éthylamine [C^2; H^7; Az]	+ 19,8	»	»	+ 32,7	409,7	B.
Triméthylamine [C^3; H^9; Az]	— 9,5	»	»	+ 3,4	592	B.
Chlorhydrate, id. [C^3; H^9; Az gaz; HCl gaz]	»	»	+ 39,8	+ 39,2	»	B.
CORPS DIVERS AZOTÉS.						
Oxamide [C^2; H^4; Az^2; O^2]	»	»	+ 140	»	286	B.
Fulminate de mercure [C^2; Az^2; Hg; O^2]	»	»	+ 62,9	»	250,9	B. et Vieille.
Coton poudre [C^{24}; H^{29}; Az^{11}; O^{42}]	»	»	+ 624	»	2633	Sarrau et Vieille.
Nitrobenzine [C^6; H^5; Az; O^2]	»	+ 4,2	+ 6,9	»	732	B.
Dinitrobenzine [C^6; H^4; Az^2; O^4]	»	+ 12,7	»	»	639	B.
Acide picrique [C^6; H^3; Az^3; O^7]	»	»	+ 491	+ 41,1	618,4	Sarrau et Vieille.
Picrate de potasse [C^6; H^2; K; Az^3; O^7]	»	»	+ 117,5	+ 107,5	619,7	Id.
Picrate d'ammoniaque [C^6; H^6; Az^4; O^7]	»	»	+ 83,1	+ 71,4	690,6	Id.
Cyanogène [C^2; Az^2]	— 74,5	»	»	— 67,7	262,5	B.
Acide cyanhydrique [C; Az; H]	— 29,5	— 23,8	»	— 23,4	158 (gaz).	B.
Nitrate de diazobenzol [C^6; H^5; Az^3; O^3]	»	»	— 47,4	»	782,9	B. et Vieille.

CHALEUR DE COMBINAISON DES BASES ORGANIQUES.

	État solide.	Dissous.	
Triméthylamine [C^3H^9Az gazeux; HCl gaz]	+ 39,8	+ 39,3	B.
— [C^3H^9Az + Eau; HCl + Eau]	»	+ 9	B.
— [C^3H^9Az + Eau; $C^2H^4O^2$ + Eau]	»	+ 8,3	B.
— [C^3H^9Az + Eau; $1/2\,SO^4H^2$ + Eau]	»	+ 10,9	B.
— [C^3H^9Az + Eau; CO^2 + Eau]	»	+ 4,4	B.
Éthylamine [C^2H^7Az + Eau; HCl + Eau]	»	+ 13,2	B.
— [C^2H^7Az + Eau; $C^2H^4O^2$ + Eau]	»	+ 12,9	B.
— [C^2H^7Az + Eau; $1/2\,SO^4H^2$ + Eau]	»	+ 15,2	B.
Oxyde de tétraméthylammonium [$C^4H^{13}AzO$ + Eau; $1/2\,SO^4H^2$ + Eau]	»	+ 15,5	T.
Urée [CAz^2H^4O + Eau; HCl + Eau]	»	+ 0,1	T.
Aniline [C^6H^7Az + Eau; HCl + Eau]	»	+ 7,4	T., Loug
Paratoluidine [C^7H^9Az + Eau; HCl + Eau]	»	+ 8,2	Loug.
Orthochloraniline [C^6H^6ClAz + Eau; HCl + Eau]	»	+ 6,3	Loug.
Métachloraniline [C^6H^6ClAz + Eau; HCl + Eau]	»	+ 6,6	Loug.
Parachloraniline [C^6H^6ClAz + Eau; HCl + Eau]	»	+ 7,2	Loug.
Nitraniline [$C^6H^6AzO^2Az$ + Eau; HCl + Eau]	»	+ 1,8	Loug.
Oxyde de triéthylstibine [$C^6H^{15}SbO$ + Eau; $1/2\,SO^4H^2$ + Eau]	»	+ 1,8	T.
Glycocolle [$C^2H^5AzO^2$ + Eau; HCl + Eau]	»	+ 1,1	Loug.
Acide amidobenzoïque [$C^7H^7AzO^2$ + Eau; HCl + Eau]	»	+ 2,8	Loug.
Méthylquinine; $1/2\,SO^4H^2$ + Eau	»	+ 10	T.

La comparaison de ces nombres, qu'on aurait pu multiplier encore, donne naissance à une foule de déductions d'ordre chimique qui se trouvent mieux à leur place dans l'étude particu lière des corps. Les notions générales qui s'en dégagent ne diffèrent guère de celles qui sont consignées dans l'article THERMOCHIMIE. G. Salet.

THÉTINES. — Crum Brown et Letts [*Jahresb. rein. Chem.*, 1878, p. 169] ont donné ce nom à une classe de composés qui prennent naissance par l'union directe des sulfures alcooliques avec les acides monochlor ou monobromacétique. Ces composés sont analogues aux bétaïnes par leur mode de formation, l'ensemble de leurs propriétés et leur constitution : ils ne diffèrent de cette dernière classe de corps que par la substitution de 1 atome de soufre quadrivalent à 1 atome d'azote quinquévalent, comme l'indiquent les formules générales :

$$R^3 \equiv \overset{\displaystyle CH^2\text{-}CO}{\overset{|}{Az}} - \overset{|}{O} \qquad R^2 = \overset{\displaystyle CH^2\text{-}CO}{\overset{|}{S}} - \overset{|}{O}$$

Bétaïnes. Thétines.

DIMÉTHYLTHÉTINE,

$$(CH^3)^2S < {CH^2 \atop O} > CO.$$

— Elle se produit à l'état de bromhydrate par l'union directe du sulfure de méthyle avec l'acide monobromacétique.

Le *bromhydrate*

$$(CH^3)^2S < {CH^2.CO^2H \atop Br}$$

cristallise en aiguilles blanches ou en lamelles rectangulaires, solubles dans le sulfure de méthyle, insolubles dans l'éther. L'hydrogène naissant le décompose en acides acétique et bromhydrique et sulfure de méthyle. Il forme avec le bromure de plomb un sel cristallisé ayant pour formule $C^4H^8SO^2.2PbBr^2$.

Le *chlorhydrate*

$$(CH^3)^2S < {CH^2.CO^2H \atop Cl}$$

se présente en cristaux incolores, déliquescents. Il donne un *chloroplatinate* ayant pour formule $(C^4H^9SO^2Cl)^2PtCl^4.2H^2O$.

Le *sulfate*, $[(CH^3)^2S(CH^2.CO^2H)]^2SO^4$, est une masse cristalline, peu soluble dans l'alcool.

Le *nitrate*

$$(CH^3)^2S < {CH^2.CO^2H \atop AzO^3}$$

forme de grands cristaux incolores qui se détruisent à 100° avec dégagement de vapeurs nitreuses.

L'*hydrate*

$$(CH^3)^2S < {CH^2.CO^2H \atop OH}$$

peut être isolé par l'action de l'oxyde d'argent humide sur le bromhydrate : il se présente en cristaux incolores et déliquescents; c'est une base faible, qui ne fixe directement ni l'acide carbonique ni l'acide cyanhydrique. Par l'action de la chaleur, il se décompose en donnant de l'eau, du gaz carbonique, et le composé $[(CH^3)^3S]^2CO^3$. Les oxydants (acide nitrique, permanganate de potassium) le détruisent avec formation de sulfure de méthyle, de diméthylsulfone, d'acide méthylsulfureux, etc.

La *diméthylthétine bromo-éthylée*

$$(CH^3)^2S < {CH^2.CO^2C^2H^5 \atop Br}$$

se produit par l'union directe du sulfure de méthyle et du monobromacétate d'éthyle. Elle forme des aiguilles blanches et nacrées, très hygroscopiques. Traitée par le chlorure de platine, elle fournit un sel double de la formule

$$\left((CH^3)^2S < {CH^2.CO^2C^2H^5 \atop Br}\right)^2 PtCl^4$$

DIÉTHYLTHÉTINE,

$$(C^2H^5)^2S < {CH^2 \atop O} > CO.$$

— La base libre n'a pas été obtenue à l'état de pureté.

Le *bromhydrate*

$$(C^2H^5)^2S < {CH^2.CO^2H \atop Br}$$

se produit par l'union directe de l'acide monobromacétique et du sulfure d'éthyle; il se présente en cristaux incolores, quadratiques ou peut-être orthorhombiques. Il fournit avec le bromure de plomb un sel double $C^6H^{12}SO^2.2PbBr^2$, qui cristallise dans l'eau bouillante en aiguilles incolores.

Le *chlorhydrate*

$$(C^2H^5)^2S < {CH^2.CO^2H \atop Cl}$$

n'a pas été obtenu cristallisé; il forme avec le chlorure de platine un *chloroplatinate*,

$$(C^6H^{13}SO^2Cl)^2PtCl^4,$$

qui se présente en cristaux orangés.

DIPROPYLTHÉTINE. — Le *bromhydrate*

$$(C^3H^7)^2S < {CH^2.CO^2H \atop Br}$$

a été obtenu sous la forme d'un liquide sirupeux; il forme avec le bromure de plomb un sel double de la formule $(C^8H^{16}SO^2)2PbBr^2$.

La DI-ISOBUTYLTHÉTINE et la DIAMYLTHÉTINE ont également été préparées sous la forme de bromhydrates sirupeux. Ad. Fauconnier.

THIACÉTIQUE (ACIDE), $CH^3\text{-}CO.SH$ (voyez t. III, p. 392). — Cet acide se forme lorsqu'on chauffe de l'acétate de plomb avec de l'hyposulfite de sodium [Fröhde, *Arch. Pharm.*, (2), t. CXXVII, p. 317].

Il bout à 93-95°; à 138°, sa densité de vapeur = 2,734 (calc. 2,634) [Cahours, *Compt. rend.*, t. LVI, p. 900].

Lorsqu'on le chauffe à 300°, il fournit de l'oxysulfure de carbone [Ladenburg, *Deutsch. chem. Gesellsch*, 1869, p. 53].

Thiacétate de méthyle, $CH^3\text{-}CO.SCH^3$. — Il se forme par l'action du bromure d'acétyle sur le sulfure de méthyle; il bout à 62-68° [Cahours, *Comp. rend.*, t. LXXXI, p. 1163]. D'après Wallach et Bleibtreu, il se forme par l'action de l'acide chlorhydrique sur la méthylisothiacétanilide, et bout à 95-96° (voyez plus loin).

Thiacétate d'éthyle, $CH^3\text{-}CO.SC^2H^5$. — On l'obtient en traitant de l'éthylmercaptide de sodium par le chlorure d'acétyle [Lukaschewicz, *Zeitschr. fur Chem.*, 1868, p. 642], et en faisant réagir le chlorure d'acétyle sur l'éthylmercaptan. Il bout à 114-116° [Michler, *Deutsch. chem. Gesellsch.*, 1874, p. 1312]. Wallach et Bleibtreu l'ont obtenu en traitant l'éthylisothiacétanilide par l'acide chlorhydrique (voyez plus bas).

L'*éther propylique* s'obtient par décomposition de la propylisothiacétanilide; il bout à 135-137° (Wallach et Bleibtreu).

L'*éther isopropylique*, obtenu au moyen de l'isopropylisothiacétanilide, bout à 124-127° (Wallach et Bleibtreu).

L'*éther isobutylique* dérive de l'isobutylisothiacétanilide. Il bout à 148-150° (Wallach et Bleibtreu).

Thiacétate de phényle, $CH^3\text{-}CO.SC^6H^5$. — Préparé par l'action du chlorure d'acétyle sur le thiophénol, il bout à 218-220° (227-229° corr.) (Michler).

Monochlorothiacétate d'éthyle,

$$CH^2Cl\text{-}CO.SC^2H^5.$$

— Par l'action du pentasulfure de phosphore sur

le monochloracétate d'éthyle, en tubes scellés, à 140°. Il bout à 166-167° [P.-J. Meyer, *Deutsch. chem. Gesellsch.*, 1881, p. 1507; *Bull. Soc. chim.*, t. XXXVI, p. 347].

Dichlorothiacétate d'éthyle, $CHCl^2\text{-}CO.SC^2H^5$. — Par le pentasulfure de phosphore sur le dichloracétate d'éthyle, en vase clos, à 160-180°. Il bout à 177-178° (P.-J. Meyer).

Anhydride thiacétique, $(C^2H^3O)^2S$. — Il se forme lorsqu'on traite le chlorure d'acétyle par le pentasulfure de phosphore. L'acide nitrique fumant le convertit en acides acétique et sulfurique [Lukaschewicz, *loc. cit.*].

Thiacétamide, $CH^3\text{-}CS.AzH^2$. — Elle se forme lorsqu'on traite l'acétamide par le pentasulfure de phosphore, ainsi que dans l'action de l'hydrogène sulfuré sur l'acétonitrile. Elle cristallise en tables monocliniques, fusibles à 107°,5 [Bernthsen, *Deutsch. chem. Gesellsch.*, 1877, p. 38; *Liebig's Ann. Chem.*, t. CXCII, p. 45; *Bull. Soc. chim.*, t. XXVIII, p. 295].

Thiacétanilide. — Voyez Suppl., p. 8.

Sodium-thiacétanilide, $CH^3\text{-}CS.AzNaC^6H^5$. — Cristaux blancs qui se forment par dissolution de la thianilide dans la soude [O. Wallach, *Deutsch. chem. Gesellsch.*, 1878, p. 1590; *Bull. Soc. chim.*, t. XXXII, p. 449].

Thiacétométhylanilide,

$$CH^3\text{-}C\left\langle\begin{array}{l}S\\Az(CH^3)C^6H^5.\end{array}\right.$$

— Elle se forme lorsqu'on traite par l'hydrogène sulfuré le produit de l'action du perchlorure de phosphore sur la méthylacétanilide. Elle est en tables monocliniques, fusibles à 58-59°, solubles dans l'éther, l'alcool et le chloroforme [Wallach, *Deutsch. chem. Gesellsch.*, 1880, p. 527; *Bull. Soc. chim.*, t. XXXV, p. 249].

Acétodiphényl-thiamide, $CH^3\text{-}CS.Az(C^6H^5)^2$. — Par l'action du sulfure de carbone sur l'éthénylisodiphénylamidine. Tables jaunes, fusibles à 111°, solubles dans l'éther et dans la benzine (Bernthsen).

Acétothiotoluide, $CH^3\text{-}CS.AzH.C^7H^7$. — Prismes jaunes, fusibles à 127-128° [Bernthsen, *Deutsch. chem. Gesellsch.*, 1878, p. 1759].

La *thiacétorthotoluide*,

$$CH^3\text{-}C\left\langle\begin{array}{l}S\\AzH.C^6H^4.CH^3,\end{array}\right.$$

est en cristaux fusibles à 67-68°, qui se forment par l'action de l'hydrogène sulfuré sur le chlorure d'imide d'acétorthotoluide (Pannes).

La *thiacétoparatoluide* fond à 130-132° (Pannes).

Acétonaphtylthiamide, $CH^3\text{-}CS.AzH.C^{10}H^7$. — Tables fusibles à 95-96°. Par réduction, elle donne l'éthylnaphtylamine (Bernthsen).

Isothiacétanilides. — Lorsqu'on traite la sodium-thiacétanilide par les iodures de méthyle, d'éthyle, de propyle, etc., il se forme une nouvelle série de composés auxquels Wallach a donné le nom d'*isothiacétanilides*. Les suivants sont connus : la *méthylisothiacétanilide*,

$$CH^3\text{-}C\left\langle\begin{array}{l}SCH^3\\AzC^6H^5,\end{array}\right.$$

qui bout à 244-246°; l'*éthylisothiacétanilide*,

$$CH^3\text{-}C\left\langle\begin{array}{l}SC^2H^5\\AzC^6H^5,\end{array}\right.$$

qui bout à 255-257°; la *propylisothiacétanilide*,

$$CH^3\text{-}C\left\langle\begin{array}{l}SC^3H^7\\AzC^6H^5,\end{array}\right.$$

bouillant à 270-273°; l'*isopropylisothiacétanilide*, l'*allylisothiacétanilide*,

$$CH^3\text{-}C\left\langle\begin{array}{l}SC^3H^5\\AzC^6H^5,\end{array}\right.$$

qui bout au delà de 260° avec décomposition, et l'*isobutylisothiacétanilide*,

$$CH^3\text{-}C\left\langle\begin{array}{l}SC^4H^9\\AzC^6H^5,\end{array}\right.$$

qui se décompose à la distillation. Ces composés, traités par l'acide chlorhydrique étendu, donnent le chlorhydrate d'aniline et les thiacétates des radicaux alcooliques correspondants. L'acide oxalique opère la même transformation, ainsi que les iodures alcooliques. L'*éthylisothiacétanilide* donne, avec les amines, du mercaptan éthylique et une éthénylamidine disubstituée :

$$CH^3\text{-}C\left\langle\begin{array}{l}SC^2H^5\\AzC^6H^5\end{array}\right. + AzH^2.C^6H^5$$
$$= CH^3\text{-}C\left\langle\begin{array}{l}AzH.C^6H^5\\AzC^6H^5\end{array}\right. + C^2H^5.SH.$$

Ils donnent des chlorhydrates et des chloroplatinates [Wallach, *Deutsch. chem. Gesellsch.*, 1878, p. 1590; *Bull. Soc. chim.*, t. XXXII, p. 449; *ibid.*, 1880, p. 529; *Bull. Soc. chim.*, t. XXXV, p. 249; — Wallach et Beilbtreu; *ibid.*, 1879, p. 1061; *Bull. Soc. chim.*, t. XXXIII, p. 132].

L'*éthylisothiacétorthotoluide*

$$CH^3\text{-}C\left\langle\begin{array}{l}SC^2H^5\\Az(C^6H^4.CH^3)\end{array}\right.$$

bout à 261-262°. Elle se forme par l'action du bromure d'éthyle et de l'éthylate de sodium sur la thiacétorthotoluide [Wallach et Wüsten, *Deutsch. chem. Gesellsch.*, 1883, p. 144].

L'*éthylisothiacétoparatoluide* dérive de la thiacétoparatoluide; elle bout à 271-273° (Wallach et Wüsten).

M. Wassermann.

THIALDINE, $C^6H^{13}AzS^2$ (voyez t. III, p. 393). — La thialdine, oxydée au moyen du permanganate de potassium ou de zinc, fournit de l'acide acétique, un *acide éthylidène-disulfonique*,

$$C^2H^6S^2O^6,$$

et de l'acide sulfurique [J. Guareschi, *Deutsch. chem. Gesellsch.*, 1878, p. 1383 et 1692; *ibid.*, 1879, p. 682]. Cet acide, isomérique avec l'acide éthylénodisulfonique, posséderait la constitution $CH^3\text{-}CH(SO^3H)^2$. Son *sel de baryum* renferme 2½ ou $3H^2O$, suivant qu'on le précipite par l'alcool de sa solution aqueuse, ou que l'on fait cristalliser celle-ci; il est soluble dans 7p,65 d'eau à 22°. Le *sel de potassium* renferme $2H^2O$; le *sel de sodium*, H^2O. Les *sels de calcium*,

$$C^2H^4S^2O^6Ca,$$

de magnésium, $C^2H^4S^2O^6Mg + 5H^2O$, *de cadmium*, $C^2H^4S^2O^6Cd + 2H^2O$, et *de cuivre*,

$$C^2H^4S^2O^6Cu + H^2O,$$

sont cristallisés et solubles dans l'eau.

D'après Erikson, le composé que l'on obtient par évaporation d'une solution de sulfate de thialdine (voyez t. III, p. 394) se forme également lorsqu'on chauffe la thialdine avec de l'acide sulfurique étendu en vase clos au bain-marie. Il est volatil avec la vapeur d'eau, et fond entre 45 et 60°. Par cristallisation dans l'alcool, on scinde ce composé en deux autres. Le moins soluble fond alors à 102° et bout à 249°; il semble être identique avec l'α-acéthialdéhyde, $(C^2H^4)^3S^3$, de Klinger. Le composé le plus soluble dans l'alcool ne peut être obtenu à l'état de pureté; il paraît correspondre à la formule $(C^2H^4)^3S^2O$, et fond entre 45 et 60°. Ce produit n'est donc pas du sulfure d'allyle, comme le croyaient Brusewitz et Cathander [*Bull. Soc. chim.*, t. XXXVIII, p. 129].

Guareschi, en raison des produits d'oxydation que fournit la thialdine, donne les deux formules suivantes comme exprimant le mieux la constitution de la thialdine,

$$C^2H^4{=}Az\text{-}C^2H^4\text{-}S\text{-}C^2H^4.SH$$

et

$$AzH{<}{C^2H^4.S \atop C^2H^4.S}{>}C^2H^4.$$

THIAMMÉLINE, $C^3H^5Az^5S$ [Ponomareff, *Compt. rend.*, t. LXXX, p. 1384]. — Ce corps prend naissance, en même temps que l'acide thiomélanurique, quand on chauffe, pendant 2 ou 3 heures, à 100°, en tubes scellés, un mélange de persulfocyanogène et d'ammoniaque aqueuse. On étend le produit de la réaction avec beaucoup d'eau, on fait bouillir la solution jusqu'à disparition du sulfure d'ammonium, et on sépare par filtration le dépôt de soufre. La thiamméline se dépose par refroidissement sous la forme d'une poudre cristalline grisâtre; on la purifie par lavage à l'eau froide, dissolution dans la potasse étendue et froide, et précipitation par l'acide acétique.

Ainsi purifiée, la thiamméline forme une poudre cristalline, blanche, dure comme du sable, presque insoluble dans l'eau froide, soluble dans 145 p. d'eau bouillante, insoluble dans l'alcool et dans l'éther. Elle se dissout facilement dans les acides et dans les alcalis.

Traitée par le nitrate d'argent ammoniacal, elle fournit deux dérivés métalliques, la *thiamméline monoargentique*, $C^3H^4Az^5SAg$, et la *thiamméline diargentique*, $C^3H^3Az^5SAg^2$, poudres amorphes, blanches, insolubles, qui supportent sans s'altérer une température de 100°.

La thiamméline se décompose par la chaleur avec formation d'ammoniaque et de sulfhydrate d'ammonium; fondue avec de la potasse, elle donne de l'ammoniaque, du cyanate et du sulfocyanate de potassium; chauffée en tubes scellés avec de l'acide chlorhydrique concentré, elle se décompose en acide sulfhydrique, chlorure d'ammonium et acide cyanurique; chauffée à 200° avec de l'ammoniaque, elle donne du sulfure d'ammonium et de la mélamine.

Traitée à la température ordinaire par l'acide nitrique, elle fournit du nitrate d'amméline.

THIOBENZOÏQUE (ACIDE). — Voyez t. III, p. 395.

Thiobenzoate de phényle, $C^6H^5.CO.SC^6H^5$. — Il se forme par ébullition d'un mélange à molécules égales de chlorure de benzoyle et de sulfhydrate de phényle. On fait cristalliser dans l'alcool chaud le magma formé. Aiguilles fusibles à 56°, solubles dans l'éther, le chloroforme, la benzine et le sulfure de carbone [Schiller et Otto, *Deutsch. chem. Gesellsch.*, 1877, p. 1634].

Parathiobenzoate de crésyle,

$$C^6H^5.CO.S.C^6H^4.CH^3.$$

— Par l'action du chlorure de benzoyle sur le parathiocrésylol. Aiguilles fusibles à 75°, solubles dans l'alcool, l'éther, la benzine et le sulfure de carbone (Schiller et Otto).

Thiobenzoate de benzyle, $C^6H^5.CO.SC^7H^7$. — Tables asymétriques, fusibles à 39°,5, solubles dans l'alcool, l'éther, la benzine et l'acide acétique cristallisable, que l'on obtient par l'action du chlorure de benzoyle sur le sulfhydrate de benzyle [Otto et Lüders, *Deutsch. chem. Gesellsch.*, 1880, p. 1285].

Thiobenzamide, $C^6H^5.CS.AzH^2$. — On l'obtient en traitant par l'hydrogène sulfuré une solution de benzonitrile dans l'ammoniaque alcoolique. On fait cristalliser dans l'eau les flocons déposés et on obtient ainsi des aiguilles. Chauffée avec l'oxyde de mercure, elle donne du sulfure de mercure et du benzonitrile [Cahours, *Compt. rend.*, t. XXVII, p. 329]. Sa solution alcoolique saturée, traitée par une solution alcoolique d'iode, laisse déposer du soufre, et le liquide filtré étendu d'eau fournit une masse cristalline. Ces cristaux, après lavage à l'eau et cristallisation dans l'alcool, se présentent en aiguilles de la formule $C^{14}H^{10}Az^2S$, fusibles à 90°, solubles dans l'éther, le chloroforme et la benzine. Ce corps n'est pas altéré par les acides chlorhydrique, nitrique et sulfurique à 150°. Ce dernier le dissout, l'eau le sépare de la solution. Par une ébullition prolongée avec la potasse, il donne de l'ammoniaque et de l'acide benzoïque. L'hydrogène naissant le convertit en une base $C^{14}H^{14}Az^2$, fusible à 71°, isomérique avec l'éthényldiphényldiamine [Hofmann, *Deutsch. chem. Gesellsch.*, 1868, p. 645; *Bull. Soc. chim.*, t. XIII, p. 448].

Réduite au moyen de l'acide chlorhydrique et du zinc, la thiobenzamide donne de la thiobenzaldéhyde et de la benzylamine [Bernthsen, *Liebig's Ann.*, t. CXCII, p. 48].

Thiobenzanilide, $C^6H^5.CS.AzH.C^6H^5$. — On l'obtient: 1° par l'action de l'hydrogène sulfuré sur le chlorure de benzanilide, $C^6H^5.CCl.Az.C^6H^5$, en solution dans la benzine [Leo, *Deutsch. chem. Gesellsch.*, 1877, p. 2133; *Bull. Soc. chim.*, t. XXX, p. 546];

2° En traitant la benzényl-mono- ou diphénylamidine à 100-120° par le sulfure de carbone [Bernthsen, *Deutsch. chem. Gesellsch.*, 1877, p. 1242; *Bull. Soc. chim.*, t. XXX, p. 271];

3° Par l'action du pentasulfure de phosphore sur la benzanilide [Bernthsen, *loc. cit.*].

Elle cristallise en tables quadratiques fusibles à 95-97°, solubles dans l'alcool et dans l'éther (Leo). Par réduction, elle fournit la benzylaniline (Bernthsen).

Thiobenzamide diphénylée, $C^6H^5.CS.Az(C^6H^5)^2$. — Elle prend naissance lorsqu'on traite la benzénylisodiphénylamidine par l'hydrogène sulfuré ou par le sulfure de carbone à 130-135°. En même temps, il se forme de la thiobenzamide et de la diphénylamine; dans la seconde préparation, il se produit du sulfocyanate de benzénylisodiphénylamidine.

La nouvelle base est en cristaux jaunâtres fusibles à 149-150°, solubles dans l'alcool chaud [Bernthsen, *Liebig's Ann.*, t. CXCII, p. 37; *Bull. Soc. chim.*, t. XXX, p. 271].

Thiobenzotoluide, $C^6H^5.CS.AzH.C^6H^4.CH^3$. — Par l'action du sulfure de carbone sur la benzénylcrésylamidine, et par l'hydrogène sulfuré sur le chlorure de benzotoluide,

$$C^6H^5.CCl.Az.C^6H^4.CH^3.$$

Aiguilles fusibles à 128-129° [Bernthsen et Trompetter, *Deutsch. chem. Gesellsch.*, 1878, p. 1756; Leo, *Dissertation*, Bonn, 1878].

Amidocrésylthiobenzamide,

$$C^6H^5.CS.AzH.C^6H^3{<}{AzH^2 \atop CH^3}$$

— Lamelles jaunes fusibles à 197° [Bernthsen et Trompetter].

Naphtylthiobenzamide, $C^6H^5.CS.AzH.C^{10}H^7$. — Lamelles fusibles à 147°,5 (Bernthsen et Trompetter).

THIOBENZALDÉHYDE. — On en a décrit deux : l'*hydrure de sulfobenzoyle* de Laurent (voyez t. I, p. 578), et le *sulfure de benzylène* de Fleischer (voyez t. I, p. 577). Le corps de Laurent s'obtient également lorsqu'on traite l'aldéhyde benzoïque en solution alcoolique par l'hydrogène sulfuré (Klinger) ou qu'on fait agir l'hydrogène naissant sur la thiobenzamide (Bernthsen).

On purifie cette aldéhyde en épuisant les flocons qui se déposent, dans la première préparation, par l'alcool bouillant et en précipitant par l'alcool la solution benzénique ou chloroformique du résidu. Elle est amorphe et se ramollit sans fondre, vers 85°. Les chlorures d'acides la polymérisent et la transforment en aiguilles blanches fusibles à 225-226°, solubles dans l'alcool, le chloroforme et la benzine. Cette polymérisation a également lieu lorsqu'on traite l'aldéhyde amorphe, en solution dans la benzine, par l'iode. Alors il se dépose des cristaux, $C^6H^5.CHS + C^6H^6$, qui, lorsqu'on les chauffe, perdent leur benzine de cristallisation et fournissent l'aldéhyde cristallisée.

L'aldéhyde amorphe, ainsi que la modification cristalline, chauffée avec de la tournure de cuivre, donne du stilbène [Klinger, *Deutsch. chem. Gesellsch.*, 1876, p. 1895; 1877, p. 1877; *Bull. Soc. chim.*, t. XXVIII, p. 267; — Bernthsen, *ibid.*, 1877, p. 36; *Bull. Soc. chim.*, t. XXVIII, p. 295].

L'aldéhyde thiobenzoïque, traitée par l'hydroxylamine, donne la *benzaldoxime*,

$$C^6H^5\text{-}C\begin{cases}H\\Az.OH\end{cases}$$

[Lach, *Deutsch. chem. Gesellsch.*, 1883, p. 1780].

ACIDE DITHIOBENZOÏQUE (voyez t. III, p. 396). — Il se forme dans l'action de 1 mol. de chlorure de benzylène sur une solution alcoolique concentrée de 7 molécules de sulfhydrate de potassium [Klinger, *Deustch. chem. Gesellsch.*, 1882, p. 862].

M. Wassermann.

THIOFORMIQUE (ACIDE) (voyez t. III, p. 398).

— *Orthothioformiate d'éthyle*, $HC \equiv (S.C^2H^5)^3$. — Liquide bouillant entre 200 et 240° que l'on obtient en faisant bouillir au réfrigérant à reflux le mercaptide de sodium avec du chloroforme [Gabriel, *Deutsch. chem. Gesellsch.*, 1877, p. 185; *Bull. Soc. chim.*, t. XXVIII, p. 257].

Orthothioformiate de phényle, $HC \equiv (S.C^6H^5)^3$. — Par ébullition du phénylmercaptide de sodium avec du chloroforme, et cristallisation dans l'alcool chaud. Prismes rhomboïdaux fusibles à 39°,5 solubles dans l'alcool, l'éther, la benzine, l'acide acétique cristallisable et le sulfure de carbone. L'acide chlorhydrique à 100° le convertit en acide formique et en phénylmercaptan (Gabriel).

Orthothioformiate de benzyle, $HC \equiv (SC^7H^7)^3$. — Obtenu comme les précédents au moyen du benzylmercaptide de sodium. Après cristallisation dans l'alcool, il est en aiguilles fusibles à 98°, solubles dans l'alcool chaud, l'éther et le chloroforme. A 250°, l'acide chlorhydrique le change en acide formique et en benzylmercaptan. Le chloroplatinate, $CH(SC^7H^7)^3 + 3PtCl^4$, est une poudre rouge. Sa solution alcoolique donne avec le nitrate d'argent un précipité jaune, C^7H^7SAg, et le liquide filtré fournit un nouveau précipité, $3C^7H^7SAg + 3AzO^3Ag$, avec le nitrate d'argent [Dennstedt, *Deutsch. chem. Gesellsch.*, 1878, p. 2265; *Bull. Soc. chim.*, t. XXXIII, p. 274].

Formothiamide,

$$HC\begin{cases}S\\AzH^2.\end{cases}$$

— Elle semble se former lorsqu'on traite la formamide par le pentasulfure de phosphore. Elle constitue une huile jaune d'une odeur désagréable [A. W. Hofmann, *Deutsch. chem. Gesellsch.*, 1878, p. 338; *Bull. Soc. chim.*, t. XXX, p. 446].

Formothianilide,

$$HC\begin{cases}S\\AzH.C^6H^5.\end{cases}$$

— On l'obtient en traitant dans un ballon l'isocyanate de phényle par l'hydrogène sulfuré sec, ou en ajoutant à un mélange d'aniline, de chloroforme et de potasse alcoolique une solution alcoolique de sulfhydrate de potassium. Puis on épuise l'huile déposée par l'acide chlorhydrique et on fait cristalliser le magma dans l'eau bouillante [A. W. Hofmann, *Deutsch. chem. Gesellsch.*, 1877, p. 1095].

Elle se forme aussi lorsqu'on traite la formanilide par le pentasulfure de phosphore [Hofmann, *ibid.*, 1878, p. 338]. Bernthsen l'a obtenue en traitant la méthényldiphénylamidine par l'hydrogène sulfuré à 180° [*Deutsch. chem. Gesellsch.*, 1877, p. 1241].

La formothianilide est en aiguilles blanches fusibles à 137°,5, solubles dans l'alcool et dans la potasse froide; la potasse chaude la convertit en hydrogène sulfuré, acide formique et aniline.

Chauffée en tubes scellés à 180°, elle se transforme en hydrogène sulfuré et en une substance qui, après dissolution dans l'alcool et précipitation par l'eau, se présente en écailles fusibles à 140°, de la formule $C^{14}H^{12}Az^2S$, insolubles dans la benzine. La soude convertit ce corps en acide formique, aniline et gaz sulfhydrique. Il donne un *chloroplatinate* non cristallisé,

$$C^{14}H^{12}Az^2S(HCl)^2.PtCl^4$$

[Nicol, *Deutsch. chem. Gesellsch.*, 1882, p. 211; *Bull. Soc. chim.*, t. XXXVIII, p. 210].

La formothianilide, traitée par l'éthylate de sodium et le bromure d'éthyle, donne l'*éthylisothioformanilide*,

$$HC\begin{cases}S.C^2H^5\\Az.C^6H^5\end{cases}$$

qui bout à 230-240°. L'acide chlorhydrique étendu change ce corps en une huile qui est probablement le thioformiate d'éthyle [Wallach et Wüsten, *Deutsch. chem. Gesellsch.*, 1883, p. 145].

Formothianilide bromée,

$$HC\begin{cases}S\\AzH.C^6H^4Br.\end{cases}$$

— Par l'action du pentasulfure de phosphore sur la formanilide bromée. Après cristallisation dans l'alcool, elle est en aiguilles fusibles à 189-190°, solubles dans l'alcool chaud et dans l'éther [Dennstedt, *Deutsch. chem. Gesellsch.*, 1880, p. 236; *Bull. Soc. chim.*, t. XXXV, p. 185].

M. Wassermann.

THIOGLYCOLIQUE (ACIDE),

$$CH^2\begin{cases}SH\\CO^2H\end{cases}$$

(voyez t. III, p. 398). — Ainsi que Siemens l'a démontré, l'acide thiacétique de Vogt est de l'acide thioglycolique (voyez t. III, p. 76).

L'acide thioglycolique se forme lorsqu'on ajoute 1 mol. d'acide monochloracétique cristallisé à une solution concentrée de 2 mol. de sulfhydrate de potassium. On sépare du chlorure de potassium par dissolution dans l'alcool, puis on décompose par l'acide sulfurique et on épuise le liquide par l'éther [P. Claesson, *Liebig's Ann.*, t. CLXXXVII, p. 113; *Bull. Soc. chim*, t. XXIX, p. 511].

Il se forme également par l'action de l'hydrogène sulfuré sur l'acide glyoxylique en présence d'oxyde d'argent [Böttinger] (voyez Suppl., p. 886).

Andreasch l'a obtenu en décomposant la sulfhydantoïne par l'hydrate de baryte en présence d'eau. En même temps, il se forme de la cyanamide [*Deutsch. chem. Gesellsch.*, 1879, p. 1385 et 1390; *Bull. Soc. chim.*, t. XXIV, p. 245 et 246].

Liebermann et Lange l'ont préparé par l'action de la potasse alcoolique sur la diphényl-sulfhydantoïne [*Deutsch. chem. Gesellsch.*, 1879, p. 1588; *Bull. Soc. chim.*, t. XXXIV, p. 248].

L'acide thioglycolique est un liquide qui bout sans décomposition; pourtant, si on le chauffe rapidement, il se décompose (Claesson). Lorsqu'on ajoute du chlorure ferrique à une solution d'un de ses sels légèrement acidulée, elle se colore en bleu indigo, et cette couleur passe au rouge foncé, puis au violet, par addition d'ammoniaque (Andreasch). Traité par une solution alcoolique de cyanamide ou de phénylcyanamide, etc., il donne la sulfhydantoïne, la phénylsulfhydantoïne, etc. [Andreasch, *Deutsch. chem. Gesellsch.*, 1880, p. 1421; *Monatsh. Chem.*, 1881, p. 775; *Bull. Soc. chim.*, t. XXXVII, p. 318].

Le *sel de baryum basique*,

$$CH^2 \lt_{CO^2}^{S} \gt Ba + 3H^2O,$$

est en aiguilles (Claesson); traité par l'acide carbonique en suspension dans l'eau, il donne le *sel neutre*,

$$\left(CH^2 \lt_{CO^2}^{SH}\right)^2 Ba$$

(Andreasch).

Le *sel potassique*,

$$CO^2 \lt_{CO^2K}^{SH} + H^2O,$$

est en aiguilles solubles dans l'alcool; de cette solution, il se dépose à l'état anhydre.

L'*éther éthylique*,

$$CH^2 \lt_{CO^2C^2H^5}^{SH},$$

bout à 155° et la température monte rapidement à 250°.

Lorsqu'on précipite le sel potassique par le chlorure mercurique, il se dépose des prismes aplatis d'*acide mercure-thioglycolique*,

$$Hg = (S\text{-}CH^2\text{-}CO^2H)^2.$$

Cet acide fournit les sels suivants :

$$Hg^2(S.CH^2.CO^2)^4BaH^2,$$

qui est en aiguilles microscopiques;

$$Hg^6(S.CH^2.CO^2)^{12}Al^2H^6;$$
$$Hg^2 = (S.CH^2.CO^2)^4MnH^2;$$
$$Hg = (S.CH^2.CO^2)^2Pb \text{ et } Hg = (S.CH^2.CO^2)^2Hg;$$

ces derniers sont mal cristallisés. De même, il existe des *acides cuprosum-thioglycolique*,

$$Cu^2(S.CH^2.COOH)^2;$$

bismuth-thioglycolique, $Bi(S.CH^2.CO^2H)^3$, que l'on obtient en précipitant par le sulfate de cuivre ou le nitrate de bismuth le thioglycolate de potassium. Ce sont des précipités amorphes; on enlève les oxydes qui se forment en même temps par l'acide acétique. On a également obtenu le *cadmium-thioglycolate de cadmium*,

$$Cd(S.CH^2.CO^2)^2Cd,$$

l'*argent-thioglycolate d'argent*,

$$Ag.S.CH^2.CO^2Ag,$$

et le *plombothioglycolate de plomb*,

$$Pb(S.CH^2.CO^2)^2Pb$$

(Claesson).

Acide nitrosothioglycolique,

$$CH(AzO) \lt_{CO^2H}^{SH}$$

— Il se forme lorsqu'on fait bouillir 10 grammes de nitrososulfhydantoïne avec 60 grammes d'hydrate de baryum et 400 grammes d'eau. Puis on filtre, on lave le sel de baryum déposé, à l'eau de baryte, et on purifie par dissolution dans l'acide chlorhydrique et précipitation par l'eau de baryte. Le sel de baryum est finalement décomposé en solution aqueuse par l'acide sulfurique, et la solution épuisée par l'éther cède l'acide à celui-ci.

L'acide nitrosothioglycolique est en croûtes cristallines solubles dans l'eau et dans l'alcool. Avec le chlorure ferrique, il donne une solution d'un violet intense; ses sels de même. Chauffé en solution, ou mieux à l'état de sel de baryum, à 120-140°, il se dédouble en acides sulfocyanique et carbonique.

Sel de baryum, $C^2H(AzO)SO^2Ba + H^2O$. — Il est en écailles brillantes.

Le *sel de plomb* est un précipité jaune soluble dans la soude caustique, insoluble dans l'acide acétique.

Le *sel d'argent* est un précipité floconneux jaunâtre.

Le *sel ferrique* est violet en solution [Andreasch et Maly, *Monatsh. Chem.*, 1880, p. 163; *Deutsch. chem. Gesellsch.*, 1880, p. 601; *Bull. Soc. chim.*, t. XXXIV, p. 585].

THIOPHÈNE, C^4H^4S. — Ce corps a été récemment découvert par Victor Meyer dans la benzine provenant du goudron de houille, qui en renferme environ 0,5 % [V. Meyer, *Deutsch. chem. Gesellsch.*, 1883, p. 1465]. Sa synthèse a été réalisée par l'action de l'éthylène ou de l'acétylène sur le soufre en ébullition [Meyer et Sandmeyer, *ibid.*, p. 2176].

Le thiophène présente, dans ses propriétés physiques et chimiques, une grande analogie avec la benzine; il fournit comme elle, avec la plus grande facilité, des produits de substitution chlorés, bromés, sulfonés, nitrés, etc.; sa synthèse est tout à fait comparable à celle de la benzine par l'action de la chaleur sur l'acétylène.

En se fondant sur ces analogies multiples, V. Meyer envisage le thiophène comme une sorte de benzine dans le noyau de laquelle un groupe acétylénique, C^2H^2, bivalent serait remplacé par un atome de soufre bivalent, et adaptant cette hypothèse à la formule hexagonale de la benzine, il attribue au thiophène la constitution

```
CH-CH
‖    ‖
CH  CH
  \/
  S
```

Sans examiner ici s'il convient de représenter le thiophène par une formule *plane* (pentagone) ou par une figure *dans l'espace* qui dériverait plus ou moins directement du schéma prismatique de la benzine, discussion prématurée dans l'état actuel de nos connaissances, nous nous bornerons à indiquer rapidement les conséquences théoriques qui résultent de la formule pentagonale, au point de vue du nombre des isoméries possibles dans les dérivés de substitution du thiophène.

En désignant, comme le fait Meyer, par les lettres α et β les atomes de carbone contenus dans le thiophène, d'après leur position relativement au soufre,

```
βCH-CHβ
  ‖    ‖
αCH  CHα
    \/
    S
```

on voit que la molécule de ce corps présente un axe de symétrie et un seul.

Il résulte de là que les dérivés monosubstitués pourront présenter deux isoméries de position, suivant que la substitution portera sur un atome de carbone α ou sur un atome β.

Les dérivés bisubstitués à radical identique pourront exister sous quatre formes isomériques (1αα, 1ββ, 2αβ). Si les radicaux substitués sont différents, le nombre des isomères possibles s'élève à 6.

Les dérivés trisubstitués à radical identique seront au nombre de 2; deux des radicaux étant identiques et le troisième différent, ils seront au nombre de 6; les trois radicaux étant différents, on en compte 12.

Enfin, on prévoit l'existence d'un seul dérivé tétrasubstitué à radicaux identiques, de deux dérivés contenant trois radicaux identiques et un différent, de six dérivés renfermant deux radicaux identiques et deux différents, de douze dérivés à quatre radicaux différents.

Nous étudierons successivement, dans cet article, le thiophène, ses dérivés de substitution, ses homologues supérieurs, et enfin les corps qui renferment deux ou plusieurs noyaux thiophéniques.

THIOPHÈNE, C^4H^4S. *Préparation.* — La benzine du goudron de houille possède la propriété de fournir avec l'isatine et l'acide sulfurique concentré une magnifique coloration bleue, due à la formation d'indophénine; de plus, quand on l'agite avec de l'acide sulfurique concentré, elle colore ce liquide en brun noirâtre; au contraire, la benzine provenant de l'acide benzoïque n'est pas susceptible de fournir d'indophénine, non plus que de brunir l'acide sulfurique concentré.

Cette double remarque conduisit V. Meyer à soupçonner dans la benzine du goudron la présence d'une petite quantité d'un autre corps, extrêmement voisin par ses propriétés physiques et chimiques, qui serait seul capable de fournir de l'indophénine et qui se convertirait plus aisément que la benzine elle-même en dérivé sulfoné : ce corps n'est autre que le thiophène. On parvient à l'isoler par le procédé suivant :

La benzine (250 litres) est agitée vivement avec un dixième de son volume d'acide sulfurique concentré jusqu'à ce qu'elle ne donne plus la réaction de l'indophénine; l'acide noircit fortement dans cette opération; on l'étend d'eau et on le transforme en sel de plomb; ce dernier est enfin mélangé avec un quart de son poids de sel ammoniac et soumis à la distillation sèche. Le produit de la distillation est lavé à l'eau et à la potasse, séché sur le chlorure de calcium, puis sur le sodium, et enfin rectifié au thermomètre; on recueille à 84° un liquide renfermant 70 °/₀ de thiophène et 30 °/₀ de benzine : c'est ce mélange que Meyer appelle *thiophène brut.*

Pour obtenir le *thiophène pur*, on dissout le thiophène brut dans 100 volumes de ligroïne pure et on traite cette solution par 10 volumes d'acide sulfurique concentré, en opérant exactement comme dans la préparation du thiophène brut au moyen de la benzine [V. Meyer, *Deutsch. chem. Gesellsch.*, 1883, p. 1465].

Le procédé précédent permet d'extraire de la benzine tout le thiophène qu'elle renferme, mais il a l'inconvénient d'exiger deux traitements successifs par l'acide sulfurique. On peut isoler du premier coup du thiophène à 98 °/₀ en diminuant dans la préparation la durée du traitement à l'acide sulfurique, ainsi que la quantité de l'acide lui-même. On obtient un produit sensiblement pur avec les proportions suivantes : benzine, 400 kilogrammes; acide sulfurique, 16 kilogrammes; temps d'agitation, 2 heures [V. Meyer, *Deutsch. chem. Gesellsch.*, 1884, p. 2641].

Au lieu de passer par les sels de plomb, E. Schulze [*Deutsch. chem. Gesellsch.*, 1885, p. 497] propose de traiter l'acide thiophène-sulfonique brut, au moment même où il vient d'être préparé, par son volume d'eau, et de soumettre ensuite le tout à la distillation dans un courant de vapeur d'eau; on obtiendrait ainsi de meilleurs rendements avec une simplification notable dans les opérations.

Autres procédés de préparation. — Le thiophène prend naissance : 1° Quand on fait passer sur de la pyrite à haute température, de l'éthylène, du gaz d'éclairage, ou même de la ligroïne en vapeur;

2° Quand on fait bouillir dans un appareil à reflux un mélange de pentasulfure de phosphore et d'acide crotonique ou d'acide valérianique normal;

3° Quand on chauffe à 300° un mélange de pentasulfure de phosphore et de paraldéhyde ou d'éther ordinaire [V. Meyer, *Deutsch. chem. Gesellsch.*, 1885, p. 217];

4° Quand on distille un mélange de pentasulfure de phosphore et d'anhydride succinique, ou de trisulfure de phosphore et de succinate de sodium; la réaction est vive et s'accomplit vers 140°; elle fournit en thiophène environ 50 °/₀ de l'acide succinique employé [Volhard et Erdmann, *Deutsch. chem. Gesellsch.*, 1885, p. 454];

5° Quand on soumet par petites portions à la distillation sèche un mélange de 1 p. d'érythrite, 1 p. de pentasulfure de phosphore et 10 p. de sable; le produit obtenu renferme en thiophène de 3 à 4 °/₀ du poids de l'érythrite employée [Paal et Tafel, *Deutsch. chem. Gesellsch.*, 1885, p. 688];

6° Dans la distillation sèche des acides thiophène-carboniques mélangés avec de la chaux [Paal et Tafel, *Ibid.*, p. 456].

Propriétés. — Le thiophène est un liquide incolore, limpide, très mobile, bouillant à 84° (corr.). Il est insoluble dans l'eau. Sa densité est 1,062 à 23°. Son odeur est faible et peu caractéristique.

Les alcalis et les métaux alcalins sont sans action sur lui, même à l'ébullition. L'acide nitrique l'oxyde avec une grande violence. Le chlore et le brome donnent avec lui des dérivés de substitution. L'iodure de méthyle ne s'y combine pas.

Le thiophène possède la propriété caractéristique de former de belles matières colorantes avec l'isatine, l'alloxane, la phénanthrène-quinone, le benzile, l'acide phénylglyoxylique, etc., et d'une manière générale avec les acétones doubles renfermant les deux carbonyles unis l'un à l'autre, de même qu'avec un certain nombre d'aldéhydes, lorsqu'on ajoute de l'acide sulfurique à un mélange de thiophène et de l'acétone ou de l'aldéhyde. La matière formée avec l'acide phénylglyoxylique est rouge et a pour formule $C^{12}H^8SO^2$; celle que donne la phénanthrène-quinone est verte; celles que fournissent l'isatine, le benzile et l'alloxane sont bleues, etc. [V. Meyer, *Deutsch. chem. Gesellsch.*, 1883, p. 2971].

PRODUITS DE SUBSTITUTION DU THIOPHÈNE.

MONOBROMOTHIOPHÈNE, C^4H^3BrS. — Il se forme en même temps que le dibromothiophène dans l'action du brome sur le *thiophène brut* et peut en être isolé par la distillation fractionnée. C'est un liquide incolore, bouillant à 149-151° (non corr.); sa densité à 23° est 1,652. Il donne, avec l'isatine et l'acide sulfurique, une coloration analogue à celle de l'indophénine [V. Meyer, *Deutsch. chem. Gesellsch.*, 1883, p. 1470].

DIBROMOTHIOPHÈNE, $C^4H^2Br^2S$. — A 70 gr. de thiophène brut, on ajoute peu à peu et en refroidissant 128 gr. de brome; on lave ensuite à l'eau et à la soude le produit de la réaction, on le fait bouillir pendant quelques heures au réfrigérant à reflux avec de la potasse alcoolique, puis on le lave de nouveau avec de l'eau, on le sèche sur le chlorure de calcium, et on le fractionne au thermomètre. On peut aussi le préparer directement en partant de la benzine du goudron de houille; on traite cette dernière par le brome à froid; il se dégage de l'acide bromhydrique, et le liquide, d'abord rouge, se décolore peu à peu; on lave alors à la soude et à l'eau et on termine la préparation comme précédemment [V. Meyer et O. Stadler, *Deutsch. chem. Gesellsch.*, 1885, p. 1488]. Le dibromothiophène ainsi préparé est un liquide incolore, limpide, très réfringent, bouillant à 210°,5-211°; sa densité à 23° est 2,147. Il se combine avec l'isatine en présence de l'acide sulfurique, mais plus lentement que le thiophène, en donnant une coloration bleue analogue à celle de l'indophénine [V. Meyer, *ibid.*].

On peut admettre avec Meyer, et par analogie avec ce qui se passe dans la série de la benzine où la bromuration directe fournit comme produit principal le dérivé para (1,4), que le dibromothiophène ainsi préparé renferme ses 2 atomes de brome aussi éloignés que possible l'un de l'autre, c'est-à-dire dans les deux positions α [Meyer, *ibid.*, 1884, p. 1563].

TRIBROMOTHIOPHÈNE, C^4HBr^3S [J. Rosenberg, *Deutsch. chem. Gesellsch.*, 1885, p. 1773]. — On l'obtient en additionnant à froid le dibromothiophène de la quantité convenable de brome; on le purifie comme le dibromothiophène lui-même. Il bout à 259-260° (corr.) et cristallise en longues aiguilles blanches, fusibles à 29°.

Traité par l'acide pyrosulfurique, il se convertit en acide tribromothiophène-β-sulfonique; les atomes de brome occupent donc les positions αα et β.

TÉTRABROMOTHIOPHÈNE, C^4Br^4S [V. Meyer et H. Kreis, *Deutsch. chem. Gesellsch.*, 1883, p. 2172]. — On opère comme pour la préparation du dibromothiophène; on distille au thermomètre le produit de la réaction et on recueille à part tout ce qui passe au-dessus de 220°; cette fraction est additionnée d'un excès de brome et abandonnée pendant 24 heures; au bout de ce temps, on évapore et l'on obtient une masse cristalline qu'on purifie par expression, cristallisation dans l'alcool et distillation. Le tétrabromothiophène ainsi préparé se présente en longues aiguilles blanches et brillantes fusibles à 112°; il bout à 326° (corr.).

MONOCHLOROTHIOPHÈNE, C^4H^3ClS [Weitz, *Deutsch. chem. Gesellsch.*, 1884, p. 794]. — On fait passer un courant rapide de chlore humide dans du *thiophène brut* refroidi à 0°; on fait ensuite bouillir le produit de la réaction avec de la potasse alcoolique, on le lave à l'eau, on le sèche sur le chlorure de calcium et on le fractionne au thermomètre. Le monochlorothiophène bout à 130°; c'est un liquide incolore, très réfringent, qui donne avec l'isatine une coloration bleue.

DICHLOROTHIOPHÈNE, $C^4H^2Cl^2S$. — Il se produit en même temps que le précédent; c'est un liquide huileux, incolore, très réfringent, dont l'odeur rappelle celles des dichlorobenzines; il bout à 170° et présente la réaction de l'indophénine.

TÉTRACHLOROTHIOPHÈNE, C^4Cl^4S [Weitz, *ibid.*]. — On traite le dibromothiophène, refroidi à 0°, par un rapide courant de chlore, jusqu'à ce que tout le brome ait été déplacé et entraîné; on fait alors bouillir le produit pendant quelques instants avec de la potasse alcoolique, pour détruire les dérivés d'addition qui auraient pu prendre naissance, puis on le lave à l'eau, on le reprend par de l'éther, on décolore la solution éthérée par le noir animal, on la sèche et on la distille. Le tétrachlorothiophène se présente en longues aiguilles blanches et brillantes, fusibles à 36°; il bout à 245°.

MONO-IODO-THIOPHÈNE, C^4H^3IS [V. Meyer et H. Kreis, *Deutsch. chem. Gesellsch.*, 1884, p. 1558]. — L'iode réagit à la température ordinaire sur le thiophène en présence de l'oxyde jaune de mercure et le transforme en produits de substitution. Pour préparer ces produits, on ajoute à du thiophène brut la quantité théorique d'iode, puis de l'oxyde jaune de mercure jusqu'à ce que tout l'iode ait disparu : la réaction s'accomplit avec dégagement de chaleur; on sépare l'iodure mercurique par filtration, et on distille le liquide. Le mono-iodo-thiophène bout à 182° (non corr.); c'est un liquide huileux, qui présente toutes les propriétés organoleptiques de la mono-iodo-benzine. Traité par le chlorocarbonate d'éthyle en présence du sodium, il donne du β-thiophénate d'éthyle : on doit donc l'envisager comme le β-iodo-thiophène.

DI-IODO-THIOPHÈNE, $C^4H^2I^2S$. — On le prépare comme le précédent; il se présente en cristaux blancs, fusibles à 40°,5.

MONONITROTHIOPHÈNE, $C^4H^3S(AzO^2)$ [V. Meyer, *Deutsch. chem. Gesellsch.*, 1884, p. 2648 et 2778]. — La nitration du thiophène présente d'assez grandes difficultés : le seul procédé qui ait permis jusqu'à présent d'obtenir des dérivés nitrés consiste à faire passer dans de l'acide nitrique fumant et rouge un courant d'air chargé de vapeurs de thiophène par barbottage dans ce liquide. L'acide se sépare bientôt en deux couches : on verse le tout dans l'eau, et on épuise par l'éther; on lave la solution éthérée à l'eau et à la soude faible, puis on chasse l'éther et on soumet le résidu à la distillation dans un courant de vapeur d'eau. Il passe du mononitrothiophène, tandis que les dinitrothiophènes restent dans le résidu, où ils cristallisent par refroidissement.

Le mononitrothiophène bout à 224-225° (corr.) et cristallise en grands prismes monosymétriques, fusibles à 44°, qui se colorent rapidement en rouge à la lumière. Il est insoluble dans les alcalis. Son odeur est analogue à celle de la nitrobenzine. Il ne donne pas de coloration avec l'isatine et l'acide sulfurique. L'acide nitrique fumant le dissout et le convertit en dinitrothiophène.

Acide mononitrothiophène-sulfonique,

$$C^4H^2S(AzO^2)SO^3H$$

[O. Stadler, *Deutsch. chem. Gesellsch.*, 1885 p. 530]. — On dissout 3 p. de mononitrothiophène dans 8 p. d'acide sulfurique fumant; on verse ensuite la masse dans l'eau, on neutralise par le carbonate de plomb, on filtre, et, après avoir éliminé le plomb par l'acide sulfhydrique, on évapore le liquide à cristallisation; on obtient ainsi des cristaux blancs très hygroscopiques. Les réducteurs (étain et acide chlorhydrique, sulfure d'ammonium) donnent tout d'abord une belle coloration rouge qui ne tarde pas à disparaître; en même temps la molécule est entièrement détruite.

Le *sel de potassium*, $C^4H^2S(AzO^2)SO^3K$, forme des aiguilles brillantes, peu solubles dans l'eau; le *sel de calcium* $[C^4H^2S(AzO^2)SO^3]^2Ca$ est une masse confusément cristalline; il en est de même du *sel de baryum* $[C^4H^2S(AzO^2)SO^3]^2Ba$; le *sel d'argent* $C^4H^2S(AzO^2)SO^3Ag$ prend naissance par l'action de l'acide libre sur le carbonate d'argent.

Le *chlorure*, $C^4H^2S(AzO^2)SO^2Cl$, est un liquide huileux, lourd, insoluble dans l'eau, soluble dans l'éther.

L'*amide*, $C^4H^2S(AzO^2)SO^2.AzH^2$, cristallise en fines aiguilles blanches, fusibles à 172-173°.

DINITROTHIOPHÈNES, $C^4H^2S(AzO^2)^2$. — On en connaît deux qui prennent naissance en même temps que le mononitrothiophène : on les sépare par cristallisation dans l'alcool. L'un se présente en lamelles jaunes, fusibles à 52°; il est assez soluble dans l'eau chaude, un peu volatil avec ce liquide et bout, sans altération notable, vers 290°. L'autre se présente en aiguilles fusibles à 75-76°.

Le dérivé fusible à 52° peut être transformé en son isomère; il suffit pour cela de le soumettre, à plusieurs reprises, à la distillation dans un courant de vapeur d'eau.

Le brome ne réagit sur les dinitrothiophènes qu'à la température de 180-200°; il les convertit tous deux en tétrabromothiophène [O. Stadler, *Deutsch. chem. Gesellsch.*, 1885, p. 530].

Traités en solution alcoolique par une seule goutte de potasse, les dinitrothiophènes fournissent une belle matière colorante rouge, soluble dans l'alcool et insoluble dans l'éther, qui se détruit par les acides ainsi que par un excès d'alcali.

DIBROMODINITROTHIOPHÈNE, $C^4Br^2S(AzO^2)^2$ [H. Kreis, *Deutsch. chem. Gesellsch.*, 1884, p. 2073]. — Une émulsion de dibromothiophène et de 5 volumes d'acide sulfurique concentré est additionnée peu à peu d'acide nitrique; il n'est pas nécessaire de refroidir : le dérivé nitré se sépare bientôt à l'état cristallin; on le lave à l'eau et on le fait recristalliser dans l'alcool. On obtient finalement des cristaux à peine jaunâtres, fusibles à 136°, très solubles dans l'alcool chaud, peu solubles dans l'alcool froid.

IODONITROTHIOPHÈNE, $C^4H^2IS(AzO^2)$ [Kreis, *ibid.*]. — On verse goutte à goutte de l'acide nitrique dans du mono-iodothiophène, en agitant et en refroidissant jusqu'à ce qu'une nouvelle addition d'acide ne détermine plus de dégagement de chaleur. On verse alors le tout dans l'eau : le dérivé nitré se précipite; on le lave et on le fait cristalliser dans l'alcool. Prismes d'un jaune citron, très brillants, fusibles à 74°.

AMIDOTHIOPHÈNE, $C^4H^3S.AzH^2$ [O. Stadler, *Deutsch. chem. Gesellsch.*, 1885, p. 1490 et 2316]. — Ce corps n'a pas été obtenu encore à l'état de pureté, car la réduction du nitrothiophène présente de grandes difficultés; les réducteurs, en effet, détruisent pour la plupart entièrement la molécule. On est parvenu néanmoins à obtenir le *chlorostannate d'amidothiophène*

$$(C^4H^3S.AzH^2.HCl)^2SnCl^4$$

par le procédé suivant : On dissout 1 p. de mononitrothiophène dans 50 p. d'alcool préalablement saturé de gaz chlorhydrique, puis on ajoute peu à peu 2 p. de grenaille d'étain; ce métal se dissout, et l'on voit bientôt se déposer de beaux cristaux blancs, qu'on purifie par lavage à l'alcool et à l'éther. Ce chlorostannate est insoluble dans l'éther et très soluble dans l'eau.

On n'a pas réussi à isoler la base libre de son sel; elle paraît être très instable et s'altère rapidement à la lumière.

Le *chlorhydrate*, $C^4H^3S(AzH^2)HCl$, forme de belles aiguilles brillantes, très hygroscopiques. Il fournit avec le chlorure d'acétyle une matière colorante rouge, soluble dans les acides; avec le chlorure de diazobenzol, des aiguilles jaunes ayant pour formule $C^6H^5.Az=Az.C^4H^2S(AzH^2)HCl$; avec l'α-diazonaphtaline, une matière colorante rouge, et avec l'acide diazobenzolsulfonique une matière colorante jaune.

ACIDES THIOPHÈNE-SULFONIQUES. — On connaît les deux acides monosulfoniques prévus par la théorie.

ACIDE THIOPHÈNE-α-SULFONIQUE,

```
CH-CH
||  ||
CH C.SO³H
 \/
 S
```

[Meyer et Kreis, *Deutsch. chem. Gesellsch.*, 1883, p. 2172; — Weitz, *ibid.*, 1884, p. 796]. C'est cet acide qui sert de matière première pour la préparation du thiophène. On l'obtient en traitant la benzine du goudron de houille par l'acide sulfurique concentré. Pour le purifier, on le transforme en sel plombique, qu'on décompose ensuite par l'acide sulfhydrique. On obtient enfin l'acide sous la forme d'une masse cristalline, déliquescente, extrêmement acide. Il se décompose par la distillation en donnant du thiophène pur.

Le *sel de sodium*, $C^4H^3S.SO^3Na + H^2O$, préparé par double décomposition au moyen du sel de plomb, cristallise en lamelles blanches et brillantes.

Le *sel d'argent*, $C^4H^3S.SO^3Ag + 3H^2O$, forme des lamelles blanches qui noircissent rapidement à la lumière; il est hygroscopique et se décompose facilement à chaud.

Le *sel de baryum*, $(C^4H^3S.SO^3)^2Ba + 3H^2O$, est très soluble dans l'eau.

Le *sel de plomb*, $(C^4H^3S.SO^3)^2Pb + H^2O$, est confusément cristallin et fortement hygroscopique.

Le *sel de calcium*, $(C^4H^3S.SO^3)^2Ca$, se présente en belles lamelles blanches, très solubles dans l'eau; son eau de cristallisation n'a pu être déterminée.

Le *chlorure*, $C^4H^3S.SO^2Cl$, se produit à froid par l'action du perchlorure de phosphore sur le sel de sodium bien desséché; lorsque le mélange est devenu liquide, on chasse par distillation l'oxychlorure formé, puis on verse dans l'eau glacée, et on épuise par l'éther. Ce dernier fournit par évaporation un liquide huileux peu coloré, qui bout avec décomposition au-dessus de 200°. Ce chlorure liquide laisse quelquefois déposer des cristaux fusibles à 28°, et sublimables sans altération, qui présentent la même composition.

L'*amide*, $C^4H^3S.SO^2.AzH^2$, cristallise dans l'eau bouillante en fines aiguilles blanches fusibles à 141°. Traitée en solution alcoolique par le nitrate d'argent, puis par l'ammoniaque, elle donne une combinaison argentique,

$$C^4H^3S.SO^2.AzHAg,$$

cristallisée en belles houppes blanches.

L'*anilide*, $C^4H^3S.SO^2.AzHC^6H^5$, se présente en belles aiguilles blanches, non sublimables, fusibles à 96°.

L'*éther éthylique*, $C^4H^3S.SO^3C^2H^5$, est un liquide huileux.

ACIDE THIOPHÈNE-β-SULFONIQUE,

```
CH-C.SO³H
||  ||
CH CH
 \/
 S
```

[J. Langer, *Deutsch. chem. Gesellsch.*, 1884, p. 1566, et 1885, p. 553 et 1114]. On le prépare en réduisant par l'amalgame de sodium l'acide α-dibromo-thiophène-β-sulfonique (voyez plus loin).

C'est une masse cristalline blanche et déliquescente, qui donne à chaud, avec l'isatine et l'acide sulfurique, une belle coloration bleue.

Le *sel de sodium* est une poudre cristalline blanche.

Le *sel de baryum*, $(C^4H^3S.SO^3)^2Ba$, forme de petits cristaux blancs assez solubles.

Le *chlorure*, $C^4H^3S.SO^2Cl$, préparé par l'action du sel de sodium sur le perchlorure de phosphore, se présente en grandes lamelles fusibles à 43°, très solubles dans l'éther, insolubles dans la ligroïne.

L'*amide*, $C^4H^3S.SO^2.AzH^2$, cristallise dans l'eau bouillante en lamelles brillantes, fusibles à 148°. Traitée par l'isatine et l'acide sulfurique, elle donne une coloration bleu foncé.

Acide α-dibromo-thiophène-β-sulfonique,

$$C^4HBr^2S.SO^3H.$$

— On le prépare en dissolvant l'α-dibromothiophène dans son volume d'acide pyrosulfurique; au bout de quelques minutes, on verse dans l'eau et on transforme en sel de plomb.

Le *sel de plomb*, $(C^4HBr^2S.SO^3)^2Pb + 5\frac{1}{2}H^2O$, forme de petits cristaux blancs et brillants, assez solubles dans l'eau bouillante.

Le *chlorure* est un liquide huileux incristallisable.

L'*amide*, $C^4HBr^2S.SO^2Az.H^2$, forme de fines aiguilles blanches, fusibles à 146,5-147°.

Acide tribromothiophène-β-sulfonique,

$$C^4Br^3S.SO^2H$$

[J. Rosenberg, *Deutsch. chem. Gesellsch.*, 1885,

p. 1773]. — L'acide libre n'a pas été obtenu à l'état de pureté.

L'anhydride, $(C^4Br^3S.SO^2)^2O$, prend naissance lorsqu'on dissout à froid le tribromothiophène dans l'acide pyrosulfurique; il se présente en cristaux fusibles à 115-116°.

Le *sel de baryum*, $(C^4Br^3S.SO^3)^2Ba$, forme des cristaux solubles dans l'eau bouillante; on l'obtient en chauffant l'anhydride avec de l'eau de baryte.

ACIDE THIOPHÈNE β-DISULFONIQUE,

$$C^4H^2S(SO^3H)^2.$$

— L'acide α-dibromothiophène-β-disulfonique (voyez plus bas) perd facilement son brome par l'action de l'amalgame de sodium, et se transforme en thiophène-β-disulfonate de sodium. L'acide lui-même, régénéré de son chlorure, est une masse cristalline d'un blanc jaunâtre, très soluble dans l'eau.

Le *sel de baryum*,

$$C^4H^2S(SO^3)^2Ba + 2\ ½\ H^2O,$$

cristallise en belles lamelles nacrées, peu solubles dans l'eau froide, assez solubles dans l'eau bouillante.

Le *chlorure*, $C^4H^2S(SO^2Cl)^2$, forme des cristaux solubles dans l'éther; il brunit vers 140° et fond à 148-149°. Chauffé avec de l'isatine et de l'acide sulfurique concentré, il donne une coloration bleue.

L'*amide*, $C^4H^2S.(SO^2.AzH^2)^2$, cristallise dans l'eau bouillante en grandes aiguilles blanches; elle brunit à 240° et fond au-dessus de 280°.

Acide α-dibromo-thiophène-β-disulfonique,

$$C^4Br^2S(SO^3H)^2$$

[Langer, *ibid.*]. — L'acide lui-même n'a pas été isolé à l'état de pureté; mais on prépare aisément son *anhydride*, $C^4Br^2S(SO^2)^2O$, par le procédé suivant: Le dibromothiophène est dissous dans 4 volumes d'acide pyrosulfurique; le liquide se colore en bleu verdâtre, puis laisse bientôt déposer des lamelles blanches, qu'on purifie par lavage à l'eau, dissolution dans la benzine et précipitation par la ligroïne. L'anhydride ainsi préparé se décompose sans fondre entre 150 et 200°; insoluble dans l'eau et dans la ligroïne, il est peu soluble dans l'éther, très soluble dans l'alcool et dans la benzine.

Le *sel de baryum*, $C^4Br^2S(SO^3)^2Ba + H^2O$, s'obtient en dissolvant l'anhydride dans la baryte bouillante : il se présente en beaux cristaux prismatiques, à éclat soyeux.

Le *sel de plomb*, $C^4Br^2S(SO^3)^2Pb$, cristallise en belles lamelles brillantes peu solubles dans l'eau froide.

Le *sel de sodium*, $C^4Br^2S(SO^3Na)^2 + 3H^2O$, se présente en aiguilles brillantes groupées en étoiles.

Le *sel d'ammonium*,

$$C^4Br^2S(SO^3.AzH^4)^2 + H^2O,$$

forme des cristaux brillants microscopiques.

Le *chlorure*, $C^4Br^2S(SO^2Cl)^2$, prend naissance par l'action du chlorure de phosphore sur le sel sodique; il cristallise dans l'éther en aiguilles brillantes, qui brunissent à 180° et fondent à 215°.

L'*amide*, $C^4Br^2S(SO^2.AzH^2)^2$, est une poudre presque insoluble dans l'eau, même à l'ébullition; elle fond au-dessus de 270°.

ACIDE IODO-THIOPHÈNE-DISULFONIQUE,

$$C^4HIS(SO^3H)^2$$

[J. Langer, *Deutsch. chem. Gesellsch.*, 1885, p. 553]. — Le β-iodothiophène se détruit facilement au contact de l'acide sulfurique; on parvient cependant à en préparer un dérivé disulfonique en opérant comme il suit: L'iodothiophène dissous dans 2 vol. de ligroïne est additionné d'environ son volume d'acide sulfurique versé goutte à goutte; on émulsionne lentement les deux couches qui se sont formées, puis on décante la ligroïne et on reprend la couche inférieure par l'eau; il se sépare de l'iode et des résines; on sature par le carbonate de plomb, on filtre et on concentre; il se dépose d'abord de l'iodure de plomb, puis le sel de l'acide disulfonique. En décomposant celui-ci par l'acide sulfhydrique et en évaporant, on parvient à obtenir une masse cristalline déliquescente qui constitue l'acide disulfonique. Il se dissout dans l'eau avec une coloration vert sale. Le *sel de baryum* est très soluble dans l'eau.

Lorsqu'on traite cet acide par l'amalgame de sodium, il perd son iode : le produit brut de la réaction, neutralisé par HCl, évaporé à sec et traité par le chlorure de phosphore, fournit un *chlorure* huileux qui n'a pas été analysé. Traité par le carbonate d'ammonium, le chlorure se convertit en *amide*, $C^4H^2S(SO^2.AzH^2)^2$. Celle-ci cristallise en lamelles fusibles à 142°, solubles dans l'eau bouillante, à peine solubles dans l'eau froide; elle est donc isomérique avec l'amide thiophène-β-disulfonique.

ACIDE THIOPHÈNE-α-SULFINIQUE, $C^4H^3S.SO^2H$ [Weitz, *Deutsch. chem. Gesellch.*, 1884, p. 800]. — On le prépare en réduisant le chlorure α-sulfonique en solution alcoolique par la poudre de zinc. Il cristallise en belles aiguilles fusibles à 67°, très solubles dans l'eau, l'alcool et l'éther.

Le *sel d'argent*, $C^4H^3S.SO^2Ag$, s'obtient par double décomposition en cristaux blancs.

Le *sel de baryum*, $(C^4H^3S.SO^2)^2Ba + 2H^2O$, forme des lamelles blanches très solubles dans l'eau.

Le *sel de zinc*, $(C^4H^3S.SO^2)^2Zn + 3H^2O$, cristallise en lamelles blanches assez solubles.

L'acide thiophène-sulfinique et ses sels donnent la réaction de l'indophénine.

THIÉNOL, $C^4H^3S(OH)$. — Le thiénol lui-même n'est pas connu; mais on obtient un dérivé nitré de cette substance, le mononitrothiénol,

$$C^4H^2(AzO^2)S(OH),$$

en traitant le chlorhydrate de thiophénine par une solution sulfurique de nitrite de sodium. Ce dérivé se présente en aiguilles incolores, fusibles à 115-116°, solubles en jaune dans les alcalis [Stadler, *Deutsch. chem. Gesellsch.*, 1885, p. 2316].

ACIDES THIOPHÈNE-CARBONIQUES.

ACIDES THIOPHÉNIQUES, $C^4H^3S.CO^2H$. — On connaît les deux acides isomériques prévus par la théorie.

ACIDE α-THIOPHÉNIQUE [Meyer et Kreis, *Deutsch. chem. Gesellsch.*, 1883, p. 2172; — A. Peter, *ibid.*, p. 542]. — On l'obtient en saponifiant par la potasse alcoolique le *nitrile* correspondant. Purifié par cristallisation dans l'eau et par sublimation, il fond à 118° et bout à 258°; il distille avec la vapeur d'eau. Par son aspect et son odeur, il est absolument identique avec l'acide benzoïque.

Le *sel de calcium*,

$$(C^4H^3S.CO^2)Ca + 2\ 3/4\ H^2O,$$

est soluble dans l'eau.

Le *sel d'argent*, $C^4H^3S.CO^2Ag$, est assez soluble dans l'eau lorsqu'il vient d'être préparé; après dessiccation, il devient presque insoluble.

Le *nitrile*, $C^4H^3S.CAz$, se produit par la distillation d'un mélange de cyanure ou de ferrocyanure de potassium avec du thiophène-α-sulfonate de potassium : c'est un liquide huileux, bouillant à 200°, doué d'une odeur d'amandes amères, tout à fait analogue à celle du benzonitrile.

L'*amide*, $C^4H^3S.CO\,AzH^2$, cristallise en petites aiguilles blanches et brillantes, solubles dans l'éther, fusibles à 171°,5.

Le *chlorure*, $C^4H^3S.COCl$, bout à 206° (corr.).

Acide dibromo-α-thiophénique,

$C^4HBr^2S.CO^2H$.

— Il prend naissance par l'action du brome sur l'acide à la température du bain-marie; il cristallise dans l'alcool en aiguilles courtes, blanches et brillantes, fusibles à 209-211°.

La solution ammoniacale neutre donne les réactions suivantes : isatine et acide sulfurique, coloration vert sale passant rapidement au brun; sous-acétate de plomb, nitrate mercureux, chlorure stanneux, précipités blancs, volumineux; chlorure ferrique, précipité jaune; sulfate de cuivre, précipité verdâtre à froid et dépôt d'oxydule de cuivre à chaud [Bonz, *Deutsch. chem. Gesellsch.*., 1885, p. 2308].

Le *sel de baryum*,

$(C^4HBr^2S.CO^2)^2Ba + 3\frac{1}{2}H^2O$,

cristallise en belles aiguilles blanches, peu solubles dans l'eau froide, très solubles dans l'eau bouillante.

Le *sel d'argent*, $C^4HBr^2S.CO^2Ag$, est un précipité blanc, caséeux, qui devient peu à peu cristallin; l'eau bouillante le décompose avec formation d'argent métallique.

Le *chlorure* cristallise en aiguilles soyeuses, fusibles à 35°,5, et distille à 250-270°.

L'*amide*, $C^4HBr^2S.CO.AzH^2$, forme de fines aiguilles blanches, fusibles à 165°,5, peu solubles dans l'eau bouillante, très solubles dans l'alcool et dans l'éther.

L'*éther méthylique*, $C^4HBr^2S.CO^2.CH^3$, se présente en belles aiguilles blanches, fusibles à 80° (Bonz).

Acide β-thiophénique [Nahnsen, *Deutsch. chem. Gesellsch.*, 1884, p. 2192; — Paal et Tafel, *ibid.*, 1885, p. 456].. — On l'obtient à l'état d'éther éthylique par l'action du chlorocarbonate d'éthyle sur le β-iodothiophène en présence du sodium, dans un appareil à reflux, à la température du bain d'eau salée. Pour l'isoler, on saponifie cet éther par la potasse alcoolique, puis on acidule par l'acide sulfurique, et on épuise par l'éther.

Il prend également naissance quand on chauffe, pendant 6 heures, à 200-210°, un mélange de sulfure de baryum (2 p.) et d'acide mucique (1 p.). On reprend par l'eau bouillante, on filtre, on acidule par l'acide chlorhydrique et on épuise par l'éther.

Il cristallise en fines aiguilles blanches, fusibles à 129°, sublimables sans altération, et bout à 260° (corr.). Il présente la réaction de l'indophénine.

Le *sel d'argent*, $C^4H^3S.CO^2Ag$, se présente en aiguilles ou en lamelles brillantes, peu solubles dans l'eau froide.

Le *sel de calcium*, $(C^4H^3S.CO^2)^2Ca + 3H^2O$, forme de longs cristaux prismatiques, qui perdent leur eau à 120°.

Le *sel de baryum*, $(C^4H^3S.CO^2)^2Ba + 2H^2O$, est très soluble dans l'eau; il se déshydrate à 120°.

Le *chlorure*, $C^4H^3S.COCl$, est un liquide incolore, bouillant sans altération à 190° (non corr.).

L'*éther éthylique*, $C^4H^3S.CO^2.C^2H^5$, bout à 218° (corr.). Son odeur rappelle d'une manière frappante celle du benzoate d'éthyle. Sa densité à 29° est 1,1155.

L'*amide*, $C^4H^3S.CO.AzH^2$, cristallise dans l'eau bouillante en prismes incolores, fusibles à 180° (non corr.).

Acide nitro-β-thiophénique,

$C^4H^2(AzO^2)S.CO^2H$.

— On dissout l'acide β-thiophénique dans un excès d'acide nitrique fumant, en empêchant toute élévation de température. On verse ensuite dans l'eau et on épuise par l'éther. Prismes ou longues aiguilles jaunes, solubles dans une grande quantité d'eau bouillante.

Acide dibromo-β-thiophénique, $C^4HBr^2S.CO^2H$ [Egli, *Deutsch. chem. Gesellsch.*, 1885, p. 544]. — Préparé par l'action du brome en grand excès à froid sur l'acide β-thiophénique, il se présente en cristaux fusibles à 221-222°. Ses autres propriétés sont identiques avec celles de son isomère α.

Les *sels de baryum* et *d'argent*, le *chlorure*, l'*amide*, l'*éther méthylique* ne présentent aucune différence avec les dérivés correspondants de l'acide dibromo-α-thiophénique (Bonz).

Acide thiophène-dicarbonique, $C^4H^2S(CO^2H)^2$ [J. Messinger, *Deutsch. chem. Gesellsch.*, 1885, p. 563 et p. 1636]. — On connaît un des quatre acides thiophène-dicarboniques prévus par la théorie; il prend naissance par l'oxydation du thioxène du goudron de houille au moyen du permanganate de potassium en solution alcaline et à froid; le liquide filtré fournit, quand on l'acidule, un précipité pulvérulent d'un blanc de neige, peu soluble dans l'eau, soluble dans l'éther, infusible au-dessous de 350° et sublimable vers cette température.

Bonz [*Deutsch. chem. Gesellsch.*, 1885, p. 2305] l'a préparé synthétiquement en faisant réagir le chlorocarbonate d'éthyle sur le dibromothiophène en présence d'amalgame de sodium.

L'*éther méthylique*, $C^4H^2S(CO^2.CH^3)^2$, cristallise en longues aiguilles blanches qui se ramollissent vers 137° et fondent vers 142°.

L'*éther éthylique*, $C^4H^2S(CO^2.C^2H^5)^2$, cristallise en longues aiguilles fusibles à 46°.

Rien jusqu'à ce jour ne permet de déterminer avec précision la constitution de ce composé; on peut cependant admettre avec l'auteur, d'après le point de fusion de l'éther méthylique, que cet acide est dans la série thiophénique l'analogue de l'acide téréphtalique (1,4) dans la série benzénique, et l'envisager jusqu'à nouvel ordre comme l'acide α-thiophène-dicarbonique.

Acide thiophène-tricarbonique, $C^4HS(CO^2H)^3$ [J. Messinger, *Deutsch. chem. Gesellsch.*, 1885, p. 2300]. — On l'obtient en oxydant l'acétylthioxène par le permanganate de potassium en solution alcaline; il n'a pas été isolé à l'état de pureté.

L'*éther méthylique*, $C^4HS(CO^2.CH^3)^3$, cristallise en lamelles blanches, fusibles à 118°.

HOMOLOGUES DU THIOPHÈNE.

Méthylthiophènes [Syn. *Thiotolènes*],

$C^4H^3S.CH^3$

[V. Meyer, *Deutsch. chem. Gesellsch.*, 1883, p. 2970; — Meyer et Kreis, *ibid.*, 1884, p. 787 et 1562; — V. Meyer, *Deutsch. chem. Gesellsch.*, 1885, p. 217; — Volhard et Erdmann, *ibid.*, p. 454; — Egli, *ibid.*, p. 544]. — On connaît aujourd'hui les deux méthylthiophènes prévus par la théorie.

α-Méthylthiophène. — Ce corps existe en petites quantités dans le toluène du goudron de houille. En traitant ce toluène par l'acide sulfurique, d'après le procédé de préparation du thiophène au moyen de la benzine, on parvient à isoler un *méthylthiophène brut*, bouillant à 110°, qui renferme environ 15 °/₀ de méthylthiophène et 85 °/₀ de toluène. On ne parvient à isoler le thiotolène à l'état de pureté que par le procédé suivant : Le thiotolène brut est traité par l'iode et par l'oxyde jaune de mercure, à la température ordinaire : le toluène n'est pas attaqué dans ces conditions, tandis que le thiotolène est converti en un mélange de dérivés iodés. On filtre pour éliminer l'iodure mercurique, puis on distille jusqu'à 180° ; le toluène est ainsi chassé, tandis que les dérivés iodés du thiotolène restent dans le résidu. On n'a plus qu'à traiter ce résidu par le sodium en présence d'alcool pour régénérer le thiotolène, et il suffit alors d'une rectification pour obtenir ce corps à l'état de pureté.

Il paraît également prendre naissance quand on fait bouillir un mélange de pentasulfure de phosphore et d'acide valérianique normal.

Le méthylthiophène est un liquide incolore, très mobile, peu odorant, bouillant à 113° (corr.) Sa densité à 18° est 1,0194.

Traité en solution acétique par la phénanthrène-quinone (réaction de Laubenheimer), il fournit une matière colorante violette, soluble dans l'éther, et ayant pour composition $C^{19}H^{12}OS$.

Oxydé par le permanganate de potassium en solution alcaline, il donne de l'acide α-thiophénique.

Dibromothiotolène, $C^4HBr^2S.CH^3$. — On le prépare au moyen du *thiotolène brut* et du brome, en opérant d'ailleurs exactement comme pour le dibromothiophène. C'est un liquide huileux bouillant à 227-229° (non corr.).

Tribromothiotolène, $C^4Br^3S.CH^3$. — On l'obtient par l'action d'un excès de brome à froid sur le précédent : il cristallise dans l'alcool bouillant en aiguilles blanches et brillantes, fusibles à 74°.

β-*méthylthiophène*. — Il prend naissance quand on distille un mélange de trisulfure de phosphore et de pyrotartrate de sodium. Ses propriétés physiques sont les mêmes que celles de son isomère. Traité par le brome à froid, il donne un dérivé tribromé, $C^4Br^3S.CH^3$, fusible à 86°.

Acide thiotolène-carbonique,

$$C^4H^2S(CH^3)CO^2H$$

[C. Paal, *Deutsch. chem. Gesellsch.*, 1885, p. 2251]. — Ce corps prend naissance dans l'oxydation du thioxène, au moyen du permanganate de potassium en solution alcaline; il fond à 142°. Le *sel d'argent* est une poudre blanche, cristalline, un peu soluble dans l'eau froide.

ÉTHYLTHIOPHÈNE, $C^4H^3S.C^2H^5$. — Il a été préparé synthétiquement par l'action du bromure d'éthyle sur le mono-iodothiophène en présence du sodium. C'est un liquide incolore, bouillant à 132-134° (corr.), qui donne avec la phénanthrène-quinone la réaction de Laubenheimer. Sa densité à 24° est 0,990.

Oxydé par le permanganate de potassium en solution alcaline, l'éthylthiophène fournit un mélange d'acides β-thiophénique et β-thiénylglyoxylique [Egli, *Deutsch. chem. Gesellsch.*, 1885, p. 544].

Éthyldibromothiophène, $C^4HBr^2S.C^2H^5$ [Bonz, *Deutsch. chem. Gesellsch.*, 1885, p. 549]. — L'éthylthiophène dissous dans le double de son volume d'acide acétique est additionné peu à peu de la quantité théorique de brome; on verse ensuite dans l'eau et on épuise par l'éther; le résidu de l'évaporation de ce liquide est traité par la potasse alcoolique bouillante, repris par l'éther après évaporation de l'alcool, et finalement distillé dans un courant de vapeur d'eau. L'éthyldibromothiophène est un liquide huileux, non distillable, qui se colore assez rapidement à la lumière.

Éthyltribromothiophène, $C^4Br^3S.C^2H^5$ [Bonz, *ibid.*]. — Préparé par l'action du brome en excès sur l'éthylthiophène à la température du bain-marie, ce corps se présente en lamelles blanches, fusibles à 108°, peu solubles dans l'alcool froid et dans l'éther.

Éthyldichlorothiophène, $C^4HCl^2S.C^2H^5$ [Bonz, *ibid.*]. — On l'obtient en traitant à froid l'éthylthiophène par un courant de chlore à refus; c'est un liquide jaune clair, bouillant à 235-237° (corr.).

Éthyliodothiophène, $C^4H^2IS.C^2H^5$. — On le prépare en traitant l'éthylthiophène par l'iode à froid en présence d'oxyde jaune de mercure; le produit brut est repris par l'éther de pétrole, et le résidu de l'évaporation de ce liquide est distillé dans un courant de vapeur d'eau; c'est un liquide huileux, d'un jaune clair.

Éthyldinitrothiophène, $C^4H(AzO^2)^2S.C^2H^5$. — On fait barboter dans de l'acide nitrique fumant un courant d'air saturé de vapeurs d'éthylthiophène; on verse ensuite dans l'eau, on épuise par l'éther, et on purifie enfin par distillation dans un courant de vapeur d'eau. C'est un liquide huileux, jaunâtre. Il donne avec la potasse alcoolique une coloration d'un bleu intense, qui passe au rouge par addition d'eau.

DIMÉTHYLTHIOPHÈNE [Syn. *Thioxène*],

$$C^4H^2S(CH^3)^2$$

[J. Messinger, *Deutsch. chem. Gesellsch.*, 1885, p. 563 et p. 1636]. — Le xylène du goudron de houille renferme un thioxène qu'on peut extraire en le traitant par l'acide sulfurique, et en décomposant ensuite le mélange des acides sulfoconjugués par la distillation dans un courant de vapeur d'eau, d'après le procédé indiqué par Schulze pour le thiophène (voyez plus haut).

Le thioxène *brut* est un liquide incolore, bouillant à 133-135°, et renfermant environ 40 % de thioxène réel. Pour obtenir le thioxène *pur*, on traite le thioxène brut par l'iode en présence d'oxyde jaune de mercure; il se produit un mélange de xylène inattaqué et de thioxènes iodés ; ce mélange est soumis à la distillation fractionnée dans un courant de vapeur d'eau : le xylène passe dans ces conditions vers 95°, et le mélange de thioxènes iodés à 97-99°; ces derniers produits sont recueillis à part et enfin réduits par le sodium et l'alcool ou mieux par la poudre de zinc et la soude alcoolique à la température du bain-marie.

C. Paal [*Deutsch. chem. Gesellsch.*, 1885, p. 2251] a obtenu synthétiquement un thioxène qui paraît identique avec le précédent. Il le prépare en chauffant dans un appareil à reflux un mélange de 2 p. de tri- ou de pentasulfure de phosphore et de 3 p. d'acétonylacétone. L'équation est la suivante :

$$CH^3\text{-}CO\text{-}CH^2\text{-}CH^2\text{-}CO\text{-}CH^3 + H^2S = 2H^2O + \begin{array}{c} CH\text{-}CH \\ \| \quad\quad \| \\ C \quad\quad C \\ / \; \backslash \;\; / \; \backslash \\ H^3C \quad S \quad CH^3 \end{array}$$

Cette synthèse indique la constitution du thioxène : c'est un α-diméthylthiophène.

Le thioxène pur est un liquide incolore, très mobile, bouillant à 136,5-137°,5; il donne avec la phénanthrène-quinone et l'acide sulfurique une coloration d'un rouge violacé.

Oxydé par le permanganate de potassium en solution alcaline, il se convertit d'abord en acide thiotolène-carbonique, $C^4H^2S(CH^3)CO^2H$, puis en acide thiophène-dicarbonique, $C^4H^2S(CO^2H)^2$.

Monobromothioxène, $C^4HBrS(CH^3)^2$. — Une solution sulfocarbonique de thioxène est additionnée peu à peu et à froid de la quantité théorique de brome; on lave ensuite à l'eau alcaline, on chasse le sulfure de carbone, on fait bouillir le résidu avec de la potasse alcoolique pendant quelques instants, puis on distille dans un courant de vapeur d'eau, on sèche sur le chlorure de calcium et on fractionne au thermomètre. Liquide incolore, plus dense que l'eau, bouillant à 193-194°.

Dibromothioxène, $C^4Br^2S(CH^3)^2$. — Le thioxène brut est additionné à froid et par petites portions de son poids de brome; on lave ensuite à l'eau, on fait bouillir pendant quelques instants avec de la potasse alcoolique, puis on distille dans un courant de vapeur d'eau; il passe avec l'eau d'abord du xylène inaltéré, puis à la fin un liquide huileux qui cristallise dans le récipient; après cristallisation et distillation, ce corps se présente en aiguilles fusibles à 46°; il bout sans altération à 246-247°.

Tribromothioxène [C. Paal, *Deutsch. chem. Gesellsch.*, 1885, p. 2251]. — Obtenu par l'action d'un excès de brome à basse température sur le dibromothioxène, ce corps forme des lamelles brillantes, fusibles à 142-144°, sublimables sans altération.

Octobromothioxène, $C^4Br^2S(CBr^3)^2$. — On le prépare en traitant le thioxène brut par le brome à refus, et en faisant recristalliser le produit dans l'alcool : on obtient finalement de petites aiguilles jaunes, fusibles à 114°.

Mono-iodothioxène, $C^4HIS(CH^3)^2$. — On parvient à l'isoler du mélange brut des thioxènes iodés qui prennent naissance dans l'action de l'iode sur le thioxène brut, en présence d'oxyde jaune de mercure; il suffit de soumettre ce mélange à de nombreuses distillations fractionnées, dans un courant de vapeur d'eau : le mono-iodothioxène passe, dans ces conditions, à 96°,5-97°, sous la forme d'un liquide mobile, incolore, non distillable, qui, abandonné à la lumière, ne tarde pas à laisser déposer de l'iode.

Mononitrothioxène, $C^4H(AzO^2)S(CH^3)^2$. — On fait passer un courant d'air chargé de vapeurs de thioxène dans un mélange à volumes égaux d'acide nitrique fumant et d'acide acétique cristallisable; on verse ensuite dans l'eau et on épuise par l'éther; on évapore ce dernier et on distille le résidu dans un courant de vapeur d'eau. Liquide jaune, lourd, non distillable, dont l'odeur est analogue à celle de la nitrobenzine.

Propylthiophène normal, $C^4H^3S.C^3H^7$. — Obtenu au moyen du bromure de propyle et de l'iodothiophène; point d'ébullition, 157.5-159°,5; densité, 0,974 à 16°.

Butylthiophène normal, $C^4H^3S.C^4H^9$. — Même préparation. Point d'ébullition, 181-182° (corr.); densité, 0,957 à 19°.

Composés mixtes renfermant un ou plusieurs noyaux thiophéniques unis à des radicaux gras ou aromatiques.

Phénylméthylthiophène, $C^{11}H^{10}S$ [C. Paal, *Deutsch. chem. Gesellsch.*, 1885, p. 367]. — Ce corps prend naissance par l'action du pentasulfure de phosphore à 120-130° sur l'acétophénone-acétone. La réaction est la suivante :

$$5C^{11}H^{12}O^2 + P^2S^5$$
$$= 5C^{11}H^{10}S + 2PO^4H^3 + 2H^2O.$$

On peut admettre avec l'auteur que l'acétophénone-acétone, $C^6H^5.CO.CH^2.CH^2.CO.CH^3$, subit d'abord une transposition moléculaire qui la convertit en un glycol non saturé,

$$C^6H^5.C(OH) = CH\text{-}CH = C(OH)\text{-}CH^3;$$

il résulterait de là pour le phénylméthylthiophène la constitution

```
        CH-CH
        ||   ||
H5C6-C     C-CH3
        \/
        S
```

Pour isoler ce corps du produit brut de la réaction, il suffit de distiller la masse dans un courant de vapeur d'eau; il se dépose dans le récipient des cristaux fusibles à 49-51°, solubles dans l'alcool, l'acétone, la ligroïne, l'éther, le chloroforme, la benzine, l'acide acétique. Point d'ébullition, 270-272° (non corr.).

Comme la plupart des dérivés du thiophène, ce corps donne avec l'isatine et l'acide sulfurique une coloration bleue; avec une solution acétique de phénanthrène-quinone et l'acide sulfurique, il donne à chaud une coloration verte.

β-Acétothiénone (*Thiénylméthylcarbonyle*),

$$C^4H^3S.CO.CH^3$$

[Peter, *Deutsch. chem. Gesellsch.*, 1884, p. 2643, et 1885, p. 537]. — Ce corps se produit par l'action du chlorure d'acétyle sur le thiophène en présence du chlorure d'aluminium; il est avantageux, au point de vue des rendements, de diluer le thiophène dans de l'éther de pétrole.

C'est un liquide incolore et huileux, bouillant à 213°,5 (corr.); sa densité à 24° est 1,167. Il donne avec l'isatine une coloration bleue semblable à celle de l'indophénine.

Par oxydation au moyen du permanganate en solution alcaline, l'acétothiénone est convertie en acide β-thiophénique ou en acide β-thiénylglyoxylique, suivant les proportions employées.

Monochloro-β-acétothiénone,

$$C^4H^3S\text{-}CO\text{-}CH^2Cl.$$

— Ce corps prend naissance par l'action du chlore sur l'acétothiénone à l'ébullition; il se présente en cristaux brillants, fusibles à 47°, et distille sans altération à 259° (corr.). Par oxydation au moyen du permanganate en solution alcaline, il se convertit en acide β-thiophénique.

Mononitro-acétothiénones. — La β-acétothiénone traitée par l'acide nitrique fumant à — 8° fournit un mélange de deux dérivés mononitrés; l'un, fusible à 86°, donne par la potasse alcoolique une coloration d'un rouge intense, qui passe rapidement au brun; l'autre, fusible à 122°,5 donne dans les mêmes conditions une coloration jaune, qui vire également au brun.

Dinitro-β-acétothiénone, $C^4H(AzO^2)^2.CO.CH^3$. — Lorsqu'on traite par de l'acide nitrique d'une densité de 1.28 l'une quelconque des deux mononitro-acétothiénones, on obtient entre autres produits un dérivé dinitré, qui fond avec décomposition à 166-167°.

Thiénylméthylacétoxime,

$$C^4H^3S.C(Az.OH).CH^3.$$

— C'est le produit de l'action de l'hydroxylamine sur l'acétothiénone à la température du bain-marie; ce dérivé forme une masse cristalline blanche fusible vers 110° : il ne donne pas de coloration avec l'isatine et l'acide sulfurique.

β-Acétothiénone-phénylhydrazine,

$$C^4H^3S\text{-}C(Az = AzH.C^6H^5)CH^3.$$

— Obtenu par l'action de l'acétothiénone sur un mélange de chlorhydrate de phénylhydrazine et d'acétate de sodium, ce dérivé cristallise dans l'alcool en aiguilles jaune clair fusibles à 96°.

Diméthylacétothiénone [Syn. *Acétylthioxène*], $C^4HS(CH^3)^2(C^2H^3O)$ [J. Messinger, *Deutsch. chem. Gesellsch.*, 1885, p. 2300]. — Ce corps prend naissance par l'action du chlorure d'acétyle sur une solution de thioxène dans la ligroïne, en présence du chlorure d'aluminium. Purifié par distillation dans un courant de vapeur d'eau, il se présente sous la forme d'un liquide incolore, bouillant à 223-224°; sa densité à 17° est 1,0910. Avec l'isatine et l'acide sulfurique, il donne à chaud une belle coloration rouge; avec la phénanthrène-quinone en solution acétique, il fournit une coloration violacée.

Diméthylthiénylméthylacétoxime,

$$C^4HS(CH^3)^2\text{-}C(Az.OH)\text{-}CH^3.$$

— On chauffe pendant quelques heures au bain-marie, dans un appareil à reflux, un mélange d'acétylthioxène, de chlorhydrate d'hydroxylamine et d'éthylate de sodium en présence d'alcool; on verse le produit dans l'eau et on épuise par l'éther. Aiguilles blanches, fusibles à 65°.

Acide β-thiénylglyoxylique, $C^4H^3S\text{-}CO\text{-}CO^2H$ [Peter, *Deutsch. chem. Gesellsch.*, 1885, p. 537]. — Ce corps prend naissance par l'oxydation à froid de l'acétothiénone (3 gr.) au moyen du permanganate de potassium (7gr,5) en solution alcaline (H^2O, 750 gr.; KOH, 3 gr.). Lorsque la solution est décolorée, on filtre, on acidule et on épuise par l'éther; celui-ci abandonne par évaporation des cristaux assez solubles dans l'eau et fusibles après dessiccation à 86°.

Additionné d'acide sulfurique concentré et de benzine contenant du thiophène, l'acide β-thiénylglyoxylique donne, comme l'acide phénylglyoxylique lui-même, une coloration rouge.

Chauffé avec de la diméthylaniline et du chlorure de zinc, il donne une matière colorante rouge.

Chauffé dans un courant d'hydrogène, il fournit un liquide huileux, dont l'odeur rappelle à la fois celle du furfurol et celle de l'aldéhyde benzoïque, et qui est sans doute l'aldéhyde β-thiophénique, $C^4H^3S.CHO$.

Acide nitro-β-thiénylglyoxylique,

$$C^4H^2(AzO^2)S\text{-}CO\text{-}CO^2H.$$

— On le prépare en chauffant au bain-marie un mélange de mononitro-acétothiénone fusible à 122°,5 et d'acide nitrique d'une densité de 1,15. Lorsque la dissolution est complète, on épuise par l'éther; on reprend par l'ammoniaque le résidu de l'évaporation de l'éther; on lave la solution ammoniacale avec de l'éther, puis on acidule et on épuise de nouveau par l'éther. Ce dernier liquide abandonne enfin par évaporation une masse cristalline jaunâtre, fusible à 92°. Traité par l'acide sulfurique et la benzine contenant du thiophène, cet acide donne, comme l'acide nitrophénylglyoxylique lui-même, une coloration d'un rouge violacé.

Acide isonitrosothiénylacétique,

$$C^4H^3S\text{-}C(Az.OH)\text{-}CO^2H$$

[Peter, *ibid.*). — On abandonne pendant quelque temps un mélange de thiénylglyoxylate de sodium et d'hydroxylamine en solution alcaline, puis on acidule : il se précipite des aiguilles blanches et brillantes, qui fondent en se décomposant à 136°.

Phénylthiénylcarbonyle, $C^6H^5.CO.C^4H^3S$ [Comey, *Deutsch. chem. Gesellsch.*, 1884, p. 790]. — On prépare cette acétone par l'action du chlorure de benzoyle sur le thiophène brut en présence du chlorure d'aluminium. Elle cristallise en longues aiguilles, fusibles à 55°, solubles dans l'alcool chaud et dans l'éther, insolubles dans l'eau, et bout vers 300°.

Chauffé au bain-marie avec de l'hydroxylamine, le phénylthiénylcarbonyle se convertit en *phénylthiénylacétoxime*, $C^6H^5\text{-}C(AzOH)\text{-}C^4H^3S$, prismes blancs et brillants, fusibles à 91-92°.

Distillé avec de la chaux sodée, il fournit du thiophène et de l'acide benzoïque, suivant l'équation

$$C^6H^5.CO\text{-}C^4H^3S + H^2O$$
$$= C^6H^5.CO^2H + C^4H^4S.$$

Dithiényltrichloréthane, $CCl^3.CH(C^4H^3S)^2$ [Peter, *Deutsch. chem. Gesellsch.*, 1884, p. 1341]. — Ce corps résulte de l'action du chloral sur le thiophène en présence d'acide sulfurique. Dans 200 grammes d'acide acétique cristallisable, on dissout 10 grammes de chloral, puis 23 grammes de thiophène brut; on ajoute ensuite, lentement, en refroidissant à 0°, un mélange à parties égales d'acides sulfurique concentré et acétique, jusqu'à ce qu'une prise d'essai ne donne plus la réaction de l'indophénine; on verse alors dans l'eau, on épuise par l'éther de pétrole; on lave la solution éthérée à la soude, on la décolore au noir animal, on la sèche et on l'évapore. On obtient finalement de belles tables fusibles à 76°, très solubles dans l'éther, le sulfure de carbone, l'éther de pétrole et l'alcool chaud. Ce corps donne, quand on le chauffe avec de l'isatine et de l'acide sulfurique, une belle coloration d'un rouge violacé.

Dithiényldichloréthylène, $CCl^2{=}C(C^4H^3S)^2$ [*Ibid.*]. — On le prépare en chauffant au réfrigérant ascendant le dithiényltrichloréthane avec de la potasse ou mieux avec du cyanure de potassium en solution alcoolique; la réaction terminée, on chasse l'alcool et on distille le résidu dans un courant de vapeur d'eau. On obtient ainsi un liquide incolore, qui donne, à froid, avec l'isatine et l'acide sulfurique, une coloration bleue, passant au rouge par la chaleur.

Hexabromodithiényltrichloréthane,

$$CCl^3.CH(C^4Br^3S)^2$$

[*Ibid.*]. — Ce corps prend naissance par l'action du brome sur une solution sulfocarbonique de dithiényltrichloréthane; c'est une poudre cristalline blanche, fusible à 176°, peu soluble dans l'alcool, même à l'ébullition, très soluble dans l'éther et dans le chloroforme. Il ne fournit pas de coloration avec l'isatine et l'acide sulfurique.

Dithiényltribrométhane, $CBr^3.CH(C^4H^3S)^2$ [*Ibid.*]. — On le prépare comme le dithiényltrichloréthane; il cristallise en petites pyramides fusibles à 101-102°.

Dithiényldibrométhylène, $CBr^2 = C(C^4H^3S)^2$ [*Ibid.*]. — Même préparation que pour le dérivé chloré. Liquide incolore, huileux, donnant à froid, avec l'isatine et l'acide sulfurique, une coloration d'un rouge violacé.

Dithiénylméthane, $CH^2(C^4H^3S)^2$ [*Ibid.*]. — On le prépare comme le dithiényltrichloréthane, en substituant le méthylal au chloral. Purifié par distillation dans un courant de vapeur d'eau, il forme un liquide huileux, doué d'une agréable odeur d'oranges, bouillant à 267°. Il donne, avec l'isatine et l'acide sulfurique, une coloration rouge.

Phénylthiénylméthane,

$$CH^2\begin{matrix}\diagup C^6H^5\\ \diagdown C^4H^3S\end{matrix}$$

[*Ibid.*]. — On dissout, dans 100 grammes d'acide acétique cristallisable, 5 grammes d'alcool benzylique et 6 grammes de thiophène préalablement dilué dans son volume de ligroïne; on ajoute au mélange de l'acide sulfurique, jusqu'à ce qu'une prise d'essai ne donne plus la réaction de l'indophénine, puis on verse dans l'eau et on épuise par l'éther. On évapore ce dernier et on soumet le résidu à la distillation dans un courant de vapeur d'eau. On obtient finalement un liquide huileux, à odeur de fruits, bouillant à 265° (corr.). Ce corps donne, avec l'isatine et l'acide sulfurique, une coloration rouge-fuchsine.

Composés renfermant deux ou plusieurs noyaux thiophéniques directement unis entre eux.

Dithiényle,

$$\begin{matrix}C^4H^3S\\ |\\ C^4H^3S\end{matrix}$$

[Nahnsen, *Deutsch. chem. Gesellsch.*, 1884, p. 789

et 2197]. — On prépare ce corps en faisant passer des vapeurs de thiophène dans un tube chauffé au rouge sombre. On l'isole et on le purifie en opérant exactement comme pour la préparation du diphényle au moyen de la benzine.

Il cristallise en lamelles blanches et brillantes, fusibles à 83°, et bout à 266° (corr.). Chauffé avec de l'isatine et de l'acide sulfurique, il donne une coloration bleu-violacé.

Acide dithiénylsulfonique, $C^8H^5S^2.SO^3H$. — On le prépare en chauffant, pendant 1 heure, au bain-marie, une solution de dithiényle dans 20 fois son volume d'acide sulfurique concentré.

Le *sel de baryum*, $(C^8H^5S^2.SO^3)^2Ba$, est une masse cristalline, déliquescente, d'un brun jaunâtre; le *sel de potassium* est déliquescent.

Perbromodithiényle, C^4Br^3S-C^4Br^3S. — Petites aiguilles fusibles à 255°, très solubles dans la benzine bouillante, préparées en chauffant pendant plusieurs heures, au bain-marie, une solution acétique de dithiényle avec un excès de brome.

Ad. Fauconnier.

THIORUFIQUE (ACIDE). Voyez Suppl., p. 32.

THIOTÉTRAPYRIDINE. — Voyez NICOTINE, Suppl., p. 1079.

THIOXALIQUE (ACIDE). — Son *éther éthylique*,

$$\begin{array}{l}CO^2.C^2H^5\\ |\\ CO.SC^2H^5\end{array}$$

prend naissance lorsqu'on ajoute du mercaptan goutte à goutte à du chloroxalate d'éthyle bien refroidi et que l'on chauffe finalement au réfrigérant à reflux. Ce corps est une huile qui bout à 217°, douée d'une odeur alliacée; densité à 0° = 1,1446. A l'air, il se décompose en acide oxalique, alcool et mercaptan; l'ammoniaque le convertit en oxaméthane [Morley et Saint, *Chem. Soc. Journ.*, 1883, t. I, p. 400].

Thioxamide,

$$\begin{array}{l}CO.AzH^2\\ |\\ CS.AzH^2.\end{array}$$

— Elle se forme lorsqu'on traite le thioxamate d'éthyle par l'ammoniaque alcoolique. Elle cristallise en aiguilles jaunâtres solubles dans l'alcool chaud [Weddige. *Journ. prakt. Chem.* (2), t. IX, p. 132; *Bull. Soc. chim.*, t. XXII, p. 169].

Methylthioxamide,

$$\begin{array}{l}CO\text{-}AzH.CH^3\\ |\\ CS.AzH^2.\end{array}$$

— Par l'action de la méthylamine sur le thioxamate d'éthyle. Aiguilles jaunes (Weddige).

Éthylthioxamide,

$$\begin{array}{l}CO\text{-}AzH.C^2H^5\\ |\\ CS.AzH^2.\end{array}$$

— Comme la précédente, au moyen de l'éthylamine. Aiguilles réunies en faisceaux, solubles dans l'alcool chaud (Weddige).

Phénylthioxamide. — Aiguilles solubles dans l'alcool et dans l'éther, fusibles à 132° (Weddige).

Acide thioxamique. — L'acide libre n'existe pas. Weddige a préparé les éthers suivants :

Éther méthylique,

$$\begin{array}{l}CO.OCH^3\\ |\\ CS.AzH^2.\end{array}$$

— Par l'action de l'hydrogène sulfuré sec sur une solution alcoolique de cyanocarbonate de méthyle. Il cristallise en lamelles jaunes, fusibles à 86°, solubles dans l'alcool et dans l'éther.

Éther éthylique,

$$\begin{array}{l}COO.C^2H^5\\ |\\ CS.AzH^2\end{array}$$

— Par l'action du gaz sulfhydrique sur le cyanocarbonate d'éthyle en présence d'un peu d'ammoniaque. Prismes jaunes fusibles à 64°. Chauffé en solution alcoolique avec de l'hydrate de plomb, il se convertit en cyanocarbonate d'éthyle. Avec l'iodure de méthyle, il donne un composé cristallin blanc. La potasse le convertit en thioxamate de potassium.

Éther isobutylique. — Longues aiguilles fusibles à 58°.

Sel de potassium,

$$\begin{array}{l}CS.AzH^2\\ |\\ COOK\end{array}$$

— Il est en aiguilles jaunes et fournit des précipités avec les sels des métaux lourds [*Journ. prakt. Chem.* (2), t. VII, p. 79; t. IX, p. 132; t. X, p. 200; *Bull. Soc. chim.*, t. XXII, p. 169; t. XXIII, p. 105].

THORIUM. — De nouvelles recherches sur le thorium métallique, son poids atomique et sa chaleur spécifique ont été publiées par M. Nilson [*Deutsch. chem. Gesellsch.*, 1882, p. 2519 et 2537; 1883, p. 153].

Le *thorium métallique* a été obtenu par la réduction du chlorure double de potassium et de thorium à l'aide du sodium dans un cylindre en fer, hermétiquement fermé. Il forme une poudre foncée, composée de cubo-octaèdres réguliers d'après M. Brögger. La densité a été trouvée de 10,92 et la chaleur spécifique de 0,02787, corrections faites pour les impuretés (19,85 °/₀ ThO^2 et 0,84 °/₀ Fe). La chaleur spécifique satisfait à la loi de Dulong et Petit. Le métal ne s'altère pas à l'air à la température ordinaire, ni même à 100 ou 120°. Il s'enflamme au-dessous du rouge et brûle avec éclat. Chauffé dans un courant de chlore ou dans la vapeur de brome ou d'iode, il brûle en donnant du chlorure, du bromure ou de l'iodure de thorium. Il s'unit aussi au soufre chauffé au-dessus de son point d'ébullition. L'eau n'attaque pas le thorium. L'acide sulfurique dilué le dissout lentement avec dégagement d'hydrogène; l'acide concentré le dissout en dégageant de l'acide sulfureux. L'acide azotique exerce une action très faible sur le thorium. Le métal se dissout facilement dans l'acide chlorhydrique et dans l'eau régale. Les alcalis n'exercent aucune action sur lui.

Poids atomique. — M. Nilson a obtenu, par la calcination du sulfate cristallisé et anhydre, comme moyenne de dix expériences, le nombre 232,4, qui diffère à peine des nombres 233,8 et 234, trouvés par M. Cleve.

Oxyde de thorium. — La densité de l'oxyde de thorium est, suivant MM. Nilson et Pettersson, 9,861, et d'après les dernières déterminations plus rigoureuses de M. Nilson, 10,22. Sa chaleur spécifique est 0,0548 (Nilson et Pettersson).

Chlorure de thorium. — Il s'unit, d'après M. Nilson, au protochlorure de platine pour former un sel double, $2ThCl^4.3PtCl^2,24H^2O$, qui cristallise en rhomboèdres déliquescents.

Sulfate de thorium. — La chaleur spécifique du sulfate anhydre est, d'après MM. Nilson et Pettersson, 0,0972. Le sel cristallisé se dissout très peu dans l'eau ; 100 p. de la solution contiennent, d'après Demarçay : à 0°, 1,2; à 30°, 2,5; à 54°, 8,5 parties du sel ; à 60°, la solution dépose le sulfate cotonneux. La solution neutre et étendue du sulfate se décompose lorsqu'on la chauffe. Lorsqu'on chauffe le sulfate à $9H^2O$, mêlé avec 10 ou 15 fois son poids d'eau, il se convertit à 60° en sulfate cotonneux, qui, maintenu

24 heures à 100°, se transforme en un sel basique insoluble dans l'eau et ayant pour composition $Th^3(OH)^2.7SO^4.7H^2O$ [*Compt. rend.*, XCVI, p. 1859.]

Sélénite de thorium. — Le précipité qu'on obtient en traitant le sulfate de thorium par du sélénite neutre de sodium en excès est, d'après M. Nilson, $Th.2SeO^3,8H^2O$ (séché entre des papiers). Lorsqu'on chauffe le sel neutre avec de l'acide sélénieux, on obtient des sels acides, non cristallisables. M. Nilson assigne les formules,

$$2ThO^2 7.SeO^2,16H^2O \quad \text{et} \quad ThO^2.5SeO^2,8H^2O,$$

à ces produits, qui probablement ne sont que des mélanges.

Orthophosphate de thorium et de sodium,

$$Th^2Na.3PO^4.$$

— Il a été obtenu par M. Wallroth par l'action du sel de phosphore en fusion sur la thorine. Il forme des prismes clinorhombiques microscopiques, infusibles sur la lame de platine et insolubles dans les acides [*Bull. Soc. chim.* (2), t. XXXIX, p. 321].

Préparation de la thorine. — Le meilleur procédé pour une séparation brute de la thorine d'avec les autres terres rares est le suivant, d'après M. Cleve : On chauffe les oxydes avec de l'acide azotique dans des capsules en porcelaine jusqu'au dégagement de vapeurs rutilantes. On traite le résidu par l'eau froide, qui dissout la plupart des autres oxydes en laissant l'oxyde de thorium et l'oxyde de cérium à l'état de sous-azotates, insolubles dans les solutions salines, solubles, à la manière des substances colloïdales, dans l'eau pure en donnant des pseudo-solutions laiteuses. On décante autant que possible et on chauffe les sous-azotates avec de l'acide sulfurique, qui donne un mélange de sulfate cérique et de sulfate de thorium. On dissout ce mélange dans l'eau froide et on ajoute de l'eau bouillante. On obtient ainsi un précipité jaune de sous-sulfate cérique, la majeure partie du thorium restant dans la solution avec un peu de cérium et les autres bases. Le sulfate cérique contient une quantité notable de thorium, d'où on peut le séparer en le tranformant en azotate céreux et en ajoutant de la soude caustique en quantité insuffisante pour une précipitation complète. La thorine se précipite avant l'oxyde de cérium, et on obtient une solution exempte de thorine.

M. Lecoq de Boisbaudran sépare la thorine d'avec la cérite à l'aide du protoxyde de cuivre, qui précipite à l'ébullition le premier de ces oxydes [*Compt. rend.*, XCIX, p. 525].

Pour obtenir le sulfate de thorine à l'état de pureté, M. Nilson dissout le sulfate impur dans cinq fois son poids d'eau à 0°. On chauffe la solution à 20°, et il se forme un précipité lourd, blanc et cristallin de sulfate hydraté. On répète le procédé, en augmentant la quantité d'eau à mesure que le sulfate devient plus pur. P.-T. Cleve.

THULIUM. — Radical d'une terre qui accompagne en petite quantité l'erbine et qu'on n'a pas encore obtenu à l'état de pureté. Il se trouve dans le spectre d'absorption de l'ancienne erbine une raie dans la partie rouge (longueur d'onde, 680-707), qui, d'après M. Soret [*Arch. Sc. phys. nat.*, LXIII, p. 99], ne parait pas appartenir à la vraie erbine. Plus tard M. Cleve trouva que cette bande, ainsi qu'une autre située dans la partie bleue du spectre (longueur d'onde, 465), appartient à un oxyde intermédiaire entre l'erbine et l'ytterbine et dont le radical a un poids atomique très élevé, environ 171 (l'oxyde étant supposé M^2O^3). Les sels paraissent incolores ou peu colorés. Le chlorure donne, d'après M. Thalén, un spectre de plusieurs raies d'une intensité faible, [illegible] les longueurs d'onde [illegible] [Cleve, *Com*[illegible] t. LXXXIX [illegible] *Chem. J.* [illegible] t. XXXVII, nº [illegible], 1884]. P.-T. Cleve.

THYMOGLYCOLIQUE ACIDE,

$$C^6H^3 - \begin{cases} C^3H^7 \\ CH^3 \\ OCH^2.CO^2H \end{cases}$$

[Spica, *Gazz. chim. ital.*, t. X, p. [illegible]0, et *Deutsch. chem. Gesellsch.*, 18[illegible], p. [illegible]]. — On l'obtient par l'action de l'acide monochloracétique sur le thymol en présence de la soude. L'acide chlorhydrique le précipite en cristaux blancs fusibles à 147-148°.

Le sel de baryum, $(C^{12}H^{15}O^3)^2Ba + 2H^2O$, est très soluble dans l'eau.

Le sel de plomb est un précipité blanc caséeux.

Le sel d'argent [illegible] en cristaux microscopiques.

L'éther, [illegible] fond [illegible].

L'amide fond à [illegible].

THYMOL.

$$C^{10}H^{14}O = C^6H^3.CH^3(1).OH(3).C^3H^7(4).$$

— On peut préparer le thymol en partant de l'aldéhyde cuminique nitrée.

Cette aldéhyde, traitée à froid par le perchlorure de phosphore, donne une huile qu'on sépare [illegible] en lavant à l'eau et extrayant à l'éther. On obtient [illegible] un corps ayant pour composition [illegible], qu'on ne peut [illegible] sans isoler cette substance, [illegible] alcoolique par de l'acide chlorhydrique [illegible] du zinc, en empêchant la température de s'élever au-dessus de 12°. La réaction, très lente, n'est terminée que lorsqu'une prise d'essai ne précipite plus par l'eau. Quand ce résultat est atteint, on peut élever la température de la masse.

Dans [illegible] AzH^2 [illegible] de la cymidine :

$$[illegible] 2H^2$$

$$= [illegible] + 2H^2O + 2HCl.$$

Le sulfate de cymidine, en solution à 0°, additionné d'une molécule d'azotite de sodium et traité par une quantité correspondante d'acide sulfurique très étendu, se convertit en thymol :

$$[illegible] AzOH$$

$$= [illegible] + H^2O.$$

Ce thymol [illegible] la liqueur et en distillant [illegible], est identique avec le thymol naturel.

D'après son mode de synthèse, en partant du cuminol, $C^6H^4(CHO)(1)(C^3H^7)(4)$, qui se nitre en position meta par rapport à CHO, l'auteur pense que la constitution du thymol est

$$C^6H^3[illegible](OH)[illegible](C^3H^7)[illegible]$$

Nitrosothymol. [illegible] dans le [illegible] procédé [illegible] quantité d'azotite de sodium supérieure à la quantité nécessaire pour transformer la cymidine en thymol, il se produit une résine jaune, qui, distillée avec de la vapeur d'eau pour la débarrasser de thymol, se dissout dans l'eau bouillante, d'où elle se dépose par refroidissement sous la forme de fines aiguilles jaunâtres, fusibles à 160-162°. Ce nitrosothymol est identique avec le nitroso[illegible].

[illegible] thymol et [illegible] 10 minutes [illegible] cristalline [illegible] *de calcium*, [illegible]^{2}Ca + 2H^{2}O, fusible à 156°. Le *sel ammoniacal* cristallise avec 2H^{2}O et, anhydre, fond à 172°.

Le *sel de sodium*, $C^{10}H^{12}.ONa.SO^3Na$, cristallise avec $2\frac{1}{2}H^2O$ [Stebbins, *Deutsch. chem. Gesellsch.*, 1882, p. 1765].

ÉTHERS CARBONIQUES DU THYMOL.

Éther dithymylcarbonique, $CO(OC^{10}H^{13})^2$. — Il se produit lorsqu'on fait passer du chlorure de carbonyle dans une solution aqueuse de thymol sodé. On sépare le sel marin par des lavages à l'eau et on purifie par distillation. Cet éther fond à 48° et bout au-dessus de 360°; c'est un liquide incolore, doué d'une odeur faible et agréable.

Éther éthylthymylcarbonique,

$$CO(OC^{10}H^{13})(OC^2H^5).$$

— Il se forme lorsqu'on ajoute en refroidissant de l'éther chlorocarbonique à du thymol sodé bien desséché. On élimine par l'eau le chlorure de sodium formé, on lave l'huile restante avec de l'éther, puis on distille en recueillant ce qui passe de 250° à 262°. C'est une huile incolore et inodore.

Cet éther, chauffé vers 210° dans un courant d'hydrogène avec du phénol sodé, ne donne pas d'acide thymotique, comme on l'avait avancé, mais bien un peu d'acide salicylique, du phénol, du thymol et du phénétol [A. K. Richter, *Journ. prakt. Chem.* (2), t. XXVII, p. 503-511]. A. Étard.

THYMOLACTIQUE (ACIDE),

$$C^6H^3(CH^3)_{(1)}(O.C^2H^4.CO^2H)_{(3)}(C^3H^7)_{(4)}.$$

— Il se produit quand on traite par l'acide chloropropionique le thymol sodé de synthèse. Il cristallise en prismes solubles dans l'alcool, l'éther et le chloroforme. Point de fusion, 74°. Le dérivé correspondant du thymol naturel fond à 48° [Scichilone, *Gazz. chim. ital.*, 1882, p. 48].

THYMOLIQUE (ACIDE), $C^{10}H^{10}O^5$ [Barth, *Deutsch. chem. Gesellsch.*, 1878, p. 567]. — Ce corps, qui prend naissance dans la fusion du thymol avec la potasse, est très soluble dans l'eau. Les solutions aqueuses sont précipitées par le sous-acétate de plomb, et donnent avec le chlorure ferrique une coloration rouge intense. Il paraît fonctionner comme acide bibasique.

THYMO-OXYCUMINIQUE. — Voyez Suppl., p. 563.

THYMOPARACRYLIQUE (ACIDE),

$$C^6H^2.CH^3_{(1)}.OH_{(3)}C^3H^7_{(4)}.CH=CH-CO^2H_{(6)}.$$

— On l'obtient en traitant l'aldéhyde parathymotique par l'acétate de sodium et l'anhydride acétique, selon la méthode générale. C'est un corps cristallisé, fusible à 280°.

Thymométhylparacrylique (acide). — Il résulte de l'oxydation de l'aldéhyde correspondante par le permanganate. Ce dérivé fond à 141° [Hans Kobek, *Deutsch. chem. Gesellsch.*, 1883, p. 2096].

THYMOQUINONE, $C^{10}H^{12}O^2$. — Voyez t. III, p. 413.

Préparation et modes de formation. — Suivant Liebermann et Benzinger [*Deutsch. chem. Gesellsch.*, 1877, p. 78], on obtient d'excellents rendements en thymoquinone par l'oxydation de l'amidothymol au moyen d'une solution étendue d'acide chromique; on isole le produit par distillation dans un courant de vapeur d'eau.

La distillation d'un mélange d'amidothymol et de chlorure ferrique fournit en thymoquinone plus de la moitié du poids de l'amidothymol employé [Armstrong, *Deutsch. chem. Gesellsch.*, 1877, p. 297].

On obtient également de la thymoquinone lorsqu'on oxyde par un mélange d'acide sulfurique dilué et de peroxyde de manganèse le dithymoléthane ou le diacétyldithymoléthane [Steiner, *Deutsch. chem. Gesellsch.* 1878, p. 287].

Réactions. — Lorsqu'on abandonne pendant quelques jours à la lumière diffuse une solution éthérée de thymoquinone, on voit se déposer une matière insoluble dans l'éther, qui paraît constituer un polymère de la thymoquinone. Ce corps cristallise dans l'alcool en longues aiguilles jaune clair, inodores, soyeuses, fusibles à 200-201°, non volatiles avec la vapeur d'eau, sublimables sans altération à une température élevée. Traité par les réducteurs (acide iodhydrique, poudre de zinc et acide chlorhydrique), ce corps se transforme en thymohydroquinone [Liebermann, *Deutsch. chem. Gesellsch.*, 1877, p. 2177].

L'hydroxylamine en solution alcaline transforme la thymoquinone en thymohydroquinone; le chlorhydrate d'hydroxylamine en solution acide la convertit au contraire en nitrosothymol [Goldschmidt et Schmid, *Deutsch. chem. Gesellsch.*, 1884, p. 2060].

Chlorothymoquinones.

Monochlorothymoquinone, $C^{10}H^{11}ClO^2$. — Ce corps prend naissance dans l'action de l'acide chlorhydrique sur la thymoquinone-chlorimide; c'est un liquide huileux, plus léger que l'eau, et difficile à purifier.

Dichlorothymoquinone, $C^{10}H^{10}Cl^2O^2$. — Ce dérivé se produit en même temps que le précédent; il cristallise en tables orthorhombiques, volatiles avec la vapeur d'eau, solubles dans l'alcool chaud et fusibles à 99°.

Méthamidothymoquinones.

La méthylamine réagit à froid sur la thymoquinone en solution alcoolique et la convertit en un mélange de *monométhamidothymoquinone*

$$C^{10}H^{12}O^2(Az.CH^3)$$

et de *biméthamidothymoquinone*

$$C^{10}H^{12}O^2(Az.CH^3)^2.$$

Le dérivé diméthylé se dépose immédiatement; l'autre est précipité du produit de la réaction par l'addition d'une grande quantité d'eau.

Monométhamidothymoquinone. — Ce corps est volatil avec la vapeur d'eau; il cristallise dans l'alcool dilué en lamelles violacées, presque noires, fusibles à 74°. Traité par les chlorures d'acétyle ou de benzoyle, il paraît fournir des éthers; mais les produits ainsi formés n'ont pu être isolés à l'état de pureté. Traitée en solution alcoolique par les acides chlorhydrique ou sulfurique, la méthamidothymoquinone se dédouble en méthylamine et oxythymoquinone, $C^{10}H^{11}(OH)O^2$, fusible à 174-175°.

Biméthamidothymoquinone. — Elle cristallise dans l'alcool en longues aiguilles violettes, qui fondent à 203° et se décomposent à une température plus élevée. Elle est soluble dans l'acide acétique, l'éther, la benzine, insoluble dans la soude. Le chlorure d'acétyle la convertit en un corps blanc dont la composition n'a pu être nettement établie; le chlorure de benzoyle paraît la transformer en un dérivé dibenzoylé. Chauffée en solution alcoolique avec de l'acide sulfurique ou de la potasse, la biméthamidothymoquinone se dédouble en méthylamine et dioxythymoquinone $C^{10}H^{10}(OH)^2O^2$, fusible à 213° [Zincke, *Deutsch. chem. Gesellsch.*, 1881, p. 92].

Thymoquinone-chlorimide.

La *thymoquinone-chlorimide*, $C^{10}H^{12}ClAzO$, prend naissance lorsqu'on traite à froid une solution saturée de chlorhydrate de paramidothymol par l'hypochlorite de calcium [Andresen,

Journ. prakt. Chem. (2), t. XXIII, p. 167]. Il se forme une émulsion dont la couleur, d'abord violette, passe au jaune quand la réaction est terminée. On épuise alors par l'éther, et on obtient une huile jaune, incristallisable, volatile avec la vapeur d'eau, qui détone lorsqu'on la chauffe.

Traitée à une douce chaleur par 4 ou 5 volumes d'acide chlorhydrique fumant, la thymoquinone-chlorimide fournit un mélange de monochloro- et de dichlorothymoquinone et de chlorhydrate de monochloramidothymol; en même temps il se dégage du chlore.

L'acide bromhydrique fournit de même un mélange de mono- et de dibromothymoquinone, et de bromhydrate de monobromamidothymol.

Chauffée à 135°, en tubes scellés avec de l'alcool, la thymoquinone-chlorimide fournit du chlorure d'ammonium et de la thymoquinone. Traitée par l'acide sulfureux, elle se transforme en thymohydroquinone; il en est de même lorsqu'on la soumet à l'action de l'étain et de l'acide chlorhydrique, mais il se produit en même temps, dans ce dernier cas, une certaine quantité de chlorostannate de paramidothymol.

Enfin, le sulfite acide de sodium transforme la thymoquinone-chlorimide en acide amidothymolsulfonique.

Monochlorothymoquinone-chlorimide,

$$C^{10}H^{11}Cl^2AzO$$

[Andresen, *Ibid.*]. — On l'obtient par l'action de l'hypochlorite de calcium sur le chlorhydrate de monochloramidothymol. C'est un liquide huileux qui se décompose par la chaleur.

THYMOHYDROQUINONE. — Voyez p. 414.

Monochlorodiacétylthymohydroquinone,

$$C^6HCl(CH^3)(C^3H^7)(OC^2H^3O)^2.$$

— On chauffe pendant 3 heures à 100° en tubes scellés 1 p. de thymoquinone et 3 p. de chlorure d'acétyle; on précipite par l'eau et on fait recristalliser dans l'alcool. Grands cristaux fusibles à 87-88°, très solubles dans l'alcool et dans l'éther [H. Schulz, *Deutsch. chem. Gesellsch.*, 1882, p. 657].

Monobromodiacétylthymohydroquinone,

$$C^{10}H^{11}Br(OC^2H^3O)^2.$$

— Même préparation. Cristaux rhomboédriques fusibles à 91°. Traité par le brome en solution éthérée, ce corps se convertit en *dibromodiacétylthymohydroquinone*, lames rectangulaires incolores, fusibles à 121-122°.

Dichlorodibenzoylthymohydroquinone,

$$C^{10}H^{10}Cl^2(OC^7H^5O)^2.$$

— Même préparation. Aiguilles blanches fusibles à 190-191°. Les eaux-mères renferment et abandonnent par évaporation la *monochlorodibenzoylthymohydroquinone*, $C^{10}H^{11}Cl(OC^7H^5O)^2$, en aiguilles incolores, fusibles à 116-118°.

OXYTHYMOQUINONE, $C^{10}H^{11}(OH)O^2$. — Voyez p. 414.

Suivant H. Schulz [*Deutsch. chem. Gesellsch.*, 1883, p. 898], le véritable point de fusion de l'oxythymoquinone serait 166-167°.

Oxythymoquinone-anilide,

$$C^{10}H^{10}(OH)O^2.AzHC^6H^7.$$

— Ce corps prend naissance lorsqu'on fait bouillir un mélange d'aniline et d'oxythymoquinone, en solution alcoolique ou acétique; on précipite par l'eau et on fait recristalliser dans l'alcool chaud. Petites aiguilles violet foncé, à éclat métallique, solubles en rouge dans la benzine et dans le chloroforme, fusibles à 134-135°.

Oxythymoquinone-paratoluide. — On l'obtient comme l'anilide. Elle fond à 164-165°.

THYMOTIQUE (ACIDE) (PARA),

$$C^6H^2.CH^3{}_{(1)}.OH_{(3)}.C^3H^7{}_{(4)}.CO^2H_{(6)}.$$

— On mélange 30 p. de thymol, 50 p. de soude et 45 p. de tétrachlorure de carbone avec une quantité d'eau telle, que tout le thymol soit dissous, puis on maintient ce mélange à 100°, en vase clos, pendant 10 jours; au bout de ce temps, la masse bleue ainsi produite est étendue d'eau, acidulée et agitée avec de l'éther qui enlève l'acide organique. Ce dernier acide en solution éthérée, agité à son tour avec une solution de carbonate de sodium, passe dans la solution alcaline aqueuse, d'où on le précipite en dernier lieu par un acide.

L'acide parathymotique se purifie, à l'état de sel calcique, par le noir animal; on le précipite une dernière fois par l'acide chlorhydrique pour le faire cristalliser dans l'alcool. C'est un corps peu soluble dans l'eau, même chaude, soluble dans l'alcool et dans l'éther, fusible à 157°. Il ne colore pas les sels ferriques, et, par cela, il diffère de l'acide thymotique de Kolbe ou orthothymotique, $(CO^2H_{(2)}, OH_{(3)})$ (voyez Dictionnaire, t. III, p. 414).

Dérivé méthylique,

$$C^6H^2.CH^3{}_{(1)}.OCH^3{}_{(3)}C^3H^7{}_{(4)}CO^2H_{(6)}.$$

— On prépare cet acide en oxydant, à 80°, l'aldéhyde méthylparathymotique par le permanganate de potassium; après purification, il cristallise et fond à 137° [Hans Kobek, *Deutsch. Chem. Gesellsch.*, 1883, p. 2096].

THYMOTIQUE (ALCOOL) (PARA),

$$C^6H^2.CH^3{}_{(1)}.(OH)_{(3)}C^3H^7{}_{(4)}CH^2.OH_{(6)}.$$

— L'aldéhyde thymotique en solution aqueuse est traitée par l'amalgame de sodium. On prolonge la réaction en ajoutant de l'amalgame pendant plusieurs jours. L'acide carbonique précipite de la solution alcaline une substance jaunâtre, qu'on lave à la soude étendue pour éliminer l'aldéhyde qui peut rester. Cet alcool est amorphe; il se dissout dans l'alcool, l'éther et la benzine [Hans Kobek, *Deutsch. Chem. Gesellsch.*, 1883, p. 2096].

THYMOTIQUE (ALDÉHYDE) (PARA),

$$C^{11}H^{14}O^2 = C^6H^2.CH^3{}_{(1)}OH_{(3)}C^3H^7{}_{(4)}CHO_{(6)}.$$

— Cette aldéhyde se prépare en chauffant du thymol, de la soude et du chloroforme dans les proportions indiquées par l'équation

$$C^{10}H^{14}O + CHCl^3 + 4NaOH$$
$$= 3NaCl + 3H^2O + C^{11}H^{13}NaO^2.$$

Cette réaction s'effectue au réfrigérant ascendant en présence d'eau. Dès qu'elle est terminée, on agite avec de l'éther pour enlever l'excès de thymol et une matière neutre, puis on acidule et on distille ensuite dans la vapeur d'eau pour chasser le thymol que la soude pouvait retenir en combinaison. L'aldéhyde thymotique reste dans l'appareil distillatoire; on la purifie par cristallisation dans l'alcool, puis dans l'eau chaude. Cette aldéhyde se présente en aiguilles blanches, brillantes, fusibles à 133°. Peu soluble dans l'eau chaude, insoluble dans l'eau froide, elle se dissout aisément dans l'alcool, l'éther, le chloroforme, la benzine. Elle ne forme pas de combinaison bisulfitique.

L'anilide, $C^6H^2(CH^3)(OH)(C^3H^7)(CH.AzC^6H^5)$, se prépare en chauffant un mélange d'aldéhyde thymotique et d'aniline jusqu'à ce qu'il se sépare de l'eau. On lave le produit de la réaction avec du pétrole, et, quand les produits secondaires ou excédants ont été éliminés, on dissout dans du pétrole additionné de quelques gouttes d'alcool absolu.

Aiguilles blanches, insolubles dans l'eau froide,

solubles dans l'alcool, l'éther et la benzine, fusibles à 142°.

ALDÉHYDE MÉTHYLPARATHYMOTIQUE,

$$C^6H^2.CH^3_{(1)}OCH^3_{(3)}C^3H^7_{(4)}CHO_{(6)}.$$

— On chauffe au réfrigérant ascendant, pendant 5 ou 6 heures, un mélange d'aldéhyde parathymotique, de soude et d'iodure de méthyle en solution dans l'alcool méthylique; après avoir chassé l'alcool, on dissout la matière dans de l'éther et on agite avec de la soude, à plusieurs reprises, pour enlever l'aldéhyde excédante, puis on chasse l'éther. Le dérivé méthylé reste sous la forme d'une huile bouillant sans décomposition à 278°, insoluble dans l'eau et dans le bisulfite de sodium.

L'*anilide*, $C^{18}H^{21}AzO$, correspondant à cette aldéhyde se prépare exactement comme celle de l'aldéhyde parathymotique ci-dessus; elle fond à 80°.

THYMODIALDÉHYDE,

$$C^6H.CH^3_{(1)}OH_{(3)}C^3H^7_{(4)}CHO_{(3)}CHO_{(?)}.$$

— Les produits qui, dans la préparation de l'aldéhyde parathymotique, sont entraînés par la vapeur d'eau, étant agités avec une solution de carbonate de sodium, cèdent à celle-ci une matière nouvelle, alors que le thymol reste insoluble. Cette matière se précipite lorsqu'on acidule la liqueur, et cristallise dans l'alcool en aiguilles jaunâtres, fusibles à 79-80°; c'est la dialdéhyde ci-dessus [Hans Kobek, *Deutsch. chem. Gesellsch.*, 1883, p. 2096].

A. Étard.

TIGLIQUE (ACIDE). — Voyez MÉTHYLCROTONIQUE, Suppl., p. 1017.

TITANE. — E.-T. Thorpe a trouvé pour le poids atomique du titane, en partant de l'analyse du tétrachlorure, le nombre 48,00 [*Journ. chem. Soc.*, avril 1884].

TÉTRACHLORURE DE TITANE, $TiCl^4$. — Il se combine, ainsi que cela a déjà été signalé par divers auteurs, aux chlorures de phosphore.

Lorsqu'on mélange le tétrachlorure de titane avec le *protochlorure de phosphore*, il se dépose des cristaux fusibles à 85°,5, qui renferment

$$TiCl^4.PCl^3$$

[A. Bertrand, *Bull. Soc. chim.*, t. XXXIII, p. 565].

On obtient la combinaison $TiCl^4.POCl^3$, déjà décrite par R. Weber, en faisant réagir le pentachlorure de phosphore sur l'anhydride titanique. Elle cristallise facilement; elle fond à 110° et bout à 140° [E. Wehrlin et E. Giraud, *Compt. rend.*, t. LXXXV, p. 288].

Lorsqu'on chauffe le tétrachlorure de titane avec la *chlorhydrine sulfurique* $SO^2(OH)Cl$, il se produit une poudre amorphe, jaune, fumant à l'air et déliquescente, qui renferme

$$ClSO^2\text{-}O\text{-}TiCl^3$$

[P. Clausnitzer, *Deutsch. chem. Gesellsch.*, 1879, p. 2011].

Le tétrachlorure de titane se combine avec l'éther en donnant des cristaux d'un jaune verdâtre (A. Bertrand).

Il se comporte comme le tétrachlorure de silicium à l'égard de l'anhydride et de l'acide acétiques; la réaction est énergique et fournit des anhydrides mixtes (A. Bertrand).

Mélangé au *chlorure d'acétyle*, il produit immédiatement un dépôt de paillettes jaunes, brillantes, solubles dans le chlorure d'acétyle, d'où la combinaison $TiCl^4.C^2H^3OCl$ se dépose en octaèdres transparents, jaunes, fumant à l'air, fusibles à 25-30°, décomposables par la distillation, ainsi que par l'eau.

Le tétrachlorure de titane se combine de même aux chlorures de valéryle, de butyryle, de benzoyle. Cette dernière combinaison,

$$TiCl^4.C^7H^5OCl,$$

forme de beaux cristaux jaunes, fusibles à 65° [A. Bertrand, *Bull. Soc. chim.*, t. XXXIII, p. 252, et t. XXXIV, p. 631].

Les combinaisons formées par le tétrachlorure de titane avec le pentachlorure et avec l'oxychlorure de phosphore réagissent sur les alcools, d'après les équations

$$TiPCl^9 + 6C^2H^5.OH$$
$$= 3HCl + 3C^2H^5Cl + TiCl(C^2H^5O)^3.PO^4H^3,$$
$$TiPOCl^7 + 6CH^3.OH$$
$$= 4HCl + 4CH^3Cl + TiCl(CH^3O)^3.PO^4H^3.$$

La réaction terminée, on distille l'excès d'alcool (qui doit être absolu) et on abandonne le résidu dans le vide. Le produit reste sous la forme d'une masse gommeuse, que l'eau décompose. Le dérivé éthylé fournit par l'action de l'eau un corps insoluble dans ce liquide, soluble dans l'alcool, et renfermant

$$TiO(C^2H^5O)^2.POH^3.$$

La chaleur agit sur le composé primitif en produisant de l'éther et du chlorure d'éthyle; le résidu est formé d'anhydride titanique et d'acide phosphorique [E. Wehrlin et E. Giraud, *loc. cit.*].

Le chlorure de phosphényle, $C^6H^5PCl^2$, transforme le tétrachlorure de titane en sesquichlorure, comme peut le faire aussi le trichlorure de phosphore [H. Kœhler, *Deutsch. chem. Gesellsch.*, 1880, p. 1626].

FLUORURE DE TITANE. — Outre les fluosels qu'on a déjà fait connaître, nous indiquerons ici les résultats signalés par A. Piccini sur les fluorures doubles que forme le sesquifluorure de titane, Ti^2Fl^6. Cet auteur a obtenu les sels suivants :

$$Ti^2Fl^6.4KFl;$$
$$Ti^2Fl^6.4AzH^4Fl;$$
$$Ti^2Fl^6.6AzH^4Fl.$$

Sesquifluotitanate ammonique, $Ti^2Fl^6.4AzH^4Fl$. — Ce sel se produit lorsqu'on verse une solution de sesquichlorure de titane dans une solution concentrée de fluorure d'ammonium, ou lorsqu'on électrolyse une solution de fluotitanate d'ammonium $TiFl^6(AzH^4)^2$ dans le fluorure d'ammonium. C'est un précipité cristallin violet, peu soluble dans l'eau, tout à fait insoluble en présence du fluorure d'ammonium. Exposé à l'air, ce corps jaunit et, après dessiccation complète, il se dissout dans l'eau avec une couleur jaune d'or; cette solution s'altère peu à peu et abandonne, par l'évaporation, de petits octaèdres réguliers jaunes, souvent mêlés d'aiguilles. La solution des octaèdres réduit le permanganate de potassium avec dégagement d'oxygène : elle donne, avec l'ammoniaque, un précipité floconneux jaune, soluble dans l'acide sulfurique étendu et froid. Avec le fluorhydrate de fluorure de potassium, on obtient un précipité de fluotitanate $TiFl^6K^2$, et une combinaison présentant les réactions du peroxyde d'hydrogène. Les cristaux octaédriques ont pour composition $TiO^2Fl^2.3AzH^4Fl$ et renferment de l'oxygène fonctionnant comme celui du peroxyde d'hydrogène. Leur solution est décolorée par l'acide fluorhydrique et renferme alors du peroxyde d'hydrogène.

$$TiO^2Fl^2 + 2FlH = TiFl^4 + H^2O^2.$$

On obtient le même produit, qui correspond à l'oxyde supérieur TiO^3, lorsqu'on ajoute du fluorure d'ammonium à une solution sulfurique d'acide titanique, additionnée de peroxyde d'hydrogène. Cette solution, qui est jaune-rouge, fournit ainsi des octaèdres microscopiques identiques avec les précédents. Si le fluorure d'ammonium n'est pas en excès, on obtient des aiguilles jaunes constituant un autre fluosel [*Compt. rend.*, t. XCVII, p. 1064].

Acide titanique. — Schœn et Heppe ont remarqué que le peroxyde d'hydrogène colore en jaune-rouge les solutions d'acide titanique, et ont attribué cette coloration à la production d'un oxyde supérieur. A. Piccini a isolé ce peroxyde. Pour cela, il dissout l'acide titanique dans l'acide sulfurique étendu de son volume d'eau, puis, après avoir encore étendu cette solution sirupeuse, il y ajoute, à froid, du peroxyde de baryum, et soumet la solution jaune-rouge à une précipitation fractionnée par l'ammoniaque. On obtient ainsi une poudre d'un jaune foncé, qui paraît contenir 4 °/₀ d'oxygène de plus que l'anhydride titanique; ce corps, qui se rapproche du peroxyfluorure décrit plus haut, se décompose à une température peu élevée. L'acide chlorhydrique le dissout avec une couleur jaune-rouge en dégageant du chlore [*Gaz. chim. ital.*, 1882, p. 151; — *Bull. Soc. chim.*, t. XXXVIII, p. 557].

A. Weller est arrivé à des résultats semblables. Le peroxyde précipité jaune se dessèche en une matière cornée, d'un jaune brun; il est soluble dans les acides avec une couleur jaune-rouge; la solution sulfurique peut être concentrée dans le vide. Les alcalis et les agents réducteurs décolorent immédiatement le peroxyde de titane. D'après la quantité de chlore mise en liberté par l'action de l'acide chlorhydrique, la composition du peroxyde de titane se rapproche de la formule TiO^3 (l'analyse a fourni les rapports $TiO^{2,8}$) [*Deutsch. chem. Gesellsch.*, 1882, p. 2599].

La coloration produite par le peroxyde d'hydrogène avec l'acide titanique constitue une réaction très sensible de cet acide. Avec 1 gramme TiO^2 par litre, on obtient une couleur orangée; avec 0gr,1, une couleur jaune; avec 0gr,02, la réaction est incertaine. Elle ne peut servir en présence des acides vanadique et molybdique, qui produisent des colorations analogues [A. Weller, *loc. cit.*, 1882, p. 2592].

Acide titanique gélatineux. — Pour obtenir cette modification, signalée par Knop, on fond l'acide titanique avec du carbonate potassique; on lave le produit de la fusion avec de l'eau aussi longtemps que celle-ci devient alcaline, puis on fait digérer le résidu avec de l'acide chlorhydrique froid. Le liquide filtré devient bientôt gélatineux.

L'acide titanique gélatineux est moins stable que la silice gélatineuse; il est transformé en acide métatitanique par l'eau bouillante [v. der Pfordten, *Deutsch. chem. Gesellsch.*, 1884, p. 727].

En réduisant l'acide titanique par l'hydrogène sec, à une température élevée, v. der Pfordten a obtenu, non le sesquioxyde d'Ebelmen, mais un oxyde bleu, amorphe, Ti^3O^5.

Sulfures de titane. — Le sulfure Ti^2S, étant chauffé à une haute température dans un courant d'hydrogène sec et sans traces d'oxygène, donne naissance au *monosulfure* noir, TiS, insoluble dans les acides, inattaquable par l'acide azotique et par l'eau régale [v. der Pfordten, *loc. cit.*]. Ed. Willm.

TOLANE, $C^6H^5.C \equiv C.C^6H^5$ (voyez t. III, p. 427). — *Modes de formation.* — Le tolane prend naissance lorsqu'on traite par un grand excès de poudre de cuivre du phénylchloroforme, $C^6H^5.CCl^3$ [Hanhart, *Deutsch. chem. Gesellsch.*, 1879, p. 1971]. On l'obtient également en réduisant le dichlorure par l'amalgame de sodium, et en saturant l'alcali formé par l'acide acétique.

Propriétés. — Chauffé vers 500°, le tolane se décompose en donnant du charbon, de la benzine et du diphényle [Barbier, *Compt. rend.*, t. LXXVIII, p. 1771]. Chauffé en vase clos avec de l'acide iodhydrique et du phosphore, il fournit du dibenzyle (Barbier). L'acide chromique le transforme en acide benzoïque [Liebermann et Homeyer, *Deutsch. chem. Gesellsch.*, 1879, p. 1971].

Dibromure de tolane, $C^{14}H^{10}Br^2$. — En additionnant d'un excès de brome une dissolution de tolane dans le sulfure de carbone, on obtient un dibromure qui cristallise dans l'acide acétique, en lamelles fusibles à 207-208°.

Dichlorures de tolane. — Lorsqu'on chauffe du phénylchloroforme au bain-marie avec de la poudre de cuivre, il se manifeste une réaction très violente; il se forme les deux chlorures de tolane décrits par Limpricht et Schwanert (t. III, p. 427). On en obtient jusqu'à 40 °/₀ du poids du phénylchloroforme employé [Hanhart, *loc. cit.*].

On obtient ces mêmes corps, d'après Liebermann et Homeyer, en réduisant par la poudre de zinc une dissolution alcoolique de tétrachlorure de tolane. On sépare les deux isomères par cristallisation dans l'alcool étendu; le moins soluble fond à 143° (Zinin indique 153°); l'autre entre en fusion à 63°.

Le dichlorure de tolane, chauffé à 170° avec du phosphore rouge et de l'acide iodhydrique, fournit du dibenzyle (Hanhart).

Tétrachlorure de tolane, $C^{14}H^{10}Cl^4$. — Liebermann et Homeyer ont observé la formation de ce corps dans la préparation en grand du phénylchloroforme par le toluène et le chlore desséché par l'acide sulfurique. Cette condensation est due peut-être à l'acide sulfurique entraîné.

En traitant le phénylchloroforme en dissolution benzinique par la poudre de cuivre, Hanhart a obtenu du tétrachlorure de tolane. Ce corps forme des cristaux bien définis, transparents, qui possèdent la singulière propriété de devenir opaques lorsqu'on les chauffe à 100° ou qu'on les touche avec des corps durs; cette transformation s'effectue sans changement de poids, ni de point de fusion (163°). Le tétrachlorure de tolane est très stable; il résiste à l'action de l'acide nitrique et de l'acide chromique bouillants. Traité par le sodium en solution benzinique, il ne perd pas de chlore. La potasse alcoolique et l'oxyde d'argent sont également sans action sur lui. Le chlorure de zinc rend les atomes de chlore plus mobiles; en effet, un mélange de diméthylaniline et de tétrachlorure de tolane, chauffé avec du chlorure de zinc, donne naissance à une matière colorante d'un beau violet.

Le tétrachlorure de tolane, chauffé au rouge avec du zinc en poudre, fournit du stilbène. L'acide acétique cristallisable ne l'attaque qu'à 230-250° en donnant du benzile. En revanche, ce dernier produit se forme aisément si l'on chauffe à 165° le tétrachlorure avec de l'acide sulfurique concentré; il se produit une réaction violente accompagnée d'un dégagement d'acide chlorhydrique (Liebermann et Homeyer).

Diiodure de tolane, $C^{14}H^{10}I^2$ [E. Fischer, *Ann. Chem.*, t. CCXI, p. 233]. — On chauffe à 120-130° du tolane et de l'iode; il se manifeste une réaction énergique; on enlève l'excès des composants par le chloroforme et on précipite le résidu par des cristallisations répétées dans le chloroforme. On obtient des lamelles incolores, peu solubles dans l'alcool, solubles à chaud dans le chloroforme. Le diiodure se décompose, lorsqu'on le chauffe, en iode et en tolane, qui se recombinent en partie par le refroidissement. L'ammoniaque alcoolique à 100° régénère l'hydrocarbure.

Diméthyltolane,

$$CH^3.C^6H^4.C \equiv C.C^6H^4.CH^3$$

[Goldschmiedt et Hepp, *Deutsch. chem. Gesellsch.*,

1873, p. 1504]. — Le bromure de diméthylstilbène,

$$\begin{array}{l} CHBr\text{-}C^6H^4.CH^3 \\ CHBr\text{-}C^6H^4.CH^3 \end{array}$$

fusible à 207-209°, est chauffé à 140° avec de la potasse alcoolique. Le produit de la réaction est purifié par cristallisation dans l'alcool ou dans l'éther. Le diméthyltolane cristallise en longues aiguilles ou en lamelles argentines, fusibles à 136°, assez solubles dans l'alcool et dans l'éther.

G. de Rechi.

TOLILE. — Nom donné par Lichtenstein [*Deutsch. chem. Gesellsch.*, 1881, p. 2093] au radical C^7H^7Az des toluidines.

TOLUBENZALDÉHYDINE. — Syn. de DIBENZYLÈNE-CRÉSYLÈNE-DIAMINE. — Voyez Suppl., p. 548.

TOLUÈNE, $C^6H^5.CH^3$. — Voyez t. III, p. 428.

MODES DE FORMATION.

1. Greville Williams a trouvé du toluène dans les hydrocarbures liquides que l'on obtient en comprimant le gaz d'éclairage provenant des résidus de pétrole [*Chem. News*, t. XLIX, p. 197].

2. Le goudron et l'huile de lignite, les résidus de pétrole et le goudron de bois, soumis à l'action d'une température élevée, fournissent des hydrocarbures très complexes, qui renferment du toluène [Liebermann et Burg, *Deutsch. chem. Gesellsch.*, 1878, p. 723; — Salzmann et Wichelhaus, *ibid.*, 1878, p. 802 et 1431; — Letny, *ibid.*, 1878, p. 1210; — Atterberg, *ibid.*, 1878, p. 1222].

3. Le toluène se forme encore par la distillation sur le zinc en poudre, de la résine d'élémi, de la colophane, du benjoin et de l'acide abiétique [Ciamician, *Deutsch. chem. Gesellsch.*, 1878, p. 269 et 1344].

4. En chauffant à 250° de la benzine et de l'iodure de méthyle, en présence d'une petite quantité d'iode, Raymann et Preis ont obtenu du toluène [*Liebig's Ann. Chem.*, t. CCXXIII, p. 315].

5. Le toluène se forme également lorsqu'on chauffe à 200° de l'alcool cinnamique avec de l'acide iodhydrique ($d = 1,96$) [Tiemann, *Deutsch. chem. Gesellsch.*, 1878, p. 671].

6. En chauffant à 200° la benzine avec un cinquième de son poids de chlorure d'aluminium, on obtient une certaine quantité de toluène formé aux dépens de la destruction d'une partie du noyau benzinique [Friedel et Crafts, *Bull. Soc. chim.*, t. XXXIX, p. 306].

7. On peut encore préparer le toluène par action régressive, au moyen de pseudocumène et de chlorure d'aluminium, en présence d'un courant de gaz acide chlorhydrique : on obtient ainsi, à une température de 150-160°, de la benzine, du toluène et du métaxylène. Dans ces circonstances, le métaxylène fournit un mélange de toluène et de benzine [Jacobsen, *Deutsch. chem. Gesellsch.*, 1885, p. 338].

RÉACTIONS.

1. L'électrolyse du toluène a été étudiée par Renard [*Compt. rend.*, t. XCII, p. 965]. Il a obtenu de l'aldéhyde benzoïque et de la phénose

$$C^6H^6(OH)^6.$$

2. L'étincelle d'induction transforme le toluène en acétylène (23-24 %) et en hydrogène (76-77 %) [Destrem, *Compt. rend.*, t. XCIX, p. 138].

3. Le chlore, en agissant sur le toluène bouillant, peut donner lieu à des phénomènes de condensation caractérisés par la formation de tolane (voyez ce mot).

4. L'action de l'hypoazotide sur le toluène, à la température ordinaire, est un phénomène très complexe; on a constaté la formation d'acide oxalique, d'un acide dioxybenzoïque qui se sublime à 170° sans fondre, d'orthonitrotoluène et de dinitro-orcine, fusible à 164°,5 [Leeds, *Deutsch. chem. Gesellsch.*, 1881, p. 482].

5. Le toluène, chauffé à 300° avec de l'alcool butylique et du chlorure de zinc, fournit de la méthylbutylbenzine,

$$C^6H^4 \begin{array}{l} < CH^3 \\ < C^4H^9 \end{array}$$

[Goldschmidt, *Deutsch. chem. Gesellsch.*, 1882, p. 1066].

6. D'après Gustavson, le toluène se combine avec le bromure d'aluminium pour former un composé $Al^2Br^6 + 6C^7H^8$. Cette combinaison est presque insoluble dans le toluène; elle est assez instable et se décompose à la température du bain-marie. C'est un liquide orangé, assez épais, dont la densité est de 1,08 à 0° [Gustavson, *Deutsch. chem. Gesellsch.*, 1878, p. 1841 et 2151].

7. Les réactions réalisées par l'emploi du chlorure d'aluminium sont des plus variées. D'après Jacobsen, le chlorure de méthyle, en présence de ce réactif, fournit principalement de l'orthoxylène [*Deutsch. chem. Gesellsch.*, 1881, p. 2624]. Les deux chlorures d'amyle, ainsi que l'amylène, transforment le toluène en amyltoluène [Essner et Gossin, *Bull. Soc. chim.*, t. XLII, p. 213].

Le chlorure de méthylène, en présence du chlorure d'aluminium, transforme le toluène en *dicrésylméthane* et en *diméthylanthracène* [Friedel et Crafts, *Bull. Soc. chim.*, t. XLI, p. 322].

Dans les mêmes circonstances, le bromure d'éthylène fournit principalement du *dicrésyléthane*, $C^2H^4(C^6H^4.CH^3)^2$ [Friedel et Balsohn, *Bull. Soc. chim.*, t. XXXV, p. 52].

Le chlorure d'acétyle et le chlorure d'aluminium transforment le toluène en une crésylméthylacétone, $CH^3.CO\text{-}C^6H^4.CH^3$ [Essner et Gossin, *Bull. Soc. chim.*, t. XLII, p. 95].

L'oxygène agit également sur le toluène en présence du chlorure d'aluminium; cet hydrocarbure se transforme en crésylol [Friedel et Crafts, *Compt. rend.*, t. LXXXVI, p. 886].

Enfin, v. Pechmann a étudié l'action de l'anhydride maléique sur le toluène en présence du chlorure d'aluminium. Il se forme de l'acide toluylacrylique, $CH^3.C^6H^4.CO.CH = CH.CO^2H$ [*Deutsch. chem. Gesellsch.*, 1882, p. 881].

PRODUITS DE SUBSTITUTION DU TOLUÈNE.

TOLUÈNES BROMÉS. — Nevile et Winther ont préparé un grand nombre de toluènes bromés et bromonitrés. Les premiers ont été obtenus soit par l'action du nitrite d'éthyle sur le dérivé correspondant des toluidines, soit en remplaçant l'amidogène par le brome, par les méthodes usuelles [*Deutsch. chem. Gesellsch.*, 1880, p. 974 et 1881, p. 419].

Nous donnons ci-dessous les constantes de ces corps, ainsi que leurs formules de structure.

Toluènes dibromés[1] :

a. 1.2.3. — Fond à 27°,4-28°. L'acide nitrique étendu le transforme à 130° en acide dibromobenzoïque, fusible à 146-147°.

b. 1.2.4. — Liquide encore à — 20°.

c. 1.3.5. — Longues aiguilles fusibles à 39°, bouillant à 246°.

d. 1.2.6. — Liquide bouillant à 240°. Densité à 22° = 1,812.

e. 1.2.5. — Liquide à — 20°. Densité à 19° = 1,8127. Bout à 236°. Une ébullition de quelques jours avec de l'acide nitrique étendu le transforme en acide paradibromobenzoïque.

1. 1 indiquant la place occupée dans la molécule benzinique par le méthyle.

Toluènes tribromés :

a. 1.3.4.5. — Aiguilles fusibles à 88-89°.

b. 1.2.3.4. — Aiguilles fusibles à 44-44°,7.

c. 1.2.4.6. — Longues aiguilles fusibles à 66°. Bout à 290°.

d. 1.2.3.5. — Aiguilles fusibles à 52-53°.

e. 1.2.4.5. — Aiguilles fusibles à 111°,2-112°,8.

f. 1.2.5.6. — Aiguilles fusibles à 58-59°.

Toluènes tétrabromés :

a. 1.2.3.4.5. — Point de fusion : 111-111°,5.

b. 1.2.3.5.6. — Aiguilles peu solubles dans l'alcool, fusibles à 116-117°.

c. 1.2.3.4.6. — Aiguilles fusibles à 105-106°.

TOLUÈNES CHLORÉS. — Losanitsch a trouvé un moyen commode pour préparer les monochlorotoluènes appartenant aux séries ortho et para. Il consiste à traiter les amines correspondantes par l'eau régale. Le groupe amidogène est remplacé par un atome de chlore. Voici le mode opératoire recommandé par l'auteur [*Deutsch. chem. Gesellsch.*, 1885, p. 40] : A une dissolution chlorhydrique chaude d'ortho- ou de paratoluidine, on ajoute peu à peu de l'acide nitrique concentré. Il se manifeste une violente réaction et il distille une huile jaune, constituée par le toluène monochloré correspondant à l'amine employée. On lave à l'eau alcaline et on rectifie. Dans cette réaction on n'obtient pas de phénol chloré, ainsi que cela a lieu, par exemple, dans la série phénylique.

Trichlorotoluènes. — Ces dérivés ont été étudiés récemment par Seelig [*Deutsch. chem. Gesellsch.*, 1885, p. 420]. Le trichlorotoluène brut est traité par l'acide sulfurique fumant (2 p.) et la liqueur additionnée d'eau est distillée dans un courant de vapeur d'eau surchauffée à 150°. L'isomère α est entraîné, car il n'est pas attaqué dans ces conditions, tandis que le dérivé β est transformé en un mélange de deux dérivés sulfoniques qui restent dans le résidu.

α-trichlorotoluène, $C^6H^2(CH^3)_{(1)}(Cl)^3_{(2)(4)(5)}$. — Il cristallise dans l'alcool méthylique en aiguilles fusibles à 82°.

β-trichlorotoluène, $C^6H^2(CH^3)_{(1)}(Cl)^3_{(2)(3)(4)}$. — En continuant à chauffer le dérivé sulfoné mentionné plus haut, dans un courant de vapeur d'eau, le groupe SO^3H des toluènes dichlorés contenus dans le mélange est d'abord éliminé à 160° ; à partir de 210°, le dérivé sulfoné du β-trichlorotoluène subit à son tour la décomposition et l'hydrocarbure chloré distille. On le purifie par cristallisation dans l'alcool méthylique. Il fond à 41°.

TOLUÈNES NITRÉS. — *Dinitrotoluène*,

$$C^6H^3(CH^3)_{(1)}(AzO^2)^2_{(2)(6)}.$$

— On l'obtient en partant de la dinitrotoluidine fusible à 168°. Il fond à 60-61° [Staedel, *Liebig's Ann. Chem.*, t. CCXXV, p. 384].

Mononitro-α-trichlorotoluène. — On l'obtient en nitrant le trichlorotoluène par l'acide nitrique fumant ; il cristallise dans l'alcool en lamelles fusibles à 92°.

Mononitro-β-trichlorotoluène. — Aiguilles fusibles à 60°.

Dinitro-α-trichlorotoluène. — Obtenu par nitration au moyen d'un mélange d'acide nitrique fumant et d'acide sulfurique et purifié par cristallisation dans l'alcool, il se présente sous forme de lamelles ou d'aiguilles fusibles à 227°.

Dinitro-β-trichlorotoluène. — Aiguilles fusibles à 141° [Seelig, *Deutsch. chem. Gesellsch.*, 1885, p. 424].

TOLUÈNES BROMONITRÉS [Nevile et Winther, *Deutsch. chem. Gesellsch.*, 1880, p. 965 et 1881, p. 419].

Bromonitrotoluène. — *a.* $CH^3_{(1)}Br_{(2)}AzO^2_{(5)}$. — On le prépare en substituant le brome à l'amidogène dans la toluidine nitrée correspondante. Il fond à 76°,3.

b. $CH^3_{(1)}Br_{(2)}AzO^2_{(4)}$. — Préparé en traitant la bromonitro-métatoluidine,

$$CH^3_{(1)}AzH^2_{(5)}AzO^2_{(4)}Br_{(2)},$$

par le nitrite d'éthyle. Aiguilles fusibles à 74-75°.

c. $CH^3_{(1)}Br_{(3)}AzO^2_{(2)}$. — On traite par le nitrite d'éthyle la toluidine bromonitrée,

$$CH^3_{(1)}AzO^2_{(2)}Br_{(3)}AzH^2_{(5)}.$$

Liquide.

d. $CH^3_{(1)}Br_{(3)}AzO^2_{(5)}$. — On élimine le groupe AzH^2 de l'ortho- et de la paratoluidine bromonitrée par le nitrite d'éthyle. Prismes fusibles à 86°, bouillant à 269-270° [Wroblewsky, *Liebig's Ann. Chem.*, t. CXCII, p. 203].

Dibromonitrotoluènes.

a. $CH^3_{(1)}Br_{(3)}Br_{(4)}AzO^2_{(5)}$. — En nitrant le diromotoluène correspondant. Aiguilles fusibles à 86-87°.

b. $CH^3_{(1)}Br_{(5)}Br_{(4)}AzO^2_{(2)}$. — En nitrant le toluène dibromé.

c. $CH^3_{(1)}Br_{(2)}Br_{(3)}AzO^2_{(4)}$. — En nitrant le toluène dibromé correspondant. Aiguilles peu solubles dans l'alcool, fusibles à 59°.

d. $CH^3_{(1)}Br_{(2)}Br_{(3)}AzO^2_{(5)}$. — On échange le groupe amide de la toluidine bromonitrée, fusible à 186-187°, contre du brome. Aiguilles fusibles à 105°,4.

e. $CH^3_{(1)}Br_{(3)}Br_{(4)}AzO^2_{(5)}$. — Lamelles fusibles à 62-63°,6 qu'on obtient en remplaçant le groupe AzH^2 par du brome dans la métanitro-métabromoparatoluidine.

f. $CH^3_{(1)}Br_{(2)}Br_{(4)}AzO^2_{(6)}$. — Prismes fusibles à 79°, obtenus en nitrant le dibromotoluène correspondant.

g. $CH^3_{(1)}Br_{(3)}Br_{(5)}AzO^2_{(4)}$. — Prismes fusibles à 124°, qu'on obtient en nitrant le dibromotoluène correspondant.

h. $CH^3_{(1)}Br_{(2)}Br_{(3)}AzO^2_{(3)}$. — On l'obtient en remplaçant l'amidogène par le brome dans la toluidine correspondante. Fond à 69°,5-70°,2.

i. $CH^3_{(1)}Br_{(2)}Br_{(5)}AzO^2_{(4)}$. — On l'obtient en nitrant le paradibromotoluène. Aiguilles fusibles à 86-87°.

Dibromo-dinitrotoluène. — En dissolvant le dibromotoluène, $CH^3_{(1)}Br_{(3)}Br_{(5)}$, dans l'acide nitrique (densité = 1,52), il se forme deux dérivés dinitrés ; le plus soluble dans l'alcool fond à 105°, le moins soluble fond à 157°,5-158° (Nevile et Winther).

En partant du dibromotoluène, $CH^3_{(1)}Br_{(2)}Br_{(4)}$, on obtient un dérivé dibromodinitré, fusible à 161°,6-162°,2.

Tribromo-nitrotoluène,

$$CH^3_{(1)}Br_{(2)}Br_{(5)}Br_{(6)}AzO^2_{(4)}.$$

— La dibromonitro-métatoluidine est traitée par l'acide nitreux en présence d'acide bromhydrique. Aiguilles fusibles à 105°,8-106°,8.

Tribromo-dinitrotoluène,

$$CH^3_{(1)}Br^3_{(3.4.5)}AzO^2_{(2)}AzO^2_{(6)}.$$

— Prismes ou lamelles quadratiques, fusibles à 217-220°, qu'on obtient en nitrant le tribromotoluène par de l'acide nitrique d'une densité de 1,52.

Dibromo-iodo-nitrotoluène,

$$CH^3_{(1)}AzO^2_{(2)}Br_{(3)}Br_{(5)}I_{(4)}.$$

— Il se forme en nitrant le dibromo-iodotoluène correspondant. Il cristallise dans l'acide acétique en aiguilles aplaties, fusibles à 69°, volatiles avec la vapeur d'eau.

Dibromo-di-iodo-nitrotoluène. — En nitrant le dibromo-di-iodotoluène fusible à 68° avec l'acide nitrique fumant. Lamelles fusibles à 129° [Wroblewsky, *Liebig's Ann. Chem.*, t. CXCII, p. 210].

DÉRIVÉS AZOÏQUES DU TOLUÈNE. — Ces corps ont été, dans ces derniers temps, l'objet de nombreuses recherches. Nous décrivons ci-dessous, outre les dérivés azoïques se rattachant au toluène, leurs acides sulfonés, leurs dérivés amidés et les bases qui en dérivent par transposition moléculaire et qui se rattachent à la série du dicrésyle (tolidines).

Les corps azoïques peuvent être obtenus par réduction incomplète des dérivés nitrés correspondants ou par oxydation des dérivés amidés. Les agents oxydants à employer dans ce dernier cas sont très variés (permanganate et dichromate de potassium, chlorure de chaux, etc.) [R. Schmitt, *Deutsch. chem. Gesellsch.*, 1878, p. 1937].

Série ortho.

Ortho-azotoluène,

$$C^6H^4 < \begin{matrix} CH^3_{(1)} \\ Az_{(2)} = Az_{(2)} - C^6H^4 - CH^3_{(1)} \end{matrix}$$

— On l'obtient en réduisant l'orthonitrotoluène par le zinc en poudre et la soude caustique. Il fond à 55°. Le dérivé *hydrazoïque* correspondant, $CH^3\text{-}C^6H^4\text{-}AzH\text{-}AzH\text{-}C^6H^4\text{-}CH^3$, fond à 146° [Schultz, *Deutsch. chem. Gesellsch.*, 1884, p. 469; — Perkin, *Journ. chem. Soc.*, 1880, p. 546].

Ortho-méta-azotoluène,

$$CH^3_{(2)}\text{-}C^6H^4\text{-}Az_{(1)} = Az_{(1)}\text{-}C^6H^4\text{-}CH^3_{(3)}.$$

— On abandonne à froid un mélange de nitrite d'éthyle et d'amido azotoluène,

$$CH^3_{(2)}\text{-}C^6H^4\text{-}Az_{(1)} = Az_{(1)}\text{-}C^6H^3 < \begin{matrix} CH^3_{(3)} \\ AzH^2_{(4)} \end{matrix}$$

obtenu en traitant l'orthotoluidine par l'acide nitreux. Le dégagement d'azote étant achevé, on distille l'alcool, on ajoute de l'eau et de la soude qui retient les phénols et on distille à la vapeur d'eau. L'huile rouge obtenue est lavée avec un acide étendu, pour enlever le dérivé amido-azoïque non entré en réaction. L'ortho-méta-azotoluène est liquide; il se décompose par la distillation sèche [Schultz, *loc. cit.*].

Acide ortho-azotoluène-diparasulfonique,

$$\begin{matrix} Az_{(2)}\text{-}C^6H^3(CH^3)_{(1)}(SO^3H)_{(4)} \\ \| \\ Az_{(2)}\text{-}C^6H^3(CH^3)_{(1)}(SO^3H)_{(4)} \end{matrix}$$

— On peut obtenir ce corps en traitant l'acide ortho-nitro-paratoluène-sulfonique,

$$C^6H^3(CH^3)_{(1)}(AzO^2)_{(2)}(SO^3H)_{(4)},$$

par la potasse et la poudre de zinc; on obtient des prismes brillants qui se décomposent à 180°.

On peut le préparer également en oxydant par le permanganate de potassium l'acide ortho-amido-paratoluène-sulfonique,

$$C^6H^3(CH^3)_{(1)}(AzH^2)_{(2)}(SO^3H)_{(4)}$$

[Neale, *Liebig's Ann. Chem.*, t. CCIII, p. 73; — Kornatzki, *ibid.*, t. CCXXI, p. 179].

Le *sel de potassium,*

$$C^{14}H^{12}Az^2S^2O^6K^2 + 2\tfrac{1}{2}H^2O,$$

cristallise en prismes rouges, peu solubles dans l'eau. — Le *sel de baryum* est très peu soluble; il renferme $4H^2O$. — Le *sel de calcium* renferme $5H^2O$. — Le *sel de plomb* cristallise avec $4H^2O$. — Le *chlorure*, $C^{14}H^{12}Az^2(SO^2Cl)^2$, cristallise dans la benzine avec $2C^6H^6$. Il fond à 220°.

Acide ortho-hydrazotoluène-diparasulfonique,

$$\begin{matrix} Az_{(2)}\text{-}C^6H^3(CH^3)_{(1)}(SO^3H)_{(4)} \\ \| \\ Az_{(2)}\text{-}C^6H^3(CH^3)_{(1)}(SO^3H)_{(4)}. \end{matrix}$$

— On l'obtient en traitant l'azo-acide par le chlorure stanneux. C'est une poudre cristalline, blanche, qui renferme $2\tfrac{1}{2}H^2O$. Sa dissolution alcaline s'oxyde rapidement à l'air en régénérant l'azo-acide.

Le *sel de baryum* cristallise avec $5H^2O$. — Le *sel de calcium* renferme $3\tfrac{1}{2}H^2O$.

Acide ortho-azotoluène-dimétasulfonique,

$$\begin{matrix} Az_{(2)}\text{-}C^6H^3(CH^3)_{(1)}(SO^3H)_{(3)} \\ \| \\ Az_{(2)}\text{-}C^6H^3(CH^3)_{(1)}(SO^3H)_{(3)}. \end{matrix}$$

— On l'obtient en oxydant par le permanganate de potassium l'acide amidé correspondant [Kornatzki, *loc. cit.*]. Il cristallise en lamelles rouges, assez solubles dans l'eau.

Le *sel potassique* est anhydre et peu soluble dans l'eau froide. — Le *sel de baryum* et le *sel de plomb* renferment H^2O. — Le *sel de calcium* renferme $3H^2O$. — Le *sulfochlorure* cristallise en longues aiguilles d'un rouge foncé, fusibles à 218°. — La *sulfamide* forme des tables rhombiques, fusibles au-dessus de 250°.

Acide tétrabromo-ortho-azotoluène-diparasulfonique. — L'acide libre cristallise en lamelles d'un rouge de sang, très solubles.

Sel de potassium, $+ 2H^2O$, très peu soluble dans l'eau froide. — *Sel de baryum,* $+ 9H^2O$, peu soluble à chaud. — *Sel de calcium,* $+ 8H^2O$, soluble à chaud. — *Sel de plomb,* $+ 9H^2O$, à peine soluble à l'ébullition. — Le *sulfochlorure* se décompose à 243°. — La *sulfamide* forme une poudre à peine cristalline (Kornatzki).

Dérivés amidés de l'ortho-azotoluène. — On ne connaît que le dérivé amidé de l'ortho-méta-azotoluène. Ce corps s'obtient en traitant l'orthotoluidine par les vapeurs nitreuses ou par le nitrate de sodium. La base libre cristallise en aiguilles d'un bleu d'acier, fusibles à 100°, qui ont pour formule

$$(CH^3)_{(1)}\text{-}C^6H^4\text{-}Az_{(2)} = Az_{(5)}\text{-}C^6H^3(CH^3)_{(1)}(AzH^2)_{(2)}$$

[Nietzki, *Deutsch. chem. Gesellsch.*, 1877, p. 662; — Schultz, *ibid.*, 1884, p. 469].

Traité par l'anhydride acétique, ce corps fournit un dérivé acétylé, fusible à 185°.

Amidophénylazotoluène,

$$(CH^3)_{(4)}C^6H^4\text{-}Az_{(1)} = Az_{(1)}\text{-}C^6H^4(AzH^2)_{(4)}.$$

— On fait digérer du chlorhydrate d'aniline avec une dissolution alcoolique de diazo-amidoparatoluène,

$$C^6H^4(CH^3)_{(4)}Az_{(1)} = Az\text{-}AzH_{(1)}\text{-}C^6H^4(CH^3)_{(4)}.$$

Le produit obtenu cristallise en aiguilles d'un jaune foncé, de plusieurs centimètres de longueur, fusibles à 147°. En remplaçant dans cette opération le chlorhydrate d'aniline par le chlorhydrate d'orthotoluidine, on obtient le corps

$$(CH^3)_{(4)}C^6H^4\text{-}Az_{(1)} = Az_{(1)}\text{-}C^6H^3(CH^3)_{(5)}(AzH^2)_{(4)},$$

qui cristallise en aiguilles fusibles à 127-128° [Nietzki, *loc. cit.*].

Série méta.

En faisant bouillir du métanitrotoluène avec de la poudre de zinc et de la potasse alcoolique, on obtient le méta-azotoluène,

$$(CH^3)_{(1)}C^6H^4\text{-}Az_{(3)} = Az_{(3)}\text{-}C^6H^4(CH^3)_{(1)},$$

qui se présente en cristaux volumineux, de couleur orangée, ressemblant à l'azobenzine et fusibles à 54° [Barsylowsky, *Deutsch. chem. Gesellsch.*, 1877, p. 2097; — Goldschmidt, *ibid.*, 1878, p. 1624].

Paramido-méta-azotoluène,

$$(CH^3)_{(1)}C^6H^4\text{-}Az_{(3)} = Az_{(6)}\text{-}C^6H^3(CH^3)_{(1)}(AzH^2)_{(3)}.$$

— La métatoluidine, traitée en dissolution alcoolique par l'acide nitreux, fournit ce dérivé amidoazoïque, qui cristallise en longues aiguilles d'un jaune d'or, fusibles à 80°. Ses sels sont peu solubles [Nietzki, *Deutsch. chem. Gesellsch.*, 1877, p. 1155].

Série para.

Le para-azotoluène,

$$(CH^3)_{(1)}C^6H^4\text{-}Az_{(4)}=Az_{(4)}\text{-}C^6H^4(CH^3)_{(1)},$$

a été préparé en oxydant l'acétate de paratoluidine par le dichromate de potassium [Perkin, *Journ. chem. Soc.*, 1880, p. 546]. Il cristallise en lamelles fusibles à 143°. On peut également l'obtenir en réduisant le paranitrotoluène par le zinc en poudre et la potasse alcoolique ou par l'amalgame de sodium [Schultz, *Deutsch. chem. Gesellsch.*, 1884, p. 469].

Les dérivés sulfonés du para-azotoluène ont été étudiés par Neale et par Kornatzki (*loc. cit.*).

L'*acide para-azotoluène-disulfonique*,

$$\begin{array}{l}Az_{(4)}\text{-}C^6H^3(CH^3)_{(1)}(SO^3H)_{(2)}\\ \parallel\\ Az_{(4)}\text{-}C^6H^3(CH^3)_{(1)}(SO^3H)_{(2)},\end{array}$$

préparé par oxydation de l'acide amidocrésylsulfonique correspondant, au moyen du permanganate de potassium, ou en réduisant par le zinc et la potasse l'acide nitré, cristallise en rhomboèdres bruns renfermant 7 ½ H^2O qu'ils perdent à 145°. A 190° le produit anhydre se carbonise.

Le *sel de potassium* est jaune clair et renferme $3H^2O$. — Le *sel de calcium* renferme $3H^2O$. — Le *sel de baryum* renferme H^2O. — Le *sel de plomb* est d'un brun foncé et renferme $2H^2O$. — Le *sulfochlorure* forme des cristaux d'un rouge foncé, fusibles à 194°. — La *sulfamide* est jaune et fond à 270°.

L'*acide para-azotoluène-métadisulfonique*,

$$\begin{array}{l}Az_{(4)}\text{-}C^6H^3(CH^3)_{(1)}(SO^3H)_{(3)}\\ \parallel\\ Az_{(4)}\text{-}C^6H^3(CH^3)_{(1)}(SO^3H)_{(3)},\end{array}$$

obtenu au moyen de l'acide nitré correspondant, fournit un sel de baryum qui cristallise avec 3 molécules d'eau.

Acide dibromo-para-azotoluène-diorthosulfonique. — On l'obtient en oxydant par le permanganate l'*acide bromoamidotoluène-sulfonique* de Jenssen [*Liebig's Ann. Chem.*, t. CLXXII, p. 234]. Il cristallise en lamelles rouges, très solubles; son *sel de potassium* renferme $4H^2O$; il est peu soluble dans l'eau froide. — Le *sel de baryum* renferme $5H^2O$; il est très peu soluble dans l'eau bouillante. — On a préparé encore le *sel calcique*, + 4 ½ H^2O, peu soluble; le *sel de plomb*, + $5H^2O$, qui est à peine soluble dans l'eau; le *sulfochlorure* fusible à 226° et la *sulfamide* qui fond au-dessus de 260° [Kornatzki, *loc. cit.*].

Amido-ortho-para-azotoluène,

$$(CH^3)_{(1)}C^6H^4.Az_{(4)}=Az_{(2)}C^6H^3(CH^3)_{(1)}(AzH^2)_{(5)}.$$

— On obtient ce corps en traitant le paradiazo-amidotoluène,

$$(CH^3)_{(1)}C^6H^4.Az_{(4)}=Az\text{-}AzH_{(4)}\text{-}C^6H^4(CH^3)_{(1)},$$

par la métatoluidine. Le dérivé amidoazoïque cristallise en aiguilles jaunes, fusibles à 127° [Nietzki, *Deutsch. chem. Gesellsch.*, 1877, p. 1155].

Amidoazo-paratoluène [Nölting et Witt, *Deutsch. chem. Gesellsch.*, 1884, p. 77],

$$(CH^3)_{(1)}\text{-}C^6H^4\text{-}Az_{(4)}=Az_{(3)}\text{-}C^6H^3(AzH^2)_{(4)}(CH^3)_{(1)}.$$

— On obtient ce corps en partant du paradiazo-amidotoluène,

$$C^6H^4 \begin{array}{l}\nearrow CH^3_{(1)}\\ \searrow Az_{(4)}=Az\text{-}AzH_{(4)}\text{-}C^6H^4\text{-}CH^3_{(1)},\end{array}$$

préparé avec l'acide nitreux et la paratoluidine. On le dissout dans 5 à 6 p. de paratoluidine pure, maintenue en fusion au bain-marie; on ajoute ensuite 1 molécule de chlorhydrate de paratoluidine sec et on chauffe pendant 10 à 12 heures à 65°. On ajoute ensuite la quantité de soude nécessaire pour saturer l'acide chlorhydrique et on distille dans un courant de vapeur d'eau l'excès de toluidine; le corps obtenu est purifié par cristallisation dans l'éther acétique. On obtient ainsi des aiguilles orangées, fusibles à 118°,5. Le *chlorhydrate* est jaune clair; ses solutions sont vertes. Le *dérivé acétylique* fond à 157°; le *dérivé benzoylique* à 135°.

L'acide sulfurique fumant transforme cet acide en un dérivé disulfoné, qui est une matière colorante jaune un peu plus orangée que l'acide disulfoné de l'amidoazobenzine (jaune solide du commerce). Ce dérivé amidoazoïque, soumis à l'action des réducteurs, fournit de la paratoluidine et de l'orthocrésylène-diamine. On sait que les dérivés amidoazoïques fournissent en général, dans ces circonstances, des diamines de la série para.

Dérivés azoïques mixtes.

Von Richter et Münzer ont préparé des corps appartenant à cette catégorie et que nous mentionnons brièvement ici, car ils renferment un reste de toluène [*Deutsch. chem. Gesellsch.*, 1884, p. 1929].

Éther para-azotoluène-acétylacétique,

$$(CH^3)_{(1)}C^6H^4.Az_{(4)}=Az\text{-}CH < \begin{array}{l}COCH^3\\ CO^2C^2H^5.\end{array}$$

On ajoute du chlorure de paradiazotoluène,

$$CH^3_{(1)}\text{-}C^6H^4\text{-}Az_{(4)}=Az\text{-}Cl,$$

à une dissolution alcaline d'éther acétylacétique. Il se forme une huile brune, qui se solidifie rapidement et qui cristallise dans l'alcool en aiguilles d'un rouge foncé, douées d'une odeur de carbylamines, fusible à 73-74° [Züblin, *Deutsch. chem. Gesellsch.*, 1878, p. 1419].

Ce corps n'est pas entièrement pur; on l'obtient parfaitement inodore en le dissolvant dans l'acide sulfurique concentré, en précipitant par l'eau et en faisant cristalliser dans l'alcool. A cet état, il est jaune, inodore, fond à 69-70°. Par saponification, on obtient l'*acide para-azotoluène-acétylacétique*, qui fond à 188° et perd, un peu au-dessus de cette température, de l'acide carbonique pour donner la *paratoluène-azoacétone*,

$$(CH^3)_{(1)}C^6H^4\text{-}Az_{(4)}=Az\text{-}CH^2.CO.CH^3.$$

On prépare ce corps d'une manière plus avantageuse en chauffant à 70-80° l'éther décrit précédemment avec de la soude alcoolique; il se sépare des flocons que l'on purifie par cristallisation dans l'alcool. On obtient ainsi des aiguilles d'un jaune rouge, fusibles à 112-113°, constituées par l'azo-acétone.

Les dérivés nitrés et amidés de ces corps azoïques mixtes, renfermant du crésyle, ont été étudiés tout récemment par Bamberger [*Deutsch. chem. Gesellsch.*, 1884, p. 2415]. On obtient l'acide métanitrocrésyl-para-azoacétique en faisant agir le dérivé diazoïque de la *métanitro-paratoluidine*,

$$C^6H^3(CH^3)_{(1)}(AzO^2)_{(3)}(AzH^2)_{(4)},$$

sur l'éther acétylacétique. Il se forme d'abord l'éther

$$(CH^3)(AzO^2)C^6H^3\text{-}Az=Az\text{-}CH < \begin{array}{l}CO^2C^2H^5\\ COCH^3,\end{array}$$

qui, chauffé pendant 1 ou 2 minutes au bain-marie avec de la potasse alcoolique, fournit l'acide correspondant sous la forme d'aiguilles jaunes, fusibles à 176°, longues de plusieurs centimètres.

Ce corps perd à chaud 1 molécule d'anhydride carbonique et fournit la *métanitrocrésyl-para-azo-acétone*,

$$(CH^3)_{(1)}(AzO^2)_{(3)}C^6H^3\text{-}Az_{(4)} = Az\text{-}CH^2.CO.CH^3,$$

qui cristallise en prismes orangés, fusibles à 134-135°.

L'acide nitré, dissous dans l'ammoniaque et additionné de sulfate ferreux, se réduit; en filtrant et en ajoutant au liquide de l'acide acétique, on voit se séparer l'*acide amidé*,

$$(C^6H^3)_{(1)}(AzH^2)_{(3)}C^6H^3.Az_{(4)} = Az\text{-}CH < \begin{matrix} CO^2H \\ CO.CH^3. \end{matrix}$$

Il constitue des aiguilles d'un rouge brique, fusibles à 162°.

Tolidines.

Les tolidines sont les homologues de la benzidine; elles se rattachent aux dérivés azoïques du toluène, au moyen desquels on les prépare. Ces bases ont fait l'objet d'un mémoire récent de Schultz [*Deutsch. chem. Gesellsch.*, 1884, p. 463].

Tolidine de l'ortho-azotoluène.

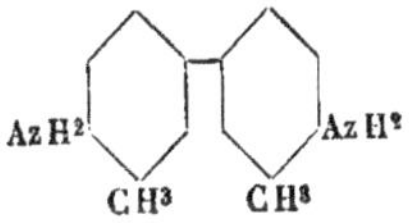

AzH² AzH²
CH³ CH³

— On chauffe un mélange de chlorure stanneux, d'alcool et d'ortho-azotoluène; on précipite par la soude, on reprend par l'alcool et on purifie le produit par cristallisation. L'orthotolidine forme des lamelles nacrées, fusibles à 112°, peu solubles dans l'eau, solubles dans l'alcool et dans l'éther.

Sulfate. — Peu soluble dans l'alcool et dans l'eau.

Dérivé acétylé. — Il fond à 306° (corr. 315°).

L'acide nitreux et l'alcool, en réagissant sur la tolidine, donnent, entre autres produits, un dicrésyle, qui constitue une huile bouillant à 280-281°, et qui, par oxydation, fournit de l'acide isophtalique.

Tolidine dérivant de l'ortho-méta-azotoluène,

CH³
AzH² AzH²
CH³

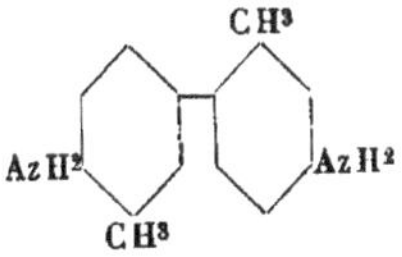

— On prépare cette base en partant de l'ortho-méta-azotoluène,

$$CH^3_{(2)}.C^6H^4.Az_{(1)} = Az_{(3)}\text{-}C^6H^4.CH^3_{(1)}.$$

La base libre n'a pu être obtenue à l'état de cristaux.

Le *chlorhydrate* est soluble dans l'eau et cristallise en aiguilles soyeuses.

Le *sulfate* cristallise en lamelles très peu solubles dans l'eau.

L'acide nitreux et l'alcool transforment l'ortho-métatolidine en un dicrésyle qui bout à 270° et qui fournit de l'acide isophtalique par oxydation.

Tolidine dérivant du méta-azo-toluène [Goldschmidt, *Deutsch. chem. Gesellsch.*, 1878, p. 1626]. — Elle n'a pu être obtenue que sous la forme d'une masse pâteuse. Le *sulfate* cristallise en belles lamelles soyeuses. Le chlorure ferrique colore la métatolidine en bleu.

Tolidine dérivant du para-azotoluène. — On abandonne au repos, pendant quinze jours, 10 grammes de para-azotoluène, 100 centimètres cubes d'alcool et 100 centimètres cubes de chlorure stanneux obtenu en dissolvant 200 grammes d'étain dans 1 litre d'acide chlorhydrique additionné de quelques gouttes d'acide sulfurique; on précipite par la soude, on reprend par l'alcool et on purifie par cristallisation dans l'alcool étendu. La base libre cristallise en lamelles argentines. L'acide nitreux et l'alcool la transforment en un dicrésyle fusible à 91°, qui, par oxydation, fournit un acide insoluble dans l'eau et fusible à 273°.

DÉRIVÉS SULFONÉS DU TOLUÈNE.

Sulfotoluide. — La sulfotoluide, préparée pour la première fois par Deville (t. III, p. 447), appartient à la série para et doit être formulée :

$$CH^3_{(1)}\text{-}C^6H^4\text{-}SO^2_{(4)}\text{-}C^6H^4\text{-}CH^3_{(1)}.$$

En effet, en soumettant à la distillation sèche le *paracrésylmercaptide de plomb*,

$$CH^3\text{-}C^6H^4\text{-}S\text{-}Pb\text{-}S\text{-}C^6H^4\text{-}CH^3,$$

on obtient le *parasulfure de crésyle*,

$$CH^3_{(1)}\text{-}C^6H^4\text{-}S_{(4)}\text{-}C^6H^4\text{-}CH^3_{(1)},$$

fusible à 56-57° et bouillant au-dessous de 300°; oxydé par le permanganate de potassium, ce corps fournit la sulfotoluide; cette dernière fond à 158° et bout à 404-405° sous la pression de 713 millimètres [Otto, *Deutsch. chem. Gesellsch.*, 1879, p. 1175].

Parmi les autres modes de formation de la sulfotoluide, nous mentionnerons les suivants :

1. Action de la chlorhydrine sulfurique,

$$SO^2 < \begin{matrix} Cl \\ OH, \end{matrix}$$

sur le toluène [Beckurts et Otto, *Deustch. chem. Gesellsch.*, 1878, p. 2062].

2. Action du chlorure crésylparasulfonique,

$$C^6H^4(SO^2Cl)_{(4)}(CH^3)_{(1)},$$

sur le toluène en présence du chlorure d'aluminium.

3. Action de l'acide toluène-parasulfonique sur le toluène en présence d'anhydride phosphorique [Michael et Adair, *Deutsch. chem. Gesellsch.*, 1878, p. 116].

La sulfotoluide, oxydée par le permanganate de potassium, fournit un acide dicarboné,

$$SO^2(C^6H^4.CO^2H)^2,$$

peu soluble et fusible au-dessous de 300°.

Phénylcrésylsulfone. — On a préparé une sulfone mixte, ayant pour formule

$$C^6H^5.SO^2.C^6H^4.CH^3,$$

en chauffant à 150-170° parties égales d'acide phénylsulfonique et de toluène, avec de l'anhydride phosphorique. On épuise la masse successivement par l'eau et par l'éther et on purifie le résidu par cristallisation dans l'alcool.

La phénylcrésylsulfone forme des lamelles fusibles à 124°,5; oxydée par le permanganate de potassium, elle fournit un acide carboxylé,

$$C^6H^5.SO^2.C^6H^4.CO^2H,$$

fusible au-dessus de 300° [Michael et Adair, *loc. cit.*].

Acide sulfiné du toluène. — En traitant l'acide paratoluène-sulfinique par de l'acide chloracétique, il se forme de l'*acide paratoluène-sulfonacétique*,

$$CH^3.C^6H^4.SO^2.CH^2.CO^2H.$$

Ce corps est peu soluble dans l'eau et fond à 117°,5-118°,5 [Gabriel, *Deutsch. chem. Gesellsch.*, 1881, p. 834].

Acides monosulfonés du toluène. — D'après

Claesson et Wallin [*Deutsch. chem. Gesellsch.*, 1879, p. 1848; 1884, p. 283], en traitant à froid le toluène par la monochlorhydrine sulfurique, $SO^2(Cl)(OH)$, il se forme les trois isomères, *ortho, méta* et *para*.

On peut les séparer de la manière suivante : On verse dans l'eau le produit de la réaction; on refroidit les sulfochlorures à — 20°; le dérivé *para* se dépose. Les sulfochlorures liquides sont transformés en amides et séparés par l'alcool [voyez aussi Beckurts et Otto, *Deutsch. chem. Gesellsch.*, 1878, p. 2062; — Heumann et Kœchlin, *ibid.*, 1882, p. 111]. D'après Beckurts, on obtient par l'action de l'anhydride sulfurique sur le toluène un mélange d'acide ortho- et d'acide métasulfonique. Fahlberg et Otto ont contesté ces résultats. Le méta-dérivé obtenu par Beckurts ne serait d'après eux qu'un mélange d'ortho et de para [Beckurts, *Deutsch. chem. Gesellsch.*, 1877, p. 943; — Fahlberg, *ibid.*, 1879, p. 1048; — Otto, *ibid.*, 1880, p. 1292].

Solubilité des sels de baryum des acides toluène-monosulfoniques (Claesson et Wallin).

1 p. sel ortho se dissout dans 4p,8 d'eau.
1 p. — méta — — 4p,4 —
1 p. — para — — 26p,0 —

On a observé que le sel appartenant à la para-série cristallise en aiguilles renfermant $3H^2O$ si la cristallisation s'opère au-dessous de 30°, et en lamelles anhydres, si l'opération s'exécute au-dessus de 30° [Kelbe, *Deutsch. chem. Gesellsch.*, 1883, p. 621].

Décomposition de l'acide paratoluène-sulfonique par l'acide sulfurique étendu. — En chauffant à 150° dans un courant de vapeur surchauffée 1 p. d'acide sulfoné et 1 p. d'acide sulfurique, on obtient du toluène qui distille. Cette réaction peut être appliquée aux dérivés sulfonés des hydrocarbures en général [Armstrong et Miller, *Journ. chem. Soc.*, 1884, p. 148].

Oxydation des sulfamides. — La toluène-orthosulfamide, $C^6H^4(CH^3)_{(1)}(SO^2AzH^2)_{(2)}$, oxydée par le permanganate de potassium, fournit de l'*acide anhydro-orthosulfamine-benzoïque*,

$$C^6H^4 < \begin{matrix} CO \\ SO^2 \end{matrix} > AzH.$$

Ce corps est peu soluble dans l'eau froide, soluble dans l'eau bouillante, l'alcool et l'éther; il fond à 220°. Il est doué d'une saveur encore plus sucrée que la saccharose. On a préparé le *sel de baryum* qui cristallise avec $4\frac{1}{2}H^2O$, le *sel de magnésium* qui renferme $6\frac{1}{2}H^2O$. Tous ces sels, ainsi que les sels alcalins, sont très solubles dans l'eau [Fahlberg et Remsen, *Deutsch. chem. Gesellsch.*, 1879, p. 469].

Dans les mêmes circonstances, la métasulfamide fournit l'acide métasulfamine-benzoïque, $C^6H^4(CO^2H)_{(1)}(SO^2.AzH^2)_{(3)}$ [Palmer, *Amer. chem. Journ.*, t. IV, p. 142].

Diméthyl-amidophényl-crésyl-sulfone,

$$(CH^3)^2Az.C^6H^4.SO^2.C^6H^4.CH^3.$$

— Tandis que l'ammmoniaque réagit sur le sulfochlorure, $C^6H^4(CH^3)_{(1)}(SO^2Cl)_{(4)}$, en donnant la sulfamide, la diméthylaniline fournit un dérivé qui renferme le groupe SO^2 dans deux noyaux benziniques. Cette sulfone cristallise en aiguilles fusibles à 95°. Chauffée à 180° avec de l'acide chlorhydrique, elle se scinde en toluène, acide sulfurique, chlorure de méthyle et aniline. En même temps que cette sulfone, il se forme une matière colorante bleue [Michler et Meyer, *Deutsch. chem. Gesellsch.*, 1879, p. 1793].

Acides disulfonés du toluène. — On connaît trois acides disulfonés du toluène.

Le *dérivé α*, $C^6H^3(CH^3)_{(1)}(SO^3H)_{(2)}(SO^3H)_{(4)}$, s'obtient en chauffant avec l'acide sulfurique fumant le toluène, le parasulfochlorure,

$$C^6H^4(CH^3)_{(1)}(SO^2Cl)_{(4)}$$

ou le dérivé ortho, $C^6H^4(CH^3)_{(1)}(SO^2Cl)_{(2)}$ [Gnehm et Forrer, *Deutsch. chem. Gesellsch.*, 1877, p. 542; — Fahlberg, *ibid.*, 1879, p. 1048; *Amer. chem. Journ.*, 1880, p. 181; — Claesson et Berg, *Deutsch. chem. Gesellsch.*, 1880, p. 1170; — Heumann et Kœchlin, *ibid.*, 1883, p. 483].

Le *sulfochlorure* correspondant,

$$C^6H^3(CH^3)(SO^2Cl)^2,$$

fond à 52°, et la *sulfamide* à 186-187°.

D'après Claesson, en traitant l'acide monosulfoné (méta) par l'acide sulfurique fumant, il se forme de l'acide β-disulfoné, dont l'amide fond à 224°. Quant à l'acide γ-disulfoné de Senhofer, il serait identique à l'acide α [*Deutsch. chem. Gesellsch.*, 1884, p. 284].

Suivant Kornatzki [*Liebig's Ann. Chem.*, t. CCXXI, p. 191], on obtient un troisième acide disulfoné du toluène en réduisant par l'amalgame de sodium l'acide bromotoluène-disulfonique, qui sera décrit plus loin, et qu'on obtient en partant du parabromotoluène. Le *sel de potassium* est anhydre et cristallise en lamelles solubles dans l'eau.

Le *sel de baryum*,

$$C^6H^3(CH^3)(SO^3)^2Ba + 4H^2O,$$

forme des aiguilles très solubles.

Le *chlorure*, $C^6H^3(CH^3)(SO^2Cl)^2$, fond à 86°,5.

L'*amide*, $C^6H^3(CH^3)(SO^2.AzH^2)^2$, fond au-dessus de 260°.

Dérivés trisulfonés du toluène. — On ne connaît actuellement qu'un seul *acide toluène-trisulfonique*. Il a été étudié par Claesson [*Deutsch. chem. Gesellsch.*, 1881, p. 307].

On chauffe graduellement jusque vers 240° 1 mol. d'α-toluène-disulfonate de potassium avec 3 mol. de chlorhydrine sulfurique jusqu'à ce qu'une prise d'essai se dissolve complètement dans l'eau. On transforme l'acide obtenu en sel de potassium et on chauffe ce dernier à 120° avec 3 mol. de pentachlorure de phosphore. Le résidu est traité par l'eau, puis par l'éther pour enlever le chlorure disulfonique; le résidu est purifié par cristallisation dans le chloroforme : ce sulfochlorure, $C^6H^2(CH^3)(SO^2Cl)^3$, cristallise en lamelles argentées, fusibles à 153°.

L'acide trisulfoné libre cristallise avec $6H^2O$ en aiguilles solubles. Ses sels cristallisent aisément de leurs dissolutions aqueuses.

Sulfamide, $C^6H^2(CH^3)(SO^2.AzH^2)^3$. — On l'obtient en décomposant le chlorure par l'ammoniaque à chaud. Elle est insoluble dans l'eau, et cristallise dans l'ammoniaque en cristaux microscopiques, fusibles au-dessus de 300° en se décomposant.

Dérivés bromosulfonés du toluène. — *Acide bromotoluène-disulfonique*,

$$C^6H^2(CH^3)_{(1)}(Br)_{(4)}(SO^3H)^2.$$

— On dissout le parabromotoluène dans l'acide sulfurique fumant et on fait passer à travers la liqueur des vapeurs d'anhydride sulfurique. L'acide libre cristallise sous forme de choux-fleurs déliquescents.

Sel de potassium,

$$C^6H^2(CH^3)Br(SO^3K)^2 + H^2O,$$

cristallise en prismes très solubles dans l'eau.

Sel de baryum,

$$C^6H^2(CH^3)Br(SO^3)^2Ba + 5H^2O.$$

— Prismes peu solubles dans l'eau froide.

Sel de plomb,

$$C^6H^2(CH^3)Br(SO^3)^2Pb + 2H^2O.$$

— Aiguilles solubles dans l'eau.

Chlorure, $C^6H^2(CH^3)Br(SO^2Cl)^2$. — Lamelles fusibles à 99°.

Amide, $C^6H^2(CH^3)Br(SO^2.AzH^2)^2$, fond au-dessus de 260°.

L'acide bromotoluène-disulfonique, traité par l'acide nitrique, fournit à chaud de l'acide sulfurique, de l'*acide bromobenzoïque disulfoné*,

$$C^6H^2(CO^2H)Br(SO^3H)^2,$$

de l'*acide bromonitrotoluène-sulfonique*,

$$C^6H^2(Br)(AzO^2)(CH^3)(SO^3H),$$

et de l'*acide nitrotoluène-disulfonique*,

$$C^6H^2(CH^3)(AzO^2)(SO^3H)^2.$$

Ce dernier forme un sel de potassium qui cristallise en prismes jaunes, solubles dans l'eau.

Sels de l'acide bromobenzoïque disulfoné. — *Sel de potassium*,

$$C^6H^2(CO^2K)(Br)(SO^3K)^2 + H^2O.$$

— Lamelles solubles dans l'eau, insolubles dans l'alcool.

Sel de baryum,

$$C^6H^2(CO^2ba)(Br)(SO^3)^2Ba.$$

— Lamelles vitreuses, peu solubles dans l'eau.

Chlorure. — Fond à 151°

Amide. — Fond au-dessus de 250° [Kornatzki, *Liebig's Ann. Chem.*, t. CCXXI, p. 191].

DÉRIVÉS NITROSULFONÉS DU TOLUÈNE.

Acides orthonitrotoluène-sulfonique. — On chauffe à 150-160° de l'orthonitrotoluène avec de l'acide sulfurique fumant. Le dérivé sulfoné fournit un chlorure fusible à 36°.

A 120°, le nitrotoluène fournit un acide sulfoné,

$$C^6H^3(CH^3)_{(1)}(SO^3H)_{(4)}(AzO^2)_{(2)}(?)$$

dont le chlorure est liquide.

Acide paranitrotoluène-sulfonique. — Le paranitrotoluène, traité par l'acide sulfurique fumant, fournit l'*acide paranitro-orthosulfonique*,

$$C^6H^3(CH^3)_{(1)}(AzO^2)(SO^3H)_{(2)},$$

dont le chlorure forme des lamelles rhombiques fusibles à 44°.

DÉRIVÉS THIOSULFONIQUES DU TOLUÈNE.

Ces corps renferment le résidu $(SO^2.SH)$; ils ont été étudiés par Limpricht [*Liebig's Ann. Chem.*, t. CCXXI, p. 345].

Acide para-amidotoluène-thiosulfonique,

$$C^6H^3(AzH^2)_{(4)}(CH^3)_{(1)}(SO^2.SH)_{(2)}.$$

— On traite le chlorure,

$$C^6H^3(AzO^2)_{(4)}(CH^3)_{(1)}(SO^2Cl),$$

par le sulfure d'ammonium à froid; on évapore, on filtre et on précipite par l'acide acétique.

L'acide amidotoluène-thiosulfonique cristallise en prismes jaunes, insolubles dans l'alcool et dans l'éther, et peu solubles dans l'eau. L'eau bouillante et les acides minéraux le décomposent à froid avec dépôt de soufre.

Sel de baryum, $(C^7H^8AzS^2O^2)^2Ba + 2H^2O$. — Prismes solubles dans l'eau.

Le *sel d'argent* est un précipité blanc, le *sel de cuivre* est vert et cristallin.

L'amalgame de sodium transforme ce corps en un *acide sulfinique*, $C^6H^3(AzH^2)(CH^3)(SO^2H)$, qui cristallise en prismes incolores, fusibles à 240°.

L'acide sulfinique est transformé par l'eau de brome en un acide sulfoné, qui, soumis à l'action successive de l'acide nitreux et de l'alcool, fournit l'acide $C^6H^3(CH^3)(OC^2H^5)(SO^3H)$, dont l'amide fond à 136°. Avec l'alcool méthylique, on obtient le dérivé méthylé correspondant, dont l'amide fond à 150°.

Acide ortho-amidotoluène-thiosulfonique,

$$C^6H^3(CH^3)_{(1)}(AzH^2)_{(2)}(SO^2.SH)_{(4)}.$$

— On l'obtient comme le précédent avec le parasulfochlorure de l'orthonitrotoluène. Il cristallise en prismes qui se décomposent à 115°.

DÉRIVÉS PHOSPHORÉS DU TOLUÈNE.

Chlorure crésylphosphoreux,

$$C^6H^4 < {PCl^2 \atop CH^3}$$

— Ce corps prend naissance lorsqu'on fait agir le chlorure phosphoreux sur le toluène, en présence du chlorure d'aluminium. Il se forme deux couches, qui se séparent nettement quand on ajoute une petite quantité d'eau. La couche supérieure qui renferme le produit est soumise à la distillation et le liquide distillé est purifié par des cristallisations produites au moyen du froid. On obtient le chlorure crésylphosphoreux sous la forme d'une masse cristalline, fusible à 20° et bouillant à 245°.

L'*acide phosphoreux* correspondant,

$$C^7H^7.PO^2H^2,$$

cristallise en lamelles fusibles à 104°. Traité par le chlore, le chlorure crésylphosphoreux fixe 2 atomes de cet élément pour donner un tétrachlorure, $C^7H^7PCl^4$, qui, chauffé à 200° en vase clos, se scinde en donnant du toluène dichloré, du trichlorure de phosphore et de l'acide chlorhydrique, d'après l'équation,

$$2C^7H^7PCl^4 = C^7H^6Cl^2 + C^7H^7PCl^2 + PCl^3 + HCl$$

[Michaëlis, *Deutsch. chem. Gesellsch.*, 1879, p. 1009, et 1880, p. 654].

Produits de substitution mixtes renfermant les atomes substituants dans le noyau et dans la chaîne latérale.

Bromure d'orthobromobenzyle, $C^6H^4Br.CH^2Br$. — Ce corps fond à 30°. L'alcool correspondant cristallise en aiguilles blanches aplaties, fusibles à 80°.

Bromure de parachlorobenzyle, $C^6H^4Cl.CH^2Br$. — Il fond à 48°,5. Le sulfite de sodium le transforme en un *acide sulfoné*, dont le *chlorure* fond à 85°,5 [Loring Jackson et White, *Deutsch. chem. Gesellsch.*, 1880, p. 1217].

Chlorure de métanitrobenzylidène,

$$C^6H^4(AzO^2)(CHCl^2)$$

[Widmann, *Deutsch. chem. Gesellsch.*, 1880, p. 676]. — On traite par le pentachlorure de phosphore l'aldéhyde benzoïque métanitrée. Par cristallisation dans l'alcool, on obtient des lamelles ou des aiguilles fusibles à 65°, solubles dans l'alcool et dans l'éther. Le zinc en poudre et l'acide chlorhydrique transforment ce corps en métatoluidine.

G. de Bechi.

TOLUFURFURALDÉHYDINE, $C^{17}H^{14}Az^2O^2$ [Ladenburg, *Deutsch. chem. Gesellsch.*, 1878, p. 595; — Ladenburg et Rügheimer, *ibid.*, p. 1658]. — Cette base se produit à froid par l'union de 1 molécule d'orthocrésylène-diamine et de 2 molécules de furfurol avec élimination d'eau. Pour la préparer, on dissout 20 grammes de chlorhydrate d'orthocrésylène-diamine dans 80 grammes d'eau, puis on ajoute 20 grammes de furfurol : la masse s'échauffe, se colore en rouge foncé et laisse bientôt déposer des cristaux qui constituent le chlorhydrate de la nouvelle base; on les dissout dans l'acide chlorhydrique dilué et chaud, et on précipite la tolufurfuraldéhydine par la potasse.

Purifiée par cristallisation dans la ligroïne et dans l'alcool, cette base se présente en prismes blancs et soyeux, fusibles à 128°,5; elle est très soluble dans l'alcool, l'éther, la benzine et le toluène, peu soluble dans la ligroïne.

Le *nitrate*, $C^{17}H^{14}Az^2O^2.AzO^3H$, se présente en aiguilles solubles dans l'alcool chaud.

Le *chloroplatinate*,

$$(C^{17}H^{14}Az^2O^2.HCl)^2PtCl^4,$$

forme des cristaux jaunes, peu solubles dans l'eau et dans l'alcool faible.

Le *sulfate* cristallise dans l'alcool en beaux prismes.

L'*iodométhylate*, $C^{17}H^{14}Az^2O^2.CH^3I$, se produit par l'union directe de la base et de l'iodure d'éthyle à 100° en tubes scellés : il cristallise dans l'eau bouillante en lamelles brillantes, fusibles avec décomposition à 195°,5. Il possède une saveur extrêmement amère et paraît agir sur l'organisme comme un poison violent.

Le *chlorométhylate* se présente en grandes lamelles incolores, très solubles dans l'eau; il donne avec le chlorure de platine un sel double, soluble dans l'alcool bouillant, qui l'abandonne en cristaux jaunes ayant pour formule

$$(C^{17}H^{14}Az^2O^2.CH^3Cl)^2PtCl^4.$$

Ce chlorométhylate paraît également posséder des propriétés toxiques très prononcées.

L'iodométhylate de furfuraldéhydine, traité en solution alcoolique par une solution alcoolique d'iode, fournit un précipité cristallin d'un jaune brun, fusible à 126-128°, et possédant la composition $C^{18}H^{17}Az^2O^2I^3$.

Le liquide d'où s'est déposé ce sel fournit, par une nouvelle addition d'iode, un nouveau précipité d'un brun noirâtre, paraissant avoir pour formule $C^{18}H^{17}Az^2O^2I^5$. Ad. Fauconnier.

TOLUIDINES. — Nous nous attacherons dans ce Supplément à suivre exactement le plan de l'article principal (t. III, p. 464), auquel nous renvoyons le lecteur.

I. — ORTHOTOLUIDINE ET DÉRIVÉS.

Action des réactifs. — 1° *Oxydants.* — D'après Hoogewerff et van Dorp [*Deutsch. chem. Gesellsch.*, 1878, p. 1203], quand on oxyde l'orthotoluidine par le permanganate de potassium, il se produit des corps azoïques, de l'ammoniaque et de l'acide oxalique.

2° *Nitrite de sodium et chlorure cuivreux.* — Une dissolution de chlorhydrate de toluidine, additionnée de chlorure cuivreux et de nitrite de sodium, se transforme en orthochlorotoluène. Le rendement est peu satisfaisant [Sandmeyer, *Deutsch. chem. Gesellsch.*, 1884, p. 2651].

3° *Alcools et chlorure de zinc.* — Les alcools en présence de chlorure de zinc agissent à une température élevée sur l'orthotoluidine. Il se forme des bases qui renferment le radical alcoolique dans le noyau. Ainsi l'alcool éthylique fournit de l'*amido-méthyléthylbenzine*

$$C^6H^3(AzH^2)(CH^3)(C^2H^5),$$

l'alcool butylique, l'*amido-méthylbutylbenzine*,

$$C^6H^3(AzH^2)_{(2)}(CH^3)_{(1)}(C^4H^9)_{(3)}.$$

En faisant agir à une température élevée l'alcool isobutylique sur le chlorhydrate d'orthotoluidine, on obtient un isomère, ayant pour formule

$$C^6H^3(AzH^2)_{(2)}(CH^3)_{(1)}(C^4H^9)_{(5)}$$

[Benz, *Deutsch. chem. Gesellsch.*, 1882, p. 1650; Effront, *Ibid.*, 1884, p. 2317].

4° *Anhydride acétique et chlorure de zinc.* — L'anhydride acétique fournit également en présence de chlorure de zinc un dérivé renfermant l'acétyle dans le noyau

$$C^6H^3(COCH^3)(CH^3)(AzH^2)$$

[Klingel, *Deutsch. chem. Gesellsch.*, 1884, p. 1613].

5° *Chlorure de benzylidène.* — Le chlorure de benzylidène, $C^6H^5.CHCl^2$, chauffé en vase clos avec l'orthotoluidine, fournit une base qui, traitée par le chlorure mercurique, donne naissance à une coloration bleue [Böttinger, *Deutsch. chem. Gesellsch.*, 1878, p. 842].

6° *Aldéhyde benzoïque.* — L'aldéhyde benzoïque traitée par l'orthotoluidine se transforme en une base bouillant à 314°, qui a pour formule

$$C^6H^5\text{-}CHAz\text{-}C^6H^4.CH^3$$

[Étard, *Compt. rend.*, t. XCV, p. 730].

SELS D'ORTHOTOLUIDINE. — *Bromhydrate d'orthotoluidine.* — Cristallise facilement en prismes rhombiques volumineux.

Iodhydrate d'orthotoluidine. — Prismes hygroscopiques, rhombiques, qui sont décomposés en partie par l'eau [Staedel, *Deutsch. chem. Gesellsch.*, 1883, p. 28].

Ferrocyanure d'orthotoluidine [Eisenberg, *Liebig's Ann. Chem.*, t. CCV, p. 265].

COMBINAISONS AVEC LES SELS MÉTALLIQUES. — L'orthotoluidine se combine également aux sels métalliques. En mélangeant du chlorure mercurique en dissolution alcoolique avec une dissolution alcoolique d'orthotoluidine, on obtient un précipité blanc, cristallin, constitué par un sel double, qui a pour formule

$$2\,C^7H^7.AzH^2 + HgCl^2,$$

et qui fond à 113-115°. Ce corps chauffé se décompose en chlorure mercurique et en toluidine.

On obtient de même avec le bromure et l'iodure mercuriques le corps

$$2\,C^7H^7.AzH^2 + HgBr^2,$$

qui cristallise en lamelles, fusibles à 103-104°, et le composé $2\,C^7H^7.AzH^2 + HgI^2$, qui se décompose à 50° sans fondre [Klein, *Deutsch. chem. Gesellsch.*, 1878, p. 743, et 1880, p. 835].

L'orthotoluidine se combine également aux chlorures de cobalt et de nickel, en donnant des corps résineux [Lippmann et Vortmann, *Ibid.*, 1879, p. 81].

PRODUITS DE SUBSTITUTION DE L'ORTHOTOLUIDINE.

ORTHOTOLUIDINES BROMÉES. — *Métabromo-orthotoluidine*,

$$C^6H^3(CH^3)_{(1)}(AzH^2)_{(2)}(Br)_{(3)}.$$

— On l'obtient par réduction du métabromo-orthonitrotoluène [Nevile et Winther, *Deutsch. chem. Gesellsch.*, 1880, p. 1945]. C'est un liquide que le brome transforme en *orthotoluidine dibromée*, fusible à 46°,

$$C^6H^2(CH^3)_{(1)}(AzH^2)_{(2)}Br_{(3)}Br_{(5)}.$$

ORTHOTOLUIDINES NITRÉES. — La nitrotoluidine fusible à 128°, obtenue par Beilstein en nitrant l'acéto-orthotoluide, a pour formule de structure

$$C^6H^3(CH^3)_{(1)}(AzH^2)_{(2)}(AzO^2)_{(5)}.$$

En dissolvant l'orthotoluidine dans 10 p. d'acide sulfurique et en ajoutant au liquide refroidi de l'acide nitrique, on obtient une nouvelle nitrotoluidine, fusible à 107°, ayant pour formule

$$C^6H^3(CH^3)_{(1)}(AzH^2)_{(2)}(AzO^2)_{(4)}$$

[Nölting et Collin, *Deutsch. chem. Gesellsch.*, 1884, p. 261].

Orthotoluidine-orthonitrée. — En réduisant le nitrotoluène liquide, on obtient un mélange de deux nitrotoluidines ; un de ces corps, fusible à 91,5°, doit être envisagé comme un dérivé de l'orthotoluidine

$$C^6H^3(CH^3)_{(1)}(AzH^2)_{(2)}(AzO^2)_{(6)}.$$

Ce corps cristallise en longues aiguilles soyeuses, solubles dans l'alcool, l'éther et la benzine. Il fournit un *chlorhydrate*, qui cristallise en prismes que l'eau décompose [Ullmann, *Deutsch. chem. Gesellsch.*, 1884, p. 1957].

Dinitrotoluidine,

$$C^6H^2(CH^3)_{(1)}(AzH^2)_{(2)}(AzO^2)_{(3)}(AzO^2)_{(5)}$$

[Staedel, *Deutsch. chem. Gesellsch.*, 1881, p. 900]. On l'obtient en traitant par l'ammoniaque alcoolique, l'éther éthylique ou l'éther paranitrobenzylique du dinitro-orthocrésylol. Elle cristallise en lamelles jaunes, fusibles à 208°, presque insolubles dans l'alcool bouillant, solubles dans plus de 100 p. de toluène à l'ébullition.

Toluidine bromonitrée,

$$C^6H(CH^3)_{(1)}(AzH^2)_{(2)}(AzO^2)_{(3)}(Br)_{(5)}.$$

— On ajoute l'acétotoluide bromée à de l'acide nitrique fumant et on décompose le dérivé acétylé par un lait de chaux [Wroblewsky, *Liebig's Ann. Chem.*, t. CXCII, p. 206]. On obtient des prismes orangés, fusibles à 139° [143°, Nevile et Winther, *Deutsch. chem. Gesellsch.*, 1880, p. 969].

Toluidine bromonitrée,

$$C^6H^2(CH^3)_{(1)}(AzH^2)_{(2)}(AzO^2)_{(5)}(Br)_{(3)}.$$

— On traite par le brome la métanitro-orthotoluidine. Elle fond à 180-181° (Nevile et Winther).

Orthotoluidines sulfonées. — On chauffe pendant une heure à 150-170° 1 p. d'acide toluidine-sulfonique,

$$C^6H^3(CH^3)(AzH^2)(SO^3H),$$

avec 3 p. d'acide sulfurique fortement fumant. On obtient un dérivé disulfoné

$$C^6H^2(CH^3)(AzH^2)(SO^3H)^2.$$

Ce corps est soluble dans l'eau et dans l'alcool; son dérivé diazoïque, décomposé par l'alcool, fournit de l'acide toluène-métadisulfonique, que la potasse fondante transforme en orcine [Nevile et Winther, *Deutsch. chem. Gesellsch.*, 1882, p. 2992].

Dérivés thiosulfoniques de la toluidine. — En remplaçant le groupe $(SO^2.OH)$ par le radical $(SO^2.SH)$, on obtient des dérivés thiosulfoniques. Les corps de cette catégorie ont été étudiés par Limpricht [*Ann. Chem.*, t. CCXXI, p. 345].

On traite le chlorure *orthonitrotoluène-parasulfonique*

$$C^6H^3(CH^3)_{(1)}(AzO^2)_{(2)}(SO^2Cl)_{(4)}$$

par le sulfure d'ammonium; on filtre pour séparer le soufre et on précipite par l'acide acétique. L'acide thiosulfonique,

$$C^6H^3(CH^3)_{(1)}(AzH^2)_{(2)}(SO^2.SH)_{(4)},$$

se sépare sous la forme de prismes fusibles à 115°. Son *sel de baryum* cristallise avec 2 molécules d'eau en lamelles rhombiques. Le *sel d'argent* constitue des lamelles peu solubles. L'amalgame de sodium le transforme en acide sulfinique.

AMINES COMPLEXES DÉRIVÉES DE L'ORTHOTOLUIDINE.

ORTHOCRÉSYLAMINES SECONDAIRES.

Méthyltoluidine,

$$C^6H^4(CH^3)_{(1)}(AzH.CH^3)_{(2)}.$$

— On chauffe à 145-150° le bromhydrate d'orthotoluidine avec de l'alcool méthylique. La base obtenue bout à 207° sous la pression de 755 millimètres [Reinhardt et Staedel, *Deutsch. chem. Gesellsch.* 1883, p. 29].

Éthyl-orthotoluidine. — Liquide bouillant à 213-214°.

ORTHOCRÉSYLAMINES TERTIAIRES.

Diméthyltoluidine,

$$C^6H^4(CH^3)_{(1)}\left(Az\begin{matrix}<CH^3\\<CH^3\end{matrix}\right)_{(2)}$$

— Liquide bouillant à 183°. Le *chloroplatinate* cristallise en aiguilles orangées.

Diéthyltoluidine,

$$C^6H^4(CH^3)_{(1)}\left(Az\begin{matrix}<C^2H^5\\<C^2H^5\end{matrix}\right)_{(2)}$$

— Liquide, bouillant à 208-209° sous la pression de 755 millimètres. Le *chloroplatinate* cristallise en lamelles rhombiques.

ORTHOCRÉSYL-ALCALAMIDES.

Formo-orthotoluide, $C^6H^4(CH^3)(AzH.CHO)$. — D'après Ladenburg [*Deutsch. chem. Gesellsch.*, 1877, p. 1128 et 1260], on obtient la formo-orthotoluide en chauffant à reflux de l'acide formique et de l'orthotoluidine; par des distillations répétées, on obtient la toluide sous forme de cristaux fusibles à 56,5-57,5°, bouillant à 288°. En chauffant parties égales d'orthotoluidine et d'acide oxalique desséché, fusible à 211°, on obtient un corps qui cristallise en aiguilles et qui est isomérique avec la formo-orthotoluide. Chauffée à reflux, cette substance se transforme en *méthényl-diorthocrésyl-diamine* $C^{15}H^{16}Az^2$.

Acéto-orthotoluide,

$$C^6H^4(CH^3)(AzH.C^2H^3O).$$

L'acétotoluide se forme en chauffant l'acétamide avec de l'orthotoluidine. L'amine aromatique déplace simplement l'ammoniaque qui se dégage. Cette réaction est générale :

$$CH^3.CO.AzH^2 + CH^3.C^6H^4.AzH^2$$
$$= AzH^3 + C^6H^4\begin{matrix}<CH^3\\<AzH.C^2H^3O\end{matrix}$$

[Kelbe, *Deutsch. chem. Gesellsch.*, 1883, p. 1200].

Acéto-méthyltoluide,

$$C^6H^4(CH^3)_{(1)}\left(Az\begin{matrix}<CH^3\\<COCH^3\end{matrix}\right)_{(2)}$$

— Cristaux fusibles à 55-56°, bouillant à 250° [Nölting, *Deutsch. chem. Gesellsch.*, 1878, p. 2279].

Acéto-éthyltoluide,

$$C^6H^4(CH^3)_{(1)}\left(Az\begin{matrix}<C^2H^5\\<COCH^3\end{matrix}\right)_{(2)}$$

— Liquide bouillant à 254-256° [Reinhardt et Staedel, *Deutsch. chem. Gesellsch.*, 1883, p. 29].

L'acide dichloracétique agit sur l'orthotoluidine autrement que l'acide acétique; il fixe deux restes d'amine pour donner l'*acide diorthotoluidoacétique,* $(CH^3.C^6H^4.AzH)^2CH.CO^2H$, fusible à 239-240° [P.-J. Meyer, *Deutsch. chem. Gesellsch.*, 1883, p. 924].

Succino-orthotoluides et dérivés [Michael, *Deutsch. chem. Gesellsch.*, 1877, p. 579; — de Bechi, *Deutsch. chem. Gesellsch.*, 1879, p. 25 et 321].

Crésylsuccinimide,

$$C^2H^4\begin{matrix}<CO\\<CO\end{matrix}>Az.C^6H^4.CH^3.$$

— On distille un mélange formé de 1 molécule d'orthotoluidine et de 1 molécule d'acide succinique. Il passe d'abord de l'eau, puis la crésylalcalamide qu'on purifie en dissolvant le produit brut dans l'acide sulfurique concentré et en précipitant par l'eau. Par cristallisation dans l'eau bouillante, on obtient des aiguilles fusibles à 75°, et bouillant à 338-340° sous la pression de 733 millimètres.

Acide orthocrésylsuccinamique,

$$C^2H^4 < \begin{matrix} CO^2H \\ CO.AzH.C^7H^7 \end{matrix}$$

— On traite le corps précédent par l'eau de baryte à l'ébullition, on élimine l'excès de baryte par l'acide carbonique, et on décompose le sel de baryum par l'acide sulfurique étendu. On obtient des aiguilles, fusibles à 97° et se décomposant à une température élevée en eau et en orthocrésylsuccinimide.

Le *sel de baryum* renferme H^2O.

Crésylsuccinamide,

$$C^2H^4 < \begin{matrix} CO.AzH^2 \\ CO.AzH.C^7H^7 \end{matrix}$$

— On chauffe à 100° la crésylsuccinimide avec de l'ammoniaque alcoolique. On obtient des lamelles fusibles à 160°.

Dicrésylsuccinimide,

$$C^2H^4 < \begin{matrix} CO.AzH.C^7H^7 \\ CO.AzH.C^7H^7 \end{matrix}$$

— On soumet à la fusion un mélange de 2 molécules d'orthotoluidine et de 1 molécule d'acide succinique. On épuise par l'eau qui enlève la crésylsuccinimide et on purifie le résidu par cristallisation dans l'alcool. On obtient des aiguilles fusibles à 100°, très peu solubles dans l'eau.

PHTALYLORTHOTOLUIDE,

$$C^6H^4 < \begin{matrix} CO \\ CO \end{matrix} > Az.C^6H^4.CH^3.$$

— On fond ensemble de l'anhydride phtalique et de l'orthotoluidine. On obtient des aiguilles incolores, fusibles à 182°, peu solubles dans l'alcool et dans l'éther, et que l'ammoniaque alcoolique transforme en acide phtalylorthotoluique [Froehlich, *Deutsch. chem. Gesellsch.*, 1884, p. 2679].

II. — MÉTATOLUIDINE ET DÉRIVÉS.

Préparation de la métatoluidine. — On dissout le chlorure de métanitrobenzylidène dans de l'alcool, on ajoute une assez grande quantité d'acide chlorhydrique, puis du zinc en poudre. Il convient d'opérer très lentement et de ne chauffer que lorsque la totalité du produit est soluble dans l'eau [Widmann, *Deutsch. chem. Gesellsch.*, 1880, p. 61].

Vienne et Steiner [*Bull. Soc. chim.*, t. XXXV, p. 428] ont contesté ces résultats, qui ont été confirmés par Ehrlich [*Deutsch. chem. Gesellsch.*, 1882, p. 2009]. Ce dernier a également préparé la métatoluidine en réduisant le métanitrotoluène obtenu en partant de la para-acétotoluide (méthode de Beilstein et Kuhlberg). On fait bouillir pendant quelques heures de la paratoluidine avec de l'acide acétique et on ajoute la quantité calculée d'acide azotique; l'acétonitrotoluidine obtenue,

$$C^6H^3(CH^3)_{(1)}(AzH.C^2H^3O)_{(4)}(AzO^2)_{(3)},$$

est saponifiée par ébullition avec l'acide chlorhydrique. La nitrobase ainsi formée, soumise à l'ébullition avec du nitrite d'éthyle, fournit le métanitrotoluène.

Oxydation de la métatoluidine [Barsilowsky, *Deutsch. chem. Gesellsch.*, 1878, p. 2153]. — Un mélange de ferricyanure de potassium et de potasse caustique transforme la métatoluidine en un composé qui se sublime en aiguilles jaunes, fusibles à 219°.

PRODUITS DE SUBSTITUTION DE LA MÉTATOLUIDINE.

MÉTATOLUIDINES BROMÉES. — En bromant la métabromo-métatoluidine fusible à 35-37°, Nevile et Winther ont obtenu une tétrabromotoluidine,

$$C^6(CH^3)_{(1)}(AzH^2)_{(3)}(Br)_{(2)}(Br)_{(4)}(Br)_{(5)}(Br)_{(6)},$$

peu soluble dans l'alcool et fusible à 223-224° [*Deutsch. chem. Gesellsch.*, 1880, p. 975].

TOLUIDINES NITRÉES. — En traitant le dinitrotoluène symétrique,

$$C^6H^3(CH^3)_{(1)}(AzO^2)_{(3)}(AzO^2)_{(5)},$$

par le sulfure d'ammonium, Becker [*Deutsch. chem. Gesellsch.*, 1882, p. 1138] a obtenu la *métanitro-métatoluidine*,

$$C^6H^3(CH^3)_{(1)}(AzH^2)_{(3)}(AzO^2)_{(5)},$$

sous la forme d'aiguilles orangées, fusibles à 95°, solubles dans l'eau bouillante. Son *chlorhydrate* cristallise en prismes volumineux. D'après Nevile et Winther [*Deutsch. chem. Gesellsch.*, 1882, p. 2985], cette nitrotoluidine fond à 98-98°,4.

TOLUIDINES BROMONITRÉES. — En nitrant l'orthobromo-méta-acétotoluide,

$$C^6H^3(CH^3)_{(1)}(AzH.C^2H^3O)_{(3)}(Br)_{(6)},$$

on obtient un mélange d'*orthobromo-orthonitrotoluidine*,

$$C^6H^2(CH^3)_{(1)}(AzH^2)_{(3)}(Br)_{(6)}(AzO^2)_{(2)},$$

fusible à 102-103° et d'*orthobromo-paranitrotoluidine*,

$$C^6H^2(CH^3)_{(1)}(AzH^2)_{(3)}(Br)_{(6)}(AzO^2)_{(4)},$$

fusible à 179-181°. Ce dernier corps, soumis à l'action du brome, fournit un dérivé *dibromonitré*, ayant pour formule,

$$C^6H(CH^3)_{(1)}(AzH^2)_{(3)}(Br)_{(6)}(AzO^2)_{(4)}(Br)_{(2)},$$

fusible à 124° [Nevile et Winther, *Deutsch. chem. Gesellsch.*, 1880, p. 972 et 1945].

AMINES COMPLEXES DÉRIVÉES DE LA MÉTATOLUIDINE.

Métacrésylamines secondaires.

Méthylmétatoluidine, $C^6H^4(CH^3)(AzH.CH^3)$ [Monnet, Reverdin et Nölting, *Deutsch. chem. Gesellsch.*, 1878, p. 2279]. — Lorsqu'on fait agir 1 molécule d'iodure de méthyle sur 2 molécules de métatoluidine, il se forme toujours, à côté de l'amine secondaire, une certaine quantité de l'amine tertiaire. Le produit de la réaction est traité par l'éther; l'iodhydrate de métatoluidine se précipite; on filtre et on ajoute à la liqueur éthérée de l'acide sulfurique étendu tant qu'il se précipite du sulfate de toluidine; on traite par un alcali et on transforme la base en dérivé acétylé par ébullition avec l'anhydride acétique. On soumet le liquide à la distillation fractionnée; il passe d'abord de l'acide et de l'anhydride acétiques, puis, vers 200°, la base tertiaire, et, au-dessus de 250°, l'*acétométhylmétatoluide*. On saponifie cette substance en la chauffant avec 1 p. d'acide sulfurique et 3 p. d'eau. On obtient ainsi la monométhylmétatoluidine sous la forme d'une huile douée d'une odeur aromatique particulière, et bouillant à 206-207°.

Métadicrésylamine,

$$CH^3_{(1)}\text{-}C^6H^4\text{-}AzH_{(3)}\text{-}C^6H^4\text{-}CH^3_{(1)}.$$

— Cette base constitue une huile épaisse, jaunâtre, bouillant à 319-320°; on l'obtient par le procédé de Girard, de Laire et Chapoteaut. Son dérivé nitrosé,

$$CH^3.C^6H^4.Az(AzO).C^6H^4.CH^3,$$

cristallise en magnifiques aiguilles jaunes, fusibles à 103° [Cosack, *Deutsch. Chem. Gesellsch.*, 1880, p. 1091].

Métacrésylamines tertiaires.

Diméthylmétatoluidine,

$$C^6H^4(CH^3)\left(Az<{CH^3 \atop CH^3}\right)$$

[Monnet, Reverdin et Nölting, *Deutsch. chem. Gesellsch.*, 1878, p. 2279; — Wurster et Riedel, *ibid.*, 1879, p. 1796 et 1826]. — Préparée par décomposition de l'hydrate d'ammonium quaternaire correspondant, elle se présente sous la forme d'une huile bouillant à 206-208° ou 215°.

Diméthyltoluidine bromée. — On fait agir le brome sur le chlorhydrate de métatoluidine diméthylée. On obtient un dérivé monobromé qui cristallise dans l'alcool en lamelles brillantes, grasses au toucher, fusibles à 98°, bouillant à 276°. Le nitrite de sodium paraît transformer ce corps en nitrosamine.

Nitrosodiméthyltoluidine,

$$C^6H^3(CH^3)\left(Az<{CH^3 \atop CH^3}\right)(AzO).$$

— L'acide nitreux transforme la diméthyltoluidine en un dérivé nitrosé, dont le chlorhydrate cristallise dans l'eau chargée d'acide chlorhydrique, en prismes d'un jaune verdâtre. La base libre, obtenue avec le carbonate de sodium, cristallise en aiguilles ou en lamelles vertes, fusibles à 92°. La soude caustique la scinde en diméthylamine et en nitrosocrésylol.

Nitrodiméthylmétatoluidine,

$$C^6H^3(AzO^2)(CH^3)\left(Az<{CH^3 \atop CH^3}\right).$$

— On l'obtient en oxydant par le permanganate le dérivé nitrosé décrit plus haut. On purifie le corps obtenu par cristallisation dans l'alcool et dans l'acide acétique. On obtient de longues aiguilles jaunes, fusibles à 84°.

Dinitrodiméthylmétatoluidine,

$$C^6H^2(AzO^2)(AzO^2)(CH^3)\left(Az<{CH^3 \atop CH^3}\right).$$

— En dissolvant la diméthyltoluidine dans l'acide acétique et en l'additionnant d'acide nitrique, on obtient un dérivé dinitré, fusible à 107°.

En opérant avec l'acide nitrique étendu, on obtient à côté du dérivé mononitré fusible à 84° et du dérivé dinitré fusible à 107°, un isomère dinitré beaucoup moins soluble dans l'alcool et fusible à 168°.

MÉTACRÉSYLALCALAMIDES.

DÉRIVÉS DE L'ACÉTOMÉTATOLUIDE. — *Acétotoluide trichlorée*, $C^6HCl^3(CH^3)(AzH.C^2H^3O)$. — Aiguilles fusibles à 190-191° (Schultz, *Liebig's Ann. Chem.*, t. CLXXXVII, p. 279; — Nevile et Winther, *Deutsch. chem. Gesellsch.*, 1880, p. 964].

Acétotoluide monobromée symétrique,

$$C^6H(CH^3)(Br)_{(5)}(CH^3)_{(1)}(AzH.C^2H^3O)_{(3)}.$$

— On l'obtient en faisant bouillir avec l'acide acétique cristallisable la toluidine bromée correspondante. Elle cristallise en aiguilles fusibles à 167-168°.

Parabromo-méta-acétotoluide,

$$C^6H^3(CH^3)_{(1)}(AzH.C^2H^3O)_{(3)}(Br)_{(4)}.$$

— Aiguilles fusibles à 113-114°.

Orthodibromo-acétotoluide,

$$C^6H^2(CH^3)_{(1)}(AzH.C^2H^3O)_{(3)}(Br)_{(5)}(Br)_{(6)}.$$

— Se prépare par bromuration de l'acétométabromotoluide symétrique. Fond à 204-205°.

Métadibromo-acétotoluide,

$$C^6H^2(CH^3)_{(1)}(AzH.C^2H^3O)_{(3)}(Br)_{(4)}(Br)_{(6)}.$$

— Fond à 168-168°,5.

Métaparadibromo-acétotoluide,

$$C^6H^2(CH^3)_{(1)}(AzH.C^2H^3O)_{(3)}(Br)_{(4)}(Br)_{(5)}.$$

— Fond à 162-163°.

Paradibromo-acétotoluide,

$$C^6H^2(CH^3)_{(1)}(AzH.C^2H^3O)_{(3)}(Br)_{(2)}(Br)_{(5)}.$$

— Fond à 144-145°.

Acétotoluide tribromée,

$$C^6H(CH^3)_{(1)}(AzH.C^2H^3O)_{(3)}(Br)_{(2)}(Br)_{(5)}(Br)_{(6)}.$$

— S'obtient par bromuration du corps précédent. Fond à 179-181°.

Acétotoluide tribromée,

$$C^6H(CH^3)_{(1)}(AzH.C^2H^3O)_{(3)}(Br)_{(4)}(Br)_{(5)}(Br)_{(6)}.$$

— Se prépare par bromuration de la métaparadibromacétotoluide fusible à 162-163°. Fond à 171-173°.

Méthylacétotoluide,

$$C^6H^4(CH^3)\left(Az<{CH^3 \atop C^2H^3O}\right).$$

— Pour la préparation, voyez MÉTHYLTOLUIDINE. Fond à 66°; soluble dans l'eau chaude. A une tendance à rester longtemps à l'état liquide.

Benzoylnitrotoluidine,

$$C^6H^3(CH^3)_{(1)}(AzH.CO.C^6H^5)_{(3)}(AzO^2)_{(5)}$$

[Becker, *Deutsch. chem. Gesellsch.*, 1882, p. 1138]. — Aiguilles fusibles à 177°.

Phtalométatoluide,

$$C^6H^4<{CH^3 \atop Az}<{CO \atop CO}>C^6H^4.$$

— Aiguilles fusibles à 153° [Froehlich, *Deutsch. chem. Gesellsch.*, 1884, p. 2679].

Acétométadicrésylamine, $(C^7H^7)^2Az(CO.CH^3)$. — Lamelles fusibles à 43°, bouillant à 324° sous la pression de 300 millimètres [Cosack, *Deutsch. chem. Gesellsch.*, 1880, p. 1091].

III. — PARATOLUIDINE ET DÉRIVÉS.

Modes de formation. — D'après Buch [*Deutsch. chem. Gesellsch.*, 1884, p. 2637] la paratoluidine prend naissance lorsqu'on chauffe du paracrésylol avec du chlorure de zinc ammoniacal à une température de 300°.

Oxydation de la paratoluidine. — Cette réaction a été étudiée par plusieurs auteurs; elle paraît donner naissance principalement à des corps diazoïques [Barsilowsky, *Deutsch. chem. Gesellsch.*, 1878, p. 2153; — Perkin, *Journ. chem. Soc.*, 1880, p. 546; — Nevile et Winther, *Deutsch. chem. Gesellsch.*, 1880, p. 1940; — Leeds, *ibid.*, 1881, p. 1382; — Klinger et Pitschke, *ibid*, 1884, p. 2439].

SELS DE PARATOLUIDINE [Staedel, *Deutsch. chem. Gesellsch.*, 1883, p. 16 et 28; — Klein, *ibid.*, 1878, p. 743; 1880, p. 835; — Lippmann et Vortmann, *ibid.*, 1879, p. 81; — Leeds, *Journ. amer. chem. Soc.*, t. III, p. 134; — Scholz, *Monatsh. f. Chem.*, t. Ier, p. 900].

Le *bromhydrate* et l'*iodhydrate de paratolui-*

dine forment des lamelles hygroscopiques. La toluidine se combine avec les sels haloïdes. On a étudié le *sel double de nickel*, $2C^7H^9Az + NiCl^2$, qu'on obtient sous forme de cristaux verts en ajoutant 2 molécules de toluidine à une dissolution alcoolique de chlorure de nickel. Il renferme 2 molécules d'alcool de cristallisation. Le *sel double de cobalt*, $2C^7H^9Az + CoCl^2$, cristallise en belles aiguilles bleues. Le *sel double de mercure*,

$$2C^7H^9Az + HgCl^2,$$

est un précipité blanc, cristallin, qu'on obtient en mélangeant des dissolutions alcooliques de chlorure mercurique et de paratoluidine; il cristallise dans l'éther en magnifiques aiguilles fusibles à 123-125°. On a préparé le *dérivé bromé* correspondant, $2C^7H^9Az + HgBr^2$; il cristallise en longues lamelles solubles dans l'éther et dans l'alcool, fusibles à 120-121°, et se dédouble par l'eau chaude en bromure mercurique et en toluidine. Le *sel iodomercurique*, $2C^7H^9Az + HgI^2$, fond à 81°.

En traitant le cyanure de platine et de baryum par le sulfate de paratoluidine, on obtient un *cyanoplatinate*, $2C^7H^9Az.CAz + Pt(CAz)^2$, qui se présente en cristaux roses, monocliniques.

La paratoluidine se combine également avec les phénols pour donner des corps bien définis, mais peu stables [Dyson, *Journ. chem. Soc.*, 1883, p. 461]. Avec le phénol ordinaire, on obtient des aiguilles de plusieurs centimètres de longueur, fusibles à 31°. Le composé de la paratoluidine et du β-naphtol fond à 81°.

PRODUITS DE SUBSTITUTION DE LA PARATOLUIDINE.

PARATOLUIDINES BROMÉES. — *Orthobromo-paratoluidine*, $C^6H^3(CH^3)_{(1)}(Br)_{(2)}(AzH^2)_{(4)}$. — On l'obtient en réduisant le dérivé nitré correspondant. Elle cristallise en aiguilles fusibles à 25-26° [Nevile et Winther, *Deutsch. chem. Gesellsch.*, 1882, p. 419].

Paradibromo-paratoluidine,

$$C^6H^3(CH^3)_{(1)}(Br)_{(3)}(AzH^2)_{(4)}(Br)_{(5)}.$$

— On nitre et on réduit successivement le paradibromotoluène [Nevile et Winther, *Deutsch. chem. Gesellsch.*, 1881, p. 962]. On obtient des lamelles fusibles à 84°,5-85°. Le nitrite d'éthyle transforme ce composé en toluène tribromé, fusible à 111°.

Di-orthobromo-paratoluidine,

$$C^6H^3(CH^3)_{(1)}(AzH^2)_{(4)}(Br)_{(2)}(Br)_{(6)}.$$

— Aiguilles fusibles à 85-86°.

Tribromotoluidine,

$$C^6H^2(CH^3)_{(1)}(AzH^2)_{(4)}(Br)^3_{(2.3.5)}.$$

— On l'obtient par bromuration de l'orthobromeparatoluidine. Elle cristallise en aiguilles fusibles à 82°,5-83°.

Tribromotoluidine,

$$C^6H^2(CH^3)_{(1)}(AzH^2)_{(4)}(Br)^3_{(2.3.6)}.$$

— Obtenue par réduction du dérivé nitré correspondant, elle se présente sous la forme d'aiguilles volatiles avec la vapeur d'eau, fusibles à 118-118°,5.

Tétrabromotoluidine,

$$C^6(CH^3)_{(1)}(AzH^2)_{(4)}(Br)^4_{(2.3.5.6)}.$$

— Fines aiguilles fusibles à 226-227°.

PARATOLUIDINES IODÉES — On ne connaît qu'un produit de substitution de la paratoluidine, qui renferme 2 atomes d'iode [Michael et Norton, *Deutsch. chem. Gesellsch.*, 1878, p. 115]. On l'obtient en faisant agir le chlorure d'iode sur le chlorhydrate de paratoluidine. Il se sépare des flocons noirs; on filtre et on laisse reposer; le dérivé iodé se dépose en flocons blancs; on le purifie par cristallisation dans l'alcool étendu. On obtient de fines aiguilles, peu solubles dans l'eau bouillante, solubles dans l'alcool, et qui fondent à 124°,5.

PARATOLUIDINES NITRÉES [Ullmann, *Deutsch. chem. Gesellsch.*, 1884, p. 1957; — Bernthsen, *ibid.*, 1882, p. 3016; — Nölting et Collin, *ibid.*, 1884, p. 261]. — En dissolvant la paratoluidine dans 10 p. d'acide sulfurique concentré et en nitrant, à une température voisine de 0°, par la quantité théorique d'acide nitrique, on obtient surtout de la nitroparatoluidine fusible à 78°, à côté de l'isomère fusible à 114°. La première se forme presque exclusivement en employant 20 p. d'acide sulfurique et en nitrant avec un mélange d'acides sulfurique et nitrique. La température, pendant la réaction, doit être maintenue aussi basse que possible.

DÉRIVÉS THIOSULFONIQUES DE LA PARATOLUIDINE. — Ces corps s'obtiennent comme les dérivés correspondants de la série ortho [Limpricht, *loc. cit.*].

Acide para-amidotoluène-thiosulfonique,

$$C^6H^3(CH^3)_{(1)}(AzH^2)_{(4)}(SO^2.SH)_{(2)}.$$

— Prismes jaunes, peu solubles dans l'eau, insolubles dans l'alcool et dans l'éther. Il est décomposé par l'eau bouillante et par les acides minéraux, à froid, avec dépôt de soufre.

Le *sel de baryum*, $+ 2H^2O$, cristallise en prismes solubles dans l'eau. — Le *sel d'argent* est blanc et insoluble. L'amalgame de sodium fournit l'*acide sulfinique*, $C^6H^3(CH^3)(AzH^2)(SO^2H)$, sous forme de prismes incolores, infusibles à 240°, solubles à chaud dans l'eau, presque insolubles dans l'alcool. L'eau de brome oxyde l'acide sulfinique en régénérant l'acide sulfonique. Par l'action de l'acide nitreux, on obtient un dérivé diazoïque que l'alcool transforme en un acide-éther,

$$C^6H^3(CH^3)(OC^2H^5)(SO^3H);$$

avec l'alcool méthylique, on obtient un composé analogue.

AMINES COMPLEXES DÉRIVÉES DE LA PARATOLUIDINE.

PARACRÉSYLAMINES SECONDAIRES. — *Monométhyltoluidine*, $C^6H^4(CH^3)_{(1)}(AzH.CH^3)_{(4)}$ [Thomsen, *Deutsch. chem. Gesellsch.*, 1877, p. 1582; — Monnet, Reverdin et Nölting, *loc. cit.*]. — Obtenue par saponification du dérivé acétylé, elle se présente sous la forme d'une huile bouillant à 208°. La *nitrosamine*, $C^6H^4(CH^3)[Az(AzO)CH^3]$, est insoluble dans l'eau, soluble dans l'alcool et dans l'éther et cristallise en prismes volumineux, fusibles à 54°.

Monométhyltoluidine dinitrée. — On dissout 1 p. de méthyltoluidine dans 15 p. d'acide acétique et on ajoute de l'acide nitrique fumant; on précipite par l'eau et on purifie par cristallisation dans l'alcool étendu. On obtient des aiguilles d'un rouge clair, fusibles à 129°.

Oxypropyltoluidine,

$$C^6H^4(CH^3)(AzH.C^3H^6.OH).$$

— On abandonne au repos pendant quelques jours une dissolution de paratoluidine dans de l'oxyde de propylène; il se dépose des cristaux d'*oxypropyltoluidine*. Ce corps est insoluble dans l'eau; il fond à 74° et bout en se décomposant en partie à 293°. Il fournit un *oxalate acide* qui, contrairement à l'oxalate acide de paratoluidine, est soluble dans l'eau [Morley, *Journ. chem. Soc.*, 1882, p. 387].

Phénylparacrésylamine,

$$C^6H^4(CH^3)(AzH.C^6H^5).$$

— On l'obtient en chauffant à une température élevée de la paratoluidine et du phénol en présence de chlorure de zinc. Elle fond à 87°. En remplaçant le phénol par les deux naphtols, et le chlorure de zinc par le chlorure de calcium, on obtient la *paracrésyl-α-naphtylamine* et la *paracrésyl-β-naphthylamine*. Cette dernière cristallise en lamelles fusibles à 102-103° et distille sans décomposition à une température élevée [Merz et Weith, *Deutsch. chem. Gesellsch.*, 1881, p. 2345].

PARACRÉSYLAMINES TERTIAIRES.

Diméthylparatoluidine,

$$C^6H^4(CH^3)_{(1)}\left(Az < \begin{matrix}CH^3\\CH^3\end{matrix}\right)_{(4)}$$

— On peut l'obtenir en chauffant vers 150° l'iodhydrate ou le bromhydrate de paratoluidine avec de l'alcool méthylique. Elle est liquide et bout à 208° [Thomsen, *Deutsch. chem. Gesellsch.*, 1877, p. 1582; — Reinhardt et Staedel, *ibid.*, 1883, p. 29].

Diéthylparatoluidine, $C^6H^4(CH^3)[Az(C^2H^5)^2]$. — Liquide, bout à 227-228° (Reinhardt et Staedel).

PARACRÉSYLAMINES QUATERNAIRES.

On a préparé l'*iodure de diméthyloxypropylparacrésylammonium*,

$$C^6H^4(CH^3)[Az(CH^3)^2(C^3H^6.OH)I],$$

par l'action de l'iodure de méthyle sur l'oxypropyl-paratoluidine. L'hydrate se scinde par la distillation sèche en triméthylamine et en propylèneglycol [Morley, *loc. cit.*].

PARACRÉSYLALCALAMIDES. — *Paracétotoluide*. — La paracétotoluide se forme en chauffant jusqu'à cessation du dégagement d'ammoniaque de la paratoluidine et de l'acétamide [Kelbe, *Deutsch. chem. Gesellsch.*, 1883, p. 1200].

Traitée par l'acide nitrique fumant, la paracétotoluide fournit un corps nitré, fusible à 92°, qui correspond à la toluidine nitrée, fusible à 114°. En présence d'un grand excès d'acide sulfurique, on obtient une certaine quantité de la nitrotoluide correspondant à la nitroparatoluidine fusible à 78° [Nölting et Collin, *Deutsch. chem. Gesellsch.*, 1884, p. 261].

Nitroso-acétoparatoluide,

$$C^6H^4 < \begin{matrix}CH^3\\Az(AzO)(C^2H^3O).\end{matrix}$$

— On fait agir l'acide nitreux sur l'acétotoluide. Ce dérivé nitrosé fond à 80° en se décomposant. Il déflagre à chaud [Fischer, *Deutsch. chem. Gesellsch.*, 1877, p. 959].

Méthylacétoparatoluide,

$$C^6H^4(CH^3)(Az.CH^3.C^2H^3O).$$

— Obtenue par l'action de l'anhydride acétique sur la méthyltoluidine, elle cristallise dans un mélange d'alcool et d'éther en lamelles volumineuses, fusibles à 83° et bouillant à 283° [Thomsen, *loc. cit.*].

Dichloracétotoluide,

$$C^6H^4(CH^3)(AzH.CO.CHCl^2).$$

— On obtient ce corps en traitant l'hydrate de chloral par le chlorhydrate de paratoluidine et le cyanure de potassium,

$$CCl^3.CHO + CAzK + C^6H^4(CH^3)(AzH^2) = CHCl^2.CO.AzH.C^6H^4.CH^3 + KCl + CAzH.$$

Il cristallise dans l'éther en lamelles fusibles à 153°.

Trichloracétotoluide,

$$C^6H^4(CH^3)(AzH.CO.CCl^3).$$

— Obtenue en partant de $C^2Cl^3O.Cl$, elle se présente en prismes fusibles à 102° (Judson) [Cech, *Deutsch. chem. Gesellsch.*, 1877, p. 879; — Judson, *ibid.*, 1870, p. 784].

Thio-acétotoluide, $C^6H^4(CH^3)(CH^3.CS.AzH)$. — On prépare cette substance en faisant agir le sulfure de carbone à 100° sur l'*éthényl-crésylamidine*, ou l'hydrogène sulfuré sur l'*éthényl-dicrésylamidine*. Prismes fusibles à 130-132°, doués d'une saveur très amère [Bernthsen et Trompetter, *Deutsch. chem. Gesellsch.*, 1878, p. 1759; — Wallach, *ibid.*, 1880, p. 529].

Trichloracéto-métanitrotoluide,

$$(CCl^3.CO.AzH)C^6H^3(CH^3)(AzO^2).$$

— Lamelles ou prismes fusibles à 54-55° [Friederici, *Deutsch. chem. Gesellsch.*, 1878, p. 1975].

Trichloracéto-dinitrotoluide,

$$(CCl^3.CO.AzH)C^6H^2(CH^3)(AzO^2)^2.$$

— Prismes fusibles à 141-142°.

Acétobromo-nitrotoluide,

$$(CH^3.CO.AzH)C^6H^2(CH^3)(AzO^2)(Br).$$

— On l'obtient en bromurant et en nitrant successivement la paracétotoluide. Aiguilles fusibles à 210°,5 [Wroblewsky, *Liebig's Ann. Chem.*, t. CXCII, p. 202].

Isovaléryl-métanitrotoluide,

$$(C^5H^9O.AzH)(C^6H^3)(CH^3)(AzO^2).$$

— Fines aiguilles fusibles à 88-89° (Friederici).

TOLUIDES DE L'ACIDE SUCCINIQUE [Taylor, *Deutsch. chem. Gesellsch.*, 1875, p. 1225; — Michael, *ibid.*, 1877, p. 577; — De Bechi, *ibid.*, 1879, p. 322; — Sell, *Liebig's Ann. Chem.*, t. CXXVI, p. 163].

Crésylsuccinimide,

$$C^6H^4(CH^3) < \begin{matrix}CO\\CO\end{matrix} > C^2H^4.$$

— On distille un mélange de 1 molécule de paratoluidine et de 1 molécule d'acide succinique et on purifie le produit par cristallisation dans l'eau. On obtient des aiguilles fusibles à 151°, distillant sans décomposition à 344-345° sous la pression de 733 millimètres.

Nitrocrésylsuccinimide,

$$C^6H^3(CH^3)(AzO^2)\left(Az < \begin{matrix}CO\\CO\end{matrix} > C^2H^4\right).$$

— On traite le corps précédent par l'acide nitrique fumant ; on obtient de fines aiguilles jaunes, peu solubles dans l'eau, solubles dans l'alcool, fusibles à 140°.

Acide crésylsuccinamique,

$$C^6H^4(CH^3)(AzH-CO.C^2H^4.CO^2H).$$

— On fait bouillir la paracrésylsuccinimide avec de l'eau de baryte ; on élimine l'excès de baryum par l'acide carbonique et on décompose le sel obtenu, $(C^{11}H^{12}AzO^3)^2Ba + H^2O$, par l'acide sulfurique étendu. L'acide libre fond à 157°.

Crésylsuccinamide,

$$C^6H^4(CH^3)(AzH.CO.C^2H^4.COAzH^2).$$

— On chauffe la crésylsuccinimide à 100° avec de l'ammoniaque alcoolique. Lamelles fusibles à 148°.

Succinotoluide,

$$C^2H^4 < \begin{matrix}CO-C^6H^4(CH^3)(AzH^2)\\CO-C^6H^4(CH^3)(AzH^2).\end{matrix}$$

— Cristallise dans l'alcool en lamelles fusibles à 256°.

Métanitrobenzo-nitroparatoluide,

$$C^6H^3(AzO^2)(CH^3)(AzH.CO.C^6H^4.AzO^2).$$

— Obtenue par nitration de la métanitrobenzoparatoluide, elle cristallise en aiguilles fusibles à 188°,5. Par saponification, elle se scinde en nitrotoluidine, $C^6H^3(CH^3)_{(1)}(AzH^2)_{(4)}(AzO^2)_{(3)}$, fusible à 114-115° et en acide métanitrobenzoïque [Hübner, *Deutsch. chem. Gesellsch.*, 1877, p. 1712].

Thiobenzotoluide. — En faisant agir le pentachlorure de phosphore sur la benzotoluide, on obtient un *chlorure*, $C^6H^4(CH^3)(CCl^2.AzH.C^6H^5)$, que l'hydrogène sulfuré transforme en thiobenzotoluide, $C^6H^4(CH^3)(AzH.CS.C^6H^5)$, fusible à 128°,5-129°,5 [Leo, *Deutsch. chem. Gesellsch.*, 1877, p. 2133].

Phtaloparatoluide,

$$C^6H^4(CH^3)\left(Az{<}{}^{CO}_{CO}{>}C^6H^4\right).$$

— On soumet à l'action de la chaleur un mélange de paratoluidine et d'anhydride phtalique. La toluide obtenue fond à 204°; chauffée avec du chlorure de benzoyle, en présence d'une petite quantité de chlorure de zinc, elle se transforme en un mélange de deux isomères n'ayant pas de point de fusion déterminé et répondant à la formule $C^6H^5.CO.C^6H^3(CH^3)(Az = C^8H^4O^2)$.

RÔLE DES TOLUIDINES DANS LA FABRICATION DES MATIÈRES COLORANTES.

Nous terminerons cet article par quelques considérations sur le rôle joué par ces trois toluidines et par leurs dérivés dans la fabrication des matières colorantes.

On sait depuis longtemps que la présence de la toluidine est nécessaire à la production de la rosaniline et de récents travaux ont déterminé exactement dans quelles proportions les deux isomères ortho et para doivent être employés pour la fabrication de la fuchsine (voyez ROSANILINE). Nous ne parlerons ici que du rôle de la métatoluidine dans les cuites de fuchsine. Monnet, Reverdin et Nölting [*Deutsch. chem. Gesellsch.*, 1879, p. 445] ont trouvé dans quelques toluidines commerciales des traces (1 à 2 %) de métatoluidine. Ils ont cherché à se rendre compte du rôle, quelque effacé qu'il pût être, que pouvait jouer cet isomère relativement à la production de la fuchsine. L'oxydation a été effectuée par l'acide arsénique dans les mêmes conditions que pour la fabrication de la fuchsine. D'après leurs recherches, l'influence de la métatoluidine est des plus défavorables ainsi qu'il ressort du tableau suivant :

BASE soumise à l'oxydation.	NUANCE de la matière colorante obtenue.
Métatoluidine.........	Brun.
Métatoluidine et aniline.	Violet.
Métatoluidine et paratoluidine	Brun.
Métatoluidine et orthotoluidine...............	Rouge et violet à nuance grise.
Métatoluidine, aniline et orthotoluidine........	Rouge, jaune à nuance grise.
Métatoluidine, aniline et paratoluidine.........	Rouge, violacé et gris.

Monnet, Reverdin et Nölting ont effectué un travail analogue sur les dérivés méthylés des trois toluidines [*Deutsch. chem. Gesellsch.*, 1878, p. 2281]. On sait depuis longtemps que, contrairement à ce qui a lieu dans la fabrication de la fuchsine, c'est la diméthylaniline *pure* qui donne le meilleur rendement en violet de Paris. Les auteurs ont précisé le mode d'action des toluidines méthylées, en étudiant leur oxydation telle qu'elle s'effectue en grand pour la diméthylaniline dans la fabrication du violet, c'est-à-dire par les sels de cuivre. On obtient des matières colorantes, solubles dans l'eau ou dans l'alcool, de nuances très diverses. Ils ont étudié encore l'action de certains réactifs sur les méthyltoluidines, en notant les colorations obtenues et en suivant les indications de Lauth pour la préparation des réactifs (t. II, p. 842). Les tableaux suivants résument les résultats obtenus :

I. — *Réactions colorées de quelques bases aromatiques.*

BASES employées.	RÉACTIFS ET COLORATIONS.			
	Acide chromique.	Acide iodique.	Chlorure de chaux.	Acide sulfurico-nitrique.
Monométhylaniline.........	Jaune, puis brun sale, virant au vert.	Bleu-verdâtre, puis violet virant au brun; se solidifie en partie.	Violet virant au brun, après addition d'acide devient brun.	Brun-rougeâtre, virant au vert.
Diméthylaniline............	Brun-jaunâtre, peu intense, virant au bleu.	Violet de plus en plus intense, virant définitivement au brun.	Jaunâtre, avec acide orangé, puis vert.	Brun-rouge.
Monométhyl-orthotoluidine..	Jaune, puis brun.	Violet virant au vert; se solidifie en partie.	Orangé avec acide, violet foncé.	Brun-rouge, virant au vert.
Diméthyl-orthotoluidine....	Orange, puis brun.	Faiblement violet.	Orangé avec acide, brun-rouge, virant au jaune et au vert.	Orangé clair.
Monométhyl-métatoluidine..	Jaune, brun, vert et finalement bleu.	Gris virant au violet; se solidifie en partie.	Brun-violacé, avec acide violet-gris.	Brun-jaune.
Diméthyl-métatoluidine......	Orange, virant au vert.	Violet plus rougeâtre que le précédent; reste liquide.	Orangé avec acide rouge-cerise, virant rapidement au jaune.	Orangé clair.
Monométhyl-paratoluidine...	Brun-châtaigne.	Violet-bleu, reste liquide.	Violet-bleu, virant au rouge et au brun; avec acide, plus rouge et plus brun.	Rouge-cerise, virant au brun.
Diméthyl-paratoluidine......	Brun, jaune faible.	Violet faible, puis brun. Reste liquide.	Orangé avec acide jaune, virant au gris et au violet-brun.	Orangé clair; se solidifie.

II. — *Oxydation de quelques bases aromatiques.*

BASES employées.	NUANCES DE LA MATIÈRE COLORANTE.		RENDEMENT.	SOLUBILITÉ.
	Solubles dans l'eau.	Soluble dans l'alcool.		
Monométhylaniline	Violet-rouge.	Violet-rouge à reflet gris.	Faible.	Moins soluble que le violet de Paris.
Diméthylaniline	Violet, entièrement soluble.	—	Maximum.	Soluble dans l'eau.
Monométhyl-orthotoluidine..	Violet-rouge.	Violet à reflets gris.	Considérable.	Moins soluble que les précédents.
Diméthyl-orthotoluidine.....	Violet moins rouge que le précédent.	Violet à reflet gris.	Faible en produit soluble à l'eau.	Assez soluble.
Monométhyl-métatoluidine..	—	Brun.	Très faible	Presque insoluble dans l'eau.
Diméthyl-métatoluidine.....	—	Brun-gris.	Id.	Id.
Monométhyl-paratoluidine..	Brun.	Brun-jaune.	Id.	Id.
Diméthyl-paratoluidine......	Brun.	Brun plus jaune que le précédent.	Id.	Id.

On voit donc que seule la diméthylaniline donne des résultats favorables à l'oxydation, fait qui était connu pratiquement par tous les fabricants de matières colorantes. La monométhylaniline et la diméthyl-orthotoluidine fournissent un beau violet à nuance rouge, mais le rendement est peu élevé. G. de Bechi.

TOLUIDOPROPIONIQUES (ACIDES),

$(AzH.C^7H^7)C^3H^5O^2$

[Tiemann et Stephan, *Deutsch. chem. Gesellsch.*, 1882, p. 2037].

Acide α-paratoluidopropionique,

$CH^3\text{-}CH(AzH.C^7H^7)\text{-}CO^2H.$

— Préparé par saponification du nitrile correspondant (voyez plus bas), cet acide cristallise dans l'alcool dilué en lamelles incolores fusibles à 152°, assez solubles dans l'eau bouillante, peu solubles dans l'éther.

Les *sels de plomb, d'argent* et *de zinc* sont amorphes; le *sel de cuivre* forme des lamelles d'un bleu verdâtre.

Le *nitrile*, $CH^3\text{-}CH(AzH.C^7H^7)\text{-}CAz$, prend naissance par l'action de la cyanhydrine de l'aldéhyde acétique sur la paratoluidine; il cristallise dans l'alcool en lamelles incolores fusibles à 81-82°, presque insolubles dans l'eau, solubles dans l'éther, le chloroforme et la benzine. Chauffé avec de l'acide chlorhydrique, il donne de l'acide cyanhydrique et de la paratoluidine.

L'amide, $CH^3\text{-}CH(AzH.C^7H^7)\text{-}CO.AzH^2$, se présente en aiguilles plates, fusibles à 145°; elle se dissout aisément dans l'alcool, l'éther et la benzine.

Acide α-orthotoluidopropionique. — Obtenu comme le dérivé para, en substituant l'orthotoluidine à la paratoluidine, cet acide forme une masse cristalline, blanche, peu stable.

Le *nitrile* fond à 72-73°.

L'amide cristallise en aiguilles microscopiques, fusibles à 125°.

TOLUIQUES (ACIDES),

$$C^6H^4 < \begin{matrix} CH^3 \\ CO^2H. \end{matrix}$$

— Voyez t. III, p. 495.

Acide orthotoluique,

$$C^6H^4 < \begin{matrix} CH^3 (1) \\ CO^2H (2) \end{matrix}$$

L'éther orthotoluique, $C^6H^4(CH^3)(CO^2.C^2H^5)$, est un liquide incristallisable, bouillant à 219°,5.

Le *chlorure*, $C^6H^4(CH^3)(COCl)$, bout à 211°. Traité au bain-marie par la benzine, en présence du chlorure d'aluminium, il se convertit en phényl-orthocrésyl-carbonyle, $C^6H^4(CH^3)\text{-}CO\text{-}C^6H^5$, liquide incristallisable, bouillant à 306-307° [Ador et Rilliet, *Deutsch. chem. Gesellsch.*, 1879, p. 2298].

Le *nitrile orthotoluique*, $C^6H^4(CH^3)(CAz)$, a été obtenu dans la distillation sèche d'un mélange de cyanure de potassium et de phosphate neutre d'orthocrésyle. Ses propriétés ont été décrites t. III, p. 496 [Heim, *Deutsch. chem. Gesellsch.*, 1883, p. 1770].

Acide bromo-orthotoluique,

$C^6H^3(CH^3)_{(1)}(CO^2H)_{(2)}(Br)_{(3)}$

[Jacobsen et Wierss, *Deutsch. chem. Gesellsch.*, 1883, p. 1956]. — On dissout l'acide orthotoluique dans un excès de brome et au bout de 24 heures on évapore le produit. On reprend le résidu par l'ammoniaque et on précipite la solution par l'acide chlorhydrique; on obtient ainsi un mélange d'acide monobromé et d'acide inaltéré, qu'on ne parvient à séparer qu'en soumettant à des cristallisations fractionnées les sels de baryum ou de calcium. L'acide monobromé est enfin purifié par cristallisation dans l'eau. Il se présente en aiguilles fusibles à 167°; il est très soluble dans l'alcool et dans l'éther, peu soluble dans l'eau bouillante, presque insoluble dans l'éther de pétrole. Par fusion avec la potasse, il se convertit en acide oxytoluique, $C^6H^3.CH^3_{(1)}CO^2H_{(2)}OH_{(3)}$.

Le *sel de baryum*, $(C^8H^6BrO^2)^2Ba + 5H^2O$, se présente en lamelles très solubles. Le *sel de calcium* est moins soluble et cristallise avec 1 molécule d'eau. Le *sel de potassium* est incristallisable.

Acides mononitro-orthotoluiques [Jacobsen et Wierss, *ibid.*]. — Lorsqu'on dissout l'acide orthotoluique dans de l'acide nitrique fumant à froid ou dans de l'acide d'une densité de 1,4, à la température du bain-marie, et qu'on précipite ensuite par l'eau, on obtient un mélange, fusible à 145-146°, de deux acides mononitrés non séparables par distillation dans un courant de vapeur d'eau. On ne parvient à isoler ces deux acides qu'en soumettant leur mélange à de nombreuses cristallisations fractionnées dans l'alcool à 5 °/₀ bouillant.

Acide α-nitro-orthotoluique,

$$C^6H^3.CH^3_{(1)}\,CO^2H_{(2)}\,AzO^2_{(6)}.$$

C'est le moins soluble des deux; il fond à 179°.

Le *sel de baryum* cristallise en fines aiguilles, très solubles, renfermant $2H^2O$; le *sel de calcium* est un peu moins soluble, il renferme également $2H^2O$; le *sel de potassium* se présente en longues aiguilles contenant 1 molécule d'eau.

Acide β-nitro-orthotoluique,

$$C^6H^3.CH^3_{(1)}\,CO^2H_{(2)}\,AzO^2_{(4)}.$$

Il fond à 145° et paraît identique avec celui qui a été décrit t. III, p. 496.

Les *sels de baryum* et de *calcium* cristallisent avec 2 molécules d'eau.

ACIDE DINITRO-ORTHOTOLUIQUE,

$$C^6H^2.CH^3_{(1)}\,CO^2H_{(2)}\,(AzO^2)^2_{(4,6)}.$$

— Il se produit lorsqu'on abandonne à elle-même, pendant 24 heures, une dissolution de l'un ou de l'autre des deux acides mononitrés dans un mélange à volumes égaux d'acides sulfurique et nitrique; on l'isole en précipitant par l'eau. Il cristallise en longues aiguilles, fusibles à 206°, assez solubles dans l'eau bouillante.

ACIDES AMIDO-ORTHOTOLUIQUES. — Ils prennent naissance par la réduction des acides nitrés au moyen de l'étain et de l'acide chlorhydrique.

L'*acide α* cristallise en beaux prismes, fusibles à 196°, très solubles à chaud dans l'eau et dans l'alcool. L'acide azoteux le convertit en acide ortho-homométoxybenzoïque.

L'*acide β* cristallise en petites aiguilles brillantes, fusibles à 191°, assez solubles dans l'eau froide. L'acide azoteux le transforme en acide para-homométoxybenzoïque.

ACIDE SULFO-ORTHOTOLUIQUE,

$$C^6H^3.CH^3_{(1)}\,CO^2H_{(2)}\,SO^3H_{(6)}$$

[Jacobsen et Wierss, *ibid.*] — On chauffe l'acide orthotoluique à 160°, pendant 3 heures, avec 5 fois son poids d'acide sulfurique, puis on ajoute un peu d'eau et on refroidit à 0°. L'acide sulfonique se dépose, dans ces conditions, en une masse cristalline, extrêmement soluble dans l'eau.

Le *sel de baryum* cristallise en aiguilles microscopiques; le *sel de sodium* est gommeux et déliquescent.

ACIDE DISULFO-ORTHOTOLUIQUE,

$$C^6H^2.(CH^3)_{(1)}\,(CO^2H)_{(2)}\,(SO^3H)^2_{(4,6)}.$$

— On chauffe pendant quelques heures, à 170°, un mélange d'acide orthotoluique avec 4 fois son poids d'acide pyrosulfurique, puis on ajoute un peu de glace au produit de la réaction; l'acide disulfonique se dépose en aiguilles microscopiques.

Le *sel de baryum* est amorphe, ainsi que le *sel de sodium.*

ACIDES SULFAMINE-ORTHOTOLUIQUES,

$$C^6H^3(CH^3)(CO^2H)(SO^2.AzH^2)$$

Jacobsen, *Deutsch. chem. Gesellsch.*, 1881, p. 38]. L'oxydation de l'orthoxylène-sulfamide,

$$C^6H^3(CH^3)^2.(SO^2.AzH^2),$$

au moyen du permanganate de potassium, fournit un mélange de deux acides présentant cette composition. On opère de la manière suivante : On dissout dans 1 litre d'eau chaude 20 p. d'orthoxylène-sulfamide pure et 10 grammes de potasse caustique, on ajoute peu à peu une solution de 40 gr. de permanganate dans 3 litres d'eau et on chauffe le tout à 60-70° jusqu'à décoloration complète; on neutralise alors par HCl et on évapore à 300 cc.; il se dépose des traces de sulfamide inattaquée; on sursature le liquide filtré par HCl et on évapore à sec. Le mélange des deux acides ainsi obtenu est transformé en sels de potassium, qu'on sépare enfin par cristallisations fractionnées. Le sel de l'acide para se dépose le premier.

L'*acide parasulfamine-orthotoluique,*

$$C^6H^3.CH^3_{(2)}\,CO^2H_{(1)}\,SO^2.AzH^2_{(4)},$$

cristallise en longues aiguilles, fusibles à 217°; il est très soluble dans l'eau bouillante, l'alcool, l'éther, à peine soluble dans l'eau froide, l'éther de pétrole et le chloroforme. La fusion potassique le transforme en acide paroxyorthotoluique (métahomoparoxybenzoïque).

Le *sel de potassium* se présente en grands cristaux brillants, anhydres, ayant l'aspect rhomboédrique. Le *sel d'ammonium* cristallise en prismes; le *sel de cuivre* est en cristaux d'un bleu clair; le *sel d'argent* en aiguilles soyeuses.

L'*acide métasulfamine-orthotoluique,*

$$C^6H^3(CO^2H)_{(1)}(CH^3)_{(2)}(SO^2.AzH^2)_{(3)},$$

cristallise en longues aiguilles, fusibles à 243°; il est très soluble dans l'alcool et dans l'éther, presque insoluble dans le chloroforme et dans l'éther de pétrole. La fusion avec la potasse le convertit en acide métoxy-orthotoluique (parahomométoxybenzoïque).

Les *sels de potassium* et *d'ammonium* sont très solubles et difficilement cristallisables. Le *sel de cuivre* se présente en lames hexagonales d'un bleu clair; le *sel d'argent* forme de petits prismes.

ACIDE MÉTATOLUIQUE,

$$C^6H^4 \begin{cases} CH^3_{(1)} \\ CO^2H_{(3)} \end{cases}$$

— *Propriétés.* — D'après Jacobsen [*Deutsch. chem. Gesellsch.*, 1881, p. 2349], l'acide métatoluique cristallise dans l'eau en longues et fines aiguilles anhydres, fusibles à 110°,5; il fond déjà sous l'eau bouillante. Il se sublime à une température un peu supérieure à son point de fusion, bout à 263° et distille à cette température presque sans altération. Il est très soluble dans l'alcool et dans l'éther; sa solubilité dans l'eau croît rapidement avec la température; à 15°, il se dissout dans 1170 p. d'eau, et à 100°, dans 60 p. seulement de ce liquide.

Le *métatoluate d'éthyle*, $C^6H^4.CH^3.CO^2C^2H^5$, bout à 224°,5-226°,5.

Le *chlorure*, $C^6H^4.CH^3.COCl$, distille à 218°. Traité par la benzine, en présence de chlorure d'aluminium, il se convertit en *phényl-métacrésylcarbonyle*, $C^6H^4(CH^3).CO.C^6H^5$, liquide huileux, bouillant à 305-311° [Ador et Rilliet, *Deutsch. chem. Gesellsch.*, 1879, p. 2300].

ACIDES MÉTATOLUIQUES BROMÉS. — L'action du brome sur l'acide métatoluique fournit un mélange de deux acides monobromés, dont l'un paraît identique avec l'acide décrit au t. III, p. 497, sous le nom d'*acide α-monobromé* [Jacobsen, *Deutsch. chem. Gesellsch.*, 1881, p. 2351]. On dissout l'acide métatoluique dans un excès de brome à froid; au bout de 12 heures, on chasse l'excès de brome par la chaleur et on transforme le mélange des deux acides ainsi obtenus en sels de baryum, qu'on sépare par cristallisations fractionnées. Le sel de baryum le moins soluble correspond à l'acide α de Fittig et Ahrens.

Acide $C^6H^3.CH^3_{(1)}CO^2H_{(3)}Br_{(6)}$ (α de Fittig et Ahrens). — Suivant Jacobsen, il fond à 209°. Par fusion avec la potasse, il se convertit en acide *orthohomoparoxybenzoïque*, ce qui fixe définitivement sa constitution.

Acide $C^6H^3.CH^3_{(1)}CO^2H_{(3)}Br_{(4)}$. — Cet acide, peut-être identique avec celui qu'avait obtenu Richter par l'action du cyanure de potassium sur le nitrobromotoluène, cristallise en fines aiguilles, fusibles à 140-145°; la fusion avec la potasse le transforme en acide *parahomosalicylique*.

Acide dichlorométatoluique,

$$C^6H^2Cl^2.CH^3.CO^2H$$

[Hollemann, *Ann. Chem. Pharm.*, t. CXLIV, p. 269]. — Ce corps a été obtenu par l'oxydation du dichlorométaxylène bouillant à 222°, au moyen du mélange chromique à l'ébullition. Purifié par précipitation, il fond à 160-161°. Très peu soluble dans l'eau, il est assez soluble dans l'alcool.

Le *sel de calcium*, $(C^8H^5Cl^2O^2)^2Ca + 9H^2O$, forme de petits cristaux, peu solubles dans l'eau. Le *sel d'argent*, $C^8H^5Cl^2O^2Ag$, est un précipité blanc, peu soluble dans l'eau; il se colore en violet à la lumière.

Acides nitrométatoluiques. — L'étude des acides métatoluiques mononitrés a été reprise par Jacobsen [*Deutsch chem. Gesellsch.*, 1881, p. 2353], qui a obtenu, par l'action directe de l'acide nitrique sur l'acide métatoluique, deux dérivés, qu'il désigne sous les noms de α et de β. En comparant ces nouveaux acides avec ceux qui avaient été précédemment décrits, Jacobsen a établi que l'acide d'Ahrens, fusible à 220°, est identique avec son acide α, que l'acide du même auteur, fusible à 217-218°, est un acide orthotoluique, et que l'acide de Kreusler a pour constitution $C^6H^3.CH^3_{(1)}CO^2H_{(3)}AzO^2_{(6)}$. D'autre part, et antérieurement à ces recherches, von Gerichten et Rœssler avaient démontré que l'acide d'Ahrens, fusible à 190°, est un acide paratoluique [*Deutsch. chem. Gesellsch.*, 1878, p. 705].

En résumé, on ne connaît donc aujourd'hui que trois acides mononitrométatoluiques : l'acide de Kreusler, $C^6H^3.CH^3_{(1)}CO^2H_{(3)}AzO^2_{(6)}$, décrit t. III, p. 497; l'acide d'Ahrens, fusible à 220°, ou acide α de Jacobsen, $C^6H^3.CH^3_{(1)}CO^2H_{(3)}AzO^2_{(2)}$, et l'acide β de Jacobsen,

$$C^6H^3CH^3_{(1)}CO^2H_{(3)}AzO_{(4)}.$$

Ces deux derniers acides se produisent simultanément par l'action de l'acide nitrique fumant et froid sur l'acide métatoluique; on les sépare en les transformant en sels de baryum et en soumettant ces sels à des cristallisations fractionnées; le sel de l'acide β se dépose le premier.

Acide α, $C^6H^3.CH^3_{(1)}CO^2H_{(3)}AzO^2_{(2)}$. — Il cristallise en prismes d'aspect clinorhombique, très solubles dans l'alcool, et fond à 219°.

Le *sel de baryum*, $[C^8H^6(AzO^2)O^2]Ba + 2H^2O$, forme des prismes peu solubles dans l'eau froide; le *sel de calcium*, $[C^8H^6(AzO^2)O^2]^2Ca + 4H^2O$, cristallise en lamelles ou en prismes courts, peu solubles.

Acide β, $C^6H^3.CH^3_{(1)}CO^2H_{(3)}AzO^2_{(4)}$. — Il fond à 182° et ressemble par son aspect à l'acide α. Son *sel de baryum* se présente en petites aiguilles, très peu solubles même à chaud.

Acides amidométatoluiques [Jacobsen, *ibid.*]. — Ils correspondent aux acides nitrés et en dérivent par réduction au moyen de l'étain et de l'acide chlorhydrique.

L'*acide de Kreusler*, décrit au t. III, p. 498, a pour constitution $C^6H^3.CH^3_{(1)}CO^2H_{(3)}AzH^2_{(6)}$.

L'*acide* α, $C^6H^3.CH^3_{(1)}CO^2H_{(3)}AzH^2_{(2)}$, fond à 172°; il se présente en longues lamelles incolores, assez solubles dans l'eau bouillante, très solubles dans l'alcool et dans l'éther. Traité par l'acide nitreux, il donne de l'acide ortho-homosalicylique.

L'*acide* β cristallise en petits prismes, fusibles à 132°, très solubles dans l'eau bouillante.

Quant à l'acide amidé d'Ahrens, c'est un acide paratoluique.

Acides sulfométatoluiques [Jacobsen, *Deutsch. chem. Gesellsch.*, 1881, p. 2355]. — Lorsqu'on chauffe pendant 3 heures, à 160-180°, un mélange d'acide métatoluique avec 4 fois son poids d'acide pyrosulfurique, on obtient deux acides monosulfoniques, impossibles à séparer l'un de l'autre, mais qui, par fusion avec la potasse, fournissent un mélange d'acides parahomosalicylique et métoxymétatoluique. On conclut de là que ces deux acides sulfoniques ont les formules

$$C^6H^3.CH^3_{(1)}CO^2H_{(3)}SO^3H_{(4)}$$

et

$$C^6H^3.CH^3_{(1)}CO^2H_{(3)}SO^3H_{(5)}.$$

Acides sulfamine-métatoluiques. — 1° *Acide*

$$C^6H^3.CH^3_{(1)}CO^2H_{(3)}SO^2.AzH^2_{(6)}$$

[Iles et Remsen, *Deutsch. chem. Gesellsch.*, 1877, p. 1042; 1878, p. 231, 890; — Jacobsen, *ibid.*, 1878, p. 893]. — Cet acide se produit par l'oxydation de la métaxylène-sulfamide fusible à 137°, au moyen du mélange chromique à l'ébullition; l'oxydation est plus rapide si l'on se sert de permanganate de potassium, mais il faut alors éviter l'emploi d'un excès de réactif, qui transforme l'acide sulfamine-métatoluique en acide sulfamine-isophtalique. Il cristallise en aiguilles incolores, anhydres, très peu solubles dans l'eau, l'alcool, l'éther, et fusibles à 254°.

La fusion avec la potasse le transforme en acide ortho-homoparoxybenzoïque; la fusion avec le formiate de sodium en acide xylidique,

$$C^6H^3.CH^3_{(1)}(CO^2H)^2_{(3.6)}.$$

Le *sel de baryum*,

$$(C^6H^3.SO^2AzH^2.CH^3.CO^2)^2Ba,$$

se présente en fines aiguilles très solubles, renfermant $4H^2O$ suivant Jacobsen, $5H^2O$ suivant Iles et Remsen. Le *sel de calcium*,

$$(C^6H^3.SO^2AzH^2.CH^3.CO^2)^2Ca + 1\frac{1}{2}H^2O,$$

cristallise en petites aiguilles. Les *sels de sodium*, *de cuivre*, *de cobalt* et *d'argent*, cristallisent en aiguilles.

2° *Acide* $C^6H^3.CH^3_{(1)}CO^2H_{(3)}SO^2.AzH^2_{(2)}$ [Jacobsen, *Deutsch. chem. Gesellsch.*, 1878, p. 901]. — Il prend naissance par l'oxydation de la métaxylène-sulfamide fusible à 95-96°, au moyen du mélange chromique à l'ébullition. Il fond à 202-205°. La fusion avec la potasse le convertit en acide ortho-homosalicylique.

Acide paratoluique,

$$C^6H^4 < \begin{matrix} CH^3_{(1)} \\ CO^2H_{(4)} \end{matrix}$$

— *Modes de formation*. — Un des meilleurs procédés pour obtenir l'acide paratoluique à l'état de pureté consiste à fondre avec de la potasse le *paratoluyl-orthobenzoate* de sodium,

$$CH^3_{(4)}.C^6H^4.CO.C^6H^4.CO^2Na.$$

Il se forme en même temps de l'acide benzoïque, dont il est facile de le séparer par sublimation et par cristallisation [Friedel et Crafts, *Bull. Soc. chim.*, t. XXXV, p. 507].

L'acide paratoluique prend également naissance dans l'action de l'oxychlorure de carbone sur le toluène en présence du chlorure d'aluminium [Ador et Crafts, *Deutsch. chem. Gesellsch.*, 1877, p. 2176].

Propriétés. — Suivant Fischli [*Deutsch. chem. Gesellsch.*, 1879, p. 615], l'acide paratoluique fond à 180° et bout sans altération à 274-275°.

Éthers. — Le *chlorure*, $C^6H^4.CH^3.COCl$, se

produit à froid par l'action du perchlorure de phosphore sur l'acide. Il distille à 224-226° sous la pression de 720mm. Traité au bain-marie par la benzine, en présence du chlorure d'aluminium, il se convertit en phényl-paracrésyl-carbonyle,

$$C^6H^5\text{-}CO\text{-}C^6H^4.CH^3,$$

fusible à 50° [Ador et Rilliet, *Deutsch. chem. Gesellsch.*, 1879, p. 2298].

L'*éther méthylique*, $C^6H^4.CH^3.COCH^3$, fond à 32° et bout à 217°; on le prépare en faisant réagir le chlorure de paratoluyle sur l'alcool méthylique [Fischli, *Deutsch. chem. Gesellsch*, 1879, p. 616].

L'*amide*, $C^6H^4.CH^3.COAzH^2$, rencontrée par Spica [*Deutsch. chem. Gesellsch.*, 1876, p. 82] dans les résidus de la préparation du nitrile par la distillation de l'acide avec du sulfocyanate de potassium, s'obtient aisément par l'action du carbonate d'ammonium sur le chlorure de paratoluyle (Cahours). Elle cristallise en aiguilles fusibles à 135-136° suivant Spica, à 151° d'après Fischli, très solubles dans l'eau chaude, l'alcool, l'éther, peu solubles dans le chloroforme, l'eau froide et la benzine.

L'*anilide*, $C^6H^4(CH^3)CO\text{-}AzH.C^6H^5$, se produit par l'action du chlorure de paratoluyle sur l'aniline diluée dans l'éther (Fischli). Elle cristallise en lamelles blanches, fusibles à 140-141° [Brückner, *Liebig's Ann. Chem.*, t. CCV, p. 132]. Oxydée par le permanganate de potassium en solution alcaline, elle se transforme en acide téréphtalique.

L'*orthonitranilide*,

$$C^6H^4(CH^3)CO\text{-}AzH.C^6H^4.AzO^2,$$

s'obtient par l'action du chlorure de paratoluyle sur l'orthonitraniline : elle cristallise en beaux prismes jaunes, fusibles à 110° [Brückner, *ibid.*, p. 118]. Réduite par l'étain et l'acide chlorhydrique, elle se transforme en anhydrotoluylphénylène-diamine (voyez Suppl., p. 1205).

La *xylide*,

$$C^6H^4(CH^3)CO\text{-}AzH.C^6H^3(CH^3)^2,$$

obtenue au moyen du chlorure de paratoluyle et de l'α-métaxylidine, cristallise en aiguilles incolores, fusibles à 139°, insolubles dans l'eau, très solubles dans l'alcool et dans l'acide acétique [Brückner, *ibid.*, p. 124]. Traitée par l'acide nitrique fumant et froid, elle fournit un *dérivé mononitré*,

$$C^{16}H^{16}Az^2O^3,$$

en aiguilles jaunes fusibles à 187°, que la réduction par l'étain et l'acide chlorhydrique convertit en une base fusible à 217° et ayant pour formule $C^{16}H^{16}Az^2$.

Le *nitrile*, $C^6H^4(CH^3)(CAz)$, se produit dans la distillation d'un mélange d'acide paratoluique et de sulfocyanate de potassium [Paterno et Spica, *Deutsch. chem. Gesellsch.*, 1875, p. 441]. Il fond à 28°,5 et bout à 217°,8. Traité en solution alcoolique par l'acide sulfhydrique, il se transforme en une thioamide, $C^6H^4(CH^3)CS.AzH^2$, fusible à 168°.

Acide bromoparatoluique,

$$C^6H^3Br_{(2)}.CH^3_{(1)}.CO^2H_{(4)}.$$

— En soumettant l'acide paratoluique à l'action du brome en excès pendant 12 heures et à froid, Brückner [*Deutsch. chem. Gesellsch.*, 1876, p. 407] a obtenu un acide identique avec l'acide décrit au t. III, p. 499. Cet acide a depuis été trouvé de nouveau par Morse et Remsen [*Deutsch. chem. Gesellsch.*, 1878, p. 224] dans l'oxydation par le mélange chromique de l'orthobromoparéthyltoluène, $C^6H^3.CH^3_{(1)}Br_{(2)}C^2H^5_{(4)}$: ce qui permet d'établir sa constitution.

Acide chloroparatoluique,

$$C^6H^3.Cl_{(2)}CH^3_{(1)}CO^2H_{(4)}$$

[Kekulé et Fleischer, *Deutsch. chem. Gesellsch.*, 1873, p. 1090; — von Gerichten, *ibid.*, 1877, p. 1249, et 1878, p. 364]. — On l'obtient en oxydant par l'acide nitrique étendu le chlorocymène, $C^6H^3Cl.CH^3.C^3H^7$, dérivé du carvacrol. Il cristallise en grandes lamelles, fusibles à 199-201°, assez solubles dans l'alcool et peu solubles dans l'eau.

Le *sel de baryum*,

$$(C^6H^3Cl.CH^3.CO^2)^2Ba + 4H^2O,$$

cristallise en belles aiguilles.

Le *sel de calcium*,

$$(C^6H^3Cl.CH^3.CO^2)^2Ca + 3H^2O,$$

se présente en mamelons.

Acide fluoparatoluique, $C^6H^3Fl.CH^3.CO^2H$ [Paterno et Oliveri, *Gazz. chim. ital.*, t. XII, p. 85, et *Bull. Soc. chim.*, t. XXXIX, p. 83]. — On part de l'acide amidoparatoluique d'Ahrens fusible à 164-165° : cet acide est transformé en dérivé diazoamidé, et ce dernier décomposé par l'acide fluorhydrique; on transforme ensuite en sel de sodium, et on précipite enfin par l'acide chlorhydrique : après cristallisation dans l'alcool dilué, on obtient des écailles blanches, fusibles à 160-161°.

Acides nitroparatoluiques. — Aux acides mononitroparatoluiques décrits au t. III, p. 499, il faut ajouter l'acide *nitrométatoluique* d'Ahrens, fusible à 190° (décrit p. 498). Ce dernier acide est, en effet, suivant les recherches plus récentes de von Gerichten et Rœssler [*Deutsch. chem. Gesellsch.*, 1878, p. 705], un acide para, dans lequel le groupe AzO^2 est, par rapport au CH^3, dans la position ortho, et dont la constitution est, par suite, $C^6H^3.CH^3_{(1)}CO^2H_{(4)}AzO^2_{(2)}$ ou

$$C^6H^3.CH^3_{(1)}CO^2H_{(4)}AzO^2_{(6)}.$$

Acide amidoparatoluique. — Il faut envisager comme tel l'acide amidé correspondant à l'acide nitré d'Ahrens, fusible à 190°.

Acides sulfoparatoluiques,

$$C^6H^3.CH^3.CO^2H.SO^3H.$$

— Outre l'acide décrit au t. III, p. 500, on connait aujourd'hui un autre acide sulfoparatoluique, qui a été obtenu : 1° par l'action de l'anhydride sulfurique sur l'acide paratoluique [Fischli, *Deutsch. chem. Gesellsch.*, 1879, p. 616]; 2° par l'oxydation de l'acide cymène-sulfonique au moyen de l'acide nitrique [R. Meyer et A. Baur, *Deutsch. chem. Gesellsch.*, 1880, p. 1498]. Cet acide cristallise en aiguilles blanches, très solubles dans l'eau, peu solubles dans l'alcool, insolubles dans l'éther, qui renferment 2 mol. d'eau et qui se décomposent sans fondre à 185-190°.

Le *sel de plomb*, $C^8H^6O^5SPb + 3H^2O$, cristallise en belles aiguilles blanches; le *sel d'argent*, $C^8H^6O^5SAg^2 + H^2O$, se présente en prismes très solubles dans l'eau chaude; le *sel de baryum*, $C^8H^6O^5SBa + 3H^2O$, est très soluble; il en est de même du *sel de magnésium*,

$$C^8H^6O^5SMg + 7H^2O,$$

et du *sel de potassium*,

$$C^8H^6O^5SK^2 + 1\tfrac{1}{2}H^2O.$$

L'*amide*, $C^6H^3(CH^3)(CO.AzH^2)(SO^2.AzH^2)$, préparée par l'action successive du perchlorure de phosphore et de l'ammoniaque sur l'acide, cristallise en longues aiguilles brillantes, contenant ½ molécule d'eau. Elle se déshydrate à 160° et fond à 218°.

ACIDE SULFAMINE-PARATOLUIQUE,

$$C^6H^3.CH^3_{(1)}CO^2H_{(4)}SO^2AzH^2_{(2)}$$

[Iles et Remsen, *Deutsch. chem. Gesellsch.*, 1878, p. 230; — Hall et Remsen, *ibid.*, 1879, p. 1432]. — Cet acide a été obtenu par l'oxydation au moyen du mélange chromique de la paraxylène-sulfamide et de la paracymène-sulfamide.

Il se présente en longues aiguilles, fusibles à 267°, insolubles dans l'éther, peu solubles dans l'eau froide, assez solubles dans l'eau chaude et dans l'alcool.

Le *sel de baryum*,

$$(C^6H^3.CH^3.SO^2AzH^2.CO^2)^2Ba + 2H^2O,$$

cristallise en aiguilles compactes, très solubles dans l'eau. Le *sel de calcium*,

$$(C^6H^3.CH^3.SO^2AzH^2.CO^2)^2Ca + 4H^2O,$$

se présente en aiguilles nacrées. Le *sel de manganèse*,

$$(C^6H^3.CH^3.SO^2AzH^2.CO^2)^2Mn + 5H^2O,$$

forme de petites aiguilles, très solubles dans l'eau.

Oxydé par le permanganate de potassium, l'acide sulfamine-paratoluique donne de l'acide sulfotéréphtalique; fondu avec de la potasse, il se transforme d'abord en acide métoxyparatoluique, puis en acide oxytéréphtalique. Ad. Fauconnier.

TOLUIQUES (ALDÉHYDES),

$$C^6H^4 < \begin{matrix} CH^3 \\ CHO. \end{matrix}$$

— Voyez t. III, p. 500.

ALDÉHYDE ORTHOTOLUIQUE,

$$C^6H^4.CH^3_{(1)}CHO_{(2)}$$

[Rayman, *Bull. Soc. chim.*, t. XXVII, p. 498]. — On prépare cette aldéhyde en faisant bouillir le chlorure orthotolylique, $C^6H^4.CH^3.CH^2Cl$, avec de l'eau et du nitrate de plomb jusqu'à ce qu'il ne se dégage plus de vapeurs rutilantes; on épuise ensuite par l'éther. C'est un liquide jaunâtre, très réfringent, bouillant à 200°. Elle donne avec le bisulfite de potassium une combinaison cristallisée. Les oxydants la transforment en acide orthotoluique; l'amalgame de sodium la convertit en alcool orthotolylique.

ALDÉHYDE MÉTATOLUIQUE. — Voyez t. III, p. 500.

ALDÉHYDE PARATOLUIQUE. — Voyez t. III, p. 500.

TOLUQUINONE. — *Modes de formation.* — La toluquinone se forme en oxydant le sulfate d'orthotoluidine par le dichromate de potassium. On opère comme pour la quinone proprement dite (voyez QUINONE). On peut également l'obtenir en oxydant la paracrésylène-diamine. Il n'est pas nécessaire d'opérer sur la crésylène-diamine isolée. La préparation réussit également bien en soumettant à l'oxydation le mélange de paratoluidine et de crésylène-diamine qu'on obtient en réduisant l'ortho-amidoazotoluène,

$$\begin{matrix} Az_{(2)}.C^6H^4.CH^3_{(1)} \\ \| \\ Az_{(5)}.C^6H^3(CH^3)_{(1)}(AzH^2)_{(2)} \end{matrix} + H^2$$

$$= C^6H^4(CH^3)_{(1)}AzH^2_{(2)} + C^6H^3(CH^3)_{(1)}(AzH^2)^2_{(2,5)}$$

[Nietzki, *Deutsch. chem. Gesellsch.*, 1877, p. 832 et 1934].

On chauffe au bain-marie l'amido-azotoluène avec de l'étain et de l'acide chlorhydrique; on précipite par un excès de soude qui dissout l'étain et on épuise par l'éther. Le résidu de l'évaporation est soumis à l'oxydation en solution sulfurique par le dichromate de potassium. Le rendement en quinone est plus élevé si on sépare la crésylène-diamine en soumettant le mélange à la distillation fractionnée et en recueillant ce qui passe à 270-280°. En distillant la liqueur sulfurique oxydée au moyen d'un courant de vapeur d'eau, on voit la quinone passer sous la forme de gouttelettes huileuses, jaunes, qui se solidifient au bout de quelque temps.

En oxydant les phénols du goudron de houille bouillant à 194-235°, on obtient un mélange de toluquinone et de xyloquinone, qu'on sépare en réduisant par l'acide sulfureux. Les hydroquinones obtenues sont traitées par la benzine, qui ne dissout que la toluhydroquinone [Carstanjen, *Deutsch. chem. Gesellsch.*, 1881, p. 1404].

Finalement, on a préparé la toluquinone en oxydant l'amidocrésylol, obtenu au moyen du nitroso-orthocrésylol [Goldschmidt et Schmid, *Deutsch. chem. Gesellsch.*, 1884, p. 2060].

Propriétés — La toluquinone cristallise en lamelles d'un jaune d'or, très volatiles, fusibles à 69°, douées de l'odeur caractéristique de la quinone. Elle est peu soluble dans l'eau froide, plus soluble à chaud, très soluble dans l'alcool et dans l'éther. La solution aqueuse est colorée en rouge-brun par les alcalis. L'acide sulfureux la transforme en hydrotoluquinone (Nietzki). En traitant à la température ordinaire pendant 24 heures 1 p. de toluquinone par 5 p. d'acide sulfurique à 50 °/₀, on obtient un dépôt brun, qui se dissout dans l'acide acétique; on précipite par l'eau et on épuise par le chloroforme. Le corps obtenu est un polymère de la toluquinone : c'est une poudre infusible, insoluble dans la benzine, soluble dans l'alcool et dans l'éther, que l'acide sulfureux transforme en un polymère de la toluhydroquinone, qui cristallise dans la benzine en aiguilles fusibles à 204° [Spica, *Gazz. chim. ital.*, 1882, p. 225-227].

La toluquinone, traitée par l'hydroxylamine à froid, fournit du *nitroso-orthocrésylol* [Goldschmidt et Schmid, *Deutsch. chem. Gesellsch.*, 1884, p. 2060]. Cette transformation vient à l'appui de la théorie récemment émise par Kekulé sur la constitution des quinones (1) [Kekulé, *Liebig's Ann. Chem.*, t. CCXXIII, p. 195].

Dérivés de la toluquinone. — *Tétrachlorotoluquinone*, $C^6Cl^3O^2.CH^2Cl$. — En traitant la créosote de bois de hêtre, bouillant à 199-203°, par le chlorate de potassium et l'acide chlorhydrique, on obtient des lamelles d'un jaune d'or, insolubles dans l'eau et dans le chloroforme froid, constituées par la toluquinone tétrachlorée [Gorup, *Liebig's Ann. Chem.*, t. CXLIII, p. 159; Bräuninger, *ibid.*, t. CLXXXV, p. 352].

Dioxychlorotoluquinone, $C^6Cl(OH)^2O^2(CH^3)$. — On l'obtient en traitant par la potasse alcoolique la trichlorotoluquinone de Bergman (t. III, p. 501); on obtient un liquide brun et le sel potassique, $C^6Cl(OK)^2O^2(CH^3)$, se dépose; on lave avec une petite quantité d'eau, on dissout dans l'eau et on précipite par l'acide chlorhydrique. Il se sépare des aiguilles rouges, douées d'un éclat métallique, constituées par le dérivé chloré. Ce corps ne fond pas; chauffé avec précaution, il peut être sublimé [Knapp et Schultz, *Liebig's Ann. Chem.*, t. CCX, p. 176].

1. Kekulé envisage la quinone comme une diacétone analogue à l'anthraquinone, et ayant pour formule

```
      CO
    /    \
  CH      CH
  |       |
  CH      CH
    \    /
      CO
```

Cette formule s'accorde mieux avec la formation de l'*acide β-trichloro-acétylamylique* (trichloro-phénomalique), $CCl^3.CO.CH = CH.CO^2H$, que la formule admise généralement jusqu'ici.

Dichloroxytoluquinone, $C^6(CH^3)(OH)Cl^2O^2$. — On l'obtient en traitant l'orcine trichlorée par le ferricyanure de potassium en dissolution alcaline. Le liquide prend une couleur pourprée et en ajoutant du sel marin on voit se séparer de longues aiguilles pourpres, constituées par un dérivé sodique ou potassique. La dichloroxytoluquinone libre cristallise dans l'eau en lamelles jaunes, fusibles à 157°, peu solubles dans l'eau, solubles dans l'éther, l'alcool et la benzine. L'hydroquinone correspondante cristallise dans la benzine en prismes incolores. La constitution de ce dérivé est exprimée par la formule de structure suivante :

```
        CH³
       /   \
   Cl /     \ O
     |       |
   O  \     / O
       \   /
        Cl
```

[Stenhouse et Groves, *Deutsch. chem. Gesellsch.*, 1880, p. 1305].

Dioxytoluquinone, $C^6H(CH^3)(O^2)(OH)^2$. — On l'obtient en traitant l'*oxytoluquinone-dianilide*,

$$C^6H(CH^3)(O)(Az.C^6H^5)(AzH.C^6H^5)(OH)$$

(voyez plus loin) par la potasse étendue. On acidifie et on épuise la liqueur par l'éther; on évapore et on purifie le produit par sublimation. On obtient en définitive de larges lamelles d'un brun jaune, qui fondent à 177° et se subliment facilement. Les sels alcalins sont solubles dans l'eau. Le sel de calcium constitue de petits cristaux de couleur foncée. On n'a pu transformer ce corps en dérivé acétylé [De Hagen et Zincke, *Deutsch. chem. Gesellsch.*, 1883, p. 1562].

Dichloro-dioxytoluquinone,

$$C^6Cl(CH^2Cl)(O^2)(OH)^2.$$

— Ce corps s'obtient en chauffant la tétrachlorotoluquinone avec de la potasse caustique étendue. Il forme des cristaux rouges, qui déflagrent lorsqu'on les chauffe [Bräuninger, *loc. cit.*].

Tribromotoluquinone, $C^6Br^3(CH^3)O^2$. — En traitant la toluquinone par le brome en présence d'une petite quantité d'eau, on obtient un dérivé tribromé, qui se présente sous la forme de lamelles jaunes, fusibles à 235°, insolubles dans l'eau, solubles dans l'éther et dans la benzine. Traité par l'acide sulfureux, il donne la toluhydroquinone tribromée, qui cristallise dans l'alcool étendu en petites aiguilles, fusibles à 201-202°.

On obtient cette même toluquinone tribromée en chauffant au bain-marie un mélange de crésylol, de bromure de potassium, de bioxyde de manganèse et d'acide sulfurique. La constitution de ce dérivé tribromé est exprimée par la formule suivante :

```
        CH³
       /   \
   Br /     \ O
     |       |
   O  \     / Br
       \   /
        Br
```

Dibromotoluquinone, $C^6Br^2H(CH^3)O^2$. — Dans l'action du brome aqueux sur la toluquinone, il se forme une petite quantité du dérivé dibromé, soluble à froid dans l'alcool. Il cristallise en aiguilles jaunes, fusibles à 85° [Canzoneri et Spica, *Gazz. chim. ital.*, 1882, p. 469].

Trioxytoluquinone, $C^6(CH^3)O^2(OH)^3$. — On chauffe pendant 2-3 heures à 140-150° du *chlorhydrate d'amido-di-imido-orcine* avec de l'acide chlorhydrique à 10 %. Il se produit alors la réaction suivante :

$$C^7H^9Az^3O^2 + 3H^2O = C^7H^6O^5 + 3AzH^3.$$

On verse dans l'eau, on lave et on chauffe le produit desséché avec du chlorure d'acétyle au bain-marie; on évapore, on reprend par l'alcool et on précipite par l'eau bouillante. Par le refroidissement, le dérivé *triacétylique* cristallise. On le saponifie par le carbonate de sodium et on précipite la quinone par l'acide chlorhydrique. On obtient des flocons noirs, solubles en rouge-cerise dans l'alcool bouillant. Les sels alcalins sont solubles et se décomposent à l'air; ils donnent avec les sels métalliques des précipités insolubles de couleur foncée [Merz et Zetter, *Deutsch. chem. Gesellsch.*, 1879, p. 2044].

Anilides de la toluquinone. — En chauffant la toluquinone en dissolution alcoolique avec de l'aniline, il se forme un mélange de *monanilide-toluquinone*, $C^6H^2(CH^3)(O^2)(AzH.C^6H^5)$, et de *dianilide-toluquinone*, $C^6H(CH^3)(O^2)(AzH.C^6H^5)^2$. La première cristallise en aiguilles rouges, brillantes, fusibles à 144-145°. La dianilide se présente sous la forme d'aiguilles d'un brun jaune, fusibles à 232-233°. Ces deux corps ne jouissent pas de propriétés basiques.

En faisant agir l'aniline sur la toluquinone, en présence d'acide acétique, il se forme principalement une *trianilide*,

$$C^6H(CH^3)(O)(AzC^6H^5)(AzHC^6H^5)^2,$$

qui forme des sels bien caractérisés avec les acides.

Ce corps cristallise dans l'alcool en lamelles à reflets bleuâtres, fusibles à 167°.

Ces anilides sont décomposées en dissolution alcoolique par les acides étendus.

La dianilide, traitée à l'ébullition par l'acide sulfurique alcoolique à 20 %, fournit l'*anilido-oxytoluquinone*, $C^6H(CH^3)(O^2)(OH)(AzH.C^6H^5)$, qui cristallise en aiguilles d'un bleu foncé, se décomposant à 250°. Cette substance forme des sels avec les bases. L'acide sulfurique alcoolique transforme la trianilide en *éthoxytoluquinone-dianilide*,

$$C^6H(CH^3)(O)(OC^2H^5)(AzC^6H^5)(AzHC^6H^5),$$

qui cristallise dans l'alcool en aiguilles rouges soyeuses, fusibles à 115-116°, douées de propriétés basiques assez énergiques. Les sels sont peu solubles dans l'eau et doués d'éclat métallique. En remplaçant l'alcool éthylique par l'alcool méthylique, ou par l'alcool isobutylique, on obtient les dérivés correspondants

$$C^6H(CH^3)(O)(OCH^3)(AzC^6H^5)(AzHC^6H^5)$$

(aiguilles brunes, fusibles à 131°) et

$$C^6H(CH^3)(O)(OC^4H^9)(AzC^6H^5)(AzH.C^6H^5),$$

qui cristallise en petites aiguilles rouges, fusibles à 117°.

Les acides ou les bases saponifient ces éthers en fournissant l'*oxytoluquinone-dianilide*,

$$C^6H(CH^3)(O)(AzC^6H^5)(AzHC^6H^5)(OH),$$

qui cristallise dans l'acide acétique en aiguilles brunes, infusibles. L'acide sulfurique concentré le dissout en vert foncé. Il jouit à la fois de propriétés acides et basiques. Chauffé avec de la potasse caustique étendue, il fournit de la *dioxytoluquinone*, fusible à 177° (voyez plus haut) [De Hagen et Zincke, *Deutsch. chem. Gesellsch.*, 1883, p. 1558].

Toluhydroquinone, $CH^3.C^6H^3(OH)^2$. — Si dans la préparation de la toluquinone on emploie une quantité moindre d'oxydant, il se forme principalement de l'hydrotoluquinone; on fait passer dans la liqueur un courant d'acide sulfureux qui réduit la toluquinone; on épuise par l'éther, et on purifie le résidu de l'évaporation par cristallisation dans la benzine. L'hydroquinone cristallise en longues aiguilles incolores, beaucoup plus solubles dans l'eau que l'hydroquinone proprement dite, $C^6H^4(OH)^2$, solubles dans l'alcool et dans l'éther. Elle fond à 124°. La *quinhydrone* correspondante fond à 52° [Nietzki, *loc. cit*].

Chauffée avec du bicarbonate de sodium, la toluhydroquinone se transforme en *acide monooxysalicylique* [Brunner, *Monatsh. Chem.*, t. II, p. 458].

Diacétyltoluhydroquinone. — Obtenue en traitant l'hydrotoluquinone par le chlorure d'acétyle, elle se présente sous la forme de lamelles, fusibles à 52°.

Méthylhydrotoluquinone. — Par l'action de l'iodure de méthyle sur une dissolution sodique de toluhydroquinone, on obtient un mélange d'un *dérivé monométhylé*, $C^6H^3(CH^3)(OCH^3)OH$, et de l'*éther diméthylique* qu'on sépare par la soude caustique. Le premier est solide, fond à 72°, bout à 240-245° et est doué d'une odeur rappelant la créosote. Par oxydation, il fournit de la toluquinone. L'*éther diméthylique* est liquide, bout à 214-218° et est doué d'une odeur agréable de fenouil. Traité par l'anhydride chromique en dissolution acétique, il fournit un corps qui cristallise en aiguilles tantôt grises, tantôt d'une couleur rouge-brique, qui fondent à 153°. Ce corps a probablement pour formule

$$\begin{array}{l} C^6H^2(CH^3)\textless{}^{OCH^3} \\ \quad | \qquad\qquad\quad O^2 \\ C^6H^2(CH^3)\textless{}_{OCH^3} \end{array}$$

Le sulfure d'ammonium le transforme en une hydroquinone correspondante,

$$\begin{array}{l} C^6H^2(CH^3)\textless{}^{OCH^3}_{OH} \\ \quad | \\ C^6H^2(CH^3)\textless{}^{OH}_{OCH^3} \end{array}$$

qui cristallise dans la benzine en aiguilles incolores, fusibles à 173°. L'acide chlorhydrique à 190° le transforme en un nouveau dérivé qui cristallise dans l'alcool étendu en lamelles fusibles à 232°, ayant probablement pour formule

$$\begin{array}{l} C^6H^2(CH^3)\textless{}^{OH} \\ \quad | \qquad\qquad\quad O \\ C^6H^2(CH^3)\textless{}_{OH} \end{array}$$

[Nietzki, *Deutsch. chem. Gesellsch.*, 1878, p. 1278].

Anilide de la toluhydroquinone. — La toluhydroquinone se combine avec l'aniline en donnant des lamelles fusibles à 82-85°. Le dérivé correspondant de la paratoluidine fond à 90° [Hebebrand, *Deutsch. chem. Gesellsch.*, 1882, p. 1974].

G. de Bechi.

TOLUYLACÉTIQUES (ACIDES). — Radziszewski et Wispek [*Deutsch. chem. Gesellsch.*, 1882, p. 1743, et 1885, p. 1279] ont décrit sous ce nom les acides *crésylacétiques*,

$$C^6H^4\textless{}^{CH^3}_{CH^2.CO^2H.}$$

Acide orthotoluylacétique. — Préparé par l'action successive du cyanure de potassium et de la potasse sur le bromure d'orthotolyle,

$$C^6H^4\textless{}^{CH^3}_{CH^2Br,}$$

il cristallise en aiguilles soyeuses, fusibles à 88-89°.

Le *sel d'argent*, $C^9H^9O^2Ag$, cristallise dans l'eau bouillante en lamelles blanches. Le *sel de plomb* est un précipité blanc, caséeux; le *sel de cuivre* est vert clair; le *sel ferreux* jaune-rougeâtre. Le *sel de calcium*, $(C^9H^9O^2)^2Ca + 4H^2O$, forme des aiguilles soyeuses groupées en étoiles.

Le *nitrile*, $C^6H^4(CH^3)(CH^2.CAz)$, est un liquide incolore, bouillant à 244°; sa densité à 22° est 1,0156.

L'*amide* cristallise en lamelles fusibles à 161°, sublimables sans altération, solubles dans l'alcool bouillant, peu solubles dans l'eau froide et dans l'éther.

Acide métatoluylacétique. — On le prépare comme le dérivé ortho, au moyen du bromure correspondant. Il cristallise en aiguilles brillantes fusibles à 61°, très solubles dans l'eau chaude.

Le *sel d'argent*, $C^9H^9O^2Ag$, cristallise dans l'eau bouillante en aiguilles.

Le *sel de plomb* est un précipité blanc caséeux; le *sel de cuivre* est amorphe et vert clair; le *sel ferreux* est d'un jaune rougeâtre. Le *sel de calcium*, $(C^9H^9O^2)^2Ca + 3H^2O$, se présente en aiguilles soyeuses.

Le *nitrile* est un liquide incolore, bouillant à 240-241°; sa densité à 22° est 1,0022.

L'*amide* cristallise dans l'eau bouillante en aiguilles plates fusibles à 141°, sublimables sans altération.

Acide paratoluylacétique. — On l'obtient par le même procédé que les deux dérivés ortho et méta. Il cristallise en aiguilles incolores, fusibles à 91°.

Le *sel d'argent*, $C^9H^9O^2Ag$, cristallise dans l'eau bouillante en belles aiguilles brillantes. Les *sels plombique, cuivrique* et *ferreux* sont semblables à ceux des acides ortho et méta. Le *sel de calcium*, $(C^9H^9O^2)^2Ca + 3H^2O$, cristallise en aiguilles soyeuses groupées en étoiles.

Le *nitrile*, $C^6H^4(CH^3)(CH^2.CAz)$, est un liquide incolore, d'odeur aromatique, bouillant à 242-243°; il se prend dans un mélange réfrigérant en cristaux fusibles à 18°. Sa densité à 22° est 0,9922.

L'*amide*, $C^6H^4(CH^3)(CO.AzH^2)$, se présente en lamelles blanches et brillantes, fusibles à 184°, sublimables sans altération, très solubles à chaud dans l'alcool et dans l'eau. Ad. Fauconnier.

TOLUYLACRYLIQUE (ACIDE),

$$C^6H^4\textless{}^{CH^3}_{CO-CH=CH-CO^2H}$$

[V. Pechmann, *Deutsch. chem. Gesellsch.*, 1882, p. 888]. — Cet acide prend naissance par l'action de l'anhydride maléique sur le toluène en présence du chlorure d'aluminium; il cristallise en lamelles fusibles à 138°. Il paraît appartenir à la série para.

TOLUYLBENZOÏQUES (ACIDES),

$$CH^3\text{-}C^6H^4\text{-}CO\text{-}C^6H^4.CO^2H.$$

Acide paratoluyl-orthobenzoïque,

$$CH^3_{(4)}\text{-}C^6H^4\text{-}CO\text{-}C^6H^4.CO^2H_{(2)}$$

[Friedel et Crafts, *Bull. Soc. chim.*, t. XXXV, p. 505]. — Cet acide prend naissance par l'action de l'anhydride phtalique sur le toluène en présence du chlorure d'aluminium. Purifié par des cristallisations répétées dans le toluène bouillant, il forme une masse blanche, fusible, après dessiccation, à 146°; il fond sous l'eau bouillante; il ne peut être distillé sans altération.

Cristallisé dans l'eau, il forme des prismes transparents, renfermant 1 molécule d'eau.

Les *sels de potassium* et *de sodium* sont très solubles; ils cristallisent en aiguilles.

Le *sel de calcium* est soluble et incristallisable. Le *sel de baryum*, $(C^{15}H^{11}O^3)^2Ba + 4H^2O$, forme de fines aiguilles peu solubles.

Le *sel de cadmium* renferme ½ H^2O. Les *sels de zinc* et *de nickel* sont insolubles dans l'eau, et fondent sous ce liquide.

Le *sel de cuivre* $(C^{15}H^{11}O^3)^2Cu + 4H^2O$ cristallise dans l'alcool en longues lames étroites.

Le *sel de plomb* cristallise dans l'éther en aiguilles groupées en étoiles. Le *sel d'argent* se présente en fines aiguilles peu solubles dans l'alcool et dans l'éther.

L'*éther méthylique* forme des prismes courts, fusibles à 53°; l'*éther éthylique*, cristallisé en lames minces, fond à 68-69°; ils distillent tous deux avec décomposition partielle.

La fusion de l'acide paratoluylorthobenzoïque, ou de son sel sodique, avec 5-6 p. de potasse à une température un peu supérieure à 300°, fournit de l'acide benzoïque et de l'acide paratoluique, qu'on peut ensuite séparer par des sublimations et des cristallisations fractionnées : cette réaction fournit un des meilleurs moyens de préparer, à l'état de pureté, l'acide paratoluique.

Acide paratoluylparabenzoïque. — Fuchs [*Deutsch. chem. Gesellsch.*, 1873, p. 1255] a obtenu cet acide en oxydant par l'acide chromique à 10 % le diparacrésylcarbonyle, obtenu lui-même par la distillation sèche du paratoluate de calcium. Cet auteur n'a pas indiqué les propriétés de l'acide en question.

Acide toluylbenzoïque isomère. — Un acide isomérique avec les deux précédents prend naissance dans l'oxydation du dicrésylméthane [Weiler, *Deutsch chem. Gesellsch.*, 1874, p. 1183] et du dicrésyléthane [O. Fischer, *ibid.*, p. 1195]. Sa constitution n'a pas été établie. Il se présente en flocons blancs, fusibles à 222°, sublimables sans altération. Peu soluble dans l'eau, il se dissout aisément dans l'acétone, l'acide acétique, l'alcool et dans l'alcool méthylique.

Le *sel de potassium*, $C^{15}H^{11}O^3K$, forme de longues aiguilles blanches. Le *sel d'ammonium* est également cristallisé.

TOLUYLCARBONIQUE (ACIDE) (PARA), $CH^3.C^6H^4.CO.CO^2H$ [L. Roser, *Deutsch. chem. Gesellsch.*, 1881, p. 1750]. — Cet acide se produit à l'état d'éther amylique par l'action du chloroxalate d'amyle sur le toluène en présence du chlorure d'aluminium.

Il cristallise en grandes aiguilles incolores, qui se ramollissent à 80° et fondent à 99°. Il est très soluble dans l'eau, l'alcool et l'éther.

Le *sel de baryum*, $(C^9H^7O^3)^2Ba$, cristallise en aiguilles nacrées; le *sel d'argent*, $C^9H^7O^3Ag$, forme de belles aiguilles incolores.

Par oxydation au moyen du permanganate de potassium, l'acide paratoluylcarbonique se convertit en acide paratoluique.

TOLUYLE. — Les auteurs allemands désignent souvent sous ce nom le radical monovalent du toluène $CH^3.C^6H^4$. Ce radical doit être appelé *crésyle*; le nom de *toluyle* doit, au contraire, être réservé au radical monovalent $CH^3.C^6H^4.CO$ de l'acide toluique.

TOLUYLGLYCOCOLLE. — Voyez Crésylglycocolle, Suppl., p. 878.

TOLUYLGLYCOLIQUE (ACIDE). — On a décrit sous ce nom, ainsi que sous celui d'acide *crésoxacétique*, l'acide *paracrésylglycolique*,

$$C^6H^4<\begin{matrix}CH^3\\OCH^2.CO^2H\end{matrix}$$

[Gabriel, *Deutsch. chem. Gesellsch.*, 1881, p. 923; — Napolitano, *Gazz. chim. ital.*, t. XIII, p. 73]. On l'obtient par l'action de l'acide monochloracétique sur le paracrésol en présence de la soude. Il se présente en longues aiguilles incolores et brillantes, fusibles à 135-136°.

Le *sel d'argent*, $C^7H^7.OCH^2.CO^2Ag$, est un précipité cristallin, peu soluble dans l'eau.

Le *sel de baryum*, $(C^9H^9O^3)^2Ba + 2H^2O$, est peu soluble dans l'eau froide.

Le *sel de sodium* se présente en prismes contenant une demi-molécule d'eau, ou en lamelles renfermant une molécule d'eau.

Le *sel de plomb*, $(C^9H^9O^3)^2Pb + H^2O$, cristallise difficilement.

TOLUYLHYDANTOÏNES, $C^{10}H^{10}Az^2O^2$. — Les composés décrits sous le nom de toluylhydantoïnes doivent être appelés *crésylhydantoïnes*. Le dérivé para a été décrit au Suppl., p. 920.

Orthocrésylhydantoïne [Ehrlich, *Deutsch. chem. Gesellsch.*, 1883, p. 742]. — On prépare ce corps en chauffant au bain d'huile un mélange d'urée et d'orthocrésylglycocolle : vers 170°, on voit se dégager de l'eau et de l'ammoniaque; on maintient la masse à cette température pendant 2 heures, puis on laisse refroidir, on lave à l'eau froide et on fait cristalliser dans l'eau bouillante. On obtient finalement des lamelles fusibles à 176°, peu solubles dans l'éther.

TOLYLÉNIQUES (GLYCOLS),

$$C^6H^4(CH^2.OH)^2.$$

— Voyez t. III, p. 503 [Colson, *Thèse, Faculté des sciences*, Paris, 1885, n° 533; — Radziszewski et Wispek, *Deutsch. chem. Gesellsch.*, 1882, p. 1743, et 1885, p. 1279].

Glycol orthotolylénique. — Obtenu par la saponification de l'éther bromhydrique correspondant au moyen d'une solution aqueuse de carbonate de potassium, ce corps se présente en tables paraissant clinorhombiques; il fond à 64,2-64°,8; soluble dans quatre fois son poids d'éther à 18°, il se dissout aisément dans l'eau et dans l'alcool, un peu moins dans la benzine; il reste facilement en surfusion et en sursaturation.

Le *bromure*, $C^6H^4(CH^2Br)^2$, prend naissance dans l'action du brome sur l'orthoxylène chauffé à 140-180°. Il cristallise en octaèdres orthorhombiques, fusibles à 94°,9, solubles dans le pétrole léger, l'alcool, l'éther, le chloroforme. Il bout à 240-250°; sa densité est 1,934. Oxydé à chaud par le permanganate de potassium en solution acétique, il se transforme en acide phtalique.

Le *chlorure*, $C^6H^4(CH^2Cl)^2$, préparé par l'action directe de l'acide chlorhydrique sur le glycol, se présente en cristaux blancs, fusibles à 54°,8; il bout à 239-241° et a pour densité 1,333; il est très soluble dans la ligroïne, les pétroles, l'éther, l'alcool et le chloroforme.

L'*éther diéthylique*, $C^6H^4(CH^2.OC^2H^5)^2$, obtenu par l'action du bromure sur la potasse alcoolique à chaud, est un liquide incolore bouillant à 247-249° sous 720 millimètres [Leser, *Deutsch. chem. Gesellsch.*, 1884, p. 224].

Glycol métatolylénique. — On le prépare comme le dérivé ortho. Il se prend difficilement en cristaux fusibles à 47°, sublimables sans altération, et possède une grande tendance à la surfusion et à la sursaturation. Sa densité à l'état liquide est 1,161 à 18°. Il est très soluble dans l'alcool, l'éther et la benzine.

Le *bromure* fond à 76-77° et bout à 240-250°. Soluble dans l'alcool, l'éther, le chloroforme, la ligroïne, il se convertit par oxydation au moyen du mélange chromique en acide isophtalique. Sa densité à 0° est 1,734.

Le *chlorure* forme des cristaux incolores, fusibles à 34°,2, et bout à 250-255°. Sa densité à 20° est 1,302.

Glycol paratolylénique. — Il a été décrit t. III, p. 503. — Ce bromure bout, suivant Radziszewski et Wispek, à 240-250°.

TOLYLISOBUTYRIQUE (ACIDE). — On a décrit sous ce nom impropre l'acide *métacrésylisobutyrique*,

$$CH^3\text{-}C^6H^4\text{-}CH^2\text{-}CH<\begin{matrix}CH^3\\CO^2H.\end{matrix}$$

Il prend naissance dans l'oxydation du méta-isobutyltoluène au moyen de l'acide nitrique dilué, et cristallise en belles aiguilles fusibles à 91-92°.

Le *sel d'argent*, $C^{11}H^{13}O^2Ag$, est un précipité blanc, très peu soluble dans l'eau [W. Kelbe, *Deutsch. chem. Gesellsch.*, 1883, p. 620].

TOLYLIQUES (ALCOOLS),

$$C^6H^4 < \begin{matrix} CH^3 \\ CH^2.OH. \end{matrix}$$

— Voyez t. III, p. 504.

ALCOOL ORTHOTOLYLIQUE,

$$C^6H^4 < \begin{matrix} CH^3{}_{(1)} \\ CH^2O.H_{(2)} \end{matrix}$$

[Rayman, *Bull. Soc. chim.*, t. XXVII, p. 498]. — Cet alcool prend naissance par l'action de l'amalgame de sodium sur l'aldéhyde orthotoluique en présence de l'eau. Il cristallise en aiguilles fusibles à 54°, solubles dans l'alcool, peu solubles dans l'eau, et bout à 210°.

L'éther chlorhydrique, $C^6H^4.CH^3.CH^2Cl$, se produit par l'action du chlore sur l'orthoxylène à l'ébullition [Raymann, *ibid.*, t. XXVI, p. 534]. C'est un liquide incolore, bouillant à 197-199°.

L'éther benzoïque fond à 109°.

ALCOOL MÉTATOLYLIQUE. — Voyez t. III, p. 504.

ALCOOL PARATOLYLIQUE. — Voyez t. III, p. 504.

TRIBENZOYLMÉTHANE, $CH(CO.C^6H^5)^3$ [Baeyer et Perkin, *Deutsch. chem. Gesellsch.*, 1883, p. 2135]. — Ce corps prend naissance par l'action simultanée du sodium et du chlorure de benzoyle sur une solution alcoolique de dibenzoylméthane. Il cristallise dans l'alcool en petites aiguilles fusibles à 224-225°, sublimables sans décomposition, solubles sans altération dans la potasse alcoolique.

TRICARBOPYRIDIQUES (ACIDES). — Voyez PYRIDINE-TRICARBONÉS, Suppl., p. 1323.

TRICOSANE, $C^{23}H^{48}$ [Krafft, *Deutsch. chem. Gesellsch.*, 1882, p. 1712]. — On prépare ce carbure au moyen de la *laurone*, $C^{23}H^{46}O$. Cette acétone fournit, par le perchlorure de phosphore, un chlorure, $C^{23}H^{46}Cl^2$, que l'acide iodhydrique et le phosphore rouge convertissent en tricosane. Ce carbure fond à 47°,7 et bout à 234° sous 15 millimètres. Sa densité, à l'état liquide, est de 0,7785 à 47°,7.

TRIDÉCANE, $C^{13}H^{28}$. — Le carbure normal de cette formule a été obtenu par Krafft en faisant réagir l'iodure de phosphore en présence de phosphore sur le dérivé résultant de l'action du perchlorure de phosphore sur la lauryméthylacétone $C^{18}H^{23}.CO.CH^3$. Il se forme également par réduction de l'acide tridécylique. Il fond à — 6°,2 et bout à 106°,5 sous 11 millimètres, à 234° sous 760 millimètres; sa densité est de 0,7713 à 0° et de 0,7571 à 20° [Krafft, *Deutsch. chem. Gesellsch.*, 1882, p. 1699; *Bull. Soc. chim.*, t. XXXVIII, p. 396].

TRIDÉCYLIQUE (ACIDE), $C^{13}H^{26}O^2$. — Cet acide se forme par l'oxydation de l'acétone tridécylméthylique (voyez Suppl., p. 1035). On transforme en sel barytique la partie du produit qui passe à 220-240° sous 100 millimètres de pression; on épuise ce sel par l'éther, et on le décompose par l'acide chlorhydrique. L'acide tridécylique ainsi mis en liberté est purifié par cristallisation dans l'alcool faible. Il fond à 40°,5 et bout à 236° sous 100 millimètres. Le sel de baryum, distillé avec de l'acétate de baryum, fournit l'acétone dodécylméthylique [Krafft, *Deutsch. chem. Gesellsch.*, 1879, p. 1669; *ibid.*, 1882, p. 1708].

TRIÉTHÉNYLBUTYRIQUE (ACIDE),

$$C^{10}H^{14}O^2$$

[Geuther, *Liebig's Ann. Chem.*, t. CCII, p. 309]. — Ce corps prend naissance, en même temps que les acides butyrique normal, diéthylacétique et mésitylénique, lorsqu'on chauffe un mélange d'acétate de sodium fondu et d'éthylate de sodium sec dans un courant d'acide carbonique à 205°. Pour isoler les acides formés dans cette réaction, on reprend le produit par l'eau, on y ajoute de l'acide sulfurique en quantité nécessaire pour neutraliser tout le sodium employé, puis on distille à siccité. Le liquide est ensuite épuisé par l'éther, et enfin fractionné au thermomètre. L'acide triéthénylbutyrique passe vers 260°. Suivant l'auteur, on doit l'envisager comme de l'acide butyrique normal, dans lequel 3 atomes d'hydrogène seraient remplacés par trois radicaux monovalents éthényle $(CH^2=CH)'$. Sa formule serait, par suite, $C^3H^4(C^2H^3)^3-CO^2H$

TRIGÉNIQUE (ACIDE), $C^4H^7Az^3O^2$. — A la distillation sèche, cet acide donne de l'ammoniaque, de l'acide carbonique et une base qui paraît être la collidine synthétique de Baeyer et Ador. Chauffé à 150° avec de l'hydrate de baryum, il se décompose en ammoniaque, gaz carbonique et pyridine.

Par l'action de l'iodure de méthyle et de l'alcool, il donne de l'acide carbonique, de l'iodure d'ammonium et de l'iodhydrate de méthylamine.

L'acide nitrique le transforme à froid en acides carbonique et cyanurique; l'hypobromite ne le décompose pas. S'appuyant sur ces réactions, Herzig propose de le représenter par la formule

$$\underbrace{AzH-CO-AzH-CO-AzH}_{CH.CH^3}$$

[Herzig, *Monatsch. f. Chem.*, t. II, p. 398].

TRIMELLIQUE (ACIDE), $C^6H^3(CO^2H)^3$. — L'acide trimellique a été obtenu dans les réactions suivantes :

1° Oxydation au moyen du permanganate de potassium de l'acide xylidique, dérivé du pseudocumol. Ce mode de formation permet d'envisager les carboxyles comme occupant les positions 1, 2 et 4 [Krinos, *Deutsch. chem. Gesellsch.*, 1877, p. 1491].

2° Oxydation par l'acide azotique de l'acide dioxyanthraquinone-carbonique [Hammerschlag, *Deutsch. chem. Gesellsch.*, 1878, p. 82].

3° Oxydation de la colophane. Cette dernière réaction fournissant le meilleur procédé de préparation de l'acide trimellique, nous allons la décrire avec quelques détails : On fait bouillir 100 grammes de colophane en poudre avec 2 litres d'acide nitrique ordinaire étendu de 4 litres d'eau. Il se produit une mousse jaunâtre, qui cesse après 6 heures d'ébullition; on ajoute de nouveau 100 grammes de colophane, un peu d'acide nitrique concentré, et on continue à chauffer. On ajoute ainsi peu à peu 1 kilogramme de colophane, ce qui demande environ 15 jours; on distille alors la majeure partie de l'acide nitrique, et on ajoute 10 volumes d'eau; on précipite ainsi une résine. La solution concentrée se prend en une masse cristalline, mélange d'acides isophtalique et trimellique; on les sépare facilement grâce à la solubilité de ce dernier dans l'eau bouillante. 1 kilogramme de colophane fournit environ 60 grammes d'acide trimellique [J. Schreder, *Liebig's Ann. Chem.*, t. CLXXII, p. 93].

L'acide trimellique pur forme des cristaux jaunâtres, fusibles à 216-218°; chauffé avec précaution, il peut être sublimé, mais il se décompose toujours partiellement en eau et en un anhydride fusible à 157°; celui-ci se dissout dans la potasse en régénérant le trimellate de potassium.

Fondu avec de la soude, l'acide trimellique fournit de la benzine, du diphényle et du styrol [Barth et Schreder, *Deutsch. chem. Gesellsch.*, 1879, p. 1255].

Le *trimellate d'argent* forme un précipité blanc, peu soluble dans l'eau.

Le *sel de baryum*, $(C^9H^3O^6)^2Ba^3, H^2O$, cristallise en mamelons durs.

ACIDE OXYTRIMELLIQUE, $C^6H^2(OH)_{(5)}(CO^2H)^3{}_{(1.2.4)}$. — L'acide *sulfotrimellique*, obtenu par oxydation de l'acide sulfamine-xylidique, fondu avec la potasse, fournit l'acide oxytrimellique en cristaux volumineux, incolores, solubles dans l'eau, l'alcool et l'éther. Il fond à 240-245° en se décomposant. Chauffé à 230-245° avec HCl concentré, il se dédouble en CO^2 et acide métoxybenzoïque. Distillé avec la chaux vive, il donne du gaz carbonique et du phénol. Il est coloré en rouge par le chlorure ferrique.

Le *sel ammoniacal* précipite en blanc par le nitrate d'argent, en vert par le sulfate de cuivre. Le *sel de cuivre* est décomposé par l'eau bouillante avec formation d'un sel basique vert. Les sels de zinc ne précipitent pas l'acide oxytrimellique [Jacobsen et Meyer, *Deutsch. chem. Gesellsch.*, 1883, p. 190]. M. Hanriot.

TRIMÉSIQUE (ACIDE), $C^6H^3(CO^2H)^3{}_{(1.3.5)}$. — Cet acide a été obtenu par l'oxydation de la triéthylbenzine symétrique résultant de l'action de l'éthylène sur la benzine en présence de Al^2Cl^6. Il fond lorsque l'on le chauffe rapidement, et se sublime vers 260° en fines aiguilles. Le *sel de baryum* a pour formule $(C^9H^3O^6)^2Ba^3, 2H^2O$ [Friedel et Balsohn, *Bull. Soc. chim.*, t. XXXIV, p. 637].

TRIMÉTHYLBENZINES (voyez Suppl., PSEUDOCUMÈNE, p. 561, et MÉSITYLÈNE p. 1010). — Les trois triméthylbenzines théoriquement possibles sont maintenant connues : le *pseudocumène* 1.2.4, le *mésitylène* 1.3.5, et la *triméthylbenzine* ou *hémellithol* 1.2.3. Nous ajouterons les quelques faits nouveaux concernant les deux premiers carbures avant de décrire le dernier.

PSEUDOCUMÈNE (*Pseudocumène monobromé*). — Lorsqu'on l'oxyde par une solution acétique d'acide chromique, il fournit l'acide *pseudocumolique monobromé* $C^6H^2Br(CH^3)^2CO^2H$, qui est en cristaux fusibles à 172-173°. Le *sel de baryum* renferme $6H^2O$, le *sel de calcium* contient $2H^2O$, le *sel de potassium* est anhydre [Süssenguth, *Liebig's Ann.*, t. CCXV, p. 242].

MÉSITYLÈNE. — Robinet a signalé des dérivés monochloré, dichloré et dibromé dans les chaînes latérales. Il ne les a pas décrits [*Bull. Soc. chim.*, t. XXXI, p. 241].

Le *dérivé dichloré*, $C^6H^3(CH^3)(CH^2Cl)^2$, soumis à l'ébullition avec du carbonate de plomb et l'eau fournit un *glycol mésitylénique*,

$$C^6H^3\text{-}CH^3(CH^2OH)^2,$$

qui bout à 190° sous 20mm et possède une densité de 1,23 à 25°. La *diacétate*, obtenu par ébullition du chlorure avec l'acétate d'argent et l'eau, bout à 244° à 120mm et possède la densité 1,12 à 20° [Robinet et Colson, *Compt. rend.*, t. XCVI, p. 1863].

Le mésitylène dibromé, $C^6HBr^2(CH^3)^3$ (voyez t. II, p. 374), oxydé par une solution acétique d'acide chromique, fournit l'*acide dibromomésitylénique*, $C^6HBr^2(CH^3)^2CO^2H$, qui est en aiguilles fusibles à 194-195°, solubles dans l'alcool, peu solubles dans la benzine. Le *sel de baryum* renferme $3\frac{1}{2}H^2O$; le *sel de calcium*,

$$[C^6HBr^2(CH^3)^2CO^2]^2Ca + 7H^2O,$$

est en aiguilles [Süssenguth, *loc. cit.*].

Mésitol. — Le nitromésitol se forme lorsqu'on traite la nitromésidine en solution dans l'acide sulfurique étendu par le nitrate de sodium. Il est en lamelles fusibles à 64°, solubles dans l'alcool et l'éther, et donne par réduction l'*amidomésitol*, dont le *chlorhydrate*,

$$C^6H(AzH^2).OH.(CH^3)^3.HCl,$$

est en aiguilles incolores. Ce chlorhydrate, traité en solution aqueuse par le nitrite de sodium, fournit la *mésorcine*, $C^6H(OH)^2(CH^3)^3$, qui est en aiguilles blanches, fusibles à 149-150°, bouillant à 274-275°, solubles dans l'alcool et l'éther [Knecht, *Deutsch. chem. Gesellsch.*, 1882, p. 1375; *Bull. Soc. chim.*, t. XXXVIII, p. 451].

Mésidine. — Lorsqu'on fait chauffer la mésidine au réfrigérant à reflux avec du sulfure de carbone et une trace de potasse alcoolique, on obtient le *mésitylsénévol*, $C^6H^2(CH^3)^3AzCS$, qui est en aiguilles brillantes, fusibles à 64°, solubles dans l'alcool, l'éther, la benzine et le sulfure de carbone [Eisenberg, *Deutsch. chem. Gesellsch.*, 1882, p. 1011; *Bull. Soc. chim.*, t. XXXVIII, p. 293].

Si on chauffe la mésidine avec son poids de sulfure de carbone sans addition de potasse, on obtient la *dimésitylsulfo-urée*,

$$CS = [AzH\text{-}C^6H^2(CH^3)^3]^2,$$

qui est en aiguilles blanches fusibles à 196°. Le mésitylsénévol chauffé au bain-marie avec de l'ammoniaque fournit la *mésitylsulfo-urée*,

$$CS \begin{matrix} \nearrow AzH^2 \\ \searrow AzHC^6H^2(CH^3)^3 \end{matrix}$$

qui est en lamelles fusibles à 222°, solubles dans l'éther et l'alcool chaud. Elle donne un chloroplatinate cristallisé.

Mésitylphénylsulfo-urée. — Par l'action de l'aniline sur le mésitylsénévol. Elle fond à 193°. Avec l'orthotoluidine, on obtient la *mésitylorthocrésylsulfo-urée*, fusible à 167° (Eisenberg).

Dimésitylguanidine,

$$CAzH = [AzH.C^6H^2(CH^3)^3]^2.$$

— Par l'action de l'oxyde de plomb sur une solution de dimésitylsulfo-urée dans l'ammoniaque alcoolique. Elle est en prismes fusibles à 218°, solubles dans l'alcool, l'éther et la benzine. En substituant la mésidine à l'ammoniaque dans cette préparation, on obtient la *trimésitylguanidine*,

$$CAzC^6H^2(CH^3)^3[AzHC^6H^2(CH^3)^3]^2,$$

qui est en cristaux solubles dans l'alcool, fusibles à 225° (Eisenberg).

Le mésitylsénévol, chauffé avec l'alcool absolu à 140°, donne la *mésityléthylsulfuréthane*,

$$C \begin{matrix} /\!\!/ AzC^6H^2(CH^3)^3 \\ - SH \\ \backslash OC^2H^5, \end{matrix}$$

qui est en fines aiguilles fusibles à 88°, solubles dans l'alcool et dans l'éther. Chauffé à 180°, ce composé se dédouble en acide sulfhydrique et en mésitylsulfo-urée. La mésidine traitée par le chlorocarbonate d'éthyle fournit la *mésityluréthane*,

$$CO \begin{matrix} \nearrow AzH.C^6H^2(CH^3)^3 \\ \searrow OC^2H^5, \end{matrix}$$

qui est en aiguilles fusibles à 61-62°, solubles dans l'alcool et dans l'éther, et qui, distillées avec l'anhydride phosphorique, fournissent le *cyanate de mésityle*, $COAzC^6H^2(CH^3)^3$. Ce composé est un liquide bouillant à 218-220°, et il donne avec la mésidine la *dimésitylurée*,

$$CO[AzH.C^6H^2(CH^3)^3]^2,$$

qui est en cristaux fusibles au delà de 300° (Eisenberg).

Phtalylmésidile,

$$C^6H^4 \begin{matrix} \nearrow CO \\ \searrow CO \end{matrix} \!\!> AzC^6H^2(CH^3)^3.$$

— Par l'action de l'anhydride phtalique sur la mésidine. Lamelles brillantes, fusibles à 171°, solubles dans l'alcool, l'éther et la benzine. Il fournit un *dérivé mononitré*,

$$C^6H^4<{CO \atop CO}>AzC^6H(AzO^2)(CH^3)^3,$$

fusible à 210°, et un *dérivé dinitré*,

$$C^6H^4<{CO \atop CO}>AzC^6(AzO^2)^2(CH^3)^3,$$

fusible à 242°. Le dérivé mononitré bouilli avec de la potasse alcoolique donne la nitromésidine, fusible à 74°.

Succinylmésidile,

$$C^2H^4<{CO \atop CO}>AzC^6H^2(CH^3)^3.$$

— Lamelles nacrées fusibles à 137°, solubles dans l'alcool et dans l'éther (Eisenberg).

TRIMÉTHYLBENZINE [Syn. *Hémellistrol*],

$$C^6H^3 \begin{cases} CH^3{}_{(1)} \\ CH^3{}_{(2)} \\ CH^3{}_{(3)} \end{cases}$$

— Cette troisième triméthylbenzine se forme quand on distille le sel de calcium de l'acide α-isodurylique avec de la chaux, ou lorsqu'on chauffe à 200° sa sulfamide avec de l'acide chlorhydrique.

Ce carbure bout à 168-170° et ne se solidifie pas à — 15°. Traité par un mélange d'acides sulfurique et nitrique, il donne un *dérivé nitré* qui est en aiguilles aplaties fusibles peu au-dessus de 100°, solubles dans l'alcool.

Dérivé tribromé, $C^6Br^3(CH^3)^3$. — Aiguilles peu solubles dans l'alcool, fusibles à 245°.

Acide hémellithol sulfonique. — Il se forme lorsqu'on chauffe le carbure avec l'acide sulfurique ordinaire. Cet acide cristallise en lamelles hexagonales.

Hémellitholsulfamide. — Par l'action de l'ammoniaque sur le chlorure de l'acide sulfonique. Elle est en prismes fusibles à 196°, peu solubles dans l'eau et dans l'alcool froids [Jacobsen, *Deutsch. chem. Gesellsch.*, 1882, p. 1857; *Bull. Soc. chim.*, t XXXIX, p. 127]. M. Wassermann.

TRIMÉTHYLÈNE. — Voyez PROPYLÈNE, Suppl., p. 1306.

TRIMÉTHYLÈNE-CARBONIQUE (ACIDE),

$$\begin{matrix} CH^2 \\ CH^2 \end{matrix}>CH-CO^2H$$

[Perkin, *Deutsch. chem. Gesellsch.*, 1884, p. 57]. — On l'obtient en chauffant au bain d'huile à 210° l'acide triméthylène-α-dicarbonique. C'est un liquide incolore, peu soluble dans l'eau, bouillant à 188-190°.

Le *sel d'ammonium*, très soluble dans l'eau, cristallise en lamelles.

Le *sel d'argent*, $C^4H^5O^2Ag$, est un précipité blanc amorphe.

TRIMÉTHYLÈNE-DIAMINE,

$$CH^2(AzH^2)-CH^2-CH^2(AzH^2)$$

[E. Fischer et H. Koch, *Deutsch. chem. Gesellsch.*, 1884, p. 1799]. — Cette base prend naissance quand on abandonne pendant quelques jours à la température ordinaire, en vase clos, un mélange de bromure de triméthylène avec 8 ou 9 fois son poids d'une solution alcoolique d'ammoniaque saturée à 0°. Pour l'isoler, on évapore à sec le produit de la réaction, puis on le distille avec de la potasse; finalement, on sèche la base sur la potasse fondue et on la rectifie au thermomètre.

C'est un liquide incolore et mobile, bouillant à 135-136° sous une pression de 738 millimètres; elle se dissout en toutes proportions dans l'alcool, l'éther, la benzine et le chloroforme; avec une petite quantité d'eau, elle donne une émulsion.

Le *chlorhydrate*, $C^3H^6(AzH^2.HCl)^2$, cristallise en grandes aiguilles très solubles dans l'eau; il en est de même du bromhydrate,

$$C^3H^6(AzH^2.HBr)^2.$$

Le *nitrate* et le *sulfate* forment des cristaux déliquescents.

Le *chloroplatinate*, $C^3H^6(AzH^2.HCl)^2PtCl^4$, se présente en prismes d'un jaune rougeâtre, peu solubles dans l'eau.

TRIMÉTHYLÈNE-DICARBONIQUES (ACIDES), $C^3H^4(CO^2H)^2$.

ACIDE TRIMÉTHYLÈNE-α-DICARBONIQUE,

$$\begin{matrix} CH^2 \\ CH^2 \end{matrix}>C(CO^2H)^2$$

[Perkin, *Deutsch. chem. Gesellsch.*, 1884, p. 54]. — Cet acide se produit à l'état d'éther diéthylique par l'action du bromure d'éthylène sur le malonate d'éthyle en présence du sodium. Il se présente en cristaux fusibles à 140-141°, et commence à se décomposer vers 100°, avec perte d'acide carbonique et formation d'acide triméthylène-monocarbonique. Il est extrêmement soluble dans l'eau et assez soluble dans l'éther.

Le *sel d'argent*, $C^5H^4O^2Ag^2$, est un précipité blanc cristallin, qui détone par la chaleur.

L'*éther éthylique*, $C^5H^4O^2(C^2H^5)^2$, bout à 206-208°; c'est un liquide incolore.

ACIDE TRIMÉTHYLÈNE-β-DICARBONIQUE,

$$CH^2 \begin{cases} CH-CO^2H \\ CH-CO^2H \end{cases}$$

[Conrad et Guthzeit, *Deutsch. chem. Gesellsch.*, 1884, p. 1185]. — On l'obtient en chauffant au bain d'huile à 184-190° l'acide triméthylène-tricarbonique 1.1.2; il se dégage d'abord de l'acide carbonique, puis il passe de l'*anhydride-triméthylène-dicarbonique* qui cristallise dans le récipient; on chauffe ce dernier à 140° avec de l'eau et on obtient finalement l'acide en beaux cristaux prismatiques, fusibles à 173°, très solubles dans l'eau, l'alcool et l'éther.

Le *sel de calcium* forme des cristaux soyeux; les *sels de plomb* et *d'argent* sont des précipités cristallins.

L'*anhydride*

$$CH^2 \begin{cases} CH-CO \\ CH-CO \end{cases} O$$

forme de belles aiguilles fusibles à 57°; il bout vers 260-280°.

TRIMÉTHYLÈNE-TÉTRACARBONIQUE (ACIDE), $C^3H^2(CO^2H)^4$ [Perkin, *Deutsch. chem. Gesellsch.*, 1884, p. 1652]. — La réaction du sodium sur un mélange de malonate et de dibromosuccinate d'éthyle, en présence d'alcool, fournit l'éther tétréthylique de l'acide *triméthylène-tétracarbonique* dans lequel deux groupes CO^2H sont attachés à 1 atome de carbone du groupe triméthylénique et les deux autres groupes aux 2 autres atomes.

L'acide lui-même est une masse cristalline, incolore, fusible avec décomposition à 95-100°, très soluble dans l'eau, l'éther, l'alcool, l'acétone, peu soluble dans la ligroïne, la benzine, le toluène.

Le *sel d'argent*, $C^7H^2O^8Ag^4$, est un précipité blanc amorphe; le *sel de calcium*,

$$C^7H^2O^8Ca^2 + H^2O,$$

est soluble à froid et se précipite par l'ébullition de ses solutions aqueuses.

L'*éther tétréthylique*, $C^7H^2O^8(C^2H^5)^4$, est un liquide épais, incolore, incristallisable, bouillant à 245-247° sous une pression de 85 millimètres.

TRIMÉTHYLÈNE-TRICARBONIQUES (ACIDES), $C^3H^3(CO^2H)^3$.

ACIDE 1.1.2,

$$CH^2\left\langle\begin{matrix}CH(CO^2H)\\ C(CO^2H)^2\end{matrix}\right.$$

[Conrad et Guthzeit, *Deutsch. chem. Gesellsch.*, 1884, p. 1185]. — Cet acide se produit à l'état d'éther triéthylique lorsqu'on chauffe dans un appareil à reflux un mélange de carbonate et d'α-β-dibromopropionate d'éthyle, avec du sodium et de l'alcool absolu. Il cristallise en prismes brillants, fusibles avec décomposition à 184°.

L'*éther triéthylique*, $C^6H^3O^6(C^2H^5)^3$, est un liquide incolore, bouillant à 276°; sa densité à 16° est 1,127.

ACIDE 1.2.3,

$$CO^2H\text{-}CH\left\langle\begin{matrix}CH\text{-}CO^2H\\ CH\text{-}CO^2H\end{matrix}\right.$$

[Perkin, *Deutsch. chem. Gesellsch.*, 1884, p. 1654]. — On le prépare en chauffant au bain d'huile à 190-200° l'acide triméthylène-tétracarbonique 1.1.2.3. Il forme des cristaux fusibles à 145-150°, très solubles dans l'eau, l'alcool et l'acétone, peu solubles dans l'éther de pétrole la benzine, le sulfure de carbone et le chloroforme. Par l'action prolongée de la chaleur, il paraît se transformer en un anhydride.

Le *sel d'argent*, $C^6H^3O^6Ag^3$, est un précipité blanc.

TRIMÉTHYLÉTHYLÈNE-GLYCOL,

$$(CH^3)^2C.OH\text{-}CH.OH\text{-}CH^3.$$

— Il a été décrit au t. Ier, p. 237, sous le nom d'AMYLGLYCOL.

Le corps décrit sous le nom d'*oxyde d'amylène* est une acétone, le méthylisopropylcarbonyle, $(CH^3)^2CH\text{-}CO\text{-}CH^3$. Il résulte, en effet, des dernières recherches effectuées à ce sujet, que le triméthyléthylène-glycol se convertit par l'action des déshydratants (anhydride phosphorique, acide sulfurique étendu de son poids d'eau) et même de la chaleur seule (220°), non en un oxyde analogue à l'oxyde d'éthylène, mais en méthylisopropylcarbonyle.

La dibromhydrine elle-même, chauffée avec de l'eau et de l'oxyde de plomb, à 140-150°, ne régénère pas le glycol, mais elle se transforme également en méthylisopropylcarbonyle [Flawitzky, *Deutsch. chem. Gesellsch.*, 1877, p. 2240, et 1878, p. 992; — Eltekow, *ibid.*, 1878, p. 990].

Le véritable *oxyde de triméthylène*,

$$\begin{matrix}(CH^3)^2\text{-}C\text{-}CH\text{-}CH^3\\ \diagdown\,\diagup\\ O\end{matrix}$$

se produit quand on distille la monochlorhydrine du triméthyléthylène-glycol avec de la potasse solide : c'est un liquide incolore et mobile, bouillant à 75-76°. Sa densité à 0° est 0,8293. Il ne forme pas de combinaison avec le bisulfite de sodium, mais il s'unit directement avec l'eau à la température ordinaire, pour régénérer le triméthyléthylène-glycol [Eltekow, *Deutsch. chem. Gesellsch.*, 1883, p. 396].

L'oxydation au moyen du mélange chromique transforme le triméthyléthylène-glycol en un mélange d'acétone ordinaire et d'acide acétique [Flawitzky, *Deutsch. chem. Gesellsch.*, 1877, p. 2240].

TRIMÉTHYLPYRROL,

$$C^4H^{11}Az = C^4H(CH^3)^3AzH$$

[Ciamician et Dennstedt, *Deutsch. chem. Gesellsch.*, 1881, p. 1340]. — Ce corps est contenu dans la fraction de l'huile animale de Dippel qui bout à 170-200°. Pour l'isoler, on fait bouillir cette fraction avec de la potasse, de manière à détruire les nitriles qu'elle peut renfermer, puis on la distille et on recueille les portions passant à 180-205°. Le produit ainsi obtenu est chauffé pendant plusieurs jours avec du potassium métallique; enfin, la combinaison potassique est lavée à l'éther et décomposée par l'eau : il ne reste plus qu'à distiller au thermomètre. On obtient finalement un liquide qui brunit rapidement à l'air et à la lumière; il bout sans point fixe entre 180 et 195°. Il est peu soluble dans l'eau, très soluble dans les acides; il réduit à froid le chlorure de platine.

Chauffé pendant 2 heures, à 120°, avec de l'acide chlorhydrique concentré, il paraît se transformer en une dihydrolutidine isomérique.

TRIMÉTHYLSULFINE (SELS DE). — L'*iodure*, $(CH^3)^3SI$, prend naissance par l'union directe de l'iodure et du sulfure de méthyle; la réaction est énergique et s'accomplit entièrement à froid. Il se produit aussi par l'action du gaz iodhydrique sur le sulfure de méthyle refroidi dans un mélange de glace et de sel [Cahours, *Bull. Soc. chim.*, t. IV, p. 40]. On peut aussi préparer ce sel en chauffant à 160-190° en tubes scellés un mélange d'iodure de méthyle (2 molécules) et de soufre (1 molécule) en solution sulfocarbonique [Klinger, *Deutsch. chem. Gesellsch.*, 1877, p. 1880], ou en chauffant à 100°, pendant 20 heures, un mélange de trisulfure d'arsenic et d'iodure de méthyle en excès. Il cristallise en grands prismes incolores, solubles dans l'eau, qui se colorent rapidement en brun sous l'influence de la lumière.

Traité par le brome, l'iodure de triméthylsulfine fournit un produit d'addition ayant pour formule $(CH^3)^3SIBr^2$; celui-ci se présente en cristaux orangés, fusibles avec décomposition partielle à 94-95°; il est peu soluble à froid dans l'alcool et dans l'éther. Au contact prolongé du gaz ammoniac sec, il se convertit en une masse amorphe, de couleur vert pomme, fusible à 75-80°, et qui aurait pour composition

$$(CH^3)^3SIBr^2.2AzH^3.$$

L'iodure de triméthylsulfine fixe également 2 atomes de chlore; le produit ainsi formé,

$$(CH^3)^3SICl^2,$$

se présente en petits cristaux jaunes, fusibles avec décomposition à 103-104°, et susceptibles de s'unir à l'ammoniaque pour donner un composé amorphe, $(CH^3)^3SICl^2.2AzH^3$ [Dobbin et Masson, *Journ. prakt. Chem.* (2), t. XXXI, p. 36].

Le *bromure de triméthylsulfine*, $(CH^3)^3SBr$, prend naissance par l'action de l'acide bromhydrique sur le sulfure de méthyle (Cahours). Il est analogue par son aspect et par ses propriétés à l'iodure. Il s'unit directement au chlorure d'iode pour fournir des cristaux jaunes, fusibles avec décomposition à 87° et ayant pour formule $(CH^3)^3SBrClI$. Il paraît former avec le brome et avec le chlore des produits d'addition très instables, qui auraient pour composition

$$(CH^3)^3SBr^3$$

et $(CH^3)^3SBrCl^2$ (Dobbin et Masson).

Le *chlorure de triméthylsulfine* cristallise en prismes incolores et déliquescents.

Le *chloroplatinate*, $(CH^3)^3SCl.PtCl^4$, se présente en beaux prismes orangés (Cahours) ou en octaèdres (Klinger).

Le *chloromercurate* et le *chloraurate* cristallisent très nettement.

L'*hydrate* est une huile épaisse, soluble dans l'eau en toutes proportions. Sa solution aqueuse est très alcaline; avec les sels des métaux lourds, elle donne des précipités colorés. Exposée à l'air, elle attire l'acide carbonique et fournit un *carbonate* cristallisé en lamelles.

Le *benzoate* se présente sous la forme d'aiguilles groupées en mamelons, très solubles dans l'eau et dans l'alcool, insolubles dans l'éther. On le prépare au moyen de l'iodure de triméthylsulfine et du benzoate d'argent (Klinger). Sa solution se décompose à chaud en sulfure de méthyle et benzoate de méthyle [Crum Brown et A. Blaikie, *Journ. prakt. Chem.* (2), t. XXIII, p. 395].

L'*acétate* est semblable au benzoate; il se comporte de la même manière.

Le *sulfite* se produit lorsqu'on mélange une partie d'hydrate de triméthylsulfine avec son poids du même corps préalablement saturé de gaz sulfureux. Il perd à 170° du sulfure de méthyle et laisse pour résidu un sel déliquescent que l'iodure de potassium décompose en iodure de triméthylsulfine et méthylsulfonate de potassium, et qui doit être, par conséquent, du *méthylsulfonate de triméthylsulfine*.

L'*hyposulfite*, $[(CH^3)^3S]^2S^2O^3,H^2O$, se forme spontanément lorsqu'on abandonne à l'air le sulfhydrate de triméthylsulfine; il se présente en longs prismes transparents, qui perdent leur eau à une température peu élevée. A 135°, il perd du sulfure de méthyle et laisse pour résidu de longues aiguilles fusibles à 100° et ayant pour formule $(CH^3)^4S^3O^3$.

Le *dithionate*, $[(CH^3)^3S]^2S^2O^6,H^2O$, s'obtient en saturant une solution aqueuse d'acide dithionique par le sulfhydrate de triméthylsulfine et en évaporant; il forme des cristaux incolores, insolubles dans l'alcool, qui perdent leur eau à 120° et se décomposent à 200° en sulfure de méthyle, acide sulfureux et méthylsulfate de triméthylsulfine.

Le *sulfure*, $[(CH^3)^3S]^2S$, peut être obtenu en partageant en deux portions égales du sulfhydrate de triméthylsulfine, saturant l'une d'acide sulfhydrique et mélangeant ensuite à l'abri de l'air : il se décompose spontanément en donnant du sulfure de méthyle, $[(CH^3)^3S]^2S = 3(CH^3)^2S$.

L'*oxalate*, obtenu par l'action de l'oxalate d'argent sur l'iodure de triméthylsulfine, forme des cristaux déliquescents qui se décomposent à 146° en sulfure et oxalate de méthyle [Crum Brown et Blaikie, *loc. cit.*]. Ad. Fauconnier.

TRINAPHTYLCARBINOL. — *Préparation.* — On ajoute du chlorure d'aluminium à un mélange de naphtaline et de chloropicrine. La chaleur dégagée par la réaction suffit pour faire fondre la masse en un liquide d'un vert bleuâtre foncé, qui devient peu à peu noir et épais. On achève la réaction en chauffant pendant 1 jour au bain-marie. On enlève l'excès de naphtaline par distillation dans un courant de vapeur d'eau; le résidu est pulvérisé et épuisé par l'alcool, qui enlève les dernières traces de naphtaline ainsi que la matière colorante; on dissout la partie insoluble dans du chloroforme et on précipite par l'alcool.

Le trinaphtylcarbinol se dépose sous la forme d'un précipité gris-jaunâtre, peu soluble dans l'éther et dans l'acétone, soluble dans le chloroforme et dans le sulfure de carbone, insoluble dans l'alcool et dans la ligroïne. Une dissolution acétonique de trinaphtylcarbinol laisse déposer par évaporation spontanée une poudre cristalline d'un jaune brun. Ce corps a pour formule

$$C(OH)(C^{10}H^7)^3;$$

il se ramollit à 180° et fond à 278°. Il n'a pu être obtenu à l'état de pureté absolue [Elbs, *Deutsch. chem. Gesellsch.*, 1883, p. 1275]. G. de Bechi.

TRIOCTYLAMINE $(C^8H^{17})^3Az$ [Merz et Gasiorowski, *Deutsch. chem. Gesellsch.*, 1884, p. 632]. — Cette base prend naissance, en même temps que l'octyl- et la dioctylamine, lorsqu'on chauffe pendant 8 heures à 280° un mélange d'alcool octylique et de chlorure double de zinc et d'ammoniaque. On l'isole par distillation du produit de la réaction: c'est un liquide incolore, bouillant à 365-367°; elle est très soluble dans l'éther et dans l'alcool absolu. A l'état de pureté parfaite, elle finit par se prendre en une masse cristalline blanche.

Les sels paraissent incristallisables.

TRIOXYISOXYLÈNE, $C^6H(CH^3)^2(OH)^3$ [Fittig et Siepermann, *Liebig's Ann. Chem.*, t. CLXXX, p. 37]. — Ce corps prend naissance par la réduction de l'*oxyisoxyloquinone*, $C^6HO^2(CH^3)^2(OH)$; cette quinone est humectée d'un peu d'eau et soumise à l'action du gaz sulfureux, d'abord à froid, puis au bain-marie, jusqu'à ce que l'on obtienne une solution limpide et jaune; le nouveau corps se dépose alors, par le refroidissement, en lamelles d'aspect clinorhombique, incolores ou à peine jaunâtres, renfermant 1 molécule d'eau et fusibles à 88-90°.

Après dessiccation, le trioxyisoxylène ne fond plus qu'à 121-122°. Il est très soluble dans l'eau chaude et peu soluble dans l'eau froide; ses solutions aqueuses tachent la peau en brun rougeâtre; elles fournissent avec l'acétate de plomb un précipité floconneux volumineux, d'un blanc rougeâtre, très soluble dans l'acide acétique dilué.

Les oxydants transforment le trioxyisoxylène en oxyisoxyloquinone : c'est ainsi qu'agissent le chlorure ferrique en solution aqueuse, et même l'oxygène de l'air en présence des alcalis. Par réduction, au moyen de la poudre de zinc à haute température, il se convertit presque intégralement en isoxylène.

Le chlorure d'acétyle le dissout à froid avec dégagement d'acide chlorhydrique; il suffit de précipiter par l'eau la solution ainsi obtenue pour avoir la *triacétine* correspondante,

$$C^6H(CH^3)^2(OC^2H^3O)^3;$$

ce dérivé se présente en grands prismes incolores et brillants, fusibles à 99°, insolubles dans l'eau, très solubles dans l'alcool chaud et dans l'acide acétique. Ad. Fauconnier.

TRIOXYMÉTHYLÈNE, $(CH^2O)^3$ (voyez t. II, p. 416). — Lorsqu'on soumet le trioxyméthylène à la distillation avec un mélange d'acide sulfurique et d'alcool éthylique en excès, il se transforme en éther méthylène-diéthylique,

$$CH^2(OC^2H^5)^2,$$

liquide incolore, bouillant à 87-88°, soluble dans 11 volumes d'eau à 18° [Pratesi, *Gazz. chim. ital.*, t. XIII, p. 313, et *Deutsch. chem. Gesellsch.*, 1883, p. 1870].

TRIPHÉNYLACÉTIQUE (ACIDE),

$$(C^6H^5)^3 \equiv C\text{-}COOH.$$

— Le chlorotriphénylméthane, $CCl(C^6H^5)^3$, chauffé à 150-170° avec un excès de cyanure de mercure, fournit le nitrile de l'acide triphénylacétique, $(C^6H^5)^3 \equiv C\text{-}CAz$. On isole le produit de la manière suivante : On épuise la masse par la benzine bouillante et on ajoute au liquide filtré une certaine quantité d'éther de pétrole. La majeure partie des impuretés se sépare sous forme de flocons bruns; on filtre et on évapore; le nitrile cristallise en longs prismes incolores, fusibles à 127°,5; il distille sans décomposition. Ce corps est très stable; l'acide nitrique ne l'attaque qu'à l'ébullition.

La transformation du nitrile en acide est une opération assez délicate; le meilleur résultat s'obtient en le chauffant pendant quelques heures, à 200-220°, avec de l'acide acétique et de l'acide chlorhydrique fumant. On précipite par l'eau, on épuise le précipité par un alcali, qui ne dissout pas le nitrile inattaqué, et on purifie l'acide obtenu par précipitation et par cristallisation dans l'acide acétique.

L'acide triphénylacétique cristallise en lamelles ou en prismes, qui se ramollissent à 230° et fondent complètement à 260° en se décomposant en anhydride carbonique et en triphénylméthane. Un mélange d'acides sulfurique et nitrique transforme l'acide triphénylacétique en un corps nitré, soluble en rouge brun dans les alcalis. En chauffant légèrement avec de l'acide acétique et du zinc en poudre, on obtient une coloration rouge-fuchsine, qui disparaît par une réduction plus avancée [E. et O. Fischer, *Liebig's Ann. Chem.*, t. CXCIV, p. 260]. G. de Bechi.

TRIPHÉNYLBENZINE. — Merz et Weith ont étudié l'action du chlorure d'antimoine sur la triphénylbenzine. La triphénylbenzine, traitée à plusieurs reprises, à une température élevée, par un grand excès de perchlorure d'antimoine, échange tout son hydrogène contre du chlore et fournit un chlorure de carbone ayant pour formule, $C^6Cl^3(C^6Cl^5)^3 = C^{24}Cl^{18}$, qui cristallise dans la nitrobenzine bouillante en aiguilles légèrement jaunâtres, très peu solubles dans l'alcool, l'éther et la benzine. Ce corps est très stable; l'acide nitrique concentré l'attaque faiblement à 300-350°.

A cette température, le sodium fournit du chlorure de sodium et du charbon [Merz et Weith, *Deutsch. chem. Gesellsch.*, 1883, p. 2883].

TRIPHÉNYLCARBINOL. — Voyez TRIPHÉNYLMÉTHANE.

TRIPHÉNYLCARBINOL-CARBONIQUE (ACIDE). — Voyez TRIPHÉNYLMÉTHANE.

TRIPHÉNYLÈNE (ISOCHRYSÈNE), $C^{18}H^{12}$. — Le triphénylène prend naissance lorsqu'on fait agir le sodium sur la bromobenzine en présence de diphényle [Schultz, *Liebig's Ann. Chem.*, t. CLXXIV, p. 229].

En préparant le diphénylène par voie pyrogénée, au moyen de la vapeur de benzine, Schmidt et Schultz ont obtenu un hydrocarbure qu'ils envisagent comme du triphénylène [*Liebig's Ann. Chem.*, t. CCIII, p, 135]. Ce corps cristallise dans l'alcool en longues aiguilles fusibles à 196°.

TRIPHÉNYLMÉTHANE. — De récents et nombreux travaux ont fait du triphénylméthane un des corps les plus importants de la série aromatique, en y rattachant une foule de dérivés dont les uns étaient connus depuis longtemps déjà (rosaniline), tandis que d'autres ont été créés de toutes pièces en partant de corps de structure très simple et en faisant intervenir les agents de condensation.

Tout dernièrement, quelques-unes de ces élégantes synthèses ont acquis une valeur industrielle très grande et ont contribué à la fondation de tout un groupe important de l'industrie des matières colorantes artificielles.

Nous diviserons donc notre article en deux parties : dans l'une on trouvera la description des nombreux dérivés du triphénylméthane; la seconde sera réservée à l'étude des progrès réalisés récemment dans l'industrie des couleurs du goudron qui peuvent être rattachées par leur constitution à cet hydrocarbure.

Le triphénylméthane renferme de l'hydrogène se rattachant en quelque sorte à la série grasse, c'est-à-dire relié à un carbone méthanique $(CH)'''$, ainsi que de l'hydrogène aromatique. De là deux sortes de produits de substitution, suivant que c'est l'hydrogène méthanique ou l'hydrogène des noyaux benzéniques qui est remplacé par des radicaux étrangers. Nous étudierons d'abord les premiers, moins nombreux et beaucoup moins importants, tout en faisant une exception pour les dérivés du carbinol $(C.OH)'''$ qui seront traités à côté des leuco-dérivés correspondants.

I. — Modes de formation, préparation et réactions du triphénylméthane.

1. Le triphénylméthane prend naissance lorsqu'on fait agir le chloroforme sur la benzine en présence de chlorure d'aluminium [Friedel et Crafts] :

$$CHCl^3 + 3\,C^6H^6 = 3\,HCl + CH(C^6H^5)^3.$$

2. On l'obtient également en remplaçant dans cette réaction le chloroforme par le chloroforme nitré ou chloropicrine $CCl^3.AzO^2$ [Elbs, *Deutsch. chem. Gesellsch.*, 1883, p. 1274].

3. En faisant agir le chlorure d'acétyle sur la benzophénone en présence de poudre de zinc, on obtient un corps auquel on a donné le nom de *benzopinacoline*. Ce dernier, traité par la potasse alcoolique, fournit de l'acide benzoïque et du triphénylméthane [Zagumenni, *Deutsch. chem. Gesellsch.*, 1881, p. 1402; Paal, *ibid.*, 1884, p. 911].

4. En faisant agir le phénylchloroforme

$$C^6H^5.CCl^3$$

sur la benzine en présence d'un chlorure métallique, on n'obtient pas le tétraphénylméthane ainsi qu'on aurait pu s'y attendre, mais bien l'hydrocarbure triphénylique.

Notons ici qu'on n'est pas encore parvenu à préparer le tétraphénylméthane [Doebner, *Deutsch. chem. Gesellsch.*, 1879, p. 1464].

Préparation du triphénylméthane. — La réaction de Friedel et Crafts permet de préparer avec la plus grande facilité des quantités quelconques de cet hydrocarbure. Voici comment E. et O. Fischer prescrivent d'opérer [*Liebig's Ann. Chem.*, t. CXCIV, p. 252] :

On mélange 200 grammes de chloroforme et 700 grammes de benzine et on ajoute peu à peu du chlorure d'aluminium au mélange maintenu à la température ordinaire, de manière à avoir constamment un dégagement abondant d'acide chlorhydrique; au bout de 6 à 8 heures, il est nécessaire d'entretenir la réaction en chauffant à 60°. On continue à ajouter du chlorure d'aluminium jusqu'à cessation du dégagement d'acide chlorhydrique, ce qui exige environ 30 heures. Le liquide se sépare alors en deux couches; on verse le tout dans l'eau, en laissant la température s'élever jusque vers le point d'ébullition de la benzine. La benzine se sépare facilement de la couche aqueuse; on décante, on filtre et on rectifie dans une cornue en cuivre. La benzine ayant passé à la distillation, il se manifeste vers 200° un dégagement d'acide chlorhydrique provenant de la décomposition de chlorures complexes. La portion bouillant à 200-300° est constituée en majeure partie par du diphénylméthane. Au-dessus de 300° le triphénylméthane distille; le résidu est une masse rappelant l'asphalte. Le triphénylméthane brut est purifié par distillation et par cristallisation dans l'alcool.

700 grammes de chloroforme ont fourni ainsi 140 grammes de diphénylméthane et 200 grammes de triphénylméthane.

Le procédé indiqué récemment par Friedel et Crafts est beaucoup plus avantageux, car il fournit un meilleur rendement en triphénylméthane. On opère de la manière suivante [*Ann. Chim. Phys.*, (6) t. I, p. 41] :

On mélange 1100 grammes de benzine, 200 grammes de chloroforme et on ajoute en quatre ou cinq fois, pour éviter une réaction trop énergique, 200 grammes environ de chlorure d'aluminium. A la fin on chauffe la benzine à l'ébullition pendant 2 heures pour achever la réaction. En recueillant l'acide chlorhydrique, on constate qu'il s'en dégage environ 130 grammes au lieu de 183,4 grammes qui correspondent théoriquement à une réaction complète. Même en faisant bouillir pendant beaucoup plus longtemps, on ne parvient pas à chasser tout le chlore du chloroforme, et dans ce cas le chlorure d'aluminium réagit à son tour sur le triphénylméthane formé pour le décomposer. On verse le produit brut dans l'eau, on décante et l'on soumet à une série de distillations fractionnées.

En opérant ainsi qu'on vient d'indiquer, on obtient avec 700 grammes de chloroforme, 500 grammes de triphénylméthane et 120 grammes de diphénylméthane.

Propriétés. — Le triphénylméthane fond à 92° et bout à 358-359° sous la pression de 754 millimètres (Crafts). L'acide sulfurique fumant le transforme en dérivés sulfonés.

Le brome en présence de l'eau, ainsi que l'acide chromique, le transforment en triphénylcarbinol $(C^6H^5)^3OH$.

D'après Kölliker [*Liebig's Ann. Chem.*, t. CXXVIII, p. 254], le produit obtenu en bromant le triphénylméthane appartient à la série anthracénique; c'est de l'anthracène dibromé.

Le pentachlorure d'antimoine agit à 150-200° sur le triphénylméthane. Le produit final est un mélange de perchlorométhane CCl^4 et de perchlorobenzine CCl^6 [Merz et Weith, *Deutsch. chem. Gesellsch.*, 1883, p. 2876].

Action du chlorure d'aluminium sur le triphénylméthane. — Si on chauffe le triphénylméthane pendant 10 minutes environ à la température de 120° avec le tiers de son poids de chlorure d'aluminium, ce carbure est presque entièrement décomposé. Par distillation avec la vapeur d'eau, on isole de la benzine sans proportion appréciable de toluène. Le résidu est un hydrocarbure renfermant seulement des traces de chlore et ayant l'aspect de l'asphalte. Il se décompose entièrement à la distillation : le seul produit qu'on ait pu isoler est la benzine, qui s'est d'ailleurs formée en proportion notable.

Le triphénylméthane, chauffé pendant 10 heures environ à une température inférieure à celle de l'ébullition de la benzine avec 7 ½ fois son poids de benzine et avec son poids de chlorure d'aluminium, a fourni plus du tiers de son poids de diphénylméthane.

Il est probable que les rendements inférieurs en triphénylméthane indiqués par E. et O. Fischer sont dus à cette action décomposante du chlorure d'aluminium.

L'emploi d'un chlorure d'aluminium altéré par l'humidité de l'air diminue aussi notablement le rendement et favorise la destruction des hydrocarbures formés [Friedel et Crafts, *loc. cit.*].

II. — Dérivés du triphénylméthane renfermant les substituants reliés au carbone central.

Chlorure de triphénylméthane, $CCl(C^6H^5)^3$ [Friedel et Crafts, *Ann. Chim. Phys.*, (6), t. I, p. 497 ; — Hemilian, *Deutsch. chem. Gesellsch.*, 1878, p. 837 ; — E. et O. Fischer, *Liebig's Ann. Chem.*, t. CXCIV, p. 257]. — Il prend naissance à côté d'autres produits lorsqu'on fait agir le tétrachlorure de carbone sur la benzine en présence de chlorure d'aluminium.

On l'obtient également en faisant agir le trichlorure ou le pentachlorure de phosphore sur le triphénylcarbinol $(C^6H^5)^3C(OH)$. On chauffe légèrement du triphénylcarbinol avec du pentachlorure de phosphore; le produit de la réaction, liquide à chaud, est dissous dans 5 à 6 p. de ligroïne sèche; on filtre pour séparer le pentachlorure de phosphore et on évapore; on refroidit à 0°, le chlorure se dépose; on filtre rapidement et on exprime dans des doubles de papier joseph pour enlever l'oxychlorure de phosphore.

Le chlorure de triphénylméthane, soumis à la distillation sèche, subit une décomposition assez complexe qui commence à 250° ; il se forme principalement du triphénylméthane et du phényl-diphénylène-méthane,

$$C^6H^5\text{-}CH\left\langle\begin{array}{l}C^6H^4\\ |\\ C^6H^4.\end{array}\right.$$

Bromure de triphénylméthane, $(C^6H^5)^3CBr$ [Schwarz, *Deutsch. chem. Gesellsch.*, 1881, p. 1520]. — On expose à la lumière solaire un mélange en proportions moléculaires de brome et de triphénylméthane en dissolution dans 3 à 4 p. de CS^2. On purifie le produit obtenu en le dissolvant dans la benzine et en précipitant par la ligroïne. C'est un corps cristallin, fusible à 152° et se décomposant à 200° avec dégagement d'acide bromhydrique. Le sodium n'attaque pas une dissolution benzénique de bromure de triphénylméthane, même à l'ébullition.

Fondu avec du magnésium en poudre, il fournit du phénylène-diphénylméthane.

Traité par la benzine et le chlorure d'aluminium, il ne donne pas de tétraphénylméthane [Elbs, *Deutsch. chem. Gesellsch.*, 1884, p. 700].

Triphénylacétonitrile, $(C^6H^5)^3C.CAz$ [E. et O. Fischer, *Liebig's Ann. Chem.*, t. CXCIV, p. 258 ; — Elbs, *Deutsch. chem. Gesellsch.*, 1884, p. 700]. — On chauffe à 150-170° le chlorure de triphénylméthane avec un excès de cyanure de mercure. On épuise la masse par la benzine, on filtre et on ajoute de la ligroïne. Il se précipite d'abord des flocons bruns. Par évaporation de la liqueur, le nitrile se dépose à l'état de pureté, sous la forme de longs prismes, fusibles à 127,5°, solubles dans la benzine, peu solubles dans la ligroïne et distillant à une haute température sans se décomposer.

La potasse alcoolique transforme ce corps en un polymère, fusible à 210°.

Par réduction on peut le convertir en triphényléthylamine $(C^6H^5)^3C\text{-}CH^2\text{-}AzH^2$.

Sulfures de triphénylméthane [Elbs, *loc. cit.*]. — Le sulfhydrate et le sulfure de potassium réagissent facilement sur le bromure de triphénylméthane, en fournissant des corps bien cristallisés, renfermant du soufre, qui n'ont pas encore été décrits.

Sulfocyanate de triphénylméthane,

$$(C^6H^5)^3C(CSAz)$$

[Elbs, *loc. cit.*]. — Une dissolution de bromure de triphénylméthane dans le sulfure de carbone est mélangée avec une dissolution alcoolique de sulfocyanate d'ammonium. En évaporant le sulfure de carbone et en ajoutant beaucoup d'eau, il se précipite du sulfocyanate de triphénylméthane. Ce corps cristallise dans un mélange d'alcool et de chloroforme en prismes rougeâtres, doués de l'éclat adamantin et fusibles à 137°. Il présente une stabilité remarquable. Il distille sans décomposition; en faisant passer ses vapeurs sur du carbonate de sodium chauffé au rouge, on ne le décompose qu'en partie.

Triphénylcarbinol, $(C^6H^5)^3C(OH)$. — Ce corps se prépare en dissolvant 1 p. de triphénylméthane dans 5 p. d'acide acétique cristallisable et en ajoutant peu à peu à chaud de l'acide chromique jusqu'à ce qu'une prise d'essai précipitée par l'eau donne des cristaux infusibles dans l'eau bouillante [Fischer, *Deutsch. chem. Gesellsch.*, 1881, p. 1944].

Le triphénylcarbinol forme des cristaux monocliniques (Hemilian), rhomboédriques ou appartenant au type cubique, suivant qu'on les a fait cristalliser dans l'alcool ou dans la benzine, et fondant à 162° (Friedel et Crafts), bouillant sans se décomposer au-dessus de 360°.

Éther éthylique, $(C^6H^5)^3C(O.C^2H^5)$ [Hemilian, *Deutsch. chem. Gesellsch.*, 1874, p. 1206]. — On fait bouillir le chlorure avec de l'alcool. Cristaux peu nets, fusibles à 78° (79°, Friedel et Crafts).

Éther méthylique [Friedel et Crafts, *Ann. Chim. Phys.*, (6) t. Ier, p. 502]. — On fait réagir rapidement 30 grammes de chlorure d'aluminium sur un mélange de 30 grammes de perchlorure de carbone avec 200 grammes de benzine; puis on ajoute 7 grammes d'eau, on laisse reposer pendant 1 heure, et on ajoute peu à peu un excès d'alcool méthylique pur. On distille au bain-marie. Il reste un liquide noir qui, par le refroidissement, laisse déposer des cristaux. On les exprime et on les reprend par l'alcool méthylique avec addition d'un peu de noir animal. Par évaporation de l'alcool, il se dépose des produits liquides, qui finissent par se prendre en masse, tandis que dans la solution alcoolique surnageante il se forme des lamelles indistinctes, fusibles à 82° et constituées par l'éther méthylique du triphénylcarbinol, $(C^6H^5)^3C.OCH^3$.

Triphényl-amidométhane, $(C^6H^5)^3 \equiv C\text{-}AzH^2$. — Ce corps, isomère avec l'amidotriphénylméthane,

$$\begin{matrix}(C^6H^5)^2 \\ C^6H^4(AzH^2)\end{matrix} > CH,$$

a été étudié récemment par plusieurs auteurs [Nauen, *Deutsch. chem. Gesellsch.*, 1884, p. 442; — Elbs, *ibid.*, 1883, p. 1274; 1884, p. 700; — Hemilian et Silberstein, *ibid.*, 1884, p. 741]. On l'obtient aisément en soumettant à l'action de l'ammoniaque le bromure ou le chlorure de triphénylméthane. On dissout le bromure dans la benzine et on fait passer à travers le liquide chauffé un courant de gaz ammoniac. On sépare de temps en temps par filtration le bromure d'ammonium qui a pris naissance; lorsque l'action de l'ammoniaque ne produit plus de précipité, la réaction est achevée; le liquide est alors évaporé et le résidu épuisé par l'acide sulfurique étendu et bouillant; on précipite enfin par l'ammoniaque et on purifie la base par cristallisation dans l'alcool.

Le triphénylamidométhane cristallise en aiguilles brillantes, fusibles à 103°, insolubles dans l'eau, solubles dans l'alcool, l'éther, la benzine et l'éther de pétrole. Il se décompose par la distillation sèche.

L'acide nitreux le décompose avec dégagement d'azote et le transforme en triméthylcarbinol.

Chlorhydrate. — Il cristallise en petites aiguilles incolores, peu solubles, surtout dans l'acide chlorhydrique étendu. Traité par l'eau bouillante, il se scinde en carbinol et en chlorure d'ammonium.

Chloroplatinate. — Longues aiguilles ou lamelles d'un jaune d'or, renfermant 7 ½ H^2O, qui se scindent par la dessiccation en triphénylcarbinol et en chloroplatinate d'ammonium.

Nitrate. — Lamelles soyeuses, qui déflagrent lorsqu'on les chauffe.

Oxalate. — Il se forme lorsqu'on mélange des dissolutions éthérées d'acide oxalique et de triphénylméthylamine. Ce sel est peu soluble dans l'alcool, même à chaud. Il fond à 253°.

L'acide nitrique et l'acide sulfurique concentré décomposent l'amine en donnant du triphénylcarbinol et le sel d'ammonium correspondant à l'acide employé.

L'acide sulfurique fumant fournit un dérivé sulfoné qui n'a pas été décrit.

Triphénylacétylamidométhane,

$$(C^6H^5)^3 \equiv C\text{-}AzH.CO.CH^3.$$

On chauffe légèrement l'amine avec de l'anhydride acétique, on verse dans l'eau et on purifie par cristallisation dans l'alcool. On obtient de fines aiguilles incolores, solubles dans l'éther et dans le chloroforme, fusibles à 207-208°.

Par l'action de l'iode ou du brome sur la triphénylméthylamine, on obtient des produits d'addition peu stables, rappelant les periodures des alcaloïdes étudiés par Joergensen.

Une dissolution de l'amine dans le sulfure de carbone additionnée d'iode fournit un mélange de prismes rouges de plusieurs centimètres de longueur, ayant pour formule $(C^6H^5)^3CAzH^2I^2$, et de lamelles noires, plus instables, à odeur d'iode et répondant à la formule $[(C^6H^5)^3CAzH^2]^2I^5$.

Avec le brome, on obtient des cristaux rouges ayant pour formule $(C^6H^5)^3CAzH^2.Br^2$.

Triphényléthylamine, $(C^6H^5)^3C\text{-}CH^2.AzH^2$. — Ce corps se prépare par réduction du triphénylacétonitrile. Il forme des aiguilles fusibles à 116°, insolubles dans l'eau, peu solubles dans l'alcool froid, solubles dans l'éther.

Le *chlorhydrate* cristallise en aiguilles presque insolubles dans l'eau, solubles dans l'alcool, fusibles à 247°.

Le *chloroplatinate* se présente en aiguilles volumineuses, orangées [Elbs, *loc. cit.*].

Triphénylméthylamidométhane,

$$(C^6H^5)^3 \equiv C\text{-}AzH.CH^3.$$

— On le prépare comme le triphénylamidométhane en remplaçant l'ammoniaque par la méthylamine.

Il cristallise dans l'alcool ou dans la ligroïne en prismes fusibles à 73°, qui présentent la propriété de rester longtemps en surfusion.

Le *chlorhydrate* est peu soluble dans l'eau, soluble dans l'alcool. L'eau bouillante le décompose en triphénylcarbinol et en chlorhydrate de méthylamine.

Le *chloroplatinate* cristallise en prismes jaunes, qui renferment $6H^2O$.

L'iode fournit avec l'amine un produit d'addition, ayant pour formule $[(C^6H^5)^3C.AzH.CH^3]^2I^7$, et qui cristallise en aiguilles d'un bleu noir.

Triphényldiméthylamidométhane,

$$(C^6H^5)^3CAz(CH^3)^2.$$

— Obtenue au moyen du bromure de triphénylméthane et de la diméthylamine, cette base forme des cristaux fusibles à 97°, rappelant comme aspect le chlorure d'ammonium.

Le *chloroplatinate* est anhydre.

Par l'action de l'iode on obtient un produit d'addition, qui cristallise en aiguilles noires. Ce corps perd de l'iode à l'air et paraît avoir pour formule $[(C^6H^5)^3CAz(CH^3)^2]I^4$ (Hemilian et Silberstein).

Triphénylbenzylamidométhane,

$$(C^6H^5)^3 \equiv CAzH.C^7H^7$$

[Elbs, *Deutsch. chem. Gesellsch.*, 1884, p. 701]. — En faisant agir le chlorure de benzyle sur le triphénylamidométhane, on obtient le chlorhydrate de l'amine secondaire, sous la forme d'aiguilles incolores, fusibles à 249°, solubles dans l'alcool, peu solubles dans l'eau. Traité par l'ammoniaque en excès, ce corps fournit l'amine libre, qui cristallise en prismes fusibles à 110°, solubles dans l'alcool et dans l'éther.

Triphénylméthylaniline, $(C^6H^5)^3 \equiv C\text{-}AzH.C^6H^5$ [Elbs, Hemilian et Silberstein, *loc. cit.*]. — On chauffe dans un appareil à reflux une dissolution benzinique de bromure de triphénylméthane avec un excès d'aniline et on distille dans un courant de vapeur d'eau. Le résidu, formé d'une résine jaunâtre, est purifié par cristallisation dans l'éther ou dans l'alcool. On obtient ainsi des prismes incolores, fusibles à 146°.

Ce corps est doué de propriétés basiques faibles. Les sels sont très peu stables. La dissolution éthérée de l'amine, additionnée de nitrite d'amyle, fournit un *dérivé nitrosé*,

$$(C^6H^5)^3\text{-}CAz(AzO)C^6H^5,$$

qui, à l'état impur, se décompose rapidement et fait explosion à 90°. Pur, il fond à 156° en se décomposant. Chauffé brusquement, il déflagre à 150°. Le chlorure de platine transforme cette nitrosamine en *chloroplatinate de diazobenzol* et en *triphénylcarbinol*

En chauffant la nitrosamine avec de l'aniline en présence de chlorure de zinc, on obtient un corps basique, se présentant sous la forme d'une poudre bleue; le chlorhydrate, d'un vert métallique, est soluble dans l'eau en un rouge intense.

L'iode donne avec la triphénylméthylaniline des lamelles d'un brun jaune renfermant 51 °/₀ d'iode. L'argent n'enlève qu'une partie de l'élément halogène; il reste un produit de substitution iodé qui n'a pas été étudié.

Le brome en dissolution dans le sulfure de carbone scinde la triphénylméthylaniline en bromhydrate d'aniline dibromée et en triphénylcarbinol.

L'acide sulfurique concentré scinde la triphénylméthylaniline en triphénylcarbinol et en sulfate d'aniline.

En revanche, l'acide pyrosulfurique à une température de 60° fournit un *dérivé sulfoconjugué*, ayant pour formule $C^{25}H^{21}AzS^4O^{12}$. On obtient le *sel de baryum* à l'état de pureté en versant sa dissolution aqueuse dans l'alcool. Il se forme un précipité cristallin, ayant pour formule

$$C^{25}H^{17}Az(SO^3)^4Ba^2.$$

Les sels de cet acide sont généralement solubles dans l'eau (Elbs).

Triphénylméthylorthotoluidine,

$$(C^6H^5)^3C\text{-}AzH.C^6H^4.CH^3.$$

— On prépare ce corps comme le dérivé phénylé correspondant au moyen de l'orthotoluidine. Par cristallisation dans l'éther, on obtient des prismes fusibles à 142°; les sels sont très peu stables.

Triphénylméthylparatoluidine,

$$(C^6H^5)^3C\text{-}AzH.C^6H^4.CH^3.$$

— Cristaux fusibles à 177°. Ce corps, traité en dissolution éthérée par le nitrite d'amyle, fournit une nitrosamine, sous la forme de longs prismes, peu solubles dans les dissolvants usuels, fusibles à 145-148° en se décomposant. Il ne déflagre pas comme le dérivé phénylé correspondant.

DÉRIVÉS DU TRIPHÉNYLMÉTHANE RENFERMANT LES SUBSTITUANTS DANS LES NOYAUX BENZÉNIQUES.

Oxytriphénylméthanes.

Dioxytriphénylméthane,

$$CH(C^6H^5)(C^6H^4.OH)^2$$

[Dœbner, *Deutsch. chem. Gesellsch.*, 1879, p. 1464; — O. Fischer, *Liebig's Ann. Chem.*, t. CCVI, p. 102]. — En faisant agir le phénylchloroforme, $CCl^3.C^6H^5$, sur le phénol, on obtient de la benzaurine; ce corps est traité en dissolution alcoolique par le zinc et l'acide chlorhydrique; le produit de réduction est purifié par cristallisation dans l'alcool étendu.

Le dioxytriphénylméthane cristallise en aiguilles de plusieurs centimètres de longueur, fusibles à 161°, très peu solubles dans l'eau, solubles dans l'alcool et dans l'éther, ainsi que dans les alcalis.

Ce corps s'oxyde à l'air en se colorant en rouge. Le dichromate de potassium l'oxyde incomplètement; le ferrocyanure fournit un précipité rouge foncé, insoluble dans les alcalis.

Un second mode de formation du dioxytriphénylméthane consiste à faire agir les nitrites sur les sels du diamidotriphénylméthane (Fischer).

Dioxytriphénylcarbinol,

$$C(OH)(C^6H^4.OH)^2(C^6H^5)$$

(*Benzaurine*) [Dœbner, *Liebig's Ann. Chem.*, t. CCXVII, p. 223]. — On chauffe au bain-marie 1 molécule de phénylchloroforme avec 2 molécules de phénol. Il se dégage de l'acide chlorhydrique, et la masse se colore en rouge. Le produit brut, de couleur rouge, est soumis à un traitement à la vapeur d'eau, qui élimine les corps non entrés en réaction. Le résidu est traité par le bisulfite de sodium. La benzaurine se dissout en laissant une résine jaunâtre visqueuse; on additionne le liquide filtré d'acide chlorhydrique; on fait bouillir; il se dépose des croûtes cristallines rouges que l'on soumet à un nouveau traitement au bisulfite.

La benzaurine pure constitue une poudre cristalline d'un rouge brique, insoluble dans l'eau, soluble en jaune dans l'alcool, dans l'éther et dans l'acide acétique. On ne l'obtient pas en cristaux bien définis.

Acétylbenzaurine. — On chauffe pendant quelques heures à 100° de la benzaurine avec un excès d'anhydride acétique. On traite par l'eau bouillante et on purifie par cristallisation dans l'alcool étendu. On obtient le dérivé acétylé sous la forme de prismes incolores, fusibles à 119°, insolubles dans l'eau.

Les alcalis ne le saponifient qu'à la longue. En revanche, l'acide sulfurique concentré le décompose immédiatement.

Trioxytriphénylméthane. — Ce corps est le produit de réduction de l'aurine (voyez CORALLINE). Il a été préparé récemment par Elbs, en faisant agir la chloropicrine sur le phénol en présence de chlorure d'aluminium [*Deutsch. chem. Gesellsch.*, 1883, p. 1274].

Tétroxytriphénylméthane,

$$CH(C^6H^5)\left(C^6H^3 < \begin{matrix} OH_{(1)} \\ OH_{(3)} \end{matrix}\right)^2$$

[Dœbner, *loc. cit.*). — On réduit une dissolution alcoolique du carbinol correspondant (voyez ci-dessous) par le zinc en poudre et l'acide chlorhydrique jusqu'à décoloration; on évapore l'alcool, on lave le résidu à l'eau et on le dissout dans l'alcool bouillant; on additionne la solution alcoolique d'eau chaude jusqu'à trouble permanent. Par le refroidissement, la substance cristallise en longues aiguilles incolores, fusibles à 171°. Le tétroxytriphénylméthane se dissout dans les alcalis; ses dissolutions s'oxydent à l'air en se colorant et en régénérant le carbinol.

Tétroxytriphénylcarbinol,

$$C(OH)(C^6H^5)\left(C^6H^3 < \begin{matrix} OH \\ OH \end{matrix}\right)^2.$$

— On connaît un anhydride de ce corps, la *résorcine-benzéine*. Pour l'obtenir, on chauffe à 180-100° un mélange de 1 molécule de phényl chloroforme et de 2 molécules de résorcine. Il se dégage de l'acide chlorhydrique. On enlève l'excès de résorcine par un traitement à l'eau bouillante.

On dissout le résidu dans la soude caustique étendue, on filtre et on précipite par l'acide acétique. Le produit précipité est purifié par cristallisation dans un mélange d'alcool et d'acide acétique. On obtient des cristaux bien définis, jaunes à reflets rouge-violet, qui se décomposent à 200°. Ses dissolutions alcalines sont douées d'une magnifique fluorescence verte. La résorcine-benzéine est un anhydride du tétroxytriphényl-carbinol : sa formule est probablement la suivante :

$$C^6H^5.C(OH) \left< \begin{array}{l} C^6H^3(OH)^2 \\ C^6H^3 \left< \begin{array}{l} OH \\ O \end{array} \right. \end{array} \right.$$
$$C^6H^5.C(OH) \left< \begin{array}{l} C^6H^3 \left< OH \right. \\ C^6H^3(OH)^2. \end{array} \right.$$

Chauffée à 130°, elle perd 2 molécules d'eau.

Le brome en dissolution dans un mélange d'alcool et d'acide acétique agit sur la résorcine-benzéine en donnant un dérivé octobromé qui a pour formule $C^{38}H^{22}Br^8O^9$. Ce corps est très peu soluble dans les dissolvants usuels. Ses sels alcalins sont peu solubles dans l'eau. Ils teignent les fibres textiles à la manière de l'éosine.

Nitrotriphénylméthanes.

Trinitrotriphénylméthane [E. et O. Fischer, *Liebig's Ann. Chem.*, t. CXCIV, p. 254]. — On ajoute du triphénylméthane finement pulvérisé à un excès d'acide nitrique fumant, et on achève la dissolution en chauffant légèrement au bain-marie; on précipite par l'eau, on lave et on reprend par une petite quantité d'acide acétique cristallisable. Le résidu insoluble, qui forme une poudre cristalline jaune, est constitué par du trinitrotriphénylméthane, $CH(C^6H^4.AzO^2)^3$. On achève la purification par cristallisation dans la benzine. Il fond à 206-207°.

Trinitrotriphénylcarbinol,

$$C(OH)(C^6H^4.AzO^2)^3.$$

— On dissout le trinitrotriphénylméthane dans 50 p. d'acide acétique, on chauffe à 50° et on ajoute un excès d'acide chromique. On précipite par l'eau et on reprend par la benzine. On obtient ainsi des cristaux fusibles à 171-172°, peu solubles dans l'alcool, l'éther et le sulfure de carbone, plus solubles dans l'acide acétique et dans la benzine. On ne peut pas obtenir cette substance en nitrant directement le triphénylcarbinol.

Amidotriphénylméthanes.

Monoamidotriphénylméthane,

$$CH \left< \begin{array}{l} (C^6H^5)^2 \\ C^6H^4.AzH^2. \end{array} \right.$$

— On chauffe pendant 15 ou 20 heures à 150° du benzhydrol et du chlorhydrate d'aniline en présence de chlorure de zinc:

$$CH(OH)(C^6H^5)^2 + C^6H^5.AzH^2$$
$$= H^2O + CH(C^6H^5)^2(C^6H^4.AzH^2).$$

On traite par l'eau pour enlever le chlorure de zinc, on ajoute de l'acide sulfurique étendu et on reprend par l'éther qui dissout le benzhydrol inattaqué et d'autres impuretés. Le résidu, formé par le sulfate d'amidotriphénylméthane, est décomposé par la soude caustique à l'ébullition. Par cristallisation dans la benzine, on obtient des prismes ou des lamelles fusibles à 83-84°, constitués par la base libre.

L'amidotriphénylméthane est une base faible; le *chloroplatinate* est d'un jaune de soufre, peu soluble dans l'eau.

L'iodure de méthyle transforme l'amidotriphénylméthane en un dérivé diméthylé (Fischer).

Diméthylamidotriphénylméthane,

$$CH(C^6H^5)^2(C^6H^4Az \left< \begin{array}{l} CH^3 \\ CH^3 \end{array} \right.).$$

— On peut obtenir ce corps en faisant agir le benzhydrol sur la diméthylaniline en présence de chlorure de zinc [Fischer, *Liebig's Ann. Chem.*, t. CCVI, p. 113]. On chauffe le mélange pendant quelques heures à 150°; on fait bouillir avec de l'eau, on ajoute de la soude caustique et on épuise par l'éther. La dissolution éthérée est traitée par l'acide chlorhydrique concentré qui enlève la base; on précipite par la soude et on entraîne la diméthylaniline inattaquée par un courant de vapeur d'eau; le résidu est purifié par cristallisation dans l'alcool.

Le diméthylamidotriphénylméthane cristallise en prismes incolores, fusibles à 132°, solubles dans l'éther, la benzine et l'éther de pétrole, moins solubles dans l'alcool. Ce corps jouit de propriétés basiques faibles. Les sels sont peu stables. Traité par l'iodure de méthyle, il fournit un iodométhylate, $CH(C^6H^5)^2C^6H^4.Az(CH^3)^3I$, qui cristallise dans l'eau bouillante en lamelles incolores brillantes, fusibles à 184-185°.

Action des oxydants sur le diméthylamidotriphénylméthane. — Le bioxyde de manganèse en présence d'acide sulfurique étendu ou le chloranile ne donnent pas de réaction colorée. Or le tétraméthyldiamidotriphénylméthane fournit par ces réactifs une magnifique matière colorante verte. La présence de deux groupes amidés, au moins, dans la molécule du triphénylméthane paraît donc nécessaire pour déterminer la formation d'une matière colorante.

Diamidotriphénylméthane,

$$CH(C^6H^5)(C^6H^4AzH^2)^2.$$

— Ce corps se forme par condensation de l'aldéhyde benzoïque avec l'aniline. On peut employer comme agent de condensation du chlorure de zinc ou de l'acide chlorhydrique.

1. On fait bouillir pendant quelques heures, dans un appareil à reflux, 4 p. 1/2 d'aldéhyde benzoïque, 9 p. d'aniline et 10 p. d'acide chlorhydrique fumant; en ajoutant de l'eau, on voit se précipiter une certaine quantité d'impuretés sous la forme de résines; on filtre, on ajoute de la soude caustique et on purifie la base ainsi obtenue par cristallisation dans la benzine [Mazzara, *Gazz. chim. ital.*, t. XV, p. 50].

2. On chauffe au bain-marie 10 p. d'aldéhyde benzoïque, 28 p. de sulfate d'aniline et 20 p. de chlorure de zinc avec une petite quantité d'eau. On fait bouillir le produit de la réaction avec de l'acide sulfurique étendu jusqu'à disparition des dernières traces d'aldéhyde et on ajoute de l'eau; les résines se précipitent; la liqueur filtrée, traitée par l'ammoniaque, fournit la base libre [O. Fischer, *Deutsch. chem. Gesellsch.*, 1882, p. 676].

Le diamidotriphénylméthane cristallise dans la benzine en prismes incolores, qui renferment C^6H^6. Ces cristaux fondent à 105-106° en perdant de la benzine. Le corps à l'état de pureté fond à 139°.

Chloroplatinate, $C^{19}H^{18}Az^2.2HCl + PtCl^4$. — Flocons de couleur chair, solubles dans l'eau et dans l'alcool, peu solubles dans l'éther.

Par oxydation du diamidotriphénylméthane au moyen du chloranile en solution alcoolique, on obtient une matière colorante violette, constituée par un sel du carbinol correspondant.

Diamidotriphénylcarbinol,

$$C(OH)(C^6H^5)(C^6H^4.AzH^2)^2$$

[Dœbner, *Deutsch. chem. Gesellsch.*, 1882, p. 234]. — On chauffe pendant 3-4 heures à 180° 40 p. de chlorhydrate d'aniline, 45 p. de nitrobenzine, 40 p. de phénylchloroforme et 5 p. de limaille de fer. On verse dans l'eau bouillante et on élimine les produits volatils par distillation dans un courant de vapeur d'eau. La liqueur violette est additionnée d'acide chlorhydrique et filtrée, et le résidu épuisé à plusieurs reprises par l'eau bouillante. Par le refroidissement, le chlorhydrate de la matière colorante se sépare sous la forme de petits cristaux d'un bleu foncé, solubles dans l'eau bouillante en violet rouge. Ce corps est décomposé par un grand excès d'eau à l'ébullition. Il teint les fibres animales en un violet bleu peu intense.

Le diamidotriphénylcarbinol, obtenu en précipitant le chlorhydrate par les alcalis, forme des flocons bleus, solubles en violet dans l'alcool, et qui se déposent de leur solution alcoolique en petits cristaux jaunes, insolubles dans l'eau, solubles dans l'alcool, dans la benzine et dans les acides étendus en violet rouge. Il fond au-dessous de 100° en se transformant en une huile d'un bleu violet.

Réduit par la poudre de zinc et l'acide chlorhydrique, il se transforme en diamido-triphénylméthane.

Chauffé à 120° avec de l'iodure de méthyle en excès, il se transforme en iodométhylate de vert malachite.

Le chlorhydrate d'aniline à 180-200° le convertit en un dérivé diphénylique,

$$(C^6H^5)C(OH)(C^6H^4.AzH.C^6H^5)^2,$$

qui est une matière colorante d'un vert bleuâtre. Ce dernier corps s'obtient également en chauffant du phénylchloroforme et de la diphénylaniline en présence de chlorure de zinc.

Diamido-oxytriphénylméthane,

$$CH(C^6H^4.OH)(C^6H^4.AzH^2)^2.$$

— Ce corps a été préparé par Renouf en faisant agir l'aldéhyde salicylique sur le sulfate d'aniline en présence du chlorure de zinc. Il renferme donc le groupe OH en position ortho par rapport au carbone central [*Deutsch. chem. Gesellsch.*, 1883, p. 1307].

Voici comment il convient d'opérer : On chauffe à 110-120° pendant 30-40 heures 14 grammes de sulfate d'aniline avec 6 grammes d'aldéhyde salicylique et 10 grammes de chlorure de zinc. On dissout le produit de la réaction dans l'acide sulfurique étendu, on élimine l'aldéhyde inattaquée par distillation dans un courant de vapeur d'eau, puis on ajoute du carbonate de sodium et on entraîne l'aniline par un courant de vapeur d'eau. En épuisant par l'éther, on obtient une résine jaune qu'on purifie par cristallisation dans un mélange de benzine et de ligroïne. Les cristaux obtenus renferment 1 molécule de benzine de cristallisation.

La base, traitée par un grand excès d'anhydride acétique, fournit un *dérivé acétylé* qui cristallise en aiguilles rougeâtres.

Diamidométhoxytriphénylméthane,

$$CH(C^6H^4.OCH^3)(C^6H^4.AzH^2)^2$$

[Mazzara et Possetto, *Gazz. chim. ital.*, 1885, p. 57]. — On chauffe pendant quelques heures dans un appareil à reflux 50 grammes d'aldéhyde anisique, 45 grammes d'aniline et 100 grammes d'acide chlorhydrique concentré. On redissout le produit dans l'acide sulfurique étendu, on distille à la vapeur, on rend alcalin et on redistille; on élimine ainsi l'excès des corps non entrés en réaction; le résidu est redissous dans l'acide sulfurique étendu et additionné d'une grande quantité d'eau qui précipite les résines. En purifiant la base par cristallisation dans le toluène on obtient des cristaux renfermant 1 molécule de ce dissolvant et fusibles à 65°.

Le *chloroplatinate* est jaune et amorphe.

Diamidométanitrotriphénylméthane. — Voyez ROSANILINE, Suppl., p. 1399.

Diamidoparanitrotriphénylméthane,

$$CH(C^6H^4.AzO^2)(C^6.H^4AzH^2)^2$$

[Fischer, *Deutsch. chem. Gesellsch.*, 1880, p. 669 et 1882, p. 676]. — On chauffe au bain-marie 15 p. d'aldéhyde benzoïque nitrée, 28 p. de sulfate d'aniline et 20 p. de chlorure de zinc. On obtient des flocons d'un jaune citron, fusibles dans l'eau bouillante, solubles dans les acides. Par cristallisation dans le toluène, on obtient de magnifiques cristaux d'un rouge grenat, qui renferment 1 molécule de C^7H^8. Le chlorure ferreux à 170° transforme ce corps en pararosaniline.

Le *chlorhydrate* est soluble dans l'eau, peu soluble dans l'acide chlorhydrique concentré; il renferme 2 HCl.

Le *sulfate* cristallise dans l'alcool en aiguilles incolores.

Diamidodiméthoxynitrotriphénylméthane,

$$CH(C^6H^4.AzO^2)(C^6H^3.OCH^3.AzH^2)^2.$$

— On le prépare comme le corps précédent, en substituant à l'aniline l'ortho-anisidine. Ce composé fond dans l'eau bouillante en une huile épaisse rouge. Dans la benzine, il cristallise en magnifiques aiguilles d'un jaune d'or, fusibles à 107-108° et qui renferment 1 molécule de benzine.

Tétraméthyldiamidotriphénylméthane (leucobase du vert malachite),

$$CH(C^6H^5)\left(C^6H^4.Az\left<{CH^3 \atop CH^3}\right.\right)^2.$$

— La meilleure manière de préparer ce corps consiste à faire agir l'aldéhyde benzoïque sur la diméthylaniline en présence de chlorure de zinc [Fischer, *Liebig's Ann. Chem.*, t. CCVI, p. 122].

On chauffe dans une capsule un mélange de 10 p. d'aldéhyde benzoïque, 25 p. de diméthylaniline et 20-25 p. de chlorure de zinc. Il convient d'ajouter le chlorure de zinc peu à peu, sans chauffer, la réaction déterminant une forte élévation de température. Lorsqu'elle s'est calmée, on chauffe au bain-marie en agitant jusqu'à disparition de la presque totalité de l'aldéhyde. Il est bon d'ajouter vers la fin de l'opération une certaine quantité d'eau pour fluidifier la masse. On fait passer un violent courant de vapeur d'eau qui enlève la diméthylaniline et l'aldéhyde non entrées en réaction. La base formée se prend par le refroidissement en une masse cristalline, presque pure. On achève la purification en faisant cristalliser le produit dans l'alcool ou dans la benzine. Le rendement est théorique et la réaction, qui est des plus nettes, est exprimée par l'équation

$$C^6H^5.CHO + 2C^6H^5Az.(CH^3)^2 = H^2O + C^{23}H^{26}Az^2.$$

Le tétraméthyldiamidotriphénylméthane se forme encore lorsqu'on distille avec la baryte la diméthylanilinephtaline,

$$CH\begin{cases}C^6H^4.CO^2H\\C^6H^4.Az(CH^3)^2\\C^6H^4.Az(CH^3)^2\end{cases} = CO^2 + CH\begin{cases}C^6H^5\\C^6H^4.Az(CH^3)^2\\C^6H^4.Az(CH^3)^2\end{cases}$$

[O. Fischer, *Ann. Chem.*, t, CCVI, p. 102].

Le tétraméthyldiamidotriphénylméthane est soluble dans l'éther, la benzine et le toluène, moins soluble dans l'alcool, peu soluble dans l'éther de pétrole et insoluble dans l'eau. Il est trimorphe [Lehman, *Deutsch. chem. Gesellsch.*, 1879, p. 798]. On l'a obtenu en lamelles fusibles à 93-94° ou en aiguilles fusibles à 102°.

Le tétraméthyldiamidotriphénylméthane fonctionne comme base diacide et forme deux séries de sels. Il fixe directement 2 molécules d'iodure de méthyle. Par oxydation, il se transforme en vert malachite (voyez TRIPHÉNYLMÉTHANE, INDUSTRIE). Il distille sans décomposition lorsqu'on opère sur de petites quantités (2-3 grammes). Par l'action de l'acide nitrique, il fournit un dérivé hexanitré.

Dichlorhydrate. — On dissout la base dans une petite quantité d'acide chlorhydrique concentré, on ajoute de l'alcool et on additionne la liqueur d'éther jusqu'à trouble permanent. Au bout de quelque temps, il se sépare des aiguilles incolores de dichlorhydrate, très hygroscopiques, ayant pour formule $C^{23}H^{26}Az^2.2HCl$. Sa dissolution aqueuse, étendue d'eau, se trouble en laissant déposer le sel monacide.

Chloroplatinate, $C^{23}H^{26}Az^2.2HCl + PtCl^4$. — Cristaux d'un vert jaunâtre peu solubles dans l'eau.

Chloraurate, $C^{23}H^{26}Az^2.2HCl + 2AuCl^3$. — Précipité légèrement jaune, soluble dans l'alcool.

Picrate, $C^{23}H^{26}Az^2 + 2C^6H^2(AzO^2)^3OH$. — Aiguilles d'un vert jaunâtre, insolubles dans l'eau et dans l'éther, peu solubles dans l'alcool froid.

Iodométhylate, $C^{23}H^{26}Az^2.2CH^3I$. — On chauffe à 100° pendant quelques heures la base avec un excès d'iodure de méthyle. On distille l'iodure et l'alcool méthylique et on purifie le résidu par cristallisation dans l'eau. Il se sépare des lamelles ou des aiguilles incolores d'iodométhylate, fusibles à 218-222° en perdant de l'iodure de méthyle.

Tétraméthyldiamido-orthoxytriphénylméthane,

$$CH \begin{cases} C^6H^4.OH \\ C^6H^4.Az(CH^3)^2 \\ C^6H^4.Az(CH^3)^2 \end{cases}$$

[O. Fischer, *Deutsch. chem. Gesellsch.*, 1881, p. 2528]. — Le dérivé ortho s'obtient en chauffant pendant 7-8 heures au bain-marie 10 p. d'aldéhyde salicylique avec 22-25 p. de diméthylaniline et 20 p. de chlorure de zinc. On fait passer un courant de vapeur d'eau pour chasser les corps non entrés en réaction et on purifie le résidu par cristallisation dans l'alcool bouillant. On obtient ainsi des aiguilles insolubles dans l'eau, solubles dans la benzine et dans l'alcool éthylique, très peu solubles dans la ligroïne, fusibles à 127-128°. Ce corps jouit à la fois des propriétés d'un phénol et d'une base. Oxydé par le peroxyde de plomb, il fournit une matière colorante verte à nuance plus jaune que celle du vert malachite.

Dérivé acétylé. — Lamelles incolores irisées, fusibles à 144°.

Tétraméthyldiamidoparoxytriphénylméthane. — On le prépare d'une manière analogue au corps de l'ortho série. Il cristallise dans l'alcool en cristaux fusibles à 163°. Son *dérivé acétylé* cristallise en prismes incolores, fusibles à 146°.

Une dissolution alcoolique de la base, oxydée par le chloranile, fournit une liqueur d'un rouge violacé, virant au vert sous l'influence des alcalis.

Dérivés nitrés du tétraméthyldiamidotriphénylméthane.

Dérivé orthonitré,

$$CH(C^6H^4.AzO^2)(C^6H^4.AzC^2H^6)^2.$$

— On condense l'aldéhyde benzoïque orthonitrée, $C^6H^4(AzO^2)_{(2)}(CHO)_{(1)}$, avec la diméthylaniline en présence de chlorure de zinc, en opérant comme pour le dérivé para correspondant (voyez plus loin). On obtient par cristallisation dans l'alcool des prismes d'un jaune d'or, fusibles à 155°. Par oxydation, on obtient un vert à nuance très bleue.

Dérivé métanitré. — Ce corps cristallise dans l'alcool en prismes jaunes, dans la benzine en aiguilles d'un jaune d'or peu solubles dans l'éther, l'alcool et la ligroïne, solubles dans la benzine et fusibles à 152°.

Dérivé paranitré. — On chauffe au bain-marie 1 molécule d'aldéhyde benzoïque paranitrée avec 2 molécules de diméthylaniline en présence de chlorure de zinc. On épuise la masse successivement par l'eau bouillante et par l'acide chlorhydrique étendu. Le résidu est purifié par cristallisation dans le toluène. On obtient de belles lamelles d'un jaune d'or, fusibles à 176-177°. Ce corps, chauffé à 100° avec de l'iodure de méthyle et de l'alcool méthylique, fournit un iodométhylate, qui cristallise dans l'eau bouillante en petites aiguilles jaunâtres, fusibles à 220° en perdant de l'iodure de méthyle [Fischer, *Deutsch. chem. Gesellsch.*, 1879, p. 796; 1881, p. 2526 et 1882, p. 682].

En nitrant directement le tétraméthyldiamidotriphénylméthane, Fischer a obtenu un dérivé *hexanitré* [*Liebig's Ann. Chem.*, t. CCVI, p. 128].

Voici comment il convient d'opérer : On dissout le corps à froid dans de l'acide nitrique, D = 1,4, fortement chargé de vapeurs nitreuses. Au bout de quelques minutes, on verse dans l'eau, on filtre, on lave et on purifie par cristallisation dans l'acide acétique. On obtient ainsi de longues aiguilles d'un jaune d'or, fusibles à 200° en se décomposant, et déflagrant fortement lorsqu'on les chauffe brusquement.

Tétraméthyldiamidotriphénylcarbinol et dérivés.

Les sels du tétraméthyldiamidotriphénylcarbinol sont depuis quelque temps dans le commerce et sont connus sous les noms de *vert malachite, vert à l'essence, vert acide*, etc. Ils ont été également étudiés au point de vue scientifique par plusieurs auteurs [Doebner, *Deutsch. chem. Gesellsch.*, 1878, p. 1236 et 2274; 1880, p. 2225; — E. et O. Fischer, *ibid.*, 1878, p. 950; 1879, p. 796; 1881, p. 2520].

Tétraméthyldiamidotriphénylcarbinol,

$$C(OH)(C^6H^5)\left(C^6H^4.Az < {CH^3 \atop CH^3}\right)^2$$

On précipite le vert malachite par un alcali et on purifie la base obtenue par cristallisation dans l'éther de pétrole. On obtient ainsi des aiguilles ou des lamelles incolores, qui se ramollissent à 126° et fondent complètement à 130°. A une température plus élevée, il y a décomposition. La base se dissout dans les acides en donnant des liqueurs presque incolores; en chauffant, la couleur se développe et on obtient du vert. Par des cristallisations répétées dans l'alcool, on remarque la formation d'un *éther*, ayant pour formule

$$C(OC^2H^5)(C^6H^5)\left(C^6H^4.Az < {CH^3 \atop CH^3}\right)^2$$

La base du vert malachite présente donc une grande tendance à l'éthérification. Cet éther éthylique se forme quantitativement lorsqu'on chauffe en vase clos à 110-120° la base avec de l'alcool éthylique. Il fond à 162°.

Le carbinol résiste à l'eau à une température de 200°.

L'acide chlorhydrique à 250° fournit entre autres produits de la *benzoyldiméthylaniline*,

$$C^6H^5.CO.C^6H^4.Az(CH^3)^2.$$

L'iodure de méthyle fournit un *iodométhylate*, fusible à 171-172°, qui a pour formule

$$C^6H^5.C(OH)\left(C^6H^4.Az < {CH^3 \atop CH^3}\right)^2 + 2CH^3I.$$

Sels du tétraméthyldiamidotriphénylcarbinol (verts du commerce).

Sulfate. — Il cristallise en magnifiques prismes à reflets de cantharides ou en formes plus compliquées. Les premiers cristaux renferment H^2O, les autres sont anhydres. Ils se dissolvent facilement dans l'eau.

Picrate. — Insoluble dans l'eau et doué d'un éclat bronzé. Renferme 2 molécules d'acide picrique.

Chlorozincate, $C^{23}H^{24}Az^2 + ZnCl^2 + H^2O$. — Belles lamelles ou aiguilles solubles dans l'eau.

Oxalate. — Larges lamelles vertes, solubles dans l'eau et dans l'alcool.

Acide sulfoné du vert malachite. — On chauffe légèrement le vert avec de l'acide sulfurique ordinaire, on neutralise et on évapore. Le sel sodique du dérivé parasulfoné qui a pris naissance est purifié par cristallisation dans l'eau.

L'acide libre cristallise en aiguilles vertes à reflets d'un brun rouge, peu solubles dans l'eau froide, plus solubles à chaud.

Sel de magnésium. — Il cristallise en aiguilles incolores renfermant $4H^2O$.

Sel de calcium. — Aiguilles incolores renfermant $3H^2O$ [Doebner, *Deutsch. chem. Gesellsch.*, 1880, p. 2225].

Dérivés nitrés du tétraméthyldiamidotriphénylcarbinol. — Une dissolution acétique de ce corps, traitée par l'acide nitrique, fournit une substance jaune, neutre et qui paraît renfermer $6AzO^2$ (Doebner).

En oxydant les deux bases nitrées correspondantes par le peroxyde de plomb en liqueur acide, on obtient les dérivés nitrés du vert malachite. Les verts obtenus au moyen des aldéhydes benzoïques méta- et paranitrées se ressemblent beaucoup; ils sont d'une nuance plus jaune que le vert malachite. En revanche, le vert orthonitré possède une nuance plus bleue.

Tétréthyldiamidotriphénylméthane,

$$CH \left\langle \begin{array}{l} C^6H^4Az(C^2H^5)^2 \\ C^6H^4Az(C^2H^5)^2 \\ C^6H^5 \end{array} \right.$$

[Doebner, *Liebig's Ann. Chem.*, t. CCXVII, p. 230]. — On peut obtenir cette base par l'union de l'aldéhyde benzoïque avec la diéthylaniline, en opérant comme pour le dérivé tétraméthylé correspondant (Fischer). Elle se forme également en réduisant le produit de l'action du phénylchloroforme sur la diéthylaniline.

Elle cristallise en aiguilles fusibles à 62°.

Tétréthyldiamidotriphénylcarbinol. — Les sels de ce corps sont connus dans le commerce sous le nom de ***vert brillant***. Ils teignent les fibres en nuances beaucoup plus jaunes que le dérivé méthylique (vert malachite).

Le *sulfate* forme des cristaux très solubles dans l'eau et ressemblant à de l'or mussif.

Dérivés triamidés du triphénylméthane. — Ces corps constituent une série des plus importantes au point de vue des applications à l'industrie des matières colorantes.

On a rattaché à cette série la fuchsine (triamidotriphénylcarbinol), les violets Hofmann, les violets de Paris (penta- et hexaméthyltriamidotriphénylméthane), le vert méthyle, etc.

Le paratriamidotriphénylméthane a été décrit à l'article ROSANILINE.

Tétraméthyltriamidotriphénylméthane,

$$CH(C^6H^4.AzH^2)\left(C^6H^4.Az < \begin{array}{l} CH^3 \\ CH^3 \end{array}\right)^2$$

[O. Fischer, *Deutsch. chem. Gesellsch.*, 1882, p. 682]. — On l'obtient en réduisant le produit de condensation de l'aldéhyde benzoïque orthonitrée avec la diméthylaniline par le zinc et l'acide chlorhydrique. La base obtenue, purifiée par cristallisation dans un mélange de benzine et de ligroïne, cristallise en prismes magnifiques, fusibles à 126°. Par oxydation, elle fournit une matière colorante d'un brun rouge.

On a également préparé les dérivés renfermant le groupe amidogène dans la position para ou méta par rapport au carbone central. Le premier est identique avec la tétraméthylparaleucaniline, le second fournit, par oxydation, un vert.

Dérivés méthylés de la paraleucaniline. — *Tétraméthylparaleucaniline*,

$$CH(C^6H^4.AzH^2)\left(C^6H^4.Az < \begin{array}{l} CH^3 \\ CH^3 \end{array}\right)^2$$

— On réduit le nitrotétraméthyldiamidotriphénylméthane par le zinc en poudre et l'acide chlorhydrique. On ajoute un excès d'ammoniaque, on lave et on redissout la base obtenue dans la la benzine. Par addition d'éther de pétrole il se précipite d'abord des résines; par un long repos il se dépose des rosettes douées d'éclat adamantin, fusibles à 151-152°, qu'on purifie par cristallisation dans l'alcool.

Oxydée par le peroxyde de plomb, cette base fournit un violet à nuance rouge qui doit être envisagé comme un sel de la *tétraméthylpararosaniline*.

Acétyltétraméthylparaleucaniline,

$$CH\left(C^6H^4.Az < \begin{array}{l} CH^3 \\ CH^3 \end{array}\right)^2(C^6H^4.AzH.C^2H^3O)$$

[Fischer et German, *Deutsch. chem. Gesellsch.*, 1883, p. 706]. — En faisant bouillir la base avec de l'anhydride acétique, et en purifiant le corps ainsi formé par des cristallisations dans l'alcool étendu, on obtient des aiguilles fusibles à 108°, constituées par le dérivé acétylique. Ce corps, oxydé par le peroxyde de plomb, fournit une matière colorante verte, ayant pour formule

$$C(OH) \left\langle \begin{array}{l} C^6H^4.AzH.C^2H^3O \\ C^6H^4.Az(CH^3)^2 \\ C^6H^4.Az(CH^3)^2. \end{array} \right.$$

Sous l'influence de l'acide chlorhydrique concentré, le groupe acétyle est éliminé et il se forme de la pararosaniline tétraméthylée violette.

Pentaméthylparaleucaniline,

$$CH \left\langle \begin{array}{l} C^6H^4.AzH.CH^3 \\ C^6H^4.(CH^3)^2 \\ C^6H^4.(CH^3)^2 \end{array} \right.$$

[Fischer et Kœrner, *Deutsch. chem. Gesellsch.*, 1883, p. 2904]. — Le violet de Paris est un mélange à proportions variables de penta- et d'hexaméthylpararosaniline, cette dernière dominant dans le mélange. Pour isoler le dérivé pentaméthylé, on met à profit sa propriété de former un dérivé acétylique. Voici comment il convient d'opérer :

On chauffe au bain-marie le violet de Paris avec un excès d'anhydride acétique et d'acétate de sodium. Au bout de quelques heures, on dissout le tout dans l'eau et on précipite par le sel marin et le chlorure de zinc.

Le précipité est redissous dans l'eau et soumis à la précipitation fractionnée au moyen du sel marin. Il se sépare d'abord du violet ; la liqueur verte est précipitée par un alcali et le produit purifié par cristallisation dans l'alcool. Ce corps est un dérivé diacétylique qui a pour formule

$$C^2H^3O.OC \left\langle \begin{array}{l} C^6H^4Az < \begin{array}{l} CH^3 \\ CH^3 \end{array} \\ C^6H^4Az < \begin{array}{l} CH^3 \\ CH^3 \end{array} \\ C^6H^4Az < \begin{array}{l} CH^3 \\ C^2H^3O \end{array} \end{array} \right.$$

Il fond à 223-225°. Il est d'un vert jaune magnifique, mais malheureusement trop instable pour pouvoir être utilisé industriellement. Traité par le zinc et l'acide acétique, il fournit l'*acétylpentaméthylparaleucaniline*,

$$CH(C^6H^4.Az < \begin{matrix} CH^3 \\ CH^3 \end{matrix})^2 (C^6H^4.Az < \begin{matrix} CH^3 \\ C^2H^3O \end{matrix})$$

Ce corps cristallise dans l'alcool absolu en cristaux fusibles à 142-143° et dans l'alcool étendu en cristaux fusibles à 128°.

Enfin, par l'action de l'acide chlorhydrique concentré et bouillant sur cette substance, on obtient la pentaméthylparaleucaniline. Ce dérivé cristallise dans l'alcool en magnifiques aiguilles, fusibles à 115-116°. Par oxydation, on obtient un violet notablement plus bleu que le dérivé tétraméthylé décrit plus haut.

Bromopentaméthylrosaniline, $C^{24}H^{28}BrAz^3O$ [Brunner et Brandenburg, *Deutsch. chem. Gesellsch.*, 1877, p. 1845 et 1878, p. 967]. — On l'obtient en chauffant à 120° du brome avec de la diméthylaniline. Il se forme un bromhydrate, qui renferme 3 HBr. C'est une masse bronzée d'un bleu foncé, déliquescente, très soluble dans l'eau et dans l'alcool en violet bleu.

Hexaméthylparaleucaniline,

$$CH(C^6H^4.Az < \begin{matrix} CH^3 \\ CH^3 \end{matrix})^3$$

[Fischer, *Deutsch. chem. Gesellsch.*, 1878, p. 2095; 1883, p. 706 et 2904; 1884, p. 98; — Wichelhaus, *ibid.*, 1883, p. 2005 et 1886, p. 107; — Hofmann, *ibid.*, 1885, p. 767]. — Ce corps s'obtient en faisant agir le formiate d'éthyle $CH(OC^2H^5)^3$ sur la diméthylaniline en présence du chlorure de zinc :

$$CH(OC^2H^5)^3 + 3\ C^6H^5.Az(CH^3)^2$$
$$= 3\ C^2H^5.OH + CH(C^6H^4.Az < \begin{matrix} CH^3 \\ CH^3 \end{matrix})^3$$

Le chloranile, en agissant sur la diméthylaniline, donne le carbinol correspondant à ce corps en même temps que le dérivé pentaméthylé. En faisant agir l'oxychlorure de carbone sur la diméthylaniline, on obtient une acétone, la tétraméthyldiamidobenzophénone,

$$CO(C^6H^4.Az < \begin{matrix} CH^3 \\ CH^3 \end{matrix})^2$$

Ce corps, tranformé en benzhydrol ou alcool secondaire correspondant

$$CH.OH[C^6H^4Az(CH^3)^2]^2$$

et uni à une troisième molécule de diméthylaniline sous l'influence d'agents de condensation, donne également de l'hexaméthylparaleucaniline (voyez TRIPHÉNYLMÉTHANE, INDUSTRIE). Le corps obtenu par E. et O. Fischer par l'action du chloral sur la diméthylaniline paraît appartenir à la série de l'éthane. Lorsqu'on l'oxyde, il fournit un violet avec élimination d'aldéhyde formique.

Le procédé le plus commode pour préparer l'hexaméthylparaleucaniline consiste à réduire le violet cristallisé hexaméthylique du commerce.

La préparation au moyen de l'orthoformiate d'éthyle $CH(OC^2H^5)^3$ fournit également de fort bons résultats. Voici comment il convient d'opérer :

On chauffe au bain-marie pendant quelques heures 1 p. d'éther orthoformique et 3-4 p. de diméthylaniline en ajoutant peu à peu 2 p. de chlorure de zinc. On fait passer à travers la masse un courant de vapeur d'eau, on redissout le résidu dans l'acide chlorhydrique, on filtre et on précipite par l'ammoniaque. La base obtenue est presque pure. Par cristallisation dans l'alcool, on obtient le produit sous la forme de magnifiques lamelles argentines chimiquement pures et fusibles à 173°.

Par oxydation, elle fournit l'hexaméthyltriamidotriphénylcarbinol, dont les sels constituent de magnifiques matières colorantes violettes. La base fond à 190°.

Par l'action du chloroformiate de méthyle sur la diméthylaniline en présence du chlorure de zinc ou mieux du chlorure d'aluminium, on obtient le chlorhydrate du violet hexaméthylé

$$C^{19}H^{12}(CH^3)^6Az^3Cl$$

(Hofmann).

Ces réactions sont utilisées dans l'industrie des matières colorantes pour la préparation des violets connus sous le nom de *violets cristallisés*.

Le chlorure de l'hexaméthyltriamidotriphénylcarbinol, soumis à une ébullition prolongée (200 heures) avec de l'acide chlorhydrique concentré, se scinde en tétraméthyldiamidobenzophénone et en diméthylaniline :

$$CCl \begin{cases} C^6H^4Az(CH^3)^2 \\ C^6H^4Az(CH^3)^2 \\ C^6H^4Az(CH^3)^2 \end{cases} + H^2O = HCl$$
$$+ C^6H^5Az(CH^3)^2 + CO < \begin{matrix} C^6H^4Az(CH^3)^2 \\ C^6H^4Az(CH^3)^2. \end{matrix}$$

Cette réaction est inverse de celle qui donne naissance aux violets au moyen de l'oxychlorure de carbone.

Dans les mêmes circonstances, la rosaniline ordinaire se scinde en diamidobenzophénone et en orthotoluidine; la pararosaniline fournit de l'aniline et de la diamidobenzophénone [Wichelhaus, *Deutsch. chem. Gesellsch.*, 1886, p. 107].

HOMOLOGUES DU TRIPHÉNYLMÉTHANE ET DÉRIVÉS.

Méthyltriphénylméthanes. — Les trois méthyltriphénylméthanes prévus par la théorie sont connus.

Orthométhyltriphénylméthane,

$$(C^6H^5)^2CH_{(1)}.C^6H^4.CH^3_{(2)}.$$

— C'est l'hydrocarbure fondamental de la rosaniline ordinaire. Il fond à 59-59,5° (voyez ROSANILINE).

Métaméthyltriphénylméthane,

$$(C^6H^5)^2CH_{(3)}C^6H^4.CH^3_{(3)}$$

[Hemilian, *Deutsch. chem. Gesellsch.*, 1883, p. 2363]. — En traitant le paraxylène par le benzhydrol en présence d'anhydride phosphorique, on obtient du diphénylparaxylylméthane,

$$(C^6H^5)^2CH_{(2)}\text{-}C^6H^3 < \begin{matrix} CH^3\ (1) \\ CH^3\ (4) \end{matrix}$$

(voyez plus loin diméthyltriphénylméthane). Cet hydrocarbure, oxydé par le dichromate de potassium et l'acide sulfurique, fournit entre autres produits de la méthyldiphénylphtalide,

$$(C^6H^5)C < \begin{matrix} O \\ C^6H^3 \end{matrix} > CO \quad \backslash CH^3.$$

Cette dernière est transformée par la soude alcoolique et la poudre de zinc successivement en *acide méthyltriphénylcarbinolorthocarbonique* et en *acide méthyltriphénylméthanecarbonique*.

Métaméthyltriphénylméthane. — Le sel de baryum de cet acide, distillé avec de la baryte, fournit l'hydrocarbure cherché. Il cristallise dans l'alcool en aiguilles fusibles à 62°, bouillant au-dessus de 300°, solubles dans l'alcool, l'éther, la benzine et l'acide acétique. Les dissolutions étendues présentent une fluorescence bleu intense. Cet hydrocarbure présente la singulière propriété d'émettre une lumière bleue intense lorsqu'on le broie dans l'obscurité. Le brome le transforme en produits amorphes, peu caractéristiques, l'acide sulfurique en dérivés sulfonés solubles dans l'eau. L'acide nitrique fumant le dissout facilement à froid; l'eau précipite un dérivé nitré qui fournit par oxydation au moyen de l'acide chromique un carbinol nitré.

Ce dernier, soumis à une réduction ménagée, donne une matière colorante d'un rouge-fuchsine qui doit être isomérique avec la fuchsine ordinaire dérivant de l'orthométhyltriphénylméthane (voyez Rosaniline).

L'hydrocarbure, soumis à une ébullition prolongée avec le mélange d'acide chromique et d'acide sulfurique étendu, fournit de l'*acide triphénylcarbinol-carbonique*,

$$(C^6H^5)^2 = C \begin{cases} OH \\ C^6H^4.CO^2H. \end{cases}$$

Paraméthyltriphénylméthane [Fischer, *Liebig's Ann. Chem.*, t. CXCIV, p. 268],

$$C^6H^5\text{-}CH_{(1)} \begin{cases} C^6H^5 \\ C^6H^4.CH^3{}_{(4)}. \end{cases}$$

La phénylparacrésylacétone,

$$C^6H^5\text{-}CO_{(4)}\text{-}C^6H^4.CH^3{}_{(1)},$$

réduite par l'amalgame de sodium en solution alcoolique, fournit le carbinol correspondant,

$$C^6H^5\text{-}CH(OH)\text{-}C^6H^4.CH^3,$$

fusible à 52-53°. Ce dernier, chauffé avec un excès de benzine et avec de l'anhydride phosphorique pendant quelques heures à 130-150°, se transforme en paraméthyltriphénylméthane. Cet hydrocarbure est obtenu à l'état de pureté par des cristallisations répétées dans l'alcool méthylique. Il cristallise en prismes fusibles à 71° et distillant sans décomposition au-dessus de 360°. Il est soluble dans les dissolvants usuels, la ligroïne exceptée.

Diméthyltriphénylméthanes.

I. *Paradiméthyltriphénylméthane*,

$$(C^6H^5)^2CH_{(2)}\text{-}C^6H^3(CH^3)^2{}_{(1,4)}$$

[Hemilian, *Deutsch. chem. Gesellsch.*, 1883, p. 2360]. — On dissout le benzhydrol

$$\begin{matrix} C^6H^5 \\ C^6H^5 \end{matrix} > CH.OH$$

dans un excès de paraxylène, on ajoute de l'anhydride sulfurique et on chauffe au bain d'huile pendant 4 heures. On ajoute de l'eau, de la soude caustique, on décante l'huile et on rectifie. Ce qui passe au-dessus de 360° renferme l'hydrocarbure cherché. On achève la purification par des cristallisations répétées dans un mélange d'alcool et d'éther. On obtient des cristaux prismatiques, fusibles à 92°, solubles dans l'alcool, l'éther et la benzine. Traité par l'acide nitrique fumant, ce corps fournit par addition d'eau des flocons blancs qui, traités successivement par l'acide chromique et par le zinc en poudre, donnent une coloration rouge analogue à celle de la fuchsine. Cet hydrocarbure se comporte donc, à ce point de vue, comme le triphénylméthane.

II. *Diméthyltriphénylméthane* [Thörner et Zincke, *Deutsch. chem. Geselsch.*, 1878, p. 70]. — On chauffe à 300° de la β-phénylcrésylpinacoline $(CH^3.C^6H^4)^2C(C^6H^5)(CO.C^6H^5)$ avec de la chaux sodée. La réaction est exprimée par l'équation

$$C^{28}H^{24}O + NaOH = C^{21}H^{20} + C^6H^5.CO^2Na.$$

L'hydrocarbure cristallise en prismes fusibles à 55-56°, solubles dans la benzine, l'éther, le chloroforme et le sulfure de carbone, moins solubles dans l'alcool, l'acide acétique et la ligroïne.

Diamidodiméthyltriphénylméthane,

$$C^6H^5\text{-}CH \begin{cases} C^6H^3(CH^3)_{(1)}(AzH^2)_{(4)} \\ C^6H^3(CH^3)_{(1)}(AzH^2)_{(4)} \end{cases}$$

[Ullmann, *Deutsch. chem. Gesellsch.*, 1885, p. 2094]. — On chauffe pendant quelques heures à 120° un mélange en proportions moléculaires de paratoluidine, de chlorhydrate de paratoluidine, et d'aldéhyde benzoïque.

On purifie le produit de la réaction par cristallisation dans un mélange de benzine et de ligroïne. On obtient des aiguilles ayant pour formule $2C^{21}H^{22}Az^2 + C^6H^6$. Vers 120° la benzine est éliminée et le corps fond à 185°. Il forme un chloroplatinate jaune cristallin peu soluble.

Ce dérivé amidé ne donne pas de réaction colorée avec le chloranile.

On a préparé un composé isomérique en partant de l'orthotoluidine. Ce corps est transformé en une matière colorante d'un vert bleuâtre par oxydation au moyen du chloranile.

Nitrodiamidodiméthyltriphénylméthane,

$$C^6H^4(AzO^2)\text{—}CH \begin{cases} C^6H^3(CH^3)_{(1)}(AzH^2)_{(2)} \\ C^6H^3(CH^3)_{(1)}(AzH^2)_{(2)} \end{cases}$$

[O. Fischer, *Deutsch. chem. Gesellsch.*, 1882, p. 676]. — On chauffe au bain-marie un mélange en proportions moléculaires de sulfate d'orthotoluidine et d'aldéhyde benzoïque paranitrée, en présence de chlorure de zinc. On opère comme pour le dérivé correspondant de l'aniline. La condensation s'effectue toutefois beaucoup plus facilement que dans ce dernier cas. Le produit obtenu ne fond pas dans l'eau bouillante et cristallise plus difficilement que le dérivé anilique.

Tétraméthyldiamidodiméthyltriphénylméthane,

$$C^6H^5\text{-}CH \begin{cases} C^6H^3(CH^3)\left(Az \begin{cases} CH^3 \\ CH^3 \end{cases}\right) \\ C^6H^3(CH^3)\left(Az \begin{cases} CH^3 \\ CH^3 \end{cases}\right) \end{cases}$$

[O. Fischer, *Deutsch. chem. Gesellsch.*, 1880, p. 807]. — On a étudié l'action de l'aldéhyde benzoïque et du chlorure de zinc sur les trois diméthyltoluidines isomériques. La condensation n'a pu être effectuée avec la diméthylparatoluidine. La diméthylorthotoluidine a fourni une petite quantité d'un produit qui n'a pas été étudié. On s'est borné à constater qu'il ne donne pas de matière colorante sous l'influence des oxydants.

En revanche, la combinaison s'effectue très facilement avec la diméthylmétatoluidine.

On chauffe pendant quelques heures à 120-130°, en agitant, 5 p. de diméthylmétatoluidine et 2 p. d'aldéhyde benzoïque. On élimine les corps non entrés en réaction à l'aide d'un courant de vapeur d'eau, on précipite par l'ammoniaque et on purifie par cristallisation dans l'alcool. On obtient de beaux prismes fusibles à 109°, insolubles dans l'eau, solubles dans les dissolvants usuels et dans les acides minéraux étendus.

L'acétate de sodium précipite la base de ses sels. Ce produit, soumis à l'oxydation, ne fournit pas de matière colorante.

Tétraméthyldiamidopropyltriphénylméthane,

$$C^3H^7\text{-}C^6H^4\text{-}CH \begin{cases} C^6H^4\text{-}Az \begin{cases} CH^3 \\ CH^3 \end{cases} \\ C^6H^4\text{-}Az \begin{cases} CH^3 \\ CH^3 \end{cases} \end{cases}$$

[Fischer, *Deutsch. chem. Gesellsch.*, 1879, p. 1688; Ziegler, *Deutsch. chem. Gesellsch.*, 1880, p. 786]. — On chauffe pendant quelques jours à 120° du cuminol $C^3H^7.C^6H^4.CHO$ avec de la diméthylaniline en présence de chlorure de zinc.

On isole la base en opérant comme pour le produit dérivé de la diméthylaniline. On obtient par cristallisation dans l'alcool de longues aiguilles incolores, fusibles à 118-119°. Par oxydation, cette base fournit un vert présentant la nuance du vert malachite.

Chlorhydrate. — On précipite par l'acide chlorhydrique gazeux la dissolution éthérée de la base. Il forme une poudre blanche cristalline hygroscopique.

Picrate, $C^{26}H^{32}Az^2 + 2C^6H^2(OH)(AzO^2)^3$. — Cristaux verts, fusibles à 156°, faisant explosion à 220°.

Iodométhylate, $C^{26}H^{32}Az^2.2CH^3I$. — On chauffe la base pendant 12 heures à 115° avec de l'alcool méthylique et un excès d'iodure de méthyle. Par cristallisation dans l'eau bouillante, on obtient des cristaux fusibles à 200°.

L'acide nitrique transforme la base en hexanitrotétraméthyldiamidotriphénylméthane, fusible à 206°; le groupe propyle est éliminé.

ACIDES CARBOXYLÉS DU TRIPHÉNYLMÉTHANE ET DE SES HOMOLOGUES

Acide triphénylméthane-carbonique,

$$C^6H^5\text{-}CH(C^6H^5)(C^6H^4.CO^2H)$$

[Baeyer, *Liebig's Ann. Chem.*, t. CCII, p. 52; — von Pechmann, *Deutsch. chem. Gesellsch.*, 1881, p. 1866]. — On fait bouillir de la diphénylphtalide (phtalophénone) avec de la soude alcoolique jusqu'à ce que la liqueur soumise à l'ébullition et additionnée d'eau ne se trouble plus. Il s'est formé le sel sodique de l'*acide triphénylcarbinolorthocarbonique* $(C^6H^5)^2\text{-}C(OH)C^6H^4.CO^2H$; on ajoute alors du zinc en poudre. On chauffe à l'ébullition pendant quelque temps, on étend d'eau, on filtre et on précipite par l'acide chlorhydrique. Par cristallisation dans l'alcool, on obtient des aiguilles fusibles à 155-157° (150° Pechmann), insolubles dans l'eau, solubles dans l'éther et dans l'acide acétique, constituées par l'acide triphénylméthane-orthocarbonique. Cet acide peut être sublimé sans se décomposer. L'acide chromique le transforme en diphénylphtalide.

Acide dichlorotriphénylméthane-carbonique,

$$(C^6H^4Cl)^2CH\text{-}C^6H^4.CO^2H.$$

— On l'obtient comme le précédent, en remplaçant la diphénylphtalide par son dérivé dichloré (Baeyer). Il cristallise dans l'alcool absolu en lamelles fusibles à 205-206° qui distillent sans se décomposer si l'on opère sur de petites quantités. L'acide chromique le transforme en dichlorophényloxanthranol.

Acide triphénylcarbinol-orthocarbonique. — Ce corps n'existe qu'en solution à l'état de sel alcalin. Lorsqu'on essaye de le mettre en liberté, on n'obtient que son anhydride, la diphénylphtalide ou phtalophénone,

$$C^6H^4 \begin{matrix} < CO \\ < C(C^6H^5)^2 \end{matrix} > O$$

Acide triphénylcarbinol-métacarbonique,

$$(C^6H^5)^2C_{(1)}(OH)\text{-}C^6H^4\text{-}CO^2H_{(3)}.$$

— On l'obtient en soumettant à l'oxydation prolongée, au moyen du dichromate de potassium et de l'acide sulfurique, le méthyltriphénylméthane fusible à 62° [Hemilian, *Deutsch. chem. Gesellsch.*, 1883, p. 2368].

Il cristallise en aiguilles fusibles à 160-162°.

Acide dioxytriphénylméthane-carbonique,

$$(C^6H^5)CH < \begin{matrix} C^6H^3(OH)^2 \\ C^6H^4.CO^2H \end{matrix}$$

[von Pechmann, *Deutsch. chem. Gesellsch.*, 1881, p. 1885]. — En chauffant de l'acide orthobenzoylbenzoïque (préparé au moyen de la benzine et de l'anhydride phtalique et du chlorure d'aluminium) avec de la résorcine, on obtient une phtaléine, ayant pour formule

$$C^6H^4 \begin{matrix} / C \begin{matrix} / C^6H^5 \\ - C^6H^3(OH)^2 \end{matrix} \\ \backslash CO / \end{matrix} > O$$

On dissout cette phtaléine dans l'ammoniaque et on réduit la liqueur ammoniacale par la poudre de zinc. La réduction étant achevée, on acidifie et on épuise par l'éther. Par cristallisation dans l'acide acétique étendu, on obtient des aiguilles fusibles à 184°, solubles en violet-rouge dans l'acide sulfurique concentré.

Acide trioxytriphénylméthane-carbonique. — On le prépare comme le corps précédent, en remplaçant la résorcine par le pyrogallol. Il est très instable et n'a pu être isolé.

Acide triphénylméthane-anhydrocarbonique

$$(C^6H^5)^2C < \begin{matrix} O \\ C^6H^3 \\ | \\ CO^2H. \end{matrix} > CO$$

— On le prépare d'une manière avantageuse par l'oxydation du diméthyltriphénylméthane, obtenu au moyen du benzhydrol et du paraxylène en présence d'anhydride phosphorique. La partie soluble dans la soude est évaporée, le résidu dissous dans l'eau additionnée de soude en excès et oxydé au bain-marie par le permanganate de potassium jusqu'à coloration rouge persistante. On détruit l'excès d'oxydant par l'addition de quelques gouttes d'alcool, on filtre, on précipite par l'acide chlorhydrique. Le précipité lavé est purifié par cristallisation dans l'ammoniaque [Hemilian, *loc. cit.*]. On obtient des aiguilles soyeuses, qui ont une tendance à se transformer en lamelles, fusibles à 244-246°. Ce corps distille sans décomposition à une haute température. Il est monobasique, ses sels sont solubles dans l'eau et cristallisent difficilement. Les alcalis caustiques le décomposent en benzine et en benzophénone.

Cette réaction est analogue à la décomposition de la phénolphtaléine, qui, sous l'influence des alcalis en fusion, se scinde en acide benzoïque et en dioxybenzophénone (Baeyer).

Acide triphénylméthane-dicarbonique,

$$(C^6H^5)^2CH\left(C^6H^3 < \begin{matrix} CO^2H \\ CO^2H \end{matrix}\right).$$

— Le corps précédent est réduit par le zinc en poudre, en dissolution alcaline bouillante. On précipite le corps formé par l'acide chlorhydrique, on filtre, on lave et on purifie par cristallisation dans l'acide acétique. On obtient ainsi des aiguilles fusibles à 278-280°, solubles dans l'alcool, l'éther et l'acide acétique.

Sel barytique,

$$C^{19}H^{14}(CO^2)^2Ba + 5H^2O.$$

— Fines aiguilles soyeuses, solubles dans l'eau.

Le *sel d'argent* noircit rapidement à la lumière.

L'acide dicarboné, distillé en présence d'un excès d'alcali, fournit du triphénylméthane. Les oxydants regénèrent l'acide anhydrocarbonique. Il se dissout à froid en jaune-vert dans l'acide sulfurique concentré; en chauffant avec précaution la liqueur, elle devient successivement vert-émeraude, bleu-indigo, violette et finit par prendre une couleur pourprée. L'eau précipite des produits de condensation amorphes, qui n'ont pas été étudiés.

Acide méthyltriphénylméthane-orthocarbonique,

$$(C^6H^5)^2CH_{(1)}\text{-}C^6H^3<^{CH^3_{(5)}}_{CO^2H_{(2)}}$$

— La méthyldiphénylphtalide traitée par la soude alcoolique bouillante fournit, en fixant les éléments d'une molécule d'eau, de l'*acide méthyltriphénylcarbinol-carbonique,*

$$\begin{matrix}C^6H^5\\C^6H^5\end{matrix}>C<\begin{matrix}O\\C^6H^3\\|\\CH^3\end{matrix}>CO + H^2O$$

$$=\begin{matrix}C^6H^5\\C^6H^5\end{matrix}>C_{(1)}<\begin{matrix}OH\\C^6H^3\text{-}CO^2H_{(6)}\\|\\CH^3_{(3)}\end{matrix}$$

Le sel sodique obtenu, réduit par la poudre de zinc en dissolution alcaline, fournit le sel de sodium de l'acide méthyltriphénylméthane-carbonique. Ce sel se dépose par le refroidissement, forme des lamelles solubles dans l'eau et dans l'alcool, peu solubles dans une dissolution de soude caustique.

L'acide libre, obtenu en décomposant le sel de sodium par l'acide chlorhydrique, cristallise en tables fusibles à 217°, distillant sans décomposition à une température élevée. C'est un acide énergique, qui décompose les carbonates avec effervescence. Oxydé par CrO^3 en dissolution acétique, il fournit de la méthyldiphénylphtalide. L'acide sulfurique concentré le transforme en méthylphénylanthranol,

$$CH^3\text{-}C^6H^3<\begin{matrix}C^6H^5\\|\\C\\|\\C\\|\\OH\end{matrix}>C^6H^4.$$

Le *sel de baryum* renferme $4H^2O$; il est insoluble dans l'eau et soluble dans l'alcool à 70 °/₀. Cette curieuse propriété est due à sa faible teneur en métal relativement au carbone. Distillé avec un excès de baryte, il fournit le méthyltriphénylméthane,

$$CH_{(1)}(C^6H^5)(C^6H^5)(C^6H^4.CH^3)_{(2)}.$$

Acide méthyltriphénylcarbinol-orthocarbonique. — On a indiqué plus haut le mode de formation de ce corps. Il n'a pu être obtenu à l'état libre, car son sel sodique additionné d'acide chlorhydrique régénère la méthyldiphénylphtalide.

Acide méthyltriphénylcarbinol-métacarbonique,

$$(C^6H^5)^2C_{(1)}(OH)\left(C^6H^3<^{CO^2H_{(3)}}_{CH^3_{(6)}}\right)$$

[Hemilian, *loc. cit.*].

Le diméthyltriphénylméthane obtenu avec le benzhydrol et le paraxylène a pour formule

$$(C^6H^5)^2CH_{(1)}\text{-}C^6H^3(CH^3)^2_{(2,5)}.$$

On voit donc que l'oxydation peut porter sur l'un ou sur l'autre des deux groupes méthyle ou sur les deux à la fois. Si le groupe 2 est attaqué, on obtient l'acide méthyltriphénylcarbinol-orthocarbonique, ou son anhydride, la méthyldiphénylphtalide. Si c'est sur le groupe 5 que porte l'attaque, on obtient l'acide que nous allons décrire. Enfin, si les deux groupes CH^3 sont oxydés, on obtient l'*acide triphénylméthane-anhydrocarbonique* décrit plus haut. L'oxydation est difficile à régler : une grande partie du produit est brûlée complètement; aussi convient-il de n'opérer que sur de petites quantités de matière à la fois.

On fait bouillir pendant 15-16 heures, dans un appareil à reflux, 5 grammes d'hydrocarbure avec 20 grammes de dichromate de potassium et 28 grammes d'acide sulfurique additionné de 1 vol. ½ d'eau. L'hydrocarbure se transforme peu à peu en une masse résineuse de couleur foncée. Le produit de plusieurs opérations est réuni, lavé à l'eau et épuisé par une dissolution concentrée et bouillante de carbonate de sodium. La partie insoluble est un mélange d'hydrate de chrome et de méthyldiphénylphtalide. La dissolution est décolorée par le noir animal et sursaturée par l'acide chlorhydrique; il se forme un précipité caillebotté qu'on lave à l'eau, qu'on dessèche et qu'on fait cristalliser dans l'acide acétique. L'acide méthyltriphénylcarbinol-métacarbonique, moins soluble, se sépare d'abord, tandis que la liqueur mère renferme l'acide triphénylméthane-anhydrocarbonique.

On purifie l'acide par des cristallisations répétées dans l'acide acétique après transformation en sel barytique, et on le fait cristalliser une dernière fois dans une grande quantité d'alcool à l'ébullition.

L'acide méthyltriphénylcarbinol-métacarbonique fond à 250-255° en perdant de l'eau et en donnant un produit de condensation jaune, amorphe. Il est très peu soluble dans les dissolvants usuels. Ses sels sont généralement insolubles dans l'eau.

Sel de baryum, $(C^{21}H^{17}O^3)^2Ba$. — On précipite une dissolution ammoniacale de l'acide par le chlorure de baryum et on fait cristalliser le précipité dans de l'alcool à 70 °/₀.

Sel de calcium. — Fines aiguilles très peu solubles dans l'eau.

L'acide méthyltriphénylcarbinol-carbonique est très stable; l'amalgame de sodium et la poudre de zinc en liqueur alcoolique bouillante ne l'attaquent pas. L'anhydride acétique paraît le transformer en un dérivé acétylé. G. de Bechi.

TRIPHÉNYLMÉTHANE (INDUSTRIE). — Nous nous proposons dans cet article de rendre compte, aussi complètement que possible, des récents progrès accomplis dans l'industrie des couleurs de goudron qui, d'une manière quelconque, peuvent être rattachées à la série du triphénylméthane.

Il importe tout d'abord de prémunir le lecteur contre une erreur. Il n'existe pas, à proprement parler, d'industrie du triphénylméthane. Les matières colorantes qui se rattachent à cet hydrocarbure sont préparées par des voies détournées. Il en est de même, du reste, pour un grand nombre de dérivés intéressants de cette substance, qui généralement sont préparés par l'influence d'agents de condensation (voyez l'article précédent). Nous avons réuni dans cet article tout ce qui a paru de nouveau en fait de matières colorantes dérivées du triphénylméthane, en complétant ainsi en partie l'article Aniline (Industrie) de ce Supplément.

Les matières colorantes dérivées du triphénylméthane peuvent être divisées en deux grandes catégories : 1° Phtalines (*éosines diverses, rose bengale, galléine*, etc.); 2° Dérivés amidés du triphénylcarbinol (*rosanilines et dérivés, violets de Paris, verts à l'essence, violets cristallisés, bleu Victoria*, etc.).

Nous décrirons donc successivement l'industrie de l'éosine et des matières colorantes se rattachant aux phtaléines, les progrès réalisés dans la fabrication de la fuchsine, des verts et des violets, et finalement nous mentionnerons les belles recherches de Kern et Caro sur les nouvelles méthodes synthétiques à l'oxychlorure de carbone.

I. — Dérivés des phtaléines.

Le corps le plus important de cette catégorie est sans contredit l'éosine ordinaire ou fluorescéine tétrabromée (voyez Fluorescéine et Phtaléines).

La fabrication de l'éosine se divise en plusieurs phases.

1. Préparation de l'acide phtalique;
2. Préparation de la résorcine;
3. Préparation de la fluorescéine;
4. Bromuration.

1. *Préparation de l'acide phtalique.*

L'acide phtalique se prépare toujours d'après le procédé classique, c'est-à-dire par l'oxydation des dérivés chlorés de la naphtaline; l'introduction du chlore dans la molécule rend le noyau benzinique substitué plus facilement attaquable par les oxydants; et, par élimination de 2 atomes de carbone, on passe de la série de la naphtaline à celle de la benzine :

$$C^{10}H^{8}Cl^{4} + H^{2}O + 7O$$
$$= C^{6}H^{4}(CO^{2}H)^{2} + 4HCl + 2CO^{2}.$$

Fabrication. — Dans des bombonnes en grès pouvant être chauffées au bain-marie, ou refroidies par un courant d'eau, on introduit de 20 à 25 kilogrammes de naphtaline; on chauffe par un courant de vapeur de manière à amener la fusion de l'hydrocarbure, et on fait passer un courant abondant de chlore; à ce moment, l'absorption a lieu avec un fort dégagement de chaleur, qui nécessite un refroidissement énergique. On remplace alors le courant de vapeur par un courant d'eau froide et on règle l'afflux du chlore de manière à maintenir la température à l'intérieur des bombonnes à 150-160°.

Il se forme surtout du tétrachlorure de naphtaline $C^{10}H^{8}Cl^{4}$, à côté d'une petite quantité de dichlorure $C^{10}H^{8}Cl^{2}$ liquide; on exprime fortement le produit brut de la réaction et on soumet le tourteau obtenu à l'oxydation.

Fig. 97. — Batterie de cornues servant à l'oxydation des chlorures de naphtaline par l'acide nitrique.

L'oxydation est effectuée par l'intermédiaire de l'acide nitrique (D = 1,30-1,35); on chauffe à l'ébullition le tétrachlorure de naphtaline avec l'acide; il se dégage des vapeurs nitreuses, qu'on régénère d'après les procédés usuels : l'acide nitrique régénéré rentre dans la fabrication. On obtient ainsi l'acide phtalique pur en lavant à l'eau le produit et en le faisant cristalliser dans une grande quantité d'eau bouillante.

Le produit commercial n'est pas constitué par l'acide, mais bien par l'anhydride phtalique. Il se présente sous la forme de longues aiguilles flexibles que l'on obtient en soumettant l'acide à la sublimation. Cette opération s'effectue de la manière suivante :

L'acide phtalique purifié est introduit dans un cylindre en tôle, à double enveloppe, communiquant d'un côté avec un ventilateur et de l'autre avec une série de chambres en bois dont les parois sont recouvertes de toile d'emballage. Le cylindre intérieur, qui contient l'acide phtalique, est chauffé dans un bain de phénanthrène, corps obtenu accessoirement dans la distillation des goudrons et qui n'a aucune valeur industrielle.

On maintient la température aux environs de 230°. L'acide phtalique se sublime en se transformant

Fig. 98.

Coupe d'une cornue d'oxydation.

e, voûte ; — *f*, carneaux ; — *a*, cuvette en poterie ; — *b*, couvercle luté au ciment ; — *c*, tubulure servant à l'introduction des matières ; — *d*, tube de dégagement pour les gaz.

Fig. 99. — Appareil pour la sublimation de l'anhydride phtalique.

a, cylindre en fonte renfermant l'acide brut ; — *b*, cylindre en tôle contenant un bain de phénanthrène ; — *k*, foyer ; — *e*, ventilateur ; — *g*, chambres de condensation ; — *h*, filets à larges mailles, séparant les chambres les unes des autres ; — *i*, soupape pour le dégagement de l'air.

Fig. 100. — Coupe de l'appareil pour la sublimation de l'anhydride phtalique.

en anhydride; les vapeurs sont entraînées par le courant d'air et se condensent en longues aiguilles. Suivant le mode opératoire, on obtient des cristaux plus ou moins volumineux.

2. *Préparation de la résorcine.*

La préparation de la résorcine s'effectue en trois phases :

a. Transformation de la benzine en acide disulfoné;

b. Fusion du sel sodique de cet acide avec de la soude caustique;

c. Extraction de la résorcine.

a. Préparation de l'acide benzine-métadisulfonique. — Dans une marmite en fonte émaillée, de la contenance de 100 à 120 litres et communiquant avec un réfrigérant ascendant en plomb, on verse 90 kilogrammes d'acide sulfurique fumant à 80° Baumé; on ajoute ensuite par le cohobateur 24 kilogrammes de benzine purifiée par un battage à l'acide sulfurique à 66°. L'addition de benzine doit se faire peu à peu. La réaction donne lieu à un dégagement de chaleur considérable qui détermine la volatilisation de la benzine; cette dernière se condense dans le réfrigérant en plomb et reflue dans l'acide. Au bout de quelque temps, on remarque que la distillation cesse; on chauffe alors vers 100° et on maintient la température à ce point, tant qu'il reste de la benzine dans le mélange. A ce moment, on a dans la marmite principalement de l'acide benzine-monosulfonique. On fait communiquer alors l'appareil avec un réfrigérant descendant et on chauffe graduellement jusque vers 275°; on maintient la température pendant 1 heure environ, de manière à éliminer complètement l'eau formée dans la réaction et l'excès de benzine.

On laisse refroidir et on étend ensuite avec 2000 litres d'eau. Il s'agit de séparer le dérivé sulfoconjugué de l'excès d'acide sulfurique employé pour sa préparation. On y arrive très facilement par l'emploi de la chaux. On ajoute la quantité de chaux strictement nécessaire pour ne saturer que l'acide sulfurique en excès; on filtre au filtre-presse, on sature la liqueur par la soude et on évapore; on obtient ainsi le sel sodique de l'acide benzine-métadisulfonique $C^6H^4(SO^3Na)^2$.

b. Fusion. — On chauffe pendant 8-10 heures à 270° 60 kilogrammes de benzine-disulfonate de sodium avec 150 kilogrammes de soude caustique additionnée d'une petite quantité d'eau. La masse liquide s'épaissit peu à peu. L'opération s'effectue dans des chaudières en fonte chauffées au bain d'huile et munies d'agitateurs mécaniques. Pendant la fusion, la petite quantité du paradérivé qui a pris naissance par l'action de l'acide sulfurique sur la benzine subit une transposition moléculaire et, au lieu de fournir le phénol diatomique correspondant, l'hydroquinone, il se transforme en résorcine. La masse fondue est traitée par 500 litres d'eau; et la liqueur additionnée d'acide chlorhydrique est soumise à l'ébullition pour chasser l'acide sulfureux provenant de la décomposition des sulfites formés dans la réaction. On laisse refroidir; il se sépare une petite quantité d'une résine noire, qu'on sépare par filtration.

c. Extraction de la résorcine. — La résorcine est très soluble dans l'eau; pour l'enlever de sa dissolution aqueuse, on traite celle-ci par un dissolvant approprié, insoluble dans l'eau et volatil. Le corps le plus employé dans ce but est l'éther ordinaire. La dissolution acide est introduite dans des cylindres en cuivre légèrement inclinés sur leur axe, de la contenance de 250 litres. Ces cylindres, qu'on remplit entièrement de liquide, sont munis d'agitateurs mécaniques qu'on fait fonctionner avec une rapidité moyenne, de manière à ne pas produire une émulsion avec l'éther. Ce dernier arrive par la partie inférieure, traverse lentement les cylindres en s'emparant de la résorcine, et se rend dans un collecteur situé au-dessus des cylindres et qui reçoit l'éther provenant de plusieurs appareils; de là le dissolvant est introduit dans une cornue en cuivre chauffée au bain de vapeur, et communiquant avec un serpentin réfrigérant. L'éther distillé se rend dans un réservoir situé au-dessus du collecteur et de là repasse dans les cylindres. Le courant d'éther doit traverser assez lentement les cylindres pour se saturer complètement de résorcine. L'épuisement étant achevé, les liquides aqueux passent dans un appareil distillatoire pour récupérer l'éther qui reste dissous dans l'eau. Quant à la résorcine, elle reste dans la cornue en cuivre sous la forme d'un sirop presque incolore, qui se solidifie par le refroidissement. On la purifie par distillation. Le produit obtenu est chimiquement pur. Pour 1 kilogramme de résorcine on emploie 20 kilogrammes d'éther; la perte en dissolvant est de 1 %, soit 200 grammes d'éther par kilogramme de résorcine.

D'après Nölting, la résorcine brute renferme quelquefois de petites quantités de thiorésorcine $C^6H^4(SH)^2$, formée probablement lors de la fusion alcaline par l'action de l'hydrogène naissant sur l'acide benzine-disulfonique.

3. *Préparation de la fluorescéine.*

La préparation de la fluorescéine s'effectue en général d'après la méthode indiquée par Baeyer, en chauffant un mélange de 2 molécules de résorcine pour 1 molécule d'anhydride phtalique, à une température de 195-200°.

La fusion s'effectue dans des cornues plates, qu'on charge avec 100 kilogrammes d'anhydride phtalique et 150 kilogrammes de résorcine. On chauffe au bain d'huile pendant 12 heures à 195-200°. La masse s'épaissit peu à peu, perd de l'eau et finit par se solidifier. Elle est broyée avec de l'eau bouillante et traitée ensuite par 3 p. d'alcool. Le résidu est constitué par de la fluorescéine presque chimiquement pure.

4. *Bromuration de la fluorescéine.*

Cette opération peut être exécutée de deux manières différentes.

On suspend 1 p. de fluorescéine dans 10 p. d'alcool et on ajoute, à froid, pour 1 molécule de fluorescéine, 4 molécules de brome; la fluorescéine, qui se dissout d'abord, est ensuite reprécipitée à l'état de dérivé tétrabromé; on décante après quelques jours de repos, on lave successivement à l'alcool et à l'eau, et on filtre le précipité de tétrabromofluorescéine. L'alcool renferme l'acide bromhydrique; on sature par la soude, on régénère par les méthodes usuelles l'alcool et le brome. Ce procédé n'est plus employé aujourd'hui; il nécessite l'emploi d'une grande quantité de brome, dont la régénération est une opération pénible et qu'on a tout intérêt à éviter.

Pour pouvoir utiliser la quantité totale de brome mise en jeu, il suffit d'ajouter un oxydant qui transforme l'acide bromhydrique, au fur et à mesure de sa formation, en eau et en brome naissant, lequel, à son tour, agit sur une nouvelle quantité de fluorescéine. On parvient ainsi à n'employer que 4 Br pour 1 molécule de fluorescéine.

L'opération s'exécute dans un appareil en fonte émaillée, communiquant avec un réfrigérant ascendant et pouvant être chauffé au bain-marie. On y introduit la fluorescéine, l'alcool et le chlorate de potassium (c'est l'oxydant généralement employé), et on ajoute le brome peu à peu. La bromuration s'effectue à chaud; par le refroidissement, l'éosine cristallise.

Les eaux mères alcooliques sont précipitées par l'eau; elles fournissent une éosine de qualité inférieure au produit cristallin de premier jet. Le brome employé doit être assez pur et ne pas contenir de chlore.

On peut préparer, d'une manière plus économique, une éosine à marque jaune, en effectuant la bromuration dans une liqueur aqueuse. On dissout la fluorescéine dans la soude caustique et on mélange cette dissolution avec une dissolution alcaline de brome. Pour 1 molécule de fluorescéine, on emploie 4 Br. On ajoute à la liqueur la quantité de chlorate de potassium nécessaire pour oxyder 2 HBr de manière à se retrouver dans les conditions de la bromuration à l'alcool, et on rend le liquide acide par addition d'acide sulfurique étendu. En dissolvant le brome dans la soude caustique, on obtient un mélange de bromure et d'hypobromite :

$$4NaOH + 4Br = 2NaOBr + 2NaBr + 2H^2O.$$

Le bromure et l'hypobromite ne réagissent pas sur la fluorescéine, tant que le liquide reste alcalin. Dès que l'on ajoute de l'acide, le bromure et l'hypobromite réagissent l'un sur l'autre, avec formation de brome libre, qui à son tour réagit sur la fluorescéine. Quant à l'oxygène nécessaire à l'oxydation de l'acide bromhydrique produit par la bromuration, il est fourni par le chlorate de potassium. La réaction finale peut être représentée par l'équation suivante :

$$2NaOBr + 2NaBr + 2H^2SO^4 + 2O$$
$$+ C^{20}H^{12}O^5 = C^{20}H^8Br^4O^5 + 2Na^2SO^4 + 4H^2O.$$

Au fur et à mesure que l'on ajoute de l'acide, la fluorescéine tétrabromée se précipite; on passe au filtre-presse, on lave jusqu'à neutralité et on solubilise par le carbonate de potassium en quantité théorique. Par évaporation du liquide, on obtient le produit commercial.

On peut aussi concentrer fortement la solution et abandonner le liquide à la cristallisation; on obtient ainsi un produit plus pur. La saturation de l'éosine s'effectue toujours de la même manière, quel que soit le procédé employé pour sa fabrication.

Il existe dans le commerce un grand nombre de marques diverses d'éosine. Nous donnons ci-dessous un tableau indiquant la nature de ces divers produits. La préparation de ces matières colorantes se confond, en général, au point de vue chimique, avec la préparation de la fluorescéine tétrabromée.

MARQUE commerciale.	CONSTITUTION.	PRÉPARATION.
Érythrosine............	Fluorescéine tétraiodée.	Action de l'iode sur la fluorescéine
Lutécienne...	Fluorescéine bromonitrée.	Action de l'acide nitrique sur l'éosine.
Primerose.............	Éther monométhylique de la fluorescéine tétrabromée.	Action de l'acide méthylsulfurique sur l'éosine.
Phloxine...............	ichlorofluorescéine tétrabromée.	Action du brome sur la fluorescéine dérivée de l'acide dichlorophtalique.
Cyanosine	Méthylphloxine.	Action de l'acide sulfurique et de l'alcool méthylique sur la phloxine.
Rose bengale	Dichlorofluorescéine tétraiodée.	Action de l'iode sur la fluorescéine dérivée de l'acide phtalique dichloré.

Érythrosine. — La fluorescéine, mise en suspension dans l'alcool, est traitée par l'iode, en présence de chlorate de potassium. On opère exactement comme pour l'éosine ordinaire. L'érythrosine est notablement plus violacée que l'éosine ordinaire.

Lutécienne. — On dissout 9 kilogrammes de fluorescéine tétrabromée dans de l'eau rendue alcaline par la soude caustique, on ajoute 8 kilogrammes de nitrate de sodium, on chauffe à l'ébullition et on ajoute 15 kilogrammes d'acide sulfurique; on filtre, on lave et on solubilise par la soude caustique.

On peut également préparer les éosines nitrées en bromant la dinitrofluorescéine. Cette dernière s'obtient en dissolvant 1 p. de fluorescéine dans 10 p. d'acide sulfurique concentré et en ajoutant au liquide, chauffé au bain-marie, la quantité théorique de nitrate de sodium. On verse dans l'eau, on lave et on brome, comme pour la fluorescéine ordinaire.

Primerose. — Cette matière colorante est un produit à l'alcool. Elle est constituée par l'éther monométhylique ou monoéthylique de l'éosine. On la prépare en chauffant dans un appareil à reflux un mélange de 5 p. de fluorescéine tétrabromée, 10 p. d'alcool méthylique ou éthylique et 9 p. d'acide sulfurique concentré. On verse dans l'eau, on filtre, on lave et on fait bouillir la pâte avec du carbonate de potassium; le produit, insoluble dans l'eau, est lavé et desséché. La primerose se dissout facilement dans de l'alcool à 50 %. Elle donne, en teinture, des nuances beaucoup plus stables et plus fraîches que l'éosine ordinaire.

Les éthers de l'éosine peuvent encore être préparés directement en bromant la fluorescéine avec $4Br^2$ dans l'alcool et en chauffant pendant assez longtemps à reflux. Il est évident que l'acide bromhydrique, formé par la substitution, fournit, avec l'alcool, du bromure d'éthyle, qui réagit à son tour sur la fluorescéine bromée, en donnant l'éther éthylique. On élimine l'éosine inaltérée par le carbonate de potassium qui ne dissout pas l'éther.

Rose bengale, phloxine, cyanosine. — En traitant l'acide phtalique par le chlore, on obtient un acide phtalique dichloré particulier, qui fournit, par condensation avec la résorcine, une fluorescéine dichlorée :

```
                    OH
          / C6H3 <
                    O
   /  C  — C6H3 <
 O                  OH
          \ C6H2Cl2
   \           /
      CO  /
```

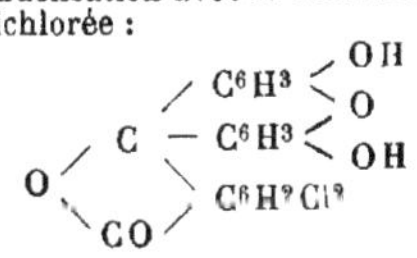

Ce corps, soumis à l'action du brome, fournit la phloxine. L'iode donne le rose bengale. La préparation de ces matières colorantes, en partant de la fluorescéine dichlorée, s'effectue de la même manière que pour l'éosine.

L'acide dichlorophtalique peut être obtenu en traitant la naphtaline par le chlore en présence d'un agent de chloruration; on obtient ainsi la β-dichloronaphtaline

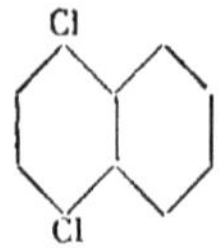

[Formule : naphtaline portant deux Cl]

qui est traitée par le chlore de manière à fournir le produit d'addition

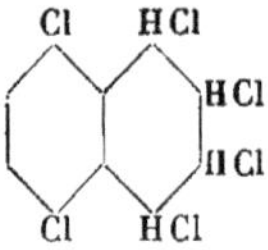

[Formule : Cl, HCl, HCl, HCl, Cl, HCl]

celui-ci, oxydé comme pour la préparation de l'acide phtalique ordinaire, fournit l'acide phtalique dichloré cherché.

On peut encore intervertir les réactions, c'est-à-dire préparer d'abord le produit d'addition et chlorer ensuite en présence d'un agent de chloruration.

D'après un brevet récent, on peut obtenir aisément l'acide tétrachlorophtalique

$$C^6Cl^4 < \begin{matrix} CO \\ CO \end{matrix} > O$$

en faisant bouillir l'anhydride phtalique avec du pentachlorure d'antimoine; le corps obtenu est dans le commerce; il est chimiquement pur. L'acide tétrachlorophtalique ne peut en effet exister que sous une seule modification.

Les fluorescéines chlorées se préparent comme la fluorescéine ordinaire; elles sont un peu plus solubles dans l'alcool. On peut effectuer leur purification en les dissolvant dans une liqueur alcaline et en les reprécipitant par un acide.

Les dérivés de ces fluorescéines chlorées donnent en teinture des nuances beaucoup plus violacées que les corps non chlorés. Le rose bengale, par exemple, se rapproche de la teinte de la fuchsine; son éclat est bien supérieur.

Les fluorescéines dérivées des acides phtaliques chlorés ont été découvertes par Nölting en 1875.

Les éosines s'appliquent à la teinture de la laine, de la soie et du coton; on réalise par leur emploi des nuances très brillantes, douées malheureusement d'une faible stabilité. On les emploie également sur une large échelle dans la fabrication des papiers peints.

Galléine et céruléine.

Il nous reste à dire quelques mots sur la fabrication de la galléine et de la céruléine. La galléine dérive de l'acide phtalique et du pyrogallol. La céruléine est la phtalidéine correspondante. Ces deux produits ont été étudiés, au point de vue scientifique, par Buchka (voyez Suppl., p. 1266 et 1272). Voici comment s'effectue leur fabrication dans l'industrie :

Dans des marmites en fonte émaillée ou non, on introduit

15 kilogr. d'anhydride phtalique,
35 — d'acide gallique,

et on chauffe, pendant quelques heures, au bain de paraffine à 195-200° en agitant la masse. On s'assure de temps en temps, par des prises d'essai, de la marche de la réaction. Lorsque la matière colorante est complètement formée, on laisse refroidir et on concasse le produit. On a employé dans les premiers temps du pyrogallol au lieu d'acide gallique, mais on n'a pas tardé à reconnaître que l'acide gallique produit absolument le même effet; à la température à laquelle s'opère la réaction, l'acide gallique se scinde en CO^2 et en pyrogallol, qui se combine à l'anhydride phtalique pour former de la galléine.

La galléine broyée est purifiée par un traitement à l'alcool. On l'introduit dans une chaudière en cuivre, munie d'un agitateur, et on ajoute, pour 1 p. de galléine, 50 p. d'alcool. On chauffe légèrement pour faciliter la dissolution et on laisse reposer. On décante le liquide clair et on épuise encore une fois par la même quantité d'alcool; cette deuxième dissolution sert à épuiser une nouvelle quantité de galléine. La solution alcoolique est décantée et l'alcool récupéré par distillation. Le résidu est constitué par la galléine. La portion insoluble qui atteint 25 °/₀ du poids de la galléine brute doit être rejetée.

On peut également dissoudre la galléine dans la soude caustique, filtrer et précipiter par un acide. C'est ainsi qu'est préparée la galléine en pâte du commerce.

La galléine n'est pas employée, à cause de son peu de stabilité; en revanche, la céruléine joue un rôle assez considérable dans la teinture et dans l'impression des tissus. Voici comment s'effectue la préparation de cette matière colorante : On dissout 1 p. de galléine sèche dans 20 p. d'acide sulfurique et on chauffe la liqueur à 180-190° pendant 6 à 8 heures, en ayant soin de ne pas dépasser cette température. Cette opération s'exécute dans des marmites en fonte émaillée. La transformation étant achevée, on verse dans l'eau, on filtre et on lave jusqu'à neutralité. Le produit commercial est une pâte renfermant 15-20 °/₀ de céruléine sèche (1).

On trouve depuis quelque temps dans le commerce une céruléine soluble dans l'eau (céruléine S), analogue au bleu d'alizarine S, qui est une combinaison bisulfitique de la céruléine. On l'obtient par digestion prolongée de la céruléine ordinaire avec du bisulfite de soude.

II. — Dérivés amidés du triphénylméthane.

Fuchsine et dérivés.

Le procédé à la nitrobenzine se répand de plus en plus; il présente sur l'ancien procédé à l'acide arsénique, qui s'est maintenu jusqu'à nos jours, l'immense avantage de donner des résidus absolument inoffensifs. Le rendement total est un peu moindre, et par conséquent le prix de revient de la fuchsine Coupier est, il est vrai, un peu plus élevé que celui de la fuchsine à l'acide arsénique; mais, d'autre part, les sous-produits sont plus abondants et, comme ils sont d'un écoulement facile, le procédé Coupier peut lutter avantageusement avec l'ancienne méthode, même au point de vue du prix.

Lange a fait tout récemment une étude théorique du procédé [*Deutsch. chem. Gesellsch.*, 1885, p. 1918]. On a admis généralement que, dans la fabrication de la fuchsine par le procédé Coupier, le dérivé nitré cède son oxygène en se transformant en amine correspondante, qui, à son tour, prend part à la réaction. Il paraît que cette hypothèse n'est pas exacte. Lange a constaté que

(1) Nous devons les renseignements sur la fabrication de la galléine et de la céruléine à M. Alfred Fischesser, fabricant de matières colorantes à Lutterbach (Haut-Rhin). Nous le prions d'agréer nos remerciements pour l'obligeance avec laquelle il s'est mis à notre disposition. G de B.

le dérivé nitré est transformé en partie en hydrocarbure, et que le nitrotoluène se borne à fournir, outre l'oxygène nécessaire à l'oxydation, le carbone central autour duquel viennent se grouper les résidus constituant la molécule de la rosaniline. En remplaçant la nitrobenzine par la nitrobenzine chlorée, on n'obtient pas de dérivés chlorés de la rosaniline.

Si d'autre part on chauffe un mélange de paratoluidine, de son chlorhydrate, de chlorure ferreux et de nitrobenzine pure, on n'obtient pas trace de fuchsine, ce qui devrait avoir lieu si la nitrobenzine se transformait en aniline dans la réaction.

En revanche, l'aniline pure, chauffée avec du paranitrotoluène, donne de la fuchsine, le carbone central étant fourni par le méthyle du dérivé nitré.

Fabrication de la fuchsine. — Schoop a publié récemment, dans le *Dingler's polytechnisches Journal* (t. CCLVIII, p. 276), le procédé actuellement suivi pour la fabrication de la fuchsine à l'acide arsénique. Il diffère notablement, par certains détails, du mode opératoire indiqué au Supplément (t. I, p. 152). Nous croyons donc utile de reproduire les indications de l'auteur.

Pour la fabrication de la fuchsine, on emploie des chaudières en fonte à fond plat de 1 mètre de hauteur et de 1m,35 de diamètre, munies d'un agitateur qui fonctionne pendant toute la durée de la *cuite*. La chaudière est chauffée directement par la flamme du foyer par le fond et latéralement. La composition des anilines pour rouge varie dans des limites assez étendues, ainsi que l'indiquent les analyses suivantes se rapportant à deux échantillons ayant donné des résultats favorables :

	A	B
Aniline........	22 %	16,3 %
Orthotoluidine.	58,4	68,4
Paratoluidine..	19,6	23,3
Densité à 20°..	1,0023	1,0006

On voit que dans ces deux mélanges c'est l'orthotoluidine qui domine.

L'acide arsénique employé est obtenu en oxydant l'acide arsénieux au moyen d'acide nitrique et en évaporant jusqu'à une densité de 75° Baumé. Une partie de l'acide arsénique employé est régénérée d'opérations précédentes : il renferme des arséniates organiques. La charge de la chaudière est la suivante :

700 kilogrammes acide arsénique (75 B.).
300 — aniline pour rouge.
200 — échappés d'opérations précédentes.

Généralement la chaudière étant encore chaude, la masse ajoutée reste liquide ; l'appareil étant froid, elle se prendrait en masse par suite de la formation d'arséniate d'aniline.

On commence à chauffer le matin à 6 heures. Au bout de 7 heures la distillation commence ; on conduit le feu de manière à distiller 10 litres à l'heure. Au bout de 20 heures, on active le feu de manière à distiller 20 litres à l'heure. Lorsque 400 litres sont passés à la distillation, la cuite s'épaissit ; il est nécessaire de surveiller l'opération avec le plus grand soin, en prélevant fréquemment des prises d'essai pour se rendre compte de la marche de la réaction. Lorsque la masse est pâteuse au degré convenable, ce que la pratique peut seule indiquer, on enlève le couvercle avec un palan et on puise la masse avec des poches en cuivre en la versant sur des plaques en tôle. Pendant la vidange, il est bon de plonger de temps en temps les poches dans l'eau, pour éviter que la masse ne s'y attache. Il se dégage en abondance des vapeurs d'aniline ; l'ouvrier s'en garantit par une éponge mouillée d'acide acétique, qu'il applique sur le visage. De plus, on relaye les hommes toutes les 2 ou 3 minutes. Après le refroidissement, la cuite est cassée en morceaux de la grosseur du poing et pesée : poids moyen, 886 kilogrammes. Les échappés sont introduits dans un grand entonnoir à robinet, additionnés de 100 kilogrammes de sel et décantés ; l'aniline vient surnager. La solution saline est utilisée pour la préparation d'un orangé de naphtol de qualité inférieure. L'huile est soumise à une rectification. Si l'on est parti du mélange A ou B, la composition des échappés est la suivante :

	A	B
Aniline........	29 %	21 %
Orthotoluidine.	71	79
Paratoluidine ..	0	0
Densité à 18°..	1,0076	1,0057 (1)

La meilleure manière d'utiliser les échappés (220 kilogrammes environ par opération) consiste à les transformer en safranine.

La cuite brute de fuchsine est broyée par portions de 88 kilogr. 1/2 (1/10 de la quantité totale) à la meule, en présence d'eau, de manière à fournir une pâte impalpable, et filtrée au filtre-presse. Le liquide filtré est évaporé dans une chaudière en fonte pour régénérer l'acide arsénique. Les tourteaux sortant du filtre-presse sont de nouveau broyés et filtrés ; cette seconde eau de filtration est employée pour broyer une seconde portion de la cuite, de manière à extraire le plus possible d'acide arsénique et à l'obtenir en solution relativement concentrée.

La masse, ayant subi ce premier lavage, est épuisée sous pression par l'eau bouillante.

Les appareils employés sont des chaudières cylindriques verticales de 1 mètre de diamètre et de 4 à 5 mètres de hauteur, qu'on chauffe au moyen d'un courant de vapeur. Ces chaudières sont remplies aux 3/4 et contiennent dans cet état 3600 litres de liquide. On fait arriver la vapeur de manière à porter l'eau à l'ébullition et à maintenir la pression à 1,5 à 2 atmosphères. L'épuisement dure 4 heures. Au bout de ce temps, on chasse la masse à travers un filtre-presse et on épuise le résidu par une nouvelle quantité d'eau. Le liquide provenant de ce second épuisement est employé à extraire une nouvelle portion de la cuite. On a donc deux extracteurs accouplés marchant simultanément.

Le résidu noir, ressemblant aux matières ulmiques, n'est pas utilisé. Le liquide, après un repos d'une demi-heure, laisse déposer des impuretés ; on le décante dans des réservoirs situés au-dessous des premiers et on l'additionne à chaud de 200 kilogrammes de sel marin. Au bout de 2 jours, la presque totalité de la fuchsine se dépose à l'état de chlorhydrate.

Les eaux décantées, additionnées de chaux, fournissent une nouvelle quantité de matière colorante qui est retraitée à part. Finalement on achève la précipitation de l'arsenic par un excès de chaux.

La fuchsine brute provenant de deux extractions, c'est-à-dire le 1/5 de la cuite, est soumise à une série de précipitations fractionnées pour séparer autant que possible, à l'état de pureté, les différentes matières colorantes. On la dissout dans 1000 litres d'eau bouillante et on additionne la liqueur de 40 litres de carbonate de soude à 4 %. Il se sépare une partie de la matière colo-

(1) Ces analyses ne sont pas rigoureusement exactes. En effet, les échappés de fuchsine renferment toujours une certaine quantité de paratoluidine.

rante sous la forme d'une résine à éclat métallique; on filtre rapidement à travers un filet à larges mailles et on additionne le liquide de 2 litres d'acide chlorhydrique pour empêcher d'une part la chrysaniline de se séparer, et pour ralentir d'autre part la cristallisation de la fuchsine. On munit le cristallisoir d'un couvercle avec des tiges en bois plongeant dans le liquide. Au bout de 2 jours, les tiges et les parois sont recouverts de cristaux de fuchsine. On laisse égoutter et on dessèche à l'étuve à 40°. On obtient ainsi 20 kilogrammes de fuchsine en cristaux et 15-16 kilogrammes de résine. Les eaux-mères, qui renferment 4 kilogrammes de matière colorante, sont précipitées par la soude caustique. La base de la matière colorante se précipite. On réunit la matière provenant de dix opérations et renfermant par conséquent 40 kilogrammes de produit et on la redissout dans l'acide chlorhydrique. Cette dissolution est traitée de la même manière que le liquide provenant des extracteurs, c'est-à-dire qu'on précipite par le carbonate de soude 1/3 de la matière colorante; le liquide est abandonné à la cristallisation et fournit de la fuchsine. Les eaux-mères, riches en chrysaniline, sont précipitées par la soude caustique; on filtre, on redissout dans l'acide acétique, on évapore. On obtient ainsi un brun-cannelle.

La matière colorante résineuse, provenant de la purification de la fuchsine brute (Résine I), est traitée par l'acide chlorhydrique et purifiée de nouveau par le carbonate de soude. Les traitements successifs sont indiqués par le tableau suivant :

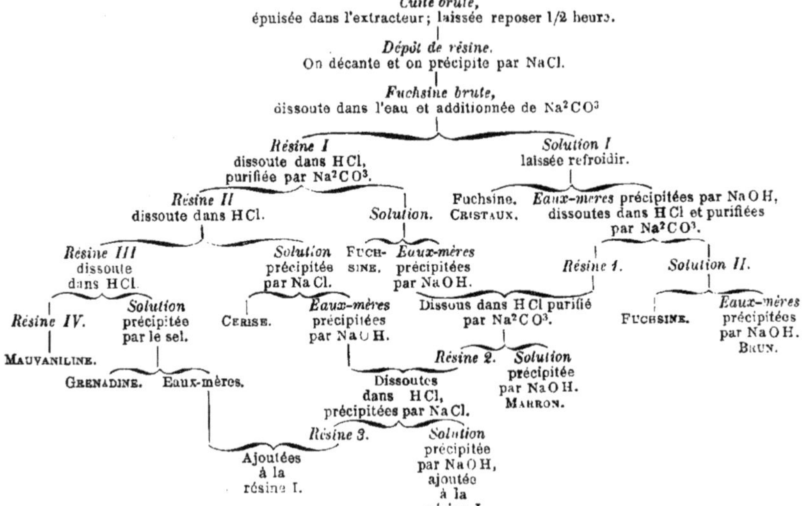

Il est évident qu'on effectue la séparation des diverses matières colorantes d'une manière plus ou moins complète, suivant les besoins du marché. Les diverses marques commerciales de chaque maison sont obtenues en mélangeant en proportions variables les produits purifiés ainsi qu'on vient de le dire. Cette méthode de fabrication sert à la production de la fuchsine et de ses dérivés sulfoconjugués (fuchsine acide). Elle ne peut servir à l'obtention de bleus de qualité supérieure, même en employant une rosaniline provenant des cristaux de fuchsine.

La fuchsine ainsi obtenue renferme, à côté de rosaniline ordinaire en C^{20}, une certaine quantité de pararosaniline $C^{19}H^{17}Az^3$. Or cette dernière n'est pas apte à la fabrication des bleus; par phénylation, elle ne donne que des produits grisâtres et violacés. On a proposé plusieurs procédés pour séparer les deux rosanilines. Le premier en date est celui de Girard et de Laire. Voici le mode opératoire :

On part d'une rosaniline bien débarrassée de tout excès d'alcali, séchée et bien pulvérisée. Sur 10 p. de base, on verse 2 p. d'acide acétique pur et cristallisable, surtout exempt d'acide sulfurique ou sulfureux; on chauffe à 70° en agitant et on ajoute 24 p. d'eau non calcaire; on fait bouillir pendant quelques minutes. On coule alors le liquide dans des cristallisoirs maintenus au frais. Les cristaux qui se forment sont de l'acétate de rosaniline en C^{20}, l'acétate de pararosaniline reste dans les liqueurs mères. On sépare les deux produits par un turbinage.

Un autre procédé, imaginé par M. Monnet, repose sur la différence de basicité de la pararosaniline et de la rosaniline ordinaire. Le premier de ces corps déplace le second de ses sels. Le procédé industriel est le suivant :

On fait bouillir pendant 2 à 3 heures la fuchsine commerciale avec de la rosaniline humide, préparée en précipitant par un alcali la même fuchsine; la pararosaniline déplace la rosaniline en C^{20} et forme un sel soluble, tandis que celle-ci devient libre et reste ensuite sur le filtre; on la fait bouillir dans l'eau pure et on la lave à l'eau chaude ammoniacale; elle peut alors servir à faire le bleu. Les liqueurs filtrées bouillantes sont réunies et renferment le chlorhydrate de pararosaniline. Elles peuvent être précipitées par la soude ou la potasse.

Enfin, Charles Girard a imaginé deux autres méthodes de séparation, fondées sur les caractères de solubilité des bases.

Le chlorhydrate de rosaniline est dissous dans l'eau bouillante et le liquide chauffé sous pression avec de la baryte caustique. Par le refroidissement, la rosaniline cristallise; le produit cristallisé est traité à chaud par 2 fois 1/2 son poids d'alcool ordinaire; on filtre, la rosaniline en C^{20} cristallise, la pararosaniline reste dans la dissolution.

L'autre méthode consiste à dissoudre un sel de rosaniline dans le moins d'eau acide possible; on verse la solution dans un grand excès (1 vol. environ) d'ammoniaque concentrée, en agitant avec soin. La rosaniline en C^{20} cristallise; la pararosaniline reste en solution [Pabst, *Monit. scientif.*, 1882, p. 399].

Verts.

Le vert méthyle n'est plus guère employé aujourd'hui; les nouveaux verts dérivés de la diméthylaniline et de la diéthylaniline, qui sont forts beaux et deux fois aussi intenses, l'ont remplacé dans toutes ses applications.

Les nouveaux verts, vert malachite, vert brillant, sont des dérivés diamidés du triphénylcarbinol. On les obtient en faisant agir l'aldéhyde benzoïque sur les amines tertiaires.

La fabrication des nouveaux verts a lieu en deux phases :

1° Condensation de l'aldéhyde benzoïque avec les amines tertiaires;

2° Oxydation des leucobases obtenues.

Matières premières. — Les bases tertiaires employées pour la fabrication des verts sont la diméthylaniline, la diéthylaniline, la dibenzylaniline et la méthylbenzylaniline.

La préparation de la diméthylaniline a été décrite. (Suppl., p. 156).

La préparation de la diéthylaniline s'effectue d'une manière analogue.

La dibenzylaniline s'obtient très facilement en chauffant du chlorure de benzyle, de l'aniline et un lait de chaux. Pour une molécule d'aniline on emploie deux molécules de chlorure de benzyle et une molécule de chaux. L'opération s'exécute dans des doubles-fonds chauffés à la vapeur et munis de réfrigérants ascendants. Un courant de vapeur d'eau entraîne les produits inattaqués. On ajoute de l'acide chlorhydrique pour fixer la totalité de la chaux à l'état de chlorure de calcium. Par le refroidissement, la dibenzylaniline se prend en une masse cristalline.

La méthylbenzylaniline se prépare en chauffant à 150° 1 molécule de diméthylaniline avec un peu plus de 1 molécule de chlorure de benzyle. La benzyle déplace le méthyle qui se dégage à l'état de chlorure. Ce dernier est recueilli et utilisé pour la fabrication de la diméthylaniline. Quand le dégagement de chlorure de méthyle cesse, on fait passer à travers le liquide un courant de vapeur d'eau qui enlève la diméthylaniline et le chlorure de benzyle inattaqués. Le résidu est séché sur du chlorure de calcium et filtré sur feutre. A cet état il est suffisamment pur pour pouvoir être employé directement dans la fabrication du vert. C'est un liquide incolore, verdissant rapidement à l'air et se décomposant en partie par la distillation sèche.

Quant à l'aldéhyde benzoïque, on la prépare actuellement en traitant par la chaux le chlorure de benzylidène, $C^6H^5.CHCl^2$.

$$C^6H^5.CHCl^2 + CaO = CaCl^2 + C^6H^5.CHO.$$

— Le chlorure de benzylidène, dont la fabrication est assez délicate, est obtenu en chlorant le toluène à l'ébullition.

Vert malachite. — Dans des chaudières en fonte émaillée, chauffées au bain-marie, on introduit 55 kilogrammes d'aldéhyde benzoïque, 120 kilogrammes de diméthylaniline. Ces quantités correspondent à 2 molécules de diméthylaniline et à 1 molécule d'aldéhyde plus 5 °/₀ d'excès. On ajoute environ 20 kilogrammes d'alcool, puis peu à peu 150 kilogrammes de chlorure de zinc. Dans cette opération, qui est accompagnée d'un dégagement de chaleur, il faut avoir soin de ne pas dépasser la température de 100°. Au delà, il se forme des produits secondaires peu étudiés et qui nuisent à la fabrication. L'alcool employé modère et facilite la réaction. On chauffe pendant 10-12 heures à 98-100°, en agitant constamment la masse. Lorsque la réaction est achevée, on distille à l'aide d'un courant de vapeur d'eau, pour entraîner les corps non entrés en réaction, et on verse dans l'eau bouillante. On enlève ainsi la totalité du chlorure de zinc. Par le refroidissement, la leucobase formée (tétraméthyl-diamidotriphénylméthane) se prend en une masse cristalline blanche. Si la condensation a été effectuée sans précaution, le produit reste visqueux pendant longtemps et donne un vert de qualité inférieure.

L'oxydation de la leucobase s'effectue exclusivement par le peroxyde de plomb. Dans des cuves en bois munies d'agitateurs, on dissout 1 molécule de leucobase à l'aide de 1 molécule d'acide chlorhydrique, et on ajoute de l'eau de manière à avoir une dissolution à 5 °/₀. On additionne la liqueur de 2 molécules d'acide acétique et on introduit une quantité de bioxyde de plomb en pâte correspondant à 1 molécule de PbO^2 + 10 °/₀ d'excès pour 1 molécule de leucobase. L'oxydation s'effectue à la température ordinaire. Lorsqu'elle est achevée, ce que l'on reconnaît par des dosages colorimétriques, on laisse reposer. Le chlorure de plomb gagne le fond de la cuve. La liqueur décantée est précipitée par la soude caustique. La base colorée (carbinol) est lavée et essorée. Elle se présente alors sous la forme d'une poudre rougeâtre insoluble dans l'eau. Suivant que l'on désire préparer l'oxalate ou le chlorozincate du vert, on redissout la base dans la quantité calculée d'acide oxalique ou d'acide chlorhydrique, et on abandonne à la cristallisation en ajoutant, pour le chlorozincate, la quantité nécessaire de chlorure de zinc. La cristallisation s'opère dans des cuves dont les couvercles sont munis de tiges en bois, semblables à celles qui servent à la fabrication de la fuchsine. Si on veut obtenir un produit moins pur, on précipite par le sel les solutions de chlorozincate et on dessèche le précipité à l'étuve. Généralement, lors de la préparation de la base colorée par la soude caustique, on opère par précipitation fractionnée; les premières portions et les dernières servent à la fabrication du produit amorphe; on réserve le cœur, qui est plus pur, pour la production du vert en cristaux. Les eaux-mères de ce dernier sont précipitées par le sel et le précipité est réuni au vert amorphe résultant de la première et de la dernière fraction de la base colorée (tétraméthyldiamidotriphénylcarbinol).

Vert brillant. — C'est le produit dérivé de la diéthylaniline. Il est d'une nuance beaucoup plus jaune que le vert malachite. La fabrication de ce corps s'effectue comme celle du dérivé méthylique. La condensation est plus lente; elle s'opère le mieux en présence d'alcool amylique qui maintient le chlorure de zinc en dissolution. Lorsque l'opération est achevée et qu'on distille à la vapeur d'eau, l'alcool amylique passe avec la diéthylaniline et l'aldéhyde benzoïque inattaquées. On le décante et on le fait rentrer dans la fabrication.

Vert sulfoconjugué. — Si on traite par l'acide sulfurique fumant le vert brillant ou le vert malachite, on obtient un sulfacide teignant le coton mordancé, mais ne montant pas sur laine. Pour obtenir un vert apte à la teinture des fibres animales, il faut faire intervenir du benzyle, en un mot partir d'une base tertiaire benzylée.

On emploie à cet effet la dibenzylaniline ou la méthylbenzylaniline. La condensation peut s'effectuer, comme pour la diméthylaniline, à l'aide du chlorure de zinc. Un autre procédé consiste à chauffer au bain-marie 1 molécule d'aldéhyde benzoïque avec 2 molécules de base benzylée et de l'acide sulfurique concentré. La masse s'épaissit et finit par devenir solide. Après refroidissement, on la concasse et on la transforme en dérivé sulfoconjugué sans autre purification. Dans la condensation, il est bon d'opérer avec un léger excès d'aldéhyde benzoïque pour transformer intégralement la base tertiaire en leucobase; si, en effet, il reste dans la masse de la benzylaniline libre, le vert obtenu est très terne. La transformation en dérivé sulfoconjugué s'effectue avec 4 p. d'acide sulfurique à 25 °/₀ de SO^3 à une température de 100° au bain-marie. On arrête l'opération lorsqu'une prise d'essai se dissout immédiatement dans l'eau, c'est-à-dire lorsque le sulfacide formé est soluble dans l'eau acide. On verse dans une grande quantité d'eau, on transforme en sel de chaux et on oxyde par le bioxyde de plomb la liqueur rendue acide par l'acide chlorhydrique et l'acide acétique. On filtre pour séparer le sel de plomb et on évapore à siccité le liquide. Quelques fabricants vendent le vert à l'état de solution, renfermant environ 200 grammes de matière colorante par litre. L'oxydation de la leucobase sulfoconjuguée s'effectue très bien en solution concentrée.

Le vert dérivé de la dibenzylaniline est plus jaune, mais notablement plus terne que la matière colorante dérivée de la méthylbenzylaniline.

Violets.

Les violets Hofmann ne se fabriquent actuellement qu'en petites quantités; ils servent principalement à obtenir des nuances d'un violet rouge.

Le violet de Paris et ses dérivés, en revanche, sont toujours fabriqués sur une grande échelle. Le procédé de Lauth a subi des modifications peu importantes. Il est bien établi actuellement que, pour obtenir un bon rendement en violet, il faut partir de diméthylaniline pure. Or, comme le carbone central est fourni par une partie de la molécule, on ne peut obtenir qu'une *pentaméthylpararosaniline*. En effet, le violet commercial renferme principalement ce corps.

Pour voir si un violet est complètement méthylé, on le fait bouillir avec de l'anhydride acétique et de l'acétate de sodium. On verse une goutte de la liqueur additionnée d'eau sur du papier à filtre. Une auréole verte est un signe de la présence de produits incomplètement méthylés qui, sous l'influence de l'anhydride acétique, fixent de l'acétyle en se transformant en dérivés méthylacétyliques de couleur verte.

On voit donc que, pour obtenir un meilleur rendement en violet, il est nécessaire de fournir le carbone central autour duquel viennent se grouper les restes de diméthylaniline.

Tout récemment, la fabrique de Ludwigshafen a pris plusieurs brevets qui réalisent ce desideratum. Les nouveaux procédés, dus à MM. Kern et Caro, ont permis non seulement de réaliser une nouvelle synthèse des violets de Paris, mais encore de préparer une foule de matières colorantes nouvelles et des plus importantes. Nous donnons ci-dessous un résumé assez complet de ces réactions.

En 1875, Michler, en étudiant l'action de l'oxychlorure de carbone sur la diméthylaniline, remarqua la formation d'une matière colorante d'un violet bleu dont il ne poursuivit pas l'étude. C'est cette réaction qui sert de base à la nouvelle fabrication des violets.

Lorsque l'oxychlorure de carbone réagit sur la diméthylaniline, il se forme principalement des chlorures d'acides-amines et des acétones-amines à côté de très peu de matière colorante. Si on fait agir l'oxychlorure en présence d'un agent de condensation énergique, tel que le chlorure d'aluminium, le sens des phénomènes est renversé et la formation de matières colorantes devient la réaction principale.

Cette réaction a lieu en deux phases; il se forme d'abord de la *tétraméthyldiamidobenzophénone*,

$$CO \begin{cases} C^6H^4.Az(CH^3)^2 \\ C^6H^4.Az(CH^3)^2. \end{cases}$$

Cette acétone, en réagissant sur une troisième molécule de diméthylaniline, fournit l'*hexaméthylpararosaniline* (violet hexaméthylé). Comme la réaction a lieu en présence d'oxychlorure de carbone et d'acide chlorhydrique formé dans la première phase de la réaction, on obtient directement le chlorhydrate,

$$CCl \begin{cases} C^6H^4Az(CH^3)^2 \\ C^6H^4Az(CH^3)^2 \\ C^6H^4Az(CH^3)^2. \end{cases}$$

Comme agents de condensation, on peut employer les corps les plus divers, tels que le *chlorure d'aluminium*, déjà mentionné, le *trichlorure* et l'*oxychlorure de phosphore*, l'*oxychlorure de carbone*. Le *chlorure de zinc* donne des résultats moins favorables.

Le procédé le plus employé paraît être celui au chlorure d'aluminium. Voici comment on opère:

Dans une marmite en fonte émaillée, on introduit le mélange de chlorure d'aluminium et de diméthylaniline; on ajoute ensuite peu à peu, en ne laissant pas la température s'élever au-dessus de 30°, l'oxychlorure de carbone. Lorsque la réaction est achevée, on rend le liquide alcalin, on distille l'excès de diméthylaniline à l'aide d'un courant de vapeur d'eau, et on redissout la base de la matière colorante formée dans de l'acide chlorhydrique; on précipite par le sel, on filtre et on redissout la matière colorante dans de l'eau bouillante. Par le refroidissement, le violet cristallise. Les eaux-mères sont précipitées par le sel et le produit obtenu rentre dans la fabrication.

L'oxychlorure de carbone qui sert dans ces réactions est préparé en mélangeant, dans des ballons en verre de 25 à 30 litres, les quantités calculées d'oxyde de carbone et de chlore, et en exposant le tout à la lumière diffuse. La combinaison s'effectue rapidement. L'oxychlorure de carbone formé est condensé dans un serpentin refroidi par un mélange de glace et de sel et recueilli dans des cylindres en cuivre.

Pour obtenir de bons résultats d'après ce procédé, l'oxyde de carbone employé doit être pur et ne pas contenir de carbures, sinon l'action du chlore donne lieu à une explosion. On ne peut l'obtenir en faisant passer l'acide carbonique sur du coke incandescent. Le procédé suivi est tenu secret.

La préparation du violet hexaméthylé peut également, d'après les brevets de la fabrique de Ludwigshafen, être effectuée d'une manière un peu différente.

On commence par préparer la tétraméthyldiamidobenzophénone en faisant agir l'oxychlorure de carbone sur la diméthylaniline sans agents de condensation. Ce corps est isolé en éliminant par la vapeur d'eau l'excès de diméthylaniline.

La tétraméthyldiamidobenzophénone est réduite par le zinc en poudre et la potasse caustique en solution dans l'alcool amylique. Elle se transforme alors en tétraméthylbenzhydrol

$$CH \begin{cases} C^6H^4.Az(CH^3)^2 \\ OH \\ C^6H^4.Az(CH^3)^2 \end{cases}$$

par fixation de 2H.

Ce corps, chauffé au bain-marie en présence d'un acide minéral avec de la diméthylaniline, fournit l'hexaméthylparaleucaniline avec perte d'eau,

$$CH \begin{cases} C^6H^4.Az(CH^3)^2 \\ C^6H^4.Az(CH^3)^2 \\ C^6H^4.Az(CH^3)^2. \end{cases}$$

Or l'hexaméthylparaleucaniline, oxydée en liqueur acide par le bioxyde de plomb, se transforme quantitativement en violet hexaméthylique.

Ce procédé n'est pas très avantageux; il faut, en effet, faire dans la seconde opération (l'oxydation) ce qu'on défait par la transformation en benzhydrol. Il présente toutefois un grand intérêt au point de vue théorique, car il montre d'une manière très élégante le mécanisme de la réaction et permet d'établir avec certitude la constitution du violet.

Un second procédé, qui a également pour point de départ la tétraméthyldiamidobenzophénone, est plus rationnel. Il fait intervenir divers agents de condensation qui déterminent la fixation de la troisième molécule de diméthylaniline sans réduction préalable :

$$CO < \begin{matrix} C^6H^4.Az(CH^3)^2 \\ C^6H^4.Az(CH^3)^2 \end{matrix}$$

$$+ C^6H^5.Az(CH^3)^2 = C(OH) \begin{cases} C^6H^4.Az(CH^3)^2 \\ C^6H^4.Az(CH^3)^2 \\ C^6H^4.Az(CH^3)^2. \end{cases}$$

Toutefois la réaction n'est pas aussi simple ; elle a lieu en plusieurs phases, que nous allons décrire ci-dessous.

Disons tout d'abord que le meilleur agent de condensation à employer dans ce cas est le trichlorure de phosphore.

La réaction est une généralisation de la synthèse de l'*aurine*, effectuée il y a longtemps déjà par Caro et Graebe [*Deutsch. chem. Gesellsch.*, 1879, p. 1350]. — Rappelons-la en peu de mots.

La *dioxybenzophénone*, $(C^6H^4.OH)^2CO$, est chauffée avec du *phénol* en présence de *chlorure phosphoreux*,

$$(C^6H^4.OH)^2CO$$
$$+ C^6H^5.OH = C(OH)(C^6H^4.OH)^3.$$

La présence de chlorure phosphoreux est indispensable à la réussite de l'opération.

Au lieu de dérivés oxhydrylés de la benzophénone, on emploie dans ce cas les dérivés alcooliques de la benzophénone diamidée. Le carbonyle des amidobenzophénones agit tout aussi peu sur les radicaux aromatiques que celui des oxybenzophénones. L'agent de condensation employé (PCl^3) fournit des composés intermédiaires halogénés, renfermant l'halogène à la place de l'oxygène du carbonyle. Les atomes de chlore, beaucoup plus mobiles que l'atome d'oxygène, donnent lieu facilement à la fixation d'une troisième molécule de diméthylaniline.

L'expérience suivante fait ressortir le mode de préparation et les propriétés de ces produits intermédiaires :

On mélange 1 p. de tétraméthyldiamidobenzophénone et ½ p. de chlorure phosphoreux. Le mélange s'échauffe en se colorant en bleu. Si on opère sur des quantités tant soit peu considérables de matière, il est nécessaire de refroidir pour éviter une réaction destructive, ou d'ajouter un dissolvant neutre (chloroforme, benzine, etc.). Le liquide renferme une matière colorante basique bleue, très instable, qu'on peut isoler par addition de ligroïne à sa dissolution chloroformique. Le corps obtenu ne peut être desséché sans s'altérer, l'eau bouillante régénère immédiatement la base acétonique. Il se dissout sans s'altérer dans la diméthylaniline; en présence de chlorure phosphoreux, il s'y condense en donnant le violet.

Dans la fabrication industrielle, on n'isole pas ces produits intermédiaires. L'emploi d'un excès de diméthylaniline est toujours favorable à la bonne marche de la réaction. On opère en grand de la manière suivante :

Marche de l'opération. — Dans une chaudière en fonte émaillée, munie d'un agitateur, on introduit 10 kilogrammes de tétraméthyldiamidobenzophénone et 20 kilogrammes de diméthylaniline; on dissout à chaud et on laisse refroidir. On ajoute alors au mélange 6 kilogrammes de chlorure phosphoreux. La réaction commence immédiatement; la masse s'échauffe, se liquéfie entièrement et prend une coloration bleue. Au bout de quelque temps, la formation de violet (seconde phase de la réaction) commence; il est nécessaire à ce moment de refroidir énergiquement, pour éviter l'altération du produit. Le produit se prend en une masse cristalline de violet hexaméthylé. On laisse reposer pendant plusieurs heures, on dissout dans l'eau bouillante, on sursature par la soude caustique et on enlève l'excès de diméthylaniline par un courant de vapeur d'eau. La purification du violet s'effectue comme dans le procédé à l'oxychlorure de carbone.

Jusqu'ici nous n'avons parlé que du violet dérivé de la diméthylaniline, sur lequel a porté la discussion des procédés. Ces réactions peuvent être généralisées et c'est là justement ce qui en fait l'importance. En remplaçant, par exemple, la diméthylaniline par la diéthylaniline, on obtient une *tétréthyldiamidobenzophénone*,

$$CO\left(C^6H^4.Az < \begin{matrix} C^2H^5 \\ C^2H^5 \end{matrix}\right)^2$$

qui, en s'unissant à une troisième molécule de diéthylaniline, fournit un *violet hexéthylique*, $CCl(C^6H^4.Az(C^2H^5)^2)^3$ doué d'un éclat incomparable. Or on sait qu'il est impossible d'obtenir ce violet hexéthylique par le procédé de Lauth en partant de la diéthylaniline.

La tétraméthyl- et la tétréthyldiamidobenzophénone peuvent réagir sur une foule d'amines aromatiques, et donner lieu à la formation de nombreuses matières colorantes dont quelques-unes présentent une grande importance industrielle. La condensation s'effectue comme pour le dérivé de la diméthylaniline. Suivant l'énergie de la réaction, il est nécessaire ou de refroidir ou de chauffer pour la compléter.

Les procédés à l'oxychlorure de carbone ne fournissent pas seulement des matières colorantes violettes; on a obtenu des matières colorantes vertes, bleues et jaunes, dont nous dirons quelques mots.

Bleu Victoria.

Cette matière colorante, qui est d'un bleu pur, est très employée en teinture et en impression. Elle s'obtient en faisant agir la *phényl-α-naphtylamine* sur la tétraméthyldiamidobenzophénone en présence de chlorure phosphoreux. Sa formule est donc

$$CCl \begin{cases} C^6H^4.Az(CH^3)^2 \\ C^6H^4.Az(CH^3)^2 \\ C^{10}H^6-AzH\ C^6H^5. \end{cases}$$

On mélange en agitant continuellement

10 kilogrammes		tétraméthyldiamidobenzophénone.
9	—	phényl-α-naphtylamine.
7	—	oxychlorure ou trichlorure de phosphore.

Lorsque le dégagement de chaleur se ralentit, on chauffe jusqu'à 110° et on maintient cette température pendant 1/4 d'heure. La masse se solidifie à froid. On broie, on lave à l'eau froide et on dissout dans 1000 litres d'eau bouillante. La dissolution filtrée est additionnée de 1 kilogramme d'acide chlorhydrique et précipitée par le sel.

Auramine.

Cette matière colorante jaune s'obtient par l'action de l'ammoniaque sur la tétraméthyldiamidobenzophénone. Sa formule de structure est probablement la suivante,

$$AzH = C \begin{matrix} \diagup C^6H^4.Az(CH^3)^2 \\ \diagdown C^6H^4.Az(CH^3)^2, \end{matrix}$$

qui représente la base libre. Le produit commercial est un chlorhydrate.

Fabrication. — On chauffe à 200°, dans une marmite en fonte émaillée, un mélange intime de

25 kilogrammes		tétraméthyldiamidobenzophénone.
25	—	chlorure d'ammonium.
20-30	—	chlorure de zinc.

Le mélange entre en fusion et se colore peu à peu en jaune; on agite constamment pour activer la réaction. Elle est complète lorsqu'une prise d'essai se dissout presque sans trouble dans l'eau chaude. La masse refroidie est pulvérisée et traitée par l'eau froide légèrement acidulée pour enlever le chlorure de zinc et l'excès de chlorure d'ammonium. Le résidu est épuisé par l'eau bouillante et l'auramine précipitée par addition de sel marin.

L'auramine est une matière colorante basique dont les sels, d'un jaune intense, sont bien cristallisés. En présence d'un acide minéral, au bout de quelque temps à froid et plus rapidement à chaud, les sels d'auramine se décolorent; il se régénère de l'ammoniaque et de la tétraméthyldiamidobenzophénone. Les nuances fournies sur tissus par l'auramine sont d'un très beau jaune vert et résistent au savon.

L'auramine, chauffée avec de l'aniline, perd de l'ammoniaque en se transformant en une matière colorante orangée, la *phénylauramine.* Ces réactions sont générales et peuvent s'appliquer aux autres amines.

Dans la préparation des violets qu'on vient de décrire, on peut remplacer l'oxychlorure de carbone par d'autres corps chlorés. Il faut que la molécule soit assez riche en chlore pour fournir facilement un carbone central pouvant grouper autour de lui les radicaux d'amines aromatiques. Les éthers chlorocarboniques du type

$$CO \begin{matrix} \diagup Cl \\ \diagdown OR \end{matrix}$$

ne donnent pas lieu à cette condensation. En revanche, elle s'effectue facilement si l'on se sert des corps obtenus en faisant réagir le chlore sur ces éthers, de manière à remplacer l'hydrogène du radical alcoolique R par du chlore.

De même, les dérivés chlorés de l'éther méthylformique, $H.CO.OCH^3$ fournissent du violet avec de la diméthylaniline et du chlorure d'aluminium. Il est évident que la formation de la matière colorante doit être précédée de celle de l'acétone amidée.

Le méthylmercaptan perchloré, $CCl^3.SCl$, agit d'une façon analogue, quoique le soufre intervienne ici d'une manière gênante, en fixant de la diméthylaniline et en la transformant en thiobase [Rathke, *Deutsch. chem. Gesellsch.*, 1886, p. 398].

Si nous comparons les nouveaux violets à l'oxychlorure de carbone avec le violet de Paris, nous sommes immédiatement frappés d'une différence notable d'aspect. En effet, tandis que le violet de Paris est toujours amorphe, les sels de l'hexaméthylpararosaniline et de l'hexéthylrosaniline, par exemple, cristallisent avec la plus grande facilité. Ces derniers, produits par une série de réactions nettes, sont constitués par une seule et même espèce chimique, tandis que le violet de Paris, préparé par le procédé de Lauth, est un mélange de plusieurs matières colorantes, accompagnées en outre d'une certaine quantité de résines (le rendement en violet de Paris n'atteint que 60-70 °/₀ du rendement théorique) qui s'opposent à la cristallisation. La meilleure preuve qu'il en est ainsi, c'est que le vert méthyle, corps obtenu en partant du violet de Paris et ayant subi plusieurs purifications, cristallise avec facilité. Lui aussi doit être envisagé comme une espèce chimique unique, puisque la méthylation transforme les rosanilines moins méthylées en un dérivé hexaméthylique qui fixe encore 1 molécule de CH^3Cl pour former le chlorure d'ammonium quaternaire qui constitue le vert méthyle du commerce.

En résumé, le nouveau procédé de fabrication des violets par l'oxychlorure de carbone a certainement un grand avenir. Plus compliqué à première vue, il rachète cet inconvénient par un rendement plus élevé et par la beauté des produits obtenus.

En outre, et cela seul suffirait pour lui donner une importance capitale, il permet, en variant les réactions jusqu'à l'infini, de préparer un nombre immense de dérivés colorés, dont quelques-uns remplaceront avantageusement les anciens produits dérivés de la rosaniline. Il reste encore à effectuer d'une manière économique la synthèse de la rosaniline proprement dite. Nul doute que les efforts des chimistes n'arrivent à résoudre ce problème, et alors la partie fondamentale et la première en date de l'industrie des couleurs subira une transformation radicale et atteindra le but que poursuit constamment l'industrie chimique : se rapprocher des conditions théoriques et réaliser pratiquement sur une grande échelle les réactions écrites sur le papier.

Application en teinture et en impression des matières colorantes dérivées du triphénylméthane (1).

Au point de vue tinctorial, les matières colorantes peuvent se diviser en corps à fonction acide et en corps jouant le rôle de base.

Les premiers comprennent les dérivés sulfonés de quelque matière colorante qu'ils dérivent, les éosines et l'aurine; on range parmi les seconds la fuchsine, les violets et les verts.

Nous étudierons à part ces deux classes de corps, en donnant les procédés généraux de teinture d'abord, d'impression ensuite pour le coton, la laine et la soie.

(1) Nous nous faisons un devoir d'exprimer ici toute notre gratitude à MM. Félix Binder, chimiste indienneur à Mulhouse, et Arthur Guillaumet, industriel à Suresnes, qui nous ont puissamment aidé dans la rédaction de cette partie de notre article en nous communiquant les procédés les plus récents employés dans l'industrie de la teinture et de l'impression. G. de B.

TEINTURE.

Matières colorantes basiques.

Coton. — On mordance en tannin à 25-30 grammes par litre pour les tons moyens, en solution plus étendue ou plus concentrée pour les tons clairs ou très foncés. On exprime et on passe, sans rincer, dans une dissolution d'émétique à 10 grammes par litre; on lave à grande eau et on teint en élevant graduellement la température à 55-60°. Il ne faut pas dépasser cette température, sous peine de voir la nuance descendre. Une fois la nuance voulue atteinte, on lave et on sèche.

On peut encore mordancer d'abord au tannin, sécher, teindre et passer en émétique après teinture.

Quelquefois on peut augmenter la solidité de la teinture en vaporisant pendant un temps que la pratique peut seule indiquer, le tissu achevé. Il ne faut pas perdre de vue que, dans ce cas, on détermine un léger virage de la nuance.

Ces procédés sont applicables à la fuchsine, aux bleus, violets et verts basiques, à l'auramine et à la phloxine.

Laine. — Les nuances sur laine sont en général plus belles quand on fait préalablement subir à la fibre un traitement à l'hypochlorite très étendu, suivi d'un passage en acide minéral (chlorage). La teinture a lieu sur bain faiblement acide; on entre à 50-60° et on monte jusque vers 80°. Il ne faut pas dépasser cette température si on veut avoir une nuance fraîche.

On peut teindre en 1 heure environ une pièce de 3 à 400 mètres. Les bains de teinture sont conservés; on a même remarqué que les vieux bains sont favorables à la teinture. On peut encore, et ce procédé s'applique spécialement à la fuchsine et au violet de Paris, teindre sur bain de savon très faible.

Pour les verts (vert méthyle, vert malachite, vert brillant), on teint le plus souvent sur laine mordancée au soufre. De même pour l'auramine.

Voici le mode opératoire : On fait bouillir le tissu dans une dissolution d'hyposulfite additionnée d'acide chlorhydrique et d'alun, on rince et on teint sur bain neutre. On peut ainsi épuiser à fond les bains de teinture. L'addition d'alun a pour but d'empêcher la précipitation trop rapide du soufre et de faciliter l'unisson.

Le mordançage de la laine au soufre peut être négligé; on teint alors la fibre sur bain rendu légèrement acide par addition de bisulfate de soude. Dans ce cas, les bains ne s'épuisent pas complètement. Pour les violets de Paris et congénères, on teint sur bain rendu légèrement acide par addition d'alun et de sulfate d'alumine. Il est bon de ne pas teindre à une température trop élevée, ce qui ternit la nuance en la faisant en même temps légèrement virer au bleu.

Le bleu victoria se teint sur bain légèrement acidifié par le bisulfate de soude et à la température de l'ébullition. On réalise de très jolies nuances par son emploi. Malheureusement, ce corps ne résiste pas à l'action de la lumière.

Soie. — La teinture de la soie est très simple; le bain est additionné de vieux savon et d'un acide (acétique ou tartrique). La teinture s'effectue à une température de 60° environ.

Matières colorantes sulfoconjuguées.

Coton. — Pour la teinture du coton, on n'utilise de ce groupe de matières colorantes que le bleu alcalin et le bleu soluble (dérivés sulfoconjugués du bleu de Lyon).

Pour le premier, on mordance en acétate d'alumine la fibre préparée au préalable en sulfoléate (comme pour le rouge turc) et on teint en présence de carbonate de soude; on développe la nuance par un passage en acide sulfurique étendu.

Pour le bleu soluble, on immerge le coton dans un bain de tannin et on l'y laisse séjourner pendant 4 à 5 heures. On tord et on passe en alun neutralisé. On entre à froid dans le bain de teinture et on monte graduellement jusqu'à 50°.

Laine. — *Bleu alcalin.* — On teint sur bain rendu faiblement alcalin par addition de borax, de carbonate de soude ou de silicate de soude ; ce dernier sel est préférable. On obtient par son emploi des nuances plus vives et plus solides et le tissu est moins sujet à se casser. On commence à 50° et on va graduellement jusqu'à l'ébullition ; on avive ensuite par un passage en acide sulfurique.

Les autres matières colorantes sulfonées (fuchsine acide, vert sulfoconjugué, etc.) se teignent sur bain rendu acide par du bisulfate de soude.

Soie. — On teint sur bain de savon coupé, sauf pour les bleus et les violets sulfonés, que l'on teint sur bain de borax.

Aurine et dérivés.

Coton. — Ces produits sont rarement appliqués dans la teinture du coton; ils sont difficiles à fixer d'une manière satisfaisante. Les meilleurs résultats s'obtiennent en préparant la fibre en stannate de soude.

Laine et soie. — On teint sur bain de savon, en montant graduellement au bouillon. Pour la soie, on avive la nuance au moyen d'acide tartrique.

Phtaléines (éosines et dérivés).

Coton. — Les plus jolies teintes s'obtiennent sans mordançage, en teignant à 50° sur bain chargé de chlorure de sodium, ce qui a pour but de retarder la teinture.

Le mordançage aux sels de zinc ou de plomb est également usité. On imprègne la fibre d'acétate de plomb et on teint. On peut encore préparer la fibre en savon fort et passer en sel de plomb ; il se forme ainsi sur la fibre un savon de plomb apte à fixer les phtaléines.

Enfin, un dernier procédé, applicable surtout à l'éosine, consiste à préparer la fibre en sulfoléate alcalin, à vaporiser, à passer en acétate d'alumine, à essorer et finalement à teindre en présence d'alun en commençant à 45°, et en laissant le bain s'épuiser à mesure qu'il se refroidit.

Laine. — On teint sur bain rendu légèrement acide par de l'acide tartrique ou acétique; on entre à froid et on chauffe graduellement jusqu'à la température de l'ébullition. En ajoutant à la fin de la teinture une plus grande quantité d'acide, on obtient des nuances plus jaunes. La couleur peut être avivée par un passage en sel d'étain.

Soie. — On teint sur bain acide avec ou sans addition de savon.

La méthyléosine s'emploie comme les matières colorantes solubles dans l'eau en la dissolvant préalablement dans l'alcool. Les nuances fournies par ce produit sont plus fleuries que celles des produits à l'eau.

Céruléine.

La céruléine s'emploie en teinture d'une manière toute spéciale. Pour le *coton*, on teint en cuve de réduction au moyen de zinc et d'ammoniaque; la leucocéruléine se réoxyde rapidement à l'air et se trouve fixée solidement sur le tissu.

Si l'on remplace la céruléine par la céruléine S, on teint le coton mordancé préalablement aux sels d'alumine, de chrome, de fer ou d'étain, en entrant dans le bain à froid et en montant à 100°. La présence de la chaux doit être évitée.

Pour la *laine*, on mordance avec 2 °/₀ de bichromate de potasse et 0,7 °/₀ d'acide sulfurique, et on teint en entrant à froid et en finissant au bouillon. Une addition d'alumine au bain fournit des nuances plus bleues. L'addition de fer donne un olive noirâtre. Les procédés s'appliquent à la céruléine S.

Pour la *soie*, on teint avec mordant d'alumine et on savonne après teinture.

IMPRESSION

Matières colorantes basiques.

Coton. — Toutes ces matières colorantes se fixent sur coton à l'aide de l'albumine. Il suffit d'épaissir la solution colorante avec un excès d'albumine mélangée de gomme adragante et de vaporiser.

Cependant ce procédé n'est pas appliqué pour les tons foncés. Dans ce cas, le meilleur procédé consiste à imprimer la matière colorante épaissie et additionnée de 2 fois ou 2 fois ½ son poids de tannin et d'acide acétique. On vaporise et, pour obtenir une fixation plus solide, on passe en émétique à 10 grammes par litre à 60-70°. On rince et on sèche.

Dans ces derniers temps, on a proposé pour plusieurs matières colorantes basiques d'ajouter à la couleur d'impression des quantités variables d'acide éthyltartrique ou simplement d'un mélange d'acide tartrique et d'alcool. L'acide éthyltartrique se dissocie au vaporisage, en mettant en liberté de l'alcool, qui facilite par son action dissolvante la pénétration de la laque tannique dans la fibre.

De toute façon, le passage ultérieur en émétique contribue toujours à donner de la stabilité aux laques. En imprimant sur coton préparé en sulforicinate ou en stannate, les nuances gagnent presque toujours en beauté et en solidité.

Laine et soie. — Les matières colorantes basiques s'impriment sur laine avec une simple addition d'acide acétique; quelquefois on ajoute de l'acétate de soude. On épaissit généralement avec un mélange de gomme arabique et de gomme adragante; on vaporise la laine très humide.

Pour la laine, un léger chlorage avant l'impression donne de l'éclat aux nuances.

Matières colorantes sulfoconjuguées.

Coton. — Le bleu soluble, le bleu de Lyon et le bleu coton se fixent le mieux en imprimant un mélange du colorant avec de l'acétate et du bisulfite de soude, de l'acétate d'alumine, quelquefois encore de l'alun, de l'acétate de chrome et de la gomme adragante. La fixation est plus complète sur un tissu préparé en sulforicinate alcalin. La laque se forme au vaporisage.

Le bleu alcalin et d'autres couleurs du même genre se fixent avec le concours de l'acétate de chrome, du tannin, du bisulfite et de l'acide acétique. Après le vaporisage, on passe en solution de borax additionnée d'acide chlorhydrique.

Laine. — On prépare la laine au stannate de soude, on précipite l'étain par l'acide sulfurique et on imprime la matière colorante mélangée d'acétate d'alumine, d'acide acétique et convenablement épaissie.

Soie. — Il suffit d'épaissir la couleur à la gomme et d'ajouter de l'acide acétique.

Groupe de l'aurine.

Coton. — Ces matières colorantes ne s'impriment presque jamais sur coton. Au besoin cependant on peut les appliquer sur tissu préparé en étain par foulardage en stannate de soude ou macération au chlorure stannique. On vaporise.

Laine et soie. — On imprime la couleur avec le quart de son poids d'alun. Après vaporisage on savonne à froid pour prévenir le poudrage.

Éosine et analogues.

Coton. — Le meilleur agent de fixation est le mélange de gomme adragante et d'albumine; on dissout la couleur dans un mélange d'eau et d'alcool. Quelquefois on y ajoute de l'oxyde de zinc précipité, en pâte. On vaporise.

Laine et soie. — On ajoute à la couleur le quart de son poids d'alun et on vaporise après l'impression. On peut aussi suivre pour ces deux fibres les procédés que nous avons indiqués pour le bleu alcalin.

Céruléine.

On épaissit convenablement la pâte de céruléine du commerce et on additionne la couleur d'acétate de chrome, d'huile pour rouge turc et de bisulfite de soude. Si l'on se sert de céruléine S, on supprime ce dernier sel. On imprime et on vaporise pendant 2 heures.

Le *coton* et la *soie* s'impriment de la même manière. La céruléine n'est pas employée en impression sur laine. G. de Bechi.

TROPÉINES. — Ladenburg nomme ainsi une série d'alcaloïdes qui se forment lorsqu'on chauffe certains sels organiques de tropine avec de l'acide chlorhydrique étendu, au bain-marie. Le sel alcaloïdique perd 1 molécule d'eau et se transforme en une tropéine. C'est ainsi que la réaction de Kraut et Lossen,

$$\underset{\text{Atropine.}}{C^{17}H^{23}AzO^3} + H^2O = \underset{\text{Tropine.}}{C^8H^{15}AzO} + \underset{\text{Acide tropique.}}{C^9H^{10}O^3},$$

peut être renversée, et que Ladenburg a fait la synthèse de l'atropine :

$$\underset{\text{Tropate tropique.}}{C^9H^{10}O^3.C^8H^{15}AzO} - H^2O = \underset{\text{Atropine.}}{C^{17}H^{23}AzO^3}.$$

L'atropine est dès lors la tropéine tropique.

TROPÉINE SALICYLIQUE, $C^{15}H^{19}AzO^3$. — On sature de la tropine par de l'acide salicylique, puis on traite ce sel, très soluble, par de l'acide chlorhydrique étendu, au bain-marie. Au bout de quelques jours, la réaction étant terminée, on précipite l'alcaloïde par du carbonate de sodium et on le purifie.

La salicyltropéine cristallise en lamelles, fusibles à 57-60°, peu solubles dans l'eau, très solubles dans l'alcool et dans l'éther.

Chlorhydrate soluble et cristallisable; *chloroplatinate* et *chloraurate* cristallisés; *picrate* amorphe. La salicyltropéine est un poison peu actif et elle n'a aucune action mydriatique sur la pupille.

TROPÉINE OXYBENZOÏQUE, $C^{15}H^{19}AzO^3$. — On la prépare comme le dérivé salicylique isomère, mais en partant de l'acide oxybenzoïque. Elle fond à 226°.

Chlorhydrate, $C^{15}H^{19}AzO^3.HCl$. — Il se précipite de ses solutions par l'addition d'acide chlorhydrique concentré.

Le *sulfate*, $(C^{15}H^{19}AzO^3)^2SO^4H^2, 4H^2O$, est cristallisé.

Le *chloroplatinate*, $(C^{15}H^{19}AzO^3.HCl)^2PtCl^4$, est en tables orangées.

HOMATROPINE OU TROPÉINE OXYTOLUIQUE,

$C^{16}H^{21}AzO^3$.

— On maintient de l'oxytoluate de tropine pendant plusieurs jours au bain-marie avec un excès d'acide chlorhydrique étendu, puis on précipite la base par un carbonate alcalin. C'est un alcaloïde liquide, épais, incristallisable. On peut l'obtenir très pur en décomposant son chloraurate par H^2S.

Chloraurate, $C^{16}H^{21}AzO^3, HCl, AuCl^3$. — Il se précipite à l'état d'huile, mais se prend bientôt en masse et peut cristalliser de sa solution aqueuse en prismes jaunes.

Picrate, $C^{16}H^{21}AzO^3, C^6H^2(AzO^2)^3OH$. — Précipité amorphe, devenant cristallin.

L'homatropine agit sur la pupille comme l'atropine naturelle elle-même, et peut même produire de meilleurs effets dans certains cas. Elle a été appliquée en clinique. Ses propriétés toxiques sont plus faibles que celles de l'atropine.

Tropéine phtalique, $C^{24}H^{32}Az^2O^4$. — Elle se prépare comme les autres tropéines et fond à 70°.

Tropéine paroxybenzoïque, $C^{15}H^{19}AzO^3$. — Base cristallisée en tables rhombiques et contenant $2H^2O$; à 110°, elle devient anhydre, puis fond à 227°.

Le *chloroplatinate*,

$$(C^{15}H^{19}AzO^3HCl)^2PtCl^4.2H^2O,$$

cristallise en tables orangées.

Tropéine benzoïque, $C^{15}H^{19}AzO^2$. — Alcaloïde préparé avec l'acide benzoïque, cristallisant avec $2H^2O$ et fondant à 58° sans perdre d'eau ; séchée sur l'acide sulfurique, elle contient

$$(C^{15}H^{19}AzO^2)^2H^2O$$

et fond à 37°.

Tropéine atropique ou *anhydro-atropine*,

$$C^{17}H^{21}AzO^2.$$

— On la prépare moins aisément que les précédentes, et elle n'est guère représentée que par son chloraurate, $C^{17}H^{21}AzO^2HCl, AuCl^3$.

Tropéine cinnamique, $C^{17}H^{21}AzO^2$. — Alcaloïde cristallisé en lamelles fusibles à 70°. Le chloroplatinate est anhydre.

Tous ces alcaloïdes présentent les réactions connues des alcalis naturels, en présence des réactifs généraux, tels que Br^2, I^2, $FeCy^6K^4$, réactifs de Meyer, de Nessler, etc. Les rendements, à la préparation, dépassent rarement 50 % de la quantité théorique [Ladenburg, *Deutsch. chem. Gesellsch.*, 1880, p. 106, 1081, 1137, et *Compt. rend.*, t. XC, p. 920].

Acétophényltropéine, $C^8H^{14}AzO(C^8H^7O)$. — Le phénylacétate de tropine, traité pendant longtemps au bain-marie par de l'acide chlorhydrique très étendu, donne le chlorhydrate de cette base. L'acétophényltropéine est huileuse.

Le *bromhydrate*, $C^{16}H^{21}AzO^2.HBr$, est cristallisable, mais déliquescent.

Le *chloroplatinate*, $[C^{16}H^{21}AzO^2, HCl]PtCl^4$, peu soluble, cristallise en lamelles.

Pseudo-atropine ou atrolactyltropéine,

$$C^{17}H^{23}AzO^3 = C^8H^{14}AzO, C^9H^9O^2.$$

— On prépare cet isomère de l'atropine comme les produits précédents. C'est une base cristallisée, fusible à 121° ; elle dilate la pupille comme l'atropine ordinaire. Ses sels sont solubles et peu cristallisables [Ladenburg, *Deutsch. chem. Gesellsch.*, 1882, p. 1026]. A. Étard.

TROPÉOLINES. — On désigne sous ce nom une série de matières colorantes formées par les sels d'acides aromatiques diazosulfonés. Voici les formules de quelques tropéolines :

Oxyazophénylsulfite acide de sodium ou *tropéoline Y*,

$$C^6H^4[Az = AzC^6H^4(OH)]SO^3Na.$$

— Formé par l'union de deux dérivés para.

Métadioxyazophénylsulfite acide de sodium ou *tropéoline O*,

$$NaSO^3_{(1)}.C^6H^4.Az_{(4)} = Az_{(4)}C^6H^3(OH)^2_{(1-2)}.$$

Phénylamidoazophénylsulfite de potassium ou *tropéoline OO*,

$$KSO^3.C^6H^4_{(1-4)}.Az = Az.C^6H^4_{(1-4)}.AzHC^6H^5.$$

Acide α-oxynaphtylazophénylsulfureux ou *tropéoline OOO n° 1*,

$$HSO^3.C^6H^4_{(1-4)}Az = AzC^{10}H^6(OH)\ (\alpha).$$

β-oxynaphtylazophénylsulfite de sodium ou *tropéoline OOO n° 2*,

$$NaSO^3.C^6H^4_{(1-4)}.Az = Az.C^{10}H^6.(OH)\ (\beta).$$

— C'est le sel d'un dérivé diazoïque du β-naphtol. Toutes ces matières colorantes ont des nuances très vives, passant du jaune au jaune orangé et qui rappellent la coloration si riche des fleurs de capucine (*Tropæolum majus*).

Phénylamido-azobenzol, $C^{18}H^{15}Az^3$. — On prépare ce corps en dissolvant 17 p. de diphénylamine dans 100 p. d'alcool et en versant, dans cette solution refroidie à 0°, 14 p. de chlorure de diazobenzol dissous dans 50 p. d'alcool ou, ce qui revient au même, les quantités correspondantes d'aniline, d'azotite alcalin et d'acide chlorhydrique. Il est bon d'ajouter de temps à autre quelques gouttes de triméthylamine pour saturer l'acide chlorhydrique qui se forme ; on précipite ensuite par l'eau le dérivé azoïque, qui, dissous dans la benzine sèche et saturé d'acide chlorhydrique gazeux, se transforme en chlorhydrate cristallisé, $C^{18}H^{15}Az^3, HCl$.

Dérivé nitrosé,

$$C^6H^5\text{-}Az\text{-}AzO\text{-}C^6H^4\text{-}Az = Az\text{-}C^6H^5.$$

— Il se prépare comme le précédent, mais en remplaçant la diphénylamine par la nitrosodiphénylamine.

Dérivé sulfoné ou *tropéoline OO*. — La préparation restant la même que ci-dessus, ce corps se forme lorsqu'on part de la diphénylamine et du sulfodiazobenzol. L'acide azosulfoné est par lui-même peu intéressant ; nous avons plus haut donné la formule de son sel alcalin, qui constitue la tropéoline [Otto Witt, *Deutsch. chem. Gesellsch.*, 1879, p. 262]. A. Étard.

TROPIDINE, $C^8H^{13}Az$. — La tropidine est de la tropine, $C^8H^{15}AzO$, moins de l'eau. On peut l'obtenir en chauffant en vase clos, à 180°, de la tropine avec de l'acide chlorhydrique fumant et de l'acide acétique. Les rendements sont faibles ; mais la tropine, résultant elle-même du dédoublement de l'atropine, on peut préparer directement la tropidine en chauffant à 180° de l'atropine avec de l'acide acétique cristallisable additionné d'acide chlorhydrique fumant. Le produit de la réaction, sursaturé par un alcali, est extrait avec de l'éther, qu'on chasse ensuite par distillation : la matière huileuse restante, séchée sur de la potasse caustique fondue, bout à 162° et constitue la tropidine pure.

On prépare encore la tropidine en chauffant à 220°, pendant plusieurs heures, de la tropine avec son poids d'acide sulfurique, qu'on additionne de trois volumes d'eau. La réaction qui se fait est fort complexe ; parmi les produits on trouve du charbon, de l'acide sulfureux, de l'acide formique, mais on met facilement la tropidine en liberté en sursaturant par un alcali et en distillant avec la vapeur d'eau [Ladenburg, *Deutsch. chem. Gesellsch.*, 1880, p. 252].

La tropidine a une densité de 0,966 à 0°, bout à 162° et sent la conicine. Quand on verse cette base dans le double de son volume d'eau, elle disparaît sans produire de trouble, mais une plus forte quantité d'eau la précipite de cette solution. La tropidine est aussi plus soluble à froid qu'à chaud.

Chlorhydrate de tropidine. — Il se détruit par évaporation et se colore en violet.

Chloroplatinate de tropidine,

$$(C^8H^{13}Az.HCl)^2PtCl^4.$$

— Il se précipite à l'état cristallisé des solutions un peu concentrées de la base.

Chloraurate, $C^8H^{13}Az.HCl, AuCl^3$. — Précipité jaune, assez soluble dans l'eau chaude [Ladenburg, *Deutsch. chem. Gesellsch.*, 1879, p. 944].

Action du brome. — Le bromhydrate de tropidine, traité par du brome à 180° en vase clos, donne une matière épaisse, brune, qui, distillée avec de la vapeur d'eau, laisse passer du bromure d'éthylène et une matière cristalline qui est de la dibromométhylpyridine, fusible à 108°. L'équation de ce dédoublement est

$$C^8H^{13}Az + 4Br^2$$
$$= C^2H^4Br^2 + C^6H^5Br^2Az + 4HBr.$$

Dans une action plus avancée du brome sur la tropidine, on obtient encore du bromure d'éthylène et il se forme une dibromopyridine,

$$C^5H^3Br^2Az,$$

identique avec celle d'Hofmann [Ladenburg, *Deutsch. chem. Gesellsch.*, 1882, p. 1042].

Dérivé iodéthylique, $C^8H^{13}Az.C^2H^5I$. — Ce corps prend naissance lorsqu'on chauffe la tropidine en vase clos, à 100°, avec un excès d'iodure d'éthyle. Il cristallise en prismes jaunes.

L'iodéthylate, traité par le chlorure d'argent récemment précipité, se convertit en chloréthylate; celui-ci, traité par le chlorure d'or, donne un *chloraurate*, $C^8H^{13}Az.C^2H^5Cl.AuCl^3$, soluble dans l'eau chaude et cristallisant en prismes jaunes [Ladenburg, *Deutsch. chem. Gesellsch.*, 1879, p. 944].

Méthyltropidine, $C^8H^{12}(CH^3)Az$. — On transforme la tropidine en iodométhylate par l'action de l'iodure de méthyle en solution méthylique, puis on traite l'iodométhylate par de l'oxyde d'argent récemment précipité, qui enlève tout l'iode.

On sépare de l'excès d'eau par distillation; la base est entraînée par la vapeur d'eau. On sèche sur de la potasse. La méthyltropidine ne distille pas, même sous pression réduite.

Le *picrate* est un précipité floconneux, qu'on peut faire cristalliser en le dissolvant à chaud. Il renferme $C^9H^{15}Az, C^6H^3(AzO^2)^3OH$.

HYDROTROPIDINE, $C^8H^{15}Az$. — La tropine,

$$C^8H^{15}AzO,$$

traitée en vase clos par de l'acide iodhydrique et du phosphore rouge, donne un iodure peu soluble, ayant pour formule $C^8H^{15}AzI^2$. On introduit par petites portions cet iodure pulvérisé dans un appareil à hydrogène, (Zn + HCl), et on n'arrête l'opération que lorsque tout l'iodure est dissous. La liqueur, sursaturée par la soude et distillée dans la vapeur d'eau, donne une huile basique qui, séchée sur de la potasse fondue, bout à 167-169°. C'est l'hydrotropidine. Cette base est plus soluble dans l'eau froide que dans l'eau chaude; son odeur rappelle celle de la tropidine; elle sature les acides et donne des sels cristallisés.

Chlorhydrate, $C^8H^{15}Az.HCl$. — Incolore, déliquescent.

Sulfate. — Déliquescent.

Chloroplatinate, $(C^8H^{15}Az.HCl)PtCl^4$. — Il est fort soluble dans l'eau. Il cristallise en tables orangées.

L'hydrotropidine est isomère avec la paraconicine de Schiff et avec la base extraite par Hofmann de la conicine naturelle. Ce que l'on sait de sa constitution se représente par le schéma

$$C^5H^7(C^2H^5)AzCH^3$$

[Ladenburg, *Deutsch. chem. Gesellsch.*, 1883, p. 1409].

Constitution. — Selon Wischnegradski, la tropidine serait une propyltétrahydropyridine. La tropidine fait partie d'un groupe de bases assez nombreux.

Collidines....................	$C^8H^{11}Az$
Vinyldiacétonamine (Heintz)...	$C^8H^{13}Az$
Tropidine....................	$C^8H^{13}Az$
Conicéines....................	$C^8H^{15}Az$
Conicines....................	$C^8H^{17}Az$
Octylamines....................	$C^8H^{19}Az$
Base aldolique de Wurtz.......	$C^8H^{13}AzO$
Tropine......................	$C^8H^{15}AzO$
Pelletiérines..................	$C^8H^{15}AzO$
Conhydrine....................	$C^8H^{17}AzO$
Base aldolique	$C^8H^{15}AzO^2$

La formule représentant le mieux les réactions de la tropidine, et qui est due à Ladenburg, est la suivante : $C^5H^6(C^2H^4) = Az\text{-}CH^3$ [Ladenburg, *Deutsch. chem. Gesellsch.*, 1882, p. 1029].

A. Étard.

TROPIGÉNINE, $C^7H^{13}AzO$. — En oxydant la tropine par une solution alcaline de permanganate de potassium, prise en quantité non excédante, on obtient une base qu'on peut extraire par l'éther ou le chloroforme, sécher et sublimer. Cette base, la tropigénine, fond à 161°, se dissout bien dans l'eau et dans l'alcool, mal dans l'éther.

Chloraurate de tropigénine,

$$C^7H^{13}AzO.HCl, AuCl^3.$$

— Cristallise de ses solutions aqueuses saturées à chaud en lamelles jaunes.

Action de l'iodure de méthyle. — L'iodure de méthyle, qui réagit énergiquement sur la tropine pour donner de l'iodure de méthyltropine, ne peut attaquer la tropigénine qu'en solution alcoolique chaude. Il se forme à la longue des cubes d'iodhydrate de tropine. De ce fait et de l'analyse on peut conclure que la tropigénine est de la tropine dans laquelle le groupe CH^3 lié à l'azote est remplacé par H :

$$C^5H^7[C^2H^4(OH)] = Az\text{-}CH^3 \quad \text{tropine.}$$
$$C^5H^7[C^2H^4(OH)] = Az\text{-}H \quad \text{tropigénine.}$$

[Merling, *Deutsch. chem. Gesellsch.*, 1882, p. 290].

A. Étard.

TROPILÈNE, $C^7H^{10}O$. — Le tropilène est un dérivé de la tropine. Cette base s'unit à l'iodure de méthyle pour donner un iodométhylate qu'on fait passer à l'état d'hydrate, puis de méthyltropine par les méthodes connues. La méthyltropine, à son tour, convertie en iodométhylate, puis traitée par l'oxyde d'argent, donne un hydrate instable que la chaleur décompose en triméthylamine, tropilidène, C^7H^8, et tropilène, $C^7H^{10}O$ [Ladenburg, *Deutsch. chem. Gesellsch.*, 1881, p. 2403 et 1882, p. 1028].

Le tropilène n'est pas attaqué à froid par l'acide azotique, même concentré. A chaud, la réaction est très violente et on n'obtient de bons résultats qu'en traitant dans chaque opération une quantité de tropilène qui ne doit pas dépasser 0gr,5 par 3 grammes d'acide azotique, D = 1,38. On chauffe à feu nu, et dès que la réaction se déclare, on plonge le ballon dans l'eau froide pour la modérer. On chauffe et on refroidit ainsi le ballon plusieurs fois, jusqu'à ce qu'il ne se dégage plus de vapeurs nitreuses. Le produit d'un grand nombre d'opérations est distillé ensuite avec de l'eau pour chasser l'acide azotique; on neutralise enfin par le carbonate de calcium pour isoler l'acide oxalique, et, des sels calcaires solubles, on peut isoler de l'acide adipique, $C^6H^{10}O^4$, qui est le produit principal de l'oxydation [Ladenburg, *Deutsch. chem. Gesellsch.*, 1882, p. 1028].

A. Étard.

TROPILIDÈNE. — Voyez Tropilène.

TROPINE, $C^8H^{15}AzO$. — Voyez t. Ier, p. 481, et Suppl., p. 254.

α-Méthyltropine, $C^9H^{17}AzO$. — La tropine et l'iodure de méthyle s'unissent pour donner de gros cristaux d'aspect cubique constituant un iodométhylate qu'on transforme par l'oxyde d'argent en hydrate. Ce dernier, par la distillation sèche, donne la méthyltropine. La méthyltropine est une base inodore, soluble dans l'eau et bouillant à 243°. Son *chloraurate* est cristallisé, mais très réductible [Ladenburg, *Deutsch. chem. Gesellsch.*, 1881, p. 227, 2127].

α-Diméthyltropine. — Cette substance n'a pas été isolée. On obtient aisément son iodure en ajoutant de l'iodure de méthyle à la méthyltropine. L'iodure en question, agité avec de l'oxyde d'argent, passe à l'état d'hydrate, et, par l'évaporation de celui-ci, on obtient de la triméthylamine, du tropilène, $C^7H^{10}O$, et du tropilidène, C^7H^8 [Ladenburg, 1881, p. 2403].

β-Méthyltropine. — Le tropilène et la diméthylamine se combinent en solution aqueuse pour donner une méthyltropine qui n'est pas identique avec celle d'où dérive le tropilène. Cette β-méthyltropine de synthèse bout à 198-205° [Ladenburg, *loc. cit.*].

La β-méthyltropine paraît se décomposer en partie, par la distillation et par divers agents, en tropilène et diméthylamine. Ses sels, chloraurate et chloroplatinate, présentent une grande analogie avec ceux de l'α-dérivé. Le gaz chlorhydrique la décompose en chlorhydrate de diméthylamine et tropilène, tandis que l'α-méthyltropine se dédouble en chlorure de méthyle et en tropine ou tropidine.

Oxydation de la tropine. — On oxyde la tropine par portions de 2 grammes au plus, au moyen de l'acide azotique, $D = 1{,}25$, en refroidissant quand la réaction s'accélère trop. Les produits étendus d'eau, saturés par la potasse et épuisés par l'éther, cèdent à celui-ci une matière cristallisée fusible vers 50° et dont l'iodhydrate a pour formule $C^8H^{14}Az(OAzO^2).HI$. Ce corps paraît être un éther nitrique de la tropine [Ladenburg, *Deutsch. chem. Gesellsch.*, 1882, p. 1025].

La tropine, oxydée en solution alcaline par le permanganate, se transforme en un mélange d'acides carbonique et oxalique et en ammoniaque, quand la liqueur oxydante est en excès; autrement, il se fait de l'acide carbonique et de la tropigénine (voyez ce mot) [Merling, *Deutsch. chem. Gesellsch.*, 1882, p. 290].

Le mélange chromique oxyde la tropine en donnant un acide dicarboné,

$$C^6H^{11}Az(CO^2H)^2,$$

qui perd 1 molécule d'acide carbonique à 220-240° [Merling, *loc. cit.*].

Les réactions de dédoublement, d'oxydation et de bromuration effectuées sur la tropine et sur son dérivé par perte d'eau la tropidine, réactions qui ont donné le tropilidène, C^7H^8, le tropilène, $C^7H^{10}O$, l'acide adipique et la dibromopyridine, montrent que la tropine doit avoir la constitution, $C^5H^7[C^2H^4(OH)]=Az\text{-}CH^3$, d'une méthyl-oxéthylène-hydropyridine [Ladenburg, *Deutsch. chem. Gesellsch.*, 1882, p. 1029]. A. Étard.

TROPINE (PSEUDO-), $C^8H^{15}AzO$. — Dans la jusquiame, outre l'hyoscyamine, il existe un alcaloïde, l'hyoscine, isomérique comme le précédent avec l'atropine, $C^{17}H^{23}AzO^3$. Cette hyoscine se trouve dans l'industrie des alcaloïdes sous le nom d'*hyoscyamine amorphe*, et, même après l'avoir fait passer par plusieurs combinaisons chlorauriques et chloroplatiniques, on ne peut l'obtenir cristallisée. L'hyoscine incristallisable donne un chloraurate très peu soluble, cristallisé et fusible à 196-198°, qu'il est aisé de séparer du chloraurate d'hyoscyamine plus soluble. L'hyoscine pure régénérée de ce sel, traitée à 60° par 2 p. de baryte hydratée et 12 p. d'eau, se dissout. De la liqueur acidulée par HCl, on peut extraire de l'acide tropique, puis, en sursaturant ensuite par un alcali et extrayant par l'éther, on obtient un alcaloïde qui est la pseudotropine.

La pseudotropine fond, puis bout à 241-243°; elle se prend dans le récipient en une masse cristalline. C'est une base extrêmement déliquescente, ainsi que ses sels.

Chloraurate de pseudotropine,

$$C^8H^{15}AzO.HCl.AuCl^3.$$

— Ce sel se dépose en petits cristaux aigus, bien limités, brillants, d'aspect rhombique. Ces caractères le distinguent facilement du sel de tropine, dont il a à peu près la solubilité.

Chloroplatinate, $(C^8H^{15}AzO.HCl)^2PtCl^4$. — Sel soluble, se déposant en prismes orangés par concentration. A. Étard.

TROPIQUE (ACIDE),

$$C^9H^{10}O^3 = CH(C^6H^5)CH^3.CO^2H.$$

— Les acides atrolactique, hydratropique, atropique et tropique peuvent tous être transformés les uns dans les autres au moyen de réactions simples, de sorte qu'en faisant la synthèse de l'un d'eux on fait celle de tous les autres.

Synthèse. — En traitant à basse température le méthylbenzoyle par le perchlorure de phosphore, on obtient une dichloréthylbenzine,

$$C^6H^5\text{-}CCl^2\text{-}CH^3$$

(Friedel). Ce corps dissous dans l'alcool et mis en contact pendant 48 heures avec du cyanure de potassium alcoolique, donne un oxéthylcyanure qu'il n'est pas nécessaire d'isoler. On chasse l'alcool, qu'on remplace par une solution de baryte, avec laquelle on fait bouillir pendant 8-10 heures. Il est alors facile d'isoler de ce milieu un acide éthylé fusible à 60-62° et correspondant à l'acide tropique ou à l'acide atrolactique éthylique.

Cet acide-éther, traité pendant longtemps au réfrigérant ascendant par de l'acide chlorhydrique moyennement concentré, se convertit en un acide atropique identique avec l'acide tiré de l'atropine, et se transformant comme lui en acide isatropique par une ébullition prolongée avec de l'eau [Ladenburg et Rügheimer, *Deutsch. chem. Gesellsch.*, 1880, p. 2041].

Quand on distille de l'acide atrolactique avec de l'acide chlorhydrique étendu, la vapeur d'eau entraîne de l'acide atropique formé par déshydratation et qu'on peut isoler des eaux condensées [Ladenburg, *Deutsch. chem. Gesellsch.*, 1880, p. 373]. Ce fait montre que l'acide atrolactique n'est pas identique avec l'acide phényllactique de Glaser, qui dans les mêmes conditions donne de l'acide cinnamique.

Acide chlorotropique, $C^9H^9ClO^3$. — De l'acide atropique pulvérisé, mis en suspension dans douze fois son poids d'eau environ, est additionné en plusieurs fois d'acide hypochloreux concentré. L'acide atropique finit ainsi par se dissoudre en passant à l'état d'acide chlorotropique,

$$C^6H^5\text{-}C{=}CH^2\text{-}CO^2H + ClOH$$
$$= C^6H^5\text{-}CCl\text{-}CH^2OH\text{-}CO^2H.$$

On isole facilement cet acide au moyen de

l'éther et on le purifie en le lavant avec de la benzine dans laquelle il est peu soluble. L'acide chlorotropique fond à 128-130°. Dissous dans une lessive concentrée de soude caustique et additionné d'un mélange de copeaux de zinc et de fer, il est complètement réduit et transformé en acide tropique. Le chlore est déplacé par l'hydrogène [Ladenburg, *Deutsch. chem. Gesellch.*, 1880, p. 378].

On peut encore faire la synthèse de l'acide tropique en versant goutte à goutte de l'acide chlorhydrique concentré dans un mélange à molécules égales de cyanure de potassium pur et de méthylbenzoyle; il se fait ainsi la cyanhydrine de cette dernière,

$$C^6H^5.CO.CH^3 + CAzH$$
$$= C^6H^5\text{-}C(OH)(CAz)\text{-}CH^3.$$

Sans isoler celle-ci du mélange, on ajoute de l'acide chlorhydrique saturé à 0°, puis on chauffe à 130°. Par ce moyen, le groupe CAz est saponifié en même temps que l'oxhydryle est remplacé par du chlore, et on a l'acide chlorhydratropique, fusible à 88-89°.

L'acide chlorhydratropique, soumis à l'ébullition avec de la lessive de soude, se transforme en acide atropique en perdant HCl,

$$C^6H^5\text{-}CCl(CO^2H)\text{-}CH^3$$
$$= C^6H^5\text{-}C(CO^2H) = CH^2 + HCl.$$

Cet acide est transformable en acide hydratropique par l'amalgame de sodium. L'acide atropique ainsi obtenu, ou, directement, l'acide chlorhydratropique chauffé en vase clos à 130° avec de la soude se transforme en acide tropique fusible à 117-118°. Cette synthèse conduirait, d'après l'auteur, à la formule

$$C^6H^5\text{-}C(OH)\text{-}CH^3\text{-}CO^2H,$$

pour l'acide tropique. Cette formule a déjà été proposée par Fittig [Spiegel, *Deutsch. chem. Gesellsch.*, 1881, p. 235; G. Merling, *Deutsch. chem. Gesellsch.*, 1881, p, 2585].

Merling [*loc. cit.*] a constaté qu'en fixant de l'acide bromhydrique saturé sur l'acide atropique à 100° on obtient de l'acide β-bromhydratropique, $C^6H^5\text{-}CH.(CH^2Br)CO^2H$, transformable par les alcalis en acide tropique,

$$C^6H^5\text{-}CH\text{-}CH^2(OH)CO^2H.$$

A basse température, on a un mélange d'acide β et d'acide α-bromhydratropique,

$$C^6H^5\text{-}CBr\text{-}CH^3\text{-}CO^2H,$$

ce dernier est transformé par les alcalis en acide atrolactique et, réciproquement, l'acide atrolactique, $C^6H^5\text{-}C(OH)\text{-}CH^3\text{-}CO^2H$, d'origine quelconque, donne, étant traité par HBr, de l'acide α-bromhydratropique. C'est le fait de la production simultanée des acides α et β bromés qui a causé la confusion des formules dans la réaction de Fittig.

Tropate éthylique, $C^9H^9(C^2H^5)O^3$. — Masse sirupeuse incristallisable, préparée à l'aide du tropate d'argent et de l'iodure d'éthyle.

Chlorhydrine tropique, $C^9H^9ClO^2$. — On peut nommer encore cette substance acide chlorhydratropique. La préparation consiste dans l'attaque de l'acide tropique par le perchlorure de phosphore. On fait cristalliser dans l'eau, qui laisse déposer des aiguilles incolores, fusibles à 85°, volatiles [Ladenburg, Spiegel, *loc. cit.*].

Anhydride tropique, $C^9H^8O^2$. — Dans toutes les préparations où l'on déshydrate l'atropine ou l'acide tropique, notamment dans la préparation de la tropidine, on trouve un acide sirupeux assez mal caractérisé, bien que répondant à la formule ci-dessus, et qui se convertit facilement en acide tropique par fixation d'eau. Cet ensemble de caractères correspond aux propriétés d'un anhydride tropique [Ladenburg, *Deutsch. chem. Gesellsch.*, 1879, p. 947].

L'acide tropique obtenu par l'oxydation de l'atropine au moyen des acides chromique et sulfurique se dépose de ses solutions dans l'alcool faible en fines aiguilles, insolubles dans l'alcool concentré et dans l'éther, solubles dans l'eau [G. Merling, *Deutsch. chem. Gesellsch.*, 1883, p. 1238].

A. Étard.

TRYPSINE. — Voyez PANCRÉATIQUE (SUC), Suppl., p. 1136.

TUNGSTÈNE. — CHLORURES. — On obtient l'*hexachlorure* $TuCl^6$ en chauffant à 200°, en tubes scellés, l'anhydride tungstique avec un excès de perchlorure de phosphore. On l'obtient ainsi en cristaux brillants, d'un bleu d'acier, altérables à l'air, solubles dans le sulfure de carbone et peu solubles dans l'éther et dans l'alcool absolu [Teclu, *Liebig's Ann. Chem.*, t. CLXXXVII, p. 255].

ACIDE TUNGSTIQUE. — La réduction de l'acide tungstique par le zinc donne comme produit final le bioxyde de tungstène. M. v. der Pfordten a fondé sur ce fait un procédé de dosage volumétrique de l'acide tungstique. On introduit de 14 à 15 grammes de zinc pur dans le tungstate dissous dans 70 à 80 centimètres cubes d'acide chlorhydrique à 27 %, chauffé au bain-marie; cette solution ne doit pas renfermer plus de 0gr,1 d'acide tungstique. Quand la solution est devenue rouge, on la refroidit et on la verse dans une capsule de porcelaine avec un excès de permanganate titré, en présence d'un grand excès de sulfate manganeux et d'acide sulfurique étendu. On complète 1 litre et on titre dans une partie déterminée l'excès de permanganate à l'aide du sulfate ferroso-ammonique [*Deutsch. chem. Gesellsch.*, 1883, p. 508].

TUNGSTATES. — M. J. Lefort a fait connaître une série de tritungstates, faisant suite à ceux qu'il a décrits antérieurement [*Ann. Chim. Phys.*, (5), t. XVII, p. 470].

Ces sels sont décomposés par les acides minéraux, mais ce n'est qu'au bout d'un certain temps qu'il se précipite de l'hydrate tungstique. Ils sont en outre décomposés par l'eau quand on cherche à les redissoudre, en donnant un bitungstate et un métatungstate (quadritungstate). On obtient en général les tritungstates par double décomposition entre le sel de sodium et un acétate.

Sels de potassium. — Le paratungstate, de Marignac, $Tu^{12}O^{41}K^{10}$, se dédouble par la fusion en tungstate neutre et en un tétradécitungstate

$$Tu^{14}O^{47}K^{10},$$

qui est presque insoluble [G. von Knorre, *Journ. prakt. Chem.*, (2), t. XXVII, p. 49].

Sels de sodium. — Le paratungstate se dédouble par la fusion en donnant du tungstate neutre et du tétratungstate, qui ne se dissout qu'à la longue dans l'eau en se transformant en son isomère le métatungstate.

Le ditungstate, obtenu par la fusion de 2 molécules TuO^3 et de 1 molécule CO^3Na^2, se dédouble en tungstate neutre et métatungstate lorsqu'on le met en digestion avec de l'eau. La fusion enfin dédouble le métatungstate en tungstate neutre et en un octotungstate disodique insoluble (G. von Knorre).

Sels de lithium. — En fondant 5 molécules CO^3Li^2 avec 12 molécules TuO^3, et reprenant par l'eau, on obtient comme résidu des aiguilles insolubles de tétratungstate, $Tu^4O^{13}Li^2$ (G. von Knorre).

Tritungstate de baryum, $Tu^3O^{10}Ba + 4H^2O$. — Précipité amorphe, corné après dessiccation, soluble dans 300 p. d'eau froide, dédoublable en tungstate neutre et quadritungstate sous l'influence de l'eau bouillante.

Le *sel de strontium*, avec $5H^2O$, ressemble au précédent.

Le *sel de calcium* ne se dépose que lorsqu'on emploie des solutions concentrées de tritungstate de sodium et d'acétate de calcium (J. Lefort).

Le *sel de magnésium*, $Tu^3O^{10}Mg + 4H^2O$, ne se précipite que par l'addition d'alcool. La solution aqueuse est instable et laisse déposer lentement un sel basique, $(TuO^3)^2(MgO)^3 + 4H^2O$.

Tungstates d'aluminium. — En précipitant le tungstate neutre de sodium par l'alun, on obtient le sel neutre $(TuO^4)^3(Al^2) + 8H^2O$, soluble dans 1500 p. d'eau. Avec le bitungstate de sodium, on obtient le sel $Tu^4O^{15}(Al^2) + 9H^2O$, soluble dans 400 p. d'eau.

L'acétate d'alumine ne donne un précipité, avec le tritungstate de sodium, que par l'addition d'alcool. Il se précipite un sel demi-solide, transparent, que M. Lefort désigne improprement sous le nom de *tritungstate;* ce sel renferme les rapports $5TuO^3.Al^2O^3 + 6H^2O$: c'est le tungstate normal, plus 2 molécules d'anhydride tungstique.

Tungstates de chrome. — Le sel désigné par M. Lefort sous le nom de *tritungstate* s'obtient comme le sel d'aluminium et renferme

$$(TuO^3)^3Cr^2.2TuO^3 + 5H^2O.$$

C'est une matière verdâtre, semi-transparente, poisseuse, altérable par l'eau.

M. Lefort a décrit aussi [*Compt. rend.*, t. LXXXVII, p. 748] les tungstates chromiques suivants, obtenus avec le tungstate neutre ou le bitungstate de sodium et l'acétate de chrome :

$$2TuO^3.Cr^2O^3 + 5H^2O \text{ ou } Tu^2O^7(Cr^2O^2) + 5H^2O,$$
$$3TuO^3.Cr^2O^3 + 4H^2O \text{ ou } (TuO^4)^3(Cr^2) + 4H^2O,$$
$$4TuO^3.Cr^2O^3 + 6H^2O \text{ ou } Tu^4O^{15}(Cr^2) + 6H^2O.$$

Tritungstate de manganèse, $Tu^3O^{10}Mn + 5H^2O$. — Il se précipite par l'addition d'alcool. C'est une masse pâteuse jaune, décomposable par l'eau.

Sels de fer. — En ajoutant du sulfate ferreux à une solution de tritungstate de sodium, on obtient une liqueur brune d'où l'alcool précipite une masse molle qui, séchée au bain-marie, est d'un brun grisâtre et renferme $Tu^3O^{10}Fe + 4H^2O$. Ce sel attire l'oxygène à l'air humide.

L'acétate ferrique, additionné de tritungstate de sodium, fournit un abondant précipité rouge qui est un *tungstate basique,*

$$(TuO^4)^3(Fe^2).Fe^2O^3 + 6H^2O.$$

En opérant en sens inverse et en ajoutant de l'alcool, on obtient un dépôt pâteux, brun clair, du sel $4TuO^3.Fe^2O^3 + 4H^2O$.

Tritungstate de nickel. — Se précipite par l'addition d'alcool au mélange d'acétate de nickel et de tritungstate de sodium. Poudre verte, renfermant $Tu^3O^{10}Ni + 4H^2O$.

Le *tritungstate de cobalt* s'obtient de même et renferme aussi $4H^2O$, ainsi que le *tritungstate de cadmium.*

Le *tritungstate de cuivre* ne se laisse pas isoler.

Sels de mercure. — Lorsqu'on décompose le bitungstate de sodium par le bichlorure de mercure, on obtient le *tritungstate,*

$$Tu^3O^{10}Hg + 7H^2O,$$

en cristaux prismatiques. Avec le tritungstate de sodium, on obtient le *pentatungstate,*

$$Tu^5O^{16}Hg + 5H^2O,$$

sous la forme d'une masse poisseuse (J. Lefort).

Tritungstate de plomb, $Tu^3O^{10}Pb + 2H^2O$. — Précipité pulvérulent blanc.

Tungstates d'antimoine. — En versant une solution d'émétique dans le tritungstate de sodium, on obtient une poudre, qui est jaune clair après dessiccation et qui renferme

$$6TuO^3.Sb^2O^3 + 8H^2O.$$

Avec le bitungstate de sodium, il se forme le sel

$$5TuO^3.Sb^2O^3 + 4H^2O.$$

Sels de bismuth. — En versant dans une solution de tritungstate de sodium de l'azotate de bismuth mélangé d'acétate de sodium et d'acide acétique cristallisable, on obtient, après avoir ajouté de l'alcool, un précipité blanc, très lourd, soluble dans l'eau et renfermant

$$6TuO^3.Bi^2O^3 + 8H^2O.$$

Tungstates d'urane. — M. Lefort a décrit les *tungstates d'uranyle*, $TuO^3.U^2O^3 + 4H^2O$ ou $TuO^4(U^2O^2) + 4H^2O$, et *uranique,*

$$(TuO^4)^3U^2 + 5H^2O,$$

obtenus par double décomposition avec le tungstate et le bitungstate de sodium.

TUNGSTATES DOUBLES DE SODIUM ET DES MÉTAUX DE LA CÉRITE. — Ces sels doubles ont été obtenus par M. Hœgbom en dissolvant les oxydes de la cérite et de l'acide tungstique dans du tungstate de sodium fondu, mélangé ou non avec du chlorure de sodium. Tous ces sels sont insolubles dans l'eau, décomposables par l'acide chlorhydrique. Leur composition n'est pas toujours la même; néanmoins la forme cristalline appartient toujours au type tétragonal et la forme ordinaire est l'octaèdre.

Tungstates de sodium et de didyme,

$$(TuO^4)^3Na^3Di''' \quad \text{et} \quad (TuO^4)^2NaDi'''.$$

— Poudres cristallines, d'un violet rouge.

Sels de sodium et de lanthane. — On en a aussi obtenu deux :

$$(TuO^4)^7Na^8La^2 \quad \text{et} \quad (TuO^4)^9Na^6La^4.$$

— Octaèdres tétragonaux.

Sel de sodium et d'yttrium, $(TuO^4)^7Na^8Y^2$.

Sel de sodium et de cérium, $(TuO^4)^7Na^8Ce^2$.

Sel de sodium et de samarium, $(TuO^4)^9Na^6Sm^4$. — Composé cristallin, se produisant difficilement.

Sel de sodium et d'erbium, $(TuO^4)^9Na^6Er^4$. — Poudre cristalline rose.

Sel de sodium et de thorium, $(TuO^4)^4Na^4Th$. — Cristaux microscopiques [A. Hœgbom, *Bull. Soc. chim.*, t. XLII, p. 2].

TUNGSTATES TUNGSTO-ALCALINS OU BRONZES DE TUNGSTÈNE. — Ces composés constituent des produits de réduction des tungstates alcalins. MM. J. Philipp et P. Schwebel ont obtenu comme produit final de la réduction du tungstate de sodium par l'hydrogène, à une température élevée, le tungstite TuO^3Na^2; mais on n'atteint presque jamais cette limite; aussi la composition des bronzes de tungstène varie-t-elle beaucoup, ainsi que leur couleur, avec leur mode de production. Ces composés résistent à presque tous les agents chimiques; néanmoins il en est un, assez peu puissant en général, qui les décompose avec facilité : c'est l'acétate ou l'azotate d'argent ammoniacal. Il se sépare une quantité d'argent métallique correspondant à la proportion du bioxyde de tungstène contenu dans le produit, tandis qu'il reste du tungstate alcalin en dissolution. C'est sur cette réaction que MM. Philipp et Schwebel se sont fondés pour faire l'analyse des bronzes de tungstène [*Deutsch. chem. Gesellsch.*, 1879. p. 2234; — J. Philipp, *ibid.*, 1882, p. 499 et *Bull. Soc. chim.*, t. XXXVIII, p. 253].

M. Philipp partage les bronzes de tungstène, au point de vue de leur couleur, en trois groupes :

les bronzes *jaunes*, les bronzes *rouge-pourpre* et les bronzes *bleus*.

Lorsqu'on réduit le bitungstate de sodium par l'hydrogène (méthode de Wœhler), on obtient d'abord un bronze rouge, puis un produit d'un jaune d'or, si l'on continue à chauffer jusqu'à ce qu'il ne se produise plus d'eau; ce dernier produit a pour composition $Tu^3O^9Na^4$. Le produit jaune-rouge renferme

$$Tu^5O^{15}Na^4, \text{ soit } Tu^3O^{11}Na^4 + 2TuO^2.$$

Chauffés dans l'hydrogène, les métatungstates donnent successivement des produits bleus, rouges et finalement jaunes, si l'on élève la température.

L'emploi de l'étain comme réducteur permet d'obtenir à volonté les différentes variétés de bronzes.

Bronzes jaunes. — On ajoute 30 grammes d'étain à 60 ou 80 grammes de tritungstate de sodium fondu; on reprend la masse par l'eau bouillante, puis par l'acide chlorhydrique concentré, enfin par la soude faible. Le produit jaune renferme

$$Tu^3O^9Na^4, \text{ soit } Tu^2O^7Na^4 + TuO^2,$$

comme celui obtenu par l'hydrogène.

La variété *jaune-rouge* renferme

$$Tu^5O^{15}Na^4, \text{ soit } Tu^3O^{11}Na^4 + 2TuO^2.$$

Bronze rouge-pourpre. — On fond 68gr,9 TuO^3 avec 12gr,6 CO^3Na^2 (soit 2 molécules CO^3Na^2 pour 6 molécules TuO^3) et on ajoute au mélange 20 grammes d'étain. Ce bronze a pour composition

$$Tu^3O^9Na^2, \text{ soit } Tu^2O^7Na^2 + TuO^2.$$

Bronze bleu. — On l'obtient par le même procédé, en modifiant les proportions, ou encore par l'électrolyse du tungstate acide de sodium en fusion. Sa composition est exprimée par la formule

$$Tu^5O^{15}Na^2, \text{ soit } Tu^4O^{13}Na^2 + TuO^2.$$

Si l'on fond le bronze rouge ou le bronze bleu avec du tungstate *neutre* de sodium, on le convertit en bronze jaune, par soustraction d'acide tungstique.

Au contraire, les bronzes jaunes sont convertis en bronze bleu lorsqu'on les fond avec un tungstate *acide* de sodium (J. Philipp).

Tungstate tungstopotassique. — Celui qu'on obtient par l'électrolyse d'un mélange fondu d'acide tungstique et de potasse dans le rapport $2TuO^3$ à K^2O se dépose au pôle négatif en beaux prismes d'un rouge violacé, donnant une poudre bleue; densité = 7,1. Il a pour composition

$$Tu^4O^{12}K^2, \text{ soit } Tu^3O^{10}K^2 + TuO^2.$$

En électrolysant au rouge sombre un mélange à molécules égales des sels

$$12TuO^3, 5K^2O + 11H^2O$$

et

$$12TuO^3, 5Na^2O + 28H^2O,$$

on obtient des prismes quadratiques d'un rouge pourpre foncé, ayant pour composition

$$5Tu^4O^{13}K^2 + 2Tu^5O^{15}Na^4,$$

ou bien des cristaux encore plus foncés,

$$3Tu^4O^{13}K^2 + 2Tu^3O^9Na^2.$$

Le sel de lithium paraît renfermer $Tu^5O^{15}Li$ et se forme lorsqu'on réduit le tungstate de lithium par l'étain, mais non par l'hydrogène ou par l'électrolyse [G. von Knorre, *Journ. prakt. Chem.*, (2), t. XXVII, p. 49].

COMBINAISONS COMPLEXES FORMÉES PAR L'ACIDE TUNGSTIQUE.

ACIDE PHOSPHOTUNGSTIQUE. — Lorsqu'on ajoute de l'acide azotique à un mélange de 1 molécule de tungstate neutre de sodium et de 1 molécule de phosphate disodique, en dissolution dans l'eau, il se dépose d'abord un sel de sodium insoluble, puis, par la concentration, on obtient une cristallisation d'azotate de sodium; les eaux-mères fournissent enfin un sel bien cristallisé, très acide, qui a pour composition

$$20TuO^3.P^2O^5.Na^2O, 7H^2O + 16H^2O.$$

L'acide libre cristallise lui-même en octaèdres incolores, limpides et brillants, qui renferment

$$20TuO^3.P^2O^5.(OH)^{16} + x\,Aq.$$

M. W. Gibbs, qui a fait connaître ces composés, a également préparé les sels suivants :

Sel octopotassique,

$$20TuO^3.P^2O^5.8K^2O + 18Aq.$$

— Il est neutre, incolore et peu soluble.

Sel heptapotassique,

$$20TuO^3.P^2O^5.7K^2O, H^2O + 27Aq.$$

— Prismes incolores à réaction acide.

Sel dibarytique,

$$20TuO^3.P^2O^5.2BaO, 6H^2O + 24Aq.$$

Sel hexabarytique,

$$20TuO^3.P^2O^5.6BaO.2H^2O + 44Aq.$$

[*Bull. Soc. chim.*, t. XXX, p. 31].

D'après M. Sprenger [*Journ. prakt. chem.*, (2), t. XXII, p. 418], on obtient un autre acide phosphotungstique, $24TuO^3, P^2O^5 + 61H^2O$, en opérant comme il suit : Du tungstate de baryum, en suspension dans l'eau, est additionné d'acide phosphorique, puis d'une quantité d'acide sulfurique équivalente au baryum contenu dans le tungstate; on chauffe, on filtre et on concentre au bain-marie et finalement dans le vide. L'acide phosphotungstique se dépose alors en cristaux adamantins, du type régulier, très solubles dans l'eau. En saturant l'acide libre par le carbonate de baryum, on obtient les sels

$$24TuO^3, P^2O^5, 3BaO + 58Aq.$$
$$24TuO^3, P^2O^5, 2BaO + 59Aq.$$
$$24TuO^3, P^2O^5, BaO + 59Aq.$$

On obtient de même le sel tricuivrique, renfermant 58 Aq et les sels mono-, di- et trisodiques avec 58, 59 et 60 Aq.

ACIDE HYPOPHOSPHOTUNGSTIQUE. — Lorsqu'on mélange des solutions concentrées d'acide hypophosphoreux et de tungstate de sodium, il se produit, au bout d'un certain temps, une masse gélatineuse jaune pâle, qui, dissoute dans l'eau bouillante et additionnée d'acide bromhydrique, fournit un précipité cristallin blanc. Ce corps est un acide dont la solution ammoniacale donne, avec le chlorure de baryum, un précipité cristallin. Le sel de potassium, qui prend une belle couleur bleue par la fusion, a pour composition

$$18TuO^3(6H^2PO^2H).4K^2O + 7Aq.$$

ou

$$18TuO^3(6H^2PO^2K).K^2O + 7Aq.$$

[W. Gibbs, *Amer. Journ. of Chem.*, t. V, p. 361; *Bull. Soc. chim.*, t. XLI, p. 619].

M. Gibbs a également indiqué l'existence d'antimoniotungstates, d'arséniotungstates et de vanadiotungstates. Nous ferons connaître ces derniers à l'article VANADIUM.

ARSÉNIOTUNGSTATES. — Ces sels, d'après M. Gibbs

ressemblent aux phosphotungstates. M. Frémery a fait récemment une étude de quelques-uns d'entre eux [*Deutsch. chem. Gesellsch.*, 1884, p. 296].

Il fait digérer à 100° du tungstate de baryum en suspension dans une solution d'acide arsénique, avec son équivalent d'acide sulfurique; la solution, d'un jaune d'or, abandonne dans le vide des tables hexagonales allongées, inaltérables à l'air, très solubles dans l'eau; la densité de la solution saturée à 16° est égale à 3,279.

La solution de cet acide, qui n'a pas été analysé, fournit des sels bien cristallisés, qu'on obtient en la faisant évaporer au bain-marie avec les azotates correspondants.

M. Frémery a obtenu ainsi les sels cristallisés de potassium, d'ammonium, de cuivre, de cobalt, de nickel. Le sel de baryum est incristallisable; le sel d'argent est un précipité brun.

Le sel de potassium a pour composition

$$19 TuO^3, As^2O^5, K^2O + 16 H^2O \ (?);$$

le sel d'ammonium renferme $18 H^2O$.

COMBINAISONS BOROTUNGSTIQUES.

Ces composés ont été découverts et décrits par M. D. Klein [*Ann. Chim. Phys.*, (5), t. XXVIII, p. 350]. Ils rentrent presque tous dans deux groupes. Dans l'un, 1 molécule d'anhydride borique se trouve associée à 14 molécules d'anhydride tungstique; dans l'autre, à 9 molécules. Les sels du premier groupe sont désignés par M. Klein sous le nom de *borotungstates*, ceux du second groupe sont les *tungstoborates*. Nous conserverons à ces corps, dont la constitution n'est pas connue, la notation dualistique.

Acide borotungstique. — Cet acide paraît instable à l'état de liberté et n'a pu être isolé.

Borotungstates. — Lorsqu'on ajoute 1 ½ partie d'acide borique cristallisé à la solution bouillante de 1 partie de tungstate neutre de sodium dans l'eau, il se dissout peu à peu entièrement. Par le refroidissement, il se dépose des polyborates de sodium; une nouvelle quantité de ces sels cristallise encore par la concentration et il reste une eau-mère extrêmement dense qui, par une nouvelle concentration au bain-marie ou dans le vide, ne fournit pas de cristaux définis. Mais si l'on ajoute un grand excès d'acide chlorhydrique à l'eau-mère concentrée, il s'en sépare une poudre cristalline; en redissolvant cette poudre dans l'eau et concentrant la solution dans le vide, on obtient de beaux prismes hexagonaux, bipyramidés, qu'on purifie par une nouvelle cristallisation: c'est le *borotétradécitungstate*, ou, par abréviation, le borotungstate de sodium. Ce sel sert à la préparation des autres borotungstates.

Tous les borotungstates, sauf le sel mercureux, sont solubles dans l'eau et cristallisables. Ils sont inattaquables par les acides à froid; à l'ébullition, il y a séparation d'acide tungstique, tandis qu'il reste un tungstoborate en dissolution; les alcalis en excès paraissent les décomposer de même.

Borotungstate de sodium,

$$14 TuO^3 . Bo^2O^3, 2 Na^2O, 4 H^2O + 25 Aq.$$

— Prismes hexagonaux bipyramidés, obtenus par évaporation ou par refroidissement. Ils perdent $25 H^2O$ à 160°, le reste au rouge.

Borotungstate de baryum,

$$14 TuO^3 . Bo^2O^3, 3 BaO . 5 H^2O.$$

— On l'obtient en ajoutant du chlorure de baryum en excès à une solution saturée et chaude du sel de sodium. Il faut éviter de faire bouillir, à cause de la production d'acide chlorhydrique libre; on purifie le sel par cristallisation dans une petite quantité d'eau. Il est difficile à obtenir pur, car les cristallisations réitérées l'altèrent.

Sel de potassium,

$$14 TuO^3 . Bo^2O^3, 3 K^2O, H^2O + 22 Aq.$$

— Cristallise en fines aiguilles; on le prépare par double décomposition avec le sel de baryum.

Sel d'argent,

$$14 TuO^3, Bo^2O^3, 3 Ag^2O, 7 H^2O + Aq.$$

— Poudre jaunâtre, très peu soluble dans l'eau froide.

M. Klein décrit en outre des sels mixtes sodicobarytique et sodicostrontique.

Acide tungstoborique. — Il se forme par la concentration de l'acide borotungstique, qui se décompose avec mise en liberté d'acide tungstique. Ses sels se forment lorsqu'on traite les borotungstates par l'acide chlorhydrique à chaud.

L'*acide libre*, $9 TuO^3, Bo^2O^3, 2 H^2O + 22 Aq$, s'obtient le plus facilement en décomposant le sel de baryum par l'acide sulfurique étendu; on concentre par ébullition, puis dans le vide. Il cristallise soit par évaporation de sa solution, soit par refroidissement d'une solution saturée à chaud, en octaèdres quadratiques basiques, très voisins de l'octaèdre régulier, avec troncatures sur les sommets. Les cristaux sont généralement jaunes; ils fondent dans leur eau de cristallisation à 33°. Cet acide perd 12 à 13 % d'eau à 100° et 3,02 à 3,6 à 220°; calciné, il perd les dernières traces d'eau, ainsi que de l'acide borique, caractérisé par la couleur verte qu'il communique à la flamme. Cet acide est très soluble et sa solution saturée offre une densité considérable.

Il présente en général, surtout avec les alcaloïdes, les réactions de l'acide métatungstique.

Les tungstoborates sont des composés très stables, bien cristallisés, et très solubles, sauf le sel mercureux, qui est insoluble, et les sels d'argent et de thallium, qui sont peu solubles. La densité de leur solution saturée est très grande; elle atteint 3,281 pour le sel de cadmium. Cette propriété physique a amené M. Klein à proposer ces sels pour l'analyse mécanique des minerais.

Le tungstoborate le plus facile à obtenir directement est celui de baryum, qui peut servir à préparer presque tous les autres. Les autres s'obtiennent par neutralisation de l'acide libre. On ajoute à la solution concentrée et chaude de borotungstate de sodium une solution chaude de chlorure de baryum (le tiers du poids du tungstate de sodium primitivement employé). Il se forme un abondant précipité de borotungstate de baryum; on reprend ce sel essoré à la trompe par l'acide chlorhydrique étendu et bouillant, qui le convertit en tungstoborate, avec mise en liberté d'acide tungstique, qui reste lorsqu'on reprend le résidu de l'évaporation par l'eau bouillante. La solution aqueuse abandonne le tungstoborate de baryum par le refroidissement.

Le *tungstoborate de baryum*,

$$9 TuO^3, Bo^2O^3, 2 BaO + 18 Aq,$$

cristallise en octaèdres quadratiques ou en cubo-octaèdres volumineux, efflorescents. Il est soluble dans 4 fois son poids d'eau froide et dans la moitié de son poids d'eau chaude; il ressemble au métatungstate, $4 TuO^4 BaO + 9 H^2O$, par sa forme cristalline et par sa composition élémentaire, si l'on ne tient pas compte de l'acide borique; mais l'acide séparé du tungstoborate est infiniment plus stable que l'acide métatungstique.

Voici la composition et les propriétés principales des tungstoborates décrits par M. Klein. Leur description est généralement accompagnée de déterminations cristallographiques.

Sels de sodium,

$$1^o\ 9TuO^3, Bo^2O^3, Na^2O + 23\ Aq.$$

— Octaèdres quadratiques basés, très voisins de l'octaèdre régulier, mais possédant la double réfaction à 1 axe. La solution, saturée à 19°, renferme 84 p. de sel; cette solution a pour densité 2,48.

$$2^o\ 9TuO^3, Bo^2O^3, 2Na^2O + 11\ Aq.$$

— Prismes tabulaires, clinorhombiques, très solubles dans l'eau et donnant une solution saturée dont la densité est égale à 2,7.

Sel d'ammonium,

$$9TuO^3, Bo^2O^3, 2(AzH^4)^2O + 18H^2O.$$

— Octaèdres se confondant presque avec l'octaèdre régulier. Ce sel est très efflorescent et perd de l'ammoniaque à 200°.

Sel de potassium,

$$9TuO^3Bo^2O^3, 2K^2O + 13H^2O.$$

— Pour le préparer, on verse dans 5 litres d'eau bouillante un mélange de 500 grammes de paratungstate de potassium et de 500 grammes d'acide borique; après que l'excès de ces deux corps a cristallisé par refroidissement, ainsi que des polyborates produits, les eaux-mères fournissent le tungstoborate de potassium. Ce sel est beaucoup plus soluble à chaud qu'à froid; à 19°, il se dissout dans 1p,6 d'eau; il cristallise par le refroidissement en aiguilles hexagonales.

Sel de calcium,

$$9TuO^3, Bo^2O^3, 2CaO + 15\ Aq.$$

— Se dépose de sa solution sirupeuse en cristaux anorthiques, groupés en houppes. Il est soluble dans 10 % de son poids d'eau froide et sa solution saturée a pour densité 3,10.

Sel de magnésium,

$$9TuO^3, Bo^2O^3, 2MgO + 22\ Aq.$$

— Cristallise difficilement, en prismes clinorhombiques. Densité de la solution saturée, sirupeuse, = 2,6.

Sel de thallium, $9TuO^3, Bo^2O^3, 2Tl^2O + 5\ Aq.$
— Poudre cristalline, peu soluble.

Sel d'argent, $9TuO^3, Bo^2O^3, 2Ag^2O + 14\ Aq.$
— Croûtes microcristallines, peu solubles.

Sel de manganèse,

$$9TuO^3, Bo^2O^3, 2MnO + 18\ Aq.$$

— Cristaux roses, altérables à l'air; solubles dans 13 % d'eau à 19°. Densité de la solution saturée froide, 3,15.

Sel de cuivre, $9TuO^3, Bo^2O^3, 2CuO + 19\ Aq.$
— Beaux cristaux d'un bleu pâle, sans doute anorthiques. Il perd $14H^2O$ à 165° en devenant blanc. Soluble dans 1/4 de son poids d'eau. Densité de la solution, 2,6.

Sel de cobalt, $9TuO^3, Bo^2O^3, 2CoO + 18\ Aq.$
— Cristaux rouges, assez mal formés. Sa solution, presque opaque, a pour densité 3,36.

Sel de nickel. — Comme le sel de cobalt, sauf pour la couleur.

Sel de cadmium, $9TuO^3, Bo^2O^3, 2CdO + 18\ Aq.$
— Tables ou octaèdres orthorhombiques, excessivement solubles dans l'eau; 100 p. de sel se dissolvent, à 17°, dans moins de 8 p. d'eau. Sa solution saturée est jaune clair; sa densité est égale à 3,281, à 19°. Les cristaux perdent leur eau de cristallisation vers 75-80°.

Sel de plomb. — Il est assez peu soluble et sa solution est instable.

Sel d'uranium,

$$9TuO^3, Bo^2O^3.(U^2O^2.O)^2.7H^2O + 23\ Aq.$$

— Croûtes cristallines, très adhérentes aux parois du vase, fort solubles. La solution est jaune et fluorescente; elle a pour densité 3,12 à 19°.

Sel de chrome,

$$9TuO^3, Bo^2O^3, 2Cr^2O^3, 6H^2O + 68\ Aq.$$

— Lamelles rhomboïdales violacées, très efflorescentes; perd $59H^2O$ à 165°.

Sel d'aluminium. — Cristallise difficilement de sa solution sirupeuse; il en est de même du *sel ferrique.*

Sel mercureux,

$$9TuO^3, Bo^2O^3, 3Hg^2O + 14\ Aq\ (?).$$

— Sel à peu près insoluble dans l'eau.

Le *sel de lithium* cristallise, quoique difficilement, en gros cristaux extrêmement solubles.

Boroduodécitungstates de potassium. — On obtient un sel ayant pour composition

$$12TuO^3, Bo^2O^3, 2K^2O, 2H^2O + 16\ Aq,$$

en faisant bouillir le pentamétatungstate de potassium avec de l'hydrate tungstique. Une solution concentrée et chaude de ce sel, additionnée de chlorure de baryum et d'acide chlorhydrique, abandonne, par le refroidissement, de gros cristaux octaédriques, renfermant

$$12TuO^3, Bo^2O^3, 3BaO, K^2O + 28\ Aq.$$

Acide titanotungstique. — L'acide titanique, d'après les recherches de M. R. Lecarme [*Bull. Soc. chim.*, t. XXXVI, p. 17], forme, avec l'acide tungstique, des combinaisons mixtes, qui paraissent correspondre aux acides silicoduodécitungstique et silicodécitungstique.

Acide platinotungstique. — L'hydrate platinique se dissout dans les tungstates acides et donne des sels qui correspondent aux silicodécitungstates de Marignac. Avec le tungstate acide de potassium, on obtient une solution verdâtre qui devient rouge par la concentration et qui laisse déposer alors des cristaux d'un vert olive, solubles dans l'eau et renfermant

$$10TuO^3, PtO^2, 4Na^2O + 25H^2O.$$

La solution de ce sel donne des précipités floconneux ou cristallins avec les sels métalliques.

A ce sel paraît correspondre un isomère, formant des cristaux volumineux, à éclat adamantin, d'un jaune de miel [Wolcott Gibbs, *Bull. Soc. chim.*, t. XXX, p. 31].

Éd. Willm.

TURMEROL, $C^{19}H^{28}O$ [Loring Jackson et Mentke, *Deutsch. chem. Gesellsch.*, 1883, p. 571, et 1884, *Ref.*, p. 332]. — En soumettant à la distillation fractionnée sous pression réduite l'huile de racines de curcuma, on parvient à isoler un liquide huileux, jaune clair, à odeur aromatique agréable, qui a reçu le nom de *turmerol*. Ce corps bout avec décomposition à la pression ordinaire à 285-290°; sa densité à 17° est 0,9016; son pouvoir rotatoire pour la lumière jaune est $[\alpha] = 33°,52$.

Traité par le trichlorure de phosphore, ou mieux, chauffé à 150° pendant quelques heures avec de l'acide chlorhydrique saturé à froid, le turmerol se convertit en *chlorure de turméryle* $C^{19}H^{27}Cl$, liquide huileux, non distillable.

Le *turmerol sodé,* $C^{19}H^{27}ONa$, se produit par l'action du sodium sur une solution de turmerol dans l'éther de pétrole, chauffée dans un appareil à reflux; traité par l'iodure d'isobutyle, il se convertit en *éther turmerolisobutylique* $C^{19}H^{27}OC^4H^9$, liquide huileux, dense, à odeur agréable.

Traité à chaud par un excès de permanganate de potassium, le turmerol fournit de l'acide téréphtalique. Si l'on opère à froid et avec des solutions de concentration moyenne, l'oxydation va moins loin et l'on obtient de l'*acide turmerique* $C^{11}H^{14}O^2$ et de l'acide *apoturmerique* $C^{10}H^{12}O^4$ ou peut-être $C^{10}H^{10}O^4$. Pour séparer ces deux acides, on acidule le produit de la réaction préalablement filtré, on épuise la solution par l'éther, on évapore ce dissolvant et on soumet le résidu à la distillation dans un courant de vapeur d'eau : l'acide turmerique est entraîné; l'acide apoturmerique reste dans le résidu.

L'*acide turmerique* cristallise en longues aiguilles fusibles à 34-35°, peu solubles dans l'eau, assez solubles dans les autres réactifs neutres.

Le *sel de calcium*, $(C^{11}H^{13}O^2)^2Ca + 3H^2O$, se présente en aiguilles; le *sel d'argent*,

$$C^{11}H^{13}O^2Ag,$$

est très soluble; il en est de même des *sels de calcium* et *de zinc*.

L'*acide apoturmerique* cristallise en aiguilles soyeuses, fusibles à 221°, très solubles dans l'alcool et dans l'éther, presque insolubles dans l'eau froide.

TYROSINE, $C^9H^{11}AzO^3$. — Voyez t. III, p. 538.

État naturel et modes de formation. — La tyrosine se produit à côté de la leucine dans la putréfaction du sang défibriné [Kaufmann, *Deutsch. chem. Gesellsch.*, 1878, p. 509].

Elle existe en petite quantité dans les graines germées des cucurbitacées. Il suffit d'épuiser ces graines par l'eau froide, de faire bouillir la solution, afin de coaguler les matières albuminoïdes, puis de filtrer, de concentrer, et enfin de précipiter par l'alcool, pour obtenir la tyrosine à l'état de pureté. Un kilogramme de graines fournit ainsi 0gr,15 de tyrosine [Schulze et Barbieri, *Deutsch. chem. Gesellsch.*, 1878, p. 710 et 1234].

Elle se rencontre également en petite quantité dans les mélasses de betteraves [E.-O. v. Lippmann, *Deutsch. chem. Gesellsch.*, 1884, p. 2835].

Enfin, Blendermann a pu extraire 1gr,7 de tyrosine de l'urine d'un individu succombant à un empoisonnement aigu par le phosphore [*Zeitschr. physiol. Chem.*, t. VI, p. 134, et *Deutsch. chem. Gesellsch.* 1882, p. 1205].

Propriétés. — La tyrosine est lévogyre. Son pouvoir rotatoire est : en solution chlorhydrique, $\alpha[D] = -7°,98$; et en solution potassique,

$$\alpha[D] = -9°,01$$

[J. Mauthner, *Monatsh. f. Chem.*, t. III, p. 343].

Par fusion avec de la soude, la tyrosine fournit, exactement comme par fusion avec de la potasse, de l'acide paroxybenzoïque sans acide salicylique [Ost, *Journ. prakt. Chem.* (2), t. XII, p. 159]. Suivant M. Drechsel [*ibid.*, t. XII, p. 417], l'oxydation de la tyrosine au moyen du permanganate d'ammonium fournirait une petite quantité d'acide carbonique.

Chauffée en solution méthylique avec de l'iodure de méthyle et un excès de potasse (5 mol.), la tyrosine fournit un sel ayant pour formule

$$C^{13}H^{19}AzIO^3K.$$

Ce composé se dédouble par l'action ultérieure de la potasse en triméthylamine et en méthylparacoumarate de potassium; on peut donc lui attribuer la constitution

$$C^6H^4 \langle {OCH^3 \atop C^2H^3} \langle {CO^2K \atop Az(CH^3)^3I}$$

[Menozzi, *Deutsch. chem. Gesellsch.*, 1882, p. 529].

D'après M. Weyl [*Deutsch. chem. Gesellsch.*, 1879, p. 354], la fermentation de la tyrosine au moyen d'une infusion de pancréas fournit, comme terme ultime, quand on opère à l'abri de l'air, du *paracrésol*. Si l'on opère en présence de l'air, on peut constater que le premier terme de cette transformation est l'*acide hydroparacoumarique*; 20 grammes de tyrosine ont ainsi fourni 12 gr. de cet acide [Baumann, *Deutsch. chem. Gesellsch.*, 1879, p. 1452, et 1880, p. 279]. L'acide hydroparacoumarique prendrait naissance d'après l'équation

$$C^9H^{11}AzO^3 + H^2 = AzH^3 + C^9H^{10}O^3.$$

On peut admettre, avec l'auteur précédemment cité, que le phénol que l'on rencontre normalement dans l'urine est engendré aux dépens de la tyrosine, produite elle-même par le dédoublement des albuminoïdes. Le phénol prendrait naissance d'après les équations suivantes :

$$C^9H^{11}AzO^3 + H^2 = AzH^3 + \underset{\text{Acide hydroparacoumarique.}}{C^9H^{10}O^3};$$

$$C^9H^{10}O^3 = CO^2 + \underset{\text{Para-éthylphénol.}}{C^8H^{10}O};$$

$$C^8H^{10}O + O^3 = H^2O + \underset{\text{Acide paroxyphénylacétique.}}{C^8H^8O^3};$$

$$C^8H^8O^3 = CO^2 + \underset{\text{Paracrésol.}}{C^7H^8O};$$

$$C^7H^8O + O^3 = H^2O + \underset{\text{Acide paroxybenzoïque.}}{C^7H^6O^3};$$

$$C^7H^6O^3 = CO^2 + \underset{\text{Phénol.}}{C^6H^6O}.$$

Blendermann a constaté [*Zeitschr. physiol. Chem.*, t VI, p. 134, et *Deutsch. chem. Gesellsch.*, 1882, p. 1205] que l'urine de lapins auxquels on a fait absorber de la tyrosine renferme un corps fusible à 275°, peu soluble dans l'eau, dans l'alcool et dans l'éther, et qu'on peut envisager comme l'hydantoïne de l'acide hydroparacoumarique :

$$C^6H^4(OH)C^2H^3 \langle {AzH-CO \atop CO-AzH.}$$

Synthèse et constitution. — La phénylalanine

$$C^6H^5-CH^2-CH \langle {AzH^2 \atop CO^2H}$$

fournit entre autres produits, par l'action d'un mélange d'acides sulfurique et nitrique, de la paranitrophénylalanine; celle-ci est transformée par l'étain et l'acide chlorhydrique en paramidophénylalanine. Ce corps peut servir de point de départ pour la synthèse de la tyrosine. A cet effet, on traite le chlorhydrate de paramidophénylalanine en solution alcoolique par l'acide nitreux, et on chauffe le produit de la réaction avec de l'eau. La solution concentrée abandonne à l'éther de l'acide parahydroxyphényllactique,

$$C^6H^4(OH)CH^2-CH.OH-CO^2H.$$

La solution aqueuse qui a été épuisée par l'éther est sursaturée par l'ammoniaque et évaporée; on obtient ainsi des cristaux présentant la forme caractéristique, les réactions et toutes les propriétés de la tyrosine [Erlenmeyer et Lipp, *Deutsch. chem. Gesellsch.*, 1882, p. 1544, et *Liebig's Ann. Chem.*, t. CCXIX, p. 161]. De cette synthèse résulte nécessairement pour la tyrosine la constitution

$$C^6H^4 \langle {OH_{(4)} \atop CH^2_{(1)}CH(AzH^2)-CO^2H.}$$

Ad. Fauconnier.

TYROSINE-HYDANTOÏQUE (ACIDE),

$$C^{10}H^{12}Az^2O^4$$

[Jaffé, *Zeitschr. physiol. Chem.*, t. VII, p. 306, et *Deutsch. chem. Gesellsch.*, 1883, p. 1389]. —

La tyrosine, en suspension dans l'eau chaude, est additionnée de cyanate de potassium jusqu'à dissolution complète; lorsqu'une prise d'essai ne donne plus de précipité de tyrosine par l'acide acétique, on neutralise par ce réactif, on évapore à consistance sirupeuse et on reprend par l'alcool absolu bouillant. Le résidu de l'évaporation de l'alcool est redissous dans l'eau, et la solution aqueuse précipitée par l'acétate de plomb; le précipité plombique, décomposé par l'acide sulfhydrique en présence de l'eau, fournit l'acide tyrosine-hydantoïque, sous la forme de prismes orthorhombiques, très solubles dans l'eau et dans l'alcool, insolubles dans l'éther. Ce corps se ramollit vers 154°, mais sa fusion n'est pas encore complète à 170°.

Le *sel de potassium* cristallise en lamelles renfermant 1 molécule d'eau.

L'acide tyrosine-hydantoïque, chauffé avec le réactif de Millon, donne d'abord une coloration rouge, puis un précipité rouge foncé. Chauffé à 170° avec de l'eau de baryte, il fournit de la tyrosine, de l'acide carbonique et de l'ammoniaque. Ad. Fauconnier.

U

UNDÉCOLIQUE (ACIDE). — Voyez UNDÉCYLÉNIQUE (ACIDE), Suppl.

UNDÉCYLÉNIQUE (ACIDE), $C^{10}H^{20}O^{2}$. — On obtient cet acide en distillant, à basse pression, de l'huile de ricin. Lorsque l'œnanthol a passé, la température tombe à 100°; il distille une grande quantité du nouvel acide, que l'on purifie en passant par le sel le baryum; isolé de ce sel, il fond à 24°,5 et bout à 198-200° sous 90^{mm}.

Son *sel de baryum* est soluble dans 1,073 p. d'eau, à 15°,5.

Réduit par l'acide iodhydrique et le phosphore, il fournit l'acide undécylique; fondu avec la potasse, il donne les acides acétique et nonylique normal; oxydé au moyen de l'acide nitrique, il se convertit en acide sébacique [Krafft, *Deutsch. chem. Gesellsch.*, 1877, p. 2035; 1778, p. 2218; — Becker, *ibid.*, 1878, p. 1412].

Lorsqu'on le traite en solution dans le sulfure de carbone par le brome, il fixe 2 atomes de cet élément et donne l'*acide dibromundécylénique*, $C^{11}H^{20}Br^{2}O^{2}$, qui est en cristaux fusibles à 38°. Ce bromure, chauffé pendant 2 à 3 heures à 180° avec de la potasse alcoolique, donne l'*acide undécolique*, $C^{11}H^{18}O^{2}$, qui se précipite lorsqu'on étend d'eau le produit de la réaction. Cet acide fond à 59°,5; il est soluble dans l'alcool, l'éther et le sulfure de carbone. Le *sel de baryum*,

$$(C^{11}H^{17}O^{2})^{2}Ba,$$

se dissout dans 212 p. d'eau, à 15°,5; le *sel calcique* renferme 1 molécule d'eau. Fondu avec la potasse, il donne un acide heptylique (probablement l'acide œnanthylique); l'acide azotique le transforme en acide azélaïque [Krafft, *Deutsch. chem. Gesellsch.*, 1878, p. 1414].

UNDÉCYLIQUE (ACIDE), $C^{11}H^{22}O^{2}$. — Cet acide se forme par oxydation de l'acétone undécylméthylique. Il prend également naissance lorsqu'on chauffe l'acide undécylénique à 200-220° avec de l'acide iodhydrique et du phosphore. On purifie le produit par lavage à l'acide sulfureux, traitement par l'amalgame de sodium en solution alcaline et distillation dans le vide. Sous la pression de 160^{mm}, il passe, à 227-230°, un produit que l'on dissout dans l'ammoniaque; on précipite par l'acétate de plomb et on décompose le sel de plomb par l'acide nitrique; finalement, on distille la masse lavée. L'acide undécylique bout à 228° sous 160^{mm}; il fond à 28°,5; il est en écailles solubles dans l'alcool et dans l'éther.

Acétone undécylméthylique, $C^{11}H^{23}\text{-}CO\text{-}CH^{3}$. — On l'obtient par distillation d'un mélange de laurate et d'acétate de baryum; elle fond à 28° et bout 195°,5 sous 11^{mm} [Krafft, *Deutsch. chem. Gesellsch.*, 1878, p. 2218; *ibid.*, 1879, p. 1664].

UNDÉCYLIQUE (HYDRURE), $C^{11}H^{24}$ (voyez t. III, p. 546) [Syn. *Undécane*]. — Cet hydrure se forme par l'action du perchlorure de phosphore sur l'acétone nonylméthylique de l'essence de rue et réduction du chlorure formé par l'acide iodhydrique et le phosphore. Le produit, lavé à l'eau et à la potasse, bout à 74° sous 11^{mm} et à 194°,5 sous 760^{mm}; il fond à —26°,5.

Ce carbure se forme aussi par réduction de l'acide undécylique [Krafft, *Deutsch. chem. Gesellsch.*, 1882, p. 1697 et 1698].

URAMIDOBENZOÏQUES (ACIDES) [Syn. *Oxybenzuramiques*]. — Voyez Suppl., p. 1116.

URANIUM. — *Préparation.* — M. Cl. Zimmermann prépare l'uranium d'après le procédé de M. Peligot; mais il effectue la réduction du chlorure d'uranium par le sodium dans un cylindre en fer doux fermant avec un couvercle à vis, de 14^{cm},5 de hauteur, 3 centimètres de diamètre intérieur et une épaisseur de parois de 3 centimètres. Après une couche de chlorure de sodium fondu, il y introduit de 3 à 4 p. de sodium pour 10 p. de chlorure d'uranium, puis une nouvelle couche de chlorure de sodium, enfin le chlorure d'uranium. Après avoir recouvert celui-ci par une dernière couche de chlorure de sodium, il adapte le couvercle et expose l'appareil à un feu de charbon de bois. En opérant au rouge sombre, on obtient l'uranium *pulvérulent*; si l'on atteint le rouge blanc, le métal se présente en globules *fondus* ayant l'éclat de l'argent. Pour l'isoler, on traite la masse par l'alcool, on lave le métal à l'alcool et à l'éther, puis on le sèche à 100°.

Propriétés. — L'uranium *pulvérulent* est d'un gris noir; il brûle à l'air avec un grand éclat, déjà à 150-170°. Il brûle dans le chlore à la même température; dans la vapeur de brome à 240°, ainsi que dans la vapeur de soufre, mais non dans de la vapeur d'iode. Il est facilement dissous par les acides minéraux, étendus ou concentrés.

L'uranium *fondu* est peu malléable; il est rayé par l'acier. Sa surface brillante ne tarde pas à se ternir à l'air par la production d'une couche d'oxyde. Il brûle avec éclat quand on le chauffe à l'air. Sa densité, rapportée à celle de l'eau à 4° et au vide, est 18,685. Sa chaleur spécifique a été trouvée égale à 0,02765.

L'acide azotique n'agit que très lentement sur le métal fondu; il en est de même de l'acide sulfurique concentré. L'acide acétique, les alcalis caustiques et l'ammoniaque sont sans action, même à chaud, sur l'uranium.

L'uranium déplace à froid l'étain, le platine, l'or, le cuivre, le mercure et l'argent de leurs solutions salines [Cl. Zimmermann, *Liebig's Ann. Chem.*, t. CCXVI, p. 14].

Poids atomique. — Nous avons adopté précédemment pour l'uranium le nombre 120, tout en signalant l'opinion de M. Mendeleëff, qui, dans son système périodique des éléments, le classe avec le poids atomique 240. Depuis les dernières recherches sur ce métal, le doute n'est plus permis à cet égard et le nombre proposé par M. Mendeleëff se trouve parfaitement justifié par la détermination de certaines densités de vapeur de composés uraniques et par la chaleur spécifique du métal. Celle-ci, déterminée par M. Zimmermann, est 0,02765, ce qui, avec le nombre 240 pour le poids atomique, conduit pour la chaleur atomique au nombre 6,64 (la chaleur atomique moyenne des éléments). Il est à remarquer que la chaleur spécifique 0,0619, déterminée par Regnault, se rapportait, non à l'uranium métallique, mais à l'uranyle, qui avait d'abord été pris pour l'élément lui-même. La densité de vapeur du bromure uraneux 19,46 (281,0 par rapport à H) et celle du chlorure 13,33 (ou 192,5) conduisent aux poids moléculaires 560 et 382, soit aux formules UBr^4 et UCl^4 avec U = 240 ou à U^2Br^4 et U^2Cl^4 avec U = 120.

Pour nous conformer à la notation employée primitivement dans le Dictionnaire, nous conserverons le nombre 120, à moins de mention spéciale. Avec le nombre 240 les formules des principaux composés d'uranium deviennent :

	U = 120	U = 240
Chlorure uraneux...	UCl^2	UCl^4
Uranyle...........	$(UO)^2$ ou $(U^2O^2)''$	$(UO^2)''$
Chlorure d'uranyle..	$UOCl$	$(UO^2)Cl^2$
Oxyde uranique.....	$(UO)^2U = O^2O^3$	$UO^2O = UO^3$
Oxyde vert........	U^3O^4	U^3O^8
Pentachlorure......	U^2Cl^5	U^2Cl^{10} ou UCl^5
Uranates alcalins...	$U^2O^4M^2$	UO^4M^2
Diuranates.........	$U^4O^7M^2$	$U^2O^7M^2$
Peruranates........	$U^2O^8M^4$	UO^8M^4

Les analogies que présentent les composés de l'uranium avec ceux du molybdène, du tungstène et surtout du chrome, se retrouvent ainsi dans leurs formules.

Bromure uraneux, UBr^2. — On calcine dans un tube en verre peu fusible un mélange d'oxyde vert d'urane et de charbon, et, après avoir expulsé l'air par un courant de gaz carbonique sec, on y dirige un courant de vapeurs de brome pur, entraînées par le gaz carbonique et desséchées avec le plus grand soin. Le bromure uraneux se sublime immédiatement au delà de la partie chauffée en formant une croûte cristalline brune ou presque noire, suivant son épaisseur, qui fond par la chaleur et émet des vapeurs brunes. Ce bromure, en raison de son avidité pour l'eau, doit être conservé en tubes scellés. Il se dissout dans l'eau avec une couleur verte. Sa volatilisation a lieu au rouge et sans aucune décomposition, ce qui a permis de prendre sa densité de vapeur par le procédé Meyer, dans une atmosphère d'azote. Densité trouvée, 19,46; densité théorique pour UBr^4, 19,36 (avec U = 240).

On obtient un *sous-bromure* U^2Br^3 (soit UBr^3 avec U = 240) en soumettant le bromure uraneux à l'action de l'hydrogène à une température élevée. Le produit de la réaction se présente en cristaux aciculaires d'un brun foncé, solubles dans l'eau avec une couleur pourpre. La solution présente le spectre d'absorption du sous-chlorure d'uranium, mais change de couleur à l'air en devenant finalement verte, couleur des sels uraneux en dissolution. L'analyse de ce corps a confirmé la formule ci-dessus.

M. Zimmermann, à qui l'on doit les recherches ci-dessus, n'a pas pu obtenir le *perbromure d'uranium* [*Liebig's Ann. Chem.*, t. CCXVI, p. 2].

Bromure d'uranyle $(U^2O^2)Br^2$. — Obtenu par dissolution du sesquioxyde d'uranium dans l'acide bromhydrique et évaporation à consistance sirupeuse, il forme une masse grenue déliquescente, renfermant, d'après M. Sendtner, 7 molécules d'eau [*Liebig's Ann. Chem.*, t. CXCV, p. 325]. Le même auteur a décrit les sels doubles

$$(U^2O^2)Br^2.2KBr + 2H^2O$$
$$\text{et } (U^2O^2)Br^2.2AzH^4Br + 2H^2O,$$

cristallisables en tables rhombiques d'un jaune brun, décomposables par l'eau.

Chlorure uraneux, UCl^2. — On a vu que la formule de ce corps doit être doublée, d'après sa densité de vapeur, trouvée par la méthode V. Meyer = 13,3; densité théorique = 13,21 (par UCl^4 avec U = 240). Pour le priver du pentachlorure d'uranium qui peut l'accompagner, on le chauffe dans un courant de gaz carbonique sec. Le pentachlorure perd du reste le cinquième de son chlore à 235°. Quant au chlorure uraneux, il résiste complètement à l'action d'une chaleur rouge (Cl. Zimmermann).

Chlorure d'uranyle $(U^2O^2)Cl^2$. — Pour priver ce chlorure du protoxyde d'uranium qui peut l'accompagner, F.-F. Regelsberger le dissout dans l'éther, qui laisse l'oxyde. Il cristallise par l'évaporation de sa solution éthérée en aiguilles jaunes, réunies en mamelons, qui ont pour composition $U^2O^2Cl^2 + 2C^4H^{10}O$. Ces cristaux ne peuvent être entièrement privés d'éther sans qu'il y ait décomposition partielle du chlorure.

Si l'on fait passer un courant de gaz ammoniac sec à travers la solution éthérée de chlorure d'uranyle, on obtient un précipité jaune qui, filtré à l'abri de l'humidité et séché sur l'acide sulfurique, renferme $U^2O^2(AzH^3Cl)^2 + C^4H^{10}O$. Ce corps perd tout son éther par une dessiccation prolongée.

Le *chlorure d'uranyle-diammonium*,

$$U^2O^2(AzH^3Cl)^2,$$

peut fixer une nouvelle quantité de gaz ammoniac sec. Avec le produit privé d'éther, on obtient le *triamidochlorure*,

$$U^2O^2 \begin{cases} AzH^3Cl \\ AzH^3\text{-}AzH^3Cl, \end{cases}$$

qui est de couleur orange. Avec le produit éthéré on obtient un composé intermédiaire entre une tétramine et la triamine; mais la tétramine perd facilement à froid la molécule AzH^3 fixée en plus de la triamine. Cette dernière enfin régénère la chlorodiamine en perdant AzH^3 à chaud.

Chauffé au delà de 100°, le chlorure diammonique perd toute son ammoniaque, ainsi que du chlore. L'eau froide décompose le chlorure d'uranyle-diammonium suivant les deux réactions

$$U^2O^2(AzH^3Cl)^2 + 2H^2O$$
$$= U^2O^2(OH)^2 + 2AzH^4Cl$$

et

$$3U^2O^2(AzH^3Cl)^2 + 3H^2O$$
$$= U^4O^7(AzH^4)^2 + U^2O^2Cl^2 + 4AzH^4Cl.$$

A chaud, c'est la première réaction qui est la principale [*Liebig's Ann. Chem.*, t. CCXXVII, p. 119].

Fluorures d'uranium. — Suivant M. Carr. Bolton [voyez Dict., t. III, p. 550], l'acide fluorhydrique produit, en agissant sur l'oxyde vert d'urane, une poudre verte insoluble, le *fluorure uraneux*, et une solution jaune contenant le *fluorure d'ura-*

nyle. M. Ditte est arrivé à des résultats tout différents; la poudre verte serait le fluorure d'uranyle (pourtant, d'après lui, sa solution chlorhydrique donne de l'oxyde uraneux par l'addition d'ammoniaque), tandis que la liqueur jaune tient en dissolution un fluorhydrate d'hexafluorure d'uranium. Voici, d'après cet auteur, la réaction de l'acide fluorhydrique sur l'oxyde vert d'urane :

$$2U^3O^4 + 18HFl$$
$$= 2(U^2Fl^6.2HFl) + U^2O^2Fl^2 + 6H^2O + H^2;$$

l'action, très lente à froid, a lieu à 50° avec un faible dégagement d'hydrogène.

Le fluorure d'uranyle de M. Ditte est une poudre verte, légère, insoluble dans l'eau, peu soluble dans les acides. Chauffé au rouge dans un creuset fermé, il émet des vapeurs très denses, se condensant en aiguilles jaunâtres transparentes, qui constituent un *oxyfluorure* ayant pour composition U^2OFl^4 ($U = 120$) et correspondant à l'hexafluorure d'uranium. Le résidu est formé d'oxyde uraneux en cristaux noirs et brillants. La décomposition du fluorure d'uranyle serait représentée par l'équation

$$2U^2O^2Fl^2 = U^2OFl^4 + U^2O^2 + O.$$

L'oxyfluorure, U^2OFl^4, est très soluble dans l'eau ; il fond au rouge et se volatilise; ses vapeurs sont oxydées par l'air, qui occasionne un dépôt noir d'oxyde uraneux.

Le *fluorhydrate d'hexafluorure d'uranium,* qui se dégage lorsqu'on évapore avec précaution la solution jaune résultant de l'action de l'acide fluorhydrique sur l'oxyde vert, se présente en cristaux transparents jaunes qui, séchés à 120°, ont pour composition $U^2Fl^6.8HFl$. Chauffé dans un creuset de platine fermé, il perd de l'acide fluorhydrique. Chauffé au contact de l'air, il se transforme en oxyde uraneux cristallisé; le fluorure, U^2Fl^6, non décomposé, est soluble dans l'eau et cristallisable [*Compt. rend.*, t. XCI, p. 115].

M. Smithells [*Journ. chem. Soc.*, 1883, p. 125] combat les conclusions de M. Ditte. Conformément à celles de M. Bolton, il admet que la poudre verte que donne l'acide fluorhydrique avec l'oxyde U^3O^4 est le fluorure uraneux, U^2Fl^4, et non le fluorure d'uranyle. Quant au sublimé que fournit ce corps, il constitue un fluorure d'uranyle, $U^2O^2Fl^2$ (*α-oxyfluorure d'uranium*) et non l'oxyfluorure, U^2OFl^4. Cet oxyfluorure α, volatil et très soluble, se convertit par la calcination à l'air en oxyde vert. Si l'on ajoute du fluorure de potassium à sa solution aqueuse, on obtient, après évaporation à une douce chaleur, le fluorure double décrit par M. Bolton, $U^2O^2Fl^2.3KFl$.

La solution jaune qui accompagne le fluorure uraneux vert renferme, d'après M. Smithells, un *oxyfluorure,* $U^2O^2Fl^2$, qu'il désigne par β et qui reste après évaporation sous la forme d'une masse savonneuse ou semi-cristalline.

Fluorures doubles.—Lorsqu'on introduit l'oxyde vert d'uranium dans du fluorure de potassium fondu, additionné d'un peu de carbonate de potassium, il se convertit en paillettes hexagonales transparentes, jaunes et brillantes, inaltérables au rouge, insolubles dans l'eau bouillante, solubles dans les acides étendus et renfermant

$$U^2O^2Fl^2.4KFl.$$

Le fluorhydrate de fluorure de potassium fondu dissout l'oxyde U^3O^4. Si l'on reprend la masse fondue par l'eau, on dissout d'abord du fluorure de potassium et il reste une poudre cristalline jaune. Celle-ci se dissout à son tour et la solution jaune abandonne par l'évaporation des cristaux d'un jaune clair, ayant pour composition

$$U^2OFl^4.4FlK + 1½ \text{ ou } + 3H^2O.$$

Ce corps cristallise à 50 ou 60° avec 1 molécule d'eau, après avoir été dissous dans de l'eau chargée de fluorure acide de potassium, dans laquelle il est moins soluble que dans l'eau pure. Chauffé au rouge dans un courant d'hydrogène, ce sel, après déshydratation, perd à peine 1 °/₀ de son poids. M. Ditte a obtenu de la même manière :

Les *fluorures doubles de rubidium,*

$$U^2O^2Fl^2.4RbFl,$$

en cristaux orangés insolubles, et

$$U^2OFl^4.4RbFl + 6H^2O,$$

en cristaux jaunes;

Le *sel de sodium,* $U^2O^2Fl^2.4NaFl$, en cristaux d'un jaune d'or;

Le *sel de lithium,* $U^2O^2Fl^2.4LiFl$, en paillettes jaunes, et le *sel de thallium,* $U^2O^2Fl^2.4TlFl$, en paillettes cristallines [*Compt. rend.*, t. XCI, p. 166].

M. Smithells n'a pu obtenir les fluosels décrits par M. Ditte; les composés qu'il a obtenus ne renfermaient que de 0,1 à 0,2 °/₀ de fluor et paraissaient constituer des diuranates. En fondant l'oxyde vert avec le fluorure acide de potassium et reprenant par l'eau, il a obtenu le fluorure double d'uranyle et de potassium de M. Bolton et un résidu d'oxyde vert.

Oxydes d'uranium. — Les sous-oxydes, U^3O^2 et U^2O, signalés par M. A. Guyard, n'existent pas suivant M. Zimmermann.

Uranates. — *Uranate de lithium,* $U^2O^4Li^2$ (UO^4Li^2 avec $U = 240$). Ce sel, correspondant au chromate neutre, est le seul uranate neutre qu'on ait préparé. M. Zimmerman l'a obtenu en opérant dans les conditions qui fournissent le diuranate de potassium, $U^4O^7K^2$. La masse fondue doit être reprise par l'eau froide, car l'eau bouillante décompose ce sel en hydrate de lithium et hydrate d'uranyle. Cette décomposition, quoique très lente, distingue l'uranate neutre de lithium des diuranates alcalins. C'est une poudre cristalline orangée.

Uranate de potassium, $U^4O^7K^2$ (ou $U^2O^7K^2$ correspondant à $Cr^2O^7K^2$). — Ce sel, obtenu jusqu'à présent seulement à l'état amorphe, a été préparé sous forme cristalline de la manière suivante :

On transforme 6 grammes d'oxyde uranoso-uranique en azotate d'uranyle, puis en chlorure, et on mélange celui-ci avec 4 grammes de chlorure de potassium et 16 grammes de sel ammoniac. On évapore à sec et on calcine le résidu jusqu'à volatilisation de tout le sel ammoniac, puis on fond le mélange à une température très élevée, de manière à volatiliser le chlorure de potassium en excès. Si la fusion ne dure qu'un instant et si l'on reprend la masse par l'eau, on obtient une belle poudre dense et brillante qui constitue un produit intermédiaire. Si l'on prolonge la fusion, le mélange devient d'un orange vif et laisse par le lavage une poudre cristalline orangée, brillante, insoluble dans l'eau, soluble dans l'acide acétique. Elle est formée de tables rhombiques. Elle est d'un rouge de sang quand on la chauffe et reprend sa couleur par le refroidissement.

Uranate de sodium, $U^4O^7Na^2$. — On peut l'obtenir comme le sel de potassium, auquel il ressemble [Cl. Zimmermann, *Liebig's Ann. Chem.*, t. CCXIII, p. 290].

Uranate uraneux (*oxyde vert*),

$$U^3O^4 (\text{ou } (UO^4)U^{IV} \text{ avec } U = 240).$$

— Pour l'obtenir pur, M. Zimmermann traite la solution chlorhydrique de l'oxyde uranique du commerce par l'hydrogène sulfuré, filtre les sulfures précipités, ajoute de l'ammoniaque et du carbonate d'ammoniaque, ainsi qu'un peu de sulfure ammonique; l'urane reste dissous, grâce au carbonate ammonique, et les autres métaux sont précipités. En faisant bouillir la liqueur avec de l'acide chlorhydrique, on précipite du sulfure d'uranyle mélangé de soufre. Après l'avoir recueilli et lavé, on le calcine à une température élevée. On dissout l'oxyde uranoso-uranique dans l'acide azotique, on fait cristalliser l'azotate d'uranyle et, après avoir purifié ce sel par dissolution dans l'éther, on le calcine.

PEROXYDES D'URANIUM. — Lorsqu'on ajoute du peroxyde d'hydrogène pur à la solution d'un sel uraneux, on obtient un précipité blanc ou jaunâtre, qui, séché à 100°, a pour composition

$$UO^2.H^2O \ (UO^4.2H^2O \text{ avec } U = 240).$$

Il se dissout dans l'acide chlorhydrique avec dégagement de chlore. Chauffé, il se décompose avec incandescence en perdant de l'oxygène. Les alcalis dédoublent ce peroxyde en oxyde uranique qui se précipite et en *acide peruranique* qui reste dissous. Aussi peut-on envisager ce corps comme un *peruranate d'uranyle,*

$$UO^3.U^2O^3 = UO^4 (U^2O^2)$$
$$\text{ou } (UO^6.2UO^3 \text{ ou } U = 240).$$

Peruranate uranico-ammonique,

$$U^2O^3 \lt \begin{matrix}(U^2O^2)'' \\ (AzH^4)^2\end{matrix} + 8H^2O.$$

— Précipité jaune-orange produit par l'alcool dans une solution de nitrate d'uranyle, additionnée de peroxyde d'hydrogène et d'ammoniaque en excès. Ce sel est soluble dans l'eau et sa solution précipite la plupart des solutions métalliques. Chauffé, il se décompose en laissant un résidu d'oxyde vert; cette décomposition est accompagnée d'un phénomène d'incandescence.

Peruranate de sodium, $U^2O^8Na^4 + 8H^2O$. — Ce sel se dépose après quelques heures en aiguilles étoilées jaunes lorsqu'on traite l'hydrate uranique ou l'hydrate peruranique par la soude et le peroxyde d'hydrogène. Si les solutions sont trop étendues, la précipitation est provoquée par l'addition d'alcool. Ces cristaux s'effleurissent à l'air, absorbent de l'acide carbonique et perdent de l'oxygène.

Si l'on n'emploie qu'une petite quantité de soude, on obtient, par l'addition d'alcool, une huile rouge qui cristallise lentement et qui constitue le sel mixte,

$$U^2O^8 \lt \begin{matrix}U^2O^2 \\ Na^2\end{matrix} + 6H^2O.$$

Le *peruranate de potassium,*

$$U^2O^8K^4 + 10H^2O,$$

est un précipité orangé; il est encore moins stable que le sel de sodium [T. Fairley, *Journ. chem. Soc.*, t. I, p. 127].

SULFURE D'URANYLE, $U^2O^2.S$. — Ce sulfure, qui est insoluble dans le sulfure ammonique, s'y dissout en présence du carbonate ammonique. Avec le sulfure ammonique seul, le précipité de sulfure d'uranyle est modifié et peut l'être de plusieurs façons, comme l'a déjà montré Remélé. Voici, à ce sujet, les résultats auxquels est arrivé M. Zimmermann [*Liebig's Ann. Chem.*, t. CCIV, p. 204; *Bull. Soc. chim.*, t. XXXV, p. 176].

A 40 ou 60°, le sulfure d'uranyle se dédouble nettement en présence du sulfure ammonique en oxyde uraneux et soufre, $U^2O^2S = 2UO + S$.

A froid, le sulfure d'uranyle, mis en digestion avec le sulfure ammonique, peut subir deux transformations. Si l'on permet l'accès de l'air, ou *si le sulfure ammonique renferme de l'hyposulfite*, c'est le *rouge d'urane* de Remélé qui prend naissance. Si, au contraire, on opère à l'abri de l'air, il se forme un composé noir amorphe.

Le corps noir est un oxyde intermédiaire qui, abstraction faite d'une petite quantité de soufre et d'ammoniaque, a pour composition U^7O^{10} ou $3U^2O^3 + UO$. C'est donc le produit d'une réduction partielle de l'oxyde uranique. Chauffé à 270°, cet oxyde est d'un jaune rouge; à une température plus élevée, il devient vert-noir. Il se dissout dans les acides minéraux avec une couleur jaune-verdâtre. Il est en partie soluble dans l'acide acétique et dans le carbonate ammonique.

Le *rouge d'urane* n'est pas cristallin, comme l'annonce Remélé, mais amorphe. Il devient anhydre à 150°. Au delà de 150°, il devient brun. A 200°, il se convertit en oxyde vert d'urane et fournit un faible sublimé d'hyposulfite d'ammonium. Traité par les acides étendus et froids, il dégage de l'hydrogène sulfuré, et du soufre est mis en liberté. La potasse en sépare de l'ammoniaque, mais n'en modifie pas l'apparence. Il y a, ainsi que le montrent les analyses, substitution équivalente de K à AzH^4.

La baryte agit d'une manière analogue, mais le produit prend une teinte violette. Le carbonate ammonique, en solution concentrée, dissout le rouge d'urane. Le sulfure ammonique le dédouble à chaud en donnant du soufre et de l'oxyde uraneux.

M. Zimmermann représente la composition du *rouge d'urane*, après traitement par la potasse, par la formule $U^6SK^2O^9$, soit

$$2U^2O^3 + U^2O^2 \lt \begin{matrix}OK \\ SK.\end{matrix}$$

SELS D'URANIUM. — Les sels d'uranyle sont ramenés à l'état de sels uraneux par l'action du zinc et des acides chlorhydrique ou sulfurique. Le dichromate et le permanganate de potassium produisent la transformation inverse. M. Zimmermann a vérifié l'intégralité de ces réactions, utilisées pour le dosage de l'urane. Il n'y a pas production des sous-oxydes signalés par M. A. Guyard. Ces transformations sont nettement accusées par le changement du spectre d'absorption [*Liebig's Ann. Chem.*, t. CCXIII, p. 318].

Les réactions des sels uraneux indiquées dans les traités de chimie sont, pour la plupart, fautives. M. Zimmermann les rectifie comme il suit [*Liebig's Ann. Chem.*, t. CCXVI, p. 10].

La *potasse* et la *soude* produisent dans la solution des sels uraneux un précipité volumineux *vert clair*, insoluble dans un excès d'alcali, et qui ne devient *brun* qu'au contact de l'air. L'*ammoniaque* agit de même.

Les *carbonates alcalins* donnent un précipité *blanc-verdâtre* qui devient plus foncé par oxydation. Les *bicarbonates* donnent un précipité de même couleur, soluble dans un excès de réactif; en s'oxydant, cette solution abandonne un précipité. Le *carbonate ammonique* redissout le précipité formé, mais celui-ci ne se reproduit pas par oxydation.

Le *ferricyanure de potassium* donne un précipité *jaune-vert* qui se colore en *brun* à l'air. Le *ferrocyanure* donne immédiatement un précipité brun.

L'*acide tartrique* empêche la précipitation par les alcalis et par le sulfure ammonique, sans que la couleur de la solution devienne foncée.

Le *sulfure ammonique* produit un précipité *vert clair*, qui se colore rapidement en *brun foncé* et qui devient noir par l'ébullition.

Le *carbonate de baryum* précipite complètement les sels uraneux à froid.

Les *sels d'uranyle* brunissent le *curcuma*; cette

réaction est accusée par l'azotate avec une dilution au dix-millième. Ils rougissent plus ou moins le papier bleu de tournesol. Le papier de curcuma bruni devient violet-noir par l'addition d'une goutte de carbonate de sodium. Le papier de curcuma n'est pas bruni par les sels d'uranyle additionnés d'un acide [*Liebig's Ann. Chem.*, t. CCIV, p. 224].

Séléniates d'uranyle. — On obtient le séléniate neutre, $SeO^4(U^2O^2) + xH^2O$, sous la forme d'un vernis lorsqu'on évapore au bain-marie une solution d'acide sélénique saturée d'hydrate uranique.

Si l'acide sélénique reste en excès, la solution laisse par l'évaporation un résidu sirupeux qui se prend par le refroidissement en une masse cristalline déliquescente, ou bien en aiguilles d'un jaune vert. La première est le *séléniate acide*,

$$(SeO^4)^2(U^2O^2)''H^2 + 18H^2O;$$

les aiguilles renferment

$$(SeO^4)^3 <^{(U^2O^2)^2}_{H^2} + 12H^2O.$$

Séléniate uranico-potassique,

$$(SeO^4)^2(U^2O^2)K^2 + 2H^2O.$$

— On dissout à saturation l'uranate de potassium dans l'acide sélénique et l'on concentre. Cristaux grenus, solubles dans l'eau bouillante, peu solubles dans l'eau froide. Le *sel double ammoniacal* se présente de même; il est plus soluble.

Sélénites d'uranyle. — L'acide sélénieux en solution concentrée ne dissout à froid que peu d'hydrate uranique et la solution obtenue, qui est jaune, laisse bientôt déposer des croûtes cristallines composées de prismes microscopiques. Si la réaction a lieu à chaud, elle se fait vivement, et l'hydrate uranique se convertit en une poudre cristalline (prismes) d'un jaune citron. Ces deux sels sont identiques; ils sont tout à fait insolubles dans l'eau froide et constituent le *sélénite acide* $(SeO^3)^2(U^2O^2)H^2$. On l'obtient aussi en chauffant ensemble des solutions concentrées de chlorure d'uranyle et d'acide sélénieux.

Sélénite uranico-potassique,

$$(SeO^3)^2(U^2O^2)K^2.$$

— Ce sel, insoluble dans l'eau, se prépare comme le précédent en remplaçant l'hydrate uranique par l'uranate de potassium. Croûtes cristallines d'un jaune pâle.

Le *sélénite uranico-ammonique*, également insoluble, forme des tables microscopiques d'un jaune plus foncé [Sendtner, *Liebig's Ann. Chem.*, t. CXCV, p. 325].

Phosphates d'uranium. — *Sels uraneux.* — On obtient le sel $PO^4U''H + H^2O$, déjà décrit, par double décomposition entre le chlorure uraneux et le phosphate disodique. Avec le pyrophosphate de sodium, on obtient le *pyrophosphate*,

$$P^2O^7U^2 + 3H^2O \text{ ou } (P^2O^7U \text{ avec } U = 240).$$

Le métaphosphate de sodium employé en excès produit le *métaphosphate uraneux*, $(PO^3)^2U^2$ (ou $(PO^3)^4U^{IV}$); si le chlorure uraneux est en excès, le précipité produit est un mélange de pyrophosphate et de métaphosphate.

Sels uraniques. — L'addition de pyrophosphate de sodium à une solution d'acétate uranique fournit un précipité de *pyrophosphate uranique*, $P^2O^7(U^2O^2)^2 + 4H^2O$. Avec le métaphosphate de sodium, on obtient un précipité qui, isolé immédiatement, renferme un mélange de métaphosphate et de pyrophosphate uraniques (rapports $3P^2O^5$ à $4U^2O^3$); si on laisse le contact se prolonger, le précipité est formé de pyrophosphate [Chastaing, *Bull. Soc. chim.*, t. XXXIV, p. 20].

Dosage de l'uranium. — Le procédé de dosage volumétrique de l'uranium à l'aide du permanganate, recommandé par Belohoubec, a été soumis à une vérification approfondie par M. Zimmermann, qui a montré qu'il fournit d'excellents résultats. Si le dosage se fait dans une solution chlorhydrique, il faut additionner celle-ci de sulfate de manganèse, comme le recommande cet auteur pour tous les cas analogues [*Liebig's Ann. Chem.*, t. CCXIII, p. 316].

Dosage électrolytique. — Une solution aqueuse d'acétate d'urane fournit par l'électrolyse un dépôt noir d'hydrate uranoso-uranique facile à recueillir et à laver. Le dépôt est complet après quelques heures. Avec le chlorure et le sulfate le dépôt est très lent.

Le dépôt électrolytique de l'oxyde d'urane permet sa séparation des alcalis [Edg. Smith, *Deutsch. chem. Gesellsch.*, 1879, p. 751].

M. Alex. Classen sépare par électrolyse l'urane du fer, du zinc et du chrome, en additionnant la solution d'oxalate d'ammonium. Le fer et le zinc se déposent à l'état métallique. En continuant l'électrolyse, on décompose tout l'oxalate ajouté; on chasse alors par l'ébullition le carbonate ammonique qui a pris naissance. Le précipité uranique produit passant à travers le filtre, on le redissout dans l'acide azotique et on le précipite de nouveau par l'ammoniaque. Quant au chrome, il est oxydé par le courant, dans la seconde phase de l'électrolyse, à l'état de chromate d'ammonium [*Deutsch. chem. Gesellsch.*, 1884, p. 2481].

Ed. Willm.

URÉCHITINE, $C^{28}H^{42}O^2$, et **URÉCHITOXINE**, $C^{13}H^{20}O^5$. — Ces deux substances, physiologiquement très actives, ont été retirées des feuilles de l'*Urechites suberecta;* ces deux substances cristallisées sont accompagnées dans la plante d'une substance amorphe, l'*uréchitoxine amorphe*.

L'*uréchitoxine* est en prismes quadratiques, solubles dans 1500 p. d'eau froide et dans 1p,4 d'alcool à 80 %, doués d'une saveur très amère. Elle fond à 170-180°; mais, si l'on chauffe lentement, elle devient amorphe. Elle se dissout dans l'acide chlorhydrique et la solution devient jaune et laisse déposer des cristaux d'*uréchitoxétine*, $C^{44}H^{68}O^6$, qui est physiologiquement inactive; en même temps il se forme de la glucose. L'acide sulfurique dissout l'uréchitoxine avec une couleur rouge-orangé qui passe successivement, lorsqu'on chauffe, aux nuances rouge, carmin, violet et pourpre.

L'*uréchitine* est en prismes quadratiques, renfermant 6 % d'eau. Elle se dissout dans 35 p. d'alcool, 227 p. d'éther et 466 p. de benzine. Elle donne des réactions colorées analogues à celles de l'uréchitoxine [J.-J. Bowrey, *Journ. Chem. Soc.*, 1878, p. 252].

URÉE, $CO(AzH^2)^2$. — Voyez t. III, p. 560.

Synthèses et modes de production. — Lorsqu'on fait passer sur une spirale de platine chauffée au rouge un courant d'air chargé de gaz ammoniac et de vapeurs de benzine, il se produit de l'urée, ainsi que du carbonate, du nitrite et du nitrate d'ammonium. Si l'on remplace dans cette expérience la benzine par l'acétylène, la proportion d'urée formée augmente notablement [Herroun, *Chem. Soc.*, 1881, t. Ier, p. 471, et *Bull. Soc. chim.*, t. XXXVIII, p. 410].

Lorsqu'on fait passer dans une solution aqueuse de carbonate d'ammonium des courants électriques, produits par quatre ou huit éléments de Grove, et renversés à des intervalles très rapprochés par un commutateur automatique, il se forme une petite quantité d'urée. Le résultat est le même, que l'on prenne des électrodes en graphite naturel ou en platine; seulement, dans ce dernier cas, le métal est fortement attaqué. La proportion d'urée formée est toujours très faible [Drechsel, *Journ. prakt. Chem.* (2), t. XXII, p. 476, et *Bull. Soc. chim.*, t. XXXVI, 637].

L'urée se forme aussi en petite quantité quand on fait passer dans un tube chauffé au rouge un mélange d'acide carbonique et d'ammoniaque: on doit admettre la formation préalable d'acide cyanique, suivant l'équation

$$CO^2 + AzH^3 = H^2O + COAzH$$

[Mixter, *Amer. chem. Journ.*, t. IV, p. 35, et *Deutsch. chem. Gesellsch.*, 1882, p. 1763].

L'urée se produit en quantités notables par l'action de l'ammoniaque gazeuse sur le carbonate de phényle chauffé au bain-marie; les rendements en urée sont 1/5 du poids du carbonate de phényle. Cette synthèse serait un procédé pratique de préparation de l'urée [Hentschell, *Deutsch. chem. Gesellsch.*, 1884, p. 1286].

Réactions. — Chauffée à 125° avec de l'anhydride phtalique, l'urée transforme ce corps en acide phtalique [Grimaux, *Bull. Soc. chim.*, t. XXV, p. 241].

Lorsqu'on chauffe doucement de l'urée avec du sodium métallique, il se produit une réaction violente; il se dégage de l'hydrogène, et le résidu présente les propriétés de la cyanamide [Fenton, *Chem. News*, t. XLV, p. 161, et *Bull. Soc. chim.*, t. XXXVII, p. 549].

Si l'on chauffe au bain-marie un mélange de chlorure phénylsulfonique (1 mol.) et d'urée (2-3 mol.), il se dégage de l'acide chlorhydrique, et le résidu fournit par l'action de l'eau bouillante des cristaux incolores ayant pour formule $C^6H^5.SO.Az^4H^5.C^2O^2 + H^2O$. Ce composé, dont la constitution n'a pas été établie, donne avec la potasse et le sulfate de cuivre la réaction du biuret.

Si l'on chauffe le mélange de chlorure phénylsulfonique et d'urée à une température plus élevée, il se dégage de l'acide carbonique, et on obtient des lamelles nacrées ayant pour formule $C^6H^5.SO.Az^2H^4.CO + H^2O$.

Le chlorure α-naphtylsulfonique fournit dans les mêmes conditions un composé ayant pour formule $C^{10}H^7.SO.Az^4H^5.C^2O^2 + H^2O$ [Elander, *Bull. Soc. chim.*, t. XXXIV, p. 207].

Chauffée au bain d'huile, dans un courant de gaz carbonique, avec la moitié de son poids de résorcine, l'urée paraît fournir du cyanurate de résorcine $[C^3Az^3(OC^6H^4.OH)^2]^3$ [Birnbaum et Lurie, *Deutsch. chem. Gesellsch.*, 1880, p. 1618].

Chauffée à 100-110° avec de l'éther acétylacétique, l'urée se convertit en aiguilles fusibles à 147°, ayant pour formule $C^7H^{12}Az^2O^3$ [R. Behrend, *Deutsch. chem. Gesellsch.*, 1883, p. 3027].

Chauffée à 200-230° avec du glycocolle, l'urée se convertit en acide urique [Horbaczewski, *Monatsh. f. Chem.*, t. III, p. 796].

Quand on fait réagir à 100° un excès d'acide pyruvique sur l'urée, on obtient une poudre blanche qui se dissout dans les alcalis en donnant des solutions colloïdales; quand on évapore ces solutions au bain-marie, elles fournissent des gelées fermes et transparentes, semblables à de la gélatine.

L'anhydride aspartique, chauffé à 125° avec de l'urée, fournit un colloïde urée aspartique qui présente la plupart des réactions des matières albuminoïdes [Grimaux, *Bull. Soc. chim.*, t. XLII, p. 156].

L'acide nitrique anhydre convertit l'urée, ou plutôt le nitrate d'urée, en un mélange de protoxyde d'azote et d'acide carbonique; il se forme en même temps du nitrate d'ammonium [Franchimont, *Rec. Trav. chim. Pays-Bas*, t. III, p. 216].

Le furfurol est sans action sur une solution alcoolique d'urée, mais il donne avec les solutions de nitrate d'urée une coloration violette qui fait bientôt place à la séparation d'un corps noir. Un mélange de furfurol et d'urée fournit de même par l'addition de quelques gouttes d'acide chlorhydrique une belle coloration pourpre, et la solution se prend bientôt en une masse noire; cette substance noire est amorphe, azotée, et insoluble dans tous les réactifs [H. Schiff, *Deutsch. chem. Gesellsch.*, 1876, p. 773].

Combinaisons de l'urée avec les sels.

Chlorure double de palladium et d'urée,

$$PdCl^2 + 2COAz^2H^4$$

[Drechsel, *Journ. prakt. Chem.* (2), t. XX, p. 469, et *Bull. Soc. chim.*, t. XXXIV, p. 96]. — Poudre cristalline d'un brun jaunâtre, peu soluble dans l'eau et dans l'acide chlorhydrique étendu; on l'obtient en mélangeant une solution aqueuse concentrée d'urée avec une solution concentrée de chlorure palladeux renfermant le moins possible d'acide chlorhydrique libre et exempte de chlorure palladique.

Chloroplatinate d'urée,

$$(COAz^2H^4.HCl)^2PtCl^4 + 2H^2O$$

[Heintz, *Liebig's Ann. Chem.*, t. CXCVIII, p. 91]. — Lamelles ou prismes rhombiques jaunes, obtenus en évaporant dans le vide une solution concentrée d'urée additionnée de la proportion convenable de chlorure de platine. Ce sel est très soluble dans l'eau et dans l'alcool absolu, insoluble dans l'éther.

Chloraurates d'urée [Heintz, *Liebig's Ann. Chem.*, t. CCII, p. 264]. — Lorsqu'on évapore une solution renfermant un mélange en proportions moléculaires de chlorure d'or acide et d'urée, on voit se déposer d'abord de fines aiguilles jaunes ayant pour formule $(COAz^2H^4)^2HCl.AuCl^3$, puis des aiguilles plus compactes, de couleur orangée, ayant pour composition

$$(COAz^2H^4.HCl)^2AuCl^3 + H^2O:$$

ce dernier sel perd son eau de cristallisation à 98°. Ces deux combinaisons sont très solubles dans l'eau, dans l'alcool et dans l'éther.

Chlorhydrate double de quinine et d'urée [Driguine, *Bull. Soc. chim.*, t. XXXV, p. 561]. — Ce sel répond à la formule

$$C^{20}H^{24}Az^2O^2.HCl + COAz^2H^4.HCl + 5H^2O.$$

Recherche de l'urée. — M. Musculus [*Compt. rend.*, t. LXXXII, p. 333] a proposé pour la recherche de l'urée l'emploi d'un papier réactif, qu'on prépare en filtrant une urine ammoniacale, lavant ensuite le filtre à l'eau et le colorant enfin par du curcuma : ce papier contient une petite quantité de ferment urinaire et peut se conserver fort longtemps. Plongé dans une solution très étendue d'urée, il brunit par suite de la transformation de l'urée en carbonate d'ammonium sous l'action du ferment. Ad. Fauconnier.

URÉES COMPOSÉES. — Voyez t. III, p. 577.

Urées à radicaux alcooliques monatomiques.

ALLYLURÉE,

$$CO\begin{cases}AzH^2\\AzH\text{-}CH^2\text{-}CH=CH^2\end{cases}$$

(voyez t. I, p. 159). — On peut l'obtenir par l'action du sulfate d'allylamine sur l'isocyanate de potassium : il suffit d'évaporer un mélange de ces deux sels en solution aqueuse et de reprendre par l'alcool. Cristaux fusibles à 85°, très solubles dans l'alcool et dans l'eau, presque insolubles dans l'éther et dans le chloroforme.

On peut également traiter la thiosinnamine (1 p.) par le nitrate d'argent (3 p.) : il se dépose immédiatement une combinaison cristallisée ayant pour formule $C^4H^8Az^2S.AzO^3Ag$. Chauffée au bain-marie avec de l'eau, cette combinaison se détruit suivant l'équation

$$C^4H^8Az^2S + 2AzO^3Ag + H^2O$$
$$= Ag^2S + 2AzO^3H + C^4H^8Az^2O.$$

L'allylurée fixe directement le brome, pour se convertir en dibromopropylurée,

$$CO<\begin{matrix}AzH^2\\AzH\text{-}CH^2\text{-}CHBr\text{-}CH^2Br\end{matrix}$$

[Andreasch, *Monatsh. f. Chem.*, t. V, p. 33].

Amylurée,

$$CO<\begin{matrix}AzH^2\\AzH\text{-}C^5H^{11}\end{matrix}$$

(voyez t. III, p. 568). — Préparée par la méthode de Wurtz, cette urée se présente en cristaux incolores, fusibles à 89-91°, peu solubles dans l'eau.

Le *nitrate* cristallise en petits prismes incolores [Custer, *Deutsch. chem. Gesellsch.*, 1879, p. 1330].

Diamylurée, $CO(AzH.C^5H^{11})^2$ [Custer, *ibid.*]. — On l'obtient en chauffant dans un appareil à reflux un mélange en proportions moléculaires de cyanate d'amyle et d'amylamine. Aiguilles blanches, fusibles à 37-39°, peu solubles dans l'eau froide, très solubles dans l'alcool et dans l'éther. Point d'ébullition, 270°.

Le *nitrate* est cristallisé.

Triamylurée, $CO.Az^2H(C^5H^{11})^3$ [Custer, *ibid.*]. — Préparé par l'action du cyanate d'amyle sur la diamylamine, ce corps forme un liquide visqueux, incolore, bouillant à 260°.

Tétramylurée, $CO.Az^2(C^5H^{11})^4$ [Custer, *ibid.*]. — Liquide incolore, bouillant à 240-241°; on l'obtient par l'action du cyanate d'amyle sur la triamylamine.

Anisylurée,

$$CO<\begin{matrix}AzH^2\\AzH\text{-}C^6H^4.OCH^3\end{matrix}$$

[Mühlhäuser *Deutsch. chem. Gesellsch.*, 1880, p. 922]. — Cristaux incolores, fusibles à 146°,5, peu solubles dans l'eau froide, très solubles dans l'eau chaude et dans l'alcool; on prépare ce composé par la réaction du cyanate de potassium sur le chlorhydrate d'anisidine en solution aqueuse.

Dianisylurée, $COAz^2H^2(C^6H^4.OCH^3)^2$ [Mühlhaüser, *ibid.*]. — On l'obtient par l'action du chlorure de carbonyle sur une solution benzénique d'anisidine; cristaux incolores fusibles à 174°, peu solubles dans l'éther, assez solubles dans l'alcool.

Diazobenzolurée [Syn. *Carbamido-azobenzol*], $CO(AzH.C^6H^4.Az = Az.C^6H^5)^2$ [Berju, *Deutsch. chem. Gesellsch.*, 1884, p. 1404]. — Préparé par l'action du chlorure de carbonyle sur une solution benzénique d'amidoazobenzol, ce corps forme des lamelles microscopiques, fusibles avec décomposition à 270°, peu solubles dans l'alcool, assez solubles dans le chloroforme et dans la benzine.

Dibutylurées. 1° $CO[AzH\text{-}C(CH^3)^3]^2$ [Brauner, *Deutsch. chem. Gesellsch.*, 1879, p. 1875]. — Ce composé prend naissance par l'action de la butylamine tertiaire sur le cyanate de butyle tertiaire; il fond à 242°.

2°
$$CO<\begin{matrix}AzH\text{-}C(CH^3)^3\\AzH\text{-}CH^2\text{-}CH(CH^3)^2\end{matrix}$$

[Brauner, *ibid.*]. — Cristaux fusibles à 163°, obtenus au moyen de l'isobutylamine et du cyanate de butyle tertiaire.

Crésylurées,

$$CO<\begin{matrix}AzH^2\\AzH\text{-}C^6H^4\text{-}CH^3\end{matrix}$$

[Cosack, *Deutsch. chem. Gesellsch.*, 1879, p. 1450, et 1880, p. 1088]. — On les prépare en traitant les chlorhydrates des toluidines correspondantes par le cyanate de potassium.

Le *dérivé ortho* cristallise en lamelles fusibles à 185°, très solubles dans l'éther et dans l'alcool, insolubles dans l'eau froide.

Le *dérivé méta* fond à 142°; il cristallise en lamelles ou en aiguilles.

Le *dérivé para* se présente en aiguilles épaisses, fusibles à 172°.

Dicrésylurées, $CO(AzH.C^6H^4.CH^3)^2$.

Le *dérivé ortho* prend naissance dans l'action du chlore sur une solution chloroformique d'orthocrésylsénévol [Lachmann, *Deutsch. chem. Gesellsch.*, 1879, p. 1349]; il se produit également par l'action de la cyanamide sur le chlorhydrate d'orthotoluidine à 100° [Berger, *ibid.*, p. 1859] ou par l'action de l'eau sur l'isocyanate d'orthocrésyle [Nevile et Winther, *ibid.*, p. 2324]. Il se présente en cristaux insolubles dans l'alcool, peu solubles dans la benzine chaude et fusibles à 250°.

Le *dérivé méta* se produit par l'action de l'eau sur la métacrésyluréthane; il se forme aussi lorsqu'on chauffe un mélange de métatoluidine et de métacrésylurée, ou un mélange de métatoluidine et de chlorocarbonate d'éthyle; il se présente en belles aiguilles soyeuses, fusibles à 217° [Cosack, *Deutsch. chem. Gesellsch.*, 1879, p. 1450, et 1880, p. 1090].

On obtient une *diparacrésylurée dinitrée* lorsqu'on traite par l'acide nitrique ($d = 1,4$) la paracrésylguanidine en suspension dans l'alcool; ce corps forme des cristaux jaunes, fusibles à 233° [A. G. Perkin, *Chem. Soc.*, 1880, t. I, p. 696, et *Deutsch. chem. Gesellsch.*, 1880, p. 2423].

Isocyminylurée, $CO(AzH^2)(AzH.C^{10}H^{13})$ [W. Kelbe et C. Warth, *Liebig's Ann. Chem.*, t. CCXXI, p. 157]. — Aiguilles fusibles à 176°, obtenues en traitant le sulfate d'isocymidine par le cyanate de potassium.

Di-isocyminylurée, $CO(AzH.C^{10}H^{13})^2$ [Kelbe et Warth, *ibid.*]. — Elle prend naissance par l'action du chlorure de carbonyle sur la cymidine, et cristallise en aiguilles incolores.

Éthylurées. — Éthylurée,

$$CO(AzH^2)(AzH.C^2H^5).$$

— Chauffée en solution étendue avec de l'oxyde de mercure récemment précipité, l'éthylurée fournit une combinaison cristallisée en petites aiguilles ayant pour formule $(CO\,Az^2H^3.C^2H^5)^2Hg$. Ce corps, presque insoluble dans l'alcool et dans l'eau froide, se décompose par la chaleur avec dégagement d'éthylamine et d'ammoniaque [Leuckart, *Journ. prakt. Chem.* (2), t. XXI, p. 1, et *Bull. Soc. Chim.*, t. XXXV, p. 24].

Diéthylurée (*symétrique*), $CO(AzH.C^2H^5)^2$ (voyez t. III, p. 569). — Sa densité est 1,04 [Schröder, *Deutsch. chem. Gesellsch.*, 1880, p. 1071].

Diéthylurée (*dissymétrique*),

$$CO<\begin{matrix}AzH^2\\Az(C^2H^5)^2\end{matrix}$$

[Franchimont, *Rec. trav. chim. Pays-Bas*, t. II, p. 121]. — On la prépare en mélangeant des solutions aqueuses d'isocyanate de potassium et de sulfate de diéthylamine, évaporant à siccité et reprenant par l'alcool absolu. Elle se présente en cristaux fusibles à 70°, très solubles dans l'éther et dans l'alcool, doués d'une saveur sucrée.

Éthylméthylurées,

$$CO{<}^{AzH.C^2H^5}_{AzH.CH^3}.$$

— Suivant Schreiner [*Journ. prakt. Chem.* (2), t. XXII, p. 353], il existerait deux corps possédant cette constitution symétrique et néanmoins isomères entre eux. On les prépare comme il suit :

L'éthylamidoformiate d'éthyle,

$$(AzH.C^2H^5)CO^2C^2H^5,$$

chauffé à 200° avec une solution alcoolique de méthylamine, fournit une éthylméthylurée qui cristallise en aiguilles brillantes, hygrométriques, solubles dans l'alcool, insolubles dans l'éther, fusibles à 105°.

Le méthylamidoformiate d'éthyle, traité de la même façon par l'éthylamine, fournit une méthyléthylurée moins brillante que son isomère et fusible à 75°.

Par des fusions répétées, ces deux isomères se transformeraient tous deux en un mélange de diméthylurée fusible à 92° et de diéthylurée fusible à 112°,5.

Éthylphénylurée, $CO(AzH^2)(Az.C^2H^5.C^6H^5)$ [Gebhardt, *Deutsch. chem. Gesellsch.*, 1884, p. 2095]. Elle prend naissance dans l'action de l'acide cyanique sur l'éthylaniline, et cristallise en lamelles argentines, fusibles à 62°.

Diéthylphénylurée,

$$CO{<}^{AzH.C^6H^5}_{Az(C^2H^5)^2}$$

[Gebhardt, *ibid.*, p. 3039]. — Belles aiguilles fusibles à 85°, obtenues par l'action de l'isocyanate de phényle sur la diéthylamine.

Éthyldiphénylurée,

$$CO{<}^{AzH.C^6H^5}_{Az(C^2H^5.C^6H^5)}$$

[Gebhardt, *ibid.*, p. 2093]. — Grands prismes transparents fusibles à 91°, préparés en traitant l'éthylaniline par l'isocyanate de phényle.

Éthyltriphénylurée,

$$CO{<}^{Az(C^6H^5)^2}_{Az(C^2H^5.C^6H^5)}$$

[Kaufmann, *Deutsch. chem. Gesellsch.*, 1881, p. 2185]. Obtenue par l'action de la diphénylamine sur la chloro-uréide-éthylphénylique,

$$CO{<}^{Az(C^2H^5.C^6H^5)}_{Cl}$$

cette base se présente en cristaux fusibles à 80°.

Guanylurée,

$$CO{<}^{AzH^2}_{AzH-C{\lessgtr}^{AzH}_{AzH^2}}.$$

— Ce corps se produit lorsqu'on fond ensemble de l'urée et un sel de guanidine; il forme de petits cristaux microscopiques, peu solubles dans l'eau [E. Baumann, *Deutsch. chem. Gesellsch.*, 1874, p. 446]. Chauffée avec une solution aqueuse d'hydrogène sulfuré, la guanylurée échange son atome d'oxygène contre un atome de soufre, et se transforme ainsi en guanylsulfo-urée [Bamberger, *ibid.*, 1883, p. 1461].

Dimésitylurée,

$$CO{<}^{AzH.C^6H^2(CH^3)^3}_{AzH.C^6H^2(CH^3)^3}$$

[Eisenberg, *Deutsch. chem. Gesellsch.*, 1882, p. 1017]. — La mésidine réagit à froid sur le cyanate de mésityle pour fournir de petits cristaux microscopiques ayant cette composition; insoluble dans l'eau, peu soluble dans l'alcool bouillant, cette urée fond au-dessus de 300°.

Méthylurées. — Voyez t. III, p. 570.

Méthylurée, $CO(AzH^2)(AzH.CH^3)$. — Outre le procédé de préparation indiqué t. III, p. 570, cette base prend naissance dans l'oxydation de l'acide diméthylurique au moyen de l'acide nitrique ou d'un mélange de chlorate de potassium et d'acide chlorhydrique [Mabery et Hill, *Deutsch. chem. Gesellsch.*, 1880, p. 739]; elle se produit aussi par la réduction de la *caffoline* au moyen de l'acide iodhydrique [E. Fischer, *ibid.*, 1881, p. 1908].

Le *nitrate* fournit par l'action de l'acide nitrique anhydre à la température ordinaire un mélange de protoxyde d'azote, d'acide carbonique, de méthylamine et de nitrate de méthyle [Franchimont, *Rec. Trav. chim. Pays-Bas*, t. II, p. 121, et t. III, p. 216].

Diméthylurée (*dissymétrique*),

$$CO{<}^{AzH^2}_{Az(CH^3)^2}$$

[Franchimont, *loc. cit.*]. — On la prépare en mélangeant des solutions aqueuses d'isocyanate de potassium et de sulfate de diméthylamine, évaporant à siccité et reprenant par l'alcool absolu; elle forme de grands cristaux durs, d'une saveur sucrée, fondant à 182°. Elle est peu soluble dans l'alcool et dans l'éther.

Le *nitrate*, $C^3H^8Az^2O.AzO^3H$, forme des cristaux fusibles à 101°. L'acide nitrique anhydre le décompose avec formation de nitrodiméthylamine, d'acide carbonique et de protoxyde d'azote.

Méthylphénylurée,

$$CO{<}^{AzH^2}_{Az(CH^3)(C^6H^5)}$$

[Gebhardt, *Deutsch. chem. Gesellsch.*, 1884, p. 2095]. — Elle se produit par l'action du cyanate de potassium sur le chlorhydrate de méthylaniline et se présente en grands cristaux rhombiques, fusibles à 82°, très solubles dans tous les réactifs neutres, à l'exception de l'éther de pétrole.

Méthyldiphénylurée,

$$CO{<}^{AzH.C^6H^5}_{Az(CH^3)(C^6H^5)}$$

[Gebhardt, *ibid.*, p. 2093]. — Obtenue par l'action de l'isocyanate de phényle sur la méthylaniline, elle cristallise en aiguilles, fusibles sans altération à 104°, très solubles dans la benzine, l'éther, le chloroforme, l'acide acétique, l'alcool bouillant, presque insolubles dans l'eau et dans l'éther de pétrole; elle distille sans altération vers 203-205°.

Diméthylphénylurée,

$$CO{<}^{Az(CH^3)^2}_{AzH.C^6H^5}$$

[Michler et Escherich, *Deutsch. chem. Gesellsch.*, 1879, p. 1162]. — Ce composé prend naissance par l'action de l'aniline sur la *chloro-uréide-diméthylique*,

$$CO{<}^{Cl}_{Az(CH^3)^2}.$$

Il se présente en cristaux blancs, très solubles dans l'alcool, l'éther et la benzine.

Diméthyldiphénylurée,

$$CO{<}^{Az(CH^3)(C^6H^5)}_{Az(CH^3)(C^6H^5)}$$

[Michler et Zimmermann, *ibid.*, p. 1166]. — On l'obtient en chauffant au bain-marie un mélange d'ammoniaque alcoolique et de *chloro-uréide-méthyl-phénylique*, $Cl-CO-Az(CH^3)(C^6H^5)$. Elle se présente en cristaux fusibles à 120°, très solubles dans l'alcool, l'éther et la benzine, insolubles dans l'eau; elle distille sans altération vers 350°.

Diméthylamine-phénylurée,

$$CO\begin{cases}AzH\text{-}Az(CH^3)^2\\AzH.C^6H^5\end{cases}$$

[Renouf, *Deutsch. chem. Gesellsch.*, 1880, p. 2172]. — Obtenue par l'action de la diméthylhydrazine dissymétrique sur l'isocyanate de phényle, cette base cristallise en pyramides fusibles à 108°.

Chauffée avec de l'éther oxalique, elle se transforme en une nouvelle base, fusible à 220°, et ayant pour formule

$$CO\begin{cases}AzH\text{-}Az(CH^3)^2\\AzH\text{-}Az(CH^3)^2.\end{cases}$$

Triméthylurée,

$$CO\begin{cases}AzH.CH^3\\Az(CH^3)^2\end{cases}$$

[Franchimont, *Rec. Trav. chim. Pays-Bas*, t. III, p. 216]. — Beaux cristaux fusibles à 75°,5, très solubles dans l'eau et dans l'alcool, moins solubles dans l'éther et dans la benzine. Le *nitrate* fournit, par l'action de l'acide azotique anhydre, de l'acide carbonique, de la méthylamine, de la nitrodiméthylamine et du nitrate de méthyle.

Tétraméthylurée,

$$CO\begin{cases}Az(CH^3)^2\\Az(CH^3)^2.\end{cases}$$

— Elle prend naissance par l'action de la diméthylamine sur la chloro-uréide-diméthylique,

$$Cl\text{-}CO\text{-}Az(CH^3)^2,$$

et se présente sous la forme d'un liquide limpide, très soluble dans l'alcool et dans l'éther et bouillant à 175-177° [Michler et Escherich, *Deutsch. chem. Gesellsch.*, 1879, p. 1164]. Sa densité est 0,972 à 15°. Le *nitrate* n'a pu être obtenu que sous forme liquide; traité par l'acide nitrique anhydre, il fournit de l'acide carbonique, de la diméthylamine et de la nitrodiméthylamine [Franchimont, *loc. cit.*].

Naphtylurées. — Voyez t. II, p. 526.

β-Naphtylurée,

$$CO\begin{cases}AzH^2\\AzH.C^{10}H^7\end{cases}$$

[Cosiner, *Deutsch. chem. Gesellsch.*, 1881, p. 62]. — Obtenue par l'action de l'urée sur le chlorhydrate de β-naphtylamine à 150°, elle cristallise dans l'eau bouillante en fines aiguilles, fusibles à 287°, très solubles dans l'alcool chaud, insolubles dans l'eau froide.

Phénylurées. — Voyez t. II, p. 880, et t. III, p. 570.

Phénylurée,

$$CO\begin{cases}AzH^2\\AzH.C^6H^5.\end{cases}$$

— Chauffée avec du trichlorure de phosphore à une douce chaleur, elle fournit de la phosphanilide et du *phénylbiuret*,

$$AzH^2\text{-}CO\text{-}Az(C^6H^5)\text{-}CO\text{-}AzH^2$$

[Weith, *Deutsch. chem. Gesellsch.*, 1877, p. 1744].

Diphénylurée (*symétrique*),

$$CO\begin{cases}AzH.C^6H^5\\AzH.C^6H^5.\end{cases}$$

— Outre les procédés de préparation indiqués t. II, p. 880, la diphénylurée prend encore naissance : dans l'action de l'aniline sur la monophénylurée à 180-190° [Weith, *Deutsch. chem. Gesellsch.*, 1876, p. 820]; dans l'action de l'aniline sur le phénylimido-méthylthio-carbonate d'éthyle [Liebermann, *ibid.*, 1880, p. 688]; par la distillation sèche d'un mélange de phénate de sodium et de phénylcarbamate d'éthyle [Hentschel, *Journ. prakt. Chem.* (2), t. XXVII, p. 498].

Chauffée à 220° dans un courant d'hydrogène avec de l'éthylate de sodium, la diphénylurée fournit de l'aniline et de la triphénylguanidine; il se produit en même temps de l'éthylcarbonate de sodium, suivant l'équation

$$2CO(AzH.C^6H^5)^2 + C^2H^5.ONa$$
$$= C^6H^5.AzH^2 + CO\begin{cases}ONa\\OC^2H^5\end{cases}$$
$$+ C(Az.C^6H^5)(AzH.C^6H^5)^2.$$

Si l'on substitue à l'éthylate de sodium un mélange d'éthylate et de phénate, il se produit de la triphénylguanidine, de l'alcool, de l'aniline et du salicylate de sodium; l'alcool et le salicylate se sont produits suivant la réaction secondaire

$$CO\begin{cases}ONa\\OC^2H^5\end{cases} + C^6H^5.ONa$$
$$= C^2H^6O + C^6H^4(ONa)(CO^2Na).$$

Enfin, la fusion de la diphénylurée avec de la soude fournit également de la triphénylguanidine et de l'aniline (Hentschel).

Dibromodiphénylurée, $CO(AzH.C^6H^4Br)^2$. — Voyez t. II, p. 881. — Chauffée en tubes scellés à 160-170° avec de l'α-dinitrochlorobenzine, elle se décompose suivant l'équation

$$CO(AzH.C^6H^4Br)^2 + C^6H^3(AzO^2)^2Cl + H^2O$$
$$= CO^2 + C^6H^4Br(AzH^2)HCl$$
$$+ HAz\begin{cases}C^6H^4.Br\\C^6H^3(AzO^2)^2\end{cases}$$

[Willgerodt, *Deutsch. chem. Gesellsch.*, 1878, p. 602].

Métadinitrodiphénylurée,

$$CO(AzH\text{-}C^6H^4.AzO^2)^2$$

[Losanitsch, *Deutsch. chem. Gesellsch.*, 1883, p. 49]. — Elle prend naissance par l'action de l'iode en excès sur une solution alcoolique chaude de métadinitrodiphénylsulfo-urée; il se produit en même temps de l'iodhydrate de trinitrotriphénylguanidine, de la métanitraniline et de la nitrophénylsulfo-urée. Elle cristallise en aiguilles jaunes, fusibles à 233°, très solubles dans l'alcool chaud, insolubles dans l'eau.

Tétranitrodiphénylurée,

$$CO[AzH.C^6H^3(AzO^2)^2]^2$$

[Losanitsch, *Deutsch. chem. Gesellsch.*, 1877, p. 690, et 1878, p. 1540]. — Ce composé prend naissance par l'action de l'acide nitrique concentré et froid sur la diphénylsulfo-urée. Il se présente en cristaux jaunes, fusibles au-dessus de 200°, insolubles dans l'eau, très peu solubles dans l'alcool et dans l'éther. Avec la potasse alcoolique, ce corps fournit une combinaison ayant pour formule $CO[AzK.C^6H^3(AzO^2)^2]^2$; c'est une poudre cristalline rouge à reflets métalliques verts; elle se décompose par l'eau, en donnant du carbonate de potassium et de la nitraniline; avec les acides, elle régénère au contraire la tétranitrodiphénylurée.

Dipropylphénylurée, $CO(AzH.C^6H^4.C^3H^7)^2$ (Francksen, *Deutsch. chem. Gesellsch.*, 1884, p. 1224]. — Elle prend naissance par l'action de l'urée sur un excès de propylphénylamine à 150-170°. Elle cristallise en aiguilles fusibles à 205°, très solubles dans l'éther et dans l'alcool chaud.

Di-isobutylphénylurée, $CO(AzH.C^6H^4.C^4H^9)^2$ [Pahl, *Deutsch. chem. Gesellsch.*, 1884, p. 1240]. — On peut l'obtenir soit par l'action du chlorure de carbonyle sur une solution benzénique d'amido-isobutylbenzine, soit par l'action de l'oxyde de mercure sur la di-isobutylphénylsulfo-urée. Elle cristallise en longues aiguilles incolores, fusibles à 283-284°, très solubles dans l'alcool chaud, peu solubles dans l'alcool froid, insolubles dans l'eau.

PHÉNÉTHYLURÉE,

$$CO \begin{cases} AzH^2 \\ AzH\text{-}CH^2\text{-}CH^2\text{-}C^6H^5 \end{cases}$$

[Spica et Colombo, *Deutsch. chem. Gesellsch.*, 1880, p. 205]. — Obtenue au moyen du cyanate de potassium et du chlorhydrate de phénéthylamine, $C^6H^5.CH^2\text{-}CH^2.AzH^2.HCl$, cette base cristallise en longues aiguilles incolores, fusibles à 112°.

DIPHÉNÉTHYLURÉES,

1° $$CO \begin{cases} AzH^2 \\ Az.(CH^2.CH^2.C^6H^5)^2 \end{cases}$$

[Spica et Colombo, *ibid.*]. — Longues aiguilles fusibles à 108-109°, obtenues au moyen du chlorhydrate de diphénylamine,

$$(C^6H^5.CH^2.CH^2)^2AzH.$$

2° $CO(AzH.C^6H^4.C^2H^5)^2$ [Paneksch, *Deutsch. chem. Gesellsch.*, 1884, p. 2804]. — Larges aiguilles transparentes, fusibles à 217°, obtenues au moyen du chlorure de carbonyle et d'une solution benzénique de para-amido-éthylbenzine.

OXYPHÉNYLURÉES,

$$CO \begin{cases} AzH^2 \\ AzH.C^6H^4.OH \end{cases}$$

[Kalckhoff, *Deutsch. chem. Gesellsch.*, 1883, p. 374]. — On les prépare en traitant par le cyanate de potassium les chlorhydrates d'amidophénols.

Le *composé ortho* cristallise en petits prismes blancs, fusibles avec décomposition à 154°, très solubles dans l'eau, l'alcool, l'éther, les alcalis et les acides.

Le dérivé *para* se présente en aiguilles ou en lamelles fusibles avec décomposition à 168°; il se comporte vis-à-vis des dissolvants comme son isomère la para-éthoxyphénylurée.

PARA-ÉTHOXYPHÉNYLURÉE,

$$CO \begin{cases} AzH^2 \\ AzH.C^6H^4.OC^2H^5 \end{cases}$$

[Berlinerblau, *Journ. prakt. Chem.* (2), t. XXX, p. 97]. — On la prépare en mélangeant des solutions de chlorhydrate d'amidophénétol et de cyanate de potassium : elle se dépose aussitôt sous la forme de lamelles blanches et brillantes, fusibles à 160°, presque insolubles dans l'eau, solubles dans l'alcool, l'éther et l'acide chlorhydrique concentré. Traitée en solution alcoolique par l'acide nitreux, elle donne un précipité rouge-brique, ayant pour formule, $C^9H^{11}Az^2O^2(AzO^2)$.

PARADIMÉTHYLANILINE-URÉE,

$$CO \begin{cases} AzH^2 \\ AzH.C^6H^4.Az(CH^3)^2 \end{cases}$$

[Binder, *Deutsch. chem. Gesellsch.*, 1879, p. 536]. — On la prépare en évaporant au bain-marie un mélange en proportions moléculaires de cyanate de potassium et de sulfate de diméthylparaphénylène-diamine préalablement dissous dans l'eau. Il suffit de reprendre ensuite par l'alcool pour obtenir de longues aiguilles blanches, fusibles à 179°, très solubles dans l'eau bouillante.

Le *chloroplatinate*, $(C^9H^{13}Az^3O.HCl)^2PtCl^4$, forme de petites lamelles jaunes.

PARADIMÉTHYLANILINE URÉE,

$$CO \begin{cases} AzH\text{-}C^6H^4.Az(CH^3)^2 \\ AzH\text{-}C^6H^4.Az(CH^3)^2 \end{cases}$$

[Binder, *Deutsch. chem. Gesellsch.*, 1879, p. 536; — Michler et Zimmermann, *ibid.*, 1881, p. 2179]. — Préparée par l'action de la diméthylparaphénylène-diamine sur l'urée à 150°, ou du chlorure de carbonyle sur la paramido-diméthylaniline à froid, cette base cristallise en petites aiguilles fusibles à 246°, insolubles dans l'eau, peu solubles dans l'alcool. Elle forme un *chloroplatinate*, $C^{17}H^{22}Az^4O(HCl)^2PtCl^4$, de couleur orangée, un *sulfate* et un *chlorhydrate* bien cristallisés.

DI-ISOPROPYLURÉE, $CO(AzH.C^3H^7)^2$ [Hofmann, *Deutsch. chem. Gesellsch.*, 1882, p. 756]. — Elle se produit dans l'action du bromure d'isopropyle sur le cyanate d'argent et cristallise en belles aiguilles, fusibles à 192°, insolubles dans l'eau et dans l'éther, solubles dans l'alcool

TÉTROLURÉE. — Voyez Suppl., p. 1536.

DICHLOROVINYLURÉE,

$$CO \begin{cases} AzH^2 \\ AzH.CH=CCl^2 \end{cases}$$

[Pinner, *Deutsch. chem. Gesellsch.*, 1884, p. 1999]. — Ce composé prend naissance en même temps que l'acétylène-urée dans l'action de l'acide trichlorolactique sur l'urée à la température du bain-marie. C'est une poudre blanche, presque insoluble dans l'eau.

Urées à radicaux alcooliques diatomiques.

ACÉTYLÈNE-URÉE,

$$\begin{matrix} CH \begin{cases} AzH \\ AzH \end{cases} CO \\ | \\ CH \begin{cases} AzH \\ AzH \end{cases} CO \end{matrix}$$

[Schiff, *Liebig's Ann. Chem.* t. CLXXXIX, p. 157; — Böttinger, *Deutsch. chem. Gesellsch.*, 1877, p. 1923, et 1878, p. 1784; — Pinner, *ibid.*, 1884, p. 1999]. — Cette urée se produit lorsqu'on chauffe au bain-marie un mélange de glyoxal et d'urée; elle prend aussi naissance par l'action de l'acide trichlorolactique sur l'urée. C'est une poudre cristalline, soluble dans la soude avec dégagement d'ammoniaque.

ACROLÉINE-URÉE [Schiff, *Ann. Chem. Pharm.*, t. CLI, p. 203; *Deutsch. chem. Gesellsch.*, 1882, p. 1393; — Leeds, *Ibid.*, 1882, p. 1159, et 1883, p. 293]. — Ce composé prend naissance par l'action de l'acroléine sur l'urée; sa formule serait $C^3H^4(AzH.COAzH^2)^2$ d'après Schiff; elle serait, au contraire, suivant Leeds,

$$C^3H^4 \begin{cases} AzH \\ AzH \end{cases} CO.$$

ÉTHYLÈNE-DIPARACRÉSYLURÉE,

$$CO \begin{cases} Az(C^7H^7)CH^2 \\ Az(C^7H^7)CH^2 \end{cases}$$

[Michler et Keller, *Deutsch. chem. Gesellsch.*, 1881, p. 2184]. — Cette base prend naissance par l'action du chlorure de carbonyle sur l'éthylène-diparacrésylamine; elle cristallise dans l'alcool en belles aiguilles brillantes, fusibles à 228°.

ÉTHYLÈNE-DIPHÉNYLURÉE,

$$CO \begin{cases} Az(C^6H^5)\text{-}CH^2 \\ Az(C^6H^5)\text{-}CH^2 \end{cases}$$

[Michler et Keller, *ibid.*]. — Belles lamelles fusibles à 209°, obtenues au moyen de l'éthylène-diphénylamine et du chlorure de carbonyle.

PHÉNYLÈNE-URÉES.

ORTHOPHÉNYLÈNE-URÉE,

$$CO \begin{cases} AzH \\ AzH \end{cases} C^6H^4$$

[Rudolph, *Deutsch. chem. Gesellsch.*, 1879, p. 1296]. — Cette base prend naissance lorsqu'on chauffe l'ortho-amido-phényluréthane au-dessus de son point de fusion; elle cristallise dans l'eau et dans l'alcool en petites lamelles incolores et brillantes, qui fondent en brunissant vers 305°.

MÉTAPHÉNYLÈNE-URÉE, $CO(AzH)^2C^6H^4$ [Michler

et Zimmermann, *Deutsch. chem. Gesellsch.*, 1881 p. 2177]. — Elle prend naissance par l'action du chlorure de carbonyle sur une solution chloroformique de métaphénylène-diamine, et forme une poudre blanche et amorphe qui brunit sans fondre vers 300°.

ORTHOPHÉNYLÈNE-DIURÉE,

$$C^6H^4(AzH\text{-}CO.AzH^2)^2$$

[Lellmann, *Deutsch. chem. Gesellsch.*, 1883, p. 592]. — On l'obtient par l'action du cyanate de potassium sur le chlorhydrate d'orthophénylène-diamine; elle cristallise en aiguilles blanches, fusibles à 290°, très solubles dans l'eau, l'alcool, l'acide acétique, peu solubles dans la benzine, le chloroforme, l'éther.

PARAPHÉNYLÈNE-DIURÉE,

$$C^6H^4(AzH.CO.AzH^2)^2$$

[Lellmann, *ibid.*]. — Lamelles argentines qui se décomposent, sans fondre, à une température élevée.

DIPHÉNYLÈNE-URÉE,

$$CO\begin{cases}AzH\text{-}C^6H^4\\AzH\text{-}C^6H^4\end{cases}$$

[Michler et Zimmermann, *Deutsch. chem. Gesellsch.*, 1881, p. 2178]. — Elle se forme dans l'action de l'oxychlorure de carbone sur la benzidine en solution chloroformique; c'est une masse amorphe, blanche, qui se sublime avec décomposition partielle vers 300°.

BROMOPROPYLÈNE-URÉE,

$$CO\begin{cases}AzH\\AzH\end{cases}C^3H^5.Br$$

[Andreasch, *Monatsh. f. Chem.*, t. V, p. 33]. — Cette base paraît se produire à l'état de bromhydrate lorsqu'on chauffe pendant longtemps la dibromopropylurée avec de l'eau. Elle cristallise en petites aiguilles blanches, fusibles à 120°, peu solubles dans l'eau froide, l'alcool, le chloroforme, la benzine, assez solubles dans l'eau chaude.

Le *bromhydrate*, $C^4H^7BrAz^2O.HBr$, forme des aiguilles orthorhombiques, très brillantes, fusibles à 158°, très solubles dans l'eau chaude, insolubles dans l'éther et dans le chloroforme.

Le *chlorhydrate*, $C^4H^7BrAz^2O.HCl$, obtenu par digestion du bromhydrate avec de l'eau et du chlorure d'argent, se présente en aiguilles soyeuses, fusibles à 143°, très solubles dans l'eau et dans l'alcool.

Le *chloroplatinate*, $(C^4H^7BrAz^2O.HCl)^2PtCl^4$, forme des lamelles orangées, très solubles à chaud dans l'eau et dans l'alcool faible, insolubles dans l'alcool absolu et dans l'éther.

Le *sulfate* forme des cristaux très solubles dans l'eau et dans l'alcool.

TÉTRAHYDROQUINOLÉINE-URÉE,

$$CO\begin{cases}AzH^2\\AzC^9H^{10}\end{cases}$$

[Hofmann et Königs, *Deutsch. chem. Gesellsch.*, 1883, p. 733]. — On mélange des solutions aqueuses de chlorhydrate de tétrahydroquinoléine et de cyanate de potassium, et on voit se déposer des aiguilles blanches, fusibles à 146°,5, peu solubles dans l'eau, presque insolubles dans l'alcool.

Urées à radicaux d'acides.

ACÉTYLURÉE,

$$CO\begin{cases}AzH^2\\AzH(C^2H^3O)\end{cases}$$

— Voyez t. III, p. 574. D'après Mertens [*Deutsch. chem. Gesellsch.*, 1878, p. 507], cette base prend naissance dans l'action du chlorure d'acétyle sur la cuprocyanamide.

MÉTHYLACÉTYLURÉE,

$$CO\begin{cases}AzH.CH^3\\AzH\text{-}C^2H^3O\end{cases}$$

[Hofmann, *Deutsch. chem. Gesellsch.*, 1881, p. 2775; 1882, p. 409]. — Cette base prend naissance par l'action simultanée du brome et d'un alcali sur l'acétamide; elle forme des cristaux fusibles à 180°. Chauffée au-dessus de son point de fusion, elle donne du cyanate de méthyle et des cyanurates diméthylique et triméthylique.

Chauffée avec de l'eau à 150°, elle donne de l'acide carbonique, de l'ammoniaque, de la méthylamine et de l'acide acétique.

PHÉNYLACÉTYLURÉE,

$$CO\begin{cases}AzH.C^6H^5\\AzH.C^2H^3O\end{cases}$$

[Kühn, *Deutsch. chem. Gesellsch.*, 1884, p. 2882]. On la prépare en fondant ensemble du cyanate de phényle et de l'acétamide; elle fond à 183°. Elle prend également naissance dans l'action de l'anhydride acétique sur la diphénylguanidine à 100° [M. Creath, *Deutsch. chem. Gesellsch.*, 1875, p. 1181].

DIPHÉNYLACÉTYLURÉE,

$$CO\begin{cases}AzH.C^6H^5\\Az(C^6H^5)(C^2H^3O)\end{cases}$$

[M. Creath, *loc. cit.*; — Kühn, *loc. cit.*]. — Elle prend naissance dans l'action de l'anhydride acétique sur la diphénylguanidine à 150°, et se produit également par la fusion d'un mélange de cyanate de phényle et d'acétanilide. Elle fond à 77-78°.

CYANACÉTYLURÉE,

$$CO(AzH^2)AzH\text{-}CO\text{-}CH^2\text{-}CAz$$

[Mulder, *Deutsch. chem. Gesellsch.*, 1879, p. 466]. — C'est le produit de l'action du chlorure de cyanacétyle sur l'urée : cristaux peu solubles dans l'alcool et dans l'eau; fusibles avec décomposition à 200-210°.

Diméthylcyanacétylurée,

$$CO\begin{cases}AzH.CH^3\\Az(CH^3)\text{-}CO.CH^2.CAz\end{cases}$$

[Mulder, *ibid.*]. — On l'obtient comme le composé précédent, en substituant à l'urée la diméthylurée; ce corps peut être chauffé à 260° sans fondre ni s'altérer.

BENZOYLPHÉNYLURÉE,

$$CO(AzH.C^6H^5)(AzH.C^7H^5O)$$

[Kühn, *Deutsch. chem. Gesellsch.*, 1884, p. 2880]. — Ce composé prend naissance par l'action de la benzamide sur le cyanate de phényle à 150°; il cristallise en longues aiguilles soyeuses, fusibles à 199°, très solubles dans l'alcool, peu solubles dans l'éther, insolubles dans l'eau.

BUTYRYLPROPYLURÉE,

$$CO\begin{cases}AzH.C^3H^7\\AzH.C^4H^7O\end{cases}$$

[Hofmann, *Deutsch. chem. Gesellsch.*, 1882, p. 757]. — Elle prend naissance dans l'action simultanée du brome et de la potasse sur la butyramide. Elle cristallise en lamelles incolores, peu solubles dans l'eau, assez solubles dans l'alcool et dans l'éther, fusibles à 99°.

Isobutyryl-isopropylurée,

$$CO(AzH.C^3H^7)(AzH.C^4H^7O)$$

[Hofmann, *ibid.*]. — Belles lamelles fusibles à 86°.

CAPROYLAMYLURÉE,

$CO(AzH.C^6H^{11})(AzH.C^6H^{11}O)$

[Hofmann, *ibid.*]. — Même mode de formation, au moyen de l'amide caproïque; belles lamelles incolores, fusibles à 97°, insolubles dans l'eau, solubles dans l'alcool et dans l'éther.

Isocaproylamylurée [Hofmann, *ibid.*]. — Cristaux fusibles à 94°.

MONOCHLOROCROTONYLURÉE,

$CO(AzH^2)(AzH.C^4H^5ClO)$

[Pinner et Klein, *Deutsch. chem. Gesellsch.*, 1878, p. 1488]. — Elle se produit quand on chauffe à 105-110° un mélange d'urée avec du cyanhydrate de butylchloral. Elle fond avec décomposition à 216°.

DÉCOXYLNONYLURÉE,

$CO(AzH.C^9H^{19})(AzH.C^{10}H^{19}O)$

[Hofmann, *loc. cit.*]. — Obtenue par l'action de la potasse sur un mélange de brome et de décoxylamide, elle se présente en lamelles brillantes fusibles à 101°.

OCTOXYLSEPTYLURÉE,

$CO(AzH.C^7H^{15})(AzH.C^8H^{15}O)$

[Hofmann, *ibid.*]. — Lamelles à éclat gras, fusibles à 86°.

HIPPURYLURÉE,

$CO(AzH^2)(AzH.CO.CH^2.AzH.CO.C^6H^5)$

[Curtius, *Deutsch. chem. Gesellsch.*, 1883, p. 757]. — On l'obtient en chauffant à 140-150° un mélange d'urée et d'éther hippurique. Elle cristallise en lamelles argentines, fusibles avec décomposition à 210°.

NONOXYLOCTYLURÉE,

$CO(AzH.C^8H^{17})(AzH.C^9H^{17}O)$

[Hofmann, *ibid.*]. — Elle fond à 97°.

ŒNANTHYLSEXTYLURÉE,

$CO(AzH.C^6H^{13})(AzH.C^6H^{13}O)$

[Hofmann, *ibid.*]. — Lamelles nacrées fusibles à 97°, insolubles dans l'eau, peu solubles dans l'alcool.

PROPIONYLÉTHYLURÉE,

$CO(AzH.C^2H^5)(AzH.C^3H^5O)$

[Hofmann, *ibid.*]. — Fines aiguilles fusibles à 100°, un peu solubles dans l'eau, l'éther et l'alcool.

PROPIONYLPHÉNYLURÉE,

$CO(AzH.C^6H^5)(AzH.C^3H^5O)$

[Kühn, *Deutsch. chem. Gesellsch.*, 1884, p. 2880]. — Préparé par la fusion d'un mélange de propionamide et de cyanate de phényle, ce corps cristallise en prismes fusibles à 137°, peu solubles dans l'eau bouillante, très solubles dans l'alcool et dans l'éther.

STÉARYLSEPTADÉCYLURÉE,

$CO(AzH.C^{17}H^{35})(AzH.C^{18}H^{35}O)$

[Hofmann, *loc. cit.*], — Lamelles nacrées, fusibles à 112°

VALÉRYLISOBUTYLURÉE,

$CO(AzH.C^4H^9)(AzH.C^5H^9O)$

[Hofmann, *ibid.*] — Aiguilles incolores et brillantes, fusibles à 102°, peu solubles dans l'eau, très solubles dans l'alcool et dans l'éther.

Ad. Fauconnier.

URÉTHANE-BENZOÏQUE (ACIDE),

$$CO\begin{matrix}< AzH.C^6H^4.CO^2H \\ < OC^2H^5\end{matrix}$$

[P. Griess, *Deutsch. chem. Gesellsch.*, 1876, p. 796; — Wachendorff, *ibid.*, 1878, p. 701]. — Ce corps prend naissance par l'action de l'acide nitreux sur l'acide oxéthyl-carbimidamido-benzoïque,

$$CO^2H-C^6H^4-AzH-C(AzH)OC^2H^5,$$

en dissolution dans l'acide chlorhydrique faible. Il se produit également par l'action du chlorocarbonate d'éthyle sur l'acide amidobenzoïque. Il forme des cristaux fusibles à 189°, solubles dans l'eau bouillante, l'alcool et l'éther.

Le *sel de baryum*, $(C^{10}H^{10}AzO^4)^2Ba + 2H^2O$, se présente en lamelles blanches ou en mamelons confus.

Le *sel d'argent*, $C^{10}H^{10}AzO^4Ag$, est un précipité blanc cristallin.

Par ébullition avec l'eau de baryte, l'acide uréthane-benzoïque se décompose en alcool, acide carbonique et acide amidobenzoïque, suivant l'équation

$$C^{10}H^{11}AzO^4 + H^2O$$
$$= C^2H^6O + CO^2 + C^7H^7AzO^2.$$

Chauffé à quelques degrés au-dessus de son point de fusion, l'acide uréthane-benzoïque perd de l'alcool et de l'acide carbonique et laisse pour résidu un mélange d'acide uramidobenzoïque,

$$CO(AzH.C^6H^4.CO^2H)^2,$$

et d'éther uréthane-benzoïque,

$$CO\begin{matrix}< OC^2H^5 \\ < AzH.C^6H^4.CO^2C^2H^5.\end{matrix}$$

L'équation est la suivante :

$$3C^{10}H^{11}AzO^4$$
$$= CO^2 + C^2H^6O + C^{12}H^{15}AzO^4 + C^{15}H^{12}Az^2O^5.$$

L'éther, $CO(OC^2H^5)(AzH.C^6H^4.CO^2C^2H^5)$, cristallise en lamelles microscopiques, insolubles dans l'eau froide, assez solubles dans l'eau chaude, très solubles dans l'alcool, la benzine, l'acide acétique, le chloroforme. Il est plus stable que l'acide et ne se décompose qu'en partie par la distillation.

L'amide, $CO(OC^2H^5)(AzH.C^6H^4.COAzH^2)$, prend naissance par l'action de l'ammoniaque aqueuse sur l'éther; elle cristallise en aiguilles fusibles à 157-158°, très solubles dans l'alcool, l'acide acétique, le chloroforme, peu solubles dans la benzine et dans l'eau froide.

URÉTHANES. — Voyez t. III, p. 581, et ÉTHERS CARBAMIQUES, Suppl. p. 405.

URIQUE (ACIDE) (voyez t. III, p. 600). — D'après M. Horbaczewski, l'acide urique se forme lorsqu'on chauffe à 230° un mélange de glycocolle et d'urée jusqu'à ce que le mélange devienne sirupeux. On purifie le produit, en le dissolvant dans la potasse, sursaturant par le chlorure d'ammonium et précipitant par un mélange d'azotate d'argent ammoniacal et de mixture magnésienne. Ensuite on épuise le précipité par une solution de sulfure de potassium, et on précipite le liquide par l'acide chlorhydrique. On répète deux ou trois fois la même opération sur le précipité [*Deutsch. chem. Gesellsch.*, 1882, p. 2678; *Bull. Soc. chim.*, t. XXXIX, p. 457]. Ce procédé de purification est celui qui a été indiqué par Ludwig pour doser l'acide urique dans les urines [*Wien. Anz.*, 1881, p. 92].

D'après M. Colasanti, l'acide urique des oiseaux change sa forme de mamelons en longues baguettes au contact de la glycérine. L'acide urique des hommes subit la même transformation en passant par une forme en écailles [Moleschott, *Untersuch.*, t. XIII, fasc. 2].

Chauffé avec de l'eau, il se dédouble en acide dialurique et en urée [Magnier de la Source, *Bull. Soc. chim.*, t. XXIII, p. 529].

Soumis à l'action de l'iode ou du chlore, il

donne de l'alloxane [Wurtz, *Compt. rend.*, t. LXXVII, p. 1548].

Lorsqu'on le traite par l'hypobromite de sodium il dégage, à froid la moitié, et à chaud la totalité de son azote à l'état gazeux [Magnier de la Source, *Bull. Soc. chim.*, t. XXI, p. 291].

Avec l'hypochlorite de sodium et le phénol il donne une coloration rouge qui passe au vert (Engel, *Centralblatt*, 1875, p. 246].

L'acide urique réduit le sulfate de cuivre en solution jusqu'à 0,1 °/₀. S'il y a 1 mol. d'acide urique pour 2 mol. de sulfate et 40 mol. de potasse, il se dépose de l'oxyde cuivreux; s'il y a moins de 2 mol. de sulfate, il se précipite de l'urate cuivreux blanc [W. Müller, *Pflüger's Arch.*, t. XXVII, p. 22].

L'acide urique se dissout dans les solutions de phosphates bi- et trisodiques de façon que 1 ou 2 atomes de sodium des phosphates se trouvent enlevés; la solution devient acide [Donath, *Journ. prakt. Chem.* (2), t. IX, p. 145].

ACIDES URIQUES MÉTHYLÉS. — ACIDES MONOMÉTHYLURIQUES. — Lorsqu'on chauffe l'urate neutre de plomb très sec (1 mol.) avec de l'iodure de méthyle (2 mol.) pendant 30 heures dans des autoclaves à 100°, on obtient un mélange de deux acides uriques monométhylés et d'acide diméthylurique. On épuise le produit par l'eau bouillante, on précipite le plomb par l'hydrogène sulfuré, on évapore après saturation par l'ammoniaque et on précipite par un acide. On sépare les deux acides monométhylés de l'acide diméthylé en dissolvant le produit dans l'ammoniaque chaude, et en faisant bouillir jusqu'à disparition de l'odeur d'ammoniaque. Alors l'acide diméthylé se précipite et les acides monométhylés restent en solution à l'état de sels d'ammonium [E. Fischer, *Deutsch. chem. Gesellsch.*, 1884, p. 328 et 1776].

La séparation des deux acides monométhylés n'a pas été indiquée; on les prépare par voie détournée.

Acide α-monométhylé. — C'est l'acide décrit par Hill (voyez t. III, p. 603). Par oxydation en solution acide, il fournit la méthylalloxane.

Acide β-monométhylé [Syn. *Trioxyméthylpurine*], $CH^3.C^5H^3Az^4O^3$. — On obtient cet isomère en chauffant la diéthoxychlorométhylpurine à 130° avec de l'acide chlorhydrique fumant, ou en chauffant la dichloroxyméthylpurine pendant cinq heures en tubes scellés à 135-140° avec 8 fois son poids d'acide chlorhydrique (D = 1,19). Une portion de l'acide β-méthylurique se dépose en cristaux par refroidissement, le reste peut être obtenu par l'évaporation du liquide; il ne reste plus qu'à purifier par dissolution dans la soude, ébullition et précipitation par l'acide sulfurique.

L'acide β-méthylé est soluble dans 2000 p., l'acide α dans 250 p. d'eau bouillante. L'acide β donne la réaction de la murexide et son sel ammonique ne se décompose pas à l'ébullition en solution aqueuse. Le perchlorure et l'oxychlorure de phosphore le convertissent à 130° en dichloroxyméthylpurine. Par oxydation au moyen de l'acide nitrique ou de l'eau de chlore, il donne de l'alloxane et de la méthylurée, tandis que l'acide α donne de l'urée et de la méthylalloxane. Chauffé en tubes scellés avec de l'acide chlorhydrique, il donne de l'acide carbonique, de l'ammoniaque, de la méthylamine et du glycocolle (Fischer).

DÉRIVÉS DES ACIDES MONOMÉTHYLURIQUES. — *Oxyméthylpurine*, $CH^3.C^5H^3Az^4O$. — Ce composé se forme lorsqu'on réduit la dichloroxyméthylpurine, au moyen de l'acide iodhydrique, en présence d'iodure de phosphonium, d'abord au bain-marie, puis à feu nu. On évapore et on transforme l'iodhydrate, après cristallisation dans l'alcool, en oxyméthylpurine argentique par précipitation en solution azotique au moyen du nitrate d'argent, en présence d'ammoniaque; puis on enlève l'argent par le sulfhydrate d'ammonium, on concentre et on fait cristalliser dans l'alcool. On obtient ainsi des prismes incolores, fusibles à 233°, solubles dans l'eau.

Le *chlorhydrate* est peu soluble dans l'alcool; l'*iodhydrate*, $CH^3.C^5H^3Az^4O^3.HI$, est en lamelles; le *chloraurate* et le *chloroplatinate* sont en prismes jaunes [Fischer, *loc. cit.*].

Dichloroxyméthylpurine, $CH^3.C^5HAz^4O.Cl^2$. — Le mélange brut des deux acides monométhyluriques (10 p.) chauffé pendant 8-9 heures au bain d'air à 130°, avec 13 p. de perchlorure et 50 p. d'oxychlorure de phosphore, puis distillé au bain d'huile pour enlever l'oxychlorure, ensuite additionné d'eau et évaporé, fournit un résidu formé en grande partie de dichloroxyméthylpurine. Pour la purifier, on fait bouillir avec de l'acide nitrique ordinaire, et on ajoute de l'eau à la solution. La base se dépose et on la fait cristalliser dans l'alcool bouillant. Elle est en aiguilles fusibles à 274°. Elle n'est pas altérée par l'acide azotique, ni par l'acide chlorhydrique et le chorate de potassium (Fischer).

Trichlorométhylpurine, $CH^3.C^5Az^4Cl^3$. — Cette base se forme lorsqu'on chauffe 1 p. de dichloroxyméthylpurine à 160° pendant 8 heures en tubes scellés avec 1 p. 1/4 de perchlorure et 5 p. d'oxychlorure de phosphore. On évapore le produit, puis on lave avec de l'eau et ensuite avec un alcali à froid, et on fait cristalliser dans l'alcool bouillant. On obtient ainsi des cristaux fusibles à 174°, insolubles dans les alcalis, et qui donnent, lorsqu'on les chauffe au bain-marie pendant quelque temps avec une solution alcoolique de soude, et qu'on y ajoute finalement de l'eau, un précipité de diéthoxychlorométhylpurpurine.

Diéthoxychlorométhylpurine,

$$CH^3.C^5Az^4Cl(OC^2H^5)^2.$$

— Ce composé, après cristallisation dans l'alcool, se présente en aiguilles blanches, enchevêtrées. L'acide chlorhydrique, à 130°, le convertit en trioxyméthylpurine ou acide β-monométhylurique. Traité de nouveau par la soude alcoolique, il donne un composé qui fond sous l'eau et pourrait être la triéthoxyméthylpurine,

$$CH^3.C^5Az^4.(OC^2H^5)^3 \text{ (Fischer).}$$

ACIDES DIMÉTHYLURIQUES. — *Acide α-diméthylurique*, $C^5(CH^3)^2Az^4H^2O^3$. — On obtient cet acide en chauffant l'urate neutre de plomb avec un excès d'iodure de méthyle, étendu de son poids d'éther, à 165° pendant 15-20 heures. Puis on reprend par l'eau chaude, on sépare le plomb au moyen de l'hydrogène sulfuré et on évapore la solution filtrée.

L'acide α-diméthylurique fond à haute température; il se dissout dans 800 p. d'eau froide. Il est soluble dans l'alcool, l'éther, et dans les acides sulfurique, chlorhydrique et acétique concentrés. Oxydé au moyen du chlorate de potassium et de l'acide chlorhydrique, il donne de la *monométhylalloxane* et de la *monométhylurée*. L'acide chlorhydrique à 170° le décompose en acide carbonique, ammoniaque, méthylamine et glycocolle.

Le *sel d'ammonium*, porté à l'ébullition en présence d'ammoniaque, se décompose et laisse déposer l'acide libre (Fischer).

Le *sel de baryum neutre*,

$$C^5(CH^3)^2Az^4O^3Ba + 3H^2O,$$

obtenu par saturation de l'acide par l'eau de baryte, est en prismes transparents; le *sel de baryum acide*, $(C^5H(CH^3)^2Az^4O^3)^2Ba + 3H^2O$, préparé par saturation de l'acide au moyen du carbonate de baryum, est précipité de sa solution aqueuse par l'alcool.

Le *sel neutre de potassium*,

$C^5(CH^3)^2Az^4O^3K^2 + 4H^2O$,

est en aiguilles nacrées; il existe aussi les *sels acides* de *potassium* et de *sodium*,

$C^5H(CH^3)^2Az^4O^3K + 1\frac{1}{2}H^2O$

et $C^5H(CH^3)^2Az^4O^3Na + 2H^2O$ [Mabery Hill, *Deutsch. chem. Gesellsch.*, 1878, p. 1329; 1880, p. 739; *Bull. Soc. chim.*, t. XXXI, p. 448; t. XXXIV, p. 583].

Acide β-diméthylurique [Syn. *Trioxydiméthylpurine*]. — Cet isomère se forme lorsqu'on chauffe la dichloroxydiméthylpurine à 130° pendant 4 heures avec 10 p. d'acide chlorhydrique fumant, ou lorsqu'on chauffe la diéthoxydiméthylpurine à 140° pendant 30 minutes avec 2p ½ d'acide sulfurique concentré, et qu'on verse le produit dans l'eau. On obtient alors une poudre blanche qui fond en se décomposant et qui est peu soluble dans l'alcool et dans l'éther, soluble dans les alcalis. Le nitrate d'argent ammoniacal ne l'oxyde pas à l'ébullition. Chauffé à 170° avec de l'acide chlorhydrique fumant, cet acide se transforme en acide carbonique, ammoniaque, méthylamine et sarcosine. Un mélange de perchlorure et d'oxychlorure de phosphore le convertit à 135° en dichloroxydiméthylpurine. L'acide azotique et l'eau de chlore le transforment partiellement en une substance anologue à l'alloxane, mais la majeure partie passe à l'état d'acide oxy-β-diméthylurique. Le mélange chromique le convertit en cholestrophane (Fischer).

Dioxydiméthylpurine, $(CH^3)^2.C^5H^2Az^4O^2$. — On obtient ce corps en chauffant au bain-marie l'éthoxychloroxydiméthylpurine avec 10 p. d'acide iodhydrique fumant en présence d'iodure de phosphonium, jusqu'à ce que la masse reste blanche. Puis on concentre au bain-marie, on ajoute de l'eau, et on fait cristalliser le dépôt dans l'eau bouillante. On obtient ainsi des cristaux qui fondent et distillent sans décomposition (Fischer).

Dichloroxydiméthylpurine, $(CH^3)^2.C^5Az^4OCl^2$. — Pour préparer ce composé, on chauffe avec de l'iodure de méthyle à 100° en tubes scellés pendant 12 heures le précipité formé par l'azotate de plomb dans une solution sodique faible de dichloroxyméthylpurine, après l'avoir séché à 120°. On épuise le produit par l'alcool bouillant, et la solution alcoolique laisse par refroidissement déposer la base en aiguilles jaunâtres, fusibles à 183°, insolubles dans les alcalis. Par une ébullition prolongée avec les alcalis, la base se dissout en se décomposant. L'acide iodhydrique la réduit en oxydiméthylpurine. A la température ordinaire, la potasse alcoolique la convertit en éthoxychloroxydiméthylpurpurine.

Éthoxychloroxydiméthylpurine,

$(CH^3)^2.C^5Az^4OCl.(OC^2H^5)$.

— Il ne faut pas que la température dépasse 40°. On agite souvent, et lorsque les grumeaux qui constituent le dérivé dichloré sont tous remplacés par des cristaux, mélange de sel marin et du nouveau composé, on refroidit, on filtre, on lave le précipité à l'eau et on le purifie par cristallisation dans l'alcool bouillant. On obtient ainsi des aiguilles enchevêtrées, fusibles à 160°. Si on opère cette réaction à la température de l'ébullition, on obtient la diéthoxy-oxydiméthylpurpurine.

Diéthoxy-oxydiméthylpurine,

$(CH^3)^2.C^5Az^4O.(OC^2H^5)^2$.

— Par évaporation de l'alcool cette base reste sous la forme d'une huile qui se solidifie lorsqu'on y ajoute de l'eau. Après cristallisation dans l'eau chaude, elle est en lamelles fusibles à 126-127°, solubles dans l'alcool, peu solubles dans l'eau, insolubles dans les alcalis, solubles dans l'acide chlorhydrique. A 130° cet acide la convertit en acide β-diméthylurique; cette transformation s'opère plus rapidement avec l'acide sulfurique à 140° [Fischer, *loc. cit.*].

Oxydiméthylpurine, $(CH^3)^2.C^5H^2Az^4O$. — Elle se forme par l'action de 10 p. d'acide iodhydrique, en présence d'iodure de phosphonium, sur la dichloroxydiméthylpurine au bain-marie. On concentre, puis on ajoute de la potasse et on reprend le dépôt par l'éther. Par concentration de la solution éthérée, on obtient des aiguilles fusibles à 112°, solubles dans l'eau et dans l'alcool. Cette base donne un *chloraurate* qui est en aiguilles jaunes (Fischer).

Acide oxy-β-diméthylurique, $C^7H^{10}Az^4O^5$. — On prépare ce composé en ajoutant peu à peu, en ayant soin d'agiter, 0,5 p. de chlorate de potassium à un mélange de 2 p. d'acide β-diméthylurique avec 3 p. d'acide chlorhydrique (D = 1,19) et 4 p. d'eau, maintenu à 30°. Après dissolution on abandonne le tout à une température basse, et on fait cristalliser dans l'eau à 50° les cristaux déposés. On obtient de cette manière des cristaux incolores, fusibles à 173-174°. La solution aqueuse de cet acide se décompose à l'ébullition avec dégagement de gaz. L'acide iodhydrique le réduit à la température ordinaire. L'eau de baryte le dédouble en donnant de l'acide mésoxalique, de l'urée et un troisième composé qui est probablement la diméthylurée (Fischer).

ACIDE TRIMÉTHYLURIQUE, $C^8H^{10}Az^4O^3$. — Pour obtenir cet acide, on fait réagir pendant 8 heures à 125-130° de l'iodure de méthyle (1 p.) et 2 p. d'éther anhydre sur le précipité produit par le nitrate de plomb dans une solution d'acide β-diméthylurique dans la quantité de soude nécessaire pour former un sel disodique, après l'avoir séché à 110°. On épuise le produit par l'eau, on fait passer de l'hydrogène sulfuré dans la solution, on filtre, on sursature par l'ammoniaque et on évapore presqu'à siccité. On lave le résidu à l'eau, on le dissout dans l'ammoniaque et on évapore jusqu'à disparition de l'odeur d'ammoniaque. L'acide triméthylurique se dépose alors en aiguilles fusibles à 345°, sublimables au delà, solubles dans l'eau, l'ammoniaque, l'acide chlorhydrique concentré, peu solubles dans l'alcool chaud et dans le chloroforme. Cet acide est soluble dans les alcalis étendus, peu soluble dans les alcalis concentrés. Sa solution ammoniacale, additionnée de nitrate d'argent ammoniacal, donne par refroidissement des cristaux d'un sel ammoniaco-argentique. Le *sel d'argent*, $C^8H^9Az^4O^3.Ag$, se dépose lorsqu'on chasse par ébullition l'ammoniaque d'une solution ammoniacale de l'acide, additionnée de nitrate d'argent.

Cet acide donne la réaction de la murexide. L'acide chlorhydrique concentré le transforme à 130° en un composé soluble dans l'eau chaude et qui cristallise en aiguilles fusibles à 330° (Fischer).

ACIDE TÉTRAMÉTHYLURIQUE, $C^9H^{12}Az^4O^3$. — Il se forme lorsqu'on chauffe pendant 8-10 heures à 100° le triméthylurate d'argent avec de l'iodure de méthyle. Par évaporation du liquide filtré, on obtient l'acide qui, après cristallisation dans l'alcool, se présente en aiguilles fusibles à 218°, et qui distille sans décomposition. Il est soluble dans l'eau chaude et dans le chloroforme bouillant, peu soluble dans l'alcool et dans l'éther. Il donne la réaction de la murexide. Chauffé à 170° pendant 6 heures avec de l'acide chlorhydrique concentré, il donne de la méthylamine, mais pas d'ammoniaque; tous les atomes d'azote qu'il renferme sont donc unis à du méthyle (Fischer).

CONSTITUTION DE L'ACIDE URIQUE. — L'acide urique contient deux restes d'urée combinés chacun d'une manière différente avec un groupe C^3, car il existe deux acides monométhyluriques qui fournissent par oxydation l'un l'urée et la méthylalloxane, l'autre la méthylurée et l'alloxane. De plus, l'acide tétraméthylurique renfermant 4 groupes méthyle unis chacun à un atome d'azote, il en résulte que l'acide urique contient 4 groupes Az H. De plus, si l'on tient compte du dédoublement de cet acide en alloxane et en urée, on est forcé d'admettre dans cet acide le noyau

$$\begin{array}{l} HAz - C \\ OC \quad\; C - AzH \\ HAz - C - AzH \end{array} > CO$$

De cette formule il ne peut dériver que la constitution proposée par Medicus :

$$\begin{array}{l} (1)\ HAz - C = O \\ \quad\; OC \quad\; C - AzH(3) \\ (2)\ HAz - C - AzH(4) \end{array} > CO$$

Cette formule explique tous les faits anciennement connus, ainsi que l'existence des nouveaux corps de M. Fischer.

L'acide α-monométhylurique contient le groupe CH^3 uni au Az H (1) ou (2), car il donne l'urée et la méthylalloxane. L'acide β renferme le groupe CH^3 à la place 4, car il donne l'alloxane et la méthylurée et par l'acide chlorhydrique il est transformé en gaz carbonique, ammoniaque, glycocolle et méthylamine; mais, comme l'acide urique, dans ces conditions, donne aussi du glycocolle, le groupe CH^3 ne peut être fixé au groupe Az H (3), sans quoi il se formerait de la sarcosine.

L'acide β-diméthylurique donne par oxydation la cholestrophane, et avec l'acide chlorhydrique la sarcosine; il renferme donc les deux groupes CH^3 aux places 3 et 4. L'acide α renferme les deux groupes CH^3 dans les deux restes d'urée.

L'acide triméthylé dérive de l'acide β-diméthylé, mais la place du troisième CH^3 n'est pas déterminée.

M. Fischer donne les formules suivantes pour les autres dérivés :

$$\begin{array}{l} Az = CCl \\ ClC \quad C - AzH \\ \| \qquad \| \qquad > CO \\ Az - C - AzCH^3 \end{array}$$

Dichloroxyméthylpurine.

$$\begin{array}{l} Az = CCl \\ ClC \quad C - Az \\ \| \qquad \| \qquad > CCl \\ Az - C - AzCH^3 \end{array}$$

Trichlorométhylpurine.

$$\begin{array}{l} Az = CCl \\ ClC \quad C - Az.CH^3 \\ \| \qquad \| \qquad > CO \\ Az - CAzCH^3 \end{array}$$

Dichloroxydiméthylpurine.

$$\begin{array}{l} Az = C.O.C^2H^5 \\ C^2H^5.O.C \quad C - Az.CH^3 \\ \| \qquad \| \qquad > CO \\ Az - CAz - Az.CH^3 \end{array}$$

Diéthoxy-oxydiméthylpurine.

$$\begin{array}{l} Az = CH \\ HC \quad C - AzH \\ \| \qquad \| \qquad > CO \\ Az - C - Az.CH^3 \end{array}$$

Oxyméthylpurine.

$$\begin{array}{l} Az = CH \\ HC \quad C - Az.CH^3 \\ \| \qquad \| \qquad > CO \\ Az - C - Az.CH^3 \end{array}$$

Oxydiméthylpurine.

Pour la dioxydiméthylpurine, il propose une des deux formules suivantes :

$$\begin{array}{l} HAz - CO \\ HC \quad C - Az.CH^3 \\ \| \qquad \| \qquad > CO \\ Az - C - Az.CH^3 \end{array} \quad \text{ou} \quad \begin{array}{l} Az = CH \\ OC \quad C - Az.CH^3 \\ | \qquad \| \qquad > CO \\ HAz - C - Az.CH^3 \end{array}$$

M. Wassermann.

UROCHLORALIQUE (ACIDE). — Voyez t. III, p. 610. — D'après les nouvelles recherches de M. Mering, la formule de l'acide urochloralique est $C^8H^{11}Cl^3O^7$. Kulz avait établi la composition $C^8H^{13}Cl^3O^7$ par l'analyse du sel sodique [*Deutsch. chem. Gesellsch.*, 1881, p. 2291], mais cette formule n'est pas juste, et M. Mering maintient la sienne, en s'appuyant surtout sur le dédoublement de cet acide, par l'ébullition avec les acides sulfurique ou chlorhydrique étendus en alcool trichloréthylique et en acide glycuronique (voyez Suppl., p. 882) [M. Mering, *Zeitschr. für physiol. Chem.*, t. VI, p. 480, et *Bull. Soc. chim.*, t. XXXVIII, p. 583].

D'après M. Borntràger, la meilleure manière de doser la glucose dans l'urine, en présence d'acide urochloralique, est celle de Böttger ou de Trommers [*Arch. Pharm.*, (3), t. XVI, p. 415].

UROROSÉINE [M. Nencki et N. Sieber, *Journ. prakt. Chem.* (2), t. XXVI, p. 333, et *Bull. Soc. chim.*, t. XXXIX, p. 618]. — Cette matière, qui est décelée par une coloration rose que prennent les urines au bout d'une ou trois minutes, après addition d'acide chlorhydrique, n'a pas été rencontrée dans l'urine normale, mais dans environ 10 °/₀ des urines pathologiques examinées. Elle a été trouvée dans les maladies les plus diverses : diabète sucré, chlorose, ostéomalacie, néphrite, fièvre typhoïde, carcinome de l'œsophage, pérityphlite, etc. Le régime ne paraît pas influer sur son apparition; chez un même malade, elle peut faire défaut pendant quelques jours et se montrer ensuite de nouveau.

La recherche de l'uroroséine se fait de la manière suivante : A 50 ou à 100 centimètres cubes d'urine on ajoute 5 ou 10 centimètres cubes d'acide sulfurique à 25 °/₀ et quelques centimètres cubes d'alcool amylique. Après une agitation ménagée, l'alcool a dissous l'uroroséine et s'est ainsi coloré en un rouge intense. Cette matière n'est pas enlevée à l'urine par l'éther, le chloroforme, la benzine, ni par le sulfure de carbone.

L'uroroséine présente une bande d'absorption entre D et E. En solution concentrée, elle ne laisse passer que les radiations rouges et orangées.

Les alcalis, l'ammoniaque, les carbonates alcalins décolorent la solution d'uroroséine ; les acides reproduisent la coloration. La poudre de zinc, agitée avec une solution acide, la décolore également ; à l'air, le liquide se teinte de nouveau.

L'uroroséine est instable et se rapproche par cette propriété du pourpre rétinien ; l'urine, colorée en rose par l'addition d'un acide, se décolore spontanément au bout de quelques heures; les solutions alcooliques ou aqueuses ne fournissent par évaporation qu'une résine brune. On peut cependant préparer, en opérant comme il suit, une solution qui se conserve pendant quelques semaines : de 1 à 3 litres d'urine sont évaporés rapidement au bain-marie dans des capsules plates ; lorsque le liquide est concentré à moitié de son volume, on laisse refroidir vers 30°, on ajoute de l'acide chlorhydrique, et on fixe la matière colorante sur de la laine décreusée, après avoir ajouté au besoin de l'acétate de sodium. La laine, soigneusement lavée à l'eau; séchée à l'air et mise en digestion au bain-marie avec de l'alcool absolu contenant un peu d'acide sulfurique, lui cède la matière colorante : la solution ainsi préparée est la plus stable et la plus pure qu'on ait pu obtenir.

Par la nuance de ses teintes et par son spectre d'absorption, l'uroroséine ressemble à la fuchsine acide (acide sulfoné de la rosaniline), mais sa faible stabilité la distingue nettement de cette matière.

UROXANIQUE (ACIDE) (voyez t. III, p. 611). — A la température de 40°, l'acide urique donne, sous l'influence des alcalis étendus, de grandes quantités d'acide uroxanique. Si la réaction va plus loin, il se forme du gaz carbonique, de l'urée et de la glyoxalylurée [Nencki et N. Sieber, *Journ. prakt. Chem.* (2), t. XXIV, p. 496).

USNÉOL, $C^{11}H^{11}O^{3}$ [Paterno, *Gazz. chim. ital.*, 1882, p. 231 et *Bull. Soc. chim.*, t. XXXIX, p. 187]. — Ce corps se produit lorsqu'on distille dans un courant d'hydrogène le dérivé acétylé de l'acide pyro-usnique. Il fond à 75° ; il est soluble dans l'alcool, l'éther, la benzine, moins soluble dans le chloroforme et dans l'eau, et réduit le nitrate d'argent.

Par le chlorure d'acétyle, il donne le diacétylusnéol, fusible à 141-142°.

L'acide iodhydrique le transforme en longues aiguilles noires, ayant pour formule $C^{8}H^{8}O^{3}$.

USNÉTIQUE (ACIDE), $C^{9}H^{10}O^{3}$ [O. Hesse, *Deutsch. chem. Gesellsch.*, 1877, p. 1324, et *Bull. Soc. chim.*, t. XXX, p. 89]. — Cet acide accompagne l'acide carbusnique dans l'*Usnea barbata*. Pour l'extraire, on traite le lichen par l'alcool, on ajoute à la teinture alcoolique de l'acide chlorhydrique qui précipite l'acide usnique, puis on neutralise par la chaux et on emploie le liquide filtré pour continuer l'épuisement du lichen ; après trois traitements, l'acide usnétique est contenu dans les eaux mères alcooliques, d'où on le précipite par l'eau ; on n'a plus qu'à le purifier par cristallisation dans l'alcool étendu bouillant.

L'acide usnétique cristallise en prismes aplatis, blancs, peu solubles dans le chloroforme, insolubles dans la ligroïne, solubles dans l'éther et dans l'alcool ; il est anhydre et fond à 172°. Sa solution alcoolique donne avec le chlorure ferrique une coloration violacée.

Acide pyro-usnétique, $C^{14}H^{14}O^{6}$ [Paterno, *Gazz. chim. ital.*, 1882, p. 231, et *Bull. Soc. chim.*, t. XXXIX, p. 187]. — Ce composé prend naissance quand on chauffe au bain-marie poids égaux de potasse et d'acide usnique ; l'équation est la suivante :

$$C^{18}H^{16}O^{7} + 3\,H^{2}O = 2\,C^{2}H^{4}O^{2} + C^{14}H^{14}O^{6}.$$

L'acide pyro-usnétique se présente en aiguilles aplaties, fusibles à 183-186°, peu solubles à froid dans l'eau et dans l'alcool, solubles dans l'alcool bouillant, l'éther et la benzine. Il fournit par le chlorure d'acétyle un dérivé monacétylé, fusible à 168°.

Chauffé dans un courant d'hydrogène, il perd CO^{2} et se transforme en usnétol.

Ad. Fauconnier.

USNÉTOL, $C^{13}H^{14}O^{4}$ [Paterno, *Gazz. chim. ital.*, 1882, p. 231, et *Bull. Soc. chim.*, t. XXXIX, p. 187]. — Ce composé prend naissance lorsqu'on sublime l'acide pyro-usnétique $C^{14}H^{14}O^{6}$ dans un courant d'hydrogène. Il cristallise dans l'alcool aqueux en longues aiguilles jaunâtres et brillantes, fusibles à 179°.

USNIQUE (ACIDE), $C^{18}H^{16}O^{7}$. (voyez t. III, p. 611). — L'acide usnique se dissout dans l'acide sulfurique en donnant un liquide brun-orangé d'où l'eau le précipite sans altération ; mais si l'on chauffe la solution vers 60°, il se transforme en acide *usnolique* précipitable par l'eau [Stenhouse et Groves, *Journ. chem. Soc.*, t. XXXIX, p. 234, et *Bull. Soc. chim.*, t. XXXVIII, p. 522]. — Chauffé au bain-marie avec son poids de potasse, l'acide usnique se convertit en acide pyro-usnétique $C^{14}H^{14}O^{6}$ [Paterno].

Usnanilide. — Lamelles jaunes fusibles à 170-171°, obtenues en ajoutant de l'acide usnique à une solution alcoolique d'aniline ; ce corps est soluble dans la soude [Paterno].

Acide carbusnique. — M. O. Hesse a décrit sous ce nom [*Deustch. chem. Gesellsch.*, 1877, p. 1324, et *Bull. Soc. chim.*, t. XXX, p. 89] un acide auquel il attribue la formule $C^{19}H^{16}O^{8}$ et qu'il a retiré de l'*Usnea barbata*. Pour l'obtenir, on traite le lichen par l'alcool, et on précipite la liqueur par l'acide chlorhydrique.

Le carbusnate de potassium cristallise dans l'alcool fort en primes aplatis renfermant $H^{2}O$, et dans l'alcool faible en lamelles contenant $3\,H^{2}O$.

Suivant Paterno [*Deutsch. chem. Gesellsch.*, 1878, p. 1839], l'acide carbusnique de Hesse serait identique avec l'acide usnique lui-même.

Acide décarbusnique. — Le composé décrit sous ce nom, t. III, p. 612, doit, d'après les récentes recherches de Paterno [*Gazz. chim. ital.*, 1882, p. 231, et *Bull. Soc. chim.*, t. XXXIX, p. 186], être considéré comme ayant en réalité pour composition $C^{17}H^{18}O^{6}$. Cet auteur lui donne le nom de *décarbusnéine* et explique sa formation, au moyen de l'acide usnique et de l'eau, par l'équation

$$C^{18}H^{16}O^{7} + H^{2}O = CO^{2} + C^{17}H^{18}O^{6}.$$

La décarbusnéine possède d'ailleurs les propriétés indiquées.

Le nom d'*acide décarbusnique* doit, d'après le même auteur, être réservé pour un produit qui prend naissance quand on fait bouillir à l'abri de l'air la décarbusnéine avec son poids de potasse et une fois et demie son poids d'eau. Peu soluble dans l'eau, soluble dans l'alcool et dans l'éther, le nouvel acide décarbusnique cristallise en prismes jaunes, fusibles à 198-199°. Il fournit avec l'anhydride acétique un *dérivé monacétylé* fusible à 147-148°, et un *dérivé diacétylé* fusible à 130-131°.

Décarbusnéinanilide, $C^{23}H^{23}AzO^{6}$. — Cristaux fusibles à 169-170°, obtenus en précipitant par l'acide chlorhydrique une solution sodique d'usnanilide [Paterno, *loc. cit.*]. Ad. Fauconnier.

USNOLIQUE (ACIDE), $C^{22}H^{24}O^{10}$ [Stenhouse et Groves, *Journ. chem. Soc.*, t. XXXIX, p. 234, et *Bull. Soc. chim.*, t. XXXVIII, p. 522]. — L'acide usnique se dissout dans l'acide sulfurique concentré en donnant une solution brun-orangé d'où l'eau le précipite sans altération ; mais si l'on chauffe la solution sulfurique vers 60°, l'addition d'eau précipite de l'acide usnolique. Celui-ci cristallise en petits prismes jaunes, fusibles à 213°,5, presque insolubles dans la benzine et dans le sulfure de carbone, solubles dans les alcalis en donnant des solutions orange.

UVIQUE (ACIDE). — Syn. de Pyrotritarique. — Voyez t. III, p. 613 et Suppl., p. 1334.

UVITIQUE (ACIDE). — Voyez t. II, p. 372. — Il se forme par ébullition de la solution aqueuse du pyruvate neutre de baryum en même temps que les acides carbonique, uvique, pyrotartrique et oxalique [Böttinger, *Deutsch. chem. Gesellsch.*, 1875, p. 713 et 1583].

Acides nitro-uvitiques. — Lorsqu'on traite l'acide uvitique au bain-marie par l'acide nitrique fumant mélangé d'acide sulfurique, pendant trois jours, et que l'on verse le produit dans l'eau, il se précipite une poudre blanche, formée de deux acides mononitrés ; on les sépare par cristallisation dans l'eau bouillante. L'*acide α*, le moins soluble, se forme en plus grande quantité ; l'*acide β* est plus soluble dans l'eau.

L'acide α-nitro-uvitique, $C^{9}H^{7}(AzO^{2})O^{4}$, est en cristaux prismatiques aciculaires, fusibles à 226-227°, renfermant $2\,H^{2}O$. Les *sels* de *baryum* et de *potassium* renferment 1 molécule d'eau ; le *sel calcique* cristallise avec $3\,H^{2}O$.

L'*acide β* renferme ½ $H^{2}O$ et fond à 249-250°.

Acides amidés. — *Acide α-amidé*, $C^{9}H^{7}(AzH^{2})O^{4}$, obtenu par l'action de l'étain et de l'acide chlorhydrique sur l'acide nitré correspondant, il est en cristaux jaunes, fusibles à 240°, insolubles dans l'eau, peu solubles dans l'alcool avec une fluorescence bleue. Le chlorosel stanneux est soluble.

L'*acide β-amidé* fond à 250-255° et fournit un chlorosel stanneux peu soluble. Sa solution alcoolique possède une fluorescence bleue.

Acides oxyuvitiques (voyez Suppl., p. 1131) [Böttinger, *Deutsch. chem. Gesellsch.*, 1876, p. 804, et *Bull. Soc. chim.*, t. XXVII, p. 27].

UVITONIQUE (ACIDE). — Voyez t. III, p. 613. — D'après Böttinger, l'acide uvitonique ne serait pas une espèce chimique, mais un produit de décomposition de l'acide uvitique mélangé d'acide acétique [*Deutsch. chem. Gesellsch.*, 1876, p. 842].

V

VALÉRAL, $C^5H^{10}O$. — Voyez t. III, p. 614. — Le zinc-éthyle réagit à la température ordinaire sur le valéral; le produit de la réaction traité par l'eau fournit de l'éthylisobutylcarbinol [Wagner, *Bull. Soc. chim.*, t. XXXVI, p. 306].

Lorsqu'on chauffe à 100° pendant trois heures un mélange de valéral et de chlorure d'acétyle, on obtient un liquide bouillant à 118-128°, répondant à la formule $C^5H^{10}O.C^2H^3OCl$. Ce corps a une densité de 0,987 à 17°. L'eau le dédouble en ses deux générateurs [Maxwell Simpson, *Chem. Soc.*, 1880, t. II, p. 459].

Le valéral-ammoniaque, en solution dans l'éther, fournit avec le nitrate d'argent un précipité blanc floconneux ayant pour composition

$$C^{10}H^{22}Az^3O^3Ag.$$

Ce composé est peu soluble dans l'eau, l'alcool et l'éther, très soluble dans l'ammoniaque; par ébullition avec l'eau, il donne un miroir d'argent métallique [Goldschmidt, *Deutsch. chem. Gesellsch*, 1878, p. 1200].

Le valéral se combine à la température ordinaire avec l'aniline; il se sépare de l'eau, et l'on obtient un magma cristallin, qui, après lavage à l'éther et cristallisation dans l'alcool bouillant, fournit des cristaux clinorhombiques fusibles avec décomposition à 97°. Ce corps a pour formule

$$(C^6H^5)(C^5H^{10})Az.$$

Le *chlorhydrate*, $(C^6H^5)(C^5H^{10})Az.HCl$, forme des cristaux peu solubles dans l'acide chlorhydrique.

Le *chloroplatinate*,

$$[(C^6H^5)(C^5H^{10})Az.HCl]^2PtCl^4,$$

est un précipité cristallin, peu soluble dans l'eau, ayant la couleur du sulfure de manganèse [Lippmann et Strecker, *Deutsch. chem. Gesellsch.*, 1879, p. 74].

Le trichlorure de phosphore s'unit au valéral en donnant un liquide huileux que l'eau décompose avec formation de produits insolubles non étudiés et d'un acide soluble et cristallisable ayant pour formule $C^5H^{13}PO^4$. Ce corps fond à 183-184° [Fossek, *Monatsh. f. Chem.*, t. V, p. 121].

Lorsqu'on chauffe à 250° un mélange de 10 p. de soufre et de 25 p. de valéral, on obtient un liquide rougeâtre, qui, soumis à la distillation fractionnée, fournit à 114-115° du *thiovaléral*,

$$C^5H^{10}S.$$

Ce corps est insoluble dans l'eau, miscible en toutes proportions à l'alcool et à l'éther. Les autres produits principaux de la réaction sont l'acide sulfhydrique et le *trisulfovaléral* $C^5H^6S^3$, corps qui se présente en cristaux d'un jaune clair, fusibles à 94°,5 et sublimables sans altération [Barbaglia, *Deutsch. chem. Gesellsch.*, 1880, p. 1574, et 1884, p. 2654]. Ad. Fauconnier.

VALÉRAMIDE, $C^5H^9O.AzH^2$. — Voyez t. III, p. 617. — Hofmann recommande le procédé suivant de préparation : On chauffe sous pression à 230° pendant cinq ou six heures le valérate d'ammonium, et on distille ensuite le produit. On obtient en valéramide 77 °/₀ du valérate employé [*Deutsch. chem. Gesellsch.*, 1882, p. 977].

VALÉRIDINE, $C^{10}H^{19}Az$. — Voyez t. III, p. 616. — D'après les récentes recherches de M. Ljubawin [*Deutsch. chem. Gesellsch.*, 1882, p. 248] ce corps ne serait autre que la diamylamine.

VALÉRIQUES (ACIDES), $C^5H^{10}O^2$. — Voyez t. III, p. 618.

I. Acide valérique normal,

$$CH^3-CH^2-CH^2-CH^2-CO^2H.$$

— Il accompagne les acides formique, propionique, butyrique, caproïque, crotonique, isocrotonique, angélique, etc., dans le vinaigre de bois [Krämer et Grodzki, *Deutsch. chem. Gesellsch.*, 1878, p. 1356].

Il a été trouvé par MM. Cahours et Demarçay au nombre des acides gras qui prennent naissance dans la saponification des corps gras neutres au moyen de la vapeur d'eau surchauffée [*Compt. rend.*, 11 août 1879].

Il se rencontre également dans les produits du goudron animal susceptibles de se combiner avec les alcalis [Weidel et Ciamician, *Deutsch. chem. Gesellsch.*, 1880, p. 65].

Il prend naissance par la réduction de l'acide lévulique (acétylpropionique) au moyen de l'acide iodhydrique et du phosphore rouge à 150° [Kehrer et Tollens, *Deutsch. chem. Gesellsch.*, 1881, p. 676].

Il se produit également dans la fermentation du lactate de calcium sous l'action de certains schizomycètes [A. Fitz, *Deutsch. chem. Gesellsch.*, 1880, p. 1309 et 2196].

L'*acide monobromovalérique*, $C^5H^9BrO^2$, prend naissance par l'union directe de l'acide bromhydrique fumant et de l'acide allylacétique; c'est un liquide incolore, qui reste fluide à — 15°. L'ébullition prolongée avec de l'eau le convertit en valérolactone [Messerschmidt, *Deutsch. chem. Gesellsch.*, 1881, p. 2260].

L'*éther éthylique* est un liquide incolore, doué d'une odeur agréable. Sa densité à 18° est 1,226 [Juslin, *Deutsch. chem. Gesellsch.*, 1884, p. 2504].

L'*acide dibromovalérique*, $C^5H^8Br^2O^2$, se produit par l'union directe du brome et de l'acide allylacétique [Messerschmidt, *ibid.*]. Il cristallise en lamelles incolores, fusibles à 57-58°; l'ébullition avec l'eau le transforme en *bromovalérolactone*.

Acide α-oxyvalérique, $C^5H^{10}O^3$ [Juslin, *Deutsch. chem. Gesellsch.*, 1884, p. 2504]. — On l'obtient par l'action successive de la soude et de l'acide sulfurique sur l'éther monobromovalérique. Il se présente en cristaux fusibles à 28-29°, très solubles dans l'eau, l'alcool et l'éther.

Le *sel de baryum*, $(C^5H^9O^3)^2Ba + \frac{1}{2}H^2O$, se présente en étoiles peu solubles dans l'eau.

Le *sel de cuivre*, $(C^5H^9O^3)^2Cu$, est peu soluble.

Acide α-isonitroso-valérique,

$$CH^3\text{-}CH^2\text{-}CH^2\text{-}C(Az.OH)\text{-}CO^2H$$

[Fürth, *Deutsch. chem. Gesellsch.*, 1883, p. 2180]. — On l'obtient par l'action simultanée du nitrite de sodium et de la soude alcoolique sur le propylacétylacétate d'éthyle. Il cristallise en aiguilles fusibles à 143-144°,5 avec décomposition complète; très soluble dans l'alcool et dans la benzine, il est peu soluble dans la ligroïne et dans l'eau.

Le *sel d'argent*, $C^5H^8AzO^3Ag$, est un précipité blanc qu'on obtient par double décomposition.

Le *sel de baryum* répond à la formule

$$(C^5H^8AzO^3)^4Ba.$$

Acide γ-isonitrosovalérique,

$$CH^3.C(AzOH)\text{-}CH^2\text{-}CH^2\text{-}CO^2H$$

[Müller, *Deutsch. chem. Gesellsch.*, 1883, p. 1617]. — Il prend naissance par l'action de l'hydroxylamine sur le lévulate de sodium. Il forme des cristaux solubles dans l'eau et dans l'éther, et fusibles à 95-96°.

Le *sel de baryum*, $(C^5H^8AzO^3)^2Ba + 2H^2O$, est une masse cristalline blanche.

Le *sel d'argent*, $C^5H^8AzO^3Ag$, est un précipité blanc, qui, traité à 100° par l'iodure d'éthyle, se convertit en *éther*, $C^5H^8AzO^3.C^2H^5$, huile insoluble dans l'eau, non distillable.

L'acide γ-isonitrosovalérique n'est pas réduit par l'amalgame de sodium. Traité par l'acide chlorhydrique bouillant, il régénère l'hydroxylamine et l'acide lévulinique.

II. Acide valérique ordinaire. — Voyez p. 619. — Cet acide prend naissance dans l'action de l'oxyde de carbone à 210° sur l'amylate de sodium; il se produit en même temps de l'acide formique et un acide de la série oléique ayant pour formule $C^{10}H^{18}O^2$ [Geuther, Frœlich et Looss, *Liebig's Ann. Chem.*, t. CCII, p. 288, et *Bull. Soc. chim.*, t. XXXV, p. 569].

M. Renard [*Compt. rend.*, t. XCIV, p. 1652] a signalé sa présence parmi les produits de la distillation de la colophane.

M. Lescœur [*Bull. Soc. chim.*, t. XXVII, p. 104] propose pour la purification de l'acide brut obtenu par oxydation de l'huile de pommes de terre le procédé suivant : On dissout à chaud 1 molécule de valérate neutre de potassium ou de sodium dans 2 molécules d'acide valérique brut, et on abandonne à la cristallisation; on obtient ainsi un valérate acide que l'on peut décomposer par l'eau tiède, ou mieux soumettre directement à la distillation. On recueille du premier coup de l'acide valérique pur, bouillant à 174° sous 770 millimètres de pression.

L'acide nitrique, en réagissant sur l'acide valérique, donne lieu à la formation d'acide méthylmalique,

$$\begin{matrix}CO^2H\\CH^3\end{matrix} > C(OH)\text{-}CH^2\text{-}CO^2H,$$

de dinitro-isopropane, $(CH^3)^2C(AzO^2)^2$, et d'acide β-nitrovalérique, $(CH^3)^2\text{-}C(AzO^2)\text{-}CH^2\text{-}CO^2H$ [Bredt, *Deutsch. chem. Gesellsch.*, 1881, p. 1782, et 1882, p. 2318].

Le *chlorure de valéryle* n'est pas attaqué par le sodium à la température ordinaire; mais si l'on chauffe doucement, on détermine une réaction violente dont le produit principal est le *divaléryle*, $C^4H^9\text{-}CO\text{-}CO\text{-}C^4H^9$. Ce dernier est un liquide plus léger que l'eau, doué d'une odeur analogue à celle de l'alcool amylique; il bout sans altération à 210-220° sous une pression de 80-100 millimètres, et à 270-280° en se décomposant à la pression ordinaire.

Acide acétylvalérique,

$$(CH^3)^2CH\text{-}CH(CO.CH^3)\text{-}CO^2H$$

[Demarçay, *Compt. rend.*, t. LXXXIII, p. 449]. — On l'obtient à l'état d'éther éthylique par l'action de l'iodure d'isopropyle sur l'éther acétylacétique sodé. Cet éther est un liquide incolore, d'une odeur agréable, bouillant à 200-202° sous 758 millimètres de pression. Il colore le chlorure ferrique en un rose violacé pâle; il absorbe à froid une molécule de brome en dégageant de l'acide bromhydrique.

III. Acide éthylméthylacétique. — Il a été obtenu en décomposant par la chaleur l'acide éthylméthylmalonique,

$$\begin{matrix}CH^3\\C^2H^5\end{matrix} > C(CO^2H)^2$$

[Conrad et Bischoff, *Deutsch. chem. Gesellsch.*, 1880, p. 595].

VALÉROLACTONE,

$$\begin{matrix}CH^3\text{-}CH\text{-}CH^2\text{-}CH^2\\ \quad\;\; O\text{———}OC.\end{matrix}$$

— La valérolactone prend naissance : 1° par la réduction de l'acide lévulique (acétylpropionique) au moyen de l'amalgame de sodium [Wolff, *Liebig's Ann. Chem.*, t. CCVIII, p. 104].

2° Par l'ébullition prolongée de l'acide bromovalérique avec de l'eau [Messerschmidt, *Deutsch. chem. Gesellsch.*, 1881, p. 2260].

3° Par l'action d'une température de 200° sur l'acide oxypropylmalonique,

$$C^3H^6(OH)\text{-}CH(CO^2H)^2$$

[Hjelt, *Deutsch. chem. Gesellsch.*, 1882, p. 623]. Elle a été rencontrée dans les produits supérieurs de la distillation du vinaigre de bois [Grodzki, *ibid.*, 1884, p. 1369].

C'est un liquide bouillant à 206-207°, incristallisable.

Par oxydation au moyen de l'acide nitrique, elle donne de l'acide succinique.

L'ébullition avec l'eau de baryte la convertit en oxyvalérate de baryum.

Chauffée pendant quelques heures avec de l'éthylate de sodium dans un appareil à reflux à la température du bain-marie, elle se convertit en un liquide huileux, bouillant avec faible décomposition au-dessus de 300° et ayant pour formule $C^{10}H^{14}O^3$. Ce corps se dissout dans les alcalis en se transformant en un acide lactonique cristallisable $C^{10}H^{16}O^4$ [Fittig, *Deutsch. chem. Gesellsch.*, 1884, p. 3012].

Bromovalérolactone, $C^5H^7BrO^2$ [Messerschmidt, *loc. cit.*]. — Elle prend naissance par l'ébullition prolongée de l'acide dibromovalérique normal avec de l'eau; c'est un liquide jaunâtre, incristallisable, qui se convertit, par l'action de l'eau de baryte à chaud, en dioxyvalérianate de baryum.

VALÉRYLÈNE, C^5H^8. — Voyez t. III, p. 626.

Dérivés du valérylène. — Le bromure de valérylène s'unit avec la triméthylamine lorsqu'on chauffe un mélange de ces deux corps à 80-100° pendant quelque temps [Ladenburg, *Deutsch. chem. Gesellsch.*, 1881, p. 230 et 1342]. L'addition d'acide iodhydrique au produit de la réaction en précipite de petits prismes d'un jaune clair, ayant pour formule $C^8H^{17}Az.IBr$.

Agité avec du chlorure d'argent et de l'eau, ce composé échange son iode contre du chlore et se transforme en un chlorobromure

$$C^8H^{17}Az.BrCl;$$

le *chloraurate* correspondant

$$C^8H^{17}Az.BrCl.AuCl^3$$

est peu soluble et cristallise en belles lamelles brillantes; le *chloroplatinate*

$$(C^8H^{17}Az.BrCl)^2PtCl^4$$

se présente en prismes peu solubles.

Produits de condensation du valérylène. — Lorsqu'on chauffe du valérylène pendant six heures à 250-260° dans une atmosphère d'acide carbonique, il ne se forme pas de gaz et on peut isoler du produit de la réaction, par distillation : un carbure $C^{10}H^{16}$, passant à 170-186°, qui paraît être un terpilène; un produit passant de 240 à 250°, qui semble isomérique avec le trivalérylène de Reboul; enfin, un produit ressemblant à la colophane et au tétratérébenthène [G. Bouchardat, *Compt. rend.*, t. LXXXVII, p. 654].

Le carbure $C^{10}H^{16}$, *divalérylène*, a l'odeur de l'essence de citron; il bout à 180°; sa densité à 0° est 0,848.

Il se combine à froid avec l'acide chlorhydrique en formant un monochlorhydrate, puis un dichlorhydrate, liquides tous deux à la température ordinaire.

Outre le divalérylène, le produit brut bouillant à 170-186° renferme quelques carbures aromatiques, entre autres du cymène et du mésitylène [Bouchardat, *ibid.*, t. XC, p. 1560].

Isomères du valérylène. — *Isopropylacétylène* $(CH^3)^2CH\text{-}C{\equiv}CH$. — Ce carbure bout à 28-30°; il prend naissance par l'action de la potasse alcoolique sur l'isopropyléthylène bromé. Il est susceptible de fournir des dérivés cuivreux et argentique; ce dernier a pour formule C^5H^7Ag.

Oxydé par un mélange de dichromate de potassium et d'acide sulfurique, l'isopropylacétylène donne de l'acétone, de l'acide acétique et de l'acide lactique. Traité par l'acide sulfurique d'une densité de 1,65, il fournit une acétone ayant pour formule $(CH^3)^2.CH\text{-}CO\text{-}CH^3$ [Flavitzky et Kriloff, *Bull. Soc. chim.*, t. XXVIII, p. 347, et t. XXIX, p. 214].

Ce carbure dissout le sodium sans donner lieu à un dégagement d'hydrogène; il est probable que la réaction est la suivante :

$$2\,(CH^3)^2\text{-}CH\text{-}C{\equiv}CH + Na^2 = (CH^3)^2CH\text{-}C{\equiv}CNa + (CH^3)^2CH\text{-}CH{=}CHNa.$$

Le mélange de ces combinaisons sodiques fournit par l'action du gaz carbonique un mélange de sels de sodium d'où l'on peut extraire un acide qui paraît identique avec l'acide pyrotérébique $(CH^3)^2\text{-}CH\text{-}CH{=}CH\text{-}CO^2H$ [Lagermark et Elketoff, *Deutsch. chem. Gesellsch.*, 1879, p. 854].

Ad. Fauconnier.

VALÉRYLIQUE (ÉTHER),

$$C^7H^{14}O = \begin{matrix} C < \begin{matrix} CH^3 \\ CH^2.CH^3 \end{matrix} \\ \| \\ CH.OC^2H^5 \end{matrix}$$

[Elketoff, *Bull. Soc. chim.*, t. XXVIII, p. 106]. — Ce composé prend naissance par l'action de l'éthylate de sodium sur l'amylène monobromé. C'est un liquide bouillant à 111-114°. Traité par l'acide sulfurique dilué, il se dédouble en alcool et aldéhyde méthyléthylacétique.

VALYLTRIMÉTHYLAMMONIUM (CHLORURE DE), $(CH^3)^3(C^5H^9)Az.Cl$ [Schmiedeberg et Harnack, *Chem. Centralblatt*, t. VII, p. 554 et *Bull. Soc. chim.*, t. XXVII, p. 224]. — On fait digérer avec de l'oxyde d'argent humide le produit de l'action à 60° du bromure d'amylène sur la triméthylamine aqueuse, puis on neutralise la solution alcaline par l'acide chlorhydrique.

Le *chlorure* forme une masse sirupeuse, soluble dans l'eau, l'alcool, le chloroforme, et qui cristallise à la longue dans l'air sec.

Le *chloroplatinate*, $(C^8H^{18}AzCl)^2PtCl^4 + H^2O$, se dépose en petites masses hémisphériques jaunes.

Le *chloraurate* cristallise en lamelles irrégulières, peu solubles dans l'eau froide.

VANADIUM. — Extraction. — Le vanadium est beaucoup plus abondant dans la nature qu'on ne pourrait le présumer d'après le prix élevé auquel sont cotées ses combinaisons. Ainsi sa présence est à peu près constante, en quantités variables, dans les minerais argileux de fer. Dans le traitement métallurgique de ces minerais, le vanadium passe en totalité dans les scories et les laitiers, d'où l'on peut le retirer sans grande peine, comme l'ont montré les recherches de MM. G. Witz et F. Osmond [*Bull. Soc. chim.*, t. XXXVIII, p. 49].

Le minerai oolithique de Mazenay (Saône-et-Loire) est particulièrement riche en vanadium, et les scories qui résultent de son traitement renferment jusqu'à 1,92 °/₀ d'acide vanadique (1,08 °/₀ de vanadium). à côté de 16,5 de silice, 46,30 de chaux, 13,7 d'acide phosphorique, etc. Cette teneur est évidemment variable. Voici le traitement auquel MM. Witz et Osmond ont recours pour utiliser ces scories en vue du vanadium.

Pour 1 kilogramme de scories réduites en fragments, on prend 1 litre d'acide chlorhydrique à 21 ou 22° Baumé; on recouvre le mélange d'une couche d'eau, pour retenir les vapeurs acides. Après quelques jours de contact, on décante le liquide et on soumet de nouveau au même traitement la partie non dissoute. Après élimination de la silice, la solution est étendue d'eau de manière à marquer 15° Baumé. Cette solution, qui représente 100 grammes de scories par litre, peut être employée telle quelle pour l'impression en noir d'aniline, ou pour servir à obtenir des composés vanadiques.

Dans ce dernier but, on prépare comme il suit des phosphates riches en vanadium : On étend la solution de manière que 100 grammes de scories soient contenus dans 2 litres et on y ajoute 25 centimètres cubes d'une solution saturée d'acétate d'ammonium, après avoir toutefois saturé la majeure partie de l'acide par l'addition de scories en poudre grossière, ce qui enrichit en même temps la solution. On précipite ainsi, outre le fer et l'alumine, du phosphate trihypovanadique (le précipité renferme 19 à 20 °/₀ de vanadium). On redissout le précipité dans la plus petite quantité d'acide possible et on précipite de nouveau par l'acétate de sodium.

Enfin, pour transformer en vanadate d'ammonium le phosphate trivanadeux, on grille le précipité au rouge naissant, afin de suroxyder le vanadium; on reprend le produit grillé par l'eau ammoniacale; on fait bouillir la solution d'un jaune orangé jusqu'à ce qu'elle soit décolorée, puis on précipite le métavanadate d'ammonium par l'addition de sel ammoniac en excès. 14 kilogrammes de scories (à 1,5 °/₀ d'acide vanadique) ont fourni ainsi 250 grammes de métavanadate d'ammonium.

Nouveau métal accompagnant le vanadium. — Le vanadate de plomb zincifère de Aquadita (Plata) renferme, d'après M. Martin Websky, un nouveau métal, qu'il nomme *idunium* et qui suit l'acide vanadique dans la séparation de ce dernier. L'idunium forme un acide qui reste en dissolution lorsqu'on précipite l'acide vanadique à l'état de métavanadate d'ammonium par un excès de sel ammoniac. L'addition de sulfure ammonique à la solution en précipite un oxyde d'idunium qui est rouge. On sépare encore l'acide idunique de l'acide vanadique en précipitant la solution par l'azotate mercureux, calcinant le précipité et reprenant le résidu par l'ammoniaque. Ce réactif dissout d'abord l'acide vanadique, puis, alors seulement et lentement, l'acide idunique [*Sitzungsber, Wien. Akad. Ber.*, t. XXX, p. 661, 1884].

Trichlorure de vanadium, $VaCl^3$. — On le prépare aisément à l'aide du sulfure Va^2S^3, obtenu par Kay (voyez plus loin). On traite ce sulfure dans un tube par un courant de chlore, d'abord à froid pour expulser l'air, puis à une douce chaleur. Il distille un mélange de trichlorure de vanadium et de chlorure de soufre. En chauffant ce mélange à 140°, on chasse le chlorure de soufre; on achève de s'en débarrasser en chauffant le résidu, qui est rouge, à 150° dans un courant de gaz carbonique [Halberstadt, *Deutsch. chem. Gesellsch*, 1882, p. 1619].

Fluorures de vanadium. — Voyez Fluosels, Suppl., p. 836.

Oxydes de vanadium. — Lorsqu'on électrolyse une solution de trichlorure de vanadium additionnée d'acide chlorhydrique, il se dépose au pôle positif une substance soluble dans l'eau, d'abord d'un brun vert et devenant ensuite rouge. Ce corps est différent de tous les oxydes de vanadium connus. Le métavanadate d'ammonium se comporte de même [Halberstadt, *loc. cit.*].

Sels hypovanadiques (d'Hypovanadyle),

$$(VaO)'' \text{ ou } \begin{matrix}(VaO)''' \\ | \\ (VaO)'''\end{matrix} = (Va^2O^2)^{IV}.$$

Sulfates hypovanadiques de divanadyle. — *Sel neutre*, $SO^4(VaO)''$ ou $(SO^4)^2(Va^2O^2)^{IV}$. — On obtient ce sel, sous la forme d'une poudre terreuse, lorsqu'on dissout l'anhydride hypovanadique dans l'acide sulfurique concentré et qu'on chasse l'excès de ce dernier par l'évaporation. Ce sel est alors d'un bleu vert sale, tout à fait insoluble dans l'eau, même à 170° sous pression, ainsi que dans les acides sulfurique et chlorhydrique. Chauffé à 400°, il devient d'un bleu vert pur, sans changer de composition et est alors soluble dans l'eau à 130° en donnant une solution bleue. Cette dernière abandonne par l'évaporation une masse résineuse qui se transforme à la longue en un amas de cristaux radiés bleus ayant pour composition $S^2O^3(Va^2O^2) + 7H^2O$. Ces cristaux s'effleurissent à l'air sec, tandis qu'ils attirent $6H^2O$ à l'air humide, en tombant en déliquescence.

Sel acide, $(SO^4)^3(VaO)^2H^2 + 3H^2O$, déjà décrit par Gerland. — Il se dépose en petits cristaux transparents bleus, déliquescents, lorsqu'on chauffe longtemps le tétroxyde de vanadium avec de l'acide sulfurique à 120°. Ces cristaux se dissolvent en partie dans l'eau, l'alcool ou l'éther, en laissant des lamelles brillantes d'un bleu clair du même sel, mais seulement avec $2H^2O$ [Gerland, *Deutsch. chem. Gesellsch.*, 1877, p. 2109].

Gerland n'a pas pu obtenir de sulfates doubles bien définis de vanadyle et des métaux alcalins ou alcalino-terreux.

Phosphate trihypovanadique, $(PO^4)^2(VaO)^3$. — Précipité gélatineux, d'un gris bleuâtre, qu'on obtient en ajoutant un phosphate soluble et de l'acétate de sodium en excès à une solution chlorhydrique d'anhydride hypovanadique, préalablement neutralisée. Ce sel est assez instable et les lavages le décomposent en phosphate,

$$PO^4H(VaO),$$

et hydrate hypovanadique. Il brunit par la dessiccation à l'air, en absorbant un peu d'oxygène. Il est soluble dans les acides avec une coloration bleue. Ce sel peut être employé pour l'impression [Witz et Osmond, *Bull. Soc. chim.*, t. XXXVIII, p. 53].

Vanadate hypovanadique, $Va^2O^5, 2VaO^2 = Va^4O^9$ ou $Va^2O^7(Va^2O^2)$ [1]. — Résidu microcristallin noir, obtenu par Rammelsberg en lavant à l'eau le produit de la calcination d'un acide vanadique contenant du tétroxyde de vanadium avec du carbonate de lithium. Soluble dans l'acide sulfurique étendu avec une couleur bleu-vert; l'ammoniaque le précipite de nouveau de cette solution.

Anhydride vanadique, Va^2O^5. — Celui qu'on obtient en chauffant le vanadate d'ammonium à 140° est une poudre cristalline rouge-brun, devenant plus claire si l'on élève la température.

Sulfates vanadiques. — L'anhydride vanadique rouge-brun et cristallin, laissé par la calcination du vanadate ammonique, se dissout facilement dans l'acide sulfurique; l'acide métavanadique plus difficilement. La solution brune devient jaune, puis verte lorsqu'on l'étend d'eau. Si l'on concentre la solution sulfurique à 200°, à l'abri des poussières de l'air, on obtient le sulfate de Berzelius $(SO^4)^3(VaO)^2$.

Lorsqu'on porte à l'ébullition la solution d'acide vanadique dans un grand excès d'acide sulfurique, il se produit un dépôt de petits cristaux, les uns bruns, les autres d'un rouge rubis, transparents et brillants, ayant l'apparence d'octaèdres réguliers. Par le refroidissement enfin, il se dépose des aiguilles d'un jaune d'or, déliquescentes, solubles dans l'eau et dans l'alcool. Ces derniers, ainsi que les cristaux octaédriques rouges, sont encore le sulfate décrit par Berzelius.

La concentration à 130-150° produit une cristallisation différente. Il se dépose des croûtes cristallines d'un rouge brique, dures et déliquescentes, de composition variable, décomposables par l'eau. Ces croûtes paraissent généralement constituer le sulfate $Va^2O^5.2SO^3$, qui a été entrevu par Fritzsche. Ce sel peut se représenter par la formule

$$(SO^4)^2 \lessgtr \begin{matrix}(VaO)''' \\ (VaO^2)'\end{matrix},$$

ou, si l'on admet avec Fritzsche qu'il est hydraté, $SO^4\text{-}(VaO)'''\text{-}OH$, correspondant à la formule des sels doubles ci-dessous.

On obtient ce disulfate anhydre en chauffant le trisulfate à la température du plomb fondu aussi longtemps qu'il émet de l'anhydride sulfurique. C'est une masse rouge clair, parsemée de lamelles brillantes, déliquescente et décomposable par l'eau.

Sulfates vanadiques doubles. — Une solution mixte de trisulfate vanadique et de sulfate de potassium, faite à froid, abandonne des cristaux d'un jaune d'ambre, inaltérables à l'air, décomposables par l'eau pure, qui ont pour composition : $2SO^3.Va^2O^5.K^2O + 6H^2O$. Ces cristaux deviennent anhydres à 100°.

Le *sel d'ammonium*, qui contient $1H^2O$, cristallise en aiguilles brunes, groupées en mamelons, solubles sans altération dans l'eau.

Ces sels doubles peuvent être représentés par la formule $SO^4 = (VaO)'''\text{-}OK$, dans laquelle les affinités du vanadyle triatomique se partagent entre les groupes $(SO^4)''$ et (OK). [O. W. Gerland, *Deutsch. chem. Gesellsch.*, 1878, p. 98.]

Vanadates. — M. Ditte a préparé par voie sèche

un certain nombre de vanadates, en fondant l'anhydride vanadique avec un mélange du bromure correspondant et de bromure ou d'iodure de sodium, puis laissant refroidir lentement et épuisant le produit fondu par l'eau [*Compt. rend.*, t. XCVI, p. 1048].

On doit à M. Hautefeuille des observations curieuses sur la propriété que possèdent les vanadates alcalins d'absorber l'oxygène de l'air pendant leur fusion et de l'abandonner de nouveau par un refroidissement lent, en produisant le phénomène du rochage. Par un refroidissement brusque, le sel devient vitreux. Les vanadates de lithium sont ceux qui produisent le phénomène avec le plus d'intensité. Le bivanadate de lithium, par exemple, absorbe au rouge sombre près de 8 fois son volume d'oxygène et dégage ce gaz vers 600° en cristallisant. Le rochage est plus prononcé lorsqu'on expose dans le vide le vanadate vitreux. Si la fusion a lieu dans le vide, on n'observe rien de semblable; c'est donc bien l'oxygène de l'air qui est absorbé. Pour un même vanadate, la quantité d'oxygène absorbée est d'autant plus grande que le sel est plus riche en acide vanadique. Voici les quantités d'oxygène qu'abandonnent dans le vide, par gramme d'anhydride vanadique, les vanadates vitreux, c'est-à-dire fondus et refroidis brusquement, pendant leur passage à l'état cristallisé. Il est à remarquer que l'anhydride vanadique libre n'absorbe pas d'oxygène.

Sels de potassium.	Oxygène dégagé.	Sels de sodium.	Oxygène dégagé.	Sels de lithium.	Oxygène dégagé.
$2 Va^2O^5.K^2O$...	$0^{cc},4$	$2 Va^2O^5.Na^2O$...	$3^{cc},8$	$2 Va^2O^5.Li^2O$...	$3^{cc},3$
$3 Va^2O^5.K^2O$...	$0^{cc},5$	$3 Va^2O^5 Na^2O$...	$5^{cc},0$	$3 Va^2O^5.Li^2O$...	$3^{cc},7$
$4 Va^2O^5.K^2O$...	$2^{cc},7$				
$5 Va^2O^5.K^2O$...	$3^{cc},4$				

On observe des faits analogues lorsqu'on prépare les vanadates par la fusion de l'anhydride vanadique avec les carbonates alcalins. Voici les quantités d'oxygène qu'abandonne dans le vide 1 gramme d'anhydride vanadique après avoir réagi sur les carbonates :

Sels de potassium.	Oxygène dégagé.	Sels de sodium.	Oxygène dégagé.	Sels de lithium.	Oxygène dégagé.
$Va^2O^5.K^2O$...	$0^{cc},0$	$Va^2O^5.Na^2O$...	$0^{cc},4$	$Va^2O^5.Li^2O$...	$2^{cc},5$
$2 Va^2O^5.K^2O$...	$0^{cc},7$	$2 Va^2O^5.Na^2O$...	$4^{cc},0$	$2 Va^2O^5.Li^2O$...	$4^{cc},7$
$3 Va^2O^5.K^2O$...	$1^{cc},5$	$3 Va^2O^3.Na^2O$...	$5^{cc},4$	$3 Va^2O^5.Li^2O$...	$5^{cc},8$
$4 Va^2O^5.K^2O$...	$3^{cc},3$				
$5 Va^2O^5.K^2O$...	$4^{cc},8$				

On voit que le phénomène est plus accentué qu'avec les sels tout formés [*Compt. rend.*, t. XC, p. 744].

M. Rammelsberg a entrepris un travail de révision sur les vanadates; une grande partie des résultats annoncés confirment les indications antérieures de Berzelius, de Hauer, Norblad et autres [*Sitzungsber der Koen. Preuss. Akad. der Wissensch.*, 1883, p. 3].

Vanadates d'ammonium. — Lorsqu'on évapore la solution du métavanadate, additionnée d'acide acétique jusqu'à coloration jaune-rouge persistante, on obtient des cristaux rouges du sel,

$$Va^{10}O^{27}(AzH^4)^2 + 10H^2O.$$

Si l'acide acétique a été employé en excès, il se produit une poudre cristalline jaune qui est le trivanadate $Va^3O^8(AzH^4)$, décrit par Norblad et par de Hauer, qui lui assigne $3H^2O$ (Rammelsberg).

Vanadates de baryum. — M. Ditte a obtenu le *métavanadate*, $(VaO^3)^2Ba$, par voie sèche en fondant l'anhydride vanadique avec un mélange de bromure de sodium et de bromure de baryum. Ce sel forme de petits cristaux jaunâtres, transparents et brillants, peu solubles dans l'eau, fusibles au rouge en un liquide brun qui cristallise par refroidissement.

Vanadate de cadmium. — Fines aiguilles transparentes et jaunâtres, obtenues par le procédé de M. Ditte.

Vanadates de lithium. — M. Rammelsberg a cherché à obtenir l'*orthovanadate de lithium* en chauffant l'anhydride vanadique avec 3 molécules de carbonate de lithium; mais le mélange est infusible. Il obtient le *pyrovanadate* en fondant 1 molécule Va^2O^5 avec 4 molécules d'azotate de lithium.

Rammelsberg décrit encore les vanadates suivants :

$Va^4O^{13}Li^6 + 15H^2O$. — Masse radiée, obtenue en traitant le sel basique par l'acide azotique. Les eaux-mères abandonnent au bain-marie une poudre grenue, orangée, peu soluble, du sel

$$Va^5O^{14}Li^3 + 7H^2O.$$

$$Va^{12}O^{35}Li^{10} + 30H^2O \text{ (ou } 6Va^2O^5.5Li^2O).$$

— Cristaux rouges, transparents et efflorescents.

$Va^8O^{23}Li^6 + 12H^2O$. — Petits cristaux rouges, transparents.

Ces deux sels sont obtenus en traitant le métavanadate par l'acide acétique. En le traitant par une petite quantité d'acide azotique, M. Rammelsberg a obtenu des cristaux rouges du sel

$$Va^6O^{17}Li^4 + 15H^2O.$$

Vanadate de magnésium. — Lorsqu'on fait bouillir l'acide vanadique avec de la magnésie et de l'eau et qu'on évapore, on obtient une masse amorphe, sans composition fixe. Si l'on ajoute de l'acide acétique à la solution, celle-ci se colore en brun et donne alors par l'évaporation des cristaux d'un jaune brun foncé, de 2,2 de densité et des cristaux rouges de même composition, mais de forme très différente, quoique appartenant au même type, celui du prisme dissymétrique. Ces cristaux, dont MM. Suguira et Baker ont déterminé les constantes cristallographiques, ont pour composition $Va^{10}O^{28}Mg^3 + 28H^2O$ [*Liebig's Ann. Chem.*, t. CCII, p. 250].

Vanadates de manganèse. — M. Ditte a obtenu, par voie sèche, le *pyrovanadate* $Va^2O^7Mn^2$, en grandes aiguilles brunes, peu solubles dans l'acide chlorhydrique étendu.

Vanadates de nickel. — L'*orthovanadate*,

$$(VaO^4)^2Ni^3,$$

forme des aiguilles vertes infusibles, insolubles dans l'acide azotique (A. Ditte).

Vanadates de plomb. — Le tétravanadate,

$$Va^4O^{11}Pb,$$

obtenu par voie sèche, est en petits cristaux jaunes, solubles dans l'acide azotique étendu (Ditte).

M. Pisani a trouvé parmi les minéraux du Laurium un orthovanadate cuprico-plombique,

$$(VaO^4)^2(PbCu)^3,$$

renfermant 50,75 °/₀ PbO et 18,40 °/₀ CuO. Il est en croûtes cristallines d'un gris noir, recouvrant une gangue de quartz [*Compt. rend.*, t. XCII, p. 1292].

Vanadates de potassium. — M. Rammelsberg confirme les indications de Norblad relatives au *métavanadate*, au *pyrovanadate* et au *tétravanadate*, $V^4O^{11}K^2$. Il décrit en outre un *hexavanadate tétrapotassique*, $V^6O^{17}K^4 + 2H^2O$, et un *octovanadate*, $V^8O^{25}K^{10} + 7H^2O$. Le premier n'a été obtenu qu'une fois, en ajoutant de l'acide acétique à la solution du métavanadate; c'est un précipité cristallin, brun. Le dernier se produit lorsqu'on ajoute de l'acide acétique au pyrovanadate, jusqu'à ce que la coloration produite disparaisse par la chaleur; par l'évaporation le sel se dépose en cristaux incolores sphéroïdaux.

Vanadates de sodium. — M. Rammelsberg assigne $16H^2O$ au sel $Va^6O^{17}Na^4$, décrit par Norblad avec $9H^2O$; il l'a obtenu en cristaux rouges efflorescents par l'addition d'acide acétique au pyrovanadate, jusqu'à coloration rouge intense. L'addition d'un excès d'acide acétique à la même solution chaude produit un précipité cristallin rouge-brun, renfermant $Va^{10}O^{27}Na^4 + 3\frac{1}{2}H^2O$. Enfin M. Rammelsberg attribue la formule

$$Va^{16}O^{43}Na^6 + 24H^2O$$

au trivanadate, $Va^3O^8Na + 4\frac{1}{2}H^2O$, de Norblad.

Vanadate de strontium. — L'*orthovanadate*,

$$(VaO^4)^2Sr^3,$$

obtenu par voie sèche, est en lamelles jaunâtres transparentes (A. Ditte).

Vanadate de zinc. — Le pyrovanadate, $Va^2O^7Zn^2$, est en prismes orangés, solubles dans l'eau (A. Ditte).

Sulfures de vanadium. — *Trisulfure*, Va^2S^3. — D'après M. Kay, on obtient ce sulfure lorsqu'on chauffe au rouge les oxydes Va^2O^3 ou Va^2O^5 ou un chlorure quelconque dans un courant d'hydrogène sulfuré, ou, mieux encore, lorsqu'on chauffe l'anhydride vanadique dans la vapeur de sulfure de carbone, entraînée par un courant de de gaz carbonique.

Le trisulfure obtenu à l'aide des chlorures est en écailles graphitoïdes, de 3,7 de densité. Celui que fournissent les oxydes est une poudre amorphe, d'une densité égale à 4,0.

Le trisulfure de vanadium n'est attaqué que lentement par l'acide chlorhydrique concentré et chaud; plus facilement par les acides azotique ou sulfurique. La soude et l'ammoniaque le dissolvent lentement. Le sulfure ammonique incolore le dissout avec une couleur rouge-pourpre; le sulfure jaune, avec une couleur rouge vineux. Quant à la solution dans le sulfhydrate de potassium, elle est violette.

M. Kay pense que le sulfure décrit par Berzelius est le même que celui qu'il a obtenu et que, comme cela paraît résulter des analyses de ce produit, il ne constitue pas un oxysulfure.

Chauffé longtemps dans un courant d'hydrogène, le trisulfure est converti en *disulfure*, Va^2S^2, de 4,2 à 4,4 de densité. Ce disulfure se comporte comme le trisulfure à l'égard des acides et des alcalis.

Pentasulfure, Va^2S^5. — Poudre noire obtenue en chauffant le trisulfure à 400° dans des tubes fermés, avec du soufre. Densité = 3,0. Chauffé à une température élevée, dans un courant d'acide carbonique ou d'hydrogène, il perd 2 atomes de soufre. La soude le dissout facilement à chaud.

Les sulfures obtenus par voie humide sont les *sulfures de vanadyle*, $Va^2O^2S^2$ et $Va^2O^2S^3$ [W. Kay, *Journ. Chem. Soc.*, 1880, p. 728].

Combinaisons phosphovanadiques et arséniovanadiques. — Ces combinaisons ont été signalées par M. W. Gibbs comme donnant naissance à des sels bien cristallisés [*Amer. Chem.*, t. IV, p. 380].

D'après M. P. Fernandez, on obtient l'acide arséniovanadique, $Va^2O^5, As^2O^5 + 11H^2O$, en faisant bouillir le métavanadate d'ammonium avec un excès d'acide arsénique en solution concentrée. La solution, d'un rouge foncé, abandonne, par la concentration, l'acide arséniovanadique en cristaux mamelonnés, brillants, d'un jaune d'or [*Deutsch. chem. Gesellsch.*, 1884, p. 1632]. Cette combinaison peut être considérée comme l'arséniate vanadique, $AsO^4(VaO)'''$, ou comme un anhydride mixte, $AsVaO^5$, auquel correspondraient des acides, par exemple $AsVaO^4H^3$.

Combinaisons vanadio-molybdiques. — Ces combinaisons, découvertes par M. W. Gibbs, se produisent lorsqu'on traite l'acide molybdique par les vanadates alcalins, ou les molybdates par l'acide vanadique. Voici les sels décrits par M. Gibbs :

1° $6MoO^3.Va^2O^5.2(AzH^4)^2O + 5Aq.$ — On dissout l'acide molybdique dans le métavanadate d'ammonium; la solution acide abandonne par le repos des cristaux octaédriques d'un jaune citron.

2° $18MoO^3.Va^2O^5.8(AzH^4)^2O + 15Aq.$ — On sature une solution bouillante de métavanadate d'ammonium par l'acide molybdique; on obtient une solution vert-olive, qui fournit, après 24 heures, des tables dures, d'un vert pâle, décomposables par l'eau.

3° $16MoO^3.2Va^2O^5.5BaO.H^2O + 28Aq.$ — Cristaux octaédriques jaunes, obtenus en traitant le sel n° 1 par le chlorure de baryum, ou bien en ajoutant peu à peu de l'acide vanadique à une solution de molybdate acide d'ammonium et précipitant après ébullition par le chlorure de baryum.

Si l'acide vanadique contient du tétroxyde de vanadium, on obtient des combinaisons d'un autre ordre [*Journ. Amer. Chem.*, t. V, p. 361 et *Bull. Soc. chim.*, t. XLI, p. 622].

Combinaisons vanadio-tungstiques. — Ces combinaisons se forment dans les mêmes circonstances que les combinaisons molybdiques. Les sels sont cristallisés, jaunes ou orangés, solubles dans l'eau et très stables.

$5TuO^3.Va^2O^5.2(AzH^4)^2O.2H^2O + 11Aq.$ — On l'obtient en faisant bouillir du paratungstate d'ammonium, $(Tu^{12}O^{41}(AzH^4)^{10})$, avec le métavanadate, puis évaporant.

Acide $10TuO^3.Va^2O^5.6H^2O + 16Aq.$ — Il se produit par voie sèche lorsqu'on chauffe au contact de l'air l'acide tungstique avec du vanadate d'ammonium et qu'on dissout ensuite la masse dans l'acide azotique. Il forme des cristaux jaunes. Les eaux-mères sont orangées et donnent un autre acide, $18TuO^3.Va^2O^5.6H^2O + 30Aq$ [W. Gibbs, *loc. cit.*].

Ed. Willm.

VANADIUM (ANALYSE). — *Réactions.* — L'acide vanadique se dissout à l'ébullition dans l'acide oxalique avec une coloration bleue, dans les oxalates alcalins avec une coloration jaune, qui passe au bleu par l'addition d'acide acétique. L'addition d'alcool et d'acide acétique, à la solution dans l'oxalate potassique, précipite tout le vanadium sous la forme d'un oxyde vert-bleu. Cette réaction réussit moins bien avec les oxalates de sodium ou d'ammonium.

Les métavanadates se comportent comme l'acide vanadique (Halberstadt).

Dosage et séparations. — M. Gerland recommande, pour doser le vanadium, l'emploi du permanganate de potassium. Si l'on a affaire à l'acide vanadique ou aux vanadates, on réduit d'abord par l'acide sulfureux; si, au contraire, le vanadium se trouve à un degré inférieur d'oxydation, on le suroxyde d'abord par le permanganate et on réduit ensuite par SO^2, qui ramène l'acide vanadique au degré d'oxydation Va^2O^4. Le titrage du permanganate pour cet usage peut se faire par une solution vanadique connue [*Deutsch. chem. Gesellsch.*, 1877, p. 1515].

Séparation des alcalis. — La précipitation du métavanadate d'ammonium sépare nettement l'acide vanadique de la soude, mais non de la potasse, qui est en partie entraînée dans la précipitation [Gerland, *loc. cit.*, p. 1216].

Séparation du vanadium d'avec le calcium, le baryum, le zinc et le plomb. — On évapore la solution chlorhydrique à sec et on reprend le résidu par une solution saturée d'oxalate ammonique, additionnée de quelques gouttes d'acide acétique. On ajoute ensuite de l'acide acétique à la solution aussi longtemps qu'il s'y produit un précipité. Après avoir chauffé pendant quelques heures, on filtre et on lave le précipité avec un mélange à volumes égaux d'acide acétique, d'eau et d'alcool. On évapore la solution filtrée dans une capsule de platine tarée; on calcine le résidu pour chasser les sels ammoniacaux, puis on le pèse. Ce résidu, après calcination à l'air ou dans l'oxygène, est de l'anhydride vanadique [W. Halberstadt, *Zeitsch. analyt. Chem.*, t. XXII, p. 1].

Séparation des acides vanadique et molybdique. — On neutralise la solution par un carbonate alcalin, après l'avoir au besoin suroxydée par l'acide azotique, puis l'on précipite les deux acides par l'azotate mercureux et l'oxyde de mercure. On incinère une partie pesée du précipité et on la fond avec une quantité pesée de tungstate de sodium. On a ainsi le poids total du vanadium et du molybdène à l'état de bioxydes VaO^2 et MoO^2. Une autre portion du précipité est calcinée à l'air jusqu'à volatilisation de tout l'acide molybdique.

On peut encore faire bouillir la combinaison vanadio-molybdique avec de l'ammoniaque ; on concentre la solution et on l'additionne d'un grand excès de chlorure d'ammonium. Après 24 heures, le métavanadate d'ammonium se dépose en cristaux incolores; les solutions doivent toujours être maintenues alcalines par un peu d'ammoniaque.

Dans le cas où l'on a à séparer l'acide tungstique de l'acide vanadique, on peut employer ce dernier procédé, mais il est bon de remplacer l'ammoniaque par la soude [W. Gibbs, *loc. cit.*].

Ed. Willm.

VANILLINE. — M. Scheibler l'a trouvée dans le suc des betteraves à sucre [*Deutsch. chem. Gesellsch.*, 1880, p. 335], MM. Ed. von Lippmann dans le sucre brut [*Ibid.*, p. 663], M. Jannasch dans le benjoin de Siam [*Ibid.*, 1878, p. 1634].

Quand on la prépare au moyen du gaiacol et du chloroforme, on l'obtient mélangée à la métaméthoxyaldéhyde salicylique; on l'en sépare par distillation dans un courant de vapeur d'eau, sous la pression de 1 1/2 à 2 atmosphères. On arrête la distillation quand il ne passe plus de gouttes huileuses. La vanilline ne distille pas [Tiemann et Kopp, *Deutsch. chem. Gesellsch.*, 1881, p. 2090 et 2023].

D'après un brevet pris par MM. Meister, Lucius et Brüning, on peut la préparer en partant de l'aldéhyde métanitrobenzoïque. MM. Tiemann et Ludwig ont indiqué la marche suivante pour réaliser cette synthèse : L'aldéhyde est réduite, ($C^6H^4AzH^2.CHO$), puis transformée en métoxybenzaldéhyde (par l'acide azoteux) ; cette dernière, nitrée à froid (5 p. AzO^3H, $D = 1,4$), ou à chaud (10 p. AzO^3H, $D = 1,1$), donne un mélange de deux aldéhydes nitrées, qu'on sépare par cristallisation dans la benzine ou le chloroforme; la moins soluble, fusible à 138°, transformée en éther méthylique (fusible à 98°), puis réduite et traitée par l'acide nitreux, fournit la vanilline [*Deutsch. chem. Gesellsch.*, 1882, p. 2043].

La curcumine, oxydée par le permanganate de potassium, fournit aussi de la vanilline [Jackson et Menke, *Amer chem. Journ.*, t. IV, p. 77].

La vanilline bout, à l'abri de l'air, sans décomposition à 285°. Sa solution se colore par le perchlorure de fer en un bleu violet, pâle mais distinct (Tiemann et Kopp).

Soumise à l'action de l'hydroxylamine, la vanilline fournit une aldoxime, d'odeur agréable, fusible à 117° [Lach, *Deutsch. chem. Gesellsch.*, 1883, p. 1786].

Traitée en solution alcoolique (1 gr. van., 20 c. c. alcool, 50 c. c. HCl) par de l'acide chlorhydrique et du pyrogallol (1gr,67), elle donne, après une digestion d'une demi-heure et par addition d'eau, des cristaux bleu-violet de *pyrogallol-vanilléine*,

$$C^{20}H^{18}O^8 = C^6H^3(OH)(OCH^3).CH[C^6H^2(OH)^3]^2.$$

Recristallisée, elle est incolore, insoluble dans l'eau et contient une demi-molécule d'eau, qu'elle perd à 100-110°. L'acide chlorhydrique la colore en violet. On peut obtenir de même, avec la phloroglucine et la résorcine, des composés analogues de tous points, que l'acide chlorhydrique colore respectivement en rouge feu et en bleu violacé [C. Etti, *Monatsh. Chem.*, t. III, p. 637-644].

Avec la vanilline, l'anhydride propionique et le propionate de sodium, on peut préparer, par la réaction de Perkin, un *acide propiohomoférulique*,

$$C^6H^3(OCH^3)(OC^3H^5O)CH = C \begin{matrix} \nearrow CH^3 \\ \searrow CO^2H \end{matrix}$$

fusible à 128 129°, que les alcalis convertissent en *acide homoférulique*, fusible à 167-168°; ce dernier, distillé, se convertit en *iso-eugénol* bouillant à 258-262°, $C^6H^3(OCH^3)(OH)CH = CH\text{-}CH^3$; à 16°, sa densité est égale à 1,080; son dérivé benzoylé fond à 159-160° (Tiemann).

Isovanilline. — Cet isomère de la vanilline fond à 116-117° et cristallise en prismes clinorhombiques brillants,

$$a : b : c = 0,6370 : 1 : 0,9228,$$

faces g^1, p, e^2, m, $b\frac{1}{2}$.

Peu soluble dans l'eau et dans l'éther de pétrole, ce corps n'agit pas sur le perchlorure de fer, ni sur l'acétate basique de plomb. Il manifeste à chaud une légère odeur de vanille et de fenouil. Il est peu volatil avec la vapeur d'eau, et, comme les aldéhydes, se combine au bisulfite de sodium.

Il se prépare par l'action à chaud des acides chlorhydrique ou iodhydrique modérément étendus sur l'opianate de méthyle [Wegscheider, *Deutsch. chem. Geselsch.*, 1883, p. 84].

E. Demarçay.

VANILLIQUE (ACIDE). — *Acide bromovanillique*, $C^6H^2Br(OCH^3)(OH)CO^2H$, — Ce dérivé, formé par la saponification du suivant, contient 1 molécule d'eau, qu'il perd à 100°. Aiguilles fusibles à 192-193°.

L'acide acétylbromovanillique,

$$C^6H^2Br(OCH^3)(OC^2H^3O)CO^2H,$$

s'obtient par l'action du brome sur l'acide acétylvanillique en solution aqueuse. Prismes brillants, peu solubles dans l'eau et fusibles à 165-167° [Kaeta Ukimori Matsmoto, *Deutsch. chem. Gesellsch.*, 1878, p. 122].

Acide benzoylvanillique,

$$C^6H^3(OCH^3)(OC^7H^5O)CO^2H.$$

— Cet acide, fusible à 178°, forme des lamelles chatoyantes (Tiemann).

Acide nitro-isovanillique,

$C^6H^2(AzO^2)(OCH^3)(OH)CO^2H$.

— Aiguilles fusibles à 172-173°, groupées en amas sphériques et formées par saponification de l'*acide acétylnitro-isovanillique*, fusible à 168-169°. Ce sont des aiguilles brillantes, formées par nitration de l'acide acétylisovanillique (Kaeta Ukimori Matsmoto).

VASCULOSE. — Voyez t. III, p. 651. — Pour la préparer, on épuise la moelle de sureau successivement par les dissolvants neutres, les alcalis étendus, l'acide chlorhydrique faible et le réactif ammonio-cuprique. Ainsi préparée, elle possède une teinte jaune. Sa composition est exprimée par la formule $C^{18}H^{20}O^8$. Traitée par l'acide sulfurique concentré, à froid, elle se colore et se transforme avec perte d'eau en $C^{18}H^{18}O^7$. Les oxydants tels que le chlore et les hypochlorites la dissolvent en la transformant d'abord en un acide résineux, insoluble dans l'alcool $C^{18}H^{16}O^{10}$, et, par une action prolongée, en un acide soluble dans l'alcool $C^{18}H^{14}O^{11}$, et en un autre acide, soluble dans l'éther, dont la composition serait $C^{18}H^{10}O^6$. Les alcalis, sous pression, à 130°, la transforment en acide ulmique [Fremy, *Bull. Soc. chim.*, t. XXVIII, p. 175; — Fremy et Urbain, *ibid.*, t. XXXVII, p. 409].

VÉRATRALBINE, $C^{28}H^{43}AzO^5$.—MM. Wright et Luff [*Deutsch. chem. Gesellsch.*, 1879, p. 1214] ont rencontré cet alcaloïde dans le *Veratrum album;* c'est une matière amorphe, qui ne paraît pas avoir été étudiée.

VÉRATRINE. — La vératrine, extraite des graines du *Veratrum sabadilla*, a pour formule $C^{32}H^{49}AzO^9$. Elle cristallise en aiguilles groupées autour d'un centre, d'abord limpides, ne tardant pas à devenir opaques en perdant de l'eau de cristallisation. Elle fond à 205°. Les solutions acides de vératrine ne sont précipitées que partiellement à froid par l'ammoniaque et le précipité se dissout dans une grande quantité d'eau froide, mais la solution précipite par l'ébullition. On est donc conduit à admettre deux variétés isomériques de la vératrine, l'une soluble, l'autre insoluble. Les acides concentrés font passer à l'état insoluble la modification soluble.

Chloraurate, $C^{32}H^{49}AzO^9.HCl.AuCl^3, 2H^2O$. — Belles aiguilles d'un jaune d'or.

Chloroplatinate, $(C^{32}H^{49}AzO^9.HCl)^2PtCl^4$. — Précipité jaune cristallin, s'altérant par les lavages.

Chloromercurate, $C^{32}H^{49}AzO^9.HCl.HgCl^2$. — Précipité blanc cristallin.

Picrate. — Aiguilles jaunes, de composition variable.

Le *chlorhydrate* et le *sulfate* ont la composition normale, mais n'ont pu être obtenus cristallisés [E. Schmidt et Köpper, *Deutsch. chem. Gesellsch.*, 1876, p. 1115].

Chauffée au bain-marie avec de l'eau de baryte, la vératrine se dédouble en acide angélique et en *cévidine*, d'après l'équation

$$C^{32}H^{49}AzO^9 + 2H^2O = C^5H^8O^2 + C^{27}H^{45}AzO^9.$$

La cévidine est une poudre amorphe, d'un blanc jaunâtre, fusible à 182-185°, plus soluble dans l'eau froide que dans l'eau chaude, soluble dans le chloroforme et dans l'alcool amylique, peu soluble dans l'éther, la benzine, le sulfure de carbone, la ligroïne. Ses sels sont amorphes.

VÉRATRINE SOLUBLE OU VÉRATRIDINE, $C^{32}H^{49}AzO^9$. — Elle fond à 150-155°. Son *chlorhydrate* et son *sulfate* sont amorphes; ses solutions aqueuses noircissent à l'ébullition en se convertissant en *vératrate de vératroïne*, fusible à 166-170°, d'après l'équation

$$2C^{32}H^{49}AzO^9 + 4H^2O = C^{55}H^{92}Az^2O^{16}.C^9H^{10}O^4, 2H^2O.$$

Ce sel est décomposé à froid par l'acide sulfurique dilué en acide vératrique et vératroïne. Cette dernière base est une poudre amorphe, d'un blanc jaunâtre, fusible à 143-148°; elle est peu soluble dans l'eau, très soluble dans le chloroforme, l'éther de pétrole, l'alcool amylique, l'éther, la benzine, le sulfure de carbone. Ses sels sont amorphes [Bosetti, *Arch. der Pharm.*, (3), t. XXI, p. 81, et *Bull. Soc. chim.*, t. XL, p. 246].

Wright et Luff ont isolé des graines du *Veratrum sabadilla* un autre alcaloïde, qu'ils ont également nommé *vératrine* (tandis qu'ils désignent la base précédente sous le nom de *cévadine*). Leur vératrine a pour formule $C^{37}H^{57}AzO^{11}$ et se saponifie en donnant de l'acide vératrique et une nouvelle base, la *vérine*, d'après l'équation

$$C^{37}H^{57}AzO^{11} + H^2O = C^9H^{10}O^4 + C^{28}H^{45}AzO^8.$$

[Wright et Luff, *Journ. Chem. Soc.*, t. XXXIII, p. 338, et *Bull. Soc. chim.*, t. XXXIV, p. 61].

VÉRATRIQUE (ACIDE). — L'identité de cet acide avec l'acide diméthylprotocatéchique a été démontrée par M. Kœrner. Fondu avec la potasse, il donne de l'acide protocatéchique. L'acide iodhydrique le dédouble en iodure de méthyle et acide méthylprotocatéchique. Enfin l'action de l'iodure de méthyle et de la potasse sur l'acide protocatéchique donne un acide fusible à 179°, comme l'acide vératrique [Kœrner, *Deutsch. chem. Gesellsch.*, 1876, p. 582.

L'acide vératrique cristallise en prismes anhydres lorsqu'il se dépose à 50° de sa solution aqueuse concentrée, tandis qu'il renferme une molécule d'eau de cristallisation lorsque l'on évapore à froid dans le vide. Il se dissout dans 160-165 p. d'eau bouillante et 2100 p. d'eau à 14°. Il fond à 174-175° [Kaeta Ukimori Matsmoto, *Deutsch. chem. Gesellsch.*, 1878, p. 122].

VÉRATROYLCARBONIQUE (ACIDE),

$C^6H^3(OCH^3)^2CO.CO^2H$

[Tiemann et Kaeta Ukimori Matsmoto, *Deutsch. chem. Gesellsch.*, 1878, p. 141]. — Ce corps prend naissance en même temps que l'acide vératrique dans l'oxydation du méthyleugénol au moyen du permanganate de potassium à la température de 80°. Il cristallise en fines aiguilles blanches ou en grandes tablettes prismatiques, solubles dans la benzine, l'alcool, l'éther et fusibles après dessiccation à 138-139°.

C'est un acide énergique; les sels de potassium et de sodium sont peu solubles en présence d'un excès d'alcali; le sel ammoniacal est cristallisé; il donne avec l'acétate de plomb un précipité blanc, cristallin, peu soluble; le sel d'argent est un précipité blanc.

L'acide sulfurique concentré colore l'acide vératroylcarbonique en rouge et le dissout ensuite en donnant un liquide d'un jaune rougeâtre.

VÉRINE. — Voyez VÉRATRINE, Suppl., p. 1649.

VICINE. — Voyez t. III, p. 680. — Ritthausen a soumis ce composé à de nouvelles recherches et est parvenu aux résultats suivants [*Journ. prakt. Chem.* (2), t. XXIV, p. 202]. Le procédé de préparation qui donne le meilleur résultat est celui-ci : La graine de vesce moulue est épuisée par de l'acide chlorhydrique à 2 °/₀; la masse est sursaturée par un lait de chaux et filtrée; la vicine se trouve dans le liquide et peut en être précipitée par le sublimé corrosif et par un lait de chaux. On lave le précipité, on le fait bouillir avec de l'eau de baryte, on traite le liquide par l'acide sulfhydrique et on filtre chaud. Il ne reste plus qu'à éliminer la baryte par le gaz carbonique, à concentrer par évaporation et à séparer par le filtre quelques flocons de matière albuminoïde : on obtient une cristallisation de vicine; les dernières eaux-mères fournissent ensuite de la convicine. La graine de vesce fournit environ 3 millièmes de vicine et 1 dix-millième de convicine.

VICINE. — Purifiée par des cristallisations répétées dans l'alcool à 80 °/₀ ou dans l'eau bouillante en présence de noir animal, elle cristallise en aiguilles incolores, peu solubles dans l'eau, très peu solubles dans l'alcool. D'après les nouvelles analyses, la vicine aurait pour formule $C^{28}H^{51}Az^{11}O^{21}$.

Vers 120° la vicine commence à perdre de l'eau, et vers 100° cette perte atteint $2H^2O$; le résidu fond vers 180°.

La vicine est très soluble dans les acides et dans les alcalis; l'alcool précipite des solutions acides des combinaisons cristallisées ayant pour formules $3(C^{28}H^{51}Az^{11}O^{21}) + 4SO^4H^2$ et $4(C^{28}H^{51}Az^{11}O^{21}) + 11HCl$. Évaporée avec de l'acide azotique (D = 1,2), la vicine laisse un résidu coloré sur les bords en un violet intense.

La potasse en fusion la dédouble en cyanure, ammoniaque, acides gras volatils, etc.

DIVICINE. — Lorsque la vicine est chauffée au bain-marie pendant une demi-heure avec de l'acide sulfurique étendu de 5 p. d'eau, il se sépare peu à peu une matière cristallisée qui constitue le *sulfate de divicine*, $2(C^{22}H^{38}Az^{20}O^9), 5SO^4$. Ce sulfate se dépose dans l'eau bouillante en beaux prismes groupés en rosaces; il est impossible d'en isoler la base. Traité par la quantité équivalente de potasse, il fournit un composé cristallisé en prismes aplatis, renfermant

$$C^{31}H^{50}Az^{30}O^{16}.$$

Ce dernier corps forme un *nitrate*,

$$C^{31}H^{50}Az^{30}O^{16}.8AzO^3H,$$

bien cristallisé.

Les eaux-mères du sulfate de divicine renferment plusieurs autres produits, parmi lesquels on a vainement cherché la glucose.

CONVICINE. — Elle cristallise par l'évaporation des dernières eaux-mères de la vicine, et peut être purifiée par des lavages à l'acide sulfurique faible qui ne la dissout pas. L'eau bouillante et l'alcool la laissent déposer en lamelles rhombiques, brillantes, très peu solubles, ayant pour formule $C^{20}H^{28}Az^6O^{14} + 2H^2O$. Les alcalis et les acides étendus et bouillants ne l'altèrent pas; la potasse fondante en dégage de l'ammoniaque sans former de cyanure. Le nitrate mercurique la précipite complètement de ses solutions.

Ad. Fauconnier.

VINYLANÉTHOL, $C^6H^4(OCH^3).CH=CH^2$ [Perkin, *Chem. News*, t. XXXVI, p. 211]. — Ce corps prend naissance lorsqu'on fait bouillir pendant longtemps l'acide méthylparoxyphénylacrylique; il distille sous la forme d'un liquide huileux à odeur de fenouil. Il bout à 201-202° et fond à — 1° ou à — 2°.

VINYLDIÉTHYLAMINE, $Az(C^2H^5)^2(C^2H^3)$ [Ladenburg, *Deutsch. chem. Gesellsch.*, 1882, p. 1148]. — Cette base se produit à l'état d'iodhydrate lorsqu'on chauffe pendant quatre heures à 200° un mélange de diéthyloxyéthylène-amine (triéthylalkine) avec la moitié de son poids de phosphore amorphe et 10 p. d'acide iodhydrique (D = 1,51). La réaction est la suivante :

$$\begin{matrix}(C^2H^5)^2 \\ C^2H^4\text{-}OH\end{matrix} \gtrless Az + 3HI$$

$$= I^2 + H^2O + \begin{matrix}(C^2H^5)^2 \\ C^2H^3\end{matrix} \gtrless Az.HI.$$

Le *chloraurate* $C^6H^{13}Az.HCl.AuCl^3$ cristallise en prismes d'un jaune d'or, fusibles à 138-140°.

VINYLÉTHYLIQUE (ÉTHER),

$$CH^2=CH\text{-}O\text{-}C^2H^5$$

[Wislicenus, *Liebig's Ann. Chem.*, t. CXCII, p. 106]. — On obtient cet éther en chauffant à 130-140° du chloracétal avec du sodium. C'est un liquide mobile, doué d'une odeur rappelant à la fois celles de l'éther ordinaire et des composés allyliques. Il est très peu soluble dans l'eau. Sa densité à 14°,5 est 0,7625; son point d'ébullition est 35,5-36°.

Il s'unit directement au chlore et au brome en donnant l'éther dichloré et l'éther dibromé. Il fournit avec l'iode des produits de polymérisation.

L'acide sulfurique concentré le charbonne; l'acide dilué de trois ou quatre fois son poids d'eau le dédouble nettement en aldéhyde ordinaire et acide éthylsulfurique, suivant l'équation

$$CH^2=CH\text{-}O\text{-}C^2H^5 + SO^4H^2$$

$$= CH^3.CHO + C^2H^5.SO^4H.$$

VINYLMALONIQUE (ACIDE). — MM. Fittig et Roeder ont décrit sous ce nom [*Deutsch. chem. Gesellsch.* 1883, p. 372 et 2592] un acide obtenu par l'action du bromure d'éthylène sur le malonate d'éthyle en présence du sodium. Ce corps serait, suivant M. Perkin [*ibid.*, 1884, p. 323], identique avec l'acide triméthylène-dicarbonique (voyez Suppl., p. 1589).

VINYLPHÉNYLIQUE (ÉTHER),

$$CH^2=CH\text{-}O\text{-}C^6H^5$$

[Sabanéeff, *Bull. Soc. chim.*, t. XLI, p. 253]. — On le prépare par l'action de la potasse alcoolique sur l'éther bromélthylphénylique

$$C^2H^4Br\text{-}O\text{-}C^6H^5.$$

C'est un liquide bouillant à 154-156° ayant pour densité 0,9918 à 0°.

VIOLAQUERCITRIN, $C^{52}H^{42}O^{24}$. — Ce glucoside se dépose à l'état d'aiguilles jaunes microscopiques lorsqu'on agite avec de la benzine la solution aqueuse brune du résidu obtenu par l'évaporation de l'extrait alcoolique de la poudre de *Viola tricolor* var. *arvensis*. Il est soluble dans l'eau et dans l'alcool. Les acides minéraux étendus et bouillants le dédoublent en quercitrin et en glucose [K. Mandelin, *Pharm. Zeitschr. für Russland.*, 1883, p. 329].

VITELLOLUTÉINE. — M. Maly [*Monatsh. f. Chem.*, t. II, p. 351] donne ce nom à une matière colorante jaune qui se trouve dans le jaune d'œuf de l'araignée de mer (*Maja squinado*). Pour l'extraire, on opère comme il suit. Les jaunes d'œuf sont séchés à 35-40°, pulvérisés et épuisés par l'alcool. La solution alcoolique, concentrée à moitié de son volume, est précipitée par l'eau de baryte bouillante, filtrée et épuisée par la ligroïne. Ce liquide dissout la vitellolutéine, ainsi qu'une certaine quantité de cholestérine; la cholestérine étant plus soluble que la vitellolutéine dans l'éther de pétrole, on parvient par un usage convenable de ce dissolvant à éliminer entièrement la cholestérine. On évapore enfin la solution de vitellolutéine et on purifie par une nouvelle dissolution dans l'alcool.

La vitellolutéine ne contient ni fer ni azote; ses solutions sont d'un jaune franc. Elle présente deux bandes d'absorption, l'une dans le voisinage de la raie F, l'autre entre les raies F et G.

L'acide nitrique donne avec la vitellolutéine une coloration indigo, qui disparaît spontanément au bout de quelques secondes. L'acide sulfurique concentré la dissout en donnant une solution vert foncé.

VITELLORUBINE [Maly, *Monatsh. f. Chem.*, t. II, p. 351]. — Cette matière colorante rouge accompagne la vitellolutéine dans le jaune d'œuf de l'araignée de mer (*Maja squinado*). On peut l'isoler à l'aide de l'un ou de l'autre des deux procédés suivants :

1° Les jaunes d'œuf sont desséchés à 35-40°, pulvérisés et épuisés par l'alcool. La solution alcoolique, concentrée à moitié de son volume, est chauffée avec de la soude caustique; on obtient après refroidissement un liquide trouble, d'un rouge foncé, que l'on additionne d'une solution de chlorure de sodium et que l'on épuise ensuite par l'éther. La solution éthérée, filtrée et distillée, laisse un résidu rouge qui contient de la vitellolutéine et de la cholestérine; ces deux impuretés sont éliminées par des lavages à l'alcool chaud. On obtient finalement une masse rouge et amorphe, qui constitue une combinaison de vitellorubine et d'alcali : on la dissout dans l'acide acétique ou dans l'acide chlorhydrique faible et on épuise cette solution par l'éther. Celui-ci abandonne par évaporation la vitellorubine à l'état de pureté.

2° Le liquide alcoolique provenant de l'épuisement du jaune d'œuf est traité à chaud par l'eau de baryte; on obtient ainsi un précipité rouge qu'on lave à l'alcool, après quoi on le triture avec de la magnésie calcinée; puis on reprend par le chloroforme, qui dissout une combinaison de vitellorubine et de magnésie. Cette combinaison est redissoute dans un acide, et la solution acide épuisée par l'éther.

La vitellorubine donne avec l'alcool, l'éther et le chloroforme des solutions roses ou rouges. Avec quelques gouttes d'acide nitrique, elle fournit une coloration indigo, qui disparait spontanément au bout de quelques instants. L'acide sulfurique concentré la dissout en se colorant en vert foncé; l'acide chlorhydrique concentré la colore en violet sale. L'iodure de potassium ioduré, l'eau de chlore, l'acide sulfureux sont sans action.

De même que la vitellolutéine, la vitellorubine ne renferme ni fer ni azote. Son spectre d'absorption consiste en une bande située au voisinage de la raie F.

VULPIQUE (ACIDE), $C^{19}H^{14}O^5$. — Voyez t. III, p. 719. — L'acide vulpique a été dans ces dernières années l'objet de nouvelles recherches de la part de M. Spiegel [*Deutsch. chem. Gesellsch.*, 1880, p. 1629 et 2219; 1881, p. 1686; 1882, p. 1546]. Cet auteur le prépare en suivant la méthode indiquée par Möller et Strecker; il le purifie à l'état de sel de calcium en précipitant ce sel de sa solution aqueuse par l'addition de chlorure de sodium et le faisant ensuite cristalliser dans l'eau bouillante. Le *Retraria vulpina* de Pontresina fournit 1 à 1,5 % d'acide vulpique; celui de Norvège, 4 %.

Le point de fusion de l'acide vulpique pur est situé à 148°.

L'acide vulpique est dédoublé par les alcalis en alcool méthylique et *acide pulvique* (voyez Suppl., p. 1314). On peut, d'autre part, réaliser la réaction inverse : lorsqu'on traite l'anhydride pulvique par une solution méthylique de potasse, qu'on étend d'eau et qu'on ajoute ensuite un acide, on obtient de l'acide vulpique.

On déduit de là que l'acide vulpique est l'éther méthylique de l'acide pulvique, d'où la formule de constitution

$$CO^2.CH^3-C(C^6H^5)=\underset{|}{C}-C(OH)=\underset{|}{C}(C^6H^5).$$
$$O \text{———} OC$$

W

WALDIVINE, $C^{18}H^{24}O^{10}$ [Tanret, *Bull. Soc. chim.*, t. XXXV, p. 104]. — Ce corps est contenu dans le fruit du *Simaba waldivia*. Pour l'obtenir, on épuise avec de l'alcool à 70 % le waldivia réduit en poudre fine. Le résidu de l'évaporation de l'alcool est traité encore chaud par le chloroforme; la solution chloroformique est distillée, et le résidu purifié par quelques cristallisations dans l'eau bouillante en présence de noir animal.

La waldivine cristallise en prismes hexagonaux terminés par une double pyramide hexagonale, et contenant 2 ½ H^2O. Sa densité est 1,46. Quand on la chauffe, elle perd d'abord son eau de cristallisation, puis fond en se colorant vers 230°; elle n'est pas volatile. Elle est sans action sur la lumière polarisée.

Très peu soluble dans l'eau froide, elle se dissout bien dans l'eau bouillante, l'alcool faible et le chloroforme; elle est insoluble dans l'éther.

Ses solutions sont neutres; elles précipitent par le tannin et par l'acétate de plomb ammoniacal; elles ne précipitent ni par l'acétate neutre, ni par le sous-acétate.

Les acides sulfurique et azotique la dissolvent à froid sans l'altérer. Les alcalis la décomposent presque instantanément, avec formation d'un corps qui réduit la liqueur de Fehling et dévie à droite le plan de polarisation.

X

XANTHINE, $C^5H^4Az^4O^2$. — Voyez t. III, p. 725. — La xanthine se forme en petite quantité dans la fermentation pancréatique de la fibrine [Salomon, *Deutsch. chem. Gesellsch.*, 1878, p. 574].

Elle a été rencontrée par M. Kossel au nombre

des produits qui prennent naissance lorsqu'on fait bouillir avec de l'eau la nucléine récemment préparée [*Zeitschr. physiol. Chem.*, t. IV, p. 290, et *Deutsch. chem. Gesellsch.*, 1880, p. 1879].

M. Baginski l'a trouvée dans l'extrait obtenu en épuisant le thé par l'acide sulfurique à 1 %; cet auteur a constaté que la proportion de xanthine contenue normalement dans l'urine peut décupler dans les cas de néphrite aiguë [*Zeitschr. physiol. Chem.*, t. VIII, p. 395, et *Deutsch. chem. Gesellsch.*, 1884, *Refer.*, p. 356].

La xanthine se produit par l'oxydation de l'hypoxanthine au moyen de l'acide nitrique fumant ou au moyen du permanganate de potassium [Kossel, *Zeitschr. physiol. Chem.*, t. VI, p. 422, et *Deutsch. chem. Gesellsch.*, 1882, p. 1770].

Propriétés. — Chauffée à 200° avec de l'acide chlorhydrique, la xanthine se décompose en donnant de l'ammoniaque sans méthylamine, de l'acide carbonique, de l'acide formique et du glycocolle [E. Schmidt, *Liebig's Ann. Chem.*, t. CCXVII, p. 270 et 308, et *Bull. Soc. chim.*, t. XL, p. 370].

Lorsqu'on dissout la xanthine dans la quantité de soude nécessaire pour obtenir le composé neutre $C^5H^2Az^4O^2Na^2$, et qu'on traite à chaud cette solution par l'acétate de plomb, on obtient un précipité blanc cristallin, qui constitue la *xanthine plombique*. Séché à 130° et chauffé ensuite à 100° pendant 12 heures avec de l'iodure de méthyle, ce composé se convertit en *théobromine* [E. Fischer, *Deutsch. chem. Gesellsch.*, 1882, p. 453].

Bromoxanthine, $C^5H^3BrAz^4O^2$. — Ce composé peut être obtenu par l'action directe du brome sur la xanthine, ou par l'action de l'acide azoteux sur la bromoguanine. C'est une poudre cristalline insoluble dans l'eau froide, l'alcool et l'éther; chauffée, elle se décompose sans fondre [E. Fischer et L. Reese, *Liebig's Ann. Chem.*, t. CCXXI, p. 336].

Synthèse. — La synthèse *totale* de la xanthine a été réalisée par M. A. Gautier [*Compt. rend.*, t. XCVIII, p. 1523, et *Bull. Soc. Chim.*, t. XLII, p. 141]. Ce savant chauffe en tubes scellés un mélange d'eau et d'acide cyanhydrique additionné d'une quantité d'acide acétique telle que la liqueur ne devienne jamais alcaline par l'ammoniaque formée dans la réaction. La partie insoluble dans l'eau froide du produit de la réaction est épuisée par l'eau bouillante acidulée d'acide acétique : on obtient par le refroidissement un précipité qu'on redissout dans l'acide chlorhydrique; la solution est alors neutralisée par l'ammoniaque, filtrée et précipitée à chaud par l'acétate de cuivre. Le précipité est lavé et décomposé à chaud par l'acide sulfhydrique en présence de l'eau bouillante; le liquide filtré bouillant est saturé par l'ammoniaque et concentré; il se dépose par le refroidissement d'abord de la méthylxanthine $C^6H^6Az^4O^2$, puis de la xanthine.

Constitution. — Suivant M. Gautier [*loc. cit.*], la constitution de la xanthine devrait être représentée par le schéma :

```
HAz = C — CO
      |
HAz = C   AzH
      |
HAz = C — CO
```

M. E. Fischer [*Deutsch. chem. Gesellsch.*, 1882, p. 452] propose au contraire la formule de structure

```
AzH —— CH
 |      ||
CO      C — AzH
               > CO
AzH —— C = Az
```

PARAXANTHINE, $C^{15}H^{17}Az^9O^4$. — M. Salomon [*Deutsch. chem. Gesellsch.*, 1883, p. 195] a donné ce nom à une matière particulière qu'il a rencontrée dans l'urine normale de l'homme. Le procédé d'extraction est le suivant.

L'urine est recueillie dans des vases contenant un peu d'acide nitrique pour empêcher la fermentation ammoniacale, puis sursaturée par l'ammoniaque et précipitée par le nitrate d'argent (0gr,5-0,6) par litre). Le précipité est lavé par décantation avec de l'eau tant que ce liquide enlève des chlorures, puis décomposé par l'acide sulfhydrique en présence de l'eau; le liquide filtré est évaporé jusqu'à ce qu'il se dépose abondamment de l'acide urique. Le reste de cet acide est alors précipité par un excès d'ammoniaque; puis, au bout de deux jours, le liquide filtré est précipité de nouveau par le nitrate d'argent. Le précipité, dissous à chaud dans l'acide azotique d'une densité de 1,1, fournit des cristaux d'hypoxanthine argentique, tandis que les eaux mères retiennent la xanthine et la paraxanthine. On les précipite toutes les deux à l'état de sel argentique par l'ammoniaque, on décompose le précipité par l'acide sulfhydrique et on évapore le liquide après l'avoir rendu ammoniacal et filtré de nouveau. La xanthine se dépose d'abord, la paraxanthine cristallise dans les eaux mères fortement concentrées.

On la purifie en la transformant une dernière fois en composé argentique, et en le faisant cristalliser finalement dans l'eau chaude. 1200 litres d'urine ont fourni ainsi 1gr,2 de paraxanthine.

La paraxanthine cristallise en tables hexagonales groupées en faisceaux ou en rosaces; ces cristaux appartiennent au type clinorhombique. Formes : p (très développé) m, h^1; angle des axes 85° 37′; angles m, $h^1 = 46°\ 32'$; $mp = 86°\ 59'$. La paraxanthine fond au-dessus de 250° sans s'altérer. Elle est peu soluble dans l'eau froide, beaucoup plus soluble à chaud, insoluble dans l'alcool et dans l'éther. Les solutions sont neutres.

Elle forme avec les alcalis des combinaisons cristallines, peu solubles dans un excès d'alcali, solubles dans l'eau. Comme la guanine, elle donne avec l'acide picrique un précipité formé d'écailles jaunes. Traitée successivement par l'acide nitrique et par la soude, elle ne donne qu'une faible coloration jaune. Avec le réactif de Weidel (évaporation avec l'eau de chlore et une trace d'acide nitrique, puis contact de vapeurs ammoniacales), elle produit une belle coloration rose.

Le nitrate d'argent fournit avec les solutions de paraxanthine un précipité gélatineux, insoluble dans l'ammoniaque et dans l'acide nitrique faible; dans l'acide nitrique chaud, ce précipité cristallise en aiguilles soyeuses, incolores. L'acide phosphotungstique, l'acétate de cuivre, le sous-acétate de plomb et l'ammoniaque précipitent aussi la paraxanthine. Le chlorure et le nitrate mercuriques sont sans action. Ad. Fauconnier.

XANTHIQUE (ACIDE). — Voyez Suppl., p. 427.

XANTHOCHÉLIDONIQUE (ACIDE), $C^7H^6O^7$ [Haitinger et Lieben, *Monatsh. f. Chem.*, t. V, p. 339]. — Cet acide se produit quand on ajoute un excès d'alcali à une solution alcaline d'acide chélidonique : la liqueur devient jaune, et l'acide chélidonique $C^7H^4O^6$ a fixé 1 molécule d'eau.

On n'a pas réussi à préparer de sels bien définis de l'acide xanthochélidonique : la plupart se décomposent spontanément lorsqu'ils sont humides, en donnant de l'acétone et de l'acide oxalique.

On a cependant obtenu un sel monopotassique $C^7H^5O^7K$ en ajoutant avec précaution de l'acide nitrique à une solution potassique de l'acide : c'est un précipité cristallin, jaunâtre, soluble dans l'eau chaude et dans les acides dilués à froid.

Le xanthochélidonate de plomb, obtenu en acidulant une solution potassique de l'acide par l'acide acétique, et en précipitant par l'acétate de plomb, est un précipité jaune, volumineux, presque insoluble dans l'eau et dans l'acide acétique, ayant pour formule $C^7H^2O^7Pb + H^2O$: la formation de ce sel en solution acétique doit faire admettre que l'acide xanthochélidonique est tétrabasique.

En solution potassique neutre, l'acide xanthochélidonique donne des précipités jaunes avec les sels de plomb, d'argent, de mercure au minimum, de baryum, de calcium, de zinc; des précipités d'un jaune verdâtre avec les sels de cuivre; un précipité brun-rougeâtre avec le chlorure ferrique. Le précipité argentique se réduit par l'ébullition avec l'ammoniaque. Tous ces précipités se décomposent par les acides en régénérant immédiatement et à froid de l'acide chélidonique.

Ad. Fauconnier.

XANTHOPURPURINE [Syn. *Purpuroxanthine*]. — Voyez Purpurine, Suppl., p. 1316.

XANTHOQUINIQUE (ACIDE). — Voyez Suppl., p. 1118.

XANTHORHAMNINE. — Voyez Rhamnus, Suppl., p. 1391.

XANTHOROCCELLINE. — Voyez Picroroccelline, Suppl., p. 1283.

XÉNOLS. — On connaît actuellement les six xénols prévus par la théorie. Le tableau suivant donne les formules de structure et les principales constantes des six isomères, dont quatre ont été décrits à l'article Xénols du Dictionnaire, t. III, p. 729].

DÉRIVÉS DE L'ORTHOXYLÈNE.

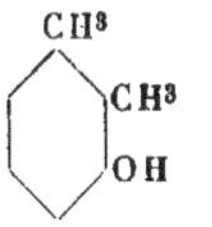

CH^3, CH^3, OH	CH^3, CH^3, OH
P. F. : 73° (Nölting).	P. F. : 62°,5 P. E. : 228° (T. III, p. 729).

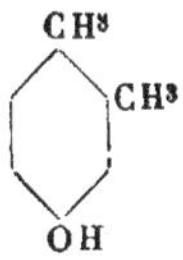

DÉRIVÉS DU MÉTAXYLÈNE.

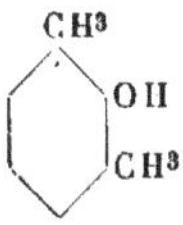

CH^3, OH, CH^3	CH^3, CH^3, OH	CH^3, OH, CH^3
P. F. : 74°,5 P. E. : 211° (T. III, p. 729).	P. F. : 27-28° P. E. : 216°,5 (T. III, p. 729). (Staedel.)	P. F. : 64° P. E. : 219°,5 (Thöl).

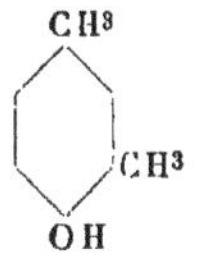

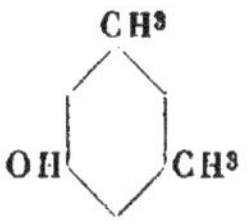

DÉRIVÉS DU PARAXYLÈNE.

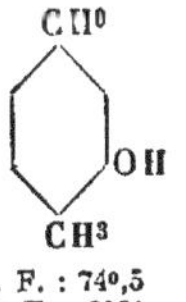

CH^3, OH, CH^3

P. F. : 74°,5
P. E. : 212°
(T. III, p. 730).

DÉRIVÉS DE L'ORTHOXYLÈNE.

I. *Orthoxénol* (1, 2, 4). — Il a été obtenu par l'action de l'acide nitreux sur la xylidine correspondante [Jacobsen, *Deutsch. chem. Gesellsch.*, 1884, p. 161]. Son point de fusion est situé exactement à 62°,5.

II. *Orthoxénol* (1, 2, 3). — Il a été préparé également en partant de la xylidine correspondante. Il cristallise en aiguilles blanches, fusibles à 73°, qui sont colorées en violet par le chlorure ferrique. Le chlorure de chaux ne le colore pas [Nölting et Forel, *Deutsch. chem. Gesellsch.*, 1885, p. 2670].

DÉRIVÉS DU MÉTAXYLÈNE.

Métaxénol (1, 3, 4). — On l'obtient en traitant l'acide oxymésitylénique par la potasse caustique [Jacobsen, *Deutsch. chem. Gesellsch.*, 1881, p. 43]. Il a été préparé également par l'action de l'acide nitreux sur l'α-métaxylidine. Voici comment il convient d'opérer : On verse à froid une dissolution de 12 grammes de nitrate de sodium dans un liquide composé de 20 grammes d'α-métaxylidine, 16 grammes d'acide sulfurique et 300 grammes d'eau. On fait bouillir, et on distille dans un courant de vapeur d'eau; on épuise par l'éther et on rectifie. On obtient ainsi des cristaux fusibles à 27-28°, bouillant sans décomposition à 216°,5 (corr.), constitués par le métaxénol,

$$C^6H^3(CH^3)_{(1)}(CH^3)_{(3)}(OH)_{(4)}.$$

Le métaxénol est peu soluble dans l'eau; le chlorure ferrique donne une belle coloration bleue, quoique peu intense, qui vire au vert par l'addition d'alcool.

Acétylmétaxénol, $C^6H^3(CH^3)^2(OC^2H^3O)$. — Obtenu en faisant agir le chlorure d'acétyle sur le xénol, il se présente sous la forme d'un liquide bouillant à 218-220°.

Dérivé bromé. — Aiguilles incolores, fusibles à 69-70°. Par fusion potassique, on obtient l'acide métoxytoluique,

$$C^6H^3(CH^3)_{(1)}(CO^2H)_{(3)}(OH)_{(4)}$$

[Staedel et Hölz, *Deutsch. chem. Gesellsch.*, 1885, p. 2921].

Le métaxénol (1, 3, 4) traité par le sodium et l'acide carbonique se transforme en acide oxymésitylénique,

$$C^6H^2(CH^3)_{(1)}(CH^3)_{(3)}(CO^2H)_{(5)}(OH)_{(4)}$$

(Jacobsen).

Métaxénol symétrique (1, 3, 5),

$$C^6H^3(CH^3)_{(1)}(CH^3)_{(3)}(OH)_{(5)}.$$

— Ce corps a été obtenu par M. Thöl [*Deutsch. chem. Gesellsch.*, 1885, p. 359] et par M. Nölting [*Ibid.*, 1885, p. 2668] en partant de la xylidine correspondante, par l'action de l'acide nitreux. Il cristallise en fines aiguilles, fusibles à 68° (64° Thöl) et bouillant à 219°,5. Le chlorure ferrique ne le colore pas.

Le *sel sodique*, $C^6H^3(CH^3)^2ONa$, cristallise dans une dissolution de soude caustique en lamelles volumineuses, peu solubles dans un excès d'alcali.

Métaxénol symétrique tribromé. — Il cristallise dans l'alcool en fines aiguilles enchevêtrées, fusibles à 162°,5 (166° Nölting).

Nitrométaxénol,

$$C^6H^2(CH^3)_{(1)}(CH^3)_{(3)}(AzO^2)(OH)$$

[Pfaff, *Deutsch. chem. Gesellsch.*, 1883, p. 616 et 1135]. — En soumettant à la nitration le métaxylène, on obtient un dérivé dinitré qui, traité par le sulfure d'ammonium, se transforme en nitroxylidine. Cette dernière peut être transformée en nitroxénol par les méthodes usuelles.

Le nitroxénol ainsi obtenu forme des cristaux jaunes, fusibles à 95°. Il se dissout en jaune dans la soude caustique.

Sel de potassium,

$$C^6H^2(CH^3)^2(AzO^2)(OK) + 2H^2O.$$

— On sature le nitroxénol par la quantité théorique de potasse caustique et on purifie par cristallisation dans l'alcool. Le nitroxénate de potassium est soluble en rouge dans l'eau et dans l'alcool.

Éther méthylique, $C^6H^2(CH^3)^2(AzO^2)(OCH^3)$. — Il cristallise en aiguilles de plusieurs centimètres de longueur, fusibles à 56-57°. Il est soluble dans l'eau à chaud, peu soluble à froid, soluble dans l'alcool et dans l'éther.

Amidoxénol, $C^6H^2(CH^3)^2(AzH^2)(OH)$. — En réduisant le nitroxénol par l'étain et l'acide chlorhydrique, on parvient aisément à isoler le chlorhydrate d'amidoxénol sous la forme de lamelles solubles dans l'eau, dans l'alcool et dans l'éther, et stables à l'air. Le carbonate de potassium met l'amidoxénol en liberté. Par extraction à l'éther, on obtient des lamelles brillantes, inaltérables à l'état pur et fusibles à 161°.

DÉRIVÉS DU PARAXYLÈNE.

D'après MM. Nölting, Witt et Forel [*Deutsch. chem. Gesellsch.*, 1885, p. 2664], le paraxénol s'obtient par les méthodes usuelles, en partant de la paraxylidine sous la forme de longues aiguilles fusibles à 74°,5 et bouillant à 200°.

L'acide carbonique et le sodium transforment le paraxénol en un acide oxyxylique, fusible à 137°, qui est coloré en violet par les sels ferriques [Oliveri, *Gazz. chim. ital.*, 1882, p. 166].

Éther éthylique,

$$C^6H^3(CH^3)^2_{(1.4)}(OC^2H^5)_{(2)}.$$

— Liquide bouillant à 205°.

Bromoxénol [Adam, *Bull. Soc. chim.*, t. XLI, p. 288]. — On ajoute rapidement 30 grammes de brome à du paraxénol chauffé à 160° et on distille dans un courant de vapeur d'eau. Le bromoparaxénol cristallise en aiguilles fusibles à 74°, insolubles dans l'eau, très solubles dans l'alcool. Une ébullition prolongée avec une grande quantité d'eau lui enlève de l'acide bromhydrique.

Nitrosoparaxénol,

$$C^6H^2(CH^3)_{(1)}(CH^3)_{(4)}(OH)_{(2)}(AzO)_{(5)}^2.$$

— A une dissolution de 15 grammes de paraxénol et de 60 grammes de nitrite de sodium dans la soude caustique, on ajoute de l'acide acétique. On laisse refroidir, on filtre, on exprime et on purifie le produit par des cristallisations répétées dans l'alcool très faible. On obtient le nitrosoparaxénol sous forme d'aiguilles rougeâtres, fusibles à 160-165° en se décomposant (Oliveri).

α-nitroparaxénol. — On l'obtient en chauffant au bain-marie une dissolution alcaline du corps précédent avec du ferricyanure de potassium; on précipite par un acide et on purifie par cristallisation dans l'alcool faible et dans l'eau bouillante. L'α-nitroparaxénol forme des aiguilles très fines, presque incolores, solubles dans l'eau bouillante, très peu solubles à froid; il fond à 115°.

β-nitroparaxénol. — En nitrant le paraxénol en dissolution acétique par l'acide nitrique fumant, on obtient une huile jaunâtre, bouillant à 236° avec décomposition partielle, constituée par le β-nitroparaxénol.

Le *sel potassique* forme des croûtes brunes, très solubles dans l'eau; par addition de chlorure de baryum à la dissolution, on obtient des lamelles pourprées, solubles dans l'eau bouillante.

γ-nitroparaxénol. — On ajoute à froid la quantité théorique d'acide nitrique à l'acide paraxénolsulfonique en dissolution aqueuse. Il se dépose au bout de peu de temps des lamelles d'un jaune serin qu'on purifie par distillation dans un courant de vapeur d'eau. Ce corps est peu soluble dans l'eau et fond à 89°.

Sel potassique,

$$C^6H^2(CH^3)(CH^3)(AzO^2)(OK) + H^2O.$$

— Longues aiguilles orangées, faisant explosion à 260°.

Sel barytique,

$$[C^6H^2(CH^3)(CH^3)(AzO^2)(O)]^2Ba + H^2O.$$

— Lamelles d'un jaune-serin.

Nitroparaéthylxénol,

$$C^6H^2(CH^3)(CH^3)(AzO^2)(OC^2H^5)$$

[Nölting, Witt et Forel, *Deutsch. chem. Gesellsch.*, 1885, p. 2668]. — On dissout la paraxylidine dans un excès d'acide sulfurique et on ajoute la quantité calculée d'acide nitrique; on obtient ainsi une nitroxylidine qui, traitée par le nitrite d'éthyle, fournit l'éther éthylique du nitroparaxénol, fusible à 85°. G. de Bechi.

XÉNYLÈNE-DIAMINES. — On a préparé un certain nombre des isomères prévus par la théorie. La plupart de ces corps s'obtiennent par réduction des amido-azoxylènes. Ils n'ont été ni décrits, ni isolés à l'état de pureté [Nietzki, *Deutsch. chem. Gesellsch.*, 1880, p. 470; — Nölting, Witt et Forel, *ibid.* 1881, p. 2664 et 2681].

Nous mentionnerons d'abord les bases dont les principales propriétés sont connues, puis les diamines non isolées à l'état pur.

DÉRIVÉS DE L'ORTHOXYLÈNE.

Orthoxénylène-paradiamine,

$$C^6H^2(CH^3)_{(1)}(CH^3)_{(2)}(AzH^2)_{(3)}AzH^2)_{(6)}.$$

— Obtenue par réduction de l'amido-azo-orthoxylène; soumise à l'oxydation, elle se transforme en xyloquinone fusible à 55°.

DÉRIVÉS DU MÉTAXYLÈNE.

Xénylène-diamine,

$$C^6H^2(CH^3)_{(1)}(CH^3)_{(3)}(AzH^2)_{(4)}(AzH^2)_{(6)}.$$

— On réduit la nitroxylidine fusible à 123° par le chlorure stanneux; on élimine l'étain par l'hydrogène sulfuré et on décompose le chlorhydrate par le bicarbonate de soude. On épuise par l'éther, on dessèche par le chlorure de calcium et on évapore. La diamine reste sous la forme de cristaux fusibles à 104°. Elle présente les propriétés d'une métadiamine, donne avec l'acide nitreux du brun Bismarck, avec la diazobenzine une chrysoïdine, etc.

Xénylène-diamine,

$$C^6H^2(CH^3)_{(1)}(CH^3)_{(3)}(AzH^2)_{(4)}(AzH^2)_{(2)}.$$

— On l'obtient par réduction de la nitroxylidine fusible à 78°. On l'isole en précipitant la dissolution dans l'éther par l'acide chlorhydrique gazeux et en distillant le chlorhydrate avec du carbonate de sodium. On obtient une huile qui se solidifie rapidement et qu'on purifie par cristallisation dans l'éther du pétrole. Elle ne se colore pas à la lumière et fond à 64°. Ses propriétés sont celles d'une métadiamine.

Xénylène-diamine.

$$C^6H^2(CH^3)_{(1)}(CH^3)_{(3)}(AzH^2)_{(2)}(AzH^2)_{(5)}.$$

— Obtenue par réduction d'un amidoazoxylène ; n'a pas été décrite. Fournit de la métaxyloquinone fond à 7[illegible]° par oxydation.

Xénylène-diamine,

$$C^6H^2(CH^3)_{(1)}(CH^3)_{(3)}(AzH^2)_{(4)}(AzH^2)_{(5)}.$$

— Ce corps a déjà été décrit, t. III, p. 731. Il se forme encore en réduisant l'amido-azoxylène dérivant de l'α-métaxylidine. Il fond à 77° (74° Hofmann). Cette diamine appartient à la série ortho.

DÉRIVÉS DU PARAXYLÈNE.

Paraxénylène-paradiamine,

$$C^6H^2(CH^3)_{(1)}(CH^3)_{(4)}(AzH^2)_{(2)}(AzH^2)_{(5)}.$$

— En nitrant l'acétoparaxylidine, on obtient une nitroxylidine fusible à 142°, ayant pour formule

$$C^6H^2(CH^3)_{(1)}(CH^3)_{(4)}(AzH^2)_{(2)}(AzO^2)_{(5)};$$

cette nitroxylidine fournit par réduction la diamine en question. On l'obtient également par réduction de l'amido-azoparamétaxylène,

$$\begin{array}{l} Az_{(4)}C^6H^3(CH^3)_{(1)}(CH^3)_{(3)} \\ \| \\ Az_{(5)}C^6H^2(CH^3)_{(1)}(CH^3)_{(4)}(AzH^2)_{(2)}. \end{array}$$

La paraxénylène-paradiamine forme des aiguilles fusibles à 140,5-147°, peu solubles dans l'eau à froid, plus solubles à chaud et dans l'alcool, moins solubles dans la benzine et dans l'éther. Le *chlorhydrate* cristallise en lamelles.

Par oxydation, elle fournit de la xyloquinone fusible à 125°.

G. de Bechi.

XÉRONIQUE (ACIDE). — En oxydant l'acide xéronique par le mélange chromique, M. W. Roser a obtenu de l'acide propionique; si l'on rapproche ce fait de la facile transformation en anhydride de l'acide xéronique et de ses analogies avec l'acide diméthylfumarique, on pourra en conclure avec l'auteur que l'acide xéronique est vraisemblablement identique avec l'acide diéthylfumarique,

$$\begin{array}{l} CH^3\text{-}CH^2\text{-}C\text{-}CO \\ \qquad\qquad\ \ \| \\ CH^3\text{-}CH^2\text{-}C\text{-}CO \end{array} \!\!\!\!\! \begin{array}{l}\diagdown \\ \diagup\end{array} O$$

Anhydride xéronique.

[Roser, *Deutsch. chem. Gesellsch.*, 1882, p. 1321 et 2012].

XYLÈNES. — Le xylène brut renferme des quantités considérables de paraxylène à côté d'orthoxylène. Toutefois le métaxylène domine de beaucoup dans le mélange. Lewinstein a proposé une méthode d'analyse des xylènes commerciaux qui n'est pas de nature à donner des résultats bien exacts [*Deutsch. chem. Gesellsch.*, 1884, p. 444 ; — Reuter, *ibid.*, 1884, p. 2028]. Cette méthode consiste à attaquer le xylène par de l'acide nitrique étendu (40 centimètres cubes AzO^3H $d = 1,4$ et 60 centimètres cubes d'eau) ; le métaxylène seul reste inattaqué. Or les proportions indiquées par Lewinstein suffisent d'après Reuter pour attaquer le métaxylène et le transformer en acide métatoluique.

Pour doser le paraxylène, on attaque à froid l'hydrocarbure par l'acide sulfurique concentré ; le paraxylène seul devrait rester inattaqué. Or il paraît démontré que le dérivé para est attaqué dans une proportion considérable, quoique moins complètement que les isomères ortho et méta. Nous ne reproduisons donc pas le tableau de la composition de quelques xylènes anglais, donné par Lewinstein dans son mémoire; les résultats indiqués nous paraissent être sujets à caution.

Tout récemment, MM. Friedel et Crafts [*Compt. rend.*, t. CI] ont donné une méthode élégante pouvant s'appliquer à l'analyse des xylènes.

Cette méthode repose sur la transformation des xylènes en dérivés bromés et sur l'oxydation de ces derniers par le brome en présence de l'eau.

On ajoute le mélange des hydrocarbures à environ dix fois son poids de brome, additionné de 1 °/₀ d'iode et on abandonne le tout pendant 10 heures à la température ordinaire ; on enlève l'excès de brome avec une dissolution de potasse, on dessèche le produit bromé et on le lave avec de l'éther de pétrole, employé par portions successives, jusqu'à ce que le produit extrait présente un point de fusion plus élevé que 240°. Cette opération n'est effectuée qu'autant qu'on soupçonne dans l'hydrocarbure à analyser la présence d'éthylbenzine $C^6H^5.C^2H^5$; ce dernier corps fournit en effet un dérivé dibromé qui se dissout dans 11 p. d'éther de pétrole à 20°. En revanche, les trois xylènes sont transformés nettement en dérivés tétrabromés beaucoup moins solubles. Il faut environ 200 p. d'éther de pétrole pour dissoudre 1 p. de xylène tétrabromé.

Pour déterminer la quantité relative de chacun des isomères contenus dans le mélange, on pèse environ 2 grammes des xylènes tétrabromés, on les enferme dans un tube scellé avec 20 grammes de brome et 20 centimètres cubes d'eau, puis on chauffe les tubes maintenus dans une position horizontale, pendant 5 heures, dans un bain de vapeur de pseudocumène bouillant à 167°. L'oxydation a lieu suivant l'équation

$$C^6Br^4(CH^3)^2 + 6Br^2 + 4H^2O$$
$$= C^6Br^4(CO^2H)^2 + 12HBr.$$

Les auteurs, en dosant par le procédé de Volhard l'acide bromhydrique formé, ont établi l'exactitude de l'équation précédente.

L'acide orthophtalique formé remplit le tube de petites paillettes; l'acide para se dépose en aiguilles et l'acide métaphtalique reste complètement dissous dans l'eau acide chargée de brome. Seule cette méthode d'oxydation agit également sur les trois xylènes.

Les acides phtaliques tétrabromés sont des corps solubles, séparables les uns des autres par précipitation.

A cet effet, on dessèche à 100° le produit de l'oxydation et on le pèse. L'acide orthophtalique tétrabromé se trouve déjà en grande partie à l'état d'anhydride après l'oxydation en tubes scellés, et il est complètement transformé en anhydride lorsqu'on le chauffe pendant 2 ou 3 heures à 160°. Ainsi on dessèche les acides formés en les chauffant à 160° et on épuise par des traitements à l'eau bouillante. La plus grande partie de l'anhydride reste insoluble. On pèse cette partie et on la dissout dans l'ammoniaque afin de tenir compte d'une très petite quantité (0,5 à 1 °/₀) d'hydrocarbures bromés, probablement $C^6Br^4H^2$, qui résultent de la destruction des trois acides tétrabromés.

L'acide métaphtalique tétrabromé se dissout très facilement, et l'acide *para* est soluble dans 50 p. d'eau bouillante. On ajoute à la dissolution dans l'eau un petit excès d'une dissolution de nitrate d'argent et l'on évapore sur un bain-marie.

Les sels d'argent des acides ortho et paraphtalique tétrabromés (surtout l'ortho) sont presque insolubles dans une dissolution bouillante renfermant par litre de 3 à 4 grammes de nitrate d'argent et 4 grammes d'acide nitrique à 1,4 de densité.

L'acide métaphtalique tétrabromé est beaucoup plus soluble dans la dissolution faible et acide de nitrate d'argent; mais la séparation n'est pas absolument nette. On continue l'action du dissolvant jusqu'au point où quelques gouttes du liquide filtré évaporées se dissolvent dans l'eau froide en laissant très peu de résidu. Quatre ou cinq traitements à l'ébullition suffisent. Les acides ainsi séparés sont isolés et pesés en traitant séparément le sel d'argent insoluble et les eaux de lavage par un excès d'acide chlorhydrique, en lavant le chlorure d'argent jusqu'à épuisement avec l'acide acétique cristallisable bouillant et en évaporant complètement à 100° les dissolutions. On obtient d'un côté l'acide métaphtalique tétrabromé, de l'autre côté l'acide para mélangé à un peu d'acide orthophtalique tétrabromé. Les derniers acides peuvent être facilement séparés grâce à l'insolubilité du sel de baryte de l'acide ortho dans un mélange de 1 p. d'eau et de 3 p. d'alcool. On évapore à siccité sur le bain-marie les sels de baryte des acides et on les traite par la dissolution alcoolique à l'ébullition jusqu'à ce que le liquide filtré ne laisse que des traces de résidu solide après évaporation. Les sels de baryte des acides para et métaphtalique tétrabromés sont presque insolubles dans l'alcool pur, mais ils se dissolvent très facilement dans l'alcool étendu de 25 °/。 d'eau (*Communication inédite*).

Nous décrirons successivement les dérivés des trois hydrocarbures étudiés depuis la publication de l'article XYLÈNE du Dictionnaire.

DÉRIVÉS DE L'ORTHOXYLÈNE.

PRODUITS SUBSTITUÉS DANS LE NOYAU.

Modes de formation. — On peut obtenir l'orthoxylène en faisant agir le chlorure de méthyle sur le toluène en présence du chlorure d'aluminium. A côté de l'orthoxylène on obtient une petite quantité de méta et de paraxylène [Jacobsen, *Deutsch. chem. Gesellsch.*, 1881, p. 2626].

En distillant de la cantharidine avec un excès de pentasulfure de phosphore, on obtient de l'orthoxylène [Piccard, *Deutsch. chem. Gesellsch.*, 1879, p. 580].

Propriétés et réactions. — Le chlorure d'aluminium transforme le xylène par action régressive en toluène et en benzine; on observe quelquefois la formation de triméthylbenzines (mésitylène, pseudocumène), due à une espèce de migration du groupe méthyle dans la molécule [Friedel et Crafts, *Compt. rend.*, t. C, p. 100 et 692; — Jacobsen, *Deutsch. chem. Gesellsch.*, 1881, p. 2626; 1885, p. 338; — Anschütz et Immendorff, *ibid.*, 1884, p. 2816, et 1885, p. 657].

Par méthylation de l'orthoxylène, on obtient exclusivement du pseudocumène (Jacobsen).

L'hypoazotide réagit à froid sur le xylène pour fournir un mélange complexe, dans lequel on a pu déceler de l'acide oxalique, de l'acide paratoluique, de l'acide phtalique et de l'orthonitroxylène [Leeds, *Deutsch., chem., Gesellsch.*, 1881, p. 482].

ORTHOXYLÈNES CHLORÉS. — En traitant l'orthoxylène à froid par le chlore en présence d'iode, on obtient, d'après MM. Claus et Kautz [*Deutsch. chem. Gesellsch.*, 1885, p. 1367], un seul dérivé chloré dans le noyau, qui est liquide et bout à 205°. D'après M. Krüger [*Deutsch. chem. Gesellsch.*, 1885, p. 1755], l'orthoxylène fournit au contraire dans ces circonstances deux xylènes monochlorés isomériques. Voici comment cet auteur prescrit d'opérer: On fait passer à travers de l'orthoxylène refroidi à 0° et additionné de 5 °/。 d'iode un courant de chlore jusqu'à absorption d'un atome de chlore pour une molécule d'hydrocarbure. On expose le liquide à la lumière solaire directe et on traite par la soude alcoolique pour détruire les produits d'addition. L'hydrocarbure chloré ainsi obtenu est transformé en dérivé sulfoné et ce dernier converti en sel barytique. Il se forme deux sels de baryum en proportions à peu près égales; un de ces isomères est peu soluble dans l'eau chaude; l'autre se dépose par le refroidissement des dissolutions. Ces sels sont ensuite transformés en sels de sodium, que l'on décompose enfin par l'acide chlorhydrique à 180°.

Chloroxylène, $C^6H^3(CH^3)_{(1)}(CH^3)_{(2)}(Cl)_{(3)}$. — Ce corps correspond au sel de baryum peu soluble dans l'eau chaude. Il est liquide, ne se solidifie pas à — 20° et bout à 189°,5.

Chloroxylène, $C^6H^3(CH^3)_{(1)}(CH^3)_{(2)}(Cl)_{(4)}$. — Il est liquide, ne se solidifie pas à — 20° et bout à 191°,5; densité à 15° = 1,0792. Le sel de baryum du dérivé sulfoné correspondant est plus soluble à chaud qu'à froid.

Dichloroxylène, $C^6H^2(CH^3)_{(1)}(CH^3)_{(2)}Cl^2$ [Claus et Kautz, *loc. cit*]. — L'orthoxylène, traité à froid par le chlore en présence d'iode, fournit un mélange de mono, de di, de tri et de tétrachloroxylènes. Le produit brut est débarrassé des corps chlorés dans la chaîne latérale par ébullition avec de la potasse alcoolique et distillé dans un courant de vapeur d'eau; on recueille successivement le xylène inattaqué, le monochloro, le di et le trichlorxylène; quant au dérivé tétrachloré, il n'est pas entraîné par la vapeur d'eau. Le dichloroxylène est un liquide incolore, inodore, réfringent; il se solidifie en cristaux fusibles à 3° et bouillant à 227°.

Trichloroxylène, $C^6H(CH^3)_{(1)}(CH^3)_{(2)}Cl^3$. — Ce corps cristallise dans l'éther en longues aiguilles fusibles à 93°, bouillant à 265°. Il est peu soluble dans l'alcool froid, soluble dans la benzine, le chloroforme, l'acide acétique et très soluble dans l'éther. Il se sublime facilement en belles aiguilles.

Tétrachloroxylène, $C^6(CH^3)^2Cl^4$. — Il cristallise dans l'éther en magnifiques aiguilles brillantes, fusibles à 215° et se sublimant sans décomposition.

Action des oxydants sur les orthoxylènes chlorés. — L'acide nitrique étendu transforme aisément les xylènes mono, di et trichlorés en acides phtaliques correspondants; il est sans action sur le tétrachloroxylène. L'acide chromique détruit les xylènes chlorés. Le permanganate potassique n'agit sur le trichloroxylène ni en solution acide, ni en solution alcaline.

ORTHOXYLÈNES BROMÉS. — M. J. Schramm a étudié l'influence de la lumière sur la bromuration de l'orthoxylène et de ses isomères [*Deutsch. chem. Gesellsch.*, 1885, p. 1276]. Dans l'obscurité, le brome agit sur le xylène en donnant du monobromo- et du dibromo-xylène; à la lumière diffuse, il se forme en outre une petite quantité de bromure de tolyle et de dibromure de tolylène. La lumière solaire directe provoque une bromuration rapide; il se forme des corps bromés dans la chaîne latérale. Le méta et le paraxylène donnent lieu aux mêmes réactions.

Orthoxylène monobromé, $C^6H^3(CH^3)^2{}_{(1,2)}Br_{(4)}$ [Jacobsen, *Deutsch. chem. Gesellsch.*, 1884, p. 2372]. — C'est le seul dérivé bromé connu de l'orthoxylène qui se forme exclusivement en faisant agir la quantité théorique de brome sur l'orthoxylène à froid et en présence d'iode. On l'obtient à l'état de pureté en le traitant à une douce chaleur par l'acide sulfurique légèrement fumant et en décomposant ensuite par l'acide chlorhydrique à 200° le sel sodique du dérivé sulfoné ainsi formé.

L'orthoxylène monobromé se solidifie à une basse température et fond à — 0,2°. Densité à 15° = 1,3693. Il bout à 214°,5 (corr.) sous la pression de 760 millimètres.

Orthoxylènes dibromés. — On traite le dérivé monobromé par la quantité théorique de brome en présence d'iode. On obtient simultanément deux dérivés dibromés, l'un liquide, l'autre solide, qu'on sépare par cristallisation.

Le dibromoxylène solide, $C^6H^2(CH^3)^2_{(1,2)}Br^2_{(4,5)}$, cristallise dans l'alcool en lamelles rhombiques, fusibles à 88°, peu solubles à froid dans l'alcool, solubles à chaud dans l'alcool et dans l'acide acétique. Il bout à 278°. L'iodure de méthyle et le sodium le transforment en durol.

L'orthoxylène dibromé liquide,

$$C^6H^2(CH^3)^2_{(1,2)}Br^2_{(3,4)} \text{ ?}$$

bout à 277° et fond à 6,8°; densité à 15° = 1,7842. Il n'a pas été possible de remplacer entièrement le brome par le méthyle.

Orthoxylène tribromé. — Ce corps a été obtenu à l'état impur par l'action du brome sur une dissolution acétique d'orthoxylène dibromé solide, en présence d'iode. Il cristallise en petites aiguilles, fusibles à 50-60°.

Tétrabromoxylène, $C^6Br^4(CH^3)^2$. — Obtenu par l'action du brome à froid sur l'orthoxylène, il cristallise en longues aiguilles, fusibles à 262°.

M. Blümlein a également préparé l'orthoxylène tétrabromé en opérant en présence de bromure d'aluminium. Ses indications, sauf le point de fusion, concordent avec celles de M. Jacobsen [*Deutsch. chem. Gesellsch.*, 1884, p. 2493]. Voici comment il prescrit d'opérer : On dissout 1 gramme d'aluminium dans 100 grammes de brome sec et on ajoute à 0° et goutte à goutte 10 grammes d'orthoxylène. Il se manifeste une violente réaction. Lorsqu'elle s'est calmée, on évapore l'excès de brome à l'air, on fait bouillir le résidu avec de l'acide chlorhydrique pour dissoudre le sel d'aluminium et on purifie par cristallisation dans la benzine. On obtient des aiguilles soyeuses, incolores, fusibles à 254-255°, presque insolubles dans l'alcool, solubles dans la benzine et dans le xylène à chaud. Le tétrabromoxylène bout à 374-375°.

ORTHOXYLÈNES IODÉS. — On n'a pas encore préparé de dérivé de l'orthoxylène renfermant l'iode dans le noyau benzénique.

ORTHOXYLÈNES NITRÉS. — En nitrant l'orthoxylène par un mélange d'acide nitrique à 41° Baumé et d'acide sulfurique, on obtient un mélange de deux dérivés nitrés, l'un *liquide* ayant pour formule $C^6H^3(CH^3)_{(1)}(CH^3)_{(2)}(AzO^2)_{(3)}$, l'autre *solide*, qui renferme le groupe azotyle en position para relativement à un groupe méthyle.

Avec un mélange de 100 p. d'acide nitrique et 200 p. d'acide sulfurique pour 100 p. d'orthoxylène, on obtient environ 2/3 du dérivé nitré liquide et 1/3 du dérivé nitré solide. Si l'on opère avec de l'acide nitrique fumant seul, on obtient surtout du nitroxylène solide. Ces faits sont de tout point analogues à ceux qu'on observe dans la nitration du toluène [Nölting et Forel, *Deutsch. chem. Gesellsch.*, 1885, p. 2668]. De ces deux nitroxylènes, le solide seul a été décrit [Jacobsen, *Deutsch. chem. Gesellsch.*, 1884, p. 159].

Nitroxylène,

$$C^6H^3(CH^3)_{(1)}(CH^3)_{(2)}(AzO^2)_{(4)}.$$

— On ajoute peu à peu de l'orthoxylène à 8-10 p. d'acide nitrique fumant refroidi. On verse dans l'eau, on épuise par l'éther et on traite la dissolution éthérée par l'ammoniaque qui se colore en jaune; on évapore l'éther et on distille le résidu dans un courant de vapeur d'eau.

Le nitroxylène cristallise en aiguilles, fusibles à 29° et bouillant à 258° en subissant un commencement de décomposition.

Sous la pression réduite de 580 millimètres, il bout à 248° sans décomposition aucune.

Orthoxylène bromonitré,

$$C^6H(CH^3)_{(1)}(CH^3)_{(2)}(Br)_{(4)}(Br)_{(5)}(AzO^2)_{(3)}$$

[Thöl, *Deutsch. chem. Gesellsch.*, 1885, p. 2560].

— On ajoute à froid le dibromorthoxylène à de l'acide nitrique fumant : le dérivé mononitré cristallise dans l'alcool en aiguilles incolores, fusibles à 141°.

Orthoxylène dibromodinitré,

$$C^6(CH^3)_{(1)}(CH^3)_{(2)}(Br)_{(4)}(Br)_{(5)}(AzO^2)_{(3)}(AzO^2)_{(6)}.$$

— Se forme en petite quantité dans la préparation du corps précédent. Il cristallise en petites aiguilles fusibles à 250°.

DÉRIVÉS SULFONÉS.

Acide chloro-orthoxylène-sulfonique,

$$C^6H^2(CH^3)^2_{(1,2)}(Cl)_{(3)}(SO^3H)_{(6)}.$$

— On obtient ce corps en traitant par l'acide sulfurique le produit brut de l'action du chlore sur l'orthoxylène. — Le *sel barytique*, qui renferme 1 molécule d'eau de cristallisation, possède la même solubilité à froid qu'à chaud.

Sel sodique, $C^8H^8Cl.SO^3Na + H^2O$. — Lamelles nacrées assez volumineuses.

Sel potassique. — Anhydre, cristallise en lamelles.

Sulfamide, $C^8H^8Cl(SO^2.AzH^2)$. — Prismes fusibles à 199°, peu solubles dans l'eau bouillante, solubles dans l'alcool bouillant.

Acide chloro-orthoxylène-sulfonique,

$$C^6H^2(CH^3)^2_{(1,2)}(Cl)_{(4)}(SO^3H)_{(5)}.$$

— Son *sel de baryum*, beaucoup plus soluble à chaud qu'à froid, cristallise en longues aiguilles efflorescentes, qui renferment 4 molécules d'eau de cristallisation.

Sel sodique. — Aiguilles renfermant 5 H^2O.

Sel potassique. — Courtes aiguilles anhydres.

Sulfamide. — Longues aiguilles enchevêtrées, fusibles à 207°.

Les sels sodiques des acides chloro-orthoxylène-sulfoniques, réduits par l'amalgame de sodium, fournissent des dérivés sulfonés non chlorés,

$$C^6H^3(CH^3)^2_{(1,2)}(SO^3H)_{(3)}$$
$$\text{et } C^6H^3(CH^3)^2_{(1,2)}(SO^3H)_{(4)}.$$

La *sulfamide* 1.2.3 fond à 165°; le dérivé 1.2.4 à 144° [Krüger, *Deutsch. chem. Gesellsch.*, 1885, p. 1755].

Acide bromo-orthoxylène-sulfonique,

$$C^6H^2(CH^3)^2_{(1,2)}(Br)_{(4)}(SO^3H)_{(5)}.$$

— On chauffe le bromoxylène avec de l'acide sulfurique légèrement fumant. On ajoute de l'eau. L'acide libre, peu soluble, se précipite. Il constitue une masse cristalline renfermant de l'eau de cristallisation et très peu soluble dans l'acide sulfurique étendu.

Sel sodique, $C^8H^8Br(SO^3Na) + 1\frac{1}{2}H^2O$. — Peu soluble à froid, plus soluble à chaud. Cristallise en fines aiguilles très déliées.

Sel potassique, $C^8H^8Br(SO^3K) + H^2O$. — Prismes à éclat vitreux, peu solubles dans l'eau.

Sel barytique, $(C^8H^8Br.SO^3)^2Ba + 3H^2O$. — Longs prismes, peu solubles dans l'eau froide, solubles à chaud.

Sulfamide, $C^8H^8Br(SO^2.AzH^2)$. — Aiguilles soyeuses, peu solubles dans l'alcool chaud, fusibles à 213° [Jacobsen, *Deutsch. chem. Gesellsch.*, 1884, p. 2372].

AMIDO-AZOXYLÈNES. — On en connaît deux, qui ont été étudiés par MM. Nölting et Forel [*Deutsch. chem. Gesellsch.*, 1885, p. 2681],

Ortho-amido-azo-orthoxylène,

$$\begin{array}{l} Az_{(3)}.C^6H^3(CH^3)^2_{(1,2)} \\ \| \\ Az_{(5)}.C^6H^2(CH^3)^2_{(1,2)}(AzH^2)_{(4)}. \end{array}$$

— Obtenu par les méthodes usuelles en partant de l'orthoxylidine $C^6H^3(CH^3)^2_{(1,2)}(AzH^2)_{(4)}$, il cristallise dans l'alcool en lamelles fusibles à 179°. Le *chlorhydrate* se dissout en vert dans un mélange de phénol et d'alcool.

Paramido-azo-orthoxylène,

$$\begin{array}{l} Az_{(3)}.C^6H^3(CH^3)^2_{(1,2)} \\ \| \\ Az_{(6)}.C^6H^2(CH^3)^2_{(1,2)}(AzH^2)_{(3)}. \end{array}$$

— On le prépare en partant de l'orthoxylidine

$$C^6H^3(CH^3)_{(1)}(CH^3)_{(2)}(AzH^2)_{(3)}.$$

Il cristallise en lamelles fusibles à 110°,5. Le *chlorhydrate* se dissout en rouge dans un mélange de phénol et d'alcool.

DÉRIVÉS DE L'ORTHOXYLÈNE SUBSTITUÉS DANS LES CHAINES LATÉRALES.

DÉRIVÉS CHLORÉS. — *Chlorure d'orthotolylène*, $C^6H^4(CH^2Cl)^2$. — Il prend naissance lorsqu'on chauffe le glycol correspondant avec 20-25 p. d'acide chlorhydrique concentré. Il forme des cristaux solubles dans l'éther, fusibles à 54°,8 [Colson, *Bull. Soc. chim.*, t. XLIII, p. 6.]

Chlorure d'orthoxylényle, $C^6H^4(CHCl^2)^2$ [Hjelt, *Deutsch. chem. Gesellsch.*, 1885, p. 2879]. — On fait passer un courant de chlore sec dans de l'orthoxylène qu'on chauffe successivement à 140 et à 160-170° jusqu'à ce que l'augmentation de poids corresponde à 4 atomes de chlore pour 1 molécule de xylène. On distille; le dérivé tétrachloré cristallise par le refroidissement; on exprime le produit solide et on le purifie par cristallisation dans l'éther. On obtient ainsi des aiguilles qui atteignent 1 centimètre de longueur, fusibles à 89° et bouillant à 273-274°.

Ce corps, chauffé à 160-180° avec de l'eau, fournit de l'aldéhyde phtalique, qui se transforme ultérieurement en partie en phtalide.

DÉRIVÉS BROMÉS. — *Bromure d'orthotolyle*,

$$C^6H^4(CH^3)_{(1)}(CH^2Br)_{(2)}.$$

— On l'obtient en faisant agir le brome en vapeur sur l'orthoxylène bouillant. Il cristallise dans l'éther en lamelles fusibles à 21°, bouillant à 216-217°. Densité à 23° = 1,3811 [Radziszewski et Wispek, *Deutsch. chem. Gesellsch.*, 1882, p. 1743; 1885, p. 1279].

Bromure d'orthotolylène, $C^6H^4(CH^2Br)^2_{(1.2)}$. — On fait agir le brome à 140-190° sur l'orthoxylène, on laisse refroidir, on filtre, on lave à l'éther et on purifie par cristallisation dans l'alcool. On obtient des cristaux volumineux, fusibles à 94°,6 [Colson, *Compt. rend.*, t. XCVIII, p. 1543 et t. XCIX, p. 40].

Iodure d'orthotolylène, $C^6H^4(CH^2I)^2$ [Leser, *Deutsch. chem. Gesellsch.*, 1884, p. 1826]. — On fait bouillir le dibromure avec de l'alcool et de l'iodure de potassium. La transformation est toujours incomplète. On peut également préparer l'iodure de tolylène en faisant bouillir pendant une heure le glycol correspondant avec de l'acide iodhydrique fumant et du phosphore amorphe. On étend d'eau, on élimine l'excès d'iode par l'acide sulfureux, et on épuise par l'éther. L'iodure cristallise en prismes jaunâtres, fusibles à 109-110°.

Cyanure d'orthotolyle, $C^6H^4(CH^3)(CH^2.CAz)$. — Obtenu par l'action du cyanure de potassium sur le bromure; il est liquide et bout à 244°. Densité : 1,0156 à 22° (Radziszewsky et Wispek).

Cyanure d'orthotolylène, $C^6H^4(CH^2.CAz)^2$ [Baeyer et Pape, *Deutsch. chem. Gesellsch.*, 1884, p. 447]. — On dissout un léger excès de cyanure de potassium dans la moindre quantité d'eau possible, et on ajoute 2-3 p. d'alcool, puis peu à peu la quantité théorique de dibromure de tolylène pulvérisé. La réaction détermine un dégagement de chaleur qui va jusqu'à l'ébullition du liquide. On laisse reposer pendant quelques heures, on épuise par l'éther et on décolore la dissolution éthérée par le noir animal. Par cristallisation dans l'éther, on obtient le cyanure fusible à 59-60°. Soumis à l'ébullition avec de l'acide sulfurique étendu, ce corps se transforme en *acide orthophénylène-diacétique*,

$$C^6H^4(CH^2.CO^2H)^2,$$

fines aiguilles, fusibles à 150°.

Sulfure d'orthotolylène,

$$C^6H^4 <\begin{smallmatrix} CH^2 \\ CH^2 \end{smallmatrix}> S.$$

— On dissout le bromure de tolylène dans l'alcool et on chauffe dans un appareil à reflux avec du sulfure de potassium jusqu'à disparition de l'odeur du bromure. On entraîne les produits formés par un courant de vapeur d'eau, on épuise par l'éther le liquide distillé, on sèche sur le chlorure de calcium et on expose le produit dans le vide en présence de chaux sodée.

Le sulfure de tolylène se présente sous la forme d'une huile à odeur de mercaptan, se solidifiant à quelques degrés au-dessus de 0°. Ce corps est peu stable. Il se transforme rapidement en une résine noire [Leser, *Deutsch. chem. Gesellsch.*, 1884, p. 1824].

DÉRIVÉS ORGANO-MÉTALLIQUES.

On ne connaît jusqu'ici que le *mercure-xényle*,

$$Hg_{(4)} <\begin{smallmatrix} C^6H^3(CH^3)_{(1)}(CH^3)_{(2)} \\ C^6H^3(CH^3)_{(1)}(CH^3)_{(2)} \end{smallmatrix}$$

Il a été obtenu comme produit secondaire dans la préparation de l'acide xylique, en traitant le monobromo-orthoxylène par l'éther chloroxycarbonique et l'amalgame de sodium. Il cristallise en fines aiguilles, fusibles à 150°, solubles dans le chloroforme, le sulfure de carbone et la benzine, et qui peuvent être sublimées sans décomposition [Jacobsen, *Deutsch. chem. Gesellsch.*, 1884, p. 2372].

DÉRIVÉS DU MÉTAXYLÈNE.

Modes de formation. — 1° En faisant agir le chlorure de méthyle sur le toluène en présence de chlorure d'aluminium, on obtient principalement du métaxylène à côté de petites quantités des dérivés ortho et para [Ador et Rilliet, *Deutsch. chem. Gesellsch.*, 1878, p. 1627].

2° Le métabromotoluène, traité par l'iodure de méthyle et le sodium, ne donne pas de xylène. En revanche, le méta-iodotoluène fournit dans les mêmes conditions une certaine quantité de métaxylène. Toutefois la réaction est incomplète [Wroblewski, *Liebig's Ann. Chem.*, t. CXCII, p. 200].

3° En chauffant à 250° du toluène avec de l'iodure de méthyle en présence d'iode, il se forme du métaxylène à côté d'une petite quantité de paraxylène [Raymann et Preis, *Liebig's Ann. Chem.*, t. CCXXIII, p. 315].

4° En soumettant le pseudocumène à l'action du chlorure d'aluminium, on obtient principalement du métaxylène. Ce dernier se forme exclusivement si l'on part du mésitylène [Jacobsen, *Deutsch. chem. Gesellsch.*, 1885, p. 338].

Propriétés et réactions. — En méthylant le métaxylène par CH^3Cl en présence de chlorure d'aluminium, on obtient pour 4 p. de pseudocumène environ 1 p. de mésitylène (Jacobsen).

En chauffant à 250° du métaxylène avec de l'iodure de méthyle en présence d'iode, on obtient du mésitylène et du pseudocumène (Raymann et Preis).

Dixylène [Oliveri, *Gazz. chim. ital.*, 1882, p. 158]. — On obtient ce corps en chauffant au bain-marie 1 volume de xylène commercial avec 1 volume 1/2 d'acide sulfurique concentré. Le corps obtenu bout à 293-297° et paraît identique avec le corps obtenu par l'action du sodium sur le métaxylène bromé.

DÉRIVÉS SUBSTITUÉS DANS LE NOYAU.

DÉRIVÉS CHLORÉS. — *Monochlorométaxylène*,

$$C^6H^3(CH^3)^2{}_{(1,3)}(Cl)_{(4)}.$$

— En traitant le métaxylène additionné de 5 % d'iode par un courant de chlore à la température de 0°, on obtient le monochloroxylène sous la forme d'un liquide bouillant à 186°,5 sous la pression de 767 millimètres et ne se solidifiant pas à — 20°. Densité à 20° = 1,0598 [Jacobsen, *Deutsch. chem. Gesellsch.*, 1885, p. 1760].

DÉRIVÉS BROMÉS. — *Bromoxylène*,

$$C^6H^3(CH^3)^2{}_{(1,3)}(Br)_{(6)}.$$

— Liquide incolore, bouillant à 204°, ne se solidifiant pas à — 20°. Densité à 20° = 1,362. On l'obtient en partant de la bromoxylidine correspondante, $C^6H^2(CH^3)^2{}_{(1,3)}(AzH^2)_{(4)}(Br)_{(5)}$ [Wroblewski, *Liebig's Ann. Chem.*, t. CXCII, p. 215].

NITROXYLÈNES. — En traitant le métaxylène par 3 p. d'acide nitrique froid et fumant, on obtient le nitroxylène 1.3.6 [Harmsen, *Deutsch. chem. Gesellsch.*, 1880, p. 1558]. Ce même corps a été obtenu par M. Grevingk [*Deutsch. chem. Gesellsch.*, 1884, p. 2423], en faisant agir le nitrite d'éthyle sur la nitroxylidine fusible à 123° :

$$C^6H^3(CH^3)^2{}_{(1,3)}(AzH^2)_{(4)}(AzO^2)_{(6)}.$$

Il bout à 245°,5 (corr.) et sa densité à 15° est de 1,135.

Nitroxylène, $C^6H^3(CH^3)^2{}_{(1,3)}(AzO^2)_{(2)}$. — Liquide obtenu par l'action du nitrite d'éthyle sur la nitroxylidine; fusible à 78°; densité à 15° = 1,112. Bout à 225° sous la pression de 744 millimètres (Grevingk).

Dérivés dinitrés. — La nitration du métaxylène a été étudiée d'une manière approfondie par M. Grevingk. En traitant le xylène à une température de 3-6° par 7 p. d'acide sulfurique et 3 p. d'acide nitrique à 48° Baumé, on obtient 25 % de dinitrométaxylène, fusible à 82° et 75 % de dinitrométaxylène fusible à 93°. En augmentant la quantité d'acide sulfurique, on obtient une plus grande quantité de dérivé fusible à 82°, tandis que la proportion du dérivé fusible à 93° diminue. En diminuant, au contraire, la quantité d'acide sulfurique, la quantité du mononitroxylène formé augmente et la teneur en dérivé dinitré fusible à 82° diminue.

En nitrant à une température plus élevée, on obtient moins de dérivé dinitré fusible à 82°, tandis que la quantité de trinitroxylène augmente.

Dinitroxylène, $C^6H^2(CH^3)^2{}_{(1,3)}(AzO^2)^2{}_{(2,4)}$. — Il cristallise en lamelles fusibles à 82°. Soumis à une réduction ménagée, il se transforme en nitroxylidine fusible à 78°.

Dinitroxylène, $C^6H^2(CH^3)^2{}_{(1,3)}(AzO^2)^2{}_{(4,6)}$. — Lamelles fusibles à 93°, moins solubles dans l'alcool et dans l'acide acétique que le dérivé précédent. Les réducteurs le transforment en nitroxylidine fusible à 123°.

Ces deux dinitroxylènes, soumis à l'action ultérieure d'un mélange d'acides nitrique et sulfurique, fournissent le *trinitroxylène*, fusible à 176°, 1.3.2.4.6.

AMIDOXYLÈNES. — *Triamidométaxylène*,

$$C^6H(CH^3)^2{}_{(1,3)}(AzH^2)^3{}_{(2,4,6)}.$$

— On l'obtient en réduisant le trinitroxylène fusible à 176°. Il cristallise en belles aiguilles blanches, qui se décomposent sans fondre à 140-150° (Grevingk).

DÉRIVÉS SULFONÉS. — *Acide chloroxylène-sulfonique*, $C^6H^2(CH^3)^2{}_{(1,3)}(Cl)_{(4)}(SO^3H)_{(6)}$. — On l'obtient par l'action de l'acide sulfurique sur le métaxylène chloré.

Le *sel barytique* cristallise en lamelles rhombiques, anhydres, peu solubles dans l'eau froide. Le *sel sodique* renferme 1 molécule d'eau de cristallisation; sa dissolution saturée à chaud se prend par le refroidissement en un magma formé de fines aiguilles incolores.

La *sulfamide* cristallise dans l'alcool bouillant en prismes fusibles à 195°.

La *sulfamide* du dérivé non chloré

$$C^6H(CH^3)^2{}_{(1,3)}(SO^2.AzH^2)_{(6)}$$

fond à 138-139° [Jacobsen, *Deutsch. chem. Gesellsch.*, 1885, p. 1760].

Acide bromoxylène-sulfonique,

$$C^6H^2(CH^3)^2{}_{(1,3)}(Br)_{(4)}(SO^3H)_{(6)}.$$

— On peut préparer ce corps de deux manières différentes, soit en traitant le xylène monobromé $C^6H^3(CH^3)^2{}_{(1,3)}(Br)_{(4)}$, bouillant à 205-208°, par l'acide sulfurique fumant à froid, soit en ajoutant du brome à une dissolution étendue et froide du sel de baryum de l'acide métaxylène-sulfonique,

$$C^6H^3(CH^3)^2{}_{(1,3)}(SO^3H)_{(6)}.$$

Sel de baryum, $(C^8H^8Br.SO^3)^2Ba + H^2O$. — Ce sel est plus soluble que le dérivé non bromé.

Sel de sodium, $C^8H^8Br(SO^3Na) + H^2O$. — Aiguilles solubles dans l'eau.

Sel d'ammonium, $C^8H^8Br(SO^3.AzH^4) + H^2O$. — Longues aiguilles soyeuses, solubles dans l'eau.

Sel de zinc, $(C^8H^8Br.SO^3)^2Zn + 9H^2O$. — Beaux prismes rhombiques.

Sel de calcium, $(C^8H^8Br.SO^3)^2Ca + 7H^2O$. — Lamelles solubles dans l'eau.

Chlorure sulfonique, $C^8H^8Br.SO^2Cl$. — Cristallise en magnifiques prismes, fusibles à 61°, insolubles dans l'eau, peu solubles dans l'alcool.

Sulfamide, $C^8H^8Br(SO^2.AzH^2)$. — Cristallise en prismes rhombiques, fusibles à 194°, insolubles dans l'eau froide, solubles dans l'éther [Weinberg, *Deutsch. chem. Gesellsch.*, 1878, p. 1062].

Acide dibromoxylène-sulfonique,

$$C^6H(CH^3)^2{}_{(1,3)}Br^2{}_{(4,6)}(SO^3H)_{(2)}.$$

— Lorsqu'on chauffe à 70-80° du métaxylène dibromé fusible à 72° avec de l'acide sulfurique fumant, tout entre en dissolution. On ajoute de l'eau ; l'acide sulfoné formé ne tarde pas à se déposer sous la forme de lamelles douées d'un éclat argentin, solubles à chaud et fusibles à 165° en se décomposant.

Sel de baryum, $(C^8H^7Br^2.SO^3)^2Ba$. — Très peu soluble dans l'eau.

Sel de sodium, $C^8H^7Br^2.SO^3Na + 2H^2O$. — Lamelles nacrées solubles à chaud, très peu solubles dans l'eau froide.

Chlorure sulfonique. — Lamelles rhombiques, fusibles à 107°.

Sulfamide, $C^8H^7Br^2(SO^2.AzH^2)$. — Est insoluble dans l'alcool absolu, fusible à 220° et se décompose à 230°.

L'acide dibromoxylène-sulfonique perd son brome sous l'influence de l'amalgame de sodium et se transforme en acide β-*métaxylène-sulfonique* $C^6H(CH^3)_{(1)}(CH^3)_{(3)}(SO^3H)_{(2)}$; l'amide correspondante fond à 95° [Jacobsen et Weinberg, *Deutsch. chem. Gesellsch.*, 1878, p. 1534].

Acide nitroxylène-sulfonique,

$$C^6H^2(CH^3)^2_{(1,3)}(AzO^2)_{(6)}(SO^3H)_{(4)}.$$

— On chauffe à 70° du nitroxylène avec de l'acide sulfurique fumant jusqu'à disparition du nitroxylène. L'acide libre, peu soluble dans l'acide nitrique étendu, cristallise en longues aiguilles incolores, fusibles à 122°.

Sel de calcium $(C^8H^8Az.SO^3)^2Ca + 6H^2O$. — Prismes légèrement jaunâtres, se dissolvant à 18° dans 16 p. d'eau.

Sel de magnésium,

$$(C^8H^8Az.SO^3)^2Mg + 9H^2O.$$

— Tables octogones, peu solubles dans l'eau.

Sel de sodium, $C^8H^8Az.SO^3Na + H^2O$. — Aiguilles brillantes.

On obtient le même acide nitroxylène-sulfonique en nitrant l'acide xylène-sulfonique,

$$C^6H^3(CH^3)_{(1)}(CH^3)_{(3)}(SO^3H)_{(4)}$$

[Harmsen, *Deutsch. chem. Gesellsch.*, 1880, p. 1558].

DÉRIVÉS AZOÏQUES. — *Azoxylène*,

$$\begin{matrix} Az_{(4)}.C^6H^3(CH^3)^2_{(1,3)} \\ \| \\ Az_{(4)}.C^6H^3(CH^3)^2_{(1,3)} \end{matrix}$$

[Schultz, *Deutsch. chem. Gesellech.*, 1884, p. 476]. — On peut obtenir ce corps en réduisant par le zinc en poudre et la potasse alcoolique le nitrométaxylène; mais il est plus avantageux d'oxyder par une dissolution alcaline de ferricyanure de potassium l'α-métaxylidine. L'azoxylène cristallise dans l'alcool bouillant en aiguilles d'un rouge brique, fusibles à 126°.

Ortho-amido-azométaxylène,

$$\begin{matrix} Az_{(4)}.C^6H^3(CH^3)^2_{(1,3)} \\ \| \\ Az_{(5)}.C^6H^2(CH^3)^2_{(1,3)}(AzH^2)_{(4)} \end{matrix}$$

[Nölting et Forel, *Deutsch. chem. Gesellsch.*, 1885, p. 2681]. — On ajoute à un mélange de 121 grammes de métaxylidine 1.3.4 et de 157 grammes de son chlorhydrate, 69 grammes de nitrite de sodium en dissolution concentrée et en refroidissant. On épuise par l'éther, on évapore le dissolvant et on ajoute 120 grammes de xylidine et 10-15 grammes de chlorhydrate de xylidine. On chauffe à 50° jusqu'à cessation du dégagement d'azote, ce qui indique que le dérivé diazo-amidé s'est transformé en dérivé amido-azoïque; on fait bouillir avec de l'acide chlorhydrique étendu, on lave à l'alcool et à l'éther, on décompose par l'ammoniaque le chlorhydrate du dérivé amido-azoïque obtenu et on soumet la base à une cristallisation dans l'alcool ou dans la benzine. On redissout dans l'alcool, on précipite à l'état de chlorhydrate par l'acide chlorhydrique gazeux, on décompose ce sel par l'ammoniaque et on purifie l'amido-azoxylène par cristallisation.

On obtient ainsi de belles lamelles orangées, fusibles à 78°, insolubles dans l'eau, solubles dans la benzine et dans l'acool chaud, peu solubles dans l'alcool froid. — Le *chlorhydrate* se dissout en vert dans l'alcool.

Paramido-azométaxylène (I),

$$\begin{matrix} Az_{(2)}.C^6H^3(CH^3)^2_{(1,3)} \\ \| \\ Az_{(5)}.C^6H^2(CH^3)^2_{(1,3)}(AzH^2)_{(2)}. \end{matrix}$$

Se prépare comme le corps précédent en remplaçant l'α-métaxylidine par la xylidine,

$$C^6H^3(CH^3)_{(1)}(CH^3)_{(3)}(AzH^2)_{(2)}.$$

Il cristallise en lamelles jaunes, fusibles à 77,5°. Le *chlorhydrate* se dissout en rouge dans l'alcool.

Paramido-azométaxylène (II),

$$\begin{matrix} Az_{(5)}.C^6H^3(CH^3)^2_{(1,3)} \\ \| \\ Az_{(2)}.C^6H^2(CH^3)^2_{(1,3)}(AzH^2)_{(5)}, \end{matrix}$$

— Obtenu au moyen de la xylidine symétrique,

$$C^6H^3(CH^3)_{(1)}(CH^3)_{(3)}(AzH^2)_{(5)},$$

il cristallise en lamelles fusibles à 95°. Son *chlorhydrate* se dissout en rouge dans l'alcool.

Acide azoxylène-disulfonique,

$$\begin{matrix} Az_{(4)}.C^6H^2(CH^3)^2_{(1,3)}(SO^3H)_{(6)} \\ \| \\ Az_{(4)}.C^6H^2(CH^3)^2_{(1,3)}(SO^3H)_{(6)} \end{matrix}$$

[Jacobsen et Ledderboge, *Deutsch. chem. Gesellsch.*, 1883, p. 193].

L'acide α-métaxylidine-sulfonique est traité à chaud par une dissolution de permanganate de potassium ; par le refroidissement, le sel potassique du dérivé azoïque formé se sépare sous la forme de lamelles rhombiques jaunes renfermant 4 molécules d'eau.

En additionnant la liqueur d'un grand excès d'acide chlorhydrique, on obtient un précipité ressemblant à de l'or mussif constitué par un sel acide, $(C^8H^8AzSO^3)^2KH + 4H^2O$, peu soluble dans les acides étendus, plus soluble dans l'eau que le sel neutre.

L'acide libre est une masse cristalline orangée, peu soluble dans les acides minéraux étendus, soluble dans l'eau.

Sel barytique, — Fines aiguilles.

Sel de strontium. — Lamelles rhombiques.

Sel calcique. — Lamelles hexagonales, peu solubles.

Sel de magnésium. — Insoluble dans l'eau.

Sel de manganèse. — Précipité grenu, cristallin.

Sel d'argent. — Longues aiguilles jaunes.

Sel de plomb. — Prismes.

Sel de cuivre. — Lamelles.

Sel de fer. — Précipité jaune.

DÉRIVÉS PHOSPHORÉS. — Le chlorure phosphoreux agit sur le métaxylène en présence de chlorure d'aluminium et fournit le chlorure de phosphoxylène bouillant à 270°.

L'acide *xylylphosphoreux* correspondant,

$$C^6H^3(CH^3)(CH^3)(PO^2H^2),$$

cristallise en aiguilles fusibles à 97-98°. L'acide *xylylphosphinique* cristallise en aiguilles enchevêtrées, fusibles à 187° [Michaelis et Panet, *Liebig's Ann. Chem.*, t. CCXII, p. 203].

DÉRIVÉS DU MÉTAXYLÈNE SUBSTITUÉS DANS LES CHAINES LATÉRALES.

Bromure de métatolyle,

$$C^6H^4(CH^3)_{(1)}(CH^2Br)_{(3)}.$$

— On l'obtient en faisant agir le brome sur le métaxylène bouillant. C'est un liquide incolore, qui bout à 212-215°.

Dibromure de métatolylène, $C^6H^4(CH^2Br)^2$. — Ce corps cristallise dans la ligroïne en aiguilles fusibles à 77°,1. Densité à 0° = 1,734; à 90° = 1,61.

DÉRIVÉS DU PARAXYLÈNE.

Modes de formation et préparation. — D'après M. Pawlewski [*Deutsch. chem. Gesellsch.*, 1885, p. 1915], le pétrole de Galicie renferme une grande quantité de paraxylène qu'on peut déceler en faisant agir le brome à la lumière diffuse pendant quelques semaines sur le pétrole léger. 800 centimètres cubes de pétrole bouillant à 125-145° ont fourni ainsi 15-20 grammes de dibromure de paratolylène.

Pour obtenir rapidement, au moyen du xylène de goudron de houille, une grande quantité de paraxylène pur, on agite pendant une demi-heure 100 centimètres cubes de xylène brut avec 120 centimètres cubes d'acide sulfurique. On entraîne l'hydrocarbure inattaqué, constitué par un mélange de paraxylène et de paraffine, par un courant de vapeur d'eau. Le produit passant en premier lieu est du paraxylène presque pur. Refroidi au-dessous de 0°, il se solidifie; on essore les cristaux et on rectifie. Ce qui passe au-dessous de 138° est du paraxylène pur [Lewinstein, *Deutsch. chem. Gesellsch.*, 1884, p. 445]. Ce procédé ne donne qu'une petite quantité du paraxylène contenu dans l'hydrocarbure brut, car une grande partie se dissout dans l'acide sulfurique [Nölting, Forel et Witt, *Deutsch. chem. Gesellsch.*, 1885, p. 2668].

Propriétés. — Elbs et Larsen [*Deutsch. chem. Gesellsch.*, 1884, p. 2847] ont étudié l'action du chlorure de benzoyle sur le paraxylène en présence de chlorure d'aluminium. Ils ont obtenu ainsi la *paraxylylphénylacétone*,

$$C^6H^5.CO.C^6H^3.CH^3.CH^3.$$

Hexahydroparaxylène [Schiff, *Deutsch. chem. Gesellsch.*, 1880, p. 1407]. — En chauffant à 150-160° le camphre bromé avec du chlorure de zinc, ce qui se fait avec un dégagement d'acide bromhydrique, on obtient un mélange d'un phénol et d'un hydrocarbure qu'on sépare par un traitement à la soude caustique. L'hydrocarbure insoluble est liquide; il bout à 137°,6 et est constitué par de l'*hexahydroxylène*. Densité à 4° = 0,7956. Ce corps, traité par un mélange d'acide nitrique et d'acide sulfurique, fournit le trinitroparaxylène fusible à 127°.

PRODUITS DE SUBSTITUTION DANS LE NOYAU.

DÉRIVÉS CHLORÉS. — *Dichloroparaxylène*,

$$C^6H^2(CH^3)_{(1)}(CH^3)_{(4)}(Cl)_{(2)}(Cl)_{(5)}.$$

On l'obtient en faisant agir le chlorure cuivreux sur le diazoxylène chloré dérivant de la chloroparaxylidine fusible à 92°.

Il cristallise en lamelles ou en aiguilles aplaties, fusibles à 71°, solubles à chaud dans l'alcool, peu solubles à froid; il bout à 221° (corr). On obtient le même corps en chlorant le monochloroparaxylène fusible à 2° et bouillant à 186°, préparé par l'action du chlore en présence d'iode sur le paraxylène [Kluge, *Deutsch. chem. Gesellsch.*, 1885, p. 2098].

DÉRIVÉS BROMÉS. — *Monobromoparaxylène*,

$$C^6H^3(CH^3)_{(1)}(CH^3)_{(4)}(Br)_{(2)}$$

[Jacobsen, *Deutsch. chem. Gesellsch.*, 1884, p. 2378; 1885, p. 356]. — Préparé par l'action directe du brome sur le paraxylène, il forme des cristaux fusibles à 8°,8-9° et bouillant à 205°,5 (755 millimètres). Il présente la propriété de rester très longtemps en surfusion, même lorsqu'on l'expose à une très basse température.

Dibromoparaxylène,

$$C^6H^2(CH^3)_{(1)}(CH^3)_{(4)}(Br)_{(3)}(Br)_{(6)}.$$

Cristaux fusibles à 75°,5 bouillant à 261° [Jacobsen, Jannasch]. — Il se forme à côté de ce corps, un isomère liquide, bouillant à 260-264°, qui se solidifie dans un mélange réfrigérant.

Le *tribromoparaxylène* n'a pu être obtenu à l'état de pureté. On obtient toujours par bromuration un mélange de di- et de tétra- bromoxylène.

Tétrabromoxylène. — Cristaux fusibles à 253° et bouillant presque sans décomposition à 355°.

DÉRIVÉS NITRÉS. — En nitrant le paraxylène on n'obtient qu'un seul dérivé mononitré qui bout à 238°,5-239° sous la pression de 739 millimètres. Densité à 15° = 1,132 [Nölting et Forel].

Dinitroparaxylène [Lellmann, *Liebig's Ann. Chem.*, t. CCXXVIII, p. 250]. — On ajoute peu à peu 25 grammes de paraxylène à 150 grammes d'acide nitrique fumant (D = 1,51). Au bout de quelques jours, il se sépare des cristaux d'où on peut isoler par l'alcool et l'éther et par une séparation mécanique du γ-*dinitroparaxylène* fusible à 147-148°; il se présente en aiguilles jaunes, peu solubles à froid dans l'alcool et dans l'éther, plus solubles à chaud. Le rendement n'est que de 2 °/o du poids du xylène employé. Il se forme en même temps les *dinitroxylènes* fusibles à 93° et à 124°. Le dérivé fusible à 93° renferme les deux groupes azotyle en ortho; sa formule est donc

$$C^6H^2(CH^3)_{(1)}(CH^3)_{(4)}(AzO^2)_{(2)}(AzO^2)_{(3)};$$

le corps fusible à 124° appartient à la série méta,

$$C^6H^2(CH^3)_{(1)}(CH^3)_{(4)}(AzO^2)_{(2)}(AzO^2)_{(6)};$$

enfin le dérivé fusible à 147-148° a pour formule

$$C^6H^2(CH^3)_{(1)}(CH^3)_{(4)}(AzO^2)_{(2)}(AzO^2)_{(5)}.$$

Chloronitroparaxylène,

$$C^6(AzO^2)^2{}_{(3,6)}(CH^3)^2{}_{(1,4)}Cl^2{}_{(2,5)}.$$

— On l'obtient en traitant par un mélange d'acides nitrique et sulfurique le dichloroparaxylène,

$$C^6H(CH^3)_{(1)}(CH^3)_{(4)}(Cl)_{(2)}(Cl)_{(5)}.$$

Ce corps est peu soluble dans l'alcool. Il cristallise en aiguilles fusibles à 225° [Kluge, *loc. cit.*].

DÉRIVÉS SULFONÉS. — *Acide monochloroparaxylène-sulfonique*,

$$C^6H^2(CH^3)_{(1)}(CH^3)_{(4)}(Cl)(SO^3H).$$

— On l'obtient en traitant par l'acide sulfurique le chloroxylène. Son *sel barytique* cristallise en fines aiguilles, renfermant 1 molécule d'eau. Le *sel de sodium* renferme également 1 molécule d'eau (Kluge).

Acide monobromoparaxylène-sulfonique. — On agite à une température modérée du monobromoxylène avec de l'acide sulfurique légèrement fumant. On ajoute de l'eau et on purifie par cristallisation. L'acide obtenu se présente en lamelles nacrées.

Sel de sodium,

$$C^6H(CH^3)_{(1)}(CH^3)_{(4)}(Br)_{(2)}(SO^3Na) + H^2O.$$

— Cristallise en prismes ou en lamelles.

Sel de baryum. — Ce corps cristallise en lamelles ou en prismes anhydres, peu solubles dans l'eau.

Amide. — Prismes fusibles à 206°, solubles à chaud dans l'alcool.

DÉRIVÉS AZOÏQUES. — *Paramido-azoxylène,*

$$\begin{array}{l} Az_{(4)}.C^6H^3(CH^3)^2_{(1,4)} \\ \| \\ Az_{(5)}.C^6H^2(CH^3)^2_{(1,4)}(AzH^2)_{(2)} \end{array}$$

[Nietzki, *Deutsch. chem. Gesellsch.*, 1880, p. 472; Nölting et Forel, *ibid.*, 1885, p. 2681]. — On additionne un mélange de 26 grammes de chlorhydrate d'α-métaxylidine et de 20 grammes de paraxylidine de 50 centimètres cubes d'une dissolution de nitrite de sodium renfermant 227 grammes de ce sel par litre. Il se forme un dérivé diazoamidé, fusible à 47°, qui, chauffé avec 20 grammes de paraxylidine et 4 grammes de chlorhydrate, subit la transposition moléculaire habituelle et fournit le dérivé amidoazoïque mentionné plus haut. Ce corps cristallise en lamelles rouges, fusibles à 110-111°. Son *chlorhydrate* se dissout en rouge dans l'alcool.

Para-amido-azoxylène,

$$\begin{array}{l} Az_{(5)}.C^6H^3(CH^3)^2_{(1,4)} \\ \| \\ Az_{(3)}.C^6H^2(CH^3)^2_{(1,4)}(AzH^2)_{(6)}. \end{array}$$

—On l'obtient en partant de la paraxylidine pure. Il cristallise en lamelles rouges, fusibles à 150°.

PRODUITS SUBSTITUÉS DANS LES CHAINES LATÉRALES.

Bromure de paratolyle, $C^6H^4(CH^3)(CH^2Br)$ [Radziszewski et Wispek, *Deutsch. chem. Gesellsch.*, 1882, p. 1743; *ibid.*, 1885, p. 1279]. — En faisant agir la vapeur de brome sur le paraxylène bouillant, on obtient le bromure de paratolyle sous la forme de cristaux incolores, fusibles à 35°,5 et bouillant à 218-228°. Soumis à l'ébullition avec la potasse alcoolique, ce corps se transforme en *éther éthoxyparatolique,*

$$C^6H^4(CH^3)(CH^2.OC^2H^5)$$

liquide incolore, bouillant à 203° (740 millimètres) et ayant à 17° une densité de 0,9304.

Cyanure de paratolyle, $C^6H^4(CH^3)(CH^2.CAz)$. — Obtenu au moyen du cyanure de potassium et du bromure correspondant, il est liquide au-dessus de 18° et bout à 242-243°. Densité à 22° = 0,9922; par saponification, il fournit l'*acide paracrésylacétique,* $C^6H^4(CH^3)(CH^2.CO^2H)$, fusible à 89°.

Bromure de paratolylène. — Aiguilles fusibles à 143°,5, bouillant vers 24-25°.

DÉRIVÉS ORGANO-MÉTALLIQUES. — On connaît le *mercure-diparaxényle,* $(C^8H^9)^2Hg$, qui est un produit secondaire de la préparation de l'acide isoxylique. Il cristallise en prismes fusibles à 123°, solubles dans le chloroforme et dans la benzine, plus solubles dans l'alcool et dans l'éther. Par distillation sèche, il se transforme en diparaxényle, fusible à 125° [Jacobsen, *Deutsch. chem. Gesellsch.*, 1881, p. 2110]. G. de Bechi.

XYLIDINES. — Les six amidoxylènes que permet de prévoir la théorie sont aujourd'hui connus. Ceux dérivés du métaxylène et du paraxylène ont déjà été décrits d'une façon plus ou moins complète, mais ceux qui dérivent de l'orthoxylène n'ont été préparés que tout récemment et depuis que ce carbure est isolé industriellement du xylène du goudron de houille et livré par le commerce dans un état de pureté suffisante.

On trouve dans la xylidine commerciale cinq des xylidines isomériques : celles dérivées de l'orthoxylène, deux de celles dérivées du métaxylène, et enfin celle dérivée du paraxylène. Quant à la sixième, la xylidine symétrique dérivée du métaxylène, on n'a pu y constater sa présence. Et en effet, ainsi que nous le verrons plus loin, le dérivé nitré correspondant à cette xylidine ne se forme pas par la nitration directe du métaxylène même en présence d'acide sulfurique.

M. Hofmann a déjà décrit autrefois un procédé qui lui a permis de séparer des queues d'anilines au moins deux xylidines isomériques. Mais ce n'est que depuis que l'on dispose de grandes quantités de xylidine commerciale, grâce à l'emploi qu'elle a trouvé dans l'industrie des matières colorantes artificielles que l'on a pu effectuer la séparation des isomères d'une façon à peu près complète.

M. Luizet, chimiste à l'usine Poirrier, en opérant sur plus de 150 kilogrammes de xylidine commerciale, et en mettant à profit d'une manière judicieuse la différence de solubilité des sulfates, chlorhydrates ou nitrates des diverses xylidines, est arrivé, il y a plus de deux ans, à isoler dans un état de pureté remarquable les cinq isomères dont nous avons parlé plus haut. Il a également reconnu dans le mélange la présence d'une amidoéthylbenzine (*Exp. inéd.*). La séparation des diverses xylidines effectuées de cette matière est excessivement longue et pénible, à cause du grand nombre de cristallisations qu'il faut faire subir aux différents sels, et ne présente d'ailleurs aucun intérêt industriel. Néanmoins ce procédé permettrait de préparer d'une façon économique les diverses xylidines dans un état de pureté suffisante.

On aurait du reste aussi par là une bonne source de matière première pour une purification ultérieure, car la transformation en acétoxylides permet d'arriver rapidement avec ces produits à des xylidines d'une pureté absolue.

On a également préparé toutes les xylidines, soit en nitrant séparément, au besoin en présence d'acide sulfurique, les xylènes isomériques, soit en enlevant par la méthode de Griess le groupe AzH^2 d'une nitroxylidine donnée et réduisant ensuite les dérivés nitrés ainsi obtenus.

Nous mentionnerons encore la calcination avec de la chaux des sels calciques des acides amidocarboxyliques dérivés des triméthylbenzines et la transposition moléculaire à une haute température de la diméthylaniline.

Tout récemment, MM. Nölting et Forel [*Bull. Soc. ind. de Mulhouse*, 1885] ont terminé une remarquable étude sur les xylidines isomériques, au cours de laquelle ils se sont surtout attachés à avoir des produits aussi purs que possible.

Dans ce travail d'ensemble, long et minutieux, ils ont soumis à une révision complète les données des chimistes qui avaient abordé le même sujet avant eux, et n'ont pas peu contribué à jeter quelque lumière sur l'histoire passablement obscure de cette classe de corps. On trouvera plus loin, sous forme de tableau, les principaux résultats de leurs expériences.

Aux points de fusion et d'ébullition des dérivés acétylés et hydroxylés qui servent à caractériser les xylidines isomériques, ces chimistes ont ajouté ceux des dérivés amido-azoïques, qu'ils ont préparés à l'état de pureté parfaite. Ces points de fusion sont plus distants les uns des autres et plus caractéristiques que ceux des dérivés acétylés. Vu leur importance, nous entrerons dans quelques détails sur la préparation de ces corps.

Chacune des six xylidines ne donne qu'un dérivé amido-azoïque.

L'un d'eux a été préparé il y a longtemps déjà par M. Nietzki [*Deutsch. chem. Gesellsch.*, 1880, p. 472] au moyen de la xylidine commerciale; mais MM. Nölting et Forel ont démontré depuis que ce dérivé est un corps amido-azoïque mixte formé par la soudure d'une molécule d'α-métaxylidine et d'une molécule de paraxylidine, ce qui n'a rien d'étonnant, la xylidine commerciale contenant toujours l'isomère dérivé du paraxylène. Il a pour formule de constitution

$$CH^3 \cdot C_6H_2(CH^3) \cdot Az{=}Az \cdot C_6H_2(CH^3)(CH^3) \cdot AzH^2$$

Tous les amido-azoxylènes se préparent de la même manière. Voici comment il convient d'opérer pour avoir de bons rendements :

Dans un vase à précipité, maintenu à une température voisine de 0°, on mélange 1 molécule de xylidine et 1 molécule de chlorhydrate de xylidine; on y laisse ensuite couler lentement 1 molécule de nitrite de sodium en solution concentrée (225 à 230 grammes par litre) en agitant. On continue à remuer encore quelque temps après que tout le nitrite a été introduit. Le produit de la réaction a une consistance molle et ne pourrait être filtré sans danger d'explosion ou de brusque transposition moléculaire. On l'extrait à l'éther, et, après avoir évaporé *rapidement*, on ajoute au résidu 1 molécule de xylidine et environ 1/10 de molécule de chlorhydrate de xylidine, puis on chauffe au bain-marie à 50°. La transposition dure quelques heures et est terminée lorsqu'une prise d'essai, chauffée avec un acide, ne donne plus de dégagement d'azote. On a alors un mélange d'amido-azoxylène et de xylidine, que l'on peut séparer en les transformant en chlorhydrates. A cet effet, on fait bouillir avec un excès d'acide chlorhydrique étendu, et par refroidissement le chlorhydrate d'amido-azoxylène qui est peu soluble se dépose presque intégralement, tandis que celui de xylidine reste en solution. On lave à l'eau et ensuite à l'alcool et à l'éther. Enfin on met la base en liberté par l'addition d'ammoniaque et on la purifie par cristallisation dans la benzine et l'alcool, ou encore dans la ligroïne.

On peut aussi, comme l'on fait MM. Witt et Nölting, distiller à la vapeur d'eau le produit brut après l'avoir additionné d'alcali, et reprendre par l'alcool ou la benzine le résidu solide de cette distillation. On purifie ensuite l'amido-azoxylène en le précipitant par l'acide chlorhydrique gazeux, et on fait cristalliser comme précédemment la base mise en liberté par l'ammoniaque.

Ce procédé donne un rendement supérieur et est plus rapide, mais le produit est plus difficile à purifier et à débarrasser des matières goudronneuses qui se forment pendant la distillation.

XYLIDINES DÉRIVÉES DE L'ORTHOXYLÈNE.

Il ne peut exister que les deux isomères

α : $C_6H_3(CH^3)(CH^3)(AzH^2)$ — CH³, CH³, H²Az ; β : $C_6H_3(CH^3)(CH^3)(AzH^2)$ — CH³, CH³, AzH²

que nous désignerons par les noms d'orthoxylidine α et d'orthoxylidine β, en réservant la lettre α pour celle qui a été décrite la première.

α-ORTHOXYLIDINE. — M. Wroblewsky [*Liebig's Ann. Chem.*, t. CCVII, p. 91], en soumettant à l'action de l'acide acétique cristallisable une xylidine préparée avec un xylène débarrassé de l'isomère para par la méthode de Fittig [*Ibid.*, t. CXLIV, p. 277], avait remarqué qu'une partie de l'amine n'était pas transformable en dérivé acétylé. Cette portion, isolée par des traitements appropriés, a été décrite par lui comme un dérivé de l'orthoxylène et il en a été préparé différents sels. Mais M. Jacobsen [*Deutsch. chem. Gesellsch.*, 1884, p. 159 et 1885, p. 3166] a fait voir depuis que cette xylidine ne présente aucun des caractères de l'orthoxylidine obtenue par nitration directe de l'orthoxylène pur; et ce résultat a été confirmé aussi par les derniers travaux de MM. Nölting et Forel, ainsi que nous le verrons plus loin.

Pour établir la constitution de l'orthoxylidine

$$CH^3_{(1)}CH^3_{(2)}AH^2_{(4)}$$

ou xylidine α, qu'il venait de découvrir, Jacobsen l'a transformée en xylénol et a trouvé ce dérivé identique avec celui qu'on obtient en fondant avec la potasse l'orthoxénylsulfite de potassium,

$$CH^3_{(1)}CH^3_{(2)}SO^3K_{(4)}.$$

L'oxydation du nitroxylène correspondant à cette xylidine et sa transformation en acide toluique l'avaient du reste conduit au même résultat. Voici la méthode indiquée par M. Jacobsen pour obtenir cette nouvelle xylidine :

L'orthoxylène est introduit peu à peu dans 8 à 10 fois son poids d'acide nitrique fumant refroidi. Après avoir précipité par l'eau et lavé le produit de la réaction, on extrait à l'éther et on traite la solution éthérée par le carbonate d'ammoniaque qui provoque la formation d'un composé jaune non encore étudié. L'extrait éthéré est lavé à l'eau après filtration, séché et distillé. Après élimination de l'éther, le nitroxylène passe sous la forme d'une huile qui se solidifie par le refroidissement. Purifié par cristallisation dans l'alcool, ce corps se présente en beaux prismes longs et cassants, d'un jaune clair, fusibles à 29°, et distillant avec une légère décomposition à 258° sous la pression ordinaire, mais sans altération à la pression réduite de 580 millimètres. En opérant ainsi, on n'a pu constater la formation du second dérivé nitré, qui a pour formule de constitution

$$CH^3_{(1)}CH^3_{(2)}AzO^2_{(3)}.$$

La xylidine correspondant au nitroxylène

$$CH^3_{(1)}CH^3_{(2)}AzO^2_{(4)}$$

se prépare facilement par réduction au moyen du fer et de l'acide acétique ou encore de l'étain et de l'acide chlorhydrique. Dans ce dernier cas, on n'observe pas la formation d'un dérivé chloré, comme cela a lieu lorsqu'on réduit le paranitroxylène ou bien le métanitrotoluène.

L'orthoxylidine α est peu soluble dans l'eau froide, mais sensiblement dans l'eau chaude, et très facilement dans l'alcool et dans l'éther. Elle se dissout aussi dans la ligroïne. Par refroidissement rapide de ses solutions, elle cristallise en tables transparentes, à éclat vitreux et en forme de losanges. Par refroidissement lent, ou par évaporation spontanée de sa solution dans la ligroïne, on l'obtient en gros prismes clinorhombiques. Point d'ébullition : 226°. Densité à 17°,5 : 1,0775. Point de fusion : 49°.

Sa solution aqueuse n'est pas colorée par l'hypochlorite de chaux et la solution aqueuse de ses sels colore fortement un copeau de bois de pin.

L'*acétoxylide* fond à 99°.

Le *chlorhydrate* cristallise avec 1 molécule d'eau.

L'*amido-azoxylène*,

$$C_6H_3(CH^3)(CH^3) \cdot Az{=}Az \cdot C_6H_2(CH^3)(CH^3)(AzH^2)$$

forme des paillettes jaunes, solubles dans l'alcool.

Par réduction au moyen de l'étain et de l'acide chlorhydrique, on obtient une orthodiamine, qui ne donne pas trace de quinone par oxydation et qui se colore en rouge par l'addition de chlorure ferrique.

Le *chlorhydrate* se dissout en vert dans le phénol, ce qui est un caractère distinctif pour les dérivés amido-azoïques renfermant les groupes $Az = Az$ et AzH^2 dans la position ortho.

β-ORTHOXYLIDINE. — Cette xylidine, qui a pour formule de constitution

$$CH^3_{(1)}CH^3_{(2)}AzH^2_{(3)},$$

a été découverte par MM. Nölting et Forel [*Chem. Zeit.*, juin 1884]. Voici comment il convient d'opérer pour sa préparation et sa purification. Dans 100 grammes d'orthoxylène maintenu à une température comprise entre 0° et 10° on laisse couler lentement, et en agitant bien, 100 grammes d'acide nitrique à 41° Baumé mélangé à 200 grammes d'acide sulfurique à 66° Baumé.

On reconnaît que la réaction est terminée lorsque, tout l'acide étant introduit, la température ne s'élève plus. On laisse alors reposer une heure ou deux, on décante la couche inférieure, et on lave la couche supérieure, qui est formée par le corps nitré, avec de l'eau d'abord, et ensuite avec de l'ammoniaque étendue. Après une distillation à la vapeur d'eau, on fractionne avec un appareil à colonne de Le Bel et Henninger, et on recueille environ 90 % passant au-dessus de 225° (la plus grande partie de 245 à 247°, température non corrigée).

En soumettant au froid les portions de nitroxylène passant au-dessus de 250°, on obtient en abondance un produit solide fusible à 29-30° et qui est identique avec le nitroxylène de M. Jacobsen.

Il faut encore remarquer qu'en opérant la nitration avec de l'acide nitrique seul, ainsi que l'a fait M. Jacobsen, on obtient toujours, mais en très petite quantité, l'isomère nitré liquide. En employant au contraire le mélange nitrosulfurique, il s'en forme environ deux tiers.

La réduction du nitroxylène doit s'opérer avec le fer ou le zinc et l'acide acétique, car avec l'étain et l'acide chlorhydrique il se forme des produits chlorés.

Pour purifier la xylidine, on la transforme en dérivé acétylé, que l'on fait cristalliser dans la benzine jusqu'à ce que le point de fusion reste fixe à 134°, et on saponifie ensuite au moyen de l'acide chlorhydrique.

La *xylidine* ainsi obtenue est liquide à la température ordinaire. Point d'ébullition : 223° (221-222° Fohl). Densité à 15° : 0,991. Le dérivé acétylé fond à 134° (131° Fohl).

Le *chlorhydrate* cristallise avec 1 molécule d'eau en aiguilles blanches facilement solubles dans l'eau et sublimables.

Le *sulfate* est peu soluble dans l'eau.

Le *nitrate* est, au contraire, très soluble; il cristallise en longues aiguilles anhydres.

L'*orthoxylénol* forme de belles aiguilles blanches, fusibles à 73° et facilement volatiles avec la vapeur d'eau ; il distille à 218°.

L'*orthoxyloquinone*

$$\begin{matrix}(1)\,CH^3\\(2)\,CH^3\end{matrix} > C^6H^2 < \begin{matrix}O\,(3)\\|\\O\,(5)\end{matrix}$$

obtenue par oxydation au moyen du bichromate et de l'acide sulfurique forme de magnifiques aiguilles jaunes, fusibles à 55°.

L'*hydroquinone* correspondante fond à 221° en se décomposant. Elle cristallise en croûtes.

L'*amido-azoxylène*

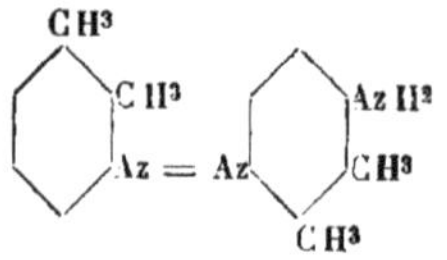

CH³ ; CH³ ; Az = Az ; AzH² ; CH³ ; CH³

se présente en paillettes jaunes brillantes (après plusieurs cristallisations dans l'alcool et dans la benzine).

Par réduction, il se scinde en orthoxylidine β et en paradiamido-orthoxylène.

Le *chlorhydrate* de ce dérivé amido-azoïque se dissout en rouge vif dans le phénol, caractère des composés qui ont les groupes $Az = Az$ et AzH^2 dans la position para.

La solution aqueuse de la β-orthoxylidine est colorée en violet clair par le perchlorure de fer et ne donne aucune coloration avec le chlorure de chaux. Enfin l'orthoxylidine β, chauffée avec de l'acide arsénique en présence d'aniline, ne donne pas de rosaniline.

La β-orthoxylidine a encore été préparée au moyen du dibromo-orthoxylène, qui a pour constitution

$$C^6H^2(CH^3)^2_{(1,2)}Br^2_{(4,5)}.$$

Ce corps est transformé en dérivé nitré, puis en dérivé amidé, et enfin traité par l'amalgame de sodium, qui lui enlève son brome [Fohl, *Deutsch. chem. Gesellsch.*, 1885, p. 2561].

La *dibromo-orthoxylidine*,

$$C^6H(CH^3)^2_{(1,2)}AzH^2_{(3)}Br^2_{(4,5)},$$

cristallise en belles aiguilles incolores, fusibles à 103°, très solubles dans l'alcool, dans l'éther et dans l'acide acétique cristallisable. Elle est entraînée à la distillation par la vapeur d'eau et ne forme point de sels avec les acides.

XYLIDINES DÉRIVÉES DU MÉTAXYLÈNE.

Les trois xylidines isomériques dérivées du métaxylène sont aujourd'hui bien caractérisées et ont pour formules de constitution :

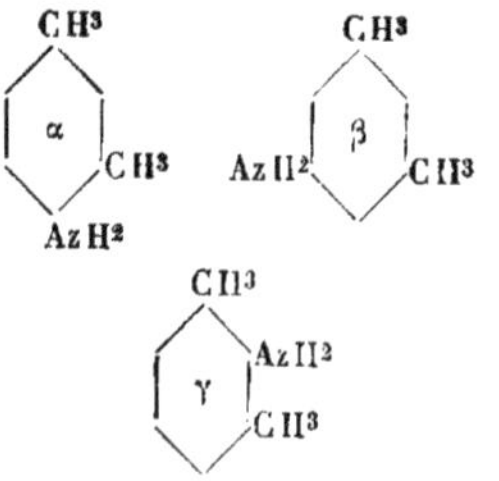

α : CH³ ; CH³ ; AzH²

β : CH³ ; AzH² ; CH³

γ : CH³ ; AzH² ; CH³

Nous les désignerons par les noms de α-, β- et γ-métaxylidines qui leur ont déjà été appliqués en suivant l'ordre de leur découverte.

α-MÉTAXYLIDINE. — C'est la plus anciennement connue. On peut la préparer facilement à l'état de pureté par nitration du métaxylène pur et réduction du dérivé nitré.

En effet, en employant pour la nitration l'acide nitrique *seul* sans acide sulfurique, on n'obtient qu'un nitroxylène, celui qui a pour formule de constitution

$$CH^3_{(1)}CH^3_{(3)}AzO^2_{(4)},$$

et qui correspond à l'α-métaxylidine.

Ce fait a été mis hors de doute par de nombreuses expériences [Harmsen, *Deutsch. chem. Gesellsch.*, 1880, p. 1558; — Jacobsen; — J. Remsen et Kuhara, *Amer. chem. Journ.*, t. III, p. 424].

Le xylène commercial peut facilement être débarrassé des isomères ortho et para qu'il renferme, en employant la méthode de Fittig [*Liebig's Ann. Chem.*, t. CXLIV, p. 277]. On obtient ainsi le métaxylène dans un état de pureté suffisant. On peut aussi retirer avec avantage l'α-métaxylidine de la xylidine commerciale, qui en renferme de 50 à 75 °/ₒ, en la transformant en chlorhydrate que l'on fait cristalliser deux ou trois fois. Cette méthode ne donne pas un produit absolument pur, mais elle est expéditive, surtout si l'on a besoin de grandes quantités d'α-métaxylidine.

Pour avoir une xylidine tout à fait pure, il faut transformer en acétoxylide la xylidine régénérée du chlorhydrate et faire cristalliser jusqu'à ce que le point de fusion ne change plus. On saponifie ensuite en chauffant avec de l'acide chlorhydrique (voyez t. III, p. 741).

L'α-métaxylidine a encore été obtenue par distillation avec de la chaux du sel calcique de l'acide amidomésitylénique,

$$C^6H^2.CH^3_{(1)}CH^3_{(3)}CO^2H_{(5)}AzH^2_{(4)}$$

[Schmitz, *Liebig's Ann. Chem.*, t. CLXLIII, p. 177].

Enfin, on l'a préparée par l'action de l'iodure de méthyle sur la bromoparatoluidine en présence de sodium [Ad. Claus, *Deutsch., chem. Gesellsch.*, 1882, p. 316]. La bromoparatoluidine employée est celle qu'on obtient par l'action directe du brome sur l'acétoparatoluide et saponification du dérivé bromacétylé. La réaction avec l'iodure de méthyle semble bien nette, et il ne paraît se former que peu de produits accessoires; cependant le rendement est très faible, car il se produit toujours de l'azotoluène dû à l'action du sodium sur la paratoluidine, et en même temps il se régénère de la paratoluidine, ce que l'on peut constater par le point de fusion du dérivé acétylé, 147-148°.

L'α-métaxylidine pure bout à 214°,7, l'acétoxylide fond à 128-129°.

L'α-métaxylidine se combine facilement avec le chlorure de benzoyle pour donner le composé

$$C^6H^3(CH^3)^2Az \lessgtr \begin{matrix} H \\ COC^6H^5 \end{matrix}$$

fusible à 192°. [Hubner, *Liebig's Ann. Chem.*, p. 208-319].

Sels d'α-métaxylidine.

Bromhydrate, belles lamelles bien développées.

Chlorhydrate, lamelles peu solubles contenant ½ H^2O.

Sulfate, cristaux cubiques renfermant 4 ½ H^2O.

Oxalate, petits prismes allongés.

Phtalylxylide, prismes brillants, fusibles à 157-158°, peu solubles dans l'alcool.

Acétoxylide, cristaux fusibles à 129-130° [Staedel et Hölz, *Deutsch. chem. Gesellsch.*, 1885, p. 2919].

Nitroxylidines. — Le groupe AzO^2 peut venir remplacer chacun des trois atomes d'hydrogène qui restent libres dans le noyau benzénique de l'α-métaxylidine, et former ainsi trois nitroxylidines isomériques, soit :

$$CH^3_{(1)}CH^3_{(3)}AzH^2_{(4)}AzO^2_{(5)},$$

$$CH^3_{(1)}CH^3_{(3)}AzH^2_{(4)}AzO^2_{(6)}$$

et

$$CH^3_{(1)}CH^3_{(3)}AzH^2_{(4)}AzO^2_{(2)}.$$

La première a déjà été décrite ; elle cristallise en longues aiguilles rouges, fusibles à 76°.

La seconde forme des paillettes jaunes, fusibles à 123°; c'est celle de MM. Fittig, Ahrens et Matheidès [*Liebig's Ann.*, t. CXLVII, p. 18].

Elle a été préparée depuis par MM. Nölting et Forel [*Deutsch. chem. Gesellsch.*, 1884, p. 265] en nitrant l'acétoxylide de l'α-métaxylidine en présence d'un grand excès d'acide sulfurique, ou encore en introduisant peu à peu du nitrate d'α-métaxylidine dans 10 fois son poids d'acide sulfurique.

En nitrant l'acétodérivé de l'α-métaxylidine avec de l'acide nitrique seul, on n'obtient que la nitroxylidine fusible à 76°.

Enfin la troisième nitroxylidine, qui vient d'être découverte par M. Grewingk [*Deutsch. chem. Gesellsch.*, 1884, p. 2422], se forme en petite quantité (10 à 12 °/ₒ) en même temps que l'isomère fusible à 123°, lorsque l'on nitre l'α-métaxylidine en solution dans 10 fois son poids d'acide sulfurique, par la quantité théorique d'acide nitrique et en ayant soin que la température ne dépasse pas 5°. Lorsque l'on fait recristalliser le produit de la réaction dans l'alcool, après l'avoir lavé avec de l'eau alcaline, l'isomère fusible à 123° se sépare d'abord, et la nouvelle nitroxylidine reste en solution.

Ce fait explique comment sa présence avait échappé à MM. Nölting et Forel.

La nitroxylidine

$$CH^3_{(1)}CH^3_{(3)}AzH^2_{(4)}AzO^2_{(2)},$$

recristallisée dans la ligroïne, se présente en aiguilles d'un jaune d'or, fusibles à 78°.

En enlevant à cette nitroxylidine le groupe AzH^2 par la méthode de Griess et réduisant ensuite le nitroxylène, on obtient la γ-métaxylidine.

Dérivés acétylés des nitroxylidines. — Celui de la nitroxylidine fusible à 123° cristallise en belles aiguilles blanches, fusibles à 159-160°; celui de la nouvelle nitroxylidine ressemble beaucoup au précédent, mais son point de fusion est 149°.

Ces deux dérivés ont été obtenus en chauffant les nitroxylidines correspondantes avec de l'anhydride acétique.

Dérivés diamidés et triamidés. — Par réduction complète au moyen de l'étain et de l'acide chlorhydrique, la nitroxylidine fusible à 123° donne la diamine correspondante, en cristaux blancs, sublimables, fusibles à 104°.

La diamine correspondante à la nitroxylidine, fusible à 78°, est également connue et a été obtenue en beaux cristaux blancs, fusibles à 64°, ne s'altérant pas en flacons bouchés même à la longue. La préparation présente cependant quelques difficultés [*Deutsch. chem. Gesellsch.*, 1884, p. 2427].

On obtient les deux mêmes diamines en réduisant complètement les deux dinitroxylènes dérivés du métaxylène,

$$CH^3_{(1)}CH^3_{(3)}AzO^2_{(4)}AzO^2_{(6)},$$

fusible à 93°, et

$$CH^3_{(1)}CH^3_{(3)}AzO^2_{(4)}AzO^2_{(2)},$$

fusible à 82°.

Par réduction au moyen du chlorure d'étain et de l'acide chlorhydrique du trinitroxylène,

$$CH^3_{(1)}CH^3_{(3)}AzO^2_{(4)}AzO^2_{(6)}AzO^2_{(2)},$$

qui dérive en même temps des deux dinitroxylènes dont il est question plus haut, on obtient une triamine sublimable en belles aiguilles blanches relativement assez stables et qui se décomposent au-dessus de 140° sans fondre.

On connaît un certain nombre de sels doubles métalliques formés par l'α-métaxylidine.

Ces combinaisons s'effectuent directement en solution alcoolique avec élévation de température, cristallisent facilement et sont décomposées par l'eau. Elles ont été spécialement étudiées par A.-R. Leeds [*Journ. Soc. chem. Amer.*, t. III, p. 134-151], qui a décrit les composés

$$(C^8H^{11}Az)^2Br^2Cd,\ (C^8H^{11}Az)^2I^2Cd,$$
$$(C^8H^{11}Az)^2HgCl^2,\ (C^8H^{11}Az)^2ZnBr^2,$$
$$(C^8H^{11}Az)^2ZnI^2.$$

Acide amidoxylène-sulfonique [Oscar Jocobsen et Ledderborge, *Deutsch. chem. Gesellsch.*, 1883, p. 193]. — On introduit peu à peu 1 volume de xylidine commerciale dans 1 volume 1/2 d'acide sulfurique fumant. Le liquide s'échauffe. On le maintient ensuite encore pendant 2 heures à 140-150°, et, après refroidissement, on en fait une bouillie avec de l'eau glacée et on exprime. L'acide brut ainsi obtenu est trituré avec la quantité convenable de carbonate de baryum et additionné ensuite d'eau chaude qui dissout le sel de baryum. La solution filtrée, décomposée par le sulfate de potassium, fournit le sel correspondant de l'acide amidoxylène-sulfonique, que l'on purifie par cristallisation. L'acide libre se précipite en poudre cristalline par l'addition d'un acide fort, et est obtenu en prismes plats rectangulaires par recristallisation dans l'eau chaude. Il ne contient pas d'eau de cristallisation et charbonne sans fondre lorsqu'on le chauffe. Il est soluble dans 362,2 parties d'eau à 0° et dans 136,3 à 100°. Cet acide a pour constitution

$$C^6H^3(CH^3)_{(1)}(CH^3)_{(3)}(AzH^2)_{(4)}(SO^3H)_{(6)}$$

et est identique avec celui qui prend naissance par réduction du sulfonitroxylène,

$$CH^3_{(1)}CH^3_{(3)}AzO^2_{(4)}SO^3H_{(6)}$$

et avec celui déjà décrit par M. Deumelandt (voyez t. III, p. 742). Dans les conditions où a opéré M. Jacobsen, il ne semble se former que cet isomère.

Sel de potassium, $C^8H^8.AzH^2.SO^4K + H^2O$. — Grandes tables rhombiques dures et transparentes, facilement solubles.

Sel de sodium, $C^8H^8.AzH^2.SO^3Na + H^2O$. — Assez semblable au précédent.

Sel de baryum, $(C^8H^8.AzH^2.SO^3)^2Ba + H^2O$. — Petits mamelons composés d'aiguilles microscopiques, très légères. D'après M. Limpricht [*Deutsch. chem. Gesellsch.*, 1885, p. 2172], ce sel contient $2H^2O$.

La solution du sel de potassium est oxydée immédiatement même à froid par le permanganate de potassium. Si l'on opère en solution chaude et suffisamment concentrée, il se dépose par refroidissement de petites paillettes rhombiques ou des hexagones allongés, d'un jaune rougeâtre, qui constituent l'azoxylène-disulfonate de potassium,

$$\begin{matrix}Az.C^8H^8.SO^3K\\ \|\\ Az.C^8H^8.SO^3K\end{matrix} + 4\ H^2O.$$

La solution de ce sel, additionnée d'acide sulfurique ou chlorhydrique en excès, laisse déposer un sel acide, $(C^8H^8.Az.SO^3)^2KH + 4H^2O$, cristallisant facilement en longues aiguilles aplaties. On a préparé les sels des métaux suivants : calcium, magnésium, argent, plomb, cuivre et fer. Quant à l'acide lui-même, il a été obtenu en décomposant le sel de baryum par l'acide sulfurique. Il cristallise dans l'eau en feuillets d'un jaune rougeâtre. Quand on essaye de le réduire par le chlorure stanneux, on n'obtient pas de dérivé hydrazoïque, mais l'acide amidoxylènesulfonique est regénéré.

Acide nitro-amidoxylène-sulfonique,

$$C^6H(AzO^2)(CH^3)^2_{(1,3)}(AzH^2)_{(4)}(SO^3H)_{(6)}.$$

— On dissout l'acide amidoxylène-sulfonique dans 10 p. d'acide sulfurique concentré, on refroidit à 0°, et on ajoute peu à peu 1 molécule d'acide nitrique en solution dans 4 p. d'acide sulfurique. On précipite ensuite par l'eau glacée et on fait recristalliser dans l'eau. On obtient ainsi des cristaux déliés, incolores, très peu solubles dans l'eau (0,0818 dans 100 p. d'eau), qu'ils colorent en jaune.

Le *sel de potassium* est très soluble dans l'eau, peu soluble dans l'alcool; il renferme 1 ½ H^2O.

Le *sel de plomb*,

$$(C^8H^7.AzO^2.AzH^2.SO^3)^2Pb + H^2O,$$

cristallise en aiguilles jaunes, soyeuses, très solubles dans l'eau.

Le *sel de baryum*,

$$(C^8H^7.AzO^2.AzH^2.SO^3)^2Ba + 1\tfrac{1}{2}\ H^2O,$$

forme des lames orthorhombiques d'un jaune de soufre, solubles dans l'eau, peu solubles dans l'alcool.

L'acide nitro-amidoxylène-sulfonique que l'on obtient en traitant par le sulfure d'ammonium l'acide dinitroxylène-sulfonique, semble identique avec le précédent [Limpricht, *Deutsch. chem. Gesellech.*, 1885, p. 2172].

Acide diamidoxylène-sulfonique [Sartig, *Liebig's Ann. Chem.*, t. CCXXX, p. 343]. — On l'obtient en réduisant l'acide précédent au moyen du chlorure stanneux. Il forme des prismes courts, d'un jaune chamois.

Le *chlorhydrate* est instable; il cristallise en prismes. On a préparé les sels de *potassium*, de *plomb* et de *baryum*.

Amidoxylénol [Franz Pfaff, *Deutsch. chem. Gesellsch.*, 1883, p. 616 et 1137]. — On dissout 8 grammes de la nitroxylidine

$$CH^3_{(1)}CH^3_{(3)}AzO^2_{(4)}AzH^2_{(6)},$$

fusible à 123°, dans 80 grammes d'acide sulfurique étendu, on ajoute la quantité d'eau nécessaire pour faire 1 litre, et l'on introduit par petites portions dans la solution, maintenue dans un mélange réfrigérant, la quantité théorique de nitrite de sodium. On chauffe ensuite pendant 3 heures au réfrigérant ascendant et on filtre chaud pour séparer de petites quantités de résine. Par refroidissement, il se sépare des cristaux jaunes de nitroxylénol, que l'on purifie en les faisant cristalliser dans l'acide chlorhydrique bouillant. En réduisant au moyen de l'étain et de l'acide chlorhydrique, on obtient le chlorhydrate d'amidoxylénol, en petits feuillets brillants, facilement solubles dans l'eau, l'alcool et l'éther. Pour isoler la base, on décompose une solution aqueuse étendue du chlorhydrate par la quantité calculée de carbonate de potassium et on extrait à l'éther.

Ce composé se présente en cristaux brillants, facilement solubles dans l'éther, fusibles à 161° et ne s'altérant pas à l'air.

Xylylglycocolle [Ehrlich, *Deutsch. chem. Gesellsch.*, 1883, p. 204]. — Si l'on mélange 2 molécules d'α-métaxylidine avec 1 molécule d'acide chloracétique, le tout en solution éthérée, il se forme immédiatement une bouillie cristalline. Le produit, qui contient du chloracétate de toluidine et de la toluidine libre, est évaporé au bain-marie, repris par l'eau chaude et chauffé ensuite au bain de sable. On introduit en même temps avec précaution de l'eau par un réfrigérant ascendant, jusqu'à ce que toute la xylidine soit dissoute. Au bout de 30 minutes environ, l'on aperçoit un dégagement d'acide chlorhydrique, ce qui indique que la transformation en glycocolle est terminée. Le liquide chaud laisse déposer par refroidissement une abondante cristallisation. On lave ces cristaux à l'eau froide et on les fait recristalliser dans l'alcool étendu. Ils se présentent alors en prismes transparents, aplatis, tronqués obliquement, fusibles à 132-134°, et qui ont pour formule $C^{10}H^{13}AzO^2$. Ils sont facilement solubles dans l'alcool, dans l'éther, dans l'acide chlorhydrique et dans l'acide acétique, mais insolubles dans l'eau, même chaude.

En remplaçant l'acide chloracétique par un de ses éthers, on obtient l'éther correspondant du xylylglycocolle. La réaction paraît toutefois peu nette. Mais, par contre, l'on a obtenu facilement la xylylglycocolle-xylide en chauffant pendant une demi-heure un mélange de 2 molécules de xylidine avec 1 molécule d'acide chloracétique. Le produit cristallin étant chauffé avec de l'acide et versé ensuite dans de l'eau froide, il se précipite des flocons jaunâtres que l'on purifie par deux ou trois cristallisations dans l'alcool; on obtient finalement des aiguilles incolores, brillantes et dures ayant pour formule

$$\begin{array}{l} CH^2\text{-}AzH.C^8H^9 \\ |\\ CO\text{-}AzH.C^8H^9; \end{array}$$

point de fusion : 128°. Elles sont insolubles dans l'eau et dans l'acide chlorhydrique, mais se dissolvent dans l'éther, l'alcool et l'acide acétique.

Ferrocyanure [Eisenberg, *Liebig's Ann. Chem*, t. CCV, p. 265]. — En introduisant de la xylidine dans une solution alcoolique d'acide ferrocyanhydrique, on obtient immédiatement un précipité blanc qui, après avoir été lavé à l'alcool et séché dans le vide, a la composition

$$[C^6H^3(CH^3)^2AzH^2]FeCy^6H^4.$$

Amido-azoxylène,

CH³ ; CH³ ; CH³ ; CH³ ; AzH² ; Az ═══ Az

— Paillettes d'un beau jaune orangé, fusibles à 78°, insolubles dans l'eau, peu solubles dans l'alcool à froid, mais facilement à chaud, solubles aussi dans la benzine.

Le *chlorhydrate* s'obtient en précipitant une solution alcoolique d'amido-azoxylène par l'acide chlorhydrique gazeux. C'est une poudre jaune clair, peu soluble dans l'alcool, qu'elle colore en vert. La solution phénolique est également d'un beau vert.

Par réduction au moyen de l'étain et de l'acide chlorhydrique, on obtient une orthodiamine et de l'α-métaxylidine qui peuvent être séparées par distillation fractionnée, la diamine ne passant que vers 260°. Elle est presque insoluble dans l'eau, peu soluble dans la benzine à froid, facilement à chaud, et cristallise en grosses paillettes fusibles à 77-78°. Cette diamine est identique avec celle déjà décrite par Hofmann [*Deutsch. chem. Gesellsch.*, 1876, p. 1298] et pour laquelle il indique le point de fusion 74°.

Oxalylxylide [Genz, *Deutsch. chem. Gesellsch.*, 1870, p. 227], $(C^8H^9.AzH)^2C^2O^2$. — Insoluble dans l'alcool, ce corps cristallise dans la benzine en aiguilles fusibles à 204°. On l'obtient en chauffant l'oxalate vers 200-220°.

Xylylurée, $C^8H^9.AzH.CO.AzH^2$. — Ce composé cristallise dans l'alcool en aiguilles fusibles à 186°, insolubles dans l'eau (Genz).

Action du cyanate de potassium sur le sulfate de xylidine. — *Dixylylurée,* $(C^8H^9.AzH)^2CO$. — Aiguilles peu solubles dans l'alcool; ne fond pas encore à 250°.

Dixylylsulfo-urée, $(C^8H^9.AzH)^2CS$ (Hofmann). — Cristaux fusibles à 152°, peu solubles, obtenus par l'action du sulfure de carbone sur la xylidine.

Xylylsénévol, C^8H^9AzCS. — On l'obtient par l'action de l'anhydride phosphorique sur la dixylyl-sulfo-urée.

Dixylylguanidine, $(C^8H^9.AzH)^2 = C = AzH$. — On l'obtient en ajoutant de l'oxyde de plomb à une solution de dixylylsulfo-urée dans l'alcool ammoniacal. Insoluble dans l'eau, elle cristallise dans l'alcool en aiguilles fusibles à 156-158°.

Xyluréthane,

$$(C^8H^9.AzH)CO^2C^2H^5$$

[*Deutsch. chem. Gesellsch.*, 1870, p. 657]. — Aiguilles fusibles à 58°.

Action du chloroformiate d'éthyle sur la xylidine. — En distillant ce corps avec de l'anhydride phosphorique, on obtient l'*isocyanate de xylyle,* liquide bouillant à 200°.

β-**Métaxylidine** (symétrique). — Cette xylidine ne peut être obtenue que par voie détournée, car, comme nous l'avons vu, le dérivé nitré qui lui donnerait naissance ne se forme pas lorsque l'on nitre le métaxylène. Elle a été obtenue d'abord par M. Wroblewsky [*Liebig's Ann. Chem.*, t. CCVII, p. 91] en réduisant au moyen du fer et de l'acide acétique le nitroxylène symétrique, fusible à 67°, préparé lui-même en décomposant par l'alcool bouillant le dérivé diazoïque nitré de l'α-métaxylidine. M. Wroblewsky ne semble pas avoir eu entre les mains un produit tout à fait pur, car le point de fusion de l'acétoxylide de la β-métaxylidine est de 140°,5 au lieu de 144°,5.

Il y a également un certain écart entre les points de fusion du nitroxylène ; celui du produit tout à fait pur est 74-75°.

Mais la constitution du nouveau nitroxylène a été établie d'une façon indiscutable par M. Wroblewsky [*Deutsch. chem. Gesellsch.*, 1882, p. 1012], de sorte qu'il n'y a pas de doute non plus sur celle du dérivé amidé correspondant.

Tout récemment encore [*Deutsch. chem. Gesellsch.*, 1885, p. 359], le nitroxylène symétrique a été transformé par oxydation en un acide nitrotoluique, et celui-ci en un acide oxytoluique correspondant ; le dernier est identique avec celui de Jacobsen, dont la constitution est bien établie et qui a pour formule $CH^3_{(1)}CO^2H_{(3)}OH_{(5)}$.

L'élimination du groupe AzH^2 de la nitroxylidine $CH^3_{(1)}CH^3_{(3)}AzH^2_{(4)}AzO^2_{(5)}$ se fait assez facilement et avec de bons rendements. Ainsi, en partant d'un kilogramme d'α-métaxylidine, que l'on a transformé en acétoxylide nitrée et saponifié ensuite, on a pu obtenir par élimination du groupe AzH^2 et réduction du nitroxylène symétrique, 250 grammes de β-métaxylidine.

On peut encore substituer avec avantage le nitrite d'éthyle [Beilstein, *Handbuch Org. Chem.*, p. 119] au nitrite de sodium pour parvenir au dérivé diazoïque. Voici comment il convient d'opérer : On dissout la nitroxylidine dans l'alcool absolu et, après avoir ajouté 2 molécules d'acide sulfurique, on laisse couler lentement dans le mélange bien refroidi le double environ de la quantité théorique de nitrite d'éthyle, puis on porte à l'ébullition et on distille la plus grande partie de l'alcool. Lorsqu'on verse ensuite le résidu dans l'eau, le nitroxylène se précipite, et on n'a plus qu'à le purifier. A cet effet, on le lave à plusieurs reprises avec une dissolution chaude de soude à 15 % pour saponifier l'éther du nitroxylénol dont il se forme toujours une certaine quantité et dissoudre le nitroxylénol lui-même.

On l'agite ensuite avec de l'acide chlorhydrique concentré, qui dissout un peu de nitroxylidine non altérée et on distille enfin dans un courant de vapeur d'eau.

Le nitroxylène ainsi obtenu est presque blanc

et donne, par réduction, une xylidine tout à fait pure. Point d'ébullition : 220°; densité : 0,972.

Métaxyloquinone,

$$C^6H^2(CH^3)^2_{(1,3)} < \begin{matrix} O_{(2)} \\ \vdots \\ O_{(5)} \end{matrix}$$

[Nölting et Forel, *Bull. Soc. ind. Mülhouse*, 1884]. — Par oxydation de la xylidine symétrique avec le bichromate de potassium et l'acide sulfurique; belles aiguilles jaunes, fusibles à 73°.

L'*hydroquinone* correspondante forme des aiguilles blanches, fusibles à 149°.

Métaxylénol. — Il ressemble à ses isomères et fond à 68°. Point de fusion : 64° (Thael); point d'ébullition : 219°,5. Il est soluble dans l'eau et dans l'alcool étendu, distille facilement avec la vapeur d'eau et se sublime en longues aiguilles.

L'*amido-azoxylène,*

CH³ / CH³ — Az = Az — CH³, AzH², CH³

cristallise dans l'alcool en petites tables. Le *chlorhydrate* se dissout en rouge-violet dans le phénol. Par réduction, on obtient la xylidine symétrique et une paradiamine. Celle-ci n'a pu être isolée à l'état de pureté, mais par oxydation on a obtenu une quinone identique avec la métaxyloquinone déjà décrite. Ajoutons que la diamine obtenue par la réduction de cet amido-azoxylène doit être identique avec celle que l'on obtient en réduisant l'amidoazoxylène dérivé de la γ-métaxylidine, comme on le comprendra aisément à l'inspection de la formule (voir plus loin).

γ-MÉTAXYLIDINE. — Si le dérivé mononitré symétrique du métaxylène ne peut pas être obtenu par nitration directe, il n'en est pas de même du dérivé γ ou $CH^3_{(1)}AzO^2_{(2)}CH^3_{(3)}$, dont il se forme toujours une certaine quantité quand on nitre le métaxylène en présence d'acide sulfurique.

En opérant comme nous l'avons indiqué en parlant de l'orthoxylène, on obtient, indépendamment d'un peu de xylène qui reste inaltéré, de dinitroxylène et d'un corps phénolique, un mononitroxylène bouillant de 215° à 241° après une première distillation à la vapeur d'eau. Ce nitroxylène est un mélange des deux isomères

$$CH^3_{(1)}CH^3_{(3)}AzO^2_{(4)} \quad \text{et} \quad CH^3_{(1)}CH^3_{(3)}AzO^2_{(2)},$$

le premier en quantité dominante. Ils peuvent être séparés, mais seulement d'une façon incomplète, par des fractionnements avec l'appareil à plateaux de Le Bel et Henninger.

Après huit distillations, on a deux fractions, passant l'une de 215° à 224° et l'autre de 224° à 235°. La première de ces fractions étant réduite par le fer et l'acide acétique donne une base qui distille de 209° à 212°; on la purifie en la transformant en un dérivé acétylé que l'on fait recristalliser dans la benzine. Après trois cristallisations, le point de fusion ne s'élève plus et reste invariable à 176°,5.

L'*acétoxylide* de la γ-métaxylidine ne se saponifie qu'avec une certaine difficulté et résiste à l'action de l'acide sulfurique à 100° et de la soude au bain-marie. Pour provoquer le départ du groupe C^2H^3O, il faut chauffer avec de l'acide chlorhydrique, pendant 2 ou 3 heures, en tubes scellés, à 150°.

Le point d'ébullition de la γ-métaxylidine est 214°,5. Elle est liquide à la température ordinaire et ne se solidifie pas dans un mélange réfrigérant. L'*acétoxylide* est fusible à 176°,5. Le *chlorhydrate* cristallise en grands feuillets clinorhombiques, facilement solubles dans l'eau.

La γ-métaxylidine a été découverte par M. Schmitz [*Liebig's Ann. Chem.*, t. CXCIII, p. 179], qui l'a préparée en distillant avec de la chaux, le sel de calcium de l'acide amidomésitylénique :

$$C^6H^2(CH^3)^2_{(1,3)}AzH^2_{(2)}CO^2H_{(5)}.$$

Elle a été obtenue depuis par différents autres procédés et notamment par la nitration directe du métaxylène et la réduction du dérivé nitré correspondant, ainsi que nous venons de le voir.

Les différentes réactions qui donnent naissance à la γ-métaxylidine permettent d'établir sa constitution d'une façon indiscutable. Ainsi l'acide mésitylénique, $C^6H^3\text{-}CH^3_{(1)}CH^3_{(3)}CO^2H_{(5)}$, ne peut donner que deux dérivés mononitrés. Ils ont été obtenus tous deux par nitration directe et peuvent être facilement séparés en mettant à profit la différence de solubilité de leurs sels de calcium.

Par réduction des acides nitromésityléniques, on obtient les deux acides amidés correspondants, qui ont été désignés par les lettres α et β. Le premier fond à 186-187° et donne, par distillation avec de la chaux, l'α-métaxylidine. L'autre est identique avec celui de Fittig et Bruckner [*Liebig's Ann. Chem.*, t. CXLVII, p. 50], fond à 235° et donne, par distillation avec de la chaux, la γ-métaxylidine.

Par nitration directe du métaxylène [Grevingk, *Deutsch. chem. Gesellsch.*, 1884, p. 2422], on peut obtenir deux dérivés dinitrés, isomères, ayant pour formules

$$CH^3_{(1)}CH^3_{(3)}AzO^2_{(4)}AzO^2_{(6)}$$

et

$$CH^3_{(1)}CH^3_{(3)}AzO^2_{(2)}AzO^2_{(6)}.$$

Cette constitution a été mise hors de doute par la transformation en dérivé trinitré. Ces deux dinitroxylènes donnent, par nitration ultérieure, un seul et même trinitroxylène,

$$CH^3_{(1)}CH^3_{(3)}AzO^2_{(2)}AzO^2_{(4)}AzO^2_{(6)}.$$

Point de fusion : 176°.

Le premier des isomères dinitrés est fusible à 93° et n'est autre que celui déjà décrit par M. Fittig; il donne, par réduction partielle au moyen de l'hydrogène sulfuré, la nitroxylidine symétrique, fusible à 123°, de MM. Fittig, Ahrens et Mathéidès. L'autre isomère dinitré fond à 82° et cristallise en feuillets squamiformes; par réduction incomplète, il donne une nitroxylidine fusible à 78°, cristallisant en aiguilles jaune d'or et se distinguant bien nettement de la précédente par l'ensemble de ses propriétés.

Malgré leur différence de solubilité, la séparation des deux dinitroxylènes isomériques ne peut être obtenue que d'une façon très incomplète par des cristallisations; mais on réussit bien à séparer les nitroxylidines après avoir réduit le mélange, la nouvelle xylidine étant beaucoup plus soluble dans les divers dissolvants que celle de M. Fittig.

Par élimination du groupe AzH^2 et réduction du nitroxylène, la nitroxylidine fusible à 123° donne l'α-métaxylidine, et celle fusible à 78° la γ-métaxylidine :

CH³, AzH², CH³, AzO² — Fusible à 123°.

CH³, CH³, AzO² — Bout à 245°.

CH³, CH³, AzH²

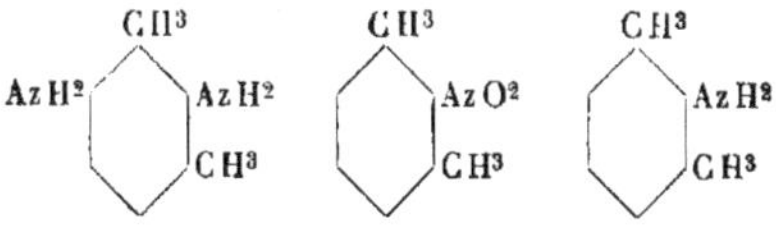

CH^3 / AzH^2 / AzH^2 / CH^3 — Fusible à 78°.

CH^3 / AzO^2 / CH^3 — Bout à 225°.

CH^3 / AzH^2 / CH^3

Nous avons déjà vu qu'en nitrant l'α-métaxylidine en solution dans 10 p. d'acide sulfurique par la quantité théorique d'acide nitrique, on obtient deux nitroxylidines isomériques qui sont identiques avec celles décrites ci-dessus. L'isomère fusible à 123° se forme en quantité dominante, et celui qui est fusible à 78° dans la proportion de 10 à 12 %. Ces deux nitroxylidines peuvent être transformées en nitroxylènes par élimination du groupe AzH^2. On obtient ainsi les deux mêmes nitroxylènes que ci-dessus, soit $CH^3_{(1)}CH^3_{(3)}AzO^2_{(2)}$, bouillant 225°, et $CH^3_{(1)}CH^3_{(3)}AzO^2_{(4)}$, bouillant à 245°,5.

Par réduction, ces nitroxylènes donnent la γ-méta et l'α-métaxylidine.

La γ-métaxylidine avait déjà été entrevue par M. Wroblewsky; il l'avait préparée en faisant subir à la β-métaxylidine la même série de transformations qui lui avaient permis d'obtenir la β-métaxylidine en partant de l'α-métaxylidine. Les expériences de M. Wroblewsky ont été reprises depuis que l'on peut se procurer l'α-métaxylidine pure en abondance; mais la nitration de l'acétoxylide de la xylidine symétrique présente de grandes difficultés et les rendements sont si mauvais, que l'on n'a pas pu préparer assez de γ-métaxylidine pour en prendre le point d'ébullition. Cependant cet isomère a été bien caractérisé par le point de fusion élevé de son dérivé acétylé (176°) et par la nuance très jaune que donne son dérivé diazoïque avec le bisulfonaphtol. MM. Nölting et Forel, en nitrant avec la quantité théorique d'acide nitrique la xylidine symétrique en solution dans 10 p. d'acide sulfurique, ont obtenu *une nitroxylidine* facilement entraînable à la vapeur d'eau et fusible à 54°. Par réduction, elle donne une base qui présente tous les caractères d'une orthodiamine et semble identique avec celle décrite depuis longtemps déjà par M. Hofmann.

D'après cela, cette nitroxylidine aurait pour formule de constitution

$$CH^3_{(1)}CH^3_{(3)}AzH^2_{(5)}AzO^2_{(4)}.$$

Les auteurs précédents n'ont pu constater la formation du dérivé qui aurait pour formule

$$CH^3_{(1)}CH^3_{(3)}AzH^2_{(5)}AzO^2_{(2)}$$

et qui se forme, en petite quantité, il est vrai, lorsque l'on nitre l'acétoxylide de la xylidine symétrique.

La formation d'une nitramine ayant les groupes AzH^2 et AzO^2 en position ortho et la facilité avec laquelle de tels corps se décomposent expliquent, du reste, suffisamment la difficulté que l'on a eue à isoler le composé

$$CH^3_{(1)}CH^3_{(3)}AzH^2_{(5)}AzO^2_{(2)}.$$

Amido-azoxylène,

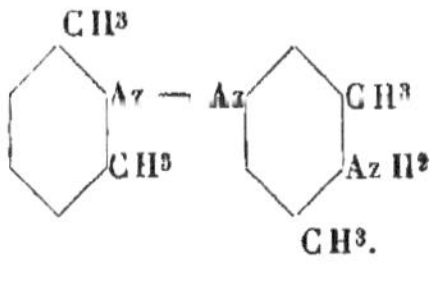

CH^3 / $Az — Az$ / CH^3 / CH^3 / AzH^2 / CH^3.

— Il est en paillettes d'un jaune vif; recristallisé dans l'alcool étendu, il fond à 77°,5.

Le *chlorhydrate* se dissout en rouge dans le phénol, ce qui indique que les groupes $Az = Az$ et AzH^2 sont en position para.

XYLIDINES DÉRIVÉES DU PARAXYLÈNE.

PARAXYLIDINE. — Elle a été découverte par M. Schaumann [*Deutsch. chem. Gesellsch.*, 1878, p. 1537], qui l'a obtenue en réduisant au moyen du fer et de l'acide nitrique, le dérivé mononitré du paraxylène.

La paraxylidine bout à 215° à la pression de 739 millimètres; sa densité est de 0,980 à 15° (Nölting et Forel). Elle est liquide à la température ordinaire et ne se solidifie pas dans un mélange réfrigérant de sel et de glace.

Ses sels cristallisent facilement, mais ils ne sont stables qu'en présence d'un excès d'acide. En solutions neutres, ils se dissocient lorsqu'on les soumet à l'ébullition. Les cristaux sont en général de couleur rosée.

Sulfate, $(C^8H^{11}Az)SO^4H^2$. — Feuillets durs, preque incolores, souvent groupés en mamelons, assez peu solubles dans l'eau.

Chlorhydrate, $(C^8H^{11}Az)HCl + H^2O$. — Grandes lames brillantes, légèrement rosées, plus solubles que le précédent.

Nitrate, $(C^8H^{11}Az)AzO^3H$. — Cristallise très bien en aiguilles plates, groupées en barbes de plume, moins solubles que le chlorhydrate et également colorées en rose.

Oxalate neutre, $(C^8H^{11}Az)C^2O^4H^2$. — Cristaux prismatiques durs, groupés en faisceaux.

En chauffant ce sel à 125-130° on le transforme en oxalylparaxylide, qui cristallise dans l'éther ou dans l'alcool en fines aiguilles soyeuses. Ce sel se sublime sans fondre.

Acétylparaxylide. — On l'obtient en faisant bouillir ensemble volumes égaux de paraxylidine et d'acide acétique cristallisable. Après recristallisation dans l'alcool, il se présente en prismes groupés en faisceaux, fusibles à 138-139°.

Nitracétoxylide. — Obtenu par nitration de l'acétoxylide avec un mélange de 5 p. d'acide nitrique fumant et de 1 p. d'acide nitrique ordinaire, ce corps forme une masse jaunâtre ayant l'apparence de mousse et fondant à 192° après cristallisation dans l'eau.

Nitroparaxylidine. — Point de fusion 96° [*Liebig's Ann. Chem.*, t. CXLVII, p. 15]. Elle a été préparée par réduction partielle du dinitroparaxylène fusible à 123°,5 (Fittig, Ahrens et Matheidès).

En opérant la nitration de l'acétoparaxylidine avec de l'acide nitrique d'une densité de 1,50 ou encore avec un mélange d'acides nitrique et sulfurique, on obtient un isomère de la nitracétoxylide décrite plus haut. Ce corps cristallise dans l'eau en longues aiguilles, fusibles à 166°.

La *nitroxylidine* correspondante forme des cristaux d'un brun jaunâtre, facilement solubles dans l'alcool, l'éther et la benzine, peu solubles dans la ligroïne. Son point de fusion est 142°; elle n'est pas entraînée par la vapeur d'eau.

La *xénylène-diamine* obtenue par réduction de cette nitroxylide forme de petits cristaux blancs, sublimables et fusibles à 146-147°.

De même que la paraxylidine, cette nitroxylidine, traitée par le nitrite d'éthyle et ensuite par l'alcool bouillant, ne donne pas le carbure correspondant, mais un nitroxylénol ou plutôt son éther éthylique, corps fondant à 85°.

Paraxyloquinone,

$$\begin{matrix}(1)\ CH^3 \\ (4)\ CH^3\end{matrix} > C^6H^2 < \begin{matrix}O\ (5) \\ O\ (2)\end{matrix}$$

— Ce dérivé fond à 123° [Nölting et Forel, *Bull. Soc. ind. de Mulhouse* 1884] et est identique avec le produit déjà décrit par MM. Nietzki et Carstanjen;

il est sublimable en aiguilles jaunes. Dans la préparation de ce corps, on obtient de bons rendements, qui peuvent atteindre jusqu'à 50 % du poids de la base employée.

L'*hydroquinone* correspondante fond à 210° et cristallise dans l'eau (dans laquelle elle est peu soluble), en petites tables blanches.

Elle est facilement soluble dans l'alcool, l'éther et la benzine, et est sublimable en belles aiguilles.

Amido-azoxylène,

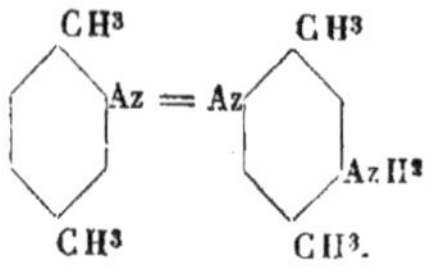

CH^3 CH^3
Az = Az
AzH^2
CH^3 CH^3.

— Ce dérivé se forme très facilement et cristallise dans l'alcool en paillettes rouges, fusibles à 150°.

Le *chlorhydrate* est rouge et se dissout en rouge violet dans le phénol.

Le *chloroplatinate* est également rouge.

Par réduction, on obtient la même paradiamine qu'avec la nitroparaxylidine fusible à 141°.

Cette diamine cristallise bien dans la benzine et est très stable; point de fusion : 146°,5-147°. Par oxydation, elle donne la paraxyloquinone fusible à 123°.

Amido-azoxylène mixte,

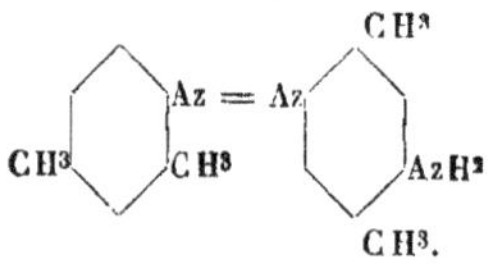

CH^3
Az = Az
CH^3 CH^3 AzH^2
CH^3.

— A un mélange de 26 grammes de chlorhydrate d'α-métaxylidine et de 20 grammes de paraxylidine, on ajoute, en opérant comme nous l'avons vu plus haut, 50 centimètres cubes d'une solution de nitrite de sodium à 227 grammes par litre. Le diazoxylène est relativement assez stable et fond à 47°. On opère la transformation avec 20 grammes de paraxylidine et 4 grammes de chlorhydrate de paraxylidine.

Le chlorhydrate d'amido-azoxylène est très peu soluble dans l'eau acidulée. On le lave à l'alcool et à l'éther, et, après avoir mis la base en liberté, on la fait recristalliser à plusieurs reprises dans la benzine et dans l'alcool. Le point de fusion devient bientôt stationnaire à 111°.

Par réduction, on obtient la même paradiamine qu'avec l'amido-azoxylène dérivé du paraxylène, et cette diamine donne la paraxyloquinone fusible à 123°.

Toutes les xylidines, chauffées vers 300°, en présence d'alcool méthylique et d'acide chlorhydrique, peuvent se transformer en homologues supérieurs, et notamment en triméthylamidobenzines par fixation d'un groupe méthylique.

M. Nölting et ses élèves, qui ont étudié ces réactions, ont reconnu que le groupe méthylique se fixe de préférence dans la position para par rapport au groupe AzH^2, et qu'il a beaucoup moins de tendance à venir occuper la place ortho et surtout la place méta.

Indépendamment des deux triméthylamidobenzines déjà connues, la mésidine et la pseudocumidine, on en a obtenu deux nouvelles, l'une liquide bouillant au-dessus de 170° et l'autre solide fusible à 67°.

Dans le tableau suivant, on a placé en regard de chacune des xylidines le dérivé triméthylé auquel elle donne naissance, et on a supposé le groupe AzH^2 placé dans la position 1, afin de faire ressortir plus clairement la tendance du groupe méthylique à se fixer en position para par rapport à AzH^2.

α-orthoxylidine, $AzH^2_{(1)}.CH^3_{(3)}.CH^3_{(4)}$	donne	$AzH^2_{(1)}.CH^3_{(3)}.CH^3_{(4)}.CH^3_{(6)}$	pseudocumidine.
β-orthoxylidine, $AzH^2_{(1)}.CH^3_{(2)}.CH^3_{(3)}$	—	$AzH^2_{(1)}.CH^5_{(2)}.CH^1_{(3)}.CH^3_{(4)}$	nouvelle triméthylamidobenzine liquide.
α-métaxylidine, $AzH^2_{(1)}.CH^3_{(2)}.CH^3_{(4)}$	—	$AzH^2_{(1)}.CH^3_{(2)}.CH^3_{(4)}.CH^3_{(6)}$	mésidine.
β-métaxylidine, $AzH^2_{(1)}.CH^3_{(3)}.CH^3_{(5)}$	—	$AzH^2_{(1)}.CH^3_{(3)}.CH^3_{(4)}.CH^3_{(5)}$	nouvelle triméthylamidobenzine solide.
γ-métaxylidine, $AzH^2_{(1)}.CH^3_{(2)}.CH^3_{(6)}$	—	$AzH^2_{(1)}.CH^3_{(2)}.CH^3_{(4)}.CH^3_{(6)}$	mésidine.
Paraxylidine, $AzH^2_{(1)}.CH^3_{(3)}.CH^3_{(6)}$	—	$AzH^2_{(1)}.CH^3_{(3)}.CH^3_{(4)}.CH^3_{(6)}$	pseudocumidine.

L'α-orthoxylidine donne, en même temps que la pseudocumidine, une petite quantité de la triméthylamidobenzine liquide.

Dérivés de constitution douteuse ou inconnue.

Hübner [*Liebig's Ann. Chem.*, t. CCVIII, p. 318] a décrit deux xylidines, qu'il a retirées de xylidines brutes en les transformant en dérivés benzoylés et saponifiant après purification.

La première des xylidines mises en œuvre avait été obtenue par nitration d'un xylène du goudron de houille bouillant de 138 à 140° et réduction du dérivé nitré. Elle distillait de 214° à 218°.

Le dérivé benzoylé recristallisé plusieurs fois finit par avoir un point de fusion fixe situé à 192°. La xylidine régénérée par saponification avec l'acide chlorhydrique à 180° a donné un dérivé acétylé fusible à 127°; c'est par conséquent de l'α-métaxylidine.

En opérant de la même manière sur une xylidine commerciale brute bouillant de 198 à 210°, le même auteur a obtenu un dérivé benzoylé fusible à 140°, et donnant par saponification une xylidine bouillant de 202 à 204°. L'acétoxylide préparée avec cette xylidine fond à 112-113° et semble identique avec celle décrite par M. Genz [*Deutsch. chem. Gesellsch.*, 1869, p. 686]. La base forme des sels qui cristallisent facilement.

D'après le point d'ébullition de la base et le point de fusion du dérivé acétylé, Hübner aurait plutôt eu entre les mains de l'orthotoluidine ou un mélange de cette base et de xylidine.

Trinitroxylidine [Krell, *Deutsch. chem. Gesellsch.*, 1872, p. 879]. — Obtenue en faisant bouillir longtemps la diméthylxylidine avec de l'acide nitrique fumant, elle cristallise en écailles jaunes, fusibles à 115°.

En traitant de la même manière la méthylxylidine, on a obtenu une nitroxylidine différente de celle déjà décrite (*loc. cit*); elle cristallise en paillettes jaunes rhombiques.

Enfin la xylidine se combine au chloral

[*Liebig's Ann. Chem.*, t. CLXXIII, p. 283] et fournit un produit cristallisant en fines aiguilles. $CCl^3.CH(C^8H^9AzH)^2$, fusibles à 95-99°, peu solubles dans l'alcool, facilement dans l'éther.

XYLIDINES.			DÉRIVÉS CORRESPONDANTS.			
			NITROXYLÈNES.	ACÉTOXYLIDES.	XYLÉNOLS.	AMIDO-AZOXYLÈNES.
α-ortho,	$CH^3_{(1)}.CH^3_{(2)}.AzH^2_{(4)}$.	solide, ébull. : 224°, fus. à 49°.	solide, ébull. : 256°, fus. à 29°.	fus. à 99° (Jacobsen).	fus. à 61° (Jacobsen).	fus. à 179°.
ε-ortho,	$CH^3_{(1)}.CH^3_{(2)}.AzH^2_{(3)}$.	liquide, ébull. : 223°, densité à 15° : 0,991.	liquide, ébull. : 250°, densité à 15° : 1,147.	fus. à 131°, 1/2.	fus. à 73°.	fus. à 110°, 1/2.
α-méta,	$CH^3_{(1)}.CH^3_{(3)}.AzH^2_{(4)}$.	liquide, ébull. : 214°,3/4, densité : 0,978.	liquide, ébull. : 245°,5, densité : 1,135.	fus. à 128-129°.	liquide.	fus. à 78°.
β-méta,	$CH^3_{(1)}.CH^3_{(3)}.AzH^2_{(5)}$.	liquide, ébull. : 220°, densité : 0,972.	solide, ébull. : 263°, fus. à 74-75°.	fus. à 140°,1/2.	fus. à 68°.	fus. à 95°.
γ-méta,	$CH^3_{(1)}.CH^3_{(3)}.AzH^2_{(2)}$.	liquide, ébull. : 214°, 1/2.	liquide, ébull. : 225°, densité : 1,112.	fus. à 176°,1/2.	fus. à 74°,1/2.	fus. à 77°, 1/2.
Para,	$CH^3_{(1)}.CH^3_{(4)}.AzH^2$. .	liquide, ébull. : 215°, densité : 0,980.	liquide, ébull. : 238° 3/4, densité : 1,132.	fus. à 139°.	fus. à 74°,1/2.	fus. à 150°.

Les points d'ébullition ont été pris à la pression de 739 millimètres et la tige du thermomètre étant plongée complètement dans la vapeur.

Les xylidines peuvent se combiner avec la glycérine en présence de nitrobenzine et d'acide sulfurique à la manière de l'aniline (Skraup) pour donner des homologues de la quinoléine [Berend, *Deutsch. chem. Gesellsch.*, 1884, p. 1489].

On connaît la *diméthylquinoléine* dérivée de l'orthoxylidine **1.2.4.** C'est un liquide bouillant de 273 à 274°.

Le *sulfate acide*, $(C^{11}H^{11}Az)SO^4H^2$, cristallise en gros prismes brillants.

Le *chromate* est en petites aiguilles.

La constitution de cette diméthylquinoléine peut être représentée par l'une des deux formules

CH³ CH³ Az — ou — CH³ CH³ Az

Parmi les xylidines dérivées du métaxylène, il n'y en a que deux qui puissent donner des diméthylquinoléines. Ce sont l'α et la β-métaxylidine. En effet, dans la γ-métaxylidine les deux atomes de carbone voisins du groupe AzH^2 sont liés chacun à un groupe méthylique, et c'est précisément par l'un de ces deux atomes de carbone que devrait se faire la soudure avec le reste de la glycérine.

La *diméthylquinoléine* préparée avec l'α-métaxylidine [Berend, *Deutsch. chem. Gesellsch.*, 1884, p. 2716] est un liquide incolore, réfringent, bouillant de 268 à 269°; sa densité est 1,0665.

Le *sulfate acide* s'obtient en additionnant d'acide sulfurique une solution alcoolique de la base; c'est une poudre blanche formée de petites aiguilles.

Le *chromate*, préparé en ajoutant du bichromate de potassium à la solution du sulfate, est en petites aiguilles jaunes. J. Kœchlin.

XYLIDINES (INDUSTRIE). — Parmi les xylidines, il n'y en a que deux qui pourraient entrer dans la constitution des matières colorantes qui se rattachent au triphénylméthane. Ce sont l'α-métaxylidine et la γ-métaxylidine, ainsi que l'ont établi les recherches de MM. Rosenstiehl et Gerber [*Compt. rend.*, t. XCV, p. 238].

La première peut donner des rosanilines isomériques ou homologues en se condensant avec 2 molécules d'aniline ou 1 molécule d'aniline et 1 de pseudotoluidine; ou 2 molécules de pseudotoluidine; ou 1 molécule de pseudotoluidine et 1 de γ-métaxylidine; ou 2 molécules de γ-métaxylidine; ou enfin 1 molécule d'aniline et 1 de γ-métaxylidine.

Quant à la γ-métaxylidine, elle peut se souder, soit à 1 molécule de paratoluidine, ou 1 molécule d'α-métaxilidine, ou 1 molécule de mésidine.

Toutes les autres xylidines, étant déjà substituées en position para par rapport au groupe AzH^2 ou ayant un groupe CH^3 en méta par rapport à AzH^2, ne peuvent se condenser ni entre elles ni avec d'autres amines aromatiques pour donner des rosanilines.

Ces matières colorantes n'ont du reste qu'un intérêt théorique et n'ont pas d'emploi, tant à cause de leur nuance bleuâtre que du prix élevé de la matière première; aujourd'hui les xylidines ne sont employées qu'à la fabrication des ponceaux.

Malgré l'emploi des appareils à fractionner les plus perfectionnés, on ne parvient à séparer que d'une façon très incomplète les xylènes isomériques dont le mélange constitue le xylène commercial, et comme les autres procédés qui permettent d'effectuer cette séparation dans les laboratoires sont trop dispendieux pour l'industrie, on en est réduit à nitrer le mélange.

La proportion relative des carbures isomériques dans le xylène commercial varie dans des limites assez étendues suivant sa provenance et le soin apporté aux distillations. Mais on peut toujours, par des rectifications bien conduites, avoir un mélange riche en métaxylène et c'est ce mélange que l'on soumet à la nitration et à la réduction.

On peut appliquer d'une façon générale à ces opérations ce qui a été dit à propos de la benzine et du toluène.

Il faut observer toutefois que les rendements sont moins bons, car la présence de chaînes latérales dans le carbure favorise l'oxydation et la formation d'acides. De plus, la température à laquelle se fait la nitration, et la proportion d'acide nitrique employée ont une influence marquée sur la formation d'isomères. Il en est de même de l'addition d'acide sulfurique à l'acide nitrique, ainsi que nous l'avons déjà vu. Cette addition d'acide sulfurique, qui se fait aujourd'hui communément, permet une utilisation presque complète de l'acide nitrique et permet de réaliser une notable économie.

Parmi les xylidines, c'est l'α-méta qui est la plus recherchée par les fabricants de matières colorantes, à cause des tons bleus de ses ponceaux. Les autres isomères donnent tous des nuances plus jaunes qui, tout en étant assez vives, ne présentent pas d'intérêt. Pour faire le *ponceau 3 R*, on commence par purifier la xylidine commerciale qui contient de 50 à 70 °/₀ d'α-métaxylidine, en la transformant en chlorhydrate que l'on fait au besoin recristalliser. Les chlorhydrates des eaux mères fourniront les marques de ponceau 2 R, R et I. Voici maintenant la manière d'opérer [*Bolley's Technologie*, t. V, p. 4] : On dissout 6^{kg},500 de xylidine purifiée dans 12 kilogrammes d'acide chlorhydrique à 20° Baumé et 100 litres d'eau; à cette solution on ajoute, en refroidissant, 4^{kg},500 de nitrite de soude et on verse le tout dans 200 litres d'eau dans lesquels on a fait au préalable dissoudre 20 kilogrammes de bisulfonaphtalate de sodium pour rouge et 10 kilogrammes d'ammoniaque à 10 °/₀.

La matière colorante se précipite immédiatement; on n'a plus qu'à la purifier en la dissolvant dans l'eau et en la précipitant par le sel. En remplaçant dans cette préparation le bisulfonaphtalate de sodium pour rouge par un de ses isomères, on obtient le ponceau G.

Dans ces derniers temps, on a substitué l'éthylxylidine à la xylidine dans la fabrication de certaines marques de ponceau. Cette amine, que l'on obtient en chauffant le chlorhydrate de xylidine avec de l'alcool éthylique en autoclaves vers 300°, donne des tons plus violacés et plus vifs. On emploie aussi les triméthylamidobenzines. Nous trouvons encore dans un brevet pris par Krugener DPR, n° 16482, les indications suivantes pour la production de matières colorantes complexes dans la constitution desquelles entre la xylidine.

En ajoutant à une solution aqueuse de chlorure de diazobenzol la quantité théorique de xylidine, on obtient le diazobenzol-amidoxylène, qui, en présence du chlorhydrate de xylidine, subit une transposition analogue à celle du chlorure de diazobenzol en présence de l'aniline, et donne le composé amido-azoïque mixte,

$$C^6H^5Az = AzC^6H^2(CH^3)^2AzH^2.$$

Celui-ci est transformé en dérivé sulfoconjugué par dissolution de son sulfate à froid dans de l'acide sulfurique fumant à 14 °/₀ d'anhydride et action ultérieure d'une température 60 ou 70° jusqu'à ce qu'une prise d'essai se dissolve complètement dans l'eau.

La quantité d'acide sulfurique est calculée de façon qu'il y ait 1 ou 2 molécules d'anhydride pour 1 du corps amido-azoïque, suivant que l'on veut obtenir un dérivé mono- ou disulfoné.

Ces dérivés sulfonés soumis à l'action du nitrite de sodium, en présence d'acide chlorhydrique, se transforment en corps diazoïques, qui donnent avec les phénols ou les amines aromatiques des matières colorantes allant du jaune au violet.

Les ponceaux de xylidine teignent bien les fibres animales sans mordant en bain acide, mais ne se fixent malheureusement pas sur le coton ou sur les autres fibres végétales [E. Blondel, *Bull. Soc. ind. de Rouen*, 1881, p. 319].

Le ponceau 3 R, qui peut être considéré comme le type de cette classe de matières colorantes est très vif; il résiste bien à l'eau bouillante et dans une certaine mesure à l'action du soleil [E. Blondel, *Bull. Soc. ind. de Rouen*, 1881, p. 319], mais il est complètement décoloré par les alcalis étendus et même par le savon à chaud.

Le tannin et les matières colorantes végétales sont sans action sur lui, ainsi que les acides chlorhydrique et sulfurique étendus; il n'est que lentement décoloré par le chlorure de chaux tel qu'on l'emploie pour le blanchiment des étoffes de coton.

Le ponceau forme des laques insolubles avec les sels d'alumine et de plomb, mais la précipitation n'a lieu que d'une façon incomplète, en présence d'un excès d'acide acétique, et ces laques ne sont pas stables. Les sels de baryte le précipitent complètement, mais la laque est également décomposée par l'acide sulfurique étendu ou par l'alun. La vivacité des ponceaux avait fait songer à leur emploi pour la peinture à l'huile, mais les essais faits dans cette voie ne semblent pas avoir donné de résultats favorables. J. Kœchlin.

XYLIDIQUES (ACIDES). — On a préparé récemment un troisième isomère de l'acide xylidique, qu'on désigne sous le nom d'*acide β-xylidique*. Sa formule de structure est

$$C^6H^3(CH^3)_{(1)}(CO^2H)_{(2)}(CO^2H)_{(4)},$$

tandis que celle de l'acide α-xylidique de MM. Fittig et Laubinger est $C^6H^3(CH^3)_{(1)}(CO^2H)_{(2)}(CO^2H)_{(5)}$ [Jacobsen, *Deutsch. chem. Gesellsch.*, 1881, p. 2112]. On obtient l'acide β-xylidique en oxydant à froid par le permanganate de potassium l'isoxylate de potassium,

$$C^6H^3(CH^3)_{(1)}(CH^2)_{(3)}(CO^2K)_{(4)}.$$

L'acide obtenu est très peu soluble dans l'eau même bouillante; il cristallise en lamelles rhombiques microscopiques, fusibles à 320-330°.

Le chlorure d'acétyle ne le transforme pas en anhydride, et la potasse fondante ne donne pas de dérivés fluorescents.

L'acide sulfurique fumant fournit à 160° un acide sulfoné, qui est transformé par l'acide chlorhydrique à 220° en acide orthopara-homoisophtalique.

Sel de baryum. Gomme incristallisable.

Sel d'argent. — Soluble à chaud.

Dérivés de l'acide α-xylidique.

Acide sulfamine-xylidique,

$$C^6H^2(CH^3)_{(1)}(CO^2H)_{(2)}(CO^2H)_{(5)}(SO^2.AzH^2)_{(4)}.$$

— On obtient ce corps en oxydant par le permanganate de potassium l'acide sulfamine-xylique correspondant. Il est soluble dans l'eau, l'alcool et l'éther et fond à 295-300° en subissant un commencement de décomposition [Jacobsen et Meyer, *Deutsch. chem. Gesellsch.*, 1883, p. 190].

Le *sel de baryum*, obtenu par évaporation spontanée de sa solution aqueuse, renferme 2 ½ molécules d'eau; préparé à chaud, il est anhydre.

L'acide sulfamine-xylique, traité à 250° par l'acide chlorhydrique, fournit l'acide α-xylique.

Acide oxy-xylidique,

$$C^6H^2(CH^3)_{(1)}(CO^2H)_{(2)}(CO^2H)_{(5)}(OH)_{(4)}.$$

— Ce corps s'obtient en faisant agir la potasse fondante sur l'acide sulfamine-xylidique. Il est peu soluble dans l'eau, soluble dans l'alcool et dans l'éther, et se scinde à 285-290° en acide carbonique et en paracrésylol. Le chlorure ferrique le colore en rouge foncé. G. de Bechi.

XYLIQUES (ACIDES). — La théorie prévoit l'existence de six acides xyliques,

$$C^6H^3(CH^3)^2(CO^2H),$$

isomériques, dont deux se rattachent à l'orthoxylène, trois au métaxylène et un au paraxylène. On connaît actuellement cinq de ces isomères ; le tableau suivant résume leur constitution :

CH^3, CH^3, CO^2H

Inconnu.

CH^3, CH^3, CO^2H

Acide paraxylique fusible à 163°. (T. III, p. 745.)

CH^3, CH^3, CO^2H

Acide xylique fusible à 126°. (T. III, p. 745.)

CH^3, CH^3, CO^2H

Acide mésitylénique fusible à 166°. (T. II, p. 371.)

CH^3, CO^2H, CH^3

Acide orthoxylique fusible à 97-99°.

CH^3, CO^2H, CH^3

Acide isoxylique fusible à 132°.

DÉRIVÉS DE L'ORTHOXYLÈNE.

Acide paraxylique. — Il a été obtenu par M. F. Meier [*Deutsch. chem. Gesellsch.*, 1882, p. 636] en fondant avec la potasse l'acide orthoxylophtalique.

Acide monobromoparaxylique. — En faisant agir le brome sur l'acide paraxylique, on obtient un dérivé monobromé, qui cristallise en fines aiguilles blanches, solubles dans l'alcool, peu solubles dans l'eau, fusibles à 189°.

Sel de baryum. — Aiguilles peu solubles dans l'eau.

Sel de calcium. — Prismes solubles dans l'eau chaude.

Sel de cadmium. — Prismes solubles dans l'eau.

Sel de potassium. — Aiguilles solubles.

Sel de cuivre. — Lamelles rhombiques bleu clair [Gunter, *Deutsch. chem. Gesellsch.*, 1884, p. 1609].

Acide oxyparaxylique,

$$C^6H^2(CH^3)_{(1)}(CH^3)_{(2)}(CO^2H)_{(4)}(OH)_{(5)}$$

[Jacobsen, *Deutsch. chem. Gesellsch.*, 1879, p. 434]. — En fondant le pseudocuménol avec la potasse caustique, on obtient l'*acide oxyparaxylique*. Ce corps est peu soluble dans l'eau bouillante ; il est volatil avec la vapeur d'eau et fond à 199°.

Sel de baryum. — Très peu soluble ; 100 p. d'eau dissolvent à 0° 1,135 p. de sel.

Les sels de l'acide oxyparaxylique sont précipités par les sels des métaux lourds. Le chlorure ferrique colore l'acide oxyparaxylique en violet-bleu. L'acide chlorhydrique à 220° le scinde en acide carbonique et en xénol (1, 2, 4) fusible à 61°.

DÉRIVÉS DU MÉTAXYLÈNE.

Acide xylique (1, 3, 4). — Cet acide se forme en fondant avec la potasse caustique l'acide xylophtalique correspondant [Meier, *loc. cit.*].

MM. Ador et Meier [*Deutsch. chem. Gesellsch.*, 1879, p. 1968] ont réalisé la synthèse de l'acide xylique au moyen de l'oxychlorure de carbone et du métaxylène en présence de chlorure d'aluminium ; on opère en chauffant à 100°. Le produit de la réaction est lavé à l'eau et soumis à la distillation.

L'acide xylique bout à 267° sous la pression de 727 millimètres. Il est presque insoluble dans l'eau froide et fond à 126°.

Sel de calcium, $+ 2H^2O$. — Prismes monocliniques, solubles dans l'eau.

Sel de baryum, $+ 8H^2O$. — Masse cristalline, radiée, très soluble dans l'eau.

Sel d'ammonium. — Prismes solubles dans l'eau, se décomposant au bain-marie.

Sel d'argent. — Très peu soluble dans l'eau bouillante.

Chlorure, $C^6H^3(CH^3)(CH^3)(COCl)$. — Obtenu en chauffant l'acide xylique avec du pentachlorure de phosphore ; c'est un liquide incolore, bouillant à 234-235°. Il se prend à une basse température en aiguilles de plusieurs centimètres de longueur, fusibles à 25°,5-25°,6. Traité par le carbonate d'ammonium, il fournit l'*amide,*

$$C^6H^3(CH^3)(CH^3)(COAzH^2),$$

qui cristallise dans l'alcool en aiguilles, fusibles à 181°. Cette amide est très stable, elle résiste à la soude caustique bouillante. L'acide chlorhydrique la saponifie à 180°. Cette amide forme un *chlorhydrate* peu stable, qui est décomposé par l'eau.

Anilide,

$$C^6H^3(CH^3)(CH^3)(CO.AzH.C^6H^5).$$

— On l'obtient en faisant agir le chlorure sur l'aniline. Elle fond à 138°,5, est peu soluble dans l'eau bouillante, plus soluble dans l'alcool.

Acide sulfamine-xylique,

$$C^6H^2(CH^3)_{(1)}(CH^3)_{(3)}(CO^2H)_{(4)}(SO^2.AzH^2)_{(6)}$$

[Jacobsen et Meyer, *Deutsch. chem. Gesellsch.*, 1883, p. 190]. — On oxyde par le dichromate de potassium la pseudo-cumol-sulfamide. On obtient de longues aiguilles, fusibles à 268° (corr.), peu solubles dans l'eau, solubles dans l'alcool. L'acide chlorhydrique à 210° et la potasse fondante transforment l'acide sulfamine-xylique en acide xylique fusible à 126°.

Sulfamine-xylate de potassium,

$$C^6H^2(CH^3)^2(CO^2Na)(SO^2.AzH^2) + H^2O.$$

— Ce sel cristallise en belles lamelles rhombiques, solubles dans l'eau.

Acide monobromoxylique. — En soumettant à l'action du brome une dissolution acétique d'acide xylique, on obtient un acide monobromé, fusible à 174° [Gunter, *Deutsch. chem. Gesellsch.*, 1884, p. 1608]. Ce corps est identique avec l'acide monobromo-amalique de Süssenguth [*Liebig's Ann. Chem.*, t. CCXV, p. 244].

Acide oxyxylique,

$$C^6H^2(CH^3)_{(1)}(CH^3)_{(3)}(CO^2H)_{(4)}(OH)_{(6)}.$$

— On fond avec la potasse caustique l'acide bromé décrit plus haut ; lorsque la réaction se manifeste, on refroidit en ajoutant de la potasse. En opérant avec précaution, on obtient principalement l'acide en question, sous la forme d'aiguilles fusibles à 170°,5, qui résistent à l'acide chlorhydrique à 210°. Le chlorure ferrique ne le colore pas (Gunter).

Acide orthoxylique,

$$C^6H^3(CH^3)_{(1)}(CH^3)_{(3)}(CO^2H)_{(2)}.$$

— On obtient ce corps en fondant le dérivé sulfoné correspondant avec le formiate de potassium. Il cristallise dans l'eau bouillante en courtes aiguilles, fusibles à 97-99°. Chauffé avec de la chaux, il se scinde en acide carbonique et en métaxylène [Jacobsen, *Deutsch. chem. Gesellsch.*, 1878, p. 21].

DÉRIVÉS DU PARAXYLÈNE.

ACIDE ISOXYLIQUE,

$$C^6H^3(CH^3)_{(1)}(CH^3)_{(4)}(CO^2H)_{(3)}.$$

— On peut obtenir ce corps en fondant avec la potasse l'acide xylophtalique correspondant [F. Meier, *Deutsch. chem. Gesellsch.*, 1882, p. 638), ou en faisant agir l'acide nitrique sur la paraxylylméthylacétone [Claus et Wollner, *Deutsch. chem. Gesellch.*, 1885, p. 1856].

Le meilleur mode de préparation de l'acide isoxylique est celui indiqué par M. Jacobsen, qui l'a préparé le premier; il consiste à faire agir l'éther chloroxycarbonique sur le paraxylène bromé en présence d'amalgame de sodium, d'après la méthode de Wurtz [Jacobsen, *Deutsch. chem. Gesellsch.*, 1882, p. 636]. L'éther obtenu est saponifié et l'acide distillé dans un courant de vapeur d'eau. L'acide isoxylique est presque insoluble dans l'eau froide, à peine soluble dans l'eau bouillante. Il cristallise dans l'alcool en aiguilles fusibles à 132° et bouillant sans décomposition à 268°. Il se sublime à une température peu élevée en cristaux très déliés.

$(C^9H^9O^2)^2Ca + 2H^2O$. — Cristaux ayant la même solubilité à froid et à chaud.

$(C^9H^9O^2)^2Ba + 4H^2O$. — Aiguilles solubles dans l'eau.

$C^9H^9O^2K$. — Prismes très solubles dans l'eau. La dissolution est précipitée par les sels des métaux lourds.

Amide, $C^6H^3(CH^3)(CH^3)(CO.AzH^2)$. — Cristallise dans l'eau bouillante en longues aiguilles, fusibles à 186°.

Acide oxy-isoxylique (1),

$$C^6H^3(CH^3)_{(1)}(CH^3)_{(4)}(CO^2H)_{(3)}(OH)_{(2)}.$$

— On obtient ce corps par la fusion de l'acide bromoxylique fusible à 174°, avec la potasse caustique. Cet acide-phénol paraît se former en vertu d'une transposition moléculaire. Il se présente en cristaux fusibles à 144°, qui sont colorés en bleu par le chlorure ferrique. L'acide chlorhydrique le scinde à 200-210° en acide carbonique et en paraxénol.

Acide oxy-isoxylique (2),

$$C^6H^3(CH^3)_{(1)}(CH^3)_{(4)}(CO^2H)_{(3)}(OH)_{(6)}.$$

— Ce corps, isomère du précédent, se forme dans la même réaction. Il fond à 153°, n'est pas coloré par le chlorure ferrique et se scinde à 200-210°, sous l'influence de l'acide chlorhydrique, en acide carbonique et en paraxénol.

G. de Bechi.

XYLITONE, $C^{12}H^{18}O$. — En soumettant à la distillation fractionnée le résidu de la préparation de la phorone de l'acétone, on isole une portion qui passe de 245 à 255° et dont on peut séparer une huile jaunâtre, très mobile, qui bout à 251-252°; Pinner lui a donné le nom de *xylitone*. Elle possède une odeur de géranium, est insoluble dans l'eau, soluble dans l'alcool et dans l'éther. Les acides concentrés la résinifient et les oxydants l'attaquent. Elle se combine avec le bisulfite de sodium, mais la combinaison n'a pas été étudiée [Pinner, *Deutsch. chem. Gesellsch.*, 1882, p. 589 et 591; et *Bull. Soc. chim.*, t. XXXVIII, p. 287].

XYLOPHTALIQUES (ACIDES). — On a donné le nom d'acides *xylophtaliques* à des corps dans lesquels le groupe OH d'un des carbonyles de l'acide phtalique est remplacé par le radical xylyle $[C^6H^3(CH^3)^2]$. On connaît les dérivés des trois xylènes isomériques [F. Meier, *Deutsch. chem. Gesellsch.*, 1882, p. 636].

Acide orthoxylophtalique,

$$C^6H^3(CH^3)_{(1)}(CH^3)_{(2)}(CO.C^6H^4.CO^2H)_{(4)}.$$

— On fait agir l'anhydride phtalique sur l'orthoxylène en présence de chlorure d'aluminium.

L'acide orthoxylophtalique cristallise en prismes microscopiques, renfermant 1 molécule H^2O. Séché à 140°, il perd de l'eau et fond à 161°,5. Par fusion avec la potasse caustique, il se scinde en acide benzoïque et en acide paraxylique.

Acide métaxylophtalique,

$$C^6H^3(CH^3)_{(1)}(CH^3)_{(3)}(C.C^6H^{11}CO^2H)_{(4)}.$$

— On dissout 1 p. d'anhydride phtalique dans 3 p. de métaxylène, on ajoute 1 ½ p. de chlorure d'aluminium et on chauffe au bain-marie pendant une demi-heure. Le corps formé cristallise en fines aiguilles. La potasse fondante le scinde en acide xylique

$$C^6H^3(CH^3)_{(1)}(CH^3)_{(3)}(CO^2H)_{(4)},$$

fusible à 126° et en acide benzoïque.

Acide paraxylophtalique,

$$C^6H^3(CH^3)_{(1)}(CH^3)_{(4)}(CH.C^6H^4.CO^2H)_{(2)}.$$

— Se prépare comme les précédents en partant du paraxylène. Il constitue une masse vitreuse, à peine soluble dans l'eau.

La potasse fondante transforme ce corps en acide isoxylique et en acide benzoïque.

G. de Bechi.

XYLOQUINONES. — On connaît actuellement les trois xyloquinones prévues par la théorie, dérivant des trois xylènes isomériques.

ORTHOXYLOQUINONE,

$$C^6H^2(CH^3)_{(1)}(CH^3)_{(2)}(O^2)_{(3.6)}.$$

— On peut obtenir ce corps en oxydant la diamine dérivée de l'amido-azo-orthoxylène,

$$\begin{array}{l} Az_{(3)}C^6H^3(CH^3)_{(1)}(CH^3)_{(2)} \\ \| \\ Az_{(3)}C^6H^2(CH^3)_{(1)}(CH^3)_{(2)}(AzH^2)_{(6)} \end{array}$$

ou en oxydant l'orthoxylidine,

$$C^6H^3(CH^3)_{(1)}(CH^3)_{(2)}(AzH^2)_{(3)},$$

obtenue par nitration de l'orthoxylène. Cette oxydation s'effectue au moyen du dichromate de potassium par la méthode de Nietzki. Le rendement est peu élevé; il atteint à peine 10 % du poids de l'alcaloïde employé [Nölting et Forel, *Deutsch. chem. Gesellsch.*, 1885, p. 2673]. Il se forme à côté de la quinone une huile rouge qu'on enlève en exprimant le produit brut dans du papier à filtre. On achève la purification par une sublimation. On obtient de belles aiguilles jaunes, fusibles à 55°, peu solubles dans l'eau, solubles dans l'alcool et dans l'éther, qui présentent les réactions générales des quinones.

L'*hydroquinone* correspondante forme une masse cristalline blanche, qui fond à 221° en se décomposant.

MÉTAXYLOQUINONE, $C^6H^2(CH^3)_{(1)}(CH^3)_{(3)}(O^2)_{(2.5)}$. — On prépare ce corps comme le précédent, en partant de la xylidine,

$$C^6H^3(CH^3)_{(1)}(CH^3)_{(3)}(AzH^2)_{(5)},$$

ou de la diamine provenant de l'amido-azométaxylène,

$$\begin{array}{l} Az_{(5)}C^6H^3(CH^3)_{(1)}(CH^3)_{(3)} \\ \| \\ Az_{(2)}C^6H^2(CH^3)_{(1)}(CH^3)_{(3)}(AzH^2)_{(5)}. \end{array}$$

La métaxyloquinone cristallise en aiguilles jaunes,

fusibles à 73°. L'*hydroquinone* correspondante fond à 149°.

Dibromométaxyloquinone. — On l'obtient en faisant agir le brome sur le mésitol,

$$C^6H^2(CH^3)^3(OH)$$

[Jacobsen, *Liebig's Ann. Chem.*, t. CXCV, p. 271]. Ce corps est identique avec la substance décrite par Fittig et Hoogewerff sous le nom de dibromoxénol [*Ann. Chem.*, t. CL, p. 333]. La dibromométaxyloquinone cristallise dans l'alcool en lamelles d'un jaune d'or, fusibles à 176° (corr.), qui peuvent être sublimées sans décomposition en opérant avec précaution. La potasse caustique d'une concentration moyenne la dissout à froid en la décomposant.

PARAXYLOQUINONE,

$$C^6H^2(CH^3)_{(1)}(CH^3)_{(4)}(O^2)_{(2.5)}.$$

— Ce corps est connu depuis longtemps sous le nom de *phlorone* (t. II, p. 930].

En oxydant par le peroxyde de manganèse et l'acide sulfurique le phénol brut bouillant à 194-235°, on obtient un mélange de toluquinone et de xyloquinone qu'on transforme en hydroquinones correspondantes.

Ces deux corps peuvent être aisément séparés en mettant à profit leur différence de solubilité dans la benzine. L'hydroxyloquinone est presque insoluble dans cet hydrocarbure, tandis que l'hydrotoluquinone s'y dissout. Par l'acide nitrique, on transforme aisément l'hydroxyloquinone en quinone [Carstanjen, *Journ. prakt. Chem.* (2), t. XXIII, par 421].

La xyloquinone se forme également en oxydant le xénol brut ou la xylidine brute. Cette dernière renferme toujours en effet une certaine quantité de paraxylidine qui peut aller jusqu'à 25 °/₀ du poids de l'alcaloïde brut. En oxydant la paraxylidine pure par le dichromate de potassium (méthode de Nietzki), MM. Nölting et Forel ont obtenu 70 °/₀ de xyloquinone [*Deutsch. chem. Gesellsch.*, 1885, p. 2674].

Enfin, on peut préparer la paraxyloquinone en oxydant la diamine correspondante,

$$C^6H^2(CH^3)_{(1)}(CH^3)_{(4)}(AzH^2)_{(2)}(AzH^2)_{(5)},$$

fusible à 146°,5-147°.

La paraxyloquinone est moins soluble dans l'eau que ses homologues inférieurs. Elle cristallise en belles aiguilles d'un jaune d'or, fusibles à 123°.

L'hydroquinone correspondante fond à 210° [Nietzki, *Deutsch. chem. Gesellsch.*, 1880, p. 472].

Monochloroxyloquinone. — On l'obtient par oxydation de l'hydroxyloquinone monochlorée; elle cristallise en aiguilles jaunes fusibles à 48°, solubles dans l'alcool, l'éther et l'acide acétique. L'acide sulfureux la transforme en chlorohydrophlorone. Elle se dissout dans l'acide chlorhydrique concentré et bouillant en fournissant de l'hydrophlorone dichlorée [Carstanjen, *loc. cit*].

Paraxyloquinone dichlorée. — Obtenue par l'action des oxydants sur l'hydroquinone correspondante, elle cristallise en lamelles fusibles à 175°.

Paraxyloquinone dibromée. — Obtenue par l'action de l'eau de brome sur la paraxyloquinone, elle cristallise en fines lamelles d'un jaune d'or, fusibles à 184°, solubles dans l'éther et dans la benzine, peu solubles dans l'alcool froid (Carstanjen).

Hydroparaxyloquinone monochlorée. En faisant agir l'acide chlorhydrique concentré sur la paraxyloquinone, on obtient un mélange d'hydroquinones *mono-* et *dichlorées* qu'on sépare par l'alcool. Le dérivé monochloré, plus soluble, reste dans la liqueur mère. Il cristallise en aiguilles fusibles à 147°, facilement solubles dans l'eau à chaud, dans l'alcool et dans l'éther. Le chlorure ferrique le colore en violet.

Le *dérivé dichloré*, moins soluble, se sépare d'abord de la dissolution alcoolique étendue d'eau sous la forme d'aiguilles incolores, fusibles à 173-175°. Ce corps réduit les sels d'argent à chaud, avec formation d'un miroir d'argent métallique.

Dibenzoylparahydroxyloquinone,

$$C^6H^2(CH^3)^2(OCOC^6H^5)^2$$

[Staedel et Hölz, *Deutsch. chem. Gesellsch.*, 1885, p. 2922]. — Le chlorure de benzoyle transforme l'hydroxyloquinone en un dérivé dibenzoylé, qui cristallise dans l'alcool en fines aiguilles brillantes, fusibles à 160°. L'acide nitrique (D = 1,52) transforme ce corps en un dérivé nitré qui cristallise dans l'acide acétique en aiguilles fusibles à 138-139°. Le brome fournit un dérivé bromé fusible à 145-146°.

Diéthylhydroxyloquinone,

$$C^6H^2(CH^3)^2(OC^2H^5)^2.$$

— On chauffe au bain-marie, en vase clos, 1 molécule d'hydroxyloquinone avec 2 molécules de potasse caustique et 2 molécules de bromure d'éthyle. On traite par l'eau et on fait cristalliser le résidu dans l'alcool.

La diéthylhydroxyloquinone forme des lamelles blanches, douées d'une odeur prononcée de menthe et fusibles à 105-106°. G. de Bechi.

XYLORCINE [Pfaff, *Deutsch. chem. Gesellsch.*, 1883, p. 1135]. — Ce corps, homologue supérieur de l'orcine, s'obtient en traitant par le nitrite de sodium et l'eau le chlorhydrate d'amidoxénol (voy. XÉNOL). On épuise par l'éther, on dessèche dans le vide et on sublime.

On obtient ainsi la xylorcine,

$$C^6H^2(CH^3)^2(OH)^2,$$

sous la forme de lamelles fusibles à 124°,5-125°, solubles dans l'eau, l'alcool et l'éther, et douées d'une saveur acide. Par addition d'eau de brome à une dissolution de xylorcine, on obtient un précipité floconneux blanc.

L'anhydride acétique transforme à l'ébullition la xylorcine en un dérivé diacétylique, bouillant à 285-287°, qui se solidifie dans le vide sur l'acide sulfurique. Il cristallise dans l'alcool en prismes vitreux, fusibles à 45°, peu solubles dans l'eau froide, solubles dans l'alcool et dans l'éther. La xylorcine a une grande tendance à fournir des produits de condensation fluorescents. Il suffit par exemple de la chauffer avec de l'acide acétique en présence d'acide sulfurique concentré. Ces produits n'ont pas été étudiés. G. de Bechi.

XYLYLACÉTONE [Syn. *Dixylyle-carbonyle*],

$$C^{17}H^{18}O = [CH^3)^2 = C^6H^3]^2 = CO.$$

— Cette acétone se forme lorsqu'on fait passer du chlorure de carbonyle dans du métaxylène refroidi à — 15°, en présence de chlorure d'aluminium; on lave le produit à l'eau et à la potasse et on distille ensuite. On obtient ainsi un liquide qui bout à 340° et ne se solidifie pas à — 60°. Soumise à l'ébullition avec de la potasse, pendant quelques heures, elle donne un acide

$$C^6H^3(CH^3)^2CO^2H$$

(acide xylique ou isomère), qui, à son tour, fournit par oxydation les acides

$$CH^3.C^6H^3(CO^2H)^2 \text{ et } C^6H^3(CO^2H)^3$$

(acides mésitylénique et trimésique, ou isomères). L'acétone dixylique, chauffée à l'ébullition avec de l'eau pendant quelque temps, donne un carbure $C^{17}H^{18}$ [E. Ador et A. Rilliet, *Deutsch. chem. Gesellsch.*, 1878, p. 399].

XYLYLÈNE-DIAMINES. — On ne connaît

qu'un dérivé des xylylène-diamines : c'est la diphénylorthoxylylène-diamine,

$$C^6H^4 \begin{matrix} < CH^2\text{-}AzH.C^6H^5 \\ < CH^2\text{-}AzH.C^6H^5, \end{matrix}$$

décrite par Leser [*Deutsch. chem. Gesellsch.*, 1884, p. 1825].

On obtient ce corps en chauffant, pendant 1 heure, dans un appareil à reflux, du bromure d'orthoxylylène avec un excès d'une dissolution alcoolique d'aniline. On verse dans l'eau le liquide qui s'est coloré en bleu foncé; on filtre le produit, on lave à l'eau et à l'alcool étendu et on dissout le résidu dans de l'acide chlorhydrique concentré. On précipite par la soude caustique et on purifie par cristallisation dans l'alcool. La diphénylorthoxylylène-diamine cristallise en lamelles incolores, fusibles à 172°; c'est une base faible. L'eau décompose son chlorhydrate. G. de Bechi.

XYLYLGLYOXYLIQUE (ACIDE). — L'acide paraxylylglyoxylique a été préparé récemment par MM. Claus et Wollner [*Deutsch. chem. Gesellsch.*, 1885, p. 1859]. On l'obtient en soumettant à l'oxydation la paraxylylméthylacétone,

$$\begin{matrix} CH^3 \\ CH^3 \end{matrix} > C^6H^4\text{-}CO\text{-}CH^3.$$

Il convient d'opérer avec précaution, pour éviter une oxydation ultérieure. On agite pendant une heure, à la température ordinaire, 15 grammes de xylylméthylacétone avec une dissolution de 31^{gr},6 de permanganate de potassium dans 3-4 litres d'eau. Une petite quantité d'acétone reste inattaquée. On ajoute un acide; il se précipite une huile qui, exposée dans une cloche sur l'acide sulfurique, se prend en une masse cristalline, radiée, constituée par l'*acide xylylglyoxylique*,

$$\begin{matrix} CH^3 \\ CH^3 \end{matrix} > C^6H^3.CO.CO^2H.$$

On exprime rapidement dans du papier à filtre. On obtient ainsi des cristaux fusibles à 70-80°, qui se scindent au-dessus de 200° en CO^2 et en aldéhyde diméthylbenzoïque, $C^6H^3(CH^3)^2(CHO)$. L'acide nitrique donne naissance à cette même aldéhyde. L'acide xylylglyoxylique, traité par l'amalgame de sodium en solution alcoolique étendue, fournit l'*acide xylylglycolique*,

$$C^8H^9\text{-}CH.OH\text{-}CO^2H.$$

Avec l'anhydride acétique en présence d'acétate de sodium, on obtient l'*acide diméthylcinnamique*, fusible à 132°.

En présence d'acide sulfurique concentré, l'acide xylylglyoxylique donne avec le phénol un produit de condensation rouge, insoluble dans l'eau, soluble en rouge fuchsine dans les alcalis.

Les *xylyl-glyoxylates de potassium* et *de sodium* sont solubles dans l'eau et dans l'alcool. Il faut avoir soin, dans leur préparation, d'éviter la présence d'alcalis en excès, car l'acide xylylglyoxylique a une grande tendance à perdre de l'acide carbonique pour fournir l'aldéhyde benzoïque diméthylée.

Sel de calcium,

$$\left(\begin{matrix} CH^3 \\ CH^3 \end{matrix} > C^6H^3.CO.CO^2\right)^2 Ca + 3H^2O.$$

— Cristallise en rosettes.

Sel de baryum,

$$[(CH^3)^2C^6H^3.CO.CO^2]^2Ba + 6H^2O.$$

— Constitue des aiguilles enchevêtrées, peu solubles dans l'eau.

Le sel d'argent est blanc et insoluble.

Éther éthylique,

$$\begin{matrix} CH^3 \\ CH^3 \end{matrix} > C^6H^3.CO.CO^2C^2H^5.$$

— Liquide très réfringent. G. de Bechi.

XYLYLMÉTHYLACÉTONE. — Cette acétone mixte a été préparée par MM. Claus et Wollner [*Deutsch. chem. Gesellsch.*, 1885, p. 1856] en faisant agir le chlorure d'acétyle sur le paraxylène en présence de chlorure d'aluminium :

$$CH^3.COCl + C^6H^4 \begin{matrix} < CH^3{}_{(1)} \\ < CH^3{}_{(4)} \end{matrix}$$

$$= HCl + CH^3.CO.C^6H^3 \begin{matrix} < CH^3{}_{(1)} \\ < CH^3{}_{(4)}. \end{matrix}$$

Voici comment il convient d'opérer : On ajoute à 100 grammes de chlorure d'aluminium assez de sulfure de carbone pour recouvrir le produit et on ajoute, sans chauffer et peu à peu, un mélange de 75 grammes de chlorure d'acétyle et de 100 grammes de paraxylène. Il se produit un abondant dégagement d'acide chlorhydrique. Au bout d'une demi-heure on verse dans l'eau, on lave avec une dissolution étendue de carbonate de sodium pour fixer l'acide acétique et on épuise par l'éther. On évapore l'éther et on distille au moyen d'un courant de vapeur d'eau; le xylène inattaqué et les dernières traces de sulfure de carbone se trouvent ainsi éliminées et l'acétone non volatile avec la vapeur d'eau est isolée par une série de distillations fractionnées.

On obtient la paraxylylméthylacétone sous la forme d'un liquide doué d'une odeur aromatique, agréable, bouillant à 224-225°. Le rendement atteint 60 °/₀. Si on prolonge l'action du chlorure d'acétyle, on n'obtient que des résines; il est donc de la plus haute importance d'arrêter l'opération, comme il a été dit plus haut, avant que la totalité des corps mis en présence ait réagi, si on veut obtenir un rendement élevé en acétone mixte.

La méthylparaxylylacétone ne se solidifie pas à — 14°; sa densité à 19° est de 0,9962. Elle ne se combine pas avec les bisulfites. Elle se dissout dans les acides concentrés; l'eau précipite ces dissolutions.

Traitée par l'acide nitrique, la méthylparaxylylacétone fournit de l'acide isoxylique, fusible à 130°, et de l'acide méthylphtalique.

G. de Bechi.

Y

YTTERBIUM. — M. Marignac, en 1878, découvrit que l'ancienne erbine est un mélange et qu'elle renferme un oxyde inconnu, qu'il appela *ytterbine*. On peut isoler ce corps en chauffant les azotates anhydres d'erbine impure, jusqu'à ce qu'un traitement ultérieur par l'eau fournisse des *sels basiques* insolubles. On renouvelle cette opération jusqu'à ce qu'on obtienne des *sels basiques* dont la solution ne présente plus les bandes d'absorption de l'erbine et de la thuline, ce qui nécessite un travail long et pénible. Le métal n'a pas encore été isolé, mais son poids atomique est, d'après les déterminations de M. Marignac, 172,5. M. Nilson trouva le nombre 174 et, plus tard, le nombre 173,01, comme moyenne de 7 expériences (synthèse du sulfate à partir de l'oxyde); maximum : 173,21; minimum : 172,84.

L'*ytterbine*, Yb^2O^3, est une poudre blanche, infusible (densité : 9,175; chaleur spécifique : 0,0646). Elle se dissout dans les acides, mais lentement à la température ordinaire. Les solutions sont incolores, sans spectre d'absorption dans la partie visible du spectre. Dans la partie ultraviolette, on observe de l'affaiblissement pour les rayons de longueur d'onde 275, 257-252, 232-231 et 227 (Soret). Les sels ont une saveur sucrée et en même temps astringente. Dans l'étincelle le chlorure d'ytterbium fournit un spectre composé d'un grand nombre (72) de raies, presque toutes les mêmes, qu'on avait jusque-là attribuées à l'erbium; d'où il résulte que l'ytterbine forme la majeure partie de l'ancienne erbine (Thalén).

L'*hydrate d'ytterbium* est un précipité volumineux et transparent, qui attire l'acide carbonique de l'air.

Le *sulfate d'ytterbium*, $Yb^2.3SO^4$, est une poudre blanche, ayant pour densité 3,793 et pour chaleur spécifique 0,1039. Le *sulfate cristallisé* renferme $8H^2O$ et forme des cristaux compacts, brillants et incolores; densité, 3,286; chaleur spécifique, 0,1788; il se dissout avec difficulté dans l'eau.

Le sulfate forme avec le sulfate de potassium un sel double, soluble dans la solution saturée de sulfate de potassium.

L'*azotate d'ytterbium* se présente en prismes volumineux, très solubles. Chauffé, il dégage des vapeurs rouges et laisse pour résidu un sous-sel soluble dans l'eau, pourvu que la décomposition n'ait pas été poussée trop loin.

Sélénite d'ytterbium, $Yb^2O^3.4SeO^2,5H^2O$. — Une solution neutre de sélénite de sodium donne avec le sulfate d'ytterbium un précipité volumineux et blanc, qui, traité à 60° par une solution d'acide sélénieux, se tranforme en petits prismes.

Pyrophosphate d'ytterbium et de sodium,

$YbNaP^2O^7$.

— Petits prismes qu'on obtient par l'action du sel de phosphore en fusion sur l'ytterbine (Wallroth).

Oxalate d'ytterbium, $Yb^2.3C^2O^4,10H^2O$. — Poudre blanche, formée d'aiguilles microscopiques, peu solubles, même dans l'eau acidulée. Ce sel perd $7H^2O$ à 100°.

Bibliographie. — Delafontaine, *Compt. rend.*, t. LXXXVII, p. 933; — Lecoq de Boisbaudran, *ibid.*, t. LXXXVIII, p. 1342; — Marignac, *Arch. Sciences phys. et nat.*, t. LXIV, p. 97; *Compt. rend.*, t. LXXXVII, p. 578; — Nilson, *Ofversigt af Kongl. Sv. Vet. Akad. Forhandl.*, 1879, n° 3, p. 41 et 1880, n° 6, p. 3; — Soret, *Arch. Sciences phys. et nat.* (3), t. III, p. 413; — Thalén, *Ofversigt af Kongl. Sv. Vet. Akad. Forhandl.*, 1881, n° 6, p. 13; — Wallroth, *loc. cit.*, 1883, n° 3, p. 40. P.-T. Cleve.

YTTRIUM. — *Extraction*. — M. Auer von Welsbach [*Monatsh. f. Chem.*, t. IV, p. 630] a proposé pour la séparation des terres de l'yttria et de celles de la cérite de chauffer la solution des azotates avec les oxydes en suspension dans l'eau. Il se forme alors des sous-sels peu solubles, des oxydes moins basiques, les plus basiques restant en solution à l'état d'azotates neutres.

Poids atomique. — Le poids atomique de l'yttrium a été déterminé en 1882 par M. Cleve. Par la synthèse du sulfate à partir de l'oxyde, il a trouvé comme moyenne de douze déterminations le nombre 89,02 (O = 16, SO^3 = 80) ou 88,9 (O = 15,9633 et SO^3 = 79,874) [*Ofvers. af. Kongl. Sv. Vet. Akad. Forh.*, 1882, n° 9, p. 3].

Oxyde d'yttrium. — Densité = 5,046; chaleur spécifique = 0,1026 (Nilson et Pettersson).

Sulfate d'yttrium. — Densité du sulfate anhydre = 2,612; du sulfate cristallisé = 2,540. Chaleur spécifique du sulfate anhydre = 0,1319; du sulfate cristallisé = 0,2257 [Nilson et Pettersson, *Ofvers. af Kongl. Sv. Vet. Akad. Forh.*, 1880, n° 6, p. 45]. P.-T. Cleve.

Z

ZINC. — *Poids atomique*. — Les déterminations entreprises par Baubigny et fondées sur la décomposition du sulfate de zinc pur et anhydre par la chaleur l'ont conduit au nombre 65,33 (avec S = 32).

Propriétés physiques. — Lorsqu'on chauffe le zinc laminé, il éprouve dans sa structure des modifications qui influent considérablement sur les propriétés physiques du métal. Celui-ci prend une texture cristalline qui se manifeste par un aspect moiré. Il perd sa sonorité et fait entendre le *cri* de l'étain quand on le plie. Cette modification a déjà lieu à 130°, tandis que le moiré n'apparaît qu'à une température plus élevée, mais encore au-dessous de 300°. Quelques minutes suffisent pour opérer ces transformations, qui entraînent une augmentation de densité de 0,04 % et une diminution de 3 % dans la conductibilité électrique [Kalischer, *Deutsch. chem. Gesellsch.*, 1881, p. 2747].

Le point d'ébullition du zinc, d'après Violle, est situé à 929°,6 [*Compt. rend.*, t. CXIV, p. 720]. Ce nombre est très voisin de celui auquel était arrivé Edm. Becquerel, soit 932° et ne s'éloigne guère de 942° observé par H. Deville et Troost qui avaient rectifié leurs indications antérieures [*Compt. rend.*, t. XC, p. 773 et XCIV, p. 788].

Propriétés chimiques. — Le zinc s'unit sous l'influence d'une forte compression à l'arsenic, au soufre, au phosphore. En soumettant à une pression de 6500 atmosphères un mélange de limaille de zinc et d'arsenic en poudre, dans le rapport de Zn^3 à As^2, pulvérisant la masse produite et soumettant la poudre à une nouvelle compression, M. Spring a obtenu une masse homogène, à éclat métallique, à cassure lamelleuse, soluble dans l'acide chlorhydrique avec dégagement d'hydrogène arsénié.

Le soufre donne de même avec le zinc une masse ressemblant à la blende [W. Spring, *Ann.*

Chim. Phys., (5) t. XXII, p. 170 et *Bull. Soc. chim.*, t. XL, p. 520; — voir aussi à ce sujet les observations de Jannettaz, Neel et Clermont, *Bull. Soc. chim.*, t. XL, p. 51, et de Friedel, *ibid*, p. 526].

A. J. C. Snyders a étudié l'action du zinc sur les solutions salines et n'a guère fait que préciser ce qui était déjà connu [*Deutch. chem. Gesellsch.*, 1878, p. 936].

Poudre de zinc. — Un mélange de poudre de zinc avec la moitié de son poids de soufre s'enflamme au contact d'une allumette et brûle à la manière de la poudre, avec une flamme verte et sans laisser de résidu; le mélange détone sous le choc.

La vapeur de sulfure de carbone porte la poudre de zinc à l'incandescence, en produisant du sulfure de zinc et un dépôt de charbon. Si le sulfure de carbone est mélangé d'hydrogène sulfuré, il y a production de méthane et d'hydrogène. Un mélange de sulfure de carbone en vapeur et de gaz ammoniac donne naissance à du cyanure d'ammonium, de l'hydrogène et du méthane [H. Schwarz, *Deustch. chem. Gesellsch.*, 1882, p. 2505; — *Bull. Soc. chim.*, t. XXXIX, p. 211].

Hydrure de zinc. — D'après Leeds [*Deutsch. chem. Gesellsch.*, 1876, p. 1456], l'hydrogène préparé par l'action du zinc sur un acide entraîne du zinc, qui donne à la flamme une couleur bleue. On peut retrouver le métal dans les liquides qui servent à laver le gaz pour le purifier.

Alliages du zinc. — Le zinc forme avec quelques métaux du groupe du platine des combinaisons douées de propriétés remarquables et découvertes par H. Deville et Debray [voyez Rhodium et Ruthénium].

Bromure de zinc. — *Oxybromures.* —

1° $ZnBr^2.4\,ZnO + 13\,H^2O$.

Lamelles nacrées se déposant par le refroidissement d'une solution concentrée de bromure de zinc, additionnée à chaud d'un léger excès d'oxyde de zinc.

Le même oxybromure, mais renfermant $10\,H^2O$, s'obtient sous la forme d'une poudre blanche lorsqu'on chauffe jusqu'à dissolution complète 100 grammes de bromure de zinc avec 30 grammes d'oxyde de zinc et du bromure d'ammonium.

Enfin cet oxybromure s'obtient avec $19\,H^2O$ lorsqu'on précipite incomplètement le bromure de zinc par l'ammoniaque.

2° $ZnBr^2.5\,ZnO + 6\,H^2O$. — Petits cristaux brillants, obtenus en chauffant à 200° une solution concentrée de bromure de zinc avec de l'oxyde de zinc.

3° $ZnBr^2.6\,ZnO + 35\,H^2O$. — Il se produit par un lavage prolongé de l'oxybromure

$$ZnBr^2.4\,ZnO + 10\,H^2O$$

et renferme 2 à 3 °/₀ d'ammoniaque [G. André, *Bull. Soc. chim.*, t. XXXIX, p. 400].

Bromures ammoniacaux. — Le bromure ammoniacal $ZnBr^2.2\,AzH^3$ décrit par Rammelsberg et obtenu par le refroidissement d'une solution de bromure de zinc dans l'ammoniaque chaude renferme 1 molécule d'eau, d'après G. André. On obtient un autre hydrate,

$$3\,(ZnBr^2.2\,AzH^3).H^2O,$$

en dissolvant de l'hydrate de zinc dans une solution bouillante de bromure d'ammonium, à 33 °/₀: le produit se dépose par le refroidissement en cristaux mamelonnés incolores. Ce dernier corps, chauffé à 200° avec de l'eau, abandonne sur les parois du tube des écailles brillantes et légères de l'*oxybromure ammoniacal*

$$ZnBr^2.3\,ZnO.2\,AzH^3 + 5\,H^2O.$$

Bromure $3\,ZnBr^2.8\,AzH^3 + 2\,H^2O$. — Il se dépose par l'évaporation d'une solution de bromure de zinc dans l'ammoniaque.

Bromure $3\,ZnBr^2.10\,AzH^3 + H^2O$. — Obtenu en faisant passer un courant de gaz ammoniac dans une solution saturée de bromure de zinc, jusqu'à redissolution du précipité.

Bromure $ZnBr^2.5\,AzH^3$. — On dissout le bromure de zinc dans de l'ammoniaque fortement refroidie, on sature de gaz ammoniac et, après avoir redissous à une douce chaleur le précipité cristallin produit, on obtient ce bromure ammoniacal, par le refroidissement, en cristaux brillants qui perdent leur éclat à l'air.

Tous ces dérivés ammoniacaux sont décomposés par l'eau [G. André, *Bull. Soc. chim.*, t. XXXIX, p. 378].

Chlorure de zinc. — La densité de vapeur prise vers 900° confirme la formule $ZnCl^2$. Densité observée = 66,57 (H = 1); densité théorique = 68 [V. Meyer et Züblin, *Deutsch. chem. Gesellsch.*, 1880, p. 811].

Oxychlorures. — Lorsqu'on chauffe 150 grammes de chlorure de zinc fondu avec 400 centimètres cubes d'eau et 40 grammes d'oxyde de zinc et qu'on dissout le précipité dans une solution concentrée et bouillante de sel ammoniac, on obtient par le refroidissement une poudre blanche, douce au toucher, qui a pour composition $2\,ZnCl^2.5\,ZnO + 26\,H^2O$. Les lavages à l'eau le convertissent en un autre oxychlorure $2\,(ZnCl^2.2\,ZnO) + 11\,H^2O$ [G. André, *Compt. rend.*, t. XCIV, p. 1524].

Oxyde de zinc. — L'oxyde provenant de la calcination du carbonate ou de l'hydrate est amorphe, tandis que la calcination de l'azotate donne un oxyde cristallin (pyramides hexagonales); densité = 5,78 [Brügelmann, *Zeitsch. analyt. Chem.*, t. XIX, p. 283].

Pour dissoudre l'oxyde de zinc dans la potasse, il faut employer celle-ci en excès; mais on peut alors neutraliser cet excès par un acide, sans précipiter l'oxyde de zinc, jusqu'à ce que la solution renferme l'oxyde de zinc et la potasse dans le rapport exigé par la formule ZnO^2K^2. Un excès d'eau précipite cette solution.

Avec la solution ammoniacale, on obtient la combinaison $Zn(AzH^4)^2O$ [A. B. Prescott, *Amer. chem. Soc.*, t. II, p. 27].

Peroxyde de zinc. — Les indications de Thenard relatives au peroxyde de zinc sont confirmées par Haas [*Deutsch. chem. Gesellsch.*, 1884, p. 226]. Le produit obtenu en traitant l'hydrate de zinc par le peroxyde d'hydrogène additionné d'acide chlorhydrique, puis neutralisant par l'ammoniaque, a une composition représentée par Zn^3O^5 ou Zn^5O^8, c'est-à-dire que l'oxyde ZnO a fixé 0,60 à 0,68 d'oxygène pour un atome contenu dans ZnO (un peu plus de la moitié d'après Thenard). Ce peroxyde résiste en partie à une température de 120°, ce qui, joint à d'autres considérations, éloigne l'idée que l'on n'a affaire qu'à de l'oxyde de zinc retenant du peroxyde d'hydrogène.

Sulfure de zinc. — Le sulfate de zinc est entièrement précipité par son équivalent de sulfhydrate de sodium; mais avec le double de cette quantité on obtient une liqueur limpide, ou opalescente, d'où la soude précipite du sulfure de zinc et qui, neutralisée par un acide, donne le *sulfhydrate* $Zn(SH)^2$. Abandonnée à elle-même, cette solution laisse déposer un précipité qui se redissout si l'on chauffe [J. Thomsen, *Deutsch. chem. Gesellsch.*, 1878, p. 2044].

Phosphure de zinc. — Le phosphure Zn^3P^2, obtenu en chauffant sous pression du zinc et du phosphore dans les proportions indiquées par la formule, est une masse cristalline qui ne perd du phosphore qu'à une température élevée, sans fondre [Emmerling, *Deutsch. chem. Gesellsch.*, 1879, p. 154].

SELS DE ZINC.

AZOTATE DE ZINC. — Lorsqu'on chauffe l'azotate de zinc cristallisé avec 6 H^2O jusqu'à ce qu'il commence à émettre des vapeurs nitreuses, le résidu a pour composition $2\ (AzO^3)^2Zn + 3\ H^2O$ [A. Ditte, *Compt. rend.*, t. LXXXIX, p. 642].

Azotate ammoniacal. — Lorsqu'on sature de gaz ammoniac une solution d'azotate de zinc, et qu'on évapore à une douce chaleur, on obtient, par le refroidissement, des cristaux déliquescents, solubles dans un peu d'eau, décomposables par un excès d'eau et renfermant

$$(AzO^3)^2Zn.4\ AzH^3 + 2/3\ H^2O.$$

Azotate basique ammoniacal,

$$6\ AzO^3Zn.7\ ZnO.4\ AzH^3 + 18\ H^2O.$$

— On obtient ce sel en chauffant une solution concentrée d'azotate d'ammonium avec de l'oxyde de zinc précipité. Il se dépose par refroidissement en cristaux radiés, insolubles dans l'eau froide et décomposables par l'eau bouillante [G. André, *Compt. rend.*, t. C, p. 638].

HYPOPHOSPHITE. — La densité du sel cristallisé $(PO^2H^2)^2Zn + 6\ H^2O$ est égale à 2,020 à 20°.

PHOSPHATE ACIDE DE ZINC,

$$(PO^4)^2ZnH^4 + 2\ H^2O.$$

— Gros prismes anorthiques, limpides, inaltérables à l'air, décomposables par l'eau, obtenus en dissolvant l'oxyde de zinc dans l'acide phosphorique, au bain-marie. Les cristaux se forment après 12 heures de repos.

L'action de l'eau sur cet acide fournit une poudre cristalline insoluble, renfermant

$$(PO^4)^4Zn^5H^2 + 4\ H^2O\ ;$$

ce n'est peut-être qu'un mélange de plusieurs sels [Demel, *Deutsch. chem. Gesellsch.*, 1879, p. 1171].

SULFITES DOUBLES, $(SO^3)^4Zn^3K^2 + 7\ \frac{1}{2}\ H^2O$. — Poudre cristalline blanche, se déposant, après quelque temps, d'une solution de sulfite de zinc dans un excès de sulfite de potassium.

$(SO^3)^4Zn^3Na^2 + 7\ \frac{1}{2}\ H^2O$. — Petits cristaux grenus, se déposant par le refroidissement

$$(SO^3)^2Zn\,(AzH^4)^2.$$

Croûtes cristallines, se déposant d'une solution chaude de chlorure de zinc dans l'ammoniaque et le chlorure d'ammonium, saturée par l'acide sulfureux [Berglund, *Bull. Soc. chim.*, t. XXI, p. 213]

SULFATE AMMONIACAL. — Lorqu'on dissout du sulfate de zinc cristallisé dans de l'ammoniaque froide, et qu'on continue à faire passer du gaz ammoniac dans la solution refroidie, le liquide se sépare par le repos en deux couches, non miscibles. La couche inférieure est huileuse, fait déjà observé par G. Müller, et abandonne lentement des cristaux tabulaires qui renferment

$$SO^4Zn.4\ AzH^3 + 3\ H^2O$$

(d'après Müller, des tétraèdres avec 2 H^2O). Si on continue à faire passer de l'ammoniaque dans la couche huileuse, elle abandonne des aiguilles feutrées, très déliquescentes, de même composition. Quant au liquide huileux lui-même, il renferme le zinc et l'ammoniaque dans un rapport très voisin de 1 à 3. Le liquide supérieur ne renferme que très peu de zinc [G. André, *Bull. Soc. chim.*, t. XLIII, p. 272].

ZINC (ANALYSE). — DOSAGE DU ZINC. — L'essai du zinc commercial, ainsi que de la poudre de zinc, peut se faire en recueillant l'hydrogène dégagé par l'action de l'acide chlorhydrique, ou en pesant cet hydrogène sous forme d'eau, après l'avoir desséché et brûlé par l'oxyde de cuivre [R. Fresenius, *Zeitschr. analyt. Chem.*, t. XVII, p. 465]. Beilstein et Jawein ont fait connaître un dispositif pour déterminer le volume d'hydrogène dégagé [*Deutsch. chem. Gesellsch.*, 1885, p. 947].

Dosage électrolytique. — On a proposé un grand nombre de procédés pour séparer et doser le zinc par voie électrolytique ; nous indiquerons les principaux.

Procédé Parodi et Mascazzini. — On soumet à l'électrolyse, après l'avoir privée par les moyens ordinaires, du fer, du plomb et du cuivre, une solution de sulfate de zinc en présence d'acétate ammonique, en employant comme électrode négative un fil de platine sur lequel vient se déposer le zinc [*Gazz. chim. ital.*, 1877].

Procédé A. Riche. — Il repose sur l'électrolyse d'une solution acétique ou sulfurique de zinc, additionnée de sulfate ammonique. Le dépôt est bien adhérent, mais difficile à obtenir en totalité [*Ann. Chim. Phys.*, (5) t. XIII, p. 508].

Procédés Millot. — 1° On précipite le zinc par la potasse et on redissout le précipité dans un excès d'alcali. L'électrolyse de cette solution produit un dépôt rapide et adhérent. La solution doit être exempte d'ammoniaque [*Bull. Soc. chim.*, t. XXXIII, p. 482].

2° Un autre procédé consiste dans l'électrolyse d'une solution en présence de cyanure de potassium. Voici comment il convient d'opérer pour l'essai d'un minerai de zinc :

On dissout 2gr,5 de minerai dans 50 centimètres cubes d'acide chlorhydrique, en ajoutant à l'ébullition un peu de chlorate de potassium ; on évapore à sec et on sépare la silice au besoin. La solution est alors additionnée d'ammoniaque et de carbonate ammonique pour précipiter le plomb, la chaux, etc. On étend à 500 centimètres cubes et on filtre. On prend 100 centimètres cubes de la liqueur filtrée, représentant 0gr,5 de minerai, on y ajoute 1 gramme de cyanure de potassium et on soumet à l'électrolyse. L'électrode positive est formée par un cylindre en toile de platine, l'électrode négative est un cône creux de platine ; ces électrodes sont distantes l'une de l'autre de quelques millimètres. Avec deux éléments Bunsen, il faut 9 ou 10 heures pour le dépôt des dernières traces de zinc. Le cône de platine sur lequel se dépose ce métal est lavé à l'eau et à l'alcool, puis séché et pesé ; on le lave alors à l'acide chlorhydrique et on le pèse de nouveau.

Belstein et Jawein avaient recommandé un procédé analogue, consistant à soumettre à l'électrolyse une solution de zinc incomplètement précipitée par la potasse, puis additionnée de cyanure de potassium pour redissoudre le précipité. Le dépôt produit est très compact et s'effectue à raison de 0gr,1 de zinc par heure avec quatre éléments Bunsen. D'après Millot, ce procédé a l'inconvénient d'attaquer le platine des électrodes.

Pour éviter l'attaque provenant de la décomposition du sel ammoniac, il ajoute 5 centimètres cubes d'une solution saturée d'acétate d'ammoniaque à la solution ; ce sel absorbe le chlore mis en liberté par l'électrolyse [*Bull. Soc. chim.*, t. XXXVIII, p. 339].

Procédé Alex. Classen et A. Von Reis. — Ces chimistes déterminent le dépôt du zinc en opérant sur une solution additionnée d'oxalate ammonique. Le dépôt est très adhérent [*Deutsch. chem. Gesellsch.*, 1881, p. 2781].

Séparation du zinc. — M. Zimmermann sépare

le zinc des métaux du même groupe en ajoutant du sulfocyanate d'ammonium à la solution des sels tout à fait neutralisée par le carbonate de sodium, chauffant à 70° et faisant passer dans la solution un courant d'hydrogène sulfuré. Le zinc seul est précipité [*Liebig's Ann. Chem.*, t. CXCIX, p. 1; — *Bull. Soc. chim.*, t. XXXIV, p. 713].

Zinc et nickel. — Le zinc est entièrement précipité à froid par l'hydrogène sulfuré dans une solution rendue acide par l'acide citrique; le nickel reste. Pour utiliser cette réaction, M. Beilstein additionne d'ammoniaque la solution un peu étendue des sulfates ou nitrates, puis l'acidule par l'acide citrique [*Bull. Soc. chim.*, t. XXXII, p. 605].

Zinc et cadmium. — M. Clarke Hutchinson précipite la solution par le carbonate de sodium et fait digérer le précipité avec du carbonate ammonique, qui ne dissout, d'après cet auteur, que le carbonate de zinc. Le dosage du zinc peut s'effectuer volumétriquement, dans la solution filtrée, par le sulfure de sodium [*Chem. News*, t. XLI, p. 28].

En électrolysant à l'aide de deux couples Daniell la solution additionnée d'acétate de sodium et d'un peu d'acide acétique, le cadmium seul dépose au pôle négatif, d'après M. A. Yver [*Bull. Soc. chim.*, t. XXXIV, p. 18].

M. Kupferschlaeger précipite le cadmium par le zinc pur, en opérant sur les sulfates neutres, en solution privée d'air par l'ébullition. Le dépôt de cadmium est lavé à l'eau bouillie, puis à l'alcool, séché à l'abri de l'air et pesé [*Bull. Soc. chim.*, t. XXXV, p. 594].

Ed. Willm.

ZIRCONIUM. — *Poids atomique.* — M. Weibull [*Lunds universitets Arsskrift*, 1883] a publié une série de déterminations du poids atomique du zirconium. Il a calciné le sulfate anhydre et trouvé comme moyenne de sept expériences le nombre 89,53.

COMBINAISONS DU ZIRCONIUM AVEC LES CORPS HALOGÈNES.

Chlorure double de zirconium et de potassium. — M. Weibull a obtenu, par la sublimation du chlorure de zirconium en présence de chlorure de potassium, un sel fusible ayant pour composition $ZrCl^4,2KCl$.

L'oxychlorure de zirconium donne, d'après M. Nilson, avec le protochlorure et avec le bichlorure de platine, des sels doubles ayant pour composition :

$$ZrOCl^2.PtCl^4,12H^2O,$$
$$ZrOCl^2.PtCl^2,8H^2O.$$

Le chloroplatinate forme de petits prismes jaunes, presque inaltérables à l'air. Le chloroplatinite se présente en cristaux plus volumineux.

Oxybromure de zirconium,

$$ZrOBr^2 + 8H^2O.$$

— La solution de l'hydrate dans l'acide bromhydrique dépose, par évaporation sur l'acide sulfurique, des aiguilles ressemblant à l'oxychlorure. Si l'on effectue l'évaporation à chaud, la solution dégage des vapeurs d'acide bromhydrique et laisse une masse gommeuse, soluble dans l'eau et ayant pour composition $ZrO.BrOH + 4H^2O$. Par l'ébullition d'une solution étendue de l'oxybromure, on obtient un précipité qui, après des lavages à l'eau chaude, ne contient plus de brome (Weibull).

Oxyiodure de zirconium, $ZrOI^2 + 8H^2O$. — La solution de l'hydrate dans l'acide iodhydrique fournit des aiguilles ressemblant à l'oxychlorure, mais très altérables (Weibull).

Ferrocyanure de zirconium,

$$(ZrO)^2(CAz)^6Fe + n\,Aq.$$

— Le ferrocyanure de potassium donne, avec les solutions neutres des sels de zirconium, des précipités blancs ou verdâtres, très divisés. Les solutions acides prennent par l'addition du ferrocyanure une coloration bleue, due à l'oxydation de l'acide ferrocyanhydrique (Weibull).

Platinocyanure de zirconium. — Lorsqu'on évapore la solution obtenue par double décomposition entre le sulfate de zirconium et le platinocyanure de baryum, il se produit une masse rougeâtre que l'eau décompose en hydrate de zirconium et en acide platinocyanhydrique libre (Weibull).

COMBINAISONS DU ZIRCONIUM AVEC L'OXYGÈNE.

Oxyde de zirconium. — *Préparation.* — On revêt, d'après M. Weibull, un creuset réfractaire d'un enduit intérieur de charbon de cornue et d'amidon; on y met un mélange de 1 p. de zircone pulvérisée et de 4 p. de carbonate de sodium anhydre; on chauffe le creuset couvert au blanc, pendant 1 heure, et on casse le creuset après le refroidissement; on traite le contenu pulvérisé par l'eau. On obtient ainsi un lourd dépôt de zirconate de sodium, qu'on lave avec de l'eau bouillante; on chauffe ensuite avec de l'acide sulfurique étendu avec son poids d'eau; on étend la solution, on ajoute de l'ammoniaque et on porte le tout à l'ébullition; puis on dissout l'hydrate dans l'acide chlorhydrique et on précipite la solution bouillante par l'hyposulfite de sodium. On lave le précipité, on le dissout dans l'acide chlorhydrique et on précipite par l'ammoniaque; l'hydrate ainsi préparé donne, par la calcination, de l'oxyde de zirconium.

Propriétés. — La zircone a pour densité 5,850 et sa chaleur spécifique est 0,1076 (Nilson et Pettersson).

Hydrate de zirconium. — L'hydrate, séché dans le vide ou à 80°, a pour composition

$$2ZrO^2,3H^2O$$

(Paijkull et Weibull).

Peroxyde de zirconium. — Par l'addition d'ammoniaque à un mélange de sulfate de zirconium et de peroxyde d'hydrogène, on obtient un précipité d'hydrate, renfermant du zirconium et de l'oxygène dans le rapport ZrO^3. Après dessiccation, le produit renferme de l'acide azotique [Cleve, *Bull. Soc. chim.*, t. XLIII, p. 57].

Sels de zirconium. — *Azotate de zirconium*, $Zr.4AzO^3,5H^2O$. — Par l'évaporation dans le vide d'une solution d'hydrate dans l'acide azotique, on obtient des feuillets irréguliers, très solubles et fumant à l'air (Paijkull et Weibull). La solution du sel neutre laisse déposer par l'évaporation à 75° une poudre blanche, soluble dans l'eau et dans l'alcool, ayant pour composition $ZrO.2AzO^3,2H^2O$. Par des évaporations répétées de la solution, on obtient finalement une masse gommeuse qui donne, avec l'eau, une solution opalescente. Ce sel basique a pour composition $(ZrO.OH)AzO^3$ (Weibull).

Chlorate de zirconium. — La solution obtenue par double décomposition entre le chlorate de baryum et le sulfate de zirconium laisse déposer, quand on l'abandonne dans le vide sur de la potasse caustique, des aiguilles minces et solubles qui paraissent renfermer $ZrO(ClO^3)^2,6H^2O$ (Weibull).

Sulfite de zirconium. — Le précipité qu'on obtient en traitant les sels de zirconium par les sulfites alcalins renferme, d'après M. Weibull,

$$(ZrO.OH)^2SO^3 + n\,Aq.$$

Hyposulfite de zirconium. — Lorsqu'on ajoute des cristaux d'hyposulfite de sodium à la solution froide et neutre de l'oxychlorure, on obtient un mélange de soufre et d'un sel basique, probablement $(ZrO.OH)^2S^2O^3 + n$ Aq. Si l'on précipite à chaud, on obtient un mélange de soufre et de sulfite basique de zirconium (Weibull).

Sulfates basiques de zirconium. — En dissolvant de l'hydrate de zirconium dans du sulfate de zirconium, M. Paijkull a obtenu des agrégats cristallins ayant pour composition

$$3ZrO^2.4SO^3,15H^2O;$$

les eaux-mères renferment un autre sel cristallin,

$$6ZrO^2.7SO^3,19H^2O.$$

L'eau-mère de ce sel basique ne donne plus de cristaux; mais, en la mélangeant avec une grande quantité d'eau, on obtient un précipité pulvérulent ayant pour composition

$$3ZrO^2.2SO^3,12H^2O.$$

Un sel de cette dernière formule, mais contenant seulement $4H^2O$, a été obtenu par M. Weibull, en portant à l'ébullition la solution d'oxychlorure mélangée avec de l'acide sulfurique.

Lorsqu'on ajoute de l'alcool à la solution du sulfate, on obtient un sel basique, $7ZrO^2.6SO^3$ (Endemann). Par l'action de l'eau sur ce sel, on obtient finalement le sel $2ZrO^2.SO^3$ (Weibull).

Sulfate double de zirconium et de potassium. — M. Paijkull a obtenu un sulfate double,

$$2ZrO^2.SO^3,K^2O.SO^3,14H^2O,$$

en mélangeant 5gr,7 de sulfate neutre de zirconium avec 11gr,4 de sulfate de potassium dissous dans 1 litre. Après quelques jours, la solution dépose des cristaux microscopiques ayant la composition ci-dessus. En chauffant à l'ébullition, on obtient un précipité ayant pour composition

$$2(2ZrO^2,SO^3)K^2O.SO^3,12H^2O.$$

Sélénite de zirconium. — D'après M. Weibull, les sels de zirconium donnent, avec de l'acide sélénieux, un précipité blanc, $ZrO.SeO^3 + 2H^2O$.

Séléniate de zirconium. — Le sel neutre,

$$Zr(SeO^4)^2 + 4H^2O,$$

cristallise en tables hexagonales et tétragonales, très solubles dans l'eau. Ce sel perd $3H^2O$ à 120-130°. La solution diluée du sel neutre se trouble et dépose des sels basiques lorsqu'on la chauffe à l'ébullition (Weibull).

Orthophosphate de zirconium. — M. Weibull a obtenu les sels suivants :

1. $ZrO,H^4,2PO^4$. La solution de l'oxychlorure dans l'acide chlorhydrique étendu donne, avec l'orthophosphate disodique, un précipité blanc, d'une division extrême.

2. $(ZrO,H^2)^3 4PO^4 + 2H^2O$. Il a été obtenu, sous la forme d'un précipité blanc, par l'addition de phosphate sodique à un excès de sulfate de zirconium.

3. $(ZrO)^5H^8 6PO^4 + 5H^2O$. Il a été obtenu par l'action de l'eau bouillante sur le sel 1.

Orthophosphate de sodium et de zirconium,

$$Zr^2Na.3PO^4.$$

— Il a été obtenu, par MM. Wunder et Knop, par l'action du métaphosphate de sodium en fusion sur la zircone. Ce sel double forme des cristaux brillants et microscopiques ayant pour densité 3,12-3,14.

Pyrophosphate de zirconium. — Par l'action de l'acide métaphosphorique en fusion sur la zircone, M. Knop a obtenu un produit cristallin qui paraît avoir pour composition ZrP^2O^7. Le précipité que le sulfate de zirconium produit dans une solution de pyrophosphate sodique, a pour formule $ZrP^2O^7,1\frac{1}{2}H^2O$ (Weibull).

Arséniate de zirconium. — Une solution acidulée d'oxychlorure de zirconium donne, avec l'arséniate sodique, un précipité volumineux ayant pour composition

$$3ZrO^2.2As^2O^5 + 5H^2O$$

(Weibull).

Chromate de zirconium. — L'acide chromique donne, avec l'oxychlorure de zirconium, un précipité jaune, que l'eau décompose (Weibull).

Acétate de zirconium. — L'hydrate de zirconium se dissout aisément dans l'acide acétique et la solution donne, après évaporation, une masse gommeuse ayant pour composition

$$(ZrO.OH)C^2H^3O^2 + H^2O$$

(Weibull).

Oxalate de zirconium. — Lorsqu'on ajoute une solution d'acide oxalique à la solution d'oxychlorure de zirconium, on obtient un précipité blanc, qui se dissout par l'agitation. Si l'on ajoute une plus grande quantité d'acide oxalique, le précipité devient persistant, mais la précipitation n'est pas complète, une certaine quantité de zircone restant dans la solution. Une plus grande quantité encore d'acide oxalique dissout l'oxalate complètement. L'oxalate d'ammonium se comporte de la même manière. L'oxalate précipité a pour composition $ZrO.C^2O^4 + 2H^2O$. La solution de l'oxalate dans la plus petite quantité possible d'acide oxalique donne, après évaporation, une masse amorphe,

$$2ZrO.C^2O^4,Zr.2C^2O^4 + 5H^2O$$

(Weibull). Avec les oxalates alcalins, l'oxalate de zirconium forme des sels doubles et cristallins ayant, d'après M. Paijkull, pour formules :

$$ZrK^4.4C^2O^4 + 4H^2O,$$
$$ZrNa^4.4C^2O^4 + 3H^2O,$$
$$Zr(AzH^4)^4.4C^2O^4 + 3 \text{ ou } 4\ H^2O.$$

Tartrate de zirconium. — Une solution d'acide tartrique dissout l'hydrate de zirconium, mais avec difficulté. Il est insoluble dans les solutions de bitartrates. L'acide tartrique donne avec les sels de zirconium un précipité d'un sel basique, probablement $ZrO.C^4H^4O^6 + ZrO(OH)^2$, auquel l'eau enlève de l'acide tartrique. Le tartrate est soluble dans la potasse et la solution paraît renfermer $K^2ZrO.2C^4H^4O^6 + 2ZrO(OH)^2$ (Weibull.)

P.-T. Cleve.

FIN.

APPENDICE

SUR LES

FORMULES ATOMIQUES DES PRINCIPAUX CORPS SIMPLES ET COMPOSÉS

ET SUR

L'APPLICATION DE PROCÉDÉS GRAPHIQUES

AUX CALCULS NUMÉRIQUES DES DIVERSES COMBINAISONS

PAR

LÉON LALANNE
Membre de l'Institut

ET

G. LEMOINE
Examinateur de sortie à l'École polytechnique

EXPOSÉ PRÉLIMINAIRE

BUT ET ORIGINE DE CET APPENDICE AU DICTIONNAIRE DE CHIMIE.

Le chimiste dans son laboratoire et l'industriel dans son usine ont, à chaque instant, besoin de savoir quel dosage d'une substance il faut employer pour en décomposer une autre, ou bien quelles sont les quantités des produits auxquels donneront lieu certaines réactions chimiques.

Les calculs qui conduisent à ces résultats sont très simples, puisqu'ils dépendent d'une règle de trois, et n'exigent en dernier résultat que des multiplications et des divisions. Mais, comme les questions que l'on peut avoir à résoudre sont extrêmement nombreuses et varient même à l'infini, suivant les données numériques des substances que l'on considère, il était naturel de chercher un moyen propre à épargner le temps consacré à des calculs qui en absorbaient beaucoup.

C'est dans ce but que le docteur Wollaston avait imaginé d'appliquer à l'exécution rapide de ces calculs la règle glissante (*Sliding rule*), si fréquemment employée en Angleterre [1].

M. Clément-Desormes chercha à introduire en France cette application

1. Voir à ce sujet les *Annales de chimie*, t. XC, *Échelle synoptique des équivalents chimiques*, traduit de l'anglais par M. H.-F. Gaultier de Claubry, ou le mémoire original dans les *Philosophical Transactions* de 1814.

spéciale de la règle à calculer. Le corps de l'instrument était en bois et muni de deux réglettes mobiles. Sur les deux faces, on avait collé des échelles gravées avec les inscriptions convenables. Une des faces était consacrée aux *équivalents chimiques;* l'autre, à la conversion des poids et mesures et des monnaies. Une instruction, remarquable par sa clarté et par sa concision, indiquait les usages de l'instrument[1]. Mais cet essai ne paraît pas avoir eu de succès, soit par suite des obstacles que l'on rencontre toujours lorsqu'on veut introduire quelque procédé nouveau dans la pratique journalière, soit encore par d'autres causes, au nombre desquelles il faut compter l'imperfection de l'exécution et la difficulté d'ajustement, causes qui d'ailleurs ne sont pas les seules. Non seulement la fréquence d'emploi de certaines substances varie suivant le genre d'industrie, suivant les études auxquelles on se livre, mais encore, dans un même laboratoire, le nombre et la nature des substances diverses dont on peut avoir à mesurer les quantités varient dans des limites très étendues. Or les inscriptions placées sur les bords de la règle fixe étaient nécessairement limitées en nombre et en étendue, sous peine d'augmenter et d'alourdir démesurément les dimensions de l'appareil. De fait, en présence d'un prix relativement élevé, l'instrument de M. Clément-Desormes ne s'est nullement répandu en France.

Peu de temps après la première publication de l'*Abaque ou Compteur universel*[2], on avait été conduit naturellement à l'appliquer aux calculs des combinaisons des corps, et à proposer, pour l'usage des laboratoires et des usines où l'on emploie des réactions chimiques, un tableau gravé accompagné d'une instruction dont l'ensemble fut publié sous le titre d'*Abaque des équivalents chimiques*.

Une seconde édition, beaucoup plus étendue que la première, fut publiée en 1851. Mais la petitesse de l'échelle à laquelle avait été établi notre Abaque offrait quelques difficultés pour la lecture, et le nombre des inscriptions qu'il avait été possible d'y placer, quoique moins limité que sur les faces latérales des échelles en bois, en restreignait l'usage. Un autre inconvénient a dû contribuer à en éloigner les chimistes. Nous avions, comme M. Clément-Desormes, comme les auteurs les plus accrédités jusqu'à Thenard et même jusqu'à Regnault, rapporté tous les équivalents chimiques à celui de l'oxygène pris pour unité. Or, quelle que soit la créance qu'on attache à l'hypothèse du docteur Prout, les chimistes, depuis une trentaine d'années, s'accordent à prendre l'hydrogène pour unité. La seule chance qu'on puisse avoir de les déterminer à faire usage de procédés graphiques ou mécaniques pour les calculs usuels consiste donc à leur fournir les éléments de ces calculs rapportés à l'unité qu'ils ont aujourd'hui définitivement adoptée, c'est-à-dire les poids atomiques des corps que l'on peut avoir à considérer, en prenant pour unité l'hydrogène et non plus l'oxygène.

C'est ce qui a été fait dans tout le cours de l'ouvrage qui précède cet appendice, et dans cet appendice lui-même.

1. *Règles à calculer*. Conversion des poids et mesures et des monnaies. *Équivalents chimiques*. Au Conservatoire royal des arts et métiers, à Paris, 1823; brochure in-8° de 14 pages.

2. Librairie de L. Hachette et Cie.

Usage des formules atomiques pour la détermination en poids des parties intégrantes des corps et de leurs combinaisons.

On trouvera dans l'article consacré à chacun des corps nommés dans le *Dictionnaire de chimie pure et appliquée* la formule atomique qui exprime la composition de ce corps et au moyen de laquelle on établit facilement, pour un poids déterminé, les poids respectifs des différentes substances qui le constituent.

C'est ainsi qu'en regard du nom de l'*eau* (voir ce mot, t. Ier, p. 1190) la formule H^2O indique que ce protoxyde d'hydrogène renferme 2 atomes d'*hydrogène* (voir ce mot, t. II, p. 72) pesant 2, pour 1 atome d'*oxygène* (t. II, p. 710) pesant 16; ou, en d'autres termes, que 9 grammes d'eau se composent de 1 gramme d'hydrogène et de 8 d'oxygène.

De même, la composition du *sulfate de fer* ou *sulfate ferreux* (voir ce mot, t. Ier, p. 1420) étant exprimée par la formule $SO^4Fe + 7\ H^2O$, lorsque l'on aura trouvé en regard du mot *soufre* S = 32 (t. II, p. 1602), du mot *fer* Fe = 56 (t. Ier, p. 1401), on en conclura facilement que dans 278 grammes de sulfate de fer il en entre 32 de soufre et 48 d'oxygène formant 80 d'acide sulfurique, 56 de fer et 16 d'oxygène formant 72 d'oxyde de fer; enfin 126 d'eau.

Un autre exemple du même genre est donné quand on étudie la composition de l'*azotate de calcium*, vulgairement *nitrate de chaux*, $CaO.Az^2O^5$ (voir *Calcium*, t. Ier, p. 706). Le poids atomique de ce sel se compose des éléments Ca = 40, O = 16, Az^2 = 28, O^5 = 80, de sorte que sur 164 parties il renferme 56 de chaux et 108 d'acide azotique anhydre.

Il est facile de passer des chiffres élémentaires qui sont fournis par la composition atomique de chaque substance, aux chiffres qui correspondent à un poids quelconque et particulièrement à 1000 parties en poids de cette substance.

Ainsi, dans les exemples précédents, les proportions pour 1000 des substances qui entrent dans la composition totale s'obtiennent en réduisant en millièmes les fractions $\frac{2}{18}$ d'hydrogène et $\frac{16}{18}$ d'oxygène qui composent l'eau du premier exemple; les fractions $\frac{80}{278}$ d'acide sulfurique, $\frac{72}{278}$ d'oxyde de fer et $\frac{126}{278}$ d'eau qui constituent le sulfate ferreux dans le second; les fractions $\frac{56}{164}$ d'oxyde de calcium et $\frac{108}{164}$ d'acide azotique qui forment le nitrate de calcium dans le troisième.

S'il s'agissait de déterminer les proportions relatives pour un poids autre que 1000, on multiplierait ce poids par chacune des fractions précédentes après la conversion en millièmes d'unité. L'essence même de ces expressions atomiques consiste dans l'*équivalence chimique* qui existe entre toutes, expression dont le sens n'échappera à aucun de ceux qui possèdent les notions les plus élémentaires de la science. C'est ainsi que, le sulfate de fer et l'azotate de calcium étant tous deux solubles, mais la combinaison de l'acide sulfurique avec la chaux donnant un sel relativement insoluble, on sait d'avance qu'il suffira de mettre en contact les dissolutions des deux sels solubles pour qu'une double décomposition en résulte; et si les quantités employées sont, en poids, celles qui correspondent aux formules atomiques, aux équivalents chimiques, où dans la même proportion, la double décomposition aura lieu complètement et il sera facile de calculer d'avance les poids des diverses parties intégrantes des corps nouveaux qui en résulteront. Le mélange de deux dissolutions concentrées renfermant l'une 278 de sulfate de fer cristallisé, l'autre 164 d'azotate de calcium, donnera lieu à un précipité de 136 de sulfate de calcium et à 180 d'azotate de fer soluble. Il y aura 126 parties d'eau de cristallisation du sulfate de fer, en sus de l'eau employée à dissoudre les substances primitivement mises en contact.

Rien ne sera plus facile que de passer du cas de l'équivalence typique absolue à toutes les questions qui pourront porter sur d'autres chiffres que ceux qui entrent dans la composition des formules. Il ne s'agira que d'établir des proportions, que de résoudre des règles de trois simples. Ainsi, pour savoir quel est le poids d'azotate de calcium nécessaire à la décomposition de 6 kilogrammes de sulfate de fer cristallisé, on posera la proportion : 278, poids atomique du sulfate de fer, est à 164, poids atomique de l'azotate de calcium, comme 6 kilogrammes, poids de la quantité donnée de sulfate de fer, est à 3 kilogrammes $\frac{55}{100}$, poids cherché de l'azotate de calcium.

Tels sont les calculs que l'emploi d'une règle glissante ou d'un abaque convenablement préparés a pour but d'abréger, en remplaçant par de simples lectures à vue les détails des opérations numériques.

TABLEAUX RÉSUMÉS DES FORMULES ATOMIQUES DES PRINCIPAUX CORPS INORGANIQUES ET ORGANIQUES.

Mais, pour éviter la peine de chercher dans l'intérieur du Dictionnaire les formules typiques relatives aux corps sur lesquels on peut avoir à opérer, il nous a paru utile de réunir la majeure partie des données numériques relatives aux corps simples et aux corps composés, tant inorganiques qu'organiques, et de les exposer méthodiquement sous les formes symboliques qui sont devenues depuis longtemps usuelles et dont on a fait exclusivement usage dans le Dictionnaire.

Les formules des tableaux désignés par les lettres A et B sont rangées dans un ordre méthodique dont la clef est donnée par l'énumération même des principales divisions[1], objet des tableaux *a* et *b*.

Il n'en était pas moins désirable que le lecteur pût, sans aucune hésitation, trouver la place et la composition exacte d'un corps qui lui est désigné par sa composition générale ou même simplement par sa dénomination vulgaire. Pour atteindre ce but, il nous a suffi de dresser par ordre alphabétique absolu, sous la désignation C, la liste de tous les corps qui entrent dans nos tableaux, en mettant en regard de chacun des noms l'indication de la place qu'il y occupe. Cette place est indiquée par l'une des deux lettres A et B, suivant qu'il est de

1. La composition entière de ces tableaux est l'œuvre exclusive de M. G. Lemoine.

nature inorganique ou organique, et par le numéro d'ordre dont a été précédée dans la liste méthodique, la subdivision à laquelle il appartient.

Nous commençons d'ailleurs par une liste méthodique abrégée, qui permet d'embrasser d'un seul coup d'œil, en *a* la nomenclature des corps simples, correspondant au tableau A, en *b* l'ensemble des divisions principales des composés organiques, correspondant au tableau B.

---

a. — Tableau synoptique des corps simples.

Corps simple	Symbole et équivalent
1. Aluminium	Al = 27.
2. Antimoine	Sb = 120.
3. Argent	Ag = 108.
4. Arsenic	As = 75.
5. Azote	Az = 14.
6. Baryum	Ba = 137.
7. Bismuth	Bi = 210.
8. Bore	Bo = 11.
9. Brome	Br = 80.
10. Cadmium	Cd = 112.
11. Calcium	Ca = 40.
12. Carbone	C = 12.
13. Cérium	Ce = 138 (Ce^2O^3).
14. Césium	Cs = 133.
15. Chlore	Cl = 35,5.
16. Chrome	Cr = 52,4.
17. Cobalt	Co = 59.
18. Cuivre	Cu = 63,4.
19. Davyum	Pour mémoire.
20. Décipium	Pour mémoire.
21. Didyme	Di = 145.
22. Erbium	Er = 166 (Er^2O^3).
23. Étain	Sn = 118.
24. Fer	Fe = 56.
25. Fluor	Fl = 19.
25 *bis*. Gadolinium	Pour mémoire.
26. Gallium	Ga = 69,9.
26 *bis*. Germanium	Ge = 72,3.
27. Glucinium	Gl { 9,08 (GlO). 13,6 (Gl^2O^3).
28. Holmium	Pour mémoire.
29. Hydrogène	H = 1.
30. Indium	In { 75,6 (InO). 113,4 (In^2O^3).
31. Iode	I = 127.
32. Iridium	Ir = 192,5.
33. Lanthane	La = 138,5 (La^2O^3).
34. Lithium	Li = 7.
35. Magnésium	Mg = 24.
36. Manganèse	Mn = 55.
37. Mercure	Hg = 200.
38. Molybdène	Mo = 96.
39. Nickel	Ni = 58,6.
40. Niobium	Nb = 94.
41. Norvégium	Pour mémoire.
42. Or	Au = 196,2.
43. Osmium	Os = 195.
44. Oxygène	O = 16.
45. Palladium	Pd = 106,5.
46. Philippium	Pour mémoire.
47. Phosphore	Ph = 31.
48. Platine	Pt = 194,5.
49. Plomb	Pb = 207.
50. Potassium	K = 39.
51. Rhodium	Rh = 104.
52. Rubidium	Rb = 85,4.
53. Ruthénium	Ru = 104.
54. Samarium	Pour mémoire.
55. Scandium	Pour mémoire.
56. Sélénium	Se = 79.
57. Silicium	Si = 28.
58. Sodium	Na = 23.
59. Soufre	S = 32.
60. Strontium	Sr = 87,5.
61. Tantale	Ta = 182.
62. Tellure	Te = 128.
63. Terbium	Tr = 98 à 99 (TrO^3).
64. Thallium	Tl = 204.
65. Thorium	Th = 232.
66. Thulium	Pour mémoire.
67. Titane	Ti = 50.
68. Tungstène	W = 184.
69. Uranium	U = 240 (UO^2).
70. Vanadium	V = 51,3.
71. Ytterbium	Pour mémoire.
72. Yttrium	Y = 88,9 (Y^2O^3).
73. Zinc	Zn = 65,4.
74. Zirconium	Zr = 90.

---

b. — Classement méthodique des principaux corps organiques.

(Sous 73 titres principaux.)

Hydrocarbures.

1. Hydrocarbures saturés ou forméniques.
2. — éthyléniques ou oléfines.
3. — acétyléniques.
4. — camphéniques ou térébènes.
5. — aromatiques.
6. Styrolène et ses homologues.
7. Hydrure de naphtaline et ses homologues.
8. Naphtaline et ses homologues.
9. Acénaphtène et ses homologues.
10. Fluorène et ses homologues.
11. Anthracène et ses homologues.
12. Naphtaline benzylée et ses homologues.
13. Pyrène et ses homologues.
14. Chrysène et ses homologues.
15. Hydrocarbures très incomplets.

Alcools monatomiques.

16. Alcool vinique et ses homologues.
17. Alcools acétyliques.
18. Alcool propargylique et ses homologues.
19. Alcools aromatiques.
20. Alcool styrolique et ses homologues.

21. *Alcools diatomiques ou glycols.*

Glycols proprement dits.
Glycols aromatiques.
Saligénine.

22. *Alcools triatomiques, tétratomiques, pentatomiques, hexatomiques.*

Glycérine.
Érythrite.
Pinite et quercite.
Mannite et dulcite.

23. *Phénols monatomiques.*

Phénols dérivés de la benzine.
Phénols dérivés de la naphtaline.

24. *Phénols diatomiques.*

Phénols diatomiques dérivés de la benzine.
Phénols diatomiques dérivés de la naphtaline.

25. *Phénols triatomiques.*

Aldéhydes d'acides monatomiques.

26. Aldéhydes des acides gras.
27. Acroléine.
28. Camphre.
29. Aldéhydes aromatiques.
30. Aldéhyde cinnamique.
31. Acétones.

32. *Aldéhydes d'acides diatomiques.*

33. *Quinones.*

Quinones de la série aromatique.
Quinones de la série de la naphtaline.
Quinones de la série de l'anthracène.

Acides monobasiques.

34. Acides gras.
35. Acide oléique et ses homologues.
36. Acide camphique et ses homologues.
37. Acides aromatiques.
38. Acide cinnamique et ses homologues.

Acides diatomiques et monobasiques.

39. Acide lactique et ses homologues.
40. Acide pyruvique et ses homologues.
41. Acide oxybenzoïque, ses isomères et ses homologues.

Acides diatomiques et bibasiques.

42. Acide oxalique et ses homologues.
43. Acide camphorique et ses homologues.
44. Acides bibasiques de la série aromatique.

Acides polyatomiques.

45. Acides triatomiques et monobasiques.
47. Acides id. et bibasiques.
47. Acides id. et tribasiques.
48. Acides tétratomiques et monobasiques.
49. Acides tétratomiques et bibasiques.
49 *bis.* Acides tétratomiques et tribasiques.
49 *ter.* Acides pentatomiques et monobasiques.
50. Acides hexatomiques.

51. *Éthers.*

Alcaloïdes naturels.

52. Papavéracées (opium).
53. Rubiacées (quinquina).
54. Strychnées.
55. Solanées.
56. Ombellifères.
57. Poivres.
58. Café et thé.
59. Cacao.
60. Grenadier.
61. Alcaloïdes divers.

Alcaloïdes artificiels.

62. Alcalis dérivés des alcools monatomiques.
 Alcalis primaires.
 Alcalis secondaires.
 Alcalis tertiaires.
 Alcalis de la quatrième espèce dérivés de l'oxyde d'ammonium.

63. Alcalis polyatomiques.

64. *Amides.*

65. *Série urique et corps analogues.*

66. *Matières colorantes naturelles.*

67. *Composés organo-métalliques.*

Matières sucrées.

68. Sucres proprement dits.
69. Matières sucrées avec excès d'hydrogène.
70. Glucosides.

71. *Cellulose, amidon, gommes,* etc.

72. *Série pectique.*

73. *Principes immédiats azotés de l'organisme.*

A. — FORMULES ATOMIQUES DES PRINCIPAUX CORPS

INORGANIQUES

1. — Aluminium.

Al = 27,0 (Baubigny).

Oxyde (alumine)	Al^2O^3.
Chlorure	Al^2Cl^6.
Cryolithe	$Al^2Fl^6, 6NaFl$.
Alun de potasse	$(SO^4)^3Al^2 + SO^4K^2 + 24H^2O$.
— d'ammoniaque	$(SO^4)^3Al^2 + (SO^4),(AzH^4)^2 + 24H^2O$.
Feldspath orthose	$K^2O, Al^2O^3, 6SiO^2$.
— albite	$Na^2O, Al^2O^3, 6SiO^2$.
— oligoclase	$Na^2O, Al^2O^3, 5SiO^2$.
— labradorite	$CaO, Al^2O^3, 3SiO^2$.
— anorthite	$CaO, Al^2O^3, 2SiO^2$.

2. — Antimoine.

Sb = 120.

Oxyde	Sb^2O^3.
Antimoniate d'antimoine	Sb^2O^4.
Acide antimonique anhydre	Sb^2O^5.
— antimonique hydraté	$HSbO^3$.
Protosulfure (stibine)	Sb^2S^3.
Pentasulfure	Sb^2S^5.
Protochlorure	$SbCl^3$.
Perchlorure	$SbCl^5$.

3. — Argent.

Ag = 108 (1).

Sous-oxyde	Ag^4O.
Protoxyde	Ag^2O.
Peroxyde	Ag^2O^2.
Sulfure (argyrose)	Ag^2S.
Chlorure	$AgCl$.

4. — Arsenic.

As = 75.

Acide arsénieux (anhydride)	As^2O^3.
— arsénieux hydraté	H^3AsO^3.
— arsénique (anhydride)	As^2O^5.
— arsénique	AsH^3O^4.
Bisulfure (réalgar)	As^2S^2.
Trisulfure (orpiment)	As^2S^3.
Chlorure	$AsCl^3$.
Hydrogène arsénié	AsH^3.
Mispickel	$FeAsS$.

5. — Azote.

Az = 14.

Protoxyde d'azote ou oxyde azoteux	Az^2O.
Bioxyde d'azote ou oxyde azotique	AzO.
Acide azoteux anhydre	Az^2O^3.
Acide azoteux hydraté (hypothétique)	$AzHO^2$.
Acide hypoazotique ou peroxyde d'azote	AzO^2.
Acide azotique anhydre	Az^2O^5.
— — hydraté (ou acide nitrique ou eau forte)	$AzHO^3$.
Ammoniaque	AzH^3.
Chlorure d'azote	$AzCl^3$.
Cyanogène	C^2Az^2 ou Cy^2.
Acide cyanhydrique ou acide prussique	$CAzH$ ou CyH.
Acide cyanique	$CHAzO$.
Acide ferrocyanhydrique	$FeCy^6H^4$.
— ferricyanhydrique	$Fe^2Cy^{12}H^6$.

6. — Baryum.

Ba = 137.

Baryte	BaO.
Bioxyde de baryum	BaO^2.
Monosulfure	BaS.
Trisulfure	BaS^3.
Chlorure anhydre	$BaCl^2$.
Chlorure cristallisé	$BaCl^2 + 2H^2O$.
Sulfate de baryte	$BaSO^4$.

7. — Bismuth.

Bi = 210 (Dumas) (2).

Oxydule	Bi^2O^2.
Oxyde	Bi^2O^3.

(1) Jusqu'ici on admettait pour l'argent le poids atomique 107,9 ; nous prenons 108 à cause des recherches récentes de M. Dumas sur l'influence qu'a, dans ces déterminations, le gaz oxygène retenu par le métal (*Comptes rendus de l'Académie des sciences*, année 1878, 1er semestre, p. 70). Cependant, dans leur revision critique des poids atomiques des corps simples, MM. Clarke, Lothar Meyer et Seubert admettent la valeur 107,7.

(2) M. Marignac a trouvé 207,6 pour le poids atomique du bismuth. Dans leur revision critique des poids atomiques des corps simples, MM. Clarke, Lothar Meyer et Seubert admettent la valeur 207,5.

Anhydride bismuthique .... Bi^2O^5.
Sulfure.............................. Bi^2S^3.
Chlorure............................. $BiCl^3$.

8. — Bore.
Bo = 11.

Acide borique.................. Bo^2O^3.
Acide borique cristallisé......... BoO^3H^3.
Fluorure....................... $BoFl^3$.
Acide hydrofluoborique.......... $BoFl^3, HFl$.
Chlorure de bore............... $BoCl^3$.

9. — Brome.
Br = 80 (1).

Acide hypobromeux hydraté.......... $BrOH$.
— bromique hydraté............. BrO^3H.
— bromhydrique .... HBr.

10. — Cadmium.
Cd = 112 (Dumas).

Oxyde.............................. CdO.
Sulfure............................ CdS.
Chlorure .... $CdCl^2$.

11. — Calcium.
Ca = 40.

Chaux...................... CaO.
Bioxyde.................... CaO^2.
Monosulfure................ CaS.
Bisulfure .... CaS^2.
Pentasulfure............... CaS^5.
Chlorure anhydre........... $CaCl^2$.
— cristallisé.......... $CaCl^2 + 6H^2O$.
Fluorure ou spath fluor, ou fluorine.................. $CaFl^2$.
Sulfate de chaux naturel (gypse) $CaSO^4+2H^2O$.
Carbonate de chaux.......... $CaCO^3$.

12. — Carbone.
C = 12.

Oxyde de carbone .... CO.
Acide carbonique .... CO^2.
Protosulfure ? .... CS.
Bisulfure.......................... CS^2.
Chlorure de Julin.................. C^6Cl^6.
Dichlorure (ou protochlorure)......... C^2Cl^4.
Trichlorure (ou sesquichlorure)....... C^2Cl^6.
Tétrachlorure (ou perchlorure, dichlorure) .... CCl^4.
Oxychlorure (phosgène, acide chlorocarbonique)........................... $COCl^2$.
Oxysulfure........................... COS.

13. — Cérium.

1° L'oxyde étant considéré comme protoxyde .... Ce = 92.
Protoxyde .... CeO.
Oxyde céroso-cérique........ Ce^3O^4.
Sulfure.................... CeS.
Chlorure .... $CeCl^2$.
2° L'oxyde étant considéré comme sesquioxyde, conformément aux recherches les plus récentes.................... Ce = 138 (2).
Sesquioxyde .... Ce^2O^3.
Oxyde céroso-cérique .... Ce^2O^4.
Sulfure..................... Ce^2S^3.
Chlorure.................... Ce^2Cl^6.

14. — Césium.
Cs = 133 (3).

Oxyde anhydre ?..................... Cs^2O.
Hydrate............................. $CsHO$.
Chlorure............................ $CsCl$.

15. — Chlore.
Cl = 35,5.

Acide hypochloreux anhydre.......... Cl^2O.
— hypochloreux hydraté.......... $ClHO$.
— chloreux anhydre.............. Cl^2O^3.
— hydraté....................... $ClHO^2$.
Oxyde hypochlorique .... Cl^2O^4.
Acide chlorique hydraté .... $ClHO^3$.
— perchlorique hydraté .... $ClHO^4$.
— chlorhydrique................. HCl.

16. — Chrome.
Cr = 52,4 (4).

Protoxyde hydraté............... CrO, H^2O.
Oxyde salin..................... Cr^3O^4.
Sesquioxyde..................... Cr^2O^3.
Acide chromique anhydre......... CrO^3.
Bichromate de potassium .... $K^2Cr^2O^7$.
Sesquisulfure .... Cr^2S^3.
Chlorure chromeux ou protochlorure $CrCl^2$.
— chromique ou sesquichlorure......................... Cr^2Cl^6.
Acide chlorochromique............ CrO^2Cl^2.

17. — Cobalt.
Co = 59.

Protoxyde anhydre.................. CoO.
Oxyde salin........................ Co^3O^4
Sesquioxyde........................ Co^2O^3
Chlorure........................... $CoCl^2$.

18. — Cuivre.
Cu = 63,4 (5).

Oxydule ou oxyde cuivreux .. Cu^2O.
Oxyde cuivrique (ou bioxyde). CuO.
Sous-sulfure ou protosulfure (chalcosine).............. Cu^2S.
Sulfure cuivrique ou bisulfure CuS.
Chalcopyrite ou pyrite cuivreuse .... Cu^2S, Fe^2S^3.
Chlorure cuivreux ou sous-chlorure.. .... Cu^2Cl^2.
— cuivrique .... $CuCl^2$.
Sulfate de cuivre cristallisé (vitriol bleu, couperose bleue). $CuSO^4+5H^2O$.

19. — Davyum.

Pour mémoire........... Da = 152 environ.

20. — Décipium (Pour mémoire).

21. — Didyme (6).
Di = 145.

Protoxyde anhydre .... Di^2O^3.
Chlorure............................ Di^2Cl^6.

22. — Erbium.
Er = 166.

Erbine.............................. Er^2O^3.

(1) MM. Clarke, Lothar Meyer et Seubert admettent pour le poids atomique du brome 79,8.
(2) M. Bührig a trouvé pour le poids atomique du cérium 141,3; MM. Wolf et Wing ont trouvé 137; M. Clarke admet 140,4; MM. Lothar Meyer et Seubert 141,2.
(3) Pour le poids atomique du césium, M. Clarke admet 132,6; MM. Lothar Meyer et Seubert, 132,7.
(4) M Baubigny a trouvé de 51,96 à 52,09 pour poids atomique du chrome; M. Clarke admet 52,0; MM. Lothar Meyer et Seubert admettent 52,4.
(5) M. Baubigny a trouvé 63,4 pour le poids atomique du cuivre; MM. Clarke, Lothar Meyer et Seubert admettent 63,2.
(6) M. Auer von Welsbach vient de dédoubler le didyme en deux corps simples distincts.

23. — ÉTAIN.
Sn = 118 (1).

Protoxyde anhydre	SnO.
— hydraté	SnH^2O^2.
Acide stannique anhydre	SnO^2.
Hydrate stannique	SnH^2O^3.
— métastannique ou acide métastannique hydraté	$Sn^5H^2O^{11} + 4H^2O$.
Autres hydrates	$Sn^2H^4O^6$.
— —	$Sn^3H^6O^9$.
Protosulfure	SnS.
Bisulfure (or mussif)	SnS^2.
Chlorure stanneux ou protochlorure	$SnCl^2$.
Chlorure stanneux cristallisé	$SnCl^2 + 2H^2O$.
Chlorure stannique ou bichlorure, ou liqueur fumante de Libavius	$SnCl^4$.
Fluostannate de potassium.	K^2SnFl^6.

24. — FER.
Fe = 56.

Protoxyde ou oxyde ferreux.	FeO.
Oxyde magnétique	Fe^3O^4.
Sesquioxyde ou peroxyde ou oxyde ferrique, ou colcothar ou hématite rouge ou oligiste	Fe^2O^3.
Acide ferrique anhydre (inconnu libre)	FeO^3.
Ferrate de potasse	K^2FeO^4.
Protosulfure	FeS.
Bisulfure (pyrite)	FeS^2.
Sesquisulfure	Fe^2S^3.
Pyrite magnétique	Fe^7S^8.
Chlorure ferreux (protochlorure)	$FeCl^2$.
Chlorure ferrique (sesquichlorure)	Fe^2Cl^6.
Cyanure ferreux (protocyanure)	$FeCy^2$.
Cyanure ferrique (sesquicyanure)	Fe^2Cy^6.
Acide ferrocyanhydrique	$FeCy^6H^4$.
Bleu de Prusse	Fe^7Cy^{18}.
Acide ferricyanhydrique	$Fe^2Cy^{12}H^6$.
Ferrocyanure de potassium cristallisé (prussiate de potasse)	$K^4FeCy^6 + 3H^2O$.
Sulfate de fer cristallisé (vitriol vert, couperose verte).	$FeSO^4 + 7H^2O$.

25. — FLUOR.
Fl = 19.

Acide fluorhydrique	HFl.

25 *bis*. — GADOLINIUM (Pour mémoire).

26. — GALLIUM.
Ga = 69,9.

Protoxyde	GaO ?
Sesquioxyde	Ga^2O^3.
Protochlorure	$GaCl^2$.
Perchlorure	Ga^2Cl^6.

26 *bis*. — GERMANIUM.
Ge = 72,3

27. — GLUCINIUM.

1° Glucine considérée comme protoxyde.
Gl = 9,08.

Glucine	GlO.
Cymophane	Al^2O^3, GlO.
Chlorure	$GlCl^2$.
Émeraude	$Al^2O^3, 3GlO, 6SiO^2$.

2° Glucine considérée comme sesquioxyde.
Gl = 13,6.

Glucine	Gl^2O^3.
Cymophane	$3Al^2O^3, Gl^2O^3$.
Chlorure	Gl^2Cl^6.
Émeraude	$Al^2O^3, Gl^2O^3, 6SiO^2$.

28. — HOLMIUM (Pour mémoire).

M. Lecoq de Boisbaudran vient de dédoubler l'holmium en deux corps simples.

29. — HYDROGÈNE.
H = 1.

30. — INDIUM.

1° Oxyde considéré comme protoxyde.
In = 75,6.

Oxyde	InO.
Chlorure	$InCl^2$.

2° Oxyde considéré comme sesquioxyde, conformément aux recherches les plus récentes relatives à la chaleur spécifique de l'indium et à son alun ammoniacal.
In = 113,4.

Oxyde	In^2O^3.
Chlorure	In^2Cl^6.

31. — IODE.
I = 127 (2).

Acide hypoiodeux anhydre	I^2O.
— — hydraté	IOH.
— iodeux anhydre	I^2O^3.
— iodique anhydre	I^2O^5.
— — hydraté	IO^3H.
— periodique anhydre	I^2O^7.
— — hydraté	IO^4H.
— iodhydrique	HI.

32. — IRIDIUM.
Ir = 192,5.

Protoxyde	IrO.
Sesquioxyde	Ir^2O^3.
Bioxyde	IrO^2.
Acide iridique	IrO^3.
Sesquichlorure	Ir^2Cl^6.
Perchlorure	$IrCl^4$.
Chlorure double d'iridium et de potassium	$2KCl, IrCl^4$.

33. — LANTHANE.

1° Oxyde de lanthane considéré comme protoxyde.
La = 92,3.

Protoxyde anhydre	LaO.
Chlorure	$LaCl^2$.

2° Oxyde de lanthane considéré comme sesquioxyde, conformément aux recherches les plus récentes.
La = 138,5.

Protoxyde anhydre	La^2O^3.
Chlorure	La^2Cl^6.

34. — LITHIUM.
Li = 7.

Lithine anhydre	Li^2O.
— hydratée	$LiHO$.
Chlorure	$LiCl$.

35. — MAGNÉSIUM.
Mg = 24.

Magnésie anhydre	MgO.
Hydrate de magnésie	MgH^2O^2.

(1) Pour le poids atomique de l'étain, M. Clarke admet 117,7; MM. Lothar Meyer et Seubert, 117,4.
(2) Pour le poids atomique de l'iode, M. Clarke admet 126,6; MM. Meyer et Seubert admettent 126,5.

Sulfure	MgS.
Chlorure	$MgCl^2$.
Sulfate de magnésie cristallisé (sel d'Epsom)	$MgSO^4 + 7H^2O$.
Dolomie	$MgO, CaO, 2CO^2$.
Pyrophosphate de magnésie	$Mg^2Ph^2O^7$.
Péridot	$2MgO, SiO^2$.
Pyroxènes	$(Mg, Ca, Fe)SiO^2$.

36. — Manganèse.
$Mn = 55$ (1).

Protoxyde	MnO.
Oxyde salin	Mn^3O^4.
Sesquioxyde	Mn^2O^3.
Peroxyde de manganèse	MnO^2.
Acide manganique anhydre (inconnu libre)	MnO^3.
Manganate de potasse	MnO^4K^2.
Acide permanganique anhydre	Mn^2O^7.
— — hydraté	MnO^4H.
Permanganate de potasse	MnO^4K.
Sulfure	MnS.
Chlorure de manganèse	$MnCl^2$.
— — — cristallisé	$MnCl^2 + 4H^2O$.

37. — Mercure.
$Hg = 200$.

Oxyde mercureux	Hg^2O.
— mercurique	HgO.
Sulfure mercureux	Hg^2S.
— mercurique (cinabre)	HgS.
Chlorure mercureux ou sublimé doux ou calomel	Hg^2Cl^2.
Chlorure mercurique (sublimé corrosif)	$HgCl^2$.
Cyanure	$HgCy^2$.

38. — Molybdène.
$Mo = 96$.

Protoxyde	MoO.
Sesquioxyde	Mo^2O^3.
Bioxyde	MoO^2.
Molybdate de molybdène	$Mo^2O^5 = MoO^2, MoO^3$.
Acide molybdique anhydre	MoO^3.
— — hydraté	MoO^3, H^2O.
Bisulfure (sulfure naturel)	MoS^2.
Trisulfure	MoS^3.
Chlorure	$MoCl^5$.

39. — Nickel.
$Ni = 58,6$ (Baubigny).

Protoxyde	NiO.
Sesquioxyde	Ni^2O^3.
Chlorure	$NiCl^2$.
— cristallisé	$NiCl^2 + 6H^2O$.

40. — Niobium.
$Nb = 94$.

Protoxyde	NbO.
Bioxyde	NbO^2.
Acide niobique anhydre	Nb^2O^5.
— — hydraté	Nb^2O^5, H^2O?
Chlorure	$NbCl^5$.
Oxychlorure	$NbOCl^3$.
Fluoniobate de potasse	$2KFl, NbFl^5$.

41. — Norvégium (?).
Pour mémoire. Douteux.

42. — Or.
$Au = 196,2$.

Oxyde aureux	Au^2O.
Oxyde aurique	Au^2O^3.
Chlorure aureux	$AuCl$.
— aurique (chlorure d'or ordinaire)	$AuCl^3$.

43. — Osmium.
$Os = 195$.

Protoxyde	OsO.
Sesquioxyde	Os^2O^3.
Bioxyde	OsO^2.
Acide osmieux anhydre	OsO^3.
Osmite de potasse	$OsO^4K^2 + 2H^2O$.
Acide osmique anhydre	OsO^4.
Bichlorure (protochlorure)	$OsCl^2$.
Trichlorure (sesquichlorure)	$OsCl^3$.
Tétrachlorure (bichlorure)	$OsCl^4$.

44. — Oxygène.
$O = 16$.

Eau	H^2O.
Eau oxygénée	H^2O^2.

45. — Palladium.
$Pd = 106,5$ (2).

Oxyde palladeux (protoxyde)	PdO.
— palladique (bioxyde)	PdO^2.
Chlorure palladeux (protochlorure)	$PdCl^2$.
— palladique (bichlorure)	$PdCl^4$.
Hydrure de palladium	Pd^2H.

46. — Phillipium.

Pour mémoire. M. Clève considère comme très douteuse l'existence de ce métal.

47. — Phosphore.
$Ph = 31$.

Sous-oxyde (oxyde)	Ph^4O.
Acide hypophosphoreux	PhH^3O^2.
— phosphoreux	PhH^3O^3.
— phosphorique anhydre	Ph^2O^5.
— métaphosphorique	$PhHO^3$.
— pyrophosphorique	$Ph^2H^4O^7$.
— orthophosphorique	PhH^3O^4.
Sous-sulfure	Ph^4S.
Sulfure hypophosphoreux	Ph^2S.
Sesquisulfure phosphoreux	Ph^4S^3.
Sulfure phosphorique	Ph^2S^5.
Hydrogène phosphoré solide	Ph^4H^2.
— — liquide	Ph^2H^4.
— — gazeux	PhH^3.
Trichlorure de phosphore	$PhCl^3$.
Perchlorure —	$PhCl^5$.
Oxychlorure —	$PhOCl^3$.
Biiodure —	PhI^2.
Triiodure —	PhI^3.

48. — Platine.
$Pt = 194,5$ (Seubert).

Protoxyde (oxyde platineux)	PtO.
Bioxyde (oxyde platinique)	PtO^2.
Chlorure platineux (protochlorure)	$PtCl^2$.
— platinique (bichlorure, chlorure ordinaire)	$PtCl^4$.
Chloroplatinate de potassium	PtK^2Cl^6.
— d'ammoniaque	$Pt(AzH^4)^2Cl^6$.

49. — Plomb.
$Pb = 207$ (3).

Sous-oxyde	Pb^2O.
Protoxyde (massicot, litharge)	PbO.
Minium, composition variable se rapprochant de	$Pb^3O^4 = PbO^2, 2PbO$.
Acide plombique	PbO^2.

(1) Pour le poids atomique du manganèse, M. Clarke admet 53,9 ; MM. Meyer et Seubert admettent 54,8.
(2) Pour le poids atomique du palladium, M. Clarke admet 105,7 ; MM. Lothar Meyer et Seubert admettent 106,2
(3) Pour le poids atomique du plomb, M. Clarke admet 206,5 ; MM. Lothar Meyer et Seubert admettent 206,4

Plombate de potassium. $PbO^3K^2, 3H^2O$.
Sulfure (galène)....... PbS.
Chlorure............. $PbCl^2$.
Carbonate (céruse).... $PbCO^3$.

50. — Potassium.
K = 39.

Protoxyde.................... K^2O.
— hydraté (potasse) ... KHO.
Peroxyde .... K^2O^3 ou K^2O^4.
Monosulfure.................. K^2S.
Sulfhydrate de sulfure .... KHS.
Pentasulfure................. K^2S^5.
Chlorure..................... KCl.
Cyanure...................... KCy.
Azotate de potassium (nitrate ou salpêtre .... $KAzO^3$.

51. — Rhodium.
Rh = 104.

Protoxyde .... RhO.
Sesquioxyde .... Rh^2O^3.
Bioxyde .... RhO^2.
Trioxyde .... RhO^3.
Sesquichlorure...................... Rh^2Cl^6.

52. — Rubidium.
Rb = 85,4.

Oxyde hydraté....................... $RbHO$.
Chlorure............................ $RbCl$.

53. — Ruthénium.
Ru = 104.

Protoxyde .... RuO.
Sesquioxyde .... Ru^2O^3.
Bioxyde .... RuO^2.
Acide ruthénique anhydre?........... RuO^3.
— perruthénique .... RuO^4.
Bichlorure (protochlorure).......... $RuCl$.
Sesquichlorure...................... Ru^2Cl^6.
Tétrachlorure (bichlorure).......... $RuCl^4$.

54. — Samarium.

Pour mémoire. — Poids atomique voisin de 150.

55. — Scandium.

Pour mémoire. — Poids atomique : 44 environ.

56. — Sélénium.
Se = 79.

Acide sélénieux anhydre .... SeO^2.
— — hydraté .... SeH^2O^3.
— sélénique anhydre................. SeO^3.
— — hydraté .... SeH^2O^4.
Hydrogène sélénié................... H^2Se.

57. — Silicium.
Si = 28.

Silice .... SiO^2.
Hydrate silicique normal (inconnu libre)............................. SiH^4O^4.
Premier anhydride silicique .... SiH^2O^3.
Hydrates polysiliciques............. $Si^2H^6O^7$. $Si^3H^4O^8$. $Si^3H^2O^7$.
Sulfure de silicium................. SiS^2.
Chlorure de silicium................ $SiCl^4$.
Hexachlorure (sesquichlorure)....... Si^2Cl^6.
Fluorure de silicium .... $SiFl^4$.
Acide hydrofluosilicique .... SiH^2Fl^6.

58. — Sodium.
Na = 23.

Protoxyde................. Na^2O.
— hydraté (soude)... $NaHO$.
Peroxyde.................. Na^2O^3 ou Na^2O^2.
Monosulfure .... Na^2S.
Sulfhydrate de sulfure ...... $NaHS$.
Tétrasulfure .... Na^2S^4.
Chlorure (sel marin)........ $NaCl$.
Sulfate de soude cristallisé (sel de Glauber).......... $Na^2SO^4 + 10H^2O$.

59. — Soufre.
S = 32.

Acide sulfureux anhydre............. SO^2.
— sulfurique anhydre .... SO^3.
— hydrosulfureux.................... SO^2H^2.
— sulfureux hydraté................. SO^3H^2.
— sulfurique hydraté................ SO^4H^2.
— pyrosulfurique (de Nordhausen).... $S^2O^7H^2$.
— hyposulfureux .... $S^2O^3H^2$.
— dithionique (hyposulfurique)...... $S^2O^6H^2$.
— trithionique .... $S^3O^6H^2$.
— tétrathionique .... $S^4O^6H^2$.
— pentathionique .... $S^5O^6H^2$.
Hydrogène sulfuré ou acide sulfhydrique.............................. H^2S.
Bisulfure d'hydrogène............... H^2S^2.
Protochlorure de soufre .... S^2Cl^2.
Bichlorure?......................... SCl^2.
Chlorure de thionyle (acide chlorosulfureux)........................... $SOCl^2$.
Chlorure de sulfuryle (acide chlorosulfurique)......................... SO^2Cl^2.

60. — Strontium.
Sr = 87,50 (1).

Strontiane .... SrO.
Peroxyde de strontium .... SrO^2.
Sulfure .... SrS.
Chlorure.................... $SrCl^2$.
— cristallisé.......... $SrCl^2 + 6H^2O$.

61. — Tantale.
Ta = 182.

Bioxyde........................ TaO^2?
Acide tantalique anhydre....... Ta^2O^5.
Chlorure....................... $TaCl^5$.
Fluotantalates................. $2KFl, TaFl^5$.

62. — Tellure.
Te = 128 (2).

Acide tellureux anhydre .... TeO^2.
— — hydraté .... TeO^3H^2.
Acide tellurique anhydre .... TeO^3.
— — hydraté .... TeO^4H^2.
Hydrogène telluré................... H^2Te.

63. — Terbium.

1° Terbine considérée comme protoxyde............ Tr = 98 à 99.
Terbine.................. TrO.
2° Terbine considérée comme sesquioxyde .... TrO = 147 à 148,5
Terbine.................. Tr^2O^3.

64. — Thallium.
Tl = 204.

Protoxyde .... Tl^2O.
— hydraté .... $TlHO$.
Peroxyde............................ Tl^2O^3.
Protochlorure....................... $TlCl$.
Perchlorure .... $TlCl^3$.

65. — Thorium (3).
Th = 232.

Thorine .... ThO^2.
Chlorure............................ $ThCl^4$.
Fluorure .... $ThFl^4$.

(1) Pour le poids atomique du strontium, M. Clarke admet 87,4; MM. Lothar Meyer et Seubert admettent 87,3.
(2) D'après certains chimistes, le poids atomique du tellure ne serait que de 125 environ.
(3) D'après la densité de vapeur du chlorure de thorium déterminée par M. Troost, il faudrait prendre ThO pour formule de la thorine, soit 116 pour poids atomique du thorium.

66. — Thulium.

Pour mémoire. — D'après M. Clève, le poids atomique du thulium est de 170,7.

67. — Titane.
Ti = 50.

Protoxyde	TiO ?
Sesquioxyde	Ti^2O^3.
Acide titanique	TiO^2.
Dichlorure (protochlorure)	$TiCl^2$.
Hexachlorure (sesquichlorure)	Ti^2Cl^6.
Tétrachlorure (bichlorure, chlorure ordinaire)	$TiCl^4$.
Sesquifluorure	Ti^2Fl^6.
Tétrafluorure (bifluorure)	$TiFl^4$.
Acide hydrofluotitanique	$TiFl^4,2HFl$.

68. — Tungstène.
W = 184 (1).

Oxyde brun	WO^2.
Acide tungstique	WO^3.
Dichlorure (protochlorure)	WCl^2.
Tétrachlorure (bichlorure)	WCl^4.
Pentachlorure	WCl^5.
Hexachlorure (trichlorure)	WCl^6.
Oxychlorure jaune	WCl^2O^2.
— rouge	WCl^4O.
Bisulfure	WS^2.
Trisulfure	WS^3.

69. — Uranium.

1° D'après les considérations adoptées jusqu'ici
U = 120.

Protoxyde (oxyde uraneux, uranyle, urane)	UO ou U^2O^2.
Oxyde vert	$U^3O^4 = UO, U^2O^3$.
Sesquioxyde (oxyde uranique)	U^2O^3.
Sous-chlorure	U^2Cl^3 ou U^4Cl^6.
Dichlorure (protochlorure ou chlorure uraneux)	UCl^2.
Pentachlorure ou perchlorure	U^2Cl^5.
Oxychlorure (chlorure d'uranyle)	$U^2O^2Cl^2$ ou $UOCl$.

2° D'après M. Mendéléef, U = 240.

Oxyde uraneux	UO^2.
— vert	U^8O^3.
Oxyde uranique	UO^3.
Sous-chlorure	UCl^3.
Chlorure uraneux	UCl^4.
Pentachlorure ou perchlorure	UCl^5.
Oxychlorure (chlorure d'uranyle)	UO^2Cl^2

70. — Vanadium.
V = 51,3.

Dioxyde (vanadyle, ancien vanadium)	V^2O^2 ou VaO.
Trioxyde ou acide vanadeux	V^2O^3.
Tétroxyde ou acide hypovanadique	VO^2 ou Va^2O^4.
Acide vanadique	V^2O^5
Dichlorure	VCl^2.
Trichlorure	VCl^3
Tétrachlorure	VCl^4.
Monochlorure de vanadyle	$VOCl$.
Dichlorure de vanadyle	$VOCl^2$.
Trichlorure de vanadyle	$VOCl^3$.
Chlorure hypovanadique	$V^2O^4Cl^2$.
— de divanadyle	V^2O^2Cl.

71. — Ytterbium.

Pour mémoire, Yb = 172,6.

72. — Yttrium.

1° Oxyde d'yttrium considéré comme protoxyde.
Y = 59,3.

Yttria	YO.

2° Oxyde d'yttrium considéré comme sesquioxyde,
Y = 88,9 (Clève).

Yttria	Y^2O^3.

73. — Zinc.
Zn = 65,4 (Baubigny).

Oxyde	ZnO.
Sulfure (blende)	ZnS.
Chlorure	$ZnCl^2$.
Sulfate de zinc (vitriol blanc)	$ZnSO^4 + 7H^2O$.

74. — Zirconium.
Zr = 90.

Zircone	ZrO^2.
Chlorure	$ZrCl^4$.
Fluorure	$ZrFl^4$.
Fluozirconate de potassium	K^2ZrFl^6.
Zircon	ZrO^2, SiO^2.

(1) Pour le poids atomique du tungstène, MM. Clarke, Lot ar Meyer et Seubert admettent 183,6.

B. — FORMULES ATOMIQUES DES PRINCIPAUX CORPS ORGANIQUES

HYDROCARBURES.

1. — HYDROCARBURES SATURÉS OU FORMÉNIQUES.

$C^n H^{2n+2}$.

Hydrure de méthyle ou de méthylène (méthane, gaz des marais, hydrogène protocarboné) .... CH^4.
Hydrure d'éthyle ou d'éthylène (éthane). C^2H^6.
Hydrure de propyle ou de propylène (propane)........................ C^3H^8.
Hydrure de butyle ou de butylène (tétrane)............................ C^4H^{10}.
Hydrure d'amyle ou d'amylène (pentane). C^5H^{12}.
Hydrure d'hexyle ou d'hexylène (hexane). C^6H^{14}.
....

Les pétroles sont formés par un mélange d'hydrocarbures saturés : les paraffines représentent des hydrocarbures saturés très riches en carbone.
Parmi les dérivés immédiats des hydrocarbures saturés, on peut citer :

le tétrachlorure de carbone... CCl^4.
le chloroforme.............. $CHCl^3$.

2. — HYDROCARBURES ÉTHYLÉNIQUES OU OLÉFINES.

$C^n H^{2n}$.

Éthylène (gaz oléfiant, hydrogène bicarboné, etc.)........................ C^2H^4..
Propylène.............................. C^3H^6.
Butylène (tétrène)..................... C^4H^8.
Amylène (pentène)...................... C^5H^{10}
Hexylène (hexène, caproène).......... C^6H^{12}.
....

3. — HYDROCARBURES ACÉTYLÉNIQUES.

$C^n H^{2n-2}$.

Acétylène............................. C^2H^2.
Allylène.............................. C^3H^4.
Crotonylène........................... C^4H^6.
Valérylène............................ C^5H^8.
....

4. — HYDROCARBURES CAMPHÉNIQUES OU TÉRÉBÈNES PRÉSENTANT DE TRÈS NOMBREUSES ISOMÉRIES.

$C^n H^{2n-4}$.

Valylène............................. C^5H^6.
....
Carpène.............................. $C^? H^{14}$.
Térébenthène (essence de térébenthine) et ses isomères :
Terpilène...; Isotérébenthènes...; Camphènes...; Térébènes...; Diverses essences... } $C^{10}H^{16}$.

5. — HYDROCARBURES AROMATIQUES. BENZINE ET DÉRIVÉS MÉTHYLÉS.

$C^n H^{2n-6}$.

Benzine ou benzène ou benzol........ C^6H^6.
Toluène ou toluol (méthylbenzine).... C^7H^8.
Xylène ou xylol (diméthylbenzine).... C^8H^{10}.
Cumène ou cumolène (triméthylbenzine) ayant pour isomère le mésitylène.............................. C^9H^{12}.
Cymène ou cymol (tétraméthylbenzine). $C^{10}H^{14}$.
Pentaméthylbenzine.................. $C^{11}H^{16}$.
Hexaméthylbenzine................... $C^{12}H^{18}$.

6. — STYROLÈNE ET SES HOMOLOGUES.

$C^n H^{2n-8}$.

Styrolène ou styrol ou cinnamène..... C^8H^8.
....
Cédrène.............................. $C^{16}H^{24}$.
....

7. — HYDRURE DE NAPHTALINE ET SES HOMOLOGUES.

$C^n H^{2n-10}$.

Hydrure de naphtaline............... $C^{10}H^{10}$.
....
Phénylacétylène..................... C^8H^6.

8. — NAPHTALINE ET SES HOMOLOGUES.

$C^n H^{2n-12}$.

Naphtaline.......................... $C^{10}H^8$.

9. — ACÉNAPHTÈNE ET SES HOMOLOGUES.

$C^n H^{2n-14}$.

Acénaphtène (a pour isomère le diphényle)............................ $C^{12}H^{10}$.

10. — FLUORÈNE ET SES HOMOLOGUES.

$C^n H^{2n-16}$.

Fluorène............................ $C^{13}H^{10}$.
Stilbène ou toluylène............... $C^{14}H^{12}$.
....

11. — ANTHRACÈNE ET SES HOMOLOGUES.

$C^n H^{2n-18}$.

Anthracène et ses isomères.......... $C^{14}H^{10}$.
Métanthrène......................... $C^{15}H^{12}$.

12. — NAPHTALINE BENZYLÉE ET SES HOMOLOGUES.

$C^n H^{2n-20}$.

Naphtaline benzylée................. $C^{17}H^{14}$.

13. — PYRÈNE ET SES HOMOLOGUES.

$C^n H^{2n-22}$.

Pyrène.............................. $C^{16}H^{10}$.

14. — CHRYSÈNE ET SES HOMOLOGUES.

$C^n H^{2n-24}$.

Chrysène .... $C^{18}H^{12}$.

15. — HYDROCARBURES TRÈS INCOMPLETS.

M. Prunier a retiré des pétroles des hydrocarbures très riches en carbone, renfermant de 96 à 97,7 °/₀ de carbone et répondant, au moins provisoirement, aux formules suivantes, où n est en général supérieur à 4 :

$(C^4H^2)^n$.
$(C^5H^2)^n$.
$(C^6H^2)^n$.
$(C^7H^2)^n$.

ALCOOLS MONATOMIQUES.

16. — ALCOOL VINIQUE ET SES HOMOLOGUES.

Alcools $C^nH^{2n+2}O$.

Méthylique (esprit-de-bois) .... CH^4O.
Vinique ou éthylique (esprit-de-vin) .. C^2H^6O.
Propylique .... C^3H^8O.
Butylique .... $C^4H^{10}O$.
Amylique .... $C^5H^{12}O$.
Caproique ou hexylique .... $C^6H^{14}O$.
Œnanthylique ou heptylique .... $C^7H^{16}O$.
Caprylique ou octylique .... $C^8H^{18}O$.
Pélargonique ou nonylique .... $C^9H^{20}O$.
Caprique ou décylique .... $C^{10}H^{22}O$.
....
Ethalique ou cétique .... $C^{16}H^{34}O$.
Mélissique .... $C^{30}H^{62}O$.
....

Ces divers alcools, de même que les hydrocarbures dont ils dérivent, présentent des cas d'isomérie de plus en plus nombreux à mesure qu'on s'élève dans l'échelle des corps homologues. Les alcools isomériques se groupent en alcools primaires, secondaires et tertiaires.

17. — ALCOOLS ACÉTYLIQUES.

Alcools $C^nH^{2n}O$.

Acétylique .... C^2H^4O.
Allylique .... C^3H^6O.
....
Angélique .... $C^5H^{10}O$.
....
Menthique .... $C^{10}H^{20}O$
....

18. — ALCOOL PROPARGYLIQUE ET SES HOMOLOGUES (ALCOOLS CAMPHÉNIQUES).

Alcools $C^nH^{2n-2}O$.

Propargylique .... C^3H^4O.
Campholique (Bornéol ou camphre de Bornéo) .... $C^{10}H^{18}O$.

19. — ALCOOLS AROMATIQUES OU BENZÉNIQUES.

Alcools $C^nH^{2n-6}O$.

Benzylique .... C^7H^8O.
Xylylique ou toluylique .... $C^8H^{10}O$.
Cuminique ou cumolique .... $C^9H^{12}O$.
Cyménique .... $C^{10}H^{14}O$.

20. — ALCOOL STYROLIQUE ET SES HOMOLOGUES (ALCOOLS CINNAMÉNIQUES).

Alcools $C^nH^{2n-8}O$.

Styrolique ou cinnamique (styrone). $C^9H^{10}O$.
....
Cholestérine .... $C^{26}H^{44}O$.
....

21. — ALCOOLS DIATOMIQUES OU GLYCOLS.

GLYCOLS PROPREMENT DITS.

Glycols $C^nH^{2n+2}O^2$.

Ethylénique ou éthylglycol .... $C^2H^6O^2$.
Propylénique ou propylglycol .... $C^3H^8O^2$.
Butylénique ou butylglycol .... $C^4H^{10}O^2$.
Amylénique ou amylglycol .... $C^5H^{12}O^2$.
Hexylénique ou hexylglycol .... $C^6H^{14}O^2$.
Octylénique ou octylglycol .... $C^8H^{18}O^2$.

La pinacone est un glycol hexylénique tertiaire.

Ces divers glycols présentent des cas d'isomérie de plus en plus nombreux à mesure qu'on s'élève dans l'échelle des corps homologues.

GLYCOLS AROMATIQUES.

Glycol tollylénique ou tollylène-glycol .... $C^8H^{10}O^2$.

SALIGÉNINE.

Saligénine .... $C^7H^8O^2$.
La saligénine est un alcool-phénol ou alphénol.

ALCOOL ANISIQUE.

Alcool anisique ou alcool paroxybenzylique (alcool-éther) .... $C^8H^{10}O^2$.

22. — ALCOOLS TRIATOMIQUES.

Glycérine .... $C^3H^8O^3$.

ALCOOLS TÉTRATOMIQUES

Érythrite .... $C^4H^{10}O^4$.

ALCOOLS PENTATOMIQUES.

Pinite et quercite .... $C^6H^{12}O^5$.

ALCOOLS HEXATOMIQUES.

Mannite et dulcite .... $C^6H^{14}O^6$.

23. — PHÉNOLS MONATOMIQUES ET ISOMÈRES.

DÉRIVÉS DE LA BENZINE.

$C^nH^{2n-6}O$.

Phénol ou acide phénique .... C^6H^6O.
Crésylol ou crésol .... C^7H^8O.
Xylénol .... $C^8H^{10}O$.
....
Thymol .... $C^{10}H^{14}O$.

Ces phénols ont plusieurs isomères, à partir du crésylol.

L'anisol est l'éther méthyl-phénique.

DÉRIVÉS DE LA NAPHTALINE.

$C^nH^{2n-12}O$.

Naphtol ou naphtylol .... $C^{10}H^8O$.

24. — PHÉNOLS DIATOMIQUES.

(*a*). DÉRIVÉS DE LA BENZINE.

$C^nH^{2n-6}O^2$.

Hydroquinone .... }
Oxyphénol (pyrocatéchine) .... } $C^6H^6O^2$.
Resorcine .... }
Orcine (trois isomères connus) ...... $C^7H^8O^2$.

(*b*). DÉRIVÉ DE LA NAPHTALINE.

$C^nH^{2n-12}O^2$.

Oxynaphtol .... $C^{10}H^8O^2$.

25. — PHÉNOLS TRIATOMIQUES.

Pyrogallol ou acide pyrogallique .... }
Phloroglucine .... } $C^6H^6O^3$.

ALDÉHYDES D'ACIDES MONATOMIQUES.

26. — ALDÉHYDES DES ACIDES GRAS.

Aldéhydes $C^n H^{2n} O$.

Méthylique ou formique	CH^2O.
Éthylique ou acétique (vinaigre)	C^2H^4O.
Propionique ou propylal	C^3H^6O.
Butyrique, ou butyral, ou butylal	C^4H^8O.
Valérique ou valéral	$C^5H^{10}O$.
Caproïque	$C^6H^{12}O$.
Œnanthylique ou œnanthol	$C^7H^{14}O$.
Caprylique ou caprylal	$C^8H^{16}O$.

Parmi les dérivés immédiats des aldéhydes, on peut citer :

le chloral .... C^2HCl^3O.
(le chloral hydraté est . $C^2HCl^3O + H^2O$).

27. — ACROLÉINE ET HOMOLOGUES.

Aldéhydes $C^n H^{2n-2} O$.

Acroléine ou aldéhyde allylique ou acrylique	C^3H^4O.
Aldéhyde crotonique	C^4H^6O.

28. — CAMPHRE.

Camphre du Japon ou aldéhyde campholique (camphre proprement dit).	$C^{10}H^{16}O$.

29. — ALDÉHYDES AROMATIQUES.

Aldéhydes $C^n H^{2n-6} O$.

Benzoïque ou benzylal (essence d'amandes amères)	C^7H^6O.
Toluique	C^8H^8O.
Cuminique ou cuminal (essence de cumin)	$C^{10}H^{12}O$.

30. — ALDÉHYDE CINNAMIQUE.

Aldéhyde cinnamique (essence de cannelle)	C^9H^8O.

31. — ACÉTONES.

Les acétones produites par la distillation des sels de chaux des acides monobasiques sont des aldéhydes secondaires, isomères des aldéhydes primaires précédentes. Tels sont, par exemple :

Acétone proprement dite	C^3H^6O.
Benzone ou benzophénone	$C^{13}H^{10}O$.
Méthylbenzoyle (acétophénone)	C^8H^8O.

32. — ALDÉHYDES D'ACIDES DIATOMIQUES ET ALDÉHYDES A FONCTION MIXTE.

Glyoxal	$C^2H^2O^2$.
Aldéhyde pyromucique (furfurol)	$C^5H^4O^2$.
Aldéhyde salicylique et son isomère l'aldéhyde paroxybenzoïque	$C^7H^6O^2$.
....	
Aldéhyde anisique ou anisol, ou aldéhyde méthylparoxybenzoïque	$C^8H^8O^2$.
Aldéhyde protocatéchique	$C^7H^6O^3$.
Aldéhyde méthylprotocatéchique ou aldéhyde vanillique (vanilline)	$C^7H^8O^3$.

33. — QUINONES.

(*a*). Série aromatique.

$C^n H^{2n-8} O^2$.

Quinone proprement dit	$C^6H^4O^2$.
Toluquinone	$C^7H^6O^2$.
....	
Thymoquinone	$C^{10}H^{12}O^2$.

(*b*). Série de la naphtaline.

Naphtoquinone	$C^{10}H^6O^2$.

(*c*). Série de l'anthracène.

Anthraquinone	$C^{14}H^8O^2$.

A ce corps se rattachent :

L'oxyanthraquinone	$C^{14}H^8O^3$.
Le dioxyanthraquinone (alizarine)	$C^{14}H^8O^4$.
Le trioxyanthraquinone (purpurine).	$C^{14}H^8O^5$.

ACIDES MONOBASIQUES.

34. — ACIDES GRAS.

Acides $C^n H^{2n} O^2$.

Formique	CH^2O^2.
Acétique	$C^2H^4O^2$.
Propionique	$C^3H^6O^2$.
Butyrique	$C^4H^8O^2$.
Valérique	$C^5H^{10}O^2$.
Caproïque ou hexylique	$C^6H^{12}O^2$.
Œnanthylique ou heptylique	$C^7H^{14}O^2$.
Caprylique ou octylique	$C^8H^{16}O^2$.
Pélargonique ou nonylique	$C^9H^{18}O^2$.
Caprique ou décylique	$C^{10}H^{20}O^2$.
....	
Laurique	$C^{12}H^{24}O^2$.
....	
Myristique	$C^{14}H^{28}O^2$.
Palmitique ou margarique (1), ou éthalique	$C^{16}H^{32}O^2$.
Heptadécylique (acide margarique synthétique)	$C^{17}H^{34}O^2$.
Stéarique	$C^{18}H^{36}O^2$.
....	
Cérotique	$C^{26}H^{52}O^2$.
....	
Mélissique	$C^{30}H^{60}O^2$.
....	

Ces divers acides présentent des cas d'isomérie de plus en plus nombreux à mesure qu'on s'élève dans l'échelle des corps homologues.

35. — ACIDE OLÉIQUE ET SES HOMOLOGUES.

Acides $C^n H^{2n-2} O^2$.

Acrylique	$C^3H^4O^2$.
Crotonique	$C^4H^6O^2$.
Angélique	$C^5H^8O^2$.
....	
Campholique	$C^{10}H^{18}O^2$.
....	
Oléique et élaïdique	$C^{18}H^{34}O^2$

36. — ACIDE CAMPHIQUE ET SES HOMOLOGUES.

Acides $C^n H^{2n-4} O^2$.

Propargylique	$C^3H^2O^2$.
....	
Sorbique et parasorbique	$C^6H^8O^2$.
....	
Camphique	$C^{10}H^{16}O^2$.
....	
Linoléique	$C^{16}H^{28}O^2$.

37. — ACIDES AROMATIQUES.

Acides $C^n H^{2n-8} O^2$.

Benzoïque	$C^7H^6O^2$.
Toluique et isomères	$C^8H^8O^2$.
Mésitylénique et isomères	$C^9H^{10}O^2$.
Cuminique et isomères	$C^{10}H^{12}O^2$.

38. — ACIDE CINNAMIQUE ET SES HOMOLOGUES.

Acides $C^n H^{2n-10} O^2$.

Cinnamique	$C^9H^8O^2$.
....	
Pimarique, pinique, sylvique	$C^{20}H^{30}O^2$.

(1) Plusieurs chimistes attribuent à l'acide margarique la formule $C^{17}H^{34}O^2$.

ACIDES DIATOMIQUES ET MONOBASIQUES.

39. — ACIDE LACTIQUE ET SES HOMOLOGUES.

Acides $C^nH^{2n}O^3$.

Glycolique ou oxyacétique .... $C^2H^4O^3$.
Lactique et sarcolactique .... $C^3H^6O^3$.
Oxybutyrique et isomères .... $C^4H^8O^3$.
....
Oxycaproïque ou leucique .... $C^6H^{12}O^3$.

40. — ACIDE PYRUVIQUE ET HOMOLOGUES.

Acides $C^nH^{2n-2}O^3$.

Oxyglycolique ou glyoxylique ...... $C^2H^2O^3$.
Pyruvique .... $C^3H^4O^3$.

41. — ACIDE OXYBENZOÏQUE, ISOMÈRES ET HOMOLOGUES.

Acides $C^nH^{2n-8}O^3$.

Salicylique ou orthoxybenzoïque .... } $C^7H^6O^3$.
— métoxybenzoïque .... }
— paroxybenzoïque .... }
Oxytoluique et ses isomères, notamment l'acide anisique .... $C^8H^8O^3$.
Phlorétique et isomères .... $C^9H^{10}O^3$.

ACIDES DIATOMIQUES ET BIBASIQUES.

42. — ACIDE OXALIQUE ET SES HOMOLOGUES.

Acides $C^nH^{2n-2}O^4$.

Oxalique .... $C^2H^2O^4$.
Malonique .... $C^3H^4O^4$.
Succinique .... $C^4H^6O^4$.
Pyrotartrique .... $C^5H^8O^4$.
Adipique .... $C^6H^{10}O^4$.
Pimélique .... $C^7H^{12}O^4$.
Subérique .... $C^8H^{14}O^4$.
....
Sébacique .... $C^{10}H^{18}O^4$.

43. — ACIDE CAMPHORIQUE ET SES HOMOLOGUES.

Acides $C^nH^{2n-4}O^4$.

Fumarique .... $C^4H^4O^4$.
Citraconique, itaconique et mésaconique .... $C^5H^6O^4$.
....
Camphorique .... $C^{10}H^{16}O^4$.

44. — ACIDES BIBASIQUES DE LA SÉRIE AROMATIQUE.

Acides $C^nH^{2n-10}O^4$.

Phtalique, isophtalique et téréphtalique .... $C^8H^6O^4$.
Uvitique .... $C^9H^8O^4$.

ACIDES POLYATOMIQUES.

45. — ACIDES TRIATOMIQUES ET MONOBASIQUES.

Glycérique .... $C^3H^6O^4$.
....
Oxysalicylique .... } $C^7H^6O^4$.
Protocatéchique .... }
Dioxybenzoïques .... }
Orsellique .... $C^8H^8O^4$.

46. — ACIDES TRIATOMIQUES ET BIBASIQUES.

Tartronique .... $C^3H^4O^5$.
Malique .... $C^4H^6O^5$.

47. ACIDES TRIATOMIQUES ET TRIBASIQUES.

Carballylique ou tricarballylique .... $C^6H^8O^6$.
....
Aconitique .... $C^6H^6O^6$.
....
Trimésique et ses isomères .... $C^9H^6O^6$.

48. — ACIDES TÉTRATOMIQUES ET MONOBASIQUES.

Gallique .... $C^7H^6O^5$.

49. — ACIDES TÉTRATOMIQUES ET BIBASIQUES.

Acide tartrique et ses isomères ..... $C^4H^6O^6$.
Bitartrate de potasse (crème de tartre ou tartre) .... $C^4H^5KO^6$.

49 *bis*. — ACIDES TÉTRATOMIQUES ET TRIBASIQUES.

Citrique .... $C^6H^8O^7$.
Méconique .... $C^7H^4O^7$.

49 *ter*. — ACIDES PENTATOMIQUES ET MONOBASIQUES.

Quinique .... $C^7H^{12}O^6$.

50. — ACIDES HEXATOMIQUES.

Mucique .... } $C^6H^{10}O^8$.
Saccharique .... }
....
Mellique .... $C^{12}H^6O^{12}$.

51. — ÉTHERS

Les formules des éthers se déduisent immédiatement de celles des alcools et des acides dont ils dérivent, car un éther est formé par l'union d'un alcool et d'un acide avec élimination d'eau.

On peut rattacher aussi aux éthers les éthers alcooliques (oxydes de méthyle, d'éthyle, etc., et les éthers mixtes), dont le terme le plus connu est l'éther proprement dit ou oxyde d'éthyle :

Oxyde de méthyle.... $(CH^3)^2O = C^2H^6O$.
Oxyde d'éthyle (éther). $(C^2H^5)^2O = C^4H^{10}O$.

ALCALOÏDES NATURELS.

52. — PAPAVÉRACÉES : OPIUM.

Codéine (morphine méthylée) .... $C^{18}H^{21}AzO^3$.
Morphine .... $C^{17}H^{19}AzO^3$.
Narcéine .... $C^{23}H^{29}AzO^9$.
Narcotine .... $C^{22}H^{23}AzO^7$.
Papavérine .... $C^{20}H^{21}AzO^4$.
Thébaïne .... $C^{19}H^{21}AzO^3$.

53. — RUBIACÉES : QUINQUINAS.

Quinine .... } $C^{20}H^{24}Az^2O^2$.
Quinidine .... }
Quinicine .... }
Cinchonine .... } $C^{20}H^{24}Az^2O$.
Cinchonidine .... }
Aricine .... $C^{23}H^{26}Az^2O^4$.

54. — STRYCHNÉES.

Brucine .... $C^{23}H^{26}Az^2O^4$.
Strychnine .... $C^{21}H^{22}Az^2O^2$

55. — SOLANÉES.

Atropine .... $C^{17}H^{23}AzO^3$.
Nicotine .... $C^{10}H^{14}Az^2$.
Solanine (glucoside, d'où résulte la solanidine) .... $C^{43}H^{71}AzO^{16}$?

56. — OMBELLIFÈRES.

Conicine ou conine, ou cicutine.. $C^8H^{15}Az$.

57. — POIVRES.

Pipérine ou pipérin .... $C^{17}H^{19}AzO^3$.
d'où :
Pipéridine .... $C^5H^{11}Az$.

58. — CAFÉ ET THÉ.

Caféine ou théine (théobromine méthylée) .... $C^8H^{10}Az^4O^2$.

59. — CACAO.

Théobromine .... $C^7H^8Az^4O^2$.

60. — GRENADIER.

Pelletiérine .... $C^8H^{13}AzO$.

61. — ALCALOÏDES NATURELS DIVERS.

Aconitine .... $C^{33}H^{43}AzO^{12}$.
Cocaine .... $C^{17}H^{21}AzO^{4}$.
Harmaline .... $C^{13}H^{14}Az^{2}O$.
Harmine .... $C^{13}H^{12}Az^{2}O$.
Vératrine .... $C^{32}H^{52}Az^{2}O^{8}$.

61 *bis*. — ALCALOÏDES DÉRIVÉS DES TISSUS ANIMAUX.

Ptomaïnes et leucomaïnes (pour mémoire).

ALCALOIDES ARTIFICIELS

Ces corps dérivant pour la plupart des alcools, et leurs formules s'y rattachant par des règles bien connues, nous ne ferons que résumer leur classification.

62. — ALCALIS DÉRIVÉS DES ALCOOLS MONATOMIQUES.

1° Alcalis primaires, tels que :

Méthylamine .... $CH^{3}Az$.
Éthylamine .... $C^{2}H^{7}Az$.
Propylamine .... $C^{3}H^{9}Az$.

....

Allylamine .... $C^{3}H^{7}Az$.

....

Phénylamine ou aniline .... $C^{6}H^{7}Az$.
Benzylamine (isomère de la toluidine) .... $C^{7}H^{9}Az$.

....

Toluidine et isomères (ortho, para, méta) .... $C^{7}H^{9}Az$.

....

Naphtalamine .... $C^{10}H^{9}Az$.

2° Alcalis secondaires, tels que :

Diéthylamine .... $C^{4}H^{11}Az$.
Méthyléthylamine .... $C^{3}H^{9}Az$.

3° Alcalis tertiaires, tels que :

Triméthylamine .... $C^{3}H^{9}Az$.
Triéthylamine .... $C^{6}H^{15}Az$.

4° Alcalis de la quatrième espèce, dérivés de l'hydrate d'oxyde d'ammonium, tels que :

Hydrate d'oxyde de tétréthylammonium .... $C^{8}H^{21}AzO$.

62 *bis*. — ALCALIS DE LA SÉRIE PYRIDIQUE.

Pyridine .... $C^{5}H^{5}Az$.
Picoline .... $C^{6}H^{7}Az$.
Lutidine .... $C^{7}H^{9}Az$.
Collidine .... $C^{8}H^{11}Az$.

....

Quinoléine et son isomère la leucoline .... $C^{9}H^{7}Az$.
Lépidine et son isomère l'iridoline .... $C^{10}H^{9}Az$.

63. — ALCALIS POLYATOMIQUES.

Parmi les nombreux alcalis de cette catégorie, qui peuvent être considérés comme dérivant des alcools polyatomiques et dont plusieurs sont à fonctions mixtes, mentionnons seulement les formules des corps suivants :

Névrine .... $C^{5}H^{13}AzO^{2}$.

....

Glycocolle ou glycollamine .... $C^{2}H^{5}AzO^{2}$.
Alanine ou lactamine .... $C^{3}H^{7}AzO^{2}$.
Leucine .... $C^{6}H^{13}AzO^{2}$.

....

Sarcosine (méthylglycocolle) .... $C^{3}H^{7}AzO^{2}$.
Acide hippurique (benzoyl-glycocolle) .... $C^{9}H^{9}AzO^{3}$.

....

Rosaniline et isomères dont le chlorhydrate constitue la fuchsine .... $C^{19}H^{19}Az^{3}O$ et $C^{20}H^{21}Az^{3}O$.

64. — AMIDES

Les formules des amides se déduisent immédiatement de celles des acides, car un amide est formé par l'union d'un acide et de l'ammoniaque (ou plus généralement d'un alcaloïde) avec élimination d'eau. Les amides diffèrent donc des sels ammoniacaux par les éléments de l'eau.

Mentionnons seulement les formules des corps suivants :

Acétamide .... $C^{2}H^{5}AzO$.
Benzamide .... $C^{7}H^{7}AzO$.

....

Taurine (amide iséthionique) .... $C^{2}H^{7}AzSO^{3}$.
Acide taurocholique .... $C^{26}H^{45}AzO^{7}S$.

....

Oxamide .... $C^{2}H^{4}Az^{2}O^{2}$.
Acide oxamique .... $C^{2}H^{3}AzO^{3}$.

....

Urée (amide carbonique ou carbamide) .... $CH^{4}Az^{2}O$.

....

Asparagine .... $C^{4}H^{8}Az^{2}O^{3}$.

65. — SÉRIE URIQUE ET CORPS ANALOGUES.

Acide urique .... $C^{5}H^{4}Az^{4}O^{3}$.

1° Alloxane (mésoxalylurée) .... $C^{4}H^{2}Az^{2}O^{4}$.
Acide dialurique (tartronylurée) .... $C^{4}H^{4}Az^{2}O^{4}$.
Acide barbiturique (malonylurée) .... $C^{4}H^{4}Az^{2}O^{3}$.
Alloxantine ou diuréide mésoxalyl-tartronique .... $C^{8}H^{4}Az^{4}O^{7}$.
Acide alloxanique .... $C^{4}H^{4}Az^{2}O^{5}$.

2° Acide parabanique ou oxalylurée .... $C^{3}H^{2}Az^{2}O^{3}$.
Acide allanturique ou glyoxylurée .... $C^{3}H^{4}Az^{2}O^{3}$.
Hydantoïne ou glycolylurée .... $C^{3}H^{4}Az^{2}O^{2}$.
Allantoïne ou diuréide glyoxylique .... $C^{4}H^{6}Az^{4}O^{3}$.

....

Acide oxalurique .... $C^{3}H^{4}Az^{2}O^{4}$.

....

Xanthine .... $C^{5}H^{4}Az^{4}O^{2}$.
Sarcine (diuréide pyruvique) .... $C^{5}H^{4}Az^{4}O$.
Créatine .... $C^{4}H^{9}Az^{3}O^{2}$.
Créatinine .... $C^{4}H^{7}Az^{3}O$.

66. — MATIÈRES COLORANTES NATURELLES.

Les matières colorantes naturelles appartiennent à plusieurs fonctions chimiques distinctes ; nous ne réunissons ici quelques-unes des formules les mieux connues qu'à cause de l'importance de ces corps pour les applications.

COULEURS DE LA GARANCE.

Alizarine .... $C^{14}H^{8}O^{4}$.
Purpurine .... $C^{14}H^{8}O^{5}$.

COULEURS DES LICHENS.

Orcine .... $C^{7}H^{8}O^{2}$.
Orcéine .... $C^{7}H^{7}AzO^{3}$.

INDIGO ET SES DÉRIVÉS.

Indigotine (indigo bleu) .... $C^{8}H^{5}AzO$.
Isatine .... $C^{8}H^{5}AzO^{2}$.
Indigo blanc .... $C^{16}H^{12}Az^{2}O^{2}$.
Isathyde .... $C^{16}H^{12}Az^{2}O^{4}$.
Indol .... $C^{8}H^{7}Az$.
Oxindol .... $C^{8}H^{7}AzO$.
Dioxindol .... $C^{8}H^{7}AzO^{2}$.
Trioxindol ou acide isatique .... $C^{8}H^{7}AzO^{3}$.

MATIÈRES COLORANTES DIVERSES.

Brésilline (bois du Brésil) .... $C^{22}H^{20}O^7$.
Hématine (bois de campêche)..... $C^{16}H^{14}O^6$.
Acide carminique (cochenille).... $C^9H^8O^5$.

67. — COMPOSÉS ORGANO-MÉTALLIQUES.

Ces corps se rattachent à la fois aux métaux et aux alcools, ou radicaux alcooliques, par des formules simples et bien connues. Mentionnons seulement les formules des corps suivants :

Cacodyle................ $(C^2H^6As)^2$.
Zinc-éthyle.............. $C^4H^{10}Zn$.

MATIÈRES SUCRÉES.

68. — SUCRES PROPREMENT DITS.

I. — Glucoses :
Glucose ou sucre de raisin....... }
Lévulose .... }
Maltose .... } $C^6H^{12}O^6$.
Glucose inactif.................. }
Galactose........................ }

II. — Sucre de lait ou lactose.. $C^{12}H^{22}O^{11}$.

III. — Sucre de canne et isomères (saccharoses) :
Saccharose (sucre de canne) ..... }
Mélitose .... }
Tréhalose .... } $C^{12}H^{22}O^{11}$.
Mélézitose....................... }

IV. — Matières sucrées non fermentescibles :
Eucaline .... }
Sorbine.......................... }
Quercitose .... } $C^6H^{12}O^6$.
Inosite.......................... }
Dambose.......................... }

69. — MATIÈRES SUCRÉES AVEC EXCÈS D'HYDROGÈNE.

I. — Mannite.................. }
Dulcite.................. } $C^6H^{14}O^6$.
Sorbite .... }

II. — Quercite................ }
Pinite................... } $C^6H^{12}O^5$.

III. — Érythrite.............. $C^6H^5O^4$.
IV. — Glycérine.............. $C^3H^8O^3$.

70. — GLUCOSIDES.

Les formules des glucosides résultent de leur dédoublement, avec fixation d'eau, en glucose et en un autre corps organique. Citons seulement quelques glucosides à titre d'exemple :

Amygdaline.................... $C^{20}AzH^{27}O^{11}$.
Coniférine.................... $C^{16}H^{22}O^8$.
Populine...................... $C^{20}H^{22}O^8$.
Salicine...................... $C^{13}H^{18}O^7$.
Divers tannins.

71. — CELLULOSE, AMIDON, GOMMES, ETC.

Corps cellulosiques............ $(C^6H^{10}O^5)m$.

Les autres principes immédiats les plus importants des tissus ligneux sont la vasculose, la cutose, la pectose, la médullose, la fibrose.

Matières amylacées (amidon, fécule, etc.).................. $(C^6H^{10}O^5)^n$.
Dextrine .... $C^6H^{10}O^5$.
Acide gummique (la gomme arabique est un gummate de chaux)..................... $C^6H^{10}O^5$.

72. — SÉRIE PECTIQUE.

Pectose (probablement isomère de la pectine) .... $(C^8H^{10}O^7)^m$.
Pectine .... }
Parapectine .... } $(C^8H^{10}O^7)^n$.
Métapectine .... }
Acide pectosique.............. $C^{32}H^{46}O^{31}$.
Acide pectique .... $C^{16}H^{22}O^{15}$.
Acide métapectique .... $C^8H^{14}O^9$.

73. — PRINCIPES IMMÉDIATS AZOTÉS DE L'ORGANISME.

Albumine .... $C^{240}H^{387}Az^{65}O^{75}S^3$.
Fibrine .... ?
Caséine .... ?.
Osséine.................. }
Gélatine................. } $C^6H^{10}Az^2O^2$.

C. — TABLE ALPHABÉTIQUE

DES NOMS DES CORPS

DONT LA COMPOSITION EST DONNÉE DANS LES TABLEAUX A ET B.

N. B. — Le chiffre qui suit le nom correspond à une des divisions numérotées dans ces tableaux, divisions qui comprennent habituellement un nombre de corps assez restreint pour qu'on y retrouve immédiatement le nom dont il s'agit. La lettre A indique des corps inorganiques; la lettre B, des corps organiques.

Les noms particuliers des corps inorganiques, précédés des dénominations générales *acide, chlorure, oxyde, sulfure,* etc., se trouvent toujours dans l'une des 74 divisions du tableau A, divisions en tête de chacune desquelles se place le nom d'un des 74 corps simples.

DESCRIPTION

DE

L'ABAQUE OU COMPTEUR UNIVERSEL

ET SON APPLICATION

AUX CALCULS DES COMBINAISONS CHIMIQUES

L'*Abaque* ou *Compteur universel,* dont la figure est jointe sous ce titre à notre appendice sur une planche gravée (pl. I), consiste en un tableau carré composé de trois cours de lignes droites qui s'entrecroisent; les unes *horizontales* — ou parallèles à la base de la figure; d'autres *verticales* | ou perpendiculaires à cette base; d'autres enfin obliques \ qui coupent sous un angle de 45 degrés les horizontales et les obliques.

Les quatre bords du cadre qui entoure le carré sont divisés en neuf parties principales. Les chiffres de 1 à 10 sont placés aux points de division, y compris les extrémités du cadre, sur le bord inférieur et sur le bord de gauche: les nombres de dizaines de 10 à 100 se trouvent aux mêmes points de division sur le bord supérieur et sur le bord à droite du cadre.

Les neuf parties principales des bords du cadre ont été subdivisées elles-mêmes, savoir : les quatre premières (de 1 à 5 et de 10 à 50), en dix parties; et les cinq dernières (de 5 à 10 et de 50 à 100), en cinq parties chacune. Ces diverses subdivisions correspondent aux nombres intermédiaires entre ceux que l'on a inscrits sur les bords.

Ainsi, le 1er point de division après 1 correspond au nombre 1 et $\frac{1}{10}$ ou 1,1;
le 2e point de division, à.. 1,2;
le 3e point, à.. 1,3;
et ainsi de suite; de sorte que l'on peut marcher de dixième en dixième sur les bords du cadre, depuis 1 jusqu'à 5, et d'unité en unité depuis 10 jusqu'à 50.

Le 1er point de division après 5 correspond au nombre 5 et $\frac{2}{10}$ ou 5,2;
le 2e point de division, à.. 5,4;
le 3e point, à.. 5,6;
et ainsi de suite; de sorte que l'on peut marcher de deux en deux dixièmes sur les bords du cadre depuis 5 jusqu'à 10, et de deux en deux unités depuis 50 jusqu'à 100.

Les obliques intermédiaires entre les obliques principales sont, aussi bien que celles-ci, considérées comme affectées des mêmes chiffres que leurs extrémités.

Ainsi, celle qui joint les deux extrémités de la 4e division après le chiffre 3, sur les bords à gauche et en bas du cadre, est censée porter le chiffre 3,4. Celle qui joint les deux extrémités de la 4e division après le nombre 70, sur les bords supérieurs et à droite du cadre, est censée affectée au nombre 78.

Chacun des intervalles entre les lignes de la figure peut être lui-même divisé *à vue* en dix parties égales. Pour les portions de la graduation comprises entre 1 et 5, ces nouvelles parties représenteront des centièmes; elles représenteront des dixièmes entre 10 et 50; des doubles centièmes entre 5 et 10, des doubles dixièmes entre 50 et 100. Pour toute cette dernière région de la figure, entre 5 et 10 et entre 50 et 100, il sera commode de doubler le nombre de dixièmes d'intervalle obtenus à vue, pour connaître de suite le nombre de centièmes ou de dixièmes d'unité.

On voit donc qu'il sera facile, au moyen de l'évaluation à vue des dixièmes d'intervalle entre deux divisions consécutives des bords du cadre, de lire sur le bord inférieur et sur le bord de gauche du cadre tous les nombres de centième en centième, de 1 à 5 de la manière suivante :

1,00, 1,01, 1,02, 1,03. . . . . 1,08, 1,09, 1,10,
1,10, 1,11, 1,12, 1,13. . . . . 1,18, 1,19, 1,20,

et ainsi de suite jusqu'à

4,90, 4,91, 4,92, 4,93. . . . . 4,98, 4,99, 5,00,

On lira pareillement de deux en deux centièmes de 5 à 10, savoir

5,00, 5,02, 5,04, 5,06. . . . . 5,16, 5,18, 5,20,
5,20, 5,22, 5,24, 5,26. . . . . 5,36, 5,38, 5,40,

et ainsi de suite jusqu'à

9,80, 9,82, 9,84, 9,86. . . . . 9,96, 9,98, 10,00,

De même, sur les bords supérieurs et de droite, on lira tous les nombres de dixième en dixième d'unité, de

10,0, 10,1, 10,2 . . . . . 10,6, 10,8, 11,0,

et ainsi de suite jusqu'à 50,

et de deux en deux dixièmes de

50,0, 50,2, 50,4, 50,6 . . . . . 51,6, 51,8, 52,00

à 1000.

On pourra donc, sur le modèle d'Abaque dont nous disposons, lire, en décuplant les chiffres tant sur les horizontales que sur les verticales et les obliques, tous les nombres consécutifs de 1 à 500 et de deux en deux de 500 à 1000.

Il est à noter d'ailleurs que la réduction dans le nombre des divisions entre 5 et 10, commandée par la petitesse du modèle joint au Dictionnaire, n'a pas lieu dans les Abaques de plus grand format, sur lesquels on peut lire tous les nombres de centième en centième de 1 à 100, ou, en décuplant au besoin, de 1 à 1000.

Le mode de lecture des nombres sur les horizontales, les verticales et les obliques étant bien établi, rien n'est plus facile que de comprendre et d'appliquer l'Abaque, dont le principe général peut être énoncé de la manière suivante :

Pour trouver le produit de deux nombres, il faut suivre sur l' **Abaque** *la* **verticale** *correspondant à l'un des deux nombres jusqu'à la rencontre de l'* **horizontale** *correspondant à l'autre. Le rang de l'* **oblique** *qui passe par le point de rencontre indique la valeur du produit.*

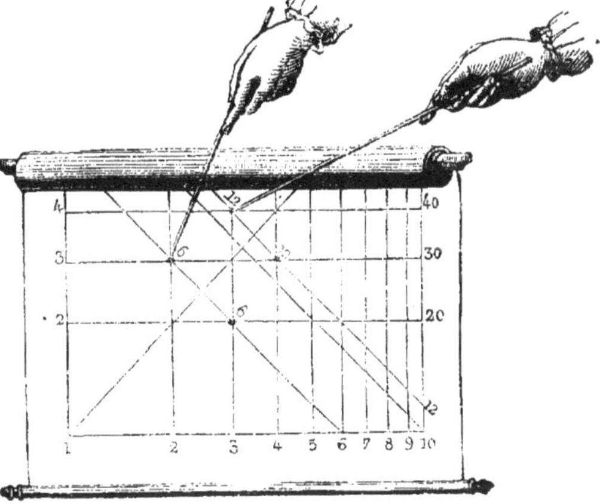

Fig. 1.

Ainsi, pour trouver le produit de 2 par 3 (voyez la fig. 1), on suivra la verticale 2 jusqu'à la rencontre de l'horizontale 3. Le point de rencontre se trouvant sur l'oblique 6, on en conclut que 6 est le produit cherché.

De même, pour avoir le produit de 3 par 4, on suivra la verticale 3 jusqu'à la rencontre de l'horizontale 4. Le point de rencontre se trouvant sur l'oblique 12, on en conclut que 12 est le produit de 3 par 4.

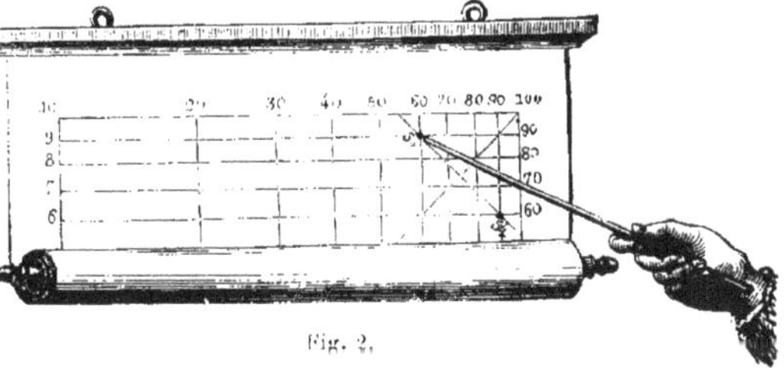

Fig. 2.

Pour trouver encore le produit de 6 par 9 (voyez la fig 2), on suivra la verticale 6 jusqu'à la rencontre de l'horizontale 9. Le point de rencontre étant placé sur l'oblique 54, on en conclut que 54 est le produit cherché.

On obtiendra de la même manière le produit de deux nombres quelconques d'un seul chiffre. Il est bon de noter en passant la ressemblance frappante entre la manière d'opérer par l'Abaque et la manière d'opérer avec la table de multiplication ordinaire, dite de Pythagore. Seulement, dans celle-ci, les nombres du bord de gauche du cadre vont en croissant de haut en bas ; le contraire a lieu pour l'Abaque.

Un avantage particulier de celui-ci, c'est que la division s'y opère aussi facilement que la multiplication, grâce au mode de lecture qui permet, par voie d'interpolation à vue, d'élargir considérablement l'étendue des limites entre lesquelles le cercle des opérations est confiné lorsqu'il s'agit d'user de la table de Pythagore. Ainsi on aperçoit sur les figures 1 et 2 que le quotient du nombre appartenant à une oblique (6, 12, 54...) par un nombre (3,4, 9) appartenant à une horizontale, est exprimé par le chiffre (2, 3, 6...) de la verticale qui passe par le point de rencontre. Dans ces exemples figurés, nous avons pris des chiffres simples; mais le principe est le même pour des nombres quelconques, et l'approximation du résultat obtenu dépend uniquement de l'exactitude avec laquelle se font les lectures.

Le principe fondamental de l'Abaque, celui au moyen duquel on obtient le produit de deux nombres, est la conséquence du mode de construction de la figure, de la loi qu'on a suivie pour la graduation des bords du cadre. Il est bien évident, en effet, que, pour toute oblique inclinée à 45 degrés sur les bords d'un cadre, la somme des distances d'un point quelconque de cette oblique aux deux bords du cadre est constante et égale à la longueur qu'elle intercepte sur chacun de ces deux cadres. Or, si la graduation se faisait en parties égales, l'oblique 12, par exemple, représenterait la somme des nombres 2 et 10, 4 et 8, 5 et 7, etc., qui expriment les distances de divers points choisis sur cette oblique aux bords du cadre. Mais tel n'est pas le mode de graduation adopté pour l'Abaque. Les bords du cadre ont été divisés suivant les *logarithmes* des nombres naturels. Or les logarithmes des nombres jouissent de la propriété que la somme de deux de ces logarithmes exprime le logarithme du produit des nombres correspondants. C'est ainsi que, dans la figure 1, si l'intervalle de 1 à 10 est exprimé par l'unité, celui de 1 à 2 ne le sera pas par 0,2 mais par 0,30103 ; celui de 1 à 3 non par 0,3, mais par 0,47712 ; celui de 1 à 6 non par 0,6, mais par 0,77815. Il en résulte que la somme des logarithmes de 2 et 3, savoir 0,77815, est égale au logarithme de 6, comme on le voit sur la figure 1 et sur la planche gravée.

Il convient d'ailleurs de ramener, par un déplacement convenable des virgules décimales, tous les nombres donnés sur lesquels on opère à être compris entre 1 et 100, sauf à replacer la virgule, dans le résultat final, au rang qui lui appartient. Si l'on remarque que le carré de l'Abaque est partagé en deux triangles rectangles égaux occupant l'un le bas et la

Triangle inférieur dans lequel les produits ont un chiffre de moins qu'il n'y en a à la fois dans les deux facteurs.

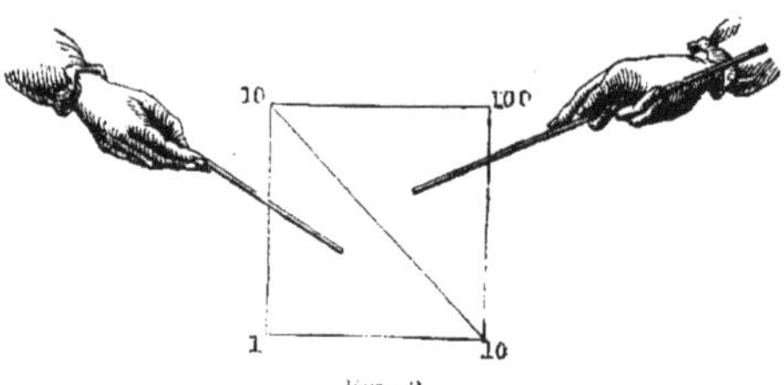

Triangle supérieur dans lequel les produits ont autant de chiffres qu'il y en a à la fois dans les deux facteurs.

Fig. 3.

gauche, l'autre le haut et la droite de la figure, la fixation de ce rang dépend de ce qu'on peut toujours connaître d'avance, en opérant avec l'Abaque, le nombre des chiffres d'un produit de deux nombres entiers. Il y a pour cela une règle très simple et très générale, que voici :

Lorsque le point de rencontre de la verticale et de l'horizontale correspondant aux deux facteurs tombe dans le triangle supérieur, le produit a tout juste autant de chiffres qu'il y en a à la fois dans les deux facteurs; lorsque ce point tombe dans le triangle inférieur, le produit a un chiffre de moins.

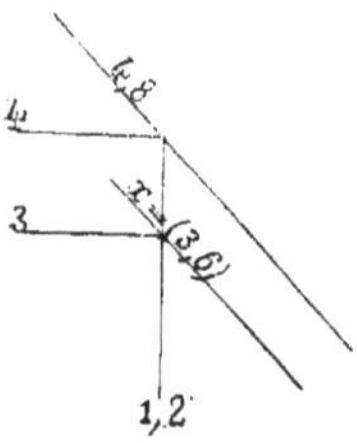

La figure 3 fixera pour les yeux et rappellera à la mémoire le sens de cette règle.

L'application spéciale de l'Abaque aux combinaisons chimiques comporte surtout la recherche du quatrième terme d'une proportion, et cette recherche ressort tout naturellement du principe même de la figure et de son application à la multiplication et à la division.

Fig. 4.

Supposons, par exemple, que l'on veuille obtenir par de simples lectures le quatrième terme de la proportion dont les trois premiers sont 4, 4,8 et 3; on opérera comme l'indique la figure 4. On suivra l'horizontale 4 jusqu'à la rencontre de l'oblique 4,8 ; par ce point de rencontre on imaginera la verticale 1,2, qui sera coupée, à son tour, par l'horizontale 3, sur l'oblique 3,6. La valeur numérique du quatrième terme cherché est donc bien 3,6.

Nous pouvons passer immédiatement aux exemples qui mettront à même de juger de la facilité avec laquelle l'Abaque se prête aux calculs des combinaisons chimiques.

Commençons par la question dont nous nous sommes déjà occupé : *Quel est le poids d'azotate de calcium qu'il faut employer pour obtenir avec 6 kilogrammes de sulfate de fer cristallisé la double décomposition en sulfate de calcium insoluble et en azotate de fer soluble ?*

La formule atomique du sulfate de fer cristallisé est, avons-nous dit, $FeSO^4 + 7 H^2O$.

Au mot *fer*, nous trouvons.	$FeO = 72$
Au mot *soufre*.	$SO^3 = 80$
Au mot *eau* (voir oxygène) $H^2O = 18$ et. . . .	$7H^2O = 126$
Somme.	278

La formule atomique de l'azotate de calcium est $CaO.Az^2O^5$.

Au mot *calcium*, nous trouvons.	$CaO = 56$
Au mot *azote* —	$Az^2O^5 = 108$
Somme.	164

Sur le bord à gauche du cadre, à la hauteur exprimée par 2,78, nous suivrons une horizontale jusqu'à la rencontre de l'oblique 6, rencontre qui a lieu sur la verticale 2,16 Celle-ci, à son tour, est coupée par l'horizontale 1,64 sur l'oblique 3,55. Le poids cherché $3^{kil},55$ de l'azotate de calcium est donc l'équivalent de 6 kilogrammes de sulfate de fer.

Le poids du sulfate de calcium, corps dont la composition est exprimée atomiquement par la formule $CaO.SO^3$, s'obtiendra de même.

On trouve dans le n° 11 du tableau A, sous le titre *calcium*.	$CaO = 56$
et dans le n° 57 du même tableau, sous le titre *soufre*	$SO^3 = 80$
Somme.	136

En prolongeant l'horizontale 1,36 jusqu'à la rencontre de la verticale 2,16, on tombe sur l'oblique 2,94 ; le poids du sulfate de calcium sera donc de $2^{kil},94$.

Le poids de l'azotate de fer, dont la composition atomique est exprimée par la formule $FeO.Az^2O^5$, donne lieu aux calculs préparatoires ci-après . . . . . . $FeO = 72$; $Az^2O^5 = 108$

Somme. 180

L'horizontale 1,8, prolongée jusqu'à la rencontre de la même verticale 2,16, tombe sur l'oblique 3,89. Le poids de l'azotate de fer sera donc de $3^{kil},89$.

Reste à évaluer l'eau du mélange devenu combinaison. Le sulfate de fer cristallisé renfermait en tout 7 atomes d'eau de cristallisation. Or, en prolongeant l'horizontale 1,26 qui correspond à $7 H^2O$, jusqu'à la rencontre de la verticale 2,16, on tombe sur 2,72. La somme des trois nombres $2^{kil},94$, $3^{kil},89$, $2^{kil},72$ donne $9^{kil},55$: c'est la reproduction du poids total des 6 kilogrammes de sulfate de fer cristallisé et des $3^{kil},55$ d'azotate de calcium.

La marche des lectures à l'aide desquelles on est parvenu au résultat, est facile à suivre sur la deuxième planche jointe à cet appendice et qui peut porter le titre d'*Abaque des poids atomiques* (pl. II). Ainsi, par de simples lectures, sans parties mobiles, sans ajustement d'aucun mécanisme, on obtient le quatrième terme de la proportion :

	278, poids atomique du sulfate de fer,
est à	164, poids atomique de l'azotate de calcium,
comme...	6 kilogrammes, poids du sulfate de fer donné,
est à	x kilogrammes, poids de l'azotate de calcium cherché.

Le calcul direct de x aurait donc exigé la multiplication de 1,64 par 6 et la division du produit par 278.

Des résultats analogues s'obtiendront dans tous les cas pareils, sans calculs et par de simples lectures.

Quant à l'approximation obtenue, on en jugera en comparant le nombre exact jusqu'à la troisième décimale, $3^{kil},54$, avec le nombre $3^{kil},55$ indiqué par l'Abaque. La différence n'est que de $0^{kil},01$ ou $\frac{1}{354}$ du véritable résultat.

Les poids des diverses substances qui entrent dans un poids connu d'une substance déterminée s'obtiennent absolument par la même marche et avec la même facilité.

Veut-on savoir, par exemple, comment 92 kilogrammes d'acide sulfurique concentré peuvent se décomposer ? On suivra l'horizontale correspondant au poids atomique de cette substance ($SO^3.H^2O = 98$) jusqu'à la rencontre de l'oblique 92, rencontre qui a lieu sur la verticale 94. Cette verticale, à son tour, est coupée de la manière indiquée par le tableau suivant :

Nom des substances.	Graduation des obliques aux points de rencontre.
Acide sulfurique anhydre ($SO^3 = 80$)........................	75
3 oxygène ($O^3 = 48$)........................	45
Soufre ($S = 32$)........................	30
20 hydrogène ($H^{20} = 20$)........................	18,8
Eau ($H^2O = 18$)........................	16,9
Oxygène ($O = 16$)........................	15

D'où l'on conclut que 92 kilogrammes d'acide sulfurique concentré renferment approximativement 75 d'acide sulfurique anhydre et 16,9 d'eau ; que les 75 kilogrammes d'acide sulfurique anhydre sont composés de 45 d'oxygène et de 30 de soufre ; que les 16kil,9 d'eau sont composés de 15 d'oxygène et 1,88 d'hydrogène, puisque l'on a pris H^{20} au lieu de H^2.

Ces résultats ne sont qu'approximatifs, mais l'approximation est plus que suffisante ; elle est généralement de $\frac{1}{200}$ et atteint le plus souvent une limite bien supérieure. Dans l'exemple précédent, les résultats donnés par l'Abaque, comparés avec ceux que donne le calcul ordinaire, font ressortir une approximation de $\frac{1}{750}$.

Les opérations effectuées sur des substances plus composées, sur des sels par exemple, n'offriront pas plus de difficultés. Ainsi, pour connaître les poids des ingrédients nécessaires à la production de 643 kilogrammes de sulfate de protoxyde de fer cristallisé, on suivra l'horizontale 27,8 qui correspond au $\frac{1}{10}$ du poids atomique du sulfate de fer ($FeSO^4 + 7H^2O = 278$), jusqu'à la rencontre de l'oblique 6,43, puis on remarquera que la verticale qui passe par ce point rencontre les horizontales qui correspondent aux poids atomiques des éléments en des points qui déterminent, sur les obliques, les poids des divers ingrédients nécessaires à la composition du sulfate de fer.

Les opérations sont résumées dans le tableau suivant :

Nom des substances.	Graduation des obliques aux points de rencontre.
7 eau ($H^2O = 18$; $7H^2O = 126$)	2,93
Acide sulfurique concentré ($SO^3 + H^2O = 98$)	22,75
Acide sulfurique anhydre ($SO^3 = 80$)	18,50
Protoxyde de fer ($FeO = 72$)	16,75
Fer ($Fe = 56$)	13,00
Soufre ($S = 32$)	7,40
20 hydrogène ($H = 1$; $H^{20} = 20$)	4,60
Eau ($H^2O = 18$)	4,15
Oxygène ($O = 16$)	3,70

On tire de ce tableau, ou plutôt de la lecture directe des nombres de l'Abaque, les conséquences suivantes :

Pour produire 643 kilogrammes de sulfate de protoxyde de fer cristallisé, il faut 293 kilogrammes d'eau de cristallisation, 185 kilogrammes d'acide sulfurique anhydre et 167kil,500 de protoxyde de fer. Mais parlons d'une manière plus pratique. Nous prendrons d'abord 130 kilogrammes de fer, puis 227kil,500 d'acide sulfurique concentré, contenant 41kil,500 d'eau ; ensuite les 293 kilogrammes d'eau. Comme, pour convertir en protoxyde les 130 kilogrammes de fer, il faut 37 kilogrammes d'oxygène que donnent les 41kil,500 d'eau de l'acide, le dosage qu'on vient d'indiquer suffit, théoriquement, pour produire 643 kilogrammes de sulfate de protoxyde de fer. Pour faciliter la réaction, il est clair qu'on devra ajouter un peu d'acide et d'eau. Le poids de l'hydrogène provenant de la décomposition des 41kil,5 d'eau sera de 4kil,6.

Pour donner encore un exemple de double décomposition avec toutes ses conséquences, supposons qu'on ait l'intention de fabriquer 7 tonnes (7000 kilogrammes) de céruse ou carbonate de plomb en décomposant l'azotate ou nitrate de plomb par le carbonate de potasse.

L'oblique 7 est coupée par l'horizontale correspondant au poids atomique du carbonate de plomb ($PbO + CO^2 = 267$), sur une verticale comprise entre 2,6 et 2,7, au quart environ de l'intervalle. C'est sur cette verticale, supposée tracée, que devront avoir lieu toutes les rencontres avec les horizontales correspondant aux diverses substances. Les nombres indiqués par les points de rencontre sont donnés dans le tableau suivant :

Nom des substances.	Graduation des obliques aux points de rencontre.
Carbonate de potasse ($K^2O.CO^2 = 138$) on prend 13,8	3,63
Carbone ($C = 12$), on prend 12	3,17
Acide nitrique anhydre ($Az^2O^5 = 108$), on prend 10,8	2,86
Potasse ($K^2O = 94,2$)	24,80
Oxygène ($O = 16$; $O^5 = 80$)	21,00
Acide carbonique ($Co^2 = 44$)	11,60
Nitrate de plomb ($PbO + Az^2O^5 = 3,31$), on prend 33,1	8,70
2 oxygène ($O = 16$; $O^2 = 32$)	8,40
Azote ($Az = 14$; $Az^2 = 28$)	7,35
Carbonate de plomb ($PbO + CO^2 = 267$), on prend 26,7	7,00
Protoxyde de plomb ($PbO = 223$), on prend 22,3	5,85
Plomb ($Pb = 207$), on prend 20,7	5,45
Nitrate de potasse ($K^2O.Az^2O^5 = 202,2$), on prend 20,22	5,32
Oxygène ($O = 16$)	4,20

Des diverses lectures consignées sur ce tableau, on conclut que, pour fabriquer 7 tonnes de carbonate de plomb, il faut approximativement 3630 kilogrammes de carbonate de potasse et 8700 kilogrammes d'azotate de plomb ; que la double décomposition donne 7000 kilogrammes de carbonate de plomb et 5320 kilogrammes d'azotate de potasse ; que le carbonate de potasse renferme 2480 kilogrammes de potasse et 1160 kilogrammes d'acide carbonique ; que le carbonate de plomb renferme 5850 kilogrammes de protoxyde de plomb et toujours 1160 kilogrammes d'acide carbonique ; que 5450 kilogrammes de plomb, absorbant 420 kilogrammes d'oxygène, sont nécessaires à la formation du protoxyde de plomb ; que cette même quantité d'oxygène est celle qui entre dans la potasse ; que l'acide carbonique en contient le double, soit 840 kilogrammes et 320 kilogrammes environ de carbone ; que l'acide azotique en contient cinq fois autant, soit 2100 kilogrammes et 735 kilogrammes d'azote.

Il serait inutile de multiplier les exemples de ce genre. Ceux qui précèdent suffisent pour faire concevoir comment l'Abaque se prête au calcul de toutes les combinaisons que l'on peut avoir à affectuer dans un but scientifique ou industriel. Rien n'est donc plus facile que d'établir le compte commercial des manipulations les plus compliquées. L'instrument en fournit les bases principales ; mais on doit avoir égard aux déchets, aux frais de fabrication, etc.

Dans les usines où le nombre des substances à produire et, par conséquent, où le nombre des matières premières à mettre en œuvre est limité, on conçoit l'utilité qu'il y aurait à employer un Abaque de grand format sur lequel on aurait tracé le nombre de traits, d'amorces et d'inscriptions relatifs à ces matières et à ces produits. Dans les laboratoires proprement dits, où le nombre des manipulations peut varier à l'infini, on trouverait encore profit de temps, pour les calculs préparatoires relatifs à chacune d'elles, à employer autant qu'il le faudrait, pour ne pas trop les surcharger de traits et d'écriture, des tirages muets de l'*Abaque ou Compteur universel*, complétés suivant les besoins, de manière à devenir des *abaques des poids atomiques.*

INDICATIONS SOMMAIRES RELATIVES A L'EMPLOI DE LA RÈGLE A CALCUL.

(*Sliding rule des Anglais.*)

Nous avons déjà dit que c'est d'Angleterre que nous vient la première application de moyens mécaniques ou pratiques aux calculs que comportent les combinaisons chimiques. Malgré le peu de succès que cette application a obtenu en France, nous ne pouvons nous dispenser d'en donner une idée sommaire.

La règle à calcul (fig. 5 et 6) se compose de deux parties dont la moins large, la

Fig. 5.

réglette, glisse au milieu de la *règle* proprement dite, entre deux rainures. Chacune des deux parties de l'instrument, ou du moins la réglette entière et la partie supérieure de la règle, est divisée en deux fois neuf intervalles inégaux et porte les chiffres 1 à 10. Au delà de 10, les chiffres (2, 3, 4, etc.) peuvent être considérés comme représentant, quand

Fig. 6.

besoin est, les nombres 20, 30, 40... jusqu'à 100. Les intervalles sont logarithmiques comme dans l'Abaque, et il en résulte des propriétés tout à fait analogues. Ainsi, dans la figure 5, l'origine de la réglette marquée 1 étant placée sous le chiffre 2 de la règle, au-dessus des chiffres successifs marqués 2, 3, 4, 5, 6... 9, 10 sur la réglette on lira 4, 6, 8, 10, 12... 18, 20 sur la règle. De même sur la figure 6, l'origine 1 de la réglette étant placée sous le 6 de la règle, les chiffres 2, 3, 4, 5... de la réglette correspondront aux nombres 12, 18, 24, 30... du bord supérieur de la règle.

En un mot, le principe fondamental de cet instrument consiste en ce que, l'origine de la réglette étant placé sous un nombre quelconque de la partie supérieure de la règle, les autres nombres qui, sur la règle, correspondront aux différents chiffres de la réglette en seront les multiples par le nombre constant sous lequel on a placé l'origine. En d'autres termes, on vérifie mécaniquement ainsi que le logarithme d'un produit est la somme des logarithmes des facteurs.

Il résulte manifestement de là que, quelle que soit la position de la réglette dans sa coulisse, les nombres lus sur cette réglette seront en proportion avec les nombres correspondants lus sur la partie supérieure de la règle Ainsi les nombres 6, 30, 54, etc , à la partie supérieure de la figure 6, sont proportionnels aux nombres 1 , 5, 9, etc. de la réglette.

La règle glissante se prêtant parfaitement aux calculs des proportions ou, en d'autres termes, des règles de trois, nous n'avons pas à insister sur la possibilité de l'employer dans les calculs numériques relatifs aux opérations chimiques.

FIN DE L'APPENDICE.

ABAQUE DES POIDS ATOMIQUES

PAR LÉON LALANNE, MEMBRE DE L'INSTITUT

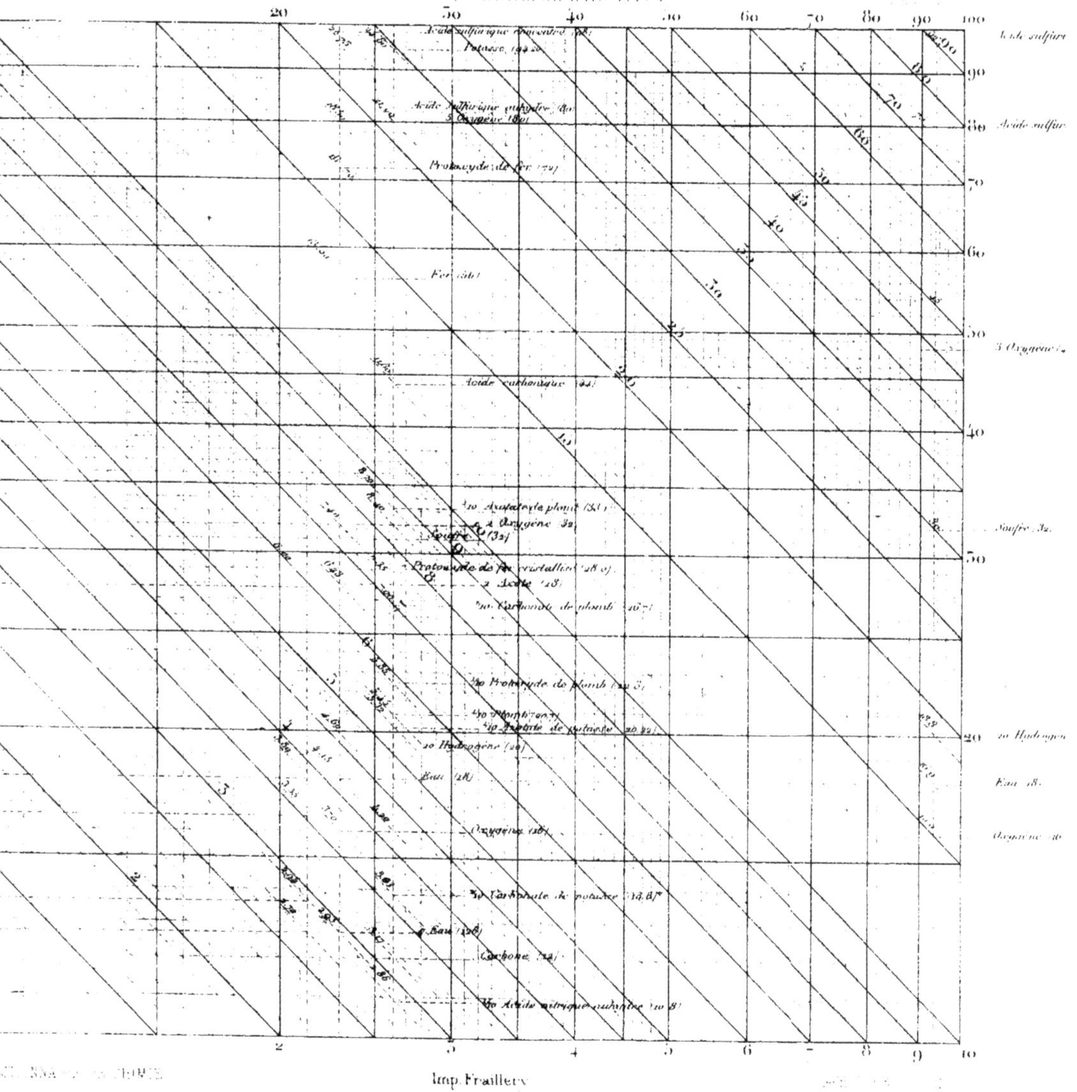

Imp. Fraillery

ABAQUE OU COMPTEUR UNIVERSEL

PAR LÉON LALANNE, MEMBRE DE L'INSTITUT

PLANCHE I

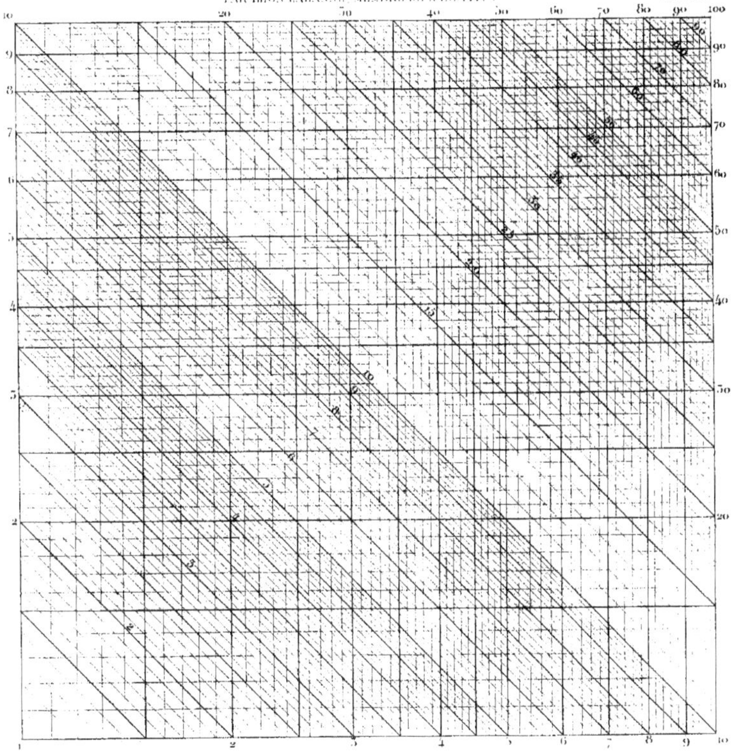

10 20 30 40 50 60 70 80 90 100

1 2 3 4 5 6 7 8 9 10

Imp. Fraudery

www.ingramcontent.com/pod-product-compliance
Ingram Content Group UK Ltd.
Pitfield, Milton Keynes, MK11 3LW, UK
UKHW021935200726
13855UKWH00007B/11